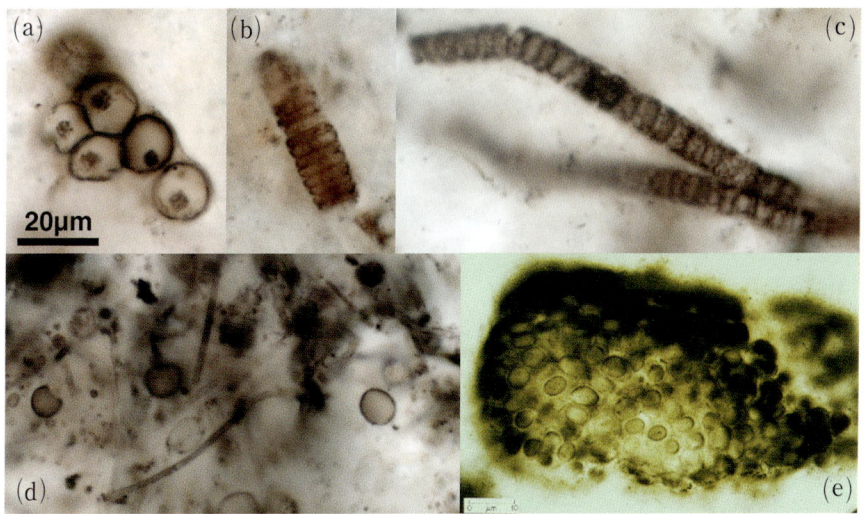

口絵1　原核生物化石　→p.18参照

口絵2　裸子植物の4群の雌性生殖器官　→p.112参照
((d)の写真提供：細川健太郎)

口絵3　岩上に生える緑藻を食べるヒトツモンイシノミ　→p.289参照

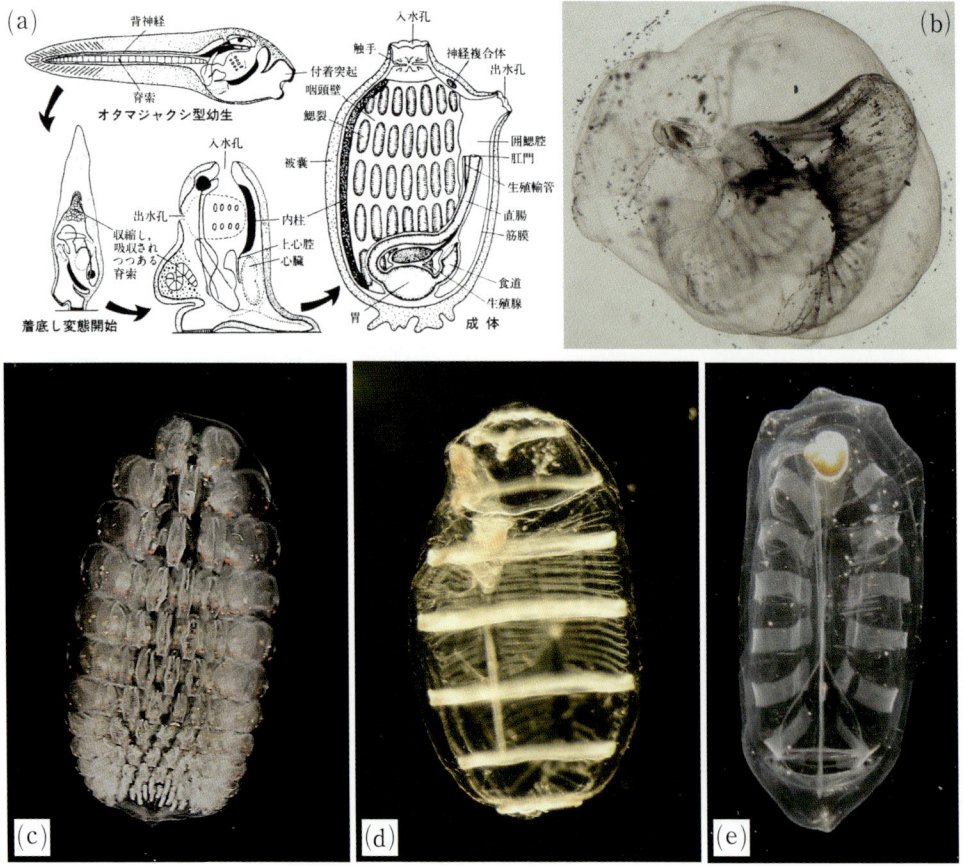

口絵 5 尾索動物 → p. 314 参照
(写真提供: (b)中島啓介・西野敦雄, (c)-(e)西川淳)

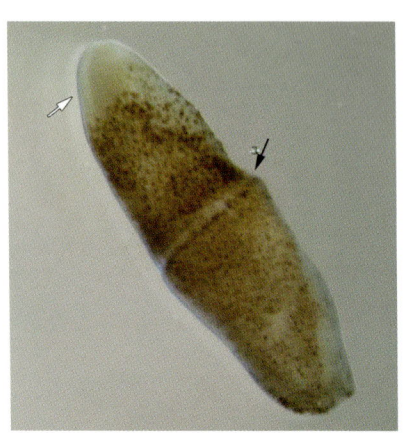

口絵 4 珍渦虫を背側からみた写真 → p. 301 参照

口絵 6 (上) 繁殖期の有明産ナメクジウオの雌雄
(下) 鯨の死体に生息するゲイコツナメクジウオ → p. 318 参照
(ゲイコツナメクジウオ写真提供: 海洋開発機構 藤原義弘)

口絵7　分子系統学から明らかになった真獣類の系統樹　→ p.414参照
（長谷川，2008より改変；センザンコウの写真提供：林耕次）

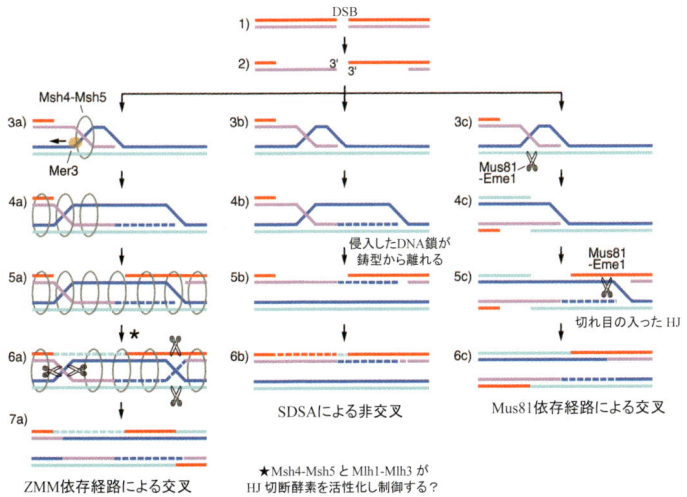

口絵8　減数分裂での二重鎖切断修復に関し現在受け入れられている
　　　　三つのモデル　→ p.525参照
（Whitby et al., 2005より改変）

# 序

　地球上の生命は，誕生してから40億年近い歴史を有しています．この膨大な時のながれの中で，多種多様な生き物が出現しては，消えてゆきました．このすべての過程が生物の進化です．進化は，この歴史性を有する生命において重要な特徴です．生命を語るには，進化現象の理解が必須なのです．

　日本における進化の研究は，明治時代初期にダーウィンらの進化学説を受け入れて以来，長い伝統があります．20世紀の後半には，中立進化論という現代進化学の根幹をなしている理論体系の確立に，木村資生をはじめとした多くの日本人研究者が貢献しました．そうして，宮田隆ら数百名の発起人により，1999年に日本進化学会が設立されました．現在本学会は，1300名余の会員を擁しています．

　2006年には，3年後の学会創立十周年を記念して出版物を発行することになりました．嶋田正和会長ら当時の執行部から斎藤成也が編集委員長に指名され，多様な研究分野を代表する12名の会員からなる編集委員会が発足しました．この出版物には，進化学の多様な成果を盛り込み，共立出版から刊行されることに決まりました．企画から出版までに6年の歳月がかかりましたが，めでたくこの『進化学事典』の刊行にこぎつけることができました．多数の著者をはじめとする関係者の皆様に深くお礼いたします．

　この事典は，大項目主義をとっています．長さによって大，中，小の三段階にわけ，297項目を171名の著者が執筆しました．日本の進化学者を結集するため，一部の項目については，日本進化学会の会員以外の方にも執筆をお願いしました．全体は，第一部「進化史」，第二部「進化のしくみ」，第三部「進化学とそのひろがり」という三部構成です．第一部は生命の起源からはじまり日本列島の生物まで，生物進化によってもたらされた生命の多様性を示します．第二部は，遺伝子，タンパク質，ゲノムからはじまり，動物の行動，形態と発生，種，環境との相互作用まで，進化のしくみを広範なレベルで紹介します．第三部は，古生物学をはじめとする進化学と他分野との関係や進化解析の技法，進化学の歴史を取り扱っています．

　日本には，生物学に関する事典はすでに存在しますが，進化学に関する事典の出版は，本事典がはじめてです．この『進化学事典』が，21世紀を担う若い人々にとって進化学にとりくむ際のめあてとなれば幸いです．

2012年3月

『進化学事典』編集委員会

## 本書の編集方針

　進化学事典は大項目主義をとっており，12名の編集委員が全体の構成を決定したあと，それぞれが担当分野を決めて書くべき項目を選定し，その項目を執筆するのにふさわしい方にお願いしました．一部の項目については，日本進化学会の会員から提案のあったものを取り入れました．各項目の長さ（大項目，中項目，小項目）は編集委員会で決めましたが，項目内容は基本的に執筆者におまかせしました．執筆者名は，各項目の末尾の括弧内に示してあります．原稿完成後，その分野を担当した編集委員が内容と形式をチェックしました．項目によって，引用した文献の数にかなりのばらつきがありますが，これは執筆者の意向を尊重した結果です．引用文献の書式は統一をはかりました．

　索引語についても，基本的には各項目執筆者の要望を取り入れましたが，索引案を作成後，編集委員会で用語の統一をはかりました．たとえば，ダーウィンの著書 *"Origin of Species"* については，『種の起原』に統一しました．また，生物に高等・下等という区別は存在しないので，これらの表現が原稿で用いられていた場合にはできるだけ削除しました．また，脊椎動物の中のさまざまな種類は，硬骨魚類，鳥類，爬虫類，両生類というように，「類」をつけることが一般的なので，「哺乳動物」という表現はすべて「哺乳類」に統一しました．一方，進化学で重要な概念である natural selection については，執筆者によって自然淘汰または自然選択の訳語をあてており，あえて統一はしませんでした．

　索引中の人名については，外国人の場合には「Crow, J. F.」のように苗字，名前のイニシャルで表記し，日本人の場合は苗字と名前を表記しました．

　本事典に掲載した図や写真については，それぞれの項目の担当執筆者が作図・撮影したものは特に明記してありませんが，それ以外の場合には，原図の出典や撮影者を明記しています．

　また，項目間で関連する内容に触れていた場合には，関連項目を参照するようにしました．

# 編集委員会・執筆者 一覧

## 編集委員会

| | | |
|---|---|---|
| 編集委員長 | 斎藤　成也 | （国立遺伝学研究所 教授） |
| 編 集 委 員 | 巌佐　庸 | （九州大学 教授） |
| | 遠藤　一佳 | （東京大学 教授） |
| | 大島　泰郎 | （東京工業大学 名誉教授） |
| | 河田　雅圭 | （東北大学 教授） |
| | 倉谷　滋 | （理化学研究所 グループディレクター） |
| | 塚谷　裕一 | （東京大学 教授） |
| | 長谷川眞理子 | （総合研究大学院大学 教授） |
| | 疋田　努 | （京都大学 教授） |
| | 深津　武馬 | （産業技術総合研究所 研究グループ長） |
| | 三中　信宏 | （農業環境技術研究所 上席研究員） |
| | 矢原　徹一 | （九州大学 教授） |

## 執筆者

| | | | | |
|---|---|---|---|---|
| 青木誠志郎 | 赤坂　甲治 | 天野　雅男 | 網谷　祐一 | 荒城　雅昭 |
| 有川　智己 | 池尾　一穂 | 池原　健二 | 池村　淑道 | 石田健一郎 |
| 伊勢戸　徹 | 伊勢　優史 | 板谷　光泰 | 伊藤　敦 | 伊藤　元己 |
| 今市　涼子 | 巌佐　庸 | 上島　励 | 上田　貴志 | 上野雄一郎 |
| 鵜飼　保雄 | 丑丸　敦史 | 内山　郁夫 | 生形　貴男 | 江澤　潔 |
| 遠藤　一佳 | 大路　樹生 | 大島　一彦 | 大島　泰郎 | 太田　欽也 |
| 太田　聡史 | 大田　竜也 | 大槻　久 | 小田　広樹 | 海部　陽介 |
| 柁原　宏 | 粕谷　英一 | 加藤　真 | 加藤　雅啓 | 亀田　達也 |
| 川島　武士 | 河田　雅圭 | 北野　誉 | 北村　晃寿 | 木下　靖治 |
| 沓掛　展之 | 工藤　洋 | 工樂　樹洋 | 倉谷　滋 | 黒岩　常祥 |
| 剣持　直哉 | 小泉　修 | 古賀　洋介 | 小柴　和子 | 小島　茂明 |
| 小杉真貴子 | 後藤太一郎 | 小林　武彦 | 小林　由紀 | 斎藤　成也 |
| 佐倉　統 | 佐々木裕之 | 指田　勝男 | 颯田　葉子 | 佐藤ゆたか |

## 編集委員会・執筆者 一覧

| | | | | |
|---|---|---|---|---|
| 滋野　修一 | 島野　智之 | 嶋田　正和 | 白井　滋 | 白山　義久 |
| 神保　宇嗣 | 杉田(小西)左江子 | 杉山　純多 | 鈴木　忠 | 鈴木　誉保 |
| 鈴木　隆仁 | 鈴木　仁 | 鈴木雄太郎 | 鈴木　善幸 | 隅山　健太 |
| 諏訪　元 | 曽田　貞滋 | 高野　敏行 | 高橋　文 | 竹内　純 |
| 竹崎　直子 | 武智　正樹 | 田近　英一 | 田嶋　文生 | 田近　謙一 |
| 舘田　英典 | 田中　和明 | 田中　嘉成 | 田辺　雄彦 | 田村浩一郎 |
| 田村　宏治 | 田村　実 | 千葉　聡 | 辻　和希 | 津田　とみ |
| 都筑　幹夫 | 寺井　洋平 | 東樹　宏和 | 土岐田昌和 | 戸部　博 |
| 豊田　哲郎 | 長島　寛 | 仲田　崇志 | 中野　裕昭 | 中丸麻由子 |
| 中山　剛 | 新村　芳人 | 二河　成男 | 西川　建 | 西田　睦 |
| 西野　敦雄 | 西廣　淳 | 西山　智明 | 沼田　英治 | 野崎　久義 |
| 箱山　洋 | 橋本　哲男 | 長谷川政美 | 長谷部光泰 | 花田　耕介 |
| 林　武司 | 原田　浩 | 疋田　努 | 彦坂　幸毅 | 平石　界 |
| 平野　弘道 | 平野　博之 | 平山　廉 | 廣瀬　雅人 | 深津　武馬 |
| 深海　薫 | 藤原　晴彦 | 古屋　秀隆 | 保坂健太郎 | 細矢　剛 |
| 堀田　拓史 | 堀口　健雄 | 本多　大輔 | 町田龍一郎 | 松井　正文 |
| 松崎　素道 | 松本　淳 | 松本　俊吉 | 真鍋　真 | 間野　修平 |
| 馬渡　峻輔 | 三浦　徹 | 三浦　知之 | 三中　信宏 | 宮崎　勝己 |
| 宮澤　清太 | 宮田　隆 | 宮本　教生 | 村上　安則 | 本川　雅治 |
| 矢島　道子 | 安井　金也 | 矢野　十織 | 八畑　謙介 | 矢吹　彬憲 |
| 山口　貴大 | 山崎　剛史 | 山崎　博史 | 米澤　隆弘 | 渡邉日出海 |
| 和田　洋 | | | | |

(五十音順)

# 目　　次

## 第1章　生命の起原　　1
   1.1　宇宙の起源から太陽系の誕生まで　2
   1.2　地球の誕生　3
   1.3　原始大気と海　5
   1.4　分子状酸素の起原と変遷　6
   1.5　生命の起原　8
   1.6　RNA ワールド　12
   1.7　タンパク質ワールド　15
   1.8　微化石と化学化石　17
   1.9　宇宙の生命　19

## 第2章　ウイルスと原核生物　　21
   2.1　ウイルスとファージ　22
   2.2　RNA ウイルス　24
   2.3　DNA ウイルス　26
   2.4　真正細菌　29
   2.5　シアノバクテリア　33
   2.6　大腸菌　35
   2.7　枯草菌　36
   2.8　古細菌　37

## 第3章　真核生物の誕生　　43
   3.1　最初の真核生物　44
   3.2　先カンブリア代　47
   3.3　細胞内共生　51
   3.4　ミトコンドリアの細胞内共生　55
   3.5　色素体の細胞内共生　61
   3.6　原生生物　65
   3.7　共生によるオルガネラの獲得　70

## 第4章　原生生物　　75

- 4.1　真核生物の大系統　*76*
- 4.2　オピストコンタ　*78*
- 4.3　アメーボゾア　*80*
- 4.4　エクスカバータ　*82*
- 4.5　リザリア　*84*
- 4.6　アルベオラータ　*86*
- 4.7　クロミスタ　*87*
- 4.8　アーケプラスチダ（植物）　*90*

## 第5章　植物　　93

- 5.1　多細胞化　*94*
- 5.2　陸上植物　*96*
- 5.3　初期陸上植物　*98*
- 5.4　コケ植物（蘚苔類）　*99*
- 5.5　シダ類（モニロファイト類）　*102*
- 5.6　ヒカゲノカズラ類（小葉類）　*105*
- 5.7　種子植物（総論）　*106*
- 5.8　裸子植物　*112*
- 5.9　被子植物　*114*
- 5.10　基部被子植物　*118*
- 5.11　単子葉類　*121*
- 5.12　真正双子葉類　*124*
- 5.13　生活史の進化　*126*
- 5.14　植物の発生　*129*
- 5.15　花の進化　*134*
- 5.16　葉の進化　*138*
- 5.17　茎の進化　*141*
- 5.18　担根体と根の進化　*144*
- 5.19　種子の進化　*147*
- 5.20　維管束の進化　*150*
- 5.21　細胞内膜交通の進化　*153*
- 5.22　無性生殖　*155*
- 5.23　有性生殖　*157*
- 5.24　自殖　*161*

## 第6章　菌類　　165

- 6.1　菌類（総論）　*166*

        6.2　担子菌類　*172*
        6.3　子囊菌類　*175*
        6.4　ツボカビ類・接合菌類　*179*
        6.5　粘菌類　*182*
        6.6　その他の菌類様真核生物　*185*
        6.7　地衣類　*189*

## 第7章　動物の誕生　*193*

        7.1　動物　*194*
        7.2　進化と発生の問題　*198*
        7.3　動物門とは？　*202*
        7.4　ボディプランと初期発生　*207*
        7.5　幼生型と進化　*209*
        7.6　エディアカラ動物群　*213*
        7.7　左右相称動物の誕生　*216*
        7.8　カンブリア爆発　*219*
        7.9　古生物学の知見から　*220*
        7.10　分子系統学の知見から　*223*
        7.11　進化発生学の視点から　*226*
        7.12　無脊椎動物の神経系の発生と進化　*229*

## 第8章　動物の多様性　*233*

        8.1　海綿動物　*234*
        8.2　刺胞動物　*235*
        8.3　平板動物門　*238*
        8.4　有櫛動物門　*240*
        8.5　扁形動物　*241*
        8.6　腹毛動物門　*242*
        8.7　紐形動物　*243*
        8.8　環形動物　*245*
        8.9　苔虫動物　*247*
        8.10　内肛動物　*250*
        8.11　箒虫動物門　*251*
        8.12　腕足動物門　*252*
        8.13　鰓曳動物門　*253*
        8.14　胴甲動物　*254*
        8.15　動吻動物門　*256*
        8.16　緩歩動物　*257*

8.17　有爪動物　*259*
8.18　軟体動物　*261*
8.19　線形動物　*263*

## 第9章　節足動物　**267**

9.1　節足動物　*268*
9.2　三葉虫を代表とする古生代の節足動物　*271*
9.3　甲殻類　*274*
9.4　クモ・ダニ類　*278*
9.5　昆虫　*281*
9.6　昆虫の翅の起源　*287*
9.7　昆虫，陸上へ　*288*
9.8　体節制と付属肢　*289*

## 第10章　新口動物　**291**

10.1　新口動物　*292*
10.2　直游動物　*296*
10.3　二胚動物門　*298*
10.4　毛顎動物　*299*
10.5　珍渦虫動物門　*301*
10.6　棘皮動物　*303*
10.7　半索動物　*306*
10.8　脊索動物　*308*
10.9　尾索動物　*313*
10.10　頭索動物　*317*

## 第11章　脊椎動物の登場　**321**

11.1　脊椎動物（総論）　*322*
11.2　脊椎動物進化の諸説　*326*
11.3　骨格の起源　*330*
11.4　新しい発見と現在の見解　*332*
11.5　脊椎動物の頭部問題　*333*
11.6　ゲノム重複と脊椎動物の成立　*336*
11.7　無顎類と円口類　*340*
11.8　軟骨魚類　*342*
11.9　硬骨魚類　*345*
11.10　脳と神経　*353*

11.11　脊椎動物の神経系の発生と進化　*357*

# 第12章　陸上の脊椎動物　**361**

　12.1　四肢と鰭の進化，ならびに四足動物の起源　*362*
　12.2　哺乳類の起源と中耳の進化　*364*
　12.3　甲羅の発生とカメの起源　*366*
　12.4　化石からみたカメの起源と進化　*368*
　12.5　両生類　*370*
　12.6　羊膜類の誕生　*375*
　12.7　爬虫類　*377*
　12.8　中生代の大型爬虫類　*381*
　12.9　有鱗類　*383*
　12.10　主竜類　*385*
　12.11　カメ類　*387*
　12.12　鳥類　*389*
　12.13　鳥類の起源　*394*
　12.14　走鳥類とシギダチョウ類　*396*
　12.15　新口蓋類　*398*
　12.16　ペンギン類　*404*

# 第13章　哺乳類と人類　**407**

　13.1　哺乳類　*408*
　13.2　哺乳類の分子系統　*412*
　13.3　単孔類　*417*
　13.4　有袋類　*418*
　13.5　有胎盤哺乳類　*420*
　13.6　齧歯目　*424*
　13.7　鯨偶蹄目　*427*
　13.8　食肉目　*429*
　13.9　霊長目　*432*
　13.10　ヒトの進化　*436*
　13.11　類人猿とヒトの系統の分岐　*442*
　13.12　ホモ属の出現とその拡散　*446*
　13.13　ホモ・サピエンスの誕生と進化　*449*

# 第14章　地球史　**453**

　14.1　地質時代　*454*

14.2 化石　*458*
14.3 古代DNA　*462*
14.4 地球生態系　*467*
14.5 地球環境の変動と生命史　*470*
14.6 古生代から中生代移行期の大絶滅　*473*
14.7 中生代から新生代移行期の大量絶滅　*476*
14.8 大陸移動　*478*
14.9 気候変動　*481*
14.10 小惑星などの地球環境への影響　*485*

# 第15章　日本列島の生物　*491*

15.1 日本列島周辺の生物相　*492*
15.2 日本の植物　*495*
15.3 日本列島の哺乳類　*498*
15.4 日本列島周辺の海洋生物　*500*

# 第16章　遺伝子　*503*

16.1 遺伝子とは　*504*
16.2 核酸の複製と転写　*506*
16.3 体細胞分裂と減数分裂　*508*
16.4 遺伝子系図　*509*
16.5 突然変異　*512*
16.6 塩基置換とアミノ酸置換　*517*
16.7 挿入と欠失　*520*
16.8 組換え，遺伝子変換，逆位　*523*
16.9 遺伝子重複　*529*
16.10 遺伝子の水平移動　*533*
16.11 原核生物間の水平移動　*536*
16.12 原核生物と真核生物の間での水平移動　*538*
16.13 真核生物間の水平移動　*540*

# 第17章　タンパク質　*543*

17.1 タンパク質　*544*
17.2 立体構造　*546*
17.3 転写と翻訳調節　*549*
17.4 タンパク質機能の多様性獲得のメカニズム　*552*
17.5 タンパク質ファミリーとスーパーファミリー　*554*

17.6　多重遺伝子族の協調進化　*556*

# 第18章　ゲノム　*559*

- 18.1　ゲノム　*560*
- 18.2　原核生物のゲノム　*562*
- 18.3　真核生物のゲノム　*566*
- 18.4　ゲノムの大きさ　*570*
- 18.5　ゲノム重複　*573*
- 18.6　イントロン　*576*
- 18.7　トランスポゾン　*580*
- 18.8　ゲノムのGC含量とアイソコア　*583*
- 18.9　がらくたDNA　*586*
- 18.10　偽遺伝子の機能と進化　*589*
- 18.11　ゲノム対立　*590*

# 第19章　分子進化　*593*

- 19.1　分子進化速度　*594*
- 19.2　進化パターンによる速度の違い　*596*
- 19.3　同義置換速度と非同義置換速度　*599*
- 19.4　進化速度の一定性（分子時計）　*602*
- 19.5　世代あたり，年あたり，細胞分裂あたりの進化速度　*605*
- 19.6　分子進化学　*607*
- 19.7　塩基配列とアミノ酸配列データの解析　*609*
- 19.8　対立遺伝子頻度データの解析　*615*
- 19.9　分子系統樹の推定　*618*
- 19.10　データベースの利用　*624*

# 第20章　集団内の遺伝子　*627*

- 20.1　遺伝的浮動　*628*
- 20.2　自然選択　*634*
- 20.3　中立進化　*636*
- 20.4　負の淘汰（浄化淘汰）　*641*
- 20.5　正の淘汰　*644*
- 20.6　固定型の淘汰　*647*
- 20.7　平衡選択　*650*
- 20.8　超優性淘汰　*653*
- 20.9　頻度依存淘汰とESS　*656*

20.10　密度依存淘汰　*658*
20.11　群淘汰（群選択）　*660*
20.12　性淘汰　*664*
20.13　淘汰の単位　*666*
20.14　有害遺伝子の蓄積　*668*
20.15　集団の進化　*669*
20.16　単一集団内の遺伝的多様性　*672*
20.17　集団の遺伝的構造と遺伝子流動　*674*
20.18　地理的分断　*677*
20.19　小集団の絶滅要因　*679*
20.20　遺伝的変異の維持　*682*
20.21　形質の遺伝的変異　*684*

# 第21章　動物の行動　　689

21.1　子育て行動　*690*
21.2　協力行動の進化　*692*
21.3　血縁淘汰（血縁選択）　*694*
21.4　利他行動の進化　*697*
21.5　社会性の進化　*699*
21.6　カースト分化　*701*

# 第22章　形態の発生　　705

22.1　形態の進化　*706*
22.2　形態形質の類似性（総論）　*710*
22.3　ホモロジー（相同）　*712*
22.4　（発生）拘束　*715*
22.5　統合とモジュラリティ　*718*
22.6　ホモプラジー（同形）　*720*
22.7　収斂　*723*
22.8　表現型の可塑性　*725*
22.9　遺伝子ネットワークと進化　*728*
22.10　形態形質の進化速度　*731*
22.11　形態学ならびに形態の認識　*733*
22.12　比較解剖学　*736*
22.13　形態測定学　*740*
22.14　パターン形成の理論と実際　*746*
22.15　環境への生理的適応（動物）　*748*
22.16　環境への生理的適応（植物）　*751*

22.17 エピジェネティクス　*753*
22.18 DNA メチル化　*756*
22.19 ゲノムインプリンティング　*758*

## 第23章　種　**761**

23.1 種概念　*762*
23.2 種概念：生物哲学の観点から　*766*
23.3 種概念：保全生物学の観点から　*768*
23.4 種概念：古生物学の観点から　*770*
23.5 種分化　*772*
23.6 異所的種分化　*775*
23.7 同所的・側所的種分化　*780*
23.8 適応放散　*784*
23.9 交雑帯　*788*

## 第24章　環境との相互作用　**793**

24.1 共進化　*794*
24.2 植物と真菌類/細菌類の共進化　*799*
24.3 植物と昆虫の共進化　*803*
24.4 生物多様性と進化　*807*
24.5 群集の系統的関係　*810*
24.6 地球環境変化と進化適応応答　*812*
24.7 現代人による環境への影響　*814*

## 第25章　他分野との関係　**817**

25.1 合理的ゲノム設計とゲノム合成　*818*
25.2 作物の栽培化　*821*
25.3 育種と進化学　*824*
25.4 社会科学　*830*
25.5 人文科学　*833*
25.6 生物学の哲学　*836*
25.7 宗教　*839*
25.8 教科書における進化のとり扱い　*842*
25.9 社会と進化　*844*

## 第26章　古生物学　　849

26.1　古生物学　*850*
26.2　地質年代の推定：生層序学的アプローチ　*854*
26.3　地質年代の推定：放射年代学　*857*
26.4　古生物学と現生生物学　*860*

## 第27章　進化解析の技法　　863

27.1　生態学的データの解析　*864*
27.2　数理モデリング　*867*
27.3　統計モデリング　*868*
27.4　ベイズ法　*869*
27.5　分類学　*872*
27.6　DNAバーコーディング　*877*
27.7　生物多様性情報プロジェクト　*878*
27.8　量的遺伝学　*880*
27.9　遺伝相関　*884*
27.10　QTL解析　*888*
27.11　生物地理学　*891*

## 第28章　進化学の歴史　　897

28.1　進化学の歴史　*898*
28.2　集団遺伝学の誕生から中立進化論の確立まで　*904*
28.3　ゲノム時代の進化学　*909*
28.4　日本における進化学の発展：明治大正　*911*
28.5　日本における進化学の発展：昭和以降　*913*

## 付録1　進化研究に大きな貢献をした研究者　　915

## 付録2　進化学史年表　　928

## 索　引　　931

# 第1章
# 生命の起原

1.1 宇宙の起源から太陽系の誕生まで　　田近英一
1.2 地球の誕生　　田近英一
1.3 原始大気と海　　田近英一
1.4 分子状酸素の起原と変遷　　大島泰郎
1.5 生命の起原　　大島泰郎
1.6 RNA ワールド　　池原健二
1.7 タンパク質ワールド　　池原健二
1.8 微化石と化学化石　　上野雄一郎
1.9 宇宙の生命　　大島泰郎

## 1.1　宇宙の起源から太陽系の誕生まで

　宇宙は，今から約 137 億年前に誕生した．誕生直後，宇宙は真空のエネルギーによってインフレーションとよばれる指数関数的な膨張を起こしたと考えられている．そして，真空の相転移にともなう潜熱の解放によって，宇宙は再加熱され火の玉状態となった．宇宙はさらに膨張を続けて温度が低下していき，やがてクォークとグルーオンが結合して陽子と中性子がつくられた．宇宙が十分冷えると，陽子と中性子から重水素がつくられる．さらに，三重水素やヘリウムがつくられ，ごくわずかにリチウムとベリリウムがつくられる．しかし，それ以上重い元素は生成されない．すなわち，宇宙の最初期には，地球型惑星や生命を構成する主要元素は存在しない．

　一方，宇宙誕生直後の量子的なゆらぎがインフレーションによって拡大されたものが種となって，宇宙の大規模構造が形成されたと考えられる．すなわち，物質密度が高い領域で星が形成され，それらが数百億～数千億個集まった集団である銀河が形成され，それらが数十～数千個程度集まった銀河団，さらにそれらが集まった超銀河団が形成される．

　星の内部では核融合反応が生じ，重水素を燃焼してヘリウムが生成される．その後，中心部の水素を使い果たすと赤色巨星となり，ヘリウムが炭素に変換されるようになる．質量の大きい星ではさらに核融合が進み，窒素，酸素，ネオン，マグネシウム，ケイ素などの重い元素が生成される．こうした核融合反応によって，星の内部では鉄までの元素が生成される．鉄はもっとも安定な核種であるため，それ以上重い元素は星の内部では生成されない．鉄よりも重い元素は，超新星爆発の際，中性子捕獲によって一気に生成される．こうして生成された重い元素を含むガスから再び星が形成されることで，星の周囲で惑星が形成されるようになった．

　現在の宇宙には，「分子雲」とよばれる，物質の密度が高い領域が存在する．分子雲のなかでも特に密度の高い領域である「分子雲コア」が何らかのきっかけで収縮を開始すると，自己重力によって収縮が加速し，中心部には原始星，その周囲に回転するガス円盤が形成される．このガス円盤のことを「原始惑星系円盤」とよぶ．特に太陽系を形成した原始惑星系円盤のことを，「原始太陽系円盤」または「原始太陽系星雲」とよぶ．

　原始太陽系円盤は水素とヘリウムを主成分とするガスからなるが，約 1％程度の固体微粒子（ダスト）成分を含んでいる．これらのダストは，原始太陽の周囲を回転しながら，重力の影響によって原始太陽系円盤の赤道面に沈降していく．ダストの密度がある臨界値を上回ると重力不安定が生じ，ダストはいくつかの塊に分裂することが予測される．この直径 10 km 程度の塊のことを「微惑星」とよぶ．

　微惑星は原始星の周囲を公転しながら互いに衝突する．衝突によって微惑星は破壊されるが，自己重力によって再集積するものと考えられる．すなわち，微惑星は衝突によって成長する．惑星成長の前期過程は，相対的にサイズの大きな微惑星がより早く成長する．しかしながら，原始惑星は火星サイズ（地球質量の約 1/10 程度）まで成長すると，それ以上の成長が抑制されるようになる．こうして，惑星成長の後期過程は，火星サイズの原始惑星同士の「巨大衝突」によって特徴づけられるようになる．地球型惑星はそのようにして形成されたものと考えられる．一方，より遠方の軌道領域では固体物質として岩石や金属鉄のほかに氷が大量に存在することから，原始惑星は地球質量の 10 倍程度にまで成長する．このとき周囲にまだ円盤ガスが残っている場合，原始惑星に捕獲されるガスは惑星本体と同程度の質量に達し，周囲の円盤ガスを暴走的にとりこむようになる．こうして，木星や土星などのような巨大ガス惑星が形成された．さらに遠方の軌道領域においては，惑星成長に時間がかかることから，円盤ガスの大部分が散逸してから円盤ガスの捕獲が起こるため，捕獲できるガス成分の量は相対的に少ない．この結果，氷を主成分とする巨大氷惑星（天王星や海王星）が形成された．原始太陽系円盤ガスは，最終的にはすべて散逸する．

　このようにしてわれわれの太陽系は今から約 45.5 億年前に形成されたものと考えられている．

[参考文献]

井田茂（2007）『系外惑星』東京大学出版会.

（田近英一）

## 1.2 地球の誕生

　地球は，太陽系の形成と同じ約45.5億年前に，無数の微惑星の衝突合体によって形成されと考えられている．

　月サイズ（地球質量の1/100程度）にまで成長した原始惑星は，周囲の円盤ガスを重力的に捕獲するようになる．これによって形成される原始大気は，水素やヘリウムを主成分とする太陽大気組成となる（「一次大気」ともよばれる）．

　一方，月サイズにまで成長した天体に対する微惑星の衝突速度は非常に高速になるため，衝突時の衝撃によって微惑星内部に含まれていたガス成分が脱ガスすることが知られている（「衝突脱ガス」）．脱ガスの成分はおもに水蒸気や二酸化炭素である．このように，固体物質からの脱ガスによっても原始大気が形成される（「二次大気」とよばれる）．すなわち，原始大気は太陽組成大気と衝突脱ガス大気とが混合したものになると考えられる．

　微惑星の衝突によって加熱された地表からは赤外線が放射される．脱ガス成分の多くは水蒸気であり，赤外線を効果的に吸収する．微惑星の衝突頻度がある臨界値よりも高い場合には，水蒸気の保温効果によって地表温度は暴走的に上昇し，ついには岩石の融点（約1200℃）をこえるようになる．この結果，地表はマグマの海（「マグマオーシャン」）に覆われる可能性がある．

　一方，微惑星の衝突頻度が低い場合には，水蒸気は凝結して水または氷となる．この場合，原始地球は海または氷床に覆われながら成長する．ただし大衝突の際には局所的に地表が熔融し，マグマの池（「マグマポンド」）を形成するであろう．マグマオーシャンやマグマポンドが形成されると，原始大気はマグマに溶解する．マグマ中に金属鉄が含まれている場合には，大気は還元的な条件にバッファされるものと考えられる．

　マグマオーシャンやマグマポンド中に含まれている金属鉄は，重力分離して原始惑星の中心部へと沈降していく．中心部には，冷たく未分化な（岩石と

金属鉄の混合物質からなる）原始コアが存在している．したがって，原始コアの周囲をより密度の大きい金属鉄がとりかこむ形になるため，いずれは重力不安定によってオーバーターンが生じ，金属鉄が原始コアと入れ替わるものと考えられる．このようにして地球中心核（コア）が形成される．このとき，膨大な重力エネルギーが解放され，原始惑星内部は著しく加熱される．

やがて，地球軌道では火星サイズ（地球質量の約1/10程度）にまで成長した原始惑星が10個程度形成されることになる．地球形成の後期過程においては，火星サイズの原始惑星同士が互いに10回程度巨大衝突することによって，原始地球が成長することになる．巨大衝突によって原始地球の温度は数万度にも上昇するため，大規模な溶融・蒸発が生じる．

最後の巨大衝突によって放出された物質が地球の周囲を回りながら衝突合体をくりかえすことによって，月が形成されたのではないかと考えられている（「巨大衝突説」）．月は約1カ月程度という非常に短い時間で形成されたものと推定されている．

巨大衝突によって原始大気は吹き飛ばされるのではないかと考えられるが，実際にはそれほど単純ではないことが明らかにされている．すなわち，巨大衝突が生じても，大気の大部分は重力的な束縛のために宇宙空間に散逸することはない．ところが，原始地球表面には海が存在していたと考えられる．巨大衝突が生じると海水が著しく膨張して大気を加速するため，海洋を覆っていた原始大気は一気に吹き飛ばされる可能性が示されている（Genda & Abe, 2005）．この結果，地球を取り巻いていた一次大気成分の大部分は散逸する．そして，巨大衝突によって大規模に蒸発・熔融した地球内部から，水蒸気や二酸化炭素などが脱ガスすることによって，現在へと至る初期大気が形成された．

巨大衝突後，地球が急激に冷却していく過程で，大気の主成分である水蒸気が凝結することによって海洋と地殻が形成される．

このように，地球が形成される過程において，現在みられるような地球システムの基本構造（大気，海洋，地殻，マントル，コア）がほぼ同時に形成されたものと考えられる．

[引用文献]

Genda H. & Abe Y. (2005) Enhanced atmospheric loss on protoplanets at the giant impact phase in the presence of oceans. *Nature*, vol. 433, pp. 842-844.

[参考文献]

松井孝典ほか（1997）岩波講座　地球惑星科学12『比較惑星学』岩波書店．

（田近英一）

## 1.3 原始大気と海

　地球形成末期に生じたと考えられる巨大衝突によって，地球は大規模に蒸発・熔融したはずである．巨大衝突直後から地球は急速に冷却するが，その過程で地表はマグマの海に覆われた「マグマオーシャン」状態となる．地球内部からの大きな熱流量が維持されるため，マグマオーシャンは数百万年間続く可能性がある（Zahnle, 2006）．

　このときの大気量は100気圧のオーダーにも達するが，その組成はマグマオーシャン中に金属鉄が存在するかどうかに強く影響を受ける．金属鉄が存在しない場合には，大気の主成分は水蒸気，二酸化炭素，塩素，窒素などとなる．しかしながら，マグマオーシャン中に金属鉄が存在する場合，水素/水蒸気〜1，一酸化炭素/二酸化炭素〜5くらいの還元的な大気組成になるものと考えられる（Abe, 1993）．

　やがて熱流量がある臨界値を下回ると，水蒸気は凝結し雨となって地表に降り注ぐ．このときの地球全体の正味の平均雨量は4000〜7000 mm/年とみつもられ，数百年間降り続いて現在と同規模の海洋が形成される（Abe, 1993）．

　この雨には大気中に存在していた水溶性の成分（塩素や硫黄）が溶解するため，強酸性を呈する．それが原始地殻と接触することによりナトリウムやマグネシウム，カルシウム，カリウム，鉄，アルミニウムなどの陽イオンが溶出し，海水は急速に中和されるであろう．中和された海水からはアルミニウムが沈殿するとともに，二酸化炭素が溶解してカルシウムなどと反応し，炭酸塩鉱物が急速に沈殿する．こうして形成される原始海洋は現在よりも酸性で，炭酸イオン種が大量に溶存していたと考えられる．

　海洋形成直後の大気組成は，水素，一酸化炭素，二酸化炭素および窒素であったと考えられる．ただし，大気中に一酸化炭素やメタン，アンモニアなどの還元的物質が存在した場合，大気上空における光化学反応により水蒸気から生成されるOHラジカルによって急速に酸化され，それぞれ二酸化炭素や窒素に変換されていく．このとき水素も生成されるが，水素は宇宙空間に散逸していく．したがって，いずれにせよ，地球大気は二酸化炭素と窒素を主体とする酸化的な組成に変化していくことが期待される．ただし，その時間スケールは，水素が散逸する時間スケールに依存している．この時間スケールが短い（＜1億年）か長い（〜10億年）かはいまだによくわかっておらず，惑星科学上の大きな課題となっている．

　地球史初期に海洋が存在した直接的な証拠は，約38億年前の西グリーンランドの「イスア」地域に露出する世界最古の堆積岩の存在によるものであるが，それ以前に液体の水が存在したとする間接的な証拠もある．約40億年前のカナダ北部に露出する「アカスタ片麻岩」とよばれる岩石は，もともと花崗岩であったがのちの時代に高温変成作用を受けたものだと考えられる．花崗岩は大陸地殻を構成する岩石であるが，その形成には液体の水が関与する必要がある．すなわち，約40億年以上前に，すでに大陸地殻が存在し，それを形成した液体の水，すなわち海洋の存在が示唆されるわけである．

　さらに，約42億年前よりも古い年代を示すジルコン粒子が西オーストラリアのジャックヒルズから発見されている．最古のものは，約44億400万年前という年代を示す．ジルコンは花崗岩などを構成する鉱物として知られ，もともと大陸地殻を構成する花崗岩に由来していた可能性が高い．となると，約44億400万年前という，地球史最初期において，すでに大陸地殻も海洋も存在していた可能性が高いということになる（Wilde et al., 2001）．

　そもそも水蒸気大気を維持するためには膨大なエネルギー流量を必要とする．地球形成期においては微惑星の衝突エネルギーもしくは巨大衝突直後の地球内部からの地殻熱流量が非常に大きかったために，そのような条件が実現された可能性がある．しかし，地球が形成されて以降は，そのような条件が成立することはない．したがって，もし地球形成時の地表面に水蒸気が大量に存在していたとしても，それを水蒸気大気として維持することは物理的に不可能であり，凝結して海洋を形成していたことは間違いない．

[引用文献]

Abe Y. (1993) Physical state of the very early Earth, *Lithos*, vol. 30, pp. 223-235.

Zahnle K. (2006) Earth's earliest atmosphere. *Elements*, vol. 2, pp. 217-222.

Wilde S. A. *et al.* (2001) Evidence from detrital zircons for the existence of continental crust and oceans on the Earth 4.4 Gyr ago. *Nature*, vol. 409, pp. 175-178.

(田近英一)

## 1.4 分子状酸素の起原と変遷

### A. 分子状酸素の起原と変遷

現在の大気の約20%は「分子状酸素（molecular oxygen, $O_2$）」であるが，「原始大気（primitive atmosphere）」には大量の酸素ガスはなかったと信じられている．たとえば太古の堆積岩中には隕鉄などが酸化されずに残っていることや，酸素があればできない還元型の鉱物があることなどがその証拠である．今日の大量の酸素ガスは，植物の「光合成（photosynthesis）」が起原と考えられている．もうひとつの可能な酸素ガス発生機構は，太陽からの紫外線により水が酸素ガスと水素ガスに光化学分解される反応である．水素ガスは軽いので，しだいに宇宙空間に逃散し酸素ガスが残る．おそらくこのしくみでできた酸素ガスもあるであろうが，今日の酸素ガスの大部分はこの機構では生じない．酸素ガスがたまってくるとオゾン $O_3$ がつくられ，太陽からの紫外線をさえぎるので，この機構ではあまり大量の酸素ガスはできない．

西オーストラリアに産する約35億年前の堆積岩中の化石は，ラン藻（＝シアノバクテリア）に似た形態をもっているので，光合成はこのころには始まっていたらしい．少し年代が下がって30〜32億年前の堆積岩には「ストロマトライト（Stromatolite, 光合成微生物と細菌などの共生体の化石）」がみられることから，少なくとも30億年前には光合成が始まっていたであろう．しかし，発生する酸素は原始海洋中に存在した二価鉄 $Fe^{2+}$ と反応し，鉄は3価に酸化されるとともに溶解度が低下するので，海底に沈殿し「縞状鉄鉱床（banded iron formation）」とよばれる地層を形成した．このとき沈殿した鉄は，現在の鉄の資源である．

大気中の酸素の蓄積がどんな様子であったかについては異論が多く確定していない．しかし，22億年前の化石は酸素呼吸をする「真核細胞（eukaryotic cells）」の最古の化石とされているものがあるので，おそらくこのころには現在の1/100程度まで酸素ガスが蓄積したと思われる．現在の1/100の酸素濃度

はパスツール点（Pasteur point）とよばれ，この濃度を境に酸素呼吸をするほうが発酵よりエネルギー獲得が有利になるとされている．

### B. 分子状酸素と生物進化

酸素は生体にとって毒である．すなわち，分子状酸素（$O_2$）は毒ではないが，酸素があるとできてくる分子やイオンが毒性である（これらは「活性酸素（active oxygen）」と総称する）．特に過酸化水素（$H_2O_2$），水酸基イオン（$OH^-$）とスーパーオキシドイオン（$O_2^-$）が酸素毒性の中心である．したがって，30億年前，酸素が発生し蓄積を始めると，当時の生物は絶滅の危機に直面した．上述したように，海洋が発生した酸素をとりこんだので蓄積は急激ではなかったが，実際に，多くの種が「絶滅（mass extinction）」したと思われる．

一部の生物はふたつのしくみを考案してこの危機を逃れた．ひとつは，酸素毒性を解除する酵素などを発明して生き延びた．水酸基イオンはペルオキシダーゼ，過酸化水素はカタラーゼを発明して，スーパオキシドイオンはスーパーオキシドディスムターゼを発明して分解し，酸素毒性に耐える生物が進化した．その一方で，一部の生物は酸素がない地下や汚泥のなかに逃げ込んだ．「嫌気性菌（anaerobic microbes）」の誕生である．

酸素毒性の解除に成功した細胞は，すぐ酸素を利用することに気づき，酸素呼吸を産み出し，「好気性生物（aerobic organisms）」が誕生した．酸素呼吸はエネルギー生産を向上させ，「多細胞生物（multicellar organisms）」などへの進化を進めた．

大気中の酸素濃度はしだいに濃くなり，おおよそ4億年ほど前に大気上層部に安定な「オゾン層（ozone layer）」を形成するに至った．地表は太陽からの紫外線の大部分がさえぎられるようになり陸上生物が誕生した．しかしその結果，誕生したヒトは文明社会をつくり極地のオゾン層の一部が破壊されるなど環境を破壊し，一部の生物種の絶滅を招いた．

地球環境に支配されて生命が誕生し，その生命が光合成を考案して酸素を蓄積し地球大気や海洋を変化させ，それが好気性生物を進化させ…といったように地球環境と生物進化は，縄をなうような関係にあり，一方が他方の変化や進化を促す関係にある．

### C. 酸素呼吸のエネルギー生産効率

グルコース1分子を発酵の代表的な代謝経路であるエムデン・マイヤーホッフ・パルナス経路（EMP経路）により代謝すると2分子のATPが獲得できる．これに対し，「酸素呼吸（oxygen respiration）」により完全酸化すると，38または36分子のATPが獲得できる．真核生物では$NADH_2$分子をミトコンドリア膜を介して内部に運び込む必要があり，そのためにATPを消費するため正味のATP獲得数は2分子減少するが，いずれにしても発酵に比べ呼吸は約20倍エネルギー効率がよい．このエネルギー獲得効率の違いが，脳などエネルギー消費の激しい器官の発達を進め，知性をもつ生物への進化を可能にした．

なお，このATP生産などに利用可能なエネルギー値は，反応の標準自由エネルギー変化$\Delta G^0$であらわされ，発酵と呼吸の$\Delta G^0$は下式のとおりである．これでわかるように$\Delta G^0$に対するATP獲得効率は発酵，呼吸とも40％弱であり大きな差はない．

発酵；$C_6H_{12}O_6 \longrightarrow 2CH_3CH(OH)COOH : \Delta G^0 = -170\,kJ/mol$

獲得できるATPは2分子，生体が利用できるエネルギーは$2 \times 30 = 60\,kJ/mol$，ATPへの変換効率は35％

呼吸；$C_6H_{12}O_6 + 6O_2 \longrightarrow 6CO_2 + 6H_2O : \Delta G^0 = -2940\,kJ/mol$

獲得できるATPは38分子，生体が利用できるエネルギーは$38 \times 30 = 1140\,kJ/mol$，ATPへの変換効率は39％

酸素呼吸の進化に関しては，これに先立って，酸素ガスに代わり海洋中の硫酸塩や硝酸塩を最終電子受容体とする「呼吸」が存在したと考えられている．これを「無機塩呼吸（inorganic respiration）」と総称し，個別には「硝酸塩呼吸（nitrate respiration）」などとよぶ．現存の細菌のなかにも無機塩呼吸を行なうものが少なくない．

### D. 物質循環

「酸素の循環（oxygen cycle）」は「炭素の循環

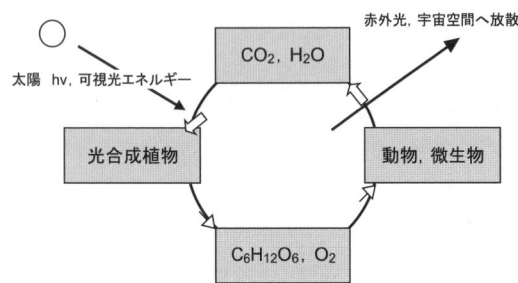

図1 炭素循環，酸素循環と食物連鎖

(carbon cycle)」や「食物連鎖 (food chain)」と関連している．大気中の二酸化炭素は植物の光合成により有機物に転換し，その際，水分子が分解されて酸素が大気中に放出される．植物の有機物は草食動物に食べられその体をつくり，さら肉食動物へと食物連鎖をとおして移っていくが，その際，元の植物を含めすべての生物が自身の代謝を通じて酸素を消費し，有機物の一部を二酸化炭素に変換して大気中へ戻す．最終的に食物連鎖の頂点に位置する生物が死んで，微生物により分解され，すべての有機物が二酸化炭素に戻り，光合成で生産された酸素もすべて消費される．このサイクルすなわち物質循環 (material cycle) が正常に回転しているかぎり，大気中の二酸化炭素ガスも酸素ガスも安定した濃度を保ち，変動しない (図1)．近年の大気中二酸化炭素ガスの増加は，地下に眠っていた石油や石炭などの炭素を燃料などの目的で酸化し二酸化炭素ガスを図1のサイクル外からもち込んだために起こった現象である．

このサイクル図を見るとわかるように，地球上の生物圏は太陽からの可視光エネルギーを赤外線に変換して再び宇宙空間に放出する太陽エネルギーの変換器とみなすことができる．

［参考文献］
Reece J. B. *et al.* (2010) *Campbell Biology* (9th ed.), Benjamin Cummings.

（大島泰郎）

## 1.5 生命の起原

### A. 生命の起原研究の意義

生命の起原 (origins of life) の研究は，単に数十億年前，「原始地球 (primitive earth)」の上で何が起こったかを解明し記述するにとどまらない．生命の起原の研究は，「生命とは何か」という生命科学にとって究極の課題と直結している．生命の定義なしに生命の起原の研究は始まらない．それはゴールを決めないで，マラソンを始めるようなものである．

現実には，生命の起原研究者の間で厳密に生命とは何かに関する議論が行なわれているわけではない．また，生物科学の研究に携わる研究者の間で合意された生命の定義はないが，暗黙のうちに以下のような理解の下に研究が進められている．まず，生命とは分子を部品とする機械である．機械であるということは，すなわち「生気論 (Vitalism)」を排し，物質世界を支配している物理的な法則に従わない超自然的な現象ではない．たとえば，霊魂の存在は認めない．生命は有機分子，すなわち炭素を骨格とする分子を主要部品とする機械である．

生命機械はコンピューターに似た情報処理機械であり，コンピューターと同様にハードウエアとソフトウエアに分けられる．この考えは，von Neumann (1951) が指摘したことであるが，シュレディンガーが『生命とは何か (*What is life*)』のなかで，生命を代謝と遺伝に分けて記述したことに対応している．すなわち，生命のハードは細胞内の代謝であり，ソフトは遺伝子である．それを担う代表的な主要部品は，それぞれタンパク質と核酸であり，化学的な実態はアミノ酸の重合体とヌクレオチドの重合体である．20世紀中葉に始まった現代の生命の起原研究は，アミノ酸やヌクレオチドの構成成分，塩基や糖が原始地球環境でいかに合成されうるかを調べる研究であった．タンパク質や核酸は，炭素のほかに酸素，窒素，水素，イオウ，リンを構成元素とする．生命の起原の研究では，原始地球上におけるこれらの元素を含む化合物の起原も重要な研究課題である．

現代の生化学・分子生物学では，生命と非生命を

区別する生命に固有の属性として，自己複製，代謝，それに細胞構造の三つを備えていると考えている．自己複製だけでは，化学における「自触媒系 (autocatalic reaction)」（カルビン，1970），すなわち反応産物自体が自らを生み出す触媒としてはたらく系と生命を区別できない．逆にいうと，生命とは自触媒系の一種である．また，外界と自己を区別する境界である膜系に包まれた細胞構造を必須と考えている．ウイルスを生命とするかどうかは難しい問題であるが，生命の起原の研究分野では，ウイルス様の構造体を生命の起原とする研究者は少なくとも主流ではない（科学の世界は多数決で決まるものでないから，ウイルス様の自己増殖する構造体から生命が始まったとする説が間違っているというのではない）．もうひとつの属性は進化であるが，生命の起原とはすなわち，進化する機械の誕生であり，生命の起原とは生物進化過程のはじまりのことである．なお，英語では生命の起原は多くの場合，origins of life と複数形で表記される．しかし，科学的には原始地球上で生命の起原が複数回起こった事象であるかどうかはまったくわかっていない．

**B. 生命の起原の研究史**

生命の起原研究は「生命とは何か」に直結しているため，生命科学の研究者にかぎらず，一般の人にも関心をもたれている．このため，生命の起原研究は人類が考えることを始めたときから始まっている．すなわち，キリスト教の経典『創世記』に代表されるように世界各地の宗教の経典には，必ずといってよいほど生命がいかにして始まったかが書かれている．しかし，その多くは神や得体の知れない怪物がかかわっていて，超自然現象として書かれている．

現代の研究に通じる研究のはじまりは，エジプトやギリシャの古代哲学の時代からである．ナイル川の泥に太陽からのエネルギーが注がれてワニがわくといったような生命の「自然発生（spontaneous generation）説」である．ギリシャ時代に入ると，Aristoteles が自然発生説の集大成を行ない，朝露に朝日が当たってホタルが生まれるといった自然発生説は長く人々の思想を支配したといわれている．古典哲学時代の学者も，物質は火，土，水，風などの要素からなり，これに太陽などのエネルギーがはたらいて生命が生まれると説明しているが，荒唐無稽と一笑に付してよいだろうか？ 火，土，水，風などの要素を，酸素，炭素，水素，窒素と置き換えると，現代の生命起原学説と本質的には変わらないといえるだろう．

実験による実証が重んじられる近代自然科学が始まると，古典哲学時代の自然発生説は疑われるようになった．よく知られている例は，Redi の実験で，肉を入れた瓶の口をガーゼで覆うと，ウジがわかないことを証明し，ハエがいなければウジがわく（今でも日常会話ではそう言うが）ことはないことを証明した．しかし，微生物が発見されると，このような単純な生物は自然発生すると信じられた．

微生物がわくか，親がいなければ生物は生まれないかは大論争となり，フランスで Pasteur がこれに決着をつけたことになっている．Pasteur は，よく教科書にも出てくる首の部分を細く引き伸ばしたフラスコ，いわゆる白鳥の首のフラスコを使い，首のなかに綿を詰めて空気中の雑菌が直接中に入らないようにしておくと，フラスコのなかの滅菌したスープはいつまでも腐らず，微生物の繁殖はないことを証明した．実際には，これ以外のいろいろな容器を使い実験をくりかえしているが，この時代では細菌など微生物の胞子の存在は知られておらず，Pasteur の用いた滅菌法では胞子をもつ菌が繁殖する可能性があるので，正しい実験が行なわれていなかった可能性が疑われている（この実験では，1回でも微生物の繁殖がみられれば自然発生の否定はできない）．しかし，Pasteur は「今後，自然発生説が復活することはないであろう」と講演したと伝えられている．なお，後述するように現代の学説も一種の「自然発生説」である．

Pasteur の時代，すなわち，19 世紀中葉に現代の生命の起原学説に大きな礎となる業績が，別々の分野で行なわれている．ひとつはドイツの Woeller の生体物質の人工合成であり，それまで生体の物質は「生命力」という不思議な力がはたらかないと合成できないとされていた考えを否定した．すなわち，生気論の否定である．生気論は，これだけで一気に消えたわけではないが，Woeller の研究は生命を機

械とみなす考えの出発点である．

　もうひとつは，イギリスでDarwinが進化論を発表したことである．進化思想に基づいて，生命の歴史を過去にさかのぼると必然的に最初の生命，そしてその起原にたどり着く．『種の起原（On the Origin of Species）』では，最終章の最後に数行だけ生命の起原に触れてはいるが，あいまいな記述でこの問題を避けている．しかし，Darwin自身はHookerにあてた手紙のなかで，「アミノ酸やリン酸を溶かしこんだ暖かい水溜り─…」という表現で現代の生命起原学説に近い考えを述べている．

## C. 化学進化仮説

　結局Pasteurは，生命は簡単には自然発生しないことを証明したのであるが，これを受けて19世紀末から20世紀初頭にかけて，地球上の生命は他の天体から飛来したという説が述べられた．よく知られているのは，ArrheniusやKelvinの説である．このような他の天体から飛来したという説を総称して「パンスペルミア（Panspeermia）」仮説という．パンスペルミア（胚種広布説と訳されることもある）は，宇宙空間を安全に飛行する可能性や地球大気圏を抜けて安全に着地する問題など多くの課題を抱えているので，現在は信じる研究者はほとんどいないが，完全に否定された学説とはいえない．

　現代の生命の起原に関する考え方は，1920年代にOparinが提唱した仮説で，原始地球大気や原始海洋中の単純な物質が，熱や紫外線などのエネルギーにより活性化され，高分子物質を含むさまざまな物質に変化し，そのなかから細胞構造が生まれ最初の生命に至ったと説明する．のちに，Calvinはこの考えを「化学進化（chemical evolution）」とよんだ．ただし，ここでいう進化はダーウィンの進化概念とは違う．宇宙の進化，星の進化，惑星進化などの語と同様に単に時間にともなう不可逆的な変遷を進化とよんでいる．

　化学進化の実験的な研究は，1953年のUreyとMillerによる原始地球模型実験（Miller, 1953）が有名である．化学平衡の計算から算出した「原始地球大気（primitive atmosphere）」の化学組成，メタン，アンモニア，水素，水蒸気の混合ガス中で火花放電（雷を模擬）した実験は，アミノ酸や有機酸など多くの生体関連物質の合成に成功し，以後の研究を先導した．しかし，これに先立ってCalvinは二酸化炭素ガスを主体とする大気，鉄イオンを含む水を原始海洋とする原始地球模型に，プロトン（太陽から放出される宇宙放射線のひとつ）を照射する実験を行ない，有機酸の合成を報告している．また，さらに古くOparinは特定の条件下で，2種の高分子を含む溶液はコアセルベート（coacervate）液滴とよぶ袋状の構造をつくることを実験し（この現象の最初の発見者ではない），細胞起原のモデルを研究している．

　なお，ユーリー・ミラー（Urey-Miller）の実験に用いられた原始大気の組成は，その後の進展，特に月の石の分析など宇宙科学の進歩により否定され，現在では原始地球大気は二酸化炭素ガス，窒素ガスを主体とするより酸化型の大気組成であるとされている（1.3項参照）．しかし，単純なガスから比較的短時間のうちに生体関連物質が生成しうるというユーリー・ミラー実験の結論の主要部分は，星間分子のなかに有機物が存在することなどの観測事実にも裏打ちされ，その価値を失ってはいない．

## D. 微化石，化学化石，分子系統樹

　生命の起原の研究は，原始地球模型実験のような過去から現在に向かう研究とは逆に，現在から過去へさかのぼる研究がある．多細胞生物が出現する以前の時代の化石は，肉眼では見えない微生物の化石である．これを「微化石（microfossils）」とよぶ．微化石の研究は，放射化学の進展により，古代の岩石の年齢を決定することが容易となった．最古の微化石として，35億年前のラン藻（シアノバクテリア）と思われる形態の化石が知られている．

　堆積岩中あるいは化石中に残る化学物質を分析して，堆積時代の生物を推定する研究もある．これらの岩石中に残る生体関連物質を「化学化石（chemical fossils）」とよぶ．化学化石の研究は，対象とする物質により安定性が異なるため，それに応じて対象とする地質時代が限定される．近年の代表例は，ミイラなどから採取するDNAである．しかし，DNAは安定な物質ではないので，最近の年代にかぎられる．炭化水素は安定な化合物であり，Calvinは精力的

に先カンブリア代の堆積岩の分析を行なっている．もっとも安定な化学化石は炭素の安定同位体$^{13}$Cである．生物は$^{13}$Cを排除する同位体効果があり，岩石中の炭酸塩や大気中の二酸化炭素ガス中の炭素に比べ生物体に由来する有機物の$^{13}$C/$^{12}$C比が小さい．原理的にはこれを利用すると，岩石中の炭素が生物由来か単なる無機物かを区別できる．たとえば，最古の堆積岩中のひとつ，グリーンランドのイスア（Isua）に産する約39億年前の堆積岩は$^{13}$C/$^{12}$C比が，海洋玄武岩の炭素の比より小さいので，生命はそれ以前に誕生したとする説（Mojzsis et al., 1996）は広い支持を得ている．しかし，$^{13}$C/$^{12}$C比はC$_3$植物とC$_4$植物で異なるなど問題も多い．なお，月の石のなかの炭素は，太陽からのプロトン（太陽風の成分）を浴びているので地球海洋中の玄武岩の値より$^{13}$C/$^{12}$C比が大きい．

これら微化石，化学化石の研究は，生命の誕生の時期が35億年以上にさかのぼり，原始海洋の誕生後の比較的早い時期に生命が誕生したことを示唆しているが，なお多くの論争があり，生命が誕生した年代は確定していない．

分子進化研究は生命の起原研究にも多くの貢献があった．特に，アーキア（Archaea, 古細菌）の発見，それにともなう初期生物進化に関する洞察は生命の起原の研究と不可分の関係にある．現生生物の共通の祖先は，LUKA（ルカ）あるいはCommonote（コモノート）などと呼称することが提案され，その生化学・分子生物学的な性質が有根分子系統樹（rooted molecular tree）を基に推論されている．ただし，ルカなどが地球上最初の生命であるとはかぎらない．

### E. RNAワールド仮説

生命を，核酸をソフト，タンパク質を中心部品とする細胞構造をハードとする分子機械と定義するなら，生命の起原学説は生命はソフトから始まったとするか，ハードから始まったとするか，ソフトとハードが同時に成立したかの三つに分けることができる．Oparinのコアセルベート説やDysonの生命起原論（1987）はハードからであり，Eigenの「ハイパーサイクル（hypercycle）仮説」（Eigen et al., 1981）はソフトからである．

ウイルスを生物に含めないと，現生の生物はすべてDNAを遺伝子としている．しかし，DNAとRNAの代謝，機能，化学的性質などを比較するといくつもの理由から，DNAはRNAから進化して置き換わったと推論できる．さらにRNAにはタンパク質に代わって生体の触媒＝酵素としてはたらく機能がある．そこで，初期生命は，RNAをソフトにもハードにも，すなわち遺伝子にも酵素にも使っていたとする仮説がGilbertにより提唱され（この仮説はソフトとハード同時説のひとつである），「RNAワールド仮説（RNA world hypothesis）」とよばれている（Gilbert, 1986）．RNAワールド仮説は人気が高いが，RNA生物が存在したことの直接的な証拠がないこと，「リボザイム（ribozyme）」（RNAを本体とする酵素）は限られた化学反応を触媒するものしか知られておらず，RNA自体の複製に必要な化学反応のすべてを触媒できる保証がないこと，RNAは比較的不安定な高分子物質で原始地球環境下の非生物学的生成が困難で，さらに仮につくられたとしてもその寿命が短いと想像されることなど多くの問題点を抱えている（1.6項参照）．

### F. 生命の起原研究の今後

これまでの生命の起原研究は，生と死の問題をとりあげてきていない．核酸に似た高分子，タンパク質に似た高分子，それに多くの重要な代謝中間体であるATP，アミノ酸，酢酸，さらには膜脂質などが溶け込んだ溶液があったとしても，そこから生命が生まれるには何が欠けているのだろうか．別の表現をすれば，大腸菌をすりつぶしたどろどろの液から，生きた細菌が生まれるだろうか？　すでに生命の人工合成の実験（Gibson et al., 2010）が可能となった現在，生命の起原研究は生体物質の起原でなく，物質の生命への転換に主眼を移すべきである．

［引用文献］

ダイソン 著，大島泰郎・木原拡 共訳（1987）『ダイソン 生命の起原』共立出版．

Eigen M. et al. (1981) *Sci. Am.*, vol. 244, p. 88.

Gilbert W. (1986) Origin of life: The RNA world. *Nature*, vol. 319, p. 618.

Gibson D. G. *et al.* (2010) Creation of a bacterial cell controlled by a chemically synthesized genome. Science, vol. 329, pp. 52-56.

Miller S. L. (1953) Production of amino acids under possible primitive earth conditions, Science, vol. 117, p. 528.

Mojzsis S. J. *et al.* (1996) Evidence for life on Earth before 3,800 million years ago. Nature, vol. 384, pp. 55-59.

von Neumann J. (1951) The General and Logical Theory of Automata. in Jeffress LA. ed., *Cerebral Mechanisms in Behavior-The Hixon Symposium*, pp. 1-41, John Wiley.

シュレディンガー 著, 岡小天・鎮目恭夫 訳 (1951)『生命とは何か』岩波書店.

[参考文献]

カルビン 著, 江上不二夫ほか 訳 (1970)『化学進化』東京化学同人.

オパーリン 著・石本真 訳 (1969)『生命の起原 ― 生命の生成と初期の発展』岩波書店.

（大島泰郎）

## 1.6 RNAワールド

### A. RNAワールドとは

「RNAワールド」は，生命はRNAの自己複製によってRNAが増殖し形成された世界（これをRNAワールドとよぶ）から生まれたという「RNAワールド仮説」を説明する際に使われる用語をさすのが一般的である．このRNAワールドと対立する用語として，生命はタンパク質からなる世界（タンパク質ワールド）から生まれたとの「タンパク質ワールド仮説」をいう際に使われる「タンパク質ワールド」がある．また，生命の起源に関するRNAワールド仮説とタンパク質ワールド仮説は，それぞれ，遺伝子（レプリケーター）起源説および代謝起源説に立脚する考えである．

### B. 生命の起源に関するRNAワールド仮説

これまでに提案されているRNAワールド仮説には以下のような説がある．

（1）リボザイム発見後の1986年にGilbertによって提案され，RNAの自己複製によって形成されたRNAのみの世界から生命が生まれたと考える，もっとも標準的なRNAワールド仮説（Gilbert, 1986）

（2）その後の研究によるRNAの化学進化的合成の困難さやRNA自体の不安定さなどのよる欠点を避けるため，たとえば，ペプチド核酸（peptide nucleic acid: PNA）(Nielsen, 2007) やトレオース核酸（threose-nucleic acid: TNA）(Orgel, 2000) などをRNAの前駆体（最初の遺伝物質）として導入した修正RNAワールド仮説

（3）タンパク質ワールドを並置することによってRNAワールド仮説の弱点を補完する目的で提案されたRNAワールド-タンパク質ワールド並列説（小林, 2007）

### C. RNAワールド仮説
#### a. RNAワールド仮説の提唱に至る経緯

「生命はどのようにしてこの地球上に生み出されたのか」という生命の起源に関する考えには，ギ

リシャ時代のAristotelesが主張した「自然発生説」や，遺伝子の化学的本体が不明で多くの人が漠然と遺伝情報はタンパク質側にあると考えていたころのOparinによって提唱されたコアセルベート説（Oparin, 1957）などがある．

しかし，WatsonとCrickによるDNAの二重らせん構造の解明（Watson & Crick, 1953）にともなって，現在の地球上のすべての生物の遺伝情報はDNAからmRNAへ，そしてタンパク質へと伝達されることがわかった（Crick, 1958）．このような遺伝情報の流れの存在は，生命の起源を考えるうえでの新たな問題提起となった．すなわち，遺伝子はタンパク質（酵素）のはたらきがあって初めてその遺伝的機能を発揮できる．したがって，DNAがタンパク質よりも先にできたとしても，そのDNAは機能的にはまったく無意味である．逆に，タンパク質はDNAの遺伝情報に基づいて合成される．そのため，たとえ，触媒機能をもつタンパク質が遺伝子よりも先にできたとしても遺伝子が存在しなければ，そのタンパク質を再生できない．このように，遺伝子（DNA）とタンパク質の間には，その解決がきわめて困難に思える「ニワトリと卵」の関係が存在する．そして，このことが生命起源研究者を長年にわたって悩ます大問題となっていた．

しかし，1980年の初頭に生命起源の研究にとってきわめて重要な発見がなされた．それはRNAにもRNA鎖を加水分解するホスホジエステラーゼ活性やヌクレオチドを脱水縮合し，RNA鎖を伸長させるRNAポリメラーゼ活性が存在すること，すなわちRNA触媒（リボザイム，ribozyme）が発見されたのである（Kruger et al., 1982; Guerrier-Takada et al., 1983）．

これをきっかけに，RNAならDNAとタンパク質の間の「ニワトリと卵」の関係の成立過程を説明できるかもしれないと考えられるようになった．なぜなら，遺伝的機能と触媒機能を合わせもつRNAなら遺伝情報を発揮するための鋳型となると同時に，触媒となって自らを合成すること，すなわち，自己複製が可能となるのではと思われたからである．もしもそれが可能なら，RNAが自己複製によって増殖していた時代が存在しうること，そして，その後に

RNAのもつ遺伝的機能をDNAに，触媒機能をタンパク質に譲ったと考えれば，現在のDNA→RNA→タンパク質へという遺伝情報の流れをうまく説明できると思われた．こうした考えの下で，Gilbertが生命の起源に関するRNAワールド仮説を提唱したのである（Gilbert, 1986）．

**b. RNAワールド仮説を支持する証拠**

RNAの塩基配列をDNAの塩基配列へと逆転写する酵素が存在すること，RNAをゲノム（遺伝子）としてもつウイルスが存在すること，低温下におくとRNAの安定性が高められるうえに，RNAの触媒活性が維持されることなどの事実もRNAワールド仮説を支持するものと受け止められている．

また，RNAにはポリ（C）合成活性を示すものがあることがわかったほか，Szostackのグループを中心に行なわれた研究によって，RNAには多様な触媒活性の存在することも確認された（Hager et. al, 1996）．なかでも，mRNAに写しとられた遺伝情報をタンパク質のアミノ酸配列へと写す過程で中心的な役割を果たすペプチジルトランスフェラーゼ活性が，リボソームタンパク質の側ではなく23S rRNAに存在することの発見（Noller et al., 1992; Nitta et al., 1998）は生命を生み出したRNAワールド時代の触媒活性の名残であると考えられ，RNAワールドを支持する研究者の大きな励ましとなった．

**c. RNAワールド仮説の問題点**

しかし，その後の研究によって「RNAワールド仮説」にはその解決が不可能とも思えるきわめて大きな問題点が存在することがわかってきた（池原，2006）．

（1）リボヌクレオチド合成の困難さ：リボヌクレオチドは核酸塩基（アデニン，グアニン，シトシン，ウラシル）とリボース，リン酸が結合したもので，その構造はきわめて複雑である．そのため，簡単な無機や有機の化合物から出発し，化学進化的にリボヌクレオチドを合成することはきわめて困難である．

（2）RNA合成の困難さ：環状リボースの上には不斉炭素原子が四つ存在する．そのため，3'および5'の位置のみでホスホジエステル結合を形成しながら化学進化的に遺伝情報を発揮できるほどの数のリボヌクレオチドを重合することがきわめて困難である．

(3) RNA自己複製の困難さ：RNAが自己複製するためにはそれ自体が鋳型となり触媒となる必要がある．しかし，鋳型となるためには安定な高次構造をもたないことが必要である．それと同時に，触媒機能を発揮するためには安定な立体構造をもつ必要がある．このように，RNAの自己複製にはいくつかの自己矛盾が含まれている．

(4) 遺伝子や遺伝暗号など遺伝情報の成立過程を説明することの困難さ：仮にRNAが自己複製できたとしても，自己複製したRNAがタンパク質のアミノ酸配列をコードすることができなければまったく無意味なものとなる．それにもかかわらず，独立した塩基配列によって形成される自己複製機能と三つの塩基配列（コドン配列）がタンパク質の配列情報をコードする機能とは無関係である．したがって，自己複製能力をもったRNAが存在したとしてもそれが遺伝情報をもつことはきわめて困難である．

## D. 修正RNAワールド仮説

化学進化的にヌクレオチドやRNAを合成するのはきわめて困難であるうえに，たとえRNAが合成できたとしもRNA自体が化学的に不安定であるなどのRNAワールド説の問題点も指摘されている．このRNAの不安定性を避けるため，RNAが形成されるまでの前駆体（祖先型核酸）としてリボース部分をN-(2-アミノエチル)グリシンがアミド結合で結合したもの（ペプチド結合）で置き換えたペプチド核酸やリボース部分をトレオースやグリセロールで置き換えたTNAやグリセロール核酸（glycerol nucleic acid：GNA）などを導入する修正RNAワールド仮説も提案されている（Yang et al., 2007）．

しかし，たとえPNAやTNA，GNAの時期があったとしても，それらは自己複製が可能なのか，遺伝的機能を獲得できたのか，またPNAやTNAなどにRNAと同様の情報機能が存在したとしても，その情報機能をどのような過程でRNAに移すことができたのかなどの新たな問題も存在する．

## E. RNAワールド-タンパク質ワールド並列説

RNAワールド仮説の問題点を克服するため，タンパク質ワールドとRNAワールドとが並置された時代を想定する考えも提案されている．しかし，このRNAワールド-タンパク質ワールド並列説には，単独のRNAワールドの形成が困難なうえに，独立にタンパク質ワールドを形成する必要がある．また，RNAワールドで形成されたRNAの塩基配列がどのようにしてタンパク質ワールドで形成されたタンパク質のアミノ酸配列をコードできたのかを説明することがきわめて困難である．

このように，どのRNAワールド仮説の考えに立脚しても生命の起源を説明することはきわめて困難である．このことについては多くの生命起源研究者も認識しているが，まだそれに代わる有力な考えがないこともあって，現時点ではRNAワールド仮説が生命の起源を説明するもっとも有力な考えとなっている．

[引用文献]

Crick F. H. (1958) On protein synthesis. *Symp. Soc. Exp. Biol.*, vol. 12, pp. 138-163.

Gilbert W. (1986) The RNA world. *Nature*, vol. 319, pp. 618.

Guerrier-Takada, C. et al. (1983) The RNA moiety of ribonuclease P is the catalytic subunit of the enzyme. *Cell*, vol. 35, pp. 849-857.

Hager A. J. et al. (1996) Ribozymes: aiming at RNA replication and protein synthesis. *Chem. Biol.*, vol. 3, pp. 717-725.

Kruger K. et al. (1982) Self-splicing RNA: autoexision and autocyclization of the ribosomal RNA intervening sequence of Tetrahymena. *Cell*, vol. 31, pp. 147-157.

Nielsen P. E. (2007) Peptide nucleic acid and the origin of life. *Chem. Biodivers.*, vol. 4, pp. 1996-2002.

Nitta I. et al. (1998) Reconstitution of peptide bond formation with Escherichia coli 23S ribosomal RNA domains. *Science*, vol. 281, pp. 666-669.

Noller H. F. et al. (1992) Unusual resistance of peptidyl transferase to protein extraction procedures. *Science*, vol. 256, pp. 1416-1419.

Oparin A. (1957) *The Origin of Life on Earth*, Oliver and Boyd.

Orgel L. (2000) Origin of life: A simpler nucleic acid. *Science*, vol. 290, pp. 1306-1307.

Watson J. D. & Crick F. H. (1953) Molecular structure of nucleic acids; a structure for deoxyribose nucleic acid. *Nature*, vol. 171, pp. 737-738.

Yang Y. W. et al. (2007) Experimental evidence that GNA and TNA were not sequential polymers in the prebiotic evolution of RNA. *J. Mol. Evol.*, vol. 65, pp. 289-295.

池原健二（2006）『GADV 仮説―生命起源を問い直す』京都大学学術出版会.

小林憲正（2007）生命の"もと"は宇宙から？ *Biophilia*, vol. 3, pp. 28-33.

（池原健二）

## 1.7 タンパク質ワールド

**A. タンパク質ワールドとは**

「タンパク質ワールド」は，生命がタンパク質で構成されていた世界（タンパク質ワールド）から生まれたとの生命の起源に関する「タンパク質ワールド仮説」を示す際の用語である．この「タンパク質ワールド」という用語は，生命がRNAの世界から生まれたと考える際の「RNAワールド」と対応している．また，タンパク質ワールド仮説は代謝起源説に，RNA ワールド仮説は遺伝子（レプリケーター）起源説に対応している．

**B. 生命の起源に関するふたつのタンパク質ワールド仮説**

ひとつは遺伝子の化学的本体がDNAであるとわかる以前のもので，生命は漠然と 20 種のアミノ酸からなるタンパク質ワールドから生まれたと考えられていた，第一世代のタンパク質ワールド仮説である．もうひとつは遺伝子がDNAであることがわかってから以降のもので，グリシン（Gly: G），アラニン（Ala: A），アスパラギン酸（Asp: D），バリン（Val: V）の4種のアミノ酸からなる [GADV]-タンパク質ワールドから生まれたという [GADV]-タンパク質ワールド仮説（GADV 仮説）である（池原，2006；Ikehara, 2005, 2009）．

**C. 第一世代のタンパク質ワールド仮説**

20 世紀前半までは高分子という概念がなかったこともあって，DNAなどの核酸は4種のヌクレオチドからなる単純な構造のものだと考えられていたこともあった．一方，タンパク質は 20 種のアミノ酸よりなる複雑で多様なもので，タンパク質こそが遺伝子の化学的本体だと考えられていた．その当時，Oparinがタンパク質であるゼラチン（コラーゲン）などを用いた実験結果に基づいてコアセルベート説を提案する（Oparin, 1957）など，多くの人が生命は 20 種のアミノ酸からなるタンパク質ワールドから生まれたと考えていた．

しかし，DNA が遺伝子の化学的本体であることがわかると，生命がタンパク質から生まれたという考えは否定されることとなった．なぜなら，タンパク質の構成成分であるアミノ酸の間にはDNAのような相補的な関係をみいだすことができず，タンパク質は生命を生み出すための化学物質ではありえないとの認識が広まったためである．

## D. 第二世代のタンパク質ワールド仮説（GADV 仮説）

### a. GADV 仮説の提唱

まったく新規な遺伝子の形成過程に関する考え（Ikehara et al., 1996）や遺伝暗号は GNC から始まったという GNC-SNS 原始遺伝暗号仮説（Ikehara, 2002; Ikehara et al., 2002），特異なアミノ酸組成内ならランダム重合でも新規なタンパク質を高い確率で形成できるというタンパク質の0次構造仮説（Ikehara, 2009），そして，[GADV]-タンパク質なら遺伝子不在下でも擬似複製によって増幅できる可能性のあること（Oba et al., 2005）などを根拠に，生命は擬似複製によって形成された [GADV]-タンパク質ワールドから生まれたという GADV 仮説が提唱された（Ikehara, 2005；池原, 2006）．

### b. GADV 仮説の考える生命誕生への道筋

GADV 仮説に基づく生命誕生までの道筋は以下のとおりである．化学進化によって，4種の [GADV]-アミノ酸を蓄積する時期を迎えた．つぎに，4種の [GADV]-アミノ酸のランダムなペプチド結合の形成によって水溶性で球状の [GADV]-タンパク質が生み出された．また，このタンパク質が単純な構成のものだったこと，そして，ペプチド結合の形成を触媒できたことから，遺伝子不在下でも [GADV]-タンパク質はまわりの [GADV]-アミノ酸をランダムに重合させ，同じではないがよく似た [GADV]-タンパク質を多数形成できた（これを擬似複製とよぶ）．こうして形成された [GADV]-タンパク質ワールドからヌクレオチドやオリゴヌクレオチドが合成され，続いて，個々の [GADV]-アミノ酸と GNC を含むオリゴヌクレオチドとの間にみられる立体化学的な対応関係を通じて，GNC 原初遺伝暗号が生み出された．そして，オリゴヌクレオチド内の GNC が縦に連結されることによって GNC のくりかえし配列からなる一本鎖 $(GNC)_n$ 原初遺伝子が形成された．その相補鎖の合成を契機に二重鎖 $(GNC)_n$ 遺伝子が形成され，最初の生命が生み出されたと考えるのである．また，GADV 仮説は，[GADV]-タンパク質ワールドの形成から始まり，GNC 原初遺伝暗号の確立，$(GNC)_n$ 遺伝子への形成へと現在の遺伝情報の流れを遡るように遺伝子とタンパク質の間の「ニワトリと卵」の関係が形成されたと考えて説明できる．また，[GADV]-アミノ酸と GNC を含むオリゴヌクレオチドからなるふたつの複合体内の GNC 間での塩基対形成による GNC 原初遺伝暗号の成立がきっかけとなり，一方がニワトリ（mRNA から DNA：遺伝子）へ，他方が卵（tRNA-アミノ酸からタンパク質）へと分化したというように，遺伝子とタンパク質間の「ニワトリと卵」の成立過程を説明できる考えとなっている．

[引用文献]

Ikehara K. *et al.* (1996) A possible origin of newly-born bacterial genes: significance of GC-rich nonstop frame on antisense strand. *Nucl. Acids Res.*, vol. 24, pp. 4249-4255.

Ikehara K. (2002) Origins of gene, genetic code, protein and life: comprehensive view of life systems from a GNC-SNS primitive genetic code hypothesis. *J. Biosci.*, vol. 27, pp. 165-186.

Ikehara K. *et al.* (2002) A novel theory on the origin of the genetic code: a GNC-SNS hypothesis. *J. Mol. Evol.*, vol. 54, pp. 530-538.

Ikehara K. (2005) Possible steps to the emergence of life: the [GADV]-protein world hypothesis. *Chemi. Rec.*, vol. 5, pp. 107-118.

Ikehara K. (2009) Pseudo-replication of [GADV]-proteins and origin of life. *Int. J. Mol. Sci.*, vol. 10, pp. 1525-1537.

Oba T. *et al.* (2005) Catalytic activities of [GADV]-petides. *Ori.Life Evol. Biosph.*, vol. 35, pp. 447-460.

Oparin A. (1957) *The Origin of Life on Earth*, Oliver and Boyd.

池原健二（2006）『GADV 仮説―生命起源を問い直す』京都大学学術出版会.

〈池原健二〉

## 1.8 微化石と化学化石

### A. 微化石

微化石とは顕微鏡を用いて観察可能な微生物の化石をさす．放散虫・有孔虫などシリカや炭酸塩殻が保存されたものと，細胞の形状が保存された炭素質微化石（carbonaceous microfossil）の二者がある．このうち先カンブリア代に産出するのは後者である．炭素質微化石は地球史を通した微生物活動の直接的な証拠であり，その記録は約35億年前までさかのぼる (Altermann & Kazmierczak, 2003)．

先カンブリア代の炭素質微化石の多くは原核生物の化石である．細胞膜などの有機質軟組織が生きた細胞とほとんど同様の形態のまま岩石中に保存されている．これら化石の多くは細粒珪質な堆積岩であるチャート中に産する．ただし，チャートの堆積環境は多岐にわたり，放散虫など珪質殻をもつ生物の堆積したものや，炭酸塩岩や砕屑岩が続成作用を経て珪化したもの，化学的に沈殿したものなどがある．原核生物化石を含むチャートのほとんどは珪化した炭酸塩岩である．

原生代（25〜16億年前）の炭素質微化石のほとんどはストロマトライトを含む浅海の炭酸塩岩層中に産する．代表的な産地として約20億年前のGunflint累層 (Awramik & Barghoorn, 1977; Tyler & Barghoorn, 1954) や18〜17億年前のKasegalik-McLeary累層 (Hofmann, 1976) がある．これら化石の形態は，① 球状化石（coccoid），② 節のある糸状化石（septate filament），③ チューブ状の糸状化石（tubular filament），および ④ 現生の微生物では未知もしくはまれな形態をもつ分類不明化石（bizarre forms）に大別されている (Hofmann & Schopf, 1983)．球状化石は *Huroniospora* に代表される比較的単純な球形のものと，*Eosynechococcus* などの楕円体のものがある．これらは単独，もしくは対をなして産することが多く，また *Eoentophysalis* などに代表される多数の球菌がコロニーをなすものもある．糸状化石は *Archaeotrichion* などの非常に細い幅（1 $\mu$m 以下）で，円柱状もしくは球状の細胞が連なるもの，*Gunflintia* などの中程度の幅をもち（15 $\mu$m）円柱状の細胞が連なるもの，および *Oscillatoriopsis* などの太い幅をもち（< 5〜15 $\mu$m）円盤状の細胞が連なるものが多く，まれに枝分かれするものもある．チューブ状の化石もやはりその大きさによって大別され，幅25 $\mu$m の *Eomycetopsis* タイプ，6〜12 $\mu$m の *Animikiea* タイプ，および20 $\mu$m 程度の直径で厚い壁をもつ *Siphonophycus* タイプがある．これらはおもに糸状シアノバクテリアがもつ粘着質のシースが細胞本体から分離したものと考えられている．

ストロマトライト中に産する原生代化石の多くは，細胞サイズの最頻値が5 $\mu$m を超えており，その大きさ形状と産状からシアノバクテリアであると同定可能なものが多く，なかには窒素固定能をもつシアノバクテリア特有の異質細胞をもつものもある (Hofmann & Schopf, 1983)．しかし，これら原核生物化石の系統を形態のみに基づいて分類することは困難をきわめる．特に4 $\mu$m 以下の直径をもつ微少な球状化石などがどの細菌に分類されるかは今のところほとんど明らかでない．

一方，太古代（40〜25億年前）の化石記録は非常に少ない．原生代型のストロマトライト質炭酸塩岩層に含まれるシアノバクテリア類似の化石は約27億年前までさかのぼって産出する (Altermann & Schopf, 1995)．それ以前の地層からまれに産出する化石はいずれも火山岩に伴うチャートに含まれ，その形態もより単純な糸状及び球状を呈する．これら産状は特に原生代型のそれとは異なっており，またその分類も明らかではない．

### B. 化学化石

地層に保存された生物由来の有機分子を分子化石とよび，そのうち起源生物を特定できる分子は特にバイオマーカーとよばれる．先カンブリア代の地層から分子化石が報告される例は原生代末を除くときわめてまれである．これは続成・変成作用を経てその分子構造が変化してしまうためと，地層の堆積後に地下水などによって混入したあとの時代の有機分子と，元々地層中に存在した微量の分子化石を区別することが困難な場合が多いためである．もっ

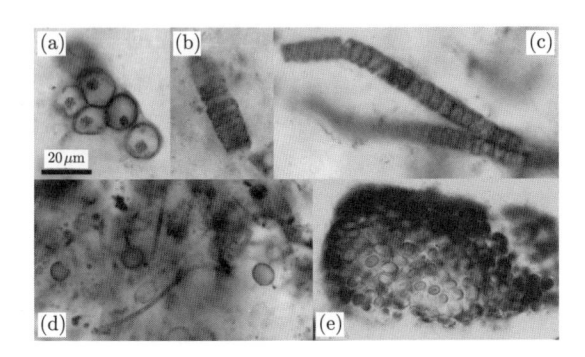

**図 1** 原核生物化石 →口絵 1 参照
(a) *Glenobotorydion*, (b) と (c) *Oscillatoriopsis*
(d) 球状の *Huroniospora* とチューブ状の *Gunflintia*
(e) *Eoentophysalis*

とも古い記録として 27 億年前のフォーテスキュー層群（オーストラリア）から産出したシアノバクテリアのバイオマーカー（$2\alpha$-メチルホパン）がある（Summons *et al.*, 1999; Eigenbrode *et al.*, 2008）。同地層は真核生物のバイオマーカーであるステランをも含むとする報告があったが，現在ではこれは後の時代の汚染であることが判明している（Brocks *et al.*, 1999; Rasmussen *et al.*, 2008）。また原生代中期，約 16 億年前のバーニー・クリーク累層からはオケノンとよばれるカロテノイド色素の派生物が抽出されており，これが嫌気的な非酸素発生型光合成生物のバイオマーカーであることから，当時の海洋が有光層まで嫌気的であったことが示唆されている（Brocks & Schaeffer, 2008）。

[引用文献]

Altermann W. & Kazmierczak J. (2003) Archean microfossils: a reappraisal of early life on Earth. *Res. Microbiol.*, vol. 154, pp. 611-617.

Altermann W. & Schopf J. W. (1995) Microfossils from the Neoarchean Campbell Group, Griqualand West Sequence of the Transvaal Supergroup, and their paleoenvironmental and evolutionary implications. *Precambrian Res.*, vol. 75, pp. 65-90.

Awramik S. M. & Barghoorn E. S. (1977) The Gunflint microbiota. *Precambrian Res.*, vol. 5, pp. 121-142.

Awramik S. M. *et al.* (1983) Filamentous fossil bacteria from the Archean of Western Australia. *Precambrian Res.*, vol. 20, pp. 357-374.

Brocks J. J. & Schaeffer P. (2008) Okenane, a biomarker for purple sulfur bacteria (Chromatiaceae), and other new carotenoid derivatives from the 1640 Ma Barney Creek Formation. *Geochim. Cosmochim. Acta*, vol. 72, pp. 1396-1414.

Eigenbrode J. L. *et al.* (2008) Methylhopane biomarker hydrocarbons in Hamersley *Province sediments* provide evidence for *Neoarchean aerobiosis*. *Earth Planet. Sci. Lett.*, vol. 273, pp. 323-331

Hofmann H. J. & Schopf J. W. (1983) Early Proterozoic Microfossils. in Schopf JW. ed., *Earth's Earliest Biosphere*, pp. 321-360, Princeton University Press.

Hofmann H. J. (1976) Precambrian microflora, Belcher Islands, Canada: significance and systematics. *J. Paleontol.*, vol. 50, pp. 1040-1073.

Schopf J. W. & Klein C. (1992) in *The Proterozoic biosphere -A multidisciplinary study*, pp. 1348, Cambrige University Press.

Schopf J. W. & Walter M. R. (1983) Archean microfossils: New evidence of ancient microbes. in Schopf JW. ed., *Earth's Earliest Biosphere*, pp. 214-239, Princeton University Press.

Summons R. E. *et al.* (1999) 2-Methylhopanoids as biomarkers for cyanobacterial oxygenic photosynthesis. *Nature*, vol. 400, pp. 554-557.

Tyler S. A. & Barghoorn E. S. (1954) Occurrence of structurally preserved plants in Pre-Cambrian rocks of the Canadian Shield. *Science*, vol. 119, pp. 606-608.

（上野雄一郎）

## 1.9 宇宙の生命

### A. 圏外生物学

宇宙における生命に関連した課題をとりあげる分野は「宇宙生物学（space biology）」または「宇宙生命科学（space life science）」とよばれる．このおもな研究課題は地球生物の，宇宙環境の下，特に微小重力または無重力下の生物学である．宇宙環境としては重力のほか，地磁気が少ないこと，日周性が変化すること，それに放射線が多いこと，特に高エネルギーの放射線を浴びることなどがある．

このほか，宇宙船や他の天体上の居住にともなうヒトの医学（宇宙医学）も重要な分野である．宇宙医学には，比較的少人数で共同生活をすることにともなう精神医学も含まれる．また，高空からの地球環境の分析など地球生態系の解析に関する宇宙技術の利用も宇宙生物学の課題に含まれる．

これに対し，地球以外の天体上の生命関連物質の解析や生命探査を行なう分野は「圏外生物学（exobiology）」，または「アストロバイオロジー（astrobiology）」とよばれる．この分野には，宇宙空間を利用した生命の起原の実験研究や他の天体上に存在する生命関連物質の解析から生命の起原に関する研究を行なう課題も含まれる．

### B. 宇宙空間の有機物と星間分子

隕石中の有機物に関する研究は19世紀から始まっているが，分析の精度が低いことや特に地球に到達した以降の汚染の問題があり，見るべき成果はない．近年は，微量分析の進歩，無塵実験室の設置などの技術面での進歩と南極の隕石のように汚染の可能性の低い試料，特に月の石や宇宙船による宇宙空間での試料採取により隕石，彗星などにアミノ酸や核酸塩基など生体関連の有機物が存在することが確かめられている．

月と火星については，探査船を送り，質量分析計を使った高精度の分析により有機物の存在を調べたが，現在までのところ検出された例はない．これらの天体に関しては，南極の隕石のなかには，月や火星起原のものがあるので，これを利用すると月や火星に行かなくとも，それら天体の地表の有機物などの分析ができる．火星起原の南極隕石に関しては，有機物のほかに化石様の構造体までみつかると報告されているが，本当に生物体の化石かどうかは反論も多く結論は出ていない．

電波望遠鏡の技術が進歩して，マイクロ波を利用するようになると，物質のマイクロ波スペクトルを観測できるようになり，太陽系以外の宇宙空間の生体関連物質が知られるようになった．特に星雲中には，エタノールなど生体関連の有機物が存在することが知られ，「星間分子（interstellar molecules）」と総称されている．

### C. 水

他天体上の生命存在の可能性を論じるには，有機物などと同様，あるいはそれ以上に水の存在を調べることが重要である．月と火星に関しては水の存在がくりかえしいろいろな手法で調べられている．特に火星に関しては，現在もいくらかの水が存在するとされ，惑星形成後，しばらくの間は大きな海洋が存在したと信じられている．海洋の水の大部分は，火星の重力が小さいため維持することができず，宇宙空間に散逸したと考えられている．

このほかエウロパなど木星の衛星など一部の天体には水や海洋が存在する．

### D. 文明探査：SETI

太陽系内の天体は宇宙探査船を送って直接生命や生命関連物質を探査できる．太陽系外は遠すぎて，宇宙船を送るわけにいかない．代わって，文明を探査する．特に，電波を使わない文明社会は考えられないので（あるいはそのようなわれわれとはまったく異質の文明社会を探査しても意味がないので），地球外文明社会が発する電波を探査する．これを地球圏外知性探査の英語表現 Search for Extra-Terrestrial Intelligence の頭文字をとって「SETI（セチ）」とよぶ（歴史的には，はじめ Communication with Extra-terrrestrial Intelligence から CETI（発音は同じでセチ）とよんだ．これは最初に探査された星のひとつ，くじら座τ星のくじら座が英語では Ceti と綴

ることにちなんでいた).

　これまでに多くの SETI プロジェクトが実施され，また惑星協会のように継続的に探索している組織もあるが，受信に成功した例はない．このことは地球外文明がいないことの証拠にはならない．探すべき星の数も多いうえ，交信に使われる電波の周波数はわかってないので無限の可能性がある．また，逆にこちらから送信した例もいくつかあるが，記念行事の一環などのみで，本気で送信したものはない．

　この銀河系内の文明社会の数を推理する Drake の方程式（下式）は有名である．

$$N = R \cdot f_p n_e f_l f_i f_c L$$

天文学者 Drake が提案したもので，銀河内の文明社会の数 $N$ は，1年あたりの恒星の誕生する数 R（これは観測により 10 程度とわかっている）に，そのうち惑星系を持つ恒星の割合 $f_p$（おそらく太陽型の恒星の多くは惑星系をもつ），そのうち生命を宿すに適している惑星の数 $n_e$（われわれの太陽系では 1 か〈火星を含めるなら〉2），そこに生命が誕生する確率 $f_l$，生命が進化して知性をもつ生物が出現する確率 $f_i$，知性をもつ生物が他の天体上の文明社会を探査したいと思うほどまで発達した文明社会をつくる確率 $f_c$，それに最後にそのような文明社会の寿命 $L$ を掛けることで求まるというものである．この式は，うしろのほうほど研究が進んでいないので，（特に最後の寿命は）どんな数字を入れてよいかわからない．なお，われわれ地球の文明社会が存在しているので，$N$ は 1 以上である．

［参考文献］

UTL: http://astronomyonline.org/Astrobiology/
　　Advanced_Topics/NASAAstrobiologyRoadMap.pdf

〈大島泰郎〉

# 第 2 章
# ウイルスと原核生物

| | | |
|---|---|---|
| 2.1 | ウイルスとファージ | 小林由紀・鈴木善幸 |
| 2.2 | RNA ウイルス | 小林由紀・鈴木善幸 |
| 2.3 | DNA ウイルス | 花田耕介 |
| 2.4 | 真正細菌 | 古賀洋介 |
| 2.5 | シアノバクテリア | 都筑幹夫 |
| 2.6 | 大腸菌 | 古賀洋介 |
| 2.7 | 枯草菌 | 古賀洋介 |
| 2.8 | 古細菌 | 古賀洋介 |

## 2.1 ウイルスとファージ

### A. ウイルスとは

ウイルス（virus）は，大まかには遺伝物質である核酸とそれをとり囲むタンパク質，さらに場合によってはその外側を覆う脂質膜（エンベロープ）によって形成された，数十nm～数百nmの大きさのビリオンをもつ細胞内寄生性の生物である（図1）．ウイルスは，原核生物や真核生物を宿主として増殖するが，ウイルス種によって感染できる生物種や細胞種が異なる．特に原核生物に感染するウイルスは（バクテリオ）ファージとよばれる．

ウイルスは，ゲノムの性状や複製機構によって2本鎖DNAウイルス（グループI），1本鎖DNAウイルス（グループII），2本鎖RNAウイルス（グループIII），1本鎖（+鎖）RNAウイルス（グループIV），1本鎖（-鎖）RNAウイルス（グループV），1本鎖RNA-逆転写ウイルス（グループVI），2本鎖DNA-逆転写ウイルス（グループVII）に分類できる（Baltimore分類）．International Committee on Taxonomy of Virusesによって2008年までに5目20科に2000種以上，さらに目に分類されない64科に3000種以上が分類されている．また，自然界には未発見のウイルスが多く存在すると考えられている．

### B. ウイルスの起源

ウイルスの起源は，古細菌，真正細菌，真核生物が誕生する以前の，およそ30億年前のRNAワールドの時代にまでさかのぼると考えられている（Forterre, 2005）．しかしながら，ウイルスの多くは他の生物とゲノム配列やタンパク質の構造に類似性が観察されないことから起源は不明であり，複数の仮説が提唱されている．たとえば，過去に存在したと思われるRNAゲノムをもつ細胞が退化してRNAウイルスが誕生したという説や，RNAゲノムをもつ細胞が他の細胞にとりこまれてタンパク質合成能を失いRNAウイルスが誕生したという説などがある．一方，DNAウイルスについては，レトロウイルスがRNAゲノムからDNAを逆転写できることや，DNAウイルスとRNAウイルスのポリメラーゼに共通の構造が観察されることから，RNAウイルスから進化したと考えられている．

### C. ウイルスの変異体産生機構

ウイルスは宿主と攻防しながら進化し続けている．ウイルス進化の原動力は，複製の過程でゲノム配列上に生じる突然変異である．概してウイルスは原核生物や真核生物と比較して世代時代が短く突然変異率が高いことから，短時間で変異体ウイルスが産生される．変異体ウイルスの産生機構としては，塩基置換突然変異，挿入・欠失，遺伝子組換え，遺伝子再集合などがあげられる．

塩基置換突然変異はポリメラーゼの塩基とりこみエラーによって起こる．特にRNAウイルスはポリメラーゼの忠実度が低いことに加えて突然変異の校正機構を欠くことから，原核生物や真核生物と比較して突然変異率が高く，その結果，宿主の100万倍以上の速さで進化するものも存在する．一方，DNAウイルスは校正機構をもつために，RNAウイルスと比較して突然変異率が低い傾向にある（Duffy et al., 2008）．

塩基の挿入・欠失はウイルスのゲノム長を変化させたり，フレームシフトを起こしてタンパク質の性

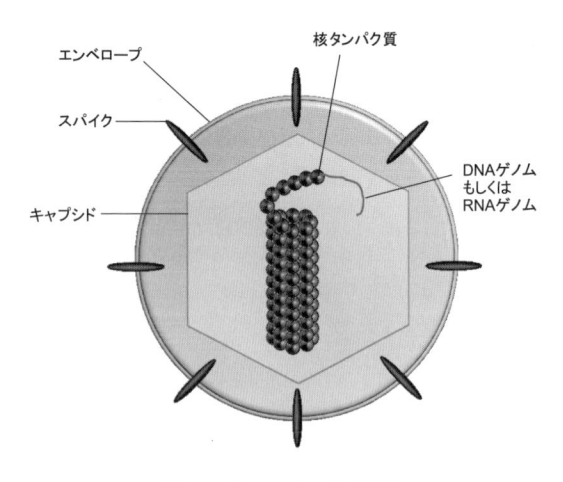

**図1 ウイルスの基本構造**
ゲノムは核タンパク質に覆われ，キャプシドタンパク質の殻のなかに収められている．ウイルスによってはその外側を宿主細胞由来の脂質膜エンベロープが覆い，スパイクタンパク質が表面に突き出ている．

質を変化させることがある．たとえば，重症呼吸器症候群（SARS）の原因であるSARSコロナウイルスは，ヒトに伝播したのちに29塩基の欠失によりフレームシフトが起こった（Sung et al., 2009）．

遺伝子組換えとは，あるウイルス株のゲノム，あるいは遺伝子の一部が複製の過程で他の株のものに置き換えられることである．レトロウイルスは遺伝子組換えを高頻度に起こすことが知られており，それによって抗原性を変化させ，宿主の免疫機構を回避することがある（Ramirez et al., 2008）．

遺伝子再集合とは分節型ゲノムをもつウイルスにおいて，異なる株が同一の細胞に重感染し，複製の過程でゲノムの分節単位での組換えが起こることである．8本の分節型ゲノムをもつインフルエンザA型ウイルスは遺伝子再集合によって抗原シフトを起こし，パンデミックを起こしてきた（Nelson et al., 2008）．

### D. ウイルスと宿主

ウイルスは宿主の生体機構を利用して増殖するため，宿主環境の影響も受けながら進化している．たとえば，ウイルスは宿主の翻訳機構を利用してタンパク質を合成するため，ウイルスと宿主のコドン使用頻度の間には多くの場合正の相関が観察される（Auewarakul, 2005）．一方，A型肝炎ウイルスはコドン使用頻度が宿主と異なるため翻訳速度が遅くなり，宿主の免疫機構に認識されることなく感染を成立させる（Pintó et al., 2007）．さらにウイルスは宿主ゲノムの一部を自身のゲノムにとりこむことがある（水平移動）．この機構はファージや大型DNAウイルスで頻繁に観察される（Van Etten et al., 2010）．

一方でウイルスは宿主の進化に寄与してきたとも考えられる．レトロウイルスは複製の過程で逆転写したDNAを宿主ゲノムに挿入するが，生殖細胞に感染すると，レトロウイルス由来の遺伝子が宿主ゲノムに内在化することがある．ヒトゲノムのおよそ8％はレトロウイルス由来であり，その中には胎盤形成に重要な遺伝子も含まれている（Blikstad et al., 2008）．また，逆転写酵素をコードしないウイルスも，宿主がコードする逆転写酵素によってDNAが生成され，宿主ゲノムに内在化することがある（Horie et al., 2010）．また，プラスミドは細菌ゲノムとは独立に増殖し，細菌の間で水平伝播されることから，ウイルスが起源であると考えられている（Forterre, 2005）．

### E. モデル生物としてのウイルス

地球上に存在する（した）全生物のなかで初めて全ゲノム配列が決定されたのはファージΦX174（1977年）であり，ウイルスについては原核生物（1995年）や真核生物（1996年）より15年以上も前からポストゲノム研究がなされている．また，ウイルスは進化速度が速く，進化を実験的に観察できる唯一の生物であることから，進化学的研究に最適のモデル生物と考えられる．今後ウイルスを用いた実験的研究により，生物の一般的な進化機構についてこれまでに提唱されてきた仮説が検証されることが期待される．

［引用文献］

Auewarakul P. (2005) Composition bias and genome polarity of RNA viruses. *Virus Res.*, vol. 109, pp. 33-37.

Blikstad V. *et al.* (2008) Evolution of human endogenous retroviral sequences: a conceptual account. *Cell. Mol. Life Sci.*, vol. 65, pp. 3348-3365.

Duffy S. *et al.* (2008) Rates of evolutionary change in viruses: patterns and determinants. *Nat. Rev. Genet.*, vol. 9, pp. 267-276.

Forterre P. (2005) The two ages of the RNA world, and the transition to the DNA world: a story of viruses and cells. *Biochimie*, vol. 87, pp. 793-803.

Horie M. *et al.* (2010) Endogenous non-retroviral RNA virus elements in mammalian genomes. *Nature*, vol. 463, pp. 84-87.

Nelson M. I. *et al.* (2008) Multiple reassortment events in the evolutionary history of H1N1 influenza A virus since 1918. *PLoS Pathog.*, vol. 29, pp. e1000012

Pintó R. M. *et al.* (2007) Codon usage and replicative strategies of hepatitis A virus. *Virus Res.*, vol. 127, pp. 158-163.

Ramirez B. C. *et al.* (2008) Implications of recombination for HIV diversity. *Virus Res.*, vol. 134, pp. 64-73.

Sung S. C. *et al.* (2009) The 8ab protein of SARS-CoV is a luminal ER membrane-associated protein and induces the activation of ATF6. *Virology*, vol. 387, pp. 402-413.

Van Etten J. L. *et al.* (2010) DNA viruses: the really big ones (giruses). *Annu. Rev. Microbiol.*, vol. 64, pp. 83-99.

〈小林由紀・鈴木善幸〉

## 2.2 RNAウイルス

### A. RNAウイルスとは

ウイルス（2.1項参照）のなかで，RNAをゲノムとしてもつもの（Baltimore分類のグループIII, IV, V, VI）をRNAウイルスと総称することにする．現在までに発見されたRNAウイルスには病原性をもつものが多いが，一般にRNAウイルスは突然変異率が高いことから，感染の予防法や治療法に対して抵抗性を示す変異体の出現頻度が高く，それを抑えるためにはRNAウイルスの進化機構を解明することが重要と考えられる．また，RNAウイルスは進化をヒトの生存期間内で観察できるため，生物の一般的な進化機構を解明するための重要なモデル生物と考えられる．本項目では，グループIV（1本鎖RNA-逆転写ウイルス）から，レトロウイルス科レンチウイルス属に属しヒトに後天性免疫不全症候群（acquired immune deficiency syndrome：AIDS）をひき起こすヒト免疫不全ウイルス1型（human immunodeficiency virus 1：HIV-1）を例にとって，その進化機構を解説する．

### B. 進化速度

一般に，RNAウイルスは原核生物や真核生物である宿主の100万倍以上の速度で進化するため，分離年が異なる株のゲノム配列を比較することによって時間経過にともなう塩基置換の蓄積を観察することができ，それを用いて進化速度や系統樹の内部結節における分岐年代を推定できる．

たとえば，HIV-1の進化速度はおよそ$10^{-3}$塩基置換数/座位/年のオーダーと推定されている（Leitner & Albert, 1999）．また，ヒトでAIDSの流行が認識されるようになったのは1980年代以降であるが，HIV-1はアフリカのチンパンジーで維持されているサル免疫不全ウイルス（SIVcpz）がヒトへ種間伝播することによって進化したと考えられており，分岐年代の推定から，HIV-1は遅くとも1930年ころにはヒトに感染していた可能性が示唆されている（Korber et al., 2000）．さらに，ゴリラからもヒトにSIVgorの種間伝播が起きた可能性が示唆されている（Plantier et al., 2009）．

### C. 遺伝子組換え

遺伝子組換えの頻度はRNAウイルス種によって異なり，2倍体ゲノムをもつHIV-1や1本鎖（+鎖）RNAウイルスは組換えを起こしやすいが，1本鎖（−鎖）RNAウイルスは複製直後にウイルスの核タンパク質がウイルスゲノムに結合するため組換えが起こりにくいと考えられている（Holmes, 2009）．組換えの検出には，系統的に離れた株間で組換えが起こると，配列の相同性や系統樹の樹形が組換え領域とその他の領域で異なる場合があることを利用した方法が多く用いられている（Awadalla, 2003）．

HIV-1はM, N, O型に分類され，M型はさらにA～Kの亜型に分類されているが，組換えは亜型内だけでなく亜型間でも報告されている．実験的にはHIV-1の組換えはゲノム中でランダムに生じると考えられているが，流行株のゲノム中には組換えが観察されやすい「hot spot」と観察されにくい「cold spot」が存在する（Ramirez et al., 2008）．「hot spot」が分布するゲノム領域にはしばしば正の自然選択が検出されることから，「hot spot」と「cold spot」は組換え体にはたらいた自然選択によって形成されたと考えられる．

### D. 自然選択

RNAウイルスは突然変異率が高いが，一般に突然変異は，変異体ウイルスの複製に有利にはたらく場合には正の自然選択を受けてウイルス集団に蓄積しやすく，不利にはたらく場合には負の自然選択を受けてウイルス集団から速やかに排除される．そこで，RNAウイルスの進化機構やタンパク質の機能を解明するために，アミノ酸配列レベルにはたらいた自然選択の検出が行なわれている．自然選択は，同義座位あたりの同義置換数（$d_S$）と非同義座位あたりの非同義置換数（$d_N$）の比較により検出できる（Suzuki, 2010）．$d_N/d_S > 1$であれば正の自然選択が，$d_N/d_S < 1$であれば負の自然選択がはたらいたと推測される．

HIV-1においては，抗原変異を起こすアミノ酸変

異が免疫回避に寄与するため，抗原部位で正の自然選択が検出される．また，抗 HIV-1 薬を処方された感染個体内に存在する HIV-1 では，抗 HIV-1 薬の標的タンパク質で正の自然選択が検出される（Chen et al., 2004）．

### E. ウイルス進化の宿主因子

HIV-1 では細胞障害性 T 細胞（cytotoxic T lymphocyte：CTL）によるヒト白血球抗原（human leukocyte antigen：HLA）クラスの制約を受けた進化も観察されている．たとえば Gag タンパク質を標的にした HLA 拘束性 CTL 応答下では，Gag タンパク質にアミノ酸変異がしばしば観察される（Carlson & Brumme, 2008）．また，HLA 多型は人類集団間で異なるため，HIV-1 感染後に観察されるアミノ酸変異も人類集団間で異なる傾向がある（Moore et al., 2002）．しかしながら，抗原変異を起こした変異体は複製効率が野生型よりも低下することがあり，このような変異体は異なる HLA クラスをもつ宿主環境下におかれると野生型に復帰することも観察されている（Leslie et al., 2004）．

### [引用文献]

Awadalla P. (2003) The evolutionary genomics of pathogen recombination. *Nat. Rev. Genet.*, vol. 4, pp. 50-60.

Carlson J. M. & Brumme Z. L. (2008) HIV evolution in response to HLA-restricted CTL selection pressures: a population-based perspective. *Microbes Infec.*, vol. 10, pp. 455-461.

Chen L. et al. (2004) Positive selection detection in 40,000 human immunodeficiency virus (HIV) type 1 sequences automatically identifies drug resistance and positive fitness mutations in HIV protease and reverse transcriptase. *J. Virol.*, vol. 78, pp. 3722-3732.

Holmes E. C. (2009) The Mechanisms of RNA virus evolution. in *The Evolution and Emergence of RNA Viruses*, pp. 37-48, Oxford University Press.

Korber B. et al. (2000) Timing the ancestor of the HIV-1 pandemic strains. *Science*, vol. 288, pp. 1789-1796.

Leitner T. & Albert J. (1999) The molecular clock of HIV-1 unveiled through analysis of a known transmission history. *Proc. Natl. Acad. Sci. USA*, vol. 96, pp. 10752-10757.

Leslie A. J. et al. (2004) HIV evolution: CTL escape mutation and reversion after transmission. *Nat. Med.*, vol. 10, pp. 282-289.

Moore C. B. et al. (2002) Evidence of HIV-1 adaptation to HLA-restricted immune responses at a population level. *Science*, vol. 296, pp. 1439-1443.

Plantier J. C. et al. (2009) A new human immunodeficiency virus derived from gorillas. *Nat. Med.*, vol. 15, pp. 871-872.

Ramirez B. C. et al. (2008) Implications of recombination for HIV diversity. *Virus Res.*, vol. 134, pp. 64-73.

Suzuki Y. (2010) Statistical methods for detecting natural selection from genomic data. *Genes Genet. Syst.*, vol. 85, pp. 359-376.

〔小林由紀・鈴木善幸〕

## 2.3 DNAウイルス

### A. DNAウイルスの分類

ウイルスは，1880年代に植物細胞の存在下でのみ増殖し，細菌を通さないフィルターを通りぬけることができる病原体として発見された．その後，現在に至るまで，動植物，細菌および藻類に至る幅広い生物種にウイルスが存在することが明らかにされている．さらに，1930年前後に出現した超遠心分離機や電子顕微鏡の進歩により，ウイルス研究が加速度的に発展した．その結果，ウイルスは遺伝物質である核酸を含み，核酸を保護する外被に包まれて細胞から細胞へ移動できる遺伝因子であることがわかった．しかし，ウイルスは，何らかの細胞に寄生してのみ増殖することが可能である点から，一般的な生物とは異なるものである．

ウイルスが発見されてから100年以上経過した現在では，5450種以上のウイルスが確認されているが，現在行なわれているウイルスの分類は，数多く存在するウイルス種のうち，わずか一部分のウイルスで行なわれていることを強く認識する必要がある．それにもかかわらず，実際に把握されているウイルス種でさえ，ゲノム構造から形態（ビリオン）に至るまで変化に富んだ多様性が存在する．電子顕微鏡や遺伝子工学が発達していない時代のウイルス分類は，宿主範囲や症状あるいは伝播様式のような疫学的特徴に基づいていたが，近年では，分子生物学の発展とともに塩基配列の比較解析を中心とした分子進化学的手法が確立され，これらの手法によるウイルス分類が主流になろうとしている．

現在のウイルス分類は，国際ウイルス分類委員会（International committee on taxonomy of viruses：ICTV）の下で体系化されており，数年に1回の割合で改訂されている．ICTVの最新の報告である2008年のレポートでは，細菌，藻類，菌類，無脊椎動物，脊椎動物および植物に感染する5000以上のウイルス種が，84の科，12の亜科，324の属に分類されている．核酸にDNAをもつDNAウイルスは，一本鎖DNAウイルスグループと二本鎖DNAウイルスグループに分けられる．

ウイルスの分類は体系化されているものの，ウイルスの進化起源が，単一ではなく，複数存在しているため，ほかの生物のように，ウイルス全体の系統樹を構築できない問題点がある．ウイルスの起源を大きくふたつにわけると，生物の起源を考えるうえで，生物が分岐したときに存在していたと考えられる生物学的性質をもっているグループと，それぞれの生物が分岐後に宿主のゲノムの一部から遊離した遺伝因子であるグループに分けられるかもしれない．しかし，宿主とウイルス間で遺伝子の水平移行も起こっているため，ウイルスを機械的に分類することは困難である．

いずれにしても，個々のウイルスの分類を行なう際には，ウイルス全体像を把握する研究を推進する必要がある．この点については，近年発達したシークエンス技術によって，大きく推進されていくかもしれない．メタゲノムとよばれる手法（さまざまな環境条件に存在するDNA配列を網羅的に決定する）を用いると，海水に存在する著しい量（$10^{8\sim9}$/ml）のDNAウイルスの配列を決定することを可能にする．実際に，多種多様な新規のDNAウイルスの配列情報が近年，つぎつぎと明らかとなっている（Bergh et al., 1989；Breitbart & Rohwer, 2005）．これらのウイルスの配列情報の爆発的な広がりによって，近い将来に把握するDNAウイルスの全体像が，現在のDNAウイルスの系統とかけ離れたものになる可能性もある．

### B. 一本鎖DNAウイルスグループ

一本鎖DNAウイルスの科の数は，二本鎖DNAウイルスに比べ非常に少なく，6個の科しか存在しない（表1）．このグループに属するウイルスのゲノムは環状であり，ローリングサークル型複製とよばれる特徴ある複製様式をもつため，このグループに属する多くのウイルスは，ひとつの共通祖先から由来していると考えられている．

興味深いことに，本グループに属するウイルスは$10^{-5\sim-6}$ mutation/siteであり，進化速度がRNAウイルス（$10^{-4\sim-6}$ mutation/site）と同様に非常に速いということが近年明らかになってきた．これは，

表1 一本鎖DNAウイルスグループ

| ウイルス科 | 特徴 |
|---|---|
| Inoviridae（イノウイルス科） | おもに細菌に感染するウイルスである．宿主域，保存領域の配列およびカプシドの対称性で属や種が明確に分かれている． |
| Microviridae（ミクロウイルス科） | おもに細菌に感染するウイルスである．ビリオンは正二十面体粒子構造をもつ． |
| Geminiviridae（ジェミニウイルス科） | 植物に感染するウイルスである．四つの属に分かれている．ふたつのウイルスがくっついたような不思議な形をしている． |
| Circoviridae（サーコウイルス科） | 哺乳類に感染するウイルスである．もともとニワトリに貧血を起こすウイルスとして分離されたが，近年，ヒトで世界中で蔓延しているウイルスでもあるが，ブタ，植物などでも分離されている． |
| Nanoviridae（ナノウイルス科） | おもに植物に感染性を示すウイルスである．植物から植物への感染は，昆虫を介して感染が成立する． |
| Parvoviridae（パルボウイルス科） | 亜科で脊椎動物に感受性を示すParvovirusと無脊椎動物に感受性を示すDensovirusに分かれている．このなかに，Adenovirusなどの複製酵素をかりて効率的に複製するウイルス寄生ウイルスもいる． |

ゲノムを複製する際に，間違った転写が行なわれた場合でもそれを修正する「プルーフリーディング」とよばれる修復機能をRNAウイルスと同様にもっていないためであると考えられている（Duffy et al., 2008）．また，このウイルスグループに所属するCircovirusは，植物にのみ存在するNanovirusと脊椎動物にのみ存在するCalicivirusとの組換えにより出現したウイルスであると考えられている（Gibbs & Weiller, 1999）．CalicivirusはRNAウイルスであるため，新しいウイルスが核酸の種類の枠をこえて組換えを起こしたと考えられているのである．このような進化イベントが頻繁に起きているとすると，ウイルスの進化様式は際限なく増加する．

### C. 二本鎖DNAウイルスグループ

DNAウイルスは，一般に，宿主の高度な転写装置をそのまま利用できるため，複雑な遺伝子発現調節が可能になっている．また，DNAウイルスは宿主がもつDNA修復機構も利用できるため，RNAウイルスと比べて大きなゲノムをもつことができるといわれている．実際に進化速度は$10^{-7}$〜$^{-8}$ mutation/siteとRNAウイルスに比べ非常に遅いことが明らかとなっている．そのため，DNAウイルスのゲノムサイズは，大きいものから小さいものまでさまざまに存在し，その範囲はかなり幅広く，22の科が存在する（表2）．二本鎖DNAウイルスグループのなかには，同一の起源とは考えにくい，ウイルスのなかで異質の性質をもったMimivirusというウイルスがある．

このウイルスのゲノムサイズは，マイコプラズマと同程度のサイズ（1 Mb）であり，ウイルスとしては著しく大きなゲノムをもつことで知られている．大きなゲノムのなかには，約1000個の遺伝子（一部のtRNA遺伝子を含む）をもち，他のウイルスと異なり自己複製に必要な遺伝子を保有する点で，完全に宿主に寄生しているとはいえない特徴をもつ．そのため，このウイルスは，ウイルスと生物の中間体であるといえるかもしれない（Raoult et al., 2004）．

二本鎖DNAウイルスと真核生物の進化的起源に関する研究として，Villarreal & DeFilippis（2000）はDNA複製酵素の保存領域を用いて系統樹の作成を行なった．その結果，藻類に感染性を示すPhycodnavirus科のDNA複製酵素が，真核生物の複製酵素の起源に近いところに位置していることをみいだし，この種類のウイルスが真核生物に複製酵素を過去に与えたという興味深い仮説を提案している．しかし，彼らの解析したDNA複製酵素の保存領域は，進化的に遠く離れた遺伝子であるため短い配列しか使われておらず，その信頼性が低いという問題点の指摘もなされている．

ウイルスが真核生物に遺伝子を供給する役目をどの程度頻繁に行なっているかは不明であるが，二本鎖DNAウイルスが真核生物のゲノムから宿主遺伝子を獲得するという進化的イベントは頻繁に起こっている（Bratke & McLysaght, 2008）．DNA二本鎖ウイルスが宿主から獲得した遺伝子の機能に注目すると，ウイルスが生き延びるために有利にはたら

表 2　二本鎖 DNA ウイルスのグループ

| ウイルス科 | 特徴 |
|---|---|
| Caudovirales（コードウイルス目） | 形態的にかなり他のウイルスとは異なっており，ビリオンの大きさはかなり大きく，tail（尾）をもっているウイルスとして新しく目としてまとめられた． |
| Myoviridae（ミオウイルス科） | 属は「T4 phage like pharges」をはじめとして六つの属がある．T 偶数ファージなどがある．ほとんどが細菌にのみ感受性を示す． |
| Sipoviridae（シポウイルス科） | 属は「λ like pharges」をはじめとして六つの属がある．λファージ，χファージなどがある．ほとんどが細菌にのみ感受性を示す． |
| Podoviridae（ポドウイルス科） | 属は「T7 like pharges」をはじめとして三つの属がある．T7 ファージ，P22 ファージなどがある．すべて古細菌にのみ感受性を示す． |
| Tectiviridae（テグチウイルス科） | 属は Tectivirus のみ，代表的なウイルスは PRD1 など，Pseudomonas, Vibrio などのグラム陰性菌および芽胞菌である Bacillus に感受性を示す． |
| Cortiviridae（コルチウイルス科） | 代表的なウイルスは PM2 など，病原性が少ない，海洋性の細菌である Alteromonas にのみ感受性を示す． |
| Plasmaviridae（プラズマウイルス科） | 代表的なウイルスは L2 など，マイコプラズマに特異的に感受性を示すウイルスである． |
| Lipothrixviridae（リポスリクス科） | 代表的なウイルスは Thermoproteusvirus など，古細菌にのみ感受性を示す． |
| Rudiviridae（ルビウイルス科） | 代表的なウイルスは Sulfolobusvirus SIRV など，古細菌にのみ感受性を示す． |
| Fuselloviridae（フセロウイルス科） | 代表的なウイルスは Sulfolobusvirus SSV1 など，古細菌にのみ感受性を示す． |
| Poxviridae（ポックスウイルス科） | 亜科で脊椎動物に感染する Chordopoxviridae と無脊椎動物に感染する Entomopoxviridae に分かれる．属はそれぞれ 7 個と 3 個をもつ． |
| Asfaviridae（アスファウイルス科） | このウイルス科に属するウイルスはアフリカ豚コレラウイルスひとつだけである． |
| Iridoviridae（イリドウイルス科） | Ranavirus, Prymnesiovirus の属はそれぞれ，Iridovirus 属は脊椎動物に，Chloriridovirus 属は無脊椎動物に感染する． |
| Phycoviridae（フィコウイルス科） | 藻類に感染する科であり，きれいな水がある所には世界中に存在する．メタゲノム解析により，ウイルス種が増えていくことが予想される． |
| Baculoviridae（バキュロウイルス科） | 組換えタンパク質をつくるときによく使われるウイルスがこの科に存在する．このウイルスは無脊椎動物のみに感受性を示し，非常に多くのウイルス種が存在する． |
| Nimaviridae（ニマウイルス科） | 甲殻類に感染するウイルスである．海水などにも数多く含まれるウイルスである． |
| Herpesviridae（ヘルペスウイルス科） | 属は α, β, γ ヘルペスの三つが存在する．脊椎動物にのみ感受性を示す．ヒトに多くの病原性を示すウイルスでもある． |
| Adenoviridae（アデノウイルス科） | ヒトに感染する Mastaadenovirus，トリに感染する Aviadenovirus に分かれる．ヒトの夏風邪の原因ウイルスでもある．遺伝子治療でも最近注目されている． |
| Polyomaviridae（ポリオーマウイルス科） | 通常は無害であるがまれに哺乳類に癌を誘発させるウイルスである．代表的なウイルスとしてマウスに癌を誘発する SV40 がある． |
| Papillomaviridae（パピローマウイルス科） | 哺乳類の皮膚に腫瘍を誘発させるウイルスである．通常は良性であるがまれに癌化することがある． |
| Polydnaviridae（ポリドナウイルス科） | 無脊椎動物にのみ感受性をもつウイルスである．ホストの DNA に入り込み，Provirus 化して存在する．感染したホストの表現型が変化することもある． |
| Ascoviridae（アスコウイルス科） | 新しく科になったウイルスである．無脊椎動物にのみ感受性を示す． |

くことが容易に想像できるもの（宿主の免疫反応を遅らせるはたらきを示す遺伝子や，細胞分裂を加速させる機能を示す遺伝子）が多い．このように宿主からウイルスへの遺伝子の水平移行が頻繁に起こっているとすると，ウイルスの進化的起源というものは，本来あいまいであるのかもしれない．

**D. まとめ**

上述したように，われわれはいまだ DNA ウイルスの全体像を把握できていないし，できないかもしれない．しかし，インフルエンザウイルスで知られているように，ウイルスが新しい宿主への感染性を獲得した直後は，ウイルスは宿主にとって強毒にな

ることが知られている．そのため，ウイルスの全体像を把握することはヒトが安全な生活を維持するためにも重要な研究分野であるともいえる．一方で，ウイルスの全体像をつかむ研究を継続して行なうことで，ウイルスと生物との新たな関係が明らかになることも期待できる．

[引用文献]

Bergh O. *et al.* (1989) High abundance of viruses found in aquatic environments. *Nature*, vol. 340, pp. 467-468

Bratke K. A. & McLysaght A. (2008) Identification of multiple independent horizontal gene transfers into poxviruses using a comparative genomics approach. *BMC Evol. Biol.*, vol. 27, pp. 8-67.

Breitbart, M. & Rohwer, F. (2005) Here a virus, there a virus, everywhere the same virus? *Trends Microbiol.*, vol. 13, pp. 278-284.

Duffy S. *et al.* (2008). Rates of evolutionary change in viruses: patterns and determinants. *Nat. Rev. Genet.*, vol. 9, pp. 267-276.

Gibbs M. J. & Weiller G. F. (1999) Evidence that a plant virus switched hosts to infect a vertebrate and then recombined with a vertebrate-infecting virus. *Proc. Natl. Acad. Sci. U.S.A.*, vol. 96, pp. 8022-8027.

Raoult D. *et al.* (2004) The 1.2-megabase genome sequence of Mimivirus. *Science*, vol. 306, pp. 1344-1350

Villarreal L. P. & DeFilippis V. R. (2000) A Hypothesis for DNA Viruses as the Origin of Eukaryotic Replication Proteins. *J. Virol.*, vol. 74, pp. 7079-7084.

〔花田耕介〕

## 2.4 真正細菌

真正細菌（Bacteria，以前は Eubacteria）は単細胞生物で，核が核膜で囲まれておらず，そのほか膜で囲まれた細胞内小器官（オルガネラ）をもたない原核生物のうち，古細菌以外のものをさす．形態は桿菌，球菌，らせん状，糸状，コンマ状，双球菌，連鎖球菌，四連球菌，ブドウ球菌など多様である．代表的な桿菌の大きさは $0.5\,\mu m \sim 1\,\mu m \times 2 \sim 5\,\mu m$．酵母や赤血球（$10\,\mu m$ 前後），原生生物（$100\,\mu m$）などの真核細胞と比べるとかなり小さい．形態が類似している古細菌との根本的相違は 16S rRNA の塩基配列の大きな相違であるが，表現型の決定的な相違は膜脂質のグリセロリン酸骨格の立体異性にある．真正細菌のグリセロリン酸骨格は真核生物と同じく $sn$-グリセロール 3-リン酸である．ちなみに古細菌の膜脂質のグリセロリン酸骨格は $sn$-グリセロール 1-リン酸である．両者は鏡像異性の関係にある．

1977年に古細菌が発見されるまでは，細菌，原核生物といえばこのグループの微生物をさしていた．1977年以前にも高度好塩菌やメタン生成菌など，のちに古細菌と分類されることになる微生物も知られていたが，古細菌という認識はなく，きわめて例外的な「変わり者」として扱われていた．1977年以後，古細菌（Archaebacteria）と区別するため，従来単に細菌といわれていたものを真正細菌（Eubacteria）と称するようになった．しかし，1990年，Archaebacteria が Archaea と改称された際に Eubacteria は Bacteria と改称された（Woese *et al.*, 1990）．日本語では最近でも従来どおり真正細菌として古細菌と区別して用いる例が多いようである．

古細菌がわずか30余年の研究の歴史しかもたないのに比べて，真正細菌の研究は少なくとも150年以上の歴史をもち，はるかに多数の種類が知られ，伝染病・感染症の治療と予防のために病原菌が，発酵・醸造飲食料の製造や抗生物質の生産のために有用微生物が，幅広くかつ深く解明されている．また，このような人間社会の利益に直接関係する細菌だけで

なく，自然界の多様な代謝を営む細菌の実態を研究する一般微生物学の流れもオランダのM. BeijerinkとS. Winogrdskyらに代表されるデルフト学派を中心に19世紀後半から起こってきた．1950年代からはもっとも簡単な生物モデルとして扱いやすい大腸菌が分子生物学の世界共通材料として用いられ，膨大な知見が蓄積されてきた．

## A. 分類

真正細菌は35門，53綱，124目に分類されている（2012年3月現在）．微生物研究で広く使われている大腸菌（*Escherichia coli*），チフス菌（*Salmonella enterica*），ペスト菌（*Yersinia pestis*）などは γ-Proteobacteria綱，酢酸醸造に関与する酢酸菌，マメ科植物の根に根粒をつくって窒素固定をする根粒菌（*Rhizobium*属）などは α-Proteobacteria綱に属し，グラム陰性菌である．納豆菌（*Bacillus subtilis* subsp. natto），破傷風菌（*Clostridium tetani*），乳酸発酵に関与する乳酸菌（*Lactobacillus*属など），多くの抗生物質の生産菌である放線菌（*Actinomyces*属や*Streptomyces*属），結核菌（*Mycobacterium tuberculosis*）などはFirmicutes門に属するグラム陽性菌である．

グラム陰性・陽性菌とは，細菌の細胞表層構造に対するサフラニン染色のアルコール脱色性の違いによる分類である．古くはこれが細菌分類の重要な指標のひとつであったが，現在は必ずしもそうではない．グラム染色の違いは細胞表層構造の相違に基づいている．グラム陽性菌は細胞膜の外側にペプチドグリカンの厚い細胞壁をもっているのに対し，グラム陰性菌は細胞壁の外側にあまり厚くないペプチドグリカン層と，そのさらに外側に脂質とタンパク質でできた外膜よりなる．内膜と外膜の間の空間はペリプラズムとよばれ，グラム陽性菌の細胞外タンパク質に相当するものがそこに存在している．

多くの細菌は鞭毛によって運動する．鞭毛は太さ約20 nmで，1本のみまたは複数本が束になっている．細胞の端にあるもの（極毛）と細胞の周囲全体に分布しているもの（周毛）がある．鞭毛の本体はフラジェリンというタンパク質からなる．鞭毛は細胞膜に埋め込まれモーター部分につながっており，回転の原動力は膜を介しての水素イオン濃度勾配によっている．

真正細菌のゲノムは多くの場合，環状DNAで，その大きさは数Mb前後である．真正細菌のゲノムの完全塩基配列解析は785種類で完了している（2009年2月25日現在）．このなかにはたとえば*Escherichi coli*と名のつく種に関しては23の株，変種，亜種が解析されている．真正細菌では，ごく一部の菌を除けばイントロンはない．DNA依存RNAポリメラーゼは大腸菌の場合，5種類のコアサブユニットと σ サブユニットからなり，サブユニットの構成は真核生物や古細菌のものよりシンプルである．真正細菌のリボソームは70Sの大きさで，50Sと30Sとの2個のサブユニットからなっている．小サブユニットは16S rRNAと21種類のタンパク質，大サブユニットは23Sと5SのrRNAと35種類のタンパク質がリボソームを形成している．タンパク合成途上では，一本のmRNAにタンパク合成進行中のリボソームが複数個結合した状態になったポリソームがみられる．

## B. 古細菌，真核生物との相違

真正細菌のタンパク質合成は，真核生物と違ってmRNAのAUGコドンにホルミルメチオニルtRNAが結合することによって開始される．真核生物では開始の場合もペプチド鎖内部のメチオニンの場合も同じホルミル化されてないメチオニンを用いる．

真正細菌では，たとえば一連の代謝経路に関与する酵素群をコードする遺伝子がゲノム上に連続して配置されており，そのもっとも上流にその遺伝子群全体の発現を調節する調節遺伝子が存在していることがある．これをオペロンといい，おもに真正細菌にみられる特徴である．

tRNAの3'末端のアミノ酸結合部位はCCAの塩基配列となっているが，真核生物ではこのCCAはあとから付加されるのに対して，真正細菌ではtRNAの遺伝子にコードされている．これらのことは真正細菌が効率よく，エラーが少なく，高速で増殖するのに好都合になるように進化してきたことを示している．

## C. エネルギー代謝

真正細菌の代謝は多様で，エネルギー代謝は電子受容体が酸素である好気呼吸，電子受容体が酸素以外の無機または有機化合物である嫌気呼吸，有機物を酸化しつつ他の有機化合物を還元して多量に蓄積する発酵，光のエネルギーを利用する光合成（水を分解して酸素を発生するものと各種無機硫黄化合物を電子供与体とするもの）などがある．このなかで，水を分解して酸素を発生しながら光合成を行なうのはシアノバクテリアで，これが植物の光合成の祖先になったと考えられている（2.5項参照）．酸素を発生しない光合成をするのは，紅色非硫黄細菌（*Rhodospirillum* 属，*Rhodobacter* 属，*Rhodopseudomonas* 属など），紅色硫黄細菌（*Chromatiales* 目），緑色硫黄細菌（Chlorobium 門），糸状緑色細菌（Chloroflex 門），ヘリオバクテリア（Furmicutes 門）である．紅色細菌は Proteobacteria 門と系統的に多岐にわたっている．紅色硫黄細菌は細胞内膜系に光合成色素としてバクテリオクロロフィルとカロテノイドをもち，紫，赤，橙，褐色などの色を呈する．硫化物を電子供与体とし，独立栄養を営む．これに対して，紅色非硫黄細菌である *Rhodospirillum* や *Rhodopseudomonas* などは有機物を電子供与体とする．

嫌気呼吸は酸素の代わりに硝酸塩，硫酸塩，酸化鉄イオン，酸化マンガイオンなどを最終電子受容体として利用する呼吸（無機塩呼吸ともいう，3.4項参照）であり，電伝達系は酸素呼吸に類似しており，化学浸透機構によって ATP を生成する．硝酸塩呼吸では，$NO_3^-$ が $N_2$，$N_2O$，NO などの気体に変換されて大気中に放出されることがある．これを脱窒といい，農地では硝酸肥料の有効利用の面から問題視されているが，地球全体の窒素循環の観点からみればきわめて有意義である．無機呼吸の呼吸基質（電子供与体）としては，水素，二価鉄（鉄還元菌），アンモニア（硝化細菌），硫化水素（硫酸生成）など還元型の無機化合物が利用される．水素細菌は水素を酸素で酸化して水をつくる．

発酵は生成物によって乳酸発酵，アルコール発酵，酢酸発酵，アセトン・ブタノール発酵，プロピオン酸発酵などといわれ，細菌の種類によって特定の発酵形式をとるが，その基本になるグルコースの分解からピルビン酸までは共通の解糖系（EMP 経路）かエントナー・ドゥドロフ経路（ED 経路）を経ていく．最後のところで，途中で還元された NAD または NADP を再酸化するときにそれぞれの生成物を生じる．炭素代謝に関しては，菌体炭素化合物をもっぱら $CO_2$ に頼る独立栄養細菌と，さまざまな有機化合物に頼る従属栄養細菌がある．エネルギー代謝の電子供与体，電子受容体はきわめて多様である．その根幹となる代謝経路には共通性が認められる．たとえば，動物筋肉での嫌気的解糖と乳酸菌による乳酸発酵は同じである．多様な真正細菌の多様なエネルギー代謝を研究することによって，生物のエネルギー代謝の基本原理が浮かび上がってきた．これを生化学的統一性の原理という．

## D. 細胞表層

真正細菌ではほとんどの脂質は細胞膜の構成成分として存在している．その種類はグリセロリン脂質と菌によってはグリセロ糖脂質も含み，コレステロールなどステロール類は含まれていない（*Mycoplasma* は例外）．もっとも一般的に広く存在しているリン脂質は，ホスファチジルエタノールアミン，ホスファチジルグリセロール，カルジオリピンで，真核生物に一般的に存在するホスファチジルコリン，スフィンゴ脂質はごく一部の細菌にのみみいだされている．ほとんどのリン脂質，糖脂質の炭化水素鎖は脂肪酸でグリセロールとエステル結合で結合している．嫌気性菌にはグリセロールの *sn*-1 位に alk-1-enyl 結合をもつプラズマローゲンが存在する．脂肪酸の組成は菌種によって特徴的であり，化学分類指標として用いられている．大腸菌の細胞のもっとも外側にある O-抗原の根本にあって外膜と結合しているリピド A（内毒素）は，グルコサミンの二量体に 6 本の脂肪酸がアミド結合またはエステル結合で結合しているもののポリマーである．真正細菌のイソプレノイドは，呼吸鎖のメナキノンや細胞壁ムレインの生合成に関与する脂質中間体などに存在するが，その生合成は真核生物のメバロン酸経路ではなく，多くの真正細菌が DOXP 経路（モノヒドロキシアセトンリン酸とピルビン酸から出発してイソペンテニルピロリン酸を合成する）によっていることが 1990

年代に明らかになった.

細胞壁の主要成分はムレインというペプチドグリカンである. ムレインは低浸透圧の条件にさらされたときに細胞内の高い浸透圧によって細胞が破壊されるのを防ぐための機械的保護分子である. ムレインの基本的構造は, アセチルグルミサミンとアセチルムラミン酸が交互に連なったヘテロ多糖の間をオリゴペプチドが架橋して細胞全体を覆っている構造である. オリゴペプチドの部分に菌種による違いがある. ムレインはペニシリンなどの抗生物質の作用点である. ムレインはグラム陽性菌にもグラム陰性菌にもあるが, グラム陽性菌の細胞壁にはそのほかにテイコ酸, リポテイコ酸などが含まれている.

### E. 地球上での物質循環

真正細菌は地球環境において炭素, 窒素などの循環で大きな役割を果たし, これなくしては, 地球は恒常的な生命活動を維持できない. 地球上の炭素の大部分は地殻の岩石にあるが, これは循環への関与は低く人類にとって重要ではない. 地球上の炭素循環で重要なのは陸上植物や海洋の光合成微生物による光合成である. 光合成で固定される $CO_2$ の量(速度)と地球上の全生物の呼吸で放出される $CO_2$ の量はほぼ釣り合っている(1.4項参照). しかし, 近年, 森林伐採と化石燃料の燃焼によって大気中の $CO_2$ は増加傾向にある. $CO_2$ 増加による地球温暖化と石油枯渇への対策のひとつとして, 石油代替燃料の生産がある. 光合成によって固定された $CO_2$ から生成したバイオマスを燃焼した場合, $CO_2$ の収支はゼロである. 石油代替燃料としては, 酵母や Zymomonas によるアルコールの発酵生産, Clostridium acetobutyricum によるアセトンとブタノールの発酵生産, メタン生成古細菌によるメタンガスの生産などがある. 一般的なバイオマスからのメタン生成はメタン生成古細菌単独では行なえず, 嫌気性の真正細菌による高分子バイオマスの加水分解と酢酸, 水素, $CO_2$ などのメタン生成基質への転換の過程が必要である. メタン生成は自然条件でもこの真正細菌とメタン生成古細菌の共同作業によって行なわれている.

窒素循環は根粒菌と遊離の窒素固定菌と工業的窒素固定による $N_2$ の $NH_3$ への転換, 硝化細菌による $NH_3$ の硝酸態への転換, 硝酸態窒素の脱窒菌による $N_2$ としての大気への放出が大きな循環サイクルをなしており, $NH_3$ が生物に資化されて生物の死後遺体が微生物によって分解されて $NH_3$ に戻る小さいサイクルがある.

人間活動によって有機物, 窒素, リン酸化合物などが河川や湖沼に放出されると富栄養化をひき起こし, 水環境の好気性微生物の過度の繁殖をもたらす. 富栄養化はさらに酸素不足を来たし, 大型の好気性生物(魚や水生植物など)が生息できない環境にしてしまう. これを防ぐために, 工業廃水, 生活排水の浄化が必要であるが, この過程にも微生物が重要な関与をしている. 好気的な活性汚泥処理, 嫌気的なメタン発酵処理(嫌気消化汚泥処理)である.

細菌は自然界では他の生物と共生したり, 寄生したりお互いに影響し合って生きている. 病原菌の宿主への感染, 哺乳類の腸内細菌, 皮膚常在菌など多数の例がある. 微生物同士の共利共生の例として, メタン生成古細菌と嫌気性酸生成菌の共生は熱力学的原理で説明される. 嫌気条件下で, 有機物が分解されていき, 最終段階で酢酸, 二酸化炭素, 水素などが生成する. この最終段階の化学反応の標準自由エネルギー変化は正であり, 標準状態ではこの反応は自発的には進行しえない. 水素や酢酸資化性のメタン生成古細菌がこれらの化合物からメタンをつくる反応の標準自由エネルギー変化は負である. したがって, このふたつの反応が共役すれば, 反応全体の標準自由エネルギー変化を負にすることができる. すなわち, 酸生成菌のつくる水素をメタン生成古細菌が利用してその濃度を下げてやれば, 酸生成菌は生育することができるようになり, メタン生成古細菌も生育基質を供給してもらえるということである. 計算例によると特定の低い水素濃度のとき, 両菌種の生育が可能になる. 実際, 湖沼や水田の底泥, 嫌気消化汚泥のなかではこのような現象が起きている.

地球上には分離培養された微生物は全微生物種の1%以下であり, 大部分の真正細菌, 古細菌を問わず培養不可能な微生物が残されているということが近年明らかにされてきた. これらの微生物の生態を

明らかにするための最新の技術的方法として，環境資料から直接 PCR 法による遺伝子資源の探索，メタゲノム解析，FISH（蛍光 in situ ハイブリダイゼーション）法，多種類の遺伝子を感度よく分離する DGGE（変性剤勾配ゲル電気泳動）法が開発されてきている．これらの最新の方法を駆使して解明された地球上の微生物の生態や，地球環境に対して果たす役割が，これまでになく注目されている．

[引用文献]

Woese C. R. *et al.* (1990) Towards a natural system of organisms: proposal for the domains Archaea, Bacteria, and Eucarya. *Proc. Natl. Acad. Sci. USA*, vol. 87, pp. 4576-4579.

[参考文献]

Neidhardt F. C. N. ed. (1996) *Escherichia coli and Salmonella, vol. 1, 2*, ASM Press.

Sonenshein A. L. *et al.* ed. (1996) *Bacillus subtilis and its closest relatives from genes to cells*, ASM Press.

（古賀洋介）

## 2.5 シアノバクテリア

　シアノバクテリア（cyanobacteria，藍色細菌ともいう）は酸素発生型の光合成を行なう原核生物であるが，湖沼や池などの淡水や海水域で生育するほか，湿潤な土壌面や樹皮上，コンクリート表面，さらには高温の温泉など広く分布する．以前はラン藻（藍藻，blue-green algae）とよばれていたが，「藻」が真核生物を意味するとの考えから最近ではあまり使われなくなった．数 μm 程度の細胞が 1 個ずつあるいは群がって（群体）生育するもの（球状の *Synechocystis* や桿状の *Synechococcus*）と，細胞が糸状に連なる形態（糸状性）をとるもの（*Anabaena* や *Nostoc*，*Oscillatoria* など）がある．

### A. ストロマトライト

　約 27 億年前には誕生していたらしく，シアノバクテリアに起因するストロマトライトの化石がみいだされている．シアノバクテリアの細胞が排出した粘性物質に砂などが付着することによって塊が生じ，シアノバクテリアの細胞増殖にともなってその塊が成長したものがストロマトライトである．今日でもオーストラリアの西海岸などに残存する．シアノバクテリアによる酸素発生は，太古の地球環境を大きく変え，水中および大気の酸素濃度を上昇させたと考えられている．オーストラリアなどの酸化鉄の地層はそのときに生じたものとされる．嫌気的な条件から好気的な条件への水中での変化は，ミトコンドリアの成立を含む新たな生物の進化をひき起こす原因になった．

### B. 葉緑体の起源生物

　シアノバクテリアは，また，緑色植物葉緑体の起原と考えられている．その根拠となるのは 16S rRNA の分子系統解析（Olsen *et al.*, 1994）のほか，DNA が二本鎖環状分子で核膜に覆われていないことや mRNA の構造やリボソームの性質などがシアノバクテリアと類似しているからである．シアノバクテリアが何らかの細胞により被食され，細胞内共生

が成立して最初の光合成真核細胞として灰色藻の Cyanophora が生じたと考えられている．

緑色植物の葉緑体では，チラコイド膜は重層（グラナ構造）しているのに対し，シアノバクテリアのチラコイド膜は一層ずつ離れて存在する．それはチラコイド膜上にフィコビリソームとよばれる顆粒状の色素タンパク質複合体が存在し，光合成における光捕集の役割を担っているからである．フィコビリソームは青色のフィコシアニンと赤色のフィコエリトリンとよばれる色素タンパク質で構成されており，「ラン藻」の色を示す「藍色」はこの青色色素に由来する．クロロフィルは通常クロロフィル $a$ のみである．紅藻類もフィコビリソームをもつが，緑藻への進化の過程でフィコビリソームが失われ，クロロフィル $a$ と $b$ をもつタンパク質複合体へと変化したと考えられている．

酸素発生型光合成における光エネルギー変換（光エネルギーから酸化還元反応への変換）は，光化学系 I と II とよばれる2種類のタンパク質複合体により行なわれる．光化学系 II で放出される電子がさらに光化学系 I でポンプアップされることにより（電子伝達系），水分解が可能となる．緑色硫黄細菌が光化学系 I タンパク質複合体と，また紅色光合成細菌や緑色糸状性細菌が光化学系 II と類似していることから，2種類の光化学系が何らかの過程を経て同一のチラコイド膜に埋め込まれて，酸素発生型の光合成が成立したと考えられる．

## C. 多様性

シアノバクテリアの分類は，群体形成や糸状の分枝のしかた，異質細胞の有無など形態により分類されてきたが，16S rRNA などによる分子系統とは必ずしも一致しない．緑色植物と同じようにクロロフィル $a$ と $b$ をもつプロクロロンがみいだされたが，分子系統解析から，シアノバクテリアの系統の中に含まれている．また，クロロフィル $d$ を主要な光合成色素としてもつ Acaryochloris marina がみいだされている（Miyashita et al., 1996）．さらに，チラコイド膜がなく細胞膜で電子伝達が行なわれる Gloeobacter は，分子系統的にも他のシアノバクテリアと区別されるが，酸素発生型の光合成を行なう．

## D. 生理学的特徴

なお，シアノバクテリアのなかには分子状窒素（$N_2$）を還元してアミノ酸を生成する「窒素固定」能力をもつものがあり，地球の窒素循環の重要な役割を担っている．Anabaena などは，窒素欠乏になると，厚い細胞壁で囲まれた異質細胞（ヘテロシスト，heterocyst）が形成され，そこで窒素固定が行なわれる．単細胞性のもので夜間に窒素固定が行なわれるものもある．

シアノバクテリアは光合成などの基礎研究に用いられてきた．光合成生物として最初にゲノム解析が行なわれた Synechocystis sp. PCC6803（ゲノムサイズ 3.6 Mb）のほか，好熱性の Thermocynechococcus elongatus（2.7 Mb），糸状性の Anabaena sp. PCC7120（6.4 Mb）などで全ゲノムが解析され，相同組換えによる遺伝子組換え技術も確立している．

スイゼンジノリやスピルリナは食されるが，その一方，水界の富栄養化により大量増殖して「アオコ」や「水の華」を形成し，有毒物質を生産するものも知られている．

［引用文献］

Miyashita H. et al. (1996) Chlorophyll $d$ as a major pigment. Nature, vol. 383, p. 402.

Olsen G. J. et al. (1994) The winds of (evolutionary) change: breathing new life into microbiology. J. Bacteriol., vol. 176, pp. 1-6.

（都筑幹夫）

## 2.6 大腸菌

　大腸菌（Escherichia coli）は原核生物の真正細菌である．γ-Proteobacteria綱の腸内細菌科（Enterobacteriaceae）に属する．グラム陰性．通性嫌気性（酸素を利用しないで発酵によっても生育できるが，酸素を利用して好気的にも生育する）．ヒトを含む哺乳類の大腸に寄生する．嫌気的で，有機物の豊富な大腸内環境と腸から排出された外界での生活という基本的にふたつの環境にさらされるためか，上記のように通性嫌気性と，下記のように環境の変化に対応する高度に発達した代謝調節能をもっている．おびただしい数の変異株があり，なかには出血性大腸炎の原因になるO157株なども含まれている．

　形態は長さ2〜4 $\mu m$×幅0.4〜0.7 $\mu m$の桿菌である．細胞表層には内外二重の膜があり，その二重の膜の間にペプチドグリカンの細胞壁がある．外膜は内膜と同じ脂質二重層の膜に外膜特有のリポ多糖が含まれている．リポ多糖の糖鎖はO抗原をなしている．リポ多糖の脂質コアの部分はリピドAといわれる特殊な糖脂質であり，エンドトキシン（内毒素）の本体でもある．内膜はホスファチジルエタノールアミン，ホスファチジルグリセロール，カルジオリピンの3種の脂質からなる脂質二重層と各種機能をもつ膜タンパク質（たとえば，電子伝達系，ATP合成系，タンパク質分泌機構，脂質およびペプチドグリカン合成系，低分子物質輸送系など）からなる．菌体の表面の抗原性により大きくO，H，F，Kの4系統に分けられるが，そのほかの多様性により，多くの株に分類される．内膜と外膜の間の空間部分はペリプラズムといわれ，アルカリ性ホスファターゼやアミノ酸などの結合タンパク質が存在し，細胞にとって重要な機能を果たしている．

　通常の培養は好気的に行なうことが多いが，大腸菌は腸内を基本的生息地としているように通性嫌気性菌である．嫌気的条件ではグルコースを乳酸，酢酸，コハク酸，エタノールなどを生産する混合酸発酵でエネルギーを得て生育する．好気的条件下では，TCA回路は誘導的に発現し，呼吸鎖とともに基質の完全酸化の役割を果たす．呼吸鎖には，シトクロム$c$酸化酵素がなく，キノール酸化酵素がはたらいている．エネルギー源としての糖の種類，菌体構成成分であるアミノ酸やヌクレオチド，リン酸などの供給/枯渇を感知して，大腸菌にとって環境からの資源をもっとも効果的に利用するように代謝を調節する機能がよく発達している．この機構の研究によってオペロン説やアロステリック酵素などの概念が発達してきた．なかでもラクトースオペロンはもっとも徹底的に研究され，遺伝子工学のツールとしても日常的に利用されている．

　E. coli K-12株では原核生物の最初の接合現象が発見された．ピリという接合管によって大腸菌のひとつの細胞が他の細胞に物理的に接触し，ゲノムDNAを送り込み，組換えを起こす現象である．この接合に関与する因子はF因子といい，これをもつ株を雄株（F$^+$）という．F因子は自律的増殖をする環状二本鎖DNAである．プラスミドの一種であり，染色体DNAに組み込まれている株は高頻度で染色体の伝達と組換えを起こすのでHfr株といわれている．これは全体として大腸菌の性的現象である．この現象の発見がきっかけとなって，大腸菌の遺伝学的研究が始まった．同時期に始まった分子生物学の研究と相まって，分子レベルの遺伝学へと発展していった．数多くの変異株が取得され，染色体地図が作成された．これらの成果はバクテリオファージ，プラスミドの研究に大きく貢献した．1950年代後半に始まった分子生物学は，まずもっとも簡単な生物材料として E. coli K-12株を共通に用いることで集中的にデータが集積された．上記の接合現象，T系ファージやλファージを用いた形質導入，抽出したDNAによる形質転換など，いくつもの方法による組換え体の作製が可能になり，生物現象を分子レベルで解析する中心的研究材料となり，現在もその地位を保っている．

　E. coli K-12株のゲノム全塩基配列は1997年に発表された．4.6 Mbの大きさに4288のタンパク質をコードする遺伝子が認められている．同じ大腸菌でもO-157株のゲノムはK-12株のものより大きく，5.5 Mbである．

　なお，大腸菌については膨大な知見が集積されて

おり，その成果が2冊の書籍（合計2822ページ）に詳しくまとめられている（ただし，完全ゲノム配列情報は含まれていない）．

[参考文献]

Neidhardt F. C. N. ed. (1996) *Escherichia coli and Salmonella*, vol. 1, 2, ASM Press.

（古賀洋介）

## 2.7 枯草菌

枯草菌（*Bacillus subtilis*）は原核生物の真正細菌である．Firmicutes門バチルス科（Bacillaceae）に属する．低GCグラム陽性菌で，好気性，従属栄養である．長さ3～5 $\mu$m×幅0.75 $\mu$mの桿菌で，ペプチドグリカンとテイコ酸，リポテイコ酸からなる厚い細胞壁をもつ．飢餓条件になると一連の胞子形成遺伝子が誘導発現され，細胞内に内生胞子が形成され，母細胞は溶菌し，胞子が環境中に放出される．胞子は耐久性の一種の休眠細胞で，復元可能のまま代謝など生物活動をごく低く抑えて長期間生存し続ける．胞子は100°Cの加熱にも耐えるので，オートクレーブによる滅菌はこの胞子を完全に死滅させる条件として120°C, 15分以上の加熱を必要としている．

土壌に存在し，植物の根圏から分離されるが，簡単な培地でも速い速度で生育する．納豆の製造に使われるのは *B. subtilis* subsp. natto という亜種である．糸ひき納豆のネバネバした糸の主成分はD-, L-両方のグルタミン酸数百万個が $\alpha$-アミノ基と $\gamma$-カルボキシ基でアミド結合した巨大高分子に糖質のフラクタンが絡み合ったものである．

細胞外に $\alpha$-アミラーゼやプロテアーゼ（ズブチリシンなど）など多種類の加水分解酵素を分泌し，菌体外に存在する高分子化合物を分解利用する．この現象を解析し，タンパク質の分泌機構（膜透過機構）が詳細に明らかにされた．また，菌体外にペプチド抗生物質を分泌する．ペプチド抗生物質は通常とは異なるアミノ酸やD-アミノ酸を含んでおり，またペプチド結合のほかエステル結合も含まれており，その合成は非リボソームペプチド合成酵素という多数のモジュールをもつタンパク質鋳型によってなされる．細胞内では糖の中央代謝は解糖系（エムデン・マイヤーホフ・パルナス経路）とペントースリン酸回路で，最終生成物であるピルビン酸はアセチルCoAを経て完全なTCA回路に入って完全酸化される．糖の細胞内へのとりこみにはホスホトランスフェラーゼシステムが重要である．嫌気的条件

では発酵的代謝あるいは硝酸塩，亜硝酸塩を末端電子受容体とする嫌気呼吸（無機塩呼吸ともいう）をする．メナキノンを主要キノンとしている．細胞膜の主要脂質は大腸菌と同じく，ホスファチジルエタノールアミン，ホスファチジルグリセロール，カネジオリピンであるが，少量のグリセロ糖脂質をもっている．不飽和脂肪酸はほとんどなく，イソ型とアンテイソ型のメチル分岐型脂肪酸が多い．

早くから形質転換現象が知られており，分子遺伝学的解析が容易であり，大腸菌についで多くの研究がなされている．

1997年にゲノムの完全塩基配列が発表された．4.2 Mbの環状DNAに4100のタンパク質をコードする遺伝子が存在している．これは大腸菌とほぼ同じ大きさである．

なお，枯草菌については膨大な知見が集積されており，その成果が1冊の書籍に詳しくまとめられている．

［参考文献］

Sonenshein A. L. *et al*. eds. (1996) *Bacillus subtilis and its closest relatives from genes to cells*, ASM Press.

（古賀洋介）

## 2.8 古細菌

1977年に米国のWoeseが，リボソーム小サブユニットRNA（ssuRNA，古細菌や真正細菌では16S rRNA）の塩基配列の類似性により，全生物は三つの大きなドメインに分類されることを発見し，それらをArchaea（古細菌，アーキア，Archaebacteria），Bacteria（古細菌以外の原核生物＝真正細菌，Eubacteria，バクテリア），Eucarya（真核生物，ユーカリア）と称することを提案した（Woese *et al*., 1977）．Woeseは形態や生理的特徴だけでなく，すべての生物に共通する遺伝的指標によって，細菌から真核生物まで一貫する系統関係に基づいた分類法を模索し，その指標としてrRNAを選んだ．その塩基配列に基づく系統分類を試みるなかで，メタン生成細菌と大腸菌など他の細菌の塩基配列の相違が，真正細菌と真核生物の違いと同じくらい大きいことに気づき，真正細菌，真核生物と並ぶ第三の生物であるとして，Archaebacteria（古細菌）と命名した．のちにArchaeaと名称が変更された．その後まもなく，*Sulfolobus*，*Thermoplasma* などの好熱好酸菌，*Halobacterium* などの高度好塩菌なども古細菌のなかに加えられた．古細菌は，rRNAの塩基配列の類似性という数量的な相違だけでなく，多くの生化学的性質において従来の微生物にみられないような特異な性質がつぎつぎに明らかになるにつれて，真正細菌とも真核生物とも違う第三の生物群としての認識が微生物学者の間に広まっていった．古細菌に関する研究は，Woeseの提唱以来，急激に活発になり，多数の新種の古細菌が分離され，生化学，分子生物学，生態学，進化と生命の起源に関して，各方面から研究されるようになってきた．

1990年のWoeseの提案（Woese *et al*., 1990）によると，ArchaeaはBacteriaよりはEucaryaに近縁であるとされており，これが三大生物群の関係を示すものとして現在広く受け入れられている．ただし，古細菌は系統分類的には真核生物，真正細菌と並ぶ独立したドメインとなっているが，真核生物の多様性と比べると形態的には単細胞の原核生物であ

ることの類似性が高く，真正細菌とみかけ上区別がつかない．この理由で3ドメイン説に反対の意見もある．また，最近までに多くのタンパク質遺伝子の比較研究が行なわれた結果，rRNA の単一遺伝子に基づく系統樹は生物の系統関係を表現するには単純すぎるとして，遺伝子の水平転移を考慮した網の目状の系統樹も考えられている．一般的にみて，遺伝情報複製，発現装置に関係する遺伝子は古細菌と真核生物で類似性があり，物質代謝に関係する遺伝子は真正細菌と真核生物の間に類似性が認められる．真核生物のオルガネラは宿主細胞にある種の真正細菌が共生して発生したという説も広く受け入れられている．たとえば，真核生物のミトコンドリアは $\alpha$-Proteobacteria に由来するとも考えられている．オルガネラだけでなく，真核生物の核も共生によって生じたという説もある．宿主および共生した菌がそれぞれ何であるかについては諸説があるが，いずれにしても真核生物は「ハイブリッド」あるいは「キメラ」である．その意味では，古細菌と真正細菌が生物界の二大グループであるという考えもありうる．

## A. 分類

古細菌には塩田，塩湖に生息する高度好塩菌，水田や湖沼などの嫌気環境を好むメタン生成古細菌，酸性の温泉などに生息する好熱好酸菌，さらに，内陸の硫気孔や海底の高温高圧の熱水鉱床付近に生息し，80°C 以上でも生育できる超好熱菌が含まれる．さらに，生物として分離されてはいないが，16S rRNA 遺伝子の PCR 法による探索によって，海洋性の微小プランクトン，土壌など極限的でない多様な環境に古細菌が普遍的に分布していることが近年ますますはっきりしてきた．また，菌株として分離されていないが，嫌気的メタン酸化古細菌の存在がさまざまな根拠に基づいて推定されている．

菌株として分離された古細菌は Crenarchaeota と Euryarchaeota の2つの門（Phylum）に分けられている．正式に承認されていない門として「Korarchaeota」，「Nanoarchaeota」，「Thaumarchaeota」などがある．Crenarchaeota 門には約50種が属し，Thermoprotei 綱の下に四つの目（Thermoproteales, Desulfurococcales, Sulfolobales,「Caldisphaerales」）に分類され，そのすべてが超好熱菌である．Euryarchaeota 門はメタン生成古細菌（Methanobacteria, Methanococci, Methanomicrobia, Methanopyri），高度好塩菌（Halobacteria），好熱好酸古細菌（Thermoplasmata），硫酸還元古細菌（Archaeoglobi），超好熱古細菌（Thermococci）などの約250種が8綱，10門に分類されている．

古細菌は RNA の相同性による系統関係の特別な位置によってだけでなく，数多くの独特な生化学的性質によっても特徴づけられている．たとえば，RNA ポリメラーゼのサブユニットの構成が真核生物のそれと類似していて，真正細菌よりはるかに複雑であること，リボソームをターゲットとする抗生物質に対する感受性が真正細菌とも真核生物とも異なること，古細菌の細胞表層にはムレインはなく多様な細胞表層構造がみいだされることなどが早くから知られていたが，つぎの2点は特に興味深いので，やや詳しく触れておく．ひとつはエネルギー代謝系の特徴であり，もうひとつは脂質である．

## B. 特異な代謝

古細菌の代謝系でもっとも特異なもの，他に例をみないものはメタン生成系である．メタン生成経路はメタン生成古細菌にだけ存在する特異な代謝経路で，メタノフラン（MFR），テトラヒドロメタノプテリン（$H_4$MPT），補酵素 M（HS-coenzyme M：HS-Co M），補酵素 B（HS-coenzyme B：HS-HTP, HS-Co B），補酵素 $F_{420}$（Coenzyme $F_{420}$），補酵素 $F_{430}$（Coenzyme $F_{430}$）の6種類の新しい補酵素の関与する経路であり，そこに関与する酵素と遺伝子が解明された（Thauer, 1998）．二酸化炭素が真核生物のビタミンである葉酸に類似の構造と機能をもつプテリン系の補酵素 $H_4$MPT に結合した状態で水素によって3段階にわたって還元され，メチル基の段階に至る．メチル基は HS-CoM に結合し，$CH_3$-S-CoM レダクターゼという複雑で新しい構造の酵素と，もうひとつの新規補酵素である HS-CoB のはたらきによってメタンへと最終的に還元される．メチルアミンやメタノールなどのメチル化合物からもメタンは生成する．メチル化合物からのメチル基はやはり HS-CoM に渡され，前述と同じ機構でメタ

ンへと転換する．このとき，一部のメチル化合物は二酸化炭素へと酸化され，メチル基の還元のための還元力を提供する．二酸化炭素やメチル化合物の還元に水素を提供する酸化還元補酵素としてフラビンに似た $F_{420}$ が関与している．メタン生成とエネルギー獲得の共役機構は化学浸透機構である（基質レベルのリン酸化ではない）．メタン 1 mol あたり獲得されるエネルギーはきわめて低いレベルであり，メタン生成菌は大量の基質を消費し，大量のメタンを生成する割には生育が遅く，菌体も少量しか生成しない．メタン生成は古細菌であるメタン生成菌でのみ行なわれており，メタン生成菌はメタン生成を唯一のエネルギー源として生きている．

高度好塩菌（*Halobacterium*）は独特の光エネルギーを利用して ATP を合成するシステムをもっている．細胞膜にあるバクテリオロドプシンというレチノールを含むタンパク質が光を吸収して細胞膜を介した $H^+$ 勾配をつくり出し，それが ATPase のはたらきによって ATP に転換される．この光合成は紅色細菌や植物などの光合成とは何の関係もない独自の光変換システムである．バクテリオロドプシンは哺乳類の視覚に関与するロドプシンの機能に，まったく同じではないが類似したところがある．

古細菌にみられるもうひとつの特異な代謝経路は解糖系の特異性である．*Sulfolobus* などある種の超好熱古細菌や高度好塩菌 *Halobacterium* の中央代謝では一部の中間体にリン酸化のないエントナー・ドゥドルフ（ED）経路がはたらいており，*Pyrococcus* などの超好熱菌では解答系（エムデン・マイヤーホフ・パルナス経路）で ATP ではなくて ADP やピロリン酸が関与するヘキソキナーゼ類，フェレドキシン関与のグリセルアルデヒド-3-リン酸オキシドレダクターゼなど独特のものが発見された．これらのことを通覧してみると，古細菌も他の生物と基本的には同じ形式の代謝を営んでいるが，真正細菌や真核生物で常識となっている事実を覆すような多様な変形型の代謝経路を持っていることがわかる．このことは古細菌と真正細菌は共通の先祖から分化してきたものと思われるが，その分岐点はきわめて古い時代であったことを想像させる．

### C．膜脂質

古細菌の生化学的特異性のふたつ目は細胞膜の脂質構造である．古細菌の脂質はふつうエーテル脂質といわれる．真正細菌や真核生物のグリセロ脂質がおもにグリセロリン酸骨格と脂肪酸とのエステル結合でできているのに対して，古細菌の脂質はグリセロリン酸とイソプレノイドアルコールとのエーテル結合でできている．エーテル脂質とはこのことが強調されすぎたよび方である．一部ではあるが，真正細菌にも真核生物にもエーテル結合をもつ脂質は存在する．古細菌の脂質とその他の生物の脂質の構造上のもっとも際立った相違は，グリセロリン酸骨格の立体構造である．古細菌のそれは *sn*-グリセロール 1-リン酸（G-1-P）であるのに対して，真正細菌などは *sn*-グリセロール 3 リン酸（G-3-P）である．*sn* 表示法は脂質分野で用いるグリセロリン酸の鏡像異性体の表示法で，G-1-P と G-3-P は鏡像異性体である．古細菌と真正細菌の脂質のこの区別は構造レベル，酵素レベル，遺伝子レベルで例外がない．それぞれの鏡像異性体骨格は一方のドメインのすべての生物に存在し，他方には存在しない．したがって，古細菌脂質は G-1-P 脂質，真正細菌脂質は G-3-P 脂質，または，D 型（骨格）脂質，L 型（骨格）脂質というほうがより本質的相違を表現する用語である．種類の違う生物で同じ機能を果たす生体化合物がどちらか一方の鏡像異性体でできており，それが生物の系統によって異なっているという例はこの事例だけである（Koga et al., 1993）．

古細菌は飽和濃度の食塩水の環境（塩田や死海などの塩湖），80℃以上 120℃ぐらいの超高温環境，50～80℃で pH 1～3 の高温・酸性環境，酸化還元電位 -0.33V 以下というもっとも厳しい嫌気環境など，従来知られていた生物には生息できない環境に生きているものが多い．古細菌の代謝はエネルギー効率の悪いものが少なくなく，生育の遅いものが多い．真正細菌は生育速度を最大限にすることに特殊化された生物であるといわれるぐらい生育が速い（たとえば，tRNA の CCA 末端を遺伝子上にコードしてあること，タンパク質合成の開始 tRNA としてホルミルメチオニル tRNA を使い，中間のメチオニンと区別して誤りを防ぐしくみがあること，イントロン

がなく，DNA 複製に無駄がないこと，一群の関連ある遺伝子がオペロンを形成して効率よく転写されることなど）．古細菌はこれらの機能を基本的にもたず，結局極限的な特殊環境でのみ生きながらえてきたのではないかと考えられていた．

極限環境のなかでも特に興味深いのが深海の熱水鉱床である．地球のプレートの開口部やプレートの境界付近の地熱活動の盛んな領域では，プレートの割れ目からしみ込んだ海水が地熱で加熱され，地下の重金属イオンと硫化水素を溶かし込んで再び吹き出しているところが点々と存在する．海底の水温は 2～4℃であるが，ここに吹き出す熱水は水圧のため 300℃をこえることもある．吹き出すと同時に，冷えた熱水中の重金属硫化物塩は沈殿し，煙突状の堆積物（チムニー）を形成する．チムニーの周囲には急角度の温度勾配ができている．そこにさまざまな至適温度の好熱菌が棲息している．これらの好熱菌は熱水中の硫化水素や水素をエネルギー源として二酸化炭素を還元・固定する超好熱化学合成独立栄養生物で，ほとんどが古細菌である．ここは水深 2000～3000 m 以上という暗黒の世界で，太陽エネルギーによって生育する光合成生物の合成した有機物は届かない．その代わり，古細菌が地球の内部から吹き出す無機物のガスを栄養とする一次生産者である．そのほか，この一次生産者を有機物源とするシロウリガイ，チューブワーム，特殊なエビ，カニなどの生物が熱水鉱床の周囲に独特の生態系をつくっている．地球上のすべての生物は太陽に依存しているといわれるが，熱水鉱床付近の生態系の生物たちはその範疇から外れる生物である．

## D. 新しい微生物生態学

微生物学の研究は，かつては分離した菌株で行なうものが主流であった．しかし，より網羅的解析を目指して，環境中の 16S rRNA 遺伝子を PCR で増幅してその配列を比較し，その菌の属する系統を推定するという方法へと広がってきた．これによって，分離されていない多数の未知の菌種の存在が示唆されるようになった．それと同時に，古細菌のものと推定される 16S rRNA 遺伝子が極限環境でないふつうの海水，ふつうの森林土壌，南極の海，海洋性の

ピコプランクトンの共生体などにあいついで検出されてきた．また，原子力発電の高レベル放射性廃棄物の地層処分候補地の地下数百 m の地下水からもメタン菌がみいだされた．水田・湖沼の底泥，シロアリや動物消化管，歯肉などにメタン生成古細菌が存在していることは，古細菌研究の初期から知られている．このように，古細菌は極限環境にひっそりと隠れて生きながらえてきたマイノリティーではなく，もしかしたら地球上の微生物の主役なのかもしれないという見方も静かに広がりつつある．しかし，これら難培養性の古細菌の生理，代謝，形態，生態などは，まだまったくわかっていない．

環境中の 16S rRNA 遺伝子の解析を元にしてその存在が推定された古細菌の代謝が各種分析方法の組合せにより，部分的にせよ明らかになってきた例がある．それは嫌気的メタン酸化古細菌で，この菌は分離されてその性状から定義されたものではなく，状況証拠の組合せによって推定されているものである．その状況証拠は現代微生物生態学のひとつの最先端の方法を示している．海底からメタンガスが噴出しているところがある．北カリフォルニア沿岸のメタン漏れ出し口から採取される古細菌由来と思われるエーテル脂質の $^{13}C$ の安定同位体比率は $CO_2$ よりかなり低い．生物由来のメタンは $^{13}C$ 含有率が非常に低いので，この脂質をつくる古細菌は $^{13}C$ 含有率の低いメタンを嫌気状態で資化（酸化）しているものと推定された．同時に，同所で採取された試料の 16S rRNA はメチル化合物資化性メタン生成古細菌（*Methanosarcinaceae* 科）と類縁性を示した．そしてこの遺伝子は，メタンガスの漏れ出し口でないところから採取された試料からは検出されなかった．ここで得られた古細菌脂質と思われるヒドロキシアーキオールがメチル化合物資化性メタン生成古細菌に多く含まれていることも，このことを支持した．この菌の細胞は FISH 法で観察すると，硫酸還元菌の 1 種と結合して存在していた．

このように，安定同位体法，脂質分析，rRNA による系統解析，FISH 法などの組合せにより，メタン酸化古細菌の存在が推定されるに至った．この菌はまだ分離されていないが，メタン生成の逆反応を行なっている可能性が考察されている．事実，メタ

ン生成の最終段階を担う $CH_3$-S-CoM レダクターゼ が，黒海の嫌気的メタン漏れ出し口の微生物マット から直接抽出された．このタンパク質は $F_{430}$ と同 じスペクトルを示すニッケル化合物を含み，アミノ 酸配列も $CH_3$-S-CoM レダクターゼと類似性を示し た．また，別の場所の試料の DNA からは同酵素の 遺伝子が同定された．メタンは二酸化炭素にもまし て地球温暖化効果の高い気体であるから，これがそ のまま海底から噴出して大気中に散逸するより，海 底で二酸化炭素に転換することは地球環境にも大き な効用をもたらすものと思われる．

古細菌のエーテル型脂質のコア脂質（グリセロー ル骨格にイソプレノイド炭化水素鎖がエーテル結合 したもの）は，ジエーテル型のアーキオールとテト ラエーテル型のカルドアーキオールがある．これら は化学的にかなり安定で，古細菌細胞が死んで，細 胞構成物質（タンパク質や核酸など）が分解してし まったあとでも長期間環境中に残存すると思われる． したがって，生死を問わなければ，エーテル脂質は 古細菌のマーカーになる．海底沈殿物などから直接 脂質を抽出して構造を解析した結果，現存の古細菌 からみいだされたことのない新しい構造の脂質成分 （炭化水素鎖の途中にシクロヘキサン環をもつもの， シクロペンタン環の位置が通常のものとは異なって いるもの，イソプレノイド鎖と直鎖の炭化水素鎖が 1 本につながったような構造のものなど）が発見さ れてきており，これらの脂質をつくる生物の本態に ついて興味がもたれているが，まだ手がかりは得ら れていない．地球上の微生物のマジョリティーを占 めるかもしれない，どこにでもいる古細菌の未知代 謝，生態を解明することは，地球上の物質循環にお けるこれら徴生物の役割に展望を与えることになる であろう．

## E. 生物の初期進化研究

古細菌研究はその当初から他の生物，すなわち真 正細菌，真核生物との比較によって古細菌の性格を 描き出してきた．そのため，比較生化学と系統関係 の議論を通じて古細菌は進化研究のよい材料になっ た．生育環境の異常性，生化学的独自性，系統樹上 での位置などのために古細菌研究に急速に関心が寄 せられ，そこから Archaea, Bacteria, Eucarya の 共通祖先（common ancestor）と生命の初期進化が より具体的に議論されるようになった．Woese は universal ancestor として，「単純な細胞，遺伝情報 装置は厳密さに欠けたもの，遺伝子の水平移動も頻 繁に起こる」などの性質を想定したルーズな「生物」 progenotes を考え，それからしだいに今日的なきち んとした生物に進化するシナリオを描いている．

一方，Wächtershäuser は古細菌研究に触発されて 「独立栄養こそもっとも原始的な代謝系」と考える 表面代謝説という新しい生命の起原論を提唱した． Woese のルーズな「生物」と「表面代謝体」の間を 結んで真正細菌と古細菌の分化の原因を両者の膜脂 質のグリセロリン酸の立体構造の相違に求める仮説 も発表されている．現在得られている系統樹の根本 （より祖先型に近い）のほうには超好熱性の生物が 集まっているという事実から共通祖先は超好熱性で あった．生命の発生は 100°C 前後の超好熱環境で 起こったのではないかとの仮説も出されている．い ずれの説についても賛否が分かれ，一般的認識とし て定着するまでには至っていない．

共通祖先，生命の起原，真核生物の起源などの問 題のほかにも，各ドメインに属する生物に共通する 生化学的機能や酵素，遺伝子などを比較することに よってそれらの機能の由来，系統的関係などを論ず ることができるようになった．これは古細菌研究の もたらした進化研究への大きな一歩といえる．

なお，2012 年 3 月現在で 111 種類の古細菌ゲノム 解析の配列が決定されている．

[引用文献]

Fox G. E. *et al.* (1977) Classification of methanogenic bacteria by 16S ribosomal RNA characterization. *Proc. Natl. Acad. Sci. USA*, vol. 74, pp. 4537-4541.

Günter W. (1988) Before enzymes and templates: theory of surface metabolism. *Microbiol. Rev.* vol. 52, pp. 452-484.

Koga Y. & Morii H. (2005) Recent advances in structural research on ether lipids from archaea including comparative and physiological aspects. *Biosci. Biotech. Biochem.*, vol. 69, pp. 2019-2034.

Thauer R. K. (1998) Biochemistry of methanogenesis: a tribute to Majory Stephenson. *Microbiology*, vol. 144, pp. 2377-2406.

Woese C. R. *et al.* (1990) Towards a natural system of organisms: proposal for the domains Archaea, Bacteria, and Eucarya. *Proc. Natl. Acad. Sci. USA*, vol. 87, pp. 4576-4579.

［参考文献］

古賀洋介・亀倉正博 編（1998）『古細菌の生物学』東京大学出版会.

（古賀洋介）

# 第 3 章
# 真核生物の誕生

| | | |
|---|---|---|
| 3.1 | 最初の真核生物 | 黒岩常祥 |
| 3.2 | 先カンブリア代 | 上野雄一郎 |
| 3.3 | 細胞内共生 | 深津武馬 |
| 3.4 | ミトコンドリアの細胞内共生 | 仲田崇志・松崎素道 |
| 3.5 | 色素体の細胞内共生 | 仲田崇志 |
| 3.6 | 原生生物 | 中山　剛 |
| 3.7 | 共生によるオルガネラの獲得 | 石田健一郎 |

## 3.1 最初の真核生物

　真核細胞の誕生を考えるに際して，まず生命の基本単位である原核細胞と真核細胞の基本的な構造の違いを述べる必要がある．細菌類（真正細菌，古細菌）を構築する原核細胞は，中心に核膜をもたない核（原核，DNA が塩基性タンパク質で組織化），その周辺にリボソームを含む細胞質，さらにメソソームなど細菌特有の膜系からなっている．これに対して，真核細胞は原始的な単細胞真核生物から多様な多細胞真核生物に至るまで，基本的な構造として，中心に核膜に包まれた独自のゲノム（DNA）を含む細胞核，その周辺の細胞質には，二重膜に包まれ原核生物のような核をもつ複膜系細胞小器官（ミトコンドリア，植物であればさらに色素体）と，一重膜に包まれた単膜系細胞小器官（小胞体，ゴルジ装置，リソソーム，マイクロボディ），そしてそのほかにリボソームや微小管など細胞骨格を含む細胞質基質（サイトソル）がある．

### A. 共生説

　約 20 億年前，細菌のような単純な形態の原核細胞から，複雑な真核細胞がどのようにして形成されたのか，その形態・構造的なギャップを埋めるためにも，またわれわれの祖先細胞を知るためにも，この現象に多くの研究者が興味をもった．細胞核とミトコンドリアが接している光・電子顕微鏡像などから，かつてはミトコンドリアが細胞核から発芽するように発生したとの考えもあった．しかし現在では，遺伝子 DNA の配列などの比較 DNA 学的な視点から，ミトコンドリアと色素体は α プロテオ細菌と藍色細菌（シアノバクテリア）がそれぞれ宿主生物へ共生することによって生まれたとのと考えが主流である．極端な例では，細胞核も共生によって生まれたとの考えもある．共生説には長い歴史がある．1963 年のミトコンドリアや色素体内の DNA の発見を基盤に，1970 年に Margulis が明確に真核細胞の起源説を提唱したが，それを遡ること一世紀も前の 1830 年以降，おもに形態的な特徴から，真核細胞の共生説が提出されている．その後も多くの説が提示されてきた．

### B. 遺伝子の収奪

　筆者は，進化学の専門家ではないが，ミトコンドリアと色素体など細胞小器官の増殖と遺伝の研究を進めるにあたって，生命現象の一般性の証明・解明には常に進化を考える必要があること，また得られた研究成果は生物進化の一断面を説明できる必要があるとの立場で研究を進めており，本項目に関しても筆者なりの考えをもっている．真核細胞の誕生を考える最初のきっかけは，1973 年に真正粘菌のミトコンドリア内に棒状の核（DNA とタンパク質の複合体）を発見し，1977 年にミトコンドリアが核分裂をともないながら，細菌のリケッチアのように分裂増殖をしていることを発表してからである．現在比較ゲノム学が進み，リケッチアのような原核生物が宿主細胞に共生してミトコンドリアが生まれ，いわゆる真核細胞が誕生したとの考えは強くなっている．当初，粘菌の 1 個のミトコンドリア核には約 5 Mb の DNA が含まれており，大腸菌（4.6 Mb）よりも多かったので，ミトコンドリアを単離して増やすことができるのではと考えたがそれは難しかった．調べると粘菌のようなアメーバ類でもミトコンドリアゲノムの基本単位は 65 kb と非常に小さくなっており，コピー数が約 70 倍に増幅していた．多くの遺伝子は細胞核に移動，もしくは収奪され，一部は消失していたのである．遺伝子の収奪は，真核生物の進化とともに強化されており，共生をこえた宿主ゲノムの支配戦略がうかがわれる．

### C. 小胞分裂マシン

　真核生物誕生の際に共生した細菌については明らかになってきているが，宿主細胞生物がどのようなものであったかはまだ不明な点が多い．宿主が原核生物であったとの考えもある．詳細は省くが，細胞構造を考えると宿主細胞は古細菌，特に Crenarchaeota を母体にして細胞核をもつ真核細胞かそれに近い構造だったようだ．これは原始紅藻シゾンの全ゲノム情報の解析からも，また分子系統解析からも支持される．宿主細胞の形成には，小胞の形成にかかわる

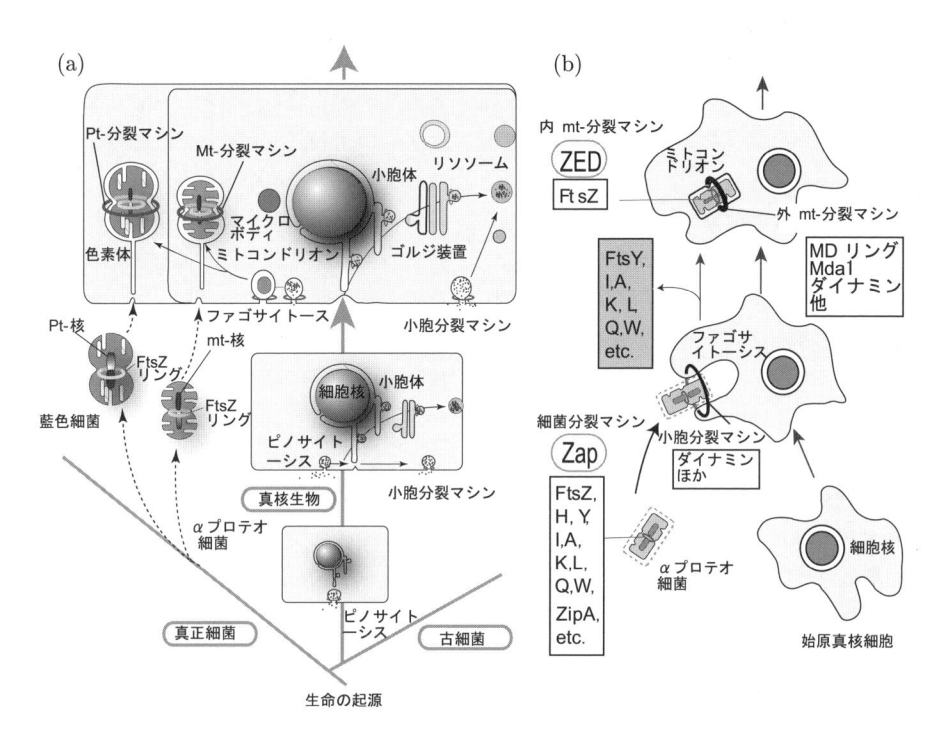

**図1 真核生物の誕生とダイナミン分裂装置の関係**
(a) 宿主細胞は古細菌から誕生し,小胞分裂装置（ダイナミン他タンパク質など）を使ってピノサイトーシス,ファゴサイトーシスを行ない栄養を得ていた.この装置は細胞核の形成,ゴルジ体,リソソームの形成にも使用された.ミトコンドリア（mt）の元になるαプロテオ細菌,色素体（Pt）の元になる藍色細菌をとらえるにも,この小胞分裂装置が使われたが,やがてこれはミトコンドリアや色素体を分裂させる細胞小器官分裂装置へと変換した.(b) αプロテオ細菌が宿主細胞にとりこまれ,ミトコンドリアになる過程を分裂装置の視点から観察すると,αプロテオ細菌は図に示すようなFtsZのほか,10余りのタンパク質とZapからなる分裂装置を使って分裂していた.これが始原的な真核細胞にとりこまれ,共生をすると,すぐにFtsZ以外のタンパク質はなくなった.一方,共生細菌を制御する宿主側の外側の分裂装置はMDリング物質,ダイナミンタンパク質などにより強化されていった.最近発見されたZED遺伝子は,一部Zap遺伝子に似ていることから,細菌の分裂遺伝子は徐々に宿主に制御され,やがて消失し,ミトコンドリアを含む最初の真核生物が形成された.

ダイナミンタンパク質を含む分裂マシンが重要なはたらきをしたと考えられる.一般的には,小胞形成にはダイナミン分子だけによる電子密度の高い小さな分裂リングが関与していると考えられているが,ダイナミン分子のリングは in vivo では電子顕微鏡では観察されないので,従来観察されている小胞リングはダイナミンでなく別の物質であろう.したがって小胞分裂マシンはダイナミンを含む複合構造と考えられる.

ダイナミンを含む分裂マシンによる小胞形成を基本に真核細胞の誕生機構を推定してみる.原始的な宿主細胞はアメーバのようであった.細胞外から栄養をとるために,ダイナミンの分裂マシンを使ってエンドサイトーシス（ピノサイトーシス）を行っており,やがて細菌類を丸ごと捕食するファゴサイトー

シスが誕生し,より有利に栄養を得ることが可能になった.こうした現象は,動物のマクロファージによる物質のとりこみ,神経細胞のシナプシス小胞形成など,ほとんどの真核生物に維持されており,普遍性が高い.おそらく,真核細胞はダイナミン分裂マシンを使って生物機能の順,すなわちDNA合成（細胞核）,転写（細胞核）,翻訳（小胞体）,タンパク質修飾（ゴルジ体）,形成タンパク質の蓄積（リソソーム）,それらから排出される活性酸素の消化（マイクロボディ）といった順番で,小器官を形成していったに違いない.こうして原始真核細胞は徐々に構築されたと考えられる（図1a）.

**D. ミトコンドリア分裂マシン**

ミトコンドリアの誕生の際,リケッチアのような

細菌をファゴサイトーシスでとりこみ，共生し，ミトコンドリアに変換させたが，この分裂の統御にも，ダイナミン分裂マシンを使ったと考えられる．その理由として，現在ミトコンドリアがファゴサイトーシスに使ったと思われる細胞質側に現れるダイナミンを含む高次な分裂マシン（外mt-分裂マシン）を使って分裂増殖していることがある．つぎに植物細胞の誕生であるが，ミトコンドリアをもった真核細胞が藍色細菌（シアノバクテリア）をとりこみ色素体に変換した．その際にも，このマシンは使われた．ミトコンドリアと色素体の分裂マシンの構造と機能がきわめて似ていることも有力な証拠となろう．このダイナミンを含む分裂マシンの構成から，もう少し詳しく最初の真核細胞を推定してみたい．細菌類はFtsZのような分裂タンパク質からなる分裂マシンを使って分裂増殖していたと考えられる．しかし，ミトコンドリアの分裂マシンを調べてみると，細菌由来と推定される内膜の内側の基質側にある分裂マシン（内mt-分裂マシン）にはFtsZ以外ほとんど残っていなかった（図1b）．一方，外側の細胞質側の分裂マシンを形成するタンパク質はダイナミン，MDリングタンパク質，Mda1などつぎつぎに発見され，これらは宿主ゲノム由来である．最近単離したミトコンドリア分裂マシンの内側タンパク質としてZEDが見つかり，この遺伝子はFtsZリングの形成を制御していることがわかってきた．興味深いのはこの遺伝子の一部に既に消失したと考えられていた細菌の分裂遺伝子であるZapの配列がみつかったことである．このことから，共生細菌がミトコンドリアに変換する過程で，細菌の遺伝子は，消滅もしくは，宿主ゲノムによって変えられていったと推定される．

## E. 最初の真核生物とは

最初の真核生物は，核膜に包まれた細胞核を持った生物と定義される．しかしこの根拠となる生物の証拠は乏しい．したがって現在の段階では初期の真核生物は細胞核と単膜系の4細胞小器官を含むとともに，ミトコンドリアに関してはすでに自律的な生活に必要な遺伝子のほとんどを失い，改変された遺伝子からなるゲノムをもち，内（FtsZ，ZEDなど細菌由来のタンパク質を主とした内mt分裂マシン）と外リング（ダイナミン，Mda1，MDなど主に宿主ゲノム由来の外mtマシン）からなる分裂マシンによって分裂・増殖が制御されている生物であったと考えられる（図1b）．より多くの始原的真核生物のゲノム情報が待たれるところである．

[引用文献]

Kuroiwa T. *et al.* (2006) Structure, function and evolution of mitochondrial dividing apparatus. *Biochimi. Biophys. Acta. Mol. Cell*, vol. 1763, pp. 510-521.

Kuroiwa T. *et al.* (2008) Structure, Function, and origin of vesicle, mitochondrial and plastid division machineries with emphasis on dynamin rings and electron-dense rings. *Int. Rev. Cell Mol Biol.*, vol. 271, pp. 97-141.

Kuroiwa T. (2010) Mechanisms of organelle division and inheritance and their implications regarding the origin of eukaryotic cells. *Proc. Jap. Acad.*, in press.

（黒岩常祥）

## 3.2 先カンブリア代

先カンブリア代（Precambrian eon）は顕生代（Phanerozoic eon）以前の地質時代をさし，地球誕生の約46億年前から先カンブリア代/カンブリア紀境界（約5億4200万年前）までの約40億年間にあたる．先カンブリア代はさらに冥王代（Hadean），太古代（Archean）および原生代（Proterozoic）の三期間に区分される．

### A. 冥王代

冥王代は地球形成から40億年前までの地質時代をさす．もともと冥王代は地球上に岩石記録のない地質時代として定義された．現在では最古の岩石が産する年代は約39億6000万年前にさかのぼっている（Bowring et al., 1989）．

冥王代の地球表層には生命誕生に必要な液体の水が存在したらしい．岩石記録は残されていないが最古の鉱物粒子として44億年前の砕屑性ジルコンがある（Valley, 2008）．ジルコンは通常，海洋プレートの沈み込みにともなってマントルが加水され融点が下がることによって生じる花崗岩に普遍的に含まれる鉱物である．それと同様の水の関与がこのジルコンの酸素安定同位体の研究から明らかにされており，当時の気温は海を蒸発させない程度に低かったと考えられている．

一方，月の岩石の年代学から，クレーターを形成した隕石衝突が41～39億年前ころに活発化したことが示唆されており，後期重爆撃（late heavy bombardment）とよばれる．太古代の初期には確かな生命活動の痕跡があるため，地球生命は39億年前以前に発生し，後期重爆撃による過酷な環境を生き延びた可能性もある．グリーンランド・アキリア島に産する約39億年前の高変成度堆積岩に石墨が含まれており，これが最古の生命の痕跡である可能性があるが，その起源についてはいまだに論争が続いている（Manning et al., 2006）．

### B. 太古代

太古代は40～25億年前までの地質時代をさす．世界各地に散在する地質記録から当時の生物圏の情報が得られている．

グリーンランドに露出する約38億年前のイスア表成岩帯には，海洋地殻を構成する厚い枕状玄武岩層とその上に堆積した砂岩，泥岩，縞状鉄鉱層（banded iron formation: BIF）などの堆積岩が残されており，当時地球にはすでに海が存在したことが明らかである（Komiya et al., 1999; Nutman et al., 1984）．これらの海底堆積物にはしばしば石墨が含まれており，その安定同位体組成が $^{13}C$ に乏しいことから独立栄養生物によって固定された生物由来の有機物が海底に堆積し，その後の変成作用で炭化したものと考えられている（Mojzsis et al., 1996, Rosing, 1999；Ueno et al., 2002）．

より弱変成度の堆積岩はオーストラリアのピルバラ地塊や南アフリカのバーバートン緑色岩帯に露出する．ピルバラ地塊には約35億年前の海洋底玄武岩と海底熱水活動にともなう堆積岩が産する．それら岩石は有機炭素を普遍的に含むとともに，硫化鉱物の硫黄同位体組成や流体包有物メタンの炭素同位体組成の研究から硫酸還元菌およびメタン生成菌の活動した痕跡が報告されている（Shen et al., 2001; Ueno et al., 2006, 2008）．このことから太古代初期には海底熱水系に化学合成微生物が活動したことがわかる．またピルバラ地塊には35～34億年前の珪長質火山岩にともなう浅海堆積物が産し，光合成生物によってつくられるストロマトライト質炭酸塩（Hofmann et al., 1999; Alwood et al., 2007）や球状・糸状の原核生物化石（Awramik et al., 1983; Sugitani et al., 2007）が含まれる．類似の化石は南アフリカの約32億年前の浅海層にも産する（Knoll & Barghoorn, 1977）．これらの形態化石は浅海での光合成活動の証拠と考えられる．当初これら化石はシアノバクテリアとそれが形成した堆積構造とみられたが，現在では類似の細胞構造や堆積構造は別の原核生物によってもつくられるため，太古代初期の光合成活動が酸素発生型であったか非酸素発生型であったかは明らかになっていない．

約28億年前ころになると大陸地殻の生成は急激に

上昇し，それにともなって陸棚性堆積物が発達しはじめる (Rino et al., 2004)．これら後期太古代の堆積物は浅海の炭酸塩岩層とより深海の黒色頁岩層・BIF とからなるのが一般的である (Beukes & Klein, 1990)．このうち炭酸塩岩層の多くは光合成活動を示すストロマトライトを含み，その一部からはシアノバクテリア化石 (Schopf et al., 1983) およびその分子化石 (Summons et al., 1999; Eigenbrode et al., 2008) が報告されていることから，酸素発生型光合成の出現は遅くとも 27 億年前にさかのぼる．また，28〜26 億年前には有機炭素が極度に $^{13}C$ に乏しい異常値をとることが知られる．有機炭素の異常な $^{13}C$ 枯渇は通常の炭酸固定ではなくメタン資化によるものと考えられる．光合成による大規模な酸素発生開始にともなって好気的なメタン資化細菌が出現し，当時の海水中に豊富に存在したメタンが酸素の利用可能な浅海域で有機物として固定されたためである (Hayes, 1994)．同様の時期，鉄の安定同位体も異常値を示しており，酸素発生にともなって海洋表層に三価の鉄が増加し，それを基質とする鉄還元菌の活動活発化をもたらした結果と考えられている (Johnson & Beard, 2006)．それまで還元的であった海水中に溶存していた二価の鉄は酸化され BIF として海底に沈殿した．

このように後期太古代，特に 28〜25 億年前は海洋表層に酸素が供給された時代とみられるが，その供給速度は大気・海洋の酸素濃度を直ちに急上昇させるほど大きくはなかった．大気酸素濃度は太古代を通して現在の 10 万分の 1 以下であったとみつもられている (Pavlov & Kasting, 2002)．これは紫外線照射による光化学反応に特徴的な硫黄安定同位体の異常 (非質量依存分別, mass independent fractionation: MIF) が約 25 億年前以前の地質記録のみに保存されており，そのあとの時代にこの異常がみられないことに由来する (Farquhar et al., 2000)．大気酸素濃度が高ければ分子酸素とオゾンの紫外吸収によって同位体異常を生じる反応は抑制される．また，太古代大気が貧酸素であったことは，砕屑性ウラン・黄鉄鉱鉱床の存在などの地質記録とも定性的に一致している (Holland, 1984)．太古代末に酸素発生型光合成生物は出現していたが，好気的代謝を行なう生物の活動は浅海域の局所 (Oxygen Oasis) に限定されており，大気海洋の大部分はいまだに還元的であったと考えられる．

## C. 原生代

原生代とは 25 億年前〜5 億 4200 万年前までの地質時代をさす．

太古代末から続く地球表層の酸化により 23 億年前ころには大気酸素分圧が 0.02 気圧程度まで上昇したと考えられており，これを大酸化事変 (great oxidation event: GOE) とよぶ (Holland, 2006)．大気酸素濃度の上昇は硫黄 MIF の消失 (Farquhar et al., 2000) として記録されている．またそのあとの時代に初めて陸上の酸化的風化で形成される赤色砂岩層がみられ，一方，還元大気下で堆積する砕屑性ウラン鉱床などは GOE を境に産出しなくなる．GOE をもたらした原因は諸説あるが，大陸面積の増加によって栄養塩の供給が増し，また有機物埋没率が上昇したことが主因と考えられる．光合成によってつくられる酸素は，その逆反応である好気呼吸によって再び有機物の分解により消費される．全球での堆積速度増加は，この有機物を大気海洋系からとりさるため，大気中酸素濃度の正味の上昇をもたらす．

原生代初期の約 23 億年前には当時の低緯度に氷河性堆積物が堆積したことが知られ，全球凍結事件とされている (Huronian-Makganyene 氷期: Kopp et al., 2005)．この寒冷化をもたらした原因は不明だが，大気酸素濃度の上昇にともなって，温室効果気体であるメタンの分圧が減少したことがその一因と指摘されている (Kasting & Catling, 2003)．またこの時期の前後で海洋の Ni 濃度が減少した証拠が BIF に残されており，微生物によるメタン生成がその代謝に必須の元素である Ni の欠乏によって弱まった可能性もある (Konhauser et al., 2008)．GOE 後には深海での BIF 堆積が停止した．これは海洋表層での酸化鉄の沈殿と海洋深層が硫化水素に富むようになったことで，溶存二価鉄が海水からとりさられたことによる (Canfield, 2005)．GOE 後も原生代の海洋深層は硫化水素に富む無酸素状態 (canfield ocean) であったと考えられている (Anbar & Knoll,

## 3.2 先カンブリア代

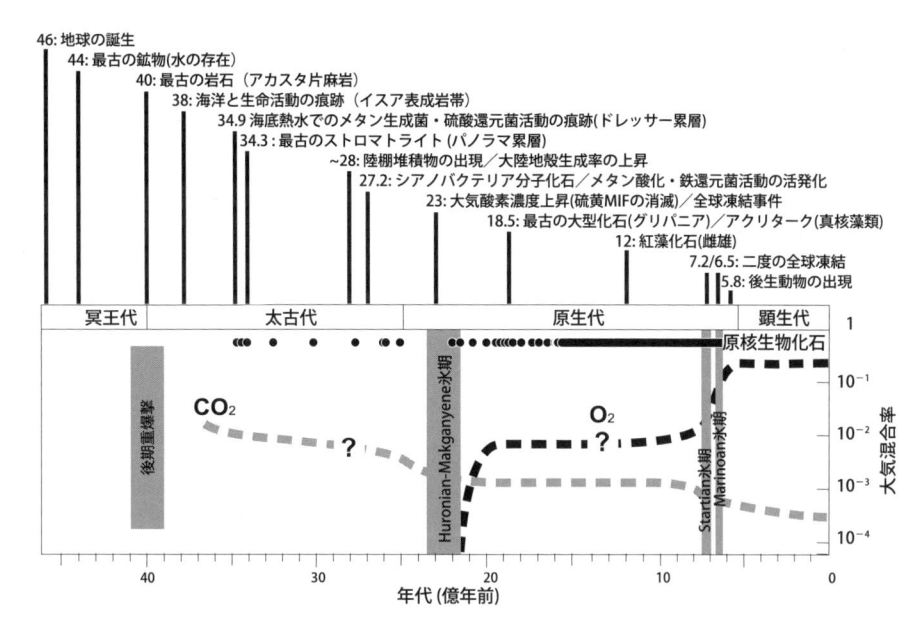

図1 先カンブリア代の年表

図の凡例:
- 46: 地球の誕生
- 44: 最古の鉱物 (水の存在)
- 40: 最古の岩石 (アカスタ片麻岩)
- 38: 海洋と生命活動の痕跡 (イスア表成岩帯)
- 34.9: 海底熱水でのメタン生成菌・硫酸還元菌活動の痕跡 (ドレッサー累層)
- 34.3: 最古のストロマトライト (パノラマ累層)
- ~28: 陸棚堆積物の出現／大陸地殻生成率の上昇
- 27.2: シアノバクテリア分子化石／メタン酸化・鉄還元菌活動の活発化
- 23: 大気酸素濃度上昇 (硫黄MIFの消滅)／全球凍結事件
- 18.5: 最古の大型化石 (グリパニア)／アクリターク (真核藻類)
- 12: 紅藻化石 (雌雄)
- 7.2/6.5: 二度の全球凍結
- 5.8: 後生動物の出現

2002).

GOE後は大陸の酸化的風化量により海水への硫酸流入量が上昇した. このため硫酸還元菌による硫化物生成が活発化したことが硫黄同位体比の研究から明らかにされている (Cameron & Hattori, 1987). これが海洋深層の硫化を促進した要因とされる. またGOE後には海洋の硝酸濃度も上昇し, 微生物による硝酸還元 (脱窒) も活発化したことが有機窒素同位体比の研究から明らかにされている (Beaumont & Robert, 1999).

大気酸素濃度上昇はまた好気呼吸の進化を導き, 原生代の海洋に真核生物が登場した. 約19億年前から真核藻類と考えられる大型化石 Grypania (Han & Runnegar, 1992) や真核藻類のシストと考えられるアクリターク化石が産出しはじめる (Zhang, 1997). 原生代中期には明らかな細胞骨格をもつアクリターク (約15億年前) (Javaux et al., 2003) や, 雌雄が判別可能な紅藻化石も報告されている (約12億年前) (Butterfield, 2000).

原生代末の7.2および6.5億年前には再び全球凍結事件が起きた (Hoffman et al., 1998). その原因は定かでないが, 当時低緯度地域に超大陸が発達したため, 風化による $CO_2$ 除去が卓越し, 温室効果が極度に弱まった可能性がある. 大陸風化による栄養塩供給と有機物埋没の増加はさらなる大気酸素濃度の上昇をもたらし, これが全球凍結後の後生動物の出現を導いた可能性が高い (Knoll & Carroll, 1999).

[引用文献]

Allwood A. C. et al. (2007) 3.43 billion-year-old stromatolite reef from the Pilbara Craton of Western Australia: ecosystem-scale insights to early life on Earth. *Precambrian Res.*, vol. 158, pp. 198-227.

Anbar A. D. & Knoll A. H. (2002) Proterozoic ocean chemistry and evolution: a bioinorganic bridge? *Science*, vol. 297, pp. 1137-1142.

Awramik S. M. et al. (1983) Filamentous fossil bacteria from the Archean of Western Australia. *Precambrian Res.*, vol. 20, pp. 357-374.

Beaumont V. & Robert F. (1999) Nitrogen isotope ratios of kerogens in Precambrian cherts: a record of the evolution of atmosphere chemistry? *Precambrian Res.*, vol. 96, pp. 63-82.

Beukes N. J. & Klein C. (1992) Models for iron-formation deposition. in Schopf J. W. ed., *The Proterozoic Biosphere*, pp. 147-151, Cambridge University Press.

Bowring S. A. et al. (1989) 3.96 Ga gneiss from the Slave province, Northwest Territories. *Geology*, vol. 17, pp. 760-764.

Butterfield N. J. (2000) *Bangiomorpha pubescens* n. gen., n. sp.: implications for the evolution of sex, multicellularity, and the Mesoproterozoic/Neoproterozoic radiation of eukaryotes. *Paleobiology*, vol. 26, pp. 386-404.

Cameron E. M. & Hattori K. (1987) Archean sulphur cycle: evidence from sulphate minerals and isotopically fractionated sulphides in Superior Province, Canada. *Chem. Geol.*, vol. 65, pp. 341-358.

Canfield D. E. (2005) The early history of atmospheric oxygen: Homage to Robert M. Garrels. *Ann. Rev. Earth Planet. Sci.*, vol. 33, pp. 1-36.

Eigenbrode J. L. et al. (2008) Methylhopane biomarker hydrocarbons in Hamersley Province sediments provide evidence for Neoarchean aerobiosis. *Earth Planet. Sci. Lett.*, vol. 273, pp. 323-331.

Farquhar J. et al. (2000) Atmospheric influence of Earth's earliest sulfur cycle. *Science*, vol. 289, pp. 756-758.

Han T. H. & Runnegar B. (1992) Megascopic eukaryotic algae from the 2.1 billion-year-old Negaunee Iron-Formation, Michigan. *Science*, vol. 275, pp. 232-235.

Hayes J. M. (1994) Global methanotrophy at the Archean-Proterozoic transition. in Bengtson S. ed., *Early Life on Earth*, pp. 220-236, Columbia University Press.

Hofmann H. J. et al. (1999) Origin of 3.45 Ga coniform stromatolites in Warrawoona Group, Western Australia. *Geol. Soc. Am. Bull.*, vol. 111, pp. 1256-1262.

Holland H. D. (1984) *The Chemical Evolution of the Atmosphere and Oceans*, Wiley, New York.

Holland H. D. (2006) The oxygenation of the atmosphere and oceans. *Philos. Trans. R. Soc. Lpndon*, vol. 361, pp. 903-915.

Javaux E. J. et al. (2003) Recognizing and interpreting the fossils of early Eukaryotes. *Origins of Life and Evolution of the Biosphere*, vol. 33, 75-94.

Johnson C. M. & Beard B. L. (2006) Fe isotopes: an emerging technique for understanding modern and ancient biogeochemical cycles. *GSA Today*, vol. 16, doi: 10.1130/GSAT01611A.01611.

Kasting J. F. & Catling D. (2003) Evolution of a habitable planet. *Ann. Rev. Astron. Astrophys.*, vol. 41, pp. 429-463.

Knoll A. H. & Barghoorn E. S. (1977) Archean microfossils showing cell division from the Swaziland System of South Africa. *Science*, vol. 198, pp. 396-398.

Knoll A. H. & Carroll S. B. (1999) Early animal evolution: emerging views from comparative biology and geology. *Science*, vol. 284, pp. 2129-2137.

Komiya T. et al. (1999) Plate Tectonics at 3.8-3.7 Ga: Field evidence from the Isua accretionary complex, Southern West Greenland. *J. Geol.*, vol. 107, pp. 515-554.

Konhauser K. O. et al. (2009) Oceanic nickel depletion and a methanogen famine before the Great Oxidation Event. *Nature*, vol. 458, pp. 750-753.

Kopp R. E. et al. (2005) The Paleoproterozoic snowball Earth: a climate disaster triggered by the evolution of oxygenic photosynthesis. *Proc. Natl. Acad. Sci. USA*, vol. 102, pp. 11131-11136.

Manning C. E. et al. (2003) Geology, age, and origin of Akilia supracrustal rocks, Greenland. *Geochim. Cosmochim. Acta*, vol. 67, pp. A271.

Mojzsis S. J. et al. (1996) Evidence for life on Earth before 3,800 million years ago. *Nature*, vol. 384, pp. 55-59.

Nutman A. P. et al. (1984) Stratigraphic and geochemical evidence for the depositional environment of the early Archaean Isua supracrustal belt, southern West Greenland. *Precambrian Res.*, vol. 25, pp. 365-396.

Pavlov A. A. & Kasting J. F. (2002) Mass-independent fractionation of sulfur isotopes in Archean sediments: strong evidence for an anoxic Archean atmosphere. *Astrobiology*, vol. 2, pp. 27-41.

Rino S. et al. (2004) Major episodic increases of continental crustal growth determined from zircon ages of river sands; implications for mantle overturns in the Early Precambrian. *Physics of the Earth and Planetary Interiors*, vol. 146, pp. 369-394.

Rosing M. T. (1999) $^{13}$C-depleted carbon microparticles in 3700-Ma sea-floor sedimentary rocks from West Greenland. *Science*, vol. 283, pp. 674-676.

Schopf J. W. & Walter M. R. (1983) Archean microfossils: New evidence of ancient microbes. in Schopf JW. ed., *Earth's Earliest Biosphere*, pp. 214-239, Princeton University Press.

Shen Y. et al. (2001) Isotopic evidence for microbial sulphate reduction in the early Archaean era. *Nature*, vol. 410, pp. 77-81.

Sugitani K. et al. (2007) Diverse microstructures from Archaean chert from the Mount Goldsworthy-Mount Grant area, Pilbara Craton, Western Australia: microfossils, dubiofossils, or pseudofossils? *Precambrian Res.*, vol. 158, pp. 228-262.

Summons R. E. et al. (1999) 2-Methylhopanoids as biomarkers for cyanobacterial oxygenic photosynthesis. *Nature*, vol. 400, pp. 554-557.

Ueno Y. et al. (2002) Ion microprobe analysis of graphite from ca. 3.8 Ga metasediments, Isua supracrustal belt, West Greenland: Relationship between metamorphism and carbon isotopic composition. *Geochim. Cosmochim. Acta*, vol. 66, pp. 1257-1268.

Ueno Y. et al. (2008) Quadruple sulfur isotope analysis of ca. 3.5 Ga Dresser Formation: new evidence for microbial sulfate reduction in the Early Archean. *Geochim. Cosmochim. Acta*, vol. 72, pp. 5675-5691.

Ueno Y. et al. (2006) Evidence from fluid inclusions for microbial methanogenesis in the early Archaean era. *Nature*, vol. 440, pp. 516-519.

Zhang Z. (1997) A new Palaeoproterozoic clastic-facies microbiota from the Changzhougou Formation, Changcheng Group, Jixian, north China. *Geol. Mag.*, vol. 134, pp. 145-150.

〔上野雄一郎〕

## 3.3 細胞内共生

共生関係のうち，共生者（または共生体：symbiont, symbiote）が宿主（host）の細胞内に共生している関係を細胞内共生（intracellular symbiosis, endocellular symbiosis, endocytobiosis）という．共生者はほとんどすべての場合で細菌，古細菌，原生生物などの微生物であり，宿主はゾウリムシ，アメーバなどの単細胞生物から，動物，植物，菌類などの多細胞生物まで及ぶ．類義語として内部共生（endosymbiosis）があるが，こちらは共生者が宿主の体内に共生している関係を指し，細胞内共生のみならず細胞外共生や腸内共生まで含む場合もある広義の概念である．細胞内共生微生物には，生活環のなかで細胞外に出る局面があるもの，あるいは宿主体外に放出される局面があるものも少なからずあり，細胞内共生と内部共生，あるいは細胞内共生と細胞外共生の境界はしばしば判然としない．

細胞内共生微生物の多くは，宿主の細胞質に感染する．宿主の生存に必須な共生微生物の多くは宿主体内の特殊化した細胞に局在して高密度に感染するが，この細胞を菌細胞（bacteriocyte, mycetocyte）とよぶ．菌細胞はしばしば集合して菌細胞塊（bacteriome, mycetome）とよばれる共生器官を構築する．宿主の生存に必須ではない共生微生物や寄生的な共生微生物では，菌細胞への特異的感染はあまりみられず，さまざまな細胞や組織に低密度，散発的に感染することが多い．ゾウリムシの共生細菌ホロスポラ（*Holospora*）などは細胞核内に局在することが知られる．

共生者と宿主の関係性としては，相利（共生），寄生（的共生），片利（共生），中立（的共生）などがある．相利共生ばかりが共生関係ではない．その関係性は環境条件などによって変動することもあり，相利-片利-寄生の区分はしばしば不分明となる．たとえば，いわゆる日和見病原体とよばれる微生物群は，ふだんは人体に感染していても何ら害を及ぼさない片利共生者であるが，免疫力の低下などをきっかけに重篤な症状を呈する寄生的共生者，いわゆる病原体として振舞うようになる．すなわち，寄生者や病原体も広義には共生者と見なされる．

### A. 共生微生物の生物機能

多くの細胞内共生関係において，共生者は宿主の生存や環境適応に重要な生物機能を担うことが知られている．

アブラムシでは細胞内共生細菌ブフネラ（*Buchnera*）が植物の師管液中に欠乏している必須アミノ酸を供給している．ツェツェバエでは細胞内共生細菌ウィグルスワーシア（*Wigglesworthia*）が哺乳類の血液中に不足しているビタミンB群を合成している．このように宿主に必要な栄養素を共生者の代謝系が供給する関係を「栄養共生」という．

サンゴやシャコガイなどでは，渦鞭毛藻（褐虫藻）を体内に共生させることにより，動物であるにもかかわらず光合成により生きていけるようになる．このように共生者が光合成機能を賦与する関係を「光合成共生」という．

海中に噴出する温泉の周囲に群生するハオリムシやシロウリガイでは，細胞内に化学合成細菌を共生させることにより，熱水中の硫化水素から同化産物を得て生きていくことができるようになる．このような関係を「化学合成共生」という．

マメ科植物は，根に根粒という特別な構造を形成し，その細胞内にリゾビウム（*Rhizobium*）などの根粒細菌を共生させることにより，空気中の単体窒素（$N_2$）を固定して有機窒素（$NO_3^-$, $NH_4^+$）に転換する能力を獲得し，有機窒素分の欠乏した土壌でも生育可能になる．このような関係を「窒素固定共生」という．

アブラムシの体内には生存に必須な栄養共生細菌ブフネラに加えて，生存に必須ではないが宿主にさまざまな生物機能を賦与する共生細菌がしばしば共存し，二次共生細菌と総称される．セラチア（*Serratia*）という二次共生細菌に感染すると，アブラムシは高温条件における生残率が上昇する．ハミルトネラ（*Hamiltonella*）という二次共生細菌に感染すると，アブラムシ体内に産みつけられた幼虫が殺されることにより，寄生蜂への抵抗性が賦与される．レジエラ（*Regiella*）という二次共生細菌に感

染すると，アブラムシが利用できる寄主植物の範囲が広がるほか，病原菌の感染に対する抵抗性も賦与される．

細胞内共生ではないが，共生微生物の担う生物機能としては，ほかにも以下のようなものが知られている．シロアリの後腸内には，大量の嫌気性原生生物および細菌類が共生しており，シロアリの食物である木材中のセルロースの消化分解はもっぱら共生微生物が行っている．このような関係を「消化共生」という．ハキリアリは植物の葉を集めて巣内で細かく噛み砕いて集積し，特定の真菌（キノコ）を栽培して食物としている．このような関係を「栽培共生」というが，消化共生の体外版と見なすこともできるし，人類における農耕と類似の現象ととらえることもできる．ミミイカやヒカリキンメダイでは，体表面に存在する共生器官の中に発光細菌を選択的に取り込んで培養することにより，共生細菌の力を借りて光を発し，採餌やコミュニケーションに利用している．このような関係を「発光共生」という．

### B. 共生微生物による生殖操作

一方で，多くの細胞内共生微生物は，宿主の生存に必要であるどころか，成長や繁殖力に負の影響を与えたり，あるいは宿主の表現型を操作することにより，宿主には何の益もないか有害であり，共生者自身には有利となるような現象をひき起こすことがある．よく知られている例がボルバキア（*Wolbachia*）その他の細胞内共生細菌によって宿主に誘導される「利己的な生殖操作」である．ボルバキアは$\alpha$プロテオバクテリアに属する細菌で，昆虫類，甲殻類，クモ類その他の節足動物，およびフィラリア線虫の細胞内共生微生物としてよく知られている．昆虫類は既知種だけで80万種をこえる陸上生態系における生物多様性の主役となる生物群であるが，ボルバキアは種レベルで少なくとも70％ほどの昆虫類に感染していると推定されている．その多くが宿主の生殖に関連した以下のような表現型を誘導する．

**単為生殖誘導**：タマゴコバチやアザミウマなどでは，雌雄が存在して有性生殖を行なう集団と雌しかおらず単為生殖を行なう集団が存在し，後者はボルバキアに感染しており，抗生物質で感染除去すると雌雄が出現して有性生殖が回復する．すなわち，ボルバキア感染によって単為生殖が誘導される．

**性転換**：キチョウやダンゴムシなどでは，自然集団中に雌しか産まない雌が存在し，それらはボルバキアに感染しており，核型は雄であるのに表現型は完全な雌となっている．抗生物質で感染除去すると，その子孫はしばしば雄と雌の中間的な形態を示す間性個体になる．これらの例では，ボルバキア感染によって遺伝的な雄が機能的な雌に性転換されている．

**雄殺し**：テントウムシやメスアカムラサキなどでは，ボルバキアに感染した雌が産んだ卵塊のうちの約半数しか孵化せず，生まれた幼虫はほとんどすべて雌であるという現象がみられる．これらの例では，ボルバキア感染によって雄の受精卵が初期発生過程で選択的に殺されてしまう．

**細胞質不和合**：きわめて多種多様な昆虫類において，ボルバキア感染雌と非感染雄の交配では卵が正常に孵化するのに対し，ボルバキア非感染雌と感染雄の交配では卵が孵化しなくなる，もしくは孵化率が有意に低下する現象がみられる．このような「細胞質不和合」表現型の誘導により，宿主集団中のボルバキア感染雌はどの雄と交尾しても正常に子孫を残せるのに対し，ホルバキア非感染雌は非感染雄と交尾したときしか子孫を残せない．すなわち，ボルバキア感染雌の相対適応度は非感染雌よりも高くなり，世代を繰り返すごとに感染雌の集団内頻度は増し，最終的には集団全体がボルバキア感染個体に占められるようになる．

このような生殖操作を行なう共生微生物はボルバキアに限らず，カルディニウム（*Cardinium*），スピロプラズマ（*Spiroplasma*），リケッチア（*Rickettsia*），アルセノフォナス（*Arsenophonus*）などの細菌類，さらには真核微生物の微胞子虫や，ウイルスなどからも知られている．これらの共生微生物は一般に宿主の雌親からのみ子孫に伝達される母性遺伝因子である．したがって，雄に感染しても子孫に伝達されることはない．すなわち共生微生物の立場からいうと，自分が感染する宿主は雌であるべきである．単為生殖誘導や性転換では，宿主がすべて自分を次世代に伝達してくれる雌になる．しかし性転換の場合は，集団中の感染頻度が高くなると集団性比が雌に

偏り，交尾相手の雄を見つけることが困難になり，最終的には宿主の集団崩壊につながりかねない状況になりうる．雄殺しの場合，子孫の半分が殺されてしまうため宿主の適応度は激減する．しかし，共生微生物にとっては雌さえ生きていてくれれば適応度の低下はない．それどころか雄が死んだためにその分の食物や資源が雌に回ることによる適応度上昇も期待できる．細胞質不和合の場合は宿主の性比に影響はないが，感染雄と非感染雌の交配が不妊となるために，宿主の適応度には負の影響が出る．これらの表現型を誘導することにより，宿主には何の利益もないどころか有害ですらあるのに対し，共生微生物の生存や繁殖には大きな利益となるため，「利己的な生殖操作」とよばれることがある．

### C. 共生微生物の伝達様式

宿主の生存に重要な役割を担う細胞内共生微生物の多くは，母親から子へ確実に受け渡されるが，これを垂直伝達（または垂直感染：vertical transmission）という．細胞内共生微生物の垂直伝達の機構としては，メス体内の卵巣中で形成過程の卵や胚に母性遺伝的に感染する卵巣伝達（または卵巣感染：ovarial transmission）が最もふつうである．腸内共生微生物の場合には，卵表面塗布（egg surface contamination）による垂直伝達や，糞食（coprophagy）による垂直伝達などもみられる．一方，共生微生物が親から子へ以外の経路，すなわち同種他個体や異種個体へ伝達されることを水平伝達（または水平感染：horizontal transmission）という．宿主の生存にきわめて重要な共生微生物は，進化的タイムスケールにわたって厳密に垂直伝達のみにより宿主の世代を経て伝えられるため，進化の履歴を宿主と完全に共有する場合が多い．このように宿主の系統関係と共生者の系統関係が完全に一致することを，共分岐（co-cladogenesis）もしくは共種分化（co-speciation）とよぶ．ごくたまに水平伝達が起こるだけでも進化的タイムスケールではこのような共分岐関係は崩れ，宿主と共生者の系統関係は一致しなくなる．換言すれば，宿主と共生者の間の系統関係の不一致は，過去に共生者の水平伝達が起こってきたことを示唆する証拠となる．

一般に，宿主にとって重要な生物機能を担う相利共生微生物は垂直伝達され，共分岐パターンを示す場合が多く，一方で宿主に必須ではない片利的もしくは寄生的な共生微生物は常時もしくは時折水平伝達され，共分岐パターンを示さない傾向がある．このように共生微生物の伝達様式は，宿主にとっての重要性をある程度反映しているが，それだけではない．陸上環境に生息する昆虫類ではボルバキアのような片利的もしくは寄生的な共生微生物でも伝達様式はもっぱら垂直感染であり，水中に棲むサンゴなどにおける共生藻類は，生存に必須であっても毎世代環境中から獲得されるものが多い．これは陸上環境では乾燥や紫外線などのために宿主体外での共生微生物の生存が困難であるのに対し，水中環境ではそうではないためと考えられる．すなわち，環境要因も共生微生物の伝達様式に大きな影響を与えている．

### D. 共生微生物の感染維持機構

共生微生物の宿主集団内における感染率は，単純に考えると宿主の生存に必須なものや宿主の適応度に正の影響を与えるものは100％近くなり，宿主の適応度に悪影響を与えるものについては0％近傍に収束すると予想されるが，現実は必ずしもそうではない．宿主に何ら有益な影響はなくとも，細胞質不和合を起こすボルバキアの感染はしばしば宿主集団中で100％近くに固定している．いわゆる寄生的，病原的な微生物が宿主集団に結構な頻度で存在することも周知の事実である．共生微生物の宿主集団内における感染維持にかかわる要因には以下のようなものがある．

**垂直伝達率**：単純に考えて，親から子への垂直伝達率が100％であれば，共生微生物の集団内感染率は一定に保たれると期待される．ただし現実的には以下の2点を考慮しなければならない．第1に垂直伝達率の上限は100％である．120％や200％の垂直伝達率というのはありえない．第2に，厳密に100％の垂直伝達率というのは現実的にはありえない．生物は完璧なシステムではないからである．雌親が産んだ卵の1,000個に1個くらい，共生微生物の伝達に失敗した卵が出ることは十分に考えられる．すると実際の垂直感染率は99.9％ということになる．

観察しても検知できないほどの頻度かもしれないが，それでも着実に共生微生物の感染は集団中から失われていく．1,000世代が経過したあとでは，単純計算で $0.999^{1000} = 0.368$ となり，感染率は37%まで低下してしまう．すなわち，共生微生物の感染頻度が宿主集団中で高く保たれるためには，高い垂直伝達率以外に，何らかの積極的なメカニズムの関与が必要である．

**水平伝達率**：親から子への垂直伝達以外に，他個体への水平伝達経路があれば，宿主集団内の感染率を高く保つことが可能である．寄生者や病原体が宿主集団中である程度の感染頻度を維持しているのは，おもにこの経路による．多くの共生微生物においても，不完全な垂直感染や，宿主への負の適応度効果による感染頻度低下を補償する機構として水平伝達が働いている可能性がある．また共生微生物が宿主の他の系統や，別種の宿主に共生関係を拡大する際にも，水平伝達が重要な経路となっていると考えられている．

**適応度効果**：共生微生物の感染により，宿主の適応度が上昇して子孫の数が増大すれば，共生微生物の子孫の数も増大する．これが一般的な相利共生微生物の生存戦略である．逆に共生微生物の感染により宿主の適応度が低下すれば，共生微生物に感染した宿主の頻度が低下する．共生微生物の感染によって成長速度が若干下がるが，一方で環境ストレスに対する耐性が賦与されるというように，状況によって宿主への適応度効果が逆転するような場合には，環境条件に応じて感染頻度が上昇したり低下したりして，宿主集団中での感染頻度は中間的な値をとることになる．

**表現型操作**：前述のボルバキアの例のように，宿主に正の適応度効果を与えることによってではなく，生殖操作などの特別な機構を進化させることにより，宿主集団中の高い感染頻度を維持している共生微生物もいる．このような表現型操作は理論的には生殖操作に限らず，たとえば宿主の行動を操作して，自らの感染を他個体に接種して回るような行動を誘導する共生微生物がいてもよい．

## E. 共生微生物のゲノム進化

多種多様な細胞内共生微生物について，それらの系統的位置にかかわらず，ゲノムサイズの縮小，分子進化速度の上昇などを伴う特徴的なゲノム進化が起こってきたことがわかっている．たとえば，エンドウヒゲナガアブラムシの細胞内共生細菌ブフネラのゲノムサイズは約64万塩基対であり，近縁の自由生活性細菌である大腸菌のゲノムサイズ464万塩基対の7分の1程度である．同じブフネラでもオオアブラムシの1種ではゲノムサイズはさらに小さく42万塩基対であり，ヒメヨコバイの細胞内共生細菌サルシア（*Sulcia*）では25万塩基対，キジラミのカルソネラ（*Carsonella*）では16万塩基対，セミのホジキニア（*Hodgkinia*）に至っては14万塩基対にすぎない．一般に宿主にとって必須な機能を担い，長い年月にわたって密接な共進化関係にある細胞内共生細菌においては，著しいゲノム縮小がみられる．その理由として考えられるのは，まず宿主の細胞内という安定かつ栄養などの豊富な特殊な環境のみで生活することから，自由生活に必要な遺伝子群，環境変動への対応に必要な遺伝子群，多くの代謝系の遺伝子群などが生存に必須ではなくなり，中立化し，突然変異の蓄積や欠失が促進されることによる．また，宿主体内で隔離された小集団として繁殖し，垂直伝達時には毎回，強い集団ボトルネックがかかるため，遺伝的浮動の効果が強くなり，弱有害突然変異が集団中に固定しやすく，遺伝子の機能喪失や欠失が促進される．さらに，内部共生生活では他種の細菌類との接触がほとんどないため，遺伝子水平転移による新しい遺伝子の獲得の機会もなくなるものと思われる．しかしそのような顕著なゲノム縮小の一方で，宿主にとっての必須機能に関連する遺伝子群は保存されている．たとえばブフネラは宿主アブラムシの食物である植物師管液に欠乏している必須アミノ酸を供給する働きがあるが，そのゲノム中には必須アミノ酸合成遺伝子群は保持されている一方で，可欠アミノ酸合成酵素遺伝子群はほとんど失われている．ウィグルスワーシアは宿主ツェツェバエの食物の血液中に不足しているビタミン類を供給する機能をもつが，そのゲノム中にはビタミン合成系遺伝子群がよく保持されている．このように，特定

の機能に特殊化しつつ縮小したゲノムをもつ細胞内共生細菌は，もはや宿主体外で生きていくことは不可能であり，一般に人工培養することも困難である．

宿主の体内，細胞内でのみ生きている細胞内共生微生物の感染，局在，増殖，代謝などについては，宿主の生理，成長，繁殖などを反映したさまざまな制御機構の存在が想定されるが，その生理機構，分子機構の実体はまだほとんどわかっていない．その最大の理由は，これらの共生微生物が培養困難であるために，培養下での生理解析といった微生物学的アプローチや，共生の成立や維持にかかわる突然変異体のスクリーニングや，関連遺伝子の導入や破壊といった，分子遺伝学なアプローチをとることが困難であることによる．しかし近年では，共生微生物のゲノム解析，および宿主の網羅的発現遺伝子解析などのゲノム科学的アプローチから，これらの問題への取り組みが活発に行わるようになってきた．

**F. 共生微生物と細胞内小器官**

ミトコンドリアは酸素呼吸を，葉緑体は光合成をそれぞれ司る細胞内小器官であるが，細胞内共生微生物から進化したと考えられている．いずれも自身の環状ゲノム DNA をもち，系統解析などの証拠からミトコンドリアはリケッチアなどに近縁な $\alpha$ プロテオバクテリア，葉緑体は藍藻ともよばれるシアノバクテリアが起源であると推定されている．ミトコンドリアは現生の真核生物の共通祖先において，葉緑体は緑色植物の共通祖先において，それぞれ細胞内共生微生物として獲得されたものであり，したがって前者のほうが起源は古い．10 億年以上にわたる共生進化の過程で，ミトコンドリアでは 1～20 万塩基対，葉緑体では 12～17 万塩基対とゲノムサイズは極度に小さくなっており，それぞれの祖先がもっていたと思われるほとんどの遺伝子を失なったほか，かなりの遺伝子が核ゲノムに水平転移しており，遺伝子産物のタンパク質はこれらの細胞内小器官にターゲティングされ，内部に輸送されて機能する．ミトコンドリアや葉緑体は，細胞内共生微生物が極限までの進化，特殊化を遂げた究極の姿であると見なすことができる．

（深津武馬）

## 3.4　ミトコンドリアの細胞内共生

**A. ミトコンドリアの構造と機能**

ミトコンドリア（mitochondrion, pl. mitochondria）は真核生物の細胞内にみられる顆粒状から糸状または網目状のオルガネラである．ミトコンドリアは好気呼吸の場として広く知られているが，近年ではさまざまな原生生物において好気呼吸を行わないミトコンドリアの「痕跡」が発見されてきた．分子状水素と ATP を合成するヒドロゲノソーム（hydrogenosome）や ATP 合成能をもたないマイトソーム（mitosome）などがミトコンドリア由来の細胞内小器官と考えられている．なお，好気呼吸の場としてのミトコンドリア（狭義）とマイトソーム，ヒドロゲノソームなどを総称してミトコンドリア（広義）とする場合がある（Tachezy & Steinbüchel, 2008）．ここでは広義のミトコンドリアを単にミトコンドリアとよび，狭義のミトコンドリアについては好気性ミトコンドリア（aerobic mitochondria）とよぶことにする．

すべてのミトコンドリアは 2 枚の生体膜に包まれている．好気性ミトコンドリアにおいては内側の膜（内膜）が内部に陥入して，特に**クリステ**（cristae）とよばれる構造を形成する．好気性ミトコンドリアは独自のゲノムを保持しており，内部で転写・翻訳を行っている．一方で，マイトソームやほとんどのヒドロゲノソームはゲノムをもたないと考えられている．

好気性ミトコンドリアのおもな機能は好気呼吸である．細胞質の解糖系で生成したピルビン酸などの物質はミトコンドリアのマトリックス（基質：matrix）でクエン酸回路（TCA 回路，クレブス回路）を通じて代謝され，二酸化炭素と還元力をもたらす．この還元力はミトコンドリアの内膜（クリステ）上の電子伝達系を介してミトコンドリアのマトリックスから膜間領域（外膜と内膜の間）に水素イオンを移動させ，内膜を挟んだ水素イオンの濃度勾配を形成する（この際に酸素を消費する）．膜間領域の水素イオンは ATP 合成酵素を通じてマトリック

スに戻り，この際にATPが合成される．なお，ミトコンドリアにおける好気呼吸の機構はすべてマトリックスと内膜に存在している．ミトコンドリアはこのほかにもさまざまな機能を担っており，細胞死の制御やカルシウムの貯蔵，鉄-硫黄クラスターやヘムの合成，ステロイドの合成などが知られている．

ミトコンドリアで機能するタンパク質の一部はミトコンドリア自身のゲノムにコードされているが，多くのタンパク質は核ゲノムにコードされており，細胞質で合成されてミトコンドリアに輸送される．これはミトコンドリアの分裂がしばしば核の制御下にあることとあわせて，ミトコンドリアと共生細菌とを区別する重要な特徴とされている．

### B. ミトコンドリアの細胞内共生起源説の歴史

ミトコンドリアが細胞内共生した原核生物に由来するという仮説は19世紀の末ごろAltmannにより提唱されたといわれる．その後，何人かがミトコンドリア（に相当する構造）の細胞内共生起源説を展開したが，当時は細胞内共生を支持する証拠が乏しく，長らく異端の説として扱われることとなった（Margulis, 1993）．

その後，ミトコンドリアの真核細胞内における独立性を示す証拠が散発的に得られてきた．1953年にミトコンドリアの細胞質遺伝が，1958年にはミトコンドリアのタンパク質合成能が示された．そして1963年にはミトコンドリアDNAも確認された．これらの証拠を受けて共生説を広めたのがMargulis (1970)であった．Margulisはその後の一連の著作を通じて，生物間の共生がいかに普遍的であり，生態系の存続に不可欠であるかを主張している．

ミトコンドリアの細胞内共生起源説は，ミトコンドリアが二重膜で包まれているという事実や，その生化学的特徴が一部のグラム陰性菌に類似しているという事実によって補強されてきた．ミトコンドリアが外膜と内膜からなる二重膜に包まれていることは，共生細菌の細胞膜に由来する内膜を宿主の膜系（食胞膜，小胞体膜など）に由来する外膜が包んでいるとして説明される．

ミトコンドリアの細胞内共生起源説の最も強力な証拠は，ミトコンドリアDNAの塩基配列の解読と系統解析によってもたらされた．Schwartz & Dayhoff (1978)をはじめとする一連の分子系統解析から，ミトコンドリアゲノムが真核生物の核ゲノムとは明らかに異なる系譜に属し，おそらくはグラム陰性菌の$\alpha$プロテオバクテリア（$\alpha$紅色細菌）に近縁であることが示された．その結果，現在ではミトコンドリアの細胞内共生起源説は定説として認められている．

### C. ミトコンドリアの$\alpha$プロテオバクテリア起源

ミトコンドリアの起源となった共生細菌が$\alpha$プロテオバクテリアの1種であったことは，現在ではほぼ受け入れられている．$\alpha$プロテオバクテリアは真正細菌のなかで，プロテオバクテリア門（Proteobacteria）アルファプロテオバクテリア綱（Alphaproteobacteria）に分類される生物の総称である．この群に属する細菌は基本的にはグラム陰性菌で，細胞膜の外側にもう1枚の外膜とよばれる膜をもっているが，好気性から嫌気性までさまざまな特性を示し，従属栄養細菌，化学合成細菌，光合成従属栄養細菌，細胞内寄生性，共生性などきわめて多様な生態の細菌を含んでいる．

ミトコンドリアの二重膜はしばしば共生細菌の細胞膜と宿主の膜系に由来するとして説明されるが，$\alpha$プロテオバクテリアはそれ自体で細胞膜と外膜の二重膜を有しているため，仮に宿主の膜系の中に共生したとすれば三重膜になると考えられる．そこでミトコンドリアが成立する過程でいずれかの膜が失われたと考えられるが，ミトコンドリアの外膜には宿主の膜系と相同のタンパク質（タンパク質の輸送や膜の分裂にかかわるタンパク質など）も$\alpha$プロテオバクテリアの外膜に相同なタンパク質も含まれている．しかし宿主側のタンパク質輸送や膜分裂の機構が真正細菌の外膜に移行するとは考えにくく，またミトコンドリア外膜の脂質組成も真正細菌の外膜よりも真核生物に似ていることから，ミトコンドリア外膜は宿主に由来すると考えられる．同様にミトコンドリアの内膜も真正細菌の細胞膜と特徴を共有しており，失われたのは共生細菌の外膜であると推定される．

ミトコンドリアの多くが好気性であることから，好気性の$\alpha$プロテオバクテリアがミトコンドリア

になったと考えられている．ゲノム規模の分子系統解析によれば，ミトコンドリアはαプロテオバクテリアのなかでもリケッチア目（Rickettsiales）に由来したとみられる（Williams *et al.*, 2007）．リケッチア目のなかでは自由生活性の海洋細菌である"*Candidatus* Pelagibacter ubique"が最初に分岐し，ついでミトコンドリアと細胞内寄生（共生）性のリケッチア類が分岐したとされる．"Pelagibacter"と細胞内寄生性のリケッチア類のゲノム中にはいずれも好気呼吸の遺伝子群が知られていて（Andersson *et al.*, 1998; Giovannoni *et al.*, 2005），ミトコンドリアの祖先生物が好気性だった可能性を支持している．

### D. ミトコンドリアと真核生物の起源：アーケゾア仮説とその否定

　ミトコンドリアの細胞内共生起源説が市民権を得るにつれて，ミトコンドリアの獲得がどのようにして起こったのかについても関心が集まるようになった．ミトコンドリアの獲得の過程を明らかにするために特に注目されたのが，ミトコンドリアをもたないとされた真核生物であった．*Pelomyxa*や赤痢アメーバ（*Entamoeba histolytica*）などのアーケアメーバ，微胞子虫類，*Giardia*などのディプロモナス類，*Trichomonas*などの副基体類などには典型的なミトコンドリアが存在せず，真核生物がミトコンドリアを細胞内共生させる以前の姿をとどめた原始的な原生動物であると考えられた．リボソームRNAの小サブユニット（SSU rRNA）遺伝子の系統解析においてもこれらの原生生物は真核生物中で基盤的な位置を占めており，原始的な生物であるとの仮説を裏づけていた．そこでCavalier-Smith（1983）はこれらの原生動物をアーケゾア（Archezoa）と名づけた．

　ところが研究が進むにつれ，*Giardia*などミトコンドリアをもたないとされた真核生物から真正細菌に近縁な遺伝子やミトコンドリアに関連する遺伝子がつぎつぎと見つかってきた（Bui *et al.*, 1996; Germot *et al.*, 1996; 1997など）．当初これらの遺伝子は真核生物がそもそも古細菌と真正細菌のキメラに由来する証拠であるとも解釈されたが，のちにアーケゾアが好気性ミトコンドリアを二次的に喪失した生物ではないかと考えられるようになってきた．

　まずアーケゾアのうち副基体類の細胞に含まれるヒドロゲノソームというオルガネラが，実際にはミトコンドリアと相同であり，同じ共生細菌が異なる退化をした産物であるとの説が広く議論された（Martin & Müller, 1998）．続いてアーケアメーバの1種が好気呼吸を行わない痕跡的なミトコンドリア（マイトソーム）をもつことが発見された（Mai *et al.*, 1999; Tovar *et al.*, 1999）．さらにディプロモナス類，微胞子虫類においてもマイトソームが報告された（Williams *et al.*, 2002; Tovar *et al.*, 2003）．のちにヒドロゲノソームと好気性ミトコンドリアがよく似たタンパク質輸送の仕組みをもっていることが示され（Dolezal *et al.*, 2005），ミトコンドリアをもたないとされた真核生物が，すべてミトコンドリアが好気呼吸能を失った真核生物であると考えられるようになった．

　また，SSU rRNAに基づくアーケゾアの系統的位置についても近年は疑われており，複数の核遺伝子に基づく系統解析からは，アーケゾアの各群はそれぞれ異なる真核生物の大グループから派生したことが示されつつある（アーケアメーバはアメーボゾアから，微胞子虫類は菌類から，ディプロモナス類や副基体類はエクスカバータ類から由来した）．すなわち，系統学的にもアーケゾア仮説は否定されている（Cavalier-Smith, 2002）．

　アーケゾア仮説が否定されたことは，同時に現在知られているすべての真核生物がミトコンドリアを現にもっている，または少なくとも過去には好気性ミトコンドリアをもっていたことを意味する．このことはミトコンドリアの起源が真核生物の起源に密接に関係していた可能性すら示唆するものである．後述するように，ミトコンドリアの起源を巡ってはアーケゾア仮説に代わるいくつかの仮説が議論されており，真核生物の起源を巡る仮説を交えて大きな論争となっている．

### E. ミトコンドリアの起源を巡る諸説

　真核生物はモータータンパク質を伴う複雑な細胞骨格をもつことと，細胞質が複数の膜系によって区

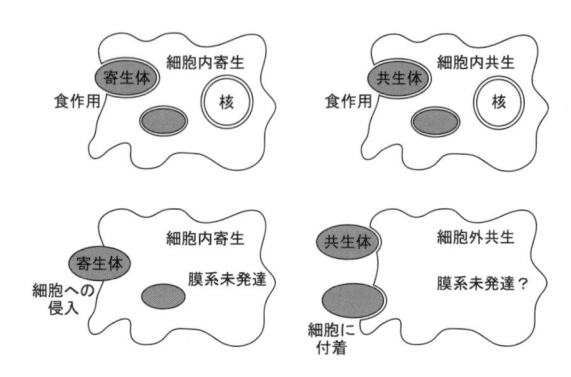

**図1** ミトコンドリアの共生に関する諸説
細胞内寄生起源説（食作用の関与の有無）．細胞内共生起源説（食作用の関与）．細胞外共生起源説．

画化されている点で原核生物とは大きく異なっている．なかでも核ゲノムが核膜に包まれていることは真核生物の最も顕著な特徴である．ミトコンドリアと色素体を除けば，真核生物の細胞質にみられる膜系のほとんどは，機能的に小胞体膜と連続していることが知られている．小胞体は核膜と連続しており，ゴルジ小胞は小胞体膜から形成される．さらにゴルジ小胞から形成される分泌小胞は細胞膜に融合し，食胞膜も細胞膜から形成される．またミトコンドリアや色素体の外膜も小胞体膜に由来する輸送小胞から形成される．

アーケゾア仮説においては核膜や他の複雑な膜系をもつ真核生物がミトコンドリアを獲得したと想定したが，実際にはミトコンドリアの成立時に核膜や他の膜系が存在していた証拠はなく，ミトコンドリアがはじめに成立していた可能性もある．ミトコンドリアの起源を巡っては現在さまざまな仮説が提唱されているが，それらは仮想的なミトコンドリアの祖先生態に基づいていくつかに整理することができる（図1）．

ひとつはミトコンドリアの祖先が細胞内寄生を行ったとする仮説である．これは分子系統からミトコンドリアの姉妹群が細胞内寄生性のリケッチア目となったことからも支持される（Williams et al., 2007）．この場合，宿主側がすでに膜系を進化させていて，寄生細菌は食作用により宿主細胞に取り込まれた可能性や，寄生細菌が宿主細胞へ侵入する独自の機構をもっていた可能性も考えられる．いずれにせよ好気呼吸などの遺伝子をもった細胞内寄生細

菌が宿主と共生関係を結び，多くの遺伝子を核に移行させてオルガネラとなったと考えれば，ゲノムの進化や細胞内共生の原因についても説明ができる．

つぎに，ミトコンドリアの祖先が宿主となる真核生物（の祖先）に食作用で取り込まれた細胞内共生細菌であるとの仮説があげられる．これはミトコンドリアの寄生性細菌起源と似ているが，宿主の側に細菌を共生させる利点があったと考える点で異なっている．またこの場合，真核細胞がすでに食作用を獲得していたと想定する．たとえばCavalier-Smith (2002; 2006) は祖先的な真核生物が食作用によって，ミトコンドリアの元となった光合成性の通性好気性αプロテオバクテリアを取り込んだとする説を唱えている．

最後に，ミトコンドリアの祖先が細胞外共生細菌だったとする仮説がある．たとえばMartin & Müllar (1998) などが唱える水素説では，メタン合成性の古細菌と水素を利用する真正細菌が密接な共生関係を築き，より接触面積を増やすために宿主が細胞膜で共生細菌を包み，やがてオルガネラとして取り込んだと考えている．この仮説においては真核生物の細胞骨格や複雑な膜系はミトコンドリアの成立を機に出現したと考えている．しかしながら分子系統解析からは，真核生物の核ゲノムはメタン生成菌を含んだユリアーケオタ門よりもクレンアーケオタ門，もしくは古細菌全体と姉妹群関係にあると推定されており（Cavalier-Smith, 2002; Cox et al., 2008），水素説そのものは系統学的な証拠を欠いている．

### F. ミトコンドリアのゲノムとプロテオームの進化

ミトコンドリアのゲノムサイズは，αプロテオバクテリアのゲノムサイズに比べて著しく小型である．一方，ミトコンドリアのなかでも100近い遺伝子を残しているもの（*Reclinomonas*）もあれば（Lang et al., 1997），ゲノムを完全に失ったミトコンドリアも知られている（ヒドロゲノソームのほとんどやマイトソーム）．

特に*Reclinomonas*のミトコンドリアは他のミトコンドリアから知られているほとんどすべての遺伝子と，独自の遺伝子を含むことから，祖先的なミト

コンドリアに最も近い遺伝子組成をもつと考えられている．ミトコンドリアゲノムから失われた遺伝子は，ミトコンドリア中での機能を失って消滅したものと，核ゲノムに移行したものに大別できる．核ゲノムに移行した遺伝子の多くはタンパク質に翻訳され，ミトコンドリアに輸送されて機能する．

ミトコンドリア遺伝子の核への移行は，主としてミトコンドリアの成立の初期（現生の真核生物の分岐以前）に起こったと考えられている．しかしミトコンドリアゲノムの組成は系統ごとに異なっていて，その後も一部の遺伝子の核への移行が起こったことを示している（Gray et al., 1999）．遺伝子の核への移行は，ミトコンドリアの分解によるミトコンドリアDNAの核への物理的移行と核への組み込み，ついでミトコンドリア移行配列の獲得，そしてミトコンドリアゲノムからの相同遺伝子の喪失，という過程を経て成立すると考えられている．この場合，ミトコンドリアのプロテオームは変化しないことから，ミトコンドリアの機能への影響はあまりないものと思われる．

一方で，ミトコンドリアの遺伝子がミトコンドリアゲノムと核ゲノムの双方から失われた場合，ミトコンドリアのプロテオームが変化するため，機能の変化につながった可能性が高い．ミトコンドリアの起源において完全に失われた遺伝子や，好気性ミトコンドリアからヒドロゲノソームやマイトソームへの変化の際に失われた遺伝子を明らかにすることは特に重要で，ゲノム比較によってミトコンドリアの祖先におけるプロテオームの変化を推定する研究などが行われている（Gabaldón & Huynen, 2007）．

### G. ミトコンドリアの分裂

ミトコンドリアがオルガネラとして他の共生細菌と区別される特徴として，プロテオームの一部（大部分）を核ゲノムがコードしていることに加えて，ミトコンドリアの分裂が通常核の制御下にあるという点がある．ミトコンドリアの分裂過程では，ミトコンドリアゲノムの分裂に続いてミトコンドリアがくびれ込み，そこでミトコンドリア二重膜の切断が起こる．このくびれ部分には二重膜の内外にリング状の分裂装置が形成されることが知られている．

ミトコンドリアの分裂装置（MD装置：mitochondrial division machinery）は多数のタンパク質の複合体と考えられており，分裂位置の決定に関与するFtsZタンパク質，FtsZタンパク質と相互作用するZEDタンパク質，リン酸化による制御を受けるMda1，ミトコンドリアの最終的な切断に関与するダイナミンタンパク質などの構成タンパク質が知られている（Miyagishima et al., 2003; Kuroiwa et al., 2008; Yoshida et al., 2009）．FtsZやZEDは真正細菌における分裂装置の構成因子と相同性があり，これらのタンパク質は共生細菌に由来すると考えられる．ダイナミンはエンドサイトーシスの際などに真核生物の膜系を切断するタンパク質としても知られており，ミトコンドリアのダイナミンリングは宿主側に由来すると考えられる．したがってミトコンドリアの二重膜の分裂は，真核生物の宿主由来のタンパク質と共生細菌由来のタンパク質の協調により進行する（Miyagishima et al., 2003; Kuroiwa et al., 2008）．ただしダイナミンが真核生物に広く存在しているのに対し，FtsZは一部の単細胞原生生物にしか存在しない．これは，進化の過程において共生細菌由来のタンパク質の役割が失われたか，宿主由来のタンパク質にとって代わられたと解釈されている．

### H. ミトコンドリアの退化

最後にミトコンドリアの退化についてふれておく．多くの嫌気性真核生物には好気性ミトコンドリアが存在せず，代わりにヒドロゲノソームまたはマイトソームとよばれる構造がみられる．これらは好気呼吸に関係する酵素やゲノムDNAを失った（一部ゲノムを有するヒドロゲノソームも知られている）ミトコンドリアだと考えられている．

ヒドロゲノソームは副基体類のほか真菌や繊毛虫の一部で見つかる二重膜で包まれたオルガネラで，基質レベルのリン酸化によりATPと水素を生成する．繊毛虫のヒドロゲノソームにのみゲノムDNAの存在が確認されている．ヒドロゲノソームはタンパク質の相同性などから好気性ミトコンドリアに由来すると考えられていて，このことは副基体類のヒドロゲノソームへのタンパク質輸送系が好気性ミトコンドリアのものときわめて類似していることか

らも支持された（Bui *et al.*, 1996; Germot *et al.*, 1996; Dolezal *et al.*, 2005）．

　マイトソームはミトコンドリア関連オルガネラのうち，ATP 合成能を欠くものの総称である．赤痢アメーバで最初に発見され，今日ではディプロモナス類，微胞子虫類，アピコンプレックス類などの嫌気性真核生物にも見いだされ，少なくとも 3 回以上独立に進化したと考えられている．これらのマイトソームは二重膜で包まれている（赤痢アメーバについては間接的な証拠しかない）が独自のゲノムは知られておらず，マーカータンパク質 Cpn60 の局在やその輸送系の相同性からミトコンドリアとの関連が指摘されているのみである．鉄-硫黄クラスターの合成に関与すると考えられるマイトソームが知られているが，すべてのマイトソームに一般化できるものではない．

　嫌気性の真核生物とは別に，二次共生藻（他の光合成真核生物に由来する色素体をもつ真核生物）においてもミトコンドリアの退化が知られている．そもそも多くの二次共生色素体には共生藻のミトコンドリアは含まれておらず，完全に失われたものと考えられている．しかし一部の細胞内共生藻においてはミトコンドリアが見つかっており（Horiguchi & Pienaar, 1991 など），細胞内共生真核生物がミトコンドリアを失っていく過程にあるものと思われる．

　これらの退化的なミトコンドリアの研究はオルガネラの喪失過程を追跡する手がかりとなることから，細胞内共生の研究においても重要な役割を果たすものと思われる．

[引用文献]

Andersson S. G. E. *et al.* (1998) The genome sequence of *Rickettsia prowazekii* and the origin of mitochondria. *Nature*, vol. 396, pp. 133-143.

Bui E. T. *et al.* (1996) A common evolutionary origin for mitochondria and hydrogenosomes. *Proc. Natl. Acad. Sci. USA*, vol. 93, pp. 9651-9656.

Cavalier-Smith T. (1983) A 6-kingdom classification and a unified phylogeny. Schenk, H. E. A. and Schwemmler, W. S. eds., *Endocytobiology, II. Intracellular Spaces as Oligogenetic Ecosystem*, pp. 1027-1034, Walter de Gruyter.

Cavalier-Smith T. (2002) The phagotrophic origin of eukaryotes and phylogenetic classification of Protozoa. *Int. J. Syst. Evol. Microbiol.*, vol. 52, pp. 297-354.

Cavalier-Smith T. (2006) Origin of mitochondria by intracellular enslavement of a photosynthetic purple bacteria. *Proc. R. Soc. Lond., B. Biol. Sci.*, vol. 273, pp. 1943-1952.

Cox C. J. *et al.* (2008) The archaebacterial origin of eukaryotes. *Proc. Natl. Acad. Sci. USA*, vol. 105, pp. 20356-20361.

Dolezal P. *et al.* (2005) Giardia mitosomes and trichomonad hydrogenosomes share a common mode of protein targeting. *Proc. Natl. Acad. Sci. USA*, vol. 102, pp. 10924-10929.

Gabaldón T. & Huynen M. A. (2007) From endosymbiont to host-controlled organelle: The hijacking of mitochondrial protein synthesis and metabolism. *PLoS Comput. Biol.*, vol. 3, e219.

Germot A. *et al.* (1996) Presence of a mitochondrial-type 70-kDa heat shock protein in *Trichomonas vaginalis* suggests a very early mitochondrial endosymbiosis in eukaryotes. *Proc. Natl. Acad. Sci. USA*, vol. 93, pp. 14614-14617.

Germot A. *et al.* (1997) Evidence for loss of mitochondria in Microsporidia from a mitochondrial-type HSP70 in *Nosema locustae*. *Mol. Biochem. Parasitol.*, vol. 87, pp. 159-168.

Giovannoni S. J. *et al.* (2005) Genome streamlining in a cosmopolitan oceanic bacterium. *Science*, vol. 309, pp. 1242-1245.

Gray M. W. *et al.* (1999) Mitochondrial evolution. *Nature*, vol. 283, pp. 1476-1481.

Horiguchi T. and Pienaar R. N. (1991) Ultrastructure of a marine dinoflagellate, *Peridinium quinquecorne* Abé (Peridiniales) from South Africa with particular reference to its chrysophyte endosymbiont. *Bot. Mar.*, vol. 34, pp. 123-131.

Kuroiwa T. *et al.* (2008) Vesicle, mitochondrial, and plastid division machineries with emphasis on dynamin and electron-dense rings. *Int. Rev. Cell Mol. Biol.*, vol. 271, pp. 97-152.

Lang B. F. *et al.* (1997) An ancestral mitochondrial DNA resembling a eubacterial genome in miniature. *Nature*, vol. 387, pp. 493-497.

Mai Z. *et al.* (1999) Hsp60 is targeted to a cryptic mitochondrion-derived organelle ("crypton") in the microaerophilic protozoan parasite *Entamoeba histolytica*. *Mol. Cell. Biol.*, vol. 19, pp. 2198-2205.

Margulis L. (1970) *Origin of Eukaryotic Cells*, Yale University Press.

Margulis L. (1993) *Symbiosis in Cell Evolution: Microbial Communities in the Archean and Proterozoic Eons*, 2nd ed., W. H. Freeman and Company.［Lynn Margulis 著，永井進 訳（2002, 2004）『細胞の共生進化（上・下）：始生代と原生代における微生物群集の世界』第 2 版，学会出版センター］

Martin W. & Müller M. (1998) The hydrogen hypothesis

for the first eukaryote. *Nature*, vol. 392, pp. 37-41.

Miyagishima S. *et al.* (2003) An evolutionary puzzle: Chloroplast and mitochondrial division rings. *Trends Plant Sci.*, vol. 8, pp. 432-438.

Schwartz R. M. & Dayhoff M. O. (1978) Origins of prokaryotes, eukaryotes, mitochondria and chloroplasts. *Science*, vol. 199, pp. 395-403.

Tachezy J. & Steinbüchel A. (2008) Preface. Tachezy, J. ed., *Hydrogenosomes and Mitosomes: Mitochondria of Anaerobic Eukaryotes*, pp. v-vi, Springer.

Tovar J. *et al.* (1999) The mitosome, a novel organelle related to mitochondria in the amitochondrial parasite *Entamoeba histolytica*. *Mol. Microbiol.*, vol. 32, pp. 1013-1021.

Tovar J. *et al.* (2003) Mitochondrial remnant organelles of *Giardia* function in iron-sulphur protein maturation. *Nature*, vol. 426, pp. 172-176.

Williams B. A. P. *et al.* (2002) A mitochondrial remnant in the microsporidian *Trachipleistophora hominis*. *Nature*, vol. 418, pp. 865-869.

Williams K. P. *et al.* (2007) A robust species tree for the Alphaproteobacteria. *J. Bacteriol.*, vol. 189, pp. 4578-4586.

Yoshida Y. *et al.* (2009) The bacterial ZapA-like protein ZED is required for mitochondrial division. *Curr. Biol.*, vol. 19, pp. 1491-1497.

［参考文献］

Martin W. F. & Müller M. eds. (2007) *Origin of Mitochondria and Hydrogenosomes*, Springer.

Tachezy J. ed. (2008) *Hydrogenosomes and Mitosomes: Mitochondria of Anaerobic Eukaryotes*, Springer.

（仲田崇志・松崎素道）

## 3.5 色素体の細胞内共生

### A. 色素体の構造と機能

色素体（plastid）は一般に光合成を行なうオルガネラとして知られ，光合成性の真核生物や近縁な非光合成性の原生生物などにみられる．緑色植物の色素体でクロロフィルを含むものを特に葉緑体（chloroplast）とよぶが，色素体全般を葉緑体とよぶこともある．白色体（leucoplast）はクロロフィルなどの色素を含まない色素体をさし，陸上植物の非光合成組織や一部の非光合成性の真核生物において知られる．陸上植物などでは組織ごとに色素体が構造的，機能的に分化しており，デンプンを貯蔵するアミロプラスト（amyloplast）や，暗所で形成されて葉緑体への分化能をもつ無色のエチオプラスト（etioplast）など，それぞれ機能や貯蔵物質に応じた名称でよばれている．

色素体は 2，3，ないし 4 枚の生体膜に包まれていて，光合成を行なう色素体（葉緑体など）では内部にチラコイド膜が発達し，膜上に光化学系のタンパク質が存在している．光合成能をもたない色素体もさまざまな生物で知られているが，一般にチラコイド膜が発達せず，より単純な構造をしている．色素体はまた，脂質やアミノ酸，ビタミン，二次代謝産物の生合成など光合成以外にも重要な機能を担っている．

著しく退化した色素体として知られるアピコンプレックス類（Apicomplexa）のアピコプラスト（apicoplast）は光合成を行わないが，脂質代謝やイソプレノイド合成，ヘム合成などで重要な役割を果たしていると考えられている．

### B. 色素体の細胞内共生起源説

色素体が細胞内共生したシアノバクテリアに由来するとの考えは 19 世紀の末から 20 世紀の初頭に提唱された（Martin & Kowallik, 1999）．色素体の細胞内共生起源説はミトコンドリアの共生起源説と同様に，発表された当初は受け入れられなかったが，色素体とシアノバクテリアの類似性が微細構造にま

で及ぶことなどが指摘され，L. Margulis などが細胞内共生進化説としてミトコンドリアとあわせて紹介したことで，現在では定説となっている（Margulis, 1993）.

さまざまな原生生物における細胞内共生藻の存在も色素体の共生起源説を後押したと考えられる（たとえばミドリゾウリムシ *Paramecium bursaria* に細胞内共生するクロレラ *Chlorella variabilis*）．特に灰色植物や *Paulinella chromatophora* などの原生生物にみられる藍色の細胞内共生体はシアネレ（cyanelle）とよばれ，細胞内共生したシアノバクテリア（藍藻類）そのものと考えられた．なお，現在ではシアネレとよばれた構造のうち灰色植物のものは色素体と見なされている．

色素体がシアノバクテリアに由来することは微細構造や色素組成の類似性，酸素発生型光合成を行なうなどのほかに，分子系統解析からも支持されている（Marin *et al.*, 2005; Rodríguez-Ezpeleta *et al.*, 2005）．シアノバクテリア内部での色素体の系統的位置は確定していないが，シアノバクテリアの分化の比較的早い時期に枝分かれしたと思われる．なお，シアノバクテリアの基部で分岐した *Gloeobacter violaceus* がチラコイド膜をもたないのに対して，色素体の多くは発達したチラコイド膜をもつことから，シアノバクテリアの内部でチラコイド膜が進化したのちに色素体が分化したと推測される．

緑色植物，紅色植物，灰色植物の色素体はいずれも二重膜に包まれているが，他の藻類の色素体は三重膜または四重膜に包まれている．これは二重膜の色素体がシアノバクテリアの細胞内共生（一次共生: primary endosymbiosis）に直接由来するのに対して，三重膜や四重膜の色素体は他の真核藻類の細胞内共生（二次共生または真核共生）に由来するためと考えられている（二次共生については 3.7 項を参照）．

### C. シアノバクテリアから色素体への進化

シアノバクテリアでは細胞膜の外側にペプチドグリカンを主成分とする細胞壁があり，さらに外側に外膜がある（図 1）．灰色植物の色素体（シアネレ）も色素体外膜と内膜の間にペプチドグリカン層をも

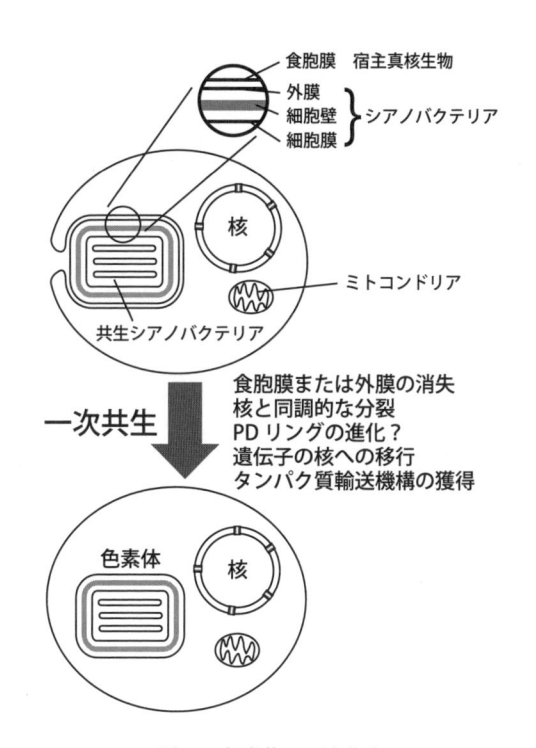

**図 1 色素体の一次共生**
共生シアノバクテリアが色素体になる過程での変化を示している．

ち，シアノバクテリアの細胞壁の痕跡であると考えられている．この場合，一次共生色素体の内膜はシアノバクテリアの細胞膜に由来したと考えられる．一方で，一次共生色素体の外膜がシアノバクテリアの外膜に由来するのか真核生物の食胞膜に由来するのかは定かではない．色素体外膜の脂質や膜タンパク質はシアノバクテリア由来のものと真核生物由来のものが混在しており，構成要素については混成起源であるといえる．

色素体の分裂はミトコンドリアの分裂と同様に核の制御下にあると考えられており，分裂面でのくびれ込みと切断を伴う（3.4 項も参照）．色素体の分裂装置（PD 装置: plastid division machinery）は，色素体内膜の内側に形成される FtsZ タンパク質のリングと，色素体外膜の外側に形成されるポリグルカン繊維の束などから構成され，色素体のくびれ込みと切断にはダイナミンタンパク質がかかわっているとみられる（Miyagishima *et al.*, 2003; Kuroiwa *et al.*, 2008; Yoshida *et al.*, 2010）．FtsZ タンパク質は真正細菌の分裂装置のタンパク質と相同で，ミトコ

ンドリアと色素体のFtsZタンパク質はそれぞれ独立の真正細菌に由来したと考えられる．このことはFtsZタンパク質の系統解析から裏づけられており，ミトコンドリアのFtsZはαプロテオバクテリアと，色素体のFtsZはシアノバクテリアとそれぞれ近縁である（Miyagishima *et al.*, 2003）．ポリグルカン繊維の合成にはPDR1タンパク質がかかわっているが，合成にかかわる糖転移酵素ドメインは原核生物でも見つかっており，共生細菌の酵素に由来する可能性が指摘されている（Yoshida *et al.*, 2010）．一方，ダイナミンタンパク質は宿主（真核生物）側の酵素に由来すると考えられる．ミトコンドリアの切断にかかわるダイナミンと一次共生植物の色素体の切断にかかわるダイナミンは異なっており，ミトコンドリアの分裂と色素体の分裂に平行進化的にダイナミンがかかわったことがわかる．いずれにせよ，一次共生色素体の分裂にシアノバクテリア由来の因子と真核生物由来の因子の両方が関与していることは間違いない．

色素体のゲノムは一般に，シアノバクテリアのゲノムと比較して著しく小型化している．たとえばシアノバクテリアのなかで最小クラスのゲノムをもつ *Prochlorococcus marinus* の染色体が約170万塩基対で約1700遺伝子を含むのに対して（Rocap *et al.*, 2003），原始的な色素体を有する *Cyanophora paradoxa* の色素体ゲノムは約14万塩基対からなり，遺伝子数も約200と極端に縮小している（Löffelhardt *et al.*, 1997）．多くのシアノバクテリア由来の色素体遺伝子は，真核生物への共生に伴って完全に失われたか，真核生物の核へと移行して色素体ゲノムから失われたものと考えられている．色素体から核への遺伝子の移動は必ずしもまれな出来事ではなく，進化の過程で繰り返し起こったと考えられている（Martin *et al.*, 1998）．

一部の動物や原生物では，捕食した藻類の色素体のみを細胞に長期間共生させる盗色素体現象（kleptoplastidy）が知られている．盗色素体をもつウミウシの1種（*Elysia chlorotica*）では藻類の遺伝子が核に水平移動しており，この遺伝子が盗色素体の成立に寄与している可能性が示唆されている（Rumpho *et al.*, 2008）．同様に一次共生色素体の起源においても，恒常的な色素体の成立に先立って一部の色素体遺伝子が核に移動していた可能性が考えられる．

### D. 一次共生色素体の起源

シアノバクテリアの一次共生による色素体の進化は，一度だけ起こったと考えられている（色素体の単一起源）．その根拠のひとつは，シアノバクテリア由来の色素体遺伝子とシアノバクテリアの遺伝子を含めた系統解析の結果であり，ほとんどの場合に色素体遺伝子はシアノバクテリアのなかで単系統群を形成する．さらに一次共生植物のカルビン回路（光合成暗反応），ヘムやクロロフィル合成，イソプレノイド合成などの代謝系においては，シアノバクテリア由来の遺伝子と真核生物由来の遺伝子がモザイク状に混ざっていることが知られている．一次共生植物において，遺伝子のモザイク状の組成は似通っており，このことからも色素体の一次共生が単一の起源をもつことが支持されている（Oborník & Green, 2005; Reyes-Prieto & Bhattacharya, 2007; Matsuzaki *et al.*, 2008）．

一次共生植物の系統関係については核遺伝子の系統解析から対立するふたつの仮説が提出されている．ひとつは緑色植物，紅色植物，灰色植物の3系統が単系統であるとの仮説で，この系統群をアーケプラスチダ（Archaeplastida）（Adl *et al.*, 2005）もしくは植物界（Plantae）（Cavalier-Smith, 1981）とよぶ．この仮説ではアーケプラスチダの根元で単一の一次共生が起こり，すべての子孫が色素体を保持していると考える（Rodríguez-Ezpeleta *et al.*, 2005）が，一次共生色素体の系統分布をよく説明できるため一般的な仮説となっている．しかし異なる分子系統解析においては，緑色植物や灰色植物が紅色植物よりもアルベオラータやストラメノパイルに近縁だとする結果も得られている．この場合，単一の一次共生はバイコント類（bikonts）全体（または「超」植物界："super" plant kingdom）の根元で起こり，アルベオラータ類，リザリア類，そしておそらくエクスカヴァータ類などでは色素体が二次的に失われたと考えられる（Nozaki *et al.*, 2007; Nozaki *et al.*, 2009）．

なお，リザリア類の有殻アメーバの1種，*Paulinella chromatophora* は特に色素胞（chromatophore）などともよばれるシアネレをもつが，これは第2の一次共生の例かもしれない．*P. chromatophora* の色素胞は細胞の分裂時に均等に分配され，宿主細胞外では独立に生存できない．また解読された色素胞のゲノムは他のシアノバクテリアのゲノムと色素体の中間的なサイズ（約100万塩基対，約900遺伝子）で（Nowack *et al.*, 2008），色素胞から核に移動した遺伝子も報告されている（Nakayama & Ishida, 2009）．

[参考文献]

井上 勲（2007）『藻類30億年の自然史：藻類から見る生物進化・地球・環境』第2版，東海大学出版会．

[引用文献]

Adl S. M. *et al.* (2005) The new higher level classification of eukaryotes with emphasis on the taxonomy of protists. *J. Eukaryot. Microbiol.*, vol. 52, pp. 399-451.

Cavalier-Smith, T. (1981) Eukaryote kingdoms seven or nine? *BioSystems*, vol. 14, pp. 461-481.

Kuroiwa T. *et al.* (2008) Vesicle, mitochondrial, and plastid division machineries with emphasis on dynamin and electron-dense rings. *Int. Rev. Cell Mol. Biol.*, vol. 271, pp. 97-152.

Löffelhardt W. *et al.* (1997) The complete sequence of the *Cyanophora paradoxa* cyanelle genome (*Glaucocystophyceae*). Bhattacharya, D. ed., *Origins of Algae and their Plastids*, pp. 149-162, Springer.

Margulis L. (1993) *Symbiosis in Cell Evolution: Microbial Communities in the Archean and Proterozoic Eons*, 2nd ed., W. H. Freeman and Company.［Lynn Margulis 著，永井進 訳（2002, 2004）『細胞の共生進化（上・下）：始生代と原生代における微生物群集の世界』第2版，学会出版センター］

Marin B. *et al.* (2005) A plastid in the making: Evidence for a second primary endosymbiosis. *Protist*, vol. 156, pp. 425-432.

Martin W. & Kowallik K. V. (1999) Annotated English translation of Mereschkowsky's 1905 paper Über Natur und Ursprung der Chromatophoren im Pflanzenreiche. *Eur. J. Phycol.*, vol. 34, pp. 287-295.

Martin W. *et al.* (1998) Gene transfer to the nucleus and the evolution of chloroplasts. *Nature*, vol. 393, pp. 162-165.

Matsuzaki M. *et al.* (2008) A cryptic algal group unveiled: A plastid biosynthesis pathway in the oyster parasite *Perkinsus marinus*. *Mol. Biol. Evol.*, vol. 25, pp. 1167-1179.

Miyagishima S. *et al.* (2003) An evolutionary puzzle: Chloroplast and mitochondrial division rings. *Trends Plant Sci.*, vol. 8, pp. 432-438.

Nakayama T. and Ishida K. (2009) Another acquisition of a primary photosynthetic organelle is underway in *Paulinella chromatophora*. *Curr. Biol.*, vol. 19, pp. R284-R285.

Nowack E. C. M. *et al.* (2008) Chromatophore genome sequence of *Paulinella* sheds light on acquisition of photosynthesis by eukaryotes. *Curr. Biol.*, vol. 18, pp. 410-418.

Nozaki H. *et al.* (2007) Phylogeny of primary photosynthetic eukaryotes as deduced from slowly evolving nuclear genes. *Mol. Biol. Evol.*, vol. 24, pp. 1592-1595.

Nozaki H. *et al.* (2009) Phylogenetic positions of Glaucophyta, green plants (Archaeplastida) and Haptophyta (Chromalveolata) as deduced from slowly evolving nuclear genes. *Mol. Phylogenet. Evol.*, vol. 53, pp. 872-880.

Oborník M. & Green B. R. (2005) Mosaic origin of the heme biosynthesis pathway in photosynthetic eukaryotes. *Mol. Biol. Evol.*, vol. 22, pp. 2343-2353.

Reyes-Prieto A. and Bhattacharya D. (2007) Phylogeny of Calvin cycle enzymes supports Plantae monophyly. *Mol. Phylogenet. Evol.*, vol. 45, pp. 384-391.

Rocap G. *et al.* (2003) Genome divergence in two *Prochlorococcus* ecotypes reflects oceanic niche differentiation. *Nature*, vol. 424, pp. 1042-1047.

Rodríguez-Ezpeleta N. *et al.* (2005) Monophyly of primary photosynthetic eukaryotes: Green plants, red algae, and glaucophytes. *Curr. Biol.*, vol. 15, pp. 1325-1330.

Rumpho M. E. *et al.* (2008) Horizontal gene transfer of the algal nuclear gene *psbO* to the photosynthetic sea slug *Elysia chlorotica*. *Proc. Natl. Acad. Sci. USA*, vol. 105, pp. 17867-17871.

Yoshida Y. *et al.* (2010) Chloroplast divide by contraction of a bundle of nanofilaments consisting of polyglucan. *Science*, vol. 329, pp. 949-953.

（仲田崇志）

## 3.6 原生生物

　原生生物（プロティスト，protist）とは，真核生物のなかから後生動物（多細胞動物），菌類，陸上植物を除いたものの総称であり，古くは藻類や原生動物，「下等」菌類（の一部）とされてきた生物からなる．有孔虫や繊毛虫，珪藻，アメーバのように多くは単細胞性であるが，オオヒゲマワリ Volvox のように群体を形成するものや，褐藻のように巨大な多細胞体を形成するものも原生生物に含まれる．その生き方も多様であり，葉緑体をもって光合成をするもの，バクテリアや他の真核生物を捕食するもの，他の生物に寄生して生きるものなどがある．原生生物は系統的にひとまとまりの生物群ではなく，前述のように真核生物全体からごく一部を除いたものであり，その系統的多様性は真核生物全体のそれとほぼ同義であるといってもよいほど大きなものである．つまり真核生物の進化を理解するためには，原生生物の理解が必須である．このような系統的多様性にもかかわらず，動物などの多細胞生物に比べて原生生物に関するわれわれの理解はいまだ断片的であり，基礎的な分類学的研究からさまざまな進化的現象の研究まで解くべき課題が無数に残されている．

### A. 原生生物の系統

　生物を植物と動物に二分してとらえていた時代には，原生生物のうち藻類は植物の，原生動物は動物の，それぞれ原始群として扱われていた．やがて原生生物の多様性と独自性が明らかになってくると，原生生物は独自の生物群（原生生物界〈Protista〉）として扱われるようになった．しかし原生生物が単系統群であると考えられていたわけではなく，当初から真核生物の進化の初期に分かれたさまざまな系統群を寄せ集めたものだと認識されていた．微細構造学的形質などからいくつかの仮説は提出されていたものの，分子系統学的研究の発展によって初めて原生生物を含む真核生物全体の系統関係が明らかとなってきた．現在では真核生物のなかにいくつかの大きな系統群（スーパーグループ）が認識されて（4.1 項参照），エクスカバータやハクロビア，植物（古色素体類）などその単系統性がいまだ確定的でないものもいくつか存在し，新たな仮説がつぎつぎと提出されているが，大枠としては一般的に受け入れられるようになってきた．

　このように明らかとなってきた真核生物の系譜のなかで，原生生物はどのような位置を占めているのだろう？　原生生物以外の真核生物，つまり動物，菌類，陸上植物というわれわれに身近な大きな生物群は，系統的にみればわずかふたつのスーパーグループのしかもその一部にしかすぎないのだ（表1，図1参照）．つまり真核生物の系統的多様性のほとんどは原生生物によって占められているということができる．さらに近年の環境DNA調査などから新たな系統群がつぎつぎと見つかっており，われわれは原生生物の，つまり真核生物の系統的多様性の全貌をいまだつかみきれていないことを示している（Yubuki et al., 2010; Kim et al., 2011）．

　原生生物が真核生物の系統的多様性の大部分を占めているということは，真核生物の進化を探る際には原生生物の進化を理解することが必須であることを示している．また動物や陸上植物などわれわれにとって直接的なかかわりの大きい生物群におけるさまざまな生物学的現象の進化を考えるためには，それにつながる原生生物の生物学的理解がきわめて重要であり，そのような観点から襟鞭毛虫や接合藻を用いた研究が進められている．さらにその系統的多様性から推定されるように，原生生物の形態，細胞構造，代謝生理，分子生物学的特徴，生活様式などはきわめて多様であり，新たな生物学的発見の可能性に満ちている．

### B. 原生生物の多様性：単細胞

　原生生物の形態はきわめて多様であり，およそ真核生物がとりうる形のほぼすべての例が原生生物にみられる．多くの原生生物は単細胞性であり，これは多くの場合，真核生物の祖先形を残したものと考えることができる．ただし，原生生物として扱われていた生物のなかには多細胞生物が二次的に単純化した例もある．粘液胞子虫とよばれる生物群は，魚や環形動物の寄生虫であり，古くは原生動物とし

表 1　真核生物の分類群とそれに属する原生生物の代表例

**真核生物ドメイン**
　"オピストコンタ上界"
　　動物界
　　　アメービディオゾア門▲● … *Dermocystidium, Ichthyophonus, Amoebidium, Corallochytrium* など
　　　フィラステレア類● … *Capsaspora, Ministeria*
　　　襟鞭毛虫門● … *Monosiga, Codosiga, Protospongia, Acanthoeca* など
　　　後生動物● … 粘液胞子虫（刺胞動物門に含まれる）
　　菌界
　　　ヌクレアリア類▲● … *Nuclearia, Fonticula*
　　　微胞子虫門● … *Encephalitozoon, Glugea, Nosema, Vairimorpha* など
　　　菌類● … ネフリディオファーガ類（接合菌に含まれる？）
　"アメーバ生物上界"
　　アメーバ生物界
　　　アメーボゾア門▲● … *Amoeba, Entamoeba, Dictyostelium*, 真正粘菌 など
　"バイコンタ上界"＊
　　"エクスカバータ界"＊
　　　メタモナス門＊● … オキシモナス類，フォルニカータ，副基体類（パラバサリア）など
　　　ロウコゾア門● … *Jakoba* など
　　　ペルコロゾア門（ヘテロロボサ）▲● … *Naegleria, Stephanopogon, Acrasis* など
　　　ユーグレノゾア門★● … ミドリムシ，トリパノソーマ，*Bodo* など
　　　*Malawimonas*
　　植物界（古色素体類）
　　　灰色植物門★ … *Cyanophora* など
　　　紅色植物門★ … アマノリ（海苔），テングサ，オゴノリ，*Cyanidioschyzon* など
　　　緑色植物亜界
　　　　緑藻植物門★ … アオサ，クロレラ，クラミドモナス，*Ostreococcus* など
　　　　メソスティグマ植物門★ … *Mesostigma*
　　　　クロロキブス植物門★ … *Chlorokybus*
　　　　クレブソルミディウム植物門★ … *Klebsormidium* など
　　　　ホシミドロ植物門（接合藻）★ … アオミドロ，ミカヅキモ，*Micrasterias* など
　　　　コレオケーテ植物門★ … *Coleochaete, Chaetosphaeridium*
　　　　シャジクモ植物門★ … シャジクモ，フラスコモ，シラタマモ など
　　　　陸上植物
　　クロミスタ界（広義）＊
　　　ハロサ亜界（SAR クレード）
　　　　リザリア下界
　　　　　放散虫門● … ポリキスティナ，アカンタレア，*Sticholonche* など
　　　　　有孔虫門● … *Allogromia, Globigerina, Marginopora* など
　　　　　ケルコゾア門＊★▲● … クロララクニオン藻，ネコブカビ，*Paulinella* など
　　　　ヘテロコンタ下界（不等毛頭，ストラメノパイル）
　　　　　ビコソエカ門● … *Bicosoeca, Cafeteria, Caecitellus* など
　　　　　ラビリンツラ門▲● … *Aurantiochytrium, Thraustochytrium, Labyrinthula* など
　　　　　オパロゾア門● … *Opalina, Proteromonas, Blastocystis, Actinophrys* など
　　　　　偽菌門▲● … 卵菌，サカゲツボカビ，*Developayella* など
　　　　　不等毛植物門（オクロ植物門）★ … 珪藻，褐藻，黄緑色藻，黄金色藻 など
　　　　アルベオラータ下界
　　　　　繊毛虫門● … ラッパムシ，ツリガネムシ，ゾウリムシ，*Tetrahymena* など
　　　　　アピコンプレクサ門（クロメラ植物を含む）★● … マラリア原虫，トキソプラズマ など
　　　　　渦鞭毛植物門★● … ヤコウチュウ，*Gymnodinium, Peridinium* など
　　　ハクロビア亜界＊
　　　　ハプト植物門★ … *Pavlova, Chrysochromulina, Emiliania* など
　　　　カタブレファリス門● … *Hatena, Leucocryptos, Roombia* など
　　　　クリプト植物門★● … *Cryptomonas, Guillardia, Goniomonas* など
　　　　太陽虫門（有中心粒太陽虫）● … *Acanthocystis, Raphidiophrys, Heterophrys* など
　　　　テロネマ門● … *Telonema* など
**真核生物　所属不明**
　　アプソゾア門＊● … *Amastigomonas, Ancyromonas* など
　　*Collodictyon, Hemimastix, Palpitomonas* など

★は藻類，▲は「下等」菌類，●は原生動物として扱われていた（いる）生物を含むグループ，""でくくった分類群名や「類」は正式な分類群名ではないので注意．＊で示した分類群は単系統群ではない可能性がある．

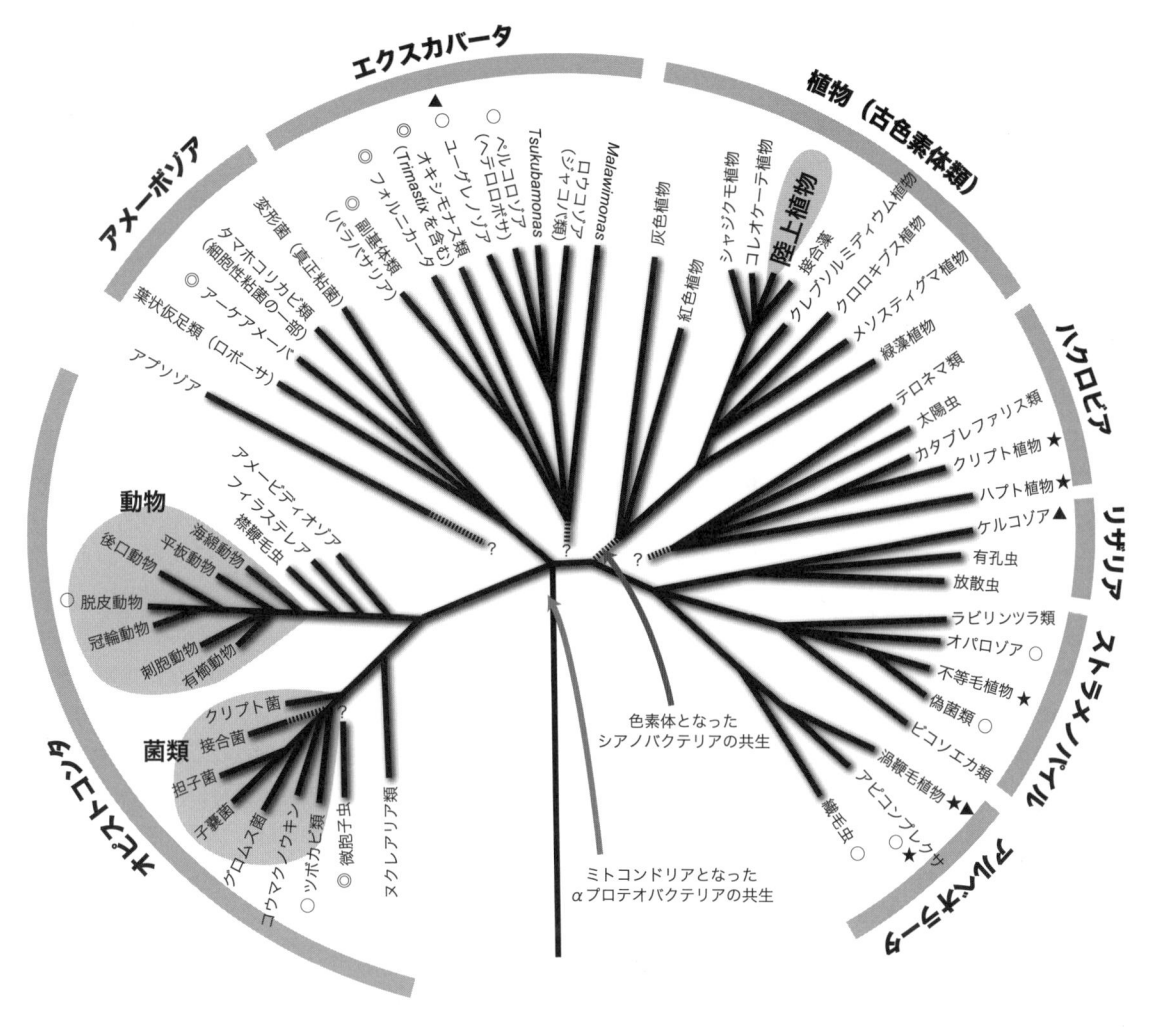

図1 真核生物の系統
点線はその単系統性が不確実なことを示す．網掛けして示した動物，菌類，陸上植物は真核生物の系統的多様性のなかのほんの一部にすぎないことに注目．◎は典型的なミトコンドリアを欠く生物のみからなる生物群，○は一部が典型的なミトコンドリアを欠く生物群，▲は緑色植物との二次共生起源の色素体をもつものが含まれる生物群，★は紅色植物との二次共生起源の色素体をもつものが含まれる生物群をそれぞれ示す．

て扱われてきた．しかしその胞子が数細胞からなること，後生動物に特有の細胞接着構造をもつこと，刺胞動物の刺胞によく似た構造（極嚢）もつことなどから，粘液胞子虫が極度に単純化した後生動物（刺胞動物）であることが示唆されるようになった．近年の分子系統学的研究からも（紆余曲折はあったものの）このことが支持され，また軟胞子虫とよばれる動物が粘液胞子虫と典型的な後生動物をつなぐ存在であることが明らかとなり（Jiménez-Guri et al., 2007），このような驚くべき単純化が真核生物の進化のなかで起こったことが確かめられている．同じ

ような例は昆虫に寄生する Nephridiophaga という胞子虫でもみられ，分子系統学的研究からこの生物は接合菌（トリモチカビ亜門）に近縁であることが示唆されている（White et al., 2006）．また原生生物のなかでも，おそらく多細胞から単細胞への進化が何回も起こっており，接合藻はそのような例のひとつである可能性がある．

古くは，原生動物はその細胞の形で分類されており，鞭毛をもった自由遊泳性の鞭毛虫，仮足による運動を行なう根足虫（「アメーバ」），胞子によって生殖する寄生者である胞子虫，繊毛をもった繊毛虫に

分けられていた．このような区分のほとんどは，現在明らかとなった真核生物の系統的まとまりとは対応しない．（真核生物型）鞭毛の基本構造は真核生物を通じて共通しており，この構造は真核生物の共通祖先が獲得したものだと考えられる．おそらく鞭毛虫という形は真核生物の祖先形を示しているのだろう．しかし同じ鞭毛であっても，その修飾構造や運動様式，鞭毛基部の構造（鞭毛装置）は原生生物のなかできわめて多様である．鞭毛に関するわれわれの理解のほとんどは動物など一部の生物群を用いた研究に基づいており，真核生物（原生生物）の系統的多様性に基づいた研究によって，鞭毛に関する新たな発見や真の理解につながっていくものと思われる．また繊毛虫は現在でもひとつの単系統群として認識されているが，実は多数の鞭毛（繊毛）をもった原生生物はさまざまな系統群（ペルコロゾア，副基体類，アメーボゾアなど）に存在する．このような多数の鞭毛による運動という様式は真核生物のなかで何回か独立に生じたものであり，どのような進化過程があったのか興味深い課題である．アメーバと総称されてきた原生生物のなかには仮足の形態に多様性があることが知られていたが，このような多様性は系統的多様性と大まかには対応することが判明している（4.3項参照）．つまり仮足という構造は真核生物の歴史のなかで何回か独立に生じたと考えられる．当然，その運動機構には，進化的多様性に対応した多様性があることが予想される．このような観点での研究は，真核生物における新たな運動機構の発見につがっていくかもしれない．

### C. 原生生物の多様性：多細胞

原生生物には単細胞性のものだけではなく，多細胞性のものも多い．原生生物のなかには，数細胞が不規則に集まっただけのものから，ある程度分化をともなった少数の細胞が規則正しく密着したもの，細胞が1列や多列につながった糸状体を形成するもの，ある程度の組織分化をともなった多細胞体を形成するものなどきわめて多様な体のつくりがみられる．特に光独立栄養性の原生生物（真核藻類）のなかには，褐藻のように維管束植物に匹敵するような多細胞体を獲得したものもある．またいわゆる粘菌のように，生活環の一時期にのみ多細胞体を形成するものも少なくない．細胞間連絡様式も多様であり，共通の基質に埋まっただけで連絡のないもの，細胞質糸でつながったもの，立派な原形質連絡構造をもつものなどがある．このような多細胞化のさまざまな段階は，ほとんどすべてのスーパーグループのなかに（しかもときにはそのなかの複数の系統に）存在し，「多細胞化」という進化が真核生物のなかで独立に何度も起こっていることを示している．特に光合成能を獲得した原生生物（真核藻類）のなかには多細胞化をとげたものが多く，生活様式の変化が体制の進化のひとつの要因となっているのかもしれない．当然，このような独立した多細胞化は異なる機構によるものだと思われるが，共通の要因があるのかもしれない．そのような多様性，普遍性を調べるためには，原生生物は欠くことのできない材料となるだろう．また捕食栄養性という生活様式において複雑な多細胞体を築いた原生生物は知られておらず，動物（多細胞動物）にみられる細胞接着や情報伝達などの精巧なシステムの獲得は，生物の進化において希有なイベントであったと考えられる．このような進化イベントを探るためには，襟鞭毛虫のように動物につながる原生生物の研究が重要になるだろう．原生生物にみられる特異な体のつくりとして，多核体がある．多核体は巨大な単細胞体とも区画を欠く多細胞体とも考えられる特異な体のつくりであるが，真正粘菌（アメーボゾア）やイワヅタ（植物），フシナシミドロ（ストラメノパイル）などさまざまな原生生物にみられる．このような多核体の進化も，興味深い生物学的課題となると思われる．

### D. 共生オルガネラの進化

このような原生生物における体制の進化は，その生活様式の進化とも密接にかかわっている．真核生物の共通祖先は捕食栄養性の鞭毛虫であったと考えられており，ミトコンドリアの起源となったプロテオバクテリアのとりこみはおそらくこの時点で起こったのだろう．ミトコンドリアの獲得は真核生物に酸素呼吸能という効率的なエネルギー獲得手段をもたらし，その後の真核生物の発展に大きく寄与したものと思われる（3.4項参照）．しかし，真核生物

のなかでいくつかの系統群は嫌気的環境に生育し，酸素呼吸能を失ってしまった．このような生物ではミトコンドリアが退化しているが，この現象はほとんどすべてのスーパーグループにみられる（図1）．しかし興味深いことに，オルガネラとしてのミトコンドリアが完全に消失した確実な例は知られていない．このような生物ではヒドロジェノソームやマイトソームのような二重膜で包まれたミトコンドリア起源のオルガネラが残っているのだ．このことは，真核細胞にとってミトコンドリアが酸素呼吸という点以外にも必須な，すでに切り離せない存在となっていることを示唆している．

同様な例は，同じく原核生物との細胞内共生によって得られたオルガネラである色素体にもみられる．色素体は，おそらく真核生物のなかでも植物（古色素体類）の共通祖先がシアノバクテリアをとりこむことにとって誕生したと考えられるが（一次共生），さらに色素体を獲得した真核生物が他の真核生物にとりこまれることによって（二次，三次共生）さまざまな真核生物が色素体，そして酸素発生型光合成という機能を獲得していった（図1，3.5項参照）．このようにして真核生物のさまざまな系統群が生産者という生活様式を獲得していったのだが，実はそのなかで再び光合成能を失ってしまったものも多い．そのような例はラフレシアのように陸上植物にもみられるが，いわゆる真核藻類とよばれる生物のなかには，光合成能を残しながら従属栄養も併用するもの（混合栄養性）や完全に従属栄養性となったものが少なくない．このような例としてもっともよく知られたものはマラリア原虫などを含むアピコンプレクサである（4.6項参照）．興味深いことに，ほとんどの場合このように再従属栄養性化した生物は，光合成能を欠くもののオルガネラとしての色素体を残していることが示唆されている．唯一の例外としてアピコンプレクサの一部（グレガリナ類）が知られているのみであり，酸素呼吸能を失ったミトコンドリアと同様，多くの場合色素体もすでに切り離せないオルガネラとなっているのかもしれない．ただし，オピストコンタとアメーボゾア以外のほとんどの真核生物（バイコンタ）が一次共生を経験したとする説や，繊毛虫や有孔虫などがもともと紅色植物との二次共生に由来する色素体をもっていたとする説もあり，色素体の獲得と消失という進化イベントは一般的に考えられているよりも複雑なものであったのかもしれない．

原生生物のなかには一次共生や二次共生，三次共生による色素体獲得過程にあるような生物や，窒素固定用オルガネラとなりかけているシアノバクテリア共生者をもつ珪藻などさまざまな細胞内共生がみられ，細胞内共生によるオルガネラ化という生物進化にとってきわめて重要な現象のよい研究対象となっている（3.7項参照）．また原生生物がかかわる共生現象には，盗葉緑体やサンゴなどの褐虫藻，地衣などさまざまなものが知られ，共生とそれにかかわる分子生物学的進化を探るための興味深い対象となるだろう．

**E. 原生生物の進化学**

真核生物に普遍的な分子生物学的現象のなかには，テロメアやRNAエディティングなど原生生物を用いてみつかったものもある．さらに繊毛虫の特異な2形核や渦鞭毛藻にみられるヌクレオソームを欠く巨大な核ゲノム，同じく渦鞭毛藻の1遺伝子1分子の極小色素体ゲノムなど原生生物の特定のグループにみられる興味深い分子生物学的現象も多い．現在ではさまざまな原生生物を対象としたゲノム解読やEST（expressed sequence tag）解析が行なわれているが，原生生物の系統的多様性を考えると調査が行なわれているものはいまだ限られている．より多くの原生生物を対象とした調査によって，新たな分子生物学的現象が発見されていくだろう．また原生生物には，動物や陸上植物にはみられない細胞構造，世代交代による変化，生殖方法，バイオミネラリゼーションなど興味深い現象が多く存在し，このような現象の分子生物学的基盤の研究は新たな生物学的発見につながっていくものと思われる．

原生生物は生態的にもきわめて重要な地位を占めていることが明らかとなっている．特に水圏においては，生産や物質・エネルギーの流れの大きな部分が原生生物とバクテリアからなる微小生物群集によって担われているらしい．現在では，地球上の生産の約半分がこのような生物によって行なわれてい

ると考えられている．真核生物が誕生して以来，原生生物はこのように重要な生態的地位を占めてきたと思われるが，おそらくその構成はずっと一様だったわけではない（井上，2007）．たとえば水界の生産者としては，古生代には緑色藻類などが優占していたが，中生代には渦鞭毛藻やハプト藻など二次共生起源の藻類があらわれ，やがて新生代には珪藻が急速に増えてきたらしい．このような原生生物相の歴史的な変遷と地球環境の変化は密接に関係していたはずである．原生生物は特定のものを除いて化石記録には残りにくいためその遷移を追うことは難しいが，地球生態系の進化を探るためには原生生物は重要な対象となる．

これまでの生物学は，動物や陸上植物，有用微生物を中心に行なわれてきた．しかしこれらの生物は，生物の系統的多様性のごく一部にすぎない．これまで記したように，原生生物は真核生物の系統的多様性の大部分を占めており，このことから原生生物のなかにはいまだ未知の生物学的現象が多数存在することが期待できる．

[引用文献]

井上 勲（2007）『藻類30億年の自然史—藻類からみる生物進化・地球・環境（第2版）』pp. 643，東海大学出版会．

Jiménez-Guri E. *et al.* (2007) *Buddenbrockia* is a cnidarian worm. *Science*, vol. 317 pp. 116-118.

Kim E. *et al.* (2011) Newly identified and diverse plastid-bearing branch on the eukaryotic tree of life. *Proc. Natl. Acad. Sci. USA*, vol. 108 pp. 1496-1500.

Yabuki A. *et al.* (2010) *Palpitomonas bilix* gen. et sp. nov.: A novel deep-branching heterotroph possibly related to Archaeplastida or Hacrobia. *Protist*, vol. 161 pp. 523-538.

White MM. *et al.* (2006) Phylogeny of the Zygomycota based on nuclear ribosomal sequence data. *Mycologia*, vol. 98 pp. 872-874.

（中山 剛）

## 3.7 共生によるオルガネラの獲得

真核細胞の主要な細胞小器官（オルガネラ）であるミトコンドリアや色素体（葉緑体）は，それぞれ真核細胞に細胞内共生した原核生物（バクテリア）に由来する．このミトコンドリアと色素体の獲得は，真核生物の進化と現在の地球環境の形成に非常に大きな影響を及ぼした重要な出来事であったことはいうまでもない（3.4および3.5項参照）．ここで着目していただきたいのは，これらふたつのオルガネラの獲得はどちらもプロティストの進化のなかで起こったということである．プロティストの進化は「真核細胞の進化・多様化」そのものであるといっても過言ではない．動物や菌類，陸上植物だけをみていると，ミトコンドリアや色素体は当たり前の存在であるが，動物と菌類はミトコンドリアをもつプロティストの進化のなかで色素体を獲得しなかった一群から進化したものであり，植物は色素体を獲得したものから進化したのである．つまり陸上で大繁栄をとげた動物や菌類，陸上植物の細胞の基本形はプロティストの進化のなかで生まれたものである．一方，細胞内共生により獲得されたオルガネラは，ミトコンドリアや陸上植物の二重包膜性の色素体だけではなく，動物，菌類，植物に進化しなかったプロティストには，さまざまな細胞内共生由来のオルガネラがみられ，それらの細胞は構造的にも代謝的にも実に多様である．

### A．ミトコンドリア由来のオルガネラ

プロティストには，ミトコンドリアをもたず嫌気的環境を生息の場としているものが，少なからず存在する．これらは以前，真核生物がミトコンドリアを獲得する前に分岐した原始的な真核生物であると考えられていたが（たとえば，Cavalier-Smith, 1983），近年になり，これらの生物からミトコンドリア由来だと思われる核コード遺伝子やオルガネラがみつかり，現在では現生の真核生物の共通祖先はすでにミトコンドリアをもっていたと考えられている（たとえば，Embley, 2006）．また，いわゆるミトコンド

リアをもたない嫌気性プロティストは，真核生物の複数の主要系統群にまたがって散見されるため，ミトコンドリアの退化的進化は，真核生物の複数の系列で独立に起こったといえる．

エクスカバータのトリコモナス類や他のいくつかの嫌気性プロティストは，ヒドロジェノソーム（hydrogenosome）とよばれるミトコンドリア由来のオルガネラをもつ．ピルビン酸を酸化する酵素として，一般的なミトコンドリアがもつピルビン酸デヒドロゲナーゼ複合体ではなく，ピルビン酸：フェレドキシン酸化還元酵素（pyruvate-ferredoxin oxidoreductase：PFO）をもち，最終的に水素を産生することがヒドロジェノソームの特徴である．一方，エクスカバータのランブル鞭毛虫や寄生性菌類である微胞子虫類の細胞には，マイトソームとよばれる非常に小さなミトコンドリア由来のオルガネラがある．マイトソームの機能はまだよくわかっていないが，ATPを産生せず，鉄-硫黄タンパク質の生合成にかかわる一部のタンパク質が局在することがわかっている（Tovar, 2007）．ヒドロゲノソームやマイトソームには独自のDNAは存在しないため，そこで機能するタンパク質はすべて，遺伝子が細胞核にコードされており細胞質から輸送されると考えられる．ユーグレノゾアに属するトリパノソーマなどのキネトプラスチダ類のミトコンドリアは，その一部が膨潤したキネトプラストとよばれる構造をもつ．キネトプラストにはミニサークル化して著しく増幅したミトコンドリアDNAが局在する（Shapiro & Englund, 1995）．

### B. 色素体
#### a. 一次共生由来の色素体をもつプロティスト

3.5項で述べられているように色素体は真核細胞に共生したシアノバクテリアに由来する．この共生過程は一次共生とよばれ，真核生物の進化の過程でたった一度だけ起こったことが示唆されている（Rodríguez-Ezpeleta et al., 2005）．したがって，すべての色素体はこのとき誕生した色素体に由来する．しかしこれは色素体をもつすべての生物がひとつの祖先光合成真核生物から直接進化したことを意味しない．色素体を獲得した最初の真核生物から直接進化した光合成真核生物群は，アーケプラスチダを構成する灰色植物，紅色植物，緑色植物の3群（一次植物とよばれる）だけである（図1）．これらの色素体は2枚の包膜をもつことが共通の特徴である一方で，光合成色素組成やチラコイドの構造などに多様性が認められる（詳しくは4.8項参照）．

#### b. 二次共生由来の色素体をもつプロティスト

色素体をもつが一次植物ではない真核生物群として，渦鞭毛藻類，ユーグレナ藻類，不等毛藻類，ハプト藻類，クリプト藻類，クロララクニオン藻類，クロメラ藻類が，また退化的色素体をもつ真核生物群として，アピコンプレクサ類やパーキンサス類などが知られている．これらは一次植物をさらに別の真核生物が細胞内にとりこみ，オルガネラとして維持・統合することによって色素体を得た生物群である．このような共生過程は二次共生（「二次共生細菌」の「二次共生」とは異なる概念なので注意）とよばれ，これによって色素体を獲得した生物は二次植物とよばれる．二次植物のうち，ユーグレナ藻類は緑色植物のプラシノ藻を起源とする色素体をもち，クロララクニオン藻類は緑色植物の緑藻やアオサ藻などに近縁な緑藻植物を起源とする色素体をもつことが示唆されている（Ishida et al., 1997）．したがって，緑色植物系列では二次共生による葉緑体の水平伝播が2回独立に起こったことになる（図1）．クロララクニオン藻の色素体は4枚の包膜をもち，内側2枚と外側2枚の間に色素体の祖先となった緑藻植物の縮小した核（ヌクレオモルフ）を保持している．このためクロララクニオン藻は二次共生による色素体獲得機構解明のためのカギを握る生物群のひとつとして注目されている．一方，ユーグレナ藻類の色素体の包膜は3枚であり，クロララクニオン藻のものよりも1枚少ない．他の二次植物群は紅色植物由来の色素体をもつ（図1）．紅色植物系列で二次共生が何回起こったかは明らかになっておらず，1回であるという報告もあれば，複数回であるという見解もある．また，緑色の色素体をもつレピドディニウム属（*Lepidodinium*）の渦鞭毛藻は紅色植物由来の色素体を捨てて新たに二次共生により緑藻植物由来の色素体を獲得している（図1）．いずれにしても真核生物の進化の過程で二次共生による色素体の水平伝播

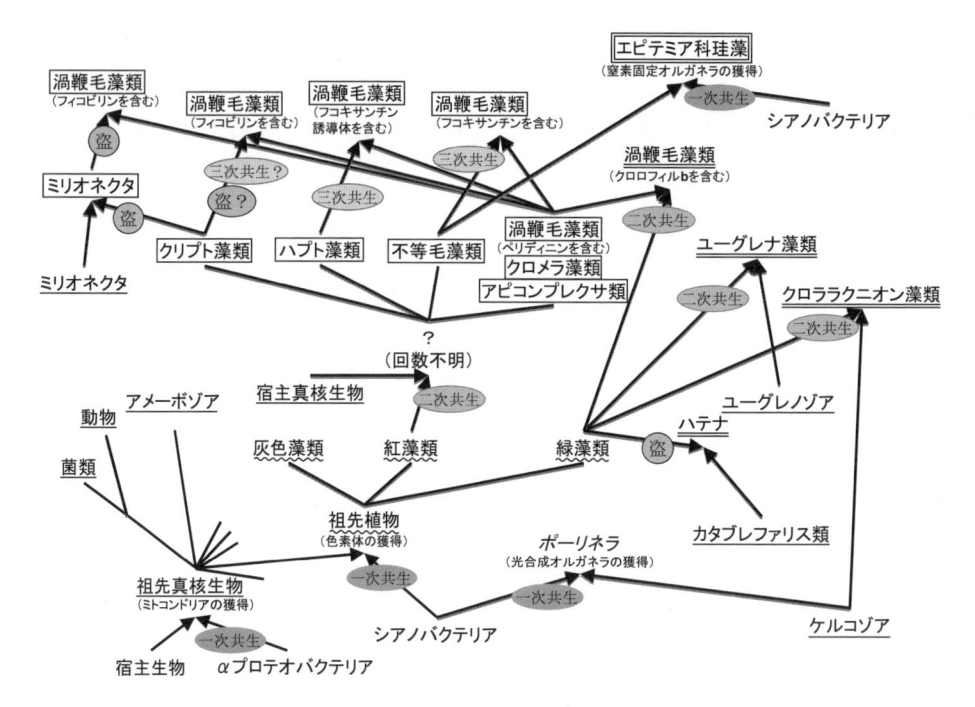

**図1 共生由来オルガネラの系譜**
矢印は細胞内共生を意味する．共生者側の矢印に，一次共生か，二次共生か，三次共生か，盗葉緑体となるのかを示した．下線つき文字：共生由来オルガネラとしてミトコンドリアのみをもつ生物群．波線つき文字：共生由来オルガネラとしてミトコンドリアと一次色素体をもつ生物群．枠囲み文字：共生由来オルガネラとしてミトコンドリアと紅藻由来の二次色素体をもつ生物群．二重下線つき文字：共生由来オルガネラとしてミトコンドリアと緑藻由来の二次色素体をもつ生物群．斜体文字：共生由来オルガネラとしてミトコンドリアと，色素体とは起源の異なる一次共生由来の光合成オルガネラをもつ生物群．二重枠囲み文字：共生由来オルガネラとしてミトコンドリアと紅藻由来の二次色素体，シアノバクテリアを起源とする一次共生由来の窒素固定オルガネラをもつ生物群．

は複数回起こったことは確かであり，二次共生は現在の光合成真核生物の多様性創出に大きな役割を果たしたといえる（石田ほか，2007）．

**c．三次共生由来の色素体をもつプロティスト**

渦鞭毛藻類のなかには，二次共生により獲得した紅色植物由来の色素体を消失し，新たに別の二次植物由来の色素体をもつものもいる．この共生過程は三次共生とよばれる．三次共生は，渦鞭毛藻の進化の過程で複数回起こっており，色素体の起源もハプト藻や珪藻などそれぞれ異なっている．（石田ほか，2007；石田，2009）

**d．盗葉緑体をもつプロティスト**

プロティストのなかには，一次植物や二次植物を細胞内にとりこみ，その色素体を光合成器官として一定期間利用する，というサイクルをくりかえして生きているものが少なからず存在する．このような一時的な色素体は盗葉緑体（kleptochloroplast）とよばれている．盗葉緑体をもつプロティストには，いくつかの渦鞭毛藻，繊毛虫のミリオネクタ（*Myrionecta rubra*），カタブレファリス類のハテナ（*Hatena arenicola*）などが知られている（図1）．ハテナは，半藻半獣生物とも称されるように，とりこんだ盗葉緑体（共生藻）が分裂しないため，細胞分裂の際にふたつの娘細胞のうち一方だけが盗葉緑体を受け継ぐという，特異な特徴をもつ（井上，2007；山口ほか，2008）．

**C．ポーリネラの有色体**

色素体はたった一度の一次共生によって誕生したと上述したが，色素体とは異なる起源の光合成オルガネラをもつプロティストがいる．それがリザリアに属する有殻アメーバの1種，ポーリネラ（*Paulinella chromatophora*）である．ポーリネラは，ソーセージ型の青緑色の有色体（chromatophore）を細胞内

にもっており，独立栄養のみで生育することができる．これまで，有色体は共生シアノバクテリアであるとみなされてきた．近年，有色体が色素体の起源とは異なるシアノバクテリア由来であることが確認されるとともに，そのゲノムサイズは約1Mb程度しかなく，自由生活に必須の遺伝子も多く欠失していることや，一部の光合成遺伝子が宿主の核にコードされていることなどが明らかとなった．したがって，有色体はもうひとつの一次共生によって誕生した光合成オルガネラであるといえる（図1）．また，有色体は一次共生の比較的初期段階にあると考えられ，一次共生の理解に大きく貢献すると期待されている（中山・石田，2008）．

### D. 窒素固定を行なうエピテミア科珪藻の球状体

エピテミア科珪藻は，他の多くの珪藻類と同様の茶色の色素体をもち光合成で生育する，一見ごくふつうの珪藻のグループである．しかし，細胞内には他の珪藻類がもたない無色透明の球状体（spheroid body）とよばれる2枚の包膜に囲まれた構造体が数個存在する．近年，球状体はシアノバクテリア由来であることが分子系統解析により示され，また窒素固定能をもつことが示唆されている．実際，エピテミア科珪藻は，窒素源を制限した培地中でも平気で生育する．球状体は，窒素固定に特化したシアノバクテリア由来のオルガネラであると考えられ，真核生物に窒素固定能という新たな機能をもたらす新しいタイプの共生由来オルガネラとして注目される（Nakayama et al., 2011）．

### ［引用文献］

Cavalier-Smith T. (1983) A 6-kingdom classification and a unified phylogeny. in *Endocytobiology II* ( Schwemmler W. and Schenk HEA. eds.), pp. 265-279, De Gruyter.

Embley T. M. (2006) Multiple secondary origins of the anaerobic lifestyle in eukaryotes. *Phil. Trans. R. Soc. B*, vol. 361, pp. 1055–1067.

井上 勲（2007）『藻類30億年の自然史—藻類からみる生物進化・地球・環境（第2版）』pp. 643, 東海大学出版会.

Ishida K. *et al.* (1997) The origin of chlorarachniophyte plastids, as inferred from phylogenetic comparisons of amino acid sequences of EF-Tu. *J. Mol. Evol.*, vol. 45, pp. 682-687.

石田健一郎・小池さやか・平川泰久（2007）葉緑体の誕生と水平伝播．清水健太郎・長谷部光泰 監修，細胞工学別冊 植物細胞工学シリーズ23『植物の進化』, pp. 183-191, 秀潤社.

石田健一郎（2009）常識を超えた変わり者，渦鞭毛藻．西田睦（編），海洋生命系のダイナミクスシリーズ第1巻『海洋の生命史 生命は海洋でどう進化したか』pp. 170-181, 東海大学出版会.

中山卓郎・石田健一郎（2008）もう一つの一次共生？— *Paulinella chromatophora* とそのシアネレ．原生動物学雑誌, vol. 41, pp. 27-31.

Nakayama T. *et al.* (2011) Spheroid bodies in rhopalodiacean diatoms were derived from a single endosymbiotic cyanobacterium. *J. Plant Res.*, vol. 124, pp. 93-97.

Rodríguez-Ezpeleta N. *et al.* (2005) Monophyly of Primary Photosynthetic Eukaryotes: Green Plants, Red Algae, and Glaucophyte. *Curr. Biol.*, vol. 15, pp. 1325–1330.

Shapiro T. A. and Englund P. T. (1995) The structure and replication of kinetoplast DNA. *Annu. Rev. Microbiol.*, vol. 49, pp. 117-143.

Tovar J. (2007) Mitosomes of parasitic protozoa: biology and evolutionary significance. in *Origin of Mitochondria and Hydrogenosomes* (Martin WF. and Müller M. eds.), pp. 277-300. Springer-Verlag.

山口晴代・中山 剛・井上 勲（2008）クレプトクロロプラストをもつ原生生物，特に渦鞭毛藻について．原生動物学雑誌, vol. 41, pp. 9-13.

（石田健一郎）

# 第4章
# 原 生 生 物

| | | |
|---|---|---|
| 4.1 | 真核生物の大系統 | 橋本哲男 |
| 4.2 | オピストコンタ | 中山　剛 |
| 4.3 | アメーボゾア | 島野智之 |
| 4.4 | エクスカバータ | 橋本哲男 |
| 4.5 | リザリア | 矢吹彬憲 |
| 4.6 | アルベオラータ | 島野智之・堀口健雄 |
| 4.7 | クロミスタ | 本多大輔 |
| 4.8 | アーケプラスチダ（植物） | 中山　剛 |

## 4.1 真核生物の大系統

　真核生物の起源と系統進化の歴史を解明することは，現代生物学の中心課題のひとつである．この問題に挑むためには，原核生物を外群として真核生物全体の分子系統樹解析を行なう必要がある．このような解析は1980年代以降，主として小亜粒子リボソームRNA（small subunit ribosomal RNA：SSU rRNA）の配列比較に基づいて行なわれてきた．その結果，1990年代半ばまでに，動物，菌類，緑色植物，紅藻，アルベオラータ，ストラメノパイルなどの各グループの単系統性が支持され，これらがほぼ同時期に放散したとする系統樹が得られていた．また系統樹の根もとからは，典型的なミトコンドリアをもたない三つのグループ，微胞子虫，ディプロモナス，パラバサリアが最初に分岐し，続いてミトコンドリアをもつユーグレノゾアやヘテロロボサなどの分岐後，再び典型的なミトコンドリアを欠くエントアメーバやペロビオンタが分岐し，前述の各グループの同時的な分岐に至るという関係が広く認められていた．また，この系統樹を基に分岐が早く典型的なミトコンドリアを欠く三つのグループのなかに，ミトコンドリアとなったαプロテオバクテリアが細胞内共生する以前に，ミトコンドリアをもつ真核生物に至る系統から分岐した祖先型真核生物が存在する可能性も示唆された．

　ところが，1990年代後半に入ると，SSU rRNAの系統樹で典型的なミトコンドリアをもたない3グループが根もとから分岐するのが方法論上の誤りである可能性が指摘された．一般に分子系統樹では，進化速度が大きく枝の長い系統が，遠い関係にあるために枝が長くなっている外群にひき寄せられて，系統樹（内群）の根もと付近に位置づけられるという現象のあることが知られている．これがロングブランチアトラクション（long branch attraction：LBA）である（Phylippe & Laurent, 1998）．SSU rRNAの系統樹では，他の系統に比べて進化速度が極端に大きい3グループが，系統樹上の正しい位置にあらわれることなくLBAにより誤って根もと近くにあらわれたと考えられたのである．実際，外群を含むSSU rRNAの系統樹では，枝の長いものから順番に外群の近くに位置づけられているという傾向がみられる（Sogin & Silberman, 1998）．

　また，3グループのすべてもしくは一部を含む他の遺伝子の解析において，それらの枝が長くない場合には必ずしも根もと付近に分岐しないという事実も明らかとなってきた．こうした状況下で，SSU rRNAの系統樹の見直しを行なうために，さまざまなタンパク質コーディング遺伝子による真核生物系統樹の解析が試みられるようになったが，遺伝子ごとに一見矛盾した結果が得られる場合が多く，頑健な解析結果は得られなかった．その理由として，内群において枝の長い系統が遺伝子ごとに異なるため，LBAの効果により系統樹の樹型がまちまちになること，また，そもそもひとつの遺伝子に含まれる系統情報（シグナル）にはかぎりがあるため枝分かれに関する十分な解像度は得られないことなどが指摘された．

　2000年以降，単一遺伝子に含まれる系統情報を集積する必要性が高まったことを背景に，複数遺伝子の結合データを用いて真核生物の大系統が解析されるようになった．またLBAの深刻な影響を回避するために，外群をおかない（根のない）系統樹が扱われた．さらに，時代が進むにつれて，ゲノム解析や網羅的発現遺伝子解析によって蓄積されてきた配列データを基に，大規模データに基づく分子系統解析（ファイロゲノミクス）が精力的に行なわれるようになった．その結果，現在までに現存真核生物は一部の例外を除き8個の大グループのいずれかに属するということが明らかとなっている．それらは3.6項図1に示すように，オピストコンタ，アメーボゾア，エクスカバータ，植物（プランテ）あるいは古色素体類（アーケプラスチダ），ハクロビア，リザリア，ストラメノパイル，アルベオラータである．これらのうち，ハクロビア，ストラメノパイル，アルベオラータ以外の五つのグループはいわゆる「スーパーグループ」とよばれてきたものと同一である（Simpson & Roger, 2004）．8個それぞれのグループの単系統性については，オピストコンタ，リザリア，ストラメノパイル，アルベオラータなどすでに

強い支持が得られていてほぼ確実なものと，ハクロビアのように今後のさらなる検証が必要なものとがある（Okamoto et al., 2009）.

これらグループ間のさらに高次な系統関係についてこれまでに明らかとなっているのは，「オピストコンタとアメーボゾアの近縁性」と「リザリア，ストラメノパイル，アルベオラータの単系統性（SARグループ）」のみである（Hampl et al., 2009）．現時点までの解析において，アプソゾアなど八つの大グループのいずれにも属さない系統がいくつか存在する．一方，真核生物全体の系統樹の根もとがどこにあるかは不明であるが，3.6項図1ではオピストコンタかアメーボゾアもしくはそれらの共通祖先のところにあるという可能性を示している.

前述の外群を含むSSU rRNAの系統樹の根もと付近の分岐が誤りであることが広く受け入れられるようになったのと並行して，「ミトコンドリアとなったαプロテオバクテリアが細胞内共生する以前に，ミトコンドリアをもつ真核生物に至る系統から分岐した祖先型真核生物」が存在しそうにないことも，その後の解析でしだいに明らかにされた.

まず，通常の真核生物のミトコンドリアで機能している分子シャペロン，CPN60やミトコンドリア型HSP70，鉄硫黄クラスターの生合成に関与するIscSやIscUなどの遺伝子が，典型的なミトコンドリアを欠く真核生物のいずれの系統においても，それらの核ゲノムのなかにコードされていることがみいだされた．また，*Trichomonas*（パラバサリア）においてはそれらの遺伝子の産物がミトコンドリアとは異なる代謝によってATPを産生するオルガネラであるヒドロジェノソームに局在することが明らかとなった．*Giardia*（ディプロモナス）や微胞子虫では，これらの遺伝子産物が局在するオルガネラがみいだされ，マイトソームと名づけられた．こうしたことから，典型的なミトコンドリアを欠く真核生物は進化の過程で二次的に典型的なミトコンドリアを喪失したのであり，ヒドロジェノソームやマイトソームはミトコンドリアと共通の起源をもつミトコンドリア関連オルガネラであると考えられるようになった．すなわち，現存する真核生物のなかに前述の意味での「祖先型真核生物」は存在しない可能

性が高い．したがって，αプロテオバクテリアの細胞内共生は3.6項図1に示すように，真核生物の共通祖先の枝で起こったと考えられる．さらにその後の分岐を経て，いくつかのグループで独立に嫌気環境への適応が起こり典型的なミトコンドリアを失う進化が生じたということになる．3.6項図1に示した系統群のうち，◎は典型的なミトコンドリアを欠くものだけから構成されるグループ，○は典型的なミトコンドリアを欠くものを含むグループである.

一方，色素体となったシアノバクテリアの細胞内共生（一次共生）は植物（古色素体類）の共通祖先の枝で起こったと考えられている（ただし植物の単系統性については現時点のファイロゲノミクスでは頑健な結論は得られていない）．その後，緑色植物，紅色植物，灰色植物それぞれの祖先へと分岐が起こったのち，祖先型緑色植物（緑藻）あるいは祖先型紅色植物（紅藻）が他の従属栄養性原生生物の細胞内にとりこまれて共生（二次共生）した結果，さまざまな原生生物の系統で光合成生物が生じている．図中に，二次共生に由来する色素体として緑藻由来のものをもつ光合成生物が含まれる原生生物のグループには▲を記し，紅藻由来のものをもつ同様のグループには★を記した．緑藻由来の色素体をもつ三つの系統がかけ離れていることから，これらの系統における色素体の獲得は独立に起こったと考えられる.

一方，紅藻由来の色素体の獲得については，それが1回だけであったという仮説があり，この仮説に基づき，クリプト植物，ハプト植物，ストラメノパイル，アルベオラータは単系統であるとして「クロムアルベオラータ」というスーパーグループが提唱された．しかしながら，ファイロゲノミクス解析はストラメノパイルとアルベオラータの近縁性は支持するものの，クリプト植物とハプト植物の共通祖先をストラメノパイル／アルベオラータの近くには位置づけない．その代わりに，緑藻由来の色素体をもつクロララクニオン植物（ケルコゾア）のみを光合成生物として含むリザリアをストラメノパイル／アルベオラータに近縁なグループとして位置づける（SARグループ）．色素体の進化は複雑であり未解明な部分が多い．とくに現時点でハクロビアとしてまとめられている生物に関する知見は乏しい．今後，これ

ら生物の十分な多様性を確保しながら核遺伝子・色素体遺伝子双方のファイロゲノミクス解析を進める必要がある．

[引用文献]

Hampl V. *et al.* (2009) Phylogenomic analyses support the monophyly of Excavata and resolve relationships among eukaryotic "supergroups" *Proc. Natl. Acad. Sci. USA*, vol. 106, pp. 3859-3864.

Okamoto N. *et al.* (2009) Molecular Phylogeny and Description of the Novel Katablepharid Roombia truncata gen. et sp. nov., and Establishment of the Hacrobia Taxon nov. *PLoS ONE*, vol. 4, pp. e7080.

Philippe H. & Laurent J. (1998) How good are deep phylogenetic trees? *Curr. Opin. Genet. Dev.*, vol. 8, pp. 616-623.

Simpson A. G. & Roger A. J. (2004) The real 'kingdoms' of eukaryotes. Curr. Biol., vol. 14, pp. R693-696.

Sogin M. L. & Silberman J. D. (1998) Evolution of the protists and protistan parasites from the perspective of molecular systematics. *Int. J. Parasitol.*, vol. 28, pp. 11-20.

[参考文献]

Martin-Embley T. & Martin W. (2006) Eukaryotic evolution, changes and challenges. *Nature*, vol. 440, pp. 623-630.

Ishida K. *et al.* (2010) Comprehensive SSU rRNA phylogeny of Eukaryota. *J. Endocytobiosis Cell Res.*, vol. 20, pp. 81-88.

（橋本哲男）

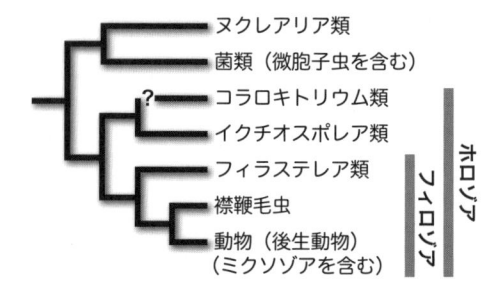

## 4.2 オピストコンタ

「オピストコンタ（後方鞭毛生物 Opisthokonta）」とは真核生物における巨大な系統群であり，動物（後生動物）や菌類が含まれる．そのほかにも自由遊泳性の襟鞭毛虫類，アメーバ状のヌクレアリア類，胞子虫的なイクチオスポレア類などの原生生物も含まれる．最大の特徴は，その名前の由来ともなった遊泳細胞の形態であり，基本的に細胞後端から1本の鞭毛が後方へ伸びている（opistho=後方，konta=鞭毛）．当初，その形態などからこの系統群の存在が示唆されていたが（Cavalier-Smith, 1987），現在ではさまざまな分子形質（分子系統解析，EF-1α遺伝子における長い挿入など）からその単系統性は確実視されている．オピストコンタには，単細胞性のものから群体や糸状体（菌糸）を形成するもの，さらに生物界でもっとも複雑な多細胞体を形成するものまでが含まれる．ミトコンドリアは基本的に板状クリステをもつが，管状や盤状クリステをもつものや，クリステ，酸素呼吸能，ゲノムを失ってハイドロジェノソームやマイトソームへと変化しているものもある．原生生物段階のオピストコンタ類は一括して（後述の微胞子虫とミクソゾアを除く）コアノゾア（門：Choanozoa）またはメソミセトゾア（「Mesomycetozoa」）として扱われることがあるが，この意味ではこれら分類群は明らかに側系統群となる．オピストコンタ内の系統関係については，分子系統学的研究から比較的高い信頼度で示されている（図1，Shalchian-Tabrizi *et al.*, 2008）．

図1　オピストコンタの系統

## A. 原生生物段階のオピストコンタ

「ヌクレアリア類（nucleariids, Cristidiscoidea）」は比較的普遍的にみられる糸状仮足をもったアメーバ状生物であり，古くは根足虫に分類されていたが，現在では菌類に近縁であると考えられている．また細胞性粘菌に分類されていた *Fonticula* も *Nuclearia* に近縁であることが最近明らかとなった（Brown et al., 2009）．ヌクレアリア類は細長く分枝する仮足をもつが，これはツボカビ類などにみられる仮根と相同なものかもしれない．「イクチオスポレア類（綱：Ichthyosporea=Mesomycetozoea）」はヒトや魚類や節足動物，軟体動物に寄生する原生生物であり，以前は DRIP クレードとよばれていた．その後，イクチオスポレア類には接合菌トリコミケス綱に分類されていたアメービディウム類やエクリナ類なども含まれることが判明している．イクチオスポレア類は菌類的な原生生物であり，細胞壁に覆われた栄養細胞をもっている．このイクチオスポレア類に近縁であろうと考えられている生物として，「コラロキトリウム類（綱：Corallochytrea）」がある．コラロキトリウム類（*Corallochytrium* のみが含まれる）は海洋で腐生生活を営む原生生物であり，栄養細胞は細胞壁に覆われている．イクチオスポレア類とコラロキトリウム類（あわせてアメーボディオゾア門とすることができる）はオピストコンタ内では後生動物へとつながる系統の基部に位置すると考えられており，その間に位置する生物をあわせてホロゾア（Holozoa）とよぶ．ただしコラロキトリウム類の系統的位置については異論もあり，この生物はリジン合成における AAA 経路の酵素（菌類に特有とされる）をもっているため，より菌類に近縁とする考えもある．「フィラステレア類（綱：Filasterea）」はアメーバ状の原生生物であり，海洋に自由生活するもの（*Ministeria*）や巻貝に寄生するもの（*Capsaspora*）が知られる．フィラステレア類は前出のヌクレアリアに類似しているが，非先細で分枝しない仮足をもっており，これは襟鞭毛虫や海綿の襟細胞の襟を構成するテンタクル（および後生動物消化管の微絨毛）と相同なものだと考えられている．フィラステレア類は襟鞭毛虫+後生動物の姉妹群であると考えられており，あわせてフィロゾア（Filozoa）とよばれる．「襟鞭毛虫類（綱：Choanoflagellatea）」は古くから海綿動物の襟細胞との類似が指摘されており，後生動物との類縁性が示唆されていたが，分子系統学的解析からも後生動物の姉妹群であることが示されている．

## B. 微胞子虫のミクソゾア

「微胞子虫類（門：Microsporidia）」は昆虫などに寄生する微細な生物であり，以前は胞子虫に分類されていた．ミトコンドリアを欠くことや初期の分子系統学的研究から，もっとも初期に分岐した真核生物であることが示唆されていた．しかし，のちにきわめて退化的なミトコンドリア（マイトソーム）をもつことが明らかとなり，また詳細な分子系統学的研究から現在では初期に分岐した菌類または菌類の姉妹群と考えられている．また「ミクソゾア類（Myxozoa）」に含まれる粘液胞子虫もかつては胞子虫に分類されていた生物群であり，魚や環形動物に寄生している．粘液胞子虫は刺胞によく似た構造（極嚢とよばれる）や多細胞性の胞子をもつことから，極端に退化した刺胞動物である可能性が指摘されていたが，近年の分子系統学的研究からこのことが確かめられている（Jiménez-Guri et al., 2007）．寄生生活のための単純化はさまざまな生物群にみられる現象であるが，その極端な例としてこれら生物群は興味深い存在である．

## C. オピストコンタ原生生物の重要性

後生動物と菌類はそれぞれ大発展をとげた真核生物であるが，それぞれの起源は前述したような原生生物にある．後生動物や菌類における生物学的現象の起源や進化を探るためにはこれら原生生物についての情報が重要となってくるだろう．たとえば細胞間連絡・接着に重要な後生動物特有の遺伝子を構成するドメインの一部は，フィラステレア類や襟鞭毛虫からもみつかっており，後生動物における多細胞化という希有なイベントの進化を探るにはこれら生物の研究が重要であることを示している（Shalchian-Tabrizi et al., 2008）．

［引用文献］

Brown M. W. et al. (2009) Phylogeny of the "forgotten"

cellular slime mold, *Fonticula alba*, reveals a key evolutionary branch within Opisthokonta. *Mol. Biol. Evol.*, vol. 26, pp. 2699-2709.

Cavalier-Smith T.（1987）The origin of fungi and pseudofungi. in Rayner ADM. *et al.* eds., *Evolutionary biology of Fungi*, pp. 339-353, Cambridge Univ. Press.

Jiménez-Guri E. *et al.*（2007）*Buddenbrockia* is a cnidarian worm. *Science*, vol. 317, pp. 116-118.

Shalchian-Tabrizi K. *et al.*（2008）Multigene phylogeny of Choanozoa and the origin of animals. *PLoS ONE*, vol. 3 pp. e2098.

（中山　剛）

## 4.3　アメーボゾア

　いわゆる「アメーバ」（Amoeba: Rhizopoda）は，1960年代には鞭毛虫類（flagellate）とともに，肉質鞭毛虫門（Phylum Sarcomastigophora）とされていた．これは，一部のものが生活環のなかで，アメーバ型と鞭毛虫型の形態の両方をもっていたからである（Levine *et al.*, 1980）．1990年ころには（Karpov, 1990），「アメーバ」は，① 葉状根足虫（Lobosea）［→現在のアメーボゾア（Amoebozoa）に所属（以下，同様）］，② アメーバ様，鞭毛虫様，シストといった形態の間を変態できる生物が含まれるヘテロロボサ（Heterolobosa）［→エクスカバータ］，③ 糸状根足虫（Filosea）［→リザリア］，そして④ 顆粒状根足虫（Granuloreticulosea）（有孔虫など）［→リザリア］に分けられた．このとき，⑤ 細胞性粘菌・変形菌（Mycetozoaに所属するもののみ）［→アメーボゾア］は，これらとは異なる分類群に属していた．

**A. アメーボゾア**

　アメーボゾアは，上記のうち① 葉状根足虫と⑤ 細胞性粘菌・変形菌を主要なメンバーとして，Cavalier-Smith（1998）が提案した分類群である．スモールサブユニット（small subunit: SSU）rRNA 遺伝子（Bolivar *et al.*, 2001 など），およびアミノ酸配列（Baldauf *et al.*, 2000 など）から，アメーボゾアは単系統であることが支持されている．アメーボゾアの特徴は以下のとおりである（Adl *et al.*, 2005）.

　葉状仮足（lobopodia）をもっており，通常単核であり二核性，多核性のものは少ない．無殻のものまたは殻をもつものの両方がある．シスト形成は通常行なう．ミトコンドリアは管状クリステである．鞭毛虫型になるとすれば，通常1本の鞭毛をもっているが，まれに2鞭毛性である．アメーボゾア内部の体系については，まだ議論のあるところであるが，アメーボゾアは大まかに特徴的な三つのグループ（A）Eumycetozoa,（B）Archamoebae,（C）Lobosea（Lobosa）と，それらに近縁ないくつかの分類群から構成されている（Page, 1987; Cavalier-Smith, 1998;

Adl et al., 2005).

## B. Conosa

（A）Eumycetozoa，（B）Archamoebae のふたつのグループは，所属の未確定な鞭毛虫類やアメーバ類とともに Conosa という分類群を形成する（Cavalier-Smith, 1998）．これらのうち，（A）Eumycetozoa は，細胞性粘菌・変形菌の仲間で，多系統であることが予想されている．Phytomyxea（リザリアに所属する）を含まない．（B）Archamoebae は，二次的にミトコンドリアを失ったグループであり，自由生活性の Mastigamoeba や Pelomyxa，および寄生性の Entamoeba などが含まれ，現在のところ SSU rRNA 遺伝子およびアクチン遺伝子の情報より単系統性が支持されている（Fahrni et al., 2003）．

## C. Lobosea

（C）Lobosea は多系統であることが予想されており，多くの葉状仮足をもつアメーバが所属する．ここでは，Lobosea を三つの大きなグループ（C-a）ツブリネア（Tubulinea）（円筒状・単仮足），（C-b）フラベリネア（Flabellinea）（扁平状），そして（C-c）アカントアメーバ（Acanthamoebidae）（アカント仮足）とする．

## D. ツブリネア

（C-a）ツブリネアは大きくふたつ，殻を持たない裸アメーバ（naked amoeba）と，殻をもつ有殻葉状根足虫（Testacealobosia）とに分けられる．

ツブリネアに所属する裸アメーバは，もっとも有名な「アメーバ」である Amoeba proteus に代表される．細胞の断面が円筒状かつ単仮足のものである．

有殻アメーバ類（testate amoeba）は，古くは殻をもつという特徴からひとつの分類群として扱われてきたが，少なくとも 1980 年代以降は大きく葉状仮足をもつ有殻葉状根足虫と，糸状仮足をもつ有殻糸状根足虫（Gromia+Silicofilosea，リザリアに所属する）とに分けられている．有殻葉状根足虫には，鉱物粒子やケイソウなどで殻をつくる xonosomes と，シリカなどの成分によって自分自身で殻をつくる idiosomes がある．有殻葉状根足虫は，大部分が Arcellinida とされており，SSU rRNA 遺伝子の情報により，アメーボゾアに所属することが支持された（Nikolaev et al., 2005）．また，Cochliopodium は，有殻葉状根足虫とされてきたが，近年，形態的特徴により有殻アメーバとは区別され，フラベリネアに所属している（Kudryavtsev et al., 2005）．

## E. フラベリネア

（C-b）フラベリネアには，扇状の仮足をもつ Vannellida と，指状の仮足をもつ Dactylopodida (Conopodina)，そして，Cochliopodium が所属する．Vannellida Dactylopodida は，Peglar et al.（2003）によって，それぞれが単系統であることが示された．

## F. アカントアメーバ

（C-c）アカントアメーバ，アカント仮足という特殊な仮足，二重壁でシスト孔をもつ耐乾性シストなどによって特徴づけられ，分子生物学的情報によっても単系統性が支持されている（Fahrni et al., 2003）．土壌から海水まで広く分布し，病原性のある種が含まれる．

以上のように，アメーボゾア内の系統関係の解析は，未知の側面も多く，現在もっとも興味のもたれている課題のひとつである．いわゆる「アメーバ」全体については，Pawlowski（2008）などを参照されたい．

[引用文献]

Adl S. et al. (2005) The new higher level classification of eukaryotes with emphasis on the taxonomy of protists. J. Eukaryot. Microbiol., vol. 52, pp. 399-451.

Baldauf S. L. et al. (2000) A kingdom-level phylogeny of eukaryotes based on combined protein data. Science, vol. 290, pp. 972-977.

Bolivar I. et al. (2001) SSU rRNA-based phylogenetic position of the genera Amoeba and Chaos (Lobosea, Gymnamoebia): the origin of gymnamoebae revisited. Mol. Biol. Evol., vol. 18, pp. 2306-2314.

Cavalier-Smith T. (1998) A revised six-kingdom system of life. Biol. Rev. Camb. Philos. Soc., vol. 73, pp. 203-266.

Fahrni J. H. et al. (2003) Phylogeny of lobose amoebae based on actin and small-subunit ribosomal RNA genes. Mol. Biol. Evol., vol. 20, pp. 1881-1886.

Karpov S. A. (1990) System of Protista. Mezh. Tipogr.,

OMPi, Omsk. (in Russian)

Kudryavtsev A. *et al.* (2005) 18S Ribosomal RNA gene sequences of Cochliopodium (Himatismenida) and the phylogeny of Amoebozoa. *Protist*, vol. 156, pp. 215-224.

Levine N. D. *et al.* (1980) A newly revised classification of the protozoa. *J. Protozool.*, vol. 27, pp. 37-58.

Nikolaev S. I. *et al.* (2005) The testate amoebae (Order Arcellinida Kent, 1880) finally find their home within Amoebozoa. *Protist*, vol. 156, pp. 191-202.

Page F. C. (1987) The classication of 'naked' amoebae (Phylum Rhizopoda). *Archiv für Protistenkunde*, vol. 133, pp. 199-217.

Peglar M. T. *et al.* (2003) Two new small-subunit ribosomal RNA gene lineages within the subclass Gymnamoebia. *J. Eukaryot. Microbiol.*, vol. 50, pp. 224-232.

Pawlowski J. (2008) The twilight of Sarcodina: a molecular perspective on the polyphyletic origin of amoeboid protists. *Protistology*, vol. 5, pp. 281-302.

〈島野智之〉

## 4.4 エクスカバータ

エクスカバータは，微細構造解析と分子系統解析の成果に基づいて近年提唱された鞭毛虫の新しい分類群である（Simpson, 2003）．エクスカバータは10個の異なるサブグループ（ジャコバ，マラウィモナス，トリマスティクス，カルペディエモナス，レトルタモナス，ディプロモナス，ヘテロロボサ，オキシモナス，パラバサリア〈副基体類〉，ユーグレノゾア）から構成され，真核生物の「スーパーグループ」のひとつとして位置づけられている．エクスカバータ生物は広い意味で類似した鞭毛装置をもち，すべてではないが多くのサブグループが細胞の腹側に特徴的な補食溝（suspension-feeding groove）をもっている．また細胞骨格に関する他の七つの形質（Iファイバー，Bファイバー，Cファイバー，スプリットルート，シングレットルート，鞭毛の翼，コンポジットファイバー）のうちのすべてまたは一部を共有している．特に上記のサブグループのうち最初の五つについてはこれら形質のほとんどすべてを共有している．一方，パラバサリアとユーグレノゾアはこれらほとんどすべてを欠いているが，分子系統解析から明らかに他のエクスカバータと近縁であることが示されているためエクスカバータに含められている．

ジャコバは2本鞭毛の自由遊泳性あるいは基質付着性の生物である．マラウィモナス（*Malawimonas* 属）は2本鞭毛の自由遊泳性生物である．トリマスティクス（*Trimastix* 属）は低酸素環境に生育する4本鞭毛の自由遊泳性生物である．カルペディエモナス（*Carpediemonas* 属）は低酸素環境に生育し2本鞭毛で三つの基底小体をもつ自由遊泳性生物である．近年 *Carpediemonas* に形態的に類似した生物が自然環境から多数みつかり，カルペディエモナス様生物（*Carpediemonas*-like organisms：CLO）と名づけられた．分子系統解析の結果CLOが系統的に非常に多様な生物群であることが明らかになっている（Kolisco *et al.*, 2010）．レトルタモナスとディプロモナスはいずれも底泥堆積物中や動物の腸管など酸

素分圧の低い環境に生育する．ディプロモナスは二倍体の細胞で2核2セットの鞭毛根系をもつ．ヘテロロボサは2本または4本鞭毛でアメーバ期と鞭毛虫期を交代する細胞周期をもつ．オキシモナスの細胞は細長いくぼみをもつが捕食溝を欠いている．おもな生息場所は動物特にシロアリの腸管内である．パラバサリアは捕食溝を欠いており，大部分が動物に寄生もしくは内部共生する．ユーグレノゾアには従属栄養性，独立栄養性（光合成性），寄生性の多様な生物群が含まれる．捕食溝を欠くがチューブ状の捕食孔をもつものもある．光合成をするユーグレナ類は緑藻の二次共生に由来する葉緑体をもつ．

近年，ゲノム解析や網羅的発現遺伝子解析によって蓄積されてきた配列データを基に，大規模分子系統解析が行なわれた結果，エクスカバータ生物の系統関係に関して，① カルペディエモナス，レトルタモナス，ディプロモナスの単系統性（フォルニカータ），② フォルニカータとパラバサリアの近縁性，③ トリマスティクスとオキシモナスの近縁性，④ ユーグレノゾアとヘテロロボサの近縁性，⑤ ユーグレノゾア，ヘテロロボサ，ジャコバの単系統性（ディスコバ）などが明らかとなってきた（Rodriguez-Ezpeleta et al., 2007; Hampl et al., 2009）．しかしながら，これらの単系統群の間の系統関係やエクスカバータ全体の単系統性についてはいまだ明確な結論は得られていない．また，既存のサブグループに含まれない新奇エクスカバータ生物である Tsukubamonas globosa（Yabuki et al., 2011）もみつかっており，今後エクスカバータのより広範な系統的多様性が明らかにされる可能性がある．

## A. エクスカバータのミトコンドリア

エクスカバータはミトコンドリアの機能や進化の面で興味深い生物を数多く含んでいる．フォルニカータ，パラバサリア，トリマスティクスに属する生物はいずれも嫌気環境に適応しており，典型的なミトコンドリアをもたないものだけからなると考えられている．ヘテロロボサやユーグレノゾアにも嫌気適応した生物がみいだされる．これらの生物は嫌気的ミトコンドリアやミトコンドリア関連とみなせるさまざまなオルガネラをもっているが，それらの比較解析によりミトコンドリアの進化・多様性を解明することができるものと期待されている．特に，*Trichomonas vaginalis*（パラバサリア）のヒドロジェノソームや *Giardia intestinalis*（ディプロモナス）のマイトソームなどの研究は近年急速に進展しており，いずれもが鉄-硫黄クラスター合成系の機能を保持していることが判明している（Tover, 2007）．ジャコバに属する *Reclinomonas americana* は現在構造がわかっている真核生物のミトコンドリアゲノムのなかでもっとも遺伝子数の多いゲノムをもっている．また，RNAポリメラーゼのサブユニットなどジャコバ以外のミトコンドリアゲノムのいずれにもコードされていない遺伝子をコードしていることから，現存真核生物のミトコンドリアのなかでもっとも祖先的なミトコンドリアであると考えられている（Lang et al., 1997）．

## B. 医学的重要性

エクスカバータにはさまざまな寄生性原生生物が属している．それらの一部はヒトや家畜などの哺乳類に病気をひき起こすため医学的に重要であり，生化学・分子生物学的知見が豊富に蓄積されている．また全ゲノムの配列データが報告されている生物種も多い．特にトリパノソーマ類（ユーグレノゾア）は重要で，アフリカ睡眠病（*Trypnosoma brucei*），南米シャーガス病（*T. cruzi*），リューシュマニア症（*Leishmania* spp.）などの重篤な症状をひき起こす感染症の病原体が含まれている．パラバサリアやフォルニカータにも寄生性原生生物が多く含まれ，*Trichomonas* や *Giardia* などは哺乳類に感染する病原体である．

［引用文献］

Hampl V. *et al.* (2009) Phylogenomic analyses support the monophyly of Excavata and resolve relationships among eukaryotic "supergroups" *Proc. Natl. Acad. Sci. USA*, vol. 106, pp. 3859-3864.

Kolisko M. *et al.* (2010) A wide diversity of previously undetected relatives of diplomonads isolated from marine/saline habitats. *Environ. Microbiol.*, vol. 12, pp. 2700-2710.

Lang B. F. *et al.* (1997) An ancestral mitochondrial DNA resembling a eubacterial genome in miniature. *Nature*, vol. 387, pp. 493-497.

Rodríguez-Ezpeleta N. *et al.* (2007) Toward Resolving the Eukaryotic Tree: The Phylogenetic Positions of Jakobids and Cercozoans. *Curr. Biol.*, vol. 17, pp. 1420-1425.

Tovar J. (2007) Mitosomes of parasitic protozoa: biology and evolutionary significance. in Origin of Mitochondria and Hydrogenosomes (Martin WF. & Müller M.eds.), pp. 277-300, Springer-Verlag.

Simpson A. G. B. (2003) Cytoskeletal organization, phylogenetic affinities and systematics in the contentious taxon Excavata (Eukaryota). *Int. J. Syst. Evol. Microbiol.*, vol. 53, pp. 1759-1777.

Yabuki A. *et al.* (2011) *Tsukubamonas globosa* n. g., n. sp., a novel excavate flagellate possibly holding a key for the early evolution in "Discoba." *J. Eukaryot. Microbiol.*, vol. 58, pp. 319-331.

（橋本哲男）

## 4.5　リザリア

　リザリア（下界：Rhizaria）は，糸状，網状または針状の仮足をもつ生物を含んだ生物群によって構成される高次分類群である（Cavalier-Smith, 2002）．設立当初はアプソゾア類（門：Apusozoa）と太陽虫類（門：Heliozoa）もリザリアのメンバーに含まれていたが，現在では分子系統解析の結果に基づきケルコゾア類（門：Cercozoa），有孔虫類（門，または亜門：Foraminifera），放散虫類（門，または亜門：Radiolaria）の3グループのみがそのメンバーとして認識されている．有孔虫類と放散虫類はあわせてレタリア類（門：Retaria）として扱われる場合もある．これらのサブグループ間の系統関係は十分に解明されておらずBurkiら（2010）による167遺伝子を用いた分子系統解析からは，有孔虫類と放散虫類がケルコゾア類内部に含まれる可能性も提示されている．リザリア内部の系統関係および分類体系の整理については，さらなる検証が求められている．

**A．ケルコゾア**

　ケルコゾア類（門：Cercozoa）はSSU rRNAに基づく分子系統解析の結果を基に提唱された生物群であり，多様な環境中（淡水，海水，土壌，他の生物の細胞内）に生息する原生生物が含まれる（Cavalier-Smith, 1998）．多くの種において糸状仮足をもつことが報告されているが，この形質をまったく欠く種も存在する．ケルコゾア類にはケイ酸質鱗片や細胞を覆う鞘状構造の有無などの微細構造によってまとめられる複数の下位分類群が提唱されているが，ケルコゾア類全体に共通する形態形質はこれまで確認されていない．その一方で，SSU rDNA内の特定の保存的領域に他の生物群ではみられない1塩基の欠失をもつことが報告されており，ケルコゾア類に共通した分子形質として認識されている．多くのケルコゾア類はバクテリアや他の真核生物を補食し自由生活を行なっているが，クロララクニオン藻類（綱：Chlorarachnea）やポーリネラ（*Paulinella chromatophora*）といった光合成関連オ

ルガネラを有する独立栄養生活性のメンバーも含まれている．クロララクニオン藻類は緑藻由来の葉緑体を有する二次植物であるのに対し，ポーリネラはクロマトフォアとよばれる他の真核光合成生物の葉緑体とは起源が異なる光合成関連オルガネラをもつことが示されている．さらにケルコゾア類にはハプロスポラ類（綱：Haplosporidea）やネコブカビ類（綱：Phytomyxea）といった動植物の寄生虫も含まれており，多様な生活様式の進化がケルコゾア内で起こったことが推測されている．しかしながら，環境DNA解析の結果からは多くの未発見ケルコゾア類が天然環境中に存在することが示されており，ケルコゾア類全体の多様性に関する理解はいまだ十分ではない．

### B．有孔虫

有孔虫類（門：Foraminifera）は，石灰質の殻と網状仮足をもった生物によって構成される生物群である．仮足上には顆粒構造（射出装置と考えられている）が存在し，これが仮足上を両方向へ移動することが知られている．浮遊生活と固着生活の2タイプの生活様式が知られている．多くは海産であるが淡水産種も少数報告されている．鞭毛をもった遊泳性の配偶子形成をともなう有性生殖を行なうことが知られている．有孔虫の殻は成長にともない内部の室（chamber）の数が増加する．この殻内部の室の配向・形態，および殻自体の外形が有孔虫の重要な分類形質として認識されている．また殻を二次的に失った無殻の有孔虫も存在する．有孔虫の殻は微化石として地層中に保存されるため，年代推定や古環境推定を行なうための指標生物としても利用されている．また複数種において真核藻類の細胞内共生が報告されている．共生藻の種類は有孔虫の種ごとに異なり，さまざまな藻類（珪藻，渦鞭毛藻や紅藻など）が共生藻となりうることが知られている．

### C．放散虫

放散虫類（門：Radiolaria）は，ケイ酸質また硫酸ストロンチウム質からなる細胞骨格をもった海産プランクトンによって構成される分類群であり，三つのサブグループ，すなわちアカンタレア類（綱：Acantharea），ポリキスチーナ類（綱：Polycystinea），スティコロンチェ類（綱：Sticholonchea）が認識されている．各グループは細胞骨格の構造，構成成分と針状の仮足（軸足）内の微小管の配向によって区別されている．いずれのグループについても培養株が確立されておらず，生活環や有性生殖の有無に関する詳細は明らかになっていない．また，環境DNA解析から深海環境中にはこれまで想定されていたより多くの放散虫が生息することが示されている（Not et al., 2007）．伝統的にはファエオダレア類（綱：Phaeodarea）も放散虫に含まれていたが，分子系統解析の結果ケルコゾアに属することが明らかとなっている．放散虫も有孔虫同様に地層中に微化石として保存され，また光合成真核生物との共生を行なうことが知られている．

[引用文献]

Burki F. *et al.* (2010) Evolution of Rhizaria: new insights from phylogenetic analysis of uncultured protists. *BMC Evol. Biol.*, vol. 10, p. 377.

Cavalier-Smith T. (1998) A revised six-kingdom system of life. *Biol. Rev.*, vol. 73, pp. 203-266.

Cavalier-Smith T. (2002) The phagotrophic origin of eukaryotes and phylogenetic classification of Protozoa. *Int. J. Syst. Evol. Microbiol.*, vol. 52, pp. 297-354.

Not F. *et al.* (2007) Vertical distribution of picoeukaryotic diversity in the Sargasso sea. *Environ. Microbiol.*, vol. 9, pp. 1233-1252.

〈矢吹彬憲〉

## 4.6 アルベオラータ

　アルベオラータ（Alveolata）は，繊毛虫類，アピコンプレックス類，渦鞭毛藻類という三大原生生物グループから構成される一大系統群である．これら3グループは多様で，互いに形態や生活様式も大きく異なるが共通祖先から進化した仲間である．三つのグループをつなぐ形態的な共有形質は少ないが，細胞膜直下に袋状構造が並ぶという特徴が共通である．この細胞外被構造は，cortical alveolus（複数形：alveoli）とよばれ，アルベオラータの名もこの構造名に由来している．

### A．繊毛虫類

　繊毛虫類（門：Ciliophora）は，2種類の核をもつことと，体表に繊毛をもつことで特徴づけられる．2種類の核は大核（macronucleus, 複数形：macronuclei）と小核（micronucleus, 複数形：micronuclei）とよばれる．大核は高い転写活性をもち，細胞の増殖や維持にかかわっており，栄養核ともよばれる．これに対して，フルセットの遺伝子をもつ小核は生殖核とよばれ，口部装置の面を内側にして互いに細胞が接着する接合が始まると減数分裂を行ない，受精核の形成を経て次の世代の新大核と新小核をつくる．種によって数個〜百数十程度の大・小核をもつ．体表面にある繊毛（cilium, 複数形：cilia）は，虫体運動と栄養摂取に関与しているが，運動にかかわっている繊毛は繊毛列を形成している．繊毛基部の9本の三連微小管から postciliary microtubular ribbon, kinetodesmal fibril そして，transverse microtubular ribbon が近隣の繊毛基部に向かって，それぞれ繊毛列に並走，あるいは垂直方向に伸びている．現在の繊毛虫類の高次の分類体系は，分子生物学的情報，およびこれら繊毛基部の配置と構造に基づいている．自由生活種は海水，淡水，そして土壌などに広く棲息している．また，共生を行なうものは反芻動物やシロアリなどの消化管内に棲息し，細菌類とともにセルロース分解を行なう．寄生性のものは，魚の表皮や動物の消化管内に棲息している（Lynn, 2008）．

### B．アピコンプレックス類

　アピコンプレックス類（門：Apicomplexa）のメンバーは，すべて無脊椎動物や脊椎動物に寄生する原虫類で細胞前端に特徴的な構造「先端複合体（apical complex）」をもつことで特徴づけられる（グループ名もこの構造に由来する）．本グループの一部のものは，マラリア（*Plasmodium*），トキソプラズマ症（*Toxoplasma*），コクシジウム症（*Eimeria*）など人や家畜の感染症の原因生物として注目される（Lee et al., 2000）．アピコンプレックス類の特徴のひとつに光合成を行なわない痕跡的な葉緑体（アピコプラスト，apicoplast）の存在がある．この細胞小器官は四重の包膜に囲まれ（二次共生起源），そのなかには35 kb の二本鎖環状DNA（葉緑体DNA）が存在する．この痕跡的葉緑体の機能は不明な部分も多いが，脂肪酸の代謝などに関与していると考えられており，抗マラリア剤のターゲットとして注目を浴びている（Ralph et al., 2004）．

### C．渦鞭毛藻類

　渦鞭毛藻類（門：Dinophyta または Dinozoa）は横鞭毛と縦鞭毛をもつことが特徴である．また渦鞭毛藻類がもつ核は，① ヌクレオソームをもたない，② 染色体が細胞周期を通じて常に凝集している，③ 核分裂には細胞質トンネルと核外紡錘体が関与する，など他の真核生物にはみられない特徴をもち，「渦鞭毛藻核」とよばれる．渦鞭毛藻類は多くが自由生活性で淡水から海水まで広く分布し，内湾の赤潮や貝毒の原因生物としても知られる．現生の渦鞭毛藻類のおよそ半数が葉緑体をもち，残りは従属栄養性である．渦鞭毛藻類の典型的な葉緑体は三重膜に囲まれ（二次共生起源），クロロフィル $a$, $c$ に加え本群にのみ知られるキサントフィルであるペリディニンを主要光合成色素としてもつ．また，葉緑体ゲノムはミニサークルとよばれ，基本的に1個の小さな環状DNA中に1個の遺伝子が保持されるという特殊な存在様式を示す．広義の渦鞭毛藻類のなかには，渦鞭毛藻核を生活環の一時期にしかもたないヤコウチュウの仲間や，渦鞭毛藻核をもたず，すべてが寄生種からなるシンディニウム類なども含まれる．典型的な葉緑体のほかに，緑藻，珪藻，ハプ

ト藻起源の葉緑体をもつものもあわせて数十種知られ，特に後二者の葉緑体は二次共生藻類の共生に由来することから三次共生とよばれることもある（井上，2007）．

**D. その他のアルベオラータ**

アルベオラータに含まれるが系統的な位置が明確でない生物群としては，パーキンソゾア類（Perkinsea），コルポデラ類（Colpodellida）が知られる．いずれもアピコンプレックス類と類似の先端複合体をもつ．前者はカキなどに寄生する *Perkinsus* を含み，系統的には渦鞭毛藻類に近縁であるらしい．後者は自由生活性の鞭毛生物である *Colpodella* を含み，系統的にはアピコンプレックス類に近い（Leander & Keeling, 2003）．なお2008年に記載された小型の単細胞藻クロメラ（*Chromera velia*）は系統的にはアピコンプレックス類に近縁でありながら葉緑体をもつことから，このグループの葉緑体の進化を探るうえで重要な生物である（Moore *et al.*, 2008）．

[引用文献]

井上勲（2007）『藻類30億年の自然史2版』東海大学出版会.

Leander B. S. & Keeling P. J. (2003) Morphostasis in alveolate evolution. *Trends Ecol. Evol.*, vol. 18, pp. 395-402.

Lee J. J. *et al.* eds. (2000) *An Illustrated Guide to the Protozoa. 2nd ed.*, Allen Press.

Lynn D. (2008) *The Ciliated Protozoa: Characterization, Classification, and Guide to the Literature 3rd ed.*, Springer.

Moore R. B. *et al.* (2008) A photosynthetic alveolate closely related to apicomplexan parasites. *Nature*, vol. 451, pp. 959-963.

Ralph S. A. *et al.* (2004) Tropical infectious diseases: Metabolic maps and functions of the *Plasmodium falciparum* apicoplast. *Nat. Rev. Microbiol.*, vol. 2, pp. 203-216.

（島野智之・堀口健雄）

## 4.7 クロミスタ

クロミスタ（Chromista）は，1981年Cavalier-Smithによって提唱された，界レベルの分類群で，ストラメノパイル類（不等毛類），クリプト藻類，ハプト藻類という主要な三つの系統群から構成される．これらのクロロフィル$a \cdot c$をもつ葉緑体は，共通して4枚の包膜をもち，その最外膜は核膜の外膜と連続し，その外側にはリボソームが付着しており，この粗面小胞体の内側に葉緑体がある位置関係となっている．核ゲノムに移動した葉緑体遺伝子は，最外膜のリボソームで翻訳され，葉緑体内へと運ばれている．すなわち，これらの葉緑体遺伝子は，それぞれが核に移動してから，小胞体への行き先を示すシグナル配列領域が付加される必要があったはずである．このような突然変異が別々の系統で生じたとは考えにくいため，共通祖先の段階で共生関係が成立し，3系統群に受け継がれていると主張した（Cavalier-Smith, 1981, 1986）．

しかしながら，rRNA遺伝子の分子系統樹は，クロミスタの単系統性を支持せず，3系統群における葉緑体の共生が1回ということを支持する情報は，グリセルアルデヒド-3-リン酸脱水素酵素（glyceraldehyde-3-phosphate dehydrogenase：GAPDH）の系統樹などにかぎられている（Harper & Keeling, 2003）．一方，ストラメノパイル類とアルベオラータ類との単系統性が，多くの解析結果から支持されており，両者の共通祖先が紅藻類を共生させ，繊毛虫類やストラメノパイル類の葉緑体をもたない生物は，それぞれの系統で葉緑体が二次的に失われたとする考え方が出てきており，全体としてクロムアルベオラータ（Chromalveolata）としてよぶようになっている（Cavalier-Smith, 1999）．さらに，複数遺伝子による系統解析の結果は，ストラメノパイル類とアルベオラータ類が，リザリア類と単系統性があることを示唆し，それぞれの頭文字をとってSARという系統群が想定されることがある（Hackett *et al.*, 2007）．また，クリプト藻類とハプト藻類は，カタブレファリス類やテロネマ類，有中心粒太陽虫類などと共に単系

統群となることが示唆され，ハクロビア（Hacrobia）と名づけられた（Okamoto et al., 2009）．このような状況から，提唱者のCavalier-Smith自身も，SARおよびハクロビアをあわせた巨大系統群を，クロミスタとして認識する考え方を示すなど，その系統関係から対象とする生物の範囲などについては議論の余地がある（Cavalier-Smith, 2010）．

クロミスタの三つの主要系統群のひとつであるストラメノパイル類（stramenopiles）は，Pattersonによって提案された系統群名である（Patterson, 1989）．この生物群にみられる2本鞭毛の遊走細胞には，運動性のある鞭毛の両側に3部構成の管状小毛が並んで生じるという共通する特徴がある．ストラメノパイルは，管状小毛を示すラテン語の *stramen*（＝straw 麦わら）と *pilus*（＝pile 毛）からの造語である．管状小毛は，流体力学的な計算から，鞭毛が水に与える推進力を逆転させる機能があるとされているが，最近になって構成するタンパク質がテネイシンなどの糖タンパク質と相同性のあることが示され，接着などの機能をもつ可能性が示唆された（Honda et al., 2007; Yamagishi et al., 2007）．

ストラメノパイル類のうち，葉緑体をもつ独立栄養生物は単系統群を形成し，オクロ植物類（不等毛植物）としてまとめられる．複雑な多細胞の組織を形成し，大型化に成功したことで，この系統群の頂点に位置するのは褐藻類であり，世界中の沿岸域で繁茂している．また，海洋や湖沼など，水圏の主要な一次生産者として知られる珪藻類，赤潮などを形成し漁業被害をもたらすこともあるラフィド藻類，高度不飽和脂肪酸を産生するピンギオ藻類など，15以上の綱レベルの分類群がオクロ植物として認識されている（Kai et al., 2008）．また，葉緑体をもたないストラメノパイル類には，菌類様の分解吸収を行なう偽菌類（卵菌類およびサカゲツボカビ類）やラビリンツラ類（6.6項参照），微生物ループの重要な一次捕食者である捕食性のビコソエカ類，さらに両生類から爬虫類，ヒトへの寄生する病原虫を含むオパリナ類などが含まれ，その栄養摂取様式や生育場所は非常に多岐にわたっている（Patterson, 1989）．

ふたつ目の主要群はハプト藻類である．電子顕微鏡による形態比較がなされる前は，オクロ植物の黄金色藻類の仲間と考えられていた．しかし，2本の鞭毛のいずれも管状小毛をもたないこと，そしてハプト藻類の特徴であるハプトネマ（haptonema）という微小管に支えられた糸状構造をもっていること，および分子系統関係は，両者が系統を異にすることを明確に示した（Green & Leadbeater, 1994）．ハプトネマは，その表面で餌となるバクテリアなどの粒子を付着させ，複数の粒子をひとまとめにしたものを細胞後部の捕食口に導くという巧妙な装置となっている．また，細胞前端へ伸長したハプトネマは，障害物にあたるとコイリングし，同時に鞭毛運動を反転させて回避させる機能や，基物への付着などの多機能性を示すが，その運動メカニズムは不明な点が多い（Inouye & Kawachi, 1994）．ハプト藻類は，2本の鞭毛が不等長で眼点をもちハプトネマが未発達のパブロバ類と，円石藻やハプトネマを発達させたものを含むプリムネシウム類の，ふたつの分類群から構成されている（Edvardsen & Medlin, 2007）．円石（coccolith）は，ゴルジ体で酸性多糖類が関係して形成される結晶化した炭酸カルシウムでできており，これを細胞外に配置して外被としている．円石藻は古生代末期に出現し，暖かく二酸化炭素の豊富な条件のなかで繁栄し，その死骸が地層内で変性を受けて石油形成の一部を担ったと考えられている（Young et al., 1994）．現在でも広範囲に大量発生することがあり，海洋の一次生産者としての重要な役割をもつと同時に，DMSなどの揮発性硫黄化合物を空気中に放出し，水蒸気の凝縮核となり雲を発生させるなど，天候にも関係していることが示されている（Malin & Steinke, 2004）．

3つ目の主要群であるクリプト藻類で，4枚の葉緑体包膜のうち，2枚目と3枚目の膜に挟まれた領域に，ヌクレオモルフ（nucleomorph）が観察される．ヌクレオモルフには，それぞれの両端にテロメア構造がある3本の線状染色体が含まれており，ゲノムの過半数をハウスキーピング遺伝子が占めている．さらに，ヌクレオモルフと本体の核の分子系統解析の結果などから，クリプト藻類の葉緑体は，真核藻類である紅藻類が，他の真核生物の内部に共生して生じ，ヌクレオモルフは，共生した真核藻類の核が矮小化したものと理解されるようになった（Douglas *et al.*, 2001)．クリプト藻類の鞭毛は2本で，1本は鞭毛の両側に，もう1本は片側だけに2部構成の管状小毛が生じる．ただし，ストラメノパイル類の管状小毛と相同かどうかについては不明である．生育範囲は淡水から海水までと広く，比較的普遍に存在する．細胞外被として規則正しい板状構造の裏打ちのあるペリプラスト構造をもつこと，細胞前端部の陥入構造であるガレット（咽喉部）の周辺には，射出装置であるトリコシスト（trichocyst）が配置していることなど，ユニークな構造が観察されている．クリプト藻類は単系統性を示し，それよりも初期に分岐し，葉緑体をもたない *Goniomonas* も，トリコシストを細胞前部に配置するなど，この仲間として認識されることが多い（Deane *et al.*, 2002）．

[引用文献]

Cavalier-Smith T. (1981) Eukaryote kingdoms: seven or nine? *BioSystems*, vol. 14, pp. 461-481.

Cavalier-Smith T. (1986) The kingdom Chromista: origin and systematics. in *Progress in Phycological Research* (Round F. E. & Chapman D. J. eds.), vol. 4, pp. 309-347 Biopress.

Cavalier-Smith T. (1999) Principles of protein and lipid targeting in secondary symbiogenesis: Euglenoid, dinoflagellate, and sporozoan plastid origins and the eukaryote family tree. *J. Eukaryot. Microbiol.*, vol. 46, pp. 347-366.

Cavalier-Smith T. (2010) Kingdoms Protozoa and Chromista and the eozoan root of the eukaryotic tree. *Biol. Lett.*, vol. 6, pp. 342-345.

Deane J. A. *et al.* (2002). Cryptomonad evolution: nuclear 18S rDNA phylogeny versus cell morphology and pigmentation. *J. Phycol.*, vol. 38, pp. 1236-1244.

Douglas S. *et al.* (2001) The highly reduced genome of an enslaved algal nucleus. *Nature*, vol. 410, pp. 1091-1096.

Edvardsen B. & Medlin L. K. (2007) Molecular systematics of Haptophyta. in *Unravelling the algae: the past, present, and future of algal systematics, Systematics Association Special Volume Series 75* (Brodie J. & Lewis J. esd.), pp. 183-196, CRC Press.

Green J. C. & Leadbeater B. S. C. (1994) in *The Haptophyte Algae*, pp. 446, Clarendon Press, Oxford.

Hackett J. D. *et al.* (2007) Phylogenetic analysis supports the monophyly of cryptophytes and haptophytes and the association of Rhizaria with chromalveolates. *Mol. Biol. Evol.*, vol. 24, pp. 1702-1713.

Harper J. T. & Keeling P. J. (2003) Nucleus-encoded, plastid-targeted glyceraldehyde-3-phosphate dehydrogenase (GAPDH) indicates a single origin for chromalveolate plastids. *Mol. Biol. Evol.*, vol. 20, pp. 1730-1735.

Harper J. T. *et al.* (2005) On the monophyly of chromalveolates using a six-protein phylogeny of eukaryotes. *Int. J. Syst. Evol. Microbiol.*, vol. 55, pp. 487-496.

Honda D. *et al.* (2007) Homologs of the sexually induced gene 1 (*sig1*) product constitute the stramenopile mastigonemes. *Protist*, vol. 156, pp. 77-88.

Inouye I. & Kawachi M. (1994) The haptonema. in *The Haptophyte Algae* (Green J. C. & Leadbeater B. S. C. eds.), pp. 73-89, Clarendon Press.

Kai A. *et al.* (2008) Aurearenophyceae classis nova, a new class of Heterokontophyta based on a new marine unicellular alga *Aurearena cruciata* gen. et sp. nov. inhabiting sandy beaches. *Protist*, vol. 159, pp. 435-457.

Malin G. & Steinke M. (2004) Dimethyl sulfide production: What is the contribution of the coccolithophores? in *Coccolithophores – From molecular processes to global impact* (Thierstein H. R. & Young J. R. eds.), pp. 127-164, Springer Verlag.

Okamoto N. *et al.* (2009) Molecular phylogeny and description of the novel katablepharid *Roombia truncata* gen. et sp. nov., and establishment of the Hacrobia taxon nov. *PLoS ONE*, vol. 4, pp. e7080.

Patterson D. J. (1989) Stramenopiles: chromphytes from a protistan perspective. in *The Chromphyte Algae: Problems and Perspectives, Systematics Association Special Volume, No. 38* (Green J. C. *et al.* eds.), pp. 357-379, Clarendon Press.

Yamagishi T. *et al.* (2007) A tubular mastigoneme-related protein, OCM1, isolated from the flagellum of a chromophyte alga, *Ochromonas danica*. *J. Phycol.*, vol. 43, pp. 519-527.

Young J. R. *et al.* (1994) Paleontological Perspectives. in *The Haptophyte Algae* (Green J. C. & Leadbeater B. S. C. eds.), pp. 379-392, Clarendon Press.

（本多大輔）

## 4.8 アーケプラスチダ（植物）

　酸素発生型の光合成という現在の生態系を支える重要な機能は，生命の歴史のなかで唯1回，シアノバクテリアにおいて獲得された（1.4, 2.5項参照）．細胞内共生という現象によってシアノバクテリアは葉緑体へと変化し，酸素発生型光合成という機能が真核生物へと伝えられた．この葉緑体成立へとつながったシアノバクテリアと真核生物による共生を一次共生とよぶ（3.5項参照）．二重膜で囲まれた葉緑体は一次共生起源だと考えられ，このような葉緑体をもつ生物群としては灰色植物，紅色植物，緑色植物の三つが知られている．一次共生は何回起こったのかという問題は，初期の分子系統学的研究のひとつの課題であったが，さまざまな証拠から現在では葉緑体の成立へとつながった一次共生は唯1回であったと考えられている（異論はある）．つまり一次共生由来の葉緑体をもつ生物は共通祖先をもっていると考えられるのだが，これらが真核生物のなかで単系統群を形成しているか否かについては複数の説がある．現在多勢としては一次共生由来の葉緑体をもつ生物群は，バイコンタ（真核生物からオピストコンタとアメーボゾアを除いたもの）に含まれるひとつの単系統群であるとの考えが主流となっており（Rodríguez-Ezpeleta et al., 2005），この単系統群は狭義の「植物界（Plantae）」または「古色素体類（アークプラスチダ，Archaeplastida）」とよばれる．ただしバイコンタ内でこれら狭義の植物が側系統的な関係にあるとする報告もあり，この場合，バイコンタの共通祖先で一次共生が起こり（バイコンタ＝植物），繊毛虫などさまざまな系統で独立に葉緑体の消失が起こったと想定している（Nozaki et al., 2009）．この意見は必ずしも一般的ではないが，近年さまざまな「原生動物」からみつかっている植物型の遺伝子の存在を説明するのに好都合なことは確かである．またケルコゾア類（リザリア）に属する有殻アメーバである Paulinella chromatophora は葉緑体とは別起源の共生シアノバクテリアをもつことが知られている（3.7項参照）．この宿主・共生者は不可分の関係であり，葉緑体ともよべる共生段階にあるため，もうひとつの一次共生とよばれることもある．

### A. 灰色植物

　「灰色植物（Glaucocystophyta）」は淡水域に生育する基本的に単細胞性の藻類であり，数属が知られるのみの小さなグループであるが，葉緑体の進化を考える際にはきわめて重要な存在である．その形態や色調から，灰色植物の葉緑体は共生シアノバクテリアではないかとする考えは古くからあり，そのためシアネレとよばれてきた．現在では，灰色植物の葉緑体は他の生物の葉緑体と同一起源であると考えられており，その原始性は葉緑体の進化を考える際にはより重要になっている．灰色植物の葉緑体二重膜の間には，ペプチドグリカン性の細胞壁が存在することからもその原始性がうかがえるが，近年では陸上植物にもペプチドグリカン生合成遺伝子が存在することが明らかとなっており，葉緑体の進化におけるペプチドグリカン細胞壁の変遷は複雑であるらしい．葉緑体の宿主への隷属化にはその分裂調節が重要だと思われるが，灰色植物の葉緑体分裂では，他の葉緑体にみられる外側色素体分離リングがみつかっておらず，このことも灰色植物葉緑体の原始性を示している（Sato et al., 2009）．核コード葉緑体タンパク質遺伝子の系統解析からは，葉緑体のなかで灰色植物の葉緑体がもっとも初期に分かれたことが示されており，分子系統学的研究からもその原始性が支持されている（Reyes-Proetp & Bhattacharya, 2007）．また灰色植物はシアノバクテリア型（type II）のフルクトース 1,6-二リン酸アルドラーゼ（fructose 1,6-bisphosphate：FBA）をもっているが，紅色植物や緑色植物では別の型（type I）に置き換わっている．さらに灰色植物には他の真核性光合成生物にみられる典型的な集光性複合体（light harvesting complex：LHC）タンパク質を欠いており，光合成機構の進化を探るうえでも興味深い存在である．

### B. 紅色植物

　「紅色植物（Rhodophyta）」はノリや寒天などの

形でわれわれに身近な藻類群であり，特に沿岸域では海藻として一般的な存在である．紅色植物はシアノバクテリアのそれとよく似た光合成色素組成をもつことや鞭毛（および中心小体）を欠くことから，古くはもっとも原始的な真核生物ではないかと考えられていたこともある．しかし共生説が広く受け入れられている現在では，シアノバクテリア的な葉緑体は紅色植物の（宿主としての）原始性を示しているわけではなく，また鞭毛の欠失は二次的な特徴だと考えられている．多くの紅色植物は偽柔組織からなる多細胞体を形成するが，真正紅藻以外では単細胞性や単純な糸状体を形成する種も多い．多細胞性の紅色植物の多くは，ピットコネクションとよばれる特異な細胞間連絡構造をもっており，この構造の多様性は分類学的に有用なマーカーとなることが知られている．葉緑体の構造はシアノバクテリア（および灰色植物の葉緑体）に似ており，フィコビリン系色素タンパク質からなるフィコビリソームが付着した一重チラコイドをもっている．多くの紅色植物はその名のとおり紅色を示すが，フィコビリン系色素タンパク質の組成に多様性があり，他の色素との量比も相まって青緑色や褐色，黒色などを呈する種もある．

紅色植物は伝統的に原始紅藻類と真正紅藻類に分けられていたが，前者は側系統群であることが明らかとなっており，現在では原始紅藻類はイデユコゴメ藻綱，チノリモ藻綱，ベニミドロ藻綱，オオイシソウ藻綱，ロデラ藻綱，ウシケノリ藻綱に分けられている（Yoon et al., 2006）．このうちイデユコゴメ藻綱がもっとも初期に分岐し，ウシケノリ藻綱が真正紅藻綱の姉妹群であることが示唆されている．イデユコゴメ藻綱に属する *Cyanidioschyzon merolae*（シゾン）では核・葉緑体・ミトコンドリアの全ゲノム配列が報告されており，ほかにいくつかの紅藻でゲノム計画が進められている．これらをモデルとした紅色植物の生物学の進展が期待される．真正紅藻類には特異な細胞融合能を用いた寄生性種が多く知られている．多くの寄生性紅藻はごく近縁な独立栄養性紅藻に寄生することが知られており（adelphoparasite），独立栄養性種から寄生性種への進化が頻繁に起こっているものと考えられる．この

ような紅藻は栄養様式の変換を探る上で興味深い対象となるだろう．

紅色植物は二次共生における共生者として，クリプト藻，ハプト植物，不等毛植物，ミオゾア類（渦鞭毛藻，クロメラ藻およびアピコンプレクサ）の葉緑体（色素体）の起源となったと考えられている（3.5項参照）．葉緑体遺伝子などに基づく分子系統解析からは，これらの二次共生葉緑体は共通の紅色植物（共通の二次共生）に起因することが示唆されているが，必ずしも確実になっているわけではない．紅色植物のルビスコ（ribulose-1,5-bisphosphate carboxylase/oxugebase：RuBisCO）は，灰色植物や緑色植物のもの（Type I B，シアノバクテリア型）とは異なり$\beta$プロテオバクテリア型（Type I D）である．そのため複数回の一次共生の証拠と考えられたこともあった．現在では紅色植物の共通祖先でルビスコオペロンの入れ替えが起こったものと考えられており，この特徴は紅色植物を共生体とした上記の二次共生起源藻類にも受け継がれている．

### C. 緑色植物

「緑色植物（Viridiplamtae）」は一次共生ののちにクロロフィル $b$ を獲得した生物群であり，われわれにもっとも身近な生産者である陸上植物を含む大きなグループである．緑色植物は海水から淡水，陸上域とあらゆる環境に生育しており，特に陸上では生産者として重要な地位を占めている．単細胞性のものから群体，糸状体，多核嚢状体，細胞間連絡をもった複雑な多細胞体までその体制は多様であり，古くはこの体制に沿った進化が想定されていたが，微細構造，生化学・分子系統学的な研究から，現在では体制に関しては複数の平行進化が起こったと考えられている．緑色植物の葉緑体は祖先形質であるフィコビリソームを欠失し，クロロフィル $b$ を獲得した．またルビスコオペロンが分断し，小サブユニット遺伝子は核に転移している．これら特徴は緑色植物を二次共生の共生者としたユーグレナ類やクロララクニオン藻にも受け継がれている（3.7項参照）．クロロフィル $b$ およびその合成遺伝子はシアノバクテリアの一部（*Prochloron* など；以前は原核緑藻とよばれていた）にも存在することが知られており，以前

は複数回の一次共生の証拠と考えられたこともあったが，現在では直接の類縁関係はないと考えられている．緑色植物は貯蔵多糖としてデンプンを葉緑体内に貯蔵するが，これは緑色植物のみにみられる特徴である．また鞭毛移行部に存在するセントリンを含む星状構造も緑色植物に特有な構造である．

緑色植物はその進化の初期において「緑藻植物（Chlorophyta）」と「ストレプト植物（Streptophyta）」に分かれたと考えられている（Lewis & Mccourt, 2004）．このふたつの系統は微細構造（細胞分裂様式，鞭毛装置），生化学的特徴（光呼吸，アルドラーゼなど）で大きく異なっており，分子系統学的研究からも2大系統群の存在が支持されている．緑藻植物には緑藻綱，アオサ藻綱，トレボウキシア藻綱などいわゆる緑色藻（green algae）の多くが含まれている．これらの藻類はクラミドモナスなどに典型的な細胞頂端から向かい合って生じる2または4本の等長・等運動性の鞭毛をもった遊走細胞を形成し，分子系統学的にもよくまとまった系統群をつくっている．ストレプト植物は陸上植物を含む大きなグループであり，クロロキブス類，クレブソルミディウム類，接合藻，コレオケーテ類，シャジクモ類などの緑色藻も含まれている．これら緑色藻類は広義のシャジクモ藻綱としてまとめられることもあるが，この意味ではシャジクモ藻綱は明らかに側系統群であり，ストレプト植物内でこれら緑色藻類が段階的に分岐し，陸上植物へつながっていったと考えられている．陸上植物の姉妹群が何であるかについては現在のところはっきりしていないが，分子系統学的には接合藻，コレオケーテ類，シャジクモ類が陸上植物に近縁であると考えられており，形態的にはシャジクモ類がもっとも陸上植物に類似している．我々の生活を直接支える生物群である陸上植物の初期進化を研究する際にはこれら緑色藻の情報が必須となるだろう．

微細構造学的研究から緑色植物の2大系統群の存在が知られるようになったころ，両者の中間的な特徴をもった一群の生物，「プラシノ藻類（Prasinophyceae）」が認識されるようになった．プラシノ藻類は明らかに側系統群であり，近年の研究からはプラシノ藻とされた生物群のうち*Mesostigma*はストレプト植物の基部に位置し，クロロデンドロン類は緑藻綱などにきわめて近縁であり，その他のプラシノ藻は緑藻植物の初期に分岐したことが示されている．最小の光合成真核生物である*Ostreococcus*は緑藻植物の基部に位置するプラシノ藻であり（現在ではマミエラ藻綱に分類される），そのゲノム配列が報告されている．緑色植物の初期進化を探るためには，これら「プラシノ藻」の研究が重要となるだろう．

[引用文献]

Nozaki H. *et al.*（2009）Phylogenetic positions of Glaucophyta, green plants（Archaeplastida）and Haptophyta（Chromalveolata）as deduced from slowly evolving nuclear genes. *Mol. Phylogenet. Evol.*, vol. 53, pp. 872-880.

Lewis L. A. & Mccourt R. M.（2004）Green algae and the origin of land plants. *Am. J. Bot.*, vol. 91, pp. 1535-1556.

Sato M. *et al.*（2009）The dynamic surface of dividing cyanelles and ultrastructure of the region directly below the surface in *Cyanophora paradoxa*. *Planta*, vol. 229, pp. 781-791.

Reyes-Proetp A. & Bhattacharya D.（2007）Phylogeny of nuclear-encoded plastid-targeted proteins supports an early divergence of glaucophytes within Plantae. *Mol. Biol. Evol.*, vol. 24, pp. 2358-2361.

Rodríguez-Ezpeleta N. *et al.*（2005）Monophyly of primary photosynthetic eukaryotes: Green plants, red algae, and glaucophytes. *Curr. Biol.*, vol. 15, pp. 1325-1330.

Yoon H. S. *et al.*（2006）Defining the major lineages of red algae（Rhodophyta）. *J. Phycol.*, vol. 42, pp. 482-492.

（中山 剛）

# 第 5 章

# 植　　　物

| | | |
|---|---|---|
| 5.1 | 多細胞化 | 野崎久義 |
| 5.2 | 陸上植物 | 長谷部光泰 |
| 5.3 | 初期陸上植物 | 長谷部光泰 |
| 5.4 | コケ植物（蘚苔類） | 有川智己 |
| 5.5 | シダ類（モニロファイト類） | 長谷部光泰 |
| 5.6 | ヒカゲノカズラ類（小葉類） | 長谷部光泰 |
| 5.7 | 種子植物（総論） | 伊藤元己 |
| 5.8 | 裸子植物 | 伊藤元己 |
| 5.9 | 被子植物 | 伊藤元己 |
| 5.10 | 基部被子植物 | 伊藤元己 |
| 5.11 | 単子葉類 | 田村　実 |
| 5.12 | 真正双子葉類 | 伊藤元己 |
| 5.13 | 生活史の進化 | 工藤　洋 |
| 5.14 | 植物の発生 | 長谷部光泰 |
| 5.15 | 花の進化 | 平野博之 |
| 5.16 | 葉の進化 | 山口貴大 |
| 5.17 | 茎の進化 | 加藤雅啓 |
| 5.18 | 担根体と根の進化 | 今市涼子 |
| 5.19 | 種子の進化 | 戸部　博 |
| 5.20 | 維管束の進化 | 西山智明 |
| 5.21 | 細胞内膜交通の進化 | 上田貴志 |
| 5.22 | 無性生殖 | 丑丸敦史 |
| 5.23 | 有性生殖 | 丑丸敦史 |
| 5.24 | 自殖 | 丑丸敦史 |

## 5.1 多細胞化

約137億年前のビックバンによる宇宙の誕生から約90億年後に地球が誕生し，それから分子の発展的進化の結果として「ヒト社会」が成立するまでに，以下のような重大なイベントがあったと考えられる．(1) 複製能力のある分子が集合し原核細胞が誕生したこと．(2) 原核細胞が集合して真核細胞が成立したこと．(3) 真核細胞の集合から多細胞の個体が進化したこと．(4) 個体が集まって社会をもたらしたこと．これらのイベントは，これまでに存在していた進化的な単位の有機的な組織化による新しい進化的な単位の誕生であり，「複雑さの高次化」あるいは「個体性の進化的転換（evolutionary transitions in individuality：ETIs）」とよばれている（Michod & Herron, 2006）．ETIs は複雑さの進化的な跳躍であり，その原因を要素である進化的素過程に還元して研究すべきであるが，現存の材料を比較して研究できるのは (3) の多細胞化に関してだけである．

多細胞化は，単細胞性生物が多細胞生物に転換する進化的な大事件であり，陸上植物，後生動物，紅藻，褐藻などの真核生物の10以上の独立した系統で平行的に起きたことが考えられる（Grosberg & Strathmann, 2007）．多細胞化した時点から現在に至る間，多くの系統で中間的な種が絶滅しているので，現存の生物を用いた比較生物学的研究は困難である．しかし最近，多細胞化に関する研究が緑藻類の「群体性ボルボックス目」（colonial Volvocales, volvocine algae）（図1）で急速に進展した．Darwin は高度に組織化された脊椎動物の眼の進化に関して進化的素過程に分けて研究する困難さを議論したが（Herron & Michod, 2008），群体性ボルボックス目は多細胞化した時代が比較的最近であり，以下のような，多細胞化に伴う表現形質の進化の過程の中間的な状態の生物が現存している点で，研究に有利である．① 細胞数の漸進的な増加，② 細胞間の連絡の成立，③ 生殖細胞と非生殖細胞の分化，④ 有性生殖の同形配偶から異型配偶・卵生殖への進化．表1はこれをまとめたもので，細胞数の増加とともに

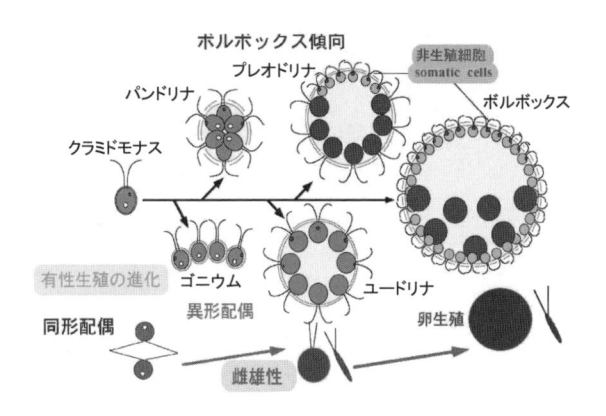

**図1** 群体性ボルボックス目の進化
クラミドモナスのようにひとつの細胞だった生物が集まって，ボルボックスに進化した．この進化傾向は近年の分子データからも支持されている．

発展的に4個の形質が進化しているようにみえる．
しかし，本当に細胞数が増加したのか，また他の各形質の実際の進化方向はどうなっていたのか，いくら生物を外から眺めていてもわからない．化石記録もほとんどない群体性ボルボックス目の進化は，相互の系統関係を推測したうえでなければ議論できない．したがって，群体性ボルボックス目内部の系統関係は重要である．本生物群の系統関係を近代的レベルで最初に解析したのはアメリカの Larson et al. (1992) である．彼らは群体性ボルボックス目のリボソーム RNA の部分塩基配列に基づき分子系統樹を構築した．パンドリナについて彼らの系統樹は，細胞数の減少に伴う異形配偶から同形配偶への逆行的進化が原因で，ボルボックスやユードリナから誕生したという可能性を示唆した．一方，Nozaki & Ito (1994) は群体性ボルボックス目の有性生殖と無性生殖の形質，ならびに，光学顕微鏡と電子顕微鏡で観察した栄養群体の形質，合計41組の形態的形質状態を基に分岐系統学的解析（cladistic analysis）を実施し，本生物群の系統関係を推測した．この分岐系統学的解析によると，4組の多細胞化に伴う形質（表1）は発展的に進化し逆進化はないこととなり，Larson et al. (1992) のリボソーム RNA の塩基配列に基づくものと基本的に矛盾した．したがって，これらの相反する群体性ボルボックス目の系統仮説を検証するためには，別個のデータとして情報量が多く，塩基のアラインメントが容易なタンパク

表 1 単細胞性クラミドモナスと群体性ボルボックス目の代表的な属の多細胞化に伴う重要な進化形質

| 属 | クラミドモナス[a] | パンドリナ | ユードリナ | プレオドリナ | ボルボックス |
|---|---|---|---|---|---|
| 細胞数 | 1 | 16 | 32 | 64, 128 | 500 以上 |
| 原形質連絡[b] | 無 | 有 | 有 | 有 | 有 |
| 細胞分化[c] | 無 | 無 | 無 | 有 | 有 |
| 有性生殖 | 同型配偶 | 同型配偶 | 異型配偶[d] | 異系配偶[d] | 卵生殖 |

a) *Chlamydomonas reinhardtii*
b) 娘群体（細胞）を形成する細胞分裂時に出現
c) 非生殖細胞と生殖細胞
d) 雌性配偶子は鞭毛をもつが単独で泳がないので卵生殖と解釈される場合もある

質コード遺伝子の塩基配列の情報が有効で必要と考えられた．筆者ら（Nozaki et al., 2000；Nozaki, 2003）は5種の葉緑体タンパク質コード遺伝子合計6021塩基対を47種類以上で解析し，基本的に4組の形質が発展的に進化したことを示した．したがって，群体性ボルボックス目では多細胞化が起きるとそれに伴う重要な形質は発展的に進化し，逆進化はあまりないものと考えられる．

最近筆者らがDNAデータベースに登録した葉緑体多遺伝子配列（Nozaki et al., 2000; Nozaki, 2003）をベイズ法などで再解析した研究が実施され（Herron & Michod, 2008；Herron et al., 2009），多細胞化という点で注目されている（Sachs, 2008）．これまで群体性ボルボックス目の単細胞レベルからの進化は，リボソームRNA遺伝子の進化速度の計算から約5000万年と推定されていただけであった（Rausch et al., 1989）．しかし，Herron et al. (2009)は情報量の多い筆者らの多遺伝子データをベイズ法で解析した結果，少なくとも2億年前に群体性ボルボックス目の多細胞化の起源がさかのぼれるとし，起源の古い系統のボルボックスの起源を7660万年〜1億1600万と推定した．したがって，白亜紀後期の恐竜は湖のなかを泳ぐ緑の粒を見た可能性がある．しかし，これまでにいくつかのボルボックスの化石の報告はあるが，どれもこれも疑わしいらしい（M. Herron 私信）．

近年，ボルボックスのモデル生物種 *Volovx carteri* を用いた遺伝子タギング法による変異体の解析から，本種の非生殖細胞の分化に深くかかわる遺伝子 *regA* の実体が明らかとなった（Kirk et al., 1999）．*regA* は主調節遺伝子であり，細胞分裂を抑制することによって非生殖細胞に分化させる特徴をもち，多くの活動的抑制遺伝子（active repressor）の活動部位と分子レベルの共通性をもつ．したがって，本遺伝子は群体性ボルボックス目のなかで派生的に進化して非生殖細胞をもたらしたと考えられる．系統解析は非生殖細胞が群体性ボルボックス目のなかで平行的に進化したことを示している（Nozaki et al., 2000; Herron & Michod, 2008）．この平行進化が遺伝子レベルでどうなっているのかは興味深い今後の問題である．さらに最近では，同型配偶のプラスとマイナスの性（交配型）と異型配偶や卵生殖のメスとオスの進化的関係が遺伝子レベルで群体性ボルボックス目のプレオドリナを用いた研究から明らかになった（Nozaki et al., 2006; Nozaki, 2008）．すなわち，雌雄の配偶子をもつプレオドリナから，オスに特異的な遺伝子「*OTOKOGI*」（*PlestMID*）が発見され，オスが同型配偶の優性交配型（クラミドモナスのマイナス交配型）から進化したことが明らかになった（Nozaki et al., 2006）．その結果，「メス」が性の原型であり，「オス」は性の派生型であることが示唆された．この研究では，従来的なモデル生物を用いた研究では不明であった進化生物学的大問題（オス・メスの起源）が，独自に開発した材料（プレオドリナの新種）を用いることで解き明かされたことになる．すなわち，生物学の一般的な教科書で示されている同型配偶から卵生殖への進化が，初めて遺伝子レベルのデータで説明された．また，このオス特異的遺伝子の同定は，これまでにまったく未開拓であったメスとオスの起源を明らかにする点で，進化生物学的研究のブレークスルーになるものと評価されている（Kirk, 2006; Charlesworth, 2007）．群体性ボルボックス目を用いた性の進化研究はまだ始まったばかりである．しかし，多細胞化に直接関与する遺伝

子の研究はいまだない．宇宙の発展的進化のモデル生物群である群体性ボルボックス目の進化研究は今後においても期待され続けるものと思われる．

[引用文献]

Charlesworth B. (2007) The origin of male gametes. *Curr. Biol.*, vol. 17, p. R163.

Grosberg R. K. & Strathmann R. R. (2007) The evolution of multicellularity: a minor major transition? *Annu. Rev. Ecol. Evol. Syst.*, vol. 38, pp. 621-652.

Herron M. D. & Michod R. E. (2008) Evolution of complexity in the volvocine algae: transitions in individuality through Darwin's eye. *Evolution*, vol. 62, pp. 436-451.

Herron M. D. et al. (2009) Triassic origin and early radiation of multicellular volvocine algae. *Proc. Natl. Acad. Sci. USA*, Vol. 106, pp. 3254-3258.

Kirk D. L. (2006) Oogamy: inventing the sexes. *Curr. Biol.*, vol. 16, pp. R1028-R1030.

Kirk M. M. et al. (1999) RegA, a *Volvox* gene that plays a central role in germ-soma differentiation, encodes a novel regulatory protein. *Development*, vol. 126, pp. 639-647.

Larson A. et al. (1992) Molecular phylogeny of the volvocine flagellates. *Mol. Biol. Evol.*, vol. 9, pp. 85-105.

Rausch H. et al. (1989) Phylogenetic relationships of the green alga *Volvox carteri* deduced from small-subunit ribosomal RNA comparisons. *J. Mol. Evol.*, vol. 29, pp. 255-265.

Michod R. E. & Herron M. D. (2006) Cooperation and conflict during evolutionary transitions in individuality. *J. Evol. Biol.*, vol. 19, pp. 1426-1436.

Nozaki H. (2003) Origin and evolution of the genera *Pleodorina* and *Volvox* (Volvocales). *Biologia*, vol. 58/4, pp. 425-431.

Nozaki H. (2008) A new male-specific gene *"OTOKOGI"* from *Pleodorina starrii*. *Biologia*, vol. 63/6, pp. 768-773.

Nozaki H. & Ito M. (1994) Phylogenetic relationships within the colonial Volvocales (Chlorophyta) inferred from cladistic analysis based on morphological data. *J. Phycol.*, vol. 30, pp. 353-365.

Nozaki H. et al. (2000) Origin and evolution of the colonial Volvocales (Chlorophyceae) as inferred from multiple, chloroplast gene sequences. *Mol. Phylogenet. Evol.*, vol. 17, pp. 256-268.

Nozaki H. et al. (2006) Males evolved from the dominant isogametic mating type. *Curr. Biol.*, vol. 16, pp. R1018-R1020.

Sachs J. L. (2008) Resolving the first steps to multicellularity. *Trends Ecol. Evol.*, vol. 23, pp. 245-248.

〔野崎久義〕

## 5.2 陸上植物

陸上植物は現生のコケ植物，ヒカゲノカズラ類，シダ類，種子植物を含み，単一起源で生じたと考えられている．陸上植物の姉妹群はシャジクモ藻類のシャジクモ類かコレオケーテ類である可能性が高いが，まだどちらか確定していない．コレオケーテ類は円盤状の体制で分裂組織は円盤の円周上に分散している．一方，シャジクモ類は陸上植物のように分裂組織が頂端に位置する．しかし，節と節間からなる体制を持ち巨大多核細胞を形成する点など陸上植物と異なる点も多い．シャジクモ藻類は単相植物で核が複相になるのは受精卵のときのみで，受精卵の最初の分裂が減数分裂である．

緑藻類のなかには陸上生活するものもあり，上記の分類群は「陸上植物」ではなく「有胚植物」とよばれることも多い．これは，受精卵から胞子体への発生過程で成熟した胞子体とは異なった形態の「胚」を形成するためである．

現生有胚植物のなかで最初に分枝したのがコケ植物である（図1）．コケ植物には蘚類，苔類，ツノゴケ類の三つの単系統群が含まれるが，互いの系統関係はまだはっきりわかっていない．苔類は単系統群で，コマチゴケ類，ゼニゴケ類，ウロコゴケ類の順に分枝したと推定されている．ゼニゴケ類，ウロコゴケ類のフタマタゴケの仲間は葉状体を形成するが，それ以外は茎葉体を形成する．したがって，葉状体は茎葉体から複数回進化したと考えられる．気孔や胞子体の軸（コルメラ）をもたないこと，胞子体は配偶体に寄生し分裂組織をもたない点が他の陸上植物より単純であることから，苔類が陸上植物の最基部で分枝したという推定もあるが，まだはっきりとはわかっていない．ゼニゴケは葉緑体，ミトコンドリア，核ゲノムの概要解読が終わり，遺伝子導入も可能なことから，苔類のモデル植物として用いられている．

蘚類はコケ植物のなかでもっとも多くの種を含む．ミズゴケ類，ナンジャモンジャゴケ類，クロゴケ類が基部で分枝し，残りのマゴケ類の多様化が著しい．

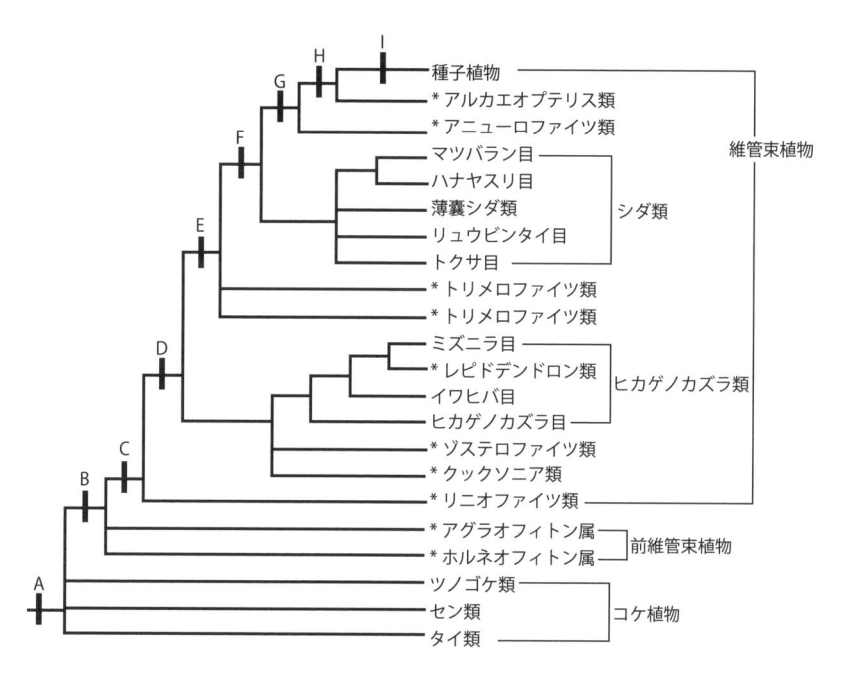

**図1 陸上植物の系統樹**
A〜Iは，各進化段階での共有派生形質を示す．(A) 多細胞性胞子体，多細胞性配偶子嚢，多細胞性胞子嚢，胚形成，クチクラの発達など（詳細は5.3項参照），(B) 独立生活し，無限成長し枝分かれする胞子体，(C) 維管束組織，仮導管をもつ木部を形成，(D) 二次肥厚する細胞壁をもつ仮導管，(E) 主軸と側枝の分化，側枝頂端に胞子嚢をつける，(F) 多鞭毛性精子形成，(G) 二次木部（材）形成，(H) 異型胞子性，(I) 種子形成．＊は絶滅種．

胞子発芽後，原糸体とよばれる菌糸様の組織を形成し，そこから茎葉をもつ茎葉体を形成する．茎葉体には通導組織であるハイドロイドを形成する．維管束植物の通導組織である導管は細胞壁が肥厚するのに対し，ハイドロイドの細胞壁は肥厚しない．茎葉体先端に造卵器と造精器を形成し，受精後，胞子体は蒴柄分裂組織によって伸長し，先端に胞子嚢を形成する．胞子嚢基部に輪状に気孔を形成する．ヒメツリガネゴケは葉緑体，ミトコンドリア，核ゲノムの解読が終了し，緑色植物でもっとも容易かつ高率で遺伝子ターゲティングが行なえるため，さまざまな研究に用いられている．

ツノゴケ類は葉状体を形成するが，苔類とは発生様式，形態が異なっている．苔類胞子体は分裂組織をもたないが，ツノゴケ類胞子体は角状の胞子体の基部に永続性の分裂組織をもち胞子体を伸長させる．胞子体は多数の気孔をもつ．

コケ植物は胞子体あたりひとつの胞子嚢しか形成しないが，コケ植物以外の有胚植物は複数の胞子嚢を形成することから多胞子嚢類とよばれる．また，コケ植物では胞子体が配偶体に半寄生しているが，多胞子嚢類では胞子体が独立生活する．多胞子嚢類のなかで，もっとも基部で分枝したのがホルネオフィトン属，続いて，アグラオフィトン属であると推定されている．両者は胞子体と配偶体ともに二又分枝する茎状構造からなる体制をもっていた．通導組織は，維管束植物のように細胞壁が肥厚せず，コケ植物の通導組織に似ている．このため，ホルネオフィトン属とアグラオフィトン属は前維管束植物とよばれる．維管束を形成する単系統群（維管束植物）のなかでもっとも基部で分枝したのがリニオファイツ類である．リニオファイツ類は木部に仮導管を形成するが，仮導管の壁は一次肥厚のみで形成される．リニオファイツ類の分枝後，維管束植物はヒカゲノカズラ類と大葉類のふたつの系統に分枝したと推定されている．ヒカゲノカズラ類の基部で分枝したのがゾステロファイツ類である．ヒカゲノカズラ類の小葉の起源と推定されている突起を茎につけるとともに，胞子嚢を茎に側性する．胞子嚢はヒカゲノカズラ類と同じように横向きに開裂する．大葉類の系

統の基部で分枝したのはトリメロファイツ類である．ゾステロファイツ類，トリメロファイツ類ともに二次肥厚をともなう仮導管をもつことから，両者の共通祖先でこの形質が進化したと考えられている．トリメロファイツ類はリニア類に似て二又分岐した枝状構造の体制をもつが，均等な二分枝ではなく，主軸と側軸の区別がリニア類よりも顕著になっている．その後，主軸は茎，側軸は葉へと進化していったと考えられているが，どのように変化していったのかはよくわかっていない．

トリメロファイツ類の分枝後，維管束植物はシダ類（モニロファイツ類）の系統と種子植物の系統に分枝する．種子植物の基部で分枝したのが前裸子植物である．前裸子植物はそれ以前に分枝した陸上植物と同様，胞子体に胞子嚢を形成し，胞子繁殖していた．しかし，二次木部を形成し，茎が肥大成長し，幹をつくるようになったのが革新的進化であった．初期に分枝した前裸子植物は同型胞子性であったが，雌雄の区別のある異型胞子性前裸子植物が進化し，異型胞子性が種子植物に引き継がれたと考えられている．

（長谷部光泰）

## 5.3 初期陸上植物

陸上植物とその姉妹群であるシャジクモ藻類との比較から，以下の点が陸上植物の代表的な共有派生形質だと考えられている．① 無性的に個体増殖を行なう遊走子を形成しない，② 細胞分裂のときに中心小体を形成せず，精子を形成するものでは精子形成のときにのみ中心小体を形成する，③ 前期前微小管束を形成する，④ スポロポレニンを含む耐久性の高い胞子を形成し，減数分裂によって三条型胞子を形成する，⑤ フェニルフラボノイド，フラボノイドなどの二次代謝産物の合成経路が発達する，⑥ 多細胞の胞子体を形成する，⑦ 多細胞の配偶子嚢（造卵器と造精器）を形成する，⑧ 多細胞の胞子嚢を形成し，大量の胞子を形成し散布する，⑨ クチクラ層を発達させ，陸上の乾燥した環境に適応している，などである．

オルドビス紀中ごろ（約4億7千5百万年前）から陸上植物（有胚植物）のものと推定される三条型胞子が多数産出される．それらの胞子のなかに形態が苔類の胞子に似ているものがあることから，苔類に類似した形態をもった植物が陸上植物の共通祖先だったのではないかと考えられている．陸上植物の姉妹群であるシャジクモ藻類は単相植物であり，受精卵しか複相にならない．永続性の分裂組織をもった枝分かれする胞子体の形成は，陸上植物の進化の顕著な革新のひとつである．コケ植物の有限生長し分枝しない胞子体は，シャジクモ藻類と多胞子嚢類（コケ植物以外の陸上植物）の中間的であることから，コケ植物が陸上植物の最基部で分枝したという仮説に合う．しかし，コケ植物だと明確に判断できるような大化石はデボン紀後期にならないと産出されない点に，この仮説の難点がある．

一方，前維管束植物，リニオファイツ類，ゾステロファイツ類，トリメロファイツ類の大化石が，コケ植物の大化石がみつかるよりも前のシルル紀からデボン紀初期（約4億年前）に発掘される．このことから，陸上植物の共通祖先は苔類に類似していたのではなく，前維管束植物のような二又分岐する形

## 5.4 コケ植物（蘚苔類）

### A. 蘚類，苔類，ツノゴケ類と共通の特徴

陸上植物（有胚植物）のうち維管束をもたないものが「コケ植物（蘚苔類，Bryophytes）」である．コケ植物は，「蘚類（Mosses）」，「苔類（Liverworts）」，「ツノゴケ類（hornworts）」の三つのグループに分けられるが，ツノゴケ類を他のグループから大きくかけ離れたものとして区別し，狭義の「蘚苔類」を定義することもある（たとえば水谷，1972）ので，最近では「蘚苔類」よりも「コケ植物」という用語が使われることが多い．これらのグループ間の系統関係，すなわち，コケ植物が単系統群であるのか，側系統群であるのかについては，まだ議論がある（Mishler & Kelch, 2009）．葉緑体ゲノム上の51遺伝子の塩基配列データを用い，蘚類，苔類，ツノゴケ類をそれぞれ1種ずつ（それぞれのグループでゲノムの解析が進んでいるモデル植物）を含めて行なった系統解析（Nishiyama *et al.*, 2004）では，蘚類ヒメツリガネゴケ（*Physcomitrella patens*）と苔類ゼニゴケ（*Marchantia polymorpha*）が単系統となり，この狭義の「蘚苔類」がツノゴケ類ホウライツノゴケ（*Anthoceros angustus*）の姉妹群となって，コケ植物は単系統となった．しかし，多数のOTUについて，葉緑体，ミトコンドリア，核の3ゲノムの遺伝子データを用いて行なった解析（Qiu *et al.*, 2006）では，蘚類，苔類，ツノゴケ類のそれぞれは単系統群となったものの，苔類がその他すべての陸上植物の姉妹群となり，ツノゴケ類が維管束植物の姉妹群となって，コケ植物は完全に側系統群となった．コケ植物が単系統群か側系統群か議論があるので，コケ植物を全体でひとつの門とするか，それぞれのグループを門とするか，さまざまな立場があるが，後者の立場が主流となってきている．

維管束をもたない，すなわち共有形質を「もたない」ことを定義としている以上，コケ植物が単系統群でなくとも当然のように思われる．ところが，現生のコケ植物は，維管束をもたないこととは別に，維管束植物とは異なる特徴を共有している．それ

態をしていて，コケ植物は前維管束植物から進化したのかもしれないという仮説も提唱されている．この仮説の難点は，現生コケ植物が永続性の分岐する胞子体を形成しないことである．ところが，コケ植物蘚類のヒメツリガネゴケにおいて，ヒストンH3の27番目のリジンをトリメチル化するはたらきをもつポリコーム抑制複合体2の機能を阻害すると，有限成長し，分枝しなかった胞子体が無限成長をして分枝するようになることがわかった．このことは，コケ植物でも無限成長して分枝した胞子体をつくることができることを示しており，前維管束植物から退化してコケ植物が進化したという仮説に合う．

〔長谷部光泰〕

は，配偶体世代が主であり，胞子体は配偶体の上で一生依存的な生活をするということである．しかも，胞子体世代は奇形を除けば分岐することはない．このことについて，現生のコケ植物の胞子体は，いわば足のついた胞子嚢であって，胞子嚢をつけた軸（蒴柄）は胞子嚢を多数つけた維管束植物の茎と相同なものではなく，胞子嚢柄と相同なのだという説（Kato & Akiyama, 2005）も唱えられている．維管束植物の維管束は胞子体世代に存在するので，コケ植物の胞子体にもともと維管束植物の茎や葉に相同の部分がないのであれば，コケ植物の定義にとって本質的なのは生活環の特徴であって，維管束の有無ではないことになる．ところが，蘚類ヒメツリガネゴケのある種の遺伝子破壊株において，アポガミーにより形成される「胞子体」は分枝することから，コケ植物の胞子体も分枝する能力を持っていたとする説（Okano et al., 2009）もある．

コケ植物は，リグニンの二次肥厚を備えた真の維管束こそもたないが，蘚類のスギゴケ類をはじめとして，かなり高度な水分通導組織をもつものが存在するので，水分通導組織は退化しているほうが派生的であると考えられている（Hébant, 1977）．水分を保持することで大型化した維管束植物とは逆に，水分が十分得られないときには積極的に水分を失って休眠状態になってやりすごし，十分な湿気が与えられたら速やかに回復する，「水分可変性（poikilohydric）」という生き方に特化したのがコケ植物であると考えられる．その意味ではコケ植物を「維管束をもつ前の段階の原始的な植物」とみなすのは不適切であろう．コケ植物の脱水耐性については，蘚類ネジレゴケ属の1種 *Tortula ruralis* などで分子レベルに至るまでよく調べられている（Oliver, 2008）．

コケ植物の出現は，陸上植物の登場とほぼ同じ時期とも考えられるが，最初はコケ植物と考えられていた初期陸上植物の化石の多くは，現在では所属不明とされている（岩月ほか，1997）．確実にコケ植物とされる化石は，デボン紀中期のウロコゴケ綱苔類 *Metzgeriothallus sharonae* (Herrick et al., 2007)まで待たねばならないが，これはコケ植物が化石に残りにくいことが原因と考えられる．

**B．蘚類・苔類・ツノゴケ類のそれぞれの特徴**

コケ植物の三つのグループのうちで，もっともかけ離れているのはツノゴケ類であるが，植物体の本体は苔類ゼニゴケ類にみられるような葉状体であることから，かつては苔類に入れられていた．ところが，胞子体は角状であり，その内部に軸柱と同化組織があり，介在成長をし，表皮に気孔があることや，葉緑体が1細胞につき1個〜数個で，ピレノイドをもつといった独自の特徴を多く備える．均質で小さな，わずか14属約150種からなるグループである（Renzaglia et al., 2009）．

苔類は391属約5000種で，最近では「コマチゴケ綱（Haplomitriopsida）」，「ゼニゴケ綱（Marchantiopsida）」，「ウロコゴケ綱（Jungermanniopsida）」の三つのグループからなるとされる（Clandall-Stotler et al., 2009）．胞子体は軟弱で，蒴（胞子嚢）は胞子散布の直前に伸びる蒴柄の先にでき，胞子が成熟すると裂けて胞子を散布する．胞子とともに弾糸が形成される．植物体は茎葉体のものと葉状体のものがある．コマチゴケ綱はコマチゴケ属（*Haplomitrium*）とトロイブゴケ属（*Treubia*），ヒメトロイブゴケ属（*Apotreubia*）という特異な茎葉体のものだけを含む．ゼニゴケ綱にふくまれるものは，気室のある複雑な葉状体を形成し，葉状体の腹面に鱗片が生じる．胞子体は雌器托という葉状体が変化してできた傘上の器官の上につくられる．苔類の9割以上の種は，ウロコゴケ綱に含まれており，茎葉体のものと単純な葉状体のものとが含まれるが，茎葉体のものが単系統であり，多様化したのはあまり古い時期ではないとされている．

蘚類は約13,000種で，最近では，「ナンジャモンジャゴケ綱（Takakiopsida）」，「ミズゴケ綱（Sphagnopsida）」，「クロゴケ綱（Andreaeopsida）」，「クロマゴケ綱（Andreaeobryopsida）」，「イシヅチゴケ綱（Oedipodiopsida）」，「スギゴケ綱（Polytrichopsida）」，「ヨツバゴケ綱（Tetraphidopsida）」，「マゴケ綱（Bryopsida）」の8綱からなるとされる（Goffinet et al., 2009）．ナンジャモンジャゴケ類とミズゴケ類を蘚類から独立させ，コケ植物に五つの門を認めるという説（Curm, 2001）もあるが，分子系統解析でもナンジャモンジャゴケ類とミズゴケ類はともに蘚類

の最基部に位置することが多い（たとえば，Qiu et al.,2006）．蘚類の胞子体は硬くて丈夫で，長時間かけて生育することが多い．蒴柄は頑丈で，蒴には蓋があり蓋が開いて胞子がこぼれることが多いが，ナンジャモンジャゴケ綱とクロゴケ綱，クロマゴケ綱では蒴は縦に裂ける．クロゴケ綱，クロマゴケ綱，ミズゴケ綱では蒴柄がなく，蒴は偽柄という配偶体に由来する器官によってもち上げられる．蘚類の配偶体はすべて茎葉体である．ナンジャモンジャゴケ類の配偶体は非常にシンプルで，単純な棒状の葉が枝に立体的に着いている．染色体本数は植物でも最低（$n = 4, 5$）であり，生殖器官も保護器官に覆われていない．枝分かれは苔類コマチゴケ類にも似ていて，蘚類と苔類を結びつける原始的なコケ植物ともいわれていたことがある．蒴の裂開はらせん型になっていて，デボン紀前期から知られる初期陸上植物の化石 *Tortilicaulis* との類縁が議論されることがある．ミズゴケ類は，蒴は乾燥してくると爆発的に蓋が飛び，胞子を分散する．配偶体には貯水細胞と葉緑細胞があり，大量の水を蓄える．世界の淡水性の湿地に広く分布し，特に極地においては圧倒的に優先し，極域生態系で重要な役割を担っているだけでなく，泥炭の供給源となっている（Vitt & Wieder, 2009）．イシヅチゴケ綱，スギゴケ綱，ヨツバゴケ綱はマゴケ綱に含めることも一般的である（岩月ほか，1997）．マゴケ類の多くは蓋の口のところに蒴歯という乾湿運動をして長期にわたって胞子の分散を調整する器官がある．蘚類の約半数の科，過半数の種がほふく性で，生殖器官が短い側枝の上に形成され，結果として胞子体が側生し，腋蘚類（pleurocarpous mosses）とよばれている．しかし腋蘚類は狭義マゴケ類のなかの派生的なグループと考えられている．コケ植物は起源の古い植物群と考えられがちだが，腋蘚類の出現と多様化はジュラ紀のことと考えられており，裸子植物の森林のなかで登場し，被子植物の多様化とともに多様化したグループと考えられている（Newton et al., 2007）．

［引用文献］

Crandall-Stotler B. *et al.*（2009）Morphology and classification of the Marchantiophyta. Goffinet B. and Shaw A. J. eds., *Bryophyte Biology*, (2nd ed.), chap. 1, Cambridge University Press.

Crum H. A.（2001）*Structural Diversity of Bryophytes*, Univ. of Michigan Herbarium.

Goffinet B. *et al.*（2009）Morphology, anatomy, and classification of the Bryophyta. Goffinet B. and Shaw J. eds., *Bryophyte Biology* (2nd ed.), chap. 2, Cambridge University Press.

Hébant C.（1977）*The Conducting Tissues of Bryophytes*, J. Cramer.

Hernick L. V. *et al.*（2007）Earth's oldest liverworts — Metzgeriothallus sharonae sp. nov. from the Middle Devonian (Givetian) of eastern New York, USA. *Review of Palaeobotany and Palynology*, vol. 148, pp. 154-162.

岩月善之助・北川尚史・秋山弘之（1997）コケ植物にみる多様性と系統．加藤雅弘 編，バイオディバーシティ・シリーズ2『植物の多様性と系統』裳華房．

Kato M. & Akiyama H.（2005）Interpolation hypothesis for origin of the vegetative sporophyte of land plants. *Taxon*, vol.154, pp. 443-450.

Mishler B. D. & Kelch D. G.（2009）Phylogenomics and early land plant evolution. in Goffinet B. & Shaw A. J. eds., *Bryophyte Biology* (2nd ed.), chap. 4, Cambridge University Press.

水谷正美（1972）コケの創世記．しだとこけ，vol. 7, pp. 1-9.

Newton A. E. *et al.*（2007）Dating the Diversification of the pleurocarpous mosses. in Newton A. E. and Tangney R. S. eds., *Pleurocarpous Mosses: Systematics and Evolution*, chapter 17, CRC Press.

Nishiyama T. *et al.*（2004）Chloroplast phylogeny indicates that bryophytes are monophyletic. *Mol. Biol. Evol.*, vol. 21, pp. 1813-1819.

Okano Y. *et al.*（2009）A polycomb repressive complex 2 gene regulates apogamy and gives evolutionary insights into early land plant evolution. *Proc. Natl. Acad. Sci. USA*, vol. 106, pp. 16321-16326.

Oliver M. J.（2008）Biochemical and molecular mechanisms of desiccation tolerance in bryophytes, Goffinet B. and Shaw A. J.eds., *Bryophyte Biology* (2nd ed.), chap. 7, Cambridge University Press.

Qiu Y-L. *et al.*（2006）The deepest divergences in land plants inferred from phylogenomic evidence. *Proc. Natl. Acad. Sci. USA*, vol. 103, pp. 15511-15516.

Renzaglia K. S. *et al.*（2009）New insights into morphology, anatomy, and systematics of hornworts. in Goffinet B. and Shaw A. J. eds., *Bryophyte Biology* (2nd ed.), chap. 3, Cambridge University Press.

Vitt D. H. and Wieder R. K.（2009）The structure and function of bryophyte-dominated peatlands. in Goffinet B. and Shaw A. J. eds., *Bryophyte Biology*. (2nd ed.), chap. 3, Cambridge University Press.

（有川智己）

## 5.5 シダ類（モニロファイト類）

維管束植物は単系統群で，最基部で分枝したヒカゲノカズラ類以外の単系統群は大葉類とよばれる．大葉類の共通祖先は，枝状構造をもち絶滅したトリメロファイツ類だと考えられている．トリメロファイツ類の枝状構造と大葉類の茎葉は大きく異なっており，茎葉がどのように進化してきたのかはわかっていない．ドイツの形態学者 Zimmerman は，トリメロファイツ類の茎状構造が融合するなど変形することによって大葉類の茎葉が進化したのではないかという仮説（テローム説）を提唱した．しかし，現生種の発生過程の研究からは，トリメロファイツ類の茎状構造に相同だと考えられるような段階はみつかっておらず，テローム説の妥当性の検証は今後の課題である．

ヒカゲノカズラ類の担根体は茎とも根とも異なった軸状構造であり，テロームに相同ではないかという仮説もある．従来，シダ類の葉脈が二又分岐する点がトリメロファイツ類の二又分岐する枝状構造と対比されてきたが，現生種において葉脈形成と茎頂分裂組織の分枝の分子機構に対応する部分はみつかっておらず，再検討が必要である．マツバラン目のマツバラン属は維管束をもたない葉状突起を茎表面に螺旋状に配列させるだけで，葉や根をもたず，茎は二又分岐する．この形態はトリメロファイツ類（あるいはその祖先のリニア類）に類似していることから，維管束植物の最基部で分かれた群であると考えられたこともあったが，分子系統解析の結果，ハナヤスリ目と姉妹群であることがわかった．このことから，マツバラン目の形態は退化によって生じたと考えられているが，ハナヤスリ目とマツバラン目の共通祖先が大葉をもたず，両系統で独自に葉状器官が進化した可能性もある．

大葉類に含まれるハナヤスリ目，マツバラン目，リュウビンタイ目，トクサ目，薄嚢シダ類，種子植物の葉形態は互いに異なっており，大葉は複数回進化したのではないかという仮説もある．一方，葉の頂端成長と周縁成長を獲得したことが大葉形成の共通点であり，これらの獲得は1回だったという仮説も提唱されている．

大葉類の最基部で分枝した単系統群がシダ類である（図1）．系統関係がはっきりしなかった時代，ヒカゲノカズラ類，シダ類（真嚢シダ類［ハナヤスリ目，リュウビンタイ目］と薄嚢シダ類を含む），マツバラン目，トクサ目を総称してシダ植物（Pteridophytes）とよんでいた．分子系統解析の結果，シダ類，マツバラン目，トクサ目が単系統群を形成することが明らかとなり，Monilophytes という分類群名が提唱され，ここではシダ類とよぶ．マツバラン目とハナヤスリ目は遺伝子の塩基配列から統計的に有意に姉妹群である．しかし，マツバラン目・ハナヤスリ目，トクサ目，リュウビンタイ目，薄嚢シダ類の4群間の系統関係は解けていない．

### A. マツバラン目とハナヤスリ目

マツバラン目とハナヤスリ目は精子形態が類似しており，これが形態的共有派生形質だと考えられている．真嚢性（複数の始原細胞がひとつの胞子嚢を形成する）で他のシダ類よりも大型の胞子嚢をつくる点は共有祖先形質だと考えられている．ハナヤスリ目は，他の維管束植物にない立体的な葉を形成する．胞子をつけない栄養葉部の向軸側に生殖葉部が立ち上がってつく．1枚の葉の最下羽片が融合して生殖葉部になったという仮説と他の維管束植物の葉とは独立にトリメロファイツ類の二又分枝する枝状構造から進化してきたという仮説があるが，どちらかわかっていない．また，真正中心柱，形成層，周皮，有縁壁孔仮導管，2枝跡性腋芽をもつ点は他のシダ類と異なっており，種子植物と共通している．

種子植物の共通祖先である前裸子植物は，胞子を形成し，上記五つの特徴をもつ点でハナヤスリ目に似ていることから，ハナヤスリ目の祖先は前裸子植物に似た形態をもっていたのではないかという仮説が提唱されている．ハナヤスリ目は染色体数が多いことでも知られ，$2n =$ 約 1400 という種も知られている．

### B. リュウビンタイ目

リュウビンタイ目は，多くの種で1mをこす葉を

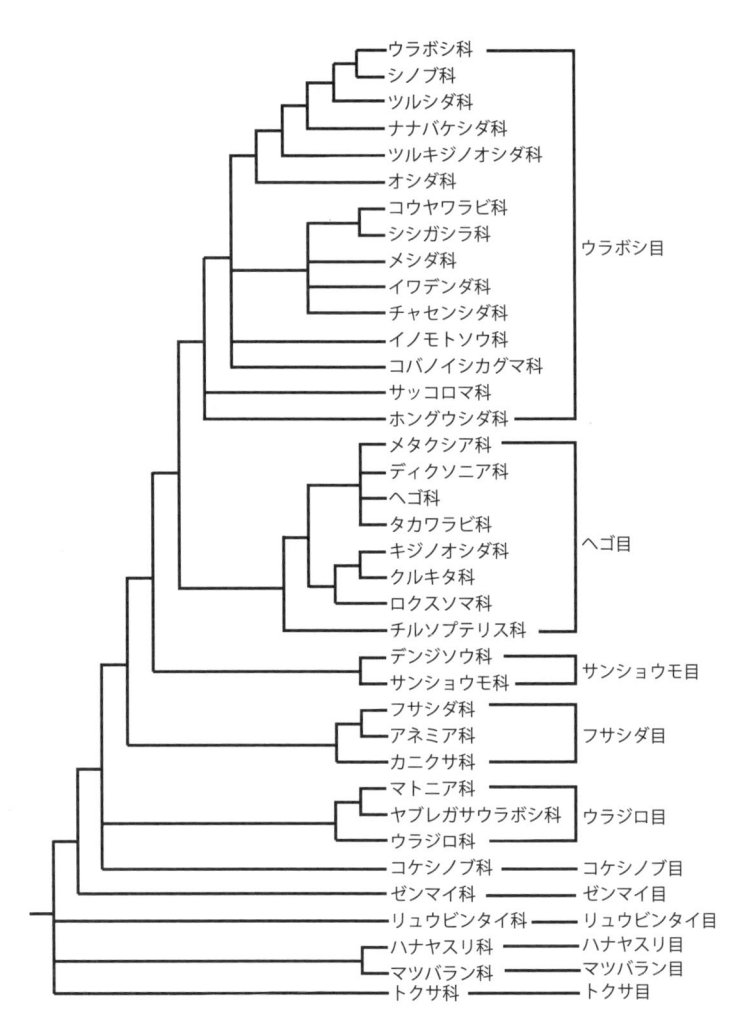

図1 シダ類の系統樹

形成する．葉の基部に肉質の托葉を形成し，葉が脱落後も托葉のみが残る．被子植物の托葉との相同性は不明．葉の途中に形成される関節の様式が多様である．胞子嚢は葉脈に沿って2列に密に形成し，リュウビンタイモドキ属では胞子嚢が融合して集合胞子嚢を形成する．

## C. トクサ目

トクサ目は，隆条をもつ茎が明瞭な節と節間に分割される点，葉が輪生する点，胞子嚢穂が軸をとりまく柄状構造（胞子嚢床）に真嚢胞子嚢を形成する点，そして，胞子に弾糸をもつ点で，他のシダ類と異なっている．従来，シダ類が種子植物と分枝する前に両系統から分枝したと考えられてきたが，分子系統解析の結果，ハナヤスリ目，マツバラン目，リュウビンタイ目，薄嚢シダ類と単系統群を形成することがわかった．石炭紀の化石から知られるロボク類は，20mほどの茎を形成していた．

## D. 薄嚢シダ類

上記，ハナヤスリ目，マツバラン目，リュウビンタイ目，トクサ目は真嚢性であるが，それ以外のシダ類はひとつの胞子嚢がひとつの始原細胞から形成される薄嚢性であり，単系統群である．薄嚢性とともに，有柄の胞子嚢を形成する点，胞子嚢の周縁に環帯が発達し胞子散布に寄与する点が共有派生形質である．

薄嚢シダ類の最基部で分枝したのがゼンマイ科で

ある．ゼンマイ科の胞子嚢は真嚢性と薄嚢性の中間的な発生様式によって形成される．包膜は形成されず，胞子嚢が葉脈状や葉縁に散在する．ゼンマイ科以外の薄嚢シダ類の系統関係は，胞子嚢群，包膜，鱗片や毛，環帯などの形態に基づき，さまざまな仮説が提唱されていたが，分子系統解析によってほぼすべての科の系統が明らかになっている．コケシノブ目は着生植物で，葉脈を除いて1または2細胞層のみからなる葉身をもつ．葉縁の周縁分裂組織が伸長して胞子嚢床となり，向軸側と背軸側の周縁分裂組織の周りの組織が伸長して包膜を形成する．ウラジロ目は包膜を形成せず，胞子嚢群がむきだしで形成される．ウラジロ科は葉の先端に永続性の分裂組織をもち，1枚の葉が数年かかって生長する．フサシダ目のカニクサ科も葉の頂端に無限成長する分裂組織をもち，他の植物にまきついて10 mほどにまで伸長する．胞子嚢は胞子嚢群を形成せず，個々の胞子嚢が葉身からの突出した組織で覆われている．サンショウモ目はサンショウモ科とデンジソウ科の2科を含むが，従来，水生シダ類であること，異型胞子性や形態が特殊なことから，真嚢シダ類，薄嚢シダ類と並べて異なった系統だと考えられてきた．しかし，分子系統解析の結果，薄嚢シダ類の一員であることがわかった．サンショウモ科とデンジソウ科の互いの形態も大きく異なっているが，両者の中間的な形態を示す化石がみつかり，両者の形態がどのように進化したかについて研究が行なわれている．サンショウモ目以降の目は葉の表皮細胞が突き出してできる包膜を形成し，胞子嚢を保護している．ただし，一部の種では二次的に包膜を欠失している．ヘゴ目の木生シダは，種子植物のように茎が二次成長するのではなく，不定根が多数形成されることで，幹の強度を保ち，数mの高さにまで成長する．ウラボシ目は薄嚢シダ類の中でもっとも多様化した群であり，それぞれの科で特有の胞子嚢群，包膜，毛や鱗片形態が共有派生形質となる．イノモトソウ科などでは，周縁分裂組織の背軸側に胞子嚢群が形成され，周縁分裂組織が伸長して胞子嚢群を包膜のように覆う偽包膜を形成する．

　シダ類は世代時間が長いこと，遺伝子導入系が確立されていないことから，分子生物学的研究が進んでいない．また，核ゲノム解読も行なわれていない．ウラボシ目イノモトソウ科のリチャードミズワラビは3カ月ほどで生活史を完了させることができ，遺伝学的実験が容易であり，パーティクルガンを用いたRNAi (RNA interference) 実験が可能であることからシダ類のモデルとして期待されている．ゲノムサイズが9 Gbと大きいが，遺伝的連鎖地図の作成も進み，ゲノム解析技術の進展によるゲノム解読が終了すれば有望な実験材料となるかもしれない．

〔長谷部光泰〕

## 5.6 ヒカゲノカズラ類（小葉類）

陸上植物の葉は小葉（microphyll あるいは lycophyll）と大葉（megaphyll あるいは euphyll）に分けられる．小葉は1本（まれに2本）の葉脈をもち，葉脈の茎の維管束からの分岐の上側に葉隙ができない．大葉では，複数の葉脈が茎から1枚の葉に伸びており，これらの葉脈と維管束の分枝の上側には葉隙ができる．小葉は現生ヒカゲノカズラ類，化石ヒカゲノカズラ類，マツバラン，トクサ目にみられる．ただ，マツバランについては，マツバランと同科のイヌナンカクランが葉隙をもつ1本の葉脈の葉をもつこと，マツバラン科がヒカゲノカズラ類とは姉妹群ではなく，大葉をもつハナヤスリ科の姉妹群であることから，ヒカゲノカズラ類の小葉とは起源が異なるものであると考えられている．このように，系統解析の結果，小葉と大葉の進化についてはさらなる研究が必要であることがわかったので，ここでは，小葉類ではなくヒカゲノカズラ類という分類名を用いる．

現生ヒカゲノカズラ類は，ヒカゲノカズラ科，イワヒバ科，ミズニラ科からなり，イワヒバ科とミズニラ科が姉妹群である．ヒカゲノカズラ類は，維管束植物の最基部で4億年ほど前に分枝したゾステロフィルム類から，3億5千万年ほど前に進化したと推定されている．ゾステロファイツ類は葉をもたず，二又分枝する枝状器官の上に突起をもっていた．突起のなかに維管束が入り込んだ種類もあることから，現生ヒカゲノカズラ類の葉はゾステロファイツ類の突起が大きくなり，そのなかに葉脈が伸びていった結果できたという仮説（突起説）が提唱されている．現生ヒカゲノカズラ類の3科はどれも小型でほとんどの種は数十 cm 程度であるが，イワヒバ類の祖先であるリンボク（鱗木）類は高さ40 m，直径2 m にもなる高木となり，3億年前ころの石炭紀の森林を構成していた．リンボク類は形成層をもっていたが，二次木部のみを形成し，二次師部を形成しなかった．しかし，二次木部の発達は悪く，幹のほとんどは柔組織によって形成されており，30 m 以上の高木に

なったにもかかわらず，材の強度は弱かったと考えられている．石炭のほとんどは，化石ヒカゲノカズラ類の遺骸から形成されたものである．

現生ヒカゲノカズラ科には3属が認められる．フィログロッサム属（$Phylloglossum$）は少数の葉と根だけをつくる単純な形態をしているが，分子系統解析の結果，トウゲシバ属（$Huperzia$）に含まれることがわかり，乾燥適応のために幼形進化したと考えられている．ヒカゲノカズラ科のなかには比較的長命なものがあり，100年以上にわたって維持されているクローンが知られている．現生イワヒバ科のイヌカタヒバはゲノムサイズが160 Mb と小さいことから，ゲノム概要解読が終了している．ゲノムサイズが小さい一因は，遺伝子間領域とイントロンの短さにある．乾燥耐性をもつ種が知られており，イワヒバは乾燥すると地上茎が丸まった状態になるが，水分を補給すると数時間で展開する．現生ミズニラ科の種類は，二次成長をする側部分裂組織をもち，上下軸方向の成長よりも，横方向の成長が著しい．また，根形成様式が他の維管束植物と異なっている．

種子植物は頂端分裂組織に複数の幹細胞を形成するが，コケ植物，シダ類は，ひとつの幹細胞（頂端細胞）だけを形成する．一方，ヒカゲノカズラ科とミズニラ科では種子植物とは並行的に，複数の幹細胞を持つ頂端分裂組織が進化した．イワヒバ科の特定の種では複数の頂端細胞をもつ場合もあることが知られている．ヒカゲノカズラ類の葉腋には腋芽は形成されず，分枝は基本的に茎頂での二又分岐に由来する．イワヒバ科とミズニラ科は，葉腋に小舌とよばれる分泌物を出す葉状器官を形成するが，他の植物のどの器官と相同なのかは不明である．維管束植物の多くは根茎葉の三つの主要器官を形成するが，イワヒバ科はこれに加えて担根体とよばれる器官を形成する．この器官は茎の分枝のように，柔組織に頂端細胞が生じることによって形成される．しかし，茎から伸び出した担根体は，二又分枝を続けながら正の屈地性を示し，地面につくと根冠を形成し土に潜り，根と区別できなくなる．茎的でもあり根的でもあることから，根と茎の共通祖先にあたるような器官ではないかという仮説も提唱されている（5.18

項参照).胞子嚢は祖先形質である真嚢性を維持しており,複数の始原細胞から胞子嚢が形成される.ヒカゲノカズラ科は同型胞子,イワヒバ科とミズニラ科は異型胞子を形成する.ヒカゲノカズラ科の配偶体は塊状で地中に形成される.イワヒバ科とミズニラ科の雄性配偶体と雌性配偶体はそれぞれ小胞子と大胞子の胞子壁内で発達する.雄性配偶体から放出された精子は,大胞子の割れ目から,大胞子中で発達した雌性配偶体上の造卵器に泳ぎつき受精する.

(長谷部光泰)

## 5.7 種子植物(総論)

　種子植物とは種子をつくる植物の総称である.種子は次世代植物に育つ胚を,通常,栄養分とともに包みこんで保護して,親個体から散布される構造である.現生の種子植物は,裸子植物(ソテツ類,イチョウ類,球果類,グネツム類)と被子植物に分類される.裸子植物と被子植物に関しては,それぞれ,裸子植物,被子植物の項目(5.8項,5.9項)で詳しく解説する.種子植物はシダ植物とともに維管束植物に含まれる.維管束植物は胞子体と配偶体をもち,世代交代を行なう有胚植物ともよばれる陸上植物の一員である.

### A. 種子とその起源

　胞子はシダ植物やコケ植物の散布体であり,胞子体の胞子嚢内で減数分裂を経てつくられる.通常,胞子は小型で風により散布され,発芽すると配偶体を形成する.これに対し,種子は内部の胚は胞子体の幼殖物であり,まわりを母親の組織由来の種皮で囲まれている.種子は胞子と比べて大きく,しばしば内部に発芽時の栄養分として用いられる胚乳をもつ(図1).

　種子が進化する前提として異型胞子をもつ必要がある.異型胞子とは,雌雄で大きさや形が異なった胞子を形成することである.陸上植物において,異型胞子性をもつものは種子植物のみではなく,ヒカゲノカズラ植物のクラマゴケ類とミズニラ類も異型

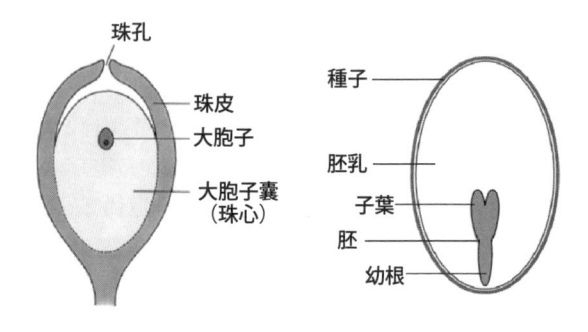

図1　胚珠(胚嚢の発達前)と種子の構造

胞子性である．しかし，陸上植物の系統関係や，両者の異型胞子の形成過程を比較した結果，ヒカゲノカズラ植物と種子植物の異型胞子性は独立に進化したものと考えられている．

種子植物では，雌性配偶体は胚珠内の胚嚢であり，配偶子は胚嚢内に形成される卵細胞である．胚嚢は完全に胚珠内に包み込まれ，養分などは母親の組織である胚珠から供給される．これに対し，雄性配偶体は花粉粒の内部につくられ，雄性配偶子は花粉により運ばれる．雄性配偶子は花粉管により雌性配偶体まで運ばれる．多くの場合，雄性配偶体は雄性核のみであるが，ソテツ類やイチョウでは鞭毛をもつ精子がつくられ，自力で遊泳可能である（詳細な構造と受精様式についてはそれぞれ裸子植物，被子植物の項目を参照）．

種子の起源は，すなわち成長して種子となる胚珠の起源である．胚珠は雌性配偶体である胚嚢が含まれる雌性胞子嚢を，胞子体の組織が包み込んだものである（図1）．胚珠の起源については，大胞子嚢がテロームにより包み込まれることでできあがったという仮説が出されている．これはチンメルマンのテローム仮説を拡張したものである．

種子あるいは胚珠の起源についての研究は，化石を検討することにより行なわれてきた．現在知られているもっとも古い種子の化石は，約3億7000万年前のデボン紀後期の地層から発見された米国西バージニア州産のエルキンシア（*Elkinsia*）で，珠心をとりかこむ珠皮のテローム構造（珠皮の裂片）の癒合が不完全である（図2）．このような構造は前胚珠とよばれている．前胚珠では，受精後に珠皮の裂片が癒合して珠心を完全に包み込んだと考えられている．エルキンシアより新しい時代から産出している化石を並べてみると，しだいに裂片が癒合して胚珠となっていく様子がみられ，テロームの癒合により珠皮が進化してきたという仮説が支持されるように思われる（図3）．しかし，これは単に形態に基づいて，珠皮がしだいに癒合する順に並べただけであり，各化石種が同一系のものであるという証拠はないことに注意する必要がある．

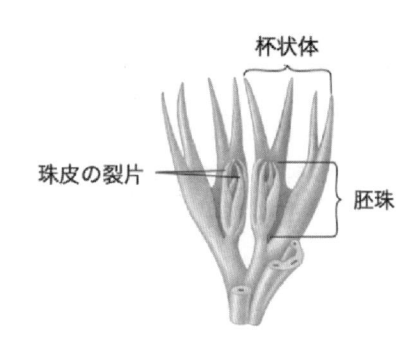

**図2** デボン紀後期（約3億7千年前）のエルキンシア（*Elkinsia*）の胚珠と胞子様（杯状体）

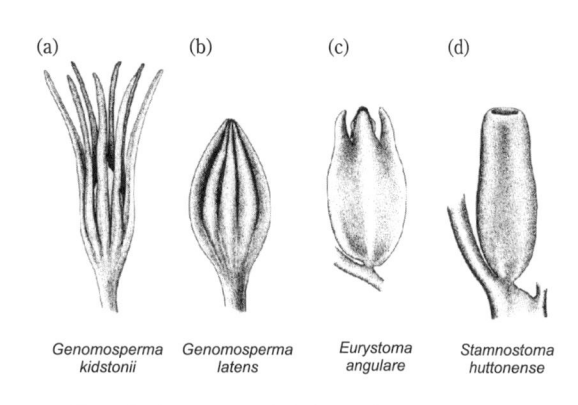

**図3** 胚珠のテローム起源仮説を支持する化石証拠

### B. 種子植物の系統

現生の裸子植物4群，すなわちソテツ類，イチョウ類，球果類，グネツム類は，それぞれ形態的に大きく異なっている．被子植物は裸子植物から進化してきたが，現生の裸子植物や絶滅群のなかで被子植物にもっとも近縁な群は何であるかについては長く議論が続けられてきた．

形態的および解剖学特徴からの推定では，道管の存在，胚珠をとりかこむ構造や網状脈の葉などの形質を共有することから，グネツム類が被子植物と近縁であるという説が支持されてきた．一方で，グネツム類の道管や胚珠の外側の構造は被子植物の道管や外珠皮とは異なった特徴をもち，起源の異なるものであるという意見もあったが，形態的特徴は相同性の解釈が難しく，なかなか結論に至らないままであった．しかし，分子情報を用いた解析が可能になって，現生裸子植物と被子植物の系統関係が解明されてきた．分子情報で最初に行なわれたのはrbcL遺伝子を用いた分子系統解析である．その結果では，

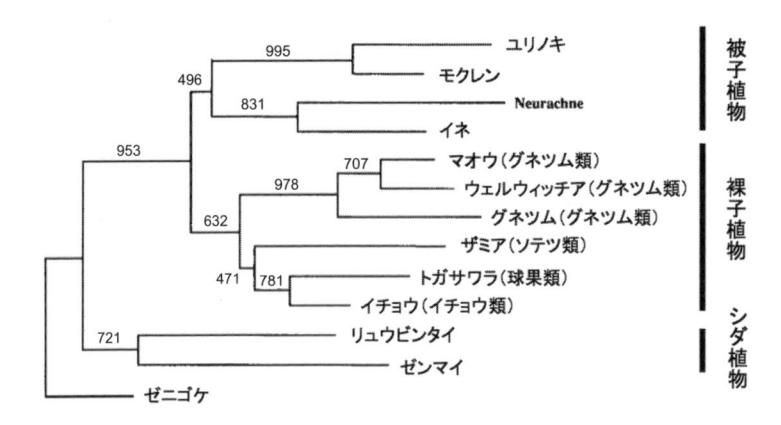

図4 rbcL遺伝子の塩基配列に基づく種子植物の分子系統樹（Hasebe et al., 1992 より改変）

現生の被子植物と裸子植物は，それぞれが単系統群になることが支持された（Hasebe et al., 1992）（図4）．また，形態的に多様なグネツム類の3属は近縁であり，グネツム類が単系統になることも示された．その後，異なった遺伝子や複数の遺伝子の情報を用いた研究が数多く行なわれたが，現生裸子植物が単系統群であることは，ほとんどの研究で支持されている．

## C. 種子植物の起源

種子植物は，種子を形成する植物であり，その起源はすなわち種子をつける植物がどのような植物群から進化してきたかである．化石の証拠によると，木本で裸子植物のような材の形態をしていながらも胞子をつける，原裸子植物とよばれる植物群が存在したことが知られている．

後期デボン紀に存在していたアルカエオプテリス（*Archaeopteris*）は異型胞子性であるが種子をもたず，幹が二次成長して材をつくる木本植物である．アルカエオプテリスという名前は，Dawsonにより後期デボン紀の地層から発見された羽状に分裂した葉の化石につけられたものである．当初，アルカエオプテリスは葉の裂片に胞子嚢をつけていたため，シダ植物の葉と考えられていた．一方，同じ地層からカリキシロン（*Callixylon*）と名づけられた珪化木がしばしばみつかっていた．このカリキシロンの幹は直径1.5mにも成長し，現在の針葉樹にみられるような特徴の材構造をもっていたため裸子植物と考えられていた．1960年に米国ニューヨーク州からカリキ

図5 アルカエオプテリスの復元図

シロンとつながったアルカエオプテリスの葉の化石が発見され，両者が同一植物の幹と葉であることが確認された（Beck, 1960, 1962）（図5）．アルカエオプテリスのように種子植物への移行的な形態をもつ無種子維管束植物は原裸子植物（progymnosperms）とよばれ，種子植物の祖先であると考えられている．原裸子植物は，まだ葉が分化していないトリメロフィトン類から生じたと考えられており，トリメロフィトン類が多様化するデボン紀中期にはすでにクロッシア（*Crossia*）やレリミア（*Rellimia*）などのアルカエオプテリス以外の原裸子植物が出現している．

## D. 種子植物の生殖器官と生活環

シダ植物などの無種子維管束植物と種子植物では，その生活環が大きく異なっている．その違いは種子をつくるという特徴と強く関連している．シダ植物

では胞子体が生活環の中心となっていたが，配偶体は胞子体とは独立して生存している．一方，種子をつくるようになった植物では配偶体は小型化し，もはや独立した生活を送れず，胞子体に栄養的に寄生するようになる．また，種子植物のすべての植物は異型配偶体をもち，雄性生殖器官，雌性生殖器官が分化する．

このような性質のため，種子植物の受精は胞子体の生殖器官である胚珠内で行なわれることになる．それにともない，雄性配偶子（精子あるいは精細胞）の雌性配偶子（卵細胞）までへの移動は花粉の分散として行なわれる．コケ植物やシダ植物においては，雄性配偶子である精子は自ら泳いで卵細胞へ移動するため，受精には水の存在が不可欠である．一方，種子植物では，雄性配偶子は花粉として胚珠まで（被子植物では柱頭まで）移動するため，受精時に外部の水を必要とせず，また花粉壁により内部の配偶体が乾燥から保護されているので，空気中を長距離移動することが可能である．

現生の裸子植物では，小胞子嚢と大胞子嚢は，それぞれ別の構造に生じる．マツなどの球果類では，小胞子嚢穂と大胞子嚢穂が別々に形成される．小胞子嚢内に生じた小胞子母細胞（$2n$）は減数分裂により4個の小胞子（$n$）となり，雄性配偶体の形成が始まる．雄性配偶体は小胞子から有糸分裂を経て，2個の前葉体細胞，雄原細胞と花粉管細胞という4細胞性の花粉となる．

他方，大胞子母細胞（$2n$）は珠心の奥深くに形成される．その後，減数分裂により基本的には4個の大胞子（$n$）がつくられるが，珠孔からもっとも離れた1細胞が残り，他の細胞は消滅する．多くの種では，大胞子は遊離核分裂を行ない，数千個の遊離核がつくられる．その後，細胞壁が形成され多細胞の雌性配偶体となる．雌性配偶体では，配偶体の珠孔端の表皮細胞から始原細胞が生じ，造卵器発生が始まり，そのなかに卵細胞がつくられる．

花粉は散布されると，胚珠の珠孔から分泌される受粉滴に付着して受粉する．受粉後に花粉粒は発芽して花粉管を伸ばし，雄原細胞は有糸分裂を行なって不稔細胞と精原細胞となる．受精の前になると精原細胞はさらに分裂を行ない大きさの異なる2個の雄性配偶子となる．卵細胞までは花粉管伸長により運ばれる．発芽した花粉管は珠心の細胞壁を溶かしながら雌性配偶体まで進む．そして造卵器の首細胞に達すると，その細胞間を突き進んで雄性配偶子を卵細胞中に放出し受精が起きる．イチョウ類とソテツ類では，雄性配偶子である精子が珠孔内で花粉管から放出され，造卵器まで自力で移動する．

受精により生じた受精卵は胚珠内で細胞分裂をくりかえし，胞子体の幼植物である胚になる．それにともない胚珠は種子となり，親植物から離れて散布される．

### E. 裸子植物から被子植物への進化

裸子植物と被子植物を区別する違いは多数あるが，もっとも大きな違いは雌性配偶体および胚のさらなる保護であり，ふたつの新たに獲得された保護構造，すなわち外珠皮と心皮をもつ．通常，被子植物の胚珠は内珠皮と外珠皮という2枚の珠皮をもつ．これに対して裸子植物の胚珠は1枚の珠皮で構成されている．また，現生の裸子植物の多くでは，胚珠は直接外部に向かってむき出しにはなっていないが，空間的に外部と通じており，花粉が直接胚珠の珠孔まで到達することが可能となっている．これに対し，被子植物では胚珠が心皮という構造に内包されている．胚珠は子房とよばれる単独あるいは複数の心皮によりつくられた内部空間に位置し，外界とは隔離されている．このような被子植物の保護構造はおそらく乾燥に対する耐性を上げるのに寄与していると思われる．

被子植物の2枚の珠皮のうち，内珠皮は裸子植物にみられる1枚の珠皮と相同であると考えられている．そのため，内珠皮の起源と外珠皮の起源との間には大きな時間的隔たりがあり，両者は異なった構造と考えられている．さらに被子植物の胚珠の詳細な発生の比較研究の結果，内珠皮は胚珠原基の表皮細胞が分裂してつくられるのに対して，外珠皮は多くの場合，表皮細胞と表皮下細胞が分裂してつくられ，両者は発生様式が異なっていることがわかった．また，外珠皮を欠損するが内珠皮は正常に発生するシロイヌナズナの突然変異体，*inner no outer*（*ino*）による進化発生的な研究結果も，内珠

皮と外珠皮が起源の異なる構造であることを支持している．ino 変異体は，YABBY 遺伝子ファミリーに属する1遺伝子の異常をもつ（Villanueva et al., 1999）．YABBY 遺伝子は裏表を決定する機能をもつものが多いので，ino 変異体の異常は外珠皮が裏表をもつ構造すなわち葉器官由来であり，INO 遺伝子の機能が失われることにより裏表構造がつくれないためと推測されている（Yamada et al., 2003）．外珠皮は被子植物のみがもつが，一見，外珠皮と思われるような構造が裸子植物でもグネツム類にみられる．しかし発生様式や周辺の器官との位置関係を比較すると，被子植物の外珠皮とは起源の異なる器官と考える解釈が一般的である．最近の分子系統学的解析もこの解釈を支持している．

　裸子植物から被子植物への進化における生殖器官のもうひとつの重要な点は，胚珠が心皮に包まれることである．心皮の機能としては胚珠の保護がもっとも重要である．しかし，その付随的効果として，柱頭と花柱による花粉管伸長競争や自家不和合性などによる排除，果実の進化などが生じるきっかけとなった重大な進化的イノベーションが生じた．心皮は葉的器官に由来すると考えられているが，その進化過程については，シュートと葉の複合器官であるという説と，葉のふたつ折れによって生じたという説とがある．前者ではアンボレラやセンリョウにみられるような袋状の心皮が祖先的と見，後者ではシキミモドキ科やデゲネリア科にみられる心皮が祖先的であると見る．心皮の起源については長らく議論が続いた．20世紀半ばには，モクレン形の花をもち，ほかにも原始的な特徴をもつシキミモドキ科やデゲネリア科の花の心皮がふたつ折れタイプであることから，ふたつ折れタイプが祖先的であるという考えが優勢であった．しかし，分子系統学的解析から，アンボレラやスイレン類が現生被子植物のもっとも基部で分岐した植物群であることが明らかになり，ふたつ折れタイプが祖先的であることの根拠はなくなった．シロイヌナズナなどのモデル植物における花の突然変異体の多くは，胚珠と心皮が独立して変異形質を示しており，胚珠は心皮とは独立した構造であるという説を支持する結果となっている．

　被子植物の重要な特徴である外珠皮と心皮の起源

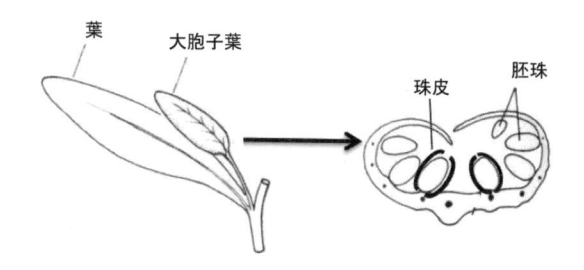

図6　グロッソプテリスの大胞子葉と胚珠

を考えるうえで重要なのは化石として発見される裸子植物であり，特にグロッソプテリス類とカイトニア類が重要と思われる．グロッソプテリス類は二畳紀から三畳紀，カイトニア類は三畳紀後期から白亜紀初期に生育していた絶滅裸子植物である（詳しくは5.8項参照）．

　グロッソプテリス類では，1枚の珠皮をもつ胚珠が大胞子葉の向軸側に並んで付着している．この大胞子葉は栄養葉上，あるいは栄養葉の下部に付着している（図6）．もし，大胞子葉に包まれている胚珠の数が1個になれば，胚嚢は元々の珠皮と大胞子葉の2枚の構造に包まれることになり，さらに栄養葉がこの大胞子葉を包み込めば被子植物の心皮と似た構造となる（図6）．

　カイトニア類の雌性生殖器官はグロッソプテリス類よりも被子植物の胚珠と似た構造になっている．カイトニア類では，1珠皮性の胚珠数個が椀状体とよばれる構造に包み込まれている．もし胚珠が1個になれば，椀状体が外珠皮に対応して，被子植物にみられる倒生胚珠と似た構造となる．しかし，カイトニア類の椀状体は羽状の大胞子葉の各羽片の先端につくものであり，1枚の大胞子葉に多数の椀状体がついている．

　このようにして外珠皮や心皮ができたなら，外珠皮は内珠皮とは起源が異なり，大胞子葉と相同となる．これは，外珠皮に裏表があるという進化発生学的知見と一致する．また，心皮は大胞子葉と相同ではなく，胚珠と心皮は別の構造から由来したという見解が支持される．

　上記のような議論は，化石でみられた雌性生殖器官と被子植物の胚珠-心皮の構造を比較して，もし両者が直接の系統関係があればこのように進化した

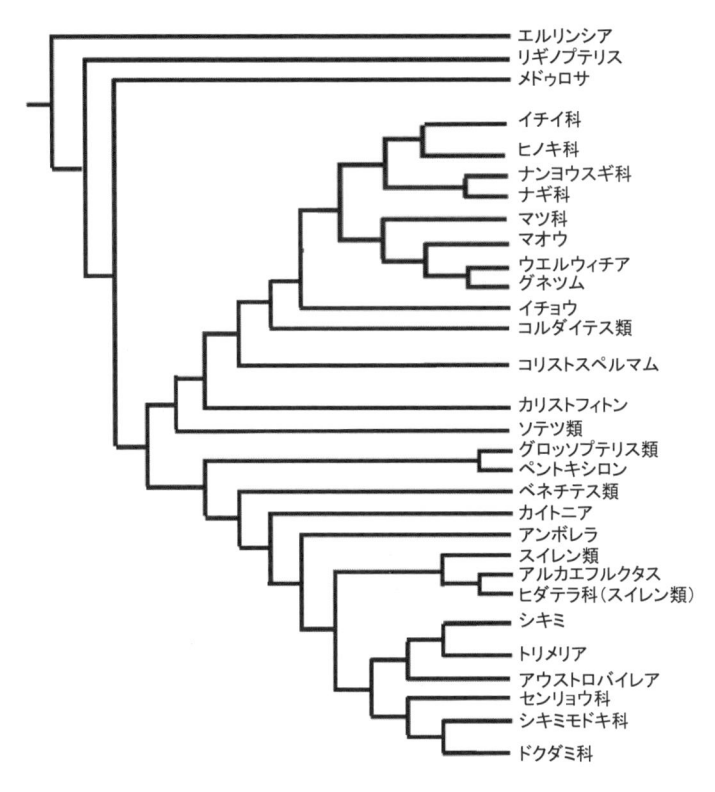

**図 7** 化石植物を加えた種子植物の分岐図の一例（Doyle, 2008 より改変）

と推測したものである．しかしながら，裸子植物のなかでもグロッソプテリス類とカイトニア類から被子植物の祖先が進化してきたという直接的な証拠はない．

いくつかの形態形質による分岐学的解析の結果では，被子植物の姉妹群はカイトニアになり，前述の仮説を支持する（Doyle, 2008）（図7）．しかし，化石から再構成した形態形質の相同性の解釈によっては，この結果とは異なる系統関係も得られていて，カイトニアが被子植物の姉妹群であるかは確定していないのが現状である．

［引用文献］

Beck C. B. (1960) The identity of *Archaeopteris* and *Callixylon*. *Brittonia*, vol. 12, pp. 351-368.

Beck C. B. (1962) Reconstruction of *Archaeopteris* and further consideration of its phylogenetic position. *Am. J. Bot.*, vol. 49, pp. 373-382.

Doyle J. A. (2008) Integrating molecular phylogenetic and paleobotanical evidence on origin of the flower. *Int. J. Plant Sci.*, vol. 169, pp. 816-843.

Hasebe M. *et al.* (1992) Phylogeny of gymnosperms inferred from rbcL gene sequences. *Bot. Mag. Tokyo*, vol. 105, pp. 673-679.

Villanueva J. M. *et al.* (1999) INNER NO OUTER regulates abaxial- adaxial patterning in Arabidopsis ovules. *Genes Dev.*, vol. 13, pp. 3160-3169.

Yamada T. *et al.* (2003) Expression pattern of INNER NO OUTER homologue in *Nymphaea* (water lily family, Nymphaeaceae). *Dev. Genes Evol.*, vol. 213, pp. 510-513.

（伊藤元己）

## 5.8 裸子植物

種子植物のなかで，胚珠が心皮などの構造内に包みこまれず，花粉などが直接胚珠までたどり着くことができる植物群を，裸子植物とよぶ．裸子植物は中生代を中心に多様化し反映した植物群であり，陸上生態系で優占していたが，新生代になってからは，多様性，優占度ともに被子植物にその地位を譲っている．しかし裸子植物の一群である球果類は，現代でも数多くの種が生育していて，場所によっては植生の優占種となっている．

現生の裸子植物群は，ソテツ類，イチョウ類，グネツム類，球果類の4群に分類される（図1）．裸子植物には現生のもの以外にも化石としてのみ知られている絶滅した植物群が数多く知られている．また裸子植物は，種子植物のなかから被子植物を除いた植物群であるため化石種も含めた場合，側系統群である．以下に現生の裸子植物4群の特徴について概説する．

**図1** 裸子植物4群の雌性生殖器官 →口絵2参照
(a) イチョウ類（イチョウ），(b) 球果類（クロマツ），(c) ソテツ類（ソテツ），(d) グネツム類（ウェルウィッチア）．
(d：写真提供：細川健太郎)

### A. ソテツ類

ソテツ類は現生の裸子植物のなかで球果類についで大きな群であり，大きな胞子葉穂とヤシに似た葉をもつ（ヤシは被子植物）．今日では約130種が現生する．ソテツ類の茎は塊状かあるいは円柱状になり，その上部に羽状葉をつける．現生のソテツ類はすべて雌雄異株である．ソテツ類の大胞子葉は，ザミア属にみられるような盾状の鱗片状で胚珠を2個つけるものから，ソテツ属にみられるような羽状葉に似た形態で4個以上の胚珠をつけるものまで多様である．胚珠は比較的大型で，1枚の珠皮をもつ．ソテツ類の小胞子嚢穂は，基本的には鱗片状構造の背軸側に多数の小胞子嚢をつける．胞子嚢内では，小胞子母細胞の減数分裂により花粉が形成される．花粉は風媒または虫媒で，胚珠の珠孔の先に分泌された受粉滴に付着して，この受粉滴が花粉ともども，胚珠内にひき込まれて胚珠の内部に入る．実際の受精はこの受粉の4~6カ月後に起きる．花粉は3細胞性となり胞子嚢から放出される．その後の雄性配偶体の発達は，胚珠内の花粉室で行なわれる．すなわち，雄原細胞は不稔細胞と精原細胞に分裂し，精原細胞はさらに分裂して2個の精子を形成する．精子は球形で多数の鞭毛をもつ．ソテツとイチョウは他の種子植物と異なり精子をつくる．花粉室内で花粉管が破れて精子が放出され，鞭毛を用いて自力で卵細胞まで移動する．

### B. イチョウ類

イチョウはイチョウ類唯一の現生種である．ソテツ類とともに雄性配偶子として自由運動可能な精子を形成することが特徴である．イチョウは本格的な木本性の植物である．イチョウの葉は扇形で，葉脈は基本的に二叉分枝状である．イチョウは雌雄異株であり，生殖器官は短枝上につく．雌性生殖器官は，柄の先端に通常2個の胚珠がつくという構造である．

イチョウの雄性生殖器官も短枝の葉腋に大胞子嚢穂として形成される．軸上に多数の付属体がつき，各付属帯は通常2個の小胞子嚢を先端につける．小胞子嚢中の小胞子母細胞が分裂し4分子の小胞子 ($n$) をつくる．

雌性配偶体はソテツに似ていて花粉散布時には生

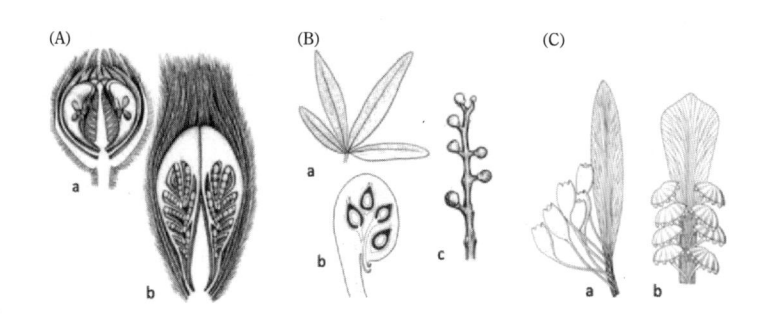

図 2 絶滅した裸子植物の復元図
(A) キカデオイデア類 (a:ウィリアムソニアの花, b:キカデオイデアの花), (B) カイトニア類 (a:栄養葉 b:椀状体 c:大胞子葉), (C) グロッソプテリス類 (a:デンカニア・インディカ, b:リデットニア・ムクロナタ).

殖細胞, 花粉管細胞, 2個の前葉体細胞という4細胞性の構造をとる. 花粉が風で胚珠まで運ばれると, 珠孔にできた受粉滴に付着して胚珠の内部に運ばれる. 生殖細胞は不稔細胞と精原細胞に分裂し, 精原細胞はさらなる分裂で2個の精子となる. 花粉は枝分かれする花粉管を伸ばし, この花粉管は吸器としてはたらく. イチョウの受精は9月であり, 4月の受粉から長時間を要する. 通常, 1個の精子のみが造卵器に入り卵細胞と受精する.

## C. グネツム類

現生のグネツム類はグネツム属, マオウ属とウェルウィッチア属の3属からなる. これらの3群は形態や生育環境も大きく異なり, グネツム類の単系統性が疑われたこともあるが, 分子系統学的解析では単系統群を形成することが明らかになっている (Hasebe et al., 1992).

ウェルウィッチア属はアフリカのナミブ砂漠のみに生育する Welwitschia mirabilis 1種のみからなる. 葉は2枚のみで, 無限成長をするという奇妙な性質をもち, 「奇想天外」という名前でよばれることもある.

グネツム属はおもにアフリカからアジアの熱帯に生育する低木あるいはつる植物で, 約35種からなる. グネツム属植物の葉は網状脈をもち, 被子植物の双子葉植物の葉に類似する. また種子も一見, 果実のようにみえる.

マオウ属は約40種からなり, おもに乾燥地帯に生育する低木である. 英名を Mormon tea といい, うっ血薬として用いられるエフェドリン化合物を生合成する.

## D. 球果類

現生の球果類は裸子植物のなかでもっとも多様化している群であり, 約600種からなる. また多くの種は大木になり, しばしば広範囲の森林で優占種となるのでなじみ深い植物群である. 球果類の植物の一般的な特徴は生殖器官が, 大胞子嚢穂と小胞子嚢穂の2種類の複合器官を別々につくることである. 小胞子嚢穂は小型であり, 花粉をつくる小胞子葉が集合したものである. その名前のように, 球果植物の大胞子嚢穂は球果となる. 現生の球果類では, 胚珠が直接ついている種鱗と種鱗の背軸側に癒合した苞鱗芽という単位の構造が, 軸上に多数配列した複合胞子嚢穂である.

## E. 絶滅した裸子植物

裸子植物にはすでに絶滅してしまい, 化石のみで知られる系統群が数多く知られている. これらのなかから種子植物の進化を考える際に重要な植物群を以下に紹介する.

### a. キカデオイデア類

キカデオイデアは化石裸子植物の一群で, 中生代三畳紀から白亜紀の終わりまでみられた絶滅種子植物である. 太い幹, 羽状複葉と茎の先につく生殖器官を特徴とし, みかけは現生のソテツ類に似ている. キカデオイデアの胞子葉穂は, 被子植物の花と同様に両性をもつ構造であり, 花の起源を考える上で興

味深いものである．しかし，雄雌の生殖器官の詳細な構造を比較すると両者は相同ではなく，直接の関係はない（図2A）．

### b. グロッソプテリス類

グロッソプテリスは古生代ペルム紀に栄えた裸子植物であり，舌のような形の大きな葉が特徴（グロッソプテリスは「舌状の葉」という意味）で，葉と向き合うように生殖器官が特徴である．この生殖器官の構造は，被子植物の花の起源を考えるうえで重要である（5.7項参照）．グロッソプテリスはゴンドワナ植物として有名な絶滅裸子植物群である．グロッソプテリスの化石のほとんどは南半球の4大陸とインド亜大陸で発見されている．これらの大陸はペルム紀には超大陸ゴンドワナをつくっていたと推定されており，ペルム紀に栄えた化石植物グロッソプテリスの分布は大陸移動説の重要な証拠とされた（図2C）．

### c. カイトニア類

カイトニア類は，三畳紀に出現しジュラ紀，白亜紀まで，ローラシア大陸に分布していた裸子植物の一群であり，低木で掌状の複葉をもっていた（図2B）．カイトニアは，雌性生殖器官の構造により注目を浴びている．カイトニアの胚珠は2枚の珠皮をもつ．そしてその胚珠8~30個が杯状構造体に包み込まれている．このような雌性生殖器官の構造から，被子植物の胚珠と心皮との関連性が指摘されていて，種子植物の系統解析においてカイトニアは被子植物の姉妹群と推定されることもある（Doyle, 2008）．

[引用文献]

Doyle, J. A. (2008) Integrating molecular phylogenetic and paleobotanical evidence on origin of the flower. *Int. J. Plant Sci.*, vol. 169, pp. 816-843.

Hasebe M. *et al.* (1992) Phylogenetic relationships in gnetophyta deduced from *rbc L* gene sequences. *Bot. Mag. Tokyo*, vol. 105, pp. 385-391.

（伊藤元己）

## 5.9 被子植物

被子植物は種子植物の一群であり，代表的な共有派生形質として花を形成する，外珠皮をもつ，胚珠が心皮に包まれる，重複受精をするなどの特徴をもつ．現生被子植物は約25万種が知られていて，「被子植物系統分類体系第3版（APG III）」では415科に分類されている（APG, 2009）．未記載種を含めると，現生種は約40万種であるという推定もある．従来，被子植物は双子葉植物と単子葉植物に分けられてきたが，分子系統解析により双子葉植物は単系統群ではないことが明らかになっている．すなわち，単子葉植物は双子葉植物の多様化の途中で生じた1群である（詳細は5.10項参照）．また，同様に双子葉植物を合弁花植物と離弁花植物に分ける分類も系統を反映していないものである（5.12項参照）．

### A. 被子植物の器官

被子植物の栄養器官は，裸子植物やシダ植物と同様に，大きく分けて根，茎，葉の3器官で構成される．おもに地上部を構成する茎と葉は，あわせてシュートともよばれる．被子植物では生殖器官は花を形成する．花は被子植物にのみ見られる構造であり，有性生殖を行なうためのものである．花はひとつの軸（花床）上に雌雄の胞子葉とそれを取り囲む栄養葉が並んだ複合器官である．一般的には外側よりがく片，花弁，雄ずい，心皮とよばれる4種類の器官が生じる（図1）．花の器官のなかでがく片と花弁は直接に生殖に関与せず，それぞれつぼみ時の花の保護，花粉を運搬する送粉者の誘因などの機能をもつ．これらのふたつの器官は花被と総称される．これに対し雄ずいと心皮は，直接生殖に関与する器官である．雄ずいは雄の生殖器官であり小胞子葉に対応する．雄ずいは葯の内部で花粉を生産し，雄性配偶子である精細胞をつくる．一方，心皮は単独あるいは複数が集まり雌ずいを形成する．心皮は大胞子葉に対応し，内部には胚珠をつけ，胚珠内には雌性配偶体である胚嚢を形成する．

裸子植物では，キカデオイデアなど，一部の化石

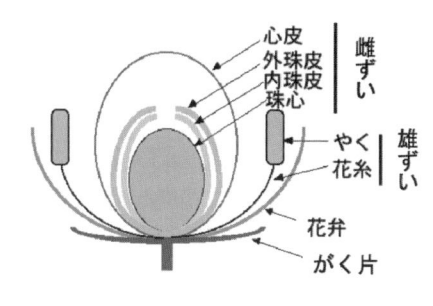

図1 花の模式図

のみから知られている群を除き，雄の生殖器官と雌の生殖器官は，それぞれ独立した軸上に形成される．これに対し被子植物では，通常ひとつの軸（花床）上に4種類の花器官が密集して形成される．雄花と雌花が存在する雌雄異花や，雄個体と雌個体がある雌雄異株などの例もみられるが，化石や現生の原始的被子植物の花の構造などから考えると，雌雄の両生殖器官をもった花が原始的と考えられる．雌の生殖器官を構成する心皮と雄の生殖器官である雄ずいは，それぞれ大胞子葉，小胞子葉に相当し，両者が同じ軸上に連続してつくられている．また，ほとんどすべての花で外側から雄ずい，心皮という順序で並ぶ．

植物形態学では，花の最外輪の非生殖器官はがくと定義されている．そのため，1種の花被しかもたない場合には花弁ではなく，がく片とよばれる．花弁は一般的にがく片に比べて大きく，またさまざまな色をしており，目立つようになっている．

雄性生殖器官である雄ずいは被子植物特有の生殖器官ではなく，その起源は裸子植物までさかのぼることができる．被子植物の雄ずいは，基本的な構造としてふたつの小胞子嚢が対になった葯を2組もつ．これに対し，裸子植物ではひとつの小胞子嚢穂あたりの小胞子嚢数はもっと多いものが一般的である．葯のなかでつくられる花粉は，その外壁にエキシンとよばれる構造をもち，スポロポレニン重合体という非常に安定した物質でつくられている．

雌性生殖器官の機能単位は心皮である．一般に雌ずいとよばれるものは，1枚あるいは複数の心皮により構成されている．被子植物ではこの心皮により子房がつくられ，そのなかに胚珠が包まれているのが特徴である．裸子植物と同様に被子植物でも雌性配偶体にあたる胚嚢は胚珠の内部にできる．胚珠の外側は珠皮とよばれる構造で囲まれているが，被子植物の胚珠は内珠皮と外珠皮という2枚の珠皮をもつことが特徴である．胚珠は珠柄により心皮につき子房内に隔離される．子房は種子の発達とともに成長して果実となる．

### B. 被子植物の生活環

被子植物の生活環では，裸子植物と同様に配偶体世代は小型化し，胞子体世代に栄養的に従属する．雄性配偶体は花粉という構造のなかでわずか数細胞になり，配偶子である精細胞は花粉管で胚嚢まで運ばれ，単独で外部に出ることはない．また雌性配偶体は胚珠の内部につくられる胚嚢であり，通常7細胞8核の構造をとる．胚嚢内に形成される雌性配偶子の卵細胞（$n$）に花粉管により運ばれた雄性配偶子の精細胞（$n$）が受精して，受精卵（$2n$）となり，分裂をくりかえし次世代の植物体である胚となる（図2）．

花粉は雄ずいの葯内の花粉嚢（小胞子嚢）でつくられる．花粉嚢にはたくさんの花粉母細胞（$2n$）が入っていて，減数分裂により4個の小胞子（$n$）がつくられ，それぞれが成熟して花粉となる．小胞子は花粉への成熟課程で有糸分裂と細胞質分裂により雄原細胞（$n$）と花粉管細胞（$n$）に分かれる．雄原細胞は花粉管細胞内にとりこまれ，分裂して雄性配偶子である2個の精細胞（$n$）となる（図3a）．

被子植物の雌性配偶体は胚嚢とよばれ，胚珠のなかにおさまっている．胚珠は，被子植物だけでなく裸子植物にもあり，種子植物の特徴であるが，被子植物の胚珠は2枚の珠皮をもつ点で，珠皮が1枚の裸子植物と異なる．胚珠内の胚嚢母細胞（大胞子母細胞）（$2n$）が減数分裂して4個の大胞子（$n$）を形成する．このなかのひとつのみが生き残り，胚嚢へ成長する．大胞子は数回の有糸分裂を行ない，成熟した胚嚢となる．胚嚢の構造は，被子植物のなかで変異があるが，もっとも一般的にみられるのはタデ型とよばれる7細胞8核性で，珠孔側に1個の卵細胞（$n$）と2個の助細胞（$n$），反対側に3個の反足細胞（$n$），中央にふたつの極核（$n$）が位置するという構成をとる（図3a）．

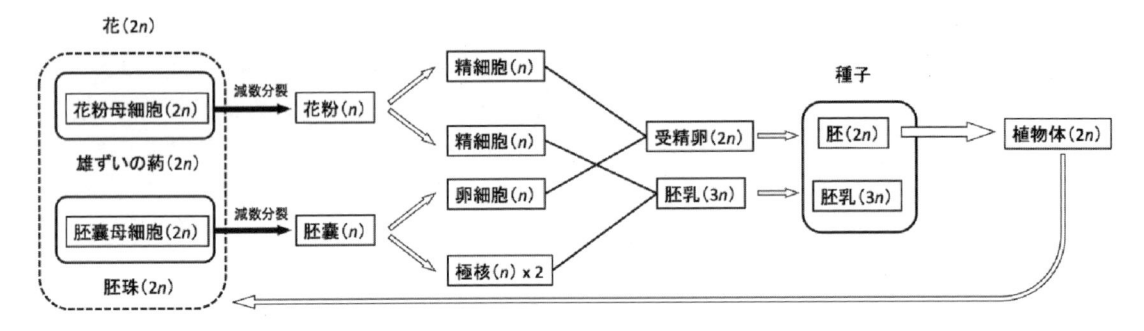

図2　被子植物の生活環

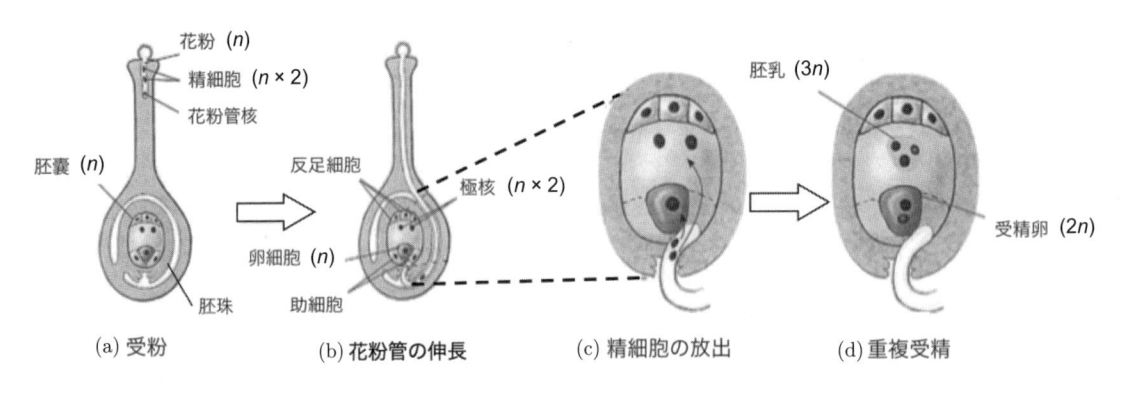

図3　重複受精

花粉は雌ずいの柱頭上に付着したのちに発芽する．雄性配偶体は花粉管を伸ばして雌ずいの花柱のなかを下って行く．子房に到達したあと，花粉管は胚珠の珠皮の穴である珠孔を通り，2個の精細胞を雌性配偶体（胚嚢）内に放出する（図3c）．ひとつは卵細胞と受精し複相の受精卵となる．もう一方は，雌性配偶体の中央細胞内のふたつの極核と受精し，$3n$ の胚乳核となり，分裂をくりかえして胚乳となる（図3d）．この受精様式は重複受精とよばれる．重複受精は現生の裸子植物ではみられない受精様式であり，被子植物の共有派生形質と考えられている．裸子植物のグネツム類のなかには，同じ胚嚢内で複数の受精が行なわれるものもあるが，結果として胚乳はできない．被子植物のグネツム類の系統関係を考慮すると，重複受精が被子植物と裸子植物においてそれぞれ独立して進化したと考えられ，$3n$ の胚乳がつくられる重複受精は被子植物固有の特徴と考えられている．

## C. 被子植物の化石

花の起源を探る直接的な証拠は化石である．被子植物の花化石のほとんどは中期白亜紀以降より出現している．しかしさまざまなタイプの花化石が白亜紀から出現しているため，どのタイプの花が原始的であるかについては結論が出ていない．

アルカエアントス（*Archaeanthus*）はモクレン型の花化石で，北米の中部白亜紀の地層から保存のよい化石が発見されている．これは長い花軸状に多数の果実（心皮）がらせん状についた化石であり，外花被（がく片）3枚，内花被（花弁）6〜9枚をもち，多数の雄ずいと心皮をらせん状につけた花をもつことが明らかになり，モクレン型の花が祖先的であるという仮説を支持する証拠として注目された（図4）（Dilcher & Crane, 1984）．

他方，オーストラリアの下部白亜紀から発見されたクーペリテス・マウルディネンシス（*Couperites mauldinensis*）という花の化石は，現生のセンリョウ科の花に似た小型で単純な構造をしている（図4）．下部白亜紀から出土していた花粉化石のクラバティ

図4 （左から）アルカエアントス，クーペリテス，アルカエフルクタスの復元図

ポリニテス（*Clavatipollenites*）は現生のセンリョウ科のアスカリナ属（*Ascarina*）の花粉によく似た形態をもっていることが知られていたが，この花粉をもったクーペリテスが北米の中部白亜紀地層から発見され，両者が同じ植物のものであることが明らかにされた（Pedersen *et al.*, 1991）．これらの化石からモクレン型の花をつける植物とセンリョウ型の花をつける植物が下部白亜紀から中部白亜紀にかけてすでに広く分布していたことがわかってきた．

現時点で，もっとも古い時代の地層から発見された花化石はアルカエフルクタスである．20世紀の終わりに，中国遼寧省の1億4500万年前の白亜紀初期の地層からアルカエフルクタス（*Archaefructus*）と名づけられた被子植物化石が発見された（Sun *et al.*, 1998, 2002）．アルカエフルクタスの花では多数の心皮，雄ずいの間が離れた生殖シュートをつけており，花被片様の器官をもっていない．このことから，生殖器官をつけたシュートが短縮し，さらにその後花被片がつけ加わることによって現在みられるような花が生じたと推定されている．

花の化石では，アルカエフルクタスが最古であるが，花粉などの微化石に注目すると，白亜紀初期の地層から被子植物の花粉と思われるものが発見されている．この白亜紀初期の花粉化石には，真正双子葉植物の特徴である三溝粒の形態をしたものを含んでいる．これらの証拠から，現生被子植物の代表的な系統群は，白亜紀初期にはすでに分化していたと考えられている（Friis *et al.*, 2010）．現生の被子植物の遺伝子のDNA塩基配列を用いて分岐年代の推定を試みた結果でも，白亜紀以前に被子植物—すなわち花が起源していたことを支持している（Magallóan & Sanderson 2005）．

[引用文献]

Angiosperm Phylogeny Group (APG) (2009) An update of the Angiosperm Phylogeny Group classification for the orders and families of flowering plants: APG III. *Bot. J. Linn. Soc.*, vol.161, pp.105-121.

Dilcher D. L. & Crane P. R. (1984) *Archaeanthus*: an early angiosperm from the Cenomanian of the Western Interior of North America. *Ann. Mo. Bot. Gard.*, vol.71, pp.351-383.

Pedersen K. R. P. R. *et al.* (1991) Fruits from the mid-Cretaceous of North America with pollen grains of the *Clavatipollenites* type. *Grana*, vol.30, pp.577-590.

Sun G. *et al.* (1998) In search of the first flower: a jurassic angiosperm, *Archaefructus*, from Northeast China. *Science*, vol.282, pp.1692-1695.

Sun G. *et al.* (2002) Archaefructaceae, a new basal angiosperm family. *Science*, vol.296, pp.899-904.

Friis *et al.* (2010) Diversity in obscurity: fossil flowers and the early history of angiosperms. *Phil. Trans. R. Soc. B*, vol.365, pp.369-382.

Magallóan, S. A. & Sanderson, M. J. (2005) Angiosperm divergence timers: the effect of genes, codon positions, and time constraints. *Evolution*, vol.59, pp.1653-1670.

（伊藤元己）

## 5.10 基部被子植物

「現生でもっとも原始的な被子植物は何か？」という問いに対し，さまざまな説が出されていた．たとえば比較形態学的研究からは，道管をもたず，葉が閉じたような形態の心皮をもつシキミモドキ科などがもっとも原始的な群と推定されていた．遺伝子のDNA塩基配列を用いた分子系統学的解析により，生物間の系統関係が推定可能になって，この問題は「もっとも古い時期に分岐した被子植物は何か？」という形で追求されることとなった．

初期に行なわれた被子植物全体を網羅する分子系統解析は，rbcL遺伝子のみを用いて行なわれた（図1）（Chase et al., 1993）．この研究では，マツモ（マツモ科）が現生被子植物のなかでもっとも古い時代に分岐した植物であるという解析結果が得られた．マツモは水生植物で，植物体や花は単純化していて，根ももたない植物である．しかし，その後に行なわれた他の遺伝子を用いた研究や，複数の遺伝子を使用しての解析結果では，マツモがもっとも基部で分岐する系統樹は棄却されている（Soltis et al., 1999）．おそらくマツモが水生植物であるため，光合成活性に関して特定の選択圧がはたらいているのが以前の誤りの原因と思われる．

現生の被子植物の系統関係の概要は，20世紀の終わりにほとんどすべての被子植物の科を網羅し，複数の遺伝子配列を用いた大規模な分子系統学的解析が行なわれるようになって明らかになった（Solits et al., 1999）．その後も対象植物数や遺伝子数を増やして，より詳細な解析が行なわれてきているが，被子植物内の系統関係の概要はその後の研究結果でも不変である．

複数遺伝子により明らかになった被子植物の系統関係の概要として，以下の3点が注目される．① 現生被子植物のもっとも基部の分岐はアンボレラであり，次の分岐はスイレン類である．② 多くの双子葉植物を含む真正双子葉植物がクレード（単系統群）として認識された．この群は三溝性の花粉をもつことで特徴づけられる．③ 単子葉植物は，真正双子葉植物が出現する前に分岐した単系統群のひとつである．

分子系統解析により明らかになった被子植物の系統樹において，真正双子葉植物が出現する前に分岐した植物群は総称して基部被子植物とよばれている（APG, 1998）（図2, 5.12項の図1）．この植物群には本来単子葉植物も含まれるが，「基部被子植物」には単子葉植物を含めない場合が多い．以下に基部被子植物に含まれる植物群および単子葉植物について概説する．

**A. 現生被子植物の最初の分岐，アンボレラ科**

アンボレラは1科1属1種の植物で，南太平洋に位置するニューカレドニアに固有の植物である．道管をもたないなど，古くから原始的被子植物として注目をされてきた．つる性の多年生植物で，雄株と雌株に分かれている．花は小型で，外花被，内花被共に3枚，雄花は3〜9本の雄しべをもつ．雌花は数本の不稔雄ずいと3〜9本の心皮をもつ（図3）．

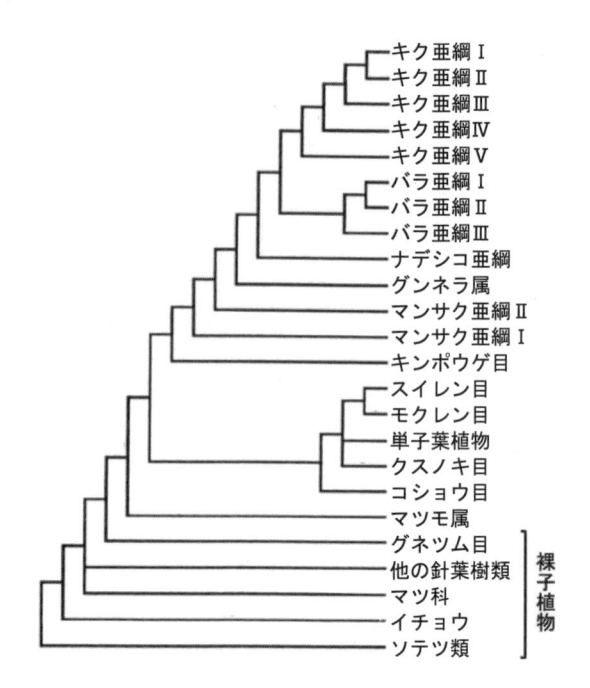

**図1** rbcL遺伝子配列に基づく被子植物の分子系統樹（Chase et al., 1993より改変）．この系統樹はのちに棄却された．図2と比較．

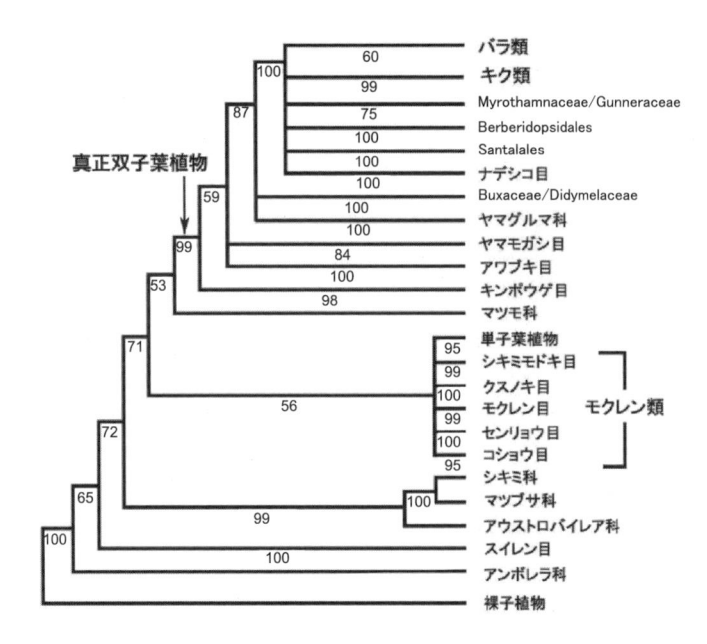

図 2 複数遺伝子の塩基配列に基づく被子植物の分子系統樹（Soltis et al., 1999 より改変）

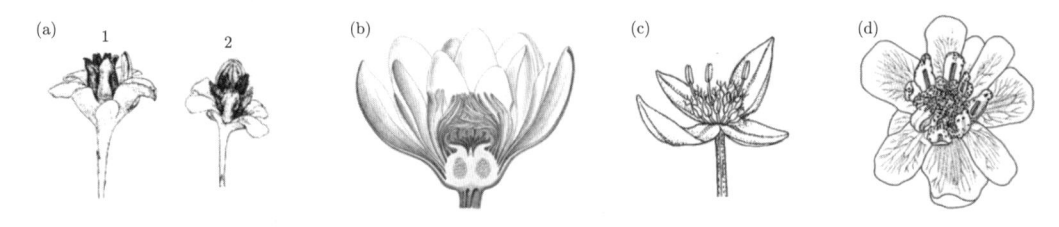

図 3 基部被子植物の花
(a) アンボレラ（1：雌花，2：雄花）(Baiky & Swamy, 1948), (b) スイレン (Heywood, 1978),
(c) ヒダテラ (Rudall et al., 2007), (d) アウストロバイレア (Endress, 1980).

## B. スイレン群（スイレン目）

アンボレラに続き分岐した植物群は，スイレンの仲間である．スイレン目は水生植物からなり，古典的にはハスやマツモが含められたことがあるが，現在ではハスは真正双子葉植物，マツモは基部被子植物の中のひとつのクレードであることが明らかになっている．スイレン目は，スイレン科6属，ジュンサイ科2属からなるが，最近，ヒダテラ科が加わった．

スイレン科では花は大型で，がく片，花弁が分化し，通常多数の花弁と雄しべがらせん状に配列する．雌ずいは合生心皮で柱頭は花盤となる．ジュンサイ科の花は比較的小型で，離生心皮をもつ．

## C. ITA 群

アウストロバイレア属（Austrobeilea），トリメニア属（Trimeria），シキミ類（シキミ科 Illiciaceae とマツブサ科 Schisandraceae）の3群は，雌ずいは離生心皮であり，原始的な花形態をもつ植物という認識はされていたが，3群に共通した派生形質はほとんどなく，近縁な植物群であるという認識はされてこなかった．しかし，分子系統学的解析により，この3群が明瞭な単系統群をつくることが明らかになり，3群の頭文字をとってITA群とよばれている．分子系統樹では，これらのITA群はスイレン目のつぎの分岐として認識されている．ITA群にアンボレラとスイレン目を加えた植物群は現生被子植物の最基部で分かれた植物群としてANITA群と総称されることもある．

### D. その他の基部被子植物

上記以外の基部被子植物としてセンリョウ群とモクレン群がある．この両者と単子葉植物はITA群の分岐の後に分化した植物群であるが，その順序はまだよくわかっていない．センリョウ群はセンリョウ科のみからなり，小型で無花被の花をつける．モクレン群はモクレン科，シキミモドキ科，クスノキ科，コショウ科などの科を含み，花の形態は多様であるが，多数の花器官がらせん状に配列する比較的大型の花が多くみられる．

### E. 単子葉植物

被子植物はこれまで子葉の数に基づいた2群に分けてきた．1枚の子葉をもつ植物は単子葉植物とよばれ，2枚のものは双子葉植物とよばれてきた．この2群は花や葉の構造などの他の特徴も一般的に異なる．単子葉植物では，典型的な葉脈は平行脈であるのに対し，双子葉植物では網状脈である．また，花の特徴は，単子葉植物では3数性の花器官数のものが多いが，双子葉植物では5数性が多い．

被子植物の進化を考えた場合，単子葉植物は基部双子葉植物の一群から起源したため，被子植物を単子葉植物と双子葉植物に二分することは，進化的関係を反映していない．この系統関係は遺伝子配列に基づく分子系統学的研究により確定されている．単子葉植物は単一の系統群をつくるため，単系統群として認められるが，双子葉植物は，単子葉植物を除いた被子植物であり，論理的にも単系統群ではない．もっとも基部で分岐する単子葉植物は，従来の分類体系ではサトイモ科に入れられていたショウブ属（Acorus）であり，現在はショウブ科とされている．

### [引用文献]

Angiosperm Phylogeny Group (APG) (1998) An ordinal classification for the families of flowering plants. *Ann. Mo. Bot. Gard.*, vol. 85, pp. 531-553.

Angiosperm Phylogeny Group (APG) (2009) An update of the Angiosperm Phylogeny Group classification for the orders and families of flowering plants: APG III. *Bot. J. Linn. Soc.*, vol. 161, pp. 105–121.

Bailey I. W. & Swamy B. G. L. (1948) "Amborella trichopoda" Baill., a new morphological type of vesselless dicotyledon. *Journal of the Arnold Arboretum*, vol. 29, pp. 245-254.

Chase M. W. *et al.* (1993) Phylogenetics of seed plants: An analysis of nucleotide sequences from the plastid gene *rbcL. Ann. Mo. Bot. Gard.*, vol. 80, pp. 528-548.

Endress P. K. (1980) The reproductive structure and systematic position of the Austrobaileyaceae. *Bot. Jahrb. Syst.* vol. 101, pp. 393-433.

Heywood V. H. (ed.) (1978) *Flowering Plant of the World.* Oxford University Press.

Rudall P. J. *et al.* (2007) Morphology of Hydatellaceae, an anomalous aquatic family recently recognized as an early-divergent angiosperm lineage. *American Journal of Botany*, vol. 94, pp. 1073-1092.

Soltis P. S. *et al.* (1999) Angiosperm phylogeny inferred from multiple genes as a tool for comparative biology. *Nature*, vol. 402, pp. 402-404.

〔伊藤元己〕

## 5.11 単子葉類

### A. 単子葉類の大きさと類縁

単子葉類とは，胚における子葉が1枚の被子植物の一群をさす．約2700属6万種を含む単系統群である．単子葉類の目と科の数は見解によって大きく異なり，1950年以降のおもな見解のみで，目数は8–57，科数は53–131．単子葉類は双子葉類の中のひとつの系統から分化したと考えられる．単子葉類の姉妹群については，以前は，スイレンの仲間，コショウの仲間，モクレンの仲間などがその候補としてあげられたことがある．最近の分子系統解析の結果では，それは双子葉類の真正グループ，あるいはその真正グループにマツモ目を加えた群とする説が有力であるが，異論もある．

### B. 単子葉類に共通した形態

単子葉類の胚では，みかけ上，1枚の子葉が先端部に，幼芽が側面部に位置する．双子葉類から単子葉類の分化にともなって，どのようにして子葉が2枚から1枚になったのかについては，2枚の子葉の合着説や2枚の子葉のうちの1枚の脱落説などがあるが，よくわかっていない．イネ科では，子葉の代わりに胚盤や幼葉鞘が発達し，幼芽は幼葉鞘に包まれている．

単子葉類は基本的に草本で，しばしば地下茎を発達させる．葉は一般に平行脈で，葉跡が多く，葉柄がなく，しばしば葉鞘が発達する．葉の伸長は葉基部の介在成長によっている．茎のなかには多くの維管束が通り，不整中心柱となる．基本的に形成層はない．維管束はしばしば外木包囲型で，特に地下茎ではそうである．単子葉類の幼根は発芽初期に放棄され，代わりに不定根からひげ根が形成される．単子葉類の幼根の短命性は，主根の二次肥大成長をもたらすはずの形成層がないことと関係がある．花は3数性のものが多く，花粉は単溝性のものが多い．師管細胞の色素体はくさび形のタンパク質結晶を蓄積している．

### C. 双子葉類と単子葉類の識別における例外

これらの特徴は，単子葉類を除くほかの双子葉類ではまったくみられないのかというとそうではなく，例外的にみられるものもある．たとえば，スイレンの仲間，コショウの仲間，キンポウゲの仲間では不整中心柱がみられることがあり，スイレンの仲間，コショウの仲間，モクレンの仲間では花が3数性のことがある．スイレンの仲間とモクレンの仲間では単溝性の花粉も多い．キンポウゲ科とセリ科の維管束では木部がV字状に師部を包み込むことがある．ウマノスズクサ科の一部には師管細胞の色素体にくさび形のタンパク質結晶がある．

逆に，単子葉類であるにもかかわらず，これらの特徴が例外的にみられないものもある．たとえば，ヤマノイモ目の一部には，子葉が胚の側面部，幼芽が胚の先端部近くに位置するものがある．クサスギカズラ目の一部はまれに形成層をもち，二次肥大成長して木になる．しかし，双子葉類とは異なり，形成層を茎の内鞘につくる．この場合，二次維管束は形成層の内側につくられる．ヤシ目やタコノキ目にも，茎が太くなるものがあるが，クサスギカズラ目の場合と異なり，二次肥大成長の結果ではない．ヤマノイモ科やサルトリイバラ科では，網状脈で葉柄をもつ葉がみられる．ヒルムシロ科，パナマソウ科，ビャクブ科，マイヅルソウ属では，4数性や2数性の花がみられる．ツクバネソウ属やハラン属では，花の数性が属内や種内で変異する．$Pentastemona$ の花は5数性である．

### D. 単子葉類の多様性：ユニークな単子葉類

単子葉類は，動物との相互関係を高度に築き上げているものや，体の構造を著しく退化させたものも含み，形態的に多様である．前者の例としては，ラン科の $Ophrys$ があげられる．$Ophrys$ は形も匂いも花をハチの雌に似せていて，ハチの雄を巧みに花に誘うことによって，効率的な送受粉を行なっている．後者の例としては，サトイモ科のウキクサの仲間があげられる．ウキクサの仲間は，茎と葉に分化しない緑色扁平小型の植物体をもち，属によっては根も退化して，水上に浮遊する生活に適応している．

### E. 単子葉類に含まれる11目

最近の分子系統解析の結果（図1）に基づくと，単子葉類は現段階では11目に分けられている．最初に分化したのはショウブ目で，ショウブとセキショウの1属2種のみからなる．つぎに分化したのはオモダカ目で，オモダカ科，サトイモ科，チシマゼキショウ科などが含まれる．そのつぎに分化したのはサクライソウ目で，サクライソウ属の3種と日本固有で単型のオゼソウ属の1種の合計4種のみからなる．ヤマノイモ目にはヤマノイモ科やキンコウカ科などが含まれ，タコノキ目にはタコノキ科やビャクブ科などが含まれる．ヤマノイモ目とタコノキ目は類縁が近い．ユリ目にはユリ科，シュロソウ科，サルトリイバラ科などが含まれ，クサスギカズラ目にはクサスギカズラ科，ラン科，アヤメ科などが含まれる．ヤシ目にはヤシ科，イネ目にはイネ科，カヤツリグサ科，イグサ科などが含まれる．ツユクサ目にはツユクサ科やミズアオイ科など，ショウガ目にはショウガ科やバショウ科などが含まれる．ツユクサ目とショウガ目は類縁が近い．オーストラリアのダシポゴン科は，何目に含めるべきか，未だに結論が出ていない．

### F. 単子葉類の分類の変化：ユリ科の解体

この分子系統解析に基づく最近の分類で，おもに形態に基づく以前の分類からもっとも大きく変わった点のひとつに，ユリ科の取扱いがある．以前，ユリ科は，基本的には花が両性，3数性，放射相称，子房上位，同花被，花被片が花弁状の植物のグループとしてとらえられることが多かった．しかし，分子系統解析の結果，このユリ科はいくつかの系統からなることが判明し，それらはそれぞれオモダカ目，サクライソウ目，ヤマノイモ目，ユリ目，クサスギカズラ目に含められることがわかった．この事態を招いたおもな理由は，以前のユリ科の上述の特徴が，「花被片は花弁状」という特徴を除いて，いずれも単子葉類のなかで祖先的であったからと考えられる．つまり，各目の共通祖先の花の構造を維持し続けてきた植物は，目が異なるにもかかわらず共通した花の構造をもつので，誤ってそれらがひとつの分類群にまとめられ，ユリ科と称されたと考えられる．

ユリ目とクサスギカズラ目を除くと，オモダカ目のチシマゼキショウ科，サクライソウ目の全4種，ヤマノイモ目のキンコウカ科のみが，以前はユリ科に含められていた．したがって，以前のユリ科の大部分は，現在のユリ目とクサスギカズラ目に含められている．ユリ目とクサスギカズラ目は，厳密には識別できないが，おおよその見分けはつく．ユリ目では蜜腺が花被片にあり（エンレイソウの仲間の一部では子房の隔壁にあるとされる），花被片に入る維管束はしばしば3本，葯はしばしば外向裂開，珠心はしばしば薄層型，種皮にフィトメラン（光沢がなく，もろく，炭素を豊富に含んだ物質．化学的に不活性．フィトメランによって種子は外見上黒く見える）は沈着しない傾向にあるのに対し，クサスギカズラ目では蜜腺は子房の隔壁にあり（アヤメ科の一部では花被片にある），花被片に入る維管束はしばしば1本，葯は内向裂開（アヤメ科とDoryanthaceaeでは外向裂開），珠心はしばしば厚層型，種皮にしばしばフィトメランが沈着（特にさく果をもつ植物において）する傾向にある．

### G. 単子葉類の分類の変化：オモダカ科とサトイモ科の類縁

また，分子系統解析に基づく最近の分類では，外部形態が大きく異なる植物が同じ目に含められることもある．オモダカ科とサトイモ科がオモダカ目に含められることがその一例である．しかし，両科では，芽中姿勢は巻き重なり型，茎は無道管，乳管が存在し，葯はしばしば外向裂開，葯のタペート組織はアメーバ型などの共通した特徴がみられ，両科が同じ目に含められることを裏づけている．

### H. 単子葉類の化石

最古の単子葉類の化石は，白亜紀前期のアピチアン期の葉化石 *Acaciaephyllum* と花粉化石 *Liliacidites* と考えられてきたが，これには異論も多い．最近，白亜紀前期のバレミアン期後期からアピチアン期前期のサトイモ科の花粉化石 *Mayoa* がみつかった．花化石としては，白亜紀後期のチューロニアン期のホンゴウソウ科の化石 *Mabelia* と *Nuhliantha* がみつかっている．そのほか，白亜紀後期のカンパニアン

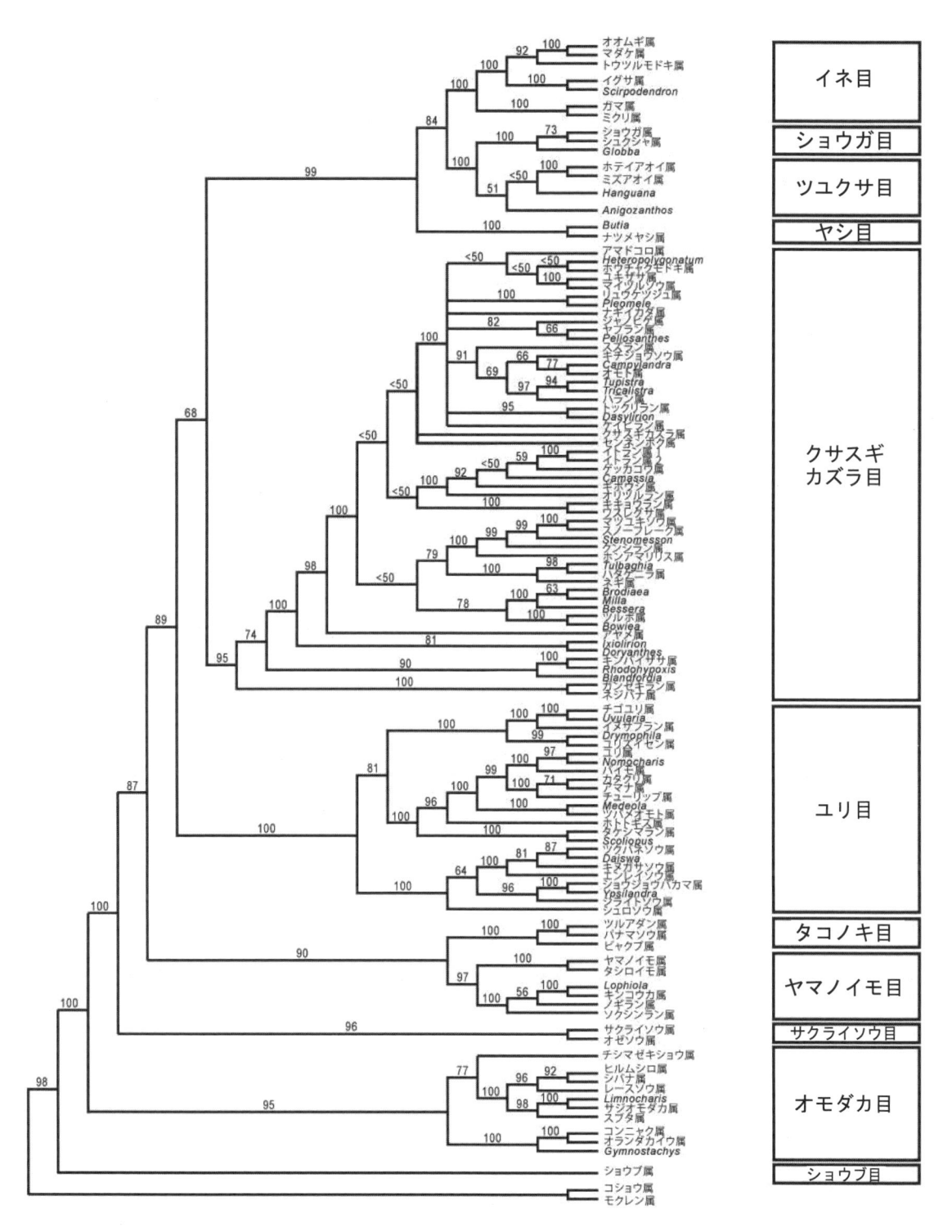

**図 1** 単子葉類の分子系統樹
枝の上の数字はブートストラップ確率．(Tamura *et al.*, 2004 より改変).

期からマーストリヒチアン期の化石には，キバナオモダカ科（オモダカ科），サトイモ科，タコノキ科，ヤシ科，バショウ科，ガマ科，サンアソウ科，イネ科のものなどがある．そして，古第三紀（Paleogene）までには，単子葉類の現生の高次分類群の多くが出揃ったと考えられている．

**I. 単子葉類の有用性**

単子葉類には有用植物も多い．たとえば食用では，穀類の大部分がイネ科で，世界三大作物のコムギ，トウモロコシ，イネをはじめ，オオムギ，エンバク，ライムギ，アワ，キビ，ヒエなどがある．イモ類では，ヤマノイモ科のヤムイモやサトイモ科のタロイモなどがある．野菜では，ネギ科（ヒガンバナ科）のネギ，タマネギ，ニンニク，ニラ，ラッキョウ，クサスギカズラ科のアスパラガス，ショウガ科のミョウガなどがある．果物では，バショウ科のバナナやパイナップル科のパイナップルなどがある．マレーシア地域では，ヤシ科のサゴヤシが主食として利用されているところもある．油料植物としては，ヤシ科のアブラヤシやココヤシがあり，アブラヤシからはパーム油がとられる．糖源植物としてはイネ科のサトウキビが，薬用植物としてはツルボラン科（ススキノキ科）のアロエが，それぞれ有名である．ショウガ科のショウガは香辛料として利用される．繊維植物としては，リュウゼツラン科（クサスギカズラ科）のサイザルアサ，バショウ科のマニラアサ，パナマソウ科のパナマソウ，イネ科のタケ，ヤシ科，タコノキ科などが使われる．畳表の材料には，イグサ科のイグサが使われる．美しい花をもち，観賞用に栽培される植物は，ラン科，ユリ科，アヤメ科などに多く，クサスギカズラ科のオモトやハランは観葉植物として使われている．

［引用文献］

Tamura M. N. *et al.* (2004) Molecular phylogeny of monocotyledons inferred from combined analysis of plastid *mat*K and *rbc*L gene sequences. *J. Plant Res.*, vol. 117, pp. 109-120.

（田村 実）

## 5.12 真正双子葉類

DNAの塩基配列による被子植物の大規模分子系統学的解析により被子植物内の系統関係の概要が明らかにされた（Chase et al., 1993；Soltis et al., 1999）．このなかで被子植物の最初の分岐群の特定とならんでインパクトが大きかったことは，真正双子葉植物という系統群の確立である．

真正双子葉植物は，当初は花粉形態の特徴により認識された被子植物中の群である（Doyle & Hotton 1991）．Doyleらは双子葉植物のなかに，花粉の基本構造が三溝粒である植物群と，単溝粒を基本とした植物群があるとして，前者を真正双子葉植物と名づけた．単子葉植物や裸子植物の花粉は，単溝粒を基本とした形態をもつことから，真正被子植物はより進化した系統群であると考えられた（図1）．この花粉形態により認識された真正双子葉植物は，基部被子植物を除く双子葉植物の大部分を含む大きな単系統群として，被子植物の網羅的系統解析によっても支持された．真正双子葉植物の分岐以前に分化した植物群は基部被子植物とよばれ，花粉形態は単溝粒を基本としている（図2）．真正双子葉植物は現生の被子植物（約25万種）の3/4を占める大きな系統群である．

真正双子葉植物内にはふたつの大きな系統群が認識されている．ひとつはバラ類（rosids）とよばれる群であり，もうひとつはキク類（asterids）とよばれている．この両者以外にも真正双子葉植物の基部で分岐した植物群がいくつかあり，これらはまとめて基部真正双子葉植物（Basal Eudicots）とよばれている．これに対し，バラ類とキク類は中核双子葉植物（Core Eudicot）とよばれる．基部真正双子葉植物にはキンポウゲ科やハス科のように，基部被子植物にみられるのと同様な離生心皮や雄ずいを多数もち原始的と考えられている花形態をしている，あるいはヤマグルマ科のように無道管であるなど，比較形態学研究から原始的被子植物と考えられていた植物群が含まれている（Eams, 1961）．基部真正双子葉植物において最初に分岐した植物群は，キンポ

## 5.12 真正双子葉類

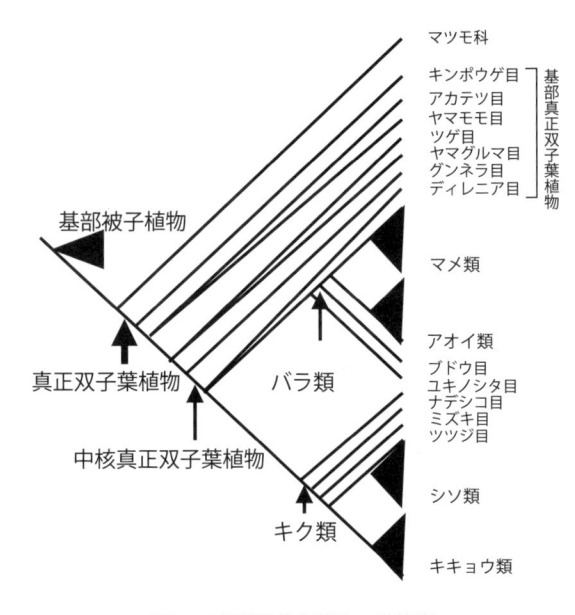

**図1** 真正双子葉植物の系統樹

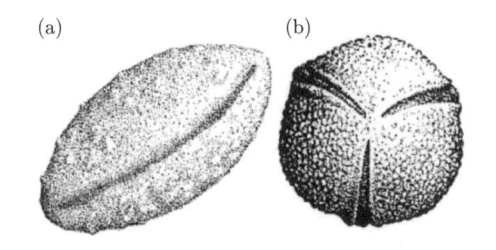

**図2** 被子植物の花粉形態
(a) 三溝粒（ユリノキ，モクレン科），(b) 単溝粒（アメリカブナ，ブナ科）．(Eams, 1961)

ウゲ科やケシ科，フサザクラ科などを含むキンポウゲ目の植物である．

中核双子葉植物のなかで，バラ類はおもに離弁花をもつ植物からなる系統群であり，キク類は合弁花をもつ植物群のほとんどが含まれる．合弁花類と離弁花類という区分は，古典的な被子植物の分類ではよく用いられていたが，ツツジ科などでは合弁花と離弁花の両者が含まれているなど，両者は単系統群ではなく，また離弁から合弁への進化は複数回起こっていることは明らかであった．実際，キク類は古典的な合弁花類に対応するものではなく，セリ科やミズキ科など離弁花をもつ植物群を含む．

バラ類（Rosids）はさらにマメ類（faboids）とアオイ類（malvids）の2系統群に分かれる．マメ類にはバラ科やマメ科，アオイ類にはアブラナ科やアオイ科などが含まれる．

キク類（Asterid）にもふたつの大きな系統群が認識されており，シソ科やナス科などが含まれるシソ類（lamiids）とキク科やセリ科などが含まれるキキョウ類（campanulids）に分けられている．ナデシコ科が含まれるナデシコ目は，キク類には含められないが，バラ類とキク類が分岐したのちにキク類の系統の基部で分岐した植物群である．

現在では，以上のように分子系統学により解明された被子植物の系統関係を反映する分類体系が国際的に採用されている．被子植物系統学研究の国際的なコンソーシアムであるAngiosperm Phylogeny Groupにより策定された「被子植物系統分類体系第3版（APG III）」は2009年に出版されていて（APG, 2009），被子植物全体が415科に分類されている．

[引用文献]

Angiosperm Phylogeny Group (APG) (1998) An ordinal classification for the families of flowering plants. *Ann. Mo. Bot. Gard.*, vol. 85, pp. 531-553.

Angiosperm Phylogeny Group (APG) (2003) An update of the Angiosperm Phylogeny Group classification for the orders and families of flowering plants: APG II. *Bot. J. Linn. Soc.*, vol. 141: pp. 399–436.

Angiosperm Phylogeny Group (APG) (2009) An update of the Angiosperm Phylogeny Group classification for the orders and families of flowering plants: APG III. *Bot. J. Linn. Soc.*, vol. 161, pp. 105–121.

Chase M. W. *et al.* (1993) Phylogenetics of seed plants: An analysis of nucleotide sequences from the plastid gene *rbcL*. *Ann. Mo. Bot. Gard.*, vol. 80, pp. 528-548.

Doyle J. A. & Hotton C. L. (1991) in Blackmore S. and Barnes S. H. eds., Pollen and Spores. *Patterns of Diversification, Diversification of early angiosperm pollen in a cladistic context*, pp. 169-195, Clarendon.

Eames A. J. (1961) *Morphology of the Angiosperms*, McGraw-Hill.

Soltis P. S. *et al.* (1999) Angiosperm phylogeny inferred from multiple genes as a tool for comparative biology. *Nature.* vol. 402, pp. 402-404.

（伊藤元己）

## 5.13 生活史の進化

生活史（life history）とは，生物が生まれて成長し繁殖を経て死亡するまでの諸過程をさす．生活史は，その諸過程における生活史特性で記述される．代表的な生活史特性には，初期サイズ，栄養成長様式，繁殖開始齢，繁殖開始サイズ，繁殖回数，交配様式，繁殖分配，種子数，寿命，分散様式などがある．生活史は生育地への適応に大きく関与するので，生活史特性と生存や繁殖の成功との関係が着目される．生活史特性に着目したときの生物の形質を生活史形質（life history trait）という．生活史形質には，形態形質や生理形質のみならず，発芽時期，訪花昆虫相，種子の散布距離といった形質も含まれる．生物の多様性を考えるときに，種数だけでなく生活史の多様性に着目することも多い．自然史研究においては，生活史の詳細な観察・記載が研究の重要な部分を占める．

生活史の進化については，生物の生涯における資源と時間の配分を決定する一般則を理解するための研究が進んでいる．生活史特性のセットを生活史戦略（life history strategy）とよび，進化すると期待される（≒もっとも適応度が高い）ものを最適生活史戦略とよぶ．生物の個体が生涯の間に獲得できる資源と活動できる時間には上限があるために，複数の生活史特性を介して適応度を高めようとするときに，二律背反の状況となることがあり，これをトレードオフ（trade off）という．代表的なトレードオフは，有性繁殖と栄養成長，当年の繁殖と翌年以降の繁殖，有性繁殖における雄機能と雌機能，種子の大きさと種子生産数の間に知られているものをあげることができる．トレードオフの制約のなかで，生育地環境依存的な最適生活史戦略を予測する理論的研究が行なわれている．代表的な例には，繁殖投資スケジュール，繁殖投資パターン，性分配，性比などを対象とした解析がある．

生活史戦略と生育地環境との関係を類型化して整理することも行なわれた．もっとも代表的なものが，r-K選択である．rは内的自然増加率（intrinsic rate of natural increase）を，Kは環境収容力（carrying capacity）をさす記号である．不安定で撹乱の頻度が高い生育地（個体群が環境収容力より低く保たれるような条件）ではr-選択がはたらき，高い成長率，早い成熟，大きい繁殖力，一回繁殖といった生活史特性をもつものがみられ，安定的な生育地ではK-選択がはたらき，低い成長率，遅い成熟，高い生存力，多数回繁殖といった生活史特性がみられると予測されてきた．また植物においては，環境収容力を決める要因の違いと生育地の安定性に着目したCSR戦略という区別がなされた．Cは競合性植物（competitor），Sはストレス耐性植物（stress tolerator），Rは撹乱地植物（ruderal）をあらわす．C戦略は光資源をめぐる競争に有利な，S戦略は光合成を制限するストレス環境下での生育に有利な，またR戦略は撹乱の頻度が高い環境での個体群維持に有利であるような生活史特性をもつとした．これら生活史戦略の類型化によって，生活史特性の役割の一般的傾向についての理解が進んだ．しかし，生活史特性の詳細な理解のためには，これらの類型化をこえた解析が必要である．

固着性，モジュール（単位）成長，光合成による資源獲得という植物が一般的にもつ性質のために，植物の生活史特性には特徴的な点がある．固着性であるため，ストレス環境（成長が低下する環境）に対する耐性や環境変化に対する表現型可塑性が，生存と成長を維持するうえで重要な役割を果たす．また，生活環の中で移動が可能となる過程である種子散布と送粉の様式が高度に多様化している．第二の点は，モジュール成長である．植物の栄養器官の体制をみたときに，葉とメリステムと茎1節からなるモジュールが積み重なっている．モジュール成長のため，植物ではサイズの変化が特段に大きくなる．生存率や資源獲得量などの主要な生活史過程がサイズ依存的に決まるため，植物の応答がサイズ依存的に決定される傾向がある．また，モジュールが栄養的に独立することでクローン個体が増殖するという，栄養繁殖を行なうものが多い．第三の点は，資源が光合成で獲得されることである．光と水の獲得が必須であるため，その獲得法に多様化がみられる．また，これらの資源が不足する時期の過ごし方が生活

史の重要な要素となる．植物の生活史における代表的なパターンには以下のようなものがある．

**草本と木本**（herbaceous and woody plants）：草本の地上部は，一年生か多年生で，茎は肥大成長しない．木本は肥大成長する幹をもち，地上部は多年生である．木本は大型になることが多い．支持器官と同化器官の投資にはトレードオフがあり，樹形はよりよい光環境への葉群配置と葉量のバランスとしてみることができる．

**生活環**（life cycle）：草本では1年以内に生活環を完了する一年草（annual）と生活環が複数年にわたる多年草（perennial）がある．一年草は，出現時期に対応して通年性，冬緑性，夏緑性一年草に区別できる．短命の多年草のうち，生活環が2年程度のものを二年草とよび，真性と可変性のものとが区別されている．多年生植物では貯蔵器官の部位と形態に多様化がみられる．

**一回繁殖と多回繁殖**（monocarpy and polycarpy）：生活環終了までの繁殖回数によって，一回繁殖と多回繁殖に分けられる．多年草は多回繁殖であることが多いが，一回繁殖型の多年生植物も知られている．一回繁殖の植物は生涯繁殖成功が定量しやすいので，最適繁殖スケジュールと生存・成長のパターンとの関係がよく研究されている．

**フェノロジー**（phenology）：発芽，展葉，落葉，開花，結実などの年間スケジュールのことをフェノロジーという．特に開花フェノロジーは交配の成功度を決めるため，繁殖様式の重要な要素である．また，物理環境とだけでなく，ポリネーター，食植者，種子食害者，種子散布者の季節動態との対応がみられる．年間をとおして葉をつける性質を常緑性（evergreen）といい，好適期にのみ葉をつける植物を落葉性（deciduous）という．

**栄養繁殖**（vegetative propagation）：栄養器官の一部が成長し，生理的に独立した新規個体となることを栄養繁殖という．栄養繁殖の様式は多様であり，根や地下茎，地上茎，側芽，葉などにさまざまな形態がみられる．成長の延長が栄養繁殖となるもの（分けつなど），貯蔵器官が発達したもの（イモ，塊茎など），子株を遠くに配置させる構造をもつもの（ストロン，ランナーなど），栄養器官が散布体となるもの（むかごなど）がある．栄養繁殖を行なう植物では，遺伝的な個体であるジェネットと生理的な個体であるラメットという個体の階層性が生じる．子ラメットを分離するものと接続が長期間保たれるものがある．生理的な統合状態が保たれてラメット間で物質のやり取りがなされる場合もある．ラメット間で獲得資源を相互補完する分業現象も知られている．

**性表現**：性表現が多様なことは，植物の大きな特徴のひとつである．両性花では，単一の花のなかに雄ずいと雌ずいがあり，雄と雌の両機能を果たす．単性花はその機能に応じて，雄花と雌花とがある．単性花の機能しない側の性器官は，痕跡的になる場合から両性花と区別しがたい場合まである．個体の性表現は，植物種によって，同一株上にどのような花をつけるかの多様な組合せがあり，両性株（hermaphrodite），雌雄異花同株（monoecy），雌雄異株（dioecy），雌性両全性異株，雄性両全性異株などの性表現がみられる．また，資源依存的に性転換を行なう種類も知られている．

**繁殖様式**（breeding system）：有性繁殖においては，自身の花粉と胚珠との間で交配が行なわれる自殖（selfing）と，個体間で交配が行なわれる他殖（outcrossing）とを区別することができる．自殖をするもの，他殖をするもの，中間的な他殖率をもつものがある．自殖性の植物には，自動自家受粉の仕組みをもつものも多い．開花を経ずに自動自家受粉が行なわれるものは，閉鎖花とよばれる．自殖種では受粉の効率が高いため，他殖種に比べて花粉数/胚珠数比（pollen/ovule ratio）が小さく，種子数/胚珠数比（seed/ovule ratio）が高い傾向がある．そのため，自殖の主たる機能は繁殖保障（reproductive assurance）にあると考えられている．他殖を行なう種において，自殖種子が他殖種子に比べて，種子までの発達確率，発芽後の生存率において劣ることがあり，近交弱勢（inbreeding depression）とよばれる．他殖種には自殖を避けるしくみが発達しており，柱頭と葯の距離を離して配置する，柱頭の成熟と葯の裂開の時期に差をつける（雌雄異熟）などの例がある．しかし，同じ株上の花間交配（隣花受粉，geitonogamous pollination）による自殖を防ぐことは難しく，自家花粉による受精を拒絶する遺伝シス

テムである自家不和合性（self-incompatibility）を発達させている例がある．また，両性花の雄ずいと雌ずいの配置に2型または3型を示すものがあり，異型花柱性（heterostyly）とよばれる．異型花柱性を示す種では，同型自家不和合をもつものがある．また，昆虫や他の動物に送粉を依存している種では，ポリネーターの行動に対応した花器官の多様化と特殊化がみられる．

**種子散布**：種子分散の様式には，機械的散布，重力散布，風散布，水流散布，動物散布がある．果実が急速に裂開して，種子を弾き飛ばす仕組みをもつ場合を機械的散布という．散布距離は数m以内にかぎられることが多い．重力散布では，落下により種子を散布する．重力散布種子のなかには，翼状の構造によって落下のスピードを利用した散布がなされるものもあるが，これらの構造は風に対しても効果があり，風散布種子でもある．風散布種子には，このほかに冠毛をもつものや，種子が塵状に細かいものなどがある．水流散布種子では，果実や種子そのものが浮遊性をもつことで散布される．コルク状の組織をもつ果実や，撥水性の種皮の内側に空隙をもつ種子などがある．動物散布にはさまざまな様式がある．付着散布では，かぎ状の構造や粘着性の分泌物により果実や種子が体表に付着して散布される．消化管散布では，果肉が発達した果実を哺乳類や鳥が食べ，種子が排泄されることで散布される．アリ散布植物ではエライオソームとよばれる種子の付属体を目的にアリが種子を散布する．また，貯食をする動物が集めた種子の一部が利用されないことによって散布されることも知られている．

**種子休眠と埋土種子**：種子は幅広い環境下で長期に生存することが可能であるため，発芽前に長期間土壌中にとどまることがある．このような種子の集団を埋土種子（シードバンク，seed bank）といい，その存続期間が限定されているか通年であるかにより，一時的なものと永続的なものとに区別される．一時的埋土種子は，実生の定着に適した時期に種子が発芽するような種子休眠とその解除機構をもつものにみられる．永続的埋土種子では，埋土種子の一部のみを発芽させ，発芽後の定着が確実でないとき

の危険分散効果をもつ．

（工藤 洋）

## 5.14 植物の発生

陸上植物の発生過程は後生動物に比べて単純である．しかし，これまでの詳細な研究にもかかわらず，コケ植物，ヒカゲノカズラ類，シダ類，種子植物の間で発生過程に相同性をみいだすことはほとんどできていない．1954 年に『植物の胚発生学』を著したイギリスの Wardlaw は，陸上植物全般の胚発生過程を網羅的に観察したが，これらの系統間では途中に存在していた中間的なグループが絶滅してしまったために，現生種の発生過程の比較だけでは，発生過程の相同性をみいだすことが難しいと述べている．しかし，発生過程を制御する遺伝子が明らかになるにつれ，発生過程を遺伝子ネットワークとして還元して理解することによって，徐々に発生過程の進化が明らかになりつつある．

### A. 陸上植物の生活史と発生

陸上植物は配偶体世代（単相）と胞子体世代（複相）が交代する生活環をもち，両世代に多細胞発生過程をもつ．どちらの世代が生活環のなかで優占するかは系統により異なる．陸上植物の姉妹群であるシャジクモ藻類では配偶体世代のみが多細胞体制をもち，複相になるのは受精卵だけである．陸上植物の最基部で分枝したコケ植物は，配偶体，胞子体ともに多細胞体制をとるが，配偶体が優占する．一方，維管束植物では配偶体は小型化し，胞子体が優占する．つまり，陸上植物の進化過程で胞子体多細胞体制が優占する方向に進化したことになる．胞子体の発生システムは，陸上植物の系統でまったく新規につくり上げた部分と，共通祖先の配偶体発生過程で用いられていた発生システムの一部を改変して流用した部分があることがわかってきた．

陸上植物の胞子体が多細胞化したことは，陸上生活に適応的だったと考えられている．シャジクモは受精卵から減数分裂によって四つの胞子しか形成しない．しかし，コケ植物ではひとつの受精卵から多細胞胞子体が発生・成長し，数千の胞子が形成される．陸上では，水中生活よりも受精が困難であるため，ひとつの受精卵からより多くの胞子をつくって繁殖することが，選択圧として大きかった可能性がある．そして，胞子体が大きくなればなるほど，遠くへ胞子や種子を飛ばし分布を拡大することができる．

緑色植物のほとんどは精子と卵がともに親個体から放出され，親の体外で受精する．一方，陸上植物は配偶体が多細胞性の配偶子嚢（造卵器と造精器）を形成し，そのなかで卵と精子が分化し，精子が泳いで造卵器のなかの卵と受精する．種子植物では造精器は退化するが，造卵器の発生過程は陸上植物全般で相同性が推定できる．陸上植物の姉妹群であるシャジクモ藻類に含まれるシャジクモ類は生卵器とよばれる多細胞器官を形成し，そのなかで卵が分化する．生卵器は陸上植物の造卵器と似ているが，発生様式は異なっている．また，シャジクモ藻類のコレオケーテ類は受精卵を覆うようにシャジクモ類の造卵器に似た器官が形成される．したがって，陸上植物の造卵器は陸上植物における新規形質であると考えられているが，その起源と進化についてはわかっていない．造精器についても，シャジクモ藻類と陸上植物の間で発生様式にギャップがある．配偶子嚢形成を司る遺伝子はほとんど解明されていない．

### B. 受精卵の第 1 分裂

胞子体世代の発生は，受精卵が造卵器中（あるいは配偶体組織中）で配偶体と相互作用しながら進行する．配偶体世代では胞子が体外に散布され，1 細胞が単独で発生するのと対照的である．受精卵の最初の分裂で，将来幹細胞を生み出す細胞（あるいはその細胞自身が幹細胞となる細胞）である頂端細胞と，非幹細胞である基底細胞ができる．これらの細胞を生み出す不等分裂には，細胞分裂前に受精卵内で細胞内極性ができあがる必要がある．しかし，植物の受精卵の極性形成の分子機構についてはよくわかっていない．動物の不等分裂は，センチュウの受精卵，ショウジョウバエの上皮細胞，神経芽細胞，哺乳類の上皮細胞などでの研究から，aPKC（atypical protein kinase C）-PAR（protease activated receptor）複合体が細胞内に非対象に局在することが重要かつ普遍的であることが知られている．また，細胞膜の一

部分に印をつけ、そこを基準に細胞骨格系を構築し、細胞骨格を利用してタンパク質などの不均等分配を行なっている。しかし、植物ゲノムにはaPKC-PARのホモログが存在しないし、細胞骨格系も動物と異なっている。不等分裂は受精卵以外にも、気孔や根の発生過程でも起こるが、これらの共通性と多様性はまだ十分に研究されていない。

　頂端細胞と基底細胞ができる方向、すなわち不等分裂面の形成位置は分類群によって異なっており、何らかの発生制約がある可能性がある。コケ植物の受精卵は造卵器の長軸と垂直に分裂し、頂端細胞は造卵器の口側にでき、外向性とよばれる。一方、現生維管束植物の最基部で分枝したヒカゲノカズラ類では、逆に造卵器の基部側の細胞が頂端細胞となり、内向性とよばれる。トクサ類、マツバラン類は外向性、リュウビンタイ類は内向性である。ハナヤスリ類は外向性と内向性の両タイプがある。薄嚢シダ類は受精卵の最初の細胞分裂が造卵器の長軸と平行で、頂端細胞と基底細胞が横向きに配置する。被子植物の受精卵は、例外はあるもののほとんど内向性である。裸子植物は他の陸上植物と異なり、受精卵の核は核分裂のみを続け、そののち細胞質分裂が起こる。核分裂が細胞質分裂の前にどのくらい進行するかは分類群によって異なる。裸子植物のグネツム類の一部は、他の陸上植物同様、最初から細胞分裂をともない内向性である。このような多様性がその後の発生とどう関連するのかはわかっていない。受精卵の最初の分裂で頂端細胞と基底細胞が分化する点は陸上植物全般でよく似ている。しかし、その分子機構は系統によって異なっているかもしれない。たとえば、コケ植物蘚類ヒメツリガネゴケでは、*LFY*遺伝子が受精卵の最初の分裂に必要であることが知られているが、*LFY*は被子植物では花器官形成に関与し、受精卵の分裂には関与しない。

## C. 初期発生

　被子植物のモデルであるシロイヌナズナでは、受精卵の第一分裂後、頂端細胞側にオーキシンが極性輸送され位置情報を提供していると考えられている。そして、頂端細胞と基底細胞で異なった転写因子が発現することで両細胞の分化が進行する。異なった転写因子が発現することで、細胞運命を変化させる点は動物と植物で共通しているが、はたらく転写因子は両者で異なっている。受精卵の第一分裂以降の発生過程は、コケ植物、シダ植物、種子植物の間でかなり異なっており、相同性と進化についてはよくわかっていない。近年、ゲノム比較、遺伝子機能比較によって、発生遺伝子の進化と発生過程の進化を結びつける研究が行なわれ、発生様式進化の一部がわかってきた。

## D. 植物ホルモン

　植物ホルモンは陸上植物の発生においてシグナル分子として機能する。もっともよく知られた植物ホルモンであるオーキシンは、細胞の分裂・分化・伸長を制御し、多細胞レベルのさまざまな現象（胚発生、維管束分化、頂芽優勢、屈性成長など）に関与している。天然オーキシンであるインドール酢酸は、これまで調べられたかぎりすべての陸上植物からみいだされており、オーキシン応答も、陸上植物の広い系統にわたって認められている。被子植物ゲノムにみられるインドール酢酸合成、代謝酵素のオルソログ遺伝子は、一部を除き、陸上植物全体で保存されている。オーキシンは植物体内で方向性をもって輸送される。この極性輸送に関与する排出キャリヤーPIN, PGP/MDR, および流入キャリヤーAUXの相同タンパク質も、陸上植物に広く保存されている。TIR/AFBというFボックスタンパク質は細胞内オーキシン受容体であり、オーキシンを受容するとTIR/AFBを含むユビキチンリガーゼ複合体が、Aux/IAAリプレッサータンパク質を特異的にユビキチン化し分解を促進する。その結果、Aux/IAAと不活性型ヘテロ二量体を形成していた転写因子ARFが遊離し、特定のシス配列に結合することでオーキシン応答遺伝子の発現が誘導される。TIR/AFB, Aux/IAA, ARFという三つの主要シグナル伝達因子は、陸上植物全体でよく保存されており、このシグナル伝達経路は陸上植物の祖先で確立されたと考えられている。ただし、Aux/IAAは被子植物の系統で遺伝子重複によって数が著しく増えており、このことが被子植物の系統での体制の複雑化と関連している可能性がある。

オーキシンとともに発生過程で重要なはたらきをするサイトカイニンの受容体であるヒスチジンキナーゼは，陸上植物で広く保存されている．受容体からの情報を伝達するリン酸転移タンパク質やレスポンスレギュレーターも陸上植物全体で保存されており，個々の系統ごとに遺伝子重複によって遺伝子数が独立に増加し，サイトカイニン機能の系統による多様性に寄与していると考えられる．サイトカイニンの分解にはたらくサイトカイニン酸化酵素も陸上植物全体で保存されている．一方，生合成を司るイソペンテニル基転移酵素はいくつかのグループに分かれるが，被子植物でサイトカイニン合成に主要な役割を果たす遺伝子オルソログは，ヒカゲノカズラ類，蘚類で欠失している．両者はサイトカイニンを発生過程で用いているので，異なったグループのイソペンテニル基転移酵素を用いていると推定されている．つまり，サイトカイニンは陸上植物全体で広く用いられているが，その合成系は異なっており，発生過程における用いられ方も多様である．

エチレンは陸上植物全般で用いられているが，生合成系路は植物群で異なっている．ヒカゲノカズラ類やコケ植物ではアミノシクロプロパン-1-カルボン酸（aminocyclopropane-1-carboxylic acid：ACC）非依存的合成系路，種子植物ではACC依存的合成系路が用いられている．エチレンの情報伝達系に関しては，受容体から転写因子に至る情報伝達因子は陸上植物全体で保存されている．コケ植物においてはエチレンが内生的に存在し情報伝達系のオルソログが存在するにもかかわらず，エチレン応答や生理現象とのかかわりははっきりしていない．

ジベレリンおよびその類縁体は，被子植物において胞子体の成長，種子形成・発芽など，シダ植物では配偶体の性決定などに機能しているが，コケ植物では機能がわかっていない．ジベレリン合成系，シグナル伝達系は維管束植物全体で保存されているが，コケ植物ではいくつかの遺伝子が欠失している．

植物ホルモンはさまざまな発生過程で機能している．以下，発生過程にかかわる植物ホルモン以外の遺伝子について概略をまとめる．陸上植物は，配偶体，胞子体ともに，発生初期に幹細胞が形成される．コケ植物，ヒカゲノカズラ類，シダ類は単独の幹細胞，種子植物は複数の幹細胞を形成保持する．単細胞性幹細胞は，規則正しく斜めに分裂面を形成し，娘細胞を切り出すことが特徴で，斜め分裂面をひとつ，ふたつ，三つもつ場合がある．幹細胞の性質は発生過程によって変化する．たとえば，ヒメツリガネゴケでは，原糸体幹細胞は分裂面をひとつもち，茎葉体幹細胞は三つもち，胞子体幹細胞はふたつもつ．種子植物の多細胞性幹細胞の分裂方向ははっきりわかっていない．被子植物の幹細胞の維持にはニッチ細胞からのシグナルが必要であるが，単細胞性幹細胞をもつ植物にはニッチ細胞に対応する細胞がみつかっていない．単細胞性幹細胞はニッチ細胞を必要としないのか，近隣の細胞がニッチ細胞の役割をしているのかはわかっていない．一方，幹細胞が消失すると近隣の細胞が幹細胞へと変化することが知られており，幹細胞からは周辺に新たな幹細胞をつくらないようなシグナルが放出されていると考えられているが，その実体は不明である．

### E. 幹細胞形成維持

被子植物は頂端分裂組織を茎の先端と根の先端にもち，そのなかに幹細胞を維持する．シロイヌナズナで同定された茎頂幹細胞の形成・維持を制御する因子は，ほとんどが陸上植物全体で保存されている．転写因子遺伝子 *WUS* とともにフィードバック調節をしながら機能する受容体型キナーゼ遺伝子 *CLV1*，クラス1 *KNOX* 遺伝子を制御する *AS1* 遺伝子はコケ植物にはみつかっていない．このことは，被子植物とコケ植物では異なった制御系が幹細胞の形成・維持にはたらいている可能性を示している．

維管束植物のもうひとつの頂端分裂組織は根である．根は栄養・水分の吸収，植物体の支持の機能をもち，ヒカゲノカズラ類，シダ類，種子植物で独立に進化したと考えられている．シロイヌナズナの根では，根端分裂組織内の幹細胞形成維持に *PLT*，*WOX5* 遺伝子などの転写因子，不等分裂や細胞分化に *GRAS* 遺伝子族の転写因子が機能している．これらの遺伝子のオルソログは根をもたないコケ植物にも存在しているが，どのような機能をもっているかは不明である．これらの遺伝子族は種子植物の系統で遺伝子重複をひき起こしており，数の増加が機

能分化に寄与した可能性が高い.

## F. 葉

葉の向軸背軸形成は転写因子ネットワークによって制御されている．被子植物の葉において，向軸側の決定はHD-Zip III遺伝子族，背軸側の決定はKANADI遺伝子族とYABBY遺伝子族によって制御されている．YABBY遺伝子族は被子植物特異的であるが，それ以外の遺伝子族は陸上植物全体で保存されている．葉は少なくとも，ヒカゲノカズラ類，シダ類，種子植物で枝状器官から独立に進化したと考えられているが，平行進化と収斂進化のどちらで生じたのかはわかっていない．HD-Zip III遺伝子族の遺伝子はマイクロRNAによる制御を受けるが，この制御系は陸上植物全体で保存されている．1枚の葉がいくつかに切れる複葉，葉全体が背軸化した単面葉など，葉形態多様性の分子機構についての解明も進んでいる．

葉で細胞分裂が抑制されるような突然変異体のなかには，個々の細胞の大きさが野生型よりも大きくなり野生型と同じような大きさの葉をつくるものがある．このような現象は補償作用とよばれ，あたかも個々の細胞ができあがる器官全体の形を認識してふるまっているようにみえる．補償作用の遺伝子基盤解明につながるような遺伝子の特定が進んでいる．

## G. 維管束形成

維管束は維管束植物に特有の形質で，木部，篩部からなる組織で，水，養分や情報伝達因子を運ぶ通導組織としてだけでなく，植物体を支える支持組織としての役割を担っている．維管束形成には植物ホルモンやさまざまな転写因子が関与するが，これらの遺伝子のオルソログが維管束をもたないコケ植物にもみつかっている．コケ植物蘚類はハイドロイドとよばれる水を運ぶ通導組織をもつが，被子植物の導管や仮導管と異なり細胞壁の肥厚がない．一方，導管や仮導管の細胞壁肥厚を起こすリグニンの原料となるモノリグノールの生合成にかかわる遺伝子群も，被子植物にのみみいだされているF5Hを除き，陸上植物全体で広く保存されている．コケ植物からリグニンは検出されないが，モノリグノールの二量体であるリグナンの存在が報告されており，被子植物とコケ植物で共通の遺伝子系を用いてモノリグノールを生合成しているのかもしれない．茎の中心柱形態は原生中心柱，管状中心柱，網状中心柱などが知られているが，シダ類と種子植物の網状中心柱が収斂進化したことが，種子植物よりも祖先的な中心柱形態をもつ前裸子植物の研究から明らかになった．しかし，中心柱進化の分子基盤はまったくわかっていない．

## H. 相転移

陸上植物はそれぞれ特徴的な発生を行なう相を転換しながら成長する．相転換過程では，クロマチンレベルで制御される遺伝子発現のリプログラムが起こると考えられている．ポリコーム抑制複合体2は，ヒストンH3の27番目のリジンをトリメチル化する酵素を含み，後生動物，陸上植物ともに広く保存されている．胞子体世代の発生システムの開始や生殖器官である花や胞子嚢形成にかかわることが知られている．このことから，陸上植物の進化過程で胞子体世代が優占する進化にかかわった可能性が示唆されている．

被子植物の花成は栄養成長相から生殖成長相への転換であり，多くの内的・外的要因により制御されている．光周期依存促進経路で機能している$CO$は花成促進因子$FT$遺伝子の発現を誘導している．$FT$の姉妹遺伝子である$TFL1$はFTが花成に対して促進的であるのに対して阻害的な作用を示す．転写制御因子である$CO$遺伝子のオルソログは緑藻から陸上植物にかけて保存されているが，$FT$や$TFL1$のオルソログは被子植物ゲノムからしかみつからない．茎頂分裂組織における花成シグナルへの応答性はbZIP遺伝子$FD$やMADSボックス遺伝子$FLC$や$SOC1$によって規定されている．MADSボックス遺伝子群はシダ類が分枝したあとに被子植物の系統で遺伝子重複による機能の多様化が生じ，その時期に$FLC$や$SOC1$が分化したと考えられる．$FD$オルソログはヒメツリガネゴケゲノムにはみつからない．このように，花成のシステムは被子植物の系統で特異的に進化した可能性が高い．

## I. 胞子体生殖器官形成

陸上植物の胞子体は胞子嚢を形成し,そのなかで減数分裂により胞子を形成する.コケ植物,ヒカゲノカズラ類,薄嚢シダ類以外のシダ類,種子植物は複数の始原細胞がひとつの胞子嚢形成にかかわるが,薄嚢シダ類はひとつの始原細胞からひとつの胞子嚢が形成される.雌雄の区別のない同型胞子形成が陸上植物の祖先形質であるが,ヒカゲノカズラ類のイワヒバ科とミズニラ科の共通祖先,薄嚢シダ類のサンショウモ目の共通祖先,種子植物の共通祖先で異型胞子性が進化し,胞子に雌雄の別ができた.異型胞子形成の分子機構と進化はまったくわかっていない.種子植物では,雌性胞子嚢に相同な珠心が,1枚あるいは2枚の珠皮で覆われ胚珠を形成し,珠皮が種皮となって種子が形成される.被子植物では,胚珠がさらに葉状の心皮によって覆われ雌しべを形成する.珠皮,心皮の進化は被子植物進化における新奇形質であるが,進化の分子機構はよくわかっていない.種子植物の雄性胞子嚢にあたる葯は他の陸上植物よりも大きいが複雑化はしていない.

被子植物の花は,基本的にはがく片,花弁,雄ずい,雌ずいの4種類の花器官が外側から順に並んでいる.花器官形成遺伝子のほとんどはMADSボックス転写因子をコードし,転写因子の発現様式によって異なった器官形成をする点で,後生動物のホメオボックス遺伝子に似ている.たとえば,動物のホメオティック突然変異体のように,花弁形成にかかわるMADSボックス遺伝子ががく片原基で発現するとがく片が花弁化する.しかし,被子植物の花器官の多様性を説明できるような分子機構はまだわかっていない.

植物のMADSボックス遺伝子にはイントロン,エキソン構造の違いからMIKC$^c$型とMIKC*型が知られており,花器官形成遺伝子は前者に属する.被子植物のMIKC$^c$型MADSボックス遺伝子は多様化しており,約40個の遺伝子が知られている.一方,ヒメツリガネゴケには1クレードにまとまる6遺伝子,イヌカタヒバには2クレードに分かれる3遺伝子しかみつからない.シャジクモ藻類からは1個の遺伝子のみがみつかっており,緑藻類のクラミドモナスと紅藻類のシアニディオシゾンのゲノムにはみつからない.被子植物以外のMADSボックス遺伝子の機能はまだよくわかっていないが,被子植物の系統で遺伝子数が増えていることから,遺伝子数の増加とその後の機能分化が花の進化をひき起こしたのではないかと推定されている.被子植物の花器官形成MADSボックス遺伝子を誘導する*LFY*遺伝子は陸上植物全体にみつかるが藻類からはみつかっていない.*LFY*遺伝子は陸上植物の進化過程で大きく機能を進化させたことがわかっている.花器官形成遺伝子の発現制御因子である*HUA1*,*HUA2*,*ULT1*も被子植物ゲノムにしかみつかっていない.

## J. 配偶体世代の発生

動物は核相が単相になるのは卵と精子だけであるが,植物は単相である配偶体世代にも多細胞体を形成する.配偶体の出発点は胞子である.胞子は発芽して配偶体の発生プロセスを経て,造卵器,造精器を形成し,卵と精子を形成する.そして,胞子発芽の際には,不等分裂が起こるがその分子機構はまだよくわかっていない.種子植物の配偶体は雌雄性をもち,数細胞に単純化している.雌性配偶体形成にかかわる遺伝子はほとんどわかっていないが,オーキシンの濃度勾配が配偶体内細胞分化にかかわることが知られている.花粉は種子植物の雄性配偶体で1細胞から数細胞のものまである.花粉細胞の不等分裂によって精原細胞と栄養細胞が形成され,精原細胞は栄養細胞のなかに取り込まれ,細胞内細胞となる.精原細胞は分裂してふたつの精子細胞となる.栄養細胞が頂端成長を開始し,花粉管とよばれる管状の細胞となる.花粉管細胞中の精細胞が雌ずい中を伸長し,胚珠の卵装置のなかにある卵細胞と受精する.花粉管と卵装置との認識は姉妹関係にある受容体によって制御されていること,花粉管誘導物質の一部がわかっているだけで,花粉管受精の分子機構はほとんどわかっていない.コケ植物,ヒカゲノカズラ類,シダ類の胞子形成過程は種子植物の花粉形成過程と類似した機構であると考えられている.これらの植物の胞子は,発芽後,花粉管のように頂端成長をする.これまでに報告されている花粉形成,花粉管伸長に関与する因子は陸上植物全体でおおむね保存されている.

### K. 発生遺伝子の進化

陸上植物の発生過程にかかわる遺伝子は，系統間で発生過程が大きく異なっているわりには，80％以上もの発生遺伝子が保存されていることがわかってきた．また，系統特異的に遺伝子の増減が起こっており，それが発生過程の多様化に寄与していると考えられる．たとえば，先述のMADSボックス遺伝子だけでなく，オーキシンのシグナル伝達にかかわるAux/IAA遺伝子はヒメツリガネゴケには2個，イヌカタヒバには4個しかないのに，シロイヌナズナでは29個に増えている．逆にヒメツリガネゴケやイヌカタヒバで増えている遺伝子もある．そして，遺伝子の増減が極端な場合には，花成に関連する遺伝子のように被子植物にだけ存在する遺伝子として，被子植物特異的な発生過程を担うように進化した可能性が高い．

（長谷部光泰）

## 5.15 花の進化

### A. 花の構造

被子植物の花は一般に両性花であり，がく片，花弁，雄ずいおよび心皮から構成される．心皮には胚珠が分化し，その珠心内に雌性配偶体である胚嚢が形成される．胚嚢は4種の細胞からなり，そのうちの卵細胞が配偶子に相当する．珠心は内珠皮および外珠皮によって包まれている．雄ずいは先端部の葯と基部の花糸から構成されている．葯はふたつの半葯（theca）が葯隔（connective）によって連結されたものであり，葯隔は花糸へとつながっている．半葯にはふたつの葯室があり，このなかに花粉がつくられる．

裸子植物では，雌ずいを形成する雌性の生殖構造体と，雄ずいを形成する雄性の生殖構造体に分かれている．裸子植物の胚珠は珠心が一枚の珠皮（内珠皮に相当）のみに包まれたものであり，心皮は形成されず，胚珠はむき出しになっている．心皮および外珠皮は，重複受精とともに，被子植物の共有派生形質である．一般的には，イチョウやマツなどでも，雌花・雄花などといういい方をするが，裸子植物の生殖構造体を「花」と定義するかどうかは，議論の分かれるところである．ここでは，被子植物の出現とともに生じ，雄ずいと雌ずいをあわせもつ両性花（とそれに由来する単性花）を「花」とよぶことにする．

### B. 花の起源

もっとも古い被子植物の花粉の記録は，白亜紀初期の約1億3600万年前である（Frohlich, 2006）．花の進化的起源に関しては，まだほとんど不明確といってよい．それは，化石の証拠が不十分であることと，被子植物に最も近縁な系統が同定されていないことがおもな原因である．これまでも花の起源については，いくつかの説が提案されてきた（加藤，1999）．真花説では，花被（がく片や花弁）・雄ずい・雌ずいをすべて葉が変形したもの（花葉）とし，単一のシュート（軸）の先端にこれらの花葉が配置し

たものが花の起源であると考えている．一方，偽花説では，花は複合的なシュートであり，雌性と雄性のシュートの集合体に由来しているとされている．後者の発展型として1980年代中ごろから注目されていたのは，形態分岐学的解析によって提案されたAnthophyte説である（Frohlich, 2006）．この説では，現生裸子植物のグネツム類や化石裸子植物のBennettitalesなどにおいて，生殖構造体内に雄性と雌性のふたつの構造単位があり，その配置も類似していることなどから，これらの植物の生殖構造体が被子植物の花に先行したものであるとしている．この説は，グネツム類が被子植物に近縁であるという前提に基づいているが，分子系統学の進展により，裸子植物は単系統であり，グネツム類は他の裸子植物により近縁であることが明らかになり，Anthophyte説の基盤は失われてしまった．

最近では，分子レベルでの花の発生メカニズムの進展にともない，遺伝子の機能も考慮に入れた進化発生学（EvoDevo）的な立場からの説がいくつか提案されている．Frohlichの提案するmostly male説は，裸子植物の雄性生殖構造体を基礎にして，ここに胚珠が異所的に形成されるようになったことが，花の起源であるという考え方である（Frohlich, 2006; Frohlich & Chase, 2007）．また，Baumらは，後述のCクラス遺伝子に着目した説を唱えている（Baum & Hileman, 2006）．これらの説は，いずれも花の発生を制御する遺伝子の機能と発現の知見に基づいており，いろいろな植物の遺伝子を解析することにより検証可能であり，今後，これらの説は修正を受けつつ発展していくものと考えられる．

## C. 花の多様性と進化

花器官の配置（葉序，phyllotaxy）には，らせん型と輪生型があり，らせん型が原始的とされている．たとえば，ANAクレードのアンボレラやアウストロバイレヤ目の花はらせん型である．しかしスイレン目の花は輪生型であり，らせん型と輪生型との間は比較的移行しやすいと考える研究者もいる（Endress, 2006）．実際，真正双子葉植物の基部に位置するキンポウゲ目では，らせん型と輪生型が混在している．コア真正双子葉植物や単子葉植物では，ほとんどの花が輪生型である．花器官の数に関しては，祖先型の被子植物の花器官は多数かつ不定であるのに対し，進化したものでは数が一定となる．真正双子葉植物では5数性や4数性の花が多くみられ，単子葉植物は3数性の花をつける．

花には，ひとつの花に雌ずい（心皮）と雄ずいの両者を分化する両性花と，一方の器官のみを分化する単性花が存在する．単性花は，両性花から派生的に生じてきたものであり，進化の過程で何度も独立に誕生している．単性花をつける植物には，同じ個体に雌性・雄性の花を生じる雌雄同株と，異なる個体にそれぞれ雌性と雄性の単性花を生じる雌雄異株とが存在する．雌花・雄花のどちらの花においても，発生初期には心皮や雄ずいの原基は分化するが，成熟の過程で一方の器官の発生が停止することにより単性花が生じる．イネ科のトウモロコシ（Zea mays）では，雌雄決定の分子遺伝学的解析が進んでおり，たとえばTASSELSEED（TS）という一群の遺伝子に異常が起きると，雄花が両性花になったり，雄花に雌ずいのみが分化したりする（Bortiri & Hake, 2007）．

対称性からは，花は放射相称と左右相称に大別される．放射相称が祖先型であり，左右相称の花は被子植物の進化の過程で25回以上独立に進化したという見積もりもある．左右相称の花は植物の多様化を促進していると考えられている．実際，キク科，マメ科やラン科など，多くの植物種を含む科には，左右相称の花が非常に多い．左右相称の発生機構はオオバコ科のキンギョソウ（Antirrhinum majus）でよく研究されており，植物に特有な転写因子をコードするTCP遺伝子ファミリーに属する遺伝子（CYCLOIDEA: CYCとDICHOTOMA: DICH）が，この花の左右相称性に非常に大きな役割を果たしていることが明らかにされている（Preston & Hileman, 2009）．CYCとDICHの二重変異体では，キンギョソウの花はほぼ完全な放射相称になる．キンギョソウと同科のホソバウンラン（Linaria vulgaris）の花は左右相称であるが，自然集団には放射相称の花もみられる．このリンネ（Linnaeus）がモンスターとして着目した形質も，CYC遺伝子に生じたエピジェネティックな変異に起因している

ことが判明している（Cubas et al., 1999）．また，コア真正双子葉植物の中ではオオバコ科と遠縁のマメ科においても，CYC オーソログが花の左右相称の制御に関与することが示されている（Preston & Hileman, 2009）．一方，CYC オーソログはコア真正双子葉植物以外では存在していない．したがって，たとえば単子葉植物のラン科の花の左右相称には，まったく異なる遺伝子が関与している可能性が考えられる．

　被子植物の花の多様性は，おもに昆虫などの訪花動物との共進化によってもたらされてきた．被子植物は花に生じた蜜を提供する．たとえば，蜜を求めて花から花へ移動する昆虫は，花粉を媒介することにより他家受粉を促進し，動けない植物が多様な遺伝子の組合せを獲得するのに貢献する．放射相称から左右相称への変化も，昆虫の誘引との関係が深い．左右相称の花では，花粉へのアクセスが制限され，学習能力の高い特定の種類の昆虫との関係が高くなる．その結果，左右相称の花では，他家受粉が効率的に行なわれるようになるといわれている．植物と昆虫との共進化により互いの関係が深まれば深まるほど，昆虫にとっては競争することなく確実に蜜を得られるようになり，植物は同種の花に花粉を届けてもらう可能性が高くなる．したがって，共進化により花と昆虫との間に特別な形態的特徴が生まれてくる場合が多い．たとえば，花弁に距といわれる長く細い構造をもつ種では，この底の部分に蜜をためる．Darwin は，非常に長い距をもつラン（Angraecum sesquipedale）の花をみいだしたときに，この蜜を吸うことのできるような長い口吻をもった昆虫が必ずいるはずだと予言した．その約 40 年後に，22 cm という極端に長い口吻をもったスズメガ（Xanthopan morgani subsp. praedicta）が発見され，その予言の正しさが実証された（Rothschild & Jordon, 1903）．またオダマキ（Aquilegia）属の種にみられる長い距は，長い口吻をもった送粉昆虫に適用するよう，断続的に速く進化してきたという研究成果も報告されている（Whittall & Hodges, 2007）．

## D. 花の発生機構の共通性と多様性

　被子植物の形態は非常に多様であっても，花の基本発生メカニズムは広く保存されている．花器官のアイデンティティーの決定は，ABC モデルという簡潔で美しい遺伝学的モデルによって説明されている．ABC モデルでは，A, B, C という三つのクラスの遺伝子を考え，A 遺伝子単独でがく片が，A と B 遺伝子の組合せにより花弁が，B と C 遺伝子の組合せにより雄ずいが，C 遺伝子単独で心皮が決定されると説明される（図 1）．この ABC モデルは，シロイヌナズナ（Arabidopsis thaliana）やキンギョソウの花のホメオティック突然変異体を用いた遺伝学的な解析により提案され，その後，A, B, C の遺伝子がそれぞれ単離され，その発現や機能の解析から，このモデルが正しいことが実証されてきた（Coen & Meyerowitz, 1991）．ABC 遺伝子は，ひとつの例外を除いて，すべて MADS ドメインという DNA 結合部位をもつ転写因子をコードしている．ところで，シロイヌナズナの ABC 遺伝子の三重変異体では，すべての花器官が葉のような器官に置きかわってしまう．18 世紀末，ドイツの文学者であり科学者でもあった Goethe は，『植物変形論』を著し，「花器官は葉が変形したものである」という考え方を一般に広めた．三重変異体の表現型は，この Goethe の仮説を彷彿とさせる．

　多くの被子植物において，ABC 遺伝子のオーソログは，それぞれ共通した空間的発現パターンを示し，機能も保存されていることが推定されている．たとえば，基部に位置する真正双子葉植物や単子葉植物のイネ科においても，B クラス遺伝子は雄ずいアイデンティティーを決定している（Kramer & Irish, 1999; Bommert et al., 2005）．イネ科の花は風媒花であり，花弁は鱗被といわれる相同器官に置き換わっている．鱗被は半透明な小さな器官であり，その外側に位置する内穎と外穎を押し広げ，花を開花させるという機能をもつ．イネ科の鱗被は，花弁とは形態も機能も大きく異なっているが，真正双子葉植物の花弁と同様，同じ B クラス遺伝子によって制御されている（図 1）．さらに裸子植物においても，B クラス遺伝子は雄性の生殖構造体のみで，C クラスの遺伝子は雌性・雄性の両方の生殖構造体で発現しており，雄ずいと心皮の発生と密接に関連していることが示されている．したがって，B クラス

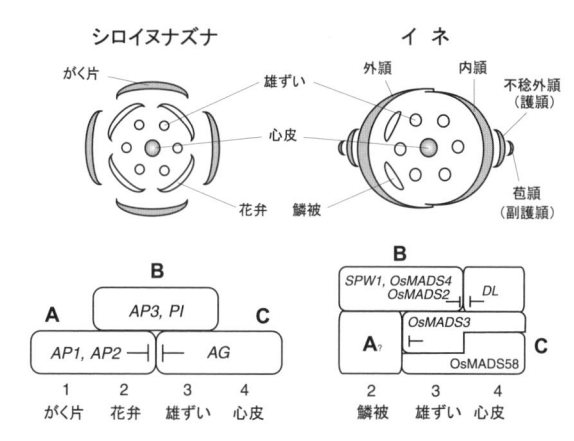

**図1 シロイヌナズナとイネの花式図（上）および花の発生の遺伝的モデル（下）**

イネでは，シロイヌナズナのABCモデルにいくつかの修正が加えられている．たとえば，心皮アイデンティティーは，イネでは*DL*によって支配されている．これらの遺伝子はすべて転写因子をコードし，シロイヌナズナの*AP2*（*AP2/ERF*遺伝子ファミリー）とイネの*DL*（*YABBY*遺伝子ファミリー）以外は，すべてMADSボックス遺伝子ファミリーに属する．

やCクラスの遺伝機能は，進化の過程で広く保存されていると考えられる．

しかし，これらの遺伝子の機能が保存されていない場合もある．基部の真正双子葉植物であるケシ目やキンポウゲ目植物では，花弁原基におけるBクラス遺伝子の発現パターンはシロイヌナズナなどとは異なっており，花弁の発生にはかかわっていないようである（Kramer & Irish, 1999）．またイネ科においては，心皮の発生は，*YABBY*遺伝子ファミリーに属する*DROOPING LEAF*（*DL*）遺伝子によって制御されており，この遺伝子が欠損すると心皮が雄ずいへとホメオティックに転換する（図1）（Yamaguchi et al., 2004）．シロイヌナズナでは，*DL*オーソログの*CRABS CLAW*（*CRC*）遺伝子は心皮アイデンティティーの決定には関与せず，蜜腺の発生・分化を制御している（Bowman & Smyth, 1999）．イネの*DL*遺伝子とシロイヌナズナの*CRC*とは，進化の過程で，遺伝子の機能が種によって特殊化・多様化してきた格好の例である．シロイヌナズナではCクラスの遺伝子（*AGAMOUS*：*AG*）が心皮の発生を制御しているが，イネのCクラスの遺伝子にはその機能はなく，イネ科では，心皮アイデンティティーの決定機構が進化の過程で特殊化して

きたと考えられる．一方シロイヌナズナの*AG*は，心皮の発生のほかに，雄ずいの発生や花分裂組織の有限性を制御している．イネには，*AG*オーソログがふたつあり，一方が雄ずいの発生を，他方が花分裂組織の有限性をおもに制御しており，遺伝子重複により倍加した遺伝子が，進化の過程で機能を分担するようになったと考えられている（図1）（Hirano, 2008）．

これまでの花の発生研究は，被子植物に共通した器官に関するものがほとんどであった．最近，イネ属に特有な不稔外頴（イネ研究者のなかでは護頴とよばれている）のアイデンティティーを決定する*G1*遺伝子が同定された（Yoshida et al., 2009）．*G1*遺伝子が欠損すると不稔外頴が外頴へとホメオティックに転換する．「不稔外頴は側生の完全な花（小花）が徐々に退化し，唯一残った外頴がサイズも形態も変化した器官である」という説が古くから提唱されている（Arber, 1934）．この説に基づくと，*G1*変異体におけるホメオティック変異は先祖返りとして解釈することができ，*G1*遺伝子の機能はイネ属の花の進化にとって非常に興味深い．今後，さらに多くの研究が進展し，特定の植物に特有な花器官や構造の発生・形態形成の分子機構が解明され，花の進化の理解が進むことが期待される．

[引用文献]

Arber A. (1934) *The gramineae: a study of cereal, bamboo, and grasses.* Cambridge University Press.

Baum D. A. & Hileman L. C. (2006). A developmental genetic model for the origin of the flower. in *Flowering and its manipulation.* Ainsworth, C. ed, pp. 3-27, Oxford: Blackwell.

Bommert P. et al. (2005) Genetics and evolution of inflorescence and flower development in grasses. *Plant Cell Physiol.*, vol. 46, pp. 69-78.

Bortiri E. & Hake S. (2007) Flowering and determinacy in maize. *J. Exp. Bot.*, vol. 58, pp. 909-916.

Bowman J. L. & Smyth D. (1999) *CRABS CLAW*, a gene that regulates carpel and nectary development in *Arabidopsis*, encodes a novel protein with zinc finger and helix-loop-helix domains. *Development*, vol. 126, 2387-2396.

Chuck G. et al. (2007) The maize *tasselseed4* microRNA controls sex determination and meristem cell fate by targeting *Tasselseed6/indeterminate spikelet1*. *Nat. Genet.*, vol. 39, pp. 1517-1521.

Coen E. S. & Meyerowitz E. M. (1991) The war of the whorls: genetic interactions controlling flower development. *Nature*, vol. 353, pp. 31-37.

Cubas P. *et al.* (1999) An epigenetic mutation responsible for natural variation in floral symmetry. *Nature*, vol. 401, pp. 157-161.

Endress P. K. (2006) Angiosperm floral evolution: morphological development flamework. in Soltis D. E. *et al.* eds., *Advances in Botanical Research*, vol. 44, pp. 1-61, Academic Press.

Frohlich M. W. (2006) Recent development regarding the evolutionary origin of flowers. in Soltis D. E. *et al.* eds., *Advances in Botanical Research*, vol. 44, pp. 64-127, Academic Press.

Frohlich M. W. & Chase M. W. (2007) After a dozen years of progress the origin of angiosperms is still a great mystery. *Nature*, vol. 450, pp. 1184-1189.

Hirano H-Y. (2008) Genetic regulation of meristem maintenance and organ specification in rice flower development. in Hirano H-Y. *et al.* eds., *Rice Biology in the Genomics Era*, pp. 177-189, Springer.

加藤雅啓（1999）『植物の進化形態学』東京大学出版会.

Kramer E. M. & Irish V. F. (1999) Evolution of genetic mechanisms controlling petal development. *Nature*, vol. 399, pp. 144-148.

Preston J. C. & Hileman L. C. (2009) Developmental genetics of floral symmetry evolution. *Trends Plant Sci.*, vol. 14, pp. 147-154.

Rothschild L. W. & Jordon K. (1903). A revision of the lepidopterous family Sphingidae. *Novit. Zool.*, vol. 9, pp. 1-972.

Whittall J. B. & Hodges S. A. (2007) Pollinator shifts drive increasingly long nectar spurs in columbine flowers. *Nature*, vol. 447, pp. 706-709.

Yamaguchi T. *et al.* (2004) The *YABBY* gene *DROOPING LEAF* regulates carpel specification and midrib development in *Oryza sativa*. *Plant Cell*, vol. 16, pp. 500-509.

Yoshida A. *et al.* (2009) The homeotic gene *LONG STERILE LEMMA* (*G1*) specifies sterile lemma identity in the rice spikelet. *Proc. Natl. Acad. Sci. USA*, vol. 106, pp. 20103-20108.

（平野博之）

## 5.16 葉の進化

### A. 大葉と小葉

陸上植物の地上部は，葉と茎から構成される．葉は個体発生学的には頂端分裂組織から形成される茎の側生器官であり，基本的に有限成長性を示し，光合成器官として機能する．

維管束植物の葉は，形態・起源の異なる大葉（macrophyll あるいは megaphyll ともいう）と小葉（microphyll）とに大別される．大葉はヒカゲノカズラ植物門を除いた維管束植物である大葉類（Euphyllophytes）にみられる葉で，一般に大型で，高度に分枝した葉脈をもつ．また，葉に入る維管束（葉跡, leaf trace）が茎の維管束から分かれる部位に，中心柱の維管束組織が欠落し，柔組織化した箇所（葉隙, leaf gap）を残す．小葉は一般に小型で，維管束を一本しかもたず，葉跡は葉隙を残さない．現生植物においては，ヒカゲノカズラ植物門（Lycopodiophyta）のミズニラ類，ヒカゲノカズラ類，イワヒバ類に特有であり，これらは小葉類（Lycophytes）とよばれる．

なお，一部のコケ植物（蘚類と苔類）の配偶体は，茎葉体という茎葉から構成される体制をもつが，この葉は基本的に1細胞層から構成される点，そして配偶体の器官である点において，維管束植物の葉とは相同な器官ではない．また，苔類の一部とツノゴケ類の配偶体は器官分化の程度が低く，葉状体という単純な体制をもつ．

### B. 大葉の起源

維管束植物の葉が，どのような進化的由来をもつかについては，非常に注目を集めてきた．大葉の起源に関しては，テローム説という概念が提唱されている．テローム説とは, Zimmermann (1952, 1959, 1965) により提案された，維管束植物の主要な進化段階を包括的に解釈する概念であり，リニア属でみられる二又分枝系の胞子体を原型とみなす．この原型的維管束植物は，テローム（telome）とメソーム（mesome）という基本的単位から構成され，テロームは二又分枝の末端部の枝であり，メソームは二又分枝間の節

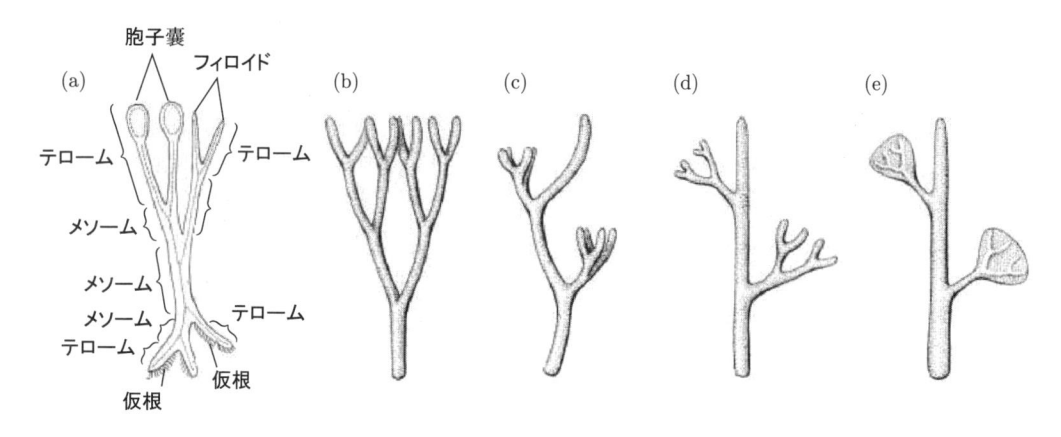

**図1 テローム説による大葉の起源**
(a)Zimmerman の概念によるリニア型の原型的維管束植物の体制．テロームとメソームとよばれる形態学的単位から構成される（Zimmerman, 1965 より改変）．(b～e) テローム説による大葉の起源．(b) リニア型の同等二又分枝系．(c) 主軸形成（overtopping）．二又分枝した枝が不均等に発達し，優勢な枝は主軸，劣勢の側枝状系は大葉の元となる．(d) 平面化（planation）．劣勢の枝が同一平面上に広がる．(e) 癒合（fusion）．平面化した枝の間に柔組織が形成され，平らな葉身へと結合する．(Gifford and Foster, 1989)

間領域のことである．テローム説では，大葉の進化の第一段階として，主軸形成（overtopping）を想定する．この過程では，二又分枝が不均等に起こることにより，主軸と，それから枝分かれする側枝状系をもつ体制となる．つぎの段階として，側枝状系の分枝が一平面状に配列する平面化（planation）が起こり，扁平に分枝した枝がつくられる．そして最終段階として，枝と枝の間を埋める柔組織が形成され，二又分枝状脈をもつ平らな葉身へ結合されることにより1枚の葉がつくられる．この段階を癒合（fusion）という．

現生大葉類は，シダ-トクサ類（Monilophytes）と種子植物というふたつの単系統群から構成され，これらの共通祖先は中部デボン紀の化石植物で，二又分枝の体制をもつトリメロファイツ類に含まれていると推測されている．分岐学的研究と化石記録から，シダ類，トクサ類，そして種子植物の大葉は，これらが系統分岐したのち独立に獲得されたと推定されている．加えて，それぞれの分類群のなかでも並行的に大葉が進化した可能性もあることから，大葉は複数の系統で独立に進化したと考えられる．

## C. 小葉の起源

小葉の起源に関しては，突起説（Bower, 1908, 1935）が有力視されている．これは，原始的維管束

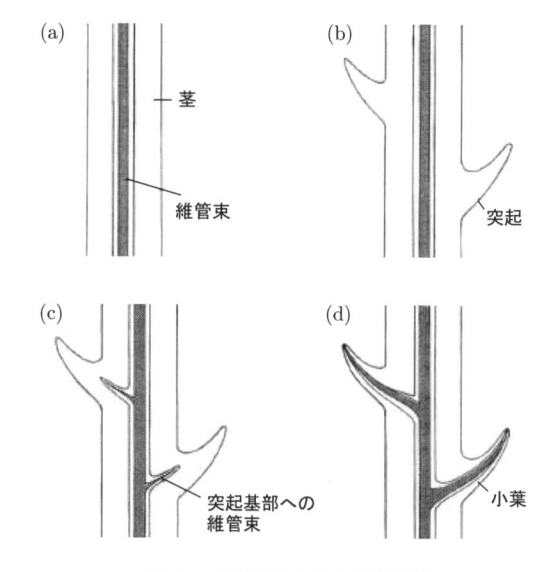

**図2 突起説による小葉の起源**
(a) リニアなどにおける無葉の茎．(b) ゾステロファイツ類にみられる枝状器官上の突起．(c) 化石植物，アステロキシンにみられる突起．突起が大型化し突起の基部まで維管束が到達する．(d) 小葉類にみられる小葉．一本の維管束をもつ．(Gifford & Foster, 1989 より改変)

植物であるゾステロファイツ類の軸の表面にみられるような，維管束をもたない小さな突起が小葉の起源であり，突起の大型化とそれに伴う維管束の分化，そして突起の扁平化により小葉が進化したと解釈するものである．突起説は化石証拠からも支持されており，下部デボン紀から発見されたゾステロファイ

ツ類は二叉分枝した軸上に小さな突起をもっていた．また，下部デボン紀のアステロキシンでは，突起が大型化し，軸の維管束が突起の基部近くに到達する．さらに，下部デボン紀から上部デボン紀のドレパノフィクスや下部デボン紀のバラグワナチアでは，突起の中に維管束が入り込んだ小葉をもっていた．これらの化石植物は，胞子嚢が軸の側面につくといった特徴から，現生小葉類の祖先群であると考えられており，突起から小葉への一連の進化過程を示していると解釈できる．

また，先述のテローム説は小葉の起源に関しても提案する．この説では，側方分枝系が退行（reduction）し，分枝しない枝になり，これが扁平化して小葉になったと想定する．化石小葉類であるリンボク類の *Protolepidodendron* などでは，小葉が二叉分枝することから，テロームの退行という概念を支持する．この説が正しければ小葉は収斂進化によって複数回起源したと考えられるが，突起起源の小葉が特殊化したと解釈することも可能であり，見解が分かれている．

## D. 単葉と複葉

大葉は，単葉（simple leaf，葉身がひとつながりの葉）と複葉（compound leaf，葉身が小葉という複数の小単位から構成される葉）に分けることができる．進化的にはシダ類では複葉が祖先的であり，種子植物では単葉から複葉への進化が何度も起きたと考えられている．単葉と複葉の相同性に関しては，複葉のひとつひとつの小葉が単葉に相当するという説（Sattler & Rutishauser, 1992）と，複葉全体がひとつの単葉に相当するという説（Kaplan, 1975）がある．前者の場合，複葉はある程度シュート的な無限成長性をもつ器官であるとみなし，後者の場合，複葉は単葉の葉身が分割して進化した器官であるとみなす．最近の分子遺伝学的研究により，被子植物の大部分の複葉は，ある程度の無限成長性をもつ器官であることが確かめられたが，後者の説による解釈が妥当と考えられる結果も得られており，複葉の進化機構を完全に理解するには至っていない（Champagne & Sinha, 2004）．

## E. 被子植物の葉の進化

被子植物の葉は，先述の単葉・複葉を含め，形態に非常に大きな多様性を示す．とりわけ真正双子葉植物と単子葉植物の間ではその構造が大きく異なっており，真正双子葉植物の葉は，一般に基部から順に，葉基（葉柄と托葉が茎に接着する部分），葉柄（葉基と葉身をつなぐ部分），葉身（葉の扁平な部分）という三つの部位から構成されるのに対し，単子葉植物の葉は，一般に葉鞘（葉の下部で茎を包むように発達する部分）と葉身というふたつの部位から構成される．

比較形態学的解析から，真正双子葉植物では，葉身と葉柄は葉原基上部（upper leaf zone），葉基は葉原基下部（lower leaf zone）に由来するのに対し，単子葉植物では，葉鞘と葉身の大部分が葉原基下部に由来し，葉原基頂部は葉の先端部に形成される forerunner tip といわれる痕跡状の組織の形成にしか関与しないと考えられている（Troll, 1955；Kaplan, 1973）．つまり，単子葉植物の葉の大部分は真正双子葉植物の葉基に相当するという解釈が有力視されているが，この解釈の妥当性に関しては，今後の遺伝子レベルでの研究が必要である．

[引用文献]

Bower F. O. (1908) *The Origin of a Land Flora*, Macmillan, London.

Bower F. O. (1935) *Primitive Land Plants*, Macmillan, London.

Champagne C. and Sinha N. (2004) Compound leaves: equal to the sum of their parts? *Development*, vol. 131, pp. 4401-4412.

Gifford E. M. and Foster A. S. (1989) *Morphology and Evolution of Vascular Plants 3rd ed.*, W.H. Freeman.

Kaplan D. R. (1973) The monocotyledons: their evolution and comparative biology. V. I. I. The problem of leaf morphology and evolution in the monocotyledons. *Q. Rev. Biol.*, vol. 48, pp. 437-457.

Kaplan D. R. (1975) Comparative developmental evaluation of the morphlogy of Unifacial leaves in the monocotyledons. *Botanische Jahrbücher für Systematik*, vol. 95, pp. 1-105.

Sattler R. and Rutishauer R. (1992) Partial homology of pinnate leaves and shoots: orientation of leaflet inception. *Botanische Jahrbücher für Systematik*, vol. 114, pp. 61-79.

Troll W. (1955) Uber den morphologischen Wert der sogennanten Vorlauferspitze von Monokotylenblattern. Ein Beitrag zur Typologie des Monokotylenblattes. *Beitraege zur Biologie der Pflanze*, vol. 31, pp. 525-558.

Zimmermann W. (1952) Main results of the telome theory. *Paleobotanist*, vol. 1, pp. 256-470.

Zimmermann W. (1959) *Die Phylogenie der Pflanzen 2nd ed.*, Gustav Fischer Verlag.

Zimmermann W. (1965) *Die Telom Theorie*, Gustav Fischer Verlag.

［参考文献］

加藤雅啓（1999）『植物の進化形態学』東京大学出版会.

（山口貴大）

## 5.17 茎の進化

### A. 茎の祖先

　茎はさまざまに分枝し，葉そして花・種子などもつける．このように茎は，光合成器官と生殖器官の両方を軸の上に配列する植物の主要器官である．コケ植物の一部にも茎とよべる器官があるが，配偶体世代の器官であるため，シダ植物，種子植物の茎と相同とはいえない．一般に，現存する植物の茎は葉や根と同様はっきりと識別できるが，オルドビス紀中期～デボン紀中期（4.7～3.9億年前）に存在した初期の陸上植物は，茎・葉などが未分化な原始的な軸（裸茎）からつくられた植物がほとんどであった（Willis & McElwain, 2002）．

　茎は葉とともに，当時存在していた祖先器官から分化したのであって，葉と同じ回数だけ起源し，特に大葉類では複数回生まれたといえる（図1）（Tomescu, 2008）．さらに，茎と葉の起源は，小葉類と大葉類ではずいぶん違っている．葉が軸上の突起から変形した小葉類では，原始軸全体が茎に進化したことになる．それに対して，原始軸の側枝から葉が進化した大葉類では，茎は残りの中軸的な原始軸から進化した，あるいは原始軸が残存したと解釈できる．ただし，小葉も原始軸から退化したと解釈されることもある．最初の茎をもった植物は，最初の葉をつけた小葉類の *Baragwanathia*（4.1億年前）だろう．

　維管束植物の茎には維管束が通っているが，古生代の原始的なシダ植物には，コケ植物のように維管束がないものがあった．維管束は，水分養分を通道し，体を支えるという重要なはたらきをする．デボン紀前期（4億年前）の *Aglaophyton*, *Horneophyton* は，みかけは原始的なシダ植物に似ていたが，維管束をもたない前維管束植物であった．当時は前維管束植物が維管束植物と共存していた．その原始軸は葉が未分化だったうえに，なかを通るのはコケ植物のハイドロイドと同様の厚膜組織であり，維管束はなかった．維管束の二次細胞壁の主成分であるリグニンが合成できるようになって，維管束植物が進化したのであるが，合成系がどのように進化したのか

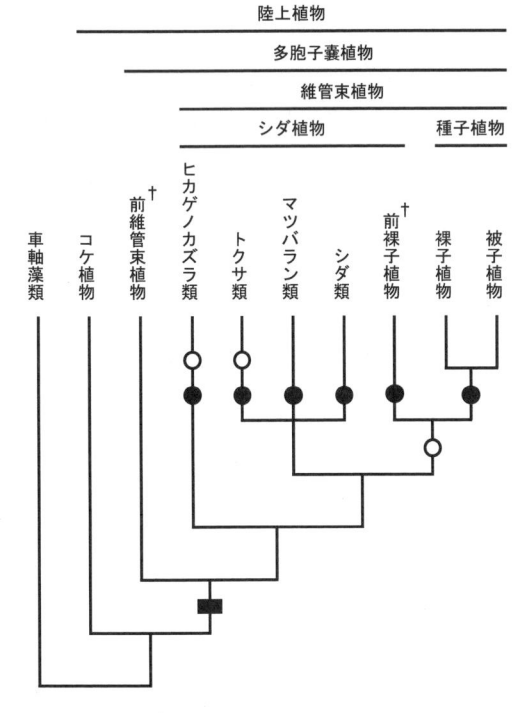

**図1 形質進化を示す陸上植物の系統図**
前維管束植物と前裸子植物は絶滅群（†印）．●は葉および茎の，○は二次維管束の，■は頂端分裂組織の出現を示す．

は明らかでない．乾燥しやすい陸上で生活するうえで必須であるクチン（クチクラ成分），スポロポレニン（花粉胞子壁成分）の合成系を基にして派生したのかもしれない．ともあれ，原始軸が維管束を進化させることによって，植物は陸上の環境要因である乾燥と重力に耐えられるようになった．

器官分化が進んだ現生の植物には，原始軸に相当するものはもはや存在しないだろう．しかしマツバラン類の地下茎は，不規則に分枝する一方，葉をまったくつけない軸状器官である点で，原始軸によく似ている．不規則な分枝が起こる要因は，1個の頂端細胞から切り出された娘細胞群から，新しい頂端細胞あるいはその前駆細胞がかなりの数生じ，その一部から枝がつくられるからである（Imaichi, 2008）．これとは対照的に，一般に茎頂分裂組織では自身の維持や器官組織形成が規則的に起こる．マツバラン地下茎の相同性が解明されると，茎の進化を知る手がかりが得られるかもしれない．なおマツバランは形態が特異で，かつ古生代の *Rhynia*, *Psilophyton* などとよく似ているため，古生代からの生き残りと

みられることがあるが，分子系統解析により，マツバラン類は，真葉（大葉）シダ類であるハナヤスリ類の姉妹群であることがはっきりしてきた．このように，マツバラン類は形態上も系統的上も課題が多い．

茎は原始的な軸状器官から進化したとみることができるが，軸自身の起源は今ひとつわかっていない．その起源について，ふたつの可能性がある．ひとつは，一部のコケ植物にある胞子嚢（蒴という）と胚足の間の蒴柄から進化したとするものである．しかし，蒴柄をもつ蘚類よりも無柄のツノゴケ類のほうが維管束植物の姉妹群である可能性が高いという系統関係，および蒴柄が頂端分裂組織ではなく介在分裂組織から形成されるという発生様式から，その可能性は低いといえる．もうひとつは，分枝する胞子体栄養器官は，コケ植物の胞子体全体を占めていた「足付き胞子嚢」（スポロゴニウム）の胚足と胞子嚢の間に挿入された器官とみる（Kato & Akiyama, 2005；Cronk, 2009）考えである．いずれにしても，コケ植物の足つき胞子嚢という単純で小型の胞子体から，軸体制が進化したのは確かである．軸の出現により，胞子嚢の増加と高所化が起こって繁殖効率がよくなり，後の繁栄をもたらした可能性がある（下記の多胞子嚢植物の説明も参照）．

**B．分裂組織から見た茎の進化**

維管束植物では，茎は成長を続け，その軸に沿って側枝や葉がくりかえし配列する．茎頂分裂組織から若い組織がつくられ，すでにつくられ成熟しつつある組織の上に積み重なりながら新しい器官・組織に分化していく．このような植物に特有の成長様式によって，くりかえし（モジュール）構造がつくられる．その源が茎頂分裂組織である．

茎頂分裂組織の構造は植物によって違いがある．原始的といえるシダ植物には，分裂組織の先端中央に頂端細胞が1個あるだけである．頂端細胞はすべての細胞ひいては組織・器官にとっての始原細胞であり，周辺組織とともに分裂組織を構成する．裸子植物では始原細胞は複数個あり，茎頂分裂組織はシダ植物よりも複雑である．被子植物ではさらに複雑で，外衣内体構造をとり，外衣とよばれる表層が内部の内体を包む．そして外衣内体を横切るように，

中央帯，髄分裂組織帯，周辺分裂組織帯が配置する．

このように植物では，胚的な分裂組織が成体期まで存続する．シロイヌナズナなどモデル植物を用いた遺伝学的研究により，茎頂分裂組織の構造やその周辺での葉など側生器官の形成が，いくつかの遺伝子の相互作用によって制御されること，たとえば始原細胞として中央帯の基部にある幹細胞の数が *WUSCHEL* と *CLAVATA3* 遺伝子のはたらきにより制御されているといったことがわかってきた（岡田ほか，2000；Leyser & Day，2002）．このような情報が増えれば，分裂組織や茎葉の進化の解明にもつながるだろう．

維管束植物とコケ植物はともに陸上植物であるが，両者の著しい違いのひとつは，胞子体あたりの胞子嚢の数である．維管束植物では複数なのに対して，コケ植物では1個である．複数の胞子嚢をもった植物を多胞子嚢植物（コケ植物は単胞子嚢植物）とよぶ（Kenrick & Crane，1997）．上述したように，*Aglaophyton* など維管束を発達させなかった多胞子嚢植物は前維管束植物とよばれ，コケ植物とはいわない．前維管束植物は維管束植物と同様，原始軸の頂端に分裂組織があったために，組織自身の分裂・増加により原始軸は分枝ができたのであろう（図1）．このような，持続的で分裂可能な頂端分裂組織がどのように進化したかは，コケ植物から多胞子嚢維管束植物への進化を明らかにするうえで重要な問題である．

## C. 木本の進化

初期の陸上植物は小型で，地表の薄い空間（厚さ数十cm以下）で生活していたが，やがて大型化をとげ，生活空間は大幅に厚み（現生植物では110mをこえる）を増した．大型化は木本化つまり二次維管束の発達によってもたらされたといえる．化石データからは，陸上植物が進化のかなり早い時期に二次維管束をつくったことがわかっている．小葉類のミズニラ群の系統に属するリンボク類や，真葉（大葉）類のトクサ類に属するロボク群は，石炭紀の森林をつくるおもな植物であった．種子植物に至る別の系統では，それらより早くデボン紀中期（3.8億年前）には二次成長を獲得していた．種子植物の祖先群は，前裸子植物とよばれるシダ植物で，針葉樹裸子植物によく似た二次維管束をもちながら胞子で増えていた．このように，木本化は複数の系統群で「シダ」段階で起こり，前裸子植物から種子植物への系統では，草本から木本への栄養体制の進化が，胞子繁殖から種子繁殖へという植物にとって重要な生殖面の進化に先立って起こったことになる（図1）．

二次維管束は形成層という二次分裂組織からつくられるので，木本の進化は形成層の進化であるといえる．形成層の進化は，茎頂分裂組織から派生する前形成層の一部が一次維管束に分化することなく，その後も分裂能・分化能を維持できたことによるとみることができる．形成層の分化のメカニズムが明らかになると，形成層の進化についても理解が深まるであろう．

## D. 茎の多様化

茎は基本的には軸状であるが，生活様式やはたらきに応じて多様な形態をつくりあげた．例として，葉状になった *Phyllocladus* やナギイカダの仮葉枝（扁茎），サボテン科などの多肉茎，貯蔵器官としてはたらく塊茎，ブドウなどつる（よじ登り）植物の巻きひげなどがある（熊沢，1977；Bell，1991）．一方，浮遊水生植物アオウキクサ類や，急流中の水生植物カワゴケソウ科の一部では，茎がなくとも葉が形成される（Lemon & Posluszny，2000; Koi *et al.*，2005）．これらは重力の制約から解放されて，茎の形態上，機能上の必要性がなくなった結果なのかもしれない．

[引用文献]

Bell A. D. (1991) *Plant Form: An Illustrated Guide to Flowering Plant Morphology.* Oxford University Press.

Cronk Q. C. B. (2009) *The Molecular Organography of Plants.* Oxford University Press.

Imaichi R. (2008) Meristem organization and organ diversity. in Ranker T. A. and Haufler C. H. eds., *Biology and Evolution of Ferns and Lycophytes.* pp.75-103. Cambridge University Press.

Kato M. & Akiyama H. (2005) Interpolation hypothesis for the origin of vegetative sporophyte of land plants. *Taxon.* vol.54, pp.443-450.

Koi S. *et al.* (2005) Endogenous leaf initiation in the apical-meristemless shoot of *Cladopus queenslandicus*（Podostemaceae) and implications for evolution of shoot morphology. *Int. J. Plant Sci.*, vol. 166, pp. 199-206.

Kenrick P. & Crane P. R. (1997) *The Origin and Early Diversification of Land Plants: A Cladistic Study.* Smithsonian Institution Press.

熊沢正夫（1977）『植物器官学』掌華房.

Lemon G. D. & Posluszny U. (2000) Comparative shoot development and evolution n the Lemnaceae. *Int. J. Plant Sci.*, vol. 161, pp. 733-748.

Leyser O. & Day S. (2002) *Mechanisms in Plant Development*, Blackwell.

岡田清隆・町田泰則・松岡 信 監修（2000）細胞工学別冊 植物細胞工学シリーズ12『新版植物の形を決める分子機構』秀潤社.

Tomescu A. M. F. (2008) Megaphylls, microphylls and the evolution of leaf development. *Trends Plant Sci.*, vol. 14, pp. 5-12.

Willis K. J. & McElwain J. C. (2002) *The Evolution of Plants*, Oxford University Press.

（加藤雅啓）

## 5.18 担根体と根の進化

4億年前，最初の陸上植物すなわちコケ植物の体制よりさらに進んだ，維管束をそなえた植物が誕生した．デボン紀の化石植物研究から，初期の維管束植物の体は，小型の軸状で，分枝をくりかえす単純な体制をもっていたことが示されている．軸はまだ葉も根もつくっておらず，あいまいながら地上部（地上軸）と地下部（地下軸）に分かれていた．無機塩類を含む水分の吸収が最初の根の機能だとすると，初期の維管束植物では，地下軸の表面組織から形成された単純な仮根が水分の吸収を行なっていた可能性が高い．その後，地上軸は茎と葉に分化して大型化していき，それに呼応するように地下軸が根を進化させ，体の固着の役割を担ったと考えられる．しかしいったいどのような進化過程で根がつくられたのか，情報は少なく深い謎に包まれている．

**A. 維管束植物にみられる2タイプの根**

維管束植物の根は，分枝様式の違い，二又状分枝か単軸状分枝かによって2タイプに分けられる．二又状分枝は根の頂端分裂組織が二分することによって行なわれるので，外生分枝とよばれる（図1a）．これに対して単軸状分枝は側根原基が内鞘（シダ植物では内皮）に形成され，それが皮層組織の中を伸長し，やがて表皮を破って外に現れるので内生分枝とよばれる（図1b）．外生分枝する根はシダ植物小葉類に，内生分枝する根はシダ植物大葉類と種子植物（裸子植物と被子植物）にかぎってみられる．これら2タイプの中間の性質をもつ根が存在しないことから，2タイプの根は，維管束植物の2大グループであるシダ植物小葉類と真正葉類（シダ植物大葉類と種子植物）において，それぞれ独立に進化してきたと考えられている（Kenrick & Crane, 1997）．

**B. 小葉類の根**

現生の小葉類を構成するヒカゲノカズラ目，イワヒバ目，ミズニラ目の根は，みな二又状の外生分枝を行なう点で同じ形質をもっているが，根を生じる

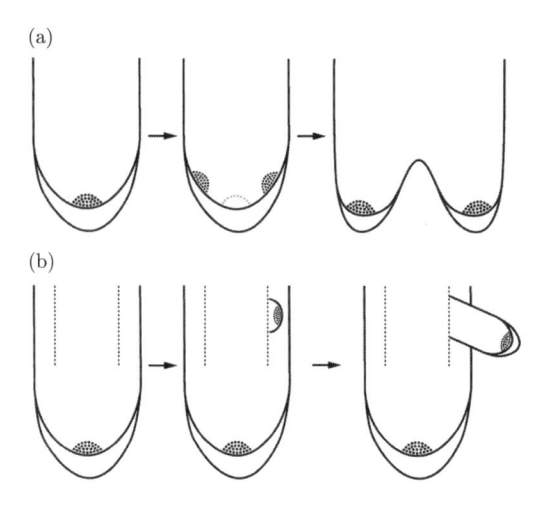

図1 根の分枝様式を示す模式図
(a) 外生分枝，(b) 内生分枝

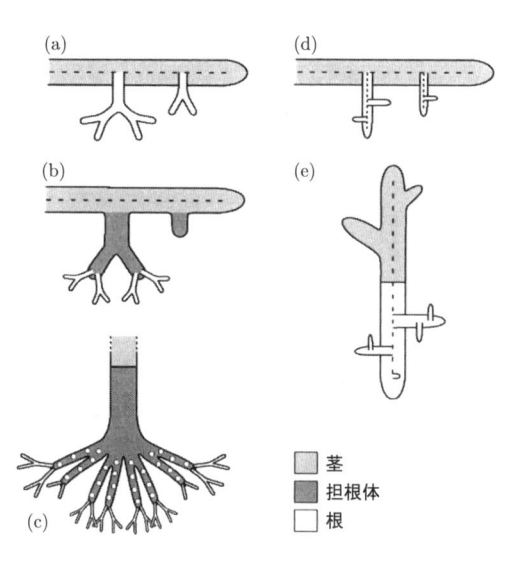

図2 茎，根，担根体の体制を示す模式図
(a) 小葉類ヒカゲノカズラ目，(b) 小葉類イワヒバ目，(c) 小葉類リンボク類，(d) 大葉類，(e) 種子植物．点線は維管束を示す．a〜cでは担根体と根の維管束は省略してある．cの担根体上の○は根の落ち跡を示す．

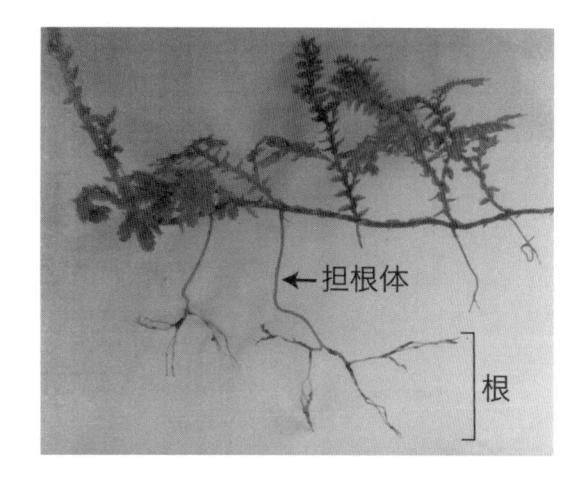

図3 イワヒバ属コンテリクラマゴケの担根体

器官は目によって異なり多様である．現生のヒカゲノカズラ目の根は，ほふくする茎の維管束付近から生じ，内生発生を示す（図2a）．これに対して現生のイワヒバ目とミズニラ目では，根は茎から直接形成されることはなく，担根体とよばれる特別な器官から生じる（図2b, c）．

### a. イワヒバ目の担根体：リゾフォア

現生のイワヒバ目に，茎の分岐部から外生的に形成されたのち，屈地性を示してまっすぐ下方へ伸長し，地面につくと多数の根を出す器官が存在することは古くから知られており，1800年代に担根体と名づけられた（図3）．しかしその後，担根体は特別の器官ではなく，根冠をもたないが根の一部であるとする「地上根説」が提出され，器官の相同性をめぐって議論が重ねられてきた．しかし近年の詳細な形態形成過程の研究から，担根体がある程度伸長したとき，担根体頂端内部に，ふたつの根頂端分裂組織を内生することが示された（Imaichi & Kato, 1989）．すなわち担根体の頂端分裂組織がそのまま根頂端分裂組織に変換するのではなく，担根体の頂端分裂組織が一度機能を消失したのち，その内部に根頂端分裂組織を新たにつくるのである．さらにまた，熱帯アジアに産する大型のクラマゴケ類では，担根体そのものが大型で数回二又分枝をくりかえしたのち，最終分枝の先端に根頂端分裂組織を内生することがわかった（Imaichi & Kato, 1991）．この事実は，担根体が独自の頂端分裂組織をもって分枝を行なう1個の軸状器官であることを示しており（図2b），担根体は単なる地上根ではなく，根，茎，葉に匹敵する1個の独立した器官であることを示唆するものである．

### b. もうひとつの担根体：リンボク類とミズニラ目のリゾモルフ

石炭紀には木本の小葉類（リンボク類）が繁栄していた．それらの植物体は，茎が地上に長くほふくするイワヒバ目とは異なり，地上部と地下部が相対して反対方向へ成長し，2極性を示していた．地上

部，地下部とも二又分枝をくりかえしており，地上部からは多数の小葉が，地下部からは多数の根が形成されていた（図2c）．この地下部は，根を担う器官であることから担根体とも考えられるが，イワヒバ目の担根体（リゾモルフ）と区別してリゾモルフとよばれる（植物化石名はスチグマリア）．リンボク類の2極性体制については，胚の最初の二又分枝が起こった結果，一方が茎に，もう一方がリゾモルフになったものとされ，これによれば，茎上の葉とリゾモルフ上の根は相同器官であることになる．

同様の2極性の体制は現生のミズニラ目にもみられる．ミズニラ目では塊茎の上半分は茎頂分裂組織をもち，葉をつくる茎であるが，下半分はリゾモルフと解釈される器官で，内部に存在する基部分裂組織から多数の根を形成する．

### c．小葉類の根の起源

デボン紀の小葉類の化石植物アステロキシロン（*Asteroxylon*）では，分岐をくりかえす地下軸の一部に極端に小型化した枝がみられる．これらが根になり，現生ヒカゲノカズラ目にひき継がれているのかもしれない．やがて小葉類の一部は担根体やリゾモルフを進化させたと考えられるが，リゾモルフをつくったとき，もともとの根を捨て新しい根を進化させた可能性もある（Kenrick, 2002）．リンボク類とミズニラ目のリゾモルフ，そしてイワヒバ目の担根体，両者の相同関係や進化関係はいまだ不明である．化石情報が有効なのはいうまでもないが，リゾモルフの基部分裂組織の動態や根の形成様式など，現生ミズニラ目を用いた形態形成の詳細な研究が必要である．

### C．真正葉類の根

シダ植物大葉類では，胚につくられた最初の根（胚根）はすぐに成長を終え，その後の根は，すべてが茎から内生する不定根として形成される．この点，小葉類のヒカゲノカズラ目と似ているが，分枝は内生する側根形成によって起こる点で，外生分枝する小葉類の根とは大きく異なる（図2d）．シダ植物大葉類の根の起源は，中部デボン紀の化石植物トリメロフィトン類のプシロフィトン（*Psilophyton*）までさかのぼることができると考えられている．その化石において地下軸の一部で他より急激に細く小型になっているものが，根に進化した可能性が高い．

その後，種子植物が進化し，胚において直立した2極性体制が確立した．種子植物では，胚の上方は茎と葉をつくって地上軸をつくり，下方につくられた胚根（種子根）は，側根を内生して単軸状に分枝した地下軸（根系）をつくり上げる（図2e）．裸子植物も被子植物も同様の体制を示す．もちろん茎から不定根をつくる植物群も多いが，その場合も内生である．

根が，初期の維管束植物の軸構造に由来すること，そして大きくふたつのタイプの根が存在し，それらは維管束植物の2大グループで独立に進化したことは確からしい．しかし，多様な植物群におけるそれぞれの根の相同性や進化過程はほとんどわかっていない．興味深いことに，シダ植物小葉類も大葉類も，化石植物が示唆する根の起源は，地下軸の一部の細い小型の枝である．これらの枝はどのように「内生」という形質を獲得したのか．さらに真正葉類の側根形成も同じ内生様式を示す．「内生」という形質が，根の進化研究において鍵をにぎるかもしれない．これを解き明かすには，化石情報とあわせて，現生植物の形態形成情報，さらにまた分子遺伝学からの情報の集積が必要であろう．

[引用文献]

Imaichi R. & Kato M. (1989) Developmental anatomy of the shoot apical cell, rhizophore and root of *Selaginella uncinata*. *Botanical Magazine* (*Tokyo*). vol. 102, pp. 369-380.

Imaichi R. & Kato M. (1991) Developmental study of branched rhizophores in three *Selaginella* species. *Amer. J. Bot.*, vol. 78, pp. 1694-1703.

Kenrick P. (2002) The origin of roots. in Waisel Y. *et al.* eds., *Plant Roots. The hidden half. 3rd ed.*, pp. 1-13, Marcel Dekker.

Kenrick P. & Crane P R. (1997) *The Origin and Early Diversification of Land Plants. A Cladistic Study*, Smithsonian Institute Press.

[参考文献]

アーネスト・ギフォード，エイドリアンス・フォスター 著，長谷部光泰・鈴木武・植田邦彦監 訳『維管束植物の形態と進化 原書第3版』（2002）文一総合出版．

加藤雅啓（1999）『植物の進化形態学』東京大学出版会．

（今市涼子）

## 5.19 種子の進化

　種子をもつ植物群は種子植物とよばれ，裸子植物と被子植物とが含まれる．種子を最初に獲得したのは裸子植物であり，被子植物は絶滅した裸子植物から進化した植物群と考えられている．種子は受精後の胚珠であり，そのなかに受精によってつくられた胚をもっている（さらに被子植物の場合は，重複受精によってつくられる内乳をもっている）．したがって，胚をもっていることを別にすれば，その基本構造は胚珠を基にすると理解しやすい．

### A. 種子の起源

　裸子植物の種子（胚珠）は，珠心，1枚の珠皮と珠孔をもつ（図1a）．今から約4億年前，種子をもたず，植物体の体全体が軸と胞子嚢のみからなる原始維管束植物ライニー植物が地上に登場した．それからわずか数千万年後，すなわち今からおよそ3億6千万年前には，植物は最初の種子をつくり出している．

　種子（胚珠）のはじまりは，珠皮に囲まれた裂開しない大胞子嚢のはじまりである．種子がつくり出される以前に，異型胞子，すなわち大胞子と小胞子が生じていた．大胞子は大胞子嚢で，小胞子は小胞子嚢で形成される．最初の異型胞子は3億8千万年前の地層から化石として記録されている．種子への進化にあたって，大胞子をつくる大胞子嚢が珠心となり，胞子嚢を欠いた複数の軸がそれをとりかこんで珠皮になり，閉じたところが珠孔となる（図2a-c）．珠孔は花粉（あるいは花粉管）の入口である．珠心につくられる卵細胞は，花粉管によって誘導された精子や精細胞によって受精に至る（図1b）．種子の起源は花粉あるいは花粉管の起源と同時であることをみのがしてはならない．

　こうした種子の起源を示すさまざまな化石が知られている．地上の多くの植物がまだ種子をもたなかったころ（石炭紀：今から約2.9〜3.6億年前），その完成に至るさまざまな過程の段階の構造が化石でみつかっている．なかでも *Archaeosperma*（学名の意味は「最初の種子」）は種子の起源を語るうえで植物進化史上，もっとも注目される化石で，その特徴は珠皮（種皮）の先が5〜6本に裂けていることである（図2d）．*Archaeosperma* の前後にはまだ種子ともよべない特徴をもった化石も多数発見されている．たとえば *Elkinsia*（図2e）や *Moresnetia*（図2f）では，珠心を囲む珠皮（種皮）の先端が4〜5本，あるいは8〜10本に，しかも *Archaeosperma* よりもさらに深く裂けている．これらの化石は，珠皮（種皮），すなわち種子がどのようにつくられてきたか教えてくれる．

　一方，被子植物の種子（胚珠）は，珠心，2枚の珠皮と珠孔をもつ（図1c）．裸子植物の種子との相違

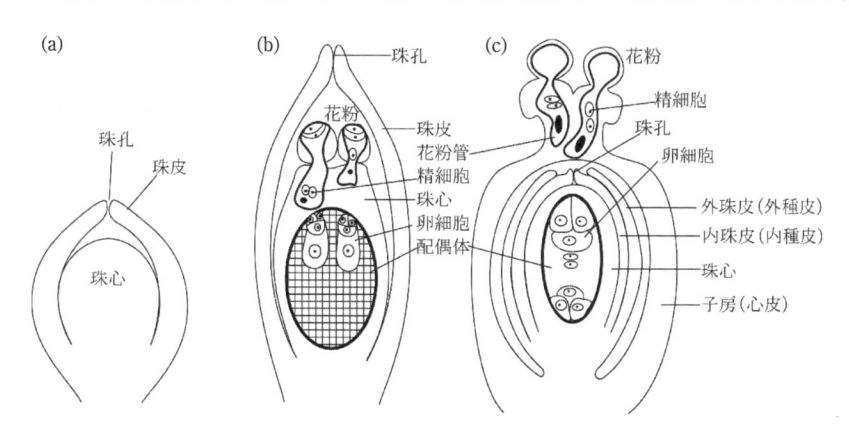

**図1　胚珠（種子）の基本構造**
(a), (b) 裸子植物．珠心をとりかこむ珠皮（種皮）は1枚しかない．
(c) 被子植物．珠心をとりかこむ珠皮（種皮）が2枚（外珠皮，内珠皮）ある．

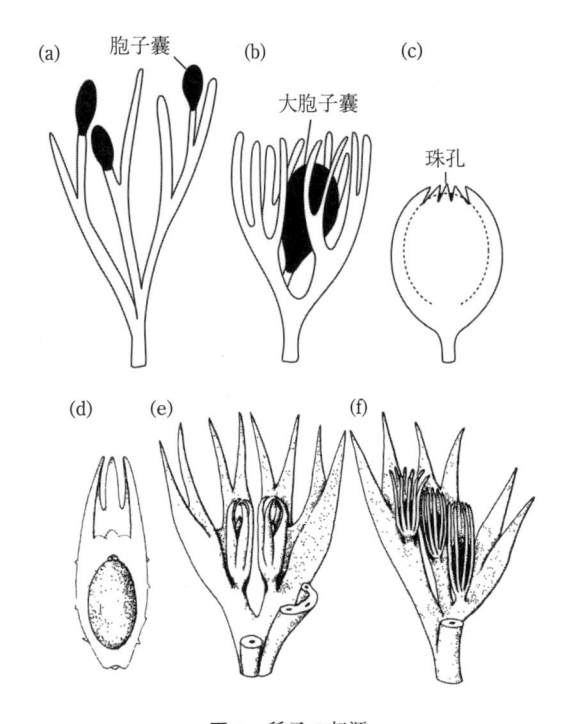

**図 2 種子の起源**
(a)-(c) 裸子植物の種子の進化（a から c へ）．(d)-(f) 化石で知られるいろいろな初期の裸子植物の種子．(d) *Archaeosperma*, (e) *Elkinsia*, (f) *Moresnetia*.

点は，外珠皮と内珠皮の2枚の珠皮があることである．内珠皮は裸子植物の珠皮と相同と考えられているため，外珠皮は被子植物として新たに獲得された構造である．被子植物の起源はおよそ2億年前と推定されており，最初の裸子植物の種子があらわれてから，被子植物の種子（すなわち外珠皮）があらわれるまでおよそ1億6千万年かかっている．異なる起源を反映してか，外珠皮と内珠皮の組織発生が異なることも多くの植物で知られている．すなわち，外珠皮は胚珠原基の表皮細胞と亜表皮細胞が分裂して形成されるのに対して，内珠皮は表皮細胞の分裂によって形成される．

したがって被子植物の種子の起源は外珠皮の起源である．では外珠皮はどこからきたのか？ 現在までにシダ種子類とよばれる過去に絶滅したさまざまな裸子植物が知られており，そのなかには裸子植物の種子を包む椀状体という構造をもつ化石が知られている．一般にこの椀状体が外珠皮として進化したと考えられている．一方，被子植物の種子と裸子植物の種子の大きな違いのひとつに，裸子植物の種子は文字どおり裸出しているのに対して，被子植物の種子はさらに「心皮」で包まれていて外からはみえない点が上げられる．この外珠皮と心皮の起源を合わせて説明できるひとつの仮説（Dahlgren, 1983）を紹介しよう．

シダ種子類のなかに *Glossopteris* 類とよばれる植物化石が二畳紀～三畳紀（約2.0～2.9億年前）から知られている．ちょうど被子植物が起源したとされている時期（約2億年前）の直前まで繁殖していた植物群で，葉の上に雄や雌の生殖器官を乗せたユニークな植物である．雌の生殖器官はいうまでもなく裸子植物の胚珠（1枚の珠皮をもつ）であり，種によって多数の胚珠が椀状体に包まれるか（図3a），その庇護を受けるか（図3b），あるいはただ1個の胚珠が椀状体に完全に包まれている（*Denkania*，図3c）．*Denkania* の場合は，椀状体があたかも外珠皮のようだが，*Denkania* の胚珠はむき出してあり裸子植物段階のままである．このような胚珠をもつ *Glossopteris* 類の分布はゴンドワナ大陸に集中している（ちなみに被子植物の起源は西ゴンドワナ大陸と考えられている）．一方，*Glossopteris* 類とは別に北米の中期白亜紀（約1億年前）から *Prisca* という植物化石が発見された．その胚珠は2枚の珠皮をもち，しかも心皮で包まれているため，被子植物の雌しべの化石と当初考えられた（図3d）．ところが胚珠をよく見ると直生であり，内珠皮の珠孔部が長く伸びている．外珠皮があることを除けば，*Prisca* の胚珠は裸子植物の胚珠によく似ているのである．こうした事実に基づき，Dahlgren は，被子植物の胚珠は *Glossopteris* 類の椀状体に包まれた胚珠が *Denkania* のようにただ1個に減数し，それを包んだまま残った椀状体が外珠皮となり，胚珠を乗せた葉がさらに胚珠を包んで心皮となったと考えた．心皮の起源についてはいろいろな仮説があるが，多くの場合，外珠皮の起源に触れていない．Dahlgren の仮説は，心皮と外珠皮を一緒に考えた点で，裸子植物と被子植物の深い溝を埋める仮説として評価できる．

### B. 被子植物の種子の進化

被子植物の多様な種子を見ると大きな進化と小さ

## 5.19 種子の進化

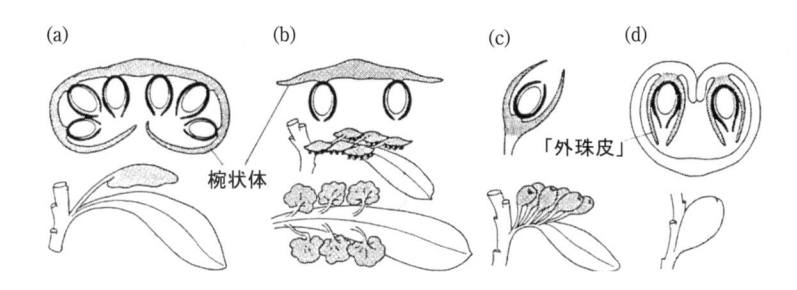

**図3** 被子植物の胚珠（種子）と心皮の進化
(a), (b) *Glossopteris* 類，(c) *Denkania*, (d) *Prisca*. (Dahlgren, 1983 より改変)

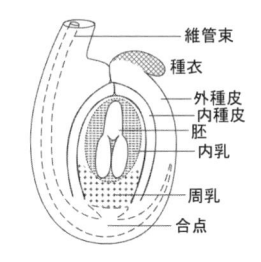

**図4** 被子植物の種子の基本構造

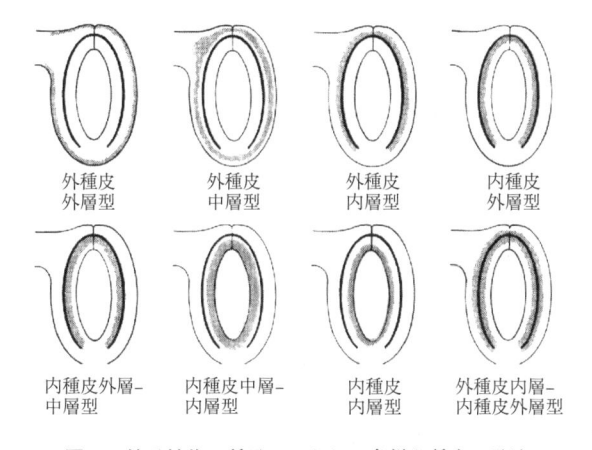

**図5** 被子植物の種子にみられる多様な種皮の発達

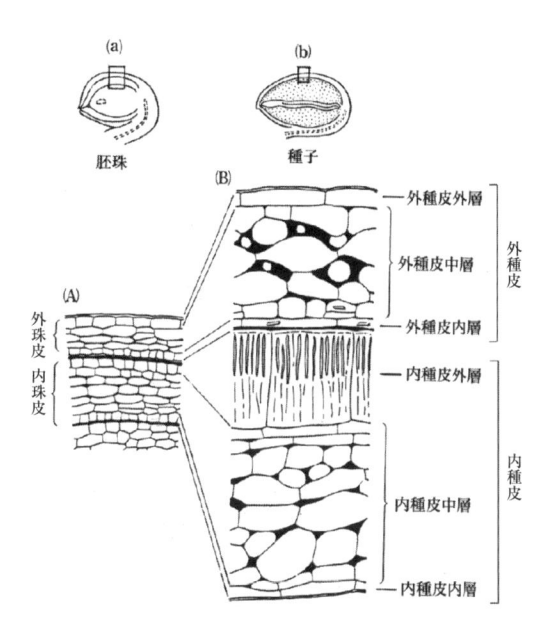

**図6** 被子植物の珠皮と種皮の基本構造
(A) (a) は珠皮，(B) (b) は種皮．
(Corner, 1976 より改変)

な進化に気がつく．少し例をあげよう．過去数十年の間に被子植物の系統の全体像もほぼ明らかになり，その関係が系統樹で示されるようになった．それによれば，*Amborella trichopoda* というニューカレドニアの固有種に至る系統が，ついでスイレン目，オーストロバイレア目が順に分岐し，さらにモクレン群（ここから単子葉植物が分岐）が分岐し，さらに真正双子葉植物群（バラ群，キク群など）へとつながっている．こうした系統樹に照らしてみると，系統樹上の基部で分岐した *Amborella*，スイレン目，オーストロバイレア目，さらにモクレン群（ごく一部を除く）の胚珠は2枚の珠皮（内珠皮と外珠皮）をもち，真正双子葉植物群の多くの胚珠は1枚の珠皮しかもっていない．その場合，胚珠の発生過程をみると，多くの例では2枚の珠皮（内珠皮と外珠皮）が合着し，珠皮の大部分の組織を外珠皮で，珠孔近くの組織のみ内珠皮で形成している．このほかに，まれに外珠皮（モクレン群など）あるいは内珠皮が未発達のために1枚の珠皮になった例も知られている．

受精後の胚珠は種子とよばれ，種によって，周乳（珠心組織から由来）の有無，内乳（受精によって形成）の有無，胚の形態など，種皮より内側の構造に違いをみせる（図4）．しかし，被子植物の種子の多

様な進化は，すなわち小さな進化は，おもに外種皮表面に発達する種衣や付属物の有無，および種皮の構造にみることができる．受精後，外珠皮は外種皮に，内珠皮は内種皮になる（図5）．種によって異なるが，外種皮も内種皮もそれぞれ外層，中層，内層に分化し（図5），種子が成熟したときにそのうちどの層がもっともよく発達しているかに基づいて，外種皮外層型，外種皮中層型，外種皮内層型，あるいは内種皮外層型，内種皮中層型，内種皮内層型とよばれる（図6）．その多様な変化は種子の生育環境への適応や種子の散布方法に深くかかわっている．このように，種子は親から離れた次世代をそのなかに抱えており，生存競争や種の維持に重要な役割を果たしているのである．

[引用文献]

Dahlgren R. (1983) General aspects of angiosperm evolution and macrosystematics. *Nordic Journal of Botany*, vol. 3, pp. 119-149.

（戸部 博）

## 5.20 維管束の進化

### A. 維管束

維管束（vascular bundle）は，水，栄養塩類，同化産物を運ぶために重要な器官であり，木部（xylem），形成層（cambium），篩部（phloem）からなる．木部には繊維細胞と細胞死を起こし細胞質を残さない水を運ぶ仮導管（tracheid）と導管（vessel）とがある．特に仮導管，導管は二次細胞壁が肥大しリグニンを蓄積して分解されにくく化石として残りやすい．通常，この細胞壁の二次肥厚が真正の維管束の指標であり，維管束植物の共有派生形質とされる．コケ植物には，二次壁肥厚をもつ通導細胞は存在しないが，一部のコケ植物は，細胞壁が加水分解され細胞が死ぬことによって水を通す細胞（hydroid）からなる中心束（central strand）をもつ．この細胞が仮導管と相同なものであるかは，微細構造の違いに注目して非相同とする考え（Ligrone *et al.*, 2000）と，全体的類似性（Hébant, 1977）に基づいて相同とする考え（Mishler & Churchill, 1984）があり不明である．

#### a. 仮導管と導管

仮導管は斜めの面で隣の仮導管とつらなるが，導管は円柱状の細胞の末端の細胞壁がなくなった導管要素（vessel element）が，パイプ状につらなったものである．仮導管は維管束植物全般に広く認められる．

#### b. 原生木部と後生木部

木部のなかで最初に分化する部分には細い細胞からなる原生木部（protoxylem）があり，あとから分化する部分には，より径の大きな細胞からなる後生木部（metaxylem）が生じる．細胞壁の二次肥厚のパターンも違いがあり，被子植物では，原生木部を構成する導管は環紋肥厚（annular thickening）あるいはらせん（helical）肥厚をもち，後生木部を構成する導管は階紋肥厚（scalariform thickening），網紋肥厚（reticulate thickening）や孔紋肥厚（pitted thickening）をもつことが多い．

#### c. 維管束の配置・中心柱

中心に木部がありそれをとりかこむように篩部があ

る原生中心柱（protostele）が原始的で，そこから中心性が拡大・不連続になり放射中心柱（actinostele），板状中心柱（plectostele），管状中心柱（siphonostele），網状中心柱（dictyostele），真正中心柱（eustele），不整中心柱（atactostele）など各タイプのパターンが派生したと考えられている．

### B. 前維管束植物とリニア植物の化石
#### a. 維管束の化石

最古の維管束植物である可能性が高いとされる *Cooksonia* は，シルル紀からデボン紀にかけて大きさ数 mm の化石としてみつかっている．維管束植物であることが明確な最古の化石は，デボン紀初期の *C. pertoni*（Edwards *et al.*, 1992）である．

これに続くものとしてデボン期の *Rhynia gwynne-vaughanii* は，軸の中心の二次壁肥厚をもつ木部をとりかこむように細胞壁の薄い篩部様の細胞が並ぶ構造の原生中心柱をもつ．またデボン期の *Aglaophyton major*（*Rhynia major*）では，同様に軸の中心に細長い細胞があり，その周りを細胞壁の薄い篩部様の細胞がとりかこむ構造をしているが，その中心の細胞には環状やらせん状の模様がなく，周囲の細胞より細胞壁が薄い．この構成はスギゴケ類にみられる胞子体の柄の構造に類似している．

### C. 維管束の分化を制御する遺伝子の進化

被子植物のモデル植物シロイヌナズナなどの研究とヒメツリガネゴケ（Rensing *et al.*, 2008），イヌカタヒバ（Banks, *et al.*, 2011）などの基部陸上植物のゲノム解析から維管束をつくる機構がどのように進化したか，遺伝子レベルである程度わかるようになってきた．以下に概略を述べる．

#### a. 維管束のパターン形成

維管束は，植物体の全体にわたって物質を輸送するように効率的に配置される．この維管束パターンの形成については，オーキシンの流れが自律的に形成され，流れの集中しているところに維管束が形成されるカナライゼーション（canalization）モデル（Sachs, 1981, 1991）が，代表的な仮説として提示されている．シロイヌナズナにおいてオーキシンの極性輸送にかかわるオーキシン排出キャリア PIN1 の，機能欠損型変異体では，若い茎生葉の下方に過剰の木部が形成形成され，野生株をオーキシン極性輸送の阻害剤 NPA（naphthylphthalamic acid）で処理した場合にも同様の応答がみられる（Gälweiler *et al.*, 1998）．また PIN1::GFP レポーターは葉において，前形成層の分化以前に葉脈様のパターンを形成する．オーキシン応答性の HD-ZipIII 転写因子 *Athb8* マーカーは，PIN1::GFP にほぼ 1 日遅れてそのパターン形成が観察され，のちに実際にそのパターンに沿って葉脈が形成される．カナライゼーションモデルでは必然的に連続的なプレパターン形成がされると期待されることから，維管束が途切れる変異体の存在に基づいて異なったモデルを考える説（Koizumi, 2000）もある．しかし，維管束が途切れる *van3* 変異体でも，初期の PIN1::GFP のパターンは正常に形成される（Scarpella *et al.*, 2006）ので，実際はカナライゼーションと矛盾しない．

このシステムを担う，*PIN*, *MP*, *VAN3* はいずれも，ヒメツリガネゴケやイヌカタヒバゲノムにも存在し（Banks, *et al.*, 2011），陸上植物の共通祖先の時点ですでに獲得していたものである．オーキシンは維管束にかぎらない多面的な役割を担っているので，祖先では維管束のパターン形成以外の発生制御にかかわっていたものが，維管束のパターン形成に用いられるようになったのだろう．

#### b. 維管束を構成する組織の分化

根，胚軸，茎などにおける維管束は，軸の中心よりに木部が，外側に篩部が形成され，葉では，向軸側に木部が胚軸側に篩部が形成される．このうち中心側/向軸側の性質を制御している遺伝子としては，HD-ZipIII 転写因子の *PHB*, *REV*, *PHV* があり，背軸側では，この遺伝子を抑制する *KANADI* 遺伝子とマイクロ RNA miR165/miR166 とが発現して HD-ZipIII を抑制することによって，向軸側背軸側の違いをもたらしている．なお，HD-ZipIII 遺伝子のひとつ *REV* の機能欠失変異体では繊維細胞の分化が抑制され，miR165/miR166 によって抑制されないタイプの優性変異体 *rev-d*, *phb-d*, あるいは *phv-d* では，過剰な木部形成がみられる．

また形成層の細胞は，篩部の細胞でつくられるペプチドホルモン TDIF によって分裂が促進され，同ホ

ルモンにより木部への分化が抑制される（Hirakawa et al., 2008）．このペプチドホルモンを受容するロイシンリッチリピートレセプターキナーゼ *TDR*（Hirakawa et al., 2008）は維管束植物でのみオーソログがあり，ヒメツリガネゴケゲノムにはオーソログがない．一方，*APL* は篩部の分化を制御する MYB 様転写因子であり，欠損すると篩部ができる位置に木部が形成され，また異所的に発現させると，木部の分化を抑制する（Bonke et al., 2003）．

### c. 導管要素・繊維細胞の分化

NAC 転写因子の *VND6* は後生木部導管を，*VND7* は原生木部導管への分化をつかさどる遺伝子である（Kubo et al., 2005）．また，*NST1*, *NST2*, *SND1/NST3* は繊維細胞および葯の厚壁細胞での細胞壁の二次肥大をつかさどっている（Mitsuda et al., 2005; Mitsuda et al., 2007; Zhong et al., 2007）．この導管要素への分化をつかさどる VND と繊維細胞を含む厚壁細胞への分化をつかさどる NST 遺伝子は，NAC 遺伝子族のなかで比較的近い関係にあり，蘚類のヒメツリガネゴケや小葉類のイヌカタヒバには，VND と NST 群が分かれる前後に分岐した遺伝子がある（Banks, et al., 2011）．NST は葯壁などでもはたらくので，繊維細胞および導管要素の分化胞子嚢壁を厚くするシステムを転用して進化したのかもしれないが，コケ，小葉類での VND/NST 相同遺伝子の機能解析が待たれる．

VND6, VND7 という近縁な遺伝子が原生木部導管と後生木部導管の違いを決定づけている一方，VND と NST をあわせたグループ自体は維管束植物が分化するころにさかのぼることは，初期の維管束植物の化石ではらせんあるいは環状（annular）の二次肥厚（環紋肥厚：annular thickening）をもつ仮導管のみがみられ，階紋肥厚（scalariform thickening）がみられるようになったのは真葉植物（euphyllophytes）以降である（Kenrick & Crane, 1997）ということと対応するかもしれない．

なお真正の木部のメルクマールはリグニンの蓄積と二次壁肥厚である．リグニンについてはフェニルプロパノイド経路を経て合成されたリグニン単量体が重合することによって合成されるが，リグニン単量体を合成する遺伝子はヒメツリガネゴケにも共通にみられ，維管束ができる以前から存在したシステムであることが確かである．

また上記 SND1 の直接のターゲットであるリグニン合成系の遺伝子を制御する MYB 転写因子である MYB46 は，セルロース，キシラン，リグニン合成を制御している（Zhong et al., 2007）．そのうちリグニン合成は *MYB63*，*MYB58* を介して制御されることが示されている（Zhou et al., 2009）．MYB46 は種子植物でのみオーソログが認識され，テーダ松（*Pinus taeda*）でのオーソログ *PtMYB4* もリグニンの蓄積に関与している（Patzlaff et al., 2003）．MYB63, MYB58 は被子植物でのみオーソログが認識できる．したがって遺伝子レベルでも共通性を維持しつつ多様化が進んでいることがわかる．形態の多様性と遺伝子の多様性の対応についてはまだ今後の研究による解明を期待する課題である．

### [引用文献]

Banks J. A. et al.（2011）The Selaginella Genome Identifies Genetic Changes Associated with the Evoluthion of Vascular Plants. *Science*, vol. 332, pp. 960-963.

Bonke M. et al.（2003）APL regulates vascular tissue identity in *Arabidopsis*. *Nature*, vol. 426, pp. 181-186.

Edwards D. et al.（1992）A Vascular Conducting Strand in the Early Land Plant *Cooksonia*. *Nature*, vol. 357, pp. 683-685.

Gälweiler L. et al.（1998）Regulation of polar auxin transport by AtPIN1 in *Arabidopsis* vascular tissue. *Science*, vol. 282, pp. 2226-2230.

Hébant C.（1977）*The conducting tissues of bryophytes*, J. Cramer.

Hirakawa Y. et al.（2008）Non-cell-autonomous control of vascular stem cell fate by a CLE peptide/receptor system. *Proc. Natl. Acad. Sci. USA*, vol. 105, pp. 15208-15213.

Kenrick P. & Crane PR.（1997）*The origin and early diversification of land plants: a cladistic study*, Smithsonian Institution Press.

Koizumi K. et al.（2000）A series of novel mutants of *Arabidopsis thaliana* that are defective in the formation of continuous vascular network: calling the auxin signal flow canalization hypothesis into question. *Development*, vol. 127, pp. 3197-3204.

Kubo M. et al.（2005）Transcription switches for protoxylem and metaxylem vessel formation. *Gene. Dev.*, vol. 19, pp. 1855-1860.

Ligrone R. et al.（2000）Conducting tissues and phyletic relationships of bryophytes. *Philos. Trans. R. Soc.*

Lond. B, vol. 355, pp. 795-813.

Mishler B. D. and Churchill S. P. (1984) A cladistic approach to the phylogeny of the "bryophytes". *Brittonia*, vol. 36, pp. 406-424.

Mitsuda N. *et al.* (2007) NAC transcription factors, NST1 and NST3, are key regulators of the formation of secondary walls in woody tissues of *Arabidopsis*. *Plant Cell*, vol. 19, pp. 270-280.

Mitsuda N. *et al.* (2005) The NAC transcription factors NST1 and NST2 of *Arabidopsis* regulate secondary wall thickenings and are required for anther dehiscence. *Plant Cell*, vol. 17, pp. 2993-3006.

Patzlaff A. *et al.* (2003) Characterisation of a pine MYB that regulates lignification. *Plant J.*, vol. 36, pp. 743-754.

Rensing S. A. *et al.* (2008) The *Physcomitrella* genome reveals evolutionary insights into the conquest of land by plants. *Science*, vol. 319, pp. 64-69.

Sachs T. (1981) The Control of the Patterned Differentiation of Vascular Tissues. in Woolhouse HW. ed., *Advances in Botanical Research* vol. 9, Academic Press.

Sachs T. (1991) *Pattern Formation in Plant Tissues, Developmental and Cell Biology Series*, Cambridge University Press.

Scarpella E. *et al.* (2006) Control of leaf vascular patterning by polar auxin transport. *Genes Dev.*, vol. 20, pp. 1015-1027.

Zhong R. *et al.* (2007) The MYB46 transcription factor is a direct target of SND1 and regulates secondary wall biosynthesis in *Arabidopsis*. *Plant Cell*, vol. 19, pp. 2776-2792.

Zhong R. Q. *et al.* (2007) Two NAC domain transcription factors, SND1 and NST1, function redundantly in regulation of secondary wall synthesis in fibers of *Arabidopsis*. *Planta*, vol. 225, pp. 1603-1611.

Zhou J. L. *et al.* (2009) MYB58 and MYB63 Are Transcriptional Activators of the Lignin Biosynthetic Pathway during Secondary Cell Wall Formation in *Arabidopsis*. *Plant Cell*, vol. 21, pp. 248-266.

［参考文献］

原 襄 『植物形態学』（1994）朝倉書店.

Kenrick P. & Crane P. R. (1997) *The origin and early diversification of land plants: a cladistic study*, Smithsonian Institution Press.

Gifford E. M. & Foster A. S. (1988) *Morphology and Evolution of vascular plants*（3rd ed.）, Freeman.

（西山智明）

## 5.21 細胞内膜交通の進化

核膜をもつ核の存在に加え，発達した細胞内膜系をもつことが，真核細胞の重要な特徴のひとつである．原核細胞の共生により生まれたミトコンドリアや色素体とは異なり，小胞体，ゴルジ体，多胞体，液胞/リソソームなどの単膜系細胞小器官は，真核細胞自身の膜から派生したと考えられている．これらの細胞小器官は小胞または小管を介した物質輸送機構により結ばれており，この輸送機構（膜交通：membrane traffic）の多様化と進化がさらに多くの細胞小器官を生み出す原動力となったと考えられる．

細胞内膜交通は，つぎのような過程が連続して起こることより行なわれる（図1）．① SAR/ARF GTPase と被覆複合体（coat complex）が積み荷を選別・濃縮するとともに，膜を変形させ輸送小胞の出芽が起こる．② 被覆複合体が解離する．③ 輸送小胞が標的膜に繋留因子（tether）により繋留される．繋留因子の集合は RAB GTPase が制御している．④ 4種類（Qa, Qb, Qc, R）の SNARE 分子が複合体を形成することにより膜融合を実行する．

細胞内膜交通の進化の研究は，この一連の現象を制御する鍵因子群の比較ゲノム解析や分子系統解析により，近年急速な進展をみた．被覆複合体，SAR/ARF，RAB，SNARE については，それぞれの輸送経路でパラロガスなセットが機能している．

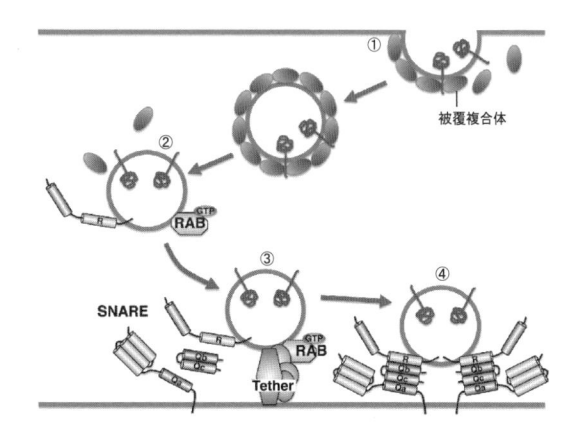

図1 細胞小器官間を結ぶ膜交通の模式図

一方，各輸送経路で機能する tether 間にはあまり相同性がみられない．このことから，細胞小器官および細胞内膜交通の進化は，RAB，SNARE などの遺伝子重複による倍加と，関連する分子群（tether など）の共進化の結果であると考えられる（Dacks et al., 2009）．比較ゲノム解析の結果，現存するすべての真核生物の最も近い共通祖先には，すでに小胞体，層板化したゴルジ体，多胞化したエンドソーム，リソソーム/液胞と，それらの間を結ぶ複雑な膜交通システムが備わっていたと推測されている（Dacks & Field, 2007）．

RAB や SNARE は，真核生物の各系統が分岐したあともさらに多様化している．動物や植物では，多細胞化と連動して RAB や SNARE の爆発的な増加が起こったと考えられている．一方，赤痢アメーバやトリコモナスでは，単細胞であるにもかかわらず RAB の数が極端に増加しているが，その理由は不明である．遺伝子数の変化に加え，各系統/生物種で特異的に獲得された分子種も存在する．たとえば，マラリア原虫には複数の膜貫通領域をもつ SNARE 分子が存在することが報告されている（Ayong et al., 2007）．

植物の RAB や SNARE の構成が他の生物と大きく異なっていることから，植物の細胞内膜交通も独自の進化を遂げていることがうかがえる（Rutherford & Moore, 2002; Saito & Ueda 2009; Sanderfoot, 2007）．陸上植物の RAB に共通する特徴として，RAB11 の増加とユニークな RAB5 グループの存在がある．シロイヌナズナゲノムには 57 個の *RAB* 遺伝子が存在し，その半数近い 26 個が *RAB11* ホモログである．このうちいくつかの遺伝子産物については，トランスゴルジネットワーク（trans Golgi network：TGN）に局在し，根毛や花粉管の先端成長，細胞板形成といった植物に特徴的な現象にかかわることが示されている．植物では TGN が初期エンドソームとして機能していることも明らかとなっており，ポストゴルジオルガネラが植物において独自の進化を遂げていることが示唆される．陸上植物にのみ保存されている RAB5 メンバー，ARA6 グループの存在も，植物細胞におけるエンドソーム輸送経路の多様化を反映したものであろう（Ueda et al., 2001）．数の増加と新奇分子の創造は，植物の SNARE においても観察される．特に種子植物のみに保存された VAMP727 は，特徴的なペプチドの挿入により新規機能を獲得しており，これがポストゴルジ輸送経路の多様化に貢献したと考えられる（Ebine et al., 2008, 2011）．

[引用文献]

Ayong L. et al. (2007) Identification of Plasmodium falciparum family of SNAREs. *Mol. Biochem. Parasitol.*, vol. 152, pp. 113-122.

Dacks J. B. & Field M. C. (2007) Evolution of the eukaryotic membrane-trafficking system: origin, tempo and mode. *J. Cell Sci.*, vol. 120, pp. 2977-2985.

Dacks J. B. et al. (2009) Evolution of specificity in the eukaryotic endomembrane system. *Int. J. Biochem. Cell. Biol.*, vol. 41, pp. 330-340.

Ebine K. et al. (2008) A SNARE complex unique to seed plants is required for protein storage vacuole biogenesis and seed development of Arabidopsis thaliana. *Plant Cell*, vol. 20, pp. 3006-3021.

Ebine K. et al. (2011) A membrane trafficking pathway regulated by the plant-specific RAB GTPase ARA6. *Nat. Cell Biol.*, vol. 13, pp. 853-859.

Rutherford S. & Moore I. (2002) The *Arabidopsis* Rab GTPase family: another enigma variation. *Curr. Opin. Plant Biol.*, vol. 5, pp. 518-528.

Saito C. & Ueda T. (2009) Functions of RAB and SNARE Proteins in Plant Life. *Int. Rev. Cell. Mol. Biol.*, vol. 274, pp. 183-233.

Sanderfoot A. (2007) Increases in the number of SNARE genes parallels the rise of multicellularity among the green plants. *Plant Physiol.*, vol. 144, pp. 6-17.

Ueda T. et al. (2001) Ara6, a plant-unique novel type Rab GTPase, functions in the endocytic pathway of Arabidopsis thaliana. *EMBO J.*, vol. 20, pp. 4730-4741.

（上田貴志）

## 5.22 無性生殖

無性生殖とはある個体から減数分裂もしくは配偶子の接合(受精)を経ずに新個体が生じる繁殖様式の総称である．狭義では，親個体と遺伝的に完全に同一のクローン個体 (clone) が生ずるものをさす．無性生殖は多様な分類群(原生生物や菌類，動物，植物)でみることができ，その様式も多様である．ここでは，無性生殖の様式やその多様性について紹介する．

### A. 分裂・出芽

原核生物では，細胞がふたつに分裂する「二分裂 (binary fission)」がもっとも多くみられる無性生殖である (Angert, 2005)．二分裂は古細菌や分裂酵母，単細胞の原生生物などでもみることができる．二分裂では同じサイズのふたつの細胞へ分裂する．シアノバクテリアの仲間には，栄養状態が悪化するとひとつの母細胞から多くの娘細胞 (daughter cell) が生じる「多分裂 (multiple fission)」がみられるものもある (Angert, 2005)．

「出芽 (budding)」は，体細胞分裂によって母細胞 (mother cell) から小さな芽のような娘細胞が形成され，やがてその娘細胞が成長して別の個体となる生殖方法である．単細胞のプロテオバクテリアや出芽酵母などでみることができる．また，多細胞のヒドラやホヤなどでも体壁のふくらみ(芽体)から新個体がつくられる出芽がみられる．

### B. 栄養生殖

「栄養生殖 (vegetative reproduction)」とは多年生植物で一般的にみられる配偶子形成を経ずに体細胞分裂によって新個体が形成される生殖法である．栄養成長は実に多様で，地下茎(根茎・塊茎・球茎・鱗茎を含む)や地上茎(匍匐枝・走出枝)，萌芽，塊根，珠芽(むかご)などさまざまな器官から新個体が形成される (鈴木, 2003)．親個体とすべての新個体をあわせたものをジェネット (genet)，個々の個体をラメット (ramet) とよぶ．盛んな栄養生殖を行なうクローナル植物 (clonal plant) では，新個体がすぐに親個体から分離されず複数のラメットが物理的・生理的につながった状態でしばらく維持され，ラメット間で資源のやりとり (physiological integration) がみられることもある (Alpert, 1999)．栄養生長は雌雄異株の植物種では雌雄に関わらずみられ，雄個体でも行なえる無性生殖といえる．

ほとんどのクローナル植物は有性生殖も行なうが，しばしば栄養生殖が有性生殖の成功に負の影響を与えることがある．栄養生殖による新個体は親個体の近傍に分布することが多いため，大きなジェネットでは個々のラメットが咲かせる花は遺伝的に同一なラメットの花に囲まれて咲くことになる (Handel, 1985)．このような場合，隣花受粉が起きやすく，自家和合性種では個体の自殖率の増加が，自家不和合性の種では種子生産量の低下が起こる．一方で，三倍体であるシャガ (*Iris japonica*) やヒガンバナ (*Lycoris radiata*)，コモチマンネングサ (*Sedum bulbiferum*)，雑種由来のタヌキモ (*Utricularia vulgaris* var. *japonica*) は有性生殖をほぼ行なえず，栄養生殖のみで増殖している植物である (Kameyama et al., 2006)．ソメイヨシノ (*Cerasus* x *yedoensis*) も雑種由来であり有性生殖ができないため，全国の個体はもともと1個体由来の挿し木による無性生殖によって増やされたものである (Innan et al., 1995)．

### C. 単為生殖

「単為生殖 (parthenogenesis)」は雌の未受精卵から個体が発生する生殖方法である．単為生殖は，生殖細胞である卵から個体が発生するため発生学・細胞学では有性生殖に属するとされることがあるが，進化学的には受精による遺伝子の混合がみられないため無性生殖の一様式とみなされる．単為生殖という言葉はおもに動物に対して用いられ，減数分裂を経ずに卵が生産されるアポミクシス (apomixis) や減数分裂後に生殖細胞や単相核が融合して二倍体卵が生産されるオートミクシス (automixis)，減数分裂の前に染色体が倍加し卵がつくられるエンドミクシス (endomixis) などのタイプがある (Kearney, 2005)．オートミクシスではすべての遺伝子座で対立遺伝子がホモになり，親子間で遺伝子型が異なる

場合があるため，狭義の無性生殖には含まれない．

また，単為生殖は，雌が雌のみを生む産雌単為生殖（thelytoky），雄のみを産む産雄単為生殖（arrhenotoky），雌雄を生む産雌雄単為生殖（deuterotoky）に分けられる．半数倍数性のハチやアリなどでは半数体の雄が単為生殖によって生まれることは有名であるが，ケープミツバチ（*Apis mellifera capensis*）やチビヒアリ（*Wasmannia auropunctata*）では産雌雄単為生殖も報告されている（Fournier *et al.*, 2005）．また二倍体生物のコモドドラゴン（*Varanus komodoensis*）やヤマトシロアリ（*Reticulitermes speratus*）でもオートミクシスによる産雌単為生殖が報告されている（Watts *et al.*, 2006; Matsuura *et al.*, 2009）．ギンブナ（*Carassius langsdorfii*）でも産雌単為生殖がみられるが，個体の発生開始に近縁種の精子による受精刺激が必要である．

### D. 植物におけるアポミクシス

多くの被子植物で，単為生殖的に種子が形成される現象はアポミクシスとよばれる．少々混乱するが，植物学では動物学での意味とは異なり，アガモスパーミー（agamospermy）の同義語としてアポミクシスという言葉が使われる．被子植物における無性生殖種子のでき方は，① 胚嚢形成を経ず胚珠の周囲の体細胞（珠心や珠皮）から胚が形成される不定胚形成（adventitious embryony）と，② 胚嚢母細胞から減数分裂を経ずに多倍性の胚嚢が形成される複相胞子生殖（diplospory），③ 珠心から多倍性の胚嚢が形成され種子となる無胞子生殖（apospory）と三つに分けることができる（Whitton *et al.*, 2008）．後者のふたつはまとめて配偶体型アポミクシス（gametophytic apomixis）とよばれる．不定胚形成は通常二倍体種でみられるが，配偶体型アポミクシスは二倍体種ではほとんどみられない．不定胚形成はミカン科やニシキギ科，ラン科などで，複相胞子生殖はキク科で，無胞子生殖はイネ科やバラ科でみられる．

不定胚形成を行なう種では他家花粉による有性生殖もみられる．無胞子生殖では一般的に内胚乳の正常な発生に花粉の精核と極核による受精が必要である．一方で，複相胞子生殖の種では内胚乳は花粉による受精なしで発生する（自発的内胚乳形成）．そのため稔性花粉をあまりつくらない傾向があり，なかには雄性不稔であるものもある（Whitton *et al.*, 2008）．このように3タイプのアポミクシスでは花粉が生殖に果たす役割が大きく異なるため，アポミクシスに関与する遺伝子が集団へ広がる進化的プロセスにタイプ間で差異が生じることが考えられ，非常に興味深い．また多くのアポミクシスを行なう集団では遺伝的な多様性がみつかっており，アポミクシスが何度も起源している可能性，もしくは花粉によってアポミクシスを行なう形質が集団内に広がっている可能性がある．アポミクシスが被子植物集団に広がるプロセスは無性生殖の進化とも関係し，非常に重要な研究課題となるであろう（Whitton *et al.*, 2008）．

アポミクシスは裸子植物ではみられない．シダ植物では胞子形成を経ず，胞子体の栄養細胞から前葉体が形成されたり，減数分裂を起こさずに複相の胞子をつくる無性生殖がみられる．

### E. 無性生殖の有利性

一般に，無性生殖は有性生殖と比べて，高い増殖率・遺伝子伝達効率があり進化的に優れていると考えられる．しかし，無性生殖のみを行なう生物種は非常にまれで，無性生殖を行なう多くの種で有性生殖もみられる．植物では，無性生殖は，① 撹乱のない環境で，② 分布の末端で，③ 散布制限のない種で，④ 希少種や絶滅危惧種で，⑤ 外来植物で，ときわめて限定された条件下で多くみられる傾向があり，「有性生殖が不利になる」場合にのみ維持されると考えられている（Silvertown, 2008）．無性生殖と有性生殖がそれぞれどのような条件下で有利になるのかについては5.23項を参照されたい．

[引用文献]

Angert E. R. (2005) Alternatives to binary fission in bacteria. *Nat. Rev. Microbiol.*, vol. 3, pp. 214-224.

Alpert P. (1999) Clonal integration in *Fragaria chiloensis* differs between populations: ramets from grassland are selfish. *Oecologia*, vol. 120, pp. 69-76.

Fournier D. *et al.* (2005) Clonal reproduction by males and females in the little fire ant. *Nature*, vol. 435, pp. 1230-1234.

Handel S. N. (1985) The intrusion of clonal growth patterns on plant breeding systems. *Am. Nat.*, vol. 125, pp. 367-384.

Innan H. *et al.* (1995) DNA fingerprinting study on the intra specific variation and the origin of *Prunus yedoensis* (Someiyoshino). *Jpn. J. Genet.*, vol. 70, pp. 185-196.

Kameyama Y. *et al.* (2005) Hybrid origins and $F_1$ dominance in the free-floating, sterile bladderwort, *Utricularia australis* f. *australis* (Lentibulariaceae). *Am. J. Bot.*, vol. 92, pp. 469-476.

Kearney M. (2005) Hybridization, glaciation and geographical parthenogenesis. *Trends Ecol. Evol.*, vol. 20, pp. 495-502.

Matsuura K. *et al.* (2009) Queen Succession Through Asexual Reproduction in Termites. *Science*, vol. 323, p. 1687.

Silvertown J. (2008) The evolutionary maintenance of sexual reproduction: evidence from the ecological distribution of asexual reproduction in clonal plants. *Int. J. Plant Sci.*, vol. 169, pp. 157-168.

鈴木準一郎 (2003) 無性生殖. 巌佐 庸・松本忠夫・菊沢喜八郎・日本生態学会 編『生態学事典』共立出版.

Watts P. C. *et al.* (2006) Parthenogenesis in Komodo dragons. *Nature*, vol. 442, pp. 1021-1022.

Whitton J. *et al.* (2008) The dynamic nature of apomixes in the angiosperms. *Int. J. Plant Sci.*, vol. 169, pp. 169-182.

〔丑丸敦史〕

## 5.23 有性生殖

有性生殖（sexual reproduction）とは，減数分裂で生じたふたつの配偶子の接合によって新個体（子）が誕生する繁殖様式である．二倍体生物の場合，半数体である配偶子の接合によって二倍体の子が誕生する．ヒトを含む多くの動植物では，形や大きさの異なる2タイプの配偶子（異形配偶子），つまり雌性配偶子と雄性配偶子の接合（受精）による有性生殖がみられる．

減数分裂の際には，染色体の乗換え（その際，「組換え（recombination）」が起こる）と「分離（segregation）」によって同一親個体（親）から異なる対立遺伝子の組合せをもつ多様な配偶子が作られる．また多くの動植物では，2個体由来の配偶子によって受精が起こる（同一個体由来の配偶子による受精―自殖は5.24項参照）．これらの理由で，有性生殖では親子間，また子の間で遺伝子型の差異が生じる．同様に遺伝子の交換が起こる原核生物の細菌接合（bacterial conjugation）や遺伝子の水平伝搬（horizontal gene transfer）は厳密には有性生殖と区別される（原核生物における個体間の遺伝子交換は，Redfield (2001) 参照）．

近年の分子系統学的な研究から，減数分裂をともなう有性生殖は真核生物の共通祖先において誕生した可能性が示唆されている（Ramesh *et al.*, 2005）．原生生物の繊毛虫類（ゾウリムシ類など）でみられる有性生殖では個体数の増加はみられず，2個体による接合の際に移動核の交換が行なわれる．また，藻類では形や大きさに差異がみられないふたつの同形配偶子の接合による有性生殖もみられる．以上のように多様なタイプが存在するが，有性生殖は真核生物に広くみられる現象である．しかし，有性生殖は無性生殖と比較した場合，無視できない多くのコストがかかることが知られており，「なぜ有性生殖が普遍的にみられるのか？」という問題は「有性生殖のパラドックス」とよばれ，進化生物学の中心的な課題のひとつとなっている（Agrawal, 2006; Otto & Gerstein, 2006）．

## A. 有性生殖のコスト

古典的には，「繁殖に他個体を必要とする有性生殖個体は無性生殖個体の 1/2 のスピードでしか増加できないこと」がコストとして考えられてきた（古典的な有性生殖の 2 倍のコスト：Maynard Smith, 1971）．しかし，多くの被子植物のように両性個体が行なう有性生殖ではこの議論は当てはまらない．近年では，「無性生殖では親の遺伝子がすべて子に伝えられる一方で，有性生殖では親の遺伝子は子に半分しか伝わらないこと」が重要なコストとして考えられている（遺伝的な有性生殖の 2 倍のコスト）．

また生態学的には，「交配相手の探査（交尾相手を探す，花をつける）」や「動物では交尾中に採餌もできず，捕食者に対する防衛もできないこと」が有性生殖のコストとしてあげられている．また，交配によって感染症が伝搬してしまうこともコストとされる．

さらに有性生殖の最大の特徴ともいえる「組換え，分離，受精による遺伝子の混合によって"優秀な対立遺伝子の組合せ（適応度の高い遺伝子相関）"が壊されること」が有性生殖の重大なコストとなりうる（Agrawal, 2006; Otto & Gerstein, 2006）．有性生殖では，異なる遺伝子座における優秀な対立遺伝子の組合せは組換えによって，同一遺伝子座における優秀な対立遺伝子の組合せは分離によってバラバラにされる．親はその誕生後に他個体との競争に勝ち繁殖できた個体といえ，その環境下では優秀な対立遺伝子の組合せをもつ個体ともいえる．その親のもつ優秀な対立遺伝子の組合せを壊してつくった子がさらに優秀な対立遺伝子の組合せをもつとは必ずしもかぎらない．ショウジョウバエやクラミドモナスの実験集団では，この遺伝子の混合による子の平均適応度の減少が報告されている（Agrawal, 2006）（しかし一方で，ハルガヤでは有性生殖による子の平均適応度が無性生殖による子の平均適応度を大きく上回る，という報告もあり（Kelley et al., 1988），有性生殖による短期的な子の平均適応度の増減については，より多くの実証研究が求められている）．

このように有性生殖には多くのコストがともなうにもかかわらず，なぜ真核生物で有性生殖が普遍的にみられるのか？以下に有性生殖の進化についてこれまで提唱されてきた仮説について紹介する．

## B. 有性生殖の利点

有性生殖には遺伝子の混合による「有害遺伝子の適応度に対する負の効果の軽減」と「環境により適した遺伝子の組合せの創出」のふたつのおもな利点があると考えられてきた．これまで，この利点をもつことで有性生殖が有利となる条件が多くの仮説によって提唱されてきた．

### a. 有害遺伝子の負の効果の軽減

**Muller のラチェット仮説**（Muller's ratchet hypothesis）：ショウジョウバエでは二倍体のゲノムに有害突然変異は一世代あたり 1.2 個という高い確率で起こることが報告されている（Haag-Liautard et al., 2007）．このような高い有害突然変異率と「遺伝的浮動」によって，有限集団では無性生殖個体には不可逆的につぎつぎと有害対立遺伝子が蓄積されていく．一方，有性生殖個体は組換えによってこの有害対立遺伝子の蓄積を防げるとする仮説である．

**負のエピスタシス仮説**（negative epstasis hypothesis）：ラチェット仮説同様に有害遺伝子の蓄積による負の効果を考えるが，Kondrashov（1982）の提唱したこの仮説では有害遺伝子の蓄積による「エピスタシス」（遺伝子の相乗効果）の発現を仮定する．同一染色体上のふたつの遺伝子座において，互いに生存上有利な対立遺伝子と有害対立遺伝子が連鎖不平衡（負の連鎖不平衡）の状態にある場合，有性生殖によって生存上有利な対立遺伝子同士の組合せと有害対立遺伝子同士の組合せが生じる．負のエピスタシスによって適応度の大きな低下が起こる有害対立遺伝子同士の組合せは自然選択によって速やかに排除されるため，それぞれの遺伝子座において有害対立遺伝子の頻度が減少するとする仮説．この仮説はこれまで多く検討されてきたが，理論研究では，負の連鎖不平衡が維持される状態で，エピスタシスが負かつ弱いというきわめて限定された条件下でのみ，有性生殖が有利となることが示されている（Otto & Gerstein, 2006）．この条件が満たされているという実証データはほとんどなく，この仮説では有性生殖の普遍性を説明できないとの指摘もある（Otto & Gerstein, 2006; Arjan et al., 2007）．

**性選択仮説**：多くの異形配偶子性の有性生殖生物では「雌による交配雄の選択」また「雄間の雌を巡る競争」が知られている．つまり雄には雌以上に交配相手を捜すコストがかかる．有害遺伝子の負の効果がコストのかかる雄にのみ強く発現しまう場合，有害対立遺伝子をもつ雄の適応度はより低くなるため，集団中の有害対立遺伝子の頻度が低く保たれる．そのため有性生殖が維持されるとする仮説である（Agrawal, 2001）．真核生物では，同形配偶子性の生物で異形配偶子性の生物よりも無性生殖がよくみられることはこの仮説を支持する事実である．

**環境ストレス仮説**：有性生殖と無性生殖の両方を行なえる生物では，成長に好適な環境下ではもっぱら無性生殖を，不適な環境になると有性生殖を行なう頻度が高くなることが知られている．成長に不適な環境下では有性生殖の相対的な有利性が増す，また有害遺伝子の負の効果が大きくなるため組換えが有利になるとする仮説である．ショウジョウバエやシロイヌナズナではストレス条件下で有性生殖時の組換え率が高くなることも知られている．

#### b. 環境により適した遺伝子の組合せの創出

**Fisher-Muller 仮説**：この仮説ではごくまれに生じる生存上有利な突然変異が有限集団へ定着する際，有性生殖が有利になるとしている．集団内で生存上有利な突然変異が異なる複数の遺伝子座にそれぞれ生じる場合，複数の突然変異が同一個体に生じる確率は非常に低い．そのため無性生殖集団ではそれぞれ別の有利な突然変異をもつ複数の系統が生じ，お互いに競争しあうことになる．一方，有性生殖集団では遺伝子の混合と自然選択によって複数の有利な突然変異をあわせもつ個体が集団中で速やかに増加することになる．

**赤の女王仮説**（red queen hypothesis）：遺伝子の混合により子の遺伝型の多様性を生み出す有性生殖は，時間とともに変化し続ける環境下で無性生殖よりも有利となるという仮説．変化し続ける環境としては物理環境よりも生物環境，特にその生物と共進化する病原体の存在が注目されている．赤の女王仮説によって有性生殖の維持を説明するには，病原体によって個々の遺伝子に強い選択がかけられ，ある対立遺伝子の組合せの有利不利が数世代で大きく変化することが条件となる．しかし，このような条件が実際の生物集団で成立しているのか疑問を唱える声もあり，実証データの集積が求められている（Otto & Gerstein, 2006）．

#### c. その他の仮説

**有限集団仮説**（finite population hypothesis）：有性生殖は集団内で負の連鎖不平衡が維持され続けるときに有利となる（Arjan et al., 2007）．有限集団では遺伝的浮動と有利な対立遺伝子への正の自然選択（もしくは劣性遺伝子への負の自然選択）によって負の連鎖不平衡が維持され続ける場合がある．このような場合，負のエピスタシスの不在下でも有性生殖による組換えが有利となる（Otto & Gerstein, 2006）．遺伝的浮動は小集団や無性生殖集団でのみ強くはたらくと考えられていたため，これまでこの仮説はあまり注目されてこなかった．しかし近年の理論研究によって，多くの遺伝子が選択下にある場合，また集団が複数の分集団によって構成されている場合は非常に大きな集団でも遺伝的浮動が有性生殖の進化に大きな効果をもつことが明らかになってきた．このため，有限集団仮説が有性生殖の普遍性をもっともよく説明しうるという主張もある（Otto & Gerstein, 2006）．

**複合要因仮説**（pluralist approach）：これは種によって有性生殖の有利さをもたらす要因が異なっている，または複数の要因が同時にある種の有性生殖の有利さをもたらすとする仮説である（Arjan et al., 2007）．上述の仮説群はそれぞれ互いに相反しているわけではない．複数の要因が同時に作用すると考えることで有性生殖の普遍性を説明できるとする考え方である．たとえば，寄生者との軍拡がみられる系で Muller のラチェットにより有性生殖が有利となることが提案されている．また寄生者の存在がストレスとして作用することで，劣勢突然変異による負のエピスタシス効果が生じると主張するものある．

**性と遺伝的構造仮説**：有性生殖は遺伝的な「頑健性（robustness）」や「モジュール性（modularity）」の進化を促進すると考えられている（Arjan et al., 2007）．前者は突然変異や組換えによる多少の遺伝的撹乱（genetic perturbation）があっても表現型・適応度の大きな変化がみられない現象を，後者は同じ

代謝にかかわる遺伝子群がゲノム上の近い位置もしくは遠く離れた位置に配置されている現象などをさす．遺伝的な頑健性やモジュール性は遺伝的撹乱によって生物の機能が短期的に失われてしまうことへの適応としてとらえられているが，これらはエピスタシスの発現の仕方を変化させてしまう．最近のメタ解析では，ゲノムサイズの大きな生物ほど負のエピスタシスがみられる（頑健性やモジュール性が強い）ことが示されている（Sanjuan & Elena, 2006）．また，頑健性は突然変異の蓄積を可能にすることで，モジュール性はモジュール構造自体が新しい生物機能に再利用されることを可能にすることで長期的な集団の「進化可能性（evolvability）」を向上させていると考えられている．以上のように，有性生殖によってもたらされた遺伝的構造が有性生殖の有利さを生み出すことで，有性生殖の維持を促進しているという考え方である．近年は，この遺伝的構造と有性生殖の関係性について研究者の注目が集まってきている．

## C. まとめ

以上のように有性生殖の進化に関しては多くの仮説が提唱されているが，いまだどの仮説がより有力かについて論議が続いている．理論研究が先行するなかで，それぞれの仮設の妥当性を検討するための実証研究が圧倒的に不足している．今後は有性生殖と無性生殖をともに行なえるさまざまな生物種についての実証データを積み重ねて，どのような条件下で有性生殖が有利となるのか明らかにしていく必要がある．

[引用文献]

Agrawal A. (2001) Sexual selection and the maintenance of sexual reproduction. *Nature*, vol. 411, pp. 692-695

Agrawal A. (2006) Evolution of sex. *Curr. Biol.*, vol. 16, pp. R696-R704.

Arjan J. (2007) The evolution of sex: empirical insights into the role of epistasis and drift. *Nat. Rev. Genet.*, vol. 8, pp. 139-149.

Haag-Liautard C. *et al.* (2007) Direct estimation of per nucleotide and genomic deleterious mutation rates in *Drosophila*. *Nature*, vol. 445, pp. 82-85.

Kelley S. E. *et al.* (1988) A test of the short-term advantage of sexual reproduction. *Nature*, vol. 331, pp. 714-716.

Kondrashov A. S. (1982) Selection against harmful mutations in large sexual and asexual populations. *Genet. Res.*, vol. 40, pp. 325-332.

Maynard Smith J. (1971) What use is sex? *J. Theor. Biol.*, vol. 30, pp. 319-335.

Otto S. P. and Gerstein A. C. (2006) Why have sex? The population genetics of sex and recombination. *Biochem. Soc. Trans.*, vol. 34, pp. 519-522.

Ramesh M. A. *et al.* (2005) A phylogenomic inventory of meiotic genes: evidence for sex in *Giardia* and an early eukaryotic origin of meiosis. *Curr. Biol.*, vol. 15, pp. 185-191.

Redfield R. J. (2001) Do bacteria have sex? *Nat. Rev. Genet.*, vol. 2, pp. 634-639.

Sanjuan R. & Elena S. F. (2006) Epistasis correlates with genome complexity. *Proc. Natl. Acad. Sci. USA*, vol. 103, pp. 14402-14405.

[参考文献]

Muller H. J. (1964) The relation of recombination to mutational advance. *Mutat. Res.*, vol. 1, pp. 1-9.

de Visser J. & Elena S. F. (2007) The evolution of sex: empirical insights into the role of epistasis and drift. *Nat. Rev. Genet.*, vol. 8, pp. 139-149.

〔丑丸敦史〕

## 5.24 自殖

「自殖（selfing）」とは，有性生殖のひとつのタイプで同個体由来の配偶子の接合によって子がつくられる繁殖様式である．自殖では配偶子生産の際に組換えが起こるため必ずしも親と遺伝的に同一の子ができるわけではない．自殖は「両性個体（hermaphrodite）」でのみ起こりうる．両性花をつける種が多い被子植物では自殖種が多く観察される．Goodwillieら（2005）による解析では，対象345種の15%で高い自殖性が，また41%で自殖と他殖の両方を行なう混殖性（mixed mating）がみられた．動物でも扁形動物（吸虫）や環形動物（ミミズ），軟体動物（腹足類），線形動物門（センチュウ），刺胞動物門（サンゴ）など両性個体がみられる分類群の一部で自殖が確認されている（Hayward & Babcock, 1986; Jarne & Charlesworth, 1993; Trouvé et al., 1996, 2003）．また菌類でも自殖が報告されている（Paoletti et al., 2007）．

自殖の進化条件については，Lande & Shemske（1985）による理論研究以降，多くの研究がなされてきた．ここでは，自殖率の進化と多様性について被子植物で行なわれた研究を中心に紹介する．

### A．両性個体の進化

そもそも自殖が可能であるのは両性個体のみである．維管束植物植物では両性個体は一般的だが，動物ではまれな存在である．両性個体は固着性もしくは移動性が低い生物で多くみられ，交配相手を探すことが困難な場合に進化しやすいと考えられている（Ghiselin 1969; Charnov et al., 1976）．また虫媒花植物では送粉者をひきつけるための投資（花冠，花蜜）を雌雄間で共有できることも両性個体の利点とされる（Charnov et al., 1976）．一方，動物では片方の性の有利性が他方の性よりも大きくなってしまう場合や遺伝的に隔離された小集団で両性個体が有利となりうる（Ghiselin, 1969）．

### B．自殖率の進化

#### a. Lande & Shemske（1985）のモデル

自殖率（$s$）の進化を考える際には，まず他殖（outcrossing, 2個体由来の配偶子によって受精が起こる繁殖様式）と比較した自殖の利点とコストを考える必要がある（Jarne & Charlesworth, 1993）．自殖の利点としては「子を自ら産む場合，自殖では他殖に比べ2倍の遺伝子を子に伝えられる」ことがあげられ，自殖の「遺伝効率の有利性（double gene transmission advantage）」とよばれている（Fisher, 1941）．一方で，自殖は究極の近親交配ともいえ，有害遺伝子のホモ化による「近交弱性（inbreeding depression）」が発現しやすいことがコストとなる（Darwin, 1876; Charlesworth & Charlesworth, 1987）．近交弱性（$\delta$）は自殖由来の子の適応度（$Ws$）と他殖由来の子の適応度（$Wo$）を用いた以下の式（1）で表される．

$$\delta = 1 - \frac{Ws}{Wo} \qquad (1)$$

この式では，$Ws$が$Wo$よりも非常に小さいときに近交弱性が強いと表現される．

Lande & Shemskeは遺伝効率の有利性と近交弱性を組み込んだ簡単な数理モデルを用いて，「$\delta > 0.5$の場合には完全自殖（$s = 1.0$）が，$\delta > 0.5$の場合には完全他殖（$s = 0$）が進化的に安定になること」，「自殖を何世代も続けると有害遺伝子が集団中から排除され，近交弱性が弱くなるためさらに自殖が有利となること」を示した．実際に，風媒花植物ではもっぱら自殖を行なう（$s > 0.8$）種ともっぱら他殖を行なう（$s < 0.2$）種に分かれている（Vogler & Kalisz, 2001）．また強い近交弱性のみられたサカマキガイは自殖率が低く（Jarne et al., 2000），近交弱性の弱いコシダカヒメモノアラガイでは高い自殖率がみられている（Trouvé et al., 2003）．これらの実証データはLande & Shemskeの理論を支持している．しかし，多くの動物媒植物では混殖（$0.2 < s < 0.8$）がみられ（Aide, 1986; Vogler and Kalisz, 2001; Goodwillie et al., 2005），彼らの理論で説明できない「混殖の謎」とよばれている．

#### b. 混殖の進化

混殖の謎に対しては多くの理論的な仮説が立て

られいる（Goodwillie et al., 2005）．混殖の進化に影響する要因としては，「近親交配（biparental inbreeding）」や「花粉減価（pollen discounting）」，「繁殖保証（reproductive assurance）」などがあげられている（Goodwillie et al., 2005 参照）．

集団内で，自殖率が増加すると個体間の遺伝子共有率が高まるため，近親交配率が高くなる．一方で，近親交配は外交配の遺伝的コストを減少させるため外交配を促進する．そのため近親交配は混殖を安定化させる頻度依存選択を促進しうる（Uenoyama, 1986）．しかし，近親交配は近交弱性の発現により他殖の有利性を減少させる側面もあるため，その混殖の安定化への影響を予測することは難しい．野外で混殖がみられる種では近親交配の頻度が高い傾向がある（Brown, 1990）．

花粉減価とは，花粉が自殖につかわれることで花からもち出される花粉（他殖に貢献する花粉）が減ってしまう現象をさす．Lande & Shemske のモデルでは自殖をしても花粉減価がないことが仮定されているが，Johnston（1998）は自殖率とともに花粉減価が増加する場合，混殖が進化的に安定となることを示している．

繁殖保証とは，他殖花粉のもちこみが制限されているときに自殖によって種子生産を確実にするというものである（Darwin, 1876）．動物媒花では送粉者の訪花数が時空間的に大きくばらつくことがあり，他殖性種では種子生産における花粉制限が頻繁にみられる（Larson & Barrett, 2000）．繁殖保証はこの花粉制限への適応だと考えられている．アイデアは古くから提唱されていたものの，この仮説の実証研究は少ない．ゴマノハグサ科の Collinsia verna では，送粉者が少ないときに繁殖保証がみられることが示されている（Kalisz et al., 2004）．

花粉減価仮説や繁殖保証仮説では，遺伝効率の有利性や近交弱性といった遺伝的な要因だけでなく，送粉過程における生態学的プロセスの重要性が強調されている．また自殖種では花弁が小さくなることが知られていることから，花冠（送粉者の誘因）への投資を考慮することで混殖の進化を説明する資源配分仮説（resource allocation hypothesis）も提示されている（Iwasa, 1990; Sakai, 1995）．しかし，自殖植物における花冠投資の減少は，自殖の進化への二次的な適応だと考える研究者も多く，資源配分仮説に対する実証研究は遅れている（Goodwillie et al., 2005）．

以上のように混殖の進化に関しては多くの理論研究がなされてきているが，それぞれの仮説に関する実証研究はかぎられている．

### c. 生活形と倍数性

自殖は多年生植物よりも一年生植物で多くみられる（Baker, 1965）．一年生植物では毎年安定して種子生産することが重要となるため，自殖による繁殖保証が起こりやすいと考えられている．

また，被子植物 235 種の解析では，「多倍性種（polyploid）」では近縁の 2 倍体種より高頻度で自殖がみられた（Barringer, 2007）．自殖と多倍性の強い相関の説明としては，① 多倍性種では配偶体型自家不和合性が機能しなくなり自殖が可能になるため，② 二倍体集団中に多倍性個体が突然変異で現れた場合，少数派である多倍性個体は他殖の際に二倍体個体との間で子をつくることが多く子の適応度低下が顕著になるが，自殖であればこの少数派の不利益を被らなくてもすむため，③（同質倍数性の場合）多倍体では近交弱性が二倍体よりも強くあらわれないことが理論的に予測され，自殖の有利性が増すための三つがあげられている（Barringer, 2007）．これまで 2 例だけであるが，多倍性種では二倍体種よりも近交弱性が弱く発現していることが報告されている．

### D. 被子植物における自殖の多様性

被子植物の自殖は自家受粉と自家受精のふたつの過程からなる．自家受粉は大きく「自動的自家受粉（autonomous self-pollination）」と「送粉者媒介自家受粉（pollinator-mediated self-pollination）」に分けられる．さらに，自動的自家受粉は「先行，競合，遅延自家受粉（prior, competing and delayed self-pollination）」や「閉鎖花での自家受粉（cleistogamous self-pollination）」に，送粉者媒介自家受粉は「同花受粉（facilitated self-pollination）」と「隣花受粉（geitonomous self-pollination）」に分けられる（Lloyd, 1992）．一方で，自家受精は「自家和合性

(self-compatibility)」をもつ植物のみでみられるが，なかには競合する他殖花粉がないときにのみ自家受精が可能となる植物もある（潜在的自家不和合性〈cryptic self-incompatibility〉）。このように自殖は多様な過程を経て起こりうるが，自家受粉タイプごとに選択圧が異なる（Lloyd, 1992）。たとえば，遅延自家受粉は他家受粉の可能性を失わずに自殖を行なえるため，他の自家受粉より広い条件で進化しうる（Lloyd, 1992）。一方で，同花受粉や隣花受粉は他殖を行なう際の歓迎せざる副産物だとみなされている（de Jong et al., 1993）。このような自殖の多様性とその進化は，進化学の重要な課題である．

[引用文献]

Aide T. M. (1986) The influence of wind and animal pollination on variation in outcrossing rates. *Evolution*, vol. 40, pp. 434-435.

Baker H. G. (1965) Characteristics and modes of origin of weeds. in Baker HG. and Stebbins GL. eds., *The genetics of colonizing species*, pp. 147-172, Academic Press.

Brown A. H. D. (1990) Genetic characterization of plant mating systems. in Brown AHD. et al. eds., *Plant Population Genetics, Breeding and Genetic Resources*, pp. 145-162, Sinauer Associates.

Barringer B. C. (2007) Polyploidy and self-fertilization in flowering plants. *Amer. J. Bot.*, vol. 94, pp. 1527-1533.

Charlesworth D. & Charlesworth B. (1987) Inbreeding depression and its evolutionary consequences. *Ann. Rev. Ecol. Syst.*, vol. 18, pp. 237-268.

Charnov E. L. et al. (1976) Why be hermaphrodite? *Nature*, vol. 263, pp. 125-126.

Darwin C. R. (1876) *The effects of cross and self fertilization in the vegetative kingdom*, D. Appleton.

de Jong T. J. et al. (1993) Geitonogamy: the neglected side of selfing. *Trends Ecol. Evol.*, vol. 8, pp. 321-325.

Fisher R. A. (1941) Average excess and average effect of a gene substitution. *Ann. Eugen.*, vol. 11, pp. 53-63.

Ghiselin M. T. (1969) The Evolution of Hermaphroditism Among Animals. *Q. Rev. Biol.*, vol. 44, pp. 189-208.

Goodwillie C. et al. (2005) The evolutionary enigma o fmixed mating systems in plants: occurrence, theoretical explanations, and empirical evidence. *Ann. Rev. Ecol. Syst.*, vol. 36, pp. 47-79

Hayward A. J. & Babcock R. C. (1986) Self- and cross-fertilization in scleractinian corals. *Marine Biol.*, vol. 90, pp. 191-195.

Iwasa Y. (1990) Evolution of the selfing rate and resource allocation models. *Plant Species Biol.*, vol. 5, pp. 19-30.

Jarne P. & Charlesworth D. (1993) The evolution of the selfing rate in functionary hermaphrodite plants and animals. *Ann. Rev. Ecol. Syst.*, vol. 24, pp. 441-466.

Jarne P. et al. (2000) The influence of self-fertilization and grouping on fitness attributes in the freshwater snail *Physa acuta*: population and individual inbreeding depression. *J. Evol. Biol.*, vol. 13, pp. 645-655.

Johnston M. O. (1998) Evolution of intermediate selfing rates in plants: pollination versus deleterious mutations. *Genetica*, vol. 102/103, pp. 267-278.

Kalisz S. et al. (2004) Context-dependent autonomous self-fertilization yields reproductive assurance and mixed mating. *Nature*, vol. 430, pp. 884-887.

Lande R. & Schemske D. W. (1985) The evolution of self-fertilization and inbreeding depression in plants. I. Genetic models. *Evolution*, vol. 39, 24-40.

Larson B. M. H. & Barrett S. C. H. (2000) A comparative analysis of pollen limitation in flowering plants. *Biol. J .Linn. Soc. Lond.*, vol. 69, pp. 502-520.

Lloyd D. G. (1992) Self- and corss-fertilization in plants. I. I. The selection of self-fertilization. *Int. J. Plant Sci.*, vol. 153, pp. 370-380.

Paoletti M. et al. (2007) Mating type and the genetic basis of self-fertility in the model fungus *Aspergillus nidulans*. *Curr. Biol.*, vol. 17, pp. 1384-1389.

Sakai S. (1995) Evolutionary stable selfing rates of hermaphroditic plants in competing and delayed selfing modes with allocation to attractive structures. *Evolution*, vol. 49, pp. 557-564.

Trouvé S. et al. (1996) Selfing and outcrossing in a parasitic hermaphrodite helminth (Trematoda, Echinostomatidae). *Heredity*, vol. 77, pp. 1-8.

Trouvé S. et al. (2003) Evolutionary Implications of a High Selfing Rate in the Freshwater Snail *Lymnaea truncatula*. *Evolution*, vol. 57, pp. 2303-231.

Uenoyama M. K. (1986) Inbreeding and the cost of meiosis: the evolution of selfing in populations practicing biparental inbreeding. *Evolution*, vol. 40, pp. 388-404.

Volger D. W. & Kalisz S. (2001) Sex among the flowers: the distribution of plant mating systems. *Evolution*, vol. 55, pp. 202-204.

（丑丸敦史）

# 第6章
# 菌　　類

6.1　菌類（総論）　　　　　　　細矢　剛・杉山純多
6.2　担子菌類　　　　　　　　　保坂健太郎
6.3　子嚢菌類　　　　　　　　　田中和明
6.4　ツボカビ類・接合菌類　　　田辺雄彦
6.5　粘菌類　　　　　　　　　　松本　淳
6.6　その他の菌類様真核生物　　本多大輔
6.7　地衣類　　　　　　　　　　原田　浩・小杉真貴子・木下靖浩

## 6.1 菌類（総論）

### A. 菌類の特徴と範囲

現代菌類系統分類学の知見によると，「菌類」とは菌類界（kingdom Fungi）に属する生物の総称で，ツボカビ類，接合菌類，子嚢菌類，担子菌類，アナモルフ菌類（anamorphic fungi）によって構成される．アナモルフ菌類（後述）は分生子またはそれに類する無性の繁殖体によって特徴づけられる一群で，系統的には子嚢菌類または担子菌類に帰属する．すなわち，これらの仲間は「真の」菌類（"true" fungi）と定義することができる．しかし，かつては変形菌類（粘菌類），ネコブカビ類，卵菌類，サカゲツボカビ類，ラビリンツラ類などの菌類様生物（偽菌類（pseudofungi）ともよぶ）も，菌類に含めて分類されたことがあった．さらに過去の一時期，原核生物のバクテリア（細菌）までもが広義の菌類の仲間として扱われたこともある．他方，カビ，酵母，キノコというよび名は特定の分類群をさす学名ではないが，大まかな形態的特徴を反映していることから，便利な俗称として日常通用している．以下「菌類」という語彙は「真の」菌類の意味で用いることにするが，文脈によっては菌類様生物（偽菌類）も包含していることがある．後者の場合は，これまで菌学者（mycologists）によって実際に研究されてきた真核生物と言いかえることができる．なお，本書では各論として，6.2 担子菌類，6.3 子嚢菌類，6.4 ツボカビ類・接合菌類，6.5 粘菌類，6.6 その他の菌類様真核生物，6.7 地衣類に分けて概説してある．

「真の」菌類は，光合成能を欠き，従属栄養を行なう真核微生物で，α-アミノアジピン酸経路によるリジン生合成を利用し，細胞壁にキチンを含む菌糸からなる葉状体体制をもつ．菌糸は糸状の細胞が連続した，管状の細胞構造を基本とする．菌糸（hypha）は頂端成長（apical growth）により伸長し，分枝をくりかえして菌糸体（mycelium）とよばれる絡み合った集合体となる．菌糸細胞は原形質膜で覆われた細胞質内に，核，ミトコンドリア，リボソーム，ゴルジ体（菌類のゴルジ体は藻類のものより発達せず，ジクチオソームとよばれる型を含む），小胞体，小胞，液胞を含んでいる．菌糸の古い部分は液胞化していて，隔壁（septum）とよばれる横断壁によって若い部分と仕切られている．大部分の菌類は多細胞であるが，酵母など一部のものは単細胞性である．繁殖は一般に有性，無性の胞子によるが，なかにはツボカビ類のように運動性のある配偶子や遊走子（無性胞子の一型）による例がある．他方，酵母は無性的には出芽または二分裂によって増殖し，親細胞から新しい細胞が生じる．酵母細胞は菌糸の単純化したものと考えられている．

菌類の葉状体は運動能力を欠き，植物的といえるため，分類体系上では多年にわたり植物界の一分枝として扱われてきた．しかし，植物がセルロースを主体とする細胞壁をもつのに対し，菌類はキチンを細胞壁に含む点で異なっている．さらに，光合成による栄養生活を営む（光合成型栄養獲得法，独立栄養法）植物ならびに消化型栄養獲得法の動物に対し，菌類は栄養源を他者に依存しており（従属栄養），さまざまな基質を分解することによって栄養を獲得している（吸収型栄養獲得法）．このような栄養獲得法の違いは進化上の重要な形質のひとつと評価された（Whittaker, 1969）．また自然界の物質収支の視点から，生産者として機能している植物，消費者として機能している動物と対比し，菌類は分解者としての地位が与えられ，独立の「界」として認識されるようになった（五界説）（Whittaker, 1969）経緯がある．

### B. 古典的な菌類の分類体系

古典的な体系では，菌類はおもに生殖細胞の形成法に着目して分類されていた．ここでは表1に，今日の分類体系の基本となっている Ainsworth（1973）による菌類の分類体系大綱を示す．

この分類体系によると，真菌門（真正菌門，Eumycota）は生殖細胞の運動性の有無，生殖の様式（有性・無性）によって亜門レベルの分類群が識別された．その一方で，カビ・酵母・キノコというような見かけ上の形態は分類学的には重視されていない．

鞭毛菌類は，遊走細胞を形成する「泳ぐ菌類」である．鞭毛の性状によってツボカビ類（遊走細胞後方

**表1** Ainsworth（1973）による菌類界の検索表

| | |
|---|---|
| 変形体あるいは偽変形体をもつ | 変形菌門 |
| 変形体や偽変形体はない，栄養体は典型的には糸状体である | 真菌門 |
| **【真菌門】** | |
| 生殖細胞は鞭毛をもつ．完全時代の胞子は典型的には卵胞子 | 鞭毛菌亜門 |
| 生殖細胞は鞭毛をもたない | |
| 　有性胞子を形成する | |
| 　　有性胞子は接合胞子 | 接合菌亜門 |
| 　　有性胞子は子嚢胞子 | 子嚢菌亜門 |
| 　　有性胞子は担子胞子 | 担子菌亜門 |
| 　有性胞子を形成しない | 不完全菌亜門 |
| **【変形菌門】** | |
| 変形体を形成せず，自由生活するアメーバが集合して偽変形体を形成する | アクラシス菌綱 |
| 栄養生殖に変形体を形成する | 以下へ |
| 　変形体はネットワークを形成する | ラビリンツラ目 |
| 　変形体はネットワークを形成しない | 以下へ |
| 　　変形体は自由生活し，腐生的 | 変形菌綱 |
| 　　変形体は宿主細胞内に寄生 | ネコブカビ綱 |

（Ainsworth, 1973 より改変）

にむち形の鞭毛1本をもつ），サカゲツボカビ類（前端に羽形鞭毛1本をもつ），卵菌類（前端あるいは側方にむち形の鞭毛と羽形鞭毛を各1本ずつもつ）に綱レベルで三群に大別された．

接合菌類は，配偶子嚢接合によって一般の生物でいう接合子を形成するが，この接合子が耐久性をもつため，接合胞子とよばれる．昆虫に寄生するハエカビ類と腐生生活を行なうケカビ類とに分類された．本群は多核嚢状体制で，基本的には菌糸に隔壁はない．

子嚢菌類は，減数分裂によって生じた造嚢糸から，子嚢とよばれる袋状の減数胞子嚢を形成し，そのなかに有性胞子を形成する仲間で，大部分は子嚢果という菌糸体構造中に子嚢を形成する．子嚢果は形や大きさがさまざまで，その構造によって綱レベルの分類がなされてきた．大部分が腐生・寄生生活を営むが，一部には菌根を形成するもの，健全な植物体内において中立あるいは共生する生物（エンドファイト）が含まれる．菌糸には隔壁が存在し，1個の細胞あたり1個あるいはそれ以上の核が含まれる．

担子菌類は，担子器とよばれる胞子嚢中で胞子となる細胞が核合体・減数分裂を行ない，担子器の小柄上に有性胞子を形成する．担子器は，しばしば担子器果（子実体）の内外に生じる．いわゆるキノコの大部分は担子菌類に所属するが，子実体を形成しないものも多数含まれる．上述の子嚢菌類同様に，腐生・寄生・共生のすべてが含まれる．特に，いわゆるキノコ類の多くが菌根を形成し，植物と共生関係にある．菌糸に隔壁をもち，1個の細胞あたりの核は1あるいは2個である．

その後，鞭毛菌類を構成する三つの菌群のうち，後方に1本のむち形鞭毛をもつツボカビ類以外の二者，卵菌類とサカゲツボカビ類はクロミスタ界（kingdom Chromista）に所属することが判明し，菌類からは除外された（Cavalier-Smith, 1986）．ツボカビ類は多核嚢状体で，全体が遊走子形成構造に変化するもの（全実性），一部に遊走子形成構造が生じるもの（分実性）がある．分実性の場合は，菌糸体制をもつものもあり，単純なものから複雑なものまでさまざまな体制が含まれることから，原始的な菌類と考えられた．

変形菌類（門）も原生動物として扱うことが妥当との考えから，菌類から除外された．ここで除外された菌群や変形菌類などは，「偽菌類」あるいは菌類様生物とよばれることがある（杉山，2005）．ただし，偽菌類という用語は，卵菌類，サカゲツボカビ類，ラビリンツラ類，ヤブレツボカビ類のみに対して使用される（Cavalier-Smith, 1986, 1987）こともある．

一方，多くの菌類には，有性生殖と別に無性生殖を行なう生活環がある．この無性生殖の過程で胞子形成構造（体）は，有性生殖の過程のそれとはまった

**表 2 新しい体系と古典的な体系**

主に門・亜門レベルに注目し，古典的な体系と新しく提唱された体系を比較した．

| Ainsworth (1973) | | Hibbett *et al.* (2007) | | |
|---|---|---|---|---|
| 門 | 亜門 | 亜門 | 門 | 門より上 |
| 変形菌門 | | 菌類から除外 | | |
| 真菌門 | Mastigomycotina 鞭毛菌亜門 | サカゲツボカビ類，卵菌類は菌類から除外（偽菌類） | | 菌類界 |
| | | | Chytridiomycota ツボカビ門 | |
| | | | Neocallimastigomycota ネオカリマスチクス菌門 | |
| | | | Blastocladiomycota コウマクノウキン門 | |
| | Zygomycotina 接合菌亜門 | | Glomeromycota グロムス菌門 | |
| | | Mucoromycotina ケカビ亜門 | 上位分類不明．接合菌門は解体 | |
| | | Entomophthoromycotina ハエカビ亜門 | | |
| | | Zoopagomycotina トリモチカビ亜門 | | |
| | | Kickxellomycotina キクセラ菌亜門 | | |
| | Ascomycotina 子嚢菌亜門 | − | Ascomycota 子嚢菌門 | Dikarya 二核菌亜界 |
| | Basidiomycotina 担子菌亜門 | − | Basidiomycota 担子菌門 | |
| | Deuteromycotina 不完全菌亜門 | − | 子嚢菌類および担子菌類の無性時代として，分類群としては除外 | |
| 扱われていない | | | Microsporidia 微胞子虫門 | |

く形態が異なるため，無性生殖を行なう菌類の多くは不完全菌類とよばれ，独立の高次分類群（たとえば門や亜門）として認識されてきた（表1）．しかし，これらの仲間の大部分は，子嚢菌類および担子菌類の無性時代（不完全時代，アナモルフなどともよぶ．これに対し，有性時代を完全時代，テレオモルフなどともよぶ）であることが広範囲の分子系統学的研究（後述）から証拠づけられている．今日では，いわゆる不完全菌類，すなわちアナモルフ菌類は系統的に子嚢菌類もしくは担子菌類の一部と理解されるようになった（表2）．

## C. 分子系統学の登場と新しい菌類分類体系

1990年代からは，分子系統学的手法によって，菌類の分類体系が盛んに再検討されるようになった．その最大の成果のひとつは，菌類は植物よりも，むしろ動物に近いということが示されたことである．Cavalier-Smith（2001）は動物との共通点を「後方に1鞭毛をもつ遊走細胞」と考えている．ツボカビ類は，運動性をもった遊走子とよばれる細胞を形成して繁殖するが，この遊走子の細胞は，動物の精子と同じく，運動方向の後方に1本の鞭毛をもっている．このことから，最近，動物および菌類をオピストコンタ巨大系統群（supergroup Opisthokonta）としてまとめることが多い（たとえば井上，2007；Baldauf, 2008）．

驚異的な多様性を示し，推定総種数150万種といわれる菌類全般についてまんべんなくデータを集め，系統を推定するのは，一人や二人の研究者の努力で行なえるものではない．そこで，非常に多くの人が研究に協力し，データを提供する国際的なプロジェクトによって菌類全般の系統が調べられるようになった．2002年から始まった「AFTOL」（Assembling the Fungal Tree of Life；URL: http://aftol.org/）のようなプロジェクトである（Hibbett *et al.*, 2007；James *et al.*, 2006；Lutzoni *et al.*, 2004）．これらのプロジェクトでは，いろいろな角度から選定された多数の菌類について，複数の遺伝子の塩基配列を決

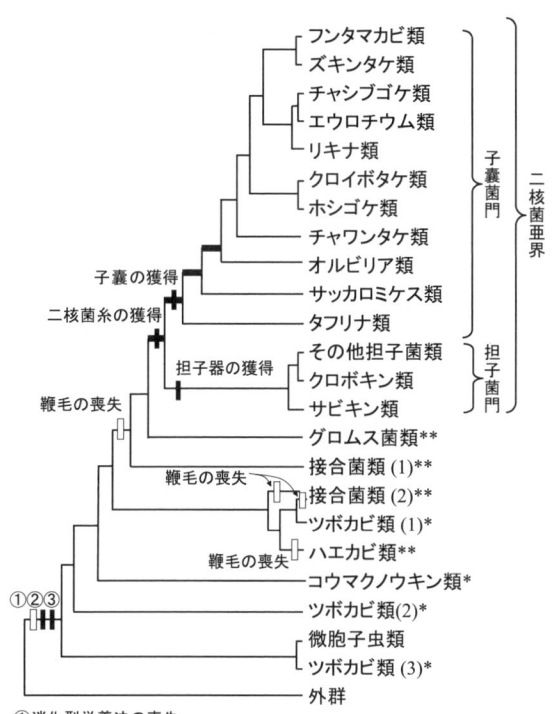

**図1** 6遺伝子の塩基配列データを連結して解析した菌類の系統樹（分岐図）
＊：Ainsworth（1973）の分類体系でツボカビ類（亜門），＊＊：接合菌類（亜門）とされたもの．統計学的に強く支持された枝を太線で示す．また，菌類の進化上で重要な形質の獲得と喪失を図中にマークで示す．AAA：α-アミノアジピン酸の略記．（James *et al.*, 2006 より改変）

定し，それらを統合的に系統解析した．以下，James *et al.*（2006）の研究成果を基に，分子系統学的知見を概説する．なお，これらの成果は，18S rRNA, 28S rRNA, 5.8S rRNA, 伸長因子1α（elongation factor 1α：EF-1α），RNAポリメラーゼIIのふたつのサブユニット（RPB1, RPB2）の遺伝子を連結して解析したものである（図1）．

後方に1本のむち形鞭毛をもつことを特徴とするツボカビ類は単系統ではなく，少なくとも4群の系統学的に区別できるグループがあることが判明した．これらのうち，コウマクノウキン類，ツボカビ類の主要部分を含む菌群（真正ツボカビ類．図1のツボカビ類（2））は比較的強く支持されているが，このほかに，菌類の基部付近で分岐する *Rozella* 属（図1のツボカビ類（3））の以上3群とは離れて位置す

るフクロツボカビ属（*Olpidium*, 図1のツボカビ類（1））が認められる．このことから考えると，菌類は祖先から複数回鞭毛を失っていることになるが，その回数についてはまだ議論が多い．さらにその後，真正ツボカビ類の内部にも異質な分類群（ネオカリマスチックス菌門（Neocallimastigomycota））が見いだされた（Hibbett *et al.*, 2007）．

さらに，分子系統学的手法の発展に伴い，最近菌類の高次分類群については，いくつかの特筆すべき移動・新設があった．*Rozella* 属（上述）および，それと系統学的位置が近い環境DNAは，他のツボカビ類とは異なる全菌類の基部に位置し，細胞壁にキチンを欠く．これらと系統学的に位置が近い環境DNAも水圏や土壌から多数得られており，これに対し，菌類界の中にCryptomycotaという新門が提唱された（Jones *et al.*, 2011）．

従来その界レベルの帰属について議論されていた微胞子虫類（Mircosporidia）は，ツボカビ類の *Rozella allomycis* とともに菌類の基部付近に位置した．微胞子虫類は極管とよばれる構造から自身の細胞質を送り込んでさまざまな動物の細胞に内部寄生する特異な生態をもつ原生動物様の生物で，ほかの解析でも，菌類との関係が示されている．しかしながら，その正確な系統学的位置については現段階ではわかっていない．

なお，2011年夏，オーストラリアのメルボルンで開催された国際植物命名規約に関する命名法部会において，菌類の条項にも大幅な改訂が加えられた．それらのひとつとして，微胞子虫類は命名法上菌類（植物）としては扱われず，動物として扱われることとなった．ただし，微胞子虫類が真の意味で動物であるか，菌類であるかについてはまだ議論の余地がある．

旧体系の接合菌類に所属するグロムス菌類については，VA菌根を形成するなど，以前からそれ以外の接合菌類と系統的に離れていると考えられ，接合菌門（Zygomycota）から除外され，独立の新門グロムス菌門（Glomeromycota）が創設された（Schüßler *et al.*, 2001）が，これに加え，旧体系の接合菌類には3グループが系統学的に識別され，全体がひとつにまとまることはなかった．そのため，その後の詳細

な解析によって，これらは所属不明の亜門とされたが，その上位の門については言及されず，接合菌類という分類群は崩壊した（Hibbett et al., 2007）．グロムス菌類は，原核生物のシアノバクテリアにはじまり，コケ類から種子植物に至る幅広い陸上植物と共生関係を結び，植物の陸上進出と深い関係があったものと推察される．

子嚢菌類・担子菌類は姉妹群を形成するふたつの高次分類群（門レベル）で，二核相（重相）時代を共通形質としてもつ．最近，AFTOLプロジェクトの成果のひとつとして，これらに対してSubkingdom Dikarya 二核菌（類）亜界が提唱された（Hibbett et al., 前出）．二核相とは，2種類の遺伝的に異なる内容の核が共存する状態で，担子器果を形成する担子菌類についてよく知られている．子嚢菌類，担子菌類はいずれも，生活環の一部で二核相の時代を経て，核合体と減数分裂を経てそれぞれの有性胞子が形成される．

従来，子嚢菌類は，有性生殖時に形成する子嚢果の型によって下位の分類がなされていた．系統学的解析によって，子嚢果のうち，層状の子嚢の列（子実層）が外気にさらされる子嚢盤を形成する菌類や，子嚢果をもたない菌類は，子実層を子嚢果の内部に形成する子嚢殻や閉子嚢殻を形成する仲間に比べて，原始的であることが判明した．現在は，これらに合致するように分類体系の改訂が提唱されている．

さらに，分子系統学的なまとまりが判明し，最近提唱された子嚢菌門内の高次分類群として，Archaeorhizomycetes, Geoglossomycetes がある．前者は，植物根圏に広く分布し，培養もできる菌類として発見された．子実体を含む有性生殖状態（テレオモルフ）が未発見であるが，環境DNA（Soil Clone Group 1 (SCG1) とよばれる）として得られることも多く，分子系統学的にまとまりのあるタフリナ菌亜門の一新綱として提唱された（Rosling et al., 2011）．後者は，微小な子嚢菌系の子実体（いわゆるキノコ）を形成するテングノメシガイ属（Geoglossum）を含む一群に対して，従来の無弁盤菌類と異なる位置でよくまとまった一系統群を形成することから提唱された（Schoch et al., 2009）．このように，菌類においては，今後も高次分類群における整理（分割・統合，新分類群の提唱など）が続くものと思われる．

担子菌類には，サビキン類，クロボキン類，ハラタケ類の3群（亜門レベル）が識別された．ハラタケ類は，担子菌類全体のおよそ2/3を含み，かつ担子器果を形成する担子菌類の大部分が含まれる．上記3群の共通祖先は寄生性をもち，のちに植物との共生（菌根形成）が始まったものと推察された．しかし，これらの関係については明確にされていない．また，Hibbett et al. (2007) によると，上記3系統群（亜門）に位置づけることができないワレミア菌綱（Wallemiomycetes）とエントリザ菌綱（Entorrhizomycetes）が担子菌門に含まれる．

以上のような知見を基にした分類体系の大きな枠組みを，過去の体系と比較して示す（表2）．

ツボカビ類の一部（Rozella 属）と微胞子虫類はいずれも菌類の基部に位置することから考えて，菌類の祖先は鞭毛をもち単細胞性の寄生栄養法を行なう生物であったのではないかと推察される．その後，鞭毛を喪失し，そのたびに新しい胞子形成が進化したと考えられる．また，先端成長によって基質内部に栄養吸収に適した菌糸体制が発達したものと考えられる．しかし，この菌類の祖先が海洋環境に生息していたか否かは不明である．

上記のような議論に加え，菌類の主要分類群の分岐年代についても考察がなされている（たとえばTaylor & Berbee, 2008）．このような研究では，十分に解明された系統関係を基に，遺伝子の分子時計仮説（特定の遺伝子座におけるDNAまたはアミノ酸配列の置換速度が一定）と適切な化石の証拠を使って，分岐年代を推定している．ここで，選んだ化石によっては，分岐年代は大きく異なる．Taylor & Berbee (2006) は，動物・植物・菌類25種類に対する50遺伝子の塩基配列データセットを基にして系統関係を明らかにした．そして，子嚢菌類と担子菌類の分岐年代を考察した．この分岐年代は較正（calibration）のために選んだ化石の証拠によって異なるが，そのうちのひとつでは子嚢菌類と担子菌類の分岐がデボン紀前期の4億年前に起こったことを示している．この場合には，陸上植物とかかわりのある菌類の適応放散は最初の陸上植物の化石記録の年代を大きくこえることはない．しかし，較正に選

んだ化石を変えると18〜14億年前という結果も導き出されるため，菌類の分岐年代を明らかにするためには，さらに分子と化石両データの蓄積が求められる．特に後者については形態の移行を示す良質の化石記録の発見が鍵となっている．

[引用文献]

Ainsworth G. C. (1973) Introduction and keys to higher taxa. in Ainsworth G. C. et al. eds., *The Fungi, An Advanced Treatise*, vol. 4A, pp. 1-7, Academic Press.

Baldauf S. L. (2008) An overview of the phylogeny and diversity of eukaryotes. *J. Syst. Evol.*, vol. 46, pp. 263-272.

Cavalier-Smith T. (1986) The kingdom Chromista: Origin and systematics. in Round F. E. and Chapman D. J. eds., *Progress in Phycological Research*, vol. 4, pp. 309-347, Biopress.

Cavalier-Smith T. (1987) The origin of Fungi and pseudofungi. in Rayner A. D. M. et al. eds., *Evolutionary Biology of the fungi*, pp. 339-353, Cambridge University Press.

Cavalier-Smith T. (2001) What are Fungi? in McLaughlin D. J. et al. eds., *The Mycota*, vol. 7 (Part A), pp. 3-37, Springer.

Hibbett D. S. et al. (2007) A higher-level phylogenetic classification of the Fungi. *Mycol. Res.*, vol. 111, pp. 509-247.

井上 勲（2007）『藻類30億年の自然史』第2版，東海大学出版会．

James T. Y. et al. (2006) Reconstructing the early evolution of Fungi using a six-genes phylogeny. *Nature*, vol. 443, pp. 818-822.

Jones M. D. M. et al. (2011) Validation and justification of the phylum name Cryptomycota phyl. nov. *IMA Fungus*, vol. 2, pp. 173-175.

Lutzoni F. et al. (2004) Assembling the fungal tree of life: Progress, classification, and evolution of subcellular traits. *Am. J. Bot.*, vol. 91, pp. 1446-1480.

Rosling A. et al. (2011) Archaeorhizomycetes: Unearthing an ancient class of ubiquitous soil fungi. *Science*, vol. 333. pp. 876-879.

Schoch C. L. et al. (2009) Geoglossomycetes cl. nov., Geoglossales ord. nov. and taxa above class rank in the Ascomycota Tree of Life. *Persoonia*, vol. 22, pp. 129-138.

Schüßler A. et al. (2001) A new fungal phylum, the Glomeromycota: phylogeny and evolution. *Mycol. Res.*, vol. 105, pp. 1413-1421.

杉山純多（2005）杉山純多 編『菌類・細菌・ウイルスの多様性と系統』第2章，pp. 30-56，裳華房．

Taylor J. W. and Berbee M. L. (2006) Dating divergences in the Fungal Tree of Life: review and new analyses. *Mycologia*, vol. 98, pp. 838-849.

Whittaker R. H. (1969) New concepts of kingdoms of organisms. *Science*, vol. 163, pp. 150-159.

（細矢 剛・杉山純多）

## 6.2 担子菌類

### A. 概要，多様性

担子菌門（Basidiomycota）に属する菌類の総称．共通派生形質は，有性生殖の結果，担子器とよばれる特殊な細胞上に担子胞子を外生することである．食用キノコとして知られるシイタケ，マイタケ，キクラゲなどのほか，薬用として利用されるマンネンタケ（霊芝），植物病原菌として知られるサビキン類（rust fungi），クロボキン類（smut fungi），ヒトにクリプトコックス症をひき起こす病原菌 *Cryptococcus neoformans* など，ヒトとのかかわりも深く，形態的・生態的に非常に多様である．

3亜門16綱52目177科1589属31,515種が知られ（Kirk *et al.*, 2008），子嚢菌門についで菌界で二番目に大きい門である．ただし，実際の種数はこれをはるかにこえるものと推定されており，いわゆるキノコの仲間であるハラタケ目（Agaricales）だけでも80,000種，サビキン類が50,000種，クロボキン類が15,000種という推定値（Hawksworth, 2001）を考慮すると，総種数は200,000種をこえるのではないかと考えられる．さらには，甲虫類の腸管からつぎつぎと新種の担子菌系統の酵母が発見されている（Suh *et al.*, 2005）ことを考えると，現在までに記載されている3万余種という数字は，担子菌類の真の種多様性の1割にも満たないのではないだろうか．

### B. 生活環

核合体と減数分裂は担子器で起こり，単相（$n$）の担子胞子を形成する．担子胞子は発芽すると，隔壁のある単相の一次菌糸に成長し，性的和合性のある一次菌糸と菌糸融合（anastomosis）することで，二核［$n+n$，重相（dikaryon）］の二次菌糸体を形成する．重相の菌糸体においては，隔壁で仕切られた各細胞内に遺伝的に異なるふたつの核が，核合体せずに共存する．そのためこのような菌糸体を二核菌糸体または複核菌糸体ともよぶ．二次菌糸体がさらに発達して子実体を形成するが，それが肉眼的に確認できるほどの大きさのものを俗にキノコとよぶ．

二次菌糸体が成長する際に，かすがい連結（clamp connection）を形成する種も多く，これは担子菌類のみにみられる特徴である．かすがい連結は菌糸体の二核（重相）状態を長期間保持するために必要な構造であると考えられており，細胞内の二核が核分裂するのに同調して，新たなかすがい連結が形成されることがわかっている．ただし，かすがい連結を形成しない担子菌類も多く知られており，そのような種でも二核状態は長期間保持されている．

以上のように，担子菌類の生活環においては二核世代が最も長期間にわたり，安定して存在する．一般的に核合体の直後に減数分裂が起こるため，複相世代はかぎられた時間しか保たれない．また，単相の一次菌糸は長期間の生存ができない場合が多く，そのため二核が共存するということに進化的な意義があることが示唆されている．たとえば植物の根系と相利共生する菌根構造は，二次菌糸体のみが形成するといわれている（Smith & Read, 2008）．また，クロボキン類は植物病原菌として知られているが，宿主への病原性を示すのは二次菌糸のみで，一次菌糸は植物への感染力をもたない（柿嶌，2008）．

担子菌類の子実体は，キノコのように肉眼で確認できるものを除くと，基本的に微小である．ただし菌糸体は，ときに巨大なクローンを形成する．もっとも有名なものは，アメリカ・ミシガン州から報告されたナラタケ属（*Armillaria*）の菌糸体で，15 haの広さを覆い，総重量は10 t，年齢は少なくとも1500年と推定された（Smith *et al.*, 1992）．その後，さらに巨大なクローンの報告がいくつかなされているが，すべてがナラタケ属のものである．ナラタケ属は担子菌類のなかでは例外的に，複相の菌糸体をもつことは興味深い．ただし菌糸体は二核か複相かにかかわらず，長期間生存するものが多い．

### C. 性的和合性遺伝子

担子菌類のほとんどはヘテロタリックとして知られている．これは自家不和合性がはたらくため，異なる交配型の個体間のみで有性生殖が可能なタイプである．自家不和合性のないホモタリックの種はほとんど知られていない．ヘテロタリック型のう

ち，約25％の種類においては，性的和合性（sexual compatibility）が単一遺伝子座の対立遺伝子に支配されるため，二極性（bipolar）または unifactorial とよばれる．しかし，担子菌類の大部分においては，性的和合性はもっと複雑なシステムで決定される．この場合，和合性は複数遺伝子座の対立遺伝子に支配され，四極性（tetrapolar）または bifactorial とよばれる．各遺伝子座に三つ以上の対立遺伝子が存在する例も多く，その結果，数千の異なる交配型が存在する種も知られている（Kothe, 2006）．二極性と四極性がそれぞれどのように進化してきたかについてははっきりしないが，ハラタケ綱（Agaricomycetes）においては，四極性が祖先形質であることが示唆されている（Hibbett & Donoghue, 2001）．

### D. 高次分類群，系統関係，栄養摂取様式の進化

担子菌門は系統的には子嚢菌門と姉妹群関係にあり，子嚢菌類にのみみられる子嚢，かぎ形構造（crozier）という有性生殖にかかわる器官は，それぞれ担子菌類の担子器，かすがい連結と相同であると考えられている．担子菌門の単系統性は強く支持されており（James et al., 2006），それを否定するデータはない．伝統的に担子器の形態や隔壁の微細構造などにより高次分類がなされていたが，現在は同門を3亜門［ハラタケ亜門（Agaricomycotina），プクキニア菌亜門（Pucciniomycotina），クロボキン亜門（Ustilaginomycotina）］に分ける分類体系が主流であり（Hibbett et al., 2007），各亜門の単系統性は強く支持されている（James et al., 2006）．亜門間の系統関係については，強く支持されてはいないものの，最近の分子系統解析の結果はハラタケ亜門とクロボキン亜門が姉妹群関係にあることを示唆している（James et al., 2006）．なお，ワレミア菌綱（Wallemiomycetes）とエントリザ菌綱（Entorrhizomycetes）の2綱については亜門レベルでの所属がはっきりとせず（Matheny et al., 2006），将来的に新たな亜門として認識される可能性がある．

プクキニア菌亜門（図1）とクロボキン亜門は植物寄生菌であり，特にプクキニア菌亜門には異種寄生性（heteroecious）のものが多くみられる．異種寄生性のサビキン類は，生活環の異なる時期に，2

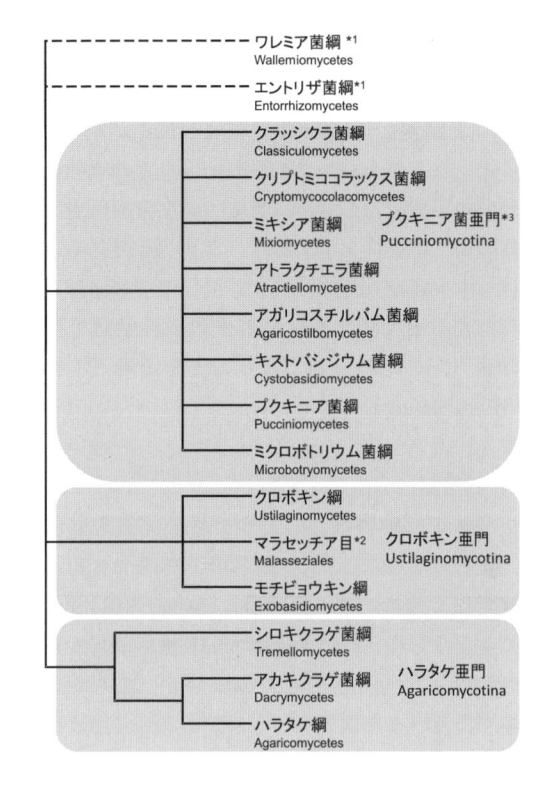

図1 担子菌類の系統樹（Hibbett et al., 2007 より改変）．*1 亜門の所属未確定，*2 綱の所属未確定，*3 旧来のサビキン綱 Urediniomycetes（Kirk et al., 2001）に相当する．

種の異なる植物に寄生しなければならないため，非常に複雑なライフサイクルをもっている．たとえば *Gymnosporangium asiaticum* はナシとビャクシンという系統的にまったく異なる植物間で宿主交代を行なう（柿嶌，2008）．系統的には，プクキニア菌亜門およびクロボキン亜門はより原始的なグループであると考えられており，祖先形質を推定したところ，担子菌門は寄生菌から進化したことが示唆された（James et al., 2006）．ただし，現生のプクキニア菌・クロボキン両亜門にみられる宿主特異性が宿主植物との共進化によるものである可能性は否定できないものの，担子菌類は植物よりも数億年以上前に陸上に進出したと考えられており（Heckman et al., 2001），原始的な担子菌類が何に寄生していたのか，本当に寄生菌であったのか，などについては疑問が残る．

ハラタケ亜門は大型の子実体を形成する唯一のグループであり，生態的には大部分が腐生性（木材腐

朽菌も含む）または外生菌根性（ectomycorrhizal）である．外生菌根菌は宿主植物と相利共生の関係にあり，陸上植物，特に外生菌根性の種類が多く含まれるマツ科，ブナ科，フタバガキ科などの進化に深くかかわってきたと考えられる．外生菌根菌もある程度の宿主特異性を示すが，ハラタケ亜門の系統関係は，腐生性から外生菌根性の進化が複数回独立に起こったことだけでなく，外生菌根性から腐生性への逆方向の進化も起こったことを示唆している（Hibbett et al., 2000）．

### E. 化石証拠と分岐年代

担子菌類は動物の骨のような硬質組織を欠くため，化石にはなりにくく，保存状態のよい化石証拠は非常にまれである．胞子および菌糸体の化石は，先カンブリア時代の地層（約7〜10億年前）から発見されている（Butterfield, 2005）が，これが担子菌類である（または菌類のものである）という明確な証拠はない．石炭紀中期（約3億年前）のかすがい連結をもつ菌糸体（Dennis, 1970; Krings et al., 2011）が最古のものとされるが，現生の担子菌類との系統関係を推定することはほぼ不可能である．白亜紀中期（約1億年前）の琥珀に閉じ込められた化石（Hibbett et al., 1997; Poinar & Brown, 2003）は明らかにハラタケ綱に属するキノコであるが，科または目レベルでの系統的位置を推定することは容易ではない．また，外生菌根の最古の化石は，約5000万年前のマツ属植物の根から確認されている（LePage et al., 1997）．

化石証拠に乏しいことから，担子菌類の分岐年代を推定することは容易ではないが，少なくみつもっても4億年以上前に起源したと考えられている（Taylor & Berbee, 2006）．ただし，9億年前（Hedges et al., 2004）から12億年前（Heckman et al., 2001）とするデータもあり，推定分岐年代と化石証拠の間にはいまだに大きなギャップが存在する．また，これらの推定年代に基づくと，植物寄生菌や外生菌根菌が宿主植物より数億年以上前に存在していた，という矛盾も指摘されており，外生菌根菌の場合は祖先形質は腐生性であった，という結論が導きだされている（Hibbett & Matheny, 2009）．

### ［引用文献］

Butterfield N. J. (2005) Probable Proterozoic fungi. *Paleobiology*, vol. 31, pp. 165-182.

Dennis R. L. (1970) A Middle Pennsylvanian basidiomycetes mycelium with clamp connections. *Mycologia*, vol. 62, pp. 578-584.

Hawksworth D. L. (2001) The magnitude of fungal diversity: the 1.5 million species estimate revisited. *Mycol. Res.*, vol. 105, pp. 1422-1432.

Heckman D. S. et al. (2001) Molecular evidence for the early colonization of land by fungi and plants. *Science*, vol. 293, pp. 1129-1133.

Hedges S. B. et al. (2004) A molecular timescale of eukaryote evolution and the rise of complex multicellular life. *BMC Evol. Biol.*, vol. 4, pp. 2-10.

Hibbett D. S. & Donoghue M. J. (2001) Analysis of character correlations among wood decay mechanisms, mating systems, and substrate ranges in homobasidiomycetes. *Syst. Biol.*, vol. 50, pp. 215-242.

Hibbett D. S. & Matheny P. B. (2009) The relative ages of ectomycorrhizal mushrooms and their plant hosts estimated using Bayesian relaxed molecular clock analyses. *BMC Evol. Biol.*, vol. 7, pp. 13-25.

Hibbett D. S. et al. (2000) Evolutionary instability of ectomycorrhizal symbioses in basidiomycetes. *Nature*, vol. 407, pp. 506-508.

Hibbett D. S. et al. (1997) Fossil mushrooms from Miocene and Cretaceous ambers and the evolution of homobasidiomycetes. *Am. J. Bot.*, vol. 84, pp. 981-991.

Hibbett D.S. et al. (2007) A higher-level phylogenetic classification of the Fungi. *Mycol. Res.*, vol. 111, pp. 509-247.

James T. Y. et al. (2006) Reconstructing the early evolution of the fungi using a six gene phylogeny. *Nature*, vol. 443, pp. 818-822.

柿嶌 眞 (2008) 植物と菌類．国立科学博物館編，国立科学博物館叢書第9巻『菌類のふしぎ 形とはたらきの驚異の多様性』第3章，東海大学出版会．

Kirk P. M. et al. (2008) *Dictionary of the fungi 10th Edition*, CAB International.

Kothe E. (2006) Tetrapolar fungal mating types: Sexes by the thousands. *FEMS Microbiol. Rev.*, vol. 18, pp. 65-87.

Krings K. et al. (2011) Oldest fossil basidiomycete clamp connections, *Mycoscience*, vol. 52, pp. 18-23.

LePage B.A. et al. (1997) Fossil ectomycorrhizae from the Middle Eocene. *Am. J. Bot.*, vol. 84, pp. 410-412.

Matheny P. B. et al. (2006) Resolving the phylogenetic position of the Wallemiomycetes: an enigmatic major lineage of Basidiomycota. *Can. J. Bot.*, vol. 84, pp. 1794-1805.

Poinar G. O. & Brown A. E. (2003) A non-gilled hymenomycete in Cretaceous amber. *Mycol. Res.*, vol. 107, pp. 763-768.

Smith M. L. *et al.* (1992) The fungus *Armillaria bulbosa* is among the largest and oldest living organisms. *Nature*, vol. 356, pp. 428-431.

Smith S.E. & Read D.J. (2008) *Mycorrhizal symbiosis 3rd Edition*, Academic Press.

Suh S-O. *et al.* (2005) The beetle gut: a hyperdiverse source of novel yeasts. *Mycol. Res.*, vol. 109, pp. 261-265.

Taylor J. W. & Berbee M. L. (2006) Dating divergences in the Fungal Tree of Life: review and new analyses. *Mycologia*, vol. 98, pp. 838-849.

（保坂健太郎）

## 6.3 子嚢菌類

　子嚢菌門は64000種以上を含む菌界最大のグループであり，担子菌門とともに高等菌類とよばれ重相菌亜界（Dikarya）を構成する．約4億年前に両者の姉妹群であるグロムス門（アーバスキュラー菌根菌）が，植物の陸上化にともなって出現したのち，子嚢菌門が分化したとされている．子嚢菌門は共有派生形質として子嚢とよばれる袋と，そのなかに核融合と減数分裂により形成される子嚢胞子をもつ．陸上のみならず淡水域や深海などいたるところに分布し，有機物の分解者，動植物および菌類の寄生者・共生者などさまざまな生態的特徴をもつ．多くの地衣類も本グループに含まれる（Kirk *et al.*, 2008）．

　従来，子嚢菌類は子嚢果と子嚢の形態形質に基づき，半子嚢菌綱（子嚢果を欠く），不整子嚢菌綱（閉鎖型子嚢果および消失性子嚢），核菌綱（孔口をもつフラスコ形子嚢果＝子嚢殻，および無弁一重壁子嚢），小房子嚢菌綱（孔口をもつ子座性子嚢果＝偽子嚢殻，および二重壁子嚢），ラブルベニア綱（複雑な形態の子嚢果と消失性子嚢），盤菌綱（開放型盤状子嚢果＝子嚢盤，および無弁または有弁の一重壁子嚢）の6系統に分類されてきた（Ainsworth *et al.*, 1973）．しかし最近の分子系統解析により，子嚢菌門は予想以上に多様な系統からなることが明らかとなり，各分類群を特徴づける形質についても再評価が進んでいる．現在，子嚢菌門は以下のように3亜門・15綱にわたる系統群で構成されている（図1）（Hibbett *et al.*, 2007; Schoch *et al.*, 2009）．

**A. タフリナ亜門**（4綱・5目・12属・153種）

　タフリナ亜門は子嚢菌門のなかで最初に分岐した系統群で古生子嚢菌類ともよばれる．植物の奇形をひき起こす *Taphrina*（タフリナ綱），分裂酵母の *Schizosaccharomyces*（シゾサッカロミケス綱），カリニ肺炎菌の *Pneumocystis*（ニューモキスチス綱），従来は盤菌類とされてきた *Neolecta*（ヒメカンムリタケ綱）がここに入る．多くの種は酵母型生長相をもつ．また *Neolecta* 以外は子実体を形成しない．

**B. サッカロミケス亜門**（1綱・1目・13科・95属・915種）

サッカロミケス亜門はサッカロミケス綱の1綱からなり，子嚢菌系酵母のほとんどすべてが所属する．発酵に関与する *Saccharomyces* や真菌症をひき起こす *Candida* など，経済的重要性の高い菌を含む．

**C. チャワンタケ亜門**（10綱・59目・306科・4467属・58,763種）

子嚢菌門のうちおよそ98％がチャワンタケ亜門であり，子嚢果を形成する菌（糸状子嚢菌類）は *Neolecta* を除きすべて本亜門に所属する．以下の10綱からなる．

**a. チャワンタケ綱**（1目・16科・200属・1684種）

チャワンタケ綱はチャワンタケ亜門のなかで最も初期に分岐した菌群である．地上生の子嚢盤と胞子射出機能のある有弁一重壁子嚢をもつものが祖先的な姿である．胞子射出機能の消失にともなった地下生子嚢果の形成（たとえばトリュフとして知られるセイヨウショウロ）や高度に複雑化した網目状子嚢果（たとえばアミガサタケ）の形成といった進化が本綱内で複数回起こった．

**b. オルビリア綱**（1目・1科・12属・288種）

オルビリア綱は無弁の無孔一重壁子嚢と子嚢盤を形成する．無性時代の *Arthrobotrys* は線虫捕食菌として知られており，低窒素環境下において窒素源を効率よく吸収するための生存戦略と考えられている．

**c. ホシゴケ綱**（1目・4科・78属・1608種）

ホシゴケ綱は地衣性子嚢菌類で，子嚢果は子嚢盤であるが，通常びっくり箱式子嚢（fissitunicate ascus）をもつ点で姉妹群であるクロイボタケ綱との共通性がみられる．

**d. クロイボタケ綱**（11目・90科・1302属・19,010種）

クロイボタケ綱は従来小房子嚢菌綱として扱われてきた菌の大部分を含む子嚢菌門最大の綱である．核の重相化以前に形成される子座性子嚢果と，びっくり箱式に胞子を射出する二重壁子嚢によって特徴づけられる．クロイボタケ亜綱（子嚢果内菌糸組織を欠く）とプレオスポラ亜綱（偽側糸を形成）の2大系統のほか，樹木寄生菌のボトリオスフェリア目，*Hysterium* のように舟形子嚢果をもつモジカビ目，子嚢盤を形成するパテラリア目，淡水域に生息するJahnula目が存在する．

**e. ユウロチウム綱**（10目・27科・281属・3401種）

ユウロチウム綱は従来不整子嚢菌綱として知られてきたユウロチウム亜綱のほか，以前は小房子嚢菌綱とされてきたカエトチリウム亜綱や，クギ状の子嚢盤を形成するクギゴケ亜綱の三大系統からなり形態的多様性が高い．ヒトの真菌症をひき起こす病原や有用二次代謝産物の生産菌など，経済的に重要な菌が多数含まれる．ユウロチウム亜綱の菌群にみられる閉子嚢殻および消失性子嚢は，小房子嚢菌類型の祖先から進化してきたものと考えられている．カエトチリウム亜綱のサネゴケ目やアナイボゴケ目では地衣化したグループもある．

**f. チャシブゴケ綱**（12目・77科・630属・14,199種）

チャシブゴケ綱はホウネンゴケ亜綱，チャシブゴケ亜綱，オストロパ亜綱の3大系統からなる地衣形成菌群である．多くの種にみられるチャシブゴケ型子嚢（rostorate ascus）は祖先的形質であり，センニンゴケ目などの無孔一重壁子嚢は派生的とされる．大半は子嚢盤を形成するのに対し，オストロパ亜綱内の複数の系統群では子嚢殻を形成する．これは祖先種の子嚢盤が幼形成熟するように進化した結果とされる．

**g. リキナ綱**（1目・3科・53属・350種）

リキナ綱はシアノバクテリアと地衣化する菌群である．消失性子嚢をもつものが多い点で，チャシブゴケ綱との違いがみられる．

**h. ズキンタケ綱**（5目・19科・641属・5587種）

無弁の有孔一重壁子嚢と子嚢盤がズキンタケ綱の祖先的状態であると考えられており，そのような特徴をもつビョウタケ目所属菌が大半を占める．このほかナンキョクブナに腫瘍を形成する *Cyttaria*（キッタリア目）や，被子植物に寄生し閉子嚢殻を形成するウドンコ病菌（ウドンコカビ目）など形態的多様性の高い菌群で構成され，綱としての共通点をみいだすのは難しいが，いずれも主として南半球起源である．

**i. ラブルベニア綱**（2目・5科・151属・2072種）

ラブルベニア綱は節足動物の絶対寄生菌であるラブルベニア目と，菌生菌と考えられているピクシジ

6.3 子囊菌類  177

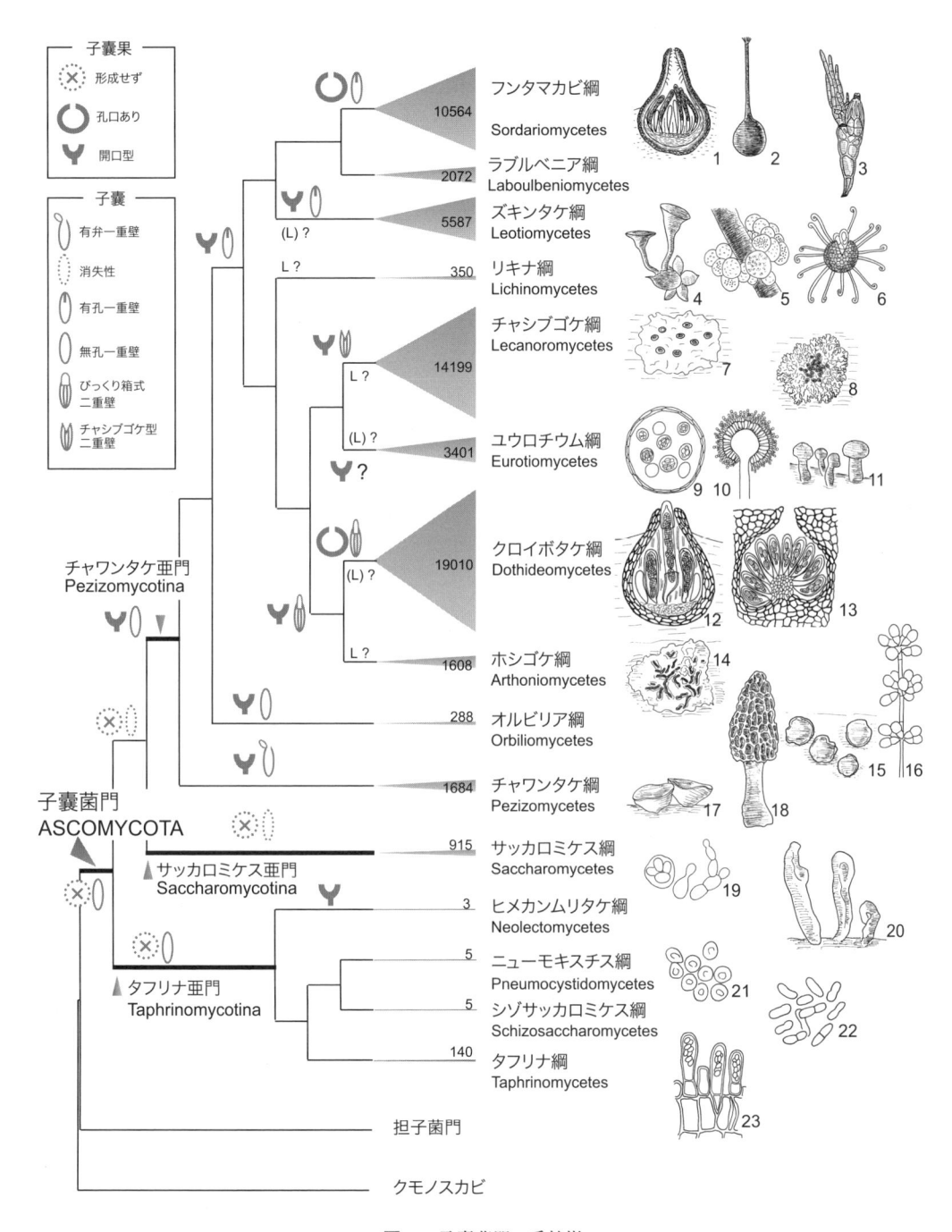

**図1 子嚢菌門の系統樹**

子嚢菌門は3亜門15綱で構成される．各系統群の祖先的形質状態を枝上に表した（左:子嚢果，右:子嚢）．Lは大部分が地衣化，(L) は一部の菌群で地衣化がみられることを示す．末端の数字は系統群ごとの種数（Kirk et al., 2008）である．系統樹の右には各綱の子実体形態を示した．1・2：フンタマカビ綱（1：*Sordaria*, 2：*Ophiostoma*），3：ラブルベニア綱（*Laboulbenia*），4-6：ズキンタケ綱（4：*Monilinia*, 5：*Cyttaria*, 6：*Erysiphe*），7：リキナ綱（*Pterygiopsis*），8：チャシブゴケ綱（*Lecanora*），9-11：ユウロチウム綱（9：*Eurotium*, 10：*Aspergillus*, 11：*Onygena*），12・13：クロイボタケ綱（12：*Pleospora*, 13：*Dothidea*），14：ホシゴケ綱（*Arthonia*），15・16：オルビリア綱（15：*Orbilia*, 16：*Arthrobotrys*），17・18：チャワンタケ綱（17：*Peziza*, 18：*Morchella*），19：サッカロミケス綱（*Saccharomyces*），20：ヒメカンムリタケ綱（*Neolecta*），21：ニューモキスチス綱（*Pneumocystis*），22：シゾサッカロミケス綱（*Schizosaccharomyces*），23：タフリナ綱（*Taphrina*）．なお和名は本文ともに八杉ら（1996）を参考にした．（Schoch et al., 2009 より改変）

オフォラ目の2目からなり，フンタマカビ綱の姉妹群である．ラブルベニア目の子嚢果はひとつの子嚢胞子が菌糸体にならずに直接子嚢殻へと発達する．ピクシジオフォラ目の子嚢果はフンタマカビ綱を特徴づける子嚢殻と類似する．

**j. フンタマカビ綱**（15目・64科・1119属・10564種）

　フンタマカビ綱は従来核菌綱とよばれてきた菌群が大部分を占め，典型的には子嚢殻と無弁の有孔一重壁子嚢を形成する．クロサイワイタケ亜綱，ボタンタケ亜綱，フンタマカビ亜綱の3亜綱のほか，亜綱レベルの所属が不明瞭な目も多数存在する．クリ胴枯病菌（ジアポルテ目），ニレ立枯病菌（オフィオストマ目）など重要な樹木病原菌や，モデル生物であるアカパンカビ（フンタマカビ目）も本綱の所属である．ボタンタケ目バッカクキン科にいたっては，グラスエンドファイト，冬虫夏草形成菌，菌生菌など，生態的にきわめて多様な菌からなるが，これらは植物共生種を祖先とし菌界・植物界・動物界と界をまたいだ宿主変換を複数回繰り返すことで進化したと考えられている．ハロスフェリア目のような淡水・海水生の菌は，祖先的陸生菌から複数回にわたり派生した．

　以上の分類体系および系統樹（図1）から，子嚢の裂開様式は無孔一重壁型が祖先的状態であったと推定される．サッカロミケス亜門では消失型へと進化し，チャワンタケ亜門では綱ごとにおおむね決まった裂開型の子嚢をもつ．ただしユウロチウム綱では形質の変化が複数回起こっており，この綱にみられる典型的な消失性子嚢は，二重壁子嚢をもつ祖先種から派生したものと考えられる．また，子嚢盤の形成能力は子嚢菌進化過程の初期に2回生じ（ヒメカンムリタケ綱およびチャワンタケ亜門），その後各系統群の祖先的形質状態として幅広く保存されている．子嚢殻形成菌（＝核菌綱）は現在のフンタマカビ綱におおむね相当する．一方，子座性子嚢果形成菌（＝小房子嚢菌綱）は大部分がクロイボタケ綱に所属するものの，ユウロチウム綱に含まれるグループもあり単系統ではない．これらの子嚢殻および子座性子嚢果は，乾燥へ適応するために開口型子嚢果を有する盤菌類の祖先種から出現した可能性が高い．閉子嚢殻もまた，ユウロチウム綱，ズキンタケ綱，クロイボタケ綱，フンタマカビ綱など多数の系統にみられ，多くの場合，子嚢盤から複数回派生したと考えられる．開口型から閉鎖型という子嚢果の進化は，昆虫による胞子分散や水域への適応といった生態的変化と同時に起こっている場合が多く，これにともない胞子の積極的射出能をもつ永続性子嚢から，消失性子嚢への進化も生じているようである．

　子嚢菌門の祖先を地衣化共生菌に求める見解があるが，タフリナ亜門やサッカロミケス亜門，そしてチャワンタケ亜門内の初期に分岐した系統では地衣類が報告されていない．腐生的もしくは非地衣状態の陸生菌が子嚢菌門の祖先であったと推測されており，地衣化または地衣化の解消はのちに複数回生じたものと考えられている（Schoch et al., 2009）．

　子嚢菌門には所属の不明な属がまだ3200属以上ある．これらの所属決定や新たな高次分類群の発見にともない，今後も分類体系の改定が続くことは間違いない．また，多くは子嚢菌門に所属するとされる不完全菌類（有性時代が未詳な菌群）についても進化的考察を深めることが今後の大きな課題といえる．

［引用文献］

Ainsworth G. C. et al. (eds) (1973) *The fungi. an advanced treatise*, vol. 4A, Academic Press.

Hibbett D. S. et al. (2007) A higher-level phylogenetic classification of the Fungi. *Mycol. Res.*, vol. 111, pp. 509-547.

Kirk P. M. et al. (2008) *Dictionary of the Fungi 10th edition*. CAB International.

Schoch C. L. et al. (2009) The Ascomycota tree of life: a phylum-wide phylogeny clarifies the origin and evolution of fundamental reproductive and ecological traits. *Systematic Biol.*, vol. 58, pp. 224-239.

八杉龍一・小関治男・古谷雅樹・日高敏隆 編 (1996)『岩波　生物学辞典，第4版』岩波書店．

（田中和明）

## 6.4 ツボカビ類・接合菌類

### A. ツボカビ類

　ツボカビ類は生活史において有鞭毛細胞（遊走子）による生殖ステージをもつ菌類の総称である．ツボカビ類の遊走子は少数の例外を除いてはむち型鞭毛を一本もつ．この鞭毛の基部に近接してnonfunctional centriole (nfc) とよばれる鞭毛の基部様構造がひとつ存在し，この特徴によってツボカビ類を他の一本鞭毛の真核微生物と明瞭に区別することができる．また，このnfcの存在から，ツボカビ類は二本鞭毛をもつ祖先型生物が進化の過程で鞭毛を一本落とすことによって生じた（つまりnfcは過去に鞭毛を二本もっていた痕跡である）と考えられている．ツボカビ類の栄養細胞の形態は，単純な壺状の遊走子嚢のみからなるものから，複雑な糸状体を発達させるものまでさまざまである．有性生殖は未知の種が多いが，体細胞接合により接合胞子を形成する（ツボカビ目）といったシンプルなものから，同型配偶子接合（コウマクノウキン目）や卵子生殖（サヤミドロモドキ目）などの発達した生殖システムをもつものも知られている．ツボカビ類は土壌や淡水中に広く分布しているが，生態的には腐生あるいは寄生生活を行なうものがほとんどである．寄生性ツボカビ類の宿主は植物・微細藻類，センチュウなどの微小動物，アメーバなどの原生生物，他の菌類や別種ツボカビなど非常に幅広い．ツボカビ類は総じて非常に微小なため，日常生活で目にすることはほとんどないが，キチンやセルロースなどの難分解物質の分解者として生態系において重要な位置を占めていると考えられている．サビツボカビ属（ジャガイモ癌腫病菌）のように有害な植物病原菌も知られており，近年では両生類に病原性を示すカエルツボカビが世界的な両生類減少の一因であるという仮説が生態系保全の観点から注目を集めている．

　分類学上，現在ツボカビ類には3門9目が置かれている（図1）．この分類体系は，遊走子の微細構造の形態的特徴（オルガネラの配置や鞭毛基部の構造）の相違に基づいて提唱された分類 (Barr, 1992)

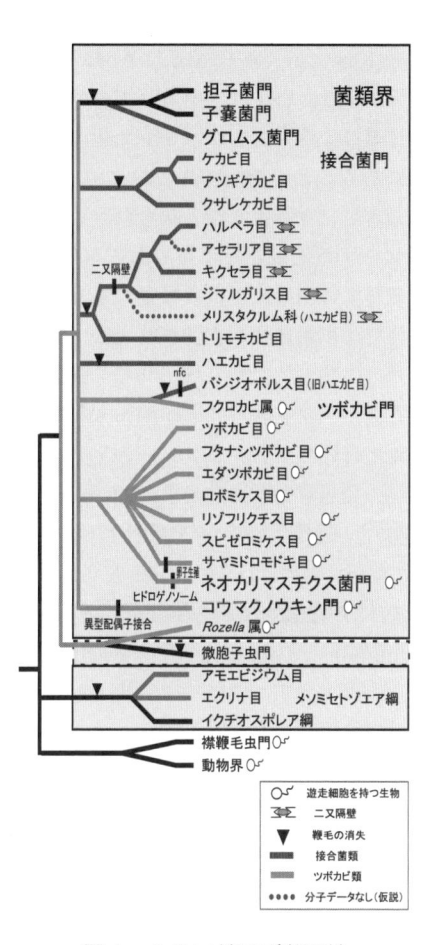

**図1**　ツボカビ類の系統関係
(Tanabe *et al*., 2005より最新の研究成果を反映させて改変)

について，分子系統解析により裏づけを行なった，あるいはその結果を踏まえてさらなる細分化を行なった結果である．90年代初頭より，他の生物群同様に分子系統解析がツボカビ類の系統研究に導入されたが，その結果得られた最も大きな知見は，ツボカビ類が接合菌類と系統的に混在すること，すなわちツボカビ類の多系統性が示唆されたことである (Nagahama *et al*., 1995)．この結果は，「鞭毛の消失」という菌類進化史上最大のイベント（それは水中生活から陸上生活への転換を意味する）が複数の系統で独立して起こったことを示唆する．興味深いことに，初期の系統解析 (Nagahama *et al*., 1995) によってツボカビ類に近縁とされた接合菌類ハエカビ目のバシジオボルス属（後述）には，無鞭毛菌類のなかで唯一鞭毛基部類似の微細構造が観察されて

いる（McKerracher & Heath, 1985）．最新の分子系統解析からは，寄生性ツボカビであるフクロカビ属（スピゼロミケス目）がバシジオボルス属と姉妹群関係にあることが指摘されており（James et al., 2006a），本目はツボカビ類と接合菌類の間の進化的ギャップを埋める重要な存在である可能性がある．分子系統解析の結果，ツボカビ類の多くの高次分類群の大枠での単系統性が支持されたが，ツボカビ綱ツボカビ目に関しては多系統であり，遺伝的にかなり多様なグループを含むことが明らかになった．

ツボカビ目内のサブクラスターの単系統性と共有派生形質の発見（おもに遊走子の微細構造の精査から）に基づき，近年，つぎつぎと新目（リゾフリクチス目，フタナシツボカビ目，クラドキトリクム目，ロブロミケス目）が提唱されている（Letcher et al., 2006, 2008; Simmons et al., 2009; Mozley-Standridge et al., 2009）．ネオカリマスチクス菌門の種はすべて草食動物の反芻胃に生息するというユニークな生態を示す．嫌気的な特殊環境への適応の結果を反映してか，このグループの菌類はミトコンドリアをもたずヒドロゲノソームを保持しており，また，鞭毛構造の重複化により鞭毛を複数もつ種も存在する．コウマクノウキン門の種はその和名のとおり，厚壁の耐久胞子をもつという特徴があるが，この門に属する種は遊走子の微細構造においても顕著な類似性を示し，分子系統においても独立な単系統群を形成することから，最近ツボカビ門から独立した門に格上げされた（James et al., 2006b）．スピゼロミケス目に関しては以前より遊走子微細構造にバリエーションがあることが知られていたが，前述したとおりフクロカビ属については本目の系統から外れることが示唆されている．また，同様に本目に属する内部寄生性ツボカビ Rozella 属が，進化的位置が大きな論争となっていた微胞子虫門（Microsporidia）の姉妹群として菌類界の根に位置することが指摘され，その進化的背景が注目されている（James et al., 2006a）．寄生性ツボカビは一般に培養の難度が非常に高いため，遺伝子データが得られている種がわずかである．Rozella やフクロカビ属の例でわかるように，これらは進化的に重要な位置を占めている可能性が高い．

**B. 接合菌類**

接合菌類は「生活環において鞭毛をもつステージがなく，かつ有性生殖の結果として接合胞子を形成する菌類」の総称である．実際には接合胞子を直に観察することは簡単ではないため，たとえば既知の接合菌類に形態的類似性がみられる菌類は接合菌類として分類されるというように，古くはこの定義は少なからず曖昧さをもって適用されていた．また，接合菌類は菌類のなかでも特に形態情報に乏しいグループであり，形態的類似性のない未知菌類を接合菌類と同定することはこれまた簡単な作業ではなかった．このような事情のため，90年代初頭に導入された分子系統解析は接合菌類の系統進化の研究に大きなインパクトを与え，たとえば接合菌類として記載された種が分子系統解析の結果，接合菌類以外の菌類，あるいは菌類以外の生物であることが判明したといった極端な例も珍しくない．

実際，90年代半ばの分類体系（Alexopoulos et al., 1996）では1門2綱10目が接合菌類に含まれていたが，分子系統解析の結果を受け，現在はこのうち1目（グロムス目）は門に格上げされ（Schüßler et al., 2001），別の2目（アモエビジウム目・エクリナ目）に至っては菌類界からも外され，魚病寄生虫 Ichthyophonus を含む新規分類群メソミセトゾエア綱に移されている（Benny & O'Donnell, 2000; Cafaro, 2005）．現在の接合菌類は1門（接合菌門）1綱（接合菌綱）9目（図1参照）からなる．

接合菌類のなかで日常生活でもっとも目にする機会の多い菌類は，おそらく腐敗ブドウなどに生えるケカビ類であろう．これらを含むケカビ目は無性胞子の形態はさまざまであるが，接合胞子の形態には類似性がみられ，分子系統解析によっても単系統群としてまとまる．キクセラ目，クサレケカビ目の菌類はほとんどが腐生性であるが，それぞれ無性胞子の形態に際立った特徴をもっており，系統的にもまとまったグループである．アツギケカビ目は無性胞子が観察されていないが，接合胞子の形態はクサレケカビ目と近縁性を示し，分子系統の結果もこれを支持する．このように接合菌類には土壌に生息する腐生菌類が多いが，寄生・共生性の種も非常に多く知られている．グロムス目菌類はいわゆるVA菌根

をつくり，陸上植物の70%はグロムス目菌類と密接な共生関係にあると推定されている．このため，植物の陸上進出はグロムス目菌類との共生により可能になったという仮説が提唱されている (Simon et al., 1993)．グロムス目菌類には接合胞子が観察されておらず，以前より系統的位置が不明瞭であったが，本目は他の接合菌類よりもむしろ子嚢菌類・担子菌類に近縁であるという最新の分子系統解析の結果を受け，現在ではグロムス菌門に格上げされている．

ハエカビ目は射出性胞子をもつことで特徴づけられるが，昆虫寄生性の種が多く，昆虫類の大発生後の個体群衰退に関与しているとされる生態的に重要な種も含む．分子系統解析の結果，接合菌類のほとんどの目の単系統性が支持される一方，このハエカビ目だけは例外的に多系統であることが示され，ツボカビ類との近縁性が指摘されているバシジオボルス属については，ハエカビ目から分割されてバシジオボルス目に格上げされた．バシジオボルス目は一般に腐生性を示すが，一部はヒトの日和見感染症菌としても知られる．トリモチカビ目は土壌微生物などに寄生するグループであり，特殊な器官（吸器）をつくって線虫などを捕食する種も知られているが，この目の菌類は分離・培養ともに難しく，遺伝子データはほとんど得られていない．ハルペラ目・アセラリア目は節足動物（ボウフラやダンゴムシなど）の消化管に付着して片利共生生活をしていると考えられているユニークな生態をもつ菌類である．上述のほとんどの寄生・共生性の接合菌類は宿主依存性が強く，純粋培養が困難である．

このような他の生物との強い相互作用は宿主・寄生菌類の共進化の可能性をうかがわせるが，分子系統解析の結果はその可能性をほとんどの場合で否定している．一方，数少ない形態情報は高次分類群間の系統的近縁性の解明に有用であることがわかってきた．ハルペラ目（腸内共生）とキクセラ目（腐生）は生態がまったく異なるが，古くから無性胞子構造の類似性が指摘されており，実際に分子系統解析はこの2目が姉妹群関係にあることを明らかにしている (O'Donnell et al., 1998)．接合菌類は一般に多核であり，通常は子嚢菌類・担子菌類にみられる規則的な隔壁（菌糸を分割して多細胞化する仕切り）構造をもたない．しかし一部のグループ（キクセラ目・ハルペラ目・ジマルガリス目・アセラリア目）には例外的に規則的な隔壁構造が存在し，さらにこの構造は菌糸中心部を挟むように管状に伸びるという，他の菌類ではみられない特徴（菌糸に対して縦の切断面では二又状にみえることから時に二又隔壁とよばれる）がある．これらのグループは分子系統解析の結果，単系統群を形成することが示唆されている (Tanabe et al., 2004)．規則的ではない二又隔壁をもつハエカビ目メリスタクルム科もこのグループに含まれる可能性がある．また，分子系統解析から二又隔壁をもたないトリモチカビ目がこのグループに含まれる可能性も指摘されている (Tanabe et al., 2000)．接合菌類には上述以外には系統情報となるような形態がほとんど存在しないため，分子系統解析に接合菌類の進化史解明の期待が集まった．しかしながら，他に分子系統解析はアツギケカビ目・ケカビ目・クサレケカビ目の3目が共通祖先から進化してきたことを明らかにしたが，これら以外の高次分類群間の関係を明らかにすることには成功していない．菌類初期の進化史はまだまだ未解明な部分が多く，今日でもツボカビ類・接合菌類双方の未記載種を含めた分子系統研究の余地が広く残されている．

[引用文献]

Alexopoulos C. J. et al. (1996) Phylum Zygomycota, Class Zygomycetes. *Introductory Mycology*, 4th ed., pp. 127-171. John Wiley and Sons, Inc.

Barr D. J. S. (1992) Evolution and kingdoms of organisms from the perspective of a mycologist. *Mycologia*, vol. 84, pp. 1-11.

Benny G. L. & O'Donnell K. (2000) *Amoebidium parasiticum* is a protozoan, not a Trichomycete. *Mycologia*, vol. 92, pp. 1133-1137.

Cafaro M. J. (2005) Eccrinales (Trichomycetes) are not fungi, but a clade of protists at the early divergence of animals and fungi. *Mol. Phylogenet. Evol.*, vol. 35, pp. 21-34.

James T. Y. et al. (2006a) Reconstructing the early evolution of Fungi using a six-gene phylogeny. *Nature*, vol. 443, pp. 818-822.

James T. Y. et al. (2006b) A molecular phylogeny of the flagellated fungi (Chytridiomycota) and description of a new phylum (Blastocladiomycota). *Mycologia*, vol. 98, pp. 860-871.

Letcher P. M. *et al.* (2006) Ultrastructural and molecular phylogenetic delineation of a new order, the Rhizophydiales (Chytridiomycota). *Mycol. Res.*, vol. 110 (Pt 8), pp. 898-915.

Letcher P. M. *et al.* (2008) Rhizophlyctidales—a new order in Chytridiomycota. *Mycol. Res.*, vol. 112 (Pt 9), 1031-1048.

McKerracher L. & Heath I. B. (1985) The structure and cycle of the nucleus-associated organelle in two species of *Basidiobolus*. *Mycologia*, vol. 77, pp. 412-417.

Mozley-Standridge S. E. *et al.* (2009) Cladochytriales–a new order in Chytridiomycota. *Mycol. Res.*, vol. 113, pp. 498-507.

Nagahama T. *et al.* (1995) Phylogenetic divergences of the entomophthoralean fungi: evidence from nuclear 18S ribosomal RNA gene sequences. *Mycologia*, vol. 87, pp. 203-209.

O'Donnell K. *et al.* (1998) Phylogenetic relationships among the Harpellales and Kickxellales. *Mycologia*, vol. 90, pp. 624-639.

Schüßler A. *et al.* (2001) A new fungal phylum, the Glomeromycota: phylogeny and evolution. *Mycol. Res.*, vol. 105, pp. 1413-1421.

Simon L. *et al.* (1993) Origin and diversification of endomycorrhizal fungi and coincidence with vascular land plants. *Nature,* vol. 363, pp. 67-69.

Simmons D. R. *et al.* (2009) Lobulomycetales, a new order in the Chytridiomycota. *Mycol. Res.*, vol. 113, pp. 450-460.

Tanabe Y. *et al.* (2000) Molecular phylogeny of parasitic Zygomycota (Dimargaritales, Zoopagales) based on nuclear small subunit ribosomal DNA sequences. *Mol. Phylogenet. Evol.*, vol. 16, pp. 253-262.

Tanabe Y. *et al.* (2004) Molecular phylogeny of Zygomycota based on EF-1α and RPB1 sequences: limitations and utility of alternative markers to rD. N. A. *Mol. Phylogenet. Evol.*, vol. 30, pp. 438-449.

Tanabe Y. *et al.* (2005) Evolutionary relationships among basal Fungi (Chytridiomycota and Zygomycota): Insights from molecular phylogenetics. *J. Gen. Appl. Microbiol.*, vol. 51, pp. 267-276.

［参考文献］

Hibbett D. S., *et al.* (2007) A higher-level phylogenetic classification of the Fungi. *Mycol. Res.*, vol. 111, pp. 509-547.

James T. Y. & O'Donnell K. (2007). Zygomycota. Microscopic 'Pin' or 'Sugar' Molds. Version 13 July 2007 (under construction). (http://tolweb.org/Zygomycota/20518/2007.07.13)

Chytrid Fungi Online (http://bama.ua.edu/~nsfpeet/)

（田辺雄彦）

## 6.5 粘菌類

### A. 粘菌類とは

　かつては，子実体を形成して胞子となる時期とアメーバ状の栄養体となる時期の両方を，生活史にもつ生物群がまとめられ，変形菌門（Myxomycota, Mycetozoa）に分類されていた．この変形菌門は，キチンを含む細胞壁をもつ菌糸を形成する真菌門（Eumycota）とともに，菌界（Fungi）に位置づけられていた（Ainsworth, 1973）．しかし，現在では，変形菌門のうちアクラシス類（Acrasea, acrasid cellular slime molds）はエクスカバータに，ネコブカビ類（Plasmodiophorea, endoparasitic slime molds）はリザリアに，ラビリンツラ類（Labyrinthulea, net slime molds）はクロミスタに，それぞれ分類されている（Adl *et al.*, 2005）．残りの変形菌類（真正粘菌類；Myxogastrea, Myxomycetes, true slime molds），原生粘菌類（プロトステリウム類；Protostelea, Protosteliomycetes），細胞性粘菌類（タマホコリカビ類；Dictyostelea, Dictyosteliomycetes, cellular slime molds）の3分類群は，ミトコンドリアに管状クリステをもつこと，胞子壁にセルロースを含んでいることなど，細胞の微細形態が真菌門とは明らかに異なっており，アメーボゾアに所属する生物群と考えられている．ここでは，これら三つの分類群（変形菌類・原生粘菌類・細胞性粘菌類）をまとめて粘菌類（動菌類；Mycetozoa, Myxomycota, slime molds）として扱うこととする．三つの分類群は，それぞれ，独特な生活史で特徴づけられる（図1～図3）．

### a. 変形菌類（真正粘菌類）

　変形菌類は，熱帯から寒帯，平地から亜高山までの，土壌・植物遺体・生木樹皮・動物の糞などから，約800種が知られている．その多くの子実体は肉眼的な大きさで，種類によって多様な形態・色彩をもつ．子実体には袋状の胞子嚢があり，多数の胞子が内包されている．胞子表面に顕著な装飾をもつ種類が多い．胞子嚢内部に非細胞性の細毛体（capillitium）とよばれる構造をもつ種類も多い．これらの形質

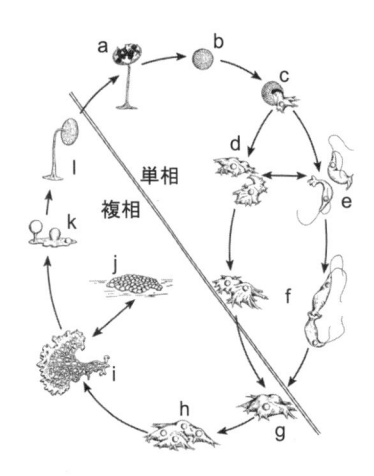

**図1** 変形菌類（モジホコリ科）の生活環
a：成熟した子実体，b：胞子，c：胞子の発芽，d：粘菌アメーバ，e：鞭毛細胞，f：接合，g：接合子，h：若い変形体，i：生長した変形体，j：菌核，k：子実体形成，l：若い子実体．（Alexopoulos et al., 1996 より改変）

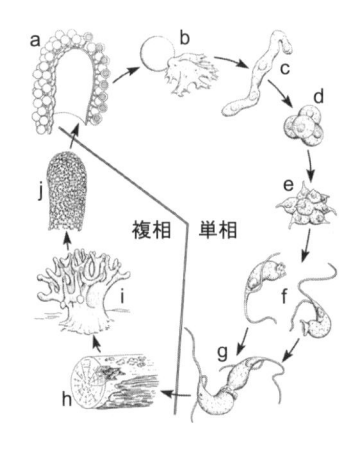

**図2** 原生粘菌類（ツノホコリ）の生活環
a：成熟した担子体の先端部（胞子ひとつを内包する胞子嚢が密生している），b：胞子の発芽，c：zoocyst，d：四分子，e：八分子，f：鞭毛細胞，g：接合，h：倒木上の変形体，i：若い担子体，j：若い担子体の先端部．（Alexopoulos et al., 1996 より改変）

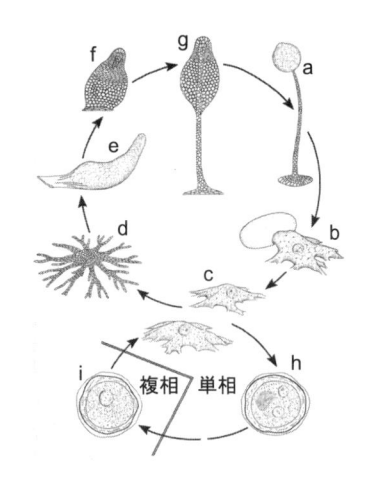

**図3** 細胞性粘菌類（キイロタマホコリカビ）の生活環
a：累積子実体，b：胞子の発芽，c：粘菌アメーバ，d：粘菌アメーバの集合，e：偽変形体（集合体），f・g：累積子実体の形成，h：マクロシスト形成，i：マクロシスト．（Alexopoulos et al., 1996 より改変）

は，胞子の風散布に関係していると考えられる．また，変形菌類の子実体（胞子）だけを餌とする昆虫も知られており，胞子散布に関係していると考えられている．胞子が発芽すると，1個の粘菌アメーバ（myxamoeba）か鞭毛細胞（flagellate cell）が生まれる．鞭毛細胞の前端には，前方に伸びる長い鞭毛1本と，目立たない短い鞭毛1本をもつ．粘菌アメーバはアメーバ状の細胞で，細菌などを捕食し，2分裂によって増殖する．粘菌アメーバは，厚膜化してシスト（cyst）を形成することができる．粘菌アメーバおよび鞭毛細胞は，そのまま配偶子でもある．交配型が合致する個体と出会うと接合して接合子を形成する．接合子は，細胞分裂することなく，核分裂だけを行なってアメーバ状の多核体である変形体（plasmodium）となる．変形体は細菌や真菌類などを捕食して生長する．大型の種類では $1\,m^2$ ほどにもなる．生長した変形体は，網目をもつ扇形の独特の形となる．変形体は，急激な生育環境の悪化に遭遇すると厚膜化して菌核（sclerotium）を形成する．生育環境が回復すると，菌核は再び変形体へと戻る．成熟した変形体は基物の表面に這い出し，子実体を形成して胞子となる．多くの種類で，ひとつの変形体から多数の子実体が形成される．子実体の胞子以外の部分は変形体からの分泌物でできている．変形体の原形質のほとんどすべては減数分裂を経て厚膜化し胞子となる．子実体は成熟する過程で排水するなどして乾き，胞子は埃が舞うように空中へ散布されやすくなる．

**b. 原生粘菌類**

原生粘菌類は，変形体を形成し，子実体が非細胞性であるといった特徴を変形菌類と共有している．ほとんどの種類で，その子実体は変形菌類に比べて小型で，胞子嚢内の胞子数は1～数個と少ない．これまでに知られている原生粘菌類の多くは，草本の

枯死部から分離されているが，倒木上や土壌に生育するものも知られている．現在までに約40種が知られているが，研究例が少なく，実際にはさらに多くが存在するものと考えられる．原生粘菌類には，分類群ごとに特異な生活史が知られており，多くの種類で核相交代の時期が現在でも特定されていない．ここでは，温帯域に広く分布しているツノホコリ *Ceratiomyxa fruticulosa* (O.F.Müll.) T.Macbr. の生活史を紹介する（図2）．ツノホコリは，他の種類とは異なり，多くの小型の胞子嚢が密生した肉眼的な大きさの担子体を形成する．減数分裂は若い胞子内で行なわれ，発芽すると四つの単相核をもつ zoocyst を生じる．zoocyst は分裂して8個の鞭毛細胞となり自由生活を行なう．鞭毛細胞はふたつが接合して複相の接合子となる．接合子は核分裂だけを行ない，変形体となる．変形体はアメーバ状で細菌などを捕食して生長する．成熟した変形体は担子体を形成し，多数の胞子嚢を外生して胞子を形成する．ツノホコリ以外の原生粘菌類には，鞭毛細胞の時期が知られていないもの，顕著な変形体を形成しないものなども知られている．

#### c. 細胞性粘菌類

細胞性粘菌類は，熱帯から寒帯，平地から亜高山までの，土壌・植物遺体・動物の糞などから，約70種が知られている．細胞性粘菌類の生活史は，変形菌類や原生粘菌類とは著しく異なっている．細胞性粘菌類は累積子実体（sorocarp）に多くの胞子を形成する．胞子が発芽すると，1個の粘菌アメーバが生まれる．鞭毛細胞は知られていない．粘菌アメーバは細菌を捕食して2分裂により増殖する．増殖した粘菌アメーバは流れをつくって集り，偽変形体（集合体，pseudoplasmodium）を形成して空中に立ち上がる．その偽変形体は，粘菌アメーバが接着したもので，細胞融合はしていない．偽変形体の先端付近の細胞は，細胞壁を形成して細胞性の柄となる．その他の細胞はその上端に移動して厚膜化し，胞子となって累積子実体が完成される．細胞性粘菌類の胞子は，累積子実体の柄となる細胞の細胞死をともなって形成される一種のシスト形成と考えられる．粘菌アメーバは，個々に厚膜化してシストを形成することも知られている．いくつかの細胞性粘菌類では，有性生殖も知られている．交配型が合致する粘菌アメーバが混生しているときに浸水させるなどの条件を与えると，マクロシスト（macrocyst）を形成する．マクロシスト形成初期では，2個の粘菌アメーバの融合によって，1個の複相の巨大細胞（giant cell）が形成される．巨大細胞の周りには単相の粘菌アメーバが集まって塊となっている．巨大細胞は周りの粘菌アメーバを捕食し，厚膜化してマクロシストを完成し休眠状態となる．休眠が解けると減数分裂・体細胞分裂を経て多くの粘菌アメーバとなり発芽する．

### B. 粘菌類の分類学的位置づけ

粘菌類は，その生活史や生態から，陸上での生活に適応したアメーボゾアの一員であると考えてよいだろう．しかし，粘菌類と他のアメーボゾアとの系統関係についてはほとんどわかっていない．

Hyperamoeba とよばれる鞭毛根足虫類の1グループは，細胞の微細形態や分子系統学的な解析から，変形菌類であることが明らかにされた（Michel *et al.*, 2003）．この Hyperamoeba は，変形体も子実体も確認されていないが，分子系統学的解析からは，変形菌類のカタホコリ科（Didymiaceae）やムラサキホコリ科（Stemonitaceae）から派生した多系統群であることが推察されている．Hyperamoeba は，二次的に複相世代を欠いたか，あるいは，いまだにみいだされていない変形菌類と考えてよいようである．

粘菌類の3分類群が互いに現生の生物群のうちで最も近縁なのか，すなわち，これらを粘菌類という1分類群としてまとめて扱うのが妥当なのかということさえ，いまだに結論に達していない．さらに，粘菌類がどのような進化の過程をたどって陸上へ上がったのかについて明らかにするためには，アメーボゾアの他の生物についてのさらなる知見の蓄積が必要である．

［引用文献］

Adl S. M. *et al.* (2005) The new higher level classification of Eukaryotes with emphasis on the taxonomy of Protists. *J. Eukaryot. Microbiol.*, vol. 52, pp. 399-451.

Ainsworth G. C. *et al.* (1973) *The Fungi: An Advanced Treatise, IVB.*, Academic Press.

Alexopoulos C. J. *et al.* (1996) *Introductory Mycology 4th ed.*, John Wiley & Sons.

Michel R. *et al.* (2003) *Pseudodidymium cryptomastigophorum gen. n., sp. n.*, a Hyperamoeba or a slime mould? A combined study on morphology and 18S rDNA sequence data. *Acta Protozool.*, vol. 42, pp. 331-343.

(松本 淳)

## 6.6 その他の菌類様真核生物

　分解酵素の分泌によって，細胞外で分解消化した物質を吸収するという従属栄養性生物は，「菌類」としてよばれることがある．しかしながら，微細構造，構成物質，分子系統解析を含む遺伝学的な特徴などから，単系統群としての真菌類には，担子菌類（6.2項参照），子嚢菌類（6.3項参照），接合菌類（6.4項参照），ツボカビ類（6.4項参照）が含まれ，そのほかについては系統を異にすることが明確になってきた．それまでも菌様真核生物が真菌類とは離れた存在であるという認識は伝統的になされてきたが，分離培養する技術は真菌類のそれを応用したものが多く，また栄養様式の共通性から生態学や植物病理学などでは同様の視点をとることが多いため，菌学の分野において研究が進められ，偽菌類として包括してよばれてきた経緯がある．なお，粘菌類も偽菌類とされることが多いが，粘菌類（6.5項）で解説されているので，本項では，これ以外について順に触れる．

### A. クロミスタ系統群に位置する菌類様真核生物
#### a. ラビリンツラ類

　この生物群は門あるいは亜門などとして分類されることも多かったが，クロミスタの不等毛類（ストラメノパイル類）（4.7項参照）の褐藻綱や珪藻綱などとならぶ綱レベルの分類階級で扱われることが妥当のように思われる．ラビリンツラ綱は，目あるいは科のレベルで分類されるふたつのグループに分かれる．ひとつ目のグループは狭義のラビリンツラ類（labyrinthulids）である．細胞は紡錘形から卵形をし，複数の細胞で共有する外質ネット（ectoplasmic nets）によって包まれ，このなかを滑走運動して全体として網目状となる群体を拡張する．ふたつ目のグループはヤブレツボカビ類（thraustochytrids）である．ヤブレツボカビ類の細胞は球形から楕円体で，外質ネットは細胞の1カ所から伸長し基質表面に付着あるいは内部に伸長する．狭義のラビリンツラ類は外質ネットが仮足的であったり，群体全体の

類似性から，いわゆるアメーバ類などを含む根足虫類や粘菌類などに分類されたりした経緯があり，一方ヤブレツボカビ類も，栄養細胞の類似から真菌類のツボカビ類などに分類されたことがある (Porter, 1990). しかしながら，両者ともに遊走細胞は2本の鞭毛を側方から生じ，前鞭毛には3部構成の鞭毛小毛 (マスティゴネマ) をもつことから，クロミスタの不等毛類に位置することが示された. また，外質ネットを生じる細胞表面のオルガネラであるボスロソーム (bothrosome =sagenogenetosome, sagenogen) は，小胞体が関係すると思われる複雑な膜構造と電子密度の高い物質の複合体で，両者以外にはみられない特殊な構造となっていることから，両者の近縁性が指摘されていたが，分子系統解析の結果から，両者がひとつの系統群であることが結論づけられた (Honda et al., 1999).

その後の複数遺伝子による系統解析などから，ヤブレツボカビ類が少なくとも三つの系統に分かれることが示され，目あるは科レベルの高次分類体系の再編成が待たれている状況である (Tsui et al., 2009). 属レベルの分類については，従来の属が系統的に異なる位置をとるなどの問題があり，分子系統関係と形態，化学分類学的形質を組み合わせた再編成が進みつつあり，現時点では12属約50種が記載されている (Yokoyama & Honda, 2007; Yokoyama et al., 2007).

ラビリンツラ類は熱帯から亜熱帯の沿岸域に多く生息することが知られているが，極域から深海までの非常に広範囲にわたって存在が知られている. 外質ネットがセルラーゼなどの分解酵素の分泌や，分解された物質の吸収に関与することが示されており (Bremer & Talbot, 1995), 陸源植物由来の難分解性有機物の分解に関与することが示されている (Raghukumar, 2002). 特にヤブレツボカビ類については，同じ海域の浮遊性細菌の炭素量換算のバイオマスの約3.5%に相当するという報告がある (Kimura et al., 1999).

また，ラビリンツラ類は病原性を示すものも知られている. 狭義のラビリンツラ類の Labyrinthula 属生物は，魚の産卵場所としても重要な藻場を形成するアマモ類に対して，大西洋沿岸で大規模な枯死をもたらしたり (Young, 1943), ゴルフ場などの陸上の芝を枯死させた報告がある (Bigelow et al., 2005). また，ヤブレツボカビ類については，軟体動物への感染が知られており，特に食用のホンビノスガイの大量死をひき起こしたことがある (Whyte et al., 1994).

最近では，ラビリンツラ類がドコサヘキサエン酸 (DHA) やエイコサペンタエン酸 (EPA) などの高度不飽和脂肪酸を蓄積することから，サプリメントや食品添加物，医薬品，餌料などの応用が検討されてきた (Raghukumar, 2008). さらに最近ではオーランチオキトリウム (Aurantiochytrium) 属などがバイオ燃料生産の可能性がありうるとして注目されている (Kaya et al., 2011).

b. サカゲツボカビ類

6属約25種から構成される綱レベルの比較的小さな系統群である. 無性胞子である遊走子の鞭毛は細胞の前方から生じる1本のみで，クロミスタの不等毛類の特徴である3部構成の鞭毛小毛を生じている. また不等毛類の遊走細胞の鞭毛数は基本的に2本であり，1本のみである菌様クロミスタ類はほかに存在しない. 鞭毛装置構造の比較解析などからも予想されていたが，分子系統解析の結果から後述の卵菌類との近縁性が示されている (Barr & Allan, 1985; Hausner et al., 2000).

淡水から海水あるいは土壌に生息し，多くは植物や昆虫などの動物の遺骸上で腐生生活を営むことが知られているが，藻類の内部へ寄生する Anisolpidium 属や，卵菌類や真菌類から分離される Rhizidiomycetes 属や Hyphochytrium 属についても報告がある. 栄養体の形態は以下の三つに大別され，それぞれは科レベルの特徴となっている. ① 宿主や基質の内部で細胞が生長し，そのまま遊走子嚢となるもの. ② 基質などの表面に仮根様構造で付着し，成長した細胞がそのまま遊走子嚢となるもの. ③ ひとつの遊走子が着生したあとで，仮根様構造でつながった複数の遊走子嚢を形成するもの (Fuller, 1990). ヒトや農作物などへの感染などが知られていないこともあって，十分な調査がなされているとはいえず，今後の知見の蓄積が待たれる.

#### c. 卵菌類

　卵菌類も綱のレベルで扱われることが多いグループである．一般的に生卵器と造精器による有性生殖によって，分類群の名称の由来となっている厚壁の卵胞子（接合子）を生じることで特徴づけられるグループで，約100属800種が記載されている．伝統的には，多くの卵菌類にみられる先端成長を行なう分枝した菌糸や，いわゆる分解吸収を行なう生活様式などは真菌類と類似するため，単純な菌類の一群として認識されていた藻菌類（Phycomycetes）や鞭毛菌類（Mastigomycetes）の中心的な生物として扱われてきた経緯がある．しかしながら，菌糸は複相の多核体であり，基本的には隔壁構造がないこと，細胞壁の主成分はセルロースと$\beta$-グルカンであり，キチンが主成分である真菌類とは異なること，遊走子は2本の鞭毛をもち，そのうちの一方は3部構成の鞭毛小毛を生じることなどから，真菌類とは明確に系統を異にしており，クロミスタ系統群に属することが示されている（Dick, 1990; Cavalier-Smith & Chao, 2006）．

　従来の分類体系では，以下の四つの目に分けられる．① ミズカビ目は腐生性の種が多く含まれるが，魚類や甲殻類に対する寄生性を示すものが含まれ，養殖漁業への深刻な被害を与えることがある．② ツユカビ目には腐生性のものも知られているが，ほとんどは植物寄生性である．フハイカビ（Pythium）属やエキビョウキン（Phytophthora）属は農作物に深刻な被害を与えることがあり，19世紀のアイルランドでジャガイモの大凶作をひき起こしたことで知られる．また，フハイカビ属の種には哺乳類への感染性があるものがある．③ フシミズカビ目は生活排水などによって比較的汚染されたような淡水域に生息し腐生性を示す．菌糸の途中に顕著なくびれがあることが特徴である．④ クサリフクロカビ目は淡水から海水域の動植物や藻類への寄生性や腐生性で，細胞全体が遊走子嚢や胞子などへと分化する全実性の形態をとることが特徴である．

　卵菌類内の系統関係については，さまざまな考え方が提唱され，そのなかには，クサリフクロカビ類は寄生性によって菌糸などの形態を退化させたとする解釈もあった（たとえばBessey, 1942）．しかし最近の分子系統解析から，むしろクサリフクロカビ類が初期に分岐した生物であることが示唆され，遊走子形成にみられる微細形態などについても連続性をもって理解できることが示されてきている．さらに，卵菌類全体とサカゲツボカビ類，および海産鞭毛虫Developayella属と海産珪藻への寄生生物Pirsonia属が，大きな単系統群を形成することが示され，卵菌類が海域を起源し，単細胞性の寄生性の生物から進化したことが予想されるに至っている（Beakes & Sekimoto, 2009）．

### B. リザリア系統群に位置する菌類様真核生物
#### a. ネコブカビ類

　生活史のなかで，細胞壁を欠くアメーバ運動を行なう多核の変形体の世代をもつこと，鞭毛小毛を欠く2本の鞭毛を細胞先端に生じる遊走子が形成されることといった類似性から，以前は変形菌類内の門あるいは綱のレベルで扱われることがあった．また，エクスカバータ系統群（4.4項参照）のNaegleria属にみられるような長い鞭毛基部（基底小体）をもつことや，休眠胞子が真菌類のようにキチン質を含むことなどの類似性がみられる．さらに，核分裂時にみられる，両極方向に伸長した核小体を赤道面でリング状に並んだ染色体がとりかこむ配置や，複雑な射出装置で宿主の細胞壁を穿孔して侵入する様式などは独特であり，分類学的な理解を困難にしていた（Dylewski, 1990）．しかしながら，分子系統解析の結果から，両者はまったく系統を異にしており，ネコブカビ類はリザリア系統群（4.5項参照）内のケルコゾア類に近縁であることが示された（Archibald & Keeling, 2004）．

　この生物群は12属約40種からなっている．このなかにはアブラナ科植物に寄生するネコブカビ（Plasmodiophora）属や，ジャガイモに寄生する粉状そうか病菌（Spongospora）属が含まれており，これらについては農作物として重要なために研究が進んでいる．また，ほかにも卵菌類や褐藻類への感染も知られている．さらに，海洋の深海環境中のDNAからネコブカビ類と思われる配列が報告されており，水圏生態系に対して，これまでは予想していない重要な影響を及ぼしている可能性が示唆されてい

る (Neuhauser *et al.*, 2011).

## C. オピストコンタ系統群に位置する菌類様真核生物
### a. メソミケトゾア類

　真菌類の接合菌類トリコミケス類は節足動物の腸内に付着生活をする菌類をまとめた綱レベルのグループとして認識されていたが，分子系統解析の結果，このうちのエクリナ目とアモエビディウム目に分類されていたものは，真菌類とは系統を異にすることが明らかとなった．エクリナ目にみられる隔壁の構造や，アモエビディウム目ではアメーバの世代がみられることなどから，これらの生物が真菌の系統群に位置したほかのトリコミケス類とは系統的に離れた存在であると理解することができる（Benny & O'Donnell, 2000; Cafaro, 2005）．また，遊走細胞の世代を欠き，アメーバ細胞が放出されるラビリンツラ類として記載されたコラロキトリウム類も，分子系統解析の結果，オピストコンタ系統群（4.2項参照）に位置することが示された（Cavalier-Smith & Allsopp, 1996）．これらの生物は，いずれも真菌類よりはむしろ動物の起源的な系統位置と占めるメソミケトゾア類としてまとめられるようになっている．この生物群の知見は，徐々に蓄積されてきており，動物や菌類の進化過程を探るうえでも重要な情報を提供していくものと思われる（Marshall & Berbee, 2011）．

［引用文献］

Archibald J. M. & Keeling P. J. (2004) Actin and ubiquitin protein sequences support a cercozoan/foraminiferan ancestry for the plasmodiophorid plant pathogens. *J. Eukaryot. Microbiol.*, vol. 51, pp. 113-118.

Barr D. J. S. & Allan P. M. E. (1985) A comparison of the flagellar apparatus in *Phytophtora*, *Saprolegnia*, *Thraustochytrium*, and *Rhizidiomycetes*. *Can. J. Bot.*, vol. 63, pp. 138-154.

Beakes G. W. & Sekimoto S. (2009) The evolutionary phylogeny of oomycetes—insights gained from studies of holocapic parasites of algae and invertebrates. in Lamour K. and Kamoun S. eds., *Oomycete genetics and genomics: diversity, interactions, and research tools*, pp. 1-24, John Wiley & Sons.

Benny G. L. & O'Donnel K. (2000) *Amoebidium parasiticum* is a protozoan, not a trichomycete. *Mycologia*, vol. 92, pp. 1133-1137.

Bessey E. A. (1942) Some problems in fungus phylogeny. *Mycologia*, vol. 34, pp. 355-379.

Bigelow D. M. *et al.* (2005) *Labyrinthula terrestris* sp. nov., a new pathogen of turf grass. *Mycologia*, vol. 97, pp. 185-190.

Bremer G. B. & Talbot G. (1995) Cellulolytic enzyme activity in the marine protist *Schizochytrium aggregatum*. *Botanica Marina*, vol. 38, pp. 37-41.

Cafaro M. J. (2005) Eccrinales (Trichomycetes) are not fungi, but a clade of protists at the early divergence of animals and fungi. *Mol. Phylogenet. Evol.*, vol. 35, pp. 21-34.

Cavalier-Smith T. & Allsopp M. T. E. P. (1996) *Corallochytrium*, an enigmatic non-flagellated protozoan related to choanoflagellates. *Eur. J. Protistol.*, vol. 32, pp. 306-310.

Cavalier-Smith T. & Chao E. E. Y. (2006) Phylogeny and megasystematics of phagotrophic heteronkonts (Kingdom Chromista). *J. Mol. Evol.*, vol. 62, pp. 388-420.

Dick M. W. (1990) Phylum Oomycota. in Margulis L. *et al.* eds., *Handbook of Protoctista*, pp. 661-685, Jones and Barlett.

Dylewski D. P. (1990) Plasmodiophoromycota. in Margulis L. *et al.* eds., *Handbook of Protoctista*, pp. 399-416, Jones and Barlett.

Fuller M. S. (1990) Phylum Hyphochytriomycota. in Margulis L. *et al.* eds., *Handbook of Protoctista*, pp. 380-387, Jones and Barlett.

Hausner G. *et al.* (2000) Phylogenetic analysis of the small subunit ribosomal RNA gene of the hyphochytrid *Rhizidiomyces apophysatus*. *Can. J. Bot.*, vol. 78, pp. 124-128.

Honda D. *et al.* (1999) Molecular phylogeny of labyrinthulids and thraustochytrids based on the sequencing of 18S ribosomal RNA gene. *J. Eukaryot. Microbiol.*, vol. 46, pp. 637-647.

Kaya K. *et al.* (2011) Thraustochytrid *Aurantiochytrium* sp. 18W-13a accummulates high amounts of squalene. *Biosci. Biotechnol. Biochem.*, vol. 75 (in press).

Kimura H. *et al.* (1999) Biomass of thraustochytrid protoctists in coastal water. *Mar. Ecol. Prog. Ser.*, vol. 189, pp. 27-33.

Marshall W. L. & Berbee M. L. (2011) Facing unknowns: living cultures (*Pirum gemmata* gen. nov., sp. nov., and *Abeoforma whisleri*, gen. nov., sp. nov.) from invertebrate digestive tracts represent an undescribed clade within the unicellular opisthokont lineage ichthyosporea (Mesomycetozoea). *Protist*, vol. 162, pp. 33-57.

Neuhauser S. *et al.* (2011) The ecological potentials of Phytomyxea ("plasmodiophorids") in aquatic food webs. *Hydrobiologia*, vol. 659, pp. 23-35.

Porter D. (1990) Phylum Labyrinthulomycota. in Margulis L. *et al.* eds., *Handbook of Protoctista*, pp. 388-398, Jones and Barlett.

Raghukumar S. (2002) Ecology of the marine protists, the Labyrinthulomycetes (thraustochytrids and labyrinthulids). *Eur. J. Protistol.*, vol. 38, pp. 127-145.

Raghukumar S. (2008) Thraustochytrid marine protists: production of PUFAs and other emerging technologies. *Marine Biotechnology*, vol. 10, pp. 631-640.

Tsui C. K. M. *et al.* (2009) Labyrinthulomycetes phylogeny and its implications for the evolutionary loss of chloroplasts and gain of ectoplasmic gliding. *Mol. Phylogenet. Evol.*, vol. 50, pp. 129-140.

Whyte S. K. *et al.* (1994) QPX (Quahaug Parasite X), a pathogen of northern quahaug *Mercenaria mercenaria* from the Gulf of St. Lawrence, Canada. *Dis. Aquat. Organ.*, vol. 19, pp. 129-136.

Yokoyama R. & Honda D. (2007) Taxonomic rearrangement of the genus *Schizochytrium* sensu lato based on morphology, chemotaxonomical characteristics and 18S rRNA gene phylogeny (Thraustochytriaceae, Labyrinthulomycetes): emendation for *Schizochytrium* and erection of *Aurantiochytrium* and *Oblongichytrium* gen. nov. *Mycoscience*, vol. 48, pp. 199-211.

Yokoyama R. *et al.* (2007) Taxonomic rearrangement of the genus *Ulkenia* sensu lato based on morphology, chemotaxonomical characteristics, and 18S rRNA gene phylogeny (Thraustochytriaceae, Labyrinthulomycetes): emendation for *Ulkenia* and erection of *Botryochytrium*, *Parietichytrium* and *Sicyoidochytrium* gen. nov. *Mycoscience*, vol. 48, pp. 329-341.

Young E. L. (1943) Studies on *Labyrinthula*. The etiologic agent of the wasting disease of eel-grass. *Am. J. Bot.*, vol. 30, pp. 586-593.

(本多大輔)

## 6.7 地衣類

腐生,寄生,共生と多様な生活を送る菌類のなかで,地衣類は菌根菌とともに,共生菌の代表である.地衣類は地衣化という生物学的な現象によってくくられる一群であり,系統的なまとまりではない.彼らは生態的・生理的・形態的な特徴を備えており,特殊な環境に優占することが多い.ここでは,これらの特徴をみることによって,地衣類の進化の一面を描き出すよう試みたい.

### A. 地衣類とは

菌類が藻類あるいはシアノバクテリアと細胞外共生による安定した共生関係を結び,複合体を構成するとき,その複合体あるいは菌類単体を地衣類といい,菌類単体を特に区別する場合には,lichenized fungus(複数はfungi)(地衣化した菌類)という.さらに共生現象に着目し,それぞれのパートナーをよび分けるとき,共生菌(mycobiont)とフォトビオント(photobiont,あるいは共生藻〈phycobiont〉)という.また,そのような共生関係を結ぶことを地衣化(lichenization)という.現生の地衣類は,既知種が17500種または2万種で,その99%以上が子嚢菌類に属し,子嚢地衣類(ascolichen)とよばれる.残る1%未満は担子菌類で,担子地衣類(basidiolichen)とよばれる.フォトビオントとしては,おもに緑藻とシアノバクテリアが知られる.

地衣類を構成する菌類が菌界,特に子嚢菌類の多様な系統に広く分布することは,Gargas *et al.* (1995) 以降,地衣共生菌の分子系統データから支持されており,地衣化が,菌類と藻類もしくはシアノバクテリアとの間の種々の組合せにおいて発生したと考えられている.その一方で,地衣化は子嚢菌類進化の初期に少数回のみ起き,そこから脱地衣化により多くの非地衣子嚢菌の系統が進化したとする考えもある (Lutzoni *et al.*, 2001).

地衣類は,2種類の全く異なる生物が共存することにより互いに利益を得る,相利共生の好例とされる.地衣共生菌は,藻類から糖アルコールなどの形

で光合成産物である有機物を受けとる一方，外界から得たミネラルと安定した環境をフォトビオントに与えることで，相互に利益を得ていると考えられている．しかし，両者の関係は，菌類が藻類を管理している寄生とする見方もある．これは，人間と農作物との関係によく似ている．人間は作物が育つよう田畑を管理し，肥料を与え，最後は収穫を経て消費する．

## B. 乾燥環境への進出

地衣類の生育場所は，岩上をはじめ，森林においては樹幹・樹枝上（特に日当たりが比較的よい落葉広葉樹林や，常緑広葉樹林では林冠部），極地周辺や高山などの森林植生が発達しない場所では地上といった具合に，明らかに乾燥した世界に広がっており，菌類としては異質に感じられる．また，基物（地衣類が着生している岩や樹皮を基物とよぶ）の表面であるため目立ちやすい．同様の空間を占める蘚苔植物が，同じ樹幹でも陰になりがちな側や根元に多いのに対し，陽が当たる側や上部には地衣類が多い傾向があることからも，地衣類はより乾燥した場所に適応していることがわかる．特に日当たりのよい露岩などの表面は，地衣類がほぼ独占状態である．これが可能なのは，地衣類が吸湿性や速乾性に優れていることや，耐乾燥性や耐光性などの性質があるためである．

地衣類は，霧や夜露などの結露から水分を得ている．緑藻をフォトビオントとする地衣類では，体の大部分はキチン質とリケナン，イソリケナン，ガラクトマンナンなどの多糖類を主成分とする（Elix, 1996）地衣菌の細胞壁で占められ，吸水・吸湿性に優れている．この性質によって，速やかに表面の水分を吸収することができるだけでなく，高湿度条件下では大気中から吸湿することができる．

夜露により水分を補給したフォトビオントは日の出とともに光合成を開始する．地衣種や環境条件などにもよるが，よく日が当たる立地では，晴天時には地衣体中の水分を蒸散によって速やかに消失し，2,3時間もすれば地衣体は乾燥し光合成は停止する（Lange et al., 1970）．種子植物の葉が水の消失を防ぐクチクラ層を発達させたのとは対照的である．

蒸散が起こっているときには地衣体は気化熱により冷却されるが，いったん乾燥すると，地衣体は太陽光を受け高温化しやすくなる．地衣類は，細胞内に蓄えた多価アルコールによって乾燥状態を耐えているのではないかとも考えられている（Ahmadjian, 1993）．

また太陽光は同時に，フォトビオントの葉緑素を励起し続ける．光合成が停止している状態で吸収された光エネルギーは行き場がないため，酸素を活性酸素に変換し，これが細胞を破壊する原因となるので非常に危険である．フォトビオントはこうした過剰な光エネルギーを，熱として安全な形で散逸させる機構を備えている（Heber et al., 2001; Veerman et al., 2007）．それに加えて地衣類は共生菌由来の抗酸化活性物質を蓄えることで，乾燥時の障害からフォトビオントを守っていることが明らかになってきた（Kranner et al., 2005）．こうした耐性機構はまた，吸水時の素早い光合成回復を実現した．このような生理的特性の獲得が，乾燥環境における地衣類の繁栄をもたらしたことは明らかである．

## C. 光環境のコントロール

ウメノキゴケやムカデゴケのような葉状地衣の断面を観察すると，表側に近いところに共生藻が薄い層をなしているのが見える．この藻類層の表側は上皮層で覆われ，下側には髄層と下皮層が位置する．上皮層は菌糸が密に集合してできた緻密な組織であり，紫外線や強い光から体を守る点で重要な保護組織の役割を果たしている．樹状地衣のイワカラタチゴケを用いた実験（Kosugi et al., 2010）によって，皮層が波長400 nm以下の紫外線をほとんど透過させず，また400 nm以上の可視光は，湿潤時には30～50％程度が透過し，乾燥時では20～35％が透過することが明らかにされた．

ある種の地衣類の皮層には色素が存在しており，これが遮光機能を強化していることは明らかである．やや淡い黄色の色素であるウスニン酸はその代表的な物質で，サルオガセ属をはじめ，キウメノキゴケ属などのウメノキゴケ科など，多岐にわたる分類群で生産される．チズゴケ属のリゾカルプ酸などの黄色色素，ダイダイゴケ属の橙色色素パリエチンも同

様である．これらはアセトンなどの有機溶媒に可溶の，いわゆる地衣成分（あるいは地衣酸）とよばれる芳香族有機化合物である．一方，このような有機溶媒に容易には溶け出さない，細胞壁に結合的な色素の例として，ウメノキゴケ科のタカネゴケ属やヒゲアワビゴケ属などにみられる褐色系の色素があげられる．

## D. 地衣類のスローライフ

地衣類は，バイオマスとしては菌体よりも小さいフォトビオントの光合成に持続的に依存して生活しており，しかも上述のように乾燥などにより光合成の時間もかぎられる．そのため，共生菌が利用できる有機化合物資源はかぎられてしまう．したがって，地衣類の生長は非常にゆっくりとしたものにならざるをえなかったのだろう．

地衣類の生長速度については，定点観察によって以下のようなデータが得られている．基物表面に平面的に生える種では，地衣体の基本的な生長はどの方向でも同じであり，結果として円形を保つ．その裏側全面で基物に密着あるいは偽根により固着するため，周縁部のみが成長する．その速度は，ウメノキゴケやコフキヂリナリアなど暖温帯でふつうにみられる葉状地衣（体が木の葉のように扁平である）の代表種では，年間に半径で5 mm弱であることがわかっている（安斉・原田，2001）．海外の例（Hale, 1983）ではウメノキゴケ科の葉状地衣で1～5 mm程度であり，より大形のカブトゴケ科では5～10 mm前後であるという．基物に密着する痂状地衣（基物表面にペンキを塗ったように密着し形態が比較的未分化な地衣類）ではより遅く，年間1 mm以下が多く，なかには0.1 mmに満たない例も複数報告されている．このデータに従えば，直径20 cmのウメノキゴケで約20歳，痂状地衣では100歳以上ということになる．このような生活を保障するための防御機構はどうなっているのだろう？ 地衣類の多くが生産する地衣成分のうちのいくつかは，抗生作用（Vartia, 1973）・抗菌作用（Yamamoto et al., 2002）をもつことが知られており，細菌や真菌の攻撃を排除している可能性がある．一部の地衣成分がナメクジなど小動物による摂食を阻害することも知られている（Gerson & Seaward, 1977）．

## E. おわりに

ここで紹介した特徴は，一部の地衣類をモデルとしたものにすぎない．現実の地衣類の世界全体は，これらよりはるかに多様で驚きに満ちている．河川上流の河畔岩上に生える淡水生地衣，岩礁海岸では潮間帯付近に生える海岸生（あるいは海洋生）地衣，熱帯を中心に常緑樹の葉の上に優占する生葉上地衣，石灰岩中に潜入する石灰岩内生地衣…．しかし，その生理・生態はいまだ謎が多い．そのひとつひとつが早期に解き明かされ，地衣類の進化の道筋が明らかにされていくことを期待したい．

[引用文献]

Ahmadjian V. (1993) in *Lichen symbiosis*, pp. 111-113, John Wiley & Sons.

安斉唯夫・原田 浩（2001）地衣類数種の1年間の生長量と計測法の試行．千葉生物誌, vol. 51, p. 32.

Elix J. A. (1996) Biochemistry and secondary metabolites. in Nash TH. III ed., *Lichen Biology*, Chapter 9, pp. 154-180, Cambridge University Press.

Gargas A. et al. (1995) Multiple origins of lichen symbioses in fungi suggested by SSU rDNA phylogeny. *Science*, vol. 268, pp. 1492-1495.

Gerson U. & Seaward MRD. (1977) Lichen-invertebrate associations. in Seaward MRD. ed., *Lichen Ecology*, pp. 69-119. Academic Press.

Hale M. E. Jr. (1983) in *The biology of lichens*, 3rd ed, chapter 3, pp. 76-83, Edward Arnold.

Heber U. et al. (2001) Protection of the photosynthetic apparatus against damage by excessive illumination in homoiohydric leaves and poikilohydric mosses and lichens. *J. Exp. Bot.*, vol. 52, pp. 1999-2006.

Kosugi M. et al. (2010) Comparative analysis of light response curves of *Ramalina yasudae* and freshly isolated *Trebouxia* sp. revealed the presence of intrinsic protection mechanisms independent of upper cortex for the photosynthetic system of algal symbionts in lichen. *Lichenology*, vol. 9, pp. 1-10.

Kranner I. et al. (2005) Antioxidants and photoprotection in a lichen as compared with its isolated symbiotic partners. *Proc. Natl. Acad. Sci. USA*, vol. 102, pp. 3141-3146.

Lange O. L. et al. (1970) Experimentell-ökologische Untersuchungen an Flechten der Negev-Wüste. II. $CO_2$-Gaswechsel und Wasserhaushalt von *Ramalina maciformis* (Del.) Borg am natürlichen Standort wärhend der sommerlichen Trockenperiode. *Flora (Jena)*, vol. 159, pp. 38-62.

Lutzoni F. *et al.* (2001) Major fungal lineages are derived from lichen symbiotic ancestors. *Nature*, vol. 411, pp. 937-940.

Vartia K. O. (1973) Antibiotics in lichens. in Ahmadjian V. and Hale ME. eds., *The lichens*, chapter 17, pp. 547-561, Academic Press.

Veerman J. *et al.* (2007) Photoprotection in the Lichen Parmelia sulcata: The Origins of Desiccation-Induced Fluorescence Quenching. *Plant Physiol.*, vol. 145, pp. 997-1005.

Yamamoto Y. *et al.* (2002) Growth inhibition of two wood decaying fungi by lichen mycobionts. *Lichenology*, vol. 1, pp. 45-49.

〔原田 浩・小杉真貴子・木下靖浩〕

# 第 7 章
# 動物の誕生

| | | |
|---|---|---|
| 7.1 | 動物 | 倉谷 滋 |
| 7.2 | 進化と発生の問題 | 倉谷 滋 |
| 7.3 | 動物門とは？ | 倉谷 滋 |
| 7.4 | ボディプランと初期発生 | 小柴和子・竹内 純 |
| 7.5 | 幼生型と進化 | 赤坂甲治 |
| 7.6 | エディアカラ動物群 | 安井金也 |
| 7.7 | 左右相称動物の誕生 | 安井金也 |
| 7.8 | カンブリア爆発 | 宮田 隆 |
| 7.9 | 古生物学の知見から | 遠藤一佳 |
| 7.10 | 分子系統学の知見から | 工樂樹洋 |
| 7.11 | 進化発生学の視点から | 安井金也 |
| 7.12 | 無脊椎動物の神経系の発生と進化 | 滋野修一 |

## 7.1 動物

　動物学の対象とする生物群を動物とする以上，この生物学分野の扱う範疇は動物の概念に依存するのであり，それが系統分類学や博物学に出自をもつのであれば，その概念の成立と研究の歴史を考察することにも十分な意義がある．

**A. 歴史**

　まず，大衆的自然観における「動物」という語のもつ意味作用が（英語における animal もほぼ同様），日本人を含めた多くの現代人の日常においておおまかに「ある一定以上のサイズをもつ哺乳類（すなわちケモノ）」か，もしくはそれにときとして一部の爬虫類を加えたものを連想させることには異論はあるまい．事実，それはたとえば，寺島良安編「和漢三才図会」にみる「畜類」にほぼ対応し，この語の概念的起源や文化的広がりを近世以前の東アジアに求めることもおそらく妥当であろう．無論，同様の概念としての「動物・畜類」は西洋にもあり，Conrad Gesner や Ulisse Aldrovandi の著作をもち出すまでもなく，それら原始的概念は常に（東洋でいえば「龍」や「獏」や「麒麟」のような）架空の動物を当然のように含み，さらにある種の怪物・妖怪の類（「寓類」とよばれる）は，汎世界的にヒト，もしくは猿の類の延長としておかれる傾向にあった．

　近世以降の「畜類」に，「鼠」（ネズミ）類や「鼬」（イタチ）など比較的小型の哺乳類を加えたものが，日常的意味における「動物」にほぼ対応するようである．それは 18 世紀ウィーンに始まる「動物園」や，近代の一般向け「動物図鑑」においてしばしば扱われていた生物のカテゴリーにおおまかに反映されていると考えてよく，このような出版物に付随する表題の「動物」は実際，その出版の科学的・動物学的目的とは裏腹に，歴史的文化的に成立した一般の日常的記号論によっている．「家畜」の「畜」も同様の概念であり，「家禽」の概念が別のものとして存在することからわかるように，それは鳥類を含むものではない．興味深いことに，畜類と同様，禽類においても本来は「鳳凰」のような架空の鳥がこの概念のなかにはあり，ヒト自身や猿が寓類への橋渡しをしたように，それは孔雀や猛禽類によってつながれる．

　以上のような近代以前の概念体系においては，魚類は「魚介（魚貝）図鑑」や「水族館」において担当され（ここにはいうまでもなく，かつて鯨類が含まれていた），「虫類」の一部である昆虫類を扱うものとしては「昆虫館」や「昆虫図鑑」があり，これらはやはり慣例として，クモ・サソリという，必ずしも系統的に近くはない節足動物群を一括して扱うことが従来は多く（しかし通常，カブトガニや三葉虫は除外），むしろ系統的に昆虫に近いはずの（あるいは，昆虫類を内群としている可能性すらある）エビ・カニを含む甲殻類（それは古く「介甲類」として亀類までをも含んだ）は，「魚介」の類に含められる傾向にある．このような扱い方は，「植物図鑑（花卉図鑑）」にカビやキノコなど，分子系統的には植物よりむしろ動物に近い生物系統（菌類）が扱われるのと同様とすることができ，現代に至るまでその伝統は根強く生き残っている．漢字文化圏においてはこの人間的記号分類体系の存在と，近世をはるかにさかのぼるその起源は比較的明らかで，確かに獣（ケモノ）と虫（ムシ）は，大まかに現在認められるタクサに対応するものの，「蛙」，「蝮」，「蛇」，「蜥蜴」，「蟹」，「牡蠣」，「蛤」，「蝸牛」などの字のなかに，言語学的記号論と生物学の根源的齟齬をみいだし，さらには生物のみならず，「虹」などの字に，その概念の記号論的越境さえをも垣間みる．さらに加え，生物の生活史に現れる複数の異なった様態（昆虫の幼虫・さなぎなど）は，動物種の同定や概念的区分けをさらに困難・不正確にしていたと覚しい．

　うえのような漠然とした動物認識のそもそもの由来は必ずしも定かではないが，一方で，それぞれの動物種の生活域・生態学的ニッチ，形態パターンや印象，行動パターン，サイズ，人間の食にとっての意義や重要性，宗教的禁忌などによる，必ずしも生物分類学的でない区分けがおそらくはその背景となっているであろうし，また一説によれば，人類の脳の進化過程において，食文化や狩猟採集，もしくは防衛に対する適応として石器時代人の大脳皮質に獲得，成立せられた，いわば動物特異的な認識機能

を起源とする可能性さえ近年は指摘される．

宗教的禁忌として成立したわが国の文化的記号分類学（兎を鳥類とみなし，一羽，二羽と数えるような）や，あるいは，Aristotle に由来し，中世以降蔓延した「自然の階梯」，すなわち「長虫のような下等な動物から，哺乳類，ヒトを経て，天使から神に至るまでの存在の序列」のような自然観はむしろ，上のような人類の認識の原始的形態を基盤としたうえで，あくまで歴史的・二次的に成立してきたものと考えるのが妥当である．このような「動物」概念の，必ずしも進化生物学的に整合的ではないアプリオリ性は（下にみる Aristotle に由来するものではなく），諸民族において共通している「動物・植物」の区分けと一次的に等価のものであり，それはヨーロッパ博物学・動物学において広く用いられた「植虫類（zoophytes）-18 世紀英国の博物学者 John Ellis による定義，植物のようにみえる動物の意」という，現在では非科学的とされる分類群の提示などに典型的にみることができる（これと同じ理由で，動物・植物の間に位置するとみなされた粘菌は，博物学者，南方熊楠を魅了した）．

さらに，「人間と同様に動いて食って繁殖するもののうち，人間でないもの」という反語的意味で動物の概念を援用する場合も（「人でなし」や「けだもの」などの雑言，本来の宗教概念としての「畜生」にみるように），うえのような脳の言語的機能が可能にする，人間自身を中心に置いた動物認識と，それに基づいた比喩による感情表現とみなすことができるであろうか．．．．かくして多くの人間は，幼時において「動物」という概念を漠然と（可能性としては半ば生得的に）獲得し，自然のなかにそれをみいだしながら自らの存在，位置を確認しつつ（緩やかにその概念に自身をも関連させつつ），教育や勉学，経験，研究を通じて二次的に「魚類」や「昆虫」，「爬虫・両生類」などを生物学的な意味としての「動物」のカテゴリーに加えてゆき，日常的文脈における動物と，生物学的動物とを文脈依存的に区別してゆくようになる．いうまでもなく，以下で扱う分類学的，進化生物学的な「動物」の定義もその延長にあり，こういった概念の二次的な洗練を通じて獲得されてきたものにほかならない．加えて，やや穿った見方をするのであれば，われわれ「ホモ・サピエンス」が現在，生物種として分類学的に記載，定義されていない（ホロタイプが存在しない）という事実は，「科学的に生物を扱う主体として自らを定義する必要があるか」という問題に通じ，さらにこの形式主義を冷静にみつめ，上述したような，ある文化におけるヒトと動物の明瞭な関係と比較すれば，一概に科学的方法論だけが動物の意味，認識上の位置を的確に把握できるとも言えなくなる．

## B. 生物学的考察

生物学的概念としての動物の起源は，一般に Aristotle の著作『動物誌』に求められるとされる．ここでは感覚と運動の能力を備えた存在として動物が植物より区別され，さらにそれは赤い血をもつ「有血動物」と「無血動物」に分けられた．これらの分類群は，さらに形態的体制であるとか発生の仕方によって細分された．中世までの西洋における動物学は，つねに Aristotle によっており，これをこえるものではなかった．動物学がそれ以上の発展をするのは，16 世紀のスイスの博物学者，Conrad Gesner の『動物誌』全 5 巻（1551-1558）以降のことである．さらに科学的な分類学は 18 世紀の Carl von Linné の体系に始まるとされ，この体系においてタクサの最上位に用いられる「界」とは，そもそも植物と動物を分けるためにこそあった．後者においては，動物界（Animalia）は植物界（Plantae）に対し，感覚と移動能力をもち，かつ従属栄養的な存在として定義され（生物二界説），ここには「哺乳類」，「鳥類」，「爬虫・両生類」，「魚類」，「昆虫類」などの綱が立てられたのである．

続いて 19 世紀のはじめ，Lamarck が初めて「無脊椎動物」と「脊椎動物」という二分を提示した．「背骨の有無」によって定義されるこれらのカテゴリーは動物学的に必ずしも妥当な分類群ではないが（背骨がそもそも形質として適切ではないが），研究分野や教育科目の細分として今でも便宜的に用いられる傾向は強い．この場合，「脊椎動物」の範疇に，かつて原索動物という分類群に入れられた尾索類（ホヤ）や頭索類（ナメクジウオ），さらに椎骨をもたないことで形式的には無脊椎動物とされたことのあ

るヌタウナギ類（11.7項参照），原索動物との関係が形態学的に示唆された半索動物のギボシムシなどが含められるかどうかについては，時代や研究者によって扱いが異なり，これらの動物の分類学的位置の変遷そのものが，あるいは脊椎動物をその一部として含む「脊索動物」という，より適切な分類群の成立が，系統分類学，比較形態学，発生学など，明らかに脊椎動物を中心としていた19世紀以降の比較動物学の発展の歴史を象徴していた．

Lamarck は無脊椎動物のなかに12群を認めたが，一方でCuvierは，動物全体をその体制にしたがって4群（embranchements）に分けた．それは，「脊椎動物」，「軟体動物（ホヤ・サルパの類も含む）」，「放射動物（主として刺胞動物と棘皮動物からなる）」，および「関節動物（環形動物や節足動物など，分節を明瞭にもつ動物を含む）」からなっていた．ここにおいて初めて明確に動物は根本的な形態・解剖学的体制によって分類されたのであり，その意味でこれら4群は現在の「動物門」（phyla）と近い意義をもっているということができる（7.3項参照）．また，脊椎動物が，これら多様な動物群のひとつにすぎないという見方も，このころから認められるようになってきた．さらに，von BaerやHaeckel以降，比較動物学は比較発生学という重要な研究方法を得（7.2項参照），それらはヒトを含めた脊椎動物の進化的起源，あるいは動物の起源そのものを胚発生現象のなかにみいだすという明確な目的のために援用されるようになった．そこで注目されたのはボディプランの発生学的構成と起源であり，とりわけ発生における卵割様式，体制にみる軸や極性の種と数，出現する胚葉の数，体腔の有無と形成様式，幼生の形，などが分類の根拠とされた．

このような研究のなかに，左右相称動物，もしくは真体腔動物を発生学的に二分する新たな方法が提示され，原口がのちの口になるか，肛門になるか（実際は原口がそのまま口になったり，肛門になる動物はかぎられており，原口の側が前方か後方になる動物としたほうが正確）によって，「前口動物」と「後口動物」が立てられた．今でも認められているこの大別は，19世紀後半の比較発生学者の功績に始まり，1950年代のHymanの一連の業績により完成せ

られたとされる（動物各門については，本書において適宜解説）．このような，比較解剖，比較発生学的認識や，進化論の影響を経たうえで形成された動物概念に分子生物学的な根拠が加わり，分子進化学的な解析が精密さを増すにつれ，従来認められてきた多くの系統分類関係にみなおしが迫られ，とりわけ前口動物が大きく「冠輪動物」と「脱皮動物」の姉妹群に分けられ，後口動物をその外群とする樹形が提唱された．このような，動物門の関係，分岐のなかに脊椎動物をとらえてゆく一連の研究に対し，動物の起源，もしくは動物全体を定義する試みについては，細胞学的視点から取り組んだ別系統の研究の歴史が控えている．それら両者をつなぐ位置にいた学者として，たとえばHaeckelが数えられる．

Haeckelは動物界と植物界のほかに「プロティスタ」を認め，動物も植物もプロティスタを祖先とするとした．この動物のうち，Haeckelが定義した「後生動物（多細胞動物）」は，われわれのいわゆる動物の意味にほぼ等しく，これに「原生動物（原生生物のうち動物とみなされていたもの）」を加えたものが，Haeckelのいう動物なのであった．このような理解はごく最近まで認められていたものであり，またHaeckelの「動物」は，長らく動物学という教義が扱ってきた（現在でも扱っている）対象でもある．またHaeckelはプロティスタのなかにさらに原始的な「モネラ界（原核細胞にほぼ等しい）」を認識し，動物卵の受精により，核と細胞質のアマルガムのなかから新たに形成される接合核の成立が，モネラから派生的プロティスタへの進化的移行を「反復」するものと考えた（7.2項参照）．20世紀に入ってから「真核生物」と「原核生物」が区別され，1950年代以降のWhittakerによる「5界説」は，生物体そのものより，生物体を構成する単位である細胞の特徴から生物全体を五つの「界」（モネラ界，原生生物界，菌界，動物界，植物界）に分けるという考えであり，それはMargulisとSchwartz (1982)によって確立するに至った．

さらに，微細な細胞形態学に加え，生化学と分子生物学を柱とした細胞生物学の発展，分子進化学の興隆，ならびに古細菌の発見は，原核生物に想像以上の多様性があることを明らかにし，それが界より

上位のランク（ドメイン）の必要性を招き，それにより生物が「真正細菌（バクテリア）」，「古細菌（アーキア）」，「真核生物（ユーカリア）」の三つの「ドメイン」からなることが示唆され（ドメイン説），近年ではこれら三つのドメイン，すなわちすべての生物が，単一の起源をもつことについての信憑性すら実証的な分子データから得られるようになってきた．この理解において，原生生物という分類群は事実上解消され，同時に動物（後生動物）は真核生物という1ドメイン内の，1単系統群である「後方鞭毛生物（オピストコンタ）」のさらに一群（後方鞭毛生物は他に真菌，数種の原生生物を含む）にすぎないことになった．これは，生物進化において真核生物誕生までに要した時間を考えると，ある意味妥当な理解である．

一方で，発生遺伝学の発展にともない，ゲノムや遺伝子の進化，ボディプラン形成や器官発生における発生制御遺伝子の機能の理解が進むにつれ，20世紀末に進化発生学（evolutionary developmental biology）が興隆し，異なった体制をもつさまざまな動物門が，驚くほど保守的な分子レベルでの発生機構を共有していることがわかった．まず，体軸上での位置価を決め，各構造の形態的アイデンティティを特異化するホメオボックス遺伝子群（Hox 遺伝子群）が，ほとんどの動物門において前後軸上で機能し，しかもこの発生システムを左右相称動物（それは内胚葉，外胚葉，中胚葉の3胚葉をもつ）の共通祖先がすでにもっていたことがわかり，発生期におけるこれら遺伝子の発現パターンをもつことが典型的な動物であることと同義であるという意味で，このような遺伝子発現パターン（Hox コード）が「ズータイプ」とよばれた．さらにこのような研究が今世紀に入ってから瞬く間に発展し，すべての左右相称動物を導いたとされる「ウルバイラテリア」が分子発生学的に形式化されるに至った．それによれば，ウルバイラテリアは (1) ズータイプとしての Hox コードをもつほか，(2) 背腹軸が $sog/dpp$ 相同遺伝子群によって特異化され，(3) 体の後方が $evx$ ならびに $cdx$ 相同遺伝子群によって特異化され，(4) 3部構成を示す中枢神経系が $otx$, $emx$, $six3/6$, Hox 相同遺伝子群によって特異化され，(5) 眼が $pax6$, $rx$, $opsin$ 相同遺伝子群の機能によって得られ，(6) 心臓の形態形成に $tinman$ 相同遺伝子群が用いられ，(7) 体軸を走る分節が $hairy$, $engrailed$, $notch/delta$ 相同遺伝子群を基盤として形成され，(8) 内胚葉の位置価決定が $HNF3\beta$, GATA 因子, $goosecoid$, $brachyury$ 相同遺伝子群を用いて行なわれ，(9) 付属肢の形成が $Distal\text{-}less/Dlx$ 相同遺伝子群によって行なわれるという．いわば，動物体（の一部）の分子発生学的定義である（後生動物すべてを含めた同様な形式的記述も，今後ある程度可能となろう）．すべての「前口動物」と「後口動物」を導いたとされるこの仮想的祖先動物の姿には異論もあるが，今日われわれを取り囲む多様な動物の姿の背景には，実はこのように驚くほどの統一性，共通性が隠れているのであり，それは形態，細胞型，遺伝子発現，細胞種の機能など，さまざまなレベルにわたって実証されつつある．

動物の認識は，常にこのような統一性と多様性の狭間にあり，それをさまざまな手法を用いて正確に理解し続け，共時態としての自然観における記号から通時態としての生物学的認識へと発展し，進化の本質に迫ることが動物学の使命そのものといってよい．その意味では，動物の本質的把握を求めるわれわれの認識と探求の旅は，われわれの遠い祖先の脳に最初の好奇心が芽生えたときから終始一貫しているといってもよいのである．

[参考文献]

Arendt D. *et al.* (2001) Evolution of the bilaterian larval foregut. *Nature*, vol. 409, pp. 81-85.

アリストテレス 著, 島崎三郎 訳 (1999)『動物誌』(上，下) 岩波文庫.

Gesner C. (1551-1558)『動物誌』全5巻.

Halanych K. M. *et al.* (1995) Evidence from 18S ribosomal DNA that the Lophphorates are protostome animals. *Science*, vol. 267, pp. 1641-1643.

Hejnol A. & Martindale M. Q. (2008) Acoel development supports a simple planula-like urbilaterian. *Philos. Trans. R Soc. Lond. B Biol. Sci.*, vol. 363, pp. 1493-501

Hall B. K. (1998) *Evolutionary Developmental Biology*, 2nd ed., Chapman & Hall.

倉谷 滋 (2005)『個体発生は進化をくりかえすのか』岩波科学ライブラリー, 岩波書店.

倉谷 滋（2004）『動物進化形態学』東京大学出版会.

ラマルク 著, 小泉丹・山田吉彦 訳（1954）『動物哲学』岩波文庫.

Lowe C. J. *et al.* (2003) Anteroposterior patterning in hemichordates and the origins of the chordate nervous system. *Cell*, vol. 113, pp. 853-865.

リン・マルグリス, カーリン・シュヴァルツ 著, 川島誠一郎・根平邦人 訳（1987）『五つの王国-図説・生物界ガイド』日経サイエンス社.

西村三郎（1983）『動物の起源論』中公新書.

Slack J. M. *et al.* (1993) The zootype and the phylotypic stage. *Nature*, vol. 361, pp. 490-492.

寺島良安 『和漢三才図会（正徳版）』.

Tessmar-Raible K. *et al.* (2007) Conserved sensory-neurosecretory cell types in annelid and fish forebrain: insights into hypothalamus evolution. *Cell*, vol. 129, pp. 1389-1400.

Whittaker R. H. (1969) New concepts of kingdoms or organisms. Evolutionary relations are better represented by new classifications than by the traditional two kingdoms. *Science*, vol. 163, pp. 150-160.

Woese C. *et al.* (1990) Towards a natural system of organisms: proposal for the domains Archaea, Bacteria, and Eucarya. *Proc. Natl. Acad. Sci. USA*, vol. 87, pp. 4576-4579.

（倉谷 滋）

## 7.2 進化と発生の問題

　英国の比較発生学者，de Beer が語ったように，発生も進化も時間軸に沿って，単純から複雑へと向かう分岐・多様化のプロセスであり，それゆえに両者の間に並行的関係をみいだそうというのは，ごく自然なことである．Bonner（1974）も，

> 同時的に生ずる発生として進化的発生とライフ・サイクルとしての発生が区別される．発生段階のそれぞれは，一般的に，単細胞段階，受精卵，あるいはある種の無性的胞子によって結合されるが，そういったサイクルのすべてを経時的に眺めてみれば，そこに進化的発生が浮かび上がる（倉谷訳）

と述べている．このような並行関係を一般には「発生反復」，あるいは単に「反復（recapitulation）」という．

　先に述べておくなら，Patterson（1983）に要約されたように，いくつかの進化的法則とよばれるものは，多かれ少なかれ，成長やサイズの決定などにかかわる，進化上の個体発生プログラムの変遷に言及している．進化においてひとたび失われたものはとり戻せないという「Dollo の法則」は，個体発生プログラムが祖先的状態に戻れないという不可能性を論じ，「Cope の法則」は，一般的で祖先的な形質を残したグループから新しい分類群が進化しやすいと述べることによって，発生プログラムの変更の傾向について間接的に触れ，さらに，「Williston の規則」は祖先的動物に存在する多数のくりかえし構造が，進化上特殊化しつつ数を減ずる傾向を指摘している．後者のような進化的変化を説明する発生学的機構については，脊椎動物の体節形成や昆虫の分節の特異化に関し，すでにある程度分子レベルで理解されている．以下においては，主として反復について論ずることにする．

### A. 反復説のはじまり

　生物進化が本格的に受け入れられ始めたのは 19 世紀であり，反復説は最初はわれわれの知るような

ものではなかった．たとえば，進化論以前の時代におけるMeckelやTiedemann, Serres, Kielmeyerらの唱えた初期の反復説は，生物の発生上の胚形態と，「存在の大いなる連鎖」における（grade的な）生物の序列と，地層から産出される生物化石の間に並行的関係があり，それらが大いなる共通の力によって突き動かされる変化の運動であるとされた．とりわけMeckel（1811, 1821）は，高等動物の胚と下等動物の成体の間に並行性をみいだし，ヒトの発生がサカナ→爬虫類→哺乳類のように，動物の階層的系列を順次通過してゆくことを発見した．典型的な例としては，哺乳類の胚にも魚のエラと同様の咽頭弓が現れることがあげられるだろう．

　これに異を唱えたのが比較発生学者のvon Baer（Baer, Karl Ernst von）である．彼はさまざまな動物の発生過程をつぶさに観察し，「下等から高等へ」，「単純から複雑へ」と進む単純な並行性を認めず，胚が他のいかなる動物の成体に類似することもないと述べた．同時に，現在の動物門に相当する大きな動物群ごとに，原型的な胚形態とでもいうべき発生パターンがあり，どの動物もその段階を経ずしては発生しないことを看破した．しかもこのような，動物門特異的原型は，他の動物門のものと移行的な関係をもつことは一切ない，独立したものだと述べた．ここには，von Baerに影響を与えたフランスの比較動物学者，Cuvierの考え方が色濃く表れている．だが，von Baer本人は，このような原型的胚形態の成立以前であれば，きわめて早い発生段階において動物群間に共通する段階を観察できるかもしれないと，むしろGeoffroy St. Hilaireに寄り添うような見解も吐露している．

　いずれにせよ，胚発生に現れるこのような保守的ステージの存在は現在でも認められており，それは「ファイロティピック（phylotypic）段階」とよばれている．脊椎動物における咽頭胚，節足動物における胚帯期の胚などがそれに相当するという．とりわけ脊椎動物の咽頭胚の形態は，サメの成体とよく似ており，これが脊椎動物の比較形態学や進化の理解において大きな意義をもったことについては頭部問題との関係において述べた（11.5項参照）．

　von Baerはまた，今日一般に「Baerの法則」とよばれる以下のような傾向を指摘した．すなわち，

1. 発生上，大きな動物群に共通する一般的な特徴が，特殊なものより先に現れる．
2. 一般的な形質原基からより分化したものが形成される．
3. 特定の原型をもつ胚は，発生とともにその原型からから離れてゆく．
4. 高等動物の胚は他の動物に似るのではなく，むしろその胚に似る．

いうまでもなく，このような発生の解釈は，「タクサの入れ子パターンと同じ序列で，形質が発生上順次現れる」と説き，進化的時間とは関係のない静的な分類学的体系の構造と，発生プロセスが平行関係にあるといっているのである．この分類体系を時間軸に沿ってあらためて復元すれば，それは順次生物の系統が枝分かれしてゆく系統樹となる．そして必然的にvon Baerの法則は，Darwinの進化論に影響を受けたHaeckel（Haeckel, Ernst Heinrich）によって，現在でも知られる反復説［あるいは「生物発生原則（biogenetic law）」］として発展してゆくのである．したがって，von Baerの見解が，たとえMeckelに代表される彼以前の世代による第1期の反復説を論駁していたとしても，結果的にはわれわれの理解におけるヘッケル的反復説のもっとも大きな礎を築いたのはやはり，von Baerとすべきなのであろう．

### B. ヘッケル

　Haeckelは1866年にその著書『一般形態学』において，

　　個体発生は，遺伝（繁殖）の生理学的機能と適応（栄養）によって規定される，系統発生の短縮，かつすばやい反復である．

と述べた．これがもっとも端的に反復説の内容を示すとされることが多い．注意すべきは，反進化論者としてのvon Baerが動物群の間に類縁をみていなかったのに対し，Haeckelは明瞭に動物門間の関係を認め，その進化的ビジョンは，「ガストレア説」という，反復説をベースにした動物の起源論として結実している．「個体発生は系統発生の短縮された，かつ急速な反復である」というこの基本的な考えは，

実際 Haeckel 以前，19世紀中葉までには，すでに進化形態学者，比較発生学者たちの間では暗黙の了解となっていた．これと似たような考え方はすでに Lamarck，ならびに幼生形態の変遷によって甲殻類の進化を論じた Friedrich Müller（1864）の著書や，あるいは，「誤謬の書」と揶揄されることの多い，Robert Chambers が匿名で出版した「*Vestiges of Natural History of Creation*」（1844）のなかにすら以下のようにみることができる

> 新しい生物は，発生中にサカナのような段階や爬虫類のような段階を次々に経過してゆく．しかし，そういった類似性は決してサカナの成体や爬虫類の成体との類似性ではない．むしろサカナや爬虫類の発生段階にみられるようなかたちに類似する．

この理解についてのみみれば，それは少なくとも18世紀末から19世紀初頭のレベルを凌駕している．また，『種の起原』出版前夜，Owen の分節説を Goethe もろとも粉砕すべく，脊椎動物頭部の比較発生学的観察を行なった Thomas Huxley の考察の基礎となっていたのも，同様な反復的発生学であったし，Darwin もまた『種の起原』において，「胚形態が共有されていることは，共有祖先から由来していることを示す」と明確に述べ，進化における発生パターンの変遷と保守性に注目していた．

## C. ヘテロクロニー

Haeckel の述べたような反復的発生とそれによる進化が進行するためには，「終端付加（terminal addition）」，すなわち祖先種の個体発生の終端に新形質が付加されることと，それにひき続く，「圧縮（condensation），あるいは急速発生（tachygenesis）」が行なわれなければならない．圧縮とは，ひとつの生物系統のなかで，子孫種の個体発生における発生時期が，全体として，あるいは部分的に祖先種よりも早められる現象をいう．でなければ，度重なる終端付加により，子孫種の個体発生期間はかぎりなく長くならざるをえない．しかも，新しい形質が常に個体発生の終端に付加されるなら，発生の途中段階には進化的変更が生じないことになる．もちろん，これは事実に反する．たとえば，羊膜類の羊膜は，進化的には遅く獲得されたものだが，羊膜類胚の発生の初期に現れ，そうでなくては機能できない．

Haeckel もこのような例外的事象があることについては気づいており，系統発生がそのまま反復される原形発生（反復発生）と，発生のタイムテーブルを変更することによって進化的変化が加わる変形発生（新形発生）とを区別した．後者は一般に異時性，あるいは「ヘテロクロニー（heterochrony）」として知られている．「個体発生のある段階，あるいは一器官の発生が，促進または遅滞すること」である．たとえば，アンモナイトの研究を通じて Schmidt（1925）は，促進的異時性を Tachymorphie，遅滞的異時性を Bradymorphie とよんだが，実際にヘテロクロニーの定義や体系化はさらに多岐にわたった．

たとえば，Sewertzoff（1931）は，個体発生の初期段階に新形質の導入が起こることをアルハラクシス（Archallaxis）とよんだ．彼は，個体発生を，初期の形態形成期と，続く成長期のふたつに分け，形態形成期の終わりにその動物の形ができあがり，あとは成長するだけであるとした．アルハラクシスにより，それ以後の発生過程は反復的でなくなる．また，形態形成期の終末に新形質の付加が起こる，一種の終端付加においては反復的発生が生じ，彼はこれをアナボリー（anaboly）とよんだ．

一方，その著書，「*Embryos and ancestors*」（1940）において，Haeckel に対し批判的であった de Beer は，ヘテロクロニーを以下のように分類・形式化した．すなわち，胚発生での変更として，後期発生過程や成体形質を変更することなく初期発生過程が変化する「変形発生（caenogenesis）」，胚発生期のプログラム変更により，以降の発生過程が変化する「deviation（逸脱）」，生殖器官に比べ他の器官の発生が遅延する「幼形成熟，あるいはネオテニー（paedogenesis or neoteny）」を区別し，発生後期の変更として，祖先型の成体もしくは幼若世代の形質が発生途上に限定され，痕跡的となる「退縮（reduction）」をあげ，祖先の成体の形質にかかわるものとして，（1）祖先の成体の形質が子孫にひき継がれる「成体変異（adult variation）」，（2）祖先の成体の形質が発生の遅延により消失あるいは痕跡的になる「遅延（retardation）」，（3）祖先の成

体段階に，新たな発生過程が付加される「過形成（hypermorphosis）」，(4) そして発生過程が加速し，祖先形質が早く現れ，時として発生上消失する「促進（acceleration）」などをみいだした．しかし，これらはすべてが厳密にヘテロクロニーとよべるものではなく，概念の間に定義の重複があり，厳密に区分することも不可能であり，さらに発生プロセスの基本型が相変わらず Haeckel 的な意味での反復としてとらえられているなどの問題がある．

### D. 結語

20 世紀における反復説への不信はそのまま，比較発生学，比較系統学の衰退とみることができ，それは現在の進化発生学における基本的了解事項としての，「個体発生プログラムの歴史が進化である」を最初に明言した C.O. Whitman (1919)，さらに Haeckel に対し批判的であった Garstang (1922) の，「個体発生は系統発生をくりかえさない．それをつくり出すのだ」などにみることができる．しかし上述のように，von Baer の見た動物門特異的な胚の原型，すなわち「ファイロタイプ」の実在と進化的意義はみなおされ，そのような保守的胚形態がなぜ進化的に安定化するに至っているかについては，Sander (1983) や Raff (1996) による発生機構的な解釈がある．さらに最近は，発生パターンにタクサと同様に階層化された発生拘束が組み込まれているとみる向きもあり，Haeckel の反復説のみなおしの気運が高まっている．

[参考文献]

Duboule D. (1994) Temporal colinearity and the phylotypic progression: A basis for the stability of a vertebrate Bauplan and the evolution of morphologies through heterochrony. *Development, Suppl.* pp. 135-142.

スティーヴン・J・グールド 著, 仁木帝都・渡辺政隆 訳 (1987)『個体発生と系統発生』工作舎.

ブライアン・K・ホール 著, 倉谷滋 訳 (2001)『進化発生学・ボディプランと動物の起源』工作舎. [Brian K. Hall (1998) *Evolutionary Developmental Biology 2nd ed.*, Chapman & Hall]

倉谷 滋 (2005)『個体発生は進化をくりかえすのか』岩波科学ライブラリー 108, 岩波書店.

Raff R. A. (1996) *The Shape of Life*, The University of Chicago Press.

Richards R. J. (1992) *The Meaning of Evolution: The morphological construction and ideological reconstruction of Darwin's theory.* Univ. Chicago Press.

Richards R. J. (2008) *The Tragic Sense of Life - Ernst Haeckel and the Struggle over Evolutionary Thought.* Univ. Chicago Press.

Sander K. (1983) The evolution of patterning mechanisms: gleanings from insect embryogenesis. in Goodwin B. C. *et al.* eds., *Development and Evolution*, pp. 137-159, Cambridge Univ. Press.

佐藤矩行・野地澄晴・倉谷 滋・長谷部光泰 (2004) シリーズ進化学第 4 巻『発生と進化』岩波書店.

佐藤矩行・倉谷 滋 (2007) 日本動物学会 監修, 21 世紀の動物科学第 3 巻『動物の形態進化のメカニズム』培風館.

（倉谷 滋）

## 7.3　動物門とは？

「動物門（phylum, 複数形：phyla）」は，リンネ式の階層分類体系において「動物界」のつぎに置かれるタクソンであり，動物の基本的体制や，それをもたらす独自の発生様式を反映する単位であるとされ，おおよそ以下のものが現在認められる（化石にのみ知られるものは記していない．また，珍渦虫動物門（Xenoturbellida）や無腸動物門（Acoelomorpha）の位置についてはいまだ議論が続いている）．

**A．さまざまな動物門**

現在の体系において動物界（Kingdom Animalia）は大きく，胚葉構造や器官系，対称軸をもたない亜界（Subkingdom）としての側生動物（Parazoa）と，胚葉構造や器官系の分化した真正後生動物（Eumetazoa）に分けられる．側生動物は；

　海綿動物門（Porifera）
　平板動物門（Placozoa）

を含む．このうち，海綿動物にガラス海綿動物門（Silicea）と石灰海綿動物門（Calcarea）の2門を見る向きもある．

真正後生動物はさらに，2胚葉性で放射相称の体制を持つ放射相称動物（Radiata）と，3胚葉性の左右相称動物（Bilateria）に分けられ，放射相称動物は；

　有櫛動物門（Ctenophora）
　刺胞動物門（Cnidaria）

からなる．一方，左右相称動物は，近年の分子系統学的解析により，まず後口動物（Deuterostomia）が分岐し，そこから；

　棘皮動物門（Echinodermata）
　半索動物門（Hemichordata）

の姉妹群，ならびに；

　脊索動物門（Chordata）

が派生したとされ，他方の前口動物（Protostomia）はさらに，生活環において脱皮を行なう脱皮動物上門（Superphylum Ecdysozoa）と，発生上，トロコフォア幼生をもつ冠輪動物上門（Superphylum Lophotrochozoa）に分岐したとされる．

脱皮動物には；

　動吻動物門（Kinorhyncha）
　胴甲動物門（Loricifera）
　鰓曳動物門（Priapulida）
　線形動物門（Nematoda）
　類線形動物門（Nematomorpha）
　緩歩動物門（Tardigrada）
　有爪動物門（Onychophora）
　節足動物門（Arthropoda）

の各門が置かれ，冠輪動物には；

　扁形動物門（Platyhelminthes）
　菱形動物門（Rhombozoa）
　直泳動物門（Orthonectida）
　紐形動物門（Nemertea）
　顎口動物門（Gnathostomulida）
　腹毛動物門（Gastrotricha）
　輪形動物門（Rotifera）
　外肛動物門（Ectoprocta）
　内肛動物門（Entoprocta）
　腕足動物門（Brachiopoda）
　有輪動物門（Cycliphra）
　微顎動物門（Micrognathozoa）
　毛顎動物門（Chaetognatha）
　環形動物門（Annelida）
　軟体動物門（Mollusca）

が属するとされるが（Aguinald et al., 1997），冠輪動物が実は多系統的で，このうち扁形動物門，腹毛動物門，輪形動物門，顎口動物門，有輪動物門，微顎動物門などを含めた扁形動物上門（Superphylum Platyzoa）を別に立てる考えもある（Passamaneck & Halanych, 2006）．

これら前口動物は，明瞭に腹側に神経系をもつという特徴があるが，これはむしろ左右相称動物の初期において獲得され，後口動物の一部（脊索動物）

において二次的に反転した形質であるという考えが支配的である（下記参照）．また，体の前後軸に分節性（segmentation, metamerism）を伴った動物門が，脱皮動物，冠輪動物，後口動物のすべてにわたって見られるが，その進化的起源について定説はない．以上あげた動物門の主要なものについては，本書で個別に解説されている．

### B. 概観

動物門の最初の形態学的認識はおそらく，フランスの比較解剖学者，Cuvierが動物に見いだした4つの動物群（embranchements, 本来は「分岐」の意），すなわち，「脊椎動物」，「軟体動物（現在の軟体動物に加え，尾索類も含む）」，「放射動物（刺胞動物と棘皮動物）」，および「関節動物（環形動物や節足動物など，分節を明瞭にもつ）」に始まる（7.1項参照）．ここにおいてはじめて動物は，形式的に記述された形態学的基本体制（体の基本設計＝ボディプラン）のもとに大別された．すなわち，後生動物のいくつかのグループに共有される対称性の軸（左右対称か，放射相称か），分節性を持つか，外骨格・内骨格のどちらを持つか，等の基準が重要視されたのである．ここでは，今でも重要性が認められているボディプラン構築の重要な要素のいくつかが認識されていたことになる．が，その結果得られた4大分類群は現在の分類体系と多くの点で離齬がある．

これに対し，Cuvierの仇敵となった博物学者，Geoffroy St. Hilaireはアカデミー論争において，これらの四つの体制が互いに連続し，重ね合わせることができるという「型の統一」理論を提唱した．動物群の進化的変遷や連続を嫌うCuvierが，動物群の独立性を強調し，それぞれにおいて独自の生理的，機能的完結性を唱えたことは有名である．この論争の原点には，連続的な過程として進行した進化的放散と多様化の果てに，どのように生物学者が一見離散的な形態パターンを見据え，それを形式化し，整理配列してゆくかという，多様性と統一性の認識における対立に加え，形態的相同性をもたらす保守的な形態発生プログラムとそのゲノム遺伝子ベースの保守性，それに対するところの適応的変形やそれをもたらす淘汰の作用という，相反する現象を扱ううえでの本質的困難さが横たわっており，それは今に至るまで解決されていない．

### C. 比較発生学的考察

Cuvierの反進化的思想を受け継いだのがドイツの比較発生学者，von Baerであり，彼は多くの動物の発生をつぶさに観察することにより，発生過程が必ずしも下等から高等へという動物の階層的序列を反復することはなく，むしろ複数の動物の発生過程に共通してあらわれる保守的な器官形成段階が存在することを確かめた．ただし，これはすべての動物に共通するのではなく，Cuvierの設定した四つの動物群それぞれにおいて独自の「型」が存在し，それら四つの型がいわゆる形態的「原型」を具現したものであり，それがのちの発生過程においてより特殊な形質を順次獲得することにより，個々の動物種の形態が完成してゆくと考えられた．つまり，階層的分類体系と発生段階の間に並行関係がみられるというのである．

Ernst Haeckelの進化系統学的反復説の端緒となったこのvon Baerの思想（それはドイツ観念論をベースに，フランスの博物学が大きく作用したユニークなものであった）においては，Cuvierの分類学とGoetheの原型論的形態学が融合し，その中で「動物門の発生学的意義」が表現されていたと考えることができる．この動物群特異的な「原型」は，von Baerによって「主型（Haupttyp）」ともよばれ，そこに原型論の発生学的な由来がみいだされたのであった．さらに，成体の形態では分からない類縁性を胚発生が如実に示すことが理解され，典型的には，Cuvierの時代まで軟体動物に分類されていたフジツボやエボシガイ（蔓脚類）が甲殻類に属することが判明したのも，それらがノープリウス型幼生を持つことによってであった．この頃から，動物の基本的ボディプランは，成体の解剖学的構築以上に，胚発生が見せる形態学的パターンによって認知されるようになってゆく．この傾向はある意味，20世紀末以降の分子系統学的な動物門の見直しへとも連なってゆく．すなわち当初，成体の形態的な見かけや生理学的本質が素朴な分類学を構成していた頃から，次第にそれは体の内部を観察することによって解剖学

的理解の度を深め，また，形態パターンの成立を知るため発生現象へと分け入り，ひいては遺伝子やゲノムの機能といったレベルの下部構造，その進化的類縁性の解析へとおよぶに至って，形態ベースの動物分類学の根幹はゆらぎ，同時に動物門の多様性と組成は，次第に深層を見据えることによってその意外な全貌をみせ始めた．

　Cuvier と同様，その感化を受けた Baer もまた進化には反対を唱え，これらの四つの胚の基本形の間には何のつながりもないとしたが，それでもより初期の発生過程において，互いに類似した段階が存在する可能性については彼は一概に否定はしていない（これがのちの Haeckel の反復説へとつながってゆく）．このもっともな言明は，Geoffroy と Cuvier の間にあったかもしれない和解の可能性を示唆するものであったが，現在それが強調されることはあまりない．胚発生にみられるこの統一的な「型」は，現在でも「ファイロタイプ」として認識されている．この語が示すように，ここで認識された動物門の不連続性は，その独立性と同じ価値を担い，いうまでもなくそれは Cuvier の分類学の根幹であった「種の不可侵性」とともにある．そして，同じグループ（門）に属する諸動物の胚発生は，それらの胚の初期段階が同じ門の中で互いに最もよく似るのではなく，中間段階の器官発生期（そこでは，動物の基本的ボディプランが成立する）こそが似るということがここで主張されているのであり（発生の砂時計モデル），それによって von Baer は実にユニークな方法で動物門，あるいは原型の実在に発生学的根拠を与えたことになる．

　うえのような von Baer 的認識は，Haeckel の反復説を否定しがちな現代の比較発生学や進化発生学においても，半ば経験則として多くの研究者によって容認されることが多く，それは動物の形作りに関わるとされる，いわゆるツールキット遺伝子群がもっとも明瞭に発現し，機能する時期，あるいはそれら遺伝子の発現に関わる遺伝子制御ネットワークが発動する時期として意義づけられている．さらに，「胚葉説」によって von Baer は，「多くの動物が本来的に一定の数と種類の胚葉をもち，形態的に相同な器官は同じ胚葉に由来する」と説いたが，このころ認識された胚葉はむしろ今日われわれが知る「体壁」により近く，この概念が比較発生学が精密さを得るには，Haeckel やそれ以降の，とりわけ実験発生学者の研究が必要であった．古典的には重要な形質と考えられた「胚葉」が，動物のボディプラン進化においてもちうる真の意義は，現在，細胞系譜と細胞分化機構，幹細胞研究を担う発生生物学や，それによってたつ進化発生学が目下理解しようと努めている．

　うえのような動物の基本的ボディプランの認識にあって，これに最初に「動物門」の呼称を与えたのは，Baer の後継者とも言うべき Haeckel であり（著書，*Generelle Morphologie der Organismen*（1866）において），Baer が反進化論者の Cuvier の影響を受けていたのとは対照的に，Haeckel は Charles Darwin の熱烈な信奉者であった．かくして，Haeckel の思想においては，独特のボディプランやファイロタイプによって特徴付けられる動物群が動物門であり，それは系統樹の上で，進化的時間において，胚発生過程の変形を通じて互いに連続した関係にある．ここにおいて，「アカデミー論争」はある意味解消しているという見方も可能である．また彼は，すべての動物（いまでいう真正後生動物）は，ガストレア（Gastrea）と名付けることの出来る 2 胚葉性の動物に起源し，それは繊毛を備えた表皮と，単一の，口と肛門を兼ねる開口部（原口）に連なる内胚葉性の腸をもち，現在の刺胞動物にその姿の名残を見ることができるという（ガストレア説）．この説自体はいまでは廃れているが，「ガストレア」の語はいまでも左右相称動物の発生の 1 段階である「原腸胚（gastrula）」に残っている．

　Haeckel が彼自身の「反復説」を用いた少ない事例のひとつが，ナメクジウオの原腸胚にガストレアそのままの姿を見ることができるという解釈であり（脊椎動物の原腸胚は頭突起を含む軸部の発達により，その本来の姿が大きく変形していると Haeckel は言う），これは言うまでもなく，Kowalevsky が脊椎動物と尾索動物・頭索類の類似性の発見したことによって初めて可能となった．以降，Haeckel はホヤやナメクジウオを「脊椎動物」と呼ぶようになる．この考えによって，Haeckel は脊椎動物をただちに

ガストレアの変形として導き，他の無脊椎動物各門との関係についてはあまり多くを語ってはいない．

このように脊椎動物に大きく偏ったものとしてであれ，進化系統樹を初めて本格的に示し，我々が現在理解する動物門の進化的多様化の過程を視覚化したHaeckelの功績はしかし，とりわけ戦後の英米の批評家によって不当に低く評価されがちであった．動物門の進化的連続性と形態的不連続性はこのように，胚発生の変化を介した進化系統的分岐の果ての形態分化というかたちで理解することができ，したがって，動物門の定義もまた，分類学的独立性と分岐的関係の間で齟齬を生ずることがある．すなわち，Haeckel以降に発展，整備された比較形態学と比較発生学は，口と肛門の別，血管系のタイプ，体腔の形成様式やその組織学的構築，原口の発生運命，卵割様式と発生上の細胞系譜，正確な胚葉の同定や器官発生様式などの別を取り入れ，動物門を定義し，体系化がもくろまれた．とりわけ，左右相称動物の体軸形成，胚葉成立時における原口の発生運命が肛門となるか，口になるかの別は，これらの動物群を大きく「後口動物（＝新口動物）」と「前口動物（＝旧口動物）」に分け，この古典的大別は今なお認められている．このような一連の試みは，Hyman（1940）に至っておよそ20の動物門を立てることになるが，1970年以降新たな動物門が相次いで発見され，さらに1990年代以降には分子系統学的研究の結果としていくつかの動物門が再定義され，冒頭に示したように，現在ではおよそ30の動物門が認められている．

**D. 現状と展望**

近年の新しい知見は，ただ新たな動物門をリストに加えたのみならず，分子系統学的に形態だけでは分からなかった，分子レベルでの類縁性の発見により，それまで別門とされてきた動物が，あるひとつの動物門の内群とされることによって門が減少することもあった．典型的には，星口動物，ユムシ動物など，これまで独立の門と考えられてきた動物群が，分子系統学的には単に極端に変形した環形動物でしかないという可能性が指摘されている．加えて，有鬚動物に含まれていたハオリムシ（熱水噴出口に生息し，硫黄酸化細菌を共生させることで知られる）もまた，かつては独立の門として認識されていたが，どうやら特殊化した環形動物であるらしい（同様の関係は腕足動物と箒虫動物の間，舌形動物と節足動物の間，鉤頭動物と輪形動物の間などにも示唆されている）．つまり現在の動物門は，形態学的類似性よりもむしろ，分子系統学的に確認される単系統性によって定義される傾向にある．このような事例は分類体系のあらゆる階層においてつねに生じていることで，系統分類学とボディプラン認識において問題の残るところだが，動物の体制が進化のうえでいかに特殊化しうるか，それをどのように記述できるかについて実に興味深い問題を提示しているといえるであろう．さらに残る動物門の関係についてもまだ諸説がある．

うえに述べたように，動物門の定義，同定とその進化的系統関係の解明は，ボディプランの進化の理解そのものである．分子系統的解析が明らかにし，現在広く認められるに至っている見解として，うえに述べたように，前口動物が，本来トロコフォア幼生を共有していたと考えられる冠輪動物と，生活史において脱皮するという共通性を持つ脱皮動物からなるという考え方がある．この関係において，かつて扁形動物の中に入れられていた無腸動物は，うえの両グループと後口動物を加えたグループのさらに外側に置かれることとなった．そして，左右相称動物から無腸類をのぞいたものを真正左右相称動物と呼ぶが，これは進化発生学的研究に用いられる左右相称動物（ショウジョウバエなどの昆虫，ゴカイ，脊索動物）の共通祖先の姿（分子発生学的に形式的に表現されたウルバイラテリア：Urbilateria, 7.1項参照）を系統的により正確とするための呼称である．

この系統関係により，古くから認められてきた「環形動物様の祖先から節足動物が進化した」という説は一時棄却されることになったが，一方で，分子生物学的データを多く取り込んだ最近の詳細な細胞学的研究は，環形動物，昆虫，脊椎動物のボディプランに無視できない（単に偶然では済まされない）レベルの広範な共通性，細胞レベルでの相同性が認められるという驚くべき見解を提出した．このことにより，環形動物様のボディプランは細胞レベルに至

るまで左右相称動物の共有原始形質を多く残すという説が浮上し，節足動物との形態学的関連のみならず，動物界に広くみられる「分節性」の起源も見直されるに至った．ある意味，真正左右相称動物のすべては，「多少変形したゴカイに過ぎない」ということにもなりうる．さらに，このことは半索動物の発生の理解とも相まって脊索動物，そして脊椎動物のボディプランの起源に関する解釈をも塗り替えつつある．

Geoffroy 以来，動物の中には脊椎動物にみるように神経系を背側に，腸管を腹側にもつか，あるいは多くの前口動物にみるように，その関係が逆転しているものがあり，それをもって脊椎動物が甲殻類のような分節的動物の背腹逆転によって生じたという説があった．このような差異は，共通の分子機構による極性の特異化が両者において背腹逆に生ずることに由来することが分かっていたが，ギボシムシの発生機構が分子レベルで明らかになることにより，その逆転（あるいは，二次的な「口」の開口位置の変化）が，前口動物と後口動物の分岐ではなく，後口動物における脊索動物の分岐に際して生じたことが確かめられた．また，分子系統学的解析をもってしても，その系統学的位置に関して現在でも問題の残るものとして珍渦虫動物門があり，これは前口動物か後口動物かというレベルですら，まだ見解の一致を見ていない．その一方で，珍渦虫動物と無腸動物の類縁性も指摘されている．この動物については，後口動物のみならず，左右相称動物の最初期の進化を理解する上での重要な鍵となる可能性すらまだ残っているのである．

以上，動物門は我々が動物全体の示す多様性や，それが成立した進化的経緯，ゲノムや発生プログラムが帰結しうるボディプランの可能性や，その進化的変化の方法などを理解する上での最初となるべき礎であり，それを正しく理解すること自体が動物進化の過程を正しく知ることと同義であると言っても決して過言ではない．とりわけ現在も進行中の分子系統学的研究の進展により，ゲノム科学，分子発生学的なボディプラン進化の理解と相まって，今後も動物門の定義や系統分類関係は改訂されてゆくと思われる．

[参考文献]

Aguinaldo A. M. A. *et al.* (1997) Evidence for a clade of nematodes, arthropods and other moulting animals. *Nature* vol. 387, pp. 489-493.

Appel T. A. (1987) *The Cuvier-Geoffroy Debate: French biology in the decades before Darwin.* Oxrofd Univ. Press, Oxford.

Arendt D. and Nübler-Jung, K. (1996) Common ground plans in early brain development in mice and flies. *Bioessays*, vol. 18, pp. 255-259.

Arendt D. *et al.* (2001) Evolution of the bilaterian larval foregut. *Nature* vol. 409, pp. 81-85.

von Baer K. E. (1828) *Entwicklungsgeschichte der Thiere: Beobachtung und Reflexion.* Born Träger, Königsberg.

Duboule D. (1994) Temporal colineairty and the phylotypic progression: A basis for the stability of a vertebrate Bauplan and the evolution of morphologies through heterochrony. *Development Suppl.*, vol. 1994, pp135-142.

Gee, H. ed. (2000) *Shaking the Tree: Readings from Nature in the history of life.* Univ. Chicago Press, Chicago and London.

Haeckel E. (1866) *Generelle Morphologie der Organismen.*

Haeckel E. (1874) Die Gastrea-Theorie, die phylogenetische Klassifikation des Tierreiches und Homologie der Keimblätter. *Jena Z. Naturwiss*, vol. 8, pp. 1-55.

Haeckel E. (1891) *Anthropogenie oder Entwickelungsgeschichte des Menschen. Keimes- und Stammesgeschichte.* $4^{th}$ Ed., Wilhelm Engelmann, Leipzig.

Hall B. K. (1998) *Evolutionary Developmental Biology*, 2nd Ed., London: Chapman & Hall.

Hejnol A. & Martindale M. Q. (2008) Acoel development supports a simple planula-like urbilaterian. *Phil. Trans. the Roy. Soc.*, vol B 363, pp. 1493-1501.

Irie N. & Kuratani S. (2011) Comparative transcriptome analysis detects vertebrate phylotypic stage during organogenesis. *Nature Commun.*, vol. 2, 248p.

Lowe C. J. *et al.* (2003) Anteroposterior patterning in hemichordates and the origins of the chordate nervous system. *Cell*, vol. 113, pp. 853-865.

Passamaneck Y. & Halanych K. M. (2006) Lophotrochozoan phylogeny assessed with LSU and SSU data: evidence of lophophorate polyphyly. *Mol. Phylogenet. Evol.*, vol. 40, pp. 20-28.

西村三郎（1983）『動物の起源論』中公新書．

Tessmar-Raible, K. *et al.* (2007) Conserved sensory-neurosecretory cell types in annelid and fish forebrain: insights into hypothalamus evolution. *Cell*, vol. 129, pp. 1389-1400.

Willmer P. (1990) *Invertebrate Relationships - Patterns in animal evolution.* Cambridge Univ. Press.

（倉谷　滋）

## 7.4 ボディプランと初期発生

　動物はさまざまな生活環境に適応できるよう形態の多様化を進め，その結果，実に多様性に富む形態をもつようになった．動物学者や分類学者は多様化した動物に共通性をみいだし，それを基に動物のグループ分けを行なってきた．身体のボディプラン（体制）を基に区分されたグループを系統分類上の門（phylum）とよぶ．ボディプランとは，その門を構成するすべての動物種に保存されている身体のつくりや発生様式の違いなどをさす．たとえば，ヒトは脊索動物門（Chordata），脊椎動物亜門に属し，脊索動物門を特徴づけるボディプランとしては，脊索，背側の上皮性神経管（索），腹側の消化管，両側に存在する上皮性体腔としての中胚葉，鰓裂などがあげられる．この脊索動物門にはナメクジウオやホヤなども含まれ，一見ヒトとこれら動物との間には大きなギャップがあるように感じられるが，先にあげた基本的なボディプランはヒト，ナメクジウオ，ホヤの発生過程において保たれている．そのため，脊索動物門に属する動物は発生の一時期に非常に似通った形態を示し（phylotypic stage），その過程を経てから，特に身体表面の多様性が進み，魚類の鰭や鱗，鳥類の翼や羽毛など，特徴的な構造が発達していく．ボディプランを理解するには解剖学的知見はもちろんのこと，その動物が1個の受精卵からどのように固有の形態を形成していくかという発生学的な理解が重要である．

### A. 卵割様式と胚葉形成

　動物の身体は1個の受精卵が，分裂し細胞の数を増やしながら，増殖した細胞が適切な場所とタイミングで分化することによって形づくられる．ボディプランに従い，個々の細胞は移動・分化してそれぞれの動物に特有の形態をつくり上げていく．受精卵が分裂することを体細胞の分裂と区別して卵割という．また卵割によって生じる娘細胞を割球とよぶ．卵割は通常の体細胞分裂よりも短時間で進行し，割球の成長をともなわないため，卵割の進行とともに割球

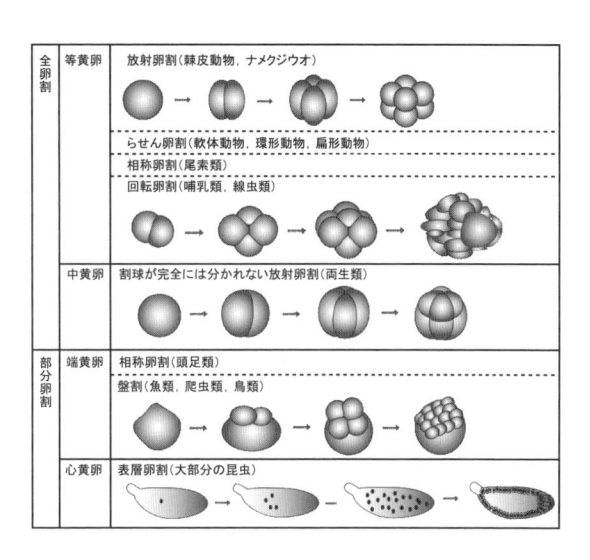

図1

はしだいに小さくなる．卵黄が細胞質分裂の妨げとなるため，卵黄の量と分布状態の違いによって分裂面の入り方が異なり，その分裂面の入り方によって区分された何通りかの卵割様式が存在する（図1）．卵黄の密度が低く，等しく分布している卵（等黄卵）では卵割が卵全体におよぶ全卵割という様式をとり，それぞれの割球の大きさが等しい等割となる．卵黄が中程度に存在している卵（中黄卵）では卵黄がやや植物極よりに局在しているため，全割で不等割となる．高濃度の卵黄が受精卵のほぼ全域に局在している卵（端黄卵）では動物極側でのみ卵割が生じる部分卵割で盤割となる．さらに卵黄の量が多く，卵の中央に位置するものを心黄卵とよび，卵の表層でのみ卵割が起こる表層卵割となる．卵割が進むにつれ割球の間に腔所（胞胚腔）が形成され，その時期の胚を胞胚という．この後，初期胚は胚葉形成へと進む．海綿を除いた他の多細胞生物は，二胚葉性のものと三胚葉性のものとに分かれ，その身体の形からそれぞれ放射相称動物と左右相称動物とよばれる．放射相称動物は外胚葉と内胚葉の二胚葉をもち，左右相称動物はそれに加えて中胚葉を有する．内胚葉からは消化管が，外胚葉からは表皮・神経が，中胚葉からは筋肉・骨格などが形成される．胚葉形成は発生初期の原腸期に始まり，予定外胚葉領域は胚の外側にとどまりながら，予定内胚葉域が内部に落ち込み，そしてその両者の間に中胚葉が形成される．

### 図2

陥入 — ウニ，ナメクジウオの内胚葉形成
巻き込み — 両生類の中胚葉形成
進入 — ウニ中胚葉形成
離層 — 哺乳類と鳥類の胚盤葉下層形成
被包 — 両生類，ウニ，尾索類の外胚葉形成

### 図3

ショウジョウバエ（背／腹，Sog，Dpp）
脊椎動物（背／腹，Chrd，Bmp4）
神経，筋肉，脊索，消化管，心臓

---

この過程を原腸形成とよび，動物種により原腸形成様式もさまざまである（図2）．同じ脊椎動物でも魚類，両生類，爬虫類，鳥類，哺乳類と卵割様式も原腸形成様式も異なるが，発生過程において身体の基本的な体制が整う頃にはいずれの動物も似通った形態の「胚（咽頭胚）」を形成する．このようにその「門」に特異的な phylotypic stage の形態は現在三十数個に分けられている「門」の数だけあるといえる．

### B. 初期発生の共通性

「門」特異的なボディプランは独自に獲得されていったわけではなく，分子生物学の発展とともに，門をこえた初期発生の共通性が明らかになってきた．節足動物における phylotypic stage の形態は分節化された胚帯（germ band）であり，この分節化にかかわる因子の単離が1980年代にショウジョウバエの変異体の解析から試みられた．その結果，分節にかかわる因子は共通の DNA 結合ドメイン（ホメオボックス）をもつ転写因子であることがわかり，そのゲノム構造を調べると体軸の前後に従って染色体上にタンデムに並んでいた．そして興味深いことに，脊椎動物においてもホメオボックスをもった遺伝子（Hox 遺伝子）群が身体の軸形成に関与し，頭側で発現するものから尾側で発現するものにかけて順番に同一染色体上にタンデムに並んでいることが明らかになった．脊椎動物では遺伝子の重複が起こったため，Hox 遺伝子群は Hox *A*, *B*, *C*, *D* の四つのクラスターからなり，それぞれにショウジョウバエの遺伝子と相同な遺伝子がタンデムに並んでいる．さらに，この Hox 遺伝子の共通性は門をこえても認められ，すべての左右相称動物において Hox 遺伝子が単離されているが，異なった染色体上にあったり，順番が不動であったりなど，その門がどのように遺伝子を進化させてきたかにより，Hox クラスターのタイプは一様ではない．Hox 遺伝子は左右相称動物に特異的とされてきたが，近年，刺胞動物や海綿からも Hox 遺伝子が存在していることが報告されている．

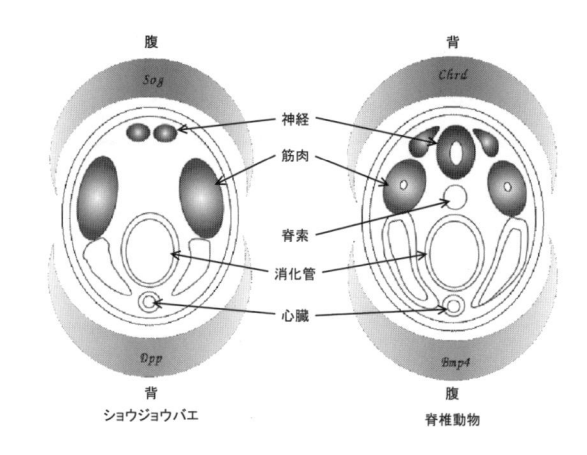

Hox 遺伝子のように基本的な身体の体制づくりに関与する因子は，「門」をこえて共通である場合が多い．脊椎動物の背腹軸形成には分泌因子の BMP4 とその阻害因子である chordin が重要であり，節足動物のショウジョウバエでも背腹軸の形成には BMP/chordin の相同因子である Dpp/Sog の勾配をもった発現が重要である（図3）．しかし，その局在は脊椎動物とショウジョウバエとでは逆であり，それに関連して内臓器官の位置関係も反対になっている．ショウジョウバエでは神経は腹側にあり，心臓や消化管は背側に位置する．さらに分泌因子は前後（頭尾）軸形成にも関与しており，Wnt シグナルとその阻害因子とで前後軸が決定されるメカニズムが門をこえて多くの動物で認められている．一般に Wnt は身体のうしろ側（尾側）に局在し，その阻害因子が前側（頭側）に存在する．その局在を乱すような実験を行なうと，頭尾軸形成に異常が生じる．この

傾向は左右相称動物だけでなく，刺胞動物や海綿においてもWntシグナルの局在が認められ，軸形成への関与が推察される．

このように動物は共通の祖先から時間をかけて多様化を進めていったが，その独自のボディプランの基となる情報は，別個に獲得していったものではなく，おそらく共通の祖先から受け継いだ情報を改変したり，削除したり，修飾を加えることによって，多様な形態をつくることができるようになったと考えられる．また初期発生で用いられた情報セットが，後期発生で異なることに使われる場合もある．たとえば脊椎動物では初期発生では前後軸形成に関与していたWntシグナル系は，四肢形成，心臓形成などそれぞれの器官形成にもまた重要であり，昆虫では羽の紋様形成に関わり，外観的な昆虫の多様性に直接的にかかわっている．そう考えると，遺伝子発現にかかわる領域にどのような修飾が加わっていったかを解明することが，動物の進化，多様化を理解するうえで非常に重要なポイントであるといえる．

[参考文献]

Gilbert S. F. (2006) *Developmental Biology* 8th ed., Sinauer Associates.

Gerhart J. & Krischner M. (1997) *Cells, embryos, and evolution*, Blackwell Science.

Carlson B. M. 著, 白井敏雄 監訳 (1990)『パッテン発生学』西村書店.

Duboule D. (2007) The rise and fall of Hox genes clusters. *Development*, vol. 134, pp. 2549-2560.

Petersen C. P. & Reddien P. W. (2009) Wnt signaling and the polarity of the primary body axis. *Cell*, vol. 139, pp. 1056-1068.

（小柴和子・竹内 純）

## 7.5 幼生型と進化

成体の形態は大きく隔たっていても，幼生の形態や発生様式から系統関係が明らかになることがある．19世紀後半，Haeckelは，複雑で高度に進化した動物の胚が単純な構造の動物に似ていることに気づき，受精卵から多細胞化，胞胚，原腸胚，幼生，成体に至る過程が進化過程を反映すると考えた．これには例外も多くあり，胚や幼生型を類縁・系統関係の証拠とするのは危険であるとの指摘もされてきた．いきすぎた単純化は問題であるが，動物の系統関係の確立に発生生物学の果たしてきた役割は大きい．

### A. 卵割

4細胞期までの2回の卵割の様式はすべての動物でほとんど同じであるが，3回目の卵割からは，放射卵割とらせん卵割のふたつの様式に分けられる．いずれの様式も3回目の卵割は動植物軸に直行する緯割となるが，放射卵割では植物半球の四つの割球の上に動物半球の四つの割球がのった胚になる．らせん卵割では割球がずれて配置され，植物極側の四つの割球間の溝に動物極側の四つの割球が収まる．なお，らせんの渦巻きの方向は卵割ごとに逆転する．放射卵割は海綿動物，刺胞動物，新口動物の棘皮動物，半索動物，脊索動物でみられ，らせん卵割は旧口動物の扁形動物，紐形動物，星口動物，環形動物，軟体動物，節足動物でみられる．らせん卵割をする動物の胚細胞の運命は決定的であり，放射卵割をする動物の胚細胞では非決定的（調節的）と一般的に分類されるが，ホヤなどの尾索動物は放射卵割するにもかかわらず，決定的である．また，放射卵割とらせん卵割は卵が全割をするときのみあてはまり，卵黄が多くなると卵割のパターンは乱れる（図1）．

### B. 原腸胚と肛門

卵割が進み中空の胞胚になると，胞胚壁の細胞が胞胚腔内に移動し，内胚葉の原腸が形成される．原腸形成の様式は卵黄の量によって，陥入，被包，葉裂などがあり，この過程で原口とよばれるくぼみが

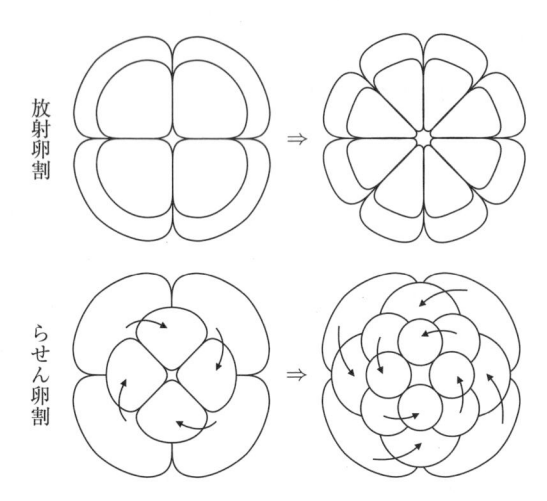

**図1** らせん卵割と放射卵割
（手前が動物極）

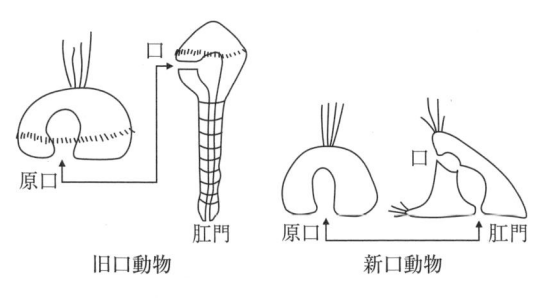

**図2** 旧口動物・新口動物の原口と肛門

## C. 幼生型
### a. トロコフォアとディプリュールラ

旧口動物の大部分はトロコフォア，新口動物はディプリュールラとよばれる幼生形態を経て発生することでおおまかに区別される．いずれも運動および摂餌器官としての繊毛帯をもつが，トロコフォア幼生は口のすぐ上の口前繊毛環と，口の下側の口後繊毛環の2本の繊毛帯を形成することで，一方，ディ

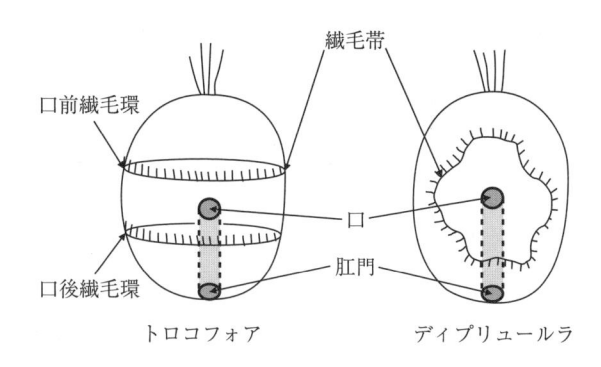

**図3** トロコフォアとディプリュールラ

プリュールラは口の周りをめぐる1本の繊毛帯を形成することで特徴づけられる（図3）．なお，ディプリュールラはHaeckelが提唱した仮想の幼生であり，新口動物の最も原始的で共通な形質をもつものとして，棘皮動物のプルテウス，オーリクラリア，ビピンナリアなどの左右相称型幼生に共通する特徴をもたせている．

新口動物の主要なメンバーである脊索動物にはディプリュールラ幼生期がなく，節足動物は発生過程でトロコフォア幼生を経ないなど，大きな例外もある．現在では，旧口動物のうち，環形動物，軟体動物，扁形動物，腕足動物などが属す冠輪動物がトロコフォア幼生をもち，節足動物，有爪動物，線形動物などが属す脱皮動物はトロコフォア幼生を経ないとされている．棘皮動物のうち，ウニやクモヒトデのプルテウス，ヒトデのビピンナリアとブラキオラリア，ナマコのオーリクラリアは，ディプリュールラを原型とした形態に類似するが，ヒトデのビピンナリアは，繊毛環が口前，口後の2本に分離するなど，トロコフォアにも似る．また，ウミシダなどのウミユリ類や，クモヒトデ，ナマコの一部が形成するドリオラリア（ビテラリア）は口前繊毛環と口後繊毛環をもち，トロコフォアに似る（図4）．しかし最近，祖先型の形質をもつ有柄ウミユリでは，オーリクラリアを経てドリオラリアになることが明らかになり，棘皮動物の基本形はディプリュールラであることが示された．脊索動物は，進化の過程でディプリュールラ期をスキップするようになったと考えられる．

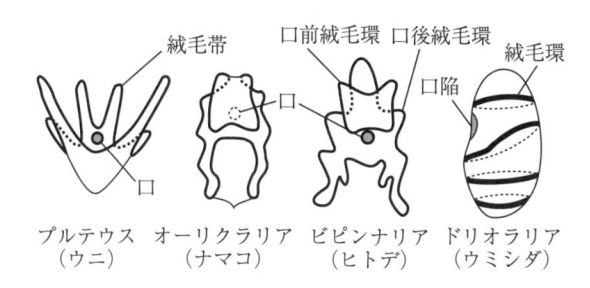

**図4** 棘皮動物の幼生型

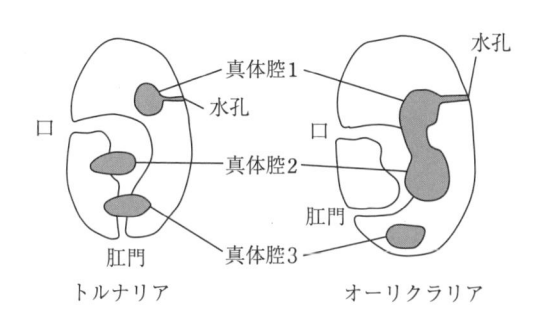

プルテウス（ウニ）／オーリクラリア（ナマコ）／ビピンナリア（ヒトデ）／ドリオラリア（ウミシダ）

絨毛帯／口前絨毛環／口後絨毛環／絨毛環／口陥／口

**図5** トルナリアとオーリクラリア

トルナリア：口、水孔、真体腔1、真体腔2、肛門、真体腔3
オーリクラリア：口、水孔、真体腔、肛門

**図6** フジツボとカメノテの幼生

フジツボ／カメノテ（成体）／ノープリウス幼生

## D. 幼生形態が系統分類に貢献した例

### a. 半索動物と棘皮動物

半索動物のギボシムシの成体はひも状の動物であり，棘皮動物の成体とは似ていないが，トルナリア幼生では，消化管に沿って三つの真体腔が配置され，そのうちの口の前に形成される真体腔が細く管状に伸びて体の背面で外界に開き水孔となる．ここに，ディプリュールラと共通した形態パターンをみることができる．このことから，半索動物は棘皮動物と類縁であると考えられるようになった．現在では，分子系統解析や，後述するボディプランの解析により，半索動物は棘皮動物と同じクレードに属することが示されている（図5）．

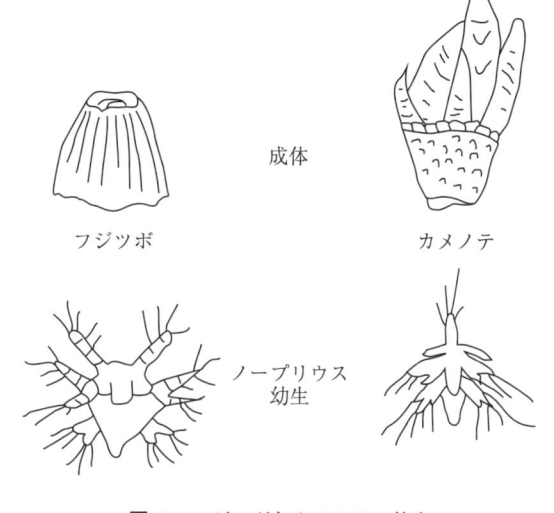

### b. フジツボとカメノテ

フジツボとカメノテの成体は，石灰質の硬い殻のなかで固着生活をしており，外観はエビなどの甲殻類と似ているとはいえない．しかし，発生を追ってみると，フジツボ，カメノテともに甲殻類に特有のノープリウス幼生を経る．このことからフジツボとカメノテは甲殻類に属することが明らかになった．また，カニなどの甲殻類に寄生するフジツボ類のフクロムシの成体は体節をもたないが，その幼生はノープリウスであり，体節をもつことで甲殻類であるとわかる（図6）．

## E. 系統分類に貢献するボディプラン

### a. 門に共通する選択遺伝子の発現区画地図

近年の分子生物学と発生生物学の長足の進歩により，形態形成の場では，特定のセレクター遺伝子とよばれる遺伝子にコードされる転写因子やシグナル伝達分子が，胚の一定の領域で発現し，領域の発生運命に重要な役割を果たしていることが明らかになってきた．セレクター遺伝子の数は比較的少数であり，前後軸に沿った発現領域，背腹軸に沿った発現領域，左右軸に沿った発現領域が交差し，重なり合うところを「区画」とみなすことができる．区画の数は，ショウジョウバエで約100，マウスでは約200にのぼる．その区画でセレクター遺伝子が発現すると，標的遺伝子に影響を与え，その区画の細胞群がどのような発生を行なうかが決まる．この地図は形態からは識別できないため「生物の第二の構造」とよばれる．

代表的な選択遺伝子のHoxクラスターは，前後軸に沿った区画に特徴を与えるセレクター遺伝子群であり，その発現パターンと機能は後生動物で広く保存されている．また，頭部で発現する選択遺伝子 *pax6*, *emx*, *otx* の発現パターンと機能も，節足動物と脊椎動物で保存されており，頭部の区画地図は節足動物と脊椎動物の共通祖先に存在していたと考

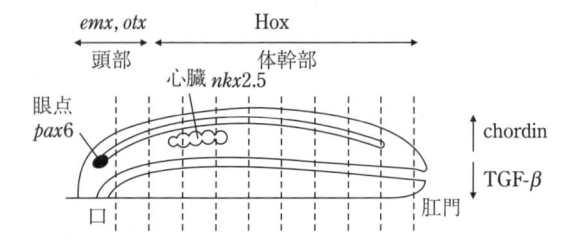

**図7** 先カンブリア紀の共通祖先（Kirschner & Gerhart より改変）

えられる（図7）．

さまざまな動物種の胚におけるセレクター遺伝子の発現区画地図を比較すると，地図はその門に属すすべてのメンバーにほぼ共通することがわかってきた．先カンブリア紀にひとつのボディプラン（セレクター遺伝子の発現区画）が存在し，それを基に新たな区画が配置・削除されて，それぞれの門に特有の地図ができあがったと考えられる．現生の後生動物は約30門あり，それに対応する約30種類のボディプランが存在すると予想される．区画地図は全体として互いの位置関係は保たれるが，個々の区画は独立した伸縮が可能である．そのため，門のなかでも形態は多様になる．

#### b. 半索動物と脊索動物のボディプラン

セレクター遺伝子の発現区画地図が最初にあらわれるのは，系統典型段階（phylotypic stage）とよばれる胚期である．系統典型段階では，ひとつの門に属するさまざまな動物の胚がどれも非常によく似ている．系統典型段階の脊索動物の特徴として，中空の背部神経索，脊索，鰓裂，肛門よりうしろに伸びた尾をもつことがあげられる．尾の形成にはHox11-13 がかかわり，尾がないショウジョウバエにはHox11-13 が存在しない．半索動物の成体は尾をもたないが，Hox11-13 をもち，幼生期には尾のような構造が一時的に伸長する．Hox11-13 の存在と発現が，半索動物が脊索動物に近縁であることのひとつの根拠になっている．

半索動物は明瞭な中枢神経はもたないが鰓裂をもつ．みかけの形態は脊索動物とまったく異なるが，Hox遺伝子を含む22種類の選択遺伝子の発現地図を比較すると脊索動物の発現地図と同じ順番，同じパターンであり，節足動物とも似るが，脊索動物と

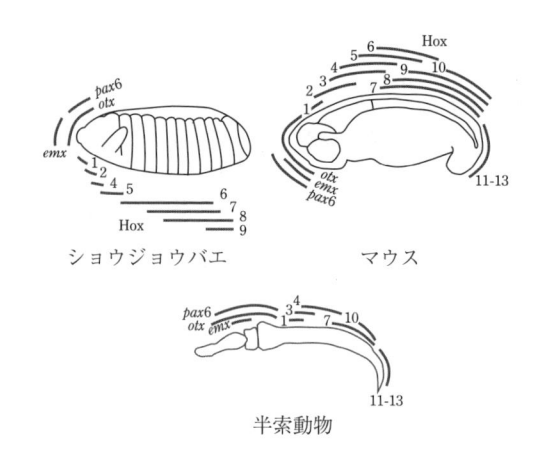

**図8** 脊索動物と半索動物のボディプランの類似性（Kirschner & Gerhart より改変）

の類似性がより高いことがわかる．

これらの分子レベルのボディプランの解析が，系統分類の一般的な関係にあてはまらない胚や幼生形態の数多くの例外の問題と，胚・幼生が第一義的な様式か否かの議論の解決につながると期待される（図8）．

（赤坂甲治）

## 7.6 エディアカラ動物群

### A. エディアカラ動物化石の発見

エディアカラ（Ediacara）動物群は新原生代最後のガスキアス（Gaskiers）氷期（5億8000万年前）以降，カンブリア紀の始まりまで（5億4200万年前）の3800万年の間に出現した地球上最古の動物群である．地質学的にはガスキアス氷期よりも前の地球全体が凍結したと考えられるマリノアン（Marinoan）氷期以降の6億3500万年前から先カンブリア時代とカンブリア紀の境界までを分ける，新原生代最後のエディアカラ紀 Ediacaran（最近まではスラブ民族の古い名前に由来するベンド紀 Vendian が使われていた）に出現した動物群の総称である．すべてが動物であるという確証がないことから，エディアカラ生物相（Ediacara biota）とよばれることが多い．エディアカラは，オーストラリア南部アデレードの北にあるエディアカラ丘陵に由来する名称で，そこで発見された化石が19世紀に記載されている．

エディアカラ生物相の化石はこれまで，南極を除く現在のすべての大陸で発見されている．先カンブリア/カンブリア境界付近の一部の化石を除き，エディアカラ紀の動物は硬組織を発達させていなかったので，ほとんどの動物は下面もしくは上面の印象化石としてみつかる．一部に火山灰にくるまれた全体の印象化石や，分解過程で化石化して内部の印象が残ったものもある．エディアカラ紀の化石が記載されたのは古く，1872年までさかのぼる．イギリスは進出した世界各地に地質調査所を開設したが，カナダにおいてはニューファンドランド島で円盤状の印象化石 *Aspidella terranovica* を報告した．また，オーストラリアでも印象化石が発見された．しかし，1957年にイギリスで発見された *Charnia* が明らかに先カンブリア時代のものであると理解されるまで，それらがカンブリア紀よりも古いものであるとは認識されていなかった．

### B. エディアカラ生物相の多様性

エディアカラ生物相の多様化が顕著になるのは，5億6000万年前から先カンブリア/カンブリア境界付近までで，その後一挙に多様性が失われることから，先カンブリア/カンブリア境界で大量絶滅があったと考えられている．しかし，カンブリア紀前期の中国南部の澄江（Chengjiang）や中期のカナダロッキーのバージェス（Burgess）からエディアカラ生物相を特徴づける葉状化石が発見されることから，一部はカンブリア紀まで生き延びたと考えられている．エディアカラ生物相が含まれる堆積層は，先カンブリア/カンブリア境界付近を除くほとんどがシリカの砂岩や泥岩である．これはエディアカラ生物相の多様化が低温環境の下で起こったことを示唆している（Vichers-Rich, 2007）．これまで報告された化石はおびただしく，海綿動物・有櫛動物・刺胞動物・節足動物・ユムシ動物・環形動物・軟体動物・棘皮動物・尾索動物・脊索動物が記載されている（Fedonkin et al., 2007）．しかし，同じ化石に対して門レベルで極端に異なる解釈がなされることも多く，信頼性は高くない．

### C. 最古の動物化石？：胚化石

エディアカラ生物相で特筆されるのは，ガスキアス氷期直後の堆積層が露出する中国貴州省瓮安（Weng'an）の陡山沱（Doushantuo）から発見された分裂期の胚化石であろう．約500 μm径の，1細胞から32細胞期までの胚が，受精膜とみられる膜にくるまれた状態で保存されていたのである（Xiao et al., 1998）．胚化石については，非生物的な構造であるとか，現存する巨大硫黄細菌 *Thiomargarita* に近縁なバクテリアである（Bailey et al., 2007）とする説が出されている．形態的には現生動物の卵割様式に比較できるものが含まれ，マイクロ-CT像では核領域と思われる内部構造が認められることから（Raff et al., 2008），動物胚である可能性が高い．下部カンブリア系には多数の胚化石が保存されていることから，胚が保存される環境が存在したと考えて差し支えない．ただ，卵割期より進んだ胚が発見されないので，どのような動物の胚であるかは明らかでない．また，最新の研究では，包嚢内で増殖する原生生物の可能性が指摘されている（Huldtgren et al., 2011）．

## D. エディアカラ生物相の解釈

エディアカラ生物相の多様化の時期に出現する形態は，円盤状のもの，放射状，紡錘形，葉状，左右相称などを示す．それらの形態的特徴が，現在われわれが目にする動物の特徴から大きくかけ離れることから，分類学的解釈は，原生生物，地衣類・蘚苔類，真菌類，藻類，動物ときわめて多様である．Seilacher（1992）は，多くの化石がくりかえし構造や扁平性で共通の特徴をもち，それらが現生の生物につながる要素がないことから，固有の生物，ベンド界（Vendobionta）を新設した．その後，ベンド界に含まれる化石のうち，動物と考えられるものを動物界のベンド門（Vendozoa＝Vendobionta）にした（Buss & Seilacher, 1994）．

*Aspidella* や *Medusinites* のような円盤状の化石はその形態から，刺胞動物，特にクラゲに分類されることが多かったが，最近はその多くが葉状化石にある柄の基部の膨らみの印象化石であるとされている．*Rangea* や *Charniodiscus* に代表される葉状化石はその形態的特徴から，刺胞動物のウミエラに分類されたが，葉脈のようにみえるくりかえし構造の正中部での配置が交互であること，ウミエラの基部での成長とは逆に，末端から成長することなどの違いから，刺胞動物である可能性は低い．*Rangea* や *Bomakellia* がうちわを直角に合わせたような四放射相称形であり，各葉状体の辺縁部では膜が発達することから，Dzik（2002）は，多くの葉状化石がウミエラのような群体ではなく，1個の生物体であると解釈した．そして，葉脈状に並ぶ構造を繊毛が発達する櫛板であると考えると，カンブリア紀前期の柄をもつ *Maotianoascus* やその他の有櫛動物クシクラゲに容易につながると主張した．中国の澄江からはエディアカラの葉状化石に比較される化石 *Stromatoveris psygmoglena* が発見されており（Shu et al., 2006），これもウミエラの特徴を示さないことから，Dzik の有櫛動物説を支持する．

左右相称形としては *Spriggina* や *Parvancorina* などのように節足動物と思われる化石や，分節が左右で交互に並ぶ *Yorgia* や *Dickinsonia* などが知られる．そのなかには大型化して1mをこすものもある．*Yorgia* は移動しながら餌を食べたことを示唆する多数の印象として残されている．さらに，明確な匍匐痕を残す *Kimberella* はその特徴から，軟体動物の単板類かヒザラガイに近い動物であると考えられている．

陡山沱からは棲管の化石が産出するが，それらは刺胞動物のものであると考えられている（Liu et al., 2008）．さらに，エディアカラ紀の末期になると気温が上昇して，汎地球的に *Cloudina* に代表される，弱い硬組織からなる棲管を発達させた動物が出現する．

エディアカラ紀の動物群で問題になるのは，これらの動物群がカンブリア紀の多様化で出現した，現在につながる動物群とどのような関係にあるかである．その場合に重要なのが，エディアカラ紀とカンブリア紀の境界からカンブリア紀の爆発といわれる多様化までの，およそ2,000万年の間に生息した動物である．この時期は，さまざまな動物群で急速に硬組織が発達し，その化石が大量に保存されている．そして，この時期の初期には，一部エディアカラ紀から続いていると考えられている，せいぜい数 mm までの殻の微化石が出現する．これらには，海綿類の骨片，棲管，円錐形の鞘，葉足動物（Lobopodia）や有爪動物（Onychophora）と考えられる動物の硬板，単板類や二枚貝の軟体動物の殻，腕足動物の殻，そして，複数の種類の胚化石などが含まれる．これらの化石は，まとめて small shelly fossils（SSF：微小貝殻状化石群）とよばれており，中国では，澄江動物群が出現するよりやや古い最古の三葉虫化石が出現する層の直下まで認められる．澄江やバージェスでは，エディアカラ生物相の葉状化石に比較しうる *Stromatoveris psygmoglena* や *Thaumaptilon walcotti* のような化石が出現するが，この約2,000万年の間からは，エディアカラ生物群に関係づけられる大型化石の報告はない．また，最初に硬組織を獲得した動物と考えられている世界に広く分布した *Cloudina* や *Namacalathus*（Amthor et al., 2003）は，エディアカラ/カンブリア境界で消滅する．

## E. エディアカラ動物群の絶滅

これらのことを考えると，多くのエディアカラ動物群は絶滅したと考えるのが合理的である．ただ

し，門レベルである程度分化していた微小動物がそれぞれに生存してカンブリア紀の爆発につながったのか，一部の門だけが生き残り，それを基にして新たな多様化が始まったのかは，今のところ明らかではない．また，多くのエディアカラ動物群がカンブリア紀の動物群に入れ替わった原因としてはさまざまな説が提唱されているが，それらは地球環境にその要因を求めるものと，生物環境に求めるものに区別される．前者は炭素同位体比率の特異性が出現する先カンブリア／カンブリア境界での全地球的な貧酸素状態やメタンの大気中への放出が絶滅をもたらしたと考えている．後者は，底質に潜る動物や底質の表層をかじり回る動物の急激な多様化による淘汰で，この場合は，化石の保存にも大きな影響をおよぼすことにより，化石化の可能性が急速に減少するようにはたらく．ただし，カンブリア紀最前期のSSFに胚化石がみつかることや，捕食を防ぐと考えられる形態の特徴などから，底質を活発に動き回る捕食動物の多様化が先カンブリア／カンブリア境界以前までさかのぼることは支持されないようである．また，*Cloudina* の化石に残された捕食痕と考えられる孔から類推される，より積極的な新しいタイプの捕食者の出現による淘汰も考えられている．

[引用文献]

Amthor J. E. *et al.*（2003）Extinction of *Cloudina* and *Namacalathus* at the Precambrian-Cambrian boundary in Oman. *Geology*, vol. 31, pp. 431-434.

Bailey J. K. *et al.*（2007）Evidence of giant sulphur bacteria in Neoproterozoic phosphorites. *Nature*, vol. 445, pp. 198-201.

Buss L. W. & Seilacher A.（1994）The Phylum Bendobionta: A sister group of the Eumetazoa? *Paleobiology*, vol. 20, pp. 1-4.

Dzik J.（2002）Possible ctenophoran affinities of the Precambrian "sea-pen" *Rangea*. *J. Morphol.*, vol. 252, pp. 315-334.

Fedonkin M. A. *et al.*（2007）*The Rise of Animals. Evolution and Diversification of the Kingdom Animalia*. pp. 326, The Johns Hopkins University Press.,

Huldtgren T. *et al.*（2011）Fossil nuclei and germination structures identify Ediacaran "animal embryos" as encysting protists. *Science*, vol. 334, pp. 1696-1699.

Liu P. G. *et al.*（2008）Systematic description and phylogenetic affinity of tubular microfossils from the Ediacaran Doushantuo Formation at Weng'an, south China. *Palaeontology*, vol. 51, pp. 339-366.

Raff E. C. *et al.*（2008）Embryo fossilization is a biological process mediated by microbial biofilms. *Proc. Natl. Acad. Sci. USA*, vol. 105, pp. 19359-19364.

Seilcher A.（1992）Vendobiota and Psammocorallia: Lost constructions of Precambrian evolution. *J. Geol. Soc. London*, vol. 149, pp. 607-614.

Shu D. G. *et al.*（2006）Lower Cambrian vendobionts from China and early diploblast evolution. *Science*, vol. 312, pp. 731-734.

Vichers-Rich P.（2007）Opportunities in the weedy "cold playgrounds" of the Neoproterozoic and the rise of Metazoa. In: *The Rise and Fall of the Ediacaran Biota*. Vichers-Rich, P. and Komarower P. eds., Geological Soceity of London Special Publication 286.

Xiao S. H. *et al.*（1998）Three-dimensional preservation of algae and animal embryos in a Neoproterozoic phosphorite. *Nature*, vol. 391, pp. 553-558.

〈安井金也〉

## 7.7　左右相称動物の誕生

### A. 動物の起源

　海綿動物を除く動物（真正後生動物）は，放射相称と左右相称の2種類の基本形態しか示さない．そこで，どちらの形態が祖先形であるかは長い間議論されてきた．E. H. Haeckel（1834-1919）のブラステア・ガストレア説の影響を受けた西ヨーロッパでは，放射相称動物祖先説が根強く，ほとんどの教科書ではそのように説明されている．一方で，旧ユーゴスラビアのJ. Hadži（1884-1972）や，それを発展させた西村三郎（1930-2001）は，現生の扁形動物ウズムシ類のような左右相称動物が祖先形であると考えた．前者は，襟鞭毛虫の集合体が動物の祖先形となり，動物の個体発生でみられる胞胚や原腸胚のような放射相称型の祖先形を経て，動物が進化したと考える．後者は，それに対して，多核の繊毛虫が祖先形になり，分節構造をもたない左右相称形の祖先形を経て進化したと考える．その場合，刺胞動物などの放射相称形は二次的に出現したことになる．

　分類学的には，襟鞭毛虫と動物は同じ分類群である後方鞭毛類（Opisthokonta）に分類され，繊毛虫類は渦鞭毛虫とともにアルベオラータ（Alveolata）に分けられる．以前は鞭毛虫/アメーバ様の真核生物から繊毛虫類が出現したと考えられていたが，現在の知識では正確な系統関係を描くことができず，一般に原生生物は多系統であると考えられている．原生生物でゲノムが解読された種はまだかぎられているとはいえ，襟鞭毛虫 *Monosiga brevicollis* のゲノム解析では，動物固有の分子と考えられていた多様な細胞接着分子や細胞外基質分子が存在し，転写因子は動物ほど多様化していないことがすでに明らかになっている（King et al., 2007）．そして，核ゲノム内タンパク質コード領域の予想アミノ酸配列の類似性を基に，真菌やホコリカビを含めて解析したところ，襟鞭毛虫が動物の姉妹群になった（King et al., 2007）．この関係は，rRNAコード領域，チューブリン，熱ショックタンパク質の配列比較でも支持される（Carr et al., 2008）．さらに，海綿動物の襟細胞のような細胞が単独生活をするようになって，襟鞭毛虫が生じた可能性は考えにくいとされる．以上のことから，動物の起源については襟鞭毛虫説が支持されているようである．

　古生物学的に動物が認められるようになるのは，新原生代（10億～5億4200万年前）のガスキアス（Gaskiers）氷期（約5億8000万年前）以降であり，カンブリア紀以前に多様化した動物群はエディアカラ動物群とよばれる．それよりもはるかに古い約10億年前頃とされる左右相称動物の報告もあるが，広く受け入れられてはいない．最初に出現した動物が現生動物につながるかどうかは，今のところ明らかではない．しかし，最新の研究でフツウカイメンに由来するステロイドの痕跡が，エディアカラ紀（6億3500万～5億4200万年前）よりさらに古いクリオゲニア紀の終わりに起こったマリノアン（Marinoan）氷期をこえてさらに古い地層から発見された（Love et al., 2009）．もし，この有機物化石が本当にフツウカイメンに由来するのであれば，動物の起源は一挙に1億年古くなり，しかも，現在側生動物に分類されている海綿類が浅海で大量に繁殖していたことになる．そして，海綿類が最初に出現した動物であり，なおかつ，海綿類の繁栄はカンブリア紀前期まで継続していたことを示唆する．

### B. エディアカラ紀の左右相称動物

　海綿類が大量に繁殖できるということは，当時の海水が浮遊性の微細な餌を十分含んでいたことを意味する．また，海底の表層には浮遊物が沈降した有機物やバクテリア，藻類からなるマットが形成されていたと考えられている．したがって，その頃の状況は浮遊型の放射相称動物にとっても，底質表層もしくは海中遊泳型の左右相称動物にとっても悪い環境ではない．現在，明らかに左右相称動物と考えられている化石種は，ロシア，オーストラリア，インドのエディアカラ系から産出した *Kimberella quadrata* である．それよりも古い中国の陡山沱（Doushantuo）からは，左右相称形の微化石 *Vernanimalcula guizhouena*（Chen et al., 2004）が報告されているが，その後，藻類か卵の化石から続成作用で形成された構造であると指摘された．

キンベレラはかなり大型で，15 cm に達する個体もいる．今のところ軟体動物に分類されており，現生のヒザラガイに似ている．キンベレラの化石には移動痕をともなったものがあることから，明らかに左右相称動物とみて差し支えない．ほかに，葉状で大型の *Yorgia* (〜25 cm) や *Dickinsonia*, *Epibaion* (〜44 cm) は，移動にともない，食痕を思わせる体全体の印象痕を多数，連続的に残している．これらの葉状化石は，真菌や地衣類/蘚苔類の可能性も指摘されるが，移動を思わせる食痕が残ることから動物である可能性が高い．キンベレラのような匍匐痕を残さず，食痕と食痕が不連続であることから，これらの葉状動物の移動様式は不明であるが，積極的な前方向への移動ではないようである．葉状化石は大まかに左右相称であることから，これらの化石の存在は，左右相称形が方向性をもった移動様式に関係なく出現した可能性を示唆する．主体がわからないエディアカラ紀の移動痕化石はほかにも報告されているが，カンブリア紀のものに比べて頻度と種類が貧弱で，底質表面の平面的移動に限られる．また，生痕化石のほとんどはキンベレラ出現以降のものである．最近になって，原生生物が動物のものと同じような移動痕を残すことが報告されたことから (Bengtson & Rasmussen, 2009)，移動痕だけで左右相称動物の存在を結論づけるのも難しくなった．

## C. 現生動物の左右対称性

現生動物では放射相称形を示す動物として，刺胞動物と有櫛動物，そして棘皮動物が認められるが，棘皮動物は左右相称動物の祖先形をもつと考えられている．刺胞動物や有櫛動物についても，厳密に放射相称形を示すグループは少なく，二放射相称形を示す例が多い．特に花虫類では口がプラヌラ幼生の背腹軸を反映して，決まった方向に細長くなっている．一方，環形動物などでは原口の閉鎖が中央部から始まって，その癒合部の両側に口と肛門を残すものが知られる．これらの観察から，放射相称形である刺胞動物を元に，原口から口と肛門ができるような過程を経て，左右相称動物が出現したと考えられたこともあった．

左右相称動物の昆虫と脊椎動物では，かつて左右相称動物の主軸のひとつである背腹軸に関して，昆虫で背側特異的に発現する遺伝子 *decapentapleigic* (*dpp*) とその脊椎動物の相同遺伝子のひとつ *bone morphogenetic protein 4* (*bmp4*) と，腹側特異的な *short gastrulation* (*sog*) とその脊椎動物相同遺伝子 *chordin* の発現が，背腹を特徴づける重要なマーカーであると考えられた．しかし，Chordin は *bmp4* 遺伝子の発現を抑制する分子であり，抑制された領域からは神経系が分化する．この制御機構は昆虫のショウジョウバエでも共有されており，これらの分子マーカーは背腹とは関係なく，神経系とそうでない将来表皮になる領域の分化にかかわると考えることもできた．ところが，半索動物のギボシムシの遺伝子発現解析によって，これらふたつの遺伝子が背腹の極性に関係しているらしいことが支持された (Lowe et al., 2006)．ギボシムシでは背側と腹側両正中に神経繊維の集中が認められるが，基本的には散在神経系であると考えられている．Hox 遺伝子群の発現パターンもそれを支持している．このようなギボシムシにおいても，*bmp2/4* と *chordin* の発現はそれぞれ，背側正中と腹側正中に認められた．ギボシムシでは，*chordin* の発現が神経系の分化に直接かかわるのではなく，腹側の特異化に関係していることが明らかになった．これまで調べられた動物のなかで，脊椎動物と頭索動物を除く左右相称動物では，*bmp* と *chordin* の発現がそれぞれ背側と腹側になり，脊椎動物と頭索動物ではその逆になる．これらの研究から，左右相称動物の祖先形は背側に *bmp*，腹側に *chordin* を発現したと考えられた．

上のような背腹特異化機構が現生の刺胞動物に保存されていれば，刺胞動物の放射相称形が，棘皮動物のように二次的に出現した可能性が高まる．刺胞動物のなかで，ゲノム解析がなされたイソギンチャク目 *Nematostella vectensis* のプラヌラ幼生で体軸に関係する遺伝子発現解析が行なわれた結果，*chordin* は将来方向隔膜ができる（背腹とよばれる両側に形成される）一方の側の表層外胚葉と口道の一部に発現し，*dpp* (*bmp*) は口道の *chordin* が発現する側に発現した．また，Hox 遺伝子群の発現については，ある程度の左右相称動物のそれと似た前後関係が認められたが，放射相称の発現パターンには

ならなかった（Finnerty *et al.*, 2004; Matus *et al.*, 2006）．このような刺胞動物における遺伝子発現解析の結果は，体軸に関して現生の左右相称動物と刺胞動物は遺伝子発現領域を共有せず，刺胞動物独自の左右相称的パターンが存在することを示している．刺胞動物の変態が進化史的にいつ頃出現したかは不明であり，プラヌラ幼生の左右相称性が二次的に起こったのか，何らかの祖先形を反映しているのかはわからない．しかし，左右相称動物が共有するものとは異なる分子機構を基に左右相称性が成立しているのであれば，刺胞動物と左右相称動物が左右相称形の祖先を共有していた可能性も低い．また，刺胞動物から左右相称動物が進化したと考える必要もない．

## D. 定説の再考

現在急速に進んでいる分子発生学的研究と古生物学的研究を総合すると，Haeckel のガストレア説を基礎にした放射相称動物から左右相称動物が出現したと考える根拠はない．動物の多様化以前のカンブリア紀前期やエディアカラ紀にみられる化石証拠は，左右相称動物の起源を解明するにはまだ貧弱であり，進化過程を読み取るのはきわめて困難である．そのなかで，海綿動物の出現と繁栄がエディアカラ紀の多様化をさらに1億年以上さかのぼることが今後支持されるようになれば，刺胞動物と左右相称動物が多起源的に出現したか，左右相称動物から両者が多様化したか，放射相称動物から左右相称動物が出現したかについて，より正確な考察ができるようになるだろう．

［引用文献］

Bengtson S. & Rasmussen B. (2009) New and ancient trace markers. *Scinece*, vol. 323, pp. 346-347.

Carr M. *et al.* (2008) Molecular phylogeny of choanoflagellates, the sister group of Metazoa. *Proc. Natl. Acad. Sci. USA*, vol. 105, pp. 16641-16646.

Chen J. Y. *et al.* (2004) Small bilaterian fossils from 40 to 55 million years before the Cambrian. *Science*, vol. 305, pp. 218-222.

Finnerty J. R. *et al.* (2004) Origins of bilateral symmetry: *Hox* and *Dpp* expression in a sea anemone. *Science*, vol. 304, pp. 1335-1337.

King N. *et al.* (2007) The genome of the chanoflagellate *Monosiga brevicollis* and the origin of metazoans. *Nature*, vol. 451, pp. 783-788.

Love G. D. *et al.* (2009) Fossil steroids record the appearance of Demospongiae during the Cryogenian period. *Nature*, vol. 457, pp. 718-721.

Lowe C. J. *et al.* (2006) Dorsoventral patterning in hemichordates: Insights into early chordate evolution. *PLoS Biol.*, vol. 4, pp. e291.

Matus D. Q. *et al.* (2006) Molecular evidence for deep evolutionary roots of bilaterality in animal development. *Proc. Natl. Acad. Sci. USA*, vol. 103, pp. 11195-11200.

（安井金也）

## 7.8 カンブリア爆発

カンブリア紀と先カンブリア時代の境にあたる，およそ5億4千万年前の地層から多細胞動物の化石が突如出現し，現在の門に相当する動物が出そろった．これらの動物は数百万年という，きわめて短期間に爆発的に出現した．このことをカンブリア爆発という．カナダの西部，ブリティッシュ・コロンビアにある有名な化石産地，バージェス頁岩にはカンブリア爆発当時の動物の姿がみごとに保存されている．バージェス動物群の化石はカナダだけではなく，中国の雲南省の澄紅（チェンジャン），グリーンランド北部のシリウスパセットでも発見されている．こうした事実は，バージェス動物群は全世界的に繁栄していた動物だったことを示している．

なぜ，動物はこの時期に爆発的に多様化したのか．いくつか説があるが，伝統的な説明は，当時の地球環境の変化に基づいている．すなわち，この頃になって，大気中の自由酸素量が現在とほぼ同じ20％のレベルに達したこと，およびオゾン層の出現によって，気候が温暖化したことが大型動物の出現を可能にしたと考えられている．また，当時大陸はひとつの大きな塊となって超大陸を形成していたが，徐々に分裂を始め，それにともなって大陸棚や海の浅瀬が出現した．スノーボール仮説によれば，この頃は最終氷解期にあたり，氷がとけた浅瀬の海が広がっていたと思われる．こうした環境は動物たちに新しい生態的環境を提供する結果となった．この環境は，先住者も競争相手もまったくいない，カンブリア紀の動物たちにとって生態的に空っぽの環境となった．競争相手のいない環境では，体のデザインや動きの俊敏さは問題にならず，奇妙な形をした動物たちの出現を可能にしたというのだ．

カンブリア爆発が起きた時期に，形態の多様化と関連して，細胞間情報伝達や形態形成に関与する遺伝子など，多細胞動物に特有の遺伝子も爆発的に多様化したか．分子進化学的研究によると，多細胞動物特有の遺伝子の多様化はむしろ古く，現存する多細胞動物最古の分岐であるカイメンとそれ以外の動物の分岐以前，おそらく単細胞の時代に，多様化が完了していた．すなわち，既存の遺伝子を再利用することでカンブリア爆発を達成したと考えられる．

〔宮田 隆〕

## 7.9 古生物学の知見から

**A. Darwinを悩ませた「カンブリア紀の爆発」**

今から約5億4千万年前に始まるカンブリア紀の最初のたかだか1千万年の間に，現在の地球上に存在する多様な多細胞動物の事実上すべての基本的体制（ボディプラン）がいっせいに成立したようにみえる．このような動物の急速な放散を爆発にみたてて「カンブリア紀の爆発」(Cambrian explosion) という．

地層は下位のものほど年代が古い（地層累重の法則）．また，年代の異なる地層からは異なる化石群集が産出し，異なる群集が産出する時代的順番は任意の地点で同一であることが経験的に知られる．このことから，特定の化石群集の産出を基に地層堆積の同時性やその相対的な年代が推定できる（地層同定の法則）．さらに地層に時折挟まれる火山岩や火山灰層中の放射性同位元素を定量することで，相対年代の年表に絶対年代（放射年代）の目盛りを入れることができる．

このようにして地層中の化石を基に地球と生命の歴史を辿ることができるが，ある年代，すなわち現在のカンブリア紀を境にまったく化石が産出しなくなること，そして遡っていった最後の，逆にいえば記録に登場する最初の化石が，すでに現在と同等の複雑性を備えた動物の化石であることが19世紀前半には知られていた．つい60年ほど前まで，節足動物の三葉虫が世界最古の化石だったのである．

このことは，生物が単純なものから複雑なものへと徐々に進化したと考えたDarwinにとって大問題であった．『種の起原』のなかでDarwinはこの問題について考察し，満足のいく説明はできないとしながらも，観察できる現在の欧米周辺では先カンブリア時代の浅海の地層が堆積しない状況にあったのではないかと推察している．

化石記録が不完全であるために祖先的動物の化石が残されなかったという解釈は，最近でも，分子時計により動物の最終共通祖先の分岐年代がカンブリア紀よりはるかに古く推定された際にもち出されている．「爆発的進化」はみかけのものであり，先カンブリア時代の生物は小さかったため，あるいは硬い骨格をもたなかったため，化石として保存されなかったというわけだ．

しかし，1946年にカンブリア紀の直前の時代のエディアカラ化石群が発見され，1954年に19億年前の地層からバクテリアの化石が報告されたことを皮切りに，先カンブリア時代の地層からもつぎつぎと化石がみつかるようになった．カンブリア紀へとつながるエディアカラ紀の化石は現在では5大陸の30以上の産地から知られている．また，1960年代に始まったカンブリア紀中期のバージェス頁岩動物群の再調査により，この「爆発的進化」が単に硬い骨格をもつ動物の爆発なのではなく，動物界全体を巻き込んだものであることが明らかにされた．さらに1980年代以降には，ホメオボックスの発見により歴史的復興をとげた進化発生学や，DNAの塩基配列という新しい形質を得ることでルネサンスを迎えた動物系統学の新展開もあいまって，「カンブリア紀の爆発」はDarwin以来の脚光をあびることとなる．進化発生学と動物系統学については他項に譲るとして，ここでは古生物学的な知見として，先カンブリア時代からカンブリア紀にかけての化石記録を紹介し，「爆発的進化」の要因論について概観したい．

**B. 先カンブリア時代末期の化石記録**

**a. トウシャントウオ胚化石群集**

1990年代後半に中国貴州省の原生代後期の陡山沱層から卵割の様子を示す動物の胚化石や海綿動物とされる体化石が発見された．この地層は，地球全体が氷に覆われた可能性のある大氷河時代ののちに堆積したものである．胚化石はリン酸カルシウム鉱物に交代して化石化したもので，エディアカラ化石群より古く（約6億年前～約5億7千万年前），最古の動物化石群である可能性がある．リン酸塩への交代という制約から，得られる化石は2mm以下の小さなサイズのものにかぎられる．節足動物やその他の左右相称動物の胚という解釈もあるが，詳細はわかっていない．

**b. エディアカラ化石群**

原生代の最後期（約5億7000万年前～約5億4000

## 7.9 古生物学の知見から

万年前）の地層から産出し，現世の多細胞動物に類似したものを含む化石群集である．大型（肉眼サイズ）で比較的単純な形態を示し，硬い骨格はもたない．オーストラリアのエディアカラ丘陵で最初に発見されたが，現在では，カナダ，ロシア，中国，ナミビアなど世界各地から同じ時代の同様の群集がみつかっている．海綿動物，刺胞動物，節足動物，軟体動物などの祖先と目されるものを含むが，確実に現生の動物門に同定されるものはない．

ディッキンソニアやヨルギアなどエディアカラ化石群の典型的な生物は，消化管も摂食器官ももたないようだ．また体節のようなくりかえしを示す体軀は，厳密には左右対称ではなく，左右のくりかえし構造が中軸部で互い違いになっている．さらに，このくりかえし構造は，エアマットレス状にチューブが積み重なった構造をしており，それぞれのチューブの直径は成長を通じて一定である（つまり体サイズに対して強い劣成長を示す）．これらのことから，エディアカラの化石は動物ではなく，巨大な原生生物だとする解釈もあり，「動物説」との論争が続いている．エディアカラ化石群の解釈は古生物学上の大きな謎である．

### c. 生痕化石

エディアカラ化石群と同じ時代の地層には，蠕虫(ぜんちゅう)状の動物がつくったと思われる這い跡が観察される．これらの生痕は比較的単純で，地層面に平行につくられている（カンブリア紀のものと異なり，垂直にもぐった形跡がない）．当時の海底を広く覆っていたバイオマットの下面に形成されたと解釈されている．

### C. カンブリア紀の化石記録

#### a. SSF

カンブリア紀に入って最初に登場するのは，数mmに満たない大きさで，円錐状，らせん状，筒状，板状などの多様な形態を示す骨格の化石である（ただし，クラウディナとナマカラトゥスの2種の骨格はカンブリア紀の前のエディアカラ紀に出現したが，カンブリア紀に入る前に絶滅した）．リン酸カルシウム，炭酸カルシウム，シリカ（$SiO_2$）などさまざまな材質のものが知られる．シベリア，モンゴル，中国など各地から産出し，総称してSSF（small shelly fossils：微小貝殻状化石群）とよばれる．海綿動物，軟体動物，腕足動物，ハルキエリア類，有爪動物などさまざまな動物の骨格を構成していたと考えられるが，正体不明のものが多い．

#### b. バージェス頁岩型動物群

バージェス頁岩動物群は，カナダロッキー山脈のスティーブン層から産出するカンブリア紀中期（約5億5百万年前）の化石動物群である．硬い骨格だけでなく軟体部の解剖学的特徴までもが見事に保存されている．「カンブリア紀の爆発」において骨格だけでなく，さまざまなボディプラン（大多数の現生動物門）がいっせいに成立したこと，固着性や移動性の表生ベントスに加え，内生ベントスや，浮遊性や遊泳性の動物が登場したこと，捕食被食（食う食われる）の生態学的関係が確立したことなどを示す直接的な証拠である．

7万点をこえる標本を基に約120属の生物が記載されている．理由は不明だが1属1種のものが多い．三葉虫類（節足動物），腕足動物，ヒオリテス類，単板類（軟体動物），ウミユリ類（棘皮動物）など，通常のカンブリア紀の化石群集にもみられる示準化石を含む，硬骨格（生体鉱物によって硬化した組織）をもった分類群に加え，海綿動物，刺胞動物，有櫛動物，環形動物多毛類，鰓曳動物，有爪動物，三葉虫以外の節足動物，半索動物，脊索動物などの骨格をもたない，もしくはもっていてもすぐバラバラになり通常ならば保存されない分類群が多数含まれる（硬骨格をもたない属は全体の85%を占める）．また，現在の動物分類体系に納まらない所属不明の仲間も十数属存在する．

バージェス動物群は外洋に面した陸棚上の泥底に生息していた．60%以上の個体は堆積物食者であり，30%が懸濁物食者，10%以下が肉食者，腐肉食者であった．藻類やシアノバクテリアの化石が共産することから，水深は100m以浅だったと推定される．同様の保存状態と種構成を示すカンブリア紀前期から中期にかけての動物群がグリーンランド北部（ハルキエリア類で知られるシリウスパセット動物群）や中国雲南省（澄江動物群）など世界各地で知られており，これらは総称して「バージェス頁岩型動物

群」とよばれる．澄江(チェンジャン)動物群は，バージェス動物群を産するローレンシア大陸縁辺から海を挟んで数千km離れていた南中国大陸から産出し，時代もカンブリア紀前期でバージェス動物群より約1500万年古いにもかかわらず，バージェス動物群と類似した動物群の構成を示す（節足動物がほぼ半数を占め，ついで海綿，有爪，鰓曳動物が優占する，また共通の属も多い）．一方，最古の脊椎動物（無顎類とされるミロクンミンギア，ハイコウイクチス）や原始的後口動物に分類する見解もあるウェツリコラ類（ユンナノゾーンやウェツリコラ）など，ほかではみられない化石も含む．

### D. 要因論

上述の化石記録を素直に受け取るならば，「カンブリア紀の爆発」はみかけではなく，実際のできごとだったと結論づけられる．百歩譲って多細胞動物の起源は約10億年前だったが，現在の海生動物の浮遊幼生のように小さかったため，化石に残らなかったのだとしよう．それらの祖先的動物は，硬骨格をもたなかったはずである（もっていたら化石記録に残るので）．また，それらの動物は脊索も心臓ももたなかったはずだ．1mmに満たない動物にこれらの構造は不必要だからである．したがって，いずれにせよ，骨格や脊索や循環系など動物のボディプランを構成する重要な要素はカンブリア紀に急速に進化したと考えなければならないだろう．

何が「爆発的進化」の引き金を引いたかについては，数多くの説が提唱されてきた．それらは，外因説（非生物的要因）と内因説（生物的要因）に大きく分けられる．外因説には，酸素分圧の増大，海水中のリン濃度の増大，氷河時代の終焉による温度上昇や栄養源とニッチの増大，古大陸-古海洋の分布の変化や海水準の変化による生息地の多様化，宇宙線の増大による突然変異率の上昇などがある．内因説としては，エディアカラ生物群の絶滅によるニッチ拡大や捕食者の出現による軍拡競争などの生態系の変化，眼の進化，発生プログラムの進化をうながす遺伝的基盤の登場などがあげられる．

外因説はおもに地球科学者が，内因説はおもに生物科学者が唱えることが多い．もちろんそれぞれの説は排他的なものではない．どの説をとるかは，因果の連鎖のどのレベルでの説明が最も腑に落ちるかという個人の感受性に依存するかもしれない．酸素の増大は動物の進化にとって必要条件だったはずだ．だが酸素が増大すれば動物が進化するかといえば，疑問をもつ人は多いのではないか．また，捕食者の出現で納得する人もいれば，ではその捕食者はどうして出現したのかと思う人もいるだろう．さらに，「爆発的進化」は単にある種の進化傾向がある閾値をこえただけであり，特別な説明は必要ないという立場もある．ここまでくると，もはやこの問題は科学の範疇には収まらないかもしれない．

[参考文献]

スティーブン・ジェイ・グールド 著，渡辺政隆 訳（1993）『ワンダフル・ライフ』早川書房．

サイモン・コンウェイ・モリス 著，松井孝典 監訳（1997）『カンブリア紀の怪物たち』講談社現代新書．

（遠藤一佳）

## 7.10 分子系統学の知見から

### A.「爆発」とどう向き合うか？

　カンブリア爆発といわれる，おもな旧口動物門の一斉分岐は，真核生物の主要なグループの関係や哺乳類のさまざまな目の関係と同様に，そのプロセスを詳細に記述するのが非常に難しい(Morris, 2006)．このような「爆発」を扱ううえで重要な要素として，対象となる生物群の関係を示す「トポロジー」以外に，「時間」があげられる．遺伝子配列やアミノ酸配列などの分子を扱う場合，概念的には，ZuckerkandlとPauling以来の分子時計（19.4項参照）をもち出せばよいのであるが，現実的には単純ではない．古典的な意味での理想分子時計であれ，近年用いられている分子進化速度の一定性を仮定しない緩い分子時計であれ，進化における絶対年代の議論には，何らかの較正点（calibration point）が不可欠である(Hedges & Kumar, 2009)．脊椎動物については，豊富な化石記録に基づいた分子時計の較正が可能であるが，化石記録の残りにくい無脊椎動物については，信頼できる絶対時間軸を得るのはほぼ不可能である．化石記録は，当該生物の出現時期について下限値を与えるにすぎない，という典型的な化石記録の解釈に付随する問題も，状況を難しくしている．

　一方，分子時計として用いられる遺伝子の進化の歴史も，往々にして問題をはらむ．脊椎動物の進化の初期には，二度の全ゲノムを巻き込んだ重複が起きたと考えられており（18.5項参照），このおかげで，ゲノム内のそれぞれの遺伝子が，重複後に独特の変化を経験した可能性がある．変化がタンパク質をコードする領域に起きた場合，その効果は分子時計を用いた分岐年代推定に如実に現れる．すなわち，脊椎動物の分子進化速度を既知のものとして，そのまま無脊椎動物を外挿することによって旧口動物間の分岐年代を推定しようとすると，実際よりも古い分岐年代が得られてしまう．近年用いられている分子進化速度の一定性を仮定しない分子時計を用いたとしても，信頼できる較正点が期待できないかぎり，得られる結果の信頼性は不十分となる．

　カンブリア爆発とよばれるイベントで，どの動物群が分岐したのかを議論するうえでは，これらの注意点を踏まえ，既存の研究結果を吟味することが重要である．1990年代には，比較的少ない遺伝子を用いた解析により，ごくかぎられた分岐点の年代推定が行なわれていたが（たとえば，Doolittle et al., 1996)，最近ではより多くの遺伝子を用い，より多くの分岐点について推定が行なわれるようになった（たとえば，Blair & Hedges, 2005)．後述するように，動物群の系統関係そのものが非常に難しい問題であるため，すべての動物門を包含するような信頼性の高い分岐年代推定はなされていない．しかし，海綿動物，板状動物，刺胞動物，有櫛動物を除くすべての動物門，すなわち，いわゆる三胚葉動物門の間の分岐すべてが，このカンブリア爆発の時期に属するとみるのが一般的である．ここで除外した海綿動物をはじめとする側生動物および二胚葉動物（左右相称動物）の分岐時期についても，かぎられた情報に頼らざるをえないが，カンブリア爆発には属さないと考えるのが一般的であろう(Nikoh et al., 1997)．一方，円口類や軟骨魚類の分岐など，現存の脊椎動物内部の放散もカンブリア爆発には属さず，そのさらに後に起きたと考えて問題ないであろう．以下，「トポロジー」にまつわるいくつかの話題に触れる．

### B. CoelomataかEcdysozoa/Lophotrochozoaか？

　この議論の口火を切ったのは，18S rRNAの分子系統解析であった(Aguinaldo et al., 1997)．枝の長い線形動物を除外することによって整えられた配列セットに基づけば，三胚葉旧口動物が，変態を経る脱皮動物（Ecdysozoa）と冠輪動物（Lophotrochozoa；担輪子動物ともいう）に二分されるという．この説は，従来信じられていた「単純から複雑へ」というごくシンプルな考えに基づいた，いわゆる無体腔動物（扁形動物）が先に分岐し，その後，偽体腔動物（線形動物），そして真体腔動物が出現したという説（Coelomata説）と真っ向から対立するものであった（総説は，Adoutte et al., 2000を参照）．今から振り返れば，取るに足らない量のデータではあったが，十分に的を得ていたことになる．というのも，その

後，Aguinaldo らの説は，ゲノムワイドな配列データセットを用いた分子系統解析（phylogenomics）によって支持されるに至ったからである（たとえば，Dunn et al., 2008）（図1a）．Aguinaldo ら（1997）がすでに認識していた進化速度の違いは，分子系統解析において常に問題になる．特に，進化速度の大きな系統，つまり系統樹上で枝の長いグループの位置は，古くに分岐したように推定されがちである（long branch attraction; Philippe et al., 2005）．このような不都合をひき起こす種および遺伝子の影響を減らすためには，それらを除いてしまうか，あるいはそのような問題がないと考えられる他の種，他の遺伝子をできるだけ多く加えることが重要である．この点で，全ゲノムシーケンスおよび EST プロジェクトなどによる非モデル生物の大量の遺伝子配列が，比較的頑強な結果につながったことはいうまでもない．

上記の Dunn らの解析では，おそらくカンブリア爆発以前，後生動物の進化の初期に分岐した動物門の関係について，新たな説が支持された．後生動物の中で，有櫛動物が初めに分岐し，そのすぐあとで海綿動物と刺胞動物のグループが分岐したというのである（Dunn et al., 2008）（図1a）．板状動物センモウヒラムシを含めた別の解析によれば，板状動物を含め，海綿動物，刺胞動物，有櫛動物が，Urmetazoon という個別のグループを形成するという（Schierwater et al., 2009）（図1b）．いずれにせよ，海綿動物のみを後生動物進化のもっとも初期に分岐した動物門とみなしてきたこれまでの説とは異なっている．今後さらに多くの種を加えて，これらの結果を精査することが必要である（Philippe et al., 2009）．

**C. ホヤかナメクジウオか？**

上述したように，脊索動物門内部の比較的早い時期の分岐，すなわち，頭索動物，尾索動物，および脊椎動物の分岐も，カンブリア爆発に含まれると考えるのが妥当である．この三者の関係については，18S rRNA を用いた分子系統解析が，頭索動物の脊椎動物への近縁性を示して以降（Wada & Satoh, 1994），実はまとまったデータを用いて検証されていなかっ

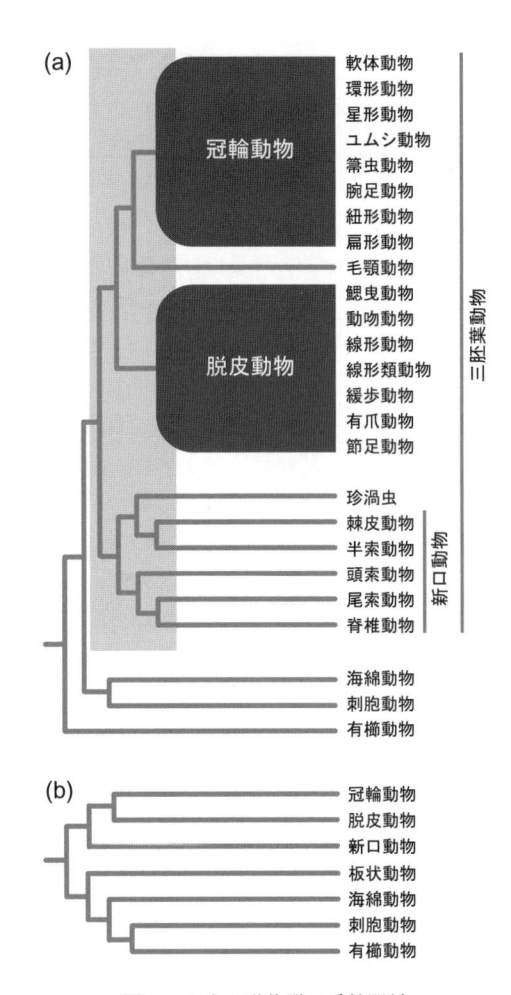

**図1** おもな動物群の系統関係
(a) Dunn et al. (2008) の結果を簡略化して示した．灰色の背景の部分が，いわゆるカンブリア爆発に該当すると考えられる．(b) 板状動物を含んだ Schierwater et al. (2009) の結果に基づく系統樹．この系統樹では，三胚葉動物以外のすべての動物門が単系統群（Urmetazoon）を形成する．

た．2006年に入り，100以上の遺伝子を用いた分子系統解析によって，尾索動物の脊椎動物への近縁性が示されると（Delsuc et al., 2006）（図1a），さらに珍渦虫という新たに新口動物の一系統とみなされる動物を含んだ解析によっても，この結果は支持された（Bourlat et al., 2006）．この説は，その後のナメクジウオゲノムを用いた解析によっても支持された（Putnam et al., 2008）．

**D. 毛顎動物：新口動物か旧口動物か？**

ヤムシ類ともよばれるこの動物群は，偽体腔性でありながら放射卵割という新口動物のような発生様

式を示す（Ball & Miller, 2006）．新口動物なのか旧口動物なのかさえ知られていなかったこの動物にも，phylogenomicsの手法が用いられ，複数の研究チームにより旧口動物のグループに含まれることが示唆されている（Marletaz et al., 2006; Matus et al., 2006）（図1a）．旧口動物のなかでも冠輪動物に近縁であることが支持されるケースが多いようであるが，統計学的に有意とはいえず，即決は危険に思われる．

## E. まとめ

上に個々に記したごく最近のどの知見に対しても，反対意見があるといっても過言ではない．たとえば，扁形動物の一部であるacoelaの位置は，まだ議論のまっただ中である（Deutsch, 2008）．また，Ecdysozoa/Lophotrochozoaの問題にも，対立するデータが存在する（たとえば，Rogozin et al., 2007）．しかし，ここでとり上げた問題のいくつかに共通している要素は，体腔の構造や発生様式から推測される動物の類縁性が，分子系統によって必ずしも支持されるわけではないということである．このことは，カンブリア期にそれらの動物群が分岐してから，異なる系統が多様な進化をとげ，現在に至っていることを物語っている．

[引用文献]

Adoutte A. et al.（2000）The new animal phylogeny: reliability and implications. *Proc. Natl. Acad. Sci. USA*, vol.97, pp.4453-4456.

Aguinaldo A. M. et al.（1997）Evidence for a clade of nematodes, arthropods and other moulting animals. *Nature*, vol.387, pp.489-493.

Ball E. E. & Miller D. J.（2006）Phylogeny: the continuing classificatory conundrum of chaetognaths. *Curr. Biol.*, vol.16, pp.R593-596.

Blair J. E. & Hedges S. B.（2005）Molecular phylogeny and divergence times of deuterostome animals. *Mol. Biol. Evol.*, vol.22, pp.2275-2284.

Bourlat S.J. et al.（2006）Deuterostome phylogeny reveals monophyletic chordates and the new phylum Xenoturbellida. *Nature*, vol.444, pp.85-88.

Delsuc F. et al.（2006）Tunicates and not cephalochordates are the closest living relatives of vertebrates. *Nature*, vol.439, pp.965-968.

Deutsch J. S.（2008）Do acoels climb up the "Scale of Beings"? *Evol. Dev.*, vol.10, pp.135-140.

Doolittle R. F. et al.（1996）Determining divergence times of the major kingdoms of living organisms with a protein clock. *Science*, vol.271, pp.470-477.

Dunn C. W. et al.（2008）Broad phylogenomic sampling improves resolution of the animal tree of life. *Nature*, vol.452, pp.745-749.

Hedges S. B. & Kumar S.（2009）*The Timetree of Life*. Oxford University Press.

Marletaz F. et al.（2006）Chaetognath phylogenomics: a protostome with deuterostome-like development. *Curr. Biol.*, vol.16, pp.R577-578.

Matus D. Q. et al.（2006）Broad taxon and gene sampling indicate that chaetognaths are protostomes. *Curr. Biol.*, vol.16, pp.R575-576.

Morris S. C.（2006）Darwin's dilemma: the realities of the Cambrian 'explosion'. *Phil. Trans R Soc. B*, vol.361, pp.1069-1083.

Nikoh N. et al.（1997）An estimate of divergence time of Parazoa and Eumetazoa and that of Cephalochordata and Vertebrata by aldolase and triose phosphate isomerase clocks. *J. Mol. Evol.*, vol.45, pp.97-106.

Philippe H. et al.（2005）Heterotachy and long-branch attraction in phylogenetics. *BMC Evol. Biol.*, vol.5, pp.50.

Philippe H. et al.（2009）Phylogenomics revives traditional views on deep animal relationships. *Curr. Biol.*, vol.in press.

Putnam N. H. et al.（2008）The amphioxus genome and the evolution of the chordate karyotype. *Nature*, vol.453, pp.1064-1071.

Rogozin I. B. et al.（2007）Ecdysozoan clade rejected by genome-wide analysis of rare amino acid replacements. *Mol. Biol. Evol.*, vol.24, pp.1080-1090.

Schierwater B. et al.（2009）Concatenated analysis sheds light on early metazoan evolution and fuels a modern "urmetazoon" hypothesis. *PLoS Biol.*, vol.7, pp.e20.

Wada H. & Satoh N.（1994）Details of the evolutionary history from invertebrates to vertebrates, as deduced from the sequences of 18S rD. N. A. *Proc. Natl. Acad. Sci. USA*, vol.91, pp.1801-1804.

[参考文献]

白山義久・岩槻邦男・馬渡峻輔 著（2000）『バイオディバーシティ・シリーズ 無脊椎動物の多様性と系統』 裳華房.

（工樂樹洋）

## 7.11 進化発生学の視点から

### A. カンブリア紀の爆発までの時間

　現生動物は現在，それぞれに独自なボディプランをもつ三十数門の動物群に分けられる．そのうちカンブリア紀中期までに化石として発見されている門は，研究者によって多少のばらつきはあるが，およそ13門である．それ以外は硬組織をもたないグループなので，多くの研究者はカンブリア紀の爆発によって，ほとんどの現生動物門が成立したと考えている．さらに，カンブリア紀の爆発直後には，現在に子孫を残さなかった門が存在し，より多様性があったと考える研究者もいる．

　カンブリア紀前期のある時期から，突然現生動物に比較しうる多様な動物化石が出現したようにみえるとしても，実際，この多様化にどれだけの時間が必要であったかについては論争が絶えない．動物のボディプランの多様化を発生学的に理解する場合，この時間の長短が制約条件になる．タンパク質をコードする少数の核DNAやリボソームDNA，そしてミトコンドリアDNA配列に基づいた分岐年代推定は，総じて化石の証拠の出現時期よりも著しく古くなり，カンブリア紀前期よりも2〜3倍古い分岐を示したこともある (Fortey et al., 2004)．もし，それだけの時間的余裕があったとすると，オーソドックスな集団遺伝学的説明で，動物門の成立と多様化が理解できると思われる．しかし，これだけ深い分岐は，地質学的知見に馴染まない．最近では，より信頼性の高い突然変異率を用いて，真正後生動物の分岐を6億3400万〜8億2600万年前，刺胞動物の分岐を6億400万〜7億4800万年前と推定した (Peterson & Butterfield, 2005)．左右相称動物のそれぞれの分岐は7億年から5億3500万年前と推定され，若い年代はほぼカンブリア紀の爆発に対応する．それでもこの年代は，多様化を個体レベルで考察する場合には漠然としすぎている．特に，先カンブリア/カンブリア境界で，動物の多様化にある種のリセットがかかったとすると，多様化に要した時間は3億年と2000万年という10倍以上の時間差が生じる．このように進化史における大きな時間的曖昧性を考慮して，分子発生学は進化史上一度しか起こっていないカンブリア紀の多様化を説明しようとしている．

### B. ズータイプ

　最初に注目されたのが，DNAの特別な配列を認識するアミノ酸配列をコードするホメオボックスを保存した一連の遺伝子群の発見である．これらHox遺伝子群は，昆虫と脊椎動物という類縁性の弱い動物で共通してある染色体上に決まった順番で並び，なおかつそれらの発現領域が体の前後軸に沿ってDNA上の順番に対応したパターンを示す．そして，Hox遺伝子群は，それが発現する領域の形態形成を制御する上流に位置する遺伝子であることがわかった．これらの特徴はすべての動物に共通するものであると期待されて，「zootype」と名づけられた (Slack et al., 1993)．そして，個々のHox遺伝子を含む一連の制御機構の分子レベルでの変化が動物の多様性をもたらした可能性が指摘された．「zootype」仮説については，刺胞動物が期待された「zootype」から大きく変異することがわかり (Martínez et al., 1998)，他の動物でもそれに対応しないものがみつかってきている．研究の進展とともに，個々のタンパク質コード領域の変異とその結果としてのタンパク質およびタンパク質-核酸の相互作用だけが，形態形成に関係するのではないということが徐々に明らかになり，現在，Hox遺伝子群にかぎらず，さまざまな上流遺伝子群に注目して，それらの発現を時間的・空間的，さらに量的に制御する機構の解明に向けて研究が進んでいる．

### C. 遺伝子の発現制御

　分子生物学が形態形成や発生学にかかわってきた初期には，個々の分子の違いによって動物の多様化を説明できると安易に期待されたが，知識が広がるほどに，Hoxコードや眼のマスター制御遺伝子 pax6，さらには，FGFやTGF-$\beta$，Wntなどのシグナル伝達系などのように，むしろ真正後生動物全体の共有形質が目立つようになった．これらの発見は，進化史のなかで似たような形態形成を独立に生じさせる分子基盤として注目できる．しかし，高次レベ

ルの多様化の説明には違った視点が必要になった．

ひとつの方向は，DNA上に分布するcis制御領域の変異とその影響の解明であり，また，タンパク質をコードしない，およそ22塩基弱の短いマイクロRNA（micro RNA：miRNA）の存在も注目され始めている．miRNAはメッセンジャーRNAに相補的に結合することによって，形態形成にかかわるさまざまな遺伝子発現制御に関係していることが明らかになってきた．

制御領域の変異については，遺伝子制御ネットワークの階層構造が指摘されて，それぞれの階層での変異が形態形成に対して異なった影響をもつと考えられるようになった（Erwin & Davidson, 2009）．すべての階層に対する変異には，点突然変異，さまざまなサイズの塩基配列の挿入と付加，cis制御モジュールの転移と導入，複製のずれ，転座，置換など，考えられる分子機構すべてが関与する．最上層はボディプランが確立するための発生の基盤領域を生じる遺伝子制御ネットワークであり，その構造はカンブリア紀の爆発までに確立して，その後安定に保存されていると考えられている．DNAの変異はすべての階層に同等に生じることが期待されるので，最上層の安定性をもたらす機構が問題になるが，発生がうまく進むことが許されるネットワークのみが淘汰によって安定に維持されるとする個体生物学的考えと，カンブリア紀の爆発によって生物の生息環境が飽和状態になり，その後，いくつかの生物の大絶滅を経験しても，ボディプランの多様化の飽和状態に大きな影響をもたらさなかったと考える，生物環境要因の考え方がある．

ゲノムの一次構造がさまざまな生物で解読されるにつれて，miRNAの多様性について動物全体にわたる共通性や，それぞれの動物群での特異性が明らかになってきた（Prochnik et al., 2007）．それによると，miRNAの多様性が刺胞動物を除く真正後生動物（?=左右相称動物）内で一挙に多様化している．そして，新口動物，旧口動物それぞれが共通にもつmiRNAのセットが明らかになっている．miRNAはそれらの組合せで，きわめて複雑な遺伝子発現制御を行なうことができることから，この多様化がボディプランの多様化に結びついたと考えられている．

ゲノム内におけるmiRNAコード領域のコピーが左右相称動物で急速に増えたことは現生動物から示されているが，現生脊椎動物でも急速に増えている．脊椎動物における急増は全ゲノムの倍加による増加であると想像しているが（Heimberg et al., 2008），左右相称動物でも同様のゲノム再構築があったことを示唆するデータは今のところない．miRNAは継続的にゲノム内に増え続け，二次的な消失がまれであることがわかっているので，もし，カンブリア紀の多様化が短期間で起こった場合は，miRNAだけで多様化を説明するのは難しいだろう．

**D．外部環境との相互作用**

上述したことは，動物個体において，外部環境からのさまざまな刺激が遺伝子発現機構に影響をおよぼすことを否定するものではないが，遺伝情報に関しては基本的に閉鎖系として扱っている．カンブリア紀の多様化が，動物の歴史のなかでただ一度しか認められない現象であることから，基本的にどの時代の動物にも適応できる分子生物学的可能性では，この多様化を説明することができないと考える研究者もいる．さらに古生物学的情報によると，この多様化がたかだかヒトの進化史に相当する1000万年に満たない期間で起こった出来事である可能性すらある．急激な多様化については，当時の動物個体を遺伝情報に対して閉鎖系ではなく開放形ととらえるアイデアも提出されている．

遺伝情報の個体間での移動は細菌ではごくふつうの現象であるが，細菌から単細胞真核生物，さらには多細胞真核生物への水平移動（horizontal gene transfer, lateral gene transfer）も示唆されてきた．ところが，多細胞生物のゲノム解析では細菌由来の配列がみつかると，細菌の混入が原因であるとしてその配列は排除されており，どれだけ広範にこの現象が起きているかを評価するのが難しかった．しかし，長い共生の歴史をもつミトコンドリアや葉緑体のように，動物細胞内共生細菌から核DNAへの移入が動物内で広く起こっている現象であることが明らかになってきた（Hotopp et al., 2007）．初期の動物は基本的に，細菌マットや浮遊微生物/デトリタスだけが摂食対象であり，細菌と動物個体の関係は

現在の生物社会とは違い，より密接であった可能性があること，細菌の生理活性の多様性が動物のそれをはるかに凌ぐことなどを考えると，水平移動は新しい遺伝情報の獲得法として実際，重要な機構だったのかもしれない．

さらに大がかりな遺伝情報の獲得として提唱されたのが，ハイブリドジェネシス（hybridogenesis）仮説である（Williamson, 2006）．これは当初，底生生物の約70％にみられる，幼生から変態を経て成体に至る発生現象を説明するために考えられた説であるが，それを拡大して，動物門間で共通に認められる，たとえば，ホウキムシ動物門，腕足動物門，内肛動物門，コケムシ（外肛）動物門，半索動物門の翼鰓綱に共通する触手冠などの形態特徴にも応用された．すなわち，初期の動物が外来（異質）DNAに対し，動物門が確立したカンブリア紀の爆発以降の動物よりも寛容であり，異精子受精（heterosperm fertilization）が比較的容易に起こったとするものである．このようにして，いろいろな組合せで，重層的に2種類の動物間で大がかりな遺伝情報の混合が起こり，急激な多様化がもたらされたと推定している．この仮説は，さまざまな動物のゲノムに保存されるシンテニーなどの構造を比較することにより，ある程度検証できるかもしれない．大容量DNAの混合は異精子受精だけにかぎる必要はない．確かに過激な説ではあるが，実験発生学的にメガベースオーダーのDNAを別種の核内DNAに組み込むことが可能になってきたことを考えると，自然界で同様の現象が起こる可能性もまた否定できない．

カンブリア紀の爆発は，動物の進化史における最大かつ最も魅力的な研究課題のひとつである．発生生物学者は，歴史に基づく発生現象を個体内で完結させて説明しようとする傾向が強いが，生物個体は常に外界との相互作用の下に生存してきたのである．進化発生学はこのことを常に意識しながら，研究を発展させることが期待される．

[引用文献]

Erwin D. H. & Davidson E. H. (2009) The evolution of hierarchical gene regulatory networks. *Nature Rev. Genet.*, vol. 10, pp. 141-148.

Fortey R. A. *et al.* (2004) Phylogenetic fuses and evolutionary 'explosion': conflicting evidence and critical tests. in Donoghue PC. J. and Smith M. P. eds., *Telling the Evolutionary Time*, pp. 41-65, CRC Press.

Heimberg A. M. *et al.* (2008) MicroRNAs and the advent of vertebrate morphological complexity. *Proc. Natl. Acad. Sci. USA*, vol. 105, pp. 2946-2950.

Hotopp J. C. D. *et al.* (2007) Widespread lateral gene transfer from intracellular bacteria to multicellular eukaryotes. *Science*, vol. 317, pp. 1753-1756.

Martínez D. E. *et al.* (1998) Cnidarian homeoboxes and the zootype. *Nature*, vol. 393, pp. 748-749.

Peterson K. J. & Butterfield N. J. (2005) Origin of the eumetazoa: Testing ecological predictions of molecular clocks against the Proterozoic fossil record. *Proc. Natl. Acad. Sci. USA*, vol. 102, pp. 9547-9552.

Prochnik S. E. *et al.* (2007) Evidence for a microRNA expansion in the bilaterian ancestor. *Dev. Genes Evol.*, vol. 217, pp. 73-77.

Slack J. M. W. *et al.* (1993) The zootype and the phylotypic stage. *Nature*, vol. 361, pp. 490-492.

Williamson D. I. (2006) Hybridization in the evolution of animal form and life-cycle. *Zool. J. Linn. Soc.*, vol. 148, pp. 585-602.

（安井金也）

## 7.12　無脊椎動物の神経系の発生と進化

### A. 神経系の起源
#### a. 神経細胞の起源

　神経系は体部各所に分散した効果器を統合し，協調的な活動を行なうために進化した（Parker, 1919）．もっとも原始的な多細胞体制をもつ海綿動物では神経細胞と定義される細胞は同定されていないものの，細胞間電気伝導によって体部全体の緩慢な伸縮が可能であり，細胞間結合の一様式であるセプテート結合が存在する．また，電気シナプスに典型的なギャップ結合はみられないため，神経系は存在しないとみなされている．そのゲノム配列から，典型的なシナプス後肥厚部に含まれる伝達物質の受容体，および接着分子などをコードする遺伝子の大部分は相同物として存在する（Sakarya et al., 2007）．それらの多くが上皮のフラスコ状細胞に発現がみられ，神経細胞の萌芽段階として注目される．

#### b. 神経細胞の出現

　もっとも原始的な神経細胞は刺胞動物と有櫛動物で確認され，それらはわずかな分化程度はみられるものの，単一細胞で感覚，介在，運動機能を保持する多機能性である．各細胞は化学シナプスまたはギャップ結合を伴う電気シナプスで連結し，興奮性または抑制性の電位を生じる．グリア細胞はみられない．神経伝達物質としては，ペプチドが中心的であるものの，アミンやコリンなどの基本的な伝達物質も存在する．

#### c. 散在神経系の出現

　多細胞動物で初めて出現した神経系は網状の外形をもち，その細胞体は体部全体に分散することから散在神経系（diffuse nervous system）とよばれる．特に刺胞動物のヒドロ虫類において網羅的な研究が進み，有極性の細胞群が同定され，口部および触手などにわずかな集中化がみられる．ペプチドおよび伝達物質を発現する細胞は体部各所に局在し，機能分化の兆候がみられる（Koizumi, 2007）．より原始的な体制を保持する花虫類の胚期において，発生調節遺伝子の発現様式に局在性がみられるため，原則的に放射体制でありながら，左右相称動物における神経系の起源および前後・背腹軸に沿った領域化の証拠が確認される（Marlow et al., 2009）．

### B. 左右相称動物の共通祖先における神経系

　左右相称動物の共通祖先がもっていた神経系に関しての議論は古く，多くの総説が存在する（たとえば，Hyman, 1951; Holland, 2003; Arendt, 2008）．脊索動物の背側神経索は前口動物の腹側神経索と相同とする「背腹逆転説」はもっとも古いもので，その共通起源は環形動物の幼生状であったする（Dohrn, 1875）．この説は新しい証拠に基づいて多くの改編版が存在し，現在なお議論が進行している．一方，共通起源を刺胞動物に求め，散在神経系に似たものだったとする散在説，および無腸類のような集中化の移行期であったとする説なども提唱されている（Hejnol & Martindale, 2008）．いずれにしても，各説を特徴づけるものは共通祖先をどの現生動物に対応させるかで議論が分かれている．

### C. 前口動物の神経系の多様性

　前口動物の神経系は，原始的な散在神経系が各所で集中化し，籠状，梯子状，四神経索状などと多様化する（Hanstroem, 1928）．体制の前部に位置する脳神経索は，各感覚器官などの発達と関連して複雑化する傾向にある．各動物門において独立して集中化および回路構造の精巧化が起こり，神経索はその程度により神経節，さらに脳塊ともよばれる構造を呈する（Bullock & Horridge, 1965）．

#### a. 扁形動物の籠状神経系

　体部に散在した細胞は前後軸に伸びた索状に集合し，それらは横連合で連結し，籠状神経系（orthogonal nervous system）を構成する．寄生型の条虫類などでは退化傾向にあり，より派生的な多岐腸類では介在神経細胞の塊である小型球形細胞群が発達する．再生研究の観点から，特に三岐腸類の数種において細胞型の同定およびその分化様式を解明する研究が進んでいる（Agata & Umesono, 2008）．さらに神経細胞は他の動物にみられるような外胚葉からの陥入もしくは葉裂によるものではなく，間柔組織状の細胞塊から発生するため，より原始的な神経形成様

式をもつとみなされている．

**b. 環形動物の梯子状神経系**

細胞は腹側に集中する傾向にあり，その外形から梯子状神経系（ladder-like nervous system）とよばれる．前部にある脳神経節は，前・中・後部として感覚・運動の高次中枢群が分化する．連合中枢として小型介在神経細胞の塊であるキノコ体（有柄体）が発達する．多毛類の発生期における分子解剖学的研究から，神経分泌細胞，視細胞，腹側神経索などにおいて脊椎動物およびショウジョウバエのそれと類似した神経形成様式および領域形成機構が存在する証拠が集積している（Arendt et al., 2008）．

**c. 軟体動物の四神経索神経系**

脳部・足部・側部（外套内臓部）神経索から構成され，胴部には計四本の神経索が走るため，四神経索型神経系（tetraneural nervous system）とよばれる共通構造を保持する．籠状および梯子状神経系と類似した構造は軟体動物において原始的とされ，腹足類では球形の細胞塊である神経節構造をつくり，その節の集中度合いは種によって多様である．派生種では神経細胞数は減少し，そのサイズは大型化するため個々の細胞同定が容易であることから，特に学習と記憶の分子機構の解明が進んでいる（Moroz et al., 2006）．また，神経索の集中化が極度に進んだタコなど，頭足類の脳は無脊椎動物で最大サイズと分化程度を示し，その神経細胞数は小型哺乳類レベルに達する．それは高度の学習・視覚識別能力，睡眠能力，一次意識をもつとされ，それらは領域化した脳葉の回路構造に反映される（Young, 1971; Nixon & Young, 2003）．その精巧化の程度にもかかわらず，発生期にはその四神経索型の特徴が明瞭に出現する．

**d. 紐形動物およびその他の動物門**

前口動物の中で冠輪動物群（Lophotrocozoa）を構成する紐形動物，袋形動物，苔虫動物などの多くの動物門は扁形動物と同様に籠状神経系，より発達した自由生活種では梯子状神経系をもつ（Bullock & Horridge, 1965）．紐形動物の派生種における脳神経索の構造は複雑化し，高次中枢とみなされる小型球形細胞群が発達する．一方，脱皮動物群（Ecdysozoa）において有爪動物などの神経系は節足動物の原始的状態として注目され，腹側神経節は正中線で融合しないなどの原始状態は示すものの，脳神経索は節足動物と同様に三部からなり，キノコ体を含む高次構造が発達している（Strausfeld et al., 2006）．

**e. 線形動物の神経系**

典型的な籠状神経系をもち，食道周辺に神経環を構成する．特に線虫において詳細な研究が進み，透過型電子顕微鏡を用いた連続標本作製，分子レベルでの網羅的な解析により，回路構造，細胞タイプおよびその発生様式がもっとも正確に記載されている動物のひとつである（Hobert, 2005）．その神経系は118のクラスに分類された302の神経細胞からなり，56のグリア細胞から構成される（White, 1986）．線形動物の種多様性に注目した進化生態学的側面からの研究も行なわれ，ゲノム構造と細胞進化をシステムレベルで理解するためのモデルとして注目されている．

**f. 節足動物の集中化型梯子状神経系**

典型的な梯子状神経系をもち，特に昆虫類（六脚類）の脳は無脊椎動物でもっとも精巧化した部類に入る．その節体制から環形動物との類似性が古くから指摘されてきたものの，分子系統学的再検討から，脱皮動物群の一群として有爪動物および緩歩動物の神経系に，その起源および原始形質を求める傾向がある．もっとも原始的な神経系は，退化した例を除けばウミグモなどの鋏角類にみられ，多足類，甲殻類，昆虫類（六脚類）で発達した構造との相同関係は確立に向かっている（Strausfeld, 2012; Strausfeld et al., 2009）．ショウジョウバエの神経系における発生学的研究は，精緻な解析結果が現在なお集積し，脊椎動物との比較からこれまでの脳進化の概念を大きく変化させた（Reichert & Simeone, 2001）．さらに，遺伝学を駆使した神経行動学的研究にも発展がみられ，ミツバチなどの昆虫類の研究を加え，感覚系，運動系，およびキノコ体などの連合中枢における高次機能の分子機構などの全容の解明が待たれる．

**D. 後口動物の神経系**

脊索動物の背側神経管（neural tube）で代表される中枢神経系をもつが，より原始的な散在神経系および籠状神経系の変形である放射状神経系も多くの種で確認される．神経形成様式は，原則的に神経細

胞が上皮に埋在する上皮性型（basiepithelial type）であり，前口動物の派生種に典型的である神経細胞と上皮が隔離する上皮下性（subepithelial type）の様式と区別される（Bullock & Horridge, 1965）．

### a. 後口動物の神経系の起源

脊索動物の背側神経索は環形動物の幼生の腹側神経索にその起源を求める背腹逆転説（Dohrn, 1875），さらに，棘皮動物の幼生に似る仮想的なディプリュールラ幼生を共通祖先として想定し，その繊毛帯を起源とする古くからの見方およびその発展型が存在する（Garstang, 1894; Lacalli, 1994; Nielsen, 1999）．一方で，半索動物における保存された発生調節遺伝子の空間的発現様式から，神経細胞の集中化は散在神経系から起こったとする説（Lowe et al., 2003; Gerhart et al., 2005），頭索動物の発生起源から神経索は半口側に局在したとの説（Satoh, 2008）などもある．脊椎動物神経管の起源を細胞種に還元し，その起源を他の後口動物または前口動物に求める傾向も存在する（Vigh, 1982; Arendt, 2008）．

### b. 棘皮動物の放射状神経系

上皮内に神経細胞が埋在する典型的な上皮性型を示し，その神経線維は管足下に走る放射神経および周口神経環から構成される単純な放射状神経系（radial nervous system）を保持する．運動能が卓越したヒトデ類やナマコ類ではさらに管足下に運動神経細胞塊（hyponeural system）が発達する．左右相称である幼生期の神経系は変態後に失われ，成体の放射状神経系は二次的に出現する．ウニ類での特に発生学的な解析が進み，数種のレセプターやギャップ結合を構成するコネキシンやパネキシンをコードする遺伝子がゲノム上にみつからないことに加え，本来視細胞に発現するオプシン遺伝子が管足に発現するなどの特異性も報告されている（Burke et al., 2006）．

### c. 半索動物の散在神経系

背側と腹側に軸索の集合体が走るものの細胞体は体中に散在する傾向があるため，原則的には散在神経系から集中神経系へ中間型をもつとされる（Bullock & Horridge, 1965）．その系統学的位置，器官系の構造，幼生型などの特徴から後口動物に属する一門とされる．直達発生種を調べた結果，脊椎動物が保持する脳の発生調節遺伝子の空間的な発現様式が，散在神経系にもかかわらず高度に保存されているため，脊椎動物の中枢神経系は散在神経系から進化した，もしくは退化したとの双方の見方が混在する（Gerhart et al., 2005）．

### d. 脊索動物の神経管型神経系

原索動物では共有派生形質である神経管の出現のほか，その幼生期の体制が脊椎動物のそれと類似する．特にホヤにおける解析が進み，総細胞数3000個のうち100細胞ほどと神経細胞が少ないにもかかわらず，発生調節遺伝子の発現様式およびその機能が脊椎動物のそれと類似性がみられる（Satoh et al., 2003）．一方，ゲノム上に欠損する遺伝子も多く，Hox遺伝子クラスターの崩壊，またショウジョウバエと脊椎動物で保存的な背腹軸の形成機構（BMP-Chordin）および神経誘導機構が機能していないなどの特異性もあり，その神経系は二次的に単純化したとの見方が強い（Passamaneck & Di Gregorio, 2005）．

### e. 頭索動物の背側神経索

中枢神経系は主として前部の脳胞および背側に限局した背側神経索から構成される．その体制，系統学的位置，さらにゲノム構造から，脊索動物，特に脊椎動物の脳の起源および進化を探るうえで重要視されている（Holland & Short, 2008）．連続超薄切片の再構築，および多数の発生調節遺伝子の発現解析に基づき，脊椎動物の終脳相当物はなく，間脳，わずかな中脳，分節化した後脳は存在するとの見方がある．また神経堤細胞および中・後脳境界域におけるオーガナイザーの欠如などはこの神経系の特徴とみなされ，その未分化性を反映している．

[引用文献]

Agata K. & Umesono Y. (2008) Brain regeneration from pluripotent stem cells in planarian. *Phil. Trans. R. Soc. B.*, vol. 363. pp. 2071-2078.

Arendt D. (2008) The evolution of cell types in animals: emerging principles from molecular studies. *Nat. Rev. Genet.*, vol. 9. pp. 868-882.

Arendt D. et al. (2008) The evolution of nervous system centralization. *Phil. Trans. R. Soc. B.*, vol. 363. pp. 1523-1528.

Bullock T. H. & Horridge G. A. (1965) *Structure and func-*

tion in the nervous systems of invertebrates, W. H. Freeman.

Burke R. D. et al. (2006) A genomic view of the sea urchin nervous system. Dev. Biol., vol. 300. pp. 434-460.

Dohrn A. (1875) Der Ursprung der Wirbelthiere und das Princip des Functionswechsels, Verlag von Wilhelm Engelmann.

Garstang W. (1894) Preliminary note on a new theory of the phylogeny of the Chordata. Zool. Anz., vol. 22. pp. 122-125.

Gerhart J. et al. (2005) Hemichordates and the origin of chordates. Curr. Opin. Genet. Dev., vol. 15. pp. 461-467.

Hanstroem B. (1928) Vergleichende Anatomie des Nervensystems der Wirbellosen Tiere, Verlag von Julius Springer.

Hejnol A. & Martindale M. Q. (2008) Acoel development supports a simple planula-like urbilaterian. Phil. Trans. R. Soc. B., vol. 363. pp. 1493-1501.

Hobert O. (2005) Specification of the nervous system. WormBook, pp. 1-19.

Holland L. Z. & Short S. (2008) Gene duplication, co-option and recruitment during the origin of the vertebrate brain from the invertebrate chordate brain. Brain Behav. Evol., vol. 72. pp. 91-105.

Holland N. D. (2003) Early central nervous system evolution: an era of skin brains? Nat. Rev. Neurosci., vol. 4. pp. 617-627.

Hyman L. H. (1951) The Invertebrates. Vol. 2: Platyhelminthes and Rhynchocoela, McGraw-Hill.

Koizumi O. (2007) Nerve ring of the hypostome in hydra: is it an origin of the central nervous system of bilaterian animals? Brain Behav. Evol., vol. 69. pp. 151-159.

Lacalli T. C. (1994) Apical organs, epithelial domains, and the origin of the chordate central nervous system. Am. Zool., vol. 34. pp. 533-541.

Lowe C. J. et al. (2003) Anteroposterior patterning in hemichordates and the origins of the chordate nervous system. Cell, vol. 113. pp. 853-865.

Marlow H. Q. et al. (2009) Anatomy and development of the nervous system of Nematostella vectensis, an anthozoan cnidarian. Dev. Neurobiol., vol. 69. pp. 235-254.

Moroz L. L. et al. (2006) Neuronal transcriptome of Aplysia: neuronal compartments and circuitry. Cell, vol. 127. pp. 1453-1467.

Nielsen C. (1999) Origin of the chordate central nervous system - and the origin of chordates. Dev. Genes Evol., vol. 209. pp. 198-205.

Nixon M. & Young J. Z. (2003) The brains and lives of cephalopods, Oxford University Press.

Parker G. H. (1919) The elementary nervous system, J.B. Lippincott Company.

Passamaneck Y. J. & Di Gregorio A. (2005) Ciona intestinalis: chordate development made simple. Dev. Dyn., vol. 233. pp. 1-19.

Reichert H. & Simeone A. (2001) Developmental genetic evidence for a monophyletic origin of the bilaterian brain. Phil. Trans. R. Soc. B., vol. 356. pp. 1533-1544.

Sakarya O. et al. (2007) A post-synaptic scaffold at the origin of the animal kingdom. PLoS ONE, vol. 2. pp. e506.

Satoh N. (2008) An aboral-dorsalization hypothesis for chordate origin. Genesis, vol. 46. pp. 614-622.

Satoh N. et al. (2003) Ciona intestinalis: an emerging model for whole-genome analyses. Trends Genet., vol. 19. pp. 376-381.

Strausfeld N. J. et al. (2006) The organization and evolutionary implications of neuropils and their neurons in the brain of the onychophoran Euperipatoides rowelli. Arthropod Struct. Dev., vol. 35. pp. 169-196.

Strausfeld N. J. (2012) Arthropod brains: evolution, functional elegance, and historical significance, Belknap Press.

Strausfeld N. J. et al. (2009) Ground plan of the insect mushroom body: functional and evolutionary implications. J. Comp. Neurol., vol. 513. pp. 265-291.

Vigh B. (1982) The cerebrospinal fluid-contacting neurosecretory cell - A protoneuron. in Donald S. and Farner K. L. ed., Neurosecretion: molecules, cells, systems, Plenum.

White J. G. et al. (1986) The structure of the nervous system of the nematode Caenorhabditis elegans. Phil. Trans. R. Soc. B., vol. 314. pp. 1-340.

Young J. Z. (1971) The anatomy of the nervous system of Octopus vulgaris, Clarendon Press.

［参考文献（代表的な邦書のみ）］

P. ウィルマー 著, 佐藤矩行他 訳（1998）『無脊椎動物の進化』蒼樹書房.

F. デルコミン 著, 小倉明彦・冨永恵子 訳（1999）『ニューロンの生物学』トッパン.

山口恒夫・桑沢清明・冨永佳也 編著（2005）『もうひとつの脳—微小脳の研究入門』 培風館.

水波誠 著（2006）『昆虫—驚異の微小脳』中央公論新社.

阿形清和・小泉修 編著（2007）シリーズ 21 世紀の動物科学『神経系の多様性—その起源と進化』 培風館.

小泉修 編著（2009）動物の多様な生き方 5『動物はなぜ多様な神経系をもつか？ 神経系の比較生物学』共立出版.

（滋野修一）

# 第 8 章
# 動物の多様性

| | | | |
|---|---|---|---|
| 8.1 | 海綿動物 | 伊勢優史 |
| 8.2 | 刺胞動物 | 小泉　修 |
| 8.3 | 平板動物門 | 川島武士 |
| 8.4 | 有櫛動物門 | 堀田拓史 |
| 8.5 | 扁形動物 | 田近謙一 |
| 8.6 | 腹毛動物門 | 鈴木隆仁 |
| 8.7 | 紐形動物 | 柁原　宏 |
| 8.8 | 環形動物 | 三浦知之 |
| 8.9 | 苔虫動物 | 馬渡峻輔 |
| 8.10 | 内肛動物 | 伊勢戸徹 |
| 8.11 | 箒虫動物門 | 廣瀬雅人 |
| 8.12 | 腕足動物門 | 遠藤一佳 |
| 8.13 | 鰓曳動物門 | 山崎博史 |
| 8.14 | 胴甲動物 | 白山義久 |
| 8.15 | 動吻動物門 | 山崎博史 |
| 8.16 | 緩歩動物 | 鈴木　忠 |
| 8.17 | 有爪動物 | 鈴木　忠 |
| 8.18 | 軟体動物 | 上島　励 |
| 8.19 | 線形動物 | 荒城雅昭 |

## 8.1 海綿動物

　海綿動物は最も祖先的な多細胞動物といわれており，神経系，消化器系，循環器系，筋肉系の組織や器官がほとんど分化しない．細胞間の結合がゆるく，多くの種で外見からの個体性が不明瞭で相称性もみいだせない．

　外形は，被覆状，塊状，半球状，球状，盃状，壺形，筒形等，多様であり，高さあるいは直径が 2 m に達する種も知られている．世界中から約 8000 種が記録されており，実際には，この倍以上はいるとされている．多くは海産だが，一部は淡水にも生息する．熱帯から極域，潮間帯から水深 8840 m とおよそあらゆる海域からみつかっている．底性生物であり，体の下部で他物に付着，もしくは骨片繊維の束を泥底に伸長させることによって体を支持する．

　濾過食性で，水中に含まれる有機物や酸素を体表からとりこみ，循環させることにより，摂食や呼吸を行なっている．このため，他の後生動物にはみられない水溝系とよばれる水の通り道が発達している．水溝系には 3 タイプあり，単純なアスコン型から，サイコン型，ロイコン型へと複雑化する．ほとんどの種はロイコン型の水溝系である．体内の水の循環は無数の襟細胞によって行なわれる．襟細胞は，1 本の鞭毛とそれをとりかこむ複数の微絨毛からなる細胞で，それぞれの鞭毛の先端が中心に配置するよう複数の襟細胞が並び，袋状の襟細胞室を形成している．これら襟細胞の連動した鞭毛運動により水流をひき起こす．ただし，尋常海綿類のエダネカイメン科などでは，濾過食様式を二次的に失い，動物プランクトンを捕食する種が報告されている．

　体外表面および内表面は，1 層の扁平細胞からなる扁平細胞層に，そして内表面の一部は 1 層の襟細胞からなる襟細胞層もしくは襟細胞室におおわれている．両細胞層の間は寒天質の間充ゲル（中膠）で満たされており，10 タイプほどのさまざまな細胞が活発に動いている．これらは，カルシウム性または珪質の骨片を分泌する骨片母細胞，海綿質繊維を分泌する海綿繊維形成細胞などであり，もっとも重要なのが分化全能性を示す細胞である．分化全能性を示す細胞は分類群によって異なり，尋常海綿類と六放海綿類では原始細胞が，石灰海綿類では襟細胞が，同骨海綿類では扁平細胞がこの役目を果たしている．

　生殖期には襟細胞が生殖細胞に分化し，卵や精子が形成される．親の体内で胚が幼生になるまで発生が進む卵胎生のものと，水中に放卵放精する卵生のものがあり，雌雄同体，雌雄異体ともに知られている．また，有性生殖のみならず，出芽などによる無性生殖も多くの種で知られている．

　骨格の成分などから，現生は，石灰海綿綱，六放海綿綱，尋常海綿綱の 3 綱から構成されている．これらに加えてカンブリア期初期に繁栄した古杯類が含まれる．石灰海綿綱は，炭酸カルシウムを主成分とした骨片をもつ．すべて海産で，おもに浅海底の岩礁やサンゴ礁域に生息し，全世界から約 600 種が知られている．カルシブラスツラ幼生と，胚の内外が反転するアンフィブラスツラ幼生の 2 タイプの幼生が知られている．六放海綿綱は，珪質の骨片をもつ．すべて海産で，おもに深海底に生息し，全世界から約 600 種が知られている．六放海綿類の体構造は，多細胞である他の海綿動物とは異なり，シンシチウムからなる．これは，発生の過程で分裂した割球のうち大割球が，原腸胚期に融合して形成されたものである．トリキメラ幼生が知られている．尋常海綿綱は，珪質の骨片やコラーゲン性の海綿質繊維をもつ．これらのうちどちらか，もしくは両方を欠く分類群や，骨片が連結した固い骨格構造を形成する分類群もある．多くが海産で淡水性の種も知られている．約 7000 種が報告されており，実際にはこの倍以上いるといわれている．多くがパレンキメラ幼生を経る．

　近年では，尋常海綿綱の 1 目だった同骨海綿類を独立した綱とみなす場合もある．同骨海綿類は，鞭毛を備えた扁平細胞，基底膜，特殊な水溝系（シレイブ型）をもつことから，他の海綿動物とは異なる．幼生はシンクトブラスツラ幼生として区別されている．分子系統学的研究からは石灰海綿綱の姉妹群になることがわかっており，六放海綿綱と姉妹群を形成する他の尋常海綿綱とは異なる．

尋常海綿類には大量の共生バクテリアが共生しており，それらがさまざまな二次代謝産物を産している．この二次代謝産物が有用生理活性物質の宝庫であることから，近年では生物資源としても注目を集めている．日本沿岸および周辺海域には，大量の海綿動物群集が分布する場所が多くあるが，それらの種構成はほとんどわかっていない．

(伊勢優史)

## 8.2 刺胞動物

### A. 動物群の系統，特徴
#### a. 動物群と系統

「刺胞動物門（Cnidaria）」を構成する動物は，淡水産ヒドラ，ヒドロ虫（ヒドロ虫綱），クラゲ（鉢虫綱），箱クラゲ（箱虫綱），イソギンチャク，サンゴ（花虫綱）などである．そのほとんどが海水産で，ネマトステラ（花虫類）のように汽水域に棲むもの，ヒドラのように淡水に棲むものもいる．

花虫綱は15目4700種，ヒドロ虫綱は11目2700種，鉢虫綱は4目200種，箱虫綱は1目20種の動物を含む．多くの動物で，遊泳性のクラゲ（「水母〈medusa〉」）と固着性の「ポリプ（polyp）」の両方の形態を生活環のなかにもつ．イソギンチャク，サンゴの花虫綱と淡水産のヒドラはポリプ型のみであるが，それ以外はすべて生活環のなかで両形をもち，これを世代交代とよぶ．

この刺胞動物の系統関係は，従来の系統樹から，分子系統学が示す系統樹へ大きな変更が行なわれている．従来は，単純な形態で典型的な放射相称の体制を示すヒドロ虫類が祖先型であると考えられてきたが，分子系統学では，比較的構造が複雑で左右相称的な花虫類が祖先型で，ヒドロ虫類は子孫型であることが判明している（Ball *et al.*, 2004）．同時に，以前より議論されていたポリプとクラゲの問題も，ポリプ型が祖先型で，その後クラゲ型が進化したとの答えで決着している（Ball *et al.*, 2004）．

#### b. 特徴

動物は従来から，三胚葉をもち，前後軸（anterior-posterior axis：AP-axis）と背腹軸（dorsal-ventral axis：DV-axis）をもつ「左右相称動物（Bilateria）」と，中胚葉を欠く二胚葉性で，前後軸（正確には口から足にかけての軸〈oral-aboral axis：OA-axis〉；これは従来から左右相称動物のAP軸にあたると思われている）をもつ「放射相称動物（Radiata）」，胚葉も体軸も明確でない「側生動物（Parazoa）」に分けられてきた．左右相称動物がほとんどの高等動物にあたり，刺胞動物と有櫛動物の放射相称動物と海

綿動物の側生動物を下等動物としてこれを区別してきた．（しかし，最近の遺伝子レベルの研究は，この明確で明白と思われてきた考えに，深刻で批判的な考察を与え始めている．この点については次項で記述する．）

放射相称動物の刺胞動物と有櫛動物（クシクラゲ，ウリクラゲ）は，以前は腔腸動物として同じ動物門に含まれていたが，さまざまな両動物群の相違が判明すると同時に，現在では別門に分けられている．

刺胞動物は，すべての動物が有効で特徴的な効果器である「刺胞（cnidae, nematocyst）」をもつ．この cnidae が Cnidaria（刺胞動物）の門の名称の由来になっている．この刺胞は，刺胞細胞に含まれる細胞小器官で，機械的または化学的刺激によって刺胞カプセル内の糸状構造が発射して，餌の小動物を捕獲したり，毒を注入して殺傷したりする装置である．この装置は刺胞動物にのみ固有のものである．一方，有櫛動物（Ctenophora）では，特徴的な運動器官として繊毛の束が8列に並んだ櫛板（comb plate）をもつ．

刺胞動物の生殖は，無性生殖と有性生殖の両方がそれぞれの動物のなかでみられる．その仕方はこの動物群の体制の多様性によりいろいろな様相を示す．しかし，一般的に水母は必ず有性生殖を行ない，自由行動型のプラヌラ幼生を経てポリプになる．ポリプは無性生殖で増殖するとともに，有性生殖をするものもある．ポリプの無性生殖の仕方もさまざまで，ポリプから水母が出現するなど多種多様である．水母は無性的に出現するが，横方向分裂（鉢虫類），直接変態（箱虫類），出芽（ヒドロ虫類）とその仕方は異なる．

### B. 二胚葉動物（放射相称動物）と三胚葉動物（左右相称動物）

刺胞動物のゲノムや遺伝子発現のパターンなどがわかってくると，この単純な動物も，他の動物と同様の複雑性と驚くほどの類似性をもつことがわかってきた．これらの研究では，従来発生研究がよく行なわれた各種ヒドラ（*Hydra spp*）に加えて，花虫類のネマトステラ（*Nematostella vectensis*），花虫類サンゴの *Acropora millepora*（ハイマツミドリイシ），ヒドロ虫類の *Podocoryne carnea*（コツブクラゲ）などが遺伝子データを提供してくれるモデル動物として役立っている．

#### a. 二胚葉動物と三胚葉動物の境界の不明瞭さ

中胚葉と筋肉の形成における分子過程については，いくつかのモデル動物で示されている．ショウジョウバエでは *twist* 遺伝子が中胚葉特異的な遺伝子，*Mef2, tinman, snail* などの活性因子をコードすることがわかっているし，脊椎動物では *Twist* が初期の中胚葉のパターン形成と筋肉形成に，*Snail* は中胚葉形成の中心的な役割を果たしている．

刺胞動物の場合，明らかな中胚葉はないが，多くの水母は三胚葉動物の横紋筋とよく似た筋肉系をもつ．コツブクラゲは，群体ポリプからクラゲ芽ができ，これがくびれてクラゲが発生する．この過程で，エンコドン（外胚葉性「中胚葉」）が形成され，ついでそこに筋肉組織ができてくる．また，コツブクラゲの水母の筋肉発生中の中胚葉と筋肉形成に含まれる遺伝子の発現パターンは，三胚葉動物の場合と対応している．すなわち，上述の *twist, Mef2, tinman, snail* などの遺伝子は，エンコドンと筋肉を形成する細胞で発現することがわかった．

これらのコツブクラゲ，ハイマツミドリイシ，ネマトステラの研究は，中胚葉と筋肉形成に関した遺伝子は刺胞動物に存在するのみではなく，それらの発現は三胚葉動物での役割と一致することを明らかにした．

#### b. 刺胞動物の体軸

ショウジョウバエとマウスの軸決定遺伝子に関しては，その共通性がよく知られている．AP 軸に関して，Hox 遺伝子は，同じ染色体に発現の順に並んでいて，また，両者で脳のパターンに重要な *otd/Otx*, *ems/Emx* も同様の発現を示す．また，DV 軸に関しても，同様の共通性がみられる．ショウジョウバエでの *dpp/sox* とマウスの *Bmp4/Chrd*（chordin）が相同遺伝子として濃度勾配形成にはたらいている．

これらの遺伝子は刺胞動物でもみつかる．しかし，染色体に Hox 遺伝子群が並んでいる事実（chromosomal linkage）はみられないし，またその発現パターンもショウジョウバエやマウスと対応しない．そのため，刺胞動物の Hox 遺伝子群が，本当の Hox

遺伝子かどうかについての議論には，賛否両論がある（Ball et al., 2004）．

DV軸に関する遺伝子発現も刺胞動物でみられる．dpp/Bmp4は，左右相称動物のDV軸の鍵決定因子である．これが，ハイマツミドリイシの胚発生中にみられる．原腸形成胚にみられ，その発現は原口付近に局在する．この発現は放射相称ではなく扇型である．すなわち，遺伝子発現のレベルでは，放射の対称は壊れている．また，ネマトステラでもdpp発現が咽頭外胚葉の一方のみにみられる．

左右相称動物と放射相称動物の両動物群の相違が，第二の背腹軸の有無であるとすると，刺胞動物の遺伝子発現は明らかに第二の軸の存在を示唆していて，これらの遺伝レベルの研究も，RadiataとBilateriaの区別を曇らせている．

## C. 刺胞動物のゲノム

刺胞動物の形態の単純さから，必要な遺伝子セットも単純なものでよいのでは，ゲノムも体制のより複雑な動物より単純なのではないかとの従来の考えは，それが完全に間違っていることが，近年のゲノムの解析により明らかになった．

ひところ，「イソギンチャクのゲノム 意外に複雑 遺伝子1万8000個」「イソギンチャクのゲノムはショウジョウバエや線虫よりヒトに近い」などの見出しとともに，Scienceに載ったネマトステラのゲノムの研究発表が話題になった．

イソギンチャクのゲノムには4億5千万の塩基対が含まれていて，1万8千個の遺伝子があり，かなり複雑であることがわかった．ヒトの遺伝子は2万2千個，進化の系統からはヒトに近いはずのショウジョウバエの遺伝子は1万4千個で，遺伝子の数ではイソギンチャクのほうが多い．また，イソギンチャクの遺伝子には，ヒトの遺伝子と同じ場所でイントロンがみつかった．同じ場所だった割合は80％，ショウジョウバエや線虫ではイントロン自体が少なく，よってイソギンチャクの遺伝子は，ショウジョウバエや線虫よりヒトに近いこともわかった（Putnam et al., 2007）．

刺胞動物のゲノムの解析は，遺伝子の数が必ずしも遺伝子発現の洗練さを示すものではなく，進化にともなって遺伝子が減少し，ゲノムが単純化する場合もあることを物語っている．

## D. 刺胞動物の神経系

刺胞動物の神経系に関しては，「脳をもたず，散在神経網が体中を覆っていて，体のどこかを触るとその刺激興奮は無方向に広がり体が縮む．その程度の神経系をもっている．」と動物学の教科書に書かれている．しかし，それは間違っている．

神経網は，たくさんの異なった表現型をもつ神経集団の集まりで，その空間分布も体の各部位で異なっていて，それらの部位特異的な神経網は一定に保たれている．内胚葉と外胚葉の神経細胞の神経ペプチド発現などの表現型は完全に異なっていて，両者で神経系は完全に分化している（Koizumi et al., 2004）．電気伝導，化学伝達，感覚受容，筋肉運動制御，方向性のある興奮伝播など，神経系のすべての基本的機能は備わっている．

神経機能も，飽食による摂食抑制や摂食反応の修飾など他の動物では中枢神経系が行なう機能（中枢機能）かたくさんみられる．中枢神経系に対応すると思われる神経構造もみられる．ヒドロ虫類の水母では，傘の下部の周辺の所に「神経環（nerve ring）」といわれる神経構造がみられ，円周状に神経束が2本走っている．内側神経環は，神経環がギャップ結合によって電気的につながっていて，触手の同調運動を可能にしている．外側神経環は，眼点同士をつないで，光情報と他の情報の統合を行なっている（Mackie, 2003）．

ヒドラの頭部にみられる神経環（Koizumi et al., 1992）は，上述の内側神経環と機能が似ていて，いろいろな側面からクラゲの神経環と似ている．さらに，海産のヒドロ虫類・花虫類，鉢虫類のポリプにも神経環が観察され，神経環は刺胞動物に広く存在し，これらは中枢神経系様神経構造である可能性が大きい（Koizumi, 2007）．

また，ヒドラ（Hydra maganipapillata）とネマトステラのEST（expressed sequence tag，「発現配列タグ」）とゲノムのプロジェクトによると，100以上の動物で神経細胞の発生や機能に関係した遺伝子が両種に共通にみつかっていて，刺胞動物も高等動物

の神経発生過程に重要なはたらきをする遺伝子と相同の完全な遺伝子セットをもつという知見も報告されている（Watanabe *et al.*, 2009）.

　中枢神経系を含め神経系の基本的な要素が刺胞動物の神経系に（未熟な段階ながら）すべてみられることは，神経系が地球上に現れたときには，神経系の起源・原型は，現在の多くの動物の神経系の基本的ブロックはすべて兼ね備えていたと推測される.

[引用文献]

Ball E. E. *et al.* (2004) A simple plan — cnidarians and the origins of developmental mechanisms. *Nat. Rev. Genet.*, vol. 5, pp. 567-577.

Koizumi O. (2007) Nerve ring of the hypostome in hydra: is it an origin of the central nervous system of bilaterian animals? *Brain Behav. Evol.*, vol. 69, pp. 151-159.

Koizumi O. *et al.* (1992) Nerve ring of the hypostome in hydra. I. Its structure, development, and maintenance. *J. Comp. Neurol.*, vol. 326, pp. 7-21.

Koizumi O. *et al.* (2004) Chemical anatomy of hydra nervous system using antibodies against hydra neuropeptides: a review. in *Coelenterate Biology 2003: Trends in research on Cnidaria and Ctenophora*, pp. 41-48, Kluwer.

Mackie G. O. (2003) Central neural circuitry in the jellyfish *Aglantha*.- A model simple nervous system. *Neurosignals*, vol. 13, pp. 5-19.

Putnam N. H. *et al.* (2007) Sea anemone genomes reveals ancestral eumatazoan gene repertoire and genomic organization. *Science*, vol. 317 pp. 86-94.

Watanabe H. *et al.* (2009) Cnidarians and the evolutionary origin of the nervous system. *Dev. Growth Differ.*, vol. 51, pp. 167-183.

[参考文献]

白山義久 編（2002）バイオディバシティ・シリーズ5巻『無脊椎動物の多様性と系統』裳華房.

佐藤矩行・柁原宏・馬渡峻輔・長谷川政美・大野照文・西田治文・川上紳一・石川統（2004）シリーズ「進化学」第1巻『マクロ進化と全生物の系統分類』岩波書店.

佐藤矩行・倉谷滋・長谷部光泰・野地澄晴（2004）シリーズ「進化学」第4巻『発生と進化』岩波書店.

阿形清和・小泉修 編（2007）シリーズ『21世紀の動物科学』第7巻『神経系の多様性：その起源と進化』培風館.

　　　　　　　　　　　　　　　　　　（小泉 修）

## 8.3　平板動物門

### A. 概要

　平板動物門（Placozoa）は，後生動物を分類する門のうちのひとつ．おもに熱帯から亜熱帯の海に生息していると考えられ，その形態は，直径1mm程度かそれ以下の平たい円盤状である．分裂によって増殖することが知られる．その系統学的な位置はいまだ明確でないが，非左右相称動物に分類され，刺胞動物よりも古く，海綿動物門よりは新しい時代に，他の後生動物と分岐した動物門として扱われることが一般的である．最初にその存在が記載されたのが1883年，独立した門として発表されたのが1971年と，比較的近年になって研究されるようになった動物であることもあり，現在（2011年）ではまだ，未知の点が多い.

### B. 語源

　placo=板型の，zoa=動物．Placozoa（プラコゾア）の和訳として，平板動物門，板型動物門，板形動物門などがみられるが，本項では平板動物門で統一する.

### C. 分布

　熱帯から亜熱帯の海で分布の記録があり，採集地として，アドリア海，紅海，バミューダ（太平洋北西部），北米の南東部岸，太平洋（西部サモア），カリブ海，オーストラリアのグレートバリアリーフ，グアム，パラオ，パプアニューギニアなどが記録されている．日本では伊豆半島，白浜，沖縄などで観察記録がある．例外的に，米国ウッズホール研究所（北緯41度，西経70度）と，英国プリマス研究所（北緯50度，西経4度），つまりいずれも北部の海において捕獲された記録もある．このように，平板動物は世界中の温暖な沿岸部に生息していると考えられている（Schierwater, 2005；Miller & Ball, 2005）．丸山による定点での4年にわたる観察の結果，1年のある時期，沿岸部で顕著にその生息密度が高くなることがあることが報告されている他は，野外での周

年での行動様式は特に知られていない（Maruyama, 2004）．

## D. 形態・発生

200〜1000 μm の円盤状で，厚さは 10〜15 μm の平たい体であり，これが成体であると考えられている．細胞の形態の違いから成体には少なくとも4種類の異なる細胞があることが知られている．すなわち，「上層（背側）上皮細胞（upper epithelium）」と2種の「下層（腹側）上皮細胞（lower epithelium）」，これら上皮細胞の間に挟まれた「中間層（intermediate layer）」を形成する繊維細胞（fiber cell）である．上層上皮細胞は，すべて単繊毛をもった「カバー細胞（cover cell）」である．下層上皮細胞には，繊毛をもたず消化液を分泌していると考えられる「グランド（分泌）細胞（gland cell）」と，接着能力や消化した物質を再吸収する能力をもつと考えられている繊毛をもった「シリンダー細胞（cylinder cell）」がある．ただし近年になって，細胞の種類はもう少し多いのではないかと，分子生物学的な研究から考えられるようになった．たとえばいくつかの遺伝子の発現は，体の「周縁部（マージナルゾーン〈marginal zone〉）」にかぎられており，このような遺伝子発現のパターンは，上記4種の細胞の分布と異なっていることが示された．このことは，上記4種以上の細胞が存在することを示唆している．その他に体の周辺部に，キラキラ光って見え，屈折率に特徴のある「複屈折顆粒（birefringent granule）」をもつ細胞の存在が報告されている（Pearse et al., 1994）．また，この動物では神経細胞に相当する細胞は存在しないと考えられてきたが，他の動物で神経分化にかかわっている多くの遺伝子群をゲノムにコードすることがわかってきている．このように分化した細胞の種類がいくつあるかについては，今後の研究が待たれる．

## E. 行動

シャーレなどでの飼育下では，底面を這うように動く様子や，水面を泳ぐ様子が観察されるが，自然下での行動はほとんど知られていない．ただし採集方法として，サンゴの枝や石などに張りついたものを取る方法や，スライドグラスを海中に数日間浮かべてそこに張りつくものを取る方法などが知られているので，海面を這う，海面を泳ぐ，海中を浮遊するなどの行動もとっている可能性がある．自然下での餌についての詳細な報告はないが，おそらく微小の藻類や有機沈殿物であろうと推定されている．シャーレ上の沈殿物の上で体の一部を持ち上げ，「消化バッグ（digestive bag）」を形成し，個体の移動後は，シャーレのその場所の沈殿物はきれいに失われている様子が観察されており，その際下面上皮の分泌細胞からの消化液で餌を消化していると考えられている（Schierwater, 2005）．

## F. 繁殖

繁殖については，成体の「二分裂（binary fission）」による増殖が観察されている．このほかに，実験的に高密度で飼育した際に，卵母細胞様の細胞と，精子相当と考えられる小型の繊毛をもたない円盤状細胞の出現が観察されている．ただしこれら配偶子様細胞からは，64細胞期までの発生しか報告されていない．

## G. 系統分類

平板動物門の進化系統学的な位置づけは長らく議論の的であった．それはドラフトゲノムが解読された現在（2011年）でも明確ではない．単に刺胞動物のプラヌラ幼生の奇形にすぎないとされたこともあり，その後もしばしばその位置は揺れ動いたが，現在では非左右相称動物のひとつとされ，独立した門であることはほぼ間違いがないとされる．分子系統学的な解析からは，おそらく刺胞動物門の分岐時期の前後に分岐したと考えられることが多い．平板動物門の最初の報告では Treptoplax retans と Trichoplax adhaerens の2種が記載されているが，T. retans は記載の間違いによる存在しない種であると考えられている．このため最近まで，平板動物門は T. adhaerens の1種のみが存在する1門1種の生物群であると考えられてきた．しかし最近の複数個体からのミトコンドリアゲノムの解読とその比較から，同一種のものとは考えられない程度のゲノムの配列および構造の違いが知られるようになり，今後は，より多様な種によって構成された動物門であ

ることが明らかになる可能性がある（Voigt, 2004；Dellaporta, 2006）.

[引用文献]

Dellaporta S. L. *et al.* (2006) Mithochondrial genome of Trichoplax adhaerens supports Placozoa as the basal lower metazoan phylum. *Proc. Natl. Acad. Sci. USA*, vol. 103, pp. 8751-8756.

Maruyama Y. K. (2004) Occurrence in the field of a long-term, year-round, stable population of Placozoans. *Biol. Bull.*, vol. 206, pp. 55-66.

Miller D. J. & Ball E. E. (2005) Animal evolution: The enigmatic phylum Placozoa revised. *Curr. Biol.*, vol. 15, pp. R26-R28.

Pearse V. B. *et al.* (1994) Birefringent granules in Placozoans (*Trichoplax adhaerens*). *Trans. Am. Microsc. Soc.*, vol. 113, pp. 385-389.

Schierwater B. (2005) My favorite animal, Trichoplax adhaerens. Bioessays, vol. 27, pp. 1294-1302.

Voigt O. *et al.* (2004) Placozoa – no longer a phylum of one. *Curr. Biol.*, vol. 14, pp. R944-R945.

[参考文献]

岩槻邦男・馬渡俊輔 監修, 白山義久 編（2000）バイオディバーシティ・シリーズ5巻『無脊椎動物の多様性と系統』裳華房.

（川島武士）

## 8.4 有櫛動物門

### A. 概説

有櫛動物は下位の後生動物で,「二放射相称 (biradial symmetry)」の体, 8本の「櫛列 (comb row)」,「頂器官 (apical organ)」によって制御される「櫛板 (comb-plate, ctene)」, 収縮可能な「触手 (tentacle)」,「膠胞 (colloblast)」といった共有派生形質によって統合されるゼラチン様の無脊椎動物である. 一般的にはクシクラゲの名でよく知られている. すべてが海産で, 表層から深海, 熱帯域から極域の広範囲に分布する. 多くの種は同時的な雌雄同体で, 体外または体内受精を行なう. 卵割は全割で不等割, 運命決定卵である. 生活環における世代交代はない. すべての有櫛動物は肉食性で, クシヒラムシ目 (Platyctenida) を除いてプランクトン生活を営む. クシヒラムシ目は匍匐または座着性で, 成体では櫛板が退化している種類がある. サルパ類, トサカ類, ヒトデ類などに寄生する種類も知られ, 発光する種類が多い.

現在有効とされる有櫛動物門 (Ctenophora) は2綱9目28科100～150種 (Mills, 2009) である. しかし, 深海には多数の未記載種が存在しており, これらの種の記載が進めば分類群の再編成が予想される（堀田, 2005）.

### B. 分類と系統

有櫛動物は触手の有無により,「無触手綱 (Nuda, Atentaculata)」と「有触手綱 (Tentaculata)」に二分される. 無触手綱はウリクラゲ目 (Beroida) のみを含み, 有触手綱はフウセンクラゲ目 (Cydippida), クシヒラムシ目, ミナミフウセンクラゲ目 (Ganeshida), カメンクラゲ目 (Thalassocalycida), カブトクラゲ目 (Lobata), オビクラゲ目 (Cestida) などの8目を含む. 多くの種で「フウセンクラゲ型幼生 (cydippid larva)」を経過することから, フウセンクラゲ目がもっとも原始的であると考えられてきた. しかし, フウセンクラゲ目は単系統ではなく多系統であることが主張されている. Harbison (1985) はフウセンクラゲ目を構成する科を, 触手を出す触手鞘が反口側に

開口する群（トガリテマリクラゲ科〈Mertensiidae〉，テマリクラゲ科〈Pleurobrachiidae〉）と口側に開口する群（フウセンクラゲモドキ科〈Haeckeliidae〉，シンカイフウセンクラゲ科〈Bathyctenidae〉，ヘンゲクラゲ科〈Lampeidae〉）に大別してその多系統性を論じ，後者の群はむしろウリクラゲ目に近縁であり，触手をもたないウリクラゲ目が祖先型であると考えた．

Podar et al. (2001) は，有櫛動物門の 6 目におよぶ 26 種から 18S rRNA の塩基配列を分析してクシクラゲ類の系統を論じた．その結果，① フウセンクラゲ目は単系統ではない，② フウセンクラゲ目のフウセンクラゲモドキ科はウリクラゲ目と強い姉妹関係をもつ，③ フウセンクラゲ目のテマリクラゲ科は（カブトクラゲ目―オビクラゲ目―カメンクラゲ目）群と（フウセンクラゲモドキ科―ウリクラゲ目）群に近縁である，④ フウセンクラゲ目のトガリテマリクラゲ科はクシヒラムシ目と姉妹関係をもち，有櫛動物の祖先型に近い，そして，⑤ 現存する有櫛動物は比較的最近のひとつの先祖から派生した可能性があることを報告した．

有櫛動物の化石記録は乏しいが，カンブリア中期とデボン紀から 5 属が報告されている．後生動物内での有櫛動物の系統的位置については，諸説があり論争中である．Pett ら (2011) と Kohn ら (2011) は，有櫛動物では初めての mtDNA ゲノムに関する報告をした．

[引用文献]

Kohn A. B. et al. (2011) Rapid evolution of the compact and unusual mitochondrial genome in the ctenophore, (*Pleurobrachia bachei*) *Mol. Phylogenet. Evol.*, vol. 63, pp. 203-207.

Harbison G. R. (1985) On the classification and evolution of the Ctenophora. in Morris SC. et al. eds., *The Origins and Relationships of Lower Invertebrates*, pp. 78-100, Oxford University Press.

堀田拓史 (2005) 有櫛動物の分類学とその胃管接続構造．タクサ―日本動物分類学会誌，第 19 号，pp. 42-48.

Mills C. (2009) Phylum Ctenophora: list of all valid species. (http://faculty.washington.edu/cemills/Ctenolist.html)

Pett W. et al. (2011) Extreme mitochondrial evolution in the ctenophore *Mnemiopsis leidyi*: Insight from mtDNA and the nuclear genome. *Mitochondrial DNA*, vol. 22, pp. 130-142.

Podar M. et al. (2001) A molecular phylogenetic framework for the phylum Ctenophora using 18S rRNA genes. *Mol. Phylogenet. Evol.*, vol. 21, pp. 218-230.

（堀田拓史）

## 8.5 扁形動物

扁形動物門（Platyhelminthes, Plathelminthes）はその系統分類に関する理解がここ数十年のうちに大きく変容した動物群のひとつである．伝統的には，背腹に扁平な体に肛門を欠く無体腔の左右相称動物と定義され，三胚葉性の体制を確立した左右相称動物のなかでもっとも単純な動物と理解されてきた．約 2 万種が知られ，その多様で複雑な形態や生活史に応じて，自由生活性の渦虫綱（Turbellaria）と外部寄生性の単生綱（Monogenea），内部寄生性の吸虫綱（Trematoda）と条虫綱（Cestoda）に分類されてきた．

しかしながら，電子顕微鏡などによる形態の広範な比較検討と分岐論的系統解析によって，扁形動物門には伝統的な分類群とはまったく異なる三つの系統群が存在することが示唆されるようになった（Ehlers, 1985；Smith et al., 1986）．つまり，① 無腸動物（Acoelomorpha）：無腸類（Acoela）と皮中神経類（Nemertodermatida）からなり，ともに腸がシンシチウム性であって原腎管を欠く．② 小鎖状類（カテヌラ類）（Catenulida）：原腎管は 1 個であり，雄性生殖孔が前方背面に開く．③ 有棒状体類（Rhabditophora）：棒状体や分泌性の粘着器，それに対をなす原腎管を備える．前二群を除く渦虫類と寄生性の扁形動物のすべてを包含する．

他方，分子に基づく系統解析は，小鎖状類と有棒状体類が互いに姉妹群として単系統群をつくるのに対し，無腸類はこれら扁形動物二群とは別の系統群であって，しかも，他のすべての左右相称動物と姉妹群の関係にあるもっとも原始的な群である可能性を示している（Ruiz-Trillo et al., 1999）（図 1）．また，有棒状体類内部では吸虫類と条虫類の共通祖先が単生類と姉妹群をなし，これらが自由生活性の共通祖先に由来してきたことを表している．さらに，小鎖状類と有棒状体類からなる扁形動物は前口動物を構成する冠輪動物（Lophotrochozoa）の分化した一群であることを明らかにしている（たとえば，Egger et al., 2009）．

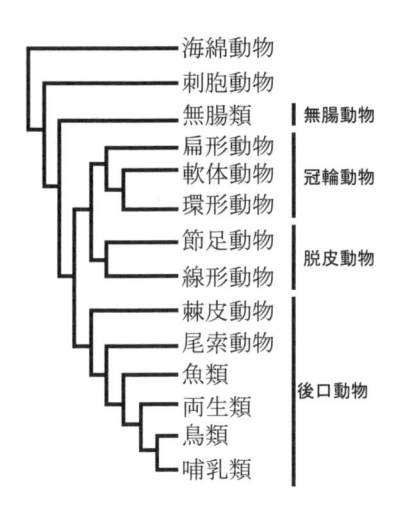

**図1** 分子系統解析による扁形動物と無腸類の系統的位置関係（Egger et al., 2009 より改変）

こうした現代の理解が示す意義は大きく，伝統的な意味での扁形動物は多系統群であり，無腸類を含むため原始的とみなされてきた．また，渦虫類とは扁形動物の一部のみを包含する側系統群であるため，渦虫類は系統学的に認められていない．さらに，左右相称動物の共通祖先が無腸類様の動物であること，厳密な意味での扁形動物は体腔や肛門を二次的に退化させた動物である可能性をも示すといえよう．

[引用文献]

Egger B. et al. (2009) To be or not to be a flatworm: The acoel controversy. *PLoS ONE*, vol. 4, pp. e5502

Ehlers U. (1985) *Das phylogenetische System der Plathelminthes*. S.317, Gustav Fischer, Stuttgart.

Ruiz-Trillo I. et al. (1999) Acoel flatworms: Earliest extant bilaterian metazoans, not members of Platyhelminthes. *Science*, vol. 283, pp. 1919-1923.

Smith JPS. III. et al. (1986) Is the Turbellaria polyphyletic? *Hydrobiologia*, vol. 132, pp. 13-21.

（田近謙一）

## 8.6 腹毛動物門

**A. 概説**

腹毛動物門（Gastrotricha）はイタチムシ目とオビムシ目からなる体長数 $100\,\mu m$ の水棲無脊椎動物で，世界から749種，日本からは38種が知られる．体はボーリングピン型または円筒型で，この類に特徴的な粘着器官をもち（図1），イタチムシ目では尾突起とよばれ体の後端に1対，オビムシ目では全身に多数みられる．腹側には腹毛動物の名の由来である繊毛列があり，背側と腹側に鱗板を備える．これらの体表構造は繊毛も含め薄く柔軟なクチクラによって覆われるが，この特徴的な繊毛構造は，腹毛動物門固有の特質である．消化管は体の前端に開口し，筋肉質の咽頭，左右に原腎管を備えた腸管，後端に開く肛門へとつながる．脳は咽頭をとり囲むように頭部に存在し，頭部感覚毛の周辺に化学受容器や光受容器をもつ種もいる．

イタチムシ目は海産種と淡水種の両方からなるが，オビムシ目は2種を除き海産である．腹毛動物の多くは底棲であり，砂泥の表面や堆積物の隙間，水草などを生活の場とする．淡水種は耐久卵を生むことで乾燥に対処しているため（Brunson, 1949），水田のように周期的に干上がる環境にもみられる．

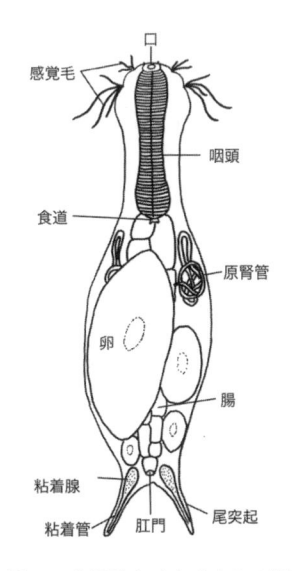

**図1** 典型的なイタチムシの図

## B. 生殖

オビムシ目は雌雄同体で，交尾時に互いの精子を交換して生殖する．一方，イタチムシ目では両性個体はみられず，ふつう卵が単為発生により発生が始まる（Hummon, 1984）．イタチムシ目では精巣は特定の温度条件であらわれるが，退化的である．

## C. 系統・進化

かつて腹毛動物は袋形動物として扱われてきたが，その類縁は不明である．これまで，筋上皮性の咽頭をもつ点から線虫との関連，多核の表皮を形成する点から輪虫や鉤頭虫との関連が示唆された．また，原腎管の構造が棘皮動物に類似することから動吻動物との関連，単繊毛上皮をもつことから顎口動物との関連が示され，腹毛動物の系統関係に意見の一致はみられなかった．近年，袋形動物は脱皮動物と冠輪動物とに整理され，腹毛動物がどちらのグループに属すかが問題となっている．腹毛動物は脱皮動物と冠輪動物の双方にみられる形質をもつからである．分子による解析結果は，必ずしも高い信頼性を示しているわけではないが，腹毛動物は冠輪動物の一員であるとしている（Wirz et al., 1999）．

腹毛動物と類縁の近い動物群は明らかでないが，その起源は海産の一群に求めてよいだろう．つまり海産のオビムシ目がもっとも祖先的で，陸水域に進出したイタチムシ目は派生的であろう．オビムシ目では交尾行動がみられること，単為発生を行なう淡水産イタチムシ目でも，退化的であるがまれに精巣がみられることは，かつてイタチムシ目も有性生殖を行なっていたことを思わせる．

［引用文献］

Brunson R. B. (1949) The life history and ecology of two North American gastrotrichs. *Trans. Am. Microsc. Soc.*, vol. 68, pp. 1-20.

Hummon M. R. (1984) Reproduction and sexual development in a freshwater gastrotrich. 2. Kinetics and fine structure of postparthenogenic sperm formation. *Cell Tissue Res.*, vol. 236, pp. 619–628.

Wirz A. *et al.* (1999) Novelty in phylogeny of Gastrotricha: Evidence from 18S rRNA gene. *Mol. Phylogenet. Evol.*, vol. 13, pp. 314–318.

（鈴木隆仁）

## 8.7 紐形動物

### A. 概説

紐形動物は一般にヒモムシとよばれる無脊椎動物の一群であり，ゴカイやミミズに似た柔軟で細長い体をもつものの，環形動物にみられるような体節や剛毛などはなく，表皮にクチクラもない．一方で繊毛上皮をもつため，外見はプラナリアに似てスムーズである．口が体の前端に，肛門が後端に開く．消化管の背側に沿って「吻腔」とよばれる裂体腔性の腔所が伸びる．吻腔の内部へ向けて体前端から外胚葉性上皮が落ち窪んで後方に伸びてできた「吻」とよばれる細長い管状器官をもつ．餌を攻撃するために用いられる吻は前方開口部から翻出可能となる．このような吻は他の後生動物にはみられないために，ヒモムシは独立した門に分類されている．後生動物内の系統的位置については諸説あるが，冠輪動物（Lophotrochozoa）の一員であることは確からしい．紐形動物門は約1200種（Kajihara et al., 2008）を含み，日本からは120種（Kajihara, 2007）が報告されているが，未記録種・未記載種は多数存在する．

### B. 生態

紐形動物の多くは海産底生性であり，垂直方向には潮間帯から水深2280 mの熱水湧出孔近傍（Rogers et al., 1996）にまで，水平方向には赤道から極域に至る世界中の海に分布し，砂や泥のような基質に埋没するほか，付着生物や岩の隙間などに潜んで生息している．外洋の水柱を遊泳する種も約100種知られ，その多くは水深1000〜4000 mの深海層に生息する（Roe & Norenburg, 1999）．また，これまでに22種の淡水生種（Sundberg & Gibson, 2008），13種の陸生種（Moore et al., 2001）が知られている．淡水生の種はおもに沼や湖沼の底質中に，陸生種は熱帯の湿った落ち葉の裏などに生息している．紐形動物の大多数は自由生活性だが，他の動物と共生関係にあるものがこれまでに少なくとも40種知られている（Jensen & Sadeghian, 2005）．

紐形動物は基本的に肉食性・腐食性であり，活動

的な捕食者である．これまでに食性が調べられている海産底生種の多くはヨコエビなどの小型甲殻類，ゴカイなどの多毛類，あるいは二枚貝・巻貝などの軟体動物を餌としている（McDermott & Roe, 1985）．

### C. 分類・系統・発生

紐形動物門のほぼすべての分類群を網羅した分子系統解析（Thollesson & Norenburg, 2003）により，旧来の分類体系における高次分類群のうち「無針類（Anopla）」を含む一部は非単系統群であることが明らかとなった．

ヒモムシ類には吻の中部に針装置をもつ一群がある．針装置はおもにリン酸カルシウムでできた長さ50〜200μm程度の細長い台座と，その上にのった，やはり石灰質の微小な針（主針）からなる．針は副針嚢とよばれる腔所のなかにある巨大細胞内で形成され，新たに生成されたスペアの針（副針）は副針嚢のなかにストックされる（Stricker, 1983）．このような針装置をもつグループを針紐虫類（Hoplonemertea）とよぶ．

針紐虫類の針装置には2型あり，ひとつは湾曲した台座の凸面部に複数の短い山形の主針が並ぶもので，いまひとつは円筒状の台座の前端に1本の長い主針がつくものである．前者をもつグループを多針類（Polystilifera），後者をもつものを単針類（Monostilifera）とよぶ．二枚貝の外套腔に共生するヒモビル（*Malacobdella*）は，吻に針装置がないものの，胚発生のパターンの類似から針紐虫類に近縁であると考えられてきたが，Thollesson & Norenburg（2003）の分子系統解析では単針類に含まれることが判明した．

針紐虫類が直接発生を行なうのに対し，発生の途中で変態を行なう一群がある．このグループでは原腸陥入後の嚢胚が変形して帽形幼生（pilidium larva）とよばれるヘルメット型の幼生になる．帽形幼生の変態は，幼若個体の外胚葉が二次的に形成される点で後生動物のなかでも特異といえる．まず幼生外胚葉が数箇所で内側に陥入して胚腔内に1層の細胞からなる嚢が形成される．嚢同士はその後融合し，内側の細胞層が幼生中胚葉・内胚葉を完全に取り囲んで幼若個体の外胚葉となる．嚢の外側は「羊膜」とよばれる1層の細胞層となり，幼生外胚葉の内側で幼若個体を取り囲む．変態を完了すると，幼若個体は羊膜と幼生外胚葉を脱ぎ捨てて外に泳ぎ出る．羊膜と幼生外胚葉は幼若個体によって食べられることもある（Cantell, 1969）．

帽形幼生期をもつグループは異紐虫類のほかに古紐虫類の一部（*Hubrechtella*）で知られていたが，Thollesson & Norenburg（2003）の分子系統解析ではこのグループが単系統群をなすことがみいだされた．このクレードは新たに担帽類（Pilidiophora）と名づけられ，その姉妹群は針紐虫類であるらしい．担帽類と針紐虫類をあわせたクレードを新紐虫類（Neonemertea）とよぶことも提唱された．一方，*Hubrechtella*を除く古紐虫類が新紐虫類よりも系統的に基部に位置し，かつ非単系統群であることはほぼ確からしい．

古紐虫類も針紐虫と同様，プラヌラ型幼生とよばれる段階を経る直接発生を行なうが，Maslakova *et al.*（2004）は古紐虫類の一種 *Carinoma tremaphoros* のプラヌラ型幼生が，トロコフォア幼生にみられる口前繊毛環（prototroch）を，痕跡的ではあるが備えていることをみいだした．このことからトロコフォア型の幼生が紐形動物において祖先的であったことが示唆される．

### ［引用文献］

Cantell C. E. (1969) Morphology, development, and biology of the pilidium larvae (Nemertini) from the Swedish west coast. *Zoologiska Bidrag*, vol. 38, pp. 61–111.

Jensen K. & Sadeghian P. S. (2005) Nemertea (ribbon worms). in Rohde K. ed., Marine Parasitology, pp. 205–210, CSIRO Publishing.

Kajihara H. (2007) A taxonomic catalogue of Japanese nemerteans (phylum Nemertea). *Zool. Sci.*, vol. 24, pp. 287–326.

Kajihara H. *et al.* (2008) Checklist of nemertean genera and species published between 1995 and 2007. *Species Diversity*, vol. 13, pp. 245–274.

Maslakova S. A. *et al.* (2004) Vestigial prototroch in a basal nemertean, *Carinoma tremaphoros* (Nemertea; Palaeonemertea). *Evol. Dev.*, vol. 6, pp. 219–226.

McDermott J. J. & Roe P. (1985) Food, feeding behavior and feeding ecology of nemerteans. *Am. Zool.*, vol. 25, pp. 113–125.

Moore J. *et al.* (2001) Terrestrial nemerteans thirty years on. *Hydrobiologia*, vol. 456, pp. 1–6.

Roe P. & Norenburg J. L. (1999) Observations on depth distribution, diversity and abundance of pelagic nemerteans from the Pacific Ocean off California and Hawaii. *Deep-Sea Research I*, vol. 46, pp. 1201–1220.

Rogers A. D. *et al.* (1996) A new genus and species of monostiliferous hoplonemertean colonizing an inchoate hydrothermal field on Juan de Fuca Ridge. *Deep-Sea Research I*, vol. 43, pp. 1581–1599.

Stricker S. A. (1983) S.E.M. and polarization microscopy of nemertean stylets. *J. Morphol.*, vol. 175, pp. 153–169.

Sundberg P. & Gibson R. (2008) Global diversity of nemerteans (Nemertea) in freshwater. *Hydrobiologia*, vol. 595, pp. 61–66.

Thollesson M. & Norenburg J. L. (2003) Ribbon worm relationships: a phylogeny of the phylum Nemertea. *Proc. Biol. Sci.*, vol. 270, pp. 407–415.

（柁原　宏）

## 8.8 　環形動物

　環形動物（Annelida）が独立の分類群とされたのは Lamarck（1809）の『動物哲学』においてである．それまで細長い動物がすべて蠕虫類として括られていたため，現在でも歴史の古い自然史博物館のなかには蠕虫部門といった部署が残されている．今日，環形動物の生態，形態，分子などのあらゆる生物情報に関して 200 年前とは比較にならない蓄積がある．しかし，「環形動物」に何が含まれ，そのサブグループの系統関係や進化について何が明らかにされたかに関して，混沌から抜け出せているとはいいがたい．

**A. 形態による体系分類**

　Linnaeus（1758）以来多くの環形動物種が記載され，Grube（1850）により多毛類が海産の環形動物として認知され，以来，多毛類の形態による分類が急速に進展した．その体系分類については，生態的な機能に着目し，口器を含む頭部の形態による古典的系統推定を行なった Dales（1962）の業績が際だつものの，今日まで本質的に大きな進展はない．彼により認知された多毛類のほとんどのサブグループは今でも認められている．一方，貧毛類は多毛類と異なる環形動物として認知され，貧毛類から派生した動物群（内群）であるヒル類とともに，環帯類としてまとめられることがある．ただし，環帯類が多毛類から派生し，多毛類は側系統をなすとの考えがある（Westheide, 1997）．とりわけ数多くの分類形質を使って環形動物をとりまく広範な分岐分類学的解析を行なった Rouse & Fauchld（1997）は，環帯類と多毛類を姉妹群とするという従来の考えを踏襲したが，他方でヒゲムシ類とハオリムシ類を含む有鬚動物（従来は環形動物とは独立の門）を多毛類（綱）の 1 科として扱い，進展しつつあった分子系統学の成果に従属する方向性も示した．この明瞭な体系分類は，残念ながら，進化系統の表現からは常に乖離していた．有鬚動物をサブグループとする反面，研究史の古い環帯類を姉妹群として扱う傾向には，権

威主義や学者間の対立しかみえてこない．また，体節制などの進化に関してもさまざまな解釈が行なわれ，形態による体系分類は難しい局面を迎えている．

## B．分子系統

タンパク質の電気泳動パターンなどから始まった環形動物の分子系統学的解析は，特殊な深海生態系で発見されたハオリムシ類への進化学的興味から広範な研究が行なわれるようになった．ハオリムシ類のヘモグロビン構成鎖のアミノ酸塩基配列の比較から，ハオリムシ類が多毛類のクラスターに含まれることが早期に示された（Suzuki et al., 1989）．その後，18S rRNA，EF-1α，28S rRNA，ヒストン H3，COⅠなどさまざまな分子系統解析が試みられ，分子情報が飛躍的に蓄積し，由来の古い動物群における分子時計が論じられ（Blair & Hedges, 2005），外骨格のある無脊椎動物化石が爆発的にあらわれるカンブリア紀以前の地史年代の進化も推定できるようになっている．その結果，体節動物と軟体動物の分岐が10億年前までさかのぼり，環形動物と節足動物の分岐が8億5千万年前と推定されている．このような古い分岐と，その後の急速な進化（放散）が系統解析を困難にしている可能性もある．たとえば，甲殻類などを外群として70の分類群を解析した Bleindorn et al.（2003）による18S rRNA の分子系統では，スピオ科，オフェリア科，シボグリヌム科（ハオリムシ類とヒゲムシ類を含む），環帯類（ミミズ類とヒル類）は単系統性が支持された反面，多毛類全体の単系統性は支持されず，Rouse & Fauchld（1997）により形態形質から推定されている多毛綱内のいかなる目についても単系統性は立証されなかった．このことは多毛類が側系統あるいは多系統の生物群である可能性を示し，形態形質による系統解析の問題と，環形動物が Lamarck（1809）以前の蠕虫類に戻る可能性を提示した．また，Bleindorn et al.（2003）はユムシ類がイトゴカイ科多毛類の姉妹群として多毛類の内群になることを示し，Struck et al.（2007）はユムシ類に加えホシムシ類も多毛類の内群と結論づけた．形態に関する情報しかなかった時代に環形動物に含まれながら，多毛類の内外に揺れ動いたものとして，ウミシダ類に寄生するスイ

チムシ類がある．らせん卵割動物 Lophotrochozoa のなかにあって担輪幼生をもつ動物群 Trochozoa には環形動物以外にも軟体動物や腕足類が含まれ，スイクチムシ類は剛毛や疣足をもっていたために，多毛類から派生したとの推定が一般的であった．しかし，近年の核遺伝子の分子系統解析から，ユムシ類や他の環形動物の内群と同じように進化したものと考えられるようになった（Bleindorn, 2007）．

分子系統解析の急速な進展により，多毛類という概念は崩壊し，今日では，スピオ類，オフェリア類，環帯類の呼称が適切となっている．死語に等しい多毛類は環形動物で置き換えるしかない状況だが，その詳細に関しては，今後の研究を待つしかなく，環形動物に所属するとされる各動物グループの分析対象種を大幅に増やし，従来以上の分子データの解析が必要であると考えられる（McHugh, 2005）．

[引用文献]

Blair J. E. & Hedges S. B.（2005）Molecular clocks do not support the cambrian explosion. *Mol. Biol. Evol.*, vol. 22, pp. 387-390.

Bleindorn C. et al.（2003）New insights into polychaete phylogeny（Annelida）inferred from 18S rDNA sequences. *Mol. Phylogenet. Evol.*, vol. 29, pp. 279-288

Bleindorn C.（2007）The role of character loss in phylogenetic reconstruction as exemplified for the Annelida. *J. Zool. Syst. Evol. Res.*, vol. 45, pp. 299-307.

Dales R. P.（1962）The polychaete stomatodeum and the interrelationships of the families of Polyhcaeta. *Proc. Zool. Soc. London*, vol. 139, pp. 389-428.

Grube A. E.（1850）Die Familien der Anneliden. *Archiv für Naturgeschichte*, vol. 16, pp. 249-364.

de Lamarck J-B.（1809）Philosophie zoologique; ou, Exposition des considérations relatives à l'histoire naturelle des animaux. Dentu, Paris, 422 + 450 pp.

Linnaeus C.（1758）*Systema Naturae, 10th ed.* Holmiae（Laurentii Salvii）, Stockholm. ii + 824 pp.（http://www.biodiversitylibrary.org/bibliography/542）

McHugh D.（2005）Molecular systematics of polychaetes（Annelida）. *Hydrobiologia*, vol. 535/536, pp. 309-318.

Rouse G. W. & Fauchld K.（1997）Cladistics and polychaetes. Zool. Scr., vol. 26, pp. 139-204.

Struck T. H. et al.（2007）Annelid phylogeny and the status of Sipuncula and Echiura. *BMC Evol. Biol.*, vol. 7, pp. 11.

Suzuki T. et al.（1989）The deep-sea tube worm hemoglobin: subunit structure and phylogenetic relationship with annelid hemoglobin. *Zool. Sci.*, vol. 6, pp. 915-926.

Westheide W. (1997) The direction of evolution within the Polychaeta. *Journal of Natural History*, vol. 31, pp. 1-15.

(三浦知之)

## 8.9 苔虫動物

　苔虫動物（Bryozoa）は一風変わっている．動物でありながら自ら動かず，他物に付着して生きる付着動物（sessile animal）である．しかも，ヒトやサケのように個体が単独で生きる単独性動物（solitary animal）ではなく，個体に相当する個虫とよばれる生活単位がたくさん集まって協調して生活する群体動物（colonial animal）である．系統学的には，このような一風変わった動物群が他のどの動物群と系統的に近いのか興味深い．一方，進化学的には，苔虫動物として系統的に分化して以来，どのような方向へ，どのような経路をたどって進化してきたのかに興味が集中する．そして，その進化方向と経路を考える場合，群体動物としての，そして付着生物であることの制約が重要な要因となっていることは想像にかたくない．

　本項では，苔虫動物がどのような動物であるかを解説するとともに，その群体動物としての，あるいは付着動物としての制約の中で進化が想定されるおもな事象について考えたい．たとえば，群体動物としては，個虫の進化と群体の進化が区別できるであろうし，付着生物としては，外敵からの防御や餌摂取の効率化等々，いわゆる生息環境へ適応を果たすための進化の方向と経路がみえてくる．

### A. 苔虫動物の概要

　苔虫動物門（苔 bryo+動物 zoa）を構成するコケムシ（苔虫, moss animal）は，その名のとおり陸上植物のコケ（苔）に似た動物である．外肛動物（Ectoprocta）の別名もあり，かつては多虫類（Polyzoa）ともよばれた．オルドビス紀（4億4000万～5億年前）から記録のある化石は約1万5000種，現生種は掩喉綱（Phylactoleamata）と裸喉綱（Gymnolaemata）の2綱からおよそ1200属4000種が知られる．淡水産の被喉綱と汽水にも棲む裸喉綱の一部を除き，世界中の海洋に広く分布し，浅海から深海に至る（多くは水深50～200 m に生息）海底で，岩石，空の貝殻，木の根，海藻，他の動物の身体など，足場とな

るものなら何にでも付着して多彩な生活をおくる．

### B. 個虫形態の進化

　有性生殖で生じた苔虫動物の幼生はしばらく水中を浮遊したのち，着底し，変態して初虫（ancesrtrula）となる．初虫はつぎつぎに個虫（zoid）を無性出芽して群体が形成される．こうして，0.25〜1.5 mm ほどの微小な個虫が多数集まって 0.5〜30 cm の群体がつくられる．群体の創設者である初虫以外の個虫は，無性生殖によってつくられたクローンであるため基本的には同じ形態，体制，機能をもち，摂食と有性生殖に参加する．しかしまた，後述のとおり，クローンであるゆえに，形態，体制，機能において異なる，いわゆる異形個虫（heterozooid）とよばれる多様な個虫が分化することがある（裸喉綱の一部においてのみ）．したがって，それらの異形個虫に対して，通常の個虫を特に自活個虫（autozooid，常個虫）とよんで区別する．単に個虫とよぶ場合は自活個虫を指す．

　真体腔をもち，排出器と循環系を欠く個虫は，コップ状あるいは管状や箱状の保護骨格である虫室（zooecium）と，そのなかに収まった虫体（polypide）からなる．虫室はゼラチン状の角質や石灰質などの分泌物で補強されている．虫室の材質が違えば，おのずとそれらの集合体である群体の質感も異なってくる．たとえば，ヤワコケムシ属 Alcyonidium などの群体は柔らかくてしなやかなのに対して，ペンタポラ属 Pentapora などの群体は硬くて曲がらず，表面はざらざらしている．群体の形もまた多様である．トゲヒラコケムシ属 Electra などは物の表面を平らに覆い，ミリアポラ属 Myriapora などは高く上へ伸びて起立する．

　虫体こそが個虫の本体であるが，頭部とよべる部分はなく，代わりに触手（tentacle）が冠状に並んだ触手冠（lophophora）が前端にあり，その中央に開いた口から続く消化管は U 字型に折れ曲がり，触手冠の外に肛門が開く．虫体は，1 組の筋肉のはたらきで虫室内にひき込まれ，保護される．そして，別の筋肉のはたらきで虫室の壁の一部が変形し，虫体は翻出され，花のように触手冠が開く．多くの場合，変形するのは柔軟な膜状組織でできた表膜とよばれる表壁の上部である．筋肉がこの表膜を引っ張ると，体腔の内圧が増し虫体が押し出されるのである．触手冠が虫室内にひっこんだあとの開口は口蓋（こうがい，operculum）とよばれる一種の「はね蓋」で閉じられる．ただし，口蓋をもたないグループもあり，その場合は巾着のように開口部を絞って閉じる構造が発達している．

　体腔の内圧を変化させ，虫室から虫体を出し入れするためには表膜は柔軟でなければならない．しかし，柔軟な表膜はたやすく外敵の侵入を許す．柔軟性と堅固な保護は相容れない．そこで，表膜を堅くしながらも体腔の内圧変化を行なえる機構が進化したと考えられる．その進化の頂点にあるのが裸喉綱唇口目有嚢類に見られる調整嚢（compensation sac）である．有嚢類の表膜はそのほぼ全面がクチクラと石灰質の外骨格でできた堅固な表壁となり，その前方に調整嚢の入口である調整嚢口が小さな孔となって開いている．調整嚢とは表膜の一部が柔軟化し，体腔内へ陥没してできた袋である．調整嚢に付着した筋肉が収縮すると調整嚢が拡大し，調整嚢口から海水が流れ込み，虫室の内圧が高まる．その圧力で虫体が翻出されるというしくみである．こうして，体腔内圧の調節と外敵からの保護が両立したのである．

### C. 異形個虫の進化

　一般的な体制をもち，餌を食べて卵や精子をつくることに専念している自活個虫のほかに，別の機能を全うするために形が変化した異形個虫が同じ群体中にみられる場合がある．さまざまな異形個虫のうち，苔虫動物全般にみられるのは，虫体が退化して虫室のみが残り，群体を支える役を果たすようになった空個虫（kenozooid）である．

　高度に進化をとげた裸喉綱唇口目では，口蓋とその開閉筋が特に発達した多様な異形個虫が分化する．口蓋が鳥の嘴状に変形した鳥頭体（avicularium）や，長い鞭のように変化した振鞭体（vibilaculum）などである．これら口蓋の変形物を筋肉で動かし，外敵を追い払ったり群体表面の清掃などを行なうといわれている．実際に口蓋の変形物が動く様子は実体顕微鏡の下で観察可能であるが，外敵が追い払われる様子や，群体表面が清掃される様子を直接観察した

**図 1** *Smittipora cordiformis* の群体表面
自活個虫の間に長いクチクラ製の振鞭体を備えた異形個虫が散在している．

例は少ない．異形個虫は自分で餌をとらないので群体中の他の個虫から栄養をもらい，また卵も精子もつくらず，次世代形成に関与しない．

　上述のとおり，群体中の個虫は無性生殖で生じるため遺伝的に互いに等しい．すなわち個虫はクローンであり，群体はコピー個虫の集まりである．では，なぜ遺伝的に等しいのに機能や形の異なった個虫が分化するのだろうか？多くの群体動物でみられるこの現象は，近年の社会生物学の発展によって説明がついた．遺伝的に等価な個虫同士は他人ではなく，自分と同じとみなせる．自分が子を生むことと隣の個虫が子を生むことは，どちらも自分の遺伝子を次世代に残すことに等しい．したがって，自分が子を生まずに隣の個虫が子を生むことを助ける行為が進化的に有利な場合がありうる．そのほうが自分の遺伝子をより多く次世代に残せる状況がありうる．これが，群体中の個虫が機能分化するように進化してきた理由と考えられる．

　しかし，群体動物ならすべて異形個虫が分化するかといえばそうではない．苔虫動物でも掩喉綱では異形個虫はほとんどみられない．刺胞動物においては，管クラゲ類はきわめて多様な異形個虫が集まってカツオノエボシのような大きな群体クラゲをつくるのに対して，サンゴの仲間では異形個虫はみられない．脊索動物のホヤ類も，群体をつくるにもかかわらず個虫に多型はみられない．なぜ動物群によって異形個虫は分化したりしなかったりするのか，今のところ答えは得られていない．

## D. 水中の懸濁物を食べる

　磯の岩にびっしり生えている海藻を刈り取ると，その中には刺胞動物（ヒドロゾア），海綿動物（カイメン）や脊索動物（ホヤ）そして苔虫動物が必ずといっていいほど混ざっている．これらは動物であるが海藻と区別がつきにくい．付着生活の必然として形態は海藻類に似ると考えられる．

　海藻ではなく動物だと判明したとしても，苔虫動物はその知名度の低さから他の動物と間違われることが多い．刺胞動物と苔虫動物の区別は特に難しい．フサコケムシ属 *Bugula* などの茂み状の群体は刺胞動物のヒドロ虫類と，ツノコケムシ属 *Adeona* などの鹿角状分岐群体はサンゴ類と間違われることが多い．苔虫動物を刺胞動物から区別するには双眼実体顕微鏡が必要になる．両動物群とも大きさ1mm前後の微少な個虫が多数集まって群体をつくり，個虫は触手を伸ばして餌をとるのだが，刺胞動物と違って苔虫動物の個虫の触手は表面に繊毛が生えている．双眼実体顕微鏡の下で生きたコケムシを観察すると，たくさんの触手冠が花のように開いている様子がみえる．触手冠の1本1本の触手を高倍率で見てみると，その表面に生えた無数の繊毛が協調して波打って水流を起こし，水流に乗って運ばれてくる懸濁粒子を触手冠の中央に開いた口へと運んでいる様子が観察できる．一方，刺胞動物の個虫の触手は繊毛をもたず，代わりに刺胞とよばれる武器が埋まっている．それを発射して餌となる動物を麻痺させ，口へと運ぶのである．すなわち，刺胞動物と苔虫動物は餌の食べ方が全く違い，前者が捕食者であるのに対して後者は懸濁物濾過食者なのである．

## E. 群体形の進化

　付着動物であることの制約は多様な群体形を進化させた．たとえば荒波の打ちよせる外洋に面した岩の上には，個虫が一層に並んで平たく岩面を覆う被覆群体や，波の動きに身を任せる柔軟な起立群体の種が多い．硬い石灰質の起立群体は定常水流が一定方向へ流れているような深部海底に多い．強力で方向の定まらない水の撹乱には柔軟性が対抗手段であり，定方向の定常流には堅固な建造物が建築可能なのである．以上はさまざまな水流環境への適応進

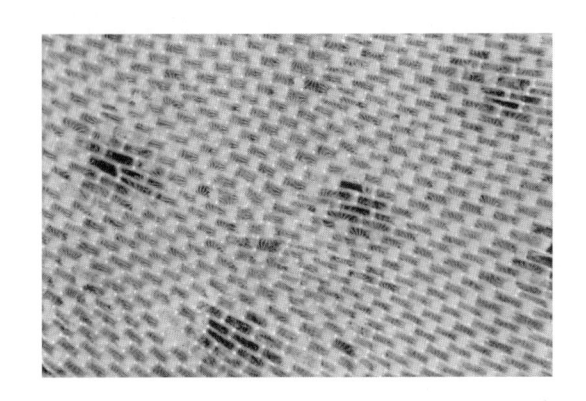

**図 2** ヒラハコケムシ *Membranipora serrilamella* の群体表面

長方形の虫室から虫体が翻出し，たくさんの触手冠が開いている．ところどころに虫体を欠く虫室のみの個虫が数個かたまっている部分がチムニーである．

化が群体形に現れる例である．ところが，個虫の摂食効率は群体形のいかんによらない．触手の長さが1 mm以下ときわめて微小なため，触手上の繊毛を動かして水流を起こし海水中の懸濁物を口へ運ぶ，という一連の摂食行動は水と固形物（自身の虫室表壁）との境界層において行なわれる．流体力学によればこのような境界層では水流はきわめて遅く一定となる．境界層の水の動きは，荒波や海流の影響をほとんど受けないのである．

個虫は触手冠の広がった部分から水をとりこみ，触手の間から濾過した水を排出する．群体表面に規則正しくびっしりと並んだ個虫がいっせいに触手冠を翻出し餌を採り始めると水の収支に問題が生じる．水をとりこむ面積に対して排出面積が明らかに不足するのである．群体が大きくなればなるほど面積差は顕著になる．その必然的結果として，自活個虫が存在しない部分が群体表面に規則正しく斑点のように出現する（図2）．チムニー（chimney，煙突）とよばれるこの斑点部分では，群体表面から垂直に外へ向かってジェット水流が生じる．こうして，水収支の均衡が保たれると同時に，濾過したあとの貧栄養の排水を遠方へ排出し，その排出水にのせて糞や老廃物も遠方へ捨てることが可能となるのである．チムニーの存在は，「機能の必然的結果としての形態」の獲得が群体の大型化を可能にする方向への進化をもたらしたことを想定させる．

（馬渡峻輔）

## 8.10 内肛動物

### A. 概説

内肛動物（Entoprocta）は底生性の無脊椎動物の一門で，その名は肛門が触手環の内側に開くことに由来する．体は萼部，柄部，基部の付着部に大別され，U字型の消化管，脳，生殖巣，原腎管，触手環など体の主要な器官は萼部に備わる．群体性と単体性の種があり，群体種の多くは走根で個虫が連結する．単体種の基部には付着器官が発達し，ナメクジ様に這う運動，尺取り虫運動，前転運動など，種により多様な方法での移動が可能である．群体種には体長が数mmあるものも多いが，単体種の多くは1 mm以内である．柄部が長い一部の群体種では体がグネグネと曲がるので曲形動物（Kamptozoa）の異名があるが，本群に共通する特徴を表す名としては内肛動物が適切だと思われる．

### B. 生態

2種の淡水産種を除くすべてが海産であり，潮間帯から500 m以深まで，熱帯域から極域まで世界中の海に分布する．触手環の外から内方向（外肛動物，箒虫動物などとは逆方向）の水流を起こし，海中の植物プランクトンやデトリタスを捕えて食べる．単体種の多くは多毛類の棲管内や，海綿の表面，コケムシ類の群体表面などに特異的に付着するが，石などの表面につく非共生性の種も少なくない（Iseto, 2005）．受精は卵巣内で起こり，螺旋卵割を行なう．胚は糸状の構造で親についたまま発生し，トロコフォア様の幼生となり遊離する．幼生は適切な付着場所に到達すると変態して成体になるが，幼生から出芽が起こり成体が生じる特異な例も知られる．無性生殖はすべての種で活発であり，群体種では走根の先に個虫が形成され群体が成長し，単体種では萼部前部から芽体が生じ，成体に近い形態となって遊離する．生殖巣から雌雄が区別されることがあるが，単体種は基本的に雄性先熟の雌雄同体であると考えられている．群体種では，群体単位で雌雄が区別される場合，群体中に雌雄それぞれの個虫が混在する

場合，また単一個虫に精巣と卵巣が同時にみられる場合が知られる（Wasson, 2002）．

### C. 分類・系統

4科10属に分類され，世界から約180種（うち130種以上が単体種）が知られるが，未調査海域が多いため，未記載種が多数存在することは明らかである．本動物門を群体目（Coloniales）と単体目（Solitaria）に二分する考え（Emschermann, 1972）もあるが，Loxokalypodidae科は群体性でありながら個虫や幼生の形態が単体種に似ていることから，群体性か単体性かの二分法は系統を反映していない可能性が高い（Nielsen, 1989）．単体種は各海域に固有の種が多い一方で，群体種は種数が少なく広域分布種が多い．内肛動物は冠輪動物（Lophotrochozoa）に含まれるが，冠輪動物内での系統関係には諸説ある．近年の分子系統学からは内肛動物が有輪動物の姉妹群であり，さらに外肛動物とも近縁だとする考えが支持を増している一方で，ミトコンドリアゲノム解析からは紐型動物，軟体動物，箒虫動物との類縁性が支持され，形態学的には幼生の神経系の類似性から軟体動物と姉妹群だという説もある（Fuchs et al., 2010）．

[引用文献]

Emschermann P. (1972) *Loxokalypus socialis* gen. et sp. nov. (Kamptozoa, Loxokalypodidae fam. nov.), ein neuer Kamptozoentyp aus dem nördlichen Pazifischen Ozean. Ein Vorschlag zur Neufassung der Kamptozoensystematik. *Marine Biology*, vol. 12, pp. 237-254.

Fuchs J. *et al.* (2010) The first internal molecular phylogeny of the animal phylum Entoprocta (Kamptozoa). *Mol. Phylogenet. Evol.*, vol. 56, pp. 370-379.

Iseto T. (2005) A review of non-commensal loxosomatids: Collection, culture, and taxonomy, with new implications to the benefit of commensalism (Entoprocta: Loxosomatidae). in Moyano HI. *et al.* eds., *Bryozoan Studies 2004*, pp. 133-140, London: Taylor & Francis Group.

Nielsen C. (1989) Entoprocta. *Synopses of the British Fauna, n. s.*, vol. 41, pp. 1-131.

Wasson K. (2002) A review of the invertebrate phylum Kamptozoa (Entoprocta) and synopses of kamptozoan diversity in Australia and New Zealand. *Transactions of the Royal Society of South Australia*, vol. 126, pp. 1-20.

（伊勢戸 徹）

## 8.11 箒虫動物門

箒虫動物は箒虫動物門（Phoronida）を構成し，冠輪動物（Lophotrochozoa）に属するぜん虫状の海産無脊椎動物である．世界から現生種2属10種が知られ，このうち日本からはホウキムシ（*Phoronis australis*）とヒメホウキムシ（*P. ijimai*）の1属2種が報告されている．前体部に馬蹄形やらせん状の触手冠（lophophore）をもち，これを用いて濾過摂食を行なう．体長は数mmから大きいもので数cmに達する．触手冠中央に口上突起（epistome）に覆われた口があり，消化管はU字型に曲がる．肛門は触手冠の外に開き，排泄系として腸管の両側面に1対の後腎管（nephridium）をもつ．潮間帯から水深400mまで知られており，岩の隙間や砂泥底に棲管を形成して棲息するほか，貝殻に穿孔するものやムラサキハナギンチャクの棲管に共生するものもいる．多くの種は，有性生殖でトロコフォア型のアクチノトロカ幼生（Actinotrocha）を生じる．一部の種では無性生殖も知られており，後体部がちぎれておのおのが小型の完全個体になる例や，棲管とともに分岐する例がある．

*Phoronis* 属と *Phoronopsis* 属の2属が報告されており，このうち *Phoronopsis* 属は，触手冠の根元に襟（epidermal collar）をもつ点で前者と区別される．種の分類には触手冠の触手（tentacle）の数，後腎管の形態，側腸間膜（lateral mesentery）の有無，巨大神経繊維（giant nerve fiber）の有無，さらに縦走筋（longitudinal muscle）の数が用いられている．これらの形質はおのおの，触手数の増加，後腎管形態の複雑化，側腸間膜の出現，巨大神経繊維の減少，縦走筋数の増加の方向に進化したと考えられている（Emig, 1974）．

箒虫動物は，繊毛の生えた触手冠をもつという共通点に基づき，腕足動物（Brachiopoda）やコケムシ動物（Bryozoa）とともに，触手動物門（Tentaculata）あるいは触手冠動物群（Lophophorata）と称された．箒虫動物と腕足動物は，循環系が存在する点と後腎管をもつ点でも共通し，その近縁性についても

古くから支持されている (Nielsen et al., 1996). これは近年の分子系統解析によっても支持されており，これらを総じてブラキオゾア (Brachiozoa) やフォロノゾア (Phoronozoa) と称することもある．最新の分子系統解析では，箒虫動物は腕足動物の無関節綱 (Inarticulata) と姉妹群であるとする結果も示されており，このことから，箒虫動物は硬い殻を失った腕足動物から派生したとする考えもある．一方，箒虫動物とコケムシ動物との関係については古くから議論があり，箒虫動物の無性生殖の様子がコケムシ動物の出芽様式と類似している点や，馬蹄形の触手冠や体壁構造が淡水コケムシの大部分をなす被喉綱 (Phylactolaemata) に似ている点から，両者は近縁であるとも考えられた．しかし，近年の全動物群を対象とした分子系統解析では箒虫動物とコケムシ動物との近縁性は否定されており，現在では触手冠動物群は多系統群であると考えられている．箒虫動物は，放射型卵割という後口動物の特徴のほかに，原口が口になるなど前口動物の特徴もあわせもっている．これについては，現在では箒虫動物は前口動物であるとする説が，分子系統解析の結果などからも支持されており有力である．

　硬い殻や外骨格をもたないことから，箒虫動物の化石記録はほとんどない．しかし，箒虫動物の仲間のものと思われる棲管の化石はいくつか報告されており，その存在は古生代デボン紀までさかのぼるとされる (Emig, 1982). 箒虫動物の化石としては二枚貝や棘皮動物，ベレムナイトの殻に穿孔している *Talpina* 属が，白亜紀やジュラ紀の地層から豊富に得られている．

[引用文献]

Emig C. C. (1974) The systematics and evolution of the phylum Phoronida. *Zeitschrift für zoologische Systematik und Evolutions-forschung*, vol. 12, pp. 128-151.

Emig C. C. (1982) The biology of Phoronida. *Adv. Mar. Biol.*, vol. 19, pp. 1-89.

Nielsen C. et al. (1996) Cladistic analyses of the animal kingdom. *Biol. J. Linn. Soc.*, vol. 57, pp. 385-410.

（廣瀬雅人）

## 8.12　腕足動物門

　腕足動物 (Brachiopoda) は腕も足ももたない．腕状をした採餌のための器官（触手冠）が軟体動物のもつ足に相当すると誤認されたためその名がある．舌殻類，頭殻類，嘴殻類の3亜門でひとつの動物門を構成する．外見上は，同じく2枚の殻をもつ二枚貝類（軟体動物門）に類似する．しかし，二枚貝類の貝殻は体の左右を覆い，2枚の殻が鏡像対称であるのに対し，腕足動物の殻体は体の背腹を覆い，背殻と腹殻はサイズと形状が一般に異なる．背腹それぞれの殻体は左右対称である．これらの殻体は炭酸カルシウム（頭殻類，嘴殻類）あるいはリン酸カルシウム（舌殻類）の鉱物からなり，化石としてよく保存されるため，地質時代を通じた進化史がよく研究されている．カンブリア紀前期に3亜門がほぼ同時に出現し，古生代には，多様性（属数）・個体数ともに最大の動物門のひとつとして繁栄した．

　古生代末の絶滅事変で多様性が大幅に減少し，その後中生代末以降多様性はやや回復したが，海底のニッチを席巻した往時にはとうていおよばない．しかし，現在も潮間帯から深海まで世界中の海洋に生息し，現生約380種が知られる．たいていの種の殻長は2～3 cm程度，成体で殻長1 mm程度の小型種もある．最大の現生種の殻長は約10 cmである．化石種では殻幅が38 cmに達するものも存在した．

　腹殻からあるいは両殻の間から突出する肉茎により底質に固着して生活する．頭殻類は肉茎をもたず腹殻を直接底質に謬着させる．嘴殻類では背腹両殻をつなぐ蝶番構造が発達する．殻の内部後方に位置する袋状体躯中に，消化，排泄，生殖器官と，殻の開閉などに使われる筋肉系，神経系と単純な循環系をもつ．体躯の後方を固着のための肉茎が占める都合上，舌殻類では消化管がU字状にカーブし，嘴殻類ではU字状に曲がった腸が盲端で終わる（肛門がない）．体躯より前方に広がる2枚の外套葉がそれぞれの殻体の内表面を前縁部まで覆う．

　体躯と外套葉に囲まれた空間（外套腔）に保持される触手冠で海水中のプランクトンなどを濾過して

食べる．触手冠を構成する触手は他の多くの動物にみられる触手状の摂食器官とは異なり中空（体腔性）である．体躯腔と触手冠腔のふたつという少数の体腔領域に体が分割される構造は，後口動物的な特徴である．そのほかにも，放射卵割を示す原口が成体の口にならないなどの典型的な後口動物的特徴をもつ．一方で，トロコフォアに似た浮遊幼生期を経る，殻体にキチン質を含むものがあるなどの前口動物的な特徴もあわせもつことから，動物界における腕足動物の系統学的な位置は，19世紀以来論争の的であった．近年の分子系統学の進展により，腕足動物が環形動物や軟体動物などとともに冠輪動物を構成する（前口動物に含まれる）ことはほぼ疑いないものとなった．しかし，冠輪動物内における系統学的な位置や，後口動物的特徴も含めた特異なボディプランの進化過程など，解明すべき謎は多く残されている．

（遠藤一佳）

## 8.13 鰓曳動物門

鰓曳動物門（Priapulida）は海産無脊椎動物の一門で，左右対称の放射相称動物である．体長は0.5 mmから大型のものでは40 cm程度になり，体は反転可能な吻部，および胴部に分けられる．胴部後端に尾状付属器をもつ種もあり，これを鰓と考えて「鰓曳動物」の呼称が与えられた．尾状付属器の機能については，鰓として使われるという説のほか，感覚器であるという説，アンカーとして用いる説などがある．吻先端部にはキチン質の歯が存在し，後部には多くの冠棘をもつ．この歯や冠棘は摂食や移動に用いられるほか，感覚器としての機能をもつ．またその形状は重要な分類形質として用いられる．胴部には多くの横皺がみられるが，それらは体節構造ではない．

以前は北極域に生息する大型ベントスのみで構成される動物門であると考えられていた．しかし近年では，熱帯域からメイオベントス種の報告が増えている．また，カンブリア紀初期～中期の軟底質から化石種も多くみつかっている．

系統的には脱皮動物に属し，なかでも動吻動物および胴甲動物と近縁であると考えられており，あわせて有棘動物（Scalidphora）とよぶこともある（Neuhaus & Higgins, 2002）．特に反転可能な吻部をもつ点，吻部に冠棘が存在する点，本門のロリケイト幼生と胴甲動物の形態が似ている点などから，これら3動物門の近縁関係が示唆され，近年の分子系解析の多くもこれを支持している（Aguinaldo *et al.*, 1997；Dunn *et al.*, 2008；Sørensen *et al.*, 2008）．

現在，現生種のみで3綱（Priapulimorpha, Halicryptomorpha, Seticoronaria）3目4科7属18種が知られる．鰓曳動物門内の系統関係はこれまでわずかしか行なわれておらず，未解明のままである．

［引用文献］

Aguinaldo A. M. A. *et al.* (1997) Evidence for a clade of nematodes, arthropods and other moulting animals. *Nature*, vol. 387, pp. 489-493

Dunn C. W. *et al.* (2008) Broad phylogenomic sampling improves resolution of the animal tree of life. *Nature*, vol. 452, pp. 745-749

Neuhaus B. & Higgins R. P. (2002) Ultrastructure, biology and phylogenetic relationships of Kinorhyncha. *Integr. Comp. Biol.*, vol. 42, pp. 619-632

Sørensen M. V. *et al.* (2008) New data from an enigmatic phylum: evidence from molecular sequence data supports a sister group relationship between Loricifera and Nematomorpha. *J. Zoolog. Syst. Evol. Res.*, vol. 46, pp. 231-239.

（山崎博史）

## 8.14　胴甲動物

　胴甲動物（Phylum Loricifera）はデンマークの動物学者，R. M. Kristensen（1983）が記載した新しい動物門．袋形動物の特徴をもつ偽体腔動物で，すべての種が1 mm 以下の小型種だが，200 本以上の付属肢をもつなど体制は非常に複雑で，そのため個々の細胞は非常に小さい．

### A. 語源

　甲羅（lorica）をもつ（fera）動物の意．直訳の和名は有甲動物となるが有孔虫（Foraminifera）と紛らわしいので，胴部にのみ甲羅をもつこの動物の特徴から胴甲動物と名づけられた．

### B. 体制

　身体全体は口錐部，頭部，頸部，胸部，胴部の五つの部分に分かれる．口錐部（mouth cone）は反転可能で，さらに最前部は長い管状になっており，口錐内部に引き込むことができる．頭部には最大 9 列の冠棘（scalid）とよばれる付属肢がある．特に第 1 列は 8 本の有爪冠棘で，一部に雌雄差がみられる．その他の 8 列では各列に 7〜15 本の冠棘があり，2 種の冠棘が交互に配列している場合が多い．特に腹面中央の 2 本が融合しているものを倍器官（double organ）とよぶ．頸部には羽状冠棘とよばれる細長い葉状をした冠棘が 1 列ある．胸部は頸部と胴部との接合部で，蛇腹構造になっている．胴部は，名前の由来にもなったように 6〜60 枚のクチクラ質の板からなり，頸部より前方の身体全体を引き込むことができる．クチクラ質の板の表面には蜂の巣状の構造がみられ，また花状器官（flosculum）とよばれる感覚器官が分布している．筋肉は環状筋と縦走筋をもつが，Nanaloricidae では環状筋が退化的である．消化管はクチクラ質の口管，咽頭球，クチクラ質で被われた短い食道，中腸，クチクラ質の皮膜をもつ後腸とからなり，総排泄口が腹側終端に開口する．胴甲動物は雌雄異体で，雌の生殖器は卵巣が背側に 1 対あり，側背面にある輸卵管を通して終端に開口

する．雄の生殖器は1対の精巣と，大型の貯精囊からなる．排泄器官は1対の原腎管で，生殖器官の内側に位置している．

## C．生殖・発生

胴甲動物は雌雄異体で，外見上も冠棘などに性的2型がみられる．有性生殖をするものと考えられているが，交尾の様式・初期発生などは不明である．幼生はヒギンズ幼生（Higgins larva）と名づけられている．ヒギンズ幼生の体制の基本は成体と変わらないが，冠棘は7～8環で，第5環の背面中央には特殊化した冠棘が1本ある．終端にtoeとよばれる大型の付属肢があり，遊泳に用いると考えられている．

胴甲動物の生活史は種によって異なる．本動物門の模式種である *Nanaloricus mysticus* では，ヒギンズ幼生がふつうに脱皮変態して成体となり，有性生殖をすると考えられている．一方，*Pliciloricus* 属には幼生が成熟して単為生殖するものが知られている（Gad, 2005）．

## D．生態

胴甲動物は浅海から深海まで，また砂質から泥質までさまざまな環境での生息が確認されている．海底堆積物にしがみついているので，発見が遅れたといわれる．また生活史の一部で寄生生活をしている可能性が指摘されている．また最近，終生を無酸素環境で過ごす種が発見された．本種は高塩分水が滞留している地中海の深海に生息しており，ミトコンドリアをもたず，ハイドロジェノソームをもつ（Danovaro et al., 2010）．

## E．分類と系統

胴甲動物には，現在2科8属22種が知られているが，未記載種がまだ多数いると考えられている．

形態形質からは，胴甲動物は鰓曳動物および動吻動物と近縁と考えられる．これらの3動物門には，① 吻に冠棘をもつ，② 体表をキチン質のクチクラで覆う，③ 花状器官をもつなどの共有派生形質があり，「有棘動物（Scalidophora）」と命名し単系統群として扱う考え方が有力になっている．一方，分子系統の情報は少なく（Park et al., 2006; Sørensen et al., 2008），結果もはっきりしない．

[引用文献]

Danovaro R. et al. (2010) The first metazoa living in permanently anoxic conditions. BMC Biol., doi: 10.1186/1741-7007-8-30.

Gad G. (2005) Successive reduction of the last instar larva of Loricifera, as evidenced by two new species of *Pliciloricus* from the Great Meteor Seamount (Atlantic Ocean). Zoologischer Anzeiger, vol. 243, pp. 239–271.

Kristensen R. M. (1983) Loricifera, a new phylum with Aschelminthes characters from the meiobenthos. Zurnal Zoologichesky Systematic Evolution-forschungen, vol. 21, pp. 163-180.

Park J. K. et al. (2006) First molecular data on the phylum Loricifera: an investigation into the phylogeny of Ecdysozoa with emphasis on the positions of Loricifera and Priapulida. Zool. Sci., vol. 23, pp. 943-954.

Sørensen M. V. et al. (2008) New Data from an Enigmatic Phylum: Evidence from molecular sequence data supports a sister group relationship between Loricifera and Nematomorpha. Journal of Zoological Systematics and Evolutionary Research Online, vol. 46, pp. 231-239.

（白山義久）

## 8.15 動吻動物門

　動吻動物門（Kinorhyncha）は自由生活性の海産動物で，北極から南極まで，潮間帯から超深海まで生息する体長数百 μm～1 mm ほどのメイオベントス（小型底生動物）である．世界で約 200 種が知られ，円蓋目（Cyclorhagida）および平蓋目（Homalorhagida）の 2 目に分けられる．円蓋目では胴部断面は円形に近く，まれにハート型である．頸部は 14 枚または 16 枚のプレートによって構成される．平蓋目では胴部断面は三角形に近い形態をしている．頸部は 6～8 枚のプレートからなる．円蓋目には 7 科 16 属，平蓋目には 2 科 4 属が含まれる．各科および属間の系統関係については，形態に基づく解析がわずかにあるものの（GaOrdóñez et al., 2008；Sørensen, 2008），分子系統解析は行なわれておらず，不明瞭のままである．動吻動物は左右相称動物で，体は頭部，頸部，胴部の三つに分けられる．頭部は反転して胴部に引き込まれ，その際に頸部が蓋の役割をする．頸部は 2～16 枚のプレートによって構成され，その数は高次分類群の分類形質として用いられる．また，胴部は 11 体節からなり，各体節を構成するプレート数は属ごとに異なる．各体節の背面，側方，腹面などに棘や感覚器官をもつ種もあり，これらの位置，数などが重要な分類形質であると考えられる．18S rRNA による分子系統解析によると，動吻動物は脱皮動物に含まれる（Aguinaldo et al., 1997）．なかでも鰓曳動物および胴甲動物と近縁であるとされることが多い（Neuhaus & Higgins, 2002；Dunn et al., 2008）．

[引用文献]

Aguinaldo A. M. A. et al. (1997) Evidence for a clade of nematodes, arthropods and other moulting animals. *Nature*, vol. 387, pp. 489-493.

Dunn C. W. et al. (2008) Broad phylogenomic sampling improves resolution of the animal tree of life. *Nature*, vol. 452, pp. 745-749.

GaOrdóñez D. et al. (2008) Three new Echinoderes (Kinorhyncha, Cyclorhagida) from North Spain, with new evolutionary aspects of the genus. *Zoologische Anzeiger*, vol. 247, pp. 95-111.

Neuhaus B. & Higgins R. P. (2002) Ultrastructure, biology and phylogenetic relationships of Kinorhyncha. *Integr. Comp. Biol.*, vol. 42, pp. 619-632.

Sørensen M. V. (2008) Phylogenetic analysis of the Echinoderidae (Kinorhyncha: Cyclorhagida). *Organisms, Diversity & Evolution*, vol. 8, pp. 233-246.

（山崎博史）

## 8.16 緩歩動物

顕微鏡を通して見ることのできる体長1mm足らずの小さな動物で，肢でノコノコ歩く姿からクマムシとよばれる．体の基本構造として，中枢神経系は腹側にあり，5体節が認められ，4対の肢がある．体表はクチクラで覆われ脱皮により成長する．肢の内部には骨格筋があり，基部（底節）での屈曲と全体の伸縮によって自由に歩くことができる．

現生種は大きく2綱に分けられ，異クマムシ（Heterotardigrada）は基本的に頭部などに一定の突起をもつが，真クマムシ（Eutardigrada）にはそのような突起がない．海産種のほとんどが異クマムシであり，淡水/陸上種は異クマムシまたは真クマムシである．海産の真クマムシは少数が知られているが，陸上のものがのちに海に戻ったと考えられる．

これまでの分子系統推定によれば，異クマムシと真クマムシはそれぞれ単系統であるが，異クマムシのなかでは，海産のArthrotardigrada（フシクマムシ類）は側系統群で，その内側に単系統群としてEchiniscoidea（トゲクマムシ類）が入る形の樹形図が描かれる．現在までに記載されたのは緩歩動物

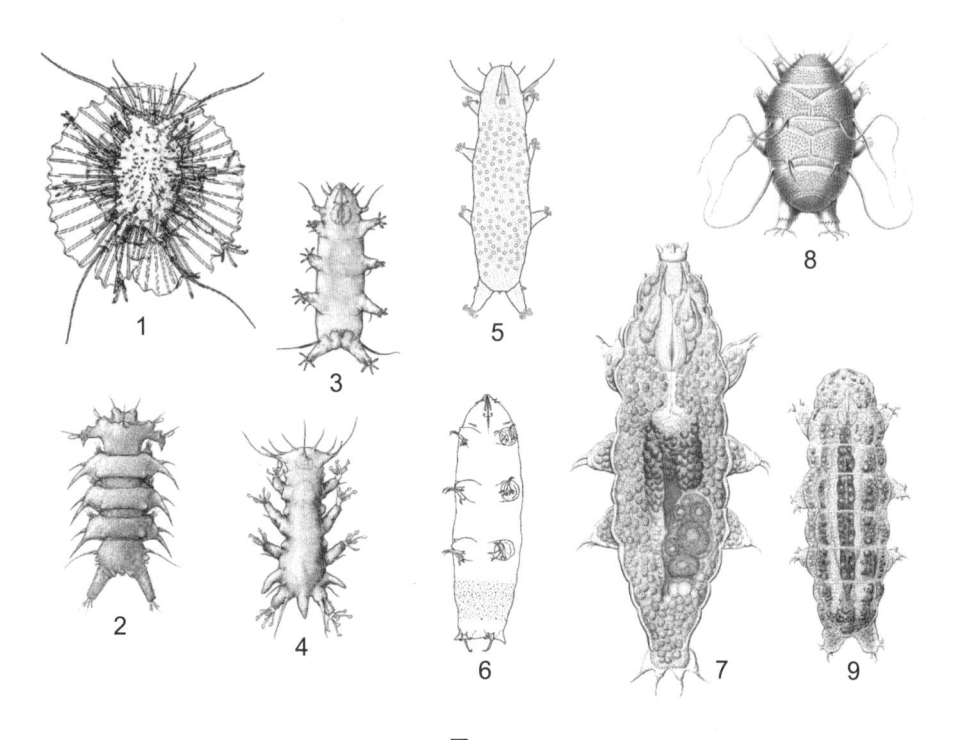

**図 1**

1：*Actinarctus doryphorus*，2：*Parastygarctus mediterranicus*，3：*Styraconyx tyrrhenus*，4：*Batillipes similis*（1〜4は海産），5：*Orrella morris*，6：*Carphania fluviatilis*，7：*Milnesium tardigradum*，8：*Echiniscus blumi*，9：*Ramazzottius oberhaeuseri*（5〜9は淡水/陸上）．

［図の出典］
1: Gallo D'Addabbo M. *et al.* (1999) *Cah. Biol. Mar.*, vol.40, pp.21-27.
2: Gallo D'Addabbo M. *et al.* (2001) *Zool. Anz.*, vol.240, pp.361-369.
3: Gallo D'Addabbo M. *et al.* (1989) *Cah. Biol. Mar.*, vol.30, pp.17-33.
4: Gallo D'Addabbo M. *et al.* (1999) *Ital. J. Zool.*, vol.66, pp.51-61.
5: Dastych H. *et al.* (1998) *Mitt. Hamb. Zool. Mus. Inst.*, vol.95, pp.89-113. より作図
6: Binda M. G. (1978) *Animalia*, vol.5, pp.307-314.
7: Doyère (1840) *Ann. Sci. Nat.*, sér. 2., vol.14, pp.269-361, Pl. 13.
8: Richter F. (1904) *Fauna Arctica*, vol.3, pp.495-508, Tafel 15.
9: Doyère. (1840) *Ann. Sci. Nat.*, sér. 2., vol.14, pp.269-361, Pl. 14.

(Tardigrada) 全体でおよそ 1160 種である．

緩歩動物の祖先は海に棲んでいたと考えられるが，化石として残っているものは，今のところ白亜紀の琥珀から少なくとも 2 種の真クマムシが知られるのみである．ほかに，シベリアのカンブリア紀の地層からクマムシと思われる化石が発見されているが，これには肢が 3 対しか認められない．現在の海産クマムシと似た形態の化石種は（2012 年現在）未発見だが，海産クマムシは陸上種より小さく，体長 $100\mu m$ 前後のものが多いため，現生種でさえ探すのが難しい．

緩歩動物は深海から高山の頂に至るまで，さまざまな場所に生息するが，陸上に棲むものも実際は間隙水の水生動物である．陸上の蘚類や地衣類などのなかで生活する種は，環境が乾燥すると自ら積極的に乾燥して樽型のクリプトビオシスの状態に入り，活動を停止したまま生存する．水分が戻れば通常の活動状態に復帰する．クリプトビオシス状態では，100℃ 以上の高温や絶対零度，高圧（7.5 GPa），真空，紫外線や放射線照射などに耐える．クリプトビオシス能はセンチュウやヒルガタワムシ類にもみられ，コケ環境に棲むための必要条件ではあるが，系統的な関連はなく，またクマムシ一般の特徴でもない．土壌や淡水，あるいは海のクマムシは乾燥によって死ぬ．*Echiniscoides sigismundi*（イソトゲクマムシ）は，潮間帯のフジツボの殻の中にみつかることが多く，そのなかには乾燥耐性をもつものもあるといわれている．ヒルガタワムシやクマムシにおいては，乾燥とトレハロースの直接の関連はない．たとえば，*Milnesium tardigradum*（オニクマムシ）からはトレハロースが検出されないが，すぐれた乾燥耐性を示す．

クマムシはどのような経路で陸上化したのだろうか？ 現生の陸上種には異クマムシと真クマムシがいるが，これまでに推定された系統関係からみれば，それぞれが独自に陸に上がったと考えられる．Echinicoidea 目の 4 科のうち Echiniscoididae（イソトゲクマムシ科）はすべてが海産で，Echiniscidae（トゲクマムシ科）はすべて陸産である．ほかの 2 科はそれぞれ 1 属のみからなる，陸産の *Orrella* と，淡水産の *Carphania* であり，これら 2 群は系統を論ずるうえで重要な位置にある（図 1）．一方，真クマムシのうちで形態と分子いずれの解析でも原始的とみなされるのは，Milnesiidae（オニクマムシ科）である．この仲間は頭部 1 対の乳頭突起など，他の真クマムシにはみられない形質をもつ．雲仙の温泉環境から一度だけ報告された *Thermozodium esakii*（オンセンクマムシ）は，異クマムシと真クマムシの中間的な特徴を示し，1 種だけで中クマムシ綱がたてられた．現在その存在は謎とされるが，これと上記 *Carphania* や *Milnesium* との関連も考えられ，興味深い「ミッシングリンク」となっている．

（鈴木　忠）

## 8.17 有爪動物

　1826年に初めて紹介されたときには，肢をもつナメクジの仲間とされた．体表はビロードのような表皮で覆われ（英名 velvet worms の由来），細長い体には芋虫の腹脚のような肢が多足類のように数多く（13～43対）並んでいる（図1）．関節のない肢の先端に鉤爪があることから，カギムシとよばれる．その外見が多毛類や多足類と類似していることから，かつては環形動物と節足動物をつなぐ「ミッシングリンク」と考えられることもあった．カギムシ類の肢は lobopodium（複数形：lobopodia）とよばれ，このような肢をもつものとして Lobopoda（葉足動物）という用語もあり，最近では緩歩動物と有爪動物（Onychophora）をあわせたグループのよび名として使用されることがある．この肢は「疣足」と表されることもあるが，環形動物の疣足（parapodia）とは異なる．また後述するように，「葉足動物」の内訳は書き手によって異なる場合があり注意を要する．

　カギムシ類には外見的に明瞭な体節性はみられないが，肢のほか，その基部の脚基腺（coxal gland）や腎管，神経節などがくりかえされる構造を示す．また，呼吸器官として気管系を備えている．頭部の前端に1対の長い触角があり，その基部の背面に眼がある（図3）．触角直後の腹面側方に1対の口側突起（oral papilla）をもつ．独特な形状の口は囲口唇（peribuccal lip）によって環状に囲まれ，その内部に大顎がある（図2～4）．

口側突起にある粘液腺の開口部から粘液を噴射して小昆虫をからめとって食う．その様子はネット上にいくつか公開されており，動画検索すれば誰でも見ることができる．そのほかの行動の特徴として，いくつかの種で子育てを行なうことが知られ，また家族単位で集団を形成するという報告もある．このような社会的行動に関して，脚基腺から分泌されるフェロモンが何らかの機能を果たすと考えられる．生殖様式は多様で，ふつうの卵生から卵胎生，胎盤をもつ真の胎生種までが存在している．

　カギムシ類の多くは熱帯地域の湿潤なジャングルのなか，倒木の下などに棲んでおり，なかなか実物を見ることのかなわない動物である．日本に生息する種はなく，また（2011年現在）カギムシの日本人研究者もいない．現生種（約200種）は大きくふたつのグループ（科）に分けられる．Peripatidae はおもにタイ，マレーシア，シンガポール，ボルネオなどの東南アジアや，西アフリカ，アンティル諸島および中南米の熱帯に分布し，冷涼なヒマラヤ山麓に棲む種も知られる．一方，Peripatopsidae は南半球のニューギニア，オーストラリア，ニュージーランド，チリおよび南アフリカから見つかり，いわゆるゴンドワナ起原の分布を示す．

　現存するカギムシはすべて陸上種で，海産種は報告されていない．しかしながら有爪動物の祖先は海底を歩いていたと信じられている．バージェス頁岩動物群や澄江動物群をはじめとするカンブリア紀の地層からみつかる *Xenusia*, *Aysheaia*, *Hallucigenia*, *Microdictyon* など10種以上の化石種が，有爪動物の祖先と近縁な動物だとされ，これらをひっくるめ

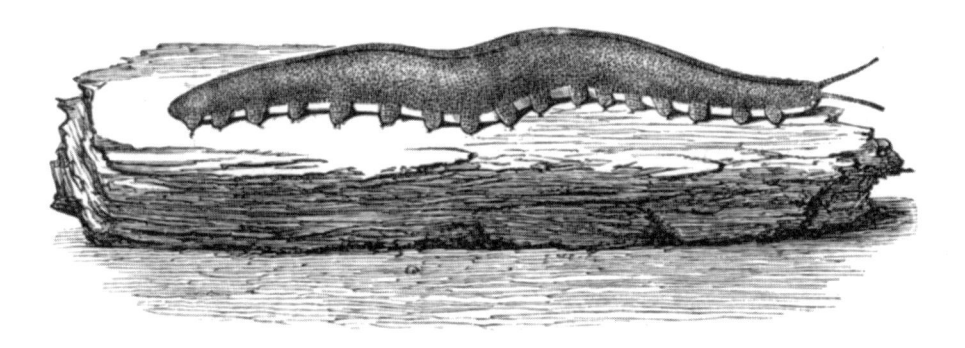

図1　朽ち木の上を歩くカギムシ *Peripatopsis capensis*（Grube, 1866; Sedgwick, 1885 より）

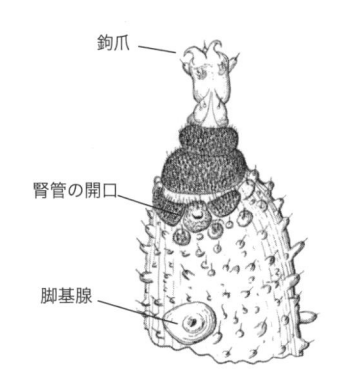

**図2** *Peripatoides orientalis* 雄の第4脚（腹面）（Bouvier, 1905 より改変）

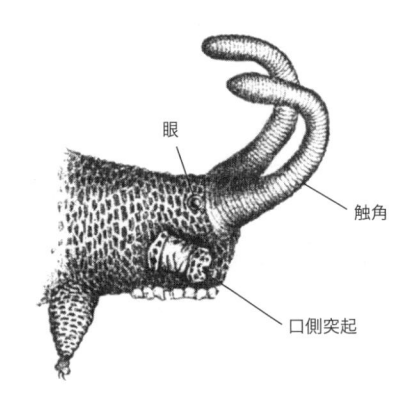

鉤爪
腎管の開口
脚基腺

**図3** *Euperipatoides leuckarti* 頭部の側面（Sänger, 1869 より改変）

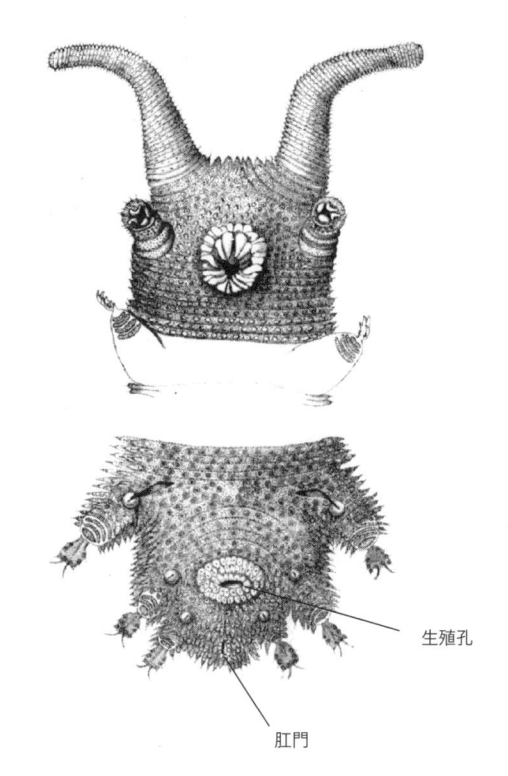

眼
触角
口側突起

**図4** *Eoperipatus weldoni* 雌の頭部腹面（上）と後端腹面（下）（Evans, 1901 より改変）

生殖孔
肛門

て「葉足動物」とよんだり，あるいは広義の有爪動物とみなされる．これら化石種も含む有爪動物は，緩歩動物と節足動物をあわせて単系統群を形成すると考えられ，これを Panarthropoda 汎節足動物とよぶ．最近の分子系統推定によれば，緩歩動物と有爪動物は姉妹群となり，さらにこのふたつを合わせた「葉足動物」が節足動物と姉妹群の関係となるという説，あるいは節足動物と有爪動物が姉妹群「葉足動物」を構成し，それと緩歩動物が姉妹群となる説などがあり，これらの系統関係はいまだに確定していない．また腎管の発生過程の観察からは，環形動物の腎管との相同性が否定され，やはり節足動物との近縁性が支持されている．

　節足動物においては，頭部の体節と神経系や付属肢との対応関係が，系統を論ずるうえで重要である．この問題に関連して，有爪動物では口側突起を担う部分，すなわち「第3体節」が Hox 遺伝子発現の最前端であり，節足動物では第2触角と後大脳（第3脳〈tritocerebrum〉）を含む体節に相当する．また中枢神経系の詳細な観察によれば，有爪動物の脳は前大脳と中大脳に相当するふたつの部分のみから構成され，後大脳は節足動物において新規に発達した形質であることが示されている．

[引用文献]

Bouvier M. E. L. (1905) Monographie des onychophores. *Ann. Sci. Nat. Zool.*, Ser. 9, 2:1-383.

Evans R. (1901) On two new species of Onychophora from the Siamese Malay States. *The Quarterly Journal of Microscopical Science*, vol. 44, pp. 473-538, P. 33.

Sänger H. (1869) Peripatus capensis Sr and Peripatus Leuckartii n. sp. *Transactions of the Second Congress of Russian Naturalists In Moscow.* pp. 239-62. Pl. XIII, fig.30.

Sedgwick A. (1895) *Peripatus. Cambridge Natural History*, 5, pp. 1-26, Macmillan.

（鈴木 忠）

## 8.18 軟体動物

軟体動物（Phylum Mollusca）とは，「無脊椎動物」の1動物門で，タコ，イカ，巻貝，二枚貝などを含むグループ．既知種数においては，後生動物のなかで節足動物についで大きな動物門とされ，その形態や生態はきわめて多様に分化している．軟体動物の大半は海産の底生生活者であるが，一部のグループは淡水や陸上にも進出して多様化し，浮遊性や寄生性など特殊化した生活様式の分類群も知られる．化石記録は豊富で，カンブリア紀の初期には出現が確認され，絶滅した分類群も多く知られる．現生の軟体動物は8綱に分類される．

### A. 軟体動物の形態学的特徴

体制は左右対称で，体節はなく，体は柔らかく骨格を欠く．体長は肉眼サイズで数cm程度のものが多いが，1mm以下の微小種や15mにも達する巨大な種もある．体は，頭部，内臓塊，筋肉質の足からなり，外套膜（mantle）が内臓塊あるいは背面全体を覆う．外套膜から分泌された石灰質の貝殻をもつことが多く，貝殻は軟体の全体あるいは一部を覆う．外套膜と足の間には外套腔（mantle cavity）があり，左右対になった羽状の鰓を備える．生殖輸管および腎臓は，外套腔に開口する．真体腔は退化的で，囲心腔および生殖巣と泌尿器官の内腔に限定され，体内の大きな腔所は，組織の間隙を血液が流れているだけの血体腔である．心臓は背部後方に位置し，解放血管系である．口には歯舌（radula，軟体動物に固有の摂餌器官で多数の小歯の列が前後に多数連なった構造）があり，肛門は外套腔の後端に開口する．神経系は，「原始的な」グループでは梯子状神経系を呈するが，「高等な」グループでは，神経節が発達して頭部に集中して中枢神経系をなす．卵割様式は通常は全割で，典型的ならせん卵割を示し，浮遊幼生期としてトロコフォア幼生やヴェリジャー幼生（veliger larva）期を経て変態する．原口は成体の口になる．

なお，上記の特徴は現生の軟体動物の多くに共通する「一般的な」特徴であるが，それぞれの綱では形態が特殊化しているため，個々の形質は消失または変形していることが多い．

### B. 系統関係

後生動物界における軟体動物の系統学的位置づけについては，形態情報では，真体腔類の前口動物の一員であることには異論がないものの，どの動物門に近縁であるかに関してはさまざまな仮説が提唱されていた．しかし，近年の分子系統解析によって，前口動物は脱皮動物（Ecdysozoa）と冠輪動物（Lophotrochozoa）の2大群に分かれ，軟体動物は環形動物や扁形動物とともに冠輪動物の一員であることが判明した．冠輪動物のなかで軟体動物がどの動物門にもっとも近縁であるかは現時点では確定していない．軟体動物門の単系統性は，rDNAを用いた初期の分子系統解析では必ずしも支持されなかったが，多数の核コードタンパク質遺伝子を用いた近年の解析では支持されるようになった．現生8綱の系統関係については，形態学的情報からは図1のような関係にあると考えられていたが，ゲノム，EST情報を用いた最新の解析では，図2の系統関係にあることが示唆されている．

なお，「謎の動物」として知られる珍渦虫（Xenoturbella）が二枚貝の一員であるという説が提唱されたが，この説の根拠になった形態学的観察および分子系統解析がコンタミネーションによる誤りであったことがのちに判明し，珍渦虫と軟体動物との近縁性は否定されている．

### C. 各綱の特徴

(1) 尾腔綱　Class Caudofoveata（=Chaetodermamorpha）（ケハダウミヒモ類）

伝統的な分類体系では，尾腔類と腹溝類をあわせて無板綱（Class Aplacophora）としていたが，近年ではそれぞれを独立の綱として扱う傾向にある．

体は細長く蠕虫状．体表は石灰質の刺で覆われ貝殻を欠く．体の後端に1対の鰓を備えた外套腔がある．すべて海産，砂泥底に生息．

(2) 溝腹綱　Class Solenogastres（=Neomeniomorpha）（カセミミズ類）

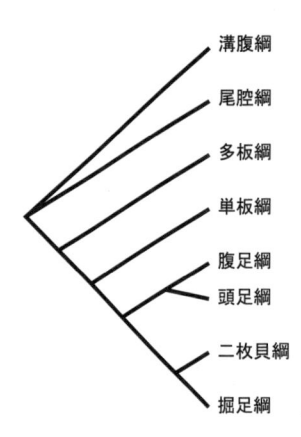

**図1** 形態学的データから推定された軟体動物の系統関係

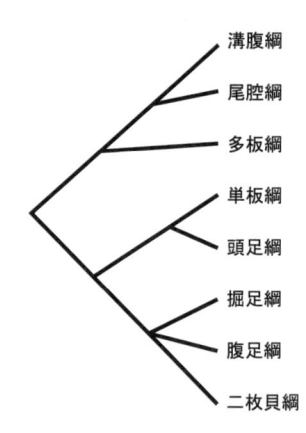

**図2** ゲノムデータに基づく軟体動物の分子系統樹（Kocot *et al.*, 2011; Smith *et al.*, 2011）

体は細長く蠕虫状．体表は石灰質の刺で覆われ，貝殻を欠く．外見は尾腔綱に似るが，腹面の正中線上に細い足溝があり，外套腔内には本鰓を欠く．すべて海産で，砂泥底に生息し，刺胞動物を食べる．

(3) 多板綱　Class Polyplacophora（ヒザラガイ類）

体は扁平で，背面には8枚の貝殻があり，背面の肉帯は鱗片や石灰質の刺を備える．筋肉質の足は扁平で大きく，基質に吸着し匍匐する．頭部は目や触角を欠く．外套腔は腹面にあり，多数の鰓を備える．すべて海産．

(4) 単板綱　Class Monoplacophora (=Tryblidida)（ネオピリナ類）

古生代に栄え，現在は少数の種が深海に生息する「生きた化石」で，各器官に体節様のくりかえし構造が認められる唯一の軟体動物である．

背面には笠型で1枚の貝殻をもち，貝殻と足をつなぐ収足筋は8対．外套腔は腹面にあり，扁平な足の両側に3～6対の鰓を備える．神経，筋肉，鰓，腎臓，生殖巣などの配置に体節様のくりかえしが認められるが，これらのくりかえし器官に厳密な対応関係はなく，真の体節構造ではない．すべて海産で，おもに深海域の海底に生息する．

(5) 腹足綱　Class Gastropoda（巻貝類）

種数では軟体動物門で最大の分類群で，深海から陸上までさまざまな環境で適応放散し，形態や生態も著しく多様化している．

体は左右非対称で，内臓塊を覆う貝殻はらせん状に巻き，足の背面には蓋をもつ．内臓塊は体軸に対して180°ねじれるため，外套腔や肛門は体の前方に向かって開口する．体制はきわめて多様に変化し，しばしば貝殻は完全に退化する．陸性の貝では鰓が退化し，外套腔は肺に変化する．

海産種が多いが，淡水域や陸上にも進出している．水中で底生生活をするものが多いが，浮遊性，寄生性，固着性などさまざまな生活様式がみられる．

(6) 頭足綱　Class Cephalopoda（タコ，イカ類）

体は左右相称で大型．体制は他の綱とは著しく異なり，体は口の周囲に生えた多数の長い触手，頭部，外套膜が内臓塊を包みこんだ細長い胴部からなる．外套腔は，前方に向かって開く．オウムガイ類にはらせん状に巻いた外在性の貝殻があるが，イカ，タコ類では貝殻は退化的で，完全に消失するか，痕跡が体内に残るのみ．眼や脳が大きく発達する．卵割は盤割で直接発生をする．すべて海産で，肉食．遊泳生活をするものが多いが，浮遊性の種もある．

(7) 二枚貝綱　Class Bivalvia

二枚貝綱の体は左右対称で，大きく張り出した外套膜は体を両側から覆い，2枚の貝殻が左右から体全体を包む．2枚の貝殻は，背側の靭帯で連結され，閉殻筋によって開閉する．腹側の足は斧状で，砂泥底を掘るのに適している．頭部が退化し，歯舌や眼を欠く．濾過食性で，水中の餌を鰓で濾しとって食べる．種数では腹足綱についで大きなグループで，形態や生態も多様化している．海産種が多いが，一部の科は淡水域にも進出している．砂泥底に潜って生活するものが多いが，岩礁などに付着，固着する

もの，岩や木材に穿孔するもの，寄生性の種なども知られる．

(8) 掘足綱　Class Scaphopoda （ツノガイ類）

　掘足綱の体は，前後方向に細長く，両端が開いた筒状の貝殻が全身を覆う．外套膜も筒状で，外套腔は両端が開き，鰓を欠く．眼や触角はないが，頭部には突き出した口吻があり，口内には歯舌がある．口吻の周りには左右対になった多数の頭糸がある．細長い足を用いて砂泥底に潜る．体制や発生過程は二枚貝綱に似る．すべて海産で，海底の砂泥底に潜って生活する

（上島 励）

[引用文献]

Kocot K. M. *et al.* (2011) Phylogenomics reveals deep molluscan relationships. *Nature*, vol. 477, pp. 452-456.

Smith S. A. *et al.* (2011) Resolving the evolutionary relationships of molluscs with phylogenomic tools. *Nature*, vol. 480, pp. 364-367.

## 8.19　線形動物

### A. 線虫という動物

　「線形動物門（Nematoda）」を構成する線虫は，人間生活とのかかわり（日本線虫研究会, 1992）においては，回虫やぎょう虫といった「寄生虫（parasitic worm）」を含み（ヒトの回虫 *Ascaris lumbricoides* は体長が約 30 cm ある），また，ネコブセンチュウなど「植物寄生性線虫（plant parasitic nematode）」は作物に被害を与える．マツノザイセンチュウ（*Bursaphelenchus xylophilus*）は明治時代に北米からわが国に侵入したもので，カミキリムシを媒介者にマツを枯死させる．昆虫に寄生し，強い殺虫活性をもつ *Steinernema* 属は，生物農薬として市販されている．*Caenorhabditis elegans* は培養が容易で，世代時間が約 2 週間と短いことからモデル生物として賞用される．「アポトーシス（apoptosis）」(Sultson, 1976) や「RNA 干渉（RNA interference）」(Fire *et al.*, 1998) といった重要な生命現象は，本線虫で初めてみいだされ，本線虫は全「ゲノム（genome）」が解明された最初の多細胞動物となった（The *C. elegans* Sequencing Consortium, 1998）．

　多くの線虫は土壌中あるいは海洋底に生息し，糸状菌食性や捕食性のものもあるが，細菌や単細胞藻類を餌にして自由生活を送っている．このような自活性線虫は地球上のあらゆる場所に生息し，その密度も海底・陸上を問わず 1 m$^2$ あたり 100 万頭（白山, 1996）と高い．その個体数も天文学的で，線虫が地球上でもっとも繁栄している多細胞動物であるといっても過言ではない．

　自活性線虫は有機物を分解した細菌や糸状菌の菌体を摂食することにより，環境中において「物質循環（material cycle）」にかかわる．しかし，土壌の自活性線虫は体長 0.5～4 mm と小型で，Nematoda の文字どおり（nema は糸の意）糸屑のように微細で，人目をひくことがない．また深海底の自活性線虫は採集が困難で，研究が進んでいない．

## B. ボディプラン

線虫は，陸上に進出し繁栄している多細胞動物のなかで体制がもっとも単純なものであり，角皮が外骨格のように機能し，体を背腹にくねらせることで移動する（白山，1996）．角皮のもたらす環境抵抗力と活発な運動能力により，適応放散をとげたのであろう．また，乾燥に対する抵抗性を必要とする陸上生活への進出や寄生生活への進出も容易であったと考えられている（白山，1996）．

体表は丈夫な「角皮（cuticle）」に覆われ，内圧により一定の形状を保つ．原則として雌雄異体で有性生殖を行ない，卵から孵化した幼体はすでに線虫の形になっている．通常4回脱皮して成熟し，再生はほとんど行なわない．

解剖学的には，線虫は左右相称で円筒形または紡錘形の細長い体のなかに，消化管と神経系，筋肉と生殖器などの器官を備える．排泄器官は，数個の排泄細胞とその分泌物を体外に導く管からのみで構成される．たいていの線虫は小さく体が半透明なので容易に内部構造を観察できる．

口は体前端にあり，消化管は三放射相称で「口腔（stoma）」，「食道（oesophagus）」，「腸（intestine）」に区別され，「直腸（rectum）」を経て体後方腹側の「肛門（anus）」で終わる（図1）．雌は肛門の前方に生殖口（「陰門（vulva）」）が開く．雄は肛門が生殖口を兼ね（「総排出口（cloaca）」），雌の陰門を広げるための「交接刺（spicule）」を備える．神経系は腹側に発達し，食道をとりかこむ中枢（「神経環（nerve ring）」）がある．食性を反映する口腔の形態や食道

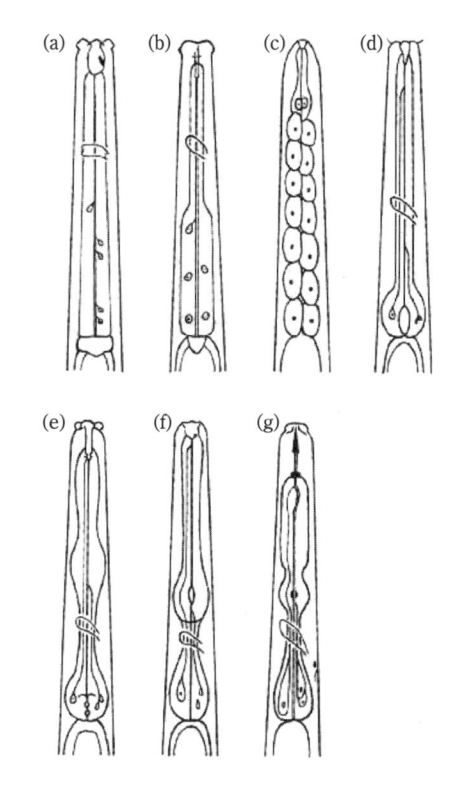

図2 線虫の食道のおもなタイプ
(a)A：円筒型，(b) ドリライムス型，(c) 糸片虫型，(d) プレクタス型，(e) ラブディティス型，(f) ディプロガスター型，(g) ディプロガスター型（チレンクス型；口針あり）．（荒城，2004より）

の形態は目レベルの分類の標徴となる（図2）．

## C. 系統学的位置と分類

古典的な体系（八杉ら，1996）では，線虫は腹毛動物，輪形動物，類線形動物などとともに，偽体腔（pseudocoelom）をもつ「袋形動物門（Aschelminthes）」の一綱として分類されていたが，近年の分子系統解析では「脱皮動物（Ecdysozoa）」に分類される（7.10項図1(a)参照）．

線形動物門は，古典的な分類体系においては，「幻器（phasmid）」を欠くAdenoporea綱（尾腺綱）と幻器を備えるSecernentia綱（幻器綱）の2綱に分類されてきた（Maggenti, 1991；白山，2000）．最近の分子系統解析では，線形動物門はEnoplea綱とChromadorea綱に分けられ，「尾腺（caudal gland）」

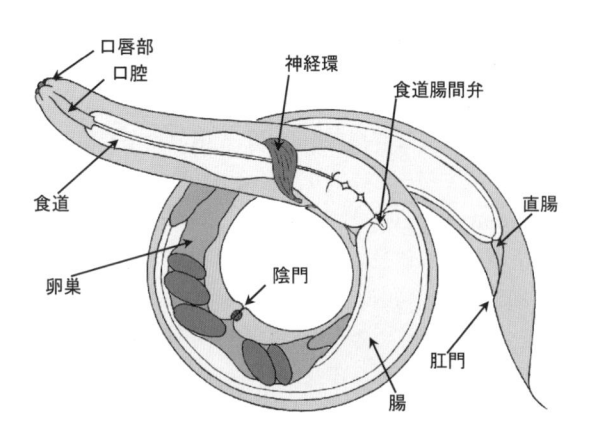

図1 線虫の形態（概念図）

## 8.19 線形動物

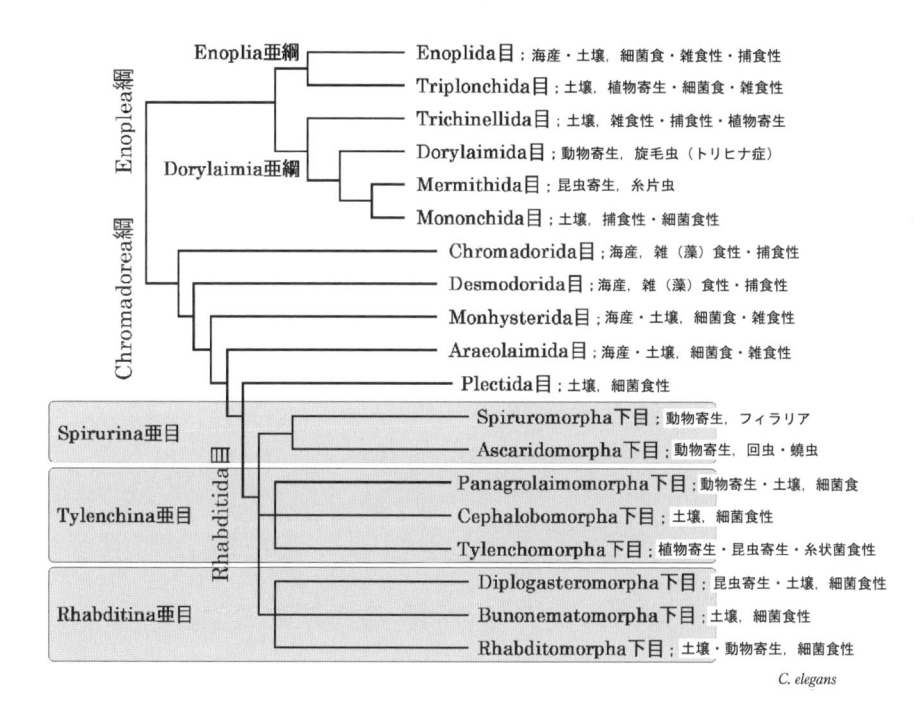

```
Enoplea綱 ┬ Enoplia亜綱 ┬ Enoplida目；海産・土壌，細菌食・雑食性・捕食性
         │             ├ Triplonchida目；土壌，植物寄生・細菌食・雑食性
         │             └ Trichinellida目；土壌，雑食性・捕食性・植物寄生
         └ Dorylaimia亜綱 ┬ Dorylaimida目；動物寄生，旋毛虫（トリヒナ症）
                         ├ Mermithida目；昆虫寄生，糸片虫
                         └ Mononchida目；土壌，捕食性・細菌食性

Chromadorea綱 ┬ Chromadorida目；海産，雑（藻）食性・捕食性
             ├ Desmodorida目；海産，雑（藻）食性・捕食性
             ├ Monhysterida目；海産・土壌，細菌食・雑食性
             ├ Araeolaimida目；海産・土壌，細菌食・雑食性
             ├ Plectida目；土壌，細菌食性
             └ Rhabditida目 ┬ Spirurina亜目 ┬ Spiruromorpha下目；動物寄生，フィラリア
                                           └ Ascaridomorpha下目；動物寄生，回虫・蟯虫
                           ├ Tylenchina亜目 ┬ Panagrolaimomorpha下目；動物寄生・土壌，細菌食
                           │                ├ Cephalobomorpha下目；土壌，細菌食性
                           │                └ Tylenchomorpha下目；植物寄生・昆虫寄生・糸状菌食性
                           └ Rhabditina亜目 ┬ Diplogasteromorpha下目；昆虫寄生・土壌，細菌食性
                                           ├ Bunonematomorpha下目；土壌，細菌食性
                                           └ Rhabditomorpha下目；土壌・動物寄生，細菌食性
                                                                               C. elegans
```

図3 線虫の最新の分子系統解析の一例（De Ley & Blaxter, 2002；Smythe et al., 2006 より改変）

をもち Adenoporea 綱とされていた Chromadorida 目や Plectidae 科が，尾腺を欠く Rhabditida 目を含む系統に位置づけられる．口針（stylet）をもち植物寄生に特化している Tylenchida 目は，食道の形態が類似する Diplogasterida 目とはあまり近縁ではなく，ともに下目として Rhabditida 目のなかに納まる（図3）（De Ley & Blaxter, 2002）．このような結果は意外なものもあったが，その後の研究もおおむねこれを支持している（Smythe et al., 2006 など）．

線虫は小さいので化石の証拠は得がたいが，線虫は地球上の生物が一気に多様化した5.5億年前の「カンブリアの大爆発」か，それ以前に海洋で分岐して成立していたに違いない．始新世の虫入り琥珀に確実な線虫の化石が残されている．これが昆虫に付随すること（Poinar, 1977）などから，その当時すでに現在とほぼ同様の分岐をとげていたと考えられる．

[引用文献]

荒城雅昭（2004）日本線虫学会編，線虫学実験法『線虫の形態観察法——分類・同定に有用な形質』第3章，日本線虫学会．

The C. elegans Sequencing Consortium (1998) Genome sequence of the nematode C. elegans: a platform for investigating biology. Science, vol. 282, pp. 2012-2018.

De Ley P. & Blaxter M. (2002) Systematic position and phylogeny. in Lee DL. ed., The Biology of Nematodes 1, Taylor & Francis.

Fire A. et al. (1998) Potent and specific genetic interference by double-stranded RNA in Caenorhabditis elegans. Nature, vol. 391, pp. 806-811.

Maggenti A. R. (1991) Nemata: Higher Classification. in Nickle WR. ed., Manual of Agricultural Nematology 5, Marcel Decker.

日本線虫研究会（1992）『線虫研究の歩み』日本線虫研究会．

Poinar G. O. Jr. (1977) Fossil nematodes from Mexican amber. Nematologica, vol. 23, pp. 232-238.

白山義久（1996）線虫はなぜこのように多様化したか．科学, vol. 66, pp. 312-317.

白山義久（2000）総合的観点から見た無脊椎動物の多様性と系統．岩槻邦男・馬渡俊輔監修，白山義久編集『無脊椎動物の多様性と系統』第Ⅰ部1章，裳華房．

Smythe A. B. et al. (2006) Nematode small subunit phylogeny correlates with alignment parameters. Syst. Biol., vol. 55, pp. 972-992.

Sultson J. E. (1976) Post-embryonic development in the ventral cord of Caenorhabditis elegans. Philos. Trans. R. Soc. Lond., B, Biol. Sci., vol. 275, pp. 287-297.

八杉龍一ほか 編（1996）『岩波生物学辞典 第4版』，後生動物の分岐図の一例，pp. 1580, 岩波書店．

[参考文献]

Longhorn S. J. *et al.* (2007) The nematode-arthropod clade revisited: phylogenomic analyses from ribosomal protein genes misled by shared evolutionary biases. *Cladistics*, vol. 23, pp. 130-144.

〔荒城雅昭〕

# 第 9 章
# 節 足 動 物

9.1　節足動物　　　　　　　　　　　　　宮崎勝己

9.2　三葉虫を代表とする古生代の節足動物　鈴木雄太郎

9.3　甲殻類　　　　　　　　　　　　　　伊藤　敦・八畑謙介・和田　洋

9.4　クモ・ダニ類　　　　　　　　　　　小田広樹

9.5　昆虫　　　　　　　　　　　　　　　藤原晴彦

9.6　昆虫の翅の起源　　　　　　　　　　藤原晴彦

9.7　昆虫，陸上へ　　　　　　　　　　　町田龍一郎

9.8　体節制と付属肢　　　　　　　　　　町田龍一郎

## 9.1 節足動物

### A. 概要

「節足動物（Arthropoda）」は後生動物界（Metazoa）のひとつの門を構成する動物群である．Arthropodaという学名（初出はvon Siebold, 1848）は，ギリシア語の「arthro＝節のある」＋「pod＝足」を語源とする．

発達した外骨格と節足が特徴で，水圏・岩石圏・大気圏のいずれにも生息域をもち，人間の眼で識別できる大きさのものが多数存在し，さらには人間の生活に有益あるいは有害な影響を与える場合も多いことから，古くよりその存在は認識されてきた．

節足動物は，既知種数が全動物の75％以上を占める非常に大きな群で，その形態・発生・生態・生活史など，非常に高い多様性を示す．1960年代から70年代にかけ，節足動物主要群間の機能形態と胚発生の特徴の大きなギャップを根拠に，これら主要群が独立に「節足動物化（arthropodization）」を起こしたという「多系統説」が有力となったが，その後台頭してきた分岐分類学・分子系統学いずれの解析においても，節足動物の単系統性が強く支持されたことから，現在では「節足動物門」という単系統群の存在は，ほぼ間違いないものと認められている（上島，2008；宮崎，2008a, b）．節足動物門の固有派生形質として，Ax（2000）はつぎの形質をあげている（図1）．①キチン質のプレートで形成された外骨格．②横紋筋の索（cord）からなる体壁筋系．③不対の「原節（protopodite）」から「内肢（endopodite）」と「外肢（exopodite）」が分岐した関節肢の「節足動物肢（arthropodium）」．④「頭化（cephalization）」：節足動物の幹種（stem species）において，頭部は1節の「口前節（acron）」・1節の「触角節」・3節の「後触角節」からなり，「複眼」と「上唇（labrum）」をもつ口前節は前大脳（protocerebrum）に，触角節は「中大脳（deutocerebrum）」に，第一後触角節は「後大脳（tritocerebrum）」に，それぞれ神経支配されていたと考えられる．⑤多数の「単眼（ommatidium）」からなる1対の複眼．⑥頭部

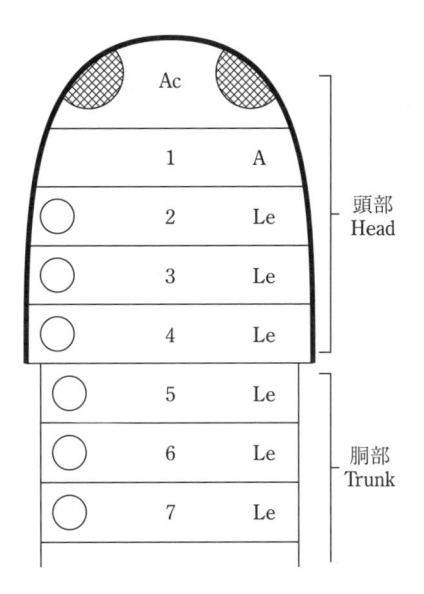

図1 Ax（2000）による節足動物前方域のグラウンドパターン．Axはここから鋏角類・大顎類それぞれのグラウンドパターンが進化したと考えている．A：触角，Ac：口前節，Le：運動肢，○：腎管，⊗：複眼．

中央に位置し，4個の「個眼（ocellum）」からなる「中央眼（median eye）」．⑦ $9 \times 2 + 0$ の軸糸構造の「不動毛（stereocilium）」をもつ感覚細胞．⑧第二〜第六体節にかけての6対にまで減少した「腎管」．⑨胚の腹側で伸長・発達し，頭部節およびいくつかの前方体節を形成する「胚帯（germ band）」．⑩3対の附属肢をもつ幼生．

### B. 外部形態

節足動物の体は，クチクラ（cuticle）とよばれる硬い外骨格で覆われる．クチクラの主成分は，多糖類であるα-キチンとさまざまな硬タンパク質が共有結合した複合体である．クチクラは，一般に三層構造を取り，外表部から「上クチクラ（epicuticle）」・「外クチクラ（exocuticle）」・「内クチクラ（endocuticle）」とよぶ．外クチクラと内クチクラはキチンを含み，あわせて「原クチクラ（procuticle）」とよばれる．しばしば原クチクラにカルシウムが沈着し，著しく硬化する．成長に際して，古いクチクラを脱ぎ捨てる「脱皮（ecdysis）」を行なう．脱皮は，「エクジソン（ecdyson）」とよばれるステロイドホルモンがひき起こす．

体節と付属肢の特徴については，9.8項に譲る．

## C. 内部形態

節足動物は，発生学的特徴から「真体腔動物（Eucoelomata）」の一員とされる．実際胚発生の過程において，「端細胞（teloblast）」由来の「真体腔」（いわゆる「裂体腔（schizocoel）」）が体節的に形成されるが，そのほとんどは発生の過程で退化・消失し，成体では排出および生殖器官系の内腔の一部としてのみ残存する．成体において内臓器官が収まる腔所（いわゆる「体腔（body cavity）」）は，「胞胚腔（blastocoel）」と発生学的に連続する．つまり節足動物では，他の多くの真体腔動物では退化・消失してしまう胞胚腔が二次的に広がり，体腔として機能する．節足動物は開放血管系をもち，この体腔は体液で満たされ，一般に「血体腔（hemocoel）」とよばれる．

血体腔内における主要器官系の配置は，節足動物全体で共通する（図2）．すなわち，消化管は体の中央を，心臓（背脈管〈dorsal vessel〉）は背中側を，神経索は頭部を除き腹側を，それぞれ縦に貫く．消化管は発生学的に，外胚葉性の前腸（foregut）・後腸（hindgut），内胚葉性の中腸（midgut）に三分される．心臓の側面には，逆流を防ぐための弁をもった，静脈からの体液が戻るための心門が開く．筋肉は横紋筋で，筋肉束をつくり，外骨格の裏面に接続し骨格筋として機能する．神経索は，食道の部分で消化管と交差し背中側へ来て頭部に達し，いくつかの神経節が癒合して脳を形づくる．昆虫類・甲殻類・多足類の脳は，前大脳・中大脳・後大脳という三つの神経節が癒合するのに対し，鋏角類の脳はふたつの神経節が癒合する．かつては，鋏角類の脳の神経節は他の節足動物の前大脳・後大脳と相同で，中大脳は進化の過程で退化・消失したと解釈されていたが，Hox遺伝子群の発現パターンの比較から，それぞれ前大脳・中大脳と相同であることが明らかにされた．

## D. 分類と系統

節足動物門は伝統的に，「昆虫類（Insecta）」・「甲殻類（Crustacea）」・「鋏角類（Chelicerata）」・「多足類（Myriapoda）」の四つの群に分類されてきた．おのおのの群の単系統性については，形態形質を用いた分岐分類学的解析ではおおむね支持されるが，分子系統学的解析では必ずしもそうならず議論の余地がある．また「ウミグモ類（Pycnogonida）」について，分子と形態形質を用いた複合系統樹により，現生の他の全節足動物全体と姉妹群をつくる，つまり第五の群とすべき系統関係が示されたが（Giribet et al., 2001），このような全証拠主義（total evidence）的解析には多くの問題点が指摘されている（上島，2008）．より最近の解析は，分子系統・比較発生のいずれもウミグモ類が鋏角類の一員となる系統関係を強く支持する．

これら主要四群間の系統関係については，いまだに議論が多い．かつては数多くの共有形質から，昆虫類と多足類の姉妹群関係は確実視されてきたが，分子系統学的解析では昆虫類と甲殻類の姉妹群関係が強固に支持され，さらに形態形質の見直しにより有力な共有派生形質候補もみつかったことから，現在では両者を合わせた「汎甲殻類（Pancrustacea）」の単系統性が認められている．残る鋏角類・多足類との関係については，① 鋏角類と多足類が姉妹群（「多足鋏角類（Myriochelata）」）をつくり，それが汎甲殻類と姉妹群関係にある，② 汎甲殻類と多足類が姉妹群（「大顎類（Mandibulata）」）をつくり，それが鋏角類と姉妹群関係にある，というふたつの仮説が対立した状態にある．分子系統学的解析や神経

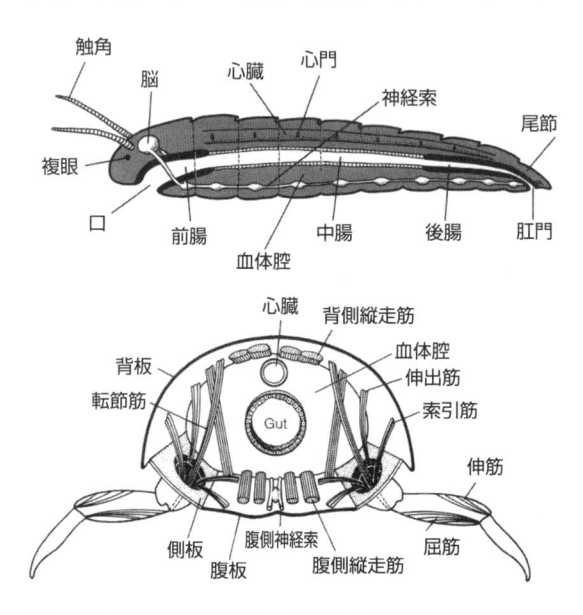

図2 節足動物内部形態を一般化した模式図．（上）矢状断面，（下）横断面．（Ruppert et al., 2004より改変）

の形成様式の比較から，それぞれを支持する解析結果が同程度提出されており，現時点では決着はついていない（宮崎，2008b）．

既述したように，節足動物の単系統性は確実視されており，また「緩歩動物（Tardigrada）」・「有爪動物（Onychophora）」をあわせた「汎節足動物類（Panarthropoda）」の単系統性についても，これら三者間の系統関係については議論があるものの，ほぼ確実視されている．また節足動物（正確には汎節足動物）と環形動物が姉妹群という「体節動物説（Articulata theory）」と，節足動物が線形動物など脱皮という形質を共有する動物群に含まれるという「脱皮動物説（Ecdysozoa theory）」（Aguinaldo et al., 1997）が対立した状態にあったが，前者が体節およびその形成様式という形質の共有以外に有力な根拠がないのに対し，後者については，ゲノムレベルの解析も含めた分子系統学的解析だけでなく，形態学あるいは発生学からもそれを支持する知見が得られている．

[引用文献]

Aguinaldo A. M. A. et al. (1997) Evidence for a clade of nematodes, arthropods and other moulting animals. *Nature*, vol. 387, pp. 489-493.

Ax P. (2000) *Multicellular Animals* (vol.2), Springer Verlag.

Giribet G. et al. (2001) Arthropod phylogeny based on eight molecular loci and morphology. *Nature*, vol. 413, pp. 157-161.

宮崎勝己（2008a）節足動物における分類学の歴史．石川良輔 編，バイオディバーシティ・シリーズ第6巻『節足動物の多様性と系統』第1章，裳華房．

宮崎勝己（2008b）節足動物全体の分類体系・系統の現状．石川良輔 編，バイオディバーシティ・シリーズ第6巻『節足動物の多様性と系統』第2章，裳華房．

Ruppert E. E. et al. (2004) *Invertebrate Zoology: A Functional Evolutionary Approach* (7th ed.), Thomson Brooks/Cole.

上島励（2008）節足動物の分子系統学，最近の展開．石川良輔 編，バイオディバーシティ・シリーズ第6巻『節足動物の多様性と系統』第3章，裳華房．

von Siebold C.Th. (1848) *Lehrbuch der vergleichenden Anatomie der Wirbellosen Thiere*, von Veit & Co.

[参考文献]

Anderson D. T. (1973) *Embryology and Phylogeny in Annelids and Arthropods*, Pergamon Press.

Boudreaux H. B. (1979) *Arthropod Phylogeny with Special Reference to Insects*, John Wiley & Sons.

Budd G. E. & Telford M. J. (2009) The origin and evolution of arthropods. *Nature*, vol. 457, pp. 812-817.

Clarke K. U. (1973) *The Biology of the Arthropoda*, Elsevier. [北村実彬・高藤晃雄 訳 (1979)『節足動物の生物学』培風館]

Fortey R. A. & Thomas R. H. (eds.) (1998) *Arthropod Relationships*, Chapman & Hall.

Giribet G. & Edgecombe G. D. (2012) Reevaluating the arthropod tree of life. *Annual Review of Entomology*, vol. 57, pp. 167-186.

Gupta A. P. ed. (1979) *Arthropod Phylogeny*, Van Nostrand.

石川良輔 編（2008）バイオディバーシティ・シリーズ第6巻『節足動物の多様性と系統』裳華房．

Manton S. M. (1977) *The Arthropoda: Habits, Functional Morphology, and Evolution*, Oxford University Press.

Sharov A. G. (1966) *Basic Arthropodan Stock with Special Reference to Insecta*, Pergamon Press.

Snodgrass R. E. (1952) *A Textbook of Arthropod Anatomy*, Comstock Publishing Associates.

〔宮崎勝己〕

## 9.2 三葉虫を代表とする古生代の節足動物

　300万～1億種とされる著しい多様性をもつ節足動物であるが（Brusca & Brusca, 2003），この高い多様性を導くこととなるのは，カンブリア紀（$5.42 \pm 0.3$～$4.88 \pm 1.7$億年前）初頭の約2千万年間の進化・放散に端を発する．比較的大型の生物体が圧縮されて炭化膜化した（Gaines et al., 2008)「バージェス型動物群」，剛毛などの超微細構造でさえも三次元形状が保たれている「顕微鏡サイズ」の「オルステン型動物群」，これら2タイプの軟体性保存の化石節足動物が，1970年代を境にしておもにカンブリア系を中心とした世界各地の古生界からあいついで報告されている（Hendricks et al., 2008; Maas et al., 2006）．当初は「奇妙奇天烈な化け物」とされていたバージェス型節足動物については，分子系統学分野からタイムリーに提唱された脱皮動物説（Ecdysozoa theory）の導入や，ステム/クラウングループ概念に基づく分岐分類学的検討が行なわれたことで（Budd, 2001a,b など），アノマロカリス類［Anomalocarididae (Collins, 1996) の Dinocarida+Radiodonta，または Euarthropod stem lineages（Budd & Telford, 2009）に同義］を含めた汎節足動物類（Panarthropoda，有爪＋緩歩＋節足動物門）の概略的な類縁関係がほぼ共通理解へと至った（経緯は Brysse, 2008 を参照）．

　特にアノマロカリス類の諸形質はきわめてユニークである．たとえば，付属肢では一見すると節足動物に典型的な二肢型付属肢に類似するものの，実は「外肢」様の先肢（propod：図1中 "prp"）から歩脚（telopod：図1中 "tel"）が分岐しており（Hou et al., 2006 など），節足動物の二肢型付属肢とは逆の分岐様式を示す．また，いぼ状の肢（lobopod）が存在するのか否かといった論争や［Budd (1996) vs Zhang & Briggs (2007)］，環状口器（図1中 "M"）の形態［矢印で示した前後左右の異質な部位が認められるが，Kühl et al. (2009) によるデボン紀の Schinderhannes では同規的で折り重なりはない］など，さまざまな特異性が報告されている．バージェス型の強く圧縮された生物体化石は，堆積面に対する角度などの埋積状況も個体間で異なるため，より多くの化石個体の検討を行なってゆくことが求められる．この問題を克服すべく詳細な形態情報が蓄積されてゆくことで，近い将来に信頼性の高い系統関係や形態進化の系譜が呈示され，真節足動物への初期進化が生き生きと描き出されることを切望している．

　中・後期古生代のバージェス型化石節足動物については，時代的には散点的に報告されていた化石種を総括し，真甲殻類（Eucrustacea もしくは Crown group Crustacea）における各クレード間の形態的ギャップを理解しようという機運も高まっている（Dzik et al., 2004; Dzik, 2008 など）．なかには，デボン紀の海生六脚類と結論づけられた報告例もあり（Haas et al., 2003; 反論は Regier et al., 2004 を参照），今後のさらなる情報蓄積が待たれる．

　一方，現生生物に比肩する形態情報を抽出できるオルステン型節足動物では，性差の最古記録の報告（Siveter et al., 2003）などとあわせて，各種の個体発生過程を可能なかぎり詳細に検討を行なってきている．これらの情報の蓄積により，現在では現生甲殻類（真甲殻類）へと至る初期進化過程や系統関係を解き明かしつつある（概略は図右上部に示した）．これらの知見を基に，付属肢の底節（図中 "cx"：coxa）の進化過程や肢節の相同性（図1中の "pe"：proximal endite が底節へ進化）（Walossek, 1999 など），ノープリウス幼生がより派生的であることなど（Siveter et al., 2003），節足動物の進化を理解するにあたる貢献度ははかりしれない．しかし，化石および現生節足動物群の系統関係の構築について，化石種を網羅的に検討対象とした研究例は数少ない（Wills et al., 1998; Bergström & Hou, 2003 など）．

　現状の共通理解と未解決の諸問題は，Budd & Telford (2009) にまとめられている．Budd & Telford (2009:図1) から明らかなように，現生の crown group の3群と，近年真節足動物の始源的モデル生物としてよくとりあげられるフシャンフェア類，三葉虫を含む板肢類（Lamellipedia），巨鋏類（Megacheira），アノマロカリス類の主要な化石群との関係性に決

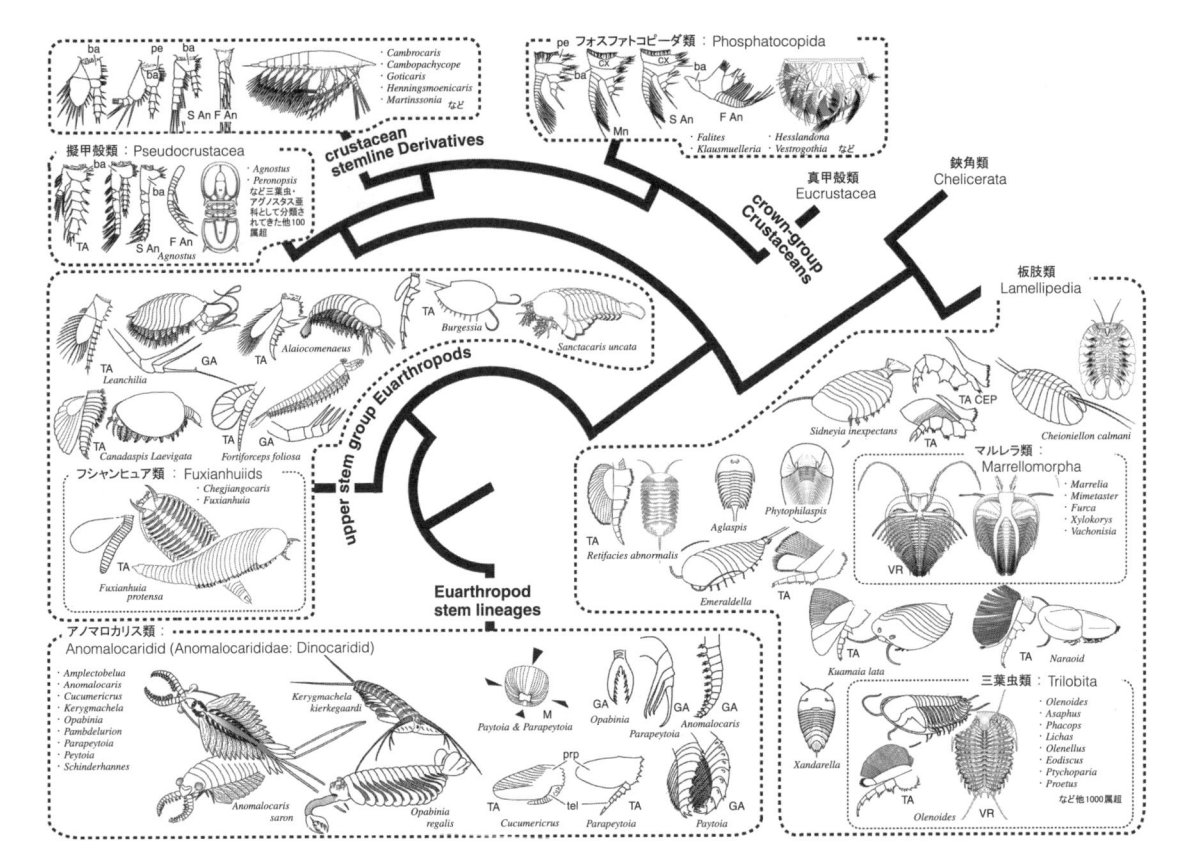

**図1　生物体復元図**

付属肢などの部位形態図はすべて先攻研究の図をトレースした．各グループに所属する主要な属の名称を枠内に示した．ba: 基節（真甲殻類，ステム甲殻類，擬甲殻類のみに適用），F An: 第一触角（適用グループは ba に同じ），S An: 第二触角（適用グループは ba に同じ），GA: great appendage もしくは megachelia として記載される特殊化した体前部付属肢の形態．Mn: 顎脚，pe: 付属肢基部内葉，TA: 同規的付属肢，TA CEP: 頭部にのみ認められる同規的付属肢，VR: 生物体の腹側復元図．(Budd & Telford, 2009；Siveter et al., 2003；Bergström & Hou, 2003 に基づいて作成)

定打をみいだせず，いまだ合意にはほど遠い．特に，鋏角類との系統・類縁関係については，不透明さがきわめて大きい（Chen et al., 2004; Cotton & Braddy, 2003 など）．Budd & Telford (2009) の巨鋏類 (Megacheira) については，大付属肢（図1中 "GA": great appendage）をもつ Upper stem group Euarthropods のみを指すのか，さらにアノマロカリス類の一部をも含むのか，明言は避けられている．私見であるが，各グループ主要種の同規的な付属肢（図1中 "TA"）をみると，内肢の肢節（付属肢の右側分岐部）の減少と同時に，外肢の複雑化といった一般傾向がみてとれる．これを踏まえると，図1中のアノマロカリス類と巨鋏をもつ一部の upper stem group Euarthropods をひとくくりにまとめること

には賛同しかねる．この鋏角類問題は，バージェス型節足動物における形質状態の把握の難しさに加えて，標本数が板肢類などの他のバージェス型節足動物とは圧倒的に少ないことがたびたび指摘されており（Burzin et al., 2001; Rudkin et al., 2008 などでは生息域の分化をひとつの理由としている），未知種の探索や既存標本を用いた詳細な再検討が今後必須と思われる．一方，同規的な付属肢が各体節に備わるフシャンフュアを含む一部の upper stem group Euarthropods（前裂肢類：Proshizoramia と同義）と板肢類 Lamellipedia の関係性については，内肢の肢節数の減少傾向や，翼状から櫛歯状へといった外肢の形態的差異を進化系譜的にとらえられることからも，妥当性が高いであろう．板肢類の特徴として

はあまり注目されていないが，背側の背板では体区分が明瞭である一方，腹側の付属肢では体区分間の分化が著しく貧弱な場合が多い．この特徴は，古生代の代表的な化石生物として知られる三葉虫にも認められる（図1中の三葉虫"VR"）．この動物群の背板は化石記録が豊富であり，その豊富な記録を基に現在は8目（10とする見解もある）120超の科の分類体系が設定されるに至っている．前期古生代に隆盛をきわめた三葉虫ではあったが，貧酸素絶滅事変として知られる中期古生代末のデボン紀後期の以後は，わずか4科となった（Owens, 1990）．より付属肢の特殊化・分化が進んだ真甲殻類の軟甲類の放散の時期が，この絶滅事変と時を同じくしていること（Wills, 1998）は単なる偶然ではないかもしれない．

[引用文献]

Bergström J. & Hou X. (2003) Arthropod origins. *Bulletin of Geoscience*, vol. 78, pp. 323-334.

Brusca R. C. and Brusca G. J. (2003) *Invertebrates*, Sinauer Associates, Inc., Publishers.

Brysse K. (2008) From weird wonders to stem lineages: the second reclassification of the Burgess Shale fauna. *Stud. Hist. Philos. Biol. Biomed. Sci.*, vol. 39, pp. 298-313.

Budd G. E. (1996) The morphology of *Opabinia regalis* and the reconstruction of the arthropod stem-group. *Lethaia*, vol. 29, pp. 1-14.

Budd G. E. (2001a) Tardigrades as 'Stem-Group Arthropods': the evidence from the Cambrian fauna. *Zool. Anz.*, vol. 240, pp. 265-279.

Budd G. E. (2001b) Why are arthropods segmented? *Evol. Dev.*, vol. 3, pp. 332-342.

Budd G. E. & Telford M. J. (2009) The origin and evolution of arthropods. *Nature*, vol. 457, pp. 812-817.

Burzin M. B. et al. (2001) Evolution of shallow-water level-bottom communities. *The Ecology of the Cambrian Radiation* (Zhuravlev A. Y. & Riding R. eds.), pp. 217-237.

Chen J. et al. (2004) A new 'great-appendage' arthropod from the Lower Cambrian of China and homology of chelicerate chelicerae and raptorial antero-ventral appendages. *Lethaia*, vol. 37, pp. 3-20.

Collins D. (1996) The 'evolution' of *Anomalocaris* and its classification in the arthropod Class Dinocarida (nov.) and Radiodonta (nov.). *J. Paleontol.*, vol. 70, pp. 280-293.

Cotton T. J. & Braddy, S. J. (2003) The phylogeny of arachnomorph arthropods and the origin of the Chelicerata. *Transactions of the Royal Society of Edinburgh: Earth Sicences*, vol. 94, pp. 169-193.

Dzik J. (2008) Gill structure and relationships of the Triassic cycloid crustaceans. *J. Morphol.*, vol. 269, pp. 1501-1519.

Dzik J. et al. (2004) Oldest shrimp and associated phyllocarid from the Lower Devonian of northern Russia. *Zool. J. Linn. Soc.*, vol. 142, pp. 83-90.

Gaines R. R. et al. (2008) Cambrian Burgess Shale-type deposits share a common mode of fossilization. *Geology*, vol. 36, pp. 755-758.

Haas F. et al. (2003) *Devonohexapodus bocksbergensis*, a new marine hexapod from the Lower Devonian Hunsrück Slates, and the origin of Atelocerata and Hexapoda. *Organisms Diversity & Evolution*, vol. 3, pp. 39-54.

Hendricks J. R. et al. (2008) Using GIS to study palaeobiogeographic and macroevolutionary patterns in soft-bodied Cambrian arthropods. *Palaeogeogr. Palaeoclimatol. Palaeoecol.*, vol. 264, pp. 163-175.

Hou X. et al. (2006) Distinguishing anomalocaridids from arthropods and priapulids. *Geol. J.*, vol. 41, pp. 259-269.

Kühl G. et al. (2009) A great-appendage arthropod with a radial mouth from the Lower Devonian Hunsrück Slate, Germany. *Science*, vol. 323, pp. 771-773.

Maas A. et al. (2006) The 'Orsten'–More than a Cambrian Konservat-Lagerstätte yielding exceptional preservation. *Palaeoworld*, vol. 15, pp. 266-282.

Owens R. M. (1990) Carboniferous trilobites: the beginning of the end. *Geol. Today*, vol. 6, pp. 96-100.

Regier J. C. et al. (2004) Phylogeny of basal hexapod lineages and estimates of divergence times. *Annu. Entomol. Soc. Am.*, vol. 97, pp. 411-419.

Rudkin D. M. et al. (2008) The oldest horseshoe crab: A new xiphosurid from Late Ordovician Konservat-Lagerstätten deposits, Manitoba, Canada. *Palaeontology*, vol. 51, pp. 1-9.

Siveter D. J. et al. (2003) An early Cambrian phosphatocopid crustacean with three-dimensionally preserved soft parts from Shropshire, England. *Special Papers in Palaeontology*, vol. 70, pp. 9-30.

Walossek D. (1999) On the Cambrian diversity of Crustacea., *Crustaceans and the biodiversity crisis* (Schram F. R. & von Vaupel J. C. eds.), pp. 3-27.

Wills M. A. (1998) Crustacean disparity through the Phanerozoic: comparing morphological and stratigraphic data. *Biol. J. Linn. Soc.*, vol. 65, pp. 455-500.

Wills M. A. et al. (1998) An arthropod phylogeny based on fossil and recent taxa. *Arthropod Fossils and Phylogeny* (Edgecombe D. E. G. ed.), pp. 33-105.

Zhang X. & Briggs D. E. G. (2007) The nature and significance of the appendages of Opabinia from the Middle Cambrian Burgess Shale. *Lethaia*, vol. 40, pp. 161-173.

〈鈴木雄太郎〉

## 9.3 甲殻類

### A. 甲殻類の基本体制と形態の多様性

甲殻類（甲殻亜門）は，形態的にも生態的にもきわめて多様化した節足動物の一群である．生息域は陸上から深海にまで至り，自由生活性から固着性，寄生性など，さまざまな生活様式がみられる．

甲殻類の特徴として，内肢と外肢からなる二叉型の付属肢をもち（図1h），頭部に2対の触角をもつことがあげられる．頭部は5節（発生初期にみられる口前葉を含めると6節）が癒合してできていると考えられ（大塚・駒井，2008），前方から第1触角，第2触角，大顎，第1小顎，第2小顎の5対の付属肢を備える（図1b～f）．頭部の節と付属肢の数（5節，5対）は広く共有されているが，頭部より後方の体節，付属肢の数や形態は分類群によってさまざまに異なる．

現生の甲殻類は一般的に鰓脚綱，ムカデエビ綱，カシラエビ綱，顎脚綱，軟甲綱の5綱に分類される（大塚・駒井，2008）．このうち鰓脚綱，ムカデエビ綱，カシラエビ綱は頭部より後方の体節や付属肢の形態が同規的で，原始的と考えられる体制を示すと考えられてきた．鰓脚綱のアルテミア属などでは，頭部より後方の体節（胸部）には葉状の遊泳脚が並び，胸部の後方（腹部）には無肢の体節が並ぶ（図2d）．同様の形態はカシラエビ綱にもみられ，形態の類似した葉状付属肢を備える胸部と無肢の腹部をもつ（図2c）．ムカデエビ綱（図1）には胸部と腹部の区別もみられず，頭部より後方（胴部）には多数の同規的な体節が並び，胴部の付属肢は前方の1対（顎脚）と最後端の枝状肢を除き，すべて似通った扁平状である（図1a，2b）．

これに対して，いわゆるエビ・カニの仲間を含む軟甲綱では，胸部，腹部の体節や付属肢の形態，機能分化が顕著にあらわれる．軟甲綱は頭部より後方に8節の胸部と6節（コノハエビ亜綱では7節）の腹部をもつ（図2e）．コノハエビ亜綱を除き，一般的に胸部付属肢は頑強で鋏脚や歩脚となる．腹部付属肢は遊泳や抱卵の機能を果たすことが多い．

多くの軟甲綱では，ひとつの合体節[1]中で付属肢の機能がさらに細分化される．前方の胸部付属肢は顎脚とよばれ，摂餌機能のために形態が特殊化している（顎脚は顎脚綱やムカデエビ綱にもみられる）（図1g）．前から何番目までの胸部付属肢が顎脚になるかは分類群によって異なり，顎脚のできる体節とHox遺伝子の$Ubx$の発現境界が相関することが知られている．すなわち，$Ubx$の発現しない胸節に顎脚が形成される（Averof & Patel, 1997; Abzhanov & Kaufman, 2000）．

カイアシ亜綱や貝虫亜綱，鞘甲亜綱などを含む顎脚綱は，さらに著しい体制の特殊化を示す．顎脚綱は基本的に付属肢を備えた7節の胸部と無肢の腹部をもつ（図2f～i）が，この基本体制が明瞭でないグループが多く存在する．鞘甲亜綱のフジツボ類やエボシガイ類では腹部が退化し，胸部付属肢は蔓脚とよばれる蔓状の構造になり，これを海中に伸ばして摂餌に用いる．体の左右に二枚貝状の殻をもつ貝虫亜綱では体節構造が失われ，胸部付属肢も0～2対と退化的である．鞘甲亜綱のフクロムシ類の成体では，体節と付属肢が完全に退化し，十脚類の体内に網状構造を形成して内部寄生を行なう．なお，分子系統解析から，顎脚綱は単系統群を形成しないと現在では考えられている（図2）．顎脚綱のきわめて多様な形態や分子系統解析の結果を踏まえると，顎脚綱に含まれるグループのいくつかは独立の綱として扱われるべきかもしれない[2]．

### B. 甲殻類の分子系統解析

甲殻類を含んだ分子系統解析はこれまでに多数公表されているが，タクソンサンプリングが不十分であるものが多い．Regierらによる一連の研究（Regier et al., 2005, 2008, 2010）が情報量，タクソンサンプリングの両面の充実で群を抜く．Regier et al. (2010) は，75種の節足動物を用いた，62の核遺伝子の配列に基づく系統解析を報告しており，甲殻類5綱すべてから計25種のデータが解析に含められている．

---

[1] 胸部や腹部など，形態や機能が類似した体節の集合．
[2] 貝虫亜綱は独立した綱とされる場合もある（たとえば，Martin & Davis, 2001）．

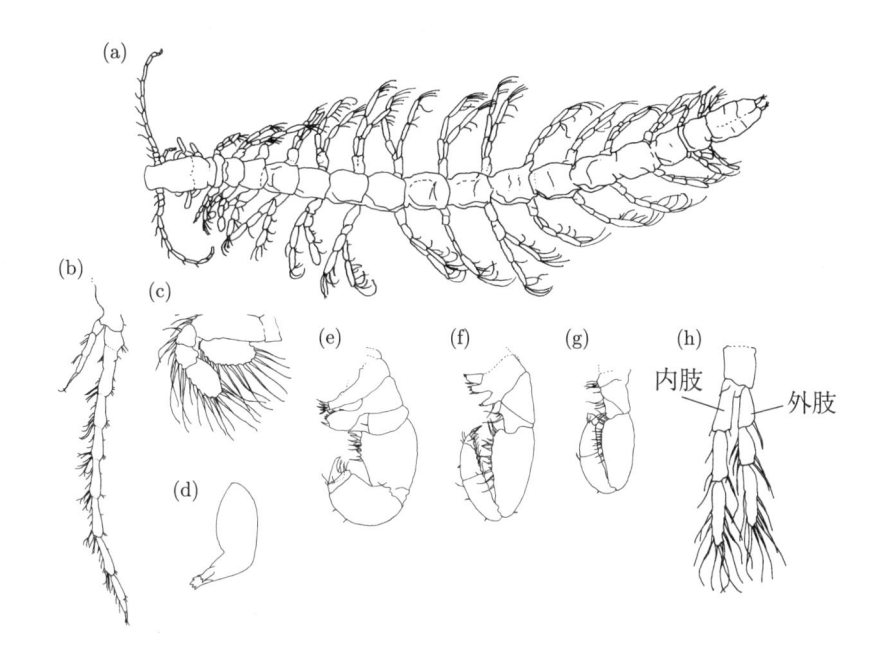

**図 1** ムカデエビ綱の一種の体制および付属肢
(a) 全体図,(b) 第 1 触角,(c) 第 2 触角,(d) 大顎,(e) 第 1 小顎,(f) 第 2 小顎,
(g) 顎脚,(h) 胴肢.(Koenemann *et al*., 2007 より改変).

Regier *et al*. (2010) に基づくと,甲殻類各綱(亜綱)の系統関係は図 2a のように示すことができる.ここでは,同規的な体節をもつムカデエビ綱などがもっとも根元から分岐しているわけではなく,むしろ特殊な体制を示す貝虫亜綱と鰓尾亜綱[3]などがもっとも早く分岐する.残りの分類群は大きくふたつに分けられる.ひとつは【鰓脚綱+(カイアシ亜綱+〈鞘甲亜綱+軟甲綱〉)】である.形態学的には鞘甲亜綱と軟甲綱が近縁であるとは考えがたく,〈鞘甲亜綱+軟甲綱〉は分子系統解析により「発見」された興味深いクレードである.もう一方は(〈カシラエビ綱+ムカデエビ綱〉+六脚亜門)という系統関係を示している.カシラエビやムカデエビはこれまで甲殻類の原始的な特徴を示すと考えられてきたが,神経解剖学的には六脚亜門と同様な複雑な構造をもつことも報告されている(Farenbruck *et al*., 2004).この Regier らによる解析結果は,これまで考えられてきた系統関係に大きな見直しを迫るものである.今後,分子系統学の情報量を増やしたうえでの再検証と同時に形態学的な特徴のみなおしが必要になりそうだ.

### C. 甲殻類の化石記録

甲殻類の化石記録は古く,カンブリア紀の「オルステン型動物群」からは多数の甲殻類の化石が発見されている.「オルステン」とはスウェーデン南部に産する石灰質団塊をさし(Waloszek, 2003),ここからはカンブリア紀の微小な甲殻類の化石が数多く発見され,その 3 次構造がよく保存されている.同様の化石は南北米大陸,シベリア,オーストラリアなど世界中に産出する(Waloszek, 2003).

オルステン動物群からは,上唇[4]の発達がみられないなどの特徴から現生の甲殻類よりも原始的と考えられている絶滅群[5]の化石が多数発見されている.現生の甲殻類の仲間では,鰓脚綱や貝虫亜綱などがカンブリア紀後期にあらわれており(大塚・駒井,2008),近年では鰓脚綱やカシラエビ綱に類似した付属肢を備えた真甲殻類がカンブリア紀前期の地層か

---

[3] 一般的に「チョウ」とよばれ,魚類に外部寄生する.第 1 小顎が吸盤状に変形し,上下唇が口吻となるなど,寄生性に適した特殊な形態を進化させている.

[4] 口陥前方を覆う板状の構造.
[5] これらは「擬甲殻類」とよばれ,現生のグループを含む「真甲殻類」と区別される.(大塚・駒井,2008)

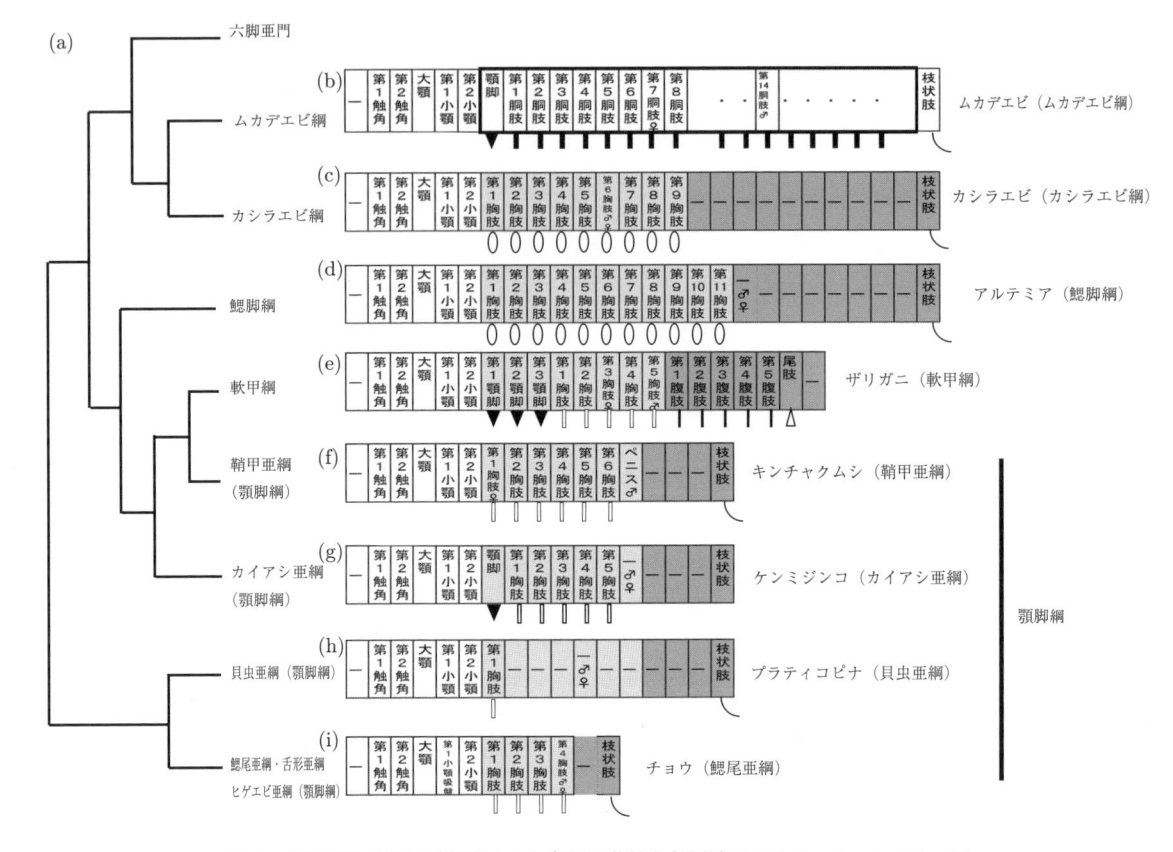

**図 2** 節足動物の分子系統樹 (a) と各綱の体節と付属肢のバリエーション (b)〜(f)
□：頭部，▨：胸部，▬：腹部，□：胴部，—：付属肢なし，黒三角形：顎脚，黒太線：胴肢，楕円形：葉状胸肢，白太線：棒状胸肢，黒細線：腹肢，曲線：枝状肢，白三角形：尾肢．
((a)：Regier et al., 2010 を基に作図，(b)〜(f)：大塚・駒井，2008 を基に作図)．

ら記載されている（Zhang et al., 2007）．さらには，シタムシ類の仲間と考えられるカンブリア紀の動物の化石も発見されている（Waloszek et al., 2006）．シタムシ類（舌形亜綱）は脊椎動物に内部寄生し，寄生生活のために形態を蠕虫状に特化させ，かつては独立した動物門として扱われていたが，現在は分子系統解析などの結果から鰓尾亜綱に近縁であると考えられている（Lavrov et al., 2004）．これらの化石記録は，カンブリア紀にはすでに甲殻類が多様化を遂げていた事実を裏づけている．軟甲綱はデボン紀以降，ムカデエビ綱は石炭紀からの記録が知られており，カシラエビ綱の化石はこれまでのところ発見されていない（大塚・駒井，2008）．

## D．おわりに

甲殻類の形態的多様性は節足動物のなかでも突出しており，形態進化の興味深い研究対象である．また，甲殻類はカンブリア紀前期までさかのぼる古い起源をもち，さらには六脚類が甲殻類から派生したことが示唆されるなど，節足動物全体の進化を考えるうえでも甲殻類の情報はきわめて重要である．その一方で，同規的体節をもち，形態的に原始的と考えられる分類群が分子系統解析では分岐の根元に位置しないなど，体制の進化には不明な点も残されている．

近年，鰓脚綱の一種である *Daphinia pulex* の全ゲノム配列が，甲殻類では初めて公開された（wFleaBase：http://iubio.bio.indiana.edu/daphnia/）．EST データもさまざまな分類群で蓄積されつつあり，また現在は軟甲綱ヨコエビ亜目の一種である *Jassa slatteryi* のゲノムプロジェクトが進行中である（Stillman et al., 2008）．ヨコエビ類は近年，分

子発生学の研究材料としても用いられ始めている (Rehm *et al.*, 2009).

[引用文献]

Averof M. & Patel N. H. (1997) Crustacean appendage evolution associated with changes in Hox gene expression. *Nature*, vol. 388, pp. 682-686.

Abzhanov A. & Kaufman T. C. (2000) Embryonic expression patterns of the Hox genes of the crayfish *Procambarus clarkii* (Crustacea, Decapoda). *Evol. Dev.*, vol. 2, pp. 271-283.

Fanenbruck M. *et al.* (2004) The brain of remipedia (Crustacea) and an alternative hypothesis on their phylogenetic relationships. *Proc. Natl. Acad. Sci. USA*, vol. 101, pp. 3868-3873.

Koenemann S. *et al.* (2007) Micropacteridae, a new family of Remipedia (Crustacea) from the Turks and Caicos Islands. *Organisms Diversity & Evolution*, vol. 7, pp. 52.e1-52.e14.

Lavrov D. V. *et al.* (2004) Phylogenetic position of the Pentastomida and [pan]crustacean relationships. *Proc. Biol. Sci.*, vol. 271, pp. 537-544.

Martin J. W. & Davis G. E. (2001) An updated classification of the recent Crustacea. *Natural History Museum of Los Angeles County, Science Series*, vol. 39, pp. 1-124.

大塚 攻・駒井智幸 (2008) 甲殻亜門. 石川良輔編, バイオダイバーシティ・シリーズ第6巻『節足動物の多様性と系統』裳華房.

Regier J. C. *et al.* (2005) Pancrustacean phylogeny : hexapods are terrestrial crustaceans and maxillopods are not monophyletic. *Proc. Biol. Sci.*, vol. 272, pp. 395-401.

Regier J. C. *et al.* (2008) Resolving arthropod phylogeny: Exploring phylogenetic signal within 41 kb of protein-coding nuclear gene sequence. *Syst. Biol.*, vol. 57, pp. 920-938.

Regier J. C. *et al.* (2010) Arthropod relationships revealed by phylogenomic analyses of nuclear protein-coding sequences. *Nature*, vol. 463, pp. 1079-1083.

Rehm E. J. *et al.* (2009) The Crustacean *Parhyale hawaiensis*: A New Model for Arthropod Development. in *Emerging Model Organisms*, vol. 1, pp. 373-404, Cold Spring Harbor Laboratory Press.

Stillman J. H. *et al.* (2008) Recent Advances in Crustacean Genomics. *Integ. Comp. Biol.*, vol. 48, pp. 852-868.

Waloszek D. (2003) Cambrian 'Orsten'-type Arthropods and the Phylogeny of Crustacea. in Legakis A. *et al.* ed., *The New Panorama of Animal Evolution*, pp. 69-87, Proceedings 18th International Congress of Zoology, Pensoft Publishers.

Waloszek D. *et al.* (2006) A new Late Cambrian pentastomid and a review of the relationships of this parasitic group. *Trans. R. Soc. Edinb. Earth Sci.*, vol. 96, pp. 163-176.

Zhang X-g. *et al.* (2007) An epipodite-bearing crown-group crustacean from the Lower Cambrian. *Nature*, vol. 449, pp. 595-598.

（伊藤 敦・八畑謙介・和田 洋）

## 9.4 クモ・ダニ類

### A. 系統分類

クモやダニは節足動物門（Arthropoda），鋏角亜門（Chelicerata）に分類される．鋏角類の体は，前後に大きくふたつの部分，前体部（prosoma），後体部（opisthosoma）に分けられ，前体部は6対の付属肢，すなわち，前方から鋏角，触肢，第一〜第四歩脚を備える．後体部は最大12個の体節で構成される．現存の鋏角類は蛛形類（Arachnida）と剣尾類（Xiphosura）からなる．前者にはクモやダニのほかにサソリなどが含まれ，後者にはカブトガニが含まれる．

鋏角類の化石記録は豊富である．分類群ごとの最古の化石記録が，Dunlop & Selden（2009）にまとめられている．それによれば，剣尾類とサソリ類（Scorpiones）はそれぞれ4.45億年前，4.28億年前，ダニ類（Acari）とクモ類（Araneae）はそれぞれ4.10億年前，3.12億年前のものが最古の化石記録である．絶滅した鋏角類として，ウミサソリ類（Eurypterida）が有名だが，このグループの化石は4.6億年前のものが最古の記録となる．

近年の分子系統解析では，鋏角類はムカデやヤスデなどを含む多足類（Myriapoda）と比較的近い系統関係にあるらしい（Hwang et al., 2001; Cook et al., 2001; Kusche & Burmester, 2001）．鋏角亜門内の分類群間の系統関係については，ミトコンドリアゲノムの配列情報や遺伝子配置を利用した解析があるものの，いまだ結論には至っていない（Fahrein et al., 2007）．鋏角類に近縁と考えられているウミグモ類（Pycnogonida）は，5.01億年前から化石記録があるが（Waloszek & Dunlop, 2002），その系統的位置はまだ定まっていない（Podsiadlowski & Braband, 2006）．分子時計を用いた解析では，蛛形類と剣尾類の分岐は$4.75\pm0.53$億年前，鋏角類と多足類の分岐は$6.42\pm0.63$億年前，[鋏角類+多足類]と[昆虫類+甲殻類]の分岐は$7.25\pm0.46$億年前にさかのぼると推定されている（Pisani et al., 2004）．このように，昆虫類の研究が発展している現状を考えれば，クモ・ダニ類は節足動物の初期進化を理解するうえできわめて重要な位置にいるといえる．

### B. 実験発生学
#### a. 体軸誘導

クモ・ダニ類のなかで，特にカブトガニとクモは発生学の実験材料として使われ，体軸の発生にかかわる興味深い現象がみいだされてきた．これまでに行なわれたカブトガニ胚とクモ胚を使った実験は2冊の本のなかで詳しく紹介されている（関口，1999; 吉倉，1987）．

Holm は Agelena labyrinthica（イナズマクサグモ）を使って移植実験を行ない，体軸がふたつに分岐した重複胚をつくった（Holm, 1952）．重複胚を誘導することができた移植片は，クムルスとよばれる胚盤期の小さな肥厚領域である．クムルスはもともと胚盤の中心（閉鎖した原口と一致）に形成され，そこから胚盤の縁に向かって移動する．Holm は移動したクムルスを半分切り取って胚盤の反対側に移植した．移植片を色素で標識することによって，その移植片が胚外組織の一部に分化したことも示された．つまり，ふたつの体軸は本来の胚外領域と，異所的に生じた胚外領域に挟まれたふたつの胚領域にできたのである．Holm は移植実験に加え，クムルスの除去実験も行ない，左右相称の体制を形づくるためにクムルスが必要であることを示した．Holm が行なった実験の結果は，少なくとも A. labyrinthica では，体軸の発生が細胞間相互作用によって調節されており，その過程において，クムルスからのシグナルが重大な役割を果たしていることを示唆するものであった．

関口と丘はカブトガニを用い，胚盤内のさまざまな領域を電気焼殺する実験を行なった．その結果，胚盤をふたつに分断するように直線上に細く焼殺すると，高頻度で重複胚が形成された（関口，1999）．カブトガニ胚の原口部からもクモ胚のクムルスと同じような構造が出現し，それまでの対称性を破って一方向に移動するが，この構造を焼殺しても目立った異常はひき起こされなかった．それに対して，伊藤らはクムルス様の構造が出現する前の原口部の細胞塊を同じステージの別の胚の，原口と反対側に移

植することによって重複胚の形成を誘導した（Itow et al., 1991）.

以上のように，鋏角類内の系統的に遠く離れた種において体軸の調節的発生が示されてきた．このことは鋏角類の，もしかすると節足動物の共通祖先の状態を反映している可能性がある．また，クモとカブトガニの移植実験は，重複胚の形成をひき起こしたという点において両生類の原口上唇部の移植実験（Spemann & Mangold, 1924）と類似している．だが，後述するように，最近のクモの体軸形成に関する分子的研究から類推すれば，両者の移植実験で移植された組織が相同ではないと考えられる．

**b. モデル種**

近年，ゲノム学や発生学の発展にともなって，さらに医学や農学の要請もあり，モデル種を開拓することの意義は高まっている．すでにふたつの種でゲノム解読プロジェクトが進行している．それらはライム病の病原体を媒介するマダニ（*Ixodes scapularis*）と害虫のハダニ（*Tetranychus urticae*，ナミハダニ）である．*I. scapularis* のゲノムサイズは 2.3 Gbp（ショウジョウバエの約20倍）で大きいが，これまでにゲノムサイズが調べられた100種以上のクモでもほとんどが1 Gbp 以上である（Megy et al., 2008; Gregory & Shorthouse, 2003）．このようにクモ・ダニ類の多くは比較的大きなゲノムをもつのだが，*T. urticae* のゲノムは例外的に小さい（75 Mbp）．ハダニの研究の歴史は古く，おもに害虫駆除の観点から研究され（Helle & Sabelis, 1985），近年では比較発生学にも用いられている（Grbic et al., 2007）．この種は胚発生が39時間で完了し，7日以内に卵から成体になる．ゲノムが小さいことや発生が速いことに加え，産卵数の多さや透明なコリオンなど発生の研究に有利な特性をもつ．

クモ類のなかでは，*Cupiennius salei*（ドクシボグモの一種）と *Achaearanea tepidariorum*（オオヒメグモ）が比較発生学の研究によく使われる（McGregor et al., 2008; Oda & Akiyama-Oda, 2008）．RNA 干渉（RNA interference：RNAi）によって遺伝子機能を抑制できることが報告され，これらの種の利用価値が高まった．しかし，*C. salei* はペットとして流通しているものの，成体は胴体が約 3.5 cm と大きく，卵から成体になるまでの期間が10カ月と長いため，飼育・繁殖には適さない．対して，*A. tepidariorum* は汎存種で胴体は 7～8 mm，ライフサイクルも比較的短く（3～4カ月），実験室内での飼育・繁殖に適する．ゲノムサイズも約 1.4 Gbp で，クモ類のなかでは比較的小さい．このクモはとりわけ産卵数が多く，胚発生も観察しやすい．そして何よりも，親から子へ垂直に伝播する RNAi を利用して，容易に遺伝子機能を解析できることが最大の利点である．

**c. 発生プログラムの進化**

*C. salei* や *A. tepidariorum* を用いた比較発生学は，左右相称動物のボディプランを形づくる発生プログラムがどのように進化したかについて新しい見方を提供している．これらの研究ではショウジョウバエとクモの相違点がみいだされると同時に，クモと脊椎動物の類似点が指摘されている．たとえば，クモで Delta-Notch シグナル経路が体軸に沿ったくりかえし構造の形成に関与する点はショウジョウバエと異なるが，脊椎動物と似ている（Stollewerk et al., 2003）．さらに，クモで Decapentaplegic（Dpp）シグナルを拮抗阻害する分子 Short gastrulation（Sog）が胚の正中線を中心とするパターン形成に必須の役割を果たす点もショウジョウバエと異なり，脊椎動物と似ている（Akiyama-Oda & Oda, 2006; Oda & Akiyama-Oda, 2008）．

最後に，Holm が重複胚をつくるために移植したクムルスはおそらく Dpp シグナルの発信源である（Akiyama-Oda & Oda, 2003）．一方，脊椎動物では Dpp シグナルと相同なシグナルを拮抗阻害する活性によって重複胚が誘導されるが，この阻害活性を担う分子のひとつが節足動物の Sog と相同である（De Robertis, 2006）．つまり，クモと脊椎動物において，正反対の分子活性が体軸誘導にかかわる．この点は注目すべき違いであり，ここに体軸進化の謎を解く鍵があるだろう．

[引用文献]

Akiyama-Oda Y. & Oda H. (2003) Early patterning of the spider embryo: a cluster of mesenchymal cells at the cumulus produces Dpp signals received by germ disc epithelial cells. *Development*, vol. 130, pp. 1735-1747.

Akiyama-Oda Y. & Oda H. (2006) Axis specification in the

spider embryo: dpp is required for radial-to-axial symmetry transformation and sog for ventral patterning. *Development*, vol. 133, pp. 2347-2357.

Cook C. E. *et al.* (2001) Hox genes and the phylogeny of the arthropods. *Curr. Biol.*, vol. 11, pp. 759-763.

De Robertis E. M. (2006) Spemann's organizer and self-regulation in amphibian embryos. *Nat. Rev. Mol. Cell Biol.*, vol. 7, pp. 296-302.

Dunlop J. A. & Selden P. A. (2009) Calibrating the chelicerate clock: a paleontological reply to Jeyaprakash and Hoy. *Exp. Appl. Acarol.*, published on line.

Fahrein K. *et al.* (2007) The complete mitochondrial genome of Pseudocellus pearsei (Chelicerata: Ricinulei) and a comparison of mitochondrial gene rearrangements in Arachnida. *BMC Genomics*, vol. 8, pp. 386.

Grbic M. *et al.* (2007) Mity model: Tetranychus urticae, a candidate for chelicerate model organism. *Bioessays*, vol. 29, pp. 489-496.

Gregory T. R. & Shorthouse D. P. (2003) Genome sizes of spiders. *J. Hered.*, vol. 94, pp. 285-290.

Helle W. and Sabelis M. W. (1985) *World crop pests spidermites: their biology, natural enemies and control*, Elsevier.

Holm Å. (1952) Experimentelle Untersuchungen über die Entwicklung und Entwicklungsphysiologie des Spinnenembryos. *Zool. BiDr Uppsala*, vol. 29, pp. 293-424.

Hwang U. W. *et al.* (2001) Mitochondrial protein phylogeny joins myriapods with chelicerates. *Nature*, vol. 413, pp. 154-157.

Itow T. *et al.* (1991) Induction of secondary embryos by intra- and interspecific grafts of center cells under the blastopore in horseshoe crabs. *Dev. Growth Differ.*, vol. 33, pp. 251-258.

Kusche K. & Burmester T. (2001) Diplopod hemocyanin sequence and the phylogenetic position of the Myriapoda. *Mol. Biol. Evol.*, vol. 18, pp. 1566-1573.

McGregor A. P. *et al.* (2008) Cupiennius salei and Achaearanea tepidariorum: Spider models for investigating evolution and development. *Bioessays*, vol. 30, pp. 487-498.

Megy K. *et al.* (2008) Genomic resources for invertebrate vectors of human pathogens, and the role of VectorBase. *Infect. Genet. Evol.*, vol. 9, pp. 308-313.

Oda H. & Akiyama-Oda Y. (2008) Differing strategies for forming the arthropod body plan: lessons from Dpp, Sog and Delta in the fly Drosophila and spider Achaearanea. *Dev. Growth Differ.*, vol. 50, pp. 203-214.

Pisani D. *et al.* (2004) The colonization of land by animals: molecular phylogeny and divergence times among arthropods. *BMC Biol.*, vol. 2, pp. 1-10.

Podsiadlowski L. & Braband A. (2006) The complete mitochondrial genome of the sea spider Nymphon gracile (Arthropoda: Pycnogonida). *BMC Genomics*, vol. 7, pp. 284.

関口晃一 (1999)『カブトガニの生物学』 制作同人社.

Spemann H. & Mangold H. (1924) Über Induktion von Embryonalanlagen durch Implantation artfremder Organisatoren. *Wilhelm Roux Arch. Entw. Mech. Org.*, vol. 100, pp. 599-638.

Stollewerk A. *et al.* (2003) Involvement of Notch and Delta genes in spider segmentation. *Nature*, vol. 423, pp. 863-865.

Waloszek D. & Dunlop J. A. (2002) A larval sea spider (Arthropoda: Pycnogonida) from the Upper Cambrian 'Orsten' of Sweden and the phylogenetic position of pycnogonids. *Palaentology*, vol. 45, pp. 421-436.

吉倉 眞 (1987)『クモの生物学』 学会出版センター.

〈小田広樹〉

## 9.5 昆虫

### A. 昆虫の系統分類と進化

昆虫（Insecta）は，節足動物門の六脚亜門昆虫綱の総称で，広義には六脚類（Hexapoda）とよばれることも多い．六脚類の分化は4億年以上前に起こったとされ，デボン期前期のトビムシの化石はそのことを支持する．六脚類の特徴は，頭部，胸部，腹部の明瞭な体節構造をもち，進化的には単系統性のグループであるとの考え方が主流である．以下に述べる「昆虫」とは，簡便のために六脚類と同義として述べる．

#### a. 節足動物の進化と昆虫

古くはアリストテレスの時代から，昆虫は「体が節に分かれているという動物（エントマ，Entoma）」として分類されていた（石川，1996）．昆虫を含む節足動物は明瞭な体節構造をもつ．同様に環形動物も体節構造をもつ．このような体節構造は前口動物のなかでも特徴的で，節足動物と環形動物は共通の祖先から進化したとされ，この2門は「体節動物」と長くよばれてきた．しかし，18S rDNAなどを用いた分子系統学的な解析から，環形動物よりもむしろ系統的に離れているとされた線虫などのほうが節足動物に近縁である，との認識が近年広まった（Aguinaldo et al., 1997）．節足動物や線虫動物などは，硬いクチクラ構造で覆われ，脱皮によって不連続に成長していくという共通した特徴をもつことから，Aguinaldoらはこれらの動物群を「脱皮動物（Ecdysozoa）」とよぶように提唱した．その後，分子系統的な解析の多くはこの仮説を支持する（de Rosa et al., 1999）．

#### b. 昆虫の体節構造と付属肢の進化

節足動物の特徴は，体の各節にそれぞれ1対の付属肢があることである．一番はじめの節（先節）の付属肢は，もっとも古い節足動物と思われる三葉虫では触角であるが，それより新しくあらわれたカブトガニ（剣尾類）などでは付属肢がなく，そのつぎの節（第1体節）に鋏状の付属肢（鋏角）がみられる．このような第一体節に鋏角をもつ節足動物（クモ，サソリ，ダニなど）は鋏角類とよばれるが，甲殻類では鋏角はなく触角（第2触覚）があり，昆虫類では付属肢そのものがない．また，昆虫や甲殻類（エビ，カニなど）では，先節に触覚がある．また，昆虫と甲殻類に共通するのは，第2体節の付属肢が大顎となっている（昆虫・甲殻類・多足類（ムカデ，ヤスデ）などをあわせて大顎類ともよぶ）ことだ．

昆虫の頭部は先節と第4体節までの5節が融合し，付属肢は触角と口器となっている．第5～第7体節は胸部で，前胸，中胸，後胸とよばれる．胸部の各体節にはそれぞれ1対の脚があり，翅は中胸と後胸にある．腹部は基本的には12体節からなるが，種によって節の増減が認められる．腹部には付属肢がない場合も多いが，交尾器や尾角などが後端に近い節にみられる．

甲殻類は海中で進化し，その呼吸器官は鰓であるが，昆虫類と多足類は陸上で分化し，空気から酸素を摂取する気管系を発達させた．その入口である気門は基本的には各体節（昆虫の翅のある場所では通常消失している）の側面に1対ある．昆虫では第2体節の大顎とその後の2節の付属肢が口器となり，その後の三つの体節（つまり胸部）の付属肢のみが歩行のための脚となった．

#### c. 昆虫の分類と進化 （岩槻ほか，2008）（図1）

・内顎綱と外顎綱

広義の昆虫は，より原始的な内顎綱（Entognatha）と外顎綱（Ectognatha，狭義の昆虫綱）に大別される．内顎綱には，三つの目（粘管目（トビムシ目），原尾目（カマアシムシ目），双尾目（コムシ目））が含まれる．これらはすべて無翅であり，現在は外顎綱に含まれる無翅のシミ目・イシノミ目とともに無翅亜綱として内顎綱にまとめられていたこともあった．

外顎綱は単系統性のグループであることがほぼ確かめられており，触覚第二節に空気の振動を感知するジョンストン器官があるなど，形態的な共通点がいくつか認められる．無翅の古顎目（イシノミ目），総尾目（シミ目）以外はすべて翅がある．イシノミ目は大顎などの形態から単丘亜綱（Monocondylia）に唯一分類され，それ以外の外顎綱の29目はすべて双丘亜綱（Dicondylia）に分類される．そのなかでシミ目のみが結虫下綱（Zygentoma）に分類される．

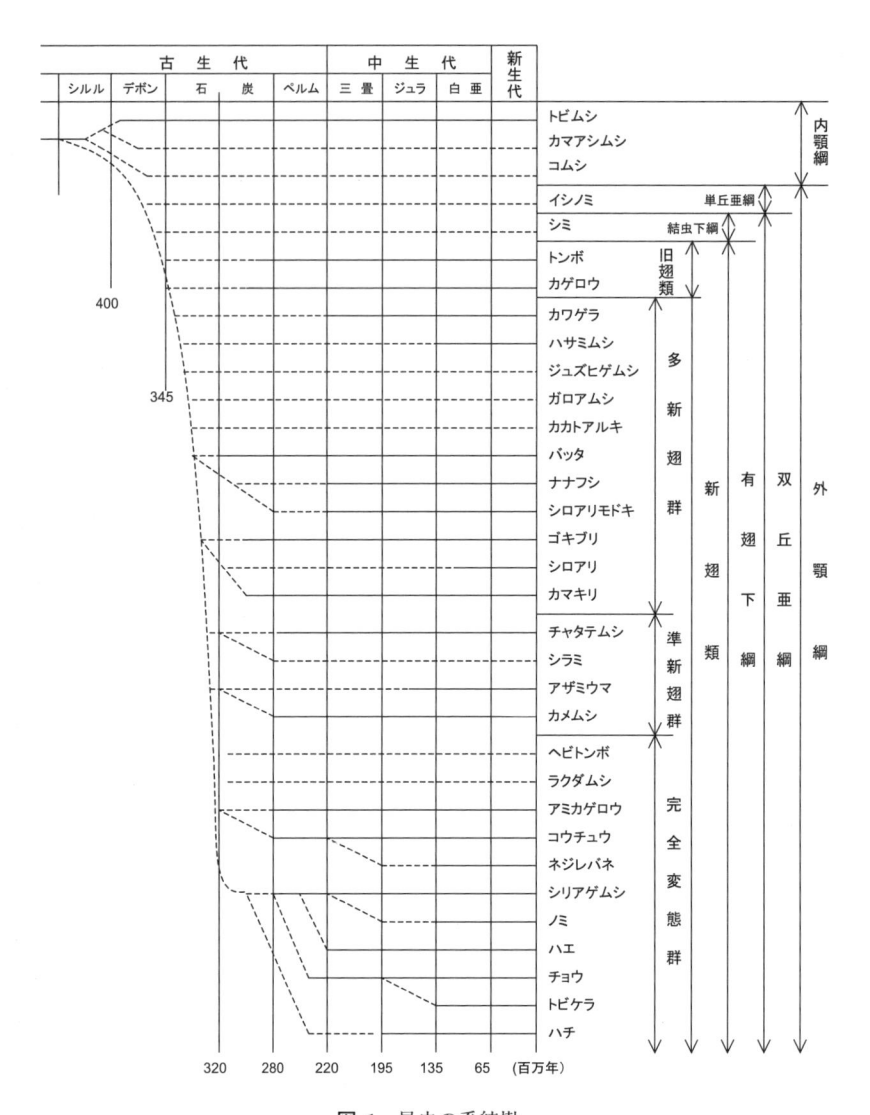

図1 昆虫の系統樹
点線は化石が発見されていないが，出現が推定される部分．（平嶋ほか，1997の図II-16より改変）

・有翅昆虫の分類と進化

残りの28目は有翅昆虫であり，有翅下綱（Pterigota）に属し，上下にのみはばたき運動をする旧翅類（Palaeoptera，蜻蛉目（トンボ目）と蜉蝣目（カゲロウ目））と，上下運動と後方への折り曲げができる新翅類（Neoptera）に分けられる．

新翅類はさらに多新翅群（Polyneoptera），準新翅群（Paraneoptera），完全変態群（Holometabola）に分類される．多新翅群には直翅目（バッタ目）や等翅目（シロアリ目）など11目が含まれるが，その系統進化の関係についてはまだ十分には理解されていない．多新翅群では前翅に比べ後翅が発達した．準新翅群にはシラミ目や半翅目（カメムシ目）など4目が含まれる．準新翅群では後翅には大きな変化はないが，翅の基部の構造の特殊化や吸汁式口器の発達などがみられる．完全変態群は単系統であると考えられ，幼虫の翅原基（翅芽）が体内に収納されて発達することから内翅類ともよばれる．鱗翅目（チョウ目）や隠翅目（ノミ目）など11目が含まれる．

d. 各目の形態・生態・進化的特徴

（石川，1996；岩槻ほか，2008）

・内顎綱

(1) トビムシ目（Collembola，粘管目）：体長1〜3mm．無翅昆虫で最大のグループ．5節ある

腹部第4節に跳躍器がある．南極まで含む広い生息域．3亜目・約5000種．

(2) カマアシムシ目（Protura, 原尾目）：体長0.5～2mmの無翅昆虫．触角もない．脱皮に従って体節が増える．前脚を鎌のように持ち上げて歩く．4科・約450種．

(3) コムシ目（Diplura, 双尾目）：体長3～50mmで無翅．尾角の形状からナガコムシ亜目とハサミコムシ亜目に分かれる．両者は独立した目との説もある．世界で約250種．

・外顎綱

（単丘亜綱）

(4) イシノミ目（Archaeognatha, 古顎目）：体長7～20mm無翅．大顎の頭蓋への接続は内顎類と同様に1カ所．卵割は全割．鱗片に覆われる．2科・約400種．

（双丘亜綱・結虫下綱）

(5) シミ目（Thysanura, 総尾目）：体長7～20mmで無翅．イシノミ目とは異なり，大顎の頭蓋への接続は2カ所，卵割は盤割．乾燥した室内などに生息．白い鱗片に覆われる．メナシシミ科，シミ科，ムカシシミ科など4科・約330種．

（双丘亜綱・有翅下綱・旧翅類）

(6) トンボ目（Odonata, 蜻蛉目）：翅の開帳で20～160mm．絶滅した原トンボ目では開帳75cmの化石．幼虫は水棲．幼虫成虫とも肉食．雄は腹部2～3節にある副性器で雌に精子を渡す．3亜目（トンボ，ムカシトンボ，イトトンボ）・約5000種．

(7) カゲロウ目（Ephemeroptera, 蜉蝣目）：体長1～80mmで最古の有翅昆虫ともされる．幼虫は水棲．2亜目（3亜目との説もある）・19科・約2100種．

（双丘亜綱・有翅下綱・新翅類・多新翅群）

(8) カワゲラ目（Plecoptera, 襀翅目）：体長4～50mm．清流に棲む．無翅種もある．南半球のミナミカワゲラ亜目と北半球のキタカワゲラ亜目．約2000種．

(9) ハサミムシ目（Dermaptera, 革翅目）：体長4～80mm．尾端に尾鋏をもつ．分子系統的にはカワゲラ目に近いとされる．ハサミムシ亜目以外に寄生性の2亜目がある．約1800種．

(10) ジュズヒゲムシ目（Zoraptera, 絶翅目）：3mm以下．9節の数珠状の触角をもつ．シロアリに似るが食材しない．1科・22種．分子解析ではハサミムシと近縁で，カワゲラが両者と近縁．

(11) ガロアムシ目（Grylloblattodea）：20～30mm．仏外交官ガロアの日本での発見が命名源．無翅で直翅目とゴキブリ目の中間的形態．分布域は東アジアや北米西．2亜科・23種．

(12) カカトアルキ目（Mantophasmatodea）：2002年に発見された新しい目．つま先を持ち上げて歩く無翅昆虫．ナナフシとカマキリの中間的な形態から命名．アフリカ南部の半乾燥地帯に生息．精子の形態や分子系統解析などからはガロアムシに近縁と思われる．

(13) バッタ目（Orthoptera, 直翅目）：2～200mm．跳躍のため後脚が発達し，発声器と聴覚器（鼓膜）をもつ種が多い．バッタ亜目とキリギリス亜目に分かれる．約2万種．

(14) ナナフシ目（Phasmatodea, 竹節虫目）：一般に大型で最大330mmほど．無翅が多い．チビナナフフシ亜目とナナフシ亜目で約2500種．前者は1科9種のみ．両者は単系統と考えられる．

(15) シロアリモドキ目（Embioptera, 紡脚目）：シロアリに似るが，絹糸で巣をつくることから紡脚目と命名．雌は無翅．8科・約300種．分子系統解析からはナナフシに近縁とされる．

(16) ゴキブリ目（Blattodea, 網翅目）：2～110mm．扁平で大型種が多い．カマキリ，シロアリと卵鞘，頭蓋，翅脈の形状に共通性があり，あわせて網翅類ともよばれる．分子系統も支持する．6科・約4300種．

(17) シロアリ目（Isoptera, 等翅目）：20mm以下．ゴキブリの直系昆虫群．食材性と社会性が発達．生殖虫（王と女王）だけに翅があり，兵蟻と職蟻の階級をもつ（雌雄あり）．食材性のゴキブリ科からの派生が分子系統からも支持されている．7科・約2100種．

(18) カマキリ目（Mantodea, 蟷螂目）：頭部が逆三角形で，鎌状の前脚と雌の多孔性卵鞘が特徴的．分子系統からも「ゴキブリ・シロアリ」の姉妹群と認められる．分類は定説がないが，16科・約1800種．

（双丘亜綱・有翅下綱・新翅類・準新翅群）

(19) チャタテムシ目（Psocoptera, 噛虫目）：1～10 mm．一般に有翅．翅は大きく，静止時に前翅を屋根型にたたむ．3亜科・約2600種．シラミ目（マルツノハジラ亜目）と近縁．

(20) シラミ目（Phthiraptera）：1～10 mm．扁平で無翅．鳥類と哺乳類の寄生性昆虫．シラミ亜目とハジラミの3亜目・約500種．シラミ目とゾウハジラミ亜目は姉妹群．

(21) アザミウマ目（Thysanoptera, 総翅目）：0.5～15 mm．一般に細長く，食植性で，吸汁式口器をもつ．不完全変態だが蛹期がある．アザミ亜目とクダアザミ亜目・約6000種．

(22) カメムシ目（Hemiptera, 半翅目）：0.8～110 mm．細長い吸汁式口器をもつ．不完全変態昆虫で最大のグループ．腹吻亜目（アブラムシなど），頸吻亜目（セミなど），鞘吻亜目，異翅亜目（カメムシ）約140科．約85000種．前3亜目を同翅類とする分類はあまり使われない．

（双丘亜綱・有翅下綱・新翅類・完全変態群）

(23) ヘビトンボ目（Megaloptera, 広翅目）：幼虫は水棲．翅と大顎が発達した成虫は夜行性で水辺に棲む．蛹は裸蛹．最大175 mm．ヘビトンボ科とセンブリ科のみの約270種．

(24) ラクダムシ目（Raphidioptera）：5～20 mm．完全変態最小の目．幼虫は陸生で捕食性．成虫の頭部と前胸が細長い．2科・約210種．単系統群と考えられる．

(25) アミカゲロウ目（Neuroptera, 脈翅目）：幼虫は捕食のための顎や口器が発達．成虫の翅は大きく透明で，翅脈は複雑な網目状．17科・約6000種．

(26) コウチュウ目（Coleoptera, 鞘翅目）：通常1～60 mm．前翅が硬化して背面を覆う翅鞘となり，後翅で飛翔する．全動物で最大の目．現在170科37万種以上が知られる．翅構造などの固有形質で特徴づけられる単系統群．最大のカブトムシ亜目など4亜目．

(27) ネジレバネ目（Strepsiptera, 撚翅目）：0.5～6 mm．雌雄異形．雌は無翅無脚の蛆虫様で寄生性．雄は前翅が退化．過変態を行なう．9科・約600種．コウチュウ目と近縁との説．

(28) シリアゲムシ目（Mecoptera, 長翅目）：2～40 mm．雄は腹端の交尾器を持ち上げる．前後翅は細長く同形．9科・約600種．ユキシリアゲムシ科はノミ目の姉妹群との説．

(29) ノミ目（Siphonaptera, 隠翅目）：1～10 mm．複眼はなく無翅で暗色．左右に扁平になった吸血性昆虫．顎がなく吻状の口器．後脚が発達している．通常16科・約2500種．

(30) ハエ目（Diptera, 双翅目）：0.5～60 mm．後翅は退化して平均棍となり，前翅で飛翔する．口器の特殊化が著しい．祖先的なカ亜目とハエ亜目．140科・12万種以上．

(31) チョウ目（Lepidoptera, 鱗翅目）：通常，開帳10～100 mm．幼虫の多くは食植性．成虫は鱗片に覆われ，吸引型の伸びた口器が特徴．106科・16万種以上．4亜目に分類．

(32) トビケラ目（Trichoptera, 毛翅目）：2～40 mm．幼虫の多くは水棲．全身を毛で覆われた成虫は夜行性．チョウ目に近縁．45科・1万5000種以上．

(33) ハチ目（Hymenoptera, 膜翅目）：2～40 mm．翅は透明で膜状．前翅が発達．一部の種は社会性をもつ．89科12万種以上．ハバチ亜目とハチ亜目に分かれる．

## B. 昆虫特有な適応形質の進化

昆虫は海洋を除くほぼすべての地域に生息する，地球最大の種数（定説はないが少なくとも100万種はこえると思われる）を誇る生物群である．膨大な遺伝的多様性をもつ「種のストック」により，あらゆる環境に適応しうることがその繁栄に結びついているのだろう．

昆虫のサイズは一般的に小さい．現存する最小の昆虫は0.4 mm程度（クロムクゲキノコムシ）で，最

大で約50 cm（ナナフシの一種）である（松香ほか，1992）。一方，最小昆虫と最大昆虫のサイズの比は1300倍となり，哺乳類（最大のクジラと最小のジャコウネズミ）の750倍よりも大きい。昆虫は多様なサイズの生物群ともいえる。昆虫は他の生物があまり利用しない，数mm～数十cmという「小空間」のニッチを占めることに成功した。

　昆虫の小ささは一方で，温度，光，湿度などの環境の影響を大きく受ける要因ともなった。体の小ささは体積あたりの表面積を増やすことになり，体内の水分の蒸発を防ぐ必要性を生じさせた。硬い表皮を発達させて耐乾燥性をもつことには成功したが，成長するにつれて脱皮をくりかえすシステムが必要となった。また，変温動物である昆虫は温度に対する適応を迫られ，休眠などの適応的な形質を発達させた。

　昆虫の種数の拡大に大きく貢献したのは，翅の獲得（9.6項参照）と進化，完全変態システムの進化のふたつと考えられる。現存する昆虫のほとんどは有翅昆虫であり，そのうち80%以上が完全変態昆虫であることは，その成功の大きさを物語っている。翅の獲得は，鳥とコウモリ以外の生物種のいない「空」という生息域を昆虫にもたらした。一方，完全変態により幼虫・蛹・成虫のステージが生じ，それぞれは成長，発生，生殖に特化した機能分化をもたらし，それに応じた多様な適応戦略が生み出された。

　体の小さい昆虫は，小型・中型動物に捕食される。そのような捕食圧の高さから，擬態などの適応的形質を発達させる一方，寄生・共生・単為発生・社会性など多様な行動・生態・生殖様式を進化させた。

　このような昆虫の適応性の基盤となっているおもな形質と進化について簡単に述べる。

**a. クチクラと脱皮**

　昆虫の体表を覆う硬いクチクラは，体内水分の保持，生体防御などにはたらく。クチクラはおもにキチンと多数のタンパク質でつくられ，大きく3層からなる。脱皮時に体内のエクジソン（脱皮ホルモン：ステロイドの一種）濃度が一過的に上昇すると，クチクラの内側の真皮細胞でクチクラタンパク質の遺伝子発現が誘導され，順次古いクチクラの下側に分泌され，キチンと結合して硬くなり，新たな皮膚がつくられる。昆虫の種類（例：甲虫とイモムシ）や体表の場所（例：腹部と翅）によって硬い皮膚，柔らかい皮膚が生じるのは，キチンとの結合性の違いやクチクラタンパク質の種類の違いによると思われる。最近のゲノム解読の結果から，RR型クチクラタンパク質の数は，ショウジョウバエでは101種，カイコでは148種，ミツバチでは28種と大きく異なり，それぞれの生活史に応じて適応的に変化した可能性が示された（The international silkworm genome consortium, 2008）。クチクラは体表の毛，鱗片，突起，角，付属肢を形づくり，昆虫の進化できわめて重要な役割を果たしていると考えられる。

**b. 変態システムの進化**（Truman & Riddiford, 1999）

　進化的に翅をもたない昆虫や二次的に翅をなくしたシラミ目では，生殖器官を除けば成虫とほぼ同じ形態をしている（無変態）。一方，不完全変態昆虫の多くは翅や生殖器官が若齢（ニンフ）の時期から徐々に発達するが，蛹期はない。ただし，昆虫目によってその形式はかなり異なり，カゲロウは幼虫期の最後に亜成虫となり，さらに脱皮して成虫となる。完全変態昆虫では，翅は幼虫内部で翅原基（wing disc）として存在し，前蛹（蛹に脱皮する前の終齢幼虫）から蛹にかけて他の成虫器官とともに組織分化，すなわち「変態」が起こる。変態は幼若ホルモン（juvenile hormone：JH）の低下と前蛹期と蛹期の2回のエクジソン濃度の一過的上昇によって，組織特異的にさまざまな遺伝子発現が体系的に起こる現象と理解される。JH（セスキテルペノイドの一種）は昆虫固有のホルモンで，JHが高い状態でエクジソンがはたらくと脱皮，JHが低い状態でエクジソンがはたらくと変態が起こるとされる。エクジソンは細胞内でエクジソン受容体（ecdysone receptor：EcR）とUSPによって受けとられ，十数個の初期遺伝子を活性化し，さらに多数の後期遺伝子の活性化をひき起こすことがある程度わかっている。一方，JHはその受容体を含め，シグナル伝達カスケードはほとんど解明されておらず，変態がどのようにして進化的に成立したかを理解するためにも，その解明が待たれる。

**c. 翅の形質の進化**

　昆虫はその目の名称からもわかるように，翅の形

態がそれぞれの昆虫を特徴づける大きな指標となっている．翅こそが昆虫の適応的な形質としてもっとも目立つものともいえる．トンボやカゲロウといった上下に翅を動かすだけの有翅昆虫から，後方に翅を折りたためる新翅類が登場し，翅の形や機能はきわめて多様化した．さらに完全変態昆虫では，前蛹や蛹期で翅原基を基により多様な形式の翅をつくりだすことができるようになった．たとえば，鞘翅目の甲虫は体を防御するために前翅を硬くして体を覆い，飛翔の際には後翅のみを使う．これと対照的なのが，ハエなどの双翅目昆虫で，後翅が退化し前翅だけで飛ぶ．これらは最初から翅が消失したのではなく，発生の過程でUbxなどのホメオティック遺伝子が翅を形成しないように制御しているためである（Carroll, 1995）．翅がまともに4枚ある膜翅目や鱗翅目も前後の翅を連動させて飛ぶものが多く，双翅目の昆虫は「2枚」の翅で飛ぶように進化したのかもしれない．

一方，アリ，シロアリ，アリマキ，シラミ，ノミといった，翅そのものを形成しなくなった「有翅昆虫」も数多い．これらの翅形成メカニズムがどのように停止（破棄）されているのかはほとんどわかっていない．また，雌雄のどちらかだけが適応的に翅を消失させる種も少なくない．たとえば，アカモンドクガの雄は完全な翅をもつが，メスは完全に翅がない．これは蛹の段階で雌特異的にアポトーシスを起こすプログラムが組み込まれたためである（Lobbia et al., 2003）．

### d. ゲノムと染色体の進化

昆虫のゲノムサイズは，種によって大きく異なる．たとえば，ショウジョウバエは約180 Mbであるが，カイコは約530 Mbである．ショウジョウバエではゲノムの数％ほどしか転移因子がないが，カイコでは約44％を占めることから，昆虫のゲノムサイズの増幅はこのような配列に依存すると考えられる（The international silkworm genome consortium, 2008）．一方，染色体数はアリではn=1からn=600，鱗翅目でもn=10からn=220と際立った多様性がある．その要因や適応性に関してはよくわからないが，鱗翅目や半翅目では動原体が分散した分散型動原体であり，染色体が断片化してもある程度安定化しうる可能性がある．染色体の末端（テロメア）はほとんどの昆虫では（TTAGG）の5塩基のテロメア反復配列で構成されているが，双翅目昆虫ではテロメラーゼそのものが欠損しており，特異的なレトロトランスポゾンがその機能を補っている．また，カイコなどではテロメア反復配列に転移するレトロトランスポゾンが弱いテロメラーゼ活性を補っている可能性が高い（Fujiwara et al., 2005）．昆虫の性染色体システムも，カイコのようなZW型（メスヘテロ），ショウジョウバエのようなXY型（オスヘテロ），ミツバチのような半倍数性（性染色体がなく半数体が雄，受精した2倍体は雌）など多様性がある．昆虫には性ホルモンがないことは特筆すべき点である．遺伝型のみで性が決まるため，時に雌雄の形質が入り混じったモザイク個体（ジナンドロモルフ）が観察されることがある．

[引用文献]

石川良輔（1996）『昆虫の誕生』中公新書．

岩槻邦男・馬渡峻輔 監修，石川良輔 編集（2008）バイオダイバーシティ・シリーズ6『節足動物の多様性と系統』裳華房．

松香光夫 他（1992）『昆虫の生物学』玉川大学出版会．

平嶋義宏 他（1997）『昆虫分類学』川島書店．

Aguinaldo A. M. et al. (1997) Evidence for a clade of nematodes, arthropods and other moulting animals. *Nature*, vol. 387, pp. 489-493.

de Rosa R. et al. (1999) Hox genes in brachiopods and priapulids and protostome evolution. *Nature*, vol. 399, pp. 772-776.

The international silkworm genome consortium (2008) The genome of a lepidopteran model insect, the silkworm *Bombyx mori*. *Insect Biochemistry and Molucular Biology*, vol. 38, pp. 1036-1045.

Truman J. W. & Riddford L. M. (1999) The origins of insect metamorphosis. *Nature*, vol. 401, pp. 447-452.

Carroll S. B. (1995) Homeotic genes and the evolution of arthropods and chordates. *Nature*, vol. 376, pp. 479-485.

Lobbia S. et al. (2003) Female specific wing degeneration caused by ecdysteroid in the tussock moth, Orgyia recens; Hormonal and developmental regulation of sexual dimorphism formation. *Journal of Insect Science*, vol. 3. pp.e11.

Fujiwara H. et al. (2005) Telomere-specific non-LTR retrotransposons and telomere maintenance in the silkworm, *Bombyx mori*. *Chromosome Res.*, vol. 13, pp. 455-467.

（藤原晴彦）

## 9.6 昆虫の翅の起源

系統発生学的にみて，昆虫に最初から翅があったとは考えにくい．このことは，もっとも古い昆虫の化石である，約4億年前のデボン紀のトビムシに翅がないことからも容易に想像がつく．現存する昆虫でも，内顎綱の粘管目（トビムシ目），原尾目（カマアシムシ目），双尾目（コムシ目），外顎綱の古顎目（イシノミ目），総尾目（シミ目）の虫には翅がない．これらの昆虫はより祖先的と思われる形質を多数保持しており，原始的な昆虫グループと考えられる．

一方，現存する有翅昆虫で分類学的にもっとも古いのは，2対の翅が存在する蜻蛉目（トンボ目）と蜉蝣目（カゲロウ目）である．また，現存するすべての有翅昆虫の胸部第二・第三体節には，基本的に2対の翅が存在する（ただし二次的に翅を失った，双翅目で後翅を退化させた，などの例はあるが）．したがって単純には，翅のない祖先型の昆虫から，胸部に2対の翅がある種が出現したと考えたくなる．しかし，石炭紀の地層から発見された古翅目の1種（*Stenodictya lobata*）の化石には，胸部第二・第三体節だけでなく，胸部第一体節や腹部の多数の体節に小さな翅様の構造がみられる（松香ほか，1992）（図1a）．また，より古い石炭紀の化石にも各体節に翅のような突出構造をもった化石が発見されている．このような事実から，翅の出現当初は各体節に翅様の構造体があったが，やがて胸部の4枚の翅だけを残し，他は消失したと考えられる．化石記録でも，腹部の翅様構造や胸部第一体節の翅が長い時間を経て消失したことが示唆されている．ショウジョウバエの腹部では *Ubx, abd-A, Abd-B* が，胸部第一体節では *Scr* が翅の形成を抑制するように指令している（Carroll et al., 2002）．現存の昆虫におけるこれらのホメオボックス遺伝子の役割も，上記の仮説を支持すると思われる（図2）．

哺乳類や鳥類の翼は，基本的には胸びれや前肢が変化して生じたが，昆虫の翅はそれらとはまったく起源が異なる新奇形質と考えられる．化石記録などを基に考えると，おそらく3億年以上前のデボン紀

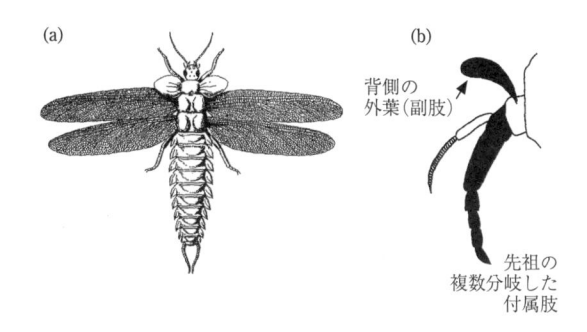

**図1** 石炭紀の *Stenodictya lobata* の化石の模式図 (a) と甲殻類の分岐した付属肢と外葉（副肢）(b)

に，カゲロウもしくはそれに近縁な昆虫の水棲幼虫の各体節に最初の翅様の構造が新たに生じたと推測される．「翅のない昆虫から翅様器官はどのように新たに生じたか」という問いには，下記のようないくつかの仮説が提唱されてきた．

(1) 水生昆虫にみられる気管鰓のような突出体が発達して翅になった．
(2) 背側の体壁の一部が突出して翅になった．
(3) 甲殻類などにみられる複数に分枝した付属肢（付属肢の基節に複数の突出物（外葉もしくは副肢）がついたもの）の背側の突出物が発達して翅になった（図1b）．

甲殻類との遺伝子発現との比較から，現在は(3)の説が有力と考えられている．ショウジョウバエの翅の発生調節に必要な *pdm* や *apterous* の発現パターンが，甲殻類の胸部肢の背側外葉でも同様であることがその論拠のひとつとなっている．甲殻類の胸部肢の背側外葉は呼吸や浸透圧調節にはたらいている．これは，昆虫の翅も当初呼吸器官としてはたらいていたという説と矛盾しない．原始的な水生昆虫の各体節にあった翅様突起は，当初は呼吸器官だったが，徐々に水面を滑走するようなはたらきをもつようになり，最終的には胸部の2対の翅が飛翔する能力を獲得するようになった，というのが現時点での有力な進化スキームである．最新の論文（Niwa et al., 2011）も参照いただきたい．

[参考文献]

松香光夫他（1992）『昆虫の生物学』玉川大学出版会．

Carrroll S. B. et al. (2002) From DNA to Diversity, Wiley-Blackwell. [上野直人・野地澄晴 監訳（2003）『形づくりと進化の不思議』羊土社]

Niwa N. et al. (2011) Evolutionary origin of the insect wing via integration of two developmental modules. *Evolution and Development*, vol. 12, pp. 168-176.

（藤原晴彦）

## 9.7 昆虫，陸上へ

　動物種の約 75% を占める昆虫類［＝内顎類（＝欠尾類〈＝カマアシムシ目＋トビムシ目〉＋コムシ目）＋外顎類（＝単関節丘類〈＝イシノミ目〉＋双関節丘類〈＝シミ目＋有翅昆虫類〉）］は，その多様化をもっぱら陸域で展開してきた．したがって，陸上進出は，昆虫類の進化・繁栄にとって，もっとも重要なイベントである．昆虫類の初期の化石記録としては，長い間，最古のものとされてきたデボン紀中期からの内顎類トビムシ目（Hirst & Maulik, 1926），その後発見された，シルル紀との境界にごく近い下部デボン紀からの外顎類単関節丘類のイシノミ類と，双関節丘型の大顎の化石などがある（Kukalová-Peck, 1987; Labandeira et al., 1988）．これらの記録から，デボン紀以前，すでにシルル紀には昆虫類の陸上進出，内顎類と外顎類，さらには外顎類内の単関節丘類と双関節丘類の分岐は起こっており，「無翅昆虫類」の全 5 目，すなわちカマアシムシ目，トビムシ目，コムシ目，イシノミ目，シミ目は出揃っていたと推測される．

　Kukalová-Peck（1987）は昆虫類の陸上進出をつぎのように書いている．昆虫類が陸上進出をはたしたと考えられるシルル紀は，植物が陸上に進出した時代でもあった．すなわち，陸域にはまだ植物の被覆がなかったことから，シルトの流出が続き，水域は泥濁，光合成に有効な日射はごく浅い海域にしか届かなかった．このような環境において，光合成植物は浅海域，さらには水際に集中するようになったと考えられる．水際に集中した植物は，やがて水際の陸域に進出し始めた．これらの植物の主体は緑藻で，そのほかにコケ植物，さらには古生マツバランなどの祖先も含まれていた．しかし，このように植物は陸上進出したとはいえ，深く陸域に進出し，立派な陸上植生を形づくるのは石炭紀になってからであり，シルル紀（そして下部デボン紀にかけて）の時代は，陸上植生も水際にかぎられていた．昆虫類の祖先を含む動物も植生が集中している水際に集中した．そして，昆虫類の祖先は，もっとも将来性のある新たなニッチェとして陸域を求め，陸上での呼吸

図1 岩上に生える緑藻を食べるヒトツモンイシノミ
→口絵3参照

## 9.8 体節制と付属肢

体節動物あるいは節足動物では，前後軸に沿って周期的に繰り返される立体構造，「体節（segment）」により体が構成される．これらのグループにおける体節は，脊椎動物などの原体節などと異なり，1対の「体腔嚢（coelomic sac）」，1対の「神経節（ganglion）」，1対の「付属肢（appendage）」をもつことで定義される．環形動物にみられるものがもっとも初原的な体節制（metamerism）とされる．最先端に原脳がある「口前節（acron）」，最後端に肛門を含む「尾節（telson）」があり，その間に，1対ずつの体腔嚢，神経節，付属肢をもつ同質の体節が続く．このような体節制を「同質（同規）体節制（homonomy）」とよぶ．口前節は体腔嚢，付属肢を，尾節は体腔嚢，神経節，付属肢を欠き真の体節ではない．節足動物においては，グループごとで異なった「異質（異規）体節制（heteronomy）」化が進行する．さらに，複数の体節が機能的に連関し，互いに近似して他の部分と明瞭に区別される領域，すなわち「合体節（tagma）」を形成する．昆虫類は，合体節化の結果，「頭部（head）」，「胸部（thorax）」，「腹部（abdomen）」の三部分からなる体制を獲得する．各体節は堅牢なクチクラ性の外骨格で覆われ，背側の背板（tergum, notum），腹側の腹板（sternum），側方の側板（pleuron）が区別される．

昆虫類の頭部体節制に関しては，頭部が口前節に続く何節に由来するかで多くの議論があり（Rempel, 1975），現在でも決着はついていない．もっとも多くの体節を認める説においては，頭部は口前節，前触角体節（preantennal segment），触角体節（antennal segment），間挿体節（intercalary segment），大顎体節（mandibular segment），小顎体節（maxillary segment），下唇体節（labial segment）から構成されるとする．頭部の付属肢は著しく特殊化あるいは退化する．胸部は3体節からなり，それぞれの付属肢は歩脚である．腹部は，ほとんどの昆虫類を構成する外顎類においては，11体節と尾節からなる．内顎類昆虫においては，トビムシ目で5体節+

に好都合な外骨格の陥入構造である気管系を獲得した．最近の分子系統は甲殻類を昆虫類の姉妹群としているが，ときに甲殻類の原始系統群である鰓脚類との類縁が示唆される（Meusemann et al., 2010）．ほとんどの鰓脚類は淡水性であることに注目すると，昆虫類の陸上進出は淡水域で起こったと考えるのが妥当であろう．

陸上進出をはたした昆虫類の祖先は，大部分の昆虫類を構成する外顎類の原始系統群である単関節丘類を唯一構成するイシノミ類（図1）のようなものであったと想定されている．イシノミ類は湿った環境に生息し，岩や樹皮に生える陸生の緑藻を主食とし，陸上進出をはたした当初の昆虫類を髣髴とさせる．昆虫類が陸上に適応するにあたっては，胚の恒常性維持も重要であった．昆虫類の胚は脊椎動物のそれに類似した胚膜構造（羊膜や漿膜）を発達させることはよく知られているが，イシノミ類は，この胚膜構造の初原を昆虫類が初めて獲得した，まさにその段階にあたるグループでもある（Machida, 2006）．

［引用文献］

Hirst S. & Maulik S. (1926) On some arthropod remains from the Rhynie chert (Old Red Sandstone). *Geol. Mag.*, vol. 63, pp. 69-71.

Kukalová-Peck J. (1987) New Carboniferous Diplura, Monura, and Thysanura, the hexapod ground plan, and the role of thoracic side lobes in the origin of wings (Insecta). *Can. J. Zool.*, vol. 65, pp. 2327-2345.

Labandeira C. C. et al. (1988) Early insect diversification: evidence from a Lower Devonian bristletail from Quebec. *Science*, vol. 242, pp. 913-916.

Machida R. (2006) Evidence from embryology for reconstructing the relationships of hexapod basal clades. *Arthropod Syst. Phylogeny*, vol. 64, pp. 95-104.

Meusemann K. et al. (2010) A Phylogenomic approach to resolve the arthropod tree of life. *Mol. Biol. Evol.*, vol. 27, pp. 2451-2464.

（町田龍一郎）

尾節，カマアシムシ目においては11体節+尾節，コムシ目においては10体節+尾節である．付属肢は基本的に退化する．口前節および前触角体節の神経節は前大脳（protocerebrum），触角体節神経節は中大脳（deutocerebrum），間挿体節神経節は後大脳（tritocerebrum）として融合して脳（brain）を，また，大顎体節，小顎体節，間挿体節の神経節も互いに融合して大きな食道下神経節（suboesophageal ganglion）を形成する．腹部神経節も，特に後方のものは互いに融合し，大神経節となる．

　付属肢は単肢型（uniramus）で，基本形は歩脚としての胸部付属肢にみられる．胸部付属肢は基部側の底肢（基肢節）（coxopodite）と先端側の端肢節（telopodite）からなり，前者は基部よりの亜基節（subcoxa）と先端側の基節（coxa），後者は基部から，転節（trochanter），腿節（femur），脛節（tibia），跗節（tarsus），爪（claw）を含む前跗節（pretarsus）からなる．亜基節の基方に上基節（epicoxa）を想定することもあり，また，跗節はしばしば数節に亜分節する．基節を除く底節は環節構造を失い平板化，片節化し，側板形成，腹板形成に関与する（Uchifune & Machida, 2005）．頭部体節では付属肢は著しく特殊化する．付属肢は，触角体節では触角（antenna），大顎体節，小顎体節，下唇体節ではそれぞれ大顎（mandible），小顎（maxilla），下唇（labium）（第二小顎）に分化する．端肢節は小顎では小顎鬚（maxillary palp），下唇では下唇鬚（labial palp）となる．大顎は端肢節部が退縮し底節要素のみからなるとされる．胸部付属肢と異なり，大顎，小顎，下唇は底節部に内葉（endite）が発達する：大顎での臼歯（molar）および切歯（incisor），小顎での小顎内葉（lacinia）および小顎外葉（galea），下唇での中舌（glossa）および副舌（paraglossa）．前触角体節では付属肢は退縮するとの考えと，上唇（labrum）をその付属肢とする説がある．間挿体節は甲殻類の第二触角体節に対応し，付属肢は退化する．近年，間挿体節付属肢は前方に伸張し，上唇の由来となるとの説もある（Haas et al., 2001）．胸部は3体節からなり，それぞれの付属肢は歩脚である．腹部付属肢は基本的に退化するが，翅をいまだ獲得していない原始的な体制をとどめる「無翅昆虫類」は，退化的ではあるが機能的な付属肢が明瞭に認められ，ときに著しい特殊化を示す：内顎類のカマアシムシ目，コムシ目，外顎類のイシノミ目，シミ目での腹刺（腹肢）（stylus）や腹胞（ventral sac），内顎類のトビムシ目では，特殊化した第一・三・四腹部体節付属肢として，それぞれ腹管（ventral tube），保体（tenaculum, retinaculum），跳躍器（furca）とよばれる．

[引用文献]

Haas M. S. et al. (2001) Pondering the procephalon: the segmental origin of the labrum. Dev. Genes Evol., vol. 211, pp. 89-95.

Rempel J. G. (1975) The evolution of the insect head: the endless dispute. Quaestiones Entomologicae, vol. 11, pp. 7-25.

Uchifune T. & Machida R. (2005) Embryonic development of Galloisiana yuasai Asahina, with special reference to external morphology (Insecta: Grylloblattodea). J. Morphol., vol. 266, pp. 182-207.

（町田龍一郎）

# 第 10 章
# 新口動物

| | | |
|---|---|---|
| 10.1 | 新口動物 | 西野敦雄 |
| *10.2 | 直游動物 | 田近謙一 |
| *10.3 | 二胚動物門 | 古屋秀隆 |
| *10.4 | 毛顎動物 | 後藤太一郎 |
| *10.5 | 珍渦虫動物門 | 中野裕昭 |
| 10.6 | 棘皮動物 | 西野敦雄 |
| 10.7 | 半索動物 | 西野敦雄 |
| 10.8 | 脊索動物 | 和田 洋・宮本教生 |
| 10.9 | 尾索動物 | 和田 洋 |
| 10.10 | 頭索動物 | 安井金也 |

(*本来は第8章に含まれるべきものです)

## 10.1 新口動物

### A. 新口動物を構成する動物門

　新口動物はわれわれヒトを含んだ系統である．その起源と進化に関する認識はわれわれが描く祖先の姿に直結するもので，新口動物の系統論は古くから動物学の中心的な課題である．1875年にThomas H. Huxleyにより付された分類群名称に由来する新口動物（後口動物：Deuterostomia）は，口が原口に由来せず，独立した陥入（口陥：stomodeum）から生じる動物群をさす．しかし現在では発生学的な意味内容は薄れ，むしろ分子系統学（特に最近では大規模な遺伝子情報比較に基づくphylogenomicsとよばれる解析）に基づいて定義されることが多い．そのなかで新口動物は，現生の動物門として，脊索動物門（Chordata），半索動物門（Hemichordata），棘皮動物門（Echinodermata），珍渦虫動物門（Xenoturbellida）を含み，脱皮動物（Ecdysozoa）と冠輪動物（Lophotrochozoa）を含む旧口動物（前口動物（Protostomia））と対置される形で，左右相称動物の片翼を構成する（図1）．これらのうち半索動物と棘皮動物を合わせた系統を水腔動物（Ambulacraria）と称し，さらにこれに珍渦虫動物を加えた系統としてXenambulacrariaが提唱されている（Bourlat et al., 2006；後者にはPerseke et al., 2007などの異論もある）．

　一般に新口動物は，発生過程において① 放射卵割を行ない，② 口が原口に由来せず，③ 肛門が原口ないしそれが形成された位置付近に開き，④ 中胚葉の上皮性体腔の生成が原腸のくびり切れによって生じる腸体腔（enterocoely）により，⑤ ディプリュールラ型幼生を生じ，⑥ 成体は⑤に備わる前後三対の体腔に由来する三体部性を示す．

　近年の分子系統解析は，新口動物から毛顎動物や箒虫動物を除外する一方，かつて扁形動物門の一系統とされていた無腸動物（Acoelomorpha，あるいはAcoelaとNemertodermatida）を，その他の左右相称動物全体の姉妹群におく説と（Ruiz-Trillo et al., 1999, 2002; Telford et al., 2000），新口動物系統に含める説を提示している（Philippe et al., 2007; Telford, 2008）．

　珍渦虫（*Xenoturbella*）は，遺伝子配列の比較研究からごく最近になって新口動物系統に含まれることが示された．これには北欧に産する2種のみが知られ，形態的特徴にきわめて乏しい．口と肛門は独立せず，上皮性体腔もない．平衡器はみられるが中枢神経系は存在せず，表皮に神経網のみが発達する．長らく謎の生物とされたが，近年，分子系統解析により水腔動物との類似性が示され，新たな門として新口動物系統に編入された（Xenoturbellida）(Bourlat et al., 2003, 2006)．無腸動物との類類性が指摘される一方で，種々の解析から水腔動物とはみなされず，むしろ水腔動物の姉妹群としての位置づけが提唱されている（図1）(Bourlat et al., 2003, 2006; Stach

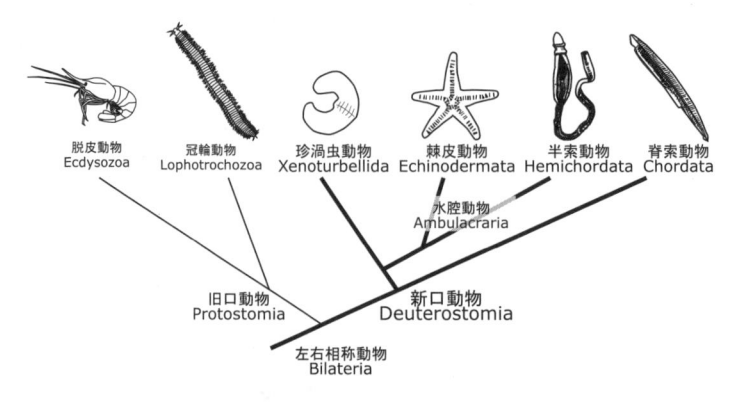

**図1　新口動物の系統**
現在の考えでは新口動物系統には珍渦虫動物門，棘皮動物門，半索動物門，脊索動物門の4門が含められる．棘皮動物と半索動物は単系統をなすとされ，あわせて水腔動物と称す．この系統関係は，あくまで現時点での理解であることに注意．

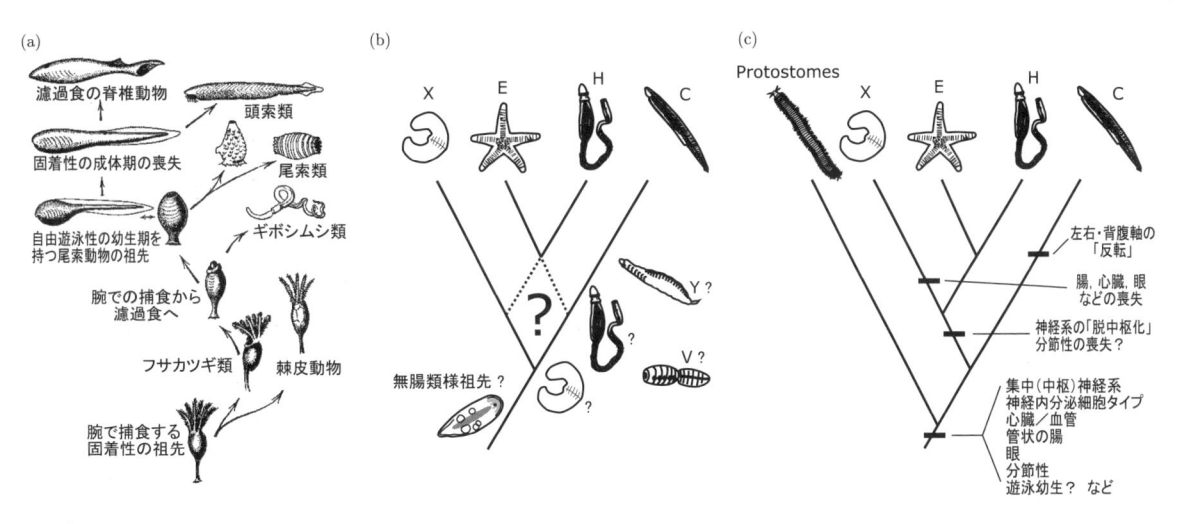

**図 2** 新口動物の進化に関する仮説
(a) 固着性の成体期をもつ動物の進化系列から自由生活者を生み出す歴史を想定した進化系統樹．Alfred S. Romer (1959) *The vertebrate story* より改変．(b) 単純な体制を備える無腸類様の祖先から，より複雑な自由生活者が段階的に生じたとする考え方．(c) 水腔動物と珍渦虫の単系統を信じ，且つ脊索動物と旧口動物の間に見られる遺伝子発現の対応関係を重視した場合に想定される形質の変化．C: 脊索動物，E: 棘皮動物，H: 半索動物，V: ヴェツリコリア，X: 珍渦虫，Y: ユンナノゾア．

*et al.*, 2005; Dunn *et al.*, 2008). 幼生形態の精査が望まれているが，その発生様式に関して確定的なものはいまだ示されていない (Telford, 2008).

これら現生の動物群のほか，いくつかの化石動物群が新口動物系統に含まれると議論されている．たとえば，新たな動物門として提案されたベツリコリア (Vetulicolia) は，前体部と後体部に分かれた明確な二体部制を示し，前体部には鰓を備え，内柱らしき器官も備わっている (Shu *et al.*, 2001). ユンナノゾア (Yunnanozoa) も明確な鰓をもち，体に分節構造がみられるが，それが脊索動物に近いと考える説と新口動物の幹群 (stem group) とすべきだとする説がある (図2) (たとえば，Shu *et al.*, 2003; Chen, 2008).

カルポイドとよばれる非常に発達した殻と柄を備えた化石も新口動物とされてきた．かつて Jefferies により脊索動物と棘皮動物を導く祖先とみなされたが (Jefferies, 1967, 1986), 現在では現生棘皮動物を導く幹群に位置づけられる (Gee, 1996; Bottjer *et al.*, 2006; Smith, 2005, 2007).

### B. 新口動物の祖先

新口動物に含まれる各動物門の進化にかかわる議論は続く各項で詳述し，ここではその想像される祖先形態について議論しておく．左右相称動物の仮想的祖先は，Urbilateria や PDA (protostome-deuterostome ancestor) とよばれる (De Robertis & Sasai, 1996; Erwin & Davidson, 2002; Hejnol & Martindale, 2008). かつて一般的な教科書では，触手動物，カルポイド，有柄ウミユリ (10.6項参照)，フサカツギ類 (10.7項参照)，ホヤ類 (10.9項参照) といった固着性動物の段階的進化系列から，自由生活者が順次派生していった進化史が取り上げられていた (図2) (Romer, 1959). しかし，① 無腸類がその他の左右相称動物の姉妹群であると示唆されたこと (たとえば，Ruiz-Trillo *et al.*, 2002), ② 珍渦虫が新口動物に編入されたこと (たとえば，Bourlat *et al.*, 2006), ③ フサカツギ類が派生的な半索動物とされたこと (10.7項参照; Halanych, 1995; Cameron *et al.*, 2000; Cannon *et al.*, 2009), ④ ナメクジウオ (頭索類) が脊索動物において祖先的な位置を占めるに至ったこと (Delsuc *et al.*, 2006) などから，無腸類，珍渦虫，ギボシムシ類，頭索類という自由生活者の新たな段階的進化系列が描き出された (図2). そこでは新口動物の祖先は口と肛門が分離せず，明確な中枢神経系も上皮性体腔もない動物と考えられる

（たとえば，Hejnol & Martindale, 2008）．しかし他方で，今日までに新口動物と旧口動物との間，特に環形動物と新口動物の間にみられる，時に戸惑うほどの器官配置や遺伝子発現パターンの対応関係が近年つぎつぎと明らかになっており，現在さらなる議論が進められている（たとえば，Lowe et al., 2006; Hejnol & Martindale, 2008; Denes et al., 2007）．

Arendt らのグループは環形動物多毛類（ゴカイの仲間）の Platynereis dumerilii を用いて大規模な遺伝子発現の比較解析を行なっている．彼らはこのゴカイのトロコフォア幼生における Brachyury 遺伝子が，新口動物のディプリュールラ型幼生におけるのと同様，肛門付近と口の腹側部で，Otx 遺伝子がやはりディプリュールラ同様，口に近い繊毛環に沿った領域に発現することをみいだし，腸管と口の周囲に繊毛を備えた幼生のボディプランが Urbilateria にさかのぼると考えた（Arendt et al., 2001）．このことは旧口動物と新口動物の体軸の対応関係に関する重大な示唆を与えている．かつて Geoffroy Saint-Hilaire は，甲殻類の背腹を逆転させて脊椎動物の体と重ね合わせた．近年，背腹軸決定にかかわる Dpp/BMP（bone morphogenetic protein）シグナルと，その拮抗因子，Sog/コーディン（chordin）が，ハエとカエルにおいて互いに背腹に関して逆にはたらくことが明らかになった（Holley et al., 1995; Sasai et al., 1995）．すなわちハエでは背側で発現する Dpp シグナルを，腹側の Sog が拮抗することで背腹の関係が成立するが，カエルでは BMP2/4 が腹側，コーディンが背側ではたらく．この BMP-コーディン軸と背腹軸の逆対応関係は節足動物と脊椎動物の間のどこかで起こったと考えられるが，最近ギボシムシ類で背側での BMP と腹側でのコーディンの発現と拮抗的作用が明らかにされた（Lowe et al., 2006）（10.7 項も参照）．また，脊椎動物においてもっぱら左側に発現して左右軸の決定に機能する Nodal, Lefty, Pitx といった遺伝子が，棘皮動物の幼生では体の右側に発現し，左右差の確立に関与することが示された（Duboc et al., 2005; Hibino et al., 2006）．これらにより古くから可能性がとりざたされていた背腹の反転は，左右軸の反転もともなって脊索動物の祖先で起こったことがほぼ確定されたといってよい．そしてこのことは，かつてディプリュールラ型幼生から脊索動物のボディプランを，「左右背腹関係を保つ形で」導いた Walter Garstang による Notoneurula 仮説（1894）を否定している．

Arendt らのグループはまた，脊椎動物の背側神経管で背腹軸に沿った入れ子状の発現を示す Nkx と Pax 遺伝子群が，P. dumerilii のトルナリア幼生腹側の中枢神経索でも，（背腹反転させると）驚くべき対応性で入れ子状の発現を示すことを明らかにし（Denes et al., 2007），さらにはトロコフォア幼生の前方神経節領域にペプチドホルモンを産生する神経細胞をみいだし，その細胞形態と遺伝子発現上の特徴が脊椎動物の視床下部にみいだされるものときわめてよく対応することを示した（Tessmar-Raible et al., 2007）．これらのことは神経系の集中化が Urbilateria ですでに生じ，その部域的細部も機能的細部も現在のものと対応していた可能性を示している．このほかにも眼，その他の感覚・神経内分泌細胞，循環器官の領域的・遺伝子発現上の対応関係は数多く旧口動物と新口動物の間にみいだされる（Hartenstein & Mandal, 2006; Hartenstein, 2006）．最近では，脊椎動物で明らかにされた分節時計に支えられた体節形成機構に近いものが，環形動物や節足動物にも存在する可能性が指摘されている（たとえば Rivera & Weisblat, 2009）．つまり，Urbilateria の姿は一続きの腸も中枢神経ももたない無腸動物とは大きく異なっていたと想像せざるをえなくなる（図 2）．

では本当に無腸類や珍渦虫は退化的なのか（Telford, 2008; Hejnol & Martindale, 2008）？　では，その高度な体制を備えた祖先から，カルポイド，ウミユリ，フサカツギ，そして脊索動物はどのようにもたらされたのだろうか．焦点となるのは，無腸類の系統学的位置，珍渦虫の生活史，フサカツギ類の位置の確定およびプラヌラ様幼生からの原腸・三体腔の形成過程，カルポイドの生活史の全体像，水腔動物と頭索類の間の相同性（三体腔，咽頭器官，感覚器官，内分泌器官，循環器官），水腔動物における散在神経系の祖先性/派生性の検証（たとえば，Nomaksteinsky et al., 2009）であるに違いない．特に水腔動物の三体腔は明確に相同とされているが，

これを支持する分子的証拠はまだない．またこの対応物を脊索動物の胚発生のなかにみいだせるだろうか．Notoneurula 仮説の不完全性が明らかになった今，新たな形でディプリュールラと脊索動物の対応関係が問われている．

[引用文献]

Arendt D. et al. (2001) Evolution of the bilaterian larval foregut. *Nature*, vol. 409, pp. 81-85.

Bottjer D. et al. (2006) Paleogenomics of echinoderms. *Science*, vol. 314, pp. 956-960.

Bourlat S. J. et al. (2003) *Xenoturbella* is a deuterostome that eats molluscs. *Nature*, vol. 424, pp. 925-928.

Bourlat S. J. et al. (2006) Deuterostome phylogeny reveals monophyletic chordates and the new phylum Xenoturbellida. *Nature*, vol. 444, pp. 85-88.

Cameron C. B. et al. (2000) Evolution of the chordete body plan: New insights from phylogenetic analyses of deuterostome phyla. *Proc. Natl. Acad. Sci. USA*, vol. 97, pp. 4469-4474.

Cannon J. T. et al. (2009) Molecular phylogeny of Hemichordata, with update status of deep-sea enteropneusts. *Mol. Phylogenet. Evol.*, vol. 52, pp. 17-24.

Chen J. Y. (2008) Early crest animals and the insight they provide into the evolutionary origin of craniates. *Genesis*, vol. 46, pp. 623-639.

Delsuc F. et al. (2006) Tunicates and not cephalochordates are the closest living relatives of vertebrates. *Nature*, vol. 439, pp. 965-968.

Denes A. S. et al. (2007) Molecular architecture of annelid nerve cord supports common origin of nervous system centralization in Bilateria. *Cell*, vol. 129, pp. 277-288.

De Robertis E. M. & Sasai Y. (1996) A common plan for dorsoventral patterning in Bilateria. *Nature*, vol. 380, pp. 37-40.

Duboc V. et al. (2005) Left-right asymmetry in the sea urchin embryo is regulated by nodal signaling on the right side. *Dev Cell*, vol. 9, pp. 147-158.

Dunn C. W. et al., (2008) Broad phylogenomic sampling improves resolution of the animal tree of life. *Nature*, vol. 452, pp. 745-749.

Erwin D. H. and Davidson E. H (2002) The last common bilaterian ancestor. *Development*, vol. 129, pp. 3021-3032.

Garstang W (1894) Preliminary note on a new theory of the phylogeny of the Chordata. *Zool. Anz.*, vol. 27, pp. 122-125.

Gee H. (1996) *Before the backbone: views on the origin of the vertebrates.* Chapman and Hall.

Hartenstein V. (2006) The neuroendocrine system of invertebrates: a developmental and evolutionary perspective. *J. Endocrinol.*, vol. 190, pp. 555-570.

Hartenstein V. & Mandal L. (2006) The blood/vascular system in a phylogenetic perspective. *Bioessays*, vol. 28, pp. 1203-1210.

Halanych K. M. (1995) The phylogenetic position of the pterobranch hemichordates based on 18S rDNA sequence data. *Mol. Phylogenet. Evol.*, vol. 4, pp. 72-76.

Hejnol A. & Martindale M. Q. (2008) Acoel development indicates the independent evolution of the bilaterian mouth and anus. *Nature*, vol. 456, pp. 382-386.

Hibino T. et al. (2006) Phylogenetic correspondence of the body axes in bilaterians is revealed by the right-sided expression of *Pitx* genes in echinoderm larvae. *Dev. Growth Differ.*, vol. 48, pp. 587-595.

Holley S. A. et al. (1995) A conserved system for dorsal-ventral patterning in insects and vertebrates involving sog and chordin. *Nature*, vol. 366, pp. 249-253.

Jefferies R. P. S. (1967) Some fossil chordates with echinoderm affinities. *Symposium of the Society of London*, vol. 20, pp. 163-208.

Jefferies R. P. S. (1986) T*he ancestry of the vertebrates*. British Museum (Natural History).

Lowe C. J. et al. (2006) Dersoventral patterning in hemichordates: insights into early chordate evolution. *PLoS Biol*, vol. 4, pp. e291.

Nomaksteinsky M. et al. (2009) Centralization of the deuterostome nervous system predates chordates. *Curr. Biol.*, vol. 19, pp. 1264-1269.

Perseke M. et al. (2007) The mitochondrial DNA of *Xenoturbella bocki*: Genomic architecture and phylogenetic analysis. *Theory Biosci.*, vol. 126, pp. 35-42.

Philippe H. et al. (2007) Acoel flatworms are not platyhelminthes: evidence from phylogenomics. *PLoS One*, vol. 2, pp. e717.

Rivera A. S. & Weisblat D. A. (2009) And Lophotrochozoa makes three: Notch/Hes signaling in annelid segmentation. *Dev. Genes Evol.*, vol. 209, pp. 37-43.

Romer A. S. (1959) *The vertebrate story*. University of Chicago Press.

Ruiz-Trillo I. et al. (1999) Acoel flatworms: earliest extant bilaterian Metazoans, not members of Platyhelminthes. *Science*, vol. 283, pp. 1919-1923.

Ruiz-Trillo I. et al. (2002) A phylogenetic analysis of myosin heavy chain type II sequences corroborates that Acoela and Nemertodermatida are basal bilaterians. *Proc. Natl. Acad. Sci. USA*, vol. 99, pp. 11246-11251.

Sasai Y. et al. (1995) Regulation of neural induction by Chd and Bmp-4 antagonistic patterning signals in *Xenopus*. *Nature*, vol. 376, pp. 333-336.

Shu D. G. et al. (2001) Primitive deuterostomes from the Chengjiang Lagerstatte (Lower Cambrian, China). *Nature*, vol. 414, pp. 419-424.

Shu D. et al. (2003) A new species of yunnanozoan with implications for deuterostome evolution. *Science*, vol. 299, pp. 1380-1384.

Smith A. B. (2005) The pre-radial history of echinoderms. *Geol. J.*, vol. 40 pp. 255-280.

Smith A. B. (2007) Deuterostomes in a twist: the origins of a radical new body plan. *Evol. Dev.*, vol. 10, pp. 493-503.

Stach T. *et al.* (2005) Nerve cells of *Xenoturbella bocki* (phylum uncertain) and *Harrimania kupfferi* (Enteropneusta) are positively immunoreactive to antibodies raised against echinoderm neuropeptides. *J. Mar. Biol. Ass. UK*, vol. 85, pp. 1519-1524.

Telford M. J. (2008) Xenoturbellida: the fourth deuterostome phylum and the diet of worms. *Genesis*, vol. 46: 580-586.

Telford M. J. *et al.* (2000) Changes in mitochondrial genetic codes as phylogenetic characters: two examples from the flatworms. *Proc. Natl. Acad. Sci. USA*, vol. 97, pp. 11359-11364.

Tessmar-Raible K. *et al.* (2007) Conserved sensory-neurosecretory cell types in annelid and fish forebrain: insights into hypothalamus evolution. *Cell*, vol. 129, pp. 1389-1400.

（西野敦雄）

## 10.2　直游動物

　直游類（直遊類，直泳類）（Orthonectida）は単純な体制の多細胞動物であり，すべて海産無脊椎動物の内部寄生虫である．その宿主は渦虫類，紐虫類，腹足類，二枚貝類，多毛類，クモヒトデ類，それに尾索類にもおよぶ底生動物である．直游類は原始的とみなされる動物の一群であるが，その系統類縁関係がいまだにはっきりしない謎の動物である（田近，2000）．

　多くの種は雌雄異体であり，概して雌は雄より大きい．成虫（有性虫）はふつう数百 $\mu$m と微小で，細長い体に前後が区別される．体は1層の体皮細胞と内部の生殖細胞の塊からなる．光学顕微鏡レベルではほかに目立った構造分化がなく，分化の程度は低い．体皮細胞には大きさ，形，含有顆粒や繊毛の有無に違いがあり，似た形態の細胞が隣り合って配列するため，体表には前後に並ぶ一連の環状部が識別される．体中部に1〜2個の生殖孔が開く．生殖孔の位置や生殖腺の偏在によって背腹の違いが示唆されるが，明瞭な左右相称性は認められない．電子顕微鏡観察によると，体表はクチクラで覆われ，体皮細胞は多繊毛性であることが判明している．体皮細胞下には収縮性繊維を含む細胞が観察され，ある種では光受容器と推測される構造が認められる．Slyusarev（2008）によれば，体皮細胞下の収縮性の細胞群は真正の筋肉組織であり，直游類にないとされてきた神経組織の存在がこの筋肉組織と光受容器によって証拠づけられるのではないかという．

　直游類の分類は，体皮細胞の形態と配列，繊毛の生え方，生殖孔の位置，生殖細胞の位置などに基づく（Kozloff, 1992）．*Rhopalura*, *Intoshia*, *Stoecharthrum*, *Pelmatosphaera*, *Ciliocincta* の5属にわたり，1亜種を含む24種が記載されている．わが国では渦虫類を宿主とする *C. akkeshiensis* のみが知られている．

　伝統的に直游類は似たグレードにある菱形類（Rhombozoa）（＝二胚虫類：Dicyemida）とともに中生動物門（Mesozoa）を構成するとされてきた．し

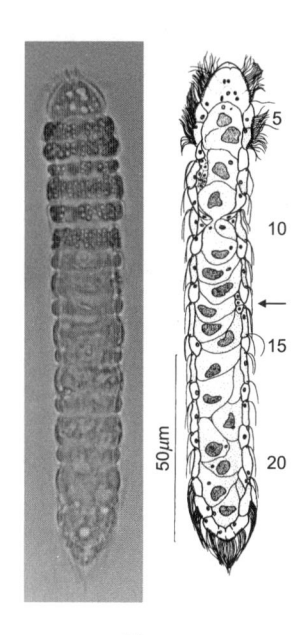

Zrzavý J. *et al.* (1998) Phylogeny of the Metazoa based on morphological and 18S ribosomal DNA evidence. *Cladistics*, vol. 14, pp. 249-285.

（田近謙一）

**図 1**
北海道厚岸産の渦虫に寄生する *Ciliocincta akkeshiensis* の雌個体．左：生体標本．右：固定染色標本．数字は環状部の番号を，矢印は生殖孔を示す．(Tajika, 1979 より)

かし，両群の間で体皮細胞の配置，クチクラの有無，受精卵の発達場所，生活史における感染段階や有性世代と無性世代の対応関係などにおいて明らかに異なり，両群は互いに独立した別の門と理解されている．形態と分子による最近の系統解析（たとえば，Zrzavý *et al.*, 1998）は，直游動物が板形動物や海綿動物とともに二胚葉性動物である可能性は低く，むしろ，原始的な三胚葉性動物の一群とみなされることを示唆する．このことはある三胚葉性動物の寄生退化により直游類が起源したとする説を支持するものであり，今後その類縁関係の解明が待たれる．

[引用文献]

Kozloff E. N. (1992) The genera of the phylum Orthonectida. *Cah. Biol. Mar.*, vol. 33, pp. 377-406.

Slyusarev G. S. (2008) Phylum Orthonectida: morphology, biology, and relationships to other multicellular animals. *Zh. Obshch. Biol.*, vol. 69, pp. 403-427.

Tajika K-I. (1979) A new species of the genus *Ciliocincta* Kozloff, 1965 (Mesozoa, Orthonectida) parasitic in a marine turbellarian from Hokkaido, Japan. *Jour. Fac. Sci. Hokkaido Univ. Ser VI, Zool.*, vol. 21, pp. 383-395.

田近謙一 (2000) 直游類．山田真弓 監修，青木淳一・田近謙一・森岡弘之 編，『動物系統分類学 追補版』中山書店．

## 10.3 二胚動物門

　二胚動物門（Dicyemida）のニハイチュウ類（dicyemid）は底棲の頭足類（タコ・イカ類）の腎囊内を生活の場とし，複雑な生活史をもつ体長数mmの多細胞動物である（図1）．その体制は単純で，体を構成する細胞数は22個前後，最多でも50個にもおよばず，後生動物がもつ組織や器官に相当する構造を欠いている（Furuya et al., 2007）．このことから，Van Beneden（1876）はニハイチュウ類を原生動物（Protozoa）と後生動物（Metazoa）をつなぐ中生動物（Mesozoa）と位置づけた．近年，ニハイチュウ類は中生動物の名が示すような原始的動物ではないことが示され，二胚動物門の名で扱われることとなった．同時に中生動物の名は単にひとつの進化段階を表すものとなりつつある．この二胚虫（dicyemid: di=2, cyemat=胚）の名は，生活史にふたつのタイプの幼生（滴虫型幼生，蠕虫型幼生）が生じることに由来する（図1）．

### A. 体制

　ニハイチュウ類の体は少数の細胞で構成され，体制は単純であるが，それは単なる細胞の寄せ集め（群体）ではない．ニハイチュウ類の細胞間には，細胞間のコミュニケーションにかかわるギャップ結合（gap junction）および細胞間の接着にかかわる接着結合（adherens junction）がみられるほか，セプテイト結合（septate junction）が未分化ではあるが認められる．しかし，細胞膜間には可視的な細胞外基質や基底膜構造はみられず，ニハイチュウ類の体制は組織段階にはない．これを海綿動物や板形動物など原始的多細胞動物と比較すると，ニハイチュウ類では細胞外基質の発達はみられないものの，ギャップ結合の存在から，細胞相互間の情報伝達という点ではそれらより進んだ段階にある（Furuya et al., 1997）．

### B. 系統

　ニハイチュウ類の初期発生がらせん型卵割であることは，扁形動物（渦虫類），環形動物，軟体動物な

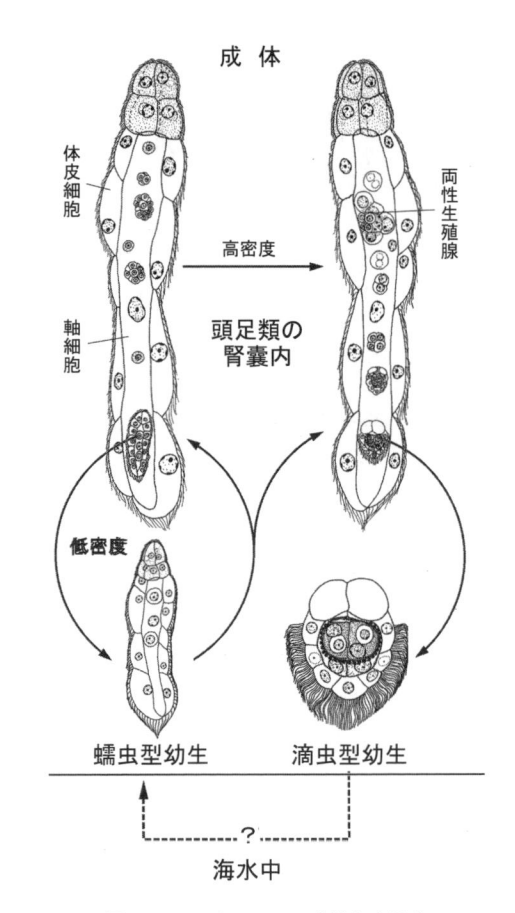

**図1　ニハイチュウの形態と生活史**
ニハイチュウは腎囊中での個体群密度が低いとき（低密度）は無性生殖によって蠕虫型幼生を生じ，個体数を増す．個体群密度が高くなると（高密度）両性生殖腺が形成される．そこで発生した滴虫型幼生は尿とともに海水中に泳ぎ出て新しい宿主に移る．滴虫型幼生がどのような過程を経てネマトジェンへと発生するかは不明である（点線の部分）．

どのらせん型卵割動物群（spiralian）との類縁を示している（Furuya et al., 1992）．また，分子による系統解析では，ニハイチュウ類がらせん型卵割動物群を含む冠輪動物（Lophotrochozoa）に属すことを示している．この結果は，ニハイチュウ類は後生動物が寄生によって極度に単純化した動物であることを示唆する（Katayama et al., 1995; Kobayashi et al., 1999; Suzuki et al., 2010）．

### C. 生活史短縮による特殊化

　多細胞動物の体制は細胞段階から組織段階を経て器官段階へと進化してきたが，一般に寄生動物の特殊化（退化）の程度をみると，寄生によって不要と

なった器官が失われる場合が多い一方，フックや吸盤など特殊器官が発達する傾向もみられる．しかし，全体として器官段階から組織段階への変化など，体制そのものの単純化はみられない．このようなことから，ニハイチュウ類の体制は寄生生活によって特殊化したものとしても，その初期の体制は，やはり滴虫型幼生のような組織段階に達していないものであったとも考えられる．

一方，もしニハイチュウ類が後生動物から特殊化した動物だとすると，器官段階にある後生動物がニハイチュウ類のように組織段階以前の体制に逆戻りしたことになる．もっとも考えやすいシナリオは，まだ器官段階にまで至らない発生初期の段階で生殖可能になるように進化した，つまり組織や器官をもつ段階に発生しないうちに生活史を完結させるよう進化したということである．頭足類はかつてニハイチュウ類の中間宿主であったが，それ以降の第二中間宿主あるいは最終宿主（魚竜やモササウルス）の絶滅により，ニハイチュウ類は生活史の短縮を余儀なくされ，発生初期に生殖巣を発達させるようになったのだろう（Furuya & Tsuneki, 2003）．

[引用文献]

Beneden É. van. (1876) Recherches sur les Dicyémides, survivants actuels d'un embranchement des Mésozoaires. Bull. Cl. Sci. Acad. R. Belg., vol. 42, pp. 3-111.

Furuya H. et al. (1992) Development of the infusoriform embryo of Dicyema japonicum (Mesozoa; Dicyemidae). Biological Bulletin, vol. 183, pp. 248-259.

Furuya H. et al. (1997) Fine structure of a dicyemid mesozoan, Dicyema acuticephalum, with special reference to cell junctions. J. Morphol., vol. 231, pp. 297-305.

Furuya H. and Tsuneki K. (2003) Biology of dicyemid mesozoan. Zool. Sci., vol. 20, pp. 519-532.

Furuya H. et al. (2007) Cell number and cellular composition in vermiform larvae of dicyemid mesozoans (Phylum Dicyemida). J. Zool., vol. 272, pp. 284-298.

Katayama T. et al. (1995) Phylogenetic position of the dicyemid Mesozoa inferred from 18S rDNA sequences. Biological Bulletin, vol. 189, pp. 81-90.

Kobayashi M. et al. (1999) Dicyemids are higher animals. Nature, vol. 401, pp. 762.

Suzuki G. T. et al. (2010) Phylogenetic analysis of dicyemid mesozoans (Phylum Dicyemida) from innexin amino acid sequences: Dicyemids are not related to Platyhelminthes. J. Parasitol., vol. 96, pp. 614-625.

（古屋秀隆）

## 10.4 毛顎動物

毛顎動物は一般にヤムシ（矢虫）とよばれ，海洋の表層から深層，赤道海域から極海域まで広く生息する．12属，約130種が知られ，多くはプランクトン性だが，海草群落や砂礫の間隙に生息する底生性のものもあり，後者は特にイソヤムシとよばれる．プランクトン性のものは Sagitta 属，底生性は Spadella 属に代表される．毛顎動物の名は，口部にある顎毛とよばれるキチン質の捕獲器官に由来する．体長は数 mm〜数 cm．体は透明または半透明で細長く，左右相称で背腹にやや扁平な円筒形で，尾鰭と1または2対の側鰭をもつ（図1）．頭・胴・尾の三部からなり，体内の新体腔は頭部横隔膜（頭部と胴部の隔壁）と尾部横隔膜（胴部と尾部の隔壁）により三分され，さらに縦隔膜により左右に二分される．体表は泡状組織とよばれる肥厚した上皮組織に覆われ，体壁には背腹各1対ずつの束をなす縦走筋があり，この屈曲によりヤムシは素早く遊泳する．消化管は直送し，尾部横隔膜の直前で肛門に終わる．感覚器として頭部背面に1対の眼点があるほか，触毛斑とよばれる繊毛性の機械受容器官が体表に多数散在している．神経系ははしご状神経に類似し，頭部背面には脳神経節があり，腹面の腹神経節につながる．雌雄同体であり，雄性生殖器官は胴部に，雌性生殖器官は尾部にある．両性がほぼ同時に成熟し，配偶行動により2個体間で精子塊を交換する．受精は受精補助細胞という特殊化した細胞が関与して体内で行なわれ，胚発生は産卵後に進む．卵割様式は放射卵割といわれるが，等割のらせん形に近い．体腔形成は独特で，中胚葉性の襞が伸長することにより生じ，腸体腔とみなされている．成体の口は原口に由来しない．幼生期はなく，直達発生である．

後口動物と前口動物のいずれの特徴ももちあわせることから，系統的には古くから議論が多い．発生の特徴として，放射卵割，腸体腔，原口は後端になることや，体腔が頭部，胴部，尾部の三つに仕切られ，肛門の後方に尾部がある点は後口動物に類似する（Hyman, 1959）一方で，前口動物との類似点として

図1の各部名称（上から）：
頭部：脳神経節、顎毛、眼点、繊毛環
胴部：腸管、触毛斑、腹神経節、側鰭、卵巣、受精嚢、精巣
尾部：側鰭、貯精嚢、尾鰭

**図1**

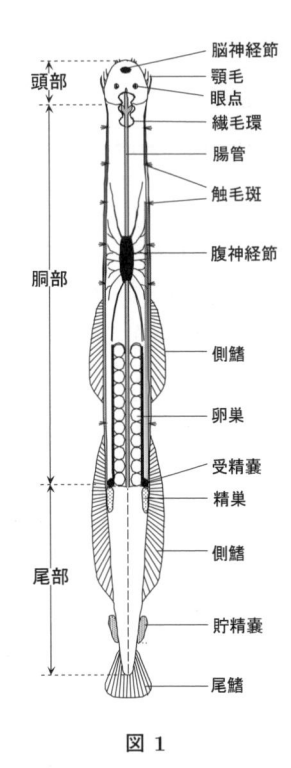

は，中枢神経が腹側にあること，餌の捕獲器官である顎毛にキチン質をもつことがあげられる．さらに，初期卵割のパターンはらせん的であり（Shimotori & Goto, 2001），頭部背側にみられる繊毛環はトロコフォア幼生の口後繊毛環と共通する．

分子系統学的研究の結果，ヤムシは後口動物と姉妹群をつくらず（Telford & Holland, 1993），むしろ脱皮動物と近縁であるとされたが（たとえば，Halanych, 1996），無腸動物に近縁という報告もあり，ヤムシ18S rDNAの進化速度が速いために正確な系統解析が困難となっている．ヤムシのmtDNAは他の動物と比べて塩基数が少ない．他の左右相称動物で通常みられる37遺伝子のうち14しかなく，tRNA遺伝子がほとんど含まれていない．mtDNAを用いた系統解析からもヤムシは前口動物に含まれるが，正確な分岐は不明である（Helfenbein et al., 2004）．また，Hox遺伝子群に基づく解析でも，脱皮動物と冠輪動物の両方に類似性をもつ遺伝子がみつかる一方，他の前口動物とは明らかに異なる遺伝子もあり，類縁関係を直接示す結果は得られていない（Matus et al., 2007）．ESTデータの解析では，冠輪動物からの分岐や（Matus et al., 2006），前口動物のなかでも根本の位置にあることが示されている（Marletaz et al., 2008）．また，重複遺伝子が多く保有されていることから，ゲノム重複が起こった可能性や，集団内での遺伝的多型が多いことから突然変異率が高いことが指摘されている．

化石資料は少ないが，ヤムシはカンブリア紀に発生したと考えられている．澄江動物群（カンブリア紀初期）で発見された*Protosagitta*（Vannier et al., 2007）は最古のものである．最も新しい化石は石炭紀後期（ペンシルベニア紀）からみつかっている．完全体ではないが，先カンブリア紀からカンブリア紀初期の葉状化石として検出されるプロトコノドント（たとえばバルト地方から発見される*Phakelodus*）は，ヤムシの顎毛と形態や内部構造が類似し，数やサイズもほぼ一致していることから，毛顎動物の化石であるとされる（Szaniawski, 2002）．ヤムシにみられる高い変異率は，カンブリア初期以来ほとんど変化せずに続いているこの動物門のもつ強い形態的保存性と対立するもので，そのメカニズムは興味深い．

[引用文献]

Halanych K. M. (1996) Testing hypotheses of chaetognath origins: long branches revealed by 18S ribosomal DNA. *Syst. Biol.*, vol. 45, pp. 223-246.

Helfenbein K. G. et al. (2004) The mitochondrial genome of *Paraspadella gotoi* is highly reduced and reveals that chaetognaths are a sister group to protostomes. *Proc. Natl. Acad. Sci. USA*, vol. 101, pp. 10639-10643. (http://icb.oxfordjournals.org/cgi/ijlink?linkType=ABST&journalCode=pnas&resid=101/29/10639)

Hyman L. H. (1959) The enterocoelus coelomates - phylum chaetognatha. in The invertebrates: smaller coelomate groupsZ (vol.5), pp. 1-66, New York McGraw-Hill.

Marlétaz F. et al. (2006) Chaetognath phylogenomics: a protostome with deuterostome-like development. *Curr. Biol.*, vol. 16, pp. R577-R578.

Marlétaz F. et al. (2008) Chaetognath transcriptome reveals ancestral and unique features among bilaterians. *Genome Biol.*, vol. 9, pp. R94.1-R94.18.

Matus D. Q. et al. (2006) Broad taxon and gene sampling indicate that chaetognaths are protostomes. *Curr. Biol.*, vol. 16, pp. R575-R576.

Matus D. Q. et al. (2007) The *Hox* gene complement of a pelagic chaetognath, *Flaccisagitta enflata*. *Integr. Comp. Biol.*, vol. 47, pp. 854-864.

Papillon D. et al. (2006) Systematics of Chaetognatha under the light of molecular data, using duplicated ribosomal

18S DNA sequences. *Mol. Phylogenet. Evol.*, vol. 38, pp. 621-634.

Shimotori T. & Goto T. (2001) Developmental fates of the first four blastomeres of the chaetognath *Paraspadella gotoi*: relationship to protostomes. *Dev. Growth Differ.*, vol. 43, pp. 371-382.

Szaniawski H. (2002) New evidence for the protoconodont origin of chaetognaths. *Acta Palaeontol. Pol.*, vol. 47, pp. 405-419.

Telford M. J. & Holland P. H. (1993) The phylogenetic affinities of the chaetognaths: a molecular analysis. *Mol. Biol. Evol.*, vol. 10, pp. 660-676.

Vannier J. *et al.* (2007) Early Cambrian origin of modern food webs: Evidence from predator arrow worms. *Proc. Biol. Sci.*, vol. 274, pp. 627-633.

［ウェブサイト］

Chaetognaths of the world (http://nlbif.eti.uva.nl/bis/chaetognatha.php?)

［参考文献］

Bone Q. *et al.* (1991) *The Biology of Chaetognaths*, Oxford University Press.

Shinn G. L. (1997) Chaetognatha. Microscopic anatomy of invertebrates vol. 15, *Hemichordata, Chaetognatha, and the invertebrate chodates*, pp. 103-220, Wiley-Liss.

（後藤太一郎）

## 10.5 珍渦虫動物門

珍渦虫（*Xenoturbella*）は体長1cm前後の底生の海産動物であり，表皮が袋状の消化器官を覆っただけの非常に簡単な体制をもつ（図1，図2）．肛門，排出器官，生殖孔や生殖巣といった生殖器官，体腔など他の左右相称動物にみられる主要な器官を欠く．感覚器官として前方に平衡胞をもつものの，脳などの集中神経系はもたず表皮内神経網が存在する．これまでに *X. bocki* と *X. westbladi* の2種が記載されているが，両種のチトクロームcオキシダーゼサブユニット1遺伝子の塩基配列が99.5%一致したため（Israelsson & Budd, 2005），この2種は単一種だと考えられている．

単純な体制のためその系統学的位置は長く謎とされてきたが（Dupont *et al.*, 2007にまとめられている），2003年以降の分子系統解析の結果は，珍渦虫が新口動物内の独自の門「珍渦虫動物門」に属することを支持した（Bourlat *et al.*, 2006など）．この新口動物説には免疫組織化学的な証拠も報告された（Stach *et al.*, 2005）が，2009年になって珍渦虫は新口動物ではなく，左右相称動物の根元で分岐した無腸類の姉妹群であるという分子系統解析の結果が発表された（Hejnol *et al.*, 2009）．2011年には珍渦虫と無腸類が新口動物内で第4の門，「Xenacoelomorpha」

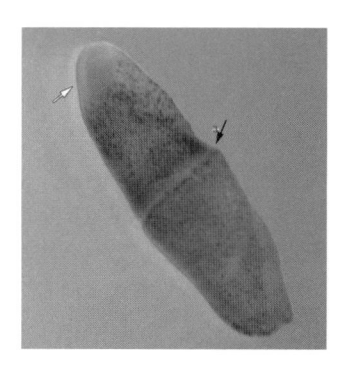

図1 珍渦虫を背側からみた写真 →口絵4参照
前方は白く（白矢印），中央では溝が横断する（黒矢印）．ほとんどの個体が点状の黒や茶色の色素をもつ．体表の繊毛で移動する．

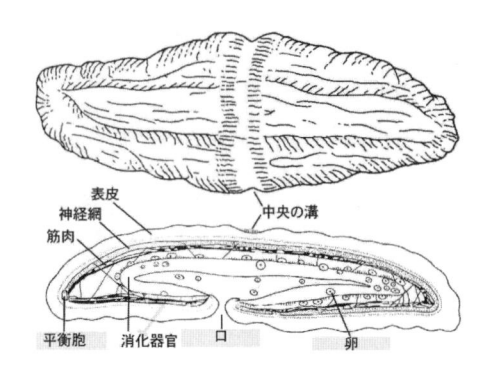

**図2　珍渦虫の模式図**
上は背側から見た図，下は縦断面で内部構造を示したもの．外側から表皮，神経網，筋肉，消化器官の順に並ぶ．前方に平衡胞があり，腹側中央に口が開く．卵は表皮と消化器官の間，消化器官の細胞間，消化器官の内部など至るところに存在する．(Westblad, 1949 より改変)

を形成することが報告され (Philippe *et al.*, 2011)，各説の分子系統解析以外の方法も含めた検証が待たれる．

　生殖や発生については精子と卵が記載論文で報告されたものの (Westblad, 1949)，発生過程は長く謎であった．1999年に初めて幼生が報告されたが (Israelsson, 1999)，その後の研究によりそれは珍渦虫が食べた二枚貝の幼生であった可能性が高いことが明らかになった (Bourlat *et al.*, 2008)．実際に筆者はまったく異なる形態をした幼生の観察に成功している (筆者ら，未発表)．

　生態に関しても未解明な点が多い．二枚貝のDNAが頻繁に混在していること，二枚貝の精子や幼生が珍渦虫の体内から報告されていること，他の動物のDNA，精子，幼生などの混在がみられないことから，珍渦虫は二枚貝を選択的に捕食していると考えられる (Bourlat *et al.*, 2008)．また，体内からは2種類の共生菌が報告されているものの，その機能は不明である (Kjeldsen *et al.*, 2010)．

　珍渦虫の研究があまり進んでいないことの最大の理由として，現在定期的な採集が可能な地域がスウェーデン西海岸の一部にかぎられていることがあげられる．しかし，採集個体数は少ないながらイギリス沿岸や地中海のアドリア海など他の地域からの採集例も存在しており，今後は定期的な珍渦虫採集が可能なさらなる海域の発見が期待される．

## [引用文献]

Bourlat S. J. *et al.* (2006) Deuterostome phylogeny reveals monophyletic chordates and the new phylum Xenoturbellida. *Nature,* vol. 444, pp. 85-88.

Bourlat S. J. *et al.* (2008) Feeding ecology of *Xenoturbella bocki* (phylum Xenoturbellida) revealed by genetic barcoding. *Mol. Ecol. Res.*, vol. 8, pp. 18-22.

Dupont S. *et al.* (2007) Marine ecological genomics: when genomics meets marine ecology. *Mar. Ecol. Prog. Ser.*, vol. 332, pp. 257-273.

Hejnol A. *et al.* (2009) Assessing the root of bilaterian animals with scalable phylogenomic methods. *Proc. Royal Soc. B*, vol. 276, pp. 4261-4270.

Israelsson O. (1999) New light on the enigmatic *Xenoturbella* (phylum uncertain): ontogeny and phylogeny. *Proc. Royal Soc. B*, vol. 266, pp. 835-841.

Israelsson O. & Budd G. E. (2005) Eggs and embryos in *Xenoturbella* (phylum uncertain) are not ingested prey. *Dev. Genes Evol.*, vol. 215, pp. 358-363.

Kjeldsen K. U. *et al.* (2010) Two Types of Endosymbiotic Bacteria in the Enigmatic Marine Worm *Xenoturbella bocki*. *Appl. Environ. Microbiol.*, vol. 76, pp. 2657-2662.

Philippe H. *et al.* (2011) Acoelomorph flatworms are deuterostomes related to *Xenoturbella*. *Nature*, vol. 470, pp. 255-258.

Stach T. *et al.* (2005) Nerve cells of *Xenoturbella bocki* (phylum uncertain) and *Harrimania kupfferi* (Enteropneusta) are positively immunoreactive to antibodies raised against echinoderm neuropeptides. *J. Mar. Biol. Assoc. UK*, vol. 85, pp. 1519-1524.

Westblad E. (1949) *Xenoturbella bocki* n.g., n. sp. a peculiar, primitive Turbellarian type. *Arkiv för Zoologi*, vol. 1, pp. 11-29.

〈中野裕昭〉

## 10.6 棘皮動物

### A. 棘皮動物を構成する動物群

大動物学者 Hyman をして，「動物学者を混乱させるためにデザインされた高貴な動物群」(1955)と言わしめている棘皮動物ほど，豊富な化石と発生研究の歴史がありながら，進化史にまつわる謎が解けない動物門はほかにない．現生の棘皮動物門は，有柄ウミユリ類とウミシダ類を含む有柄亜門ウミユリ綱 (Pelmatozoa, Crinoidea) とヒトデ綱 (Asteroidea)，クモヒトデ綱 (Ophiuroidea)，ウニ綱 (Echinoidea)，ナマコ綱 (Holothuroidea) を含む遊在亜門 (Eleutherozoa) に大別される．これら5綱を統一するボディプランには，五放射相称性，水管系 (とそれに支えられた管足)，中胚葉性の炭酸カルシウム骨格があげられる．また，これらは放射卵割を行なって，系統特異的な形態を示すディプリュールラ型幼生を生じ (図1)，その内部に，腸体腔により前体腔 (軸腔：axocoel)，中体腔 (水腔：hydrocoel)，後体腔 (後部体腔：somatocoel) をつくる典型的な新口動物の発生パターンを示す．そのほか化石分類群として，いわゆるカルポイド類 (carpoids)，ウミリンゴ類 (cystoids)，ウミツボミ類 (blastoids)，座ヒトデ類 (edrioasteroids) といったものが含まれる．

### B. ウミユリ類の体制と進化

現生の棘皮動物のなかで，ウミユリ類がもっとも古い分岐を示すことが示唆されている (Wada & Satoh, 1994; Mallatt & Winchell, 2007; Delsuc et al., 2008)．ウミユリ類は生活史の少なくとも一時期に「茎」を発達させる動物群であり，そこには有柄ウミユリ類とウミシダ類が含まれる．前者は浮遊幼生が着底したのち，終生茎をもって固着生活を行なうのに対し，後者は着底後いったん茎を発達させるがのちにこれを捨て，自由な移動を行なうようになる．有柄ウミユリ類は古生代に大繁栄した動物群で豊富な化石を産するが，古生代と中生代を隔てるいわゆるP-T境界で多くの種が絶滅し，数百m以深の深海底に生息するものがわずかに現世に生き残るのみで

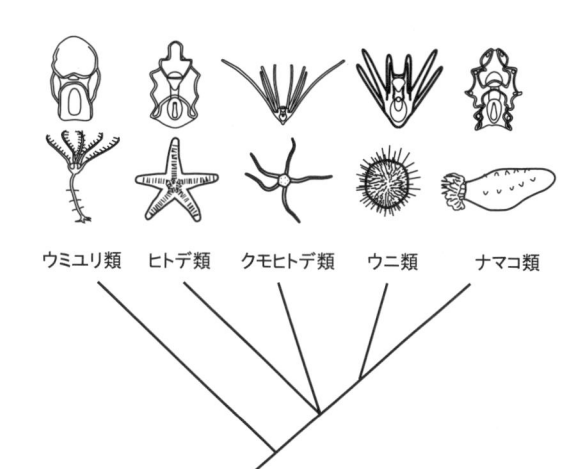

**図1 棘皮動物の系統関係と生活史**
現生の棘皮動物の中ではウミユリ類の分岐が最も古いと考えられている．ウミユリ類はオーリクラリア様の幼生に発生し，後にドリオラリアになって変態する．ナマコ類はこれと非常によく似た幼生段階を経る．ヒトデ類も棘を持たないビピンナリア幼生期を経て着底する．クモヒトデ類とウニ類はそれに対して，棘を発達させたプルテウス幼生期を経る．この系統関係の下では，プルテウス型かオーリクラリア／ビピンナリア型どちらかの幼生形態は，異なる系統で独立に獲得されたと考えられる．

ある．対してウミシダ類は現世においても豊富にみられる．これらは互いに基本的な体制を共有しており，有柄ウミユリ類にみられる茎 (stem, column)，巻枝 (cirri)，萼 (calyx, theca)，腕 (arm)，羽枝 (pinnule) からなる体部の構成は，ウミシダ類では茎部が失われ，代わりに中背板という骨板があらわれることを除けば，きわめて高く対応関係が保存されている．

有柄ウミユリ類から茎を失うことで生じたと考えられるウミシダ類が，最終形態にとっては不要であるにもかかわらず，いったん系統の歴史を反映するかのように茎を生じ，のちにそれを捨てて自由生活者となることから，この事実が明らかになったとき反復論者を大いに喜ばせたという．また逆に，有柄ウミユリ類の茎を根元から人為的に切断すると，茎部は伸び始めるが，このとき伸び出る茎部には通常より長い巻枝が生じ，ウミシダのような外見となる (Nakano et al., 2002)．

ウミシダ類は比較的浅海から採取されることから，古くから発生過程の研究にはウミシダ類が用いられていた．しかしウミシダ類ではこれまでどの種にお

いてもディプリュールラ型の浮遊幼生はみいだされていない．長らく，この現生棘皮動物のなかで最初に分岐したウミユリ類でディプリュールラがみられないという矛盾は，ディプリュールラ型幼生を棘皮動物と半索動物との共有派生形質とみなすうえでの問題となっていた．しかし近年，この問題は有柄ウミユリ類の1種トリノアシ（Metacrinus rotundus）の発生過程が観察されたことで解決された．水深100 mに達する深さから採取されたこの「生きた化石」が生み出した卵は，まぎれもないディプリュールラ型の幼生形態を形づくることがみいだされたのである（Nakano et al., 2003）．

棘皮動物は基本的に，変態期に体の左側に体の主要な部分をつくり出す．しかしウミユリ類では茎部の体腔は幼生の右後部体腔嚢（right somatocoel）に由来し，また茎部の骨板も幼生の右側半に生じることが明らかになっている（佐藤，2004；Smith, 2007）．このことは，遊在類が変態時に顕著に左に偏った形態形成を示すのは，それらが茎部を本質的に失った系統群だからだということを示す発生学的な証拠となる．棘皮動物における「完全な」成体体制の成り立ちを知るには，茎をもったウミユリ類の研究が唯一の窓口であり，新口動物の進化を総合的にとらえるうえで，この動物群に関する知識の蓄積は欠かせない．

## C. 遊在亜門の多様化

遊在亜門はウニ綱，ヒトデ綱，クモヒトデ綱，ナマコ綱を含む．この4綱間の系統関係についてはこれまで明確な結論が得られていない．現在よく採用される系統樹は，ウニ類とナマコ類を姉妹群とし，さらにこれらとクモヒトデ類を単系統とするか，あるいはクモヒトデ類とヒトデ類を単系統とする（図1）（たとえば，Mallatt & Winchell, 2007）．ウニ類とナマコ類が単系統群を形成するのは，分子系統学的に高く支持され，成体の形態からも受け入れやすい．しかしこの系統関係は幼生形態の進化を考えるとひとつの矛盾をはらんでいる（Smith, 1997）．すなわち，各系統の幼生形態情報を系統樹にあてはめると，幼生棘をもつプルテウス幼生形態ともたないオーリクラリア/ビピンナリア幼生形態とが系統樹

上まとまらず，いずれかの幼生形態を収斂とみなさなくてはならなくなる（図1）．節約的に考えれば，ウニ類とクモヒトデ類の幼生型が収斂的にプルテウスになったシナリオが考えられるが，棘皮動物のように幼生と成体のボディプランが明確に異なる場合，前者は後者の形態的前提にならず，それぞれの段階が独自の進化をとりえることを例示しているといえよう．

## D. 棘皮動物体制の進化史的変成

現生の棘皮動物は五放射相称性を体制の基礎とする唯一の動物系統である．よってこのボディプランはこの系統に新たに導入されたものと考えてよい．その幼生形態は左右相称型の形態を示すが，棘皮動物においては，幼生の体軸を保持したまま変態を行なう半索動物と異なり，成体の体制は幼生のそれとは多かれ少なかれ独立につくられ，幼生の体をむしろ吸収して消し去る．つまり棘皮動物の変態は，幼生の左側に口を新たにつくり，その周囲に幼生の体軸とは独立な五放射相称の水管系を形づくっていく．この口が幼生の左側に開口し，幼生の口側-反口側に対して成体の口側-反口側軸がねじれの位置にもたらされることをtorsionという．ウミユリ類において幼生の左側に冠部が，右側に茎の骨格と体腔が形成されることからみても，幼生の体軸と成体の体軸が対応しないことは明確である．五放射相称形は，発生学的には左水腔が変態に先立って五放射型を生成するプロセスに起因すると考えられる．その発生プロセスの拘束こそが棘皮動物のボディプランを支えているとみなされるが，その遺伝的プログラムの機構的細部はほとんど明らかになっていない．

カルポイドは五放射相称性を獲得する以前の棘皮動物の幹群（stem group）に位置づけられる（たとえば，Smith, 2007）．カルポイドを棘皮動物とみなすなら，カルポイドの柄部は幼生の右側で生じたと考えられ，冠部は回転対称形を示さない形で，左側に生じたであろう．カルポイドにおける著しい左右・背腹の非対称性（たとえば一部のカルポイドにみられる鰓は片体側にのみ存在する）は，もともと左右対称形であった幼生の左側からのみ冠部をつくり上げたことと関係があるかもしれない．

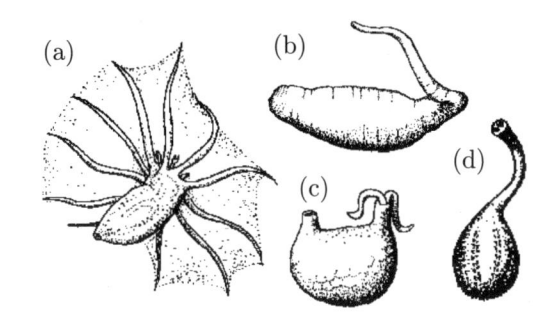

**図2 ナマコ類の形態の多様性**
(A) プランクトン性のクラゲナマコ *Pelagothuria*（板足目）．(B) シロナマコ *Paracaudina*（指手目）．(C) イガグリキンコ *Ypsilothuria*（隠足目）．(D) フラスコナマコ *Rhopalodina*（指手目）．Kerr & Kim (1999) より転載．

　五放射相称形が幼生のボディプランを基盤とせず，新たな論理によって左水腔で独立に生じる（ようにみえる）がゆえに，成体の体は形態形成上の大きな自由度を保持していると考えられる．ウミユリ類では口と肛門は同じ体側につくられ，正形ウニ類やヒトデ類では反口側に肛門が開口する．スナヒトデやモミジガイといったヒトデ類やクモヒトデ類では肛門を欠き，消化器官は盲嚢を呈する．タコノマクラやカシパン，ブンブクチャガマといった不正形ウニは，全体の五放射相称性を保持しながら新たな前後軸を獲得したウニ類である．ナマコ類は前端に口，後端に肛門を備え，二次的に前後背腹左右の軸を再獲得した．しかし多様なナマコ類には，一見ホヤ類のようにみえる固着性のナマコや，さらには回転対称の形態をさらに獲得したものも知られている（図2）．これらの動物群は左右相称性という後生動物の形態を縛る拘束を離れ，五放射相称という新たな拘束の下で，いったんは失った左右相称性を再び獲得したり，またさらに捨て去ったりしてきたようなのである．棘皮動物は成体形態の示しうる自由度に支えられ，左右相称形と放射相称形の間を往来しながらさまざまな形態を試み，さまざまな生態環境に進出していった動物群と考えられる．

[引用文献]

Delsuc F. *et al.* (2008) Additional molecular support for the new chordate phylogeny. *Genesis*, vol. 46, pp. 592-604.

Hyman L. H. (1955) The invertebrates: volume IV, Echinodermata. McGraw-Hill.

Kerr A. M. & Kim J. (1999) Bi-penta-bi-decaradial symmetry: A review of evolutionary and developmental trends in Holothuroidea (Echinodermata). *J. Exp. Zool. (Mol. Dev. Evol.)*, vol. 285, pp. 93-103.

Mallatt J. & Winchell C. J. (2007) Ribosomal RNA genes and deuterostome phylogeny revisited: more cyclostomes, elasmobranchs, reptiles, and a brittle star. *Mol. Phylogenet. Evol.*, vol. 43, pp. 1005-1022.

Nakano H. *et al.* (2002) The behavior and the morphology of sea lilies with shortened stalks: implications on the evolution of feather stars. *Zool. Sci.*, vol. 19, pp. 961-964.

Nakano H. *et al.* (2003) Larval stages of a living sea lily (stalked crinoids echinoderm). *Nature*, vol. 421, pp. 158-160.

佐藤敦子 (2004) 棘皮動物ウミユリ綱における茎の形成過程に関する研究（修士論文），東京大学大学院新領域創成科学研究科先端生命科学専攻．

Smith A. B. (1997) Echinoderm larvae and phylogeny. *Annu. Rev. Ecol. Syst.*, vlol. 28, pp. 219-241.

Smith A. B. (2007) Deuterostomes in a twist: the origins of a radical new body plan. *Evol. Dev.*, vol. 10, pp. 493-503.

Wada H. & Satoh N. (1994) Phylogenetic relationships among extant classes of echinoderms, as inferred from sequences of 18S rDNA, coincide with relationships deduced from the fossil record. *J. Mol. Evol.*, vol. 38, pp. 41-49.

（西野敦雄）

## 10.7 半索動物

　半索動物はWilliam Batesonによって脊索動物に共通する形質を多数備えると指摘されて以来（1885），脊索動物の起源の問題に今も本質的にかかわる動物群である．近年の分子系統解析により水腔動物の一系統に位置づけられ，前後に長く伸びた蠕虫状で単独生活を送るギボシムシ類（腸鰓類：Enteropneusta）と，棲管内に生息しながら出芽によりコロニーを形成する群体固着性のフサカツギ類（翼鰓類：Pterobranchia）とを含む（図1）．ギボシムシ類は吻，襟，躯幹，フサカツギ類では頭盤，頸，躯幹とよばれる三体部の体制を備える．フサカツギ類では頸部に触手が備わっている．深海にフサカツギ様の触手をもつギボシムシ「Lophenteropneusts」が存在するといわれたが，現在では否定的である（Holland et al., 2005）．他方，筆石類（Graptolithina）という群体性生物の棲管の化石が，フサカツギ類のものとみなされている．

　ギボシムシ類とフサカツギ類の系統関係については，いまだ明確な結論がない．18S rRNA遺伝子を用いた解析では，フサカツギ類はギボシムシ類の一部の系統から分岐し，ギボシムシ類が側系統群となるが，28S rRNA遺伝子を用いると，これらは互いに姉妹群となるという（Winchell et al., 2002）．

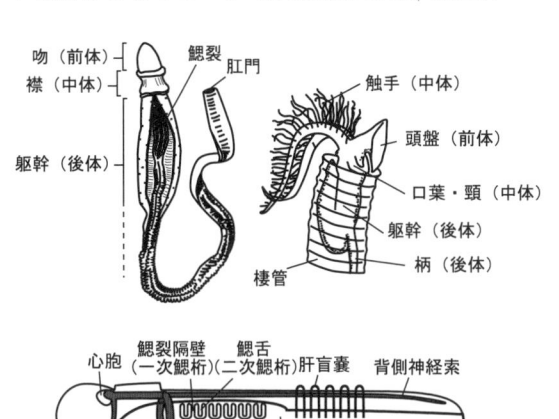

図1

　多くのギボシムシ類は浮遊幼生としてトルナリア幼生を生じる．これは口陥による開口，繊毛帯，頂盤，三体腔性など棘皮動物の浮遊幼生（棘皮動物の項参照）と共通の特徴を備え，実際トルナリアと棘皮動物の幼生の間に類似した遺伝子発現パターンも多く知られる（たとえば，Tagawa et al., 2001; Harada et al., 2000, 2002; Shoguchi et al., 1999, 2000; Takacs et al., 2002, 2004）．トルナリアはきわめて複雑な繊毛帯を発達させ，長い浮遊期間を過ごしたのち，鰓裂の形成，表皮の肥厚，繊毛帯の消失などを経て着底する．その際，不対の前体腔，対の中体腔，後体腔はそれぞれ発達し，吻，襟，躯幹を構成する．

　近年，トルナリア幼生期を経ない直接発生型のギボシムシの1種 Saccoglossus kowalevskii において大規模な遺伝子同定が進められ，その発現様式に関する脊索動物との比較研究が行なわれた（Lowe et al., 2003, 2006）．それにより，脊椎動物神経系の前後軸パターニングにかかわる遺伝子群が，ギボシムシ幼若体の表皮において高度に保存されたパターンで発現することが示された（Lowe et al., 2003）．すなわち，脊椎動物の前脳から中脳に発現する遺伝子がギボシムシでは吻から襟，躯幹前端部にリング状に発現し，Hox遺伝子群は番号が若いものから後体部において前後に入れ子状の発現を示した（Lowe et al., 2003）．さらにLoweらはギボシムシ胚の背腹軸に関し，脊椎動物の背側に機能するコーディン（chordin）が腹側に発現し，背側に発現するBMP（bone morphogenetic protein）シグナルに拮抗することで背腹軸が確立することを示した（Lowe et al., 2006）．この結果は，それまで議論されていた水腔動物と脊索動物の間の背腹の反転関係を確定したといえる（Nübler-Jung & Arendt, 1996; Duboc et al., 2005; Hibino et al., 2006）．

　他方でLoweら（2003, 2006）は，ギボシムシは散在神経系をもつとし，またそれをUrbilateriaの形質と考えて旧口動物と新口動物の集中神経系を収斂とみなしていたが，さらに最近になってギボシムシの神経系は十分高度に中枢化されているとの明確な報告がなされた（Nomaksteinsky et al., 2009）．そのほか，ギボシムシ類の鰓裂やpost-anal sucker

（肛後吸着器官）での遺伝子発現が，脊索動物の鰓と post-anal tail（肛後尾）でのものと対応すると指摘されている（Ogasawara et al., 1999; Lowe et al., 2003, 2006）．一方，脊索との相同性が議論されていた口盲管（口腔部の背側から前体腔に突出する盲管）における遺伝子発現はこの説を支持しない（Tagawa et al., 2001; Takacs et al., 2002）．これらの器官の相同性のさらなる検証は，新口動物の起源を考えるうえでの本質的な問題として残されている．

フサカツギ類の発生学上の情報は，ギボシムシ類に比べ，きわめて乏しい．一部の種における観察で，トルナリアをつくらずプラヌラ様の幼生を生じることが知られるが，その内部構造の変遷など発生細部はほとんど明らかになっていない．フサカツギ類の系統位置の確定と発生の理解は新口動物の系統論には欠かせず，今後の情報の蓄積が強く望まれる（Sato et al., 2008）．

[引用文献]

Bateson W. (1885) The later stages in the development of B. kowalevskii, with a suggestion as to the affinities of the Enteropneusta. *Quart. J. Microsc. Sci.*, vol. 25 (Suppl), pp. 81-122.

Duboc V. et al. (2005) Left-right asymmetry in the sea urchin embryo is regulated by nodal signaling on the right side. *Dev. Cell*, vol. 9, pp. 147-158.

Harada Y. et al. (2000) Developmental expression of the hemichordate otx ortholog. *Mech. Dev.*, vol. 91, pp. 337-339.

Harada Y. et al. (2002) Conserved expression pattern of *BMP-2/4* in hemichordate acorn worm and echinoderm sea cucumber embryos. *Zool. Sci.*, vol. 19, pp. 1113-1121.

Hibino T. et al. (2006) Phylogenetic correspondence of the body axes in bilaterians is revealed by the right-sided expression of *Pitx* genes n echinoderm larvae, *Dev. Growth Differ.*, vol. 48, pp. 587-595.

Holland N. D. et al. (2005) 'Lophenteropneust' hypothesis refuted by collection and photos of new deep-sea hemichordates. *Nature*, vol. 434, pp. 374-376.

Lowe C. J. et al. (2003) Anteroposterior patterning in hemichordates and the origins of the chordate nervous system. *Cell*, vol. 113, pp. 853-865.

Lowe C. J. et al. (2006) Doersoventral patterning in hemichordates: insights into early chordate evolution. *PLoS. Biol.*, vol. 4, pp. e291.

Nomaksteinsky M. et al. (2009) Centralization of the deuterostome nervous system predates chordates. *Curr. Biol.*, vol. 19, pp. 1264-1269.

Nübler-Jung K. & Arendt D. (1996) Enteropneusts and chordate evolution. *Curr. Biol.*, vol. 6, pp. 352-353.

Ogasawara M. et al. (1999) Developmental expression of *Pax1/9* genes in urochordate and hemichordate gills: insight into function and evolution of the pharyngeal epithelium. *Development*, vol. 126, pp. 2539-2550.

Sato A. et al. (2008) Developmental biology of pterobranch hemichordates: history and perspectives. *Genesis*, vol. 46: 587-591.

Shoguchi E. et al. (1999) Pattern of *Brachyury* gene expression in starfish embryos resembles that of hemichordate embryos but not of sea urchin embryos. *Mech. Dev.*, vol. 82, pp. 185-189.

Shoguchi E. et al. (2000) Expression of the *Otx* gene in the ciliary bands during sea cucumber embryogenesis. *Genesis*, vol. 27, pp. 58-63.

Tagawa K. et al. (2001) Molecular studies of hemichordate development: a key to understanding the evolution of bilateral animals and chordates. *Evol. Dev.*, vol. 3, pp. 443-454.

Takacs C. M. et al. (2002) Testing putative hemichordate homologues of the chordate dorsal nervous system and endostyle: expression of NK2.1 (TTF1) in the acorn worm *Ptychodera flava* (Hemichordata, Ptychoderidae). *Evol. Dev.*, vol. 4, pp. 405-417.

Takacs C. M. et al. (2004) Expression of an NK2 homeodomain gene in the apical ectoderm defines a new territory in the early sea urchin embryo. *Dev. Biol.*, vol. 269, pp. 152-164.

Winchell C. J. et al. (2002) Evaluating hypotheses of deuterostome phylogeny and chordate evolution with new LSU and SSU ribosomal DNA data. *Mol. Biol. Evol.*, vol. 19, pp. 762-776.

（西野敦雄）

## 10.8 脊索動物

　脊索動物門は，ホヤなどを含む尾索動物，ナメクジウオを含む頭索動物，脊椎動物の三つの亜門からなる．脊索とよばれる棒状の中軸器官，その背方に中空の神経管，そして咽頭側壁の裂け目である鰓裂の三つの器官をもつ動物として定義される．この特徴は図1のようなオタマジャクシ型の体制としてあらわすことができる．体の中心を貫く脊索を支持器官として，その両脇に備わる筋肉を収縮させることで体を左右にくねらせて運動し，筋肉の収縮が背方の神経管により支配される．咽頭が裂けて外に開く鰓裂は本来濾過摂餌のために用いられていたと考えられる．

### A. 新口動物での位置づけ

　脊索動物門は，棘皮動物門，半索動物門とともに，新口動物として単系統群を形成する．これらの動物には，原口が口に分化せず，口が二次的に開くという共通の形質がみられる（ただしこの特徴はヤムシやミスジタニシなど一部の旧口動物にもみられる）（西川・和田，1993）．かつては軟体動物と考えられていた珍渦虫も，新口動物に含まれる可能性があり，分子系統学的にもこれらが単系統群であることが強く支持されている．新口動物のなかでは，棘皮動物と半索動物が，水腔動物として単系統群を形成し，それらの姉妹群として珍渦虫が位置づけられる．脊索動物はその3群の姉妹群を形成する（Bourlat et al., 2006; Delsuc et al., 2006; Putnum et al., 2008）．棘皮動物や珍渦虫は，体制の特殊化が著しいため，脊索動物の起源を考えるうえでは，半索動物が参照されることが多い（和田，2007）．

### B. 脊索動物の祖先での背腹の逆転

　脊索動物のオタマジャクシ型の体制は，新口動物のなかでも類似したものがほとんどみられない．その体制の獲得は，われわれヒトを含む脊椎動物の進化において，重要な一段階であることから多くの関心が寄せられてきた．まず，脊索動物の祖先における背腹の逆転仮説についてとりあげる．脊椎動物と，節足動物や環形動物の間で，神経―消化管―循環系（心臓）の体のなかでの配置が，背腹で逆転しているようにみえることは，19世紀初めにGeoffroy Saint-Hilaireが指摘していた．長く議論の俎上に上らなかったこの仮説が，1990年代に分子発生学の研究から再評価されるようになった（DeRobertis & Sasai, 1996）．節足動物や環形動物の外胚葉は，分泌因子 decapentaplegic（dpp）により背側化され，それと拮抗的に作用する short gastrulation（sog）によって腹側化される．節足動物ではsogによって腹側化された領域で神経が形成される．それらと相同な分子 BMP2/4（dppと相同）と chordin（sogと相同）が，脊椎動物でも外胚葉の背腹の分化を担い，chordinによって背側化された領域に神経が形成される．したがって，sog/chordinの活性のある側で神経が形成されることは，節足動物と脊椎動物で共通であるが，脊椎動物ではそれが背側，節足動物では腹側になる．神経や心臓が形成される位置が背腹で逆転しているだけでなく，背腹の領域化を担う分子機構もそれに対応して逆転していることから，節足動物や環形動物の系統と脊椎動物の系統が分岐したのち，どこかの時点で背腹が逆転したという仮説が徐々に受け入れられるようになった．さらに，ギボシムシの外胚葉が，節足動物のようにdppによって背側化されることから，背腹の逆転がギボシムシと脊索動物の分岐したのち，脊索動物の祖先で起こったであろうと現在は考えられている（Lowe et al.,

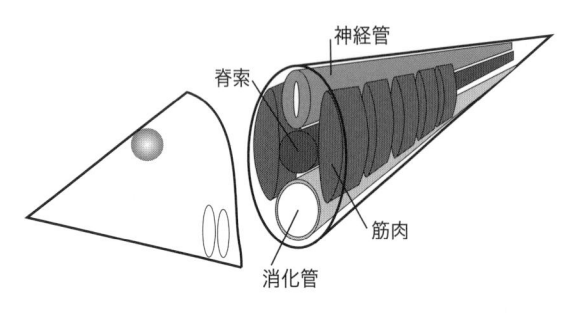

**図1　オタマジャクシ型の体制の模式図**
体の中心部に脊索が走り，その両脇の筋肉が交互に収縮することで体を左右にくねらせて泳ぐことのできる体制である．筋収縮を制御する神経管が脊索背側にあり，腹側には消化管が走る．

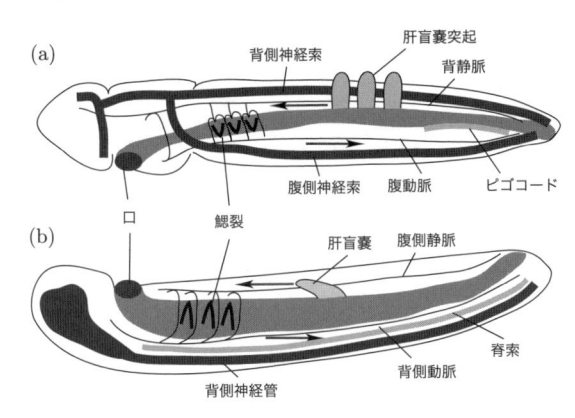

**図2** ギボシムシと脊索動物の体制比較
(a) ギボシムシの体制を，(b) 背腹反転した脊索動物と対応させると，血流や肝盲嚢の向きなどはよく対応するが，鰓裂が逆転してしまう．脊索とピゴコードの位置はよく対応する．(Nübler-Jung & Arendt, 1996 より改変)

2006；西野ほか，2007)．脊椎動物では，消化管の背側を通る血管の流れが後方に向かい，腹側の血管で前方に戻る血流が，ギボシムシでは背腹が逆であること，脊椎動物の肝臓は消化管の腹側に突出するが，ギボシムシでは背側に突出することも，脊索動物の祖先での背腹の逆転を支持する（図2）(Nübler-Jung & Arendt, 1996)．また，脊索動物と棘皮動物で共通して左右の非対称性を担う $Ptx$ が脊索動物の左側を特異化するのに対し，棘皮動物では右側を特異化する．この $Ptx$ の機能の左右軸上での逆転も，脊索動物の祖先での背腹の逆転によって整合的に説明できる (Duboc $et\ al.$, 2005)．

### C. 鰓裂と内柱の起源

この背腹の逆転説を念頭に置いて，脊索動物を特徴づける形質の起源をひとつひとつみていく．まず，鰓裂については，脊索動物を定義する形質とされながら，半索動物にもはっきりと存在する．$Pax1/9$ のように，共通して鰓裂で発現する遺伝子もあり，その相同性に関して疑問の余地はほとんどない (Ogasawara $et\ al.$, 1999)．棘皮動物と半索動物が水腔動物として単系統群であるとする見解に沿うと，鰓裂は新口動物の祖先においてすでに獲得され，棘皮動物で二次的に失われたと考えられる．実際に，原始的な棘皮動物とされる絶滅した海果類（カルポイド）のなかには，鰓裂のような構造が認めら

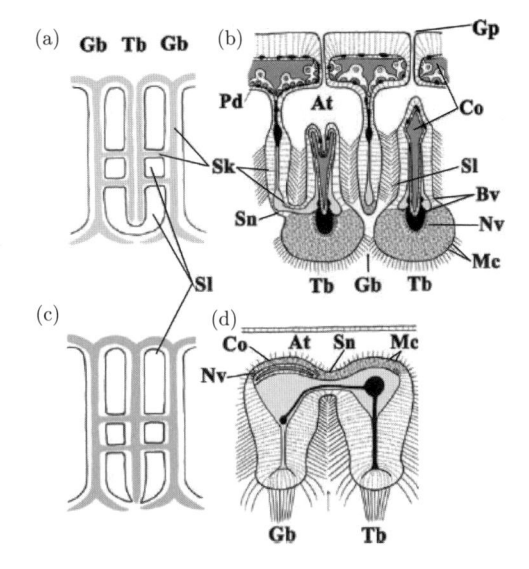

**図3** ギボシムシとナメクジウオの鰓裂の比較
(a, b) ギボシムシの鰓裂，(c, d) ナメクジウオの鰓裂．a, c: 側方から見た外見，いずれも背側から伸びる舌状突起 (Tb) と一次鰓桁 (Gb) が交互に並び，U字型の軟骨で支持される．b, d: 鰓裂の横断面を見ると，連結突起 (Sn) の位置がギボシムシでは内側（図の下側）にあるのに対し，ナメクジウオでは側方部（図の上側）にある．また，体腔 (Co) が，ギボシムシの場合は舌状突起 (Tb) にみられるのに対し，ナメクジウオでは一次鰓桁 (Gb) にみられる．At: 囲鰓腔, Bv: 血管, Gp: 鰓孔, Mc: 粘液分泌細胞, Nv: 神経繊維, Pd: 足細胞, Sl: 鰓裂, Sk: 軟骨．(Ruppert, 2005 より)

れる (Clausen & Smith, 2005)．

ナメクジウオとギボシムシの鰓裂には，舌状突起の形成によりU字型となり，無細胞性の軟骨により支持されるという類似点もみられ，両者の相同性を強く支持するものと考えられてきた．しかし，ナメクジウオとギボシムシの両者において，舌状突起は背側から伸長する．脊索動物の祖先で背腹が逆転するという先の仮説に基づくと，舌状突起の形成はナメクジウオとギボシムシでうまく対応しない（図2）．舌状突起における体腔や連結突起の位置などが両者で異なることから，舌状突起は独立に獲得されたとする意見もある（図3）(Ruppert, 2005)．新口動物の祖先は，舌状突起のない鰓裂をもっていたのかもしれない．

鰓裂の腹側にみられる内柱も，脊索動物に特徴的な構造である．頭索動物や尾索動物，ヤツメウナギのアンモシート幼生は，内柱から鰓裂に向かって

粘液シートを分泌し，その粘液に海水中の植物プランクトンや有機懸濁物がこしとって摂取している．内柱には，粘液分泌と同時にヨウ素の代謝にかかわる機能も知られ，脊椎動物の甲状腺の起源と考えられている．ナメクジウオ，ヤツメウナギの内柱は鰓裂の腹側に位置し，背腹の逆転説に基づいてその起源を考えると，ギボシムシの鰓裂の背側にみられる鰓上隆起にいきあたる．しかし，鰓上隆起の具体的な機能についてはあまり知られていない．ギボシムシでは，ヨウ素のとりこみが鰓全体で行なわれ (Ruppert, 2005)，内柱―甲状腺特異的な発現をする *TTF-1* (*NK2.1*) は，ギボシムシでは鰓全体で発現する (Takacs *et al.*, 2002)．ギボシムシの鰓全体で行なわれていたヨウ素代謝の機能が，脊索動物の祖先で一部に限定されたことで，内柱が獲得されたと考えられる (Ruppert, 2005)．

### D. 脊索の起源

脊索は，オタマジャクシ型の体制に不可欠の構造で，細胞内に大きな液胞をもち，コラーゲン繊維を多く含む脊索鞘が外側を覆うことにより物理的な支柱として機能する．ギボシムシの消化管が前方に突出してできる口盲管とよばれる構造が液胞を多く含んでいることから，脊索との関連が指摘されてきた．いくつかの種では，口盲管をとりかこむ細胞外基質にコラーゲン繊維が豊富に含まれていることも脊索との類似性を支持する．ただし，脊索が原腸背側壁から形成されるのに対し，口盲管は消化管の前方への突出により形成される．また，脊索動物の脊索形成において中心的な機能をもつ *Brachyury* は口盲管では発現しないなど，口盲管と脊索の相同性には懐疑的な報告もある (Peterson *et al.*, 1999)．

ギボシムシの消化管は，肝臓より後方で腹側が肥厚しており，肥厚した部分の細胞には液胞がみられる．このピゴコード (pygochord) とよばれる構造 (図4) についても，その脊索との関連が議論されている (Hyman, 1959; Nübler-Jung & Arendt, 1996)．脊索が原腸背側から分化することから，消化管の腹側の壁から分化するピゴコードと脊索の相同性は，背腹の逆転仮説で整合的に説明できる．

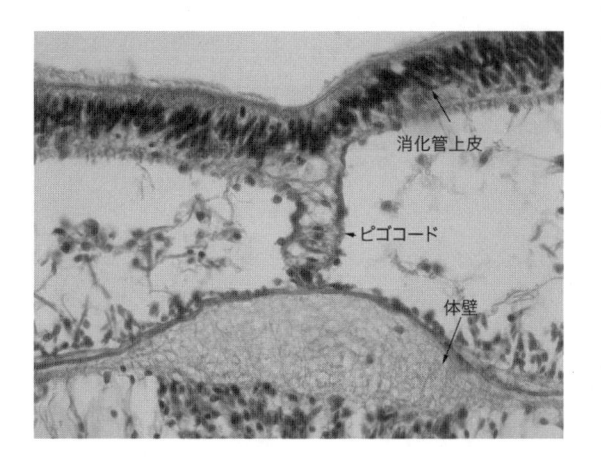

図4　ギボシムシのピゴコード (pygochord)

### E. 神経管の起源

神経管と類似の構造もギボシムシでは認められる．ギボシムシの襟部の背側の神経は，脊索動物の神経管同様，上皮の落ち込みにより管状となる．しかし，この背側神経索が中枢器官として情報処理をしているというより，情報伝達としての機能しかもたないと考えられることから，この襟の背側神経索を脊索動物の神経管の起源とする考えには否定的な見解も多い (Ruppert, 2005)．むしろ腹側の神経索のほうが発達し，背腹逆転仮説に沿うと，腹側神経索の方が脊索動物の神経管と位置的に対応する (Nübler-Jung & Arendt, 1996)．

神経管の起源として，ガースタングはギボシムシや棘皮動物の幼生にみられる繊毛帯を考えた．(Garstang, 1928)．これらの一般的にディプルールラ型幼生とよばれる幼生では，神経細胞は頂毛と繊毛帯に集中している．Garstangはディプルールラ型幼生の繊毛帯と反口側外胚葉を脊索動物の神経板にみたて，神経管の起源と考えた (オーリクラリア説；11.2項参照)．これと整合的な証拠もいくつか報告されている．たとえばアミン作動性ニューロンが，ディプルールラ幼生では繊毛帯の口側に，脊索動物の神経管では背側でみられ，位置関係も対応する (Lacalli *et al.*, 1990)．また，遺伝子 *Distal-less* が繊毛体の同じ側で発現していることも Garstang の説を支持する (和田, 2001)．

脊椎動物の神経管の前後軸に沿った領域化を担う *Otx* や *Pax6*, Hox 遺伝子などが，成体となったギボ

シムシでは神経の散在する外胚葉全体にわたって発現することから，ギボシムシの散在神経の中枢化によって脊索動物の神経管が獲得されたとも考えられる（Lowe et al., 2003）．一方，環形動物や節足動物の神経系は腹側で中枢化し，中枢神経の背腹特異化に脊椎動物の中枢神経の領域化にかかわるものと相同な遺伝子のかかわりが指摘されている（Denes et al., 2007）．この中枢神経の領域化が，左右相称動物の祖先からひき継いだ相同な機構だと考えると，ギボシムシの神経系は二次的に散在型へと移行したものかもしれない．ギボシムシの成体にみられる神経系は変態時に新たに形成され，幼生期の神経はほとんど成体に残らない．したがって，脊索動物の神経の起源をギボシムシの幼生神経に求めるか，成体神経に求めるかは，今後の研究をとおして明らかにされるべき課題である．

### F. 古生物学からの知見と分岐年代

脊索動物の初期の姿をとどめる化石としては，ナメクジウオとよく似た動物と考えられているバージェス頁岩のピカイアが知られる．最近それより古い堆積層が残る中国雲南省の澄江から，カンブリア紀初期の脊索動物の化石種があいついで報告されている．そのうち，ユンナノゾアとヴェツリコリアンは，脊索動物の祖先の姿をとどめているのではないかと考えられている．ユンナノゾアは，脊索をもたないギボシムシのような動物か，あるいは脊索をもつナメクジウオ型の動物か，議論が交わされたこともあった（Chen et al., 1995; Shu et al., 1996）．しかし，筋節と復元された組織に筋繊維がみつかったこと，側方に眼をもった標本がみつかったことから，現在は脊索動物のなかでも脊椎動物に近いという見方が有力になっている（Mallatt et al., 2003）．

ヴェツリコリアンは，前方と後方に大きくふたつに分かれた体をもち，前方には口と五つの鰓裂が開く（図5）．後方には七つの体節を備え，活発に泳いでいたのではないかと推測されている（Shu et al., 2001）．鰓裂をもつことから新口動物であることについては間違いないが，新口動物の祖先か，あるいは脊索動物の祖先か，さらにはサルパなど浮遊性の被嚢類との近縁性を指摘する研究者もあり，系統的

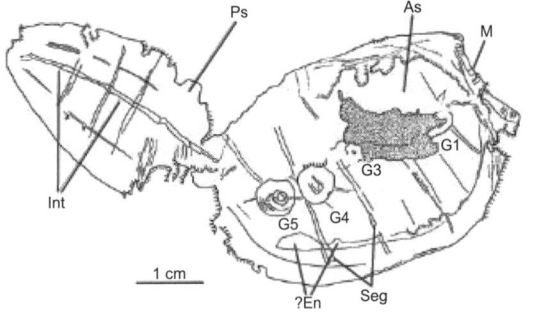

**図5** ヴェツリコリアン
ヴェツリコリアンの化石標本と復元図．As: 前半部，M: 口，G1-5: 第1-5鰓裂，Seg: 体節構造，En: 内柱のような構造，Ps: 後半部，Int: 小腸．（Shu et al., 2001 より）

位置を定めるには至っていない（Gee, 2001; Lacalli, 2002）．

ユンナノゾアとヴェツリコリアンは，いずれも約5億3千万年前の堆積層からみつかっている．これらの系統的な位置づけを考えるうえで，脊索動物と半索動物，棘皮動物の分岐がいつ起こったのか，脊索動物のなかで，ナメクジウオと脊椎動物の分岐がいつ起こったのかという情報は不可欠である．分子時計による左右相称動物の分岐年代の推定は，現在でもまだ10億年前から6億年前までの幅のなかで議論されているが，脊椎動物で遺伝子の置換速度が遅くなっているため，脊椎動物の分岐年代（たとえば鳥類と哺乳類の分岐を3億年前として）で，絶対時間と遺伝子の置換を対応させて推定した分岐年代は，過剰にみつもられている可能性が指摘されている（Peterson et al., 2004）．無脊椎動物の分岐を用いて絶対年代と分子時計を対応させると，左右相称動物は約6億年前の地球の全球凍結の後に放散したと推定されている．そのなかでは棘皮動物と半索動物の分岐は5.26億年前と試算された（Peterson et al., 2004). これに基づくと，ユンナノゾアやヴェツリコリアンは，新口動物や脊索動物の直接の祖先の姿に近いものかもしれない．

## G. 脊索動物3亜門の系統関係と体制の進化

ナメクジウオと脊椎動物には分節からなる筋肉（体節や筋節ともよばれる）という共有派生形質もみられ，脊索動物のなかでは，ホヤがもっとも早く分岐し，ナメクジウオと脊椎動物が姉妹群であるという系統関係が長く支持されてきた．ところが，ゲノム情報，複数の遺伝子のアミノ酸配列を基に系統解析を行なうと高い信頼性で尾索動物の方が脊椎動物に近縁となる（Bourlat et al., 2006; Delsuc et al., 2006; Putnum et al., 2008）．ナメクジウオを含む頭索類が脊索動物ではもっとも早く分岐したらしい．この系統樹に沿うと，ナメクジウオと脊椎動物で共有している体節性は，脊索動物の祖先にもみられたであろうと考えられ，脊索動物の祖先は，筋節を備えた遊泳力の高い体制で成体期を過ごしていたとするほうが整合的である．尾索動物は，そのような祖先から二次的に固着性に移行していったのであろうか．移動能のない固着性の動物は，さまざまな形で捕食者からの防御を発達させている．被嚢は尾索動物の系統で独自に，バクテリアからの遺伝子の水平伝播によって獲得されたものである（Matthysse et al., 2004; Nakashima et al., 2004）．水平伝播による遺伝子の獲得などによって，固着生活に適応していったのが，現生の尾索動物の姿かもしれない．脊索動物の祖先は，ナメクジウオのようにある程度の遊泳力をもちつつ，濾過摂餌を行なう動物だったのだろうか．

[引用文献]

Bourlat S. J. et al. (2006) Deuterostome phylogeny reveals monophyletic chordates and the new phylum Xenoturbellida. *Nature*, vol. 444, pp. 85-88.

Chen J-Y. et al. (1995) A possible early Cambrian chordate. *Nature*, vol. 377, pp. 720-722.

Clausen S. & Smith A. B. (2005) Palaeoanatomy and biological affinities of a Cambrian deuterostome (Stylophora). *Nature*, vol. 438, pp. 351-354.

Delsuc Fdr. et al. (2006) Tunicates and not cephalochordates are the closest living relatives of vertebrates. *Nature*, vol. 439, pp. 965-968.

Denes A. S. et al. (2007) Molecular architecture of annelid nerve cord supports common origin of nervous system centralization in bilateria. *Cell*, vol. 129, pp. 277-288.

DeRobertis E. M. & Sasai Y. (1996) A common plan for dorsoventral patterning in Bilateria. *Nature*, vol. 380, pp. 37-40.

Duboc V. et al. (2005) Left-right asymmetry in the sea urchin embryo is regulated by nodal signaling on the right side. *Dev. Cell*, vol. 9, pp. 147-158.

Garstang W. (1928) The morphology of the tunicata, and its berings on the phylogeny of the chordata. *Quartery Journal of Microscopical Sciences*, vol. 72, pp. 51-187.

Gee H. (2001) On being vetulicolian. *Nature*, vol. 414, pp. 407-409.

Harada Y. et al. (2001) Embryonic expression of a hemichordate *distal-less* gene. *Zool. Sci.*, vol. 18, pp. 57-61.

Hyman L. H. (1959). *The Invertebrates; Smaller Coelomate Groups*, McGraw Hill.

Lacalli T. C. et al. (1990) Ciliary band innervation in the bipinnaria larva of *Pisaster ochraceus*. *Phil. Trans. R. Soc. Lond. B*, vol. 330, pp. 371-390.

Lacalli T. G. (2002) Vetulicolins - are they deuterostomes? chordates? *BioEssays*, vol. 24, pp. 208-211.

Lowe C. J. et al. (2006) Dorsoventral patterning in hemichordates: insights into early chordate evolution. *Plos Biol.*, vol. 4, pp. e291.

Lowe C. J. et al. (2003) Anteroposterior patterning in hemichordates and the origins of the chordate nervous system. *Cell*, vol. 113, pp. 853-865.

Mallatt J. et al. (2003) Comments on "A new species of Yunnanozoanwith implications for deuterostome evolution". *Science*, vol. 300, pp. 1372c.

Matthysse A. G. et al. (2004) A functional cellulose synthase from ascidian epidermis. *Proc. Natl. Acad. Sci. USA*, vol. 101, pp. 986-991.

Nakashima K. et al. (2004) The evolutionary origin of animal cellulose synthase. *Dev. Genes Evol.*, vol. 214, pp. 81-88.

西川輝昭・和田洋（1993）後口動物の系統論—脊椎動物の起源をたずねて．遺伝，vol. 47, pp. 32-42.

西野敦雄・和田洋・倉谷滋（2007）無脊椎動物から脊椎動物を導く．倉谷滋，佐藤矩行編，シリーズ21世紀の動物科学第3巻『動物の形態進化のメカニズム』Intermission 1, 培風館．

Nübler-Jung K. & Arendt D. (1996) Enteropneusts and chordate evolution. *Curr. Biol.*, vol. 6, pp. 352-353.

Ogasawara M. et al. (1999) Developmental expression of Pax1/9 in urochordate and hemichordate gills: insight into function and evolution of the pharyngeal epithelium. *Development*, vol. 126, pp. 2539-2550.

Peterson K. J. et al. (1999) A comparative molecular approach to mesodermal patterning in basal deuterostomes: the expression pattern of Brachyury in the enteropneust hemichordate *Ptychodera flava*. Development, vol. 126, pp. 85-95.

Peterson K. J. *et al.* (2004) Estimating metazoan divergence times with a molecular clock. *Proc. Natl. Acad. Sci. USA*, vol. 101, pp. 6536-6541.

Putnum N. H. *et al.* (2008) The amphioxus genome and the evolution of the chordate karyotype. *Nature*, vol. 453, pp. 1064-1072.

Ruppert E. E. (2005) Ket characters uniting hemochordates and chordates: homologies or homoplasies? *Can. J. Zool.*, vol. 83, pp. 8-23.

Shu D. *et al.* (2001) Promitive deuterostomes from the Chengjiang Lagerstatte (Lower Cambrian, China). *Nature*, vol. 414, pp. 419-424.

Shu D. *et al.* (1996) Reinterpretation of *Yunnanozoon* as the earliest known hemichordate. *Nature*, vol. 380, pp. 428-430.

Takacs C. M. *et al.* (2002) Testing putative hemichordate homologues of the chordate dorsal nervous system and endostyle: expression of NK2.1 (TTF-1) in the acorn worm Ptychodera flava (Hemichordata, Ptychoderidae). *Evol. Dev.*, vol. 4, pp. 405-417.

和田洋（2001）多細胞動物の発生と進化 脊椎動物への4つのステップ．蛋白質 核酸 酵素，vol.46, pp. 1340-1348.

和田洋（2007）脊索動物の進化：原索動物から脊椎動物へ．倉谷滋，佐藤矩行編，シリーズ21世紀の動物科学第3巻『動物の形態進化のメカニズム』第4章，培風館．

（和田 洋・宮本教生）

## 10.9 尾索動物

### A. 体制と生活史

　尾索動物は体の外側に被嚢とよばれる厚い外皮をもつため被嚢類ともよばれる．オタマボヤ綱，ホヤ綱，タリア綱の三つの綱に分類され，タリア綱はさらにヒカリボヤ亜綱と，ウミタル類とサルパ類が含まれるウミタル亜綱に分類される（図1）．オオグチボヤなどの一部の例外を除き，内柱から分泌される粘液シートを用いた濾過摂餌を行なう．その形態や生活史は多様性に富み，脊索動物に特徴的なオタマジャクシ型の体制が終生みられるのはオタマボヤのみである．タリア綱のなかのサルパやヒカリボヤ，さらには一部の直接発生を行なうホヤのように，脊索がまったくみられない種もある．

　間接発生（変態を経る発生）を行なう多くのホヤでは，オタマジャクシ型幼生期を経たのち，変態して尾部が退化し，咽頭部が体の大半を占めるように発達し，固着して過ごす．タリア綱のサルパ，ウミタル，ヒカリボヤは変態後も浮遊生活を行なう．サルパやウミタルは，発達した筋肉が体を環状にとりまくのが特徴で，有性生殖により生じる卵生個虫と無性生殖により生じる芽生個虫の世代交代がみられる．ウミタルでは，芽生個虫として，食体，育体，生殖体の三つの世代がみられるなど複雑な生活史を送る．ヒカリボヤは筒状の群体を形成するが，個虫はホヤのものと類似する．共生バクテリアによる発光器官をもつことから，その名が与えられている．オタマボヤだけは変態後も脊索を保持し，オタマジャクシ型の体制で一生を送る．被嚢が巣として特化しており，これを用いた濾過摂餌を行なう．

　このような尾索類の多様な生活史がどのようにして進化してきたかは，われわれヒトを含む脊椎動物の体制の進化とも密接にかかわっており，古くからさまざまに議論されてきた（Garstang, 1928; Tokioka, 1971など）．もっとも尾索動物が脊椎動物に近縁と考えられるようになったのは最近のことである．1866年にKowalevskyによって，ホヤの幼生が背側の神経管や脊索をもつことが発見される

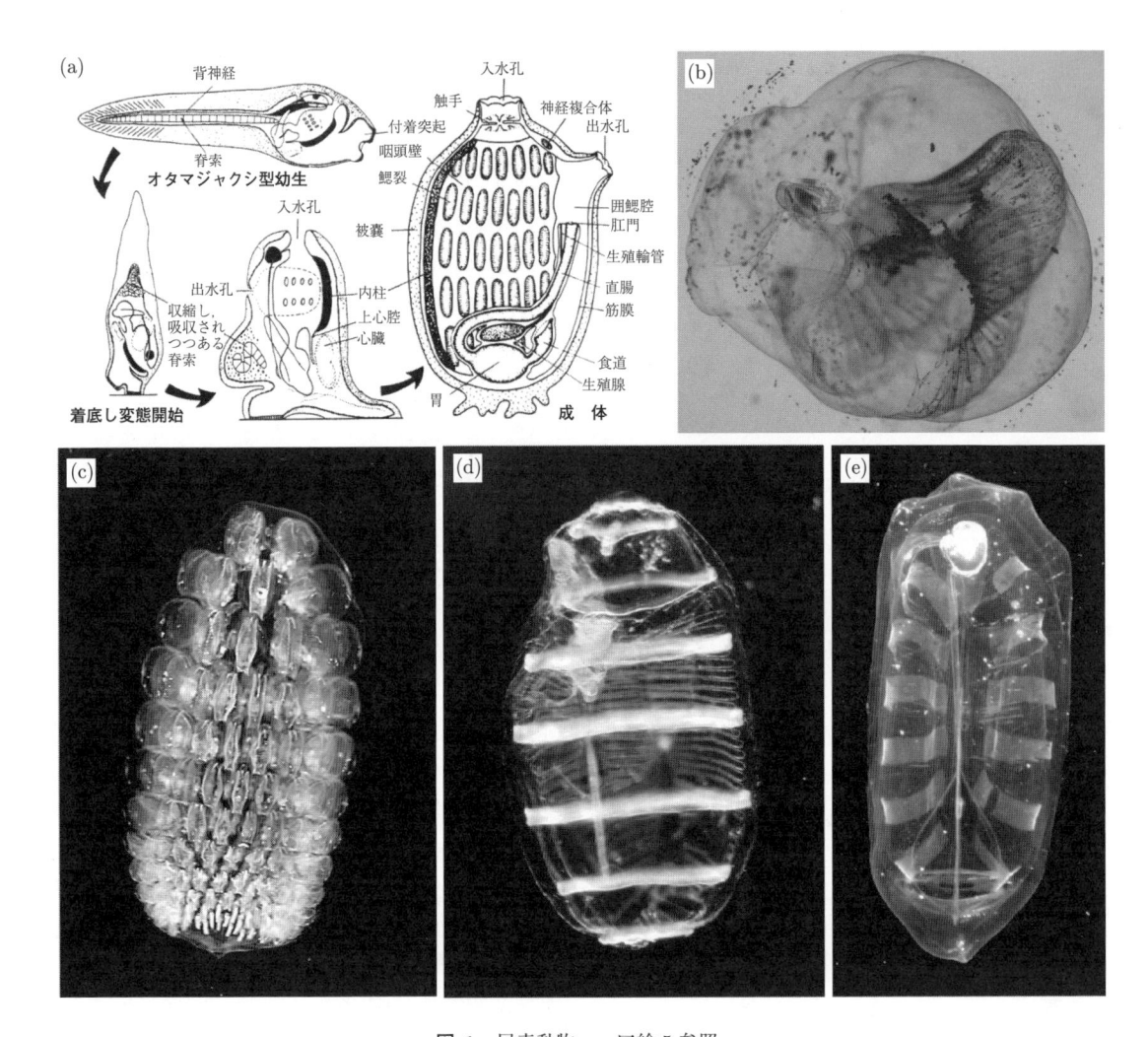

**図1** 尾索動物 →口絵5参照.
(a) 腸性類ホヤの体制（西川・和田，1993より）．(b) ワカレオタマボヤ（*Oikopleura dioica*），墨で巣を見やすくしている．
(c) ワガタヒカリボヤ（*Pyrosomella verticillate*）．(d) ヒメウミタル（*Doliolum natiotalis*）．(e) フトスジサルパ（*Iasis zonaria*）．（写真提供：(b) 中島啓介・西野敦雄，(c-e) 西川淳）

(Kowalevsky, 1866) 以前には，軟体動物に分類されていた．Kowalevsky によるホヤのオタマジャクシ幼生の発見については，Darwin も『人間の進化と性淘汰』のなかで，「脊椎動物が派生してきた元に関する手がかりを手に入れた（Darwin, 1871〈長谷川真理子訳〉）」と紹介している（Darwin は脚注のなかで，同じような観察を，むしろ Kowalevsky よりも前に行なったと述べている）．

### B. 系統関係と生活史の進化

尾索動物の三つの綱の系統関係は，18S rDNA 遺伝子を基に解析されている（図2）(Swalla et al., 2000; Wada, 1998)．そこでは，オタマボヤ綱がもっとも根元から派生し，タリア綱のサルパ，ウミタルが姉妹群として，ホヤ綱とヒカリボヤ亜綱から派生する樹形が支持される．ただし，オタマボヤ綱の系統的な位置に関しては，分子進化速度が非常に速いことなどから正確に推定できていない可能性もある (Swalla et al., 2000)．分子系統解析では，ホヤ綱が単系統群ではないと強く示されている．ホヤ綱は，生殖腺が体の両脇に普通1対できる壁性目（マボヤはこちらに含まれる）と，消化管に囲まれるものがひとつ存在している腸性目（ユウレイボヤはこちらに含まれる）の大きくふたつに分類される．こ

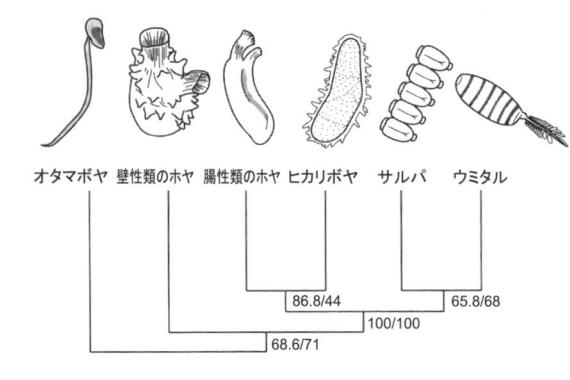

**図 2 尾索動物の属する動物の系統関係**
系統樹は 18S rRNA 遺伝子の塩基配列を基に推定された (Wada, 1998). 枝の数字は樹形の信頼性をあらわす数字. ホヤが単系統群ではなく, 腸性目のホヤがウミタルとより近縁であることはミトコンドリア DNA を基にした解析でも支持される (Yokobori *et al.*, 2005 より改変).

のうち腸性目は, 壁性目のホヤよりもむしろ, タリア綱と近縁であることが強く支持される. この系統関係はミトコンドリア DNA の解析からも支持される (Yokobori *et al.*, 2005).

この系統樹に沿うと, タリア綱とホヤ綱の共通祖先が浮遊性であったか, 固着性であったかは, 同等に節約的で判断できない. しかし, 腸性目カタユウレイボヤと壁性目マボヤの幼生形態が酷似し, 特に変態期に固着するための器官である付着突起は, いずれもコーン型の表皮の突起が三つ形成されるなど非常に似ている. 付着突起が固着性の生活に密接にかかわる器官だということを考えると, オタマボヤを除く尾索動物の祖先は, ホヤのような固着性の生活をしていたと考えるほうが受け入れやすい.

系統関係の推定が困難なこともあり, オタマボヤの体制がどのように成立したかについてははっきりした見解が得られていない. ホヤのような固着性の祖先または浮遊性のウミタル類から幼形成熟によって進化したという仮説が古くから提唱されている (Berrill, 1955; Bone, 1960; Garstang, 1928). 最近でも, オタマボヤの変態期にみられる尾部が頭部に対して 90° 回転する様子が腸性目無管亜目ホヤの幼生と類似し, 無管亜目の幼生からの幼形進化を支持する報告もある (Stach, 2007). また, ナメクジウオのような祖先から, 固着性に移行する前に派生した原始的な尾索動物であり, 幼形進化したものでは

ないという仮説もあり (Tokioka, 1971), 精子の微細形態や筋肉アクチンの性質などは, この仮説と整合的であると報告されている (Holland, 1989, 1990; Nishino & Satoh, 2001).

ホヤは, モザイク発生を行なうこともよく知られている. 壁性目のマボヤと腸性目のカタユウレイボヤでは, 卵割様式も酷似している. オタマボヤでも, ホヤと同様に発生の初期の細胞数の少ない段階で原腸形成するなどの特徴がみられる. 尾索動物は幼生期には摂餌せず, 総じて変態までの発生過程が促進されている.

### C. 古生物学的な知見

カンブリア紀初期の堆積層がみられる澄江からは, ホヤのような固着性の化石種 (*Cheungkongella* や *Shankouolav*) がいくつか報告されている (Chen *et al.*, 2003; Shu *et al.*, 2001). これらの化石種が尾索動物の系統樹にどう位置づけられるかは, 尾索動物の分岐の絶対年代が明らかでないため判断できないが, *Shankouolav* にみられる出水口が後方に開くという特徴は, コバルトボヤなど無管亜目のホヤにもみられる特徴で, ホヤ類の原始的な段階を示すのかもしれない.

### D. ゲノム解析

近年, カタユウレイボヤ, ユウレイボヤ, さらにはオタマボヤでもゲノム解析も行なわれた. 多くの動物でクラスターを形成している Hox 遺伝子が, いずれの種でもクラスターを形成していないなど, ゲノム構造においても尾索動物が独自の進化をとげたグループであることが示された (Dehal *et al.*, 2002; Seo *et al.*, 2001, 2004). ホヤでは多くの遺伝子が二次的に失われている可能性も指摘されている (Hughes & Friedman, 2005). オタマボヤでは, 遺伝子のイントロンの挿入部位がほとんど保存されていないという驚くべき特徴も明らかになっている (Wada *et al.*, 2002; Edvardsen *et al.*, 2004). オタマボヤでは大規模なゲノムの改変が起こった可能性が示唆される. 尾索動物ではミトコンドリア DNA の遺伝子配置などの構造も急速な進化をとげている (Yokobori *et al.*, 2005).

尾索動物を特徴づける被嚢の進化は，多細胞動物のなかで尾索動物でのみみられるセルロース合成能が必須である．カタユウレイボヤのゲノム解析から，このセルロース合成を行なう遺伝子が，水平伝播によりもたらされたことが明らかになった（Matthysse et al., 2004; Nakashima et al., 2004）．カタユウレイボヤのゲノムのなかで，バクテリアのセルロース合成酵素とセルロース分解酵素と高い相同性をもった遺伝子が並んで存在しているのがみつかった．それらの遺伝子が，真核生物のセルロース合成酵素遺伝子よりも原核生物の遺伝子に高い相同性を示したこと，合成酵素と分解酵素が並んで存在している様子がバクテリアのオペロン構造と似ていることなどから，これらの遺伝子はバクテリアからの水平感染によってホヤのゲノムのなかにとりこまれたのだろうと推測されている（Matthysse et al., 2004; Nakashima et al., 2004）．

### E. 無性生殖とアロ認識

尾索動物は無性生殖を行なう種のなかで脊椎動物にもっとも近縁なものでもある．無性生殖は腸性目と壁性目の両方でみられる群体性のホヤ，さらにはヒカリボヤ，ウミタル，サルパでみられる．ホヤの無性生殖は，横分体形成，囲鰓腔壁出芽，芽茎出芽という三つの様式がみられる．芽体形成に中心的な役割をはたす組織が，内胚葉組織である上心腔上皮（横分体形成），外胚葉組織である囲鰓腔上皮（囲鰓腔壁出芽），中胚葉性の隔壁上皮と多様であることなどから，これらの無性生殖様式は独立に獲得されたと考えられている（川村・藤原，1998）．群体性のホヤでは，血縁度の低い群体が接触すると群体同士が融合せず，排除しあうという現象がみられる．このようなアロ認識は，fester とよばれる sushi ドメインをもつ遺伝子が個体特異的スプライシングによってもたらされる多型に基づいて行なわれていることが明らかになった（Nyholm et al., 2006）．

尾索動物はワカレオタマボヤを除く多くの種が雌雄同体である．自家受精を回避するために，同一個体や血縁度の高い個体間の卵と精子では受精率が著しく低いという，卵と精子の間での個体識別もみられる．ショウジョウバエの遺伝学で有名な Morgan も研究した．この個体識別の分子機構も明らかにされた．精子の細胞表面で発現するポリシスチン様遺伝子（s-themis）という分子と，卵表面で発現するフィブリノーゲン様遺伝子（v-themis）という分子の多型により，個体認識していることが報告されている（Harada et al., 2008）．

### ［引用文献］

Berrill N. J. (1955) *The origin of vertebrates*, Clarendon Press.

Bone Q. (1960) The origin of the chordates. *J. Linn. Soc. Lond. Zool.*, vol. 44, pp. 252-269.

Chen J. et al. (2003) The first tunicate from the early Cambrian of south China. *Proc. Natl. Acad. Sci. USA*, vol. 100, pp. 8314-8318.

Dehal P. et al. (84) ea (2002) The draft genome of Ciona intestinalis: insights into chordate and vertebrate origins. *Science*, vol. 298, pp. 2157-2167.

Edvardsen R. B. et al. (2004) Hypervariable and highly divergent intron–exon organizations in the chordate Oikopleura dioica. *J. Mol. Evol.*, vol. 59, pp. 448-457.

Garstang W. (1928) The morphology of the tunicata, and its berings on the phylogeny of the chordata. *Quartery Journal of Microscopical Sciences*, vol. 72, pp. 51-187.

Harada Y. et al. (2008) Mechanism of self-sterility in a hermaphroditic chordate. *Science*, vol. 320, pp. 548-550.

Holland L. Z. (1989) Fine structure of spermatids and sperm of *Dolioletta gegenbauri* and *Doliolum nationalis* (Tunicata Thaliacea): Implications for tunicate phylogeny. *Mar. Biol.*, vol. 101, pp. 83-95.

Holland L. Z. (1990) Spermatogenesis in *Pyrosoma atlantica* (Tunicata: Thaliacea: Pyrosomatida): Implications for tunicate phylogeny. *Mar. Biol.*, vol. 105, pp. 451-470.

Hughes A. L. & Friedman R. (2005) Loss of ancestral genes in the genome evolution of Ciona intestinalis. *Evol. Dev.*, vol. 7, pp. 196-200.

川村和夫・藤原滋樹（1998）芽体形成のメカニズム『ホヤの生物学』佐藤矩行 編, pp. 203-222, 東京大学出版.

Kowalevsky A. (1866) Entwickelungsgeschitte de einfachen ascidien. *Momoires L'Acad. Imperiale Sci. St. Peterbourg*, vol. 10, pp. 1-19.

Matthysse A. G. et al. (2004) A functional cellulose synthase from ascidian epidermis. *Proc. Natl. Acad. Sci. USA*, vol. 101, pp. 986-991.

Nakashima K. et al. (2004) The evolutionary origin of animal cellulose synthase. *Dev. Genes Evol.*, vol. 214, pp. 81-88.

Nishino A. & Satoh N. (2001) The simple tail of chordates: Phylogenetic significance of appendicularians. *Genesis*, vol. 29, pp. 36-45

Nyholm S. *et al.* (2006) fester, a Candidate Allorecognition Receptor from a Primitive Chordate. *Immunity*, vol. 25, pp. 163-173.

Seo H-C. *et al.* (2004) *Hox* cluster disintegration with persistent anteroposterior order of expression in *Oikopleura dioica*. *Nature*, vol. 431, pp. 67-71.

Seo H-C. *et al.* (2001) Miniature genome in the marine chordate *Oikopleura dioica*. *Science*, vol. 294, pp. 2506.

Shu D. *et al.* (2001) An early Cambrian tunicate from China. *Nature*, vol. 411, pp. 472-473

Stach T. (2007) Ontogeny of the appendicularian *Oikopleura dioica* (Tunicata, Chordata) reveals characters similar to ascidian larvae with sessile adults. *Zoomorph.*, vol. 126, pp. 203-214.

Swalla B. J. *et al.* (2000) Urochordates are monophyletic within the deuterostomes. *Syst. Biol.*, vol. 49, pp. 52-64.

Tokioka T. (1971) Phylogenetic speculation of the Tunicata. *Publications of Seto Marine Biological Laboratory*, vol. 19, pp. 43-63.

Wada H. (1998) Evolutionary history of free swimming and sessile lifestyles in urochordates as deduced from 18S rDNA molecular phylogeny. *Mol. Biol. Evol.*, vol. 15, pp. 1189-1194.

Wada H. *et al.* (2002) Dynamic insertion-deletion of introns in deuterostome EF-1a genes. *J. Mol. Evol.*, vol. 54, pp. 118-128.

Yokobori S. *et al.* (2005) Complete nucleotide sequence of the mitochondrial genome of *Doliolum nationalis* with implications for evolution of urochordates. *Mol. Phylogenet. Evol.*, vol. 34, pp. 273-283.

〔和田 洋〕

## 10.10 頭索動物

　頭索動物（Cephalochordate）は，個体発生の過程で脊索の形成を共有する動物群，脊索動物門の一亜門である．一般にはナメクジウオと総称され，すべてが海に生息する浮遊物を摂食する動物である．雌雄異体で，成体の大きさは種によって異なり，数cm～8cmほどである．発生や解剖学的特徴が現生の動物のなかではもっとも脊椎動物に似ることから，脊椎動物の起源を知るための重要な動物として，19世紀から盛んに研究されてきた．頭索動物のもっとも大きな特徴は脊索が体の前端から後端まで伸びることで，これがこの動物の名前の由来になっている．ほかに全索動物とよばれることもある．また，脊椎動物と比べて，はっきりした頭部構造をもたないことから，無頭動物ともよばれる．

　分子分類学の導入が遅れているが，形態学的にはこれまで約30種が記載されている．生殖腺の発達の違いから，大きくふたつのグループ（属）に分けられ，両側に生殖腺が発達するものをナメクジウオ属，右側にだけ発達するものをカタナメクジウオ属としていた．ところが，ミトコンドリアDNA全長の比較から，カタナメクジウオ属は単系統群ではなく，カタナメクジウオ属とオナガナメクジウオ属に分かれることが提唱された（Nishikawa, 2006）．日本には，ナメクジウオ属1種とカタナメクジウオ属1種，オナガナメクジウオ属2種が生息する．ナメクジウオ属の1種は，ヒガシナメクジウオ（*Branchiostoma belcheri*）と考えられてきたが（図1），中国の厦門（アモイ）に生息する個体群に種レベルで分かれる二群が存在することが明らかになり（Zhang *et al.*, 2006），日本のナメクジウオ属の1種はそのうちの*B. japonicum*である可能性が高い．また，オナガナメクジウオの1種は，近年，鹿児島県の野間半島沖に沈められた鯨の死体に生息する特異な動物群のなかにみいだされたもので，ゲイコツナメクジウオとよばれる（図1）．個体レベルの研究に使われるのはもっぱらナメクジウオ属である．

　ナメクジウオ類は総じて変異が少ない，小さい分

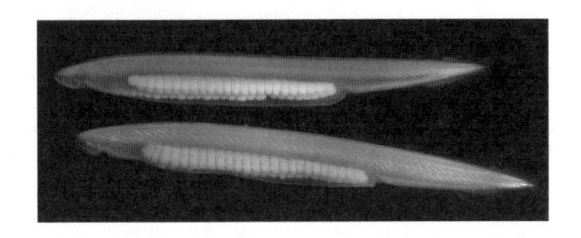

**図1** 繁殖期の有明産ナメクジウオの雌雄　→口絵6参照
（上）生殖腺が黄色い雌，（下）生殖腺が白い雄．大きさは4〜5 cm．

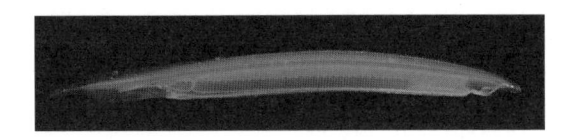

**図2** 鯨の死体に生息するゲイコツナメクジウオ　→口絵6参照
大きさは3 cm（海洋研究開発機構：藤原義弘提供）．

類群なので，それ自体の興味で研究されることは少なく，ほとんどの研究が脊椎動物の起源に関係したものである．フロリダナメクジウオのhox3遺伝子が単離されて以来，発生過程でみられる多数の遺伝子発現が明らかにされてきたが，そのほとんどは脊椎動物との共有関係を強調するものであった．しかし，フロリダナメクジウオのドラフトゲノムが明らかにされると（Putnam et al., 2008），タンパク質をコードする領域ではカタユウレイボヤの塩基配列のほうが脊椎動物に近く，ゲノム内での相同遺伝子の大雑把な配置構造はフロリダナメクジウオと脊椎動物でよく保存されていることが示された．ゲノム情報に基づいて，現在では，脊索動物の共通の祖先から頭索動物が最初に分岐し，その後，尾索動物と脊椎動物が分岐したと考えられている．また，尾索動物は分岐後，ゲノムが強く圧縮されてゲノム内構造が大きく変形しており，相対的に頭索動物のほうがより祖先的ゲノム構造を保存していると考えられている．ただし，リボソームDNA，ミトコンドリアDNAの系統解析を含めて，脊索動物三亜門の分岐パターンはすべての可能性が示されている．さらに，頭索動物内での全ミトコンドリアDNAによる系統解析では，カタナメクジウオ属とナメクジウオ属が単系統群を形成することから（Kon et al., 2007），最節約的に考えると，右側だけに発達する生殖腺の特徴は頭索動物の祖先形質になり，ほかの脊索動物との共通性が弱くなる．

ナメクジウオ属の個体発生は，脊椎動物との共通性が過度に強調されるきらいがある．実際には，この動物群固有のさまざまな特徴を示す．口と肛門の形成はその一例である．口は消化管前端に近い左側に開口し，変態前まで後方へ大きく拡大する．鰓孔辺縁の繊毛と消化管内の繊毛運動によってできる水流に乗ったものが，餌としてすべて大きな口に入り込むので，口の辺縁には長い繊毛が集まった口棘（感覚性）が規則的に発達して大きな固まりの侵入を防いでいる．変態期に入ると，その口は前方にすぼんでいくと同時に，前端付近が窪んで右側に移動する．結果として，左側に開口していた口は前方を向くようになる．さらに，窪んだ部分と口の上縁からはひだが生じて全体を覆う．このひだは，形成様式が違う右側の片割れと対になり口被蓋を形成し，その辺縁には被蓋突起が発達する．この部分が一般に成体で口といわれる部位である．本来の口は体内に収まって縁膜（ふちまく）を形成して，その開口縁には縁膜突起を発達させる．肛門は最初右側に開口するが，尾びれを横切って左側に移動する．尾びれを横切るときに尾びれのその部分は消失して，移動後，再度形成される．

中枢神経は脊椎動物のように，背側の外胚葉が神経板に特殊化して，その両外側が癒合して管になり，中空の神経索を形成する．しかし，内部の神経細胞は脊椎動物のように感覚神経，運動神経が背腹にきれいに並ばない．また，体性の運動神経の軸索は中枢神経から出ることがなく，逆に筋細胞から発達した突起が神経索の腹外側に伸びて，神経索表面で神経筋結合を形成する．したがって，神経根は背根だけである．

全長にわたって伸びる脊索は，頭索動物の特徴であるが，この特徴は神経胚の時期にすでに認められる．脊索細胞はコイン状に扁平になり，内部に液胞を発達させるのは，ほかの脊索動物の脊索細胞にもみられる特徴である．しかし，幼生の時期には背腹方向，横方向に横紋を認める筋原繊維が発達し，成体では横方向の筋原繊維が残る．個々の脊索細胞が神経支配を受けている根拠として，筋節の筋細胞と同様に，神経索腹側面に向かって脊索細胞が突起を

伸ばすことが古くから知られている.

　幼生は繊毛運動によって後方から見て反時計方向に回転しながら移動する．これは新口動物の幼生に共通してみられる移動様式である．一般に，繊毛による移動は変態とともに筋運動に変わるが，ナメクジウオ類では変態よりもきわめて早く筋運動が開始され，繊毛もしくは筋による移動が長い間併存する．筋節は変態前に成体の数に達する．変態までは浮遊生活をするが，変態後は砂質の底質に着底して，そこで成長を続ける．

　ナメクジウオ類の体は流線型で運動的にみえるが，実際はほとんど動くことがなく，砂のなかで生活する．短期の飼育下では，砂のなかでの移動が平均230回/日で，そのほとんどは数cmの移動である．水中に泳ぎ出すのは1個体あたり平均4日に1回であった（Ueda & Sakaki, 2007）．これほど動かない動物に，きわめて運動的な流線型と発達した体壁筋が保存されたことは興味深い．前後がほとんど変わらない体形が示すように，濡れた砂のなかでは，刺激があった反対側に前後に関係なく素早く移動できる．水中では速い泳ぎと遅い泳ぎが観察されるが，速い泳ぎのときに体の波打ち運動のリズムを変えることなく，水中で進行方向を前後逆転するのが観察されている（熊本，2006）．また，泳ぐときは脊椎動物のように背中を上にする決まった姿勢がない．

　頭索動物に関係すると考えられる化石は，中国澄江（Chengjiang）に広がる下部カンブリア系（5億2000万年前）の頁岩から産出した *Cathymyrus diadexus* とカナダロッキーのバージェスに露出する同中部の頁岩から産出したピカイア（*Pikaia gracilens*）が知られる．ピカイアのほうは比較的多くの化石が発見されており，筋節と思われる分節構造は認められるが，頭索動物に分類される決定的な特徴が認められないことから，長い間研究が進まなかった．しかし，最近になって，脊索動物様に収斂した別系統の動物の可能性を残しつつも，脊索動物の基幹群に位置する可能性が示唆された（Conway Morris & Caron, 2012）．澄江からはほかにナメクジウオ類に似た化石 *Haikouella* 属の2種が多数発見されている．*H. lanceolata* は脊椎動物に似た頭部構造を示し，頭索動物よりもより脊椎動物に近縁であると考えられている（Chen et al., 1999）．しかし，もうひとつの *H. jianshanensis* は全体的特徴が前者に極似するにもかかわらず，脊索動物の特徴がまったく認められない（Shu et al., 2003）．この違いが保存状態の違いによるものか，動物自身の特徴を示すものかは今のところ明らかではない．一方で，脊椎動物と考えられる化石 *Haikouichthys* 属と *Myllokummingia* 属が上述の化石と同じ地層から発見されていることから，頭索動物の分岐はカンブリア紀前期よりも古くなると考えられる．現生ナメクジウオ類に極似する化石は，南アフリカの下部ペルム系から発見されている（Oelofsen & Loock, 1981）．

　ナメクジウオ類の形態学的特徴で，脊椎動物と比較するうえで大きな利点になるのが前方部分の特異性である．脊椎動物の頭部形成を比較発生学的に解明するための重要な研究対象になる．基本的な構造である消化管・脊索・神経索の位置関係は共通であるにもかかわらず，脊索が前端まで伸びることから推測されるように，頭部構造は大きく異なる．中枢神経の先端は脊索前端よりも後方に位置し，その特殊化はきわめて弱い．脊椎動物にみられる嗅覚器・視覚器・聴覚器は存在しない．ただし，光受容細胞は神経索全体に存在する．脊椎動物では将来の頭部領域に，腹側化シグナル（BMP）と後方化シグナル（FGF，キャノニカルWNTシグナルなど）を抑制する分子が発現して，頭部の特異な発生を保障する．フロリダナメクジウオの遺伝子発現は，背側軸形成と頭部形成について，原腸胚以降，大雑把に脊椎動物の発現パターンに似ている（Yu et al., 2007）．しかし，原腸胚の遺伝子発現パターンがどのようにして確立されるのか，つまり，胚軸の基礎がどのように形成されるのかは，まったく明らかにされていない．ナメクジウオ類では，羊膜が発達しない脊椎動物にみられるような，受精時に認められる卵細胞質の再局在化による明確な胚軸決定機構が確認されていない．また，大雑把な背腹・前後の遺伝子発現から，頭部形成に大きな違いをもたらすのが，それ以降の下流遺伝子の発現ネットワークの差に由来するものなのか，大雑把な発現の類似それ自身のなかに重要な差異が隠されているのかは，今後の研究を待たなくてはならない．

分子生物学の成果のひとつは，動物が共通の遺伝子セットをもっていることを明らかにしたことである．このことは，形態形成を個体レベルで明らかにしても，その相同性が必ずしも保障されないことを意味している．分子レベルで単純な機構ほど，独立に出現した可能性が高くなる．頭索動物がカンブリア紀の多様化以降に脊椎動物から分岐した可能性が低いことを考えると，両者は分岐して以降，5億2000万年以上経過している．さらに，それ以前の共通祖先の期間がどれほど長かったかは，今のところ明確なデータはないが，古生物学的には，長くてもせいぜい数千万年の可能性がある．頭索動物は脊椎動物の起源を知るうえで重要な動物であるのは間違いないが，頭索動物にみられる脊椎動物的特徴がどのようにして成立したかを，さらに注意深く明らかにしていかなくてはならない．

[引用文献]

Chen J. Y. *et al.* (1999) An Early Cambrian craniate-like chordate. *Nature*, vol. 402, pp. 518-522.

Conway Morris S. & Caron J.-B. (2012) *Pikaia gracilens* Walcott, a stem-group chordate from the Middle Cambrian of British Colombia. *Biol. Rev.*, vol. 87, 480-512.

Kon T. *et al.* (2007) Phylogenetic position of whale-fall lancelet (Cephalochordata) inferred from whole mitochondria genome sequences. *BMC Evol. Biol.*, vol. 7, p. 127.

熊本水頼 (2006) ナメクジウオの運動解析とシミュレーション．熊本水頼編 『ヒューマノイド工学』第1章，東京電機大学出版局．

Nishikawa T. (2006) A new deep-water lancelet (Cephalochordata) from off Cape Nomamisaki, SW Japan, with a proposal of the revised system recovering the genus *Asymmetron*. *Zool. Sci.*, vol. 21, pp. 1131-1136.

Oelofsen B. W. and Loock J. C. (1981) A fossil cephalochordate from the Early Permian Whitehill Formation of South Africa. *South Afr. J. Sci.*, vol. 77, pp. 178-180.

Putnam N. H. *et al.* (2008) The amphioxus genome and the evolution of the chordate karyotype. *Nature*, vol. 453, pp. 1064-1071.

Shu D. G. *et al.* (2003) A new species of Yunnanozoan with implications for deuterostome evolution. *Science*, vol. 299, pp. 1380-1384.

Ueda H. & Sakaki K. (2007) Effects of turbation of the Japanese common lancelet *Branchiostoma japonicum* (Cephalochordata) on sediment condition: laboratory observation. *Plankton & Benthos Research*, vol. 2, pp. 155-160.

Yu J. K. *et al.* (2007) Axial patterning in cephalochordates and the evolution of the organizer. *Nature*, vol. 445, pp. 613-617.

Zhang Q. J. *et al.* (2006) *Branchiostoma japonicum* and *B. belcheri* are distinct lancelets (Cephalochordata) in Xiamen waters in China. *Zool. Sci.*, vol. 23, pp. 573-579.

（安井金也）

# 第 11 章
# 脊椎動物の登場

| | | |
|---|---|---|
| 11.1 | 脊椎動物（総論） | 倉谷　滋 |
| 11.2 | 脊椎動物進化の諸説 | 和田　洋・土岐田昌和 |
| 11.3 | 骨格の起源 | 太田欽也 |
| 11.4 | 新しい発見と現在の見解 | 太田欽也 |
| 11.5 | 脊椎動物の頭部問題 | 倉谷　滋 |
| 11.6 | ゲノム重複と脊椎動物の成立 | 工樂樹洋 |
| 11.7 | 無顎類と円口類 | 倉谷　滋 |
| 11.8 | 軟骨魚類 | 白井　滋 |
| 11.9 | 硬骨魚類 | 西田　睦 |
| 11.10 | 脳と神経 | 村上安則 |
| 11.11 | 脊椎動物の神経系の発生と進化 | 村上安則 |

## 11.1 脊椎動物（総論）

### A. 脊椎動物の定義

動物を脊椎動物（vertebrates）と無脊椎動物（invertebrates）に分けるのは Lamarck 以来の方法だが，これは脊椎動物を重視する人為的なもので，便宜的に用いられるにすぎない．脊椎動物は脊索動物門中の 1 亜門に相当し，本来椎骨をもつことをもって定義され，それによって他の脊索動物のグループ，頭索類と尾索類とは大きく異なる．しかしながら，この定義に従うとヌタウナギ類が形式的には脊椎動物に含まれなくなり，実際に脊椎動物の姉妹群として認識されることもあった（11.7 項参照）．このとき，脊椎動物とヌタウナギ類からなる系統を改めて「有頭動物（craniates）」とする分類は現在でもみられる．しかし，このような系統関係は分子進化学的データとは必ずしも合致せず，むしろ旧来円口類とよばれていた，ヌタウナギとヤツメウナギからなるグループの単系統性を支持するようである．さらには，椎骨のない状態はヌタウナギ類において二次的なものであるという見解も古くからあった．

このように，他の脊索動物とは一線を画する，高度なボディプランをもった動物として脊椎動物を定義するのであれば，必ずしも椎骨の有無は本質的ではなく，後述する発生上の特徴を重要視すべきかもしれず，あるいは逆に頭索類にみる形態的特徴を脊椎動物の原始的状態とみなし，頭索類を脊椎動物の最下位に置く，比較発生学や比較形態学の立場もあった．Haeckel や Kingsley はそのような学者として知られる．以下ではヌタウナギを含めたグループとして脊椎動物を扱う．ここには，地球のさまざまな領域に進出し，現生約 4 万 5000 種にまで放散した，下記のような綱からなる動物群が伝統的に認識されている．

無顎綱　Agnatha
板皮綱　Placodermi
軟骨魚綱　Chondrichthyes
棘魚綱　Acanthodii
肉鰭綱　Sarcopterygii
条鰭綱　Actinopterygii
両生綱　Amphibia
爬虫綱　Reptilia
哺乳綱　Mammalia
鳥綱　Aves

これらのうち，板皮綱と棘魚綱は絶滅しているうえ，その系統的体系もまだ定まってはいない．問題の残る無顎類については別項目で扱う．このほか，多くの綱は側系統群であることが知られている．

### B. ボディプランの進化

脊椎動物には，脊索動物としての由来の古い形質に加え，他の動物群にはみられないいくつかの独特の特徴が確認できる．古い形質としては，左右相称性，背側に位置する中枢神経（神経管），腹側の消化管，脊索，分節的中胚葉（体節），もしくは筋節，咽頭に生じた鰓裂，外分泌器官としての内柱，上皮性体腔などが数えられる．これらの形質のうち，成体，あるいは個体発生のある時期における脊索の存在が脊索動物を定義することについては問題はないが，他の形質については，どれがどのような順序で，どの系統に現れたかについては異論があり，それが脊椎動物のみならず，脊索動物の起源を解明しようという大きな問題を提示している．現在認められているところでは，鰓裂は脊索動物の成立以前に，棘皮動物と半索動物の共通祖先において獲得されたと考えられており，ギボシムシの鰓孔が，脊椎動物の咽頭囊に発現するものと同じ遺伝子 Pax1/9 の機能をベースに発生，分化することが知られている．

一方，脊椎動物だけにみられる形質として，椎骨（あるいは脊柱；ヌタウナギのそれについては異論あり），明瞭な頭蓋，外眼筋，細胞性軟骨と骨組織，神経堤細胞，プラコード，頭部中胚葉，神経分節，明瞭な脊索前板とその派生物，内分泌器官としての甲状腺，対鰭などを数えることができるが，もちろん，これらの形質が一挙に得られたとは考えにくく，脊椎動物の姉妹群に相当する尾索類との分岐の直後には，その多くがまだ得られていなかったことは想像にかたくない．形質の獲得の順序についても，すべてがわかっているわけではない．さらに，多くの進化的新機軸についていえるように，これら脊椎動物

特異的な構造の前駆体が，尾索類，頭索類，あるいは半索動物にも確認できることがあり，厳密な意味で，何をもって「新しい」と認識・定義できるかについては注意を要する．しかしながら，プラコードと神経堤に由来する構造や器官が高度に特殊化し，形態発生における重要性を担っているのは確かに脊椎動物においてのみであり，おそらくその共通祖先が経験したと思われる2回のゲノム重複（条鰭類や他のいくつかの種ではさらにもう1回の重複）とあいまって，脊椎動物は無脊椎動物はいうにおよばず，他の脊索動物とも確かに一線を画するレベルの発生プログラムの元に，形態パターンを進化させてきたということはできる．

## C. 神経堤とプラコード

上に列挙した特徴のうち，神経堤細胞とは，発生において胚の表皮外胚葉と神経板の境界上に特異化される，外胚葉上皮に由来する細胞系譜であり，この上皮，すなわち neural ridge が脱上皮化して遊走性の細胞になったものが「神経堤細胞（neural crest cells）」とよばれる．この細胞集団は，特定の移動経路に沿って胚の特定の箇所まで移動し，さまざまな細胞型へと分化する．脊椎動物胚に発生する末梢神経や色素細胞，内分泌細胞の多くは神経堤に由来し，頭部においては特に，頭部神経堤細胞（cephalic crest cells）がいわゆる外胚葉性間葉（ectomesenchyme）として顔面や咽頭弓の原基において広大な間葉（神経堤間葉，もしくは ectomesenchyme）をなし，のちの結合組織や内臓頭蓋，感覚器包の骨格組織をもたらす．したがって，われわれの頭蓋はそのほとんどが外胚葉の由来をもつことになる．

このような神経堤細胞の多様な分化能は，しばしば神経堤に「第4の胚葉」の地位を与えることがあるが，むしろ神経堤の特徴は，通常の細胞型の分化におけるような，胚葉に依存した序列的絞り込みによる細胞型の選択とは異なり，本来別個の胚葉に由来するようなかけ離れた細胞型（神経細胞と軟骨細胞のような）を同じ細胞系譜からもたらしてしまうことにある．このようなタイプの細胞分化は，むしろ胚葉依存型の細胞型の選択に伴う制約を，大きく逸脱できるような可能性を約束するものとみるべき

であり，そこに神経堤細胞の移動能は大きな意味をもちうる．すなわち，単なる3胚葉を用いた発生プログラムでは期待できないような細胞型を，脊椎動物だけの独特の場所にもたらすことが可能となる．また，脊椎動物の胚に一定以上のサイズをもたらしているのも，中胚葉と神経堤に由来した間葉であり，それが場所依存的なさまざまな組織・細胞間相互作用をシグナル分子依存的に遂行することを可能にしている．すなわち，脊椎動物のボディプランは神経堤と中胚葉に由来する間葉に依存しているといって過言ではない．このような視点からすれば，同じようなトポロジーをベースにしているとはいえ，ナメクジウオやホヤの胚は基本的に上皮構造であり，しかも胚のサイズも桁違いに小さい．

神経堤細胞に類似のものは頭索類にはみることはできない．しかし，尾索類の胚に神経堤と同様の遺伝子発現をする遊走性の細胞が確認されており，これは脊椎動物の神経堤と同様，色素細胞に分化する．もしこういった細胞が真に神経堤へと進化したのであれば，色素細胞分化と脱上皮化，ならびに遊走性といった特徴が，まず先に獲得されたことを示唆するのかもしれない．いずれにせよ，末梢神経や頭部の骨格を大規模に分化する神経堤は脊椎動物に特有であり，この細胞系譜の進化的獲得は確かに「有頭動物」であることと基本的に等価であるとみなすことができる．

神経堤と同様に，脊椎動物独自の細胞系譜とみられるのがプラコードであり，この構造は基本的に頭部を中心にみられる外胚葉の肥厚として定義できる．ここから，嗅上皮，腺性下垂体，レンズ，平衡聴覚器（内耳），側線器，知覚神経節などをもたらす細胞系譜として知られる．類似の外胚葉細胞はナメクジウオにもみられるというが，これだけの内容の細胞型へと分化するのはやはり脊椎動物においてのみであり，神経堤と同様の脊椎動物特異的（脊椎動物を定義する）細胞系譜とよぶことができる．このような理由から，神経堤とプラコードが重要な貢献をする構造として，脊椎動物の頭部を「新しい頭」とよんだのが Gans & Northcutt（1983）である．このような考えは，脊索の前端にさらに前方に広がる脳と，それを覆う（中胚葉ではなく）神経堤に由来

する神経頭蓋（索前頭蓋）をもつという事実と，一見，符合するようである．しかし，ナメクジウオ，ホヤ，脊椎動物の神経軸が，遺伝子発現からみて基本的に同じ前後極性と位置価を備え，脊椎動物の進化にあって，いかなる新しい部分も前方に付加しなかったということがしだいに明らかとなり，最近ではあまり強調されることがなくなった．むしろ，脊椎動物にとって真にユニークなのは，無分節の頭部中胚葉，あるいは神経上皮を神経分節とよばれる分節的コンパートメントとして分割し，発生パターニングの基礎とするという，独自の発生プログラムに求める考えもある．

### D. 形態進化

形態進化の特徴として脊椎動物を眺めれば，前後軸や背腹軸に準じた位置価を，他の左右相称動物と共通の発生プログラムに依存しながら，とりわけ発生後期において成立する広大な間葉系をさまざまに変形して適応放散していったという歴史にみることができる．そのひとつの例は顎や鰓弓など，神経堤間葉の位置価に依拠した顔面頭蓋，ならびに内臓頭蓋の変形の歴史であり，顎口類における顎の獲得のみならず，多くの鳥類や爬虫類においてさまざまに変形した舌骨複合体（カメレオンやキツツキの舌など）や，哺乳類に独特の耳小骨の進化などもこの範疇の現象としてみることができる．もうひとつの顕著な例は四肢の変形にみることができ，魚類の対鰭と相同の形質が，陸上で歩行するための四肢になったばかりでなく，それがどのように多様な形態と機能をもつようになったかについては，Darwinの『種の起原』や，Richard Owen, Ernst Haeckelの著作にみるように，進化形態学の基本的な事例としてよくひき合いに出されている．さらにこれに加えるなら，基本的な分節のボディプランに則りながら，分節番号と形態的相同性がこれほど進化において遊離した動物群も珍しい．すなわち，脊椎動物の分節原基である咽頭弓をみるならば，確かに第1咽頭弓と第2咽頭弓は確かにあらゆる動物種において，顎骨弓と舌骨弓として相同であり，この意味で昆虫の頭部進化にみるように，分節番号と形態的相同性は対応している．しかし，体節列に目を転ずれば，そこ

から分化する後頭骨，頸椎，胸椎などは動物群ごとに異なった数の分節を用いてつくられ，とりわけこのことはある種の羊膜類において著しく，鳥類内部の頸椎数の変異はきわめて大きい（頸椎の数を7に固定した哺乳類や，8に固定したカメ類がいる一方，鳥類や首長竜ではほとんど固定がみられない．哺乳類においても有胎盤類では胸腰椎の数は変化しやすい）．このような「分節発生プログラムと分節分化のための位置価決定機構の遊離」は，確かに節足動物にも認められるが，それは進化の比較的初期に固定化し，それが大きな発生拘束となってのちの形態進化の方向を決定づける傾向にある．そのような拘束が自由に解除できると思われる脊椎動物の発生プログラムは，後生動物のなかでもきわめて柔軟性に富んだボディプランであるとみなすべきであり，形態進化における「結合と解離」の理解のための興味深い研究モデルを提示している．

上のいずれの場合にも，脊椎動物の形態的多様化を約束したのは一方で，主として中胚葉ならびに神経堤によりもたらされた広大な間葉と，その分化にかかわる組織間相互作用の多様性，他方で，脊椎動物の系譜特異的に生じたゲノム重複にともなう発生制御遺伝子の増加，それに続く新機能獲得と機能分担（sub- and neo-functionalizations）を要因としてとりあげることができるであろう．これら両要因が発生プログラムのさまざまな段階・階層において，さまざまな形態発生の場面で絡み合い，独特の発生プログラムや細胞系譜の確立を可能とし，他の動物になしえなかった形態的スケールの特異化を果たすことにより環境に適応していったものと考えることができる．その多様化を通じ，ファイロタイプとしてあらゆる脊椎動物種に共通に認識される咽頭胚期の保守性は，脊椎動物が確かに他の脊索動物のグループとは異なるボディプランをもつことを物語っていると同時に，多くの形態進化が，これ以降に発動する比較的後期の局所的組織間相互作用のモジュレーションによって生じていることがうかがわれるのである．

[参考文献]

de Beer G. R. (1937) *The Development of the Vertebrate*

*Skull*, Oxford Univ Press.

Burke A. C. et al. (1995) Hox genes and the evolution of vertebrate axial morphology. *Development*, vol. 121, pp. 333-346.

Delsuc F. et al. (2006) Tunicates and not cephalochordates are the closest living relatives of vertebrates. *Nature*, vol. 439, pp. 965-968.

Gans C. & Northcutt R. G. (1983) Neural crest and the origin of vertebrates: A new head. *Science*, vol. 220, pp. 268-274.

Gaskell W. H. (1908) *On the Origin of Vertebrates*, Longmans, Green & Co.

Goodrich E. S. (1909) Vertebrata Craniata (First Fascicle: Cyclostomes and Fishes) in Lankester R. ed., *A Treatise on Zoology 1*.

Goodrich E. S. (1930) *Studies on the Structure and Development of Vertebrates*, McMillan, London.

Haeckel E. (1891) *Anthropogenie oder Entwickelungsgeschichte des Menschen. Keimes- und Stammesgeschichte. 4th ed.*, Wilhelm Engelmann.

Hall B. K. (1998) *Evolutionary Developmental Biology 2nd ed*, Chapman & Hall.

Hall B. K. (1999) *The Neural Crest in Development and Evolution*, Springer Verlag.

Janvier P. (1996) *Early Vertebrates*, Oxford Scientific Publications.

Jarvik E. (1980) *Basic Structure and Evolution of Vertebrates vol. 2*, Academic Press.

Jeffery W. R. (2007) Chordate ancestry of the neural crest: new insights from ascidians. *Semin. Cell Dev. Biol.*, vol. 18, pp. 481-491.

Jefferies R. P. S. (1986) *The Ancestry of the Vertebrates*, British Museum (Natural History).

倉谷 滋 (2004)『動物進化形態学』東京大学出版会.

Le Douarin N. M. (1982) *The Neural Crest*. Cambridge University Press.

Narita Y. & Kuratani S. (2005) Evolution of the vertebral formulae in mammals - a perspective from the developmental constraints. *J. Exp. Zool. (Mol. Dev. Evol.)* vol. 304B, pp. 91-106.

Northcutt R. G. & Gans C. (1983) The genesis of neural crest and epidermal placodes: A reinterpretation of vertebrate origins. *Quart. Rev. Biol.*, vol. 58, pp. 1-28.

Patten W. M. (1912) *The Evolution of the Vertebrates and Their Kin*, The Blakiston.

Portmann A. (1976) Einführung in die vergleichende Morphologie der Wirbeltiere. 5. Aufl. Schwabe.

Romer A. S. & Parsons T. S. (1977) *The Vertebrate Body* 5th ed., Saunders.

Schlosser G. (2008) Do vertebrate neural crest and cranial placodes have a common evolutionary origin? *Bioessays*, vol. 30, pp. 659-672.

Starck D. (1975) *Embryologie. Ein Lehrbuch auf allgemein biologischer Grunglage 3*, Stuttgart.

Starck D. (1979) *Vergleichende Anatomie der Wirbeltiere I-III*, Springer.

(倉谷 滋)

## 11.2 脊椎動物進化の諸説

　脊椎動物が，ホヤを含む尾索動物や頭索動物ナメクジウオとオタマジャクシ型の体制を共有し，系統的類縁性があることはDarwinの時代から認識されていた．しかし，高い運動性をもつ脊椎動物とは対照的に，ホヤは固着性であり，タリア類も浮遊性で運動性に優れているとはいいがたい．尾部の運動性を生涯保持するオタマボヤも，稼働する尾部は主として巣のなかでの摂餌に用いている．一方で，ナメクジウオは脊索の両脇に筋節を備え，脊椎動物のように活発に泳ぐことができそうだが，実は砂に潜って埋在的な生活をおくっている．運動性に富むオタマジャクシ型の体制が獲得された脊索動物のなかで，より原始的だと考えられる尾索動物や頭索動物が，必ずしも活動的な生活をおくっていないところに現在も続く問題の難解さがある．後述するGarstangの幼形進化説 (paedomorphosis theory) が提唱される以前は，反復説の影響が強く，オタマジャクシ型の幼生が変態して固着するホヤやナメクジウオは，むしろ脊椎動物の退化したものだという考え方が一般的であった (Gee, 1996)．脊椎動物の祖先は，体節性をもち高い運動性を備えた動物だったと考えられていた．Geoffroy Saint-Hilaireまでさかのぼる節足動物や環形動物の背腹を反転させて脊椎動物の体制を導こうとする試み，吻腔を脊索と相同だとみなし紐虫に起源を求めるHubrechtの仮説，PattenやGaskelによるクモ形類起源説などはそのような背景から提唱された (Gee, 1996)．これらの仮説について本稿では詳しく述べない．Garstang以降の，新口動物のなかに脊索動物の起源をみいだそうとする仮説が，どのような論点から提唱されてきたかについて紹介する．

### A. Garstangの幼形進化説

　Garstangは，「浮遊幼生には浮遊性の祖先が必要であるという証拠はない」と説き，このことによって脊椎動物の起源に関する議論を反復説から脱皮させたと評価される．動物の幼生期に過去の形態をみ

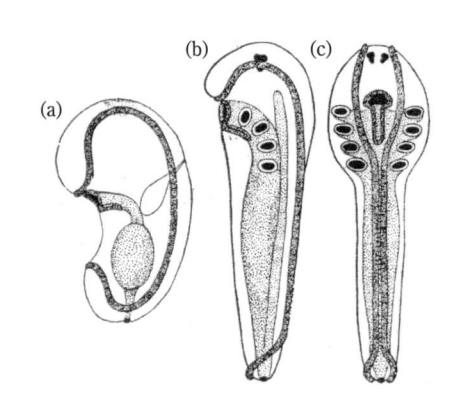

**図1** Garstangのオーリクラリア説
ディプリュールラ幼生の反口側外胚葉と繊毛帯をオタマジャクシ型幼生の神経板とみなし，脊索動物の神経管形成期にみられるように背側に褶曲して管になったものが神経管であると考えた (Garstang, 1928 より)．

ようとする反復説からの視点ではなく，幼生にも自然選択がはたらき，形態はその選択圧に応じて，成体とは独立して進化しうるという点を強調しつつ論を展開する (Garstang, 1922)．

　ナマコなどの棘皮動物にみられるオーリクラリア型の幼生が，フサカツギのように固着性の成体へと変態する祖先から，Garstangによる幼形進化説は始まる．浮遊期間の長くなったヒトデの幼生で筋肉性の襞が発達することを例にとりながら，この祖先の幼生が幼生期間の延長にともない，オタマジャクシ型の体制を獲得したとする．このオーリクラリア型の幼生からオタマジャクシ型体制を導く仮説は，「オーリクラリア説」とよばれ，脊索動物のオタマジャクシ型の体制の成立に関する仮説として現在でももっとも広く浸透している（図1）．

　オタマジャクシ型の幼生の獲得に加え，成体で触手を失い咽頭が発達して，ホヤ様の祖先が成立する．その祖先がオタマジャクシ型の体制のまま成熟するようになり（幼形進化），ナメクジウオと脊椎動物の祖先の体制が成立する．一方で，ホヤ様の祖先が浮遊性に移行して，タリア類の体制が成立した．タリア類のなかでも独立に幼形進化が起こったと考え，オタマボヤはウミタル類が幼形進化することで成立したとする．Garstang (1928) は，オタマボヤの幼形進化を詳細に述べることで，脊椎動物の（ホヤ様の祖先からの）幼形進化も，決して突飛なことではないと説いた．このGarstangによる幼形進化説は，

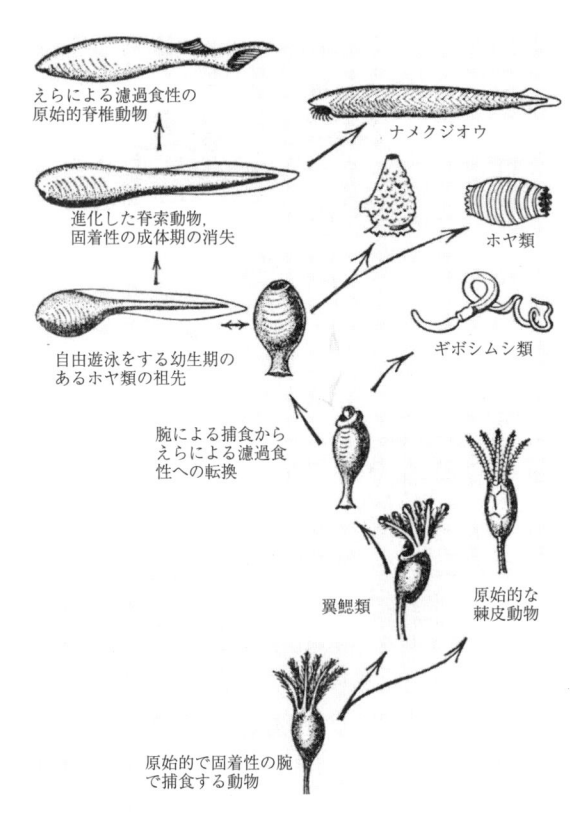

図2 Romer によって紹介された Garstang の幼形進化説（Romer, 1959 より改変）

Romer によってとりあげられ，多くの教科書で紹介されるようになった（Romer, 1959; Romer, 1967）（図2）．

## B. Garstang 以降の幼形進化説

　Berrill は，Garstang の幼形進化説に同意しつつも，幼生期が長くなることで筋肉が発達し，オタマジャクシ型の体制が獲得されたという点については異を唱えた（Berrill, 1955）．Berrill は著名なホヤの発生学者で，現生のホヤの幼生が摂餌を行なわず，変態して固着するための場所を探すだけのために移動能をもっていることを指摘した．彼はオタマジャクシ型の体制が，ホヤの祖先において固着場所を探すための適応として獲得されたと説いた．このような祖先から幼形進化により，1対の出水口と2～3対の鰓裂をもつ頭部（変態後のユウレイボヤの幼生をイメージしている）にオタマジャクシ型の幼生の尾部がついた祖先が成立する．この祖先型動物が，河口の餌に導かれるようにして淡水へと進出していったものが脊椎動物であると考えた．脊椎動物の卵は，他の海産無脊椎動物のものと比較して大きいのはこのためであり，ナメクジウオは，このあともう一度海水に戻ったとした．

　脊椎動物の祖先が淡水で誕生したという仮説は，有顎脊椎動物は海産魚であっても，すべて海水に比べて低張の体液をもち，淡水環境に適していることを整合的に説明し，先述の Romer も紹介したことで広く知られるようになった（Romer, 1959; Romer, 1967）．しかし最近では，無顎類のヌタウナギが海水と等張の体液をもつこと，オルドビス紀にみられる最古の脊椎動物がみられる堆積層が間違いなく海水環境であることから，あまり受け入れられなくなっている．むしろ，脊椎動物としての特徴である発達した頭部や脊椎骨は，海のなかで獲得され，その後シルル紀に入って甲皮類が淡水へ進出したと考えられている（Gee, 1996）．

　Bone も，Berrill と同様，ホヤの幼生期間が短いことと Garstang の幼形進化説の整合性の悪さを指摘した（Bone, 1960）．Bone はこの点で，Berrill と反対の立場から論じている．まず，幼形進化は短期間に急に起こったものではなく，幼生に対する自然選択によって徐々になしとげられるものであろうとした．この点も，少数の突然変異によってオタマジャクシ型の体制が成立しうると考えた Berrill とは対照的である．そのうえで，幼形進化を起こしうるとすると，ホヤのように幼生期間も短く固着する場所を探すだけの幼生と，摂餌を行ない成長しながら長い期間プランクトンとして過ごす幼生のどちらだろうという問いをたて，後者と考えた．Bone も幼生期の延長の例として Garstang 同様にヒトデの幼生をとりあげ，幼生期間を延長しつつ幼形成熟した実際の例として，自身も報告しているナメクジウオのアンフィオキシデス幼生を紹介している（Bone, 1957；安井・窪川，2005）．

　では，長い幼生期をもつ祖先はどのような成体であったか．おそらくホヤのように完全に固着性ではなかっただろう．もし成体が固着性であれば，同じく固着性の成体期をもつホヤの幼生のように，幼生は固着する場所の探索に特化してしまうだろう．ま

た，逆に自由遊泳性であれば，幼生期に泳ぎ回る必要もないだろうから，浮遊期間が長くなることもないだろう．したがって，成体は半固着性であったのではないかと Bone は考える．現生のギボシムシのような原半索動物の祖先の幼生期にオタマジャクシ型の幼生が成立した．この祖先から完全な固着性に移行した尾索動物と，徐々に幼形成熟していった脊椎動物の系統とが独立に派生したと考えた．

## C. 自由遊泳者起源説

　Tokioka は，固着動物が前進的な（Tokioka (1971) では progressive という言葉を使っている）進化をとげた例はなく，動物における高次の体制の進化は，自由に動き回れる動物によってなしとげられてきたと説いた（Tokioka, 1971）．ホヤも例外とはなりえないとして，ホヤのような固着動物の幼形進化説を否定している．脊索動物の祖先としては，Bone と同様にギボシムシ様の動物を想定し，体節性ももっていたとした．その動物が這い回るようになり，肛門が前方に移動し，脊索や筋節が尾部に形成され，さらに心臓が腹方に移動することで脊索動物の体制が成立したという．したがって，オタマジャクシ型の体制は成体において成立したことになり，幼形進化を仮定する必要はない．そこから浮遊性に移行して，尾部や体節性が退化し，逆に摂餌のために咽頭を発達させ，出芽能を獲得していったグループが尾索動物であると考えるのである．Tokioka (1971) は，尾索動物の進化をおもに論じているため，ナメクジウオについては，脊椎動物に至る高次の体制の進化からとり残され，半定着性にとどまった動物であろうと触れている程度で，脊椎動物の体制進化についても深く述べていない．

　Jollie は，棘皮動物や半索動物にみられるディプルールラ型の幼生のような形態をした成体を想定し，ディプルーロイドと名づけて新口動物の祖先とした（Jollie, 1973, 1982）（図3）．この祖先は 3 分節性の体制をもち，最前方の体腔がナメクジウオの頭腔や脊椎動物の顎前腔と相同とされる．この相同性こそ，脊椎動物がディプルーロイドから派生した証拠だという．ディプルーロイドが大型の餌をとるために活発に動き回るようになり，脊索や筋節が発達

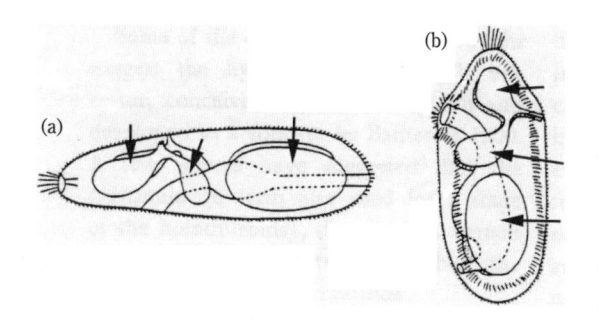

**図3** Jollie が提唱した脊索動物の祖先ディプルーロイド (a) 底棲性の祖先を仮定したディプルーロイド，(b) 浮遊性の祖先を仮定したディプルーロイド．三つの体腔（矢印）をもった棘皮動物や半索動物の幼生に似た形態を新口動物の祖先と想定する（Jollie, 1973 より）．

し，オタマジャクシ型の体制が成立した．この段階では，単純な鰓裂をもつナメクジウオの体制が想定される．鰓裂は 2 ～ 3 対ほどしかなく，ナメクジウオやギボシムシにみられる舌状突起は濾過摂餌のために二次的に獲得されたとした．このまま大型の餌の摂食に適応し続けていったものが脊椎動物へと進化をとげたと考えられたが，ヤツメウナギの幼生にみられる濾過摂餌は原始的な状態ではなく，ナメクジウオのそれとは独立に獲得されたとされた．一方で，濾過摂餌へと移行していったものが，ナメクジウオと尾索動物の系統を生み出したと考えられた．

　Jefferies は，オルドビス紀からみられる絶滅した海果類（カルポイド）を脊索動物の祖先として想定する石灰索動物起源説を唱えた（Jefferies, 1986）．海果類は炭酸カルシウムの外骨格をもつことから一般的には棘皮動物とされるが，Jefferies は海果類のもつ可動性の尾部に脊索や神経節を復元した（図4）．そして，尾索動物，頭索動物や脊椎動物は，海果類のなかでもミトラータ（Mitrata）とよばれるグループが，独立に炭酸カルシウム骨格を失ったものから導かれた．Jefferies は棘皮動物とナメクジウオに顕著にみられる幼生期の左右非相称な体制に注目した．この非相称性は，左右相称な半索動物フサカツギ様の祖先が，右側を下にして倒れたことで生じたという（左方優位説〈Holland, 1988〉）．左右非相称性は棘皮動物と脊索動物の祖先で生じたと考えるため，脊索動物は半索動物よりも棘皮動物に近縁とされた．

## D. おわりに

　脊椎動物の起源に関する説として代表的なものをとりあげ，その概略だけを記した．現生の動物を比較するなかで，一筋縄では解釈できない形質のばらつきを何とか整合的に解釈しようとする先人たちの努力がうかがえる．分子生物学の進展により系統分類学や比較形態学にも新たなツールが生まれ，新口動物の系統関係については信頼性の高い仮説が提出されている．しかし，先人たちのとりくんだ問題の多くは，実はまだ未解明である．ここで以下の問題をあげ，この稿を閉じる．

1) 脊索動物は，オタマジャクシ型の体制により，高い運動性を獲得したはずである．にもかかわらず，ホヤやナメクジウオは決して活発に運動する動物とはいえない．ホヤやナメクジウオは，やはり退化的な動物なのか？あるいは，この段階のオタマジャクシ型の体制には，脊椎動物ほどの運動性を発揮するために何か不足しているものがあるのか．そもそもオタマジャクシ型の体制は，どのような自然選択の元で成立したのか．

2) 棘皮動物とナメクジウオにもっとも顕著にみられ，半索動物にはほとんどみられない左右非相称性は，祖先のどのような体制からひき継がれ，またどのような変遷をとげて現生の動物に受け継がれてきたのか．

3) 新口動物において，幼生が変態して成体になるという生活史は，どのようにして受け継がれてきたのか．それぞれの動物群における変態は相同なプロセスと考えてよいのか．

### [引用文献]

Berrill N. J. (1955) *The origin of vertebrates*, Clarendon Press.

Bone Q. (1957) The problem of the 'amphioxides' larva. *Nature*, vol. 180, pp. 1462-1464.

Bone Q. (1960) The origin of the chordates. *J. Linn. Soc. Lond. Zool.*, vol. 44, pp. 252-269.

Garstang W. (1922) The theory of recapitulation: a critical re-statement of the Biogenic law. *J. Linn. Soc. Lond. Zool.*, vol. 35, pp. 81-101.

Garstang W. (1928) The morphology of the tunicata, and

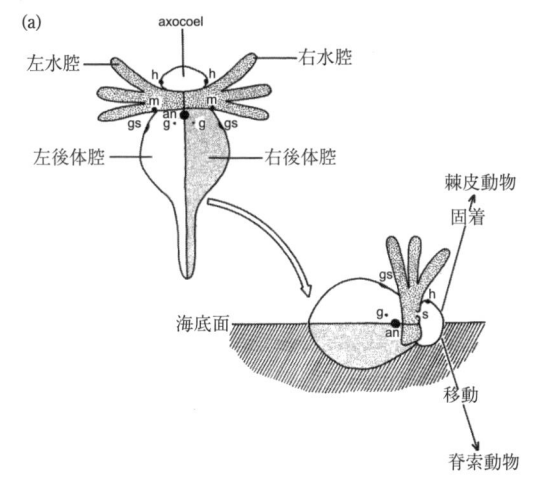

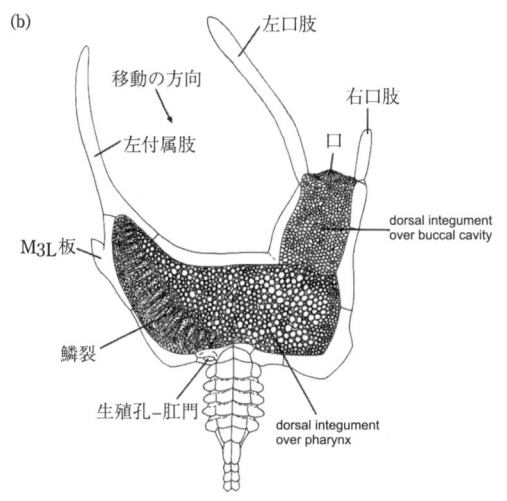

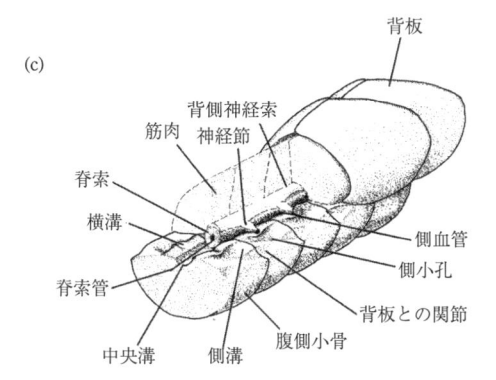

図4　Jefferiesの左優位説 (a) と脊索動物の祖先と想定する海果類 (b,c)
(a) 左右相称なフサカツギ様の祖先が，右側を下にして這い回るようになったことで，棘皮動物と脊索動物の祖先で左右非対称な体制が成立した．(b) コルヌートとよばれ，脊索動物の祖先と想定される海果類を背側から見た図．(c) 海果類の尾部に復元された脊索や神経索．an: 肛門，g: 生殖孔，gs: 鰓裂，h: 水孔，m: 中体腔孔（Jefferies, 1986より改変）．

its berings on the phylogeny of the chordata. *Quartery Journal of Microscopical Sciences*, vol. 72, pp. 51-187.

Gee H. (1996) *Before the backbone*, Chapman & Hall.

Holland N. D. (1988) The meaning of developmental asymmetry for echinoderm evolution: a new interpretation. in Paul CRC. and Smith AB. ed., *Echinoderm Phylogeny and Evolutionary Biology*, Claredon Press.

Jefferies R. P. S. (1986) The ancestry of the vertebrates, British Museum (Natural History).

Jollie M. (1973) The origin of the chordates. *Acta Zoologica*, vol. 54, pp. 81-100

Jollie M. (1982) What are the 'Calcichordata'? and the larger question of the origin of Chordates. *Zool. J. Linn. Soc.*, vol. 75, pp. 167-188.

Romer A. S. (1959) *The Vertebrate Story*, University of Chicago Press.

Romer A. S. (1967) Major steps in vertebrate evolution. *Science*, vol. 158, pp. 1629-1637.

Tokioka T. (1971) Phylogenetic speculation of the Tunicata. *Publications of Seto Marine Biological Laboratory*, vol. 19, pp. 43-63.

安井金也・窪川かおる (2005)『ナメクジウオ-頭索動物の生物学』東京大学出版会.

(和田 洋・土岐田昌和)

## 11.3 骨格の起源

　脊椎動物の骨格は形態の多様性に富み，化石記録にもよく保存されることから，さまざまな分野から研究がなされてきた．一般に，この器官は骨（bone）と軟骨（cartilage）に大別され，骨化様式に基づいて，骨を膜性骨（membranous bones）と軟骨性骨（cartilage bones）に分類する場合や，組織学的観察に基づき軟骨を硝子軟骨（hyaline cartilage），繊維軟骨（fibrous cartilage），弾性軟骨（elastic cartilage）に分ける場合がある（Hall, 2005）．また，支持組織および保護組織としての役割に基づいて，外骨格（exoskeleton）と内骨格（endoskeleton）に分けることもできる．このように，骨格は各分野の問題の焦点に基づいて異なる分類がなされ，進化的起源について論議するための統一的な体系はいまだに提示されていない（倉谷, 2004）．ここでは，各骨格要素を解剖学的位置関係に基づき，頭蓋骨（cranial skeleton），中軸骨格（axial skeleton），体肢骨格（appendicular skeleton）の3つに分類する（倉谷, 2004；Kardong, 2008）．そして，顎口類，円口類と他の脊索動物との比較から，骨格要素，骨格形成にかかわる細胞および遺伝子，骨格の主要な細胞外基質であるコラーゲンタンパク質のそれぞれの3つの異なる進化的起源について説明する.

　頭蓋骨は顎口類と円口類の双方に認められることから，脊椎動物の共通祖先の段階ですでに存在していたと考えられる．この骨格はさらに神経頭蓋（neurocranium），鰓弓頭蓋（viscerocranium），皮骨頭蓋（dermatocranium）とさらに細かく分けることができ，そのなかでも鰓弓頭蓋は頭索類や半索類の非細胞性軟骨（acellular cartilage）と相同とする考えもあり，その起源を脊椎動物以前にさかのぼることができる．中軸骨格は顎口類において，連続した椎骨（vertebrae）として認められ，円口類のうちヤツメウナギ類には椎骨様の軟骨がみられるのに対し，ヌタウナギ類にこれに相当する骨格は認められない．したがって，円口類説（cyclostome theory）に従えば，椎骨がヌタウナギ類の系統で二次的に消

失したか，顎口類とヤツメウナギ類で独自に獲得されたと解釈される（11.2項を参照）．体肢骨格は顎口類には認識されるが，円口類には認められない．よって，体肢骨格は顎口類に至る過程で進化的に獲得された新規形態物であり，頭蓋骨と中軸骨格の起源がより古いと考えられている（12.1項を参照）．

　これらふたつの古い起源をもつ骨格を発生学的にみた場合，一次頭蓋は頭部中胚葉（cranial mesoderm）と神経堤細胞（neural crest cell），中軸骨格は硬節（sclerotome；中胚葉から生じる体節由来の細胞）から分化し，骨格を形成する細胞は異なる発生学的由来をもつ（Couly *et al.*, 1993; Christ *et al.*, 2000）．骨格形成の過程で発現する遺伝子群に注目すると，これら異なる発生学的由来をもつ細胞においても共通の遺伝子が発現しており，その代表として，コラーゲン遺伝子の発現を制御する *SoxE* 遺伝子があげられる（Meulemans & Bronner-Fraser, 2007）．この遺伝子の発現は半索類と頭索類の非細胞性軟骨においても確認がなされており，*SoxE* 遺伝子を中心とする軟骨形成にかかわる遺伝子カスケードが脊椎動物の出現以前から存在していたと考えられている（Rychel & Swalla, 2007）．なお，進化の過程で神経堤細胞と中胚葉のいずれが先に骨格形成能とそれに付随する遺伝子カスケードを獲得したかについては今なお不明である．

　軟骨の主要な細胞外基質はタイプIIコラーゲン α1（type II collagen α1）遺伝子にコードされ，この遺伝子は顎口類と円口類の双方に存在するため，この遺伝子の起源は脊椎動物の共通祖先の段階で出現したと考えられる（Zhang *et al.*, 2006）．さらに，この遺伝子と近縁な5つのパラログ遺伝子がHoxクラスターなど脊椎動物の体制をつくり出す際に重要な働きを示す遺伝子と同一の染色体上に存在することが知られている．このことから，脊椎動物の多様なコラーゲン遺伝子は脊椎動物の共通祖先で生じた大規模遺伝子重複によってもたらされたと考えられており，この分子進化学的イベントと複雑な脊椎動物の骨格形態の進化的起源の関連性について指摘がなされている（Morvan-Dubois *et al.*, 2003）．

［引用文献］

Christ B. R. *et al.* (2000) The development of the avian vertebral column. *Anat. Embryol. (Berl)*, vol. 202 pp. 179-194.

Couly G. F. *et al.* (1993) The triple origin of skull in higher vertebrates: a study in quail-chick chimeras. *Development*, vol. 117 pp. 409-429.

Hall B. K. (2005) *Bones and cartilage: developmental and evolutionary skeletal biology*, Elsevier Academic Press.

Halstead L. B. (1974) *Vertebrate hard tissues*, Wykeham Publications.

Kardong K. (2008) *Vertebrates Comparatie Anatomy, Function, Evolution*, McGraw-Hill Higher Education.

倉谷 滋 (2004)『動物進化形態学』東京大学出版会．

Meulemans D. & Bronner-Fraser M. (2007) Insights from Amphioxus into the Evolution of Vertebrate Cartilage. *PLoS ONE*, vol. 2 (8), e787.

Morvan-Dubois G. *et al.* (2003) Phylogenetic analysis of vertebrate fibrillar collagen locates the position of zebrafish alpha3 (I) and suggests an evolutionary link between collagen alpha chains and hox clusters. *J. Mol. Evol.*, vol. 57, pp. 501-514.

Rychel A. L. & Swalla B. J. (2007) Development and evolution of chordate cartilage *J. Exp. Zool. B Mol. Dev. Evol.*, vol. 308, pp. 325-335.

Zhang G. M. *et al.* (2006) Lamprey type II collagen and Sox9 reveal an ancient origin of the vertebrate collagenous skeleton, *Proc. Natl. Acad. Sci. USA*, vol. 103 pp. 3180-3185.

［参考文献］

Hall B. K. (1999) *The neural crest in developmental and evolution*, Springer-Verlag.

Liem K. F. *et al.* (2001) *Functional anatomy of the vertebrates: an evolutionary perspective*, Brooks Cole.

Romer A. S. & Parsons T. S. (1977) *The vertebrate Body*, 5th ed., Saunders.

〈太田欽也〉

## 11.4 新しい発見と現在の見解

　脊椎動物は顎口類（gnathostomes）と無顎類（agnathans）のふたつに大別され，両者の共通祖先は少なくとも5億年以前に分岐していたと考えられている（Kuraku & Kuratani, 2006）．現生脊椎動物のほとんどは顎口類に分類される一方で，無顎類はヤツメウナギ類（lampreys）とヌタウナギ類（hagfishes）のふたつの分類群のみが現在まで生き残っている（図1，11.1項を参照）．とりわけ，これらのなかでもヌタウナギ類は多くの脊椎動物の重要な共有派生形質（synapomorphy）を欠き，原始的な外見をもつことから，19世紀後半より胚発生に興味がもたれてきた（Ota & Kurtani, 2006）．

　ヌタウナギ類の発生学的研究が初めて報告されたのはPrice（1896）によるもので，のちにDean（1899），Worthington（1905）などおもに北米の研究者によってなされた．そして，彼らのなかでDeanのみが大量のヌタウナギ胚の発生の記載に成功し，得られた胚はのちにConel（1941）によって神経堤細胞（neural crest cell）の組織学的観察に供された．神経堤細胞は脊椎動物の発生過程にみられる重要な共有派生形質で，一般的に神経胚期から咽頭胚期にかけて神経管の背側から脱上皮化して移動し，移動した先で軟骨，末梢神経，色素細胞などの脊椎動物の体をつくるうえで重要な組織および細胞へと分化してゆく．しかし，Conel（1941）により，ヌタウナギ類の神経堤細胞が一般の脊椎動物とはまったく異なる脱上皮化と移動をともなわない袋状の構造として描かれ，後の初期脊椎動物の進化発生学研究に混乱をもたらすことになった（図1a）．

　有頭動物説（craniate theory）によると，Conel（1941）によって描かれた，ヌタウナギ類の特異な神経堤細胞は祖先的形質を反映していると解釈される．一方で，近年，分子進化学的手法により支持されている円口類説（cyclostome theory）に基づくと，この特異な神経堤細胞について以下のふたつの異なる解釈がなされる．(1) 脊椎動物の共通祖先は脱上皮化しない神経堤細胞をもっており，顎口類とヤツメウナギ類の2系統で独自に脱上皮化し移動する神経堤細胞が出現した，(2) 脊椎動物の共通祖先は脱上皮化し移動する神経堤細胞をもっており，ヌタウナギ類の神経堤細胞は二次的状態を示している．このいずれが正しいかを明らかにするには初期胚の観察が不可欠となるが，ヌタウナギ類のほとんどが深海性で胚体の入手が困難であり，Conel（1941）の報告以来まったく観察は行なわれてこなかった．

　2007年に日本近海に分布するヌタウナギ（Eptatretus burgeri）の咽頭胚を用いた組織観察によると，Conel（1941）が確認した袋状の神経堤細胞は胚体が固定される際に生じたアーティファクトで，この動物にも他の脊椎動物と同様に脱上皮化して移動する神経堤細胞が存在することが明らかとなった（Ota et al., 2007）．この結果は，脊椎動物の共通祖先に脱上皮化し，移動する神経堤細胞が存在していたことを示しており（図1b），尾索類においても神経堤細胞様の細胞が存在する事実と一致する（Jeffery, 2004）．さらにSox9をはじめとする神経堤細胞および神経上皮のマーカー遺伝子発現の観察から，ヌタウナギ類を含めたすべての脊椎動物の共通祖先に脱上皮化して移動する神経堤細胞を用いた発生プログラムが存在していたことが強く示唆された（図1b）．

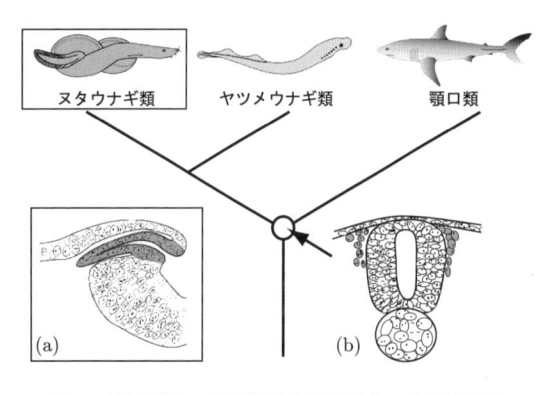

**図1** 脊椎動物の系統関係と共通祖先の神経堤細胞 (a) Conel（1941）の記述に基づくヌタウナギ類の上皮性の神経堤細胞．(b) 新たに観察されたヌタウナギの神経堤細胞．

[引用文献]

Conel J. L. (1942) The origin of the neural crest. *J. Comp. Neurol.*, vol. 76, pp. 191-215.

Dean B. (1899) On the embryology of *Bdellostoma stouti*. A genera account of myxinoid development from the egg and segmentation to hatching, *Festschrift zum 70ten Geburststag Carl von Kupffer*, pp. 220-276.

Jeffery W. R. *et al.* (2004) Migratory neural crest-like cells form body pigmentation in a urochordate embryo. *Nature*, vol. 431, pp. 696-699.

Kuraku S. *et al.* (1999) Monophyly of lampreys and hagfishes supported by nuclear DNA-coded genes. *J. Mol. Evol.*, vol. 49, pp. 729-35.

Kuraku S. & Kuratani S. (2006) Timescale for cyclostome evolution inferred with a phylogenetic diagnosis of hagfish and lamprey cDNA sequences. *Zool Sci.*, vol. 23, pp. 403-418.

Ota K. G. *et al.* (2007) Hagfish embryology with reference to the evolution of the neural crest. *Nature*, vol. 446, pp. 672-675.

Ota K. G. & Kuratani S. (2006) The history of scientific endeavors towards understanding hagfish embryology. *Zool. Sci.*, vol. 23, pp. 403-418.

Price G. (1896) Some points in the development of a Myxinoid (Bdellostoma stouti Lockington). *Anat. Anz.*, vol. 12, pp. 81-86.

Worthington J. (1905) Contribution to our knowledge of the myxinoids. *Am. Nat.*, vol. 39, pp. 625-662.

〔太田欽也〕

## 11.5 脊椎動物の頭部問題

### A. 頭部とは

脊椎動物の頭部が，どのようにできあがっているのか，形態学的，発生学的にどのように解釈すべきであるのか，それは進化的にどのように得られたのか，などの諸問題を含む比較形態学の大きなテーマを総称して，「頭部問題（Kopfproblem）」とよぶ．脊索動物の１グループである頭索類（ナメクジウオ）に明瞭な頭部が発達していないのに対し，脊椎動物の体は，椎骨のみならず，その複雑で高度に分化した頭部，あるいはそこに発生する明瞭な「頭蓋（cranium）」の存在によって特徴づけられる．そのゆえ，脊椎動物は別名，有頭動物（craniates）ともよばれた．つまり，脊椎動物の形態的，進化的理解は，一面，その「頭部」の理解にかかっている．

また，いわゆる左右相称動物（バイラテリア；7.1項を参照）のなかには，「頭化（cephalization）」という進化傾向の帰結として，脊椎動物以外にも頭部と名づけることのできる体軸前極の部分をもつ系統がいくつかある．節足動物，環形動物などがその顕著な例である．このような動物系統のいわゆる「頭」には，共通した進化の傾向として，高次化した中枢神経としての脳の発達，感覚器官の集中，摂食器官の発達をみてとることができ，進化的由来はともかく，これらがすべて機能的に同等の価値と意義をもった構造であることがわかる．従来は，別系統の動物におけるこれら「頭部」が，収斂の結果としてもたらされたものとして説明されることが多かったが（節足動物の祖先型としての環形動物という見方もあったにせよ），とりわけ環形動物や半索動物（ギボシムシ）のボディプランが細胞型，そしてそれら細胞型の分化にとって必須の，発生上の位置価をもたらす制御遺伝子のレベルで理解されるにつれ，頭部構造の類似性のなかに，深度の大きな相同性が隠れている（バイラテリアの初期の祖先動物に，分節パターンや頭部の雛形が獲得されていた）という考えが，真実味を帯びて語られるようになってきた．したがって，脊椎動物の頭部問題は現在，脊索動物

や後口動物の起源のみならず，今ではバイラテリアの祖先的パターンの問題にまで拡張されつつある．その解明と理解のために，脊椎動物の頭部は新たな形態学的，発生学的問題を提示しつつあるといってもよい．

**B. 歴史**

そもそも歴史的には，脊椎動物の頭部問題は，19世紀から20世紀初頭にかけてのドイツ比較形態学，比較発生学の骨子をなす命題とみなすことができる．若い哺乳類の頭蓋が個々の要素骨からなる様子をみて，「頭蓋が椎骨の変形によってできている」と考えた，18世紀末におけるGoetheやOkenの「頭蓋骨椎骨説」が一般にその端緒とされ，その一連の議論は事実上，形態学の始祖ともなった（「形態学（モルフォロギー）」はGoetheによる造語）．つまり，動物の体は椎骨のならびにほかならず，頭部においてはいくつかの椎骨が特殊化して統合されている，というのである．このような構造主義的観念形態学は，19世紀中葉のOwenによる原動物のスキームとして結実したが，当時勃興し始めた進化論のなかにあって，現実性をもたない理念的形態学であるとして問題視され，最終的には「頭蓋の発生原基には椎骨様の分節構造が現れない」という発生学的証拠から，Thomas Huxleyによって退けられた（ただし，Huxleyはここで，椎骨と同等の分節的原基からなる後頭骨の発生を観察し損なっていた）．

しかし，19世紀の末に，サメをはじめとする板鰓類の胚頭部に中胚葉性の分節的体腔（これを頭腔という）があることがBalfour, van Wijheなどの比較発生学者によってみいだされ，当初骨格要素の問題であった脊椎動物頭部分節性の問題は一挙に発生学の問題となった．また同時に，von Baerが動物門ごとに一定の形をともなって現れる発生学的原型（現在でいうファイロタイプ）が存在することを提唱し，純粋形態学的な理念でしかなかった動物形態の「原型」は，いまや発生する胚の一定不変のパターンという，実体をともなって考察されるようになった．さらに，Darwinの『種の起原』以降に，比較形態学，解剖学を進化的文脈において再構築したドイツの比較解剖学者，Gegenbaur（反復説で有名なHaeckelの盟友）も，サメの筋肉や末梢神経の形態に基本的な分節パターンをみいだし，頭部分節問題は一挙，緻密な解剖，発生学的根拠をともなって語られるようになった．しかし，本来進化的文脈で扱われるべき頭部問題においても，必ずしもそれが原型論的な思想から解放されていたとはいえず，そこにはサメの胚や成体にみる明瞭なパターンに，他の動物のパターンを一致させようという潜在的傾向が強かった．当時の比較形態学のモデル動物，板鰓類の影響は強く，このような傾向はGee (1996)によって「板鰓類崇拝」とよばれている．

上のような分節学派において，典型的な「分節論者（segmentalists）」は，脊椎動物の頭部が基本的には椎骨そのものでなくとも，椎骨をもたらす体幹の体節中胚葉と同等の分節的原基，すなわち頭部体節を基盤として成り立っており，さらにその分節が腹側で咽頭弓（内臓弓，もしくは鰓＝エラ）の分節的くりかえしパターンと同調していると考えた．そして，英国の比較発生学者，Goodrichがサメ胚に基づいて提出した脊椎動物の分節的模式図が，その最終的結論として20世紀後半から21世紀にまで流布するに至った（対して非分節論者は，体節に相当する分節は後頭骨とそれ以降の体幹にしか存在しないと考えたが，実際，脊椎動物の形態学的理解ははるかに多岐にわたり，それは研究者の数だけ存在したといっても過言ではない）．しかし，板鰓類において明瞭に発生する頭腔が，他の系統の動物胚においては必ずしも明瞭ではないこと，板鰓類においてすら中胚葉分節の数に異論があること，発生中に中胚葉分節と咽頭弓の位置関係がずれることなどから，典型的な分節論に関しては疑問がもたれていたが，20世紀中盤以降，実証主義が席巻するにつれ，頭部分節理論自体がしだいに忘れ去られるようになった．

**C. 展望**

20世紀以降，脊椎動物の頭部問題に光を当てたのは，もっぱら実験発生学と分子遺伝学であった．実験発生学は，新しい観察方法や実験手技により，脊椎動物の頭部間葉に中胚葉と神経堤細胞の2種があり，発生初期にある一定のパターンをもっているらしいことが突き止められた．しかし，頭部中胚

葉に存在すると主張された痕跡的分節原基，頭部ソミトメアについては，昨今疑問視されている．新しい発生学が明らかにしたのは，頭部の形態を特徴づける分節パターンがむしろ後脳の神経上皮にみられる神経分節であるロンボメアや，それに付随して分節的配置をとる神経堤細胞と咽頭弓間葉であると考えられ，ナメクジウオには存在しないこのようなパターンが，真の意味で脊椎動物独自の頭部形態を特徴づけるとされている．さらに，脳にはこのほかにも前脳に現れるプロソメアという分節が知られ，脊椎動物の分節的ボディプランが当初考えられていたような，単調なものではないことが知られるようになってきた．さらに特筆すべきは，分子遺伝学が明らかにした，胚原基に位置価を与えるようなホメオボックス遺伝子群（に加えて，他の転写調節因子をコードした多くの制御遺伝子群）の存在であり，典型的には，Hox 遺伝子群の入れ子状の発現，すなわち Hox コードが頭部の分節的原基に特異化の方向を指示するという，分子レベルでの発生プランが理解されるようになってきた．このことによって，確かに脊椎動物における咽頭弓のそれぞれが発生機構的にも系列相同物であり，その形態学的同一性が規則的な遺伝子発現パターンとその機能によって営まれていることが知られるようになった．このような形態発生学的理解が，そもそも Goethe によってもたらされた，認識論としての観念的形態学の根本理念にきわめて近いものであることは知っておくべきであろう．さらに，Hox 遺伝子のみならず，脊椎動物の基本的ボディプランを構築する発生関連遺伝子の多くは，他のバイラテリアにも存在し，同様の発生的機能を果たすことが知られている．上述したように，このような動物界に普遍的な現象を通じ，脊椎動物の頭部問題はいまや，後生動物の全進化史の理解にとって必須の重要な問題として生まれ変わり，進化発生学の新しい研究文脈の下で新たな重要性をまとうに至っているのである．このような認識の下で，板鰓類に明らかな頭腔，そしてそのナメクジウオの分節的中胚葉との相同的関係，それらの進化的系譜について，新しい視点から比較研究がなされなければならない．

[参考文献]

de Beer G. R. (1937) *The Development of the Vertebrate Skull*. Oxford Univ Press.

Gee H. (1996) *Before the Backbone*. Chapman & Hall.

Goethe J. W. (1824) Schädelgrüst aus sechs Wirbelknochen aufgebaut. Zur Morphologie, Band 2, Heft 2.

Goodrich E. S. (1930a) *Studies on the Structure and Development of Vertebrates*. McMillan.

Huxley T. H. (1858) The Croonian Lecture: On the theory of the vertebrate skull. *Proc. Zool. Soc. Londonz* vol. 9, pp. 381-457.

倉谷 滋（2004）『動物進化形態学』東京大学出版会．

Owen R. (1848) On the Archetype and Homologies of the Vertebrate Skeleton. London, J. Van Voorst.

佐藤矩行・倉谷 滋 監修（2007）21 世紀の動物科学 第 3 巻『動物の形態進化のメカニズム』培風館．

van Wijhe J. W. (1882b) Über das Visceralskelett und die Nerven des Kopfes der Ganoiden und der *Ceratodus*. Arch. Zool., vol. 5, pp. 207-320.

（倉谷 滋）

## 11.6 ゲノム重複と脊椎動物の成立

### A. ゲノム重複はどのように検出されたか？

　ゲノムの重複が初めて唱えられたのは，分子生物学の興隆よりも前，1970年にさかのぼる（Ohno, 1970）．塩基配列情報のない当時，ゲノム進化を探るには，生物間で染色体構成（核型）を比較するという，いわゆる細胞遺伝学（cytogenetics）的手法に頼らざるをえなかった．その後，ゲノム重複に対する直接の証拠が得られたのは，分子生物学的基盤の確立ならびにシーケンス技術の発達にともなって塩基配列情報が増えた90年代に入ってからである．その先駆けとなったのは，比較的短い遺伝子配列を用いた，遺伝子ファミリーの分子系統解析であった．脊椎動物はおろか，無脊椎動物を含めたどの動物に対してもゲノムブラウザなどない時代であるから，遺伝子単離は小規模に行なわれることが多かった．しかし，遺伝子単離が集中的に行なわれた状況の下では，たとえば，ひとつのショウジョウバエの遺伝子に対するヒトの遺伝子の数を調べることで，この両者の間でのゲノムの倍加の度合いを測ることが可能である．実際に，さまざまな遺伝子ファミリーにおいて，ひとつのショウジョウバエの遺伝子に対し，ヒトが2～4個のオーソログをもっているという事実が，ゲノム重複に対する最初の示唆となった（Sidow, 1996；総説はMiyata & Suga, 2001）．特に，Hox遺伝子クラスターなどの発生関連遺伝子について，この方面からの傍証が数多く得られた（Holland et al., 1994）．

　少なくとも染色体の一部，あるいはその全体を巻き込むような大規模な重複が起きると，結果として似た遺伝子配置をもつ領域がゲノム内に複数存在することとなる．遺伝学では，古くから複数の遺伝子が同じ染色体上に位置していることをシンテニー（synteny）（Renwick, 1971）とよんでいたが，大規模な重複イベント後にみられる，複数のゲノム領域間で似た遺伝子配置がみられることを保存シンテニー（conserved synteny）（Passarge et al., 1999）という．1990年代後半に入ると，BACライブラリを用いたゲノム領域のシーケンスがより頻繁に行なわれ，比較的長いゲノム配列が蓄積した．この過程で，ヒトおよびマウスのMHC（major histocompatibility complex）関連遺伝子を含む領域などにおいて，おおむね四つの異なるゲノム領域が，保存シンテニーを共有していることがしだいに明らかになってきた（Kasahara et al., 1996; Katsanis et al., 1996; Endo et al., 1997; Pebusque et al., 1998）．たとえば，Hox遺伝子を含む領域は，哺乳類ゲノム中には，A, B, C, Dのクラスターを含む四つが存在する，という具合である．一方で，これらの重複領域に含まれる遺伝子ファミリーについて個々に推定された分子系統樹に基づき，複数の哺乳類パラログの起源となる遺伝子重複が，脊椎動物の進化の初期にさかのぼることが示された（Kasahara et al., 1997）．また，ナメクジウオやホヤのゲノム配列の解析により，このイベントが脊椎動物の系統で起きたことも示された（Abi-Rached et al., 2002; Dehal et al., 2002; Putnam et al., 2008）．同様の知見は現在までさらに蓄積し（Thornton, 2001; Kuraku et al., 2009），より大規模な比較ゲノム解析によっても，二度のゲノム重複の存在が強く支持されている（McLysaght et al., 2002; Dehal & Boore, 2005; 総説はPanopoulou & Poustka, 2005; Kasahara, 2007）．

　一方，ゲノム重複に対して懐疑的な考えもある．重複領域に含まれる遺伝子ファミリーの分子系統解析において，三つないし四つのパラログ間の樹形がファミリー間で一致しないことが多いためである（Hughes & Friedman, 2003）．この反証に対しては，脊椎動物進化の初期に起きたゲノム重複の独特の特徴が説明を与えてくれる．第一に，二度の重複の時期がかなり接近していた可能性があることである．いわゆる生物の系統関係における「爆発」に近い現象のため，短期間に起きた複数の分岐を正確に再現するのは困難と考えられる（Horton et al., 2003）．第二に，重複イベント自体が古いことである．脊椎動物進化の初期というと，5億年以上前のイベントということになるが，このイベントののち，小規模な遺伝子重複および欠失，さらに進化の過程で保持されてきた遺伝子配列に対しても，新機能獲得（neofunctionalization）などの二次的な変化によ

り，二度のゲノム重複のプロセスを明示するような系統学的シグナル（phylogenetic signal）が，かき消されたとしても不思議ではない．脊椎動物の進化の過程では，さらに真骨魚類の放散前にもゲノム重複が起きたことが知られている（真骨魚特異的ゲノム重複，teleost-specific genome duplication）(Meyer & Schartl, 1999)．脊椎動物初期の重複イベントとは異なり，こちらのゲノム重複の解析が行ないやすく，その説自体が受け入れられやすかったのは，このイベントが比較的最近に起きたため，問題を複雑にしがちな要素が深刻とならなかったからと考えられる．

### B. ゲノム重複がなぜ重要か？

ゲノム重複を経験した生物は，生存に有利なのだろうか？ 種の繁栄という観点でみた場合，現存の生物とかぎられた化石の情報に頼らざるをえない状況では，非常に難しい問題である．脊椎動物のなかでもっとも種数が多い真骨魚においては，ゲノム重複が果たした役割に言及されることが多い（Meyer & Van de Peer, 2005)．初期の脊椎動物においても同様の論調はみられる（Donoghue & Purnell, 2005)．一方，ゲノム内の遺伝子構成を考えたとき，ゲノムレベルで生産された重複遺伝子が効果的に既存の遺伝子ネットワークに組み込まれたとしたら，より複雑で精巧なゲノム発現システムの構築，およびその結果としての表現型の進化につながったとしても驚きではない．当然，この可能性は，Ohnoの遺した文献にも記されている（Ohno, 1970)．重複が全ゲノム規模で起き，すべての重複遺伝子が生き残るとしたら，二度の重複で四つのパラログが生成されるわけだが，実際のヒトゲノム配列からは，結果的にふたつのパラログを保持した遺伝子ファミリーがもっとも頻繁にみうけられる（Furlong & Holland, 2002)．四つに満たない数の場合，足りない分は重複後に二次的に失われたと考えられる．どうやら欠損の多くは，ゲノム重複後まもなく生じたらしい．というのは，真骨魚類，および軟骨魚類の現在入手可能なゲノム配列を調べても，哺乳類ゲノムにおいて欠失しているサブタイプがみつかるケースはほとんどないからである．このことから，ゲノム重複後，すべての重複遺伝子が許容されたわけでなく，何らかの機能的な取捨選択があったと推測できる．機能的な推察を加えるにあたり，哺乳類，ニワトリ，アフリカツメガエル，ゼブラフィッシュなどのモデル生物において，それら重複遺伝子の機能解析を行ない，パラログ間で比較することは可能である．しかし，重複後にどのような過程でそれらモデル脊椎動物のゲノムが成立したのかを考えるうえで，さらにより早い時期に分岐した脊椎動物に注目する必要があることはいうまでもない．

### C. ゲノム重複のタイミング：円口類の前か後か？

四足動物と真骨魚，ならびにホヤ，ナメクジウオなどの無脊椎新口動物に比べ，初期脊椎動物，つまり，円口類と軟骨魚類のゲノムプロジェクトは，大いに遅れをとっている．ゾウギンザメ（*Callorhinchus milii*；英語慣用名で elephant shark, elephantfish あるいは ghost shark）について，ゲノムサイズの1.4倍のカバー率のシーケンスが行なわれたのみである（Venkatesh *et al.*, 2007)．以前の断片的な報告から（Kim *et al.*, 2000)，軟骨魚類のHoxクラスターがすでにゲノム重複で四倍化を経験し，一方で真骨魚類にみられるような系統特異的な重複を経験していないことが示唆されてきたが，このゾウギンザメのゲノム配列解析により，それが確認された．これは他の多くの遺伝子ファミリーに基づいた解析結果と合致する（Miyata & Suga, 2001)．

円口類のほうはどうやら単純ではなさそうだ．おもにHox遺伝子クラスターに注目し，遺伝子数を調べる努力が1990年代前半からなされてきたが（Pendleton *et al.*, 1993; Sharman & Holland, 1998; Fried *et al.*, 2003; Stadler *et al.*, 2004)，多くの場合，顎口類に近い数のパラログが円口類にみいだされながら，強固たる分子系統学的解析に基づいて，顎口類のどのサブタイプ（すなわち，A, B, C, Dのどれか）に帰属するのか判別できず，クラスター重複の時期が特定できないままである．この問題に対しては，コスミドライブラリを用いたゲノム配列シーケンスにおいても答えが得られていない（Force *et al.*, 2002; Irvine *et al.*, 2002)．

Hox以外の遺伝子についても同様の状況がみられ

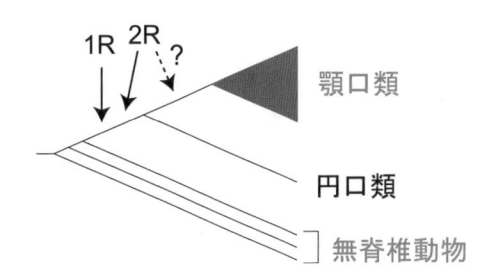

**図1 脊椎動物の初期進化とゲノム重複**
1R：一度目のゲノム重複（first-round genome duplication），2R：二度目のゲノム重複（second-round genome duplication）．二度目のゲノム重複の時期については意見が分かれている（Putnam *et al.*, 2008; Kuraku *et al.*, 2009より改変）．

た（たとえば，Neidert *et al.*, 2001；総説はKuratani *et al.*, 2002）．この状況について，多くの研究者が，円口類が二度のゲノム重複の間に分岐したのだと解釈した（図1）（Escriva *et al.*, 2002; Putnam *et al.*, 2008）．これは，二度目のゲノム重複を経験していないことが，脊椎動物のなかで円口類が示す原始的な表現型を説明していると思えなくもないという考えにも起因していた．

進行しているウミヤツメ（*Petromyzon marinus*）のゲノムシーケンスプロジェクトが完了していない現在では，公開されているデータベース内の円口類の遺伝子配列はまだまだ乏しいが，裏を返せば，それらすべての配列をしらみつぶしにみてみようという気にさせる数でもある．前述のHox遺伝子のように，脊椎動物初期に起きた遺伝子重複について，多くの遺伝子ファミリーが，非常にあいまいな円口類遺伝子の系統的位置を示すなかで，ごくまれにゲノム重複のタイミングについて，強い示唆を与えるファミリーが存在する．たとえば，カラーオプシンである．五つある顎口類のサブタイプそれぞれについて，円口類［この場合，オーストラリアに生息するミナミヤツメ（*Geotria australis*）］の遺伝子が報告されており（Collin *et al.*, 2003），それらほぼすべてのオーソロジーが分子系統樹によって明確に示される（Kuraku *et al.*, 2009）．これに似た状況はレチノイン酸受容体のファミリーでもみられる（Kuraku *et al.*, 2009）．重要なのは，研究者の努力の質と量に左右される，おもに小規模プロジェクト依存のデータベース内の遺伝子の「数」は，あくまでも指標で

あり，それに分子系統学的証拠が付随して初めて，「いつ」重複が起きたか明確に議論できるということである．遺伝子の数に基づいた推測は，系統特異的に起きた遺伝子重複と欠失にも大いに左右される（Kuraku, 2008）．顎口類の系統で起きたさまざまなゲノムの変化（真骨魚類やアフリカツメガエルの系統でのゲノム重複や，肺魚およびサンショウウオなどにおけるゲノムサイズの増大）を考慮すれば，円口類の1種をもち出して，その遺伝子の数だけで，ゲノムの倍数性を議論することが危険なことは明白である．ウミヤツメおよび他の円口類の全ゲノム配列が得られれば，さらに確証をもって議論できることであろう．すでに，二度のゲノム重複の前後に起きた比較的小規模なゲノムの変化も報告されてきている（Hufton *et al.*, 2008; Lynch & Wagner, 2009）．ゲノム重複後，異なる系統で異なるサブタイプの取捨選択が起きていたとしたら，遺伝子の数や分子系統樹のトポロジーの解釈はより複雑になる．この取捨選択が円口類と顎口類の表現型の違いにつながっているのかもしれない．

[引用文献]

Abi-Rached L. *et al.* (2002) Evidence of en bloc duplication in vertebrate genomes. *Nat. Genet.*, vol. 31, pp. 100-105.

Collin S. P. *et al.* (2003) Ancient colour vision: multiple opsin genes in the ancestral vertebrates. *Curr. Biol.*, vol. 13, pp. R864-865.

Dehal P. & Boore J. L. (2005) Two rounds of whole genome duplication in the ancestral vertebrate. *PLoS Biol.*, vol. 3, pp. e314.

Dehal P. *et al.* (2002) The draft genome of *Ciona intestinalis*: insights into chordate and vertebrate origins. *Science*, vol. 298, pp. 2157-2167.

Donoghue P. C. & Purnell M. A. (2005) Genome duplication, extinction and vertebrate evolution. *Trends Ecol. Evol.*, vol. 20, pp. 312-319.

Endo T. *et al.* (1997) Evolutionary significance of intragenome duplications on human chromosomes. *Gene*, vol. 205, pp. 19-27.

Escriva H. *et al.* (2002) Analysis of lamprey and hagfish genes reveals a complex history of gene duplications during early vertebrate evolution. *Mol. Biol. Evol.*, vol. 19, pp. 1440-1450.

Force A. *et al.* (2002) Hox cluster organization in the jawless vertebrate *Petromyzon marinus*. *J. Exp. Zool.*, vol. 294, pp. 30-46.

Fried C. et al. (2003) Independent Hox-cluster duplications in lampreys. *J. Exp. Zoolog. B Mol. Dev. Evol.*, vol. 299, pp. 18-25.

Furlong R. F. & Holland P. W. (2002) Were vertebrates octoploid? *Philos. Trans R Soc. Lond. B Biol. Sci.*, vol. 357, pp. 531-544.

Holland P. W. et al. (1994) Gene duplications and the origins of vertebrate developement. *Dev. Sppl.*, pp. 125-133.

Horton A. C. et al. (2003) Phylogenetic analyses alone are insufficient to determine whether genome duplication(s)occurred during early vertebrate evolution. *J. Exp. Zoolog. B Mol. Dev. Evol.*, vol. 299, pp. 41-53.

Hufton A. L. et al. (2008) Early vertebrate whole genome duplications were predated by a period of intense genome rearrangement. *Genome Res.*, In press.

Hughes A. L. & Friedman R. (2003) 2R or not 2R: testing hypotheses of genome duplication in early vertebrates. *J. Struct. Funct. Genomics*, vol. 3, pp. 85-93.

Irvine S. Q. et al. (2002) Genomic analysis of Hox clusters in the sea lamprey *Petromyzon marinus*. *J. Exp. Zool.*, vol. 294, pp. 47-62.

Kasahara M. (2007) The 2R hypothesis: an update. *Curr. Opin. Immunol.*, vol. 19, pp. 547-552.

Kasahara M. et al. (1996) Chromosomal localization of the proteasome Z subunit gene reveals an ancient chromosomal duplication involving the major histocompatibility complex. *Proc. Natl. Acad. Sci. USA*, vol. 93, pp. 9096-9101.

Kasahara M. et al. (1997) Chromosomal duplication and the emergence of the adaptive immune system. *Trends Genet.*, vol. 13, pp. 90-92.

Katsanis N. et al. (1996) Paralogy mapping: identification of a region in the human MHC triplicated onto human chromosomes 1 and 9 allows the prediction and isolation of novel PBX and NOTCH loci. *Genomics*, vol. 35, pp. 101-108.

Kim C. B. et al. (2000) Hox cluster genomics in the horn shark, *Heterodontus francisci*. *Proc. Natl. Acad. Sci. USA*, vol. 97, pp. 1655-1660.

Kuraku S. (2008) Insights into cyclostome phylogenomics: pre-2R or post-2R? *Zool. Sci.*, vol. 25, pp. 960-968.

Kuraku S. et al. (2009) Timing of genome duplications relative to the origin of the vertebrates: did cyclostomes diverge before or after? *Mol. Biol. Evol.*, vol. 26, pp. 47-59.

Kuratani S. et al. (2002) Lamprey as an evo-devo model: lessons from comparative embryology and molecular phylogenetics. *Genesis*, vol. 34, pp. 175-183.

Lynch V. J. & Wagner G. P. (2009) Multiple chromosomal rearrangements structured the ancestral vertebrate Hox-bearing protochromosomes. *PLoS. Genet.*, vol. 5, pp. e1000349.

McLysaght A. et al. (2002) Extensive genomic duplication during early chordate evolution. *Nat. Genet.*, vol. 31, pp. 200-204.

Meyer A. & Schartl M. (1999) Gene and genome duplications in vertebrates: the one-to-four (-to-eight in fish) rule and the evolution of novel gene functions. *Curr. Opin. Cell. Biol.*, vol. 11, pp. 699-704.

Meyer A. & Van de Peer Y. (2005) From 2R to 3R: evidence for a fish-specific genome duplication (FSGD). *Bioessays*, vol. 27, pp. 937-945.

Miyata T. & Suga H. (2001) Divergence pattern of animal gene families and relationship with the Cambrian explosion. *Bioessays*, vol. 23, pp. 1018-1027.

Neidert A. H. et al. (2001) Lamprey *Dlx* genes and early vertebrate evolution. *Proc. Natl. Acad. Sci. USA*, vol. 98, pp. 1665-1670.

Ohno S. (1970). *Evolution by gene duplication*. Springer-Verlag.

Panopoulou G. & Poustka A. J. (2005) Timing and mechanism of ancient vertebrate genome duplications – the adventure of a hypothesis. *Trends Genet.*, vol. 21, pp. 559-567.

Passarge E. et al. (1999) Incorrect use of the term synteny. *Nat. Genet.*, vol. 23, p. 387.

Pebusque M. J. et al. (1998) Ancient large-scale genome duplications: phylogenetic and linkage analyses shed light on chordate genome evolution. *Mol. Biol. Evol.*, vol. 15, pp. 1145-1159.

Pendleton J. W. et al. (1993) Expansion of the Hox gene family and the evolution of chordates. *Proc. Natl. Acad. Sci. USA*, vol. 90, pp. 6300-6304.

Putnam N.H. et al. (2008) The amphioxus genome and the evolution of the chordate karyotype. *Nature*, vol. 453, pp. 1064-1071.

Renwick J. H. (1971) The mapping of human chromosomes. *Annu. Rev. Genet.*, vol. 5, pp. 81-120.

Sharman A. C. & Holland P. W. (1998) Estimation of *Hox* gene cluster number in lampreys. *Int. J. Dev. Biol.*, vol. 42, pp. 617-620.

Sidow A. (1996) Gen (om) e duplications in the evolution of early vertebrates. *Curr. Opin. Genet. Dev.*, vol. 6, pp. 715-722.

Stadler P. F. et al. (2004) Evidence for independent Hox gene duplications in the hagfish lineage: a PCR-based gene inventory of *Eptatretus stoutii*. *Mol. Phylogenet Evol.*, vol. 32, pp. 686-694.

Thornton J. W. (2001) Evolution of vertebrate steroid receptors from an ancestral estrogen receptor by ligand exploitation and serial genome expansions. *Proc. Natl. Acad. Sci. USA*, vol. 98, pp. 5671-5676.

Venkatesh B. et al. (2007) Survey sequencing and comparative analysis of the elephant shark (*Callorhinchus milii*) genome. *PLoS Biol.*, vol. 5, pp. e101.

[参考文献]

Gee H. (1996) *Before the backbone : views on the origin of the vertebrates*, Chapman & Hall.

Gregory T. R. (2005) *The evolution of the genome*, Elsevier Academic.

（工樂樹洋）

## 11.7 無顎類と円口類

円口類（Cyclostomata；英 cyclostomes）とは，現生のヤツメウナギ類とヌタウナギ類からなるグループで，場合によっては無顎類と同義であるとされることもあるが，それは現生の脊椎動物のみをみた場合にいうのであり，厳密には正しくはない．円口類をもって顎をもったいわゆる顎口類の祖先型とみなすこともまた適切ではない．この仲間は一見，魚のようにもみえるが，分類学的に顎口類のなかの魚上綱に含むわけにゆかず，形式的に「魚ではない」とする場合もある．しかし，いわゆる一般通念としての「魚」のカテゴリーに相当するとしても，さして支障はないと思われる．円口類が顎口類を外群として姉妹群をなすかどうか（円口類が単系統群かどうか）については今でも問題が残り，多くの分子系統的解析は単系統性を支持しているが，この考えは下に示す形態学的な分類学と必ずしも一致はしない．分子進化学に多くを負う昨今の進化発生学は，一般に単系統群としての円口類を認める傾向にある．

ヤツメウナギ類とヌタウナギ類は，共通に角質の歯を口器に備え，両者ともウナギ状の体型を示す．また，体幹から頭部先端に至るまで分節状の体幹筋を備え，舌装置とよばれる高度に発達，分化した摂食器官をもち，それらがともに第一咽頭弓である顎骨弓の由来物として三叉神経の支配を受け，さらに縁膜とよばれる水とりこみ用のポンプをもつなど，解剖学的な共通点が多い．一方で，ヤツメウナギ類が産卵に際して河川を遡上し，両生類のものに似た全割卵を多数産み，胚発生ののちには4年のアンモシート幼生期を泥中で経て，内柱という外分泌腺（甲状腺の前駆体）を用いた濾過食にて成長し，変態に際して海水に戻るという生活史をもつのに対し，ヌタウナギ類は大型（多黄卵）で盤割を行なう卵を比較的少数，深海にて産み（生殖様式については不明），直接発生を経て，内柱は現れず，甲状腺が直接発生する，などといった違いもみせる．両者における頭部の解剖学的構築にも一見，大きな相違がある．加えて，ヌタウナギ類は眼や側線系がなく（発

生中二次的に消失），一部皮下に開放血管系を示し，ヤツメウナギ類では2本存在する半規管が1本しかなく，椎骨が発生を通じて現れないなどといった原始的状態を多く示し，最近まで分岐系統学的にヤツメウナギ類と頭口類からなる脊椎動物の姉妹群として置かれることがあった．このような体系においては，ヌタウナギ類を含めた脊椎動物を改めて「有頭動物（Craniata）」とし，頭索類（ナメクジウオ）に対置させる．しかし，最近の分子系統学では，脊椎動物に近いのはむしろ尾索類であり，古典的な比較形態学の遺物である「有頭動物」のよび名も，ますます実体と離齬をきたしつつある現状にある．これに関し，深海生物であるヌタウナギ類の胚発生は，まだ十分に観察されてはいない．

最近のヤツメウナギ類を用いた研究では，顎が存在しないことは鰓弓系の形態的特異化が未発達だからではなく，位置価決定システムであるHox遺伝子群の発現パターンはむしろ顎口類と類似し，「顎骨弓」の相同性を備えた第一咽頭弓の分化方向が顎口類とは異なっているにすぎないことがわかってきた．とりわけヤツメウナギ類では，第一咽頭弓より前の間葉も口器形成に大きくかかわり，これを基に発生上の組織間相互作用の位置のシフトが顎口類における顎の獲得を促したとされる（顎獲得のヘテロトピー説）．さらに，ヌタウナギ類の胚も研究室内で得ることがしだいに可能となり，顎口類様の神経堤細胞の存在が示されるなど，この動物の脊椎動物としての地位が改めて確認されつつある．

無顎類（Agnatha；英 jawless vertebrates, agnathans）とは，一般にグレードとして「顎のない状態」にある．デボン紀末までに絶滅した化石種を含めた多くの系統の脊椎動物を総称するいい方であり，したがって，最古の脊椎動物とされるミロクンミンギア，ハイコウイクチスなどの化石種も無顎類である．そしてこの場合，顎口類とは，そのなかの「顎をもった動物群」をさすにすぎない．その意味で無顎類自体がほぼ「脊椎動物」と同等である．このような関係から，「顎口類」の定義には改めて考察が必要となる．すなわち，現生の円口類と現生のすべての顎口類が分岐した地点（node）をもって，円口類の系統と顎口類の系統を定義すると，顎口類の根幹にはstem groupとして多くの化石無顎類（骨甲類や異甲類をはじめとする）が含まれることになる（stem gnathostomes）．あるいは，顎の獲得という派生的形質の出現をもって，以降の単系統的な動物系統を顎口類とよぶのであれば，そのなかには板皮類以降の，実際に顎を備えていた脊椎動物が属し，名称と実体とが一致するが，残る無顎類は側系統群となり，円口類はそのうちのひとつの系統を代表するにすぎなくなる．円口類を「無顎類のうち，現生のヤツメウナギ目およびヌタウナギ目だけを指す」と説明するのは，このような考えに沿ったものである．

[参考文献]

Goodrich E. S. (1909) Vertebrata Craniata (First Fascicle: Cyclostomes and Fishes), Lankester R. ed., *A Treatise on Zoology 1.* Adam and Charles Black

Janvier P. (1996) *Early Vertebrates*, Oxford Scientific Publications.

Kuratani S. & Ota K. G. (2008) The primitive versus derived traits in the developmental program of the vertebrate head: views from cyclostome developmental studies. *J. Exp. Zool. B Mol. Dev. Evol.*, vol. 310, pp. 294-314.

Ota K. G. *et al.* (2007) Hagfish embryology with reference to the evolution of the neural crest. *Nature*, vol. 446, pp. 672-675.

Shigetani Y. *et al.* (2002) Heterotopic shift of epithelial-mesenchymal interactions for vertebrate jaw evolution. *Science*, vol. 296, pp. 1316-1319.

Takio Y. *et al.* (2004) Evolutionary biology: lamprey Hox genes and the evolution of jaws. *Nature*, OnLine 429, 1 p following 262. (vol. 416, pp. 386-387)

〈倉谷 滋〉

## 11.8 軟骨魚類

### A. 軟骨魚類の単系統性と現生類の位置

軟骨魚類は，古い系統である．その起源は古生代前期にまでさかのぼり，おそらくは板皮類 Placodermi に行き着くものと考えられているが，具体的な祖先系統は明らかではなく，さらに軟骨魚類と板皮類の境界も明瞭にはされていない．

現世にみられる板鰓類（サメ・エイの種群；Elasmobranchii）と全頭類（ギンザメ類；Holocephali）は，軟骨魚類の重要な2系統ではあるが，軟骨魚類系統の根から大きく隔たる関係にはない，というのが近年の一致した見方である．Zangerl & Case (1973) は，iniopterygians と称される一連の化石群が板鰓類と全頭類の中間的な構造をもつことをみいだした．そのほか，骨格系がよく保存された古生代，中生代の化石類が発掘・調査されるようになり，近年，軟骨魚類全体の進化を論議する材料が揃うようになった．図1aは，近年の分岐論による検討を集約した樹状図である（Janvier, 1996）．この図でも，†Cladoselache 属に代表される古生代のサメ型魚類は，現生板鰓類とは直接の関係をもっていない．ただし，ここにあげる分類群は骨格が比較的よく知られている代表的な分類群にすぎず，各分岐点の特徴も必ずしもはっきりしたものではない．

### B. 全頭類の系統

現生全頭類のおもな特徴は，全接型の上顎，歯板および1対の外鰓孔であるが，これらは図1aに示される †Eugeneodontida, †Petalodontida および †Iniopterygia にも（少なくともその一部では）知られている．歯板の組織学的特徴として管状の象牙質があるが，この状態をもつ化石類は「bradyodonts」と総称され，現生全頭類の祖先群であるとも考えられている．図1bは，化石類を含む全頭類の系統関係で，おもに歯板と体骨格の状態から推定されている（Janvier, 1996）．現生群が単系統であることは共通認識となっているが，その姉妹群についてはい

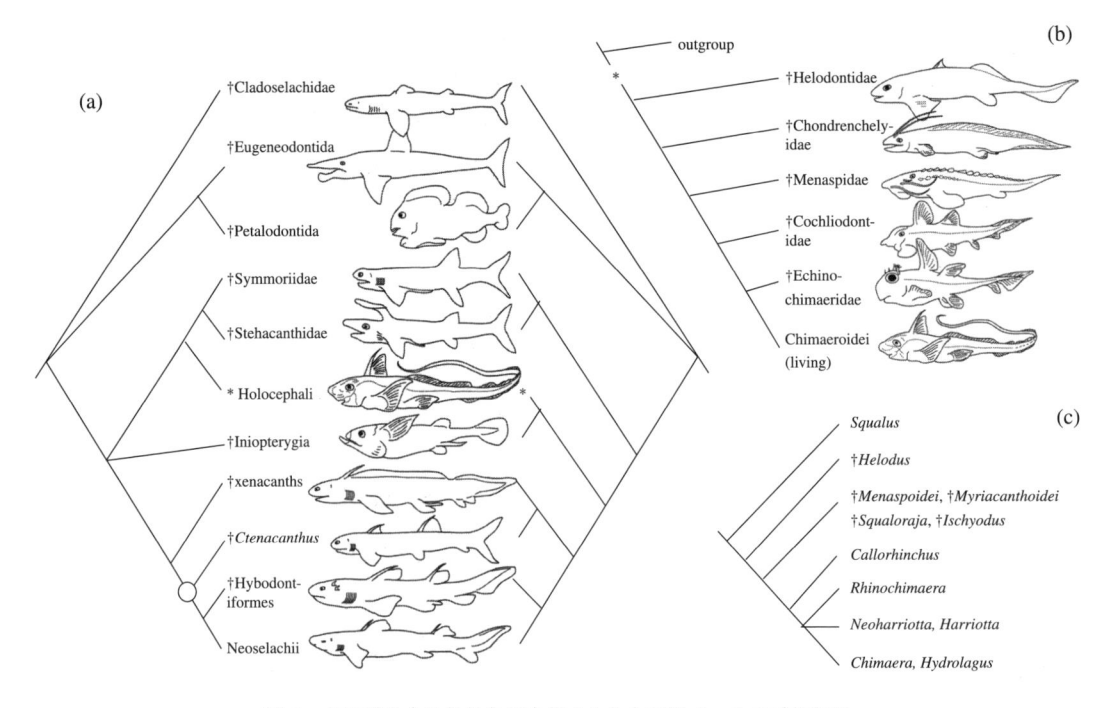

図1 化石群を含む軟骨魚類全体 (a) と全頭類 (b, c) の系統仮説
(a) 近年の形態による系統仮説をコンパイルした分岐関係で，可能性のあるふたつのアイデアが描かれている．＊はaとb図の連続する枝を示す．樹状図中の丸印（○）は Euselachii を示す．（本図は白井，2000 より改変．元図は a, b: Janvier, 1996, c: Didier, 1995 より）

現生全頭類には6属40種ほどがあり，これらはギンザメ科，またはNelson（1994）のようにゾウギンザメ科，ギンザメ科およびテングギンザメ科の3科に分けられる．Didier（1995）は，現生類について初めて詳細な比較形態学を試みた．その結果（図1c）によれば，ゾウギンザメ属は最も原始的，ギンザメ科2属が派生的な形質を多くもち，またテングギンザメ科は単系統とはみなされなかった．

## C. 板鰓類の系統

近年の比較形態学的な検討によって，すべての現生群は，古生代，中生代に繁栄した代表的な化石群（†hybodonts，†ctenacanthsおよび†xenacanths）と単一起源と考えられるようになった（図1a）．また，現生類のラブカ，カグラザメ類およびネコザメ類は，その顎歯の形態や口裂の位置，腰帯の形状，背鰭数，棘の有無などから，中生代に栄えたこれら化石群の生き残りとみなされることが多かったが，現在ではその考えは否定され，現生類が共通祖先をもつ一系統であるとする説が有力となっている．

こうした考え方を以下に簡単に解説する．Compagno（1973）は，綿密かつ圧倒的な量の比較形態情報を提示し，これを基に新たな類縁関係の大要を表した．彼は，現生のサメ・エイ類に共通する解剖学的特徴から，これらが†hybodontsなどと一つの包括的な系統群Euselachiiをなすと結論づけた．この考え方は，化石群における形態調査によっても別途提唱されている（Zangerl, 1973）．CompagnoやZangerlの考えを基に，Maisey（1975）は分岐学的にもEuselachiiが単系統であること，さらにEuselachii内の系統解析から現生類を包括する単系統群（ラブカ，カグラザメ類，ネコザメ類を含む）の存在を認めた．その後，Compagno（1977）は，現生類のすべてと†plaeospinacidsなどの中生代の代表的化石群からなる一系統群を認め，これをneoselachiansとよんだ．neoselachiansは，†Hybodus属に代表される中生代の†hybodontidsの姉妹群とみなされている（Dick, 1978; Maisey, 1984; Gaudin, 1991）．

現生板鰓類は，分類学的にはサメ類とエイ類に大別されることが多かったが，類縁関係としてはツノザメ類，ネズミザメ・メジロザメ類およびエイ類の三者を核とした系統が考えられていたようである（White, 1937; Schaeffer, 1967）．Compagno（1973）は，カスザメ属の特殊性に注目し，現生類を4上目に分類することを提唱した（図2）．そのなかで，これら上目それぞれは系統を反映したものとしているが，上目間の系統関係については，のちにいくつかのアイデアを示しただけで（Compagno, 1977），現在まで明らかな考えを示してはいない．

Maisey（1980）は，上顎の懸垂状態を化石群から現生類にまで概観し，neoselachians内の系統関係について新たな展開を与えた．彼の再定義による眼窩内突起をともなう上顎の懸垂状態は，現世のラブカ，カグラザメ類，ツノザメ類，カスザメ類およびノコギリザメ類だけに認められ，軟骨魚類以外の原始的な脊椎動物にも存在しないユニークな状態である．この形質によって特徴づけられる上記の種群（orbitostylic group）は，現生群内の明瞭な一自然群と考えられた（図2）．

Shirai（1992a）はツノザメ類を中心とした形態解析から，ノコギリザメ類とエイ類が祖先を共有する姉妹関係にあり，さらにこの群はカスザメ類と近縁であることを示した（図2）．これら三つの群からなるhypnosqualean groupは，現生類内では他に例をみないほど多くの形態的特徴に支えられた単系統群である．これにより，Compagno（1973）が認めた4系統のうち，ネズミザメ・メジロザメ類を除く三つが系統的に一続きであること，さらにエイ類の系統的位置について初めて明確な根拠をもつ考えが示された．hypnosqualean groupは，さらに包括的な単系統群であるツノザメ・エイ上目Squaleaのもっとも派生的な位置に置かれた（Shirai, 1992b）．これにより，現生板鰓類にはネズミザメ・メジロザメ上目Galeaとともにふたつの大きな系統群が存在すると推定された（Shirai, 1996; Carvalho, 1996）．その後，ジュラ紀の代表的な化石板鰓類である†Protospinax属がhypnosqualean groupに含まれる（Carvalho & Maisey, 1996）など，この系統仮説を支える側面からの証拠も得られつつある．

最近，軟骨魚類においても，ミトコンドリアDNAや一部の核DNAを用いた分子系統解析による成果

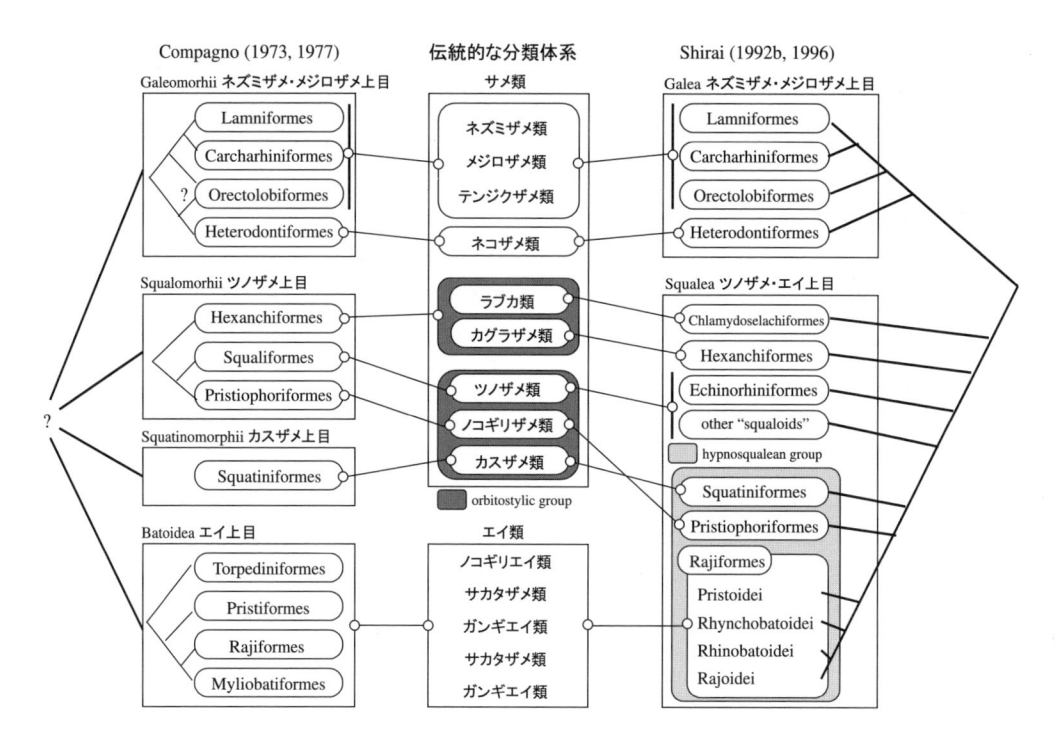

**図2** 現生板鰓類の系統仮説および伝統的な分類体系との比較
従来の体系との関連は細線で，系統関係は太線の樹状図で示される．（白井，2000より改変）

が得られるようになった．これらの結果は，サメ類とエイ類が塩基配列で大きく異なることで一致しており（Douady *et al.*, 2003; Winchell *et al.*, 2004 ほか），近年の形態仮説とは相容れない結果になっている．今後，これらの対立仮説の再検討が期待されている．

[引用文献]

de Carvalho M. R. (1996) Higher-level elasmobranch phylgeny, basal squaleans, and paraphyly. in Stiassny M. L. *et al.* (eds.), Interrelationships of Fishes, pp. 35-62, Academic Press.

de Carvalho M. R. & Miasey J. G. (1996) Phylogenetic relationships of the Late Jurassic shark Protospinax Woodward, 1919 (Chondrichthyes: Elasmobranchii). in Arratia G. and Viohl G. eds., Mesozoic Fishes: Systematics and paleoecology, pp. 9-46, Verlag dr. Friedrich Pfiel, Munich.

Compagno L. J. V. (1973) Interrelationships of living elasmobranchs. *Zool. J. Linn. Soc.*, vol. 53 (Suppl. 1), pp. 15-61.

Compagno L. J. V. (1977). Phyletic relationships of living sharks and rays. *Am. Zool.*, vol. 17, pp. 303-322.

Dick J. R. F. (1978) On the Carboniferous shark *Tristychius arcuatus* Agassiz from Scotland. *Trans. R. Soc. Edinb. Earth Sci.*, vol. 70, pp. 63-109.

Didier D. A. (1995) Phylogenetic systematics of extant chimaeroid fishes (Holocephali, Chimaeroidei). *Am. Mus. Novit.*, No. 3119, pp. 1-86.

Douady C. J. *et al.* (2003) Molecular phylogenetic evidence refuting the hypothesis of Batoidea (rays and skates) as derived sharks. *Mol. Phylogenet. Evol.*, vol. 26, pp. 215-221.

Gaudin T. J. (1991) A re-examination of elasmobranch monophyly and chondrichthyan phylogeny. *Neues Jahrbuch für Geologie und Paläontologie Abhandlungen*, vol. 182, pp. 133-160.

Janvier P. (1996) *Early vertebrates*, Clarendon Press.

Maisey J. G. (1975) The interrelationships of phalacanthous selachians. *Neues Jahrbuch für Geologie und Paläontologie Abhandlungen*, vol. 9, pp. 553-567.

Maisey J. G. (1980) An evaluation of jaw suspension in sharks. *Am. Mus. Novit.*, No. 2706, pp. 1-17.

Maisey J. G. (1984) Higher elasmobranch phylogeney and biostratigraphy. *Zool. J. Linn. Soc.*, vol. 82, pp. 33-54.

Maisey J. G. (1986) Heads and tails: a chordate phylogeny. *Cladistics*, vol. 2, pp. 201-256.

Nelson J. S. (1994) *Fishes of the world 3rd ed.*, Wiley.

Schaeffer B. (1967) Comments on elasmobranch evolution. in Gilbert P. W. *et al.* eds., *Sharks, skates, and rays*, pp. 3-35, The Johns Hopkins Press.

Shirai S. (1992a) Phylogenetic relationships of the angel sharks, with comments on elasmobranch phylogeny (Chondrichthyes, Squatinidae). *Copeia*, vol. 1992, pp. 505-518.

Shirai S. (1992b) *Squalean phylogeny: a new framework of 'squaloid' sharks and related taxa*, Hokkaido Univ. Press.

Shirai S. (1996) Phylogenetic interrelationships of neoselachians (Chondrichthyes: Euselachii). in Stiassny M. L. J. et al. eds., *Interrelationships of Fishes*, pp. 9-34, Academic Press.

白井 滋（2000）軟骨魚類 Chondrichtyes. 山田真弓監修, 『動物系統分類学追補版』 中山書店.

White E. G. (1937) Interrelationships of the elasmobranchs with a key to the order Galea. *Bulletin of the American Museum of Natural History*, vol. 74, pp. 25-138.

Winchell C. J. et al. (2004) Phylogeny of elasmobranchs based on LSU and SSU ribosomal RNA genes. *Mol. Phylogenet. Evol.*, vol. 31, pp. 214-224.

Zangerl R. (1973) Interrelationsihps of early chondrichthyans. *Zool. J. Linn. Soc.*, vol. 53 (Suppl. 1), pp. 1-14.

Zangerl R. & Case G. R. (1973) Iniopterygia, a new order of chondrichthyanfishes from the Pennsylvanian of North America. *Fieldiana, series Geology*, vol. 6, pp. 1-67.

（白井 滋）

## 11.9 硬骨魚類

　ここでは，生物の進化史における硬骨魚類（Osteichthyes）を概説するわけだが，以下でやや詳しく述べるような「硬骨魚類」の系統的意味合いを考えるなら，ここでのその進化史に関する記述は二重の重要性を有すると考えられる．ひとつは，「硬骨魚類」を広義にとらえた場合の重要性である．系統的には硬骨魚類は我々ヒトを含む四肢類をもその内部に分枝として包含するものなので，この認識をそのまま採用する場合には，硬骨魚類の記述は我々自身をも扱うことになるからである．もうひとつは，硬骨魚類を狭義にとらえた場合，すなわち伝統的な「人為分類」を採用して，魚類から四肢類（両生類＋爬虫類＋鳥類＋哺乳類）を除くとらえ方に立った場合の重要性である．この場合，硬骨魚類は実質的には（厳密には以下を参照）四肢類の姉妹群となり，四肢類を理解する上での不可欠な比較対象となるからである．特に，四肢類が現在の陸域生態系において生態的地位の上位を占めて繁栄している（約 2.7 万種）のに対し，硬骨魚類は水域生態系で同様の生態的地位を占めて繁栄している（同じく約 2.7 万種）ことを考えると，後者は前者のきわめて興味深い比較対象であると見ることができる．

### A.「硬骨魚類」とは

　人間の生物界認識の特徴として，目立つ形質を共有する生物を分類的グループとしてまとめがちである．共有派生形質でグルーピングした場合は単系統群（monophyletic group）となり，系統関係を反映した分類群ということになるが，祖先的形質を色濃く持っているということでグルーピングしてしまうと，側系統群（paraphyletic group）あるいは多系統群（polyphyletic group）となってしまい，系統関係を反映しない分類群となってしまう．脊索動物の根幹のところで言えば無顎類がそうであり（11.7 参照），四肢類の内部で見れば爬虫類がそうしたものであるが（12.7 参照），魚類全体も，そしてここでの主役の硬骨魚類もまた側系統的なものなのである．こ

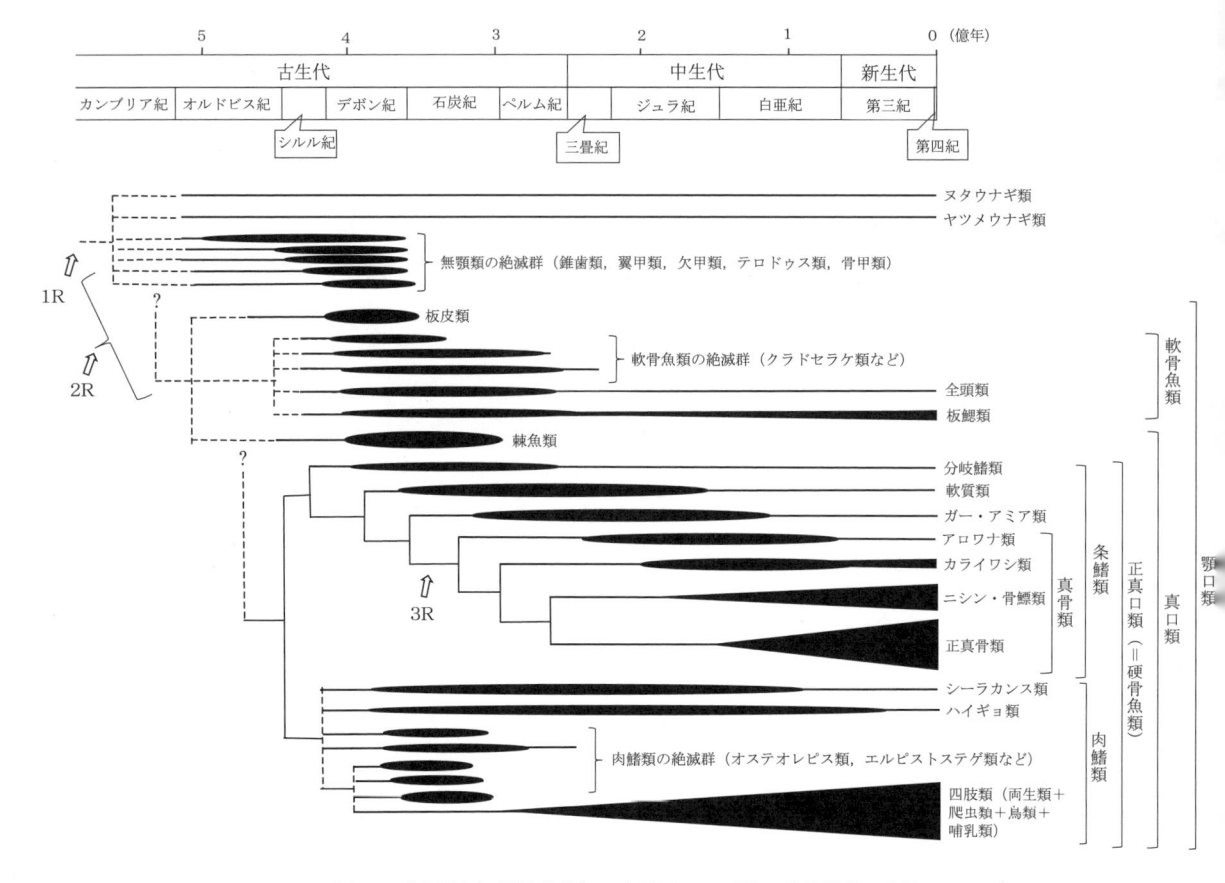

**図1** 「魚類」(=脊椎動物) の主要グループ間の系統関係の大枠

化石情報と分子系統解析結果をもとに推定．特に条鰭類の系統関係および分岐年代は，最近の分子系統研究結果 (Azuma et al., 2009) に基づく．また，化石出現状況と現生種数の情報から，各系統の種の多さの推移を模式的に示した．さらに真骨類特異的全ゲノム重複と言われる第3ラウンド (3R) の全ゲノム重複が生じた系統的位置の推定結果 (Sato & Nishida, 2010) を，1Rおよび2Rのそれと併せて示す．なお，絶滅系統については，下綱 (ないしそれに相当) 以上の高次分類群に位置づけられているものしか示していないが，条鰭類の基部，真骨類の基部などにも多数の絶滅系統が存在する (Benton, 1997; Arratia, 2004; Nelson, 2006).

の事情を，ここでもう少し述べて整理しておこう．

図1は脊索動物門 (Phylum Chordata) 脊椎動物亜門 (Subphylum Vertebrata) の現在時点において妥当だと思われる系統関係と多様性の大枠を，化石および分子系統解析による分岐年代推定の結果とあわせて示したものである．

この図からも明らかなように，一般に脊椎動物を構成するものとして，魚類 (Pisces)，両生類 (Amphibia)，爬虫類 (Reptilia)，鳥類 (Aves) および哺乳類 (Mammalia) の5グループを挙げる150年以上も前の伝統的なグループ分けは，その後に充実した脊椎動物の系統関係に関する知見とは全くあい容れない．図1に示されている生物は，肉鰭類 (Sarcopterygii) の分枝である四肢類 (Tetrapoda) 以外はすべて魚類と呼ばれるものなのである．魚類が系統的にまとまった単系統的なグループではないということは一目瞭然であろう．ここでは，そういうものであるということを押さえたうえで，とりあえず伝統に従って，全脊椎動物から四肢類を除いた全てを (すなわち魚形の脊椎動物の全てを) 魚類と呼ぶことにする．

さて，硬骨魚類とは何かというと，かつて軟骨魚類とともに魚類を構成するグループとされていたものである．これが図1のどの系統にあたるのかというと，真口級 (Grade Teleostomi) ないし正真口亜級 (Subgrade Euteleostomi) のそれとなる．棘魚類

は硬骨魚類に含めないと考えた場合が後者になる．いずれにしても真口級あるいは正真口亜級もその内部に肉鰭類を含み，さらにその内部に四肢類を含んでいる．すなわち，系統的には，硬骨魚類は我々ヒトをも含んでいる．伝統的な「硬骨魚類」とは，真口級ないし正真口亜級から四肢類を除いた，これまた側系統的なグループということになる．ここでは，これを便宜的に硬骨魚類と呼ぶことにする．

つぎに，化石研究および系統研究からの知見に基づき，硬骨魚類の進化史を概観してみよう．

### B. 硬骨魚類出現の前史

魚形の生物は，カンブリア紀の初頭には出現していたであろうが，今のところ，脊椎動物の最古の化石と認識されているのは，中国雲南省のカンブリア紀前期（約5.5億年前）の地層から発見された *Myllokunmingia* と *Haikouichthys* である．明確に魚類であるとみなせる化石は，ボリビアのオルドビス紀初期（約4.7億年前）の地層から見出された *Sacabambaspis* であるとされる．これらはいずれも顎がない，いわゆる「無顎類」である．その後のオルドビス紀，シルル紀およびデボン紀の地層からは，実にさまざまな無顎類の化石が出土する．このことから，脊椎動物はこれらの時代，無顎類として栄えたことがわかる（図1）．彼らの多くは「甲皮類」と呼ばれるが，その名のとおり，体が骨板に覆われている．当時，大型の肉食性の無脊椎動物がいたことが知られている．多くは10cm程度の大きさであった初期の脊椎動物であるこれらの無顎類にとっては，こうした捕食者への対抗が非常に重要なことであったのだろう．オルドビス紀からデボン紀にかけて繁栄した無顎類も，大部分はデボン期末には絶滅してしまった．現在には，ヌタウナギ類（70種）とヤツメウナギ類（38種）が残されているだけである．

表1は，魚類および硬骨魚類について，図1に示した系統関係と矛盾しないようなリンネ式分類の大枠を，Nelson (2006) や Helfman et al. (2009) に基づいて示したものである．この表では，オルドビス紀からデボン紀にかけて繁栄し絶滅した下顎のない生物たちは，顎口上綱（Superclass Gnathostomata）などと並ぶ五つの上綱にそれぞれ位置づけられている．顎口類を上綱に位置づけるなら，それより前に分岐しているこれら無顎類の諸系統はそれぞれ少なくとも上綱とせざるを得ないというわけである．しかし当時の時代に立ち戻って見ると，これらの無顎類同士は相互に分岐して1億年程度しか経っていないものである．4億年も前に絶滅してそれ以後の進化の歴史がないこれらの系統と，現在まで続いて多様な進化を遂げた系統（顎口類）とを同じリンネ式分類体系に当てはめようとすること自体に無理があることは自明であろう．化石種をも含めた分類体系を扱う際には，このことをしっかり念頭に置いておく必要がある．

### C. 硬骨魚類の出現と「古代魚」諸グループの興亡

「無顎類」の繁栄の中で，顎があること，骨格に支持された対鰭をもつことなどで特徴づけられる顎口類の三つのグループが生じた．板皮類（Placodermi），軟骨魚類（Chondrichthyes），および棘魚類（Acanthodii）である（図1）．これらの化石記録は，オルドビス紀後期あるいはシルル紀初期ないし中期にまでさかのぼる．板皮類はデボン紀に栄えたが，石炭紀の初期には絶滅した．軟骨魚類については前節（11.8）に詳しい．棘魚類は上述のように真口級に含められる絶滅群で，シルル紀・デボン紀・石炭紀の海洋域・淡水域で繁栄したが，ペルム紀初期には姿を消してしまった．顎口類は，「無顎類」のいずれかの系統から生じたであろうから，「無顎類」というグルーピングは，当然に側系統ということになる（11.7参照）．両顎ができたことにより，口がたいそう機能的になり，捕食者としての機能が大きく向上し，新参の顎口類が新たな生態的地位を開拓していくことになったことは想像に難くない．

こうした中で，棘魚類に加えて真口級に位置づけられるグループが出現した．条鰭類（Actinopterygii）と肉鰭類（Sarcopterygii）である（図1）．これらとその子孫が，ここでの主役の正真口亜級（硬骨魚類）のメンバーである．正真口類は，軟骨性の硬骨を有する，頭部に大きな皮骨要素がある，歯が顎骨に固定されている，肺ないし鰾を有するなどの共通の特徴を有している．また，ここで鰭と呼んでいるもののうち胸鰭と腹鰭は，それぞれ条鰭類と肉鰭類の間

表 1 「魚類」および「硬骨魚類」の大枠を示す分類表

脊索動物門 Phylum Chordata
　脊椎動物亜門　Subphylum Vertebrata[1]
　　ヌタウナギ上綱 Superclass Mixinomorphi（現生は，ヌタウナギ綱ヌタウナギ目70種）
　　ヤツメウナギ上綱 Superclass Petromyzontomorphi（現在は，ヤツメウナギ綱ヤツメウナギ目38種）
　　他に5つの絶滅上綱（†錐歯類 Conodonta，†翼甲類 Pteraspidomorphi (Diplorhina)，†欠甲類 Anaspida，†テロドゥス類 Thelodonti，†骨甲類 Osteostracomorphi）
　　顎口上綱 Superclass Gnathostomata
　　　†板皮綱 Class Placodermi
　　　軟骨魚級 Grade Chondrichthiomorphi
　　　　軟骨魚綱 Class Chondrichthyes
　　　　　全頭亜綱 Holocephali（現生は，ギンザメ目33種）
　　　　　板鰓亜綱 Elasmobranchii（現生は，ネコザメ目やアカエイ目など計13目937種）
　　　真口級 Grade Teleostomi
　　　　†棘魚綱 Class Acanthodii
　　　　正真口亜級　Subgrade Euteleostomi（硬骨魚類 Osteichthyes）
　　　　条鰭綱 Class Actinopterygii（計26,891種）
　　　　　分岐鰭亜綱 Subclass Cladistia（現生は，ポリプテルス目16種）
　　　　　軟質亜綱 Subclass Chondrostei（現生は，チョウザメ目27種）
　　　　　新鰭亜綱 Subclass Neopterygii（真骨類以外の現生種は，ガー目 およびアミア目 計8種）
　　　　　　真骨区 Division Teleostei
　　　　　　　アロワナ亜区 Subdivision Osteoglossomorpha（現生は，ヒオドン目およびアロワナ目 計220種）
　　　　　　　カライワシ亜区 Subdivision Elopomorpha（現生は，ウナギ目など4目857種）
　　　　　　　ニシン・骨鰾亜区 Subdivision Ostarioclupeomorpha (= Otocephala)（現生は，ニシン目364種，コイ目3,268種，カラシン目［側系統］1,674種，ナマズ目2,867種など計6目8,344種）
　　　　　　　正真骨亜区 Subdivision Euteleostei（サケ目66種，タラ目555種，ダツ目227種，キプリノドン目1,013種，トゲウオ目［多系統］278種，カサゴ目［多系統］1,477種，スズキ目［多系統］10,033種，カレイ目678種，フグ目357種など計28目346科17,419種）
　　　　肉鰭綱 Class Sarcopterygii
　　　　　シーラカンス亜綱 Subclass Coelacanthimorpha（現生は，シーラカンス目2種）
　　　　　ハイギョ亜綱 Subclass Dipnotetrapodomorpha（現生は，ハイギョ目6種）
　　　　　四肢類 Tetrapodamorpha（綱よりは下で，下綱や亜綱よりは上のランク）
　　　　　　四肢亜綱 Subclass Tetrapoda（現生は，両生類，爬虫類，鳥類および哺乳類，計約26,700種）

この表は，Nelson（2006）および Helfman et al.（2009）を基礎に，図1に示した系統関係の推定結果と矛盾しないような「魚類」・「硬骨魚類」の分類の大枠を示したもの．併せて，各系統の現在における多様性を示すため，現生種の種数も示した．絶滅群は，綱以上に位置づけられているものしか記していない． [1] Nelson（2006）は有頭類 Craniata を置いてそれを亜門とし，脊椎動物を下門としているが，有頭類を設ける必要性がさほど明確ではないので，ここでは Vertebrata を亜門としておく．

で相同であり，これらは後に四肢類で前肢と後肢になるものである．条鰭類の鱗の化石はシルル紀後期から出現しているが，肉鰭類の化石は条鰭類にやや遅れてデボン紀初期になって初めて出現する．条鰭類は現在もっとも繁栄する魚類となったが，一直線にそうなったのではない．中生代末までの数億年にわたって，実に様々なタイプの条鰭類が興亡したことが化石記録からわかる（図1；Arratia, 2004）．これらのいわゆる「古代魚」は，中生代が終わる白亜紀末には現生のポリプテルス類（16種），チョウザメ類（27種），ガー類（7種）およびアミア類（1種）を残してほぼ絶滅した．彼らに代わってその後の水域生態系で繁栄している新しいタイプの条鰭類が真骨類（Teleostei）なのである．この真骨類の多様化については，あとで述べよう．

これら条鰭類の系統関係に関する分子系統解析は，この10年で大きく進展した（宮・西田，2009）．その結果，分岐鰭類（ポリプテルス類）がもっとも初期に分岐したこと，ついで軟質類（チョウザメ類），ガー類＋アミア類が順次分岐したこと，残る真骨類は単系統であること，などがはっきりしてきた．分子データの分析結果では，これらの魚類グループの分岐は2.5〜4億年ばかり前のことと推定される（Azuma et al., 2008；図1）．

### D. 肉鰭類の出現と陸上への進出

一方，条鰭類と並ぶ正真口類（硬骨魚類）のメンバーである肉鰭類は，系統的には我々ヒトを含む四肢類をもその内部に包含するものである．そのため，その化石の研究も活発で，近年も新たな発見が相次いでいる．表1に示した分類表では，この類は，シーラカンス亜綱，ハイギョ亜綱および四肢亜綱に整理されている．シーラカンス類の化石はデボン紀中期に出現し，それ以来多様な種が興亡したが，白亜紀後期以降には出現しなくなる．このため，この類は中生代末には絶滅したものと考えられていた．それが，1938年に生きたシーラカンスが南アフリカで発見され，「生きた化石」の発見として世界中を驚かせた．さらにそれから半世紀以上が経った1998年に，今度は南アフリカから遠く離れたインドネシアで第2の種が発見されたことは記憶に新しい．

ハイギョ類もシーラカンス類とよく似た盛衰の道をたどっており，現在ではアフリカ大陸，南米大陸およびオーストラリア亜大陸の淡水域にそれぞれ別の科に分類される合計6種を残すのみとなっている．その名の通り立派な肺を有していて，水が涸れる乾期を生き延びることができる．

シーラカンス類もハイギョ類も現在ではきわめて衰退してしまっているからといって，肉鰭類を衰退したものと見てはいけない．多くの絶滅群を生みつつも，第3のグループである四肢類が陸上に進出し，そこで条鰭類の真骨類の種数に匹敵する3万種弱の種を擁する一大グループになっているからである（図1）．最初期の両生類とされる *Ichthyostega* や *Acanthostega* が早くもデボン紀の後期には出現しているが，同じころにはこれらと非常によく似た *Elpistostege* や *Panderichthys* などの肉鰭類もいたことがわかっており，彼らが四肢類に近縁なグループであると考えられる．最近，デボン紀後期（3.8億年前）の地層から発見された *Tiktaalik* は，より四肢亜綱に近い特徴を有しており，これが四肢類の系統の祖先にきわめて近縁なものであろうと考えられる．

四肢類の陸上への進出の要因についてはさまざまな議論がある．デボン紀は気候の変動が激しく，淡水域は頻繁に干上がることがあったので，水を求めて別の水場に移動できることにメリットがあった，つまり水を求めて水から出た，というRomer (1959)の逆説的議論はおもしろい．一方，完全に陸上に出てしまえば水中の強力な捕食者を避けることができることにも，大きなメリットがあったのかもしれない．ともあれ，当時まだ新天地であった陸上生態系への進出は，四肢類に大きな進化的可能性を開いたのである．

### E. 真骨類の多様化

その一部が陸上に出て繁栄することになった肉鰭類とたもとを分かった条鰭類は，そのまま水中にとどまり上述のようにその後も著しい変遷を経たが，その内部から出た真骨類の系統が水域で著しく繁栄するに至った．真骨類は，現在では40目448科4278属に属する26,840種（現生魚類の約96％）を

擁する大グループになっている．その生息場所は，淡水域から海洋域まで，浅海から1万メートルの深海まで，赤道域から極域にまでと，水のあるほとんどのところに広がっているし，食性は植物食性から肉食性までさまざまで，幅広い生態的地位を獲得している．我々が魚として思い浮かべるものの多くは，この多様な2.7万種の中に含まれている．表1に示した真骨類に含まれる代表的な「目」の名を見れば，そのことがよくわかるであろう．

この多様な2.7万種の系統関係については，古くからの解剖学的な研究に加えて1960年代から分岐学的な研究が活発に行われ，1990年代からは分子系統学的な研究が急速に進展してきた．特にミトコンドリアゲノム全塩基配列（約1.7万塩基対）のデータを用いた大規模な系統解析研究が展開されており，多くの新たな知見が得られつつある（宮・西田（2009）およびその引用文献参照）．それらの結果から，真骨類を構成するオステオグロッサム類，カライワシ類，ニシン・骨鰾類，正真骨類はそれぞれ単系統であり，この順に分化してきたことがわかってきた．このうち，姉妹群にあたるニシン・骨鰾類と正真骨類が，それぞれ別の水域で繁栄していることは興味深い．すなわち，前者，なかでもコイ目やナマズ目を主体とする骨鰾類（約8000種）は淡水域で，後者である正真骨類（約17500種）は主として海洋域で著しく繁栄している（図1）．魚類というと海（地球表面の71％）をその主要な生息場所と考えがちだが，地表の0.8％しか占めない淡水域が意外と重要な魚類繁栄の場となっているわけである．骨鰾類は，約2.5億年前の巨大大陸パンゲア時代に出現し，大陸分断に伴う湿潤な沿岸地域の増大がもたらす淡水域の拡大の中で繁栄してきたようである（Nakatani et al., 2011）．

真骨類のうちでも最大の多様性を誇る正真骨類の系統関係を解析し，その多様性の進化を理解することは至難のわざであるが，現在，活発な研究が行なわれている．最近の分子系統研究の結果では，正真骨類内部では，サケ目＋カワカマス目，ニギス目，キュウリウオ目，ワニトカゲギス目，ヒメ目，シャチブリ目，ハダカイワシ目，アカマンボウ目，側棘鰭類（ギンメダイ目，サケスズキ目，タラ目，マトウダイ目［ただしヒシダイ類は除く］を含む）の順に分岐してきたようである（Azuma et al., 2008; 宮・西田，2009など）．この側棘鰭類には，元々これらに加えてアシロ目，アンコウ目やガマアンコウ目などの魚類も含められていたのであるが，これらは残る棘鰭類の系統に属することが明らかになった．これらの魚類は，いずれも多くの形態要素の発達が不十分な傾向があるため，形態形質では系統的位置づけが困難であったようである．

正真骨類で最大のグループである棘鰭類の内部では，キンメダイ系魚類（キンメダイ目とカンムリキンメダイ目を含む）とスズキ系魚類（上記以外の約1.5万種を含む）に先ず分岐することは確からしい．後者の内部の関係の解明が残された大きな課題である．研究の進展にともない，次第にその姿が見え始めているが（Kawahara et al., 2008など），この内部の目や亜目のうちには，スズキ目，カサゴ目，ヨウジウオ目，ベラ亜目などのように，系統的に全く異なるグループが含められている（つまり多系統的な）ものがかなりあることが明らかになってきた．棘鰭類の多様性の全貌を理解するためには，さらに緻密な系統解析の推進とその結果を参照しての分類体系の再検討が求められる．

### F. 進化にかかわる興味深い論点のいくつか

以上に述べてきた魚類の進化史は適応放散（adaptive radiation）の繰り返しであるように見えるが，現生の魚類にも，目覚ましい適応放散の事例を見出すことができる．とくに閉鎖系である湖には，分かりやすい魚類の適応放散事例が多い（Echelle & Kornfield, 1984）．中でもアフリカの大地溝帯に形成された古代湖群のシクリッド類（カワスズメ科魚類）は，脊椎動物における著しい適応放散の事例として注目され，活発な進化研究の対象となっている．他にも魚類をめぐる進化学的に興味深いことがらは数多くある．最後にそのいくつかを挙げておこう．

#### a. 体構造の進化パターン

かつて栄えたが現在では少数の子孫種しか残していないグループを現在繁栄しているグループ（スズキ系魚類）と比較したり，化石魚類の遷移を見た場合，いくつかの明瞭な進化傾向があるとされる．特

に真骨類において，つぎのような進化傾向が指摘されている．1) 骨の要素の単純化や鱗の軽量化，2) 背鰭の基底の伸長と前部軟条の棘条化，3) 胸鰭の復位から体側への移動と腹鰭の前方への移動，4) もともと肺であった鰾の呼吸機能の消失と浮力調節器官としての鰾への変化，5) 噛みつく機能が主であった口における吸い込み機能の強化（諸上顎骨類の可動性の向上と筋肉系の発達によるピペット的吸い込み機能の強化）などである．これらはいずれも，捕食者からの防御を重装備に頼るスタイルから，軽装備で優れた体制御能力によるスピーディーな逃避行動へ，摂食行動においては，武骨に噛みつく摂食スタイルから，洗練された吸い込み式の摂食スタイルへの変化を反映しているものと考えられる．こうした傾向は，真骨類内部にとどまらず，広く魚類全体に認められるものであるが，これが広く一般化できることなのかどうか，興味深い問題である．

**b. 真骨類特異的ゲノム重複**

脊椎動物はその初期進化過程で，少なくとも2回の全ゲノム重複（whole genome duplication, WGD）を経験している（11.6 参照）．重複によって生じる余剰遺伝子は新規遺伝子が進化する上での主要な素材である．したがって，これらのゲノム重複は，複雑な体構造と機能を有する脊椎動物の進化に大きな寄与をした可能性がある．興味深いことに，真骨類の共通祖先の段階で，さらにもう一回の全ゲノム重複（3R-WGD）が起きたことがわかってきた（図1；佐藤・西田（2009）およびその引用文献参照）．3R-WGD は，形態・生理・行動・生態などにおいて著しい多様性を有する真骨類の進化に大きな寄与をしてきた可能性がある．これはまた，脊椎動物進化におけるゲノム重複の役割を解明するためのまたとない研究の枠組みを提供すると期待される．なぜなら，古い時代（5～7億年前）に起きた 1R-WGD あるいは 2R-WGD の痕跡を現在の脊椎動物ゲノムから探索し解析することは容易ではないが，最も新しい 3R-WGD（3億年強前）では重複した遺伝子やそれらの進化の痕跡が真骨類ゲノムに色濃く残っているからである．実際，いくつかの真骨類（ゼブラフィッシュ，トラフグ，ミドリフグ，イトヨ，メダカ）のゲノムが解読され，四肢類のそれと比較されることにより，脊椎動物のゲノム進化の様子が次第に解明されつつある．

**c. 魚類の感覚系**

魚類はあらゆる面で我々ヒトとも共通の脊椎動物に基本的な形態と機能を有しており，それは感覚系においても然りである．たとえば，色覚を司る錐体型視物質（オプシン）遺伝子のレパートリーを見ると，彼らは脊椎動物の基本である4種類（赤型，緑型，青型，紫外線型）をしっかりと有するばかりか，そのいずれかがさらに遺伝子重複によって増えている．ヒトは3色型（赤型，緑型，青型）であることを考えると，魚類は我々よりはるかに色鮮やかな世界に生きていると言えよう．匂い受容体遺伝子群についても，OR，V1R，V2R，および TAAR 型受容体の全てを魚類は四肢類と共有する．もっとも，哺乳類と比べると OR 型受容体の遺伝子コピー数は少なく，TAAR 型受容体のそれはむしろ多いことがわかってきている．また種によっても保有する遺伝子のレパートリーはさまざまで，それぞれが独自の匂い世界を持っていることを窺わせる（橋口・西田（2007）およびその引用文献参照）．

一方，魚類は水中生活者ならではの独特の感覚系をも有している．たとえば，水流の変化や振動などの機械的刺激を感知する側線器で，体側や頭部に分布する．類似の器官として電気受容器もある．これによって餌生物あるいは外敵の筋肉が発生する微弱な生体電気を感知するわけだが，自ら発電するグループでは電気で周囲の状況を察知したり，同種個体間のコミュニケーションに使ったりしている．また，発光器も脊椎動物では魚類にしか見られない．これにはいくつかのタイプがあり，ルシフェリン・ルシフェラーゼ反応で発光するものや，発光バクテリアの力を借りて発光するものなどがある．

**d. 繁殖と雌雄性**

魚類の多くは対外受精をするが，胎生の魚も少なくなく，軟骨魚類はすべて体内受精であるし，胎生の条鰭類も種々いる．たとえばウミタナゴ類では，体長数センチになるまで母体内で育ててから子を産出する．また，体外に産出した卵を丁寧に保育する種も多い．この場合，卵あるいは仔魚保育を行なうのは雄親である種が多いが，雄がレックを形成する

ような種では雌親がそれを担う例が多い．両親が交代で保育する種もいる．

魚類では性染色体が形態的に明確でないものが大部分で，性決定は温度などの環境条件の影響を強く受ける種も多い．また，種々の雌雄同体現象（雌性先熟，雄性先熟，同時的雌雄同体など）が見られる．こうした場合であっても，他個体の配偶子と受精または授精することによって次世代を産生する．しかし例外がひとつある．それは同時雌雄同体魚のマングローブ・キリフィッシュ（*Rivulus marmoratus*）で，脊椎動物で唯一，自家受精を行なう．また，フナ（*Carssius auratus*）やドジョウ（*Misgurnus anguillicaudatus*）の中には雌性発生をする個体のいることが知られている．すなわち，それらが産出する卵は同種あるいは異種の精子の受精刺激のみで発生を開始し，雄由来の遺伝情報なしに次世代（すべて雌）を作り出す．こうした個体は3倍体や4倍体などであるとされるが，実態は相当に複雑である（荒井（2009）およびその引用文献参照）．これらの魚類は，性の存在，ゲノム構成・染色体構成の制御機構などに関する理解を深める上でたいへん興味深い研究課題の宝庫であると思われる．

### e. 生活史

対外受精をする魚類の多くは，一般に直径1ミリ前後の小さな卵を多数産卵する．孵化した幼生はプランクトンを餌として，同じくプランクトンとして，その生活史の初期を過ごす．これらの種は，成体では植物食者であっても動物食者であっても，初期にはまったく異なる生態的地位にいるわけである．これは，完全に陸生になった羊膜類との大きな違いであると言えよう．幼生時期は遊泳力が乏しいので特異な突起などを発達させて浮遊適応しているものもいるが，これらも変態を経て通常の成体になる．一方，著しく左右不相称な成体へと変態するカレイ・ヒラメ類のような魚類もいる．生活史に沿って大規模な回遊（migration）をする魚類も少なくない．たとえばニホンウナギは，稚魚として海からやって来て10年ばかり淡水域で生長したあと，数千キロメートルも遠方のグアム島西方海域まで移動して産卵する．一方，サケマス類は，稚魚として川から海へ入り，数年間にわたり大洋を数千キロメートル規模で移動しつつ生長したあと，再び生まれた川に戻ってきて産卵する．近年，こうした魚類の大規模回遊の起源についても理解が深まりつつある．

### [引用文献]

荒井克俊（2009）ドジョウの倍数性とクローン，それらの特殊な生殖様式．動物遺伝育種研究, vol. 37, pp. 59-80.

Arratia, G. (2004) Mesozoic halecostomes and the early radiation of teleosts. in: *Mesozoic Fishes 3 - Systematics, Paleoenvironments and Biodiversity*, Arratia G. and Tintori A., eds., pp. 279-315, Verlag Dr. Friedrich Pfeil.

Azuma, Y. *et al.* (2008) Mitogenomic evaluation of the historical biogeography of cichlids toward reliable dating of teleostean divergences. BMC Evol. Biol., vol. 8, e215.

Benton, M. J. (1997) *Vertebrate Palaeontology*, 2nd ed. Chapman & Hall.

Echelle, A. A. & Kornfield, I. (Eds.) (1984) *Evolution of Fish Species Flocks*, University of Maine Press.

橋口康之・西田 睦（2007）魚類における嗅覚系の適応および進化の分子機構：嗅覚受容体遺伝子ファミリーに着目して．魚類学雑誌, vol. 54, pp. 105-120.

Helfman G. S. *et al.* (2009) *The Diversity of Fishes*, 2nd ed. John Wiley & Sons, Inc.

Kawahara, R. *et al.* (2008) Interrelationships of the 11 gasterosteiform families (sticklebacks, pipefishes, and their relatives): a new perspective based on whole mitogenome sequences from 75 higher teleosts. Mol. Phylogenet. Evol., vol. 46, pp. 224-236.

宮 正樹・西田 睦（2009）魚類の大系統：ミトコンドリアゲノミクスによるアプローチ．西田 睦編著，海洋生命系のダイナミクス第1巻『海洋の生命史』第5章，東海大学出版会．

Nakatani, M. *et al.* (2011) Evolutionary history of Otophysi (Teleostei), a major clade of the modern freshwater fishes: Pangaean origin and Mesozoic radiation. BMC Evol. Biol., vol. 11, pp. e177.

Nelson, J. S. (2006) *Fishes of the World*, 4th ed. John Wiley & Sons, Inc.

Romer, A. S. (1959) *The Vertebrate Story*, 4th ed., Oxford University Press. [川島誠一郎訳（1981）『脊椎動物の歴史』どうぶつ社]

佐藤行人・西田 睦（2009）全ゲノム重複と魚類の進化．魚類学雑誌, vol. 56, pp. 89-109.

Sato, Y. & Nishida, M. (2010) Teleost fish with specific genome duplication as unique models of vertebrate evolution. Environ. Biol. Fish., vol. 88, pp. 169-188.

### [参考文献]

FishBase (http://www.fishbase.org/home.htm) [既知のすべての魚種の情報にすぐにアクセスできることを目指したオンライン・データベース]

Long, J. A. (2010) *The Rise of Fishes: 500 Million Years*

*of Evolution*, 2nd ed., Johns Hopkins University Press. [化石魚類の写真が素晴らしい]

中坊徹次 編（2000）『日本産魚類検索 全種の同定』第二版. 東海大学出版会. [日本産の全魚類の検索を提供. 近く第3版が上梓される予定]

西田 睦 編著（2009）『海洋の生命史：生命は海でどう進化したか』東海大学出版会. [最近の魚類分子系統研究の成果解説を含む]

矢部 衛（2006）魚類の多様性と系統分類. 松井正文編著, バイオダイバーシティー・シリーズ第7巻『脊椎動物の多様性と系統』第2章, 裳華房. [魚類の多様性についての簡潔な解説]

（西田 睦）

## 11.10 脳と神経

本項ではヒトを中心とした哺乳類の脳について概説する. 哺乳類以外の脊椎動物の脳に関しては11.11項で, 無脊椎動物の脳に関しては7.12項で解説する.

### A. 研究史

古代エジプトでは精神の座は心臓であると考えられていた. 脳が精神活動の中枢であると認められたのは古代ギリシア時代からである. Hippocrates（紀元前460〜379）は脳が知能の座であることについて言及している. しかし, Aristotle（紀元前384〜322）は脳を冷却器官ととらえ, 理性の中枢である心臓で熱せられた血液を冷却していると考えていた. ローマ時代になると, Galen（130〜200）がヒツジの脳の構造について調べ, 大脳と小脳の機能について考察し, 脳が精神活動にかかわると主張した. 彼は脳室が脳の活動に重要であると考えた. さらに18世紀には脳組織が白質と灰白質に分けられることや, 中枢神経系と末梢神経系が存在することが明らかにされた. Galvani（1737〜1798）とDu Bois-Reymond（1818〜1896）は, 神経に電気刺激を与えると筋収縮が起こることを発見し, 神経が電気的な配線であるという考えを提唱した. 19世紀になると脳の別々の部位には独自の機能が存在すると考えられるようになった. 脳の機能局在説はBroca（1824〜1880）によってより明確にされ, 20世紀になってBrodmann（1909）が大脳の細胞構築に基づく脳地図を作成し, 現代の脳科学の基本的な考えとなった.

### B. ニューロン則

Golgi（1843〜1926）は脳組織を銀クロム酸塩の溶液に浸すゴルジ染色法によって, 神経細胞の形態を可視化することに成功した. この結果により神経細胞は細胞体, 神経突起（樹状突起と軸索）といった構造に分けられることが判明した. Golgiは異なる細胞の神経突起は融合して血管のような回路網をつくっていると考えていた. しかし, Ramon y Cajal

(1852〜1934) は神経細胞の突起は互いが連続しているのではなく，わずかな空隙を隔てて接触しているとするニューロン則を提唱した．その後の電子顕微鏡の発明により，ニューロン則の正しさが証明された．

### C. 脳進化に関する考察

脳の進化については，Ramon y Cajal (1904) や Johnston (1906) らによる比較形態学的手法によって考察されてきた．また，動物の体重に対する脳重量の割合を調べる方法 (Jerison, 2001) もよく使われ，この方法は化石種にも応用可能である．また，MacLean (1990) は，ヒトの脳は三つの階層をもった部分から成り立っており，反射や本能的行動にかかわる「爬虫類脳」の上位に情動を制御する「哺乳類原脳」が加わり，さらにその上位に高度な理性を制御する「新哺乳類脳」があるとする，脳の三位一体説を唱えた．このモデルでは脳の進化にともなって新しい領域が付加されるという Haeckel 式の考えとなるが，現在では受け入れられていない．近年の発生遺伝学は，脳の基本領域とそれをつくり出すための遺伝子ツールはどの動物でも共通であることを明らかにしてきた．こうした知見から，脳の多様性はその形態形成を司る発生プログラムが変化することによってもたらされると考えられている．近年の脳の比較形態学をまとめた著書として，Kappers らによる *The comparative anatomy of the nervous system of vertevrates including man* (1967)，Nieuwenhuys らによる *The central nervous system of vertebrates* (1998)，Kaas らによる *Evolution of nervous systems* (2007) などがある．

### D. 神経系

神経系は中枢神経系と末梢神経系からなる．中枢神経系は脳と脊髄を含む．脳は前方から終脳，間脳，中脳，小脳，橋，延髄に大別される（図1参照）．末梢神経系は，12対の脳神経，31対の脊髄神経，交感神経，腸管神経からなる．これら神経系は神経細胞とグリア細胞から構成されている．神経細胞（ニューロン）は細胞体，樹状突起，軸索からなる．ニューロンの形態は多様であり，無極性，単極性，双極性，偽単極性，多極性などのタイプがある．脳内のニューロンはシナプスによって他の細胞と接触し，特定の神経伝達物質をその軸索末端から放出する．神経伝達物質はアミノ酸，アミン，ペプチドに大別される．中枢神経系で使われている主要な神経伝達物質には，グルタミン酸，γ-アミノ酪酸 (GABA)，グリシン，ノルアドレナリン，ドーパミン，セロトニンなどがある．個々のシナプスは長期増強や長期抑制などの可塑性を示し，高次の脳機能の発現にかかわる．グリア細胞は神経細胞に栄養を供給したり，支持したり，電気的に絶縁したりといった多彩な役割がある．ヒトの脳ではグリア細胞の数はニューロンの約10倍もあり，シュワン細胞，オリゴデンドロサイト，ミクログリア，アストロサイトといった多様なタイプが存在する．これらのうち，脳室下帯や海馬の顆粒細胞層に存在するアストロサイトは成体脳で神経幹細胞として働く (Doetsch et al., 1999; Seri et al., 2001)．

### E. 神経の再生

ニューロンの軸索が切断されると，一般的に末梢神経では再生が起こるが中枢神経では再生が起こらない．これは中枢神経系では Nogo-A や MAG 遺伝子が軸索再生を抑制しているためである (He & Koprivica, 2004)．

### F. 脳の構造

一般的に脳（神経管）の外にあるニューロンの塊を神経節，脳のなかにあるものを神経核とよぶ．また，ニューロンが層状に配置した構造を層構造とよぶ．

#### a. 延髄

延髄は下方（後方）で脊髄に，上方（前方）で橋につながる．延髄には神経根を介して多くの脳神経が入力し，また頭部領域を支配する多くの運動神経が出力する．延髄の背側は翼板とよばれ感覚性の神経核が存在し，腹側の基板には運動性の神経核が存在する．また延髄から橋，中脳にかけて網様体が存在し，運動，睡眠，覚醒，呼吸などの生命維持活動にかかわる．

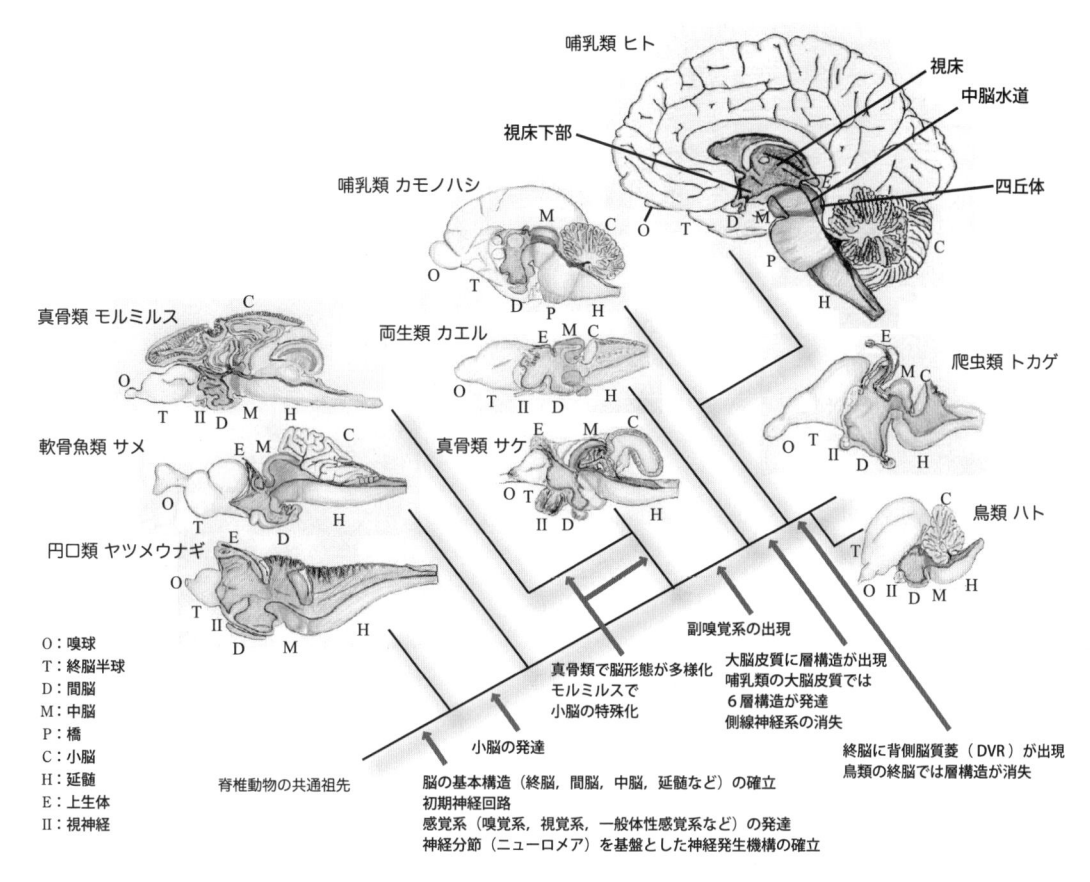

**図1** 脊椎動物の脳の進化（Gegenbaur, 1898; Johnston, 1906; Nieuwenhuys, 1967より改変）

### b. 小脳

小脳は正中の虫部（vermis）と左右の小脳半球に分けられる．小脳の灰白質は小脳皮質とよばれ，そこには分子層，プルキンエ細胞層，顆粒細胞層が存在する．また小脳の髄質（白質）には四つの小脳核がある．小脳は上・中・下の三つの小脳脚によってそれぞれ中脳・橋・延髄と連絡している．これらの神経回路によって小脳は前庭感覚や筋肉の深部感覚を統合し，体の平衡や精密な運動の制御にかかわっている．また，小脳は視覚認識などの脳の高度認知機能にも深くかかわるといわれる．

### c. 中脳

中脳はその脳室領域である中脳水道より背側を中脳蓋といい，視覚系の入力を受ける上丘と聴覚系の入力を受ける下丘をあわせて四丘体とよぶ（図1参照）．中脳水道より腹側には被蓋がある．中脳には網様体の一部である赤核や大脳基底核と密接に関係する黒質が存在する．

### d. 間脳

間脳は視床上部，視床，視床下部に分けられる（図1参照）．視床上部には松果体と手綱核がある．視床（背側視床）には嗅覚系以外の感覚情報（視覚，聴覚，味覚，体性感覚など）が集められ，巨大な感覚中継核の様相を呈する．また，間脳背側からは松果体（上生体）が，腹側からは網膜といった光感覚器が発生する．間脳の視床下部は内分泌系と密接に関係して，自律神経機能，摂食，生物の生存に必須な機能を担っている．視交叉上核は日周期リズムの中枢としてはたらく．また，間脳の腹側から下垂体後葉が形成される．

### e. 終脳

終脳は脳の最前端にあり，脳の他の部分を覆うほどに発達している．終脳は嗅球と大脳半球からなるが，嗅神経が入力する嗅球はヒトでは発達が悪い（図

1参照).終脳はその背側に大脳新皮質があり,整然とした層構造によって特徴づけられている.新皮質は基本的に6層構造からなる.I層にはカハール・レチウス細胞があり,発生期に層構造の構築に重要な役割を果たす.II, III層のニューロンは他の大脳皮質の領域に連合線維を出す.IV層のニューロンは視床からの入力を受ける.V, VI層のニューロンは大脳の外に出力する.また,大脳皮質には視覚野,聴覚野,体性感覚野,運動野といった領野構造がある.これらのうち,体性感覚野には末梢の感覚受容器の空間分布と対応した体性感覚地図(somatotopic map)が存在する.サルとネコの視覚野には左右の眼からの入力を受けとる眼優位円柱(ocular dominance column)が存在する.6層構造をとらない大脳皮質は不等皮質とよばれ,古皮質と原皮質(旧皮質)からなる.古皮質は嗅覚情報処理を行ない,原皮質には海馬があって記憶の形成に重要であると考えられている.また,ラットの海馬では成体になっても新しいニューロンが産生される.大脳半球の内側面とそれに連絡する皮質下核からなる大脳辺縁系は,本能行動や情動の発現に関与している.

終脳の腹側部には大脳基底核とよばれる領域がある.これは扁桃体,淡蒼球,線条体(被殻,尾状核)などの神経核群から構成される.大脳基底核は機能的に,内分泌や本能行動に関与する扁桃体(ただし扁桃体を大脳基底核に含めない考えもある)と,体性運動に関与する淡蒼球,線条体に分けることができる.大脳基底核の障害によりパーキンソン病やハンチントン病といった疾患が生じ,どちらも不随意運動をきたす.

## G. おもな神経回路

運動路としてよく知られる皮質脊髄路は大脳皮質第V層より起こり脊髄に終わる伝導路である.この経路は延髄の腹側にある錐体を通ることから錐体路ともよばれる.感覚路のうち,嗅覚系は主嗅覚系と副嗅覚系があり,一般的な哺乳類では主嗅覚系は嗅上皮から主嗅球に伝わる.副嗅覚系は鋤鼻器官から副嗅球に伝わる.これらふたつの経路は,大脳の古皮質のそれぞれ異なった領域に伝えられる.視覚系は網膜から起こり,視床を経由して大脳皮質の視覚野に終わる.体性感覚系は頭部以外の感覚は後索・内側毛体系によって,頭部は三叉神経毛体系によって伝えられ,延髄,視床を経由して大脳皮質の体性感覚野に伝えられる.聴覚系は内耳から起こり,延髄,中脳,間脳を経由する複雑な経路によって大脳皮質の聴覚野に伝えられる.味覚は味蕾殻の情報が延髄の孤束核に伝わり,その後視床を経由して大脳皮質の味覚野に伝えられる.

[引用文献]

Brodmann K. (1909) *Vergleichende Localisationslehre der Grosshirnrinde in ihren Prünzipien dargestellt auf Grund des Zellenbaues.* Leipzig: Barth.

Doetsch F. *et al.* (1999) Subventricular zone astrocytes are neural stem cells in the adult mammarian brain. *Cell*, vol. 97, pp. 703-716.

Gegenbaur C. (1898) *Vergleichende anatomie der Wirbelthiere*, Verlag von Wilhelm Engelmann.

He Z. & Koprivica V. (2004) The Nogo signaling pathway for regeneration block. *Annu. Rev. Neurosci.*, vol. 27, pp. 341-68.

Jerison H. J. (2001) The study of primate brain evolution: where do we go from here? in Falk D. and Gibson K. R. eds., *Evolutionary anatomy of the primate cerebral cortex*, Cambridge University Press.

Johnston J. B. (1906) *The nervous system of vertebrates*, The Maple Press.

Kaas J. H. (2007) Evolution of nervous systems, Academic press.

Kappersa A. (1967) The comparative anatomy of the nervous system of vertevrates including man, Hafner.

MacLean P. D. (1990) The triune brain in evolution, Plenum Press.

Nieuwenhuys R. (1967) Comparative anatomy of the cerebellum. *Prog. Brain Res.*, vol. 25, pp. 1-93.

Nieuwenhuys R. (1998) *The central nervous system of vertebrates*, Springer.

Ramon y Cajal S. (1995) *Histology of the nervous system*, Oxford University Press.

Seri B. *et al.* (2001) Astrocytes give rise to new neurons in the adult mammarian hippocampus. *J. Neurosci.*, vol. 21, pp. 7153-7160.

[参考文献]

岡本 仁 編(2008)脳の発生と発達.『脳の発生と発達』東京大学出版会.

M.F. ベアー・B.W. コノーズ・M.A. パラディーソ 著,加藤宏司・後藤薫・藤井聡・山崎良彦 監訳(2007)『神経科学――脳の探求』 西村書店.

Kandel E. R. *et al.* (1991) *Principles of neural science*,

McGraw-Hill Companies.

（村上安則）

## 11.11 脊椎動物の神経系の発生と進化

### A. 脊椎動物の脳発生

脊椎動物の中枢神経系は表皮外胚葉が陥入してチューブ状になった神経管から発生する．神経前駆細胞は神経管の脳室に近い側に発生し，分化した神経細胞はそれより表層に分布する．一方，末梢神経系のうち，感覚神経節，交感神経，腸管神経は，表皮と神経上皮の間に発生する神経堤細胞に由来する．また，感覚神経の一部は，表皮の一部が肥厚してできるプラコードに由来する．

脊椎動物の脳領域は発生期の神経管に出現する膨らみ（脳胞）に由来し，菱脳胞から後脳が，中脳胞から中脳が，前脳胞から間脳と終脳が発生する．この基本発生プランは脊椎動物の系統で保存されている．発生期の脳では，中脳後脳境界部（Mid-hindbrain boundary：MHB）と吻側神経菱（Anterior neural ridge：ANR）がFGFなどのシグナル分子を発現し，オーガナイザーとしてはたらく．

### B. 菱脳（延髄）の進化

菱脳にはその発生期にロンボメアとよばれる神経分節（ニューロメア）があり，この分節を基本単位としてさまざまな神経核やニューロンが発生してくる．たとえば水生の無羊膜類で逃避行動に関与するマウスナー細胞はロンボメア4から発生する（Metcalfe et al., 1986）．ロンボメアは円口類のヤツメウナギ，ヌタウナギでも観察されているため，菱脳の基本型は脊椎動物の祖先の段階で獲得され，進化の過程で高度に保存されてきたと考えられる．菱脳がこのような分節構造をもつ背景には，Hox遺伝子の入れ子状の発現パターン（Hoxコード）がかかわっていると考えられている．事実，Hox遺伝子はロンボメアの境界を規定しており，特定のHox遺伝子を欠失させると，特定の神経が消失する（Lumsden & Krumlauf, 1996）．

延髄は硬骨魚類の真骨類において著しく多様化する．これらの生物では，顔面葉や舌咽葉，迷走葉といった構造が発達し，顔面や口腔内の知覚に関与し

ている．特にコイ目とナマズ目でその発達が著しく，ナマズの顔面葉にはマウスに見られるような体性感覚地図があり，ヒゲからの感覚情報がそこに投影されている（Kiyohara and Caprio, 1996）．哺乳類の菱脳の前方部には橋が発達し，小脳と連絡する．

### C. 小脳の進化

顎口類の脳原基で小脳のパターニングにかかわる中脳後脳境界部（峡部）は，円口類ヤツメウナギの脳で見られるが，この動物の小脳の分化程度はきわめて低く，小脳体（Corpus cerebelli）はみいだされるが，そこには顆粒細胞様の細胞はみられるものの，プルキンエ細胞，小脳核，下オリーブ核などの分化はみられない．ただし，ヤツメウナギの顆粒細胞のなかには，発達した樹上突起をもつプルキンエ細胞様の細胞がみいだされている（Nieuwenhuys, 1967）．円口類のヌタウナギには小脳らしき構造はみられない．軟骨魚類になると，顆粒細胞，プルキンエ細胞，下オリーブ核といった小脳を特徴づける構造が出現する．上記の神経要素群は後脳背側にある菱脳唇（Rhombic lip）に由来する．魚類の小脳は主に側線や電気感覚の情報処理にかかわり，条鰭類では小脳弁（valvula cerebelli）が中脳視蓋の脳室に潜り込むなどきわめて多様な形態を呈する．さらに，モルミルス科魚類の小脳弁は脳全体を覆うほどに肥大し，彼らの行なう非常に複雑な電気コミュニケーションと深く関与している（11.10項の図1参照）．また，小脳は哺乳類で高度に発達し，橋から中小脳脚によって入力を受ける小脳外側部（または新小脳：Neocerebellum）が著しく肥大している．これは橋を介して終脳皮質と連絡し，複雑な運動制御にかかわる．鳥類にも未発達ながら橋から小脳への投射は確認されている（Nieuwenhuys, 1967）．

### D. 中脳の進化

中脳の基本形態すなわち視蓋（哺乳類の上丘），半円堤（下丘），被蓋などはヤツメウナギの段階ですでにみられるが，これらの相対的な大きさは脊椎動物間で大きく変動する．中脳の視蓋は条鰭類や羊膜類の爬虫類，鳥類で発達し，視覚や体性感覚などの情報は局在をもって視蓋に投射し，いわゆる感覚地図をつくる．一方，哺乳類の上丘の発達は悪い．顎の運動に関与する三叉神経中脳路核は円口類には見られず，顎口類の段階で生ずる．

### E. 間脳の進化

発生期の間脳にはプロソメアとよばれるニューロメアがあらゆる系統の脊椎動物に存在し（Puelles & Rubenstein, 2003），間脳のパターニングにかかわる遺伝子群（Pax6, Dlx, Otxなど）の発現パターンも系統間で保存されているため，間脳の基本構造は脊椎動物の共通祖先の段階で確立されたと考えられる．実際に間脳の視床や視覚器官である網膜や上生体（松果体）は，ヤツメウナギにみいだすことができる（11.10項の図1参照）．ただし視床の神経核群は終脳の発達に関連し，系統進化の過程で複雑化していく．

一方，間脳の視床下部に関しては，Nkx2.1遺伝子が発現し，マウスではこの遺伝子が視床下部の形成にかかわる．Gorbmanは，頭索類のナメクジウオにも視床下部様の構造は存在し，その腹側に現れるハチェック小窩（Hatchek's pit）が下垂体相同物としている（Gorbman et al., 1999）．視床下部ならびに下垂体の構造は脊椎動物の系統で多様性を呈する．

### F. 終脳の進化

終脳は頭索類にはみいだされず，脊椎動物において獲得されたとされ，哺乳類において著しく肥大している．特に霊長類やクジラ類では大脳皮質がよく発達する．鳥類でもスズメ目のカラスでは終脳が肥大している．ヒトでは嗅球が小さく，歯クジラ類では消失する．終脳は脊椎動物各系統により，発達の度合いが大きく変動し，その形態も多様性に富む（Butler & Hodos, 2005）．条鰭類とシーラカンス類では外翻（Eversion）とよばれる独特の発生パターンを経ることにより，終脳の天井に相当する蓋板が左右に拡大し，反転型の構造をつくる（Nieuwenhuys, 1967）．真骨類のゼブラフィッシュなどでは，成体になっても神経細胞をつくる幹細胞が終脳の至る所に存在している（Zupanc et al., 2005）．これらの動物では脳の再生が成体でも見られる．また，鳥類，カメ，ワニを含む主竜類では背側脳室菱（Dorsal Ventricular

Ridge: DVR) とよばれる構造が発達し，哺乳類の新皮質のように，視床からの入力を受ける（Butler & Hodos, 2005）．

## G. 終脳の領域：外套

外套（pallium）は，終脳，もしくはその原基に存在する構造を指し，ここから嗅球，大脳新皮質，海馬など，終脳を特徴づける様々な構造が形成される．外套は発生期に発現する *Pax6*，*Emx* 遺伝子などにより特異化される．さらに ANR に発現する *Fgf8* が終脳の前後軸の領域決定に重要であると考えられている（Echevarria et al., 2003）．

円口類の外套は嗅覚系繊維の占める割合が大きい．真骨類の段階では嗅覚系以外にも様々な感覚が背側外套に入力する．羊膜類の背側外套では層構造が発達する（例外的に無羊膜類のヌタウナギの外套は5層構造を呈する．1, 3, 5層は神経繊維，2, 4層は細胞体からなる：Nieuwenhuys, 1967）．これらのうち，哺乳類の背側外套には6層からなる大脳新皮質が生ずる．ただし，クジラ類などの一部の哺乳類では IV 層が観察されず，代わりに I 層が肥大している（Glezer et al., 1988）．6層構造をもつ新皮質は，哺乳類の系統で独自に進化した可能性が高い．ワニやカメなどの爬虫類の背側外套にも層構造があるが，その皮質（背側皮質）は三層からなり，それは哺乳類の I 層，V 層/VI 層に対応するらしい（Medina, 2007）．鳥類の皮質相当領域では層構造は消失している．そのかわり鳥類の終脳は核構造に特化し，巨大な神経塊が脳の各所に散らばる．哺乳類の新皮質の細胞は，神経上皮で新しく生まれた細胞が，古い細胞を乗り越えて表層に移動する（反転型細胞移動）という特徴をもつ．この細胞移動過程には，終脳の表層に分布するカハール・レチウス細胞と，その細胞に発現するリーリンという分子が深くかかわる（D'Arcangelo et al., 1995）．リーリンは円口類ヤツメウナギの脳でも発現するが，カハール・レチウス細胞が確認できるのは羊膜類のみである．また，哺乳類の終脳形成には Radial glia とよばれる細胞が深くかかわる．Radial glia はそれ自身が神経幹細胞としての性質を有し，非対称分裂によりニューロンを産生する（Anthony et al., 2004; Merkle et al., 2004）．さらに，ニューロンが表層へ向けて移動するための足場となる．Radial glia と CR 細胞が関与するシステムが重要になったのは羊膜類からと考えられ，哺乳類ではこのシステムの改変により反転型細胞移動や6層構造の確立につながった可能性が考えられている．

## H. 終脳の領域：外套下部

顎口類の外套下部からは線条体や淡蒼球などの大脳基底核群が生ずる．外套下部は *Dlx1/2*，*Nkx2.1*，*Shh* 遺伝子などにより特異化され，線条体は *Dlx1/2* を発現する外側神経節隆起（Lateral Ganglionic Eminence: LGE）に由来する．線条体は円口類を含む多くの動物グループで相同物が見られ，いずれもγアミノ酪酸（GABA）作動性のニューロンをもつ．*Dlx1/2*，*Nkx2.1* を共発現するドメインは顎口類では終脳の最も前方にあり，内側神経節隆起（Medial Ganglionic Eminence: MGE）とよばれる．この領域は魚類においてみられ，両生類，羊膜類でも保存されている．淡蒼球は MGE から生ずるとされる．また，顎口類では MGE が GABA 作動性インターニューロンの前駆細胞を生成し，それらが終脳皮質まで移動する．すなわち，顎口類の終脳（外套）では発生起源の異なる2種類のニューロンが存在し，その機能発現にかかわるといえる．大脳基底核による大脳皮質運動野の制御回路として直接路と間接路が知られるが，このふたつの経路がみいだされているのは哺乳類，鳥類，爬虫類である（Reiner, 2002）．このループができたおかげで羊膜類で随意運動が発達し，陸上生活に適応する上で有利にはたらいたのではないかといわれる．

## I. 神経回路

運動路のうち，皮質脊髄路は哺乳類のみがもつ．感覚路のうち，側線神経系，視覚系，一般体性感覚系，嗅覚系は円口類でもみられる．四肢動物には副嗅覚系が出現し，また羊膜類では聴覚系の発達と相関して側線神経系が消失する．ワニ類，鳥類では副嗅覚系が消失する．発生期の脳には比較的単純な構造をした初期神経回路網（基本的神経回路）が形成

され，これが後に発生してくる神経回路の基盤となる．この回路は脊椎動物間で高度に保存されている (Barreio-Iglesias *et al.*, 2008)．

これら神経回路の形成には，細胞膜結合型や分泌型のさまざまな分子が関与し，その代表的なものにephrin/Eph, Semaphorin/Neuropilin/Plexin, Netrin, Slit, Cadherinなどがある．

[引用文献]

Anthony T. E, *et al.* (2004) Radial glia serve as neuronal progenitors in all regions of the central nervous system. *Neuron*, vol. 41, pp. 881-890.

Barreio-Iglesias A. *et al.* (2008) The early scaffold of axon tracts in the brain of a primitive vertebrate, the sea lamprey. *Brain Res. Bull.*, vol. 75, pp. 42-52.

Butler A. B. & Hodos W. (2005) *Comparative Vertebrate Neuroanatomy: evolution and adaptation* 2nd. ed., Wiley-Liss.

D'Arcangelo G. *et al.* (1995) A protein related to extracellular matrix proteins deleted in the mouse mutant reeler. *Nature*, vol. 374, pp. 719-723.

Echevarria D. *et al.* (2003) Neuroepithelial secondary organizers and cell fate specification in the developing brain, *Brain Res. Rev.*, vol. 43, pp. 179-191.

Glezer I. I. *et al.* (1988) Implications of the 'initial brain' concept for brain evolution in Cetacea. *Behav. Brain Sci.* vol. 11, pp. 75-116.

Gorbman A. *et al.* (1999) A brain-Hatschek's pit connection in amphioxus. *Gen. Comp. Endocrinol.*, vol. 113, pp. 251-254.

Joyner A. L. *et al.* (2000) *Otx2*, *Gbx2* and *Fgf8* interact to position and maintain a mid-hindbrain organizer. *Curr. Opin. Cell Biol.*, vol. 12, pp. 736-741.

Kiyohara S. & Caprio J. (1996) Somatotopic organization of the facial lobe of the sea catfish *Arius feris* studied by transganglionic transport of horseradish peroxidase. *J. Comp. Neurol.*, vol. 368, pp. 121-135.

Lumsden A. & Krumlauf R. (1996) Patterning the vertebrate neuraxis. *Science*, vol. 274, pp. 1109-1115.

Medina L. (2007) Do birds and reptiles possess homologues of mammalian visual, somatosensory and motor cortices. *Evolution of nervous systems*, Kass J. H. (ed), pp. 163-194, Academic press.

Merkle F. T. *et al.* (2004) Radial glia give rise to adult neural stem cells in the subventricular zone. *Proc. Natl. Acad. Sci. USA*, vol. 101, pp. 17528-17532.

Metcalfe W. K. *et al.* (1986) Segmental homologies among reticulospinal neurons in the hindbrain of the zebrafish larva. *J. Comp. Neurol.*, vol. 251, pp. 147-159.

Nieuwenhuys R. (1967) Comparative anatomy of olfactory centres and tracts. *Prog. Brain Res.*, vol. 23, pp. 1-64.

Nieuwenhuys R. (1967) Comparative anatomy of the cerebellum. *Prog. Brain Res.*, vol. 25, pp. 1-93.

Puelles L. & Rubenstein J. L. R. (2003) Forebrain gene expression domains and the evolving prosomeric model. *Trends Neurosci.*, vol. 26, pp. 469-476.

Reiner A. (2002) Functional circuitry of the avian basal ganglia: implications for basal ganglia organization in stem amniotes, *Brain Res. Bull.*, vol. 57, pp. 513-528.

Zupanc G. K. H. *et al.* (2005) Proliferation, migration, neuronal differentiation, and long-term survival of new cells in the adult zebrafish brain. *J. Comp. Neurol.*, vol. 488, pp. 290-319.

[参考文献]

植松一眞・岡 良隆・伊藤博信 編 (2002)『魚類のニューロサイエンス』恒星社厚生閣．

（村上安則）

# 第 12 章
# 陸上の脊椎動物

| | | |
|---|---|---|
| 12.1 | 四肢と鰭の進化，ならびに四足動物の起源 | 矢野十織・田村宏治 |
| 12.2 | 哺乳類の起源と中耳の進化 | 武智正樹 |
| 12.3 | 甲羅の発生とカメの起源 | 長島　寛 |
| 12.4 | 化石からみたカメの起源と進化 | 平山　廉 |
| 12.5 | 両生類 | 松井正文 |
| 12.6 | 羊膜類の誕生 | 疋田　努 |
| 12.7 | 爬虫類 | 疋田　努 |
| 12.8 | 中生代の大型爬虫類 | 平山　廉 |
| 12.9 | 有鱗類 | 疋田　努 |
| 12.10 | 主竜類 | 平山　廉 |
| 12.11 | カメ類 | 平山　廉 |
| 12.12 | 鳥類 | 山崎剛史 |
| 12.13 | 鳥類の起源 | 山崎剛史 |
| 12.14 | 走鳥類とシギダチョウ類 | 長谷川政美・米澤隆弘 |
| 12.15 | 新口蓋類 | 山崎剛史 |
| 12.16 | ペンギン類 | 津田とみ |

## 12.1 四肢と鰭の進化，ならびに四足動物の起源

脊椎動物がもつ運動器官を「付属肢 (appendages)」という．なかでも左右対になった「有対付属肢 (paired appendages)」の種類によって，「有顎脊椎動物 (gnathostomes)」は「鰭 (fins)」をもつものと「四肢 (limbs)」をもつものに大別される．有顎脊椎動物の分類群には「軟骨魚類 (chondrichthyans)」と「条鰭類 (actinopterygians, ray-finned fish)」，「肉鰭類 (sarcopterygians)」がある (図1)．軟骨魚類と条鰭類さらにはハイギョやシーラカンスのような肉鰭類魚類 (lobe-finned fish) は鰭をもち，これがいわゆる魚類に相当する．またそのほかの肉鰭類は四肢をもっていることから「四足動物 (tetrapods)」とよぶ．このように魚類は鰭，四足動物は四肢といった異なる器官をもつが，両者は共通祖先から進化したと考えられている．本項では，まず鰭と四肢の違いを概説したのち，鰭をもった共通祖先が徐々に四肢形態を獲得して四足動物に進化したシナリオを紹介する．

### A. 鰭と四肢の相違

鰭と四肢は，進化的起源・発生起源を共有した「相同器官 (homologous organs)」である．しかし現生の魚類・四足動物において両者の形態はまったく異なっている (図2)．四肢は「内骨格 (endoskeletal bone)」が基部–先端部方向にパターン化され，肩・腰から指先にかけて「柱脚部 (stylopod)」，「軛脚部 (zeugopod)」，「自脚部 (autopod)」に分けられる (Tamura et al., 2008)．一方，鰭の内骨格 (放射骨) は明瞭なパターンをもたず，四肢骨格との相同性をみいだすことは困難である．さらに鰭骨格のプロポーションの大部分は「鰭条 (fin ray)」である．鰭条は間葉系細胞が直接硬骨化した「膜性骨 (membrane bone)」が皮膚に埋まった「外骨格 (exoskeleton)」であって，軟骨細胞を経て硬骨化した鰭・四肢内骨格とは異なる．つまり魚類では鰭内骨格のパターン化は起こらないが，鰭条を形成する．対して四足動物はパターン化された内骨格をつくるが，鰭条は形成しない．このように現生有顎脊椎動物の鰭・四肢において，内骨格のパターン化と鰭条形成はあいいれないシステムであるが，ある地質年代の地層から出土する肉鰭類魚類の化石の付属肢ではパターン化された内骨格と鰭条骨格とが共存する．これは鰭と四肢が相同器官であることを示唆する重要な知見である．

### B. 化石種の付属肢

「デボン紀 (Devonian period)」末の地層から発見される *Ichthyostega* (イクチオステガ) や *Acanthostega* (アカンソステガ) の化石は，原始両生類とよばれる．その理由のひとつは，両者の四肢にはすでにパターン化された内骨格があるからである．さらには，魚類から四足動物が進化した過程を説明しうる——ミッシング・リンク (missing-link) となる——化石がみつかっており，「どのようにして鰭は四肢へと進化したか？」という問いの答えがみえ始めた．以下

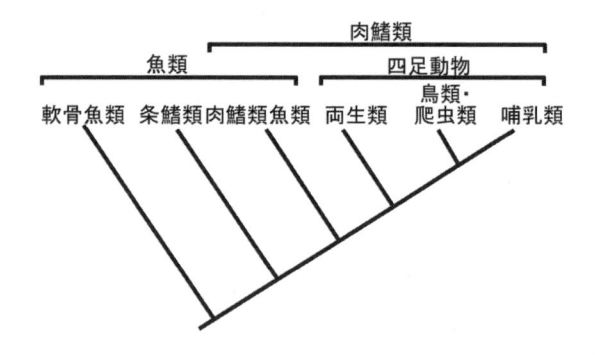

**図1** 有顎脊椎動物の分類と系統樹

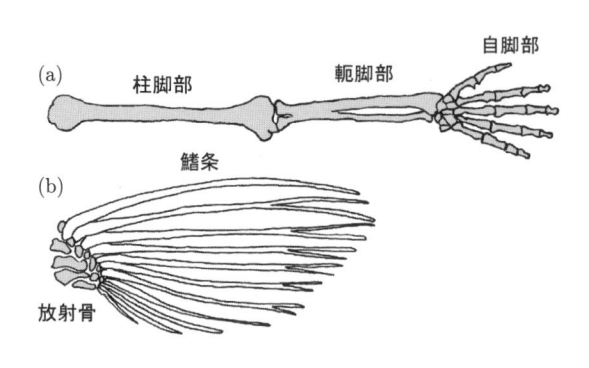

**図2** 付属肢骨格の模式図
(a) ヒト前肢骨格，(b) ゼブラフィッシュ胸鰭骨格．

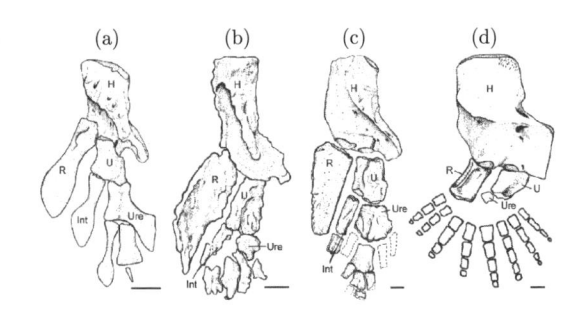

**図 3 化石種肉鰭類の骨格**
(a) *Eustenopteron*, (b) *Panderichthys*, (c) *Tiktaalik*, (d) *Acanthostega*. a〜c では鰭条が省略されている．H：humerus, Int：intermedium, R：radius, U：ulna, Ure：ulnare, その他は radials. (Boisvert *et al.*, 2008 より)

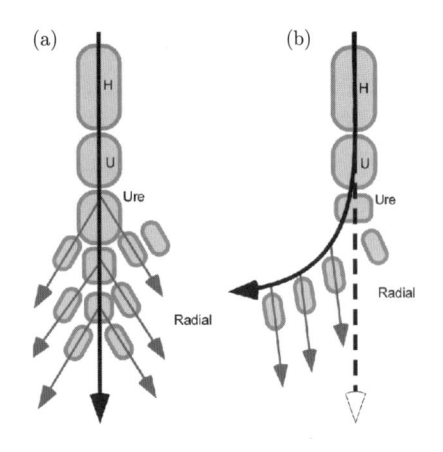

**図 4 放射骨の配置模式図**
(a) は矢羽根状，(b) は扇状に放射骨が存在する．黒線は付属肢中軸を示す．

で紹介する化石種肉鰭類魚類の鰭には，骨格パターンのそれぞれが四足動物の四肢と相同性をみいだすことができる（図3）．さらには鰭条も存在するため，これら肉鰭類魚類の付属肢は四肢様の形質をもった鰭であるといえる．

1994年に Per Ahlberg らが発掘した肉鰭類魚類，*Panderichthys*（パンデリクチス）の化石について，2008年に CT スキャン技術によって骨格の詳細が明らかとなった（Boisvert *et al.*, 2008）．*Panderichthys* の胸鰭は上腕骨（humerus），軛脚部にあたる橈骨（radius）と尺骨（ulna），自脚部にあたる遠位放射骨（distal radials）の3ユニットからなる基部‐先端部パターンをもち，その先端領域には鰭条が存在していた．特に遠位放射骨は，手根骨（手首）や指骨といった自脚部と相同と考えられている．つまりデボン紀後期（約3億8500万年前）の肉鰭類魚類の鰭は，すでに自脚部の構造を獲得していたらしい．

2006年に Neil Shubin らが発見した *Tiktaalik*（ティクターリク）はデボン紀後期（約3億7500万年前）の地層から出土した，両生類に現在もっとも近縁な化石種肉鰭類魚類である．*Panderichthys* の骨格と比較して大きく違う点は，関節をもった放射骨が多数存在することである．尺骨は尺側骨（ulnare）と中間骨（intermedium）のふたつに対して関節面をもち，その先には五つの近位放射骨，三つの遠位放射骨が関節によってつながっている．また肩帯や肘にある関節も鰭の屈曲を可能にしたと考えられる．したがって *Tiktaalik* は獲得した自脚部を手首のように動かすことが可能で，これによって鰭で水底を押し，体を支持していたと考えられる．

### C. 未解明な問題：「放射骨（指骨）の位置関係」と「四足動物の起源」

四肢骨格のパターンとの相同性は軟骨魚類や条鰭類の内骨格にはみあたらないが，化石種肉鰭類魚類の内骨格では高く認められる．したがって付属肢の進化の過程で，鰭から四肢への形態・機能の獲得が徐々に起こったことを示唆する一方，別の問題も浮かび上がってくる．

ひとつは，鰭や四肢の軸と放射骨の位置関係である．*Tiktaalik* の鰭の放射骨は，humerus・ulna・ulnare を通る「付属肢中軸（metapterygial axis）」に対して矢羽根状に分岐・分節している（図4）．これは初期肉鰭類魚類の *Eustenopteron*（ユーステノプテロン）や現生肉鰭類魚類（シーラカンスやハイギョ）にもみられる骨格の配置である．これと比較して *Panderichthys* や *Acanthostega*，四足動物の放射骨（指骨）は，自脚部において付属肢中軸が前側へ湾曲し，その外縁部（扇状）に放射骨が配置する．*Panderichthys* は *Tiktaalik* より古い年代に生存していたとされるが，付属肢形態においては四足動物に近い．今後 *Panderichthys* より古い年代の化石が発掘された場合に，放射骨の配置は注目すべき形態だろう．

もうひとつの問題は，四足動物の起源についてである．最近まで，「鰭条の消失」と「自脚部の獲得」は

同時に起き，これにより初めて四肢をもったのが両生類であると考えられてきた．しかし *Panderichthys* や *Tiktaalik* の発見によって，自脚部の基部-先端部方向へのパターン化はすでに肉鰭類魚類の鰭の内骨格にあり，鰭条の消失とは別のイベントであったと考えられる．つまり四足動物の起源は，自脚部の獲得としてみれば初期肉鰭類魚類に求められる．一方で *Tiktaalik* には鰭条が存在し，*Acanthostega* にはそれがない．つまり，鰭条の有無という観点では四足動物の起源は原始両生類に求めるべきである．自脚部のパターン化や鰭条形成の過程は付属肢形態の重要なポイントであり（Yano & Tamura, 2012），今後それらのメカニズムが発生学的に解明されれば，鰭から四肢への進化を知るうえでの大きなヒントになるだろう．

[引用文献]

Boisvert C. A. *et al.* (2008) The pectoral fin of *Panderichthys* and the origin of digits, *Nature*, vol. 456, pp. 636-638.

Shubin N. *et al.* (2006) The pectoral fin of *Tiktaalik rosae* and the origin of the tetrapod limb, *Nature*, vol. 440, pp. 764-771.

Tamura K. *et al.* (2008) The autopod: its formation during limb development, *Dev. Growth Differ.*, vol. 50, pp. 177-187.

Yano T. & Tamura K. (2012) The making of differences between fins and limbs, *J. Anat.*, in press.

[参考文献]

Shubin N. (2008) *Your Inner Fish*, vintage books.［ニール・シュービン著，垂水雄二訳（2008）『ヒトのなかの魚，魚のなかのヒト』早川書房］

（矢野十織・田村宏治）

## 12.2　哺乳類の起源と中耳の進化

　哺乳類の中耳にはツチ骨，キヌタ骨，アブミ骨という三つの耳小骨があり，これらがこの順番どおりに関節し，鼓膜の振動を内耳へと伝える．一方で他の羊膜類や無尾両生類の中耳においては，耳小柱とよばれる単一の骨格要素のみが鼓膜に結合している．過去の比較発生学や近年の分子発生学の知見から，アブミ骨は耳小柱と相同な第二咽頭弓由来の骨格要素であり，ツチ骨，キヌタ骨は本来顎関節を形成していた第一咽頭弓由来の関節骨，方形骨にそれぞれ相同であると考えられている（Reichert, 1837; Gaupp, 1912; Rijli *et al.*, 1993）．つまり哺乳類への進化過程においては，脊椎動物の第一咽頭弓由来の骨格要素が従来担ってきた顎関節の機能を失い，聴覚器官である中耳にとりこまれるという劇的な形態変化が起こったらしい．そのため，中耳に三つの耳小骨をもつことは哺乳類を定義づけるもっとも重要な形態的特徴のひとつであると考えられている．

　このような顎関節から中耳への移行過程は，古生代から中生代に繁栄した哺乳類の祖先である単弓類（盤竜類と獣弓類）の化石記録から読みとることができる（図1）（Allin, 1975; Allin & Hopson, 1992）．爬虫類との共通祖先から分岐してまもない盤竜類では，関節骨と方形骨は顎の後方で顎関節を形成していた（a）．その後に現れた初期獣弓類では，顎関節と下顎後半部の骨格要素（上角骨，角骨）が前半部にある下顎最大の骨格要素であった歯骨から分離した（b）．後期獣弓類（キノドン類）になると，分離した下顎後半部が縮小していく一方で，歯骨は大きく発達して，鱗状骨との間に新しい顎関節を形成するようになった（c, d）．一部のキノドン類では従来の関節骨-方形骨による顎関節（一次顎関節）と歯骨-鱗状骨による新しい顎関節（二次顎関節）が内外に並列に位置し，両者がともに機能していたらしい．しかしこの二次顎関節の獲得後，関節骨と方形骨は顎関節としての機能から解放され，下顎後半部とともにさらに縮小していき，ついには歯骨から分離して完全に中耳にとりこまれたのである（e, f）．さら

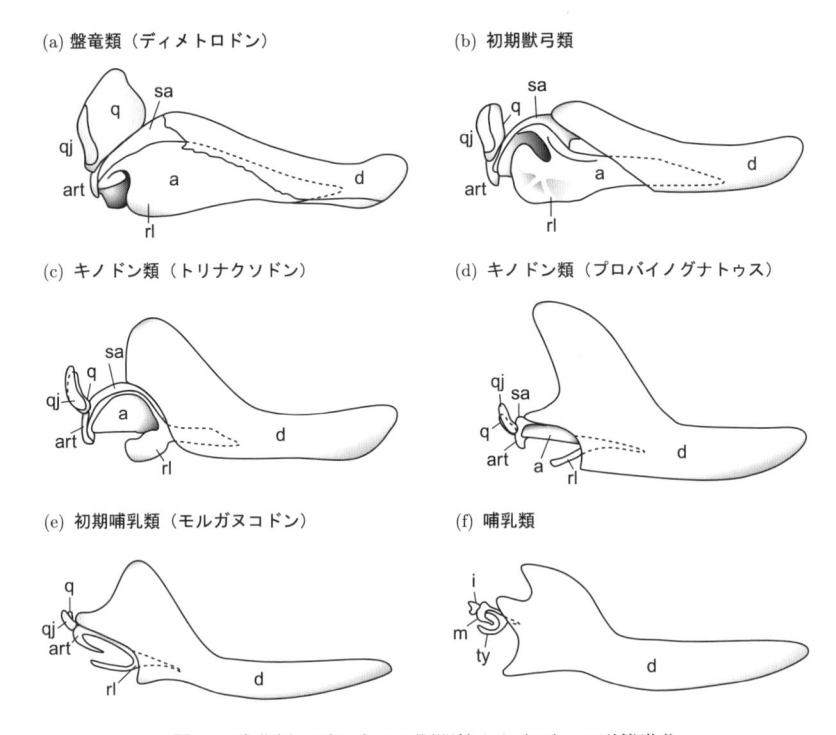

(a) 盤竜類（ディメトロドン）
(b) 初期獣弓類
(c) キノドン類（トリナクソドン）
(d) キノドン類（プロバイノグナトゥス）
(e) 初期哺乳類（モルガヌコドン）
(f) 哺乳類

**図1　哺乳類に至るまでの顎関節から中耳への形態進化**
単弓類における顎関節部と下顎の骨格要素を外側面からみたもの．a：角骨，art：関節骨．d：歯骨，i：キヌタ骨，m：ツチ骨，ty：鼓骨，q：方形骨，qj：方形頬骨，rl：反転板，sa：上角骨．（Allin, 1975 より改変）

にこの移行系列においては，角骨に反転板とよばれる突起が生じ，この部位を利用しながら大きく変形して鼓膜を備える鼓骨になるまでの過程も追うことができる．

また，このような化石記録のほかにも哺乳類の二次顎関節にかかわる興味深い知見がある．胚発生のかなり早い時期にいわば胎児の状態で産み落とされ，乳首に吸いつきながら後期発生を迎える現生の有袋類においては，産まれたときにはまだ二次顎関節が完成していない．そのため，最初のうちはツチ骨とキヌタ骨の一次顎関節を用いて口を開閉することが知られている．また一部の有袋類においては，一時的にキノドン類の骨格と酷似した発生段階が存在することも指摘されている（Palmer, 1913）．

顎関節をとりこんだ哺乳類の中耳は，三つの小骨の関節による「てこ」の原理によって鼓膜からの振動をより効果的に増幅し，他の陸上動物よりも広範囲の音域を感知できるようになった．一方で，これまで複数の骨格要素からなっていた下顎は，単一の歯骨で構成されることで強度が増して咀嚼力の向上を促した．さらに咀嚼力の向上は代謝効率の増加とそれに伴う恒温性や体毛の進化にもつながっていったと考えられる．このように，現生の哺乳類にみられる重要な特徴のいくつかは，単弓類において第一咽頭弓由来の形態要素が顎関節から中耳へと機能転化をともないながら進化したことと密接にかかわっていると考えられる．

[引用文献]

Allin E. F. (1975) Evolution of the mammalian middle ear. *J. Morphol.*, vol. 147, pp. 403-37.

Allin E. F. and Hopson J. A. (1992) Evolution of the auditory system in synapsida ("mammal-like reptiles" and primitive mammals) as seen in the fossil record. in *The evolutionary biology of hearing*, pp. 587-614.

Gaupp E. (1912) Die Reichertsche Theorie. *Arch. Anat. Physiol. Suppl.*, 1912, pp. 1-416.

Palmer R. W. (1913) Note on the lower jaw and ear ossicles of a foetal Perameles. *Anat. Anz.*, vol. 43, pp. 510-515.

Reichert K. B. (1837) Ueber die Visceralbogen der Wirbelthiere im Allgemeinen und deren Metamorphosen bei den Vögeln und Säugethieren. *Archiv für Anatomie, Physiologie und wissenschaftliche Medicin*, pp. 120-222.

Rijli F. M. *et al.* (1993) A homeotic transformation is generated in the rostral branchial region of the head by disruption of Hoxa-2, which acts as a selector gene. *Cell*, vol. 75, pp. 1333-1349.

(武智正樹)

## 12.3 甲羅の発生とカメの起源

### A. カメの背甲は肋骨と胸椎から

　カメの背甲は内骨格要素である肋骨と胸部の脊椎骨を基盤とし，それぞれの背側で骨板が癒合し，さらに多くのカメではこれらの表層を角板が覆っている．その進化的起源に関してはおもにふたつの対立する考え方がある．ひとつは祖先的爬虫類の背側に発生した皮骨の小片が寄り集まって骨板をつくったというものであり，ここではカメ類の進化は徐々に進行したと考えられている（Lee, 1996）．他方はより根本的な解剖学的特徴を重視したものである（Burke, 1989, 1991; Hall, 1998; Gilbert *et al.*, 2008; Rieppel, 2001）．すなわち一般的な羊膜類の肋骨は胸椎から腹側に伸びて胸骨に関節して胸郭をつくり，その外側に肩帯（肩甲骨および烏口骨）が位置している．しかしカメの肋骨は胸椎から横方向に伸び，さらにそれぞれが末端で互いの間隔を開けるように扇状に配列し，肩帯は胸郭の内側に位置しているのである．加えて肩帯あるいは上肢を体幹に結ぶ筋群も背甲の内側にある．この位置関係の中間体は機能的にありえないことから，カメのボディプランは歴史上突然にあらわれ，比較解剖学的な相同性すなわち要素間のトポロジーを破壊する新しい形態であると考えられてきた．カメの進化的起源を探るためには，この位置関係がどのように成立したのか，その機構を解き明かすことが鍵となるのである．

### B. 背甲は体を折れ込ませてできる

　肋骨および骨格筋は体節に由来する．一般的な羊膜類では中軸部にある体節中に生じた筋節は腹側にある体壁のなかにまで伸び，頭尾軸に分節状に配列した筋板を生じる．そしてこの隣接した筋板の間に肋骨が発生するのである．しかしカメにおいては以下に述べるように，中軸部から体壁中にかけてシート状の筋板が発生するが，肋骨は中軸部と体壁部の境界付近で発生を止めるため，中軸部にだけ肋骨が位置する．つまりカメの肋骨は他の羊膜類のそれよりも相対的に短い（Burke, 1989; Nagashima *et al.*,

2007).その後の過程でカメの中軸部分は,肋骨を含んだまま同心円状に広がるようにして成長するため,肋骨は横方向に,扇状に広がった配置をとるようになる.その結果,肋骨は体壁中あるいは第一肋骨よりも前方にある肩帯の背側に位置するようになるが,このとき腹側の筋板もひきつれて肩帯に覆いかぶさるため,腹側筋板は折れ込みながらも常に肩帯の内側に位置している.すなわち一般的な羊膜類でそうであるように,この筋板がカメにおける胸郭の位置を示すならば,カメの肩帯は胸郭の外側にある.上記の筋もその多くが筋板でつくられる胸郭の外側にある.例外は前鋸筋であるが,これは発生初期に筋板の外側に生じ,その後胸郭の前方から二次的に胸郭内に折れ込む.これらの筋のうち,体幹筋(前鋸筋,肩甲挙筋,菱形筋)は発生初期に成立した骨格との結合をその後の発生過程でもほとんど変更することはなく形態的相同性が保存されているが,上肢筋(広背筋および胸筋)はその体幹への付着部位がカメに独特なものとなっており,それが保存されていない.したがってカメの形態は大まかに相同性を保存しつつも一部でそれを柔軟に変更しながらつくられている(Nagashima et al., 2009).以上の観察は必ずしもカメの進化が跳躍的である必要がないことを示している.実際,近年発見された最古のカメの化石種 Odontochelys には腹甲がみられるが背甲がない.またその肋骨も中軸部にとどまっているものの,扇状に広がった配置を示さず肩帯を覆ってはいない(Li et al., 2008).

## C. 背甲進化の分子機構

このカメの独特な肋骨形態をもたらす要因としてCR(carapacial ridge)の関与が示唆されてきた(Burke, 1989, 1991).CRは咽頭胚後期の体側に形成されるふくらみで将来の甲羅の縁の原基である.組織学的には凝集した間葉と肥厚した上皮からなり,胚構築的には中軸部の腹側端を示している.他の羊膜類胚ではこの位置にCR様の構造はみられず,CRはカメ胚に独特な形態である.その形成機構は不明であるが,形成初期には CRABP-1, Lef-1, Sp-5, APCDD-1 のCRおよびカメ胚特異的な発現がみられ,特に後三者は古典的 Wnt 経路上にあり,実際そ

れらがCRの形成・維持に必須である(Kuraku et al., 2005; Nagashima et al., 2007).ただCRにおいて Wnt の発現はみられないが,その近傍でカメ胚特異的に発現する Hgf が Wnt 経路を活性化していると考えられる(Kawashima-Ohya et al., 2011).これらのCR特異的な遺伝子発現とその機能は一部,肢芽におけるそれらと重複している.したがってCRをつくる進化的基盤は新たな遺伝子およびその経路を創造することではなく,既存のシグナル伝達経路の一部を新たな場所で使い回すことによって達成されたと考えられる(Kuraku et al., 2005).CRは上記の中軸部の同心円状の成長に関与しているが,それが体壁のすぐ背側に形成されること,カメの肋骨が体壁に侵入しないことは,両者の現象の上流に共通の発生機構が存在することを推察させる.すなわち Odontochelys にはすでに原CR的構造があったものの,いまだその機能は不完全であったが,その後の進化過程で現生の機能を獲得し肋骨の扇状配列と肩甲骨との位置関係の変化をひき起こしたのではないだろうか.

[引用文献]

Burke A. C. (1989) Development of the turtle carapace: implications for the evolution of a novel bauplan. *J. Morphol.*, vol. 199, pp. 363-378.

Burke A. C. (1991) The development and evolution of the turtle body plan. Inferring intrinsic aspects of the evolutionary process from experimental embryology. *Am. Zool.*, vol. 31, pp. 616-627.

Gilbert S. F. *et al.* (2008) How the turtle gets its shell. in Wyneken J. *et al.* eds., *Biology of Turtles*, pp. 1-16, CRC Press.

Hall B. K. (1998) *Evolutionary Developmental Biology* (2nd ed.), Chapman & Hall.

Kawashima-Ohya Y. *et al.* (2011) Hepatocyte growth factor is crucial for development of the carapace in turtles. *Evol. Dev.*, vol. 13, pp. 260-268.

Kuraku S. *et al.* (2005) Comprehensive survey of carapacial ridge-specific genes in turtle implies co-option of some regulatory genes in carapace evolution. *Evol. Dev.*, vol. 7, pp. 3-17.

Lee M. S. Y. (1996) Correlated progression and the origin of turtles. *Nature*, vol. 379, pp. 812-815.

Li C. *et al.* (2008) An ancestral turtle from the Late Triassic of southwestern China. *Nature*, vol. 456, pp. 497-501.

Nagashima H. *et al.* (2007) On the carapacial ridge in turtle embryos: its developmental origin, function and the chelonian body plan. *Development,* vol. 134, pp. 2219-2226.

Nagashima H. *et al.* (2009) Evolution of the turtle body plan by the folding and creation of new muscle connections. *Science,* vol. 325, pp. 193-196.

Rieppel O. (2001) Turtles as hopeful monsters. *BioEssays,* vol. 23, pp. 987-991.

（長島 寛）

## 12.4 化石からみたカメの起源と進化

　カメ類の化石は，後期三畳紀以降の陸成層やジュラ紀以降の浅海成層にしばしば産出しており，時には密集してみつかることさえある．特に，甲羅を形成する骨板は化石として保存されやすい部位であると考えられる．したがって，あらゆる脊椎動物のなかでも，カメ類の化石記録はきわめて良好なもののひとつといって過言ではない．にもかかわらず，カメ類の起源や，他の爬虫類との系統関係はいまだに明確になったとはいいがたいものがある．

　後期三畳紀（約2億1000万年前）から知られるプロガノケリスについては，形態の詳細が明らかになっているが，甲羅の形成という点では，のちのカメ類と基本的な差異はないほどに完成されていた．頭骨に歯の一部（口蓋歯）が残っていたり，耳の形成が不完全なことなど，カメ類として原始的な部分は多く認められるが，他の有羊膜類との系統関係を示唆するような特徴はほとんどない．カメ類として特殊化が進みすぎており，祖先形にあったであろう形態的特徴が失われてしまったようにみえるのである．

　2008年に中国から報告されたオドントケリスの発見は，カメ類の化石記録を1000万年ほどさかのぼらせたうえに，背甲が形成の途上にあり，完全な歯列を保持するという，より原始的な段階を浮き彫りにしている．だが，他の爬虫類（あるいは有羊膜類）との類縁関係を示唆するような特徴は依然として明らかになっていない．また，オドントケリスは海成層から発見されたため海生であったとされているが，四肢骨などの形態は本種がむしろ陸生であったことを示唆しているようにみえる．

　現生種における塩基配列の解析や，石灰質の卵殻の発達などの派生形質から，カメ類は恐竜などを含む主竜類に近縁な特殊化した双弓類ではないかと考えられるようになりつつある．上記のようにカメ類の系統関係を明示する化石記録はないが，カメ類の卵殻化石はジュラ紀中ころから知られており，恐竜などとともにもっとも早期の有羊膜類の卵化石を代表している．なお，プロガノケリスの形態が示唆す

る特徴として，初期のカメ類が陸生の動物であったことがあげられるが，これは卵殻の形成とも密接な関係のある生態であったと思われる．

カメ類の基本的な特徴である甲羅の基本構造は三畳紀の終わりまでに完成してしまったが，これ以降は聴覚や首の柔軟性の発達，摂食構造や生息環境の多様化などの方面に大きな進化をみせるようになった．聴覚の発達は，独特の「くの字」型をした方形骨の形態に顕著に反映されるが，ジュラ紀中頃までに完成したように思われる．首の柔軟性はおそらく聴覚の発達と密接に連動していたが，白亜紀のはじめには現生と同様の首の柔軟性を発達させた潜頸類と曲頸類の双方が進化していた．両者は首の曲げ方のパターンこそ違うが，首を大きく曲げて頭部を甲羅内部に収納して外敵から保護するという機能に関しては同等である．首の柔軟性の発達と共に頭骨の咬合部分の多様化が進んだが，これはカメ類における食性の細分化や多様化が発展したこと，またこれに柔軟で強力な首の発達が密接にかかわっていたことを示唆している．食性の多様化とともに，生息環境も広がったと思われるが，特に白亜紀中頃（約1億1000万年前）になると，海生のカメ類が目立ってくる．特に潜頸類の海ガメ上科は白亜紀の終わりにかけて著しい適応放散を示し，史上最大級のカメ類も含まれていた．ウミガメ上科の四肢は，遊泳のために完全な鰭脚を形成するようになった．産卵のために上陸するという祖先の行動を変えることはできなかったが，これはカメ類の卵殻形成が系統上において重要な形質であることを示唆している．ウミガメ上科における海生適応のもうひとつの重要な特徴として，涙腺の肥大化があげられるが，これは頭骨の形態にも反映されている．

ジュラ紀になるとほとんどのカメ類が，水陸両生の生態をもつようになったと考えられるが，白亜紀から第三紀にかけて再び完全な陸生の生態をもつカメ類が進化してきた．白亜紀のナンシュンケリス科（スッポン上科）や第三紀から現生のリクガメ科（リクガメ上科）であり，重厚な四肢骨の形態に大きな特徴がある．南米やオーストラリアの白亜紀から更新世に知られるメイオラニア科も陸生であったと思われるが，このグループの場合，その系統関係の解釈しだいによってはプロガノケリスのように初期のカメ類の生態をそのまま受け継いだ可能性もある．

第三紀中新世以降のカメ類では，ハコガメ属（リクガメ上科イシガメ科）にみられるように，甲羅の一部を可動な関節に変えて，頭を甲羅内部に収納した際の防御効果をより高めたカメ類の進化が目立っていることが大きな特色である．

[参考文献]

平山 廉（2007）『カメのきた道甲羅に秘められた2億年の歴史』NHKブックス，日本放送出版協会．

平山 廉 監修（2009）カメはいつから甲羅をもっている？「防御」に特化した2億年の進化．ニュートン，2009年4月号，pp.88-95.

Li C. *et al.* (2008) An ancestral turtle from the late triassic of southwestern China. *Nature*, vol. 456, pp. 497-501.

（平山 廉）

## 12.5 両生類

### A. 起源

両棲類とも表記する．ラテン名は Amphibia（Amphi〈両方〉+bia〈bios, 生きる〉：水中と陸上の両方で生活する意），別名 Batrachia．英名は amphibia または amphibian．脊索動物門，脊椎動物亜門のなかの1綱．デボン紀の末期に魚形の動物群と分岐して初めて陸上に進出し，羊膜類（Amniota，爬虫類とその子孫）を産み出した四足動物（Tetrapoda）で，分岐分類的考えによれば硬骨魚綱中，肉鰭類の1群である．姉妹群は肉鰭類中のオステオレピス類，とりわけパンデリクチス類（Panderichthyda）とされる．この類はデボン紀後期から知られ，頭は扁平で背鰭と尻鰭をもたず，四足類に近い特徴を多くもつ．これまで両生類は淡水環境で生じ，海洋が分布拡大を阻んできたと考えられてきたが，姉妹群と考えられるオステオレピス類は海洋で生じ，そこで発展したらしいこと，また現生両生類に近いトゥルルペトン属（Tulerpeton）は完全な海生だったとされることから，初期の両生類は海洋そのものでなくとも，干潟，礁湖，あるいは三角州で生活していた可能性がある．

### B. 系統分類

化石両生類は，通常，迷歯亜綱（イクチオステガ目，分椎目，炭竜目）と空椎亜綱とに分類されるが，これら2亜綱ともに単系統群ではなく異質の群の集合である．現生両生類はアシナシイモリ類（無足目〈Gymnophiona〉），サンショウウオ類（有尾目〈Caudata〉），カエル類（無尾目〈Anura〉）の3群を含む．アシナシイモリ類は四肢をもたず，地中生活に適応した特殊な群であるが，サンショウウオ類は四肢と長い尾をもち，現生両生類のなかではもっとも原始的な形態をとどめている．カエル類は跳躍という移動運動と関連して尾を失い，後肢が長くなるなど，形態に大きな変化を生じた群であり，種数もずば抜けて多い．これら3目はみかけが大きく異なるが，一括して平滑両生亜綱（Lissamphibia）と

よばれ，共通の祖先型をもつとする考えが主流である．その根拠は三者のすべてで皮膚が露出し，2種の皮膚腺をもち，皮膚呼吸に依存すること，内耳に1対の感覚乳頭をもつこと，中耳に二重の伝達チャンネルがあること，網膜細胞が特殊化していること，歯にもろい層をもつことなどである．アシナシイモリ類はジュラ紀前期から化石が知られ，サンショウウオ類の化石もジュラ紀中期から知られているが，カエル類の祖先型と推定される原無尾目のトリアドバトラクス属（Triadobatrachus）はすでに三畳紀初期にあらわれ，ジュラ紀前期には現生のカエル類の系統が出現している．これら3目相互間の系統関係は不明であったが，分子系統学的研究の結果から，アシナシイモリ類が最初に分岐したと推定され，また最近，残り2目の単系統性を支持する共通祖先型の化石種 Gerobatrachus hottoni（ペルム紀前期）が発見されている（Anderson et al., 2008）．

### C. 多様性

現生両生類には現在，約6433種が知られ，その種多様性は哺乳類をしのぐ．現生両生類の分類体系は最近，おもに分子系統学の成果から大改変された（Frost et al., 2008）．とりわけ，伝統的に20〜30科に分類されてきたカエル類では科数は倍加している．その説に従えば，アシナシイモリ類は3科12属174種，サンショウウオ類は3亜目9科69属580種，カエル類は3亜目44科346属5679種に分類されるが（Frost, 2009），絶えず新種が追加されている．もっとも多様性の高い科は，アシナシイモリ類ではアシナシイモリ科（Caeciliidae，7属121種），サンショウウオ類ではアメリカサンショウウオ科（Plethodontidae，26属391種），カエル類ではアマガエル科（Hylidae，46属869種）とされる．

現生3目の一般的特徴はつぎのようである．アシナシイモリ類は，① 尾は成体では非常に短いか，これを欠く．② 明瞭な頸部はなくて，外観では頭部は胴部と連続している．胴部には多数の水平環状体節がある．③ 四肢と四肢帯がなくて体はミミズ状．④ 眼は退化し，典型的には色素のついた皮膚，または頭骨に覆われている．⑤ 感覚器官である触手（tentacle）が脳の両横から，眼かまたは眼の前下方

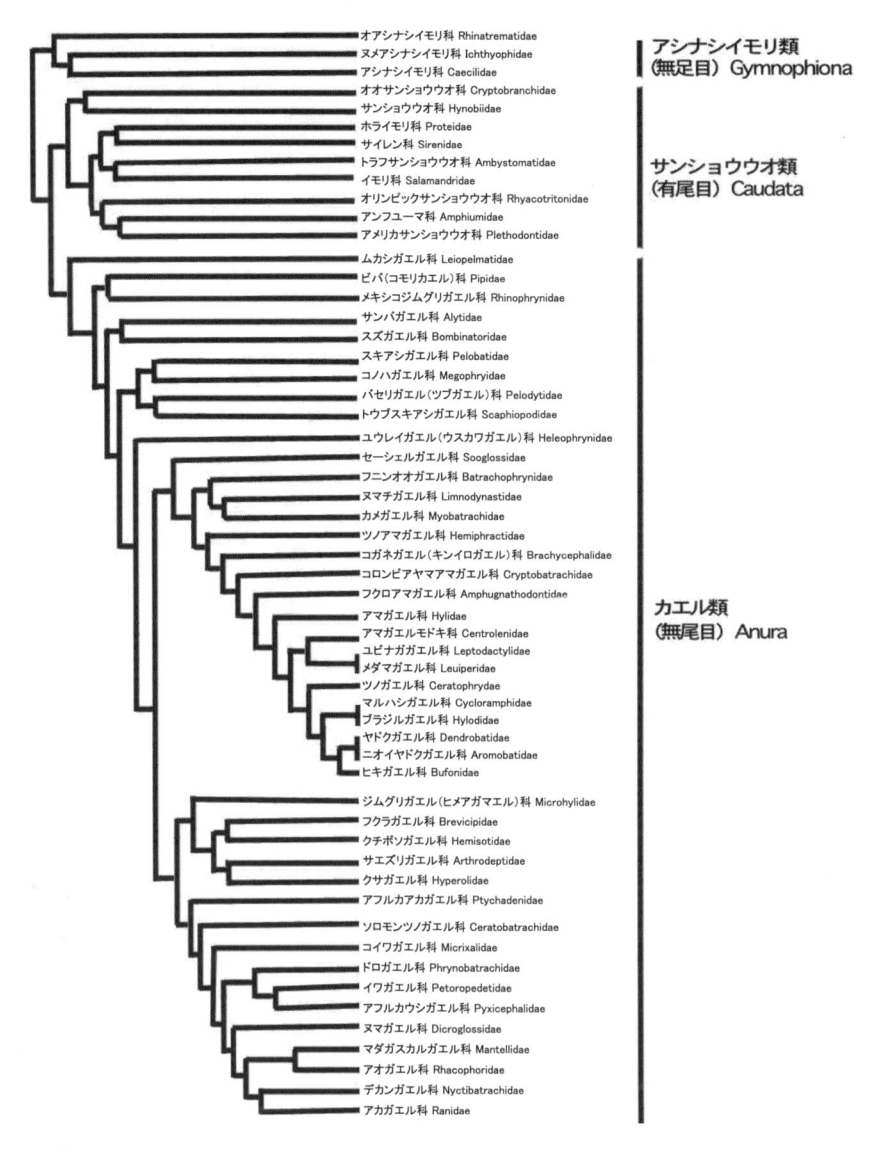

図1 現生両生類各科の系統関係
(Frost et al., 2006；Frost, 2009 より改変)

にある孔を通じて外に突き出ている．⑥鼓膜をもたない．⑦前頭骨と頭頂骨は癒合せず，頭骨はほぼ完全に骨で覆われる．⑧椎骨の椎体は前もって軟骨が脊索の周りをとり巻くことなく，骨が直接沈着することによって形成される．⑨椎骨は数が多くて250個におよぶ．⑩声を発しない．⑪典型的には左肺は痕跡的で，右肺は拡大して円筒形の袋になっている．例外的に肺のない種もある．⑫体内受精を行ない，雄の総排泄腔は突出可能な交尾器官となる．精包を出すことはない．卵生，卵胎生，または胎生．

幼形成熟する種は知られていない．なお，この類は皮下の一部に鱗をもつが，これは進化過程で新たに生じたのではなく，祖先となった魚類からひき継いだものと考えられる．

サンショウウオ類は，①尺骨と橈骨，脛骨と腓骨は癒合しない．足根骨は伸長しない．胸帯と腰帯は単純．腸骨は，腰帯の要素に含まれる場合にも，あまり長くはならない．②眼は比較的小さいが機能をもち，動かすことのできるまぶたをもつことも，もたないこともある．③触手器官をもたない．④鼓

膜をもたない．⑤ 前頭骨と頭頂骨は癒合せず，頭骨は完全には骨で覆われない．⑥ 椎骨の椎体は，骨組織が直接沈着することによって形成される．⑦ 仙前椎は数が多くて 30 個以上 100 個におよぶため，胴は短縮することがない．⑧ 喉頭は発達が悪く，声を発しないのがふつうである．⑨ 左肺は右肺より小さいが機能をもつ．ただし，肺をもたない種も多い．⑩ 受精は体外または体内で行なわれ，卵生または卵胎生で少数は真の胎生である．幼形成熟する種は珍しくない．

　カエル類は，① 成体では尾を欠き，仙椎よりもうしろの椎骨は癒合して尾柱を形成する．② 明瞭な頸はなくて，外見からは頭と胴が連続している．③ 後肢は前肢よりずっと大きく，跳躍や遊泳に用いられる．橈骨と尺骨，脛骨と腓骨はそれぞれ癒合している．足根骨は長く伸びている．胸帯は複雑である．腸骨は非常に長く伸びて，仙椎の横突起と関節している．④ 眼は一般に大きくて動かすことのできる瞼がある．⑤ 触手器官はない．⑥ 鼓膜は通常，大きくて明瞭．⑦ 前頭骨と頭頂骨は癒合している．頭蓋は骨によって完全に覆われてはいない．⑧ 椎骨において，本来の椎体は縮小しているか，退化している．椎体は機能的には，下方に伸びた神経弓に置換されており，その結果，脊索（傍索）鞘の軟骨化および骨化を引き起こす．幼生では椎体は軟骨の塊からなる．⑨ 仙前椎は 5〜9 個しかなくて，胴は著しく短縮している．⑩ 通常，喉頭が発達し，声は大きくて，一般に種特異性がある．⑪ 通常，左右の肺をもち，両者は同じ大きさである．⑫ 通常，体外受精をし，卵生であるが，一部の種では卵胎生または胎生．⑬ 幼生（オタマジャクシ）と成体との形態差は，有尾類，無足類の場合とくらべると，きわめて大きい．幼形成熟する種は知られていない．

## D. 分布と生息場所
### a. 分布

　現生種 3 目の分布域は大きく異なる．アシナシイモリ類の最古の化石エオカエキリア属（*Eocaecilia*）は北米から発見されているが，現生種はアフリカ，アジア，南米の熱帯域のみに分布している．サンショウウオ類の分布は北半球を中心としており，南半球にはごく一部が進出しているにすぎない．一方，カエル類は現生 3 群のなかでもっとも分布範囲が広く，極地や極端に乾燥する砂漠，一部の孤島を除いて汎世界的にみられ，5000 m 以上の高山に棲む種もある．こうした分布域の形成には，温度耐性など生理的性質だけでなく，地史が大きく関係している．たとえば，カエル類現生群の祖型は約 1 億 5 千万年前に出現したが，分化と分布拡大をとげた時期は地球上の大陸塊の分裂期に相当する．陸塊の分裂前に各地に拡散した系統は広域分布となったが，分裂した大陸塊に侵入し遅れた系統は孤立したため，狭い分布域をもったのであろう．ピパ科は現在，アフリカと南米の一部に離れて分布しているが，これは，この科が分裂前のゴンドワナ大陸に起源し，白亜紀にアフリカと南米が陸塊化した際に分断されたためと考えられる．一方，サンショウウオ類や，スキアシガエル類は現在の分布（ユーラシアのみ）からみてローラシア起源で，ゴンドワナに進出できなかったものと思われる．現生種の皮膚の構造，飛翔器官をもたない体の構造などから，両生類の進化過程で海洋がその移動を阻む環境であったことは，現在地球上でみられる分布パターンから，まず間違いない．他方，海洋は両生類の進化過程で陸域ごとの種分化を促進した重要な環境だったともいえる．

### b. 生息場所

　両生類の生息微環境は水中，地中，地上から，高い樹冠におよぶ．このように多様な生息場所に適応しているものの，皮膚の湿気を保ち，繁殖するために水環境に強く依存しているので，池，湖沼，河川，渓流の周囲にみられることが多い．アシナシイモリ類も，基本的に地中生活へ適応しているものの，水辺の土中に生活することが多い．完全に水生の種は，新たな生息場所を求めて水中に進出したのであろう．サンショウウオ類には，完全な水生，完全な陸生，時期により水陸両生の種がいるが，こうした生息場所は繁殖方法と密接に結びついている．また，本来水陸両生のものでも，幼形成熟する場合には，完全な水生となる．完全な水生種は変態後も水中生活する．水陸両生とは繁殖期だけに水に戻り，ふだんは陸上で生活するもので，サンショウウオ類ではカエル類同様にもっともふつうである．一方，完全な陸生種

は，地上または樹上で繁殖し，孵化幼生もそこで過ごす．成長段階で生活場所を変えるので有名なのはブチイモリ（*Notophthalmus*）で，水生の幼生は変態後上陸してエフト（eft）とよばれる未成熟の段階では陸上生活するが，その後水生となって性的に成熟する．カエル類も完全に水生の種が少なくなく，一部の種では肺が退化している．乾季のある地域に棲む種は，地下にもぐって夏眠することが多く，泥のなかで繭をつくるものもいる．一方，ソバージュネコネガエル（*Phyllomedusa sauvagii*）は，皮膚腺から分泌するロウ状物質で体を包み，乾燥に耐える．

## E. 形態
### a. 大きさと体色

アシナシイモリ類の最小種は *Grandisonia diminutiva*（全長64〜95 mm），最大種は *Caecilia thompsoni*（全長1520 mm）であり，サンショウウオ類では最小種は *Thorius arboreus*（尾を除く体長15.2〜20.0 mm），最大種はオオサンショウウオ（*Andrias japonicus* 全長1505 mm，体重27.6 kg以上）で，これは現生両生類中の最大種でもある．また，カエル類の最小種フタユビヒキガエル（*Psyllophryne didactyla*，体長は雄で8〜9 mm，雌は10.2 mm）は四足類中でも最小であり，雌は1個しか産卵できない．一方，最大種はアカガエル科のゴライアスガエル（*Conraua goliath*，体長368 mm，体重3.68 kg）である．両生類の多くは捕食者から逃れるため，迷彩色か隠蔽色をもつ．隠蔽的な種の体色は褐色，灰色，緑色など生息場所によって異なる．一方，派手で光沢のある赤色，橙色，黄色，青色などの体色を持つ種の多くは有毒で，捕食者に対する警告色としている．スズガエル（*Bombina orientalis*）のように，背中に迷彩色，腹側に警告色を組み合わせもっているものもある．また，こうした有毒な警告色をもつ種に似ているものもあり，派手なオレンジ色のアカサンショウウオ（*Pseudotriton ruber*）は，体色だけでなく，警戒姿勢も，毒性の強いブチイモリにベーツ型擬態している．体色，体型には異質の系統間で収斂が多くみられる．たとえばオーストラリア大陸産のミナミアマガエル属（*Litoria*）には，アマガエル科だけでなく，一見，アカガエル科やアオガエル科にそっくりのものなど，生息場所の類似から生じたと思われる収斂がみられる．また，水辺に生息するカエル類には系統をこえて類似した分断色などの色彩パターンが生じているし，サンショウウオ類でもヨーロッパ産イモリ科，アジア産サンショウウオ科，北米産のアメリカサンショウウオ科の一部は，外見がきわめてよく似ているが，これらはすべて肺を欠くことでも共通している．

### b. 体型の多様性

化石両生類には四肢に8本のまたは6本の指があった．しかし，現生種では四肢をもつ場合，指数は原則として前肢が4本，後肢が5本であり，サンショウウオ類のなかには後肢を欠くもの，指数が減少しているものがある．アシナシイモリ類の化石種エオカエキリアは短いながら，立派な四肢をもっていたが，すでに頭骨などは地中生活への適応を示していた．この種と現生種をつなぐ化石が発見されていないため，形態進化の詳細は不明であるが，現生種の体型は基本的に変異がなく，地中生活への適応を示すものであり，わずかに水生種で尾の側偏がみられる程度である．一方，サンショウウオ類では，化石両生類にも似た，基本的な体型をとどめながら，種によって外鰓をとどめたり，後肢が退化したりする形態変異がみられ，その点では現生両生類のなかでもっとも基本体型の多様性が高いともいえる．これらに比べ，カエル類は，きわめて特殊な体型をもつが，これは，この群の進化が跳躍運動と結びついて進んだことにあると考えられる．

## F. 生活史
### a. 繁殖と生活環

両生類の繁殖期には一般に季節性があり，それは熱帯域についても当てはまる．繁殖の際にカエル類は鳴き声による交信を行なうが，声を出さないサンショウウオ類では複雑なダンスなどの行動がみられる．原始的なサンショウウオ類と，カエル類の多くでは，水中で雌の産み出した卵塊または卵嚢に雄が受精させる．胚は水中で発生孵化して自由遊泳する幼生になる．外鰓が生じるとアシナシイモリ類とサンショウウオ類は，変態までこれを保持するが，カエル類では短期間で皮下に隠れる．また，サンショ

ウウオ類の場合は前肢が後肢より先に出るが、カエル類では逆で前肢が出るのは変態直前である。アシナシイモリ類、サンショウウオ類では変態にともなって外鰓が消失するものの、尾鰭がなくなる程度で体型変化は少ないが、カエル類では完全に尾を失い、後肢も伸張して大きく変形し、陸上生活に移行する。この変態現象は、両生類の獲得した新しい発生学的特徴で、四足類としても唯一のものである。ただし、サンショウウオ類のなかにはアホロートル (*Ambystoma mexicanum*) で知られるように変態せず、ネオテニー (neoteny, 幼形成熟) 現象を示すものがある。ネオテニーが生じるのは甲状腺の機能低下でサイロキシンの生産が下限にまで達しないためと考えられるが、カエル類やアシナシイモリ類には幼形成熟するものはない。

産卵場所はさまざまで、カエル類やサンショウウオ類の一部は、地下の伏流水や、着生植物のなかにできた小さな水体を使う種があり、カエル類には樹洞で繁殖する種も少なくない。また、カエル類には卵を水の上に垂れ下がった葉などに産みつけるものもある。こうした産卵後放任の繁殖法に対し、親による子の保護が現生3目のすべてにみられる。アシナシイモリ類の原始的な群、サンショウウオ類の一部では、抱卵がみられ、親によって外敵を追い払う、水流を起こして酸素を与える、体で被って湿気を与えるなどの保護が行なわれる。カエル類では、これに加えて雄が後肢に卵塊を巻きつけて保育する種、雌が背中で卵を守る種、雄が鳴嚢のなかで幼生を育てる種、雌が胃のなかで幼生を育てる種などが知られている。また、雌雄が共同して子の世話をする種もある。直接発生をすることにより、自由遊泳生活する幼生の段階を経ない種も少なくなく、サンショウウオ類とカエル類の700種ほどのさまざまな系統にみられる。この場合、卵は地上に産み出され、幼生は卵黄を吸収しながらジェリー膜のなかで変態する。また、体内受精は無足目のすべてにみられ、雄は交尾のための器官をもつ。原始的な種は卵生で、幼生は孵化すると自由遊泳生活するが、卵胎生または胎生で、幼生は産み出される前に変態する種が多い。胎生種は卵の栄養のほかに、雌親の子宮壁から多量の栄養補給を受けるらしい。有尾目の大半も体内受精をするが特別の交尾器官はない。ただし、受精は多くの場合水中でなされ、陸上でも湿った場所にかぎられる。一方、カエル類では数系統でのみで雌雄が総排出腔を接し合って体内受精する。卵は雌の体内にとどまり変態後に産み出される。卵黄だけを消費する種と、卵黄に加えて卵管からの分泌物を栄養源にする種がある。

### b. 餌と摂食

両生類は基本的に肉食で餌の動きに刺激され、摂食行動を起こす。多少とも口に合うものなら何でも食べようとし、餌を丸呑みにする。変態の前後で食性が大きく変化するカエル類では、このことは変態後個体にしかあてはまらないが、カエル類でも一部に死肉のような動かない餌を食べる種がある。アシナシイモリ類の餌はミミズや昆虫類で、サンショウウオ類も同様である。カエル類の小型種の餌は、アリ、シロアリ、その他の昆虫、クモ、ナメクジ、カタツムリのような無脊椎動物が多いが、大型種はより大きなネズミや小鳥、トカゲやヘビ、ほかのカエルをも食べ、共食いもする。大型種は待ち伏せ型、小型種は探索型の摂餌行動をとることが多い。穴を掘るカエル類のなかには、餌となるアリやシロアリの巣のなかに棲みつくものもある。また、サンショウウオ類、カエル類とも水生種は水生昆虫など無脊椎動物、魚類などを食べ、サンショウウオ類の一部は植物質の餌もとる。草食性のアシナシイモリ類や、完全な草食性のカエル類はいないが、ヌマガエル科の1種は動物質よりも藻類や水草を多く食べるという。アシナシイモリ類、サンショウウオ類では幼生と変態後の餌は基本的に変わらないが、カエル類では成体と大きく異なり、幼生は角質歯を用いて植物質を食べるのがふつうである。

### c. 寿命

両生類は食物連鎖のなかで中位に属するため、ヘビや鳥獣などの天敵が多く、個体数の多い種の生態的寿命は短い。しかし、この類は基本的に生理的に低活性の動物であり、生理的寿命は長い。アシナシイモリ類については知見がないが、これまでに調査された野外個体群では、サンショウウオ類で8～26年、カエル類で4～14年が最長寿命という値が得られている。一般にサンショウウオ類でカエル類より

## G. 生存の現状

両生類の種の多くは，繁殖と生活環初期段階のための水環境と，変態後の生活のための湿度のある陸環境とを必要とする．このため，環境変化は両生類の生存に対して二重の危険性をもたらす．土地開発，農業，森林伐採などの環境破壊は，卵・幼生期には水体の消失，水質汚染をひき起こすし，変態後には生息場所そのものの消失をもたらすと同時に，餌資源の消失をもひき起こす．過去数十年の間に，世界各地の多くの種で個体群の一部が絶滅したり，数が激減したりしているが，その原因はこのような人間活動に帰することができる．加えて，酸性雨，オゾン層破壊による紫外線放射，外来動物による地域個体群への影響が問題とされている．近年，地球上では少なくとも6または7種が絶滅したとされ，有名な例にコスタリカのオレンジヒキガエル（*Bufo periglenes*），オーストラリアのカモノハシガエル（*Rheobatrachus silus*）がある．両者ともに良好な保護区内に生息し，特別な環境破壊がなかったため，その絶滅原因は不明であったが，その後の調査によって，カエルツボカビ菌によるものと断定された．さらに最近はラナウイルスの感染が，両生類の減少をひき起こすとして問題とされつつある．

[参考文献]

Anderson J. S. *et al.* (2008) A stem batrachian from the early permian of texas and the origin of frogs and salamanders. Nature, vol. 453, pp. 515-518.

Frost D. R. (2009) Amphibian species of the world: an online reference, ver. 5.3, American Museum of Natural History. (http://research.amnh.org/herpetology/amphibia/)

Frost D. R. *et al.* (2006) The amphibian tree of life. Bulletin of American Museum of Natural History, vol. 297, pp. 1-370.

松井正文（1996）『両生類の進化』東京大学出版会.

Mattison C. (2007) 300 frogs: frogs and toads around the world, The Brown Reference Group. [松井正文監修・訳（2008）『世界カエル図鑑300種』ネコ・パブリッシング]

（松井正文）

## 12.6 羊膜類の誕生

羊膜類あるいは有羊膜類（Amniota）は，脊椎動物（Vertebrata）の四肢動物類（Tetrapoda）のうち，発生時に羊膜（amnion）をもつ動物群である．羊膜類には爬虫類，鳥類，哺乳類が含まれる．羊膜は，幼生が魚類と同様に水中で成長する両生類段階から，卵殻中の幼生期を過ごす爬虫類段階へと進化する過程であらわれたもっとも重要な派生形質である．

羊膜をもつ卵，羊膜卵には，羊膜以外に，漿膜（chorion），尿膜（allantois）がみられる（図1）．これらは総称して胚膜（embryonic membrane）とよばれる．このうち，羊膜と漿膜は同じ発生の起源の構造である．すなわち，神経胚形成期の初期に，頭部から側方にかけて左右1対の羊膜褶（amniotic fold）とよばれるひだが生じる．このひだは外胚葉がもりあがったもので，後方に広がり前方で左右が癒合して胚を覆う．このようにしてできあがった二重構造の内側の膜が羊膜に，外側の膜が漿膜となる．したがって，羊膜の内側はその構造上から体外の環境を取り込んだものである．その羊膜のなかは羊膜上皮から分泌された羊水（羊膜液）で満たされ，胚はこの羊水にひたされた状態で発育する．

両生類はその成長過程で，魚類の段階をカエル類のオタマジャクシのような幼生期で過ごし，変態して上陸する．一方，羊膜類では，変態までの段階を羊水のなかで過ごす．このような羊膜をつくり上げることによって，羊膜類は水環境から切り離された場所で生活が可能になった．超大陸パンゲアが形成され，乾燥した地域が多くなるペルム紀から，羊膜類の大放散が始まる．

羊膜と同時に形成された漿膜は毛細血管を網目状に発達させ，卵殻の内壁に沿って広がり，酸素と二酸化炭素のガス交換を行なう胚期の呼吸器官となる．羊膜を生み出す体側のひだ状構造が呼吸器官として機能していたと考えられる．

両生類は，そのほとんどが水中に産卵するが，一部に水中での卵の捕食を避けるため地上卵を産むものがいる．さらに地上卵では，幼生期を卵のなかで

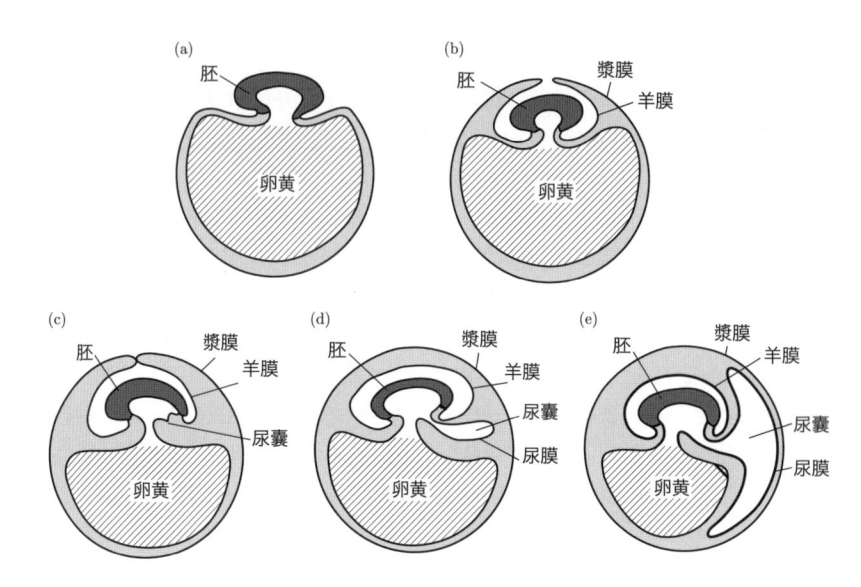

**図1 羊膜卵の発生と胚膜**
(a)〜(e)は発生の順序を示す.

過ごして，そのまま変態し，幼体になるものもいる．これを直接発生という．羊膜卵は直接発生する地上卵の完成形といえるだろう．直接発生するカエル類では，卵内で鰓や皮膚をひだ状に伸ばして毛細血管を張り巡らせ，ガス交換を行なうものが存在する．羊膜類では，呼吸器官として胚の体側から伸びたひだを用いていたものが，胚を包み込んでしまい，ひだの内側の膜が胚を包み込む羊膜となったと考えられる．

もうひとつの胚膜，尿膜はもっと遅い段階で出現する．腸管の終端近くの組織が盲嚢状に膨らみ，尿膜を形成するのである．尿膜は内側が内胚葉，外側が中胚葉性の二重構造をもち，急速に発達して胚の尾端から羊膜と漿膜の間に入って広がり，尿膜となる．ここに窒素代謝の生成物が尿酸として蓄えられる．また，尿膜は漿膜と癒合して，血管網が張り巡らされ，呼吸器官としてもはたらく．

羊膜卵は卵のなかに蓄えられた胚の発育のための栄養分である卵黄の量が非常に多いため，卵黄部分は分裂せずに，胚は卵の上部の胚盤で細胞分裂をくりかえし胚発生が進む．そして，胚盤の縁から細胞が周辺に広がって卵黄を包み込み卵黄嚢を形成する．胚は卵黄を吸収しながら成長していく．

卵白と卵殻は輸卵管内で卵のまわりに分泌され，卵を包む．魚類や両生類の卵のまわりのゼリー層と相同のものとみなすことができる．卵白は水分の供給源と卵の保護を兼ねており，卵殻は卵を乾燥から守る．卵殻には，繊維質で柔らかく，水分を吸収するゴムボール状のものと，炭酸カルシウムを多く含む堅く頑丈なものがある．後者の卵殻でも，空気を通す小さな孔がたくさん空いていて，呼吸が可能になっている．しかも，ヤモリ類にみられる卵は乾燥に強く，卵殻は呼吸のための空気を通過させるが，水分を外部に出さない．卵内にある水だけで育つことができる．

両生類では無尾類のほとんどと原始的な有尾類が体外受精で，有尾類の多くは体内受精だが交接器はなく，精包を受け渡す．羊膜卵は卵殻で覆われた状態で産卵されるので，体外受精することはできない．したがって，羊膜類ではすべて体内受精が行なわれる．ムカシトカゲ類のように，総排泄孔をあわせて精子を送り込むものがいるが，ほとんどの雄が交尾器をもつ．ふつうは総排泄腔にペニスをもつが，有鱗類では尾の基部に1対のヘミペニスをもつ．

[参考文献]

疋田 努 (2002) 『爬虫類の進化』東京大学出版会.
Duellman W. E. & Trueb L. (1985) *Biology of Amphibia*, McGraw-Hill.

（疋田 努）

## 12.7 爬虫類

### A. 爬虫類の分類

爬虫類（Reptilia）は最初にあらわれた羊膜類で，そのなかから，哺乳類と鳥類が進化してきた．羊膜類から哺乳類と鳥類を除いたものが古典的な爬虫類の定義である．したがって爬虫類は単系統群ではない．爬虫類をどのように分類するかは，そこで，分岐分類学と進化分類学との論争のテーマのひとつとなった．分岐分類学者は爬虫類を側系統群だとしてこの分類群を認めない．一方，進化分類学者は側系統群を準系統群とよんで爬虫綱を認める．鳥類はワニ類にもっとも近縁であることは形態や分子情報からよく知られている．化石爬虫類を考慮に入れるならば，鳥類は竜盤類の恐竜の末裔で，生き残った恐竜である．恐竜のなかに鳥類を位置づければ，鳥を綱の階級にとどめるのは，リンネ式の分類では，鳥類を綱として扱う分類は不可能である．

表1に進化分類学式の爬虫類分類体系に哺乳綱と鳥綱の位置を示し，どの分類群が側系統群かを明示した．爬虫綱，哺乳綱，鳥綱を同じ分類階級として扱う伝統的な分類を維持するには，この方法しかない．表2のように，分岐関係を示すために，字下げによって分岐関係を示すことはできるが，リンネ式の分類階級を与えることは不可能である．鳥類の先祖となる恐竜類や原始的な鳥類の化石が発見され，その系統関係が明らかにされた今は，さらに複雑な分岐関係となっており，これをリンネ式の分類で表現するのはさらに難しくなっている．

### B. 爬虫類の特徴

両生類と爬虫類を比較した場合には，爬虫類の特徴はまさに羊膜類の特徴である．爬虫類は羊膜などの胚膜をもつことで定義できる．両生類の幼生期は，魚類と同じで鰓呼吸を行ない，体表には角質がなく，皮膚から分泌される粘液で覆われている．変態し上陸して，鰓が退化し肺呼吸へと移行し，体表に薄い角質層ができる．爬虫類は，卵殻内の羊膜中で直接発生する両生類ということができるだろう．

表 1 爬虫類の分類表

爬虫綱 Reptilia（側系統）
 無弓亜綱 Anapsida（側系統）
  カプトリヌス目* Captorhinida（側系統）
  中竜目* Mesosauria
  エウノトサウルス目* Eunotosauria
 単弓亜綱 Synapsida（側系統）
  盤竜目* Pelycosauria（側系統）
  獣弓目* Therapsida（側系統）
  ―（哺乳綱 Mammalia）
 双弓亜綱 Diapsida（側系統）
  細脚形下綱* Araeoscelomorpha
   アラエオスケリス目* Araeoscelida
  鱗竜形下綱 Lepidosauromorpha
   始鰐目* Eosuchia
   鱗竜上目 Lepidosauria
    ムカシトカゲ目 Sphenodontia
    有鱗目 Squamata
  主竜形下綱* Archosauromorpha（側系統）
   コリストデラ上目* Choristodera
   リンコサウルス上目* Rhynchosauria
   タラットサウルス上目* Thalattosauria
   原始竜上目* Protorosauria（側系統）
   主竜上目* Archosauria（側系統）
    カメ目 Testudines
    槽歯目* Thecodontia（側系統）
    ワニ目 Crocodylia
    翼竜目* Pterosauria
    竜盤目* Saurischia（側系統）
    ―（鳥綱 Aves）
    鳥盤目* Ornithoischia
  鰭竜下綱* Sauropterygia
   偽竜目* Notosauria（側系統）
   長頚竜目* Plesiosauria
  魚竜下綱* Ichthyopterygia
   魚竜目* Ichthyosauria
 位置不明目（双弓亜綱）
  板歯目* Placodontia

*は絶滅群，カメ目を主竜上目へ移行．

しかし，爬虫類は両生類と比べると角質が発達しており，体が鱗や甲板で覆われている．爬虫類の皮膚は丈夫で乾燥にも強いが，皮膚呼吸の能力は低く，肺呼吸への依存が高くなり，肺の構造も両生類に比べて複雑になっている．カメ類では骨質甲板の上に角質甲板が張られており，甲を強化している．トカゲ類やヘビ類の鱗は，硬い角質で，その隙間は柔らかい角質のため，皮膚の伸縮性と強度が保たれるようになっている．哺乳類でもセンザンコウやアルマジロの体，ビーバーの尾には，皮膚が鱗となっているので，鱗をもつのは爬虫類だけの特徴ではない．

表2　羊膜類の分岐関係

羊膜類 Amniota
　単弓類 Synapsida
　　哺乳類 Mammalia
　爬虫類 Reptilia
　　無弓類 Anapsida
　　　カプトリヌス類 Captorhinida
　　双弓類 Diapsida
　　　アラエオスケリス類 Araeoscelida
　　　竜形類 Sauria
　　　　カメ類 Testudines
　　　　偽鰐類 Pseudosuchia
　　　　　ワニ類 Crocodylia
　　　　鳥鰐類 Ornithosuchia
　　　　　鳥類 Aves
　　　　鱗竜類 Lepidosauria
　　　　　ムカシトカゲ類 Sphenodontia
　　　　　有鱗類 Squamata

主要な分類群の分岐を字下げにより階級の違いを示しているが，階級名は与えていない．カメ類は竜形類に移した．(Zug, 1993 より改変)

表3　現生爬虫類の属と種の数

| 分類群 | 属 | 種 |
|---|---|---|
| カメ目 | 86 | 323 |
| ムカシトカゲ目 | 1 | 2 |
| 有鱗目 | | |
| 　トカゲ亜目 | 437 | 5537 |
| 　ヘビ亜目 | 483 | 3346 |
| 　ミミズトカゲ亜目 | 24 | 181 |
| ワニ目 | 9 | 24 |
| 合計 | 1040 | 9413 |

鳥類や哺乳類と比較した場合には，爬虫類は原始的な形質状態でしか定義できない．現生の鳥類と哺乳類が恒温動物で，体温維持のための断熱効果のある羽毛と毛をもつ．一方，原生の爬虫類では，現生種のほとんどが変温動物である．昼行性の多くの爬虫類が日光浴で体温を上げて活動する外温性である．鳥類や哺乳類と比較すると必要とするエネルギーが1/10程度ですむのは有利な点である．特に小さな動物は体温を失いやすいので，恒温動物として生きるのは難しい．

鳥類や哺乳類の心臓が2心房2心室で，ワニ類を除く爬虫類では2心房1心室である点も体温調節と関連している．恒温動物では常に代謝熱を利用して体温を上げる必要があるので，常に酸素をとりこみ，二酸化炭素を排出するために肺へ血液を送り続ける必要がある．心室を二分して体循環と肺循環に分けることが必要となっている．しかし，体温を下げて代謝を落とすことのできる爬虫類（両生類もそうなのだが）にとっては，ガス交換の必要性が低いときに，肺へ血液を流す必要はない．たとえば，潜水中や冬眠中には肺呼吸もごくわずかですむし，皮膚呼吸が行なえるものにとっては，心室から血液を肺に送るか，体に回すかを切り替えることのできるほうがずっと有利なのである．ワニ類の心臓は2心房2心室だが，パニッツア管を開いてバイパスすることにより，2心房1心室の心臓と同様に肺への血流を大動脈へ回すことができる．

### C. 爬虫類の種類

原生の爬虫類の種数は表3にみられるように，有鱗目のトカゲ類，ヘビ類が非常に多い．トカゲ類は中生代にすでに多様化した小型の食虫動物で，小型でエネルギー消費が少ないので，哺乳類や鳥類よりも有利である．一方，ヘビ類は捕食者として非常に優れた能力を獲得して，新生代になって多様化している．ムカシトカゲ目は有鱗目とともに鱗竜上目に入れられているが，トカゲ類よりも原始的な爬虫類で，ニュージーランドに2種だけが生き残っている．

カメ類は三畳紀以来の古い動物群で，300種あまりが知られている．甲で覆われた体制は，捕食者から身を守るのに有効であるが，人による捕獲や環境破壊により減少の一途をたどっている．ワニ類もカメ類同様三畳紀以来の動物群で，淡水域に棲む大型の捕食者で，その能力の高さは最近の研究で明らかとなっている．淡水域に大型哺乳類の捕食者がいないのはワニ類がその生態的地位を占めているためではないかと思われる．

### D. 爬虫類の進化

化石爬虫類を含めた爬虫類の大分類は，頭骨の側頭部になる側頭窓の形状による（図1）．もっとも原始的な頭骨は，側頭窓のない無弓型で，それから派生した側頭窓がひとつの単弓型，側頭窓が上下にふたつある双弓型である．「弓」は側頭窓を区切る骨のアーチのことで，側頭窓がひとつならばアーチがひとつで，ふたつならばふたつのアーチが存在する．

## 12.7 爬虫類

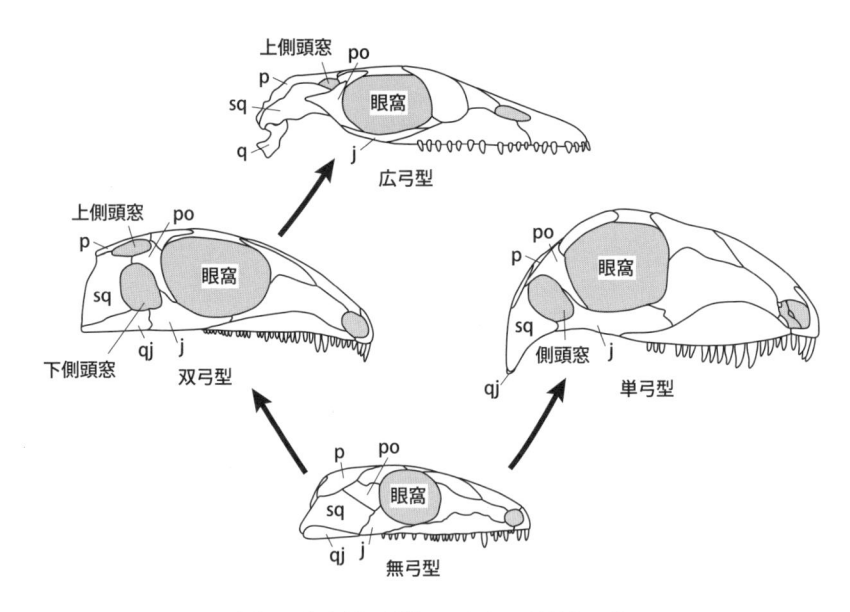

**図1** 爬虫類の頭骨にみられる側頭窓の型

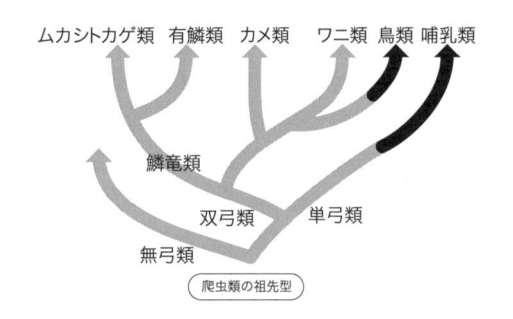

**図2** 爬虫類の各群と鳥類，哺乳類の関係を示す系統樹

アーチの幅が広い広弓型は双弓型の下の側頭窓が失われたものである．この特徴に基づいて，無弓類，単弓類，双弓類という分類群が設けられた．カメ類の頭骨は無弓型で無弓類，カメ類以外の原生爬虫類は双弓類で，単弓類の子孫は哺乳類である．ところがカメ類の起源について分子系統による調査が徹底的に行なわれた結果，カメ類は明らかに双弓類に属することが明らかになった（図2）．カメ類の双弓型の頭骨は二次的な側頭窓が失われたものである．

カプトリヌス類はもっとも原始的な爬虫類で，無弓型の頭骨をもち石炭期中期に出現した．石炭紀後期には無弓類から単弓類と双弓類が現れる．

単弓類は哺乳類を産みだした分類群で，哺乳類様爬虫類とよばれる．学者によっては，爬虫類様哺乳類とよぶこともある．原始的は単弓類である盤竜類は，石炭期の後期から栄え，ペルム紀に獣弓類と交代する．獣弓類の体型は哺乳類に非常に近く，三畳紀には獣弓類から哺乳類が進化してきた．しかし，ジュラ紀に入るとこのグループは恐竜類にとって代わられ，わずかに生き残っていた哺乳類が恐竜の絶滅後に新生代に大放散したのである．

現生の爬虫類と哺乳類の違いとして古くから知られている形態的特徴に耳小骨がある（図3）．哺乳類では鼓膜と内耳をつなぐのは，槌骨，砧骨，鐙骨だが，爬虫類では耳小柱（鐙骨と相同）が鼓膜と内耳をつなぐ．このような違いは，原始的は単弓類には内耳に音を伝える構造がなく，単弓類は，盤竜類，獣弓類，哺乳類へと進化をする過程で，双弓類とは独立に耳を進化させたのである．獣弓類と哺乳類の中間的な化石から明らかとなったのは，哺乳類型の耳小骨は下顎の間接部に由来していることである．哺乳類の槌骨は爬虫類の関節骨，砧骨は方形骨，鐙骨は耳小柱（魚類の舌顎骨）と相同である．さらに，下顎の角骨も中耳を覆う鼓骨となっている．

双弓類は単弓類と同じく，石炭紀後期に出現した．原生の爬虫類はすべてこの分類群に含まれる．中生代に栄えた大型の化石爬虫類，恐竜類，翼竜類，魚竜類，鰭竜類などはすべて双弓類である．

双弓類の耳小柱は，鼓膜の震動を内耳伝える細い骨だが，哺乳類の三つの耳小骨と比べて音を伝える

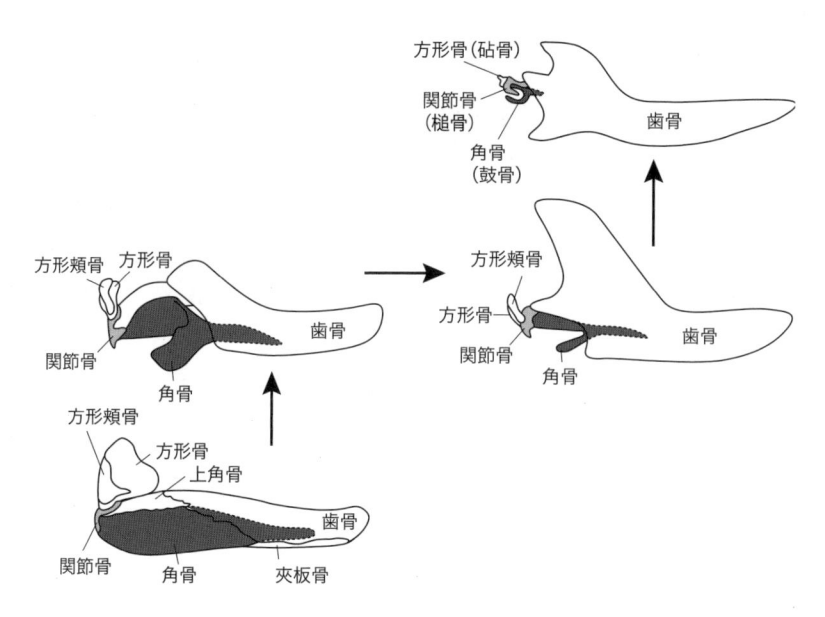

**図3** 哺乳類型の中耳骨の進化

機能が劣るわけではない．双弓類の一員で恐竜の子孫である鳥類の他の双弓類と同様にひとつの耳小柱をもつが，音声のコミュニケーションを行なう動物であり，聴覚が発達していることを示している．原生の爬虫類はほとんどが耳小柱を備えており，聴覚は発達していることがわかる．ただし，有鱗目のヘビ類では鼓膜も耳孔もなく，耳小柱も筋肉のなかに埋もれている．地面の震動を感じ，皮膚で音の振動を感じることができるが，聴覚の能力は低い．ヘビ類の祖先は地中性活を行なっていたために，四肢や眼，耳が退化したと考えられている．

　原始的な特徴を残した羊膜類である爬虫類は，原生のカメ類，ワニ類，有鱗類でも，非常に異なる形態的特徴を備え，異なる生態的地位を占めている．したがって，爬虫類をひとまとめに論じることは難しい．また，化石爬虫類のデータは，獣弓類から哺乳類への変化は連続的で，恐竜類から鳥類への進化も連続的である．羽毛のある恐竜が発掘されたことから，恐竜類の多くが恒温性であったと考えられている．爬虫類の研究はまだ多くの未知の領域が残されている．

［参考文献］

疋田 努（2002）『爬虫類の進化』東京大学出版会.

コルバート E. H.・モラレス M.・ミンコフ E. C. 著，田隅本生訳（2004）『脊椎動物の進化 第5版』築地書館.

（疋田 努）

## 12.8 中生代の大型爬虫類

　中生代は，恐竜に代表される大型爬虫類が繁栄をきわめた時代であった．ここで「大型」の定義を人間よりはるかに大きい，すなわち体長3m以上，推定体重1トン以上としてみると，以下のようなグループに顕著な大型化が認められる．

### A. 大型化爬虫類の種類

　竜盤目（Saurischia）：竜脚形類（Sauropodomorpha）および獣脚類（Theropoda）で独自に大型化が生じている．獣脚類の場合，ティラノサウルス科（Tyrannosauridae）やアベリサウルス科（Abelisauridae）など少なくとも五度は独立に大型化が生じていると考えられる．ジュラ紀後期から白亜紀の竜脚類では特に顕著な大型化が認められ，最大で体長35m，体重は50〜70トン程度に達したと推定される．

　鳥盤目（Ornithischia）：角竜類（Ceratopsia）や鳥脚類（Ornithopoda），曲竜類（Anlylosauria）など少なくとも六度は独立に大型化が生じている．角竜類のケラトプス科（Ceratopsidae）やハドロサウルス科（Hadrosauridae）の一部の種類で体重10トンに達したと推定される．

　このように，大きい動物の代名詞とされる恐竜においては，ほとんどの種類が大きかったというより，体躯の大型化がさまざまな系統群において収斂現象として頻繁に（少なくとも十二度）生じたと考えるべきである．

　ワニ目（Crocodylia，あるいはワニ型目 Crocodyliformes）：白亜紀の水陸両生のワニ類で特に大型化したものが知られる．デイノスクス（Deinosuchus，北米産）やサルコスクス（Sarcosuchus，アフリカと南米産）で体長12m，体重8〜9トンと推定される．

　槽歯目（Thecodontia）：のちの水陸両生のワニ類に外観が酷似した三畳紀後期のフィトサウルス類（Phytosauria）で体長12mに達した種類が知られる．

　カメ目（Testudines）：白亜紀に出現した海生のウミガメ上科（Chelonioidea）のなかにアルケロン（Archeron）やメソダーモケリス（Mesodermochelys）のように甲長2m前後，体重が1〜2トンと推定される巨大な種類が認められる．ちなみに現在のオサガメ（Dermochelys）でも最大の個体は体重900kgほどになる．

　魚竜目（Ichthyosauria）：三畳紀前期から白亜紀中頃まで生存していた魚そっくりの体型を進化させた海生爬虫類．もっとも著しい多様化と大型化が認められたのは，三畳紀後期である．カナダで発見されたショニサウルス（Shonisaurus）では，体長21mに達しており，あらゆる海生爬虫類を通じて最大であった．

　鰭竜目（Sauropterygia）：首や頭部のプロポーションに差異はあるが，胴体はウミガメのようなシルエットをしている．ジュラ紀から白亜紀にかけて大型化が顕著であり，体長10mに達するものが知られている．白亜紀のエラスモサウルス（Elasmosaurus）は，体長14m，体重は2トンに達したと推定される．

　有鱗目（Squamata）：トカゲやヘビの仲間であるが，白亜紀後期に出現した海生のモササウルス科（Mosasauridae）でとりわけ大型化した．モササウルス（Mosasaurus）やティロサウルス（Tylosaurus）のように体長15mに達したものが知られている．

　翼竜目（Pterosauria）：飛行性の動物であったため体重は最大にみつもっても人間ほど（100kg以下）であったと思われるが，白亜紀に特に大型化したことが知られる．ケツァルコアトルス（Quetzalcoatlus，北米産）では，翼開長12m，地上にいる場合でも頭の高さはキリンなみの5mに達したと推定される．

　以上のように，一部の水生爬虫類を除けば，ジュラ紀後期から白亜紀にかけて爬虫類の大型化が特に顕著であったことがわかる．陸生爬虫類にかぎると，ジュラ紀は竜脚類の巨体が目立っていたが，白亜紀になるとさまざまな鳥盤類や肉食恐竜で大型化が収斂現象として発展した．恐竜類でとりわけ巨大化が発達した背景として，体重を陸上において経済的に支持できる四肢の構造が発達していたこと，また代謝が著しく効率的であるため巨体の割に食物をそれほど必要としなかったことが考えられる．竜脚類を例にあげると，筋肉をなるべく節約して，代わりに靱帯や骨格などで首や尾の体勢をローコストで維持

するしくみが発達していた．さらに首から胴体にかけて骨格内部の空洞化が発達して，骨格の重量を著しく軽減する構造にもなっていた．ちなみに大型恐竜のエネルギーコストが低く抑えられていたことは，彼らの脳が小さかった（最大でも250 g程度）ことからも類推できる．

## B. 巨大化の意味

### a. 巨大化することの短所

体躯を成長・維持させ，移動するのに必要な1個体あたりのエネルギーコストが大きくなることにより個体数がかぎられてしまう．その結果，食物の多寡など環境変動の影響を受けやすく，種を維持していくための個体数を確保することが難しくなりやすい．また個体数がかぎられることで種内の多様性が小さくなり，種数もかぎられてくるので，環境の変動に対する柔軟性が小さくなるリスクも大きい．一般に成熟に要する時間も長くなるので，世代交替に時間がかかるようになるが，これも環境の変動に対する弱点となりうる．

### b. 巨大化することの長所

体積に対する体表面積の減少により体温の変動が小さくなることでエネルギー効率が高まる．一般に大型化するほど食物や生息環境を巡って競合関係にある生物の種数や個体数は減少するので生存率が高まる．また周囲の捕食者より大型化することで成体になれば捕殺される危険が小さくなる．一般に大型化にともなって新陳代謝が下がるため，個体レベルの寿命が伸長し，長期間にわたって安定した繁殖システムを確立することが可能になる．さらに脂肪などを体内に蓄えることで乾季など食物や水分が不足する厳しい条件下での生存率も高くなると思われる．

### c. 巨大化の考察

巨大化する際の欠点である個体レベルでのエネルギーロスを最小限に抑えることで，巨大化によって実現可能な長所を活用することが可能となる．巨大化した恐竜は極端な省エネルギーの生理機構を獲得していたため，サイズに比べてエネルギーロスが少なかった可能性が高い．大型恐竜の個体数は非常に多く，生殖に必要な個体数を維持することも容易であったのであろう．したがって巨大化によって得られる長所を存分に活かし，さらにいっそうエネルギー効率を向上させていたと考えられる．

## C. 白亜紀末における大型爬虫類の大量絶滅

白亜紀末に大きなグループ単位で絶滅した四足動物は，恐竜や海生爬虫類など体重1トンをこえる大型の脊椎動物であった．実際に体重1トン以上と推定される爬虫類で白亜紀末を生き延びた種類は確認できない．つまり大型爬虫類の存在を困難にするような環境の変動が起きたためひき起こされた大量絶滅であったことは間違いないと思われる．それがどのような原因によるものであったかについては隕石衝突説を筆頭に絶え間のない科学論争の的になってきた．

白亜紀末に起きた環境変動の原因が何であれ，食物の供給が大きく減少したことが当時最大のエネルギー消費者であった大型爬虫類に致命的な影響を与えたと推察できる．ただし昆虫やカメ類など大多数の小型ないし中型の変温動物には目立った絶滅が認められないことから，食物連鎖の根本的破壊にまでは至っていなかったように思われる．つまり入手可能な基礎的食物（陸上では植物）の絶対量は目立って減少したが，生態系の破壊にまでは至らないような変化が想像できる．もっとも容易に想像できるのは，夏期の暑さはほぼ同じながら冬期において気温が著しく低下するという状況，すなわち気温の年較差の増大ではないかと思われる．ちなみに白亜紀末には，年間の平均気温や海水温の顕著な低下が酸素同位体の変動や化石記録から確認されており，気温の年較差が増大したことは容易に類推できる．気温の年較差の増大した状況が一定期間（数十年ないし数百年？）続くことで巨大な変温動物の子供や若年個体が斬減していき，ついには種として消滅してしまったということは大いにありそうなことである．

[参考文献]

Benton M. J. (2004) *Vertebrate Palaeontology*, Blackwell Pub.

平山 廉 (1999)『最新恐竜学』平凡社新書, p.276.

平山 廉 (2007)『カメのきた道 — 甲羅に秘められた2億年の歴史』NHKブックス, p.206.

（平山 廉）

## 12.9 有鱗類

有鱗目（Squamata）はトカゲ，ヘビに代表される爬虫類の一群である．現生の爬虫類ではもっとも多様な分類群で，ムカシトカゲ目とともに，双弓亜綱鱗竜形下綱鱗竜上目に含まれる．有鱗目は，トカゲ亜目，ミミズトカゲ亜目，ヘビ亜目の3亜目に分けられ，それぞれ5537種，181種，3346種からなり，現生爬虫類9413種の約96%を占める（2011年8月現在）．ミミズトカゲ類とヘビ類はトカゲ類に由来した単系統群だが，トカゲ亜目はそれらの祖先となる側系統群である．

有鱗目の名は，体表を覆う角質の鱗に由来するが，鳥類の脚や，ビーバーの尾のように上皮を鱗で覆うものは，爬虫類以外にもみられる．角質の鱗化は有羊膜類に広くみられる現象である．背面が角質の鱗でおおわれる哺乳類のセンザンコウ目（鱗甲目）Pholidotaが有鱗目と訳されることがある．有鱗目の派生形質については，ムカシトカゲとの比較から詳しく調べられている．他の爬虫類と比較して明らかな派生形質のひとつは1対のヘミペニスをもつことである．ヘミペニスは袋状の構造で，尾のつけ根に収められており，交尾時には裏返しになり，反転して出てくる（図1）．他の爬虫類，鳥類，哺乳類では単一のペニスをもち，多くは総排出腔に収められている．ムカシトカゲはヘミペニスもペニスももっていない．もうひとつの派生形質は卵歯である（図2）．卵歯は前顎骨に生える切歯が前方に突き出したもので，これによって堅い卵殻を壊したり，柔らかい卵殻を切り裂いたりする．有鱗類以外の爬虫類と鳥類ではくちばしや吻端にある角質の卵角で卵殻を壊す．有鱗類のもうひとつの派生形質は，頭骨の下側頭窓の下のアーチが失われることである．ムカシトカゲは典型的な双弓型の頭骨をもつが，有鱗類では方形頬骨が退化して，頬骨と方形骨をつなぐ下側頭窓の下側のアーチが失われ，方形骨が可動になっている（図3）．化石の特徴から有鱗類の進化を調べるにはこの特徴がもっとも重要であり，有鱗類の起源はこの特徴から議論されている．

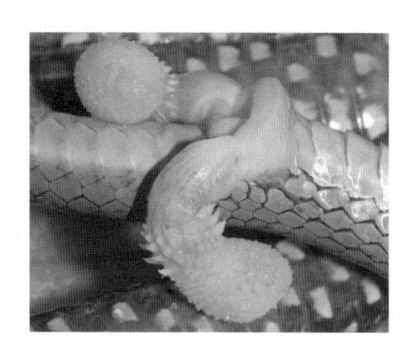

**図1** アオヘビのヘミペニス

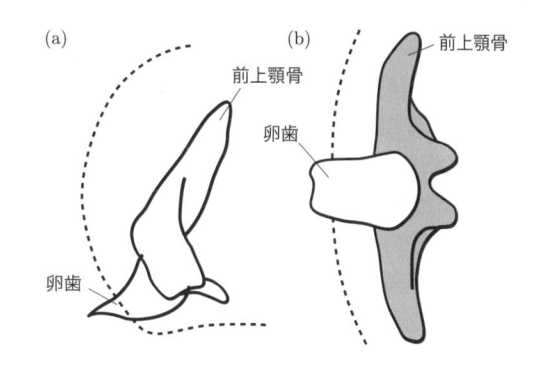

**図2** トカゲ類の卵歯
(a) 側面，(b) 背面．

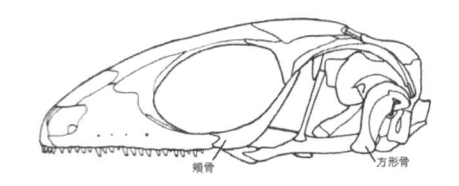

**図3** ニホントカゲ頭骨側面図

有鱗類の起源は約2億年前，三畳紀末からジュラ紀のはじめで，ムカシトカゲ類から分化した．パリイグアナやクーネサウルスなどの原始的な有鱗類とされていたものは，平行的に方形頬骨の退化と下側頭窓の下のアーチの退化が生じたものである（Estes et al., 1988）．ジュラ紀には現生の有鱗類の下目にあたるグループがすでに出現している．

原始的な有鱗類であるトカゲ類は，基本的に昆虫食の小型動物で，おもに昆虫や小型の無脊椎動物を食べる．昆虫食者は小さな獲物を捕食するだけでは，大型化するとコストがかかりすぎて生活できないのである．トカゲ類は小型の昆虫食者の生態的地位を恐竜の時代から維持してきた動物群ということで

きる．例外的にイグアナ亜科のような植物食へ適応したもの，オオトカゲ科のようにより大きな動物を食べる肉食への適応をとげたものだけが大型化している．

トカゲ類は変温動物である．そのうち温帯・寒帯域に棲む昼行性の種は多くが外温性で，日光浴により体温を上げて活動し，休息時には体温を下げる．冬眠時にもエネルギーの消費は少ないので，秋のうちに蓄えた栄養で春から初夏に繁殖を行なうものが多い．熱帯地域では年中繁殖するものがほとんどで，森林内の適温の場所に生活するものが多く，その多くは強い日射にさらされると体温が上がりすぎて，熱死してしまう．

有鱗目内の分類と系統関係については，Camp (1923) の形態的な特徴に基づく優れた古典的な研究がある．その後 Estes et al. (1988) が形態形質による分岐解析を行ない，その系統関係を解析している．分子系統学的な研究は現在進行しつつある．有鱗目内の系統関係とヘビ類やミミズトカゲ類の起源については，ミトコンドリア全ゲノムや核の遺伝子を含めた分子系統解析が進められているが，まだ信頼性の高い系統樹は得られていない（Townsend et al., 2004; Kumazawa, 2007 など）．ヘビ類については，長枝誘引の効果のために，系統関係の推定が難しい可能性がある．また，有鱗類の外群はムカシトカゲのみのため，系統樹のルートの推定にも問題がある．

有鱗目の分類では舌の形態の違いが重要である．有鱗類の舌は大きくふたつに分けられる．カメレオンのように舌先で餌を把握できるものと，舌を使わずに顎でくわえて餌を捕らえるものである．アリを捕食できるかどうかは，これと関連しており，前者はアリをよく食べるが，後者はアリを避ける（Vitt & Pianka, 2005）．

前者がイグアナ下目（Iguania）で，これにはイグアナ科，アガマ科，カメレオン科が含まれる．舌で餌を捕らえ，よくアリを食べる．おもに昼行性の樹上生活者で，視覚が優れており，眼で餌をみつける．多くは待ち伏せ型の捕食者である．有鱗類にもっとも近縁な外群であるムカシトカゲがこの型の舌をもつので，このグループが原始的とされている．

後者の舌先で餌を把握できないものは，堅舌類（Scleroglossa）とよばれる．視覚とともに嗅覚を用いて餌を探し，多くは探索型の捕食者である．このグループはさらにふたつに分けられる．鋤鼻嗅覚に優れた専舌類（Autarchoglossa）とそれほど発達していないヤモリ下目（Gekkota）である．鋤鼻嗅覚をよく用いる専舌類は舌先でにおい成分をとりこむためによく舌出しを行なう．口蓋に1対ある鋤鼻器に対応するように舌の先端がふたつに分かれているものが多い．

ヤモリ下目には，ヤモリ科，トカゲモドキ科，ヒレアシトカゲ科が含まれる．においを嗅ぐのはおもに鼻腔の主嗅上皮である．ほとんどが夜行性の樹上生活者である．

専舌類はふたつの下目からなる．ひとつはトカゲ形下目（Scincomorpha）で，トカゲ上科，カナヘビ上科，ヨロイトカゲ上科を含む．もうひとつはオオトカゲ下目（Anguimorpha）で，オオトカゲ下目（Platynota）とアシナシトカゲ下目（Anguioidea）を含む．鋤鼻嗅覚にすぐれており，よく舌出しをする．昼行性の地上あるいは地中性活をするものが多い．

海生の化石有鱗類であるモササウルス科はオオトカゲ科に近縁な動物群で，四肢が鰭化し，尾も側偏した完全に海生生活に適応したグループである．白亜紀中期に魚竜類の絶滅したのちに出現し，放散したもので，全長18mにもなる大型種も存在した．

ヘビ亜目とミミズトカゲ亜目が，トカゲ亜目のどのグループから進化してきたかについては，いろいろな説がある．いずれも鋤鼻嗅覚に優れていることから，少なくとも堅舌類に含まれ，専舌類に近いものと考えられている．

ミミズトカゲ類は，地中生活に特殊化したグループで，地中にトンネルを掘り，そのなかを前後に移動することができる．ほとんどの種が四肢も眼も退化しており，頭部をシャベルや鋤のように動かしてトンネルを掘る．前肢だけがモグラのように発達していて，これで穴を掘るアホロテトカゲはミミズトカゲ類でも例外的なものである．

ヘビ類は白亜紀に出現したが，新生代になって哺乳類が放散するのと同時に多様化している．哺乳類

から昆虫まで多くの動物を補食し，カエル食，カタツムリ食，魚食，ヘビ食など食性の分化も進んでいるが，幅広く多くの動物群を捕食する種もいる．地上性，地中性，樹上性，淡水性，海洋性と生活場所も多様である．ヘビ類の起源については，海棲起源説と地中生活起源説が対立している．

ヘビ類にはピット器官を発達させ，赤外線視覚をもつものがいる．マムシ，ハブ，ガラガラヘビなどのクサリヘビ科マムシ亜科のものと，ニシキヘビやボアなどのボア科のものである．前者は眼と鼻孔の間に頬窩を備えている．左右1対の頬窩から得られた赤外線画像情報は眼の視覚情報と同じ脳の視蓋に送られており，まさに赤外線視覚を獲得していることが明らかにされている．後者のボア科ではピット器官は唇窩とよばれ，上唇または下唇の鱗に複数存在する．頬窩のほうが唇窩よりも感度が高い．

[引用文献]

Estes R. *et al.* (1988) Phylogenetic relationships within Squamata. pp. 119–281. in Estes R. and Pregill G. eds., *Phylogenetic Relationships of the Lizard Families*, Stanfrod University Press.

Camp C. J. (1923) Classification of the lizards. *Bulletin of the American Museum of Natural History*, vol. 48, pp. 289–481.

Townsend T. M. *et al.* (2004) Molecular phylogenetics of Squamata: The position of sankes, amphisbaenians, and dibamids, and the root of the squamate tree. *Syst. Biol.*, vol. 53, pp. 735–757.

Vitt L. J. and Pianka E. R. (2005) Deep history impacts present-day ecology and biodiversity. *Proc. Natl. Acad. Sci. USA*, vol. 102, pp. 7877–7881.

Kumazawa Y. (2007) Mitochondrial genomes from major lizard families suggest their phylogenetic relationships and ancient radiation. *Gene*, vol. 388, pp. 19–26.

[参考文献]

江口栄介・蟻川謙太郎 編『いろいろな感覚の世界』学会出版センター．

疋田 努 (2002)『爬虫類の進化』東京大学出版会．

Vitt L. J. and Caldwell J. P. (2009) *Herpetology* (3rd ed.), Academic Press.

（疋田 努）

## 12.10 主竜類

主竜類（Archosauria）は古生代ペルム紀末に出現し，中生代の陸上生態系において優勢となった爬虫類の分類群であり，上目のランクに相当する．「支配的な爬虫類」を意味するギリシア語からこの名がついた．いわゆる恐竜を構成する竜盤目（Saurischia）や鳥盤目（Ornitischia），飛行性爬虫類の翼竜目（Pterosauria），ワニ目（Crocodylia，あるいはワニ形目：Crocodyliformes），さらにこれらの祖先形となった槽歯目（Thecodontia）といった多種多様なグループが主竜類を構成する．

### A. 主竜類の特徴と初期のグループ

主竜類は，長い歯根をもった歯が顎骨内の歯槽に収まることや，眼窩の前方に前眼窩窓があること，さらに四肢が胴体の側方ではなく，斜めもしくは真下につくことなどの派生的な形質を共有する．これらの形質は，主竜類が他の四肢動物より力強く咬むことができるようになったこと，またより経済的に体重を支えて素早く移動することが可能になったことを示唆している．主竜類では，上記のような四肢構造の改変によって移動の際に胴体を側方にくねらせる動きが小さくなったと考えられるが，三畳紀以降にみつかる主竜類のものと考えられる歩行化石にも移動様式の変化が如実に示されている．主竜類の台頭する以前のペルム紀の陸上生態系では，単弓類（いわゆる哺乳類型爬虫類）が圧倒的に優勢であったが，ペルム紀末の大量絶滅で多くのグループが絶滅してしまった．主竜類は三畳紀になると，まず最初にプロテロスクス類（Proterosuchia）のように大型の捕食動物としての地位を確立したが，四肢にみられる効率のよさが優位に作用したと考えられる．なお，主竜類の分類においては，足首の関節骨の形態に基づいて系統関係を大別することが認められている．

槽歯類は分岐分類学的には多系統な一群であり，ペルム紀末から三畳紀にのみ生息していた．本群には，もっとも原始的なプロテロスクス類，恐竜の祖先形

となった二足歩行のラゴスクス類（Lagosuchidae），ワニ類につながる偽鰐類（Pseudosuchia），ワニ類に収斂したフィトサウルス類（Parasuchia, 植竜類 Phytosauria ともよばれる）などを含んでおり，これらをいずれも独立した目に入れても差し支えないほど多様化が著しい．特に偽鰐類には，装甲を発達させた植物食のエトサウルス科（Aetosauridae），背中に帆のような構造を発達させたロトサウルス（Lotosaurus），二足歩行で肉食恐竜のようなオルニトスクス類（Ornithosuchidae）など外観のまったく異なるグループが含まれている．槽歯類で最大のものは，三畳紀後期のフィトサウルス類の仲間で体長 12 m に達した．フィトサウルス類はジュラ紀以降のワニ類に類似した水陸両生の捕食動物であったが，鼻孔の位置が鼻先ではなく，目のすぐ上に位置していたことで後者と識別される．

### B. 恐竜や翼竜，ワニ類など多様な主竜類

竜盤類と鳥盤類は恐竜を構成する 2 目であり，大腿骨が関節する骨盤の寛骨臼の奥に骨の壁がなくなり，貫通していることがもっとも目立った共有派生形質である．後肢で二足歩行することが恐竜類の基本姿勢であるが，大型化した植物食恐竜には四足歩行の体制に戻ったものがふつうにみられる．ただし，骨格や歩行化石を分析すると，四足歩行の恐竜においても体重の大半は後肢によって支持されていたことが明らかである．恐竜においては，体重を四肢で支持することがとりわけ効率的であったと思われるが，このことが多くの恐竜の系統群において大型の種類が派生する伏線になったのであろう．竜盤目の竜脚類（Sauropoda）は，史上最大の陸生脊椎動物を含むことで名高い．その正確な最大値は不明であるが，体長 35 m 前後，体重 70 トンほどが信頼できる上限と考えられている．南米アルゼンチンにおける最古の恐竜化石の研究により，三畳紀後期（2 億 2800 万年前）には竜盤類や鳥盤類の複数のグループに分化していたことが判明している．

翼竜類は，三畳紀の終わりから白亜紀末にかけて生息した飛行性の爬虫類であり，もっとも早期に空中に進出した脊椎動物であった．前肢の第四指が異常に伸長して皮膜からなる翼の支柱となる点で，鳥類やコウモリとは大きく異なっていた．頭部が大きく，魚食性のものが多かったと考えられる．初期の翼竜類は翼開長 1 m 未満であったが，白亜紀になると大型化が顕著となり，翼開長 12 m と推定される巨大な種類も知られている．

ワニ類（あるいはワニ形類）は，三畳紀中期に登場するが，初期のグループは四肢が長く，ほぼ直立姿勢で移動しており，俊敏な陸生の捕食者であった．三畳紀後期には，陸上の生態系において最大捕食動物の地位をめぐって肉食恐竜と競合関係にあったものと考えられる．ジュラ紀になると，現在のような水生あるいは水陸両生の種類が優勢になる．しかし，南米やアフリカなど南半球では白亜紀にかけて多様な形態や大きさの陸生ワニ類が生息しており，現在のトカゲ類（有鱗目 Squamata）に相当するニッチを占めていたと思われる．ジュラ紀から白亜紀にかけて海生のワニ類もごく普通にみられたが，古第三紀で姿を消してしまった．

主竜類は，以上のように三畳紀後期において主要な陸上脊椎動物としての地位を確立し，ジュラ紀から白亜紀にかけて圧倒的に優勢な大型動物となった．だが白亜紀末に恐竜類と翼竜類が絶滅してしまい，ワニ類も南半球などにいた陸生ワニ類が同時期に滅びたものと思われる．

なお鳥類は，20 世紀末から 21 世紀にかけて中国遼寧省で発見があいついだ一連の「羽毛恐竜」の化石の解釈から，羽毛を発達させた小型の獣脚類（竜盤目）から派生したことが確実と考えられており，主竜類の一群とみなすことができる．遼寧省では白亜紀前期の鳥類化石が大量にみつかっており，当時すでに翼竜類をしのぐ多様性をもっていたことが判明している．

ワニ類，翼竜類，恐竜類，および鳥類は，石灰質の卵殻を発達させることでも特徴づけられるが，これは三畳紀以前の有羊膜類にはみられない特徴であり，三畳紀終わりの陸上の乾燥気候に対応した共有派生形質のひとつと考えられる．

ペルム紀終わりから三畳紀に出現した祖竜類（Protorosauria，プロラケルタ類：Prolacertiformes に含めることもある）やリンコサウルス類（Rhynchosauria），トリロフォサウルス類（Trilophosauria），

コリストデラ類（Choristodera）などは，主竜類の姉妹群に相当する目である．これらのグループと主竜類をあわせて主竜形類という，亜綱に相当するより上位の分類群にまとめている．リンコサウルス類は，三畳紀の中ごろから後半にかけて陸上でもっとも繁栄した植物食の動物であった．オウムの嘴のような口と，頬歯が多数の細かい歯列から構成されることに大きな特徴があった．三畳紀のタニストロフェウス（*Tanystropheus*）は，祖竜類の一種だが，体長の半分以上を長い首が占めるという異常な体形で知られている．これらのグループの大半は，三畳紀の終わりまでに絶滅してしまったが，コリストデラ類だけは新生代第三紀まで生き延びた．

### C. カメ類は主竜類か？

なお，近年は分子系統学的な手法から，かつて原始的な有羊膜類の生き残りとされたカメ類（testudines）が，双弓類のなかでもワニ類や鳥類などに近縁であることが示されている．これはカメ類が石灰質の卵殻を主竜類と共有することとも調和的である．2008年に中国の三畳紀後期から報告された最古のカメであるオドントケリス（*Odontochelys*）では，後肢の第五指が消失している．このような指の数の欠損は，四肢の発達した有羊膜類のなかでも恐竜やワニ類，翼竜類など主竜類の一部のグループにのみみられる特徴であり，これが収斂現象によるものであったとしても，カメ類が主竜類のなかに含まれることを示唆する興味深い特徴といえよう．

［参考文献］

Benton M. J.（2004）*Vertebrate Palaeontology*, Blackwell Pub.

平山 廉（1999）『最新恐竜学』平凡社新書．

平山 廉（2007）『カメのきた道 — 甲羅に秘められた2億年の歴史』NHKブックス．

Li C. *et al.*（2008）An ancestral turtle from the Late Triassic of southwestern China. *Nature*, vol. 456, pp. 497-501.

Martínez R. N. & Alcober O. A.（2009）A basal sauropodomorph (Dinosauria: Saurischia) from the Ischigualasto Formation (Triassic, Carnian) and the early evolution of Sauropodomorpha. *PLoS ONE*, vol. 4, pp. 1-12.

（平山 廉）

## 12.11 カメ類

カメ類は脊椎動物門・爬虫綱に属するカメ目（Testudines）のことをさす．鱗が板状に拡大した鱗板と皮骨起源の甲板，および甲板に癒合した10個（最古のカメ，オドントケリス〈*Odontochelys*〉では9個）の椎骨や肋骨が一体となった甲羅をもつことがもっとも顕著な特徴である．甲羅は，背中側の背甲と腹側の腹甲からなり，総計60枚前後の甲板から構成される．腹甲の前方は，鎖骨や間鎖骨が変形してできたものと考えられる．すべてのカメ類において8個の頸椎から首が構成されており，ジュラ紀以降のものでは著しく可動性が発達し，頭部を甲羅の内部に引っ込めることができるようになった．

最古のカメ類の化石は三畳紀後期（約2億2千万年前）から報告されている．カメ類には約290種におよぶ現生種（12科に分類）に加えて，19科300属に達する絶滅分類群が認められる．三畳紀からジュラ紀にかけてプロガノケリス（*Proganochelys*）など首の可動性の小さな祖先形のカメ類がいたが，甲羅の基本形はすでに完成されていた．既知のカメ類は頭骨に側頭窓をもたないことなどから，このグループを古生代型の無弓類の生き残りとする見解が19世紀よりあったが，他の爬虫類との中間形は知られていない．20世紀末になると，塩基配列の解析や石灰質の卵殻を発達させるなどの派生形質から，カメ類はむしろ主竜類に近縁な特殊化した双弓類ではないかと考えられるようになった．2008年，腹甲に比べて背甲の形成が不完全なオドントケリスの化石が中国の三畳紀後期の地層から発見され，カメ類の甲羅の形成過程に関する新たな知見がもたらされたが，その形態学上の起源は依然として不明である．

メイオラニア類（Meiolaniidae科）は頭部に角を発達させた特異なカメ類であり，オーストラリアと南米の白亜紀から第四紀にかけて知られる．メイオラニア類は，首に大きな肋骨が残存するなど三畳紀のカメ類にみられる原始的な形質を保持していることから，ジュラ紀前期には分岐した初期カメ類のレリックとも考えられる．メイオラニア類は，オース

トラリアや周辺の小島では歴史時代まで残存していたが，渡来した人類の影響で絶滅した可能性がある．

その他の現生種は潜頸類（Cryptodira）と曲頸類（Pleurodira）に二分される．潜頸類はジュラ紀中期，曲頸類はジュラ紀後期に出現し，それぞれおもに北半球と南半球で繁栄し，白亜紀に入ると著しい適応放散を示すようになる．これは首の屈曲度の増大，またパンゲア超大陸の分裂やこれにともなう気候変化と密接に関連していると考えられる．首の自由度が増大するとともに，捕食者の攻撃からの生存率が増大しただけでなく，食性が多様化したことが頭骨の咬合面の形態変化から類推できる．白亜紀の北半球では，スッポン上科のグループが多様化し，現生のスッポン科（Trionychidae）やスッポンモドキ科（Carettochelyidae）に加えて，アドクス科（Adocidae）やナンシュンケリス科（Nanhsiungchelyidae）などの絶滅群が認められる．ナンシュンケリス科は，のちのリクガメ科（Testudinidae）に収斂した陸生の生態をもっていたが，白亜紀末に絶滅した．

白亜紀中ごろには，四肢が鰭状となり海生適応した潜頸類のウミガメ上科（Chelonioidea）が出現した．ウミガメ類では，首の自由度は二次的に退化したと考えられる．涙腺が肥大することにより，海水に含まれる余分な塩分を体外に排出する特異な生理機構を進化させている．白亜紀後半のウミガメ類は，北米のアルケロン（*Archelon*）や日本でみつかるメソダーモケリス（*Mesodermochelys*）などのように甲長 2 m 前後に達する史上最大のカメ類に進化した．

大半のカメ類は，白亜紀末（6500 万年前）の大量絶滅を生き延びており，当時の地球上でどのような環境の変化があったのかを探る指標になると考えられる．新第三紀（約 2500 万年前）になると，イシガメ科（Geoemydidae）のハコガメ類（*Cuora*）や，ニオイガメ科（Kinosternidae），あるいはハコスッポン（*Lissemys*，スッポン科）のように甲羅の縫合部分に可動な関節が形成され，より完全な防御のできるカメ類がさまざまな系統で並行進化してきた．リクガメ科は，第三紀になってオーストラリアを除く温暖な陸域に分布を広げた陸生カメ類であり，最大で甲長 1.8 m に達した．リクガメ科には，インド洋のマスカリン諸島や琉球列島の例にみられるように，更新世に分布を拡大した現生人類の狩猟淘汰圧により絶滅したと考えられる島嶼型の種類が多い．日本のジュラ紀前期以降の陸成層や浅海成層からは，少なくとも 12 科におよぶ多様なカメ類化石が確認されており，古環境を解析するための手がかりのひとつとなっている．

［参考文献］

平山 廉（2007）『カメのきた道 — 甲羅に秘められた 2 億年の歴史』NHK ブックス．

Li C. *et al.* (2008) An ancestral turtle from the Late Triassic of southwestern China. *Nature*, vol. 456, pp. 497-501.

（平山 廉）

## 12.12　鳥類

　海洋において誕生し，両生類の登場によって陸上での生活を開始した脊椎動物は，中生代以降，今度は空域への侵出を本格的に開始した．脊椎動物の進化史において飛翔能力を高度に発達させた系統は，おもに3つある．三畳紀に登場し，白亜紀末までに絶滅した翼竜，ジュラ紀後期に飛翔力を獲得し，現在も繁栄を続ける鳥類，白亜紀か新生代初期に出現したコウモリがそれだ．いずれのグループも前肢が翼へと変化したが，翼竜やコウモリの翼面が皮膜でつくられるのに対し，鳥類の翼は主として羽毛からなっている．翼竜やコウモリでは，皮膜をしっかりと支えるために，前肢だけでなく，胴体の側面や後肢までもが支柱として利用されている．これに対し，羽毛は，その中央部に硬い羽軸が通り，軽い割にとても丈夫な構造であるため，前肢だけで十分に翼面を支持することができる．このおかげで鳥類は，後肢によるロコモーションを犠牲にすることなく，飛翔能力を手に入れることができた．つまり，鳥類は，「飛ぶ生き物」であると同時に「歩く生き物」でもあるのだ．彼らは，本質的にまったく異なるふたつの移動方法を状況によって使い分けることのできる稀有な存在である．鳥類のきわめて派生的な体制の数々は，前肢による「飛翔」と後肢による「二足歩行」への適応として，統一的に理解することが可能である．

### A. 骨格と筋肉

　鳥類の骨格と筋肉は，飛翔と二足歩行によく適応して特殊化している（図1）．重力にさからって空を飛ぶためには，徹底して無駄を省き，軽量化を図らなければならない．また，軽い身体は2本の脚だけで体重を支える二足歩行の際にも有利となるだろう．

　頭部については，多くの脊椎動物が備えるがっしりとした顎の代わりに小さくて軽い顎があり，（現生種では）重い歯は1本も生えない．尾は短く，後方へのでっぱりが少なくなっている（外から見える鳥類の「尾」は大半が軽い羽毛であって，骨と筋か

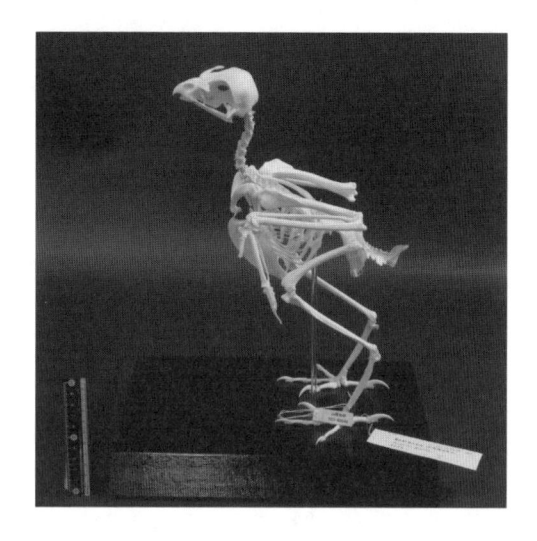

**図1**　オオタカ（*Accipiter gentilis*）の全身骨格（山階鳥類研究所　所蔵）

らなる「真の尾」は短い）．おもな骨は中空になっており，驚くほど軽量だ．内部の空洞には，軽くても丈夫な構造を実現するため，多数のつっかい棒のような構造が発達している．

　巧みな飛翔と巧みな二足歩行を無理なく行なうためには，体重の分布を重心付近に集中させ，バランスをとりやすくする必要もあるだろう．飛翔性の鳥類の筋肉のなかで最大のものは，全体重の約15％を占める胸筋である（Campbell & Lack, 1985）．これは翼を動かすための巨大なモーターの役目を果たし，主として上腕骨と胸骨を結んでいる．胸骨にはこの重たい肉の塊の付着面を増やすため，竜骨突起が発達している．胸筋は，翼の直下，鳥体の重心近くに配置されているので，飛翔の際，その重さのためにバランスが崩れるおそれはない．しかし，この巨大な胸筋の存在は後肢による二足歩行を行なうときには難問となる．理想的には重心の直下に足を配置して体の重みを支えるのがよいのだが，陸生脊椎動物のボディプランでは股関節が身体のかなり後方に位置しており，歩行時のバランスを保つのが難しいのである．鳥類はこの問題を独自の方法で解決し，飛翔と歩行の両立を実現させた．鳥類は大腿骨を体幹に沿って前方に突き出すことで重心の下に膝関節がくるようにしたのである．つまり，機能的には膝関節以下の脛，かかと，つま先が新たな「後肢」となり，大腿骨は「後肢」としての役割を免除され，体

幹の一部となったのである.

さらに，鳥類の骨格と筋肉には，不要な動きを徹底して排除し，単純で頑固な構造をつくるという「設計思想」が随所にみてとれる．これは飛翔への適応である．たとえば，前肢の関節は翼を開閉する方向以外にはほとんど動かないよう，構造が単純化されている．また，体幹部は羽ばたきによって生じる強大な負荷に負けて背中がよじれたり，折れ曲がったりしないよう，ガチガチに固定された不動の構造物に変化している．肋骨を支える胸椎にはほとんど可動性がみられず，互いに癒合している場合すらある．胸椎から伸び，体幹部の側面をなす肋骨は，後方に向けて突出する鉤状突起によって互いに連結され，その強度を一段と増している．肋骨の他端は巨大な飛翔筋の起点となる胸骨に結合しているのだが，強力な筋収縮によって胸郭がつぶれてしまわないよう，胸骨と翼の間に頑丈な支柱（烏口骨）が配置されている．胸郭の前端には左右の鎖骨が連結してできたU字型の叉骨があり，両肩の間の距離を保つ役割を果たしている．胸椎の一部，腰椎，仙椎，尾椎の一部は，すべてが癒合して一切の関節を失い，複合仙椎とよばれる単一の骨の塊になっている．鳥類の動きが哺乳類のようなしなやかさに欠けてみえるのには，このような理由があるのである．

ちなみに，飛翔の目的に特化して可動性を失った前肢に代わって，われわれヒトでいうところの「腕と手」の役割を果たすようになった部位は頸部と頭部である．ヒトの「腕」に相当する鳥類の首は長く柔軟で，頸椎の数が多い（13〜25個までの変異がある）（Proctor & Lynch, 1993）．「手」に相当する部位には，肉を引き裂く，花蜜を吸う，硬い種子を割る，木に穴を空ける，プランクトンを濾し取るなど，さまざまな用途に特化した道具（角質のくちばし）が握られている．鳥類のくちばしは単なる口器ではなく，羽づくろいや巣づくりなどの際にも用いられている．

## B. 消化器と排出器

鳥類の消化器にも飛翔と二足歩行への適応をみてとることができる．（現生の）鳥類は哺乳類が備えているような鈍重な顎や重い歯をもたず，基本的に獲物を丸飲みにしている．食物を細かく砕きつぶす役割は，砂嚢とよばれる筋肉質の胃が代わりに果たす．硬い食物を利用する鳥類は砂粒を飲み込むことで砂嚢の機能を高めている．砂嚢は，頭部にある哺乳類の食物破砕システムと違い，体幹の中央部に位置し，飛翔時や歩行時のバランスを乱すおそれがない．

また，鳥類はふつう，消化のために食物を長時間体内にとどめたりしない．軽量化の要求はここでも徹底しているのである．消化はきわめて速く，たとえば果実食の鳥類の多くは30分以内に排泄に至る．また，モズ類はネズミであってもたった3時間で消化してしまう（Proctor & Lynch, 1993）．糞は総排泄腔とよばれる腹部の末端にある開口部を通して速やかに体外に排出されるが，この孔からは尿（窒素排出物）の排泄も同時に行なわれる．鳥類の糞に含まれている白い半固形の部分は尿であり，その主成分は尿酸である．

鳥類が食物として利用する餌生物は多岐にわたるが，植物質については種子や果実，花蜜の利用がメインであって，草や木の葉を食べるものはまれにしかみられない（走鳥類，キジ類，ガン類，ニュージーランドの無飛翔性のインコであるカカポ〈*Strigops habroptilus*〉など）．これは，葉食が軽量化の要求と矛盾するせいだろう．葉はふつう繊維質で消化が難しく，栄養価が低い．生存に必要なエネルギーを得るには，容量の大きい消化管で大量の葉を長時間処理しなくてはならないが，これでは体を軽くすることなどとてもできないだろう．

鳥類では完全な少数派である葉食だが，その進化を極めた存在がアマゾンにいる．ツメバケイ（*Opisthocomus hoatzin*）がそれである．彼らは反芻動物と同じように，消化管の内部にバクテリアを飼っており，その力を借りて葉から多量のエネルギーをひき出すことができるのである．しかし，消化の難しい餌を利用する彼らは1日の大半を休息にあてなくてはならない．彼らは樹上生の鳥だが，飛翔筋が縮小しており，飛ぶことはあまりうまくない．

## C. 生殖器と繁殖システム

生殖器についてもやはり軽さとバランスが追求されている．メスの卵巣や卵管はふつう，右側のもの

が退化して左側のみが残される．生殖腺は，雌雄とも，非繁殖期には極端に萎縮し，軽量化に貢献する．鳥類はすべての種が卵生で，無飛翔性のものを含め，胎生のものはまったく知られていない．胎生は軽量化の要求に矛盾するし，おそらくより重要なこととして，鳥類の体型を考えた場合，重心位置の大規模な変化をもたらす．胎生は，鳥類の飛翔にも二足歩行にも悪影響を及ぼすことが明らかである．

　空中へと侵出した鳥類も産卵のためには卵を支える地面が必要である．さらに，産卵から孵化までには，スズメ目の小型種で11日，アホウドリの1種では約80日もかかる（Campbell & Lack, 1985）．また，多くの場合，孵化後には長い育雛期が待ち受けている．巣への捕食は鳥類にとって最大の脅威のひとつだ．成鳥であれば地面を這う敵からは飛んで逃げれば済むのだが，卵や幼いヒナはそうはいかない．親鳥が重い卵やヒナを持ち歩くことはふつう困難である．

　巣（産卵を行なう場所）は地面の上に直接つくられることもあるが，より外敵の近づきにくい場所，すなわち水生植物の上や土に掘られた穴のなか，樹洞，崖，絶海の孤島，樹上などに設けるのがふつうである．地面に直接産みつけられる卵は，多くの場合，非常に隠蔽的な色彩をしている．防衛力の高い集団営巣の種や大型種を別にすると，巣は植生などに覆われた「隠れ家」であることが一般的である．

　鳥類の大半の種（90％以上）は一夫一妻制を採用しているが（繁殖期ごとにペアが解消される種，生涯継続する種の両方を含む），これは繁殖（巣づくり，抱卵，育雛）にかかるコストがきわめて大きく，通常，片親だけでの負担が難しいためだろう（Campbell & Lack, 1985）．両親のほかに子育てを助けるヘルパー個体の存在が観察されている種も少なくない．

　なお，鳥類の性決定は基本的に性染色体によっており，ZZ型がオス，ZW型がメスになる．ただし，ツカツクリの1種では，産卵から孵化に至るまでの温度が性決定に影響を与えているらしい（Göth, 2007）．

### D. 神経系

　神経系は巧みな飛翔を実現する要である．鳥類の脳はよく発達していて，同じ体サイズの爬虫類と比べると6〜11倍もの大きさがある（Gill, 2007）．大脳は大きく，哺乳類でみられるような皮質のしわはないが，認知や知能，学習の能力は彼らを凌ぐほどに高い．また，鳥類の脳は小脳や視葉の発達が顕著である．小脳は運動や平衡感覚の情報処理を担っており，その発達は飛翔のコントロールに不可欠である．一方，視葉は視覚をつかさどる領域である．昼行性の種が大部分を占める鳥類にとって，視覚の発達は，障害物の認識や高空からの餌の探索などを実現するために欠かせない．鳥類の眼球は驚くほど巨大で，視力に優れている．色彩感覚もよく発達しており，ヒトには知覚できない紫外光領域の光を見ることができるほか，可視光領域についても色の分解能がヒトをはるかに凌いでいる．

　このほか，鳥類は地磁気や気圧の変化を知覚することもできる（Gill, 2007）．これらは空間定位に関する能力であり，飛翔の獲得にともなう行動圏の拡大（飛翔は高い運動能力を要するが，移動できる距離がきわめて大きく，行動圏の拡大につながる）とともに進化してきたのだろう．

### E. 呼吸器

　地球の大気には光合成の副産物として大量の酸素が含まれており，生物の多くは反応性の高いこの気体を利用して食物を酸化することでエネルギーを得ている．この反応の最終産物は二酸化炭素と水である．このうち，水については，単に体内のほかの水分と一緒にするだけでよいため，特別な問題をひき起こすことはない．一方，酸素と二酸化炭素については，効率のよいガス交換（呼吸）のしくみをもつことが生物の生存にとって重要である．鳥類の呼吸器は，この点において，すべての陸生脊椎動物のなかでもっとも高性能なシステムに仕上がっている．

　鳥類の呼吸器の優れたパフォーマンスは，気嚢とよばれる透明の空気袋が身体中に張り巡らされていることから生じている．鳥が息を吸うとき，新鮮な空気のほとんどは肺ではなく，身体の後方にある気嚢群へと直接流れ込んでいく．それと同時に以前の呼吸で肺のなかにたまっていた空気が身体の前方の気嚢群に吸い込まれていく．息を吐くときには，前

部気嚢群にためられていた使用済みの空気が気管を通して体外に排出されるとともに，後部気嚢群のなかの新鮮な空気が肺のなかへと流入する．このシステムには特筆すべき特徴がふたつある．ひとつ目の特徴は，息を吸うときにも吐くときにも絶えず空気が肺のなかを流れ続けていることである．ふたつ目の特徴は，肺のなかの空気の流れが常に身体の後方から前方に向かっていることであり，肺に流入する血液の流れをこれとほぼ逆向きに配置することで，鳥類はきわめて効率のよいガス交換を実現している (Schmidt-Nielsen, 1997)．

酸素濃度が極端に薄い場所でも酸欠になることのない鳥類の呼吸器は，飛翔そのものに必須ではないにせよ（コウモリはそうした呼吸器をもたないが，空を飛べる），飛翔とあいまって彼らの行動圏の拡大をもたらしてきた．鳥類は，人間の登山者が酸素吸入を必要とするような高度であっても，さらにその頭上を飛んで行くことができるのである．

### F. 循環器

循環器は体内に血液の流れをつくり出すことで，酸素と栄養分を身体のすみずみまで運び，二酸化炭素と老廃物を除去するはたらきをもっている．血流をつくり出すポンプである心臓の大きさは，体サイズと比較した場合，鳥類のものが脊椎動物のなかでもっとも大きい (Proctor & Lynch, 1993)．これは飛翔という激しい運動を支えるためだろう．鳥類の心臓は，哺乳類と同じく，二心房二心室の構造をもち，肺循環と体循環が完全に分離している．これにより，デリケートな肺の血圧に影響を与えることなく，体循環の血圧だけを上げることが可能になっている．

### G. 羽毛と内温性

羽毛は，現生生物では鳥類にのみみられる特殊な表皮構造である．この素材は翼面の形成に用いられており，彼らが飛翔を行なうのに不可欠なものだ．さらに，羽毛は保温の目的にも用いられる．鳥類は哺乳類と同じく，基本的に内温性の動物であり，優れた断熱材である羽毛が体温の維持に活用される．このほか，羽毛は色彩に富むことから，種内・種間のコミュニケーションの目的で使われたり，機械的なダメージから皮膚を守る役割を果たしていたりする．音の発生の機能をもつ羽毛も知られている（たとえば，南米のキガタヒメマイコドリ）．

鳥類の羽毛は主として正羽と綿羽に大別される．正羽は硬く丈夫な羽毛で，飛翔に用いられるほか，体表面を覆い，全身をなめらかにする機能を果たす．正羽は，その中央部に幹となる羽軸が1本通り，そこから左右両側に向けて多数の羽枝が広がるという構造をもっている．さらに各羽枝の左右両側には小羽枝がみられる．遠位（羽毛の先端に近い側）の小羽枝の先端はフックになっていて，隣接する羽枝の近位側（羽毛の根本に近い側）の小羽枝をしっかりとつかまえている．このようにして，隣り合う羽枝同士が小羽枝で結合されることで羽弁ができ上がっている．一方，綿羽は，保温の目的に用いられるふんわりとした羽毛で，典型的には羽軸をもたず，羽枝は根本の羽柄から直接伸びる．この羽毛には羽弁が形成されない．この羽毛は大量の空気をとらえることができ，皮膚のすぐ上に配置することによって優れた断熱効果を発揮する．

### H. 体サイズ

最後に体サイズについて考えてみよう．大ざっぱに言って，翼の表面積は体長の2乗に比例するが，体重は3乗に比例する．このため，翼の単位面積あたりの荷重は，鳥が大きくなるにつれて直線的に増加していく．こうした厳しい制約のため，現生の飛翔性鳥類の大半は，体重1kg，体長50cm以下のサイズに収まってしまう (Proctor & Lynch, 1993)．ちなみに，これまでに知られている最大の飛翔性の鳥類は，今からおよそ600万年前にアルゼンチンに生息していた *Argentavis magnificens* である．この鳥は体重が70〜72kgで，翼を広げると7mほどの幅があった．あまりに巨体であるが，人間がハンググライダーで飛ぶときと同じように傾斜を利用して離陸したり，アンデス山脈に生じる上昇気流の助けを借りたりすることで空を飛んでいたらしい (Chatterjee et al., 2007)．

ちなみに，飛ぶことを放棄した鳥であっても，際限なく大きくなることは許されないようだ．鳥と同

じように二足歩行を行なう動物でもっとも身体が大きいのは、ティラノサウルスやギガノトサウルスなど、中生代の肉食恐竜である。彼らの体重は数トンのオーダーに達していたに違いない。一方、無飛翔性の鳥類についてみてみると、現生の最大種はたかだかダチョウで、体重は約135kgしかない。化石種を含めても500kgをこえるような鳥はなぜか知られていないのである。鳥類は基本的に繁殖の際、卵を抱くが、これが無飛翔性の鳥類の体重に制約を課している可能性が指摘されている。500kgという値は卵殻の強度限界をあらわしているのかもしれない (Deeming & Birchard, 2009)。

## I. 種数と分布域

これまでみてきたように、鳥類は「飛ぶ生き物」であり、かつ「歩く生き物」でもあるという希有な存在である。この分類群は現在の地球上でもっとも繁栄している生物群のひとつである。その種数はおよそ1万種を数え、陸生脊椎動物のなかに伝統的に認められてきた4つの綱のなかでもっとも種数が多い。しかも、高緯度地方から低緯度地方まで、汎世界的に分布し、外洋や砂漠、高山などにまで生息している。

鳥類にこのような大繁栄をもたらした鍵のひとつは、飛翔力の獲得によるニッチの拡大であろう。地上を徘徊する動物にはなかなか利用しがたい、空中や林冠の資源も、空を飛ぶことのできる鳥類はたやすく利用することができる。また、鳥類には大規模な渡りを行なうものも多く含まれている。高緯度地方は、ふつう冬の寒さがとても厳しく、生物の生存を脅かすが、その一方で夏の生産性は非常に高い。鳥類は高度な飛翔力によって好適な夏にだけ高緯度地方を訪れ、繁殖を行なうことができる。さらに、鳥類は、陸生動物の分布拡大を阻んできた海洋の障壁を突破することもできた。島の動物相は、一般に鳥類の占める割合が高い。競合する種が少ない環境へと侵入を果たした鳥類は、くりかえし適応放散を起こしてきた。ガラパゴス諸島のダーウィンフィンチ類、ハワイ諸島のハワイミツスイ類などがその好例である。

[引用文献]

Campbell B. & Lack E. eds. (1985) *A Dictionary of Birds*, The British Ornithologists' Union.

Chatterjee S. *et al.* (2007) The aerodynamics of *Argentavis*, the world's largest flying bird from the Miocene of Argentina. *Proc. Natl. Acad. Sci. USA*, vol. 104, pp. 12398-12403.

Deeming D. C. & Birchard G. F. (2009) Why were extinct gigantic birds so small? *Avian Biol. Res.*, vol. 1, pp. 187-194.

Gill F. B. (2007) *Ornithology* (3rd ed.), W. H. Freeman and Company. [山階鳥類研究所 訳 (2009)『鳥類学』新樹社]

Göth A. (2007) Incubation temperatures and sex ratios in Australian brush-turkey (Alecturalathami) mounds. Austral Ecol., vol. 32, pp. 378-385.

Proctor N. S. & Lynch P. J. (1993) *Manual of Ornithology*, Yale University Press.

Schmidt-Nielsen K. (1997) *Animal Physiology: Adaptation and Environment* (5th ed.), Cambridge University Press. [沼田英治・中嶋康裕 監訳 (2007)『動物生理学:環境への適応 原著第5版』東京大学出版会]

(山崎剛史)

## 12.13　鳥類の起源

　現生の生物には，鳥のように見えるものの，鳥ではないという生き物は存在しない．羽毛をもつ生き物がいればそれは必ず鳥だし，逆に鳥であるなら必ず羽毛をもつ．しかし，中生代の世界はそうではなかった．恐竜のなかには羽毛を備える種がいたのである．しかもどうやらそうした羽毛恐竜のなかには鳥類に連なる系統以外にも飛翔力を備えるに至ったものがいたようだ．古生物を含めた場合，羽毛の存在やそれによる飛翔はもはや鳥類を明確に定義づける形質ではないのである．状況は鳥類の特徴とされるほかのさまざまな形質でも同じだ．鳥類は恐竜の直系の子孫にあたるが，恐竜から鳥類への進化は漸進的で，どこからを鳥類とよぶべきか，議論が分かれるほどである (Gauthier & de Queiroz, 2001)．恐竜から鳥類への進化は，一足飛びの革命的な変化というより，むしろ地道なチューンナップの積み重ねであった．

### A. 鳥類的形質の起源

　恐竜や鳥類，ワニからなる主竜類は，脊椎動物の進化において，後肢のみによる歩行を最初に編み出したグループである．恐竜の祖先や，それに近縁なラゴスクス（三畳紀中期に生息）などの主竜類は基本的に二足歩行を行なっていたらしい (Fastovsky & Weishample, 2005；久保，2011)．つまり，鳥類は，後肢で二足歩行するというその特徴を，恐竜以前の遠い祖先から受け継いできたと考えられるのである．

　現生鳥類の代表的な骨学的特徴である叉骨もまた，かなり古い起源をもつ．叉骨は，爬虫類の胸に左右1本ずつある鎖骨が癒合してできたU字形の骨で，現生鳥類では飛翔筋に付着面を提供するとともに，羽ばたきの際，バネのように伸び縮みすることで鎖骨間気嚢の換気を助けているらしい (Gill, 2007；Proctor & Lynch, 1993)．のちに鳥類を生み出すことになる恐竜は，獣脚類（竜盤類に属す）とよばれる主として肉食のものからなるグループで，三畳紀後期に登場したのだが，鎖骨の癒合はすでにこのグループの進化の初期段階で完成していたらしい (Makovicky & Zanno, 2011)．叉骨を飛翔に関連づけて活用するのは鳥類の独創であろうが，叉骨という骨自体の進化はそれよりはるかに古いのである．

　このほか，現生鳥類は手の指が3本になっているが，指が減少するトレンドは獣脚類の誕生直後から始まっていたらしい．原始的な獣脚類には，第四指，第五指の退化傾向がすでにみてとれるのである (Makovicky & Zanno, 2011)．

　さらに，気嚢を活用した鳥類に独特の呼吸システムも，獣脚類の進化の初期段階ですでに完成していた可能性が指摘されている．獣脚類のほぼすべての種は頸椎に穴が開いていたり，内部が空洞化したりしているのだが，このような特徴は気嚢の存在と密接に関係していることが知られているのである (Makovicky & Zanno, 2011；真鍋，2008)．

　つぎに羽毛の進化をみてみよう．羽毛は鳥類的形質の最たるもののひとつである．軽くて丈夫なこの素材があったからこそ，鳥類は後肢運動を犠牲にすることなく，飛翔力を得ることができた．また，羽毛は保温性にも優れているし，色素と構造色の組合せによって，さまざまな色をつくり出すこともできる．この素晴らしい素材がいつ進化したのかは，残念ながらまだ十分に明らかになっていないが，その起源は相当古い可能性がある．羽毛の原型といえそうな構造は，竜盤類の姉妹群である鳥盤類や，恐竜+ラゴスクスなどの姉妹群にあたる翼竜でも観察されているのである（ただし，鳥類の羽毛との相同性は定かでない）．ちなみに，ティラノサウルスやヴェロキラプトルなど，有名な恐竜を含む獣脚類の一群，コエルロサウルス類の初期進化の段階では，すでに羽毛が鼻先と足以外を覆うという，現生の鳥類の羽衣の基本型が完成していたらしい (Makovicky & Zanno, 2011)．いずれにせよ，鳥類の羽毛の進化は飛翔の進化のはるか前に起きた．最初期の羽毛は明らかに飛翔以外の何らかの目的に用いられていたのである．

　その後，コエルロサウルス類はパラアヴェス類 (Paraves) という派生的な分類群を生み出すことになるが，このグループは，デイノニクス，ヴェロキ

ラプトル，トロオドンのような肉食恐竜に加え，これまでにない新しいタイプの生物を含んでいた．それは，羽毛の生えた前肢を翼として用い，羽ばたき飛翔を行なう生き物であった．飛行時の揚力を生み出す左右非対称の羽弁の発達などが空を飛んでいた証拠とされる．そうした生物の最古の例はジュラ紀後期のアルケオプテリクス（*Archaeopteryx*），すなわち始祖鳥である（Makovicky & Zanno, 2011）．現生鳥類の羽ばたき飛翔の起源は，パラアヴェス類にこそ求められるのである．ちなみに，このグループにおける羽ばたき飛翔の進化回数は定かでなく，現生鳥類の祖先とアルケオプテリクスが個別に大空へ侵出したというシナリオも十分に考えられる（Xu et al., 2011）．

　これに続く白亜紀初期の世界では，現生鳥類のボディプランに向けた急速な進化が起きた．おそらく，原始的でつたない羽ばたき飛翔をより効率的なものにすることに対し，非常に強い淘汰圧がかかり出したためだろう．飛翔力を獲得するより前の獣脚類はふつう，後肢を中心として重い頭部と太く長い尾を前後にぴんと伸ばした姿勢をとり，ちょうどヤジロベエのようにして身体のバランスを保っていたが，白亜紀初期の「鳥類」であるサペオルニス（*Sapeornis*）では，このT字形の姿勢が改変されて尾の肉質部が短くなった．末端の尾椎は癒合して尾端骨を形成していた．同じく白亜紀初期のコンフキウソルニス（*Confuciusornis*）では，尾の肉質部の短縮にともない，相対的に重たくなった身体の前半部を支えるため，膝の位置がそれまでよりも前方に移動してきた．同時に歩行時の首の姿勢はかつての獣脚類のように前方に突き出す形ではなく，湾曲させて胴体の上方に保持するよう，改められたらしい．これら一連の進化の結果，獣脚類に典型的な前後に長い身体つきが失われ，ひきしまった現生鳥類の体型が完成した（Makovicky & Zanno, 2011；真鍋，2008）．その後，やはり白亜紀初期に登場したエナンティオルニス類（Enantiornithes）やオルニソロモルファ類（Ornithuromorpha）は，胸骨に竜骨突起の発達がみられるまでに至っていた（Fastovsky & Weishample, 2005）．

**B．白亜紀末の大絶滅**

　エナンティオルニス類は白亜紀に大繁栄したグループで，南極大陸を除くすべての大陸に分布を広げていた．鳥類では初めての大規模な適応放散であり，さまざまな種を生み出した．これまでに60をこすタクサが記載されており，なかには二次的に飛翔力を失ったものまでみられる（O'Connor et al., 2011）．これほどの大成功をおさめたエナンティオルニス類だが，白亜紀末の大量絶滅を乗りこえることはできず，恐竜などとともに消え去ってしまった．

　エナンティオルニス類の姉妹群にあたるオルニソロモルファ類も白亜紀に汎世界的な分布を獲得していたらしい（O'Connor et al., 2011）．現生鳥類はこのグループに属す1系統であり，白亜紀末の大量絶滅を乗りこえることに唯一成功した．オルニソロモルファ類には，イクチオルニス（*Ichthyornis*），ガンスス（*Gansus*），ヘスペロルニス（*Hesperornis*）など，水鳥と考えられるものが多く含まれており，現生鳥類の水生起源説が議論されている（You et al., 2006）．第三紀になると，鳥類（あるいは恐竜類）の唯一の生き残りである現生鳥類が爆発的な多様化をとげ，現在の鳥類相の骨格が急速に形づくられていった（Fedducia, 2003；Gill, 2007）．

［引用文献］

Fastovsky D. E. & Weishample D. B. (2005) *The Evolution and Extinction of the Dinosaurs* (2nd ed.), Cambridge University Press.［真鍋真 監訳（2006）『恐竜学―進化と絶滅の謎』丸善］

Feduccia A. (2003) Big bang for tertiary birds? *Trends Ecol. Evol.*, vol. 18, pp. 172-176.

Gauthier J. & de Querioz K. (2001) Feathered dinosaurs, flying dinosaurs, crown dinosaurs, and the name "Aves". in Gauthier J. and Gall LF. eds., *New Perspectives on the Origin and Early Evolution of Birds: Proceedings of the International Symposium in Honor of John H. Ostrom*, pp. 7-41, Peabody Museum of Natural History, Yale University.

Gill F. B. (2007) *Ornithology* (3rd ed.), W. H. Freeman and Company.［山階鳥類研究所 訳（2009）『鳥類学』新樹社］

久保 泰（2011）三畳紀の恐竜型類における植物食と二足歩行の進化．福井県立恐竜博物館紀要, vol. 10, pp. 55-62.

Makovicky P. J. & Zanno L. E. (2011) Theropod Diversity and the Refinement of Avian Characteristics. in Dyke G. and Kaiser G. eds., *Living Dinosaurs: The Evolutionary History of Modern Birds* (1st ed.), pp. 9-29,

John Wiley & Sons.

真鍋 真（2008）恐竜はいつどのようにして鳥になったのか. 秋篠宮文仁・西野嘉章 編『鳥学大全』pp. 387-397, 東京大学出版会.

O'Connor J. et al. (2011) Pre-modern Birds: Avian Divergences in the Mesozoic. in Dyke G. and Kaiser G. eds., *Living Dinosaurs: The Evolutionary History of Modern Birds* (1st ed.), pp. 39-114. John Wiley & Sons.

Proctor N. S. & Lynch P. J. (1993) *Manual of Ornithology*, Yale University Press.

Xu X. et al. (2011) An *Archaeopteryx*—like theropod from China and the origin of Avialae. *Nature*, vol. 475, pp. 465-470.

You H-l. et al. (2006) A Nearly Modern Amphibious Bird from the Early Cretaceous of Northwestern China. *Science*, vol. 312, pp. 1640-1643.

（山崎剛史）

## 12.14　走鳥類とシギダチョウ類

### A. 走鳥類とシギダチョウ類とは

　現生鳥類は古顎上目（Palaeognathae）と新顎上目（Neognathae）のふたつのグループに大別される．古顎上目は「走鳥類（Ratites）」と「シギダチョウ類（Tinamous）」から構成され，新顎上目はその他の現生鳥類のすべてを含む大きなグループである．走鳥類は，ダチョウなど飛べない鳥で構成されているグループであり，現在アフリカに分布しているダチョウ，南米のレア，オーストラリアのエミュー，オーストラリアとニューギニアのヒクイドリ，ニュージーランドのキーウィが含まれる．現生のダチョウとエミューはそれぞれ1種だけであるが，そのほかのものは2～3種ずつを含む．ただし，キーウィに関しては従来3種とされていたが，近年の遺伝学的な研究の結果，形態的にはほとんど区別できないが遺伝的には種レベルに分化した「隠蔽種（cryptic species）」がいくつか存在することが明らかになっている（Worthy & Holdaway, 2002）．走鳥類にはこのほかに絶滅したものとして，ニュージーランドのモア，マダガスカルのエピオルニスなどが含まれる．走鳥類に近縁な鳥はシギダチョウ類であると考えられてきた．シギダチョウ類は南米と中米に分布し，およそ46種からなる．走鳥類は系統的にひとつのグループであり，そのメンバーがすべて飛べない鳥であることから，南半球の大陸がゴンドワナ超大陸を構成していた時代に現在の南米でシギダチョウ類と共通の祖先から進化し，ゴンドワナ超大陸の分断にともなって多様な種類に分化したものと考えられてきた．

### B. 走鳥類とシギダチョウ類の系統関係

　Hackett et al. (2008) は，鳥類169種について核遺伝子19座位の分子系統学的解析を行ない，走鳥類＋シギダチョウ類がその他の現生鳥類全体と姉妹群の関係にあることを示した．このことは，これまで形態を基に考えられていた系統関係と一致するものであり，現生鳥類を古顎上目と新顎上目のふたつ

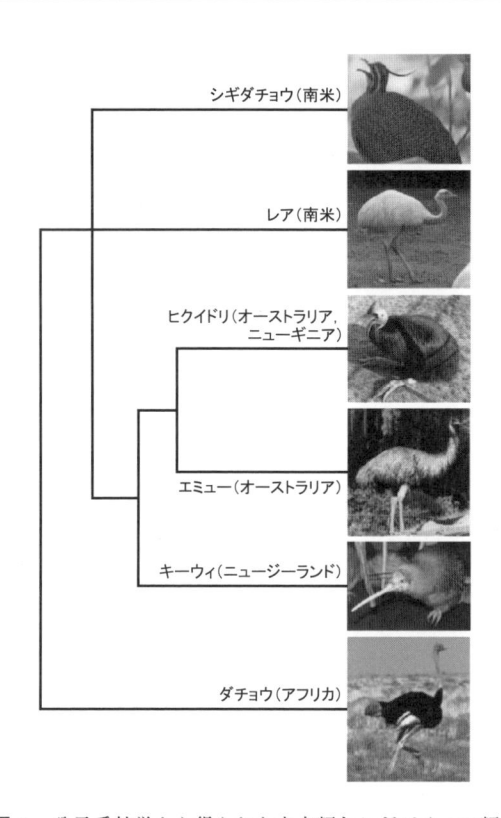

**図1** 分子系統学から得られた走鳥類とシギダチョウ類の系統関係（Hackett et al., 2008 と Harshman et al., 2008 の結果を基にして描いた）

に分類することが妥当であることを示している．しかし，Hackettらの系統樹では走鳥類が単系統にならずに，シギダチョウ類がその内部系統に入る（図1）．走鳥類＋シギダチョウ類のなかで，ダチョウが最初に他から分かれ，シギダチョウ類はダチョウ以外の走鳥類とともに単系統のグループを形成するという系統樹が支持されるのである．シギダチョウ，レア，それにヒクイドリ＋エミュー＋キーウィの三者の間の関係ははっきりしないが，ダチョウがこれらの鳥から最初に分かれたという系統樹は，非常に強く支持される．シギダチョウは空を飛べるのに対して走鳥類はすべて飛べない鳥なので，この系統樹が正しければ次のふたつの可能性が考えられる．走鳥類＋シギダチョウ類の共通祖先は空を飛べなかったがシギダチョウ類で空を飛べるような進化が起こったか，あるいは空を飛べた共通祖先からの進化の過程でそのような能力が走鳥類のすべての系統で独立に失われたかである．新たに飛ぶための能力を獲得するような進化はなかなか起こりにくいであろうか

ら，Harshman et al. (2008) は走鳥類のいくつかの系統で独立に飛ぶ能力が失われたと考えている．そうなると，ゴンドワナ超大陸の分断にともなって走鳥類が分化したという従来のシナリオは再検討が必要かもしれない．北米大陸やヨーロッパでは暁新世から始新世の地層から Lithornis という絶滅した古顎上目の鳥類化石がみつかっている．形態学的には Lithornis はシギダチョウ類との近縁性が示唆されており，飛翔能力があったと考えられている（Leonard et al., 2005）．Lithornis は，絶滅した走鳥類にならなかった系統なのかもしれない．Lithornis とシギダチョウ類の形態学的な類似が，系統関係を反映しているのか，あるいは両者が祖先形質を保持し続けた結果なのかは定かではないが，今後のさらなる化石記録の発見と，精度の高い分岐年代推定により両者の関係が明確になるものと思われる．

### C. 絶滅した走鳥類

Cooper et al. (2001) と Haddrath & Baker (2001) は，それぞれ独立に，ニュージーランドの絶滅したモア（図2）を含めてミトコンドリアのゲノム配列を解析することによって走鳥類の系統進化を調べた．彼らの解析では，シギダチョウ類が走鳥類の姉妹群になることをあらかじめ仮定しているが，モアの系統的な位置づけに関しては両者の間で異なった樹形が強く支持されており，絶滅種を含めた走鳥類内部の系統関係はまだはっきりとは解明されていない．Cooper らはさらにマダガスカルのエピオルニスのミトコンドリア DNA を解析しているが，モアに比べて保存条件が悪いため1000塩基程度の断片しか解読することができず，エピオルニスはヒクイドリ＋エミュー＋キーウィの系統に近い可能性があると示唆するにとどまっている．

飛べない鳥である走鳥類のなかで，ダチョウとレアは大きな翼をもっていてディスプレイのときにそれを使うが，ヒクイドリ，エミュー，キーウィ，モアなどでは痕跡的なものしか残っていない．走鳥類の進化の過程で飛ぶ能力が独立に失われたが，ヒクイドリ＋エミュー＋キーウィとモアの系統でさらに翼の退化が起こったと考えられる．

**図2** モアとエピオルニスの骨格標本
(a) ニュージーランドの絶滅した巨鳥モア（*Dinornis giganteus*）の骨格標本．並んでいる人物は最初にこの標本を調べた Richard Owen．(b) マダガスカルの絶滅した巨鳥エピオルニス（*Aepyornis maximus*）の骨格標本と卵．

[引用文献]

Cooper A. *et al.* (2001) Complete mitochondrial genome sequences of two extinct moas clarify ratite evolution. *Nature*, vol. 409, pp. 704-707.

Hackett S. J. *et al.* (2008) A Phylogenomic Study of Birds Reveals Their Evolutionary History. *Science*, vol. 320, pp. 1763-1768.

Haddrath O. & Baker A. J. (2001) Complete mitochondrial DNA genome sequences of extinct birds: ratite phylogenetics and the vicariance biogeography hypothesis. *Proceeding of the Royal Society of London. Series B.*, vol. 268, pp. 939-945.

Harshman J. *et al.* (2008) Phylogenomic evidence for multiple losses of flight in ratite birds. *Proc. Natl. Acad. Sci. USA*, vol. 105, pp. 13462-13467.

Leonard L. *et al.* (2005) A new specimen of the fossil Palaeognath *Lithornis* from the Lower Eocene of Denmark. *Am. Mus. Novit.*, vol. 3491, pp. 1-11.

Worthy T. H. & Holdaway R. N. (2002) *The Lost World of the Moa: Prehistoric Life of New Zealand*, Indiana University Press.

（長谷川政美・米澤隆弘）

## 12.15　新口蓋類

「鳥類の体の基本構造は，飛翔性脊椎動物に課せられた厳しい制約の故にかれらの進化史の早い段階で決まってしまった」（Colbert *et al.*, 2004. 田隅本生訳）

　空への侵出は，鳥類に新たなニッチを与え，爆発的な種数の増加と汎世界的な分布の確立をもたらしたのだが，一方でその形態にはとても厳しい制約を課している．空を飛ぶには流線形が望ましいし，極力無駄を省き，軽くて丈夫な構造を実現しなくてはならない．結果として，鳥類の形は哺乳類などの他の動物群に比べ，きわめて一様で変化に乏しいものになってしまった．このため，形態形質による鳥類の系統分類学は長らく暗礁に乗り上げていた．前世紀の著名な鳥類学者である Stresemann はこのように書き残している．

　「鳥類の目間の類縁関係に関しては，これまでに非常に多くの優れた研究者が取り組んできたが，何の成果も出てこなかった．状況を打破する望みはほとんど残されていない」（Stresemann, 1959）

　しかし，こうした悲観論は，前世紀の末から今世紀にかけてとり除かれていった．ブレイクスルーは分子生物学のテクニックの導入とコンピュータの高速化によってもたらされた．2008 年には，鳥類の主要な目と科をカバーする 169 種について，3 万 2000 塩基対もの DNA データを集めた金字塔的研究が発表され，形態学的な手法では明らかにすることのできなかった目間の関係がかなり詳しくわかるようになった（Hackett *et al.*, 2008）．

　本項では Hackett らの成果を基にして，現生鳥類のうち，12.14 項で扱った走鳥類・シギダチョウ類（=古口蓋類〈Palaeognathae〉）を除いたものについて，その特徴と系統関係を解説する．なお，本項で扱う鳥類は新口蓋類（Neognathae）とよばれる単系統群を構成する．これは古口蓋類の姉妹群にあたる．

　最初に，新口蓋類はガロアンセレス類（Galloanseres），ネオアヴェス類（Neoaves）という，互いに姉妹関係にあるふたつの大きな単系統群に分かれる．

## A. ガロアンセレス類

水生のカモ目，陸生のキジ目は単系統群ガロアンセレス類を構成する．このグループが他の新口蓋類すべて（ネオアヴェス類）の姉妹群となることは多くの先行研究でも支持されている．

カモ目は湖沼，湿地，沿岸などでの生活に適応した分類群で，カモ類，ガン類のほか，オーストラリアのカササギガン，南米のサケビドリ類を含む．汎世界的に分布する．

キジ目は地上生活を主体とする分類群だが，一部樹上生活のものがみられる（ホウカンチョウ類）．キジ類，ライチョウ類，ホロホロチョウ類，ツカツクリ類，ホウカンチョウ類などからなる．こちらも汎世界的な分布をもつ．特筆すべきこととして，ツカツクリ類は抱卵の代わりに地熱や発酵熱を利用して卵を温めるという特異な習性を進化させている．

## B. ネオアヴェス類

カモ目，キジ目を除くその他すべての新口蓋類からなる単系統群で，このグループの存在は先行研究でも強く支持されていた．

Hackett らの研究により，ネオアヴェス類の内部には以下の 15 個の単系統群があることが明らかになった．

a. カイツブリ目＋フラミンゴ目
b. ネッタイチョウ類
c. サケイ類
d. クイナモドキ類
e. ハト類
f. ジャノメドリ＋カグー
g. ツメバケイ目
h. ノガン類
i. カッコウ類
j. ツル類＋ツルモドキ＋ラッパチョウ類＋クイナ類＋ヒレアシ類
k. エボシドリ類
l. ヨタカ目＋アマツバメ目
m. 「水鳥」のクレード
n. チドリ目＋ミフウズラ類＋クビワミフウズラ
o. 「陸鳥」のクレード

a.～k. のクレードは種数があまり多くない小さなグループである．l.～o. は種数が多く，形態の多様性にも富んでいる．なお，残念なことに，これら 15 個のクレードの間の類縁関係はまだはっきりとしていない．

### a. カイツブリ目＋フラミンゴ目

カイツブリ目は湖沼，河川，内湾などに生息する水鳥で，足指の両脇には葉状の水かきがあり（弁足という），よく潜水して餌を探す．このグループは汎世界的にみられる．

一方，フラミンゴ目は首と脚の長い渉禽類（水辺を歩き回って採餌する鳥類）で，カイツブリ目とは似ても似つかない姿をしている．上くちばしを下に向ける独特の姿勢で濾過採餌を行ない，プランクトンなどを食べる．分布は地中海，南アジア，アフリカ，カリブ海，南アメリカである．

見た目も生態もまったく異なるカイツブリ目とフラミンゴ目が単系統群をなすことは奇妙なことに思えるかもしれないが，これらが姉妹群であることは，形態形質を用いた分岐分析からもサポートされている（Mayr, 2006）．両者には椎骨や羽衣の特徴に共通点がみられる．彼らはかなり古い時代の共通祖先に由来しているらしい．

### b. ネッタイチョウ類

上空から水面に飛び込むことで餌を得る海鳥である．熱帯・亜熱帯の海域に生息する 3 種からなる．4 本の足指すべてが水かきで連結されるという特徴を共有することから，かつてはペリカン目に分類されていた．実際にはペリカン類に近縁ではないようである．

### c. サケイ類

サケイ類は砂漠や半砂漠などの乾燥地帯によく適応した鳥類である．乾燥した種子を食べるものが多く，生存のためには水分の補給が重要となる．水場まで飛んで行くことのできない幼鳥への給水を実現するため，腹部の羽毛の構造が変化し，大量の水がしみ込むようになっている．ユーラシアとアフリカに分布する．

ハト目に分類されることが多いが，Hackett らの解析ではハト類との近縁性は示されなかった．

### d. クイナモドキ類

クイナモドキ類はマダガスカルに固有の地上生活

の鳥で，3種を含む．姿はツグミのようだが，臆病な鳥で行動様式はクイナに似る．その類縁関係は昔から議論の的である．ツル目に分類されることが多いが，実際にはそれとの類縁関係はなさそうである．何に近いかは依然として定かでない．

### e. ハト類

穀物，種子，果実などを食べる鳥で，汎世界的に分布する．サケイ類とともにハト目に分類されることが多かったが，Hackettらの解析ではサケイ類との近縁性は示されなかった．他の現生鳥類との関係も不明である．

### f. ジャノメドリ＋カグー

ジャノメドリは中南米，カグーはニューカレドニアに生息している．後者は無飛翔性の鳥類である．いずれも1科1属1種の鳥であり，ほかのグループとの類縁関係はこれまではっきりしていなかった．従来はいずれもツル目に入れられていたが，実際にはツル類とは縁の遠い生き物のようである．

### g. ツメバケイ目

ツメバケイはアマゾンに棲む樹上生活の鳥で，葉食を行なう．葉の消化吸収には消化管内のバクテリアを利用する．また，ヒナは翼にツメをもち，それをうまく使って枝から枝へと移動する．ツメバケイはあまりにもほかの鳥類と異なっているため，いったいどの鳥に近いのか定かでない．Hackettらの解析でも依然としてツメバケイの系統的位置は謎である．カッコウ目に入れられることが多かったが，カッコウ類との類縁関係はなさそうである．

### h. ノガン類

アフリカを中心にユーラシア，オーストラリアに分布する中型から大型の鳥で，草原環境の地上生活者である．足と首は比較的長く，身体のつくりは頑丈．伝統的にツル目の一員とされてきたが，実際にはツル類とそれほど近縁ではないらしい．

### i. カッコウ類

大半は樹上生活だが，一部地上生活を送るものがいる．托卵を行なうものを多く含む．分布域は汎世界的．かつてはエボシドリ類に近縁だと考えられていたが，両者に類縁関係はなさそうである．

### j. ツル類＋ツルモドキ＋ラッパチョウ類＋クイナ類＋ヒレアシ類

伝統的な分類体系においてツル目にまとめられていたものから，クイナモドキ類，ジャノメドリ，カグー，ノガン類，ノガンモドキ類，ミフウズラ類，クビワミフウズラの7群を除いたものは単系統群をなす．内部に以下のふたつのクレードを含む．

(1) ツル類＋ツルモドキ＋ラッパチョウ類

ツルモドキは，首と脚が長くツル類に似た中型の渉禽で，南米に特産する（1科1属1種）．本種はツル類（草原や湿原に生息する大型の鳥類．中南米を除く世界各地に分布）とともに単系統群を構成する．ツル類＋ツルモドキの姉妹群となるのは，同じく南米特産のラッパチョウ類だ．このグループもまた首と脚の長い中型の鳥だが，ツル類やツルモドキとは違って森林の林床で暮らしている．

(2) クイナ類＋ヒレアシ類

クイナ類は地上または水上で生活する小型〜中型の鳥で，汎世界的に分布している．一方，ヒレアシ類は小型〜中型の水鳥で，アフリカ，東南アジア，南米に1種ずつが分布している．ヒレアシ類のうち，南米の種のオスは，翼の下の皮膚がポケット状になるという特徴をもつ．彼らはそこに生まれたばかりのヒナを入れて持ち運ぶことができるらしい（そのままで飛翔が可能）．このような適応は他の鳥類ではまったく知られていない（Campbell & Lack, 1985）．

### k. エボシドリ類

明るい色彩をした森林性の鳥類でおもに果実を食べている．アフリカに固有．鼻孔の位置と形の変異がきわめて大きい．多くの種で頭部と胸部の正羽が小羽枝を欠き，羽弁が形成されない．固有の色素ツラコバジン（緑）とツラシン（赤）をもつなど，ふつうの鳥にはみられない特徴を備えている（Campbell & Lack, 1985）．かつてはカッコウ類とともにカッコウ目に分類されていたが，両者に類縁関係はなさそうである．

### l. ヨタカ目＋アマツバメ目

ヨタカ目は夜行性で，主として飛翔中の昆虫を捕食するため（ただし，アブラヨタカは果実食），口角が広く，口髭が発達した特徴的な姿をしているも

のが多い．生態的にはコウモリに似るが，くらやみでの行動の際に重要となるエコロケーションの能力の発達は彼らに及ばない．種数はコウモリの約1000種に対し，約120種が知られる．昼間は地上や樹上などでの（アブラヨタカは洞穴）休息にあてるため，いずれの種もきわめて隠蔽的な色彩をしている．四季が明瞭な地域の場合，飛ぶ虫が少なくなる冬期，コウモリは冬眠するがヨタカ類はふつう暖地へと移動する（ただしプアーウィルヨタカは冬期に体温を下げ，岩の割れ目にかくれて休眠する）．

とても面白いことに，昼行性のアマツバメ目はヨタカ目のなかにすっぽりと含まれてしまう（つまり，伝統的なヨタカ目は側系統群である）．アマツバメ目の姉妹群となるのは，オーストラリアとニューギニアに生息するズクヨタカ類だ．この結果は，アマツバメ目に至る系統において，夜行性の祖先から昼行性の鳥が二次的に進化したことを示唆している．

アマツバメ目の単系統性はサポートされている．この目にはアマツバメ類，カンムリアマツバメ類，ハチドリ類が含まれる．アマツバメ類はすべての鳥類のなかでもっとも極端に飛翔に適応したグループであり，後肢による二足歩行は完全に放棄されている．生活の大半は高空でなされ，採食はもちろん，交尾や睡眠も飛びながら行なわれるらしい．一方，東南アジアやニューギニアにみられるカンムリアマツバメ類は，そこまで空中生活に適応してはいない．この鳥はごくふつうに木の枝に止まるし（アマツバメ目の姉妹群であるズクヨタカ類もそうである），採食は枝から飛び立って昆虫を捕まえ，また元の枝に戻るという，ヒタキ類のような方法で行なう．南北アメリカ大陸のハチドリ類は，ほとんどの種で脚がごく小さいが，これは彼らの脚がふつう枝に止まるためだけのものであって，二足歩行が行なわれていないことを反映している（例外的に地上採餌を行なう一部の種では脚が比較的大きい）．ハチドリ類は一般に金属光沢のある美しい羽衣をもつきわめて小さな鳥で，長いくちばしを使って花蜜を吸う．

## m.「水鳥」のクレード

伝統的にアビ目，ペンギン目，ミズナギドリ目，ペリカン目（ただし，ネッタイチョウ類を除く），コウノトリ目に分類されていた鳥類からなるクレードで，主として海鳥や渉禽類からなる．

（1）アビ目

このクレードのなかで最初に分岐するのはアビ目である．これは北半球の寒帯に分布する潜水性の鳥の小さなグループである．潜水時には推進力をおもに脚で生み出すが，翼も用いる．

残りのものは以下のふたつのクレードに大別される．

（2）ミズナギドリ目＋ペンギン目

ミズナギドリ目は，繁殖のシーズン以外は海上で暮らす生粋の海鳥である．魚，イカ，プランクトンなどを餌とする．この目の別名は管鼻目というが，その名のとおり，外鼻孔が管状になるという特徴をもつ．これは海での生活への適応の一例であり，塩腺から排出された塩分はここを通して体外に捨てられる．世界中の海に生息している．

ペンギン目（12.16項を参照）はミズナギドリ目の姉妹群であることが確認された．彼らは潜水に高度に適応しており，飛翔力をもたない．翼は鰭に進化し，風切羽を欠くなど，著しい特殊化がみられる．

（3）ペリカン目（ネッタイチョウ類を除く）＋コウノトリ目

ペリカン目は，かつて全蹼目とよばれ，4本の足指のすべてが水かきで結ばれるなどの特徴をもち，単系統群を構成すると考えられていた．しかし，Hackettらのデータはこの見解を否定している．上述のとおり，ネッタイチョウ科がまったくの別系統であるだけでなく，残り5つの科（ペリカン科，グンカンドリ科，カツオドリ科，ウ科，ヘビウ科）についても異質な系統の混合であることが判明した．

同様に，首と脚の長い渉禽類5科をまとめた伝統的なコウノトリ目（コウノトリ科，シュモクドリ科，ハシビロコウ科，トキ科，サギ科）もまた多系統群であることがわかった．

Hackettらによって明らかにされたこれらの科の正しいグルーピングは以下のとおりである．

(i) コウノトリ類

このクレードで最初に分岐するのはコウノトリ類である．Hackettらの成果を取り入れた新しい鳥類の分類体系では，ふつうコウノトリ目（狭義）はコウノトリ科1科のみからなる分類群を指す．

(ii) ペリカン類＋シュモクドリ＋ハシビロコウ＋トキ類＋サギ類

旧コウノトリ目のうち，コウノトリ科を除くすべての鳥類とペリカン類からなるクレードの存在が支持された．新しい分類体系では，ふつうペリカン目という目名はこのクレード（ii）を意味する．新ペリカン目の多くは渉禽類からなるが，ペリカン類は水面を泳ぎ回り，発達したのど袋を漁網のように使っておもに魚類を捕まえる．また，上空から水面に飛び込み，餌をとるペリカン類もみられる．なお，この新ペリカン目は下記クレード（iii）の姉妹群にあたる．

ちなみに，新ペリカン目に含まれる鳥類のなかでは，ペリカン類，シュモクドリ，ハシビロコウの三者の類縁関係が特に近く，これらは単系統群をなす．シュモクドリはアフリカとマダガスカルに分布する全身褐色の鳥で，まっすぐなくちばしと頭のうしろに伸びる冠羽をもつ．その姿が鐘を打ち鳴らす道具である撞木を思わせることからその名がついた．ハシビロコウは幅広いくちばしと長い脚をもつ大型の鳥で，やはりアフリカに生息している．

(iii) グンカンドリ類＋カツオドリ類＋ウ類＋ヘビウ類

旧ペリカン目のうち，ネッタイチョウ類とペリカン類を除いた4科は単系統群をなすことが明らかとなった．このクレードは，ふつうカツオドリ目という名でよばれる．なお，本グループは上記クレード（ii）（新ペリカン目）の姉妹群にあたる．

カツオドリ目のなかでグンカンドリ科は最初に分岐し，他の3科の姉妹群となっている．グンカンドリ類は外洋性の鳥で，他の海鳥から食物を奪いとる習性をもつ．カツオドリ科は，ウ科＋ヘビウ科の姉妹群である．彼らは上空から水面に突入，潜水しておもに魚類を捕食する海鳥である．ウ類は海岸や河川，湖沼などでみられる水鳥で，足推進の潜水性鳥類であり，おもに魚類を捕食している．ヘビウ類はやはり潜水性で，推進力を足でつくり出す．くちばしは鋭く尖っており，魚類をくし刺しにして捕まえることが多い．

**n. チドリ目＋ミフウズラ類＋クビワミフウズラ**

伝統的にツル目に入れられてきたミフウズラ類とクビワミフウズラは，実際にはチドリ目のメンバーであることが先行研究で指摘されていた（Baker et al., 2007）．Hackett らのデータもそれを支持している．

チドリ目（ミフウズラ類，クビワミフウズラを含む）は，上記の「水鳥」クレードとニッチの重なりが大きいグループである．チドリ目には，シギ類やチドリ類のようにおもに湿地・干潟・河川に棲み，動物質の餌をとる渉禽類が含まれている．また，沿岸や内陸の湖沼に棲み，動物質の餌をつかまえたり，腐肉をあさったりするカモメ類もいる．アジサシ類は上空から水面に急降下することで魚などを捕らえる海鳥であり（ただし，陸上で昆虫類などの小動物を狩るものなどもいる），トウゾクカモメ類は他の海鳥が捕らえた餌を空中で強奪する鳥である．ウミスズメ類は翼推進で潜水を行なう海鳥で，魚類，甲殻類，軟体動物などを捕食する．すでに絶滅したが，「水鳥」クレードのペンギン類と同様，飛翔力を失うに至ったウミスズメ類もかつてみられた．

このほか，特殊なものとしては，ユーラシア，ニューギニア，オーストラリアのミフウズラ類，オーストラリアのクビワミフウズラ，南米のヒバリチドリ類のように種子や漿果などの植物質を食べる地上生の鳥を含む．また，南極やその周辺の島に棲むサヤハシチドリ類は地上生活を送っており，腐肉を食べたり，他の海鳥がヒナに与える吐き戻しを奪ったりする．

**o. 「陸鳥」のクレード**

伝統的な分類で，タカ目，フクロウ目，ネズミドリ目，キヌバネドリ目，ブッポウソウ目，キツツキ目，インコ目，スズメ目に入れられていた多種多様な陸鳥が含まれる単系統群である．かつてはツル目に分類されることの多かったノガンモドキ類（南米特産の2種からなる．雑食性だが，特にヘビをよくとる）もこのクレードの一員のようだ．

Hackett らの解析の結果は，キヌバネドリ目，キツツキ目，ブッポウソウ目が「陸鳥」クレードのなかでひとつの単系統群をなすことを示している．キヌバネドリ目は熱帯の森林に棲む鳥の一群で，金属光沢を帯びたカラフルな種が多く含まれる．キツツキ目は，足指が前向きに2本，うしろ向きに2本という特殊な配置をとるという特徴をもつ（多くの鳥

は前向きに3本，うしろ向きに1本である）．この目にはキツツキ類のほか，ミツオシエ類，キリハシ類，オオガシラ類，ゴシキドリ類，オオハシ類が含まれる．これらふたつの目はHackettらの研究によっていずれも単系統群であることが確認されたが，残るブッポウソウ目は多系統群であることが明らかになった．

旧ブッポウソウ目は三つの異質な系統を含む．ひとつ目は，ハチクイ類＋ブッポウソウ類＋ジブッポウソウ類＋コビトドリ類＋ハチクイモドキ類＋カワセミ類からなる系統で（狭義のブッポウソウ目），これはキツツキ目の姉妹群となっている．ふたつ目は，ヤツガシラ類＋カマハシ類＋サイチョウ類＋ジサイチョウ類がなす系統（ヤツガシラ目）で，狭義のブッポウソウ目とキツツキ目がなすクレードの姉妹群だ．三つ目はマダガスカルとコモロ諸島に特産するオオブッポウソウ1種のみからなる系統（オオブッポウソウ目）だが，その系統的位置ははっきりしない．キヌバネドリ目，キツツキ目，旧ブッポウソウ目のメンバーがつくるこのクレードのなかで最初期に分岐した系統である可能性が示唆される．

スズメ目は，精子の構造などで定義される単系統群で（Raikow & Bledsoe, 2000），現生鳥類の半数以上が含まれる大きなグループである．ニュージーランドに固有のイワサザイ類がそのほかすべてのスズメ目鳥類の姉妹群であること，イワサザイ類を除くスズメ目鳥類が亜鳴禽類，鳴禽類に二分されることが判明したが，この系統関係は他の多くの研究でも支持されている（Barker, 2011）．

現生鳥類最大の目であるこのスズメ目はかつてキツツキ目に近縁と考えられていたが，Hackettらの研究はインコ目との関係を示唆した．また，インコ目＋スズメ目の姉妹群はハヤブサ類である可能性が出てきた．これらの系統関係は，その後の研究で強く支持されている．ハヤブサ類，インコ目，スズメ目からなるクレードにはEufalconimorphaeという名前が与えられ，インコ目＋スズメ目はPsittacopasseraeとよばれるようになった（Suh et al., 2011）．

なお，ハヤブサ類は伝統的にタカ目に含められていたが，タカ類との類縁関係はないようである．これらはいずれも昼行性で肉食の鳥であり，両者の類似性は収斂によるものらしい．

[引用文献]

Baker A. J. et al. (2007) Phylogenetic relationships and divergence times of Charadriiformes genera: multigene evidence for the Cretaceous origin of at least 14 clades of shorebirds. Biol. Lett., vol. 3, pp. 205-210.

Barker F. K. (2011) Phylogeny and Diversification of Modern Passerines. in Dyke G. and Kaiser G. eds., *Living Dinosaurs: The Evolutionary History of Modern Birds* (1st ed.), pp. 235-256. John Wiley & Sons.

Campbell B. & Lack E. eds. (1985) *A Dictionary of Birds*, The British Ornithologists' Union.

Colbert E. H. et al. (2004) *Colbert's evolution of the vertebrates. A history of the backboned animals through time* (5th ed.), Wiley-liss. ［田隅本生 訳 (2004)『コルバート 脊椎動物の進化 原著第5版』築地書館］

Hackett S. J. et al. (2008) A phylogenomic study of birds reveals their evolutionary history. Science, vol. 320. pp. 1763-1768.

Mayr G. (2006) The contribution of fossils to the reconstruction of the higher level phylogeny of birds. *Species, Phylogeny and Evolution*, vol. 1, pp. 59-64.

Raikow R. J. & Bledsoe A. H. (2000) Phylogeny and Evolution of the Passerine Birds. Bioscience, vol. 50, pp. 487-499.

Stresemann E. (1959) The status of avian systematics and its unsolved problems. Auk, vol. 76, pp. 269-280.

Suh A. et al. (2011) Mesozoic retroposons reveal parrots as the closest living relatives of passerine birds. Nat. Commun., vol. 2, p. 443.

（山崎剛史）

## 12.16 ペンギン類

### A. 分類

鳥綱（Aves）ペンギン目（Sphenisciformes）ペンギン科（Spheniscidae）6属17種：基本的には6属16種と2亜種であるが，現在もっとも普及している分類は6属17種である（表1）．スネアーズ島のみに棲むスネアーズペンギンをフィヨルドランドペンギンに含め，マッコーリー島のみに棲むロイヤルペンギンをマカロニペンギンに含め，15と数えることもできる．

### B. 特色

海鳥である：食物を海に依存する．塩類腺をもつ．繁殖と換羽のために陸上または氷上へ上がるが生涯のほとんどを海で過ごす．空中を飛ばないが潜水能力と水中飛翔に秀でている．紡錘形となり前肢で推進力を得，ふだんは時速7km程度で推進する．跳躍力は海から陸へ移動時に発揮される．地上の歩行は得意ではないが一見効率が悪そうな歩行であっても浪費はしていない（Griffin et al., 2000）．氷上では必要があれば腹をソリにしたトボガンで移動距離をかせぐ．骨格は，前肢は上腕骨が板状に，掌骨も変形しフリッパーとなり，胸の竜骨突起は退化していない．後肢は体のうしろに位置し骨と附蹠骨が融合した附蹠骨（タルソメタタルサス）は極端に短い．など他と顕著に異なる特色をもつ．このようにペンギンの骨は特有の形態を示し，構造が飛ぶ鳥にみられる桁構造ではないため化石化して残ることから，形態学的指標による進化の研究対象として優れている．

営巣と繁殖：1年に1卵または2卵の孵化があり，ヒナの育ちは遅く就巣性である．ヒナの綿羽は防水性でないため採餌は不可能で親に依存する．その際エサを与えるのは自分の仔のみである．親仔の相互確認は鳴き交わし（ボーカルコミュニケーション）で行なわれている．成鳥は年に1回換羽する（ただしガラパゴスペンギンは例外で1年2回の換羽）．繁殖地は陸上または氷上であり，巣を築くものとそうでないものがある．多くはコロニー性であるが，例外としてキガシラペンギンは離散して巣をつくる．オス（父親）とメス（母親）が交代で抱卵する．抱卵期間と換羽期は絶食となる．絶食後の体重は約2/3まで減少する．

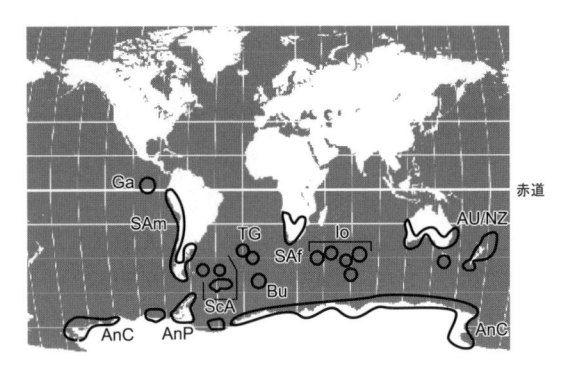

図1 ペンギンの棲息地域海域
Anc: 南極大陸沿岸，Anp: 南極半島，Io: 南極海の諸島，ScA: スコシア海域の諸島，AU/NZ: オーストラリアとニュージーランド，SAf: 南アフリカ沿岸，SAm: 南アメリカ沿岸，Ga: ガラパゴス諸島，Bu: ブーベ島，TG: トリスタンダクーニャ島とゴフ島．

体温維持：生理解剖学的に体温の維持機構が備わっているが，寒冷地（南極）に棲息する種ではさらに集団として密集し体温維持の行動をとる（ハドリング）．

性別：外見からの雌雄の判別は困難である．メスよりオスの体長体重が大きいといわれているが，成長期の環境やエサの条件に影響されるので確実ではない．性は他の鳥類と同様にZ染色体とW染色体で規定され，オスはZZ，メスZWである．

棲息地（繁殖地）：南半球のみに棲息する（図1）．南極半島を含む南極近辺に棲む種が多いが，南極大陸固有のペンギン（南極大陸のみで繁殖する）はエンペラーペンギンとアデリーペンギンの2種である．もっとも低緯度（赤道近く）に棲む種がガラパゴスペンギンである．

名前の由来：南半球のみに住む現生のペンギン類（Penguins）は，北半球に分布していたオオウミガラス（チドリ目，学名 *Pinguinus impennis*；1844年に絶滅）と酷似していた．現在の「ペンギン」という名はオオウミガラスのペンギンヌスという学名に由来する．

表 1 現生のペンギンの種類と棲息数

| 6 属 | 17 種 | 体長(cm) | 棲息の状況[1] | | | 棲息地[4] |
|---|---|---|---|---|---|---|
| | | | 棲息数 | IUCNカテゴリー[2] | 最近の増減[3] | 10万繁殖つがい以上（カッコ内はそれ未満） |
| エンペラーペンギン属 (Aptenodytes) | エンペラーペンギン | 120 | 22万 | LC | — | AnC, AnP |
| | キングペンギン | 90 | 200万 | LC | — | Io, ScA (AU/NZ) |
| アデリーペンギン属 (Pygoscelis) | アデリーペンギン | 70 | 250万 | LC | — | AnC, AnP (Bu, ScA) |
| | ジェンツーペンギン | 80 | 32万 | NT | ↓ | ScA (Bu, AnP, AnC) |
| | ヒゲペンギン | 74 | 750万 | LC | — | ScA (SAM, Io AnP, AU/NZ) |
| コガタペンギン属 (Eudyptula) | コガタペンギン（ハネジロペンギンを含む） | 43 | 50万 | LC | — | AU/NZ |
| フンボルトペンギン属 (Spheniscus) | マゼランペンギン | 70 | 180万 | NT | ↓ | (SAf) |
| | ケープペンギン | 68 | 7万 | VU | ↓ | (SAm) |
| | フンボルトペンギン | 70 | 1.20万 | VU | ↓ | (SAm) |
| | ガラパゴスペンギン | 49 | 0.10万 | EN | ↓ | (Ga) |
| キガシラペンギン属 (Megadyptes) | キガシラペンギン | 55 | 0.15万 | EN | ↓ | (AU/NZ) |
| マカロニペンギン属 (Eudyptes) | フィヨルドランドペンギン | 55 | 0.30万 | VU | ↓ | (AU/NZ) |
| | スネアーズペンギン | 50 | 3万 | VU | ↓ | (AU/NZ のスネアーズ島のみ) |
| | シュレーターペンギン | 67 | 17万 | EN | ↓ | AU/NZ |
| | イワトビペンギン | 52 | 180万 | VU | ↓ | ScA, Io, AU/NZ |
| | マカロニペンギン | 70 | 900万 | VU | ↓ | Io |
| | ロイヤルペンギン | 70 | 85万 | VU | → | AU/NZ のマコーリー島のみ |

6 属 17 種を示す（ただしマカロニペンギン属のうち 2 種を種として区別しない場合は 15 となる）.
1) 棲息数は繁殖つがい数で示す.
2) IUCN（国際自然保護連合）のカテゴリー．EN：近い将来に野生絶滅の危険性が高い（endangered），VU：絶滅の危険性が増している（vulnerable），LC: 軽度懸念（least concerned）．
3) 棲息数の増減については最近の論文や調査結果に基づき，つぎの記号で示す．↓：減少，→：変化がみられない，—：提示できる根拠なし．
4) 棲息地の略号は，図 1 と同様である．10 万繁殖つがい以上が確認された地域海域と，それ未満の場所を区別して示す．
イラスト：福武 忍，ペンギン図鑑，文溪堂，1997.

## C. 進化と近縁種

分岐と絶滅：現生のペンギンの多くが絶滅危惧種（Endangered あるいは Vulnerable）とされている（表 1）．ペンギン類の祖先をさかのぼると約 7000 万年前になる（Baker et al., 2006）．ペンギン類の仲間は，鳥類の進化の過程でまず平胸類，つぎにキジカモ上目の類が分岐したのち，他の鳥と系統を分かち，進化をとげてきたと推定されている．ペンギン目としての歴史を振り返ると，多くの絶滅種が判明している（Kpsepka et al., 2006；Clarke et al., 2007）．

近縁種：近縁種については，古くは免疫学的距

離法や形態学的指標などから，ミズナギドリ目あるいはアビ目との近縁が考えられていた（Ho et al., 1976）．形態と分子の指標を比較した海鳥との近縁関係の検討（Hedges et al., 1994）や，DNAハイブリダイゼーションとミトコンドリア遺伝子配列（Tuinen et al., 2001），形態とミトコンドリア遺伝子配列（Bertelli et al., 2005），MHC（major histocompatibility complex）遺伝子の超可変領域の多型解析（Tsuda et al., 2001）からもミズナギドリとの近縁関係が推定され，ミトコンドリア遺伝子全長配列（Slack et al., 2006；Watanabe et al., 2006）からはコウノトリ目かミズナギドリ目が，ペンギンにもっとも近い可能性が示唆されている．

[引用文献]

Baker A. J. et al. (2006) Multiple gene evidence for expansion of extant penguins out of Antarctica due to global cooling. Proc. R. Soc. B, vol. 273, pp. 11-17.

Bertelli S. and Giannini N. P. (2005) A phylogeny of extant penguins (Aves: Sphenisciformes) combining morphology and mitochondrial sequences. Cladistics, vol. 21, pp. 209-239.

Clarke J. A. et al. (2007) Paleogene equatorial penguins challenge the proposed relationship between biogeography, diversity, and Cenozoic clomate change. Proc. Natl. Acad. Sci. USA, vol. 104, pp. 11545-11550.

Griffin T. M. & Kram R. (2000) Penguin waddling is not wasteful. Nature, vol. 408, pp. 929.

Hedges S. B. and Sibley C. G. (1994) Molecules vs morphology in avian evolution: the case of the "pelecaniforms" birds. Proc. Natl. Acad. Sci. USA, vol. 91, pp. 9861-9865.

Ho C. Y-K. et al. (1976) Penguin evolution: protein comparisons demonstrate phylogenetic relationship to flying aqusatic birds. J. Mol. Evol., vol. 8, pp271-282.

Kpsepka D. T. et al. (2006) The phylogenyofthe living and fossil Sphenisciformes (penguins). Cladistics, vol. 22, pp. 412-441.

Slack K. E. et al. (2006) Early Penguin Fossils, Plus Mitochondrial Genomes, Calibrate Avian Evolution. Mol. Biol. Evol., vol. 23, pp. 1144-1155.

Tsuda T. T. et al. (2001) Phylogenetic analysis of penguin (Spheniscidae) species based on sequence variation in MHC class II genes. Immunogenetics, vol. 53, pp. 712-716.

Tuinen M. V. et al. (2001) Convegence and divergence in the evolution of aquatic birds. Proc. R. Soc. Lond. B, vol. 268, pp. 1345-1350.

Watanabe M. et al. (2006) New candidate species most closely related to penguins. Gene, vol. 378, pp. 65-73.

[参考文献]

Feduccia A. (1996) The origin and evolution of birds, Yale University Press.［Feduccia A. 著・黒沢令子 訳（2004）『鳥の起源と進化』平凡社］

Jouvantin P. (1982) Visual and vocal signals in penguins: their evolution and adaptive characters, Verlag Paul Parey.［Jouvantin P. 著・青柳昌宏 訳（1996）『ペンギンは何をかたりあっているか－彼らの行動と進化の研究』どうぶつ社］

Reilly P. (1994) Penguins of the world, Oxford University Press.［Reilly P. 著・青柳昌宏 監訳, 津田とみ他 共訳（1997）『ペンギンハンドブック』どうぶつ社］

津田とみ（2008）鳥類の南極環境への適応.『遺伝』, vol.64, p.20, pp. 51-57, エヌ・ティー・エス.

（津田とみ）

# 第 13 章
# 哺乳類と人類

| | | |
|---|---|---|
| 13.1 | 哺乳類 | 本川雅治 |
| 13.2 | 哺乳類の分子系統 | 長谷川政美 |
| 13.3 | 単孔類 | 本川雅治 |
| 13.4 | 有袋類 | 本川雅治 |
| 13.5 | 有胎盤哺乳類 | 本川雅治 |
| 13.6 | 齧歯目 | 本川雅治 |
| 13.7 | 鯨偶蹄目 | 天野雅男 |
| 13.8 | 食肉目 | 本川雅治 |
| 13.9 | 霊長目 | 諏訪 元 |
| 13.10 | ヒトの進化 | 諏訪 元 |
| 13.11 | 類人猿とヒトの系統の分岐 | 諏訪 元 |
| 13.12 | ホモ属の出現とその拡散 | 海部陽介 |
| 13.13 | ホモ・サピエンスの誕生と進化 | 海部陽介 |

## 13.1 哺乳類

哺乳類は，哺乳綱（Mammalia）として認識される分類群であり，現生種として単孔類，有袋類，有胎盤類の5416種が知られる．哺乳類は，爬虫類の単弓類（亜綱）のうち獣弓類（目）のキノドン類から進化したとされる．初期哺乳類の化石は，中生代三畳紀後期のヨーロッパ，アジア，南アフリカ，北米からみつかっている．哺乳類の起源は，さらに古く三畳紀中期にさかのぼる可能性も示唆されている．初期の哺乳類は，小型，食虫性，夜行性であったと考えられ，当時繁栄していた恐竜類が使わないニッチを使って生息していたと推測されている．恐竜類の絶滅により，多くのニッチが空いたことにともない，新生代に入ってから，有袋類，真獣類のそれぞれにおいて適応放散が起こった．

従来の哺乳綱には，原獣亜綱（単孔目など），異獣亜綱（多丘歯目），そして獣亜綱を認め，獣亜綱には汎獣下綱（相称歯目と汎獣目），後獣下綱（有袋類），そして真獣下綱（有胎盤類，正獣下綱と称することもある）が含まれるとする見解，または異獣亜綱を原獣亜綱に含めて2亜綱とする分類体系が広く用いられてきた．また，絶滅した哺乳綱の原始的グループ（モルガノコドン科やアンフィレステス科を含む三錐歯目あるいはトリコノドン目，ドコドン目など）を暁獣亜綱とする文献も多数みられる．後に述べるように獣弓類と哺乳類の境界線は人為的であるので，哺乳類の原始的グループを哺乳綱には含めずに，それ以外の狭義の哺乳綱とあわせてより高次のママリアフォルムス（哺乳形類）とする分類体系が使われることもある（表1）．

しかしながら，中生代の三畳紀からジュラ紀における「哺乳類」の系統関係や進化についてはまだよくわかっていないことが多く，分類体系についても一致した見解が得られていない．近年の中生代哺乳類の新しい化石発見は著しい．これは1979年の有効な属が116であるのに対して，2000年における属の数が283に増加していることに象徴されている．最近の哺乳類の起源や中生代哺乳類に関する議論に

表1 哺乳綱の分類体系

哺乳綱（Mammalia）
  *Adelobasileus*\*, *Hadrocodium*\*
  シノコドン科\*（Sinoconodontidae）
  キューネオテリウム科\*（Kuehneotheriidae）
 モルガノコドン目\*（Morganucodonta）
  モルガノコドン科\*（Morganucodontidae）
  メガゾストロドン科\*（絶滅群）(Megazostrodontidae)
 ドコドン目\*（Docodonta）
 シュオテリウム目\*（Shuotheridia）
 エウトリコノドン目\*（Eutriconodonta）
  アンフィレステス科\*（Amphilestidae）
  トリコノドン科\*（Triconodontidae）
  アウストロトリコノドン科\*（Austrotriconodontidae）
 ゴンドワナテリア目\*（Gondwanatheria）
 アウストラロトリボスフェニック亜綱\*（Australosphenida）
 アウスクトリボスフェノス目\*（Ausktribosphenida）
 単孔目（Monotremata）
異獣亜綱\*（Allotheria）
  テロテイヌス科\*（Theroteinidae）
  エレウテロドン科\*（Eleutherodontidae）
 ハラミヤ目\*（Haramiyida）
  ハラミヤ科\*（Haramiyidae）
 多丘歯目\*（Multituberculata）
  プラギアウラクス上科\*（Plagiaulacoidea）
  キモロドン亜目\*（Cimolodonta）
  プティロドゥス上科\*（Ptilodontoidea）
  テニオラビス上科\*（Taeniolabidoidea）
  ジャドクタテリウム科\*（Djadochtatherioidea）
枝獣亜綱\*（Trechnotheria）
 相称歯上目\*（Symmetrodonta）
  アンフィドン科\*（Amphidontidae）
  ティノドン科\*（Tinodontidae）
  スパラコテリウム科\*（Spalacotheriidae）
 ドリオレステス上目\*（Dryolestoidea）
  ビンケレステス科\*（Vincelestidae）
 ドリオレステス目\*（Dryolestida）
  ドリオレステス科\*（Dryolestidae）
  パウロドン科\*（Paurodontidae）
 アンフィテリウム目\*（Amphitheriida）
  アンフィテリウム科\*（Amphitheriidae）
 最獣上目\*（Zatheria）
 ペラムス目\*（Peramura）
  ペラムス科\*（Peramuridae）
  アルギテリウム科\*（Arguitheriidae）
  アルギムス科\*（Arguimuridae）
 ボレオトリボスフェニック亜綱\*（Boreosphenida）
 アエギアロドン目\*（Aegialodontia）
  アエギアロドン科\*（Aegialodontidae）
 後獣下綱（Metatheria）
 真獣下綱（Eutheria）

\*：絶滅群を示す．
(Rose, 2006を改変)

は，McKenna & Bell（1997）の分岐分類学の手法をとりいれた新しい哺乳類の分類体系がよくとりあげられるが，それ以降の変遷も顕著である（ここで参考にした代表的な文献はつぎのものである；遠藤，2002；冨田，2002；Kielan-Jaworowska et al., 2004; Kemp, 2005; Rose, 2006; Luo, 2007; Feldhamer et al., 2007; Vaughan et al., 2010）．中生代にみられ，哺乳綱に含まれるグループは，現在は単系統群であるとされ，それらは現世につながる単孔目，後獣類，真獣類のほか，始新世まで化石記録が知られる多丘歯目を除いては，中生代の終わりまでに絶滅したとされる．一方で，恐竜類の絶滅にあわせて，それまでは夜行性で小型だった哺乳類の適応放散が後獣類や真獣類で生じた．ここでは Rose（2006）に従って，哺乳綱の分類体系についてみていくことにする．

哺乳綱には，アウストラロトリボスフェニック亜綱（単孔目とアウスクトリボスフェノス目），異獣亜綱（ハラミヤ目や多丘歯目など），枝獣亜綱（相称歯上目，ドリオレスティス上目，最獣上目），ボレオトリボスフェニック亜綱（エギアロドン目，後獣下綱，真獣下綱）の四つの亜綱が認められ，そのほかに亜綱の位置づけが不明いくつかの分類群（モルガノコドン目，ドコドン目，シュオテリウム目，エウトリコノドン目，ゴンドワナテリア目，シノコノドン科，キューネオテリウム科など）が含まれる．このなかで，アウストラロトリボスフェニック亜綱とボレオトリボスフェニック亜綱は，これまでは原獣亜綱あるいは獣亜綱（正獣亜綱）とされてきたものである．トリボスフェニック型臼歯とよばれる臼歯型の進化と関連した最近の名称であり，その背景についてはトリボスフェニック型臼歯とあわせて，あとで紹介する．

## A. 哺乳類の特徴

哺乳類は，爬虫類と異なる多くのさまざまな特徴を獲得し，多様な環境への適応が可能になった．哺乳類にみられる形質は獣弓類の段階ですでに進化あるいは漸移が始まっていたものがほとんどであり，哺乳類と獣弓類の境界は人為的なものといわざるをえない．単弓類が出現したのが，約3億2千万年前，最初の哺乳類が出現したのが約2億5千万年前であり，哺乳類への進化（あるいはそれへの移行）は約7千万年をかけて起こったと考えられている．哺乳類の進化を知るために，化石記録からわかる形態学的特徴に着目されることが多いが，化石には残らないような特徴も哺乳類を理解するうえで同時に重要である．

哺乳類は，すでに絶滅した分類群も含めて，動物のなかで，もっとも多様な環境やニッチに適応放散をとげた分類群である．それを可能にしたのは内温性の獲得（温血動物や恒温動物といわれることも，このことをあらわしている）や活発な活動性であり，さらに，それに関連する形態・生理的な変化といえるであろう．初期の哺乳類は，恐竜類との競合をさけるために，小型で夜行性であったといわれるが，夜行性であるためには内温性の獲得が不可欠であったはずである．内温性には，高い基礎代謝とそれを維持するエネルギーが必要である．2心房2心室の4室からなり，動脈血と静脈血を完全に分離できるようになった心臓をもつこと，酸素を含む外気を肺に多量にとりこむための筋肉性の横隔膜，そして外気の効率的なとりこみに寄与する二次口蓋の獲得などは，基礎代謝に必要な大量の酸素を効率的に体内にとりこみ，循環させるという内温性に関連して哺乳類にみられる重要な特徴といえる．体表に体毛という断熱に役立つ外被をもつのも哺乳類にみられる特徴であり，体を熱さからも寒さからも保護する役割をもっている．成長が一生続く爬虫類と違い，性成熟のころに成長がとまるという特徴も，哺乳類の内温性と関係する．現生の哺乳類に着目してみても，寒冷地や標高5000m台の高地といった厳しい寒冷環境にも生息しているが，それには内温性の獲得があって初めて可能になったことは明らかである．

「哺乳類」という名前が示すように，哺乳類の雌は乳腺をもち，母乳により幼獣を育てる．また，現生では産卵による単孔目を除いては，幼仔で生まれ，養育するという生殖様式が哺乳類にみられる．なかでも，真獣類が胎盤を獲得したことは，哺乳類の生殖様式を議論するうえで重要である．単孔目のハリモグラで，汗腺の変形した線が乳汁を分布することから，乳腺は汗腺を起源として進化したと考えられている．授乳や養育といった親の投資によって，子の生存率を高め，短期間での成長が可能になったといえる．

哺乳類の形態学的特徴として，化石に残りやすい骨や歯がとりあげられることが多い．そのもっとも重要なものとして，爬虫類では数個の骨からなる下顎が，哺乳類では歯骨とよばれるひとつの骨だけで構成され，上顎の鱗状骨と関節するようになったことがあげられる．歯骨−鱗状骨関節が獲得される以前に，上顎と下顎の関節に関与していた方形骨や関節骨は，哺乳類では中耳空間に入り込み，それぞれキヌタ骨，ツチ骨に変形した．それまでもあったアブミ骨とともに，これら三つが連結した構造をもつ耳小骨は，鼓膜から内耳へ音の振動を効率的に伝え，高周波音にも適応した鋭い聴覚能力を哺乳類がもつようになったと考えられている．方形骨や関節骨が，それまでとはまったく異なる機能を果たすようになったといえる．鋭い聴覚能力に加えて，この変化は頑丈で大型の下顎骨をもつことにもつながった．咀嚼力の増加は高い代謝と内温性を維持するための食物摂取にとって，重要な変化であったと考えられている．

哺乳類では，脳頭蓋が大きく発達したことも重要である．脳の発達は，知能が著しく高まったことを示しているといえるだろう．また，嗅覚能力の発達もみられる．脳容量の増加と，聴覚，嗅覚などの感覚器官の発達は，すでに述べた活発な活動性をささえる，運動能力や捕食効率を高め，捕食者からの回避や社会構造の発達といったことによって，生存に有利にはたらいたことが推測される．

## B. 頬歯の進化

頬歯の形が複雑になったことも哺乳類の重要な特徴である．そのことが，哺乳類の活動性の基になる，効率的な食物からのエネルギー摂取を可能にするからである．頬歯の進化は，獣弓類から哺乳類にかけて複雑に起こったと考えられている．重要なことは，爬虫類では単純な形をしていた歯から一連の歯列が形成されていたが，哺乳類では，切歯，犬歯，小臼歯，大臼歯に歯が分化し，頬歯ともよばれる小臼歯と大臼歯の形が複雑化したことである．また，切歯，犬歯，小臼歯は乳歯をもち，永久歯へと1回だけ生え代わるという特徴をもつ．切歯・犬歯・小臼歯・大臼歯の数は，後獣類では上顎が左右それぞれ5・1・3・4，下顎が4・1・3・4の計50本，真獣類では上顎が3・1・4・3，下顎が3・1・4・3の計44本が基本型で，例外を除くと，基本型あるいはそれから減少した歯列をもっている．現生の後獣類や真獣類は，トリボスフェニック型臼歯（破砕切断型ということもある）とよばれる原始的な基本型，そしてそれが多様に変形することによって進化した臼歯をもっている．つぎにトリボスフェニック型臼歯の基本型をみていくことにする．

頬歯の複雑化と関連して，それまではひとつの咬頭からなる歯が，複数の咬頭をもつようになり，上顎と下顎の咬み合わせ（咬合）の発達が哺乳類で生じた．複数の咬頭への進化はいくつもの系統でみられるが，そのなかで，後獣類と真獣類の共通祖先において白亜紀に北半球で獲得されたとされ，それらにひき継がれたものはトリボスフェニック型臼歯とよばれる．トリボスフェニック型臼歯では，上顎に舌側のプロトコーン，頬側近心にパラコーンと頬側遠心にメタコーンの三つの咬頭をもち，三つの咬頭に囲まれる三角形をトリゴンとよぶ．また，多くの哺乳類では，さらに舌側遠心にハイポコーンとよばれる第四の咬頭をもっている．下顎には頬側のプロトコニド，舌側近心のパラコニド，舌側遠心のメタコニドが上顎と対向する三角形のトリゴニドを形成して配置されている．トリゴニドの後方には盤状のタロニドが形成され，そこには舌側のハイポコニド，頬側のエントコニド，後部のハイポコニュリドとよばれる咬頭が存在する．トリボスフェニック型臼歯は三つの作用をもっている（Colbert et al., 2004）．第一に，上下の咬頭は入れ違いになり，互いに食物を保持したり引き裂いたりすることができる．たとえば，歯列の頬側において，下顎大臼歯のプロトコニドは，上顎大臼歯のメタコーンおよびひとつ後方の上顎大臼歯のパラコーンと入れ違いになる．一方で，下顎大臼歯のハイポコニドは1本の上顎大臼歯のパラコーンおよびメタコーンと入れ違いになる．第二に，歯の縁であるロフや稜線が互いに擦れちがって食物を断ち切る．上顎の各大臼歯のトリゴンが，下顎の対応する大臼歯の後縁と擦れちがう一方，上顎の各大臼歯のトリゴンの後縁が，下顎のひとつ後方にある大臼歯のトリゴニドの前縁と擦れちがう．第

三に，プロトコーンが盤状のタロニドと咬み合うように，上下の歯のある一定部分が差し向かいになり，食物を破砕するのにはたらく．このような作用と関連するが，トリボスフェニック型臼歯は，もともと破砕切断型を示す用語として名づけられた．トリボスフェニック型臼歯は，後獣類と真獣類に共通した重要なものであるが，その後，後獣類と真獣類のそれぞれの目レベルでの適応放散にともなって，基本型が保持された分類群もある一方で，食性の多様化にあわせて著しく特殊化した臼歯をもつ分類群も多数あらわれた．現生分類群でトリボスフェニック型臼歯をほぼそのまま保持しているのは，オポッサム類などの一部の有袋類，有胎盤類のうちでトガリネズミ形目，ハリネズミ形目，アフリカトガリネズミ目，翼手目，登木目など食虫性の分類群である．

ここまでに記した後獣類と真獣類の共通祖先における北半球でのトリボスフェニック型臼歯の進化のシナリオについて，最近になって異なる見解がみられるようになった．南半球で単孔類に近縁とみられる絶滅群アウスクトリボスフェノス目が発見され，トリボスフェニック型臼歯とみられる臼歯型をもつことがわかった．したがって，単孔目とアウスクトリボスフェノス目をあわせてアウストラロトリボスフェニック亜綱が認められるようになった．従来の北半球のトリボスフェニック型臼歯と共通の由来を有するとすれば，トリボスフェニック型臼歯が南半球で進化した可能性もある．いずれにしても，この問題は現在も議論が続いており，トリボスフェニック型臼歯の進化について，今後も大きな議論の進展が予想される．

### C. 骨格の進化

脊椎骨や四肢骨でも，哺乳類で多くの特徴がみられ，そのいくつかは，柔軟で活発な動きを可能にしている．まず，四肢と胴の姿勢であるが，爬虫類では肘と膝を外側へ突き出し，はいつくばる形になっているのに対して，哺乳類では肘と膝を胴の下に伸ばし，地面から高く立ち，またはうずくまる形へと進化した．哺乳類のほうが，動いたときのエネルギー効率がよい姿勢といえる．また，哺乳類では肩甲骨に肩甲棘が発達している．頸椎と関節する頭蓋の後頭顆は哺乳類では左右にふたつあり，下方にひとつだけの爬虫類と異なり，頭部の上下への細かい動きができるようになった．その一方で，側方への動きは制限されるようになった．また，第一，第二頸椎の特殊化が哺乳類で認められる．爬虫類で存在する腰部肋骨は，哺乳類ではなくなっており，体の柔軟な動きが可能となっている．また，骨盤を構成する三つの骨は哺乳類では癒合し，腸骨が前方に拡大している．指節骨式は，爬虫類では最大で 2-3-4-5-4 であるのに対して，哺乳類では最大で 2-3-3-3-3 と減少している．

ここまでに記したように，哺乳類は多くの爬虫類などとは異なる特徴をもっている．同時に，現生種だけをみてもわかるように，有袋類，有胎盤類のそれぞれで，著しい適応放散をとげたために，一度は獲得した哺乳類としての特徴が，二次的に消失・変化したものもあることに注意しなくてはいけない．とりわけ，食性の変化と関連する歯や頭骨の形態，運動にかかわる四肢部の形態などは分類群によって多様であるとともに，異なる分類群においても，よく似た形態を独立に獲得した例が多くみられる．

[引用文献]

Colbert E. H. et al. (2004) *Colbert's Evolution of the Vertebrates 5th ed.*, Wiley-Liss.［コルバート・モラレス・ミンコフ 著，田隅本生 訳（2004）『脊椎動物の進化 原著第5版』築地書館］

遠藤秀紀（2002）『哺乳類の進化』東京大学出版会．

Feldhamer G. A. et al. (2007) *Mammalogy: Adaptation, Diversity, Ecology* 3rd ed., The Johns Hopkins University Press.

Kemp T. S. (2005) *The Origin and Evolution of Mammals*, Oxford University Press.

Kielan-Jaworowska Z. et al. (2004) *Mammals from the Age of Dinosaurs: Origins, Evolution, and Structure*, Columbia University Press.

Luo Z-X. (2007) Transformation and diversification in early mammal evolution. *Nature*, vol. 450, pp. 1011-1019.

McKenna M. C. & Bell S. K. (1997) *Classification of Mammals: Above the Species Level*, Columbia University Press.

Rose K. D. (2006) *The Beginning of the Age of Mammals*, The Johns Hopkins University Press.

冨田幸光（2002）『絶滅哺乳類図鑑』丸善．

Vaughan T. A. et al. (2010) *Mammalogy* (5th ed.), Jones and Barlett Publishers.

（本川雅治）

## 13.2 哺乳類の分子系統

### A. 哺乳類の三大グループ

哺乳類はその名前のとおり子を乳で育てるという特徴をもつ．現生の哺乳類は，「単孔類（Monotremata）」，「有袋類（Marsupialia）」，「真獣類（Eutheria）」という三大グループから構成される．単孔類には現生のものとしてはオーストラリアやニューギニアに分布するカモノハシとハリモグラが属する．これらの哺乳類は卵の形で子供を産む．有袋類は，オーストラリア，ニューギニア，南北のアメリカ大陸に分布するもので，カンガルーやオポッサムなどが属する．子供はきわめて未熟な形で出産されたあと，母親のお腹の袋（育児嚢）のなかで育てられる．真獣類は，単孔類や有袋類以外の現生哺乳類のすべてを含み，三つのグループのなかで最大である．このグループは雌が胎盤をもつために，「有胎盤類（Placentalia）」ともよばれる．

このうち，単孔類は卵を産むという多くの爬虫類と共通の祖先的な特徴をもつため，有袋類と真獣類が分かれるよりもはるかに古い時代に，有袋類や真獣類に至る系統から分かれたものと考えられてきた．ところが Janke et al.（1996）は，単孔類のカモノハシと有袋類のオポッサムのミトコンドリアのゲノム配列を決定し，それまでに得られていた真獣類や外群である鳥類などの配列データとあわせて系統樹推定を行ない，単孔類と有袋類が真獣類よりも互いに近縁な関係にあることを示唆する結果を得た．

その後 Phillips & Penny（2003）はミトコンドリア DNA の塩基組成が系統によって異なることに着目し，そのことを考慮すると Janke らの結論とは違って，むしろ伝統的な有袋類・真獣類近縁説が支持されることを示した．さらに核遺伝子の解析からも伝統的な考えが支持された（Grützner & Graves, 2004）．哺乳類の三大グループの間の系統関係を明らかにするためには，「外群（outgroup）」として鳥類や爬虫類を用いなければならないが，哺乳類と外群の鳥類・爬虫類が分かれたのは 3 億年以上も前の古生代・石炭紀後期である（Benton et al., 2009）．

一方，単孔類が有袋類・真獣類から別れたのがおよそ 1 億 6600 万年前の中生代・ジュラ紀中期，さらに有袋類と真獣類が分かれたのがそれよりもわずか 1000 万年〜2000 万年後の同じくジュラ紀であったと推定されている（Phillips & Penny, 2003）．つまり，ミトコンドリア DNA の塩基組成の偏りの問題のほかに，三大グループの間の分岐が地質学的には短い期間に続いて起こったのに対して，分子系統樹解析に使うことのできる外群が非常に遠い関係のものしか現存しないために，分岐の順番を決めるのは難しい問題だったのである．

Janke らのミトコンドリアゲノム解析の最初の結論は間違っていたが，このような解析により，それまで考えられていたように単孔類が有袋類と真獣類の共通祖先に至る系統から非常に古い時代に分かれたものではなく，これら三つのグループの間で起こった 2 回の分岐は地質学的には意外と近接した年代であったことが明らかになったのである．

### B. 真獣類の系統進化

#### a. 目の統合と分離

真獣類は現在地球上でもっとも繁栄している哺乳類のグループであるが，分子系統学の発展により，真獣類の進化に関して多くのことが明らかになってきた．従来真獣類は表 1 の左の欄に示したように 18 の「目（order）」に分類されてきた．ところが分子系統学はこのような分類がいくつかの点で系統進化の歴史を反映していないことを示した．

クジラは一生を水のなかで過ごす動物であるが，陸上哺乳類が進化して水生適応した生物である．クジラがどのような陸上哺乳類から進化したかについては諸説あったが，従来から「鯨目（Cetacea）」と「偶蹄目（Artiodactyla）」の近縁性が指摘されていた．偶蹄目は従来の分類体系では，ウシ，シカなどの反芻亜目（Ruminantia），ブタ，カバを含む「猪豚亜目（Suina）」，ラクダなどの「核脚亜目（Tylopoda）」の三つの亜目から構成されると考えられていた．ところが，レトロポゾン挿入法による分子系統樹解析により，クジラが偶蹄目に近いだけでなく，そのなかでも特にカバと近縁であり，つぎに近縁なのが反芻類であることが示された（Nikaido et al., 1999）．

表 1 真獣類の目

| 従来の目 | 英名 | 属するおもな動物 | 新しい目 | 上目 | 三大グループ |
|---|---|---|---|---|---|
| 霊長目 | Primates | ヒト，サル | | 真主獣 | 北方獣類 |
| 皮翼目 | Dermoptera | ヒヨケザル | | | |
| 登攀目 | Scandentia | ツパイ | | | |
| 兎目 | Lagomorpha | ウサギ | | グリレス類 | |
| 齧歯目 | Rodentia | ネズミ，リス，ヤマアラシ | | | |
| 鯨目 | Cetacea | クジラ，イルカ | 鯨偶蹄目（Cetartiodactyla） | | |
| 偶蹄目 | Artiodactyla | ウシ，カバ，ブタ，ラクダ | | | |
| 奇蹄目 | Perissodactyla | ウマ，サイ，バク | | ペガサス野獣類 | |
| 食肉目 | Carnivora | イヌ，クマ，ネコ，アザラシ | | | |
| 有鱗目 | Pholidota | センザンコウ | | | |
| 翼手目 | Chiroptera | コウモリ | | | |
| 食虫目 | Insectivora | モグラ，ハリネズミ，トガリネズミ | 真無盲腸目（Eulipotyphla） | | |
| | | キンモグラ，テンレック | アフリカトガリネズミ目（Afrosoricida） | | アフリカ獣類 |
| 長脚目 | Macroscelidea | ハネジネズミ | | | |
| 管歯目 | Tubulidentata | ツチブタ | | | |
| 長鼻目 | Proboscidea | ゾウ | | 近蹄類 | |
| 海牛目 | Sirenia | ジュゴン，マナティー | | | |
| 岩狸目 | Hyracoidea | ハイラックス | | | |
| 異節目 | Xenarthra | アリクイ，アルマジロ，ナマケモノ | | | 南米獣類 |

ブタやラクダはそれよりもさらに遠い関係にある．つまり，ブタとカバを含む猪豚亜目や偶蹄目は進化的にはそれぞれひとつのグループではないことが明らかになったわけである．そのため，現在では鯨目と偶蹄目をあわせた「鯨偶蹄目（Cetartiodactyla）」という分類名が用いられる．

このように統合された目がある一方で，これまで同じ目に分類されていたものがまったく別の系統から進化してきたものであることが明らかになった例もある．マダガスカルのハリテンレックは体毛が針のようになっていて形態的にハリネズミにそっくりである．そのため両方ともモグラやトガリネズミなどと同じ食虫目に分類されてきた．ところが，分子系統学からハリテンレックはハリネズミによりはゾウ，ツチブタなどアフリカ起源の哺乳類と近縁であることが明らかになった．またアフリカ固有のキンモグラは地中生活に適応してモグラそっくりの形態であり，これも食虫目に分類されてきた．ところが，分子系統学からはキンモグラもまたテンレックとともにゾウやツチブタのグループに属するものであり，モグラとは別系統であることがわかってきた（Stanhope et al., 1998）．このようなことから，従来の食虫目はふたつの目に分けられ，モグラ，ハリネズミ，トガリネズミなどは「真無盲腸目（Eulipotyphla）」，キンモグラ，テンレックなどは「アフリカトガリネズミ目（Afrosoricida）」に分類されるようになってきた．

**b. 真獣類の系統樹と収斂進化**

図1にこれまでに分子系統学的な解析から明らかになってきた真獣類の系統樹を示す．このなかでもっとも思いがけなかったことのひとつが，真獣類の進化の過程で形態形質の「収斂進化（convergent evolution）」が従来予想されていたよりもはるかに頻繁に起こっていたことである．収斂進化とは似たような生息環境に適応すると，異なる系統で似たような形態的な特徴が独立に進化することであり，これまでにも多くの例が知られていた．1936年に絶滅したとされる有袋類のフクロオオカミ（最後まで

いに非常によく似ているが，図1に示すように，進化的には真獣類のまったく離れたグループから独立に進化したものである．また，センザンコウは形態的にアルマジロに似ているために，アルマジロ，アリクイ，ナマケモノなどとともに「貧歯目（Edentata）」に分類されることもあったが，分子系統学からはセンザンコウはアルマジロなどとはまったく異なる系統に属することが明らかになってきた．図1に示すように，センザンコウは系統的には「食肉目（Carnivora）」に近いのである．そのため現在では，センザンコウは「有鱗目（Pholidota）」，アルマジロ，アリクイ，ナマケモノは「異節目（Xenarthra）」と別々の目に分類される．

### c. 真獣類の三大グループと大陸移動

　分子系統学的な解析から，真獣類は系統的には三つの大きなグループから構成されることが明らかになってきた（Waddell et al., 1999; Nishihara et al., 2006）．そのひとつは，アフリカのキンモグラ，マダガスカルのテンレック類，ツチブタ，ハネジネズミ，ゾウ，ジュゴン，マナティー，ハイラックスなどから構成されるグループである．ゾウはアジアにも分布するし，マンモスなどはかつてはアメリカ大陸にも分布していた．しかしながらゾウの古い化石はアフリカでしかみつからない．このグループのそのほかのものは，ジュゴン，マナティーなど水生適応して分布を広げたものは別として，マダガスカル，中近東などアフリカの周辺にかぎられる．したがってこのグループはもともとアフリカで進化したものと考えられ，「アフリカ獣類（Afrotheria）」とよばれる（Springer et al., 1997）．2番目のグループは，南米で進化した異節類である．このグループにはアルマジロなど現在は北米に生息するものも含まれるが，これらはおよそ250万年前近くになって北米と南米がパナマ地峡で結ばれたあとで，南米から北米に渡って行ったものである．したがって，異節目は南米獣類とよんでもよいであろう．真獣類の第三のグループがそのほかのすべてを含む最大のグループであり，北半球のローラシア大陸で進化したという意味で，「北方獣類（Boreotheria）」とよばれる．このように，真獣類の三大グループは地理的な分布と関連づけられる．

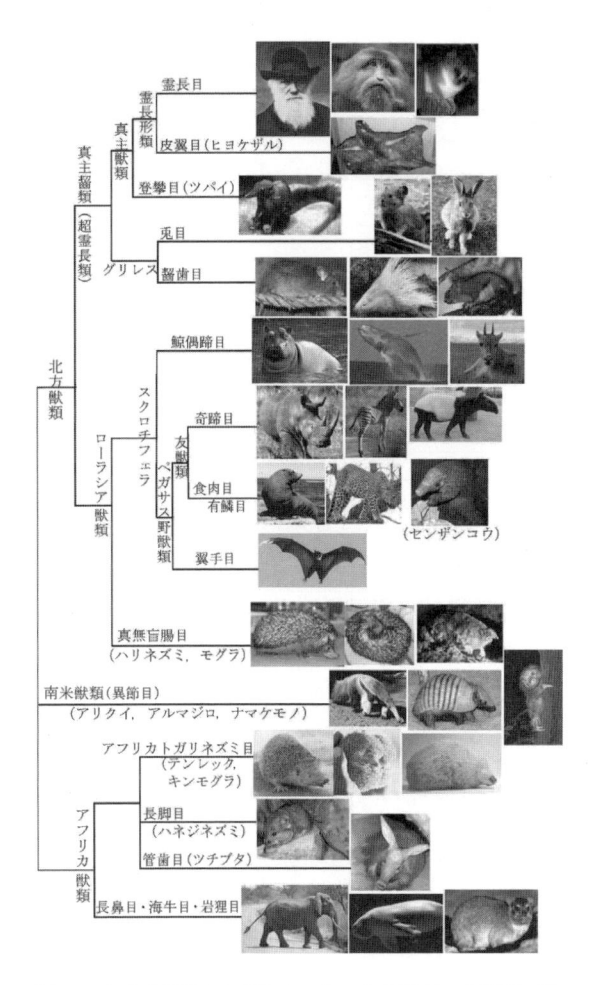

**図1**　分子系統学から明らかになった真獣類の系統樹（長谷川，2008より改変）→口絵7参照
（センザンコウの写真提供：林耕次）

生き残ったタスマニア島にちなんで，タスマニアオオカミともいう）は真獣類のオオカミとよく似ており，そのほかにも有袋類のなかで真獣類と同じような形態的特徴が収斂的に進化した例がたくさん知られている（モグラ，モモンガなど）．この場合はたとえそっくりな形態をもっていても，それぞれに有袋類と真獣類に固有の特徴があるので，収斂進化の結果であることが自明であった．ところが，同じ真獣類のなかで収斂進化が起こった場合は，形態の類似性が近縁性によるものか，収斂進化によるものかを判定することが難しく，その多くは間違って近縁性によるものと考えられてきた．

　先に述べたハリテンレックとハリネズミ，キンモグラとモグラの例がその典型である．これらはお互

このことは1億3500万年前から始まる中生代白亜紀における大陸分断の歴史が関係している．それまで南半球の陸地はゴンドワナ超大陸というひとつの巨大な陸地を形成していたが，白亜紀に入るとしだいにいくつかの大陸へと分裂を始め，およそ1億500万年前にアフリカと南米が分かれた (Smith et al., 1994)．その後，アフリカはおよそ2000万年前にユーラシアと陸続きになるまで，また南米はおよそ250万年前に北米と陸続きになるまで，それぞれ孤立した大陸であった．アフリカ獣類と南米獣類はその時期にそれぞれの大陸で独自に進化したグループであり，北方獣類は北半球のローラシア大陸で進化したと考えられる．このように，真獣類の進化は大陸移動の歴史と深くかかわっているが，このことはハリテンレックとハリネズミ，キンモグラとモグラの間の形態的類似性が収斂進化によることを分子系統学が示したことによって初めて明らかになったことである (長谷川, 2011)．

ゴンドワナ超大陸が生まれる以前は，地球上の陸地がパンゲアというたったひとつの超大陸を形成していた時代があった．およそ1億4000万年前にパンゲアが北のローラシアと南のゴンドワナに分裂した (Smith et al., 1994)．この年代は，真獣類と有袋類の分岐に匹敵する古さであり，北方獣類がほかの真獣類のグループから分かれたのがこの分裂にともなうと考えるには古すぎる．また1億4000万年前のローラシアとゴンドワナの分裂，続いて1億500万年前のアフリカと南米の分裂という大陸分断の順番が，系統進化の歴史に反映しているとすると，三大グループのなかでまず北方獣類が他から分かれ，続いてアフリカ獣類と南米獣類が分かれたということになっているはずである．ところが核遺伝子のゲノムスケールの配列データ解析からはそのような系統関係は得られなかった (Nishihara et al., 2007)．

北方獣類，アフリカ獣類，南米獣類の三者の間の系統的関係としては，3通りが考えられる．Nishihara et al. (2009) は，レトロポゾンのゲノム中への挿入を大規模に調べることによって，どの系統樹が正しいかを明らかにすることを試みた．異なる系統で，特定のレトロポゾンがゲノム中の特定の位置に独立に挿入される可能性は非常に低いので，ゲノムの同じ場所で同じレトロポゾンを共有することは系統的に近縁である証拠とみなされる．ところが，3通りの系統樹のそれぞれを支持するレトロポゾンの挿入がほぼ同数ずつみつかったのである．このことは，真獣類の共通祖先から三つのグループへの2回の分岐がほぼ同時期に続いて起こったためであると解釈される．祖先集団で起こったレトロポゾンの挿入が集団に固定されるに要する時間よりも短い期間に2回の分岐が続いて起こったとすると，互いに矛盾する系統樹を支持するレトロポゾンの挿入がほぼ同数ずつみつかることが説明できるのである．

古い時代の大陸の配置から大陸間の動物相の交流が可能だった時期を特定するのは簡単ではない．浅い海で隔てられていても海水面が低ければ交流が可能だったかもしれないし，たとえ深い海で隔てられていても浮き島に乗って漂着するなどして交流があったかもしれない．アフリカと南米が分離したとされるおよそ1億500万年前の大陸の配置をみると，アフリカの北端の現在のジブラルタル海峡に相当する辺りでは，ローラシアとの距離はわずかであり (Smith et al., 1994)，そのころでもローラシアとアフリカとの動物相の交流は可能だったかもしれない．また Nishihara et al. (2009) は，およそ1億2000万年前にすでにアフリカと南米の動物相の交流が断たれ，ちょうどそのころまでジブラルタルでアフリカとローラシアをつなぐ陸橋が存在したという仮説を提案し，真獣類の三大系統がほぼ同時期に分岐したという彼らの分子系統学的解析結果を説明している．

**d. 海をこえた移住**

これまでみてきたように，大陸の分断が真獣類の進化に大きくかかわっていることは確かである．したがって，地質学的なデータからいつ頃まで動物相の自由な交流が可能であったかを知ることは重要である．一方，進化の問題を考える場合は，数万年に一度というようなまれな交流がかかわった可能性も無視できない．

霊長類は北方獣類に属し，もともとは北半球のローラシア大陸で進化したと考えられている．ところがエジプトの4000万年以上も前の地層から，原猿類のロリスとガラゴの祖先と考えられる化石が発

見されている（Seiffert *et al.*, 2003）．この時代，アフリカは明らかに孤立した大陸であった．したがってこの原猿類の祖先は，何らかの方法で海を渡ってアフリカにやってきたと考えなければならない．

マダガスカルはアフリカから東に400 km離れたインド洋の島である．ハリネズミそっくりで食虫目に分類されていたマダガスカル固有のハリテンレックが，ゾウなどアフリカで進化した真獣類の仲間であり，現在ではアフリカ獣類に分類されることはすでに述べた．実はテンレックにはいろいろな種類がいて，この仲間はマダガスカルで多様な形に進化をとげた．ところがマダガスカルがアフリカから分かれたのはおよそ1億3500万年前であり，これはテンレック類，さらにアフリカ獣類が生まれるよりもはるかに古い時代である．したがって，マダガスカルのテンレックは，およそ4700万年前から2900万年前までの間にアフリカから海をこえて渡ってきた祖先から進化したものと考えられる（長谷川・松井，2009）．

陸上哺乳類にとってこのような海をこえる移住は，陸伝いの移住に比べると容易ではなく，偶然による要素が強い．しかしながら進化的な時間は長いので，確率的には成功率が低い方法であっても，それが成功した場合には大きな意味をもつこともあるだろう．浮き島に乗って漂着するという方法がこのような移住のモデルとしてもっとも一般的であるが，小型哺乳類の場合はサイクロンのような風に乗って運ばれることも考えられる（Darlington, 1938）．仮死状態になれば，上空高くの飛行にも耐えられるであろう．

真獣類の三大グループの間の分岐がほとんど同時に起こったということが具体的に何を意味するかを明らかにするには，大陸間が陸続きで自由な動物相の交流が可能だった時期を特定するための地質学的な研究を今後も進めるとともに，海をこえる移住の可能性についても検討していくことが必要であろう．

[引用文献]

Benton M. *et al.* (2009) Calibrating and constraining molecular clocks. in Hedges, S. B. and Kumar S. eds., *The Timetree of Life*, pp. 35-86, Oxford University Press.

Darlington P. J. Jr. (1938) The origin of the fauna of the Greater Antilles, with discussion of dispersal of animals over water and through the air. *Q. Rev. Biol.*, vol. 13, pp. 274-300.

Grützner F. & Graves J. A. M. (2004) A platypus' eye view of the mammalian genome. *Curr. Opin. Genet. Dev.*, vol. 14, pp. 642-649.

長谷川政美（2008）ヒヨケザルは霊長類に一番近い親戚．片山龍峯編『空を飛ぶサル？ヒヨケザル』八坂書房．

長谷川政美・松井淳（2009）マダガスカル哺乳類の起源．科学，vol. 79, pp. 807-812.

長谷川政美（2011）『新図説・動物の起源と進化——書きかえられた系統樹』八坂書房．

Janke A. *et al.* (1996) The mitochondrial genome of a monotreme, the platypus *Ornithorhynchus anatinus*. *J. Mol. Evol.*, vol. 42, pp. 153-159.

Nikaido M. *et al.* (1999) Phylogenetic relationships among cetartiodactyls based on insertions of short and long interpersed elements: Hippopotamuses are the closest extant relatives of whales. *Proc. Natl. Acad. Sci. USA*, vol. 96, pp. 10261-10266.

Nishihara N. *et al.* (2006) Pegasoferae, an unexpected mammalian clade revealed by tracking ancient retroposon insertions. *Proc. Natl. Acad. Sci. USA*, vol. 103, pp. 9929-9934.

Nishihara N. *et al.* (2007) Rooting the eutherian tree: the power and pitfalls of phylogenomics. *Genome Biol.*, vol. 8, p.R199.

Nishihara N. *et al.* (2009) Retroposon analysis and recent geological data suggest near-simultaneous divergence of the three superorders of mammals. *Proc. Natl. Acad. Sci. USA*, vol. 106, pp. 5235-5240.

Phillips M. J. & Penny D. (2003) The root of the mammalian tree inferred from whole mitochondrial genomes. *Mol. Phylogenet. Evol.*, vol. 28, pp. 171-185.

Seiffert E. R. *et al.* (2003) Fossil evidence for an ancient divergence of lorises and galagos. *Nature*, vol. 422, pp. 421-424.

Smith A. G. *et al.* (1994) *Atlas of Mesozoic and Cenozoic Coastlines*, Cambridge University Press.

Springer M. S. *et al.* (1997) Endemic African mammals shake the phylogenetic tree. *Nature*, vol. 388, pp. 61-64.

Stanhope M. J. *et al.* (1998) Molecular evidence for multiple origins of Insectivora and for a new order of endemic African insectivore mammals. *Proc. Natl. Acad. Sci. USA*, vol. 95, pp. 9967-9972.

Waddell P. *et al.* (1999) Towards resolving the interordinal relationships of placental mammals. *Systememic Biol.*, vol. 48, pp. 1-5.

（長谷川政美）

## 13.3 単孔類

単孔類はアウストラロトリボスフェニック亜綱（Australosphenida）に含まれ，現生分類群は単孔目（Monotremata）として認められている．現生種としてハリモグラ科（Tachyglossidae）の2属4種がオーストラリア，タスマニア，ニューギニアに，カモノハシ科（Ornithorhynchidae）の1属1種が，オーストラリア本土とタスマニアに分布している．ハリモグラ科とカモノハシ科は遅くても始新世，そしておそらくは白亜紀後期には互いに分岐し，それ以降は独自の進化をとげたとされる．もっとも古い単孔類の化石はオーストラリアの白亜紀前期から発見された *Teinolophus* である．アルゼンチン・パタゴニアの暁新世初期，6200～6300万年前の地層からも単孔類（おそらくカモノハシ科）がみつかっていることから，単孔類は南半球の大陸に分布を拡大したと考えられている．

単孔類は，爬虫類と同じように消化器系と泌尿生殖器系の導管が総排出腔として合流する．また，卵生であり，母親は卵を温め孵化させる．胎仔は「egg tooth（卵歯）」および「caruncle（卵角）」とよばれるもので卵殻をやぶって孵化する．母親は授乳するが，乳腺は乳頭をもたない．ハリモグラ科では新生仔を保護するために，育児嚢のようなものを発達させるが，有袋類がもつ育児嚢との関係はない．カモノハシでは育児嚢のようなものはみられない．単孔類は新生仔への授乳や母親による保護期間が長い．カモノハシは通常は2個の卵を産み，10日間程度温める．孵化した新生仔は体長11 mmときわめて未熟な状態であり，その後約16週間母親による授乳と保護が行なわれる．ハリモグラ類では2～3個の卵を育児嚢に産み，孵化した新生仔は生後12週まで育児嚢のなかにとどまり，生後20週まで母親の保護を受ける．総排出腔をもつことや卵生であることは，他の哺乳類と異なる点であり，爬虫類との類似性が認められる．一方で，哺乳綱の特徴として被毛をもち，授乳する．このように，単孔類のもつ形態的・生理的特徴は高度に進化した哺乳類のものと，獣弓類の祖先的な特徴が混在している．このことから，単孔類は哺乳類の進化を知るうえで重要な分類群である．ただし，現生種は同時にいずれも高度に特殊化した分類群であることに注意する必要がある．

現生の単孔類では歯が退化していて，ハリモグラ類は完全に歯をもたず，カモノハシは幼体のときに痕跡的な歯をもつのみである．単孔類では，その嘴状に発達した吻部で電気信号を感知することができるという，他の哺乳類にはない感覚をもっている．カモノハシでは，無脊椎動物が発生させる微弱電流を感知することによって，捕食物の探索に利用しているという．

単孔類では性染色体が特徴的である．単孔類の雌は10のX染色体，雄は5のX染色体と4または5のY染色体をもっており，有胎盤類で普通にみられる雌で2のX染色体，雄で1のX染色体と1のY染色体とはまったく異なる．現生種がかぎられていることと，哺乳類の進化を知るうえで独自の位置にあることから，単孔類のゲノム解析は盛んに行なわれている．

ハリモグラ科は，とげでおおわれた頑丈な体格と，細く嘴状に発達した吻部が特徴である．ニューギニアのミユビハリモグラ（*Zaglossus bruijni*）で5～16 kg，オーストラリアのハリモグラ（*Tachyglossus*）で2.5～6 kgである．穴を掘ることが巧みで，捕食者からすばやく逃げることができる．ハリモグラ属（*Tachyglossus*）はおもにシロアリとアリを，ミユビハリモグラ属（*Zaglossus*）はミミズ類，土壌節足動物を食べる．ハリモグラ属（*Tachyglossus*）は，短期間の休眠（日内休眠）や長期間の休眠（冬眠）を行なうことが知られている．

カモノハシ科は，ハリモグラ類よりも小さく，体重が0.5～3.0 kgである．カモノハシ（*Ornithorhynchus anatinus*）の1種が，オーストラリア本土の東部とタスマニアの渓流，河川，池，湖などに分布する．特徴的な形態の多く，たとえば密で直立した被毛，水かきを発達させた四肢は半水生適応によって進化したと考えられる．カモノハシの雄は後肢の蹴爪に毒をもっている．カモノハシは水生の甲殻類，昆虫の幼虫，その他の動物質を食べる．

[参考文献]

Feldhamer G. A. *et al.* (2007) *Mammalogy: Adaptation, Diversity, Ecology*, The Johns Hopkins University Press.

Vaughan T. A. *et al.* (2010) *Mammalogy 5th ed.*, Jones and Barlett Publishers.

(本川雅治)

## 13.4 有袋類

　有袋類には現生種として7目91属331種が含まれる．有袋類とその原始的な分類群が含まれるのが後獣下綱である．後獣類と真獣類は白亜紀中期の約9800万年〜1億年前にふたつの系統として分かれたとされ，現生の後獣類の目の多様化は6500万年〜5200万年前の間に起こったとされる．現生の分類群は，オーストラリア区（オーストラリア，タスマニア，ニューギニア）と新熱帯区（メキシコ南部，中央・南米）だけに分布しており，分布を反映したふたつの系統が認められている．以前は，有袋類をひとつの目，有袋目とすることもあったが，最近では七つの目に分けるのが一般的である．アメリカ有袋類としてオポッサム形目（Didelphiomorphia），少丘歯目（Paucituberculata），ミクロビオテリウム目（Microbiotheria）の三つが，オーストラリア有袋類としてフクロモグラ形目（Notoryctemorpha），フクロネコ形目（Dasyuromorpha），バンディクート形目（Peramelemorpha），双前歯目（Diprotodontia）の四つが分布している．

　有袋類という名称は，母親が新生仔を保護するための育児嚢をもつことから名づけられたが，育児嚢をもたない種もいる．また，バンディクート形目は真獣類のものに類似した胎盤をもっている．有袋類の妊娠期間は8〜43日間と短く，新生仔は小さく，無毛，閉眼，未熟な発達段階で生まれる．新生仔は生まれてすぐに育児嚢に移動して，そこで乳頭をくわえて妊娠期間よりもはるかに長期間の授乳期間を過ごす．乳頭数は2〜27と種によって多様であり，個体変異もみられる．

　有袋類は，脳函部が小さいなどの頭骨の特徴がみられる．有袋類の基本歯式は，上顎が左右それぞれ5・1・3・4，下顎が4・1・3・4の計50本であり，切歯数が上顎と下顎で異なるのが特徴的である．歯の代生（乳歯から永久歯への交換）は，第三小臼歯だけでみられる．有袋類では後肢の形態に特殊化がみられるものがある．骨盤には上恥骨（袋骨）が通常はみられ，育児嚢の張り骨となっている．

## A. 有袋類の分類

アメリカ有袋類は，おそらく北米の白亜紀後期に出現し，新生代以降に南米で多様化・繁栄したグループである．南米での多様化は，そこが白亜紀後期以降，鮮新世後期に北米大陸と陸地でつながるまでの長い間，孤立していたことが背景としてあげられる．有胎盤類の被甲目，有毛目，南米に特有の絶滅した有蹄類5目とともに，多様なニッチを占めることができたのであろう．

オポッサム形目は現生種としてはオポッサム科1科の17属87種が含まれ，カナダ南東部からアルゼンチン南部にかけて分布する．トリボスフェニック型臼歯をもっている．絶滅種は南極とオーストラリアを除くすべての大陸に分布している．少丘歯目は，ケノレステス科1科の3属6種が，アンデス山脈に分布する．最古の化石は漸新世後期の南米から知られる．ミクロビオテリウム目はミクロビオテリウム科1科1属1種が南米のアンデス山脈南部の森林に生息する．化石種のミクロビオテリウム目は南米の暁新世初期や南極の始新世中期から知られることから，現生種はオーストラリアあるいは南極から放散したものの遺存種と考えられている．

オーストラリア区に分布するフクロネコ形目はフクロネコ科 (Dasyuridae)，フクロアリクイ科 (Myrmecobiidae)，フクロオオカミ科 (Thylacinidae) の3科22属71種で，オーストラリア，ニューギニア，タスマニア，アル諸島，ノーマンディー島に分布する肉食性の有袋類である．フクロネコ科は育児嚢をもたないか，あっても未熟である．体の大きさに応じて，多様な食性や生活型がみられる．最大のものはタスマニアデビルで4.5～9.5 kgである．フクロアリクイ科は，シロアリ食のフクロアリクイ1種である．フクロオオカミ科はすでに絶滅したフクロオオカミ1種が知られる．

フクロモグラ形目はフクロモグラ科の1科1属2種が，オーストラリアの北西部および中部の乾燥地の砂地に有胎盤類の「モグラ」のように地中適応したグループである．フクロネコ形目に含まれたこともあるが，有袋類のなかでの系統関係が不明であるために，現在は独立した目に分類されている．

バンディクート形目は，バンディクート科 (Peramelidae)，ミミナガバンディクート科 (Thylacomyidae)，ブタアシバンディクート科 (Chaeropodidae) の3科8属21種が，オーストラリア，タスマニア，およびニューギニアに分布する．多くは小型で跳んで走るのに使う長い後肢をもっている．他の有袋類と異なり，有胎盤類に類似した胎盤をもつのが特徴である．バンディクート科には，現在は6属が含まれ，体の大きさはネズミ大から2 kg程度である．おもに食虫性であるが，小型脊椎動物，無脊椎動物や植物質なども食べる．ミミナガバンディクート科はバンディクート科に含められたこともあり，1属2種が知られる．ブタアシバンディクート科は1属1種で，最近までバンディクート科に含められていた絶滅種である．

双前歯目は11科39属143種からなる，有袋類のなかで最大の目である．下顎の切歯は左右に各1本しかなく，後肢に癒合指をもつのが特徴である．オーストラリア区で適応放散に成功したグループである．ウォンバット科 (Vombatidae) は，現生2属3種で，草食に適応し，齧歯類に収斂した体型をもつ．体重は36 kgをこえることもある．人間の活動にともない，生息域が大きく減少し，現在はオーストラリアの東部および南部，タスマニア，オーストラリアとタスマニアの間の島嶼に分布している．コアラ科 (Phascolarctidae) は，コアラ1種が含まれ，オーストラリア東部に分布する．成体で8～12 kgと比較的大型で，ユーカリ類に特化した草食性の有袋類である．ブーラミス科 (Burramyidae) は，2属5種が含まれ，小型でネズミのような外形をした樹上性の有袋類である．ピグミーポッサムともよばれる．体重は40 g以下で，リトルピグミーポッサム ( *Cercartetus lepidus* ) は体重が6～8 gで最小のポッサム類である．クスクス科 (Phalangeridae) は6属27種のポッサム類とクスクス類が含まれる．雑食性で，さまざまな植物質，昆虫，幼鳥や鳥類の卵などを捕食する．クスクス科は，体重が1～6 kgと中型の有袋類で，樹上に適応している．フクロミツスイ科 (Tarsipedidae) はフクロミツスイ ( *Tarsipes rostratus* ) の1種のみがオーストラリアの南西部に分布している．体重が7～12 gと小型である．花の蜜や花粉を食料とする．他の科との系統関係がよくわかっていないので，独

立した科が認められている．チビフクロモモンガ科（Acrobatidae）は2属2種が含まれる．オーストラリアに分布するチビフクロモモンガ（*Acrobates pygmaeus*）は，体重が10〜15gで皮膜をもつ，最小の滑空性の哺乳類である．ニューギニアに分布するニセフクロモモンガ（*Distoechurus pennatus*）は40〜50gであり，皮膜はもっていない．リングテール科（Pseudocheiridae）は最近までフクロモモンガ科に含まれていたが，現在は独立した科として6属17種が含まれる．最大の滑空性有袋類のフクロムササビ（*Petauroides volans*）が含まれる．フクロモモンガ科（Petauridae）は3属11種を含み，ほとんどの種は小型で体重が100〜700gである．6種が皮膜をもち，滑空性である．有胎盤類のモモンガ類との滑空様式の類似が収斂として注目される．ニオイネズミカンガルー科（Hypsiprymnodontidae）は，マスクラット程度の体サイズのニオイネズミカンガルー（*Hypsiprymnodon moschatus*）の1種を含む．最近までネズミカンガルー科に含まれていたが，より祖先的なグループと考えられるようになった．ネズミカンガルー科（Potoroidae）は，4属10種が含まれ，0.8〜3.5 kgと小型のグループである．カンガルー科（Macropodidae）は11属65種が含まれ，有胎盤類の有蹄類に相当するグレージングやブラウジングの草食獣の生態的位置を占めている．ニューギニアやオーストラリアなどに分布する．跳躍能力が高く二足移動を行なう大型の有袋類である．

［参考文献］

Colbert E. H. *et al.* (2004) *Colbert's Evolution of the Vertebrates* (5th ed.), Wiley–Liss.［コルバート・モラレス・ミンコフ 著，田隅本生 訳 (2004)『脊椎動物の進化 原著第5版』築地書館］

Feldhamer G. A. *et al.* (2007) *Mammalogy: Adaptation, Diversity, Ecology* (3rd ed.), The Johns Hopkins University Press.

冨田幸光 (2002)『絶滅哺乳類図鑑』丸善．

Vaughan T. A. *et al.* (2010) *Mammalogy* (5th ed.), Jones and Barlett Publishers.

Rose K. D. (2006) *The Beginning of the Age of Mammals*, The Johns Hopkins University Press.

（本川雅治）

## 13.5 有胎盤哺乳類

真獣類（Eutheria）ともよばれる有胎盤哺乳類は，真獣下綱に分類され，現生哺乳類5416種のうち，1135属5080種とそのほとんどを占める多様な適応放散をとげたグループであり，後獣類の姉妹群と考えられている．最古の化石は白亜紀初期の約1億2500万年前の中国・遼寧省から発見された*Eomaia scansoria*である．白亜紀後期に現生のすべての目への適応放散が生じ，その年代は1億年〜7400万年前，分子時計による最近の推定では8900万年前がそのピークであったと推測されている．また，それぞれの目での，科レベルでの適応放散や置き換えがのちに起こったことも知られている．有胎盤哺乳類の適応放散や進化を正確に理解するためには，現生種を知ることはもちろんであるが，同時に絶滅した分類群についても注目する必要がある．

有胎盤類という名前にも示されているように，生殖様式として胎盤を獲得したことが有胎盤哺乳類の重要な特徴である．また，姉妹群の後獣類よりも発達した脳容積をもち，それにともない高度な社会構造の獲得にも成功した．有胎盤類は現在では世界のほとんどの地域に生息域を拡大しているが，それは中生代に勢力をもっていた恐竜類が絶滅したのにともない，空いたニッチをめぐる適応放散によって多様な環境に進出することができたからである．有胎盤類の多様なニッチへの適応として，コウモリ類の飛翔能力の獲得と空中への進出，鯨類にみられる海洋環境での生活がしばしば注目されるが，そのほかにもさまざまな分類群に並行して進化した地中への適応，滑空適応，草食適応など，形態学的変化だけでなく，さまざまな生理的な改変を必要とするニッチへの進出がみられる．このことから，有胎盤類はもともともっていた形態学や生理学的な特徴を柔軟に改変しながら，さまざまな環境に適応し，多様な分類群を比較的短期間に生みだしたといえるであろう．ただし，目レベルでもすでに絶滅したものが多いことや，科レベルでの置き換えも多くみられることから，多様な環境への適応は成功したものもあれ

ば，そうでないものもあったと考えるのがよいであろう．

さて，有胎盤類はその体サイズも実に多様である．現生種だけについてみても，最小のトガリネズミ類やコウモリ類で体重 2 g 前後のものから，地上で最大のアフリカゾウ（体重 6000 kg），水生ではシロナガスクジラ（体重 150 トン）と体重で 7500 万倍もの違いがある．哺乳類として獲得した内温性をもちながら，多様なニッチへの適応を通じて，幅広い体の大きさが獲得されたといえる．

### A. 現生分類群の 21 目

有胎盤哺乳類にはヒトも含まれることから，なじみ深い分類群といえるが，新しい系統関係の提唱によって，目の分類体系は，一般的に普及しているものとは大きく変わりつつある．なかには，研究や議論の途上にあることを理由に，これまでの分類体系や名称を現在も便宜的に維持しているものもあり，今後の目分類のさらなる変更が予想される．新しい系統関係の提唱には，最近の分子系統の知見が大きく貢献しているとともに，化石資料の増加にともなう形態学的な分類体系の見直しも同時に重要な役割を果たしてきた．ここでは，現生分類群として広く認められている 21 目についてまず紹介し，そのあとで絶滅した分類群について述べる．

現生分類群の 21 目とは，長鼻目（Proboscidea），イワダヌキ目（Hyracoidea），海牛目（Sirenia），管歯目（Tubulidentata），ハネジネズミ目（Macroscelidea），アフリカトガリネズミ目（Afrosoricida），被甲目（Cingulata），有毛目（Pilosa），ハリネズミ形目（Erinaceomorpha），トガリネズミ形目（Soricomorpha），鯨目（Cetacea），偶蹄目（Artiodactyla），奇蹄目（Perissodactyla），翼手目（Chiroptera），有鱗目（Pholidota），食肉目（Carnivora），登木目（Scandentia），皮翼目（Dermoptera），霊長目（Primates），兎形目（Lagomorpha），齧歯目（Rodentia）である．哺乳類の分子系統については，13.2「哺乳類の分子系統」の項で記されているので，ここでは詳細は省略する．

目の分類体系の見直しにおいて，まず注目したいことは，真獣類の初期段階で分岐し，アフリカで独自に適応放散したとされる「アフリカ獣類（Afrotheria）」といわれるグループが，1998 年に初めて提唱され，その後の議論や追加知見を経たうえで，最近になって広く認められるようになったことである．アフリカ獣類がひとつの単系統群であることは分子だけでなく，最近になって形態学の特徴からもほぼ確実となっているが，それを分類学上の分類群として認めるか，また認める場合にはどのようなランクで反映させるのかは，まだまだ議論がある．「アフリカ獣類」には，長鼻目，イワダヌキ目，海牛目，管歯目，ハネジネズミ目，アフリカトガリネズミ目の六つの目を含めるのが一般的である．このうち，アフリカトガリネズミ目は，近年になって新たに命名された目であり，それ以外は従来から使われている目分類を踏襲している．

長鼻目（ゾウ類，1 科 2 属 3 種），イワダヌキ目（あるいはハイラックス，1 科 3 属 4 種），海牛目（ジュゴンとマナティー，2 科 3 属 5 種）の三つの目は，アフリカ獣類のなかで単系統群を形成するとされるが，互いの関係については議論がある．長鼻目は，地上性哺乳類では最大で 6000 kg に達し，長い鼻をもつ草食獣であり，中新世には繁栄し，ユーラシア大陸，北米まで分布を拡大したが，更新世になって種数，分布域を減少させた．水平交換とよばれる独特の歯の交換様式をもつことで知られる．イワダヌキ目はアフリカから中東にかけて分布する草食性の小型有蹄類である．海牛目は始新世に海に進出した草食性のグループであり，前肢は鰭脚のように変形し，幅広い尾びれといった水生への適応がみられる．

管歯目（ツチブタ，1 科 1 属 1 種），ハネジネズミ目（1 科 4 属 15 種），アフリカトガリネズミ目（テンレック科，キンモグラ科，2 科 10 属 51 種）はアフリカ獣類のなかで，互いに近縁であるとされる．新しい目であるアフリカトガリネズミ目は，これまで長い間，食虫目（Insectivora）に含められてきた．一方で，アフリカ獣類を含めた最近の分子系統学的知見などをもとにして，「食虫類」は，① アフリカトガリネズミ目，② トガリネズミ形目（現生ではトガリネズミ科，モグラ科，ソレノドン科），③ ハリネズミ形目（ハリネズミ科）の三つに分割されるようになった．一般には②と③は姉妹群と考えられているが，両者が入れ子状の系統関係になるとみなす場合

には，②と③をあわせて無盲腸目（Lipotyphla）あるいは真無盲腸目（Eulipotyphla）としてひとつの目として認めることもある．いずれにしても，アフリカトガリネズミ目は，従来の食虫目とは系統的には，大きく離れた分類群であることが明らかになった．アフリカトガリネズミ目には，テンレック科として，マダガスカルで多様な適応放散をとげたテンレック類とアフリカ南部で水生適応したポタモガーレ類が，キンモグラ科としてアフリカに分布する地中性のキンモグラ類が含まれ，トリボスフェニック型臼歯の単波状歯とよばれる臼歯形態をもつ．管歯目は，形態的に系統関係のよくわからない目とされていたが，アフリカトガリネズミ目に近縁，あるいはその一部に含まれることが分子系統の研究によって示されつつあり，今後の分類学的検討が必要な目である．シロアリ食で，長い鼻吻部，退化した歯，強力な爪のある四肢をもっている．ハネジネズミ目はその名前からわかるように跳躍に適した形態をもっている．古くは食虫目に含められた．のちに所属がよくわからない分類群として，後述するツパイ目や皮翼目とともに独立目とされた歴史をもつが，最近の分子系統学的研究によって，アフリカトガリネズミ目に近縁であることがわかってきた．

つぎに被甲目，有毛目，鱗甲目についてみていく．被甲目はアルマジロ類1科9属21種，有毛目はナマケモノやアルクイなど4科5属10種が含まれ，いずれも南米大陸に分布する．被甲目と有毛目は互いに近縁であり，歯が退化していることから両者をあわせて貧歯目（Edentataあるいは異節目Xenarthra）とすることもある．アリクイ類はアリやシロアリ食である．鱗甲目はセンザンコウ1科1属8種を含み，アジアとアフリカに分布する．以前は南米の被甲目や有毛目と共通の祖先から進化したとされたこともあるが，現在では，両者との近縁な関係は否定されている．

アフリカトガリネズミ目のところですでに述べたように，ハリネズミ形目（1科10属24種）とトガリネズミ形目（4科45属428種）は，以前は食虫目としてひとつの目にまとめられてきた．哺乳類の祖先的な臼歯形態とされるトリボスフェニック型臼歯の双波状歯（ただしトガリネズミ形目のソレノドン科は単波状歯）の臼歯形態をもっている．両者は無盲腸目，あるいは真無盲腸目としてまとめられることがあるように，盲腸をもたないという形態的特徴をもつ．トガリネズミ形目は現生種として3番目に種数の多い目であり，モグラ科のいくつかの系統で複数回進化した地中適応，デスマン，ホシバナモグラ，カワネズミなどに並行してみられる水生適応と，多様なニッチへの適応がみられる点でも興味深い．また，以前は食虫類とよばれていたように，食虫性の種が多い．

東南アジアに分布する登木目（2科4属20種），皮翼目（1科2属2種）は，分類学的に古くから議論のある分類群である．登木目はツパイともよばれ，リス類に近い樹上性ニッチェに生息し，トリボスフェニック型臼歯の双波状歯をもつ．皮翼目は皮膜を発達させて滑空に適応したグループで，ヒヨケザル，あるいはコルゴーとよばれる．いずれも「食虫目」あるいは霊長目のいずれに近いかが1960年代に問題とされ，それ以降，現在に至るまで独立した目として扱われている．両者を独立した目とすることにあわせて，当時はゴミ箱分類群であった食虫目も整理された．

翼手目（18科202属1116種）は，コウモリ類が含まれる，現生哺乳類の中で齧歯目についで2番目に種数の多い目である．四肢を翼に変化させて，飛翔能力を獲得し，主として鳥類が活動しない夜間に空中で飛翔しながら採餌を行なう．また，空中での物体の認識のために，超音波によるエコロケーションを発達させた．これは自身で超音波を発し，それが餌などの他の物体に当たって反射して来たものを受信し，それによって物体の位置を認識する能力である．コウモリ類の飛翔獲得には，四肢の翼への改変が注目されることが多いが，同時にエコロケーションの獲得も重要である．飛翔能力とエコロケーション能力の獲得の前後についての古くからの議論があったが，最近になって発見された始新世初期のもっとも古い翼手目の化石（*Onychonycteris finneyi*）から，まず飛翔能力が獲得され，のちにエコロケーションが進化したことがわかった．従来は，翼手目を，視覚が発達し果実食を基本とするオオコウモリ類と，エコロケーションを発達させ昆虫食が基本であるコガ

タコウモリ類としてふたつの亜目とすることもあったが，分子系統学の研究成果からこのふたつの亜目は支持されないことが明らかになった．

　蹄をもつ有胎盤類として奇蹄目（ウマ，サイ，バク，3科6属17種）と偶蹄目（10科89属240種）が認められる．これらふたつの目は近縁な関係にあると長い間考えられてきたが，最近になって偶蹄目と鯨目（11科40属84種）の系統関係が注目されている．従来の偶蹄目と鯨目をみたときに，偶蹄目が多系統であること，したがって，鯨偶蹄目を新たな目として認めることが提唱されている．鯨偶蹄目については，13.7項で紹介されている．奇蹄目は始新世以降に知られており，草食に適応した形態をもっている．ウマ科は走行に高度に適応したグループである．鯨目は完全に水生適応しており，流線状の体形，体毛を失う一方で断熱のための皮下脂肪を発達させたこと，四肢を鰭脚に変形したこと，尾びれを発達させたことなど形態学的なさまざまな変化がみられる．亜目としてハクジラ亜目とヒゲクジラ亜目があり摂食様式が異なっている．

　哺乳類のなかで，種数が多くさまざまな環境への適応に成功した齧歯目（33科481属2277種），食肉目（15科126属286種），霊長目（15科69属376種）については，13.6，13.8，13.9項でそれぞれ紹介されている．齧歯目に系統的に近いものとして兎形目（3科13属92種）があげられる．兎形目は草食に適応している．

## B. 絶滅した分類群

　以上にあげた現生21目のほかに，有胎盤類には絶滅した目がさらに21目ある．現生の高次分類群の系統関係仮説や分類体系が最近になってから大きく変化したために，絶滅分類群も含めた有胎盤哺乳類全体の目分類の体系化は十分とはいえない状況である．ここでは，冨田（2002）が認めたそれぞれの目について紹介するが，系統学的位置づけについては今後のさらなる研究が必要である．

　初期の有胎盤類は食虫性のものが多く，以前はそれらがすべてゴミ箱としての「食虫目」に含められたこともあった．1960年代にゴミ箱「食虫目」の解体が行なわれ，現在は独立した分類群として認められている．白亜紀後期から第三紀初期にかけて知られトリボスフェニック型臼歯をもつレプティクティス目（Leptictida），白亜紀後期から新生代初期のアジアに生息したアナガレ目（Anagalida），白亜紀後期の北米に生息したキモレステス目（Cimolesta）がある．

　恐竜の絶滅にともなう有胎盤哺乳類の放散にあわせて北半球で大型草食獣が出現し，大部分は始新世のうちに絶滅したと考えられている．これらには，かぎ爪をもつ紐歯目（Taeniodonta），裂歯目（Tilodonta），汎歯目（Pantodonta）の3目，蹄をもつ前肉歯目（Procreodi），顆節目（Condylarthra），恐角目（Dinocerata）の3目が含まれ，これらふたつが系統を反映したものであると考えられている．アルクトスティロプス目（Arctostylopida）は顆節目に近縁なグループとみなされている．

　肉食性に適応したグループとして現生の食肉目のほかに，絶滅した肉歯目（Creodonta）があげられる．古第三紀，特に暁新世から始新世を通じて，ユーラシア，北米，アフリカの各大陸で繁栄し，約60属が知られている．ヒエノドン科とオキシエナ科のふたつの科からなる．トリボスフェニック型臼歯が変形した裂肉歯をもつ．ヒエノドン科では上顎第二大臼歯と下顎第三大臼歯が，オキシエナ科では上顎第一大臼歯と下顎第二大臼歯が裂肉歯となっており，上顎第四小臼歯と下顎第一大臼歯が裂肉歯となっている現生の食肉目と異なっている．

　恐竜などの絶滅によって空いた海のニッチも哺乳類は獲得した．鯨類の祖先と考えられている陸上動物が無肉歯目（Acreodi）であり，メソニクス科を含む．また束柱目（Desmostylia）は漸新世から中新世の浅海性の地層のみから知られる分類群で，デスモスチルスとよばれることもある．北米の太平洋岸と日本から発見され，束柱目の名前の由来でもある，対をなして前後方向に並ぶいくつもの縦長の円柱の束でできている歯をもつのが特徴である．

　南米大陸は，白亜紀後期以降，鮮新世後期に北米と陸地でつながるまでの長い間，孤立していたことが知られる．南蹄目（Notoungulata），滑距目（Litopterna），火獣目（Pyrotheria），異蹄目（Xenumgulata），輝獣目（Astrapotheria）が南米特有の有蹄類として独

自に進化し，のちに北米の有蹄類との競合に敗れて，絶滅に至ったと考えられている．これらのうち，南蹄目は南米有蹄類の最大のグループで4亜目約13科に150以上の属が含まれており，初期から植物食に適した臼歯形態をもっていた．滑距目は2番目に大きいグループであり，プロテロテリウム科とマクラウケニア科のふたつのグループに分かれて進化し繁栄したが，更新世にはすべてが絶滅した．

このほか，重脚目（Embrithopoda）はとても小さいグループであり，長鼻目に近いと考えられている．混歯目（Mixodontia）とミモトナ目（Mimotonida）は，それぞれ齧歯目と兎形目に近縁でそれらが共通祖先から進化したと考えられている．

以上，みてきたように有胎盤哺乳類は多様なニッチに生息していることがわかる．それにともなって食性に関する歯列・咀嚼形態や消化器官，四肢骨の改変をはじめとする運動器官，翼手類にみられるエコロケーションの獲得をはじめとした感覚器官，繁殖様式など，有胎盤哺乳類ではさまざまな多様化が生じている．これらは，参考文献としてあげた哺乳類学の教科書に詳しい．

[引用文献]

冨田幸光（2002）『絶滅哺乳類図鑑』 丸善．

[参考文献]

Colbert E. H. et al. (2004) *Colbert's Evolution of the Vertebrates* (5th ed.), Wiley-Liss．［コルバート・モラレス・ミンコフ 著，田隅本生 訳（2004）『脊椎動物の進化 原著第5版』築地書館］

Feldhamer G. A. et al. (2007) *Mammalogy: Adaptation, Diversity, Ecology* (3rd ed.), The Johns Hopkins University Press.

Rose K. D. (2006) *The Beginning of the Age of Mammals*, The Johns Hopkins University Press.

Vaughan T. A. et al. (2010) *Mammalogy* (5th ed.), Jones and Barlett Publishers.

（本川雅治）

## 13.6 齧歯目

齧歯目（Rodentia）は現生33科481属2277種を含む哺乳類の最大の目である．化石記録からは暁新世に分岐したとみなされている真獣類のひとつの目である．哺乳類全体が1229属5416種であることから，属数で39.1％，種数で42.0％と哺乳類のおよそ4割を齧歯目が占めている（Wilson & Reeder, 2005）．齧歯目は，南極大陸を除く世界中のほぼすべての地域に分布を拡大した哺乳類である．幅広い生息環境に適応するため，齧歯目では体サイズ，形態，生活型においてきわめて高い多様性がみられる．

齧歯目の最大の特徴は大きくて鋭い上下1対の切歯をもつことである．この切歯は一生伸び続け，ノミ状となり，「齧歯目」の名のとおり齧る（かじる）ことに使われている．学名のRodentiaも同じように，ラテン語で「齧る」を意味する「*rodere*」を語源とする．また，犬歯をもたないため，切歯と小臼歯，大臼歯の間に歯隙とよばれる空間が存在することも特徴である．小臼歯と大臼歯の数や形態は分類群によって多様である．

体サイズは数gしかない最小のアフリカチビネズミ（*Mus minutoides*）と約50 kgに達する最大のカピバラ（*Hydrochoerus hydrochaeris*）の間で1万倍以上の違いがある．また，すでに絶滅した南米のパカラナ科（Dinomyidae）の化石種は，さらに大きく，推定体重1000 kgとされる（Rinderknecht & Blanco, 2008）．形態や生活型の多様性は系統進化と密接にかかわる一方で，多様な生息場所への適応にも関係して進化してきたといえる．齧歯目の生息場所の多様性は，哺乳類のなかでみても著しい．例をあげると，水中に生息するビーバー，樹上生活をするリスに加えて滑空による移動様式をもつムササビ，モモンガ，ウロコオリス，砂漠で生息するトビネズミ，完全地中生活をするホリネズミやハダカデバネズミ，森林や草地など多様な環境で陸上生活をする多数の種，さらに人間の住み場所に進出したクマネズミ，ドブネズミ，ハツカネズミなど，実にさまざまである．それぞれの環境に適応進化してきた

運動器官をはじめとする形態的・生理的特徴のいくつかは，独立した系統で並行進化あるいは収斂進化したことが知られている．また，生息環境にも関連することとして，単独性から社会性まで多様な社会形態を発達させたことも齧歯目の特徴といえるであろう．

### A. 齧歯目の系統と分類

齧歯目のなかの高次分類群の分類や系統関係は現在まで一致した見解は得られていない．これは，並行・収斂進化した形態が多いことに加え，近年の分子系統学的解析においても，包括的な解析が行なわれなかったり，解像度が十分でなかったことに起因している．ここでは，暫定的ではあるが，現在はもっとも広く受け入れられている Wilson & Reeder (2005) の5亜目，すなわちリス亜目 (Sciuromorpha)，ビーバー亜目 (Castorimorpha)，ネズミ亜目 (Myomorpha)，ウロコオリス亜目 (Anomaluromorpha)，ヤマアラシ亜目 (Hystricomorpha) に従って，それぞれの亜目をみていくことにする．

齧歯目では，「齧ること」が重要であるが，その咀嚼に使われる咬筋の形態やそれにともなう頭骨形態には四つの型がみられる（佐藤，2008）．原始的と考えられる原齧歯型咬筋はリス亜目で1科1属1種のヤマビーバー科 (Aplodontiidae) でみられる．リス型咬筋はリス亜目リス科 (Sciuridae) およびビーバー亜目に，ヤマアラシ型咬筋はヤマアラシ亜目，ウロコオリス亜目，ネズミ亜目トビネズミ科 (Dipodidae) に，ネズミ型咬筋はネズミ亜目ネズミ上科 (Muroidea) とリス亜目ヤマネ科 (Gliridae) にみられる．この咬筋型とそれにともなう頭骨の差異が齧歯目の高次分類に反映されたこともあるが，現在では系統関係と正確に対応していないとされる．すなわち，咬筋型には並行進化あるいは収斂進化が起こったと考えられている．

### B. 五つの亜目

リス亜目はヤマビーバー科（1属1種），リス科（51属278種）およびヤマネ科（9属28種）が含まれる．ヤマビーバー科は最も原始的な形態をもつ齧歯目とされ，北米に分布する．リス科はオーストラリアとマダガスカルを除いて広く分布しており，樹上性，地上性，滑空性という異なる生活型をもつ多様な種を含む．ヤマネ科はヨーロッパ，アジア，アフリカに分布し，日本からはニホンヤマネ (*Glirulus japonicus*) が知られる．

ビーバー亜目はビーバー科 (Castoridae, 1属2種)，ポケットマウス科 (Heteromyidae, 6属60種)，ホリネズミ科 (Geomyidae, 6属40種) を含む．ビーバー科は北米とヨーロッパにアメリカビーバー (*Castor canadensis*) とヨーロッパビーバー (*C. fiber*) がそれぞれ分布する．いずれも水中に適応した35 kgにもなる大型種であり，樹木などを用いた「ダム」をつくるなど，齧歯目のなかで最大の環境改変を行なう種として知られる．ポケットマウス科は新大陸に分布し，乾燥地にも適応しており，うち2属はカンガルーラットやカンガルーネズミとよばれ，二足跳躍の移動様式をもつ．ホリネズミ科はその名が示すように地中生活に適応しており，北米・中米から知られる．

ネズミ亜目は，トビネズミ科（16属51種）と6科からなるネズミ上科（310属1518種）から構成される．トビネズミ科はヨーロッパ，アジア，北米におもに分布し，発達した後肢による二足跳躍の移動様式をもつ．ネズミ上科は齧歯目のなかで種数や生活型において最も多様性に富んでおり，世界的に分布する．一般的にいう「ネズミ」のほとんどはこれに含まれる．なかでも，実験動物のラット (*Rattus norvegicus*) やマウス (*Mus musculus*) が含まれるネズミ科 (Muridae, 150属730種) とハムスター類が含まれるキヌゲネズミ科 (Cricetidae, 130属681種) は，齧歯目のなかでもっとも繁栄したグループといえる．

ウロコオリス亜目はウロコオリス科 (Anomaluridae, 3属7種) とトビウサギ科 (Pedetidae, 1属2種) を含み，アフリカから知られる．ウロコオリス科はほとんどの種で皮膜を発達させた滑空適応がみられる．トビウサギ科は後肢を大きく発達させ二足跳躍の移動様式を発達させている．

ヤマアラシ亜目は，グンディ下目 (Ctenodactylomorphi) に含まれアフリカに分布するグンディ科 (Ctenodactylidae, 4属5種) と，ヤマアラシ顎下

目（Hystricognathi）に含まれ新旧両大陸に分布する17科（73属283種）が知られる．後者には，社会性を発達させたデバネズミ科（Bathyergidae）のハダカデバネズミ（*Heterocephalus glaber*），テンジクネズミ科（Caviidae）で実験動物ともなったモルモット（*Cavia porcellus*）や最大の齧歯目のカピバラなどが含まれる．

日本の齧歯目は，自然分布種としてリス亜目のリス科6種，ヤマネ科1種，ネズミ亜目のネズミ科10種，キヌゲネズミ科6種の計23種が知られ，このうち13種が日本の固有種である．また，このほかにリス亜目リス科の1種（クリハラリス *Callosciurus erythraeus*），ネズミ亜目のネズミ科4種（ドブネズミ〈*Rattus norvegicus*〉，クマネズミ〈*R. rattus* または *R. tanezumi*〉，ナンヨウネズミ〈*R. exulans*〉，ハツカネズミ〈*Mus musculus*〉），キヌゲネズミ科1種（マスクラット *Ondatra zibethicus*），およびヤマアラシ亜目ヌートリア科（Myocastoridae）1種（ヌートリア〈*Myocastor coypus*〉）が外来種として分布する．

### C. 齧歯目の多様な進化

齧歯目には，人間生活と深いかかわりをもちながら進化しているものがある．人間の生活場所に分布するネズミ科のクマネズミ，ドブネズミ，ハツカネズミは，人間の移動にともない全世界に分布を拡大したことが知られている．これらのネズミ類は，人間にも感染する病気を媒介する点で重要な衛生動物としても研究や駆除が進められている．たとえば，中世ヨーロッパでのペストの大流行でもその感染拡大に大きくかかわった．

齧歯類はさまざまな生息環境に進出していることからその形態，生理，あるいは生活史などにみられる適応の解明が長年にわたって広く進められ，その進化の一端が明らかにされてきた．寿命が短く繁殖効率が高いことから個体群生態学の分野での代表的な研究対象のひとつともなっており，種間競合が進化に与える影響についても検討が進められてきた．また，日本のニホンリスやアカネズミでは，堅果の種子散布者として相互作用による進化の研究も盛んに行なわれている．

齧歯目はその多くの分類群で，地理的障壁にともなって形態的・遺伝的変異がみられる事例が知られることや，標本の収集が比較的容易であることから，各国で種分化や生物地理学の研究対象として，進化学にかかわる研究の進展にも古くから大きく寄与してきた．たとえば，実験動物マウスの野生個体群であるハツカネズミでは地域によって形態や遺伝子に著しい変異を有することがわかっている．野生マウスの多様な遺伝的特徴を実験マウスに取り込んで生み出されたマウスのさまざまな系統は，医学分野での新しい疾患モデルとして注目されているほか，進化学の分野にも大きく貢献している．

[引用文献]

Rinderknecht A. & Blanco R. S. (2008) The largest fossil rodent. *Proc. Biol. Sci.*, vol. 275, pp. 923-928.

佐藤和彦（2008）咀嚼筋進化の機能的意義 齧歯類．本川雅治 編，日本の哺乳類学第1巻『小型哺乳類』第4章，東京大学出版会．

Wilson D. E. & Reeder D. M. (2005) *Mammal Species of the World: A Taxonomic and Geographic Reference* (3rd ed.), Johns Hopkins University Press.

[参考文献]

阿部永 監修（2008）『日本の哺乳類 改訂2版』東海大学出版会．

Feldhamer G. A. et al. (2007) *Mammalogy: Adaptation, Diversity, Ecology*, The Johns Hopkins University Press.

本川雅治 編（2008）日本の哺乳類学第1巻『小型哺乳類』東京大学出版会．

Nowak R. M. (1999) Walker's Mammals of the World (6th ed.), The Johns Hopkins University Press.

Rose K. D. & Archibald J. D. eds. (2005) *The Rise of Placental Mammals*, The Johns Hopkins University Press.

Wolff J. O. & Sherman P. W. eds. (2007) *Rodent Societies: An Ecological and Evolutionary Perspective*, The University of Chicago Press.

〔本川雅治〕

## 13.7 鯨偶蹄目

近年まで，偶蹄類と鯨類は別の目として認められ，双方とも絶滅有蹄類である顆節類から，始新世の初期に独立に生じたものと考えられてきた．しかし，多くの分子に基づく系統解析の結果は，鯨類が偶蹄類に包含されることを示し（Gatesy, 1998），さらにこれを支持する形態学的な結果も得られ，鯨偶蹄目は広く受入れられるようになっている．しかしながら，後述のように，偶蹄類内での鯨類の位置と偶蹄類の系統関係については，完全には合意が得られていない．

偶蹄類は，現在もっとも繁栄している中大型草食獣のグループであり，約220種が含まれる．いずれも前後肢の3,4指（趾）で体重を支える形態をとり，現生種では第1指は完全に退化し，第2指と第5指も退化傾向にある．第3,4中足（手）骨は合一して伸長し，手首，踵を地面から高く持ち上げ，肘・膝，手首・足首関節ともに単純な前後回転のみを行なうような形態をとることで，草原での長距離走行を可能にしている．後肢では踵の回転角度を増加するため，距骨（近位足根骨）の遠位，近位端双方に滑車状関節面をもつ．この特徴は偶蹄類の共有派生形質とされる．

偶蹄類は，伝統的にふたつあるいは三つのグループに分けられてきた．反芻をせず，丸い歯冠をもつグループを猪豚類（Suiformes），反芻し，三日月型の歯冠をもつグループをスレノドント（Slenodonta）あるいは反芻類と二分する，あるいは後者からラクダの仲間を核脚類として独立させる分類である（Simpson, 1945; Grubb, 1993）．いずれの特徴も食性に関係し，猪豚類は雑食，反芻類は草食への適応を示しているが，偶蹄類の繁栄は，現生種のほとんどが反芻類（約190種/220種）であることからもうかがえるように，植物を胃で共生微生物により発酵させるとともに一部を吐き戻して反芻するという能力の獲得と結びついているものと思われる．この能力により，捕食者との遭遇率の高い草原で，短時間に大量に食物を胃に収め，捕食者から離れた場所で，咀嚼し直すことと，植物繊維を完全に利用することが可能となった（遠藤，2002）．現生の反芻しない偶蹄類はみな草原ではなく，森林などの捕食圧が低い環境を主たる生息地としていることからも，草原環境への進出に反芻能力が重要であったことがわかる．

しかし，近年のいくつかの分子系統の結果は，核脚類がもっとも早く他の偶蹄類から分化したことを示しており，反芻能力は，おそらく反芻類と核脚類で独立に進化したらしい（Nikaido et al., 1999; Murphy et al., 2001）．反芻類（ウシ科，シカ科，マメジカ科，ジャコウジカ科，キリン科，プロングホーン科）の系統関係については，マメジカ科がもっとも早く分岐したことはほぼ合意されているが（Scott & Janis, 1993），それ以外の真反芻類（Pecora）内の系統関係についてはさまざまな説が提示されている（Hassainin & Douzery, 2003; O'Leary & Gatesy 2008）．

鯨類は，ほぼ5千万年前に分化し，水中生活へのさまざまな形態的な適応をとげている．骨格系においても，歯の形態の単純化（同型歯化）と数の増加（多歯性化），鼻孔の頭頂部への移動にともなう頭骨構成骨の変移（テレスコーピング），前肢の単純化（肘，手の関節不動化），指骨数増加，腰帯を含めた後肢の退化などがあげられる．これらの変化のため，他の哺乳類の特徴との相同性の確認が非常に困難であった．現生の鯨類はハクジラ類（約71種）とヒゲクジラ類（約15種）に分類され，それぞれ単系統群とされている．これに単系統群ではない絶滅分類群ムカシクジラ類を加えて三つに分類されることがふつうである．ハクジラ類は，エコロケーションとコミュニケーションに音声を利用するために，複雑な鼻道形態，音響脂肪器官（メロン，背部嚢，下顎窓-中耳音響通路）などの特殊化を，ヒゲクジラ類は濾過式採食法にともない，哺乳類では他に例のない新規な採食器官であるヒゲ板を進化させるとともに，ナガスクジラ類では，さらに大量の水を濾しとるための畝と腹側嚢，高度に可動な下顎および顎関節などの特殊化をとげている．

おもに形態に基づき，鯨類は絶滅分類群である顆節類メソニクス科と姉妹群をなし，この両者が偶蹄

類と姉妹群をつくるという説が長く一般的であった．しかし，近年の遺伝子に基づく系統解析では，いずれも鯨類は偶蹄類に包含され，多くはカバを姉妹群とする系統関係が支持されている（Gatesy, 1998; Nikaido et al., 1999; Arnason et al., 2004）．その後，化石鯨類（ムカシクジラ類）の後肢距骨に，偶蹄類の共有派生形質である二重滑車がみられることが判明し，これを欠くメソニクス類は鯨類の姉妹群ではないとする説が提出された（Gingerich et al., 2001）．さらに化石偶蹄類の乳歯形態に鯨類の共有派生形質とされた特徴をもつものが発見されるなど（Theodor & Foss, 2003），形態でも鯨類がメソニクスとは別に偶蹄類に内包されることは支持されるようになってきている．しかし，鯨類にもっとも近縁なのが何であるのかという問題は，系統と分子を統合した系統解析で，カバ類に近いという結果（Geisler & Uhen, 2005; Geisler et al., 2007），化石偶蹄類であるラオエリ類に近縁だという説（Thewissen et al., 2007），メソニクス類に近縁である近縁であるという結果（O'Leary & Gatesy, 2008）があり，さらに検討を要する．最後の説では二重滑車の喪失がメソニクス類で起こったことになる．

ヒゲクジラ類内の高次の系統関係は，コククジラ科とナガスクジラ科の関係に一部異論があるものの，セミクジラ科，コセミクジラ科，コククジラ科，ナガスクジラ科という分岐順がほぼ合意されている（Derémé et al., 2005; Nikaido et al., 2006; Sasaki et al., 2005; May-Collado & Agnarrson, 2006; Hatch et al., 2006; Steeman, 2007）．一方，ハクジラ類は，マッコウクジラ上科（マッコウクジラ科，コマッコウ科）がまず分岐したこと，マイルカ上科（マイルカ科，ネズミイルカ科，イッカク科）が単系統であること，マイルカ上科とガンジスカワイルカを除くカワイルカ類（アマゾンカワイルカ科，ヨウスコウカワイルカ科，ラプラタカワイルカ科）が姉妹群をなすことについてはほぼ合意がなされているが，マッコウクジラ上科に続いて分岐するのが，アカボウクジラ科とガンジスカワイルカ科のどちかであるのかと，マイルカ上科内の系統関係については合意ができていない（Messenger & McGuire 1998, Hamilton et al., 2001; Nikaido et al., 2001; Yan et al., 2005; May-Collado & Agnarrson 2006; Nishida et al., 2007）．

[引用文献]

Arnason U. et al. (2004) Mitogenomic analyses provide new insights into cetacean origin and evolution. *Genes*, vol. 333, pp. 27-34.

Deméré T. A. et al. (2005) The Taxonomic and Evolutionary History of Fossil and Modern Balaenopteroid Mysticetes. *J. Mamm. Evol.*, vol. 12, pp. 99-143.

遠藤秀紀（2002）『哺乳類の進化』東京大学出版会．

Gatesy J. (1998) Molecular evidence for the phylogenetic affinities of Cetacea. in Thewissen J. G. M. (ed.), *The Emergence of Whales*, pp. 63-111, Plenum Press.

Geisler J. H. & Uhen M. D. (2005) Phylogenetic relationships of extinct cetartiodactyls: results of simultaneous analyses of molecular, morphological, and stratigraphic data. *J. Mamm. Evol.*, vol. 12, pp. 145-160.

Geisler J. H. et al. (2007) Phylogenetic relationships of ceaceans to terrestrial artiodactyls. in Prothero D. R. and Foss S. E. eds., *The Evolution of Artiodactyls*, pp. 19-31, Johns Hopkins University Press.

Gingerich D. et al. (2001) Origin of whales from early artiodactyls: hands and feet of Eocene Protocetidae from Pakistan. *Science*, vol. 293, pp. 2239-2242.

Grubb P. (1993). Order Artiodactyla, in Mammal species of the world, Wilson D. E. and Reeder D. M. eds., pp. 377-414, Smithsonian Institution Press.

Hamilton H. et al. (2001) Evolution of river dolphins. *Proc. Biol. Sci.*, vol. 268, pp. 569-558.

Hassanin A. & Douzery E. J. P. (2003) Molecular and Morphological Phylogenies of Ruminantia and the Alternative Position of the Moschidae. *Syst. Biol.*, vol. 52, pp. 206-228.

Hatch L. T. et al. (2006) Phylogenetic relationships among the baleen whales based on maternally and paternally inherited characters. *Mol. Phylogenet. Evol.*, vol. 41, pp. 12-27.

May-Collado L. & Agnarsson I. (2006) Cytochrome b and Bayesian inference of whale phylogeny. *Mol. Phylogenet. Evol.*, vol. 38, pp. 344-354.

Messenger S. and McGuire J. (1998) Morphology, molecules, and the phylogenetics of cetaceans. *Syst. Biol.*, vol. 47, pp. 90-124.

Murphy W. J. et al. (2001) Molecular phylogenetics and the origins of placental mammals. *Nature*, vol. 409, pp. 614-618.

Nikaido M. et al. (1999) Phylogenetic relationships among cetartiodactyls based on insertions of short and long interpersed elements: Hippopotamuses are the closest extant relatives of whales. *Proc. Natl. Acad. Sci. USA*, vol. 96, pp. 10261-10266.

Nikaido M. et al. (2001) Retroposon analysis of major

cetacean lineages: The monophyly of toothed whales and the paraphyly of river dolphins. *Proc. Natl. Acad. Sci. USA*, vol. 98, pp. 7384-7389.

Nikaido M. *et al.* (2006) Baleen Whale Phylogeny and a Past Extensive Radiation Event Revealed by SINE Insertion Analysis. *Mol. Biol. Evol.*, vol. 23. pp. 866-873.

Nishida S. *et al.* (2007) Phylogenetic relationships among cetaceans revealed by Y-chromosome sequences. *Zool. Sci.*, vol. 24, pp. 723-732.

O'Leary M. A. & Gatesy J. (2008) Impact of increased character sampling on the phylogeny of Cetartiodactyla (Mammalia): combined analysis including fossils. *Cladistics*, vol. 24, pp. 397-442.

Sasaki T. *et al.* (2005) Mitochondrial Phylogenetics and Evolution of Mysticete Whales. *Syst. Biol.*, vol. 54, pp. 77-90.

Scott K. M. & Janis C. M. (1993) Relationships of the Ruminantia (Artiodactyla) and an analysis of the characters used in ruminant taxonomy. in Szalay FS, *et al.* eds., *Mammal phylogeny: Placentals*, pp. 282-302, Springer-Verlag.

Simpson G. G. (1945) The principles of classification and a classification of mammals. *Bull. Am. Mus. Nat. Hist.*, vol. 85, pp. 1-350

Steeman M. E. (2007) Cladistic analysis and a revised classi?cation of fossil and recent mysticetes. *Zool. J. Linn. Soc.*, vol. 150, pp. 875-894.

Theodor J. M. & Foss S. E. (2005) Deciduous dentitions of Eocene cebochoerid artiodactyls and cetartiodactyl relationships. *J. Mamm. Evol.*, vol. 12, pp. 161-181.

Thewissen J. G. M. *et al.* (2007) Whales originated from aquatic artiodactyls in the Eocene epoch of India. *Nature*, vol. 450, pp. 1190-1194.

Yan J. *et al.* (2005) Molecular phylogenetics of river dolphins and the baiji mitochondrial genome. *Mol. Phylogenet. Evol.*, vol. 37, pp. 743-750.

(天野雅男)

## 13.8 食肉目

食肉目（Carnivora）は現生15科126属286種を含む哺乳類のひとつの目であり，種数では全哺乳類5416種の5.2%を占めている（Wilson & Reeder, 2005）．化石記録では暁新世以降から知られるが，真獣類における食肉目の分岐の位置については関連する絶滅群との系統関係において不明な点が残されている（Rose & Archibald, 2005）．食肉目は，全世界から知られ，海域にも分布を広げており，幅広い生活型に適応した形態や生活史における多様性がみられる．

食肉目の最大の特徴は，上顎第4小臼歯と下顎第1大臼歯が切り裂きに適応した裂肉歯とよばれる形態をもつことである．「食肉類」といわれるが，餌資源については，肉食としてイメージされる脊椎動物のほか，昆虫，植物など分類群によって多様である．裂肉歯は，ネコ科，ハイエナ科，イヌ科といった肉食性の種で顕著な発達を示す一方，クマ科やアライグマ科のような雑食性，あるいは水生のアシカ科，セイウチ科，アザラシ科などの種ではその特徴が弱い，または失われつつある．食肉目は，裂肉歯のほかに大きく発達した犬歯をもつことも特徴である．このように食肉目は，他の哺乳類にみられない特徴的な裂肉歯を共有する一方で，食性や分類群に応じて，裂肉歯や犬歯以外の歯の数や形態には多様性が認められる．

体サイズは最小で25gのイイズナ（*Mustela nivalis*）から，最大のものとして陸生では800kgのホッキョクグマ（*Ursus maritimus*）までの3万2千倍，水生を含めると5000kgのミナミゾウアザラシ（*Mirounga leonina*）までの20万倍の違いがある．体サイズの違うもの同士では生息場所や食物のニッチェも異なる．

### A. 系統と分類

食肉目の高次分類群としてネコ亜目（Feliformia）とイヌ亜目（Caniformia）のふたつが現在は認められており（Wilson & Reeder, 2005），2亜目の分岐年代と

して 6500 万年前あるいは 4500～5000 万年前が提唱されている (Rose & Archibald, 2005)．ネコ亜目には，ネコ科 (Felidae)，ジャコウネコ科 (Viverridae)，マダガスカルジャコウネコ科 (Eupleridae)，キノボリジャコウネコ科 (Nandinidae)，マングース科 (Herpestidae)，ハイエナ科 (Hyaenidae) の 6 科が含まれる．一方のイヌ亜目には，イヌ科 (Canidae)，クマ科 (Ursidae)，アシカ科 (Otariidae)，セイウチ科 (Odobenidae)，アザラシ科 (Phocidae)，イタチ科 (Mustelidae)，スカンク科 (Mephitidae)，アライグマ科 (Procyonidae)，レッサーパンダ科 (Ailuridae) の 9 科が含まれる．

ここでイヌ亜目に含まれ，水生適応したアシカ科，セイウチ科，アザラシ科については，ネコ亜目やイヌ亜目とは独立した系統群を形成するとして，鰭脚類 (Pinnipedia) という独立した亜目や，ときには独立した目として扱われることがあった．「鰭脚類」は前肢が鰭状に進化し，流線形の体型をもつなどの水生への形態的適応がみられる一方で，科によって形態や移動様式に違いもみられる．イヌ亜目に含まれる 9 科の系統関係については，形態や遺伝子を用いた多くの解析結果が現在までに報告されているが，対立するものも多い．したがって，水生適応した 3 科の系統関係についても，その単系統性を含めて未解決の問題が残されている．

### B．ネコ亜目

ネコ科は 14 属 40 種を含む．形態的には吻部が短縮し，裂肉歯と犬歯を発達させていることで特徴づけられる．これは咀嚼時の犬歯への強い咬合力の伝達と，裂肉歯による切り裂きに適応していると理解されている．哺乳類や鳥類を捕食するが，なかには魚やカエルなどを食べるものも知られている．ライオン，トラ，ヒョウなど一般にもなじみのある種が多い一方で，毛皮採取などのための狩猟や生息地の破壊によって多くの種や亜種が絶滅に瀕している．日本では 1967 年に西表島だけに生息するイリオモテヤマネコが新種として発表され話題となったが，遺伝子の研究などにより現在はベンガルヤマネコの亜種 (*Prionailurus bengalensis iriomotensis*) とされる．ペットとして飼育されるイエネコ (*Felis catus*) もネコ科に含まれるが，野生種との関係は十分には解明されていない．

旧世界に分布するジャコウネコ科 (15 属 35 種)，マダガスカルにだけ分布するマダガスカルジャコウネコ科 (7 属 8 種)，アフリカに分布するキノボリジャコウネコ科 (1 属 1 種) は，最近までジャコウネコ科としてまとめられていたものである．これらは形態や運動様式などにおいて高い多様性を示すことが注目されており，ネコ亜目における系統分類学的位置づけについても議論がある．

マングース科は 14 属 33 種が旧世界に分布する．ジャコウネコ科に含められていたこともある．食性はジェネラリストである．日本ではハブ対策のために捕食者として奄美大島と沖縄島に放逐されたジャワマングース (*Herpestes javanicus*) が在来種を捕食し，生態系に大きな影響を与えている．そのため，2005 年に特定外来種に指定され，駆除が行なわれている．

ハイエナ科は 3 属 4 種が旧世界に分布する．ハイエナ類 3 種 (*Crocuta* 属，*Hyaena* 属) は腐肉食という独自の食性をもち，骨を破砕することに適した歯列形態と強い咀嚼力をもっている．アードウルフ (*Proteles cristata*) はシロアリを捕食する．

### C．イヌ亜目

イヌ亜目のイヌ科は 13 属 35 種が北米，南米，アフリカ，アジア，ヨーロッパに分布する．吻部が長いのが特徴である．日本には，キツネ (*Vulpes vulpes*) とタヌキ (*Nyctereutes procyonoides*) が分布し，オオカミ (*Canis lupus*) が明治時代まで分布した．イヌは人間がオオカミから家畜化したとされ，学名も最近ではオオカミと同じ *Canis lupus* が使われている．

クマ科は 5 属 8 種が含まれ，日本にはヒグマ (*Ursus arctos*) とツキノワグマ (*U. thibetanus*) の 2 種が知られる．一般に「クマ」といわれる 7 種に加えて，最近はパンダ (ジャイアントパンダ 〈*Ailuropoda melanoleura*〉) もクマ科に含まれる．クマ科は雑食性のため裂肉歯の特徴が失われつつある．また，パンダは植物食性でもタケに特化して適応進化した．ホッキョクグマでは最近の気候変動による絶滅が危

惧されている．

アシカ科は7属16種が知られる．日本には，オットセイ（*Callorhinus ursinus*），トド（*Eumetopias jubatus*）が沿岸域に分布する．ニホンアシカ（*Zalophus japonicus*）は以前は分布していたが，現在は生息が確認できていない．アシカ科では性的二型がみられ，雄が雌よりも大きい．

セイウチ科は，セイウチ（*Odobenus rosmarus*）1属1種からなり，日本沿岸域にも分布する．

アザラシ科は13属19種が知られる．日本には，アゴヒゲアザラシ（*Erignathus barbatus*），ゼニガタアザラシ（*Phoca vitulina*），ゴマフアザラシ（*P. largha*），ワモンアザラシ（*Pusa hispida*），クラカケアザラシ（*Histriophoca fasciata*）の5種が知られる．

イタチ科は22属59種からなる，食肉目のなかで最大の種数をもつ科で，カワウソ亜科（Lutrinae, 7属13種）とイタチ亜科（Mustelinae, 15属46種）を含む．日本産でみるとカワウソ亜科にはニホンカワウソ（*Lutra nippon*）とラッコ（*Enhydra lutris*）が，イタチ亜科にはテン属（*Martes*）2種，イタチ属（*Mustela*）4種，ニホンアナグマ（*Meles anakuma*）の計7種が自然分布する．

スカンク科は4属12種からなり，新大陸に分布する．これら4属（*Conepatus, Mephitis, Mydaus, Spilogale*）は，以前はイタチ科に含まれていたもので，系統的位置については十分には解明されていない．

アライグマ科は6属14種が新大陸に分布する．ほとんどの種が雑食性で，裂肉歯の特徴は弱くなっている．アライグマ（*Procyon lotor*）は，北米原産であるが，ヨーロッパに移入されている．またペット由来のものが日本でも野生化し，農作物への被害や生態系への影響が報告されている．そのため，2005年に特定外来種に指定され，駆除が行なわれている．

レッサーパンダ科はレッサーパンダ（*Ailurus fulgens*）の1属1種からなり，中国，ミャンマー，ネパール，インドのシッキム地方に分布する．レッサーパンダの系統的位置づけについては議論が多い．アライグマ科あるいはクマ科との近縁な系統関係が議論され，これまではアライグマ科に含まれることが多かったが，最近の見解では独立した科に位置づけられている．

## D. 研究の現状と課題

食肉目は，形態や社会構造の多様性がみられることから，系統分類学や動物行動学などの分野でその進化について多くの研究が進められてきた．また，食肉目は上位捕食者であるため，生態系システムでの役割についても注目されている．以前は野外研究の難しさもあったが，1990年代以降は，遺伝学的手法のめざましい発展や発信器などの追跡・通信装置をはじめとする機器類の急速な進歩により，食肉目の生態や生活史の解明およびその進化について多くの生態学的研究が進められている．

一方で，ネコ科をはじめとして食肉目には絶滅に瀕した種が多いこと，マングースやアライグマのような雑食性食肉目の人為的移入による生態系への影響，クマやオオカミが人間に与える被害，アシカ科やアザラシ科による漁業被害など，野生動物の保護管理学として食肉目に対して取り組むべき課題も多い．

［引用文献］

Rose K. D. & Archibald D. eds. (2005) *The Rise of Placental Mammals*, The Johns Hopkins University Press.

Wilson D. E. & Reeder D. M. (2005) *Mammal Species of the World: A Taxonomic and Geographic Reference* (3rd ed.), Johns Hopkins University Press.

［参考文献］

阿部永 監修（2008）『日本の哺乳類 改訂2版』東海大学出版会．

Feldhamer G. A. *et al.* (2007) *Mammalogy: Adaptation, Diversity, Ecology*, The Johns Hopkins University Press.

Nowak R. M. (1999) *Walker's Mammals of the World* (6th ed.), The Johns Hopkins University Press.

（本川雅治）

## 13.9 霊長目

### A. 現生の霊長目

現生の霊長類は，伝統的には樹上適応に起因する把握性の手足，視覚の発達と嗅覚の退化傾向，相対的に大きな脳，鎖骨の保持など特殊化の少ない骨格などで特徴づけられてきた．こうした進化傾向以上に系統群としてより厳密に定義する必要が指摘され，前方を向いた眼窩と骨性の眼窩後縁（postorbital bar），平爪をともなった把握性の足の第一指，岩骨（petrosal）からなる鼓胞（auditory bulla）などが霊長類の派生的特徴としてあげられている（Martin, 1990）．また，ツパイが霊長類に属するかどうか前世紀初頭以来議論されてきたが，上記の派生特徴をほとんど示さないため，今では否定されている（Martin, 1990）．ゲノムレベルの比較では，まずは皮翼目（Dermoptera）が，つぎにツパイ目（Scandentia）が霊長目に近縁とされており（Janecka, 2007），最近の上位分類体系では，3目をEuarchontaとしてまとめ，これにウサギ目と齧歯目を加えてEuarchontogliresとしている．

現生の霊長類の比較的近年の分類では60〜70属，約350種が認められており（Groves, 2001），以前の200種程度（たとえば，Martin, 1990; Fleagle, 1999）よりも多くの種が認識されている．これは核型やゲノムレベルの比較の進展により，形態特徴では識別できなかった種が新たに認識されていることと，従来の亜種の一部を種とする細分傾向が進んできたことによる．現生霊長類は，広義のキツネザル類とロリス類，メガネザル，広鼻猿類，狭鼻猿類の五つの下目レベルの単系統群で構成されている．伝統的には，これらのうち前三者を原猿亜目（Prosimii），後二者を真猿亜目（Anthropoidea）としてきたが，メガネザル（Tarsiiformes）が真猿類と系統的に近縁なため，最近では前二者を曲鼻猿亜目（Strepsirrhini），後三者を直鼻猿亜目（Haplorrhini）とすることが多い．

現生のStrepsirrhiniは分子系統学ならびに鼓室部の形態やtooth combの存在などから単系統群と考えられている．メガネザルは，中心窩の存在，眼窩後壁の形成，湿ったrhinariumの欠如，血絨毛性胎盤などの派生的特徴を真猿類と共有する．一方，昆虫・小動物食適応と関連した100 g程度の小さな体サイズと原始的な歯牙形態，さらにはgrooming clawや分離した下顎結合部などをもつため，原猿とされてきた．現生の真猿類はメガネザルとStrepsirrhiniと比べ，さらに視覚の発達（錐体だけからなる中心窩，眼窩後壁の発達），嗅球の縮小，脳の相対的大型化，中耳周辺の骨形態の詳細などで特徴づけされる．また，狭鼻猿は広鼻猿と比べ小臼歯が（片側歯列ごとに）ひとつ少なく，骨性外耳道の形成などの派生的特徴をもっている．さらに，近年の分子進化研究により，三色色覚の発達と嗅覚レセプタの減少が狭鼻猿に特異的であることが示されている．

Groves（2001）は現生のStrepsirrhiniを7科（ネズミキツネザル，キツネザル，イタチキツネザル，インドリ，アイアイ，ギャラゴ，ロリス）23属，メガネザルを1科1属，中南米大陸の広鼻猿（Platyrrhini）を6亜科（ヨザル，ティティ，キヌザル，オマキザル，サキ，クモザル）15属，旧世界ザルを2亜科（オナガザル，コロブス）21属に分類している．

### B. 起源

霊長類の起源については，漠然とした樹上適応では説明できないことが指摘され，近年では主としてふたつの仮説が議論されている（たとえば，Cartmill, 1992）．ひとつは視覚捕食説（visual predation hypothesis）として知られ，樹上のなかでも枝先部で昆虫を手で捕食するために霊長類の把握性の前後肢とステレオ視が発達したとする．もうひとつの仮説は，被子植物の適応放散にともない，枝先部の花や果実などの植物食適応が霊長類をもたらしたとする．視覚捕食説は両眼が前方を向いた近距離のステレオ視をよく説明し，枝先の果実食説は果実食傾向を示す化石霊長類の歯の形態と整合する．実際，現在知られている初期の現生型の霊長類（Euprimates）化石の多くは，昆虫食と果実・植物食を混合していたと思われ，双方の説と矛盾しない．

既存最古の広義の霊長類はプレシアダピス類（Plesiadapiformes）であり，Euprimatesの特徴をほと

んど示さないものの，系統的には皮翼目・ツパイ目よりも現生霊長類に近縁とされている．暁新世を通じて主として北米とヨーロッパから知られ，最古のものは6500万年前のプルガトリウスである．プレシアダピス類は多様であり（Fleagle, 1999では8科30属），20 g以下から3 kgぐらいまでの推定体重で，切歯が大きく前方に突き出し，鉤ヅメに依存した樹上の果実・植物食適応を示している．Euprimatesとの共有派生形質としてはpetrosal bullaがあるが，眼窩は側方を向き，例外的な種を除き，把握性の足の第一指はもっていない．一部の種（パラオモミス類〈Paraomomyidae〉）は，指の骨から皮翼目のように滑空適応していたと一時解釈されていたが，現在では否定されている．近年の分岐分析では，プレシアダピス類はEuprimatesの外群と位置づけられている（Bloch et al., 2007）．

現生の霊長類と派生形質を共有する化石Euprimatesは，始新世初期（約5500万年前）以後に北米とヨーロッパから多数知られている．アダピス類（Adapiformes）とオモミス類（Omomyiformes）のふたつのグループが知られており，それぞれ現生のStrepsirrhiniとメガネザルと近縁と考えられてきた．同様に古い最初期のアダピス類とオモミス類が，少数ながら，アジアからも知られている．また，アジアの始新世の初期から中期にかけては，原始的なAnthropoidea（真猿類）のEosimidaeが報告されている（Bajpai et al., 2008）．アフリカの暁新世から始新世中期までの化石記録は乏しいものの，北アフリカからは約6000万年前のEuprimates（もしくは真猿類）と思われる歯が若干数知られている（Rose, 1994; Williams et al., 2010）．逆に，化石記録が充実している北米とヨーロッパの暁新世からはEuprimatesが発見されていないことから，アフリカなど南方の大陸の暁新世にEuprimatesは出現し，始新世初期の温暖化にともない北方進出を果たしたとの仮説が提案されている（Martin, 2007）．

## C. 進化的展開

アダピス類は約30属90種以上が知られており（Hartwig, 2002; Williams et al., 2010），75%以上の種が推定体重1 kg以上（最大7 kg程度）と比較的大型であり，顔面の前突傾向など一見キツネザル類と似ている．アジアとアフリカからも知られているが，主として始新世の北米とヨーロッパで繁栄し，漸新世の寒冷化とともに大方消失する．アジアの1系統のシヴァルアダピス類は南アジアを中心に中新世後期まで知られている．アダピス類は，鼓室骨などの派生形質を現生Strepsirrhiniと共有するが，tooth combはもっておらず，現生Strepsirrhini全体の外群と考えられている．一方，顎と歯の形態特徴が一部真猿類と類似するため，系統的にAnthropoideaと近縁とも考えられてきたが，近年では，果実・葉食適応による並行現象とみなされることが多い．現代型Strepsirrhiniの既存最古の例はエジプトの始新世後期（3700万年前）のtooth combをもったロリス化石であり，Strepsirrhiniとマダガスカル霊長類のアフリカ起源説を支持する（Seiffert et al., 2003）．

オモミス類は約40属，95種以上が知られており（Hartwig, 2002; Williams et al., 2010），アダピス類と同様，主として始新世の北米とヨーロッパで繁栄した．小型種が多く（75%以上が推定体重400 g以下），顔面部が短く，切歯がやや大型化する傾向など，一見メガネザル的である．また，一部の種では，頭骨形態が特にメガネザルと類似し，その一群もしくはオモミス類全体が現生のメガネザルと近縁と考えられてきた．ただし，鼻腔近辺の骨形態から，オモミス類の鼻がStrepsirrhini型であった可能性も指摘されており，オモミス類とメガネザルの類似はみかけ上のものとの見解もある．一方，アジアの始新世中期（4500万年前）には，現生のメガネザルと同属の化石種が報告されており（Rossie et al., 2006），確実なHaplorrhiniの出現が始新世中期以前までさかのぼることが明らかになってきた．このように，Haplorrhini（と真猿類）の化石記録が古く遡るにつれ，その起源をオモミス類かアダピス類のいずれかに求めてきた伝統的立場が見直されつつある（Williams et al., 2010）．

現在認められている最古の真猿類は始新世までさかのぼるが，顎と歯の派生形質に基づく一群と，頭蓋骨から真猿類と判定できる一群とに分けられる．前者としては，中国と南アジア（始新世前期から中期）のEosimidaeと，東南アジア（始新世中後期）の

Amphipithecidae がある．Eosimidae は小型（300 g 以下）のものが 6 属 11 種知られており（Williams et al., 2010），直立した前歯と小臼歯の形態などから真猿類に属すると考えられている．Amphipithecidae は大型（5 kg 以上）の種を含む 5 属が知られており，果実食適応した独特の原始的な真猿類と考えられている．これら以外に，小型（推定体重 100 g 程度）ながら真猿類のように丸まった臼歯の咬頭をもつアルジェリピテクスが始新世中期（4500 万年前）の北アフリカから知られている．アルジェリピテクスはアフリカ最古の真猿類とされてきたが，下顎骨や近縁種の上顎骨化石の発見により，Strepsirrhini に属するとの改定見解が報告されている（Tabuce et al., 2009）．

最古の確実な真猿類は，エジプトのファユーム（Fayum）から出土している始新世後期から漸新世にわたる多様な Anthropoidea の一群にみいだすことができる（広義のパラピテクス類，プロテオピテクス類，オリゴピテクス類，プロプリオピテクス類の 12 属 18 種）．眼窩後壁の発達が確認された最古の例は始新世末（3400～3500 万年前）のカトピテクスとプロテオピテクスである．カトピテクスを含む小型（推定体重 1kg の前後）のオリゴピテクス類（3100～3500 万年前）は狭鼻猿の歯式（小臼歯がふたつ）をもつため，最古の狭鼻猿候補とみなされている．カトピテクスよりやや小さいプロテオピテクスは小臼歯を三つもち，ほかにも広鼻猿との歯牙形態の類似が指摘されているが（Miller & Simons, 1997; Takai et al., 2000），全体としては原始的特徴が卓説するため独自系統とみなされている（Williams et al., 2010）．大型（推定体重 4～6 kg 程度）のプロプリオピテクス類（3000～3300 万年前），特にエジプトピテクスは，歯式のみならず歯の形態もプロコンスルなど中新世の類人猿と類似するため，最古の確実な狭鼻猿とされている．パラピテクス類は，始新世後期（3700 万年前）の推定体重 200 g の小型なものから（Seiffert et al., 2005），2～3 kg に達するアピディウムやパラピテクスが知られている（3000～3200 万年前）．これらは，広鼻猿と同じく小臼歯を三つもっているが，広鼻猿と狭鼻猿とも異なる派生的傾向を示すため，独自の真猿類系統とみなされている．

広鼻猿の化石記録は南米の 2500～2600 万年前のブラニセラが最古であり（Takai et al., 2000），中新世の前期から中期（1600～2000 万年前）に 7 属 9 種，中期中ごろ（1200～1400 万年前）に 10 属 11 種が知られている（Hartwig, 2002）．後者の一群には現生のホエザル，サキ，ヨザル，キヌザルの系統が報告されており，現生系統の分岐が少なくとも 1300 万年前ごろまでさかのぼることを示している．一方，中新世前期の種については，現生系統に属するか，それとも外群にあたるのか，意見の一致がみられていない．

狭鼻猿の確実な化石記録は上述のプロプリオピテクス類が最古である．その代表的なエジプトピテクスは，骨性外耳道がなく，上腕骨に entepicondylar foramen があるなど，旧世界ザルと類人猿が分岐した前の原始的な狭鼻猿の状態を示している．エジプトピテクスのほか，同様に原始狭鼻猿とみなされている一群としては，800～1700 万年前のプリオピテクス（あるいはプライオピテクス）類が知られている．プリオピテクス類は，テナガザル程度の大きさの 8 属がユーラシアから知られており（Hartwig, 2002），アフリカからは不思議と長年特定されていなかった．最近になって，1900～2000 万年前のウガンダの小型類人猿化石がプリオピテクス類に属すると提案されたが（Rossie & MacLatchy, 2006），断片的な歯と顔面骨だけから知られており，今後の追加発見によって確認される必要がある．

現生の類人猿と旧世界ザルが分岐したあとのいずれかの系統に属する最古の候補としては，2500～2700 万年前のケニアのカモヤピテクスをあげることができる．カモヤピテクスは，断片的な歯列と下顎片から知られており，大きさと形態ともに，エジプトピテクス以上にプロコンスルと類似している．そのため，最古の類人猿候補とみなせるが，頭蓋骨など情報量の多い化石資料がないため，原始狭鼻猿でないとも断定できない．2100 万年前以後になると，類人猿とみなされるプロコンスル類が数多く出現し，その後，中新世の前期から後期にわたりきわめて多様な類人猿種がアフリカとユーラシアから知られている（13.11 項参照）．一方，旧世界ザル特有の

bilophodont臼歯をもち，明らかに旧世界ザルの系統と特定できる化石種としては1250〜2000万年前のビクトリアピテクス類が知られている．ビクトリアピテクスは，そのbilophodontの臼歯に一部類人猿的な変異が残存するなど，現生の旧世界ザルの外群と考えられている．現生系統に近縁な旧世界ザルとしては，今のところ1000万年前ごろのマイクロコロブスが最古であり，コロブス亜科とオナガザル亜科がそれまでに分化していたことがうかがわれる．

[引用文献]

Bajpai S. *et al.* (2008) The oldest Asian record of Anthropoidea. *Proc. Natl. Acad. Sci. USA*, vol. 105, pp. 11093-11098.

Bloch J. I. *et al.* (2007) New Paleocene skeletons and the relationship of plesiadapiforms to crown-clade primates. *Proc. Natl. Acad. Sci. USA*, vol. 104, pp. 1159-1164.

Cartmill M. (1992) New views on primate origins. *Evol. Anthropol.*, vol. 1, pp. 105-111.

Fleagle J. (1999) *Primate Adaptation and Evolution*, Academic Press.

Groves C. (2001) *Primate Taxonomy*, Smithsonian Institution.

Hartwig W. (2002) *The Primate Fossil Record*, Cambridge University Press.

Janecka J. E. (2007) Molecular and genomic data identify the closest living relative of primates. *Science*, vol. 318, pp. 792-794.

Martin R. D. (1990) *Primate Origins and Evolution*, Chapman and Hall.

Martin R. D. (2007) Primate origins: implications of a Cretaceous ancestry. *Folia Primatol.*, vol. 78, pp. 277-296.

Miller E. R. and Simons E. (1997) Dentition of *Proteopithecus sylviae*, an archaic anthropoid from the Fayum, Egypt. *Proc. Natl. Acad. Sci. USA*, vol. 94, pp. 13760-13764.

Rose K. (1994) The earliest primates. *Evol. Anthropol.*, vol. 3, pp. 159-173.

Rossie J. B. *et al.* (2006) Cranial remains of an Eocene tarsier. *Proc. Natl. Acad. Sci. USA*, vol. 103, pp. 4381-4385.

Rossie J. B. & MacLatchy L. (2006) A new pliopithecoid genus from the early Miocene of Uganda. *J. Hum. Evol.*, vol. 50, pp. 568-586.

Seiffert E. R. *et al.* (2003) Fossil evidence for an ancient divergence of lorises and galagos. *Nature*, vol. 422, pp. 421-424.

Seiffert E. R. *et al.* (2005) Basal anthropoids from Egypt and the antiquity of Africa's higher primate radiation. *Science*, vol. 310, pp. 300-304.

Tabuce R. *et al.* (2009) Anthropoid versus strepsirhine status of the African Eocene primates *Algeripithecus* and *Azibius*: craniodental evidence. *Proc. Biol. Sci.*, vol. 276, pp. 4087-4094.

Takai M. *et al.* (2000) New fossil materials of the earliest New World monkey, *Branisella boliviana*, and the problem of platyrrhine origins. *Am. J. Phys. Anthropol.*, vol. 111, pp. 263-281.

Williams B. A. *et al.* (2010) New perspectives on anthropoid origins. *Proc. Natl. Acad. Sci. USA*, vol. 107, pp. 4797-4804.

（諏訪 元）

## 13.10 ヒトの進化

### A. ヒトとは何か

「ヒト」とは，人間を生物学的に論ずるときに用いる用語であり，狭義には現生人類をさす．ただし，「ヒト」の進化史を考えるならば，近縁の祖先種を含む系統群の総体を「ヒト」とすることもできる．本項ではヒトとチンパンジーが分岐したあとの人類側の系統群の総体を「ヒト」もしくは「人類」とする．伝統的には，「ヒト科（Hominidae）」として，科レベルの分類群として認識されてきたが，最近では，オランウータンを含む現生の大型類人猿すべてを「ヒト科」とし，人類固有の系統群は「ヒト族（Hominini）」とすることが多い．

この分類の変更は，系統関係を忠実に反映することと，分類階層と分岐の深さの関係を他の哺乳類の分類に近づけるためとされている．一方，今日的な生物進化の理解には，特にポストゲノム時代の課題として，ゲノム（genome）だけでなく，フェノム（phenome）との双方を包括した進化理論が求められている（Varki et al., 2008）．そうした意味では，フェノムの特殊性が際立っている人類の系統を「ヒト科」として区別するメリットもあるだろう．

人類の系統はいかに生じ，それをいかに定義するか．比較ゲノムによるアプローチが進むなか，多くの複雑な表現型についてゲノム情報からどこまで人類の特性を理解できるか，今後きわめられてゆくだろう．特に，現生のゲノムから導き出された進化仮説は，化石側からの検証が必要であろう．逆に，化石情報に基づいて構築した進化仮説は焦点を絞ったゲノムによる検証と解析を可能にするものと思われる．

では，化石の記録において，人類の系統をいかに認識するか？ 440万年前のアルディピテクス・ラミダスの全体像により（後述参照），ある程度具体性をもった仮説提示が可能となった．ヒトとチンパンジーの分岐とほぼ同時に，もしくはその後比較的早期に変化したであろう，硬組織にも反映される人類の特徴をふたつあげることができる．ひとつは，直立二足歩行の獲得であり，もうひとつは犬歯小臼歯複合体の機能的消失である．直立二足歩行は，採食生態，社会行動，繁殖戦略など多岐にわたる適応戦略の一環として生じたと思われる．一方，犬歯小臼歯複合体の意義は，上顎犬歯を武器として機能するように維持することにあり，その発達程度と性差は，社会行動，雌雄関係，繁殖戦略などと直接関係している．人類の系統においては，少なくとも600万年前ごろまでにオスの犬歯が特異的に縮小しており，直立二足歩行もそれまでに生じていた．Lovejoy（2009）はさらに，人類の第三の特徴として，女性の発情兆候の隠蔽と性的受容能の常時化，それに基づいたペア型の雌雄関係とオスの育児貢献などの繁殖生理・行動に関する人類の諸特性をあげ，それらが直立二足歩行と犬歯の縮小とともに，新たな適応複合システムの一環として，人類の系統の最初期に出現したとの仮説を提示している．

現在知られている最古級の人類化石は，それぞれの発見グループにより，3属4種が命名されている．一方，すべてを同一のアルディピテクス属とする提案もなされている．年代順に，① 600～700万年前ごろと推定されているチャドのサヘラントロプス・チャデンシス（Sahelanthropus tchadensis），② 570～600万年前のケニアのオロリン・トゥゲネンシス（Orrorin tugenensis），③ 主として550～570万年前のエチオピアのアルディピテクス・カダバ（Ardipithecus kadabba），そして④ 440～450万年前のエチオピアのアルディピテクス・ラミダス（Ardipithecus ramidus）である．これら440万年前以前の初期の人類は，開けた森から疎開林を中心に生息し，樹上性を保ちながら地上では直立二足歩行を行なっていたと考えられている．続くアウストラロピテクス類は，地上性の直立二足歩行に特化し，より開けた環境へとニッチェを広げていった（White et al., 2009a）．こうしたアウストラロピテクスの一群のなかから，およそ250万年前ごろに，テクノロジー依存型のホモ属の系統が出現したものと思われる．

### B. 最古の人類，600万年前ごろまでの人類化石

サヘラントロプスは，頭骨ひとつと顎骨ならびに

歯若干数が知られている．頭骨は脳容量が小さく（360〜370cc），頭蓋冠は低く，前頭部から頭頂部まで強く傾斜し，顔面はアウストラロピテクスやホモ属よりも鼻面が突出する．これらの点はいずれも類人猿的である．一方，現生のアフリカ類人猿よりも突顎（顔面ならびに顎部の前下方への突出）が弱い．また，アウストラロピテクスと同様，項平面（首の筋肉がつく後頭部）が下方を向き，大後頭孔が比較的前方に位置している．他方，頬骨部の広がりなど，アウストラロピテクスのような咀嚼器の発達にともなう諸形態がみられない．サヘラントロプスが人類の系統に属すると判断されるのは，頭蓋底と後頭部がアウストラロピテクス的であることと，犬歯が小さく比較的平らに磨耗するためである（Zollikofer, 2005; Guy, 2005）．

従来から，大後頭孔の前方への変位は機能的に直立二足歩行と関連するとされ（効率的な頭部支持），教科書的な「常識」ともなっている．サヘラントロプスの発表者らもまた，直立二足歩行の証しとみなしている．しかし，霊長類全般をみわたすと，体幹姿勢と大後頭孔の位置には必ずしも対応関係はない（たとえばテナガザルでは後方に位置する）．また，サヘラントロプスやアルディピテクス・ラミダスなど初期の人類とボノボの差はごくわずかであり，機能的な意味があるとも考えにくい．対立仮説としては，たとえば脳構造の変化にともなった副次的な形態変化ととらえることができるが（Suwa et al., 2009a），今のところ推測の域を出ない．

サヘラントロプスは既存最古の人類化石であるがゆえに，その年代推定は重要である．しかしながら，東アフリカと異なり，火山岩の年代測定に基づいた編年が確立されておらず，哺乳類相からおおよそ600〜700万年前程度と推定されている．最近になってベリリウム法の適用により，700万年前ごろの測定値が報告されているが（Lebatard et al., 2008），その信頼性はまだ十分に検証されていない．

オロリンは，歯と顎骨若干数ならびに断片的な四肢骨が知られており，なかでも部分的な大腿骨が重要である．大腿骨のひとつは骨頭を含めて全体の半分以上が保存されており，長い頸部などがアウストラロピテクスと類似している（Richmond & Jungers, 2008）．その頸部後面には，アウストラロピテクスにもみられる，股関節の過伸展によって形成される腱の圧痕があり，直立二足歩行を行なっていたことに間違いない．しかし，ラミダスと同様，臀筋と大腿部の筋肉の付着線がアウストラロピテクスよりも原始的であり，アウストラロピテクスとは異なった下肢構造をもっていたことが示唆される．一方，オロリンの歯と顎骨片は，サヘラントロプスとアルディピテクスと大方類似している．犬歯は小型で，サヘラントロプスやアルディピテクス・カダバと同様，メスの類人猿に近い形状を示している．

アルディピテクス・カダバとラミダスは，今のところエチオピアのアファール地溝帯から知られている．カダバの一部は620万年前ごろまでさかのぼるとされる．カダバは断片的な歯と顎骨，四肢骨が知られており，ラミダスと大方類似するため，同属とされている．ただし，犬歯の形態がラミダスよりわずかに原始的である．カダバ，サヘラントロプスとオロリンを合わせると，おおよそ600万年前ごろの犬歯が10点近く知られているが，いずれも小型で類人猿のメス型である．したがって，600万年前ごろまでにはオスの犬歯が縮小しており，450万年前ごろまでには上顎犬歯の尖りがさらに減じていたことがうかがえる．

ケニアのトゥルカナ湖周辺からも，450〜650万年前ごろまでの顎骨片と歯が数点知られているが，断片的で評価が難しい．

### C. ラミダスの全体像，新たに認識された人類進化段階

440万年前のアルディピテクス・ラミダスは，エチオピアのアファール地溝帯のアラミス周辺から出土した100点以上の化石骨から知られている（White et al., 2009a）．特に「アルディ」の名称で知られる部分骨格化石により，体の大きさとプロポーションならびに各部位の機能的特徴が相当な水準で明らかにされている．また，初期人類を評価するうえで重要な，犬歯などの部位について複数標本が得られており，個体変異を考慮した評価もある程度可能となっている．こうしたラミダスの全体像に加え，豊富な古環境情報を含めた多くの知見が2009年に報

告された（White et al., 2009a）.

ラミダスは，のちのアウストラロピテクスとは明らかに違う特徴を全身にわたり示している．そのひとつは，足の親指を大きく開く能力である（Lovejoy et al., 2009a）．アウストラロピテクスにおいても，足の親指の若干の可動性と樹上性が議論されてきたが，ラミダスは，そうした域をはるかにこえる，明らかに原始的な把握性の足をもっていた．このことは同時に，ラミダスがヒト的な足のアーチをもっておらず，のちの人類と比べて，歩行時の着地と蹴り出しが効果的でなかったことを意味する．ラミダスの足は母指が短くアーチもないため，歩行時には膝とつま先をやや外に向け，側方の指を中心に蹴り出していたと思われ，そのための関節構造の発達がみられる．

ラミダスの骨盤もまた，樹上性と直立二足歩行の双方に適応的な構造を示している（Lovejoy et al., 2009b）．骨盤上部（腸骨）は上下に短く，幅広く，やや矢状方向を向き，アウストラロピテクス的である．骨盤下部（坐骨）は類人猿やサルのように長く，四足歩行もしくは木登り時に強い蹴り出しが可能であった．さらに，大腿骨には，アウストラロピテクスとは異なる筋付着像がみられ，下肢の筋骨格構造が直立二足歩行型に完全には移行していなかったことを示している．

こうした骨盤と下肢の形態は，何を物語っているのだろうか？　ラミダスの骨盤の保存が必ずしもよくないこともあり，ラミダスは人類の系統に属さないのでは，との疑問も発せられている．しかし，ラミダスの骨盤の重要な形態特徴は，保存状態や復元によらず確認できており，アウストラロピテクスとの類似に間違いはない．ラミダスのモザイク状の足と骨盤は，直立二足歩行と樹上性の双方が淘汰によって維持されていたことを示している．

以上のように，ラミダスは直立二足歩行を行なっていたものの，衝撃吸収や蹴り出し効果において，アウストラロピテクスより劣っていたと思われる．それは速度の限界をも意味するが，それ以上に歩行や走行によって累積する関節の消耗や怪我への耐性が進化的に重要だったと思われる．ラミダスの直立二足歩行は，そうした意味でアウストラロピテクスより「完成度が低い」といえるが，必ずしも「原始的」ではない．たとえばラミダスは，類人猿のような腰と膝を曲げた歩行ではなく，脊柱をS字状に湾曲し，体幹を直立し，腰と膝をヒトのように進展して歩いていたと思われる．

ラミダスの上肢と手は，さまざまな姿勢の把握を可能にする柔軟な関節構造をもっており，樹上性を示す下肢と整合する．一方，現生の大型類人猿と異なり，上肢全体と手がそう長くはなく，手首の小さな骨にも現生の類人猿にみられる補強構造が発達していない（Lovejoy et al., 2009c, d）．これらの特徴は，中新世の原始的な四足型の類人猿を思わせ，現生のアフリカ類人猿にみられる懸垂運動とナックル歩行への特殊化がみられない．

ラミダスはさらに，部分骨格（「アルディ」）が出土しているため，体の大きさを推定することができる．アウストラロピテクスでは，体サイズの性的二型が大きかったとの見解が長年定着してきた．ラミダスの全身骨の「アルディ」は大柄なチンパンジー程度の大きさであり（身長120 cm，体重45〜50 kgぐらい），しかもラミダスのなかでももっとも大柄な個体のひとつである（White et al., 2009a; Lovejoy et al., 2009d）．一方，「アルディ」の犬歯はラミダスのなかでも小さく，頭骨もまた小ぶりで華奢である．ラミダスでは20個体分以上の犬歯が出土しており，犬歯の変異から性差の程度を推定し，「アルディ」の性別を確率論的に判定することができる．その結果，「アルディ」は疑いなくメスであることが示された（Suwa et al., 2009b）．これにより，ラミダスでは，体サイズの雌雄差がチンパンジーやボノボのように小さかったことが示唆される（White et al., 2009a）．

ラミダスの頭骨はやや小柄だが（脳容量は300〜350 cc），基本構造はサヘラントロプスと類似している（Suwa et al., 2009a）．特に頭骨底部がわずかながら短縮しており，アウストラロピテクス的である．これは犬歯の縮小と骨盤形態とともに，人類の系統に属する根拠となっている．ラミダスの頭骨と歯の形態特徴を総合すると，まずは，チンパンジーほどには特殊化していないことをあげることができる．チンパンジーは完熟果実を特に好む食性をもってお

り，歯の形態（切歯の大型化，臼歯のエナメル質分布など）にもそれがあらわれている．ラミダスにはそうした特徴はなく，より雑食型だったと思われる．

チンパンジーでは，熟果へのこだわりが強いため，採食テリトリーの集団防衛が発達し，そのために攻撃性が増したと思われる．また，チンパンジーでは，メスが1頭ずつ発情する複雄複雌群を形成するため，群内では，繁殖をめぐってオス間競争が激化する．こうした関連で，チンパンジーの系統では攻撃性が増し，二次的に犬歯が大きくなり，顔面の前方への突出も増したと思われる．こうした兆候は，ラミダスにはまったくみられない．

一方，ラミダスにはアウストラロピテクスのような咀嚼器の発達もみられない．ラミダスの臼歯はアウストラロピテクスよりもエナメル質が薄く，磨耗のしかたも異なる．アウストラロピテクスの臼歯はより平らに磨り減り，磨耗面の傷（電子顕微鏡下で）がよりはっきりしている．すなわち，ラミダスの食性は，硬い食物，あるいは磨耗を促進する砂や埃混じりの食物が，アウストラロピテクスほどには含まれていなかったと思われる（Suwa et al., 2009b）．安定同位体分析からも，ラミダスはアウストラロピテクスとは異なり，$C_4$ 植物もしくはそれ由来の食物をほとんど摂取していなかったことが示されている（White et al., 2009b）．古環境情報とともに総合すると，ラミダスは主として森から疎開林を中心に生息し，より開けたサバンナ環境を常習的に利用するようになったのは，アウストラロピテクス以後のことと思われる（White et al., 2009a）．

### D. ラミダスからアウストラロピテクスへ

ラミダスと比べた場合，アウストラロピテクス全体に共通する主な特徴として，以下をあげることができる．① 地上における直立二足歩行への特化，② 樹上適応の実質的な放棄，③ 臼歯列の増大など咀嚼器の発達，④ 犬歯のさらなる縮小と切歯化，⑤ 開けたサバンナ環境への進出，⑥ 体サイズの雌雄差の増大，⑦ 脳の大きさのわずかな増大（400～550 cc）．

アウストラロピテクスは比較的完成した直立二足歩行を行なっていたとの解釈が，多くの研究者によって支持されてきた．一方，樹上性については，多くの研究者が，アウストラロピテクスにも色濃く残っていると考えてきた．しかし，ラミダスによる新たな視点からは，アウストラロピテクスは明らかに進歩的であり，今後はそうした認識が定着していくものと思われる．ラミダスを基点にアウストラロピテクスを再評価するならば，アウストラロピテクスとは地上生活にとりわけ特化した人類祖先であるといえる．特に，把握性の足の消失の意義は大きいと思われる．把握性の足をもたないことは，常習的な樹上ネストの放棄を意味し，食性や採食行動のみならず，遊動パターン，群構造，個体関係，防御行動など，生活様式や社会性にさまざまな影響をもたらした可能性が高い．

### E. アウストラロピテクスの展開からホモ属へ

最初に発見されたアウストラロピテクスは，1924年の南アフリカのアフリカヌス（*Australopithecus africanus*）である．続いて1930～50年代までに，南アフリカで膨大な数の猿人化石が発掘され，アウストラロピテクスの大方の理解が構築された．1950年代末から東アフリカの調査が活発化し，現在までに多くの化石資料が蓄積されてきた．なかでも，1959年にタンザニアのオルドヴァイ渓谷で発見され「ジンジャントロプス」の名で知られる「頑丈型」猿人（後述参照）の頭骨，1970年代初頭にケニアのトゥルカナ湖周辺で発見され「1470番」頭骨として知られる当時最古のホモ属化石，さらには，エチオピアのハダールで1974年に発見された部分骨格「ルーシー」やタンザニアのラエトリで1978年に発見された足跡化石など，当時最古の人類祖先，アファレンシス（*A. afarensis*）の豊富な化石群集（300～370万年前）などが著名である．これら1970年代以後に加速した数々の発見により，今日のアウストラロピテクスの全体的な理解が得られている．

現在知られている最古のアウストラロピテクスのアナメンシス（*A. anamensis*）は390～420万年前ごろのケニアとエチオピアから知られている．アウストラロピテクスは，その後，東アフリカ，中央アフリカ，南アフリカに広く分布した．300万年前以後になると，東アフリカでは2系統が並存し，一部は100万年前近くまで存続したと考えられている．

その間，7種から10種以上が認識され，細分主義者は何回かの適応放散を提唱するが，同時代同所的に2系統よりも多く並存した確かな証拠はない．

広義のアウストラロピテクスは，従来からアウストラロピテクスとパラントロプス（*Paranthropus*）の2属に分類されることが多かった．パラントロプスはいわゆる「頑丈型」の猿人で，臼歯列ならびに咀嚼器全体の発達が特徴的である．たとえば，咬筋が付着する頬骨が横へ強く張り出し，極端に前方に位置し，結果，顔の中央部がくぼみ「皿状の顔」などと表現される．頭骨には強大な側頭筋が付着し，眼窩の後方部が著しく狭窄し，低く傾斜した額のうしろには矢状稜が発達する．こうした頭顔面形態は霊長類全般をみてもきわめて独特である．

ホモ属は「頑丈型」ではないアウストラロピテクスから出現したと考えられている．「頑丈型」でないアウストラロピテクスは，最古のアナメンシスのほか，アファレンシス，アフリカヌスとガルヒ（*A. garhi*）が知られている．アナメンシスとアファレンシスは420～300万年前ごろまで連続した系統における異時的な種との解釈が優勢である（Kimbel et al., 2006; White et al., 2009a）．ガルヒは250万年前ごろのアファール地溝帯で知られており，「頑丈型」ではないものの臼歯列がきわめて大きく，アファレンシスから派生したと考えられている．トゥルカナ湖周辺では，270万年前ごろから，「頑丈型」のエチオピクス（後述参照）と同所的に存在する「頑丈型」でない系統が断片的な化石から知られており，240万年前ごろには初期のホモ属に移行した可能性が高い．南アフリカのアフリカヌスは，最古のものが350万年前以前までさかのぼると提唱されてきたが，古い年代値の信頼性は低い．確実な年代指標は300万年前より新しく，おおかたは280～230万年前の推定が妥当である．

以上の4種のほか，バールエルガザリ（*A. bahrelghazali*）と，さらには別属としてケニアントロプス・プラティオプス（*Kenyanthropus platyops*）が提唱されてきた．バールエルガザリは300～350万年前のチャドから知られており，アファレンシスの地域集団とみなされることが多い．プラティオプスは350万年ごろのアファレンシスと並存する種として提案されたが，主要標本の頭骨化石の保存が悪く，アファレンシスの地域集団の変異内に含まれる可能性を排除できない．

「頑丈型」のアウストラロピテクス（もしくはパラントロプス）は3種知られている．最古の種は，ケニアとエチオピア南部のトゥルカナ湖周辺の270万年前のエチオピクス（*Paranthropus aethiopicus*）である．エチオピクスは，230万年前ごろから特殊化がさらに進み，ボイジアイ（あるいはボイセイ）（*P. boisei*）に移行する．南アフリカでは180万年前ごろからロブストス（*P. robustus*）が知られている．ロブストスは東アフリカのエチオピクスから派生したか，南アフリカで独自にアフリカヌスから生じたか，ふたつの可能性が考えられてきた．最近，アフリカヌスの残存系統と思われ，190万年前ごろと推定されたセディバ（*A. sediba*）が発見された（Berger et al., 2010）．発表者らは，アフリカヌスとホモ属の間に位置する中間的な新種と解釈したが，年代が新しいため，ホモ属へ直接つながる可能性は低い．むしろ，アフリカヌスの系統が200万年前ごろまで継続したことを示していると思われ，そうした証拠が増すと，アフリカヌスからロブストスへの移行は否定されるかもしれない．

広義のアウストラロピテクスの種や系統の分化は，アフリカにおける乾燥化と季節性の増大にともなって，300万年前以後に生じたものと思われる．この時期に「頑丈型」の系統が生じ，それ以外の系統でも臼歯列の大型化と咀嚼器の発達が，さまざまに並行して起こったようである．これらがアフリカヌスやガルヒであり，「頑丈型」猿人ほどには特殊化しないまま，そのいずれか，もしくは未発見のホモ属の祖先系統において，打製石器をともなった道具使用行動が生じたのであろう．打製石器は260万年前（アファール地溝帯のゴナ）に最古の例があり，220～230万年前までに，まずは東アフリカ内で分布が広がっている．東アフリカでは，240万年前ごろから，ホモ属の可能性のある断片的な歯や頭骨片が知られており，190万年前ごろからは脳容量の増大と咀嚼器の縮退傾向をともなった明らかなホモ属化石が出土している．以後，テクノロジー依存型の適応進化が加速し，ホモ属における急速な進化に至って

いる.

[引用文献]

Berger L. et al. (2010) *Australopithecus sediba*: A new species of *Homo*-like australopith from South Africa. *Science*, vol. 328, pp. 195-204.

Guy F. et al. (2005) Morphological affinities of the *Sahelanthropus tchadensis* cranium. *Proc. Natl. Acad. Sci. USA*, vol. 102, pp. 18836-18841.

Kimbel W. H. et al. (2006) Was *Australopithecus anamensis* ancestral to *A. afarensis*? A case of anagenesis in the hominin fossil record. *J. Hum. Evol.*, vol. 51, pp. 134-152.

Lebatard A. E. et al. (2008) Cosmogenic nuclide dating of *Australopithecus bahrelghazali* and *Sahelanthropus tchadensis*: Plio-Miocene Hominids from Chad. *Proc. Natl. Acad. Sci. USA*, vol. 105, pp. 3226-3231.

Lovejoy C. O. (2009) Reexamining human origins in light of *Ardipithecus ramidus*. *Science*, vol. 326, pp. 74e1-e8.

Lovejoy C. O. et al. (2009a) Combining prehension and propulsion: the foot of *Ardipithecus ramidus*. *Science*, vol. 326, pp. 72e1-e8.

Lovejoy C. O. et al. (2009b) The pelvis and femur of *Ardipithecus ramidus*: the emergence of ppright walking. *Science*, vol. 326, pp. 71e1-e6.

Lovejoy C. O. et al. (2009c) Careful climbing in the Miocene: the forelimbs of *Ardipithecus ramidus* and humans are primitive. *Science*, vol. 326, pp. 70e1-e8.

Lovejoy C. O. et al. (2009d) The great divides: *Ardipithecus ramidus* reveals the postcrania of our last common ancestors with African apes. *Science*, vol. 326, pp. 100-106.

Richmond B. G. & Jungers W. L. (2008) *Orrorin tugenensis* femoral morphology and the evolution of hominin bipedalism. *Science*, vol. 319, pp. 1662-1665.

Suwa G. et al. (2009a) The *Ardipithecus ramidus* skull and its implications for hominid origins. *Science*, vol. 326, pp. 68e1-e7.

Suwa G. et al. (2009b) Paleobiological implications of the *Ardipithecus ramidus* dentition. *Science*, vol. 326, pp. 94-99.

White T. D. et al. (2009a) *Ardipithecus ramidus* and the paleobiology of early hominids. *Science*, vol. 326, pp. 75-86.

White T. D. et al. (2009b) Macrovertebrate paleontology and the Pliocene habitat of *Ardipithecus ramidus*. *Science*, vol. 326, pp. 87-93.

Varki A. et al. (2008) Explaining human uniqueness: genome interactions with environment, behaviour and culture. *Nat. Rev. Genet.*, vol. 9, pp. 749-763.

Zollikofer C. et al. (2005) Virtual cranial reconstruction of *Sahelanthropus tchadensis*. *Nature*, vol. 434, pp. 755-799.

[参考文献]

諏訪 元（2006）化石からみた人類の進化．石川統・斎藤成也・佐藤矩行・長谷川眞理子 編，シリーズ進化学第5巻『ヒトの進化』第1章，岩波書店．

（諏訪 元）

## 13.11 類人猿とヒトの系統の分岐

### A. 比較解剖学からの視点

『種の起原』(1859年)の出版後まもなく,ダーウィン進化論の支持者として知られるT. H. Huxleyは,その著書 "Evidence as to Man's Place in Nature" (1863年)に,ヒトともっとも近縁なのはゴリラとチンパンジーであるとした(どちらがより近縁かは議論しなかった).また,当時知られていた最古の化石人類のネアンデルタール人をとりあげ,人類の起源を明かすにはあまりに現代的とし,将来の古人類化石の発見に期待したいと記している.Darwin自身は,1871年の『人間の由来』に,人類はアフリカで出現しただろうとしながら,化石の証拠がほとんどないままに推測してもしかたないとの見解を示している.

その後,比較解剖学的知見がさまざまに蓄積され,20世紀半ばまでには,現生の類人猿と人類の類似が確立され,その多くは直立姿勢と「懸垂」運動に基づくと考えられるようになった.人類起源のいわゆるブラキエーション(腕渡り)仮説の台頭である.広義の腕渡り説には,D. J. Mortonの小型類人猿説などさまざまなモデルがあるが,なかでも有力だったのがA. KeithやW. K. Gregoryが提唱した,腕渡り型の大型類人猿説である.1960年代になると,アフリカ類人猿の独特な地上四足「ナックル歩行」(中節骨の背を地面につけて体を支持する)が認識され,腕渡り型の類人猿がナックル歩行適応を経て人類に至るといった進化仮説が提唱されるようになった.一方,ヒトの起源は,類人猿以前の進化段階に求めるべきだとする主張も従来からあり,たとえばW. L. Strausは,大型類人猿の手の構造などの著しい特殊化に注目し,"The Riddle of Man's Ancestry" (1949年)と題し,人類は四足型のサルから直接進化したのではないかと逆説的に論じた.このように,人類と現生の大型類人猿,とりわけアフリカ類人猿との類似が特に認識されてきたものの,現生型の類人猿からの単純な出自では説明しきれない側面も指摘されてきた.

### B. 中新世の化石類人猿からの視点

1960〜70年代の研究では,中新世の断片的な顎と歯の化石から,オランウータン,ゴリラ,チンパンジー,ヒトの系統が1200〜1800万年前ごろまで辿れると考えられていた.特に,人類の系統は少なくとも1400万年前の「ラマピテクス」までさかのぼるといった,今日では否定されている化石解釈が一般に受け入れられていた.その後,1970年代ごろから現在までに飛躍的に化石資料が増し,中新世類人猿の驚くほどの多様性と独自性がつぎつぎと明らかになってきた.中新世の大型類人猿(ヒヒからメスのゴリラぐらいまでの大きさ)は,今では30種以上知られているが,現生の類人猿との系統関係が十分に推定されているのは後述のシヴァピテクスだけである.他の中新世類人猿はいずれも,確固たる派生的特徴を現生類人猿と共有しておらず,系統的位置づけがきわめて難しい.

1980年代初頭までには,南アジアのシヴァピテクス(750〜1250万年前)とオランウータンが独特な顔面形態を共有することが判明し,いわゆる「ラマピテクス」がシヴァピテクスのメスにほかならないことも明らかとなった.さらに,その後まもなく,シヴァピテクスの四肢骨が現生の類人猿と共通の懸垂型の特徴をごくわずかしか示さないことが判明し,懸垂適応がオランウータンとアフリカ類人猿で独自に進化した可能性が議論され始めた.さらに1980年代にはケニアのプロコンスル(1700〜2100万年前),1990年代にはケニアのナチョラピテクス(1500万年前)の全身にわたる化石資料が知られるようになった.双方とも尻尾はなく系統的に類人猿であるものの,この2属を含めた中新世初期から中期のほとんどの種が,それぞれの特徴を持ちながらも体幹水平四足型の体構造を基盤とした類人猿であることが判明した(たとえばNakatsukasa & Kunimatsu, 2009).また,プロコンスルなど1700万年前より古い大型類人猿は,頭骨,顎骨,歯においていくつかの原始的特徴を示すため,現生類人猿の系統が出現する前の進化段階の一群であるとみなされてきた.

ナチョラピテクスをはじめ,中新世の中期から後期の大型類人猿の多くは,プロコンスル類よりも進歩的な頭骨,顎骨と歯をもっており,シヴァピテク

スはじめユーラシア大陸で知られるいくつかの種はオランウータンの系統群に属すると考えられている．また，ヨーロッパのドリオピテクスの一群とメスのゴリラ大のオウラノピテクス（ギリシャとトルコ）は，主として頭骨のいくつかの形態特徴から（オウラノピテクスの歯にはみかけ上アウストラロピテクスと類似する特徴もある），現生のアフリカ類人猿の姉妹群と位置づけされ，アフリカ類人猿とヒトの系統のユーラシア起源説の根拠となっている（Begun, 2003）．しかし，ドリオピテクス，オウラノピテクスと現生アフリカ類人猿の近縁性を支持する形態特徴は，明確なものではない．

別な視点で中新世中後期の類人猿が興味深いのは，四肢体幹骨が少しずつ現生型の特徴を示すことである．ナチョラピテクスはプロコンスルのように四足型の基本特徴を示すものの，上肢形態の詳細からはより進歩的な体姿勢と関節運動が指摘されている（Nakatsukasa & Kunimatsu, 2009）．スペインのピエロラピテクス（1200万年前ごろ）とハンガリーやスペインのドリオピテクス（900～1000万年前）はそれぞれ部分的に（後者のほうが多く）現生類人猿的な特徴を示す．これらは，アフリカの現生類人猿と並行して進化した可能性が高い（Nakatsukasa & Kunimatsu, 2009; Lovejoy et al., 2009）．懸垂型の特徴がもっともよく発達している中新世類人猿はイタリアのオレオピテクス（700万年前ごろ）である．しかし，オレオピテクスは旧世界ザルとも一見類似した独特な臼歯をもっており，現生類人猿とは異なった独自系統における特殊化であることが明らかである．

アフリカではゴリラ，チンパンジーと人類が分岐したであろう700～1200万年前の時代の類人猿化石がきわめて乏しく，人類と類人猿の実際の分岐のタイミングと様相は，今のところほとんど不明である．この時代に属し，種として論じられているわずかな類人猿化石はいずれもゴリラ大の断片的な顎骨と歯である．ケニアのサンブルピテクス（950万年前）は臼歯の独特な咬頭形態をもち（Ishida & Pickford, 1997），原始的側面がある一方，ゴリラの系統に属する可能性も指摘されている．ケニアのナカリピテクス（980万年前）はギリシャのオウラノピテクスと近縁とされ，アフリカからヨーロッパへ拡散した可能性が論じられている（Kunimatsu et al., 2007）．エチオピアのチョローラピテクス（1000～1050万年前）はゴリラのようなせん断型の臼歯構造を萌芽的に示すため，ゴリラの系統に属するとの見解が示されている（Suwa et al., 2007）．しかし，従来の分子系統学における分岐推定年代に鑑み（ゴリラの分岐は古くても800万年前ごろとされている），今のところ多くの研究者はゴリラの系統とは無関係とみなしている．

### C. 分子系統学の台頭

1960～70年代にかけ，人類の系統が「ラマピテクス」までさかのぼるといった誤った化石解釈が受け入れられていたなか，まずは，免疫反応やタンパク質のアミノ酸組成の比較から，人類とアフリカ類人猿の近縁性ならびに500万年前程度の若い分岐年代が提唱された．1980年代以後はDNAレベルの比較が進み，アフリカ類人猿とヒトの近縁性が疑いのないものになるが，それでも1990年ごろまでは，ゴリラとチンパンジーとヒトは三分岐ともされ，その分岐順序は必ずしも確定できていなかった．1990年代に入り，ミトコンドリアの全ゲノム配列（Horai et al., 1995）ならびに，それまでに蓄積された核DNAの配列情報から，チンパンジーとヒトの近縁性が実質的に確定された（Ruvolo, 1997; Chen & Li, 2001）．さらには2001年にはヒト全ゲノムのドラフト配列（2004年には最終版）が，2005年にはチンパンジー全ゲノムのドラフト配列が発表された．ヒトとチンパンジーの相同配列部の違いはわずか1.23％と推定され，両者の近縁性が改めて認識された．ただし，ヒトとチンパンジーのゲノム間では，インデル（挿入欠失）による相違が3％，重複や反復配列の違いがさらに数％あるとされている．

2000年代なかごろまでの多くの研究では，特定の遺伝子もしくはイントロン領域を多数（通常は数10 kb程度）比較し，分子時計のキャリブレーションとしてたとえばオランウータンの分岐を1300～1600万年前とし（あるいは分子時計を仮定せずに複数の年代制約を設け），ヒトとチンパンジーの分岐をおおよそ500～600万年前と推定してきた（たと

えば Chen & Li（2001）ではオランウータンとチンパンジーとの分岐比は 2.50 であった）．ただし，最近のゲノムの部分配列情報（10 Mb 程度）の網羅的な解析では（たとえば Burgess & Yang, 2008），ヒトとチンパンジーの平均ゲノム分岐の相対値は比較的若く推定されている（オランウータンとチンパンジーとの分岐比が 2.72）．このデータに基づいたベイジアン推定による種分岐年代は，オランウータンの分岐 1600 万年に対し，ヒトとチンパンジーの分岐が 400〜450 万年と若く算出されている．ヒトとチンパンジーの分岐 600 万年に対しては，オランウータンの分岐は 2200 万年となり（Burgess & Yang, 2008），後者の値は通常想定される範囲（最大でも 1800 万年前まで）をこえている．以上の分子系統学的な視点から，ヒトとチンパンジーの 600 万年前の分岐でさえ深すぎるとの見解がみられる（たとえば Patterson et al., 2006; Hobloth et al., 2007）．

一方，現在ではオランウータンとマカクの全ゲノムのドラフト配列が発表されており，全ゲノムについて反復配列を除去した相同なノンコーディング領域を集計すると，オランウータンとチンパンジーとの分岐比は 2.58 となり（斎藤成也，私信），これは Burgess & Yang（2008）の部分ゲノムデータよりも Chen & Li（2001）のデータに近い．今後の全ゲノム情報の解析を待たねばならないが，単純な分子時計を当てはめると，ヒトとチンパンジーの分岐 600〜800 万年に対し，オランウータンの分岐は 1550〜2050 万年程度の年代となる．また，同様に，チンパンジーとアカゲザルとの分岐比は 4.75 となり（斎藤成也，私信），ヒトとチンパンジーの分岐 600〜800 万年に対し，旧世界ザルの分岐は 2850〜3800 万年となる．これらは，最新の化石データの解釈（後述）と十分整合する．

### D．新たな共通祖先像と分岐年代観

従来から優勢な人類起源の大型類人猿説，とりわけナックル歩行仮説が正しいならば，人類とチンパンジーの共通祖先は大なり小なりチンパンジーと類似した類人猿のはずである．1960 年代以来の目覚しい展開のひとつに，野外調査による本来の生態系における行動観察，ならびに良好な飼育条件下における実験観察の蓄積がある．その結果，特にチンパンジーのさまざまな「人類的」な行動や能力が報告されてきた．これに加え，遺伝情報の解明が加速度的に進み，全ゲノムが決定されると 1% の相同配列差が強調され，ヒトとチンパンジーの差はますます小さく感じられるようになった．こうした経緯から，共通祖先像としては，従来以上にチンパンジー的な類人猿が想定されやすいのだろう．しかし，一方では，当然のごとく，遺伝的変異は双方の系統で起こっており，淘汰を受けた固有のゲノム領域は，ヒトよりもチンパンジーに有意に多いとの報告もある（Bakewell et al., 2007）．

2009 年には 440 万年前のアルディピテクス・ラミダスの全体像が提示され（13.10 項参照），現生のアフリカ類人猿とヒトの共通祖先は思いのほか原始的で，チンパンジーとは異なっていたことが強く示唆された（Lovejoy et al., 2009; White et al., 2009）．ラミダスは，チンパンジーともゴリラとも異なり，中新世の比較的特殊化していない類人猿から受け継いだと思われる特徴を多く保持している．たとえば，現生類人猿の腰部の短縮，上肢の発達，手足の特殊化がみられない．これらのことは，人類は，懸垂型・ナックル歩行型の適応を経ていないアフリカ類人猿との共通祖先から，チンパンジー的な段階を経ずに直接進化したことを示唆している．ラミダスと現生アフリカ類人猿の頭骨と歯の比較解析からも，ゴリラ，チンパンジー，ボノボがそれぞれに特殊化していることが論じられている（Suwa et al., 2009a, 2009b）．

現生の類人猿の多くの特徴が，それぞれの系統で独自に生じたならば，中新世の化石類人猿に現生の類人猿らしさがごく一部しかみられないことと整合する（Nakatsukasa & Kunimatsu, 2009）．この進化モデルの下では，たとえば，1600〜1700 万年前に初めてユーラシア大陸に進出した大型類人猿が，系統的にはすでにオランウータン側に属していた可能性が十分出てくる．実際の分岐は，それ以前にアフリカ内で起こっていたならば，種分岐が 2000 万年前ごろまでさかのぼる可能性もあるだろう．

上記を踏まえ，化石の記録からもっとも妥当な分岐年代の範囲もしくは制約を現時点で示すならば，

以下のようになる．最古の人類化石が600〜700万年前であることから，ヒトとチンパンジーの平均ゲノム分岐年代は少なくとも800〜900万年前，ゴリラの分岐はチョローラピテクスの制約を仮定するならば少なくとも1100〜1200万年前，オランウータンはアフリカ内で分岐したとし1800〜2200万年前あたりが妥当な範囲であろう．こうした深い分岐年代は，現在ほとんど認められていないが，今後徐々に検討されてゆくだろう．

[引用文献]

Bakewell M. A. et al. (2007) More genes underwent positive selection in chimpanzee evolution than in human evolution. Proc. Natl. Acad. Sci. USA, vol. 104, pp. 7489-7494.

Begun D. R. (2003) Planet of the apes. Sci. Am., vol. 289, pp. 74-83.

Burgess R. & Yang Z. (2008) Estimation of hominoid ancestral population sizes under Bayesian coalescent models incorporating mutation rate variation and sequencing errors. Mol. Biol. Evol., vol. 25, pp. 1979-1994.

Chen F-C. & Li W-H. (2001) Genomic divergences between humans and other hominoids and the effective population size of the common ancestor of humans and chimpanzees. Am. J. Hum. Genet., vol. 2, pp. 444-456.

Hobloth A. et al. (2007) Genomic relationships and speciation times of human, chimpanzee, and gorilla inferred from a coalescent hidden Markov model. PLoS Genet., vol. 3 e7, pp. 294-304.

Horai S. et al. (1995) Recent African origin of modern humans revealed by complete sequences of hominoid mitochondrial DNAs. Proc. Natl. Acad. Sci. USA, vol. 92, pp. 532-536.

Ishida H. & Pickford M. (1997) A new Late Miocene hominoid from Kenya: Samburupithecus kiptalami gen. et sp. nov. Comptes Rendus de l'Académie des Sciences Serie IIA, Sciences de la Terre et des planète, vol. 325, pp. 823-829.

Kunimatsu Y. et al. (2007) A new Late Miocene great ape from Kenya and its implications for the origins of African great apes and humans. Proc. Natl. Acad. Sci. USA, vol. 104, pp. 19220-19225.

Lovejoy C. O. et al. (2009) The great divides: Ardipithecus ramidus reveals the postcrania of our last common ancestors with African apes. Science, vol. 326, pp. 100-106.

Nakatsukasa M. & Kunimatsu Y. (2009) Nacholapithecus and its importance for understanding hominoid evolution. Evol. Anthropol., vol. 18, pp. 103-119.

Patterson N. et al. (2006) Genetic evidence for complex speciation of humans and chimpanzees. Nature, vol. 441, pp. 1103-1108.

Ruvolo M. (1997) Molecular phylogeny of the hominoids: inferences from multiple independent DNA sequence data sets. Mol. Biol. Evol., vol. 14, pp. 248-265.

Suwa G. et al. (2007) A new species of great ape from the late Miocene epoch in Ethiopia. Nature, vol. 448, pp. 921-924.

Suwa G. et al. (2009a) The Ardipithecus ramidus skull and its implications for hominid origins. Science, vol. 326, pp. 68e1-e7.

Suwa G. et al. (2009b) Paleobiological implications of the Ardipithecus ramidus dentition. Science, vol. 326, pp. 94-99.

White T. D. et al. (2009) Ardipithecus ramidus and the paleobiology of early hominids. Science, vol. 326, pp. 75-86.

(諏訪 元)

## 13.12 ホモ属の出現とその拡散

### A. 起源

ホモ属の人類は，アウストラロピテクス類（猿人）と比べて脳が大きいこと，咀嚼器官（顎や歯）が縮小傾向を示すことなどで定義される．単純な石器を使い，積極的に肉食を行なっていたらしいことも，ホモ属が猿人と異なる点である．歯などの断片的な証拠から，最初のホモ属の登場は，東アフリカにおいて240万年前ごろまでさかのぼることが示唆されているが（諏訪，2006），その系統進化と属内変異については諸説ある．系統に関するひとつの有力な考えは，東アフリカの250万年前のガルヒ猿人（*Australopithecus galhi*）から派生したというものだが（Asfaw et al., 1999），少数意見ながらアフリカヌス猿人（*Australopithecus africanus*）を祖先とみなす説もある．最初期のホモ属として，タンザニア産の化石をタイプ標本とする *Homo habilis* が提唱されたのは1964年であったが，その後同時期の類似化石群にかなりの多様性があることが認識され，今ではその一部を *Homo rudolfensis* として別種扱いする研究者も多い（Wood, 1992）．

ホモ属の進化のきっかけをつくったのは，アフリカにおける気候の乾燥・寒冷化であった可能性が高い．つまり森林の減少が肉という新たな食物へのシフトを促し，これによる栄養効率の改善が脳の大型化を可能にし，そして効率のよい肉獲得行動への淘汰圧がさらなる脳拡大をうながしたのであろう（Leonard, 2002）．

### B. ホモ・エレクトス（*Homo erectus*）

これら最初期のホモ属からどのように *Homo erectus* が進化したのかは，あまりよくわかっていない．*Homo erectus* は脳も身体も大型化し，腕と脚のプロポーションなどもかなり現代人に近づく一方，眼窩上隆起の発達など頭骨に頑丈化傾向がみられる人類であった．大型で整った形をした石器（アシュール型ハンド・アックスなど）を発達させ，さらにアフリカからアジア地域へと分布域を広げてジャワ原人や北京原人などの地域集団を派生したことから，*Homo habilis* よりも環境適応力が増していたと推察される．

最近まで，*Homo erectus* は180万年前ごろにアフリカで進化したと考えられていた．しかし1990年代に入って，グルジア共和国のドマニシから既知の *Homo habilis* と *Homo erectus* の中間的形態を示す古い人類化石が発見されてからは，アジアへ進出した *Homo habilis* 的な人類がアジアで *Homo erectus* へ進化し，東方へ拡散するとともにアフリカにも逆戻りしたというシナリオも含め，幅広い可能性を検討する必要性が強調されるようになっている（Rightmire et al., 2006）（図1）．東アフリカにおいては，200〜160万年前ごろに *Homo habilis* と *Homo erectus* が共存する時期があったかどうかが問題になっているが，この問題に関するコンセンサスも得られていない．

20世紀の教科書では，アフリカで進化した原人（初期ホモ属と *Homo erectus* の総称）がユーラシアへ進出したのは120万年前以降であったとされてきた．しかし近年の新発見により，原人のユーラシア拡散はより古いことがわかってきた．ユーラシア最古の人類の証拠は，前出のドマニシ出土の保存良好な化石群であり，その年代は約175万年前である．東・東南アジア地域への人類の進出もこれにひき続いて達成された可能性が高いと予想され，その証拠探しが続いている．インドネシアのジャワ原人（ジャワ島からみつかる *Homo erectus* の総称で100万年間におよぶ充実した化石記録がある）の最古の化石群の年代については，今では170〜160万年前という値がよく引用されるが，せいぜい120万年前との対立意見もある．中国では，雲南省の元謀から出土した *Homo erectus* とされる歯化石は170万年前，河北省の泥河湾盆地でみつかる石器は166万年前にさかのぼるという報告があるが，それぞれ70万年前，120万年前ごろとの異論がある．一方で最古のジャワ原人化石の形態をみると，ドマニシよりも派生的ではあるが170万年前頃のアフリカの *Homo erectus* に対比できるため（Kaifu et al., 2005），東南アジア地域にも前期更新世に原人が到達していた可能性は高い．

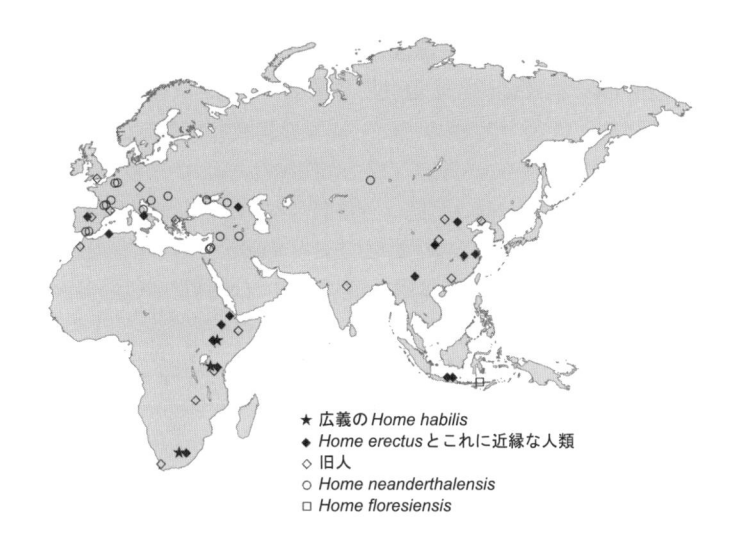

図1 おもなホモ属の化石産出地
★ 広義の Home habilis
◆ Home erectus とこれに近縁な人類
◇ 旧人
○ Home neanderthalensis
□ Home floresiensis

Homo neanderthalensis は旧人の一地域集団とみなせる．ヨーロッパ地域の"旧人"の大半を，Homo neanderthalensis に含める考えもある．

ヨーロッパ最古の人類についても，1990年代以降の発見によってシナリオが大きく変わってきている．当初50万年前とされていたヨーロッパ地域への進出年代は，今ではスペインのアタプエルカからの新発見により120〜110万年前にまで押し下げられている（Carbonell et al., 2008）．

上述の Homo erectus の起源と最初の拡散に関する問題以外に，長い論争があるのがこのグループ内での多様性の問題である．初期の原人には各遺跡内で高い多様性が認められることが指摘されており（少なくともドマニシとジャワ島のサンギラン），ひとつの可能性として大きな性的二型がホモ属の原始形質であった可能性が示唆される．さらに広い地理的分布を示す Homo erectus には，当然ながらそれに応じた形態的多様性があり，これを現代人にみられるような種内の地理的変異とみなすか，各地域に別の種がいたと考えるのか意見が割れている（Barham & Robson-Brown, 2001）．Homo erectus のタイプ標本がジャワで発見された Trinil2 号の頭骨であるため，後者の立場では，たとえばアフリカのグループを別種の Homo ergaster とする（アフリカ内でさらに細分する意見もある）．後者の立場では，そもそもアジアの Homo erectus とアフリカ群は別系統でそれぞれ独自に進化したという可能性が強調されている．問題解決のために，分岐系統解析や，現代人や他の現世霊長類の種内変異の大きさとの比較など，さまざまな研究が試みられているが，なおこの問題についてコンセンサスは得られていない．ヨーロッパの前期更新世人類についても，Homo erectus に含める立場や独自の Homo antecessor 種とみなすものまで諸説ある．

### C. 中期更新世の人類進化

Homo erectus の拡散の後，中期更新世におけるホモ属の進化と拡散が，もうひとつの大きな謎である．ジャワ地域では，おそらく後期更新世までジャワ原人がある程度の進化をとげながら存続していたが（Kaifu et al., 2008），大陸ではより大きな変化がみられる（Barham & Robson-Brown, 2001）．アフリカではおそらく60万年前ごろにはカブウェ（ザンビア）やボド（エチオピア）出土の頭骨化石に代表される，脳が一段と大型化して Homo erectus よりもさらに現代人へ近づいた形態を示す人類があらわれる（日本語の「旧人」に相当）．この時期のアフリカの化石記録は散発的ではあるが，これらはアフリカの Homo erectus（Homo ergaster）から進化したと一般的に考えられている．

中期更新世には，ヨーロッパ地域にも東アジア地域にも，同様な進歩的人類があらわれる．ヨーロッパでは50万年前以降に地域的特殊化が生じ，いわ

ゆるネアンデルタール人が出現する様相が化石記録から認識されている（Bermúdez de Castro et al., 2004）．この50万年前ごろのヨーロッパの人類集団はアフリカの旧人と関連があると示唆されているが，そうだとすれば120万年前からヨーロッパに存在した人類集団が，ネアンデルタール人の形成にどのような寄与をしたのかが問題として残る．中国では中期更新世に属するいくつかの旧人化石が知られているが，この地域内での変異についてもいわゆる北京原人との関係についても，現時点では不明確な点が多い．旧人の分布域は，Homo erectus の分布域よりもさらにユーラシアの北方へ拡大していたようだが，その違いはわずかである．

### D. ホモ・フロレシエンシス（*Homo floresiensis*）

以上では原人から旧人までの進化史を要約してきたが，21世紀に入って大きな衝撃を与えた発見がもうひとつある．インドネシアのフローレス島の洞窟内堆積物中から発掘された *Homo floresiensis* である（Brown et al., 2004）．脳サイズが現代人の1/3以下（約400cc）身長も1m程度であったこの小柄な人類は，古いタイプの人類が示す原始的特徴をあわせもつため，ジャワ原人の1グループが孤立した島嶼環境下で矮小化した特異な集団，あるいはより古い小柄なドマニシや東アフリカの初期ホモ属，さらには猿人と関連する可能性までが論じられている．インドネシアのジャワ島は，氷期の海面低下時にはアジア大陸と陸続きになっていたため，ジャワ原人をはじめさまざまな哺乳類が陸橋を渡ってここまで到達していた．しかしフローレス島はアジアとオーストラリア間の生物地理上の境界線であるウォレス線の東にあり，これまで新人（*Homo sapiens* つまり現代人の属する種）より前の人類には到達できなかった領域と考えられていた．フローレスでの発見はこうした考え方に修正を迫る．*Homo floresiensis* の発見は，ホモ属の人類における極端な小型化を例証するだけでなく，周辺の別の島々にも独自の進化をとげた人類がいた可能性を示唆し，人類進化の知られざるダイナミズムを想起させた．さらにこの人類は17000年ほど前まで生存していた痕跡があるが，周辺地域にはアフリカ起源の *Homo sapiens* 集団が45000年前ごろには到達していたことがわかっている（13.13項参照）．ふたつの異なる人類がどのような接触をしたのか，新たな謎に大きな関心が寄せられている．

[引用文献]

Asfaw B. *et al.* (1999) Australopithecus garhi: a new species of early hominid from Ethiopia. *Science*, vol. 284, pp. 629-635.

Barham L. & Robson-Brown K. (eds.) (2001) *Human Roots: Africa and Asia in the Middle Pleistocene*, Western Academic & Specialist Press.

Bermúdez de Castro *et al.* (2004) The Atapuerca sites and their contribution to the knowledge of human evolution in Europe. *Evol. Anthropol.*, vol. 13, pp. 25-41.

Brown P. *et al.* (2004) A new small-bodied hominin from the Late Pleistocene of Flores, Indonesia. *Nature*, vol. 431, pp. 1055-1061.

Carbonell E. *et al.* (2008) The first hominin of Europe. *Nature*, vol. 452, pp. 465-469.

Kaifu Y. *et al.* (2005) Taxonomic affinities and evolutionary history of the Early Pleistocene hominins of Java: Dento-gnathic evidence. *Am. J. Phys. Anthropol.*, vol. 128, pp. 709-726.

Kaifu Y. *et al.* (2008) Cranial morphology of Javanese *Homo erectus*: New evidence for continuous evolution, specialization, and terminal extinction. *J. Hum. Evol.*, vol. 55, pp. 551-580.

Leonard W. R. (2002) Food for thought. *Sci. Am.*, vol. 287, pp. 106-115.

Rightmire P. *et al.* (2006) Anatomical descriptions, comparative studies and evolutionary significance of the hominin skulls from Dmanisi, Republic of Georgia. *J. Hum. Evol.*, vol. 50, pp. 115-141.

諏訪 元（2006）化石からみた人類の進化．石川統・斎藤成也・佐藤矩行・長谷川眞理子 編，シリーズ進化学第5巻『ヒトの進化』第1章，岩波書店．

Wood B. (1992) Origin and evolution of genus *Homo*. *Nature*, vol. 355, pp. 783-790.

（海部陽介）

## 13.13 ホモ・サピエンスの誕生と進化

### A. 起源

20世紀後半においては，日本語の旧人に相当する人類（ネアンデルタール人など）は *Homo sapiens* に含める考え方が主流であった．この枠組みでは，現生人類は anatomically modern *Homo sapiens*，旧人は archaic *Homo sapiens* として区別されていた．しかし以下に述べるように，最近では ユーラシア地域において事実上前者が後者と置き換わったとの考えが定着したのを受け，前者の独自性を強調する意味で後者は *Homo sapiens* に含めず別種扱いすることが多い (Harvati et al., 2004)．

1980年代末以降 *Homo sapiens* の起源に関する論争が，ふたつの代表的見解の間で戦わされてきた．一方は前期更新世にアフリカからユーラシアへ広がった原人の各地域集団が，それぞれ独自の進化と隣接地域間での遺伝子流動を体験しながら全体として *Homo sapiens* へ進化したとし（多地域進化説），他方は *Homo sapiens* は中期更新世末にアフリカで進化しその後世界へ拡散して事実上ユーラシアの古いタイプの人類（原人や旧人）と置き換わったとする（アフリカ起源説）．この論争は，遺伝学，古人類学（人類化石形態学），および考古学の証拠から，21世紀初頭までにアフリカ起源説に軍配が上がるかたちで事実上の決着をみている (Stringer, 2002)．

遺伝学からのおもな証拠には，現代人におけるmtDNAやY染色体DNAなどの系統樹において，共通祖先がアフリカ集団のクラスターに入りその年代が20〜10万年前とみつもられること（斉藤, 2006），ネアンデルタール人の核DNAの解析からこの人類と *Homo sapiens* との分岐年代が深い（およそ50〜60万年前）と推定されること (Green et al., 2008)，現代人のゲノム集団内変異を各地域間で比較すると，アフリカでもっとも大きく，アフリカから地理的に離れるに従って変異が減少する傾向が確認されること (Jalobsson et al., 2008; Li et al., 2008) などがある．

形質人類学の証拠としては，まず *Homo sapiens* の形態を示す人類の登場がユーラシアで5万年前以降であるのに対し，アフリカでは少なくとも15万年前までさかのぼれることがあげられる (White et al., 2003)．さらに多地域進化論者はネアンデルタール人やジャワ原人化石は時代を追って「現代化」していくと主張したが，実際にはどちらにも特殊化していく側面があり，*Homo sapiens* への進化は想定しにくい．また現代人の頭骨計測値の大規模比較から，先のゲノムの研究と同様に，アフリカから離れるほど形態的変異が減少するという地理的勾配が認められることも報告されている (Manica et al., 2007)．

考古学分野では，系統進化よりも「現代人的な行動能力」の進化過程の解明に力点が置かれる．この能力は，アクセサリーの利用などの象徴的行動，海産物利用を含む生業の多様化，道具素材の多様化，石器製作技法の洗練化といった遺跡証拠に反映されると考えられている．近年の遺跡調査の進展によりこれらの要素の出現は，ユーラシアで4〜5万年前以降だが（アフリカに隣接する西アジアでは一部例外がある），アフリカでは7万年前以前（一部の要素は16万年前かそれ以前）にまでさかのぼることがわかってきた (McBreaty & Stringer, 2007; Mellars et al., 2007)．こうした成果は，アフリカにいたわれわれの共通祖先はその容姿だけでなく行動面でも現代的であったことを示唆している．

アフリカ起源説は *Homo sapiens* の起源研究に大きなパラダイム・シフトをうながした．特に考古学分野ではアフリカの遺跡証拠がかぎられていたこともあって，20世紀の時点では「現代人的な行動能力」の最古の証拠はヨーロッパでみつかると一般に考えられていた．しかしアフリカが *Homo sapiens* の起源なら，そこにいた共通祖先は「現代的」ですべての現代人集団が共有している特徴を備えていたと考えることは，節約的で現実的である．この考えに従えば，遺跡や化石の証拠からはなかなかつかみにくい言語や音楽や神話なども，アフリカの共通祖先に備わっていた可能性が高い（海部, 2005）．ただし *Homo sapiens* とそれ以前の人類との違いをことさらに強調する考えには，反対意見もある．たとえば言語は *Homo sapiens* 特有のものと仮定してしまえば，*Homo sapiens* と古代型人類との交替を説明

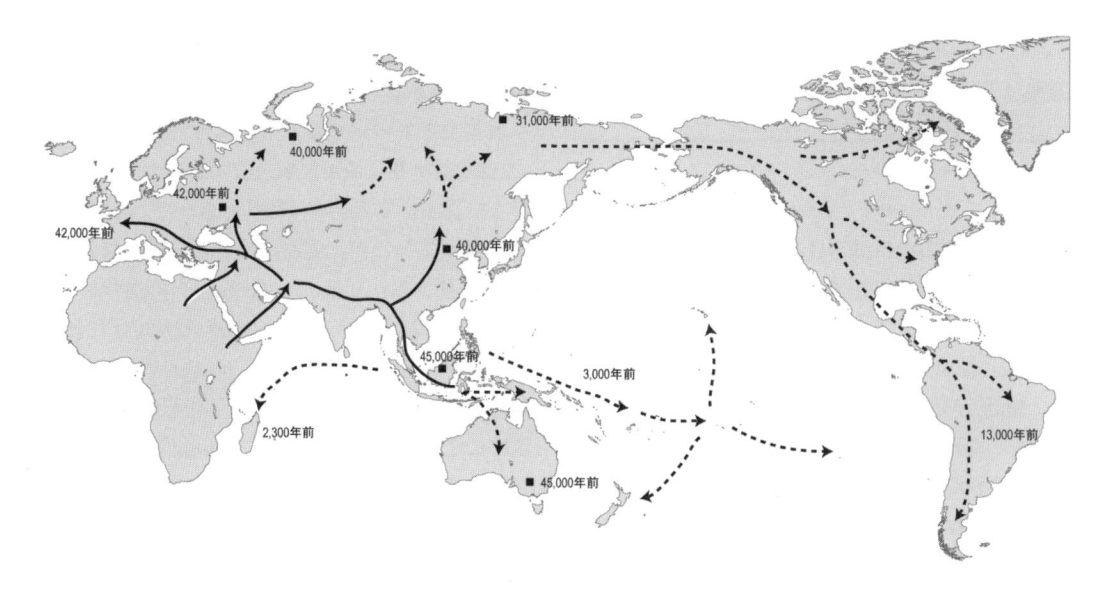

**図1** 推定される *Homo sapiens* の世界拡散ルート
破線部は *Homo sapiens* 以前には人類が定着していなかった地域を示している.

しやすくなる．しかしそう仮定できるだけの十分な証拠が実際にあるわけではない（D'Errico, 2003）．現代人の多彩な発音が可能となる解剖学的・神経学的機構の確立を化石から読み取ろうという努力が続けられているが，このアプローチにはどうしても一定の限界があることは否めないようである（西村, 2008）．言語に関係し *Homo sapiens* に特有かもしれないとして一時注目されたFOXP2遺伝子の変異型も，ネアンデルタール人のゲノム中に存在していた可能性がある（Krause et al., 2007）．

### B. 世界拡散

単一種でありながら極端に広い地理的分布を示し，多様な環境に適応していることも，*Homo sapiens* の大きな特徴のひとつである．これまで世界各地で蓄積されてきた遺跡発掘の証拠から，この状況は *Homo sapiens* になってから達成されたものであることがわかる．つまりアフリカ由来の *Homo sapiens* は，おそらく6万年前以降に急速に世界へと拡散し始め，1万年前までには五大陸すべてへ広がり，さらに太平洋などの遠洋島にも進出して行った．この間，ユーラシアの中・低緯度地域では，古いタイプの原人や旧人集団との遭遇があり，これらのグループは置換あるいは吸収されたはずである．さらにア

ジア大陸と海で隔てられたオセアニア地域，シベリアなどの寒冷地域，そしてシベリアのさらに向こうにあるアメリカ大陸はそれまで人類未踏の地であったが，*Homo sapiens* はこうした障壁をつぎつぎと乗りこえて南極以外の地球上ほぼすべての陸地に住むようになった（海部, 2005）．

こうした拡散の過程を復元することが，アフリカ起源説の定着後の人類学の大きな課題のひとつとなっている．この課題は，近年，解析技術とデータ蓄積の目覚しい遺伝学分野に牽引されており，たとえばmtDNAの変異の解析からは，すでに拡散ルートについていくつかのシナリオが提案されているし（Mellars et al., 2007），最近では核DNAの研究も目覚ましく進展している．今後は，考古学の遺跡調査や出土人骨の形態分析の結果とつき合せながら，こうしたシナリオの検証・修正が行なわれていくだろう．図1は *Homo sapiens* の推定される拡散ルートを，一部遺伝学からの予測を交え，いくつかの鍵になる遺跡の推定年代とともに示したものである．

### C. 多様化

現代人は一部の身体特徴において大きな地理的多様性を示す（いわゆる「人種特徴」）．アフリカ起源説に従えば，こうした多様化は *Homo sapiens* の世界

拡散過程あるいはその後各地に定着していくなかで生じたということになる．ゲノム遺伝学においては，近年こうした形質に淘汰がはたらいているかどうかに大きな関心が寄せられている．形質人類学分野では，「人種特徴」の研究が差別と結びついてきた歴史があるために，研究が社会におよぼしえる影響について配慮が必要だが，身体特徴の多様化過程の探求は，ヒトゲノムの多様性研究とともに今後重要となるかもしれない．ただし既存の化石からは，身体的多様化のルーツをたどることはまだ難しい．一例をあげると，北東アジア人の平坦な顔面という特徴は，中国の7,000年前ごろの新石器時代人まではさかのぼれるが，同地域の1万年前をこえる少数の化石には認められない（Cunningham & Jantz, 2003）．平坦な顔がよくいわれるように寒冷な気候への適応であるなら，最終氷期最寒冷期（2万年前ごろ）にそうした形質が出現しているはずだが，この予測を裏づける証拠は今のところみつかっていない．

「人種特徴」は目立つので興味をひくし，あるいは容姿の違いが大きいことから現代人集団間の違いは大きいとの誤解を一般に生みやすい．しかし Homo sapiens のDNAの種内変異は，チンパンジーなどの大型類人猿と比べると，ごくかぎられたものでしかない（Gagneux et al., 1999）．遺伝的変異が小さいことは，もちろん Homo sapiens のルーツが浅いことの反映である．さらに Homo sapiens の世界拡散を可能にした最大の要素は，身体の特殊化ではなく，文化・技術的な適応能力であったと考えられる．海を渡るにも寒冷地で生活するにも，祖先たちは新しい技術を開発して問題を解決してきた．こうした行動や文化の柔軟性こそが，おそらく Homo sapiens という種の最大の特徴なのだろう．近年，DNAシークエンス技術の向上により，現代人ゲノムにおける微小な地域的変異までもが検出できるようになってきた．しかしこれらが，現代人地域集団間の「共通性」よりも「違い」を無意味に強調するような誤った風潮を生まないよう，研究者は注意しなければならない．

[引用文献]

Cunningham D. L. & Jantz R. L. (2003) The morphometric relationship of Upper Cave 101 and 103 to modern *Homo sapiens*. *J. Hum. Evol.*, vol. 45, pp. 1-18.

D'Errico F. (2003) The invisible frontier. A multiple species model for the origin of behavioral modernity. *Evol. Anthropol.*, vol. 12, pp. 188-202.

Gagneux P. *et al.* (1999) Mitochondrial sequences show diverse evolutionary histories of African hominoids. *Proc. Natl. Acad. Sci. USA*, vol. 96, pp. 5077-5082.

Green R. E. *et al.* (2008) A complete Neandertal mitochondrial genome sequence determined by high-throughput sequencing. *Cell*, vol. 134, pp. 416-426.

Harvati K. *et al.* (2004) Neanderthal taxonomy reconsidered: implication of 3D primate models of intra- and interspecific differences. *Proc. Natl. Acad. Sci. USA*, vol. 101, pp. 1147-1152.

Ingman M. *et al.* (2000) Mitochondrial genome variation and the origin of modern humans. *Nature*, vol. 408, pp. 708-713.

Jakobsson M. *et al.* (2008) Genotype, haplotype and copy-number variation in worldwide human populations. *Nature*, vol. 451, pp. 998-1003.

海部陽介（2005）『人類がたどってきた道』 日本放送出版協会．

Krause J. *et al.* (2007) The derived FOXP2 variant of modern humans was shared with Neandertals. *Curr. Biol.*, vol. 17, pp. 1908-1912.

Li J. Z. *et al.* (2008) Worldwide human relationships inferred from genome-wide patterns of variation. *Science*, vol. 319, pp. 1100-1104.

Manica A. *et al.* (2007) The effect of ancient population bottlenecks on human phenotypic variation. *Nature*, vol. 448, pp. 346-348.

McBrearty S. and Stringer C. (2007) The coast in colour. *Nature*, vol. 449, pp. 793-794.

Mellars P. *et al.* eds. (2007) *Rethinking the Human Revolution*, McDonald Institute for Archaeological Research.

西村 剛（2008）話しことばの起源と霊長類の音声―古人類学と生物音響学．*Anthropol. Sci. Jpn. Series*, vol. 116, pp. 1-14.

斎藤成也（2006）遺伝子からみたヒトの進化．石川統・斎藤成也・佐藤矩行・長谷川眞理子 編，シリーズ進化学第5巻『ヒトの進化』第2章．岩波書店．

Stringer C. (2002) Modern human origins: progress and prospects. *Phil. Trans. R. Soc. London, Series B*, vol. 357, pp. 563-579.

White T. D. *et al.* (2003) Pleistocene *Homo sapiens* from Middle Awash, Ethiopia. *Nature*, vol. 423, pp. 742-747.

[参考文献]

斎藤成也（2005）『DNAから見た日本人』筑摩書房．
篠田謙一（2007）『日本人になった祖先たち』日本放送出版協会．
馬場悠男編（2005）『人間性の進化』日経サイエンス社．

（海部陽介）

# 第 14 章
# 地 球 史

| | | |
|---|---|---|
| 14.1 | 地質時代 | 大路樹生 |
| 14.2 | 化石 | 生形貴男 |
| 14.3 | 古代 DNA | 遠藤一佳 |
| 14.4 | 地球生態系 | 千葉　聡 |
| 14.5 | 地球環境の変動と生命史 | 遠藤一佳 |
| 14.6 | 古生代から中生代移行期の大絶滅 | 大路樹生 |
| 14.7 | 中生代から新生代移行期の大量絶滅 | 真鍋　真 |
| 14.8 | 大陸移動 | 真鍋　真 |
| 14.9 | 気候変動 | 北村晃寿 |
| 14.10 | 小惑星などの地球環境への影響 | 平野弘道 |

## 14.1 地質時代

地球はその誕生以来,現在に至るまで約46億年の歴史をもっている.この長大な時間は,地球上の大事件,特に生物界に起きた大きな変化に基づいて区分されている.よって地質時代を区分することは生命進化史の理解と切っても切れない関係にあるといえよう.

地質学者は地層が古い時代から新しい時代へ順に積み重なっていることを理解し,下から上に向かって地層の名前をつけていった.そして地層に含まれる化石を記載し,時代が変わると化石の種類やその組合せが異なることに気がついた.当初それぞれ特徴のある地層に名前をつけたが,その名前が地層を表すのみならず,その時代を表す名前としても使われるようになった.さらに一地方の地層の積み重なり方を他地域のものと比較し(対比),どの部分が同じ時代を示すのかを吟味し,広範囲にわたって使える時代の定義を行なうようになった.このようにして決められる,地層の層序関係からわかる時間のことを層序年代とよんでいる.これはあくまでも前後関係の順序を示すもので,具体的な年代を示すものではなかった.

層序関係がわかっても,地層の具体的な年代値を推定するのは困難なことであった.層序年代に対して,具体的な数値をもつ年代(今から何年前であるかを示す年代)を数値年代(絶対年代)とよぶ.これはおもに放射性元素の崩壊に基づく放射年代に基づいているが,わりあい正確な年代値が求められるようになったのは,これらの技術が開発された20世紀以降のことであった(26.2項参照).

### A. 時代区分

このようにして決められた地質時代の区分とその数値年代を図1に示す.これは国際的な機関である国際層序委員会(International Commission on Stratigraphy)が決めている地質年代区分とその年代値である.化石による生物進化の概要がしだいに明らかになると,化石産出のきわめてまれな時代(先カンブリア時代)と,その後の化石に満ちあふれた時代(顕生代)とが認識された.この境界が約5億4200万年前にあたる.第二次世界大戦以前には先カンブリア時代の地層からはほとんど化石がみつからないと思われていた.しかしその後,アフリカ,オーストラリア,ロシアなど多くの地域から化石記録がもたらされた.その多くが微化石であり,その真偽がいまだに議論されている段階であるが,化石記録は少なくとも約20億年前まではさかのぼるものと思われる(Rasmussen *et al.*, 2008).またシアノバクテリアが堆積物粒子とともに形成するストロマトライトが各地の先カンブリア時代の地層から報告されている.しかし,先カンブリア時代は冥王代,太古代(始生代),原生代に分けられているが,この区分は化石に基づくものではない.

顕生代の地層は特徴ある化石群の移り変わりに基づいて古生代,中生代,新生代に区分され,さらにこれらはさらに細かい単位である「世」,「期」へと細分された.また多くの年代区分の境界では,その付近の火山灰層に含まれている放射性元素を用いて年代値が決められている.

### B. 時代区分の決め方

時代区分を決める地層は,ある化石が初めて産出する層準(地層のレベル),あるいはある化石が最後に産出し,その上からは出てこなくなる層準が選ばれることが多い.または複数の化石の組合せ(化石群)の初産出,(地層の上での)絶滅が使われることもある.さらに,このような地層がみつからない場合,特有の認識されやすい地層が選ばれることもある(たとえば,中生代白亜紀と新生代との境は,チュニジアのイリジウム濃集層を含んだ粘土層で定義づけられている.これはこの時代境界で起きたと考えられている小天体衝突に起因する地層である).

しかし,化石で定義した場合,ある層準で絶滅したと思われても,その後の調査でその上の層準から新たに発見されることがよくある.これは化石の産出が確率的であり,単にみつからないことが,存在しないことを意味しないからである.したがって先に化石で定義された境界も,その後の発見によって化石では定義できず,地層の位置のみが定義として

14.1 地質時代

**図1 国際層序委員会が示す地質年代表**

## 先カンブリア時代 (Precambrian)

| 累代 | 代 | 時代区分 | 年代 (百万年) |
|---|---|---|---|
| Precambrian | Proterozoic 原生代 | Neoproterozoic — Ediacaran | 542 |
| | | Neoproterozoic — Cryogenian | ~635 |
| | | Neoproterozoic — Tonian | 850 |
| | | Mesoproterozoic — Stenian | 1000 |
| | | Mesoproterozoic — Ectasian | 1200 |
| | | Mesoproterozoic — Calymmian | 1400 |
| | | Paleoproterozoic — Statherian | 1600 |
| | | Paleoproterozoic — Orosirian | 1800 |
| | | Paleoproterozoic — Rhyacian | 2050 |
| | | Paleoproterozoic — Siderian | 2300 |
| | Archean 始生代 | Neoarchean | 2500 |
| | | Mesoarchean | 2800 |
| | | Paleoarchean | 3200 |
| | | Eoarchean | 3600 |
| | | | 4000 |
| | Hadean (informal) 冥王代 | | ~4600 |

## 顕生代 Phanerozoic — 古生代 Paleozoic (Cambrian–Devonian)

| 紀 | 時代区分 | ステージ | 年代 (百万年) |
|---|---|---|---|
| デボン紀 Devonian | Upper | Famennian | 359.2 ±2.5 |
| | | Frasnian | 374.5 ±2.6 |
| | Middle | Givetian | 385.3 ±2.6 |
| | | Eifelian | 391.8 ±2.7 |
| | Lower | Emsian | 397.5 ±2.7 |
| | | Pragian | 407.0 ±2.8 |
| | | Lochkovian | 411.2 ±2.8 |
| シルル紀 Silurian | Pridoli | | 416.0 ±2.8 |
| | Ludlow | Ludfordian | 418.7 ±2.7 |
| | | Gorstian | 421.3 ±2.6 |
| | Wenlock | Homerian | 422.9 ±2.5 |
| | | Sheinwoodian | 426.2 ±2.4 |
| | Llandovery | Telychian | 428.2 ±2.3 |
| | | Aeronian | 436.0 ±1.9 |
| | | Rhuddanian | 439.0 ±1.8 |
| オルドビス紀 Ordovician | Upper | Hirnantian | 443.7 ±1.5 |
| | | Katian | 445.6 ±1.5 |
| | | Sandbian | 455.8 ±1.6 |
| | Middle | Darriwilian | 460.9 ±1.6 |
| | | Dapingian | 468.1 ±1.6 |
| | Lower | Floian | 471.8 ±1.6 |
| | | Tremadocian | 478.6 ±1.7 |
| カンブリア紀 Cambrian | Furongian | Stage 10 | 488.3 ±1.7 |
| | | Stage 9 | ~492 |
| | | Paibian | ~496 |
| | Series 3 | Guzhangian | ~499 |
| | | Drumian | ~503 |
| | | Stage 5 | ~506.5 |
| | Series 2 | Stage 4 | ~510 |
| | | Stage 3 | ~515 |
| | Terreneuvian | Stage 2 | ~521 |
| | | Fortunian | ~528 |
| | | | 542.0 ±1.0 |

## 顕生代 Phanerozoic — 古生代後期・中生代 (Carboniferous–Jurassic)

| 代 | 紀 | 時代区分 | ステージ | 年代 (百万年) |
|---|---|---|---|---|
| 中生代 Mesozoic | ジュラ紀 Jurassic | Upper | Tithonian | 145.5 ±4.0 |
| | | | Kimmeridgian | 150.8 ±4.0 |
| | | | Oxfordian | ~155.6 |
| | | Middle | Callovian | 161.2 ±4.0 |
| | | | Bathonian | 164.7 ±4.0 |
| | | | Bajocian | 167.7 ±3.5 |
| | | | Aalenian | 171.6 ±3.0 |
| | | Lower | Toarcian | 175.6 ±2.0 |
| | | | Pliensbachian | 183.0 ±1.5 |
| | | | Sinemurian | 189.6 ±1.5 |
| | | | Hettangian | 196.5 ±1.0 |
| | 三畳紀 Triassic | Upper | Rhaetian | 199.6 ±0.6 |
| | | | Norian | 203.6 ±1.5 |
| | | | Carnian | 216.5 ±2.0 |
| | | Middle | Ladinian | ~228.7 |
| | | | Anisian | 237.0 ±2.0 |
| | | Lower | Olenekian | ~245.9 |
| | | | Induan | ~249.5 |
| 古生代 Paleozoic | ペルム紀 Permian | Lopingian | Changhsingian | 251.0 ±0.4 |
| | | | Wuchiapingian | 253.8 ±0.7 |
| | | Guadalupian | Capitanian | 260.4 ±0.7 |
| | | | Wordian | 265.8 ±0.7 |
| | | | Roadian | 268.0 ±0.7 |
| | | Cisuralian | Kungurian | 270.6 ±0.7 |
| | | | Artinskian | 275.6 ±0.7 |
| | | | Sakmarian | 284.4 ±0.7 |
| | | | Asselian | 294.6 ±0.8 |
| | 石炭紀 Carboniferous | Pennsylvanian — Upper | Gzhelian | 299.0 ±0.8 |
| | | | Kasimovian | 303.4 ±0.9 |
| | | Pennsylvanian — Middle | Moscovian | 307.2 ±1.0 |
| | | Pennsylvanian — Lower | Bashkirian | 311.7 ±1.1 |
| | | Mississippian — Upper | Serpukhovian | 318.1 ±1.3 |
| | | Mississippian — Middle | Visean | 328.3 ±1.6 |
| | | Mississippian — Lower | Tournaisian | 345.3 ±2.1 |
| | | | | 359.2 ±2.5 |

## 顕生代 Phanerozoic — 新生代 Cenozoic・中生代 Cretaceous

| 代 | 紀 | 世 | ステージ | 年代 (百万年) |
|---|---|---|---|---|
| 新生代 Cenozoic | Quaternary* 第四紀 | Holocene** 完新世 | | 0.0117 |
| | | Pleistocene 更新世 | Upper | 0.126 |
| | | | "Ionian" | 0.781 |
| | | | Calabrian | 1.806 |
| | | | Gelasian | 2.588 |
| | 新第三紀 Neogene | Pliocene 鮮新世 | Piacenzian | 3.600 |
| | | | Zanclean | 5.332 |
| | | Miocene 中新世 | Messinian | 7.246 |
| | | | Tortonian | 11.608 |
| | | | Serravallian | 13.82 |
| | | | Langhian | 15.97 |
| | | | Burdigalian | 20.43 |
| | | | Aquitanian | 23.03 |
| | 古第三紀 Paleogene | Oligocene 漸新世 | Chattian | 28.4 ±0.1 |
| | | | Rupelian | 33.9 ±0.1 |
| | | Eocene 始新世 | Priabonian | 37.2 ±0.1 |
| | | | Bartonian | 40.4 ±0.2 |
| | | | Lutetian | 48.6 ±0.2 |
| | | | Ypresian | 55.8 ±0.2 |
| | | Paleocene 暁新世 | Thanetian | 58.7 ±0.2 |
| | | | Selandian | ~61.1 |
| | | | Danian | 65.5 ±0.3 |
| 中生代 Mesozoic | 白亜紀 Cretaceous | Upper | Maastrichtian | 70.6 ±0.6 |
| | | | Campanian | 83.5 ±0.7 |
| | | | Santonian | 85.8 ±0.7 |
| | | | Coniacian | ~88.6 |
| | | | Turonian | 93.6 ±0.8 |
| | | | Cenomanian | 99.6 ±0.9 |
| | | Lower | Albian | 112.0 ±1.0 |
| | | | Aptian | 125.0 ±1.0 |
| | | | Barremian | 130.0 ±1.5 |
| | | | Hauterivian | ~133.9 |
| | | | Valanginian | 140.2 ±3.0 |
| | | | Berriasian | 145.5 ±4.0 |

*Quaternary: 第四紀．**Holocene: 完新世．長く用いられてきた「第三紀 (Tertiary)」の名称は，2010年より国際的な名称としては使われないことになり，これに代わり，「Paleogene (古第三紀)」と「Neogene (新第三紀)」が用いられることになった (国際層序委員会のHPより改変).

**図 2** 先カンブリア時代とカンブリア紀，ペルム紀と三畳紀，白亜紀とパレオジーン（古第三紀）の境界の地層 (a) カナダ，ニューファンドランドの Fortune Head にみられる，先カンブリア時代の地層と古生代（カンブリア紀）の地層との境界（矢印）．この境界の上部で，立体的な生痕化石（動物の行動の跡の化石）が産出し始める．(b) フランス南西部ビアリッツにみられる中生代（白亜紀）と新生代（パレオジーン）の地層の境界．約 40 cm の境界粘土層（へこんだ部分）の上端が境界にあたる．

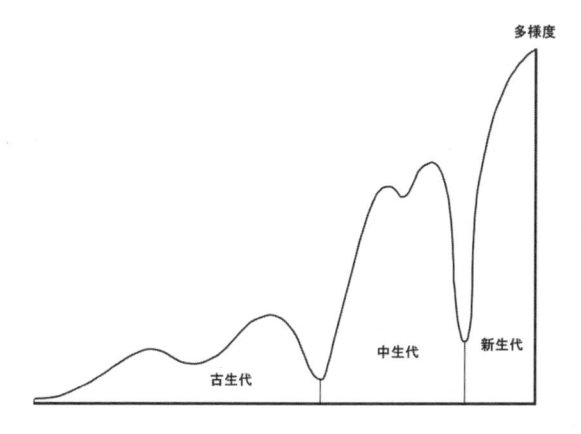

**図 3** Phillips（1860）による生物多様度の変遷
このころすでに古生代，中生代，新生代の生物多様度の変遷と境界の絶滅事変が認識されていたことがわかる．

残る場合もある．
　古生代の始まりは，カナダのニューファンドランドの Fortune Head にみられる地層で定義されている（図 2a）．この露頭で，初めて立体構造をもつ生痕化石（*Treptichnus pedum*）が最初に産出する地層のレベル（層準という）で，古生代の始まり（すなわちカンブリア紀の基底）が定義された．また，この化石は世界各地でカンブリア紀の地層の基底を示すものとして使われた．その後，この生痕化石は定義された層準の下位からも発見されたため，この化石自体が時代の定義として使われることはなくなったが，いまでもカンブリア紀最初期を示す化石として重要視されている．この生痕化石をつくった生物は不明であるが，最近，カンブリア紀からもよく化石としてみつかっている鰓曳動物がつくった可能性も指摘されている（Vannier, 2009）．

　古生代と中生代の境界は，中国浙江省煤山（Meishan）で，*Hindeodus parvus* という種のコノドント（無顎類魚類の顎器）化石が初産出する層準で決められている．このコノドント化石は広く世界中に産出が知られており，日本でもこれを使ってペルム紀と三畳紀の境界が認識された場所が複数存在している．古生代末には史上最大の大量絶滅が起きたことが知られており，海洋動物の 9 割以上の種が短期間に絶滅したといわれている．しかしその原因に関しては決定打がない状況である（海洋の無酸素事変が関係しているとの説が有力である）．
　中生代と新生代の境界は，チュニジアにみられる境界粘土層の地層で定義されている．この境界粘土層は，広く欧米などにみられ（図 2b），そのなかにイリジウムの濃集した部分や，衝撃石英，岩石が溶融してできたガラス玉（スフェリュル）がみられる．この境界粘土層は地球外天体の地球への衝突によってできたと考えられている．ちょうどこの時期に起きた恐竜類やアンモナイト類の絶滅も，この地球外天体の衝突に起因する地球表層環境の撹乱が原因であると考えられている．

### C. 生物群の移り変わり

　J. Phillip（1841）は地質時代を生物多様度の変遷に基づいて 3 区分し，古い物から古生代，中生代，新生代とよんだ（図 3）．概念的なものながら，このときすでに古生代末，中生代末に大きな多様度の減

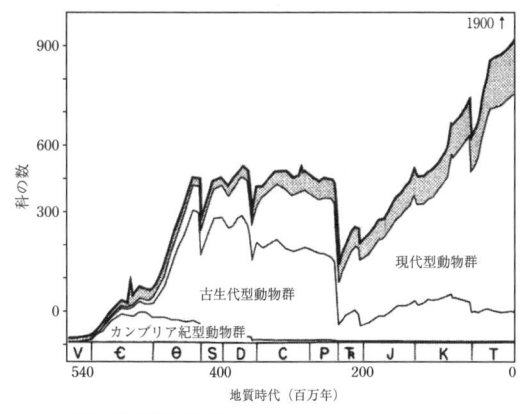

とその他の地域）や，研究例の多い時代や分類群などの偏りがおそらくあり，多様度変遷は額面どおりに受け取れないにしても，大きな時代的変遷を一応定量的に表したものとして評価されている．これによると，Philipが概念的に示した多様度変遷がより明確に示され，古生代（カンブリア紀）初期の急速な多様度増加，そして古生代末と中生代末の大量絶滅が認識されている．さらに個別の生物群の多様度変遷のパターンの違いに基づき，Sepkoskiは海洋動物群をカンブリア紀型動物群（カンブリア紀に多様化し，その後徐々に衰退），古生代型動物群（オルドビス紀に適応放散し，古生代を通じて優先的な位置を占めていたが，古生代末の大量絶滅で大きく多様度を減少させる），そして現代型動物群（中生代以降多様度を増やす）に分けられることが示されている．海洋動物の大きな傾向を示すものとしては，わかりやすく広く使われているものである．

以上のように，地質時代は時代とともに細分され，年代値が修正されてきた．今後は先カンブリア時代の研究が進むとともに，この時代の生物進化を反映した時代区分の細分，定義が行なわれることと思われる．

[引用文献]

Phillips, J.（1860）*Life on the earth, its origin and succession*, MacMillan.

Rasmussen B. *et al.*（2008）Reassessing the first appearance of eukaryotes and cyanobacteria. *Nature*, vol. 455, pp. 1101-1105.

Sepkoski J. J. Jr.（1984）A kinetic model of Phanerozoic taxonomic diversity, III. Post Paleozoic families and mass extinctions. *Paleobiology*, vol. 10, pp. 246-267.

Vannier J. *et al.*（2010）Priapulid worms: Pioneer horizontal burrowers at the Precambrian-Cambrian boundary. *Geology*, vol. 38, pp. 711-714.

（大路樹生）

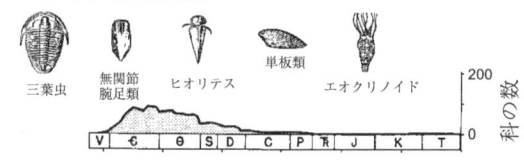

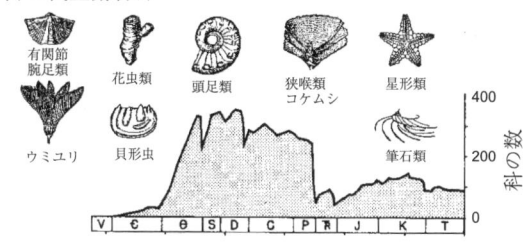

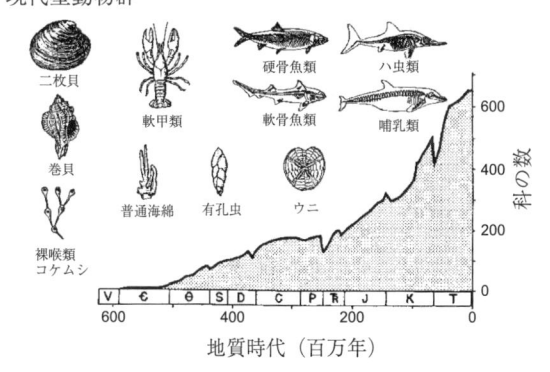

図4　Sepkoski（1984）による生物多様性の変遷（科のレベル）と，それを構成する動物群
ハッチをつけた部分は非常に保存のよい化石群による多様度．

少の存在が理解されていたことがわかる．Sepkoski（1984）は多数の文献からデータをコンパイルすることによってデータベースを作成し，海洋動物の多様度の変遷を議論した（図4）．これは研究の進んだ地域（たとえば文献の多く出版されている欧米地域

## 14.2 化石

### A. 一般的事項

過去の生物（古生物）の遺物をさす用語．化石の原語「fossil」は，元々は鉱物や考古学的遺物なども含めた発掘物全般をさす言葉であった．そのためか，地層中に保存された過去の生物の遺物を化石とよぶのが一般的である．ここでいう「過去」とは，伝統的には有史時代以前の地質時代を意味していたが，古生物や古環境に関する研究が有史時代をも射程に収めるようになった今日においては，化石と遺骸をその古さによって区別することは実用的でなくなりつつある．有史時代の遺骸のような最近のものを半化石（subfossil）と称することがある．一方，石器や遺跡など人類の製作物は，その古さによらず通常は化石とはよばない．「化石」という漢字表現のために，古生物が石になったものだけが化石であるという印象を与えがちだが，後述するようにそれはよくある誤解である．生物が地層中に残した痕跡には種々の体様のものがあるが，起源物質が生物由来というだけで，その生物についての情報をとどめていないようなものは化石とはよばないのがふつうである．しかしながら，さまざまな記録媒体から過去の生物についての情報をひき出す技術は年々進歩しており，かつては化石とはよばれなかったものが今日では化石として扱われている場合もある．以上の状況に鑑みると，「化石」に普遍的かつ明示的な定義を与えることは事実上困難であるが，誰もが化石と認めるような典型的な化石標本が多数存在するのも事実である．

一方，形態の進化速度が極端に遅い現生生物や，地質時代に繁栄し現在は細々と遺存する生物などのことを「生きた化石（living fossil）」と称することがあり，Darwin の『種の起原』でも使われているが，比喩的な用法である．さらに，地球科学では，「地磁気の化石」，「水流の化石」，「地震の化石」のように無機的対象にまで「化石」という言葉を転用する向きもあるが，これはもはや本来の用法とはかけ離れた誤用といわざるをえない．

化石が過去の生物の遺骸であるという認識は古代ギリシャ時代にすでに散見されるが，化石の生物起源説を科学的に実証して定説としたのは，地層累重の法則で知られる Nikolaus Steno（1638-1686）とされている．また，近代科学における化石の学術的有用性を不動のものとしたのは，遠く離れた地域の地層同士の同時代性を化石によって認定できるという「地層同定の法則」を確立した William Smith（1769-1839）である．地層の年代決定に役立つ化石を示準化石（index fossil）という．これに対して，化石を含む地層がどのような環境で形成されたかを指示する化石を示相化石（facies fossil）とよぶ．

### B. 化石の種類

化石は，その保存の様態によって，体化石，生痕化石，化学化石の三つに大別される．体化石（body fossil）とは，過去の生物の遺骸であり，生物体の形態・構造を保存したものである．体化石は，その大きさによって大型化石（megafossil）と微化石（microfossil）に分けられることがあり，後者はその研究において顕微鏡の常時使用が必須のものとして定義されている．微化石の多くは単細胞の「原生生物」の化石であるが，多細胞生物あるいはその一部である貝形虫（甲殻類）やコノドント（脊椎動物）や花粉も微化石に含まれる．一方，単細胞の有孔虫類のうち，貨幣石や鐘錘虫（フズリナ）は大型化石として扱われている．生物体のうち体化石として保存されやすいのは，炭酸カルシウム，リン酸カルシウム，珪酸などの鉱物や，セルロース，リグニンなどの難分解性有機化合物からなる部分である．これらを体の一部にもつ化石記録の豊富な生物としては，脊椎動物，棘皮動物，節足動物の三葉虫類や一部の甲殻類，軟体動物，腕足動物，刺胞動物の花虫類，植物，渦鞭毛虫類，有孔虫類，放散虫類，珪藻類，ハプト藻類などがあげられる．

一方，生痕化石（trace fossil）とは，過去の生物の活動の痕跡であり，代表的なものに巣穴や這跡や足跡などがある．古生物の糞の化石である糞石（coprolite）を生痕化石に含めることもある．生痕化石は，過去の動物の行動の推定に役立つが，その生痕形成者の体化石の産出を伴うことがほとんどない

ので，どのような動物によってつくられたのかを特定できない場合が多い．生痕化石を研究する分野を特に生痕学（ichnology）とよぶ．

化学化石（chemical fossil）とは，通常は地層中に残存する有機化合物をさす．化学化石として重要なのは，化石DNAや，ある生物群に特異的な有機化合物の化石であるバイオマーカー（biomarker）などである．これに加え，生物起源の兆候を示すような安定同位体比をもつ炭質物を広い意味での化学化石に含めることもある．化学化石は，分子古生物学や有機地球化学などの研究対象である．

以上3種類の化石のほかに，非生物起源で化石様の構造を呈する偽化石（pseudofossil）とよばれるものもあるが，もちろんこれは化石ではない．これに対して，生物起源かどうかわからないものは疑問化石（problematica）とよばれる．

### C. 保存の様式

動物の殻や骨格を構成する鉱物は，条件によっては変質せずに元の組成・構造のまま保存されることが少なくない．一方，分解されやすい軟組織そのものが「やわらかい化石」として保存されることもあるが，これらは氷漬けマンモスやミイラ化した動物，琥珀に閉じ込められた昆虫など特殊な場合にかぎられる．植物の保存様式として重要なのは，有機化合物中の水素や酸素が熱や圧力の作用で蒸留されて炭素が選択的に残存する炭化（carbonization）である．動物の軟組織の形態がこうした作用によって炭素質フィルムとして保存されることがまれにあり，カンブリア紀のバージェス動物群の化石はその一例である．加えて，硬組織や軟組織の内部の微細な空隙に間隙水が染み込んで鉱物が沈殿することによって化石となる場合もあり（permineralization），珪化木はこうしてつくられたものである．同様の作用で軟体部が鉱物に置換される石化（petrifaction）によって，原生累代末期の陡山沱（Doushantou）層の胚化石や，軟体部の構造を保存したカンブリア紀のオルステン（Orsten）化石などが現在に残されている．また，間隙水中のイオンが生体鉱物中の原子を置き換える交代作用（replacement）によって，生体鉱物が異なる鉱物に置換される場合もあり，黄鉄鉱に置換された化石などが知られている．

以上述べてきたような様式で保存された化石は，たとえ物質の組成は変質していたとしても，表面構造に加えて内部構造も概してよく保存されている．一方，高温・高圧下で生体鉱物が固体のまま結晶構造を変化させる再結晶作用にさらされると，骨格内部の微細構造が失われる場合が多い．さらには，地層中で体化石が溶脱してしまう現象もしばしば認められるが，この場合でも化石表面の雌型（mold）が堆積岩中に残される．まれに，腐敗・消失する前の軟体部を鋳型としてつくられた雌型が地層に保存されることもあり，原生累代末期のエディアカラ生物群の化石はその代表例である．また，化石が溶脱してできた空間を堆積物や晶出鉱物が二次的に埋めると，化石の天然模型ともいうべき雄型（cast）を形成することになる．貝殻などの内側にできる空洞を充填した堆積物や鉱物は，内側雌型を外表面とする石核（steinkern）という構造物となる．雌型や雄型も広い意味での体化石であるが，これらを特に印象化石（impression fossil）とよび分けることがある．

### D. 化石化作用

生物が死んでから化石となるまでには，さまざまな物理的・化学的作用を被りうる．これら一連の過程を化石化作用（fossilization）といい，化石化作用を研究する分野をタフォノミー（taphonomy）という．化石化作用は，生物群集（communityまたはbiocoenosis）が死後堆積物に埋没されて遺骸群（thanatocoenosis）を形成するまでの埋没前段階（pre-burial stage）と，堆積物に埋没した遺骸群がさまざまな作用を受けて化石群（fossil assemblage）になるまでの埋没後段階（post-burial stage）とに大別される．埋没前段階は，微生物による有機物の分解（decomposition）から始まり，ついで遺骸が物理的あるいは生物による運搬（transportation）を被り，それらと前後して物理的あるいは生物による破壊（destruction）が起こる．こうした作用に伴う遺骸の劣化は，遺骸が堆積物中に埋没（burial）することによって停止または著しく減速する．埋没前段階に関する研究は特に遺骸堆積論（biostratinomy）とよばれ，地層成因論とも密接に関係している．埋

没後段階では，堆積物を固結した堆積岩へと変える種々の作用が起こり，続成作用（diagenesis）と総称される．続成作用としては，堆積物の重さによる圧密（compaction），間隙水による溶解（dissolution），上述の交代作用などが代表的である．さらに，これら一連の作用を経て形成された化石群を含む地層が，さらに地殻変動の力による変形や高温・高圧による変成作用を受けると，そこに含まれる化石も変形・再結晶・溶脱などを被り，著しく変質したり失われたりする原因となる．

以上の化石化作用を考慮すると，化石が良好な状態で保存されやすい条件として以下のようなものがあげられる．まず，微生物による分解が起こりにくいのは，嫌気的環境下である．通常は化石として保存されない軟組織やその跡を残した例外的に保存のよい化石を産出する地層（Lagerstätten）は，たいていは嫌気的環境下で堆積したものと考えられる．加えて，嫌気的環境下では底生生物がほとんどいないため，これらに擾乱されて生物的破壊を被る可能性も低い．また，水流のない低エネルギー環境下では，運搬されにくいために物理的破壊の危険性が減少する．さらに，砂や泥が速く堆積する環境においては，遺骸が速やかに堆積物中に埋没して固定されるため，化石として保存される確率が高まる．加えて，堆積物中に潜って生活する内棲生活型の生物は，死んだ時点ですでに埋没しているので，洗掘されないかぎりは埋没前段階の諸作用にさらされることはない．また，運搬作用を経験していない化石は，単に保存状態がよいというだけでなく，生息場所や生活様式などの情報を残しているので，古生物の生態や行動を研究するうえで重要である．運搬を被っていない状態を自生（現地性，autochthonous），運搬されたものを他生（異地生，allochthonous）といい，他生のうちその種の生息範囲にとどまる程度にしか運搬されていない状態を同相的（indigenous），生息範囲外まで運ばれてしまった場合を異相的（exotic）という．地層内に直接記録される生痕化石は自生である．

遺骸が堆積物中にいったん埋没してもそのまま固定されるとはかぎらず，底生生物の活動によって堆積物がかき乱される生物擾乱（bioturbation）や，波浪や水流によって基質の堆積物が吹き飛ばされることによる遺骸の洗掘・残留（winowing），重力等の作用によって周囲の堆積物もろとも運搬・再堆積（reworking）されるなどの現象がしばしば起こる．こうした場合，地層の重なる方向で見た場合の同じ位置（層準，horizon）に，異なる時期に生息していた古生物の化石が混ざって保存されることになる．こうした現象は，種々の属性の時間的変異を均してしまうことになるので，時間平均化（time averaging）とよばれている．時間平均化は化石記録の時間分解能を低下させ，堆積物が積もる速度が遅くなるほどこの問題は深刻となる．

**E. 化石記録の質**

化石は，過去の生物の一部が不完全な形で種々のバイアスを被って保存されたものである．それらのうち，実際に人類が発見・発掘したものが化石標本であり，それらに基づくデータが化石記録である．したがって，化石記録は生物の歴史そのものを忠実に記録したものではない．こうした化石記録の不完全性については，分類群の産出記録の有無に基づいて研究を行なう際にはとりわけ注意を払う必要がある．ある化石種が特定の地域・時代の地層から産出していないからといって，必ずしもその種がそこに生息していなかったとはかぎらないのである．生息してはいたが化石として地層中に保存されなかった，あるいは地層中に保存されているにもかかわらずその化石がいまだ発見されていないという可能性もある．しかしその一方で，発見された化石標本はその種がかつて地球上に存在した確かな証拠であり，化石は，たとえどんなに不完全であっても，地球生命の歴史を直接記録した唯一の媒体であるともいえる．このような化石記録の有効活用を模索する古生物学においては，個々の化石記録の質をいかに評価するかが重要な課題であり，理論・実践の両面から盛んに研究されている．特に，化石分類群の未発見についての吟味がそうした研究の中心課題であり，それぞれの地域・時代の地層における化石の発見確率の評価方法が模索されている．

化石の発見確率について考えるうえで，どれだけ多くの化石試料が地層中から発掘されるかという標

本レベルでの発見確率と，ある化石種がみつかるかどうかというような分類群レベルでの発見確率とを区別する必要がある．標本レベルでの化石発見確率は，十分に長い時間スケールで評価した場合には，地表における地層の露出面積に支配的に影響されると考えられている．もしある時代の地層が他に比べてあまり地表で観察されないというようなことがあるとすれば，その時代の地層から発見される化石の量が少ないのは当然のことである．かなり大まかにいえば，古い地層ほど地表での露出面積が少ないという傾向があるが，地層残存度はその時代の海水準にも大きく影響され，またごく最近形成された若い地層は地殻変動で陸上に隆起しているものが少ないということもあり，新しい地層ほど露出が多いとは一概にはいえない．

一方，高次分類群の分類群レベルでの発見確率を評価する際には，多くの種を含む分類群ほど発見確率が高くなるということを考慮する必要がある．特に，古生物の多様性変遷史などを議論する際には，分類学的バイアスなどの影響を少なくするために高次分類群数で多様性を測るのが一般的だが，その場合には分類群サイズを考慮した多様性の評価・補正が必要となり，サンプルサイズを一定にあわせたときに発見される分類群数の期待値をみつもる希釈（rarefaction）などの方法が用いられる．分類群レベルでの発見確率は完全性（completeness）とよばれ，特定の期間を示す地層（層序区間）ごとの完全性と，分類群ごとの完全性とに分けられる．いずれも，各分類群の最古の化石記録と最新の化石記録によって挟まれる産出区間のデータに基づく．このような分類群産出区間は，その区間の途中から化石産出記録があるかどうかとは無関係に最古記録と最新記録のみから定義されるので，注意が必要である．ある層序区間の完全性は，その区間を産出区間内に含む分類群のうち，何割の分類群が実際にその層序区間から産出記録があるかによってみつもられる．一方，ある分類群の完全性を評価する際には，その産出区間が実際の生息期間を短縮したものにすぎないことに注意を払わなければならない．その分類群のうち「最初の個体」と「最後の個体」がみつかる可能性がきわめて低いからである．したがって，分類群ごと

の完全性は，その産出区間のうち最古と最新の部分層序区間を除いて，残りの区間のうちどれだけの部分層序区間からその分類群の化石産出記録があるかによって求められる．さらに，ある時代における層序区間あたり，分類群あたりの包括的な完全性を評価する場合には，分類群による生息期間の違いを考慮する必要がある．生息期間が長い分類群ほど発見される確率は高いので，包括的な完全性は生息期間の確率分布に影響される．各分類群の生息期間を直接知ることはできないので，包括的な完全性の評価はさまざまな確率論的仮定を必要とする．

また，ある生物グループの化石記録の完全性は，その生物についての研究の飽和度にも大きく依存する．あるグループについて既発見（既記載）の分類群数を暦年に対して散布した曲線を採集者曲線（collector curve）とよび，この曲線の形状から研究飽和度をある程度評価することができる．さらに，現生している分類群の完全性を絶滅分類群と比較する場合には特に注意が必要である．現生していても化石記録が散点的な分類群では，その化石産出区間の上限は現在よりもだいぶ以前になってしまう場合が多いが，現世記録を含めることでその「産出区間」が現在まで延伸されることになる．こうした効果は，ごく新しい地質時代の生物多様性のみつもりをひき上げる「現世記録による引き（pull of the Recent）」の原因となる．

以上のようにさまざまなバイアスを被っている化石記録を解釈する際には工夫が必要で，たとえば化石記録に何らかの傾向が認められる場合には，上述の化石化作用や記録の不完全性に関する理解に基づいて，その傾向を化石記録のバイアスの結果としてどこまで説明できるかをまず評価する必要がある．その結果，記録のバイアスでは説明できない傾向であると結論づけられれば，その傾向が生物学的あるいは地球科学的な意味をもっていると解釈し，その理由を探る研究テーマが意義づけられる．また，保存に関して同様の振舞いをすると考えられる他の化石分類群を対照（taphonomic control）として，ある分類群の化石記録のバイアスを評価できる場合もある．

## F. 化石の社会的意義

化石は，古生物学的研究対象としての学術的価値のみならず，愛好家の蒐集対象として市場価値をももち，なかには高額でとりひきされるものもある．化石のアマチュアコレクターは地域・世代を問わずに世界中に普遍的に存在し，学術的に重要な発見にもしばしば貢献している．採集・入手が困難な恐竜を別格とすれば，愛好家の間では特に三葉虫とアンモナイトの人気が高いようである．博物館に展示されている化石標本は，子どもたちの童心的浪漫をかき立てる存在でもあり，知的好奇心を萌芽させる理科教育教材としてもきわめて有用である．地層中の化石は自然遺産としての価値をももち，条例などによって採集が禁じられている産地もある．また，著名な化石産地を保護して古生物学の普及を目的とした観光スポットとして活用するパレオ・パーク（Paleo Park）計画も各国で進行中である．

（生形貴男）

## 14.3 古代DNA

過去の生物に由来するDNA（デオキシリボ核酸）を総称して古代DNA（ancient DNA：aDNA）という．氷漬けのマンモスゾウの軟組織やネアンデルタール人の骨など，通常の意味での化石のほか，剥製などの博物館標本，遺跡から出土した人骨や獣骨，植物種子などの考古資料，組織切片などの病理標本，犯罪に関連した法医学標本など，広範な試料に由来するものが含まれる．それぞれ進化学，考古学，育種学，病理学，法医学など，古代DNAを分析する目的は異なるが，分析に用いる手法や分析における問題点や注意事項は共通する．

### A. 研究史

過去の生物に由来する有機分子（分子化石）の研究は，分析技術の進歩に大きく依存する．古代DNAも例外ではない．分析技術の洗練により，微量な分子化石の検出が可能となるが，同時に現世の有機分子による汚染（コンタミネーション）の問題も深刻化する点に注意が必要である．

古代DNAの研究は，1984年に分子クローニングの技術を応用して，140年前のクアッガ（絶滅した馬の仲間）の博物館標本からミトコンドリアDNAの塩基配列が読まれたことに始まる．DNAは，一般に分解・変質しやすい糖質を含むため，化学分析に基づくそれまでの研究では，分子化石として保存されることが絶望視されていた．

遺伝子工学という新しいアプローチにより，2400年前のエジプトのミイラ，8000年前の先史人，53,000年前のマンモスゾウなどのDNAなどがさらに検出された．しかし，分子クローニングによる研究はすぐに壁に直面した．古代DNAは分解や損傷を受けているため，クローン化の効率が極度に低く，またそのため，再現性が担保されなかったのである．

この状況を打開したのが，1985年にK. Mullisによって発明され，1988年に改良・実用化されたPCR（ポリメラーゼ連鎖反応）法である．PCR法は，DNAポリメラーゼという酵素を用いて，ゲノム中の狙っ

表1 古代DNAにみられるDNAの損傷

| 損傷の種類 | 関係する反応 | 結果 |
| --- | --- | --- |
| DNA鎖の断片化 | 微生物による分解 | DNA総量の減少 |
|  | 細胞中のDNA分解酵素による自己分解 | 鎖長の減少 |
| 酸化による損傷 | 塩基やデオキシリボースの酸化 | 塩基やデオキシリボースの分解 |
|  |  | G → 8-OH-G（Aと結合） |
|  |  | A → 8, 5′サイクリックA（Nと結合） |
| DNA鎖の架橋・修飾 | DNA同士あるいはDNAと他の分子の重合 | メイラード反応生成物の生成 |
|  |  | Py/Pyの重合（複製をブロック） |
|  | 非酵素的メチル化 | G → 7meG（問題なし） |
|  |  | A → 3meA（複製をブロック） |
| 加水分解による損傷 | 脱アミノ化 | C → U（Aと結合） |
|  |  | 5meC → T（Aと結合） |
|  |  | A → ヒポキサンンチン（Cと結合） |
|  |  | G → キサンチン（Cと結合）（問題なし） |
|  | 脱プリン化 | A → 塩基欠失（Nと結合） |
|  |  | G → 塩基欠失（Nと結合） |

A：アデニン，C：シトシン，G：グアニン，T：チミン，U：ウラシル，N：任意の塩基（A, C, G, T），8-OH-G：8-水酸化グアニン，3meA：3-メチルアデニン，5meC：5-メチルシトシン，7meG：7-メチルグアニン，Py/Py：隣接するピリミジン塩基（C, T）．（Lindahl, 1993; Pääbo et al., 2004; Rogers et al., 2005による）

た領域の塩基配列を2時間程度で増幅する方法である．この方法により，あらかじめ生物学的に興味深いゲノム領域（現世の集団間で変異の大きい領域など）を選んで解析することが可能となり，しかもターゲットの配列を含むDNAが1分子でも存在すれば，塩基配列の解析に十分なDNAを得ることが原理的には可能となった．

PCR法により，先史人類や有史以来に絶滅した哺乳類や鳥類の分子系統解析，1000年前のトウモロコシのDNAの解析などが1980年代終わりにあいついで行なわれ，古代DNAの研究は「分子考古学」として知られるようになる（Pääbo et al., 1989）．宝来ら（国立遺伝学研究所）も縄文人の骨に残されたDNAに関する先駆的な研究を行ない，この分野の確立に貢献している（Horai et al., 1989）．

1990年代に入ると，1700万年前の植物化石からのクロロプラストDNAを皮きりに，桁違いに古い年代のDNAが報告されるようになった．1991年に原作が書かれ，1993年に映画化された「ジュラシックパーク」さながらに，1992年には2500万年以上前の琥珀中の昆虫から，1993年には恐竜の時代（1.2億年前）の琥珀中の昆虫から，ついに1994年には8000万年前の恐竜の骨からDNAが報告された．

一方で，DNAの損傷や分解に関する観察や実験結果（表1）から，これら古い年代のDNAについては，当初から慎重な見方があった（Lindahl, 1993）．さらに，1995年から1997年にかけて，これらの恐竜や琥珀中の化石からのDNAは現世の汚染であることが指摘され，古代DNAバブルは一気にはじけることとなった．現在では，100万年前以前のDNAはいずれも何らかの汚染によるものと考えられている（Pääbo et al., 2004）．また，これらのことを教訓に，「ちゃんとやらないなら手を出すな」として，古代DNA研究者が則るべき基準（表2）が提唱された（Cooper & Poinar, 2000）．

古代DNA研究は，分子クローニングによる黎明期，PCR法による発展期を経て，現在は次世代（高速）シーケンサーを用いた解析という新たな展開をみせている．これは，一度に数億から数十億塩基対のDNAを解読できる装置であり，ネアンデルタール人の100万塩基対やマンモスゾウの41.7億塩基対など，これを用いて決定された驚異的な長さの古代DNA配列がすでに報告されている．網羅的な解析というゲノム生物学のうまみが期待できる一方で，同じ実験室で，あるいは別の実験室で結果の再現性を確認する，という従来の真贋判定基準の適用が現実的でないという問題が生じている（Green et al., 2009）．

**表 2  古代 DNA の真贋判定基準**

1. 実験室の物理的隔離
 DNA 抽出が古代 DNA 専用の実験室で行われているか．DNA の抽出と増幅が別々の実験室で行われているか．
2. 対照実験
 DNA 抽出と増幅の際にさまざまな陰性対照実験を行い，陰性の結果が得られているか．
3. 分子の挙動
 DNA 鎖長と増幅効率の間に負の相関があるか．500 塩基を超える断片の増幅はないか．単一コピーの核遺伝子が増幅される際は，ミトコンドリア DNA も増幅されるか．
4. 再現性
 同一標本の同じ抽出物および異なる抽出物から矛盾のない結果が得られるか．同じ領域を異なるプライマーで増幅して同じ配列が得られるか．
5. クローン化
 増幅産物をクローン化し，複数のクローンの配列を読むことで，DNA の損傷や汚染，核ゲノムに移行したミトコンドリア DNA 配列の存在をチェックしているか．
6. 別の実験室での再現性
 同じ標本から別の研究機関で独立に DNA の抽出，増幅を行い，ある実験室に固有の汚染の可能性を排除しているか．
7. 生化学的分析
 アミノ酸の量，組成，ラセミ化の程度など他の生体分子の分析結果は DNA の保存と調和的か．
8. 鋳型数の定量
 定量 PCR などによって，ターゲットの DNA が十分存在することを確認しているか．
9. 共産する標本からの増幅
 同じ遺跡や同じ化石群から産出した別の標本にも同様に DNA が保存されているか．

(Cooper & Poinar, 2000 による)

## B. DNA の損傷と分解

　生体内では，DNA が受けた損傷はさまざまな修復機構によって修復される．しかし，生物の死後は，そのような修復機構ははたらかず，酸化，加水分解，分子の重合や非酵素的なメチル化などを経てしだいに分解されていく．また，DNA 分解酵素と DNA を隔てていた機構もとり払われ，DNA は自身の DNA 分解酵素によって分解される．さらにこれらの分解された DNA は細菌，菌類，昆虫などのえさとなる．乾燥，低温，低酸素，高塩分などの環境では，これらのプロセスの進行は遅くなるが，古代 DNA は，以上述べた損傷を多かれ少なかれ被っている（表 1）(Lindahl, 1993；Pääbo et al., 2004)．

　なかでも特に明らかな損傷は断片化である．古代 DNA は，一般に 100～500 塩基対以下に長さが減少している．逆にこの性質は DNA の真贋判定の基準のひとつとしても使われる．DNA の断片化は，死直後の酵素による消化と，非酵素的な加水分解によるリン酸ジエステル結合の開裂がおもな原因である．塩基の欠失した部位は分断されやすいため，加水分解（脱プリン化）によりプリン塩基（アデニンとグアニン）がヌクレオチドから欠失する反応も重要な分解経路である．

　これらの損傷のうち，もっともやっかいなのは，酸化や加水分解によって，塩基が損傷を受け，本来ペアを組む塩基と違う塩基と結合するように変化することだろう．それによって本来の塩基配列と違う配列が結果として得られることになるからである．さまざまなパターンがあるが（表 1），これらのうち，もっとも頻度が高い（ほとんど大部分を占める）のは，C が T として読まれる場合と，G が A として読まれる場合のふたつである（Pääbo et al., 2004）．それぞれ加水分解による脱アミノ化により，C が U になり，A がヒポキサンシンに変化することで説明ができそうだが，実際には，C→U の反応がほとんどであり，そのような変換の起きてしまった DNA を基に分析用の鋳型を調整する際に，その相補鎖の対応する部位において G→A の変換が起きる（Briggs et al., 2007; Brotherton et al., 2007）．

　いずれにせよ，化石化に伴う C→U の反応（C→T，G→A という配列の変化として現れる）は高い頻度で生じており，ネアンデルタール人の DNA で生じている割合は，二本鎖 DNA の約 1%，一本鎖 DNA（二本鎖 DNA 約 50 塩基対に 1 カ所存在）の 68%と推定されている（Briggs et al., 2007）．この問題を回避するには，別の鋳型に由来する同一領域

の配列を数多く読む必要がある.

### C. 真贋判定の基準

損傷を受けていることに加え，古代DNAは，現世のヒトやバクテリアなどのDNAによる汚染を多かれ少なかれ受けている．また，DNA増幅に用いるPCR法は，超純水からも（ごく微量の汚染により）DNAが増幅されたという報告があるほど感度の高い方法なので，分析と結果の解釈には細心の注意を払うべきである．汚染は古代DNA研究でもっとも深刻な問題であり，古代DNAの真贋を判定する基準がいくつか提唱されている．

表2に示すのは，現在標準的だと思われるCooper & Poinar (2000) による九つの基準である．Pääboら (2004) も八つの基準を提唱している．後者が，前者の基準1を基準以前の当然の注意事項としていること，基準5に含まれる核ゲノムに移行したミトコンドリアDNA配列に関する内容を独立の基準としていること，基準9を基準に含めずヒトの古代DNAに関する注意事項を別立てで議論していることの3点を除き，両者は基本的に同一の内容である．

重要な点は，これらの基準のすべてが満たされていなければ，その古代DNAは怪しいということであり (Gilbert et al., 2005)，また，すべてが満たされていても，本物である保証はない (Pääbo et al., 2004) ということである．3万年前の熊の歯の化石から再現性よくヒトの配列が増幅されるなど，ある標本が最初から汚染されている場合が後者の例としてあげられる (Pääbo et al., 2004).

この基準は，現在でもすべての古代DNA研究にあてはまるが，上述のとおり，手当たりしだいに大量の配列を決定する高速シーケンサーを用いた最近のアプローチでは，時間，費用，サンプル量などの面で，結果の再現性を担保することが難しい．得られた配列全体の真贋を問うのではなく，汚染がある程度あることを認めたうえで，汚染の程度をさまざまなやり方でみつもる (Green et al., 2009) しか現時点ではなすすべはないかもしれない．

### D. 研究例

さまざまな問題点，注意事項はあるものの，古代DNAは過去の生物に関してかけがえのない情報を与えてくれる．その守備範囲は，絶滅種の系統関係，集団内の変異と地理的分布の変遷，人類の歴史，絶滅種の食性や行動，堆積物に残された生物の痕跡，医学分野の分子考古学，栽培や家畜の起源など幅広い (Pääbo et al., 2004；以下の研究例で特に断りのないものはこの論文の引用文献を参照).

絶滅種の分子系統解析は古代DNAの主要な研究分野である．これまでにオーストラリアの有袋類のオオカミ，ニュージーランドの飛べない鳥モアなどをはじめとする約50種の絶滅種の系統解析が古代DNAに基づいて行なわれてきた．ニュージーランドには飛べない鳥としてキーウィが生息しているが，系統解析の結果，モアはキーウィとは近縁ではなく，キーウィとは独立にニュージーランドに棲みついたことがわかった．また，マンモスゾウやマストドンのDNAについては，これまでに独立に九つの研究報告がなされている．マンモスゾウがアジアゾウに近いかアフリカゾウに近いかは古代DNAの配列からもなかなか決着がつかなかったが，より近い外群としてマストドン (5～13万年前：体化石からの最古の古代DNA) の配列が解読されたことで，アジアゾウにより近いことが示された (Roca, 2007).

ひとつの集団から複数個体の古代DNAを調べる集団遺伝学的解析も行なわれている．アラスカの永久凍土に残された最終氷期の7個体のヒグマ化石の解析では，現在では世界各地に別々に分布するミトコンドリアDNAの三つの型が3.6万年前にはアラスカの1カ所で共存していたことがわかった．遺伝的に長く隔離されているという従来の考えを覆し，保全遺伝学的にも重要な知見をもたらした．

古代DNAによる人類史の研究は，現生人類による汚染の問題が最も深刻であり，とりわけ慎重に結果を吟味する必要がある．このことは人類史に限らず，犯罪捜査にもあてはまる．そのなかで，ネアンデルタール人のDNAの研究は，汚染との闘いという点でも，また3万年前まで現生人類は別種の人類と共存していた可能性がきわめて高いことを示した点でも注目される．これまでに，4万年前のタイプ標本（ドイツ）のほか，100万塩基対が解読された3.8万年前のクロアチア標本 (Green et al., 2006) を

含むヨーロッパ7カ国の15個体から配列が得られている．遺伝的変異の研究も行なわれているが，現生人類との間に遺伝子の交流があった証拠は得られていない．

また，1918年のスペインかぜのウイルスのRNAを当時の病理標本から得る医学的応用や，イヌやブタなどの家畜化過程，トウモロコシの起源などを古代DNAを基に調べる農学的応用もある．そのほか，糞の化石に残されたDNAを基に，絶滅したナマケモノが食べていた植物の種類を推定する研究や，さらには永久凍土の堆積物中から動植物のDNAを増幅する研究も行なわれている．永久凍土からは40〜60万年前のバクテリアのDNAも検出されている．これがおそらく最古の古代DNAだろう．

### E. ネアンデルタール人のゲノム配列

本項脱稿後に，ネアンデルタール人のゲノム概要配列に関する論文が発表された（Green et al., 2010）．その解析結果から，ネアンデルタール人が，アフリカから中近東に進出したばかりの，そしてヨーロッパやアジアに広がる前の，非アフリカ系現生人類の祖先と混血した可能性が示唆された．また，現生人類のゲノム配列と比較することにより，現生人類に特有の遺伝的変異が検出された．古代DNAの解析を通して，今後「人間らしさ」を決める遺伝子についての理解が深まることが期待される．

[引用文献]

Briggs, A. W. et al. (2007) Patterns of damage in genomic DNA sequences from a Neandertal. *Proc. Natl. Acad. Sci. USA*, vol. 104, pp. 14616-14621.

Brotherton, P. et al. (2007) Novel high-resolution characterization of ancient DNA reveals C > U-type base modification events as the sole cause of *post mortem* miscoding lesions. *Nucl. Acids Res.*, vol. 35, pp. 5717-5728.

Cooper, A. & Poinar, H. N. (2000) Ancient DNA: do it right or not at all. *Science*, vol. 289, p. 1139.

Gilbert, M. T. et al. (2005) Assessing ancient DNA studies. *Trends Ecol. Evol.*, vol. 20, pp. 541-544.

Green, R. E. et al. (2006) Analysis of one million base pair of Neanderthal DNA. *Nature*, vol. 444, pp. 330-336.

Green, R. E. et al. (2009) The Neandertal genome and ancient DNA authenticity. *EMBO J.*, vol. 28, pp. 2494-2502.

Green, R. E. et al. (2010) A draft sequence of the neandertal genome. *Science*, vol. 328, pp. 710-722.

Horai, S. et al. (1989) DNA amplification from ancient human skeletal remains and their sequence analysis. *Proc. Jpn. Acad. Ser.B*, vol. 65, pp. 229-233.

Lindahl, T. (1993) Instability and decay of the primary structure of DNA. *Nature*, vol. 362, pp. 709-715.

Pääbo, S. et al. (1989) Ancient DNA and the polymerase chain reaction. The emerging field of molecular archaeology. *J. Biol. Chem.*, vol. 264, pp. 9709-9712.

Pääbo, S. et al. (2004) Genetic analyses from ancient DNA. *Annu. Rev. Genet.*, vol. 38, pp. 645-679.

Roca, A. L. (2007) The mastodon mitochondrial genome: a mammoth accomplishment. *Trends Genet.*, vol. 24, pp. 49-52.

Rogers, S. O. et al. (2005) Recommendations for elimination of contaminants and authentication of isolates in ancient ice cores. in *Life in ancient ice* (Castello, J. D. and Rogers, S. O., eds.), pp. 5-21, Princeton University Press, Princeton.

[参考文献]

遠藤一佳（2004）生体高分子と歴史情報．小澤智生・瀬戸口烈司・速水格 編，古生物の科学第4巻『古生物の進化』第6章，朝倉書店．

遠藤一佳（2011）ネアンデルタール人のゲノム配列．遺伝，vol. 65, no.1, pp. 1-4.

小澤智生（2004）分子進化と古生物学．小澤智生・瀬戸口烈司・速水格 編，古生物の科学第4巻『古生物の進化』第5章，朝倉書店．

（遠藤一佳）

## 14.4 地球生態系

### A. 地球生態系の性質

地球上のすべての生物群集は，その維持にエネルギーの供給が必要である．一般には光合成によりエネルギー供給が維持され，生産された有機物は食物網あるいは食物連鎖をとおして移動する．このため地球上のほとんど生態系は，究極的には太陽エネルギーに依存している．また地球上にはほかに海洋の熱水噴出孔の生物群集のように，熱水中の硫化水素やメタンに依存し，地球内部から供給されるエネルギーを利用している生態系もある．

生態系のエネルギーの流れは，地球の物理化学的な過程や地質学的な作用の強い影響を受ける．たとえば緯度に沿った気候環境の勾配は，低緯度ほど高い生産性をもたらす．生物群集にとって必要な窒素，リンなどは，溶存態の窒素やリン酸として，海洋や河川，湖沼，土壌などに無機態として存在する．たとえば風化によって岩石から遊離したリンは，一部生物群集を循環しつつ陸水域を経て海洋に移動し，最終的に海底の堆積物にとり込まれる．海底が隆起し陸化すると再びリンは移動を開始する．地球化学的なプロセスによるこれらの無機塩類の流れは，栄養塩の空間的な分布に異質性をもたらし，それを利用する生物群集の構成に影響を与える．また海洋の水循環は，栄養塩類の海洋における空間分布の異質性をもたらすことで，群集の生産力や種多様性に空間的なパターンをもたらす．

一方，生物群集は，基本的な地球化学的なプロセスによる物質の流れから，特定の物質をとり出したり追加することによって，その流れの速さに影響を与えたり，流れの経路に介入したりさせている (Warning & Schlesinger, 1985)．たとえば地球上の水循環の一部を担うことで，そのグローバルな循環システムに影響を与える．生産者は $CO_2$ を吸収し酸素を放出することで，大気組成を変えることができる．大気中の窒素はアンモニアや硝酸イオンとして土壌，海洋に移るが，窒素固定バクテリアは直接大気中の窒素を固定し，群集内にとり入れられ，生態系のなかで窒素循環が進むことになる．また生物によっては，河川や湖沼の地形を変化させたり，土地の侵食を促進して地形を変えることで，直接地球科学的なプロセスに介入するものもある．

このように生態系は地球の非生物的環境と強い関連をもち，相互に影響をおよぼしている．さらに地球は水圏，地圏，気圏などさまざまなサブシステムから構成されているが，海洋，陸地と大気の間のエネルギー移動は，それぞれのサブシステムに成立した生態系に影響を与え，それらの間に相互作用をもたらす．このように生態系の進化を考えるうえでは，地球上の生物と非生物システムとの相互作用を考慮し，海洋，陸地，大気のすべてをあわせた地球生態系としての視点が必要になる．

### B. 生態系の進化に対する地球環境の影響

生物の進化はそれをとりまく環境ならびに生態系に影響を受ける．また生態系の構造は，生物がどのような性質を進化させるかによって影響を受ける．地球生態系の見方に立てば，生態系は地球の内部や大気のシステムと密接に関係しており，その歴史は地球内部または表層の物理化学的性質の変化の歴史に強く依存していることになる．したがって，生物の進化は地球生態系の歴史と密接に関係している．

#### a. 初期地球

原始生命が誕生したころの生態系―物質循環の構造はあまりよくわかっていない．しかし初期の生命は深海の熱水孔の化学合成細菌のように，硫化物，水素，ヒ素などの無機物質のエネルギーを利用していたと考えられ，地下から供給される硫化水素に依存していたと思われる．このような細菌が棲むことのできる環境は，現在はごくかぎられているが，初期の地球では広く存在していたかもしれない．

20億年以上前に光合成を行なう生物が出現すると，その影響のために地球環境は大きく変化したと考えられている．$CO_2$，窒素，水を主成分とする原始大気に対し，そこで酸素を発生させる生物が出現したために，大気中の酸素濃度が上昇すると，それまでの嫌気的な環境でのみ生育可能な生物が消滅した．海洋では，水中の酸素濃度の上昇により鉄イオンが酸化され，海底に水酸化鉄が沈殿して縞状鉄鉱

層とよばれる鉄鉱床が広く形成された．海水中の水酸化鉄の沈殿が進み，鉄イオンが欠乏すると，酸素は大気中に急速に広がり酸素濃度が上昇した．紫外線によって酸素からオゾンが生じ，オゾン層が形成された．このため生物にとって有害な紫外線のうち，地上まで到達する割合が減り，陸上での生物の活動が可能になった．

初期の光合成を行なう生物はシアノバクテリアで，これが多数集まり，海洋中にマット状の構造体をつくった．これはストロマトライトとよばれる．地球表層が酸化的になると，酸素呼吸によってエネルギーを効率的に取り込むことが可能となり，真核生物が誕生したと考えられる．6億年前ごろ以降，ストロマトライトは形成されなくなり，代わって多細胞からなる動物の這い跡や巣穴の化石が出現するようになる．正確な年代は不明であるが，おそらくこの時代以降，それまでの単純な生産者だけからなる生態系から，生産者と消費者あるいはさらに2次消費者という複雑で多様な構成要素からなる生態系へと移行したと考えられる．そしてカンブリア爆発とよばれる劇的な表現形質と系統の多様化が起きる．

このような消費者，栄養段階の出現と，生態系の複雑化，表現形質や系統の多様化をもたらした最初のきっかけが何であったのか，よくわかっていない．しかし地球内部から供給されるリンが関係していた可能性もある．系のなかで利用可能なリン量が十分でない場合，ラン藻類だけからなる系には，消費者が侵入することが（出現）できないことが知られている．この場合，一時的なリン量の上昇があると，消費者が侵入（出現）可能になる．いったん消費者が定着すると，生産者-消費者のリンをめぐるサイクルができて，消費者が安定に定着でき，さらに2次消費者が出現することが可能になる（Elser & Urabe, 1999）．すると，競争や捕食-被食の生物間相互作用により，種分化が促進され，多様性が増すだろう．地球生態学的な立場からみると，地球化学的なプロセスによる一時的なリン濃度の上昇と，このようなリン利用をめぐる生物間のサイクルが構築されることが，この時代の生態系には重要だった可能性がある（Elser, 2003）．

### b. 絶滅と多様性の回復

地球上に過去に生存していた種の99％以上はすでに絶滅したとされ，このことは現在の生物群集の成立に，地史上の絶滅が大きく影響したことを示している．特にカンブリア紀以降，big fiveとよばれる5回の大規模な絶滅が起きたことが知られている（Raup & Sepkoski, 1982）．これらは大量絶滅とよばれ，地質学的にはほぼ同時に多くの分類群で広域にわたって絶滅が起きた．大量絶滅はそれぞれ異なる要因によりひき起こされたが，いずれも地球内部または外部の大きな非生物学的な環境変化に起因したものと考えられている．たとえば，白亜紀末の大量絶滅は地球外物質の衝突による環境変化が主因とされ，また最大の絶滅が起きたとされるペルム紀末の絶滅は，火山活動の活発化にともなう$CO_2$の大気中への放出と，大気中の$CO_2$濃度上昇による温室効果をきっかけとした，著しい温暖化によってひき起こされたという主張がなされている（Wignall, 2004）．他に大気や海洋が極端に低酸素となった可能性も指摘されているが，いずれにせよこうした地球内部の変動に起因する大規模な気候変化がペルム紀末の絶滅をもたらした可能性が高いと考えられる．

地球生態学的にみると，大量絶滅の効果は単に種多様性を減少させることだけではなく，生態系の構造を変化させ，物質循環の構造を変えてしまう点にある．たとえば植物化石に残された昆虫の捕食痕の解析からは，白亜紀絶滅直後の食物網は非常にバランスを欠いたものであった可能性が示されている（Wilf et al., 2006）．大量絶滅後の生物の多様性の復帰過程は，崩れた食物網や物質循環の構造が回復することが，重要な鍵になっている可能性が高い．たとえば，海洋の物質循環の構造の回復過程と浮遊性有孔虫の多様性回復過程との間には強い関連性がある．白亜紀末の大量絶滅後，海洋の炭素循環の構造が，それ以前の状態と大きく変わってしまい，特に深海への物質循環の鎖が断たれ，有機物の深海へのフラックスが著しく減ってしまったことが知られている（D'Hondt, 2005）．現在の地球や白亜紀の海洋では，$CO_2$がプランクトンにより海面表層で有機物に変えられ，深海にマリンスノーとして移動するが，大量絶滅直後の海洋では，この深海への有機

物の流れが消えてしまったとされる．この物質循環の構造が以前の状態まで回復するのに 300 万年以上の長期を要したが，その回復直後に，浮遊性有孔虫の急速な多様化と種多様性の回復が起きたことがわかっており（Coxall *et al.*, 2006），種多様性の回復に崩壊した食物網や物質循環の再構築が必要であることが示唆されている．

このようにいったん地球生態系の構造が崩壊し，エネルギー循環のパターンが変化してしまうと，以前の状態には容易に戻らないと考えられる．また物質循環の構造が復帰しないかぎり，種の多様性も以前のレベルには回復できないと考えられる．

### C. 地球生態系の重要性

国際学術連合の評議会は，1986 年の地球圏・生物圏国際協同研究計画（International Geosphere-Biosphere Program：IGBP）の立案に際し，つぎのような目標をかかげている．「地球生態系全体をコントロールしている物理的過程，生物をはぐくむ環境，システムに起きている変化を記述し理解する，そしてこれらに対して人間活動がどのような影響を与えているかを記述し，理解する」（Steffen *et al.*, 1992）．この背景にあるのは，地球生態系におよぼす人間活動の影響の大きさである．地球の歴史では，長い時間をかけて生物は地球環境に強くはたらきかけ，その物理化学的環境を変化させてきたが，ひとつの生物が地球のグローバルなシステムに短期間でこれほど大きな影響をおよぼすようになったことはこれまでなかった，ということである．

人間活動は，地球レベルの物質，エネルギー循環に大きく影響を与え，システム全体に影響をおよぼしている．人間活動の影響評価やその対策は，地球生態系のレベルで検討されなければならない．人間生活にともない排出されたリンは，農業または生活排水を通して水系に流れ込み，集水域でリン濃度が高まると，生産性が高まり特定の植物プランクトンだけが繁殖するとともに，リンが大量に分解することによって酸素欠乏が生じ，動物プランクトンや多くの無脊椎動物が絶滅し，群集が崩壊してしまう．肥料などのために工業的に固定された窒素は，土壌や水域の窒素過剰をもたらす．化石燃料の使用によって生じた大量の $CO_2$ は，大気中の $CO_2$ 濃度を上昇させ，将来的に地球レベルの温暖化をもたらすと危惧されている．いったん現在の物質，エネルギー循環の構造が失われた場合，その回復は非常に難しいことを生態系の長い歴史は示している．このような生物システムと地球化学的・物理的システムがともにかかわり，また水圏，地圏，気圏が相互に関係して生じる問題を解決するためには，グローバルな地球生態系という見方が不可欠である．

[引用文献]

Coxall H. K. *et al.* (2006) Pelagic evolution and environmental recovery after the Cretaceous-Paleogene mass extinction. *Geology*, vol. 34, pp. 297-300.

D'Hondt S. (2005) Consequences of the Cretaceous/Paleogene mass extinction for marine ecosystems. *Annual Reviews of Ecology, Evolution and Systematics*, vol. 36, pp. 295-317.

Elser J. J. (2003) Biological stoichiometry: a theoretical framework connecting ecosystem ecology, evolution, and biochemistry for application in astrobiology. *Int. J. Astrobiology*, vol. 2, pp. 185-193.

Elser J. J. & Urabe J. (1999) The stoichiometry of consumer-driven nutrient recycling: theory, observations, and consequences. *Ecology*, vol. 80, pp. 735-751.

Steffen W. L. *et al.* (1992) *Global Changes and Terrestrial Ecosystems: The Operational Plan*, IGBP, ICSU.

Raup D. M. & Sepkoski JJ. (1982) Mass extinctions in the marine fossil record. *Science*, vol. 215, pp. 1501-1503.

Warning R. H. & Schlesinger WH. (1985) *Forest Ecosystems*, Academic Press.

Wilf P. *et al.* (2006) Decoupled plant and insect diversity after the end-Cretaceous extinction. *Science*, vol. 313, pp. 1112-1115.

Wignall P. B. (2004) Cause of mass extinctions. in Taylor PD. ed., *Extinction in the History of Life*, pp. 119-150, Cambridge University Press.

〔千葉 聡〕

## 14.5 地球環境の変動と生命史

生命の存在が知られる惑星は現在のところ地球だけである.地球環境の変動に応じて生命は変化してきたが,逆に生命により地球は他の地球型惑星とは異なる環境を形成してきた.したがって生物進化を理解するうえで,地球環境の変遷との関連を知ることは不可欠であり,この「地球環境と生命の相互作用の歴史」が生物進化であるととらえることもできるだろう.しかし,問題の複雑さもさることながら,地球環境と生物がそれぞれ地球科学と生命科学で別々に研究されてきたことも災いして,そのような生物進化の理解は,いまだ因果関係の作業仮説が出始めたばかりの段階にすぎない.地球環境の変動と生命史との関連はきわめて多岐にわたるはずだが,ここでは,大気中の酸素分圧と大気中の二酸化炭素分圧のふたつの環境要素にしぼって,生命史との関連を述べる.大量絶滅,大陸移動,気候変動,惑星衝突との関連については,以下に続く各項目を参照されたい.

### A. 大気中の酸素分圧の変遷と生命史

現在の地球大気は,その95%以上が二酸化炭素で構成される金星や火星の大気とは異なり,大量の酸素(21%)を含み,二酸化炭素をごくわずか(0.03%)しか含まない.地球環境のこれらの著しい特徴はいずれも生物の関与によって成立し,維持されてきた.すなわち,大気中の遊離酸素の大部分は生物の光合成に由来し,かつて大量に存在したはずの二酸化炭素は,主として生物がつくった石灰岩(気体に換算して60~80気圧相当)と地殻中に埋没した有機物(化石燃料もその一部である)のなかに閉じ込められている.

無機的に酸素が生じる過程として水蒸気の光分解が知られるが,この反応で生じる酸素は,現在の酸素分圧の1/1000[0.001 PAL (present atmospheric level)]以下である.地球のマグマやコンドライト隕石中の揮発成分から推定される原始地球大気は,二酸化炭素,窒素,水蒸気が主成分であり,火山活動による地球内部からの脱ガスでは,大気中に酸素がもたらされることはない.つまり,46億年前の地球誕生時にはほとんど酸素はなく,その後生命が誕生し,光合成(光化学系II)が進化することで大気中に酸素がもたらされたはずである.

19世紀にL. Pasteurは酸素分圧を0.01 PALにすると生物(酵母)が酸素呼吸ではなく発酵を始めることをみいだした.このことから逆に大気中の酸素濃度が0.01 PAL(=パスツール点)をこえた時点で酸素呼吸が進化したと考えられている.酸素濃度が0.1 PALをこえるとオゾン層が形成される.オゾン層は生物に有害な紫外線を吸収するため,生物の陸上進出(約4億年前)までには酸素レベルが0.1 PALに達していたとされる.

地球上にいつ酸素がもたらされたのかは古くからの難問である.地球上の酸素分圧に関する地質学的な証拠には,①堆積性ウラン鉱床,②縞状鉄鉱床,③ストロマトライト(シアノバクテリアがつくる岩石),④シアノバクテリアや真核生物の体化石や分子化石,⑤マンガン鉱床,⑥イオウの非質量依存同位体分別,⑦赤色層などがある.マンガンは鉄よりさらに酸化的でなければ沈殿しない.大規模なマンガン鉱床の形成(約22億年前)は,水中に分子状酸素が存在した強い証拠である.また,最近発見された⑥の証拠によると,遅くとも約23億年前には酸素が増大したことは間違いなさそうである.それより以前にシアノバクテリア(酸素)の起源はさかのぼるのか,さかのぼるとすればいつか(最もさかのぼって35億年前まで諸説ある)については現在も論争が続いている.

いずれにせよ,光合成による酸素発生が始まった当時の全生物にとって,酸素は反応性の強い有毒ガスだった.酸化による障害を避け,現在まで子孫を残すために,生命は活性酸素の除去機構を進化させる必要があったはずだ.そのひとつがスーパーオキシドジスムターゼ(SOD)である.SODは鉄(Fe-SOD),マンガン(Mn-SOD)あるいは銅・亜鉛(CuZn-SOD)を活性中心にもつ酵素で,活性酸素であるスーパーオキシド($O_2^-$)を過酸化水素や酸素($O_2$)に還元する反応を触媒する.

Fe-SODとMn-SODは相同タンパク質であり,真

正細菌，古細菌，真核生物のいずれにも存在する．つまり遺伝子の水平伝播がなかったとすれば，SOD はシアノバクテリアが進化する以前に，現在の全生物の共通祖先（大祖先）においてすでに進化していたと推定される．水蒸気の光分解で生じた酸素に対する防御だったのかもしれない．一方の CuZn-SOD は，Fe-，Mn-SOD と相同ではなく，藻類，植物，真菌，動物に分布する．酸素レベルが 0.01 PAL をこえて増大したことに対応して独立に進化した可能性がある．

大気中の酸素の出現は生命史に大きな影響を与えた．酸素を最終的な電子受容体として用いるきわめて効率のよい ATP 生産システム（酸素呼吸）を可能にしたことに加え，酸素を使った多様な代謝産物を生命にもたらした．真核生物のもつステロール（コレステロールやステロイドホルモン）はその一例である．アセチル補酵素 A に始まるステロール合成経路は途中のスクアレンの生成まで全生物共通であり，酸素を必要としない．しかしそれに続く真核生物に特異的な経路のステップの多くは酸素を必要とする．つまり無酸素的な代謝経路に有酸素的な経路が進化的に付加して多様な化合物が生合成されるようになったと解釈できる．

同様のパターンは動物の体をつくるコラーゲン（ヒドロキシプロリン），脊椎動物の視覚に欠かせないレチナール，ホルモンであり神経伝達物質であるアドレナリン，陸上植物のリグニン，花色素のフラボノイドなど数多くの化合物の生合成経路にみられる．大気中の酸素分圧が増大しなかったならば，動植物を含む多様な真核生物は進化できなかったといえるだろう．

約 4 億年前までには 0.1 PAL に達していた酸素濃度は，その後も 0.6〜1.7 PAL の間で変動しつつ現在のレベル（1 PAL）に到達したらしい．石炭紀（約 3 億年前）の酸素濃度は現在よりも高く 1.7 PAL（35％）であったと推定され，当時生息していた翼間長が 50 cm をこえる大トンボや体長 2 m 以上の大ヤスデなどが進化した原因のひとつと考えられている．

### B. 大気中の二酸化炭素分圧の変遷と生命史

一方，大気中の二酸化炭素分圧は地球史を通じて減少してきた．初期地球の大気に大量の二酸化炭素が含まれていたことは，他の地球型惑星の大気組成や地球内部からの脱ガスによる大気形成論からも推定されるが，「暗い太陽のパラドックス」とよばれる問題からも推察される．すなわち，恒星進化の標準理論によると，点灯したての初期の太陽は現在よりも 3 割ほど暗かったため，約 20 億年前まで地球は平均気温が氷点下であった（全球凍結していた）と計算されるが，実際には少なくとも 38 億年前から海が存在していたことを示す地質学的証拠があるという問題である．周知のとおり，二酸化炭素は温室効果ガスであり，大量（数百 PAL 程度）の二酸化炭素があったとすればこのパラドックスは解決する（ただし，メタンや硫化カルボニルの寄与が大きいという考えもある）．また，先カンブリア時代に地球は何回か全球凍結の危機にみまわれたが，いずれも火山活動で放出された二酸化炭素の蓄積によって全球凍結状態から脱却したとされる．

その後太陽はしだいに光度を増してきたが，あたかもその効果を相殺するかのように二酸化炭素分圧はしだいに減少した．生命は，石灰岩の形成と光合成をとおして，このプロセスに大きく関与した．石灰岩は炭酸カルシウム（$CaCO_3$）を主成分とする堆積岩で，無機的沈殿によっても形成されるが，サンゴ，貝類，石灰藻，円石藻，有孔虫などがつくる石灰質の骨格に由来するものが圧倒的に多い．これらの生物による積極的な骨格形成はカンブリア紀（約 5 億 4 千万年前）に始まった．しかし，それ以前にもバクテリアや藻類の間接的な作用によって石灰岩（ストロマトライトなど）はつくられており，その起源は少なくとも原生代のはじめ（25 億年前）ころまでさかのぼるだろう．

しかし，石灰化の過程では炭酸イオンではなく炭酸水素イオンがおもに用いられるため，炭酸カルシウムの沈殿により，二酸化炭素が放出される（$Ca^{2+} + 2HCO_3^- \rightarrow CaCO_3 + CO_2 + H_2O$）点には注意が必要である．大気中の二酸化炭素は降水や地下水に溶けて炭酸となり，陸地を構成している鉱物を溶解する（$CaSiO_3 + 2CO_2 + H_2O \rightarrow Ca^{2+} + 2HCO_3^- + SiO_2$）．これらの反応を組み合わせる，すなわち陸上で珪酸塩が風化し，それに続いて海中で

炭酸塩が沈殿するプロセスを考えると，正味で二酸化炭素が消費されることがわかる（$CaSiO_3 + CO_2 \rightarrow CaCO_3 + SiO_2$）．

二酸化炭素は生物の光合成によっても固定される（$CO_2 + H_2O \rightarrow CH_2O + O_2$）．固定された有機物は生物の死後分解されリサイクルされるが，なかにはリサイクルを逃れ，堆積物中に埋没する（正味で固定される）ものがある．このようにして地殻中に埋没した有機炭素量は現在の全生物量の1万倍に及ぶと推計されている．地殻中に埋没した石灰岩や有機物はプレート運動によって運搬され，それぞれ変成作用や熱変質を受けて最終的に二酸化炭素の形となり，一部は火山ガスとして大気中に放出される．かくして炭素は地球表層の岩石圏と生物圏を循環し，このような循環をくりかえす間に大気中の二酸化炭素は，存在量を変動させつつ，しだいに石灰岩と地殻中の有機物に閉じ込められていったと考えられる．

大気中の二酸化炭素分圧の変動は生物に多大な影響を与えたはずである．まず，温室効果ガスとして，地球の気候をダイレクトに左右したと考えられる．たとえば中生代の白亜紀（約1億年前）は地球が最も温暖化した時代であるが，プレート運動の加速による火山活動の活発化により大気中への二酸化炭素の供給が増え，その濃度は現在の2〜10倍（2〜10 PAL）に達していたと推定されている．温暖化により両極の氷床はなくなり，極域表層から冷水塊が供給されなくなったことで海洋大循環が停滞し，そのために海洋底が無酸素状態になって多くの底生生物が絶滅したとされる．逆に，たとえば上述の酸素の多かった石炭紀（からペルム紀にかけて）は，二酸化炭素濃度が低い（1〜3 PAL）時期に対応している（維管束植物が進化したことで，リグニンなどの非常に分解されにくい有機物が生成され，有機炭素の埋没率が高くなったことがこの時代の大気中の酸素の増大と二酸化炭素の減少の一因とされる）．この時代の地球は氷河期にあった．

さらに，大局的な二酸化炭素の減少傾向は，二酸化炭素を使って光合成をする生物にとってまさに死活問題だと考えられる．二酸化炭素を効率的に濃縮して利用することのできる$C_4$植物（トウモロコシ，サトウキビなど）が何回も独立に$C_3$植物の系統から進化してきたことは，この問題に対する生命の解決策のひとつだと解釈できるだろう．

（遠藤一佳）

## 14.6 古生代から中生代移行期の大絶滅

### A. はじめに：古生代末の大量絶滅

　大量絶滅は短期間（通常数百万年程度未満）に生物の多様度が急激に減少する現象である．今から約5.4億年前に起こった多細胞動物の爆発的進化以来，現在に至るまでに起きた規模の大きな五度の大量絶滅を「ビッグ・ファイブ」とよぶ．これは，オルドビス紀末，デボン紀後期，ペルム紀（二畳紀）末，三畳紀末，そして白亜紀末に起きたものをさす．これらの大量絶滅は，化石記録に保存される海洋動物の多様度変遷を解析した結果，認識されてきたものである．大量絶滅の原因はさまざまなものが提唱されており，これら「ビッグ・ファイブ」すべてが同一の理由で説明できるものではない．それぞれ異なった動物群が絶滅あるいは多様度の減少を被り，またその後の回復現象の様子も異なっていた．

　なかでももっとも有名で規模の大きなものは，約2.5億年前に起きたペルム紀末（古生代末）の大量絶滅（ペルム紀と三畳紀の頭文字をとってP/Trの大量絶滅とよばれる），そして6500万年前の中生代末（白亜紀末）に起きた大量絶滅（白亜紀と第三紀の頭文字をとってK/Tの大量絶滅とよばれる，最近は第三紀の代わりに古第三紀が使われるのでK/Pgともよばれる）のふたつである．なかでもP/Trの大量絶滅は種の絶滅率から，史上最大の大量絶滅とよばれている．一方，K/Tの大量絶滅は恐竜やアンモナイトなど，よく知られている化石動物群が絶滅したこと，そしてその原因として小天体の衝突が確実視されていることなどから，よく科学誌やマスコミなどにとりあげられる事変である．しかしP/Trの大量絶滅はこのK/Tの大量絶滅を規模ではるかに大きくしのぐ，史上最大の大量絶滅である．

　Sepkoski（1981）は，顕生代（古生代～現在）の海洋動物の多様度（実際には属や科の数）をさまざまな論文から数えあげデータベースを作成した．それに基づき，多様度が時代とともにどのように変遷してきたのかを，定量的に議論することが可能になってきた．さらにRaupと共同で絶滅事変の研究を行なった（Raup & Sepkoski, 1982）．これに基づくと，史上最大の絶滅はP/Trの絶滅で，海洋動物の種のレベルで96％が絶滅したとされていた．しかしこの数字は現在ではみなおされ，多くの研究者は9割程度の海洋動物種が絶滅したと考えている．

　中国浙江省煤山（Meishan）の模式層序（国際的に決められた時代を定義するための地層）の年代測定が正確に行なわれ，ペルム紀と三畳紀の境界が251（百万年）であることがわかった（Bowring et al., 1998; Erwin et al., 2002）．また絶滅現象はごく短い時間（おそらく数十万年間）に起こったことも明らかになってきた（Benton & Twitchett, 2003）．このことから，この大量絶滅は緩慢なものでなく，地質時代からすれば一瞬のできごとで，急速な生態系の崩壊が起こったことがわかってきた．

### B. 絶滅した動物群と大きく多様度を減少させた動物群

　古生代末の大量絶滅で絶滅した動物群は多い．またほとんどの海洋動物群が多少程度の差こそあれ，多様度を減少させている．これらの動物群のなかで，特に懸濁物食者が大きく多様度を減らした．完全に絶滅したものは，底生の大型有孔虫であるフズリナ（原生生物，底生有孔虫類），四放サンゴ，床板サンゴ，三葉虫，ウミツボミなどである（図1）．また，ウミユリ，アンモナイト，腕足動物，コケムシ，放散虫なども著しく多様度を減少させ，絶滅の危機に瀕した．

**図1　古生代末の大量絶滅で絶滅した動物群の例**
(a) 三葉虫（*Calymene blumenbachii*, シルル紀後期，イギリス Dudley 産，節足動物，長さ約5cm）．三葉虫はカンブリア紀初期に出現以来，ペルム紀末まで生きながらえてきたがペルム紀末に完全に絶滅した．(b) 床板サンゴ類（クサリサンゴ *Halysites catenularia*, シルル紀後期，イギリス Dudley 産，横幅約7cm）．(c) フズリナ（*Lepidolina* cf. *multiseptata*, ペルム紀中期，宮城県上八瀬産，原生生物有孔虫類，横幅約9mm）．

### C. 二度の絶滅？

当初ペルム紀末の大量絶滅は一度の事件と考えられていたが，実は時間間隔の狭い二度の絶滅が分離されずに考えられてきたことがわかってきた（Erwin et al., 2002; Isozaki, 2007）．これらは真のP/Trの絶滅と，それより約1000万年前のペルム紀中期と後期の境（G-L境界〈Guadalupian階とLopingian階との境界〉ともいわれる）に起きた絶滅である．G-L境界では大型のフズリナ類の多くが絶滅し，またウミユリ類などもかなり種類を減らしている．しかし規模の大きかったのはP/Trの絶滅である．

### D. P/Trの大量絶滅の原因

他の絶滅事変と同じく，P/Trの大量絶滅の原因をめぐる議論はまだ決着しておらず，さまざまな説が提唱されている．このなかで海洋環境の激変（特に無酸素事変）については多くの研究者が支持しているが，それがなぜ起きたのかについてはまだ解釈の域を出ていない．以下に従来提唱されている説をいくつかあげてみよう．

#### a. プレートテクトニクスによる大陸移動の考え方

Valentine & Moores（1970）は，過去2億5000万年間の大陸の集合離散が生物の多様性に大きく影響することを論じた．地球上の各大陸が離散しているときには海岸線の総延長は大きくなり，また陸上では異なる気候が生じやすくなり地理的な分化も進むことになる．したがって海洋動物，陸上生物ともに多様度を増加させることになる．古生代末にはそれまで分離していた大陸が集合し，パンゲアとよばれる超大陸をつくったことが知られている．もしこれが正しいとすると，生物の多様度を減少させる舞台がつくられたことになる．しかしプレート運動による大陸配置の変化は徐々に起こる現象であり，大量絶滅のように短期間に生じる現象を説明するには別の原因を考えねばならない．

#### b. 小天体の衝突

当時海洋に堆積した地層と，陸上に堆積した地層とを調べた結果，陸上と海洋でほぼ同時に，しかも短時間に生態系の崩壊があったことが推測された（Twitchett et al., 2001）．このような現象を都合よく解釈するには小天体の地球への衝突と，その後の地球表層環境の撹乱による説明がもっともふさわしい．今までにいくつかの論文が小天体衝突の証拠をP/Trの地層から発見したと報告した（Becker et al., 2001; Kaiho, 2001）．しかしその後のサンプルの再試やサンプルを得られた地層の再検討の結果，いずれも同じ結果がその後得られていない．

#### c. 無酸素事変

Isozaki（1997）は，日本や米国西海岸の当時の深海に堆積した地層の観察・分析から，深海ではP/Trをはさむペルム紀後期から三畳紀中期までの長期間（二千万年間）にわたって酸素の欠乏した期間が続き，特にP/Tr境界付近では無酸素の水が広がっていたことを提唱した．その後深海のみならず，比較的浅海の堆積物から低酸素の環境が広がっていた証拠（生痕化石の欠如，堆積性の黄鉄鉱の存在）がみつかっている．

また酸素同位体の分析から，P/Tr境界では6℃に相当する温暖化が起きたことが推定され，温室地球状態が海洋循環を停止させ，海洋の無酸素化をもたらしたとする考えも出されている（Hotinski et al., 2001）．この温室地球をもたらした原因として，海底からのメタンハイドレートの急激な放出を考える説もある．

#### d. 火山活動

シベリア東部には洪水溶岩とよばれる大量（約200万$km^3$）の溶岩が広く分布している（Reichow et al., 2002）．放射年代測定により，この噴出年代がまさに古生代・中生代の境界年代と同じであり，その噴出期間は100万年以内であると考えられている（Bowring et al., 1998; Renne et al., 1995; Mundil et al., 2001）．したがってこの火山活動が地球表層環境の変化，そして生物界に大きな影響を与えたとしてもおかしくない．しかしこの洪水溶岩を噴出させるような火山活動は爆発的な噴火を起こすスタイルではなく，地球全体を塵で覆って太陽放射を長期間さえぎるような現象を起こしたとは考えにくい．

### E. P/Trの後の世界

P/Trの大量絶滅後の三畳紀初期の海洋動物群はほかの時代のものと比べて低多様度で，回復が非常に遅かった（Schubert & Bottjer, 1995; Kashiyama

& Oji, 2004).動物の行動の化石である生痕化石も少なく，海底が低酸素の環境が継続していたことを示唆する．きわめて遅い回復は他の大量絶滅にはみられない特徴である．たとえばサンゴ礁の回復は三畳紀中期のアニシアン階になるまでの500万年間みられなかった．また，三畳紀初期の動物はサイズの小さなものが卓越し，当時の海洋環境が低栄養であった可能性も指摘されている（速水, 2004; Twitchett, 2007）．

三畳紀初期には，世界的に広く分布しopportunistic（日和見主義的）な戦略をとる動物群が多い．また通常の環境には目立たず，三畳紀初期のような特殊な環境に出現する生物群がみられるのも特徴である．これらは，*Lingula* 属（シャミセンガイ）の腕足類，ストロマトライトの礁などである．これらは disaster taxa（大惨事分類群）とよばれることもある（Schubert & Bottjer, 1992）．つまり三畳紀初期にはまだ多くの動物にとってストレスのかかった海洋環境であったと考えられる．

## F．おわりに

古生代末の大量絶滅で絶滅を免れた動物も強烈なボトルネックを被った．その後の回復は緩慢なものであったが，多くの動物群で新たな分化を生じ，近代型動物群とよばれるグループの発展が始まった．ペルム紀末の大量絶滅に関する議論はまだまだつきない．これまでのさまざまな説については，Benton & Twitchett (2003)，Twitchett (2006) に詳しいので参照されたい．

### ［引用文献］

Becker L. *et al.* (2001) Impact event at the Permian-Triassic boundary: evidence from extraterrestrial noble gases in fullerene. *Science*, vol. 291, pp. 1530-1533.

Benton M. J. & Twitchett R. J. (2003) How to kill (almost) all life: the end-Permian extinction event. *Trends Ecol. Evol.*, vol. 18, pp. 368-365.

Bowring S. A. *et al.* (1998). U/Pb zircon geochronology and tempo of the end-Permian mass extinction. *Science*, vol. 280, pp. 1039-1045.

Erwin D. H. *et al.* (2002) Catastrophic events and mass extinctions: Impacts and beyond. *Geological Society of America Special Papers*, vol. 356, pp. 363-383.

速水 格（2004）瀬戸口烈司・小澤智生・速水 格 編, 貧栄養仮説の検証．『古生物の科学4 古生物の進化』272p., 朝倉書店．

Hotinski R. M. *et al.* (2001) Ocean stagnation and end-Permian anoxia. *Geology*, vol. 29, pp. 7-10.

Isozaki Y. (1997) Permo-Triassic boundary Superanoxia and stratified superocean: Records from lost deep-sea. *Science*, vol. 276, pp. 235-238

Isozaki Y. *et al.* (2007) The Capitanian (Permian) Kamura cooling event: the beginning of the Paleozoic-Mesozoic transition. *Palaeoworld*, vol. 16, pp. 16-30.

Kaiho K. *et al.* (2001) End-Permian catastrophe by a bolide impact: evidence of a gigantic release of sufur from the mantle. *Geology*, vol. 29, pp. 815-818.

Kashiyama Y. and Oji T. (2004) Low diversity shallow marine benthic fauna from the Smithian of northeast Japan: paleoecologic and paleobiogeographic implications. *Paleontological Research*, vol. 8, pp. 199-218.

Mundil R. *et al.* (2001) Timing of the Permo-Triassic biotic crisis: implications from new zircon U/Pb age data (and their limitations). *Earth Planet. Sci. Lett.*, vol. 187, pp. 131-145.

Raup D. M. & Sepkoski J. J. Jr. (1982) Mass extinctions in the marine fossil record. *Science*, vol. 215, pp. 1501-1503.

Reichow M. K. *et al.* (2002) 40Ar/39Ar dates from the Western Siberian Basin: Siberian flood basalt province doubled. *Science*, vol. 296, pp. 1846-1849.

Renne P. R. *et al.* (1995) Synchrony and causal relationships between Permo-Triassic boundary crises and Siberian flood volcanism. *Science*, vol. 269, pp. 1413-1416.

Schubert J. K. & Bottjer D. J. (1992) Early Triassic stromatolites as post-mass extinction disaster forms. *Geology*, vol. 20, pp. 883-886.

Schubert J. K. & Bottjer D. J. (1995) Aftermath of the Permian-Triassic mass extinction event: Palaeoecology of Lower Triassic carbonates in the western U.S. *Palaeogeogr. Palaeoclimatol. Palaeoecol.*, vol. 116, pp. 1-39.

Sepkoski J. J. Jr. (1981) A factor analytic description of the Phanerozoic marine fossil record. *Paleobiology*, vol. 7, pp. 36-53.

Twitchett R. J. *et al.* (2001) Rapid and synchronous collapse of marine and terrestrial ecosystems during the end-Permian mass extinction event. *Geology*, vol. 29, pp. 351-383.

Twitchett R. J. (2006) The palaeoclimatology, palaeoecology and palaeoenvironmental analysis of mass extinction events. *Palaeogeogr. Palaeoclimatol. Palaeoecol.*, vol. 232, pp. 190-213.

Twitchett R. J. (2007) The Lilliput effect in the aftermath of the end-Permian extinction event. *Palaeogeogr. Palaeoclimatol. Palaeoecol.*, vol. 252, pp. 132-144.

Valentine J. W. & Moores E. M. (1970) Plate-tectonic regulation of faunal diversity and sea level: a model. *Nature*, vol. 228, pp. 657-659.

（大路樹生）

## 14.7 中生代から新生代移行期の大量絶滅

約6550万年前,中生代の白亜紀末に起こった大量絶滅で,中生代と新生代の境界を記すできごと.陸では恐竜(鳥類を除く),翼竜,海では首長竜,モササウルス類,アンモナイト類など,多様な系統の生物がほぼ同じ時期に絶滅した.古生代末(ペルム紀 Permian/三畳紀 Triassic 境界)につぐ,史上二番目に大きな大量絶滅とされる.かつてはK/T(白亜紀 Cretaceous/第三紀 Tertiary)境界の大量絶滅と略称されていたが,近年,第三紀という年代区分が古第三紀 Paleogene と新第三紀 Neogene に置き換えられたため,K/Pg(白亜紀/古第三紀)境界の大量絶滅とも呼ばれるようになっている.ここではより一般的なK/T境界を使用する.

### A. 大量絶滅の内容

海生無脊椎動物では,算出方法によって異なるが,属レベルで60%以上が絶滅したとする試算のあるグループもある.アンモナイト類のようにグループ全体が絶滅したものもあれば,腕足類,二枚貝などのように絶滅は免れても著しい多様性の減少があったものも多かった(Stanley, 2007).有孔虫に関しては,個々の多様性の増減とともに,興味深いデータが示されている.K/Pg境界の前後の一次生産量(無機物と太陽光を用いて生物体内で合成された有機物の量)の変化に注目し,その前後での有孔虫の安定同位体比を測ったところ,K/Pg境界はそれまでの10%以下になるほど一次生産量が低下して,それは150万年回復しなかったと考えられている(Hsu & McKenzie, 1985).

植物は,双子葉植物の79%が絶滅したという試算がある(Johnson & Hickey, 1990).さらに,K/Pg境界の直後にシダ類が繁栄したことが明らかになった(Tschudy et al., 1984).汎世界的に森林破壊的な環境変化があり,その後,先駆植物群集としてシダ植物が発達したものだと考えられている(Vajda et al., 2001).

脊椎動物は,鳥類を除く恐竜の絶滅が象徴的である.脊椎動物全体をみてみると,陸生種が10%しか存続しなかったのに対して,淡水生は90%が存続していたこと,哺乳類や鳥類のような恒温動物は26%しか存続しなかったのに対して,変温動物は66%が存続していたこと,有羊膜類は44%しか存続しなかったのに対して,魚類,両生類は61%が存続していたことなどのパターンが明らかになっている(Archibald, 1996).個体数が多い傾向のある小型種や,同じ体サイズならば必要とする栄養量が相対的に低い変温動物,生態やエサにおいてジェネラリストのほうが存続した可能性が高かったと説明されている.

大量絶滅の議論においては,クレードごとにK/Pg境界を境に断絶するかどうかが注目されるが,存続したかどうかだけでは重要な変化をみすごしてしまう危険性がある.たとえば,恐竜の大部分は絶滅したが,その1クレードである鳥類は絶滅しなかった.飛行能力によって分布を広げられたことや,近縁の獣脚類恐竜よりも高い体温調節機能をもっていた可能性などから,その存続率の高さが説明されることがある.しかし,白亜紀の鳥類の多様性の大部分を占めたエナンティオルニス類がK/Pg境界で絶滅しているため,鳥類の75%はK/Pg境界で絶滅し,大量絶滅で深刻な影響を受けたと考えたほうが適切だろう(Benton, 1993).

ウニ類を属レベルでみると白亜紀末に絶滅したのは36%程度だが,その体サイズは著しく減少していた.古第三紀の最初のダニアン期(約6550万年前~約6170万年前)の前半までは,体サイズの回復が起こらなかった.体サイズが小さいK/Pg境界後のウニ類は成長が遅かったか,性的成熟が早かったかなどさまざまな理由が考えられるが,K/Pg境界後の海洋環境の栄養状態が低下していたらしいことは整合的である(Smith & Jeffery, 1998).

### B. 大量絶滅の原因

白亜紀末に大きな環境変化を及ぼしたと考えられるできごととして,インドのデカン高原を形成した溶岩の噴出は,複数回,数百万年の期間にわたったことが知られている(Courtillot et al., 1988).さ

らに，地表には微量にしか存在しないイリジウムがK/T境界で多量に検出され，小天体が衝突した結果だと考えられる衝撃石英，津波の痕跡などが観察されている．現在のメキシコのユカタン半島付近の地層中に，推定直径約200kmのクレーターが確認され，チチュルブ・クレーターと名づけられた．クレーターの大きさから，実際の小天体は直径10kmほどの物体だったと推定されている．

白亜紀末には，チチュルブ・クレーター（またはチクシュルーブ・クレーター）の場所は浅い海で，そこに小天体が衝突し，小天体そのものが粉々に砕け散るとともに，海底面にもクレーターができるほど破壊された．周辺には津波が押し寄せるとともに，岩石や粉塵は大気中に巻き上げられ，軽い粉塵は大気中にとどまることによって，地表に届く太陽光線の量を著しく低下させ，寒冷化とともに植物やプランクトンの大量な死滅をひき起こしたと想像されている．上述のとおり，世界各地で，K/Pg境界後に一時的にシダ植物が増えるというデータが示されているが，実際の寒冷化の度合いやその期間を詳細にみつもることはできない．しかし，アメリカ・ワイオミング州のハス類などの葉の表面形状から，池が2カ月以上凍結していたとわかるというデータも出されている（Wolfe, 1991）．

1980年代に小天体衝突仮説が提唱された際，古生物学者たちの評価は低かった．それは，白亜紀末の化石の産出記録をみていると，恐竜などは数百万年をかけて，徐々にその多様性を減じさせていったと考えられていたからである．しかし，その後，それまでみすごされていた小型種や，断片的な標本の研究，既存のデータの層序学的，分類学的な再検討などが行なわれていくと，恐竜の多様性は徐々にではなく，K/Pg境界で急に低下していたと考えられるようになってきている（Russell & Manabe, 2002）．

海が世界中でつながっていて，大気中よりも環境のばらつきが少ないことから，海生の生物は汎世界的に分布する種が存在し，それらが地層の時代を求めるときの示準化石として使われることが多い．また，海底では地層が常に堆積を続けている．しかし，陸上では，河川の流水量，流路の変化，湖などの拡大縮小に伴って堆積物の量が著しく変化するとともに，風化浸食によって地層が消失することも起こる．そのため，恐竜などの陸生脊椎動物の多様性や分布のデータがK/Pg境界を挟んで，白亜紀後期から古第三紀にかけて連続して地層に保存されている場所は限られ，これまでのところ北アメリカでしか確認されていない．近年，モンタナ東部とノースダコタ西部で，K/Pg境界の直前まで恐竜およびその他の脊椎動物の多様性と豊富さは変化していなかったことが明らかになっている（Pearson et al., 2002）．

恐竜の絶滅のプロセスやパターンの議論は，今のところ北アメリカというローカルなデータでのみ可能であるが，恐竜の多様性が急激に低下したとすると，数百万年かけて起こった断続的な溶岩噴出よりも，小天体の衝突の方が直接的な原因だった可能性が高いと考えられる．一部にはチチュルブ・クレーターを形成した小天体の衝突はK/Pg境界よりも30万年ほど前だったので，この小天体が白亜紀末の大量絶滅の主因ではなかったという主張もあった．しかし，そのような主張者でもK/Pg境界では大きな小天体が衝突していたことは認めている．それがチチュルブ・クレーターではなかったというだけで，小天体の衝突自体を否定しているのではないので注意を要する（後藤, 2005）．

小天体の衝突は，中生代と新生代の境界の直近に起こったできごとであるが，上述のインドでの溶岩噴出は，白亜紀最末期の数百万年に地球環境に大きな影響を及ぼしてきたはずである．白亜紀の中ごろ（約9350万年前）には，海洋環境が汎世界的に貧酸素になった海洋無酸素事変が起こり（Turgeon & Creaser, 2008），海生無脊椎動物の多様性に大きな影響を与え，魚竜などが絶滅したと考えられる．白亜紀後期には複数の要因による環境変化が起こり，それに対して，長期間にわたってさまざまな生物界の反応が起こっていたはずである．

［引用文献］

Archibald J. D.（1996）*Dinosaur Extinction and the End of an Era.* Columbia University Press.

Benton M. J. ed.（1993）*The Fossil Record 2.* Chapman & Hall.

Courtillot V. *et al.*（1988）Deccan flood basalts and the Cretaceous/Tertiary boundary. *Nature*, vol. 333, pp. 843-

846.

後藤和久（2005）The Great Chicxulub Debate-チチュルブ衝突と白亜紀/第三紀境界の同時性をめぐる論争. 地質学雑誌, 第111巻, 第4号, pp.193-205.

Hsu K. J. & McKenzie J. A. (1985) A "Strangelove" ocean in the earliest Tertiary. in *The carbon cycle and atmospheric CO2 : Natural variations Archean to present* (Sundquist, ET. and Broecker, WS. eds.), pp. 487-492, American Geophysical Union.

Johnson K. R. & Hickey L. J. (1990) Megafloral change across the Cretaceous/Tertiary boundary in the northern Great Plains and Rocky Mountains, USA. *Geological Society of America Special Papers*, no.247, pp. 433-444.

Pearson D. A. *et al.* (2002) Vertebrate biostratigraphy of the Hell Creek Formation in southwestern Dakota and northwestern South Dakota. *Geological Society of America Special Papers*, vol. 361, pp. 145-167.

Russell D. A. & Manabe M. (2002) Synopsis of the Hell Creek (uppermost Cretaceous) dinosaur assemblage. *Geological Society of America Special Papers*, no.361, pp. 169-176.

Smith A. B. & Jeffery C. H. (1998) Selectivity of extinction among sea urchins at the end of the Cretaceous period. *Nature*, vol. 392, pp. 69-71.

Stanlcy S. M. (2007) An analysis of the history of marine animal diversity. *Paleobiology Memoirs*, Supplement to no.4, vol. 33 of *Paleobiology*, 56p.

Tschudy R. H. *et al.* (1984) Disruption of the Terrestrial Plant Ecosystem at the Cretaceous-Tertiary Boundary, Western Interior. *Science*, vol. 225, pp. 1030-1032.

Turgeon S. C. & Creaser, R. A. (2008) Creataceous oceanic anoxic event 2 triggered by a massive magmatic episode. Nature, vol. 454, pp. 323-326.

Vajda V. *et al.* (2001) Indication of global deforestation at the Cretaceous-Tertiary Boundary by New Zealand Fern Spike. *Science*, vol. 294, pp. 1700-1702.

Wolfe J. A. (1991) Palaeobotanical evidence for a June 'impact winter' at the Cretaceous/Tertiary boundary. *Nature*, vol. 352, pp. 420-422.

［参考文献］

Shultz P. *et al.* (2010) The Chicxulub asteroid impact and mass extinction at the Cretaceous-Paleogene boundary. *Science*, vol. 327, pp. 1214-1218.

（真鍋 真）

## 14.8 大陸移動

### A. 大陸移動説

　ドイツの地理学者 A.Wegener は，現在の地球の各大陸は約2億年前に存在したパンゲアとよばれる超大陸が分離したものだという「大陸移動説」を発表した（Wegener, 1912）．Wegener は南アメリカ大陸の東岸の海岸線と，アフリカ大陸の西岸の海岸線の概形がよく似ていることから，もともとはひとつだった大陸が分裂した可能性を着想し，石炭紀からペルム紀の氷河堆積物や氷河の痕跡，リストロサウルス（*Lystrosaurus*，単弓類）やグロソプテリス（*Glossopteris*，植物）などの化石の分布などを，両大陸がもともとは陸続きだったことを示す証拠として示した．しかし，Wegener の時代には，大陸を移動させる原動力を説明できなかったことから，この説はすぐには受け入れられなかった．その後，1950年代に古地磁気学，1960年代に海洋底拡大説，さらにプレートテクトニクス説が発展し，「大陸移動説」が正しかったことが明らかになった．

### B. プレートテクトニクス

　地球表面はプレートとよばれる厚さ100kmほどの岩盤が十数枚で覆われている．これらのプレートは，地球深部のプルームの動きによって，年平均110cm ぐらいの速度で動いている．プレートとプレートは拡大境界（海嶺，地溝帯），収束境界（海溝），すれ違い境界（断裂帯）のいずれかで接している．太平洋の中央に中央海嶺という拡大境界があり，そこから東西に太平洋プレートが海洋底を拡大している．太平洋プレートの西縁は，日本海溝付近で北アメリカプレートの下に，マリアナ海溝付近でフィリピン海プレートの下に沈みこむ収束境界を形成している．太平洋プレートの東縁は，アメリカ・カリフォルニア州で北アメリカプレートとすれ違い境界をつくっている．太平洋プレートの沈み込みは，日本で地震が起こったり，火山が噴火したりするたびに実感することができる．このようなプレートの動きは，遅くとも約38億年前から始まっていたと考

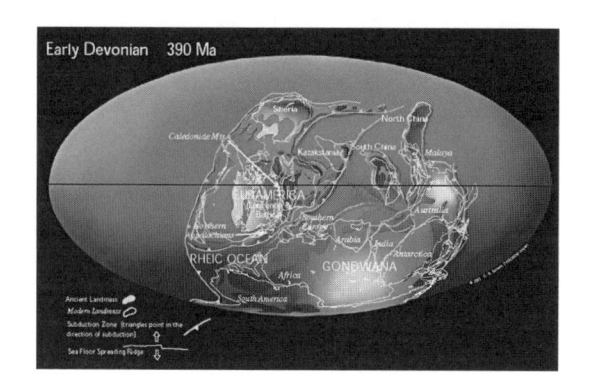

図1 デボン紀前期（約3億9000万年前）の大陸の配置復元図の一例
ゴンドワナとユーラメリカのふたつの超大陸が存在していた．まだ四肢動物は陸上には進出していなかったと考えられている．(Paleomap Project, http://www.scotese.com/ より)

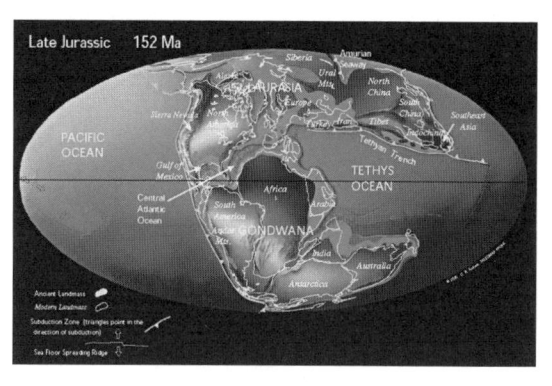

図2 ジュラ紀後期（約1億5200万年前）の大陸の配置復元図の一例
超大陸パンゲアはローラシアとゴンドワナに分離し始めていた．(Paleomap Project, http://www.scotese.com/ より)

えられ，これまで地球上の大陸はその動きとともにその形と相対的な位置関係を変えてきた．

プレートテクトニクスの結果としての大陸移動は，生物が陸上に進出したと考えられている古生代以降の約6億年間，特に陸上の生態系に大きな影響を及ぼしてきた．古生代以降の大陸の配置について概観してみると，約5億年前に存在したゴンドワナ（図1），ゴンドワナがローラシアと合体して形成されたパンゲア（約2億5000万年前から約1億5000万年前），そしてそのパンゲアが分裂して再びできたローラシア，ゴンドワナなどの超大陸が存在した（図2）．

## C. 恐竜の進化

大陸移動と生物進化の関連性に着目すると，中生代の恐竜の進化とパンゲアの形成と分裂は関連性が高いと考えられている．ヒザが胴体の側方に突き出すはい歩き型の歩行（sprawling gait）を基本とする爬虫類のなかで，ヒザを胴体の下方に伸ばす直立型の歩行（erect gait）をするもの，つまり恐竜が出現した．恐竜およびその姉妹群の直立型の歩行は，三畳紀に出現したことが骨格や足跡の化石から明らかになっている．恐竜は直立型の歩行によって効率的な歩行を行なえるようになり，結果として行動範囲や分布を広げることができたため，ジュラ紀，白亜紀とその多様性を著しく増加させることができたと

考えられている（Benton, 2005）．また，直立型の四肢の方が体重を効率的に支えることができたため，他の爬虫類に比べて恐竜が大型化できたと考えられている（Kubo & Benton, 2007）．

もっとも基盤的だと考えられる恐竜やその姉妹群の化石はアルゼンチンやブラジルの三畳紀後期（約2億2500万年前）の地層から発見されている．恐竜はジュラ紀前期までに汎世界的に分布を広げ，生態系の大きな部分を占める動物になっていったと考えられているが，恐竜の出現は超大陸パンゲアがあった時代であったことから，恐竜は地球上に広く分布を広げられたのではないかと解釈されている．ジュラ紀後期から白亜紀にかけて，ローラシア，ゴンドワナのそれぞれの超大陸が分裂していくが，その分断によってクレードの分岐が促進されたことが，恐竜の形態的な多様性を著しく増やしたと考えられる．たとえば，トリケラトプス（$Triceratops$），プロトケラトプス（$Protoceratops$）などを含む角竜（Ceratopsians）は，白亜紀前期・後期のアジア，白亜紀後期の北アメリカに分布していた．このことは，白亜紀前期にローラシアの中でヨーロッパと北アメリカと海で隔てられ，島大陸となっていたアジア大陸で角竜が出現し，白亜紀後期にアジアと北アメリカが陸続きになったことで，角竜の一部が北アメリカに分布を広げたためだと考えられている（Benton, 2005）．

同じようなパターンがティラノサウルス（$Tyran$-

nosaurus）を含むティラノサウルス類でも指摘されている（Manabe, 1999）．ジュラ紀後期までに絶滅したと考えられていた単弓類トリティロドン類（Tritylodontids）が日本の手取層群では白亜紀前期の地層から確認されている．アジアが島大陸化したことによって，レフュージア（refugia）となった可能性，レリクト（relict）を存在させた可能性などが指摘されている（Manabe et al., 2000）．

## D. 哺乳類の進化

食虫類に含まれていたキンモグラとテンレック，原始的な独立した目とされてきたハネジネズミ類，ツチブタ類，岩狸類，海牛類，および長鼻類などは，分子系統学的な研究から単系統であることが明らかになり，アフロテリア（アフリカ獣類）というグループ名でよばれるようになった．近年，内臓の特徴や胸胴椎数の増加など，形態学的な共有派生形質でも裏づけられている．レトロポゾンによる解析によれば，アフロテリアと異節類（Xenarthra）の分岐は白亜紀前期だと考えられている．それはまさにゴンドワナ超大陸が分離し始めた時期だと考えることができる（Nishihara et al., 2009）．

ゴンドワナの一部だった南アメリカ大陸は，ローラシアの一部だった北アメリカ大陸と鮮新世（約300万年前）に陸続きになるまでは島大陸だった（図3）．新生代の初期までの南アメリカの動物相は，滑距類（Litopterns），南蹄類（Notoangulates），輝獣類（Astrapotheres），火獣類（Pyrotheres）など南アメリカ特有のグループとともに，有袋類，異節類などで構成されていた．パナマ陸橋によって北アメリカと陸続きになると，南アメリカからは，ナマケモノ類，アリクイ類，テンジクネズミ類，アルマジロ類，アメリカヤマアラシ類，オポッサム類，地上生ナマケモノ類，グリプトドン類などが北アメリカに渡ったこと確認されている．北アメリカからはネコ類，リス類，長鼻類，バク類，キツネ類，ウサギ類などが南アメリカに分布を広げた．この南北アメリカ大移動において，南蹄類など南アメリカ特有のグループが絶滅したが，異節類，有袋類などは現代まで存続している（冨田，2002）．

オーストラリアは有袋類が生態系の中心として繁

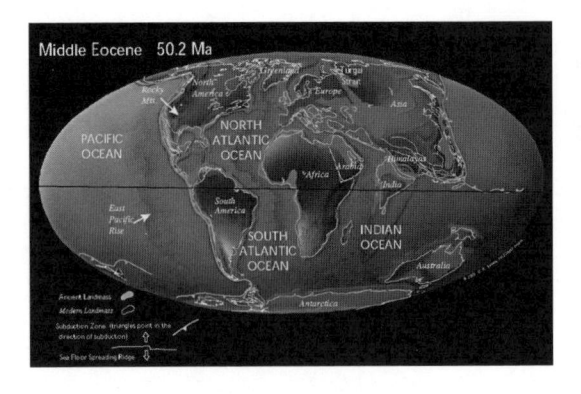

**図3** 始新世中期（約5020万年前）の大陸の配置復元図の一例
南アメリカ，インドはまだ島大陸．オーストラリアが南極大陸から分離した．（Paleomap Project, http://www.scotese.com/ より）

栄している唯一の大陸だが，それは真獣類が進化する前にゴンドワナ超大陸から分離したため，有袋類が真獣類との競争にさらされなかったためだったと説明されることが一般的だった．しかし，オーストラリアの始新世（約5460万年前）の地層から真獣類などの化石が発見された．これらは南アメリカの動物相との類似性を示している．南アメリカ，オーストラリアなどでは，新生代の初期の段階に有袋類と真獣類が共存していたものの，オーストラリアでは有袋類が存続したと考えられるようになってきている（Godthelp et al., 1992）．

[引用文献]

Benton M. J.（2005）in *Vertebrate Palaeonotolgy*, Third Edition. Blackwell Publishing.

Godthelp H. et al.（1992）Earliest known Australian Tertiary mammal fauna. *Nature*, vol. 356, pp. 514-516.

Kubo T. & Benton M. J.（2007）Evolution of hindlimb posture in archosaurs: limb stresses in extinct vertebrates. *Palaeontology*, vol. 50, pp. 1519-1529.

Manabe M.（1999）The early evolution of the Tyrannosauridae in Asia. *J. Paleontol.*, vol. 73, pp. 1176-1178.

Manabe M. et al.（2000）A refugium for relicts? *Nature*, vol. 404, p.953

Nishihara H. et al.（2009）Retroposon analysis and recent geological data suggest near-simultaneous divergence of the three superorders of mammals. *Proc. Natl. Acad. Sci. USA*, vol. 106, pp. 5235-5240.

Scotese C. R.（2009）Paleomap Project, http://www.scotese.com/

冨田幸光（2002）『絶滅哺乳類図鑑』222p., 丸善株式会社.

Wegener A. (1912) Die Entstehung der Kontinente. Dr. A. Petermanns Mitteilungen aus Justus Perthes' *Geographischer Anstalt*, vol. 58, pp. 185-195, 253-256, 305-309.

［参考文献］

池谷仙之・北里 洋（2004）『地球生物学』228p., 東京大学出版会.

（真鍋 真）

## 14.9 気候変動

### A. 地球気候の支配要因

　地球気候の支配要因として最も重要な要因は，太陽からのエネルギーの受容量変化と，地球に到達後のエネルギーの行方である．前者には，太陽の進化にかかわる数十億年スケールの変化や黒点周期に連動した十～数千年スケールの周期的変化などの太陽の放射エネルギーの変化と，地球公転の軌道要素の永年変化にともなった地球表面での日射量分布の数万～数十万年の周期変動（ミランコビッチサイクル）がある．後者には，大気や地表面の変化にともなった太陽放射の吸収率や反射率（アルベド）の変化がある．たとえば，温室効果ガス濃度の増加は太陽放射の吸収率（赤外線の吸収）の増大を，大気中の微粒子や氷床面積の増加はアルベドの増大をもたらす．これらの変化の要素は，小惑星の衝突（大気中への微粒子の放出）といった地球外にあるものと，地球内にあるもの（海洋・陸地・雪氷・生物圏の間の相互作用の変化，プレート運動による大陸の配置や地形の変化，火山活動，マントル対流など）に大別される．

### B. 気候変動のパターン

　気候変動（climate changes）は，変動パターンから，長期的傾向，周期的変動，突発的事件に分けられる．長期的傾向の例には地球誕生から現在に至る寒冷化があげられ，氷河時代の期間の占める割合は30～10億年前は10%程度だが，顕生代（5億4,200万年前以降）では約30%までになる．周期的変動には，270万年前以降のミランコビッチサイクルに起因する氷期・間氷期サイクルなどがある．突発的事件としては，白亜紀と第三紀の境界（6500万年前）の小惑星衝突に伴う気候悪化などがある．

### C. 気候代替記録

　測定機器による観測値のない時代の気候変動の復元には，地層や氷床に残されたさまざまな代替記録で行なう．代替記録は，古い時代になるほど消失や

変質により量も質も低下し，年代決定の精度も低下する．したがって，古い時代ほど気候変動の復元の精度は低くかつ断片的になる．しかし，新たな代替記録の発見や解析技術の進歩により，気候変動の復元の精度は着実に向上しているので，下記の地球誕生以来の気候変動の内容は確定されたものでないことを十分留意する必要がある．なお，気候変動の記述で多用される「現在」は，研究者間で統一された定義はない．

### D. 46億～6億年までの気候変動史

地球は46億年前に形成されたが，その後の約6億年間の地質記録はほとんどない．月のクレータの形成年代によると，40～38億年前に多数の大きな天体が地球に衝突したと推定されており，衝突で海水が沸騰する事態が頻発し，地質記録が失われたらしい．38億年前には海洋は存在していた．この時期の太陽の光度は，現在の70～80%程度と推定され，大気組成が現在と同じならば，地球は凍結したはずである．しかし凍結した痕跡がないことから，原始大気は数十気圧に達する温室効果ガス（主として二酸化炭素とメタン）を含んでいたとされている（暗い太陽のパラドックス）．無機沈殿した堆積岩（チャート）の酸素・珪素同位体比によると，海洋表層水温は35～25億年前の55～85℃から8億年前の20～30℃へ低温化したと推定されている．約22億年前までの寒冷化の原因には，32～30億年前と27～25億年前に起きた大陸地殻の生産速度の増加によって活発化した，風化作用を通じた大気中の二酸化炭素濃度の低下や，アルベドの増大（大陸のほうが海洋よりも反射率が高い）などが考えられている．上記の大陸地殻の生産速度増加期の直後には強い寒冷化が起こり，それぞれPongola氷河期あるいはMozaan-Witwatersrand氷河期（約29億年前），ヒューロニアン（Huronia）氷河期（24～22億年前）とよばれ，前者では氷床の形成が局地的だったが，後者では広域に発達し（現在の北米大陸，バルト楯状地，南アフリカ，西オーストラリアから氷河堆積物が発見），全球凍結したという考えもある．

酸素発生型の光合成の出現は，海洋・陸地・雪氷・生物圏の間の相互作用に大変革をもたらし，海洋表層から酸化され，約22億年前以降，陸地でも酸化が起こり，大気中の酸素濃度は徐々に増加していく．約22～8億年までは氷河の発達はほとんどなく温暖だったが，約18億年前と約8億5000万年前に氷床が存在したという報告があり，それぞれKing Leopold氷河期とAkademikerbreen氷河期と名づけられている．約8～6億年前には2回の氷河期，スターチアン（Sturtian）氷河期（7.6～7億年前）と，ヴァランガー（Varangian）またはマリノアン（Marinoan）氷河期（6億年前）が起きた．これらの氷河期の氷河堆積物が当時の低緯度で堆積しているので，全球規模で氷床が発達したとする仮説（スノーボール仮説）が提唱され，凍結の開始は低緯度に大陸が集まったことによって，アルベドの増加，活発な風化作用を通じた大気中の二酸化炭素濃度の低下などが関与し，凍結時の地球平均気温は −40℃以下と推定されている．そして，凍結の終結は，火山活動から放出された二酸化炭素が大気中へ蓄積した（大陸地殻が氷床で覆われていたため風化に伴う二酸化炭素の除去がなかった）ことによる温室効果に起因するとされ，その濃度は現在の約400倍に達したと推定されている．

### E. 6億年前以降の気候変動史

6億年前以降では，氷床がないか小さい無氷河時代と氷河時代がくりかえし起き，現在は氷河時代にあたる．この期間の氷河時代はいずれも全球凍結ほどの規模には発達しなかった．カンブリア紀（5.42～4.88億年前）からオルドビス紀（4.88～4.43億年前）の前半までは温暖で極域にも氷床はなかったが，オルドビス紀末期にサハラ（Saharan）氷河期が起きた．この氷河期はHirnantian階（約4.43億年前の50～100万年間）に先立つ約1000万年前から始まり，Hirnantian階の期間に氷床は最大となり，当時の南極周辺に配置していたサハラを中心とする西ゴンドワナ大陸の約 $11 \times 10^6 \mathrm{km}^2$ が氷床で覆われ，シルル紀（4.43～4.16億年）のはじめにも残存していたとされる．この氷河期の終焉から3.50億年前までは，3.74億年前（デボン紀後期）に第四紀とほぼ同じ量の氷床が短期間存在したが，全般的には無氷河時代であった．

3.50億年前（石炭紀前期）から2.60億年前（ペルム紀前期；2.99～2.60億年前）の期間は，大規模な氷床が南半球のゴンドワナ大陸（現在のインド，南アメリカ，南アフリカ，オーストラリア，南極）で拡大・縮小をくりかえし，ゴンドワナ氷河時代（Gondwanan glacio-epoch）とよばれているが，赤道付近では熱帯性気候が卓越していた．古生代後期には，大陸の衝突が起き，石炭紀の終わりには，パンゲア（Pangaea）大陸が形成されたため，大陸衝突に起因する山岳地帯の形成が長期間停止した．その結果，風化活動や有機物固定などの大気中の二酸化炭素を除去する効果が低下し，地球は温暖化したため，ゴンドワナ氷河時代は終わったと考えられている．

ペルム紀後期（2.60～2.51億年前）には活発な火成活動で二酸化炭素濃度が増加し，さらに温暖化が進み，その結果，深層循環が弱まり，無酸素水塊が広がった．その後，三畳紀（2.51～2.00億年前）初期には急激な温暖化が起き，ペルム紀後期と三畳紀初期にかけて，極地域の海洋表層水温は15℃から20℃に，赤道地域の海洋表層水温は35℃から40℃に，全球平均気温は25℃から30℃に上昇したと推定されている．温暖化はさらに進行し，白亜紀中期（1.20～0.9億年前）にピークに達した．このときの大気中の二酸化炭素濃度は現在の数倍程度で，両極とも温帯ないし暖温帯の気候だったと推定されている．また，相対的海水準上昇に伴って大陸の$30 \times 10^6 \mathrm{km}^2$が水没したので海洋気候が卓越し，海洋底には無酸素水塊が広がった．なお，後期ジュラ紀から前期白亜紀（1.35億年前）にも小規模な氷床が存在したという．

白亜紀中期以降，気候は一時的に寒冷化するが，約6800～6700万年から温暖化し，約5200～5000万年前（始新世前期）にピークを迎え，前期始新世の温暖期とよばれている．この間に，白亜紀―第三紀境界（6500万年前）の小惑星衝突による突発的寒冷化事件と約5500万年前（暁新世後期）の突発的温暖化事件が発生した．後者の発生プロセスは以下のように考えられている．北大西洋の海洋底拡大に伴い，ノルウェー海でマグマが堆積物へ貫入したため，メタンハイドレートが融解し，炭素量にして1500～4000ギガトンのメタンが大気に放出され，酸素と反応し二酸化炭素となった．その結果，約2万間で全球気温は6℃，高緯度の海洋表層水温は8℃上昇したと推定されている．また大量の二酸化炭素が海洋に溶け，海洋酸性化が発生した．その後の気候の回復には20万年程度かかったとみつもられている．

5000万年前以降，地球気候は両極を中心に段階的に寒冷化していく．南極に小規模な氷床が現れたのは約3700万年前で，約3400万年前の漸新世初頭の約30万年間に二度の氷床の急速な形成があった．この原因は，約3400万年前にタスマニア海路が形成された結果，周南極海流が出現し，南極の熱的孤立がいっそう進んだためという考えがある．一方，ヒマラヤ―チベットの隆起による風化作用の活発化に伴う大気中の二酸化炭素濃度の減少が南極の大陸氷床の発達をもたらしたという考えもある．この約3400万年前には北米大陸や北半球中緯度海域でも寒冷化が起こり，また中央アジアでは乾燥化が起きた．その後，南極の氷床は，漸新世と中新世の境界付近（約2400万年前）の急速な拡大を経て，約1200万年前に東南極を，約600万年前に西南極を覆った．北半球高緯度では，約4500万年前の北極海には氷山が存在しており，東グリーンランドでは約3800～3000万年前に小規模な氷山が存在していたとされる．約800万年前には，アジアモンスーンが成立したかあるいは強まったと推定され，これはヒマラヤ―チベットの高度が現在の6割程度まで達したことによると推定されている．

約270万年前に北半球高緯度に大規模な大陸氷床が形成され，ミランコビッチサイクルに起因する氷期・間氷期サイクルが顕著化した．氷床出現には，365万年前から276万年前の間に形成されたパナマ地峡が関与しており，それまで太平洋低緯度へ流れていた大西洋低緯度の暖水が北米大陸沖を北上し，北半球高緯度に大量の水蒸気をもたらし，大規模な氷床が出現した．約270万年前から100～90万年前までは，約4.1万年の地軸の傾きの変動に同調した周期の卓越する氷期・間氷期サイクルで，海水準は約30～80m変動した．100～90万年前から60万年前の期間は中期更新世の気候変換期といい，氷期・間氷期サイクルの卓越周期が変化した．60万年前以

降の氷期・間氷期サイクルは，約2万年周期と10万年周期が卓越し，海水準の変動量は120 m にも達した．なお，氷期・間氷期サイクルは，深海底堆積物中の有孔虫殻の酸素同位体比の時間変動に基づいた酸素同位体ステージという区分がなされ，現在から過去にさかのぼって間氷期には奇数番号が，氷期には偶数番号がつけられている．また，ミランコビッチサイクルに起因する周期的気候変動は古生代，中生代の地層からも報告されている．

約13～11.6万年前の間氷期を最終間氷期といい，酸素同位体ステージ5に相当する．現在よりも海水準は4～6 m 高く，また全球の年平均温度は現在よりも1℃高かったとみつもられている．約11.6万年前から急激な寒冷化と氷床拡大が始まり（この寒冷期を最終氷期という），約2.8～1.9万年前（最終氷期最盛期）に氷床量が最大となり，海水準は現在よりも120～130 m 低下した．このときの全球の年平均温度は現在よりも約5℃低く，赤道の海洋表層水温も1～2℃低下したとされている．高緯度低圧帯や中緯度高圧帯が低緯度側に位置し，砂漠・半砂漠・ステップ地域が広がっていた．また，ヨーロッパ北部にスカンジナビア氷床が，北米北部にローレンタイド氷床が，チリにパタゴニア氷床が発達し，世界各地の高山に山岳氷河が発達していた．最終氷期には北半球高緯度を中心に約1470年間隔の急激な気候変動が25回くりかえし起き，これをダンスガード—オイシュガーサイクルという．

約1.9万年前から，北半球高緯度の大陸氷床の融解が始まる．氷床融解に伴う海水準上昇は，1.6万年前までは比較的緩やかだったが，それから1.3万年前の期間に約25 m 上昇した．その後，約1000年間の寒冷化事件（新ドリアス事件）を経て，地球気候は再び温暖化し，約7000年前までに海水量は現在とほぼ同じになった．約7000～6000年前は，全球的に気候が現在よりも温暖な場所が多く，完新世温暖極相期（Holocene Climatic Optimum）やヒプシサーマル期（hypsithermal）とよばれ，中緯度の夏季平均温度は，現在よりも2～3℃高かったが，ローレンタイド氷床の近傍では温暖極相期は遅く，温暖化の程度も小さかった．また，現在よりも北半球高緯度の夏季日射量が多かったため，夏季アジアモンスーン循環が現在よりも強く，インド亜大陸や中東やサハラ砂漠の大部分は多雨気候となり，サハラ砂漠がほとんど消滅するくらい植生が発達していた．約6000年前以降は，北半球の夏季日射量の低下とそれに伴う夏季アジアモンスーンの弱体化で，気候は徐々に寒冷化・乾燥化し，サハラでは約5000年前に急速な砂漠化が起きた．1万年前以降（完新世）の気候は比較的安定だが，北半球高緯度を中心に約1500年周期の小規模な気候変動が起きた．

（北村晃寿）

## 14.10 小惑星などの地球環境への影響

### A. なぜ小惑星衝突を考えるか

　顕生累代の5億4200万年の間に，5回の大量絶滅があったことが知られている（たとえば，Jablonski，1986；平野，2006など）．それらのうち，もっとも新しい時代に生じた中生代・新生代境界（より詳しくは，白亜紀・新第三紀境界とよび，2010年以前はK/T境界，以降はK/Pgと略記する）に生じた大量絶滅の原因は直径$10\pm4$kmの隕石が地球に衝突したことによる地球環境の激変にある（Alvarez et al., 1980）という仮説が提唱された．多くの証拠の発見と仮説から提唱された15の予測（Alvarez, 1987）のほとんどが証明されたことから，隕石衝突仮説はほぼ承認され定説となっている．

　その後，Raup & Sepkoski（1984）やSepkoski & Raup（1986）が古生代ペルム紀から新生代更新世までの海生無脊椎動物の多様性変動の周期性を検討して，絶滅率のピークは2600万年間隔で生じていることに統計的有意性をみいだした．このような長い周期性をもった地球環境の擾乱現象は，天体の運動に由来する隕石や彗星などの地球への衝突であろうということから，Rampino & Stothers（1984）は太陽系の摂動説を提唱した．同年にWhitmire & Jackson（1984）やDavis et al.（1984）は，太陽の連星説を提唱した．ついでWhitmire & Matise（1985）は，太陽系に未知の惑星Xがあるとして，彗星雨が地球を襲うことで説明しようとした．しかし，これらの仮説は，たとえば，太陽系の銀河面への接近と大量絶滅の時期とが一致しないなどの，仮説の不完全さが明らかとなったことに加えて，今日に至るまで証明されていない．何よりも，顕生累代の絶滅事変の2600万年という周期性そのものに疑問が呈され，今日では周期性があるとは考えられていない（たとえば，Hallam & Wignall, 1997）．さまざまな統計学的方法で周期性の検定がなされたが，必ずしもどのような検定をしても周期性が有意とはならなかった（たとえば，Noma & Glass, 1987）．また，そのような検定をするためには，絶滅事変のはじまりの時代が精確に求められねばならない．2600万年絶滅周期説の対象とされた絶滅事変は10回ある．したがって，全地球レベルで10回の絶滅事変のはじまりの時代が国際対比されねばならない．世界のどの地方のどの地層で観察される絶滅事変の開始時期を用いればよいのか，また背景絶滅があるなかでどこ（何年前）を絶滅事変の開始とみなすかなど（たとえば，Hoffman, 1985）について合意はできていなかった．

　しかし，中規模の絶滅事変を含めた2600万年周期説とは別に，顕生累代の5回の大量絶滅のなかには，K/Pg境界絶滅事変のほかにも隕石の衝突に由来するものがあるかもしれない．それは，他の4回の大量絶滅の原因について十分にわかっていないからである．以下に，近年の研究動向を紹介する．

### B. 地球に衝突する小惑星の大きさと頻度

　地球に衝突する宇宙からの物体の大きさ別の頻度については，人工衛星が打ち上げられ，宇宙ステーションに人が滞在するようになり，また対ミサイル迎撃のためのシステムが発達するにともない，詳しく知られるようになった．たとえばCourtillot（1999）では，直径1mmの物体は30秒ごとに地球に降り注いでいること（ただし，このような小さな物体は大気圏で燃えつきてしまう），直径1mでは1年に1回程度，直径100mでは1万年に一度（1個）程度で，たとえばアリゾナ州のMeteor（別名Barringer）クレーターがその痕跡であるという．これは，クレーターの直径は1.2kmで4万9000年前である．直径3kmの物体の地球との衝突となると1000万年に1個程度で，たとえばカナダのノバスコシア州にあるMontagnaisクレーターがこの例で，クレーターの直径は45kmあり，5000万年前のものであるという．直径10kmになると1億年に1個程度とされている．これは有名なユカタン半島のChicxulub（チチュラブ）クレーターが実例で，直径180kmで，衝突したのはK/Pg境界（$65.5\pm0.3$Ma）（Gradstein et al., 2005）とよく一致し，$65.6\pm0.1$Ma（Kelley, 2007）である．衝突の頻度については，比較的小さい物体の衝突回数に基づいて，大きさと頻度の間に逆比例の関係があるとして推測されたもので，すべてが実測値ではない．直径10km程度の小惑星の

地球との衝突の頻度について，Alvarez et al. (1980) が引用した値は 1 億年に 1 回で，上述の Courtillot (1999) も同じ値を紹介している．しかし，のちに Sharpton et al. (1993) は 10 億年に 1 回程度であるとした．また，隕石の直径とクレーターの直径の間には相関があることが砲弾などの実測や各種の実験から知られており，Alvarez (1987) ではクレーターの直径は衝突した物体の直径の 20 倍という値を用いている．地球に対してどの角度で侵入するか，クレーターの形成後の風化・浸食作用により理論どおりとはならない．

## C. 衝突の影響：過去の事例

小惑星や彗星の地球への衝突は，HVI と略記される．これは hypervelocity impact の略で，超高速衝突と訳される．超高速の定義は，天体の文献と材料工学の文献でいくらか違うかもしれない．

天体にかかわる文献で，たとえば McBride & Gilmour (2003) では「惑星間の相対速度で秒速数 km～数十 km」とされている．そして，地球の大気圏に突入するときの小惑星の速度は 10~20 km/秒で，彗星の場合はおよそ 70 km/秒にもなるという．ほとんどの小さな物体は大気圏を通過する間に速度を減じるが，直径 20~30 m をこえる物体は超高速で地球に衝突するという．Kelley (2007) は近年の 6 論文をレビューして，直径 100 km をこえるクレーターをつくる衝突だけが地球規模の環境の影響を生じ，より小さなクレーターをつくる衝突は衝突地点から 200 または 300 km の範囲にしか影響を与えないという．

Chicxulub クレーターをつくった白亜紀末の小惑星衝突は，ハイチで採集された衝突により形成された鉱物（テクタイト）の年代が $65.6 \pm 0.1$ Ma (Kelley, 2007) であり，現代の地球年代学の精度ではまさしく K/Pg 境界（$65.5 \pm 0.3$ Ma）(Gradstein et al., 2005) であり，大量絶滅のときと一致する．しかし，Deccan トラップの噴出は 68 Ma に噴出を始め，$65.5 \pm 0.5$ Ma にピークを迎え，62 Ma まで噴出が続いた．一方では，大量絶滅には複数の原因があったかもしれない（MacLeod, 2005）といわれているが，他方では巨大火成岩岩石区（large igneous province：LIP）の噴出の影響については，$SO_2$ と $CO_2$ の放出がある（Courtillot, 1999; Courtillot et al., 2000; Self et al., 2006）とされつつも，大気中の $CO_2$ 濃度にはほとんど影響はない（Self et al., 2006），という見解もある．

Alvarez et al. (1980) 以後に隕石衝突仮説を検証する多数の研究がなされ，隕石衝突の結果，地球環境に影響を与えたとされたのは酸性雨，野火，津波，光合成を遮るほどの塵などがある．Mukhopadhyay et al. (2001) は，惑星間塵粒子の付加速度のトレーサーである $^3$He を用いて，K/Pg 境界事変が短時間の出来事であったことを示した．彼らによると，イタリアのアペニン山脈中の Gubbio と Monte Conero，チュニジアの El Kef の近くの Ain Settara などで試料を得て調べたところ，K/Pg 境界粘土の堆積期間はそれぞれ $7.9 \pm 1.0$ ky, $10.9 \pm 1.6$ ky, $11.3 \pm 2.3$ ky であった．このような短い時間に，地球上の生態系が崩壊したことから，50 万年以上にわたって続いた Deccan Traps の噴出では説明ができない，この環境変動の原因は単一の小惑星か彗星の衝突にあったと結論づけている．

ちなみに，Alvarez et al. (1980) の第 2 著者である Walter Alvarez の研究開始時の発想は，K/Pg 境界粘土層の宇宙塵の濃度を測って境界粘土層の堆積に要した時間，すなわち古生物の大量絶滅に要した時間を測定しようとするものであった．その結果，彼らは Ir の粘土層中の濃集を発見し，絶滅原因仮説を提出するに至った．しかし，当初の目論見である境界粘土層の堆積に要した時間については得られなかった．

Alvarez et al. (1980) 以後，多くの分類群について多様性や個体数の豊富さの天変地異的な激減から絶滅が従来よりはるかに高い精度で再研究された．突然の絶滅であったか，より緩やかな絶滅であったか，境界粘土層の直下で絶滅しているか，などについては現在もいくつかの分類群について議論がないわけではない．たとえばオランダの Maastricht の地下の K/Pg 境界粘土層の露頭にみられるように，境界粘土層の再堆積という現象がある．Ir の濃集層が境界粘土層以外にも数層準から検出され議論になったこともあった．古生物の真の生存期間を求め

て，Lazarus taxa, Elvis taxa, Range truncation, 擬絶滅などの用語と新しい認識の開発や，従来の暗黙の了解の再認識もなされた（平野，2006）．過去の記録であるので，地質学の果たした役割は絶大であった．隕石衝突によって融解したガラスから融解時の温度として1300℃が求められた（Sigurdsson et al., 1991）．ニュージランドで野火が発生し，隕石衝突によって生じた熱風がニュージランドまで及んだことがわかった（Wolbach et al., 1988；1990）．北米南部では津波層が解析された（Bourgeois et al., 1988）．北米の各地で，白亜紀の陸上の植生が全滅し，K/Pg境界粘土層の堆積後にまずシダ植物が回復し（Fern spike といわれる），当時の植物界では繁栄したことが解析されている（Wolfe & Upchurch, 1987）．

### D. 巨大火成岩岩石区の活動

K/Pg境界大量絶滅事変は火山活動による地球環境変動が原因であるという研究は，Alvarez et al.（1980）以後多数発表されている．比較的近年ではMorgan et al.（2004）が，大量絶滅の原因として隕石衝突が肯定できるのはK/Pg境界だけで，他の顕生累代の大量絶滅はLIPの大陸洪水玄武岩の活動のほうが年代的によく一致するとしている（図1）．隕石衝突のクレーターから衝突年代を精確に求めるのは容易ではない．古いクレーターは，より若い地層に覆われて地下にあることがふつうで，風化・浸食によりその形さえも精確にはとらえづらい．また，年代を測定するための，衝突によって周囲の岩石が溶融されてできたガラス（液晶，テクタイト）を捜すことも容易ではない．それに比べて，LIPはその名のとおり広範囲におよび，年代測定の試料もより容易に得られる．Kelley（2007）は，最新のAr-Ar年代値を用いて，大量絶滅事変と時代的に一致するものがあるか検討した．彼によると，過去250 Maの15のLIPのうち6までがピークの噴火の時代が突然の環境変動と12 Ma以内で一致しているという（図2）．しかし，環境の大きな変動やその影響が検出されていない大きなLIP噴出もあり厳密な関係は不確かであるとしている．

他方，Kump et al.（2005）は，海洋無酸素事変の

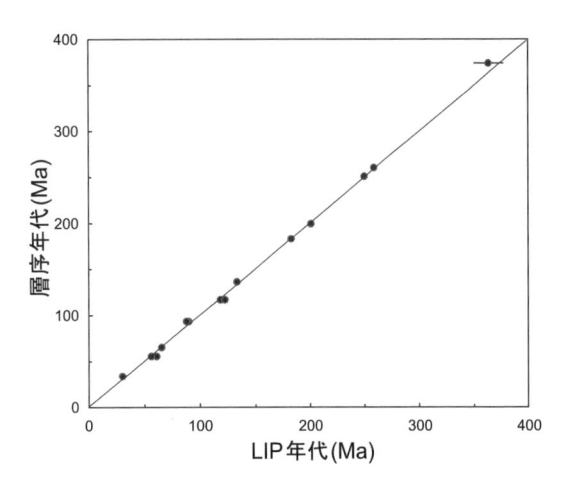

**図1** 巨大火成岩岩石区（LIPs）の活動ピークの放射年代と地球環境の突然の変化をともなっている地質時代境界の関係
4億年もの長い期間をこの図に押し込めると，両者はよく相関しているようにみえる．実際のずれの時間は500万年より短いものが多い．（Kelley, 2007 より改変）

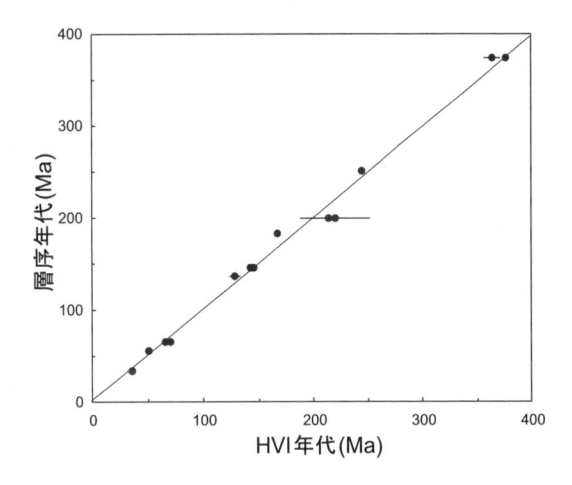

**図2** 超高速衝突でできたクレーターの放射年代と地球環境の突然の変化をともなっている地質時代境界の関係
図1と同様，このような小さな図に4億年分を押し込めると，両者はよく相関しているようにみえる．実際はK/Pgを除いて，500万年以上ずれている例がほとんどである．（Kelley, 2007 より改変）

際には，硫酸塩バクテリアのはたらきで過剰な硫化水素が生成され，海水中からさらには大気中に広がることを述べ，ペルム紀末，デボン紀後期の大量絶滅および白亜紀中期のセノマニアン期・チューロニアン期境界の絶滅はこれが原因であるとした．このうち，ペルム紀末のLIPとしてはSiberian Traps

が知られており,その年代は 250±1 Ma（Kelley, 2007）で P-T 境界年代（251±0.4 Ma; Gradstein et al., 2005）と一致する.噴出した溶岩の現在の体積は 150 万〜250 万 km$^3$（Renne & Basu, 1991; Renne et al., 1995）という莫大な量である.

### E. 小惑星の衝突と巨大火成岩岩石区の活動,おのおのの時代と大量絶滅との因果関係

以上のこれまで,特に近年の研究結果からは,地球年代学の精度の向上により,HVI あるいは LIP の年代と大量絶滅事変あるいはその他の中規模絶滅事変の生じた年代,古生物の絶滅あるいは急速な衰退の開始年代と継続期間が絶滅事変の原因を解明する鍵となる事を示している.そして,本節の課題である「小惑星などの地球環境への影響」という観点からは,顕生累代では K/Pg 境界大量絶滅だけがよい一致を示しているといえる.

### F. 仮説提唱から 30 年

この原稿の投稿後,Schulte ほか 41 名（2010）により Alvarez et al.（1980）の隕石衝突仮説の 30 年間にわたる議論の総括がなされた.彼らは結論で,K/Pg 境界大量絶滅は Chicxulub への衝突が原因であると結論していることを最後に紹介しておきたい.

### [引用文献]

Alvarez L. et al. (1980) Extraterrestrial cause for the Cretaceous-Tertiary extinction. Experimental results and theoretical interpretation. *Science*, vol. 208, pp. 1095-1108.

Alvarez L. (1987) Mass extinctions caused by large bolide impacts. *Physics Today*, vol. 40, pp. 24-33.

Bourgeois J. et al. (1988) A tsunami deposit at the Cretaceous-Tertiary boundary in Texas. *Science*, vol. 241, pp. 567-569.

Courtillot V. (1999) *Evolutionary catastrophes. The science of mass extinction*, Cambridge University Press.

Courtillot V. et al. (2000) Cosmic markers, Ar-40/Ar-39 dating and paleomagnetism of the KT sections in the Anjar Area of the Deccan large igneous province. *Earth Planet. Sci. Lett.*, vol. 182, pp. 137-156.

Davis M. et al. (1984) Extinction of species by periodic comet showers. *Nature*, vol. 308, pp. 715-716.

Gradstein F. et al. (2005) *A geologic time scale 2004*, Cambridge University Press.

Hallam A. & Wignall P. B. (1997) *Mass extinctions and their aftermath*, Oxford University Press.

平野弘道（2006）『絶滅古生物学』岩波書店.

Hoffman A. (1985) Patterns of family extinction depend on definition and geological timescale. *Nature*, vol. 315, pp. 359-362.

Jablonski D. (1986) Causes and consequences of mass extinctions: a comparative approach. In Elliot DK. (ed.), *Dynamics of extinction*, John Willey & Sons.

Kump L. R. et al. (2005) Massive release of hydrogen sulfide to the surface ocean and atmosphere during interval of oceanic anoxia. *Geology*, vol. 33, pp. 397-400.

Kelley S. (2007) The geochronology of large igneous provinces, terrestrial impact craters, and their relationship to mass extinctions on Earth. *J. Geol. Soc., London*, vol. 164, pp. 923-936.

MacLeod N. (2005) Mass extinction causality: statistical assessment of multiple cause scenario. *Russian Geology and Geophysics*, vol. 46, pp. 979-987.

McBride N. & Gilmour I. (2003) *An introduction to the solar system*, Cambridge University Press.

Morgan J. P. et al. (2004) Contemporaneous mass extinctions, continental flood basalts, and 'impact signals': are mantle plume-induced lithospheric gas explosions the causal links? *Earth Planet. Sci. Lett.*, vol. 217, pp. 263-284.

Mukhopadhyay S. et al. (2001) Short duration of the Cretaceous-Tertiary boundary event: Evidence from extraterrestrial Helium-3. *Science*, vol. 291, pp. 1952-1955.

Noma E. & Glass A. L. (1987) Mass extinction pattern: result of chance. *Geol. Mag.*, vol. 124, pp. 319-322.

Rampino M. R. & Stothers R. B. (1984) Terrestrial mass extinctions, cometary impacts and the Sun's motion perpendicular to the galactic plane. *Nature*, vol. 308, pp. 709-712.

Raup D. M. & Sepkoski J. J. Jr. (1984) Periodicity of extinctions in the geologic past. *Proc. Natl. Acad. Sci. USA*, vol. 81, pp. 801-805.

Renne P. R. & Basu A. R. (1991) Rapid eruption of the Siberiasn Trap flood basalts at the Permo-Triassic boundary. *Science*, vol. 253, pp. 176-179.

Renne P. R. et al. (1995) Synchrony and causal relations between Permian-Triassic boundary crisis and Siberian flood volcanism. *Science*, vol. 269, pp. 1413-1416.

Schulte P. S. et al. (2010) The Chicxulub asteroid impact and mass extinction at the Cretaceous-Paleogene boundary. *Science*, vol. 327, pp. 1214-1218.

Self S. et al. (2006) Volatile fluxes during flood basalt eruptions and potential effects on the global environment: a Deccan perspective. *Earth Planet. Sci. Lett.*, vol. 248, pp. 518-532.

Sepkoski J. J. Jr. & Raup D. M. (1986) Periodicity in marine extinction events. In Elliott, D. K. (ed.), *Dynamics of extinction*, John Wiley & Sons.

Sharpton V. L. *et al.* (1993) Chicxulub multi-ring impact basin size and other characteristics derived from gravity analysis. *Science*, vol. 261, pp. 1564-1567.

Sigurdsson H. *et al.* (1991) Geochemical constraints on source region of Cretaceous/Tertiary impact glasses. *Nature*, vol. 353, pp. 839-842.

Whitmire D. P. & Jackson A. A. (1984) Are periodic mass extinctions driven by a distant solar companion? *Nature*, vol. 308, pp. 713-714.

Whitmire D. P. & Matise J. J. (1985) Periodic comet showers and planet X. *Nature*, vol. 313, pp. 36-38.

Wolbach W. S. *et al.* (1988) Global fire at the Cretaceous-Tertiary boundary. *Nature*, vol. 334, pp. 665-669.

Wolbach W. S. *et al.* (1990) Major wildfires at the Cretaceous/Tertiary boundary. *Geol. Soc. Amer. Spec. Pap.*, vol. 247, pp. 391-400.

Wolfe J. A. & Upchurch G. R. Jr. (1987) North American non-marine climates and vegetation during the Late Cretaceous. *Palaeogeography Palaeoclimatology Palaeoecology*, vol. 61, pp. 33-77.

〔平野弘道〕

# 第 15 章
# 日本列島の生物

15.1 日本列島周辺の生物相　　　加藤　真
15.2 日本の植物　　　加藤雅啓
15.3 日本列島の哺乳類　　　鈴木　仁
15.4 日本列島周辺の海洋生物　　　小島茂明

## 15.1 日本列島周辺の生物相

### A. 日本列島の生物多様性

日本からは5565種の維管束植物と188種の哺乳類，681種の陸貝が記録されている．この種数は，たとえばほぼ同緯度・同面積のイギリスのそれぞれ1623種・50種・118種に比べて数倍多い．日本列島は長い隔離の歴史を反映して固有種が多く（維管束植物の固有率は36％），世界の生物多様性のホットスポットのひとつに数えられている．このホットスポットは固有属の多さによっても裏づけられ，たとえば種子植物では22属（コウヤマキ属やシラネアオイ属など），哺乳類では6属（アマミノクロウサギ属やヤマネ属など），陸貝では約40属（マイマイ属やミカドギセル属など）が日本列島固有属である．

しかし一方で，日本列島の陸上生物の多様性は，中国大陸の圧倒的に高い生物多様性の分派であるともいえる．たとえば，日本に自生する種子植物は199科990属5062種であるが，中国に自生する種子植物は301科3116属25000種に達する．中国の種子植物の固有属は243属（イワタバコ科28属，キク科17属，イネ科15属，シソ科13属，裸子植物8属を含む）を数え，その多様性中心は中国南部雲南省の亜熱帯林と照葉樹林帯にある．日本列島の生物相の豊かさは，この中国大陸の豊かな生物多様性を背景にして形成された．中国大陸と日本列島の生物相は類縁関係にあると同時に特異であり，両地域を含めた地域（日華区系）の種子植物の固有科は12科（イチョウ科，コウヤマキ科，フサザクラ科，カツラ科，ヤマグルマ科，スイセイジュ科，トチュウ科，キブシ科，アオキ科，ハナイカダ科，ブレッシュネイデラ科，ユズリハ科）におよぶ．

### B. 日本列島に刻まれた歴史

日本列島周辺は，北米プレートとユーラシアプレートの下に，太平洋プレートとフィリピン海プレートが沈み込むという，世界でもまれな四つのプレートがせめぎあう地域である（図1）．これらのプレートの活動が，東アジアの造山運動の背景にある．

さてユーラシア大陸の東端部では，今から2000〜1500万年前の第三紀中新世中期に，辺縁部の内陸側が陥没することによって日本列島の原型が形成された．その後，太平洋プレートはユーラシアプレートの下に沈み込み続け，日本列島は徐々に押し上げられ，高い脊梁山地が形成されてゆく．モンスーンの支配する日本列島周辺では，夏には南からの，冬には北からの風が卓越する．太平洋と日本海の水蒸気を含んだそれぞれの風は，日本列島の脊梁山地にぶつかって，夏には多量の雨を，冬には多量の雪を日本列島にもたらす．一年を通して湿潤な日本列島の気候と，地域間で大きく異なる気象条件は，陸上植物が高い多様性を維持しつつ，独自の種分化をとげることに大きく貢献した．

第四紀に入ると，地球の気候は氷河期と間氷期をくりかえすようになった．氷河期には海水面が100mほども低下し，沿海州と樺太・北海道も韓半島と対馬・九州も何度か陸続きになったと考えられている．これらの陸橋を通って，マンモスなど，大陸のさまざまな生物が日本列島にやって来た．この時期，対馬海峡の閉鎖によって，日本海への暖流の流入が停止したために，日本海の底層は貧酸素環境となった．そのことは日本海が真深海性生物を欠いているひとつの理由である．

### C. 日本列島周辺の植生帯

南北に細長い日本列島は，亜寒帯から冷温帯・暖温帯を経て亜熱帯に至る多様な気候帯をもつ．現在の日本列島に氷河はみられないが，中部地方以北の山岳地域には氷河地形が認められ，更新世には氷床で覆われた地域が存在したことを物語っている．現在，中部地方以北の高山帯には，チョウノスケソウやライチョウのように，ツンドラ地帯に周極分布をする生物が遺存的に残っているが，それらは氷河期に北から南下してきたものである．

東アジアの亜寒帯は，マツ科（特にモミ属とトウヒ属）の針葉樹が優占する針葉樹林に覆われることが多い．北海道と沿海州では，トドマツやエゾマツが優占するが，より乾燥したシベリアに行くと落葉性のカラマツ類が優占するようになる．一方，本州の亜高山帯では，シラビソ，オオシラビソ，トウヒ，

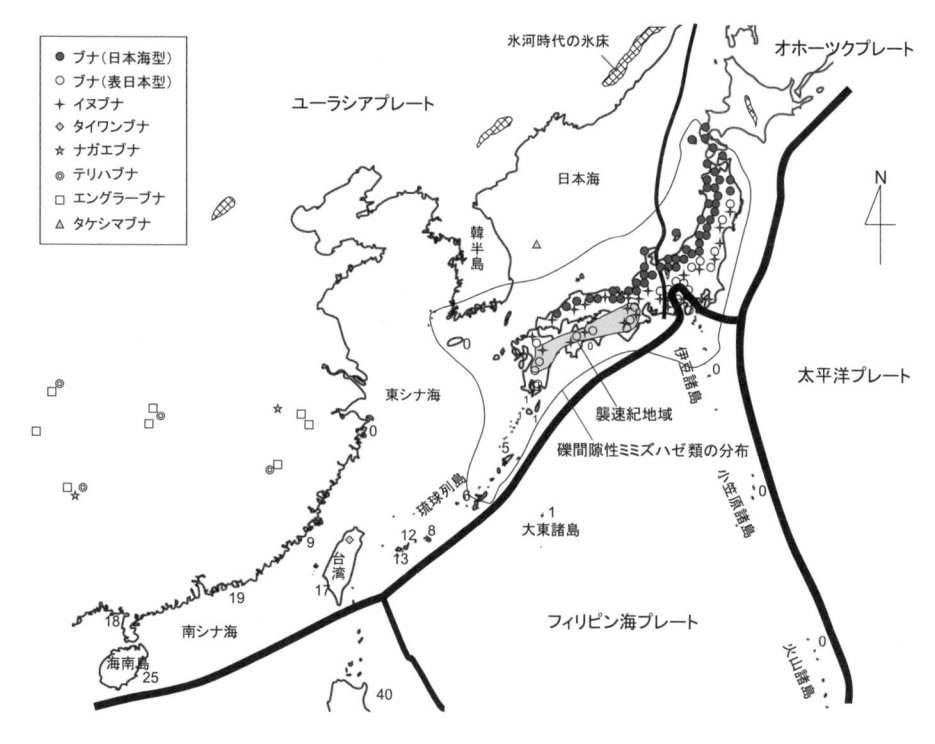

**図1** 日本列島とその周辺における生物分布の概念図
ブナ属7種の分布（凡例参照），マングローブ植物の種数（図中の数字），氷河期における氷床の分布，植物の固有属の多い襲速紀地域，礫間隙性ミミズハゼの分布．

コメツガなどが優占する常緑針葉樹林が発達するが，この地域の長く隔離された歴史を反映して，これらの針葉樹の優占樹種のほとんどは日本列島固有種である．

東アジアの温帯には，日本列島のように下部の照葉樹林から上部の夏緑樹林に推移する地域と，中国南部のように照葉樹林から夏緑樹林を経ずに常緑針葉樹林に推移する地域がある．北海道南部以南の日本列島の冷温帯は，ブナの優占する夏緑樹林に覆われるという顕著な特徴がある（図1）．中国大陸や台湾には5種のブナ属植物が分布するが，いずれの種も優占樹種になることは少なく，その林も夏緑樹林というより照葉樹林の林相を呈している場合が多い．日本列島にはブナとイヌブナという2種のブナ属固有種が分布しており，イヌブナの分布は表日本側に偏っている．ブナ林は日本海側と表日本側で林相が大きく異なり，林床は前者ではネマガリダケが，後者ではスズタケが優占することが多い．ブナやイヌブナの葉には形態の多様な虫えいが形成されるが，それらはいずれも日本列島で独自の多様化をとげたタマバエ類の虫えいである．また，成虫が訪花性で幼虫が腐葉土食のヒメハナカミキリ類が著しく多様化しているのも日本列島のブナ林の特徴である．

アジアの暖温帯は，常緑のシイ属とカシ類が優占する照葉樹林の発達に特徴づけられる．この照葉樹林帯は，台湾の山地から中国南部・ベトナム・ラオス・タイ・ミャンマーの山岳地域を通り，ブータン・シッキム・ネパールを経て，インドのヒマラヤ山脈南面の西端まで続いている．ブナ科やクスノキ科，モチノキ科，ツバキ科などの照葉樹の多様性中心は，中国南部の照葉樹林帯にある．この地域の渓畔環境では，ウマノスズクサ科，ツリフネソウ科，イワタバコ科など多くの系統で著しい多様化が起こっているが，そのような多様化が小規模ながら日本列島でもカンアオイ属やホトトギス属などで起こっている．九州から四国・紀伊半島を経て東海地方にいたる地域の渓流沿いには，襲速紀要素とよばれる固有属（ケイビラン属やウラハグサ属など）や固有種の植物が多い．

アジアの亜熱帯は，島嶼部と大陸部で植生や植物

相が大きく異なっている．インドシナ半島内陸部では強い乾期が入るために，林は雨緑樹林の様相を呈するが，海に囲まれた琉球列島では，オキナワジイやガジュマルなどが優占する常緑の亜熱帯林が発達する．琉球列島の海岸にはマングローブが発達するが，マングローブ植物の多様性は北に向かって減衰してゆく（図1）．琉球列島は，第四紀に大陸と何度か地続きになり，大陸からの生物の侵入と隔離の歴史が幾度かくりかえされた．奄美大島と沖縄本島には，アマミノクロウサギやヤンバルクイナに代表されるような遺存固有種が多い．この地域には絶対送粉共生の植物として，イチジク属13種とカンコノキ属5種，およびオオシマコバンノキが知られている．

## D. 日本列島周辺を舞台にした生物の適応放散

モンスーンが日本列島にもたらす雨は，山肌を削り，清冽な渓流環境をつくり出した．この渓流環境を舞台に，チャルメルソウ属や流水性サンショウウオ類などの多様化が進行している．川の中流域には玉石河原が形成され，そこを舞台にカワラノギク，カワラハハコ，カワラバッタといった日本列島固有の河原生物が分化した．玉石についた珪藻を食むアユの豊産は日本列島（および韓半島と台湾の一部）の清流の象徴である．日本列島の川は，傾斜が急で流程が短く，海と川とを行き来する生物の比率が高いが，そのような回遊性の生物のなかにも，テナガエビ類やヨシノボリ類のように適応放散をとげたものがある．

日本列島を流れる川は多量の砂礫を山から海に供給し続けてきた．その砂や礫は海流や波によって選別され，海岸に吹き寄せられ砂浜や礫浜を形成した．日本列島にはとりわけ礫浜が多く，その礫浜を中心にアオガイ類とミミズハゼ類の著しい多様化が進行している．

水が空気よりも大きい比熱をもつことを反映して，日本列島の陸上にはない熱帯域が，黒潮の洗う琉球列島の海中には存在している．サンゴ礁は中国大陸沿岸部ではなく，奄美諸島以南の琉球列島でこそよく発達しており，そのことは日本列島の海の生物多様性を中国大陸のそれよりも著しく高いものにすることに貢献している．フィリピン周辺は世界の海のなかでもっとも高い生物多様性をもつ海域のひとつであり，その適応放散の舞台となったサンゴ礁海域の北端が琉球列島にかかっているといえる．

日本列島周辺には，伊豆諸島，小笠原諸島，火山諸島，大東諸島という四つの海洋諸島がある．伊豆諸島は伊豆半島から近いため，その生物相は本土のものによく似ているが，後三者の生物相は非常に特異である．特に島嶼としての歴史が長く，ある程度の面積・標高をもつ小笠原諸島では，海洋島独自の生物の進化や適応放散が進行した．木本で雌雄異株になったキク科固有属のワダンノキの生育や，もうひとつの固有属であるシロテツ属，アゼトウナ属，エンザガイ属，カタマイマイ属などの適応放散は，小笠原諸島が「東洋のガラパゴス」とよばれるにふさわしいものにしている．

〔加藤 真〕

## 15.2 日本の植物

### A. 植物相

ある地域に分布する多種多様な植物の総体を植物相という．日本の植物相の解明は，江戸中期から明治初期までの100年余にわたって，イチョウなどを西欧に伝えたKempferの標本を研究した近代分類学の祖Linnaeusの『植物の種』(1753)のなかに日本の植物729種が記載されたのを皮切りに，Thunberg, Siebold & Zuccarini, Miquel, Maximowicz, Franchet & Savatierなど西洋の植物学者によってなされた．その後，トガクシソウ属(*Ranzania*は江戸時代の本草学者小野蘭山に因む)(伊藤篤太郎, 1888年)や，ヤマトグサ(牧野富太郎, 1889年)が日本人によって初めて発表されて以降，日本の植物相はおおむね日本人の手によってしだいに解明されてきた．現在の知見では，日本には陸上植物が約8250種類(種，亜種，変種)分布する(表1)．

### B. 生物地理

日本列島はもともとユーラシア大陸の東縁の一部であったが，およそ2000万年前(前期中新世)になると，日本海のもとになった巨大湖の形成とともに大陸から離れやがて列島を形づくった．現在の列島は琉球列島，対馬さらには北海道などを通じて大陸に隣接しているとはいえ，東シナ海や日本海などによって隔てられている．その結果，大陸と関係が深いけれども独自の植物相が形成した．そのほか，気候変動に応じて熱帯性あるいは寒帯性の植物も移入や後退をくりかえした．寒帯性の植物にとって高山は温暖な間氷期・後氷期にはレフュージア(避難地)となった．系統地理学的研究によると，北海道から本州にかけて分布する高山植物ヨツバシオガマ，エゾコザクラなどは複数の系統からなり，氷期と間氷期がくりかえされた気候変動に応じて複数回移入したようだ(藤井, 2001)．脊梁山脈が背後に走る日本海側の冬季の多雪環境に対し，トガクシソウなどに代表される日本海型植物が適応した．このような変遷の結果として，日本の植物区系は琉球・小笠原区，本土区，エゾ・ウスリー区に3分割され，本土区は「太平洋側」，「日本海側」などいくつかに亜区分されることがある．区系を分ける境界線として，南千島を横切る宮部線，朝鮮半島との間の朝鮮海峡線，小笠原諸島の南に引かれた細川線，琉球列島を横切る渡瀬線や蜂須賀線，さらには本州を横断するフォッサマグナ西端に沿った牧野線などが提唱された．

それぞれの種は独自の分布域をもっているが，同一地域に共存する種の多くは，地域の類似した環境変化や地史を経験したため，類似の分布パターンを示す．生物地理的に日本は，ヒマラヤ(西端はアフガニスタン北部)にまで達する東アジア区系あるいは日華区系の一角を占める．日本と近隣地域の間に共通種や近縁種が多いためであるが，なかには，トチノキと*Aesculus parva*，マンサク属やカエデ属の

**表1 日本の植物の数**

| 分類群 | 全種数 | 固有種数 | 全属数 | 固有属数 | 植物例 |
|---|---|---|---|---|---|
| コケ植物 | 1766 | 158[a] | 472 | 3 | ノグチゴケ，キブネゴケ，コシノヤバネゴケ，キャラハゴケモドキ，ヤクシマアミバゴケ，ヤマトヤハズゴケ，シャクシゴケ，ヤツガタケジンチョウゴケ |
| シダ植物 | 733[b] | 144[c] | 101 | 0 | ヤシャゼンマイ，マルハチ，アソシケシダ，シシガシラ，アマミデンダ，イノデモドキ |
| 裸子植物 | 54 | 31[d] | 18 | 2 | コウヤマキ，スギ，ヒノキ，アスナロ，ソテツ |
| 被子植物 | 約5700 | 2356[e] | 1081 | 19 | シラネアオイ，ブナ，タニウツギ，フジ，モチツツジ，オサバグサ，シャクナンガンピ，オゼソウ，ホツツジ，ホトトギス，レブンアツモリソウ |
| 全植物 | 約8250 | 2689 | 1672 | 24 | |

a) 3亜種, 18変種を含む. b) 8亜種, 62変種を含む. c) 5亜種, 26変種を含む. d) 10変種を含む. e) 86亜種, 710変種を含む.

種など，東アジアと北米東部に隔離分布する近縁種もある．このような隔離分布する日本を含む東アジア産種子植物は77属で，それ以外に日本に分布しないものも30属ある（大橋，2000）．この隔離分布は，温暖であった第三紀に周北極分布していた植物がその後の気候変動などにより分断され，両地域に遺存的に隔離分布するようになったと考えられている．以前は，隔離分布は現生種の比較や化石データから考察されたものだが，分子による隔離分布種の分岐年代推定や系統解析によって，広分布域の分断ばかりでなく，異なる地質年代に複数回の移動が両地域の間で起こった結果であることもわかってきた．

## C．固有植物

日本にしか分布しない固有種は2600種以上（亜種・変種を含む），固有属は24属である（表1）．種子植物がコケ植物，シダ植物よりも固有率が高いのは，受粉様式（胚珠の有無）や散布様式（種子対胞子）などの違いによるのであろう．この傾向は他の地域でもみられる．固有種にはひとつの河川からしか知られていないヤクシマカワゴロモ（屋久島），コビトホラシノブ（奄美大島），特定の蛇紋岩地帯に適応したハヤチネウスユキソウ（早池峰），高山植物ヒダカソウ（アポイ岳）などのようにごくかぎられた地域に分布する狭分布種から，ブナ，ヤシャゼンマイのように日本に広く分布する種までさまざまである．もちろん，固有と非固有の間には中間的な分布型があって，たとえば済州島，中国あるいは台湾の一部にも分布する場合を準固有といったりする．

堀田（1974）によると，日本の固有種の分布型は太平洋型分布種（テバコモミジガサ，ヒメシャラ，イワザクラなど）と日本海型分布種（トガクシソウ，タニウツギ，シラネアオイ，ユキツバキなど），分布域が狭い地方種（ユウバリソウ，ヒダカイワザクラ，ミチノクコザクラ，キタダケソウなど）に分類される．太平洋型分布種と日本海型分布種は山地性ブナ冷温帯を中心に分布し，そのような冷温帯系固有種は多くが第三紀周北極要素のような古い群から分化した遺存種とみなされている．太平洋型分布と日本海型分布の固有種は，冬に乾燥する太平洋気候と多雪によって特徴づけられる日本海気候という異なる環境に適応分化したとされる．冬季の多雪に埋もれて植物が保護される一方，雪解け後の成長期間が短いなど，独特の環境への適応と隔離が固有種を生んだといえる．地方的固有種でもっとも顕著なのは蛇紋岩地域，石灰岩地域，フォッサマグナのような地溝帯や火山地帯のような特殊岩石地域に特有の土壌固有種である．そのほかにも高山植物，ソハヤキ要素などに地方的固有種がある．このような多様な環境があることに加えて，日本列島が南北に長く冷温帯から亜熱帯までまたがり，小笠原諸島が海洋島であり，琉球列島が小島の連なった列島であるため，さまざまな隔離がはたらいた結果，多くの固有種が存在するといえる．

定着性の植物にとって土壌は生涯かかわる重要な生育環境である．特殊な石灰岩地域や蛇紋岩（超塩基性岩）地域が日本に点在し，それらの岩石はカルシウム，あるいは鉄分，マグネシウムなど特有の成分を多く含んでいる．そのため，ふつうの植物は生育できないが，そこで耐えられる土壌固有種が分化する．そのような例として，ハヤチネウスユキソウ，ユウバリソウ，クモノスシダ（日本の固有種ではない）など多くがあげられる．これらの例のように，祖先種の周辺集団から，劇的な選択を受けて土壌固有種が新しく分化しうると指摘されている（Raven, 1964）．

24の固有属のうち，レンゲショウマ，シラネアオイ，トガクシソウ，コウヤマキなどの各属は1種〜少数種からなる小さな日本の代表的な固有属である．固有属が生まれた原因は，他地域に分布していた近縁種が絶滅したか，分布域の拡大をもたらした種分化が起こらなかったことなどが考えられる．国内で固有属がもっとも多く集中する地域は，ソハヤキ要素が分布する九州南部（襲），四国（速），紀伊半島（紀）から本州中部山岳地帯にかけての地域とされる．しかし，日本海側の多雪地帯に分布するシラネアオイ属，トガクシソウ属のような固有属もある．堀田は，固有属の多くは第三紀始新世の古い周北極要素が生き残ったものとみた．

固有種には地史的にみて最近に祖先種から分化した新固有種と，元は広く分布していたが環境変化などにより分布が縮小してできた古固有種がある．後

述する小笠原諸島の固有種は新固有の例である．古固有種は遺存種ともいわれ，また固有属は古固有植物といえる．日本の代表的な固有属コウヤマキ属はコウヤマキ1種だけからなり，この属だけが固有科コウヤマキ科に含まれる．コウヤマキの仲間は白亜紀から第三紀鮮新世にかけて北半球に広く分布していたが，類縁種が絶滅した結果，現在は日本にだけ1種が生き残った．一方，イチョウやメタセコイアは日本には現存しない中国の遺存種であるが，コウヤマキに似た変遷をたどって日本からはそれぞれ300万年前（第三紀後期鮮新世），80万年前（第四紀更新世）になって絶滅した．

## D. ホットスポット

日本は世界の生物多様性ホットスポット34地域のひとつに認定された．ホットスポットは，ある地域に維管束植物の固有種が1500種以上分布する一方，自然植生が70％以上破壊されている保全生物学的に定義される地域である．そこは植物の多様性と特異性が高いばかりか，動物の固有種も多い．日本から自然環境が著しく減っていることは憂慮すべき事態であるが，日本の植物相が固有種を多く含むことが改めて認識されたといえる．固有種の密度から，国内の固有植物ホットスポットとして小笠原諸島の父島，母島，屋久島といった島や高山などがあげられる（海老原，2010）．ホットスポットが固有種をたくさんつくり出した地域なのか，あるいはレフュージアとして多くの遺存種が避難した地域なのかは今後の課題である．小笠原諸島は北太平洋上に隔離された海洋島であり，島の植物は日本列島など近隣地域から移入したり，移入した植物から固有種が分化した結果である．隔離が大きいため，固有属ワダンノキ属，ムニンツツジ，ホシツルランなど多くの固有種が生まれた．ユズリハワダン，ムニンクロキなど何種かの分子系統・遺伝的変異解析の結果，200～300万年前に移入したのち，数～数十万年前に固有種として分化し適応放散したと推定されている（伊藤，2000）．また，植物といってもコケ，シダ，種子植物は生殖様式，生活形，生活環境などいろいろな面で違っているので，植物群によってホットスポットは異なる可能性がある．

[引用文献]

海老原淳（2010）日本の生物多様性ホットスポットはどこなのか？ milsil（ミルシル），vol. 3, pp. 9-11.

藤井紀行（2001）日本の高山植物の系統地理．分類，vol. 1, pp. 29-34.

堀田満（1974）『植物の進化生物学3—植物の分布と分化』三省堂．

伊藤元巳（2000）島嶼における植物の多様性．岩槻邦男・加藤雅啓 編著，『多様性の植物学1—植物の世界』 pp. 148-172, 東京大学出版会．

大橋広好（2000）東アジアの植物相．岩槻邦男・加藤雅啓 編著，『多様性の植物学1—植物の世界』 pp. 79-108, 東京大学出版会．

Raven P. H. (1964) Catastrophic selection and edaphic endemism. *Evolution*, vol. 18, pp. 336-338.

（加藤雅啓）

## 15.3 日本列島の哺乳類

　日本列島は生物多様性のホットスポットのひとつとしても認定されているように，世界的にみても特異な空間である．哺乳類でみれば，ヤマネ類やモグラ類を始め多くの固有種が生息し，また，狭い空間であるにもかかわらず，九州や四国あるいは東北において遺伝的に分化した特異な地域集団を認めることも多い．本項ではこのような日本列島の哺乳類の多様性の特性について概説したい．

### A.「3階建ての博物館」としての日本列島

　日本列島には100種ほど陸生哺乳類が生息するとされ，そのうち半数は固有種である．これは，同じくユーラシア大陸の辺縁に位置するイギリスには固有種は皆無であり，また隣の韓半島ではノウサギ類やヤチネズミ類などのわずかな種が固有であることからも，列島の固有種は数の多さという点で際立っている．さらに，固有種の多くが260万年前に始まった第四紀よりはるか以前の第三紀に分岐したもので，ニホンヤマネやヒミズなどは数千万年前に遡る系統であることが分子系統学的解析から示唆されている（Suzuki, 2009）．これは，第三紀後期以降の地質時代のさまざまな時期に，サハリン，韓半島，琉球列島の三つのルートで，北海道域，本州域（四国，九州を含む），琉球域のそれぞれの地域に大陸系統が流れ込み，絶滅することなく今日までそれらの系統が維持されてきた結果である（鈴木, 2003, 2006）．日本列島が生物多様性のホットスポットとして認定される由縁である．また，固有種が多く，多様性の宝庫といわれるインドネシアの島々は200万年前以降に系統分化した若い系統がほとんどであり（甲山・鈴木, 2008），これと比較しても，日本列島の哺乳類は歴史の古さという点でも特異的であるといえる．もちろん，日本の固有種の系統の分化が第三紀というだけで列島に渡来した時期が第三紀とはただちに判断できないが，種内変異のレベルが第三紀にさかのぼるものもあり，大陸の最近縁種との系統分岐の時間が渡来の時期を反映していると考えたほうが自

**図1 モグラ類にみる日本列島の多様性の特性**
今から560万年前，350万年前，240万年前，120万年前の地球レベルの環境変動に伴い，ミズラモグラ，サドモグラ，アズマモグラ，コウベモグラの祖先系統が大陸から渡来したと考えられている（桐原ら，未発表）．また，コウベモグラにおいては，ミトコンドリアDNAからはI〜IVの四つの地域系統群が観察され，核遺伝子からはI, II+III, IVの三つの系統群が遺伝的に明瞭に分化した系統群であることが示されている．Iの地域系統群では体サイズの大型化が顕著で，特異な進化が起きている．

然な種が多い（Suzuki, 2009）．

　さて，この立場で第三紀後期の哺乳類の系統分化の歴史に目を向けると，日本列島の生物地理学的役割がみえてくる．すなわち，これまでの分子系統学的研究から，モグラ類を始め（図1），アカネズミ類，ウサギ類，テン類などはユーラシア大陸において，数次の地球レベルの大きな環境変動に即し放散的に系統分化したことが示唆されている（Suzuki, 2009）．ユーラシアの特定の地域が受け皿として機能し，固有の系統の育成に関与したようであるが，興味深いのは，その受け皿のひとつに日本列島が関与していた点である．たとえば，アカネズミ類（Apodemus属）において600万年前ころに，四つの古系統が放散的に分岐し，ヨーロッパ，ネパール，中国大陸，そして日本を拠点としている．ウサギ類をみると，亜熱帯，温帯，寒帯で3度の放散的系統分化が起こり，その第一波において琉球域でアマミノクロウサギ，第二波は本州域でニホンノウサギ，第三波は北海道域でユキウサギの系統が誕生し今日に至っている．

　以上のように，日本列島の哺乳類は地球レベルの系統進化のドラマを雄弁に物語っている．北海道域，

本州域，琉球域の三つの空間にそれぞれ貴重な系統が維持されており，これはまさに「3階建ての博物館」と呼ぶにふさわしい状況である（鈴木，2006; Suzuki, 2009）．

## B.「ゆりかご」としての日本列島

前述のように，日本列島の哺乳類は，その固有度の高さに加え，種内の遺伝的分化のレベルが著しく高い．これはすなわち，形態，染色体，そして遺伝子といった着目した個別の遺伝的マーカーにおいて明瞭な地理的変異が認められる場合が多いということである．

例えば，図1に示すように，コウベモグラは西日本と近接する大陸部に分布するが，ミトコンドリアDNAの解析から大陸では，沿海州と韓半島（IV）もひとつの系統としてまとめられるのに対し，日本では，近畿・東海（I），四国・中国（II），九州（III），の三つの地域に分化する．一方，核の遺伝子をマーカーとすると，IとIVは独自のグループとなるが，IIとIIIはひとつのグループとして認知される．モグラ類を含め，多くの種の研究から学べることは，列島の地形の複雑さ，第四紀の環境変動に伴う集団の拡大と縮小，そして同属種間の分布域競合などが地域集団の遺伝的交流の様式に影響を与え，マーカーごとの複雑な地理的空間構造が作出されているようである．いろいろな種を観察することで，種分化過程の様々な段階を吟味できるという点で列島の哺乳類は進化学的に興味深い対象群である．

一方，地域集団の遺伝的分化がすすめば，場合によって異なる種として認知されることとなる．琉球列島のトゲネズミ類がその代表例である．また，本州域の固有種ニホンヤマネは，八つの古いミトコンドリア地域系統が認められ，東北，関東，紀伊半島，四国，九州といったところで数百万年レベルの地域固有の系統が息づく．古い系統が東北にも存在し，第四紀を通して集団が絶滅せず維持されたことが示唆されている（Yasuda et al., 2007）．系統地理学的観点からニホンヤマネの地域集団は種分化の最終段階に入っていると位置づけられる（Avise, 2000）．このように，日本列島には新規の系統が創出され維持されるしくみが整っており，いわゆる「ゆりかご」としての機能が備わっていることが認識されている（Suzuki, 2009）．

## C. 進化の「舞台」としての日本列島

日本列島は，南北に長く，その生息環境も地域ごとに異なる．日本の哺乳類の環境適応に関係ありそうな形質，例えば，体の大きさや毛色に着目すると，それが現在の多様な環境のなかで各地域に最適化された状態に向けた仕分け作業が進められているようにもみえる（鈴木，2008）．

たとえば，本州域に分布するニホンノウサギは日本海側地域では冬季に白化するが，太平洋側では夏毛の毛色のままである．その境界線は積雪量と関連があることが示唆されている．ニホンテンも一般には冬季に毛色は鮮やかな黄色となるが，四国・紀伊半島南部は夏毛の毛色の茶色のままである．しかしこの毛色の地理的多型がどのような要因によって仕切られているかは明らかになっていない．先に紹介したコウベモグラは，体サイズにおいて地域差が観察されている．すなわち，近畿・東海グループ（I）は体サイズが大きく，小型の中国・四国グループ（II）とは明瞭な差異があることがある．これがどのような進化学上の意味があり，どのような遺伝子の変化に依拠するのかは今後の課題となっている．

また，日本列島において，自然状態での二次的接触に加え，野生のハツカネズミやクマネズミにおいては，現代の人間活動や有史以前の人類の移動にともなって，2個以上の異なる系統間の混合が起きている．野生のハツカネズミにおいては南方からの系統と，韓半島からの系統と雑種化が起きていることは良く知られているが，近年，200 kb程度の染色体領域においてハプロタイプ構造が解析され，実際に北海道や東北地方で組換型ハプロタイプが認められた（Nunome et al., 2010）．ハプロタイプ構造の解析は，浸透交雑の直接的証拠が提示できるとともに，交雑の時期も推察可能とされ，日本列島の哺乳類種における浸透交雑の正確な状況把握への活用が期待されている．

以上，日本列島の哺乳類の進化学的観点からの概要を紹介した．身近な場所に興味深く意義のある研究材料が展開している．今後，遺伝学，進化学的観

点の情報収集が進み，さらに哺乳類以外の他の生物種との情報交換を行なうことで日本列島の進化の舞台機能のより深い理解がなされていくものと期待している．

[引用文献]

Avise J. (2000) *Phylogeography: The History and Formation of Species*, Harvard University Press

甲山隆司・鈴木 仁（2008）第3章 レッドエコシステム．大崎 満・岩熊敏夫 編『ボルネオ』岩波出版．

Nunome M. *et al.* (2010) Detection of recombinant haplotypes in wild mice (*Mus musculus*) provides new insights into the origin of Japanese mice. *Mol. Ecol.*, vol. 19, pp. 2474-2489.

鈴木 仁（2003）第10章 小型哺乳類．小池裕子・松井正文 編 『保全遺伝学』pp.159-174, 東京大学出版会．

鈴木 仁（2006）ネズミ類にみる生物の進化と外来種問題．エコソフィア，第17号 pp. 36-40.

鈴木 仁（2008）日本の野生哺乳類にみる毛色の進化．生物の科学遺伝, vol. 62, pp. 60-61.

Suzuki H. (2009) A molecular phylogenetic view of mammals in the "three-story museum" of Hokkaido, Honshu, and Ryukyu Islands. in Ohdachi S. D. *et al.*, eds., *The Wild Mammals of Japan*. pp. 261-263, Shoukadoh.

Yasuda S. P. *et al.* (2007) Onset of cryptic vicariance in the Japanese dormouse Glirulus japonicus in the Late Tertiary, inferred from mitochondrial and nuclear DNA analysis. *J. Zool. Syst. Evol. Res.*, vol. 45, pp. 155-162.

（鈴木 仁）

## 15.4　日本列島周辺の海洋生物

### A．日本列島の生物地理

　南北に細長い日本列島には，生物地理学の研究に基づいて，いくつかの境界線が提唱されている．北海道と本州を隔てる津軽海峡のブラキストン線，旧北区系の南端である北琉球（大隅諸島・トカラ列島北部）と東洋区系の北端である中琉球（トカラ列島南部・奄美諸島・沖縄諸島）を分けるトカラ海峡の渡瀬線，中琉球と南琉球（宮古列島・八重山列島）の境界である慶良間海峡に引かれた蜂須賀線などである．これらの境界線を挟んで生物の種組成だけでなく，同一種内の遺伝的な分化が起きていることがさまざまな生物群で報告されている．また，独立性が高い琉球列島の諸島間では，両生類や爬虫類，食材性昆虫，陸水生物などを中心に，種内の遺伝的分化の例が多数報告されている．

### B．沿岸生物の遺伝的分化

　沿岸域の生物については干潟の巻貝類やカニ類，マツバガイ，モクズガニ，ウミホタル，オニヒトデ，イシサンゴ類などで研究例がある（Kawane *et al.*, 2008; 小島, 2009; Nakano *et al.*, 2010）．リュウキュウミニナは1996年に記載された琉球列島固有の巻貝で，姉妹種であるウミニナとは分布南限の奄美諸島にのみ同所的に生息する．リュウキュウミニナでは遺伝的に分化した四つの集団が，奄美諸島，沖縄諸島，宮古列島および八重山列島にそれぞれ分布している．基本的に分布域の重なりはないが，沖縄島の北部にのみ奄美諸島型の個体が低頻度で出現する．沖縄諸島に分布する集団と他の3集団との間の遺伝的差異が大きく，本種が単系統群ではない可能性も指摘されており，ウミニナも含めた分類学的検討がさらに必要である．同じ干潟の巻貝のヘナタリでは，外部形態では区別がつかないが，南琉球の集団が同属種間にみられるレベルの遺伝的分化をとげているのに加え，中琉球の集団と北琉球以北の集団の間にも完全な遺伝的分化が維持されている．一方，貝殻の形態に基づき，琉球列島の個体が別亜種

イトカケヘナタリとされるフトヘナタリでは，地理的な遺伝的分化がみつかっていない．ウミホタルでは北琉球以北，奄美諸島，沖縄諸島，宮古諸島および八重山諸島の集団が完全に分化していること（Ogoh & Ohmiya, 2005）が，モズガニでは中琉球以南と九州以北の集団がモズガニ属の種間の相当する分化を遂げていること（Yamasaki et al., 2006）が報告されている．*Ishizakiella* 属貝虫類では，琉球列島と九州以北の間で種分化が起きているが，琉球列島に分布する *I. ryukyuensis* が九州以北では紀伊半島でのみみつかっている（Yamaguchi, 2003）．これは黒潮による長距離分散の結果であると思われる．紀伊半島では，在来姉妹種との生殖的隔離を強化する生殖器の形質置換が起きているという興味深い報告もされている．

## C. 海流による分化

日本列島の太平洋岸に沿って流れる黒潮とその支流である対馬暖流は九州の沖合で分岐したのち，再び交わることがない．多くの海産底生生物では長距離分散が浮遊幼生期に起きるので，幼生分散能力の乏しい種では，ふたつの海流の流域間に遺伝的分化が維持されていることが予想される．実際，浮遊幼生期の短いサザエや浮遊幼生期をもたない直達発生種のホソウミニナでは，ふたつの流域の集団間にほぼ完全な遺伝的分化が示されている（小島, 2009）．ホソウミニナでは暖流系に対応するふたつのグループの個体群がさらに複数のサブグループに分化しており，基本的にひとつの場所の集団は遺伝的に近い単一のサブグループの個体のみで構成されている．また，対馬暖流型個体の分布域である北海道全域の集団が遺伝的に均質で，極端に低い遺伝的多様性で特徴づけられるのも特筆される．これは本種の分布北限である北海道の集団が，最終氷期後の環境回復にともなう急速な分布域拡大により成立したためと考えられる．また，現在では黒潮がおよんでいない東北地方の太平洋岸では，宮城県南部以北に対馬暖流型の個体が出現し，同県北部から岩手県南部で優占するが，それより北側では一転して，ほぼ黒潮型個体のみになるという複雑な分布パターンを呈している（図1）．陸奥湾や本州日本海岸には対馬暖流型

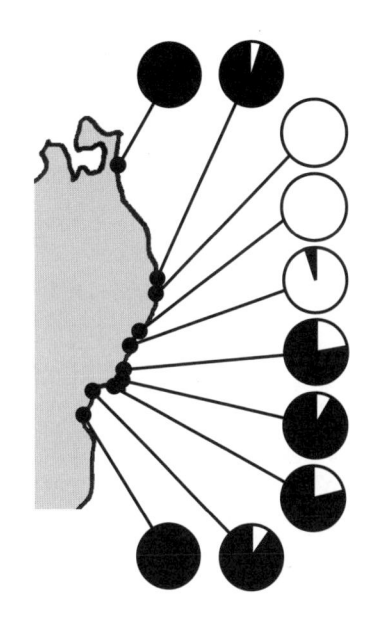

**図1** 東北地方太平洋岸におけるホソウミニナの黒潮型個体（円グラフの黒）と対馬暖流型個体（白）の分布両者の間にはミトコンドリア DNA・シトクロム *c* オキシダーゼ・サブユニット I（COI）遺伝子で 1.5％程度の塩基置換が認められる．（伊藤らの未発表データによる）

個体のみが分布するので，海岸線に沿って集団の遺伝的特性が3回大きく変化していることになる．浮遊幼生期をもたないホソウミニナの分散は，稚貝が表面張力により海面に浮かぶ rafting とよばれる行動や，流木や水鳥の脚などに付着して輸送されることによると考えられる．最終氷期後の温暖期には黒潮が三陸沖まで北上していたことが知られている．また，比較的寒さに強いホソウミニナでは親潮による分散も可能であったかもしれない．こうした事象により，ごくまれに起こる長距離分散の積み重ねが，現在の複雑な分布パターンを形成してきたものと考えられる．浮遊幼生期をもたない岩礁性甲殻類のフナムシやシオダマリミジンコでも，一見連続した海岸線の上で，集団の遺伝的な性質が急に移り変わる現象が報告されている．

## D. 日本海の深海生物

半閉鎖的な縁海である日本海は，氷期にはほぼ完全に周囲の海域から隔離されたと考えられている．最終氷期最盛期（27000年〜17000年前）には，大陸からの大量の淡水流入により垂直混合が停止したため深海域が還元的になり，深海生物が死滅したと

されていた．最近の古海洋学の研究により，対馬海峡付近や水深 500 m 前後の海域では最盛期にも酸化的な環境が保たれていたことが明らかになってきた．日本海固有の数少ない深海生物種（アシナガゲンゲ，ツバイ，エッチュウバイなど）は，氷期の日本海のかぎられた良好な避難場所（refuge）で氷河期を生き延びてきたものと考えられる．いずれにせよ，過去の大きな環境変動が日本海の海洋生物に大きな影響を与えてきたことは想像にかたくない．日本海の深海性底魚類でもっとも優占するノロゲンゲでは，オホーツク海や太平洋の集団との間に完全な遺伝的分化がみられ，その分岐時期が最終氷期最盛期以前であると推定されている（Kodama et al., 2008）．これに対して，ノロゲンゲにつぐ優占種であるコブシカジカでは，完全ではないが別亜種とされる程度の外部形態の差異にもかかわらず，日本海内外の集団の間に遺伝的分化がみられず，最終氷期のあとも海域間の遺伝的交流が続いていた，あるいは現在も続いているものと考えられている（Adach et al., 2009）．このような例は，太平洋沿岸の潮間帯に分布するバテイラと日本海産のオオコシダカガンガラの間にもみられる（小島，2009）．深海底魚種間にみられるこうした違いには，両種の稚仔魚期の分布水深の違いが反映しているのかもしれない．稚仔魚期に海底を離れるコブシカジカに比べて，一生を深海底付近で過ごすノロゲンゲが海峡をこえて近隣海域に侵入する機会はきわめてかぎられている．現在の日本海の深海生物相は，氷期を日本海で生き延びた種と間氷期に侵入した種の攻めぎあいのなかで形成されてきたのであろう．

### E. 人間活動の影響

近年の人間活動は海洋生物の集団構造にも影響を与えている．たとえば，東京湾で最近再発見されたカワアイ集団は，遺伝的に日本の在来集団とは異なり，アサリ種苗などに混ざって海外から移入した個体により形成された可能性が高い（Kojima et al., 2008）．さらに温暖化による種の分布域の拡大が，上述したような海岸線に沿って形成された遺伝的構造を破壊する可能性がある．日本の海洋生物の遺伝的多様性の保全のため，代表的な種について遺伝的構造を把握し，その変化を長期的にモニターすることが必要であろう．

### [引用文献]

Adachi T. et al. (2009) Genetic population structure and morphological characters of Japanese psychrolutids of genus *Malacocottus* (Scorpaeniformes: Psychrolutidae). *Ichthyol. Res.*, vol. 56, pp. 323-329.

Kawane M. et al. (2008) Comparisons of genetic population structures in four intertidal brachyuran species of contrasting habitat characteristics. *Mar. Biol.*, vol. 156, pp. 193-203.

Kodama Y. et al. (2008) Deviation age of a deep-sea demersal fish, *Bothrocara hollandi*, between the Japan Sea and the Okhotsk Sea. *Mol. Phylogenet. Evol.*, vol. 49, pp. 682-687.

Kojima S. et al. (2008) Genetic characteristics of three recently discovered populations of the tideland snail *Cerithidea djadjariensis* (Martin) (Mollusca, Gastropoda) from the Pacific coast of the eastern Japan. *Plankton Benthos Res.*, vol. 3, pp. 96-100.

小島茂明（2009）日本沿岸における底生動物の分散と遺伝的分化．塚本勝巳 編，海洋生命系のダイナミクスシリーズ第 5 巻『海と生命』，東海大学出版会．

Nakano T. et al. (2010) Color polymorphism and historical biogeography in the Japanese Ppatellogastropod limpet *Cellana nigrolineata* (Reeve) (Patellogastropoda: Nacellidae). *Zool. Sci.*, vol. 27, pp. 811-820.

Ogoh K. and Ohmiya Y. (2005) Biogeography of luminous marine ostracod deriven irreversibly by the Japan Current. *Mol. Biol. Evol.*, vol. 22, pp. 1543-1545.

Yamaguchi S. (2003) Biogeographical history and morphological evolution of two closely related ostracod species, *Ishizakiella ryukyuensis* and *I. miurensis*. *J. Crustacean Biol.*, vol. 23, pp. 623-632.

Yamasaki I. et al. (2006) Mitochondrial DNA variation and population structure of the Japanese mitten crab *Eriocheir japonica*. *Fisheries Sci.*, vol. 72, pp. 299-309.

（小島茂明）

# 第 16 章
# 遺 伝 子

| | | |
|---|---|---|
| 16.1 | 遺伝子とは | 高野敏行 |
| 16.2 | 核酸の複製と転写 | 小林武彦 |
| 16.3 | 体細胞分裂と減数分裂 | 高橋　文 |
| 16.4 | 遺伝子系図 | 斎藤成也 |
| 16.5 | 突然変異 | 斎藤成也 |
| 16.6 | 塩基置換とアミノ酸置換 | 田村浩一郎 |
| 16.7 | 挿入と欠失 | 太田聡史 |
| 16.8 | 組換え，遺伝子変換，逆位 | 江澤　潔 |
| 16.9 | 遺伝子重複 | 北野　誉 |
| 16.10 | 遺伝子の水平移動 | 二河成男 |
| 16.11 | 原核生物間の水平移動 | 二河成男 |
| 16.12 | 原核生物と真核生物の間での水平移動 | 二河成男 |
| 16.13 | 真核生物間の水平移動 | 二河成男 |

## 16.1 遺伝子とは

### A. 遺伝情報と複製

　生命の連続性は親から子へ伝えられる遺伝情報によって達成されている．この情報の総体を「ゲノム」（18.1項参照）とよぶ．生命の特性（形質）の多くはこのゲノムによって決定される．大腸菌，イネ，ハエ，マウスといった種の違いも雌雄や個体間の違いもゲノムの違いにある．

　ゲノムは長大な核酸からなっており，一般に染色体という構造を形成して存在している．1900年のde Vries, Correns, TschermakによるMendelの法則の再発見ののち，遺伝情報が種類の豊富なタンパク質であると考えられていた時代を経て，1950年ごろまでには「DNA（デオキシリボ核酸）が遺伝情報の本体である」であると認識されるようになる．その重要な証拠のひとつはAvery et al. (1944) による大腸菌の「形質転換（transformation）」実験である．彼らはDNAが非毒性の肺炎双球菌から毒性の菌への形質転換を起こすことを発見した．その後，WatsonとCrick (1953) によってDNAの化学構造が解き明かされる．DNAは糖（デオキシリボース），リン酸，塩基からなるヌクレオチドを単位とし，逆向きの2本のヌクレオチド鎖が塩基の水素結合を介して形成する二重らせん構造からできている．塩基にはアデニン，チミン，グアニン，シトシンの4種あり，その結合は特異的で，アデニンとグアニン，シトシンとチミンのみが結合できる．この塩基の結合を相補的という．

　WatsonとCrickによるDNAの二重らせんモデルは遺伝情報がもつべきいくつもの特性を容易に説明でき，実際にこれは証明されてきた．まず第一に，遺伝情報は世代をこえて正確に伝えられるために自己複製できなければならない．これは片側のヌクレオチド鎖を鋳型にしての半保存的な複製（replication）によって可能となる（16.2項参照）．第二に，情報は生命活動を支える物質（多くはタンパク質）へと解読されなければならない．解読はDNA分子からRNA分子への転写（transcription）とそのRNA分子からアミノ酸への翻訳（translation）を介して行われる．この際，3塩基の並び（トリプレット暗号，コドン（codon））で1個のアミノ酸が指定される．最後に，遺伝情報はそれだけで1個の受精卵からひとつの生物をつくることができ，しかも莫大な種類の遺伝子，多様性も創出できなければならない．トリプレット暗号によりたとえば900個の塩基であれば100個のアミノ酸からなるタンパク質が決められることになる．900個の塩基配列の組合せの数は$4^{900} \sim 7 \times 10^{541}$と天文学的数値になる．多様性を生み出すことに問題はない．この単純なシステムはひとつの生命体で数万種の産物をつくり出し，しかも塩基あたりの複製のエラー（突然変異（mutation））を$10^{-8}$程度まで抑えることができている．

　生物種のなかにはDNAではなく，別の核酸，すなわちRNA（リボ核酸）を遺伝情報とするものもいる．RNAは糖がリボースであることと，四つの塩基のうちチミンがウラシルとなることがDNAと異なる．重要な違いは，RNAは反応性が高いことである．このため情報保持の安定性でDNAに劣る．しかし，生命誕生の初期ではRNAが遺伝情報として使われていたと推測されている（1.6項参照）．また，RNA分子は転写，翻訳，遺伝子の発現調節などの生命活動で多くの必須の役割を担っている．

### B. 情報の単位としての遺伝子

　転写を考えればわかるように，実際の遺伝情報の単位となるのは遺伝子である（図1）．遺伝子は染色体上の特定の位置を占め，ほとんどはタンパク質をコードしている（16.2項参照）．その発現は時期・組織特異的に調節されていて，遺伝子はタンパク質のアミノ酸配列を決める翻訳領域と発現調節にかかわる領域から構成されることになる．後者は前者の近傍以外にも100 kb以上も遠く離れて存在する場合も少なくない．調節領域が完全に決められた遺伝子はごく少数で，その意味では遺伝子を完結する単位として定義することは困難である．一般に，遺伝子は転写領域（とそのごく近傍領域）をさして使われることが多い．真核生物の多くの遺伝子はアミノ酸をコードする領域がコードしない領域（イントロン（intron））によって分断されて存在している．その

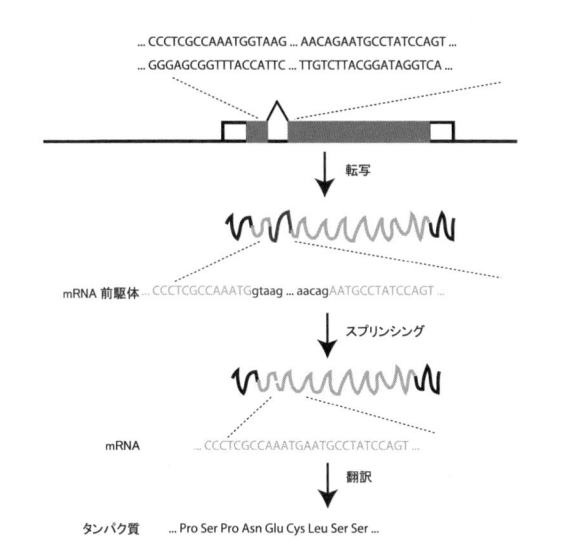

**図1 真核生物の遺伝子**
RNAポリメラーゼによって遺伝子からmRNAが合成（転写）される．mRNAはコドンを単位としてアミノ酸へと翻訳され，タンパク質がつくられる．多くの真核生物の遺伝子ではタンパク質をコードする領域はイントロンによって分断された構造をとっている．

め転写産物のメッセンジャーRNA（mRNA）前駆体からイントロンを切断・除去し，アミノ酸コード領域をひとつの連続した領域へとつなげかえる作業が必要になる．これをスプライシングとよぶ．スプライシングの場所を変えることによって，ひとつの遺伝子から複数のタンパク質が産生できる（選択的スプライシング）．ヒトの約95％の遺伝子が選択スプライシングを受けるとみつもられている（Pan et al., 2008; Wang et al., 2008）．

タンパク質をコードしない遺伝子も多数存在している．リボソームRNA遺伝子やトランスファーRNA遺伝子は転写・翻訳に必須で，ゲノム中に多数コピー存在する．そのほかにsnRNA（small nuclear RNA）やmiRNA（microRNA）などとよばれるノンコーディングRNA（noncoding RNA：ncRNA）遺伝子も存在し，スプライシングや発現調節に重要な役割をはたしているものが知られている．

親から子へ自己複製して伝えられる遺伝子は，種分岐の結果，たとえ異なる種へと受け継がれることになっても，同じ機能を保ち続けることができる．ショウジョウバエの *eyeless* 遺伝子とマウスの相同遺伝子 *Small eye* （*Pax-6*）はホメオドメインをもつ転写因子でいずれも眼の形成に必須である．この *Small eye* 遺伝子を形質転換によってショウジョウバエで発現させると，*eyeless* 遺伝子と同様に眼様の構造をつくることができる（Halder et al., 1995）．もちろん，ここでつくられる眼はショウジョウバエの複眼であってマウスのカメラ眼ではない．この例が示すように多くの遺伝子は種をこえてはたらくことができ，遺伝子は機能の単位となっている．

### C. 自己複製によって増殖する遺伝子

一方で，遺伝子には違いも生じる．DNAの複製は100％完全ではなく，ごくまれではあるがエラーが起きる．この複製のエラー，すなわち突然変異が生命を進化へと導くことになる．ただし，多細胞生物では個体のなかで次世代の遺伝情報に貢献するのは生殖細胞のみで，その他の多くの体細胞は寄与しない（16.3項参照）．したがって，体細胞で起こる突然変異も遺伝しない．癌細胞ではしばしば，癌遺伝子が増幅することが知られているが（例として，Slamon et al., 1987），こうした遺伝子増幅も体細胞で起きるかぎり次世代に伝わらない．生命の歴史は生殖細胞をとおしてのみ続くことになる．

突然変異のため，同じ遺伝子といってもまったく同じではなく，違ったものが存在することになる．これを「対立遺伝子」とよぶ．Mendelが考えたようにもともと対立遺伝子は形質（「表現型」）に基づいて定義されていたものだが，今では塩基配列に基づいた定義が，特に集団遺伝学的解析では主流となっている．表現型解析よりも簡便にDNA配列を決定することができるようになったこともこの理由のひとつである．この定義に従えば，多くの場合，完全に同じものはまれで，各遺伝子座に多くの対立遺伝子が存在することになる．

ここで，ある決まった時間（世代）のひとつの対立遺伝子を考えてみる．この遺伝子は生殖細胞での自己複製によって時間とととともに増えるかもしれない．もちろん，次代にこの対立遺伝子をもった子供を残せなければ，その対立遺伝子の係累は絶えることになる．逆に，現在の対立遺伝子の歴史を過去にさかのぼれば必ずひとつの共通祖先遺伝子にたどりつく．これはちょうどわれわれ個人の系図をたど

ることと同じである．遺伝子の塩基配列の相同性を使って現存の対立遺伝子の共通祖先までの歴史は遺伝子の系図（16.4 項参照）としてみることができる．これは種をこえて，相同遺伝子についても成立する．たとえば，前出のショウジョウバエの *eyeless* 遺伝子とマウスの *Small eye* 遺伝子にも遠い過去に共通祖先遺伝子が存在する．

対立遺伝子や相同遺伝子の系図は集団のサイズや過去の歴史を知る手がかりともなる．ただし，ゲノム中のすべての遺伝子の系図が一致するわけではない．これは遺伝的浮動や自然淘汰による効果に加え，遺伝子の水平移動（16.10 項参照）があるためで，この意味でゲノム（18.1 項参照）はキメラ構造となっている．

［引用文献］

Avery O. T. *et al.* (1944) Studies on the chemical nature of the substance inducing transformation of pneumococcal types. *J. Exp. Med.* vol. 79, pp. 137-158.

Halder G. *et al.* (1995) Induction of ectopic eyes by targeted expression of the *eyeless* gene in *Drosohila*. *Science*, vol. 267, pp. 1788-1792.

Pan Q. *et al.* (2008) Deep surveying of alternative splicing complexity in the human transcriptome by high-throughput sequencing. *Nat. Genet.*, vol. 40, pp. 1413-1415．

Slamon D. J. *et al.* (1987) Human breast cancer: correlation of relapse and survival with amplification of the HER-2/*neu* oncogene. *Science*, vol. 235, pp. 177-182.

Wang E. T. *et al.* (2008) Alternative isoform regulation in human tissue transcriptomes. *Nature*, vol. 456, pp. 470-476.

Watson J. D. & Crick F. H. C. (1953) Molecular structure of nucleic acids. *Nature*, vol. 171, pp. 737-738.

〈高野敏行〉

## 16.2　核酸の複製と転写

1 個の細胞である受精卵は数多くの細胞分裂をくりかえし，ヒトの場合では約 60 兆個の細胞からなる個体を形づくる．分裂の過程で遺伝情報を担う DNA は正確に複製され，すべての細胞はそれぞれ 1 個体分の遺伝子セットを含んでいる．分化した細胞ではそのなかの必要な遺伝子のみが発現する．ここでは DNA の複製機構と遺伝子の発現調節について簡単に解説する．

**A. DNA 複製機構**

真核細胞の DNA の複製は，染色体上に複数存在する複製開始点から開始する（DePamphilis, 1996）．細胞周期の S 期（DNA 合成期）に複製開始点に結合した複製開始タンパク質複合体（Orc）に DNA 合成酵素群が集合する．そのひとつである DNA ヘリカーゼは二本鎖 DNA を開裂し，合成の鋳型となる一本鎖 DNA を露出させるはたらきがある．そこにプライマーゼが RNA プライマーを合成し，その 3′ 末端を伸長する形で DNA ポリメラーゼがヌクレオチドをつぎつぎに重合してゆく．二本鎖 DNA のうち一本の鋳型については，複製の進行方向と DNA ポリメラーゼの合成方向（5′→3′）が一致しているため連続した合成が可能であるが（リーディング鎖合成），もう一方の鎖は逆方向となるため，「置き石」式にプライマーを前方に合成し，そこからあと戻りして不連続な小さな断片（岡崎フラグメント）を合成する（ラギング鎖合成）(図 1 (A))．やがてプライマー RNA は削りとられ，それぞれの岡崎フラグメントが DNA リガーゼによりつなげられ連続した鎖になる．DNA の複製は隣あう複製フォークがであって終了するが，染色体の末端（テロメア）についてはラギング鎖側の合成ができないため細胞分裂の度に末端が短くなり，これが細胞の寿命に影響を与えていると考えられている．しかし生殖細胞や幹細胞など無限に分裂する能力のある細胞では，テロメアーゼという末端 DNA 合成酵素が発現しており，染色体の短小化を防いでいる（Greider & Blackburn, 1987）．

(A)

(B)

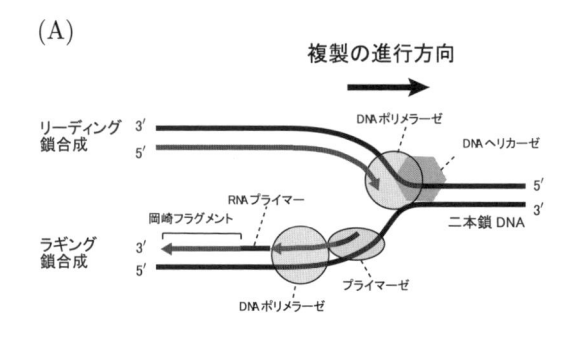

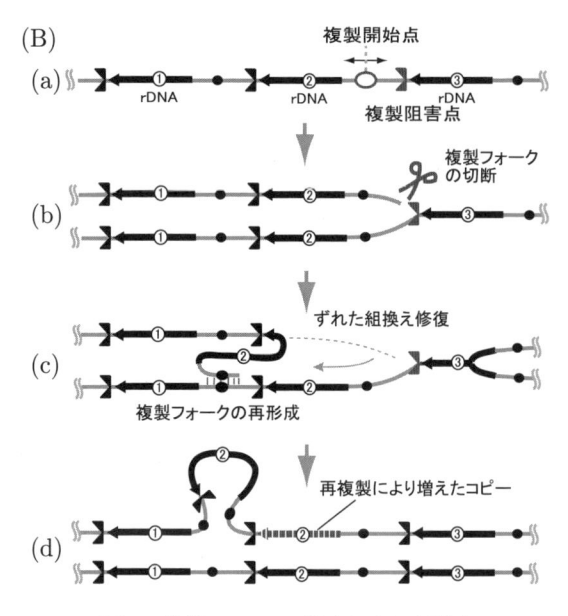

**図1 複製フォークの構造と遺伝子増幅**
(A) 図では説明を簡単にするため，ふたつのDNAポリメラーゼをそれぞれ別々に描いているが，実際にはそれらが非対称にひとつのDNA合成酵素複合体を形成し，そこにループ構造を形成したラギング鎖がリーディング鎖と同じ向きに結合し，両鎖が共役的に複製される．灰色で示した部分が新生鎖DNA．
(B) rRNA遺伝子（rDNA）は複製フォークの切断と組換えによりコピー数を増加させ，その転写量を増やしている．複製開始点から両方向に複製が開始し(a)，右方向に進む複製フォークが阻害点で停止し切断を受ける(b)．切られた末端がずれて隣のコピーと組換え，修復され，複製を再開する(c)．隣のコピーが二度複製されることとなりコピーが増加する(d)．ここでは説明を簡単にするためにrDNAを3コピーのみ描いている．

## B. 転写調節機構

複製されたDNAは個々の細胞において必要な遺伝子を発現する．多くの遺伝子は組織あるいは細胞特異的な転写因子により調節がなされている．転写因子はプロモーター領域の特異的なDNA配列に結合し，RNA合成酵素との直接あるいは間接的な相互作用により転写を調節する．さらに多細胞真核細胞でみられるインプリンティングのような長期にわたる安定した発現抑制には，DNAのメチル化による染色体のヘテロクロマチン化がはたらいている（佐々木，2008）．また最近タンパク質をコードしない非コード領域からの転写が染色体全体で起こっていることが明らかになっている（Fantom & Riken, 2005）．この役割についてはまだ不明な点が多いが，一部は染色体のヘテロクロマチン化や遺伝子のサイレンシングにかかわっていることが判明している．

## C. 遺伝子増幅による発現調節

転写因子による転写調節以外にも，発現レベルを恒常的に上昇させる手段として遺伝子増幅機構がある（図1(B)）．遺伝子増幅は上に述べたDNA複製と組換えが共役して染色体の一部が1細胞周期内で複数回複製される現象で，リボソームRNA遺伝子（rDNA）のように構成的に多量の遺伝子産物が必要な場合に加えて，分化した細胞や環境適応時にも多くみられる（Kobayashi, 2006）．たとえば癌細胞に制癌剤を投与すると一時的に細胞の増殖が抑えられるが，やがて制癌剤耐性遺伝子が増幅して耐性となり，治療の妨げになる（Schimke, 1984）．害虫に対する殺虫剤の効果の低下も，耐性遺伝子の増幅が原因と考えられている．また最近ヒトの一卵性双生児の研究で特定遺伝子の増幅が臓器レベルで頻繁に起こっており，その結果生じる発現量の変化が兄弟の後生的な個性の創出につながっていることが示唆されている（Bruder, 2008）．今後の個人レベルのゲノム解析が進むと，このような増幅による発現調節がさらに多くみつかってくる可能性が高い．

[引用文献]

Bruder C. E. *et al.* (2008) Phenotypically concordant and discordant monozygotic twins display different DNA copy-number-variation profiles. *Am. J. Hum. Genet.*, vol. 82, pp. 763-771.

DePamphilis M. L. (1996) Origin of DNA replicxation. in DePamphilis M. L. ed., *DNA replication in Eukaryotic cell*, pp. 45-86, CSHL press.

Fantom & Riken (2005) Transcriptional landscape of the mammalian genome. *Science*, vol. 309, pp. 1559-1563.

Greider C. W. & Blackburn E. H. (1987) The telomere terminal transferase of Tetrahymena is a ribonucleoprotein enzyme with two kinds of primer specificity. *Cell*, vol. 51, pp. 887-898.

Kobayashi T. (2006) Strategies to maintain the stability of the ribosomal RNA gene repeats. *Genes Genet. Syst.*, vol. 81, pp. 155-161.

Schimke, R. T. (1984) Gene amplification in cultured animal cells. *Cell*, vol. 37, pp. 705-713.

佐々木裕之（2008）国立遺伝学研究所遺伝学電子博物館
　　（http://www.nig.ac.jp/museum/genetic/04_d.html）

〈小林武彦〉

## 16.3　体細胞分裂と減数分裂

### A. 体細胞分裂と減数分裂の違い

　細胞分裂には，おもに体細胞が分裂する際に行なう「体細胞分裂（mitosis）」とおもに生殖細胞が配偶子を形成するために行なう「減数分裂（meiosis）」がある．体細胞分裂では，染色体数，DNA量ともに母細胞と等しいふたつの細胞に分裂するのに対し，減数分裂では，2回の連続した核分裂を通して染色体数およびDNA量が半減した四つの半数体細胞を形成する．また，いずれの分裂においてもDNAの「複製（replication）」はほとんどの場合，細胞分裂開始前のS期とよばれる時期に行なわれる．

　体細胞分裂と異なる減数分裂の特徴のひとつは，第一分裂前期に「相同染色体（homologous chromosome）」の対合が起こり，それらが分離する際に母親由来の染色体と父親由来の染色体がさまざまな組合せで配偶子のなかに入る点である．また，相同染色体が接合して二価染色体を形成するが，その間に相同染色体間（実際には相同な染色分体間）で「交叉（crossing over）」が確率的に起こる．その結果，配偶子のなかには母親由来の染色体の一部と父親由来の染色体の一部をさまざまな組合せでもつ染色体をもった「組換え体（recombinant）」が生じることになる．このように，減数分裂は母親由来父親由来の遺伝情報をシャッフルして次世代に伝達するという特性をもつ．

### B. 体細胞分裂の細胞分裂過程

　体細胞分裂の過程は，核や染色体の状態により，下記のような時期に区分される．

　**前期**（prophase）：核内に分散していたクロマチン（染色質）が凝集して染色体を形成する．染色体は2本の染色分体へ分かれる．

　**前中期**（prometaphase）：両極に中心体が形成され，それを結ぶ形で紡錘体が形成される．染色体は紡錘体の赤道面へ移動する．核小体，核膜が消失する．

　**中期**（metaphase）：染色体は赤道面に並び，対を

なしていた染色分体の分離が起こる.

**後期**（anaphase）：動原体に付着した紡錘体の微小管に引っ張られ両極へ染色体が移動する．細胞の赤道面に沿って細胞質のくびれが生じ，細胞質分裂が始まる．

**終期**（telophase）：両極の染色体が不鮮明となる．核小体，核膜が形成する．細胞質分裂が完了する．

#### C. 減数分裂の細胞分裂過程

減数分裂は，質的に異なる第一分裂と第二分裂のふたつに分けられ，それらがさらに下記の分裂期に区分される．

**第一分裂前期**（prophase I）：第一分裂前期はさらに細かく五つの分裂期に分かれる．細糸期（leptotene）：クロマチンが凝集し，糸状の染色糸となる．接合期（zygotene）：相同染色体が対をなして平行に並び接合しはじめる．太糸期（pachytene）：相同染色体が接合し二価染色体を形成する．複糸期（diplotene）：接合した相同染色体は部分的に解離する．この解離した部位を「キアズマ（chiasma）」とよび，この部位で交叉が起こる．移動期（diakinesis）：二価染色体は赤道面に移動する．

**第一分裂中期**（metaphase I）：核小体，核膜が消失し，二価染色体が紡錘体の赤道面に並ぶ．

**第一分裂後期**（anaphase I）：二価染色体は2個の相同染色体に分かれ，それぞれの染色体が極へ移動する．

**第一分裂終期**（telophase I）：核膜，核小体が形成され，核が再構成される．

**間期**（interphase）：核は，静止核に入る前の状態で小休止する．

**第二分裂**：体細胞分裂と同様に起こり，第二分裂前期（prophase II），第二分裂中期（metaphase II），第二分裂後期（anaphase II），第二分裂終期（telophase II）に区分される．

〔高橋 文〕

## 16.4 遺伝子系図

大部分の生物にとって遺伝子の物質的本体であるDNA分子の複製は，親子関係の連鎖としての遺伝子の系図を生成する．これは種内・種間にかぎらず，つねに成り立つことである．したがって，遺伝子系図こそ種内変異を扱う集団遺伝学理論の基礎になるべきである．

遺伝子系図の理論は，遺伝学が生まれる前にさかのぼる．Darwinの従兄弟だったFrancis Galtonは，英国の貴族の名門の家が，男子が産まれないためにお家断絶することが相次いでいることに憂慮し，苗字の消失する確率を求めたいと考えた．彼自身では適切な理論をみいだすことができなかったので，数学者に応援を頼み，H. W. Watsonが母関数を使って消失確率を求めた．これは現在では分枝過程（branching process）とよばれるものである．また，ウラニウムなどの放射性元素の原子核分裂において，中性子が出現するとそれがさらに中性子の生成を促すという連鎖反応は，遺伝子の自己増殖と機構としては同一なので，分枝過程は物理学にも応用されている．なお，苗字は遺伝子と一緒に動く性質があるので，人類遺伝学でも研究対象のひとつとなっている．

1920年代になって，集団遺伝学を創始した一人であるFisherは，この理論を突然変異遺伝子が大集団のなかで子孫を増やしてゆく過程に応用した．分枝過程の基本は，親から子への遺伝子の伝達確率の分布であり，大集団のなかに生じた突然変異がどうなってゆくかを分析するものである．集団中のそれぞれの遺伝子が平等に次世代にコピー（子孫遺伝子）を伝えてゆく場合，ランダム過程でよく登場するポアソン分布となる．なぜポアソン分布となるのか，ここで簡単に説明しよう．ある一倍体の個体が次世代に子孫個体を残す生殖可能な回数を$n$回とし，1回あたりに1個体を産む確率を$p$としよう．集団中のどの個体も同じ生殖回数と子孫を産む確率をもつとする．するとこの単純なモデルの下では，次世代に$k$子孫（$k = 0, 1, 2, \cdots, n$）が伝えられる確率，$P$

($k$子孫) は，二項分布 $[n!/(n-k)!k!]p^k(1-p)^{n-k}$ で与えられる．この分布の平均 $m$，すなわち1個体あたりの次世代での子孫数の平均は $np$ だが，このとき，$m$ を一定にしておいて，$n$ をどんどん大きく（$p$ をどんどん小さく）してゆくと，二項分布はポアソン分布 $m^k e^{-m}/k!$ で近似される．平均 $m$ が1よりも大きければ子孫が増えてゆき，1よりも小さければいずれは絶滅する．$m=2$ のとき，集団全体としては1世代あたりで個体数が倍増する急激な増加が生じるが，特定の個体（遺伝子）に着目すれば，絶滅する場合，すなわち $k=0$ となる確率は $e^{-2}$（約0.135）であり，このように大きな増加率をもっていても，7個に1個程度は絶滅してしまう．偶然の影響はこのように甚大である．

進化は，過去から現在へ，さらに未来へと流れる時間の方向に沿って生じる現象である．このため，分枝過程は時間軸に沿って，集団や遺伝子の増殖をモデル化したものである．しかし，大多数の系統は短期間で絶滅してしまうので，長期間の進化を考えるには使いにくい．そこで，遺伝子系図を現在から過去にさかのぼるという発想に基づく理論が1980年代前半に，Kingman，田嶋文生，Hudson によって誕生した．これを合祖理論（coalescent theory）とよぶ（20.1項Dを参照）．

合祖理論では，現在存在する遺伝子の祖先をたどるが，これは便法であり，基本的な進化過程はもちろん時間軸に沿ったものを前提としている．単純化のため，遺伝子がランダムに分岐してゆくと考える．これはユール過程に似ている．ある任意交配集団（各個体がどれも等しい確率で相手の性と交配し，次の世代に遺伝子を残すような集団であり，内部に構造がない）を考える．この理論では通常有性生殖を仮定しており，また生物進化の大部分の過程は単細胞の半数体ゲノムの状態だったし，現在もバクテリアのような生物が多数存在する．そこで，以下では半数体生物を仮定する．このような前提の下で，ある特定の遺伝子座に着目すると，$N$ 個体の集団中には，$N$ 個の遺伝子が存在する．非現実的であるが，数学的取り扱いを簡単にするために，集団の個体数（集団の大きさ）が一定である（世代をこえて不変である）とさらに仮定すると，つぎのような単純な関係を導くことができる．

現世代（世代0）から1世代さかのぼったときに，集団中からランダムに選んだ2個の遺伝子が共通の遺伝子のコピーである，つまり1世代さかのぼっただけで合祖する確率 $P_{合祖}$（2個→1個，1世代）を考えてみよう．選ばれた2個の遺伝子アとイのうち，まず片方に着目する．この遺伝子には必ず1世代前に親遺伝子ハが存在する．一方，もう片方の遺伝子にも必ず親遺伝子ヒが存在するが，前世代の $N$ 個体のもつ $N$ 遺伝子のどれもが等しい確率でこの親遺伝子ヒになることができる．したがって，遺伝子ヒが遺伝子ハにたまたま一致する確率 $P_{合祖}$（2個，1世代）は $1/N$ である．逆に，どちらも別々の遺伝子のコピーである確率はその補事象なので $(1-1/N)$ である．

つぎに，$(t-1)$ 世代の間別々の祖先をたどって，$t$ 世代目にようやく合祖する確率は $(1-1/N)^{t-1} \cdot (1/N)$ となる．集団の大きさ $N$ が十分に大きいとき，$(1-1/N)^{t-1}$ は $e^{-t/N}$ で近似できるので，確率は $(1/N) \cdot e^{-t/N}$ と近似される．この合祖確率の平均と分散は $N$ 世代と $N^2$ 世代である．つまり，$N$ 個体の任意交配集団において，そこからランダムに2個の遺伝子をサンプリングすると，これらの遺伝子の共通祖先遺伝子には，平均して $N$ 世代さかのぼれば出会うということになる．

上記の議論を一般化して，集団中の $n$ 個の遺伝子の合祖過程を考えてみよう．まず $n$ 個が $(n-1)$ 個の祖先遺伝子に合祖する確率 $P_{合祖}$（$n$ 個→$(n-1)$ 個，$t$ 世代）を考えてみる．$n$ が集団全体の遺伝子数 $N$ よりずっと小さいと仮定すれば，この過程は $n$ 個の遺伝子のなかの2個が $t$ 世代の間にひとつの祖先遺伝子に合祖する場合のみに限定しても十分よい近似である．この組合せは ${}_nC_2[=n(n-1)/2]$ 通りあるので，確率は $(1-{}_nC_2/N)^{t-1} \cdot ({}_nC_2/N)$ となり，これを近似すると $[{}_nC_2/N]\exp[-{}_nC_2 t/N]$ となる．$\exp[X]$ は $e^X$ をあらわす．最終的に $n$ 個が1個となる合祖過程は，$n \to (n-1) \to (n-2) \to (n-3) \cdots \to 2 \to 1$ の全体を考える必要がある．これら $n$ 個の遺伝子が単一の共通祖先遺伝子に到達するまでにかかる世代数を合祖時間とよぶ．その期待値 $T$ は，$t$ の平均 $\{=N/{}_nC_2 = 2N/n(n-1)\}$ をすべての

合祖過程で合計したものとして得ることができ，$\Sigma_{n=2}^{n=N}[2N/n(n-1)] = 2N[1-(1/n)]$ である．したがって，$n$ 個の遺伝子全体が単一の共通祖先遺伝子に到達するまでにかかる平均世代数は，$n$ が大きくなると，近似的に $2N$ 世代（二倍体生物では $4N$ 世代）となる．ただし，これはあくまでも平均（期待値）であり，分散がきわめて大きいことに留意する必要がある．

これまでは，集団が個体数 N のままでずっと存続してゆくという仮定をしている．この仮定の下では，どの世代においても，$N$ 個の遺伝子のうちのどれか 1 個が，将来この集団の全遺伝子の共通祖先になる可能性をもっている．すなわち，ある特定の遺伝子の固定確率は $1/N$ である．これは $N$ が一定であるかぎり，遺伝子や世代を問わない．

以上の議論では，遺伝子の系図だけを考慮しており，突然変異は考えていない．これは，遺伝子の系図が DNA の自己複製から発生するものであるから当然である．遺伝子の系図が突然変異に左右されないのは，中立進化の場合の特徴であり，もしある系統で生じた突然変異が生存に有利であれば，その子孫の増加確率は他の系統よりも高くなる．このような淘汰の存在する場合の合祖理論も開発されてはいる．しかし，合祖理論は本来中立進化の場合に開発されたものであり，しかも大多数の遺伝子の進化は中立に生じているので，まず中立の場合はどのような遺伝子系図となるのかを知るには，合祖理論は遺伝子系図という，生物学的に明確な意味をもっている．

また，対立遺伝子頻度と異なり，合祖世代数という考え方がもちこまれているので，ここで暗黙のうちに仮定している集団の大きさ $N$ が一定という仮定をチェックすることができる．たとえば，21 世紀現在の地球上のヒトの個体数は 70 億人をこえているが，合祖理論をそのまま適用すると，現代の地球に住むヒト全体の遺伝子が合祖する期待世代は，280 億世代になる．1 世代が 20 年としても，5600 億年前という，宇宙の誕生よりはるかに前になってしまう．これはヒトの場合人口爆発を経ているので，集団の個体数が一定だという仮定が間違っているからである．逆にヒトの遺伝子全体の合祖時間が，ヒトとチンパンジーの分岐年代の約 600 万年前未満におさまるようにしたければ，理論に合わせるための集団の大きさ $N$ は 75000（= 600 万/[20×4]）未満としなければならない．このように，単純な理論に都合がいいように修正した集団の大きさを集団の有効な大きさ (efffective population size) とよぶ（20.1 項 C を参照）．

正の自然淘汰を受ける突然変異遺伝子が出現すると，遺伝子の系図はその様相を変える．正の自然淘汰がかかっている場合は，集団中に急速に遺伝子のコピーが広がるので，中立進化の場合よりも，祖先遺伝子にたどりつくまでの合祖時間 (coalescence time) がずっと短くなる．この場合，正の淘汰を受けている場所の近傍も同じように急速に広まるので，この範囲に存在する中立突然変異も，あたかも正の自然淘汰を受けているかのように，ひっぱられて集団に広がっていく．この現象を，車に無料で乗せてもらう行為になぞらえて，ヒッチハイキング効果 (hitchhiking effect) とよぶ．また，合祖時間が短いということは，正の自然淘汰がかかっている突然変異遺伝子の周辺では遺伝的多様性が減少することを意味する (selective sweep)．もっとも，有害な突然変異が生じてそれが集団中から失われる過程でもその周辺では遺伝的変異の減少 (backgroud selection) が起こるので，両者を区別することは簡単ではない．

超優性淘汰が存在する場合は，複数の対立遺伝子が長期間共存するので，中立進化の場合に期待されるよりも，合祖時間はずっと長くなる．具体的な遺伝子の例として，MHC (major histocompatibility complex) の抗原認識部分，ABO 血液型遺伝子などがある．ヒトゲノムの遺伝的多様性を大規模に調べた研究では，これらの遺伝子以外ではほとんど大きな合祖時間をもつ遺伝子がなく，あったとしても淘汰の証拠はないと結論している．

たしかに，特別なシステムが進化しなければ，合祖時間がきわめて大きくなることはなかなかないように思われる．植物には自家受粉ができなくなる自家不和合を生じる S 遺伝子座システムが進化しており，卵と異なる対立遺伝子をもつ花粉しか受粉できないため，対立遺伝子の多様性が著しく，合祖時間も巨大で，種をこえた多型が存在している．逆にい

えば，そのような特別なシステムが進化しないかぎり，中立進化の場合よりも合祖時間がずっと大きくなる遺伝子は存在しないのである．

[参考文献]
斎藤成也（2007）『ゲノム進化学入門』共立出版．

（斎藤成也）

## 16.5　突然変異

### A. 突然変異の種類

　ほとんどの生物において，遺伝子の物質的本体はDNAである．DNAは，通常二本鎖から構成される「二重らせん（double helix）」となっている．らせんがほどけると，2個の一本鎖DNAが生じるが，それらの塩基が相補的な塩基と対合することにより，同一の塩基配列をもつ2個のDNA二重らせんがつくられる．この半保存的複製が，親から子に遺伝子を伝達する基礎である．親分子が複製して子分子になるとき，まれに変化が生じる．このような，DNA分子の上の塩基配列の変化が「突然変異（mutation）」である．突然変異には，塩基配列におけるあらゆる種類の変化が含まれる．

　突然変異の主要なタイプとしては，DNA塩基のひとつが別の塩基に変わる「置換（substitution）」，何個かの塩基が新たに加わる「挿入（insertion）」，逆に塩基が脱落する「欠失（deletion）」，組換え（あるいは交叉），相同な別の遺伝子配列と置き換わってしまう「遺伝子変換（gene conversion）」，「逆位（inversion）」がある（図1）．

　遺伝子変換は，比較的短い範囲の塩基配列が，ゲノム上でそれとよく似た配列によって置き換わってしまう現象である．発生のメカニズムはまだ完全にわかっているわけではないが，遺伝子変換は組換えと密接な関係にあると考えられている．巨大なDNA領域が欠失することもある．さらに大規模な変化として，染色体レベルの変化がある．これには，染色体の逆位，転座（translocation），融合（fusion），分裂（fission）など，いくつかのタイプが存在する．もっとも大きな変化は，ゲノム全体がまるごと倍増する「ゲノム重複（genome duplication）」である．

　塩基置換とは，DNAの4種類の塩基［アデニン（adenine），シトシン（cytocine），グアニン（guanine），チミン（thymine）；通常はそれぞれの頭文字を使って，A，C，G，Tと表わす］が相互に置き換わる現象である．塩基置換は大きく「転位（transition）」と「転換（transversion）」に分けられるが，転位は

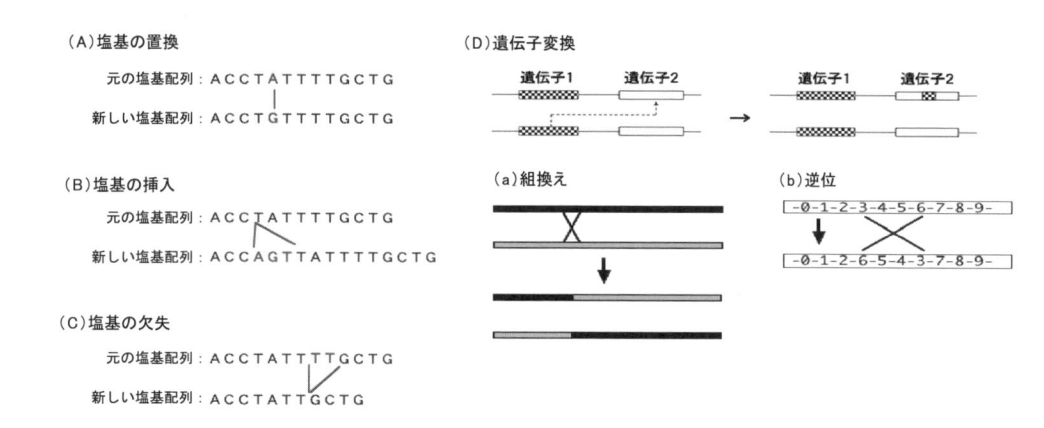

## 図1 6種類の突然変異

(A) 塩基の置換
元の塩基配列：ACCTATTTTGCTG
新しい塩基配列：ACCTGTTTTGCTG

(B) 塩基の挿入
元の塩基配列：ACCTATTTTGCTG
新しい塩基配列：ACCAGTTATTTTGCTG

(C) 塩基の欠失
元の塩基配列：ACCTATTTTGCTG
新しい塩基配列：ACCTATTGCTG

(D) 遺伝子変換

(a) 組換え

(b) 逆位

化学的に似通った分子の間（プリン同士とピリミジン同士）の変化であり，転換はプリンとピリミジン間の変化である．化学的考察から，転位のほうが転換よりも高い頻度で生じることが予測されている．

4種類の塩基の間の置換には，12通りの可能性がある．これらの生じる率（特定の塩基から別の特定の塩基への突然変異率）は，一般には非常に小さいので，新生突然変異（de novo mutation, fresh mutation）をみつけるのはかなり困難である．しかし，進化的に近縁な塩基配列を比較することによって，それぞれの配列の共通祖先から現在に至るまでに蓄積した変化を調べれば，突然変異のパターンを推定することができる．表1に，ヒトゲノムにおける塩基の置換パターンを示した．4種類の転位のなかでも，GからA，CからTへの転位のほうが，それらとは逆方向になるAからG，TからCへの転位よりも頻度が高くなっている．これは，ヒトゲノムに代表される哺乳類ゲノムのGC含量が，およそ40%であることに対応している．このように，一般的に転位のほうが転換より起こりやすく，特にヒトのミトコンドリアDNAでは，塩基置換の大部分が転位であり，特にGからAへの転位が多い．

哺乳類のゲノムでは，DNA (C-5)-メチルトランスフェラーゼが5′-C-G-3′（CpG）という2連塩基のCを認識して5-メチルシトシンを生成することがある．CpGに相補的な配列はやはりCpGであるから，二本鎖DNAは両鎖ともメチル化される．この酵素のはたらきにより，大部分のCpGのCはメチル化されるが，タンパク質コード遺伝子の上流に

表1 ヒトゲノムにおける塩基置換パターン (%)

| 古い塩基 | | 新しい塩基 | | | |
|---|---|---|---|---|---|
| | | A | T | C | G |
| | A | — | 2.9 | 3.6 | 14.0 |
| | T | 2.8 | — | 15.1 | 3.5 |
| | C | 4.4 | 20.3 | — | 4.5 |
| | G | 19.6 | 4.5 | 4.9 | — |

CpGが高い密度で存在する領域（CpGアイランド）では，逆にメチル化をほとんど受けていない．このメチル化は，インプリンティングとも関連のあることが知られており，エピジェネティクス（epigenetics）現象のひとつである．

塩基置換が生じても，DNA全体の長さは変化しない．生物によってゲノムの大きさが大きく異なっていることがよく知られているので，当然DNAの長さが変化する突然変異も存在する．増加する場合を塩基の挿入，減少する場合を塩基の欠失とよぶ．図2に，ヒトおよびヒトに近縁な類人猿のゲノムを比較して，チンパンジーとの共通祖先以降のヒトへの系統で生じた塩基の挿入と欠失の長さの頻度分布を示してある．1塩基程度の短い変化がもっとも多く生じており，塩基の長さが長くなると急速に頻度が減少する．しかし，300塩基程度のところにやや高まりがある．これは，*Alu*配列という特別な種類のDNA配列が頻繁に挿入された結果である．

遺伝子の全体またはその一部のコピーが生ずる「遺伝子重複（gene duplication）」は，遺伝子の進化にとってきわめて重要であるが，4種類のタイプがあり，それぞれ別のタイプの突然変異に起因してい

図2

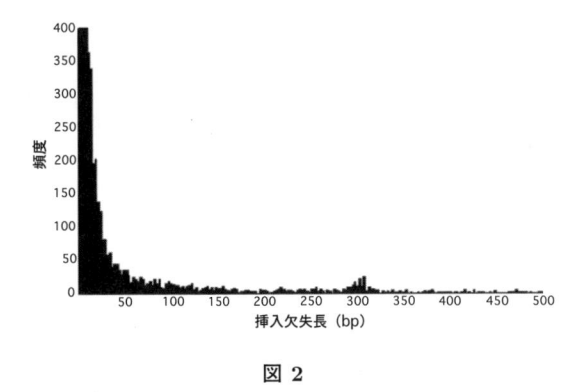

る．染色体の上に同一遺伝子のコピーが2個並んでいる遺伝子重複を「直列重複（tandem duplication）」とよぶ．直列重複は，遺伝子のコピー数が減数分裂の際の遺伝子の組換えによって変化する「不等交叉（unequal crossing over）」によって生じると考えられている．交叉は，通常相同な塩基配列が対合したあとに生じるが，たまに対合がずれると不等交叉になる．その結果生じる二本の染色体は，特定のDNA領域を2個もつものと欠如するものとなる．前者が集団中で増えていけば，1個の遺伝子をもつタイプ（染色体）が2個のタイプに置き換わっていく．

遺伝子重複の第二のタイプはDNA配列のなかをあちこち飛び回ることのできるトランスポゾンやレトロトランスポゾンなどの可動因子（movable genetic element）による「遺伝子転移（transposition）」の結果生じる散在性反復配列である．ヒトゲノム中には，Alu配列が100万コピーほど存在するが，これはSINE（short interspersed element）に属する．もう少し長い散在性反復配列であるLINE（long interspersed element）には，ヒトゲノムの場合，LINE1などが存在する．遺伝子重複の第三のタイプは第二タイプと関連がある．逆転写酵素はRNAならば基本的にどんな分子でもDNAに変えるので，本来のmRNAがcDNAに変わり，それが元の遺伝子とは別のゲノム中の位置に挿入されることがある．成熟したmRNAにはスプライシングという処理（procesing）を受けてイントロンがないので，被処理偽遺伝子（processed pseudogene）とよばれることがある．

遺伝子重複を生じる最後のタイプはゲノム重複（genome duplication）である．植物では倍数体化（polyploidization）とよばれ，以前からよく知られている現象である．動物でも，硬骨魚類はいろいろな系統でゲノム重複が生じており，また脊椎動物の祖先で2回ゲノム重複が生じたと推測されている．

遺伝子重複が生じた結果，複数のコピーがゲノム中に存在する場合には，片方のコピーがうまくはたらかなくても，残りの遺伝子があるので，突然変異体は生きていける．このようにして，タンパク質をつくり出せなくなった（死んだ）遺伝子でも，子孫を増やしていけることがある．このような遺伝子を「偽遺伝子」とよぶ（18.10項参照）．

## B. 突然変異率の単位と推定法

古典的には，突然変異率は世代あたりで考える．減数分裂のときに生じる変化を考えるからである．親の遺伝子と子供の遺伝子を比較して，異なっていれば突然変異が生じたとされる．このような方法を直接推定法とよぶ．

突然変異率を世代あたりで計測する場合には，減数分裂以外のときに生じる突然変異も含めた値になるので，異なる生物の世代あたり突然変異率を比較するときには注意が必要である．減数分裂をしないバクテリアでも，突然変異は生じるので，細胞分裂あたりの変化という，もっと一般的な定義が必要になる．こうなると世代あたりという単位がややあいまいになってくる．なぜならば，多細胞生物の場合，1世代の間に生殖系列の細胞で細胞分裂が複数回生じていれば，世代あたりの突然変異率は，細胞分裂あたりの突然変異率よりずっと高くなるからである．

中立進化論によれば，自然淘汰のまったくかからない，純粋中立進化をしているゲノム領域では，進化速度が突然変異率に等しい（20.3項を参照）．この考え方を用いれば，共通祖先から分岐したのち，ある程度の時間が経過した2系統のDNA塩基配列を比較し，それらの間で蓄積した突然変異の数を推定することにより進化速度を推定し，その速度を突然変異率とみなすことができる．これを間接推定法とよぶ．ただし，進化速度を推定するのに用いたゲノム領域が純粋中立進化をしておらず，何らかの負の自然淘汰がかかっている場合には，突然変異率が過小推定される場合があるので，注意が必要である．

## C. 突然変異率の推定

ヒトの場合，多数の個体を調べることができるので，これまでに多数のデータが蓄積している．単一遺伝子が原因である20種類の遺伝病データの集計によれば，塩基サイトあたり世代あたりの総突然変異率は$1.78 \times 10^{-8}$と推定されている．その大部分は塩基置換タイプであり，挿入突然変異は欠失突然変異の1/3程度だった．現代人の1世代を30年と考えれば，塩基置換タイプの突然変異率は，塩基サイトあたり年あたり$0.56 \times 10^{-9}$となる．一方，挿入欠失の突然変異率は塩基サイトあたり世代あたり$0.8 \times 10^{-9}$と推定される．

*Caenorhabditis elegans*では，突然変異を数百世代にわたって蓄積したあと，4000万以上の塩基配列をPCR産物の直接配列法で決定した．その結果，13個の塩基置換，13個の挿入，4個の欠失，合計30個の突然変異が検出され，世代あたり塩基サイトあたりの総突然変異率は$2.1 \times 10^{-8}$と推定された．ヒトの場合と類似した値であるが，挿入欠失タイプが過半数を占めているところがヒトとは異なっている．さらに，挿入突然変異が欠失突然変異の3倍以上であり，長期進化のデータから間接法で推定されたパターンの逆となっていた．キイロショウジョウバエでは総計2000万塩基をDHPLC (denaturing high-performance liquid chromatography) 法や塩基配列決定法を組み合わせて検索した結果，塩基サイトあたり世代あたりの総突然変異率は，$8.4 \times 10^{-9}$と推定された．上記のヒトの場合のほぼ半分である．キイロショウジョウバエでは1年に約25世代経過するので，塩基サイトあたり年あたりの突然変異率に変換すると，$2.1 \times 10^{-7}$となり，こちらはヒトの場合の200倍近くになる．

突然変異率のもうひとつの推定法は，長期間の進化の間に蓄積した突然変異を考慮して間接的に推定する方法である．20.3項で説明するように，中立進化速度が突然変異率に等しいという性質を用いて，中立進化をしたと考えられるゲノム領域の進化速度を求めるのである．現在求められている突然変異率の推定値の大部分は，この間接推定法によって得られたものである．進化速度λが一定だと仮定すると，二本の進化的に相同な塩基配列間の進化距離$d$は$2\lambda T$となる．ここで$T$は分岐年代であり，2がつくのは，共通祖先からそれぞれの塩基配列にいたるまでの2系統での変化の合計が進化距離になるからである．

ヒトとチンパンジーのゲノム全体における塩基置換数は1.23%と推定されたが，これを進化距離dとし，またヒトとチンパンジーの分岐年代$T$を600万年とすれば，塩基置換の進化速度λ$(= d/2T)$は，塩基サイトあたり年あたり$1.03 \times 10^{-9}$となる．哺乳類ゲノムの大部分は中立進化をしていると考えられるので，この値を突然変異率の推定値と考えることができる．ただし，ここでは世代あたりではなく，年あたり，塩基サイトあたりの突然変異率である．そこで，ヒトとチンパンジーの進化系統での平均世代長を15年とすると，世代あたりの突然変異率は$1.5 \times 10^{-8}$となり，直接法によって推定された$1.8 \times 10^{-8}$とそれほど大きな違いはない．突然変異率は，哺乳類では系統による違いがあるが，年あたり塩基サイトあたりで，$1 \sim 5 \times 10^{-9}$程度になっている．ヒトのような世代数の長い生物ほど突然変異率が小さく，マウスのような世代数が短い（野生状態ではほぼ1世代が1年）哺乳類では，ヒトの数倍となっている．

大腸菌とサルモネラ菌の分岐をおよそ1億年前と仮定し，両種で順系相同と考えられる遺伝子間での同義置換数（0.9）から，進化速度（～突然変異率）は塩基サイトあたり年あたり$4.5 \times 10^{-9}$と推定された．ところが，*lacZ*遺伝子などの復帰突然変異系を用いた直接法では，塩基サイトあたり世代（細胞分裂）あたり$\sim 5 \times 10^{-10}$と推定された．自然界における大腸菌の1年あたりの世代数は最低でも100世代とされているので，直接法の結果を塩基サイトあたり年あたりに変換すると，突然変異率は$\sim 5 \times 10^{-8}$以上になり，間接法の推定値の少なくとも10倍になる．

細胞内小器官であるミトコンドリアや葉緑体ゲノムのDNAは細胞核のDNAとは独立に複製が起こるため，両者の突然変異率は必ずしも一致しない．動物のミトコンドリアDNAは，核DNAの突然変異率の十倍以上あることが知られており，また遺伝暗号表の差異のせいもあり，転位が転換よりも圧倒

的に高い．一方，植物のミトコンドリア DNA は，核 DNA の突然変異率の 1/10 程度であり，両者の関係が動物とは逆転している．葉緑体ゲノムの突然変異率は，植物の核とミトコンドリアの突然変異率の中間程度となっている．

遺伝子の物質的本体は，一部のウイルスでは DNA ではなく RNA が使われている．この場合，RNA を複製するには，自前の RNA 複製酵素をもつ必要がある．RNA から RNA を複製するシステムは，宿主である DNA ゲノム生物には存在しないからである．この RNA 複製酵系は，DNA ゲノムの生物が用いる DNA 複製系と異なり，修復能力がないために，突然変異，すなわち複製エラーの率がきわめて高い．RNA ウイルスの同義置換速度は，年あたりサイトあたり $1 \times 10^{-7} \sim 1 \times 10^{-2}$ 年という大きなばらつきがあるが，多くの RNA ウイルスでは同義置換速度が $10^{-3}$ 程度となっている．複製エラーは塩基サイトあたり複製あたり $10^{-5}$ 程度なので，単位時間あたりの複製回数が年あたりの突然変異率を左右しているようである．DNA ウイルスでも，修復機構が十分ではないために，宿主のゲノムよりも突然変異率が高いことが知られている．また一般的傾向として，ゲノムの総塩基数が小さいとゲノム全体に生じる突然変異数は小さくなるので，突然変異率が高くなっても，ウイルスとして増え続けることが可能である．

### D. 表現型に影響を与える突然変異

タンパク質のアミノ酸配列の情報を与えている DNA 領域（coding region）では，塩基の欠失・挿入の大多数がそのタンパク質のアミノ酸配列を大きく変化させるために，このような突然変異の大部分は DNA からタンパク質に遺伝情報を翻訳する際にアミノ酸配列の読み枠がずれるので，フレームシフト（flameshift）とよぶ．ほとんどの場合その突然変異は安定なタンパク質をつくり出すことができず，その突然変異をもつ個体の生存に不利なことが多い．このため，タンパク質をコードしている DNA 領域では，アミノ酸の読み枠がずれない 3 塩基の欠失と挿入以外はあまりみられない．

アミノ酸配列の情報を与えている遺伝子 DNA の領域に起こる突然変異には，1 個の塩基が変化しても，その突然変異をもつ個体に大きな変化をもたらす場合がある．その例として，マラリアに対して耐性をもつ鎌状赤血球が出現する過程がある．赤血球は体のすみずみに酸素を運ぶはたらきがあるが，その中心的役割を果たすのがヘモグロビンである．通常の人がもつヘモグロビン β 鎖 A 遺伝子のタンパク質コード領域の 17 番目の塩基が A から T に非同義置換（19.3 項を参照）となる突然変異を生じて，6 番目のアミノ酸であるグルタミン酸（Glu）がバリン（Val）に変化した．これによって生じた突然変異タンパク質ヘモグロビン S は，ヘモグロビン分子表面にわずかな変化が生じるので，このタンパク質の別の場所に以前から存在していた部分と結合しやすくなり，ヘモグロビン S が連結されていく．柱状に連なったヘモグロビン S が赤血球のなかを横断し，ついには赤血球全体の形態変化がひき起こされるのである．この新しい形状の赤血球は，丸くて中央がへこんでいる正常な赤血球と異なり，鎌の形に似ているので「鎌状赤血球」とよぶ．さらに，このような鎌状赤血球をもつ個体はマラリア耐性となることが知られている．1 個の塩基の変化が生体に著しい変化を生じるという意味で，情報の大幅な増幅が行なわれているのである．

［参考文献］

斎藤成也（2007）『ゲノム進化学入門』共立出版．

（斎藤成也）

## 16.6 塩基置換とアミノ酸置換

### A. 塩基置換

　生物の遺伝情報はゲノム DNA の塩基配列として細胞内に保存され，細胞分裂時に DNA が複製されることによってふたつの娘細胞にきわめて正確に伝達される．ところが，複製される DNA の塩基が元の塩基配列とは異なる塩基に置き換わることがあり，これを「塩基置換（nucleotide substitution）」とよぶ．たとえば，親細胞ゲノムの塩基配列 ATCGTAG が，娘細胞では ACCGTAG になった場合，2番目の塩基座において T から C への塩基置換が起こったことになる．このように，DNA の塩基置換は，DNA 複製・修復にともなう突然変異の一種であるが，分子進化学においては，相同配列間の差異として観察されるものをさすほうが一般的である．

　塩基置換が生じる機構は，DNA の物理化学的性質によるところが大きい．二本鎖 DNA の複製は，片方の鎖が鋳型となり，鋳型の塩基に相補的な塩基が対合することによって，もう一方の鎖が合成される半保存的複製である．正常な塩基同士では，アデニン（A）とチミン（T），シトシン（C）とグアニン（G）が水素結合を介して対合する（ワトソン・クリック対合）．しかし，DNA の塩基には，常に低頻度で互変異体や幾何異体が含まれ，それらが鋳型，基質のどちらかあるいは両方に使われると，非ワトソン・クリック対合が生じ，その結果，塩基置換が生じる（Topal & Fresco, 1976）．たとえば，A は通常 T と対合するが（図1a），A のアミノ基がイミノ型に変化したイミノ互変異体の A（$A_{imino}$）は T ではなく C と対合し，T → C の塩基置換をひき起こす（図1e）．同様にシトシンのイミノ互変異体（$C_{imino}$）は A と対合して G → A の塩基置換をひき起こし（図1c），T や G のケト基がエノール型に変化したエノール互変異体（$T_{enol}$, $G_{enol}$）は，それぞれ A, C の代わりに G, T と対合することにより（図1d,f），A → G や C → T の塩基置換をひき起こす．これらはともにプリンをもつ A と G, およびともにピリミジンをもつ T と C の間の塩基置換であり「トランジ

ション（transition, 転移）」とよばれ，プリンとピリミジン間の「トランスバージョン（transversion, 転換）」に比べて高い頻度で生じることが知られている．互変異体の頻度は約 $5 \times 10^{-5}$ なので，鋳型と基質のいずれかが互変異体になる確率 $1 \times 10^{-4}$ がトランジションの頻度の期待値となるが，現実には複製機構に含まれる校正作用によって $10^{-10} \sim 10^{-8}$ 程度に抑えられる．プリン-ピリミジン間のトランスバージョンは，鋳型か基質のどちらか一方の塩基が互換異性体，他方が syn-anti 幾何異性体の場合に生じる（図1g~j）．幾何異性体の頻度は $5 \times 10^{-2} \sim 1 \times 10^{-1}$ であるので，その分トランスバージョンの頻度はトランジションの頻度より低いことが期待される．実際，相同配列の比較で観察されるトランジション/トランスバージョン比は，核 DNA で 2~6，脊椎動物のミトコンドリア DNA では 5~20 程度であることが多い．

　複製時以外でも DNA 損傷によって塩基置換が起こることがある．DNA 損傷のなかでもプリン塩基が欠失する脱プリン反応と，シトシンやアデニンのアミノ基が消失する脱アミノ反応は，塩基置換の原因になりやすいことが知られている．いずれの場合も速やかに修復されるため，通常，塩基置換に至る確率はそう高くない．しかし，塩基が化学修飾されていると修復機能が阻害され，高頻度で塩基置換をひき起こす場合もある．たとえば，シトシンは脱アミノ反応によってウラシルに変化するが，ウラシル DNA グリコシラーゼによって除去され，元のシトシンに修復される．しかし，メチル化されたシトシンの場合，脱アミノ反応によってウラシルではなくチミンになるため，生じる G-T 塩基対はウラシル DNA グリコシラーゼの基質とはならない．その結果，C → T の塩基置換がひき起こされる．哺乳類の核ゲノムでは CG 2塩基配列の C がメチル化の標的であるため，CG → TG および G の相補鎖における C の塩基置換による CG → CA の置換が高頻度で観察される．

　生殖細胞のゲノム DNA に生じた塩基置換は，必ずしも次世代に伝わるとはかぎらない．塩基置換によって変化した遺伝情報が生存に支障をきたす場合，その生殖細胞から発生する個体は淘汰され，自

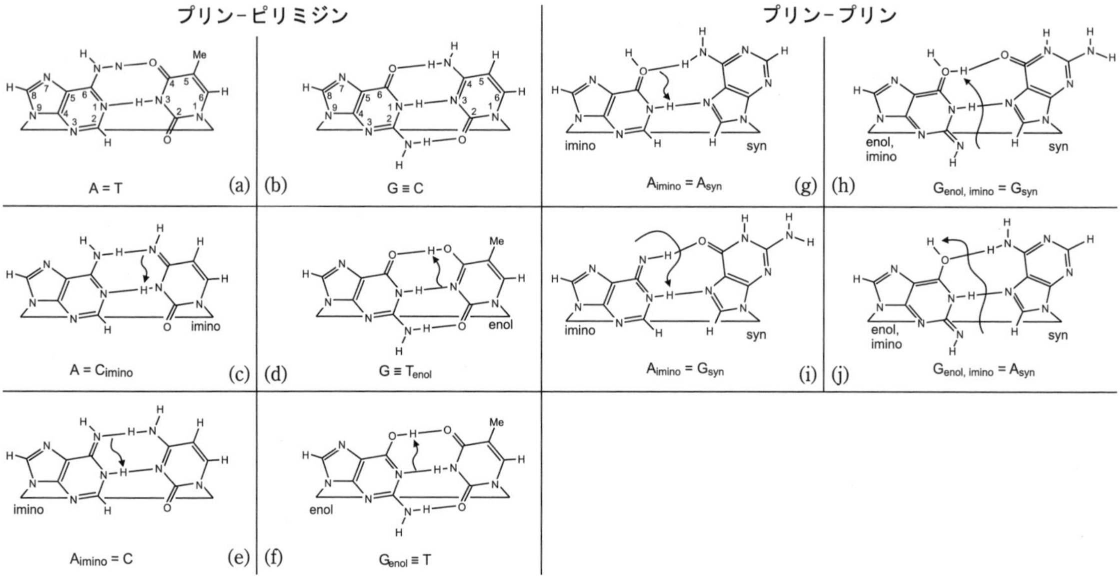

**図1** 正常および互変異体・幾何異性体塩基の対合（Topal & Fresco, 1976 より改変）

然集団中に残ることはないからである．自然集団中に存在し，相同配列間の比較によって観察される塩基置換は，そのような自然選択（純化選択）のフィルタをかいくぐったものだけである．タンパク質コード遺伝子のコドンに塩基置換が生じると，コードするアミノ酸が変化しタンパク質の機能に影響がおよぶことがある．タンパク質の機能にとって悪い影響であるほうが圧倒的に多いため，アミノ酸を変える「非同義置換（nonsynonymous substitution）」の多くは淘汰され残らない．そのため，ほとんどのタンパク質コード遺伝子で観察される非同義置換の頻度は，アミノ酸を変えない「同義置換（synonymous substitution）」の頻度よりも低い．この傾向は，ヒストンや伸長因子のように，生命にとって特に重要な機能をもつ遺伝子において顕著である．一方，主要組織適合性複合体の抗原認識部位では，正の自然選択によって非同義置換が同義置換よりもはるかに高い頻度で生じることが知られている．イントロン，遺伝子間領域，偽遺伝子は，このような自然選択の影響を受けないため，塩基置換の頻度は点突然変異率にほぼ等しいと考えられる．また，オルガネラDNAでは，複製や損傷の頻度の違いから，塩基置換の頻度やトランジション/トランスバージョン比も核DNAとは異なることが多い．

**B. アミノ酸置換**

生物種間で相同タンパク質のアミノ酸配列を比較すると，アミノ酸の種類が異なる座位が観察されることがある．これは，進化過程でどちらか一方（または両方）のタンパク質で「アミノ酸置換（amino acid substitution）」が生じ，祖先配列とは異なるアミノ酸に変化したためである．アミノ酸置換は，タンパク質コード遺伝子のDNA塩基配列における塩基置換に起因する．各アミノ酸は3塩基からなるコドン（codon）によって指定されるため，塩基置換によってコドンの配列が変化し，異なるアミノ酸のコドンになればアミノ酸置換が起こる．たとえば，AGCの3塩基はセリンのコドンであるが，3番目のCがAに塩基置換するとアルギニンのコドンAGAになり，セリンからアルギニンへのアミノ酸置換をひき起こす．一方，AGCコドンのセリンがGCCコドンのアラニンに置換するためには，コドンの1番目と2番目の両塩基座で塩基置換が起こらなければならず，その確率は1塩基置換によってひき起こされるセリン-アルギニン間のアミノ酸置換よりずっと低い．このように，アミノ酸置換の頻度は，コドンの3塩基のうちいくつの塩基置換が必要であるかによって大きく異なる．

一方，アミノ酸置換はタンパク質の機能に影響する

|  |  | 置換したアミノ酸 | | | | | | | | | | | | | | | | | | | |
|---|---|---|---|---|---|---|---|---|---|---|---|---|---|---|---|---|---|---|---|---|---|
|  |  | A | R | N | D | C | Q | E | G | H | I | L | K | M | F | P | S | T | W | Y | V |
|  |  | Ala | Arg | Asn | Asp | Cys | Gln | Glu | Gly | His | Ile | Leu | Lys | Met | Phe | Pro | Ser | Thr | Trp | Tyr | Val |
| A | Ala | 9867 | 1 | 4 | 6 | 1 | 3 | 10 | 21 | 1 | 2 | 3 | 2 | 1 | 1 | 13 | 28 | 22 | 0 | 1 | 13 |
| R | Arg | 2 | 9913 | 1 | 0 | 1 | 9 | 0 | 1 | 8 | 2 | 1 | 37 | 1 | 1 | 5 | 11 | 2 | 2 | 0 | 2 |
| N | Asn | 9 | 1 | 9822 | 42 | 0 | 4 | 7 | 12 | 18 | 3 | 3 | 25 | 0 | 1 | 2 | 34 | 13 | 0 | 3 | 1 |
| D | Asp | 10 | 0 | 36 | 9859 | 0 | 5 | 56 | 11 | 3 | 1 | 0 | 6 | 0 | 0 | 1 | 7 | 4 | 0 | 0 | 1 |
| C | Cys | 3 | 1 | 0 | 0 | 9973 | 0 | 0 | 1 | 1 | 2 | 0 | 0 | 0 | 0 | 1 | 11 | 1 | 0 | 3 | 3 |
| Q | Gln | 8 | 10 | 4 | 6 | 0 | 9878 | 35 | 3 | 20 | 1 | 6 | 12 | 2 | 0 | 8 | 4 | 3 | 0 | 0 | 2 |
| E | Glu | 17 | 0 | 6 | 53 | 0 | 27 | 9865 | 7 | 1 | 2 | 1 | 7 | 0 | 0 | 3 | 6 | 2 | 0 | 1 | 2 |
| G | Gly | 21 | 0 | 6 | 6 | 0 | 1 | 4 | 9935 | 0 | 0 | 1 | 2 | 0 | 1 | 2 | 16 | 2 | 0 | 0 | 3 |
| H | His | 2 | 10 | 21 | 4 | 1 | 23 | 2 | 1 | 9912 | 0 | 4 | 2 | 0 | 2 | 5 | 2 | 1 | 0 | 4 | 3 |
| I | Ile | 6 | 3 | 3 | 1 | 1 | 1 | 3 | 0 | 9 | 9872 | 22 | 4 | 5 | 8 | 1 | 2 | 11 | 0 | 1 | 57 |
| L | Leu | 4 | 1 | 1 | 0 | 0 | 3 | 1 | 1 | 1 | 9 | 9947 | 1 | 8 | 6 | 2 | 1 | 2 | 0 | 1 | 11 |
| K | Lys | 2 | 19 | 13 | 3 | 0 | 6 | 4 | 2 | 1 | 2 | 2 | 9926 | 4 | 0 | 2 | 7 | 8 | 0 | 0 | 1 |
| M | Met | 6 | 4 | 0 | 0 | 0 | 4 | 1 | 1 | 0 | 12 | 45 | 20 | 9874 | 4 | 1 | 4 | 6 | 0 | 0 | 17 |
| F | Phe | 2 | 1 | 1 | 0 | 0 | 0 | 0 | 1 | 2 | 7 | 13 | 0 | 1 | 9946 | 1 | 3 | 1 | 1 | 21 | 1 |
| P | Pro | 22 | 4 | 2 | 1 | 1 | 6 | 3 | 3 | 3 | 0 | 3 | 3 | 0 | 0 | 9926 | 17 | 5 | 0 | 0 | 3 |
| S | Ser | 35 | 6 | 20 | 5 | 5 | 2 | 4 | 21 | 1 | 1 | 1 | 8 | 1 | 2 | 12 | 9840 | 32 | 1 | 1 | 2 |
| T | Thr | 32 | 1 | 9 | 3 | 1 | 2 | 2 | 3 | 1 | 7 | 3 | 11 | 2 | 1 | 4 | 38 | 9871 | 0 | 1 | 10 |
| W | Trp | 0 | 8 | 1 | 0 | 0 | 0 | 0 | 0 | 1 | 0 | 4 | 0 | 0 | 3 | 0 | 5 | 0 | 9976 | 2 | 0 |
| Y | Tyr | 2 | 0 | 4 | 0 | 3 | 0 | 1 | 0 | 4 | 1 | 2 | 1 | 0 | 28 | 0 | 2 | 2 | 1 | 9945 | 2 |
| V | Val | 18 | 1 | 1 | 1 | 2 | 1 | 2 | 5 | 1 | 33 | 15 | 1 | 4 | 0 | 2 | 2 | 9 | 0 | 1 | 9901 |

図 2　20 種類のアミノ酸間の置換率（Dayhoff *et al.*, 1978 より改変）

ことがある．タンパク質の機能を損なう場合が多く，その程度は置換が起きた座位の機能的役割や置換前後のアミノ酸の類似性によって異なる．Grantham (1974) は，アミノ酸の類似性を決める大きな要因は，側鎖における非炭素の割合，極性，体積の三つであるとした．通常，類似性が高いアミノ酸に置換するほうがタンパク質の機能におよぼす影響が小さく，自然選択によって排除される可能性は低いため，実際のアミノ酸配列間の比較では，類似性が高いアミノ酸の間の置換が多く観察される．類似性が高いアミノ酸への置換を「保存的（conservative）」，その逆を「急進的（radical）」とよぶことがある．

このように，実際のアミノ酸置換のパターンは，コドン間で異なる変異率とタンパク質の機能に対する選択圧が相互に影響するため複雑である．そこで，配列アライメントや系統樹推定などでアミノ酸置換パターンの情報が必要な場合，もっぱら経験的方法によって推定された値が使われる（図2）．

[引用文献]

Dayhoff M. O. *et al.* (1978) A model of evolutionary change in proteins. *Atlas of protein sequence and structure*, vol. 5, pp. 345-352.

Grantham R. (1974) Amino acid difference formula to help explain protein evolution. *Science*, vol. 185, pp. 862-864.

Topal M. D. & Fresco JR. (1976) Complementary base pairing and the origin of substitution mutations. *Nature*, vol. 263, pp. 285-289.

（田村浩一郎）

## 16.7 挿入と欠失

挿入と欠失とは，進化の過程である配列上に1塩基以上の配列が挿入されるか欠失することをいう．挿入と欠失は，一般的に置換もしくは点突然変異に対照される概念である．また，分子進学的な解析手法である整列（アラインメント）ときわめて関連が深い．

2本の相同な配列を正しく整列することができれば，挿入あるいは欠失箇所を容易に同定することができる．ただし，挿入であるか欠失であるかを2本の相同な配列からは判断することはできない．このことを知るには，少なくとも3本目の相同な配列を参照（リファレンス）として整列し，系統学的な解釈を行なう必要がある．そのため，整列された配列上の挿入（insertion）と欠失（deletion）は，まとめてギャップ（gap）もしくはインデル（indel）とよばれることがある．特に，短いギャップ（150塩基程度）はマイクロインデル（microindel）とよばれる．

置換もしくは点突然変異と同様に，挿入と欠失は遺伝学的マーカーとしても使える．たとえば，信頼できる挿入と欠失データを用いれば，系統学的な解析を行なうことも可能である．ただし後述するように，挿入と欠失においては，置換や点突然変異ほど進化モデルが確立しているわけではないので，進化的な距離についての評価は難しい．

タンパク質のコード領域における，3の倍数ではない長さをもつ挿入と欠失の発生は，読み枠（reading frame）のシフトをもたらす．この場合，発生した挿入と欠失より下流の読み枠は変わってしまい（フレームシフト突然変異），コードされるアミノ酸を一挙に変えてしまう．もちろん，結果として新しい終止コドンがあらわれれば，タンパク質の長さは異常に短くなってしまう．そのようなタンパク質はまったく機能を失ってしまうこともある．一般に挿入と欠失は，置換や点突然変異よりも大きな影響をタンパク質のコード領域に与える．多くのヒト遺伝疾患は，このフレームシフト突然変異によるものである．

挿入と欠失は，以下の3種類の機序によって起こりうると考えられている．

(1) 不等交差によるもの：何らかの原因により，相同ではない染色体の領域が組換えを起こすことにより，片方の染色体では欠失を，他方の染色体では挿入を起こす（図1）．いったん挿入によって重複領域が生じると，この後，不等交差の起きる確率は格段に高くなる．

(2) スリッページによるもの：短いくりかえし配列が多数存在する領域では，DNA複製時に本来の配列とではなく，近傍の配列とペアをつくってしまう可能性があるために，（スリッページの方向に応じて）DNA断片の挿入または欠失が起こりうる（図2）．

(3) DNAトランスポゾンによるもの：トランスポゾンとは，細胞のなかのゲノム上を動く（トランスポジションする）ことのできるDNA配列である．DNAトランスポゾンは，レトロトランスポゾンと対照される言葉で，レトロトランスポゾンが「コピー・アンド・ペースト」型のふるまいをするのに対して，DNAトランスポゾンは「カット・アンド・ペースト」型のふるまいをする．このふるまいは，トラン

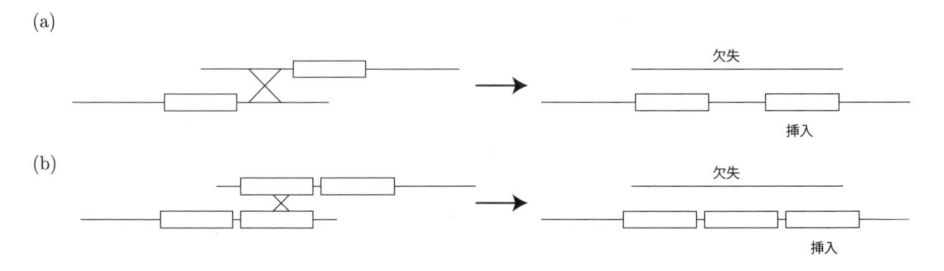

**図1**
(a) 染色体上のある領域が不等交差により欠失/挿入した様子をあらわす．(b)(a)の結果，誤った整列（ミスアラインメント）を起こす可能性が増えれば，不等交差が起きる可能性も増大する（Li, 1997より改変）．

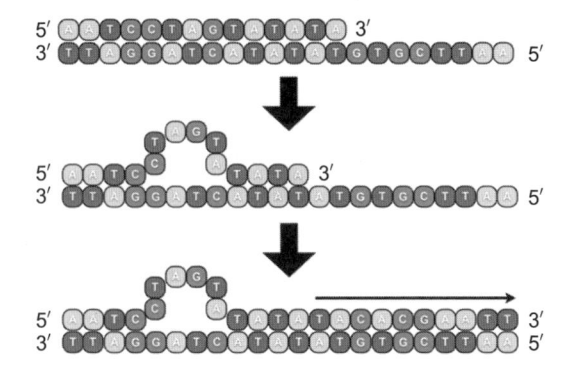

**図2** DNA複製時の2塩基（TA）の$3' \to 5'$方向へのスリッページによるTAの挿入

下段の横向きの矢印はDNAの伸長をあらわす．これとは逆に$5' \to 3'$へのスリッページの場合は，TAの欠失となる．このほか，両ストランドで同時にスリッページが起きる可能性もありえる．この場合，複製ではなく修復によって，挿入と欠失がそれぞれのストランドで起こる．（Li, 1997より改変）

スポゼース酵素のはたらきによって起きる．最初のトランスポゾンは，まだDNAが遺伝物質であることが証明されていなかった1948年に，McClintockによって，トウモロコシ染色体の挿入・欠失・トランスポジションを起こす実体として発見された．彼女はこの功績により，1983年にノーベル賞を受賞した．

挿入と欠失の長さは1塩基から数千塩基にもおよぶことがある．その長さの分布は，基本的に双峰性であることがわかっている．短い挿入と欠失のピーク（20〜30塩基）は，ほとんど上に述べたスリッページに起因するDNA複製のエラーによるものであり，長い挿入と欠失のピークは，不等交差もしくはDNAトランスポゾンによるものと考えられている．

分子進化においては，遺伝情報は有限な長さをもつ文字列（配列）として表現される．したがって，分子進化という現象は，ある文字列の置換，挿入，欠失のいずれか，もしくはそれらの組合せによって表現される．一般に，1回の置換においては，多くの場合文字列の長さは1（つまり点突然変異）であるし，そうでない場合も，近似的に独立な点突然変異の組合せとして表現できる．いったん進化的に相同な配列の組合せを決めてしまえば，それらの間の置換パターンを得ることが可能である．そのため，数学的なとり扱いが容易であり，数多くの詳細な進化モデルが提案されている．一方，挿入と欠失においては，置換の場合よりも複雑なモデルを考える必要がある．置換においては，ある文字から別の文字への変わりやすさ（頻度あるいは遷移確率）のみを考慮すればよいのに対し，挿入や欠失の場合は，そもそも進化的に相同な相手が存在しないのであるから（また，それこそが欠失や挿入の定義なのであるから），挿入や欠失の進化を調べるためには，互いに長さの等しくない配列間の，正しい整列が得られていることが前提となる．さらに，欠失や挿入の場合，それらの長さというパラメータも考慮する必要がある．一般的な意味で，正しく推定された（補正された）進化的な距離は置換回数であり，ユークリッド距離となる．したがって，進化的な距離を基に系統樹を作成することも可能である．ところが，挿入や欠失では，「挿入または欠失回数」に加え，挿入または欠失の際に増減した配列の長さを同時にモデルに組み込む必要がある．したがって，挿入と欠失に基づく進化的な距離の概念は複雑なものとなることが予想される．挿入と欠失データを用いて系統樹を作成するには，進化的な距離ではなく，ある種の形質状態を用いるのがふつうである．

挿入や欠失という現象が，実際の解析においてもっとも問題になるのは，解析の前提となる整列作業においてである．整列とは，進化的に相同であることがわかっている配列を，ひとつひとつの塩基ごとに進化的に正しく並べる（対応づける）ことであるが，見方を変えれば，進化の過程で情報の失われた挿入や欠失という現象を，復元する作業にほかならない．言い方を変えれば，もし挿入や欠失を正しく復元できれば，真の（進化的に正しい）整列を得ることができる．

ここでの問題は，以下のように要約できる．挿入と欠失の進化モデルをつくるためには，挿入と欠失という現象を推定する必要がある．そのためには，正しく復元された整列が必須である．さらに，そのためには，挿入と欠失を扱うための進化モデルが必要である．つまり依存関係の循環が生じてしまう．

多くのアラインメントプログラムの実装では，簡単な進化モデルに基づく数学的な最適化によって整列を求める．具体的には，置換パターンと挿入・欠失

に対しある種のコストを与えたうえで，ダイナミックプログラミングを施し，最小のコストで得られる整列を「正解」とみなす．この際，挿入と欠失のコストは，一般に，その長さに比例する形で与えることが多い（もっとも，このことに厳密な意味で進化的・生物学的意味があるわけではない．これは，上に述べた3種類の機序を考えれば自明である）．この比例定数のことをギャップペナルティ（gap penalty）とよぶ．3本以上の配列を扱う多重整列（マルチプルアラインメント）の場合，ダイナミックプログラミングは計算量が大きすぎるため，さらに高速化のためのヒューリスティックスを用いるのが一般的である．ヒューリスティックスを用いた多重整列では，実際の解析において，生物学的に受け入れがたい結果を与えることもあるため，ギャップペナルティを（著しく不自然な結果を与えないよう）恣意的に決めてしまうこともある．現実問題として，挿入や欠失を多く含む配列の領域は，進化的な意味において誤りを含む可能性が高いので，解析には用いないほうが安全であると考えられている．そのため，われわれが進化的な距離とよぶ指標には，挿入や欠失という現象は考慮されていないのがふつうである．挿入や欠失は，置換よりも頻度が少ないことが知られているとはいえ，この事実は，われわれが進化的な距離を評価する際に，忘れてはならない分子進化学上の大きな問題である．

このように，正しい挿入・欠失を復元することは至難の業である．結果として（そして，これは同時に原因でもあるのだが），挿入・欠失の進化についての研究は，以下のいくつかの例を除けばあまり進んでいない．

Tajima & Nei（1984）は，挿入と欠失に基づいた進化的な距離の推定法を提案した．Thorne, Kishino & Felsenstein（1992）は，少しでもリアリティのある進化モデルを実現するために，パラメーターの推定と整列を結合させた，最尤法ベースの方法を提案した．Saitou & Ueda（1994）は，霊長類の核DNAとミトコンドリアDNAにおける挿入・欠失の解析を，最大節約原理を用いて行なった．

一方，Zhangのグループ（2005）は，挿入・欠失の「進化速度」が，齧歯類の精子に発現するあるタンパク質においては，中立進化によって予測される進化速度よりも速いという驚くべき結果を発表した．挿入と欠失の理論的研究は，われわれが遺伝情報を十分に活用する上で，避けては通れない道である．同時に，分子進化学上の重要な概念であるところの，進化的な距離のアキレス腱でもある．様々な生物種のゲノム情報が使えるようになった今日，豊富な遺伝情報を用いて，従来とは異なった視点から，新しい論理的研究を行なうことは可能になるかもしれない．進化学的な距離に挿入と欠失という現象を反映できるようにするためにも，一般性があり，なおかつ信頼性が高い挿入と欠失の数学モデルの開発が期待される．

[引用文献]

W.-H. Li (1997) *Molecular Evolution*. Sinauer Associates.

McClintock, B. (1929) A Cytological and Genetical Study of Triploid Maize. *Genetics*, vol. 14, pp. 180-222.

Podlaha, O. *et al.* (2005) Positive selection for indel substitutions in the rodent sperm protein catsper1. *Mol. Biol. Evol.*, vol. 22, pp. 845-1852.

Saitou N. & Ueda S. (1994) Evolutionary rates of insertion and deletion in noncoding nucleotide sequences of primates. *Mol. Biol. Evol.*, vol. 11, pp. 504-512.

Tajima F. & Nei M. (1984) Note on genetic drift and estimation of effective population size. *Genetics*, vol. 106, pp. 569-574.

Thorne J. L. *et al.* (1992) Inching toward reality: an improved likelihood model of sequence evolution. *Mol. Biol. Evol.*, vol. 34, pp. 3-16.

（太田聡史）

## 16.8 組換え，遺伝子変換，逆位

### A. 組換え

組換え（recombination）とは一般に染色体または染色分体間でのDNA配列のやりとりのことをいう．組換えは大まかに分けて，相同な配列を足がかりとして起こる「相同組換え（homologous recombination）」，または一般的組換え（general recombination）と，染色体の一部の他の染色体への「転座（translocation）」やトランスポゾン（transposon）の挿入のようにあからさまな塩基相同性を用いない「非相同組換え（non-homologous recombination）」，または非正統的組換え（illegitimate recombination）がある（八杉ほか，1996）．また，溶原性ファージ（lysogenic phage）のゲノムが宿主細胞の染色体に組み込まれてプロファージ（prophage）になったり，それがまた切り出されて元のファージゲノムとなったりする現象も組換えの一種であり，これはゲノム上の特定の部位で起こるので「部位特異的組換え（site specific recombination）」とよばれる（八杉ほか，1996）．これらの現象はゲノムの「構造変異（structural variation）」をひき起こす．これまでに知られる構想変異はたいてい致死あるいは病的な表現形を与える有害なものであったが，最近は健常者のゲノム中にも多くの構造変異がみられ，その影響はSNPをはるかにしのぐともみつもられている（Redon et al., 2006）．さらに，まれにだがドメインシャッフリング（domain shuffling）による新規遺伝子の創出や，新たな遺伝子発現モードの獲得などにより進化的な躍進の原因となることもある．以下では，組換えのなかでも有性真核生物の配偶子形成（gametogenesis）の際には必要不可欠な「減数分裂（meiosis）」の際に必ず起こり，したがって（塩基置換や小規模の挿入・欠失とならんで）もっともありふれた変異機構のひとつである「相同組換え」に焦点をあてて論ずる．「遺伝子変換（gene conversion）」はそのなかで「交叉（crossing-over）」と相並んで論じられる．「逆位（inversion）」は非対立遺伝子間相同組換えにより生じるゲノム構造変異の一部としてとり上げられる．

### B. 交叉と遺伝子変換

DNAのやりとりのしかたにより，相同組換えは「交叉（crossing-over）」と「遺伝子変換（gene conversion）」に分類できる．交叉は「相互組換え（reciprocal recombination）」ともよばれ，ふたつの染色体/染色分体間でDNA配列を交換する現象である．一方，遺伝子変換は「非相互組換え（nonreciprocal recombination）」ともよばれ，ひとつの染色体/染色分体の部分配列がもう一方の相同領域を上書きする現象である．（総説はSzostak et al., 1983；Petes & Hill, 1988，教科書はLi（1997）のChap. 11を参照．）

### C. 減数分裂時の相同組換え

減数分裂の第一分裂（first meiotic division）は母親由来と父親由来の相同染色体が別々の娘細胞に分離（segregate）する過程である．その前期（prophase I）では相同染色体（それぞれが姉妹染色分体からなる）の対合（synapsis）によって「二価染色体（bivalent chromosome またはbivalent）」が形成される（図1）．おのおのの二価染色体は少なくともひとつは相同染色体間の「交叉（crossover）」を示す部位をもち，これは細胞学的には「キアズマ（chiasma, 複数形はchiasmata）」として観測される．キアズマのおかげで二価染色体は第一中期（metaphase I）まで保たれ，相同染色体は正しく一極的に紡錘体にとりつけられる（図1）．この過程がうまくいかないと，相同染色体が正しく分離・分配されなくなる．これを不分離（nondisjunction）とよび，この結果生じた異数体（aneuploid）はたいてい致死かきわめて有害な表現型を示す．（総説はBishop & Zickler, 2004；Pawlowski & Cande, 2005，教科書はHartl & Jones（2006）のChap.3を参照．）

#### a. 二本鎖切断修復モデル

減数分裂時の相同組換えを説明するため「二本鎖切断修復モデル（double-strand break〈DSB〉repair model）」が1983年に提唱された（Szostak et al., 1983）．このモデルでは，(0) 一方の相同染色体（の1染色分体）でDSBが形成されたのち［図2（1）］，(i) 切断されたDNAの5′端側が分解され［図2（2）］，(ii) 残った3′端側のひとつが相同染色体の相同な配

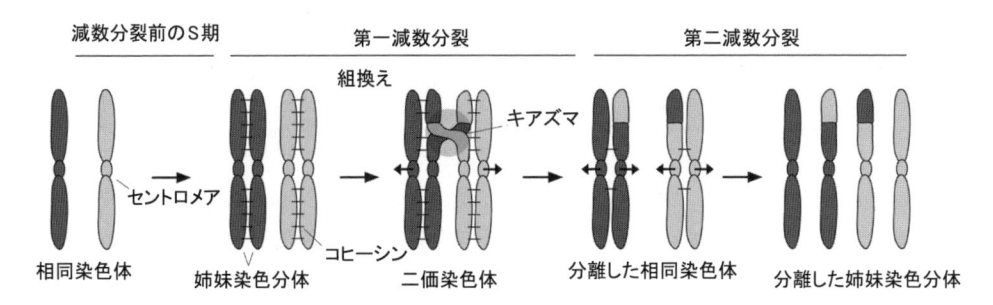

減数分裂前のS期　　第一減数分裂　　第二減数分裂

**図1　減数分裂における染色体の分離**
第一減数分裂の際の組換えにより姉妹染色分体の接着を介した相同染色体間のつながり（「キアズマ」）が形成される．これらキアズマのおかげで相同染色体は第一分裂期紡錘体に正しく一極的にとりつけられる．染色体がすべて紡錘体に正しくとりつけられたのち，染色体上のコヒーシン（cohesin）が分解して相同染色体は分離する．ただし，セントロメアではコヒーシンは第一分裂の間維持され，姉妹染色分体が第二分裂期紡錘体に正しく二極的にとりつけられるように補助する．(Whitby *et al*., 2005 より改変)

列部分へ侵入して「D ループ」を形成する（「single end invation：SEI」）[図2（3a）]．そして（iii）侵入した3′端側が相同配列を鋳型にして伸長し[図2（4a）]，D ループともう一方の3′端側との相補結合（annealing）を可能にする（second end capture：SEC）[図2（5a）]．（iv）さらなる DNA 合成と切断部位の「縫合（ligation）」により，「二重 Holliday 接合（double Holliday junction：dHJ）」が形成される[図2（6a）]．（v）原理的に，dHJ は4通りの方法で解消できる．もしもふたつの Holliday 接合で別々の組の DNA 鎖が切断された場合[図2（6a）]，dHJ の両側の配列は別々の相同染色体から由来し，結果は交叉（crossover：CO）となる[図2（7a）]．もしもふたつの接合で同じ組の DNA 鎖が切断された場合，dHJ の両脇の配列は同じ染色体から由来しているため，結果は「非交叉（non-crossover：NCO）」となる[図なし]．交叉にせよ非交叉にせよ，このモデルでは dHJ 解消直後にヘテロ二重鎖（hetero duplex）が残るため，このあとの「ミスマッチ修復（mismatch repair：MMR）」がどちらかに偏って起こると「遺伝子変換」として観測されるとした（Szostak *et al*., 1983）．当然ながら，非交叉は遺伝子変換のみを結果として残しうる．（総説は Whitby, 2005 を参照．）

### b. 早期交叉決定モデル

二本鎖切断修復モデルは提唱されてから20年近く君臨してきたが，最近になって DSB と非交叉の形成はほぼ変わらずに dHJ の解消および交叉の形成が減るような数々の変異体が出芽酵母 *S. cerevisiae* でみつかった．これら新たな知見を説明するために，Allers & Lichten（2001）は Holliday 接合を介さない経路（「合成依存的 DNA 鎖相補結合〈synthesis-dependent strand annealing：SDSA〉」）を提案した．この経路では，(i) 相同染色体に一過的に侵入した DSB の3′端が相同領域を鋳型にして伸長し[図2（3b,4b）]，(ii) 伸長した端が放出されたのち，(iii) 残っていたもう一方の3′端と相補結合して[図2（5b）]，(iv) さらなる DNA 合成と切断部位の「縫合」により，交叉なしでの DNA 修復を完了する[図2（6b）]．一方，dHJ 形成経路は ZMM タンパク質複合体によって安定化され[図2（3a）]，おもに交叉を産生するとされた[図2（6a,7a）]．dHJ 形成後に交叉/非交叉が決定する二本鎖切断修復モデルとは対照的に，このモデルでは dHJ が形成される前に交叉/非交叉が決定するので「早期交叉決定モデル（early CO decision（ECD）model）」ともよばれる．（総説は Bishop & Zickler, 2004 を参照．）

### c. Mus81 に依存した Holliday 接合を介さない交叉形成

「Mus81」は XPF（xeroderma pigmentation group F）構造特異的エンドヌクレアーゼ（endonuclease）遺伝子族と類縁関係があり，Mus81 と Mms4/Eme1 の複合体は HJ を含むさまざまな枝分かれ DNA 構造を切断する．最近の，特に分裂酵母に関するさまざまな発見と矛盾しないモデルとして，Mus81/Mms/Eme1 複合体が dHJ を形成することなしに交叉を生成する経路が提案された（Osman *et al*., 2003；Heyer et

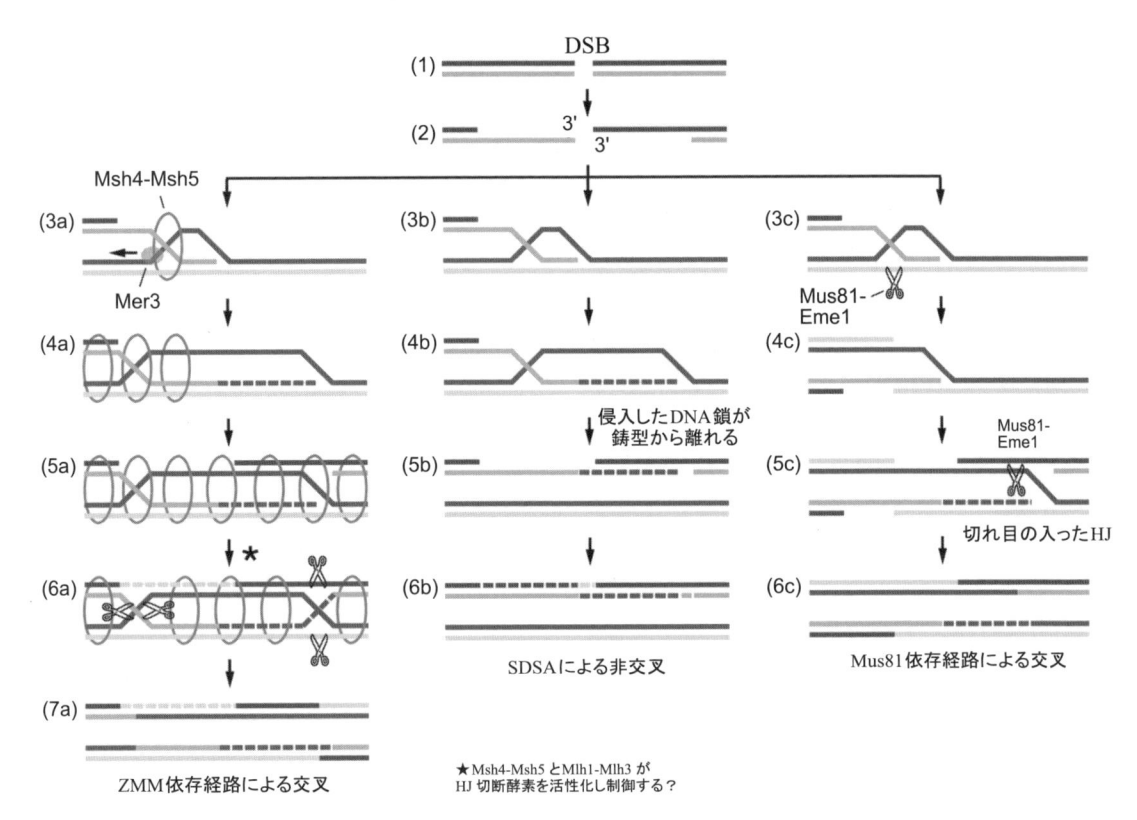

**図2** 減数分裂での二重鎖切断修復に関し現在受け入れられている三つのモデル →口絵8参照

詳細は本文参照．赤とピンクの二重線は切断されたDNA二重鎖，青と水色の二重線は鋳型となる相同染色体のDNA二重鎖である．(6a)のはさみはHolliday接合（HJ）切断酵素をあらわす．ZMMタンパク質は，減数分裂特異的にはたらくタンパク質，Zip1, Zip2, Zip3, Mer3, Msh4, Msh5の総称である．（Whitby et al., 2005より改変）

al., 2003)．このモデルでは，(i)Mus81/Mms/Eme1複合体はDSBの一方の側ではDループを開裂し[図2 (3c)]，もう一方ではSECで生じた半接合（half-junction）を開裂する[図2 (5c)]．(ii) その結果できた5′-flaps（5′-はみだし）を，3′-flapsに異性化したあとでMus81/Mms/Eme1複合体で除去するか，出芽酵母のRad27か分裂酵母のRad2のような5′-flapエンドヌクレアーゼによって処理する．そして(iii)ギャップを埋めて切断部を「縫合」してDSB修復を仕上げる[図2 (6c)]．（総説はHollingworth & Brill (2004) を参照．）

#### d. 生物種による三つのDSB修復経路依存性の違い

上記三つのDSB修復経路のうち，SDSAが非交叉をもたらすおもな経路であることは生物種によらないが，ふたつの交叉をもたらす経路を用いる割合は生物種によって著しく異なる（Hollingworth & Brill, 2004)．出芽酵母ではdHJ経由の経路が主に使われ，Mus81依存経路は少しだけ使われるのに対し，分裂酵母は主としてMus81依存経路を用いる．線虫ではdHJ経由の経路のみに依存することが実験から示唆される．また，最近のノックアウトマウスの実験から，哺乳類は線虫同様dHJ経由の経路のみ用いていることが示唆された．（総説はWhitby (2005) を参照．）

### D. 対立遺伝子間相同組換えの進化的，遺伝学的意義

これまで説明した相同組換えはたいてい相同染色体の同一遺伝子座（locus）上で起きる．これを「対立遺伝子間相同組換え（allelic homologous recombination）」とよぶ．以下，この現象がもたらす進化的または遺伝学的な意義などについて論ずる．

#### a. 対立遺伝子間交叉の進化的役割

前述したように，細胞学的には相同組換え，特に「交叉」は第一減数分裂での相同染色体の適切な分離

を保証する大事な役割をもつ．一方，進化的には相同組換えはつぎのような利点をもつとされる：① 父由来と母由来の対立遺伝子の新しくて有利になる可能性を秘めた組合せをつくり出すことによりゲノムの遺伝的多様性を増大させる（Maynard Smith, 1989）；② 有害な変異をとり除き，ゲノムが徐々に劣化するのを防ぐ．後者について最初に考察したのは Muller（1964）で，組換えのない小集団では遺伝的浮動のためにゲノム中の弱有害変異が徐々に蓄積し，最終的に集団は絶滅に至るとした（Muller's ratchet）．最近，ハエの一種 D. miranda の比較的新しく出現した性染色体に連鎖した遺伝子の観察結果はまさに②を（そして①をも）示唆するものであった（Carvalho, 2003）．（教科書は Gillespie（2004）の Chap.7，総説は Whitby（2005）を参照．）

#### b. 対立遺伝子間遺伝子変換の進化的役割

対立遺伝子間の「遺伝子変換（gene conversion）」は交叉がもつ上記の利点①，②に交叉よりも局在した効果で寄与しうるほか，もしも遺伝子変換が変換する塩基に好き嫌いがあると自然選択と似たような効果を与えることが知られている（Nagylaki, 1983）．最近，この「偏った遺伝子変換（biased gene conversion：BGC）」が哺乳類ゲノムのGC組成スペクトルに与える影響が議論の的となっている（Galtier & Duret, 2007）．

#### c. 組換え率

「組換え率（recombination rate）」$r$ は，減数分裂で生じた配偶子（gamete）が組換え体（recombinant）である確率であり，つぎの式でみつもられる．

$$r = (組換え体の数)/(調べた配偶子の数)$$

菌類やハエなどの場合はこの式を直接使うか，四分子分析（tetrad analysis）などから組換え率をみつもることができる．しかし，ヒトの場合はそうはいかないので，一塩基多型（single nucleotide polymorphism：SNP）やマイクロサテライト（microsatellite）など，多型（polymorphism）を示す「遺伝マーカー（genetic marker）」の「連鎖（linkage）」（同一染色体の複数の部位が一緒にふるまうこと）の様子を家族の系図上で調べたりしてみつもられてきた．組換え率は2部位間の距離が離れるほど大きくなるので，これを利用して遺伝子や遺伝マーカー間の染色体上での相対位置関係を示した「遺伝（学的）地図（genetic map）」を作成できる．よく用いられる遺伝地図上の距離の単位は「センチモルガン（centimorgan：cM）または map unit であり，$r = 0.01$ が 1 cM（= 1 map unit）に相当する．ヒトゲノムでは大体 1 Mb が 1 cM にあたることがわかっている．2部位間の連鎖の強さを示す尺度に「連鎖不平衡（linkage disequilibrium：LD）」がある．これは，ふたつの多型を示す遺伝子型の観測された割合からそれらが連鎖していないと仮定したときの予測値を引いたものである．LDは1世代あたり$r$の割合で減衰するので，強いLDの信号はふたつの部位が強く連鎖していることを示す．（教科書は Hartl & Jones（2006）の Chap. 4; Gillespie（2004）の Chap. 4 を参照．）

#### E. 非対立遺伝子間相同組換えとゲノムの構造変異

今まで同一遺伝子座上の対立遺伝子間の相同組換えについて述べてきたが，ゲノムに劇的な変化をもたらしうるのは同一でない（けれど相同な）遺伝子座（もしくは領域）間での相同組換えである．このような組換えを「非対立遺伝子間相同組換え（non-allelic homologous recombination：NAHR）」または「異所性組換え（ectopic recombination）」とよぶ．ここでは NAHR とそれによって生じるゲノムの「構造変異（structural variation）」について述べる．（総説は Petes & Hill（1988）；Stankiewicz & Lupski（2002）を参照．）

もっともよく知られるのは同一向きに直列に並んだ重複遺伝子（tandem array of duplicate genes）のなかの同等でない重複した遺伝子（あるいは遺伝子間領域（intergenic region））の間で起こる交叉で，「不等交叉（unequal crossing-over）」とよばれる（図3a）．不等交叉は遺伝子コピー数の増減をともない，そのような変異体を「コピー数変異体（copy number variant：CNV）」，そのような多型を「コピー数変異（copy number variation）」とよぶ．CNVは遺伝子の発現量を変えたりして有害であることが多い．しかし，異なるCNVが子孫集団に固定することにより遺伝子族（gene family）の拡大・縮小が起こり，

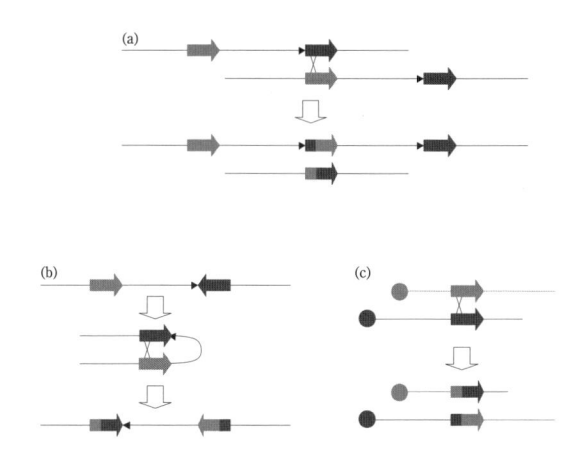

**図3** 重複領域間の交又とその結果起こるゲノム構造変異
染色体は細い実線，重複領域（反復配列）は濃い灰色・薄い灰色の太い矢印であらわし，その間の染色体領域の向きは細い矢印で示す．(a) 直列な重複領域間の「不等交又」は重複と欠失，つまり「コピー数変異（copy number variation）」をもたらす．(b) 同一染色体上の互いに逆向きの重複領域間の交又は間の領域の逆位（inversion）をひき起こす．(c) 相同でない染色体上の重複領域（セントロメア（丸印）に対して同じ向き）の間の交又の結果，「相互転座（reciprocal translocations）」が起こる．

時に形態学的・生理学的な進化や環境への適応を助けたりしうる（Korbel et al., 2008）．一方，向きが互いに反対の重複領域間での交叉はその間にある染色体領域を反転させる．これを「逆位（inversion）」とよぶ（図3b）．逆位は遺伝子を破壊したり，遺伝子と転写調節領域の位置関係を乱したりして有害であることが多いが，まれに中立あるいは有利な変異体が固定すると生物種間の違いを与える．特に，部分集団間の逆位は生殖隔離をもたらし，種分岐を促進することがあると思われている．また，非相同染色体上に乗った重複遺伝子の対が交叉を起こすとふたつの染色体の部分領域が相手方の染色体に「転座（translocate）」した形になる（「相互転座 reciprocal translocations」）（図3c）．これも有害な例がよく知られているが，集団中に固定すると核型（karyotype）の進化をもたらす（Ferguson-Smith & Trifonov, 2007）．あるいはキメラ遺伝子（chimeric gene）を創出して適応進化を促進するかもしれない．

これらのゲノム構造変異（structural variation：SV）はこれまでおもに病気関連で同定されてきた（Stankiewicz & Lupski, 2002）．しかしながら，最近の技術革新により，健常者を対象としたゲノムワイドなSV検出が盛んに行なわれるようになってきた（Redon et al., 2006; Cooper et al., 2007; Lupski, 2007）．このような研究が進めばSVのうちどこまでが健常でどこからが病理的かの区別をする助けになるであろう．今後の発展が期待される分野のひとつである（Eichler et al., 2007）．

### F. 多重遺伝子族の均質化と協調進化

多数のお互いに相同な重複遺伝子は「多重遺伝子族（multigene family）」を形成する．しばしば多重遺伝子族，特に直列な並びをなす遺伝子は，同一生物種内の傍系相同（paralogous）遺伝子同士のほうが違う生物種間の直系相同（orthologous）遺伝子間よりも配列類似性が高いことが知られている（たとえば，Brown et al., 1972を参照）．これは遺伝子族のなかの遺伝子がお互いに配列類似性を保ちつつも祖先配列からはかなりの進化をとげているためであろうと解釈できる．このような遺伝子族の進化を「協調進化（concerted evolution）」，配列間で高い類似性を保つ現象を一般に「均質化（homogenization）」とよぶ．（教科書はLi, 1997のChap. 13，総説はNei & Rooney, 2005；Eickbush & Eickbush, 2007を参照．）この協調進化，あるいは均質化の原因としてはふたつ考えられている．ひとつは前述の「不等交又（unequal crossing-over）」であり，もうひとつは「遺伝子変換（gene conversion）」である．ただし，ここでの遺伝子変換は前述の対立遺伝子間のものではなく，異なる遺伝子座間で起こるものである（「非対立遺伝子間遺伝子変換〈non-allelic gene conversion〉」，もしくは「遺伝子座間遺伝子変換〈inter-locus gene conversion〉」あるいは「異所性遺伝子変換〈ectopic gene conversion〉」）．そのメカニズムはよくわかっていないが，おそらくは非交又をもたらすSDSA（synthesis-dependent strand annealing），またはそれに類似の現象が重複遺伝子間で起きるのであろう．不等交又と遺伝子変換のどちらが主要であるかは遺伝子ごとに異なると思われる．重複遺伝子間の均質化は，rRNA遺伝子のように発現量を稼がなければならない遺伝子族に対しては有利にはたらくと思われるが（Sugino & Innan, 2006; Eickbush & Eickbush, 2007），赤／緑オプシン

(opsin) 遺伝子対のように互いに機能的な違いを保たなければならない遺伝子族に対しては有害な効果があると思われる (Nathans et al., 1986; Teshima & Innan, 2008). 最近行なわれたゲノムワイドな解析からは，線虫 (Semple & Wolfe, 1999) を除く多様な生物種において重複遺伝子間の均質化がかなりの頻度で検出されており，この現象は例外というよりはありふれた現象であることが示唆される (Drouin, 2002; Ezawa et al., 2006; Wang et al., 2007; Xu et al., 2008).

[引用文献]

八杉龍一・小関治男・古谷雅樹・日高敏孝 編集 (1996)『岩波生物学辞典』第4版, 岩波書店.

Allers T. & Lichten M. (2001) Differential timing and control of noncrossover and crossover recombination during meiosis. Cell, vol. 106, pp. 47-57.

Bishop D. K. & Zickler D. (2004) Early decision: Meiotic crossover interference prior to stable strand exchange and synapsis. Cell, vol. 117, pp. 9-15.

Brown D. D. et al. (1972) A comparison of the ribosomal DNAs of Xenopus laevis and Xenopus mulleri: Evolution of tandem genes. J. Mol.Biol., vol. 63, pp. 57-73.

Carvalho A. B. (2003) The advantage of recombination. Nat. Genet., vol. 34, pp. 128-129.

Cooper G. M. et al. (2007) Mutational and selective effects on copy-number variants in the human genome. Nat. Genet., vol. 39, pp.s22-s29.

Drouin G. (2002) Characterization of the gene conversions between the multigene family members of the yeast genome. J. Mol. Evol., vol. 55, pp. 14-23.

Eichler E. E. et al. (18 co-authors) (2007) Completing the map of human genetic variation. Nature, vol. 447, pp. 161-165.

Eickbush T. H. & Eickbush D. G. (2007) Finely orchestrated movements: Evolution of the ribosomal RNA genes. Genetics, vol. 175, pp. 477-485.

Ezawa K. et al. (2006) Proceedings of the SMBE tri-national young investigators' workshop 2005. Genome-wide search of gene conversions in duplicated genes of mouse and rat. Mol. Biol. Evol., vol. 23, pp. 927-940.

Ferguson-Smith M. A. & Trifonov V. (2007) Mammalian karyotype evolution. Nat. Rev. Genet., vol. 8, pp. 950-962.

Galtier N. & Duret L. (2007) Adaptation or biased gene conversion? Extending the null hypothesis of molecular evolution. Trends Genet., vol. 23, pp. 273-277.

Gillespie J. H. (2004) Population Genetics, A Concise Guide (2nd ed.), The Jones Hopkins University Press.

Hartl D. L. & Jones E. W. (2006) Essential Genetics, a genomics perspective (4th ed.), Jones and Bartlett Publishers.

Heyer W. D. et al. (2003) Holliday junctions in the eukaryotic nucleus: Resolution in sight? Trends Biochem. Sci., vol. 28, pp. 548-557.

Hollingsworth N. M. & Brill S. J. (2004) The Mus81 solution to resolution: generating meiotic crossovers without Holliday junctions. Genes Dev., vol. 18, pp. 117-125.

Korbel J. O. et al. (2008) The current excitement about copy-number variation: how it relates to gene duplications and protein families. Curr. Opin. Struct. Biol., vol. 18, pp. 366-374.

Li W.-H. (1997) Molecular Evolution, Sinauer Associates.

Lupski J. R. (2007) Genome rearrangements and sporadic disease. Nat. Genet., vol. 39, pp. s43-s47.

Maynard Smith J. (1989) Evolutionary Genetics, Oxford University Press.

Muller H. J. (1964) The relation of recombination to mutational advance. Mutat. Res., vol. 1, pp. 2-9.

Nagylaki T. (1983) Evolution of a finite population under gene conversion. Proc.Natl. Acad. Sci. USA, vol. 80, pp. 6278-6281.

Nathans J. et al. (1986) Molecular genetics of inherited variation in human color vision. Science, vol. 232, pp. 203-210.

Nei M. & Rooney A. P. (2005) Concerted and birth-and-death evolution of multigene families. Annu. Rev. Genet., vol. 39, pp. 121-152.

Osman F. et al. (2003) Generating crossovers by resolution of nicked Holliday junctions: A role for Mus81-Eme1 in meiosis. Mol. Cell, vol. 12, pp. 761-774.

Pawlowski W. P. & Cande W. Z. (2005) Coordinating the events of the meiotic prophase. Trends Cell Biol., vol. 15, pp. 674-681.

Petes T. D. & Hill C. W. (1988) Recombination between repeated genes in microorganisms. Annu. Rev. Genet., vol. 22, pp. 147-168.

Redon R. et al. (43 co-authors). (2006) Global variation in copy number in the human genome. Nature, vol. 444, pp. 444-454.

Semple C. & Wolfe K. H. (1999) Gene duplication and gene conversion in the Caenorhabditis elegans genome. J. Mol. Evol., vol. 48, pp. 566-576.

Stankiewicz P. & Lupski J. R. (2002) Genome architecture, rearrangements and genomic disorders. Trends Genet., vol. 18, pp. 74-82.

Sugino R. P. & Innan H. (2006) Selection for more of the same product as a force to enhance concerted evolution of duplicated genes. Trends Genet., vol. 22, pp. 642-644.

Szostak J. W. et al. (1983) The double-strand-break repair

model for recombination. *Cell*, vol. 33, pp. 25-35.

Teshima K. M. & Innan H. (2008) Neofunctionalization of duplicated genes under the pressure of gene conversion. *Genetics*, vol. 178, pp. 1385-1398.

Wang X. *et al.* (2007) Extensive concerted evolution of rice paralogs and the road to regaining independence. *Genetics*, vol. 177, pp. 1753-1763.

Whitby M. C. (2005) Making crossovers during meiosis. *Biochem. Soc. Trans.*, vol. 33, pp. 1451-1455.

Xu S. *et al.* (2008) Gene conversion in the rice genome. *BMC Genomics*, vol. 9, article 93 (8 pages).

(江澤 潔)

## 16.9 遺伝子重複

ゲノム内でひとつの遺伝子の全体またはその一部のコピーが生ずる現象を「遺伝子重複(gene duplication)」という．もともとの意味では，遺伝子に限定されているが，現在では遺伝子にかぎらず，ゲノムのどの部分においても用いられる．遺伝子重複は，生物の進化において重要な役割を果たすと考えられている．これは，遺伝子が重複したとき，一方の遺伝子が本来の必要な機能を保ち続けている間に，もう一方の遺伝子に突然変異が蓄積し，別の機能をもった遺伝子へと進化する可能性があるからである．

遺伝子重複は大きく4種類のタイプに分けることができる(図1)．「直列重複(tandem duplication)」，「ゲノム重複(genome duplication)」，「遺伝子転移に基づく重複(transposition-based duplication)」，そして「mRNAに基づく重複(mRNA-based duplication)」である．

### A. 直列重複
直列重複は，1本の染色体上で互いに隣接してふた

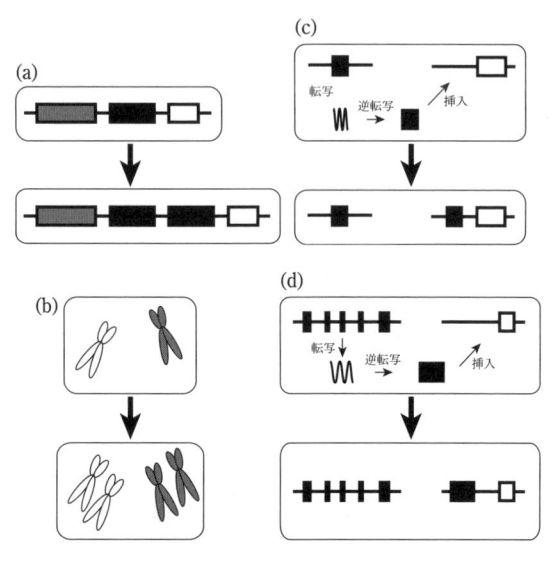

**図1** さまざまな遺伝子重複の模式図
直列重複(a)，ゲノム重複(b)，遺伝子転移に基づく重複(c)，およびmRNAに基づく重複(d)をそれぞれ示す．

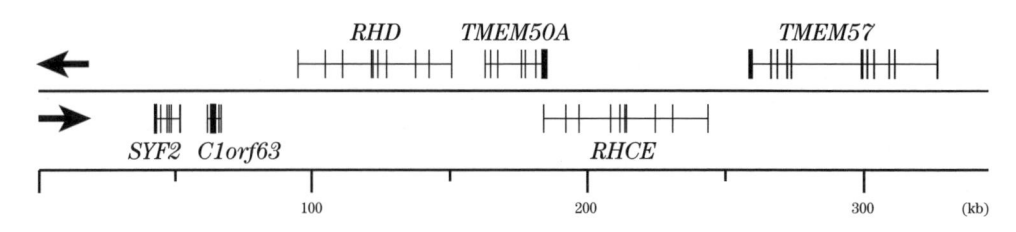

図2 直列重複遺伝子の例としてのヒトのRH式血液型遺伝子（RHDとRHCE）
左の矢印は遺伝子の方向を示す．

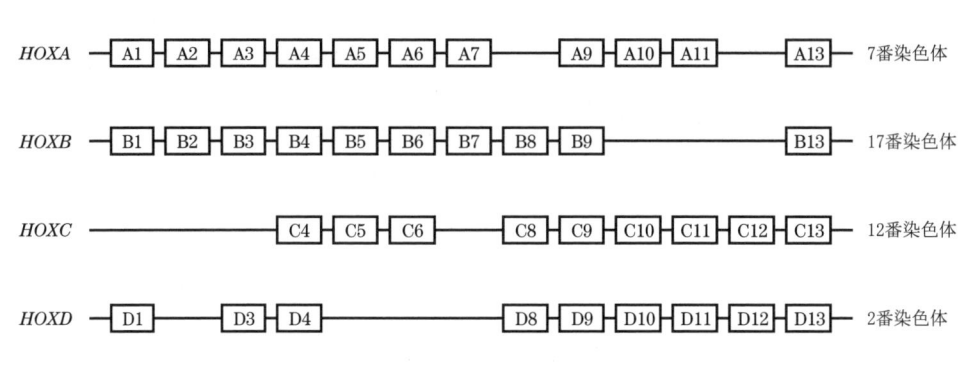

図3 ゲノム重複の例としてのヒトの四つのHOXクラスターの模式図

つ以上のコピーをつくるタイプの重複である．直列重複遺伝子は，哺乳類の遺伝子の14〜17%を占めるといわれている（Shoja & Zhang, 2006）．このうち，2コピー以上の多数の重複遺伝子を直列にもつ場合は「多重遺伝子族（multigene family）」とよばれる．直列重複遺伝子では，それら遺伝子の向きについて3タイプあり，①同じ方向を向いている場合，つまりひとつの遺伝子の3′側にもうひとつの遺伝子の5′末端が位置する場合（head-to-tail, 5′-3′ 5′-3′），②5′末端同士が向かいあっている場合（head-to-head, 3′-5′ 5′-3′），③3′末端同士が向かいあっている場合（tail-to-tail, 5′-3′ 3′-5′）がある．齧歯類においては①の場合が直列重複遺伝子全体のおよそ70%を占めるようである（Ezawa et al., 2006）．直列重複遺伝子の例としてRH式血液型遺伝子があげられる（図2）．RH式血液型遺伝子は，ヒトでは1番染色体の短腕（1p36.11）に RHD と RHCE という遺伝子座が存在している．RHD と RHCE は互いの3′末端同士が向かいあっており（tail-to-tail, 5′-3′ 3′-5′），その間はおよそ30 kbで，そこには TMEM50A（transmembrane protein 50A）という遺伝子（あるいは small membrane protein 1〈SMP1〉ともよばれる）が存在する（Suto et al., 2000；Wagner & Flegel, 2000）．RHD と RHCE のアミノ酸レベルでの相同性はおよそ92%であり，いわゆるRHマイナスの人は RHD 遺伝子の欠失などによって RHD タンパク質が生成されない場合である．オランウータンや旧世界ザル，新世界ザルなどはRH式血液型遺伝子を1個しかもっていないので，直列重複はヒト・チンパンジー・ゴリラの共通祖先で起こったと考えられている．この遺伝子重複後には，RHD 特異的モチーフの存在するエキソン7で非同義置換率が上昇したことも示されている（Kitano et al., 2007）．

### B. ゲノム重複

ゲノム重複は，ゲノム全体が一度にコピーされるタイプの重複である．これは，植物では「倍数体化（polyploidization）」とよばれ，以前からよく知られている現象である．たとえば，種なしスイカは三倍体のスイカ（$3n$）であり，野生型の二倍体スイカ（$2n$）の1.5倍のゲノムをもっている．これは，二倍体のスイカをコルヒチン処理して四倍体のスイカ（$4n$）の苗をつくり，それに二倍体のスイカの花粉を受粉させて三倍体のスイカの種をつくる．この種子から苗をつくり，これに二倍体のスイカの花粉を受粉させると，三倍体のスイカでは，正常な減数

分裂が起こらないので，種子のできない種なしスイカができることになる．

一方，動物においてもゲノム重複の例は硬骨魚類などでよく知られており，また，脊椎動物の共通祖先において，2回のゲノム重複が生じたということも推測されている（Ohno, 1970）．2回のゲノム重複が起こると，ひとつのゲノム内に4つの相同遺伝子が存在することになる．ゲノムごと重複するので，4つの相同遺伝子の周辺の遺伝子も同じ並びで重複することになる．このような遺伝子の並びの保存性をシンテニー（synteny）という．脊椎動物のゲノムでは，2～4のシンテニー領域がしばしばみられ，脊椎動物の共通祖先における2回のゲノム重複を裏づけている．脊椎動物のゲノム重複によるシンテニーの例として，HOXクラスターがあげられる（Carroll, 1995）．HOX遺伝子は「ホメオボックス（homeobox）」とよばれるDNA結合領域をもつ転写因子をコードする遺伝子で，ヒトではHOXA，HOXB，HOXC，HOXDの4つのクラスターが別々の染色体に存在する（図3）．これらの遺伝子では，HOXA8やHOXD7のように進化の過程で失われたものもあるが，遺伝子の並びも保存されており，また一部の機能の相補性がある場合もある．一方，各クラスター内のそれぞれの遺伝子は，脊椎動物の進化の過程で起こった2回のゲノム重複以前に，直列重複によって形成された直列重複遺伝子でもある．たとえば，HOXAクラスターにはA1～A7，A9～A11およびA13の11個のHOX遺伝子が存在しているが，これらは，もともとひとつのHOX遺伝子からゲノム重複以前に，直列重複によってクラスターを形成するようになったと考えられる．

### C. 遺伝子転移に基づく重複

遺伝子転移を起こす「転移因子（transposable element）」にはふたつのタイプがある．ひとつは「DNAトランスポゾン（DNA transposon）」で，もうひとつは「レトロトランスポゾン（retrotransposon）」あるいは「レトロポゾン（retroposon）」とよばれるものである．DNAトランスポゾンはトランスポゼース（transposase）という転移に必要な酵素を自身でコードしており，それによってゲノムの上の位置から自身を切り出し，他の位置に転移する．こちらは，いうなればカット＆ペーストの方式で転移するわけである．一方，レトロトランスポゾンは，DNA配列が一度RNAに転写されてから，「逆転写酵素（reverse transcriptase）」のはたらきによって，配列が「相補的（complementary）」なDNA（cDNA）に「逆転写（reverse transcription）」され，それが他の位置に転移する．こちらは，いうなればコピー＆ペーストの方式で転移するわけである．コピーを増やすという観点からみると，後者のレトロトランスポゾンは遺伝子重複の一種と考えられる．レトロトランスポゾンには，自身で逆転写酵素をコードしているものと，コードしていないものがある．前者には「LTR（long terminal repeat element）因子」や「LINE（long interspersed element）」などがあり，後者には「SINE（short interspersed element）」がある．SINEのなかでもっともよくみられるものは「Alu配列（Alu sequence）」とよばれるものである．これは，およそ300 bpの長さをもつ短い散在性の反復配列で，ヒトゲノム中にはおよそ100万コピーが存在し，ゲノムの約10.6％を占めている（表1）．Alu配列は，7SL RNAから進化したと考えられており（Ullu & Tschudi, 1984），AluJo, AluSc, AluSg, AluSp, AluSq, AluSx, AluY, AluYaといったサブファミリーが存在している（Price et al., 2004）．

### D. mRNAに基づく重複

mRNAに基づく重複は，前述の遺伝子転移に基づく重複と類似している．通常，遺伝子は転写され，5′末端と3′末端にキャップ構造とポリ（A）を付加してmRNA前駆体になったあと，「スプライシング

表1 散在性反復配列の種類とヒトゲノムに占める割合

| | 個数 (×1000) | ゲノム概要配列中の塩基数 (Mb) | ゲノム概要配列中の割合 (%) |
|---|---|---|---|
| SINE | 1558 | 359.6 | 13.14 |
| (Alu) | 1090 | 290.1 | 10.60 |
| LINE | 868 | 558.8 | 20.42 |
| LTR因子 | 443 | 227.0 | 8.29 |
| DNA因子 | 294 | 77.6 | 2.84 |
| 未分類 | 3 | 3.8 | 0.14 |

International Human Genome Sequencing Consortium (2001) より改変．

(splicing)」を受けてイントロン部分が切り捨てられて成熟したmRNAになる。このmRNAは，まれに，逆転写酵素のはたらきによってcDNAに逆転写され，それがゲノム上で元の遺伝子があった場所とは別の場所に挿入されることがある。このようにして新たな場所に挿入された遺伝子は，元の遺伝子からイントロンを除いた形として存在するようになる。そのような遺伝子は，たいていの場合は「偽遺伝子化 (pseudogenization)」するが，運よく移った先の 5′ 末端に何らかの転写調節配列があったとすると，「イントロンレス (intronless)」のその遺伝子は元の遺伝子と同様のタンパク質を生成することになる。このような遺伝子は，ヒトゲノム上ではおよそ4000個存在するとみつもられている (Marques *et al.*, 2005)。たとえば，グルタミン酸脱水素酵素 (L-glutamate dehydrogenase) は，ヒトでは，*GLUD1* と *GLUD2* という遺伝子にコードされている (図4)。*GLUD1* は 10 番染色体の長腕 (10q23.3) に位置し，13 個のエキソンから構成されている。一方，*GLUD2* は X 染色体の長腕 (Xq24-q25) に位置し，イントロンがなく，1 個のエキソンから構成されている。また，*GLUD1* はハウスキーピング遺伝子として多くの組織に発現しているのに対して，*GLUD2* の発現は脳や網膜，精巣などと限定的である (Shashidharan *et al.*, 1994)。*GLUD2* は，ヒト上科の共通祖先が旧世界ザルの共通祖先と分岐したのちに，*GLUD1* の mRNA が逆転写されて cDNA になってから X 染色体に挿入されて形成されたと考えられている (Burki & Kaessmann, 2004)。おそらく，たまたま *GLUD2* が挿入された位置の 5′ 末端に何らかの転写調節様の配列が存在したのだと推測できる。

［引用文献］

Burki F. & Kaessmann H. (2004) Birth and adaptive evolution of a hominoid gene that supports high neurotransmitter flux. *Nat. Genet.*, vol. 36, pp. 1061-1063.

Carroll S. B. (1995) Homeotic genes and the evolution of arthropods and chordates. *Nature*, vol. 376, pp. 479-485.

Ezawa K. *et al.* (2006) Proceedings of the SMBE Tri-National Young Investigators' Workshop 2005. Genome-wide search of gene conversions in duplicated genes of mouse and rat. *Mol. Biol. Evol.*, vol. 23, pp. 927-940.

International Human Genome Sequencing Consortium. (2001) Initial sequencing and analysis of the human genome. *Nature*, vol. 409, pp. 860-921.

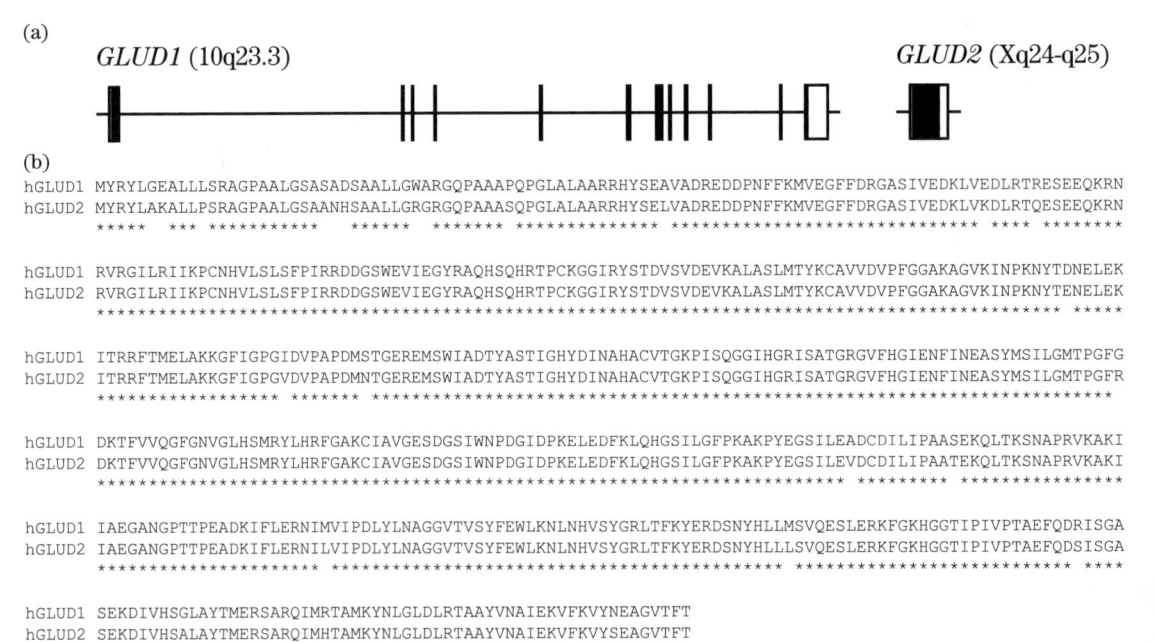

(a)

*GLUD1* (10q23.3)　　　　　　　　　　　　　　　　　　　　　　　　　　　*GLUD2* (Xq24-q25)

(b)

```
hGLUD1  MYRYLGEALLLSRAGPAALGSASADSAALLGWARGQPAAAPQPGLALAARRHYSEAVADREDDPNFFKMVEGFFDRGASIVEDKLVEDLRTRESEEQKRN
hGLUD2  MYRYLAKALLLPSRAGPAALGSAANHSAALLGRGRGQPAAASQPGLALAARRHYSELVADREDDPNFFKMVEGFFDRGASIVEDKLVKDLRTQESEEQKRN
        ****  ***  ************* *** ***** * ***** ******** ********************************** *** *******

hGLUD1  RVRGILRIIKPCNHVLSLSFPIRRDDGSWEVIEGYRAQHSQHRTPCKGGIRYSTDVSVDEVKALASLMTYKCAVVDVPFGGAKAGVKINPKNYTDNELEK
hGLUD2  RVRGILRIIKPCNHVLSLSFPIRRDDGSWEVIEGYRAQHSQHRTPCKGGIRYSTDVSVDEVKALASLMTYKCAVVDVPFGGAKAGVKINPKNYTENELEK
        ***************************************************************************************** ******

hGLUD1  ITRRFTMELAKKGFIGPGIDVPAPDMSTGEREMSWIADTYASTIGHYDINAHACVTGKPISQGGIHGRISATGRGVFHGIENFINEASYMSILGMTPGFG
hGLUD2  ITRRFTMELAKKGFIGPGVDVPAPDMNTGEREMSWIADTYASTIGHYDINAHACVTGKPISQGGIHGRISATGRGVFHGIENFINEASYMSILGMTPGFR
        ***************** ******* ***************************************************************** ****

hGLUD1  DKTFVVQGFGNVGLHSMRYLHRFGAKCIAVGESDGSIWNPDGIDPKELEDFKLQHGSILGFPKAKPYEGSILEADCDILIPAASEKQLTKSNAPRVKAKI
hGLUD2  DKTFVVQGFGNVGLHSMRYLHRFGAKCIAVGESDGSIWNPDGIDPKELEDFKLQHGSILGFPKAKPYEGSILEVDCDILIPAATEKQLTKSNAPRVKAKI
        ************************************************************************ ********* *************

hGLUD1  IAEGANGPTTPEADKIFLERNIMVIPDLYLNAGGVTVSYFEWLKNLNHVSYGRLTFKYERDSNYHLLMSVQESLERKFGKHGGTIPIVPTAEFQDRISGA
hGLUD2  IAEGANGPTTPEADKIFLERNILVIPDLYLNAGGVTVSYFEWLKNLNHVSYGRLTFKYERDSNYHLLLSVQESLERKFGKHGGTIPIVPTAEFQDSISGA
        ********************* ******************************************** ************************* ****

hGLUD1  SEKDIVHSGLAYTMERSARQIMRTAMKYNLGLDLRTAAYVNAIEKVFKVYNEAGVTFT
hGLUD2  SEKDIVHSALAYTMERSARQIMHTAMKYNLGLDLRTAAYVNAIEKVFKVYSEAGVTFT
        ******** ************* ************************** ******
```

**図4**　mRNAに基づく重複の例としてのヒトの *GLUD1* と *GLUD2* 遺伝子 ゲノム構造 (a) とアミノ酸配列のアラインメント (b)。

Kitano T. *et al.* (2007) Tempo and mode of evolution of the Rh blood group genes before and after gene duplication. *Immunogenetics*, vol. 59, pp. 427-431.

Marques A. C. *et al.* (2005) Emergence of young human genes after a burst of retroposition in primates. *PLoS Biol.*, vol. 3, pp. 1970-1979.

Ohno S. (1970) *Evolution by Gene Duplication*, Springer-Verlag. [大野乾著, 山岸秀夫・梁永弘 訳 (1977)『遺伝子重複による進化』岩波書店]

Price A. L. *et al.* (2004) Whole-genome analysis of Alu repeat elements reveals complex evolutionary history. *Genome Res.*, vol. 14, pp. 2245-2252.

Shashidharan P. *et al.* (1994) Novel human glutamate dehydrogenase expressed in neural and testicular tissues and encoded by an X-linked intronless gene. *J. Biol. Chem.*, vol. 269, pp. 16971-16976.

Shoja V. & Zhang L. (2006) A roadmap of tandemly arrayed genes in the genomes of human, mouse, and rat. *Mol. Biol. Evol.*, vol. 23, pp. 2134-2141.

Suto Y. *et al.* (2000) Gene organization and rearrangements at the human Rhesus blood group locus revealed by fiber-FISH analysis. *Hum. Genet.*, vol. 106, pp. 164-171.

Ullu E. & Tschudi C. (1984) Alu sequences are processed 7SL RNA genes. *Nature*, vol. 312, pp. 171-172.

Wagner F. F. & Flegel W. A. (2000) RHD gene deletion occurred in the Rhesus box. *Blood*, vol. 95 pp. 3662-3668.

(北野 誉)

## 16.10　遺伝子の水平移動

個々の生物がもつ遺伝情報あるいは遺伝子は，個体では親から子へ，細胞では親細胞から娘細胞へと伝達される．具体的には，遺伝情報をもつDNAが複製され，親から子，あるいは親細胞から娘細胞へ受け渡される．このようないわゆる「垂直方向」の遺伝子伝達とは異なり，子ではない個体，場合によっては異なる生物種への遺伝情報あるいは遺伝子の伝達を，遺伝子の水平移動（または水平転移，水平伝達）という．具体的には，異なる生物種のゲノムDNAが，自身のゲノムDNAに組み込まれたり，あるいはプラスミドのように染色体外DNAとして細胞内に維持される現象などが該当する．

遺伝子の「水平方向」への移動が起こる頻度は，生物によって千差万別である．たとえば，ヒトの全ゲノムを調べてみても，少なくともヒトに分化したのちに異なる生物種の遺伝子を獲得した形跡はみつからない．他のさまざまな脊椎動物においても同様の結果である．一方，単細胞生物では遺伝子の水平移動が頻繁に起こっている．広く生物学的実験に使われている大腸菌K-12では，異なる生物種に由来する遺伝子がゲノム中に多数存在する．また，同じ大腸菌と分類される細菌であっても，全遺伝子セットを系統間で比較すると，系統ごとに遺伝子レパートリーに違いがあることがわかる．水平移動により獲得した遺伝子（群）が系統ごとに異なることが，このような違いのおもな原因である．さらに，獲得した遺伝子によって表現型も異なってくる．したがって，祖先由来の遺伝子セットはほぼ同一であっても，水平移動により獲得した遺伝子に違いがあれば，その違いが表現型に反映され，系統ごとに異なる性質を示すようになる．

前述のようにわれわれが通常目にする大きさの生物と，細菌などの直接目で見ることのできない生物において，遺伝子の水平移動が生じる頻度は大きく異なっている．その原因のひとつは，多細胞生物における体細胞系列と生殖細胞系列の分離がある．動物では，生殖細胞系列と体細胞系列が発生初期に分

離し，生殖系列細胞が他の生物種の細胞やDNAと接する可能性がほとんどないため，異なる生物種からの遺伝子の水平移動が起こりにくいと考えられる．一方，単細胞性の生物では，外部とは細胞膜や細胞壁でしか区切られていないため，日常的に他の生物種の細胞やDNAにさらされている．そして，どの細胞も生殖細胞であるため，他生物種のDNAを自身のDNAにとりこめば，その遺伝子の情報が次世代以降に伝達される．さらに，真正細菌のいくつかの生物種では能動的に細胞外のDNAをとりこむ機構をもつことが実験的に明らかになっている．このような違いにより，単細胞生物では遺伝子の水平移動が比較的高頻度で起こると考えられている．

**A. 水平移動による遺伝子の獲得は，何をもたらすか**

頻繁に水平移動しているDNA断片のひとつに，病原性アイランド（pathogenicity island）とよばれるものがある．このDNA断片には，細菌に病原性をもたらす一連の遺伝子がコードされている．この領域は，コードする遺伝子群が示す形質に特徴があるだけでなく，塩基組成も細胞内の他のゲノム領域とは異なっており，異なる生物種から水平移動により獲得したDNA断片として，種々の原核生物のゲノムからみつかっている．病原性以外にも，生態アイランド（ecological island），共生アイランド（symbiotic island）などがあり，それぞれ特定の生態的ニッチでの生存，あるいは他の生物との共生を可能とする遺伝情報を保持している．したがって，これらをゲノム中に保持することによって，生物はある特定の環境での生存と繁殖が可能となる．

このような各種のアイランドとよばれるDNA断片は，種全体をみわたした場合，ある特定の系統にのみ存在している．さらに，そのDNA断片上にコードされる遺伝子群は特殊な遺伝子が多く，そのアイランドをもたない系統のゲノムには，類似する遺伝子すらみつからない．よって，突然変異，遺伝子重複，ドメインシャフリングといった既存の遺伝子から新規な遺伝子をつくる方法では，このような機能をもつ遺伝子群の短期間での作製はほとんど不可能だと思われる．したがって，このような適応的な形質をもたらす遺伝子を水平移動により獲得することは，原核生物において効率的な環境への適応手段として重要と考えられる．

遺伝子の水平移動の利点を享受しているのは真正細菌や古細菌に限定されるわけではなく，真核生物もこの恩恵を受けている場合がある．ヒトにおいて遺伝子を水平移動により獲得した形跡はないと先に述べたが，遠い過去，ヒトではなかったころに遺伝子の水平移動により新たな遺伝子を多数獲得した痕跡がある．その顕著な例は，細胞内共生の成立と前後する遺伝子の水平移動である．真核生物のオルガネラであるミトコンドリアと色素体（葉緑体）は，真正細菌との細胞内共生をその進化的起源とする．ミトコンドリアや葉緑体は自身のゲノムをもっているものの，極度に縮小しており最低限の生物機能を果たすに十分な量の遺伝子はなく，機能遺伝子の大部分が核ゲノムに移行している．これは，細胞内共生の成立前後に，オルガネラの起源となった共生細菌から，宿主細胞の核へ遺伝子が水平移動した結果と考えられる．そして宿主細胞は，水平移動で獲得した遺伝子を利用して，オルガネラを巧みに制御し，自身の一部としたらしい．このような細胞内共生にともなう遺伝子の水平移動は，共生が起こった太古の昔だけではなく，現在でも起こっている．このように，共生によるオルガネラの獲得という進化的な一大イベントにおいて，真核生物は遺伝子の水平移動を効果的に利用したともいえる．原始真核生物が単細胞であったに違いないことを鑑みると，おそらく細胞内共生に由来する遺伝子だけではなく，水平移動により獲得したさまざまな新規遺伝子が，真核生物誕生の初期においてその形成に大きな影響を与えた可能性がある．

水平移動により獲得した遺伝子が利益をもたらす例がある一方，その逆の効果をもたらす場合もある．たとえば先に述べたオルガネラのDNAは，今でも核ゲノム中にある頻度で水平移動していることがわかっており，ヒトの核ゲノムからもミトコンドリアDNAに由来するDNA塩基配列が多数発見されている．しかしヒトやその他の動物の場合，すでに水平移動可能なミトコンドリアDNA上の遺伝子は核ゲノムに移動してしまっているため，現在では水平移動により核ゲノムに入り込んでも宿主の細胞

にとって利益はないと思われる．したがってミトコンドリアからの遺伝子の水平移動は，細胞にとって中立か，あるいはDNAの挿入によって既存の遺伝子が破壊される可能性のある不利な現象となっている．実際に，最近核に水平移動したミトコンドリア遺伝子のほとんどは，その読み枠が壊れ偽遺伝子化している．また，細胞内共生細菌ボルバキアから宿主ゲノムへの遺伝子の水平移動がいくつかの動物で発見されたが，それらでは多くの場合遺伝子の発現がみられず，タンパク質の読み枠も壊れている．したがって遺伝子の水平移動においても，通常の塩基レベルの突然変異と同様に，個体の生存や繁殖において利益をもたらすものから，中立あるいは不利益をもたらすものまでさまざまであり，利益をもたらす遺伝子だけがゲノムに長期間保持され，機能を発現するものと考えられる．

### B. 遺伝子の水平移動は，生物の系統関係の概念を新たなものにした

現在，生物の系統関係の推定には，遺伝子の配列情報が主として利用されている．その際の前提条件は，遺伝子が「垂直方向」に伝達されていることである．この前提が崩れれば，どんなに優れた系統推定方法を使ったとしても系統関係を再現できない．たとえば，真正細菌や古細菌では遺伝子の水平移動が頻繁に起こっている．したがって，遺伝子によってはこの条件が成立しない場合が少なからずあり，遺伝子の類似性が系統関係を反映しないことが頻繁に起こる．また，真核生物の誕生初期にも，真正細菌に由来する多数の遺伝子を水平移動により獲得したことが明らかになっており，遺伝子の系統関係が真の系統関係と異なる場合がある．

このように，生命誕生から現在に至る間には，水平転移による遺伝子の受容と供与が，おのおのの生物でくりかえされてきた．そして，その結果が現在の各生物のゲノムがもつ遺伝子のレパートリーとなっている．したがって，すべての生物は，その共通祖先からの系譜をたどった場合，大なり小なりキメラ的な遺伝子レパートリーをもつことになる．このような現状から，生物の系統関係をゲノム上の遺伝子全体の進化的変遷に基づいてみた場合は，枝が

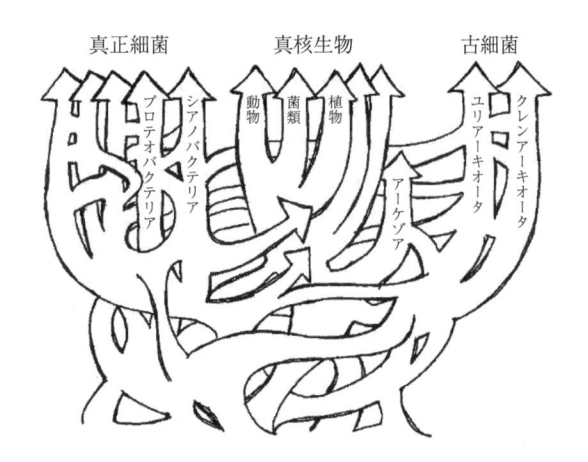

**図1** 系統網（Doolittle, 1999 より改変）

分岐をくりかえす生物種の系統樹よりも，枝が分岐と融合を繰り返しながら多様化していく系統網のほうがより適切だという見方もある（図1）．

生物進化の分子基盤については，祖先から由来する既存の遺伝情報を徐々に改変しながら進化していくというのが，従来の考え方であった．しかし現在では，遺伝子の水平移動が広く生物界で起こっていることがわかってきた．もっともこれらの考え方は，必ずしも相互に矛盾するわけではない．進化の原因となる遺伝情報の変異には，突然変異，遺伝子重複，シャッフリングといった既存の遺伝情報を改変するタイプに加え，他の生物種から遺伝子を獲得するという跳躍的な変化も起こるということである．さまざまな生物種においてゲノム解析が進展すれば，このような生物種間での遺伝情報の移動によって，生物のゲノムがどのように進化し，そしてそれが地球上の生物の繁栄にどのような影響を与えたかという疑問が徐々に解き明かされていくであろう．

[引用文献]

Doolittle W. F. (1999) Phylogenetic classification and the universal tree. *Science*, vol. 284, pp. 2124-2129.

[参考文献]

Ochman H. *et al.* (2000) Lateral gene transfer and the nature of bacterial innovation. *Nature*, vol. 405, pp. 299-304.

Gogarten J. P. & Townsend J. P. (2005) Horizontal gene transfer, genome innovation and evolution. *Nat. Rev. Microbiol.* vol. 3, pp. 679-687.

（二河成男）

## 16.11 原核生物間の水平移動

　遺伝子の水平移動という現象については，古くから真正細菌の抗生物質耐性の獲得にかかわるとして，その存在が認識されていた．しかし，真正細菌のゲノム上の遺伝情報の詳細が明らかになる以前は，移動する遺伝子はプラスミド，ファージ，トランスポゾンなどの動的な遺伝因子やその内部に存在する遺伝子がおもなものであると考えられていた．しかし1990年代後半から，真正細菌や古細菌の全ゲノム配列があいついで決定され，原核生物間では遺伝子の水平移動が頻繁に起こっていること，そして動的な遺伝因子以外にも，さまざまなゲノム中の遺伝子が水平移動していることがわかってきた．さらには，異なるドメイン間といった系統的にかけ離れた生物群の間でも，遺伝子の水平移動が起こってきたことが明らかになり，原核生物の進化において重要な役割を担っていることが認められるようになった．原核生物において遺伝子の水平移動が頻繁に起こる原因としては，細胞が外部環境と接していること，体細胞と生殖細胞の区別がないこと，自身のDNAを供与したり，外部のDNAをとりこむ機能をもつこと，そして遺伝子の転写・翻訳機構が単純なため水平移動した遺伝子が発現しやすいことなどがあげられる．

### A. どのような機構で遺伝子の水平移動が起こるのか

　原核生物には，異なる生物種の遺伝情報を取り込む複数の機構がある．よく知られているものに接合性プラスミドのはたらきによる接合，ファージなどの動的なベクターの媒介による形質導入などがあるが，これらは動的な遺伝因子が宿主のゲノム内あるいはゲノム間を移動する手段として進化したものである．多くの原核生物はより能動的に遺伝子を獲得するために，細胞外のDNAを自身の細胞内にとりこむ機構を発達させているが，これを自然形質転換という．

　自然形質転換は，外来DNAの細胞内へのとりこみと自身のゲノムへの組込みのふたつのステップからなる．自然界で効率よく形質転換を起こす原核生物では，ある特定の状態（栄養状態，密度など）になると，細胞表面に付着しているDNAを効率よく細胞内にとりこむことが知られている．一般的な遺伝子組換え体を作出する場合とは異なり，熱ショックや特別な薬品による処理などは必要でない．そして宿主細胞の制限酵素などの防御機構を回避し，とりこんだDNAが自立的に複製できれば，その時点で水平移動が成立する．自立的に複製できないDNAであれば，その細胞で複製されている染色体ゲノムやプラスミドに組み込まれることによって水平移動が成立する．

　このような外来の遺伝子のゲノムDNAへの組込みは，相同組換えのプロセスによる．よって，細胞がもつDNAの塩基配列と相同性が高いDNAほど組み込まれる頻度が高い．しかし，その類似性は部分的であってもよく，まったく異なる生物種のDNAであっても，頻度は低いながらも組み込まれる可能性がある．したがって，受容できるDNAはきわめて多様である．このように，原核生物は積極的に外来のDNAをとりこんで，自身のゲノムに組み込む遺伝子獲得能をもち，これが新たな環境へ適応するための切り札的な役割を担い，原核生物の現在の繁栄の礎となった可能性も考えられる．

　実際にどのくらいの頻度で遺伝子の水平移動が起こっているのであろうか．全ゲノム配列が決定された原核生物のゲノムを調べた結果，平均してゲノムの12％の遺伝子が，水平移動に由来すると推定された（Nakamura et al., 2004）．すなわち，原核生物のゲノム情報は予想以上に流動的であることがわかってきた．たとえば，腸管出血性大腸炎をひき起こす原因細菌として知られる大腸菌O157:H7は，実験系統株の大腸菌K-12と同一種であり，およそ450万年前に分岐したと推定されているが，多くの相同遺伝子において両者のDNA塩基配列がほぼ一致するにもかかわらず（98％の一致度），O157:H7の全遺伝子の26％はK-12には存在せず，逆にK-12の全遺伝子の12％はO157:H7には存在しない．K-12とO157:H7間にある遺伝子レパートリーの相違の大部分は，遺伝子の水平移動によって生み出され，そのなかには病原性にかかわる遺伝子が多数含まれ

ていると予想される．このように原核生物のゲノムでは水平移動による遺伝子の獲得が，ゲノムのもつ遺伝情報が進化していくうえで重要な役割を担っている．

### B. 水平移動により獲得した遺伝子群の検出

このような遺伝子の水平移動の詳細が明らかとなった要因として，ゲノム解析が著しく進展したことに加えて，水平移動した遺伝子を発見する優れた方法が開発されたことがあげられる．従来は，各遺伝子の分子系統樹と種の系統樹とを比較することによって水平移動した遺伝子を同定していた．両者の系統樹の樹形に矛盾する部分があれば，種の系統樹と矛盾する遺伝子をもつ生物が，水平移動によりその遺伝子を獲得したことになる．この方法の利点は，遺伝子の配列情報が十分あれば，どの生物からどの生物に遺伝子が水平移動したといった，歴史的変遷も明らかにできる点である．いつごろ水平移動が起こったかという年代推定も場合によっては可能である．しかし，信頼できる「種の系統樹」を得るためには，対象とする生物群について十分に大量の遺伝子配列情報が必要であるし，特に遺伝子の水平移動が頻繁に起こっている原核生物では，そもそも「種の系統樹」が何なのか判然としない場合があることなどが問題点である．

近年注目されている方法に，塩基配列の特徴的な規則性に基づいた推定法がある．各生物種のゲノムDNAの塩基配列を調べると，祖先から受け継いできたDNA領域と，水平移動に由来するDNA領域では，しばしば塩基組成や塩基の並びの規則性に違いがみられる．これは，真正細菌や古細菌のゲノムDNAの塩基組成や塩基の並びの規則性が，生物群ごとにある固有の特徴をもつためらしい．よって水平移動に由来する遺伝子は，少なくとも移動した当初においては，もともとその遺伝子をもっていた生物の塩基組成を保っているため，祖先から受け継いできたDNA領域と塩基組成や塩基の並びの規則性が異なっている．この性質を利用した手法においては，まずある生物種のもつ全ゲノム配列情報から本来その生物種がもつそれらの特徴を同定し，つぎにその特徴から逸脱する遺伝子領域をゲノム中に検出することにより，水平移動によって比較的最近獲得した遺伝子領域を推定する．この方法の利点は，ゲノム上のすべての遺伝子について，水平移動に由来するか否かを明らかにできる点にある．

### C. 水平移動により獲得した遺伝子のはたらき

一方，この方法ではどのような生物のDNAあるいは遺伝子を水平移動により獲得したかわからない．しかし相同性検索や系統解析といった別の方法により，その由来を推定できる．たとえば古細菌である *Methanosarcina mazei* は，ゲノム上の全遺伝子のうち31％が古細菌の相同遺伝子よりも真正細菌の遺伝子と類似している．そのうちの半分は真正細菌の遺伝子としか有意な相同性を示さず，同様な環境で生息する真正細菌から水平移動により獲得した遺伝子であるらしい．また逆に，真正細菌である *Thermotoga maritima* は，ゲノム上の全遺伝子の24％が真正細菌よりも古細菌の遺伝子と類似している．*T. maritima* はこれらの遺伝子を好熱性の古細菌から水平移動により獲得して，高温環境での生存に適応した可能性がある．このように原核生物では水平移動による遺伝子の獲得が，さまざまな環境に適応して生存していくうえで重要な役割を担う場合がある．

しかし，真正細菌や古細菌があらゆる外来の遺伝子を受け入れ，自分のDNAに組み込んだままにしているわけではない．これらの生物は真核生物と異なりゲノムサイズに機能的な制約がはたらいており，とりこんだ多数の遺伝子はそのまま維持されるわけではなく，不要な遺伝子はどんどんゲノムから消失していくと考えられる．では，どのような遺伝子を維持し，どのような遺伝子を失っていくのであろうか．原核生物のゲノムの遺伝子を機能ごとに分類して，分類群ごとに水平移動した遺伝子の頻度を調べた結果は，やはり，プラスミドやファージなどの動的な遺伝因子でその頻度が最も高く，3割が外来の遺伝子であった．そのほか，細胞壁，形質転換，病原性，毒物質にかかわる遺伝子も高い頻度を示した．これらの遺伝子は細胞の攻撃や防御にかかわっており，このような遺伝子を外部から獲得してゲノムを進化させながら，原核生物は生き延びてきたと考え

られる.

　ではいったい，水平移動した遺伝子はどのようにして新たな生物のなかで機能するようになるのであろうか．原核生物は真核生物と比較して転写や翻訳のしくみが単純で，生物種間でも比較的類似しているため，他の生物種の遺伝子でも発現されやすいと考えられる．一方，大腸菌 K-12 株の全遺伝子についての転写量の解析によれば，水平移動した遺伝子はあまり転写されていないらしい．もっともこの結果からは，実験条件では転写されていないだけで特定の条件では有効に転写されているのか，基本的に転写されていないのかわからないが，いずれにせよ移動した遺伝子がすぐに有効に機能するとはかぎらないことを示唆する．これらのうち機能していない遺伝子は，やがてゲノムから失われていくであろう．このような新規獲得と欠失をくりかえして，原核生物は積極的に新しい遺伝子を試しながら，適応的な進化を続けているのであろう．

[参考文献]

Madigan M. T. 他著，室伏きみ子・関啓子 訳（2003）『Brock 微生物学』オーム社．

Nakamura Y. *et al.* (2004) Biased biological functions of horizontally transferred genes in prokaryotic genomes. *Nat. Genet.*, vol. 36, pp. 760-766.

Perna N. T. *et al.* (2001) Genome sequence of enterohaemorrhagic *Escherichia coli* O157:H7. *Nature*, vol. 409, pp. 529-533.

（二河成男）

## 16.12　原核生物と真核生物の間での水平移動

　細胞内共生によりミトコンドリアや色素体を獲得した真核生物は，共生当時から現在に至るまで，オルガネラ自身のもつゲノム DNA から水平移動により，多数の遺伝子を獲得してきたことはすでに解説した．一方で，単細胞真核生物は，これらオルガネラ由来とは別に，さまざまな遺伝子を原核生物から水平移動によって獲得してきた．細胞性粘菌，赤痢アメーバ，クリプトスポリジウム，ランブル鞭毛虫，トリパノソーマなどいくつかの原生生物のゲノムから，真正細菌由来の遺伝子が多数発見されており，トリコモナスでは 152 もの遺伝子が原核生物からの水平移動に由来することが示唆されている．

　多細胞真核生物でも最近になって，水平移動による遺伝子の獲得例が報告されるようになってきた．その第一報は，細胞内共生細菌であるボルバキアから宿主昆虫であるアズキゾウムシの X 染色体へのゲノム断片の水平移動であり，50 以上の遺伝子を含む大きな DNA 断片と推定された（Kondo *et al.*, 2002）．昆虫においても他の動物と同様に，生殖細胞が外部環境から隔離されており，通常は外来の DNA と接する機会はない．しかしボルバキアは，宿主生物の細胞内で生活する共生細菌であり，宿主の卵巣内で発達中の卵細胞に入り込むことによって次世代の宿主へ感染する．したがってボルバキアに感染した生物では，共生細菌のゲノム DNA が生殖細胞内に存在することになり，このような状況が遺伝子の水平移動を可能にしたのであろう．この発見を皮切りに，フィラリア線虫，アナナスショウジョウバエ，キョウソヤドリコバチなどの複数の生物種において，ボルバキア由来の水平移動した遺伝子が宿主生物の核ゲノム中に多数存在することが明らかになった．特にアナナスショウジョウバエでは，ボルバキアゲノムのほぼ全長（1 Mb 以上）が水平移動し，核ゲノム中に存在すると推測されている．

　原核生物においては遺伝子の水平移動によって新たな性質を獲得した例が数多く知られているが，ボ

ルバキアから多細胞真核生物への遺伝子の水平移動の場合，現時点ではそのような機能との関連を積極的に支持する証拠は得られていない．アズキゾウムシおよびアナナスショウジョウバエでは，いずれも水平移動に由来する遺伝子からの転写はごくわずかである．アズキゾウムシでは，水平移動に由来する遺伝子の多くはタンパク質をコードする読み枠が壊れている．どちらの宿主においても，水平移動により獲得した遺伝子は機能をもたず偽遺伝子化していると考えられる．

## A. 真正細菌の遺伝子を利用するアブラムシ

エンドウヒゲナガアブラムシからも共生細菌から宿主昆虫への水平移動が発見されたが，獲得した遺伝子を別の共生細菌の維持に利用している可能性が示唆されている．アブラムシは，必須共生細菌であるブフネラを保持するために特殊化した菌細胞を持つ．その発現遺伝子解析から，真核生物より真正細菌の遺伝子に類似した複数のcDNAが同定された．これらの遺伝子のなかには，真正細菌特有の細胞壁の構成成分であるペプチドグリカンの合成にかかわる遺伝子に高い相同性を示す遺伝子があった．菌細胞特異的に転写されていることから，これらの遺伝子が宿主による必須共生細菌の維持に関連している可能性が示唆された．これらの遺伝子のうちのひとつは，ボルバキアやツツガムシ共生細菌の相同な配列と系統的にもっとも近縁であることが判明した．すなわちガンマプロテオバクテリアに属する必須共生細菌のブフネラを宿主が維持するために，日和見的に共生していたアルファプロテオバクテリア（現在のボルバキアの祖先）から水平移動により獲得した遺伝子を使っている可能性がある．これらの真正細菌由来の遺伝子がどのように水平移動し，発現し，機能するに至ったかを知ることにより，遺伝子の水平移動が真核生物の進化にどのような影響を与えてきたかの洞察が得られるであろう．

微生物共生系では多数の遺伝子水平移動の報告がある．したがって多細胞性の真核生物においても，生殖細胞が自身とは異なる細胞やDNAと接触する機会があるのなら，水平移動に由来する遺伝子がゲノム中に潜んでいる可能性は十分にありうるものと思われる．

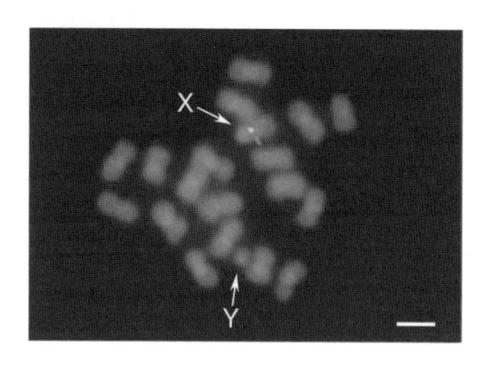

**図1** アズキゾウムシの染色体FISH（Nikoh *et al*., 2008より）→口絵9参照

[引用文献]

Kondo N. *et al*. (2002) Genome fragment of *Wolbachia* endosymbiont transferred to X chromosome of host insect. *Proc. Natl. Acad. Sci. USA*, vol. 99, pp. 14280-14285.

Nikoh N. *et al*. (2008) *Wolbachia* genome integrated in an insect chromosome: Evolution and fate of laterally transferred endosymbiont genes. *Genome Res*., vol. 18, pp. 272-280.

[参考文献]

Nikoh N. & Nakabachi A. (2009) Aphids acquired symbiotic genes via lateral gene transfer. *BMC Biol*., vol. 7, p. 12.

（二河成男）

## 16.13 真核生物間の水平移動

　原核生物と真核生物における遺伝子の水平移動の頻度は一般に，原核→原核，原核→真核，真核→真核，真核→原核の順に低くなっている．つまり，真核生物では外来DNAの受容だけでなく供与においても原核生物と比べてその頻度が低い．その理由として，受容においては真核生物には外来DNAを能動的にとりこむ機能がない，DNAが核内に存在しクロマチン構造で保護されていることがその妨げとなるなどが想定される．供与においても，遺伝子がイントロンによって分断されており，とりこんだ生物による遺伝子発現が困難なことなどが，その頻度を下げる一因であろうと考えられる．このような遺伝子の水平移動への障壁にもかかわらず，真核生物間でも遺伝子の水平移動の実例が知られている．

### A. 真核生物間の遺伝子の水平移動

　原生生物を含む種々の真核生物のゲノム解析により，単細胞真核生物間での遺伝子の水平移動の一端が明らかになってきた（Doolittle et al., 2008）．たとえばペプチド伸長因子様タンパク質をコードする遺伝子（EFL）の場合，単細胞真核生物間での遺伝子の水平移動が頻繁に起こったらしいことが示唆されている．EFLは，タンパク質の合成に必須と考えられていたペプチド伸長因子1α遺伝子（EF-1α）の重複遺伝子である．ゲノム解析により多様な生物がもつ遺伝子の全容が明らかになる過程で，EF-1αをもたずその代わりにEFLをもつ真核生物がさまざまな系統に独立して存在すること，さらにEF-1αとは異なりEFLの分子系統樹は生物種の系統関係と矛盾する部分があることが明らかとなった．以上のことから，遺伝子の水平移動によりEFL遺伝子を獲得した結果，同一の機能を担うEF-1αを失った真核生物が独立の系統で現れたと考えられている（Kamikawa et al., 2008）．

　真核生物の系統関係は，原核生物と比較するとより詳細な部分まで明らかになっている．したがって，水平移動した遺伝子の由来やその進化パターンのより正確な解析が可能であり，遺伝子の水平移動が生物進化において担う役割を明らかにするうえで貴重な知見が得られる場合がある．たとえば，卵菌（原生生物に属する）とよばれる生物群がいる．外見や生活様式が糸状菌と類似するため，かつては菌類に分類されていた．しかし現在では珪藻や褐藻と近縁な生物群であることがわかっている．複数の糸状菌と卵菌との間で比較ゲノム解析が行なわれ，糸状菌の11の遺伝子が，*Phytophthora*（卵菌）のゲノム中の遺伝子と高い相同性を示すことが判明した．詳細な分子系統解析により，糸状菌から卵菌への遺伝子の水平移動が起こったことが明らかとなった．さらにこれらの遺伝子の水平移動が，卵菌の生活様式が糸状菌と類似するに至った原因のひとつである可能性が示唆されている．このように水平移動によって獲得した遺伝子をゲノム中から同定し，その由来と機能を明らかにすることによって，生物のマクロな特徴の進化についても新しい視点を与えることができるかもしれない．

### B. オルガネラ間の遺伝子の水平移動

　上述の真核生物間の遺伝子の水平移動の例は，単細胞かあるいはそれほど明確に体細胞と生殖細胞が分かれていない多細胞生物であった．やはり，生殖細胞系列が明確に分かれ，体細胞によって保護されている植物や動物では，遺伝子の水平移動の頻度は低くなるようである．しかし例外的に，異なる植物種のミトコンドリア間で起こった遺伝子の水平移動が多く知られている．これまでに複数の裸子植物および被子植物でミトコンドリア間の水平移動に由来する遺伝子が発見されている．特に*Amborella*という原始的な被子植物においては，20もの遺伝子を水平移動により獲得しており，nad5という遺伝子に至っては，祖先に由来する通常の遺伝子に加えて，コケ由来の遺伝子と，まったく異なる系統の双子葉類由来の遺伝子を保持している．

　植物においてミトコンドリア間で水平移動が頻繁に起こるのに，色素体や核のゲノムではそうでないのはなぜか．ちなみに既知のミトコンドリア間の遺伝子の水平移動の多くは，寄生植物とその宿主植物の間で起こったものであり，直接の接触をともな

う密接な関係が促進要因たりうることが示唆される．さらに，植物のミトコンドリアは細胞質内にある外来のDNAをとりこむ性質をもつことが報告されており，また細胞内のほかのミトコンドリアと融合する性質をもつ例も知られているため，異種のミトコンドリアとの融合により遺伝子の水平移動が起こった可能性が想定される．陸上植物のミトコンドリアは頻繁に組換えを起こす性質があるため，ミトコンドリア内に外来DNAが入りこめばゲノム内に挿入される可能性も十分に考えられる．これらの特徴が植物のミトコンドリア間での遺伝子の水平移動を促す要因と推測されている（Keeling & Palmer, 2008）．

このように真核生物間でも遺伝子の水平移動が起こりうることが明らかになってきた．最近では無性生殖を行なうヒルガタワムシ類の核染色体上に，さまざまな生物由来の水平移動した遺伝子が発見されるなど，性と遺伝子水平移動との関連についても新たな展開が期待される．

[引用文献]

Doolittle W. F. *et al.* (2008) Lateral gene transfer. in Pagel M. and Pomiankowski A. eds., *Evolutionary Genomics and Proteomics*, pp. 45-79, Sinauer Associates.

Keeling P. J. & Palmer J. D. (2008) Horizontal gene transfer in eukaryotic evolution. *Nat. Rev. Genet.*, vol. 9, pp. 605-618.

Kamikawa R. *et al.* (2008) Direct phylogenetic evidence for lateral gene transfer of elongation factor-like gene. *Proc. Natl. Acad. Sci. USA*, vol. 105, pp. 6965-6969.

（二河成男）

# 第 17 章
# タンパク質

17.1　タンパク質　　　　　　　　　　　　　　　　西川　建
17.2　立体構造　　　　　　　　　　　　　　　　　西川　建
17.3　転写と翻訳調節　　　　　　　　　　　　　　隅山健太
17.4　タンパク質機能の多様性獲得のメカニズム　　深海　薫
17.5　タンパク質ファミリーとスーパーファミリー　深海　薫
17.6　多重遺伝子族の協調進化　　　　　　　　　　深海　薫

## 17.1 タンパク質

生体内でタンパク質は遺伝情報の指令に従って生成される．DNA の塩基配列のうち遺伝子としてコードされた配列情報が RNA に転写され，さらにアミノ酸配列へと翻訳される過程を経て新生タンパク質が生じる．このタンパク質生成の過程は，1次元の塩基配列が1次元のアミノ酸配列に読み換えられる過程と，その後，1次元のポリペプチド鎖が3次元の立体構造に折りたたまれる過程（以下では，フォールディング過程という）に分けて考えることができる．このうち前半の転写・翻訳の過程は転写複合体やリボソームなど，それぞれ専用の分子機械によって遂行されるが，後半のフォールディングは物理化学の法則に従って進行する自発的な過程である．ただし，実際のフォールディングでは各種の分子シャペロンの助けを必要とする場合が多いが，これは細胞内の混み合った環境で新生タンパク質が凝集するのを防ぐためとされている．

### A．フォールディング

自発的なフォールディングの現象は，単離精製された多くの種類のタンパク質に対する in vitro 実験によって確かめられている．リゾチーム (lysozyme) やリボヌクレアーゼ A (ribonuclease A) などの酵素タンパク質の実験では，温度を上げるとタンパク質の構造は崩れて酵素活性を失う（失活）が，再び温度を下げると自発的に元の天然構造に巻き戻り酵素活性も再生する．温度だけでなく，溶媒条件（イオン強度，pH，変性剤濃度など）を変化させることによってもタンパク質を可逆的に変性・再生させることができる．理論的には，タンパク質のフォールディングは（自由）エネルギー準位の高い変性状態（構造的にランダムな状態）から，エネルギー準位の低い天然状態（構造をつくった状態）への移行としてとらえられる．ただし，エネルギー準位は温度や溶媒条件などの環境条件に依存して変化するので，たとえば，温度を上げると変性状態のエネルギー準位が相対的に低下し，タンパク質は天然状態 → 変性状態という向きに変化することになる．ここで重要なことは，変性状態 ⟷ 天然状態という移行は両方向とも途中にある自由エネルギーの山（エネルギー障壁）をこえる「転移」をともなう過程だという点である（「二状態転移」という）．それゆえ，フォールディングの中間状態では自由エネルギーが高く不安定となり，その状態に長くとどまることはできない．言いかえると，タンパク質の構造ができるときは一挙に形成され，また壊れるときも構造の全体が一挙に崩れる．構造の半分だけが形成され，残りの半分は壊れているという状態は観測できないのである．このような特徴は物理学でいう相転移の現象に類似し，ともに構成要素（タンパク質の場合はアミノ酸残基）間にはたらく相互作用力の協同性効果の結果として説明される．ただし相転移は水から氷への転移など巨視的な現象であるのに対し，フォールディングは1個のタンパク質分子という微視的な系のふるまいという点で異なる．

フォールディングにみられるこの相転移的な協同性効果は，タンパク質に独特の安定性をもたらしている要因でもある．タンパク質は高分子であるにもかかわらず，単結晶をつくるという特性を示す．この事実は，タンパク質が水溶液中で個々の分子ごとに形の揃った安定な立体構造をとっていることを意味している．ところが物理学の教えるところによると，タンパク質の存在するナノスケール（球状タンパク質は通常数ナノメートルの直径をもつ）の微視的世界では，常温でも熱エネルギーの影響が大きく，タンパク質分子は熱ゆらぎによって絶えず揺り動かされるだけでなく，周囲の水分子などが弾丸のように飛びまわり衝突するといわれる．このような状況のなかでナノスケールの物体が一定の形態を保持することは至難のわざというべきであり，その構造はよほど強固につくられる必要があると思われる．ところが，現実のタンパク質の安定化エネルギーはそれほど大きなものではない．安定化エネルギーは天然状態と変性状態のエネルギー準位の差で与えられ，たとえば，リゾチームでは 20 kcal/mol 程度である．このことは，常温から 20～30 度温度を上昇させるだけで多くのタンパク質が簡単に変性することをみてもわかる．この点をさして，かつて「カツカツの

安定性」(marginal stability) とよばれたこともある．生体にとってタンパク質は構造を維持して機能を発揮するばかりでなく，不用になれば速やかに壊れることも重要である．しかし，タンパク質の安定化エネルギーはそれほど大きくないという点と，嵐のような熱ゆらぎの環境中で一定の形態を維持するタンパク質というイメージは，互いに矛盾しているのではないか．

### B. タンパク質のユニークさ

この点を正しく理解するためには，前節で述べたフォールディングの特性，すなわち相転移的な協同性効果を再び考慮する必要がある．タンパク質のエネルギー状態は，理論的には，超多次元の構造空間内にプロットされたポテンシャルエネルギー面によってあらわされるが，特に天然状態にあるタンパク質の場合は，ポテンシャルエネルギーによって形成される井戸 (potential well) の中にある．井戸の深さは 20〜30 kcal/mol のオーダーでそれほど深くはないが，熱ゆらぎによってタンパク質が外に飛び出してしまうほど浅くもない．井戸の外は，変性状態に対応する平坦なポテンシャル面が広がる．温度や溶媒条件が一定にコントロールされた生理的条件下では，タンパク質に対するエネルギー曲面も変化しない．それぞれのタンパク質は井戸の中にあり，熱運動によって平均構造の周りでゆらいでいる．構造ゆらぎは協同性効果に由来する大きな復元力をもち，つねに平均構造を維持する方向にはたらく．この点こそタンパク質が結晶化することの基本的な根拠だといえる（さらに温度を低くしてやると熱ゆらぎの幅が小さくなり，結晶化しやすくなる）．水分子の熱運動による砲撃を受けても壊れないタンパク質構造の安定性は，鋼鉄のような硬さというよりも，バネのような弾力性のある強さにたとえることができる．柔軟性をもちながらも容易には壊れない強さをもった構造とでもいうべきか．

以上のように，安定な立体構造を形成し維持できる高分子は，タンパク質をおいてほかにない．こういうと「tRNA を含む各種の機能性 RNA などもあるではないか」という反論が予想される．しかし，リボソームやリボヌクレアーゼ P などの RNA-タンパク質複合体をみると，生物学的機能を担うのは RNA であり，タンパク質成分は構造安定化材であるといわれる．事実，タンパク質成分を除いて RNA だけにすると構造が維持できない（変性温度が顕著に低下する）のが通例である．なお，tRNA の場合は例外的に立体構造を形成しさらに単結晶にもなるが，タンパク質のような二状態転移は示さず，温度変性においては弱い部分から段階的に壊れるといった変化を示し，タンパク質の安定性とは異なる．

なお，すべてのタンパク質が安定な立体構造をもつとはかぎらず，人工的なポリペプチドは一般にフォールディングしないので，以上の議論があてはまるのは，正確には「天然タンパク質」にかぎられるというべきである．天然タンパク質だけが立体構造をもつ理由は，一定の構造に折りたためるアミノ酸配列だけが選択され，長い進化の過程をとおして大切に保持されてきたから，と考えられる．凹凸のある立体構造の表面は触媒反応などの化学反応の場として利用され，またナノスケールの構造体は分子間相互作用の足場となり，さらに大きな複合構造を形成するための起点にもなっただろう．少し飛躍して言うなら，今日の生き物が「形」をもっているのはタンパク質のおかげ，ということになりそうだ．細胞ひとつをとってみても膜タンパク質や細胞骨格系のタンパク質がなければ細胞は一定の形を保てないだろう．あるいは，RNA が主役をつとめた RNA ワールドを想像してみるとよい．タンパク質を欠いた RNA ワールドは「形のない」システムであり，仮にそのまま首尾よく発展できたとしても，不定形のいわば「液体状の生命」を生じただろうと想像される．その意味で，今日われわれが眼にするすべての生物が形をもっているのはタンパク質のユニークさ（独特の構造安定性）に起因する，ということができるのである．

### C. 種々のタンパク質

以上に述べた事柄は，天然タンパク質の過半数を占める「水溶性の球状タンパク質」を対象としたものであるが，それ以外のカテゴリーとして，繊維状タンパク質や膜タンパク質などに属するものもある．繊維状タンパク質は周期的な配列パターンをもち，

コラーゲンのように数本のポリペプチド鎖（サブユニット）がよりあわされて長大な繊維をつくるものが多い．総じて細胞外に分泌されるタンパク質という共通性ももつ．一方，膜タンパク質は，遺伝子数からみて全タンパク質の20〜30％を占めるほど種類が多く，細胞膜を構成するリン脂質二重層を貫通する部位をもつという共通性がある．膜貫通部位は単一または複数本のαヘリックスからなるものが多く，そのほか，例外的に筒状のβシート（βバレルとよばれる）からなるチャネルをつくるものもある．βバレル型膜タンパク質は，二重膜をもつ細菌やミトコンドリアなどの外膜にのみみいだされるが，その理由はβバレルによってつくられるチャネルの直径が大きすぎて通常の細胞膜（および内膜）への挿入は禁止されているからである．いずれにせよ，リン脂質二重層を貫通できる生体高分子はタンパク質しかないという点は銘記すべきである．

最後に，近年話題をよんでいる天然変性タンパク質について付記しておく．すでにみたように，タンパク質はフォールディングによって特異な立体構造をつくり，特異な機能を発揮するといわれてきた．ところが，天然変性タンパク質は数十残基〜数百残基にもおよぶ球状構造をつくらない領域をもち（それ以外の部分は構造ドメインからなる），時には変性（disorder）領域が他のタンパク質と相互作用して，複合体を形成するなどの機能をもつことがあるという．これは従来からのタンパク質に対する概念をくつがえすものとして重要である．変性領域のもつ機能の例として，転写因子の転写活性化シグナルの伝達（複合体形成をとおして）や各種のインヒビター活性（複合体形成による）が報告されているが，ほかにどれほど多様な機能をもちうるのか，その全容はまだ不明である．また，原核生物（真正細菌と古細菌）には天然変性タンパク質はほとんど存在せず，真核生物では多く，特に核内には非常に多い（おそらく核タンパク質の半分以上）といわれる．原核生物と真核生物という系統分類に応じて，このような違いが現れる点は注目すべきである．

〔西川 建〕

## 17.2 立体構造

生体高分子のなかで安定な立体構造をつくるものはタンパク質にかぎられる（17.1項参照）．したがって，ここではタンパク質の立体構造についてだけ述べる．

### A. 構造の単位

タンパク質の立体構造は，構造単位であるドメインに分けて考えると見通しがよくなる．ドメインは自律的なフォールディング（折りたたみ）の単位でもあり，複数のドメインからなるタンパク質のフォールディングは，ドメインごとに構造形成が起こり，形成されたドメイン構造同士が組み合わさってタンパク質としての最終構造ができ上がる．また異なるドメインをA, B, Cと記すと，単一のドメイン（A, B, C）からなるタンパク質や，複数のマルチドメインからなるもの（A-B, A-B-Cなど）や，異なる順序や組合せをもつもの（B-A, A-A-B, B-C-Aなど）が存在することからも，ドメインはタンパク質構造の単位といってよい．

ドメインはフォールディングの単位でもあるので，それぞれのドメインはひとつのまとまった球状構造に対応する．それらの球状構造はアミノ酸配列の順にたどると空間的な「一筆書き」になっているが，そのようなポリペプチド主鎖の流れに注目したときの形態を「フォールド（fold）」とよぶ．たとえば，有名なヘモグロビンやミオグロビンに共通する分子形態はグロビンフォールドとよばれる．あるいは，コンピュータでタンパク質の2次構造（αヘリックスやβシート）を強調して描くリボン模型という表示方法があるが，あれがフォールドの表現にあたるといってもよい．アミノ酸側鎖の詳細は問題にせずに，全体的な骨格構造を粗くみたときの立体構造に相当する．

タンパク質のドメインはそのフォールドに応じて分類される．有名なドメイン分類のデータベースとしてSCOP（http://scop.mrc-lmb.cam.ac.uk/scop/）がある．SCOPの分類は生物分類と同様に階層分

表 1  SCOP 分類における「クラス」分け

| クラス | 名称 | 説明 | 実例 |
|---|---|---|---|
| a | all-α タイプ | α ヘリックスからなる. | グロビンフォールドなど. |
| b | all-β タイプ | 逆平行 β シートからなる. | Immunoglobulin (Ig) fold |
| c | α/β タイプ | 配列に沿って α ヘリックスと β ストランドが交互に並ぶ．平行 β シートをなす. | ロスマンフォールド．代謝系の酵素に多い. |
| d | α+β タイプ | all-α タイプと all-β タイプが混在する．逆平行 β シートをなす. | Ser/Thr-protein kinase |
| e | マルチドメイン | 複数のドメインからなる. | DNA/RNA ポリメラーゼ |
| f | 膜タンパク質 | 膜貫通ドメイン. | ABC transporter |
| g | small タイプ | 小さいサイズのドメイン. | Zn-フィンガーなど. |

類になっている．階層は四つあり，上から順にクラス，フォールド，スーパーファミリー，ファミリーと命名されている．最上位のクラスは，表1に示したように，クラス a～g までの七つからなる．そのうち最初の四つ（クラス a～d）は，タンパク質の構造分類として伝統的に用いられてきた4大分類に相当する．それ以外のクラスは主要クラスに入らない構造を便宜的に分類したものという印象が強い．なお，クラス e は「マルチドメイン」とよばれ，一見して複数のドメインからなる構造を集めたクラスである．なぜドメイン分類に反するこのようなクラスが設けられているかといえば，SCOP ドメインの定義が，分離した構造単位とみなせる実例がみつからないかぎり単一のドメインとはしない（たとえば，A-B というドメイン構成をもつタンパク質のほかに A-C というタンパク質が存在すれば，A は独立したドメインといえるが，A-B というタンパク質しか存在しないときは全体をマルチドメインとみなす），という基本方針によるからである．

### B. 構造の特性

このようにドメインはひとつの球状構造（フォールド）に対応しているが，一般的にドメインのつくる立体構造にはいくつかの特性が認められる．そのひとつは，立体構造の保守性あるいは不変性という特性である．立体構造はアミノ酸配列が少々変化しても変わらない．周知のように，通常のホモロジー検索で検出されるタンパク質は互いに立体構造も類似する．たとえば，ヘモグロビン（α 鎖または β 鎖）とミオグロビンを比べると，アミノ酸配列の一致率（同一残基の割合）は30%以下であり，配列の70%以上は互いに異なる．にもかかわらず，同じフォールドが保持されているのである．あるいは，原核生物と真核生物の両方にまたがって共通にみいだされる立体構造（SCOP ドメイン）も多数知られている．ただし，このように系統発生的に遠い関係になると通常のホモロジー検索プログラム（BLAST など）では検出できなくなり，より高性能の検索ツール（PSI-BLAST や HMM など）が必要になる．

以上のことから，アミノ酸配列は変わりやすいのに対し，立体構造は変わりにくく保守的であることがわかる．これに関連して，人為的な変異導入に触れておくと，アミノ酸置換などの変異を導入してもタンパク質の立体構造（フォールド）は変わらないのがふつうである．変異導入によって敏感に変化するのは構造の安定性であり，安定性が低下しすぎるとフォールディングできなくなる（17.1項参照）．変異導入によっても形態（フォールド）は変わらないということは，2次構造を含めた主鎖構造は変化しないということである．したがって，変異導入の影響を調べるのに活性を測るのは意味がある（活性があればフォールディングしていることを示す）が，2次構造予測を行なって構造変化を調べようとするのは的はずれというべきである．

立体構造の一般的特性としてもうひとつ，「構造の一体性」または「デジタル性」をあげることができる．立体構造の形成過程（フォールディング）は構成要素間にはたらく非線形の協同性効果によって

駆動されるため，フォールディングの際には構造の全体が一挙にでき上がり，壊れるときは一挙に崩壊する（17.1項参照）．こうしてできた立体構造は部分構造の集まりとはいえ，全体にまとまりをもった構造として強い一体性を示す．そのため熱ゆらぎに抗して大きな復元力を示すことになるし，部分構造の集まりでないため，2次構造予測や立体構造予測が思った以上に難しくなる．実際のところ，構造予測の研究が始まってからすでに40年あまりが経過するが，すっきりした予測法の開発にはいまだに成功していない．

構造の一体性という特徴は，見方を変えると立体構造のデジタル性を意味する．半分だけの構造は許されず，1（構造の全体がある）か0（ない）か，すなわち悉無（all-or-none）的であるという意味で，デジタル的である．また，タンパク質があるドメインをもつというとき，そのドメインの全長配列をもっていると考えてよく，配列の半分だけとか，あるいは余分の配列をもつようなドメインは基本的に存在しない．このように，それぞれのドメインは構造的にも配列的にも一定のまとまりからなるので，同種のドメインは互いに同定しやすい．

## C. 有限個の基本構造

立体構造はデジタル的なので1個，2個と数えられる．このことから，つぎのようなC. Chothiaの設問が可能になる．彼は1992年の論文で，地球上のすべての生物のタンパク質をドメインに分割し，それらのドメイン構造をフォールドの違いごとにまとめることができたとしてフォールドの全数はいくらになるか，という問いを発し，自らその数は高々1000個程度にすぎないだろうと推定して話題をよんだ．ここで重要なのは，1000という数が妥当かどうかという点よりも，可能なフォールドの数が有限個にかぎられることを指摘した点である．タンパク質のアミノ酸配列が100万，200万種類と際限なく増大するのに対し，立体構造の基本形（フォールド）は1000個のオーダーにかぎられるというのである．（ChothiaはSCOPデータベースの構築責任者でもあり，彼のいう「フォールド数」とはSCOP分類の2番目の階層であるSCOPフォールドの数にあたる

と考えてよい．ただし，SCOPフォールドは可能なすべての立体構造ではなく，あくまでも実験的に構造決定された既知の構造に対して定義される．ちなみに現時点でのSCOPフォールドの総数は1059個となっている．）

図1のベン図は，すべてのSCOPフォールドを対象にして，それぞれのSCOPフォールドが古細菌（A），真正細菌（B），真核生物（E）のタンパク質中にあらわれるかどうかの統計分布を示したものである（数年前の結果なのでフォールドの総数は現在より少ない）．ここで，たとえば「あるフォールドが古細菌に存在する」とは，既知の構造（フォールド）をもつドメイン配列を入力配列とし，古細菌のすべてのタンパク質に対して高性能のホモロジー検索を行なったとき，少なくともひとつの相同配列（ホモログ）が検出される，という意味である．ベン図の中央（ABEの部分）は3大生物界のすべてに共通してあらわれるフォールド（またはドメイン）を意味し，その数はフォールド総数の半数近くに達している．ABEの三者に共通して存在するフォールドとは，単純に解釈すると（水平移動の可能性などは考えないとして），三者の共通祖先がすでにこれらのフォールドをもっていたことを意味し，地質学的年代でいうと数十億年前にさかのぼる．逆に，ベン図の周辺部に位置するA, B, Eの値はそれぞれ古細菌，真正細菌，真核生物に特有のフォールドの数をあらわす．Aの値が小さいのは古細菌特有のものが少ないというよりも，古細菌では真正細菌や真核生物に比べてタンパク質の構造決定研究が遅れているからと考えられる．進化的な時間軸に沿っていえば，3大生物界のそれぞれに特有なフォールドは中心部（ABE）のものより後の時代に出現し，それゆえ進化的に新しいフォールドだということになる．新しいフォールド（A, B, Eの三つの合計）より，古いタイプのフォールド（ABE）のほうがずっと種類が多いのは何を意味するのか，興味あるところである．

図1の統計値を得るためには大がかりな計算を必要とするが，必要な配列データセットとホモロジー検索ツールさえ揃っていれば，かなり機械的な方法で求めることができる．しかし，そのような機械的処理が可能になるためには，その前提としてフォー

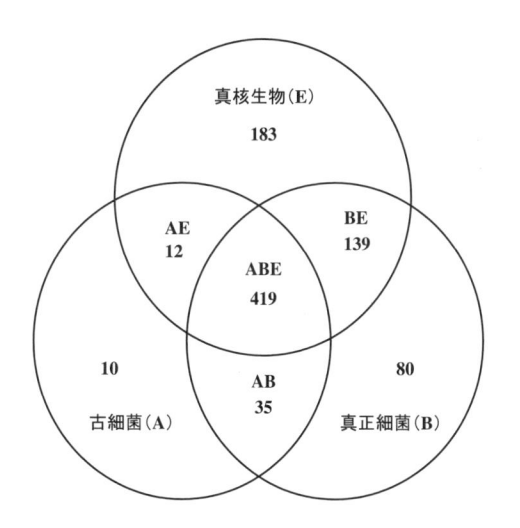

図 1 3大生物界における SCOP フォールド（総数 893個）の分布．ただし，総数は図中にあらわれないウイルス特有の 15 フォールドを含む．

ルド（またはドメイン）のデジタル性があることを忘れてはならない．本来ならばフォールドやドメインの代わりに，むしろタンパク質や遺伝子を単位として図 1 のような解析を行ないたいところである．ところが，タンパク質や遺伝子はデジタルな単位でないため，機械的な処理を行なうことはできず，残念ながら図 1 のような統計値を得ることは事実上できないのである．（たとえばタンパク質単位の解析では，全長配列の 7 割は類似性を示すが，あとの 3 割は類似性がまったくないとき，ふたつのタンパク質は同種（ホモログ）とみなしてよいか，といった曖昧さが常につきまとう．）

以上をまとめると，フォールディング単位としてのドメインの特性に基づいて，ドメインのつくる立体構造（フォールド）は安定性，保存性，一体性，デジタル性といった特徴をもつ．立体構造とそれに対応するドメインは，タンパク質の構造単位というだけでなく，ゲノム情報におけるもっとも変化しにくい安定要素だともいえる．そのことは，原核生物と真核生物の共通祖先にまでさかのぼる過去から，悠久の地質年代をこえて同じフォールドが保持されてきたことを考えれば納得されよう．ちなみに，遠い過去の姿をそのまま現在に伝えているという点でタンパク質の立体構造は化石に似ている．

（西川 建）

## 17.3 転写と翻訳調節

### A. 転写

転写とは遺伝子 DNA の情報を RNA に移すことである．DNA 情報は RNA ポリメラーゼにより読みとられ，その情報に従って RNA 鎖が合成される．これを転写産物とよぶ．読みとられる側の DNA 鎖を鋳型鎖あるいはアンチセンス鎖とよび，転写産物側をコード鎖あるいはセンス鎖とよぶ．RNA ポリメラーゼは DNA ポリメラーゼと異なりプライマーを必要としない．RNA ポリメラーゼは $5' \to 3'$ 方向に RNA を合成する．転写を開始する DNA 上の場所がプロモーター，転写を終了する DNA 上の場所がターミネーターである．

#### a. 原核生物（大腸菌）

転写装置は RNA ポリメラーゼそのものである．RNA ポリメラーゼは 5 個のサブユニット（$\alpha_2\beta\beta'\sigma$）からなる（図1）．4 個のサブユニット（$\alpha_2\beta\beta'$）はコア酵素を構成する．これに $\sigma$ 因子が結合することにより，プロモーターを認識し DNA と RNA ポリメラーゼの複合体が形成される．その後 $\sigma$ 因子が外れ，プロモーターからの転写が開始される．$\sigma$ 因子には複数の種類があり，どの因子が結合するかにより転写される遺伝子の種類が決まる．遺伝子配列の下流にある逆方向反復配列まで転写されると，RNA 鎖の相補塩基対同士が結合しステムループ構造をつくる．この後 RNA が鋳型から離れ転写終結が起きる．このほか $\rho$ 因子の結合による転写終結もある．原核生物では RNA の輸送や修飾などは行なわれず，転写産物が mRNA となり，直ちに翻訳過程に向かう．

#### b. 真核生物

RNA ポリメラーゼには 3 種類ある．

1. RNA ポリメラーゼ I（Pol I）：核小体にあり rRNA 前駆体を合成する
2. RNA ポリメラーゼ II（Pol II）：核質にあり hnRNA（ヘテロ核 RNA，mRNA の前駆体），snRNA を合成する
3. RNA ポリメラーゼ III（Pol III）：核質にあり

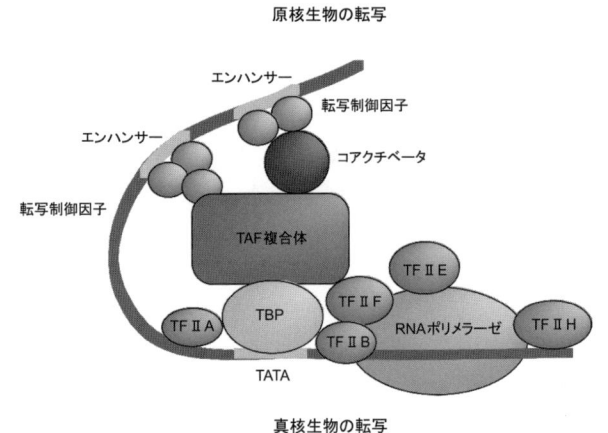

図1

tRNA を合成する

　mRNA を合成する真核生物の転写装置は RNA ポリメラーゼⅡで，10 種類以上のサブユニットをもち，多様な調節因子と結合して巨大な複合体を形成する．さらにプロモーターを認識する因子群と結合し基本転写因子を構成する（図1）．RNA ポリメラーゼⅡの系では TFⅡA，TFⅡB，TFⅡD，TFⅡE，TFⅡF，TFⅡH，TFⅡ-I が知られている．TATA ボックスを含むコアプロモーターの場合，TATA ボックス近辺に TFⅡA が結合し，さらに TATA ボックスに TFⅡD が結合し複合体を形成する．これに TFⅡB が結合する．PolⅡに TFⅡF が結合し，この複合体に TFⅡE が結合する．これにさらに TFⅡH が結合する．ここまでに生じた TFⅡA-TFⅡD-TFⅡB 複合体と TFⅡF-TFⅡE-TFⅡH-PolⅡ複合体が結合し，TFⅡH の作用により PolⅡがリン酸化され，TFⅡF-PolⅡ複合体が分離される．これに RNA 伸長促進因子 TFⅡS が結合し，転写が進行する．コアプロモーターに TATA ボックスがない場合もあり，代わりにイニシエーターエレメントをもつものもある．この場合イニシエーターエレメントは TFⅡD によって認識される．

このほかにもコアプロモーターエレメントが複数知られている．ターミネーターとしてポリ（A）付加シグナル（AATAAA）が転写終結点付近にあり，約 20 塩基ほど 3′ 下流で転写が終了する．真核生物ではこの後 RNA のプロセシングが行なわれる．キャップ構造の付加，3′ 末端のポリ（A）鎖付加，スプライシングが行なわれてイントロンがとり除かれ，成熟した mRNA となり翻訳へ向かう．

## B. 転写の調節

### a. 原核生物のオペロン

　原核生物において，プロモーターから構造遺伝子領域までをオペロンという．プロモーター配列近傍にはオペレーター配列が存在する．大腸菌のラクトース（lac）オペロンの場合，転写はリプレッサータンパク質のオペレーター部位への結合により転写抑制制御を受ける．グルコースが利用できる環境下では，lac オペロンのオペレーター部位に lac リプレッサータンパク質が結合し転写が抑制状態になる．貧グルコース環境下でラクトースが存在する場合，ラクトースが lac リプレッサータンパク質に結合し不活性化する．その結果リプレッサーがオペレーターに結合できなくなり，プロモーターが認識可能な状態となり，転写が開始される．

### b. 真核生物

　転写制御を行なうものとしてエンハンサー配列やサイレンサー配列が知られている．転写を著しく高めるものがエンハンサーで，転写を抑制するものをサイレンサーとよぶ．いずれも遺伝子発現調節タンパク質（転写因子）と結合することで遺伝子調節機能を発揮する．プロモーターは遺伝子の 5′ 上流に隣接し存在しているのに対して，エンハンサー（あるいはサイレンサー）はプロモーター近傍，遺伝子内，遺伝子の上流，あるいは下流など，様々な位置に存在する．プロモーターとエンハンサーの距離はさまざまで，数千塩基から，遺伝子よっては百万塩基も離れた位置から作用する．エンハンサーに結合した転写制御因子の複合体は DNA ループを形成し，プロモーターに結合した基本転写因子群に直接，あるいはコアクチベーターを介して結合する．転写制御因子は DNA 結合領域と，転写活性化部位をもち，二

量体を形成して働くことが多い．DNA結合部位にはZnフィンガー構造，ヘリックス-ターン-ヘリックス（HTH）構造，ロイシンジッパー構造など多くの種類があり，それぞれが大きなファミリーを構成する．転写制御因子は特異的な認識配列をもつ．

脊椎動物遺伝子では，CpG配列のシトシンがメチル化されることで転写が不活性化される．メチル化DNAを特異的に認識するタンパク質がクロマチン構造を変換する複合体を誘導する．また，DNAメチル化はヒストンのメチル化・アセチル化と相互に関係する．ヒストンのメチル化・アセチル化により転写が不活性化あるいは活性化する．このようなヒストンコードは細胞分裂後もひき継がれ維持される場合があり，転写制御状態が次世代に継承される．活性化プロモーターと活性化エンハンサーはそれぞれ特徴的なヒストン修飾コードをもつ．活性化プロモーターにはH3K4のモノメチル化（H3K4me1）およびH3K4のトリメチル化（H3K4me3）が集積するのに対して，活性化エンハンサーにはH3K4me1のみが集積しH3K4me3はみられない．

動物ゲノムの場合では，ひとつの遺伝子に非常に多くのエンハンサーやサイレンサーが存在する場合があり，組織特異性や時期特異的な発現制御を行なっている．進化学的な観点からみた場合，遺伝子に変化を起こすことなく，数多くあるエンハンサー配列の一部を変更することで特定部位のみの表現型進化につながる遺伝子発現の変更を実現できることから，生物進化のメカニズムのひとつとして注目されている．

### C. 翻訳

翻訳とはmRNAの情報に基づいてアミノ酸配列を規定し，タンパク質合成を行なうことである．翻訳にはmRNA，tRNA，リボソームが必要である．リボソームは大小ふたつのサブユニットからなり，大腸菌では3種のrRNAと53種のタンパク質，真核生物では4種のrRNAと82種のタンパク質から構成される．

#### a. 原核生物

原核生物の翻訳は転写と共役して起こる．アミノ酸が特異的なtRNAに結合し，アミノアシルtRNAが合成される．開始コドンに対応する開始tRNAが$tRNA^{fMet}$である．不活性リボソームの30Sサブユニットに開始因子IF-3とIF-1が結合し，リボソームを解離する．さらにGTP，mRNA，IF-2，fMet-$tRNA^{fMet}$複合体が30SサブユニットのP部位に結合する．mRNAのリボソーム結合部位はShine-Dalgarno配列（5'-AGGAGGU-3'）である．この配列が16S rRNAと塩基対を形成する．IF-3が外れ，50Sサブユニットが30Sサブユニットに結合したGTPを分解してエネルギーを得ながらこの開始複合体に結合する．IF-1とIF-2が離れ，翻訳反応の複合体が完成する．このとき，リボソームのP部位に開始コドンが位置するようになっている．ポリペプチド鎖の合成が始まる．P部位にfMet-$tRNA^{fMet}$，A部位に2個目のアミノアシルtRNAが存在し，両者の間にペプチド結合が形成される．A部位に生じたペプチジルtRNAとそれに結合したmRNAコドンをP部位に転移し，GTPを結合した延長因子GがA部位に結合する．延長因子GがGTPを加水分解してリボソームを離脱し，つぎのアミノアシルtRNAが結合できるようになる．終止コドンまでこの反応が続く．終止コドンがA部位に入ると解放因子が入り，終止コドンを認識する．翻訳複合体がポリペプチド，tRNA，リボソーム，mRNAに解離しタンパク質合成は終了する．この後，タンパク質のプロセシングが行なわれる．

#### b. 真核生物

原核生物の翻訳機構とよく似ているが，細部が違う．翻訳が起きる場所は真核生物では細胞質か粗面小胞体上のリボソームである．真核生物のリボソームは40Sと60Sのふたつのサブユニットからなる80Sのリボソームである．開始複合体形成にATPが必要である．真核生物では開始tRNAはメチオニンを運搬する．キャップ構造が認識され，リボソームへmRNAが結合する．Shine-Dalgarno配列がない．Kozak配列があると効率が顕著に上昇する，などである．

（隅山健太）

## 17.4 タンパク質機能の多様性獲得のメカニズム

　タンパク質をコードしている遺伝子には，長い進化の歴史のなかで突然変異（16.5項参照）によりさまざまな変化がもたらされる．そのなかのあるものは遺伝子の調節領域に変化をもたらし，転写・翻訳調節（17.3項参照）に影響を与える．またあるものは構造遺伝子に変化をもたらし，コードしているタンパク質の1次構造を変え，ひいてはそのタンパク質の機能を変化させる．相同なタンパク質の間でみられる機能の多様性は，このようなタンパク質の機能を変化させるような突然変異が起こり，かつ変化した遺伝子が今日まで生き延びたことにより獲得されたものである．ここでは突然変異がどのようにタンパク質の機能を変化させるか，変化を起こした遺伝子がどのように生き延びるかのメカニズムについて述べる．

### A. アミノ酸残基の置換や挿入/欠失

　多くの自然突然変異遺伝子の配列や突然変異実験などで示されているとおり，酵素の活性中心や基質結合部位など，機能的に特に重要な座位でアミノ酸残基の置換が起こると，タンパク質の機能はたった1個のアミノ酸残基の置換だけで大きく損なわれたり失われたりする．しかし別の新しい機能を獲得することはまれである．機能の異なる相同タンパク質の配列を比較した場合，たいていは複数個所で配列の置換や挿入/欠失がみられるので，いくつかの変異の組合せによっても別の機能が実現しうると考えられている．たとえばヒトがもつ3種類のオプシンは，数箇所のアミノ酸残基の違いによりそれぞれ異なる波長の光を吸収し，色覚を担っている（Yokoyama, 2008）．オプシンの場合は吸収波長の違いをもたらす残基が特定されているが，一般には現在みられる配列の違いのうち，どれが新機能の獲得に寄与しているかを選別したり，複数個所の場合はそれらがどのような順序で起こったかを明らかにしたりすることは困難で，わかっていないことが多い．

　アミノ酸配列に変異が起こり別の機能をもつようになった場合でも，タンパク質の立体構造，厳密にいえば主鎖の折りたたみ構造には，ほとんど変化がみられないのが常である．アミノ酸配列の変異が残基の置換や数残基程度の挿入/欠失である場合，タンパク質の新しい機能は，既存タンパク質の性質を局所的に変えることで獲得されていると考えられる．残基の置換や挿入/欠失により表面の構造や電荷，水素結合のネットワークなどが変化し，基質特異性や他のタンパク質との相互作用，触媒反応などに変化がもたらされ，新しい機能が獲得される．

### B. 構造ドメインの不可/除去

　タンパク質のなかには，相同部分をもつ他のタンパク質とのアミノ酸配列の違いが数十残基以上の配列の挿入/欠失といった形でみられ，より大きな立体構造上の変化がもたらされていると思われるものも多い．こうした場合も，相同部分の立体構造は保存していると考えられるものがほとんどである．挿入/欠失されている部分は，それ自身で立体構造をとりうる「構造ドメイン」であることが多い．したがって配列の挿入/欠失は，立体構造のレベルでは構造ドメインの付加/除去となり，その他の部分の立体構造（これもまた，1個以上の構造ドメインで形成されている）にはほとんど変化をもたらさない．このような構造ドメインは，特定の機能をもつ「機能ドメイン」でもあることが多い．したがってドメインを付加/除去することでその機能を付加/除去し，タンパク質全体としてはドメインの機能を組み合わせて，新しい機能を獲得していくことができる．特に真核生物のマルチドメインタンパク質では，血液凝固因子や細胞接着分子などでみられるように，ひとつのドメインが1個のエキソンにコードされている例が多いが，それらのエキソンがイントロンを介して組換えを起こす（エキソンシャフリング）ことで多様なドメインの組合せをもつタンパク質が進化したと考えられている（Patthy, 1995）．

### C. 遺伝子重複

　こうして新しい機能をもつようになったタンパク質は，多くの場合，元の機能を失ってしまう．元の機

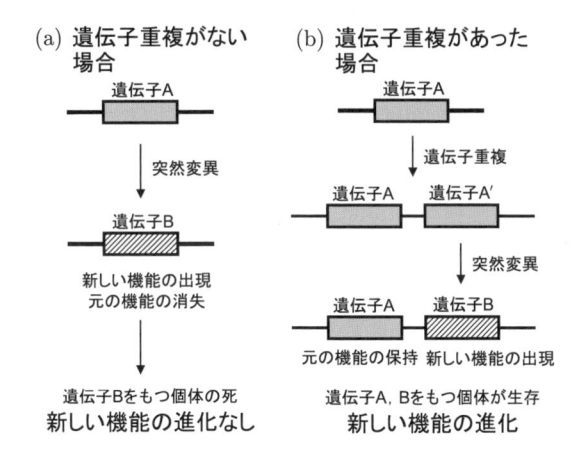

## 17.4 タンパク質機能の多様性獲得のメカニズム

**(a) 遺伝子重複がない場合**

遺伝子A
↓ 突然変異
遺伝子B
新しい機能の出現
元の機能の消失
↓
遺伝子Bをもつ個体の死
**新しい機能の進化なし**

**(b) 遺伝子重複があった場合**

遺伝子A
↓ 遺伝子重複
遺伝子A　遺伝子A'
↓ 突然変異
遺伝子A　遺伝子B
元の機能の保持　新しい機能の出現
遺伝子A,Bをもつ個体が生存
**新しい機能の進化**

図1

能が生物の生存にとって必須であったら，それを失うことは死を意味する．したがって，せっかく新しい機能をもつタンパク質の遺伝子が出現しても，それをもつ個体は死んでしまい，遺伝子も生き延びることができない（図1a）．このジレンマを克服するメカニズムとして，「遺伝子重複による進化」(Ohno, 1970) が考えられている．

遺伝子重複（16.9項参照）により，ゲノム中で遺伝子を含む領域が重複し，2コピーが存在する状態となったとする．1コピーが元の機能を維持していれば，もう一方はどのような突然変異を起こしても個体の生存には支障がなくなる．これを「進化的制約から解放される」という．その結果，突然変異を起こした遺伝子が何代にもわたって生き延び，その間にさまざまな変異が蓄積される．こうした変異は，中立進化論（20.3項参照）で示されているように，機能に影響を与えない中立なものがわずかにみられるほかは，大部分は元の機能を損なう有害なものであるが，遺伝子重複はそうした変異をもつ遺伝子であっても次世代に受け継がれ，そこに新たな変異が蓄積されていくことを可能にする（図1b）．上述のとおり，タンパク質の新しい機能は，複数回の突然変異を起こすことにより獲得されることが多いと考えられる．遺伝子重複による進化は，元の機能を保持するためだけでなく，個々には有害な影響しかおよぼさない変異が組み合わされて生存に有用な新しい機能を生み出すための進化モデルとしても位置づけられる．

もちろん新しい機能をもつタンパク質の出現には，遺伝子重複により出現したパラログへの突然変異蓄積以外のメカニズムも考えることができる．たとえば選択的スプライシングを起こすことで機能の異なる複数種のタンパク質をつくれるようになり，それらを使い分けることでタンパク質機能の多様性を獲得することも考えられる (Stetefeld & Ruegg, 2005)．あるいは遺伝子の調節領域が変化し，今までとまったく異なる時期・組織で発現することにより，タンパク質自身の生化学的機能に変化がなくても生物学的に新しい機能をもつようになることもある．動物の眼の水晶体に存在するクリスタリンがその例で，進化の過程で酵素などのタンパク質が流用されて水晶体ができたものと考えられている (Tomarev & Piatigorsky, 1996)．ただしこうした例はあまり多くはない．

環境が変化して既存のタンパク質の機能が生存に必須でなくなった場合には，その遺伝子は遺伝子重複しなくても進化的制約から解放されうるので，オーソログ遺伝子が突然変異を蓄積して新しい機能を獲得する可能性も出てくる．環境が変化して既存のタンパク質の機能を変化させる必要が出てきた場合にも，オーソログ遺伝子が突然変異を蓄積して新しい環境に適した機能を獲得する場合があるが，この場合にはタンパク質の基本的な機能は維持されるので，パラログ遺伝子に比べ変化の度合いは小さい．

ゲノム配列を解析してみると，動植物ばかりでなくゲノムサイズが比較的小さい原核生物においても，遺伝子の重複，さらには複数の遺伝子を含むようなゲノム領域での重複がよくみられる．ゲノム全体が重複することで生じる倍数体も，特に植物ではしばしばみられる．また人為的に遺伝子を破壊しても，特に動植物においては多くの場合，突然変異系統に野生型と比べて表現型の変化がみられないことからも，遺伝子の機能的な冗長性すなわち重複の度合いはかなり高いと考えられている．このように生物ゲノムにおいて普遍的にみられる存在であることからも，重複遺伝子は新しい機能をもつタンパク質を進化させるための，もっとも重要な場であろうと思われる．

[引用文献]

Ohno S. (1970) *Evolution by Gene Duplication*, Berlin: Springer-Verlag.

Patthy L. (1995) *Protein Evolution by Exon Shuffling*, New York: Springer-Verlag.

Stetefeld J. & Ruegg M. A. (2005) Structural and functional diversity generated by alternative mRNA splicing. *Trends Biochem. Sci.*, vol. 30, pp. 515-21.

Tomarev S. I. & Piatigorsky J. (1996) Lens crystallins of invertebrates–diversity and recruitment from detoxification enzymes and novel proteins. *Eur. J. Biochem.*, vol. 235, pp. 449-465.

Yokoyama S. (2008) Evolution of Dim-Light and Color Vision Pigments. *Annu. Rev. Genomics Hum. Genet.*, vol. 9, pp. 259-282.

[参考文献]

Patthy L. (2008) *Protein Evolution*, Blackwell Publishing.

（深海 薫）

## 17.5 タンパク質ファミリーとスーパーファミリー

### A. タンパク質の分類単位

　タンパク質を比較すると，お互いに似たアミノ酸配列・立体構造・機能などをもつ，いくつかのグループに分類できる．今日タンパク質の分類は，構造，機能，進化的関係など，さまざまな観点からなされたものが多数提唱されており，それぞれの分類体系における分類群のよび方に，統一した決まりはない．「タンパク質ファミリー」も，構造あるいは機能が互いによく似たタンパク質のグループをさすよび方として，さまざまな分類体系で用いられる分類単位であり，その定義は分類体系により一定ではない．しかし多くの場合に，共通祖先由来である（相同性をもつ）と明確に示されることが，同一タンパク質ファミリーに分類する際の基準のひとつにあげられている．つまり「タンパク質ファミリー」は，進化的関係を考慮したタンパク質の分類単位といえる．

### B. 分類の基準

　相同性をもつとみなすための基準は分類によってさまざまだが，多くの場合はアミノ酸配列の類似度が基準として用いられている．類似度がどの程度必要かは分類によって異なるが，2個のタンパク質が同じ立体構造をとると予測できるアミノ酸配列の一致度の下限値（これもまた20％前後で意見が分かれる）が，ファミリーの基準としても下限値で，たいていはこれよりはるかに高い類似度が基準となっている．アミノ酸配列の変異が残基の置換や数残基程度の挿入/欠失にとどまり，配列の全長にわたって基準以上の類似性がみられる場合は，相同なタンパク質とみなされ，同じファミリーに分類される．アミノ酸配列の全長にわたって高い類似性がみられるので，同じタンパク質ファミリーのメンバーはほぼ同じ立体構造をとると考えられ，実際に立体構造がわかっているタンパク質ではそのことが示されている．一方，ドメインの付加/除去により新しい機能を獲得したタンパク質は，共通にもつドメインの部

分で配列類似性が高くても，それ以外の非相同部分が大きいことから別のファミリーのメンバーとして分類されることが多い．

ひとつのタンパク質ファミリーのメンバーには，異なる生物種由来のオーソログタンパク質ばかりでなく，同一ゲノム上の重複遺伝子それぞれに由来するパラログタンパク質も含まれる．ただし，さまざまなメカニズム（17.4項参照）で異なる機能を獲得したタンパク質については，相同性をもつことが明らかであっても別のファミリーとすることがある．これは多くの分類体系で，タンパク質の進化的関係だけではなく，それがもつ機能も考慮してタンパク質ファミリーが定義されているためである．

## C. タンパク質スーパーファミリー

タンパク質ファミリーに関連した語として「タンパク質スーパーファミリー」というものがある．これもまたタンパク質の進化的関係を考慮した分類単位であるが，相同性の有無を決める基準をファミリーより広くとったグループとして定義される．つまりスーパーファミリーは，ファミリーの上位の分類群という位置づけとなる．

たとえば，相同性をもつことが明らかであっても異なる機能をもつタンパク質を，別々のファミリーに分類したうえで，同じスーパーファミリーのメンバーとしたり，アミノ酸配列の類似性から明らかに相同性が示されるものはタンパク質ファミリーとし，アミノ酸配列の類似性からは共通祖先由来であることが明確ではなくても立体構造が保存していることで相同性が示唆されるタンパク質はスーパーファミリーとしたりする，といった使い分けがみられる．あるいは，立体構造がタンパク質全体で保存しているものはファミリーとよぶが，共通にもつ機能を担う部分の立体構造だけが保存されているものはスーパーファミリーとよぶこともある．これに類似したこととして，共通祖先からドメインの付加/除去により進化したため相同なドメインを共有するいくつかのタンパク質ファミリーを，ひとつのスーパーファミリーに分類することもある．この場合，スーパーファミリーで分類の対象にするのは，タンパク質というよりはそれを構成している構造ドメインである．

タンパク質の進化の道筋をある程度遠くまでさかのぼっていくと，タンパク質ではなくそれを構成している構造ドメインを進化の単位とみなすほうが進化の歴史をうまく説明できることが多い．ファミリーとスーパーファミリーで分類の対象にするものが変わってくるのは，このことを反映しているといえる．

## D. より上位の分類群

こうした基準で既存のタンパク質すべてを分類した場合，基準によって数に多少の上下はあるが，それらは何千ものタンパク質ファミリーに分類されることになる．分類されたファミリーを横並びにしただけでは分類体系として有用とはいえないので，ほとんどの分類では機能・構造といった観点から，タンパク質ファミリーをさらに上位の分類群に分類している．たとえばCOGデータベースでは，ファミリーにあたるCOG（Clusters of Orthologous Groups of proteins）をひとつ以上のfunctional categoryを割り当てることで，機能的な観点からの分類を行なっている．Pfamデータベースでは類縁関係が示唆されるいくつかのファミリーをまとめて，スーパーファミリーにあたるclanに分類している．SCOPデータベースではProtein FamilyをSuperfamilyに，さらに立体構造上の類似性からFold，Classといった上位分類群へと階層的に分類する．ただしこれら上位分類群は，スーパーファミリーやそれにあたるもの以外は進化的関係を考慮していないので，進化的類縁関係との関連はない分類体系であることに留意する必要がある．また上述のスーパーファミリーでの分類と同様に，タンパク質の全長ではなくタンパク質を構成している構造ドメインが分類の対象となることが多い．

スーパーファミリーのレベルにおいてもなお，既存のタンパク質（ドメイン）は互いに相同性が示されない多数のグループに分類される．現存の生命が単一起源であるというのがほぼ定説であるのに対し，タンパク質の場合には，現存のスーパーファミリーがどのような進化的起源をもつのかについて，定まった議論はない．立体構造が異なる，特に主鎖の折りたたみ構造が異なるタンパク質は独立に出現したのか，未知のメカニズムにより別の折りたたみ

構造をもつタンパク質から進化したのか，これについては「地球生命の起源」(1.5 項参照)の研究に加え，タンパク質の折りたたみ構造形成のメカニズムを明らかにする研究が発展することで，手がかりとなる知見が得られるかもしれない．

［引用文献］
COG データベース (http://www.ncbi.nlm.nih.gov/COG/)
Pfam データベース (http://pfam.sanger.ac.uk/)
SCOP データベース (http://scop.mrc-lmb.cam.ac.uk/scop/)

［参照文献］
Branden C-I. & Tooze J. (1999) *Introduction to protein structure*, Garland. [Carl Branden・John Tooze 著，勝部幸輝・福山恵一・竹中章郎・松原央 訳 (2000)『タンパク質の構造入門』ニュートンプレス]

（深海 薫）

## 17.6 多重遺伝子族の協調進化

タンパク質の進化は，それをコードしている遺伝子に突然変異が起こり，産生物であるタンパク質の機能が変化し，その機能変化したタンパク質をコードしている遺伝子が自然淘汰や遺伝子浮動を受けつつ集団中に広まり固定する，といった過程で行なわれる．もっともシンプルな進化モデルは，突然変異の発生から固定までの過程が互いに独立に行なわれることを仮定したもので，遺伝子重複 (16.9 項参照) によるタンパク質機能の多様性獲得 (17.4 項参照) もそれに基づいて議論されている．このモデルにおいては個々の遺伝子は独立に進化し，重複遺伝子は互いに相違の度合いを増していく．ところが重複遺伝子のなかにはそれとは違ったふるまいをするものがある．多重遺伝子族とよばれているものが，それにあたる．

### A. 多重遺伝子族とは

多重遺伝子族とは，相同遺伝子がゲノム中に多数コピー存在するような一群の遺伝子をさして用いられる語である．多くの場合，多数の相同遺伝子が染色体の 1〜数カ所の領域に直列に並んでみられる．例としてはリボソーム RNA (rRNA) 遺伝子，ヒストン遺伝子，免疫グロブリン遺伝子，ヘモグロビン遺伝子などがあげられる．これらの遺伝子は，それをもつ生物種のほとんどで多重遺伝子族として存在していることから，多重遺伝子族としての起源もまた遺伝子そのものと同程度に古いと考えられる．

多重遺伝子族の起源がそれらをもつ各生物種の起源より古いのならば，オーソログ遺伝子同士の配列類似性のほうが，パラログ遺伝子同士の配列類似性より高くなることが期待される．しかし実際の多重遺伝子族の遺伝子では，遺伝子重複によって生じたパラログ遺伝子同士の配列類似性のほうが高い場合がしばしばみられる．重複遺伝子は互いの配列の相違度を増すことなく，しかし長い進化の歴史のなかで，それぞれの種内で配列を変化させながら今日に至っているのである．このような多重遺伝子族のふ

るまいは，協調進化とよばれている．

たとえばアフリカツメガエルとその近縁種では，ゲノム中に 18S rRNA 遺伝子と 28S rRNA 遺伝子の転写単位と非転写スペーサーが反復単位となって，400～600 コピーが並んでみられる．ふたつの種の塩基配列を比較すると，18S と 28S の領域は同じであるがスペーサー領域には違いがみられる．このことは，18S や 28S rRNA 遺伝子は進化的制約を強く受けるため配列が変化せず，スペーサー領域は制約がそれほどでないために配列に変化が起こったのだとして説明できる．ところがスペーサー領域は，このように種間では進化しているにもかかわらず，種内の配列同士はほとんど同じである（Brown *et al.*, 1972）．あるいはヒトのゲノムにはふたつの成体 α ヘモグロビン遺伝子が並んで存在し，この遺伝子重複の起源は哺乳類のそれよりはるかに古いと考えられるが，これらの遺伝子はほとんど同じアミノ酸配列をコードする．しかもそれらは他の類人猿の α ヘモグロビンのアミノ酸配列とは異なる（Zimmer *et al.*, 1980）．こうした現象が協調進化である．

## B. 協調進化のメカニズム

協調進化には，染色体の不等交叉と遺伝子変換が重要な役割を果たしている．不等交叉とは，DNA がもともと対応すべき相同な領域で対合せず，類似性のある他の部位で対合し，組換えが生じる現象である（図1a）．多重遺伝子族の遺伝子が並んでいる領域は遺伝子同士に配列類似性があるため，不等交叉が起こりやすいと考えられている．不等交叉によりその領域の遺伝子の数が増えたり減ったりするばかりでなく，不等交叉がくりかえされることによりその領域に含まれる遺伝子が一様化されていく（Ohta, 1980）（図2）．一方，遺伝子変換とは，ある遺伝子やその一部が他の遺伝子のその一部に置き換えられてしまう現象（図1b）のことで，これもまた配列類似性があると起こる．遺伝子の数は変化させないが，遺伝子の一様化をひき起こす点では不等交叉と同じ役割をもっている．

一般にタンパク質の進化の道筋は，タンパク質の機能がどのように変化し，それがどのように個体の生存度に影響をおよぼしてきたかと関連づけて説明

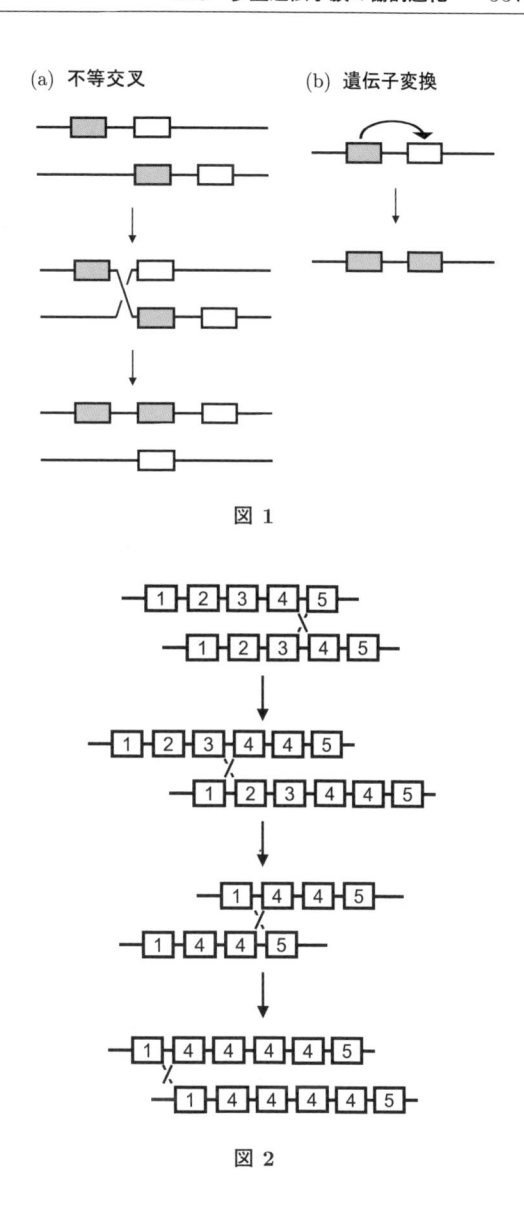

図1

図2

される．たいていはこのようにタンパク質レベルで説明を考えれば十分である．しかし，多重遺伝子族の遺伝子がコードするタンパク質の場合にはそれがあてはまらない．なぜパラログ遺伝子がコードするタンパク質同士のほうがアミノ酸配列の類似度が高いのかを，タンパク質レベルだけで説明しようとすると，「それぞれの生物種で生存にもっとも有利なアミノ酸配列が異なり，その配列に向かって淘汰が働いたため」といった，上記とはまったく異なる説明となり，おそらくそれは間違いである．タンパク質の進化を考えるうえでは，タンパク質の機能ばかりでなく，それをコードしている遺伝子やゲノムの

進化的ふるまいにも常に注意を払う必要がある．多重遺伝子族はそのことを示す，ひとつの例なのである（16.8項のFを参照）．

[引用文献]

Brown D. D. *et al.* (1972) A comparison of the ribosomal DNA's of *Xenopus laevis* and *Xenopus mulleri*: the evolution of tandem genes. *J. Mol. Biol.*, vol. 63, pp. 57-73.

Ohta T. (1980) *Evolution and variation of multigene families. Lecture notes in biomathematics 37*, Springer-Verlag.

Zimmer E. A. *et al.* (1980) Rapid duplication and loss of genes coding for the alpha chains of hemoglobin. *Proc. Natl. Acad. Sci. USA*, vol. 77, pp. 2158-2162.

[参考文献]

Kimura M. (1993) *The Neutral Theory of Molecular Evolution*, Cambridge University Press. [木村資生 著，木村資生 監訳，向井輝美・日下部真一 訳（1986）『分子進化の中立説』紀伊國屋書店]

Nei M. (1987) *Molecular Evolutionary Genetics*, Columbia University Press. [根井正利 著，五條堀孝・斎藤成也 訳（1990）『分子進化遺伝学』培風館]

五條堀孝（1989）比較分子進化．木村資生・大沢省三 編，岩波講座 分子生物科学3『生物の歴史』第3章，岩波書店．

（深海 薫）

# 第 18 章
# ゲ ノ ム

| | | |
|---|---|---|
| 18.1 | ゲノム | 斎藤成也 |
| 18.2 | 原核生物のゲノム | 内山郁夫 |
| 18.3 | 真核生物のゲノム | 川島武士 |
| 18.4 | ゲノムの大きさ | 新村芳人 |
| 18.5 | ゲノム重複 | 工樂樹洋 |
| 18.6 | イントロン | 剣持直哉 |
| 18.7 | トランスポゾン | 大島一彦 |
| 18.8 | ゲノムのGC含量とアイソコア | 池村淑道 |
| 18.9 | がらくたDNA | 颯田葉子 |
| 18.10 | 偽遺伝子の機能と進化 | 颯田葉子 |
| 18.11 | ゲノム対立 | 巌佐　庸 |

## 18.1 ゲノム

ゲノム概念は，1920年に植物学者のHans Winklerが最初に提唱した．遺伝子（gene）と染色体（chromosome）をくっつけたものである．その後，コムギのゲノムを研究した木原均が，「生命体の生活に必須な最小の遺伝子セット」という機能的単位をゲノムに付与し，その重要性が確立した．現在でもこの機能的定義は有効だが，遺伝子の物質的本体が明らかになり，塩基配列が決定されるにつれて，ゲノムを生命体のもつ遺伝子セットの全体をさす構造的単位と考えることも多くなっている．なお「ゲノム」はドイツ語風の発音である．

当時の生物学では，細胞内の染色体に遺伝子の本体が乗っていることまでしかわかっていなかったので，ゲノム研究は，もっぱら光学顕微鏡で染色体の形と種類（核型）を観察することで行なわれた．特に，植物の倍数体に関する研究が中心だったので，その最小単位である半数体（ハプロイド）に特別な位置を与え，それをゲノムとよんだのである．日本でも，木原らが1920～1940年代にコムギの「ゲノム解析」を行なった．木原はつぎのような言葉を残している．「地球の歴史は地層に刻まれている．生命の歴史は染色体に刻まれている」．この言葉は，塩基配列を直接調べることができるようになった現在，ますます妥当なものだということを実感できる．

現在では，ゲノムという言葉がどんどん拡大して用いられてきている．たとえば，核の外に存在するミトコンドリアや葉緑体のDNAをゲノムとよぶことが現在では一般化している．ミトコンドリアのDNAだけで生命が生きていけないのにもかかわらず，このような用いられ方が広まっているということは，もはやゲノムが機能ではなく，構造から定義されていることの証である．そこで「自己複製体のもつ塩基配列のなかで最大の単位」という構造的なゲノムの定義もある．自己複製体は生命よりも広く，ウイルスやミトコンドリアなど，単独では生命といいにくいものも含めている．

一方で，ゲノムという言葉には「完全」（すべての枚挙）という意味がこめられており，ゲノムに含まれる遺伝子全体をみわたすことは重要である．これらすべての遺伝子セットが，その生物の生活パターンをかなりの部分まで定めているからだ．しかし，ゲノム中のすべての遺伝子でも，生物の生存には不十分だ．これは，寄生性の生物では明確である．たとえば，ハンセン病の原因であるバクテリア *Mycobacterium leprae* のゲノムには，多数の偽遺伝子が存在する．これは，宿主に依存してしまったため，機能遺伝子がゲノムになくても生きていくことができるようになったためだと考えられる．実は，地球上の生物はみなほかの生物と相互作用を行なうので，いわゆる寄生生物ではなくても，同じ論理で機能遺伝子が失われることがある．ヒトゲノムがそもそも例を与えてくれる．

定義からしてビタミンは体内でつくることができないので，食物から摂取する必要がある．ビタミンC（アスコルビン酸）は，摂取が十分でないと壊血病になってしまう．しかし，実は多くの生物がビタミンCを体内でつくっているのである．だからこそ，植物の果実や生肉を食べると補給できるのである．ヒトゲノムにもビタミンC合成酵素系は存在するが，最後の，γ-グロノラクトンをアスコルビン酸に変える酵素，L-グロノラクトン酸化酵素の遺伝子が死んでしまい，ヒトゲノム中では偽遺伝子になっている．これは，ヒトと旧世界猿の共通祖先で生じた変化である．

このように，生きとし生けるものは互いに影響しあっているために，自身のゲノム情報だけで生きていくことはできないのである．われわれは，環境という，生物個体を包み込む全体を考える必要がある．

最初に決定された完全ゲノムは，現在一般的に用いられている塩基配列決定法であるジデオキシ法を発明したSangerらが1977年に決定したバクテリオファージφX174である．バクテリオファージ（単にファージということも多い）とは，バクテリアに感染するウイルスのことである．彼らは現在用いられているジデオキシ法の前段階であるプラスマイナス法を用いて，このファージの全塩基配列5375個を決定した．つまり，ゲノムまるごとの生物学はすでに20年以上の歴史があることになる．現在ではイ

ンフルエンザウイルス，HIV（ヒト免疫不全ウイルス，AIDSの原因ウイルス）をはじめとして多数のウイルスゲノムの塩基配列が決定されている．

その後Sangerのグループは，ファージ$\phi$X174よりも3倍ほど大きいヒトのミトコンドリアDNAのゲノム配列（約16,500塩基）を1981年に決定した．ミトコンドリアは細胞内小器官とよばれる細胞内の微細構造のひとつだが，10億年以上前に，まだ単細胞だったわれわれの先祖の生物にもぐりこんで共生を始めたバクテリアのなれの果てである．同年に別のグループがマウスのミトコンドリアゲノム配列を決定した．Sangerのグループは，さらにウシのミトコンドリアゲノム配列も決定した．これは，比較ゲノム学（comparative genomics）の草分けだといっていいだろう．

1995年には細胞をもつ生物であるバクテリア Haemophilus influenzae の完全ゲノム配列183万塩基が決定され，本格的なゲノム生物学の幕開けとなった．1996年にはパン酵母（Saccharomyces cerevisiae）の16本の染色体およそ1200万塩基，1998年には線虫（Caenorhabditis elegans）の全ゲノムの塩基配列約9700万塩基が決定された．人間のゲノムは塩基数にして約30億個あるが，これら全部を解読しようというのが，「ヒトゲノム計画」であった．2001年には概要配列が，2004年には，ヒトゲノム全体の99%以上の塩基配列が決定された．一方，2000年に植物で最初にゲノム配列が決定されたのは，シロイヌナズナ（Arabidopsis thaliana）である．現在もさまざまな生物のゲノム配列決定計画が進行中であり，ゲノム配列が決定されたバクテリアは2011年現在ですでに1000株をこえている．21世紀に入って，サンガー法に代わる新しい方法も導入されたので，新しいゲノムの塩基配列を決定するスピードは急速に上昇している．今後も多数の生物のゲノム配列が決定されていくだろう．

地球上の生物はそれぞれ独自のゲノムをもっているが，ゲノムの多様性を示すひとつの指標はゲノムの総塩基数（ゲノムサイズ）である．ヒトゲノムは塩基数にして約30億個だが，ショウジョウバエのゲノムは1億8000万個，大腸菌ゲノムは400万個で，ヒトの1/1000ほどしかない．一方，生物によってはヒトよりもはるかに大きなゲノムをもつものがある．肺魚の仲間には，ゲノムサイズが1100億個（ヒトゲノムの約35倍）のものが知られている．

生物の複雑性を示す客観的な尺度のひとつに，ゲノムサイズがある．たしかに，ウイルスのような単純な構造のものはゲノムサイズが小さく，バクテリアになると少し大きくなり，真核生物でさらに大きくなり，多細胞生物である動物や植物ではもっとずっと大きい．しかし，生物界には例外がつきものである．単細胞であるアメーバのなかには，ヒトゲノムの200倍以上の巨大ゲノムをもつものがいる．これは，C値パラドックス（C value paradox）とよばれることがある．

ゲノムの大きさを増大させるためには，塩基数が大きく変化する突然変異が生じる必要がある．それには，遺伝子全体のコピーが生ずる「遺伝子重複」，DNA配列のなかをあちこち飛び回ることのできるトランスポゾンによる「遺伝子転移」などがある．さらに，ゲノム全体がまるごと倍増する「ゲノム重複」がある．これは倍数体化ともよばれ，植物ではよくみられる現象だ．これらゲノムサイズの違いは，植物の形態にも影響を与えているようである．

脊椎動物でも硬骨魚類や両生類では倍数体化の起こることが知られている．一方，鳥類と哺乳類では，性染色体の種類によって生まれてくる個体の雄雌を決定するメカニズムが確立しているので，倍数体化した個体の子どもはすべて雄になってしまう．このため，今後もゲノム重複をひき起こすことはできない．

[参考文献]
斎藤成也（2007）『ゲノム進化学入門』共立出版．

（斎藤成也）

## 18.2 原核生物のゲノム

### A. ゲノムの構造と大きさ

　原核生物は，細胞内に核やオルガネラをもたず，染色体DNAは細胞質中に核様体（nucleoid）として存在している．核様体ではDNAは超らせん構造をとり，核様体中のタンパク質のはたらきでコンパクトな構造に保たれている．原則として，原核生物のゲノムは，環状の二本鎖DNAの染色体1本からなっており，染色体はただひとつの複製開始点をもつ．ただし，放線菌 Streptomyces coelicolor のように線状のゲノムをもつものや，コレラ菌 Vibrio choleraeのように複数の染色体をもつものも存在する．多くの原核生物は，このほかに自立的に増殖するプラスミドDNAをいくつかもっているが，これらは一般に染色体と比べてずっと小さく，通常の環境で生存に必須な遺伝子をもたず，したがって種内で安定的に維持されないことから染色体DNAとは区別される．しかし，なかには1Mbをこえるようなメガプラスミド（megaplasmid）も知られており，必ずしもその区別が明確でないケースもある．実際，コレラ菌の2番染色体は，メガプラスミド由来であることがゲノム解析から推測されている（Heidelberg et al., 2000）.

　ゲノムの大きさは，おおよそ数百kb～10Mbの範囲であるが，1Mbに満たないものはほとんどが絶対寄生（共生）菌であり，自由生活を営むものは1.5Mb以上であることが多い．これまでに全配列が決定された原核生物のゲノムでは，小さいものでは共生細菌 Candidatus Hodgkiniacicadicola の約140kbから，大きいものでは粘液細菌 Sorangium cellulosum の約13Mbまである．一般に共生細菌はゲノムの縮小が顕著であるが，これは共生によって適応度上の利点を失った遺伝子が，変異圧に従って崩壊し，欠失した結果であると考えられている（Mira et al., 2001）．自由生活する原核生物のなかでは，海洋中の優占系統SAR11に属する Pelagibacter ubique が小さなゲノムサイズ（約1.3Mb）をもっているが，これは集団サイズが大きいため，強い純化淘汰がはたらいて無駄のない効率的なゲノムが選択された結果であると考えられている（Giovannoni et al., 2005）．

### B. 塩基組成

　原核生物ゲノムのGC含量は，種内では高い均一性を示す一方，種によって25～75％程度までの幅広い値をとり，また一般に系統的に近い種は近いGC含量をもつという意味で，系統関係を反映した量となっている．こうしたことから伝統的に細菌の分類指標のひとつとして用いられてきた．実際にはゲノム中にはGC含量が著しく異なっている領域があり，その一部はrRNAなどの機能的制約が強い領域もあるが，多くは外部からとりこまれた配列と考えられる．特にファージや挿入配列は，ゲノム中でGC含量が著しく低い領域として検出されることが多い．最近，サルモネラや大腸菌などで，核様体タンパク質H-NSがGC含量が低い外来性遺伝子に結合して発現を抑制していることが示され（Navarre et al., 2006），こうした特徴が細菌の非自己配列の識別にかかわっている可能性が指摘されている．

　より一般には，コドンの使用頻度や各種のシグナル配列，DNAの構造の違いなどさまざまな要因により，複数の塩基からなる単語の出現頻度が種ごとに固有の分布をもっている（Rocha et al., 1998；Campbell et al., 1999）．こうした情報を用いて，水平移動遺伝子の検出やゲノム配列断片からの種の推定を行なう方法などが開発されている（Sandberg et al., 2001）．

### C. ゲノムの複製

　細菌のゲノムの複製は，染色体上に1カ所ある複製開始点から始まり，そこから両方向に複製が進んで反対側にある終結点で完了する．したがって，ゲノムは複製方向に関して極性をもっており，生物種によって程度に違いがあるものの，以下のようなゲノム上の特徴にあらわれている（Rocha, 2008）. ① グアニン（G）とシトシン（C）の差をあらわすGC skew（$= (G-C)/(G+C)$）が，複製方向に沿う鎖すなわちリーディング鎖で正，逆のラギング鎖で負となる傾向をもつ（Lobry, 1996）．これは多くの細菌で顕著に成立していることから，複製開始点

の推定に用いられている．② 遺伝子の向きが複製方向と一致する傾向があり，特に重要な遺伝子ほどその傾向が強い．これは，転写と複製が正面衝突して干渉するのを避ける効果があると考えられている（Rocha, 2008）．③ ゲノムの進化過程で，複製開始点に対して対称な点（逆方向に等距離にある点）の間で逆位が生じる傾向がある．これは，近縁のゲノム間でドットプロットを作成すると，X字型の特徴的な形としてあらわれる（Eisen et al., 2000）．このような逆位では，結果として転写開始点に対する遺伝子の距離と向きはほぼ保存されることになる．

## D. 遺伝子構造

　原核生物の遺伝子には，ごく一部の例外を除いて基本的にイントロンが存在せず，遺伝子間領域も一般に短い．その結果，原核生物のゲノムは，およそ1 kbあたりに1遺伝子と，密に遺伝子が詰まっている．

　細菌では，転写開始点の上流にRNAポリメラーゼが結合する部位（プロモーター）があり，その周辺に転写因子が結合して転写を制御する部位（オペレーター）がある．また一般に転写終結点近傍にはターミネーターとよばれるシグナル配列がある．原核生物の遺伝子構造の大きな特徴は，ゲノム上で並んでコードされている複数の遺伝子がひとつのmRNA上に転写されうることであり，転写制御がその単位で行なわれることから，転写される遺伝子群とその制御領域とをあわせてオペロンとよばれている．

　多くの場合，オペロンは一連の反応を触媒する酵素などの密接に関連した遺伝子を含んでおり，合理的なシステムとなっている．また，オペロン上の遺伝子の配置はしばしば遠縁種間でも保存されており，オペロンの予測の重要な手がかりとなっているが，種によって部分的あるいは完全に壊れているケースも少なくない．一方，オペロンは密接に関連する機能をもつ遺伝子がゲノム上で近傍に存在することから，水平移動によって広まりやすい性質をもつと考えられる．そこで，オペロン形成を促進する進化的背景として，効率的な転写制御による適応度上の利点より，むしろオペロン自身が水平移動によって広まりやすいことが重要であるとする説（利己的オペロン説）も提唱されている（Lawrence & Roth, 1996）．

## E. 遺伝子構成

　原核生物は，ゲノムサイズに応じて数百〜数千程度の遺伝子をもっており，それぞれエネルギー代謝，物質の生合成，複製・転写・翻訳などの遺伝情報処理，物質輸送，細胞分裂，運動など，さまざまな生命活動にかかわっている．各ゲノムの遺伝子構成にどの程度の共通性があるかということは，ゲノム中の遺伝子をオーソログ関係に基づいて「オーソロググループ」にまとめることによって調べられる（Koonin, 2005; Uchiyama, 2011）．その結果，多くの原核生物ゲノムにおいて，遺伝子の6〜8割程度が数千程度の主要なオーソロググループによってカバーされており，原核生物の遺伝子構成が一定の普遍性をもつことを示している．一方で，かぎられた種のみに存在する遺伝子も一定程度存在しており，結果としてオーソロググループ数はゲノム数に対して発散的に増大し，原核生物全体における遺伝子の多様性はきわめて大きなものになっている（Koonin & Wolf, 2008；Lapierre & Gogarten, 2009）．

　オーソロググループを基にしてさまざまなゲノム比較が行なわれている．特に，オーソロググループごとに各ゲノムにオーソログが含まれるか否かを表現した「系統パターン」を作成して比較することにより，関連する遺伝子が各ゲノム中にどのように保存され，あるいは変化しているかを調べることができる．こうした解析から，ある遺伝子の機能がオーソロガスでない遺伝子によって置き換えられる現象が，基本的な代謝経路の多くでみつかっている（Koonin & Galperin, 2002）．

　「生物の生存に必要な最小の遺伝子セット」という生物学上の根源的な問いについても，比較解析からアプローチされている．最初に決まったふたつのゲノム（インフルエンザ菌とマイコプラズマ菌）の比較から256個の遺伝子があげられたが，上述の「非オーソロガス遺伝子置換」を考慮して，両者が共通にもつ遺伝子セットにいくつかの遺伝子を加える操作が行なわれた（Mushegian & Koonin, 1996）．そ

の後，生物種が増えるにつれて共通遺伝子セットの数は大きく減少しており，同様に「非オーソロガス遺伝子置換」を考慮して補うとすれば，最小遺伝子セットにはさまざまな可能性があると考えられる (Koonin, 2003)．

原核生物では，真核生物にみられるようなゲノム規模での大きな重複は一般にみられないが，ゲノム内には多数の相同遺伝子（水平的に獲得したものも含む）が存在しており，その数はゲノムサイズに応じて増大する傾向にある (Gevers et al., 2004)．一般に，ABC トランスポーターや二成分制御系などの環境変化への応答にかかわるとみられる遺伝子群が，特に大きなファミリーを形成している．

### F. 反復配列と可動遺伝因子

原核生物のゲノムは，遺伝子が密に詰まっており，真核生物のゲノムにみられるような極端な反復配列の増幅は一般にみられないが，さまざまなタイプの反復配列が存在しており，ゲノム進化において重要な役割を果たしている (Treangen et al., 2009)．なかでも，トランスポゾン，挿入因子，ファージなどの動く遺伝子群は，それ自体の移動によって外部から配列をとりこんだり，遺伝子を壊したりするほか，反復配列を生み出すことによってゲノム再編をひき起こすなど，原核生物のゲノム構造の進化に大きくかかわっている．その他の単純反復配列や散在性反復配列なども，ゲノムごとに違いがあるものの，何らかの特徴的な反復配列をもつ場合が多く，しばしばそれが生物学的機能と関連している．なかでも，回文配列が一定間隔でくりかえす CRISPR という構造は，真正細菌の 40％，古細菌の 90％程度でみつかっており，ファージなどの外来性 DNA への免疫機構として機能すると考えられている (Sorek et al., 2008)．

### G. 水平移動によるゲノム進化

原核生物においては，ファージによる形質導入，細胞間の接合，形質転換による DNA のとりこみといった，外部から細胞内に DNA をとりこむ機構が知られており，これによりゲノム内に水平的に遺伝子を獲得することができる (Bushman, 2002)．ゲノム解読が進んだ結果，原核生物のゲノム進化において水平移動が重要な役割を果たしていることが広く認識されるようになった (Doolittle, 1999; Ochman et al., 2000)．特に，比較的最近に起こった水平移動は，近縁ゲノム間比較や塩基組成の局所的な違いなどから比較的容易に同定が可能であり，多くの種で明らかな水平的な遺伝子の流入と思われるケースが多数みつかっている．一方，このようにしてみつかる水平移動遺伝子のほとんどは，ファージや病原性アイランドのような利己的な因子や特殊な環境ではたらく遺伝子であって，細胞機能の中核を担う遺伝子はまれであるため，水平移動の中長期的な進化への貢献度については議論の余地がある (Kurland et al., 2003)．系統樹のトポロジーや遺伝子の存在パターン（系統パターン）が典型的な種の系統関係とは異なるパターンを示すことから，多くの遺伝子で水平移動が行なわれてきたことが推察されているが (Koonin et al., 2001)，その具体的な頻度や影響の大きさについては諸説ある (Ragan & Beiko, 2009)．

### H. ゲノムと種の概念

原核生物では水平移動により頻繁に遺伝子を獲得するため，同種に分類される生物間でも遺伝子構成が一般に大きく異なる．そこで，「種のゲノム」をあらわす概念として，その種に属するゲノム全体の和集合をとった「汎ゲノム (pan-genome)」と，積集合をとった「コアゲノム (core genome)」がしばしば用いられる (Tettelin et al., 2005)．これによると，汎ゲノムは種内の遺伝子レパートリーの全体を含み，すべての株が共通にもつコアゲノムとそれ以外の部分とに分けられる．汎ゲノムの大きさは，株数を徐々に増やしたときの増加傾向から推定され，たとえば炭疽菌 (Bacillus anthracis) では一定の大きさに収束するのに対して，レンサ球菌 (Streptococcus agalactiae) では無限に発散する傾向を示すことが知られている (Tettelin et al., 2005)．

そもそも原核生物の種をどう定義するかは難しい問題である．原核生物は一般に形態的特徴に乏しいため，伝統的な種分類においても DNA-DNA 交雑法や rRNA 配列など，塩基配列に基づく情報が種同

定の重要な手がかりとして用いられてきたが，その基準は必ずしも明確な根拠に基づくものとはいえなかった．そこで，ゲノム情報を用いて種の定義の条件が検討された結果，タンパク質をコードする遺伝子の平均ヌクレオチド一致度が94％以上という基準が従来の種の定義とおおむね一致することなどが示されている（Konstantinidis & Tiedje, 2005）．一方，より根源的な問題として，有性生殖を行なわない原核生物において，種に相当するクラスターは実在するのか，するとすればどのように成立するのかという問題がある．これについては，そのようなクラスターは同一のニッチを占める生態型（ecotype）が周期的に淘汰を受けることによって形成されるというモデル（Cohan, 2002）が提案されているが，少なくとも一部の種では相同組換えによってDNA断片の交換を頻繁に行なっているため，それらにおいては交配に基づく「生物学的種概念」と同様の機構も存在すると考えられる（Dykhuizen & Green, 1991）．さらに上述の水平的な遺伝子獲得の問題も含めて考えると原核生物の種概念は非常に複雑なものとなり（Doolittle & Zhaxybayeva, 2009），その実態の解明には今後のゲノム多様性研究の進展が待たれる．

## I. ゲノムプロジェクト

原核生物のゲノム解読は，1995年のインフルエンザ菌（*Haemophilus infruenzae*）を皮切りに，大腸菌や枯草菌などのモデル生物や各種の病原細菌，有用微生物のゲノムなどがつぎつぎに決定され，現在では1000をこえる広範な原核生物のゲノムが決定されている．近年ではシーケンス能力の増大により，同種や近縁種のゲノムを多数読んで比較するプロジェクトなども進行している．こうしたデータを整理して比較したデータベースもさまざまなものが作成されている（Uchiyama, 2011）．

しかしながら，自然界には，培養が困難で研究対象にすらなっていない微生物が多数存在している．そこで，シーケンスの能力の増大とゲノム情報の蓄積とを背景として，環境中や生体中の微生物集団全体のもつゲノム情報を直接解読するメタゲノム解析のアプローチが注目されており，未培養の微生物も含めて自然界の微生物の多様性の実態を解明する有力な手段として期待されている（Riesenfeld *et al.*, 2004）．

[引用文献]

Bushman F. (2002) *Lateral DNA transfer*, Cold Spring Harbor Laboratory Press.

Campbell A. *et al.* (1999) Genome signature comparisons among prokaryote, plasmid, and mitochondrial DNA. *Proc. Natl. Acad. Sci. USA*, vol. 96, pp. 9184-9189.

Cohan F. M. (2002) What are bacterial species? *Annu. Rev. Microbiol.*, vol. 56, pp. 457-487.

Doolittle W. F. (1999) Phylogenetic classification and the universal tree. *Science*, vol. 284, pp. 2124-2129.

Doolittle W. F. & Zhaxybayeva O. (2009) On the origin of prokaryotic species. *Genome Res.*, vol. 19, pp. 744-756.

Dykhuizen D. E. & Green L. (1991) Recombination in Escherichia coli and the definition of biological species. *J. Bacteriol.*, vol. 173, pp. 7257-7268.

Eisen J. A. *et al.* (2000) Evidence for symmetric chromosomal inversions around the replication origin in bacteria. *Genome Biol.*, vol. 1, pp. RESEARCH0011.

Gevers D. *et al.* (2004) Gene duplication and biased functional retention of paralogs in bacterial genomes. *Trends Microbiol.*, vol. 12, pp. 148-154.

Giovannoni S. J. *et al.* (2005) Genome streamlining in a cosmopolitan oceanic bacterium. *Science*, vol. 309, pp. 1242-1245.

Heidelberg J. F. *et al.* (2000) DNA sequence of both chromosomes of the cholera pathogen Vibrio cholerae. *Nature*, vol. 406, pp. 477-483.

Konstantinidis K. T. & Tiedje J. M. (2005) Genomic insights that advance the species definition for prokaryotes. *Proc. Natl. Acad. Sci. USA*, vol. 102, pp. 2567-2572.

Koonin E. V. (2003) Comparative genomics, minimal gene-sets and the last universal common ancestor. *Nat. Rev. Microbiol.*, vol. 1, pp. 127-136.

Koonin E. V. (2005) Orthologs, paralogs, and evolutionary genomics. *Annu. Rev. Genet.*, vol. 39, pp. 309-338.

Koonin E. V. & Galperin M. Y. (2002) *Sequence - Evolution - Function: Computational Approaches in Comparative Genomics*, Kluwer Academic Publishers.

Koonin E. V. & Wolf Y. I. (2008) Genomics of bacteria and archaea: the emerging dynamic view of the prokaryotic world. *Nucleic Acids Res.*, vol. 36, pp. 6688-6719.

Koonin E. V. *et al.* (2001) Horizontal gene transfer in prokaryotes: quantification and classification. *Annu. Rev. Microbiol.*, vol. 55, pp. 709-742.

Kurland C. G. *et al.* (2003) Horizontal gene transfer: a critical view. *Proc. Natl. Acad. Sci. USA*, vol. 100, pp. 9658-9662.

Lapierre P. & Gogarten J. P. (2009) Estimating the size of the bacterial pan-genome. *Trends Genet.*, vol. 25, pp. 107-110.

Lawrence J. G. & Roth J. R. (1996) Selfish operons: horizontal transfer may drive the evolution of gene clusters. *Genetics*, vol. 143, pp. 1843-1860.

Lobry J. R. (1996) Asymmetric substitution patterns in the two DNA strands of bacteria. *Mol. Biol. Evol*, vol. 13, pp. 660-665.

Mira A. *et al.* (2001) Deletional bias and the evolution of bacterial genomes. *Trends Genet.*, vol. 17, pp. 589-596.

Mushegian A. R. & Koonin E. V. (1996) A minimal gene set for cellular life derived by comparison of complete bacterial genomes. *Proc. Natl. Acad. Sci. USA*, vol. 93, pp. 10268-10273.

Navarre W. W. *et al.* (2006) Selective silencing of foreign DNA with low GC content by the H-NS protein in Salmonella. *Science*, vol. 313, pp. 236-238.

Ochman H. *et al.* (2000) Lateral gene transfer and the nature of bacterial innovation. *Nature*, vol. 405, pp. 299-304.

Ragan M. A. & Beiko R. G. (2009) Lateral genetic transfer: open issues. *Philos. Trans. R. Soc. London*, vol. 364, pp. 2241-2251.

Riesenfeld C. S. *et al.* (2004) Metagenomics: genomic analysis of microbial communities. *Annu. Rev. Genet.*, vol. 38, pp. 525-552.

Rocha E. P. (2008) The organization of the bacterial genome. *Annu. Rev. Genet.*, vol. 42, pp. 211-233.

Rocha E. P. *et al.* (1998) Oligonucleotide bias in Bacillus subtilis: general trends and taxonomic comparisons. *Nucleic Acids Res.*, vol. 26, pp. 2971-2980.

Sandberg R. *et al.* (2001) Capturing whole-genome characteristics in short sequences using a naive Bayesian classifier. *Genome Res.*, vol. 11, pp. 1404-1409.

Sorek R. *et al.* (2008) CRISPR–a widespread system that provides acquired resistance against phages in bacteria and archaea. *Nat. Rev. Microbiol.*, vol. 6, pp. 181-186.

Tettelin H. *et al.* (2005) Genome analysis of multiple pathogenic isolates of *Streptococcus agalactiae*: implications for the microbial "pan-genome". *Proc. Natl. Acad. Sci. USA*, vol. 102, pp. 13950-13955.

Treangen T. J. *et al.* (2009) Genesis, effects and fates of repeats in prokaryotic genomes. *FEMS Microbiol. Rev.*, vol. 33, pp. 539-571.

Uchiyama I. (2011) Functional inference in microbial genomics based on large-sccale comparative analysis. in Kihara D. ed., *Protein function prediction for omics data*, pp. 55-92, Springer.

（内山郁夫）

## 18.3 真核生物のゲノム

### A. 概要

真核生物の細胞には，核のゲノム「DNA（Deoxyribonucleic acid）」と，細胞小器官であるミトコンドリアや葉緑体のDNAが存在する．真核生物の核ゲノムは，特にヒトや酵母などのモデル生物を用いてよく研究されてきた．そのゲノムDNAの配列（1次構造），ヌクレオソームによる折りたたみの構造（2次構造），さらには染色体への折りたたみ構造（高次構造）について，真核生物内に共通してみられる特徴が明らかになってきている．本項では真核生物ゲノムのDNAの1次構造の特徴を中心に述べるが，2次構造や高次構造についても，1次構造に関係する部分を説明する．

### B. 真核生物の核ゲノムの数え方

ゲノムの大きさの指標として，染色体の数と総塩基長が利用される．真核生物の染色体では減数分裂や倍数性が存在するため，その特徴をあらわす数え方が用いられている．有性生殖を行なう生物では，体細胞にゲノムDNAを2組もつことから，配偶子のもつ染色体の数をその生物の基本数とし，$n$であらわす．体細胞は受精後の染色体の数をひき継ぐので，基本数の倍を意味する$2n$であらわす．たとえばヒトの体細胞の場合は，精子由来の1番〜22番までの22本の染色体と性染色体である1本のXもしくはY染色体，および卵子由来の同じく1番〜22番までの22本の染色体と1本のX染色体の，合計46本の染色体をもつが，このことを「$2n=46$」とあらわす．

このこととよく混同されるのが倍数体の数え方である．生物によっては，染色体を2組以上もっている場合があり，3組の場合は三倍体，4組の場合は四倍体などとよび，3倍体を3Xまたは3C，4倍体を4Xまたは4Cなどとしてあらわす．倍数性は真核生物全般にみられるが，植物では特に多い．

「ゲノムサイズ（genome size）」は，ふつうはすべての核の染色体の塩基長を合計した総塩基長であ

らわす．ヒトの場合は約30億塩基対であり，3 Gbp（giga base pairs）などとも書く．これは染色体の基本数 $n$ に対する塩基の数を意味しており，ヒトの場合は染色体23本分の長さが約30億塩基対であることを意味する．倍数体のゲノムサイズのあらわし方については決まった規則がないが，この場合も一倍体分に対する総塩基長を用いることが多い．

## C. 真核生物の核ゲノムの高次構造

「染色体（chromosome）」はゲノムの高次構造物であり，細胞分裂中期染色体にみられる凝縮したDNAである．これまで知られている真核生物の核のDNAはすべて線状であり，2本以上の染色体に分かれている．真核生物の染色体の構造は，そのDNAの配列の特徴と密接に関係しており，ヒトや酵母，シロイヌナズナの全ゲノム解読などから，よく研究されている．染色体のセントロメア領域にはセントロメア配列とよばれる特徴的な配列があり，反復性を示すことも多い．また染色体の末端に位置するテロメア領域には，数塩基のくりかえしが数百回くりかえされるテロメア反復配列の存在が知られる．遺伝子の密度は染色体全体において一定ではなく，領域ごとに大きく変化している．たとえばシロイヌナズナでは，セントロメアに近いほど遺伝子密度が低くなる傾向がある（AGI, 2000）．セントロメアは通常染色体1本につきひとつだが，センチュウの場合，セントロメアが染色体全体に複数個あり，「ホロセントリック染色体（holocentric chromosome）」とよばれる．

## D. 真核生物ゲノムの2次構造

染色体へのDNAの凝縮にはヌクレオソームとよばれるタンパク質の複合体が重要な役割を果たしている．ヌクレオソームとDNAの複合体のことを「クロマチン（chromatin）」とよぶ．ヌクレオソームにDNAが約2回巻きついたクロマチン構造は，DNAの塩基配列（1次配列）の進化にも影響している．クロマチンの巻きつきのくりかえしは140〜150 bp程度と考えられている．ヌクレオソームに親和性の高い配列が，ゲノム中にこのくりかえしの単位で登場することがあり，DNA配列はある程度はヌクレオソームの位置を制限している（Segal et al., 2006）．セントロメア特異的なクロマチン構造，およびテロメア特異的なクロマチン構造がそれぞれ知られている．

## E. 真核生物ゲノムの1次構造（DNAの塩基配列）

真核生物のゲノムDNAの総塩基長は，原核生物のゲノムに比べて長いものが多い．特に多細胞真核生物は，単細胞真核生物に比べて，ゲノムDNAの総塩基長が長いことが多く，概して100 Mbをこえる（Koonin, 2009）．単細胞真核生物のゲノムDNAの総塩基長は，数Mb〜数十Mbの範囲に収まることが多い．真核生物のDNA配列に多くみられるその他の傾向として，① イントロンをもつ遺伝子が多い，② 転移因子による散在配列やくりかえし配列が多い，③ ゲノム配列中での遺伝子の密度が低いなどがある．これらの特徴のいずれも，真核生物のゲノムDNAの総塩基長が原核生物と比較して長いことと関係している．（それぞれの特徴について，より詳しくは18.4項〜18.11項を参照のこと．）

## F. 真核生物核ゲノムの核内での立体構造

真核生物のDNAは，染色体として凝縮しているとき以外でも，核内にランダムに存在するわけではなく，空間内の一定の位置を占めていることがわかってきている．核内でそれぞれの染色体が占める領域のことを「テリトリー（territory）」とよぶ（Williams, 2003）．染色体の断片が他の染色体に結合して生じる「転座（translocation）」は，特定の染色体同士で起こることが多い．これはテリトリーが近接する染色体間で転座が生じやすいためと考えられている．

## G. B染色体

B染色体は，ある生物種において一部の集団もしくは一部の個体にのみ見られる染色体のことで，その発見は1907年にさかのぼる（Wilson, 1907）．B染色体と比較する場合，通常の染色体（normal chromosome）はA染色体（A chromosomes）と呼ばれる．B染色体は常染色体由来のものも，性染色体由来のものもある．同一種内の個体自身の染色

体由来（intraspecific）の場合もあるが，種間交雑（interspecific）によって獲得される場合もあると考えられている（Camacho, 2000）．

## H. 真核生物の細胞小器官のゲノム

ほとんどの真核生物は細胞内にミトコンドリアをもち，またすべての光合成真核生物には葉緑体が存在する．マラリア原虫の仲間にみられるように，光合成能をもたない色素体（Plastid）をもつ細胞小器官も知られている（Wilson & Williamson, 1997）．細胞内小器官のDNAは，多くの場合母性遺伝するが，父性遺伝する例も知られる．細胞内小器官ゲノムは環状であることが多いが，直鎖状のものもある．細胞内小器官のDNAの長さは核ゲノムに比べて小さく，ほとんどの場合が数千～数十万塩基対の範囲に収まるが，メロンのミトコンドリアゲノムのように，数百万塩基対以上の長さを示すものもある．細胞内小器官のゲノムにコードされる遺伝子の数は少なく，ミトコンドリアゲノムの場合で数個～数十個，葉緑体ゲノムの場合はだいたい200個程度である．

## I. 真核生物ゲノムの遺伝子数

ゲノム中にコードされる遺伝子座の数は，真核生物では特に正確な数値を調べるのが難しく，また生物種によってその数に大きな幅がある．しかし例外的な生物を除くと，単細胞真核生物では数千個，多細胞真核生物では植物・動物にかぎらず，1万個～4万個程度の数のものが多いと考えられている．真核生物の遺伝子にはイントロンがあることが多く，選択的スプライシングによって実際の転写産物の種類はその遺伝子座の数よりもはるかに多くなる．さまざまな種類のタンパク質非コードRNA（non-coding RNA：ncRNA）をゲノム中に保持していることも，真核生物のゲノムの特徴である．ncRNAの同定はコード遺伝子よりもさらに難しく，その数についてはまだ不明な点が多い．

## J. 真核生物のイントロン

真核生物のゲノムDNAの構造の際立った特徴は，タンパク質コード配列中に広くみられるイントロンの存在にある．原核生物の遺伝子でもまれにイントロンがみいだされるが，真核生物のほとんどの遺伝子は，スプライセオソーム型のイントロンをもつ．イントロンの数や密度は生物によって大きく異なり，単細胞の真核生物では1ゲノムあたりせいぜい1ないし2のイントロンがみつかるだけの場合もあるが，多細胞の真核生物でははるかに多く，たとえば脊椎動物では平均してひとつの遺伝子あたり5～8のイントロンが存在する．イントロンの長さは，20b～200b程度であることが多いが，多細胞真核生物では数kbもの長さのイントロンも知られる．また，相同な遺伝子間において，イントロンの構造は比較的保存性が高いことも重要である（Koonin, 2009）．

たとえば刺胞動物とヒトの分岐年代は数億年隔たっていると考えられるが，イントロンの挿入位置には保存性がみられることがある（Putnam, 2007）．真核生物におけるイントロンの構造がこれほど長期に保たれている理由の詳細はわかっていない．イントロンのなかには，しばしば遺伝子発現制御にかかわるエンハンサー配列がみつかることがある．また，短い非コードRNAやまれにタンパク質コード配列がイントロン中にコードされていることもある．このようなイントロンのなかにコードされている機能的な配列が，イントロンの保存性を維持するのに寄与しているのかもしれない．

## K. 真核生物のゲノムにおける遺伝子の並び

真核生物間での遺伝子の並びは，原核生物間での遺伝子の並びよりも保存されていることが多い．たとえば，ハエとハチのゲノムの間では10％程度，ハエとカのゲノムの間で30％程度の遺伝子において，それぞれその並びが保存された領域（「シンテニー（synteny）」）がある（Zdovnov & Bork, 2007）．頭索動物と脊椎動物，または刺胞動物と脊椎動物のゲノム比較においても，共通祖先のゲノムにおける遺伝子の並びの痕跡がみいだされている（Putnam, 2007, 2008）．このことは1億～5億年の間，ゲノム上の位置に変化のない遺伝子のセットが存在したということであって，ゲノム構造の進化速度が，原核生物に比べてはるかに遅いということを意味している．

それでも，シンテニーの検出率は，比較する2生

物種の分岐年代が離れるほど小さくなる傾向が知られている．このことは遺伝子の並びの進化が真核生物においても，ほぼ中立的であるという観点から重要である．ゲノムDNA上での遺伝子の向きがほとんどランダムであることも，真核生物のゲノムの特徴である（Koonin, 2009）．

**L. 真核生物のゲノムにおける遺伝子の発現制御**

真核生物のゲノムには，原核生物で知られているような明確なオペロンは，一般に存在しない．すなわち，それぞれの遺伝子の発現が独立に制御されており，その意味で「モノシストロニック（monocistronic）」とよばれる．ただし，トリパノソーマなどのキネトプラスチドの仲間や，動物ではセンチュウのゲノムにおいて，オペロン状の遺伝子構造が知られている（Hastings, 2005）．すなわち，キネトプラスチドやセンチュウのオペロンでは，複数の遺伝子が同時に転写（「ポリシストロニック転写（polycistronic transcription）」）されたのち，プロセシングを受けた別々のmRNAになり，タンパク質として翻訳される．キネトプラスチドやセンチュウのオペロン状の構造は，それぞれ独立に進化してきた機構であると考えられており，原核生物のオペロンとも進化的な関係性はない．真核生物では，共通のエンハンサー配列が異なる遺伝子の上流に存在することで，異なる遺伝子の共発現を可能にしている．ふたつの向きの違う遺伝子が隣りあわせにひとつのプロモーターを共有していることもある．

遺伝子の転写は，遺伝子間領域もしくはイントロン領域に存在するプロモーター，およびエンハンサーやサイレンサーなどの配列とその領域に結合するタンパク質によって制御されている．またインスレーターとよばれる配列により，発現調節の届く範囲が制御されていることもある．このような基本的な遺伝子発現の機構は原核生物と真核生物で大きく違わないが，ひとつの遺伝子発現に複数のエンハンサーがかかわるなど，真核生物では原核生物に比べて転写制御の機構がはるかに複雑である．真核生物の複雑な遺伝子発現制御は，長い遺伝子間領域と関係していると考えられている．真核生物では，RNAポリメラーゼを含む転写開始前複合体とプロモーターの結合親和性が低く，転写の開始には他のタンパク質による活性化が必要である．このため転写開始調節の戦略にはアクチベーターが中心的な役割を果たしている．ヌクレオソームの化学修飾などのエピジェネティックな発現制御も真核生物の特徴である（詳しくは17.3項参照）．

[引用文献]

AGI (2000) Analysis of the genome sequence of the flowering plant *Arabidopsis thaliana*. Nature, vol. 408, pp. 796-815.

Camacho, J. P. M. (2000) B-chromosome evolution. Phil. Trans. R. Land. B, vol. 355, pp. 163-178.

Hastings K. E. M. (2005) SL trans-splicing: easy come or easy go? Trends Genet., vol. 21, pp. 240-247.

Koonin E. V. (2009) Evolution of genome architecture. Int. J. Biochem. Cell Biol., vol. 41, pp. 298-306.

Putnam N. H. (2007) Sea Anemone Genome Reveals Ancestral Eumetazoan Gene Repeertoire and Genomic Organization. Science, vol. 317, pp. 86-94.

Putnam N. H. (2008) The amphioxus genome and the evolution of the chordate karyotype. Nature, vol. 453, pp. 1064-1072.

Segal E. *et al.* (2006) A genomic code for nucleosome positioning. Nature, vol. 442, pp. 772-778.

Williams R. R. E. (2003) Transcription and the territory: the ins and outs of gene positioning. Trends Genet., vol. 19, pp. 298-302.

Wilson, E. B. (1907) The supernumerary chromosomes of Hemiptera. Science, vol. 26, pp. 870-871.

Wilson, R. J. M. & Williamson D. H. (1997) Extrachromosomal DNA in the Apicomplexa. Microbiology and Molecular Biology Reviews, vol. 61, p.1-16.

Zdovnov E. M. & Bork P. (2007) Quantification of insect genome divergence. Trends Genet., vol. 23, pp. 16-20.

[参考文献]

Brown T. A. (2007) *Genomes 3*, Garland Science. [Brown TA. 著，村松正實・木南凌 監訳（2007）『ゲノム 第3版』メディカル・サイエンス・インターナショナル]

堀越正美 編（2003）『クロマチンと遺伝子機能制御』シュプリンガー・フェアラーク東京．

（川島武士）

## 18.4 ゲノムの大きさ

### A. C 値の謎

　ゲノムサイズ（ゲノムの大きさ）は，それぞれの生物種に固有の量である．1948 年，Boivin らは，ウシの胸腺，膵臓，肝臓，腎臓などの組織細胞の核に含まれる DNA 量がほぼ一定であり，それは，精子の核に含まれる DNA 量の約 2 倍であることを明らかにした（Boivin et al., 1948）．核内の DNA 量が組織や個体によらず同じ生物種で一定であることは，タンパク質ではなく DNA が遺伝情報の担い手であることの証拠とされた．ゲノムサイズはまた，C 値（C-value）ともよばれる．これは，Swift が 1950 年の論文中で，トウモロコシの半数体に含まれる DNA 量を「C」で表したことに由来する（Swift, 1950）．なぜ「C」を用いたかは論文中では明らかにされていないが，「constant」の頭文字を意図していたようである（Bennett & Leitch, 2005）．その後，さまざまな生物種で C 値が調べられると，C 値は生物によってかなり大きく異なっており，C 値は，その生物の複雑さとは相関しないことが明らかになった（図 1）．たとえば，サンショウウオや肺魚の C 値は哺乳類よりも大きい．当時，ゲノム中の DNA 量は遺伝情報の量をあらわすと考えられていたので，これは矛盾であった．そのため，C 値が生物の複雑さとは無関係であるという事実は，「C 値のパラドックス」とよばれた（Thomas, 1971）．

　ところが，1970 年代の前半に「がらくた DNA」（18.9 項参照）の存在が明らかになると，C 値のパラドックスは解決してしまった．ゲノムには，遺伝子をコードしていない「がらくた DNA」が大量に含まれているのである．実際，ヒトゲノムのうち，遺伝子をコードしている領域は 1.2% にすぎない（International Human Genome Sequencing

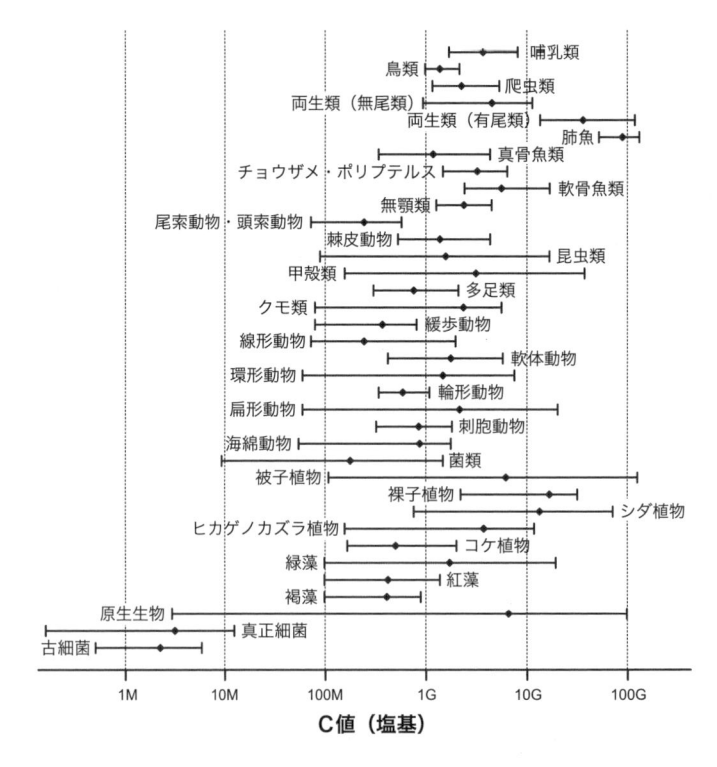

**図 1　さまざまな生物グループにおけるゲノムサイズの多様性**
各グループについて，知られている C 値の下限，上限，および平均値（黒い点）を示す．例外的に大きな C 値をもつ原生生物は省略してある（本文参照）．生物グループは，系統関係を反映するように並べてある．$x$ 軸は対数目盛で示す．（Gregory, 2005a より改変）

Consortium, 2004). また，ゲノム全体に占める反復配列（「がらくた DNA」の主要な構成要素）の比率は，C 値と強い正の相関を示す（Gregory, 2005a）.しかし，なぜ「がらくた DNA」の量が生物種によって大きく異なるのか，という問題は依然として残されている.「がらくた DNA」にはどのような種類があり，どのような機能がどの程度あるのか，といった問題に対しても，明確な解答は得られていない.

## B. ゲノムサイズの多様性

ゲノムサイズ（C 値）は，ゲノムあたりの DNA の質量として，pg（ピコグラム, $1\,\mathrm{pg} = 1\times 10^{-12}\,\mathrm{g}$）で表される．また，ゲノムに含まれる塩基数は，Mb（メガベース, $10^6$ 塩基）や Gb（ギガベース, $10^9$ 塩基）で表される．1 pg は約 1 Gb（0.978 Gb）に相当する．たとえば，ヒトの C 値は 3.50 pg であり（Animal Genome Size Database, http://www.genomesize.com/），これは約 3.4 Gb である.

図 1 は，さまざまな生物のグループにおける C 値の多様性を示している．一般に，真核生物の C 値は原核生物（真正細菌，古細菌）よりも大きいが，両者の間にはオーバーラップがある．報告されているなかで最大の C 値をもつ生物は，アメーバの一種である *Chaos chaos* で，その C 値は 1,400 pg である（Gregory, 2005b）．一方，真核生物のなかで最小のゲノムは，寄生性の微胞子虫の一種 *Encephalitozoon intestinalis*（0.0023 pg）である．この値は，原核生物である大腸菌の C 値の約半分である.

動物のなかでは，知られている最大の C 値は肺魚の一種 *Protopterus aethiopicus* の 133 pg であり，最小はセンモウヒラムシ（*Trichoplax adhaerens*）の 0.04 pg で，約 3300 倍の差がある（Gregory, 2005b）．脊索動物門では，最大は上述の肺魚であり，最小はワカレオタマボヤ（*Oikopleura dioica*, 0.07 pg）である．哺乳類にかぎれば，C 値のばらつきは比較的小さく，5 倍程度である．最大はメンドサビスカーチャネズミ（*Tympanoctomys barrerae*）の 8.40 pg であり，この種は哺乳類ではきわめて珍しい四倍体である．最小はユビナガコウモリ（*Miniopterus schreibersi*）の 1.73 pg である．ヒトの C 値（3.50 pg）は，ちょうど哺乳類の平均値に相当する.

原核生物の C 値のばらつきは，真核生物よりもずっと小さい．2009 年現在，全ゲノム配列が決定された原核生物のなかで最大のものは *Sorangium cellulosum*（13,033,779 bp）であり，これは出芽酵母（約 12 Mb）よりも大きい．一方，最小のものは *Candidatus Hodgkinia cicadicola*（143,795 bp）（McCutcheon et al., 2009）であり，原核生物の C 値の差は約 90 倍である（Genome Atlas Database, http://www.cbs.dtu.dk/services/GenomeAtlas/）．この両者はともに真正細菌である．古細菌は，真正細菌に比べてさらに C 値が小さく，ばらつきも小さい．全ゲノム配列が決定された古細菌のなかで最大のものは *Methanosarcine acetivorans*（5,751,492 bp），最小のものは *Nanoarchaeum equitans*（490,885 bp）である．*Candidatus* はセミのバクテリオームという器官に共生しており，*N. equitans* は *Ignicoccus* 属の古細菌の表面で生育する．一般に，共生あるいは寄生する種は，宿主の遺伝子を利用できるため，ゲノムサイズが小さくなる傾向がある.

原核生物では，C 値は遺伝子数にほぼ比例する（Gregory & DeSalle, 2005）．これは，原核生物のゲノムは「がらくた DNA」をほとんどもたず，大部分（85〜95％程度）が遺伝子コード領域だからである．また，理由はよくわかっていないが，原核生物では C 値はゲノムの GC 含量と強い正の相関を示す（McCutcheon et al., 2009）．この関係は真核生物ではあまり明確ではない（Gregory, 2005b）．原核生物と真核生物との間では，ゲノムサイズだけでなく，さまざまな点でゲノムの構造が大きく異なっている（18.2, 18.3 項参照; Lynch, 2007）.

さまざまな生物の C 値は，生物のグループごとにデータベース化されている．動物のデータは Animal Genome Size Database（http://www.genomesize.com/）にまとめられている．植物のデータベース Plant DNA C-values Database（http://data.kew.org/cvalues/）には 5150 種（うち 4427 種が被子植物），菌類のデータベース Fungal Genome Size Database（http://www.zbi.ee/fungal-genomesize/）には 739 種のデータが含まれている．原核生物に関しては，全ゲノム配列が決定された種についてまとめたデータベースがいくつか存在する（たとえば，

Genome Atlas Database 〈http://www.cbs.dtu.dk/services/GenomeAtlas/〉）.

### C. ゲノムサイズと表現型との関連

C値と細胞の大きさとの間には正の相関があることが知られている．この関係は，動物，植物を含むさまざまな生物のグループに対して成立するが，その理由に関してはいくつかの説がある（Gregory, 2005b; Bennett & Leitch, 2005）．また，哺乳類や鳥類では，C値と代謝効率（酸素消費率）との間に負の相関がある．これは，細胞が大きくなると体積に対する表面積の比率が減少するため，効率よく気体交換を行なうには，細胞（したがってゲノム）が小さくなる必要があるためと説明される（Gregory et al., 2009）．飛翔には大量のエネルギーを必要とするが，鳥類，コウモリのゲノムサイズは，それぞれ爬虫類，他の哺乳類に比べて小さい．また，鳥類のなかでも，空中で静止するホバリングを行なうハチドリの仲間は，特にゲノムサイズが小さい．ハチドリのC値の平均は1.03 pgであるのに対し，それ以外の鳥類の平均は1.42 pg，爬虫類の平均は2.24 pgである（Gregory et al., 2009）．

そのほか，一部の生物に対してであるが，染色体の大きさ，体長，発生の速さなど，さまざまな表現型とC値との間の相関が報告されている（Gregory, 2005b; Bennett & Leitch, 2005）．

### D. ゲノムサイズ変動の機構

ゲノムサイズを変化させる分子機構には，さまざまなものがある．上述したように，真核生物のC値は，反復配列の量によってかなりの程度決定される．反復配列の種類は生物種によって大きく異なる．ヒトゲノムの約半分は反復配列で占められているが，なかでも $L1$ と $Alu$ という2種類の反復配列が多い（18.9項参照）．$L1$ は逆転写酵素をコードしており，自分自身のmRNAを逆転写してコピーをつくる．それがゲノム中の別の場所に挿入されることによってコピー数が増加してゆく．$Alu$ も，$L1$ の逆転写酵素を利用してゲノム中にコピーを増やす．また，正常な遺伝子のmRNAが $L1$ の逆転写酵素によって逆転写されることにより，プロセス型偽遺伝子が形成される（18.10項参照）．全ゲノム重複（18.5項参照）や断片重複もゲノムサイズを増加させる．ヒトゲノムには，比較的最近（4千万年前以降）起きた1～数百 kb 程度の断片重複が約5%も含まれている（International Human Genome Sequencing Consortium, 2004）．ヒト，ラット，マウスの三者で比較すると，ゲノムに占める断片重複の割合とゲノムサイズは，どちらもこの順で少しずつ小さくなる（Gregory, 2005a）．これらの機構に加え，複製のエラーによる数百塩基以下の挿入や欠失も頻繁に起こっている（Gregory, 2005b; Lynch, 2007）．

DNAを挿入または欠失するような突然変異が集団中に固定されることによって，ゲノムサイズは変化していく．ある生物のゲノムサイズは，それらの突然変異と，変異を固定または除去する自然淘汰の強さとのバランスによって決定される．さまざまな機構がゲノムサイズにどの程度寄与しているか，あるいは，ゲノムサイズの変化がどの程度適応的（または中立）かという問題については，多くの議論があるが，今後のより詳細な研究が待たれるところである（Lynch, 2007）．

[引用文献]

Bennett M. D. & Leitch I. J. (2005) Genome size evolution in plants. in Gregory T. R. ed., *The Evolution of the Genome*, pp. 89-162, Elsevier.

Boivin A. et al. (1948) L'acide désoxyribonucléique du noyau cellulaire dépositaire des caractères héréditaires; arguments d'ordre analytique. *C. R. Acad. Sci.*, vol. 226, pp. 1061-1063.

Gregory T. R. (2005a) Synergy between sequence and size in large-scale genomics. *Nat. Rev. Genet.*, vol. 6, pp. 699-708.

Gregory T. R. (2005b) Genome size evolution in animals. in Gregory T.R. ed., *The Evolution of the Genome*, pp. 3-87, Elsevier.

Gregory T. R. & DeSalle R. (2005) Comparative genomics in prokaryotes. in Gregory T. R. ed., *The Evolution of the Genome*, pp. 585-675, Elsevier.

Gregory T. R. et al. (2009) The smallest avian genomes are found in hummingbirds. *Proc. Biol. Sci.*, vol. 276, pp. 3753-3757.

International Human Genome Sequencing Consortium. (2004) Finishing the euchromatic sequence of the human genome. *Nature*, vol. 431, pp. 931-945.

Lynch M. (2007) *The origins of genome architecture*. Sin-

McCutcheon J. P. et al. (2009) Origin of an alternative genetic code in the extremely small and GC-rich genome of a bacterial symbiont. *PLoS Genet.*, vol. 5, e1000565

Swift H. (1950) The constancy of desoxyribose nucleic acid in plant nuclei. *Proc. Natl. Acad. Sci. USA*, vol. 36, pp. 643-654.

Thomas C. A. (1971) The genetic organization of chromosomes. *Annu. Rev. Genet.*, vol. 5, pp. 237-256.

（新村芳人）

## 18.5　ゲノム重複

### A. 系統的分布

　ゲノム重複の起きるメカニズムについては16.9項で、またゲノム重複が検出されるに至った経緯については11.6項においてすでに述べられている．ここでは、まず生物の進化の過程で、どの生物の系統において、いつゲノム重複が起きたかを詳述したい．概要は図1にまとめてある．

　まず、11.6項で説明した脊椎動物の系統の根幹における二度のゲノム重複（Kasahara, 2007; Kuraku et al., 2009）が、これまでに記載されたゲノム重複のなかでもっとも古いことがわかる．つぎに、硬骨魚類の系統において真骨魚類の放散前に起きたゲノム重複も、比較的古いイベントであったことがわかる（Meyer & Van de Peer, 2005）．しかしながら、われわれヒトや多くの魚類のゲノム中に残された冗長性の起源となるこれらのゲノム重複が、脊椎動物を特徴づけているといってよいのかは、注意が必要である．まず、より古い時期に起きたゲノム重複が検出されていない可能性を考慮する必要がある．さらに、ゲノム重複を経験した生物系統の子孫がすべて絶滅してしまった可能性もある．後者の要素からは、はたしてゲノム重複を経験した生物は生存に有利であったのか、という議論が派生してくるが、当然のことながら、化石がみつかったとしても、ゲノムの倍数性についてのデータを得ることは不可能なので、答えは得られない．

　動物界の外では、特に比較的新しい時代に起きたゲノム重複が多く報告されている．ゾウリムシの系統では三度のゲノム重複が知られており（Aury et al., 2006）、菌類では出芽酵母（*Saccharomyces cerevisiae*）に至る系統で一度のゲノム重複が報告されている（Wolfe & Shields, 1997）．後者のゲノム重複については、ゲノム重複以前に分岐した *Kluyveromyces lactis* を含め、複数の出芽酵母の近縁種のゲノムを利用した多様な解析によって（Dujon et al., 2004; Souciet et al., 2009）、ゲノム重複のひき起こす変化について多くの知見が得られてきた（Scannell et

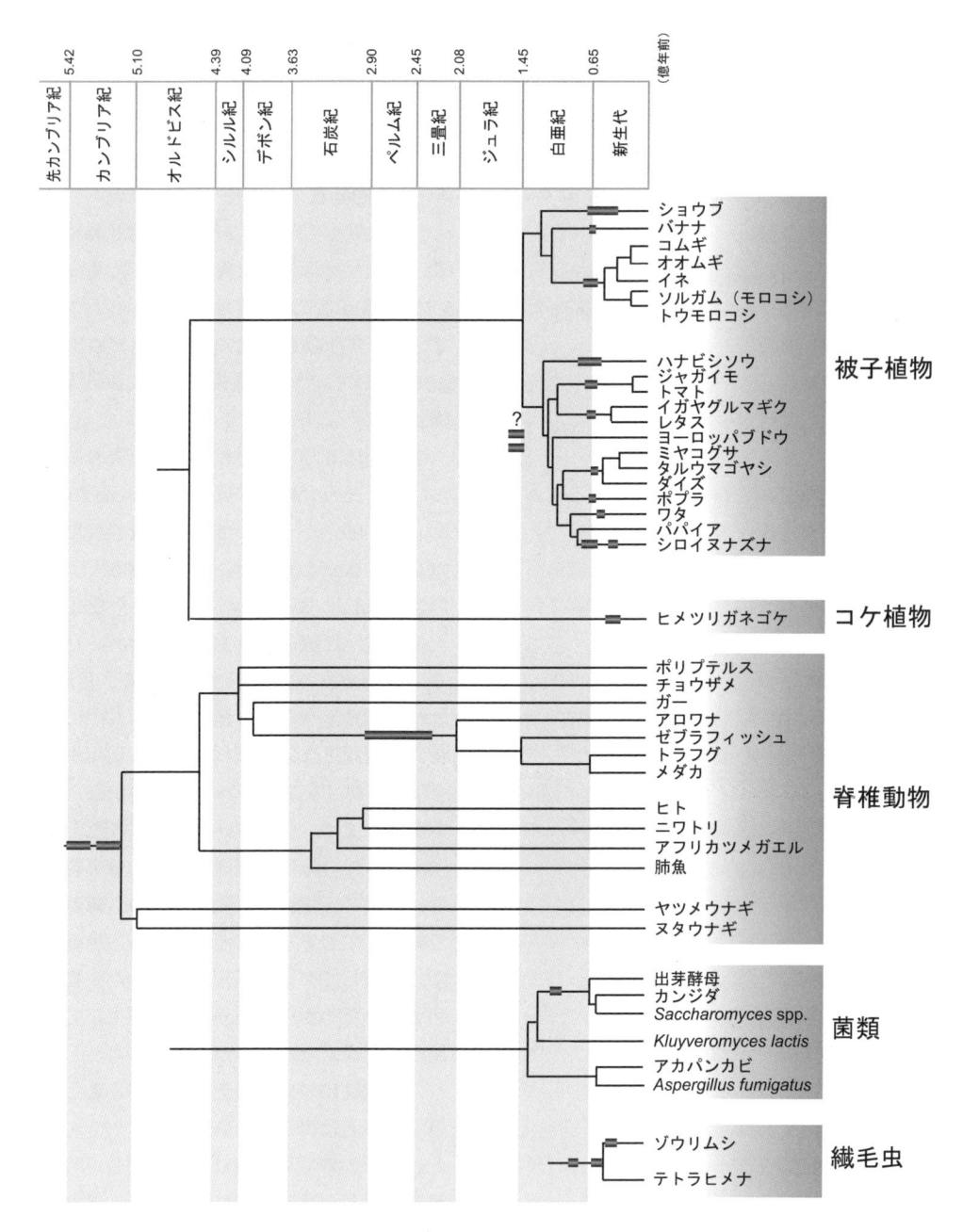

**図1 これまでに確認されたゲノム重複の系統的分布**
ゲノム重複を黒い長方形で，その推定される時期がわかるように示した．ここに示したゲノム重複を報告した文献は，本文中に引用されている．被子植物の進化の初期にも二度のゲノム重複があったことが示唆されているが，その詳しい時期はわかっていない（図中「？」）．（Van de Peer *et al.*, 2009 より改変）

al., 2007). 植物の系統では，おもに陸上植物の系統でのゲノム重複が非常に活発に解析されている．

一方，コケ植物の系統では，ゲノム重複の存在が示唆されているものの，全ゲノム配列がこれまでたった1種についてしか解読されていないため，今後の解析を待つ必要がある（Rensing *et al.*, 2007; Rensing *et al.*, 2008）．陸上植物の系統でのゲノム重複を同定するにあたって，野菜や果物，そして穀物のゲノム解読が果たした役割は非常に大きい．それらは酵母の系統でのゲノム重複同様，比較的最近

に起きたイベントであるため，高い精度でゲノム重複の痕跡が検出されている（たとえば，Tang et al., 2008; Velasco et al., 2010）．陸上植物の系統について非常に興味深いことは，これまでに検出されたゲノム重複が軒並み，地質年代におけるいわゆるKT境界（中生代と新生代の境目）付近に起きたとされていることである（Fawcett et al., 2009）．この時期には，巨大な隕石が飛来し，地球上の生物が大量に絶滅したと考えられており，それに前後して起きたゲノム重複の痕跡が多くの陸上植物にみられることから，この時期を生き抜くのに，重複したゲノムが有利であったと考えることもできる（Van de Peer et al., 2009）．しかし，上述したとおり，絶滅した系統におけるゲノム重複の情報を得ることは不可能であるため，結論には注意が必要である．

### B. 進化学的意義

ゲノム重複の生物学的意義を考えるうえで，重複後に個々の遺伝子がたどる運命に注目することは有用である（Conant & Wolfe, 2008）．Forceらは，重複後に想定できる状況を，片方の重複遺伝子が新たな機能を獲得するケース（neofunctionalization），両方の重複遺伝子が元の機能を分担するケース（subfunctionalization），および片方の重複遺伝子が機能をもつことなく消失するケース（defunctionalization）の三つに分けた（Force et al., 1999）．この考えは，duplication-degeneration-complementation（DDC）モデルとよばれ，新たな重複遺伝子がゲノム中に保持されるかどうかは，重複後の機能の再分配のパターンによって決定されるという考えに基づいている．これまでに行なわれた研究によると，小規模な遺伝子重複と比較した場合，ゲノム重複後には，特に転写因子，シグナル伝達因子，そして発生制御分子をコードする遺伝子がより高い割合でゲノム中に保持されてきたという（Maere et al., 2005）．これらは，その制御における少ない変化で，表現型に大きな変化をもたらすことのできる種類の分子である．このことから，ゲノム重複においてもたらされた冗長な遺伝子セットが，遷移する環境に適応するための新たな可能性を生み出したことを意味していると考えられなくもない．Ohnoはかつて，進化におけるゲノム重複の重要性を「meaninglessness of exclusive dependence upon tandem duplication（直列重複だけに頼ることの無意味さ）」という言葉で表した（Ohno, 1970; 日本語訳はオオノ，1977による）．この言葉はやや極端に響くが，ゲノム重複は，タンデム（直列）重複などの小規模な遺伝子重複（16.9項を参照）とは異なるタイプの変化をゲノムにもたらした，という意味でとらえるのがよいだろう．

### [引用文献]

Aury J. M. et al. (2006) Global trends of whole-genome duplications revealed by the ciliate Paramecium tetraurelia. *Nature*, vol. 444, pp. 171-178.

Conant G. C. & Wolfe K. H. (2008) Turning a hobby into a job: how duplicated genes find new functions. *Nat. Rev. Genet.*, vol. 9, pp. 938-950.

Dujon B. et al. (2004) Genome evolution in yeasts. *Nature*, vol. 430, pp. 35-44.

Fawcett J. A. et al. (2009) Plants with double genomes might have had a better chance to survive the Cretaceous-Tertiary extinction event. *Proc. Natl. Acad. Sci. USA*, vol. 106, pp. 5737-5742.

Force A. et al. (1999) Preservation of duplicate genes by complementary, degenerative mutations. *Genetics*, vol. 151, pp. 1531-1545.

Kasahara M. (2007) The 2R hypothesis: an update. *Curr. Opin. Immunol.*, vol. 19, pp. 547-552.

Kuraku S. et al. (2009) Timing of genome duplications relative to the origin of the vertebrates: did cyclostomes diverge before or after? *Mol. Biol. Evol.*, vol. 26, pp. 47-59.

Maere S. et al. (2005) Modeling gene and genome duplications in eukaryotes. *Proc. Natl. Acad. Sci. USA*, vol. 102, pp. 5454-5459.

Meyer A. & Van de Peer Y. (2005) From 2R to 3R: evidence for a fish-specific genome duplication (FSGD). *Bioessays*, vol. 27, pp. 937-945.

Ohno S. (1970) *Evolution by gene duplication*, Springer-Verlag.

Rensing S. A. et al. (2007) An ancient genome duplication contributed to the abundance of metabolic genes in the moss Physcomitrella patens. *BMC Evol. Biol.*, vol. 7, p. 130.

Rensing S. A. et al. (2008) The Physcomitrella genome reveals evolutionary insights into the conquest of land by plants. *Science*, vol. 319, pp. 64-69.

Scannell D. R. et al. (2007) Yeast genome evolution–the origin of the species. *Yeast*, vol. 24, pp. 929-942.

Souciet J. L. et al. (2009) Comparative genomics of protoploid Saccharomycetaceae. *Genome Res.*, vol. 19, pp. 1696-1709.

Tang H. *et al.* (2008) Unraveling ancient hexaploidy through multiply-aligned angiosperm gene maps. *Genome Res.*, vol. 18, pp. 1944-1954.

Van de Peer Y. *et al.* (2009) The evolutionary significance of ancient genome duplications. *Nat. Rev. Genet.*, vol. 10, pp. 725-732.

Velasco R. *et al.* (2010) The genome of the domesticated apple (Malus x domestica Borkh.). *Nat. Genet.*, vol. 42, pp. 833-839.

Wolfe K. H. & Shields D. C. (1997) Molecular evidence for an ancient duplication of the entire yeast genome. *Nature*, vol. 387, pp. 708-713.

オオノ S. 著, 山岸秀夫・梁 永弘 訳 (1977)『遺伝子重複による進化』岩波書店.

[参考文献]

Dittmar K. & Liberles D. A. (2010) *Evolution after gene duplication*, Wiley-Blackwell.

Gregory T. R. (2005) *The evolution of the genome*, Elsevier Academic.

(工樂樹洋)

## 18.6 イントロン

### A. 概要

　イントロンは，遺伝子が転写されたのちにスプライシングで取り除かれる遺伝子内の領域，またはRNAそのものを示す．1977年，アデノウイルスにおいてコード領域を分断する「介在配列」として同定され，翌年，Walter Gilbertによりイントロンと命名された（Gilbert, 1978）．1993年，イントロンの発見により，Phillip A. SharpとRichard J. Robertsはノーベル医学生理学賞を受賞した．真核生物の核ゲノムにはスプライセオソーム型のイントロンが存在し，原核生物およびそれに由来するミトコンドリアや葉緑体などオルガネラのゲノムには自己スプライシング型のイントロンが存在する（表1）．

### B. 種類

#### a. スプライセオソーム型イントロン

　真核生物の核ゲノムに広く存在するイントロンである．2種類のタイプがあり，それぞれGU-AGイントロン，AU-ACイントロンとよばれる．単にイントロンといった場合，通常はスプライセオソーム型のGU-AGイントロンを示すことが多い．GU-AGイントロンは，ほとんどの真核生物でみつかっている．一方，AU-ACイントロンは，ヒトやショウジョウバエなど限られた生物でしか確認されていない．その出現頻度は低く，ヒトの場合，すべてのイントロンの0.4％以下とごく稀である（Sheth *et al.*, 2006）．両イントロンともに同様のスプライシング機構（図1）により切り出されるが，かかわるスプライセオソームの構成成分は異なる（Tycowski *et al.*, 2006）．

　スプライセオソーム型イントロンの数は，生物種によって大きな違いがある．たとえば，出芽酵母では全部で287個のイントロンしかみつかっていないが，同じ菌類でも，分裂酵母では約4800個が確認されている．さらに，ショウジョウバエでは約38,000個，またヒトでは約140,000個と増加する．体制の複雑な生物において増加する傾向にあるが，必ずし

表1 イントロンの種類

| イントロンのタイプ | 存在場所 | スプライシングの様式 |
| --- | --- | --- |
| スプライセオソーム型イントロン | 真核生物の核ゲノム | スプライセオソーム |
| グループIイントロン | 真核生物のrRNA遺伝子，オルガネラのゲノム，真正細菌のtRNA遺伝子 | 自己スプライシング |
| グループIIイントロン | オルガネラのゲノム，一部の真正細菌のゲノム | 自己スプライシング |
| グループIIIイントロン | オルガネラのゲノム | 自己スプライシング |
| 古細菌のイントロン | リボソームRNA遺伝子，tRNA遺伝子[a] | エンドヌクレアーゼ |

a) 真核生物のtRNA遺伝子にもイントロンが存在し，エンドヌクレアーゼにより切断される．

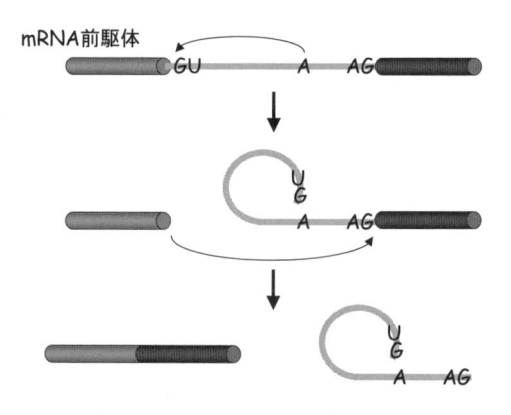

図1 スプライシング反応の概要
GU-AGイントロンのスプライシング反応の概要と保存配列を示した．イントロンの切り出しは2回のエステル転移反応によって進行する．まず，ブランチ部位にあるアデノシンヌクレオチドのヒドロキシル基により5'スプライス部位が切断され，イントロンは投げ縄構造を形成する．つぎに上流エキソンの3'末端のヒドロキシ基により3'スプライス部位の切断が起こる．このとき，ふたつのエキソンは連結される．切り出されたイントロンは直鎖状となり分解される．

も一様ではない（Jeffares et al., 2006）．

### b. グループIイントロン

テトラヒメナの核内リボソームRNA（rRNA）前駆体で初めて発見された自己スプライシング型のイントロンである．ほかに，オルガネラのrRNA遺伝子や真正細菌のtRNA遺伝子にもみられる．タンパク質の非存在下でRNA自身が自己触媒的に反応を進めるリボザイムの最初の例であり，RNAワールド仮説の重要な根拠にもなっている（Cech, 1990）．

### c. グループIIイントロン

菌類や植物のオルガネラゲノムに存在する自己スプライシング型のイントロンである（Lambowitz & Zimmerly, 2004）．一部の真正細菌のゲノムにもみられる．スプライセオソーム型イントロンと同様なエステル転位反応により自己触媒的に切り出される．特徴的な2次構造を形成しているが，グループIイントロンとは構造的に異なる．スプライシング機構の共通性およびスプライセオソームRNAとの構造の類似性から，核ゲノムのイントロンの起源ではないかとの推測がある（Cavalier-Smith, 1991）．

### d. グループIIIイントロン

オルガネラのゲノムに存在する自己スプライシング型のイントロンである．グループIIイントロンとよく似た機構で切り出しを行なうが，グループIIイントロンより小さく独自の2次構造をもつ．

### e. tRNAイントロン

単細胞の真核生物や古細菌のtRNA遺伝子には，真正細菌のtRNA（グループIイントロン）とは異なるイントロンが存在する（Marck & Grosjean, 2002）．これらは自己触媒活性をもたず，スプライシングはエンドヌクレアーゼによるイントロンの切り出しとRNAリガーゼによるエキソンの連結により進行する．通常，tRNAのアンチコドンループ内の特定の位置に入っている．

## C. スプライセオソーム型イントロンの起源と進化

イントロンの起源をめぐっては，その発見以来，長年にわたって活発な議論が続いてきた（Koonin, 2006; Roy & Gilbert, 2006）．自己スプライシング型のイントロンについては，RNAワールドの遺物であるとの見方で一致しているが，スプライセオソーム型のイントロンに関しては，真っ向から対立するふたつの仮説が提唱されている．

### a. 前生説と後生説

イントロンの前生説（introns early）では，イントロンの起源はきわめて古いものであるが，真正細菌や古細菌などの生物からはすでに失われたと主張する（Gilbert, 1978; Doolittle, 1978）．原始的な生命において，それぞれのエキソンはモジュールとよばれるタンパク質の小さな構造単位をコードしており，イントロンはそのつなぎ目の役割を果たしていた．そして，エキソンをシャッフリングすることにより，多様な遺伝子を生み出す結果になったというモデル（遺伝子のエキソン理論）が提唱されている（Gilbert, 1987）．

一方，イントロンの後生説（introns late）では，イントロンは真核生物において出現し拡散したと主張する（Cavalier-Smith, 1978; Logsdon, 1998）．イントロンの挿入はランダムではなく，挿入の標的部位と頻度に偏りがあると考えられている．これらのイントロンの起源として，細胞内共生によってもち込まれたミトコンドリアのグループIIイントロンが有力な候補となっている．

イントロン前生説はたいへん魅力的な仮説であるが，現存の原核生物にイントロンがまったく存在せず，スプライセオソームの痕跡さえもみつからない点が最大の弱点となる．イントロン後生説は考え方としては受け入れやすいが，もともとのイントロンの由来やその後の拡散機構を明らかにする必要がある．

### b. 獲得と消失

スプライセオソーム型イントロンは，その出現から現在にいたる進化の過程で獲得と消失をくりかえしてきた．この間，イントロンの配列そのものは大きく変化してきたが，遺伝子内での位置はよく保存されている．そのため，複数の生物種で特定位置のイントロンの有無を比較することにより，イントロンの進化を調べることが可能である．最大節約法や最尤法を用いた手法により，真核生物の核ゲノムにおけるイントロンの獲得と消失のパターンが推定されている（Rogozin et al., 2003; Nguyen et al., 2005; Roy & Gilbert, 2006）．前生説と後生説で結論に差はあるものの，共通していえることは，イントロンは真核生物が誕生した早い時期にすでに多数存在していたという点である．その後，生物種ごとに異なる頻度で獲得と消失をくりかえして現在に至ったと考えられる．これらのイントロンが真核生物の誕生以前に存在していたかを直接的に証明することは困難である．しかし，ミトコンドリア由来の核ゲノム遺伝子のイントロンの解析では，その可能性は低いことが示されている（Yoshihama et al., 2006）．

イントロンの獲得と消失の分子機構についてはいまだ不明な点が多い（Roy & Gilbert, 2006）．特に，イントロンの獲得に関しては，トランスポゾンやグループIIイントロンの挿入，イントロン自身の転移（transposition），ゲノム断片の縦列重複など，いくつものモデルが提唱されている．さらに，初期のイントロンとスプライセオソームが確立されたのちに獲得されたイントロンとでは，由来が異なる可能性もある．一方，イントロンの消失については，スプライシングを受けたRNAが逆転写され，このDNAが元の遺伝子と相同組換えを起こしたとの説が有力である．

### c. 機能

タンパク質をコードするという点で一見無駄にみえるイントロンであるが，生物進化において果たした役割について種々の推論がなされている．初期のイントロンに関しては，前生説では，エキソンシャッフリングによる遺伝子の多様化への貢献（Gilbert, 1987），後生説では，細胞核の形成への関与（Martin & Koonin, 2006）など，興味深い仮説が提唱されている．一方，最近のイントロンに関しては，ひとつに，選択的スプライシングにおける役割があげられる．イントロンがあることでエキソンを選択的に組み合わせることが可能となり，発生段階や組織特異的にタンパク質の発現を制御することができたと考えられている．また，mRNAの

品質管理においてもイントロンは重要な役割を果たしている（Catania & Lynch, 2008）．たとえば，mRNAの前駆体はスプライシングを経て細胞質に輸送されるが，イントロンの切り出しが正常に行なわれないかぎりそのまま核内に繋留される．また，異常を持ったmRNA前駆体を識別するために，終止コドンの下流にあるイントロンを認識して分解する機構（nonsense-mediated decay: NMD）も知られている（Chang et al., 2007）．これらの事実は，イントロンを介したmRNAのサーベイランス機構があることを示している．さらに，核小体の低分子RNA（snoRNA）やマイクロRNA（miRNA）など，イントロン内にコードされているノンコーディングRNAの例も多数報告されている（Mattick, 2007）．この場合，イントロンはこれらRNAの発現を制御していると考えられる．

［引用文献］

Catania F. & Lynch M. (2008) Where do introns come from? *PLoS Biol.*, vol. 6, pp. e283.

Cavalier-Smith T. (1978) Nuclear volume control by nucleoskeletal DNA, selection for cell volume and cell growth rate, and the solution of the DNA C-value paradox. *J. Cell Sci.*, vol. 34, pp. 247-278.

Cavalier-Smith T. (1991) Intron phylogeny: a new hypothesis. *Trends Genet.*, vol. 7, pp. 145-148.

Cech T. R. (1990) Self-splicing of group I introns. *Annu. Rev. Biochem.*, vol. 59, pp. 543-568.

Chang Y. F. et al. (2007) The nonsense-mediated decay RNA surveillance pathway. *Annu. Rev. Biochem.*, vol. 76, pp. 51-74.

Doolittle W. F. (1978) Genes in pieces: were they ever together? *Nature*, vol. 272, pp. 581-582.

Gilbert W. (1978) Why genes in pieces? *Nature*, vol. 271, pp. 501.

Gilbert W. (1987) The exon theory of genes. *Cold Spring Harb. Sympo. Quant. Biol.*, vol. 52, pp. 901-905.

Jeffares D. C. et al. (2006) The biology of intron gain and loss. *Trends Genet.*, vol. 22, pp. 16-22.

Koonin E. V. (2006) The origin of introns and their role in eukaryogenesis: a compromise solution to the introns-early versus introns-late debate? *Biol. Direct.*, vol. 1, pp. 22.

Lambowitz A. M. & Zimmerly S. (2004) Mobile group II introns. *Annu. Rev. Genet.*, vol. 38, pp. 1-35.

Logsdon J. M. Jr. (1998) The recent origins of spliceosomal introns revisited. *Curr. Opin. Genet. Dev.*, vol. 8, pp. 637-648.

Marck C. & Grosjean H. (2002) tRNomics: analysis of tRNA genes from 50 genomes of Eukarya, Archaea, and Bacteria reveals anticodon-sparing strategies and domain-specific features. *RNA*, vol. 8, pp. 1189-1232.

Martin W. & Koonin E. V. (2006) Introns and the origin of nucleus-cytosol compartmentalization. *Nature*, vol. 440, pp. 41-45.

Mattick J. S. (2007) A new paradigm for developmental biology. *J. Exp. Biol.*, vol. 210, pp. 1526-1547.

Nguyen D. H. et al. (2005) New maximum likelihood estimators for eukaryotic intron evolution. *PLoS Comput. Biol.*, vol. 1, pp. e79.

Rogozin I. B. et al. (2003) Remarkable interkingdom conservation of intron positions and massive, lineage-specific intron loss and gain in eukaryotic evolution. *Curr. Biol.*, vol. 13, pp. 1512-1517.

Roy S. W. & Gilbert W. (2006) The evolution of spliceosomal introns: patterns, puzzles and progress. *Nat. Rev. Genet.*, vol. 7, pp. 211-221.

Sheth N. et al. (2006) Comprehensive splice-site analysis using comparative genomics. *Nucl. Acids Res.*, vol. 34, pp. 3955-3967.

Tycowski K. T. et al. (2006) The ever-growing world of small nuclear ribonucleoproteins. in Gesteland R. F. et al. eds., *The RNA World* (3rd ed.), pp. 327-368, Cold Spring Harbor Laboratory Press.

Yoshihama M. et al. (2006) Analysis of ribosomal protein gene structures: implications for intron evolution. *PLoS Genet.*, vol. 2, pp. e25.

［参考文献］

Gesteland R. F. et al. (2006) *The RNA World* (3rd ed.), Cold Spring Harbor Laboratory Press.

（剣持直哉）

## 18.7 トランスポゾン

「トランスポゾン（転移因子，転位因子）(transposable element)」は，生物ゲノムの主要な可動性因子（mobile genetic element）であり，「DNAトランスポゾン（DNA transposon）」と「レトロポゾン（retroposon）」（レトロトランスポゾン）に大別される．本稿では，はじめにトランスポゾンの具体例や転移機構を概説し，ついでトランスポゾンの生体への影響やゲノム進化における意義に関して，いくつかの特徴に焦点を絞って論述する．

### A. DNAトランスポゾン
#### a. 転移機構

DNAトランスポゾンは，トランスポゼース（転移酵素）をコードしたDNA配列である．DNAトランスポゾンのDNAにトランスポゼースが作用し，染色体上のある領域から切り出され，他の領域へ挿入される（カット&ペースト型）．両端に存在する逆方向くりかえし配列（terminal inverted repeat：TIR）がトランスポゼースに認識され，転移反応が生じる．陸上植物のゲノムなどに多数存在する小型TIRトランスポゾン（miniature inverted-repeat transposable element：MITE）は，トランスポゼースはコードせず，DNAトランスポゾンと類似のTIR配列をもつ．MITEはDNAトランスポゾンからトランスポゼースを供給され，転移すると考えられている．

#### b. 分類

原核，真核を問わず多くの生物のゲノムに存在する．原核生物では，挿入配列（insertion sequence：IS）ともよばれる．トランスポゼース以外の遺伝子（薬剤耐性遺伝子など）を含むもの（Tn5など）が多い．真核生物では，トランスポゼース配列の類似性から9種類のスーパーファミリー（Tc1/mariner, MuDR/Foldback, hAT, PiggyBac, PIF/Harbinger, Merlin, CACTA, P, Transib）に分類されている．ショウジョウバエのP因子やトウモロコシのAcなどがあり，McClintock（1950）がトウモロコシで発見したトランスポゾン（Dissociator：DsとActivator：Ac）は，hATファミリーに属する．近年Helitron（ローリングサークル型）やMaverick/Polinton（転移機構は未知）という新たなタイプのDNAトランスポゾンも報告された．以上の各スーパーファミリーは，真核生物の共通祖先ですでに分岐していたと推定されている．

#### c. 遺伝学的ツールとしての活用

DNAトランスポゾンはさまざまなモデル生物で，挿入変異の誘発，遺伝子の導入やエンハンサートラップといった遺伝学的実験のツールとして活用されている．魚類や哺乳類では，不活性配列から復元されたSleeping Beauty（Tc1/mariner）やHarbinger（PIF/Harbinger），メダカ由来のTol2（hAT）などが用いられている．

### B. レトロポゾン

レトロポゾン（レトロトランスポゾン）は，RNA中間体を介してコピーを増やすトランスポゾンである．ゲノムDNAから転写されたレトロポゾンのRNAが，逆転写されて二本鎖DNAとなり，ゲノムの新たな領域に組み込まれる（コピー&ペースト型）．オルガネラのグループIIイントロンと原核生物のレトロンを除き，逆転写反応を介する可動性因子は，すべて真核生物の核ゲノムにみられる．レトロポゾンは構造や転移機構から以下の4種類に大別できる．

#### a. LTRレトロトランスポゾン

転写調節因子を含む長い同方向のくりかえし配列（long terminal repeat: LTR）に囲まれ，内部にはgag遺伝子とpol遺伝子（逆転写酵素などを含む）をコードしている．LTRレトロトランスポゾンの転移機構は，レトロウイルスの生活環に類似しており，細胞質内でtRNAをプライマーに用いた逆転写反応を行なう．内部配列を欠失したLTR単独の配列（solo LTR）も多数存在する．構造や逆転写酵素配列の類似性から，Ty1/Copia型，BEL様，Ty3/Gypsy型，DIRS1様に分類される．

#### b. LINE

全長はおよそ5～8kbで，1～2個のORFがみられる．一般に内在性のRNAポリメラーゼIIプロ

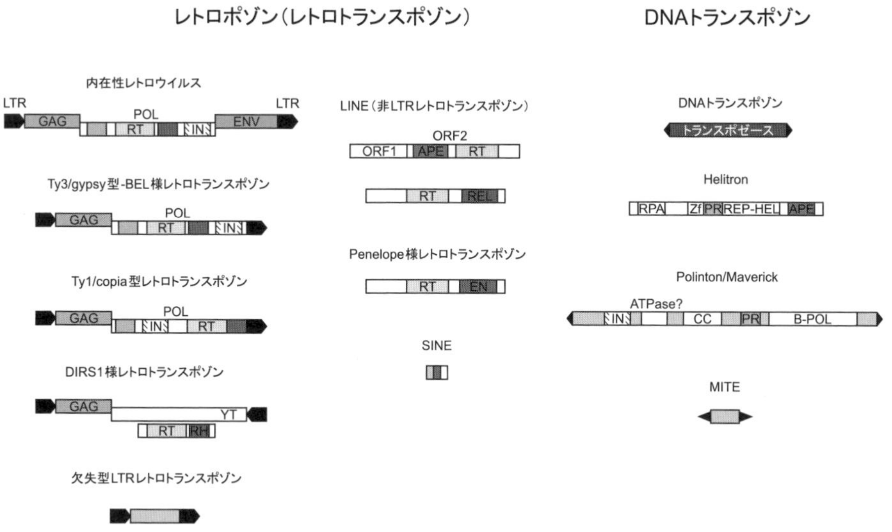

**図 1　脊椎動物のトランスポゾン**

APE:AP エンドヌクレアーゼ，B-POL:B 型 DNA ポリメラーゼ，CC:コイルドコイルドメイン，EN:エンドヌクレアーゼ，ENV:エンベロープ，IN:インテグラーゼ，LINE:長い散在性因子，LTR:長い末端くりかえし配列，MITE:小型逆方向くりかえしトランスポゾン，ORF:オープンリーディングフレーム，PR:プロテアーゼ，REL:制限酵素様エンドヌクレアーゼ，REP-HEL:ローリングサークル複製開始因子とDNAヘリカーゼ，RH:リボヌクレアーゼ H，RPA:ssDNA 結合複製タンパク A 様ドメイン，RT:逆転写酵素，SINE:短い散在性因子，YT:チロシントランスポゼース，Zf:ジンクフィンガー
(Böhne et al., 2008 より改変)

モーターを備えている．LINE（long interspersed element）の RNA と ORF2 タンパク質（逆転写酵素ドメインを含む）の複合体は核に移行し，DNA の切れ目から LINE RNA の逆転写反応を開始する．この反応が途中で停止して，5′末端が欠損した LINE コピーがゲノムには多数存在する．逆転写酵素配列の類似性から，L1，R1，CR1 など約 30 種類の系統群（clade）に分類されている．ヒトゲノムでは唯一 LINE1（L1）が転移活性を維持しており，*Alu* 配列の転移やプロセス型偽遺伝子の生成にも関与している．

#### c. SINE

短い散在性反復配列（short interspersed element：SINE，100～400 bp）であり，内在性の RNA ポリメラーゼ III プロモーターを備えているが，タンパク質はコードしない．SINE は LINE の転移機構に依存して転移する．ヒトゲノムで唯一転移活性を示す *Alu* 配列は 7SL RNA を起源とするが，他の多くの SINE（哺乳類 MIR など）は tRNA を起源としている．tRNA に由来する SINE の 3′末端には，同じゲノムに存在する LINE の 3′末端と類似した配列が付加していることが多い．

#### d. *Penelope* 様レトロトランスポゾン

*Penelope* 様因子（*Penelope* like element：PLE）の逆転写酵素は，LTR レトロトランスポゾンや LINE と配列の相違が大きく，独自の系統群を形成する．真核生物のレトロポゾンのなかで最初に分岐したグループであり，テロメラーゼとの近縁性を示唆する報告もある．輪形動物，真菌，珪藻，植物で同定された PLE は，DNA 挿入部位の切断に必要なエンドヌクレアーゼをコードせず，テロメアやテロメア周辺に存在している．

### C. 生体への影響

#### a. 変異原性

トランスポゾンの活動による挿入突然変異が，さまざまな生物で観察されている．脊椎動物では，哺乳類の L1（LINE），ヒト *Alu*（SINE），マウス IAP（LTR），メダカ *Tol2*（DNA）などが知られている．トランスポゾンの転移頻度は，トランスポゾンの種類や生物の系統により異なるが，一般には点突然変異よりも低頻度である．環境変化や人為的ストレス

などによる転移頻度の上昇が知られている．ショウジョウバエの野外系統のオスと実験室系統のメスを交配して生まれた子どもは，高温で飼育するとほとんどが不妊となり，また突然変異が多発する．この交雑発生異常（hybrid dysgenesis）は，P 因子とよばれる DNA トランスポゾンによりひき起こされることが明らかになっている．

### b. 転移抑制機構

　トランスポゾンの過剰な転移を抑制する機構も知られている．哺乳類や陸上植物のゲノムでは，多くのトランスポゾンの DNA が高度にメチル化されている．DNA のメチル化は遺伝子発現を抑制する．メチル化のパターンは細胞分裂後も娘細胞に受け継がれるため，トランスポゾンの転移が継続的に抑制されることになる．DNA メチル化酵素による遺伝子発現の調節は，もともとトランスポゾンの転移を制御するために獲得されたとする議論もある．また，線虫や植物の生体内で，内在性の RNA 干渉機構（RNA interference：RNAi）がトランスポゾンの転移を抑制する例が報告されている．さらに線虫，ショウジョウバエ，マウスの生殖細胞では，piRNA とよばれる低分子 RNA が RNAi とは異なる経路で生成し，トランスポゾンの転移を抑制している．

### c. 機能性 RNA の産生

　トランスポゾンの RNA がトランスポゾンとは別の細胞内過程に関与する場合もある．マイクロ RNA（micro RNA：miRNA）は，20 数塩基の低分子 RNA で，核ゲノムにコードされている．miRNA は細胞で発現している標的 mRNA の 3′ 非翻訳領域に結合し，mRNA の分解や翻訳抑制をひき起こすことでさまざまな生物学的プロセスに関与する．ヒトでは 1000 種類以上の miRNA が報告されているが，このうち数十種類の miRNA はトランスポゾン（おもに L2 と MIR）の部分配列に由来している．

## D. ゲノム進化における意義
### a. ゲノムの構成素材

　原核生物のゲノムは主として単一の構造や配列から構成されているが，真核生物ではゲノムサイズが巨大になるにつれて反復配列の割合が多くなる傾向にある．ヒトではゲノムの 50％以上が反復配列であり，なかでもトランスポゾンに由来するものがおよそ 45％を占めている．ゲノムを構成するトランスポゾンの種類や数は，生物種により著しく異なっている．ヒトでは 2 種類のレトロポゾン（L1 と *Alu*）が，すべてのトランスポゾンの 60％を占めるが，線虫，ショウジョウバエおよびシロイヌナズナのゲノムは数百から数千種類のトランスポゾンから構成されている．

### b. 相同組換えのホットスポット

　ゲノム内にコピーの多いトランスポゾンは，その配列が相同組換えの標的となることでゲノム再編成の機会を増やしている．これはトランスポゾンの種類や転移活性と直接関係はなく，コピー配列が互いによく似ていることが原因となっている．一例として，CMP-*N*-アセチルノイラミン酸水酸化酵素は，糖鎖を構成する *N*-グリコリルノイラミン酸（Neu5Gc）の合成酵素であり，哺乳類の脳・神経系で発現が特異的に抑制されている．ところが霊長類のなかでもヒトだけで，この酵素遺伝子が偽遺伝子となり全組織で不活性化している．遺伝子構造の解析から，ヒトの祖先がチンパンジーから分岐したのちに，*Alu* 配列間の相同組換えが原因で偽遺伝子となったことが示されている．

### c. 遺伝子発現制御への干渉

　多細胞真核生物のゲノムは遺伝子間距離が大きく，また比較的短いエキソンが長いイントロンの間に散在する構造となっている．このため，トランスポゾンがゲノムにランダムに挿入する際，エキソンを破壊する頻度は低い．むしろ遺伝子間領域やイントロンに挿入し，近傍遺伝子の発現パターンに影響を及ぼす場合が多い．これは挿入したトランスポゾン配列が新たなシス配列（*cis*-regulatory element）（転写調節因子）の役割を果すためであると考えられる．実際，過去にゲノムに挿入したトランスポゾン配列が，現在では遺伝子の転写調節領域の一部分となっている例が複数報告されている．

### d. 遺伝子の創出

　トランスポゾンが新しい遺伝子を生成する場合もある．脊椎動物の免疫グロブリンや T 細胞レセプターの遺伝子再構成にかかわる組換え酵素 RAG1，RAG2 の例は興味深い．作用機構が DNA トランス

ポゾンの切り出し機構に酷似しており，実際にトランスポゼースとしての活性も証明されている．さらにRAG1のアミノ酸配列は*Transib*のトランスポゼースに近いことが示された．脊椎動物の免疫システムは，DNAトランスポゾンのDNA組換え系を基盤に成立したと考えられる．

哺乳類のレトロポゾンL1は，さまざまな遺伝子のmRNAの逆転写反応をひき起こす．そのcDNAがゲノムに挿入して生じた配列がプロセス型偽遺伝子である．そのなかから新たな遺伝子も誕生している．霊長類では，脳特異的な発現の*GLUD2*（グルタミン酸脱水素酵素遺伝子）や，精巣特異的な*PIPSL*（リン脂質キナーゼ・プロテアソーム融合遺伝子）などがある．このように哺乳類では，レトロポゾンによるRNAを介した遺伝子重複が活発である．

[引用文献]

Böhne A. *et al.* (2008) Transposable elements as drivers of genomic and biological diversity in vertebrates. *Chromosome Research*, vol. 16, pp. 203-215.

[参考文献]

Kazazian Jr. H. H. (2004) Mobile Elements: Drivers of Genome Evolution, *Science*, vol. 303, pp. 1626-1632.

〈大島一彦〉

## 18.8　ゲノムのGC含量とアイソコア

### A. GC含量

二本鎖ゲノムDNA試料の塩基組成を実験的に定量すると，微量の修飾塩基の影響は存在するが，概略としてGとCの量は等しく，AとTの量も等しい．GC含量はGとCの量を加算した値であり，G+C含量，G+C%，GC%または%GCとも表現される．場合によってはGC含量ではなく，AT含量のほうを使用する例もある．微量な修飾塩基を考えなければ，GC%が判明すればG，C，A，Tの各塩基の値やAT含量も判明する．本稿以下の記載では，GC含量をGC%と表記する．GC%は熱安定性のようなDNAの物理化学的な性質に関係しており，さらには各微生物種を特徴づける有用な系統マーカーとしても用いられてきた．

### B. ゲノム上でのGC%分布

最近では広範な生物種のゲノム塩基配列が解読され，二本鎖のうちの一方側の塩基配列がDNAデータベースに収録されている．この一本鎖配列に着目した場合にはGとCの量が等しくなるとはかぎらない．通常の塩基配列解析で計算するGC%は，一本鎖配列上でのGとCの量を加算した値である．一般の目的では二本鎖を別個に考察する必要はなく，相補鎖側のGC%も同じ値になるので，二本鎖DNAのGC%を表現していると考えられる．GC%はゲノム上での領域別の特徴を表現する便利な指標となる．特定の生物種のゲノム塩基配列に沿ってGC%値をプロットすると，1kb程度のウインドウ幅ではもちろんのこと，10kb程度のウインドウ幅で計算した場合でも，大半の生物種のゲノムについてGC%の明瞭な変動がみられる（図1a）．この10kb程度のウインドウ幅で変動を生む理由として多様な原因が知られているが，原核生物で有名な例は，水平伝搬してきた配列類（たとえば病原性と関係したpathogenicity island）が，着目生物種のゲノムの平均GC%値から明瞭にずれる例が知られている．多くの真核生物についてはエキソンがイントロン部位

(a) GC% 10 kb ウインドウ　　(b) GC% 500 kb ウインドウ　　(c) GCskew 10 kb ウインドウ

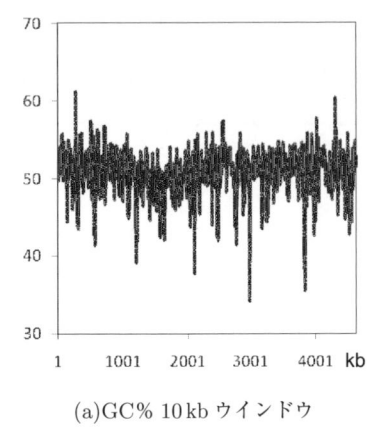

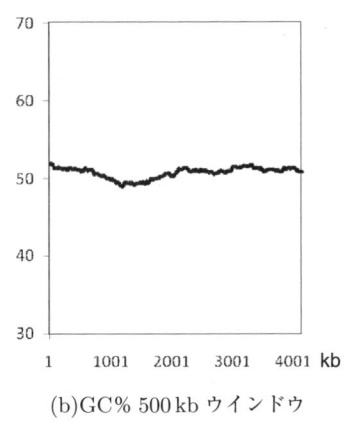

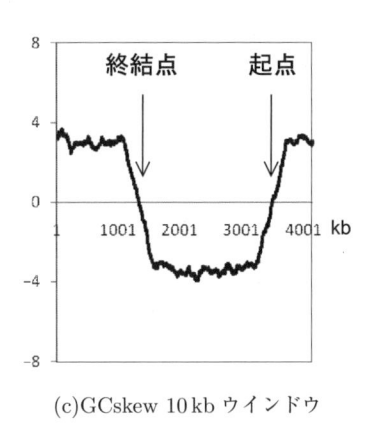

図1　大腸菌のGC%とGCskew

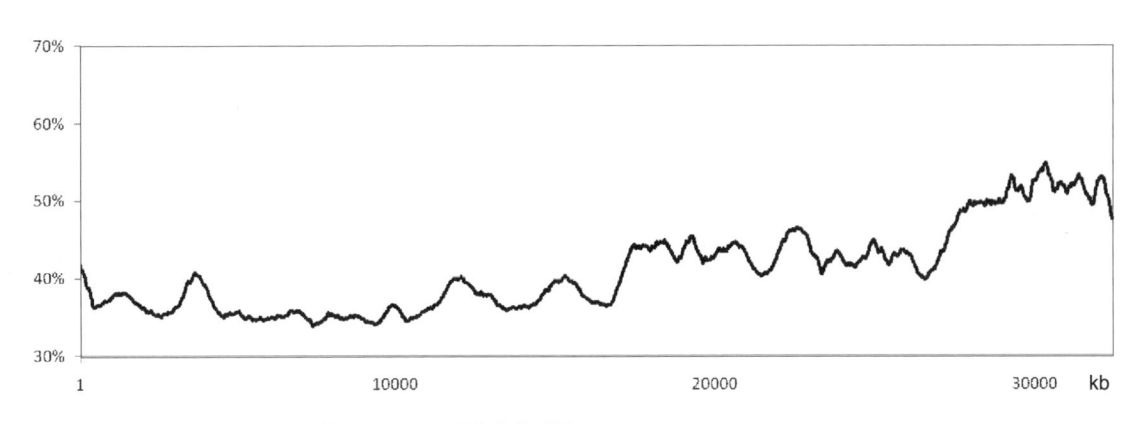

図2　ヒト21番染色体長腕のGC% 500 kbウインドウ

よりGC%がやや高い傾向がみられる．

　一方でウインドウ幅を100 kbやそれ以上に広げた場合には局所的な変動がならされる結果，大半の生物種のゲノムで変動がほとんどみられず，各ゲノムの平均GC%の近傍でわずかに変動するだけである（図1b）．しかしながら温血脊椎動物に着目すると，500 kb程度の広いウインドウ幅を設けても，GC%の明瞭に異なる領域が分節的に分布している（図2）．ヒトゲノムの平均のGC%値は約40%であるが，この平均値より明瞭に高い領域が数百 kb連続して存在すると同時に，別の領域では35%程度の低いGC%の領域が数Mbも続いている．このような広い領域にみられるGC%の分節構造（モザイク構造とよぶこともある）をアイソコアまたはイソコア（isochore）とよぶ．

## C. アイソコアの生物学的意味

　アイソコアは，1970年代にBernardiらにより，広範な生物種のゲノムDNAのCsCl平衡密度勾配遠心の分離パターンから推定され，ゲノム配列が明らかになるにつれてその実体が明らかになった．Bernardiらは，ヒトゲノムはH3, H2, H1アイソコアとよぶ，平均GC%よりも高い数百kbかそれ以上の広領域と，L1, L2とよぶGC%の低い広領域から分節的に構成されていると提唱した．現実のヒトゲノムの特徴をかなりよく反映しているが，5種類のアイソコアに明瞭に分類できるわけではないようだ．しかしながら，生物学的な意味を考えるうえでアイソコアは重要な構造であり，多様な生物学的現象と関係している．染色体バンド構造とも関係をもっており，GC%が特に高いH3アイソコアの領域は，Tバンド領域と概略一致しており，遺伝子密

度が特に高い．一方，GC%が特に低いL2は概略としてGバンド領域に対応し，遺伝子密度が特に低い．H2・H1・L1アイソコアとバンド構造との対応関係は明確ではないが，Rバンド領域でH2やH1の比率が高く，Gバンド領域でL1の比率が高い．S期のDNA複製の時期とも関係しており，H3はS期内の早い時期に複製し，L1とL2はおもにS期の後半に複製をする．

### D. アイソコアの進化学的意味

アイソコアの進化的な起源については，GCに富むゲノムとATに富むゲノムが合体をしたと考える説があるが，進化学的に解析するとこの説が正しいとは思えない．脊椎動物の進化の古い時期より，S期の前半に複製する領域で遺伝子密度が高い傾向にあり，この領域が温血脊椎動物となる系統において，GC%レベルを上昇させたと考える説が有力である．アイソコアには機能的な意味がないと考え，S期前半または後半の複製に関与するDNA合成系や修復系の遺伝子類について，たとえば前後半のどちらか側でおもに機能している遺伝子に突然変異が起き，この偶発的なイベントの結果として，S期前半と後半に複製する領域別にGC%に差異が生じ，GC%の分節構造が形成されたとの説が提唱されている．アイソコアには機能上の意味がないとの説であるが，温血脊椎動物のほとんどの種でアイソコア構造が存在すること，GC%の高い領域に存在する遺伝子群と，GC%の低い領域に存在する遺伝子群の種類とが，広い温血脊椎動物の系統についてよく保存されていることを考えると，アイソコアの形成自体がたとえ偶然の産物であると仮定したとしても，やがて機能的な役割をもつようになり，有利であるがゆえに大半の温血脊椎動物で現在に至るまで維持され続けていると考えられる．

アイソコアは温血脊椎動物以外では双子葉植物においてもみられている．ウインドウ幅を数百kbから順次狭めていけば，単子葉植物や他の生物系統でもGC%の分節的な分布が観察される．そのような構造をアイソコア様構造（isochore-like structure）とよぶ研究者もいるが，定義が曖昧になりGC%の単なる分節構造の意味に近づいてしまう．アイソコア説の進化学における重要さは，CsCl平衡密度勾配遠心の分離パターンから，温血脊椎動物のゲノムが数百kbかそれ以上の長さでの，GC%の分節構造よりなることを論理的に推定したBernardiらの先見性にある．発表後の長い間にわたり無視ないしは反論にさらされ続けながらも，継続して多数の論文として発表を続けてきた．DNA配列が解読可能になった時期から徐々に支持するデータが蓄積し，ヒトゲノムの解読でその全貌が明らかになった．アイソコア説に若干の修正は必要ではあろうが，密度勾配遠心パターンのような間接的にみえる結果からでも，論理的にヒトゲノム構造の概略を推定したことの分子進化学における意義は大きい．アイソコアに関する，現時点での最重要な課題は，このGC%の大規模な分節構造の形成に寄与した具体的な分子進化機構の解明であろう．突然変異というランダムなプロセスを多数回くりかえすことで，内部に巨大なGC%の分節構造を生む分子機構には残された未知なる課題も多い．この分子機構に関する研究だけではなく，アイソコアの形成とその保持を的確に表現する数理モデルの提唱が重要である．

### E. GCskewとATskew

DNAデータベースに収録されている一本鎖配列に着目した場合には，GとCの量が等しくなるとはかぎらないが，経験的には数kb程度の長さになると，GとCの量，ならびにAとTの量は，それぞれが概略として同じ量になる．もちろん，例外的なゲノム領域が局所的にはみられるが，それらには特別な理由（たとえば特殊な反復配列）が存在するのが通例である．しかしながら，GとC量の差，またはAとT量の差を詳細に解析すると，一般のゲノム領域でも興味深い現象が観察される．具体的には，$(G-C)/(G+C)$の値や$(A-T)/(A+T)$の値（GCskewやATskew）を100kb以上のウインドウ幅で算出し，ゲノム配列に沿ってプロットすると，正または負の値が連続して続く傾向にある．興味深い点は，真正細菌ではDNA複製の起点と終結点でGCskew値やATskew値の正負が反転する例が多い（図1c）．DNA複製の起点を推定する優れた方法である．リーディングとラギング鎖の合成過程で起き

る変異やその修復に関して，鎖別に若干の差異が存在することの反映である．真核生物の場合では，GCskewやATskewの正負の反転が，真正細菌のゲノムよりもはるかに短い範囲（たとえば数十kb）で起こる．DNA複製の起点がゲノム上に多数存在することと関係すると思われるが，真核生物の場合ではGCskewやATskewの正負の反転からだけでは，DNA複製の起点と終結点を推定することは難しい．

### F. コドン3文字目のGC%

GC%に関する分子進化学的な研究として興味深い別の例としては，コドンの3文字目（場合によってはコドンの1文字目や2文字目）に関してのGC%の研究がある．MetとTrp以外の18種類のアミノ酸については，コドンの3文字目の選択に自由度が存在し，同じアミノ酸を指定するコドン類は同義コドンとよばれる．LeuとSerとArgについては，コドンの1文字目の塩基選択にも自由度が存在する．着目する生物種のゲノムGC%はコドンの3文字目のGC%に強い影響を与えており，ゲノムGC%が高い生物種類のタンパク質遺伝子ではコドンの3文字目のGC%が高く，ゲノムGC%が低い生物種類では3文字目のGC%は低い．同義コドンの選択については細胞内tRNA量も影響を与えているが，コドンとtRNAのアンチコドンとの対合にはWobble（ゆらぎ）が存在し，1種類のtRNAが複数種類の同義コドンを認識できる．したがってゲノムGC%とtRNA量からの両方の影響に合致する同義コドンの選択が可能である．ゲノムのGC%は，3文字目より弱いレベルではあるが，コドン1文字目のGC%にも影響を与え，さらに弱いレベルで2文字目に影響を与えている．

〔池村淑道〕

## 18.9 がらくたDNA

### A. がらくたDNAとC値パラドックス

がらくたDNA（ジャンクDNA）とは，ゲノムのなかでその機能が明らかになっていない領域，あるいは塩基配列を意味する．Ohno（1970）の命名である．2004年にほぼ完全なヒトのゲノムの配列が決定され，ヒトのゲノム中のタンパク質をコードする領域がおよそその1.5%であることが明らかになった．生命を維持するうえで必要な遺伝子の数は，さまざまな生物で比較しても，高々数倍の違いにしかすぎない．一方で，細胞に含まれるDNAの量は生物種で大きく異なる．たとえば，ヒトとショウジョウバエを比較してみると，遺伝子の数はヒトでは2万2千遺伝子余，ショウジョウバエでは1万4千遺伝子弱と報告されておりその差は2倍に満たない．一方，ゲノムDNAの大きさは，ヒトでは3300Mb余であるが，ショウジョウバエは約180Mbでその差はおよそ20倍近くにもなる．

生物により細胞中のDNA量が大きく違うことは，昔からC値パラドックスとして知られてきた．おおざっぱにみれば，細胞中のDNA量は進化の過程で増える傾向にある．たとえば，表1に示すように，大腸菌の1細胞あたりのDNA量を単位として比較すると，進化の過程ではあとになってあらわれてくる生物ほどDNA量が多くなる傾向がわかる．しかし，この関係が保たれていない例も多々ある．たとえば，両生類ではDNA量が100倍以上異なる種があるが，哺乳類のDNA量はこの変異のなかに含まれてしまう．生物ごとに異なるDNA量が生物の複雑性と相関していないことをC値パラドックスという．遺伝子数という点では大きな違いがない一方でDNA量に大きな違いがあるとすれば，その違いはがらくたDNAの量，特に反復配列の程度の違いによるところが大きいと考えられている．

さまざまな生物のゲノム塩基配列が明らかになった現在では，このがらくたDNAには多くの反復配列が含まれることがわかっている．ヒトのゲノムでは，転移因子を含む反復配列がゲノム全体のおよそ

表1 生物のDNA量と遺伝子数の比較（Brown, 2002より）

| 生物名（学名） | ゲノムサイズ（Mb） |
|---|---|
| 大腸菌（Escherichia coli K12） | 4.64 [1]* |
| 酵母（Saccharomyces cerevisiae） | 12.1 [3] |
| 線虫（Caenorhabditis elegans） | 97 [21] |
| キイロショウジョウバエ（Drosophila melanogaster） | 180 [39] |
| カイコ（Bombyx mori） | 490 [106] |
| ウニ（Strongylocentrotus purpuratus） | 845 [182] |
| ヒト（Homo sapiens） | 3300 [690] |
| フグ（Takifugu rubripes） | 400 [86] |
| イネ（Oryza sativa） | 430 [93] |
| シロイヌナズナ（Arabidopsis thaliana） | 125 [27] |
| エンドウ（Pisum sativum） | 2500 [540] |

*[ ] 内は大腸菌のゲノムの大きさを1としたときの相対的な大きさを示している.

45%を占めている. 一方ショウジョウバエでは3%, 線虫では6.5%, また植物のシロイヌナズナでは10%程度となっている.

### B. 反復配列の分類

がらくたDNAの構成成分の大きな部分を占める反復配列は, その構造から大きく2種類に分けられる. 散在反復配列（interspersed repeat）と縦列反復DNA配列（tandemly repeated DNA）である. 散在反復配列は, 反復配列の単位がゲノム上に散らばっている反復配列で, 真核生物, 原核生物どちらのゲノムにも観察される. そのほとんどは転移因子（transposable element）に由来している. 一方, 縦列反復DNA配列は反復の単位が隣り合わせで存在し, その単位数が個体により増減する. 真核生物には共通に観察されるが, 原核生物ではまれにしかみられない.

マイクロサテライトとよばれる反復配列は縦列反復DNA配列の代表的なものである. マイクロサテライトとは, 2〜10数塩基を単位とする配列のくりかえしでできている. マイクロサテライトはそのくりかえしの数が変わる突然変異率が塩基の点突然変異率より高いことから, 近縁な個体間の遺伝的関係を調べるのに使われる. 多数の遺伝子座の変異には民族の地理的分布が詳細に反映されていることを示す研究結果が報告されている（たとえばLi et al., 2006）. またこのマイクロサテライトはゲノム中に出現する頻度が高いことから, 遺伝的な解析のマーカーともなっている. そのほかの縦列反復配列としては, セントロメアを構成するアルフォイドDNAや, 染色体の末端にあるテロメアDNAなども含まれる.

反復配列のもうひとつのカテゴリーである散在反復配列には, 上述したように, 転移因子が多く含まれる. 転移因子とは, 文字通りゲノムのなかでその位置を変えることのできる配列のことである. 転移因子は大きく, 2種類に分類される. その転移の中間体としてRNAを必要とするか否かである. RNAを介在する転移因子を, レトロポゾンあるいは, レトロエレメントとよび, その転移はコピーアンドペースト型で, 転移する際に元の位置にコピーを残す. そのため, 転移の都度, ゲノム中のコピー数は必然的に増えていく. 一方, RNAを介在しない転移因子は, DNAトランスポゾンとよばれ, カットアンドペースト型の転移をする因子とコピーアンドペースト型の転移をする因子がある. レトロポゾン, DNAトランスポゾン, いずれもゲノム中の挿入に際しては転移因子が挿入しやすい配列がある場合と, ランダムに挿入される場合とがある.

DNAトランスポゾンは, その転移に転移酵素（transposase）を必要とする. この型の多くの因子は完全型とよばれる転移酵素をコードする遺伝子を因子のなかにもっているものと, 不完全型とよばれ転移の際に因子が壊れ断片的な塩基配列でできているものとがある. 不完全型の因子の転移には, 完全型から転移酵素が供給されることが必要である. 多くの因子はその両端に逆向きの塩基配列をもっており, この配列が転移には不可欠である. この型の転

移因子は，大腸菌や無脊椎動物（昆虫）には豊富に存在するが，脊椎動物ではまれであり，現在までにメダカに存在するTol因子が知られているだけである．

レトロポゾンあるいは，レトロエレメントとよばれる因子の代表的なものが，SINE（short interspersed element）とLINE（long interspersed element）である．いずれもそれぞれの塩基配列がRNAに転写され，そのRNAが逆転写酵素によりDNAになり，さらにそのDNAがゲノム中に挿入されるという経緯をたどって転移する．SINEとLINEの違いはLINEは逆転写酵素など転移に必要な酵素をコードする遺伝子をもっているが，SINEはこのような酵素遺伝子はもたず，転移には他の因子から供給される酵素が必要である．しかしSINEはDNAトランスポゾンの不完全型のように完全型の因子が崩壊してできたのではない．たとえば，ヒトを含めた霊長類の代表的なSINEである Alu 因子は，細胞中のタンパク質の移動にかかわる非コードRNAの一種である7SL RNAに由来するといわれている．Alu 因子は，マスターコピーとよばれる因子からRNAが読まれ，DNAに変換されてゲノム中に拡散したといわれている．この拡散の時期は突発的で，そのときどきのマスターコピーに蓄積した塩基置換を反映して特徴的な塩基置換をもっている．このような性質を利用して系統解析のマーカーとしても用いられている．

これらの転移因子が生物の進化におよぼした影響については，盛んに議論されているところであるが，植物などでは，たとえばアサガオの花色や葉の形などに影響を与えていることが知られているし，動物でもショウジョウバエでは白眼など突然変異の原因となっていることが知られている．表現型の進化との関連について今後の研究の進展が期待される．

### C. がらくたDNAの進化学的役割

がらくたDNAの構成成分の多くが反復配列に由来することを示したが，なぜ，このようながらくたDNAが生じたのだろうか．その理由として，生物が進化の過程でゲノムの倍化（genome duplication）あるいは一部領域の倍化（segmental duplication）をくりかえした結果と考えることもできる．このようなDNAの倍化は，遺伝子にかかる機能的制約をゆるめ，新しい遺伝子機能獲得につながる可能性がある．しかしその一方で，特に一部領域の倍化では，倍化により従来の遺伝子発現調節のネットワークが乱されることにより，むしろ重複した遺伝子を含む領域の発現は抑制されたほうがいい場合もある（Ohno, 1970）．このような遺伝子発現に対する負の選択がはたらけば，この領域でDNAの欠損が起こらないかぎりは，結果的に機能をもたない領域が誕生することになる．

しかし，最近ではゲノム中で遺伝子（タンパク質）をコードしない領域に対して，「がらくたDNA」あるいは「ジャンクDNA」という命名がそもそも適切かという議論もある．マウスの全遺伝情報（ゲノム）の解析結果から，ゲノム中のいわゆる「がらくたDNA」に相当する部分から，約2万3000種類ものRNAがつくられていることが，2005年に発見された（The FANTOM Consortium and RIKEN Genome Exploration Research Group and Genome Science Group, 2005）．これらには，タンパク質をコードしない非コードRNAが含まれている．これらの非コードRNAは，転写産物の安定化や崩壊などをとおして遺伝子の発現を指令するなどの重要な機能を担う．このような非コードRNAの生命活動における役割だけでなく，さまざまな生物でどのように進化してきたかその過程と起源などが解明されると，「がらくた」の意味がよりいっそう興味深くなる．

[引用文献]

Brown T. A. (2002) *Genomes*, BIOS Scientific Publisher Limited.

The FANTOM Consortium and RIKEN Genome Exploration Research Group and Genome Science Group (2005) The Transcriptional Landscape of the Mammalian Genome. *Science*, vol. 309, pp. 1559-1563.

Li S. *et al.* (2006) Phylosenetic relationship of the populations within and around Japan using 105 short tandem repeat polymorphic, *loci*. *Human Genetics*, vol. 118, pp. 34-42.

Ohno S. (1970) *Evolution by Gene Duplication*, Springer-Verlag.

（颯田葉子）

## 18.10 偽遺伝子の機能と進化

　偽遺伝子はその誕生の過程から，non-processed 型と processed 型のふたつのグループに分けることができる．non-processed 型は非相同組換え（unequal crossing over）やゲノムの複製時に起こるスリッページ（slippage）により遺伝子のコピーが染色体上の別の場所に挿入されたものである．一方，processed 型は遺伝子の mRNA が逆転写され，ゲノム上に挿入されたものである（図 1）．

　Ohno（1970）は，遺伝子が重複した場合には，一方の遺伝子は必要な機能を維持する間に他方の遺伝子には突然変異が蓄積して，別の機能をもった遺伝子へと進化すると考えた．変化した遺伝子は新しい機能を獲得する場合もあれば，機能を失うこともありうる．多くの non-processed 型偽遺伝子は，重複による機能の冗長さによりその機能的制約が弛緩したことにより誕生した．

　あまり数は多くないが，non-processed 型のうち，重複を経ずに本来の機能遺伝子が突然変異を蓄積して機能を喪失した偽遺伝子も存在する．この場合，機能的制約の弛緩は，環境の変化によりひき起こされたと考えられる．真猿におけるビタミン C 合成酵素であるグロノラクトン酸化酵素遺伝子の偽遺伝子化（Nishikimi et al., 1994; Inai et al., 2003）はその典型例である．霊長類は進化の過程で樹上生活に適応し，葉や果実などビタミン C を豊富に含む食料に恵まれた．そのため個体におけるビタミン C 合成酵素の有無が生存に無関係となったと考えられる．遺伝子が自然選択を受けず，偽遺伝子が種内に広がった．ほかにも，類人猿での尿酸酸化酵素の偽遺伝子化も重複をともなわない偽遺伝子化であるが，この場合どのような環境要因がかかわっていたのかは明らかではない（Oda et al., 2002）．

　ヒトの血液型決定因子のひとつである *DUFFY* 遺伝子や，免疫細胞で働くケモカインレセプター *CCR5* 遺伝子では，ヒト集団で偽遺伝子が多型の状態で存在する．それぞれ三日熱マラリアと AIDS に対する抵抗性があり，むしろ機能遺伝子より適応度が高い可能性が示されている．*DUFFY* については，特に偽遺伝子と機能遺伝子のヘテロ接合体が，いずれのホモ接合体よりマラリア流行地域では高い適応度を示す．また *CCR5* では，Δ32 というコーディング領域に 32 bp の欠損をもつ偽遺伝子のホモ接合体が，AIDS への抵抗性を示すことが知られている．

　これらの事実から，Olson（1999）は，遺伝子の機能喪失が生物進化の原動力であるとする，いわゆる「less is more」仮説を提唱している．ある特定の環境条件では機能喪失が機能維持と比較してより適応的であり，生物の生存にとって有利であるという考え方である．

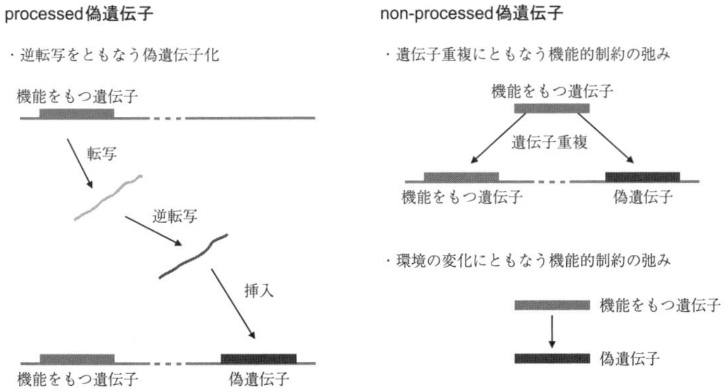

**図 1　偽遺伝子の誕生過程**
processed 偽遺伝子は逆転写酵素のはたらきにより，mRNA が DNA となりゲノムへ挿入する．一方，non-processed 偽遺伝子は，重複や環境変化により遺伝子の機能的制約が弛み，機能を損なうような突然変異を蓄積し偽遺伝子化する．

一方，processed型は遺伝子が発現する際にmRNAが逆転写されてゲノムに挿入されてできる偽遺伝子である．これらは最近までまったく機能のない，いわばゲノム中に存在する「がらくた」の代表ようなものと考えられてきた．しかしHirotsuneら（2003）は，マウスにおいて，Makorin1のprocessed型偽遺伝子であるMakorin1-p1遺伝子が，本来の遺伝子mRNAの安定化に寄与していることを明らかにし，さらにごく最近になって，Watanabeら（2008）およびTamら（2008）は，processed型偽遺伝子からsiRNA（small interfering RNA）がつくられ，機能遺伝子の制御を行なっていることを明らかにしている．さらに，processed型偽遺伝子が他の遺伝子と融合したキメラ遺伝子として機能している例などもあり，今後processed型偽遺伝子の進化的意義が明らかになると期待される．

[引用文献]

Hirotsune S. et al. (2003) An expressed pseudogene regulates the messenger-RNA stability of its homologous coding gene. Nature, vol. 423, pp. 26-28.

Inai Y. et al. (2003) The whole structure of the human nonfunctional L-gulono-gamma-lactone oxidase gene–the gene responsible for scurvy–and the evolution of repetitive sequences thereon. J. Nutr. Sci. Vitaminol., vol. 49, pp. 315-319.

Nishikimi M. et al. (1994) Cloning and chromosomal mapping of the human nonfunctional gene for L-gulono-gamma-lactone oxidase, the enzyme for L-ascorbic acid biosynthesis missing in man. J. Biol. Chem., vol. 269, pp. 13685-13688.

Oda M. et al. (2002) Loss of urate oxidase activity in hominoids and its evolutionary implications. Mol. Biol. Evol., vol. 19, pp. 640-653.

Ohno S. (1970) Evolution by Gene Duplication, Springer-Verlag.

Olson M. V. (1999) When less is more: Gene loss as an engine of evolutionary Change. Am. J. Hum. Genet., vol. 64, pp. 18-23.

Tam O. H. et al. (2008) pseudogene-derived small interfering RNAs regulate gene expression in mouse oocytes. Nature, vol. 453, pp. 534-538.

Watanabe T. et al. (2008) Endogenous siRNAs from naturally formed dsRNAs regulate transcripts in mouse oocytes. Nature, vol. 453, pp. 539-543.

（颯田葉子）

## 18.11　ゲノム対立

　ゲノム対立（genomic conflict）とは同じゲノムに含まれる遺伝子の間で利害の対立があることを示し，ゲノム内闘争（intragenomic conflict）ともいう．

　通常，同じゲノムに属する異なる遺伝子同士は，増殖する機会が均等であり，そのうちひとつの遺伝子だけが他を犠牲にして数を増やして広がることができない．そのため同じゲノムに属する遺伝子の間には利害の対立は通常は生じない．しかし同じ細胞にある遺伝子でも，次世代への伝わり方に違いがあると，片方にだけ有利にはたらき，ゲノム内の他の遺伝子にとっては不利になるような挙動をとる突然変異が広がってしまう．このとき不利を被る側の遺伝子にそれを回復するような突然変異が生じる．その進化の様相は，利害の異なるプレイヤーがそれぞれ自身に有利に現状を変えようとするゲームとして解釈することができ，これをゲノム対立という．以下にいくつかの例をあげる．

### A. 細胞質雄性不稔

　陸上植物において，雄性生殖器官が形成されなかったり雄性配偶子が機能しなかったりする場合を雄性不稔といい，不稔が細胞質ゲノムによって支配されている場合を細胞質雄性不稔（cytoplasmic male sterility：CMS）という．それは150種以上の植物で知られている．

　細胞質雄性不稔は，多くの場合ミトコンドリアDNAの一部に組換えが起こることで生じる突然変異である．ミトコンドリアは母性遺伝するため，核ではなく細胞質のミトコンドリアにある遺伝子は，花粉を通じて子には寄与できない．そのためミトコンドリアDNAの機能不全によって細胞質雄性不稔がもたらされたとしても，そのミトコンドリアにある遺伝子は次世代には影響しない．加えて，花粉親となる雄性の繁殖活動がうまくいかない場合，植物個体はあまった繁殖資源を種子や果実をつくる雌性の繁殖活動に振り向けることが多い．その結果，細胞質雄性不稔の遺伝子は正常な細胞質遺伝子よりも

多く次世代に寄与できることになる．このようにして，突然変異によって集団に現れた細胞質雄性不稔遺伝子は集団に広がっていく．しかし花粉を供給する個体がなくなるため，花粉不足で種子生産ができなくなり局所集団が絶滅することもあると考えられている．

細胞質雄性不稔となった植物個体では，核遺伝子に生じた突然変異によって雄性の回復がしばしば起こり，正常な雄性配偶子がつくられるようになる．この遺伝子を稔性回復遺伝子（restorer gene）という．特定の細胞質雄性不稔は，それに対応した特定の稔性回復遺伝子によって稔性が回復することが多い．

ふたつの集団があるとする．一方の集団に細胞質雄性不稔が広がったのち，それに効果のある稔性回復遺伝子が広がり，すべての個体が両者をもつようになると，みかけ上は正常に戻る．しかし，ふたつの集団の個体が交配すると雄性不稔個体が現れる．その結果，異種間や異なる地域の集団での交配で雄性不稔がしばしば現れる．

### B. ウォルバキア

プロテオバクテリア α 亜族に属するウォルバキア（Wolbachia）属の細菌の総称．昆虫類に広くみられ，自然環境における昆虫種の数十％が保有する．昆虫以外でもダニ類，クモ類，サンゴムシなどの甲殻類，フィラリアなどの線虫類からも知られる．

宿主の体内では，さまざまな組織器官の細胞内に感染する．ウォルバキアは卵巣感染によって次世代に伝えられるため，母性遺伝する．そのため雄を通じては子孫には伝わらない．

ウォルバキアの感染によって，宿主には生殖に関するさまざまな表現型が現れる．たとえば，有性生殖を行なっていた宿主が，雌だけを単為生殖で産むようになるという雌性産生単為生殖（thelytoky），遺伝的には雄である個体の表現型が変化し，完全に生殖可能な雌になる雌化（feminization），ウォルバキアに感染したものと感染していないものの間での交配が不和合になる細胞質不和合（cytoplasmic incompatibility），雄の胚が初期発生の段階で死ぬため，孵化してくる幼虫がすべて雌となる雄殺し（male killing），などがある．これらはウォルバキアが宿主の適応度を犠牲にして自らの次世代への伝達確率を改善する生殖操作である．

ウォルバキア以外にも，共生微生物による宿主生物の生殖操作や雄殺しなどが知られている．

### C. 哺乳類のゲノムインプリンティング

哺乳類において，子供の体内でのふたつの対立遺伝子（アレル）のうち，父親に由来するものと母親に由来するものとが区別され，その片方だけが発現し他方は発現しない（もしくは発現量が少ない）現象をゲノムインプリンティング（genomic imprinting）という（22.19項参照）．胎盤形成や胚や子供の成長に影響する遺伝子にしばしばみられる．たとえばIgf2は胎盤の形成に重要であり，その過剰発現は大きな胎盤を形成させ，母親からより多くの栄養の供給をもたらす．Ifg2はマウスでもヒトでも父親由来のアレルだけが発現し，母親由来のアレルは発現されない．それらの区別は精子形成と卵形成においてDNAのメチル化パターンが異なり，それに基づいて遺伝子発現が行なわれるためである．受精卵が正常に発生するためには父親由来と母親由来の遺伝子を1セットずつもたねばならない．母親由来の遺伝子が2セットあっても正常に発生できないために，哺乳類においては単為生殖が成功しない．

この現象は，1個体を構成する遺伝子の間で利害の対立があることによって生じたゲノム対立の例と考えられる．雌は生涯の間に複数の雄を受け入れる可能性がある．すると同じ母親から生まれた兄弟は，父親由来の遺伝子の共有率が母親由来の遺伝子の共有率よりも低い．そのため母親が同じ兄弟の間で遺伝子を共有する確率（血縁度）は父親由来のアレルでは母親由来のアレルよりも低い．その結果，母親からの資源（栄養や世話）の最適要求量が，父親由来のアレルのほうが母親由来のアレルの最適量よりも高くなる．哺乳類のゲノム刷込みがこのことから進化したとするのがコンフリクト説である（Moore & Haig, 1991）．数理的研究によって，最初は親の由来によらず同じだけ発現していたひとつのアレルが，親の由来に基づいて発現するようになり，最終的には片方だけが発現するようになることが示され

ている (Mochizuki, *et al.*, 1996).

　X染色体上にある遺伝子については，常染色体上の遺伝子とは異なり，性による違いをコードするような淘汰圧が働く．その結果，コンフリクト説とは異なる機構によって進化したと考えられている．

**D. 異型配偶**

　配偶子に卵という大型のものと精子という小型のものに分化するにあたり，細胞質遺伝子の間にコンフリクトがはたらいたとする説もある．

　　　　　　　　　　　　　　　　　（巌佐 庸）

# 第 19 章
# 分 子 進 化

| | | |
|---|---|---|
| 19.1 | 分子進化速度 | 田村浩一郎 |
| 19.2 | 進化パターンによる速度の違い | 小林由紀・鈴木善幸 |
| 19.3 | 同義置換速度と非同義置換速度 | 小林由紀・鈴木善幸 |
| 19.4 | 進化速度の一定性（分子時計） | 竹崎直子 |
| 19.5 | 世代あたり，年あたり，細胞分裂あたりの進化速度 | 田村浩一郎 |
| 19.6 | 分子進化学 | 大田竜也 |
| 19.7 | 塩基配列とアミノ酸配列データの解析 | 大田竜也 |
| 19.8 | 対立遺伝子頻度データの解析 | 竹崎直子 |
| 19.9 | 分子系統樹の推定 | 田村浩一郎 |
| 19.10 | データベースの利用 | 池尾一穂 |

## 19.1 分子進化速度

### A. 分子進化速度の一定性

Zuckerkandl & Pauling (1965) は，哺乳類のヘモグロビンやシトクローム $c$ のアミノ酸配列データの比較から，どのタンパク質においても分子進化速度は系統間でおおむね一定であると提唱した．この分子進化速度の一定性は「分子時計 (molecular clock)」の基盤となるものであるが，異なるふたつの観点から大きな論争の火種となった．ひとつは進化速度が一定であるという概念が，形態学や生理学的観点からみた生物の進化速度の不規則性とは対照的で，また，分子時計によって推定されたヒトと類人猿の分岐年代が，それまで考えられていたよりもずっと最近のことであると示唆された点で，もうひとつは，分子進化速度の一定性が分子進化中立説のひとつの証拠としてとり上げられた点である．現在では，ヒトと類人猿の分岐年代はおおむね分子時計によって示された年代であること，一方では正の自然選択 (Darwinian selection) による分子進化も明らかにされたが，分子進化の大部分は中立進化であることがコンセンサスとして確立している．しかし，以下に示すように，分子進化速度には多種多様な要因が複雑に作用するため，分子進化の一定性とは決してグローバルな分子時計が存在することを意味するわけではない．むしろすべての要因が一定，あるいは複数の要因が打ち消しあうことによって一定に保たれるローカルな範囲のものであると考えるほうが妥当である．

分子進化速度を決定する要因は多種多様であるが，それらは突然変異と自然選択のふたつに大別することができる．突然変異はアクセルの役目を担い，すべての分子進化の原因となる遺伝的変化を生み出す．そのため，突然変異率が高くなれば必然的に分子進化速度も高くなることが期待される．しかし，生じた突然変異がすべて進化に通じるわけではない．突然変異による遺伝情報の改変が生命に重大な障害をもたらすと，その個体は集団中から排除され，生じた突然変異が進化に寄与することはない．自然選択による排除の圧力が強ければ強いほど，突然変異が集団中に残る「固定確率 (fixation probability)」は低くなり，進化速度も低くなる．自然選択のブレーキが進化速度を調節するのである．突然変異が個体の適応度に対して中立で自然選択の影響を受けない場合，中立理論により進化速度は突然変異率に等しくなることが示されている．突然変異が有害であれば進化速度は突然変異よりも遅くなり，逆に個体の適応度を上げるような有益なものであれば，正の自然選択によって進化速度が突然変異率を上回ると期待される．すなわち，遺伝子の分子進化速度を測定し突然変異率と比較することにより，その遺伝子にはたらく自然選択の方向と強さが測定できることになる．このような背景から，中立塩基置換速度（＝点突然変異率）と遺伝子・遺伝子内部分領域の塩基置換速度の推定，およびそれらの比較による自然選択の検証が，分子進化学における中心的な課題のひとつとなっている．

中立塩基置換速度の推定は，塩基配列データの豊富さと化石データによる種分岐年代の正確さから，哺乳類において先行してきた．同義置換速度やイントロン，偽遺伝子における塩基置換速度を推定したところ，いずれも年あたり塩基座あたり $1 \sim 5 \times 10^{-9}$ となり，この値が哺乳類核DNAにおける中立塩基置換速度であるとみなされている．しかし，この値は哺乳類全体の平均的なもので，遺伝子間，系統間で差がみられる．たとえば，遺伝子間ではミオシン $\beta$ 鎖遺伝子 ($2.2 \times 10^{-9}$) とヒストン3遺伝子 ($4.5 \times 10^{-9}$) では2倍程度の差がある．系統間では，霊長類よりも齧歯類のほうが高く，霊長類のなかではヒトよりも旧世界猿のほうが高いことが知られている．中立塩基置換速度の系統差の原因としては，細胞分裂にともなうDNA複製頻度と，DNA損傷およびその修復効率が考えられる．哺乳類では，一般に世代時間が短い動物ほどDNA複製頻度が高く，それにともなう塩基置換速度も高いと期待される．また，DNA損傷には基礎代謝率が影響することが知られている．世代時間が短い動物ほど体が小さく基礎代謝率が高い傾向にあり，塩基置換速度は高くなると考えられる．いずれの要因も霊長類より齧歯類，ヒトより旧世界猿で塩基置換速度が高いことと

一致する．一方，中立塩基置換速度はショウジョウバエで$11 \times 10^{-9}$，陸上植物でも$2\sim8\times10^{-9}$であるので，広範囲の真核生物においておおよそ一定であるともいえる．

**B. 分子進化速度のバリエーション**

突然変異率の違いによる塩基置換速度の違いは，核DNAとオルガネラDNAの進化速度の差やウイルスゲノムの進化に顕著にみることができる．哺乳類のミトコンドリアDNA（mtDNA）の中立塩基置換速度（$5.7\times10^{-8}$）は核DNAの約10倍で，Dループ領域では，さらにその10倍くらい高い．これは，mtDNAの複製が細胞分裂時以外にも行なわれ，またミトコンドリア内の酸化的環境がDNA損傷をひき起こしやすいことが原因である．mtDNAの塩基置換速度と基礎代謝率との相関関係は後者を支持するものである．Dループ領域では，DNAの片方の鎖にRNAプライマーが常に対合することにより，もう一方の鎖は変異性が高く修復されにくい一本鎖として存在することが加わる．一方，陸上植物では対照的に，mtDNAの塩基置換速度は核DNAの約1/12，葉緑体DNAの約1/3でもっとも低い．ウイルスゲノムの進化速度の多様性はさらに大きい．ウイルスのなかには，複製の鋳型にRNAを利用するものがあり，その場合の塩基置換速度は極端に高い．たとえば，RNAウイルスであるインフルエンザAウイルスや，レトロウイルスであるHIVの中立塩基置換速度は年あたり塩基座あたり$10^{-3}$の桁で，哺乳類の核DNAにおける中立塩基置換速度の約百万倍である．これらは，それぞれRNAを鋳型とするRNA依存性RNAポリメラーゼやRNA依存性DNAポリメラーゼ（逆転写酵素）による複製時の点突然変異率が非常に高いことが原因である．

分子進化速度に対する自然選択の影響は，典型的に異なる遺伝子の間や遺伝子内の異なる領域の間での塩基置換速度の差異として観察される．タンパク質コード遺伝子における非同義塩基置換の速度は遺伝子によって大きく異なり，免疫グロブリン，インターフェロン，リラキシンでは$1\sim4\times10^{-9}$で同義置換速度と大差ないが，ヒストン，アクチン，リボソームタンパク質では同義置換速度の1/100程度である．後者のタンパク質は，細胞の生命活動にとって重要な遺伝子であるためアミノ酸配列に対する機能的制約が強く，ほとんどの突然変異は自然選択によって集団中から除外される．ひとつの遺伝子内では，アミノ酸配列に影響しない同義塩基座，イントロン，3'近傍領域における塩基置換速度は偽遺伝子と同様，中立塩基置換速度にほぼ等しく，アミノ酸置換をともなう非同義塩基座の塩基置換速度は，通常，中立塩基置換速度より低い．その他の5'近傍領域，非翻訳転写領域の塩基置換速度も中立塩基置換速度より低い．これらの領域はアミノ酸配列には関係しないが，遺伝子発現の調節にかかわる配列を含んでいるため，それらに対する制約によって塩基置換速度が低くなっていると考えられる．また，同義置換にも自然選択がはたらき，中立塩基置換速度より低く抑えられている場合もある．これは，同じアミノ酸をコードする同義コドンの間でも，対応するtRNAの量の違いなどによって翻訳効率に差が生じ，それが自然選択の対象となるためである．しかし，このような自然選択は非常に微弱であるため，バクテリア，酵母，ショウジョウバエなど，集団サイズが非常に大きい（自然選択がかかりやすい）生物で，しかも発現量が多い遺伝子にのみみられる現象である．一方，主要組織適合性複合体（MHC）の抗原認識部位では，正の自然選択により非同義置換の速度が中立塩基置換速度を大きくこえることが知られている．

**C. 分子進化速度の推定**

分子進化速度を推定するためには，進化過程で相同配列間に生じた塩基置換あるいはアミノ酸置換の数を推定する必要がある．推定された置換数を化石や生物地理学的情報から得られる絶対時間で除算することにより，相同配列間の置換速度が計算される．通常，同一座位に複数回生じる多重置換により，相同配列間で観察される差異数は置換数を下回る．そこで，DNA塩基置換数の推定では，相同配列間の差異数から塩基置換数を推定するための統計学的方法が，置換パターンの数理モデルに基づいた微分方程式を解くことにより導き出される．塩基置換モデルでは，トランジションとトランスバージョ

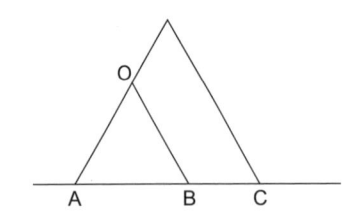

**図1** 相対速度検定に用いられる系統樹
OはAとBの共通祖先，Cは外群を示す．

ンのように速度が異なる置換を異なる変数として反映し，微分方程式の解法が存在することが重要である．木村の2変数モデル，長谷川・岸野・矢野のモデル，田村・根井モデルなどが知られている．一方，アミノ酸置換数推定においては，アミノ酸置換の種類（$20 \times 19 = 380$）が非常に多いため，データごとに置換パターンを推定するのは困難である．PAM，JTT，WAGなど，多くのデータから経験的に得られた置換パターン（置換行列）を使用するのがふつうである．

系統間の進化速度の違いを検出するための方法として，「相対速度検定（relative rate test）」が知られる．図1のO-A系統，O-B系統の進化速度（$K_{OA}$, $K_{OB}$）は，外群Cを含む配列間の進化距離 $K_{AB}$, $K_{AC}$, $K_{BC}$ を用い，それぞれ $K_{OA} = (K_{AB} + K_{AC} - K_{BC})/2$, $K_{OB} = (K_{AB} + K_{BC} - K_{AC})/2$ によって求め，比較することができる．この方法により，ヒトとチンパンジーや霊長類と齧歯類の間などで分子進化速度の比較が行なわれた．

[引用文献]

Li W-H. (1997) *Molecular Evolution*, Sinauer Associates.

Zuckerkandl E. & Pauling L. (1965) Evolutionary divergence and convergence in proteins. in Bryson B. & Vogel H. ed., *Evolving genes and proteins*, pp. 97-166, Academic Press.

（田村浩一郎）

## 19.2　進化パターンによる速度の違い

### A.　形態進化と分子進化

地球上には多様な生物が多様な環境下で生息している．これらの生物は表現型に共通の特徴をもつことがあり，共通祖先から進化してきたと考えられる．このことから，分子レベルの研究が行なわれる以前では，生物進化の研究は化石生物や現生生物の形態比較が主流な解析方法であった．しかし自然界では，遠縁の生物でも似たような環境下におかれると，進化の過程で形態的に類似していく現象（収斂進化）がしばしば観察される．生物種間で観察される形態的な類似性が共通祖先に由来するものなのか，もしくは収斂進化によるものなのかを区別することは難しく，形態比較のみで生物種間の系統関係や進化の過程を推測すると誤りが発生することがあった．

近年，塩基配列やアミノ酸配列の解析技術の発展によって，これらの情報に関する大量のデータが得られるようになった．アミノ酸配列は，生物の形態や酵素を構成して生命を維持する重要な生体物質であるタンパク質の情報を担い，表現型を決定している．しかしながら，アミノ酸配列は塩基配列上でコドンの並びとしてコードされているため，表現型の変化は塩基配列上の突然変異に起因すると考えることができる．塩基配列やアミノ酸配列のレベルにおいては，進化に寄与する突然変異の多くは，個体の適応度をほとんど変化させない中立なものであり，その集団内における頻度は，偶然的要因に左右されながら変動すると考えられている．したがって，塩基配列やアミノ酸配列における突然変異が集団内に固定して（この現象を「置換」という）蓄積していく過程においては，収斂進化はあまり起こらない（発散進化）と考えられ，生物種間で塩基置換やアミノ酸置換を解析することによって，生物進化の歴史や進化機構をより正確に推測できると考えられる．その解析は，通常，異なるふたつの生物種間で塩基やアミノ酸の置換数を推定し，その情報を基に分子系統樹を作成することによって行なわれる．そのため，種が分岐してから蓄積した置換数を正しく推定する

ことが，生物の系統関係を正しく評価するうえで重要となる．

### B. 置換数の推定法

もっとも単純な置換数は，ふたつの配列の比較において観察される異なる座位の割合（p 距離）として推定することができる．しかし，比較する生物種の分岐年代が古くなると，ひとつの座位で複数の塩基置換もしくはアミノ酸置換が生じる，多重置換が起きている可能性が高くなる．この場合，多重置換を考慮しないと置換数を過小評価してしまうため，多重置換を考慮しながら置換数を推定する，補正距離が考案されている．しかしその際には，塩基置換やアミノ酸置換は進化のパターンによって速度が異なるために，解析する塩基配列あるいはアミノ酸配列がどのように進化してきたのかという置換モデルをあらかじめ仮定する必要がある（19.3 項参照）．

### C. 置換パターン

塩基置換においては，プリン同士もしくはピリミジン同士の間の置換である転位型塩基置換（transition）（A↔G, T↔C）が，プリンとピリミジンの間の置換である転換型塩基置換（transversion）（T, C ↔ A, G）よりも速く生じることがわかっている．たとえば，転位型塩基置換速度と転換型塩基置換速度の比（$\kappa$）は，偽遺伝子ではおよそ 2 であることが明らかにされている（Gojobori et al., 1982）．また，ヒトのミトコンドリア DNA は他の生物種と比較して転位型塩基置換が高頻度に起きており，$\kappa$ はおよそ 15 であった（Brown et al., 1982; Tamura & Nei, 1993）．それに加え，生物種間でコドン使用のバイアスや突然変異バイアスが異なるために，ゲノムの塩基組成を比較すると，種特有の G+C 含量や GC および AT の偏り（GC skew, AT skew）が観察される（Vetsigian & Goldenfeld, 2009）．

アミノ酸置換においても，物理化学的な性質が異なるアミノ酸の間よりも性質が類似したアミノ酸の間で置換が頻繁に起こることがわかっている．Dayhoff らは 71 種類のタンパク質のアミノ酸配列の観察データから，20 種類のアミノ酸の間で起こる置換確率を経験的に推定した（Dayhoff et al., 1972）．このアミノ酸置換行列は，PAM（point accepted mutation）行列とよばれ，分子進化解析で広範囲に利用されている．しかし，アミノ酸置換はタンパク質の構造に影響を与えるため，アミノ酸の置換バイアスはタンパク質の種類によって異なることも明らかにされている（Singer & Hickey, 2000）．

### D. 置換速度

また，ゲノム配列上で機能的に重要な領域とそうでない領域の間では進化的な制約が異なるために置換速度が異なる．たとえば，タンパク質コード領域は非コード領域よりも一般に負の自然選択が強く作用するため塩基置換速度が遅く，さらにその速度はタンパク質の種類によって大きく異なっている（Miyata et al., 1980）．

また，ひとつのタンパク質においても機能的な制約がアミノ酸座位間で異なるために，置換速度も座位間で異なっている．たとえば，タンパク質ドメインなど酵素やホルモンといった他のタンパク質と相互作用する領域では構造機能的な制約が強く置換速度は遅いが，アミノ酸変異がタンパク質の構造機能に影響しにくい領域では制約が緩んでいるために，アミノ酸置換が蓄積しやすい（Streisfeld & Rausher, 2007）．さらに，アミノ酸の座位によっては置換が起こるとタンパク質の機能が損なわれるために，アミノ酸変異が分子進化の結果としては残らない不変座位（invariable site）も存在する．

ひとつのコドンサイトだけに注目しても，多くのアミノ酸はコドン縮重によって複数のコドンでコードされるため，コドンのポジションによって塩基の置換速度が異なっている．コドンの第三ポジションで起こりうる多くの塩基置換はアミノ酸を変えない同義置換であるが，第二ポジションで起こりうる塩基置換はすべてがアミノ酸を変える非同義置換であり，第一ポジションで起こりうる多くの塩基置換も非同義置換である．そのため，第三ポジションの塩基置換は第一ポジションおよび第二ポジションの塩基置換に比べて負の自然選択の影響をあまり受けないことから置換速度が速く，第二ポジションの塩基置換は純化選択の対象になりやすいことから置換速度が遅い．

表 1  塩基置換モデル

(1) Jukes-Cantor モデル

|   | A | T | C | G |
|---|---|---|---|---|
| A | − | $\alpha$ | $\alpha$ | $\alpha$ |
| T | $\alpha$ | − | $\alpha$ | $\alpha$ |
| C | $\alpha$ | $\alpha$ | − | $\alpha$ |
| G | $\alpha$ | $\alpha$ | $\alpha$ | − |

(2) Kimura モデル

|   | A | T | C | G |
|---|---|---|---|---|
| A | − | $\beta$ | $\beta$ | $\alpha$ |
| T | $\beta$ | − | $\alpha$ | $\beta$ |
| C | $\beta$ | $\alpha$ | − | $\beta$ |
| G | $\alpha$ | $\beta$ | $\beta$ | − |

(3) Hasegawa-Kishino-Yano (HKY) モデル

|   | A | T | C | G |
|---|---|---|---|---|
| A | − | $\beta g_T$ | $\beta g_C$ | $\alpha g_G$ |
| T | $\beta g_A$ | − | $\alpha g_C$ | $\beta g_G$ |
| C | $\beta g_A$ | $\alpha g_T$ | − | $\beta g_G$ |
| G | $\alpha g_A$ | $\beta g_T$ | $\beta g_C$ | − |

(4) General time reversible モデル

|   | A | T | C | G |
|---|---|---|---|---|
| A | − | $a g_T$ | $b g_C$ | $c g_G$ |
| T | $a g_A$ | − | $d g_C$ | $e g_G$ |
| C | $b g_A$ | $d g_T$ | − | $f g_G$ |
| G | $c g_A$ | $e g_T$ | $f g_C$ | − |

上の行列は，塩基 $i$（左端）から $j$（上端）に置換する速度を表している．
$g_A$, $g_T$, $g_C$, $g_G$ は解析するデータにおける塩基の平衡頻度．
(Jukes & Cantor, 1969; Kimura, 1980; Hasegawa et al., 1985, Taveré, 1986 より)

## E. 置換モデル

以上のような進化パターンを考慮して置換数を推定するために，さまざまな置換モデルが考案されてきた．その一部を表1に紹介する．仮定される置換モデルによって算出される置換数が異なってくるため，置換数を正しく推定するためには，解析するデータに合った置換モデルを用いる必要がある．そこで，階層的尤度比検定（hLRT）(Huelsenbeck & Crandall, 1997)，動的尤度比検定（dLRT）(Posada & Crandall, 2001)，赤池情報量基準（AIC），ベイズ情報量基準（BIC），決定理論法（DT）(Minin et al., 2003) などを用いた置換モデルの推定法が考案されている (Posada, 2008)．

しかし，実際の生物の進化はこれらのいかなる置換モデルよりも複雑であると考えられる．たとえば，これらの置換モデルは置換速度が進化の過程で一定であることを根底としているが（Homotachy），実際には塩基やアミノ酸の置換速度は進化の過程で変化している（Heterotachy）(Lopez et al., 2002)．また，哺乳類の遺伝子では，CpG ジヌクレオチドのシトシンが DNA のメチル化機構によってメチル化シトシンに変換されやすく，またメチル化シトシンが脱アミノ反応によってチミンに変異したときに修復されにくいことにより，CpG から TpG (CpA) への置換は他の置換よりも10倍以上速く生じ，CpG ジヌクレオチドが進化の過程で減少してきている（CpG hypermutability）(Lunter & Hein,

2004; Sved & Bird, 1990)．そのため，CpG を介して生じる進化では，塩基置換が急速に速まっている時期があることを考慮しなければならない．

生物の進化は非常に複雑であり，実際に起きた進化を再現することは困難であると考えられる．置換モデルはあくまでも生物の進化を数学モデルで仮定したものにすぎず，実際の置換数を正確に推定することは大変難しいことを常に念頭におきながら解析を行なうことが重要である．しかし，塩基配列やアミノ酸配列が容易に決定できる時代になったので，これらのデータ解析からさらに詳細な進化機構が明らかにされることに期待したい．

[引用文献]

Brown W. M. et al. (1982) Mitochondrial DNA sequences of primates: tempo and mode of evolution. *J. Mol. Evol.*, vol. 18, pp. 225-239.

Dayhoff M. O. et al. (1972) Atlas of Protein Sequence and Structure, The National Biomedical Research Foundation, vol. 5.

Gojobori T. et al. (1982) Patterns of nucleotide substitution in pseudogenes and functional genes. *J. Mol. Evol.*, vol. 18, pp. 360-369.

Hasegawa M. et al. (1985) Dating of the human-ape splitting by a molecular clock of mitochondrial DNA. *J. Mol. Evol.*, vol. 22, pp. 160-174.

Huelsenbeck J. P. & Crandall K. A. (1997) Phylogeny estimation and hypothesis testing using maximum likelihood. *Annu. Rev. Ecol. Syst.*, vol. 28, pp. 437-466.

Jukes T. H. & Cantor C. R. (1969) Evolution of protein molecules. in Munro H. N. ed., *Mammalian Protein*

*Metabolism*, pp. 21-132, Academic Press.

Kimura M. (1980) A simple method for estimating evolutionary rate of base substitutions through comparative studies of nucleotide sequences. *J. Mol. Evol.*, vol. 16, pp. 111-120.

Lopez P. *et al.* (2002) Heterotachy, an important process of protein evolution. *Mol. Biol. Evol.*, vol. 19, pp. 1-7.

Lunter G. & Hein J. (2004) A nucleotide substitution model with nearest-neighbour interactions. *Bioinformatics*, vol. 20 (Suppl.1), pp. i216-223.

Minin V. *et al.* (2003) Performance-based selection of likelihood models for phylogeny estimation. *Syst. Biol.*, vol. 52, pp. 674-683.

Miyata T. *et al.* (1980) Nucleotide sequence divergence and functional constraint in mRNA evolution. *Proc. Natl. Acad. Sci. USA*, vol. 77, pp. 7328-7332.

Posada D. (2008) jModelTest: phylogenetic model averaging. *Mol. Biol. Evol.*, vol. 25, pp. 1253-1256.

Posada D. & Crandall K. A. (2001) Selecting the best-fit model of nucleotide substitution. *Syst. Biol.*, vol. 50, pp. 580-601.

Singer G. A. & Hickey D. A. (2000) Nucleotide bias causes a genomewide bias in the amino acid composition of proteins. *Mol. Biol. Evol.*, vol. 17, pp. 1581-1588.

Streisfeld M. A. & Rausher M. D. (2007) Relaxed constraint and evolutionary rate variation between basic helix-loop-helix floral anthocyanin regulators in Ipomoea. *Mol. Biol. Evol.*, vol. 24, pp. 2816-2826.

Sved J. & Bird A. (1990) The expected equilibrium of the CpG dinucleotide in vertebrate genomes under a mutation model. *Proc. Natl. Acad. Sci. USA*, vol. 87, pp. 4692-4696.

Tamura K. & Nei M. (1993) Estimation of the number of nucleotide substitutions in the control region of mitochondrial DNA in humans and chimpanzees. *Mol. Biol. Evol.*, vol. 10, pp. 512-526.

Tavare S. (1986) Some probabilistic and statistical problems in the analysis of DNA sequences. in Miura R. M. ed., *Some mathematical questions in biology – DNA sequence analysis*, Amer. Math. Soc., pp. 57-86.

Vetsigian K. & Goldenfeld N. (2009) Genome rhetoric and the emergence of compositional bias. *Proc. Natl. Acad. Sci. USA*, vol. 106, pp. 215-220.

〔小林由紀・鈴木善幸〕

## 19.3 同義置換速度と非同義置換速度

### A. 同義置換，非同義置換とは

コドン表によると，多くのアミノ酸は異なる複数のコドンによってコードされる（コドン縮重）．そのため，タンパク質をコードする塩基配列に生じる塩基置換は，アミノ酸を変えない同義置換（synonymous substitution）と，アミノ酸を変える非同義置換（nonsynonymous substitution）に分類することができる．タンパク質は生物の機能的分子であり，表現型を決定しているため，自然選択はアミノ酸配列レベルの変化に強く作用すると考えられる．このことから，非同義置換は自然選択の影響を受けやすく，同義置換は自然選択の影響をあまり受けないと考えられる．

### B. 自然選択と置換速度

一般に，自然選択がはたらかない中立な突然変異による塩基置換速度は，中立な突然変異率と等しくなることが証明されている．また，突然変異率が同じであれば，塩基置換速度は正の自然選択がはたらくと中立な場合に比べて速くなり，負の自然選択がはたらくと中立な場合に比べて遅くなることがわかっている．

同義置換や非同義置換の速度の解析は，多くの場合，2本の相同なタンパク質をコードする塩基配列間で観察される同義置換数（$d_S$）および非同義置換数（$d_N$）を推定することによって行なわれる．コドンの第三ポジションで起こりうる塩基置換の多くは同義置換であるのに対して，第一および第二ポジションで起こりうる塩基置換のほとんどは非同義置換である．そのためタンパク質をコードする塩基配列においては，一般に同義置換を起こしうる座位（同義座位）よりも非同義置換を起こしうる座位（非同義座位）が多く存在しており，$d_S$ は同義座位あたりの塩基置換数，$d_N$ は非同義座位あたりの塩基置換数として定義される．

$d_S$ と $d_N$ を計算する方法としてはさまざまなものが考案されてきたが，それらはおもに，① 変異確

率法（Miyata & Yasunaga, 1980; Nei & Gojobori, 1986），② 縮重分類法（Li et al., 1985; Pamilo & Bianchi, 1993; Li, 1993），③ コドン置換モデル法（Goldman & Yang, 1994; Muse & Gaut, 1994）に分類される．

### C. 同義置換速度

上述のとおり，生物における主要な機能分子はタンパク質であるので，自然選択は非同義置換に強くはたらき，同義置換にはあまりはたらかないと考えられる．したがって，同義置換速度は中立的な塩基置換速度とほぼ同じであると予測される．実際，同義置換の速度は，非同義置換速度が異なっていても，遺伝子間・生物種間でほぼ同じである（Miyata et al., 1980）．しかし，コドン使用バイアスや他の機能的な制約によって塩基配列レベルで自然選択がはたらいている場合は，同義置換速度は遺伝子間・生物種間で異なってくる．

たとえば，大腸菌，出芽酵母，ショウジョウバエなどの遺伝子解析によって，コドン使用バイアスはmRNAの発現量が高い遺伝子ほど強くはたらくことが明らかにされている（Sharp et al., 1995; Berg & Kurland, 1997; Akashi & Eyre-Walker, 1998）．これは，コドンを細胞内で相対量の多い tRNA に対応させることによってアミノ酸の翻訳が速やかに行なわれる方向に自然選択がはたらいているためと考えられている．一方，発現量が低い遺伝子ではコドン使用バイアスはあまり観察されない．さらに，ショウジョウバエの遺伝子解析によって，コドン使用バイアスは遺伝子長が長い遺伝子よりも短い遺伝子に強くはたらき，遺伝子長が長くなるほど同義置換速度が速くなることが明らかにされている（Comeron & Aguad, 1996; Marais & Duret, 2001）．

脊椎動物では，コドン使用バイアスは染色体上の遺伝子の位置によって異なっている．哺乳類や鳥類などのゲノムにはアイソコア（isochore）とよばれるGC含量が異なる領域がモザイク状に存在しており，アイソコアのGC含量は約30％の乏しい領域から約60％の豊富な領域まで分布している（Bernardi, 1993）．アイソコア上にコードされている遺伝子のコドンは第三ポジションのGC含量がアイソコア全体のGC含量に近いことから，アイソコア上のコドンの第三ポジションは塩基配列レベルでの突然変異パターンを反映して進化してきたことが推測されている（Bernardi, 2000）．

また，mRNA の 2 次構造を構成している領域の同義置換速度は他の領域と比べて遅いことが明らかにされている．これは塩基置換が mRNA の安定性を低下させるためであり，このような領域では同義置換にも負の自然選択がはたらいていると考えられる（Chamary & Hurst, 2005）．さらに，エキソンのスプライシングエンハンサー領域においても，同義置換は負の自然選択を受けて進化してきたことが推測されている（Parmley et al., 2006）．

### D. 非同義置換速度

非同義置換はアミノ酸配列レベルでおもに負の自然選択を受けるため，その速度は同義置換速度と比較して遅く，さらに機能的制約の大きさによってタンパク質ごとに，あるいはアミノ酸座位ごとに大きく異なっている（Miyata et al., 1980）．一般に，生命を維持するのに不可欠な機能をもつ遺伝子ほど制約が強くはたらくために，その非同義置換速度は制約が少ない遺伝子と比べて遅くなる．たとえば，ヒストンは生物種間で保存性が高いが，血液凝固の際にフィブリノーゲンから切り離されるフィブリノペプチドは，切り離されたあとは機能をもたないことから，進化の過程で非同義置換が頻繁に生じている（Dickerson, 1971）．また，他のタンパク質と相互作用するタンパク質は，機能が損なわれると相互作用する相手のタンパク質の機能も損なわれてしまうために，制約が強くはたらいている．たとえば，代謝にかかわる酵素やシグナル伝達にかかわるタンパク質などの，細胞内でタンパク質-タンパク質相互作用ネットワークを形成しているタンパク質は，相互作用するタンパク質の種類が多くなるほど非同義置換速度が遅くなることが明らかにされている（Fraser et al., 2002）．同様に，同一の遺伝子内でもタンパク質の機能部位や他のタンパク質と相互作用するドメインは非同義置換速度が遅い（Dickerson, 1971）．非同義置換速度はmRNAの発現量が高い遺伝子ほど遅くなることも明らかにされている（Drummond *et al.*, 2005).

　一方，タンパク質の機能的制約が緩んだり，遺伝子に正の自然選択がはたらくと，非同義置換速度が速くなる場合がある．たとえば，遺伝子重複が生じると，アミノ酸変異が生じても重複した一方の遺伝子が正常であればタンパク質の機能を補うことができるので，重複した遺伝子は単一の遺伝子と比べて非同義置換が蓄積しやすくなる（Kondrashov & Kondrashov, 2006）．また，アミノ酸配列レベルで正の自然選択がはたらくと，非同義置換速度が同義置換速度よりも速くなることが知られている．そのため，非同義置換が同義置換よりも有意に多く生じている遺伝子は，正の自然選択を受けて進化してきたことが予測される．正の自然選択が検出できれば，生物の機能進化に寄与した遺伝子を推測することができるので，これまで多くの研究者によって正の自然選択の検出が行なわれてきた．

### E. 正の自然選択

　正の自然選択が検出された遺伝子としては，たとえば主要組織適合性抗原複合体遺伝子（MHC）の抗原認識部位（ARS）や（Hughes & Nei,1988），インフルエンザウイルスの抗原部位などがあげられる（Suzuki, 2006）．MHCはリンパ球に抗原提示を行なうことによって免疫応答を惹起し，生体内から細菌やウイルスなどの外来微生物を排除する．その際，ARSはレパートリーが多いほうがより多様な抗原を認識でき，適応度が高くなると考えられるので，平衡選択による正の自然選択を受けて進化してきたと考えられている．また，抗原部位のアミノ酸変異によって従来流行しているインフルエンザウイルスと異なる抗原性をもつ変異体ウイルスが産生されると，宿主の免疫機構は変異体ウイルスを認識できなくなるので，変異体ウイルスは免疫応答を回避して感染を成立させることができる．そのため，インフルエンザウイルスの抗原部位にはしばしば正の自然選択が検出される．

　しかし，実際に実験的に正の自然選択が証明される事例は少なく，配列解析によって正の自然選択が検出されても，その進化学的な意味は不明であることが多い．たとえば，ヒトとチンパンジーの13,454オーソログ遺伝子の解析では，585遺伝子が正の自然選択を受けたと推測されているが，これらの遺伝子がヒトやチンパンジーの進化にどのように寄与したのかはあまりわかっていない（Chimpanzee Sequencing & Analysis Consortium, 2005）．正の自然選択の進化学的な意味を明らかにするためには，実験や観察知見から検証することが重要であり，そのためには遺伝子の進化と表現型の進化を関連づけていくことが，今後の重要な課題のひとつである．

### [引用文献]

Akashi H. & Eyre-Walker A. (1998) Translational selection and molecular evolution. *Curr. Opin. Genet. Dev.*, vol. 8, pp. 688-693.

Berg O. G. & Kurland C. G. (1997) Growth rate-optimised tRNA abundance and codon usage. *J. Mol. Biol.*, vol. 270, pp. 544-550.

Bernardi G. (1993) The vertebrate genome: isochores and evolution. *Mol. Biol. Evol.*, vol. 10, pp. 186-204.

Bernardi G. (2000) Isochores and the evolutionary genomics of vertebrates. *Gene*, vol. 241, pp. 3-17.

Chamary J. V. & Hurst L. D. (2005) Evidence for selection on synonymous mutations affecting stability of mRNA secondary structure in mammals. *Genome Biol.*, vol. 6, pp. R75.

Chimpanzee Sequencing & Analysis Consortium (2005) Initial sequence of the chimpanzee genome and comparison with the human genome. *Nature*, vol. 437, pp. 69-87.

Comeron J. M. & Aguad M. (1996) Synonymous substitutions in the Xdh gene of Drosophila: heterogeneous distribution along the coding region. *Genetics*, vol. 144, pp. 1053-1062.

Dickerson R. E. (1971) The structures of cytochrome c and the rates of molecular evolution. *J. Mol. Evol.*, vol. 1, pp. 26-45.

Drummond D. A. *et al.* (2005) Why highly expressed proteins evolve slowly. *Proc. Natl. Acad. Sci. USA*, vol. 102, pp. 14338-14343.

Fraser H. B. *et al.* (2002) Evolutionary rate in the protein interaction network. *Science*, vol. 296, pp. 750-752.

Goldman N. & Yang Z. (1994) A codon-based model of nucleotide substitution for protein-coding DNA sequences. *Mol. Biol. Evol.*, vol. 11, pp. 725-736.

Hughes A. L. & Nei M. (1988) Pattern of nucleotide substitution at major histocompatibility complex class I loci reveals overdominant selection. *Nature*, vol. 335, pp. 167-170

Kondrashov F. A. & Kondrashov A. S. (2006) Role of selection in fixation of gene duplications. *J. Theor. Biol.*, vol. 239, pp. 141-151.

Li W. H. (1993) Unbiased estimation of the rates of synonymous and nonsynonymous substitution. *J. Mol. Evol.*, vol. 36, pp. 96-99.

Li W. H. *et al.* (1985) A new method for estimating synonymous and nonsynonymous rates of nucleotide substitution considering the relative likelihood of nucleotide and codon changes. *Mol. Biol. Evol.*, vol. 2, pp. 150-174.

Marais G. & Duret L. (2001) Synonymous codon usage, accuracy of translation, and gene length in Caenorhabditis elegans. *J. Mol. Evol.*, vol. 52, pp. 275-280.

Miyata T. & Yasunaga T. (1980) Molecular evolution of mRNA: a method for estimating evolutionary rates of synonymous and amino acid substitutions from homologous nucleotide sequences and its application. *J. Mol. Evol.*, vol. 16, pp. 23-36.

Miyata T. *et al.* (1980) Nucleotide sequence divergence and functional constraint in mRNA evolution. *Proc. Natl. Acad. Sci. USA*, vol. 77, pp. 7328-7332.

Muse S. V. & Gaut B. S. (1994) A likelihood approach for comparing synonymous and nonsynonymous nucleotide substitution rates, with application to the chloroplast genome. *Mol. Biol. Evol.*, vol. 11, pp. 715-724.

Nei M. & Gojobori T. (1986) Simple methods for estimating the numbers of synonymous and nonsynonymous nucleotide substitutions. *Mol. Biol. Evol.*, vol. 3, pp. 418-426.

Pamilo P. & Bianchi N. O. (1993) Evolution of the Zfx and Zfy genes: rates and interdependence between the genes. *Mol. Biol. Evol.*, vol. 10, pp. 271-281.

Parmley J. L. *et al.* (2006) Evidence for purifying selection against synonymous mutations in mammalian exonic splicing enhancers. *Mol. Biol. Evol.*, vol. 23, pp. 301-309.

Sharp P. M. *et al.* (1995) DNA sequence evolution: the sounds of silence. *Philos. Trans. R. Soc. London*, vol. 349, pp. 241-247.

Suzuki Y. (2006) Natural selection on the influenza virus genome. *Mol. Biol. Evol.*, vol. 23, pp. 1902-1911.

〈小林由紀・鈴木善幸〉

## 19.4 進化速度の一定性（分子時計）

### A. 分子時計仮説

「分子時計（molecular clock）」仮説はアミノ酸や塩基の置換速度が生物進化の過程でおよそ一定であるとするものである.

1960年代の前半にはヘモグロビン，シトクローム$c$，フィブリノペプチドなどのアミノ酸配列の比較により，それぞれのタンパク質のアミノ酸の置換速度がほぼ一定であることが報告された．その後DNA-DNAハイブリダイゼーション，免疫学的技法，1980年代以降はDNAの塩基配列を用いて分子時計の研究が行なわれた.

分子時計の有用性は，まず進化速度の一定性を仮定すると生物種の分岐時間の推定ができることにある．また，進化系統によって置換速度が異なっている場合にはその系統での進化機構の変化をあらわすものかもしれないし，あるタンパク質の進化速度が変わっている場合には適応進化や機能的制約の緩和などをあらわす可能性がある.

分子時計仮説は提案された当初，論争を巻き起こした．これは，アミノ酸や塩基の置換速度一定性がそれまでに知られていた形態学的形質の不規則な変化とは異なることや，そのメカニズムがわからなかったことによる．当時は進化の統合学説（ネオ・ダーウィニズム）が一般的であり，進化は環境の変化と自然選択によって起こると考えられていたので，進化速度の一定性は受け入れがたいものであった．これに対して，中立説ではDNAの多くの塩基の置換は中立突然変異と遺伝的浮動によって起こることが提唱された．この説では中立突然変異による置換速度は突然変異率となることが示された.

### B. 世代時間説（*generation time hypothesis*）

初期のDNA-DNAハイブリダイゼーションによる研究では，進化速度がマウスとラットのDNAで他の哺乳類よりも速く，ヒトのDNAで遅いことが示唆された．この結果から塩基置換は暦の時間の単位ではなくて，世代時間の単位で測られた速度で一

定であることが提案され，これは当時の分子時計についての考え方に強い影響を与えた．しかし，この結果は進化速度の推定に用いられた種間の分岐年代が疑わしいことや，その後の DNA の塩基配列による研究でも相対速度検定に用いられた群外種（以下の「C．相対速度検定」参照）の妥当性の問題などがあり論争が続いている．非同義置換速度は齧歯類のほうが霊長類よりも速いという研究結果や，CpG 部位では世代時間効果の影響を受けないが，それ以外の部位ではヒトの系統で塩基置換速度が低下しているとする最近の結果などがある．置換速度の違いについては，DNA-DNA ハイブリダイゼーションによって推定された進化速度が進化系統間でばらつきがあることから DNA の修復機能の違いによるという説や，ミトコンドリアのゲノムにコードされたタンパク質では魚類のアミノ酸置換速度は哺乳類よりも低いことから生物種の代謝率に依存するとする説も提案された．

個々の遺伝子については進化速度がある進化系統で変わっているものも多くみつかっている．長期的進化を考えた場合には，ゲノム上の遺伝子数の変化や環境条件の変化なども起こり，遺伝子の機能が変わってしまうこともあるので，普遍的な分子時計をもつ遺伝子を実際にみつけることは難しいであろう．しかし，ある生物のグループだけについて分子時計をもつ遺伝子でも分岐時間の推定には有用である．

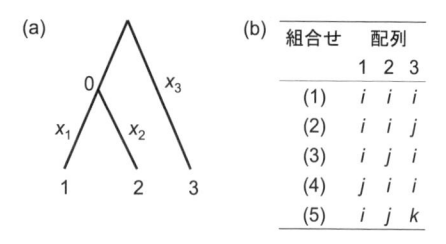

## C．相対速度検定

「相対速度検定（relative rate test）」は生物種の分岐時間の情報を必要としない分子時計の統計学的検定であり，群外種を用いてふたつの生物種の進化速度の一定性を検定する．

### a．モデルに基づく相対速度検定

図1aのように3個の配列1，2，3があり，配列3は群外で，配列1，2よりも先に分岐したことがわかっているとしよう．結節0から配列1，2，3への枝の長さ（アミノ酸または塩基の置換数）をそれぞれ $x_1, x_2, x_3$ とし，配列1と2，1と3，2と3の間のアミノ酸または塩基置換数の推定値を $d_{12}, d_{13}, d_{23}$ とすると，$d_{12} = x_1 + x_2$，$d_{13} = x_1 + x_3$，$d_{23} = x_2 + x_3$ が成り立つ．すると，それぞれの枝の長さは以下の

**図 1　相対速度検定**
(a) 配列 3 は群外で，配列 1，2 よりも先に分かれたことがわかっているものを用いる．$x_1, x_2, x_3$ は結節 0 から末端（配列 1，2，3）までの枝の長さ（アミノ酸または塩基の置換数）である．相対速度検定では，$x_1$ と $x_2$ の期待値が等しい $[E(x_1) = E(x_2)]$ かどうかを調べる．(b) 部位ごとの塩基の組合せ．配列 1，2，3 が同じ塩基をもつかどうかに注目する．$i, j, k$ は 4 種類の塩基のうち，それぞれ異なる塩基をあらわす．（根井 & Kumar，2006 より改変）

ように推定することができる．

$$x_1 = (d_{12} + d_{13} - d_{23})/2$$
$$x_2 = (d_{12} + d_{23} - d_{13})/2$$
$$x_3 = (d_{13} + d_{23} - d_{12})/2$$

配列1と2の枝で置換速度が一定であるとき，枝の長さ $x_1$ と $x_2$ が等しいことが期待される $[E(x_1) = E(x_2)]$．実際には，

$$D = x_1 - x_2 = d_{13} - d_{23}$$

について，0からのずれの統計的有意性を検定する．$D$ の分散は

$$V(D) = V(d_{13}) - 2Cov(d_{13}, d_{23}) + V(d_{23})$$

で与えられる．

$d_{13}$ と $d_{23}$ の分散 $V(d_{13}), V(d_{23})$，共分散 $Cov(d_{13}, d_{23})$ についてはさまざまな距離（置換数）の推定方法（置換モデル）ごとに式が与えられているので，詳しくは19.7項や参照文献を参考にしてほしい．$Z = D/\sqrt{V(D)}$ を計算すれば，$Z$ 検定により配列1と2の枝での置換速度の一定性を検定することができる．$D$ の値の0からのずれはブートストラップ検定でも調べることができる．この場合，上記のように $d_{13}$ と $d_{23}$ の分散，共分散を求める必要がないので便利である．

配列1と2の枝での置換速度の一定性の検定には最尤法も考案されている．$E(x_1) = E(x_2)$ という仮定をもつ場合とそうでない場合について $x_1, x_2, x_3$

を推定し，それぞれの場合の尤度比を自由度1の$\chi^2$分布に従うとして検定するものである．

### b. ノンパラメトリック検定

上記の相対速度検定は特定のアミノ酸や塩基の置換モデルや距離（置換数）の推定方法に基づいて行なわれるもので，置換モデルが実際のデータにあてはまらない場合には検定も妥当性を失う．しかし，以下に述べるノンパラメトリック検定（Tajima, 1993）では置換モデルを仮定する必要がない．

前と同じように，塩基配列1，2，3があり配列3が群外であるとき，ある塩基部位でこれらの配列が同じ塩基をもつかどうかに注目して塩基の組合せについて考えよう．$i, j, k$が4種類の塩基（T,C,A,G）のうち，それぞれ異なる塩基をあらわすとすると，図1bのように5通りの組合せが考えられる．配列1，2，3がそれぞれ塩基$i, j, k$をもつ塩基部位の数を$n_{ijk}$であらわすと，置換速度が配列1と2の枝で一定であるとき$n_{ijk}$と$n_{jik}$の期待値は等しくなければならない．すなわち，

$$E(n_{ijk}) = E(n_{jik})$$

である．これは，系統間で置換パターンが変わっている場合を除き，置換モデルによらず成り立つ．これがこの検定の考え方の基礎である．この検定では以下のような塩基の組合せをもつ部位の総数を考える．

$$m_1 = \sum_i \sum_{j \neq i} n_{ijj},$$
$$m_2 = \sum_i \sum_{j \neq i} n_{jij}$$

上記の考え方に基づくと，置換速度が一定のとき，$E(m_1) = E(m_2)$である．この帰無仮説は以下の統計量を用いて検定できる．

$$X^2 = \frac{(m_1 - m_2)^2}{m_1 + m_2}$$

この統計量は，近似的に自由度1の$\chi^2$分布に従う．この検定はアミノ酸配列にも応用できる．

### D. 系統樹を用いた検定

ここまでで述べた進化速度の一定性の検定は，ひとつの群外種を用いてふたつの生物種の分岐後の分子時計を検定するものだったが，モデルに基づく相対速度検定の方法を発展させ，多くの生物種の配列データについてそれらの系統樹の樹形を仮定して，最小二乗法や最尤法で枝の長さを推定し，進化速度の一定性を検定する方法が考案されている．進化速度の異なる生物種（配列）が検出された場合にはこの種を除き，進化速度一定性を仮定して枝の長さを推定する［線形化系統樹（linearized tree）］．系統樹上の結節のひとつで分岐時間の情報が化石データなどから得られるなら，これを「分子時間決定点（calibration point）」として，系統樹上の他の結節の時間を推定することができる．

### E. 分子時計が成り立たない場合の進化時間の推定

多くの配列で進化速度の違いがある場合，系統樹全体で分子時計を仮定すると，分岐時間の推定は信頼性の低いものになる．そこで，進化速度一定の仮定を緩和し，進化速度の相違を認めて分岐時間を推定する方法が考案されている．このような方法には，系統樹上のグループごとに進化速度が異なるとして最尤法で枝の長さを推定する方法（Yoder & Yang, 2000）や，枝ごとの進化速度に，系統樹上で近接する枝の進化速度がより似た値をとるという制約を設けノンパラメトリック法（たとえばSanderson, 1997）により推定する方法や，進化速度が近接する枝で自己相関する仮定などを設けベイズ法（たとえばThorne et al., 1998）を用いて推定する方法などがある．

[引用文献]

Sanderson M. J. (1997) A nonparametric approach to estimating divergence times in the absence of rate constancy. *Mol. Biol. Evol.*, vol. 14, pp. 1218-1231.

Tajima F. (1993) Simple methods for testing the molecular evolutionary clock hypothesis. *Genetics*, vol. 135, pp. 599-607.

Thorne J. L. et al. (1998) Estimating the rate of evolution of the rate of molecular evolution. *Mol. Biol. Evol.*, vol. 15, pp. 1647-1657.

Yoder A. D. & Yang Z. (2000) Estimation of primate speciation dates using local molecular clocks. *Mol. Biol. Evol.*, vol. 17, pp. 1081-1090.

[参考文献]

根井正利・Sudhir Kuma 著, 根井正利 監訳, 大田竜也・竹崎直子 訳（2006）『分子進化と分子系統学』培風館.

Hartl D. L. & Clark A. G.（2007）*Principles of Population Genetics*（4th ed.）, Sinauer Associates.

Li W-H.（1997）*Molecular Evolution*, Sinauer Associates.

（竹崎直子）

## 19.5 世代あたり，年あたり，細胞分裂あたりの進化速度

　伝統的な遺伝学では，突然変異率は世代あたりで測定したほうが，年あたりで測定するより生物種間で差が小さいことが知られていた．そのため，世代時間が短い種ほど年あたりの進化速度は速いと考えられていた．これは，「世代時間効果（generation-time effect）」として知られている．ところが，1970年代，アミノ酸配列データに基づく分子進化速度の推定が行なわれるようになると，それらの進化速度は年あたりでほぼ一定であることが示されるようになった．世代あたりと年あたりのどちらの分子進化速度がより一定しているかは，現在でも議論される問題でいまだ完全な解決には至っていない．しかし，多量のDNA塩基配列データが得られた現在，それらを用いた解析により，それぞれの分子進化速度について，一定になる要因が詳しく調べられるようになった．

　分子進化が世代あたり一定であるとする仮説は，分子進化につながる突然変異のおもな原因は，細胞分裂にともなうDNA複製時のエラーであるという仮定のうえに成り立っている．哺乳類の場合，世代時間が短い動物でも長い動物でも，一世代あたりの生殖細胞系列における細胞分裂回数には世代時間ほどの大きな差はない．この世代あたりの細胞分裂数の一定性が世代あたりの分子進化速度の一定性の理由であると説明される．一方，DNA損傷が突然変異のおもな原因であれば，それは細胞分裂とは無関係で，むしろ絶対時間である年あたりで一定になることの説明となる．DNA複製時のエラーが突然変異のおもな原因であるかどうかは，突然変異率を雌雄で比較することによって検証できる．マウスにおける世代あたりの雌性生殖細胞系列と雄性生殖細胞系列の分裂回数は，それぞれ約27回と約56回と推定されている．そのため，DNA複製時のエラーは，雄性生殖細胞系列で雌性生殖細胞系列の約2倍生じると期待される．一方，ヒトでは雌性生殖細胞系列の世代あたりの分裂回数は約33回，雄性生殖細

系列の分裂回数は世代時間によって大きな幅が生じるが，一世代を20年とした場合は約160と推定され，雌雄の比は約6となる．

このように生殖細胞系列の細胞分裂回数の違いにより，分子進化速度が雄で速くなる説は「雄駆動進化説（male-driven evolution hypothesis）」とよばれ，この差が実際に存在すればDNA複製時のエラーが突然変異のおもな原因であるとされる．雄駆動進化説は性染色体上にある遺伝子の進化速度を比較することによって検証された．性染色体が雄はXY，雌はXXの哺乳類では，Y染色体は常に雄の殖細胞系列を通して次世代に伝えられ，X染色体は1/3が雄，2/3が雌の生殖細胞を通る．もし雌雄の生殖細胞系列での進化速度に6倍の差があるとすると，Y染色体上の遺伝子の進化速度6に対して，X染色体上の遺伝子の進化速度は $6 \times 1/3 + 1 \times 2/3 = 2.7$ になり，進化速度のY/X比は $6/2.7 = 2.2$ となることが期待される．X染色体とY染色体上の重複相同遺伝子ZfxとZfyの間でイントロンの進化速度を測定した結果，Y/X比は約2.2となり期待値と一致した．また，このY/X比を霊長類と齧歯類で比較したところ，齧歯類のほうが値は小さく，この結果も雄駆動進化説の予想と一致した．このようにして分子進化のおもな原動力が細胞分裂時の突然変異であることが証明された．しかし，雄駆動進化説は分子進化が世代あたり一定であるとする仮説を必ずしも支持するものではなく，むしろ年あたり一定になることの説明となった．雄駆動進化説は，分裂回数が世代時間に比例する雄性生殖細胞系列で主に分子進化が起こり，世代あたりの分裂回数の一定性が高い雌性生殖細胞系列は進化速度への影響が小さいことを示すからである．このように細胞分裂あたりの進化速度は一定していると考えられているが，それは世代あたり年あたりどちらの進化速度の一定性の説明にもなりえる．

一方，DNA損傷が突然変異のおもな原因となることを示唆する例はそれほど多くない．そのなかのひとつは「基礎代謝率仮説（metabolic rate hypothesis）」とよばれ，基礎代謝率が高いほどDNA損傷効果の高い酸素ラジカルが細胞内に多く生産され，突然変異率が高くなるというものである．この仮説は，実際に細胞内の約95％の酸素が消費されるミトコンドリアにあるトコンドリアDNAにおいてあてはまる．しかし，基礎代謝率は世代時間と強い負の相関関係があり，基礎代謝率と世代時間のどちらの効果によって進化速度が高くなっているのかは不明である．どちらか一方だけでは説明できない場合が多く，両方の相乗効果によるものと考えられている．

［参考文献］

Miyata T. et al. (1987) Male-driven molecular evolution: A model and nucleotide sequence analysis. *Cold Spring Harbor Symposia on Quantitative Biology*, vol. 52, pp. 863-867.

Shimmin L. C. et al. (1993) Male-driven evolution of DNA sequences. *Nature*, vol. 362, pp. 745-747.

Martin A. P. & Palumbi S. R. (1993) Body size, metabolic rate, generation time, and the molecular clock. *Proc. Nat. Acad. Sci. USA*, vol. 90, pp. 4087-4091.

Li W.-H et al. (1996) Rates of nucleotide substitution in primates and rodents and the generation-time effect hypothesis. *Mol. Phyl. Evol.*, vol. 5, pp. 182-187.

（田村浩一郎）

## 19.6 分子進化学

### A. 分子進化学概要

分子進化学は核酸の塩基配列やタンパク質・ペプチドのアミノ酸配列などの生命情報分子に刻まれている情報を基に生命の進化を研究する学問である．分子進化学のおもな目的は生命の進化史とそれを支える進化の機構を明らかにすることにある．特に生命情報分子を用い生物の進化史を明らかにすることは分子系統学として発展している．

現存の生物は単一の祖先に由来しその遺伝媒体として核酸を利用している．そのため，すべての生物の進化を核酸あるいはそれに派生するタンパク質を用いたひとつの体系で解析することができる．これが分子進化学のひとつの大きな特徴である．進化速度の異なるさまざまな遺伝子を適切に解析することで，ひとつの種内の集団間やひとつの属内の種間を比較するような時間の短い進化から，異なる生物界を代表する生物を比較するような時間の長い進化まで多様な階層での生命の進化を調べることができる．形態や生理からみて形質が大きく異なる生物（たとえば数十億年前に分化した真正細菌，古細菌，真核生物）を比較することも可能であり，分子進化学は多くの難解な進化問題をこれまで解いてきた．

生物間でみられる塩基配列の差異は遺伝子に偶然に生じた突然変異に起因している．しかし，現存するゲノムに残されているのは突然変異のごく一部のみである．個々の進化系統においてそれぞれの環境で自然選択を受け残されてきたものが現存の生物のゲノムである．さまざまな生物のゲノムを比較し潜在する情報を読み解くことで遺伝子あるいはゲノムの進化様式を明らかにできるが，さらに遺伝子がコードするRNAやタンパク質の機能などの生物学的特徴や地球環境の変遷などの地史をあわせて考察することで，生物が受けてきた自然淘汰や過去の生息環境を垣間みることができる．これらは生命の進化機構を明らかにするのに有用である．ただ後代に残されるような突然変異の多くは生物の表現型にさほど影響を及ぼさず，その存続は偶然に左右される（中立進化，20.3項を参照）．そのため分子進化学では確率理論や統計解析が重要となる．

### B. 分子進化学の夜明け

分子進化学の研究は分子生物学の進展にともなって盛んになった．1953年にWatsonとCrickがDNAの二重らせん構造，すなわち核酸の遺伝子としての本質を示し分子生物学が本格的に幕開け，1960年代には遺伝子の発現機構が徐々に明らかにされるとともにタンパク質のアミノ酸配列解析，構造解析，免疫学的解析が盛んに行なわれた．そして異なる生物種からさまざまなタンパク質のアミノ酸配列の情報が収集・解析された．これらは分子進化学の基本的な概念を構築するのに非常に重要であった．たとえばヘモグロビンを構成するペプチド鎖の比較からIngram（1963）は遺伝子重複によって生まれた遺伝子（多重遺伝子族）が存在することを示した．相同なタンパク質においてふたつのアミノ酸配列間の置換数がその分岐時間と近似的に比例していること，いわゆる分子時計（19.4項を参照）もZuckerkandl & Pauling（1962；1965）やMargoliash（1963）によって発見されている．Britten & Kohne（1968）は真核生物のゲノムにさまざまな反復配列が存在することを示した．Dayhoffと共同研究者は *Atlas of Protein Sequence and Structure* のシリーズ（National Biomedical Research Foundation 出版）でアミノ酸配列をデータベース化し，それらを解析することでタンパク質ファミリーの分類を行ない，アミノ酸の置換様式や生物の系統関係を明らかにした．Ohno（1970）は『遺伝子重複による進化』を著し分子進化におけるゲノム重複（18.5項を参照）や遺伝子重複（16.9項を参照）の重要性を説いている．

一方Kimura（1968）は，分子進化学の理論的な礎となっている分子進化の中立説（20.3項を参照）を提唱した．その中立説では，生物のゲノムに刻まれ残されてきた変異の多くは自然淘汰・自然選択に中立であったとする．そして突然変異によって生まれた対立遺伝子が遺伝的浮動による偶発的な変動のなかでその頻度を増減し，複数の対立遺伝子が一過的に集団に存在することが集団内での遺伝的多型を

生むおもな要因と説明する．集団遺伝学は進化的に短時間で生じる生物種内の多型を，分子進化学は進化的に長い時間で生じる生物間の多様性をおもにとり扱う．しかし実際には，観察される生物種内の多型と生物種間の差異は生命の進化からみれば連続的な現象であり，これらふたつの学問分野は生命情報分子の違いという同じ尺度で測られる現象を扱っている．そのため集団遺伝学と分子進化学は密接に関連しその境界が明確でない学問分野であり，現在まで互いに大きな影響を与えながら進展している．

### C. 1970–1980年代

1970年代後半から1980年代にかけては塩基配列の決定が容易になり多くの塩基配列がさまざまな生物種，多様な遺伝子で決定されるようになった．現在塩基配列データベースが整備され世界中の研究者が簡単に利用できるようになっているが，そのシステムの基盤はこの時期に構想され実現化された．多様な遺伝子の分子レベルでの研究が進むにつれ，分子進化学的に多くの重要な発見があった．偽遺伝子およびプロセス型偽遺伝子の存在（18.10項を参照），異なるゲノム領域（エクソンやイントロン，5′や3′側非転写領域，遺伝子間の介在領域，タンパク質をコードする領域での機能の中核を担う領域とその他の領域など）での塩基置換速度の違い，遺伝暗号の進化（ミトコンドリアや一部の生物で遺伝暗号表が異なること），ゲノムでの塩基頻度の違い（細菌によって大きく異なるAT/GC含量，脊椎動物にみられる染色体内でのAT/GC含量の違い；18.8項を参照），コドンの使用頻度の違いなどである（Nei〈1987〉やNei & Kumar〈2000〉に記載されている文献を参照）．特に，分子進化速度が一定であること，機能的に重要でない分子ほど分子進化速度が速いこと，多くの遺伝子で同義塩基置換速度が非同義塩基置換速度よりも速いこと，さまざまな生物種で観察される同義塩基置換速度は比較的一定であること，偽遺伝子での進化速度が速いことなどは分子進化の中立説を強く支持するものとなった（Kimura, 1983）．系統進化については原核生物が大きくふたつのグループ〈古細菌（2.8項を参照）と真正細菌（2.4項を参照）〉に分けられることが示された（Fox et al., 1980）．塩基配列の解析が進展するにつれ，実際の分子進化で観察された塩基置換を反映した新たな数学モデルに基づいた塩基置換数や同義および非同義塩基置換数を推定する方法や効率のよい系統樹の作成法の開発なども行なわれた．1980年代後半になると遺伝子によっては特定の領域で非同義塩基置換速度が同義塩基置換速度よりも速い場合があることも示された．これは過去にはたらいていた正の自然選択（ダーウィン流の自然選択）を明らかにするものであった．実際の分子進化において非同義塩基置換速度が同義塩基置換速度よりも速い場合は少ない．しかし，このような比較は過去にはたらいていた正の自然選択をみつける指標として現在広く一般に用いられている．

### D. 1990年代以降

1990年代から現在に至っては，分子生物学のさらなる技術革新によりゲノム規模での膨大な量の塩基配列が決定されている．そこでは原核生物で頻繁にみられる遺伝子の水平移動やゲノム倍化や多重遺伝子族の進化様式など，ゲノム間の進化関係やゲノム規模の進化を研究対象とするゲノム進化学が発展している．生物の系統関係についても塩基配列データがより充実することで高い信頼性をもって推定されるようになった．それとともに塩基置換のみならずゲノムに存在する反復配列の挿入位置など稀な突然変異の痕跡を利用して，難解な生物の系統関係も明らかにされている．一方，EST（expressed sequence tag）やマイクロアレイなどを用いた研究で，遺伝子発現の情報などのトランスクリプトームやプロテオームなどの情報も多く得られるようになり，生命を進化する分子ネットワークシステムとしてとらえ，これらの情報を総合的に解析する動きもある．この観点に立った進化システム生物学あるいはシステム進化生物学では，遺伝子ネットワークが進化する過程や生物の形態を決定する発生システムが進化する過程を明らかにしようとする試みがなされている．また発生学の理解を通じて進化を研究することについては進化発生学（Evo-Devo）として発展しつつあり，発生に関わる遺伝子の分子進化学的な解析を通じてこれまで未解明な点が多かった生物の形態の多

様性や進化について新たな知見を与えている．さらに多様な生物のゲノムを含む多量の塩基配列データが蓄積されるようになった現在，異なる生物あるいは遺伝子やゲノムを比較しその塩基配列のなかから内在する法則をみいだし，その法則に従う数学モデルに基づいて多量のゲノム情報をコンピューターで解析するバイオインフォマティクスの研究も盛んである．分子進化学はこのような動きのなかでさまざまな学問の基礎となりその発展を支えている．

[引用文献]

Britten R. J. & Kohne D. E. (1968) Repeated sequences in D. N. A. *Science*, vol. 161, pp. 529-540.

Fox G. E. *et al.* (1980) The Phylogeny of Prokaryotes. *Science*, vol. 209, pp. 457-463.

Ingram V. M. (1963) *The Hemoglobins in Genetics and Evolution*, Columbia University Press.

Kimura M. (1968) Evolutionary rate at the molecular Level. *Nature*, vol. 217, pp. 624-626.

Kimura M. (1983) *The Neutral Theory of Molecular Evolution*, Cambridge University Press. [木村資生 著，向井輝美・日下部真一 訳 (1986)『分子進化の中立説』紀伊国屋書店]

Margoliash E. (1963) Primary structure and evolution of cytochrome C. *Proc. Natl. Acad. Sci. USA*, vol. 50, pp. 672-679.

Nei M. (1987) *Molecular Evolutionary Genetics*, Columbia University Press. [根井正利 著，五條堀孝・斎藤成也 訳 (1990)『分子進化遺伝学』培風館]

Nei M. & Kumar S. (2000) *Molecular Evolution and Phylogenetics*, Oxford University Press. [根井正利・クマー 著，大田竜也・竹崎直子 訳 (2006)『分子進化学と分子系統学』培風館]

Ohno S. (1970) *Evolution by Gene Duplication*, Springer-Verlag. [大野乾 著，山岸秀夫・梁永弘 訳 (1977)『遺伝子重複による進化』岩波書店]

Zuckerkandl E. & Pauling L. (1962) Molecular disease, evolution, and genetic heterogeneity. pp. 189-225. in Kasha M. and Pullman B. ed., *Horizons in Biochemistry*, Academic Press.

Zuckerkandl E. & Pauling L. (1965) Evolutionary divergence and convergence in proteins. in Bryson V. and Vogel H. J. ed., *Evolving Genes and Proteins*, pp. 97-166, Academic Press.

〔大田竜也〕

## 19.7 塩基配列とアミノ酸配列データの解析

デオキシリボ核酸（DNA）はアデニン（A），チミン（T），シトシン（C），あるいはグアニン（G）の塩基をもつデオキシヌクレオチドが線状に結合した高分子である．細胞内ではこの4種類の塩基の並びを基に転写・翻訳という過程を経てタンパク質が合成される．遺伝物質であるDNAは二重らせん構造をとり，二本の鎖はおのおの鋳型となってひとつの世代からつぎの世代へ正確に複製される．その過程ではある頻度で突然変異が生じ，その一部はタンパク質の構造あるいは遺伝子の発現する場所や時期に変化をもたらし生物の表現型を変える．その結果，個々の突然変異は自然淘汰の篩にかけられ，また偶然の影響を受けながらゲノムに残されていく．現在の多種多様な生物のゲノムはそれぞれの系統で生じた突然変異と自然淘汰などの歴史が刻まれた化石分子であり，そこからは過去の生物の進化に関するさまざまな情報が得られる．

塩基配列やその派生産物であるアミノ酸配列にはおもに2種類の情報が含まれている．ひとつは遺伝子あるいは生物の進化史である．すべての生物は遺伝的に結びついており，今日のさまざまな生物のゲノムは共通祖先に存在した遺伝子が複製し突然変異により変化してきたものである．突然変異は累積してゲノムに組み入れられていくために，分化して間もないふたつの生物から得られた遺伝子は，置換や挿入・欠失も少なく相同性が高い．一方，分化してから長い時間の経ったふたつの生物から得られた遺伝子を比較すると，置換も挿入・欠失も多くその差異は大きくなってくる．そのため同じ祖先配列に由来する配列を解析することで過去の系統関係を推定することができる．特に相同な（共通祖先に由来する）遺伝子がオーソロガスな（遺伝子重複ではなく生物の種分化が原因となって分化した）場合には，遺伝子の系統関係から生物種の系統関係も推定することができる．（集団遺伝学の理論からはオーソロガスな遺伝子の分岐パターンは必ずしも生物種のも

のと一致するとはかぎらず，また遺伝子の分岐時間は生物種の分岐時間よりも古い．しかし多くの場合その差は小さく，オーソロガスな遺伝子の解析から推定された系統関係は生物種の系統関係とみなすことができる．）さらに遺伝子の進化速度がほぼ一定の場合には，いわゆる分子時計を利用することでそれぞれの遺伝子が分岐した年代を推定することもできる．DNA は真正細菌，古細菌，真核生物すべてに存在するので，このような解析により化石情報だけでは明確でなかったさまざまな生物の分岐年代を推定することができる．

遺伝子の配列に含まれている他の情報は進化の機構に関する情報である．相同な遺伝子の配列比較では，機能的に重要な部分の塩基部位やアミノ酸部位は保存されその進化速度が遅いのに対し機能的に重要でない部分は突然変異を多く蓄積しその進化速度が速いことが頻繁に観測される．これは，分子レベルの進化において機能にさほど変化をおよぼさない中立的な変化が進化の主要な姿であり，新たな機能を獲得し正の自然選択に受けて進化することが比較的まれであることを示している．Kimura (1968) によって提唱された分子進化の中立説はこのような事実からも強く支持されており，塩基配列やアミノ酸配列の解析は生物の進化機構を明らかにすることに大いに役立っている．

実際に遺伝子の配列を解析するにあたっては，① 分子生物学実験により配列データを収集する，あるいは配列データベースを検索し共通の祖先に由来する配列を収集する，② これらの相同な配列をアラインメント（整列）し，祖先遺伝子の同じ部位に由来する部位を同定する，③ アラインメントされた配列を統計的に解析しその進化様式あるいは系統関係を推定する，という一連の作業が行なわれる．一部の解析では進化的に相同な配列を解析するのではなく，そこに存在する特性（オリゴヌクレオチドの頻度など）を利用することもある．しかし現在のところこの応用は限定的で進化学の研究においてどれだけ有効であるか定かでない．

### A. 配列データベース

遺伝子の配列の解析では目的に応じて，オーソロガスな遺伝子の配列，遺伝子重複によって生じた（パラロガスな）遺伝子の配列，あるいはタンパク質のドメインの一部のみを共有する遺伝子の配列などを収集する．ゲノム配列がさまざまな生物種で決定されている今日，これまでに多くの研究者によって決定されてきた配列データを収集することが必要となる場合も多い．分子生物学の進展とともに蓄積されてきた塩基配列は現在，国際塩基配列データベース共同体で管理されている．これは米国の国立バイオテクノロジー情報センター，欧州分子生物学研究所，国立遺伝学研究所の日本 DNA データバンクによって形成されており，これらの研究機関に登録された塩基配列情報は日単位で交換され最新の情報が提供されている（2011 年 12 月現在で登録されている塩基配列は約 1350 億塩基）．公開されている塩基配列には，分子生物学実験で得られた情報やバイオインフォマティクスの解析から推測された情報なども付加されている．ただし，そのようなアノテーションが最小限の場合もあり，さまざまなバイオインフォマティクスのツールを用い対象となる領域を解析し，遺伝子構造（エクソン，イントロン，遺伝子の転写開始点，転写因子の結合部位など）やタンパク質の構造（2 次構造，3 次構造など）を推測しておくことが重要である．また特定の遺伝子をデータベースから収集する際に遺伝子名やキーワードのみで検索するのではなく，配列として類似しているものをデータベースから検索することも重要である．配列の類似性検索には FASTA（Pearson & Lipman, 1988）や BLAST（Altshul et al., 1990）に代表される k-タプル法が広く利用されている．k-タプル法は k-タプルとよばれる比較的短い配列（ワード）が一致する場所を探しこのワードを基に局所的な配列の類似性を探る検索法で，非常に大きなデータベースに対しても迅速な検索が行なえる．

### B. 配列のアラインメント

収集された相同な配列，特に遠縁な配列を比べると，多くの挿入や欠失が含まれていることがある．このような場合，アラインメントを行ない同じ祖先部位に由来する部位を同定しておく必要がある．それは分子進化学的な解析において各部位（あるいはコ

ドン）をひとつひとつの標本（サンプル）とみなし，塩基置換やアミノ置換のみを考慮した数学モデルを用いながら統計的に処理するからである．塩基配列やアミノ酸配列のアラインメントについては，ドットマトリックス法やダイナミックプログラミング法がある．ドットマトリックス法ではふたつの配列の比較を2次元にプロットし，そのアライメントの全領域を視覚的に概観できる．ダイナミックプログラミング法によるアラインメントは，各部位の一致，不一致，類似性を点数化し，あらゆるアラインメントに対して総得点を求め，そのなかで最適なアラインメントを求める方法である（たとえば，Needleman & Wunsch, 1970；Smith & Waterman, 1981）．多数の配列を同時にアラインメントすることは理論的にも現実的にも難しい問題であるが，ダイナミックプログラミング法によって進化上近縁であると推測される配列からアラインメントを行なっていく累進法[CLUSTALW（Thompson et al., 1994）など]は現実的に有効な方法であり一般に利用されている．

アラインメントされた配列から得られる情報のひとつは，多くの種で観察される特定の配列，すなわち保存された配列である．絶えず突然変異が生じているにもかかわらず長い進化の間配列が保存されるのは，その領域が生物学的に重要な機能を果たし自然淘汰がはたらいているためと考えられる．たとえば，酵素の活性部位のように本来の機能を果たすために必要不可欠なアミノ酸部位や転写因子の標的部位やマイクロRNAの標的部位など，遺伝子発現に重要な部位は長く保存される．遠縁の塩基配列や多数の近縁の塩基配列で保存されている領域をみいだすことは系統学的フットプリンティングとよばれ，遺伝子発現の制御にかかわる重要な領域を絞るために分子生物学の研究で用いられるひとつの方法である．

## C. 配列の解析

分子進化学の幕開けからふたつの配列の間で生じた置換数を推定することが行なわれてきた．部位あたりの置換数は配列間の進化学的な隔たりをあらわし，そこで得られた進化距離はさまざまな目的で利用できる．

### a. 塩基置換数の推定

ふたつの塩基配列を比較した場合に観察される部位あたりの異なる塩基の割合を $p$ とすると，ふたつの配列の分岐時間が長ければ長いほど $p$ は大きくなると考えられる．しかし，$p$ は実際に生じた塩基置換数と比例して増加するものではない．なぜなら時間が経てば，ある同じ部位に複数回塩基置換（多重置換）が生じたり，ふたつの系統で同じ部位に同じ塩基置換（並行置換）が生じたり，同じ部位で元に戻るような塩基置換（復帰置換）が生じるからである．そこで $p$ から部位あたりの塩基置換数 $d$ を推定するために塩基の置換様式を特定の数学モデルであらわしそれに基づいて $p$ と $d$ の関係を解くことになる．

塩基置換に関する数学モデルにはさまざまなものがあるが，その代表的なものが表1に示すものである．(1) に示すものは一変数モデルあるいはJukes-Cantorのモデルとよばれるものであり，これに対しては

$$d = -\frac{3}{4}\ln\left(1 - \frac{4}{3}p\right)$$

という関係がある（Jukes & Cantor, 1969）．Jukes-Cantorの距離は $p$ が比較的小さな場合や塩基置換様式が比較的均一な場合に有効な近似である．しかし，実際の塩基配列を解析してみると，観察された塩基の置換様式が一変数モデルでは適切でない場合もある．プリン型塩基間あるいはピリミジン型塩基間での塩基置換（転位型塩基置換）とプリン型とピリミジン型の塩基間での塩基置換（転換型塩基置換）での速度に大きな差があることは，実際のデータ解析でよく観察されている．Kimura (1980) はこの要因を考慮した二変数モデルを提案し，ふたつの配列で異なる塩基の割合 $p$ を転位型塩基差異の割合 ($P$) と転換型塩基差異の割合 ($Q$) に分けることで，

$$d = -\frac{1}{2}\ln(1 - 2P - Q) - \frac{1}{4}\ln(1 - 2Q)$$

という関係があることを示した．その後，4種類の塩基の頻度が異なることを組み入れた (3) 均等インプットモデルや (4) 転位型・転換型塩基置換の速度の違いと4種類の塩基で頻度が異なることを考慮したモデルに基づいた進化距離なども求められている．(3) について TajimaとNei (1984) は

**表 1** 塩基置換モデル

| (1) 一変数モデル | | | | |
|---|---|---|---|---|
| | A | T | C | G |
| A | — | $\alpha$ | $\alpha$ | $\alpha$ |
| T | $\alpha$ | — | $\alpha$ | $\alpha$ |
| C | $\alpha$ | $\alpha$ | — | $\alpha$ |
| G | $\alpha$ | $\alpha$ | $\alpha$ | — |

| (2) 二変数モデル | | | | |
|---|---|---|---|---|
| | A | T | C | G |
| A | — | $\beta$ | $\beta$ | $\alpha$ |
| T | $\beta$ | — | $\alpha$ | $\beta$ |
| C | $\beta$ | $\alpha$ | — | $\beta$ |
| G | $\alpha$ | $\beta$ | $\beta$ | — |

| (3) 均等インプットモデル | | | | |
|---|---|---|---|---|
| | A | T | C | G |
| A | — | $\alpha g_T$ | $\alpha g_C$ | $\alpha g_G$ |
| T | $\alpha g_A$ | — | $\alpha g_C$ | $\alpha g_G$ |
| C | $\alpha g_A$ | $\alpha g_T$ | — | $\alpha g_G$ |
| G | $\alpha g_A$ | $\alpha g_T$ | $\alpha g_C$ | — |

| (4) Tamura-Nei のモデル | | | | |
|---|---|---|---|---|
| | A | T | C | G |
| A | — | $\beta g_T$ | $\beta g_C$ | $\alpha_1 g_G$ |
| T | $\beta g_A$ | — | $\alpha_2 g_C$ | $\beta g_G$ |
| C | $\beta g_A$ | $\alpha_2 g_T$ | — | $\beta g_G$ |
| G | $\alpha_1 g_A$ | $\beta g_T$ | $\beta g_C$ | — |

ここでは左に示す塩基が上に示す塩基に置換される速度を示している。$g_A$, $g_T$, $g_C$, $g_G$, は A, T, C, G の塩基の頻度である。Tamura-Nei のモデルは，$\alpha_1 = \alpha_2$ の場合の HKY (Hasegawa-Kishino-Yano) モデル，$\alpha_1 = \alpha_2$, $g_A = g_T$, $g_C = g_G$ の場合の Tamura のモデルを含んだモデルである.

$$d = -b \ln\left(1 - \frac{p}{b}\right)$$

が有効な進化距離となることを示している。ここで

$$b = \frac{1 - \sum g_t^2 + \frac{p^2}{c}}{2}$$

$$c = \sum\sum_{i<j} \frac{x_{ij}^2}{2g_i g_j}$$

で $g_i$ は A, T, G, C の塩基の頻度，$x_{ij}$ はふたつの塩基配列の相同な部位で塩基 $i$ と $j$ が観察される頻度である。また (4) については Tamura と Nei (1993) が転位型塩基差異の割合を A↔G 型 ($P_1$) と T↔C 型 ($P_2$) に分けることで

$$d = -\frac{2g_A g_G}{g_R} \ln\left(1 - \frac{g_R}{2g_A g_G} P_1 - \frac{1}{2g_R} Q\right)$$
$$- \frac{2g_T g_C}{g_Y} \ln\left(1 - \frac{g_Y}{2g_T g_C} P_2 - \frac{1}{2g_Y} Q\right)$$
$$- 2\left(g_R g_Y - \frac{g_A g_G g_Y}{g_R} - \frac{g_T g_C g_R}{g_Y}\right)$$
$$\times \ln\left(1 - \frac{1}{2g_R g_Y} Q\right)$$

となることを示している。ここで $g_R = g_A + g_G$, $g_Y = g_T + g_C$ である。このように塩基置換数を推定する方法としてさまざまな方法が考案されている。実際に応用するにあたっては推定値にともなう分散も頑健性（仮定しているモデルが成り立たない場合に結果にどれほどの影響があるかどうか）も異なるので，目的によっては必ずしも複雑なモデルが実際のデータ解析に有効であるとはかぎらないので注意を要する。また実際の塩基置換をみると部位間で塩基置換速度にばらつきがあることが観察されているにもかかわらず，以上のモデルではすべての部位で同じ進化速度，同じ置換様式で進化することが仮定されている。部位間のばらつきに対しては比較的簡単でありながらさまざまなパターンをモデル化できる $\gamma$ 分布を組み入れた推定法がある。$\gamma$ 補正距離とよばれる進化距離は，上述した推定法それぞれに対応したものが考案されている（Nei & Kumar, 2000 を参照）。複雑な数学モデルに対し進化距離を求める場合や，複数の配列を同時に解析しながら進化距離を求めようとする場合については，コンピューターを利用し最尤法で数値的に各変数を計算し置換数を推定する方法も有効である。

ここまで述べた方法は，一般的な塩基配列に対して求めることのできる進化距離である。しかしタンパク質をコードする領域の塩基配列については，さらにコドンの特性を考慮した進化距離がある。同義部位あたりの同義塩基置換数と非同義部位あたりの非同義塩基置換数である。同義塩基置換はコードするタンパク質のアミノ酸を変化させないような塩基置換であり，非同義塩基置換とはコードするタンパク質のアミノ酸を変化させるような塩基置換である。三つの塩基で構成される 64 種のコドンに対して 20 種のアミノ酸と終止コドンしか対応せずコド

ンが縮退しているため，このような2種類の塩基置換が存在する．同義的な突然変異はほぼ中立的なため同義塩基置換はゲノム領域における突然変異を強く反映している．一方，コードするタンパク質のアミノ酸の変化がともなう非同義塩基置換は突然変異とともに自然淘汰・自然選択を反映している．実際のタンパク質をコードする遺伝子の解析において，同義置換速度は非同義置換速度よりも速いことが一般であり，これは分子進化の中立説を強く支持する事実のひとつとしてみなされてきた．しかし最近それに反する例も観察されており，ゲノムスケールで同義部位あたりの同義塩基置換数と非同義部位あたりの非同義塩基置換数をさまざまな遺伝子について推定し，生物進化における過去の正の自然選択の役割を評価し直す試みがなされている．同義部位あたりの同義塩基置換数や非同義部位あたりの非同義塩基置換数を推定する方法には，一変数モデルを応用した方法（たとえば，Miyata & Yasunaga, 1980；Nei & Gojobori, 1986）や二変数モデルを応用した方法（たとえば，Li et al., 1985；Pamilo & Bianchi, 1993）やコドンを単位とした数学モデルに基づく最尤法（Goldman & Yang, 1994）が考案されている．

**b. アミノ酸配列の解析**

アミノ酸配列の解析が塩基配列の解析と大きく異なる点は各部位に4種類ではなく20種類のアミノ酸が存在していることである．このためアミノ酸置換数の推定においては復帰置換や並行置換などの影響を無視して，アミノ酸の多重置換のみを考慮した方法も比較的有効である．その進化距離は

$$d = -\ln(1-p)$$

であらわされ，ポアソン補正距離とよばれる．しかしこの方法は必ずしも現実のアミノ酸の置換様式を反映しておらず $p$ が大きな場合には置換数をかなり低く推定することもある．実際のタンパク質を解析してみると，アミノ酸部位間で置換速度は大きく異なっているし，またアミノ酸の組合せによっても置換速度は一様ではなく化学的に同じような性質の側鎖をもつアミノ酸間での置換率は，そうでない場合よりも速いことが多い．これらのことを考慮して，部位間のアミノ酸の置換速度のばらつきを $\gamma$ 分布

で近似して進化距離を求める方法や，アミノ酸間の置換率の違いを考慮して進化距離を求める方法が考案されている．後者については，実際のタンパク質の進化で観察されたアミノ酸間の置換行列を反映させて進化距離を求める方法が提案されており，その1例がDayhoffの置換行列を用いた距離である（Dayhoff et al., 1978）．またDayhoffの置換行列のほかにJTTモデル（Jones et al., 1992）などの置換行列が求められており，これらも分子進化学的な解析によく用いられている．

**c. 系統樹の推測**

このようにして推定された進化距離は系統樹の推測に用いることができる．距離法に分類される系統樹作成法では，配列の総あたりの組合せに対して進化距離を求め，その対距離の行列を基に系統樹を推測する．これは正確な置換数で構成される対距離行列は真の系統関係と一意的に対応するからである．ただし，推定された置換数には誤差が含まれており，系統樹を推測することは必ずしも容易な問題ではない．距離法で系統樹を推測する方法にはいくつかの方法があるが，なかでも頻繁に用いられているのは近隣結合法（Saitou & Nei, 1987）である．近隣結合法は進化速度の一定性を仮定せずに系統樹を推測することができ，またコンピューターシミュレーションの結果でも系統関係を推測するのに効率のよい方法として示されている．系統樹を推測する方法については距離法以外に最節約法や最尤法もある．最節約法はもっとも少ない数の置換で現在の配列が生まれてきた進化過程を説明できる系統樹を最良の系統樹とする方法である．一方最尤法は，表1に示すような数学モデルを基に現在の配列が進化してきた確率（尤度）を求め，その尤度がもっとも高くなるような系統樹をもって最良の系統樹とする方法である．系統樹の推測において難しい問題は分岐パターン（樹形）の推測である．可能性のある樹形の数は非常に多く推測された分岐パターンが必ずしも信頼のおけるものとはかぎらない．そのため実際の解析において推測された系統樹の樹形の安定性をあらわす指標としてブートストラップ値を併記することが多い．一方，樹形が決定されれば，各枝の長さや誤差を最尤法や最小二乗法といった確立された統計的

手法で推定することができる.

　推測された系統樹ではその樹形と枝長によって遺伝子の系統関係が示されるが，それを基にさらなる進化学的な解析も行なえる．たとえば，推測された系統樹において進化速度の一定性が統計的に認められたならば，化石などの情報で得られた基準点の年代を基に分子時計を用いてその他の分岐点の年代を推定できる．また推測された系統樹から各分岐点での祖先配列を最大節約法や最尤法などで推定することも可能である．各祖先配列については各部位での塩基やアミノ酸がひとつに決定しない場合もありうるが，それぞれの可能性を確率として求められるため進化学的には非常に有用な情報となる．比較的単純な形質については，推定されたタンパク質を実際に生合成しその性質を明らかにすることで祖先での表現型を推定できる．このような研究が行なわれてきた実例はまだ限定されているものの，化石から得ることが困難であった祖先生物の生理等の形質を調査するために利用できる画期的な方法として注目をあびている．

[引用文献]

Altschul S. F. *et al.* (1990) Basic local alignment search tool. *J. Mol. Biol.*, vol. 215, pp. 403-410.

Dayhoff M. O. *et al.* (1978) A Model of evolutionary changes in proteins. in Dayhoff M. O. ed., *Atlas of Protein Sequences and Structure*, pp. 345-352, National Biomedical Research Foundation.

Goldman N. & Yang Z. (1994) A codon-based model of nucleotide substitution for protein-coding DNA sequences. *Mol. Biol. Evol.*, vol. 11, pp. 725-736.

Jones D. T. *et al.* (1992) The rapid generation of mutation data matrices from protein sequences. *Computer Applications in the Biosciences*, vol. 8, pp. 275-282.

Jukes T. H. & Cantor C. R. (1969) Evolution of protein molecules. in Munro H. N. ed., *Mammalian Protein Metabolism*, pp. 21-132, Academic Press.

Kimura M. (1968) Evolutionary rate at the molecular level. *Nature*, vol. 217, pp. 624-626.

Kimura M. (1980) A simple method for estimating evolutionary rates of base substitutions through comparative studies of nucleotide sequences. *J. Mol. Evol.*, vol. 16, pp. 111-120.

Li W. H. *et al.* (1985) A new method for estimating synonymous and nonsynonymous rates of nucleotide substitution considering the relative likelihood of nucleotide and codon changes. *Mol. Biol. Evol.*, vol. 2, pp. 150-174.

Miyata T. & Yasunaga T. (1980) Molecular evolution of mRNA: A method for estimating evolutionary rates of synonymous and amino acid substitutions from homologous nucleotide sequences and its application. *J. Mol. Evol.*, vol. 16, pp. 23-36.

Needleman S. B. & Wunsch C. D. (1970) A General method Applicable to the search for similarities in the amino acid sequence of two proteins. *J. Mol. Biol.*, vol. 48, pp. 443-453.

Nei M. & Gojobori T. (1986) Simple methods for estimating the numbers of synonymous and nonsynonymous nucleotide substitutions. *Mol. Biol. Evol.*, vol. 3, pp. 418-426.

Nei M. & Kumar S. (2000) *Molecular Evolution and Phylogenetics*, Oxford University Press. [根井正利・クマー著，大田竜也・竹崎直子 訳 (2006)『分子進化学と分子系統学』培風館]

Pamilo P. & Bianchi N. O. (1993) Evolution of the Zfx and Zfy genes: Rates and interdependence between the genes. *Mol. Biol. Evol.*, vol. 10, pp. 271-281.

Pearson W. R. & Lipman D. J. (1988) Improved tools for biological sequence comparison. *Proc. Natl. Acad. Sci. USA*, vol. 85, pp. 2444-2448.

Saitou N. & Nei M. (1987) The neighbor-joining method: A new method for reconstructing phylogenetic trees. *Mol. Biol. Evol.*, vol. 4, pp. 406-425.

Smith T. F. & Waterman M. S. (1981) Identification of common molecular subsequences. *J. Mol. Biol.*, vol. 147, pp. 195-197.

Tajima F. & Nei M. (1984) Estimation of evolutionary distance between nucleotide sequences. *Mol. Biol. Evol.*, vol. 1, pp. 269-285.

Tamura K. & Nei M. (1993) Estimation of the number of nucleotide substitutions in the control region of mitochondrial DNA in humans and chimpanzees. *Mol. Biol. Evol.*, vol. 10, pp. 512-526.

Thompson J. D. *et al.* (1994) CLUSTAL W: Improving the sensitivity of progressive multiple sequence alignment through sequence weighting, position-specific gap penalties and weight matrix choice. *Nucl. Acids Res.*, vol. 22, pp. 4673-4680.

〈大田竜也〉

## 19.8 対立遺伝子頻度データの解析

生物の集団の遺伝的変異の研究には遺伝的多型が用いられる．ある遺伝子座（染色体上のある位置）のDNAに異なる塩基配列が集団にあるとき，これらを「対立遺伝子（allele）」とよぶ．以前はこのような遺伝的多型は，おもに血液型やタンパクの電荷の違いなどの古典的マーカーによって調べられていたが，最近では「マイクロサテライト（microsatellite）」や一塩基多型（*single nucleotide polymorphism*：SNP）など直接DNAレベルの変異をあらわすマーカーがよく用いられる．

### A. 対立遺伝子頻度

二倍体の生物の集団で常染色体上の遺伝子座に，ふたつの対立遺伝子 $A_1$, $A_2$ があるとき，個体のもつ対立遺伝子の組合せ（「遺伝子型〈genotype〉」）は $A_1A_1$, $A_1A_2$, $A_2A_2$ の3通りが考えられる．これらの遺伝子型をもつ個体数をそれぞれ $N_{11}$, $N_{12}$, $N_{22}$，集団の総個体数を $N (= N_{11}+N_{12}+N_{22})$ とすると，対立遺伝子 $A_1$ の頻度 $x_1$ は $x_1 = (2N_{11} + N_{12})/N$，対立遺伝子 $A_2$ の頻度 $x_2$ は $x_2 = 1 - x_1$ で与えられる．

進化学において「対立遺伝子頻度（allele frequency）」は集団の遺伝的変化をあらわす基本的なパラメータであり，また遺伝的変異の程度，集団構造，自然選択，集団間の遺伝的分化などの推定に用いられる．

### B. ハーディ・ワインベルグ平衡

任意交配を行なう集団では，遺伝子型 $A_1A_1$, $A_1A_2$, $A_2A_2$ をもつ個体の頻度 $X_{11} (= N_{11}/N)$, $X_{12} (= N_{12}/N)$, $X_{22} (= N_{22}/N)$ は $X_{11} = x_1^2$, $X_{12} = 2x_1x_2$, $X_{22} = x_2^2$ であると期待される．これが「ハーディ・ワインベルグ平衡（Hardy-Weinberg equilibrium：HWE）」である．HWEは，近親交配，同類交配，自然選択，集団構造などの要因によって成立しないことがある．HWEからのずれは一般的に $\chi^2$ 検定で調べることができる．以下の $X^2$ 統計量は異なる遺伝子型の観察数とHWEを仮定した場合の期待数を用いて計算され，近似的に $\chi^2$ 分布に従う．

$$X^2 = \Sigma(観察数 - 期待数)^2 / 期待数$$

$X^2$ 統計量の自由度は 観察値のカテゴリー数 − 観察値から推定した独立なパラメータの数（対立遺伝子頻度）− 1 である．対立遺伝子 $A_1$, $A_2$ が共優性で三つの遺伝子型それぞれの頻度の観察値が得られる場合，自由度は $3 - 1 - 1 = 1$ である．

### C. 分割された集団の対立遺伝子頻度

自然集団は小さな交配単位に分かれているのがふつうである．これらの分集団は完全に隔離されておらず，個体の移動によりある程度の遺伝子交換があることが多いが，分集団間には対立遺伝子頻度の分化が起こる．このような場合，分集団ごとに任意交配が行なわれ，HWEが成り立っていても集団全体ではHWEは成立しない．このような集団構造によるHWEからのずれを測る尺度としてWrightの「固定指数（fixation index）」$F_{IS}$, $F_{IT}$, $F_{ST}$ がある．分集団内のヘテロ接合体（上記の例では遺伝子型 $A_1A_2$ をもつ個体）の頻度（ヘテロ接合度）の観察値を $h_0$，HWEを仮定した期待値を $h_S$ とし，集団全体のヘテロ接合度の期待値を $h_T$ とする．これらのヘテロ接合度を用いて，固定指数は以下のように定義できる．

$$F_{IS} = (h_S - h_0)/h_S$$
$$F_{IT} = (h_T - h_0)/h_T$$
$$F_{ST} = (h_T - h_S)/h_T$$

ここで，分集団の数を $s$，対立遺伝子の数を $q$ とすると，$h_0 = \sum_k^s w_k \sum_{i \neq j}^q X_{kij}$, $h_S = \sum_k^s w_k \sum_i^q x_{ki}^2$, $h_T = 1 - \sum_i^q \bar{x}_i^2$ である．ここで下付き文字 $k$ は $k$ 番目の分集団をあらわす．$w_k$ は分集団の相対的な大きさであるが，実際にはわからないことが多いので，その場合は $w_k = 1/s$ を用いる．$X_{kij}$ は $i$ 番目と $j$ 番目の対立遺伝子からなるヘテロ接合体の頻度，$x_{ki}$ は $i$ 番目の対立遺伝子の頻度，$\bar{x}_i = \sum_k w_k x_{ki}$ である．

「$F_{ST}$」は「遺伝子分化係数（coefficient of genetic differentiation）」ともよばれ，ふたつの対立遺伝子

しかない場合には，0 と 1 の間の値をとる．$F_{ST}$ は分集団間の遺伝的分化を測る尺度として重要である．$F_{ST}$ 値の 0 からのずれは集団構造の存在を示すが，これは $\chi^2$ 検定で調べることができる．

### D. 平均遺伝子多様度（平均ヘテロ接合度）

集団の遺伝的変異の程度を調べるには「平均ヘテロ接合度（average heterozygosity）」または「平均遺伝子多様度（average gene diversity）」が用いられる．ひとつの遺伝子座のヘテロ接合度 $h$ は $h = 1 - \sum x_i^2$ で定義される．$x_i$ は $i$ 番目の対立遺伝子の頻度である．平均遺伝子多様度はすべての遺伝子座における $h$ の平均値である．二倍体の生物で $m$ 個体の標本を用いた場合，$h$ は $\hat{h} = 2m(1 - \sum \hat{x}_i^2)/(2m-1)$ で，$L$ 個の遺伝子座を用いたとき平均遺伝子多様度 $H$ は $\hat{H} = \sum_j^L \hat{h}_j/L$ で推定することができる．ここで $\hat{h}_j$ は $j$ 番目の遺伝子座の $h$ の推定値である．

突然変異によって常に新たな対立遺伝子が生まれるとする「無限対立遺伝子モデル（infinite allele model）」は古典的マーカーにほぼあてはまる．このモデルでは，突然変異と遺伝的浮動の効果が平衡状態にある集団の $\hat{H}$ の期待値は $E(\hat{H}) = \dfrac{4Nv}{1+4Nv}$ であらわされる．$N$ は集団の有効な大きさ，$v$ は 1 世代あたりの突然変異率である．

最近では，突然変異率が高くタイピングが容易なため，マイクロサテライト遺伝子座が集団の進化学的研究によく用いられている．マイクロサテライトは 1～6 bp の短い塩基の並びのくりかえしで，突然変異によりこのくりかえしの数が増減するが，これはおよそ「段階状突然変異モデル（stepwise mutation model）」に従うと考えられている．このモデルでは，突然変異により塩基のくりかえし数がひとつずつ同じ確率で増えたり減ったりする．平衡集団では，$\hat{H}$ の期待値は $E(\hat{H}) = 1 - \dfrac{1}{\sqrt{1+8Nv}}$ で与えられる．

### E. 塩基配列の変異
#### a. 多型の程度を測る尺度

塩基配列の多型の程度を測るのによく用いられるのは，「塩基部位あたりの多型部位の数」と「塩基多様度（nucleotide diversity）」である．DNA の $n$ 個の塩基からなる領域（遺伝子座）について，集団から $m$ 個の塩基配列を得たとしよう．これらの塩基配列について，2 種類以上の塩基が存在する部位を多型部位とよぶ．$S$ 個の多型部位があるとき，塩基部位あたりの多型部位の数は $p_S = S/n$ である．無限部位モデルでは，新たな突然変異は必ず多型になっていない塩基部位に起こるとされているが，このモデルでは，$p_S$ の期待値と分散は

$$E(p_S) = a_1\theta, \quad V(p_S) = a_1\theta + a_2\theta^2$$

である．ここで，$\theta = 4N\mu$，$N$ は集団の有効な大きさ，$\mu$ は塩基部位あたりの突然変異率である．また，$a_1 = \sum_{i=1}^{m-1} i^{-1}$，$a_2 = \sum_{i=1}^{m-1} i^{-2}$ である．$p_S$ の分散 $V(p_S)$ はどのふたつの塩基部位間でも DNA の組換えが起こらないと仮定したものである．上記の式でわかるように，$p_S$ の期待値はサンプル数 $m$ に依存する．

ふたつの塩基配列間の塩基部位あたりの塩基差異数の平均値あるいは塩基多様度は

$$\pi = \sum_{i,j}^{q} x_i x_j d_{ij}$$

と定義でき，$\hat{\pi} = \sum_{i,j}^{q} \hat{x}_i \hat{x}_j d_{ij}$ で推定できる．$q$ は対立遺伝子（異なる塩基配列）の数，$x_i$ は $i$ 番目の対立遺伝子の集団内の頻度，$d_{ij}$ は $i$ 番目と $j$ 番目の対立遺伝子の部位あたりの塩基差異数である．中立突然変異が無限部位モデルに従って起こり，突然変異と遺伝的浮動の効果が平衡状態にある集団では，$\hat{\pi}$ の理論的期待値はサンプル数 $m$ によらず，$E(\hat{\pi}) = 4N\mu = \theta$ である．$\hat{\pi}$ の分散は $V(\hat{\pi}) = \dfrac{m+1}{3(m-1)n}\theta + \dfrac{2(m^2+m+3)}{9m(m-1)}\theta^2$ である．

#### b. Tajima の $D$ (Tajima's $D$)

集団が中立突然変異と遺伝的浮動の平衡状態にあるとき，$p_S$ と $\hat{\pi}$ の期待値はともに $\theta = 4N\mu$ を含むので，$p_S$ と $\hat{\pi}$ から $\theta$ は推定することができる．$p_S$ と $\hat{\pi}$ を用いた $\theta$ の推定値の違いは，この仮定の検証に用いることができる．この考え方に基づいて Tajima は以下の検定統計量を用いることを提案した．

$$D = \frac{\hat{k} - S/a_1}{[V(\hat{k} - S/a_1)]^{1/2}}$$

ここで $S = np_S$，$\hat{k} = n\hat{\pi}$ である．集団中に有害な

対立遺伝子が多い場合には，これらの有害な対立遺伝子の頻度は低く，少数の頻度の高い有害でない対立遺伝子があると考えられるので，$\hat{k}$ の値は小さくなり，$D$ は負の値をとると期待される．平衡選択がはたらいている場合には，頻度にあまり差のない，多くの対立遺伝子が存在すると考えられるので，$\hat{k}$ が大きくなり，$D$ は正の値をとると期待される．ただし，Tajima の検定には，中立突然変異と遺伝的浮動の平衡集団という仮定があり，$D$ は集団の大きさの変化によって正の値や負の値をとることもあるので注意が必要である．

### H. 遺伝距離の推定と集団系統樹の作成

対立遺伝子頻度データは集団間の遺伝的分化の程度や系統関係の推定にも用いられる．集団間の遺伝的分化の尺度を「遺伝距離 (genetic distance)」とよぶが，最近よく用いられているものをいくつか以下に紹介する．

chord 距離 ($d_C$) は，ある遺伝子座に $q$ 個の対立遺伝子があるとき，ふたつの集団 X と Y を対立遺伝子頻度を用いて，$q$ 次元超球面上の点 X と Y としてあらわし，この 2 点間の弦の長さを測るものであり，以下の式で与えられる．

$$d_C = (2/\pi)[2(1 - \sum_{i=1}^{q} \sqrt{x_i y_i})]^{1/2}$$

$x_i$ と $y_i$ は集団 X と Y の $i$ 番目の対立遺伝子の頻度である．$D_A$ 距離は chord 距離に関連した距離で，

$$D_A = \sum_{k=1}^{L}(1 - \sum_{i=1}^{q_k} \sqrt{x_{ik} y_{ik}})/L$$

で与えられる．ここで，$q_k$ は $k$ 番目の遺伝子座の対立遺伝子数，$L$ は遺伝子座数である．

$F_{ST}^*$ 距離は遺伝的浮動による集団の対立遺伝子頻度の分化を考慮したもので，

$$F_{ST}^* = [(\hat{J}_X + \hat{J}_Y)/2 - \hat{J}_{XY}]/(1 - \hat{J}_{XY})$$

で与えられる．$\hat{J}_X$，$\hat{J}_Y$，$\hat{J}_{XY}$ はすべての遺伝子座での $\Sigma x_i^2$，$\Sigma y_i^2$，$\Sigma x_i y_i$ の平均の不偏推定値である．ひとつの遺伝子座における $\Sigma x_i^2$，$\Sigma y_i^2$，$\Sigma x_i y_i$ の不偏推定値は $\hat{j}_X = (2m_X \sum \hat{x}_i^2 - 1)/(2m_X - 1)$，$\hat{j}_Y = (2m_Y \sum \hat{y}_i^2 - 1)/(2m_Y - 1)$，$\hat{j}_{XY} = \sum \hat{x}_i \hat{y}_i$ で与えられる．$m_X$ と $m_Y$ は集団 X と Y から採取された二倍体の個体数である．$\hat{x}_i$，$\hat{y}_i$ は集団 X と Y の $i$ 番目の対立遺伝子の頻度の観察値である．

標準遺伝距離は

$$D_S = -\ln \frac{\hat{J}_{XY}}{\sqrt{\hat{J}_X \hat{J}_Y}}$$

で定義される．無限対立遺伝子モデルを仮定し，突然変異と遺伝的浮動の効果が平衡状態にあり $t$ 世代前に分岐したふたつの集団の $D_S$ の期待値は，世代あたり遺伝子座あたりの突然変異率を $\alpha$ とすると

$$E(D_S) = 2\alpha t$$

である．すなわち，$D_S$ の値は集団の分岐後の時間に比例して増加すると期待される．

$(\delta\mu)^2$ 距離は段階状突然変異モデルを仮定して考案された．

$$(\delta\mu)^2 = \sum_{k}^{L} (\mu_{Xk} - \mu_{Yk})^2/L$$

ここで，$\mu_{Xk} = \sum_i i x_{ik}$ と $\mu_{Yk} = \sum_i i y_{ik}$ は集団 X と Y の $k$ 番目の遺伝子座での対立遺伝子の塩基のくりかえし数の平均であり，$x_{ik}$ と $y_{ik}$ は塩基のくりかえし数が $i$ の対立遺伝子の頻度である．段階状突然変異モデルでは $(\delta\mu)^2$ の期待値は $E[(\delta\mu)^2] = 2\alpha t$ で与えられる．

集団間の遺伝距離の推定値から，近隣結合法や UPGMA などの系統樹作成法を用いて「集団系統樹 (population tree)」を作成することができる．コンピューターシミュレーションや実際のデータを用いた研究では $D_A$ や chord 距離のような標本誤差の小さい距離のほうが $D_S$ や $(\delta\mu)^2$ よりも正しい系統樹の樹形を得る確率が高いことが示されている．

### I. STRUCTURE 解析

最近では集団間の遺伝的組成の違いを調べるのに，「STRUCTURE」(Pritchard et al., 2000) による解析がよく行なわれる．このソフトウェアは，各集団の遺伝子頻度が独立で HWE が成立しているという仮定の下で，ベイズ法を用いて集団の組成を推定する．STRUCTURE は特に admixture などがある場合に集団内の遺伝的組成を知るのに有効であ

る．ただし，実際の集団には系統関係があり遺伝子頻度は完全には独立ではない．集団系統樹の作成とSTRUCTUREによる解析を補完的に用いることにより，集団の進化的関係，遺伝的構成の情報を有効に得ることができるだろう．

［引用文献］

Pritchard J. K. *et al.* (2000) Inference of population structure using multilocus genotype data. *Genetics*, vol. 155, pp. 945-959.

［参考文献］

根井正利・Sudhir Kumar 著，根井正利 監訳，大田竜也・竹崎直子 訳（2006）『分子進化と分子系統学』培風館．

Hartl D. L. & Clark A. G. (2007) *Principles of Population Genetics*（4th ed.），Sinauer Associates.

（竹崎直子）

## 19.9　分子系統樹の推定

現存するすべての相同遺伝子は，もともとひとつの祖先遺伝子だったものが種分化や遺伝子重複による分岐をくりかえしながら進化してきたものである．このような分子レベルの進化過程を図示したものが分子系統樹で，通常，現存する相同遺伝子のDNA塩基配列やタンパク質アミノ酸配列から統計学的方法を用いて推定される．分子系統樹の推定は，分子進化学，分子系統学においてもっとも基盤的かつ重要な操作である．分子進化学においては，遺伝子やその機能がどのように進化してきたのかを明らかにするため，いろいろな遺伝子や遺伝子ファミリーの系統関係が調べられる．分子系統学では，種分化によって分岐した遺伝子の系統関係を調べることにより，原因となった種分化の過程が推定される．

　分子系統樹の推定は，分子配列間の系統関係を表す樹形（topology）の探索と各分岐点間の進化時間に相当する枝長の計算というふたつの要素に分けることができる．通常，これらは相互に関連し，いずれも推定精度と計算効率が大きな問題となるが，推定精度と計算効率を同時に満たすことは困難であるため，いろいろな程度で折り合いをつけることになる．また，系統樹推定の原理も複数存在し，それらのうちどれがもっとも優れているかの議論は決着がついていない．そこで，推定精度と計算効率のバランスと推定原理との組合せによって数多くの方法が考案されている．

　系統樹推定の基本的アルゴリズムは，候補となる系統樹をある原理によって評価し，その結果，もっとも確からしいと判断されるものを選び出すというものである．通常，候補となる樹形があらかじめ予想されることはまれなので，考えられるすべての樹形について評価する必要がある．すべての樹形を探索する方法は「網羅的探索（exhaustive search）」とよばれるが，配列アライメントに含まれる配列の数が増えるにつれて系統樹の樹形の数は指数的に増加する．たとえば，構成する塩基配列あるいはアミノ酸配列の数が10の場合，枝の分岐の組合せから考え

られる無根系統樹の数は約200万で，配列の数が13になると137億をこえる．配列の数が数十になると考えられる樹形の数は事実上無限となり，網羅的探索は不可能になる．そこで，配列数が10～13をこえる場合，条件つきあるいは部分系統樹から計算した評価値などを用いて考えられる樹形の候補を一部に絞る「発見的探索（heuristic search）」が用いられる．たとえば，配列を順に加えて系統樹をつくり上げていく段階的構築（stepwise reconstruction）や，そのようにしてつくった樹形を初期値として，各枝の分岐を部分的に入れ換えてより評価値が高い系統樹を探す分枝交換（branch swapping）などが代表例である．発見的探索法では評価値が最も高い樹形が候補に入るとはかぎらないため，探索方法によって推定系統樹が異なる場合がある．

現在使われる系統樹推定法は，候補となる系統樹のなかから最良のものを選ぶ原理の違いによって，「最小進化法（minimum evolution method）」，「最節約法（maximum parsimony method：MP法），最尤法（maximum likelihood method：ML法）」のおもに三つの方法に分類することができる．

### A. 最小進化法

最小進化法では系統樹の各枝の長さを計算し，その総和がもっとも小さい系統樹を推定系統樹として選択する．通常，系統樹推定に先立って，配列のすべてのペアについて2配列間進化距離（pairwise distance）を計算し，それらを用いて枝長の計算を行なう．すべての2配列間距離をまとめて「距離行列（distance matrix）」とすることから，一般に距離行列法（distance matrix method）として分類され，そのなかには近似的に最小進化系統樹を推定する「近隣結合法（NJ法：neighbor-joining method）」や「算術平均距離法（unweighted pair grouping method with arithmetic mean：UPGMA）」が含まれる．しかし，距離行列法のなかにはFitch-Margoliash法のように最小進化法ではないものもある．

最小進化法の理論的基盤はRzhetsky & Nei（1993）によって確立された．彼らは進化時間に直線的に比例する距離を用い，枝長の計算に最小二乗法（ordinary least square method）を用いると，真の樹形の枝長の総和がもっとも小さくなることを数学的に証明した．すなわち，真の樹形を推定するためには，進化時間に直線的に比例する進化距離を用い，枝長の総和がもっとも小さくなる樹形を探せばよいことになる．そこで，最小進化法では，まず距離行列を構築するための進化距離の推定が重要になる．

塩基配列やアミノ酸配列間の進化距離は配列間の差異から推定される．もっとも単純な距離は配列間の差異数を総座位数で割った差異率（$p$）であるが，1座位に複数回生じた置換（多重置換）も1回の置換に数えられてしまうため，進化時間に対して曲線的に増加し，いずれは飽和する（図1）．進化時間に対して直線的な距離を求めるには，配列間の差異から進化過程で生じた置換数を推定する必要がある．置換数推定法は，塩基置換やアミノ酸置換パターンを数理モデル化し，それに基づいた微分方程式を解くことによって数学的に導き出される．数式としてあらわされる場合，多重置換補正式（multiple-hit correction formula）とよばれることもある．これまでにいろいろな置換モデルが提唱され，それらに基づいた置換数推定法が提唱されている．DNA塩基置換の場合，4種類の塩基の間で12種類の塩基置換率があるため，最大でも12の変数を用いればどんな置換パターンもモデル化することが可能である．変数を用いたモデルを使うと，配列データから進化距離と同時に塩基置換パターンも推定される．置換モデルが実際の置換パターンに合わないと多重置換の補正効果は限定的となるが（図1），変数を多くすると，進化時間に対する直線性はよくなっても推定値の確率誤差が大きくなり，系統樹推定の精度はかえって悪くなる場合がある．そのような場合，たとえ実際の置換パターンとは異なっても，変数の少ない単純なモデルを用いたほうがよい結果が得られる．このように，どのようなモデルを用いればよいかの判断は容易ではない．一方，アミノ酸は20種類あるので，変数を用いたモデルによって配列データごとに置換パターンを推定することは困難である．通常，多数の配列データから推定した平均的なアミノ酸置換パターンを用いて置換数のみを推定する．

**近隣結合法**：近隣結合法（neighbor-joining method）（Saitou & Nei, 1987）はもっとも広く使われている

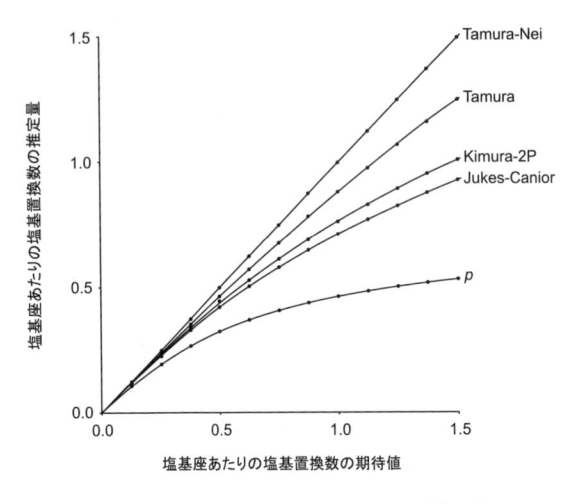

**図1** Tamura-Nei モデルに従がって塩基置換が起こった場合に，いろいろな進化距離推定法を用いて得られた塩基置換数の推定値（Nei & Kumar, 2000 より）

系統樹推定法のひとつで，距離行列を用いて段階的に最小進化系統樹を近似推定する．コンピューターシミュレーションによって他の方法と比較してみると，推定精度は平均して最小進化法とほぼ等しく，最尤法にはわずかにおよばない．しかし，これらの方法に比べて計算時間は非常に短いため，コストパフォーマンスという点では最善の方法ということができ，特に多数の配列を用いる場合にメリットがある．

近隣結合法のアルゴリズムは，すべての配列が一点から放射状に伸びた枝の先に位置する星状系統樹（star phylogeny）から始まる（図2a）．$n$ 本の配列からなる星状系統樹における総枝長の最小二乗推定値は，$d_{ij}$ を配列 $i$, $j$ 間の進化距離として $S_0 = \frac{1}{n-1} \sum_{i<j}^{n} d_{ij}$ で求めることができる．つぎに，すべての配列のペアについて，それらが姉妹群になる場合の総枝長を計算する．たとえば，配列1と2がペアになった場合を図2bに示す．最小二乗法により，配列1, 2からその共通祖先Xまでの枝の長さの和は $b_{1X} + b_{2X} = d_{12}$，枝 X-Y の長さは

$$b_{XY} = \frac{1}{2(n-2)} \left[ \sum_{k=3}^{n} (d_{1k} + d_{2k}) - (n-2)(b_{1X} + b_{2X}) - 2 \sum_{i=3}^{n} d_{iY} \right]$$

配列1, 2以外の配列から共通祖先Yまでの枝の長さは $\sum_{i=3}^{n} b_{iY} = \frac{1}{(n-3)} \sum_{3 \leq i < j}^{n} d_{ij}$ で求めることができ，これらの和（$S_{12} = b_{1X} + b_{2X} + b_{XY} + \sum_{i=3}^{n} b_{iY}$）が総枝長となる．同様にすべての配列のペアについて $S_{ij}$ を計算し，$S_{ij}$ がもっとも小さくなる配列 $i$, $j$ のペアを決定する．図2bでは配列1, 2が選ばれている．つぎに配列1, 2をまとめたクラスター（1・2）と1, 2以外のすべての配列との間の進化距離を $d_{(1 \cdot 2)i} = \frac{d_{1i} + d_{2i}}{2}$ の式によって計算する．2本の配列1, 2がひとつのクラスター（1・2）にまとまることにより，結果として $n \times n$ の距離行列が $(n-1) \times (n-1)$ の距離行列になる．このひとつ小さくなった距離行列を用い，総枝長が最小になる配列のペアを再度探索する．図2cでは配列5, 6が選ばれている．同様に，総枝長が常

**図2** 近隣結合法による系統樹再構築（Saitou & Nei, 1987 より改変）

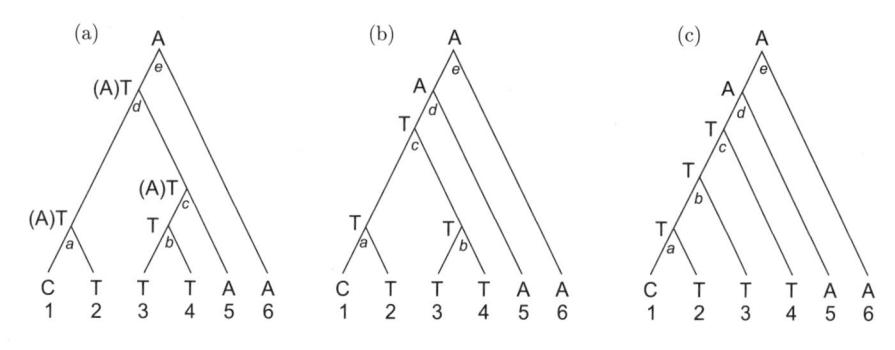

**図3** 最節約法による塩基置換数と樹形評価（Fitch, 1971 より改変）

に最小になるように，配列あるいは部分系統樹のペアを作ることをくりかえすことにより（図2d, e），最終的にひとつの2分岐系統樹ができあがる（図2f）．

### B. 最節約法

最節約法では，観察される配列間の差異を説明するために必要な置換数がもっとも少なくて済む樹形を探索する．置換数は系統樹上では枝長に相当するので，置換数が最小の系統樹を選択することは，枝長が最小の系統樹を選択する最小進化法と原理的に類似する．しかし，最節約法では数理モデルに基づいた多重置換の補正は行なわず，樹形に基づいて座位ごとに置換数を推定するところが最小進化法とは大きく異なる．元来，外部形態のデータに使われていた方法なので，数理モデルは不要で，置換以外にも挿入や欠失，制限酵素切断部位の有無などいろいろな種類のデータに適用できる利点があるが，多重置換が多いと正しい系統樹が得られない場合が生じることが知られている．

最節約法のアルゴリズムは，配列アライメントの座位ごとにすべての分岐点の塩基またはアミノ酸を置換数がもっとも少なくなるように推定し，置換数をすべての座位で合計する．この操作を候補となる樹形すべてについて行ない，置換数の合計がもっとも少ない樹形を最節約系統樹として選択する．たとえば，図3の樹形(a)で塩基配列1〜6の状態を説明するためには，分岐点 $a, b, c, d, e$ の塩基をそれぞれ T, T, T, T, A とし，3本の枝 $a$-1, $c$-5, $e$-$d$ で T→C, T→A, A→T の3回の置換が起こったと仮定すればよい．括弧内に示すように，分岐点 $a, c, d$ の塩基をすべて A であると仮定し，枝 $a$-1, $a$-2, $c$-$b$ でそれぞれ A→C, A→T, A→T の3回の置換が起こったとしても同様に3回の置換で説明できる．分岐点の状態についてはその他の可能性もあるが，どの場合でも最低3回の塩基置換を仮定する必要がある．一方，樹形(b)では枝 $a$-1, $d$-$c$ でそれぞれ T→C, A→T の2回の置換が起こったと仮定するだけで説明できる．すなわち，この座位にかぎれば，少なくとも樹形(a)は最節約ではないので棄却されるが，樹形(b)のみが最節約とはかぎらない．樹形(c)も枝 $a$-1, $d$-$c$ でそれぞれ T→C, A→T の2回の置換を仮定するだけで説明できる．このように，最節約法では複数の樹形が等しく最節約系統樹として選択される場合がある．また，図3a で示されるように分岐点の状態にも複数の可能性がある場合，ひとつの樹形でも個々の枝の長さは一意的に求めることができないが，Fitch (1971) のアルゴリズムによって系統樹全体で必要な最小置換数は一意的に計算できる．計算には整数のみが使われるので計算速度は速く，発見的探索法でも探索の範囲を比較的広くすることができる．分枝交換のアルゴリズムとして，「最近隣枝の交換」(nearest neighbor interchanges：NNI)，「部分系統樹の剪定と接木」(subtree pruning and regrafting：SPR)，「系統樹の切断と最接合」(tree bisection-reconnection：TBR) が一般によく使われる．複数の最節約系統樹が見つかった場合，それらすべてに共通する分岐パターンだけを示した「合意樹 (consensus tree)」がつくられる．

### C. 最尤法

最尤法は統計学における代表的な推定法のひとつ

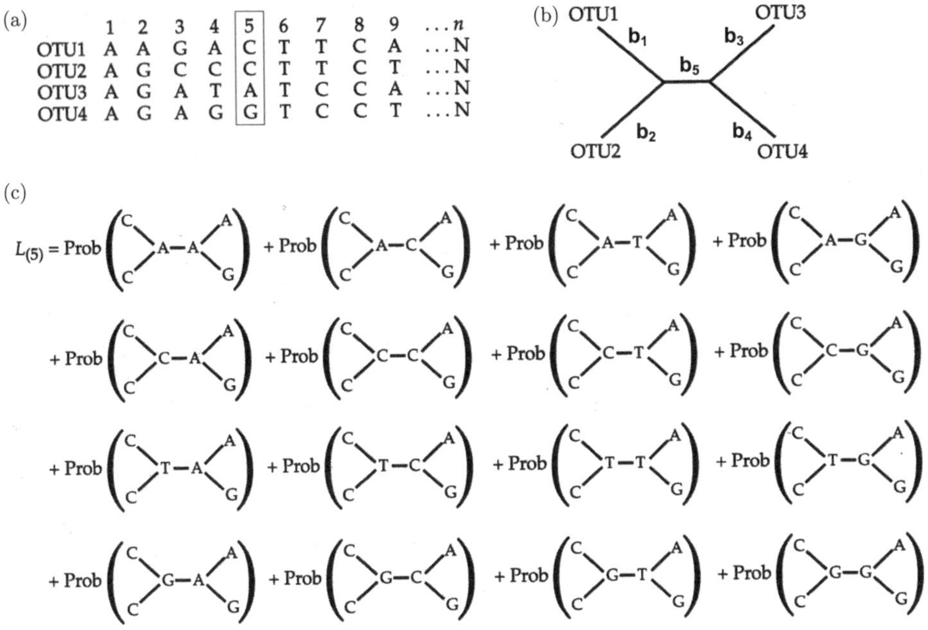

**図 4** 配列データ (a) の 5 番目の塩基座位について樹形 (b) に基づく尤度の計算式 (c)（Graur & Li, 2000 より改変）

で，いろいろな統計量の推定に応用されている方法である．現在，広く使われている分子配列データのための最尤系統樹推定法は，Felsenstein (1981) によって系統樹推定に応用されたものをさす．Huelsenbeck et al. (2001) によって系統樹推定に応用されたベイズ法（Bayesian method）も，最尤法と密接な関係にある方法である．最尤法では，数理モデルに基づいて尤度関数を導き出し，それによって計算される尤度が最大になるような統計量の値を推定する．最小進化法における距離の推定と同様に，数理モデルの選択がきわめて重要である．Felsenstein (1981) による最尤系統樹推定法では，候補となる各系統樹について置換モデルを用いて各枝で生じる塩基置換またはアミノ酸置換の確率を計算し，配列アライメントの各座位で観察される塩基またはアミノ酸の確率（尤度）を求める．その際，置換パターンに関する変数や各枝の長さが尤度関数の変数として推定される．そして，候補系統樹のなかから尤度がもっとも高い系統樹が最尤系統樹として選択される．尤度関数には系統樹の樹形は変数として含まれておらず，樹形が異なると尤度関数そのものが変わってしまう．したがって，尤度による樹形の選択は，尤度を最大化することによって尤度関数の変数値を推定する一般的な最尤法とは異なるものである．しかし，コンピューターシミュレーションや実際のデータ解析によって，最尤系統樹推定法の精度はきわめて高いことが確かめられており，その理論的基盤における問題点は実用上大きな問題ではないと考えられる．

一方，最節約法と異なり，最尤法では系統樹の各分岐点の状態を推定することはせず，考えられるすべての場合について尤度を計算し，その合計を用いる．分岐点ごとにDNAでは4種類，アミノ酸では20種類の可能性が考えられるので，それらの組合せによって系統樹全体では非常に多くの可能性が生じる．そのため計算時間は一般に非常に長く，それが実用上最大の問題となっている．また，最尤法は大標本法であるため，試料数が少ないと推定誤差がきわめて大きくなることがある．配列が短く座位数が少ない場合は注意が必要である．

図4に最尤系統樹推定法における尤度計算の一例を示す．図4aに示す4塩基配列のアライメントの5番目の座位について図4bの樹形を仮定した場合，その尤度（$L_{(5)}$）は図4cの式であらわされる．2カ所の分岐点における塩基は観察できないため，$L_{(5)}$ は $4 \times 4 = 16$ 通りすべての場合の確率（Prob）の和となり，その最初の項は枝長 $b_1$ でのCとAの変化率，枝

長 $b_2$ での C と A の変化率, 枝長 $b_3$ での A が変化しない確率, 枝長 $b_4$ での G と A の変化率, および枝長 $b_5$ で A が変化しない確率の積である. それぞれの変化率あるいは変化しない確率の値は置換モデルを用いて計算される. そして, 他の 15 の項も同様に計算して足し合わせると 5 番目の座位の尤度 ($L_{(5)}$) となる. このような計算をすべての座位について行なって各座位の尤度を求め, その積をとると系統樹全体の尤度となる ($L = L_{(1)} \times L_{(2)} \times L_{(3)} \times \ldots \times L_{(n)}$). 通常, 尤度は非常に小さな値になるので, 一般にその対数である対数尤度が使われる.

**D. 推定系統樹の統計検定**

配列の数が増えるにつれて分枝系統樹の可能な樹形の数は急速に増え, 配列数が数十になると真の樹形を推定することは事実上不可能になる. そこで, 推定された系統樹を解釈するためには, 系統樹のどの枝の信頼性が高くどの枝の信頼性が低いかを明かにすることが重要になる. 一般に, 推定系統樹の統計検定では, 推定系統樹全体の信頼性ではなく, 各枝の信頼性が検定される. もっともよく用いられる方法は, Felsenstein (1985) によるブートストラップ法 (bootstrap method) で, Efron (1982) のブートストラップ・リサンプル法を系統樹の検定に応用したものである. 通常の系統樹推定では, 配列アライメントのすべての座位を等しく使用するが, ブートストラップ法では重複を許してランダムに抽出した座位を用いて系統樹を推定する. 抽出回数は配列の座位数に等しくするため, 複数回抽出される座位もあれば一度も抽出されない座位も生じ, それらの座位を用いて推定したブートストラップ系統樹は, しばしば元の系統樹と樹形の一部が変わる. この操作をくりかえして多数のブートストラップ系統樹を作成し, それらの間で元の系統樹の各枝がどれだけの割合で再現されるかを数える. 再現される割合が高ければ, その枝は配列アライメントのどの部分をどれだけ用いても高い確率で推定されることを意味し, それだけ信頼性が高いことになる. ブートストラップ法による系統樹の検定は, 枝の信頼度が低めになる場合がある保守的な方法であることが経験的に知られている.

[引用文献]

Efron B. (1982) *The Jackknife, the Bootstrap and Other Resampling Plans*, CBMS-NSF Regional Conference Series in Applied Mathematics, Monograph 38, SIAM.

Felsenstein J. (1985) Confidence limits on phylogenies: An approach using the bootstrap. *Evolution*, vol. 39, pp. 783-791.

Fitch W. M. (1971) Towards defining the course of evolution: Minimum change for a specific tree topology. *Syst. Zool.*, vol. 20, pp. 406-416.

Graur D. & Li W-H. (2000) *Fundamentals of Molecular Evolution* (2nd ed.), Sinauer Associates.

Huelsenbeck J. P. *et al.* (2001) Bayesian inference of phylogeny and its impact on evolutionary biology. *Science*, vol. 294, pp. 2310-2314.

Nei M. & Kumar S. (2000) *Molecular evolution and phylogenetics*, Oxford University Press.

Rzhetsky A. & Nei M. (1993) Theoretical foundation of the minimum-evolution method of phylogenetic inference. *Mol. Biol. Evol.*, vol. 10, pp. 1073-1095.

Saitou N. & Nei M. (1987) The neighbor-joining method: A new method for reconstructing phylogenetic trees. *Mol. Biol. Evol.*, vol. 4, pp. 406-425.

〔田村浩一郎〕

## 19.10 データベースの利用

　分子進化の研究には，遺伝子配列データ（アミノ酸配列を含む）が必須である．生命科学分野におけるデータベース整備が整うに従い，研究に必要な情報の入手先と入手方法も多岐にわたるに至った．重要なものとしては，遺伝子配列に関して日米欧の国際協力として国際DNA配列データバンク（International Nucleotide Sequence Database Collaboration：INSDC，三大DNAデータベース〈DDBJ/EMBL/GenBank〉の協力機構）が標準データベースとして塩基配列のデータベース化の役割を担当している（http://insdc.org/）．それ以外にも，米国NCBIによるPubMed（www.ncbi.nlm.nih.gov/pubmed/）は，生命科学分野の文献情報データベースとして広く利用されている．各種ゲノムプロジェクトの進展や生命科学におけるデータベースの発展とともに，必要な情報の入手方法やデータへのアクセスのしかたも多様化を増すばかりである．さらに，シークエンス技術の革新にともない，SNP（single nucleotide polymorphism），CNV（copy number variation）や個人ゲノムなど，分子レベルでの多様性に関する大規模データの出現によりデータベースを有効に利用することの重要性は増すばかりである．また，データの大規模化にともない，おのおのの大規模プロジェクトがおのおのの成果をまとめたデータベースを作成し公開することが通常行なわれており，さらには，さまざまな情報を統合した2次データベースも作成され，活発に利用されるに至っている．

　さまざまな情報がデータベース化され，相互に関連づけられている（クロスリファレンス）現在では，どのような情報がどこにあるかという，情報の在処を理解し利用していくことが重要になる．

### A. 相同性検索

　一般的に，データベースから必要な知識を抽出する場合には，キーワードを用いた検索が利用される．どのようなキーワードが利用できるかは各データベースで異なるが，種名，遺伝子名などが代表的なキーワードとして用いられる．

　INSDCの場合には，種名，遺伝子名，タンパク質名，著者，論文タイトル，機能などさまざまなキーワードが利用可能である．検索を効率的に行なうためには，適切なキーワードを用いることが重要になる．どのようなキーワードが検索に利用可能かといった詳細は，通常マニュアルやreadmeファイルの形で提供されているのでそれを参照するとよい．

　もうひとつ，この分野で行なわれるデータベース検索手段の代表的なものとして相同性検索があげられる．相同性検索は，その名前のとおり，遺伝子配列そのものを用いて（クエリー）として，用いた配列に類似する配列をデータベース中から探し出すことである．相同性検索の方法はいくつかあるが，現在ではBLAST（basic local alignment search too）が，スタンダードとして世界的に用いられている．INSDCのそれぞれのウエブサイトでも，BLASTを用いた相同性検索サービスが提供されている．一例として，分子系藤樹の作成を例にとると，標準的な配列検索の流れとして，

① 最初の配列の入手（オリジナルデータ，キーワード検索など）
② 得られた配列を用いて，相同性検索を実行
③ アラインメントから系統樹作成

という流れがあげられる．この際，上記のPubMedでは，当該論文に関連する配列データへリンクが張られているので，それを利用して最初の配列データを入手することも可能である．

### B. ゲノム配列情報へのアクセス

　ヒトゲノム配列の決定に続き，シークエンシング技術の革命により，完全長ゲノムの決定された生物種は，日に日に増加している．完全長ゲノム配列は，INSDCにも格納されている（たとえば，http://www.ebi.ac.uk/genomes/）が，通常は，それぞれのゲノムプロジェクトごとにデータベース化されている．これは，データサイズも大きく通常，ゲノムブラウザーなどのビューワーを含めてデータ提供されていることによる．INSDCのそれぞれのサイトからもアクセスできるが，代表的なところでは，emsembl (http://www.ensemblgenomes.org/) やUCSCgenomebrowser (http://genome.ucsc.edu/) などが有名であり，データも充実している．これらのサイトからは，個別の遺伝子に関する情報や染色体ごとの配列データ，全ゲノム配列などの入手以外にも，ブラウザーを用いて動的にゲノム配列を調べることができるようになっている．また，ゲノム配列は，シークエンスの終了後もアノテーションやコンティグの作成に時間がかかり，バージョンによって内容・完成度が異なるので注意が必要である．

さらに，シークエンシングの技術革新にともない，1000 genome project (http://www.1000genomes.org/) や Encyclopedia of DNA Elements (ENCODE 〈http://genome.ucsc.edu/ENCODE/〉) などの有用なデータベース Contact Wikipedia が作成されている．1000 genome project は，1000人分のヒト遺伝子を解析し，人類進化や医学・疾病研究に役立てようとするものである．また，ENCODE は，ヒトゲノム上の機能的エレメントを網羅的に解析しようとするもので，ゲノム配列だけでなく転写調節や機能性 RNA など多様な情報の収集を目指している．また，ENCODE は，その対象をヒトだけでなくその他の生物種にも展開し (The model organism encyclopedia of DNA elements：modENCODE) 同様の解析が展開されていく予定である．

これ以外にも，「genome-wide association study (GWAS)」により，SNP やハプロタイプなどの詳細情報が収集され公開され始めている (https://gwas.lifesciencedb.jp/cgi-bin/gwasdb/gwas_top.cgi)．これらの情報は，分子進化の研究において有用なものであり，さまざまな研究での利用が期待される．

### C. 統合データベースの利用

情報の多様化と大量化に従い，分子進化研究で用いられる情報も配列データだけでなく多様化してきている．たとえば，遺伝子転写パスウエイや代謝経路の進化など，その対象も広まってきている．それに従い，従来あまり利用されなかった情報も利用可能となってきた．代表的なものとしては，遺伝子発現，タンパク質相互作用，タンパク質 DNA 相互作用などである．また，生命科学の進歩にともない重要性を増したものもある．たとえば，機能性 RNA に代表される nonCodingRNA やエピジェネティクスが注目されるにつれ重要性を増してきているメチル化部位の情報などが代表的なものである．これらの多様な情報を個別に調べていくことは，そのための労力を考えてもたいへんなものである．そこで，さまざまな情報を取り纏め統合した2次データベースの利用が有効な解決策となる．このような，特定の目的に併せて異なるソースの情報を統合化したデータベースはいろいろ存在する．ここでは，そのなかの代表的なものを紹介したい．

KEGG：Kyoto Encyclopedia of Genes and Genomes (http://www.genome.jp/kegg/) は京都大学で作成されているデータベースで，代謝経路のデータ (http://www.genome.jp/kegg/kegg3a.html) が有名である．それ以外にも，低分子や薬品，疾病情報など関連情報が充実している．もちろん，ゲノム配列や遺伝子配列情報も統合されている．H-InvDB (http://hinv.jp/index_jp.html) は，ヒト代謝産物を対象とした統合データベースである．ヒト遺伝子の構造，選択的スプライシングバリアント，機能性 RNA，タンパク質としての機能，機能ドメイン，細胞内局在，代謝経路，立体構造，疾病との関連，遺伝子多型 (SNP，マイクロサテライトなど)，遺伝子発現プロファイル，分子進化学的特徴，タンパク質間相互作用 (protein-protein interaction：PPI)，遺伝子ファミリーなどの精査されたアノテーション (注釈づけ) 情報を提供している．また，GenomeNetwork (http://genomenetwork.nig.ac.jp/) には，ヒトの転写ネットワークを細胞別，組織別に遺伝子発現，転写開始点，タンパク質相互作用など網羅的に解析した結果が集積されている．

### D. その他のデータベース

上記に述べたもの以外にも，代表的なものとして，タンパク質を中心に立体構造データを集めた PDB (http://www.pdbj.org/index_j.html)，アミノ酸配列を集めた UniProt (http://www.uniprot.org/) がある．

遺伝子配列情報に関しては，MGED/FGED (http://www.mged.org/) があり，ArrayExpress (http://

www.ebi.ac.uk/arrayexpress/），GEO（http://www.ncbi.nlm.nih.gov/geo/），CiBEX（http://cibex.nig.ac.jp/index.jsp）にデータが収録されている．

また，ヒトの表現型と遺伝についてのデータベースとしては，OMIM-Online Mendelian Inheritance in Man（http://www.ncbi.nlm.nih.gov/omim）がある．現在，ヒト以外の哺乳類に関しては，「Online Mendelian Inheritance in Animals（OMIA）」（http://omia.angis.org.au/）がある．

最後に，すでに述べたように，現在，多様なデータベースが存在しており，そのすべてを紹介することは不可能である．ここでは，代表的なものを紹介するにとどめた．INSDCのような1次データベースの利用と2次データベースの利用をうまく組み合わせるとともに，PubMedやOMIMのような関連情報データベースをうまく利用していくことが重要である．また，そのためにビューワーや検索のためのツールを使いこなすことが必要になる．*Nucleic Acide Research*では，年に一度DB issueとして特集がもたれる．このような情報を手がかりに，必要な情報の所在を探すのもひとつの手段である．

（池尾一穂）

# 第 20 章
# 集団内の遺伝子

| | | |
|---|---|---|
| 20.1 | 遺伝的浮動 | 田嶋文生 |
| 20.2 | 自然選択 | 田嶋文生 |
| 20.3 | 中立進化 | 斎藤成也 |
| 20.4 | 負の淘汰（浄化淘汰） | 間野修平 |
| 20.5 | 正の淘汰 | 間野修平 |
| 20.6 | 固定型の淘汰 | 間野修平 |
| 20.7 | 平衡選択 | 颯田葉子 |
| 20.8 | 超優性淘汰 | 颯田葉子 |
| 20.9 | 頻度依存淘汰と ESS | 大槻 久 |
| 20.10 | 密度依存淘汰 | 辻 和希 |
| 20.11 | 群淘汰（群選択） | 辻 和希 |
| 20.12 | 性淘汰 | 巌佐 庸 |
| 20.13 | 淘汰の単位 | 辻 和希 |
| 20.14 | 有害遺伝子の蓄積 | 舘田英典 |
| 20.15 | 集団の進化 | 舘田英典 |
| 20.16 | 単一集団内の遺伝的多様性 | 舘田英典 |
| 20.17 | 集団の遺伝的構造と遺伝子流動 | 舘田英典 |
| 20.18 | 地理的分断 | 千葉 聡 |
| 20.19 | 小集団の絶滅要因 | 田中嘉成 |
| 20.20 | 遺伝的変異の維持 | 舘田英典 |
| 20.21 | 形質の遺伝的変異 | 高野敏行 |

## 20.1 遺伝的浮動

遺伝的浮動とは，機会的な偶然による遺伝子頻度の変動のことをいい，すべての自然集団ではたらいている．ただし，その影響は，集団が小さいほど大きい．すべての集団は有限個の個体からなっていることを考えると，遺伝的浮動は常にはたらいているといえる．また自然選択がはたらいていても，遺伝的浮動ははたらいている．

いま，$N$個体からなる任意交配集団を考えてみよう．ある遺伝子座にはふたつの対立遺伝子（$A$と$a$）があり，その頻度を$p$と$1-p$とする．遺伝子頻度を変化させる要因（たとえば自然選択）がない場合，次世代の対立遺伝子$A$の頻度$(x)$が$i/(2N)$となる確率は

$$P(i \mid p) = \frac{(2N)!}{i!(2N-i)!} p^i (1-p)^{2N-i}$$

となり，遺伝子頻度の期待値と分散は

$$E(x) = p, \quad V(x) = p(1-p)/(2N)$$

となる．このことは，遺伝子頻度は偶然によって増減することを意味している．さらに任意交配が進むと，遺伝子頻度はいずれ0または1となる．遺伝子頻度が0になること（すなわち対立遺伝子$A$が集団からなくなること）を$A$は消失するといい，遺伝子頻度が1になることを$A$が固定するという．

例を図1に示す．この図は，$N=100$，$p=0.5$として，コンピュータシミュレーションによって得られた．この例では，対立遺伝子$A$は，遺伝的浮動の結果，101世代後に消失した．

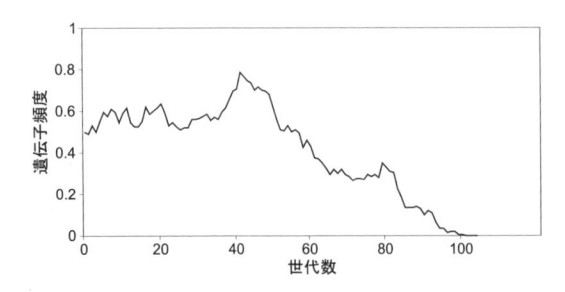

**図1** 遺伝的浮動による遺伝子頻度の変化の1例

### A. マルコフ連鎖法

遺伝的浮動の理論的研究は，マルコフ連鎖法や拡散近似法によって行なわれてきた．マルコフ連鎖法は，推移確率を成分とする推移行列を利用する方法であり，コンピュータを必要とする．

遺伝子頻度が$i/(2N)$であったものが，つぎの世代で遺伝子頻度が$j/(2N)$となる推移確率を$P(i,j)$とする．また，行列$\boldsymbol{P}$をつぎのように定義する．

$$\boldsymbol{P} = \begin{bmatrix} P(0,0) & P(0,1) & \cdots & P(0,2N) \\ P(1,0) & P(1,1) & \cdots & P(1,2N) \\ \cdot & \cdot & \cdots & \cdot \\ P(2N,0) & P(2N,1) & \cdots & P(2N,2N) \end{bmatrix}$$

すると，$t$世代後の推移確率行列$\boldsymbol{P}^t$は

$$\boldsymbol{P}^t = \boldsymbol{P}^{t-1} \boldsymbol{P}$$

で与えられる．世代$t$で遺伝子頻度が$i/(2N)$である確率を$b_t(i)$とし，これを成分とするベクトルを

$$\boldsymbol{b}_t = (b_t(0), \ b_t(1), \ \cdots, \ b_t(2N))$$

とする．ここで，$\boldsymbol{b}_0$は初期確率ベクトルとよばれる．$t$世代後の確率ベクトル$\boldsymbol{b}_t$は

$$\boldsymbol{b}_t = \boldsymbol{b}_{t-1} \boldsymbol{P} = \boldsymbol{b}_0 \boldsymbol{P}^t$$

で与えられ，これより$b_t(i)$を得る．例として，任意交配集団で中立な遺伝子座を考えてみよう．この場合，推移確率は

$$P(i,j) = \frac{(2N)!}{j!(2N-j)!} \left(\frac{i}{2N}\right)^j \left(1 - \frac{i}{2N}\right)^{2N-j}$$

となる．

図2は，集団の大きさ$(N)$が100で初期頻度$(p)$が0.5のときの遺伝子頻度の確率分布を示している．この分布は，上記の式を用いてコンピュータで計算したものである．この図から，世代とともに遺伝子頻度の分布はしだいに平坦になり，それにつれて，固定あるいは消失する割合が大きくなっていくことがわかる．ちなみに，この図には示していないが，200世代までに固定または消失する確率は0.457である．

### B. 拡散近似法

拡散方程式に基づく方法は，遺伝的浮動を数式化するのにもっとも有効な方法である．ふたつの対立

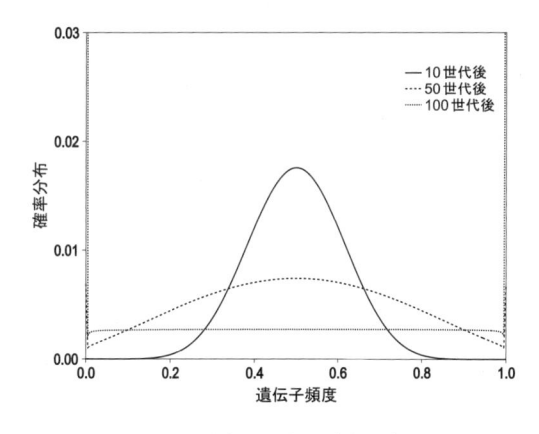

図 2　遺伝子頻度の確率分布

遺伝子 $A$ と $a$ が集団中に存在しているとする．対立遺伝子 $A$ の頻度が $p$ であったとき，$t$ 世代後に $A$ の頻度が $x$ である確率密度を $\phi(p,x;t)$ と定義すると，つぎのコルモゴロフの前進方程式が成り立つ．

$$\frac{\partial \phi(p,x;t)}{\partial t} = \frac{1}{2}\frac{\partial^2}{\partial x^2}\{V_{\delta x}\phi(p,x;t)\} - \frac{\partial}{\partial x}\{M_{\delta x}\phi(p,x;t)\}$$

ここで，$M_{\delta x}$ は世代あたりの遺伝子頻度の平均変化量であり，$V_{\delta x}$ は世代あたりの遺伝子頻度の変化量の分散である．初期頻度 $p$ は定数であり，世代 $t$ の遺伝子頻度 $x$ は変数であることは，遺伝子頻度の変化を前向きにみていることになる．一方，$x$ を定数，$p$ を変数と考えることもできる．この場合，遺伝子頻度の変化をうしろ向きにみていることになり，$M_{\delta p}$ と $V_{\delta p}$ が $t$ に依存しないとき，つぎのコルモゴロフの後退方程式が成り立つ．

$$\frac{\partial \phi(p,x;t)}{\partial t} = \frac{1}{2}V_{\delta p}\frac{\partial^2}{\partial p^2}\phi(p,x;t) + M_{\delta p}\frac{\partial}{\partial p}\phi(p,x;t)$$

時間が十分経ったときの遺伝子頻度，すなわち定常状態における遺伝子頻度の確率密度は，

$$\frac{\partial \phi(p,x;t)}{\partial t} = 0$$

とすることによって，解くことができる．$\phi(p,x;\infty)$ を $\phi(x)$ で定義すると，

$$\frac{1}{2}\frac{\partial^2}{\partial x^2}\{V_{\delta x}\phi(x)\} - \frac{\partial}{\partial x}\{M_{\delta x}\phi(x)\} = 0$$

となり，

$$\frac{\partial}{\partial x}\{V_{\delta x}\phi(x)\} = 2M_{\delta x}\phi(x)$$

を得る．これより，

$$\phi(x) = \frac{C}{V_{\delta x}}\exp\left(2\int \frac{M_{\delta x}}{V_{\delta x}}dx\right)$$

となる．この式はライト（Wright, 1938）の式とよばれている．ここで，$C$ は

$$\int_0^1 \phi(x)\,dx = 1$$

を満足する定数である．

拡散方程式について詳しく知りたい方は，Crow & Kimura（1970）や Kimura & Ohta（1971）を読まれるとよい．

### C. 集団の有効な大きさ

遺伝的浮動を研究する場合，集団中に実際に生息する個体数ではなく，概念的な集団の有効な大きさ（個体数）を用いる．

自然集団においては，雌雄の個体数に差がある場合もあるし，個体数が季節によって変動する場合もある．また，少数の個体は非常に多くの子孫を残すが大多数の個体はほとんど子孫を残さない場合もある．そのような場合，集団の実際の個体数はその集団の真の大きさを反映していない．数学的に集団をとり扱う場合，このような要因をすべて考慮することは非常に困難である．この困難を回避するため，集団の有効な大きさという概念が提唱されている（Wright, 1931; Crow & Kimura, 1970）．任意交配が行なわれ，雌雄の差もなく，集団の大きさも一定であり，自然選択もはたらいていない，数学的にとり扱うのに理想的な集団を考える．もし，自然集団における遺伝子頻度の分布が，集団の大きさが $N$ の理想集団と等しいとき，この自然集団の有効な大きさを $N_e$ と定義する．

集団の有効な大きさには，近交係数によって定義した有効な大きさや分散によって定義した有効な大きさなどがある．前者は無作為に選んだふたつの配偶子が同じ親に由来する確率の逆数で定義される．一方，後者は世代あたりの遺伝子頻度の変化量の分散を用いて定義される．すなわち，前述したように，

理想集団における世代あたりの遺伝子頻度の変化量の分散は $x(1-x)/(2N)$ となるので，集団の有効な大きさを

$$N_e = \frac{x(1-x)}{2V_{\delta x}}$$

で定義する．ここで $V_{\delta x}$ は自然集団における世代あたりの遺伝子頻度の変化量の分散である．

雌雄で個体数が異なっている場合を考えてみよう．雌の個体数を $N_f$，雄の個体数を $N_m$ とする．ひとつの配偶子は $1/2$ の確率で雌親に由来するので，無作為に選んだふたつの配偶子が雌親に由来する確率は $1/4$ となる．したがって，無作為に選んだふたつの配偶子が同じ雌親に由来する確率は $1/(4N_f)$ となる．同様に，無作為に選んだふたつの配偶子が同じ雄親に由来する確率は $1/(4N_m)$ となる．この結果，無作為に選んだふたつの配偶子が同じ親に由来する確率は $1/(4N_f)+1/(4N_m)$ となり，この逆数をとって，集団の有効な大きさは

$$N_e = \frac{4N_f N_m}{N_f + N_m}$$

となる．たとえば，$N_f = 10000$ で $N_m = 10$ のとき，実際の集団の大きさは 10010 であるにもかかわらず，$N_e$ は約 40 となる．

つぎに，集団の大きさが季節によって変動する場合を考えてみよう．集団の大きさが $N_1, N_2, \ldots, N_t, N_1, N_2, \ldots$ と変動しているとき，$i$ 世代目の分散は，$x(1-x)/(2N_i)$ となり，$N_i$ が小さくなければ，1 世代あたりの分散は近似的に

$$V_{\delta x} = x(1-x) \sum_{i=1}^{t} \frac{1}{2N_i} \bigg/ t$$

となる．したがって，

$$N_e = t \bigg/ \sum_{i=1}^{t} \frac{1}{N_i}$$

となる．すなわち，集団の有効な大きさは調和平均になる．たとえば，1 年にわたって集団の大きさが，100, 500, 1000, 3000, 5000, 3000, 1000, 500, 100 と変動している場合，集団の有効な大きさは約 335 となる．

自然集団の有効な大きさを実際に推定する方法としては，同座率を用いる方法（Nei, 1968）や遺伝子頻度の変化量から推定する方法（Krimbas & Tsakas, 1971; Nei & Tajima, 1981; Pollak, 1983; Waples, 1989）が知られている．

### D. 遺伝子系図学

遺伝的浮動は遺伝子の系図により，別の側面からみることができる．遺伝子系図学は 1980 年代に始まった新しい集団遺伝学理論である（Griffiths, 1980; Kingman, 1982; Tajima, 1983; Watterson, 1984; Tavaré, 1984; Hudson, 1990）．この理論は，ヒトの類縁関係を家系図によって表現するように，遺伝子間の関係を系図によって表現することを基礎にしている（16.4 項を参照）．

#### a. 系図の形

集団から無作為にサンプルしたふたつの遺伝子の系図は，1 種類しかない．すなわち，時間をさかのぼっていくと，ふたつの遺伝子はひとつの共通の祖先遺伝子にたどりつく（図 3 の a）．遺伝子が三つの場合，2 種類の系図が存在する（b-1 と b-2）．しかし，後述するように，三つの遺伝子が同時に共通の祖先に達する確率は非常に低く，無視できる．すなわち，図 3 で (b-2) は無視し，(b-1) だけを考えればよい．遺伝子が四つの場合，三つ以上の遺伝子が同時に共通の遺伝子にたどりつくことを無視しても，図 4 に示しているように，2 種類の系図が考えられる．図 3 の (b-1) で A または B が分岐すると図 4 の (a) になり，C が分岐すると (b) になることを考えると，(a) のような系図を示す確率は $2/3$ であり，(b) の確率は $1/3$ であることがわかる．遺伝子が五つになると，図 5 に示すように 5 種類の系図が存在する．この図にはそれぞれの系図を得る確率も示されてい

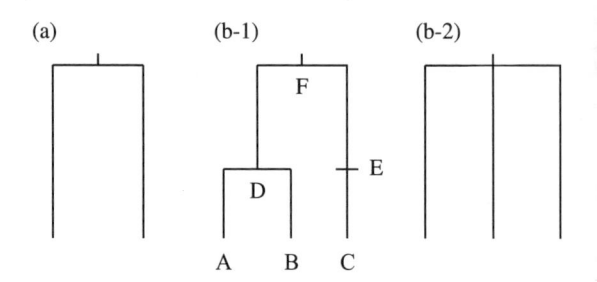

図 3 遺伝子の系図
(a) ふたつの遺伝子，(b) 三つの遺伝子

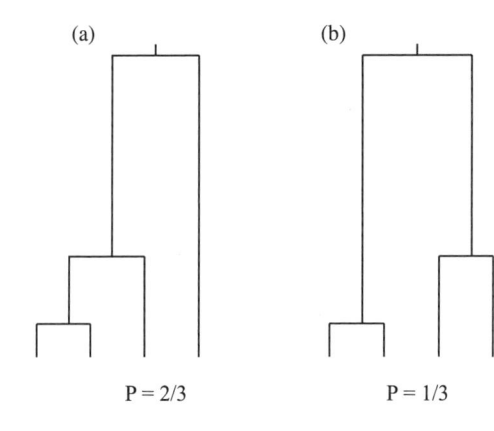

図 4 四つの遺伝子の系図

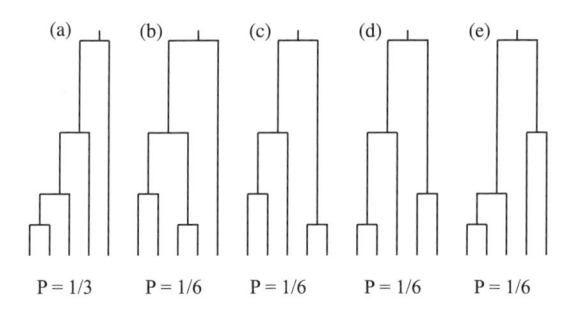

図 5 五つの遺伝子の系図

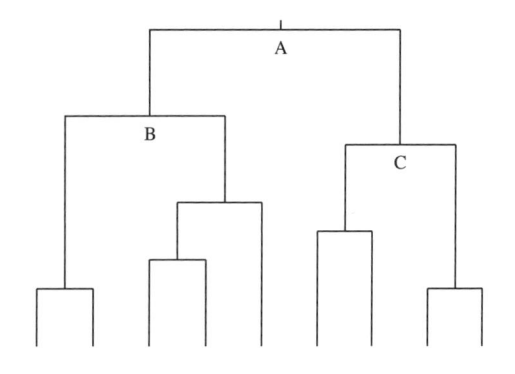

図 6 遺伝子が 9 個のときの形状の例

る．一般的に，集団から $n$ 個の遺伝子をサンプルしたとき，特定の系図を得る確率は

$$P = 2^{n-1-s}/(n-1)!$$

で与えられる．ここで，$s$ は左右に 1 個ずつ分岐する点の個数である．たとえば，図 5 から明らかなように，$n=5$ のとき，(a) では $s=1$ であり，それ以外では $s=2$ である．したがって，(a) のような系図を得る確率は $P = 2^{5-1-1}/(5-1)! = 1/3$ となり，それ以外の系図を得る確率はそれぞれ $P = 2^{5-1-2}/(5-1)! = 1/6$ となる．

図 5 の (c), (d), (e) の違いは，分岐の順序だけであり，形状 (topology) は同じであると考えることができる．この場合，ある形状を得る確率は，その形状を示すすべての系図を得る確率の和となる．たとえば，(c), (d), (e) の形状を得る確率は $1/6 + 1/6 + 1/6 = 1/2$ となる．一般的に，ある形状を得る確率は，つぎの確率を利用して求められる．すなわち，ある分岐点が $n$ 個の遺伝子を左に $n_1$ 個の遺伝子，右に $n_2$ $(= n - n_1)$ 個の遺伝子に分ける確率は

もし左右が同じであれば

$$Q(n_1, n_2) = 1/(n-1)$$

もし左右が異なっていれば

$$Q(n_1, n_2) = 2/(n-1)$$

で与えられる．この確率から，ある形状を得る確率は求められる．たとえば，図 6 の形状を得る確率を求めてみよう．まず，分岐点 A は 9 個の遺伝子を左に 5 個，右に 4 個の遺伝子に分割している．したがって，この確率は，$Q(5,4) = 2/(9-1) = 1/4$ である．同様に，分岐点 B では $Q(2,3) = 2/(5-1) = 1/2$ となる．また，分岐点 C では $Q(2,2) = 1/(4-1) = 1/3$ となる．$n \leq 3$ のとき $Q(n_1, n_2) = 1$ であるので，図 6 の形状を得る確率は $1/4 \times 1/2 \times 1/3 = 1/24$ となる（詳細は，Tajima, 1983 参照）．

b. 枝の長さ

まず集団から無作為に選んだ 2 個の遺伝子が共通の祖先遺伝子に達するまでの世代数を考えてみよう．2 個の遺伝子が 1 世代前の 1 個の遺伝子に由来する確率 $f_1(1)$ は，$f_1(1) = 1/(2N)$ であり，そうでない確率は $1 - f_1(1) = 1 - 1/(2N)$ であるので，2 個の遺伝子が $t$ 世代前に初めて共通の祖先遺伝子に達する確率 $f_1(t)$ は

$$f_1(t) = \frac{1}{2N}\left(1 - \frac{1}{2N}\right)^{t-1} \approx \frac{1}{2N}\exp\left(-\frac{t}{2N}\right)$$

となる．この式は 2 個の遺伝子が共通の祖先遺伝子に初めて達するまでの枝の長さの確率分布を与える（図 3a）．また，$t$ の期待値と分散は

$$E(t) = 2N, \quad V(t) = 4N^2$$

となる.

遺伝子が3個の場合, この3個の遺伝子が1世代前の1個の遺伝子に由来する確率は $1/(2N)^2 \approx 0$ であり, この事象は無視できる. 3個の遺伝子が1世代前の2個の遺伝子に由来する確率 $f_2(1)$ は, $f_2(1) = 3\{1/(2N)\}\{1-1/(2N)\} \approx 3/(2N)$ となる. 一方, 3個の遺伝子が1世代前の3個の遺伝子の由来する確率は, $\{1-1/(2N)\}\{1-2/(2N)\} \approx 1-3/(2N)$ となる. したがって, 3個の遺伝子が $t$ 世代前の2個の遺伝子に由来し, $t-1$ 世代前に2個が3個に分岐した確率 $f_2(t)$ は

$$f_2(t) = \frac{3}{2N}\left(1 - \frac{3}{2N}\right)^{t-1}$$
$$\approx \frac{3}{2N}\exp\left(-\frac{3}{2N}t\right)$$

となる. これは, 図3(b-1)の枝ADの長さの確率分布を与える. $t$ の期待値と分散は

$$E(t) = 2N/3, \quad V(t) = 4N^2/9$$

である. 一方, 枝DFの長さの確率分布は $f_1(t)$ で与えられる.

一般的に, $n$ 個の遺伝子が $t$ 世代前の $n-1$ 個の遺伝子に由来し, この $n-1$ 個の遺伝子が $t-1$ 世代前に $n$ 個の遺伝子に分岐した確率 $f_{n-1}(t)$ は

$$f_{n-1}(t) = \frac{\binom{n}{2}}{2N}\left\{1 - \frac{\binom{n}{2}}{2N}\right\}^{t-1}$$
$$\approx \frac{\binom{n}{2}}{2N}\exp\left\{-\frac{\binom{n}{2}}{2N}t\right\}$$

で与えられる. $t$ の期待値と分散は

$$E(t) = 2N\Big/\binom{n}{2}, \quad V(t) = 4N^2\Big/\binom{n}{2}^2$$

となる.

$n$ 個の遺伝子が $t$ 世代前に初めて共通の祖先遺伝子に達する確率は, $f_{n-1}(t), f_{n-2}(t), \ldots, f_1(t)$ のたたみこみによって得ることができる. この場合, $t$ の期待値と分散は

$$E(t) = 4N(1 - 1/n),$$
$$V(t) = 4N^2 \sum_{i=2}^{n} 1\Big/\binom{i}{2}^2$$

となる. これらは $n$ が大きくなると, $E(t) = 4N$, $V(t) = 16N^2(\pi^2/3 - 3)$ に近づく. $n = 2N$ のとき, これらは, 新生突然変異が固定するまでの世代数の期待値と分散 (Kimura & Ohta, 1969; Burrows & Cockerham, 1974) に等しくなる. 事実, 新生突然変異が固定するまでの世代数の確率分布 $y(t)$ は, $f_{2N-1}(t), f_{2N-2}(t), \ldots, f_1(t)$ のたたみこみによって得ることができ,

$$y(t) = \sum_{i=1}^{2N-1}(2i+1)(-1)^{i+1}$$
$$\times \prod_{j=1}^{i}\frac{2N-j}{2N+j}\lambda_i\exp(-\lambda_i t)$$

となる (Tajima, 1990). ここで, $\lambda_i = i(i+1)/(4N)$ である. これは近似的に

$$y(t) = \sum_{i=1}^{2N-1}(2i+1)(-1)^{i+1}\lambda_i\exp\{-\lambda_i(t+2)\}$$

で与えられる. この式は Kimura (1970) の式

$$y(t) = \sum_{i=1}^{\infty}(2i+1)(-1)^{i+1}\lambda_i\exp(-\lambda_i t)$$

とほぼ等しい. 遺伝子系図学を用いると, 遺伝子頻度が $p\ [= k/(2N)]$ の対立遺伝子が固定するまでの平均世代数 $T_1(p)$ も求めることができ,

$$T_1\left(\frac{k}{2N}\right)$$
$$= 4N\left\{1 - \frac{1}{2N} - \sum_{i=1}^{k-1}\frac{1}{i(i+1)}\prod_{j=1}^{i}\frac{k-j}{2N-j}\right\}$$

となる (Tajima, 1983). $N$ が大きくなると, これは $T_1(p) = -4N(1-p)\log_e(1-p)/p$ に近づき, 拡散近似法で求めた結果 (Kimura & Ohta, 1969) と一致する.

#### c. 2集団からサンプルされた遺伝子の系図

ふたつの集団からサンプルした遺伝子の系図は, ひとつの集団からサンプルした遺伝子の系図とは異なっている. ここでは, ふたつの集団のそれぞれから2個の遺伝子をサンプルした場合を考えてみよう. この場合, 図7に示したように, 4種類の遺伝子系図が存在する. $t$ 世代前にふたつの大きさ $N$ の集団に分岐したときに, それぞれの遺伝子系図を得る確率は,

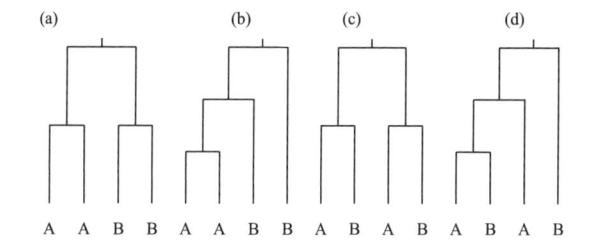

**図7** $t$ 世代前に分岐したふたつの大きさ $N$ の集団からそれぞれ2個の遺伝子をサンプルしたときの遺伝子系図

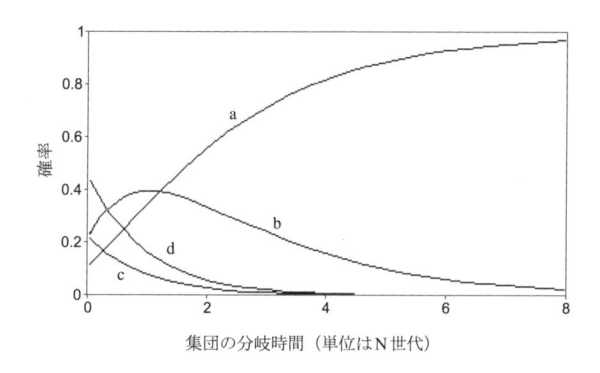

**図8** ふたつの集団の分岐時間とそれぞれの遺伝子系図を得る確率の関係

$$P(a) = \left\{1 - \frac{2}{3}\exp\left(-\frac{t}{2N}\right)\right\}^2,$$
$$P(b) = \frac{4}{3}\exp\left(-\frac{t}{2N}\right)\left\{1 - \frac{5}{6}\exp\left(-\frac{t}{2N}\right)\right\},$$
$$P(c) = \frac{2}{9}\exp\left(-\frac{t}{N}\right),$$
$$P(d) = \frac{4}{9}\exp\left(-\frac{t}{N}\right)$$

で与えられる．図8は，これらの確率と集団の分岐時間の関係を示している．これより，つぎのことがわかる．① 分岐時間が短いと系図8dを得る確率がもっとも高い．② 分岐時間が長くなるにつれ系図8bの確率が高くなる．③ 分岐時間がもっと長くなると系図8aの確率が高くなる．ここで注意すべきことは集団の分岐時間がかなり長くないと系図8aを得る確率はそれほど高くないことである．たとえば，集団が $4N$ 世代前に分岐した場合，系図8aを得る確率は約83%であり，約16%の場合系図8bを得る（詳細は，Tajima, 1983を参照）．

ひとつの集団から $m$ 個の遺伝子を，もうひとつの集団から $n$ 個の遺伝子をサンプルしたときの遺伝子系図やもっと複雑な関係はTakahata & Nei (1985)によって詳しく調べられている．

これらのことは，DNA配列情報から系統関係（特に近縁種の系統関係）を研究する際，注意しなければならない．

[引用文献]

Burrows P. M. & Cockerham C. C. (1974) Distributions of time to fixation of neutral genes. *Theor. Popul. Biol.*, vol. 5, pp. 192-207.

Crow J. F. & Kimura M. (1970) *An Introduction to Population Genetics Theory*, Harper and Row, New York.

Griffiths R. C. (1980) Lines of descent in the diffusion approximation of neutral Wright-Fisher models. *Theor. Popul. Biol.*, vol. 17, pp. 37-50.

Hudson R. R. (1990) Gene genealogies and the coalescent process. *Oxf. Surv. Evol. Biol.*, vol. 7, pp. 1-44.

Kimura M. (1970) The length of time required for a selectively neutral mutant to reach fixation through random frequency drift in a finite population. *Genet. Res.*, vol. 15, pp. 131-133.

Kimura M. & Ohta T. (1969) The average number of generations until fixation of a mutant gene in a finite population. *Genetics*, vol. 61, pp. 763-771.

Kimura M. & Ohta T. (1971) *Theoretical Aspects of Population Genetics*. Princeton University Press.

Kingman J. C. (1982) On the genealogy of large populations. *J. Appl. Probab.*, vol. 19A, pp. 27-43.

Krimbas C. B. & Tsakas S. (1971) The genetics of *Dacus oleae*. V. Changes of esterase polymorphism in a natural population following insecticide control–selection or drift? *Evolution*, vol. 25, pp. 454-460.

Nei M. (1968) The frequency distribution of lethal chromosomes in finite populations. *Proc. Natl. Acad. Sci. USA*, vol. 60, pp. 517-524.

Nei M. & Tajima F. (1981) Genetic drift and estimation of effective population size. *Genetics*, vol. 98, pp. 625-640.

Pollak E. (1983) A new method for estimating the population size from allele frequency changes. *Genetics*, vol. 104, pp. 531-548.

Tajima F. (1983) Evolutionary relationship of DNA sequences in finite populations. *Genetics*, vol. 105, pp. 437-460.

Tajima F. (1990) Relationship between DNA polymorphism and fixation time. *Genetics*, vol. 125, pp. 447-454.

Takahata N. & Nei M. (1985) Gene genealogy and variance of interpopulational nucleotide differences. *Genetics*, vol. 110, pp. 325-344.

Tavaré S. (1984) Lines-of-descent and genealogical processes, and their applications in population genetics models.

Theor. Popul. Biol., vol. 26, pp. 119-164.

Waples R. S. (1989) A generalized approach for estimating effective population size from temporal changes in allele frequency. *Genetics*, vol. 121, pp. 379-391.

Watterson G. A. (1984) Lines of descent and the coalescent. *Theor. Popul. Biol.*, vol. 26, pp. 77-92.

Wright S. (1931) Evolution in Mendelian populations. *Genetics*, vol. 16, pp. 97-159.

Wright S. (1938) The distribution of gene frequencies under irreversible mutation. *Proc. Natl. Acad. Sci. USA*, vol. 24, pp. 253-259.

（田嶋文生）

## 20.2　自然選択

個体が次世代に貢献する度合いにばらつきがあり，それが遺伝的に決められているとき，自然選択は生じる．有利な遺伝的形質はその頻度を増し（正の選択；20.5 項を参照），不利な遺伝的形質は集団から取り除かれる（負の選択；20.4 項を参照）．一方，超優性選択や頻度依存選択のように，遺伝的な変異を積極的に維持する自然選択（20.7 項を参照）も存在する．

ここでは，遺伝子座にふたつの対立遺伝子，$A_1$ と $A_2$ が存在する場合を考えてみよう．遺伝子型 $A_1A_1$, $A_1A_2$, $A_2A_2$ の適応度をそれぞれ $W_{11}$, $W_{12}$, $W_{22}$ とする．また，対立遺伝子 $A_1$ の頻度を $x$ とし，ハーディ・ワインベルクの法則（19.8 項を参照）が成り立っていると仮定する．表1はこれらの関係を示している．集団の平均適応度を $\overline{W}$ とすると，$\overline{W}$ は

$$\overline{W} = x^2 W_{11} + 2x(1-x)W_{12} + (1-x)^2 W_{22}$$

となる．したがって，次世代の対立遺伝子 $A_1$ の期待頻度は

$$x' = \frac{x^2 W_{11} + x(1-x)W_{12}}{\overline{W}}$$

となり，1世代あたりの遺伝子頻度の変化量の期待値は

$$\begin{aligned} M_{\delta x} &= x' - x \\ &= x(1-x)[x(W_{11} - W_{12}) \\ &\quad + (1-x)(W_{12} - W_{22})]/\overline{W} \end{aligned}$$

となる．$\overline{W}$ が1に非常に近いとき，これは近似的に

$$\begin{aligned} M_{\delta x} = x(1-x)[&x(W_{11} - W_{12}) \\ &+ (1-x)(W_{12} - W_{22})] \end{aligned}$$

で与えられる．$A_1$ から $A_2$ への世代あたりの突然変異率を $u$，$A_2$ から $A_1$ への世代あたりの突然変異率を $v$ とすると，$M_{\delta x}$ は近似的に

$$\begin{aligned} M_{\delta x} = x(1-x)[&x(W_{11} - W_{12}) \\ &+ (1-x)(W_{12} - W_{22})] \\ &- (u+v)x + v \end{aligned}$$

**表 1** 遺伝子型 $A_1A_1$, $A_1A_2$, $A_2A_2$ の頻度と適応度

| 遺伝子型 | $A_1A_1$ | $A_1A_2$ | $A_2A_2$ |
|---|---|---|---|
| 頻度 | $x^2$ | $2x(1-x)$ | $(1-x)^2$ |
| 適応度 | $W_{11}$ | $W_{12}$ | $W_{22}$ |

**表 2** 中立な場合と比較して，自然選択の下で期待される特徴

| 選択様式 | 進化速度 | 遺伝的変異量 |
|---|---|---|
| 正の選択 | 速い | やや多い |
| 負の選択 | 遅い | 非常に少ない |
| 平衡選択 | 速い | 非常に多い |

となる．集団が非常に大きいとき，すなわち遺伝的浮動の影響が無視できるとき，$x$ の平衡頻度は $M_{\delta x}=0$ により求めることができる．

ある時点での集団の平均適応度の増加量は，その集団の適応度の遺伝的変異量に等しい．これを自然選択の基本原理という (Fisher, 1930)．ここでいう遺伝的変異量は相加遺伝分散であり，

$$V_g = 2x(1-x)[x(W_{11}-W_{12}) \\ + (1-x)(W_{12}-W_{22})]^2$$

で与えられる．$\overline{W}$ が1に非常に近いとき，

$$\frac{d\overline{W}}{dt} = V_g$$

となり，非常に簡単な等式で表現できる．この原理は，集団の平均適応度が増加するためには，遺伝的変異（相加遺伝分散）が必要であることを示している．しかし，有害な突然変異は常に生じているので，遺伝的変異があっても，集団の平均適応度が増加するとはかぎらない．

過去には，すべてを自然選択によって説明しようという試みがなされた．生物の進化は正の選択による．また多量の遺伝的変異は超優性選択や頻度依存選択のような平衡選択によるとされていた．現在では遺伝的浮動や集団構造などの影響を含めた研究が行なわれている．

表2に，いくつかの代表的な選択様式について，その大まかな特徴をまとめた．結果は自然選択がはたらいていない場合（中立な場合）と比較している．

[引用文献]

Fisher R. A. (1930) *The Genetical Theory of Natural Selection*, Clarendon Press.

（田嶋文生）

## 20.3 中立進化

進化の原動力は突然変異である．もっとも，突然変異は無秩序に生じるので，その多くは生物にとって有害である．これら有害な突然変異は短時間のうちに消えていってしまい，長期的な進化には寄与しない．この過程を，よいものが選ばれていく場合と区別するために負の自然淘汰（negative selection）あるいは純化淘汰（purifying selection）とよぶ．ただし，生物の生存に有利にはたらくはずの突然変異でも，その大部分は消えてしまう．

では，進化に寄与する突然変異はどのようなものだろうか．「進化に寄与する」というのは，突然変異遺伝子が十分に長い期間，たとえば100世代以上にわたって存続する場合をさす．何らかの意味で生存に有利な突然変異であれば，進化の過程で生き残ってゆく場合がある．しかし生物はすべて無駄なくつくられているわけではない．突然変異が生じても生物が生きていくうえであまり影響のないこともある．これらを中立突然変異（neutral mutation）とよぶ．突然変異全体のなかでどのくらいの割合が中立突然変異であるのかどうかは，量的にはまだよくわかっていないが，進化に寄与することのない有害な突然変異を除けば，大部分は中立突然変異だと考えられている．

中立突然変異を含めて，すべての突然変異遺伝子が子孫を増やせるかどうかは，集団の個体数が有限であることに由来する遺伝的浮動による影響がきわめて大きい．たまたま生き残る遺伝子もあれば，少しほかのものより生存に有利にはたらく遺伝子であっても，消えてゆくものもある．その結果，進化に寄与する遺伝子の大部分は中立突然変異だというのが中立進化論の立場である．実際にゲノムの塩基配列レベルにおける時間的変化（突然変異の蓄積）は，その大部分が中立突然変異の蓄積であることがわかっている．すなわち，中立進化が塩基配列進化の基本なのである．

ここで，中立突然変異遺伝子の固定速度を考えてみよう．この速度は，対立遺伝子の置換速度（substi-tution rate）と考えることができる．図1に，7個の中立突然変異が固定していった様子を示してある．実際には固定に至らなかった膨大な数の突然変異遺伝子が存在したはずだが，それらは描かれていない．この7回の置換が100万世代の間に生じたとすれば，置換速度は遺伝子あたり世代あたりで$7 \times 10^{-6}$と推定される．

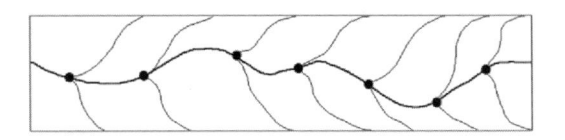

**図1** 中立突然変異が集団中で固定していく過程（斎藤，2007より）

図1には，最終的に集団中に固定した7個の突然変異をつないだ線が示されている．この線は一本道ではあるものの，現在の生物からサンプルしたある遺伝子の系図と考えることができる．$T$世代前までたどったこの1本線の系図には，世代あたりの突然変異率を$\mu$とすれば，期待値として，$\mu T$個の突然変異が生じるはずである．この系統における置換速度$\lambda$は，全体の時間$T$で割って$\mu$となる．今これらの突然変異はすべて中立だと考えているので，中立突然変異の進化速度$\lambda$は突然変異率$\mu$に等しいことになる．集団の大きさが増減しても，この結論には影響しない．また$T$世代の間に種の分化があっても，置換速度にはまったく影響しないので，長期間の進化を論じることができる．したがって，図1の遺伝子の置換率は突然変異率の推定値ということになる（16.5項を参照）．正や負の自然淘汰が起こってくると，生じる突然変異によって遺伝子の増え方に差が生じるので，このような普遍性は出てこない．関与する変数の種類が少ないほど，予言の一般性や推定値の量的信頼度は向上する．中立進化論は，集団遺伝学理論から集団の個体数Nと淘汰係数sの双方を消し去った，きわめて単純で美しい理論であるといえるだろう．

以上の議論では，進化に寄与する突然変異について考察したが，実際の突然変異には，生存に有害なものもかなり含まれている．逆に生存に有利な突然変異はきわめてまれであると考えられる．そこで，

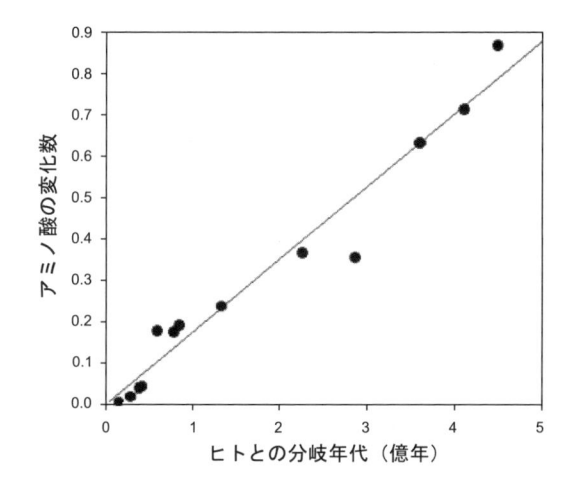

**図 2** αグロビンアミノ酸配列が示す分子時計
（木村，1986 より改変）

全突然変異を中立突然変異と有害突然変異に分け，前者の割合を $f$ としよう．すると，進化速度 $\lambda$ は $\lambda = f\mu$ となる．全突然変異における中立突然変異の割合 $f$ は，次節で論じるように，ゲノム中の DNA 領域の機能によって異なることが予想される．生物の生存に影響を与えない DNA 領域の場合には，すべての突然変異が中立になる（$f = 1$）．

### A. 分子時計

脊椎動物の赤血球中に存在するヘモグロビン（hemoglobin）は，タンパク質であるグロビン（globin）とポルフィリンの一種であるヘム（heme）から成り立っている．グロビンには，主要なものとして $\alpha$ と $\beta$ の 2 種類がある．アミノ酸配列データベースから 14 種の脊椎動物の $\alpha$ グロビンのアミノ酸配列をとり出して多重整列した結果から生物間のアミノ酸置換数を推定した．その結果から，ヒトと他の脊椎動物のアミノ酸置換数を縦軸に，両者の分岐年代の推定値を横軸にプロットしたのが図 2 である．この分子の進化速度を推定することができる．分岐年代にほぼ比例してアミノ酸置換が蓄積していることがわかる．ここから，分子進化速度（アミノ酸置換速度）は，アミノ酸部位あたり年あたり $0.9 \times 10^{-9}$ と推定される．

このように，いろいろなタンパク質のアミノ酸配列を調べると，進化速度（アミノ酸の変化速度）はタンパク質によって違いはあるが，同じタンパク質であれば生物の系統にあまりよらずに，ほぼ一定であることがわかった．これを分子時計（molecular clock）とよぶ．形態の進化では，生物の系統によって進化速度が大きく異なることが一般的なので大きな差がある．

なぜ分子レベルにおける進化速度にかなりの一定性があるのか，しばらくの間はわからなかったが，進化速度が中立突然変異率に等しくなるという中立進化論が，分子時計に理論的根拠を与えた．突然変異率 $\mu$ は遺伝子や生物の系統によってそれほど大きく変わらないことが予想されるし，また遺伝子の機能に関係する中立突然変異の割合 $f$ も，その遺伝子がはたらく生物体内の環境が大きく変化しないかぎりは，あまり変動しないと予想される．そこで中立進化論の下で両者の積 $\mu f$ として与えられる進化速度がほぼ一定になる．

表 1 に，12 種類のタンパク質の進化速度（アミノ酸部位あたり，年あたり）を示した．タンパク質によって進化速度に違いがあるが，これはそれぞれのタンパク質遺伝子における中立突然変異（厳密にはアミノ酸を変える突然変異のなかの中立突然変異）の割合 $f$ が異なるということで説明できる．たとえばヒストン H4 は細胞核内で DNA と結合してヌクレオソームを形成する塩基性のタンパク質だが，きわめて進化速度が遅い．アミノ酸のちょっとした変化でも DNA との結合能力が低下し，生存に有害な突然変異となってしまうからだと考えられる．おそらく $f$ は 0.01 未満だろう．一方，フィブリノペプチドは，フィブリノーゲンがフィブリンに変換されるときに切り出される部分だが，血液凝固系でフィブリンがはたらくまでその機能を抑えておく役割をしているにすぎないので，アミノ酸変化が生じてもあまり生存に有害ではなく，ほとんど 1 に近い $f$ 値をもっていると考えられる．

多種多様なタンパク質を多くの生物で比較してみると，分子時計が成り立たない場合もあることがわかった．時計というと正確に時を刻む印象があるが，実際の生物進化ではいろいろな要因が進化速度に関係するので，厳密な分子時計というものは存在しない．また，進化速度が急に変化する場合も知られているが，だからといって中立進化をしていなかった

表 1　12 種類のタンパク質のアミノ酸置換速度

| タンパク質 | 速度 |
|---|---|
| フィブリノペプチド | 9.0 |
| 成長ホルモン | 3.7 |
| Igγ 鎖定常領域 | 3.1 |
| 血清アルブミン | 1.9 |
| ヘモグロビン α 鎖 | 1.2 |
| トリプシン | 0.59 |
| 乳酸脱水素酵素 | 0.34 |
| シトクロム c | 0.22 |
| グルカゴン | 0.12 |
| ヒストン H3 | 0.014 |
| ユビキチン | 0.010 |
| ヒストン H4 | 0.010 |

単位：$10^{-9}$/部位/年（根井，1990 より改変）

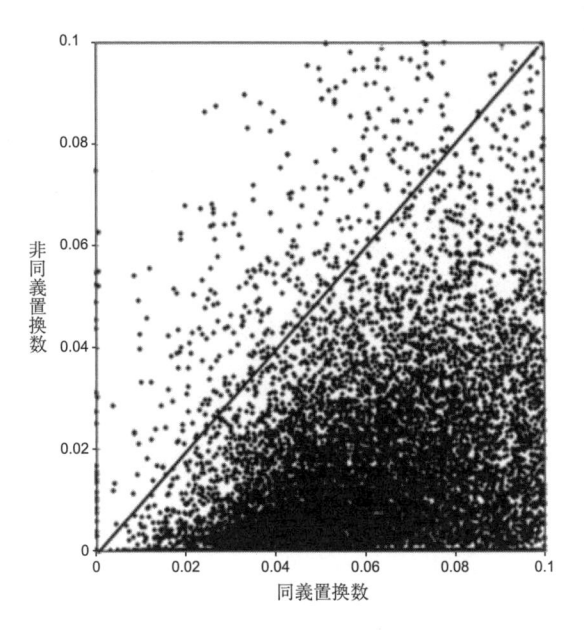

図 3　ヒトとアカゲザルの遺伝子の同義置換数と非同義置換数の関係（斎藤，2011 より）

ということにはならないので注意が必要である．分子レベルでの進化速度が大きく変わっている場合には，まず突然変異率が変化している可能性が考えられる．たとえば，哺乳類のなかでも齧歯類の進化速度が速いのは，他の系統に比べて突然変異率が高いためであると考えられている．また生活様式の変化によって $f$ 値が変化することがある．

### B. 同義置換速度と非同義置換速度

タンパク質の機能はそのアミノ酸配列に依存するので，特にそのなかでも重要なアミノ酸が置換すると，機能が大幅に低下することがありえる．置換するアミノ酸の場所や種類によっては，機能の変化がほとんどない場合もあるので，アミノ酸が変化する非同義置換は生存に有害になるか，あるいはこれまでと変わらない（中立）かのどちらかになると予想される．一方，同義置換ではアミノ酸が変わらないので，中立進化だけが生じると予想される（19.3 項を参照）．ただし，塩基配列レベルにおける自然淘汰が存在する可能性もあるし，実際にコドン使用頻度の偏りなどのような場合も知られているので，これはあくまでも近似的な予想である．

このような前提にたつと，同義置換の進化速度は進化速度 $\lambda = f\mu$ において $f = 1$ となり，突然変異率 $\mu$ に等しく，非同義置換の進化速度は $f\mu$ であるので，同義置換速度よりも低くなることが予想される．中立進化論に基づくこの予測が，実際に大部分のタンパク質遺伝子で成り立っていることが知られ

ている．図 3 はその 1 例である．ヒトゲノムとアカゲザルゲノムで順系相同である 11826 個のタンパク質遺伝子について，同義置換数と非同義置換数をプロットしたものである．97% の遺伝子で同義置換数のほうが大きくなっている．

進化速度 $\lambda = f\mu$ の式では近似的に生存に有利な突然変異を無視したが，特殊な自然淘汰が生じている場合にはそのような突然変異がたくさん蓄積することがある．それは，どのような変化であっても生存に有利になる可能性が高い状況である．ふつうにタンパク質の機能というと，細胞内外の複雑な代謝ネットワークの存在を前提とすることが多いが，この場合にはタンパク質ごとに特定のアミノ酸配列あるいはモチーフが対応している．ところが，このような自律的システムではなく，他の生物との相互作用を生じているタンパク質では，相手の攻撃から逃げるためにどのような変化も有利となる可能性が生じる．代表的なのはウイルスの表面抗原タンパク質である．A 型インフルエンザウイルスのヘマグルチニンは，全体としては中立進化をしているが，膜表面にもっとも突き出した部分だけを考えると，非同義置換速度のほうが同義置換速度よりも速いことが知られている．また脊椎動物は獲得免疫系をもって

いるが，免疫系を構成するタンパク質であるMHC（major histocompatibility antigen）クラスIのタンパク質の抗原認識部分でも，非同義置換速度のほうが同義置換速度よりも速い．免疫グロブリン$\alpha$の重鎖と軽鎖には，どちらも定常領域と可変領域をつなぐ部分として，ちょうつがい（ヒンジ，hinge）領域が存在するが，この部分はバクテリアのもつタンパク質分解酵素の標的となっているため，それから逃れるために非同義置換が同義置換よりもずっと高くなっている．このような，追いつ追われつタイプの自然淘汰システムを，『鏡の国のアリス』に登場する追いかけごっこを強要する女王になぞらえて，赤の女王（red queen）仮説とよぶことがある．

### C. がらくたDNAの進化速度

がらくたDNA（junk DNA）は大野乾の命名だが，ゲノム中で機能をもたないDNA領域をさす．がらくたDNAには，偽遺伝子，遺伝子間領域，あるいはSINE（short interspersed element）やLINE（long interspersed element）の大部分が含まれる．定義から，進化速度$\lambda = f\mu$の$f = 1$であることになり，その進化速度は同義置換速度と類似することが期待される．哺乳類ではゲノムの大部分ががらくたDNAで占められていると予想されるので，ゲノム全体での進化速度は，ほぼがらくたDNAの進化速度とみなしてよいことになる．実際に，マウスゲノムからランダムにサンプルした配列をラットの順系相同領域と比較した結果と，マウスとラットの順系相同なタンパク質コード遺伝子の同義置換のうち，四重縮退部位のみを比較した結果は，0.15前後というほぼ同じ値を示している．

偽遺伝子（pseudogene）は，機能のある遺伝子（タンパク質コード遺伝子の場合が大部分である）から遺伝子重複によって生じたあと，それほど時間が経っていないので，機能遺伝子と進化的相同性を保っている．しかし，フレームシフト突然変異や終止コドンが途中に挿入されるタイプの塩基置換が生じたことによりタンパク質が生成されず，しかもmRNAもつくられない，死んだ遺伝子として最初にみつけられた．しかし，大量のゲノム配列データが生産されるようになると，あるDNA配列が偽遺伝子であるかどうかは，もっぱらORF（open reading frame）の特徴から推定されるようになった．この場合，機能をもつタンパク質がつくられる可能性は少ないと結論できるが，mRNAが転写されないかどうかはわからない．したがって，偽遺伝子といわれていても転写されており，しかもその転写産物が機能をもっている可能性が十分にあるので注意が必要である．何らかの機能が残っていれば淘汰上の制約が生じ，進化速度$\lambda = f\mu$の$f < 1$となるからだ．

遺伝子間領域（intergenic region）は，単に知られている遺伝子と遺伝子の間をさしており，そこにいろいろな生物学的機能をもつDNAが存在していても，決しておかしくはない．また最近になって，脊椎動物のなかで高度に保存されている（進化速度がきわめて遅い）保存配列が多数発見されている．ゲノムの大部分をタンパク質コード遺伝子が占めるバクテリアと異なり，真核生物にはかなりの量の遺伝子間領域が存在するので，真核生物特有の遺伝子発現調節システムがそこで進化してきただろうと推測できる．これらタンパク質非コード領域（protein non-coding region）の進化は，現在活発に研究が進んでいる．

SINEやLINEもその大部分はがらくたDNAである．したがって，これらの因子の進化速度は純粋に中立な場合，すなわち突然変異率に等しい（$f = 1$）と想定されることが多い．ただし，まれにこれらのうちの一部の配列がホストゲノムの遺伝子発現システムに組み込まれることがあり，それ以降は進化的に保存されることになる．

### D. 分子進化における不用説

ビタミン（vitamin）は，少量ではあるが人間の生存に必須な物質である．そのなかでもビタミンC（L-アスコルビン酸）は，摂取量が不足すると皮膚や血管壁がもろくなって出血しやすくなり，壊血病になるおそれがある．これは，ビタミンCが皮膚などの結合組織に多量に存在するコラーゲンの合成に関与しているためである．ところが大部分の生物ではビタミンCを食物からとる必要がない．体内でビタミンCを合成できるからである．原猿を除く霊長類のほかには，哺乳類のなかではゾウ，モルモット，フ

ルーツコウモリなどの動物だけが合成機能を失っている．メダカでもこの酵素がない．これらの動物では，ビタミンCの合成過程の最後の段階で必要なL-グロノラクトンオキシダーゼ（L-gulono-γ-lactone oxidase；酵素番号 EC1.1.3.8）がないためである．

　生物種によってなぜこんな違いができてしまったのだろうか．これは，中立論で以下のように説明することができる．かつてはこれらの祖先動物でもビタミンCを合成することができたが，L-グロノラクトンオキシダーゼの遺伝子に突然変異が生じて，この酵素をつくれなくなった．つまり遺伝子が死んで偽遺伝子化したために，ビタミンCを合成できない個体が生じた．ふつうなら，この突然変異個体は生存することができないはずである．ところが，この動物は食物のなかにビタミンCが大量に含まれる環境にいた．すると体内でビタミンCを合成できてもできなくても生存には影響がない．つまり，中立進化が起こったわけである．そのためこの祖先動物は，たまたまビタミンCを合成できない個体ばかりになったというわけである．同様な変化はビタミンCが食物中に豊富に存在するどの生物でも生じうる．特に個体数が小さくなることが頻繁に生じる大型生物では，遺伝的浮動によって酵素活性を失った突然変異が固定しやすいと考えられる．

　ゲノム中に多数の遺伝子をもつ生物においては，このように，遺伝子が何らかの形で失われること（偽遺伝子化や遺伝子そのものの欠失）による多様性の獲得の可能性が考えられる．赤の女王タイプの生物間相互作用システムでは，バクテリアやウイルスなどが識別するホストのタンパク質そのものがなくなれば，当面これらパラサイトの攻撃をしのぐことができる．まさにこのような例が，後天性免疫不全症候群（acquired immunodeficiency syndrome：AIDS）の原因であるヒト免疫不全ウイルス（human immunodeficiency virus：HIV）が識別し，ホストの細胞にもぐりこむ目印としているケモカイン受容体5（C-C chemokine receptor 5：CCR5）遺伝子の欠失対立遺伝子だろう．32塩基が欠失するタイプの対立遺伝子が，北欧を中心に数％という高い頻度でみいだされているが，これはAIDSに耐性をもつことが知られている．地球のほかの地域では対立遺伝子頻度がこれほど高くないため，人類の歴史のかなり新しい段階で突然変異が生じて，AIDSやあるいはペスト（黒死病）など感染症に耐性が生じ，急速に対立遺伝子頻度を増加させたのではないかと考えられている．ただし，大部分の遺伝子では偽遺伝子化あるいは遺伝子全体の欠失は中立進化によって生じていると考えるべきだろう．これは，分子進化の不用説といえる．

### E．ほぼ中立説

　中立進化論における進化速度 $\lambda = f\mu$ では生存に有利な突然変異を無視し，さらにそれ以外の突然変異を淘汰上中立なもの（割合 $f$）と有害なもの（割合 $1-f$）に分けるという単純化をほどこしている．しかし，淘汰係数で測った有害の程度は連続的に変化するはずである．そこに着目した太田朋子は，弱有害突然変異（slightly deleterious mutation）の進化への寄与が大きいことを主張した．その後，正の自然淘汰を受ける突然変異も含めて，「ほぼ中立説」（nearly neutral theory）と名称を変更し，現在に至っている．この理論では，集団の大きさがきわめて大きいときには遺伝的浮動の効果が弱まり，弱有害突然変異が集団から淘汰される一方，正の自然淘汰を受ける突然変異は固定する確率が大きくなる．一方，集団の大きさが小さい場合には，弱有害突然変異が遺伝的浮動の効果により集団に存続し，なかには固定するものも増えてゆくことが期待される．現在の膨大な分子データは，ほぼ中立説で説明することができることが多い．もっともほぼ中立説では，ヒトを含む大型哺乳類のように個体数が小さい種では，種としては存続しているが，祖先種と比べれば，むしろゲノム全体としては淘汰が弱まっており，弱有害遺伝子が蓄積しつつあるという進化の描像を受け入れる必要がある．

［引用文献］

木村資生 著，向井輝美・日下部真一 訳（1986）『分子進化の中立説』紀伊國屋書店．

斎藤成也（2007）『ゲノム進化学入門』共立出版．

斎藤成也（2011）『ダーウィン入門』ちくま新書．

根井正利 著，五條堀孝・斎藤成也 訳（1990）『分子進化遺伝学』

培風館.

[参考文献]

太田朋子（2010）『分子進化のほぼ中立説』講談社ブルーバックス，講談社．

木村資生（1988）『生物進化を考える』岩波新書，岩波書店．

（斎藤成也）

## 20.4 負の淘汰（浄化淘汰）

### A. 定義

集団に新たに生じる突然変異のほとんどは有害であり，その遺伝子をもつ個体の生存力や妊性を損なう．そのような有害遺伝子は，時間がかかるかもしれないが，結局は集団から除去される．この現象を「負の淘汰（negative selection）」という．有害遺伝子を集団から除去するという意味で「浄化淘汰（purifying selection）」とよぶこともある．正の淘汰の実例は多くないが，負の淘汰はありふれた現象である．

### B. 遺伝的荷重

個々の有害遺伝子は集団から除去されるが，常に新しい突然変異が生じるので，集団には多数の有害遺伝子が存在する．二倍体生物において，世代あたりの突然変異率を $u$，淘汰係数を $s$ とし，変異のない遺伝子をホモでもつ個体に対するヘテロの個体，有害遺伝子のホモの個体の「適応度（fitness）」の相対値をそれぞれ $1-hs$，$1-s$ とする．淘汰係数が遺伝的浮動を無視できるほど大きく，「突然変異と淘汰の平衡（mutation selection balance）」，すなわち突然変異の出現と負の淘汰による除去がつりあった状態では，有害遺伝子の頻度はほぼ $u/(hs)$ である．ただし，完全劣性（$h=0$）のときは $\sqrt{u/s}$ である．最適な遺伝子型（ここでは変異のない遺伝子型）からの平均適応度の減少を最適な遺伝子型の適応度で割ったものを「遺伝的荷重（genetic load）」といい，特に突然変異による遺伝的荷重を「変異荷重（mutation load）」という．有害遺伝子が集団に与える影響は，その有害度によらず突然変異率のみできまる．すなわち，変異荷重は，淘汰係数によらず，およそ $2u$（完全劣性でないとき），もしくは $u$（完全劣性のとき）である．この法則を「Haldane-Mullerの原理」という．淘汰係数が小さく遺伝的浮動が優勢であれば，負の淘汰が働かず，集団に有害遺伝子が蓄積するので変異荷重は大きい．ただし，淘汰係数が非常に小さいならば変異荷重は小さい．

突然変異のほとんどは負の淘汰を受ける．その知見の多くは J. F. Crow, 向井輝美らによるショウジョウバエを用いた実験によってもたらされた（Crow, 1993）．有害遺伝子の有害度の分布は一様ではない．自然集団のキイロショウジョウバエ（*Drosophila melanogaster*）の 2 番染色体をホモ接合にすると生存力の分布は二峰的になる．約 2 割の染色体は劣性致死遺伝子（ホモ接合の個体が致死）をもっているが，その他の染色体の生存力はあまり変らない．また，優性度（$h$）と淘汰係数の間には負の相関がある．致死遺伝子の優性度は数％であるが，弱有害遺伝子の優性度は 3 割程度である．変異荷重の推定により，弱有害遺伝子は，致死遺伝子に比べて突然変異率が低いか，優性度が大きいかのいずれかであることが示されたが，突然変異の集積実験により，キイロショウジョウバエの 2 番染色体の致死遺伝子の突然変異率は染色体，世代あたり約 0.5% であること（遺伝子座が 500 あるとすれば，遺伝子座，世代あたり 0.001%），さらに弱有害遺伝子の突然変異率は少なくともその 30 倍ほどであることが明らかになった．致死遺伝子の優性度を 2% とすると，致死遺伝子の平衡頻度は 0.05% であり，2 番染色体はショウジョウバエの全染色体の 2/5 程度であるから，個体あたり約 1 個相当の劣性致死遺伝子をもっていることがわかる．この推定から，弱有害遺伝子の突然変異率は，個体，世代あたりほぼ 1 であることになる．推定された当時，この値は大きすぎると考えられた．各遺伝子の有害度が独立であるとすれば，変異荷重は $1 - e^{-1} \approx 0.63$，すなわち子どもの 6 割以上が遺伝的な理由によって生殖可能になる前に死亡することになるからである．しかし，この非現実的な結論は，遺伝子の有害度を独立とする仮定のためである．緩やかな「截頭淘汰（truncation selection）」，つまり個々の有害遺伝子の潜在的適応度の和が閾値をこえるところで急激に適応度が減少する淘汰，もしくは「相乗的エピスタシス（synergistic epistasis）」，つまり複数の遺伝子座に有害遺伝子があるときの有害度が個々の遺伝子座の単独の有害度の和よりも大きいことによって，遺伝的荷重は大きく減じる．実際には遺伝子の有害度は独立ではなく，遺伝的荷重の問題はないと考えられる．

### C. 分子進化のほぼ中立説

分子進化の「中立説（neutral theory）」（Kimura, 1968）は，分子レベルの置換の大部分は，自然淘汰について中立な突然変異が遺伝的浮動によって集団に固定した結果であるとする仮説である（20.3 項目を参照）．一方，太田朋子が提唱した分子進化の「ほぼ中立説（nearly neutral theory）」（Ohta, 1973）は，置換の大部分が弱有害であるとする仮説である．その根拠として，太田は次の三つの事実を指摘した．まず，タンパク質のアミノ酸の置換速度は，中立と考えられるコードしない領域や偽遺伝子の塩基の置換速度よりも遅い．つぎに，アミノ酸の置換速度は世代の長さにあまり影響されず，置換速度は種によらず年あたりほぼ一定である．中立であれば置換速度は突然変異率に等しいが，突然変異率は世代あたりほぼ一定なので，置換速度は世代あたり一定のはずである．世代の短い種ほど集団サイズが大きい傾向があり，負の淘汰が優勢になるので，世代が短いことによる加速と負の淘汰による減速が打ち消して，世代の長さはアミノ酸の置換速度にあまり影響しないと考えられる．最後に，ヘテロ接合度は集団サイズにあまり依存しない．ヘテロ接合度は，集団サイズを $N$ とすると $Nu$ が大きいほど大きいが，弱有害遺伝子が遺伝的浮動によって多型になるにはその淘汰係数 $s$ が $1/N$ よりも小さい必要があり，多型になりうる突然変異の変異率は集団サイズが大きいほど小さい．集団サイズが大きいこととそれによる実効的な突然変異率の減少が打ち消して，ヘテロ接合度は集団のサイズにあまり依存しないと考えられる．

ほぼ中立説は有利な置換を否定しない．有害な置換が集団に蓄積し，集団の死滅に至るわけではなく，修復的な突然変異を含む弱有利な置換との平衡にあると考える．また，ほぼ中立説は，中立説における中立の定義に幅をもたせたものではない．進化機構としての中立説との違いは，遺伝的浮動と拮抗しつつ，ありふれた弱い自然淘汰が他の遺伝子との相互作用を通じて寄与することを積極的に認める点である（Hurst, 2009）．

### D. 定量化

負の淘汰はありふれた現象であるが，ゲノムにお

ける淘汰係数のスペクトラムは興味深い．集団に有害な突然変異が生じると，有害度が小さいものは多型になったとしても置換に至ることはほとんどなく，結局は集団から除去される．生存に必須の遺伝子への有害な変異は観察できないから，ヒトにおいて遺伝病の原因になる変異は極端に有害なわけではない．ヒトのタンパク質の非同義変異（アミノ酸の違いにかかわる変異）は，疾患を導く有害なものが25％，疾患を導くほど有害ではないが多型にならないものが49％であり，残りが弱有害と推定されている（Yampolsky et al., 2005）．種内における同義多型数（アミノ酸の違いにかかわらない多型）に対する非同義多型数（アミノ酸の違いにかかわる多型），種間差の同様の数を淘汰のモデルに適合させることで，淘汰係数を推定できる（「Poisson random fieldモデル」）．ヒトにおいては，14％ほどの遺伝子が明確な負の淘汰を受けているが，疾患遺伝子は負の淘汰を受ける傾向が示されている．特に，細胞骨格形成にかかわる遺伝子は負の淘汰が明確であるが，細胞骨格タンパク質への変異は多くの疾患の原因になることが知られている（Bustamante et al., 2005）．ショウジョウバエにおいては，置換のほとんどが弱い正の淘汰を受けていると推定されている（Sawyer et al., 2007）．ただし，淘汰は非常に弱く，半分ほどはほぼ中立の範疇に入っている．この傾向を遺伝的浮動のみで説明することは難しく，弱い自然淘汰が置換に関与していることを示している．

### E. 負の淘汰と組換え

　無性生殖する生物の染色体，もしくは有性生殖をする生物であっても組換えがない染色体では，集団サイズが小さいと，有害な突然変異が負の淘汰によって除かれるよりも速く集団に蓄積し死滅に至る．この現象を「Mullerのラチェット（Muller's ratchet）」という（Muller, 1964）．有害な変異にさらに無害になる突然変異が起きることはほとんどないので，組換えがなければ，各染色体の有害な変異の数が減ることはない．染色体をその上にある有害な変異の数で分類するとき，有害な変異がない染色体は，数が少ないと，遺伝的浮動によっていずれ集団から消失する．すると，集団のすべての染色体は少なくともひとつ有害な変異をもつことになる．さらに，有害な変異をひとつもつ染色体が集団から消失すると，集団のすべての染色体は少なくともふたつの有害な変異をもつことになる．このように，有害な変異の数の最小値は増加し続ける．Mullerのラチェットは組換えを伴う有性生殖が有利である根拠になりうる．ヒトのY染色体のように組換えのない染色体に機能をもつ遺伝子が少ないことは，おそらくMullerのラチェットの結果である．

　有害な突然変異が起こる複数の遺伝子座が連鎖しているとき，連鎖が強いほど負の淘汰が有効にはたらかない現象を「Hill-Robertson干渉（Hill-Robertson interference）」という（Hill & Robertson, 1966）．ふたつの遺伝子座に有害な突然変異が独立に生じるとき，組換えがなければ有害遺伝子をもつ染色体の多くは両方の遺伝子座に有害遺伝子をもつことはないが，組換えがあれば両方の遺伝子座に有害遺伝子をもつ染色体が生じる．そのような染色体の有害度は高いから，速やかに集団から除去される．このように，負の淘汰は組換えが多いほうが有効にはたらく．この傾向は正の淘汰についても同様である．

　中立な遺伝子座が，有害な突然変異が起こる複数の遺伝子座が連鎖して存在する領域に存在すると仮定する．有害な突然変異が起きた染色体は負の淘汰によって集団から除去されるので，組換えが少なければ，中立な遺伝子座においても子孫に伝えられる染色体の数が減少し，多様性が減少する．この現象を「背景淘汰（background selection）」という（Charlesworth et al., 1993）．中立な遺伝子座においては子孫に伝えられる染色体がランダムに選ばれることに等しいから，サンプルの対立遺伝子や分離部位（配列においてサンプルによって異なる塩基をもつサイト）の頻度スペクトラム（各頻度のクラスの分布）は，中立であるが集団のサイズが減少したものとして観察される．背景淘汰は染色体上の組換えが少ない領域の多様性を減少させる主要な機構と考えられる．

[引用文献]

Bustamante C. D. et al. (2005) Natural selection on protein-coding genes in the human genome. *Nature*, vol. 437, pp. 1153-1157.

Charlesworth B. et al. (1993) The effect of deleterious mutations on neutral variation. *Genetics*, vol. 134, pp. 1289-1303.

Crow J. F. (1993) Mutation, mean fitness, and genetic load. *Oxford Surveys in Evolutionary Biology*, vol. 9, pp. 3-42.

Hill W. G. & Robertson A. (1966) The effect of linkage on limits to artificial selection. *Genet. Res.*, vol. 8, pp. 269-294.

Hurst L. D. (2009) Genetics and the understanding of selection. *Nat. Rev. Genet.*, vol. 10, pp. 83-93.

Kimura M. (1968) Evolutionary rate at the molecular level. *Nature*, vol. 217, pp. 624-626.

Muller H. J. (1964) The relation of recombination to mutational advance. *Mutat. Res.*, vol. 106, pp. 2-9.

Ohta T. (1973) Slightly deleterious mutant substitution in evolution. *Nature*, vol. 246, pp. 96-98.

Sawyer S. et al. (2007) Prevalence of positive selection among nearly neutral amino acid replacements in Drosophila. *Proc. Natl. Acad. Sci. USA*, vol. 104, pp. 6504-6510.

Yampolsky L. V. et al. (2005) Distribution of the strength of selection against amino acid replacements in human proteins. *Hum. Mol. Genet.*, vol. 14, pp. 3191-3201.

［参考文献］

Gillespie J. H. (2004) *Population Genetics, A Concise Guide* (2nd ed.), Johns Hopkins University Press.

Hartl D. L. & Clark A. (2007) *Principle of Population Genetics*(4th ed.), Sinauer Associates.

木村資生（1988）『生物進化を考える』岩波書店.

向井輝美（1978）『集団遺伝学』講談社.

太田朋子（2009）『分子進化のほぼ中立説』講談社.

（間野修平）

## 20.5　正の淘汰

### A. 定義

　Darwin（1859）は，人為選抜と人口論からの類推によって，自然界においても，激しい生存闘争の下では，わずかでも個体にとって有利な突然変異が起きれば，それをもつ個体は生存率が高まり子孫を多く残すから，そのような変異は子孫に伝えられやすいと考えた．さらに，その蓄積によって新しい種が生じ，進化が起こると考えた．当時，遺伝的変異がどのように生じ，子孫に伝えられるかについては不明であったが，遺伝学の確立によってそれらの機構が明らかになった．すなわち，生存力や妊性を高める突然変異をもつ遺伝子があらわれると，その遺伝子をもつ個体は他の個体よりも多くの子孫を残すのでその遺伝子は集団に広がる．この現象を「正の淘汰（positive selection）」という．ダーウィンの進化論の根幹となる機構であるから，「ダーウィン型淘汰（Darwinian selection）」とよぶこともある．

### B. 分類

　「方向性淘汰（directional selection）」は，集団の形質の平均値が最適値と異なる位置にある場合にはたらく淘汰であり，集団の形質の平均値は最適値に向かって移動する．人為選抜においては，有用な形質をもつ個体を次世代の交雑に選ぶので，方向性淘汰がはたらく．自然界においても，種の生活する環境が変化し最適値が移動すれば方向性淘汰がはたらくので，方向性淘汰は適応的な進化機構であると考えられる．また，集団に有利な遺伝子があらわれると，その頻度は方向性淘汰により急速に増加し，多くは固定に至ると考えられる．対立遺伝子頻度が長い世代にわたってほぼ一定の値をとり，多型が維持されていることがある．有害な突然変異の出現と負の淘汰による除去の平衡状態，もしくは淘汰について中立な変異遺伝子の固定または消失に至る過渡的状態においても多型は存在するけれども，対立遺伝子頻度がある程度の大きさで維持されている場合は，多型を積極的に維持する淘汰がはたらいていると考

えられる．このような淘汰を「平衡淘汰（balancing selection）」と総称する．平衡淘汰には，ヘテロ接合体の適合度がどのホモ接合体の適合度よりも高いことをさす「超優性（over dominance）」，適合度が遺伝子もしくは遺伝子型頻度の関数であり，頻度が低いほど適応度が高いことをさす「頻度依存性淘汰（frequency dependent selection）」，複数の環境条件が同時に存在し，適応度が環境条件によって異なるときにはたらく「多様化淘汰（diversifying selection）」などがある．

Dobzhansky (1955) は，種内変異の維持機構についての仮説を，平衡淘汰が主要な機構であるとする「平衡仮説（balance hypothesis）」と，有害な突然変異の出現と負の淘汰による除去のつりあいが主要な機構であるとする「古典仮説（classical hypothesis）」に分類した．ヘテロ接合の個体に対する2種類のホモの個体の相対適応度が $1-r, 1-s$ の超優性であれば遺伝的荷重，すなわち「分離荷重（segregation load）」は $rs/(r+s)$ である．平衡仮説においては古典仮説よりも遺伝的荷重が大きくなること，また，分離荷重は突然変異率に無関係であるが，放射線照射による新しい突然変異は明らかに有害であることから平衡仮説は受け入れがたく思われるが，環境条件の変動などを考慮すると，ある程度の平衡淘汰は存在しうるのかもしれない．平衡淘汰の実例は多くない．よく知られている超優性の例として，鎌状赤血球症，ヒト主要組織適合遺伝子複合体（Hughes & Nei, 1988）がある．

量的形質の多様性には複数の遺伝子座と環境条件がかかわる．量的形質がある値をこえる個体のみにはたらく淘汰を「截頭淘汰（truncation selection）」という．人為選抜においては，ある形質が截頭点とよばれる値をこえる個体のみを次世代の交雑に用いることが多い．このような人為選抜において，「選抜応答（response to selection）」，すなわち次世代の平均の集団平均からの移動を，截頭点をこえる個体の平均の集団平均からのずれで割ったものを狭義の「遺伝率（heritability）」とよぶ．人為選抜を継続すれば，形質にかかわる遺伝子座では選抜に対応する対立遺伝子が固定していくから，いずれ選抜応答が消滅し，形質は「選抜限界（selection limit）」に達

すると考えられるが，実際には完全に固定することは難しい．量的形質が中間的な範囲の値にある個体に有利にはたらく淘汰を「安定化淘汰（stabilizing selection）」という．安定化淘汰は多くの量的形質の多様性にかかわる機構であると考えられる．安定化淘汰は種内変異を減じるにもかかわらず，そのような形質にも遺伝率が存在するので，形質にかかわる新しい突然変異の出現と安定化淘汰による除去がつりあっていると考えられる．

### C. 遺伝的浮動

遺伝的浮動（20.1項を参照）がはたらかなければ，突然変異と自然淘汰の平衡状態における対立遺伝子頻度が定まるが，実際の集団サイズは有限だから，遺伝的浮動を無視することはできず，遺伝子頻度は定まらない．したがって，遺伝的浮動を考慮するときには，頻度ではなく頻度の確率密度を問題にする．Wright (1938) は，生殖のモデルである「Wright-Fisher モデル」（各世代においてすべての個体が無限個の配偶子を残して同時に死滅し，その配偶子の無作為抽出によって次世代が出生する）を用いて，2種類の対立遺伝子の間に双方向の突然変異があるモデルについて，遺伝的浮動，突然変異と自然淘汰の平衡における確率密度を導出した．これを「Wright の公式（Wright's formula）」という．二倍体生物において，世代あたりの突然変異率を $u$，集団サイズを $N$，有利な対立遺伝子をもたない個体に対する有利な対立遺伝子をホモ接合でもつ個体，ヘテロ接合でもつ個体の相対適応度を $1+s, 1+s/2$ とすれば，有利な対立遺伝子の頻度の確率密度は $Ce^{2Nsx}x^{4Nu-1}(1-x)^{4Nu-1}$ で与えられる（$C$ は正規化定数）．図1は $2Ns=5, 4Nu=0.5$（実線），$2Ns=0.5, 4Nu=0.5$（点線），$2Ns=0.5, 4Nu=5.0$（破線）の場合の確率密度である．淘汰が突然変異，遺伝的浮動よりも優勢のとき，確率密度は遺伝的浮動を無視したモデルの値（ほぼ1）に集まる（実線）．ところが，遺伝的浮動が優勢のとき，確率密度はU字型になり，0と1の周辺に集中する（点線）．すなわち，遺伝的浮動が優勢のとき，実際の対立遺伝子頻度は，遺伝的浮動を無視したモデルの値に関係なく，0か1の周辺にある可能性が高い．突然変

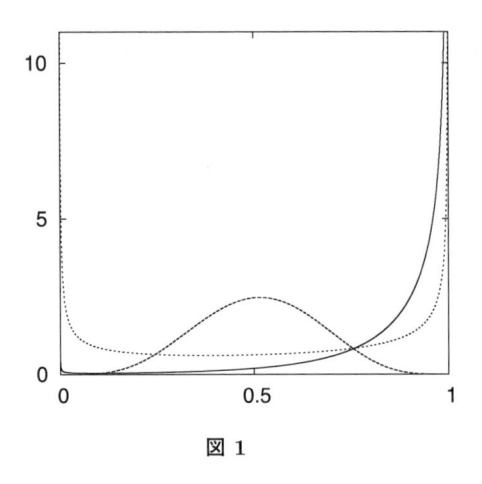

異が優勢のとき，確率密度は遺伝的浮動を無視したモデルの値（ほぼ0.5）に集まる（破線）．

## D. 自然淘汰の基本定理

Fisher (1930) は，集団の平均適応度の変化率は適応度の相加的遺伝分散に等しいという関係を提唱し，「自然淘汰の基本定理 (fundamental theorem of natural selection)」とよんだ．有利な対立遺伝子をもたない個体に対する有利な対立遺伝子をホモでもつ個体，ヘテロでもつ個体の相対適応度を $1+s$, $1+s/2$ とすれば，有利な対立遺伝子の頻度を $p$ とすると，集団の平均適応度は $m = 1 + sp$，適応度の分散は $V = p(1-p)s^2/2$ であるが，世代あたりの対立遺伝子頻度の変化率は $\Delta p = p(1-p)s/2$ であるから，$\Delta m = V$ となる．この関係は，平均適応度は減少しない，すなわち進化が常に適応的であることを意味する．ただし，遺伝分散は減少するから，いずれ平均適応度の増加は停止する．Fisher はこれを熱力学の第二法則（エントロピーの増大）に比すべき生物学の基本法則と考えたが，淘汰によっては該当せず，新しい洞察にもつながりにくいので，現在ではそれほど重要とは考えられない．

[引用文献]

Darwin C. (1859) *The origin of species by means of natural selection*, John Murray.

Dobzhansky Th. (1955) A review of some fundamental concepts and problems of population genetics. *Cold Spring Harb. Symp. Quant. Biol.*, vol. 20, pp. 1-15.

Hughes A. L. & Nei M. (1988) Pattern of nucleotide substitution at major histocompatibility complex class I loci reveals overdominant selection. *Nature*, vol. 335, pp. 167-170.

Wright S. (1938) The distribution of gene frequencies in populations of polyploids. *Proc. Natl. Acad. Sci. USA*, vol. 24, pp. 372-377.

Fisher (1930) *The genetical theory of natural selection*, Clarendon Press.

[参考文献]

木村資生（1988）『生物進化を考える』岩波書店.

Kimura M. (1983) *The neutral Theory of population genetics*, Cambridge University Press. [木村資生 著，向井輝美・日下部真一 訳（1986）『分子進化の中立説』紀伊国屋書店]

Hartl D. L. & Clark A. (2007) *Principle of Population Genetics* (4th ed.), Sinauer Associates.

（間野修平）

## 20.6 固定型の淘汰

### A. 定義

　生存力や妊性を高める有利な遺伝子の多くは方向性淘汰によって急速に増加し，集団に固定する．本稿では，有利な遺伝子が固定に至る過程を「固定型の淘汰」とよぶ．おそらくもっとも著しい例は，ガの工業暗化，すなわち産業革命期に欧米の重工業地帯の周辺で多くの種類のガが本来の淡色型から黒色型に移行した現象である．淡色型のほうが樹幹に止まったとき鳥に捕食されにくいので，黒色型はまれな変異型であったが，工業地帯は煤煙で周囲が黒くなったので，黒色型のほうが捕食されにくくなり，頻度を急速に増したと考えられている．種間の違いの例として，ヒトの言語能力に関するものがある (Enard et al., 2002)．言語能力はヒト特有であり，他の類人猿にはない喉頭や口の協調的な運動を必要とする．言語障害の原因遺伝子として同定された転写因子 *FOXP2* はこの運動にかかわっており，ヒト特有のアミノ酸置換をもち，ヒトへの進化において固定型の淘汰を受けたと考えられている．

### B. 固定確率

　有利な遺伝子，特に新しく生じる突然変異は，遺伝的浮動によって消失することもある．Wright-Fisher モデルを用いた計算によれば，二倍体生物において，集団のサイズを $N$，有利な対立遺伝子をもたない個体に対する有利な対立遺伝子をホモでもつ個体，ヘテロでもつ個体の相対適応度を $1+s$, $1+s/2$ とすると，初期頻度が $p$ の有利な対立遺伝子の「固定確率 (fixation probability)」は $(1-e^{-2Nsp})/(1-e^{-2Ns})$ である．対立遺伝子頻度の確率密度についても解析的な結果が得られている．また，新しく生じる突然変異の固定の条件下での固定時間の確率密度は，淘汰係数の符号，つまり有利・不利に依存しない (Maruyama & Kimura, 1972)．固定型の淘汰がはたらくときの遺伝子の系図は，中立な遺伝子と同様の coalescence に加えて淘汰係数に比例した割合で分岐するグラフに埋め込まれる (Krone & Neuhauser, 1997)．置換速度は突然変異率と固定確率の積であるから，固定確率は分子進化の考察の上で重要である．置換速度は，中立であれば中立な突然変異率に等しいが，上述の淘汰であれば有利な突然変異率の約 $2Ns$ 倍になる．

### C. 淘汰的一掃

　固定型の淘汰の過程で，有利な突然変異が生じた染色体の周辺が相乗りして固定し（「hitchhiking」），集団からその領域のゲノムの多様性が一掃されることを，「淘汰的一掃 (selective sweep)」という (Maynard Smith & Haigh, 1974)．集団のサイズを $N$，有利な対立遺伝子をもたない個体に対する有利な対立遺伝子をホモでもつ個体，ヘテロでもつ個体の相対適応度を $1+s$, $1+s/2$ とし，遺伝的浮動を無視すると，淘汰を受けた遺伝子座から組換え率 $c$ だけ離れた中立遺伝子座にある遺伝子が有利な突然変異が生じた染色体にあった遺伝子の子孫である確率は $1-(2c\log 2N)/s$ であり，この割合の多様性は消失する．この効果は集団サイズが大きいほど大きいので，Maynard Smith らは，ヘテロ接合度が集団サイズにあまり依存しない狭義の分子進化の中立説では説明できないという傾向を淘汰的一掃によって説明できると考えた．染色体を有利な遺伝子をもつか否かによって分類し，グループ内の coalescence と組換えによるグループ間の移動を考えれば，遺伝的浮動を考慮した淘汰的一掃の下での系図が得られる．無限個のサイトからなる配列のモデルで，突然変異は必ず単型のサイトに生じるとする「無限サイトモデル (infinite site model)」において，中立遺伝子座の遺伝子の 2 本の配列で異なるサイトの数が淘汰的一掃によって減少することなどが示されている (Kaplan et al., 1989)．

　有利な突然変異が起きる染色体は集団からランダムに選ばれるから，淘汰的一掃は固定する染色体を領域ごとにランダムに選ぶことに等しい．このことによるランダムネスを「遺伝的ドラフト (genetic draft)」という．淘汰的一掃が置換速度で起こるならば，集団の実際のサイズが十分に大きければ，多様性を生成する機構として遺伝的ドラフトが遺伝的浮動よりも優勢になり，集団の有効サイズは集団の

実際のサイズによらないので，ヘテロ接合度が集団の実際のサイズにあまり依存しないことの理由になりうる（Gillespie, 2000）.

淘汰的一掃は固定型の淘汰の著しい特徴であり，ゲノムから固定型の淘汰を検出するうえで有用である．ただし，世代が経過すると新しい突然変異によって多様性が回復するので，淘汰的一掃は最近固定した，もしくは固定しつつある遺伝子の周辺のみにしか観察されない．また，組換えが少ない領域の多様性を減少させる主要な機構は背景淘汰であると考えられるから，多様性が少ないことのみをもって淘汰的一掃の証拠とすることはできない．淘汰的一掃には，新しい有利な変異の頻度が高く，その変異をもつハプロタイプが長い領域にわたって組換えを起こすことなく続く傾向がある．たとえば，ヨーロッパ人の乳糖分解酵素において，乳糖耐性をもつハプロタイプは8割近くを占め，100万塩基対にわたって続いている．このような傾向を用いる淘汰的一掃の検定を「長領域ハプロタイプ検定（long-range haplotype test）」という（Sabeti et al., 2002）.

## D. 検出

固定型の淘汰は進化研究における非常に重要な対象ではあるけれども，自然集団において観察することは容易ではない．よく知られた例として，Grant夫妻によって30年以上にわたって継続されているガラパゴス諸島のダフネ島におけるガラパゴスフィンチ（*Geospiza fortis*）の嘴のサイズの観察がある．干ばつの年には大きく硬い種子を食べられるように嘴を大きくする淘汰が，大きい種子を主食とするオオガラパゴスフィンチ（*G. magnirostris*）が侵入したときにはオオガラパゴスフィンチとの競合を避けるように嘴を小さくする淘汰が働いたことが報告されている（Grant & Grant, 2006）.

ゲノムを比較することで，固定型の淘汰について推測することができる．現在では，ゲノムの網羅的解析は固定型の淘汰を検出するためのもっとも簡便な手法であると思われる．また，ゲノムの網羅的解析は，多様性の維持や進化の主要な機構の考察においても有用である．突然変異の多くは負の淘汰を受けており，置換の多くは，分子進化のほぼ中立説が正しいならば，中立か弱い負の淘汰を受けていると考えられるから，中立，もしくは弱い負の淘汰を受ける大部分の多様性の中から固定型の淘汰を検出する必要がある．本稿では，中立であることを「中立性（neutrality）」とよぶ．中立性の有用性は，自然淘汰を検出するための統計学的検定に帰無仮説を提供することにある．ただし，中立性の検定は理想化された条件下で中立性を棄却するものであるから，淘汰を積極的に支持するわけではない．中立性の検定は，集団サイズの変動，集団構造，環境条件の変動など，多くの淘汰以外の要因によっても棄却される．固定型の淘汰の可能性を検討するためには，検定の結果だけでなく，その機構に関する多面的考察を欠くことはできない．

種内変異の中立性の検定には，突然変異は必ずそれまでにない新しいタイプの対立遺伝子を生じるとする「無限対立遺伝子モデル（infinite allele model）」に基づきサンプルのホモ接合度を統計量として検定する「Wattersonのホモ接合度検定」（Watterson, 1979），無限サイトモデルに基づき突然変異率の2種類の推定量の差を検定する「田嶋の検定」（Tajima, 1989）などがある．これらは種内変異の中立性の検定であって，分子進化の中立説の検定ではない．田嶋の検定と同じ原理だが，別の推定量を用いて淘汰的一掃に対する検出力を高めたものに「Fay-Wuの検定」（Fay & Wu, 2001）がある．集団特異的な適応を検出する方法として，Wrightの$F_{ST}$の推定により遺伝子頻度の集団間の分化を検定する「Lewontin-Krakauerの検定」（Lewontin & Krakauer, 1975）がある．また，対立遺伝子頻度の地理的な「勾配（cline）」も，淘汰を示唆する．

種内変異と種間比較を併用することもできる．種内変異から中立性を仮定して突然変異率を推定する．置換が中立であれば置換速度は突然変異率に等しいから，種間の置換数は突然変異率と分岐年代の積になる．種内の分離サイトの数と種間の異なるサイトの数によるこの帰無モデルの適合度検定を「HKA検定」（Hudson et al., 1987）という．種内変異が淘汰を受けることなく種間の置換に移行するならば，種内における同義多型数（アミノ酸の違いにかかわらない多型）に対する非同義多型数

（アミノ酸の違いにかかわる多型）の比と，種間差の同様の比（それぞれ $P$, $D$ とする）は等しい．この帰無仮説の検定を「McDonald-Kreitman の検定」（McDonald-Kreitman, 1991）という．固定型の淘汰は短時間に完了するため種内変異にはほとんど寄与しないから，種間の置換のうち適応的な部分は $1 - P/D$ と推定できる．ショウジョウバエについては置換の 4 割以上が適応的であるという報告もある（Smith & Eyre-Walker, 2002）．独立なサイトの集合について，重ならないクラスの度数が独立に Poisson 分布に従うモデルを「Poisson Random Field モデル」といい，淘汰のモデルを用いて淘汰係数などのパラメータの推定や検定を行なうことができる（Bustamante et al., 2001）．

種間比較は分子進化の中立説の検定に有用である．同義置換率を $d_S$，非同義置換率を $d_N$ とし，$\omega = d_N/d_S$ とする．淘汰がはたらいていなければ $\omega = 1$ であるが，負の淘汰がはたらいていれば，非同義置換が生じにくいために $\omega < 1$ となり，固定型の淘汰がはたらいていれば，非同義サイトの置換速度が増加し，$\omega > 1$ となる．複数の種の分子系統樹が与えられたとき，コドンの置換行列における $\omega$ などのパラメータの推定や検定を行なうことができる（Yang et al., 2000）．また，各サイトについて，系統樹のすべての枝に蓄積した置換によって検定することもできる（Suzuki & Gojobori, 1999）．

固定型の淘汰の検出において，種内多型と種間比較にはそれぞれ長所と短所がある．固定型の淘汰は短時間で完了するので，種内多型，もしくは淘汰的一掃の痕跡がゲノムに残るのは短期間にかぎられる．一定の淘汰が継続的にはたらく場合は，置換が長期間にわたって蓄積されることから，種間比較の検出力のほうが高い．しかし，環境条件の変化などを考えると，長期間にわたって一定の淘汰がはたらくことを仮定できないこともある．また，種間比較では置換を淘汰圧によって分類する必要があるが，遺伝子をコードしない領域にそのような分類を与えることは困難である．種内多型を用いる検定にはそのような制約がない．

[引用文献]

Bustamante C. D. et al. (2001) Directional selection and the site-frequency spectrum. Genetics, vol. 159, pp. 1779-1788.

Enard W. et al. (2002) Molecular evolution of FOXP2, a gene involved in speech and language. Nature, vol. 418, pp. 869-872.

Fay J. C. & Wu C-I. (2000) Hitchhiking under positive Darwinian selection. Genetics, vol. 155, pp. 1405-1413.

Gillespie J. H. (2000) Genetic drift in an infinite population: the pseudohithhiking model. Genetics, vol. 155, pp. 909-919.

Grant P. R. & Grant B. R. (2006) Evolution of character displacement in Darwin's finches. Science, vol. 313, pp. 224-226.

Hudson R. R. et al. (1987) A test of neutral molecular evolution based on nucleotide data. Genetics, vol. 116, pp. 153-159.

Kaplan N. L. et al. (1989) The "hitchhiking effect" revisited. Genetics, vol. 123, pp. 887-899.

Krone S. M. & Neuhauser C. (1997) Ancestral processes with selection. Theor. Popul. Biol., vol. 51, pp. 210-237.

Lewontin R. C. & Krakauer J. (1973) Distribution of gene frequency as a test of theory of selective neutrality of polymorphisms. Genetics, vol. 74, pp. 175-195.

Maruyama T. & Kimura M. (1973) A note on the speed of gene frequency changes in reverse directions in a finite population. Evolution, vol. 28, pp. 161-163.

Maynard Smith J. & Haigh J. (1974) The hitch-hiking effect of a favourable gene. Genet. Res., vol. 23, pp. 23-35.

McDonald J. H. & Kreitman M. (1991) Adaptive protein evolution at the Adh locus in Drosophila. Nature, vol. 351, pp. 652-654.

Sabeti P. C. et al. (2002) Detecting recent positive selection in the human genome from haplotype structure. Nature, vol. 419, pp. 832-837.

Smith N. G. C. & Eyre-Walker A. (2002) Adaptive protein evolution in Drosophila. Nature, vol. 415, pp. 1022-1024.

Suzuki Y. & Gojobori T. (1999) A method for detecting positive selection at single amino acid sites. Mol. Biol. Evol., vol. 16, pp. 1315-1328.

Tajima F. (1989) Statistical method for testing the neutral mutation hypothesis by DNA polymorphism. Genetics, vol. 123, pp. 585-595.

Watterson G. A. (1978) The homozygosity test of neutrality. Genetics, vol. 88, pp. 405-417.

Yang Z. et al. (2000) Codon-substitution models for heterogeneous selection pressure at amino acid sites. Genetics, vol. 155, pp. 431-449.

[参考文献]

Hartl D. L. & Clark A. (2007) *Principle of Population Genetics* (4th ed.), Sinauer Associates.

（間野修平）

## 20.7 平衡選択

### A. 平衡選択の分類

1966年 Richard Lewontin と John Hubby はショウジョウバエの自然集団の遺伝的多型を調べた結果，ヘテロ接合度が大きいなど多様性の程度が大きいことを発見した．このような大きな遺伝的多様性は1950年代に Dobzhansky が提案した特別な自然選択のはたらきにより説明できるのではないかとされた．これが平衡選択（balancing selection）である．

平衡選択では，自然選択がはたらくとふたつもしくはそれ以上の対立遺伝子の集団内頻度が世代をこえて長い間安定的に維持される．普通自然選択がはたらくと，負の選択の場合は，突然変異が集団から消滅するプロセスを，正の自然選択がはたらいた場合は集団中に変異が固定するプロセスを促進する．これに対して平衡淘汰では固定や消滅が中立の場合と比べて生じにくく，対立遺伝子が集団中に共存する状態が安定な平衡状態（equilibrium）となる．また世代間の対立遺伝子の頻度変化が小さく，中立変異が観察される平均的な時間よりはるかに長い時間多型の状態が維持される．

もっともよく知られている平衡選択の機構のひとつは超優性選択（overdominance selection）である．二倍体の生物種で，ヘテロ接合体のほうがホモ接合体より生存に有利であることを示している．もうひとつのよく研究されている平衡選択の機構は，頻度依存性選択（frequency-dependent selection）である．遺伝子型に対する適応度が一定ではなく対立遺伝子の頻度に依存して変動するというモデルである．

今，防御遺伝子のある遺伝子座に $A1$ と $A2$ という対立遺伝子があるとする．これらはそれぞれ $P1$ と $P2$ という病原体の型への抵抗性を個体に付与するとしよう．集団中に $A1$ と $A2$ が頻度 $p$, $q$ ($p+q=1$) で存在しているとする．それぞれの遺伝子をもった配偶子の受精がランダムに起こるとすれば，つぎの世代での $A1/A1$ ホモ接合体，$A1/A2$ ヘテロ接合体，$A2/A2$ ホモ接合体の期待頻度はそれぞれ $p^2$, $2pq$, $q^2$ となる．超優性選択とは，この3種類の遺伝子型を

もつ個体の間に，つぎの世代への子供の残し方に差が出るという選択である．この例では，ヘテロ接合体だけが$P1$，$P2$という2種類の型に抵抗性なので，ふたつのホモ接合体より多くの子孫を残すことが期待される．ヘテロがホモより$s$だけ（相対的に）子供を多く残せるとき，この$s$を選択の強さあるいは選択係数（selection coefficient）とよぶ．この$s$はホモ接合体が子供の残す割合を1としたときに，ヘテロ接合体は$1+s$になることをあらわしている．

頻度依存性選択の場合は，軍拡競争に似ている．先の状態に新たに病原菌の型$P3$が生じた場合を考えよう．$P3$が生じてしばらくは，対応する防御遺伝子がないことから，$P3$は隆盛を示す．しかし，個体に抵抗性を示す対立遺伝子$A3$が生じる．この$A3$は出現してしばらく（頻度の低い状態）は$P3$の集団中の頻度を低くするのに多いに役立つ．しかししだいに$A3$の頻度が高くなると$P3$頻度が低くなり，$A3$の有利性が小さくなる．そうすると病原菌は新たな型$P4$をつくり，宿主はそれに対抗する対立遺伝子$A4$を生む．こうして，病原菌と宿主のいたちごっことなる．

### B. 平衡選択による遺伝的多型の特徴

平衡選択についての集団遺伝学の理論的解析，特に対立遺伝子系図学的なとり扱いにより，平衡選択がはたらいた場合の遺伝的多型の特徴が明らかになった（Takahata, 1992）．平衡選択を受けている対立遺伝子の系図の性質は中立遺伝子の系図の時間軸を$fs$倍したものとなる．たとえば，中立の場合，共通祖先に至る時間（time of the most recent common ancestor：TMRCA）は$4N_e$世代であるが，平衡選択の場合は，$4N_efs$世代となるし，nucleotide diversity ($\pi$) は$4N_efs\mu$となる．ここで，$fs$はスケーリングファクターとよばれ，集団の有効な大きさ ($N_e$)，突然変異率 ($\mu$)，そして自然選択の強さ ($s$) によって決まる．平衡選択の場合と中立な場合の系図が相似的になるのは，平衡選択で集団が平衡状態になると，存在する対立遺伝子はお互いに他に対して同等に有利になるため，これらの対立遺伝子はあたかもお互いが中立のようになるからだと考えられる．TMRCAが長くなるほかに，平衡選択がはたら

くと対立遺伝子の数が増え，その結果個体のヘテロ接合度が増す．

### C. 平衡選択の例

もっともよく知られている平衡選択の例としては脊椎動物の獲得免疫系ではたらく主要組織適合遺伝子複合体（major histocompatibility complex；MHC）遺伝子群がある．この遺伝子の産物であるMHC分子は細胞膜貫通型糖タンパク質であり，免疫応答の引き金をひく．その構造からクラスIとクラスIIに分類されるが，いずれも，細菌やウイルスなど感染により体内に侵入した非自己由来のペプチドを細胞表面に提示する．細胞表面のMHC+ペプチド複合体に今度はT細胞表面のT細胞受容体（Tcr）が結合する．この結合によりT細胞が活性化し，細胞傷害機能をもったT細胞や，抗体産生B細胞を活性化するヘルパーT細胞を活性化する．

MHC分子の結晶構造解析の際ペプチドと結合したMHCの結晶の解析が行なわれたことで，外来性ペプチドと結合するMHC分子の抗原認識部位（antigen-recognition site〈ARS〉またはpeptide-binding region〈PBR〉）が同定された．MHC遺伝子座では多くの対立遺伝子が存在することはマウスやヒトで知られていたが，抗原認識部位が明らかになったことで，これらの部位に自然選択がはたらいていることが示された（Hughes & Nei, 1988; 1989）．種内の多型でも負の自然淘汰の選択圧の下では変わりにくいはずの非同義置換の速度が中立と考えられる同義置換速度より早いことが明らかになり，分子レベルでダーウィン流の自然選択がはたらいていることを示した最初の例となった（Hughes & Nei, 1989）．また，マウスとラットのMHC対立遺伝子の比較で，この2種に共通の欠失領域をもつ対立遺伝子が存在したことが明らかにされた（Klein & Figueroa, 1986）．このことは対立遺伝子の起源が種分岐をこえることを示しており，このような多型は種をこえた多型（trans-species polymorphism）と名づけられた．

当時，MHCの多型の維持にかかわっていると推測された自然選択の機構は超優性であった．その理由は，ホモ接合体よりもヘテロ接合体がより多くの

非自己由来のペプチドを結合でき，そのため免疫力が高くなると予測されたからである．しかし，その後，この自然選択は頻度依存性であるという説や，MHCの対立遺伝子の disassortative mating がはたらいているという説も台頭した．実際，集団遺伝学の理論ではこの超優性選択と頻度依存性選択が区別できないことが示された（Denniston & Crow, 1990）．

### D. MHC遺伝子座の多型

MHC遺伝子座の多型の特徴をヒトを例に紹介する．まず対立遺伝子の数について，2011年10月現在で（IMGT/HLA データベース），HLA（human leucocyte antigen: ヒトMHC）クラスI遺伝子座（6遺伝子座）で5215の対立遺伝子が報告されている．特に多型の程度の高い HLA-A, -B, -C の三つの遺伝子座では，それぞれ1698, 2271, 1213の対立遺伝子が観察されている．またクラスII遺伝子座（10遺伝子座）でも1509の対立遺伝子が報告されている．

HLA-Bのように2000をこえる対立遺伝子をもつ遺伝子座はまだほかに知られていない．しかし，300程度の数の対立遺伝子は，ヘモグロビン遺伝子座でも報告されている（Vogel & Motulsky, 1997）．このヘモグロビン遺伝子座と HLA 遺伝子座の対立遺伝子との大きな違いは，対立遺伝子間の遺伝的距離，つまり平均でどの程度対立遺伝子の間に塩基置換が蓄積しているかにある．ヘモグロビンの場合は，遺伝子全体でたかだか数個の塩基の違いであるが，HLAの場合はその10倍程度の違いが蓄積している．さらに，頻度の点でも，ヘモグロビン対立遺伝子の多くの場合その頻度は低いので，ヘテロ接合度にはほとんど貢献しないが，HLAの場合は各対立遺伝子の頻度は低くなく，個体のヘテロ接合度を大きくしている．さらに TMRCA も大きい．図1に示すように HLA の対立遺伝子の場合 TMRCA は3000万年をこえている．このように長期にわたり遺伝子の系統が続くためには，その間自然選択がはたらき続けることが必要で，たとえば MHC の場合にはこの対立遺伝子と，MHC が結合するペプチドをもつウイルスや細菌などの非自己が共存してきたことを意味する．

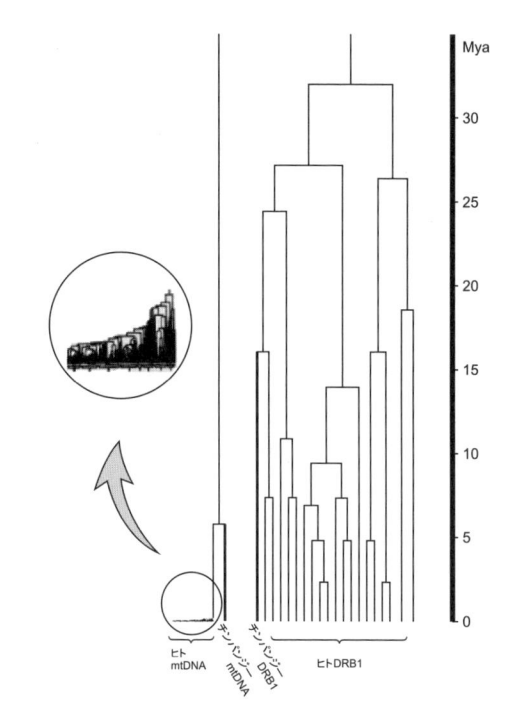

**図1** MHCとミトコンドリアDNAの対立遺伝子系図の比較
右側の時間軸の単位は100万年．左上の○のなかはミトコンドリアの系図を拡大したものである．ミトコンドリアの系図の時間軸は最大で15万年を示す．（ミトコンドリアの系図は Horai, 1991, MHC の系図は Satta et al., 1991 より）

### ［引用文献］

Bamshad M. J. et al. (2002) A strong signature of balancing selection in the 5′ cis-regulatory region of CCR5. *Proc. Natl. Acad. Sci. USA*, vol. 99, pp. 10539-10544.

Denniston C. & Crow J. F. (1990) Alternative Fitness Models With the Same Allele Frequency Dynamics, *Genetics*, vol. 125, pp. 201-205.

Horai S. (1991) Molecular phylogeny and evolution of human mitochondrial DNA. in Kimura M. and Takahata N. ed., *New Aspects of Genetic of Molecular Evolution*, pp. 135-152, Japan Science Society Press, Springer.

Hughes A. L. & Nei M. (1988) Pattern of nucleotide substitution at major histocompatibility complex class I loci reveals overdominant selection. *Nature*, vol. 335, pp. 167-170.

Hughes A. L. & Nei M. (1989) Nucleotide substitution at major histocompatibility complex class II loci: evidence for overdominant selection. *Proc. Natl. Acad. Sci. USA*, vol. 86, pp. 958-962.

IMGT/HLA Database
 (http://www.ebi.ac.uk/imgt/hla/allele.html)

Klein J. (1986) *Natural History of the Major Histocompat-*

*ibility Complex*, Wiley.

Klein J. & Figueroa F. (1986) Evolution of the major histocompatibility complex. *CRC Crit. Rev. Immunol.*, vol. 6, pp. 295-389.

Lewontin R. C. & Hubby J. L. (1966) A molecular approach to the study of genic heterozygosity in natural populations. II. Amount of variation and degree of geterozygosity in natural populations of *Drosophila pseudoobscura*. *Genetics*, vol. 54, pp. 595-609.

Satta Y. *et al.* (1991) Calibrating evolutionary rates at major histocompatibility complex loci. in Klein J. and Klein D. ed., *Molecular Evolution of the Major histocompatibility Complex*, pp. 51-62, Springer.

Takahata N. (1992) A simple genealogical structure of strongly balanced allelic lines and trans-species evolution of polymorphism. *Proc. Natl. Acad. Sci. USA*, vol. 87, pp. 2419-2423.

Vogel F. & Motulsky A. G. (1997) *Human Genetics*, Springer.

(颯田葉子)

## 20.8 超優性淘汰

### A. 超優性選択と平衡頻度

超優性選択（overdominance selection）とは，二倍体の生物種においてヘテロ接合体がホモ接合体より適応度が高い場合にはたらく自然選択のことで，平衡選択の代表的な機構のひとつである．

ある遺伝子座に $A1$ と $A2$ の対立遺伝子があるとする．ある世代 $t$ での集団中の $A1$ と $A2$ が遺伝子頻度 $p_t$, $q_t$ $(p_t + q_t = 1)$ で存在しているとする．交配がランダムであると $A1/A1$, $A2/A2$ のホモ接合体，$A1/A2$ のヘテロ接合体は $p_t^2$, $q_t^2$, $2p_t q_t$ の頻度となる．これらの遺伝子型の適応度（生存力や繁殖力など次世代に子孫を残すことができる能力）に関してヘテロ接合体がホモ接合体より高くなる場合を超優性選択とよぶ．今，ヘテロ接合体の適応度を 1，ホモ接合体の適応度をそれぞれ $1 - s_1$, $1 - s_2$ とすると淘汰後の配偶子頻度の変化分 $(\Delta p)$ は，

$$\Delta p = \frac{p_t(1 - p_t)\{(1 - p_t)s_2 - p_t s_1\}}{1 - p_t^2 s_1 - (1 - p_t)^2 s_2}$$

となる．$\Delta p = 0$ として平衡遺伝子頻度を求めることができる．$A1$ と $A2$ の平衡頻度は

$$p = \frac{s_2}{s_1 + s_2} \quad q = \frac{s_1}{s_1 + s_2}$$

となる．もし2種類のホモ接合体の適応度が同じであれば $(s_1 = s_2)$，$p = q = 0.5$ になる．また，$0 < s_1 < 1, 0 < s_2 < 1$ に対して対立遺伝子 $A1$ と $A2$ の平衡頻度はただひとつに決まる．ヘテロ接合体と比較したときの適応度がホモ接合体の間で異なる場合 $(s_1 \neq s_2)$ にも平衡頻度は存在する．しかし，有効な集団の大きさが小さいときには，遺伝的浮動（genetic drift）の影響が強くはたらき，どちらかの対立遺伝子が集団内に固定することがありうる．

### B. マラリア抵抗性

超優性淘汰の例としてはヒトの鎌状赤血球症とマラリア抵抗性が有名である．鎌状赤血球症は遺伝性の貧血病で赤血球が鎌状の形態になるのが特徴で，ヘモグロビン $\beta$ 鎖をコードする遺伝子座（$\beta$-globin）

の $S$ 対立遺伝子によりひき起こされる．$SS$ のホモ接合体では個体のほとんどの赤血球が鎌状になり，血管や関節などにたまってしまう．またヘモグロビン本来の機能である酸素の運搬にも支障をきたすため，ひどい貧血を起こし死に至る．しかし正常な対立遺伝子 $A$ とのヘテロ接合体（$AS$）は運搬する酸素が少ない低酸素の症状のみを発症する．この $AS$ ヘテロ接合体のヒトはマラリア原虫（*Plasmodium falciparum*）からの感染に抵抗性があることが発見された（Hexter, 1968; Wiesenfeld, 1968）．その理由のひとつとして，鎌状赤血球は溶血までの時間が短いためマラリア原虫が増殖できずマラリアの発症が抑えられるといわれている．正常な対立遺伝子ホモ接合体（$AA$）は貧血症状はないがマラリアに対する抵抗性が低い．つまりマラリアの発症している地域では $AS$ ヘテロ接合体がもっとも生存に有利となる．しかしマラリアの発症が少ない地域では $AS$ よりも $AA$ の適応度が大きくなるので $S$ の対立遺伝子頻度は少なくなる．一方，マラリアの流行地域では $AS$ 遺伝子型の頻度が高い．

ほかにもマラリア抵抗性に関して $G6PD$ 遺伝子にはたらく超優性淘汰も知られている（Verrelli *et al.*, 2002）．$G6PD$ はグルコース-6-リン酸脱水素酵素（glucose-6-phosphate dehydrogenase）という酵素をコードする X 染色体上の遺伝子で，この酵素はグルコースの代謝に欠かせない．またその代謝過程で赤血球では唯一，NADPH を生産する．この遺伝子座の対立遺伝子には機能を失った変異がみつかっていて $G6PD$ が欠損すると重症の貧血や心臓血管に障害をもたらす．しかし G6PD 欠損変異の遺伝子頻度は，鎌状貧血症と同様にマラリア発症地域に特に高いことが観察された．X 染色体上にある正常な対立遺伝子を $X^G$，機能を失っている対立遺伝子を $X^g$ と表現すると，女性では $X^G X^G$，$X^g X^g$，$X^G X^g$ の3種類の遺伝子型が，男性では $X^G Y$ あるいは $X^g Y$ の2種類のヘミ接合体が存在する．マラリア感染への抵抗性は女性では $X^G X^g$ のヘテロ接合体，男性では $X^g Y$ のヘミ接合体で発見された（Ruwende *et al.*, 1995）．マラリアは約1万年前からヒトに感染したことが知られているが，マラリア抵抗性のこれらの変異は強い平衡選択によって早い速度で集団中に拡散したと推測される（Sabeti *et al.*, 2002）．

### C. 自家不和合性

超優性で二対立遺伝子ではなく，数多くの対立遺伝子が維持され，多様性が保たれている顕著な例は植物の自家不和合性の遺伝子座である．植物の自家不和合性は顕花植物の進化の過程でさまざまな系統にあらわれている．そのため，自家不和合性は進化の途上何度も独立に獲得された形質と考えられている．現在では，自家不和合性の分子機構も明らかになりつつあるが，異なる系統では異なる分子が自家不和合の形質に関与していることが知られている．

自家不和合性とは，受粉後に花粉と雌しべの間で自己と非自己の認識が起こり，自己の花粉管の伸長が抑制されて，結果的に自己の花粉では受精しないしくみである．自家不和合性では，異形花と同形花というふたつのシステムがある．異形花は，ひとつの集団中に，雌しべが長く花粉の入っている葯の位置が低い長柱花と，雌しべが短く葯の位置が高い短柱花という，形態的に違う花形をもつ．形態が自家不和合という遺伝的な形質と強く連鎖しており，サクラソウやソバでの研究が進んでいる．長柱花同士の交配では花粉管は途中で伸長を止め受精しない．遺伝学的には古くから研究されているが，分子レベルの機構はまだ明らかになっていない．

一方，同形花の自家不和合性には配偶体型と胞子体型がある．いずれにも，自家不和合性を決める $S$ 遺伝子座があり，複数の対立遺伝子が存在する．受精が成立するかどうかが，雌しべの遺伝子型（二倍体）と花粉の遺伝子型（半数体）が一致するかどうかできまる場合を配偶体型自家不和合性とよぶ．一方，受精が成立するかどうかが雌しべの遺伝子型（二倍体）と花粉をつくる個体の遺伝子型（二倍体）が一致するかどうかによる場合を胞子体型自家不和合性とよぶ．この両者の違いは自家不和合性に関与する遺伝子の発現が花粉そのものの遺伝子型で決まるか（配偶体型），花粉をつくる個体が決めるか（胞子体型）である．

いずれの場合も，花粉で発現している対立遺伝子が雌しべのそれと一致すると，花粉管の伸長が抑制されるか，あるいは花粉管が柱頭に侵入できないな

どにより受精が起こらない．遺伝的に調べてみると，配偶子型，胞子体型どちらの場合でも，野生集団で100前後の対立遺伝子が存在することが知られている．この多型は，ホモ接合体の適応度が0になる超優性選択の特別の場合と考えることができる．

近年，植物の自己不和合性における自己・非自己の認識のしくみの分子基盤の研究が進んでいる．配偶体型は，ナス科やバラ科の植物で研究されており，S遺伝子座の産物がRNA分解酵素であることがわかっている．また，胞子体型自家不和合性はアブラナ科の植物を用いた研究が盛んで，雌しべ側の因子と花粉側の因子も明らかになっている．

### D. その他の例

動物の生殖に直接関連した超優性選択の例は数少ないがミツバチなど社会性昆虫の性決定関連遺伝子の例がある．ミツバチのゲノムは雌は二倍体（$2n = 32$），雄は半数体（$n = 16$）である．ミツバチの性は $csd$（complementary sex determiner）という遺伝子によって決定される．$csd$ の遺伝子座がヘテロ接合の場合，雌個体となる．一方，ホモ個体は雄であるが，二倍体の雄は不妊であるか，あるいは幼虫時に選択的にワーカー（雌個体）に食べられてしまう．結果として，雄は半数体の個体だけになる．この $csd$ にかかわる性決定機構では，ホモ接合体の適応度が0であることから，超優性選択の特別の場合と考えることができる．しかしこのときに，選択がはたらくのは二倍体の個体のみである．

新世界猿での色覚オプシン遺伝子の変異にも超優性選択がかかわっている可能性が指摘されている．新世界猿の色覚も旧世界猿や類人猿，ヒトと同じようにX染色体上の赤色・緑色オプシンと常染色体上の青色オプシンにより決まる．しかし，新世界猿のX染色体上の赤色・緑色オプシンは他の霊長類とは異なり，遺伝子座がひとつで，赤色・緑色オプシンはその対立遺伝子となっている．つまり，X染色体を2本もつ雌では，赤色・緑色オプシン対立遺伝子をヘテロ接合でもつ個体がおり，この場合は3色視が可能となる．しかし雄の場合はヘミ接合体で常にX染色体は1本しかないので，赤色・緑色オプシンのいずれか片方しかもつことができないので，常に

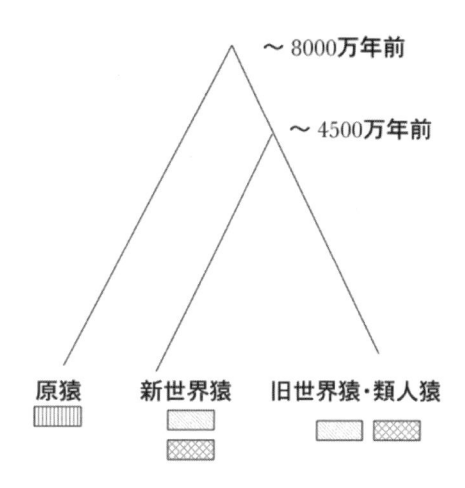

**図1** 霊長類のオプシン遺伝子の進化
（▨▨ 赤オプシン，▭ 緑オプシン）
原猿のオプシンは他の哺乳類が赤の変成型をもっているので，おそらく赤の変成型だったと考えられる．新世界猿では対立遺伝子として赤と緑のオプシンが誕生した．旧世界猿や類人猿では，この赤と緑が対立遺伝子としてではなく，遺伝子重複により別々の遺伝子座となり，雌雄の別なくすべての個体で3色視が可能となった．

2色視である．もし3色視の個体が2色視の個体より適応度が高ければ，ミツバチの $csd$ の場合と同様超優性選択が限定的にはたらく場合となるかもしれない．しかし，野生での行動の観察データからは，2色視と3色視で3色視のほうが適応度が高いということを支持する結果は得られていない．

[引用文献]

Hasselmann M. & Beye M. (2004) Signatures of selection among sex-determining alleles of the honey bee. *Proc. Natl. Acad. Sci. USA*, vol. 101, pp. 4888-4893.

Hexter A. (1968) Selective advantage of the sickle-cell trait. *Science*, vol. 160, pp. 436-437.

Ruwende C. et al. (1995) Natural selection of hemi- and heterozygotes for G6PD deficiency in Africa by resistance to severe malaria. *Nature*, vol. 376, pp. 246-249.

Sabeti P. C. et al. (2002) Detecting recent positive selection in the human genome from haplotype structure. *Nature*, vol. 419, pp. 832-837.

Verrelli B. C. et al. (2002) Evidence for balancing selection from nucloetide sequence analyses of human G6PD. *Am. J. Hum. Genet.*, vol. 71, pp. 1112-1128.

Wiesenfeld S. L. (1968) Selective advantage of the sickle-cell trait. *Science*, vol. 160, pp. 437.

（颯田葉子）

## 20.9　頻度依存淘汰と ESS

### A. 頻度依存淘汰

　自然淘汰の様式のひとつとして，個体の適応度が自己の表現型だけでなく，集団中の他個体の表現型の頻度に依存する場合がある．これを頻度依存淘汰（frequency-dependent selection）とよぶ．頻度依存淘汰は主に二種類に大別され，集団中でより多数派のタイプほど有利になる場合，これを正の頻度依存淘汰（positive frequency-dependent selection）とよぶ．反対に，集団中でより少数派のタイプほど有利になる場合，これを負の頻度依存淘汰（negative frequency-dependent selection）とよぶ．

　正の頻度依存淘汰の例としてはドクチョウの模様の進化が挙げられる．鳥と蝶の捕食者-被食者系において，ドクチョウを食べた鳥はその蝶の模様を学習し，以後は同じ模様をもつ蝶を捕食しないようになる．多数派を占める模様をもつ個体は，その模様が毒のある不味い蝶であることを捕食者が十分に学習しているので，食べられる危険は小さい．一方で，少数派である珍しい模様をもつ個体は，捕食者がその模様の蝶が不味いことを学習していない可能性が高く，食べられる危険が大きい．このような正の頻度依存淘汰により，ドクチョウ *Heliconius erato* では各地域において種内で単一の模様への収束がみられる（Mallet & Barton, 1989）．それどころか，*Heliconius* 属では種を越えて共通の模様をもつように共進化が起こっており，これはミュラー型擬態（Mullerian mimicry）の典型例である（Müller, 1879）．

　血縁認識（kin recognition）における遺伝的マーカーも正の頻度依存淘汰がはたらく好例である．利他行動はそれが血縁者に向けられる場合は包括適応度上の利益を生み出すので進化する．したがって，ある遺伝的マーカーが一致する相手を血縁者と認識し，そのような相手とのみ社会的相互作用をする形質は進化すると考えられる．多数派を占める遺伝的マーカーをもつ個体は，多くの個体から利益を受けるが，少数派である遺伝的マーカーをもっていると，どの個体からも血縁者として認識されず利益を得ることができない．したがって正の頻度依存淘汰により遺伝的マーカーの多様性は失われ，集団全体をひとつのタイプが占めるようになると考えられる．しかし，集団全体が同一の遺伝的マーカーをもつともはや血縁認識は機能しないので，最終的に血縁認識のシステムは崩壊すると予想される．この逆説的状況は Crozier の逆説（Crozier's paradox）とよばれる（Crozier, 1986）．

　正の頻度依存淘汰が働くと，最終的に集団はひとつの表現型で占められ単型（monomorphic）になる．表現型の異なる少数の変異型は不利であるので，野生型集団に侵入することは困難である．

　負の頻度依存淘汰の例としては，タンガニーカ湖に生息するカワスズメ科の魚の左右性が挙げられる．この魚は，他の魚の鱗をむしり取って食べることで知られている．この際，獲物の後ろから近づいて鱗をむしるので，口は左右のどちらかに曲がっており，口が左向きの個体は相手の右側から，口が右向きの個体は相手の左側からそれぞれ接近する．被食者は多数派を占める側の接近方向をより警戒するので，カワスズメの口の左右性には負の頻度依存淘汰が働く．すなわち口が左向きの個体が多数派である場合には，被食者は右を警戒するので口が右向きの個体が有利であり，口が右向きの個体が多数派である場合には，被食者は左を警戒するので口が左向きの個体が有利である．結果として口の左右性の頻度は 1：1 を中心として年ごとに振動する（Hori, 1993）．

　性比も負の頻度依存淘汰が働く例である．雄と雌の産み分けを考えた場合，集団に雄を産む個体が多く，性比が雄に偏っている場合は，雌をより多く産むタイプが有利である．反対に，集団に雌を産む個体が多く，性比が雌に偏っている場合は，雄をより多く産むタイプが有利である．これは少数派の性が配偶者を見つけるのに困らないのに対し，多数派の性では配偶者を巡る競争が熾烈であり，繁殖成功が小さいからである．したがって負の頻度依存淘汰は常に少数派を有利にし，進化の最終状態では性比は 1：1 になると予測される．これは C. Düsing（1884）が最初に明確にしたが，しばしば Fisher の原理とよばれる（Fisher, 1930）．

負の頻度依存淘汰の最終状態では，集団はしばしば表現型に関して多型 (polymorphic) になる．少数の変異体は有利であるために，速やかに集団に定着する．

## B. ESS

頻度依存淘汰が働く状況はしばしばゲーム理論 (game theory) によりモデル化される．個体が取り得る様々な形質のことをゲーム理論では戦略 (strategy) と呼ぶ．ある戦略 X が ESS (Evolutionarily Stable Strategy; 進化的に安定な戦略) であるとは，戦略 X で占められる野生型集団にどのような別の戦略 Y が変異型として少数侵入してきても，戦略 Y が自然淘汰によって排除されることをいう．ESS でない戦略からなる単型集団は，変異体の侵入に対して脆弱であるため，進化の最終状態とはなり得ないと考えられる．

ゲーム理論を進化生物学の分野に初めて応用し，ESS の概念を提唱したのは Maynard Smith と Price である (1973)．動物の闘争は，生死を分けるような熾烈な戦いとは限らず，おとなしく形式的な場合がある．例えばシカの雄間闘争では，互いが角を突き合わせて頭で押し合うだけで勝敗が決してしまうことが多く，相手の腹に角を突き刺すような激しい闘争は稀である．このような儀礼的な闘争の進化的起源を探るため，タカ-ハトゲーム (Hawk-Dove game) と呼ばれるゲームモデルが提案された (Maynard Smith & Price, 1973)．

タカ-ハトゲームでは，資源をめぐる個体間闘争における二種類の異なる戦略を仮定する．タカ戦略は，闘争を激化させ怪我をも厭わない好戦的な戦略である．ハト戦略は，儀礼的な闘争に終始し本格的な闘争を好まない平和的な戦略である．資源の価値を $V$ としたとき，ハト戦略同士が出会った場合は資源を均等に $V/2$ ずつ分け合う．タカ戦略とハト戦略が出会った場合は，ハト戦略は資源競争から身を引くのでタカ戦略側が資源 $V$ を独占する．タカ戦略同士が出会った場合は激しい闘争が行なわれ，勝者は資源 $V$ を獲得し，敗者は闘争のコスト $C$ を支払う．両者の実力が互角ならば，各タカ戦略個体の利益の期待値は $(V-C)/2$ となる．

タカ戦略とハト戦略のどちらかを毎回それぞれ確率 $p, 1-p$ で採用するような混合戦略 (mixed strategy) を考えると，闘争で獲得できる資源量が闘争のコスト未満である ($V<C$) ときは $p=V/C$ なる混合戦略が ESS であることが分かる．すなわち進化の最終状態では，儀礼的な闘争を好むハト戦略がある割合で使用される．

タカ-ハトゲームにおける $p=V/C$ なる混合戦略の進化的安定性は，$p=V/C$ なる混合戦略のみからなる単型集団が安定であることを意味している．一方で，純粋なタカ戦略と純粋なハト戦略が頻度 $V/C$ と $1-(V/C)$ で共存している二型集団を考えると，負の頻度依存淘汰の影響で，集団中のタカ戦略の頻度が $V/C$ から増加しようと減少しようとも，その頻度は $V/C$ に戻る方向に進化が起きる．このように，形質に関して多型である集団が，その頻度分布が現在から少しずれても必ず元の頻度分布に戻る場合，この集団は進化的に安定な状態 (Evolutionarily Stable State) にあるという．

[引用文献]

Crozier R. H. (1986) Genetic clonal recognition abilities in marine invertebrates must be maintained by selection for something else. *Evolution*, vol. 40, pp. 1100-1101.

Fisher R. A. (1930) *The genetical theory of natural selection.* Clarendon Press, Oxford.

Hori M. (1993) Frequency-dependent natural selection in the handedness of scale-eating cichlid fish. *Science*, vol. 260, pp. 216-219.

Mallet J. & Barton N. H. (1989) Strong natural selection in a warning-color hybrid zone. *Evolution*, vol. 43, pp. 421-431.

Maynard Smith J. & Price G. R. (1973) The logic of animal conflict. *Nature*, vol. 246, pp. 15-18

Müller F. (1879) *Ituna* and *Thyridia*; a remarkable case of mimicry in butterflies. *Proc. Entomol. Soc. Lond.*, vol. 1879, pp. 20-29.

(大槻 久)

## 20.10 密度依存淘汰

### A. 概要

　資源が十分にあり生物の現存量（個体群密度，集団サイズ）が増大し続けている状況と，資源が枯渇し現存量が環境収容力近くに達した状況では，形質に作用する自然淘汰の方向や強さが異なることがある．通常，前者では単位時間あたり個体あたりの増殖率（内的自然増加率：intrinsic rate of natural increase，またはマルサス係数．Malthusian parameter，記号 $r$）を高める形質が淘汰上有利になる．これに対して，後者においては同量の資源を使ってより高い現存量（環境収容力：carrying capacity，記号 $K$）に達する，いわゆる「競争力を高める」形質が有利になる．前者の状況は密度非依存淘汰（density independent selection）ないし $r$ 淘汰（$r$ selection）とよばれ，後者の状況は密度依存淘汰（density dependent selection）ないし $K$ 淘汰（$K$ selection）とよばれる．これらは，世代が重複し，齢構造（age structure）がある場合の生物の適応的状態を議論する際にも重要である．密度による淘汰圧の変化に関する考察は，生態学と集団遺伝学の境界領域である生活史戦略（life history strategy）研究の分野で発展した．

### B. 密度と適応度の関係

　適応度（遺伝子適応度）は，集団における遺伝子頻度の短期的（ふつう1世代）変化を予測するための量である．まず各遺伝子型の適応度を求め，注目する遺伝子をヘテロでもつか，ホモでもつかを考慮し，それらを重みづけ計算する．以下は簡単のため，前段階の遺伝子型適応度を適応度として議論するが，無性的に生殖する生物では遺伝子型適応度が次世代の遺伝子型頻度の予測にそのまま使えることも留意されたい．
　適応度（絶対適応度）は，しばしば，注目する遺伝子型の個体が生涯に残す子供の数の期待値（生涯繁殖成功度）とされるが，しかしこれは，年1化の昆虫（今年の成虫はすべて前年の成虫の子供）のよう

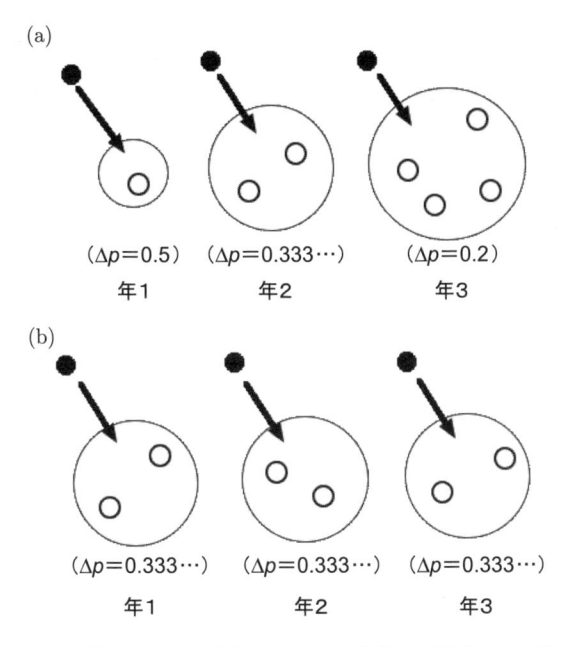

**図1** 集団サイズ（遺伝子プールの大きさ）増大による子孫（配偶子）の価値の変化．
(a) 白丸で示した配偶子だけで構成され毎年2倍に増大している遺伝子プールに，新規な突然変異の配偶子（黒丸）が加わったときの，遺伝子頻度の変化（$\Delta p$）は，後年になるほど小さくなる．すなわち適応度への貢献は早く残した子孫（配偶子）ほど高い．(b) 集団サイズが一定に保たれている場合は，$\Delta p$ は年により変化しない．

に世代が重複しない場合に適用される．ヒトの集団のように世代が重複する場合には，内的自然増加率（$r$）が適応度の指標として適切である．内的自然増加率は，同一遺伝子型からなる齢構成が安定した集団の個体あたり瞬間増殖率であり，$1 = \Sigma l_x m_x e^{-rx}$（Euler の式）を満たす $r$ として定義され，実測もされる．ただし，$x$ は齢，$l_x$ は齢 $x$ までの個体の生存率，$m_x$ は齢 $x$ の1個体が産む期待産子数である．生涯繁殖成功度（$\Sigma l_x m_x$）の成分が生存率と産子数なのに対して，内的自然増加率にはそれに加え繁殖の時期（$x$）が適応度を左右する成分となる．増殖中の集団では，早い時期に残した（小さな $x$）子孫ほど適応度への貢献度が高い．図1a にこれを直感的に示したが，その理由は背景の集団が増大し続けているため，子孫（配偶子）1個体を集団（遺伝子プール）に加えることによる遺伝子頻度増加効果が，遅い時期ほど「薄められ」小さくなるからである．増殖過程にある集団では，一般に早く繁殖することは適応

表1 r淘汰とK淘汰の対比

|  | r淘汰 | K淘汰 |
|---|---|---|
| 気候 | 不規則に大きく変化 | 安定しているか周期的に変化 |
| 死亡率 | 密度に依存せず，壊滅的に起こる | 密度に依存して起こる |
| 生存曲線 | 初期死亡の高いIII型 | IIないしIII型 |
| 種内競争 | ゆるやか | 厳しい |
| 進化する形質 | 高い内的自然増加率<br>速い成長<br>早い繁殖<br>小さな体<br>1回繁殖<br>小さい子を多産<br>短い寿命 | 高い競争能力<br>遅い成長<br>遅い繁殖<br>大きな体<br>多回繁殖<br>大きな子を少産<br>長い寿命 |

度上昇効果が，産子数を増やすことに比べて大きいことが，初期の理論的研究で示された (Cole, 1954). 子孫1個体の適応上の価値が密度の変動により変化しているこの状況は，文脈上一見逆接的だが，密度非依存淘汰がかかる状況とされる（理由は後述）．一方，世代が重複していても，集団サイズが一定に保たれている状況では，繁殖の時期は適応度に影響しない（図1b）．これは密度依存淘汰が作用する状況とされ，生涯繁殖成功度が適応度の尺度となる．集団サイズが一定の場合でも，実際の $l_x$ と $m_x$ から推定された内的自然増加率は適応度の正しい尺度である（生涯繁殖成功度による適応度推定がこれと一致する）から $r$ こそが短期適応度の一般的な尺度であるとの主張もある (Caswell, 1989). 一方，つぎに記すように資源枯渇下では環境収容力（$K$）が生き残る戦略を予測するための尺度となりうるとの議論もある．

### C. 密度依存性と r-K 淘汰

生活史戦略理論は複数形質の適応進化を同時に扱う分野だが，この分野において個体群密度が進化に与える影響の問題に体系的にとりくんだパイオニアは，MacArthurである．彼の予測は個体群動態理論のロジスティック（logistic）式 $(dN/dt = r(1-N/K)N)$ から導かれた．logistic式の左辺を適応度に相当する個体あたり瞬間増殖率 $dN/Ndt$ に変形すると，

$$\frac{1}{N}\frac{dN}{dt} = r_i\left(1 - \frac{N}{K_i}\right) \quad (1)$$

となるが，この式には，集団にさまざまな遺伝子型が存在することを考慮し，$r$ と $K$ には遺伝子型 $i$ を表す添字がついている．すなわち $N$ は集団の個体密度，$r_i$ は遺伝子型 $i$ の個体の内的自然増加率（遺伝子型 $i$ だけで構成された集団において種内競争がない状態での個体あたりの瞬間増殖率），$K_i$ は遺伝子型 $i$ の個体の環境収容力であり，遺伝子型 $i$ の個体だけで満たされたときのその環境の飽和密度を表す．左辺は遺伝子型 $i$ の適応度を表し，$N$ が低い状況では $r_i$ が大きいとき高くなり，逆に $N$ が高い状況で $K_i$ が大きいとき高くなりやすいのがわかる．増殖が進めばいつかは環境が飽和するはずと思われる．しかし，実際には，密度と関係がない環境撹乱などによる死亡が頻繁に起こり，資源をめぐる競争が顕在化しない状況では高い $r$ をもつ遺伝子型（$r$ 戦略）が自然淘汰で残り，逆に環境が安定で資源をめぐる競争が激しい状況では高い $K$ をもつ遺伝子型（$K$ 戦略）が淘汰されるであろうと MacArthur らは考えた (MacArthur & Wilson, 1967；嶋田ら，2005). これを r-K 淘汰説（r-K selection hypothesis）という．

Pianka はこの考えを発展させ，密度または種内競争の強度に依存した環境圧の違いと結果として進化する形質のセットを表1のように類型化した．$r$ 戦略者には高い増殖力，速い成長，小さな身体，短命，多産，早い繁殖，1回繁殖などが進化し，$K$ 戦略者には高い競争力，遅い成長，大きな身体，長命，少産，遅い繁殖，多回繁殖などが進化するであろうと議論した．そして，実際の生物は極端な $r$ 戦略と極端な $K$ 戦略の中間のさまざまな段階に位置づけることができると考えた (Pianka, 1978).

しかし，r-K 淘汰説の検証を試みた種間比較や淘

汰実験では，競争の強度に依存し形質の一部は予測どおりの変異・変化をみせるが，他の形質は予測に反する．そこで，再度 (1) 式にある短期的適応度を高める要素をみていこう．確かに密度 $N$ がゼロなら $K_i$ は適応度に影響しないが，高密度では $K_i$ を高めることでも $r_i$ を高めることでも適応度を増大できるのがわかる．実は，MacArthur & Wilson と Pianka の $K$ 淘汰の考えには，$r$ と $K$ の間のトレードオフ，すなわち一方を高めると他方を低めてしまうことが仮定されている．トレードオフとは形質の進化的自由度に対するある種の制約を意味するが，$r$ と $K$ の間のトレードオフの一般性は実証されていない．実際の生物の個々の形質の間には，これ以外にも系統的条件や環境条件によるさまざまな制約があり，表1のようにすべての形質がセットで進化するわけではないようである．

[引用文献]

Caswell H. (1989) *Matrix Population Models.* Sinauer.

Cole L. C. (1954) The population consequences of life history phenomena. *Quarterly Rev. Biol.*, Vol. 29, pp. 119-129.

MacArthur R. H. & Wilson E. O. (1967) *The Theory of Island Biogeography.* Princeton University Press.

Pianka E. R. (1978) Evolutionary Ecology (2nd ed.) Harper and Row.［伊藤嘉昭 監修，久場洋之・中筋房夫・平野耕治 訳，『進化生態学』蒼樹書房］

嶋田正和・粕谷英一・山村則男・伊藤嘉昭（2005）『動物生態学 新版』海游舎．

（辻 和希）

## 20.11 群淘汰（群選択）

### A. 概要

個体の生存率や産仔数の違いが原因で起こる個体淘汰に対し，集団の絶滅率や増殖率の違いにより生じる淘汰圧またはそれによる進化を群淘汰（群選択，集団淘汰，集団選択，group selection）と呼ぶ．個体淘汰が作用するためには同種生物の複数個体の存在を前提とするのと同様に，複数集団の存在が群淘汰が作用する必要条件である．すなわち，集団の間に形質に変異があり，集団の形質とその適応度の間に相関があり，かつ集団間の形質変異に遺伝的なものが含まれるならば，群淘汰による進化が起こる．群淘汰の単位となる集団とは，家族のように比較的小規模なものから，個体群や種のように大規模なものを指す場合がある．群淘汰は1960年代中盤までは仕組みは明示的でないものの，生物学者のあいだでは良く受け入れられた考えであった．60年代終盤の行動生態学・社会生物学の勃興により，専門家の間では誤謬として一旦は退けられた．しかし，70年代中頃からその妥当性が再検討されはじめ，現在も議論が続いている．

### B. 群淘汰の失墜

生物は時として自己犠牲的に振る舞うことがある．たとえば個体数が過密になると繁殖を自己抑制したり危険を冒してまで移動する，広義の「密度効果」は生態学では良く知られた現象である．これらは，生物が持つ「種の保存」のための基本属性であるとする考えが，『種の起原』の出版後も長らく生物学者の間で受け入れられてきた．しかし，Darwin の自然淘汰理論は「種の保存」のような目的は前提にしていない．もし自然淘汰理論を受け入れるのなら「種の保存」のための属性がいかに淘汰で自然発生しうるのかを説明せねばならない．自然淘汰は主として個体にはたらくとされる．もし個体にはたらく淘汰圧（個体淘汰）と，種のような上位の集団にはたらく淘汰圧（群淘汰）が同方向ならば進化の結果は自明であり議論の余地はない．そこで，群淘汰が個体淘

汰と拮抗する場合に注目が集まった．ふつうこの仮定の下の数理モデルが群淘汰モデルと呼ばれる．利他的形質は群淘汰と個体淘汰が拮抗する顕著な例である．生態学者の Wynne-Edwards（1962）は「社会行動に関する動物の分散」という著書で，ある種の利他性である高密度下での繁殖自己抑制は，集団（個体群）の絶滅率を下げる機能ゆえに群淘汰で進化したとする明示的な力学的説明を与えた．しかしこの試みがその後の群淘汰理論に試練をもたらした．進化生物学者の Williams G. C.（1966）は，出生と死亡による個体の世代交代と絶滅をともなう集団の交代を比べ，前者の方が圧倒的に高速・高頻度—すなわち個体淘汰が働く機会が群淘汰のそれを遥かにしのいでいるので，群淘汰が個体淘汰を乗り越え進化が進むことはまずないとし，Wynne-Edwards を手厳しく批判したからである．以後，行動生態学者の間では Williams の考えがほぼ受け入れられ，群淘汰は間違った考え・不要な概念とみなされるようになった．あるいは，生物の適応を論じるとき，群淘汰的な論理を極力排除することが推奨されたとするのが，この時代的状況のより適切な描写であろう．それまで「種の保存」で説明されてきた現象の多く，たとえば密度依存的繁殖抑制のように一見利他的に見える形質も「種の利益ではなく個体の利益で説明できる」とされるようになった（Williams, 1966）．さらに，血縁淘汰説が広く知られるようになった後は，社会性昆虫の不妊ワーカーのような極端な利他的形質もそれをコードする遺伝子の適応として説明可能であるとされた（Dawkins, 1976）．この状況は 1990 年代まで続く．

### C. 群淘汰の復興

群淘汰説への逆風は「種の保存のため」という当時生物学者の間で無批判に受け入れられ今でも一般には根強く残る俗説を，科学的な立場から払拭するためには一定の効果があった．しかしその一方で，「群淘汰＝誤り」とする極端な公式が一部の専門家に根付いてしまった．群淘汰に批判的な意見の裏には「同じ現象に複数の説明があり得るときには，特に必要がなければ最も単純なものを採用すべき」とする節約原理（オッカムの剃刀ともよばれる）がある．

個体ないし遺伝子の利益という一般原理で説明できる現象に，任意のレベルが定義でき複雑化しがちな集団の利益という論理を使う必然はないという意見である．これに対し，70 年代中盤から，生物の世界には多重の階層性があり，上位階層は下位階層の集合（集団）である．よってあえて集団を認識しないようにする思考法は，必ずしも合理的でないとする立場から，群淘汰が再評価され始めた．

群淘汰復興の代表的な論客である D. S. Wilson は，個体が一生のうち一時期群れ（形質集団，trait group）で生活し，群れでの相互作用がその後の個体の生涯の適応度に大きな影響を与える状況を考察し，これで利他的形質が進化しうることから，群れにかかる群淘汰の重要性を説いた（Wilson, 1975）．デーム内群淘汰（intrademic group selection）と彼が呼んだ新しい群淘汰モデルは，Williams が個体が集団より平均して短命であることを群淘汰批判の根拠としたことへのアンチテーゼである．しかし，節約主義的な観点からはデーム内群淘汰は，血縁淘汰や局所配偶競争（local mate competition）など群れを認識しないでも良い説明と同じものであるとの批判も受けた．群淘汰の単位となる集団は（淘汰の単位の項），種や個体群のような大きく永続性の高いものから，家族のような小さく一時的なものまで考えられるが，ふつう後者的になるほど群淘汰の効果が大きい．しかし，後者ほど血縁淘汰などの他の説明と同じであるとの批判を受けやすい．

### D. 血縁淘汰と群淘汰

70 年代以降の議論の末，血縁淘汰と群淘汰は同じ現象を違う角度から見たものに過ぎないとみなす研究者が多くなった（Queller 1992, Sober and Wilson 1998）．利他的形質の進化は血縁淘汰でも群淘汰でもモデル化できることを以下に示す．個体の適応度（$w$）は個体自身の遺伝子型 $x$ と，相互作用する他個体の遺伝子型 $x'$ で規定されるとする．自身の遺伝子型が利他的ならその程度に比例し適応度を $c$ 減らし，逆に相互作用する他個体が利他的ならばその程度に比例し比率 $b$ で適応度が上昇するとする．これは血縁淘汰の項で述べた設定だが，血縁淘汰による利他的形質の進化条件は

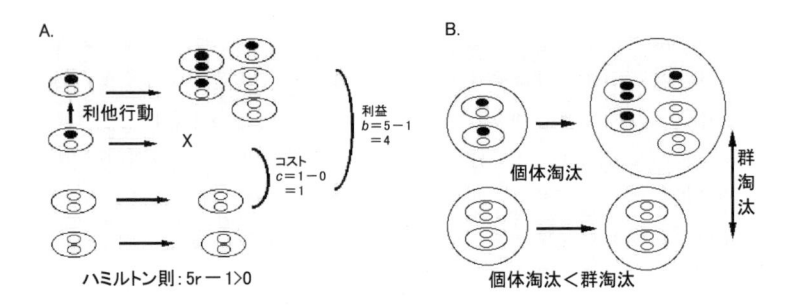

**図 1** 同じ現象に対する，血縁淘汰（左）と群淘汰（右）による説明．辻（2006）より．
A. 血縁淘汰の概念図．個体が楕円，個体が持つ対立遺伝子を黒丸と白丸で表わす．左側が親世代で，矢印の先の右側が子供の世代を示す．条件によっては個体に利他性を発現させる突然変異型の遺伝子（黒丸）と，利他性を発現させない野生型の遺伝子（白丸）があるとする．黒丸が発現した個体は子供を残さないが（親世代の上から2番目の個体），この個体に助けられた個体が通常より多く子供を残すとする．助けられた個体もまた黒丸遺伝子を持つ可能性が高く，$br-c>0$ が満たされれば，図のように子の世代では黒丸が頻度を増やす．
B. 群淘汰の概念図．血縁淘汰の図と同じものだが，近くにいるもの同士2個体が，それぞれグループを形成していると考えれば，群淘汰の考えにあてはまる．グループ内では黒丸の利他遺伝子は頻度を減らしているが（上のグループ内では頻度が2/4から4/10に減っている）これが（グループ内）個体淘汰をあらわす．その一方で，黒丸遺伝子を多く含む集団は増殖率が高いという群淘汰を受ける．全体として群淘汰の効果が勝り，黒丸の頻度は1/28だけ増えている．

$$br - c > 0 \quad (1)$$

で（Hamilton則），$r$ は個体からみた相互作用する他個体の血縁度であった．

同じ状況を群淘汰モデルでも表現できる．群淘汰モデルでは，集団（大きなメタ集団）が相互作用する個体から成る多数のグループ（分集団）にさらに分れている状況を想定し，個体の遺伝子型 $x$ を，グループ平均 $\bar{x}$ とそれからのずれを示す偏差 $\Delta x$ にわける．

$$x = \bar{x} + \Delta x \quad (2)$$

同様に，適応度 $w$ もそのグループ平均 $\bar{w}$ と偏差 $\Delta w$ に分割する．

$$w = \bar{w} + \Delta w \quad (3)$$

(2)(3) を Price 則，すなわち淘汰による（メタ）集団の遺伝子頻度（ないし平均育種価）の変化（$\Delta X$）は遺伝子型（個体の遺伝子頻度または育種価）と相対適応度の共分散 $\Delta X = \text{COV}(x, w)$ で予測される，に代入すると，

$$\Delta = \text{COV}(\bar{x}, \bar{w}) + Exp[\text{COV}(\Delta x, \Delta w)] \quad (4)$$

(4) 式はプライスの共分散分割式と呼ばれている（Price, 1972）．ここで，Exp は期待値を表す記号で，$\text{Exp}[\text{COV}(\Delta w, \Delta w)]$ は各グループの中で起こる個体淘汰による遺伝子頻度の変化の（メタ）集団平均値である．一方，$\text{COV}(\bar{x}, \bar{w})$ は遺伝型のグループ平均の差が原因で生じる群淘汰による遺伝子頻度の変化をあらわす．$\Delta X > 0$ となるのは

$$\text{COV}(\bar{x}, \bar{w}) > -\text{Exp}[\text{COV}(\Delta x, \Delta w)] \quad (5)$$

すなわち，（メタ）集団全体での遺伝子頻度変化に対する群淘汰の効果が個体淘汰のそれを上回る状況を指す．図1に血縁淘汰と群淘汰が同じ現象に対する異なる見方にすぎないことをシェマで示した．

血縁淘汰の予測 (1) と群淘汰の予測 (5) は，個体の遺伝子型と相互作用する他個体（グループの他個体）の遺伝子型の間に，双方の適応度に与える影響において非線形的な効果が存在しないことを仮定しており，この仮定が成り立てば進化方向に関して同じ予測を導くことが知られている（Queller 1992）．進化方向だけが問題なら節約的観点からは一方は不要となろう．しかし，群淘汰の式 (4) は，方向だけでなく進化速度についても予測する点が血縁淘汰モデルにないメリットである．一方，血縁淘汰モ

のメリットは遺伝子型（$\bar{x}$と$\Delta x$）や適応度を個体ごとに測定しなくても，その適応度への効果（b,c）と血縁度（$r$）が推定できれば進化方向が予測可能なことである．予測できる事柄がモデルにより異なるので，節約原理は適用できない．どちらが適切かは学問上の目的に依存する．群淘汰モデルの信奉者は小進化の過程全体に興味を示すのに対し，血縁淘汰モデルの信奉者は進化の帰結にしか興味がないのだともいえる（Sober and Wilson, 1998）．また，近年みられる逆の主張「群淘汰と個体淘汰は血縁淘汰を包括する概念なので血縁淘汰は不要」とする考え（Nowak et al., 2010）も，やはり節約原理の極端な使い方である．社会性昆虫の分断性比のように血縁淘汰（包括適応度最大化）という考えに立ち初めて導きだされた経験的にテスト可能な予測もあるからである．

無論，群淘汰と血縁淘汰の両モデル共通の仮定が満たされなければ，ともに予測に失敗する．仮定にない非線形の効果のうち，利他的な遺伝子型同士の相互作用で生じる適応度へのプラスの相乗効果（synergistic effect）がある場合は，両モデルの予測よりも利他的形質は進化しやすくなる．血縁淘汰のHamilton則が理論的に成立しない例として，極度の移動制限による局所的な密度制御があげられる（集団の粘着性：population viscosity）．強い局所的な密度制御がある場合に利他的形質は進化しないが，それは助けられた血縁者が子供を多く残してしまうと他の血縁者が子供を残すことができなくなるからである．血縁淘汰の文脈では90年代初期にセンセーショナルに扱われたこの議論だが，群淘汰の文脈では局所密度制御が利他的形質の進化を妨げることは80年代初頭までにすでに繰り返し議論されていた．それは局所集団の増殖速度の差（絶滅率の差でなく）が群淘汰の根源である場合は（図1b），もし局所集団の密度増大が強く制限されていれば群淘汰は働き得ないのは自明だからである．

### E. 群れの効果（group effect）

グループないし群れの効果の定義にはふたつの見解がある．ひとつ目は，群れの性質が群れそのものの適応度に影響を与えることである．群れの適応度は任意に定義できるが，通常は群れの生存率，群れの増殖率（子孫群れ数），あるいは群れ内平均個体適応度（群れの成長率）があてられる．プライスの共分散分割式の群淘汰の項がこれを記述するものである．一方，群れの性質により群れを構成する下位の単位（たとえば個体）の適応度が影響を受けることと定義されることもある．コンテクスト分析法（Heisler and Damuth, 1987）がこの2番目の群れの効果を記述する方法の代表である．このふたつ群れの効果は混同しないように注意が必要である．

群れの効果を入れたモデルは，入れ子構造が同じである他の場合，たとえば個体とその構成要素である細胞や遺伝子の間の関係なども視野に入れ，近年では複数レベル淘汰（multilevel selection）あるいは階層的淘汰（hierarchical selection）と呼ばれることもある．

[引用文献]

Dawkins R.（1976）*The Selfish Gene*. Oxford University Press. [日高敏隆・岸由二・羽田節子 訳（1991）『利己的な遺伝子』紀伊国屋書店]

Heisler L. & Damuth J.（1987）A method for analyzing selection in hierarchically structured populations. *The American Naturalist* vol. 130, pp. 582-602.

Nowak M. A. *et al.*（2010）The evolution of eusociality. *Nature* vol. 466, pp. 1057-1062.

Price G. R.（1972）Extension of covariance selection mathematics. *Annals of Human Genetics* vol. 35, pp. 485-490.

Queller D. C.（1992）Quantitative genetics, inclusive fitness and group selection. *The American Naturalist* vol. 139, pp. 540-558.

Sober E. & Wilson D. S.（1998）*Unto others: The Evolution and Psychology of Unselfish Behavior*. Harvard University Press.

Williams G. C.（1966）*Adaptation and Natural Selection*, Princeton University Press

Wilson D. S.（1975）'A Theory of Group Selection', *Proceedings of the National Academy of Sciences USA*, vol. 72, pp. 143-146.

Wynne-Edwards V. C.（1962）*Animal Dispersion in Relation to Social Behaviour*, Oliver & Boyd.

〔辻 和希〕

## 20.12 性淘汰

配偶成功率もしくは交尾成功率（mating success）の違いを通じてはたらく淘汰のことを性淘汰（sexual selection）という．C. Darwin が『人間の進化と性淘汰』（1871）において初めて用いた．

自然淘汰は，生存率や繁殖率の違いを通じてはたらき，生物の形質を変えて，その生物の個体群の増殖率や存続確率を改善する．これに対して性淘汰は，実用の観点では有利と思えない装飾や求愛ダンスなどをもたらす．

たとえば個体ごとに卵をつくる雌と精子をつくる雄とに分かれ，体内受精をする動物を考える．精子をつくることにはそれほどコストがかからないため，雄の繁殖成功度は雌との交尾数とともに増加する．これに対して卵をつくるコストは精子に比べてずっと大きい．雌の繁殖成功度は餌を食べて卵をつくる能力によって制約され，交尾成功率にはあまり依存しない．その結果，交尾を受け入れる少数の雌に対して多数の成熟雄が群がる結果となる．つまり実効性比（operational sex ratio）は雄にかたよる．そのため雄の間で雌の獲得を巡る競争が生じて，その競争に有利なさまざまな形質を雄が進化させることになる．この性淘汰は雌雄による違い，つまり性的二型をしばしばもたらす．以上に説明した二性の役割は，タマシギのようにおもに雄が仔の世話をする鳥では逆転する．

### A. 性淘汰のふたつのタイプ

性淘汰にはふたつのタイプがある．第一は雄の間で闘争が生じその勝者が多数の雌を獲得することによる同性内淘汰（intrasexual selection）である．同性内淘汰に有利なために進化した形質としては，シカの雄の枝角があげられる．第二は雌が自らの好みに従って配偶者を選択し，雄は雌が示す配偶者選択（mate preference）にあわせてさまざまな形質を進化させる異性間淘汰（inter-sexual selection）である．その例としては，インドクジャクをはじめとするさまざまな雄の鳥がもっている美しい飾り羽があげられる．

しかし配偶者選択による性淘汰は Darwin によって提唱されて以後，20世紀中頃まで長らく無視されてきた．野外において雌による配偶者選択が行われることを初めて実証したのは M. Anderson によるコクホウジャクの雄の尾の長さの操作実験であった（1982）．Anderson は雄の尾の長さを実験的に変えることによって，より長い尾をもつ雄が雌に選ばれ，そのことで繁殖成功が上がることを示した．これ以降，雌が雄の装飾形質に基づいて配偶者選択を行なっていることは魚類，鳥類，哺乳類など，多くの動物で確かめられている．配偶者選択の起き方の研究は行動生態学の中心テーマのひとつとなっている．

### B. 配偶者選択の進化をもたらすプロセス

一方，配偶者選択がなぜどのようにして進化したのかについてはさまざまな説が提出されてきた．

R.A. Fisher（1915）は，ランナウェイ過程（Fisherian runaway）を提唱した．たとえば雄が長い尾をもつような鳥の集団で，雌の間には，より長い尾をもつ雄を配偶相手として好む傾向があると想定する．その集団で，他の雌以上に強い選択性を示す雌は，結果として平均以上に長い尾の息子を生むことになる．彼らはより多くの雌によって配偶相手として選ばれ，多くの孫をつくることになる．その結果，選択性の強い雌の遺伝子は，より多くの孫をもちその選択性も広まることになる．その集団では，雄の装飾形質（この場合には長い尾）とその形質に対する雌の好みとは，一緒になって集団内に広がり急速に高い値へと進化する．進化遺伝学的な研究によると，このような Fisher のランナウェイ過程の結果，装飾形質を大きくしたり小さくしたりする進化的なサイクルを生み出したり，異なる装飾形質がつぎつぎと移り変わって流行をするという進化が生じることが示されている．

一方 A. Zahavi はハンディキャップの原理（handicap principle）を提唱した．雌にとっては，集団中の雄のなかから遺伝的に生存力の高い雄を配偶相手に選んだほうが有利である．このとき雄の装飾形質の大きさや求愛ダンスのやり方がその雄の遺伝的な質を表すと考えたらどうだろうか．装飾形質やダン

スがその雄の遺伝的な質の信頼できる指標となるためには，そのような形質が誰にでも表現することはできないほど高いコストのかかるものである必要がある．Zahaviはこれをハンディキャップの原理とよび，雄の装飾はその持ち主の遺伝的な質を正直に表すハンディキャップとして進化したとする説を提出した．真に遺伝的な質の高い雄だけがそのコストを負うことができ，質の低い雄がそれを表そうとするとコストが大きすぎて適応度が急激に下がるという事態になっていれば，質の高い雄は長い尾を，質の低い尾は短い尾を生やす状態に進化する．このことは，量的遺伝モデルおよびゲームモデルによって証明されている．雄の遺伝的な質の高さとシグナルの強度との間に相関があるとき，それを正直なシグナル（honest signal）という．

ハンディキャップの原理に基づいた配偶者選択によって進化した雄の形質は，通常の形質よりも特別に高いコストをもたらすと予想される．しかし，たとえば雄の遺伝的な高さが求愛ダンスの巧妙さと相関があったとしても，その相関が生じる理由は，発育時に十分な餌が得られ感染症にかからなかったことが神経系の正常な発達をもたらしたからかもしれない．この議論を指標説（index theory）という．もしそうならば，高いコストを要求する正直なシグナルとして進化したからではないので，ハンディキャップの原理によるとはいえない．

以上の説では，雄の特定の形質に対する雌の好み（female choice）は配偶者選択をすることが有利であることから進化したと考えている．これに対して，雌がある刺激に対する敏感さを別の理由で確立していて，雄はそのような雌の感覚の敏感さを利用したとも考えられる．その場合には配偶者選択はそれ自体が雌にとって有利であったから進化したのではなく，感覚のバイアスの副産物として進化したことになる．これを感覚搾取説（sensory exploitation）という．感覚のバイアスは生まれてからの学習の過程で，自動的に獲得されることがある．対称な図形や単純な色彩に対する性的好みはこのようにして生じることが，ニューラルネットワークを用いたモデルによって示されている（Enquist & Arak, 1994）

### C. シグナルの進化

雄と雌との配偶に関するやりとりは，雄がシグナルを送り雌がそれを受けとって応答することであるとみると，一般的な動物の信号の進化という枠組みのなかで論じることができる．上記の配偶者選択の進化の理論はすべて，個体同士がやりとりする一般的な信号の進化にもあてはめることができる．たとえば鳥の母親がヒナに対して給仕するときに，ヒナが非常に大きな声で鳴くことは，餌の必要性をアピールする行動である．それには大きなコストがかかわり，本当に餌を必要としないヒナが真似をするにはコストがあまりにも大きいので，声の大きさは餌の必要性を反映したものになる．だからこそ母親は声を頼りにヒナに対して給餌をするのだ，とする説明がある．これはハンディキャップの原理によるシグナルの説明である．

配偶者選択には，別種との交配を避ける，もしくは血縁の近い個体との配偶を避けるというタイプも含まれている．後者の機構としては，子供のときにすぐ近くで生育した個体は成長してから配偶者として忌避するという学習によるものや，主要組織適合遺伝子複合体（major histocompatibility complex：MHC）などの分子の多型により，体臭に基づいて血縁度を推定するものが知られている．

配偶者選択にかかわる信号の進化は，異なる信号とそれに対する反応の系を，異なる集団の間では急速に分化させる可能性があり，異所的種分化を促進する．加えて条件が整えば集団内でも分化が可能であるとする議論もあり，同所的種分化にも性淘汰がはたす役割が大きいといわれている．

（巌佐 庸）

## 20.13 淘汰の単位

### A. 概要

C. Darwinの自然淘汰説は個体を単位にした個体淘汰説とふつう理解されているが，『種の起原』には実は家系や集団を単位とした淘汰の可能性も記されている．集団を単位とする群淘汰は一時期は非科学的考えとして退けられる傾向にあったが，近年その可能性が一部で見直されはじめた（20.11項参照）．一方，R. Dawkinsは個体とは複製の実体である遺伝子の乗り物（vehicle）にすぎないとする説を展開した（Dawkins, 1976）．遺伝子だけが淘汰の単位（unit of selection）であるともとれるこの極端な見解は，遺伝子淘汰主義（gene selectionism）とよばれることがある．このように自然淘汰が作用する単位が何かは進化生物学ではしばしば論争をよんだ．

### B. 単位に関する形而上学

生物進化における進化や適応の単位を理解するには，次の三つを区別することが役立つ．

(1) 世代間情報伝達の担い手（複製子：replicator）
(2) 情報伝達速度の違いをもたらす相互作用の担い手（相互作用子：interactor）
(3) 結果として進化が観察される単位（進化子：evolvor，系統：lineage）

淘汰の単位の問題とは，つまるところ，進化のより深い理解のためには，(1)，(2)，(3)をどこで切るべきか，背反的か部分的含有を認めるべきかなどに関する形而上学であり，経験データにより反証される類の論理ではない（Dawkins, 1976; Hull, 1981; 三中，1987）．

現在の用語法では個体の一生のうちに生じる変化である成長や変態は進化とはよばず，種や個体群などの集団単位で観察可能な，世代をこえた変化を進化とよぶ．したがって進化が観察される単位は集団である．

しかし進化が集団レベルの現象であっても，その原因が集団そのものにあるとはかぎらない．近代進化生物学ではそれより下の階層にあたる実体に進化の原因があるとする考えが主流である．一方，遺伝子淘汰主義にみられる主張は，(1)の生物における世代間情報伝達のおもな担い手が遺伝子であることに依拠している．「進化とは集団における遺伝子・遺伝子型頻度の世代間変化である」と遺伝子に還元して定義される集団遺伝学の考えは，遺伝子淘汰主義と軌を一にするようにもみえる．しかし，遺伝子頻度の世代間変化をもたらすしくみは，化学物質である遺伝子そのものではなく，遺伝子によってコードされ翻訳された表現型を通してあると考えるのが集団遺伝学者を含む大多数であろう．淘汰は表現型をとおして作用するという考えに立てば，淘汰の単位としての相互作用子（2）についての議論はある程度整理可能である．なぜなら遺伝子はそれをもつ個体だけでなく，翻訳された個体の形質をとおして同種他個体，他種や非生物的なものも含む環境にも影響を与えるからである．群淘汰の項（20.11）で記されたように，個体，家族，群れ，個体群，種，群集，生態系など，具体的な生物により重要度の違いこそあれ，さまざまな階層に相互作用の担い手をみいだすことができ，これらすべてが淘汰の単位となりうるとの主張も可能である（Sober & Wilson, 1998）．これに対して，干渉的な相互作用（資源の奪いあいや攻撃，捕食など直接競争的なものと，第三者を介したその間接効果）が介在する場合のみを淘汰と考え，たとえば直接間接の相互作用が原因ではない種の絶滅で結果的に群集構成が変化するような場合は，種が淘汰されたとはみなさず，この場合は種は淘汰の単位でないとする考えもある（河田，1989）．しかし直接の相互作用がなくても淘汰は生じることから，この議論には疑問がある．たとえば，生物密度が環境収容力よりはるかに下で資源が十分にある状況では増殖力（内的自然増加率）の高いものが他より相対的に数を増やす．この密度非依存淘汰とよばれるしくみには，直接間接の相互作用は仮定されておらず，各種（系統）は独立に増殖しているだけある．このように増殖速度の差が相対頻度の変化を生む状況も進化生物学では淘汰とよばれる．

個体より大きな単位も淘汰の単位となりうるという多元的観点から，相互作用の担い手を空間的に拡

大してゆく思考実験をすると，最後は地球生態系のように元来ひとつしかなく競争する相手がいない状況に行き着く．このような実体はもはや淘汰の単位とはなりえないと考える進化生物学者が大勢と思われるが，これにさえ異論があるかもしれない．たとえば，祖先や生息環境にすでに存在する他種生物とはまったく異なるニッチをもつように跳躍的な変化をとげた突然変異の「新生物」が，新種の生物集団として定着（種分化）する否かは，相対頻度が問題になる種内の自然淘汰や他種との競争ではなく，新種が存続できるかどうかにかかわるとする主張があるが，このしくみには $n$ 淘汰（$n$-selection）(Authur, 1984) という名称がつけられているからである．

上記のように個体以外にもさまざまな階層が表現型を通し相互作用の担い手としての淘汰の単位となりうるという考えは，進化生物学においてもはや少数派の意見ではない．Dawkins (1982) も延長された表現型 (extended phenotype) という概念を使い，最終的には遺伝子の複製速度の差異に還元される，さまざまなレベルの相互作用の担い手 (vehicle) の存在を認めている．複製の単位（1）の遺伝子についても Dawkins は複製が他のもの（たとえば個体）より正確であるとの観点から操作的にもっとも確からしい単位としたにすぎない．その一方で，文化のように遺伝子以外が情報伝達の担い手になるケースの存在も認め，このような情報の担い手にミーム (meme) という用語を与えている．

## C. 利己的遺伝子と利己的遺伝子

この項目ではおもに個体以上の階層に関して議論したが，個体より下の階層が相互作用の担い手であることもある（Austion & Trivers, 2006）．極端な例として，それそのものが情報伝達の担い手でも相互作用の担い手でもあるような存在，たとえば個体全体の適応度を下げるか個体適応度とは関係なしに個体内・ゲノム内でコピーを増やすトランスポゾンのような存在は，利己的遺伝子 (selfish genetic element) とよばれ，自然淘汰説そのものの隠喩である Dawkins の利己的遺伝子 (selfish gene) という概念とは，ふつう区別して使われている．

[引用文献]

Arthur W. (1984) *Mechanisms of Morphological Evolution. A Combined Genetic Development and Ecological Approach*, John Wiley & Sons.

Austin B. and Trivers R. (2006) *Genes in Conflict: The Biology of Selfish Genetic Elements*, Belknap Press of Harvard University Press. [藤原晴彦 監訳, 遠藤圭子 訳 (2010)『せめぎ合う遺伝子 — 利己的な遺伝因子の生物学』共立出版]

Dawkins R. (1976) *The Selfish Gene*, Oxford University Press. [日高敏隆・岸由二・羽田節子 訳 (1991)『利己的な遺伝子』紀伊国屋書店]

Dawkins R. (1982). *The Extended Phenotype*, Oxford University Press. [日高敏隆・遠藤知二・遠藤彰 訳 (1987)『延長された表現型 — 自然淘汰の単位としての遺伝子』紀伊国屋書店]

Hull D. (1981) *Unit of Evolution: A Metaphysical Essay*. In Jensen, U. and Harve, R. (eds.), Harvester Press.

Sober E. and Wilson D. S. (1998) *Unto others: The Evolution and Psychology of Unselfish Behavior*, Harvard University Press.

河田雅圭 (1989)『進化論の見方』紀伊国屋書店.

三中信宏 (1986)「個体主義的」世界観とその影響. *Network in Evolutionary Biology*, vol. 2, pp. 31-33.

（辻 和希）

## 20.14 有害遺伝子の蓄積

　生物がもつ遺伝子は長い間の適応淘汰の産物と考えられる．このため突然変異によって遺伝子がランダムに変化すると多くの場合機能が損なわれ，その遺伝子をもつ個体の適応度は低下する．実際に，兄妹交配などにより個体数を極端に少なくし自然淘汰の働きを最小限にして系統を維持すると，平均適応度が世代とともに減少していくことが，ショウジョウバエなどを使った実験で示されている．これらの実験では，ホモ接合になると個体を死に至らせる致死遺伝子（lethal）に加えて，生存率を少しだけ下げる中程度・弱有害遺伝子（mildly/slightly deleterious genes）が各系統に蓄積していると考えられる．

### A．無限集団

　一方，集団のサイズが十分大きいと自然淘汰が働き有害遺伝子は集団から取り除かれるので，時間が経つと突然変異による有害遺伝子の供給と自然淘汰による除去の平衡（mutation-selection balance）が成立する．二倍体生物の各遺伝子座に野生型対立遺伝子 $A$ と有害対立遺伝子 $a$ があり，突然変異率 $u$ で $A$ から $a$ へ変化するとする．簡単のために $AA$, $Aa$, $aa$ の適応度はどの遺伝子座でも等しく，$1, 1-hs, 1-s$ とし $h > 0$ とすると，20.20項で述べるように，$a$ の平衡頻度は $u/(hs)$ となる．各遺伝子座の適応度の積で個体の適応度が決まり，各遺伝子座間では連鎖平衡が成立すると仮定すると，集団の平均適応度 $\bar{w}$ は半数体ゲノムあたりの総突然変異率を $U = nu$ （$n$ は遺伝子座の数）として

$$\bar{w} = (1-2u)^n \approx \exp(-2nu) = \exp(-2U)$$

と表される．$U$ を一定にして $n$ を無限大とした極限では，平衡状態で半数体ゲノムあたりの突然変異の数は平均が $U/(hs)$ のポアソン分布をもつ．遺伝子座間に組換えがない場合でもこの関係は成り立つ．

### B．有限集団：マラーのラチェット

　さて以上は無限大集団での有害遺伝子の蓄積であったが，集団サイズ $N$ が有限の場合にはさらなる有害遺伝子の蓄積が起こる．まず有害効果が比較的大きい $Nsh \gg 1$ の場合（中程度有害）について考えよう．遺伝子座数が多いと上に述べたように半数体ゲノムあたりの突然変異数は平均が $U/(hs)$ のポアソン分布をもつ．有害突然変異を $i$ 個もつゲノムをクラス $i$ のゲノムとよぶことにしよう．突然変異をもたないクラス 0 のゲノム数の期待値は $N_0 = N \exp[-U/(hs)]$ と表される．この値が小さいと（たとえば $U = 1.0$, $hs = 0.1$, $N = 10^5$ では $N_0 = 4.5$），遺伝的浮動によりクラス 0 のゲノムは集団からいずれ失われる．遺伝子座間に組換えがない，つまり各遺伝子座が完全に連鎖しており復帰突然変異（$a$ から $A$）がない場合，いったんクラス 0 のゲノムが集団から失われると，これ以降クラス 0 のゲノムが集団中に生じることはない．このため以後クラス 1 がベストのタイプとし自然淘汰がはたらくことになり，各ゲノムの有害突然変異数はすでにすべてのゲノムがもっている最低数 1 と，平均が $U/(hs)$ のポアソン分布をもつ数の和に変化していく．これが順次続いていくと，あたかもつめ車（ラチェット）がひとつめずつ進むように，各ゲノムの有害遺伝子数が増加していく．この過程を発見者の名前にちなんでマラーのラチェット（Muller's ratchet）とよぶ．

### C．有限集団：弱有害遺伝子の固定

　さて，$Nsh \approx 1$ または $< 1$ のとき（弱有害），弱有害遺伝子の集団中での頻度が上昇し固定が起こりうる．たとえば $h = 1/2$ で $s \ll 1$ ならば，一突然変異として生じた有害遺伝子の集団中への固定確率 $P$ は

$$P \approx \frac{s}{\exp[2Ns] - 1}$$

と表されるが，$Ns \approx 1$ または $< 1$ のとき $P$ は中立遺伝子の固定確率に比べて無視できるほど小さくはならない．つまりこの程度の有害遺伝子は集団中に固定し蓄積していく．分子レベルの進化のかなりの部分が，このような弱有害遺伝子や弱適応遺伝子の固定によるとする仮説が「分子進化のほぼ中立説」である．

### D. 有限集団：バックグラウンド淘汰

最後にゲノム中に中程度有害突然変異と弱有害突然変異が両方存在する場合を考えよう．極端な場合として組換えがない場合を考慮する．このとき集団中での突然変異をもたないクラス0のゲノム数の期待値は $N_0 = N\exp[-U/(hs)]$ となるが，マラーのラチェットがはたらくほど $N_0$ が小さくない場合（たとえば $U = 0.5$, $hs = 0.1$, $N = 10^5$ では $N_0 = 673.8$），このクラスは集団から失われず，数十世代後の集団にはこのときのクラス0のゲノム以外は子孫を残さない．つまり残された子孫集団から考えると，この時点での有効集団サイズは近似的には $N$ ではなく $N_0$ となる．この場合，弱有害突然変異が集団中に固定する条件は $Ns$ ではなく $N_0 s$ に依存するので，より広い範囲の $s$ をもつ有害遺伝子が集団中に広がり，集団中には多くの弱有害突然変異が蓄積していく．このような中程度有害突然変異の蓄積による集団の有効な大きさの減少は，組換え率の低いゲノム領域でも起こり，その効果はバックグラウンド淘汰（background selection）とよばれている．

上に述べたように組換え率の低い領域では有害変異の蓄積が進む．たとえば組換えのないY染色体の退化は，このような原因によると考えられている．また組換えにより有害変異の蓄積が抑制されるので，性が進化したとも考えられている．

[参考文献]

Charlesworth B. & Charlesworth D. (2000) The degeneration of Y chromosomes. *Phil. Trans. R. Soc. Lond. B*, vol. 355, pp. 1563-1572.

Kondrashov F. A., & Kondrashov A. S. (2010) Measurements of spontaneous rates of mutations in the recent past and the near future. *Phil. Trans. R. Soc. B*, vol. 365, pp. 1169-1176.

（舘田英典）

## 20.15 集団の進化

### A. 個の変化と集団の変化

生物の形質はゲノムによって決定されているので，進化はゲノムの時間的変化といえる．一方，それぞれの生物種は個体の集まり，つまり集団として存在しているので，結局生物進化はゲノム集団の時間的変化とみなすことができる．形式的には，ある時点 $t$ で個体数 $N$ の生物集団の各個体がもつゲノムを $G_{1t}, G_{2t}, \ldots G_{Nt}$ と表したとき，進化は $\mathbf{G}_t = (G_{1t}, G_{2t}, \ldots G_{Nt})$ の時間変化ということができる．この変化がどのように起こるかを考えるうえで，まずゲノムが親から子にどのように伝わるか（遺伝の法則）が重要である．たとえば二倍体生物（diploid）のヒトでは各個体がゲノムを2セットずつもっており，子には親がもつ2セットのゲノムの部分が組み合わさって（組換え，recombination）できる1セット分（配偶子，gamete）が，ごくまれに起こる突然変異（mutation）を除いてそのまま伝わる．子は両親からそれぞれ1セットのゲノムを受け取ることで，合計2セットのゲノム（接合体，zygote）をもつことになる．このような遺伝の法則に基づいて集団の遺伝的組成の変化である進化を研究する学問分野を，集団遺伝学（population genetics）とよぶ．

$\mathbf{G}_t$ の変化全体を追うことが集団の進化を記述することになるが，ここでは簡単のためにゲノムの一部のみに着目しその変化を調べてみよう．この一部を遺伝子（gene），ゲノム上のその位置を遺伝子座（locus）とよぶ．ゲノムは塩基配列なので，遺伝子の最小のものとして1塩基を考えることもできるが，通常はひとつのタンパク質をコードするなど，ひとつの機能に関与している塩基配列部分を1遺伝子として考えることが多い．以下では二倍体生物集団を仮定する．

### B. 1遺伝子座の簡単な進化モデル

1遺伝子座 $A$ を考え，この遺伝子座には集団中にふたつの変異遺伝子（対立遺伝子，allele）$A, a$ があるとする．各個体はこの遺伝子座に2個ずつ遺伝

親世代

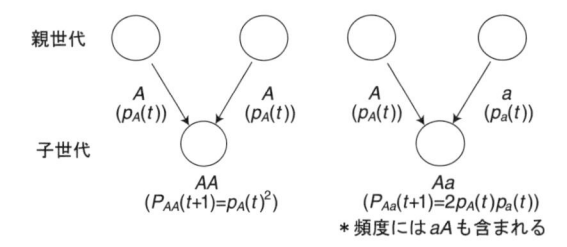

子世代
AA
($P_{AA}(t+1)=p_A(t)^2$)
A
($p_A(t)$)
A
($p_A(t)$)

Aa
($P_{Aa}(t+1)=2p_A(t)p_a(t)$)
＊頻度には $aA$ も含まれる
A
($p_A(t)$)
a
($p_a(t)$)

**図1** 任意交配が行なわれたときの子世代の遺伝子型頻度

子をもつので，集団中には3遺伝子型（genotype），$AA$, $Aa$, $aa$ が存在する．世代 $t$ における集団中の各遺伝子型の頻度（genotype frequency）を $P_{AA}(t)$, $P_{Aa}(t)$, $P_{aa}(t)$ と表すことにする．この集団での $A$ 遺伝子頻度は，$AA$ 個体が2個，$Aa$ 個体が1個の $A$ 遺伝子をもつので，$p_A(t) = P_{AA}(t) + P_{Aa}(t)/2$ となる．

さて各個体が相手の遺伝子型によらず交配し（任意交配，random mating），子を産むと仮定しよう．まず次世代の1個体の遺伝子型が $AA$ となる確率を求めてみよう．この個体が片親から $A$ 遺伝子を受け取る確率は $p_A(t)$ なので，任意交配の仮定より遺伝子型が $AA$ となる確率は $p_A(t)^2$ となる（図1）．$AA$ が生まれる確率と次世代の $AA$ 頻度が等しいとすると，$P_{AA}(t+1) = p_A(t)^2$ となる．同様にして $P_{Aa}(t+1) = 2p_A(t)p_a(t)$, $P_{aa}(t+1) = p_a(t)^2$ を示すことができる（図1）．このとき次世代の遺伝子頻度は

$$p_A(t+1) = P_{AA}(t+1) + P_{Aa}(t+1)/2$$
$$= p_A(t)^2 + p_A(t)p_a(t)$$
$$= p_A(t)$$

となり変化しない．つまりこの状態になると遺伝子頻度も遺伝子型頻度も変化せず，進化は起こらない．この状態をハーディー・ワインベルグの平衡とよぶ．1遺伝子座に対立遺伝子が3個以上ある場合も同様にして次世代の遺伝子型頻度，遺伝子頻度を求めることができる．

さて上述のモデルでは集団の遺伝的構成は変化せず進化は起こらないが，このモデルではいくつかの仮定がなされていた．これらの仮定を緩めると集団の進化が起こる．これらの仮定にかかわって遺伝子頻度の変化をひき起こす要因を進化要因とよぶが，

これらについてつぎにみていこう．

#### C. 進化要因1：突然変異

まず子が親から $A$ 遺伝子をもらう確率を親世代の $A$ 遺伝子頻度としたが，ここでは遺伝子は変化しないと仮定した．しかし，一般に低い確率（塩基では1世代あたり $10^{-8}$〜$10^{-10}$ 程度）で突然変異が起こり，遺伝子は子に伝わるとき変化する．このため配偶子中の $A$ 遺伝子頻度が変化し，子世代の遺伝子頻度も変化する．突然変異率は低いので短期間での遺伝子頻度変化への寄与は小さいが，進化の素材である遺伝的変異を創出する進化要因として長期的には突然変異は重要である（16.5項を参照）．

#### D. 進化要因2：遺伝子流動

生物集団はしばしば複数の分集団に分かれており，移住によって分集団間の遺伝子流動が起こる．分集団間で遺伝子頻度が異なっている（遺伝的分化）と，これにより遺伝子頻度が変化する．たとえば植物では花粉が分集団間を移動することによって次世代をつくる配偶子の頻度が変化する．また個体の移住による遺伝子型頻度変化も遺伝子頻度変化をひき起こす．遺伝子流動は分集団間の遺伝的分化を減少させる進化要因である．

#### E. 進化要因3：自然淘汰

遺伝子型よって次世代に貢献する配偶子数が異なる場合がある．たとえば $AA$ 個体のメスは $Aa$ や $aa$ 個体に比べて卵を生む能力（産卵率）が高かったり，配偶者をみつける能力が高い場合などである．このとき，親世代の遺伝子頻度と配偶子中での遺伝子頻度が異なり，次世代の遺伝子頻度が変化する．また生まれた子が成熟するまで生き残る確率（生存率）が遺伝子型によって異なると，成体になるまでに遺伝子型頻度が変化するので遺伝子頻度が変化する．このような個体の次世代への貢献の程度は適応度とよばれ，適応度が個体間で異なっているとき自然淘汰が働いているという．一般に遺伝子型によって適応度が異なるとき，自然淘汰によって遺伝子頻度が変化する．たとえば耐病性などの適応的形質をもつ個体は生存率が高くなるので次世代への貢献が大きく

なるが，この形質が遺伝性をもつと適応性を向上させる遺伝子の頻度が集団中で増加し，やがて集団中の個体はすべてこの遺伝子をもつようになる．具体的な場合として，$AA$ 個体が耐病性が高く生存率が 1.0 だが，$Aa, aa$ 個体は耐病性が低く生存率が 0.5 であるとしよう．この場合 $A$ 遺伝子頻度が世代ともに増加し，やがてその頻度は 1 となる．つまり集団の個体はすべて $AA$ 遺伝子型の耐病性個体ばかりとなって，集団に耐病性が進化する．これが Darwin が提唱した自然淘汰による適応進化である（20.5 項を参照）．

## F. 進化要因 4：遺伝的浮動

B の進化モデルでは，$AA$ の生まれる確率と次世代の $AA$ 遺伝子型頻度が等しいとしたが，個体数が有限の場合，両者は必ずしも一致しない．これは有限抽出による効果で，サイコロを有限回振ったとき，1～6 の数字が同じ割合だけ出るわけではないことに対応する．この変化には決まった方向性がなく，確率的であることに注意する．個体数が有限であることによって遺伝子型頻度が変化し，結果として遺伝子頻度が確率的に変化することを遺伝的浮動とよぶ（20.1 項を参照）．この効果は個体数が小さいほど大きくなる．遺伝的浮動による遺伝子頻度の変化に方向性はないが，非常に長い時間が経つとどれかの対立遺伝子が集団中に広がってしまう．自然淘汰によらないこのような進化を中立進化とよぶ（20.3 項を参照）．

## G. 進化要因 5：交配様式

任意交配では遺伝子型によらず交配が起こるので，子が両親から受け取る遺伝子は親集団からそれぞれ独立に任意抽出されたものとなる．この仮定が成り立たない場合として，近親者同士が交配する近親交配（inbreeding）と，同じ形質を表現する個体同士が交配する同類交配（assortative mating）があげられる．どちらの場合も同じ遺伝子をもつ個体同士が交配する確率が上がるので，ホモ接合体（$AA, aa$ など同じ対立遺伝子をもつ個体）の頻度が上昇する．近親交配ではゲノム上のすべての遺伝子で，同類交配では形質に関与している遺伝子座とそれに連鎖した遺伝子座でのみ，ホモ接合体頻度は上昇する．近親交配や同類交配は 1 個体中の対立遺伝子の組合せを変化させるだけで，遺伝子頻度は変化させないので直接的な進化要因ではないが，遺伝子型頻度が変化することにより自然淘汰のはたらき方が変化して遺伝子頻度の変化速度に影響を与えるので，間接的な進化要因といえる．

## H. 進化要因 6：組換え

遺伝子をどのように定義するかにもよるが，配偶子がつくられるときに遺伝子内で組換えが起こり，新しい塩基配列を組み合わせた対立遺伝子ができることがある（16.8 項を参照）．あるいは複数の遺伝子座を同時に考えると，遺伝子座間の組換えにより対立遺伝子の異なる組合せが生まれる．これによって次世代集団の遺伝的構成が変化し進化が起こる．組換えを考慮すると，原理的には 1 遺伝子座モデルと同じようにしてゲノム集団の進化を記述できるが，取り扱いは複雑になる．

以上述べた進化要因が作用して集団の遺伝的構成が時間とともに変化し，集団の進化が起こる．

［参考文献］

Gillespie J. H. (2004) *Population Genetics: a Concise Guide 2nd ed.*, Johns Hopkins University Press.

（舘田英典）

## 20.16 単一集団内の遺伝的多様性

本項では単一集団内の遺伝的多様性を記述する量，およびその値から推測される集団の性質について述べる．

### A. 1 遺伝子座

ある遺伝子座に $k$ 個の対立遺伝子 $A_1, \ldots A_k$ があり $A_i$ の頻度が $p_i$ であるとする．この集団の遺伝的多様性は各遺伝子型 $(A_i A_j)$ の頻度によって記述できるが，特にヘテロ接合体頻度の総和をヘテロ接合度（Heterozygosity）とよんで $H_o$ で表し，集団の遺伝的多様性の尺度として用いる．一方，集団からランダムに抽出した2遺伝子が同じ対立遺伝子である確率は $\sum_{i=1}^{k} p_i^2$ なので，2遺伝子が異なる対立遺伝子である確率 $H_e$ は，

$$H_e = 1 - \sum_{i=1}^{k} p_i^2$$

と表される．この量は遺伝子多様度（gene diversity）とよばれる．ハーディー・ワインベルグの平衡（19.8項を参照）にある集団ではヘテロ接合体 $A_i A_j$ $(i \neq j)$ の頻度は $2 p_i p_j$ となるので，ヘテロ接合度 $H_o$ は $H_e$ と一致する．そこで $H_e$ を期待ヘテロ接合度とよぶこともある．一般に中立遺伝子座では $H_e$ の期待値は集団のサイズと突然変異率の単調増加関数となっている．

さてこれらのふたつのヘテロ接合度を使ってつぎのように（Wright の）$F-$統計量を定義しよう．

$$F = \frac{H_o - H_e}{H_e}$$

$F$ は集団がハーディー・ワインベルグの平衡からどの程度ずれているのかを示す尺度になっている．たとえば集団中で近親配が起こっているとき，$F$ の期待値はほぼ集団の平均近交係数（coefficient of inbreeding），つまり1個体の2遺伝子が共通祖先由来となる確率となる．

もうひとつの多様性の尺度として，サンプル中の異なる対立遺伝子の数（対立遺伝子数，number of alleles）がよく使われる．中立遺伝子座では対立遺伝子数の期待値は集団のサイズや突然変異率に加えてサンプルサイズにも依存するので，複数の集団で対立遺伝子数を比較するときは，各集団のサンプルサイズを揃える必要がある．

### B. 2 遺伝子座

複数の遺伝子座の変異を記述する場合，個々の遺伝子座での遺伝子頻度に加えて異なる遺伝子座の対立遺伝子が配偶子中でどのように組み合わさっているかを表現する必要がある．簡単のために2遺伝子座 $A, B$ にそれぞれ2対立遺伝子 $A, a$ と $B, b$ が集団中にあるとし，$A, B$ の頻度をそれぞれ $p, q$ で表すことにしよう．配偶子には $AB, Ab, aB, ab$ の4タイプあるので，それぞれの頻度を $g_1, g_2, g_3, g_4$ で表す．$A, B$ 遺伝子座の対立遺伝子が集団中で独立に組み合わさっていると，$g_1 = pq$ の関係が成り立つ．このとき集団は連鎖平衡にあるという．配偶子中での異なる遺伝子座の遺伝子の組合せのあり方を連鎖平衡からのずれとして表現し，連鎖不平衡係数（coefficient of linkage disequilibrium）$D$ をつぎのように定義する．

$$D = g_1 - pq$$

2遺伝子座間の組換え率を $r$ とし，対立遺伝子はすべて中立で任意交配が行なわれていると仮定すると，$D$ は各世代 $r$ の率で減少していく．

連鎖不平衡係数は独立な組合せからのずれを表すが，その値は各遺伝子座の遺伝子頻度に依存し，必ずしもその程度を表していない．そこで頻度依存性をできるだけ少なくした尺度としてつぎのふたつの量，$D'$ と $r^2$ がよく使われる．

$$D' = \begin{cases} \dfrac{D}{\max(-pq, -(1-p)(1-q))} & (D \leq 0) \\ \dfrac{D}{\min(p(1-q), (1-p)q)} & (D > 0) \end{cases}$$

$$r^2 = \frac{D}{\sqrt{p(1-p)q(1-q)}}$$

$\max(-pq, -(1-p)(1-q))$, $\min(p(1-q), (1-p)q)$ は $D$ のとりうる値の最小値と最大値なので，$D'$ は0と1の間の値をとることがわかる．また $A, B$ 遺

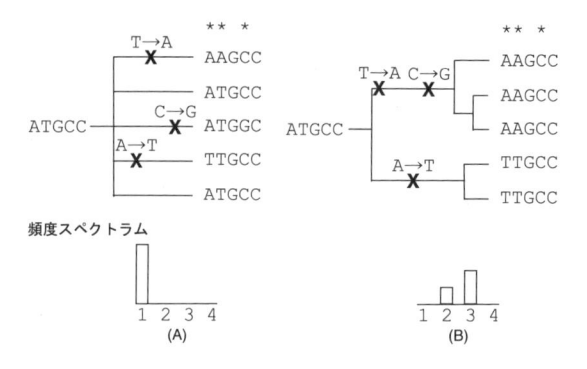

**図1** 塩基多型, 遺伝子系図, 頻度スペクトラムの関係

伝子に 1, $a, b$ 遺伝子に 0 を与えて各配偶子を 2 値をとるデータとみると, $r^2$ は相関係数の二乗になっており, やはり 0 と 1 の間の値をとる.

新しい突然変異, 自然淘汰, 集団の融合など何らかの原因により $D \neq 0$ となることがあるが, $r$ が小さいほど $D$ の減少は遅くなるので, 強く連鎖している遺伝子座間では連鎖不平衡がみられることが多い. また連鎖が弱くても特定の組合せの遺伝子が有利であるような淘汰がはたらくと, 連鎖不平衡が生じる. このため連鎖不平衡係数を推定することによって, 連鎖や相互作用する遺伝子に関する情報を得ることができる.

### C. 塩基配列

ゲノム解析技術の発展により容易に塩基配列を決定することができるようになったので, 近年塩基配列レベルでの遺伝的多様性データが蓄積している. 塩基配列の突然変異様式についてはある程度わかっており, 対立遺伝子 (ハプロタイプ) 間に起こった突然変異を推測できるので, このようなデータから得られる進化的情報, つまり遺伝子系図に関する情報は多い (図1). ゲノム上の一部分の塩基配列を「A.1 遺伝子座」で述べたように対立遺伝子間の関係を考慮せず扱うこともできる. しかし配列データからより多くの情報を得るために, 塩基配列を使った多型解析のための統計量がいくつか定義されているので, これらについて説明する. なお以下ではゲノムの特定部分について, 集団中の $n$ 個の塩基配列を決定したとする.

集団の多様性の程度を表す量として, 平均ペアワイズ変異数 (average pairwise difference) $k$ を次式で定義する.

$$k = \frac{1}{n(n-1)} \sum_{i=1}^{n} \sum_{j \neq i} d_{ij}$$

ここで $d_{ij}$ は $i, j$ 番目の配列間の塩基の違いの数を表す. $k$ は集団からランダムに二本配列を抽出したときの異なった塩基の期待数を推定している. 調べた塩基配列の長さを $l$ としたとき, $\pi = k/l$ を塩基多様度 (nucleotide diversity) とよぶ. 塩基多様度はランダムに抽出された 2 配列間で各塩基サイトが異なっている確率を推定するので, 塩基サイトを 1 遺伝子座とみたときのヘテロ接合度である. 塩基サイトあたりの突然変異率を $u$ とすると, サイズ $N$ の平衡状態にある二倍体任意交配集団での中立配列の $k$ の期待値は $4Nlu$ となることが知られている.

もうひとつの多型の尺度として, $n$ 個のサンプル配列中の多型となっているサイトの数 (多型サイト数, number of segregating sites) $S_n$ もよく使われる. 任意交配平衡集団での長さ $l$ の中立配列の $S_n$ の期待値, $\mathrm{E}[S_n]$ は

$$\mathrm{E}[S_n] = 4Nlua_n \qquad \left(a_n = \sum_{i=1}^{n-1} 1/i\right)$$

となることが知られているので, $S_n/(a_n)$ の期待値は $k$ の期待値と一致する.

より詳しく塩基レベルの多様性を記述するために, 頻度スペクトラム (frequency spectrum) が用いられる. 各多型サイトには祖先型と突然変異型の 2 種類の塩基が存在するが, 突然変異型塩基が $i$ 個あるサイトの数を $\zeta_i$ で表し, 棒グラフで表したものが頻度スペクトラムである (図1). $S_n$ や $k$ は頻度スペクトラムの要約統計量で,

$$S_n = \sum_{i=1}^{n-1} \zeta_i, \quad k = \sum_{i=1}^{n-1} \frac{2i(n-i)}{n(n-1)} \zeta_i \qquad (1)$$

である. 任意交配平衡集団では $\zeta_i$ の期待値 $\mathrm{E}[\zeta_i]$ はつぎのようになることが知られている.

$$\mathrm{E}[\zeta_i] = 4Nlu/i$$

さて任意交配平衡集団ではこれらの統計量の分布について予測できるので, これらの統計量から遺伝的多様性を生み出した過程について推測することができる. ここでは同種の異なる遺伝子座の統計量を

使うものと，同じ遺伝子座のふたつの統計量を使うものについて述べる．まず異なる遺伝子座の統計量を使うものであるが，たとえば塩基多様度 $\pi$ の期待値は $4Nu$ なので，$u$ が遺伝子座ごとに変化せず，変異が中立ならば $\pi$ は遺伝子座ごとにあまり変化しないはずである．しばしば $\pi$ が他の遺伝子座に比べて異常に低い，または高い遺伝子座がみつかる．前者の場合は最近有利な遺伝子の固定が起こったこと，後者の場合は長期間平衡淘汰が続いていることが，その遺伝子座で示唆される．

つぎに同じ遺伝子座の異なる統計量間の関係を利用した推測について説明しよう．上に述べたように任意交配平衡集団では中立遺伝子座で $E[k] = E[S_n/(a_n)]$ の関係が成り立つので，$k - S_n/(a_n)$ は 0 に近い値をとるはずである．この差をその標準偏差の推定量で割ることによって標準化し，検定量としたのが Tajima's $D$ である．仮説 $D = 0$ が棄却されるとき，任意交配，平衡，中立のいずれかの仮定が満たされていないと考えられる．式 (1) より，$k$ は頻度の高い変異があるとき，$S_n/(a_n)$ は頻度の低い変異があるときそれぞれ他方より大きくなるので，遺伝子系図は $D < 0$ ならば図 1a，$D > 0$ ならば図 1b の形をとっていることが推測される．前者の説明としては，集団が最近増大した，またはこの遺伝子座で急速に有利な遺伝子が広がったことなどが推測される．後者の場合は，隔離された集団が最近融合して現在の集団ができた，またはこの遺伝子座に平衡淘汰がはたらいているなどの説明が考えられる．Tajima's $D$ 以外にも統計量の関係を利用した推測法がいろいろ提案されている．これら以外にも最尤法などを使ってデータのもつ情報を利用する推測法が開発されている．

[参考文献]

Hartl D. L. & Clark A. G. (2007) *Principles of Population Genetics 4th ed.*, Sinauer.

（舘田英典）

## 20.17 集団の遺伝的構造と遺伝子流動

生物種は必ずしも任意交配をするひとつの集団としてではなく，それぞれなかでは任意交配するいくつかの分集団（subpopulation, deme）に分かれていて，その間でお互いに配偶子や移住者を交換して次世代を形成していることがある．あるいは広い地域に連続して分布し，次世代の個体が近傍の個体の交配によって形成されることもある．このような場合，遺伝的多様性は分集団あるいは地域によって異なり，遺伝的分化が生じる．このようにして形成される遺伝的多様性のあり方を集団の遺伝的構造（genetic structure of population）とよぶ．ここではおもに集団が複数の分集団に分かれている場合の集団（メタ集団）の遺伝的構造について説明する．分集団が形成される原因としては地理的・生態学的理由などが考えられる．

集団が複数の分集団に分かれているとき，集団の遺伝的構造を測る尺度として $F_{ST}$ をつぎのように定義する．

$$F_{ST} = \frac{H_b - H_w}{H_b} \quad (1)$$

ここで $H_w$, $H_b$ はそれぞれ同じ分集団，異なる分集団から 2 個遺伝子を抽出したときにそれらが異なる対立遺伝子である確率である．一般に，異なる分集団から抽出した遺伝子のほうが同じ分集団から抽出した遺伝子より近縁度が低いので，異なっている確率が高く $H_b > H_w$ の関係が予想され，$H_b - H_w$ は分集団間の遺伝的分化の程度を表すと考えられる．$F_{ST}$ はこれを全体の変異量で割ることによって，遺伝的分化の程度を標準化して表したものとみることができる．異なる分集団から抽出しても同じ分集団から抽出しても 2 遺伝子の近縁度が同じ，つまり集団が全体として任意交配集団と同等であれば，$F_{ST} = 0$ となる．また 2 集団でまったく異なった遺伝子が固定しているときは $H_b = 1$, $H_w = 0$ なので，$F_{ST} = 1$ となる．なお $F_{ST}$ はもともと Wright によって同じ分集団から抽出された 2 遺伝子の全集団に対する相関係数として，1921 年に定義された

が，ここでは確率的な定義を使って説明した．この考えを量的形質に適用し，集団内遺伝分散 $\sigma_w^2$ と集団間遺伝分散 $\sigma_b^2$ を使って，量的形質の遺伝的分化の程度を表す尺度 $Q_{ST}$ がつぎのように定義されている．

$$Q_{ST} = \frac{\sigma_b^2}{\sigma_b^2 + \sigma_w^2}$$

（1）の定義では同じ集団由来もしくは異なる集団由来の2遺伝子が異なる対立遺伝子である確率を使って，集団の分化の程度を定量化した．同様に集団が階層構造などのような，より複雑な構造をもっている場合にも，式（1）のようにして分化の程度を表現することができる．たとえば1個体中または同じ分集団内の異なる2個体から抽出した2遺伝子が異なる確率を，それぞれ上式の $H_w$, $H_b$ に代入すると近交係数を得る．また分集団がグループに分かれているとき，グループ内の分集団由来，および異なるグループの分集団由来の2遺伝子が異なる確率を使って，さらに上位の遺伝的分化の指標を定義することもできる．

つぎに $F_{ST}$ の Slatkin による解釈について述べよう．たとえばある塩基サイトに注目したときのように突然変異率が非常に低い場合，集団中の中立な遺伝子座の2遺伝子が異なる確率は，2遺伝子が共通祖先をもつまでの平均時間 $t$ と中立突然変異率 $u$ を使って近似的に $2ut$ と表される．さて分集団A, Bからそれぞれ2個遺伝子を抽出したときの遺伝子の系図関係を考えよう（図1）．同じ分集団から，もしくは異なる分集団から抽出した2遺伝子の共通祖先までの平均時間をそれぞれ $t_w, t_b$ で表すことにすると，$F_{ST}$ は近似的につぎのように表されることがわかる．

$$F_{ST} \approx \frac{2ut_b - 2ut_w}{2ut_b} = \frac{t_b - t_w}{t_b} \quad (2)$$

ここで注意しなければならないことは，$F_{ST}$ が遺伝的分化の絶対量ではなく相対量となっていることである．過去にひとつの集団から分離した二分集団の遺伝的分化の程度を，隔離されていた時間を尺度として表したいときは，$t_b - t_w$ または $t_b$ を使ったほうがよい．

さて二倍体生物の中立遺伝子座で集団の遺伝構

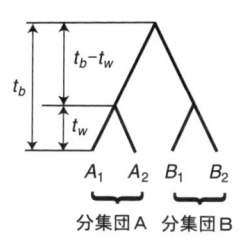

図1　ふたつの分集団から抽出した遺伝子の系図関係

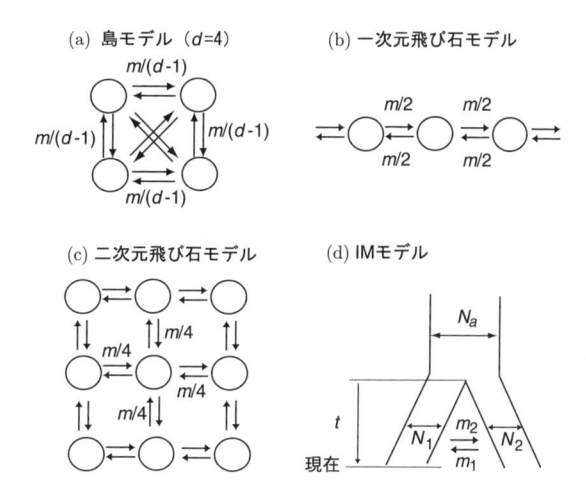

図2　地理的構造をもつ集団のモデル

造がどのようになるかを，いくつかの具体的な地理的構造をもつ集団のモデルについてみていくことにしよう（図2）．簡単のためにサイズ $N$ の分集団が $d$ 個あると仮定する．この場合，全個体数は $N_T = dN$ となる．遺伝子流動の尺度として，次世代の $i$ 番目の分集団の遺伝子のうち前世代の $j$ 番目の分集団由来の遺伝子の割合を $m_{ij}$ で定義し，分集団 $j$ から $i$ への移住率（migration rate）とよぶことにする．移住率が対称であるとき（$m_{ij} = m_{ji}$），一分集団中の2遺伝子が共通祖先をもつまでの平均時間 $t_w$ について，$t_w = 2N_T = 2dN$ となることが知られている．そこで簡単なモデルで異なる分集団からとった2遺伝子が共通祖先をもつまでの平均時間 $t_b$ を求め，$F_{ST}$ がどのようになるか計算する．

もっとも単純な島モデル（island model）（図2a）では，分集団間の移住率がすべて等しく $m_{ij} = m/(d-1)$ と仮定する．この場合，平衡状態では $t_b$ はどのふたつの分集団から遺伝子をとっても等しく

$$t_b = 2dN + \frac{(d-1)}{2m}$$

となることが知られているので，式(2)より

$$F_{ST} = \frac{1}{1 + 4Nmd/(d-1)}$$

を得る．分集団数 $d$ が大きいとき $F_{ST} \approx 1/(1+4Nm)$ となるので，$(1-F_{ST})/F_{ST}$ に $F_{ST}$ の推定値を代入して，$4Nm$ を推定することができる．

飛び石モデル (stepping-stone model) では，空間に格子状に分集団が並び，隣同士でのみ移住が起こる．例として一次元格子上に分集団が並ぶ一次元飛び石モデルを図2bに示す．このモデルでは各分集団と両隣の分集団との移住率は等しく $m/2$ であるとする．このモデルは細長い場所に分布する生物集団をモデル化したものである．簡単のために分集団が円周上に並んでいる場合を考えよう．平衡状態において円周上で $i$ 個離れた二分集団のそれぞれから抽出した2遺伝子が共通祖先に至るまでの平均時間 $t_i$ は，

$$t_i = 2Nd + \frac{(d-i)i}{m}$$

となることが知られている．これから $i$ 個離れた分集団間の $F_{ST}$ である $F_{STi}$ がつぎのように求まる．

$$F_{STi} = \frac{1}{1+2Nmd/((d-i)i)} \approx \frac{1}{1+2Nm/i} \quad (i \ll d)$$

$i \ll d$ のとき，分集団同士が離れるほど $F_{ST}$ の値は大きくなり，このモデルでは距離による隔離 (isolation by distance) が起こることがわかる．分集団が二次元空間に広がる二次元飛び石モデル(図2c)では，四方向の隣接分集団との移住率がすべて等しい ($m/4$) と仮定するが，同様に解析できる．

必ずしも集団が平衡状態にあるとはかぎらないので，生物集団がこれらのモデルに適合していても $t_b$ や $F_{ST}$ が上述の予想値となるとはかぎらない．たとえば最近ひとつの集団からふたつの分集団が分かれたのち，分集団間で遺伝子流動を保っているような状況は種分化直後などを含めて自然界でよくみられる．このような状況をモデル化したものとしてIM (isolation with migration) モデルがあり(図2d)，この図にあるパラメータの推定などを行なうことができる．

現実の生物集団は上に述べたモデルよりさらに複雑である場合も多い．たとえば分集団サイズや移住率が一様ではなかったり，分集団同士の関係が一様ではなくいくつかのグループに分かれ，グループ内とグループ間で分集団間の分化が異なるような階層構造があることもある．またそれぞれの分集団が恒常的なものではなく生成・消滅をくりかえしている場合もある．これらの組合せによって多様な遺伝的構造が形成されることになる．

[参考文献]

Hartl D. L. & Clark A. G. (2007) *Principles of Population Genetics 4th ed.*, Sinauer.

Slatkin M. (2005) Seeing ghosts: the effect of unsampled populations on migration rates estimated for sampled populations. *Mol. Ecol.*, vol. 14, pp. 67-73.

(舘田英典)

## 20.18 地理的分断

### A. 地理的分断の効果

生物の分布がいったん広域に広がったのち，地理的な障壁が生じて，それを境界とした地域集団間で遺伝的交流が行なわれなくなると（分断，vicariance），隔離された地域集団でそれぞれ独自の方向への適応が生じたり，遺伝的浮動の効果による遺伝的組成の変化が蓄積することによって，それぞれの地域集団の間で遺伝的分化が進行する．

このような地理的分断の事変（vicariance event）は，多くの生物において，表現形質や遺伝的変異に認められる地理的変異の主要な要因である．地理的分断が集団の遺伝的分化に与える効果は，特に移動性の乏しい生物において著しい．地理的分断が十分長期にわたってひき続く場合には，地理的隔離による種分化（異所的種分化）をもたらす．種分化が起きるだけの十分な時間，分断が続いた場合には，分断をもたらしていた地理的障壁が消失して，それまで隔離されていた集団が出会ってもこれらの集団が交雑して遺伝的な交流が起きることはない．一方，分断されていた期間が繁殖隔離が十分進化するほど長くなかった場合には，遺伝的にある程度分化した集団が地理的障壁の消失後に拡散して出会い，交雑して遺伝的に交流することにより，空間的な遺伝子頻度の勾配をもつ交雑帯が形成されることがある．

移動性の乏しい生物の場合には，地理的障壁が消失してもすぐには分布の拡大と集団の融合が起こらないため，現在は地理的障壁がないにもかかわらず，過去の分断されていた時期の遺伝的変異の空間的なパターンが残されていることがある．またこのようなケースでは，現在の遺伝子や表現形質の地理的変異のパターンから，過去の分断の歴史や地史的なイベントを推定することができる．同様な地理的分断のイベントが長期にわたってくりかえし起こる場合には，地理的変異のパターンはそれぞれのイベントの効果を反映して非常に複雑なものになる．

よりグローバルかつ長時間スケールでは，過去の大陸レベルの地理的分断が大陸間の生物相の違いや生物分布を決めることがある．たとえば南アメリカとアフリカの生物相の共通性は，過去に両者がゴンドワナという共通の大陸を構成していたことに由来し，両者の違いはその後の大陸の分裂に由来する．またこれらの大陸の生物相とユーラシアの生物相との大きな違いは，かつてパンゲアというひとつの大陸が，ゴンドワナとローラシアに長期にわたり分断されたことに起因する．このような大陸レベルの分断・融合の歴史は，生物地理区の形成の大きな要因となっている．

### B. 地理的分断の要因

地理的分断は地質学的な時間スケールの気候変化や地殻変動によって生じることが多い．気候変動は数万〜数十万年のスケールでの地理的分断に関係する．氷期が終わり間氷期となると海面が上昇するため，氷期には広く陸地であった場所が部分的に水没し，陸上生物の分布域が分断される．一方，海洋生物にとっては，氷期の海面低下は海域の後退をもたらし，それまでの連続した分布域を分断する．また高緯度地域では，氷期には氷河が広域に発達するため，氷河によって陸上生物の分布域が分断されることがある．陸水域に分布する生物では，気候変化にともなう水系の変化が，連続的な分布域を分断することがある．

地殻変動による陸橋の消失は，陸上生物にとって地理的分断の大きな要因である．一方，隆起によって陸橋が形成されることによって，海洋生物の分断が生じることもある．その典型的なケースは，鮮新世に生じたパナマ地峡の形成による大西洋と太平洋の分断である．プレート運動は，このような地理的分断を大きな空間的スケールでひき起こす．プレートの移動による大陸の分断は，大陸ごとに固有の生物相が形成される要因となっている．

地殻変動と気候変動がそれぞれ異なるタイミングで地理的分断をもたらす場合には，非常に複雑な生物分布が形成される．たとえば日本列島は中新世以降，日本海の拡大とともにアジア大陸からひき離されたが，大陸の生物との分断・融合の歴史は海面変動の効果とあわせて数度にわたるため，その日本の生物相の成立過程は非常に複雑なものとなっている．

## C. 地理的分断と生物地理

　生物地理においては，生物の分布パターンが分散によって生じたのか，それとも地理的分断によって生じたのかが問題とされてきた（分散/分断論争）．たとえば海洋島のように，過去に一度も他の陸地と接続したことのない場所では，その生物分布はおもに分散によって影響を受けると考えられる．初期の生物地理学においては，海洋島の種多様性や種構成の起源に注目することが多かったため，生物分布パターンの起源として分散を重視することが多かった（たとえば MacArthur, 1972）．

　一方，過去に大陸と接続していた島では，その生物分布はむしろ大陸との隔離イベントによって生じる分断に大きく影響を受けるだろう．地理的分断によって生物分布が決められる場合には，多様性の地理的なパターンを過去の海陸分布や地史的なイベントに基づいて説明することができるため，1970年代後半～1980年代には，生物分布の起源を説明するうえで，地理的分断の重要性を主張する分断生物地理学（Vicariance biogeography）の分野が大きな注目を集めた（Croizat et al., 1974; Cracraft, 1988）．この時期，すでにプレートテクトニクス理論の確立によって，過去の海陸配置の変動が高い精度で推定可能になっていたことから，分断生物地理学の主張は，大陸レベルのグローバルな生物分布の起源を説明するうえで，大きな役割を果たした．地域ごとの生物相の共通性，独自性を，地理的分断によって統一的に説明しようとする試みは，生物地理区の問題に対して非常に明快な解答を与え，生物地理学と地球科学の融合的なアプローチを生み出した．特に生物学と地球科学の境界領域に位置する古生物学では，分断生物地理学は主要な研究テーマとなった．また分子系統学においても，系統の分岐パターンを地理的分断と関連づけて説明することが一般的となった．

　最近では，従来大陸の分断の結果として説明されてきたニュージーランドのような生物相の起源に対しても，分散の役割が大きいことが明らかになっており，地理的分断だけを重視した生物分布の説明は，以前ほどは強調されなくなってきた．しかし特に大陸やそれに類する場所では，そこに分布する生物の多様性やその空間パターンの起源を考えるうえでは，地理的分断の効果は依然として無視できない重要な要因であり，それを重視した研究は生物分布と氷期―間氷期サイクルとの関係など，近年の地球科学的知見の集積とともに，新しい展開をみせている．

[引用文献]

Cracraft J. (1988) Vicariance biogeography: theory, methods, and applications. *Syst. Zool.*, vol. 37, pp. 219-220.

Croizat L. *et al.* (1974) Centers of origin and related concepts. *Syst. Zool.*, vol. 23, pp. 265-287.

MacArthur R. H. (1972) *Geographical Ecology: Patterns in the Distribution of Species*, Princeton University Press.

　　　　　　　　　　　　　　　　（千葉　聡）

## 20.19 小集団の絶滅要因

　小集団の絶滅要因（extinction factors of small population）とは生物集団の絶滅要因のうち，小集団（個体数の少ない集団）で特に卓越する要因のことである．性比のゆらぎなどの人口統計学的要因，近交弱勢や適応能力の低下などの遺伝的要因があげられる．これらの要因の影響をほとんど受けない個体数の多い定常的な状態にある集団も，絶滅過程の最終的段階では小集団となるのでこれらの要因の支配を受ける．また，これらの小集団の絶滅要因の影響は，個体数が減少することによって増大するので，いったん個体数があるレベル以下に減少すると，個体数の減少と絶滅要因との相互作用によって集団の絶滅を加速させると考えられている．

　集団の絶滅要因は，「環境確率性（environmental stochasticity）」と「人口学的確率性（demographic stochasticity）」に大別される．環境確率性は，気温，降水量，餌生物，天敵などの物理的および生物的環境要因が時間的に変動することに起因する個体数の変動を意味する．人口学的確率性は性比や雌個体あたりの産仔数が変動することに起因する個体数の変動性を意味する．環境確率性は環境要因が個体あたり増加率を増減させるように作用するため，個体数（もしくは個体密度）によって影響が左右されることはない．一方，人口学的確率性は，個体ごとに生じる確率過程（個体の性決定，雌あたりの産仔数）に起因するため，個体数に大きく依存し，個体数が減少したときにのみ顕著に現れる．たとえば，性決定システムが確率過程（二項確率）に従うならば，個体数が10と100と大きく異なるふたつの集団を比較した場合（雌は2個体繁殖するとする），雄：雌の性比が次世代でも1：1に保たれる確率はそれぞれ0.25，0.08であり，性比（雄/[雄＋雌]）の標準偏差もそれぞれ0.16，0.05と大きく異なる．有性生殖の場合，次世代の個体数は雌親の数によって制限されるので，性比の変動は小集団の個体数変動に大きく反映される．極端な場合，全個体が雄もしくは雌になってしまうと，集団は更新できなくなり絶滅を免れない．

　遺伝的要因も，遺伝子頻度のゆらぎとして現れる，対立遺伝子レベルに作用する確率過程の結果ととらえることができる．小集団の絶滅要因として重要な遺伝的要因は，遺伝的ヘテロ接合度の低下による近交弱勢，遺伝的浮動による有害遺伝子の集団への固定つまり有害遺伝子の蓄積，適応的形質における遺伝分散の減少による適応能力の減退などである．

　保全生物学においてもっとも頻繁にとり上げられる遺伝的要因は，「近交弱勢（inbreeding depression）」である．近交弱勢は，「近親交配（inbreeding）」によって遺伝子型頻度のハーディー・ワインベルグ平衡が崩れ，ヘテロ接合体の頻度が減少することによって集団の平均適応度が低下する現象をさす．近交弱勢のおもな遺伝的メカニズムは，「劣性有害遺伝子（recessive deleterious gene）」，つまりヘテロ接合体のとき有害効果がほとんどなく，ホモ接合体のみが有害効果を示す有害遺伝子（もしくはホモ接合体の有害効果がヘテロ接合体の有害効果の2倍よりはるかに大きな有害遺伝子）であると考えられている（Charlesworth & Charlesworth, 1999）．近親交配によってヘテロ接合体頻度が減少し，「近交係数（inbreeding coefficient）」が増加するとき，近交係数の単位増加分に対する平均適応度の減少分を「近交弱勢率（rate of inbreeding depression）」という．つまり，近交弱勢は近交弱勢率と近交係数増加分の積に等しい．近交弱勢率は集団中に保有されている劣性有害遺伝子の数（劣性有害遺伝子を分離している座位数）や遺伝子頻度によって決まるので，同じ種でも集団の履歴によって異なる．過去にボトルネックをくりかえし経験し，除去選択によって劣性有害遺伝子が保有されていない集団は，近交弱勢率が低く，近親交配による遺伝荷重を示さない傾向がある（Ralls et al., 1988; Swindell & Bouzat, 2006）．

　近親交配が促進される状況は，大きな集団が地理的障壁などによって小さな集団に分割され，交配が小集団内に限定されるようになった場合，飼育下の動植物が適当な育種計画によらず繁殖する場合などである．集団の分割をともなわなくても，大きな任意交配集団が何らかの原因で個体数を減少させた場合も，ヘテロ接合度が低下するために近交弱勢が生

じる．このため小集団は近交弱勢による絶滅リスクが生じると考えられるが，野生生物の自然集団の絶滅要因として，近交弱勢などの遺伝的要因が他の生態的要因に比べて有意であるかどうかに関しては，近年，活発な議論が展開された．絶滅過程にある集団は，遺伝的要因が作用する前に非遺伝的な人口統計学的要因などによって絶滅してしまうため，遺伝的要因が野生生物の絶滅に重要な寄与をしないという見解が表明されたが（Lande, 1988），その後，野生生物の遺伝変異データに対するメタ解析によって，絶滅が危惧される分類群ではそうでない分類群よりヘテロ接合度が有意に低いことが示されたこと，メタ個体群における野外調査によって小集団の絶滅リスクとヘテロ接合度との負の相関が検出されたこと，ショウジョウバエ実験室集団を使った絶滅実験によって遺伝的要因の影響が検証されたこと，野生生物で推定された劣性有害遺伝子数（致死遺伝子等量）に基づいた計算機シミュレーションによって遺伝的要因による有意な絶滅リスクが算出されたことなどによって，遺伝的要因が野生生物の絶滅要因として無視できないことが明らかになっている（Saccheri et al., 1998; Bijlsma et al., 2000; Spielman et al., 2004；Frankham, 2005; O'Grady et al., 2006）．

「有害遺伝子の蓄積（accumulation of deleterious mutation）」は，新たに生じた有害な突然変異が機会的遺伝浮動によって集団中に固定することであり，集団の平均適応度を不可逆的に低下させる．集団が有限であるかぎり，遺伝子頻度の確率的変動によって，新生突然変異はいつかは集団中から除去される（遺伝子頻度が0になる）か，固定する（遺伝子頻度が1になる）．突然変異の有害効果が非常に強くなければ，突然変異の固定確率は無視できない大きさであり，集団中には有害遺伝子が毎世代わずかずつ蓄積していく．有害遺伝子蓄積の過程は，機会的遺伝浮動のみを動因とするため集団の有効サイズに大きく左右され（有効サイズが小さいほど有害遺伝子の蓄積は速い），有効サイズが数十以下に減少すると有害遺伝子の蓄積は急速に加速されることが理論的研究から明らかになっている（Lande, 1994；Lynch et al., 1995）．有害遺伝子の蓄積は集団の平均適応度の低下をもたらし，個体数の減少をひき起こすので，小集団は有害遺伝子蓄積過程と個体数減少との相互作用によって急速に絶滅すると考えられ，「突然変異溶融（mutational meltdown）」といわれている（Lynch et al., 1993）．Lynch et al., (1995) は，集団の有効サイズが100以下に減少すると突然変異溶融による絶滅リスクが無視しえない大きさになることを集団遺伝学モデルと数値シミュレーションによって示している．

絶えず変動する環境中に棲息する野生生物にとって，小進化による適応能力の維持は，集団の長期的な存続のために欠かせない条件である（Lynch & Lande, 1993）．小集団ではヘテロ接合度の低下にともなって，適応的な形質を支配する遺伝子の集団内変異が減少するので，適応能力の減退による絶滅リスクが生じる．適応的な量的形質の相加的遺伝分散は，集団の有効サイズが十分大きい場合は，突然変異と安定化選択の平衡によって保有されるが，集団サイズが小さい場合，さらに機会的遺伝浮動が遺伝分散を減少させる動因として作用する．突然変異‐選択‐浮動平衡による，有限集団の（平均）相加的遺伝分散については，カードハウス近似のもとで（27.8項参照），次式

$$V_A \simeq \frac{4n\mu\alpha^2 N_e}{1+(\alpha^2 N_e/V_s)}$$

がよい近似を与えることが知られている（Bürger & Lande, 1994）．ここで，$n$ は座位数，$\mu$ は（座位あたり）突然変異率，$\alpha^2$ は突然変異遺伝子の効果の分散，$V_s$ は安定化選択の強さの逆数（適応度関数の分散で，選択が弱いほど値が大きい），$N_e$ は集団の有効サイズである．有効サイズが小さいとき，相加的遺伝分散の期待値は，突然変異‐浮動平衡の理論値 $2N_e V_m$（$V_m$: 突然変異分散 $2n\mu\alpha^2$）に収束し，安定化選択の影響をほとんど受けなくなる．突然変異分散は多くの生物で環境分散 $V_E$ の $10^{-3}$ のオーダーであることが知られているので，十分な速度の適応進化に必要な遺伝分散量を遺伝率（$h^2 = V_A/(V_A+V_E)$）0.5相当とすると，集団の有効サイズはおおむね500以上必要ということになる．

小集団に特有にみられる絶滅リスク要因は，生態学者からも古くから指摘されてきた．すなわち，野生生物の繁殖のためには配偶者を探索する必要があ

るので，個体密度がある閾値レベルを下回ると配偶者と遭遇する機会が減少し，個体群増加率が低下する．一般的に，個体密度の減少が個体あたり個体群増加率を減少させること（正の密度依存的個体群増加）を，提唱者の名にちなんで「アリー効果（Allee effect）」という（Courchamp et al., 2009）．アリー効果は，配偶者との遭遇機会の減少以外に，社会性の種では社会集団の崩壊，天敵による被食率が密度逆依存であることなどによっても生じる．

このように，小集団では，個体数の減少によってひき起こされる近交弱勢，有害遺伝子の蓄積，遺伝分散の枯渇，人口学的確率性，アリー効果などがさらに個体数を減少させるフィードバック作用がはたらくために，個体数がある閾値レベルをいったん下回ると絶滅過程が加速されるとする仮説があり，「絶滅の渦巻き（extinction vortex）」とよばれている．野外での観測例はほとんど知られていないが，絶滅の渦巻き現象の集団生物学的な解明は小集団の絶滅過程の全体像を究明することであり，ひいては生物多様性減少の機構的理解への道にほかならない．

[引用文献]

Bijlsma R. et al. (2000) Does inbreeding affect the extinction risk of small populations?: prediction from Drosophila. J. Evol. Biol., vol. 13, pp. 502-514.

Bürger R. & Lande R. (1994) On the distribution of the mean and variance of a quantitative trait under mutation-selection-drift balance. Genetics, vol. 138, pp. 901-912.

Charlesworth B. & Charlesworth D. (1999) The genetic basis of inbreeding depression. Genet. Res., vol. 74, pp. 329-334.

Courchamp F. et al. (2009) Allee Effects in Ecology and Conservation, Oxford University Press.

Frankham R. (2005) Genetics and extinction. Biol. Conserv., vol. 126, pp. 131-140.

Lande R. (1988) Genetics and demography in biological conservation. Science, vol. 241, pp. 1455-1460.

Lande R. (1994) Risk of population extinction from new deleterious mutations. Evolution, vol. 48, pp. 1460-1466.

Lynch M. & Lande R. (1993) in Evolution and extinction in response to environmental change. Kareiva P. et al. eds., pp. 234-250, Biotic interactions and global change, Sinauer Associates.

Lynch M. et al. (1993) Mutational meltdowns in asexual populations. J. Hered., vol. 84, pp. 339-344.

Lynch M. et al. (1995) Mutation accumulation and the extinction of small populations. Am. Nat., vol. 146, pp. 489-518.

O'Grady J. J. et al. (2006) Realistic levels of inbreeding depression strongly affect extinction risk in wild populations. Biol. Conserv., vol. 133, pp. 42-51.

Ralls K. et al. (1988) Estimates of lethal equivalents and the cost of inbreeding in mammals. Conserv. Biol., vol. 2, pp. 185-193.

Saccheri I. et al. (1998) Inbreeding and extinction in a butterfly metapopulation. Nature, vol. 392, pp. 491-494.

Spielman D. et al. (2004) Most species are not driven to extinction before genetic factors impact them. Proc. Natl. Acad. Sci. USA, vol. 101, pp. 15261-15264.

Swindell W. R. & Bouzat J. L. (2006) Ancestral inbreeding reduces the magnitude of inbreeding depression in Drosophila melanogaster. Evolution, vol. 60, pp. 762-767.

（田中嘉成）

## 20.20 遺伝的変異の維持

有限集団では遺伝的浮動が遺伝的変異を減少させる方向にはたらくので，ほかに変異を増加させる要因がはたらかないと遺伝的変異はやがて集団から失われてしまう．しかし実際の生物集団では突然変異など他の要因がはたらいて変異が維持されていると考えられる．本項では遺伝的浮動を含めて複数の要因を考慮することによって，どのようにして遺伝的変異が維持されているのかを考察する．平衡選択の項（20.7）で超優性や頻度依存淘汰など自然淘汰のみによる遺伝的変異の維持機構が説明されているので，ここでは変異維持機構の帰無仮説としてよく用いられる，遺伝的浮動と中立突然変異の平衡，および有害突然変異と淘汰の平衡，を中心に説明し，最後に簡単に環境変動による遺伝的変異の維持について述べる．

### A. 遺伝的浮動と中立突然変異の平衡（mutation-drift balance）

突然変異は各世代に遺伝的変異を集団に供給するので，遺伝的浮動との間に平衡が成立する．任意交配をする有限集団において集団の有効な大きさが $N_e$，1世代あたりの中立突然変異率を $u$ として，$u$, $1/N_e \ll 1$ の条件で平衡状態での期待ヘテロ接合度（集団からランダムに抽出した2遺伝子が異なる対立遺伝子である確率）を計算してみよう．突然変異が起こるとそれまでになかった対立遺伝子が生まれるとする無限対立遺伝子モデルを仮定し，世代 $t$ における期待ヘテロ接合度を $H(t)$ で表すことにする．$t+1$ 世代の集団からランダムに抽出した2遺伝子が異なる対立遺伝子となるためには，どちらの遺伝子も前世代から伝わるときに突然変異を起こしておらず（確率 $\approx 1-2u$），$t$ 世代の異なる遺伝子由来で（確率 $= 1-1/(2N_e)$），かつこれらが異なる対立遺伝子（確率 $= H(t)$）であるか，またはどちらかの遺伝子が突然変異を起こしていなければならないので，

$$H(t+1) \approx \left(1 - 2u - \frac{1}{2N}\right) H(t) + 2u \quad (1)$$

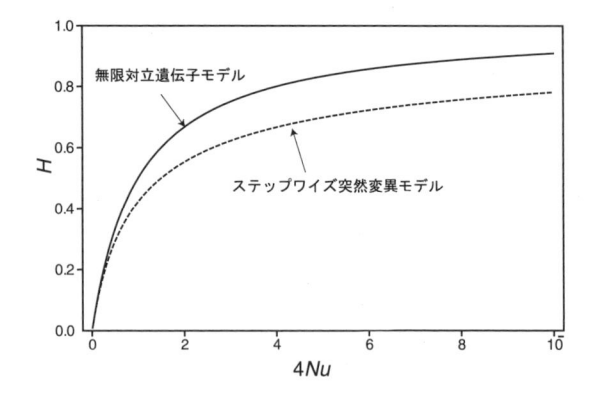

図1 ヘテロ接合度の $4N_e u$ への依存性

の関係が成り立つ．平衡状態は $H(t+1) = H(t) = H$ とおいて上式を解くことによって求められる．

$$H = \frac{4N_e u}{1 + 4N_e u} \quad (2)$$

この式から平衡状態での期待ヘテロ接合度は $4N_e u$ の単調増加関数となることがわかる（図1）．特に1塩基座のように突然変異率が非常に小さく $4N_e u \ll 1$ であれば，近似的に $H \approx 4N_e u$ となる．なおこの平衡は動的なもので，新しい突然変異が集団中に固定していく過程の断面を表していることに注意する．ちなみに式（1）より $H(t)$ は $(2u + 1/(2N_e))$ の率でこの平衡値に近づくことがわかる．

1960年代中頃から始まった電気泳動法による酵素遺伝子座変異の研究から，生物集団にはかなりの量の遺伝的変異（酵素多型）が含まれていることが明らかになった．Kimura（1968）は「分子進化の中立説」を提唱し，このような酵素多型も上述したような中立対立遺伝子の集団中での固定過程の断面として説明できるとした．このためその後の中立説論争で酵素多型が上に述べたように遺伝的浮動と突然変異の平衡によって維持されているのか，それとも何らかの平衡淘汰によって維持されているのかについて論争が起こった．特に問題となったのは式（2）で予想される期待ヘテロ接合度が，$4N_e u$ の変化に対して急速に0から1に変化してしまう点である（図1）．生物集団によって $N$ は大きく変化すると考えられるので $H$ についても式（2）から大きな変化が期待されるが，実際に観測される $H$ の範囲はそれほど大きくなく，0.4をこえることはまれであった．

$H$ の $N_e$ 依存性は突然変異のモデルを無限対立遺伝子モデルからステップワイズ突然変異モデル（対立遺伝子が一次元格子状に並んでおり，突然変異により隣の対立遺伝子に変化するモデル）に変えてもそれほど変わらなかった（図1）．このことから何らかの平衡淘汰により酵素多型が維持されているという主張がなされた．

これに対して中立説の立場からは，Nei & Graur (1984) により現在の集団が平衡集団ではなく $N_e$ の減少によりいったん変異を失ったあとの回復過程であること，または Ohta (1973) によりアミノ酸置換に非常に弱い淘汰（弱有害淘汰）がはたらいており大集団では平均ヘテロ接合度の増加は淘汰によって抑制されることにより平均ヘテロ接合度がそれほど大きくならないことが説明できるという提案がなされた．弱有害淘汰がはたらいていると頻度の低い対立遺伝子が増えてくることが予想されるが，実際いくつかの生物で低頻度の対立遺伝子が平衡中立モデルで予測されるよりも多くなっていることが観察されている．

塩基配列レベルでの多型（塩基多型）は，アミノ酸を変化させる非同義変異多型と，させない同義変異多型を分けることができる．後者については中立変異である可能性が高いと考えられるが，これまで調べられたほとんどの多細胞生物では，同義塩基サイトでの平均ヘテロ接合頻度（同義塩基多様度）は 0.0005〜0.05 の範囲に収まる（Lynch, 2006）．塩基配列多型データを使った詳しい解析から，ヒト集団も含めて多くの生物種集団が平衡状態にはないことがわかっており，このために種による塩基多様度の違いがこの範囲に収まっているのかもしれない．また非同義変異では同義変異に比べて低頻度の変異が多いこともわかってきており，非同義変異には弱有害淘汰がはたらいていることが示唆されている．塩基配列データからは多くの進化的情報を得ることができるので，データの集積とともに遺伝的変異の維持機構が明らかにされることが期待される．

## B. 有害突然変異と自然淘汰の平衡

生物は進化の産物なので各遺伝子座にはその生物にとって最適に近い対立遺伝子をもっていると考えられる．このため突然変異のほとんどは有害となり自然淘汰によって集団中から除かれる．つまり集団では有害突然変異の出現と自然淘汰による除去の平衡（mutation-selection balance）が成り立っていると考えられる．この平衡状態を定量化しよう．ある遺伝子座に2対立遺伝子 $A, a$ があり，それぞれの遺伝子頻度を $p, q\,(=1-p)$ とする．$A$ から $a$ への突然変異率を $u$ とし，各遺伝子型の適応度が $AA:1$, $Aa:1-hs$, $aa:1-s$ であるとする．この場合 $a$ が有害突然変異である．$a$ から $A$ への突然変異は無視し，$s \gg 1/N$ とすると，次世代の $A$ 遺伝子頻度 $p'$ は次の式で表される．

$$p' = \frac{(1-u)p(1-qsh)}{1-2pqsh-sq^2}$$

この式を平衡状態 ($p'=p$) において解き $q=1-p$ の関係を使うと，平衡状態の有害突然変異遺伝子の頻度 $q$ が次のように求まる．

$$q = \sqrt{\frac{u}{s}} \quad (h=0), \quad q \approx \frac{u}{hs} \quad (h>0)$$

突然変異率は低いので $q$ は一般に小さいが，突然変異が劣性（$h=0$）か部分優性（$h>0$）によって $q$ の突然変異率への依存性は大きく異なり，劣性の場合は比較的高い平衡頻度となる．遺伝病をひき起こす突然変異は有害と考えられるので，$u, h, s$ などを推定することにより上式を使って遺伝子頻度の解析を行なうことができる．

集団に有害変異がどの程度あるかを測る尺度として，集団の平均適応度 $\bar{W}$ と最適遺伝子型の適応度 $W_{\max}$ を使って遺伝的荷重 $L$ を

$$L = \frac{W_{\max} - \bar{W}}{W_{\max}}$$

と定義しよう．$W_{\max}=1, \bar{W}=1-2pqhs-q^2s$ なので平衡頻度を代入すると，劣性の場合は $L=u$, 部分優性の場合は $L=2u$ を得る．いずれの場合も有害突然変異による集団の平均適応度の低下は有害度に依存せず，突然変異率のみによって決まる（ホールデン・マラーの原理）．

## C. 環境変動による遺伝的変異の維持

環境の変動により適応度が時間的または空間的に変動する場合，一定の条件の下でどの対立遺伝子も

集団中から失われず，遺伝的変異が維持される．たとえば2対立遺伝子 $A, a$ と，ふたつの環境 X, Y があって，$A$ は X で，$a$ は Y でそれぞれ有利であるとき，適当な条件の下では両対立遺伝子が集団中に保持される．一般に，有利な遺伝子が優性であるほど，空間的変動の場合は異なる環境間での遺伝子流動が小さいほど，また時間的変動の場合は変動の時相関が大きいほど変異が保たれやすい (Gillespie, 1991).

[引用文献]

Gillespie J. H. (1991) *The Causes of Molecular Evolution*. Oxford University Press.

Kimura M. (1968) Evolutionary rate at the molecular level. *Nature*, vol. 217, pp. 624-626.

Lynch M. (2006) The Origins of eukaryotic gene structure. *Mol. Biol. Evol.*, vol. 23, pp. 450–468.

Nei M. & Graur D. (1984) Extent of protein polymorphism and the neutral mutation theory. *Evol. Biol.*, vol. 17, pp. 73-118.

Ohta T. (1973) Slightly deleterious mutant substitutions in evolution. *Nature*, vol. 246, pp. 96-98.

（舘田英典）

## 20.21　形質の遺伝的変異

**A. 遺伝する形質変異**

われわれヒト集団を眺めても身長，体重，髪の毛や皮膚の色，顔立ちなどありとあらゆる形態的特質（形質）に違いをみることができる．少なくとも一部は突然変異の結果であり，親から子へと遺伝する．

長い時間をかけた人為選択の結果，栽培，園芸植物や家畜，家禽，愛玩動物には特に際立った変異をみることができる．たとえば，カリフラワー，ケール，キャベツ，ブロッコリーなどは同じ原種（*Brassica oleracea*）に由来する形態的に大きく異なった品種である．朝顔やイヌなどにも実に多様な変異をみることができる．しかし，こうした変異は人為選択の最初から目に見えたわけではない．実際の集団中にはわれわれが目にする以上の，隠れた遺伝的変異が存在する．変異が目に触れないのは遺伝子と表現型と淘汰との複雑な関係によるのである．

しばしば形質は明瞭なタイプ分けができる質的形質と計量・計測による量的形質に分けられる．体重，身長などは連続的に変化する典型的な量的形質にあたる．非常に多くの遺伝子，変異が関与していると予想されている．一方の質的形質はずっと単純なものと考えられるが，詳細な遺伝学的解析から必ずしもそうではないことが明らかになることがある．われわれの眼（虹彩）の色はしばしばブルー，グリーン，ブラウンなどにタイプ分けされる．ブルーはブラウンに対し劣性で単純なメンデル遺伝に従うようにみえる．しかし，実際の色は明るい青色から暗い濃褐色まで連続的に変化し，数個の主要な遺伝子とそれよりは多い変更遺伝子によって決まる量的形質である．質的か否かの判断が観察者や解像力に依存することも多く，実際の形質の多くは量的なものであろう．

遺伝形質といっても多くは遺伝子（遺伝子型）だけで決まっているわけではない．環境も形質を決める重要な要因である．20 世紀以降，多くの先進国で平均身長が増加した．これは遺伝的な変化というより生活環境の変化によると思われる．さらに，遺

伝子と環境の相互作用があることもまれではない．ショウジョウバエの腹部剛毛数は系統によっても生育温度によっても変動する．しかも環境への応答は系統によって異なる（Gupta & Lewontin, 1982）．これは遺伝子と環境との相互作用が存在することを示す証拠である．

環境の影響がなく遺伝子の作用がすべて相加的であれば，親の形質値の平均と子の形質値は同じになる．しかし実際には環境の影響に加え，対立遺伝子間の優性の効果，遺伝子と遺伝子，遺伝子と環境の相互作用が存在する．そのため形質は親から子へ正確には伝わらない（27.8項を参照）．親から子への遺伝の程度をあらわす指標が狭義の遺伝率である．これは遺伝子の相加的効果による分散（相加遺伝分散）が形質値の全分散に占める割合によって定義される．遺伝率が高ければ高いほど，親と子の形質は似ることになる．一般に形態形質は生存や繁殖に直接かかわる生活史形質などより高い遺伝率を示す傾向にある．

形質間には遺伝的な共分散が発生する場合がある．たとえば，蝶（Bicyclus anynana）の翅の前後のアイスポットの大きさには強い正の相関がある．また，ショウジョウバエの胸部，翅，脚の大きさにも相関が認められる．一方で，コガネムシ科のOnthophagus acuminatusの角と眼の大きさには負の相関が示されている．発生拘束（22.4項を参照）とともに組織・器官の間で栄養源を廻っての競争があることを示している．

## B. 形質変異にはたらく自然淘汰

明らかに表現型を変える形質変異には自然淘汰がはたらいていると考えられているものは多い．ただし，形質と変異によってはたらく自然淘汰の種類と強さは違うし，みた目の違いの大きさと淘汰圧とは必ずしも一致しない．

身長や体重などの量的な形質にはたらく淘汰のなかでおそらく最も一般的なものは安定化淘汰である．これは環境が長らく一定で，形質の平均値が最適値と一致するようになったときにはたらく淘汰で，形質値が最適値からずれるにつれて負の（浄化）淘汰がはたらくようになる．体重はこのよく知られた例で，大概，一峰性の正規に近い分布を示す．新生児の体重は平均より軽すぎても重すぎても死亡率が高くなる．一方で，常に突然変異は起きていて，突然変異と淘汰とのバランスによって遺伝的変異が維持されることになる．身長や体重といった形質には多くの遺伝子，多くの変異がかかわっており，個々の変異にはたらく淘汰は弱いと考えられる．

適した形質が生息環境によって違い，そのため地理的に形質が変わることがある．明るい色の岩の多い環境で生息するロックポケットマウス（Chaetodipus intermedius）は一般に明るい体色をしている．しかし，溶岩地域の暗い岩に生息する個体は体色も暗くなる傾向がある．これは保護色となることで天敵のフクロウからの被食率を下げているためと考えられている．

北半球に広く分布するイトヨ（Gasterosteus aculeatus）はその英名（threespine stickleback fish）の示すとおり三つのとげをもつことで知られる．海洋性の集団ではさらによく目立つ1対の腹棘をもっている．しかし，淡水性の集団のなかには腹棘を完全に，あるいは部分的に消失したものがいる．腹棘の消失は捕食者の減少，カルシウム低下などの理由でいくつもの河川で独立に収斂的に起こったと考えられている．

ベイツ型擬態には頻度依存淘汰の例をみることができる．オスジロアゲハチョウ（Papilio dardanus）は毒のある，あるいは捕食者にとってまずい味のする蝶に擬態する．しかも違った蝶に擬態した，まったく異なる模様の複数のモルフが存在する．いずれのモルフも頻度が高くなると捕食者が味と結びつけなくなるため，擬態の意義が低下し，被食率が上がる．こうして被食者のモルフは頻度依存型の淘汰で維持されているらしい．しかし，こうした多型は非常に稀で，また上記の場合も性（雌）特異的である．

タンガニイカ湖のシクリッド（Perissodus microlepis）は他の魚の鱗を食べる．この魚には口蓋の形態と補食行動にあらわれる右利きと左利きがいて，その頻度は周期的に変動する．被食者の防御は常に多数派に対して高まり，結果として多数派の捕食者は不利になる．その反対に少数派は有利になるといったことがくりかえされているためと考えられ

る．蝶の擬態などの多くの場合と異なり，ここでの頻度依存淘汰は捕食者側にはたらいている．

淘汰は必ずしも生存をとおしてだけではない．雄にのみあらわれる誇張された形態や色彩の変異は雌を巡る競争，性淘汰（20.12項を参照）の対象となる．

### C. 形質変異の遺伝構造

責任遺伝子の多寡や変異の種類についての知見の蓄積と生物種間での比較は形質変異の遺伝構造に一般性をみいだすための出発点となる．

形質変異の責任遺伝子の数は1個から多数まで事例ごとにさまざまである．朝顔の八重咲きはたった1個の遺伝子の変異でつくられる（Nitasaka, 2003）．また，多くの犬種の毛皮の色は基本的に三つの遺伝子によって決まっている（Cadieu et al., 2009）．一方で，ヒトの身長については大規模なゲノムワイド関連解析からすでに数百の変異が身長と関連すると報告されている．しかし，それでも遺伝的変異全体の10％ほどしか説明できない（Allen et al., 2010）．関与する遺伝子の数に加え，変異の効果の大きさの分布を知ることは重要だが，変異の同定自体が効果の大きさに依存することもあって正確な情報は欠如している．

特に発生，分化にかかわる遺伝子の多くは多面発現効果をもつといわれる．事実，複数の組織，複数の発生時期に発現する遺伝子は多い．このため発現するすべての細胞に影響を与える翻訳領域内の突然変異よりは，特定の細胞だけを変化させる調節領域の変異のほうが形態進化により頻繁に貢献してきたと考えられている．イトヨの腹棘の消失は *Pituitary homeobox transcription factor 1*（*Pitx1*）遺伝子の調節領域に起こった欠失による．欠失は *Pitx1* 遺伝子の腹棘の予定形成領域での発現を失わせるが，口での発現には影響しない．また，キイロショウジョウバエの体色変異も *ebony* 遺伝子の調節領域の少数の塩基置換によることが報告されている（Rebeiz et al., 2009）．一方で人為選択による園芸植物，愛玩動物の変異には遺伝子の機能破壊など効果の大きな変異も少なくない．朝顔の八重咲きは *Duplicated* 遺伝子に挿入したトランスポゾンの不正確な切り出しによる遺伝子破壊が原因のホメオティック変異である．

遺伝子の獲得が変異を生み出す事例も報告されている．ダックスフントなどの多くの犬種にみられる短脚は細胞増殖因子をコードする *fibroblast growth factor 4* 遺伝子のレトロ遺伝子の挿入と強く関連することが示されている（Parker et al., 2009）．一般に人為選択による品種の違いにあらわれる突然変異は，自然界にみられる変異よりも大きな効果をもつことが多いようだ．

モデル生物であるキイロショウジョウバエの剛毛数や翅の大きさ，形は量的形質のモデル系として長く研究されてきた．その結果，こうした形質には常に複数，多くの場合，20程度の遺伝子が形質変異にかかわること，自然集団にみつかる変異にもトランスポゾンの挿入変異が寄与していること，遺伝子間の相互作用，すなわちエピスタシスや遺伝子と環境の相互作用が普遍的に存在すること，多くの変異の効果が性特異的なものであることが明らかになっている．また，複数の形質に関与する多面発現効果をもった遺伝子の責任変異が形質ごとに違っていることもしばしばみいだされる．形質間の遺伝的な相関は必ずしも進化的な制約を意味しないかもしれない．こうした知見は示唆に富むが，どの程度一般的であるのかは今のところ確かでない．生物種によって形質の遺伝構造が大きく違うこともありえる．

### ［引用文献］

Allen H. L. et al.（2010）Hundreds of variants clustered in genomic loci and biological pathways affect human height. *Nature*, vol. 467, pp. 832-838.

Brakefield P. M.（2003）The power of evo-devo to explore evolutionary constraints: experiments with butterfly eyespots. *Zoology*, vol. 106, pp. 283-290.

Cadieu E. et al.（2009）Coat variation in the domestic dog is governed by variants in three genes. *Science*, vol. 326, pp. 150-153.

Carroll S. B.（2008）Evo-devo and an expanding evolutionary synthesis: a genetic theory of morphological evolution. *Cell*, vol. 134, pp. 25-36.

Chan Y. F. et al.（2010）Adaptive evolution of pelvic reduction in sticklebacks by recurrent deletion of a *Pitx1* enhancer. *Science*, vol. 327, pp. 302-305.

Flint J. & Mackay T. F. C.（2009）Genetic architecture of quantitative traits in mice, flies, and humans. *Genome Res.*, vol. 19, pp. 723-733.

Gupta A. P. & Lewontin R. C.（1982）A study of reaction

norms in natural populations of *Drosophila pseudoobscura*. *Evolution*, vol. 36, pp. 934-948.

Hori M. (1993) Frequency-dependent natural selection in the handedness of scale-eating cichlid fish. *Science*, vol. 260, pp. 216-219.

Mackay T. F. C. (2001) Quantitative trait loci in *Drosophila*. *Nat. Rev. Genet.*, vol. 2, pp. 11-20.

Nachman M. W. *et al.* (2003) The genetic basis of adaptive melanism in pocket mice. *Proc. Natl. Acad. Sci. USA*, vol. 100, pp. 5268-5273.

Nijhout H. F. & Emlen D. J. (1998) Competition among body parts in the development and evolution of insect morphology. *Proc. Natl. Acad. Sci. USA*, vol. 95, pp. 3685-3689.

Nitasaka E. (2003) Insertion of an *En/Spm*-related transposable element into a floral homeotic gene *DUPLICATED* causes a double flower phenotype in the Japanese morning glory. *Plant J.*, vol. 36, pp. 522-531

Parker H. G. *et al.* (2009) An expressed *Fgf4* retrogene is associated with breed-defining Chondrodysplasia in domestic dogs. *Science*, vol. 325, pp. 995-998.

Rebeiz M. *et al.* (2009) Stepwise modification of a modular enhancer underlies adaptation in a *Drosophila* population. *Science*, vol. 326, pp. 1663-1667.

Sturm R. A. & Frudakis TN. (2004) Eye colour: portals into pigmentation genes and ancestry. *Trends Genet.*, vol. 20, pp. 327-332.

Wilkinson G. S. *et al.* (1990) Resistance of genetic correlation structure to directional selection in *Drosophila melanogaster*. *Evolution*, vol. 44, pp. 1990-2003.

（高野敏行）

# 第 21 章
# 動物の行動

21.1　子育て行動　　　　　　　粕谷英一
21.2　協力行動の進化　　　　　　中丸麻由子
21.3　血縁淘汰（血縁選択）　　　辻　和希
21.4　利他行動の進化　　　　　　粕谷英一
21.5　社会性の進化　　　　　　　沓掛展之
21.6　カースト分化　　　　　　　三浦　徹

## 21.1 子育て行動

　動物の多くでは，受精後短時間の間に受精卵を環境中に放出し，親はその後，子に対してはたらきかけをしない．しかし，割合としては小さいが種数などでみれば少なからぬ動物では，受精後の胚や幼生などに対してさまざまな方法ではたらきかける．それらのはたらきかけの大部分は子にとって有利なものであり，子の生存や成熟後の繁殖に不可欠であることも多い．こういったはたらきかけは総称して，親による子の保護（親による子の世話，parental care）とよばれる．親による子の保護は，給餌など栄養の供給，捕食者や捕食寄生者・寄生者からの防衛，巣など好適な環境の提供をはじめとしてさまざまな手段によるものが，子のさまざまな発育段階にわたってみられる．栄養の供給には，親の体内にいる子に与えるもの（哺乳類やアブラムシなど）や，産子ないし産卵されたあとの子に給餌などの形で与えるものがあり，給餌にも随時与えるものや一括して与えるものがみられる．

### A. 親の投資

　子を保護しない動物がむしろ多いことからも，子の保護はいつも親にとって有利なのではなく条件によっては不利であると考えられる．これは子の保護が親によるエネルギーや時間や資源などの消費を必要とし，親にとってのコストを生じるためと考えられている．子の保護による親へのコストの存在を表現した概念に Trivers の「親の投資」（parental investment）があり，「他の子に投資する能力の低下というコストをともなう，子の生存の機会を高める（したがって子の繁殖成功も高める）ような，親によるあらゆる投資」という内容である．ただし，現在では，親の投資（parental investment）という語は Trivers の定義よりも広く，子の生存や繁殖を高める親によるあらゆるはたらきかけといった意味で使われることも多い．親の投資は，配偶子への投資（卵内の栄養分など，雄の生産する精子のほうが雌の生産する卵に比して著しく小さい）も含むが，親による子の保護では含まないことがある．母親がコストをともなう産卵場所を選ぶ行動を行ないそのことにより子の生存率が高くなる場合などは，親による子の保護には含めないことも多いが，親の投資の概念には含まれる．子を保護しないとみなされていた動物においても，そのような親によるはたらきかけが今後発見される可能性がある．（親による子の保護や親の投資をおもに扱った本として，伊藤（1978）や哺乳類と鳥類をおもに扱った Clutton-Brock（1991）がある．）

### B. 親と子の対立

　Trivers の「親の投資」からは，親と子の適応的な利害が一致しないこともすぐに導かれる．二倍体で子の両親が同じ場合，親にとってはどの子も血縁度はたとえば 0.5 であり等価であるが，子にとっては他の子（兄弟姉妹）は自分の半分の価値しかない．子の片親だけが同じ場合には，親にとって子が等価であることは同じだが，子にとっての自分と他の子の価値の差はさらに大きくなる．したがって，子の適応度に影響する性質では，親にとってと子にとっての適応的な利害は異なることがある．たとえば，親が給餌しようとしている餌を（他の子に渡さず）自分が得るといった，ある子が自分自身の適応度を上げ他の子の適応度を下げる性質は，子にとっては有利だが親にとっては不利である可能性がある．これが，親と子の対立（parent-offspring conflict）である．また，同様に，雌親と雄親の間でも適応的な利害は一致しないことがあり，性的対立（sexual conflict）のひとつのタイプである．

### C. 雌親と雄親

　親による子の保護には，雌親だけによるもの，雄親だけによるもの，両方の親によるものがある．全体的にみると雌親だけによるものが他に比べて多いと考えられている．その理由は，異型配偶のために卵という形での配偶子へのいわば初期投資が雌のほうが雄よりも大きいことに求められてきたが，近年，基本的な理論モデル（たとえば，Maynard Smith, 1977）において，雌親にとっての子の総数と雄親にとっての子の総数が一致しないという問題点（子は

雌親と雄親を1頭ずつもつので，両者は一致するはずである）が注目され再検討が進んでいる．親による保護には，分類群のなかでも種の間で大きな変異がみられる場合があり（たとえば，親による子の保護がみられないものから発達した保護がみられるものまでそろっている狩りバチ類や，雄親・雌親のどちらによる子の保護もみられる魚類など），種間比較による分析の対象ともなってきた．

### D. 親以外による子育て

子の養育を行なう個体は，親以外という場合もある．社会性昆虫では，卵は女王が産むが不妊の労働カストであるワーカーが子育てのすべてあるいは大部分を行ない，ワーカーは養育される個体からみると姉などの血縁個体であるのがふつうである．協同繁殖をする動物では親ではないヘルパーも子を養育することがある．また，子を養育する個体は遺伝的な親とはかぎらない．鳥では約90%の種で両方の親による子の保護がみられる（社会的一夫一妻）が，巣で子の養育をするつがいの雌が，つがいのパートナー以外の雄と交尾するつがい外交尾（婚外交尾, extrapair copulation：EPC）により，育てられている子のなかに，養育する雄の子ではない個体がいることは珍しくない．

### E. その他

子育て行動という用語は，子を養育するのが誰であるか問題にしない点で，親による子の保護とはやや異なっているが，実際には養育する個体は大部分の動物では親である．子育て行動は，広義には親などによる子の保護と同義であり，狭義にはそのうち行動としてあらわれるものだけをさす．親による子の保護や子育て行動は動物に対して使われることが多いが，植物でも胚への栄養の補給など，動物で親による子の保護に含めているのとよく似た現象はふつうにみられている．子を育てる行動により，親の形質（表現型）が子に影響を与えることがある．親子の表現型の間には遺伝子の伝達により相関がみられるが，親による子の保護がある場合には，この遺伝によるルート以外にも子育ての行動のルートにより相関を生じる．もっとも重要なのは母親による影響であり，子を育てる行動によるものや他の原因によるものも含めて，母性効果（maternal effect）とよばれる．

子を育てる行動は，定型的なものとは限らず，子育ての程度は同じ動物でも条件によって変化することが知られている．子や親の状態などによる変化以外に，交尾相手である雄がどのような個体であるかによって，雌が給餌など子育て行動の程度を変える現象がみつかっており，differential allocation とよばれる（Burley, 1988）．

子育て行動が発達した動物では，他の動物が子育て行動を利用することがみられる．代表的な例が，鳥などでみられる托卵（brood parasitism）であり，托卵をする鳥はホストとなる他の種の鳥の巣に産卵し，ホストの種の個体により育てられる．托卵は同じ種内でもみられることがある．托卵は，子育てをする動物で親子間に成立した信号のシステムに対するコードブレーカーとみなすことができる．また，アリでみられる，他種のアリのワーカーを奪って，幼虫の養育などをさせる「奴隷狩り」も，自分の巣に子育て行動をする個体をもってきて利用するという点で托卵との違いはあるが，同様なコードブレーカーとみることができる．

[引用文献]

Burley N. (1988) The differential-allocation hypothesis: an experimental test. *Am. Nat.*, vol. 132, pp. 612-628.

Clutton-Brock T. (1991) *Evolution of Parental Care*, Princeton University Press.

伊藤嘉昭（1959）『比較生態学』岩波書店.

伊藤嘉昭（1978）『比較生態学』第2版, 岩波書店.

Maynard Smith J. (1977) Parental investment: a prospective analysis. *Anim. Behav.*, vol. 25, pp. 1-9.

（粕谷英一）

## 21.2 協力行動の進化

### A. 協力行動

生物では，社会性昆虫での女王とワーカーの関係や共同狩猟などさまざまな協力関係がある．本稿では，協力行動は自らの適応度を下げてまで，相手の適応度を上げる行動としよう．このときたとえば，自分は相手に協力するが，相手が協力的ではなく何もしない状況を考えてみると，自分は協力行動を行なうためにコスト $-c$ を被り，相手の適応度は $+b$ 上昇する．互いに協力しあうのならば，自分は協力コストを被るが，相手のお陰で適応度は $+b$ 上がるので，両者の適応度は $b-c$ 変化する．協力的でない者同士では，適応度は増えも減りもしないのである．これは表1のような利得表となり（$b>c>0$），囚人のジレンマゲームの関係を満たす．また表1より，協力行動は進化的に安定な戦略（ESS）(Maynard Smith, 1982) ではないことがわかる．

しかし，多くの生物，特に人間は互いに協力し

表1 協力行動

| | | 相手 | |
|---|---|---|---|
| | | 協力 | 非協力 |
| 本人 | 協力 | $R=b-c$ | $S=-c$ |
| | 非協力 | $T=b$ | $P=0$ |

囚人のジレンマゲームを以下に説明する．ふたりの囚人が別室にとり調べを受けている状況を考えてみよう．取調官より，ふたりとも自白した場合には懲役10年，ふたりとも黙秘した場合には懲役2年，ひとりのみが自白した場合には自供した囚人の懲役が1年で黙秘した囚人の懲役が15年，と提示されるとする．すると，相手が自白・黙秘にかかわらず，自分は自白すると刑が軽くなるため，ふたりとも黙秘したほうがふたりとも自白するよりは刑が軽いにもかかわらず，ふたりとも自白してしまう（ジレンマ）．自白を（相棒への）非協力，黙秘を協力と置き換え，$b$ は協力からの利益，$c$ は協力コスト（$b, c>0$）とすると，囚人のジレンマゲームは以下のような利得表になる．表は「本人」の利得を示す．詳細は本文を参照のこと．たとえば，本人は協力するが相手が非協力ならば，本人の利得は $-c$ となる．なお，$R$ (reward) はお互い協力のときの利得，$T$ (temptation to defection) は相手が協力で自分が非協力のときの利得，$S$ (sucker) は相手が非協力で自分が協力のときの利得，$P$ (punishment) はお互い非協力のときの利得とする．囚人のジレンマゲームの利得関係は，$T>R>P>S$ および，$2R>T+S$ である．

合っており，この矛盾をどう説明すればよいのであろうか？ そこで，進化生態学では進化ゲーム理論 (Maynard Smith, 1982) を用いて協力行動が進化する条件を探っている．

### B. 協力行動の進化の説明

進化生態学では協力行動の進化条件としてさまざまな説明がある．血縁淘汰（血縁選択），群淘汰（群選択），直接互恵性，間接互恵性，空間構造・ネットワーク構造，罰行動である（たとえば，Trivers, 1985; Nowak, 2006a, b）．（血縁選択については，他項を参照のこと．）以下では，非血縁間の協力の進化について説明する．

#### a. 直接互恵性

直接互恵性とは，同じ相手とくりかえして相互作用をしていると，協力関係になることをいう (Trivers, 1971)．互恵的利他主義 (reciprocal altruism) ともよばれる．人間以外の生物でさまざまな例が挙げられてきたが，データの信頼性や解釈に問題があった．

人間の直接互恵性に関する研究として，Axelrod (1984) の反復くりかえし囚人のジレンマゲームがある．Axelrod が世界中から戦略を募り，くりかえし囚人のジレンマゲームでのトーナメントを行なったところ，「上品であり，自らは裏切らず，裏切ったら裏切り返すが，寛容でもある」というしっぺ返し戦略（TFT）が優勝した（図1）．手番エラーのあるときは，win-stay, lose-shift，つまり利得の高いときは手番を変えず，利得が低いときに手番を変える「パブロフ戦略」が有利となる（たとえば，Nowak, 2006a）．

#### b. 間接互恵性

間接互恵性 (indirect reciprocity) とは，自分が相手に協力したときに，その相手から直接的に協力のお返しがあるのではなく，いつ誰ともなくお返しが戻ってくることである．それはどのような状況であろうか？ 最近の研究動向としては，協力度合いに関する情報が評判として流れる状況を考えている．この場合，他者の協力度合いがわかるために，初めて出会う個体であっても評判を基にして協力するか否かを判断できる．その結果，協力が進化しやすくなることがある（総説は Nowak & Sigmund, 2005）．

(a) しっぺ返し戦略の手番について

|  | 1 | 2 | 3 | 4 |
|---|---|---|---|---|
| TFT | C | C | D | C |
| 相手 | C | D | C |  |

(b) パブロフ戦略の手番について

|  | 1 | 2 | 3 | 4 | 5 |
|---|---|---|---|---|---|
| パブロフ | C | C | D | D | C |
| 相手 | C | D | C | D |  |

**図1** くりかえし囚人のジレンマゲームでの，しっぺ返し戦略（TFT）とパブロフ戦略

(a) しっぺ返し戦略について図を基に説明する．初回は協力（C）する．2 回目は，初回の相手の手番を真似するので協力となる．3 回目は，相手の前回の手番が非協力（D）のため，しっぺ返し戦略も非協力となる．4 回目は，相手の前回の手番が協力だったので，しっぺ返し戦略も協力となる．しっぺ返し戦略同士では，すぐに協力関係が構築可能である．しかし，どちらかが手番を間違えてしまうと，それから先は協力関係が構築できない．(b) パブロフ戦略について図を基に説明する．パブロフ戦略は，各回で高利得（$T$ か $R$）であれば次回も同じ手番とするが，利得が低いと（$P$ か $S$）次回は手番を変える戦略である．初回は協力する．そのとき相手も協力なら，パブロフは利得 $R$ を得るので，2 回目の手番は協力のままである．2 回目の相手の手番が非協力であると，パブロフの利得は $S$ となるため，次回は手番を変更し非協力とする．3 回目の相手の手番が協力であると，パブロフの利益が $T$ となるので，次回も手番は同じとする．4 回目の相手の手番が非協力であると，パブロフの利得は $P$ となるため，次回は手番を変えて協力とする．パブロフ戦略同士では，すぐに協力関係となるが，もし手番を間違えてしまっても協力関係に戻ることは可能である．

**c. 空間構造やネットワーク構造**

ネットワーク構造や空間構造があると協力が進化しやすくなるという（Nakamaru *et al.*, 1997; Nowak 2006a; Lion & van Baalen, 2008）．空間構造があると隣接個体と相互作用を行ないやすくなる．そして隣り合った協力個体同士で適応度を上げ，隣接空間へ増殖しやすくなる．それは，協力同士で大きな固まりをつくるため，非協力者からの搾取を被りにくくなるためである（図2）．この状況を群淘汰による協力の進化と捉えることも可能であるが，群淘汰の捉え方は研究者に大きく違っている．ゲームの利得構造によっては，空間構造があるからといって協力が進化しやすいとはかぎらない（Hauert & Doebeli, 2004）．

**d. 罰**

非協力者へ罰をすると協力は促進されると考えら

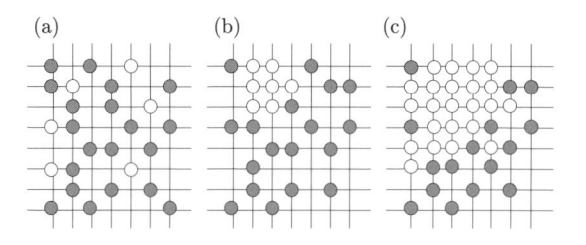

**図2** 協力の進化への空間構造の影響

(a) はじめは格子上に協力個体（白）と非協力個体（灰）がランダムに並んでいるとする．隣と相互作用を行なうとすると，協力個体は少数派で点在しているため，協力個体の利得は非常に低い．(b) 何かのきっかけで，協力個体同士でかたまるようになると，協力同士で相互作用を行なうことが多くなるため，利得が高くなる．そして，増殖する機会も増える．(c) どんどん協力個体のクラスターは大きくなり，協力が進化する．

れる．動物の社会では社会性昆虫や哺乳類などで報告されている（Clutton-Brock & Parker, 1995）．罰の最大の問題点としては，罰される側だけではなく，罰する側にもコストがかかってしまう場合もあることである．コストの例として，罰をするために身体的にダメージを受けたり，時間を浪費したり，人であれば金銭コストがかかることがある．もし，協力者には協力する者が，非協力者には罰をする場合には，協力者同士の相互作用で利益を上げるので罰実行コストを補うことが可能となり，罰も進化すると考えられている（Yamagishi, 1986；総説として，Sigmund, 2007）．しかし，実験によると人には協力者へも罰を行なう傾向もあり，また罰実行者は非実行者に比べて利得が低いという難点もあり，罰と協力の関係は未解決な研究課題である．

[引用文献]

Axelrod R. (1984) *The evolution of cooperation*, Basic Books.［松田裕之 訳（1987）『つきあい方の科学』ミネルヴァ出版］

Clutton-Brock T. H. and Parker G. A. (1995) Punishment in animal societies. *Nature*, vol. 373, pp. 209-216.

Hauert C. & Doebeli M. (2004) Spatial structure often inhibits the evolution of cooperation in the snowdrift game. *Nature*, vol. 428, pp. 643-646.

Lion S. & van Baalen M. (2008) Self-structuring in spatial evolutionary ecology. *Ecol. Lett.*, vol. 11, pp. 277-295, doi:10.1111/j.1461-0248.2007.01132.x.

Maynard Smith J. (1982) *Evolution and the theory of games*, Cambridge University Press.［寺元英・梯正之 訳（1985）

『進化とゲーム理論』産業図書

Nakamaru M. *et al.* (1997) The evolution of cooperation in a lattice-structured population. *J. Theor. Biol.*, vol. 184, pp. 65-81.

Nowak M. A. (2006a) Evolutionary Dynamics: Exploring the Equations of Life, Belknap/Harvard University Press. ［竹内康博・佐藤一憲・巌佐庸・中岡慎治 監訳 (2008)『進化のダイナミクス 生命の謎を解き明かす方程式』共立出版］

Nowak M. A. (2006b) Five rules for the evolution of cooperation. *Science*, vol. 314, pp. 1560-1563.

Nowak M. A. & Sigmund K. (2005) Evolution of indirect reciprocity. *Nature*, vol. 437, pp. 1291-1298.

Sigmund K. (2007) Punish or perish? Retaliation and collaboration among humans. *Trends Ecol. Evol.*, vol. 22, pp. 593-600.

Trivers R. L. (1985) Social evolution, The Benjamin/Cummings Company. ［中嶋康裕・福井康雄・原田泰志 訳 (1991)『生物の社会進化』産業図書］

Yamagishi T. (1986) The provision of a sanctioning system as a public good. *J. Pers. Soc. Psychol.*, vol. 51, pp. 110-116.

（中丸麻由子）

## 21.3　血縁淘汰（血縁選択）

### A. 概要

　血縁淘汰（血縁選択，kin selection）とは形質がそれをもつ個体自身ではなく血縁者の適応度を向上させることではたらく正の淘汰圧をさす．これは自然淘汰の1種だが，自身の個体適応度を下げる利他的形質（altruistic trait）（表1）のように通常の自然淘汰（個体淘汰）では説明が困難に思える形質の進化を説明するため，W. D. Hamilton（1964）が提唱した考えである．ただし血縁淘汰という呼称はのちに J. Maynard Smith（1964）がつけたもの.

　アリなどにみられる不妊カーストの存在は『種の起原』の第7章で Darwin 自身が告白した彼の自然淘汰理論における難題だった．自然淘汰が同種個体間にはたらくとすれば，環境が十分長い時間安定であれば，突然変異により改変可能だった範囲で，もっとも適応度の高い個体形質（個体を生存や繁殖上有利にする形質）が最後に残るはずである（適応度最大化原理）．しかし，はたらきアリは自ら子を残さない．なぜそのような形質が進化しえたのか自然淘汰理論では説明できないように思えたからである．

　この矛盾を血縁淘汰説はつぎのように解く．形質が遺伝するのはそれが遺伝子にコードされているからで，進化とは集団内での遺伝子頻度の変化とみなせる．ある遺伝子が集団内で頻度を増やすには，それをもつ個体すべてに発現し子を多く残させるようなやり方がベストとはかぎらない．その遺伝子をもつ個体の適応度が平均してそれをもたない個体より高ければよい．血縁淘汰とは，一部の個体が遺伝子の発現により自身の生存や繁殖の機会を犠牲にし，同じ遺伝子をもつ他個体の繁殖を大いに助けること

表1　社会的形質，すなわち個体自身の適応度だけでなく他個体の適応度にも影響をおよぼす個体形質の分類

|  |  | 他個体の適応度への影響 | |
|---|---|---|---|
|  |  | ＋ | － |
| 自身の適応度への影響 | ＋ | 共同的 | 利己的 |
|  | － | 利他的 | スパイト（いやがらせ，いじわる） |

（Hamilton, 1964 より改変）

で，結果的にその遺伝子の平均適応度が高くなり，集団内での頻度を増やす状況をさす．

血縁淘汰理論は利他的形質だけでなく社会的相互作用の研究全般に大きな影響を与えた進化生態学の中心的概念のひとつである．

## B. Hamilton 則

血縁淘汰による進化は Hamilton 則（$br - c > 0$）を条件とする．Hamilton 則（Hamilton's rule）は以下のように導ける．個体の適応度（$w$）は個体自身の遺伝子型 $x$ と，相互作用する他個体の遺伝子型 $x'$ で規定されるとする．自身の遺伝子型が利他的ならその程度に比例し適応度を $c$ 減らし（$c$ を利他性のコストという），逆に相互作用する他個体が利他的ならばその程度に比例し比率 $b$ で適応度が上昇するとする（$b$ は受益者の利益とよばれる）．$w_o$ は定数で，自身も相手も利他的でないときの個体適応度である．すなわち，

$$w = w_o + bx' - cx \quad (1)$$

淘汰による集団の遺伝子頻度（平均育種価）の変化（$\Delta X$）は，一般に遺伝子型（個体内の遺伝子頻度または育種価）と相対適応度の共分散で記述・予測できる（Price 則）．すなわち，

$$\Delta X = \text{COV}(x, w) \quad (2)$$

式 (2) に式 (1) を代入すると，

$$\Delta X = b\,\text{COV}(x, x') - cV(x)$$

$\Delta X > 0$ とし，両辺を集団の遺伝子型分散（$V(x)$：符号は正）で割れば，

$$\Delta X / V(X) = b\,\text{COV}(x', x)/V(x) - c > 0$$
$$= br - c > 0 \text{（Hamilton 則）}$$

ここで，$r = \text{COV}(x, x')/V(x)$ は血縁度（relatedness, regression coefficient of genetic relatedness）とよばれる量である．Hamilton 則とは，受益者の利益を血縁度で重みづけたもの（$br$）が，自身の払った利他性のコスト（$c$）よりも大きければ利他的形質は進化すると予測するものである．

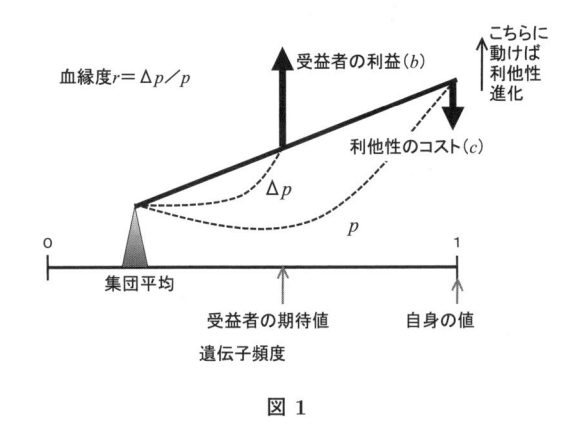

図 1

## C. 血縁度

Hamilton 則における $r = \text{COV}(x, x')/V(x)$，すなわち個体の遺伝子型を独立変数，相互作用する他個体の遺伝子型を従属変数とした回帰係数が一般化された血縁度の定義である．血縁度 $r$ の他個体とは，個体がある注目する遺伝子を集団平均より $p$ だけ高頻度にもつとき，同じ遺伝子をやはり集団平均より $rp$ だけ高頻度にもつと期待される他個体を意味する．Grafen（1985）は Hamilton 則における血縁度概念を梃子にたとえた（図1）．

血縁度には上記以外にもさまざまな定義があり，その多くは一定の仮定のもと計算される近似的なものである．「近い祖先から受け継いだ稀な遺伝子の共有率」（同祖遺伝子率 probability of genes identical by decent）や「自身がもつ稀な遺伝子のなかで相互作用の相手がもつものと相同なものの比率」（生存トレードオフ血縁度，life for life relatedness）はその例である．近似的定義の多くはゲノム全体の類似性に注目する点が，特定遺伝子の共有に注目した $r = COV(x, x')/V(x)$ とは異なる．これはゲノム全体の相同性が高ければ問題にする遺伝子座における相同性も高いと期待されることを利用している．ゲノム全体の相同性の高さを保証するものとしてもっとも考えやすいのが血縁関係である（血縁度の名前の由来）．血縁者は近い祖先から受け継いだ遺伝子を共有するため，弱い淘汰圧の下ではおよそ集団内に多型のあるどんな遺伝子に注目してもほぼ同じ血縁度で結ばれると期待される．たとえば，雌雄二倍体の生物では親子間，同母父兄弟姉妹間では 1/2，祖父母-孫間，半兄弟姉妹間，叔母伯父-姪甥間

では1/4というよく知られた値をとる。ただし、血縁度がしばしば稀な遺伝子に注目するのは、家系図を書いて血縁度を簡単に計算するためで、理論的には遺伝子がまれでないときでも血縁度は同じ値をとる（辻, 2006）。

血縁度には誤解も多い。たとえば、「チンパンジーとヒトは98％以上遺伝子が相同であるから、ヒト同士の血縁度はかぎりなく1に近いはずである。したがってヒトが利他行動をするのは血縁淘汰上自明である」という意見は誤りである。血縁度は（遺伝子頻度の変化を）問題にしている同一集団の個体間に適用される概念である。ヒトの集団の利他行動の進化を議論する際に、別の集団を構成するチンパンジーは関係ない。また、血縁度は仮想的であれ集団内に多型のある対立遺伝子に対して適用される量である。すべての個体が注目する遺伝子座で相同な遺伝子をもつとき、血縁度は定義不能である。問題の遺伝子が固定している集団ではそれ以上の頻度増加はない。

### D. 3/4仮説，血縁識別，緑髭効果

Hamilton則（$br > c$）は、他の条件が同じなら血縁度が高いときに利他的形質が進化しやすいと予測する。ここから発展したHamilton自身によるよく知られた三つの考察がある。

Hamiltonは、不妊の労働カーストがハチ目昆虫に多いことが血縁淘汰説を支持する証拠と主張した。半倍数性（haplodioploid）であるハチ目昆虫の同父母姉妹は互いに3/4という高い血縁度で結ばれている。これは親子間の血縁度1/2より高く、他の条件が同じならば、血縁淘汰理論はハチ目の雌に繁殖を放棄し妹を残す性質を進化させやすいと予測するからである。これを3/4仮説（3/4 hypothesis）という。本説はハチでは雌だけが、雌雄二倍体のシロアリでは雌雄ともに不妊カーストになる理由も説明している。

利他的形質を示す生物の多くが、間接的ではあれ血縁個体と非血縁個体を識別することができ、前者に向けて選択的に利他的にふるまうことが多いが、これも血縁淘汰説を支持する証拠と考えられる。この能力は血縁認知（kin recognition）あるいは血縁識別（kin discrimination）とよばれる。

利他性をひき起こさせる遺伝子が、多面発現的にたとえば緑色の鬚を生やさせるとすると、個体は緑鬚をたよりに利他的行動を向けるべき相手を選ぶことができる。緑鬚を生やす個体は血縁者のように遺伝子を共有する確率が高い相手ではなく、確実にその利他性をコードする遺伝子をもつ個体なので、血縁度は利他性をコードする遺伝子に関しては1となる。Hamilton則は$b > c$となり$br > c$より利他的形質は進化しやすくなる。「自身がもつのと同じ利他遺伝子を確実にもつ個体だけを助ける」というこのしくみは、緑髭のたとえにちなみ、緑鬚効果（green beard effect）とよばれており、粘菌とアリなどで実例が発見されたとされている。

### E. 包括適応度（inclusive fitness）

Hamilton則の左辺に、利他的相互作用が影響しないときの個体の適応度$w_o$を加えた式$w_o + br - c$は包括適応度（inclusive fitness）とよばれる。包括適応度は、利他性の利益を享受した相手の適応度増分（$b$）を血縁度（$r$）で重みづけし、間接的適応度として利他性を発揮した個体の直接の適応度（$w_o - c$）に加えたものともみなせる。これは直感に訴えるうえ、実際、血縁者間相互作用がある場合の適応的状態を予測するには便利な概念である。適応進化とは適応度ではなく包括適応度の最大化であると一般化し、包括適応度を目的変数にした最適化理論に組み入れることができるからだ。こうすることで、古典的な集団遺伝モデルではしばしば扱いが難しい個体形質の柔軟性の問題、すなわち環境条件に依存し適応的状態が集団内で異なる状況を予測するのには威力を発揮する。アプローチの実例に、社会性昆虫における分断性比（split sex ratio）の研究がある（辻, 1993; 2006）。

包括適応度とHamilton則はしばしば誤用される傾向にある。もっとも多いのは、包括適応度＝自身の個体適応度＋血縁者の個体適応度×血縁度とするものである。間接的適応度のbの部分に加味されるべきなのは血縁者の適応度すべてではなく、自身が発揮した利他性による血縁者の適応度の増加分でなければならない。この誤った方法で包括適応度を測

ると利他的形質はしばしば極めて進化しやすいものとみなされてしまう．

### F. 血縁淘汰理論への批判

　血縁淘汰という概念は社会生物学・行動生態学の発展に大いに貢献した．血縁淘汰理論はこれまでに，脊椎動物のヘルパー行動，近親交配，チョウなどの警告色，社会性昆虫の性比，警察行動（policing），繁殖の偏り（reproductive skew）巣仲間識別，女王数などの社会・配偶様式，微生物の利他行動，ひいてはヒトの社会行動などにも適用され，膨大な実証データが集められている．

　しかし血縁淘汰理論には批判も多い．批判はおおむね三つのカテゴリーに分けられる．①血縁淘汰モデルには仮定が多く，他の理論モデル（古典的集団遺伝モデルやゲーム理論モデルなど）より一般性が乏しいとするもの．②おもに経験的な観点からの批判で，特に血縁度の重要性に対する根強い疑義．③他のモデル，たとえば群淘汰や囚人のジレンマゲームモデルなどが血縁淘汰よりも現実をよりよく描写しているとする予測力やリアリズムの問題．これら批判の妥当性に関しては他項目（20.11）を参照されたい．

### [引用文献]

Grafen A. (1985) A geometric view of relatedness. in Dawkins R. and Ridley M. ed., *Oxford Surveys in Evolutionary Biology*, vol. 2, pp. 29-89, Oxford University Press.

Hamilton W. D. (1964) The genetical evolution of social behaviour. I, II. *J. Theor. Biol.*, vol. 7, pp. 1-52.

Mayrand Smith J. (1964) Group selection and kin selection. *Nature*, vol. 201, pp. 1145-1147.

辻 和希（1993）社会性膜翅目の性比の理論．松本忠夫・東正剛 編，『社会性昆虫の進化生態学』第 5 章，海游舎．

辻 和希（2006）血縁淘汰・包括適応度と社会性の進化．石川統・齋藤成也・佐藤矩行・長谷川眞理子 編，シリーズ進化学第 6 巻『行動・生態の進化』2 章，岩波書店．

　　　　　　　　　　　　　　　　　（辻 和希）

## 21.4　利他行動の進化

　利他行動（altruistic behavior）とは，行動を行なう個体（自分）に適応度上のマイナスの効果を，他の個体（行動の受け手）にプラスの効果を与える行動である．自分にとって有利かどうか，他個体にとって有利かどうかで社会行動を分類する際の四つのカテゴリー（表 1）のひとつである．利他行動を含む利他的性質は，自分の適応度を下げるのであるから，選択上不利になると考えられる．しかし，利他的と考えられる性質が，実際には社会性昆虫の不妊のワーカーをはじめとして存在する．そのため，利他的性質の進化は，解決されるべき問題として理論的にも関心を集めて研究されてきた（以下，利他行動の進化についての条件については，行動とはよびがたい利他的性質についても同様に当てはまる）．

　すでに Darwin は，淘汰（選択）による進化においては，単純に考えると利他行動の進化は起こらないことを認識している（Darwin により模索された解決の方向は現在の用語でいえば血縁淘汰（血縁選択）につながるものだった）．もし，利他行動により利益を受ける他個体が個体群中からランダムに選ばれた個体であるなら，利他行動はただ自分の適応度を下げる性質と同様に，選択により進化することはない．利他行動が進化するためには，利益を受ける他個体が，ランダムではなく，利他行動を行なう個体や利他行動をもたらす遺伝子をもつ個体に偏っていることが必要である．これまでに考えられた利他行動の進化の可能性は，この偏りをどのように生み出すかという点から整理することができる．

　血縁個体は，比較的近い共通祖先に由来する（identical by descent）遺伝子をもつため，個体群のなかで平均に比べて遺伝的な類似性がどの遺伝子座についても高い．そこで，利他行動を血縁個体に向けて，

表 1

|  | 自分に有利 | 自分に不利 |
|---|---|---|
| 相手に有利 | 協同的（cooperative） | 利他的（altruistic） |
| 相手に不利 | 利己的（selfish） | スパイト（spiteful） |

血縁個体が利益を受けるなら，利他行動は進化する可能性がある．これが Hamilton による血縁選択（kin selection）である（Fisher や Haldane も Hamilton 以前に似たアイデアに到達していた）．利他行動の進化条件は，利他行動による自分の適応度の低下を $C$，他個体の適応度の上昇を $B$ とするとき，自分と他個体の間の血縁度を $r$ として，$Br > C$ という不等式で与えられる．この不等式は Hamilton の規則（Hamilton のルール，Hamilton 則，Hamilton's rule）とよばれる．なお，遺伝的な類似性の高さの原因が血縁ではなくても，個体群の平均と比べたときの遺伝的な類似性の高さを $r$ に置き換えれば，Hamilton の規則は同様に利他行動進化の条件を与える．

利他行動を行なう個体を自分の利他行動の対象とするなら，利益の受け手は利他行動を行なう個体に限られることになり，利他行動は進化する可能性がある．これは，相互利他性（互恵的利他性，reciprocal altruism）とよばれる．血縁選択が血縁により偏らせるのに対して，相互利他性では利他行動をすること自体による．相互利他性では，他個体の行動により利他行動の受け手とするかどうかが決まる必要があるが，たとえば他個体を個体識別しているなら可能であろう．また，結果的に利他行動を行なう個体が利他行動による利益の受け手になれば，他個体の行動によりどの個体に利他行動の相手とするかを変えるという機構でなくても，利他行動は進化できる．たとえば，個体群が空間構造をもち，利他行動をする個体は相互に近くにいて，利他行動の受け手を近くにいる個体に限る場合などである．

利他行動をする個体が何らかの標識的な性質をもち，利他行動がこの標識をもつ個体を対象にして行なわれるなら，やはり利益を受ける個体の偏りを生じて，利他行動が進化する可能性がある．これは緑ひげ（green beard）効果とよばれており，利他行動を行なう個体は緑のひげをもつというたとえが使われる．緑のひげをもつ個体を利他行動の受け手とすれば，結果として利益は利他行動をする個体が受けることになる．しかし，緑ひげ効果においては，利他行動を行なわないのに緑ひげをもつ個体（cheater とよばれる，裏切り者の意味）が出現すると，利他行動は進化しない．cheater が出現しないことが，緑ひげ効果により利他行動が進化する条件である．

利他的性質の進化の研究は，（利益の受け手がランダムに選ばれるなら）進化できないはずの性質が実際には存在するという一種の逆説の解決だけでなく，社会行動をはじめとするさまざまな現象の進化の研究の基礎となった．特に，血縁選択と相互利他性は，協同やポリシング，性比などで多くの研究テーマで不可欠の基礎となっている．

〔粕谷英一〕

## 21.5 社会性の進化

社会性という用語は，進化生物学のなかでさまざまな意味に用いられてきたが，同種個体間で起きる行動・生態学的現象，すなわち社会交渉，社会関係，社会構造などの総称をさすという定義が一般的であろう．より広義に，性行動や繁殖行動，配偶システムを含む場合もあるが，本稿ではこれらを含まない狭義の現象を扱う．

動物における社会性には，多様な形式や機能がみられる．たとえば，資源や繁殖のために複数個体が集まった結果として形成される集団や，構成個体が安定せず協力的な社会交渉がまれである集団など，単純な社会構造が存在する．「利己的な集団（selfish herd）」仮説によると，捕食者からの攻撃に対して，集合の中心にいる個体は最外部にいる個体よりも安全であるために，各個体は集合の中心に移動し，その結果として群れが形成される．その一方で，群れの構成個体が比較的安定し，個体間の社会的依存性が強く，適応度に直結する協力的社会交渉が群れ内で頻繁にみられる社会形態も存在する．

### A. 社会性の利益とコスト

社会性を進化生物学の観点から分析する際，群れ生活は個体にとってどのような利益とコストがあるかを比較し，その収支を分析することがもっとも基本的なアプローチである．単独生活者と比較した場合，群れを形成する個体が享受する利益として，捕食者に捕食される危険性・確率が減少する，「警戒行動（vigilance behaviour）」に費やす時間やエネルギーを減少することができる，社会交渉の相手や繁殖の相手などの同種他個体をみつけやすい，他個体と集合することによって効率的な保温が可能となる，異種や同種の群れ外個体との競争に勝利しやすい，生存に重要な情報を個体間で共有することができるなどがあげられる．その一方で，群れ生活の結果生じる不可避のコストとして，有限な資源をめぐる個体間の競争が起きやすい，その結果生じる攻撃や闘争のコストが増大する，他個体から病気や寄生虫にかかる可能性が上昇する，大きな群れは捕食者に発見されやすいなどの点が考えられる．

群れ生活によって生じる利益とコストは，群れの構成個体間に一律に分布するわけではない．たとえば，多くの動物において，つつきの順位に代表されるように，個体間に安定した「順位（dominance）」関係が形成されることが多い．順位関係は個体の「資源保持力（resource holding power）」によって決定される場合が多いが，その他のさまざまな社会的要因によっても影響を受ける．劣位個体と比較して，優位個体は資源を優先的に利用することができるために，高い「繁殖成功度（reproductive success）」を示す場合が多い．また，優位個体は劣位個体の繁殖活動，繁殖に関係する生理学的機能を抑制するという繁殖抑制も知られている．ただし，優位個体が劣位個体よりもつねに高い適応度成分を示すとはかぎらない．たとえば，優位個体が劣位個体よりも高いストレスレベルを示すという社会内分泌学的研究は多く，順位の維持や繁殖の独占などに関係するコストを優位個体が負っていると考えられている．

### B. 血縁淘汰と協同繁殖・真社会性

親以外の個体が子育てを行なう繁殖形態は，協同繁殖（共同繁殖，「cooperatively breeding」）とよばれ，魚類，鳥類，哺乳類などの分類群において報告されている．協同繁殖社会において，繁殖可能な劣位個体は出生群にとどまり，自らは繁殖をせず，他個体の子を育てる行動（ヘルピング行動）を行なう「ヘルパー（helper）」となる．社会性の進化を理解するうえで，劣位個体がこれらの「利他行動」を行なう究極的な理由が重要な研究テーマとなってきた．ひとつの有力な説明として，「血縁淘汰（血縁選択）」仮説があげられる．すなわち，高い「血縁度（relatedness）」をもつ他個体の繁殖を助けることによって，ヘルパーは「包括適応度（inclusive fitness）」の上昇という「間接的利益（indirect benefit）」を得ている（21.4項・21.2項も参照）．ただし，近年，協同繁殖の進化において，血縁淘汰仮説が過大に評価されてきた可能性が指摘されている．たとえば，非血縁個体もヘルパーとなることがあり，血縁淘汰仮説と矛盾する．子育ての結果として群れサイズが

上昇し，その結果ヘルパー個体自身の生存確率が上昇するなどの「直接的利益（direct benefit）」を得ている可能性がある．また，個体の分散がきわめて限定された状況においては，資源や繁殖機会をめぐる「血縁個体間の競争（kin competition）」が起きやすく，その結果，協力行動頻度が減少すると予測される．

集団単位での適応的なふるまいをする「超個体」を形成するアリやハチなどの膜翅目に代表されるように，不妊のワーカーが存在し，世代の重複がみられ，形態の分化・役割分業がみられる社会形態は「真社会性（eusocial）」とよばれる（21.6項も参照）(Holldobler & Wilson, 2008)．膜翅目のほかにも，テッポウエビ，アブラムシ，脊椎動物においてはハダカデバネズミとダマラランドデバネズミの2種が真社会性の基準をみたす社会を形成している．これらの特殊な社会形態が進化した背景として，生態学的制約，血縁淘汰仮説，（膜翅目においては）半倍数性という特殊な性決定様式が関係していると考えられている．また，「カースト分化」の遺伝的基盤を探る「ソシオゲノミクス（sociogenomics）」とよばれる研究の進展が目覚しい（Robinson et al., 2008）．

### C. 社会性の比較

社会性進化に関しては多様な研究が行なわれているが，真社会性昆虫や霊長目などのかぎられた動物を対象とした研究がおもに進められてきた．異なる分類群にみられる複雑な社会性は，異なる生態学・進化生物学的要因がはたらいて進化したと考えられるために，多彩な分類群において詳細な研究が行なわれることによって，今後，比較研究が進展することが期待される．その一方で，異なる分類群に共通してみられる社会性進化の原理を探求する研究も行なわれている．以下では，社会構造の種間・種内多様性を還元的に理解する試みをふたつ紹介したい．

動物の社会構造を決定する大きな要因のひとつが，繁殖機会・繁殖成功度が群れ内の同性個体間でどのように分布するかであり，「繁殖の偏り（reproductive skew）」という指標によって定量化される．たとえば，複雄複雌群を形成する霊長目の社会にみられるように，優位個体が高い繁殖成功度を得るが，劣位個体もある程度繁殖することができる（繁殖の偏りが弱い）社会構造がある．その一方で，先述の協同繁殖や真社会性のように，少数の個体のみが繁殖を独占する（繁殖の偏りが強い）社会構造も存在する．これらの異なる社会構造を比較するうえで，繁殖の偏りという軸に沿って連続的に理解する枠組みが，社会進化における統一理論として期待されている．生態学的制約，血縁度，社会的条件などのパラメータによって，繁殖の偏りがどのように変化するかを予測した数理モデルが数多く発表されている．たとえば，優位個体と劣位個体間の繁殖をめぐる競争の結果，繁殖の偏りが決定されるという tug-of-war モデルが代表的であり，実証的研究においてその検証がなされている（Hager & Jones, 2009）．

また，発展が著しい「社会的ネットワーク分析（social network analysis）」を動物社会に適用し，個体間のネットワーク構造を幾何学的に分析・定量化できる（Croft et al., 2008）．たとえば，群れを構成する個体間の連関度や協力行動頻度データから，ネットワーク構造の数学的特性や，ネットワーク中における構成個体の特性・役割を分析できる．また，ネットワーク上での協力行動の進化，情報の伝播，社会的学習・文化の定着過程，病気・寄生虫の感染動態などを数理モデルによって分析する研究が活発化している．

繁殖の偏りや社会的ネットワークに注目した研究は，個体や社会関係よりも上位レベルの社会性に着目したものであり，これらの新しい理論や視点によって，現在までに解明されなかった社会性の一面が今後，明らかになると期待される．

[引用文献]

Croft D. P. et al. (2008) *Exploring animal social networks*, Princeton University Press.

Hager R. & Jones C. B. (2009) *Reproductive skew in vertebrates: proximate and ultimate causes*, Cambridge University Press.

Holldobler B. & Wilson E. O. (2008) *The Superorganism: The Beauty, Elegance, and Strangeness of Insect Societies*, W W Norton & Co Inc.

Korb J. & Heinze J. (2008) *Ecology of Social Evolution*, Springer.

Koenig W. D. & Dickinson J. (2004) *Ecology and evolution of cooperative breeding in birds*, Cambridge University Press.

Pusey A. E. & Packer C. (1997) The ecology of relationships. in Krebs J. R. and Davies N. B.ed., *Behavioural ecology* (4th ed.), pp. 254–283, Blackwell Scientific Publications.

Robinson G. E. *et al.* (2008) Genes and social behavior. *Science*, vol. 322, pp. 896-900.

（沓掛展之）

## 21.6 カースト分化

### A. 超個体としての社会性昆虫

社会性昆虫は，コロニーがまるでひとつの生物のようにふるまうが，そのなかでは，女王や労働カーストであるワーカー，防衛カーストであるソルジャーなど，さまざまなカーストが分業と協働を行なうことにより，秩序ある社会行動を成立させている．女王や兵隊，ワーカーなどのカーストは，多くの場合，卵から孵化したあとの後胚発生の過程で決定されるが，どのような発生メカニズムでこの決定がなされカースト特異的な形質を発現しているのかに関して，今日までに多くの知見が蓄積しつつある．Darwinをも悩ませた社会性昆虫のカーストであるが，同じコロニーのなかのカーストたちは先にも述べたように，血縁個体からなっているため，非常に似通ったゲノム情報をもっている．そのため，カーストの違いは遺伝的な要素の違いによるものではなく，生まれてからの環境要因によって決定されるものであると，「基本的には」考えられている．しかしながら，最近の研究では社会性膜翅目とシロアリ目ともに，遺伝的にカーストが決定するという報告もいくつかされている．

### B. 環境要因によるカースト決定

環境要因によってカーストが決定する場合，卵からかえったあとの後胚発生の過程で受ける環境要因により，カーストが決定される．ここでいう「環境要因」とは，温度や湿度，日長などの物理的要因と，他個体から与えられる餌の量やフェロモンなどの社会的要因とに大別される．女王が他の個体が女王になるのを防ぎ，ワーカーへの分化を促進する場合は後者になる．また，初夏の繁殖虫の群飛（結婚飛行，婚姻飛翔）に向けて，翅のある繁殖虫（有翅虫）が積極的に賛成される場合は，おそらく日照などの季節的な要因に応じていると考えられる．また，ミツバチなどでは巣室のなかに「王台」とよばれる，つぎの女王になる予定の幼虫を育てる専用の場所が設けられている．ここに産卵された卵は，ワーカーか

ら特別扱いを受け，ロイヤルゼリーなどの高栄養な餌を与えられることによって，女王へと分化する．

シロアリと社会性膜翅目（アリ・ハチ）の社会性には，いくつも共通点がみられるが，系統的にはまったく独立に社会性を獲得しており，そもそも昆虫の分類群としても大きく異なる系統に属しているために大きな相違もみられる．最大の違いのひとつに，カースト分化様式の違いがあげられる．というのも，発生様式が，膜翅目が完全変態昆虫なのに対し，シロアリは不完全変態昆虫とまったく異なるからである．完全変態昆虫である膜翅目の幼虫は，脚のない「うじ虫」状の形態をしており，完全にワーカーからの給餌によって成長し，ワーカーでも女王でも蛹のステージを経て成虫となり，各カーストの機能を果たす．一方シロアリでは，幼虫の形態は翅や複眼が発達していないことを除いて，基本的な体制（ボディプラン）は成虫と大きな差はない．そのため，シロアリでは幼虫も移動・採餌する能力がともなっており，コロニー内の活動に多少なりとも参加できる．進化的なことをいえば，シロアリでは幼虫期に他個体の世話をすることがワーカーなどのヘルパーカーストが誕生したきっかけであると考えられている．

**C. カースト分化を制御する生理機構**

社会性昆虫のカーストがどのようなメカニズムで分化していくのかについては，多くの研究者が興味をもち，研究を行なってきている．社会性昆虫は，ショウジョウバエなどのモデル生物と違って，世代時間も長く，コロニーごとに繁殖を行なうため，研究室で行なえる実験もかなり制約を受ける．しかし，現在までにさまざまな知見が蓄積してきており，特に最近では，発生学・生理学・分子生物学的な事象が解明され，理解が進んでいる．

カースト分化が生じる基本的な流れとしては，先に述べた環境要因の相違により，個体内部の生理状態がホルモンなどの作用を通じて改変され，その生理状態が後胚発生の過程で起きる発生イベントに影響を与えることによって，形態（および行動）の違いが生じると考えられる．環境要因を媒介して発生過程へ影響をおよぼす生理機構は，まだよくわかっていないことが多いが，多くの昆虫で共通の内分泌因子が重要な役割を果たすことがわかっている．そのうちのひとつが脱皮変態などにおいても重要なはたらきをするホルモン，幼若ホルモンである．幼若ホルモンは炭素原子が約15個ほど直鎖状につながったテルペン類のひとつで，脳の後方（種によって位置は若干異なる）に位置する神経分泌器官であるアラタ体から分泌される．幼若ホルモンはその名のとおり，昆虫の幼若化を促進するホルモンだが，その作用により幼虫期間を長くしたりすることができるため，たとえば，大型のカーストになる場合では，餌量とともに幼若ホルモン濃度が上がることで，幼虫期間が延び，大型の個体となることが知られている．また，シロアリでは幼若ホルモンやその類似体を投与すると兵隊カーストが誘導されることが多くの種で知られている．シロアリでは，幼若ホルモンの体内濃度が，脱皮と脱皮の間の期間にどのように変動するかによって，脱皮後にどのカーストへの運命を進むかが決定するようである（Nijhout & Wheeler, 1982, Cornette et al., 2008）．

では個体間の相互作用と幼若ホルモンの濃度はどのように関係しているのだろうか？ これに関してはまだほとんど知見がない．おそらく，個体間相互作用を定量的に評価するのが難しいことと，生体内での幼若ホルモン濃度をリアルタイムでモニターするのも困難であるため，その二者間での相関をみるのは難しいと思われる．しかし，幼若ホルモンは個体の代謝や栄養状態と密接な相関があるため，ロイヤルゼリーなどの給餌による調節は速やかに幼若ホルモン濃度に反映することが予想される．フェロモンによる調節に関しては，何らかの未知の機構が，フェロモン受容と幼若ホルモン濃度調節の間に存在していると考えられる．今後の研究の進展に期待したい．

また，脊椎動物のホルモンとして知られるインスリン経路は，最近昆虫の発生制御に重要なはたらきをすることが明らかにされているが，社会性昆虫のカースト分化においてもインスリン経路の活性が重要な役割を果たすことが，ミツバチなどの研究を中心にデータが蓄積しつつある（Wheeler et al., 2006; Corona et al., 2007; Ament et al., 2008）．ワーカー

と女王の分化やワーカーの齢差分業の間にも，この経路の活性化（不活化）がかかわっているようだ．シロアリにおいても，兵隊分化時にはInR遺伝子などのインスリン経路関連遺伝子の発現が上昇することが明らかとなっており，カースト分化過程でも関与することが示唆されている．先にも述べたとおり，表現型多型では幼若ホルモン経路が環境条件を受けて生理状態を変化させるが，インスリン経路と幼若ホルモンやエクダイソンの経路との間にも密接な関連があることがわかりつつある（Tartar et al., 2003）．

### D. ソシオゲノミクス

最近では，社会性に関しても分子生物学やゲノム生物学の進展の影響を受け，さまざまな新たな知見が蓄積されつつある．社会行動を分子レベルあるいはゲノムレベルで理解することを目的として「ソシオゲノミクス（sociogenomics）」という分野が脚光を浴びている．1953年のDNAの二重らせん構造の発見以来，分子生物学の発展は目覚しいものがある．大腸菌をはじめ，ショウジョウバエや線虫，マウスやシロイヌナズナなどのモデル生物を用いた研究により，さまざまな生物現象を司る分子機構や遺伝のしくみなども明らかになってきた．さらに21世紀の幕開けを境に実にさまざまな生物群での全ゲノム情報の解析がなされている．そして，社会性昆虫を扱う研究分野もこの恩恵に与っている．社会性昆虫のなかでもっともゲノミクスが進んでいるのがセイヨウミツバチ（Apis melifera）である．ミツバチゲノムは2006年に解読が終了しさまざまな発展的な研究がなされている．社会性にかかわるものとしては，foraging (for) というショウジョウバエの摂食行動にかかわる遺伝子が，ミツバチの齢差分業にかかわっていることが明らかになった．ミツバチのはたらき蜂は，成虫になってまだ若いうちは巣内の育児などに携わるが，ある程度の期間を経て老齢になると巣の外へ餌をとりに行く．この行動転換の際に，脳内でのfor遺伝子の発現が変化することが知られている．このような社会行動の詳細な分子メカニズムを，分子生物学やゲノミクスの知見・技術を用いて解析する分野は，現在ソシオゲノミクスとよばれ，社会性にかかわるすべての分野を統合するという意味でも脚光を浴びている．特に近年では，ゲノム解読が完了していない生物であっても，マイクロアレイなどを用いた遺伝子探索を行なうことができるし，近縁な生物のゲノム情報をうまく用いることによる応用的な手法も開発されつつある．加えて，ゲノム情報を解読するスピードと解読された遺伝子配列の情報能力も驚くべきスピードでアップしているため，社会行動の理解に関しても大いに貢献が期待されている．

［引用文献］

Ament S. A., et al. (2008) Insulin signaling is involved in the regulation of worker division of labor in honey bee colonies. *Proceedings of the National Academy of Science of the USA*, vol. 105, pp. 4226-4231.

Cornette R., et al. (2008) Juvenile hormone titers and caste differentiation in the damp-wood termite Hodotermopsis sjostedti (Isoptera, Termopsidae). *Journal of Insect Physiology*, vol. 54, pp. 922-930.

Corona M., et al. (2007) Vitellogenin, juvenile hormone, insulin signaling, and queen honey bee longevity. *Proceedings of the National Academy of Science of the USA*, vol. 104, pp. 7128-7133.

Nijhout H. F., et al. (1982) Juvenile hormone and the physiological basis of insect polyphenism. *The Quarterly Review of Biology*, vol. 57, pp. 109-133.

Tartar M., et al. (2003) The endocrine regulation of aging by insulin-like signals. *Science*, vol. 299, pp. 1346-1351.

Wheeler D. E., et al. (2006) Expression of insulin pathway genes during the period of caste determination in the honey bee, *Apis mellifera*. *Insect Molecular Biology*, vol. 15, pp. 597-602.

（三浦 徹）

# 第 22 章
# 形態の発生

| | | |
|---|---|---|
| 22.1 | 形態の進化 | 倉谷　滋 |
| 22.2 | 形態形質の類似性（総論） | 鈴木誉保 |
| 22.3 | ホモロジー（相同） | 鈴木誉保 |
| 22.4 | （発生）拘束 | 鈴木誉保 |
| 22.5 | 統合とモジュラリティ | 鈴木誉保 |
| 22.6 | ホモプラジー（同形） | 鈴木誉保 |
| 22.7 | 収斂 | 三中信宏 |
| 22.8 | 表現型の可塑性 | 三浦　徹 |
| 22.9 | 遺伝子ネットワークと進化 | 佐藤ゆたか |
| 22.10 | 形態形質の進化速度 | 千葉　聡 |
| 22.11 | 形態学ならびに形態の認識 | 倉谷　滋 |
| 22.12 | 比較解剖学 | 倉谷　滋 |
| 22.13 | 形態測定学 | 三中信宏 |
| 22.14 | パターン形成の理論と実際 | 宮澤清太 |
| 22.15 | 環境への生理的適応（動物） | 沼田英治 |
| 22.16 | 環境への生理的適応（植物） | 彦坂幸毅 |
| 22.17 | エピジェネティクス | 佐々木裕之 |
| 22.18 | DNAメチル化 | 佐々木裕之 |
| 22.19 | ゲノムインプリンティング | 佐々木裕之 |

## 22.1　形態の進化

　形態進化は，下に示すいくつかの異なったパターンに沿って考えることができる．

### A. 相同性と進化

　第一に，「機能的適応のための変形」として認識できる形態進化があり，そこでは器官の基本パターンは変化せず，その構成要素の形状，比率，サイズ，などのみが変化する．典型的には哺乳類の腕が変形したコウモリの翼やイルカの鰭など，Darwinの『種の起原』に紹介された多くの事例があり，同じ範疇に，フィンチに見るさまざまな機能に適応した嘴の多様な形態がある．いずれの場合も，その器官を構築する要素の数や種類に変化はなく，抜本的なデザインの変更はない．したがって，それは祖先的発生拘束から逃れないタイプの進化であり，同時に形態的相同性はこのような進化においては常に保存される．つまり，相同性は発生拘束の結果とみることができる．極端な例として，哺乳類の中耳の進化においてさえ，脊椎動物としての基本構成要素の一致をみることができ，教科書などで語られる形態進化現象の多くがこのタイプのものであることがわかる．

　このような形態進化を表現・理解する方法として，いくつかの数理的モデルや解析方法が試みられた．有名なものに，D'Arcy Thompson (1992) が示した，デカルト座標格子のゆがみとしてさまざまな条鰭類硬骨魚の外形を表現する方法がある．これは，動物体の構成要素の数と種類が一定で，しかもそれらが同じ相対的位置にあるという，Geoffroy St. Hilaire (1818) の「結合一致の法則」が完璧に成り立つ場合にのみ可能で，このことにより「機能的適応のための変形」として生じた変化が，比較解剖学や比較形態学の研究対象として理想的なものであったとわかる．同時に，比較可能な対象においては，すべての器官要素が完璧に相同であり（Gegenbaurの「完全相同性」），新しいパターンや要素の付加，消失，分裂など，質的な変化は生じない．このように考えると，Thompsonがモデルとして用いた硬骨魚でも，解剖学的レベルに立ち入れば多くの質的変化が生じており，必ずしも正確な変形の表現とはなっていないことがわかる．加えて，多くの硬骨魚においては，とりわけ腹鰭の有無や位置に関して質的な進化が多く知られ，このモデルの適用外にある種も多い．

　他の方法として，Raupが考案した「形態空間」は，生成される形態パターンを左右するいくつかのパラメータの分布を図示することにより，進化的変化の可能性を3次元空間内に視覚化したものである（Hall, 1998に引用）．典型的には，巻き貝の生成を記述する3変数がとりうる値に限界があり，すべての数理的な可能性を軟体動物や腕足動物が必ずしも用いていないことが示された．しかし，ここで用いられているパラメータは決して，実際の具体的な発生プログラムや特定の制御遺伝子を代表しない．

　他方で，変化する形態パターンのなかに可能性としての発生遺伝学的頑強性，あるいは何らかの「モジュール」を検出するための形態計測学的方法もあり得る．これらはいずれも，形態パターンの変化を何らかの方法で「測定」し，そのことにより，変化の下部構造となる要因に近づき，いずれは淘汰の対象となった表現型と，それを作る特定的形態形成プログラム，そしてそのプログラムを変形させている対立遺伝子座，これらすべてが「表現型の淘汰により選ばれる遺伝子がつくる発生プログラム」というように，Darwin的進化プロセスにおける「鎖の輪」として完結することを目指してのことである．その目的にあって，これらモデル化のジレンマとなってきたのは，認識された変化に対応した遺伝発生的要因に必ずしも肉薄できないことであり，そのためには（遺伝学的手法によるのでなければ），理論的に絞り込まれた候補遺伝子を鍵とするか，さもなければ網羅的な比較の方法によって行き着くしかなかった．その点で，量的形態変化が遺伝子発現に還元できた例としては（遺伝学的研究の副産物を別にすれば），フィンチの嘴原基に発現する成長因子（候補遺伝子産物）の発現強度が，形成されるべき嘴形態に相関するという発見がある．

### B. 進化発生学的考察

　古典的形態学においては，形態進化そのものより，

進化的変化にあっても変わらない部分があることが強調されがちであった．相同性の維持に関する理解として，現在では，基本的形態パターンを成立させる，あるいはそれが成立した時点で作用している，組織・細胞集団の相対的位置関係，それをベースにした組織間相互作用，そこにかかわる分子群の発現カスケードなどが，いわゆる構造的ネットワークをなし，それを構成するどの要素も簡単には変形できないという，Wagner のいうところの「エピジェネシスの罠（epigenetic trap）」に陥っているという説明がある．例としては，脊椎動物の肢芽後部に成立し，前後軸のパターン化に機能する ZPA（zone of polarizing activity）と，その遠近軸成立に機能するもうひとつの形成中心，AER（apical ectodermal ridge）が，互いに FGF シグナリングを介して連動し，しかもその存在が成長しつつある肢芽の 3 次元的な組織構築に大きく依存することなどがあげられる．

いまひとつは Riedl による「発生負荷（developmental burden）」であり，祖先に生じた特定の形態パターンをベースとして，その上に変化を積み上げることにより到達できたパターンを維持するためには，子孫の個体発生においても，祖先的パターンが淘汰を通じて保存されねばならないという論理である．結果，このような形態進化には Haeckel 的反復がともなう．とりわけ高度に組織化されたボディプランを備えた動物の形態進化においては，発生プログラムの変更をファイロティピック段階よりも後期に置き，子孫の発生過程がある程度進化をなぞる傾向が顕著となる．

また，構造的ネットワークをともなった安定的発生プログラムにまつわるもうひとつの現象として，器官の消失がある．すなわち，堅固に組み上げられ，各要素が相互に依存しあっているからこそ，どれか 1 要素の変化がシステム全体の瓦解を誘発する．典型的には洞窟魚（cavefish）における眼の消失がある．眼胞がレンズを誘導し，レンズが角膜を誘導するとともに，網膜の発生を維持するというネットワークを利用し，この魚では途中まで形成された眼の原基におけるレンズに細胞死が生じ，それが引き金となって，眼全体が発生を停止する．この例においては，失われた鎖をとり替えることによってネットワークが復元されると期待でき，事実，洞窟魚の発生途上のレンズ原基を近縁種のそれととり替えることによって，眼の発生を再構築できる．

第二のカテゴリーは，さまざまなレベルでの「質的変化」を含む．ここでは，何らかのレベルで祖先的なパターン自体が変更され，それに応じて発生拘束の部分的解除もしくは追加と，それにみあった形態的相同性の喪失がともなう．顕著な例は，祖先的パターンの細分化や複雑化によるもので，Gegenbaur が「不完全相同性」とよんだ多くの現象がこれに由来する．たとえば，祖先的顎口類の口器に生じた歯が，哺乳類に至って領域特異的に分化し，切歯，犬歯，小臼歯，大臼歯を得るといった場合である．このとき，切歯や小臼歯は形態的に確固とした相同性をもち，哺乳類間で比較可能だが，サメの歯には切歯も小臼歯も認められない．サメと哺乳類の歯は，顎骨弓に生じた歯というレベルでのみ相同であり，哺乳類歯牙系において同定できる多くの形態的特徴は，他の動物には存在しない．哺乳類の歯牙発生過程をみれば，dental cusp という，他の脊椎動物の歯には単一存在する形成中心が *Shh* 遺伝子発現領域として同定でき，それが発生上，分裂する．同様に，鳥類の羽毛にみる形態要素のすべては，角質形成物として起源を同じくする爬虫類の鱗や哺乳類の毛にはみることができない．このような進化もまた，ある発生段階まで祖先と共通の機構に依存し，後期発生過程に変更を挿入している場合が多い．そして，進化系統樹においても，特定の系統に生じた形態パターンの追加が新しいタクサの形態形成のルールとなるといったように，発生拘束を系統特異的に定義してゆく．形態進化の系統特異性，すなわち特定の進化が特定の系統にしか生じないという現象の背景には，（シクリッドの摂食装置の進化にみるように）鍵革新（key innovation）として知られる軽微な発生的，解剖的，遺伝的変化が下地となることが多く，これを理解することがより大規模な形態進化や適応放散の理解につながる．

上述した「形態パターンの累積的進化」は，分岐学と整合的な進化パターンを示し，「ネコを特殊な食肉類とみなす」ような入れ子式の形態認識を導く．

広義には，椎式の変化（形態的相同性が分節番号と遊離し，分節列の上を形態的相同性がトランスポジションする）という脊椎動物独特の現象も，累積的な拘束の変化とみなすことができる．このような椎式の進化は系統樹に沿った変化系列として生じ，いくつかの変化は動物系統の共有派生形質とみなせる．このとき，椎骨形態を定義するHox遺伝子の発現パターンには，分節番号以外の質的な変化は生じず，発現の前後関係も保存され，特定のHox遺伝子発現領域の分節数だけが変化する．結果，哺乳類においては系統特異的に胸腰椎や，ときとして頸椎数が変化しうるが，形態的に相同な椎骨セットの順序は変わらない．形態学的には，ホメオティックとか，メリスティックと形容されてきた現象の一部であり，決して抜本的に新しいパターンが生じているわけではない．遺伝発生学的にこれと近い現象として，対鰭や四肢の消失にともない，いわゆるツールキット遺伝子とよばれる，ボディプランの構築にかかわる遺伝子のシス制御因子が変異することにより，ボディプランレベルでの変化が生ずることがある．*Pitx1*遺伝子の制御の進化とトゲウオの腹棘の消失・縮小，*Shh*遺伝子の制御進化とヘビの四肢の消失などがあげられる．これら，遺伝学的手法で検出された現象が，一挙に現在みる表現型を生み出したのか，あるいは遺伝的安定化の果てに，制御ネットワークの上位にあるボディプラン遺伝子の変異に落ち着いたのか，問題は残る．

## C. 新規形質

対して，累積的特殊化では表現できないような形態パターンの抜本的変更は，形態要素の完璧な消失，新規形質の出現を含み，鯨類のボディプランにはこのような要素がいくつか含まれる（鯨類はその系統関係とは裏腹に，もはや「特殊化した偶蹄類」とはみなせない）．ここでいう新規形質とは，いわゆる進化的新機軸（evolutionary novelty, innovation）のことであり，そこには何らかの本質的なdevelopmental repatterningがともなう．ここで認識すべき重要な概念が「乖離」であり，それは構造ネットワークの維持や，機能的なレベルでの統合の解除といった文脈にかかわる．たとえば，サメや原始的な硬骨魚に加え，おそらくは板皮類，そして多くの四肢動物におけるように，本来的に脊椎動物の腹鰭（もしくはその派生物である後肢）は総排泄孔とカップリングし，そのことによってしばしば機能的な生殖機構が発達し，それゆえ後肢や腹鰭の前後軸上の位置は安定化し，進化的に移動することを許されない（腹鰭の移動をともなうゲノムの変異は集団から淘汰される）．しかしながら，総排泄孔の発生機構と腹鰭のそれは，本来的には発生機構的に遊離しており，条鰭魚類においては腹鰭の位置が大きく移動したり失われることがある．このとき，腹鰭は新たに移動した位置にふさわしい脊髄神経によって支配され，その形態的位置価も非相同的に変更する．

うえのような位置の変更は，Haeckelの用語で発生の位置の進化的変化を示す「ヘテロトピー（heterotopy）」に相当する．同様の例として，顎口類の顎の進化があげられる．すなわち，すべての脊椎動物において，口器はBMP4とFGF8を用いた上皮間葉間相互作用により特異化され，その分子レベルでの機構は保存されている．しかし，この機構がおよぶ形態的範囲が円口類と顎口類では異なり，もっぱら第一咽頭弓のみに作用して口をつくり出したのが顎口類である．この例では，遺伝子レベルでの発生機構と胚形態の両者が相同であるにもかかわらず，それらが対応しないことによってヘテロトピーが検出できる．ここにも，拘束の解除にともなう相同性の喪失をみる．さらなる例としては，カメの背甲がある．背甲は内骨格要素である肋骨より由来するが，その組織学的性質は外骨格性である（発生的由来と組織学的発生様式の間に離齬がある）．Gilbertによれば，本来筋層中に発生すべき肋骨が，カメにおいてはその位置を真皮中にシフトし，祖先の肋骨原基とは異なった新しい胚環境にふさわしい皮骨的組織発生が新規に誘導された．この意味で，カメの背甲は組織学的には外骨格であっても，進化発生的由来は内骨格であり，この構造を従来の形態学的概念で正しく表現することはできないという．ここでも再び，祖先的形態パターンを維持するための発生的位置関係の保持が進化的に解除されていることがわかる．

以上，ヘテロトピーによる発生のシフトと，それによる相同性の変形，もしくは喪失，そしてそれにと

もなう新規形態パターンの獲得を論じたが，これらは既存のパターンを「ずらす」ことによってもたらされ，その背景には多かれ少なかれ，発生システムの乖離を利用し，それにより祖先的発生拘束から逃れるというストラテジーをみる．この意味で，まったく新しいパターンなどは生まれず，その前駆体を何らかの形で祖先や胚のなかに確認できる．乖離，すなわち変化を生み出す「きっかけ」の同定は重要な作業であり，発生プログラムや胚形態，もしくはゲノム中に進化の必然性を知るための研究が今後待たれる．

### D. 先祖返りとコ・オプション

最後のカテゴリーとして，単なるシフトとしては説明できない，真に新しいパターンの獲得がありうる．しかしここでも，何もないところからいきなり生じるような形質はなく，多くの場合それは，既存の発生プログラムの応用による．特殊なケースとして，いわゆる「先祖返り (atavism)」もこの範疇にある．たとえば，昆虫は腹部体節から付属肢を消失させ，3対の歩脚をもつが，その状態は比較的原始的な昆虫の系統においても発生を通じて確認でき，昆虫の生活史すべてにわたって腹部から付属肢が失われた経緯がある．しかるに，鱗翅目の幼虫では腹部体節には疣脚が発生する．確認すべきは，本来節足動物の分節にはすべて付属肢の形成能がポテンシャルとして備わり，付属肢それ自体の形態形成プログラムが胸部体節において常に発動し，保存されてきたことである．事実，昆虫の腹部体節はこのポテンシャルを二次的に抑制しているのであり，それは脚形成をつかさどる *Dll* 遺伝子の発現を腹部における *AbdA* と *Ubx* の発現下で抑制するという昆虫特異的機構の獲得による．鱗翅目幼虫においては，腹部のいくつかの体節において *AbdA* と *Ubx* の発現が抑制されている細胞があり，そこで *Dll* 抑制機構が解除，二次的に脚が「再獲得」されているのである．このように，「一度失われたものはとり返せない」というドロの法則は，少なくとも系列相同物の進化にはあてはまらない．

もうひとつの新規パターン獲得としては，既存の（祖先的）発生プログラムが別の場所に移植されるという，いわゆるコ・オプションが背景となる．多くの場合，蝶の翅にみられる斑紋形成が，翅の基本形態パターンにかかわる遺伝子プログラムの再利用であるという例があるが，脊椎動物にもないわけではなく，カメの甲獲得の背景に想定されてきた．すなわち，カメの背甲は，肋骨を背側へ移動し肩胛骨を包み込むという発生リパターニングを基盤とするが，その際，骨格-筋間の結合性の多くは祖先的パターンを維持している．すなわち，ある程度の形態的相同性は守られている．しかし，このシフトには，胚の体壁の内側への「折れ込み」という，他の脊椎動物にはない変化がともない，「折れ線」相当部 (CR とよばれる) には，カメ胚特異的な細胞増殖や組織間相互作用が生じ，Wnt シグナルカスケード内で機能するいくつかの制御遺伝子が特異的に発現する．実際，これらの遺伝子の機能がなければ，背甲は形成できない．以前は，CR の組織学的特徴から，それが肢芽形成プログラムのコ・オプションによってもたらされたと考えられた．それは必ずしも現実と一致しないが，これら CR 遺伝子群が，おそらくはどこか別の器官形成や組織分化にかかわっていたシグナルカスケードを移植してきたものであることは確からしい．

以上，動物にみられる形態形成のパターンを，現象的にいくつかのカテゴリーに分けて解説した．それぞれにおいて，進化的同一性，すなわち「相同性」をさまざまな文脈において認識し，その変容を理解することから形態進化の内実を理解してゆくことが今後も重要な課題となってゆくと考えられる．

[参考文献]

Abzhanov A. *et al.* (2006) The calmodulin pathway and evolution of elongated beak morphology in Darwin's finches. *Nature*, vol. 442, pp. 563-567.

Burke A. C. *et al.* (1995) *Hox* genes and the evolution of vertebrate axial morphology. *Development*, vol. 121, pp. 333-346.

Carroll S. B. *et al.* (2001) *From DNA to Diversity*. Blackwell Sci.

Geoffroy Saint-Hilaire E. (1818) *Philosophie Anatomique* (tome premiere) (cited in Le Guyader, 1998).

Hall B. K. (1994) *Homology: The hierarchical basis of comparative biology*. Academic Press.

Hall B. K. (1998) *Evolutionary Developmental Biology 2nd ed.*, London: Chapman & Hall.

Le Guyader H. (1998) Étienne Geoffroy Saint-Hilaire (1772-1884)： Un naturaliste visionnaire.

Müller G. B. & Wagner G. P. (1991) Novelty in evolution: Restructuring the concept. *Annu. Rev. Ecol. Syst.*, vol. 22, pp. 229-256.

Narita Y. & Kuratani S. (2005) Evolution of the vertebral formulae in mammals - a perspective from the developmental constraints. *J. Exp. Zool. (Mol. Dev. Evol.)*, vol. 304B, pp. 91-106.

Riedl R. (1978) *Order in Living Organisms*, Wiley Press, Chichester, New York.

Sánchez-Villagra M. R. *et al.* (2007) Thoracolumbar vertebral number: the first skeletal synapomorphy for afrotherian mammals. *Systematics and Biodiversity* (Cambridge Uni. Press), vol. 5, pp. 1-7.

Salazar-Ciudad I. & Jernvall J. (2002) A gene network model accounting for development and evolution of mammalian teeth. *Proc. Natl. Acad. Sci. USA*, vol. 99, pp. 8116-8120.

Shapiro M. D. *et al.* (2004) Genetic and developmental basis of evolutionary pelvic reduction in threespine stickleback. *Nature*, vol. 428, pp. 717-723.

Shigetani Y. *et al.* (2005) Evolutionary scenario of the vertebrate jaw: the heterotopy theory from the perspectives of comparative and molecular embryology. *Bioessays*, vol. 27, pp. 331-338.

Thompson D. W. (1992) *On Growth and Form.* Dover reprint of 1942 2nd ed.

Wagner G. P. & Müller G. B. (2002) Evolutionary innovations overcome ancestral constraints: A re-examination of character evolution in male sepsid flies (Diptera: Sepsidae) *Evol. Dev.*, vol. 4, pp. 1-6.

Yamamoto Y. & Jeffery W. R. (2000) Central Role for the Lens in Cave Fish Eye Degeneration. *Science*, vol. 289, pp. 631-633.

〔倉谷 滋〕

## 22.2 形態形質の類似性（総論）

### A. 概要

　生物のもつ形態要素を比較したとき，同一個体内あるいは異なる生物種間でさまざまな類似性が認められる．この類似性は古くから多くの関心をひいてきた．こうした類似の形態をとらえるため，相同（ホモロジー），相似（アナロジー），同形（ホモプラジー）など，いくつかの概念が提案されている．これらの概念は，各時代における進化や発生についての理解や興味の焦点によって，その内容に変化がみられ，いまでも十分にくみつくされたわけではない．特に，系統学的に考えるか，比較生物学的に考えるか，あるいは発生学的に考えるかによって，その含意するところは異なる．そこで，本項では，相同，相似，同形などの各概念が成立した歴史的背景を概観し，そのうえで，各概念の相互の関係について解説する．相同と同形のより詳しい解説については，以下に続く項目 22.3, 22.6 を参照されたい．

### B. 歴史的背景

　形態のもつ類似性に概念的な区分を初めて設けたのは Richard Owen (1843) であるといわれ，彼は相同 (homologue) と相似 (analogue) を区別した．前者は，The same organ of different animals under every variety of form and function（形態と機能のあらゆる変異のもとで，異なる動物がそなえている同一の器官），後者は，A part or organ in one animal which has the same function as another part or organ in a different animal（異なる動物がそなえている部分または器官と比較して，同じ機能をそなえている部分または器官）と定義された．Darwin の『種の起原』以前になされたこれらの定義は，共通祖先をもつかどうかについては考慮していない．また，Owen 自身も認めているように，この定義に従うと，ほとんどの場合に似た機能をもつ相同器官が同時に相似な器官にもなる．このように，Owen が用いた相同と相似の概念は，互いに排他的な関係にない．

Lankesterら（1870）は，Ownの相同の概念に進化的な考え（共通祖先や系統）を加えて再検討し，ホモジェニー（homogeny）とホモプラジー（homoplasy）を提案した．ホモジェニーは，「異なる生物間に認められる，共通祖先に由来する部分や器官，構造の類似性」として定義され，ホモプラジーは，「ホモジェニーではない形態の類似」として定義された．このように，Lankesterが用いたホモジェニーと同形の概念は，互いに排他的な関係にある．しかし，ホモジェニーという表現は定着せず，相同という表現にとって代わられている．したがって，これ以降の相同の概念には，進化的な考えが含まれている．

一方，ほぼ同じ時期に，Gegenbaur（1870）は，相同を一般相同（general homology）と特殊相同（special homology）へと区別した．前者は同じ個体内での形態要素間の類似性をさし，後者はLankesterのホモジェニーと同じ意味をさす．

その後，系統学の考え方が進化研究に広く浸透するかたわら，系統樹の再構成に用いられない一般相同の概念は，一部の形態学においてのみ用いられるようになる．しかし，比較発生生物学的には一般相同は重要な概念である．この流れを受けて，Roth（1984）とWagner（1989）は，一般相同を生物学的相同（biological homology）として，特殊相同を歴史的相同（historical homology）として再定義した．

## C. 関連する事項
### a. 形質と形質状態
形質（character）とは，ある分類群がもついかなる特徴をもさす．したがって，遺伝子などの分子，形態などの構造，代謝や行動といった機能も含む．形質状態（character state）とは，形質がもつさまざまな性質や様相をさす．たとえば，肢（limb）とは形質であり，肢の太さや長さなどは形質状態である．

### b. 相同 vs 相似？ 相同 vs 同形？
形態形質の類似性には，構造的な側面と機能的な側面のふたつがある．相同（ホモロジー）と同形（ホモプラジー）は構造にかかわる用語であり，相似（アナロジー）は機能にかかわる用語である．さらに，相同は，歴史的相同と生物学的相同に分けられる．歴史的相同と同形は，系統上で共通祖先に由来する類似性か否かによって分けられる．相似は収斂進化によって得られた形態形質の機能的な類似性について用いられる．したがって，現在では，（歴史的）相同と対になるのは同形である．Wake（1996）は，「ホモプラジーは，ホモロジーに対して，完全とまではいわないが，ほとんど反対の用語である．たとえば，ホモロジーが"同じであること"をさすならば，ホモプラジーは"同じであるように見えること"（独立した進化によって獲得された）をさすといえる」と述べている．反対語であることを特に強調する場合には，ホモプラジーを同形非相同とよぶ（22.3，22.6項参照）．

### c. 系統学的な視点と発生学的な視点
bで触れたように，相同はふたつに分けられる．歴史的相同とは，系統学的な視点によるものであり，生物学的相同は比較発生学的な視点によるものである（22.3項参照）．

### d. 使い方の注意
鳥の翼とコウモリの翼は，相同か相似か．肢（limbs）としてみれば，両者は（構造的に）相同である．飛ぶための翼としてみれば，（機能的に）相似である．

## D. 系統学的な視点の詳しい説明
歴史的相同と同形の厳密な区別は，①最近の共通祖先形質，②系統上の継続性，によりなされる．相同はこのふたつの条件を満たすものであり，同形は少なくともいずれか一方を満たさない．

### a. 系統分岐的にもっとも近い共通祖先
同形である形質同士であっても，系統を過去へとさかのぼってゆけば，いずれ両者のもっとも近い共通祖先（the most recent common ancestor）にたどりつく．したがって，共通祖先をもつかどうかによって，相同と同形は区別されない．厳密な系統樹がないかぎり，相同と同形を認識することはできないことがわかる．

### b. 系統樹上での継続性（phylogenetic conservation）
もっとも近い祖先形質を共有していたとしても，系統樹上で一度でもその形質が失われてしまっては，相同とみなされない．この場合は，系統樹上での再登場のパターンによって，平行進化と先祖返りに分類される（22.6，22.7項参照）．

### E. 発生学的な視点の詳しい説明

相同や同形といった系統樹上での進化のパターンを知るうえで，発生学的アプローチはひとつの方法である．このとき，共通祖先からの変化（modification）について，その変化の仕方や度合いに焦点が向けられて相同や同形という現象が調べられる．たとえば，相同な形態形質についての形質状態の変化がどのような発生プロセスに基づいているかがわかる．また，同形的形態形質同士といえども，あるレベルでの系統的祖先形，もしくは祖先的要因を共有することがあり，その変化として導くことができる場合がある．容易に推察できるように，形態形質が欠失している場合でも，その発生にかかわっていた遺伝子や発生機構が保存されている可能性もある．注意すべきは，発生プロセスの類似性をもって，形態形質の相同性や同形を決めることが一概にできないことである．詳細は，22.3，22.6項を参照されたい．

[引用文献]

Gegenbaur G. (1870) *Grundzuge der Vergleichenden Anatomie 2nd ed.*, Wilhelm Engelmann.

Lankester E. R. & Oxon B. A. (1870) On the use of the term homology in modern zoology and the distinction between homogenetic and homoplastic arguments. *Annals and Magazine of Natural History*, vol.6, series.4, pp. 34-43.

Owen R. (1843) Lectures on Comparative Anatomy and Physiology of the Invertebrate Animals, Delived at the Royal College of Surgeons in 1843, Longmans, Brown, Green and Longmans.

Roth V. L. (1984) On homology. *Biol. J. Linn. Soc.*, vol. 22, pp. 13-29.

Wagner G. P. (1989) The biological homology concept. *Annu. Rev. Ecol. Syst.*, vol. 20, pp. 51-59.

Wake D. B. (1996) Introduction. in Bock G. R. and Cardew G. eds., Homoplasy, pp. 24-33, Wiley.

[参考文献]

Hall B. K. (1998) Evolutionary Developmental Biology 2nd, Chapman & Hall. [ブライアン・K・ホール 著, 倉谷滋 訳 (2001)『進化発生学—ボディプランと動物の起源』工作舎]

倉谷 滋 (2004)『動物進化形態学』東京大学出版会．

Sober E. (1988) Reconstructing the Past: Parsimony, Evolution, and Inference, The MIT Press. [エリオット・ソーバー 著, 三中信宏 訳 (1996)『過去を復元する—最節約原理，進化論，推論』蒼樹書房]

（鈴木誉保）

## 22.3　ホモロジー（相同）

### A. 概要

ホモロジーとは，生物の体に認められる複数の形質間に，構造的同一性や類似性が存在していることである．大きく歴史的相同（historical homology）と，生物学的相同（biological homology）が認められる．前者は系統学的な観点から定めた相同性であり，後者は発生学的な観点から定めたものである．多くの場合に相同は歴史的相同として定義されているが，それはこの用語が成立してきた研究の歴史的な背景と深く関連している（22.2項参照）．相同性は，分子，遺伝子，細胞，組織，器官，胚発生，個体，集団，コミュニティ，行動，生理など，さまざまな階層やレベルで観察される．

### B. 定義（Hall ed, 1994）

#### a. 歴史的相同

歴史的相同とは，異なる種間でみられる形質（character）あるいは形質状態（character state）が，もっとも近い共通祖先（the most recent common ancestor）に由来し，かつ，系統的に間断なく保持され続けている場合をさす．例として，コウモリの翼とイヌの前肢（哺乳類の前肢として相同）．

#### b. 生物学的相同

生物学的相同とは，個体内にみられるふたつの以上の形質あるいは形質状態が，互いに類似の構造をもつ場合をさす．例として，ネコの前肢と後肢（肢として相同）．

### C. 歴史的相同についての詳しい解説

生物の体に観察される形質の多くは，過去に生じた形質が形や大きさを変化させながら保持され続けてきたことに由来する．したがって，異なる生物間の形態形質の歴史的相同性を明らかにすることで，その形質の系統的な由来や祖先形質について知ることができる．系統学（phylogenetics）や体系学（systematics）では，単系統群を定義しうる相同形質は，共有派性形質（synapomorphy）とよばれる．歴

史的相同の識別には，系統的な継続性を比較形態学的に正確に調べることが重要となる（※これを満たさない類似性は同形（ホモプラジー）という（22.2，22.6項参照）．

### D. 生物学的相同についての詳しい解説

生物の体は，解剖学的にあるいは形態学的に，複数の形態形質の集合として記載される．こういった形質間の関係を通じて，形態要素同士の類似性と変形の仕方に関心がもたれてきた．

#### a. 連続相同，系列相同

連続相同，系列相同（serial homology）とは，個体のなかで，同等である形態形質間の関係をさす．たとえば，脊椎動物・昆虫・環形動物の分節，上肢と下肢，胸鰭と腹鰭，葉と花弁など．

#### b. 個別化

個別化（individualization）とは，連続相同的な形態形質が，それぞれ異なった方向に分化する現象をさす．たとえば，昆虫の前翅と後翅が異なる形態と機能を獲得していることなど．Hox遺伝子群など，発生原基に位置価を与える制御遺伝子と関係することが多い．このように進化的な変化の単位として連続相同な形態形質をとらえる見方は，これらの形態要素をモジュールとして再評価する契機にもなっている（22.5項参照）．

### E. 歴史的相同と生物学的相同の関係

異なる種に認められる形質が歴史的に相同であるかを判断するのは一般に難しい．広く採用されている方法では，他の形態形質との相対的な位置関係が同等であることや，形態の特徴を利用することによって比較し，系統関係との整合性を検証する．つまり，歴史的相同は，生物学的相同による情報を用いて同定する．一方，生物学的相同物の進化的変化を知るには，各形態形質の系統をたどる．つまり，生物学的相同の由来は，歴史的相同の与える情報によって明らかにできる．

### F. 分子進化と形態進化における用語の比較（Wagner, 2007）

形態形質も遺伝子座と似た進化的変化に従うため，分子進化学用語を対応させて考えるとみとおしがよい．個別的形態形質間にみられる歴史的相同は分子進化でのオーソログに相当する一方，連続相同はパラログに似る．ただし，この対応は，各形質間の関係性について記したもので，相同性が成立している進化メカニズムには言及はしない．たとえば，パラログは遺伝子重複によるものであるが，連続相同をもたらした発生メカニズムはこれと同等ではない．

### G. 各レベルの相同性の一致・不一致

形態形質間の相同性の根拠を遺伝子の相同性に求める議論はこれまで幾度もなされてきたが，現在では，この仮説は否定されている．相同な形態形質であっても，その発生プロセスに用いられている遺伝子が相同でない例が数多く知られているからである．以下に，形態の相同性とその下位のレベルでの相同性が一致しない例をあげる．ただし，一致する例も数多くあるということには注意されたい．

#### a. 不一致の例（de Beer, 1971）

原基レベル：脊椎動物において形態として相同である消化管．サメの消化管は胚の原腸の天井から形成される．イモリとヤツメウナギでは原腸の床から形成される．カエルでは天井と床から形成される．爬虫類と鳥類ではヒポブラスト（胚盤の下方の細胞層）から形成される．

誘導機構レベル：カエルの一種 *Rana fusca* では眼胞によるレンズの誘導と，同属種であるヨーロッパトノサマガエル（*R. esculenta*）における誘導の不在．

#### b. 系統樹を基にした階層的な比較（Abouheif, 1997）

このように，形態進化においては，遺伝子から形態に至るまで，各レベルでの相同性が一致しない可能性を常にはらみ，形質状態のみならず，各階層間の関係にも変化が起こることを意味している．そこで，図1に示すように，系統樹上に各形質を記載することで，形態進化の階層的な構造の変化を調べることは重要な課題である．

### H. 展望

以下に述べる内容は，現在進められている考え方であり，評価の定まったものではない．しかし，興

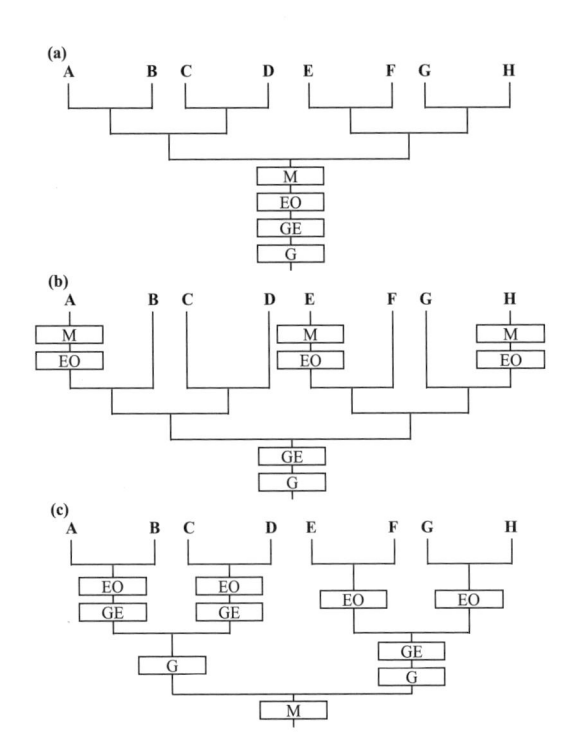

**図1** 各レベルでみられる相同性とその階層的な進化
G：gene structure, GE：gene expression patterns, EO：embryonic origins, M：morphological structure. (Abouheif, 1997より一部改変して引用)

味深い内容も多く参考程度に記しておく．

### a. モジュラリティへの展開

　進化に系統的な考え方が導入されて以降，相同性は系統に基づいて定義され議論されてきた．しかし，相同性の定義がもつ系統的な継続性は，比較発生学が対象とする研究や，また遺伝子や分子による情報が多く解析できるようになった昨今では，特に窮屈なものとなりつつある．そこで，まとまりをもった形態要素を，一度モジュラリティとして再定義し，これまでよりも自由に議論を進めようという試みが始まっている（22.5項参照）．

### b. 発生拘束との関係

　相同性が成立する背景には，ただ系統にわたって残存しているというよりは，もう少し積極的に継続して存在させるような進化的なメカニズムが作用しているのではないか，という提案がなされている．そのひとつとして，発生拘束がある（22.4項参照）．しかし，実証的な研究はなく，今後の進展が望まれる．

### c. deep homology（Shubin *et al.*, 2009）

　ハエの眼とマウスの眼は相似な器官であって，相同な器官ではない．しかし，眼を形成するための遺伝子群のうちいくつかは共通のものが用いられている．形態の相同性は，多くの場合に，分類群で門をこえては比較が困難になるが，タンパク質の相同性は分類群にとらわれずに比較が可能である．動物はその進化で遺伝子やタンパク質のかぎられたレパートリーでつくられていることはわかっており，それらが使いまわされていても不思議ではない．その詳細については今後の進展が望まれる．

[引用文献]

Abouheif E. (1997) Developmental genetics and homology: a hierarchical approach, *Trends Ecol. Evol.*, vol. 12, pp. 405-408.

de Beer G. R. (1971) *Homology: an Unsolved Problem (Oxford Biology Reader no. 11)*, Oxford University Press.

Carroll S. B. (2001) *From DNA to Diversity*, Wiley-Blackwell.

Hall B. K. ed. (1994) *Homology: the Hierarchical Basis of Comparative Biology*, Academic Press.

Shubin N. *et al.* (2009) Deep homology and the origins of evolutionary novelty. *Nature*, vol. 457, pp. 818-823.

Wagner G. P. *et al.* (2007) The road to modularity. *Nat. Rev. Genet.*, vol. 8, pp. 921-931.

[参考文献]

Bock G. R. & Cardew G. (1999) *Homology (Novartis Foundation Symposium 222)*, John Willey & Sons.

Futuyma D. J. (2005) *Evolution*, Sinauer Associates.

Hall B. K. (1998) *Evolutionary Developmental Biology 2nd ed.*, Chapman & Hall. [ブライアン・K・ホール 著，倉谷 滋 訳 (2001)『進化発生学―ボディプランと動物の起源』工作舎]

倉谷 滋 (2004)『動物進化形態学』東京大学出版会.

（鈴木誉保）

## 22.4 （発生）拘束

### A. 概要

発生プロセスが進化のメカニズムに関与する可能性が指摘されてきた．生物が示す形態形質は，遺伝子やタンパク質が相互に作用しあうことで生み出される．したがって，たとえ突然変異がゲノム上にランダムに生じたとしても，発生プロセスがもつしくみによって，表現型としてあらわれる形態のバリエーションに制限が加えられたり偏りがもたらされたりする可能性がある．一般に，進化のメカニズムは，以下の三つのプロセスによって成立する．① 個体間に変異があること，② その変異に応じて繁殖や生存に有利・不利が生じること，③ その変異が遺伝すること，である．このうち，発生拘束（developmental constraints）は，遺伝子に生じた変異から表現型が生み出される過程に影響をおよぼすと考えられている．このように，進化のプロセスにおいて，発生拘束は内的な要因としての作用があると予想される．（外的な要因については，20.2，20.15 項を参照.）

### B. 定義（Maynard Smith et al., 1985）

発生拘束とは，発生プロセスの構造，形質，構成，またはダイナミクスによってひき起こされる表現型のばらつきに偏りや表現型の変動のしかたに制限をもたらす作用をさす．

### C. 検出方法の例（Richardson et al., 2003）

発生拘束の作用により生じた現象であるといわれている例をいくつか紹介する．

（1）ある系統において，個々の形態形質が異なる進化速度で多様化すること（一般に，モザイク進化として知られる）．

（2）自然界で観察される形態形質の占める範囲がかぎられていること．

（3）理論研究から予想される適応的な形態形質と比較したときに，実際に存在している形態形質が最適な形質状態から外れていること．

（4）胚を奇形誘発物質によって処理したり，ある いは何らかの遺伝子操作を行なったときに，生じた形態異常がある限られた状態になりやすい傾向がみられること．

（5）系統樹において，類似した形態形質が頻繁に現れること（並行進化や逆転など）．

（6）発生プロセスにおいて同じシグナル分子による制御の支配下にあるふたつの形態形質が，それぞれ独立に人為的に進化させることができないこと．

### D. 関連する概念

発生拘束にかかわるさまざまな拘束や関連概念を提示する．ただし，同じ用語であっても，場合によってその含意する内容が大きく異なることもあるので注意を要する．以下に，提案されている定義の一例をあげ，例を含めて説明する．（日本語では，拘束や制約と訳される．いずれも英語では constraints と表記される.）

**a. 物理的制約**（physical constraint）（Maynard Smith et al., 1985）

物理化学的要因，あるいは構造力学的要因などによって与えられている制約をさす．発生プロセスにおいて，拡散性タンパク質（モルフォゲン）による濃度勾配などを利用した形態形成は頻繁に利用されているが，モルフォゲンの拡散速度や拡散する広さなどは，さまざまな分子メカニズムによって工夫したとしても，可能は範囲が物理化学的にかぎられていることなどが，その背景にある．

**b. 遺伝的制約**（genetic constraints）（Blows, 2004）

遺伝的に相関をもつ形態形質は，独立に進化することが難しい．たとえば，ふたつ（AとB）の形態性質の間に遺伝的な相関があるとき，Aが適応的に不利な性質をもっていたとしても，Bが適応的に有利な性質をもち，かつBにより強い自然選択がはたらいた場合には，AはBの進化に引きずられていくことがある（遺伝的相関という）．これは，複数の遺伝子座（multi locus）へと拡張して考えることができ，相加遺伝共分散行列（additive genetic covariance matrix）を用いて考察されている．

**c. 発生的緩衝**（developmental buffering），**発生的頑健性**（developmental robustness）（Kauffman, 1983）

遺伝的な変化や環境の変化が生じたときに，発生プロセスはその作用に応じた変化が可能というわけではない．発生プロセスには，変化を緩衝するような作用（バッファリング）や安定化する作用（キャナリゼーション）が存在していると提案されており，また最近の研究では，頑健な性質（ロバストネス）も存在していると考えられている．こうしたしくみは，変異や環境要因などによる撹乱を揺り戻す作用をすると考えられ，生じる表現型に偏りをもたらすと考えられている．

**d. 機能的制約**（functional constraints）（Schwenk, 1995）

形態形質は，適応のために機能的に関連しあっている．これを機能的な形態統合という．機能的に関連しあった形態形質は，多くの場合に遺伝的にも相関をもつと考えられている（統合とモジュラリティ）．したがって，複数の形質間にある機能的な統合は，形質ごとの独立した進化を拘束する可能性がある．

**e. 系統的制約**（phylogenetic constraints）（Schluter, 1989）

ある特定の系統において，過去に生じた形態形質の進化的な変化のために，ある方向への形態形質の進化に制限があること．

**f. 普遍的拘束と局所的拘束**（universal constraints, local constraints）（Maynard Smith et al., 1985）

ある特定の分類群（taxa）に認められる拘束を局所的拘束といい，物理法則の影響などによる任意の形態形質にかかる拘束を普遍的拘束という．

## E. 適用をめぐる混乱

発生拘束の定義と適用の仕方は，たいへん乱れている．そもそもこの状況を招いているのは，発生拘束研究の初期の重要な論文での定義にあるといっても過言ではない（Maynard Smith et al., 1985）．「発生プロセス上の何らかの機構により，進化の方向にバイアスがかかっている状態をさす」という，複数の解釈を許した定義は，その後の研究に混乱を招いている．現在でも統一的な見解は得られていない．ここでは，SchwenkとWagnerによる論文を中心に引用し，問題となっている箇所の一部を列挙する（Schwenk & Wagner, 2003）．

### a. 時間スケール

発生拘束を適用する対象がもつ時間スケールを考慮する必要がある．たとえば，集団レベルなのか，あるいは系統レベルで調べているのかといった区別が必要である．集団を対象とするならば量的遺伝学を用いた解析は可能であるが，そうして得られた結果を数百万年から数千万年にわたるような系統の解析にそのまま適用することはできない．このため，ある系統において，かぎられた形態形質しかみられないことの要因は一般に発生拘束だけに求められない．つまり，その形態が進化によってあらわれてからまだ十分な時間が経過していないだけかもしれないし，また自然選択の作用によるものかもしれないことには注意を要する．

### b. 進化のパターン

並行進化やくりかえし進化にみられる，類似した形態形質が頻繁に出現するような進化パターンは，発生拘束によるものだと考えられることが多い．しかし，自然選択の影響によるものかもしれない．

### c. 拘束がかかる対象について

発生拘束の影響を受ける対象として，形態形質（あるいは，いくつかの形態形質のセット）を対象とする場合と，個体を対象とする場合とがある．前者の場合には，さほど問題はない．しかし，後者の場合には，どの形質のどの形質状態について言及しているのかが不明瞭になり，また個体全体がまるごとのまま適応するという考えも受け入れにくい．

### d. 拘束がかかる範囲

発生拘束が作用し続けた場合に，その影響は系統（クレード, clade）にかかるか，あるいは分類群（タクサ, taxa）にかかるかは根強い問題である．

## F. 展望

発生拘束の研究は，その概念的なものや現象論的な説明がほとんどであり，実証的な研究はほとんどない．発生拘束が作用した結果，どのような動物や植物の進化をもたらしたのか？ どのような生態的

な適応を可能にしたのか？今後とりくみが求められる課題をいくつかあげる．

### a. 進化可能性

発生プロセスがもたらす拘束は，許される形態に偏りをもたらし，進化の道筋にバイアスをかける．このバイアスには，正の役割（positive roles）と負の役割（negative roles）があると提案されている（Arthur, 2001）．前者は発生拘束によりもたらされるバイアスと自然選択がかかる方向が一致している場合であり，後者はその方向が一致していない場合である．このように，発生拘束は自然選択とさまざまなかかわりをもち，進化の道筋や進化速度などに影響を及ぼすと考えられる．

### b. 発生プロセスの保守性

生物間の発生プロセスを比較したときに，解剖学的な組織などのさまざまな発生プロセスが共通して存在していることに気づく．こうした保守性がみられるのは，発生拘束によるものだと考えられている．保存された組織間にはたらいているシグナル因子などによる誘導関係によって，変更できる部分と変更できない部分が生じるためだと考えられている．しかし，実証のための研究はほとんどない．

### c. 発生拘束が生じるメカニズム

いくつかの論文では，発生拘束と遺伝的制約を同一視したものもみられる．しかし，発生プロセスの保守性や変更可能性などは，現在の遺伝的制約が説明できうる範疇をこえていることは明白である．今後の課題である．

[引用文献]

Arthur W. (2001) Developmental drive: an important determinant of the direction of phenotypic evolution. *Evol. Dev.*, vol. 3, pp. 271-278.

Blows M. W. & Hoffmann A. A. (2004) A reassessment of genetic limits to evolutionary change. *Ecology*, vol. 86, pp. 1371-1384.

Kauffman S. A. (1983) Developmental constraints: internal factors in evolution. in Goodwin B. C. *et al.* eds., *Development and Evolution*, pp. 195-225, Cambridge Publishing Associates.

Maynard Smith J. *et al.* (1985) Developmental constraint and evolution. *Q. Rev. Biol.*, vol. 60, pp. 265-287.

Richardson M. K. & Chipman A. D. (2003) Developmental constraints in a comparative framework: a test case using variations in phalanx number during amniote evolution. *J. Exp. Zool.*, vol. 296B, pp. 8-22.

Schluter D. (1989) Bridging population and phylogenetic approaches to the evolution of complex traits.

Schwenk K. (1995) A utilitarian approach to evolutionary constraint. *Zoology*, vol. 98, pp. 251-262.

Schwenk K. & Wagner G. P. (2003) Constraint. in Hall B. K. and Olson W. M. eds., *Keywords & concepts in evolutionary developmental biology*, pp. 52-61. Harvard University Press.

[参考文献]

Hall B. K. (1998) *Evolutionary Developmental Biology* (2nd ed.), Chapman & Hall.［ブライアン・K・ホール 著，倉谷滋 訳（2001）『進化発生学 — ボディプランと動物の起源』工作舎］

河田雅圭（1989）『進化論の見方』紀伊国屋書店．(http://meme.biology.tohoku.ac.jp/introevol/MIKATA/contents0.html)

Wake D. B. & Roth G. eds. (1989) *Complex Organismal Functions: Integration and Evolution in Vertebrates*, pp. 79-95, John Wiley and Sons.

〈鈴木誉保〉

## 22.5　統合とモジュラリティ

### A. 概要

生物の体は，いくつかの形態形質の集合として成り立っており，形質を個々に判別できるというその事実が，形質の独立性（independence）や個別性（individuality）を反映しているとされる（Wagner & Altenberg, 1996）．一方で，個々の形態形質はある程度互いに協調し，全体として組織化されている（Olson & Muller, 1958）．そこで，この全体的な協調性と部分的な独立性をとらえるために用意された概念が，統合（integration）とモジュラリティ（modularity）である．簡潔に述べれば，「統合」が系を構成する要素の協調性・結束性をさし示すのに対し，「モジュラリティ」は個々の要素の独立性・個別性をさし示す．このように，統合とモジュラリティは互いに関連のある概念である．

### B. 定義 (Klingenberg, 2008)

**a. 統合**

統合とは形質間にみられる協調性（coordination）や結束性（cohesiveness）をさす．表現型全般を対象としているときは表現型統合（phenotypic integration）といい，特に形態形質を対象としているときには形態統合（morphological integration）という．

**b. モジュラリティ**

モジュラリティとは形質間にある結束性に認められる，相対的に独立な単位をさす．モジュール内では高い結束性がみられ，モジュール単位の間では，結束性はほとんどみられない．

### C. 統合についての詳しい解説

形態統合は多くの場合，複数の形質間の相関や共分散を基に計測される．さらに，得られた分散共分散構造を基に，系のもつ統合度（a degree of integration）が調べられる（Klingenberg, 2008）．統合の強さを表す指標にはさまざまなものが提案されている．一般に，統合度は，形質セットが示す分散共分散構造に基づく計量空間において，どの程度の次元を占めるかによって決まる．たとえば，対象としている形質の分散共分散構造が1次元に集約されるならば，それらの形質は完全に統合（perfect integration）しているとされる．

### D. モジュラリティの詳細

モジュラリティは，遺伝子から発生を経て形態を形成し，淘汰を受け，系統をなすまでのさまざまなレベルで提案されている．以下に代表的なものを示す．（同じ用語であっても，場合によってその含意する内容が異なることもあるので注意を要する．）

**a. 遺伝的モジュラリティ**

遺伝的モジュラリティ（genetic modularity）とは，ある形質のもつ遺伝分散（genetic variation）が，他の形質のそれに対し，統計的に独立している状態をさす（Mezey, 2006）．つまり，形質間の遺伝相関（genetic correlation）が小さいこと．したがって，ある遺伝的モジュール外の形質に方向性選択（directional selection）が作用しても，そのモジュール内の形質は選択に対して応答しない．つまり，遺伝的モジュールとは，遺伝における独立した単位をあらわす．遺伝的モジュールが成立する背景には，複数の遺伝子座間のプライオトロピック効果の分布の仕方や連鎖不平衡と関係がある．遺伝的モジュールの同定にはふたつの方法が提案されている．ひとつはQTL（quantitative trait loci）の分析であり（27.10項参照），もうひとつは相加的遺伝共分散行列（additive genetic covariance matrix, G-matrix）を求めることである（27.8項参照）．このように，遺伝的モジュラリティの理論的背景の多くは，進化遺伝学（集団遺伝学と量的遺伝学）の理論体系による．

**b. 発生的モジュラリティ**

発生的モジュラリティ（developmental modularity）とは，形態形成や細胞分化などの発生プロセスにおいて半自律的（quasi-autonomous）な胚の一領域，あるいは，保存されたシグナル伝達機構などをさす（Schlosser & Wagner, 2004）．発生モジュールを同定する方法のひとつは，複数の生物間で比較し保存されている部分を探すことであり，また，何らかの操作を試みたときに独立性や自律性によって示されることもある．前者の例としてWntやBMPな

どの特定のシグナル伝達機構が作用する発生現象があげられ，後者の例としては（独立して培養が可能な）昆虫の翅原基があげられる．モジュラリティの定義からわかるように，解剖学的に相同あるいは同形な形態要素はすべてモジュールである（その逆は成立しない）（22.3，22.6 項参照）．しかし，多くの発生モジュールは，まとまりのないリストとして列挙されたままであり，同じ進化機構によって成立するかどうかについてはほとんどわかっていない．

### c. 機能的モジュラリティ

機能的モジュラリティ（functional modularity）とは，ひとつあるいは複数の機能を達成するために関連して作用する形態形質のまとまりをさす（Wagner et al., 2007）．その成立は，自然選択の作用の仕方とかかわると考えられるが，成立機構についてはほとんどわかっていない．

### d. 揺動的モジュラリティ

揺動的モジュラリティ（variational modularity）とは，形質間の表現型相関（phenotypic correlation）に基づいたまとまりをさす（Wagner et al., 2007）．言い換えれば，互いに強い相関をもち，他の形質とは小さな相関をもつような形質のまとまりである．

### e. シス調節領域のモジュラリティ

シス調節領域のモジュラリティ（CRE〈cis-regulatory elements〉modulairty）とは，遺伝子発現の制御にかかわるシス調節領域において，転写因子が結合する配列が個々に独立していることをさす（Davidson, 2008）．このようなモジュラリティの存在により，他の遺伝子発現に干渉することなく，個々の遺伝子発現の仕方が変更できる．

### f. 進化的モジュラリティ

進化的モジュラリティ（evolutionary modularity）とは，異なる形態形質が進化敵に多様化しているときに，どの形質同士が関連しあっているかをさす．同定するために，系統樹上での形態形質の分布パターンが用いられる（Klingenberg, 2008）．

## E. 展望

### a. モジュールの生成

モジュールも進化の産物であり，それらを生み出す機構は今後解決すべきである（Wagner et al., 2007）．たとえば，機能的モジュールは自然選択によって形成されると期待される．あるいは，多くの生物で共有されている発生モジュールは，発生拘束などとも関係しうる．

### b. 進化における役割

多くの場合，モジュラリティは進化可能性（evolvability）を助ける作用をもつと説明される．他のモジュールに影響を与えずに，モジュール内の発生プロセスを変更することで進化を可能にするからである．この点については，モジュールという言葉が使われる前から指摘されてきた．しかし実際のところ，モジュールが存在しているために，進化がしやすくなっているのかどうかを試みた研究は少ない．その多くは，ホメオティック転換（homeotic transformation）を利用した発生学的な研究であり，適応度を測定した実験や，集団遺伝学的な試みはほとんどない．

### c. モジュラリティ間の関係

以上のように，さまざまなモジュラリティが提案されたものの，それらはいまだ列挙されたにとどまっている．それらは互いに関連しあっていると考えられるものの（Klingenberg, 2008），その相互関係の内容は理解されていない．とはいえ，いくつかのモジュールを扱う実験例も示されはじめ，進化発生学や進化遺伝学など，異なった研究領域が別個に扱ってきた概念や対象を同じプラットフォームで議論するための場を提供し，それら領域の橋渡しのひとつとなりうるのではと期待されている．

［引用文献］

Davidson E. H. (2006) *The Regulatory Genome: Gene Regulatory Networks in Development and Evolution*, Academic Press.

Klingenberg C. P. (2008) Morphological integration and developmental modularity. Annu. *Rev. Ecol. Evol. Syst.*, vol. 39, pp. 115-132.

Mezey J. G. (2006) Modularity. in Fox C. W. and Wolf J. B. eds., *Evolutionary Genetics: Concepts and Case Studies*, pp. 304-306, Oxford University Press.

Olson E. C. & Miller R. L. (1958) *Morphological Integration*, University of Chicago Press.

Schlosser G. & Wanger G. P. (2004) *Modularity in Development and Evolution*, The University of Chicago Press.

Wagner G. P. & Altenberg L. (1996) Complex adaptations

and the evolution of evolvability, *Evolution*, vol. 50, pp. 967-976.

Wagner G. P. *et al.* (2007) The road to modularity. *Nat. Rev. Genet.*, vol. 8, pp. 921-931.

［参考文献］

Callebaut W. & Rasskin-Gutman D. (2004) *Modularity: Understanding the Development and Evolution of Natural Complex Systems*, The MIT Press.

Pigliucci M. & Preston K. (2004) *Phenotypic Integration: Studying the Ecology and Evolution of Complex Phenotypes*, Oxford University Press.

〔鈴木誉保〕

## 22.6　ホモプラジー（同形）

### A. 概要

同形とは，生物の体に認められる形質同士を比較したとき，系統的に近い共通祖先（the most recent common ancestor）をもたないにもかかわらず，形態形質間に類似性が認められることをさす．共通祖先に由来する類似性については，22.3項を，類似性をもつ形態形質についての総論は，22.2項を参照されたい．

### B. 定義（Sanderson & Hufford, 1996）

同形とは，共通祖先からの由来に基づかない類似性を示す．系統樹上で，類似した形質あるいは形質状態が独立に進化したことをさす．同形をもたらす進化プロセスとして，収斂進化（convergent evolution）・平行進化（parallel evolution）・逆転（reversal）などがある．

### C. 系統樹上でみられる進化のパターン

上述のように，もっとも近い共通祖先をもたない類似の形態形質は，すべて同形としてまとめられる．このため，同形の概念は，相同に含まれないその他すべての類似性を包含する．したがって，同形的形質は，多様な進化的背景において成立することになる．代表的な例として，収斂進化，平行進化，逆転，先祖返り（atavism）などがあげられる．詳細な説明は項目ごとの解説に譲り，ここではそれぞれの現象の間にみられる関係を説明する（22.7項参照）．

簡単に，それぞれの現象を説明すると以下のようになる．

収斂進化：複数の系統において，異なる形質状態から類似した形質状態が独立に生じた進化のプロセス

平行進化：複数の系統において，同じ形質状態から類似した形質状態が独立に生じた進化のプロセス

逆転：ある系統において，一度失われた形態形質が再び生じた進化のプロセス

図1に明らかなように，この三者の違いは，進化系統樹上でのパターンの違いになる．たとえば，図

## 22.6 ホモプラジー（同形）

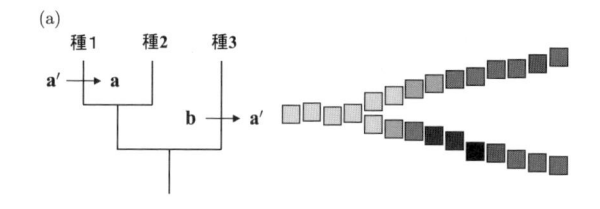

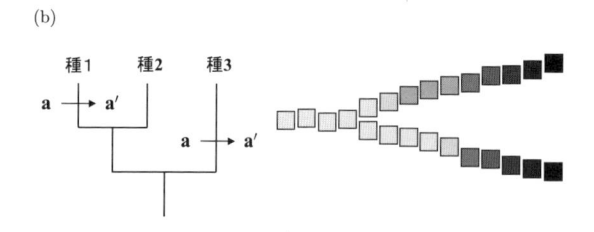

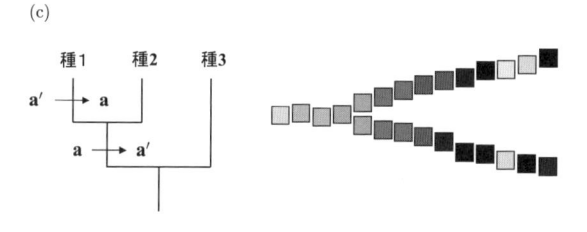

**図 1　多様な進化パターンを示す同形性**
(a) 収斂進化，(b) 平行進化，(c) 逆転．それぞれの現象は，系統樹に基づいて定義される（左図）．しかし，その背景にある発生プロセスを考察すると，相同な形質が示す異なる形質状態間での遷移プロセスをみていることに相当することも多い（右図）．(Wray, 2002 より一部改変して引用)

1a に示したように，種1と種3がもつ形質（a'）は，それぞれ独立に獲得される．このとき，種1と種3は近い祖先を共有しない．したがって，形質（a'）は同形である．また，図1bに示したように，種1と種3がもつ形質（a'）は，それぞれ独立に獲得され，やはり同形である．このようにしてみると，両者の違いは，形質（a'）の由来となった形質が同じであったか（並行進化：図1b），異なっていたか（収斂進化：図1a）でしかない．一方で，図1cに示したように，種1のもつ形質（a）は離れた祖先にはみられた形質であるが，一度失って形質状態が（a'）となったのちに再び獲得されている．したがって，これは相同性の要件である「系統樹上での継続性」に抵触し，同形とされる．

### D. 系統学とのかかわり：系統樹の再構成

系統を再構成するうえで，相同とそれ以外の類似性を区別することは重要である．たとえば，コウモリの翼と鳥の翼は，ともに飛翔に適応し，表面的には類似した構造を呈している．このことから，イヌとコウモリと鳥を比較したときに，コウモリはイヌよりも鳥と近縁であるという類推をするかもしれない．しかし，コウモリの翼のもつ解剖学的構築はむしろ，鳥の翼よりもイヌの前肢に類似する．系統を復元するうえで必要なのは相同な形質であり，ホモプラジーな形質はむしろその作業を妨げる．このため，特に系統の復元においてはホモプラジーを擬似相同とよぶことも多い．

### E. 生態学とのかかわり：適応的な形質状態（Futuyma, 2005）

同形的形質，あるいは形質状態が生ずる進化的要因としては，異なる系統が似た環境条件下に適応したことがしばしばある（常にというわけではない）．代表的な例として，ベイツ擬態（mullerian mimicry）やミュラー擬態（batesian mimicry）による収斂進化があげられる．ベイツ擬態をした生物は，毒をもたない（palatable）動物が毒を体内にもった動物の外見へと自身の姿を似せることによって，外敵からの捕食を避ける．したがって，ベイツ擬態をしている生物は，異なる系統に属していても類似した形質状態を示す．体内に毒をもたない蝶であるアメリカアオイチモンジ（*Limenitis arthemis*）やクスノキアゲハ（*Papilio troilus*）は，体内に毒を蓄えているアオジャコウアゲハ（*Battus philenor*）に擬態している．また，著名な例として，オーストラリア大陸に多くみられる有袋類と他の大陸に棲む有胎盤類との間にみられる類似した形態や行動，生活史があげられる．オーストラリア大陸が他の大陸から隔離されている状況が，異なった動物系統間に並行進化をもたらしたのである．フクロモモンガ（有袋類）とモモンガ（有胎盤類），フクロモグラ（有袋類）とモグラ（有胎盤類），といったように異なる系統に属しているにもかからず，棲む環境や食べる餌が似ていることが類似した形への進化を促す．このように対応する種同士を生態的同位種（ecological equivalent）という．

## F. 発生プロセスとのかかわり（Hall, 2003）

収斂進化や平行進化，逆転など，系統樹上において特徴的な進化パターンを示す形態形質の背景には，それをもたらす発生プロセスが存在する．こうした進化パターンとその背景にある発生プロセスを結びつけることは興味深い．これらの遺伝的・発生的な背景が類似することも多い．各論の詳細は，個別の項に譲り，ここではそれら三者の関係を横断的に傍観する．特に背景にあるメカニズムの保守性に関心の焦点が向けられている場合に，ホモプラジーを成因的相同とよぶこともある．

### a. 収斂進化と平行進化

収斂進化や平行進化をしている形質の遺伝的・発生的背景を調べることは興味深いだろう．簡単に考えれば，離れた系統で，独立に類似の形質が生じた場合に，その形質をもたらす発生プロセスは異なる分子メカニズムを用いているだろうと考えられる．また，近い系統で，独立に類似の形質が生じた場合に，その発生プロセスは似た分子メカニズムを用いているだろうと推測される．あるいは，類似の形質がある系統内で，または近縁の種の間で，複数回独立に進化した場合に，その背景に同じ遺伝的・発生的な分子が用いられていると仮定することは自然なことだろう．しかし，最近では，系統の近さと，同形な形態形質を生み出す発生プロセスの類似性の間に相関がみられない例も発見されつつあり，今後の研究の進展が望まれる．

### b. 逆転

逆転は，祖先にしかなかった形質が子孫種にも出現をもたらす．個体発生的に考えれば，祖先的な発生プロセスが保存されていると解釈することができる．したがって，どのように失われたのかということ，発生プロセスのどの部分が失われているのかということをともに調べることが重要となる．

[引用文献]

Futuyma D. J. (2005) *Evolution*, Sinauer Associates.

Hall B. K. (2003) Descent with modification: the unity underlying homology and homoplasy as seen through an analysis of development and evolution. *Biol. Rev. Camb. Philos. Soc.*, vol. 78, pp. 409-433.

Sanderson M. J. & Hufford L. eds. (1996) *Homoplasy: the Recurrence of Similarity in Evolution*, Academic Press.

Wray G. A. (2002) Do convergent developmental mechanisms underlie convergent phenotypes? *Brain Behav. Evol.*, vol. 59, pp. 327-336.

[参考文献]

Hall B. K. (1998) *Evolutionary Developmental Biology 2nd ed.*, Chapman & Hall. [ブライアン・K・ホール 著, 倉谷 滋 訳 (2001)『進化発生学—ボディプランと動物の起源』工作舎]

Sober E. (1988) *Reconstructing the Past: Parsimony, Evolution, and Inference*, The MIT Press. [エリオット・ソーバー 著, 三中信宏 訳 (1996)『過去を復元する—最節約原理, 進化論, 推論』蒼樹書房]

（鈴木誉保）

## 22.7 収斂

### A. 概念

共通祖先からの由来に基づく類似性を相同（ホモロジー〈homology〉）とよぶのに対し，それ以外の非相同的な類似性はホモプラジー（homoplasy）とよばれる（Simpson, 1961）．系統的に近縁でない生物間で，形態的ならびに機能的に類似する形質が独立に進化するホモプラジーとしては，たとえば，遠縁の動物群でよく似た構造の眼が複数回進化してきた例があげられる．収斂（convergence）・平行進化（parallelism）・逆転（reversal）はいずれも，ホモプラジーを説明するための進化プロセス仮説である．

相同（ホモロジー）と非相同（ホモプラジー）に関しては，それを生み出した進化プロセスの機構論と系統発生的にその仮説を検証する認識論のふたつの側面がある．そして，収斂・平行進化・逆転を論じるときにもこの点が問題となる．

機構論的な観点からいえば，収斂・平行進化・逆転はそれぞれ異なる進化プロセスによって生じる現象である．すなわち，収斂は系統的に継承された共通の遺伝的基盤によらない別個の進化プロセスに基づく同一形質状態の出現を意味する．一方，平行進化とはある共通祖先から受け継がれた共通の遺伝的基盤に基づいて同一の形質状態が出現する進化プロセスである．また，逆転とはある系統において獲得された形質状態が系統樹上で喪失し元の形質状態にもどる進化プロセスを指す．もし進化発生学的な知見に基づいて，ある単系統群における形質状態変化の機構論が推定できるならば，収斂・平行進化・逆転を相互に区別してその生起を特定することは不可能ではないかもしれない．

一方，認識論的な観点からいえば事情は大きく異なる．系統解析においては，観察可能なデータをもつ末端点（terminal node）を出発点として，系統樹の樹形を推定したうえで仮想共通祖先，すなわち分岐点（internal point）の形質状態を復元する．以下では，系統樹の樹形推定が完了していることを前提にして，祖先形質状態が復元される段階を念頭におく．このとき，収斂・平行進化・逆転が認識論的にどのように区別できるかが問題となる．

### B. 収斂の分類

ある形質を構成する形質状態の系統樹上での変化系列（transformation series）においては，相対的に原始形質状態（plesiomorphy）から派生形質状態（apomorphy）への変化を想定して祖先形質状態の復元を行なう．与えられた系統樹の樹形の下で仮想共通祖先の形質状態が推定されたならば，個々の枝ごとに原始形質状態から派生形質状態への進化的な変化の経路を推定することができる．分岐点に位置する共通祖先への形質状態の割り当ては，末端点のもつ既知の形質状態をデータとして，形質状態の変化系列に従う目的関数（最節約法では変化コスト，最尤法では尤度）の系統樹全体にわたる最適化を実行することにより解（最適復元形質状態）を求めることができる．

いま，ある仮想共通祖先から由来するすべての末端点が派生形質状態をもつとき，それらの末端点の集合は共有派生形質状態（synapomorphy）によって構築されるひとつの単系統群（monophyletic group）をなし，最節約法の下ではその仮想共通祖先に派生形質状態が割り振られる．一方，原始形質状態の共有（symplesiomorphy）は単系統群を導かない．

推定された共有派生形質状態は，その単系統群における該当形質状態が相同であるという仮説を支持する．その理由は，仮想共通祖先が派生形質状態をもち，それが単系統群のすべての点にそのまま継承されるという仮説（相同性仮説）は，仮想共通祖先が原始形質状態をもち，単系統群の各点に至る枝で個別に派生形質状態に変化したという仮説（非相同仮説）に比べて，要求される進化的仮定（形質状態の変化回数）がより少ないからである．

いま，つぎのような仮想例を考えてみよう：

```
1A ─┐      ┌─ C1
    ○──○──○
0B ─┘   │  └─ D1
        根   │
        0    └─ E0
```

「根」が形質状態 0 をもっているとき，この根をもつ系統樹の末端点を「A〜E」で示し，それぞれが

もつ形質状態を「0」または「1」であらわす．このとき仮想共通祖先（○）のもつ形質状態を復元すると，変化回数が最小値3となる最適解はつぎの三つである：

最節約復元1

```
1A┐      ┌─C1
   0─0─0 ├─D1
0B┘  │  0
     根  └─E0
     0
```

最節約復元2

```
1A┐      ┌─C1
   0─0→1 ├─D1
0B┘  │   1
     根  └─E0
     0
```

最節約復元3

```
1A┐      ┌─C1
   1─1─1 ├─D1
0B┘  ↑   1
     根  └─E0
     0
```

いま「根」がもつ形質状態「0」を原始形質状態とみなすとき，「1」は派生形質状態と解釈できる．いずれの最節約復元においても，系統樹のいずれかの枝で形質状態の変化（「0→1」または「1→0」）が計3回生じる．「0→1」は原始状態から派生状態への変化であり，「1→0」は逆に派生状態から原始状態への変化である．

このような祖先形質状態の復元を行なうとき，収斂・平行進化・逆転は系統樹上での復元パターンを記述する概念として用いることができる．たとえば，最節約復元1ではA，C，Dの3カ所の枝で「0→1」への形質状態変化が生じている．CとDについては系統樹上の隣接する近縁枝での平行的な派生状態への変化であるので「平行進化」とみなすことができる．他方，Aにおける同様の派生状態への変化はCとDとは隣接しない遠縁の枝での生起なので「収斂」という記載が適格だろう．

最節約復元2をみると，2カ所の近縁ではない枝で「0→1」という収斂的変化が生じているのに対し，末端のEでは「1→0」という逆向きの変化すなわち「逆転」が生じている．最節約復元3では，系統樹上の根の直上で1回だけ「0→1」という変化が生じ，末端枝2カ所で「逆転」が生じていることがわかる．

これらの事例から得られた知見を要約するとつぎのようになる：① 収斂・平行進化・逆転は系統樹全域にわたる形質状態変化のパターンを記述するための概念である．② たとえ系統樹の樹形が確定しても，仮想共通祖先に割り振られる形質状態によって枝ごとに想定される収斂・平行進化・逆転の推論結果は異なる．③ 結果として，非相同（ホモプラジー）の三つの説明仮説である収斂・平行進化・逆転を認識論的に互いに区別することは不可能である．機構論的な直接的証拠による特定があって初めてこの三つの進化プロセスは区別できるだろう．

収斂の類義語として「平行進化（parallelism）」および「逆転（reversal）」が使われることがある．平行進化とは同一の形質状態が系統樹の複数の枝の上で平行的に進化することを指す．また，逆転は獲得された派生的形質状態が系統樹の上で喪失し原始的形質状態にもどることを意味する．収斂・平行進化・逆転はいずれも共通祖先からの由来に基づかない被相同的類似性（homoplasy）を説明する進化プロセス仮説とみなされる．

[参考文献]

Hall B. K. ed. (1994) *Homology: The Hierarchical Basis of Comparative Biology*, Academic Press.

三中信宏（1997）『生物系統学』東京大学出版会．

Sanderson M. J. & Hufford L. eds. (1996) *Homoplasy: The Recurrence of Similarity in Evolution*, Academic Press.

Simpson G. G. (1961) *Principles of Animal Taxonomy*. Columbia University Press.

（三中信宏）

## 22.8 表現型の可塑性

### A. 表現型可塑性とは

　生物の表現型は，遺伝子あるいはゲノムによって規定されるところが多いことは事実ではあるが，遺伝子型が決まれば表現型も一義的に決定するというわけではない．そこには少なからず，環境要因が何らかの影響を与えており，環境条件により表現型が可塑的に変化する性質のことを表現型の可塑性，あるいは表現型可塑性（phenotypic plasticity）とよぶ．表現型には，形態のみならずさまざまな要素が含まれるため，形態や生理状態，行動，活性，頻度など，さまざまな形質の変化が環境の入力に応答して起こる場合のすべてを，表現型可塑性といってよい．厳密には，表現型可塑性は，単に物理化学的要因に依存して生じるゆらぎと，選択の結果ある環境条件に対する応答が適応的に方向性をもって起こるように進化してきたものとに大別される（現在の生物学で議論されるのは後者が多い）．また，哺乳類の毛色のように同じ個体内で何度も表現型が変わるものもあれば，昆虫にみられる翅多型のように個体ごとに後期胚発生過程で受ける環境要因により運命決定がされる場合などに分けられる．近年では，環境条件に応じてしなやかに形質を変化させる性質が，新たな表現型進化をもたらすひとつの要因になるという考えが浸透しつつある（West-Eberhard, 2003）．

### B. リアクションノーム

　表現型可塑性は進化学的にも重要な要素であり，現在さまざまな研究が進められている．環境に対する応答性を理解するため，環境条件に対してどのような表現型を創出するかをグラフにあらわすことで可視化できる．歴史的には，Wolterek (1909) が，ミジンコの防御形態である餌条件に応じて頭部の角の長さがどのように変化するかをグラフであらわしたのが最初であり，このような「環境-表現型」曲線を，リアクションノーム（反応規準，反応規範）とよぶ．リアクションノームのパターンにより，連続的に変化する可塑性なのか，不連続に変化する可塑性なのか，など可塑性の性質を吟味することも可能となる．

### C. 表現型多型

　表現型可塑性のなかでも，環境条件に応答して不連続に表現型が切り替わる場合があり，それを表現型多型（polyphenism）とよぶ．その場合，あたかも多型がみられるようなのでこうよばれる．昆虫に多くみられ，例としてバッタの相変異やチョウの季節多型，社会性昆虫のカーストなどがあげられる．ミジンコの防御形態も表現型多型のひとつである．表現型多型の場合，誘導される環境要因が複数種類あるために多型が生じる場合と，環境要因は連続的でもそれに応答する閾値が不連続に存在し，結果的に生じる表現型に多型が生じる場合がある．前者はチョウの季節性などがあてはまる．チョウの幼虫期は春または秋に限定されるため，このときの日長や温度などが成虫の表現型に影響を与える．人為的に中間的な条件を設定してやれば，中間型も生じうる（Nijhout, 2003）．一方で，中間的な環境条件を与えても中間的な表現型が得られず，常に不連続な多型を示す表現型多型も数多く知られる．この場合，しばしば生理機構として何らかの閾値システムが獲得されており，結果として不連続な多型に帰結するのである．そのような場合では，おそらく中間的な表現型は各条件での異なる戦略（繁殖に重点をおくか，防衛に重点をおくかなど）がともに中途半端で適応的でないため，このような閾値を設けることで適応的な多型が生じたのだと考えられる．翅多型などは，中間的な飛翔に役立たない翅を形成しても，コストばかりかかり役に立たないので，その例としてはもっともわかりやすい．

　表現型多型は形質が不連続に生じることで定義されるが，その場合，2通りの生成過程が考えられる．すなわち環境が不連続な場合と，形質の発現に閾値をともなう場合である（図1）．チョウの季節型のように春と秋で幼虫が受ける日長や温度が異なるため，結果として生じる形質が2型になる．この場合，人為的に中間的な条件で飼育すると実際に中間型が生じる（Nijhout, 2003）．しかし一方で，中間的な条件を用いても中間的な個体が生じず，常に不連続な多型を示す場合もある．その場合，形質を決める環

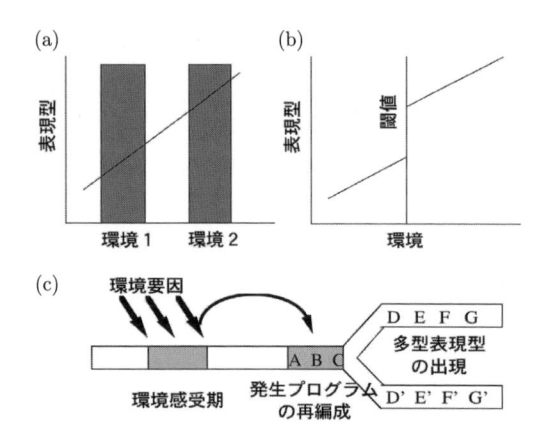

## 表現型多型のリプログラミング

**図1　表現型多型**
表現型多型には，環境が不連続に生じることにより表現型に2型が現れる場合 (a) と，環境条件が連続でも表現型の発現に閾値があり，ある一定以上の環境条件だと不連続に表現型を変える場合 (b) がある．表現型のスイッチは，環境感受期に受ける環境要因の総和により，発生プログラムが再編成され，多型表現型が発現されると考えられている (c)．Nijhout 2003 より改変．

境条件は連続でも，ある一定以上の閾値になると形質が不連続に変化する．後者の場合には，生理機構として何らかの閾値システムが獲得されているため，不連続な形質変化が可能となっている．ほとんどの場合において，何らかの理由で中間的な形質は適応的でないため，そういった閾値システムが獲得されたと考えられる．もっともわかりやすい例が，アブラムシにみられる翅多型である．翅形成にはコストがかかり，中途半端に飛べない翅をつくっても無駄なので，必要な場合には完全な翅を，不必要な場合は翅をまったく欠くという発生機構が獲得されている（Braendle et al., 2006；Ishikawa et al., 2008）．

### D. 表現型可塑性の生理基盤

では，生物はどのように環境に対応して表現型を可塑的に切り替えているのだろうか？ 生物種により，あるいは状況により，その方法は実にさまざまである．たとえば，さまざまな可塑性を発現する両生類では，チロキシンなど変態にかかわるホルモンがかかわっていることが予想される．また，昆虫類では脱皮変態にかかわるエクジソンや幼若ホルモンが重要であり，特に幼若ホルモンが表現型可塑性や表現型多型にかかわるという証拠は多い．たとえば，典型的な表現型多型である社会性昆虫のカースト多型などでは，幼若ホルモンの濃度の変動の仕方によりどのカーストへと分化するのかが制御されている（Nijhout & Wheeler, 1982；Cornette et al., 2008）．環境条件の種類（化学物質，温度，個体間相互作用など）にもよるが，外的環境を神経系などが受容し，それが内分泌機構を介して生理状態に反映され，発生制御遺伝子の発現が変化して表現型の改変が起こるのであろう．昆虫などの節足動物で表現型多型が多いのは，節足動物の体制がモジュール的で，各部位ごとに修飾がしやすく，また脱皮を介して成長するため，変態のようなダイナミックな形態改変が可能であることが関係すると考えられる．

### E. 表現型と環境

外的な環境要因により表現型を変えるのは，節足動物以外にも多くの分類群でみられる．たとえば，多くの動物が捕食者の存在下で防御のための特殊な形態を構築する．この場合，動物は捕食者が出す化学物質を感受することによりその存在を感知し，その物質をカイロモンとよぶ（Adler & Harvell, 1990）．この例からわかるように，生物の発生において環境との相互作用はきわめて重要で，環境との相互作用なしに生活を営む生物は存在しない．生物は環境とのかかわりのなかで進化してきており，ゲノムは環境によって選択を受ける一方で，ゲノムは環境に対して反応し，状況に即した表現型を発現する．前者は適応とよばれ，後者が表現型可塑性（順応とよばれることもある）である．

### F. 生体発生学 Eco-Devo

発生学の分野では，ひとつの受精卵がどのような過程を経て，1個体をつくり上げていくのか，その法則・原理を求めて研究が行なわれてきた．そういった研究では，一定不変の実験室環境下で，再現性よく発生イベントが起こっていくことが重要であった．そのような視点では，環境によって発生過程がゆらぐのは望ましくなく，そのようなゆらぎは「ノイズ」として処理されてしまいがちであった．しかし，実際の自然界では環境が変動するのが当然で，変動環

境下で生物の発生・生理イベントがどのように応答し，変化するのかが注目されている．

そして，生物の形態進化や発生過程の進化を考えるうえでは，生態学的側面をとりいれた解析が必要となり，この分野も今後盛んになると予想される．Gilbert（2001）はこのような生態的要因を考慮した発生学を，生態発生学（ecological developmental biology：Eco-Devo）とし，Evo-Devo とともに今後の発展を期待している．地球規模での環境問題もこの分野の応用的な側面を示し，俗に環境ホルモンとよばれる内分泌撹乱物質による動物のさまざまな発生異常はまさに Eco-Devo で扱われるべき現象である（Gilbert & Epel, 2009）．

**G. ラマルク再考**

「生物は時とともに進化する」ことに初めて気づいたのは，Lamarck だが，その後 Darwin の『種の起原』により，変異・選択・遺伝によって生物の形質が進化しうることが説明され，Lamarck の理論は色あせてしまった．Lamarck は，生物の形質の進化をふたつの法則で説明しようとした．すなわち，「環境条件によって表現型は変化しうる」という第一法則と，「獲得形質は遺伝する」という第二法則である．うえにみたように，第一法則は間違ってはいないが，第二法則は一般に誤りとされる．しかし，これまで何人もの生物学者が，本当に獲得形質は遺伝しないのかという問題に取り組んできており，最近いくつか興味深い説が提出されている．以下では West-Eberhard が提唱している説をとりあげ，「順応」と「適応」について考える．

**H. 表現型順応と遺伝的順応**

先にみたように多くの生物は，環境要因に対して可塑的に表現型を変える．このしなやかな性質がなければ，環境に応じた新たな形質は早く進化できず，地球上のあまたあるニッチに適応した多様な生物たちが進化しえなかったのではなかろうか，という考えがある．West-Eberhard はまず，「環境に応じて可塑的に表現型が変化するプロセス」である「phenotypic accommodation」（表現型順応）が，新たな表現型獲得の前適応として存在し，「環境に応じた表現型の出し方」にも個体間で遺伝的な変異があり，そこに選択がかかることで，「表現型の出し方」が世代をこえて変化することにより新たな表現型が固定したり，大きく変動する環境にも巧みに対応する表現型多型を獲得したりすると考える．後半の「表現型の出し方に関する遺伝的変異に選択がかかり，集団中に固定する」過程は，「genetic accommodation」（遺伝的順応）とよばれる（West-Eberhard, 2003）．

ショウジョウバエをエーテルにさらすと4枚翅のバイソラックスという異常形質を発現するが，エーテルにさらし続けて何世代もバイソラックス個体を選択する実験を行なうと，のちにエーテルの刺激なしでもバイソラックス個体を生じるようになる．これは，Waddington が行なった「遺伝的同化（genetic assimilation）」を示した有名な実験である（Waddington, 1953）．上記の West-Eberhard の解釈では，genetic assimilation は genetic accommodation のひとつのパターンということになる．genetic assimilation の場合，「可塑性→固定」の過程での，遺伝子頻度の変化であるが，新たに可塑性が獲得されるような場合や，環境に誘導された異常形質が適応的でないためこれを隠そうとする別の機構が獲得されていく過程も genetic accommodation ということができる．

「遺伝か環境か」という問題は古くから着目されてきたが，現在の理解では環境に応じてどのように形質を変化させるかということ自体が遺伝子によって決められ，その可塑的な表現型発現能の遺伝的差異がネオダーウィニズム的な過程で変化し，形質が素早く進化していくことになる．この仮説は，形質が漸進的に進化する場合も，速いスピードで環境に適応する場合も，同様に説明できる．

[引用文献]

Adler F. R. & Harvell C. D. (1990) Inducible defenses, phenotypic variability and biotic environments. *Trends Ecol. Evol.*, vol. 5, pp. 407-410.

Braendle C. *et al.* (2006) Wing dimorphism in aphids. *Heredity*, vol. 97, pp. 192-199.

Cornette R. *et al.* (2008) Juvenile hormone titers and caste differentiation in the damp-wood termite *Hodotermopsis sjostedti* (Isoptera, Termopsidae). *J. Insect Physiol.*, vol. 54, pp. 922-930.

Gilbert S. F. (2001) Ecological developmental biology: developmental biology meets the real world. *Dev. Biol.*, vol. 233, pp. 1-12.

Gilbert S. F. & Epel D. (2009) *Ecological Developmental Biology: Integrating Epigenetics, Medicine, and Evolution*, Sinauer Associates, Inc.

Ishikawa A. *et al.* (2008) Morphological and histological examination of polyphonic wing formation in the pea aphid Acyrthosiphon pisum (Hemiptera, Hexapoda). *Zoomorphology*, vol. 127, pp. 121-133.

Nijhout H. F. (2003) Development and evolution of adaptive polyphenism. *Dev. Evol.*, vol. 5, pp. 9-18.

Nijhout H. F. & Wheeler DE. (1982) Juvenile hormone and the physiological basis of insect polyphenism. *Q. Rev. Biol.*, vol. 57, pp. 109-133.

Waddington C. H. (1953) Genetic assimilation of an aquired character. *Evolution. Evolution*, vol. 7, pp. 118-126.

West-Eberhard M. J. (2003) *Developmental Plasticity and Evolution*, Oxford Unviersity Press.

Wolterek R. (1909) Weiterer experimentelle Untersuchungen uber Artveranderung, Speziell uber das Wessen Quantitativer Artunterschiede bei Daphniden. Versuch. *Deutsch Zool. Gesellschaft*, vol. 19, pp. 110-172.

〔三浦 徹〕

## 22.9 遺伝子ネットワークと進化

### A. 遺伝子ネットワークとは

　細胞が特定の機能を果たすためには，細胞内でさまざまな遺伝子が調和して発現している必要がある．必要な遺伝子が発現していることはもちろん，不要の遺伝子が発現していないことも必要とされる．このように調節されて遺伝子が発現するのは配列特異的に結合する転写調節因子がゲノムに作用するためである．通常，ひとつの種類の転写調節因子はゲノム上の複数の場所に結合し，多くの遺伝子を同時に調節する．また，通常ひとつの遺伝子は複数の転写調節因子によって調節される．さらに重要なことに，転写調節因子遺伝子もゲノムにコードされ，その発現にはやはり転写調節因子が必要となる．このようにしてひとつの遺伝子が他の複数の遺伝子の発現を調節したり，調節されたりすることで，遺伝子制御の関係の仕方がひとつのネットワークを構成するのである．

　転写調節因子は細胞質で翻訳されたのち，核内へ移行し機能するタンパク質であるので，通常このネットワークは細胞内で機能する．しかし，転写調節因子によって調節されて発現した遺伝子のなかには分泌性の因子をコードするものもある（あるいはDelta-Notchのように膜タンパク質の場合もある）．このシグナル分子は隣接あるいは近傍の（時には遠位の）細胞に作用し，直接あるいは間接に，シグナルを受容した細胞のネットワークに影響を与える．したがって，多細胞生物の遺伝子ネットワークは細胞を基本単位とし，その内部にあるゲノムを媒体としつつ，細胞間で互いに連絡をとりあい，互いのネットワークに干渉する．

### B. 動物の発生における遺伝子ネットワーク

　遺伝子ネットワークは動物の発生においても機能し，さまざまな遺伝子を秩序正しく発現させるための基盤となっていると考えられている．その結果，全体として調和のとれた「発生」が実現するのである．動物の発生における遺伝子ネットワークは，基

本的に不可逆である．つまり，一度分化した細胞は通常，元に戻ることはない．また，細胞間相互作用も重要であり，それは胚という三次元的な形態パターンをもった空間を基盤として成立する．動物胚の形態はそれぞれのグループに固有であり，細胞同士の位置関係や分裂のタイミングも厳密に調節されていることが多い．したがって，細胞間シグナルの授受も，このような時間空間のなかで厳密に制御されていると考えることができる．逆に，この時空間的な「形」も，母性因子を含めた遺伝子ネットワークによって制御された結果として成立するものであり，これらすべての事象のつながり全体を，さらに大きな一種のネットワークとしてとらえることもできるのである．

### C. 進化と遺伝子ネットワーク

動物の体が発生によってつくり上げられるからには，進化的分子メカニズムの理解にも発生の理解が必要となる．発生プロセスでは，ゲノムにコードされたプログラムに従い遺伝子ネットワークそれ自体が変遷する．したがって，動物の進化を考えるとき，単一の遺伝子のみの機能や配列の変化をみていたのでは，進化的変化を統一的に理解することはできない．まず，最初のステップとして，遺伝子ネットワークの変化をとらえてゆかねばならないだろう．

では，進化において，ネットワークはどのように変化しうるのか？ ネットワークの進化的変化は一次的にはDNAレベルで起こると考えられる．原理的に変化はゲノム中のどこにでも起こりうるが，実際に集団内に定着し，観察される変化は決してランダムなものではない（Stern & Orgogozo, 2008）．たとえば，ネットワークのもっとも末端に位置すると考えられる，分化した細胞の個別的機能に関連した遺伝子群における変化と，ネットワークのより上位の調節遺伝子群における変化では，進化速度や，それが受けるであろう拘束に違いがあることは想像に難くない．前者は比較的変化しやすく，集団内・種内あるいは近縁種間の微少な違いなどに寄与するであろうと想像できる．対して，後者の変化はシステム全体により甚大かつ深刻な影響を与えるであろう．また，特に調節遺伝子については，タンパク質をコードする領域におけるよりも，シス調節領域における変化のほうが起こりやすいとされる（Stern & Orgogozo, 2008）．転写調節因子は通常，複数の標的遺伝子が存在するうえ，ひとつの転写調節因子が複数の異なる場面で機能しているからである．それに比べ，シス調節領域は多くの場合モジュール化されており，特定のモジュール内の変化は特定の組織・細胞や特定の時間での遺伝子発現に影響を与えるが，前者の変化に比べ，影響は限定的である．

たとえば，アルデヒドデヒドロゲナーゼ2（aldehyde dehydrogenase 2：ALDH2）はわれわれの体内でアルコールの代謝経路にかかわる酵素であり，ここで論じている遺伝子ネットワークの末端に位置する．この遺伝子の第12番目のエクソンにある塩基の置換により，この酵素の機能が大きく損なわれることが知られている．これはタンパク質のコード領域に起こった変化であり，実際に人間集団内では決してまれではない．このような変化は，ネットワークの観点からは比較的起きやすいと想像される．なぜなら，その変化はネットワークの他の部分に影響を与えないからである．ALDH2の場合は正にも負にも選択されることはないようだが，こうしたネットワーク末端の遺伝子の変化の多くは直接に選択の対象となりうるだろう．

一方で，ネットワークのより上位に位置する遺伝子群の変化はより大きな形質上の変化を招き，多くの場合カタストロフィーをひき起しかねない．Davidson & Erwin（2006）は，遺伝子ネットワークのもっともコアの部分である遺伝子調節ネットワーク（調節遺伝子からなるネットワーク）について，それを電子回路・コンピューターになぞらえ，「kernel」，「I/O switch」，「plug-in」の三つにわけて考えることを提案している．その仮説の適否はともかく，重要なことは，階層性のある遺伝子調節ネットワークにおいて，その変化の理解にはいくつかの分類を行なって単純化して考える必要がある，ということである．

ニシキヘビの発生において後肢芽は形成されるが（途中で発生が止まるので結局は後肢は形成されない），前肢芽は形成されない．この前肢芽不全はHox遺伝子の発現の変化による，という報告が

ある (Cohn & Tickle, 1999). ふたつの Hox 遺伝子 hoxc6 と hoxc8 は，他の多くの四足動物では前肢が形成される領域より後方の側板中胚葉で発現するが，ヘビではそれが前方へ伸長している. 先に述べたように後肢芽は形成されるので，肢芽形成のための分子メカニズムそれ自体はヘビのゲノム中で失われてはいない. 前肢で起こっていることは Hox 遺伝子の発現の変化によって肢芽形成のための遺伝子回路が活性化されなかった，ということである. こうした変化は比較的大きな形態上の変化をともなうが，ある種の転写調節因子の発現領域の変化 (機能の変化ではなく) によって，特定の遺伝子回路のスイッチがオンにならなかったのである. 逆に一定の条件がそろえば，この遺伝子の発現により異所的に下流の遺伝子回路をオンにできる.

ネットワークのより内部にある遺伝子の場合はさらに大きな変化をともなうであろう. 発生を支配するネットワークは不可逆に進行するという性質上，特異なネットワーク構造をもち，特にこうした遺伝子回路内部にある調節遺伝子は多くの場合，複雑に相互に調節しあっている. その結果，ひとつの遺伝子の変異がカタストロフィーを起こしうる. 先ほどの例とは異なり，回路の内部に組み込まれたこうした遺伝子を異所的に発現させても，その遺伝子回路は必ずしも機能しない.

前出の Davidson と Erwin によれば，こうした機能をもつネットワークは「kernel」とよばれ高次の形態に関係し，たとえば門レベルなど高次の分類群に共通の形質をつくることに関与しているという (Davidson & Erwin, 2006). そうした回路は変化しにくいので，一度獲得されると高度に保存され，たとえばそれゆえに長期間「門」レベルの新しい動物群の誕生が認められないのだという. 実例として，心臓の形成にかかわる Nkx, Hand, GATA などから構成される共通の遺伝子回路があげられている. しかし，このような例はまだきわめて少なく，現在想定されている「kernel」の候補の一部がシス調節領域の解析まで終わった段階にあるにすぎない. 仮説のとおり，シス調節のレベルで高い保存性を示すのかどうか，現段階では不明である.

## D. 進化と遺伝子ネットワークの研究の課題

以上述べたように，動物の体づくりを通じ，発生を支配する遺伝子ネットワークが進化の選択の対象となってきたと考えられる. 遺伝子ネットワークには階層性があり，遺伝子の階層，変化の種類によってその影響の大きさが異なる. 遺伝子ネットワークの観点からは集団内・種内の変化を起こすようなゲノム上の変化がそのままより高次の違いを生み出すとは考えにくい. 遺伝子ネットワークの階層性の背景にはそれをつくり上げてきた歴史があり，ある時点で起こりうる進化上のゲノムの変化は，その時点で存在する遺伝子ネットワークによって制約を受けるはずである.

逆に，多細胞動物の起源における遺伝子のネットワークはどのようなものであったのだろうか. おそらく最初の遺伝子回路は，転写調節因子が直接に細胞型特有の機能を果たすためにはたらく遺伝子群を制御するという，ごく単純なものであったに違いない. その後，より複雑な体制を進化させるために，その時点で可能な (あるいは起こりやすい) 変化が積み上がり，階層性をつくっていったと考えられる. また，冒頭に述べたように，体制の複雑化にともない，遺伝子ネットワークは自分自身のつくり出した胚の形などにも制約を受ける. ネットワークの構造の理解に関する研究は，さまざまな動物で精力的に進められているものの (Davidson et al., 2002; Stathopoulos & Levine, 2005; Imai et al., 2006)，現在はまだ非常に原始的である. ネットワークの進化の理解には，種間の比較解析が有効であろうが，現在のような部分的な理解に基づく比較は常に誤った解釈を生む危険をはらんでいる. しかし，今後数年で飛躍的に理解が進むと考えられ，過去にどのような遺伝的変化が起こったのか，という問題を理解し，そのうえで今後どのような変化が起こりうるのかといった問題にもアプローチできるようになるかもしれない.

[引用文献]

Cohn M. J. & Tickle C. (1999). Developmental basis of limblessness and axial patterning in snakes. *Nature*, vol. 399, pp. 474-479.

Davidson E. H. & Erwin D. H. (2006). Gene regulatory networks and the evolution of animal body plans. *Science*, vol. 311, pp. 796-800.

Davidson E. H. *et al.* (2002). A genomic regulatory network for development. *Science*, vol. 295, pp. 1669-1678.

Imai K. S. *et al.* (2006). Regulatory blueprint for a chordate embryo. *Science*, vol. 312, pp. 1183-1187.

Stathopoulos A. & Levine M. (2005). Genomic regulatory networks and animal development. *Dev. Cell*, vol. 9, pp. 449-462.

Stern D. L. & Orgogozo V. (2008). The loci of evolution: how predictable is genetic evolution? *Evolution*, vol. 62, pp. 2155-2177.

〔佐藤ゆたか〕

## 22.10 形態形質の進化速度

### A. 速度の検出

形態進化の速度は，おもに産出年代のわかっている化石系列を用いて測定されてきた．また世代時間の短い生物では，実験室で表現形質の進化速度を直接求めることが可能である．世代時間の比較的長い生物でも，化石記録によらず野外での長期にわたる継続的な形態形質の計測により，直接進化速度が求められることがある．たとえばGrant夫妻によって30年間にわたり調べられたダーウィン・フィンチの形態進化の事例は，その代表的なものである（Grant & Grant, 2002）．

形態進化速度の単位としては，darwinがよく用いられる（Haldane, 1949）．ある時間 $t_1$ と $t_2$ において，それぞれある形質の，時代の異なる2集団の平均値がそれぞれ $X_1$, $X_2$ だったとすると，形態進化速度は，$d = (\ln X_1 - \ln X_2)/(t_1 - t_2)$ として求められる．このとき d を100万年あたりに換算した値が darwin である．また世代あたりの進化速度の単位として haldane（Gingerich, 1993）がある．時代の異なる2集団をプールして求められた形質値の標準偏差を $s$，ふたつの集団の間で経過した世代数を $g$ とすると，haldane は，$h = (X_1/s - X_2/s)/g$ と求められる．そのほか，形質の相加遺伝分散が推定可能で，それが時間的に大きく変わらないと仮定できる場合には，世代あたりの変化量を相加遺伝分散の比として記述することもある（Lynch, 1990）．形態進化の速度は，年代の得られている試料を用いて直接計測されるほか，分子系統樹上で分子進化速度から間接的に求めることもできる．

### B. 速度の分布

これまでさまざまな時代，分類群について，形態形質の進化速度が求められてきた．その結果明らかになったことは，進化速度は速いものから遅いものまで非常に多様で，同じ系列でも時代によって大きく変化するということである．しかし一般に化石記録で求められた進化速度は，実験室や野外で現生生

物を使って求められた進化速度より，著しく遅い傾向がある．さまざまな時間間隔のもとに求められた速度データを用いて，試料の時間間隔と進化速度の関係を調べると，両者の間に負の相関があらわれる．このように，計測に用いる試料の時間間隔が短いほど早い進化速度が得られるという傾向は，ホールデンのパラドクスとよばれる．

　進化速度の問題は，形態に変化をもたらしている要因がおもにどのような進化のメカニズムなのかという問題にからんで議論されてきた．化石記録で得られる進化速度のうち，特に高速の事例が，一般的な方向性選択で説明できるレベルの速度なのかどうかということが議論された．しかし多くの研究で，化石記録から検出された量的形質の進化速度は，もっとも速いものでさえ，弱い方向性選択で十分説明できるレベルのものであることが示されている．また化石記録で検出される量的形質の標準的な速度の進化は，遺伝的浮動だけで説明できるレベルのものであるという結果も得られている．化石の系列が示す形態進化の多くは，その大部分の時期がむしろ安定化選択によって変化が抑制されていると考えられる．

　化石種の形態進化の速度が，どのような進化プロセスを反映しているのかという問題は，形態進化のパターンがどのようなメカニズムで生じたのか，という問題と密接に関係している．化石記録から得られた進化パターンは，ほとんどが偏りのないランダムウォークで説明でき，方向性選択で説明できるパターンはごく少数であることが示されている（Hunt, 2007）．このように，化石記録で認められる形態進化は，非常にゆっくりしたものであることが一般的である．これは進化的変化が観察された期間のなかで，実際に方向性選択がかかっている時期がごく短いか，長期にわたって一方向的な方向性選択がかかることが少ないためであるという指摘がある．

## C. 速い進化と遅い進化

　形態進化が非常にゆっくりで，長期にわたってあまり形の変わらない系列を，緩進化（bradytely）とよぶ．そのもっとも極端な事例がハイギョやカブトガニのような，「生きている化石」とよばれるケースである．またこのように長期にわたり，形態がほとんど変化しないパターンを stasis とよぶ．これに対し，相対的にきわめて速い進化が認められる系列については，急進化（tachytely）とよぶ．このような急進化の例は，特に適応放散の時期に認められる．海洋島や孤立した水系では，非常に速い速度で形態レベルの進化が起きることが，多くの現生の分類群で知られている．また哺乳類では，本土よりも島の個体群のほうが，より速い形態進化が起きていることが示されている（Millen, 2006）．これらは，島は空白のニッチが多く，捕食者が少なく，本土とは大きく異なる環境であることがその理由であると考えられている．一方，深海や洞窟など長期にわたって相対的に安定した環境では，緩進化を示す分類群が多い．

　進化の速度は同じ系列でも大きく変化するのが一般的である．特に系列が新しく分岐した直後，あるいは新しい適応帯に入った直後にもっとも高速で進化するが，その後徐々に進化速度が低下し，やがてほとんど停滞し stasis に至るという変化のパターンが，多くの系列で認められる．また相対的に長期にわたる進化的停滞と，ごく短期間の急速な変化を特徴とする広い意味での断続平衡のパターンは，多くの化石系列で認めることができる．

[引用文献]

Gingerich P. D. (1993) Quantification and comparison of evolutionary rates. *Am. J. Sci.*, vol. 293, pp. 453-478.

Grant P. R. & Grant B. R. (2002) Unpredictable evolution in a 30-year study of Darwin's finches. *Science*, vol. 296, pp. 707-711.

Haldane J. B. S. (1949) Suggestions as to quantitative measure of rates of evolution. *Evolution*, vol. 3, pp. 51-56.

Hunt G. (2007) The relative importance of directional change, random walks, and stasis in the evolution of fossil lineages. *Proc. Natl. Acad. Sci. USA*, vol. 104, pp. 18404-18408.

Lynch M. (1990) The rate of morphological evolution in mammals from the standpoint of the neutral expectation. *American Naturalist*, vol. 136, pp. 727-741.

Millien V. (2006) Morphological evolution is accelerated among island mammals. *PLoS Biol.*, vol. 4, pp. e384.

（千葉　聡）

## 22.11 形態学ならびに形態の認識

　形態学とは生物のもつ形や構造をさまざまな手法で記述，比較，解析することにより，その機能，適応的意義，進化過程，発生機構などを理解しようとする諸分野の総称である．狭義には，ドイツの自然学者にして文豪である J.W. von Goethe の創始したモルフォロギー（Morphologie）に端を発する（多かれ少なかれ進化的起源に言及する），比較形態学，あるいはそれと同じ議論の文脈を共有する比較発生学や比較解剖学，胎生学，奇形学などを総合的に意味する．

### A. 原型論

　Goethe の形態学は，本来的には共時態の形態認識であり，多くの動植物の形態パターンを認識して，それらに共有される深層構造としての原型（Urtyp, ほかに Typ, Urbild, Plan, von Baer の主型＝Haupttyp なども同様の意味を担う）を感知し，それによって個々の動植物のもつ個別的形態を導出（Ableitung）しようとする．この原型パターンは，Goethe によればくりかえし構造を基調とする分節的一般形態であり，その変態（メタモルフォーゼ）によって，個別的形態は成立していると考えられた．つまり，多様性は原型という構造の布置変換として獲得される．この考えは，花器官を含めた植物体が葉のくりかえしであるという「原植物（ウルプランツ）」の考え，また，脊椎動物の頭蓋が椎骨の変形したものの連なりにほかならないとする，Goethe（1824）ならびに Oken（1807）の「頭蓋椎骨説」に如実に現れている．動植物の個別的形態は，Goethe によれば，内的力（ウルクラフト）としての原型と，適応的要請という外的力の相克，すなわち一種の「界面」として成り立っていると考えられた．この場合，内的力は，現代的概念に照らしあわせれば，形態形成において保守的なパターンを生物体の形態パターンに押しつける，いわゆる発生拘束，ボディプラン，その胚発生における表象としてのファイロタイプ（7.2 項を参照）と類似した内容のものとしてとらえることができ，一方で外的力は現在の認識ではある意味，環境に由来する淘汰圧ともみなすこともできるであろう．Goethe の形態学は一義的には，原型を正しく認識し，記述することが目的であり，そのためにこそ，彼の比較形態学的探求はあると自覚されていた．

　このような方針の研究は，観察を通じて観察者の認識の内に現れるプラトン的イデアを指向したが，Goethe 自身はといえば，どうやらそれを未分化な実在，即ち祖先型を代表する動植物に求めることができると考えていた節がある．このような Goethe と，原型を「イデアにすぎぬ」としていた詩人の Schiller との間に議論があったことは有名である．明確な進化思想が顕在していなかった時代，Goethe が感知した実在としての原植物は，たとえば後代，未分化で原始形質のみからなる「軟体動物の原型」を理念的に求めた Thomas Huxley の指向性とも一部重なるところがある．つまり，Huxley が求めた「原型」とは，ドイツ自然哲学が指向したような，いたずらに理想化された先験的理念ではなく，進化系統学的意味における明確な祖先型，あるいは「原始形質の集合体」でなければならない．この意味で，動物学者を自覚していた Huxley は原型の概念を用いるにきわめて慎重であった．原型の実在の主張をもって，Goethe に進化思想の兆しをみることは必ずしも誤りではなかろうが，Goethe を（Haeckel がそうしたように）進化生物学者の一人と数えることは今日一般には認められてはいない．原型はあくまで，本来的には比較形態学を可能にする，視覚的認識におけるよりどころ，あるいは発想の源泉をさすのであり，決して進化という時間軸において最初に存在した祖先的形態と同一のものではない．現在，通時態として探求される進化生物学のためのツールとして，比較形態学は系統進化の認識とともにあるが，原型論が本来はらんでいたその構造主義的，共時的概念としての本質はいまや明らかであり，しばしばかぎられたタクサにおいてのみ，この比較形態学的方法は威力を発揮した（事実，Goethe にとって動物の頭蓋の原型は，事実上，哺乳類の比較観察によって得られたものであった）．たとえば，Goethe が明確な予想をもって，それまで存在しないとされてきたヒトの前上顎骨を新生児の頭蓋に発見したことはその

顕著な例とみなすことができる．

## B. 型の統一

上述した原型的思想と同質のものは，アカデミー論争で有名な Geoffroy の「型の統一」理論（Geoffroy St. Hilaire, 1818）や，動物体の器官の相同性に言及する「結合一致の法則」にみることができる．この論争は，基本的な生理機能によって根本的形態パターンが規定され，そのようにして定義された動物の基本パターン（現在，動物門を定義するボディプランに類似）が四つ存在するという Cuvier の機能的形態学と，すべての動物の形態は，思考実験としての連続的な変形によって単一の原初的形態に重ねあわせることができる（たとえば，甲殻類を背腹逆さまにし，外骨格を内部に移動させると脊椎動物を導ける）という極端な比較形態学的理論の間に生じた齟齬に基づくもので，ドイツ形態学の影響を強く帯びた Geoffroy の見解を Goethe が強く推したことはよく知られている．

また，「普遍かつ不変の形態表象」として認識論的に獲得される原型的形態が本格的に描写されたものとして有名なものに，Richard Owen による「原動物」がある（Owen, 1848）．脊椎動物の骨格をすべて椎骨と肋骨要素に還元してとらえ，そこからすべての脊椎動物種の骨格形態が（進化的変形としてではなく，認識的に）導けるとしたこのパターンは，彼が Huxley に対抗すべくドイツ形態学を学んだことによる，いわば副産物であり，ある意味それは Goethe 以上に徹底した骨学理論となっていた．しかし，その徹底した構造主義的性格は Darwin の進化論前夜の形態学においては，明らかに時代に逆行するものであり，そののち Huxley により粉砕されることになった（Huxley, 1858）．何よりもこの原動物は，通時的系統認識における原始的動物ではなく，むしろ，共時的形態認識における原型的構造であり，それはこの形態認識が派生形質と原始形質のいたずらな寄せ集めでしかなかったことによって如実に示されているのである．

## C. 形態の進化と発生

『種の起原』における Darwin の比較形態学的記述

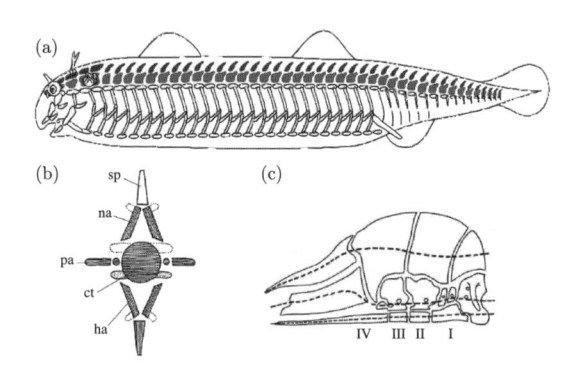

**図 1 形態学的認識とは**
(a) Owen の原動物．(b) 原動物を構成していると考えられた椎骨単位．Ct：椎体, ha：血道弓, na：神経弓, pa：傍突起, sp：棘突起．(c) Oken による椎骨の連なりとしての哺乳類の頭蓋．

においては，形態学的相同性の扱いは Owen の影響を強く受け，原型論的色彩を払拭しきれないながらも，明らかにそれは進化的文脈においてとらえられており，比較形態学はこれ以降，Lankester（1870）による相同性の再定義とあいまって，明確に進化的文脈において再構築されてゆくことになった．ここには，von Baer の生物発生原則を進化論的に読み直した Haeckel の反復説，比較解剖学を進化的に行ない，相同性を改めて形式化した Gegenbaur（1898）など，ドイツのイェナ学派の研究活動も大きくかかわっている．とりわけ，Gegenbaur は彼の『比較解剖学 全2巻』（1898）において，比較形態学の進化生物学的基盤を確立した．今日，比較形態学的に認識される相同性は，このような進化論的文脈において扱われるものであり，当初，原型として認識されていたイデア論は顧みられることはなくなったが，分節性とメタモルフォーゼの基盤となる「位置価」や「形態学的相同性（アイデンティティ）」に関しては，20世紀の終わりに分子発生遺伝学のもたらした Hox 遺伝子（ホメオティックセレクター遺伝子群）の機能的理解や軸形成機構の理解のための大きな布石となり，発生生物学と形態学，解剖学を結びつけるうえで重要な役割を果たし，ひいては分子発生遺伝学の成果を進化の理解に結びつける「進化発生学（Evolutionary Developmental Biology - Evo-Devo）」の誕生につながっていったことは紛れもない事実である（Hall, 1998）．

同様に，Geoffroyの行なった背腹変換による脊椎動物と前口動物の比較も，現在ではさまざまな分子発生学的根拠を得るに至っている．進化発生学的研究においては，形態学的相同性は特定の発生拘束において表出すると考えられるが，遺伝子の相同性，その制御の機構などに系統的保守性や変化が認識されるにつれ，形態学と同様の比較論が必要とされるようになってきた（7.10, 19.6項参照）．とりわけこの進化発生学は，系統進化的遺伝子基盤を形態進化の背景に据えることを初めてもくろんだ研究分野であり，発生生物学的な機構的理解の発展とともに，形態進化における遺伝子の相同性と形態要素の相同性の「結合（カップリング）」や「乖離（デカップリング）」，ならびに乖離の背景となる発生のタイムテーブルや場所における「ズレ（すなわち，ヘテロクロニーとヘテロトピー）」を認識させる契機ともなり，当初Goetheによって知覚された形態学的本質は，いまや原型理論を大きく超え，進化機構的にはるかにダイナミックな現象，概念として認識されるようになってきた．

Goetheの指向した，要素と要素のつながりに本質をみいだそうとする，非還元論的で脱中心的な指向性を明確に有していた初期の形態学に対し，要素の細分化や還元主義的追求によるところの組織学，細胞学，さらには組織化学，免疫組織化学，電子顕微鏡を用いた観察技術，さらに現在では*in situ*ハイブリディゼーション法など，遺伝子発現パターンの視覚化技術など近代の技術的発展に基づくさまざまな記述的方法論をも今日では一般に形態学とよんでおり，イメージング技術の先鋭化にともない，今後多くの方法論的発展をもたらしてゆくと考えられる．概念的にも形態学にはいくつかの異なった側面があり，単に形態情報を取得，分析する研究のフェーズをよぶ場合，生理学という機能論に対するところの構造的背景を一般によぶ場合，生物体をメカニックスとして測定，その機能をシミュレート，もしくは分析することによって生物体の運動や機能の仕組みを理解しようとする機能形態学，さらに，計測された形態データを進化系統，機能モジュール構成，遺伝発生的背景や遺伝子座と関連させるための数理的各種方法論を総合して広義の形態学と呼ぶ場合など

がある（これらについては各項目を参照のこと）．

[引用文献]

Gegenbaur C. (1898) *Vergleichende Anatomie der Wirbeltihiere mit Berücksichtung der Wirbellosen.* Leipzig: Verlag von Wilhelm Engelmann.

Geoffroy Saint-Hilaire E. (1818) *Philosophie Anatomique* (tome première) (cited in Le Guyader, 1998).

Goethe J. W. (1824) Schädelgrüst aus sechs Wirbelknochen aufgebaut. Zur Morphologie, Band 2, Heft 2.

Hall B. K. (1998) *Evolutionary Developmental Biology 2nd ed.*, Chapman & Hall.

Huxley T. H. (1858) The Croonian Lecture: On the theory of the vertebrate skull. *Proc. Zool. Soc. London*, vol. 9, pp. 381-457.

Lankester E. R. (1870) On the use of the term Homology in modern zoology, and the distinction between homogenetic and homoplastic agreements. *Ann. Mag. Nat. Hist.*, vol. 6, pp. 34-43.

Oken L. (1807) *Über die Bedeutung der Schädelknochen.* Göbhardt, Bamberg.

Owen R. (1848) *On the Archetype and Homologies of the Vertebrate Skeleton*, London, J. Van Voorst.

（倉谷 滋）

## 22.12　比較解剖学

　動物の体の構造を単に記述するのではなく，諸器官の形態や位置関係を比較し，その形態的同一性（相同性）を発見することにより，扱っている動物のボディプランのタイプ（動物門の確定）（7.3 項を参照），進化系統的関係（類縁性），進化的成立の経緯等を明らかにし，ヒトの進化的起源をはじめ，多様な動物形態の由来やそれらの系統関係をみきわめ，形態進化の本質を理解すること，もしくは動物体における同等の（相同な）器官系の形態が進化を通じ，原始的な状態から派生的な状態へと変化してゆくさまを提示することによって，動物の適応的進化過程を生活型の変化と対応させ，理解することを目的とした観察の方法を総称していう．加えて，単一個体の系統的解剖を通じ，その解剖学的組成のなかに系列相同性やくりかえしパターンを発見したり，分節くりかえし構造の位置特異的な変化の仕方を理解することにより，その動物が属する動物群の基本的体制，すなわち今日いうところのボディプランや，それを成立させている形態形成機構と関連づけたり，同一種の多個体を解剖することにより，形態的変異の所在と頻度を計測し，形態形質の集団遺伝学的な挙動や，形態形質を左右する遺伝的背景や進化的変異と連関させる方法なども，広義の比較解剖学に含めてよい．比較発生学も以上と同様な目的と比較法に基づいて行なわれ，両者をあわせて比較形態学とよぶ．この方法論は，現在の進化発生学をはじめ，古生物学，人体解剖学など，さまざまな進化形態学的研究において用いられる．

　人体解剖が不可能であった（宗教をはじめとする種々の事情で許されていなかった）中世末期以前，ヨーロッパでは人体の構造や機能，疾病の原因などを理解するために，ヒトに近い他の哺乳類を解剖することが多くあった．あるいは，種々の動物の解剖学的構造についての好奇心は，石器時代人の遺物（洞窟の壁画や彫刻など）にもうかがい知ることができる．このような観察は確かに「比較解剖」学であるかもしれないが，今日的意味合いのそれとはまったく異なった狩猟技術上の，あるいは医学的必要性と認識の下に行なわれていたものであり，今日その目的は合法的な人体解剖学により全うされ，本項目においては基本的には意味をもたず，ことさら解説はしない．それについてはシンガー（1983），ならびにマンドレシ（2010）に詳しい．むしろ，比較解剖学の本質は，動物形態を還元論的に組織や細胞へと降りてゆくことによって理解するのではなく，むしろ肉眼的な形態要素と形態要素の間にある関係に重きを置く構造論的認識の方法として生まれた．18 世紀末から 19 世紀前半における Goethe や Oken，Félix Vicq d'Azyr，Geoffroy St. Hilaire などを始祖とする観念論的形態学，解剖学に始まるということができ，それは形態的相同性（22.3 項を参照），動物体の基本設計を意味するボディプラン，あるいは「型」などの概念によって象徴される認識論的観察の方法でもあった（22.11 項を参照）．この意味で，Goethe をはるかさかのぼる P. Belon が 16 世紀，鳥類とヒトの骨格系の間に対応する形態学的関係があることを指摘したのは慧眼であったといえる．しかし，それ自体が学問の流れを形成するには至らなかった．

　自然哲学としての出自をもつ比較形態学は英国の Richard Owen においてその極致をみ，Charles Darwin の進化論の影響を受け，19 世紀のイェナの進化解剖学者，Gegenbaur や Haeckel の手によって，真に進化生物学的な思想を背景としてもつ方法論として生まれ変わり，その時点でこの学問分野は本格的に動物の進化系統学の体系と融合することが可能となったと考えられる．その成果は，1930 年代，いわゆる「ボルクの比較解剖学」の名で知られる叢書，*Handbuch der vergleichenden Anatomie der Wirbeltiere* として大成，わが国においても西（1935）や犬飼（1935），徳田（1970）による書籍が同分野のものとして知られる．その非還元論的な性格はしかし，生物学の奔流と必ずしもあいいれるものではなく，とりわけ分子生物学や細胞生物学の勃興した 20 世紀後半より衰退の傾向著しく，その本質的意義を正しく問い直すのは今後の進化生物学の課題のひとつである．

　比較解剖学の基本的使命のひとつは，機能的適応のはてに特殊化した器官の由来を明らかにするこ

とにある．その意味で，「哺乳類における耳小骨の由来」はこの分野における金字塔ともいうべきテーマとしてしばしば語られる．すなわち，哺乳類の中耳には，その他の羊膜類におけるのとは異なり，3種の耳小骨，ツチ骨，キヌタ骨，アブミ骨が存在する．哺乳類以外では，ここに耳小柱のみが存在する．Geoffroy は，「異なった動物において互いに対応する 1 セットの器官が，体のなかで相対的に同じ位置を占める（同一の連結の順序を示す）」という「結合一致の法則」により，哺乳類の 3 耳小骨を魚類の鰓弓骨と相同であるとしたが，これは正確な観察とはならなかった．これに対し，ドイツの比較解剖学者の Reichert が 1837 年に「哺乳類におけるツチ骨とキヌタ骨は爬虫類の関節骨，方形骨にそれぞれ相同」であることを，ブタ胎仔の顕微鏡下での解剖により発見した．以来，脊椎動物の顎関節を構成する骨が哺乳類の中耳において機能しているというこの説は大まかに認められるに至っている．時代が下り，この発見が古生物学上の証拠や，とりわけマウスにおける Hox 遺伝子の変異体を解析した分子遺伝学的実験結果（Rijli et al., 1993）と整合的であることがわかり，解剖学的パターンに発生遺伝学的背景が存在していることを明瞭に示した．

上の例では，比較解剖学の特徴がいくつか示されている．第一に，器官の具体的形状や機能にまどわされることなく，形態学的相同性，すなわち器官の進化発生的出自に注目するという方法，第二に，相同性決定にあっては器官の相対的位置関係に重きを置くということ，第三に，動物形態の深層に不変の形象が横たわっているというイデア論的仮説を維持することである．Reichert が進化や細胞を信じない，古典的な解剖学者であったことは，比較解剖学や比較発生学という分野の根幹に，非還元論的で，しかも共時態として語られる観念論的形態学の方法があったことを如実に示している．つまり，形態学的発想の方法には，必ずしも進化や細胞学の知識は必要ではなく，むしろ組織や細胞のレベルに還元することにより消散しがちな形態学的本質をこそ感知し，動物体の基本的成り立ちを知ることが目的とされた．このような，時間軸や絶対的スケールの存在しない，形態学的認識としての比較解剖学は，Richard Owen の原型論にも通ずる．後者においても，すべての動物の体を共通の「型」の変形として導くこと，あるいはそれを可能にする原型の同定が目的であり，その変形過程は観察者の認識の上にあり，必ずしも進化過程を意味しない．また，比較発生学の根幹にも同じ形態学的指向性があり，Reichert がブタ胚に見たものは，哺乳類の耳小骨の成立機構や組織発生的過程などではなく，ツチ骨と下顎軟骨（メッケル軟骨）が本来単一の形態学的実体をなしているという，形態学的「要素の連なり」であった．

相同性決定は一貫性をもって解剖学的構造全体を説明すべきであり，それが貫徹された時点で，動物形態は解剖学的に「同一である」とされる．すなわち，ここではすべての解剖学的要素が過不足なく同定され，その意味で「真に新しいパターン」は何も抽出できない．「哺乳類の中耳問題」における困難は，哺乳類の中耳を構成する骨格や筋要素が，他の脊椎動物のものと相同なセットからなり，それゆえに，そこに本質的に新しいものはない，というジレンマなのである．つまり，比較解剖学的に同定される相同性は，機能的適応のための進化的変形の裏返しとして発見される共通性であり，それをもって形態形成，形態進化の深層にある根本的パターンにのみ言及しているのである．相同性決定と原型の追求が帰着するのは，「鰓と同等の哺乳類の中耳」であるとか，頭部分節問題において Oken の述べた「頭蓋は背骨にすぎない」にみるような，形態の記号論的解消に陥りがちであった．すなわち，比較形態学的な理解のはてにおいて，哺乳類の中耳は変形した鰓でしかない．今日的にはこれは，原始形質のみで動物の体を記述する試みともみることができ，原型論と祖先型の概念が不適切に重なり合うのもまた，この同じ文脈においてである．

かくして比較解剖学には必然的に，「原型的パターンそのものの起源はどこか」であるとか，「原型的パターンは決して進化しないのか」，あるいは「それが極度に進化しにくいとすれば，その理由は何か」など，原型論そのものの存在意義にまつわる種々の問いがまつわる（後述）．少なくとも，Owen や Geoffroy が信じたような「型」が保存されているかぎりは（それが進化的文脈であれ，共時態における

形態学的議論においてであれ），何もないところにいきなり新しく成立してきた，「まったく新しい器官」は原則的に認められない．逆に，どのような奇妙な形態パターンであっても，型に照らしあわせることによって，その相同性や由来を確かめることができる．このように，コウモリの翼はそれがどのように変形していても哺乳類の前脚の変形したものにすぎず，Goethe がヒトの新生児に前上顎骨を「発見」することができたのも，すべての（脊椎）動物が同じ「型」にはまっているという前提あってのことであった．いうなれば，このような比較解剖学的営為の目的は，ある意味，すべての動物の形を同一の型にあてはめることにこそあった，といえる．

それでは，「型」の起源は何か．「型」という構造は，すでに得られているか，さもなければ経験を通じて観察者の認識のうちに形成されてゆく．このことに意識的であった Goethe は，「私はその最後の一点（原型）が得られるまで決して観察を止めることがない」と述べる．「多様性から一般性へ」と向かう，耳小骨の同定やコウモリの翼の理解に対し，より本質的な研究の指向性は，このような原型的パターンの理解や発見を求めるものであり，脊椎動物や昆虫における「頭部分節理論」，あるいは Goethe の「原植物」などは，その典型的な例とみることができる．すなわち，脊椎動物の頭部は，そのなかにひとつの椎骨要素とひとつの鰓弓要素を含む典型的な分節が集まってできたものであり，同様に，昆虫や甲殻類，あるいはその祖先型と目された環形動物の頭部も，ひとつの分節ごとに 1 対の付属肢がともなったものがいくつか変形して統合され，機能的な頭部ができあがったと考えられた（11.5 項を参照）．そこにいくつの分節が存在するか，そこにどのような基本的分節パターンがあるか，動物のどの構造に分節単位をみることができるか，頭部のどのような解剖学的特徴に分節の境界を求めることができるか，動物胚のどのような構造に分節の名残をみることができるか，などの問題はすべて，頭部の分節的原型をどのようなものとして設定できるかという問題の核心的部分であり，とりわけこのなかで，「いくつの分節が頭部をつくっているか」という問題はしばしば議論の集中するところで，初期の Goethe と Oken の

間にみられた対立も，Fürbringer や Gegenbaur によって提示されたホメオティック，メリスティックな進化現象の問題も，本来的にはこの「原型の定義」を巡ってものであった．そして，比較発生学における分節原基の同定もこの範疇であり，Thomas H. Huxley が発生学的データを基に Owen の頭部分節理論を否定したのも，これとまったく同質の議論であったといえる．現在でも，比較解剖学的相同性決定のために胚形態が観察されることがあるが，しばしばそれは位置価決定にかかわる遺伝子発現のパターンとセットになっており，議論は複雑性を増している（後述）．

上のような形態的認識が成立するためには，進化を通じて形態形成の基本パターンが保存されていることが必要である．すなわち，分野としての比較解剖学が成立するのは，生物進化における保守性，すなわち発生拘束（22.4 項を参照）として知られている変異の限界が存在しているからである．もし，発生プロセスにおけるすべての胚段階のすべての器官系が，等方向的にあらゆる進化的変形をこうむるのであれば，生物各種の形態は一様雑多な変化を示し，相同的パターンを認識することもできなくなる可能性がある．このような一様な変化は可能性としてはありえるが，現実の進化とはあいいれない．むしろ，発生プロセスには進化的に変異しやすい部分とそうでない部分とがある．たとえば，Darwin や Haeckel が強調したように，コウモリの翼が哺乳類の前脚であるとわかるのは，その外見や機能が大きく変化していることに比べ，その深層的な形態パターンが変化していないことによる．つまり，指の長さや形状，それにともなう機能が変化しやすいことに対し，指の数，それぞれの指にみられる関節数など，抜本的形態パターンとそれを形成する発生プログラムは保存されるという歴然とした差があり，しかもその差には系統分類関係と対応した一種の階層性が存在する．相同性にみる階層性とは，魚類の胸鰭が四肢動物の前脚となり，そうなったからには前脚にみられる基本的形態プランはもはや胸鰭にはみいだすことができないように，進化的特殊化にともなって新しい形態パターンのルールが徐々に付加されてゆく傾向にあり，そのルールが新しいタクサ

を定義し，形態的相同性の適用範囲がしばしば系統分類学的入れ子パターンと同じ分布を示す（この現象はGegenbaurの不完全相同性に対応する）．このような進化的漸進性を図示するのは，比較解剖学の歴史の後半に得られた機能のひとつであり，その典型的な例として1心房1心室型の魚類のものから2心房2心室型の哺乳類の心臓へ至る変化系列，そしてそれにともなう循環系の複雑化の提示がある．しかし，それは必ずしも各動物系統の適応を明瞭に理解し，正確な系的序列として表現されたものではなく，むしろ哺乳類における心臓を適応の完成型とみたうえで，「下等から高等へ」と進む，変化の理想化された序列を不適切にみせているにすぎない．この例は比較解剖学の成果として広く教科書に引用されているが，現実の適応現象と説明のモデルは大きくかけ離れている．

相同性が進化的に起源を同じくする形態的同一性を意味するかぎり，比較解剖学は比較しにくい不連続な変化のパターンを足がかりに進化的変化を評価でき，そこに分類学も成立する．したがって，視点を変えれば，比較解剖学を成立させてきたのは，生物の形態進化のパターンに歴然とした傾向があり，胚発生過程のなかで，のちに成立する成体の解剖学的パターンの一定の要素を一挙につくり出すような発生段階が特定的に存在し，それが進化を通じて変化しにくい（安定化されている）という事実である．興味深いことに，およそ構造論的哲学に則って発展した学問体系は，比較言語学にせよ，貨幣経済論にせよ，生物進化と同様のプロセスの結果として成立した多様性とその系統を研究対象とし，それらの体系においては，端的にはClaude Lévi-Straussの人類学にみるように「変化することのない（あるいは多様化のなかでも変化しにくい）つながりやパターン」，すなわち「相同性」がひとつの大きなキーワードとして機能している．そのような相同性のネットワークがいわゆる「構造」をなす．これについては，比較発生学ももちろん同様で，比較言語学者のAugust Schleicherが，盟友Ernst Haeckelの比較発生学に触発された（あるいは，SchleicherがHaeckelに影響した）ことによって言語の系統樹に思い至り，印欧語の系統進化を描いたことはよく知られるところである．比較言語学がのちにFerdinand de Saussureの一般言語学を生み，構造主義をもたらした経緯をみれば，そもそもその真の発端がGoetheの形態学にあったことは明らかで，そこで原型という普遍の「構造」の布置変換として個別的形態パターンが理解できるという基本ルールがすでにそこに成立していたことに気づく．そして，あらゆる構造主義的，イデア論的説明が共時態におけるシステムの一貫性を記述できても，その通時的変化の法則や進化的起源に言及できないように，比較解剖学もまた，原型やボディプランの由来，変化の機構，相同性の喪失などの理解においては無力であった．これを逆にみて内実を語るのであれば，比較解剖学が（典型的には脊椎動物の）ボディプランをこれまで記述してきたのではなく，ある広がりをもった多様性をはらみながらも，一定の発生拘束の存在により変化の仕方に限界のあった動物群の形態進化の階層的パターンこそが，比較解剖学というこの学問を2世紀にわたって成立，維持させたというのがむしろ正しく，その同じ保守性によって動物門や亜門に相当するタクサを正当化させるに足るボディプランを記述できるのである．それに関し，頭蓋一般の分節性を唱っていながらも，Goetheの形態学が，ほとんど哺乳類によっていたことを忘れてはならない．理想的な比較解剖学が成立するのは，常に限定的なタクサ内部においてのみなのである．いずれにせよ，観察者の形態学的センスを構築した比較解剖学を成立させるほどに，動物進化のパターンは安定した胚形態を好むのであり，その存在理由を本格的に理解するのは，今後の進化発生学に受け継がれるべき大きな課題となろう．

以上示したような，原型論的な出自が比較解剖学の弱点であり，限界でもあったが，この比較法が，型からの逸脱や新しいパターンの創出をネガティブな方法で発見・認識する唯一の方法でもあったということは忘れてはならない．すなわち，進化的にまれに生じる新規形態の獲得にあっては，祖先動物に由来する発生拘束から逃れることにより，形態的相同性が失われること，形態要素が融合，分割，シフトすることなどが考えられ，このような現象を，相同性のシフトや消失，相同性決定不可能性という形

で検出することができるのもまた，比較解剖学的方法に依るのである（Kuratani, 2009）．この意味で，比較解剖学は動物の形態パターンに「同一性と差異」を検出する，もっとも基本的な方法であり，それは今に至るまで重要性を失っていないばかりか，進化発生学的に重要な遺伝子の発現制御パターンの同定，解釈，変化機構の推定にとり，それはむしろますます増大していると考えるべきなのであろう．

[引用文献]

Bolk L. *et al.* eds. (1931-39) Handbuch der vergleichenden Anatomie der Wirbeltiere. Bd. 2-1. Urban & Schwarzenberg, Berlin, Wien.

Gegenbaur C. (1898) Vergleichende Anatomie der Wirbelthiere mit Berücksichtigung der Wirbellosen. Leipzig: Verlag von Wilhelm Engelmann.

Geoffroy Saint-Hilaire E. (1818) Philosophie Anatomique (tome première).

ゲーテ J. W. 著，高橋義人・前田富士男 編訳（1982）『自然と象徴：自然科学論集』 冨山房百科文庫．

犬飼哲夫（1935）『動物發生學（脊椎動物）』 岩波書店．

Kuratani S. (2009) Modularity, comparative embryology and evo-devo: developmental dissection of evolving body plans. *Dev. Biol.*, vol. 332, pp. 61-69.

Lévi-Strauss C. (1949) *Les structures élémentaires de la parenté*, Paris, Presses Universitaires de France.

マンドレシ, R 著，コルバン他 編，鷲見洋一他 訳（2010）解剖と解剖学．『身体の歴史 I』所収，藤原書店．

丸山圭三郎（1981）『ソシュールの思想』 岩波書店．

西成甫（1935）『比較解剖學』 岩波書店．

Owen R. (1848) *On the Archetype and Homologies of the Vertebrate Skeleton*, London.

Reichert K. B. (1837) Über die Visceralbogen der Wirbelthiere im Allgemeinen und deren Metamorphosen bei den Vögeln und Säugethieren. *Arch. Anat. Physiol. Wiss. Med.*, vol. 1837, pp. 120-220.

Richards R. J. (2008) *The Tragic Sense of Life - Ernst Haeckel and the Struggle over Evolutionary Thought.* Univ. Chicago Press.

Rijli F. M. *et al.* (1993) Homeotic transformation is generated in the rostral branchial region of the head by disruption of Hoxa-2, which acts as a selector gene. *Cell*, vol. 75, pp. 1333-1349.

シンガー C. 著，西村顕治・川名悦郎 訳（1983）『解剖生理学小史—近代医学のあけぼの』 白揚社．

徳田御稔（1970）『進化・系統分類学 I, II』 共立出版．

（倉谷 滋）

## 22.13　形態測定学

### A.　「かたち」の定量化：その歴史と現状

ものがもつ「かたち」の情報は，視覚的生物であるわれわれヒトにとって，きわめて重要な情報源である．生物の形態を研究対象としてきた形態学（morphology）は，今から二千年前にさかのぼる Aristoteles の『動物誌』や『動物部分論』にもみられるように，「かたち」の研究は生物学そのものだった．DNA やタンパク質の分子データの有用性が広く認識されている現在にあっても，体系学や進化学はもとより，生態学，発生学，遺伝学など生物学のさまざまな分野において，「かたち」のデータは多くの知見をもたらす情報源として，その価値を今なお失ってはいない．

現代の形態測定学が歩みつつある方向づけに直接的影響をおよぼしたのは，誰よりも D'Arcy Wentworth Thompson だった．今から 1 世紀も前に彼が唱えた定量形態学の数学理論，なかでも形態変形を記述する「デカルト変換格子」の方法は画期的だった．彼は，デカルト変換格子を用いて形態を数学的に記述し解析するという立場を擁護するために，Galileo Galilei の「自然という書物は幾何学の文字で書かれている」という格言を引いている．そして，この変換格子論文を最終章とする著書が，その 2 年後に出版された『成長と力について（*On Growth and Form*）』（1917）の初版だった．四半世紀後に大きく増補改訂された本書第 2 版（1942）は，その後，現代に至る形態測定学の発展のなかでくりかえし引用される古典となった．彼のメッセージが帯びていた，「かたち」の数学とは幾何学であり，「かたち」の変形とは力の作用であるというシンプルさは後世のどの時代にあってもその魅力を失わなかった．

生物の「かたち」に関する形態測定学は，理論・実践の両面にわたって，過去 20 年あまりの間に大きな発展をとげた（引用文献参照）．それは，生物学と数学そして統計学の三者が交わる領域に築かれた理論体系である．1980 年代はじめに登場して以来，形態測定学の解析ツールは改良が重ねられ，現在そ

の多くはフリーウエアとして研究者コミュニティに広く普及している．たとえば，ニューヨーク州立大学ストーニー・ブルック校におかれている形態測定学サイト（http://life.bio.sunysb.edu/morph/）はたいへん参考になる．

以下では，形態測定学の理論的な基盤について解説する．それが必要な理由は三つある．第一に，「かたち」の幾何学的特性を扱える数学はリーマン多様体（Riemannian manifold）の理論である．第二に，「かたち」の確率的変動を記述できる統計学は方向統計学（directional statistics）の理論である．第三に，リーマン多様体論や方向統計学で記述される非線形の「かたち」を線形の接部分空間（tangent subspace）に射影することにより，近似的に線形数学や線形統計学の理論が利用できるようになる．

### B. 形状空間論：変換不変量としてのサイズとシェイプ

以下では，形態上に設定された標識点（landmark）の2次元または3次元の座標データに基づく形態測定学の方法について解説する．標識点とは，ある規則に従って形態間で対応づけられ，互いに相同であるとみなされる点と定義される．標識点とみなされるための3条件「規則・対応・相同」が満たされるかどうかの判定が難しい場合が実際にはある．しかし，たとえば昆虫の翅脈の分岐点や頭蓋骨上の顎の関節点のように明確に生物学的な相同性がある状況を想定すれば十分だろう．

「かたち」には，「サイズ（大きさ）」と「シェイプ（形状）」というふたつの幾何学的属性が含まれている．ここでは，Dryden & Mardia（1998）に従い，「かたち」のもつサイズ因子とシェイプ因子を変換幾何学的に定義する．つまり，特定の図形変換の下での不変量としてサイズとシェイプをそれぞれ定義する．

2次元あるいは3次元の「かたち」を図形（figure），図形が存在している空間を図形空間（figure space）とよぶ．この図形に対してはつぎの三つの規則に従う座標変換を実行できる：①「変位（移動）」：ある方向と距離をもつ移動，②「回転」：ある点を中心としてある角度の回転，③ 拡縮（スケーリング）：ある倍率に従う相似変換．

今，図形に対して，これらの変換を施したときに変化するものとしないものが何かを考えよう．直感的にいえば，変位や回転をしても「かたち」は変化しない．一方，拡縮を施すと，「かたち」のもつ性質のうち「サイズ」だけが変化することもまた直感的に理解できる．

この事実を利用すると，変換幾何学的に「シェイプ」と「サイズ」とを区別して定義できることになる．すなわち，「シェイプ」とは変位・回転・拡縮のいずれに対しても不変量であるのに対し，「サイズ」は変位と回転に関しては不変量だが拡縮には不変でない量と定義できるからだ．このように，変換不変量に着目することによりサイズとシェイプを別々に定義することができる．

つぎに，上述の座標変換によって，元の図形空間がどのように移り変わっていくかを考える．

#### a. 前形態空間

$m$次元の図形上に$k$個の標識点が設定されているとすると，これらの標識点セットが図形空間においてもつ自由度は$km$である．標識点セットの「重心（centroid）」（標識点の座標の平均）を原点に一致させる変位を施したとき，元の図形は変位に関する不変量すなわち「前形態（pre-form）」に変換され，「前形態空間（pre-shape space）」の自由度は$(k-1)m = km - m$となる．重心でセンタリングされた前形態の標識点の座標は総和がゼロになるので，すべての前形態の標識点セットは原点を通るある超平面の上に乗ることになる．

#### b. サイズ＝シェイプ空間

前形態の重心周りの回転に関する不変量を「サイズ＝シェイプ（size-shape）」と定義し，その空間を「サイズ＝シェイプ空間（size-shape space）」とよぶ．$m$次元空間における回転による自由度の減少は$m(m-1)/2$だから，サイズ＝シェイプ空間の自由度は$km - m - m(m-1)/2$となる．サイズ＝シェイプは変位および回転に関する不変量となる．特に，回転に関する不変量とは回転によって一致するすべての前形態からなる同値類を意味している．この同値類を「軌道（orbit）」とよぶ．前形態空間における軌道に対応する回転不変量からなるサイズ＝シェ

イプ空間もまた超平面を構成する．

### c. 前形状空間

前形態のもつサイズは「重心サイズ（centroid size）」すなわち標識点間の平方距離の総和の平方根として定義されるが，その値は重心と各標識点との平方距離の総和（平方和）の平方根にほかならない．前形態をその重心サイズで割ることにより，サイズを1にそろえることができる．この拡縮による不変量を「前形状（pre-shape）」，その空間を「前形状空間（pre-shape space）」とよぶ．重心サイズによる拡縮を行なうことにより自由度は1だけ減少するから，前形状空間の自由度は $km - m - 1$ となる．すべての前形状はサイズが同一であるから，前形状はある超球（半径1）の球面上に乗ることになる．しかも，前形状はすでに超平面の上にもあるので，結局前形状空間は超平面と超球の交わる（より低次の）超球とみなすことができる．

### d. ケンドール形状空間

サイズ＝シェイプ空間に対して重心サイズ拡縮を施したときの不変量，あるいは同等に，前形状空間内の回転同値類（軌道）に関する不変量を「形状（shape）」と定義し，その空間を「ケンドール形状空間（Kendall's shape space）」略して「形状空間（shape space）」とよぶ．その自由度は $km - m - m(m-1)/2 - 1$ である．ここに定義された形状は変位・回転・拡縮のすべての変換に関する不変量である．

上で定義した形状空間は，前形状空間と同じく超球である．しかし，両者の間にはつぎのような違いがある．前形状空間は回転による不変性を考慮せず，回転同値な軌道はコンパクトなLie群をつくる．同一の軌道に属するふたつの異なる前形状はある角度で回転させれば完全に一致するが，異なる軌道に属する前形状の間ではそうではない．今，前形状の間の差異を，超球である前形状空間の大円に沿う弧の長さ，すなわち測地線距離として定義し，これを「プロクラステス距離（Procrustes distance）」とよぶことにする．ふたつの前形状の間のプロクラステス距離は，弧度法に従えば，半径1の超球である前形状空間の中心とふたつの前形状がなす角 $\rho$ にほかならない．

「かたち」の間の違いを定量化するという問題は，生物学にとどまらない一般的な問題とみなすことができる．標識点セットによって「かたち」を記述するとき，上述のプロクラステス距離の最小値によって，前形状の差異を数値化することができる．その際，異なる軌道の間で回転角を変化させることによりプロクラステス距離を最小化するという方法がまず考えられる．具体的には前形状の標識点セットの座標に関する最小二乗法によりふたつの前形状の違いが最小になるような回転角を推定するという手順に従う．この最小化における目的関数は「部分プロクラステス距離（partial Procrustes distance）」とよばれ，上で定義した非ユークリッド的なプロクラステス距離の線形近似である．

しかし，前形状の間の違いを真の意味で最小化するには，回転角を変化させるだけでは不十分である．なぜなら，前形状の再拡縮を許すならば，回転角に関する最小値である部分プロクラステス距離をさらに小さくすることが原理的に可能だからである．実際，ふたつの前形状間のプロクラステス距離 $\rho$ の余弦 $\cos \rho$ によって再度の拡縮を実施すれば，「完全プロクラステス距離（full Procrustes distance）」とよばれる真の最小値に到達できるからである．ただし，完全プロクラステス距離はもはや前形状空間のなかでは達成できない．半径1の超球の球面からはずれてしまうからである．

完全プロクラステス距離が実現されるのは，前形状空間の中心からある前形状に至る半径の軸に対して，基準となる前形状から垂線の足を下した場合である．このとき，サイズを1から $\cos \rho$ に拡縮することにより，前形状の中心と基準前形状となす角がつねに直角になることがわかる．すべての前形状に関してそれぞれ $\cos \rho$ に関するこの再拡縮を実行すれば（「Riemannian submersion」とよばれる操作），前形状空間のなかに埋め込まれた半径 $1/2$ の超球が得られる．この超球が，上で定義した形状空間である．

このように，前形状空間と形状空間には明白な違いがあるが，ふたつの前形状の間のプロクラステス距離とそれらに対応するふたつの形状の間のプロクラステス距離とは等しいことを確認しておく．半径1の前形状空間のプロクラステス距離は $1 \times \rho = \rho$

であるが，半径 1/2 の形状空間では中心角が 2 倍になるのでプロクラステス距離は $(1/2) \times (2\rho) = \rho$ となるからである．

　David G. Kendall は，微分幾何学の観点から，この形状空間がプロクラステス距離をリーマン計量（Riemannian metric）とするリーマン多様体（Riemannian manifold）であることを証明した．彼の業績により，サイズ要因を除外したシェイプに関する「かたち」の研究は，リーマン多様体論の枠組みのなかで進めるという幾何学的形態測定学の非ユークリッド的基盤が構築されたことになる（Small, 1996; Dryden & Mardia, 1998; Kendall et al., 1999）．

　このように，形状が非ユークリッド的性格をもっているという事実は，データ解析の観点からはいささか扱いづらい．なぜなら，実践的なデータ解析の主流は線形数学や線形統計学だからである．しかし，形状空間の上で平均形状を接点とする線形接部分空間（linear tangent subspace）を構築すれば，近似的ではあるが，広く用いられている線形的手法をそのまま利用できるだろう．つまり，形状空間自身は非線形だが，線形の部分空間に射影することにより，近似的な線形性を実現させるというアプローチを現在の幾何学的形態測定学は採用している（Bookstein, 1991; Zelditch et al., 2004）．

　つぎに，形状空間に接する線形空間のなかでの形状変形の解析に話題を移すことにしよう．

### C. 形状変形論：アフィン変形と非アフィン変形の分割

　「かたち」が時空的に変化したり，あるいは集団内での変異があるとき，そのような「かたち」の違いを定量的に分析するためには，「かたち」の間の仮想的な変形（deformation）を想定すればよい．前述の Thompson はそのような変形は物理的な力の作用として数学的に記述できるというアイデアを提出した．その考えを実装したのが，本節で述べる Fred L. Bookstein による形態変形の解析法である（Bookstein, 1991）．

　まずはじめに，形状の変形を構成する要素として，大域的変形をあらわす線形成分（アフィン成分）と，局所的変形をあらわす非線形成分（非アフィン成分）に大きく分割する．そして，非アフィン成分についてはさらに細分して局所的な変形を個別に抽出するというアプローチがとられている．

　アフィン変形は，行列による線形変換（一次変換）による座標系全体にわたる大域的な変形である．上述の変位・回転・拡縮はすべてアフィン変形として表現することができるが，これらの変換によっては形状を変化しない．しかし，一般のアフィン変形では変換後の座標軸が斜交するために歪み（shear）が生じる．その歪みの最大伸縮比の方向は，対称テンソル（symmetric tensor）の主軸（principal axis）によってあらわされ，変形前後での直交性が保存される（三中, 1999）．このテンソル主軸が線形接空間のアフィン成分の正規直交基底（orthonormal basis）となる．

　非アフィン変形の解析のために用いられる強力な道具が，薄板スプライン（thin-plate spline）という補間関数である（Bookstein, 1991）．スプライン関数は，与えられたデータに基づいて滑らかな曲線や曲面を生成する「平滑化（smoothing）」の目的で利用され，コンピューター・グラフィクスや計算統計学では広く用いられてきた．幾何学的形態測定学はこの手法を形態解析にも適用してきた．

　スプラインによる変形補間は直感的に理解できる．標識点セットに張られた仮想薄板（弾力性のあるゴム膜を想像すればよい）を考える．この標識点セットの変形にともなって薄板が滑らかに伸縮するならば，変形前に設定した格子は変形後の形状の上には局所的な歪みが生じるだろう．ここでいう「滑らかさ」あるいは「ノルム」とは，厳密には二次導関数の平方を全変数域にわたって定積分した値として定義され，直感的には局所的な屈曲（二次導関数の変動）の総和と解釈できる．標識点セットの変形とともに伸縮する仮想薄板は，この滑らかさ（ノルム）を最小化する補間関数を与えている．

　薄板スプライン関数を用いて非アフィン変形を記述する際にも，この滑らかさを最小化するという基準が設定される．各標識点の上におかれた「基底関数（kernel）」を全体としてもっとも滑らかになるような最適係数を決めて線形結合する．この非アフィ

ン変形にともなう滑らかさは，得られた仮想薄板の「屈曲エネルギー（bending energy）」という量で定義される．この屈曲エネルギーは，標識点の座標データと基底関数値によって構成される「屈曲エネルギー行列（bending energy matrix）」から計算される．

この屈曲エネルギー行列を固有値分解することにより，非アフィン変形は複数の互いに直交する変形要素に分割される．屈曲エネルギー行列の固有ベクトルを「主歪み（principal warps）」，主歪みと基底関数値との内積を「部分歪み（partial warps）」とよぶ．分割されたそれぞれの部分歪みによる形状変形は薄板スプライン関数として表示することができる．逆に，部分歪みによる非アフィン変形の固有値を係数とする線形結合をとることにより，すべての非アフィン変形を復元できる．実際，部分歪みのセットは線形接空間の非アフィン成分に関する正規直交基底を構成している．

以上をまとめると，全変形＝アフィン変形＋非アフィン変形＝アフィン変形＋Σ{固有値×（部分歪みによる変形）} とあらわせる．形状空間の線形接空間はアフィン部分空間と非アフィン部分空間に分割される．そして，その正規直交基底は，アフィン部分空間についてはテンソル主軸のセットであり，非アフィン部分空間については部分歪みのセットである．

## D. 方向統計学：非線形空間における形状データの分布

前節の議論はすべて，非ユークリッド空間である前形状あるいは形状の空間から射影したユークリッド的な接空間のなかで展開されている．近似的に線形とみなすことにより，実用性の高い線形数学や線形統計学のさまざまな手法を適用することは，実践的には有用だろう．しかし，それと同時に，前形状や形状の非ユークリッド空間（リーマン多様体）上での正確なふるまいについても知見が蓄積されつつある．

数理統計学の歴史を振り返ると，大部分の理論や手法は「ベクトル・データ」すなわち変量空間のなかで方向と長さをもつデータに関するものだった．

しかし，場合によっては長さの情報がなく，方向のみのデータも現実にはある．たとえば，風向や角度のような「方向データ」を解析するためには，ベクトル・データとは異なる統計学が必要になる．ベクトル・データを解析する線形統計学に対して，方向データを扱う理論は方向統計学（directional statistics）（Mardia & Jupp, 2000）とこれまでよばれてきた．線形統計学はユークリッド空間のなかでの線形数学を利用するのに対し，方向統計学は非ユークリッド空間内での理論を構築してきた．これまで論じてきたように，前形状や形状はある超球上に分布しているので，線形統計学ではなくむしろ方向統計学と親和性が高い．

たとえば，単純な 2 次元の三角形の場合（$k = 3$, $m = 2$）を考えてみよう．この三角形は 3 標識点から構成されるが，各標識点の座標をひとつの複素数としてあらわすことにする．複素平面においてそれぞれの標識点が「複素正規分布（complex normal distribution）」に従う統計的なばらつきをもつと仮定する．このとき，その三角形を変換した前形状は，前形状空間上で「複素 Bingham 分布（complex Bingham distribution）」という確率密度関数に従う分布をすることが証明されている．さらに，前形状空間から導かれる形状空間上で，三角形の形状は「Fisher 分布」に従う確率分布をすることが証明できる（Dryden & Mardia, 1998）．なお，元の図形の標識点間の共分散がゼロであったならば，複素 Bingham 分布よりももっと単純な「複素 Watson 分布（complex Watson distribution）」によって，2 次元三角形のパラメトリック統計モデルを立てることができる．

このように，現在の形状統計学（shape statistics）のパラメトリック理論は，方向統計学の延長線上にその一般化として構築されつつあるようだ（Dryden & Mardia, 1998；Mardia & Jupp, 2000）．しかし，線形接空間での近似的な線形統計学の手法も広く用いられている．たとえば，集団内の形状変異の傾向を検出する「相対歪み解析（relative warp analysis）」は，平均形状から各標本形状への仮想変形をあらわす薄板スプライン関数の係数セットに関して主成分分析を行ない，最大分散をもつ第 1 相対歪み軸か

ら始まって，互いに直交する軸を逐次的に構成していく．

　ユークリッド空間（接部分空間）での近似的な線形統計学と非ユークリッド空間（リーマン多様体）での正確な形状統計学の併用は，今後もしばらくは続くだろうと筆者は予想している．その際，多変量的な形態測定学的パターンをいかに可視化しながら解析を進めるかという統計グラフィクスの技法が今後はますます重要になっていくと思われる．

### E．おわりに：「かたち」を測れば何がわかるか

　以上述べてきた幾何学的形態測定学のさまざまな手法は，生物学の諸分野はもちろん，数理地質学・数理人類学・医療画像解析をはじめ，農学・考古学・心理学・感性工学・製品科学・都市計画論を含む多くの研究領域で実際に用いられている．理論的な進展と並行して，具体的な適応例が積み重ねられ，理論研究と実践研究との間で生産的なフィードバックがあることが，この研究分野の成功につながっていったのだろう．

　情報源としての「かたち」は学問分野ごとにさまざまな理由で重視されてきた．しかし，そのような学問分野の壁をこえたところで，「かたち」を測るという共通の問題が姿をあらわしてきた．現時点ではまだ解決されていない問題も少なくない．たとえば，標識点データのほかに「かたち」の輪郭曲線データをどのようにとりこんでいくのかについては，楕円フーリエ解析（elliptic Fourier analysis）や可動準標識点法（sliding semilandmark method）あるいはクリッギング法（krigging method）など，いくつかの方法が提唱されている．また，3次元データの形態測定についても，今後さらなる研究が必要だろう．この意味で，幾何学的形態測定学は，既存の学問分野の壁をこえたところに開花した，今なお発展途上にあるアクティブな研究領域である．

### ［引用文献］

Bookstein F. L.（1991）*Morphometric Tools for Landmark Data: Geometry and Biology*, Cambridge University Press.

Dryden I. L. & Mardia K. V.（1998）*Statistical Shape Analysis*, John Wiley & Sons.

Kendall D. G. *et al.*（1999）*Shape and Shape Theory*, John Wiley & Sons.

Marcus L. F. *et al.* eds.（1996）*Advances in Morphometrics*, Plenum Press.

Mardia K. V. & Jupp P. E.（2000）*Directional Statistics*, John Wiley & Sons.

三中信宏（1999）形態測定学．棚部一成・森啓 編『古生物の形態と解析』pp. 61-99, 朝倉書店．

Slice D. E.（2007）Geometric morphometrics. *Annu. Rev. Anthropol.*, vol. 36, pp. 261-281.

Small C. G.（1996）*The Statistical Theory of Shape*, Springer-Verlag.

Thompson D'AW.（1942 repr. 1992）, *On Growth and Form* (2nd ed.), Dover Publications.

Zelditch M. L. *et al.*（2004）*Geometric Morphometrics for Biologists: A Primer*, Elsevier Academic Press.

〈三中信宏〉

## 22.14 パターン形成の理論と実際

### A. パターン形成とその理論

物体や事象の配置に時間的・空間的な規則性がみいだされるとき，その配置様式を「パターン（pattern）」という．生物における「パターン形成（pattern formation）」とは，発生過程において細胞や器官など生体の構成要素が何らかの自律的/非自律的な制御機構により配置され，ある一定の（しばしば空間的な並進/回転/鏡像対称性をともなう）形態がつくられることをさす．生物の体にはさまざまなパターンがみられる（図1）が，卵細胞という均一にみえる場からどのようにしてこれら多様な空間的規則性が生み出されるのかということは大きな謎であり，その機構の概念的な説明を目指してこれまでに各種のモデルが提唱されてきた．なかでも特に重要であり，現在に至るまで生物のパターン形成研究のあらゆる側面に影響を及ぼしているのが，1952年にイギリスの数学者 Alan Turing が提唱した「反応拡散系（reaction-diffusion system）」に基づくモデル（Turing, 1952）である．

#### a. Turing パターン

今，ある仮想的な拡散性の因子を考える．生体内の各部位においてこの因子の濃度依存的に各種の発生過程（細胞分化，特定の器官の発生など）が進行すると仮定すると，生物のパターン形成過程はこの因子「モルフォゲン（morphogen）」の濃度パターンの形成過程として簡略にとらえることができる．Turing は複数の因子が相互作用をおよぼしつつ拡散する系（一般に反応拡散系とよばれる）を想定し，ほぼ一様だがわずかな揺らぎを含むような初期状態からどのような時間的・空間的パターンへと発展しえるかについて理論的に考察した．異なる条件下でさまざまな静的・動的パターンがあらわれることが示されたが，このうち生物のパターン形成との関連で特に興味深いのが，等間隔の波状に濃度のピークがあらわれる静的なパターン（図2a）である．以下では具体的なモデルを基に，等間隔パターンが生じる機構の直観的な理解を試みる．想定するモルフォゲンの数や相互作用の性質によりさまざまなモデルが提案されているが，ここでは活性化因子（activator）-抑制因子（inhibitor）型の Gierer-Meinhardt モデル（Gierer & Meinhardt, 1972）を取り上げる．

#### b. Gierer-Meinhardt モデル

活性化因子（A）と抑制因子（I）というふたつの拡散性の因子を想定する（図2b）．A は濃度依存的に自分自身とIの産生を活性化し，I は濃度依存的にA を抑制する．A もI も拡散的に周囲に広がることができるが，I のほうがAよりも速く拡散できるとする．ほぼ一様な濃度分布をもつ初期状態からの時間発展を1次元の系で考えよう（図2c）．① まず，何らかの揺らぎによってA の濃度がわずかに高い部分が生じると，② その部分でA は自己増幅的に増加する（近距離での活性化）．同時にA の作用に

図1 生物にみられるさまざまなパターン
→口絵10参照

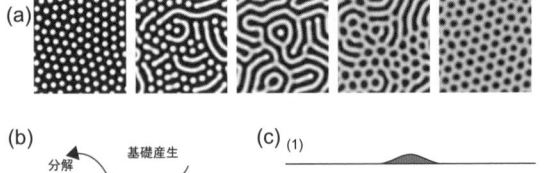

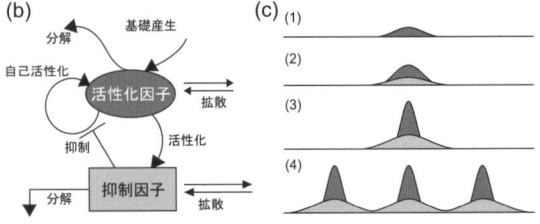

図2 反応拡散モデル
(a) 同一の初期状態から生じる2次元パターンの例．(b) Gierer-Meinhardt モデルの模式図．(c) パターン形成過程の直観的な説明．

よりIも増加する．③ AとIは濃度勾配に従って周囲に拡散するが，Iの拡散速度の方が大きいため，IはAよりも広範な領域に（先に）広がり，周辺でのAの増加を抑制する（遠距離での抑制）．④ 同様の過程が空間のあちこちで生じると，全体として定常波のような安定な等間隔の濃度パターンができあがる．最終的に生じる濃度パターンの波の性質（波長や振幅）は，各反応の速度係数や拡散速度とのバランスなど，系のパラメータによって定まり，初期状態には依存しない．この系の要点は「近距離での活性化」と「遠距離での抑制」が微妙な揺らぎを基にパターンを生み出す，というところであり，基質消費モデルなど他のモデルにおいても基本的には同様の理解が可能である．

### B. 実際の生物のパターン形成とのかかわり

反応拡散系に基づくモデルによって実際の生物のパターン形成過程を理解しようとする試みは，1970年代以降，おもにMeinhardt，Murrayらの数理生物学者により取り組まれてきた．MeinhardtはGiererとともに前述の活性化因子-抑制因子モデルによってヒドラの頭部再生過程における位置情報パターンを説明した．Murrayは，ヒョウの斑点模様などさまざまな哺乳類にみられる体表模様が二次元の反応拡散モデルを用いてよく再現できることを示している（Murray, 1981）．当時これらの成果は実験生物学者に広く受け入れられるには至らなかったが，その後，近藤ら（Kondo & Asai, 1995）が反応拡散系に基づくシミュレーションによって熱帯魚タテジマキンチャクダイの縞模様のダイナミックな変化を予測し，実験的観察によって確かめることに成功すると，これを契機としてしだいに実験生物学者の間でもパターン形成研究の有効なモデルとしての反応拡散系が再び認知されるようになってきた．近年では，モルフォゲン候補として実体をもつ因子を想定し，分子生物学的な実験結果をもとに具体的かつ詳細なモデルを提示するような研究も増えてきている（Kondo & Miura, 2010）．実際の生物において個々の「モルフォゲン」の実体は必ずしも単一の拡散性因子である必要はなく，系全体の性質として「近距離の活性化」と「遠距離の抑制」が備わってさえいればTuringパターンは生じ得る．今後，生物のパターン形成研究のより広い範囲で反応拡散モデルの重要性はますます高まっていくものと考えられる．

[引用文献]

Gierer A. & Meinhardt H.（1972）A theory of biological pattern formation. *Kybernetik*, vol. 12, pp. 30-39.

Kondo S. & Asai R.（1995）A reaction-diffusion wave on the skin of the marine angelfish Pomacanthus. *Nature*, vol. 376, pp. 765-768.

Kondo S. & Miura T.（2010）Reaction-Diffusion Model as a Framework for Understanding Biological Pattern Formation. *Science*, vol. 329, pp. 1616-1620.

Murray, J.D.（1981）A pre-pattern formation mechanism for animal coat markings. *J. Theor. Biol.*, vol. 88, pp. 161-199.

Turing A.M.（1952）The chemical basis of morphogenesis. *Philos. Trans. R. Soc. London B*, vol. 237, pp. 37-72.

[参考文献]

松下 貢 編（2005）非線形・非平衡現象の数理2『生物にみられるパターンとその起源』東京大学出版．

Murray J. D.（2003）*Mathematical Biology II: Spatial Models and Biomedical Applications*, Springer.

Meinhardt H.（1982）*Models of Biological Pattern Formation*, Academic Press.

（宮澤清太）

## 22.15 環境への生理的適応（動物）

生物は，それぞれの生息する環境に適応するための生理機構を，進化の過程で獲得した．同じ地球上でも環境は空間的に大きく異なるし，また時間的にも変動している．このような環境の違いや変動のもとでうまく子孫を残せる生物だけが生き残っている．

### A. 環境の空間的な違い
#### a. 水

生物はまず海で進化し，のちに淡水や陸上に進出した．海水の浸透圧で生きている動物が，淡水のように浸透圧の低い環境に進出するには体液の浸透圧を調節するしくみをもつ必要がある．生命を維持するためには酵素などのタンパク質をはじめとするさまざまな物質が溶けている必要があり，淡水と同じくらい薄い体液をもつと生命を維持できないからである．脊椎動物では円口類のヌタウナギ類だけが進化の過程で海から一度も出なかったと考えられ，海水に近い浸透圧の体液をもち，体液の浸透圧を調節しない（浸透順応型動物：osmoconformer）．それ以外の海産脊椎動物はすべていったん淡水に進出した祖先に由来すると考えられ，必ず体液の浸透圧を調節するしくみをもつ（浸透調節型動物：osmoregulator）．そのうち，海産板鰓類（サメやエイの仲間）は，体液に大量の尿素を蓄積することによって海水に近い体液の浸透圧を保っている．それ以外の多くの脊椎動物は海水よりはるかに低いが，淡水より高い浸透圧の体液をもつ．そのような動物は，海水中では体表面から水が失われ塩分が流入する危険にみまわれ，逆に淡水中では水が流入し溶質が失われる危険との戦いを強いられている．これらに対する適応の基本は，無機イオンの能動輸送である．真骨魚類においては，海水中では鰓の塩類細胞（chloride cell）から塩化物イオンが能動輸送によって排出され，逆に淡水中では鰓における能動輸送によってイオンが吸収される．海産の爬虫類や鳥類では，能動輸送によってつくられた高濃度の塩化ナトリウム水溶液が，頭部にある塩類腺（salt gland）から排出される．海産の哺乳類では，高度に発達した腎臓が海水よりも高い塩分濃度の尿を排出する．

陸上に進出した動物では，体液中の水は蒸発によって失われていく．陸生脊椎動物は，淡水産の祖先に由来すると考えられているが，陸上に進出することで，海産脊椎動物と同じように水が失われる危険に遭遇したのである．水は体全体の表面から蒸発するが，特に肺などの呼吸器はガス交換を行なうために表面積が大きいので，ここから失われる水の割合が大きい．とりわけ，恒温動物である哺乳類と鳥類は，環境温度よりも高い体温を維持しているので，より多くの水が呼吸によって失われる．昆虫や爬虫類，鳥類は窒素老廃物を尿酸という水に溶けにくい結晶で排出することにより，尿素を排出する哺乳類などよりも水を節約できる．さらに，砂漠のような乾燥環境に棲む動物は，体内で食物を酸化することによって発生する水である酸化水（oxidation water）を有効に利用し，そのような昆虫やダニ，ワラジムシなどの節足動物には，水蒸気で飽和していない空気から水蒸気を吸収するしくみをもつものまでいる．

#### b. 温度

地球表面の平均温度は約14℃であるが，赤道付近や極地，高山や深海など生息場所によって温度の違いは大きい．多くの動物において，体温は基本的には環境温度と等しく，変温動物（poikilotherm）とよばれる．変温動物でも，行動によって体温調節をある程度行なうことができる（行動的体温調節：behavioral thermoregulation）．体の小さい動物は微細環境を選択することで受けとる熱を調節し，体の向きを変えて，太陽からの輻射熱の吸収量を変化させることができる．さらに，変温動物にも，ある程度代謝によって熱をつくりだすことのできるものがいる．マグロなどの大きくて速く泳ぐ魚類，卵を抱えたニシキヘビ，飛翔前に羽ばたいてウォームアップするガ，寒冷環境下のミツバチのワーカーなどは，かなりの熱を筋肉運動によって産生する．

変温動物が低い温度に耐える方法にはふたつある．ひとつは低い温度になっても凍らないようにするものであり，凝固点以下でも凍らない過冷却（supercooling）という状態で低温に耐える．そのために，消化管を空にして氷核物質（ice nucleating agent）をなくすとともに，体液中にトレハロースなどの糖やグリセロールやソルビトールなどの糖アルコールを蓄積して，凝固点と過冷却点を低下させている．もうひとつのやり方は，凍っても死なない耐凍性（freeze tolerance）をもつことである．多くの耐凍性動物は，うまく細胞の外だけを凍らせて，細胞内は凍らない状態に保っている（細胞外凍結：extracellular freezing）．この場合もトレハロースやグリセロール，ソルビトールを体液中に蓄積して細胞の細かい構造が損なわれることを防いでいる．また，過冷却の状態で氷核が形成されると一気に凍り，細胞の構造が損なわれるので，耐凍性をもたない動物とは逆に氷核物質を体液中にもつことで，あまり過冷却にならないようにしている．さらに，南極に棲む線虫 Panagrolaimus davidi は，細胞内凍結（intracellular freezing）の状態でも生き延びることができる（Warton & Ferns, 1995）．

変温動物の爬虫類から，環境温度や自己の活動に関係なくほぼ一定の体温を保つ恒温動物（homeotherm）が進化した．現存する恒温動物は，鳥類と哺乳類だけであるが，すでに絶滅した恐竜類の一部も恒温動物であったという説がある．恒温動物は，寒冷時には皮膚を流れる毛細血管を収縮させて体の表面からの熱損失を小さくするとともに，骨格筋や褐色脂肪組織（brown adipose tissue）における熱産生を増加させる．そして，温熱環境では皮膚の毛細血管を拡張させて，体の表面からの熱損失を大きくする．しかし，環境温度が高くなって体温との差が小さくなると，水の気化熱に依存した方法を用いる．ヒト，ウマ，ラクダなどは，発汗（sweating）によって体温を低下させる．一方，体表面に毛や羽毛が密集していて汗腺の発達していないイヌや鳥類は，あえぎ呼吸（panting）という浅くて速い呼吸をくりかえすことにより，肺胞のガス交換量を増やさずに気道からの水分蒸発量を増加させる．

#### c. その他

地球上では水と温度以外にもさまざまな環境要因が空間的に異なる．たとえば，潜水動物では水圧に対する適応機構，高山に進出した動物では低酸素に対する適応機構が発達している．

### B. 環境の時間的な変動
#### a. 日周性

地球上に生息するほとんどすべての生物は，時間的な環境の変動にさらされる．環境の変動には，まったく不規則に起こるものもあるが，多くのものは一定の周期で起こる．一定の周期で起こる環境の変動に対応するために，生物は生物時計（biological clock）を進化させた．代表的なものがおよそ1日の周期をもつ概日時計（circadian clock）である．シアノバクテリアは昼間に光合成を行ない，夜間に窒素固定を行なうという分業を，概日時計によってうまく果たしている．概日時計はすべての動物がもっており，昼行性や夜行性の活動を示すためにはたらいているばかりではなく，光周性における日長測定や太陽コンパスの時刻補正にも使われている．

#### b. 年周性

地球上の大部分の地域に1年周期の季節変化がみられる．1年中暖かい熱帯でさえ，多くの地域には雨季と乾季が存在する．この季節変化に対応するために，多くの生物は1日の明るい時間の長さ（日長）に反応する性質，光周性（photoperiodism）を採用している．日長は，毎年まったく同じように変化し，気温など他の環境変化にさきだって変化するため，季節の到来を知るのにたいへん都合のよい情報だからである．光周性は，原核生物では知られていないが，単細胞のゴニオウラクスやクラミドモナスにもみられ，広範な生物で進化してきた．

温帯や寒帯に棲む多くの昆虫は，日長が短くなると休眠（diapause）という特別な生理状態に入る．ほとんどの昆虫は，冬の寒さのもとで活発に活動することができないからである．休眠に入ると，寒さばかりではなく，乾燥や絶食などさまざまなストレスに耐えることができる．また，小さな恒温動物のなかには，日長が短くなると冬眠（hibernation）に入って体温を一時的に環境温度に近いところにまで下げてエネルギーを節約するものがいる．冬眠している恒温動物を，さらに低い環境温度においてやると，代謝を高めて低いながらも一定の体温を保つ．この点で，冷やせばそのまま体温が下がる変温動物の冬眠や休眠とは異なる．

一部の動物は，光周性ではなく，およそ1年の周期

をもつ生物リズム，概年リズム（circannual rhythm）で季節変化に対応している．なぜなら，赤道をこえて渡りをする鳥類では，現在いる場所の日長は渡りの目的地の季節を表す適切な信号ではないし，深い穴のなかで冬眠する哺乳類は日長自体を知ることができないからであろう．ヒメマルカツオブシムシという昆虫も概年リズムによって蛹になる時期を決めている．この昆虫における実験によって，概年リズムは概日時計と似た性質をもつがはるかに周期の長い生物時計，概年時計によってもたらされることが明らかになった（Miyazaki et al., 2005）．概年リズムは単細胞のゴニオウラクスにもみられる．

#### c. その他

そのほかの環境の周期的な変動のうち，潮汐周期，大潮と小潮の半月周期は，とりわけ海岸に棲む生物の生活にたいへん大きな影響を与える．最近の研究で，沖縄のマングローブに生息するマングローブスズというコオロギは歩行活動に概潮汐リズム（circatidal rhythm）を示すことが明らかになった（Satoh et al., 2008）．さらに，このリズムの水没刺激に対する応答から，概日時計とは周期の異なる概潮汐時計が存在することが示された（Satoh et al., 2009）．

アフリカの半乾燥地域に生息するネムリユスリカの幼虫は，生息する水たまりが乾期に干上がると，体内に水分を含まないクリプトビオシス（cryptobiosis）という状態になり，ほとんど生きている兆候のみられない状態で次の雨を待ち，水に戻されると1時間以内に元の状態に戻る．雨季と乾季はある程度規則的に訪れるが，特定の場所でいつ干上がるか，いつ再び水たまりができるかは予測不能であるので，実際に水が失われることによって誘導されるしくみはきわめて有効である．クリプトビオシスに入ったネムリユスリカの幼虫は，トレハロースを蓄積してガラスのような状態になり，−270℃の低温や100℃の高温，100%エタノール，真空状態や強い放射線のいずれに対しても耐性を示し，この状態で何年も生き続ける．ほかにワムシ，線虫，クマムシ，カブトエビなどがクリプトビオシスを示す．クリプトビオシスは，これらの動物に共通の祖先がもっていた性質というよりは，それぞれにおいて独立に進化したと考えら

れるが，いずれもトレハロースを蓄積することなど共通点が多い（Watanabe, 2006）．さらに，ネムリユスリカがクリプトビオシスに入るときに，植物の種子が休眠する際の乾燥耐性に関係することで知られるLEAタンパク質（late embryogenesis abundant protein）が発現する（Kikawada et al., 2006）．

[引用文献]

Kikawada T. et al. (2006) Dehydration-induced expression of LEA proteins in an anhydrobiotic chironomid. *Biochem. Biophys. Res. Commun.*, vol. 348, pp. 56-61.

Miyazaki Y. et al. (2005) A phase response curve for the circannual rhythm in the varied carpet beetle *Anthrenus verbasci*. *J. Comp. Physiol. A*, vol. 191, pp. 883-887.

Satoh A. et al. (2008) Circatidal activity rhythm in the mangrove cricket *Apteronemobius asahinai*. *Biol. Lett.*, vol. 4, pp. 223-236.

Satoh A. et al. (2009) Entrainment of the circatidal activity rhythm of the mangrove cricket *Apteronemobius asahinai* to periodic inundations. *Anim. Behav.*, vol. 78, pp. 189-194.

Warton D. A. & Ferns D. J. (1995) Survival of intracellular freezing by the Antarctic nematode *Panagrolaimus davidi*. *J. Exp. Biol.*, vol. 198, pp. 1381-1387.

Watanabe M. (2006) Anhydrobiosis in invertebrates. *Appl. Entomol. Zool.* vol. 41, pp. 15-31.

[参考文献]

Schmidt-Nielsen K. (1997) *Animal Physiology: Adaptations and Environment* 5th edn. Cambridge University Press．［クヌート・シュミット＝ニールセン 著，沼田英治・中嶋康裕 監訳（2007）『動物生理学：環境への適応』東京大学出版会］

富岡憲治・沼田英治・井上愼一（2003）『時間生物学の基礎』裳華房．

Wharton D. A. (2002) *Life at the Limits: Organisms in Extreme Environments*. Cambridge University Press．［D.A. ワートン 著，堀越弘毅・浜本哲郎 訳（2004）『極限環境の生命：生物のすみかのひろがり』シュプリンガーフェアラーク東京］

（沼田英治）

## 22.16 環境への生理的適応（植物）

　固着性は植物（陸上植物）の大きな特徴のひとつである．一度発芽してしまえば，環境が変わっても移動することはできず，そこで生き延びることが必要となる．このため環境変化に対する生理的・形態的応答が適応のうえでたいへん重要である．

### A. 乾燥への適応

　植物が陸上に進出して初めて出会ったストレスのひとつが乾燥である．維管束植物は，細胞に水を供給するために根を進化させ，さらに過剰な水分蒸発を防ぐために表皮組織を発達させた．ただし外界とのガス交換を完全に絶ってしまうと，光合成に必要な二酸化炭素を吸収することができなくなるため，表皮の一部に気孔とよばれる穴をもち，ガス交換の調節を行なっている．気孔開閉の制御は厳密に行なわれており，強光や湿潤条件など光合成にとって都合のよい条件では大きく開いて二酸化炭素をとりこみ，夜間や乾燥化など光合成に不適だったり蒸散が過剰になりやすい条件では閉じて蒸散を防ぐ．

　気孔が閉じている状態が続くと二酸化炭素のとりこみが滞り，葉内の二酸化炭素濃度が低下し，光合成速度が低下する．$C_4$植物は，葉内に二酸化炭素濃縮システム（$C_4$光合成回路）をもち，低二酸化炭素濃度でも効率よく光合成を行なうことができる．通常の光合成系をもつ$C_3$植物に比べ，乾燥環境に適応しており，高温・乾燥環境に多く分布している．

　さらに高度な乾燥耐性をもつのがCAM植物である．CAM植物は，夜間に気孔を開いて二酸化炭素をとりこみ，リンゴ酸として液胞にため込む．昼間は気孔を閉じて蒸散を防ぎ，液胞のリンゴ酸から二酸化炭素を再放出して糖合成を行なう．CAM植物の一部は，砂漠など極端な乾燥環境へ進出している．

　光合成生産と蒸散による水分損失を，それぞれ気孔開口にともなう利益とコストとみなすことができる．光合成量を蒸散量で割った値を水利用効率と定義し，気孔開口の利益-コスト関係を表す．一般に，$C_3$より$C_4$，$C_4$よりCAM植物のほうが水利用効率が高い．

### B. 光環境への適応

　自然界の光環境には，裸地から森林の林床などまで，強度にして二桁にわたる違いが存在する．光は光合成にとって不可欠な資源である．一方，植物は吸収した光のすべてを光合成に利用できるわけではなく，過剰な光は光合成系などに障害をひき起こす．遮蔽がない環境の下では，光は光合成系の光化学系Ⅱの大半を失活させるだけの潜在能力をもつ．しかし，植物は過剰エネルギーを安全に散逸させるための系や，失活した光化学系Ⅱを修復させる系をもっており，強光環境に適応している植物では障害はみかけ上ほとんど起こっていない．

　弱光環境では，光エネルギーを効率よく吸収するために，植物はさまざまな工夫をしている．形態面では，光合成器官である葉を，相互被陰を避けるように空間的にうまく配置したり，単位重量あたりより多くの光を吸収できるように葉を薄くするなどの適応を示す．生理的には，光合成系のうち集光にかかわる構成要素（クロロフィルなど）を相対的に増やしたり，呼吸速度を下げて炭素損失を防ぐ．逆に強光条件では，葉面積あたりの最大光合成速度が高く，厚い葉をつくる．

### C. 隣接個体の感知

　資源獲得競争は植物のもっとも重要な生物間相互作用のひとつである．特に，栄養塩が豊富な環境では，植物の成長がよく，多くの葉が茂るために光をめぐる競争が起きやすい．光は，空から降り注ぐ方向性がある資源であるため，高い位置に葉をもつことができる植物が絶対的に有利である．一方，競争相手がいないのに高くなることは，茎などの構造への投資コストや，水分通導における抵抗などが生じ，必ずしも得策ではない．そのため植物は自分の周囲に競争相手が存在するか否かを感知するためのシステムをもっている．植物の体，特に葉にはクロロフィルが多量に含まれている．クロロフィルは可視光をよく吸収するが，遠赤光（赤外線）を吸収しないという性質がある．このため植物の体は可視光を吸収しやすく遠赤光を反射・透過しやすい．植物

はフィトクロムとよばれる色素タンパク質をもつ．フィトクロムは赤色光を吸収するか遠赤光を吸収するかによってコンフォメーションが変わり，植物はフィトクロムのコンフォメーション変化をとおして自分が吸収している光の波長組成を知ることができる．遠赤光の割合の増加によって隣接個体の存在を感知すると，茎の肥大成長の抑制と節間伸長の促進を行ない，茎の伸長成長が大きく促進され，隣接個体に被陰されることを防ぐ．このような応答は被陰回避（shade avoidance）とよばれ，多くの植物で観察される．ただし，林床植物のように，他の植物に被陰される環境をニッチとするものは，必ずしも被陰回避を行なわない．

一部の種では，フィトクロムは種子発芽の制御にもはたらく．レタスなどの光発芽種子では，夜が始まる前に赤色光が照射されることが発芽に必要である．これは，土中や被陰環境下など，発芽後の成長にとって不適な環境では発芽しないための制御と考えられる．一方，発芽に光を必要としない植物などもあり，発芽に必要な条件は種によって異なる．

植物は，フィトクロムのほか，青色光を受容するクリプトクロムやフォトトロピンなどの光受容体をもち，自分が置かれている光環境を感知している．クリプトクロムは概日リズムなど，フォトトロピンは光屈性などにかかわっている．

### D. 温度環境への適応

温度は植物の分布を決める主要な環境要因のひとつである．温度は，15～30℃の温度ではストレスとはならないことが多いが，10℃以下あるいは40℃以上になるとさまざまな障害をひき起こす．低温にせよ高温にせよ，生体膜の物理化学的状態やタンパク質の立体構造の変化などをひき起こし，さまざまな生理機能が影響を受ける．また，0℃以下の温度になれば凍結による物理的ダメージや氷形成時の脱水のストレスが影響を与える．極端な温度環境への適応としては分子レベルのしくみが必要で，たとえば脂肪酸飽和度の変化や，分子シャペロンなど分子を安定させる物質の合成が起こる．

### E. 栄養塩獲得

植物の生育には，炭素だけでなく，窒素，リン，カリウムほか十数種の元素が必要である．多くの生態系において，利用可能な窒素やリンの量は植物の物質生産の律速要因となっている．貧栄養な環境では，植物は根の重量比を増やしたり，根長を増加させるなどして栄養塩獲得量を増やそうとする．

多くの植物は，アンモニウムイオンや硝酸イオンなど，土壌中の無機窒素を窒素源として利用している．マメ科やカバノキ科ハンノキ属などの一部の植物は窒素固定植物とよばれ，大気中の窒素ガスを窒素源として利用できる．これらの植物は根に根粒を形成し，内部に窒素固定菌を共生させ，窒素固定菌に糖を供給し，窒素固定菌が生産したアンモニア態窒素を受けとる．このため，しばしば窒素固定植物は窒素栄養に乏しい土壌で優占する．

また，多くの植物は菌根を形成する．菌根は，菌根菌とよばれる菌類が植物の根に進入して形成する共生体である．菌根の形成により，土壌中の栄養塩や水分の吸収能力，土壌病害への抵抗性が向上していると考えられている．多くの場合，植物は菌根菌に光合成産物を供給する相利共生関係にあるが，一部の植物は，菌根菌を通して別の植物から光合成産物を受けとる，つまり菌に寄生している（菌従属植物）．

窒素はタンパク質の，リンは核酸やリン脂質の主要構成元素であり，窒素とリンは植物の機能にかかわる元素であるといえる．特に，葉の窒素の大半は光合成系に投資されており，葉の最大光合成速度と窒素含量の間には高い相関がある．光合成能力を高めるためには多量の窒素・リンの投資を必要とするが，上記のように窒素は植物にとって不足しがちな元素である．不足しがちな窒素やリンを有効利用するために，植物は多くの工夫をしている．そのひとつが枯死葉からの回収・再利用である．葉の枯死時には多くのタンパク質がアミノ酸に分解され，新葉や繁殖器官など窒素を必要とする器官に転流され，再利用される．多くの一年草では，種子がもつ窒素の大半は一度栄養器官で利用されたものの再利用である．また，ひとつの個体内で強光を受ける葉と弱光しか受けない葉がある場合，高い光合成生産をみ

こめない弱光の葉から窒素を回収し，強光の葉に送る．これによって個体全体の光合成の窒素利用効率（保有窒素あたりの光合成生産）を高めている．

　植物種間の光合成特性の差は非常に大きい．たとえば葉の乾燥重量あたりの最大光合成速度には二桁以上の違いがある．近年地球規模の葉特性のサーベイが行なわれ，「最大光合成速度が高い種の葉ほど，窒素やリンの濃度が高く，葉面積あたり葉重量が小さく，葉寿命が短い」といった葉特性間の相関関係がみられることが明らかとなった．つまり，葉特性のばらつきは1本の軸上に収斂する．この軸は種の生態学的特性とも関係があり，遷移初期種―後期種，攪乱依存種―ストレス耐性種，落葉種―常緑種，草本種―木本種といった対立軸もこの軸と平行である．最大光合成速度が高い種は，生産速度が高く速く成長するが，組織や個体の寿命は短い．一方，最大光合成速度が低い種は，生産・成長は遅いものの，組織や個体の寿命が長く，また組織の脱落に伴う栄養塩の損失が少ない．おそらく，成長と寿命の間にはトレードオフがあり，両者を同時に高くすることはできない．また，成長が悪く寿命が短い種は淘汰されてしまう．この結果，種の葉特性は高光合成速度-長寿命の軸上に収斂するのであろうと考えられている．

〔彦坂幸毅〕

## 22.17　エピジェネティクス

### A. 定義と語源

　エピジェネティクス（epigenetics）はDNA配列の変化によらない遺伝子発現の変化とその伝達をいう．多細胞生物の発生過程では未分化な細胞から種々の細胞が分化するが，この間DNA配列は不変で，発現する遺伝子の組み合わせが細胞の種類を決める．しかも，いったん分化を遂げた細胞は固有の遺伝子発現パターンを分裂後の娘細胞へと伝達する．この細胞の記憶現象とその機構を探求する学問がエピジェネティクスである．

　エピジェネティクスの語源は発生学の後成（epigenesis）―単純な胚から新たに複雑な器官や個体が作られること―に遡る．Waddingtonは発生（＝後成）の機構をエピジェネティクスとよび，細胞の運命決定と分化の過程をエピジェネティックランドスケープとして表現した（Waddington, 1957）（図1）．同時に，細胞分化は遺伝学（genetics, 形質の違いをDNA配列の違いで説明する）では説明できないので，エピジェネティクスの語が好んで使われるようになった．広義には，後天的に生じかつその後持続する遺伝子発現変化の全般をいう．近年，エピジェネティクスは生物の多様性をもたらす機構，遺伝と環境に介在する機構として注目されている．

### B. 分子的な機構
#### a. クロマチンの修飾

　遺伝子の転写は，種々の転写調節因子のほかクロマチンの修飾や高次構造による調節を受ける．クロマチン（chromatin）はDNAとヒストンタンパク質を主成分とし，その他のタンパク質やRNAを含む複合体である．エピジェネティクスはクロマチンの化学修飾や構造変換が担う．

　まず，クロマチン中のDNAはメチル化を受ける．DNAメチル化（DNA methylation）は細菌に起源を持ち，多くの真核生物で進化的に保存されている（22.18項参照）．動植物ではCpG配列のシトシンがメチル化される場合が多い．CpGは2本鎖DNA中

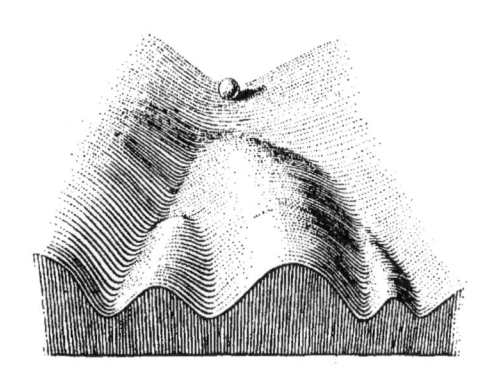

**図 1　エピジェネティックランドスケープ**
発生における細胞の分化は斜面を転がるボールに例えることができる．未分化な細胞は次々と運命決定を行い，徐々に限定された細胞系譜への道筋（谷）をたどる．一度分化した細胞は多分化能をもつ状態に戻ることはなく，ある系譜に入った細胞は別の系譜に転換することもない．（Waddington, 1957から引用）

**図 2　DNAの維持メチル化**
2本鎖DNA中のCpGは対称性をもって両鎖に存在し，通常は両方のシトシンがメチル化されている．DNAの複製時にヘミメチル化状態になると，維持メチル化酵素によって両鎖メチル化状態へと戻される．$CH_3$はメチル基．

に対称性をもって存在し，これがDNA複製を経てメチル化パターンが伝達される基礎となる（図2）．すなわち，動植物には，両鎖メチル化されたCpGが複製してできるヘミメチル化CpGを好んで認識するDNAメチル化酵素があり，これが複製前のメチル化パターンを再現する（図2）．このメチル化を維持メチル化とよぶ．

　真核生物のゲノムDNAはヒストンタンパク質の8量体に巻きつき，ヌクレオソームという粒状構造を作る．ヒストン8量体は4種類のコアヒストン（ヒストンH2A, H2B, H3, H4）が2個ずつ集合したものである．個々のヒストンのN末端部分のアミノ酸はメチル化，アセチル化，リン酸化，ユビキチン化などさまざまな修飾を受ける．これらのヒストン修飾（histone modification）がそれぞれ特定の生物機能と結びついているとする説をヒストンコード仮説（histone code hypothesis）とよぶ（Jenuwein & Allis, 2001）．実際，ヒストンH3の9番目と27番目のリジンのメチル化は転写抑制性の情報であり，同じく4番目のリジンのメチル化は転写活性が高いことを示す．ヒストンH3やH2Aのアセチル化も転写活性の高いことを示す情報である．このような情報には例外もあるが，一般に真核生物で広く保存されている．

　真核生物にはこれらの修飾を触媒する酵素，脱修飾する酵素，修飾を認識して結合するタンパク質があり，それらの多くに進化的に保存された構造がみつかる．最近の研究により，多くの転写活性化複合体や転写抑制複合体がこれらの酵素やタンパク質を含むことがわかってきた．しかし，ヒストンの修飾が娘細胞に伝達される機構はDNAメチル化の伝達機構ほど明らかでない．

　以上のさまざまなクロマチンの修飾はさらに高次の構造へと変換される．最終的に遺伝子が最も抑制されたゲノム領域はヘテロクロマチンという凝集した構造になる（これに対し，遺伝子が活発に転写されている領域はユークロマチンとよばれる）．ヘテロクロマチンには動原体付近の反復配列や不活性化したX染色体などが含まれる．

### b. 非コードRNAと小分子RNA

　哺乳類のゲノムはその約70％が転写されており，既知の機能性RNA（リボソームRNA，転移RNAなど）やメッセンジャーRNAの他に大量の非コードRNA（noncoding RNA）（タンパク質をコードしないRNA）が存在する．非コードRNAのなかには転写制御などの機能をもつものがあり，そのいくつかはエピジェネティクスと深くかかわる．たとえば，哺乳類のXistとよばれる非コードRNAは雌の細胞におけるX染色体不活性化（後述）で必須のはたらきをする．

　小分子RNA（small RNA）は21-31塩基の機能性のRNAで，miRNA（microRNA），siRNA（small interfering RNA），piRNA（piwi-interacting RNA）の3種類があり，それぞれ生成過程や作用機序が異なる（Lee et al., 1993; Farazi et al., 2008）．siRNAはRNA干渉という遺伝子抑制現象を引き起こす．

小分子RNAは相補的なメッセンジャーRNAを分解したり翻訳を阻害したりすることで遺伝子発現を抑制するが，一部はエピジェネティクスと深くかかわる．分裂酵母とシロイヌナズナではそれぞれヘテロクロマチン形成とDNAメチル化にsiRNAが関与する．piRNAは哺乳類の生殖細胞でトランスポゾン配列のメチル化にかかわるが，その機構はわかっていない．

#### c. エピゲノム

各細胞の持つDNAメチル化やヒストン修飾などのエピジェネティックな修飾の総体をエピゲノム（epigenome）とよぶ．上述のように，DNAメチル化，ヒストン修飾，非コードRNA，小分子RNAなどの間には複雑な制御ネットワークがあり，それらの相互作用により各細胞型に特異的なエピゲノムが形成される．各修飾に特異的な抗体を用いたクロマチン免疫沈降法とマイクロアレイ・超高速シークエンスによる網羅的解析により，生命現象や疾患とかかわるエピゲノム変化を捉える研究が進んでいる．

### C. エピジェネティクスの関与する生命現象

エピジェネティクスは発生過程において細胞系譜に特異的な遺伝子発現を調節する外，さまざまな生命現象にかかわる．ショウジョウバエの斑入り位置効果（position effect variegation）はその例である（Schotta et al., 2003）．複眼の赤色色素の生成にかかわるwhite遺伝子が染色体逆位によってヘテロクロマチンの近傍へ転位すると，細胞によってはヘテロクロマチンがwhite遺伝子まで拡がるため，その細胞の部分だけ色素を失う．哺乳類にはゲノムインプリンティング（22.21項参照）やX染色体不活性化などのエピジェネティックな現象がある．X染色体不活性化（X chromosome inactivation）は，雌（XX）と雄（XY）のX染色体の遺伝子量を補償するために雌の2本のX染色体のうち1本を不活性化する現象である（Lyon, 1961; Heard & Disteche, 2006）．まず不活性化すべきX染色体から非コードRNAであるXistが転写され，このRNAがその染色体を覆い，続いて抑制性のヒストン修飾やDNAメチル化が導入されヘテロクロマチン化する．体細胞では2本のX染色体のうち1本がランダムに選ばれ不活性化されるので，X染色体上に異なる形質を示す対立遺伝子があると，その形質はモザイク状または斑状にあらわれる．三毛ネコの茶黒の模様はその例である．

分化した細胞核を未受精卵に移植してクローンを作成する場合や，特定の因子を体細胞に導入して多分化能をもつ細胞（iPS細胞）を作る場合，大きなエピゲノム変化が起きる．このエピゲノム変化を含め，核機能を未分化な状態に戻すことを初期化またはリプログラミングとよび，その実体の解明が進められている．

病的な状態としては，多くの癌において癌抑制遺伝子がDNAメチル化等による転写抑制を受けることがわかっている．このようなエピジェネティックな変化は診断に利用され，DNAメチル化酵素阻害薬やヒストン脱アセチル化酵素阻害薬による白血病の治療も行なわれている．最近は癌以外にも生活習慣病や精神疾患などでエピジェネティクスの関与が疑われている．

### D. 多様性と進化における役割

三毛猫の体細胞核を用いて作られたクローン猫はやはり三毛猫だが，その模様はドナーの個体とは異なる．すなわち，斑入り位置効果やX染色体不活性化は遺伝的に同一の個体に外観の多様性をもたらす．また，ヒトの一卵性双生児では年を経るにつれてDNAメチル化の違いが蓄積することが報告されている（Fraga et al., 2005）．さらに，マウスやラットを用いた実験で，妊娠時の母親の食餌や出生後のストレスが仔の特定の遺伝子のDNAメチル化状態を変化させ，表現型に影響を与えることがわかっている．植物でも寒冷刺激などによりエピジェネティックな変化が起きる．すなわちエピジェネティックな状態は環境の影響を受ける．

一方，植物ではいったん特定の遺伝子に起きたエピジェネティックな変化がメンデル様式で次世代へ伝達される．そのため，エピジェネティックな変化をエピ突然変異（epimutation），エピジェネティックな変化の生じた対立遺伝子をエピ対立遺伝子（epiallele）とよぶ（Chan et al., 2005; Richards, 2006）．動物の生殖細胞系列に生じたエピ突然変異

の大部分は受精前後に初期化されるが，エピ突然変異の一部は次世代へ伝達されることが示されている（Morgan *et al.*, 1999）．

以上より，エピジェネティクスは環境などの影響を受けて多様性を生み出し，それが伝達されることで進化を促す可能性がある．メチル化されたシトシンは突然変異の好発部位なので（22.18 項参照），その意味でも遺伝的な変化をも促進すると思われる．

[引用文献]

Chan S.W. *et al.* (2005) Gardening the genome: DNA methylation in Arabidopsis thaliana. *Nature Reviews Genetics*, vol. 6, pp. 351-360.

Farazi T.A. *et al.* (2008) The growing catalog of small RNAs and their association with distinct Argonaute/Piwi family members. *Development*, vol. 135, pp. 1201-1214.

Fraga M.F. *et al.* (2005) Epigenetic differences arise during the lifetime of monozygotic twins. *Proceedings of the National Academy of Sciences of the United States of America*, vol. 102, pp10604-10609.

Heard E. & Disteche C.M. (2006) Dosage compensation in mammals: fine-tuning the expression of the X chromosome. *Genes & Development*, vol. 20, pp. 1848-1867.

Jenuwein T. & Allis C.D. (2001) Translating the histone code. *Science*, vol. 293, pp. 1074-1080.

Lee R.C. *et al.* (1993) The C. elegans heterochronic gene lin-4 encodes small RNAs with antisense complementarity to lin-14. *Cell*, vol. 75, pp. 843-854.

Lyon M.F. (1961) Gene action in the X-chromosome of the mouse (Mus musculus L.). *Nature*, vol. 190, pp. 372-373.

Morgan H.D. *et al.* (1999) Epigenetic inheritance at the agouti locus in the mouse. *Nature Genetics*, vol. 23, pp 314-318.

Richards E.J. (2006) Inherited epigenetic variation-revisiting soft inheritance. *Nature Reviews Genetics*, vol. 7, pp. 395-401.

Schotta G. *et al.* (2003) Position-effect variegation and the genetic dissection of chromatin regulation in Drosophila. *Seminars in Cell and Developmental Biology*, vol. 14, pp. 67-75.

Waddington C.H. (1957) *The Strategy of the Genes; a Discussion of Some Aspects of Theoretical Biology*, Allen & Unwin.

[参考文献]

佐々木裕之（2005）岩波科学ライブラリー『エピジェネティクス入門―三毛猫の模様はどう決まるのか』岩波書店

Allis D. *et al.* (2007) *Epigenetics*, Cold Spring Harbor Laboratory Press.

（佐々木裕之）

## 22.18　DNA メチル化

### A. DNA メチル化の生化学

DNA メチル化（DNA methylation）は進化的に保存された化学修飾で，細菌ではアデニンとシトシンがメチル化され，真核生物ではシトシンがメチル化を受ける．細菌では DNA メチル化は制限修飾系の一部であり，外来 DNA を切断する制限酵素から自己の DNA を保護するためにはたらく．一方，真核生物では重要なエピジェネティクスの機構である．しかしながら出芽酵母や線虫のように例外的に DNA メチル化をもたない生物もいる．

シトシンのメチル化は S-アデノシルメチオニンからシトシン環の 5 位の炭素へのメチル基転移反応であり，DNA メチル化酵素（DNA methyltransferase）によって触媒される（Goll & Bestor, 2005）．この酵素の触媒ドメインの構造は細菌から哺乳類まで保存されている．DNA メチル化酵素は脊椎動物では CpG，植物では CpG と CpNpG のシトシンをメチル化する．しかし，これらのシトシンのすべてがメチル化されるわけではなく，主に転写が抑制された遺伝子の制御領域でメチル化がみられる．また，活発に転写されている遺伝子の内部（エクソンなど）にもメチル化が認められる．

DNA メチル化には新規（de novo）メチル化と維持メチル化がある．新規メチル化は非メチル化 DNA を新たにメチル化する反応で，維持メチル化は既存のメチル化パターンを DNA 複製後に再現する反応である．一方，脱メチル化には維持メチル化の不在による受動的脱メチル化と酵素反応に基づく能動的脱メチル化がある．植物のシロイヌナズナでは DNA グリコシラーゼが脱メチル化にかかわることから，DNA 修復様の脱メチル化機構が示唆されている．

### B. 発生・分化における役割

哺乳類では発生過程で DNA メチル化パターンがダイナミックに変化する．まず受精直後から胚盤胞期にかけてゲノムワイドな脱メチル化が起き，その後，着床を境にメチル化レベルが上昇して各細胞系

譜に特有のメチル化パターンが形成される．その後メチル化はそれぞれの組織で不要な遺伝子を抑制する．哺乳類の発生におけるDNAメチル化の重要性は，3種類のDNAメチル化酵素のノックアウトマウスがそれぞれ致死であることから明らかである（Li et al., 1992; Okano et al., 1999）．

DNAメチル化による発現抑制の機構にはふたつある．第1は転写因子自身がメチル化された標的配列を認識できないこと，第2はメチル化DNA結合タンパク質がメチル化CpGに結合し，転写因子の接近を妨げるか抑制性のヒストン修飾を導入することである．脊椎動物の代表的なメチル化DNA結合タンパク質は共通した構造をもち，MBD（methyl biding domain）タンパク質と総称される（Hendrich & Tweedie, 2003）．MBDタンパク質がメチル化CpGに結合するとヒストンメチル化酵素や脱アセチル化酵素がリクルートされ，ヒストンに抑制性の修飾が導入される．MBDタンパク質の重要性はヒトのMeCP2（MBDタンパク質の1種）遺伝子に変異があると自閉症，癲癇，精神発達遅滞を主徴とするRett症候群を発症することからもわかる．

脊椎動物のゲノム上にはCpGが密集する領域があり，CpGアイランドとよばれる．CpGアイランドはほぼ全てのハウスキーピング遺伝子と約半数の組織特異的遺伝子のプロモーター領域に存在する．ゲノム中のCpGの60%はメチル化されているが，CpGアイランドは通常メチル化されない．しかし，哺乳類のゲノムインプリンティングとX染色体不活性化は例外で，対象となるアイランドのほぼ全てのCpGがメチル化され，安定な抑制機構として働く．ゲノムインプリンティングもX染色体不活性化も哺乳類の発生に必須である．病的な状態の例としては，癌でCpGアイランドのメチル化がみられる．

### C. トランスポゾンの抑制とゲノムの安定化

トランスポゾンはゲノムに寄生する突然変異原であり，動植物ではメチル化により転写が抑制されている．実際，DNAメチル化酵素の変異マウスではトランスポゾンの転写が亢進し，DNAメチル化の欠損したシロイヌナズナ系統ではトランスポゾンの転移が観察される（Miura et al., 2001）．DNAメチル化の最も基本的な機能はトランスポゾンの抑制であるとする説もある．DNAメチル化は染色体の安定性にもかかわる．ヒトのDNMT3B（新規メチル化酵素のひとつ）遺伝子に変異があると，免疫不全を示すICF症候群という劣性遺伝病が起きる．この患者では，染色体の動原体近傍の反復配列がメチル化されず，ヘテロクロマチンの崩壊と染色体の不分離がみられる．

一方，メチル化シトシンは自然な脱アミノ反応を介してチミンに変化する．そのため，哺乳類のゲノムでは進化の過程でCpGが失われ，GC含量から予想される頻度の5分の1程度しか存在しない．ヒトの遺伝病の原因となる点突然変異の30%がこの反応によるほか，DNA多型の生成にも寄与している．このように，DNAメチル化は多様性や進化を生む原動力でもある．

[引用文献]

Goll M. G. & Bestor T. H. (2005) Eukaryotic cytosine methyltransferases. *Annual Review of Biochemistry*, vol. 74, pp. 481-514.

Hendrich B. & Tweedie S. (2003) The methyl-CpG binding domain and the evolving role of DNA methylation in animals. *Trends in Genetics*, vol. 19, pp. 269-277.

Li E. *et al.* (1992) Targeted mutation of the DNA methyltransferase gene results in embryonic lethality. *Cell*, vol. 69, pp. 915-926.

Miura A. *et al.* (2001) Mobilization of transposons by a mutation abolishing full DNA methylation in Arabidopsis. *Nature*, vol. 411, pp. 212-214.

Okano M. *et al.* (1999) DNA methyltransferases Dnmt3a and Dnmt3b are essential for de novo methylation and mammalian development. *Cell*, vol. 99, pp. 247-257.

〔佐々木裕之〕

## 22.19 ゲノムインプリンティング

### A. インプリンティングと発生

　有性生殖を行なう二倍体の生物は父親と母親に由来する1対の対立遺伝子をもち（性染色体上の遺伝子を除く），通常これらの対立遺伝子の間には発現量の差はない．しかし，哺乳類や被子植物には父親由来か母親由来かで発現量が異なる遺伝子がある（しばしば一方の対立遺伝子が完全に抑制される）．これは親に関する記憶がエピジェネティックな修飾としてゲノムに刷り込まれ，その修飾に従って遺伝子発現が変化するためである．このエピジェネティックな印づけをゲノムインプリンティング（genomic imprinting：ゲノム刷り込み）とよぶ．また，この現象によって制御を受ける遺伝子をインプリント遺伝子とよぶ．

　ヒトやマウスなどの哺乳類には100個以上のインプリント遺伝子があり，そのなかには父親由来の対立遺伝子が発現するものと，母親由来の対立遺伝子が発現するものとがある．シロイヌナズナにも数個のインプリント遺伝子がみつかっている．インプリンティングは哺乳類の発生に重大な影響を与え，片親由来のゲノムしかもたない単為発生（parthenogenesis），雌性発生，雄核発生などの胚が致死なのはこの現象による（Solter, 1988）．インプリント遺伝子には胎児の成長にかかわるものが多く，概して父親由来で発現するものは成長促進，母親由来で発現するものは成長抑制にはたらく．そのほか，胎盤など特定の組織の発生や，行動，代謝にかかわるものもある．また，ヒトのインプリント遺伝子に異常があると，Prader-Willi症候群やAngelman症候群など先天的な疾患が起きる．

### B. 分子機構

　図1にインプリンティングサイクルを示す．親に関するエピジェネティックな記憶は雌雄の配偶子形成時に刷り込まれ，受精後は対立遺伝子間の違いとして維持される．しかし，生殖細胞系列に入ると記憶はいったん消去され，新たな刷り込みに備える．

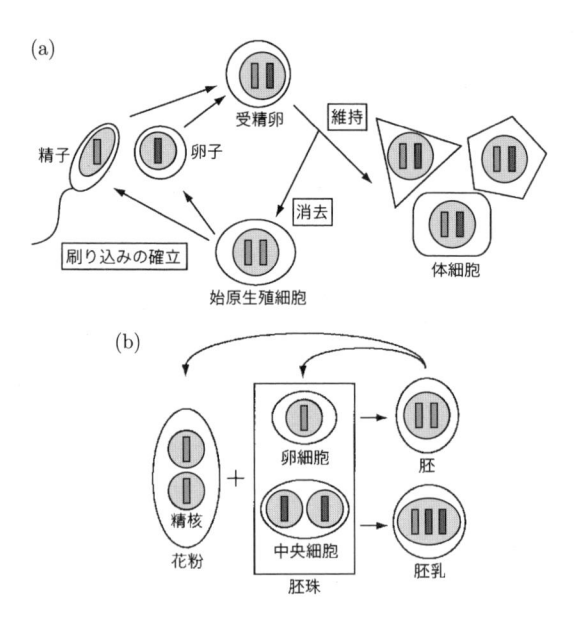

**図1　動物と植物のインプリンティングサイクル**
(a) 哺乳類では，精子と卵子で刷り込まれた記憶が受精卵へ伝達され，その後，体細胞においては細胞分裂を経て維持される．しかし始原生殖細胞ではその情報は消去され，新たに精子，卵子特有の記憶が書き込まれる．(b) 被子植物では半数体世代が多核で，花粉の2個の精核が卵細胞と二倍体の中央細胞に受精する（重複受精）．植物のインプリンティングは中央細胞で起こり，この細胞は受精後に胚乳となるため，インプリンティング情報は次世代に伝わらない．

　このエピジェネティックな記憶がDNAメチル化であることは，DNAメチル化酵素のノックアウトマウスの研究により判明した（Li et al., 1993; Kaneda et al., 2004）．実際，哺乳類のインプリント遺伝子の近傍にはしばしば父親由来，母親由来の間でメチル化状態が異なる領域がみつかる．一方，シロイヌナズナの場合，インプリント遺伝子はほとんどの組織で対立遺伝子の区別なくメチル化されているが，胚乳においては対立遺伝子特異的な脱メチル化が生じており，この組織に限定した発現の非対称性が生み出される（Kinoshita et al., 2004）．

　哺乳類のゲノム上でインプリント遺伝子はクラスターを形成している（数個〜数十個が集合している）．それぞれのクラスターにはインプリント遺伝子を制御する領域があり，それらは例外なく父親・母親由来でメチル化状態が異なる．このような調節領域が複数の遺伝子を制御する機構はさまざまで，DNAメチル化感受性のクロマチンインスレーター（エンハンサーの効果を遮断するDNA配列）やタン

パク質をコードしない非コードRNAがかかわる場合があり，高度な調節機構がはたらいている．

### C. インプリンティングの進化

哺乳類のなかでインプリンティングがみられるのは有袋類と真獣類で，卵生の単孔類（カモノハシなど）にはみられない．この事実とインプリント遺伝子の発生への影響から推定して，インプリンティングの進化は胎盤の獲得と関係するとする説が有力である．つまり，発生時の栄養供給を母体に依存する生物では，胎児のなかの父親由来と母親由来の対立遺伝子の間に母体からの栄養獲得をめぐる利害の対立が生じ，これが非対称的な遺伝子発現の進化を促すとする［コンフリクト仮説（conflict hypothesis）とよばれる］（Haig, 1992; Mochizuki et al., 1996）（18.11項を参照）．すなわち，父親由来遺伝子は多くの栄養を獲得するほうが自身のコピーを残す可能性が高く，母親由来の遺伝子は同胞に均等に栄養がいきわたるようにはたらくほうが適応度が高くなる．このため，胎児の成長因子は父親由来で発現し，成長抑制因子は母親由来で発現するよう選択圧がかかると説明する．植物の胚乳も母体の栄養の供給組織ととらえることができ，シロイヌナズナでみつかったインプリンティングもコンフリクト説を支持する．

[引用文献]

Haig D. (1992) Genomic imprinting and the theory of parent-offspring conflict. *Semin. Dev. Biol.*, vol. 3, pp. 153-160.

Kaneda M. *et al.* (2004) Essential role for de novo DNA methyltransferase Dnmt3a in paternal and maternal imprinting. *Nature*, vol. 429, pp. 900-903.

Kinoshita T. *et al.* (2004) One-way control of FWA imprinting in Arabidopsis endosperm by DNA methylation. *Science*, vol. 303, pp. 521-523.

Li E. *et al.* (1993) Role for DNA methylation in genomic imprinting. *Nature*, vol. 366, pp. 362-365.

Mochizuki A. *et al.* (1996) The evolution of genomic imprinting. *Genetics*, vol. 144, pp. 1283-1295.

Solter D. (1988) Differential imprinting and expression of maternal and paternal genomes. *Ann. Rev. Genet.*, vol. 22, pp. 127-146.

[参考文献]

Sasaki H. & Ishino F. eds. (2006) *Genomic Imprinting*, Karger.

〈佐々木裕之〉

# 第 23 章
# 種

23.1　種概念　　　　　　　　　　　　　　　三中信宏
23.2　種概念：生物哲学の観点から　　　　　網谷祐一
23.3　種概念：保全生物学の観点から　　　　西廣　淳
23.4　種概念：古生物学の観点から　　　　　千葉　聡
23.5　種分化　　　　　　　　　　　　　　　寺井洋平
23.6　異所的種分化　　　　　　　　　　　　寺井洋平
23.7　同所的・側所的種分化　　　　　　　　寺井洋平
23.8　適応放散　　　　　　　　　　　　　　千葉　聡
23.9　交雑帯　　　　　　　　　　　　　　　曽田貞滋

## 23.1 種概念

生物多様性の単位としての「種（species）」は，科学としての生物分類学が発祥して以来，現在に至るまでの長きにわたって種の実体と定義に関する論争が絶えなかった（Wilkins, 2009b）．生物個体の集団として何らかの群の実在を想定した時点で，その集団の存在論的地位に関するさまざまな論点が一挙に立ち上がる．それらは必ずしも自然科学としての生物学の範疇に属するものばかりではない．形而上学的な意味で「種」タクソンがどのような実在でありうるのか，あるいはそれらの「種」タクソンを要素とする「種」カテゴリー（すなわち「種概念」）をどのように定義すべきかという論議はまちがいなく哲学的問題だからである．

その一方で，「現場」の生物学者ならびに一般人にとって，生物の「種」はもっと身近なものである．われわれヒトは日常的に「種」を認知しながら日々の生活を送り，サイエンスとしての形をなす前の分類学においては，そのように日常的認知に基づいて膨大な生き物たちを仕分けしてきたからである（Yoon, 2009）．生物にかぎらず対象物の認知カテゴリー化が人間にとって切実な問題であるとき，「種」について考察する「種問題（the species problem）」もまた生物分類学という枠にとらわれない一般的な性格を帯びることになる．

文化人類学の過去半世紀におよぶ研究により，世界中のあちこちに点在する先住民による地域ごとの生物分類体系（「民俗分類」）に共通するいくつかの特徴が解明されてきた（Atran, 1990；Berli, 1992）．民俗分類では一般的に階層分類の形式が採用されている．すなわち小さなグループから始まって，入れ子状により大きなグループをつくるという方式の分類である．階層的な分類は人間にとってのわかりやすさを高めている．また，民俗分類の階層の深さには通文化的に共通する制約があり，低次から高次のグループに向かって，変種（variety）—種（species）—属（genus）—生命型（life form）—始祖（unique beginner）というランクがつけられている．

1940年代にErnst Mayrが生物集団間の生殖隔離を基準とする「生物学的種概念（biological species concept）」（Mayr, 1942）を提唱して以来すでに70年が経とうというのに，「種問題」が最終的に解決されるきざしがいっこうにないというのは，「種問題」を自然科学の一問題としてとらえるかぎりふつうは考えられないことだろう．Michael Ghiselinが長年手がけてきたように（たとえばGhiselin, 1997），「種」に関する新たな形而上学の体系をつくらないかぎり，「種問題」にとりくむのは無理なことなのかもしれない．つまり，「種問題」は，データで決着がつくような経験的問題ではなく，もっと広い自然観・生物観にかかわる要素をもっているということだ．

「種問題」が解かれることのないまま長引くのは，そもそも「種」が実在するかどうかという論議は，生物学だけで決着がつく性格の問題ではなかったからである．生物学者のなかからも「種問題」を解決するには認知心理的基盤の考察が不可欠だという見解が徐々に出てきた（Hey, 2001）．「種問題」は分類学者の専売特許ではもはやないのだ．「種」の生物学的問題を論じる前に，認知心理学的問題と形而上学的問題が立ちはだかる．このことが「種」を道具として日常的に用いる研究者にとってさえ「種問題」を近寄りがたくしている原因といえる．この世に「種」が存在してもしなくても，「種問題」は未来永劫にわたって人間とともにあり続ける．

つまり，われわれが「種（species）」について考えるとき，その「種」なるものはもともと進化学が登場する以前からあった民俗分類のルーツに根ざしているということに注意しよう．生き物の「種」は，それが自然界のなかに実在するかどうかに関係なく，われわれの心のなかにあるということである．生き物である人類は，ある地域に生息する動植物の生物多様性を分類し整理しようとしてきた．その際，「種」や「属」などの分類カテゴリーは，おびただしい数の生き物をヒトが理解できる少数のグループにまとめるという重要な役割を担った概念だった．このように認知心理的に生じた「種」の概念は，その後の生物分類学の歴史のなかで，さまざまな防護服をその身にまとってきた．18世紀スウェーデンの植物学者Carl von Linnéは，現在も使われているラテ

ン語の学名と命名規則の体系を築いた．しかし，進化的思考の登場に先立つ世代のLinnéは，生物とその分類体系が祖先からの進化によって血縁的につながっているとはみなさなかった．むしろ，そのような分類が可能なのは，創造主である神が世界をそのようにつくられたからであると彼は考えた．分類学が学問の女王であるとよばれた背景には，分類体系の構築それ自身が神の叡智（インテリジェント・デザイン）を解明するという崇高な目標を掲げていたからにほかならない．Linnéによる分類学の理念の下では「種」もまた神聖不可侵の地位を得ることになった．

生物が進化するという思想はすべての生物が時空的に変化するという見解を受け入れるようわれわれに要求する．ところが，民俗分類のルーツに根ざしたヒトの認知心理の下では生物を含む森羅万象はばらばらのグループに分類される．このとき，もともと連続であるものをいかにして分割するのか？—解決されない「種問題」の根源は連続から離散を切り取る困難さにある．

Charles Darwinはヒトの進化を初めて論じた『人間の進化と性淘汰』(1871) において，錯綜する「種」問題を解決する手がかりとなる示唆を与えている．彼はつぎのようなたとえ話をした．ある土地に複数の住居が集まって建てられているとき，「ここには集落がある」という点に異論を唱える人はいないだろう．一方，その集落が「村」なのかそれとも「町」や「市」なのかはどうでもいいことではないかと彼はいった．生物界をみわたしたとき，姿形の似ている生物の集団が「ある」ことは分類学者ならずとも誰もが知っている．しかし，生物分類学ではその集団が「種」であるのかどうかをめぐってはてしない論争をくりかえしてきた．Darwinはそういう論争はこのうえなく不毛だといった．生命の樹という進化的系譜の連続体があるとき，それをどのように切り分けて分類するかは本質的な問題ではないだろうというDarwinの指摘は示唆に富む．

その一方で，分類がもつ認知的な役割についても再評価すべきだろう．満天の星を「星座」として分類することは地上から見た天体の様相の理解につながる．それと同様に，きわめて多様な動植物の世界を理解するために「種」などの分類カテゴリーは有用である．「星座」の体系が天体認知に貢献しているというのであれば，「種」の体系もまた生物界の多様性の認知に貢献しているといわざるをえない．「種」が現実に実在するかどうかとは何の関係もなく（「種問題」が解決されていないのだからそういうしかない），「種」の分類体系は現実世界に生きる人間にとってたいへん役に立つ．これが「種問題」と共存していくうえでの基本姿勢だろう．

「種」をめぐる問題は，進化的思考が浸透したはずのDarwin以降の時代にもそのままもちこされた．「種とは何か？」という問題が一筋縄では解決できない背景には，上述したような長く錯綜した歴史的経緯がある．「種」をどのように定義すればいいのか？進化生物学において，この問題は今もなお活発な論議をよんでいる．たとえば，「生物学的種概念」は代表的な種概念のひとつだ．しかし，生物学的種概念のほかにも数多くの種概念が提案されていて，今から10年あまり前に書かれた総説によれば，そのような種概念の総数は二十数個にものぼる（Mayden, 1997；Wilkins, 2009a）．

Mayrの生物学的種概念のもつさまざまな欠点（特に異所的・異時的なケースに適用できない点）が明らかになるとともに，それに変わる代替種概念がつぎつぎに提唱された．たとえば「系統学的種概念（phylogenetic species concept：PSC）」は，系統推定の方法論が普及するとともに，系統樹を前提にして「種」を定義しようとする試みのひとつである．

系統学的に「種」を定義する基準としては単系統性（monophyly）と識別性（diagnosability）のふたつがある．系統学的種概念はこれらの基準を満足する生物集団を分岐学的種とみなすわけだが，両規準をどのように重視するかによってつぎの三つの異なるPSCがありうる：① 識別性を重視（PSC1）；② 単系統性を重視（PSC2）；③ 両基準を同格に扱う（PSC3）．PSC1の場合，識別性という基準の客観性をどのように実現するのかという問題がある．PSC2については遺伝子系図のレベルから地域分岐図レベルにまでおよぶ系統発生のどのレベルでの単系統性を基準に用いるのかが明確ではない．PSC3についてはこれらの批判に加えて，ときに矛盾する

こともある両基準をどのように併用するのかという批判がある．PSCの適用可能性にかかわるこれらの批判にどのように応えられるのかが今後問われていくだろう（Wheeler & Meier, 2000）．

「種概念」とは，言い換えればある条件を満たす「種タクソン」の集合としての「種カテゴリー」にほかならない．種概念をめぐる上述のような論争は，生物界のなかでその条件がどの程度の範囲に適用可能かによって経験的に決着がつく可能性はある．それに対して，個々の「種タクソン」に関する論議はさらにこみいった様相を示す．ここでは種タクソンに関する本質主義（essentialism）と弁証法的唯物論（dialectical materialism）の影響について述べる．

本質主義：Platoの形相（イデア）論に従えば，類似した事物（「種」も含めて）が形相の同一性によって分類される．哲学者Karl Popperは「本質主義」という新造語を提唱した．ここでいう「本質（essence）」とは事物の真の本性を意味する．Popperはいう：「これらの本質が知的直観の助けによって発見され識別されうるものであること，またおのおのの本質はその固有の名をもち可感的事物はその名によってよばれること，本質は言葉で記述できるものであること，を認める点においてPlatoに同意した．そして事物の本質の記述のことを彼らは皆『定義』とよんだ」（Popper, 1950）．Popperのいう本質主義に則るならば，現実世界の事物を通してその事物に共有される不変の本質を発見し，それを必要十分条件とする定義を下すことができる．

ここで考えなければならない点は，本質主義が，はたして生物分類学の歴史のなかで実際にどのような影響力をもっていたかについてである．従来の定説では，Darwin以前の分類学は，Linnéも含めて，類型学（typology）すなわち「本質主義」に毒されていて，不変の「本質」によって「種」は記載されていた．この「悪役」はDarwin進化論の法力により何としても打破されなければならない――この「本質主義物語（The Essentialism Story）」は現在Mary Winsor（Winsor, 2006）らによって再検討されつつある．

「本質主義物語」に批判的な研究者は，すでにLinnéの時代から，本質主義的な分類記載が行なわれてきたわけではないという点を強調する．むしろ，必要十分条件の記載といういささか厳しすぎる制約をはずしたところに，Darwin以前の分類学の実践が可能だったのだという主張だ．たとえば，必要十分条件をすべて満たすというもともとの本質主義が科す制約をはずし，過半数の条件共有という多性的（polythetic）な生物群として「種タクソン」を定義することにより，その本質主義的擁護をもくろむRichard Boyd（Boyd, 1999）の「homeostatic property cluster」説もこの路線に属する．

弁証法的唯物論：かつて共産圏では，マルクス-レーニン主義に則った弁証法的唯物論が生物学を含む自然科学にも強い影響力を及ぼしていた．かつて日本でもルイセンコ主義が流行していた時期には，生物進化もまた弁証法的な「歴史運動」として解釈されたこともあった．もちろん，生物分類学における「種」も弁証法的唯物論の射程の範囲外ではありえなかった．

たとえば，旧東ドイツの理論生物学者であるRolf Löther（Löther, 1972）は，生物分類学の哲学的基盤をマルクス-レーニン主義に求めた．彼の見解では，自然界の階層構造における「種」は，個体とは質的に異なり自然界に実在する「単位」あるいは「システム」であるとみなされた．物質系として「種」は確かに外界に実在するというのである．彼らマルクス主義哲学者たちは，体系学者のいう「分類体系」（すなわち言語の階層システム）をそのまま「物理系」（すなわち物理的な階層システム）に移しかえようとしたことになる．

この弁証法的唯物論の観点に立つ「システム論」的な「種概念」の広まりは，マルクス-レーニン主義の衰退とはほとんどかかわりなく，自らの道を拓き始める．たとえば，Boydの「homeostatic property cluster」説の延長線上に新たなシステム的種の概念化を提唱するOlivier Rieppel（Rieppel, 2010）には，この「システム論」の知的系譜がたどれる．

「種」の実在性をどのように擁護するかは，時代的背景ごとにまた研究者コミュニティごとに違う．現在その名を残す数多くの「種概念」は「種」カテゴリーの定義に関しては今なお議論が収束していないことを示している．ましてや，「種」タクソンになれ

ば，生物学者の間では表立った議論すら満足に行なわれていないのではないだろうか．しかし，現代分類学史に解明されざる「闇」がいまだに残されている現状をみわたしたとき，「種問題」をめぐるはてしない論議がその主役のひとりであることは論をまたない．「分類者（classifier）」たるわれわれに「種問題」はどうせ一生ついてまわるのだから，いかにして「ともに生きていくか」を学ぶよい機会となるに違いない．

[参考文献]

Atran S.（1990）*Cognitive Foundations of Natural History : Towards an Anthropology of Science*, Cambridge University Press.

Berlin B.（1992）*Ethnobiological Classification: Principles of Categorization of Plants and Animals in Traditional Societies*, Princeton University Press.

Boyd R.（1999）Homeostasis, species, and higher taxa. in Wilson R. A. ed., Species: New Interdisciplinary Essays¡/I¿, pp. 141-185, The MIT Press.

Darwin C. R.（1871）*The Descent of Man, and Selection in Relation to Sex*（vol. 1）, John Murray.［チャールズ・ダーウィン 著. 長谷川眞理子 訳（1999）『人間の進化と性淘汰Ⅰ』 文一総合出版］

Ghiselin M. T.（1997）*Metaphysics and the Origin of Species*, State University of New York Press.

Hey J.（2001）*Genes, Categories, and Species: The Evolutionary and Cognitive Causes of the Species Problem*, Oxford University Press.

Löther R.（1972）*Die Beherrschung der Mannigfaltigkeit: philosophische Grundlagen der Taxonomie*, VEB Gustav Fischer Verlag.

Mayden R. L.（1997）A hierarchy of species concepts: The denouement in the saga of the species problem. in Claridge M. F. *et al.* eds., pp. 381-424, *Species: The Units of Biodiversity*, Chapman & Hall.

Mayr E.（1942）*Systematics and the Origin of Species*, Columbia University Press.

Popper K. R.（1950）*The Open Society and Its Enemies*, Princeton University Press.［カール・R・ポパー 著, 内田詔夫・小河原誠 訳（1980）『開かれた社会とその敵 第1部 プラトンの呪文』未來社］

Rieppel O.（2010）Species as systemic processes. in Jahn I. and Wessel A. eds., *Für eine Philosophie der Biologie / For A Philosophy of Biology: Festschrift to the 75th Birthday of Rolf Löther*, pp. 61-77, Kleine Verlag.

Wheeler Q. & Meier R. eds.（2000）*Species Concepts and Phylogenetic Theory : A Debate*, Columbia University Press.

Wilkins J. S.（2009a）Species: *A History of the Idea*, University of California Press.

Wilkins J. S.（2009b）Defining Species: A Sourcebook from Antiquity to Today, Peter Lang Publishing.

Winsor M. P.（2006）The creation of the essentialism story: An exercise in metahistory. *Hist. Philos. Life Sci.*, vol. 28, pp. 149-174.

Yoon C. K.（2009）*Naming Nature*: *The Clash between Instinct and Science*, W. W. Norton.

（三中信宏）

## 23.2　種概念：生物哲学の観点から

　種概念や生物分類学の方法論は生物学者だけでなく哲学者の関心もひいてきた．特に生物学の哲学（philosophy of biology）が成立した1970年代以降の科学哲学側の議論は，種に関する生物学者の考えに無視できない影響を与えてきた．

　そうした議論のなかから本項では，種の存在論的地位と本質主義に関する論争を略述する．

### A. 種の存在論的地位：種は個物か

　種の存在論的地位をめぐる論争は，種がどういう類の存在者であるかをめぐる論争である（ここでの「種」とは種分類群〈種タクソン〉をさし，種カテゴリーではない）．古代ギリシア以来，存在者は大別して「普遍（universal）」と「特殊（particular）」に分けられてきた．前者にはクラス・種類（kind）が含まれ，後者には個物（individual,「個体」とも訳される）が含まれる．個物の例はバラク・オバマのような個人であり，それに対してクラス・種類はそうした個物を包摂するカテゴリーである．

　さて従来より生物種は，種類，特に「自然種（natural kind）」の典型的な例とされてきた．自然種とは，自然のなかに人間の分類活動とは独立に実在する種類である．こうした種類は，そのメンバーがその種類に特有の「本質」をもつことによって相互に区別される．たとえば金閣寺の金箔が金であり銀でないのは，それが金の本質（原子番号79）をもつ物質であるからであり，また当の金箔のさまざまな性質はそれが金の本質をもっていることから説明される．もし個々の生物種が自然種であるとすると，この自然種についての「本質主義」から，生物種も本質をもつことになる．

　GhiselinとHullは，1960年代後半からの一連の論文（Ghiselin, 1974；Hull, 1976など）でこの従来の説に異を唱えた．Mayrなどの進化生物学者が支持するような種の見方を前提とすれば，種は自然種（クラス）ではなく個物であるというのである（種個物説）．彼らが個物の特徴とみなすものにはつぎのものがある．① 時空的統一性・連続性（時間的な始まりと終わりがあり，空間的境界をもつ），② 構成部分すなわち生物個体間の連携，③ 個物をさし示す語が必要十分条件によって定義できないことである．

　そのうえでGhiselinとHullは，種はこれらの個物の特徴を多くもっていることを指摘する．たとえばMayrの生物学的種概念に従えば，ある集団が特定の種 $A$ であるのは，他の同様の集団 $B, \cdots, Z$ から生殖隔離されているからであって，$A$ に属する個体が本質的形質をもっているからではない．また種は種分化と絶滅によって時間軸の上で生成消滅するが，カテゴリーとしての金にはそうしたことは生じない．さらに，種は特定の生息域をもつが，金というカテゴリーがどこか特定の場所に存在するわけではない．またGhiselinは分類学者の実践に照らすと，Homo sapiensのような種名は「横浜」のような固有名と同列に扱えると述べる．

　こうした種と個物の平行性は完全ではないが—（たとえば生物体の部分同士は高いレベルで相互に依存しあっているが，種を構成する生物個体同士の連携の程度はそれほど高くない），GhiselinとHullのそれ以外の指摘は大きなインパクトをもち，80年代から90年代にかけて，生物学者だけでなく哲学者の間でも種個物説の問題提起は大筋で受け入れられていった．なおGhiselinとHullは，種個物説を展開する際，Mayrの生物学的種概念を念頭においていたが，この説自体はそれを前提としない．たとえば，種が時間的に生成消滅することは，広く進化生物学の前提でもある．

### B. 恒常的性質クラスター説（HPC説）

　ところが，90年代の終わりからRichard Boydのような哲学者が中心となって自然種についての新しい説が広がりをみせてきた．それが自然種についての「恒常的性質クラスター説（homeostatic property cluster theory：以下HPC説」である（Boyd, 1999）．彼らは，HPC説に従って自然種を理解すれば，種分類群は個物ではなく自然種であると主張する．

　HPC説は，自然種とその定義性質との結びつきが緩やかになっている．伝統的な本質主義では，自然種はただひとつの定義性質により特徴づけられ

る．これに対してHPC説では，自然種は性質の「集まり（クラスター）」により定義される．たとえば，HPC説に基づくと，生物種$S$は「$x$が種$S$に属するのは，つぎのときであり，そのときにかぎる：$x$が$F_1, F_2, \cdots F_n$のうちある程度の数の性質をもっているとき」というかたちで定義される．この場合，$F_1, F_2, \cdots F_n$のどの性質も種$S$に属するための必要条件でなくてもよい．またこうした性質は互いに恒常的である．つまり種$S$に属する個体が性質$F_1$, $F_2$をもつなら，その個体は別の性質$F_i$をもつ確率が高くなる．そしてこうした恒常性の背後には通常何らかの因果メカニズムの存在が想定される．たとえばジャイアントパンダのさまざまな形質が集団内で維持されているのは，集団遺伝学的因果メカニズムがはたらいているからである．

HPC説の利点のひとつは，種内変異に対応できることである．生物種に関する本質主義者は種内変異のとり扱いに頭を痛めてきた．個々の種に本質的形質をみいだすことは通常きわめて困難だからである．それに対してHPC説では，生物個体がクラスターに含まれる性質をいくつもてばその生物種に属するようになるのか定めておらず，クラスターを構成する形質の組も通時的に不変ではない．これにより異なる時点で異なる形質の集合をもつ生物個体でも同じ種に属するとみなせるようになる．この意味でHPC説は従来の説に比べてずっと柔軟である．しかしEreshefsky & Matthen（2005）は，HPC説は依然として種内変異を生み出すメカニズムに適切な注意を払っておらず，変異が進化理論のなかで果たしている役割を十分くみとっていないと批判する．

### C. 最近の動き：新しい本質主義

これまでみてきたように，ここ三十年あまりの種の存在論的地位についての議論は本質主義の否定から始まったわけだが，最近の特筆すべき動きとして，幾人かの哲学者による本質主義説の擁護がある．ひとつの例はOkasha（2002）やLaPorte（2003）による関係的性質からの本質主義説の擁護がある．元々の本質主義説では，本質となる性質は「内在的性質」にかぎられるとされていた．内在的性質とは「質量60 kgである」のようにある対象が他の対象とは関係なくもつ性質であり，その反対の関係的性質とは「妹である」のように他の対象との関係に基づく性質である．OkashaやLaPorteは，生殖隔離や系統関係（「種$A$は種$B$の祖先種である」といった）などの関係的性質の点からみれば，種に対する本質主義を救うことができると主張する．またDevitt（2008）は正面から旧来の種の本質主義説を擁護し，議論を巻き起こしている．紙幅の関係上ここではこれらの説を詳論できないが，興味のある方は文献表にある論文に直接あたられたい．

[引用文献]

Boyd R. (1999) Homeostasis, species, and higher taxa, in Wilson R. ed., *Species: New Interdisciplinary Essays*, pp. 141-185, The MIT Press.

Devitt M. (2008) Resurrecting biological essentialism, *Philos. Sci.*, vol. 75, pp. 344-382.

Ereshefsky M. & Matthen M. (2005), Taxonomy, polymorphism, and history: An introduction to population structure theory. *Philos. Sci.*, vol. 72, pp. 1-21.

Ghiselin M. (1974) A radical solution to the species problem, *Syst. Zool.*, vol. 23, pp. 536-544.

Hull D. (1976) Are species really individuals? *Syst. Zool.*, vol. 25, pp. 174-191.

LaPorte J. (2003), *Natural Kinds and Conceptual Change*, Cambridge University Press, Cambridge.

Okasha S. (2002) Darwinian metaphysics: Species and the question of essentialism. *Synthese*, vol. 131, pp. 191-213.

[参考文献]

Ereshefsky M. ed. (1992) *The Units of Evolution: Essays on the Nature of Species*, The MIT Press.（種問題に関する古典的論文を集める）

Sober E. (2000) *Philosophy of Biology* (2nd ed.), Westview Press.［エリオット・ソーバー 著，松本俊吉・網谷祐一・森元良太 訳（2009）『進化論の射程』春秋社］（代表的な生物学の哲学者の議論）

Wilkins J. (2009) *Species: A History of the Idea*, University of California Press.（種という概念の歴史を古代ギリシアから辿る）

（網谷祐一）

## 23.3　種概念：保全生物学の観点から

### A. 保全生物学がとりくむふたつの目標

　保全生物学は，「生物多様性の保全」と「生態系の健全性の維持」というふたつの社会的目標に答えることをめざす生物学の応用分野である．もともと生態学と集団遺伝学を基盤としていたが，2000年ごろからは，生態系と社会システムの相互関係を扱うテーマが盛んになりつつあり，人文社会学との境界分野にも範囲を広げて発展している．開発計画がある場所での自然保護，過去の人間活動によって健全性が損なわれた生態系の修復，良好な状態が残されている場所への保護区の設定など，社会的実践と深く連動した研究に特徴がある．

　生物多様性の保全とは，遺伝子から生態系までの複数の生物学的階層における変異性を損なわないようにするという目標である．生態系の健全性の維持とは，人間が健康で幸福な社会を築くために必要な物質や無形のサービスを提供できる生態系を，将来世代にまで維持するという目標である．これらふたつの目標は，それぞれ生態系の構成要素と機能に注目したものであり，どちらかひとつにまとめることはできない．高い生物多様性が維持されていても，それらが適切な環境のなかで適切な関係をもっていないと，生態系は期待する機能を発揮しない．また生態系が健全な機能を発揮しているようにみえたとしても，生物多様性が高いことの証左とはならない．

　「生態系の健全性の維持」はあくまでも人間にとっての有用性の視点からの目標だが，生物多様性の保全という目標には，その範疇にはおさまらない視点も含まれる．それは，長い進化の歴史を経て産み出されたおびただしい生き物を，短期間の（多くの場合は一部の企業が利潤を追求する）人間活動のために永遠に損なってしまうことは避けるべきであるという倫理である．これは生態系の機能への価値観とは別の，存在そのものに価値を認める考え方である．この価値観からも，ふたつの目標を区別することが求められる．

### B. 生物多様性と種

　生物多様性は，種内の遺伝的多様性，種の多様性，生態系の多様性という三つの階層における多様性を含むものとして説明される．このうち種は，その成立には偶然が強く影響するため，いったん失われると回復させることはできないという点で，他の階層とは異なる特別な価値をもつ．

　種の絶滅は，その種がかかわっていた生態系の機能に変化が生じる可能性を示唆するだけでなく，その種がもたらす有形・無形のサービスが提供されなくなることを意味する．種がもたらすサービスには，食べ物，繊維，建材といった「物質」だけでなく，種がもつ「情報」の供給も含まれる．種が適応進化の歴史をとおして蓄積した情報には，ゲノムから読みとることができる情報（遺伝子資源）と，個々の生物種が示す表現型をヒントとして人間が新しいものをつくり出すこと（バイオミミクリー）に資する情報とが含まれる．たとえば現在登録されている医薬品の約25％は，植物が植食者への防御として進化させた物質に由来するとされる（Dirzo & Raven, 2003）．トンネルに突中する際の衝撃音が少ない新幹線の形状は，水への突入に適応したカワセミの形をモデルにしたとされる．これらの情報は，種の階層がもつ，かけがえのない資源である．

　多様な種が存在する生物群集は，そうでない群集と比べて，より多くの情報をもたらすことが期待できる．種数は，群集を構成する種がもたらすサービスの高さの指標になるように思われる．しかし，認識単位としての種分類群は，それぞれ進化的な背景が異なるため，保全上の単位としては「等価」ではない．「一科一属一種」の種のように，進化的に特殊な背景をもつ種は，同属の種が多数存在する種よりも，有する情報量の点から価値が高い可能性がある．したがってより多くの情報量を維持するためには，系統を考慮した多様性を重視することがふさわしい．また系統的に特殊な分類群を保全することは，上述した，進化の歴史を尊重し生物の存在自体の価値を重視する倫理からも支持される．この倫理には「進化の歴史性の尊重」が含まれるからである．

　群集の属性としてよく用いられる「種数」は，その群集に含まれる生物がもつ情報量の指標としては，

粗さがある．この問題を解決するため，系統学的多様性（phylogenetic diversity: PD）の指標が提案されている．その代表的な方法のひとつは，群集の生物種を対象として系統樹を描き，その「枝の長さの合計」を指標とするというものである（May, 1990; Faith, 1992）．実際に，より系統学的多様性が高くなるように保護区の範囲を設定する（Rodrigues & Gaston, 2002）といった検討が行われている．

### C. 生態系機能と種

　土壌の生成，水質浄化，水循環の安定化といった生態系の機能は，それらと関係する形質をもった生物が存在し，それが他の生物や物理的環境要素と相互作用することで発揮される．生態系機能の観点から生物群集を評価する場合は，個々の種のアイデンティティよりも，むしろそれらの機能とかかわる形質（値）の群集内での分布の方が重要となる．

　何らかの生態系機能と関連する生物の形質を機能的形質（functional trait）という．生態系にかぎらず，「機能」は任意に定義することができるので，たいていの表現型を機能的形質とみなすことができる．しかし，ふつう機能的形質を認識する際には，物質生産，消費，分解，エネルギーフロー，攪乱への応答など，生態系の作用に影響する形質を対象にする．機能的形質を共有する生物群は，機能群（functional group）とよばれる．

　生態系機能を発揮するポテンシャルの高さなど，機能的観点から群集を評価する場合は，種数や種多様性（シャノン指数に代表される種ごとの存在量を考慮した情報量指標）よりも，群集内に保有されている機能的形質そのものの分布や多様性を評価することがふさわしい．群集内の機能的形質の多様性を評価する指標としては，機能的多様性（functional diversity）が提案されている．これは系統学的多様性の評価にならったもので，クラスター分析などの手法で，群集を構成する種の形質値の類似性を反映して描いた樹形図の枝の長さの合計値を指標とするものである（Petchey & Gaston, 2002）．

　また機能形質には，生態系機能を担う形質だけでなく，環境変化に対する個々の種の応答を左右する形質も含まれる．これは反応形質（response trait）ともよばれる．同じ機能群のなかに反応形質が異なるグループが存在するという状態はしばしば認められる．たとえば，草原が機能の共通する複数種の草本から構成されており，そのなかに寒冷な条件に強い種と温暖な条件に強い種が含まれているといった場合である．この場合は，気温が変動しても，どちらかの反応形質をもつものが残存するため，機能群自体は群集内から失われないことが予測される．ある機能群の内部に認められる反応形質の多様性は，生態系機能の長期的な維持にとって重要である．

　このような指標を用いた機能的形質の多様性の評価や，形質値の分布の評価は，生態系機能とその持続性の観点から生物群集を評価するうえで，種数や種多様性を用いた評価よりも効果的であることが期待できる．ただしこれらはまだ新しいアイデアであり，その有効性については今後の研究課題が多く残されている．

### D. 指標化にともなう問題と種分類群の有用性

　生物群集という複雑な対象の特徴を少数の指標値に集約することは，対象の評価の際に有用である．上で説明した系統学的多様性指標や機能的多様性指標は，進化の歴史や生態系機能を考慮した評価指標として，種数や種多様性に比べてより目的にかなうものである．これらの指標はすべて，認識単位としては種あるいはそれ以下の分類群単位を活用している．種のアイデンティティよりも群集内の形質値の分布を重視する解析においてさえ，種を目安にしないと，データのサンプリング自体が困難である．生物多様性評価は，すべて種を基盤としている．そのため種の分類体系が変わると，評価の結果が影響を受けることもある．

　保全の実践の場面では，かぎられた指標値だけではなく，その場所の種リストを詳しく吟味し，個々の種について知られている生態学的情報を総合して，その場所の生物多様性や環境条件について評価することが欠かせない．系統学的多様性や機能的多様性について上述したような指標を活用する場合には，指標化にともなう情報の欠落があることに注意すべきである．指標は，データ取得段階での誤差，指標算出のための情報源の不確実性（系統情報の不正確

性や形質評価軸の恣意性），統計量の算出にともなう推定誤差に起因する不確実性をもつ．少数の集約的指標に頼りすぎず，種のリストを吟味し，指標化で漏れる情報を補う必要がある．

少なくとも，目標とする生物群集が明確な生態系修復の事業では，「種リスト」そのものを活用した現実的で有効な目標設定が可能である．九州大学のキャンパス移転にともなって破壊される森林や湿地のミチゲーション（開発に対する代償事業）では，「全種保全」という目標が掲げられ，森林の表土ごと代替地に移動させるなどの規模の大きな対策がとられた（日本生態学会，2010）．すべての種が保全されれば，その生物群集がもつ系統的な多様性は大きくは損なわれない．生態系機能については，種の喪失という不可逆な変化を回避することで，事業後の生態系修復の努力による機能回復に期待を残すことができる．効果的な保全のためには，群集レベルの指標だけでなく，個々の種の特性と動態に着目した丁寧な対応が重要である．

［引用文献］

Dirzo R. & Raven P. H. (2003) Global state of biodiversity and loss. *Annu. Rev. Env. Resour.*, vol. 28, pp. 137-167.

Faith D. P. (1992) Conservation evaluation and phylogenetic diversity. *Biol. Conserv.*, vol. 61, pp. 1-10.

May R. M. (1990) Taxonomy as destiny. *Nature*, vol. 347, pp. 129-130.

日本生態学会 編（2010）矢原徹一・竹門康弘・松田裕之・西廣淳 監修『自然再生ハンドブック』地人書館．

Petchey O. L. & Gaston K. J. (2002) Functional diversity (FD), species richness and community composition. *Ecol. Lett.*, vol. 5, pp. 402-411.

Rodrigues A. S. L. & Gaston K. J. (2002) Maximizing phylogenetic diversity in the selection of networks of conservation areas. *Biol. Conserv.*, vol. 105, pp. 103-111.

（西廣 淳）

## 23.4　種概念：古生物学の観点から

### A. 古生物学で使われる種

化石は一般に，生物体のうち分解しにくい硬組織だけが残るため，多くの重要な生物学的情報が失われている．非常に保存状態の良好な場合には，遺伝情報が残存することもあるが，これは非常にまれな例外的なケースである．したがって化石種は一般に形態情報だけに基づいて区別が可能であり，形態レベルの一定の差異や不連続性から認識されたものである．しかし古生物学で用いられている種は，必ずしも生物学的に意味のあるものではなく，あくまでも便宜上，命名上の操作基準として，形態的に区別可能なものを分類し記述する目的だけに使用されているケースが多いことに注意しておく必要がある．これは古生物学では必ずしも常に生物学的な意義を種に含める必要がないことが理由である．たとえば化石種の時空分布から，層序区分，地層の対比を行なう目的であれば，種は形態の一定以上の差異だけから認識される便宜的な命名上の種の概念だけで十分であり，同一種であることに対し，何らかの生物学的な性質のまとまりを含める必要性がない．むしろこのような目的のもとでは，便宜上の操作基準以上の意義を種概念に含めて，いたずらに多くの生物情報を入れることで種の判断基準を複雑化することは，それを利用する場合の不都合が大きい．

その一方で，現在と過去の生物をともに視野に入れて，生物の多様性や進化の問題にアプローチを試みる古生物学者たちは，生物学的に意味があり，かつ化石記録にも適用可能な種の概念を模索してきた．しかし，生物学で一般的に適用されている生物学的種の概念は，化石には適用できないものであるため，古生物学者たちはそれに代わる概念を模索してきた．

#### a. 形態種

古生物学では，種は本質的に形態種（morphological species）である．しかし，純粋な形態種として便宜上の目的のみに適用される場合と，それに対し形態情報やそのほか化石の堆積環境など地質学的情報か

ら推定されるある程度の生物学的な情報をとりいれて，便宜上の操作基準以外の意味を種の概念に含めることがある．

前者の例の典型的なものは，生痕化石の分類に適用される種である．生痕化石は現生生物の種の分類と同様に二名法を用いて分類される．形の異なるものは別の種として区別される．しかし生痕化石は生物自体の化石ではなく，その巣穴，生管などの化石であるため，その形態の違いは必ずしもそれをつくり出した生物の違いとは対応していない．そのため生痕化石においては，種は形の異なるものを区別するための便宜的な操作基準である．たとえばまったく異なる生物がつくり出した巣穴でも区別できない共通の形をもっていれば，その巣穴は同一種として分類されるし，一方，同じ個体がつくった巣穴でも，何らかの環境条件によりまったく異なる形の巣穴となれば，それらは互いに別の種として分類されることになる．また，現生生物に対応するもののないまったく未知の化石生物においても，種は形態の違いをあらわす便宜上のものである．このような生物では，形の違いが雌雄の二型なのか，発生段階の違いを示しているのか原理的に不明なことが多いので，種に操作基準以上の意義を含めることが困難である．

しかし，現生生物に近縁なものが残存しており，その生物学的情報が形態だけからある程度推定可能な場合には，それを含めて種が認識・分類される場合が多い．この場合には，種は分類の操作基準だけでなく生物学的な同一性の意味をもつが，その生物学的意味は必ずしも明確でない．たとえば，この場合には雌雄二型と推定されるものについては同一の種とされるし，成長段階の違いを示すものについても同一種として扱われる．

#### b. 進化学的種

生物学的種（biological species）の概念は，同時的な生物集団についてのみ適用可能であるため，古生物学が一般に扱う，異なる時代に位置する集団間には適用できない．化石は同じ地層の同じ層準から産出したものでも，それらが何らかの突発的な事象により同時に死亡したものでないかぎり，化石化するまでの時間的な差によって，実際には個体ごとに生存していた時代が若干異なるのが一般的である．また同じ化石層に含まれる化石個体の集合が，それらが生きていた時期の同時的な集団を反映していることはめったにない．このため，化石種を現生種と同じ基準の下に認識し，かつそれに一定の生物学的な意味をもたせるためには，生物学的種の概念では不可能であり，それを修正・拡張した概念を導入する必要がある．

このような化石への生物学的種概念の拡張を試みた概念が進化学的種の概念——evolutionary species concept（Simpson, 1961）である．この概念はその後，Wiley（1981）らにより多少修正されたが，「種はひとつの祖先——子孫集団の系列で，他の同様な系列からの独自性を維持し，独自の進化的趨勢と歴史的運命をもつもの」というものである．しかしこの概念の下では，同じ系列である時間ののちに大きく形態的に変化をとげた場合に，それらを同じ種とみなすかどうかが恣意的にならざるをえない．一般には，それらは異なる時種（chronospecies）として便宜的に区別される．また Gould と Eldredge は，Mayr の周縁隔離種分化モデルに基づいて断続平衡説を提唱した際，不連続的な変化で区切られる形態の相対的に長期の安定性で特徴づけられる系列を種とみなすことで，生物学的種概念と矛盾しない化石記録上の種を想定できるとした（Gould & Eldredge, 1977）．しかし Gould らのこの見解は現在支持されていない．

#### c. 系統学的種

集団間の遺伝的交流の有無の代わりに系統関係を重視することで，現生生物にも化石にも適用可能な概念が系統学的種概念（phylogenetic species concept）（Eldredge & Cracraft, 1980）である．この概念の下では，種は共通祖先をもつ最小の単系統のグループとなる．しかしこの概念を適用しても，たとえば形態形質の履歴と遺伝子レベルの履歴が異なる場合，化石種と現生種では生物学的には異なるユニットを種とみなす可能性がある．

### B. 化石種の問題点

古生物学で扱われる種の性質は，扱う分類群や得られる生物学的情報によって大きく異なるため，形

態種であるという点を除き，古生物学全般に広く用いられている一般的なものはない．また，化石種が地球科学の範疇の下でのみ利用される場合には，種は分類を行なううえでの形態に基づく操作基準としての意義をもてば十分であり，それに対する問題は生じない．しかし生物学の立場で，生物の多様性を現生生物と化石生物をともに含めてとらえようとする場合には，現生生物で用いられる種の概念との相違は，分類上の実用的な単位としての意味でも，生物学的に意味をもつ自然のユニットとしての意味でも，大きな問題を生じる．たとえば，このような違いのために，化石記録で認められる種の多様性と，現在の地球上にみられる種の多様性を，同一のものとしてとらえることには慎重である必要があるかもしれない．このようなアプローチを試みる場合には，対象としている化石種がどのような性質を分類の基準としているかを注意深く検討する必要がある．

[引用文献]

Eldredge, N. & Cracraft, J. (1980) *Phylogenetic patterns and the evolutionary process: Method and theory in comparative biology*, Columbia University Press.

Gould, S. J. & Eldredge, N. (1977) Punctuated equilibria: the tempo and mode of evolution reconsidered. *Paleobiology*, vol. 3, pp. 115-151.

Simpson, G. G. (1961) *Principles of animal taxonomy*, Columbia University Press.

Wiley, E. O. (1981) *Phylogenetics: The theory and practice of phylogenetic systematics*, John Wiley & Sons.

〈千葉 聡〉

## 23.5 種分化

現在地球上には300〜500万の生物の「種」が生息しているといわれている．この膨大な数の生物が生態的・形態的にそれぞれ異なり，お互いに相互作用することによって生物の多様性をつくり出している．では，このような生物多様性はどのように生まれてきたのだろうか？　もしひとつの種が生態や形態を進化させてきたとしても，種の分化をともなわなければ過去から現在までひとつの種だけが地球上に存在しただけであったと考えられる．しかし，ひとつの種の集団がふたつに分かれ，お互いに遺伝的交流がなくなれば，それぞれの集団が独立に異なった生態，形態を獲得することが可能となる．このひとつの集団からふたつの遺伝的交流のない集団への分化の過程が種分化である．生物は進化の歴史のなかで数えきれないほどの回数の種分化をくりかえし，遺伝的交流のない独立した集団を数多くつくり出してきた．そしてそれぞれの集団が独自の生態，形態を獲得することにより現在の生物多様性をつくり出してきたと考えられる．つまり，Darwinが『種の起原』で述べているように，種分化は生物の多様性を生み出してきた原動力である．

本書の23.5項から23.7項までは種分化についてとりあげる．本項でははじめに種分化とそのタイプについて説明し，23.6項で異所的種分化を，23.7項で同所的種分化と側所的種分化について，具体的な例をあげながらそれぞれ説明をする．

種分化を説明するにあたり，はじめに種について簡単に説明をする．種について詳しくは23.1項を参照すること．本項での種とは生物学的な種（Mayer, 1942）を意味している．つまり種とは「任意交配を行なう集団で他の集団から遺伝的に独立している」集団のことである．これは野生での状態を意味しており，実験室内で2種を交配させ雑種が形成されたからといってそれらの種が同一の種であることを意味しているわけではない．

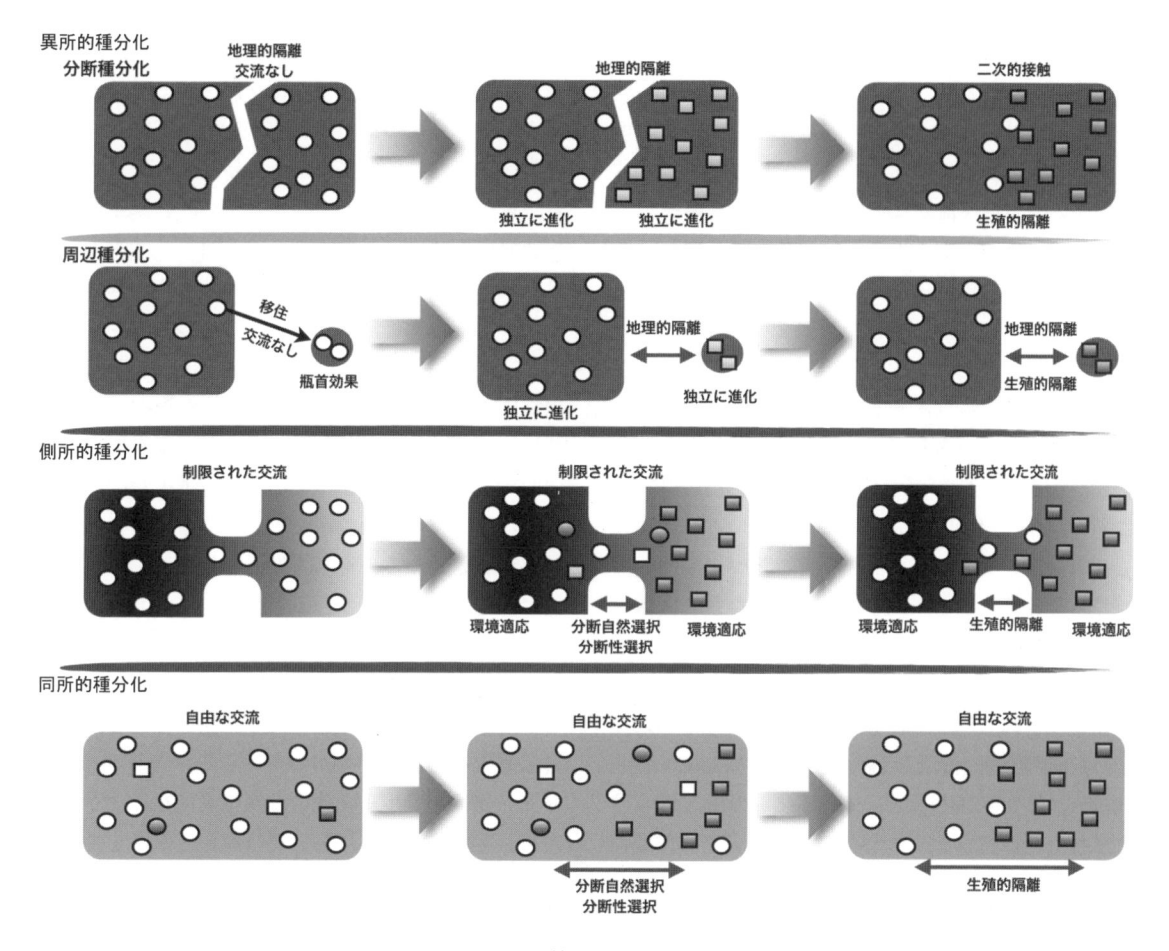

図1 種分化のモデル

上の2段が異所的種分化，中央が側所的種分化，下段が同所的種分化のモデルである．異所的種分化はさらに分断種分化と周辺種分化に分けて示している．

## A. 古典的な種分化

古典的な種分化のモデルでは，以下に示す三つの段階を経て種分化が起こると考えられていた．

1. 集団の物理的な隔離
2. 生態や生殖にかかわる形質の分化
3. 集団の二次的接触（secondary contact）における生殖的隔離

第1段階の集団の物理的な隔離とは地理的な隔離のことで，ひとつの種の集団が地理的に隔離されふたつの交流のない集団に分かれることである．第2段階はそれぞれに集団で独立に生態適応や生殖に関する形質が進化することで，それによって第3段階でふたつの集団が再び接触しても雑種を形成できないか，もしくは雑種が不稔になり，集団間の遺伝的交流がなくなる．しかし近年は，第1段階の物理的な隔離は必ずしも必要なく，また集団の隔離と第2段階の形質の分化は同時に起こることもあると考えられている．また多くの種分化の過程で二次的接触が必ず起こっているわけではないと考えられている．そのため現在では2集団間の遺伝的交流の断絶の過程が種分化の過程として扱われている．

## B. 種分化のモデル

新しい種はどのような場合に生まれてくるのだろうか？　それには集団の分化と集団間の遺伝的交流の断絶がどのような集団から起こるかを説明する必要がある．種分化は，それが起こるときの遺伝的交流の程度からいくつかのモデルに分けられる．ここではおおまかに三つのモデルに大別して説明する

（図1）．ひとつめは，完全に物理的に隔てられた集団から起こる種分化である．この場合ふたつの集団の個体は接触することがなく，遺伝的交流のない集団がそれぞれ独自に進化し，二次的接触があっても集団間の遺伝的交流がない状態が続く．このモデルはふたつの集団が別々の場所で進化すると考えられるため，異所的種分化とよばれている．つぎのモデルはふたつの集団がある程度制限された遺伝的交流のある状態から起こる種分化である．それぞれの集団間で個体の交流はあるが完全に自由に交流しているわけではなく，ある程度制限されている．それら交流がある集団が生殖的に隔離され種分化が起こる．このモデルは側所的種分化とよばれている．最後のモデルは任意交配を行なっているひとつの集団から起こる種分化である．はじめの集団のなかで個体は自由に交配を行なっているが，それが徐々に遺伝的交流のないふたつの集団に分化する．このモデルではひとつの同じ場所で種分化が起こると考えられるため，同所的種分化とよばれている（Coyne & Orr, 2004）．くりかえしになるが，これらのモデルの違いは種分化が起き始めるときの遺伝的交流の程度の差である．

### C. 種分化の遺伝的機構

　上述した種分化のモデルでは，種分化が起きるときの2集団間の遺伝的交流の程度を説明してきた．つぎに説明することは，集団はどのような機構で分化するのかということである．ふたつの集団が遺伝的に同一なら，2集団はまったく同じであり分化は起きない．しかし2集団間で異なる遺伝的変異があり，それが2集団を分化させる要因になる場合は集団の分化は起こりうるだろう．具体的には2集団間で交配すると致死になる遺伝的変異や集団間での交配を減少させる変異などである．このような変異はそれぞれの集団で集団内に固定していないと遺伝的交流がなくなることはない．

　それではどのようにして集団を分化させる変異がそれぞれの集団に広まり集団内に固定するのだろうか？　ここではその変異を固定する三つの作用について説明する．変異を集団内に固定する作用として，まずはじめに遺伝的浮動（詳しくは20.1項参照）がある．遺伝的浮動では変異はランダムに集団内に固定する．つまり集団を分化させる変異がランダムにどちらかの集団に固定し，それによりふたつの集団間での遺伝的交流が減少し，最終的に断絶する．遺伝的浮動では集団サイズが小さいほど集団内へ変異が急速に固定するので，集団サイズが小さいほうがより種分化が起こりやすいと考えられてもいる．つぎの作用に自然選択（詳しくは20.2項参照）がある．集団を分化させる変異の適応度がどちらかの集団で大きければ，その変異は自然選択により急速に集団内に固定する．そして，その変異により集団間の遺伝的交流がなくなる．自然選択がはたらくためには，どちらかの集団が異なる環境に生息することが重要となる．もし，集団の分化にかかわる変異が繁殖成功率にかかわるならば，その変異は性選択により集団内に急速に固定すると考えられる．そして固定した変異により集団間の遺伝的交流がなくなる．自然選択でも性選択でも集団を分化させる変異と選択を受ける変異が必ずしも同一である必要はなく，選択を受ける変異の近傍に集団を分化させる変異が存在すれば集団の分化は起きうる．しかしふたつの変異の間の距離が離れるにつれて，ふたつの変異の間での組換えが多くなり選択のおよぼす作用は弱くなる．

### D. 生殖的隔離

　つぎに変異が固定し分化した集団が，どのような理由で生殖的に隔離されるかについて説明する．生殖的隔離は接合の前の隔離機構と後の隔離機構に大別できる．接合前隔離は，繁殖の時間，場所，行動や配偶者選択などが2集団で異なることにより，配偶子の接合が起こらなくなり遺伝的交流がなくなることである．接合後隔離は分化した2集団間で配偶子が接合し雑種を形成した場合，その雑種個体が不稔，致死，発生異常などにより適応度が低下し次世代を残せないことである．この場合，雑種は形成できても2集団間の遺伝的交流はなくなっている．また染色体の倍数化も接合後隔離を起こす．倍数化した個体の配偶子は倍数化する前の個体との配偶子との接合により3倍体の個体を生じ，この個体は正常に配偶子を形成できない．

[引用文献]

Coyne J. A. & Orr H. A. (2004) *Speciation*, Sinauer Press.

Mayr E. (1942) *Systematics and the Origin of Species*, Columbia University Press.

(寺井洋平)

## 23.6 異所的種分化

　本項では物理的に隔離された遺伝的交流のない2集団が起こす種分化の過程，つまり異所的種分化について説明を行なう．異所的種分化は物理的に隔離された集団のサイズにより，ふたつのタイプに大別される．ある集団が物理的にふたつの大きな集団に隔離され，異所的に種分化が起こる過程を分断種分化（vicariance speciation）という（23.5項の図1参照）．たとえばひとつの大陸に分布する種が大陸の分裂によりふたつの集団に分断されることや，平原に生息する種が新たに形成された河川によって分断されることがこれにあたる．ほかにも気候の変動による氷河の形成や山脈の隆起による分断，海底が隆起し地峡が形成されることによる海の分断などがある．地質的な変動がなくとも連続して分布する集団の中間位置に存在する集団が消滅することによっても分断は起きる．もうひとつのタイプは，ある集団が物理的にふたつの集団に隔離され，片方の集団サイズがきわめて小さい場合である．このような地理的隔離により起こる種分化を周辺種分化（peripatric speciation）という（23.5項の図1参照）．少数の個体が海洋の島に移住し地理的に隔離された集団を形成することや，分布の末端の集団が気候や地質の変動により生じた河川や山脈により物理的に隔離される場合がこれにあたる．分断種分化と周辺種分化の違いは分断された集団のサイズだけであるので，遺伝的浮動の影響が異なる．つまり，周辺種分化の際のサイズの小さな集団で遺伝的浮動の影響がより大きいと考えられる．本項では実際に異所的種分化がどのような生物で起こってきたかの説明を行ない，ついで種分化後の2種の接触と生殖的隔離について説明をする．

**A. 分断種分化**

　分断種分化は古典的な種分化の機構としてもっともよく例としてあげられてきた．そして近年では分子系統解析と分子時計の発達，地質学的年代との比較により分断種分化により生じたと考えられる種が

多く明らかになってきている.

### a. 大陸の分裂による分断種分化

あるひとつの種が河川の形成や山脈の隆起により物理的に分断され,遺伝的に交流のないふたつの集団に分化し,分断種分化によりふたつ種が生じたとする.その場合,それら2種の分岐年代は河川の形成や山脈の隆起の地質学的年とほぼ一致するはずである.近年では分子系統解析と分子時計による分岐年代の推定法が発達し,分断種分化により生じたと推定される2種間の分岐年代を明らかにすることが可能となった.大規模な地理的隔離の例として哺乳類の系統の進化がある.分子系統解析から,ゾウ,ツチブタ,ハイラックスなどを含むアフリカ獣類はアフリカ大陸が他の大陸から隔離されていたときにアフリカ大陸で独自の進化をとげてきたことが明らかになっている.同様にアルマジロやアリクイを含む貧歯類は南米大陸でネズミ,イヌ,ヒトなどを含む北方獣類はローラシア大陸で進化してきたことが明らかになっている.そしてこれらの3系統の分岐年代がアフリカ,南米,ローラシア大陸が分裂した年代と一致していた(Nishihara et al., 2009).つまりこれらの系統の祖先種は大陸の分裂により分断種分化を起こしたことが推測される.系統分岐が地質学的な変動によって起こったと推定される例はほかにも知られているが,多くの場合,分岐年代が古いため実際に遺伝的交流のない新たな種に分化した時期もその分化する機構も明らかではない.そのため比較的最近に起こった地質学的変動により分断された種の組合せが分断種分化の研究に適している.

### b. 地峡の形成による分断種分化

パナマ地峡はおよそ300〜350万年前に海底が隆起して北米大陸と南米大陸つなげる地峡となった.この地峡によりそれまでつながっていた太平洋とカリブ海が分断され,海産の生物は交流ができなくなったと考えられている.このパナマ地峡により分断されたと考えられる生物にテッポウエビがおり,このエビの研究が分断種分化の例としてよく知られている.Knowltonらはパナマ地峡を挟んで7ペアの形態的に類似したテッポウエビが生息していることを示し,これらのペアがそれぞれ姉妹種の関係であることを,ミトコンドリアDNAとアロザイム解析により明らかにした.また4ペアについては,それらの分岐年代がパナマ地峡の隆起と一致し,そのためこれらのペアはパナマ地峡の隆起により分断されて生じたと推測した.残りの3ペアの分岐年代はパナマ地峡の隆起より古いが,それらの種は深めに生息し,幼生が浅い海を避けることからパナマ地峡が隆起する前の浅瀬の状態ですでに分断されたのではないかと推測している.

ここでこれらの種のペアは二次的接触をしていないが,本当に生殖的隔離のある種であるかが疑問になる.Knowltonらは地峡を挟んだ種のペアと,比較として同種内での掛け合わせ実験を行ない,同種内では幼生が得られたが地峡を挟んだ種のペアではわずか1%しか幼生を得られなかった.つまり,これらの種のペアは生殖的に隔離された別種であり,接合後隔離を起こしている.また地峡を挟んだ種のペアリングから交配前隔離は成立していないことが示されている.これらのことから,パナマ地峡両岸に生息するテッポウエビの種のペアは分断種分化を起こし,300万年程度で交配後隔離を成立させていることが示された(Knowlton et al., 1993).23.5項では種分化の際にはたらく作用について説明した.それでは,このテッポウエビの例ではどのような作用がはたらいて生殖的に隔離されたのだろうか? 交配実験により地峡を挟んだ種のペアでは交配前隔離が成立していないことが示されているため,交配前隔離に重要な性選択ははたらいていなかったことが推測される.そのため地峡の両側で異なる環境に適応する際の自然選択か,もしくは遺伝的浮動によって交配後隔離にかかわる遺伝的変異が種内に固定したことが考えられる.地峡を挟んだペアで幼生が生まれてこない原因を明らかにすることにより,種分化の際にはたらいた作用を明らかにできるのではないか.

## B. 周辺種分化

先にも述べたが,分断種分化と周辺種分化の違いは集団サイズである.周辺種分化では地理的に隔離された片方の集団のサイズが小さく,その例としてこれまで海洋の孤島や河川から離れた池などがよく研究の対象とされてきた.海洋の孤島などで集団を

形成するには，大陸などからの個体の移住が必要である．そして移住はきわめてまれであり，その後の大陸集団との遺伝的交流がほとんどないことで小さな集団が地理的に隔離される．移住の場合は少数の個体，極端な例では1ペアのオスとメスだけから集団を形成することが想定される．そのため，その集団の創始者（founder）の遺伝子頻度の影響を大きく受ける．また集団サイズが小さいため遺伝的浮動の影響が大きい．さらに，島や新しい池といったそれまでの生息域と異なる環境で新たに集団を形成するため，強い自然選択がかかることが予想される．実際に海洋の孤島では固有種がみられることが多く報告されている．

### a. 海洋の孤島での周辺種分化

ガラパゴス諸島に生息する多くの固有種は有名な例である．日本の小笠原諸島も本土から遠く離れており，多くの固有種が生息している．特にカタマイマイは形態，生態，分子系統学的によく研究が行なわれており，その祖先種が日本の本土から移住し，小笠原諸島で大きな形態変化を伴う適応放散を起こしたことが明らかになっている（Chiba, 1999）．これらのことから，移住とその後の地理的隔離により周辺種分化を起こしてきたと考えられる．

周辺種分化のさらなる証拠として，それぞれの島の形成年代が知られているハワイ諸島で種分化をした，ハワイショウジョウバエの例があげられる．ハワイ諸島には400種もの島固有のショウジョウバエが生息しており，多様な放散をとげている．そしてこれらの種はひとつの祖先種から分岐してきたことが推定されている．ハワイの島は海底火山の噴火によって形成され，プレート運動により形成された位置から北西に移動をしている．つまり北西側ほど古く，東側の島ほど新しいことが知られている．これらの島に生息する近縁なショウジョウバエのミトコンドリアDNAを解析し系統関係を調べたところ，種の分岐順序が島の形成順序と対応していた（DeSalle & Giddings, 1986）．これにより，新しい島が形成されたのちに古い島から個体が移住して新しい種に分化してきたことが明らかになった．このように周辺種分化がくりかえされたことが，ハワイショウジョウバエの多様性の獲得要因のひとつであ

ると考えられる．では，移住と地理的隔離の後の種を分化させた作用は何だったのだろうか？ 多様な生態適応がみられること，繁殖行動や繁殖形質の分化といった交配前隔離が報告されていることから（Boake, 2005），自然選択と性選択がハワイショウジョウバエの種分化に大きくかかわってきたと推定される．

### b. 周辺種分化への集団サイズの影響

周辺種分化ではひとつの集団のサイズが小さいが，移住の際はさらに極端に個体数が少ないことが考えられる．移住した個体数が少なければ遺伝的多様性は小さくなり，この少数個体が個体数を増やし集団が形成されれば遺伝的多様性の低い集団となる．このように小さい集団サイズで遺伝的多様性が小さくなることをボトルネック（瓶首効果）という．集団サイズが小さくなった際，遺伝的浮動の影響が大きくなり遺伝子頻度が大きく変わりやすくなる．この遺伝子頻度の変化が種分化に影響を与えているかもしれない．またハワイショウジョウバエの例でも述べたが孤島の生物はその島の環境に適応して独自の進化をとげているので，自然選択と性選択も周辺種分化に重要であったと考えられる．

### C. 二次的接触

物理的な障壁により遺伝的交流が分断され分化したふたつの集団あるとする．その障壁がなくなり，再びふたつの集団が接触することを二次的接触（secondary contact）という．また，これらの2集団が雑種を形成するとき，集団が接触する地域は交雑帯（hybrid zone）とよばれる（詳しくは23.9項参照）．交雑帯は多くの生物で知られており，雑種の適応度が親の2種より低い場合や高い場合が報告されている．雑種の適応度が低い場合，雑種を形成しないように自然選択がはたらくと考えられており，それを強化（reinforcement）という．

### a. 強化

強化とは，はじめに地理的に隔離されたふたつの集団がそれぞれ異なる種に進化し，その後隔離がなくなり二次的接触をする．交雑帯で2種は交雑をし，その雑種は適応的でないため適応度が低い．そのため，同種と交配する個体は異種と交配する個体

に比べ適応度が高く（適応度の低い雑種を作らないため），同種と交配する形質に自然選択がはたらく．このようにして交配前隔離の進化が自然選択により促進される（Dobzhansky, 1937）．しかし，強化は交雑帯の2種間で遺伝的交流がわずかでもあると，適応度に関する遺伝子と同種交配に関する遺伝子の間の組換えのために同種と認識される個体でも適応度の低下を起こす場合が出てきてしまうという問題点がある．

　では，実際に強化は種分化において重要な役割をはたしてきたのだろうか？　強化を示唆する研究の多くは，交配前隔離の強さを2種の同所的に生息する集団と異所的に生息する集団で調べて比較する方法で行なわれてきた．その1例をあげると，ショウジョウバエを用いて交配前隔離の強さと2種間の遺伝的距離を，多くの種の組合せで調べた．そしてその組合せが同所的であるか異所的あるかについて比較を行なったところ，同所的のほうが異所的な組合せに比べ，遺伝的距離が小さくても交配前隔離が強いことが示された．つまり，2種が同所的に生息する場合のほうが，交配前隔離が速く進化することを示している（Coyne & Orr, 1997）．このことは，強化のモデルと合致しており強化の存在を示唆している．しかし，このような比較の研究は実際の強化の機構を明らかにしているわけではない．そのため適応度に関する遺伝子と同種交配に関する遺伝子が明らかになれば，その機構を示すことができるのではないか．強化の機構が明らかにされれば，その種分化における一般性もみえてくるだろう．

### D. 生殖的隔離

　地理的に隔離され異所的に種分化した種が二次的接触をして同所的に生息する，このような種は現在どこにでも数多くみることができる．それでは実際にどのようにして生殖的に隔離をしているのだろうか？　23.5項でも述べたが，生殖的隔離は配偶子の接合の前後で接合前隔離と接合後隔離のふたつに分けることができる．それぞれの隔離について説明をする．

#### a. 接合前隔離

　生息場所（habitat）が異なることによる隔離は，たとえ集団が交流できる範囲内であっても生態的な要因により生息場所が異なるため起こる．生息場所が異なると，同種内の個体と繁殖する確立が高くなり，異種との遺伝的交流がなくなる．異なる種類の昆虫がそれぞれ別の食草の上で生活し交流のない場合などがこれにあたる．また宿主特異的な寄生性の生物や，ある生物に依存して生きている生物にもこの隔離が起こっている．ハキリアリとその巣で培養されている菌類の共進化などはよく知られた例である（Hinkle et al., 1994）．被子植物で花粉を昆虫が運ぶ（虫媒花）種のなかには，その種に特異的な送粉者をもつ種がある．このような種では，たとえ同所的に分布していても送粉者が異なるために生殖的に隔離される．また，繁殖の時間が異なることにより隔離が起こることもあり，ショウジョウバエでは繁殖の時間が異なるため2種の間に隔離が起こっており，この原因にひとつの時計遺伝子がかかわっていることが報告されている（Sakai & Ishida, 2001）．繁殖行動や繁殖形質が異なることにより，同種内で交配し異種とは交配しないことは多くの生物で知られている．ショウジョウバエの求愛歌（Doi et al., 2001）やカワスズメ科魚類（シクリッド）のオスの婚姻色などがこれにあたる．交配の行動をしても，繁殖に用いる器官の不一致のため隔離が起こることもある．日本産のオサムシで生殖器の構造が異なることにより隔離が起こっている例が知られている（Sota & Kubota, 1998）．もう少し直接的に配偶子の不一致が原因の隔離もある．アワビは海中で一斉放卵と放精を行なうが，同種の配偶子でないと受精できない．このため雑種が形成されることがなく隔離が起こっている．

#### b. 接合後隔離

　接合後隔離には外的要因の隔離と内的要因の隔離がある．外的要因とは異なる2種の接合後の雑種は正常に発生するが雑種個体は生態的に適応度が低く，もしくは繁殖効率が低く子孫が残せずに隔離が起こることである．雑種個体は親の2種の中間型になり，どちらの種のニッチにも適応的でない形質になる，もしくはどちらの種の繁殖行動にも合わない繁殖行動様式になることが原因で外的要因の隔離が起こると考えられる．内的要因の隔離は異なる2種の接合

後の雑種が正常に発生しない，正常に発生はするが不稔になるなどの原因により隔離が起こることである．染色体の倍数化による生殖的隔離などもこれにあたる．染色体の倍数化は同種内で同じ染色体が倍数化する同質倍数体と，雑種形成により異なった染色体により倍数化する異質倍数体がある．倍数体の配偶子と倍数化する前の配偶子により形成される個体は，正常に配偶子形成を行なえないことは先に述べた（23.5項参照）．この接合後隔離は倍数化が起きるとすぐに生じるため，同所的にも起こることが可能である．このような倍数化による生殖的隔離は植物ではしばしばみられるが，動物ではほとんどみられることはない．

### E. 異所的種分化のまとめ

本項では遺伝的に交流のないふたつの集団から起こる種分化について説明してきた．はじめにそれらの集団サイズの差からふたつのタイプの異所的種分化を，ついで地理的隔離がなくなったときの二次的接触，実際に生殖的隔離がどのように生じているかを説明した．大陸の分裂と種の系統関係，孤島で独自の進化をとげた多くの生物種をみると，地理的隔離は生物の種分化に大きな役割を果たしてきたと考えられる．しかし，実際に現在地球上に生活する300万とも500万ともいわれる生物種は，すべてこのような地理的隔離をともなって出現してきたのだろうか？ もしそうであるならば，パナマ地峡のテッポウエビでみられるような完全な地理的隔離が現存の種の多くでみられるのではないだろうか．多くの生物はある範囲内に生息域をもち，そのなかで集団構造を形成している．集団の間には遺伝的交流があり，その交流が多ければ近縁な集団であり少なければ集団間の分化の程度が大きい．23.7項では，このように遺伝的交流のある集団からの種分化とひとつの集団からの種分化について説明をする．

[引用文献]

Boake C. R. (2005) Sexual selection and speciation in hawaiian Drosophila. *Behav. Genet.*, vol. 35, pp. 297-303.

Chiba S. (1999) Accelerated evolution of land snails Mandarina in the oceanic Bonin Islands: evidence from mitochondrial DNA sequences. *Evolution*, vol. 53, pp. 460-471.

Coyne J. A. & Orr H. A. (1997) "Patterns of speciation in Drosophila" revisited. *Evolution*, vol. 51, pp. 295-303.

DeSalle R. and Giddings L. V. (1986) Discordance of nuclear and mitochondrial DNA phylogenies in Hawaiian Drosophila. *Proc. Natl. Acad. Sci. USA*, vol. 83, pp. 6902-6906.

Dobzhansky T. (1937) *Genetics and the Origin of Species*, Columbia University Press.

Doi M. *et al.* (2001) A locus for female discrimination behavior causing sexual isolation in Drosophila. *Proc. Natl. Acad. Sci. USA*, vol. 98, pp. 6714-6719.

Hinkle G. *et al.* (1994) Phylogeny of the attine ant fungi based on analysis of small subunit ribosomal RNA gene sequences. *Science*, vol. 266, pp. 1695-1697.

Knowlton N. *et al.* (1993) Divergence in proteins, mitochondrial DNA, and reproductive compatibility across the isthmus of Panama. *Science*, vol. 260, pp. 1629-1632.

Nishihara H. *et al.* (2009) Retroposon analysis and recent geological data suggest near-simultaneous divergence of the three superorders of mammals. *Proc. Natl. Acad. Sci. USA*, vol. 106, pp. 5235-5240.

Sakai T. & Ishida N. (2001) Circadian rhythms of female mating activity governed by clock genes in Drosophila. *Proc. Natl. Acad. Sci. USA*, vol. 98, pp. 9221-9225.

Sota T. & Kubota K. (1998) Genital lock-and-key as a selective agent against hybridization. *Evolution*, vol. 52, pp. 1507-1513.

〔寺井洋平〕

## 23.7 同所的・側所的種分化

　本項では遺伝的交流のある状態から起こる種分化の過程について説明する．遺伝的交流のある種分化のモデルはふたつに大別することができる．ひとつめのモデルは任意交配を行なっているひとつの集団から起こる種分化である．はじめの集団のなかで個体は自由に交配を行なっているが，それが徐々に遺伝的交流のないふたつの集団に分化する．このモデルは物理的に隔離されていない場所で種分化が起こると考えられるため，同所的種分化（sympatric speciation）とよばれている．つぎのモデルはふたつの集団があり，それらの集団間の遺伝的交流がある程度制限された状態から起こる種分化である．それぞれの集団間で個体の交流はあるが完全に自由に交流しているわけではなく，徐々に集団間が生殖的に隔離され種分化が起こる．このモデルは側所的種分化（parapatric speciation）とよばれている（23.5項図1参照）．これらのモデルが23.6項で説明した「異所的種分化」と異なる点は，種分化の始まりの状態で集団間の遺伝的交流のあることである．つまり異所的種分化のようにそれぞれの集団が独立に進化することを仮定することができない．そのため，ふたつの集団を分化させるような作用が種分化の際にはたらいていると考えられる．この作用とは性選択による分断性選択と，適応による分断自然選択である．本項でははじめに集団を分化させる分断性選択と分断自然選択について説明を行ない，ついで遺伝的交流のある状態からの種分化を同所的種分化，側所的種分化の順に説明する．

### A. 分断性選択

　ある集団中にふたつの配偶者の好みと，それぞれの好みに対し繁殖成功率の高い性的形質があり，それらが遺伝するとする．わかりやすくするために，メスの好みの多型（赤好み，青好み）とオスの体色多型（青と赤）にたとえると，赤を好むメスは赤いオスを繁殖相手に選び，その子供はメスなら赤が好みでオスなら赤い体色となる．同様に青を好むメスは青いオスと交配し，その子供は青が好みのメスと青いオスとなる．そのため，それぞれが好みのオスと交配することにより集団の分化が起こる．このような性選択により起こる分化は分岐性選択（divergent sexual selection），もしくは中間型の適応度が低いという仮定を加えた分断性選択（disruptive sexual selection）とよばれている．このようにして分化した種は接合前隔離によって生殖的に隔離が起こる．

### B. 分断自然選択

　ある集団の生息域にふたつのニッチがあるとする．そして集団中にそれぞれのニッチに適応度の高いふたつの形質が進化してきたとすると，その形質に分化が起こる．このように適応度の高いふたつの形質が分化することは分岐自然選択（divergent natural selection），もしくは中間型の適応度が低いという仮定を加えた分断自然選択（disruptive natural selection）とよばれている．しかし，この自然選択だけでは集団間の生殖的隔離は起こらない．もし，それらの進化してきた形質が繁殖にもかかわり，一方の形質をもつ個体は他方の形質をもつ個体と繁殖できなくなったならば，それぞれのニッチに適応した集団は生殖的に隔離され種分化が起こる．このような種分化は生態的種分化（ecological speciation）とよばれている（Schluter, 2001）．生態的種分化において，生殖的隔離は生態的な適応の副産物（by-product）として生じている．異なる食草に適応した昆虫がその食草のうえで繁殖を行なうことで生息場所が隔離され，生殖的隔離が起こることなどが生態的種分化の例である．適応する形質が感覚器であり，配偶者選択の際にその感覚器が配偶者からのシグナルを受けとる場合も種分化が起きる．この種分化は感覚器適応種分化（speciation by sensory drive）とよばれ，感覚器が環境などへ適応的に分化し，分化した感覚器に感度よく受容されるようにシグナルが進化することにより起こる．感覚器とシグナルが分化したあとにはお互いの集団の個体を配偶者として認識しなくなり生殖的に隔離される（Endler, 1992; Boughman, 2002; Terai & Okada, 2011）．この場合でも生殖的隔離は生態的な適応の副産物として生じている．

## C. 同所的種分化

先にも述べたが，同所的種分化は任意交配を行なっているひとつの集団から起こる種分化である．はじめの集団のなかで個体は自由に交配を行なっているが，分断性選択もしくは分断自然選択により遺伝的交流のないふたつの集団に分化すると考えられている（23.5項図1参照）．Darwinが『種の起原』でその可能性を述べて以来，同所的種分化は多くの生物学者に興味をもたれ，特に理論生物学者の数理モデルによる研究が活発に行なわれてきた．それらのなかで分断性選択による種分化のモデルが多く示されてきた．しかし，性選択にかかわる遺伝子と中間型の雑種の適応度にかかわる遺伝子の間に組換えが起こると，同類を選択しても適応度が低いことがあり，分断性選択によるモデルを示すのは困難になる．この問題の解決として，性選択のみでも種分化が起こるモデルが示された（Higashi et al., 1999；Kawata & Yoshimura, 2000）．

### a. 同所的種分化の実際

それでは実際に同所的種分化は本当に起こってきたのだろうか？野外観察から同所的種分化を示すために，これまでは異所的種分化の可能性を否定するという方法が行なわれてきた．異所的種分化の可能性を否定するためには，① ある種が同所的とよべるようなかぎられた範囲にその種の姉妹種と生息しており，そこには物理的な障壁がないこと，② 姉妹種からの分岐はそのかぎられた範囲内で起きたことの2点を示す必要があった．しかし，実際にこれらを示した同所的種分化の報告でも，異所的，もしくは側所的種分化であった可能性が高いと考えられる．特に種分化のはじめの状態で集団間の分化がなかったことを示すことができないため，側所的種分化の可能性を否定することは困難である．海洋の孤島に生息する近縁な種は，かぎられた広さの「同所的」と判断できる島で種分化を起こしてきたと考えやすい．しかし，実際には孤島のなかでも分化した集団をもち，集団構造を形成しているような種も多く報告されているので，あまり広くない島のなかで種分化したというだけでは，同所的種分化をしてきた証拠にはならない．アフリカの大地溝帯に位置するヴィクトリア湖に生息する500種もの湖固有のシクリッドの種は，短い期間に「同所的」と判断されることがある湖のなかで種分化を起こしてきたため，同所的種分化を起こしてきたのではないかと考えられている．しかし，実際には岩場に生息する種は定住性が強く，遺伝的に分化した集団を形成しており（Seehausen et al., 2008），物理的障害のない沖合性の種でさえも同様に遺伝的に分化した集団を形成している（Maeda et al., 2009）．つまり遺伝的交流のかぎられた多くの集団が存在しており，たとえ現在それらの種の集団から種分化が起こったとしても，同所的種分化（任意交配を行なっている集団からの種分化）にはあてはまらない．

もっとも「同所的」と考えられる種分化は，西アフリカの火山の火口湖の例である．この湖は0.49 km$^2$の面積しかなく，流入河川は存在しない．しかし種として認識できる単系統の5種のシクリッドが生息しており，この湖のなかで最近に種分化を起こしてきたことが推定されている．また，このなかでもっとも近縁な2種は浅瀬と深めの底にそれぞれ生息しており，大きさにより同類交配をして分化していることが報告されている．このため，この小さな火口湖で同所的に種分化した可能性が高いと考えられる（Schliewen et al., 2001）．しかし，これらの種は生息場所も生態も分化しているため，異なった環境に適応し分化した集団から種分化が起こった可能性も考えることができる．

それぞれの研究者が研究対象の種の分布を「同所的」と判断して同所的種分化と特定することは問題である．また，同所的と考えられるかぎられた範囲内で種分化が起こり始めたときに，集団間の遺伝的分化があったかどうかを知ることはできない．これらの問題を解決するために，同所的と考えられる範囲内で現存の種（同所的種分化によって生じたと推定される）に集団構造があるか，それとも任意交配をしているひとつの集団かということを調べることは可能である．もし，現存の種にも集団構造がないような狭い範囲で種分化が起こってきたのならば，同所的に種が分化した可能性も高いのではないか．たとえば，先に述べた火口湖の種それぞれについて，火口湖のなかで集団構造は存在せず，ひとつの種は1集団であることを示すことができれば，これらの

種が同所的種分化を起こしてきた可能性を示せるかもしれない.

ここまで述べてきたように,同所的種分化によって生じた可能性のある種は,かなりかぎられた条件でしか見ることができないと考えられる.そのため同所的種分化は進化的にもまれな出来事で,もし起こっていたとしても生物多様性の源となった多くの種分化のなかで,非常に少ない割合だったのではないだろうか.

## D. 側所的種分化

側所的種分化は集団間の遺伝的交流が地理的・生態的要因によってある程度制限された状態から起こる種分化である.それぞれの集団間で程度の差はあるが個体の交流があり,その状態からが徐々に遺伝的交流が減少して種分化が起こる.側所的種分化には環境への適応が重要だと考えられており,それについて説明をする.はじめにあるひとつの種は変化のある環境に連続的(clinal),もしくは断続的(stepping-stone)に分布し,それぞれの集団が生息する環境へ自然選択により適応をする.この適応は隣接する集団との遺伝的交流があると弱まるが,強化により雑種を形成しないように自然選択がはたらくか,もしくは適応の副産物として生殖的に隔離されれば種分化が起こる.このように種分化が起きたならば,近縁種は隣接した環境に分布していると考えられる.この種分化のモデルでは種分化が起こり始める条件が自然界にみられるほとんどの生物にあてはまる.つまり,変化のある環境に分布して集団を形成し,集団間には遺伝的交流がある.またそれぞれの集団が生息環境に適応していることも多くの生物種でみられる.そして多くの生物で近縁種は隣接した分布をもつ.そのため,多くの生物種は側所的種分化を起こす可能性があるもしくは,起こしてきたと考えられる.では,実際にこのような集団から集団間の生殖的隔離はどのようにして生じるのであろうか?

### a. 感覚器適応種分化

異なる環境への適応の際に集団を分化させる作用は分岐自然選択,もしくは分断自然選択である.この適応する形質が配偶者選択にかかわる感覚器である場合に起こる感覚器適応種分化(speciation by sensory drive)については先に述べたが,ここで少し詳しく説明する.このモデルでオスとメスの間で繁殖のために交わされるシグナルは,より配偶相手を強くひきつけるように仮定されている.つまりシグナルを発する側は,それを受容する側の感覚器を強く刺激する感度のよいシグナルを発することが仮定されている.実際に性的2型があり,オスがメスにディスプレイして交配相手を誘う多くの種では,メスは際立って目立つオスにより強くひきつけられることが知られている.際立って目立つオスを見て認識する場合は,感覚は視覚であり,認識を匂い(化学物質)で行なう場合は,感覚は嗅覚である.これら感覚器が異なる環境に生息する集団でそれぞれの環境に適応した場合,シグナルはそれぞれ適応した感覚器に感度がよいほうが繁殖成功率が高いため,性選択によって異なるシグナルに進化をする.感覚器とシグナルが分化すると,それぞれの集団で感覚器に感度のよいシグナルを発する相手と交配することで,別の集団の個体とは交配をすることがなくなる.Kawataらは,この感覚器適応種分化のモデルに実際の視覚の光感受性にかかわる視物質と光感受性を変える変異,生息光環境,メスをひきつけるオスの体色をあてはめて種分化のシミュレーションを行なった.それにより,光環境に光の成分の勾配がある場合に種分化が起こりうることが示された(Kawata et al., 2007).

### b. ヴィクトリア湖のシクリッドの種分化

それでは,どのような場所で光成分の勾配ができるのだろうか? 林や森のなかは,樹木の葉を通った光が存在しているので葉緑体のフィルターを通したような光が到達している.また,水中では透明度,深さ,水のなかの物質の成分などの条件で,それらがフィルターの役割をして水面から透過してくる光の成分がかぎられてくる.特によく研究された報告があるのが,C項で述べたヴィクトリア湖の水中である.ヴィクトリア湖の水中は透明度,深さによって存在する光の成分が大きく変化することが報告されており(Van der Meer & Bowmaker, 1995; Seehausen et al., 2008),湖固有の多くのシクリッドの種は光の成分の勾配のなかに生息している.そ

れぞれの種は性選択による強い接合前隔離があり，性選択を行なうことのできない特殊な条件で交配させると稔性のある雑種が形成される．これらの固有種はオスが婚姻色を呈し，メスがオスの婚姻色を選択すること，またメスの選択する婚姻色はメスの視覚に感受性の高い色であることが明らかにされている（Seehausen et al., 1998；Maan et al., 2006）．つぎにこのシクリッドにおける感覚器適応種分化の例を説明する．Terai らは，透明度の高い岩場から低い岩場までの勾配に分布するシクリッドのひとつの種を用いて，黄から赤色に吸収帯をもつ視物質のタンパク質成分である LWS の遺伝子を調べた．水中の光の成分は高い透明度では短波長から長波長まで含んでいるが，低い透明度では長波長側の黄から赤の光だけを含んでいる．透明度が高い岩場に生息する集団と低い岩場の集団では，LWS の異なったアリルが集団中に固定しており，特に低い透明度では長波長シフトした LWS 視物質の吸収が黄から赤の光環境に適応的であった．またそれぞれの集団でオスの婚姻色を調べると，低い透明度の集団では，長波長シフトした LWS 視物質に感度よく受容される黄赤型のオスが高い頻度で出現した．これらのことより，光環境の勾配に分布する種の集団がそれぞれの生息光環境に視覚を適応させ，オスの婚姻色が適応した視覚に感度よい色に進化していることが示されている（Terai et al., 2006）．このことは感覚器適応種分化のモデルとよく合致していた．ただしこの種の場合，中間の透明度の岩場が連続的に存在しており，高い透明度と低い透明度の集団の遺伝的交流は完全にはなくなっていない．そのため種分化の初期段階にあると考えられ，現在の環境が安定に続くか中間の岩場の集団が減少すれば，完全な種分化に至るのではないだろうか．

同様な種分化は生息する深さが異なる 2 種のシクリッドでも報告されている．ヴィクトリア湖の岩場では浅場でのおもな光の成分は短波長側の青で，深くなるとその成分が長波長側の赤に変わる．このような岩場に生息し，生息水深がわずかに異なる 2 種のシクリッドで LWS 遺伝子を調べたところ，それぞれの種に異なったアリルが固定していた．また，それぞれの LWS 視物質の吸収は浅場と深場の光環境に適応的であった．婚姻色もそれぞれの LWS 視物質に感度よく受容される青と赤に分化しており，感覚器適応種分化のモデルとよく合致していた（Seehausen et al., 2008）．これらの研究例は感覚器適応種分化が野生で実際に起きていることを示唆している．

本項で述べたように，側所的種分化は多くの生物種が起こす可能性があり，実際に野生で起きていることも報告されている．ゲノムデータが豊富で網羅的に比較することのできるヒトとチンパンジーのゲノムを比較したところ，これらの種分化も遺伝子交換を行ないながら起こってきたことが報告されており（Patterson et al., 2006），異所的よりは側所的な種分化を起こしてきたのではないかと考えられる．これらのことより，側所的種分化も一般的に起こってきており，異所的種分化と同様に生物多様性獲得の原動力となったのではないだろうか．

### E. まとめ

23.5, 23.6, 23.7 項では種分化「2 集団間の遺伝的交流の断絶の過程」だけについて説明をしてきた．しかし，種分化ののちに種が共存し独立に進化することも，生物の多様性が獲得され維持されるために重要である．異所的種分化の二次的接触でも側所的種分化の隣接した種の接触の場合でも，種分化で生じた種が生態的に同じニッチを占めるならば，競争排除則により片方の種は絶滅してしまうと考えられる．そのため，種分化には生殖的隔離とともに生態的な適応も重要である．また，自然選択により環境に適応し独自の進化をする際に他の種と交雑をしてしまったならば，適応度の低い雑種集団が形成されてしまうだろう．生殖的隔離はこのように適応度の低下が起こることを防ぐ機構であり，種分化と生殖的隔離の維持と自然選択による適応が生物多様性をつくり出してきたのではないだろうか．

［引用文献］

Boughman J. W. (2002) How sensory drive can promote speciation. *Trends Ecol. Evol.*, vol. 17, pp. 571-577.

Endler J. A. (1992) Signals, signal conditions, and the direction of evolution. *Am. Nat.*, vol. 139, pp. 125-153.

Higashi M. G. *et al.* (1999) Symptric speciation by sexual selection. *Nature*, vol. 40, pp. 532-526.

Kawata M. & Yoshimura J. (2000) Speciation by sexual selection in hybridizing populations without viability selection. *Evol. Ecol. Res.*, vol. 2, pp. 897-909.

Kawata M. *et al.* (2007) A genetically explicit model of speciation by sensory drive within a continuous population in aquatic environments. *BMC Evol. Biol.* vol. 7, p. 99.

Maan M. E. *et al.* (2006) Sensory drive in cichlid speciation. *Am. Nat.*, vol. 167, pp. 947-954.

Maeda K. *et al.* (2009) Population structure of two closely related pelagic cichlids in Lake Victoria, *Haplochromis pyrrhocephalus* and *H. laparogramma*. *Gene*, vol. 441, pp. 67-73.

Patterson N. *et al.* (2006) Genetic evidence for complex speciation of humans and chimpanzees. *Nature*, vol. 441, pp. 1103-1108.

Schliewen U. *et al.* (2001) Genetic and ecological divergence of a monophyletic cichlid species pair under fully sympatric conditions in Lake Ejagham, Cameroon. *Mol. Ecol.*, vol. 10, pp. 1471-1488.

Schluter D. (2001) Ecology and the origin of species. *Trends Ecol. Evol.*, vol. 16, pp. 372-380.

Seehausen O. & van Alphen J. J. M. (1998) The effect of male coloration on female mate choice in closely related Lake Victoria cichlids (*Haplochromis nyererei* complex). *Behav. Ecol. Sociobiol.*, vol. 42, pp. 1-8.

Seehausen O. *et al.* (2008) Speciation through sensory drive in cichlid fish. *Nature*, vol. 455, pp. 620-626.

Terai Y. *et al.* (2006) Divergent selection on opsins drives incipient speciation in Lake Victoria cichlids. *PLoS Biol.*, vol. 4, pp. 2244-2251.

Terai Y. & Okada N. (2011) Speciation by sensory drive in cichlid fishes. in Inoue-Murayama M. *et al.* eds., From genes to animal behavior: social structures, personalities, communication by color,

van der Meer H. J. & Bowmaker J. K. (1995) Interspecific variation of photoreceptors in four co-existing haplochromine cichlid fishes. *Brain Behav. Evol.*, vol. 45, pp. 232-240.

（寺井洋平）

## 23.8　適応放散

　適応放散（adaptive radiations）とは，ひとつの祖先種から，さまざまな生態的地位を占める種に分化する生物進化の現象である．地質学的にはごく短期間に，急速に起きるとされる．

### A. 定義

　適応放散という言葉を初めて用いたのは，古生物学者のOsborn（Henry Fairfield Osborn）である．彼は1902年に，始新世～漸新世の哺乳類であるティタノテリウム類の化石系列に基づき，異なる系統が平行的な適応進化や収斂進化を示す進化パターンを表現するための用語としてこれを用いた．その後，さまざまな定義がなされてきたが，それらはいずれも，①適応的な変化を生じる，②単一の祖先から多数の種へと分化する，という要素を含むことを重視している．たとえばJ. Huxleyは，ひとつの（生物の）グループに含まれる異なる系統が異なる環境に進出し，それらが異なる生活様式を獲得すること（Huxley, 1942）と定義した．またG.G.Simpsonは，無数の系統がほぼ同時に分化し，祖先である同じ「適応型（adaptive type）」から異なる「適応型」に分化すること，また異なる「適応帯（adaptive zone）」に分化することと定義した（Simpson, 1953）．Simpsonは適応放散を，地質学的時間のレベルではごく短時間に種分化によりひとつの祖先から多数の系統が分化する現象であると考えるとともに，それはある環境や生活様式に適応したタイプが異なる環境や生活様式に移行することによって起きると考えた．最近では，D. Schluterにより，「急速に多様化する系統に生じる生態学的多様性および表現型多様性の進化」と定義されている（狭義の適応放散，Schluter, 2000）．Schluterは，ある生物種のグループの進化パターンが適応放散であるというためには，以下の四つの条件を満たす必要があると主張している（Schluter, 2000）.

1. グループに含まれる種が共通祖先をもつ：それ

も最近の共通祖先がある（ただしグループに含まれる種が単系統群であるということと同義ではない）
2. 表現型と環境の間に相関がある：環境とその環境を利用するのに必要な形態的・生理学的形質の間に有意な相関がある
3. 形質の有効性：ある形質に対応した環境下で，その形質をもつことでパフォーマンスの向上や適応度上の優越性が認められる
4. 急速な種分化：生態的・形態的な多様化が進行するときに，1回またはそれ以上の新しい種のバースト的出現がある

この狭義の定義の下では，適応放散は同じ属に含まれる種群など，低次の分類群で示される多様化（種分化）のケースに限定され，高次分類群の多様化で示される大進化のパターンには適用されない．

一方，R. Gillespie らのように，「多様な生態的地位を占める単系統の種群によって示される多様性のパターン」と，適応放散をより広い意味（広義の適応放散）で定義する立場もある（たとえば Gillespie et al., 2001）．

しかしいずれの立場でも，多数の種が急速に単一の祖先種から分化したとしても，それらの種の間で生態的形質や表現型に違いがない場合や，表現型の違いと環境との対応関係が認められない場合は，適応放散とはみなされない．このようなケースは，一般に単に「放散」とよばれる．

適応放散では共存する種間で生態的形質の分化をともなうのに対し，種間で共存を可能にするのに十分な生態的地位の分化をともなうことなく，単一の祖先から多種へと多様化が起きる現象を，特に非適応的放散（nonadaptive radiations）とよぶことがある．非適応的放散では，異なる種が共存できないため，生態的に非常によく似た多くの種が異所的・側所的に分布するパターンを示す．このような種の地理的分布のパターンは，移動性の低い生物では広くみられるものであり，その意味では非適応的放散は決して特殊な現象ではないと考えられる．またひとつの祖先種から多様化が進む過程には，適応放散と非適応的放散がともに含まれている場合があるという指摘もある．

## B. 適応放散の例

典型的な適応放散の事例としてもっともよく知られているのは，ガラパゴス諸島のダーウィン・フィンチである．これらのフィンチは種ごとに，あるいは集団ごとに嘴のサイズや形が異なり，その違いは餌の違いに関係している．またこれらの種の多くは，南アメリカから祖先種が移住したのちのある時期に，急速に種分化を生じたと考えられており，狭義の適応放散の定義を満たす例となっている．カリブ海—西インド諸島のアノールトカゲのグループ（*Anolis*）も，適応放散の典型的な事例として，数多くの研究がなされている．これらは約140種におよぶ形態的・生態的に多様な種に分化し，異なる形態はそれぞれの種のおもな棲み場所（木の幹，枝，樹冠，草地）への適応の結果である．植物の例では，ハワイ諸島のギンケンソウ類が，特にその顕著な事例として知られている．これらは，生息地の環境の違い（湿度の違いなど）に対応した，形態の著しく異なる種で構成されている．これらのケースのように，狭義の適応放散の基準を厳密に満たす事例はそれほど多くはない．しかし広義の適応放散の定義にあてはまる例は多い．たとえば新生代の初頭に起きたとされる哺乳類の多様化も，広義の適応放散に含まれる．このような適応放散の例は，海洋島や隔離された湖で，特に多くみることができる．

適応放散では，祖先種から子孫種への形質の変化に方向性が認められるケースがある．たとえば新生代のウマ科の適応放散では，体サイズの大型化と足の長さの増加が起きた．またジェネラリストからスペシャリストへの進化も，こうした適応放散にともなう進化の方向性の例である．しかし必ずしも祖先種がジェネラリストとはかぎらず，たとえばアノールトカゲのように，祖先種の生態型が子孫種のいずれかの生態型に一致するケースもある．

化石記録の証拠から，多くの適応放散の事例では，表現型の分化の速度は適応放散の初期の過程で大きく，適応放散が進んで多くの種によってそれまで空白だったニッチが埋まるとともに低下し，それ以上の分化が止まると考えられている．また，理論的な

解析や地質時代の化石記録の解析，さらにハワイ諸島のクモの研究などによると，種多様性は適応放散の過程で平衡状態に向けて単純に上昇していくわけではなく，その初期にいったんオーバーシュートして最大値に達したのち，絶滅により徐々に減少するパターンをとるという推定がなされている．しかし，このような適応放散の進行にともなう表現型の分化の速度低下—放散の停滞が認められない事例も多い．たとえば大アンティル諸島のアノールトカゲでは，大きな島ほど種の多様性が高く，依然としてニッチが飽和することなく適応放散が進行中であることが示されている．

適応放散の過程で，同一のニッチを占め，ほとんど同じ形態をもつ生態型が，異なる系統でくりかえし独立に出現することがある．その結果，異なる地域で，種構成は異なるにもかかわらず，共通のニッチ利用と生態型のセットからなる群集が形成されることがある．たとえばアフリカ巨大湖のシクリッドでは，プランクトン食，魚食，藻類食，他の魚の鱗をはぎ取って食べるなど，さまざまな食性とそれに対応した形態をもつ種に分化したが，同じ食性と形態をもつ種が異なる湖で独立に分化したことが知られている．その結果，異なる湖で，祖先が異なるにもかかわらず，共通の生態型の組合せからなる群集が成立している．このようなタイプの適応放散は，反復適応放散（replicate adaptive radiation）とよばれる（Schluter, 1993; Losos, 2010）．明瞭な反復適応放散の例はあまり多くないが，アフリカ巨大湖のシクリッドなど湖沼の淡水魚のほか，陸上生物では西インド諸島のアノールトカゲや小笠原諸島の陸産貝類で，その典型的なものが知られている．

## C. 適応放散の機構

適応放散は生物進化が示すもっとも劇的な現象のひとつである．なぜ適応放散が起きるのかを理解するためには，種分化と異なる生活様式，環境への適応による表現型の分化というふたつのプロセスを考える必要がある．

適応放散のプロセスのもっとも単純な考え方は，集団が異なる生息環境に適応する過程で表現型の分化を生じたというものである．たとえば異所的種分化によって生じた種が，それぞれ異なる環境に適応することによって，異なる生態型に分化するかもしれない．この過程で適応放散が起きるとすると，非適応放散が適応放散に先立って起こり，つぎにそれぞれの集団が異なる環境に適応することにより，適応放散が起きると考えられる．このプロセスの問題点は，異なる生態型をもつ種が共存することを説明するのが難しいことである．

従来，もっとも一般的とされた適応放散のプロセスは，資源をめぐる競争を重視するものである．種分化によって生じた異なる種が出会ったのち，種間競争によりそれぞれ異なる資源を利用するようにニッチ分化が生じ，それぞれの種が異なる生態型へと分化する．この形質置換のプロセスで，適応放散を説明した古典的な研究として，D. Lack によるダーウィン・フィンチの研究が有名である．このプロセスのもうひとつ重要な点は，島にたどり着いた祖先種に対しては，種間競争から解放されるため，大陸の種よりも島の祖先種で広いニッチを占めるようになり，表現型の変異の幅が拡大することである（形質解放）．このあとに種分化が起きて，これらの種間で形質置換が起きることにより，多様なニッチを占める種が進化することになると考えられる．このような形質解放と形質置換のくりかえしが，適応放散をもたらすと考えられる．しかし，このプロセスについては，野外集団で形質置換が表現型の分化の推進力としてそれほど強力に作用するかどうか疑問がもたれることや，種間競争以外のさまざまなプロセスが，形質置換とよく似た共存種間のニッチ分化や生態型の分化をひき起こしうることが指摘されており，必ずしも種間競争による適応放散が一般的かどうかは明らかでない．なお，このプロセスで適応放散が起こる場合，適応放散の初期には空白のニッチが多いため，種数の増加率は高いが，適応放散の過程が進みニッチが埋まると，それ以上の種の共存が困難になるので，種分化率は下がり，最終的に種数は一定のレベルで平衡状態になると考えられる．一方，Whittaker（1977）は，新しい種が誕生するとそれによって新しいニッチが形成され，それを利用することのできる種が増えるため，種数の増加とともに，種分化率も高まると考えた．こうした種分化

率と種数の関係については，最近も議論が行なわれている（Emerson & Kolm, 2005 など）．

適応放散をもたらすプロセスとして，捕食の効果を重視する場合もある．捕食者の存在は，種間競争の効果を弱めたり，捕食圧が強くはたらくニッチへの進出を抑制することがある．このため，海洋島のように捕食者がたどり着けず，捕食圧の相対的に低い環境では，利用ニッチが拡大する可能性がある．また，有力な捕食者の攻撃から解放されるような形質を獲得した種は，そのニッチを拡張できると考えられる．もし，捕食者と被食者の間に，攻撃と防御の軍拡競争的な共進化が起こる場合には，捕食圧の低下と増加のくりかえしが生じ，捕食者と被食者の双方が，共進化的に適応放散をとげると考えられる．たとえば，新生代に起きた昆虫と被子植物の多様化は，この過程で説明されている（Farrell, 1998）．しかし，捕食者の存在が必ずしもニッチ利用の幅を抑制するとはかぎらない．たとえば，捕食者の存在が，逆に種間でリフュジアをめぐる競争を強める可能性がある．捕食が適応放散に与える役割の一般性については，まだ検討の余地が残されている．

最近になって注目されている適応放散のプロセスとして，生態的種分化がある．このプロセスでは，特に分断選択により表現型の分化が生じ，その副産物として，あるいは隔離強化のメカニズムにより種分化が起きる．この場合，種分化とニッチ分化がリンクして生じるため，空白のニッチが多い環境では，種分化率も上昇する．

このように適応放散のメカニズムとしては，さまざまな機構が想定されており，依然として活発な議論が行われている．おそらくそのメカニズムはひとつではなく，さまざまなプロセスが適応放散という共通の現象をひき起こすのにかかわっていると考えられる．

## D. 適応放散の研究

適応放散のメカニズムや歴史・パターンに関する研究は，大きく分けて以下のような方法で行なわれる．

**化石記録の解析**：適応放散の進行過程を知るためのもっとも有効な方法である．特に多様化の過程で，表現型の進化速度を知るためのもっとも正確な方法である．しかし化石記録では，一般に多くの正確な生態学的情報や，形質の遺伝情報が得られないため，形質の適応的意義を知ることが困難であるという欠点がある．

**系統推定による比較法**：適応放散の過程で起きた種分化の歴史の推定を行なうことができるばかりでなく，形質の進化パターンや，祖先種の形質状態の推定を行なうことが可能であり，適応放散の進行過程やニッチ，表現型の変化パターンを推定するためのもっとも一般的かつ有効な方法である．しかし絶滅種が多く存在した場合には，その歴史推定は不正確となるという欠点がある．

**生態学的・集団遺伝学的解析**：表現型の分化の駆動力を知るためには，種間競争の強さや捕食圧の強さの比較，異なるニッチや形質間の適応度の比較が必要となる．また種分化のプロセスを知るために，集団の遺伝的構造を明らかにする必要がある．これらの解析は，適応放散のプロセスを解明するうえで，もっとも一般的で有効な方法である．

**実験的研究**：微生物を用いたマイクロコズムでの進化実験により，適応放散を人為的に起こし，その過程を観察する手法である．近年，微生物を扱う実験手法の進歩により，急速に発展してきている．

**数理解析**：数理モデルにより，種ごとの遺伝的構造，種間関係，環境条件を記述し，適応放散が生じる条件を解明する研究は古くから行なわれてきた．近年は計算機の進歩により，計算機上で進化の模擬実験を行なうことにより，適応放散のダイナミクスやそのプロセスを明らかにする研究が広く行なわれている．

以上のように適応放散をめぐって，さまざまな研究手法により研究が進められており，適応放散の機構解明は，現在もっともホットな生物進化の研究領域のひとつである．

[引用文献]

Emerson B.C. & Kolm N. (2005) Species diversity can drive speciation., *Nature*, vol. 434, pp. 1015-1017.

Farrell B.D. (1998) "Inordinate fondness" explained: why are there so many beetles., *Science*, vol. 281, pp. 555-559.

Gillespie R.G. *et al.* (2001) Adaptive Radiation. in Levin S.A. ed., *Encyclopedia of Biodiversity*, vol. 1, pp. 25-44, Academic Press.

Huxley J. (1942) *Evolution, The modern synthesis*, Harper & Row.

Losos J.B. (2010) Adaptive radiation, ecological opportunity, and evolutionary determinism., *Amer. Nat.*, vol. 175, pp. 623-639.

Schluter D. (1993) Adaptive radiation in sticklebacks: size, shape and habitat use efficiency, *Ecology*, vol. 74, pp. 699-709.

Schluter D. (2000) *The Ecology of Adaptive Radiation*, Oxford University Press.

Simpson G.G. (1953) *The Major Features of Evolution*, Columbia University Press.

Whittaker R.H. (1977) Evolution of species diversity in land communities, *Evolutionary Biology*, vol. 10, pp. 1-67.

（千葉 聡）

## 23.9 交雑帯

### A. 交雑の定義

　自然界における「交雑（hybridization）」とは，少なくともひとつの遺伝的形質で区別できる集団間もしくは集団のグループ間で起こる交配をさし，その結果生じる混合系統の子孫を「雑種（hybrid）」とよぶ（Harrison, 1990）．交雑・雑種（ハイブリッド）という用語は種間に関して用いられることが多いが，種の定義がひとつでない以上，種間という限定は困難である．また生物の進化を研究するうえでは，さまざまな程度の遺伝的差違をもつ集団間の交雑が重要な研究対象になる．「交雑帯（hybrid zone）」は，広義には，遺伝的に異なる集団に属する個体が遭遇し，交配して，混合系統の子孫が生じる場所と定義できる（Harrison, 1990）．$F_1$ 雑種が不妊であれば，交雑帯に存在する雑種個体は $F_1$ にかぎられるが，部分的にでも妊性がある場合は，雑種個体間あるいは親集団の個体との交配のくりかえしによって，さまざまな遺伝的構成をもつ雑種を含む「雑種集団（hybrid swarm）」が形成される．交雑帯として認知されるのは，何らかの遺伝的形質が中間的形質を示す限定的な地域が，ふたつの異なる形質状態の地域の間に存在する場合である．そうした中間的な地域での形質変異，あるいは対立遺伝子頻度の変化はしばしばクライン（cline，地理的連続変異）をなす（図1）．

　多くの交雑帯は，異所的に遺伝的分化をとげた集団間の「二次的接触（secondary contact）」によって形成されたもの，すなわち「二次的移行帯（zone of secondary intergradation）」であると考えられている（Mayr, 1963）．交雑帯の両側の集団が，いずれかの遺伝子の系統において明確な分化・単系統性を示す場合には，交雑帯は二次的接触に起源すると考えてよいだろう．しかし不完全な系統ソーティングによる祖先多型の共有や遺伝子浸透があれば，遺伝子系統樹から二次的接触を断定することは難しい．一方，交雑帯は何らかの遺伝的変異（対立遺伝子頻度）のクラインの存在によって認知されることが多いが，

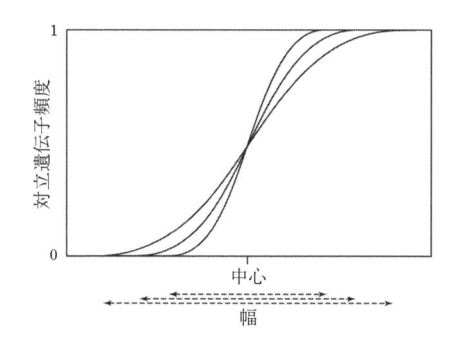

**図1** 交雑帯における対立遺伝子頻度のクライン　クラインの幅は選択が強いほど，また個体の分散距離が小さいほど狭くなる．中立な遺伝子座では時間が経つほど幅が広くなる．

連続的な分布域のなかに存在する異なった環境に対する適応的分化の結果としても生じうる．すなわち，異なる環境条件の境界付近や環境勾配の中間域において，適応に関係する遺伝子座の対立遺伝子の置き換わりが起こっているような場合である．このような異所的分化の段階を経ずに形成された移行帯を，「一次的移行帯 (zone of primary intergradation)」という (Mayr, 1963)．Mayr (1963) は二次的移行帯だけを交雑帯とみなしているが，Endler (1977) は，大きい地理的スケールでの距離による隔離 (isolation by distance) と環境条件の地理的変異によって，連続的に分布する種の内部で側所的な遺伝的分化が起こる可能性を重視し，側所的分化による一次的移行帯を，二次的移行帯と同様，交雑帯とみなした．一次的移行帯と二次的移行帯は，形成初期の様相は異なるが，時間が経てば同じようなパターンに収斂するので，現在の変異パターンだけから両者を区別するのは困難であるという (Endler, 1977)．この意見を考慮して，解明するのが困難な歴史についての知見を必要とする交雑帯の定義は避けるべきだという意見もある (Harrison, 1993)．Endler (1977) 以降の総説などでは，一次的移行帯，二次的移行帯を区別することなく交雑帯に含めている．

### B. 交雑帯の地理的構造

交雑帯の地理的構造は多様性に富む．動物の交雑帯の多くは複数の遺伝子座について急峻なクラインを示す比較的幅の狭いものとなっている．こうした対立遺伝子頻度のクラインは，雑種個体の分散と雑種個体がもつ遺伝子に対する淘汰のバランスで維持されていると考えられ，「テンション・ゾーン (tension zone)」とよばれている (Barton & Hewitt, 1985, 1989)．テンション・ゾーンの特性については詳細な理論的検討が行なわれており，一般的には，対立遺伝子頻度が移行する地域の幅，すなわちテンション・ゾーンの幅は個体の分散距離に比例し，雑種の相対適応度低下分の平方根に反比例する．したがって，テンション・ゾーンの幅は，個体の分散距離が小さいほど，また雑種に対する選択が強いほど狭まる（図1）．テンション・ゾーンにおける雑種個体の適応度低下が主として対立遺伝子の組合せによって決まっている場合，個体群密度，移動分散率，局所環境要因など，さまざまな要因によってテンション・ゾーンの地理的位置が変化しうる．たとえば，テンション・ゾーンは個体群密度の低い地域へ移動する．テンション・ゾーンは移動して，遺伝子流動を妨げるような地理的障壁のある位置にとどまると予測される．

生息場所や資源のパッチ状分布に対応して，交雑帯が複雑な内部構造をとることもある．2種の重なった分布域のなかで，所々に交雑が起こる場所があるような，「モザイク状交雑帯 (mosaic hybrid zone)」が存在する場合もある．このような交雑帯は，それぞれの集団が異なるタイプの生息場所に適応していて，散在する中間的な生息場所だけで両者が交雑するような場合に生じる．たとえば北米の2種のコオロギ（*Gryllus pennsylvanicus* と *G. firmus*）は生息場所の選好性（砂質土壌かローム質土壌か）によって生息場所を違えているが，中間的な環境では接触し，交雑が起こっている (Rand & Harrison, 1989)．

### C. 交雑帯を介した遺伝子流動

交雑帯における交雑と，親集団の個体への戻し交雑を介して，片方の親集団の対立遺伝子が，他方の親集団にもたらされることがある．このような「遺伝子浸透（遺伝子移入：gene introgression）」をもたらす交雑は，「浸透性交雑 (introgressive hybridization)」とよばれている．遺伝子浸透の程度は遺伝子座の種類や交雑帯の構造に依存するが，選択的に中立な遺伝子座や，交雑帯における選択が弱い遺伝子座ほど

速やかに遺伝子浸透が起こり，対立遺伝子頻度のクラインは消失すると予測される．経験的には，核遺伝子よりもミトコンドリア・葉緑体の遺伝子で遺伝子浸透がより頻繁にみられ，浸透範囲が広い傾向が認められる．これらの細胞小器官は単一のゲノムをもち，通常片親から受け継がれ，直接的・間接的に自然選択を受けやすい核遺伝子よりも浸透が起きやすいと考えられる．親集団間の遺伝子浸透の方向は非対称的である場合も多い．これには，環境要因や生殖隔離の非対称性による交雑方向の非対称性がかかわっているだろう．

**D. 交雑帯における進化**

交雑帯における交配行動に関する特性に対する選択過程によって，種分化が促進される場合もある．雑種の適応度が低い場合，交雑は不適応的であるため，集団間の接合前隔離を促進する対立遺伝子には強い自然選択がはたらく．その結果，生殖隔離が促進され，種分化が完結することが予測される．このような過程を「強化（reinforcement）」とよぶ．理論的には強化が成立する条件は厳しい．なぜなら，雑種の適応度が十分高ければ集団が融合してしまうし，雑種の適応度がきわめて低い場合には，生殖干渉（reproductive interference；もしくは性的競争〈sexual competition〉）の効果によってどちらかの個体群が絶滅してしまうからである．しかし，交雑帯における飛び石分散（stepping stone dispersal）やモザイク状構造を考慮すると，強化が起こりやすいという理論的解析もあり，また近年，強化の実証例もいくつか報告されている（Servedio & Noor, 2003）．

一方，雑種個体の適応度が十分高く，雑種の形質によって親集団とは生殖的に隔離される場合には，交雑帯で直接新しい種が形成される可能性もある（Arnold, 1997）．「交雑による種分化（hybrid speciation）」は，植物の異質倍数性・同質倍数性の雑種による種分化がよく知られているが，動物でも同質倍数性の雑種による種分化が，ミバエ類（*Rhagoletis*），シジミチョウ類（*Lycaeides*），ドクチョウ類（*Heliconius*）で報告されている（Mallet, 2007）．また，一次的移行帯の場合には，環境勾配上での環境適応の分化に対応した同類交配の進化によって，側所的種分化（parapatric speciation）が起こる可能性がある（Endler, 1977）．側所的種分化は同所的種分化とは異なり，内部に距離による隔離がある状況，すなわち連続的ではあるが地理的距離に応じて個体間の遺伝的分化が拡大する状況で種分化が起こる場合である．

**E. 交雑帯の例**

現在，温帯地域でみられる交雑帯のなかには，最終氷期に氷河発達の影響で分断された集団が二次的に接触して形成されたものだと推測される交雑帯が多い（Mayr, 1963; Barton & Hewitt, 1985）．たとえば，ヨーロッパでは，最終氷期（最盛期は約2万年前）には北部とアルプスなど高地の大部分は氷河の発達によって温帯性生物にとって不適な生息場所となったため，温帯性の種は南東部・南西部のリフュージアに隔離された．約1万年前からの後氷期（完新世）になると，リフュージアに隔離されていた集団が再び分布を広げ，ヨーロッパ中部で接触した．隔離の間に遺伝的に分化していたため，この二次的接触によって顕著な交雑帯が形成された．よく知られているハシボソガラス（*Corvus corne*）とハイイロガラス（*C. cornix*）の交雑帯や，ヨーロッパスズガエル（*Bombina bombina*）とキバラスズガエル（*B. variegata*）の交雑帯もこうした後氷期の二次的接触によるものと考えられる．気候変動に起因する集団の地理的分断化は，氷河の直接的影響で生じるものだけではない．最終氷期最盛期以降に起こった降水量の減少・乾燥化による森林の分断化で，地理的集団の分断が生じ，その後気候の湿潤化にともない二次的接触が起こったと考えられる例は，オーストラリアの鳥類にみられる（Mayr, 1963）．また，森林伐採などの人為的環境改変によって地理的集団を分断していた障壁が取り除かれ，二次的接触による交雑帯が形成される場合もある．

日本でも植物・動物の交雑帯がいくつか報告されているが，ヨーロッパと異なり氷河の直接の影響を受けた地域がかぎられているため，最終氷期の分断に由来する交雑帯がある地域にまとまってみられるようなことはない．高山帯の匍匐性低木であるハイ

マツ（*Pinus pumila*）と亜高山帯の高木，キタゴヨウ（*P. parviflora*）は，北海道，本州東北・中部地方の高山帯と亜高山帯の境界付近で，交雑帯を形成している（綿野，2001）．雑種の形態は多様であるが，父性遺伝（花粉由来）の葉緑体はキタゴヨウから，母性遺伝（胚珠由来）のミトコンドリアはハイマツから由来している．また，北海道の高山帯のツガザクラ属では，エゾノツガザクラとアオノツガザクラの間の $F_1$ 雑種（コエゾツガザクラ）からなる交雑帯が形成されている．交雑は，雪解け傾度に沿った一方向的な花粉流動に起源し，親種の分布を反映して，雪解けの早い場所ではエゾノツガザクラ，遅い場所ではアオノツガザクラが母親となる．$F_1$ 雑種は栄養生殖を行ない，発芽能力をもつ種子を大量に生産しているが，実生の定着はまれである（Kameyama et al., 2008）．動物では，陸貝において，小笠原父島のカタマイマイ属（カタマイマイ〈*Mandarina mandarina*〉，チチジマカタマイマイ〈*M. chichijimana*〉）の交雑帯についての詳細な研究がある（Chiba, 2005）．また昆虫では，オサムシ類の交雑帯がいくつか知られており，特に本州中央部におけるオサムシ属オオオサムシ亜属 *Carabus*（*Ohomopterus*）の交雑帯に関して詳しい研究がなされている（Kubota, 1988; Sota et al., 2000; Takami & Suzuki 2005）．この亜属では，機械的生殖隔離に関係する交尾器の形態と体サイズが種によって顕著に異なるが，交雑帯は，系統的に近く体サイズが類似した種間で形成されている．交尾器形態は体サイズが類似していても種間で異なるため，交雑帯では親種の間のさまざまな中間的な交尾器形態がみられる．オオオサムシ亜属では，雌雄の交尾器形態が種ごとに対応しており，異種間の交尾では交尾器形態の不適合によって強い選択がはたらく．このような選択により，交尾器形態については急峻なクラインが維持されている（図2）．一方で，交雑帯の雑種集団の形態が比較的均一な中間的形態に収斂している場合もある．交尾器形態に関しては，形態的不適合に起因する安定化選択がはたらいて，一定の中間的形態へと進化したと推測されるが，均一な雑種集団の維持には，河川による生息場所の分断化で親集団からの移入が制限されていることが重要であろうと推測されている．

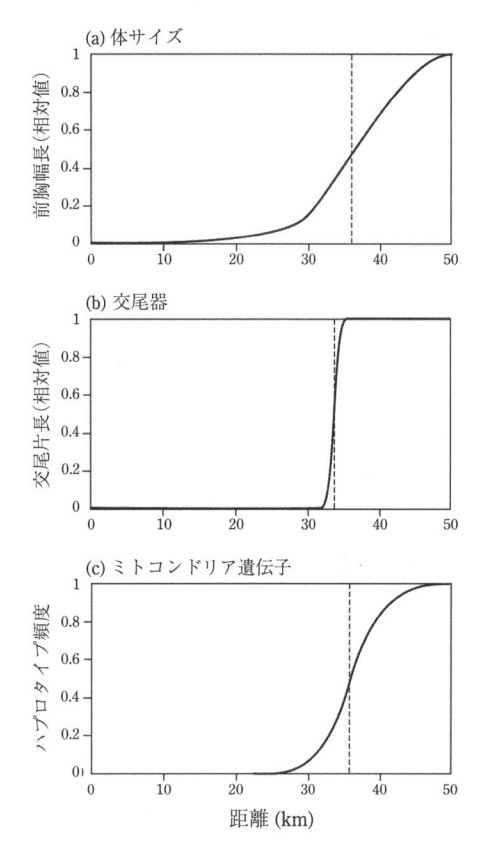

**図 2** 交雑帯の実例

関東山地丹沢山地付近のルイスオサムシ（左側）とクロオサムシ（右側）の分布境界付近のトランゼクト上における，選択のかかり方が異なると推定される三つの形質のクラインを示す．点線はクラインの中心．交尾の際に強い選択がはたらく交尾片のクラインは，選択が弱いか中立的であると考えられる体サイズ，ミトコンドリア遺伝子のクラインよりはるかに狭い．（Takami & Suzuki, 2005 より改変）．

[引用文献]

Arnold M. L. (1997) *Natural Hybridization and Evolution.* Oxford University Press.

Barton N. H. & Hewitt G. M. (1985) Analysis of hybrid zones. *Annu. Rev. Ecol. Syst.*, vol. 16, pp. 113-148.

Barton N. H. & Hewitt G. M. (1989) Adaptation, speciation and hybrid zones. *Nature*, vol. 341, pp. 497-503.

Chiba S. (2005) Appearance of morphological novelty in a hybrid zone between two species of land snail. *Evolution*, vol. 59, pp. 1712-1720.

Endler J. A. (1977) *Geographic Variation, Speciation and Clines.* Princeton University Press.

Harrison R. G. (1990) Hybrid zones: windows on evolutionary process. *Oxford Surveys in Evolutionary Biology*, vol. 7, pp. 69-128.

Harrison R. G. (1993) Hybrid zone pattern and process. in

Harrison R. G. ed., *Hybrid Zones and the Evolutionary Process*, pp. 1-12, Oxford University Press.

Kameyama Y. *et al.* (2008) A hybrid zone dominated by fertile F1s of two alpine shrub species, *Phyllodoce caerulea* and *Phyllodoce aleutica*, along a snowmelt gradient. *J. Evol. Biol.*, vol. 21, pp. 588-597.

Kubota K. (1988) Natural hybridization between *Carabus* (*Ohomopterus*) *maiyasanus* and *C.* (*O.*) *iwawakianus* (Coleoptera, Carabidae). *Kontyu*, vol. 56, pp. 233-240.

Mallet J. (2007) Hybrid speciation. *Nature*, vol. 446, pp. 279-283.

Mayr E. (1963) *Animal Species and Evolution*. Belknap Press.

Rand D. M. & Harrison R. G. (1989) Ecological genetics of a mosaic hybrid zone: mitochondrial, nuclear, and reproductive differentiation of crickets by soil type. *Evolution*, vol. 43, pp. 432-449.

Servedio M. R. & Noor M. A. F. (2003) The role of reinforcement in speciation: theory and data. *Annu. Rev. Ecol. Evol. Syst.*, vol. 34, pp. 339-364.

Sota T. *et al.* (2000) Consequences of hybridization between *Ohomopterus insulicola* and *O. arrowianus* (Coleoptera, Carabidae) in a segmented river basin: parallel formation of hybrid swarms. *Biol. J. Linn. Soc.*, vol. 71, pp. 297-313.

Takami Y. & Suzuki H. (2005) Morphological, genetic and behavioural analyses of a hybrid zone between the ground beetles *Carabus lewisianus* and *C. albrechti* (Coleoptera, Carabidae) : asymmetrical introgression caused by movement of the zone? *Biol. J. Linn. Soc.*, vol. 86, pp. 79-94.

綿野泰行（2001）種を超えた遺伝子の流れ：ハイマツーキタゴヨウ間におけるオルガネラ DNA の遺伝子浸透．種生物学会編『森の分子生態学』pp. 111-138, 文一総合出版．

（曽田貞滋）

# 第 24 章
# 環境との相互作用

| | | |
|---|---|---|
| 24.1 | 共進化 | 東樹宏和 |
| 24.2 | 植物と真菌類/細菌類の共進化 | 青木誠志郎 |
| 24.3 | 植物と昆虫の共進化 | 東樹宏和 |
| 24.4 | 生物多様性と進化 | 河田雅圭 |
| 24.5 | 群集の系統的関係 | 河田雅圭 |
| 24.6 | 地球環境変化と進化適応応答 | 河田雅圭 |
| 24.7 | 現代人による環境への影響 | 斎藤成也 |

## 24.1 共進化

寄生者とその宿主の関係にみられるように，一方の進化（寄生者の感染力など）がもう一方の進化（宿主の抵抗性など）と相互に関連しながら進行する場合，その過程を「共進化（coevolution もしくは co-evolution）」とよぶ．共進化は，異なる種の間で起こる場合と，種内の個体間（雌雄間など）で起こる場合がある．また，共進化はその相互作用の性質によって，「敵対的な（antagonistic）」共進化と「相利的な（mutualistic）」共進化に大まかに区分することができる．3種以上の生物がかかわる相互作用の場合，種のペアによっては進化的な圧力（自然選択）を相互におよぼしていないこともありえる．こうした場合，「拡散共進化（diffuse coevolution）」という用語が使われることもある．

生物の形質の多くは，資源獲得（捕食や寄生）や防衛（捕食者や病原体への抵抗性），相利共生（菌根の形成による植物－真菌間の資源共有など），個体間のコミュニケーション（シグナル物質や鳴き声など）において機能を果たすことで，他種や同種の個体との相互作用にかかわっている．こうした形質の多くは遺伝的な変異をもつため，相互作用を通じてはたらく自然選択によって，生物は刻々と変化（共進化）している．近年，さまざまな生物同士の相互作用において共進化の事例が報告されるようになり，生物種で構成されるシステム（生態系）を「生命の共進化する網」（coevolving web of life）としてとらえる視点が一般化しつつある（Thompson, 2005, 2009）．

### A. 捕食者と被食者の共進化

最古の動物の記録は，5億7500万年前にさかのぼる．エディアカラ動物群と総称される当時の動物は，巣穴や移動跡の痕跡からかろうじてその運動を確認できるもので，それらの種間でどのような相互作用があったのか，推測するのは難しい（ジンマー，2004）．しかし，5億3000万年前に始まるカンブリア紀に入ると，動物の形態に「爆発的な」進化と多様化が起こり，明らかに捕食や被食防衛において機

**図1** ヘビの歯とカタツムリの殻の共進化
カタツムリを狙うイワサキセダカヘビ（*Pareas iwasakii*）とその下顎骨．右巻きのカタツムリを捕食しやすいよう，左側よりも右側の歯の数が多くなるよう進化している．（写真提供：細将貴）

能を果たしたであろうと推測できる形質が数多く確認されている（グールド，2000）．オパビニアがもつ爪のついたノズルやアノマロカリスがもつ刺のついた付属肢は，これらの生物が餌となる他の動物を求めて動き回っていたことを推測させる．また，ハルキゲニアやウィワクシアのように海底を徘徊していたとされる動物には，その背面に鋭い刺が備わっており，捕食者に対する防衛形質を進化させていたことをうかがい知ることができる．こうした捕食者の攻撃形質と被食者の防衛形質との進化的関係は，さまざまな現生の生物で調べられている．たとえば，Pareatinae 亜科のヘビ類のなかには，餌となるカタツムリ類の殻から中身をひっぱり出しやすいよう，右側の歯のほうが左側の歯よりも多くなるよう進化しているものがいる（Hoso *et al.*, 2007）（図1）．多くのカタツムリは右巻きのため，このヘビの形質は適応的であるが，一部のカタツムリは左巻きに進化することにより，ヘビによる捕食を避けている．

捕食者と被食者の間では，形態だけでなく，行動や化学物質における攻撃と防衛の共進化がくり広げられることがある．たとえば，超音波によって餌となる昆虫類を定位するコウモリに対して，その超音波を感知して逃避行動をとるガ類の存在が知られている．また *Taricha* 属のイモリは，その体表に神経毒のテトロドトキシンを含み，捕食者から身を守れるよう進化している（1頭のイモリが最大で 25,000 頭のハツカネズミを死に至らしめるほどの毒量をもつ; Brodie *et al.*, 2002）．このイモリを主要な餌とするガーターヘビの1種（*Thamnophis sirtalis*）

は，ナトリウムチャンネルの構造にかかわる遺伝子に変異がみられ，テトロドトキシンによる筋肉の麻痺が起こりにくいよう進化している（Gefenney et al., 2005）.

捕食-被食関係では，わずか数年の時間スケールで，攻撃や防衛にかかわる形質に大きな進化的変化が起こる例も知られている．トゲウオの1種（*Gasterosteus aculeatus*）は，捕食者に対する防衛機構として，体表を覆う装甲が進化している．潜在的に捕食圧の高い海水域では，この装甲が全身を保護する個体がほとんどであるが，淡水湖や河川においては，体表の半分ほどしか装甲に覆われていない個体が観察される（Colosimo et al., 2005）．しかし，北米のある湖では，1970年代前半に湖水の透明度が増したことで，マスによる捕食圧が高まり，1970年代の半ばまでの数年間で，全身を装甲で覆われたトゲウオ個体の割合が急速に上昇した（Kitano et al., 2008）.

### B. 寄生者と宿主の共進化

生物種のほとんどは，何らかの寄生者による攻撃にさらされており，そのゲノムのなかに抵抗性にかかわるさまざまな遺伝子をもっている．ヒト（*Homo sapiens*）もその例外ではなく，ウイルスや病原性の細菌との共進化を経て，免疫の機構を進化させてきた（Gornalusse et al., 2009）．なかでも，天然痘ウイルス（*Variola major* および *V. minor*）に代表される感染率・致死率の高い病原性生物との相互作用に関しては，遺伝的な抵抗性を欠く集団において壊滅的な被害がみられ，人類史に多大な影響を与えてきたと考えられている（ダイアモンド，2000）.

寄生者と宿主の共進化では一般的に，ウイルスや細菌などの病原体側のほうが短い世代時間をもち，また個体群のサイズも大きい．そのため，潜在的に宿主よりもすばやい進化が可能であると予測される．病原性生物のこうした進化的な潜在能力に対処するため，人類は医療において，他の生物が寄生者との共進化を経て生み出した抗生物質などの防御機構を利用している．しかし，こうした薬剤に対しても耐性を示す病原性生物が進化してきており，新たな化学物質を探索する必要に迫られている（Fischbach & Walsh, 2009）.

寄生者との絶え間ない共進化を通じて宿主が生き残っていくためには，抵抗性にかかわる「対立遺伝子（allele）」の多様性が集団内に保たれている必要がある．そうした遺伝的変異の創出・維持機構のひとつが「性」であると考えられている（矢原，1995；King et al., 2009）．無性生殖する宿主生物の場合，1個体が生み出す子孫のすべてが遺伝的に同一であるため，特定の病原形質をもつ寄生者により子孫が全滅するリスクが存在する．しかし，有性生殖する生物の場合は，子孫の間で抵抗性にかかわる遺伝子に変異が生じるため，全滅を免れる可能性が高くなると考えられる．また，性は相同染色体間の「遺伝的組換え（recombination）」を通じて，抵抗性にかかわる新たな遺伝的変異を集団内に供給する役割も担っている．なお，性以外にも宿主集団間の遺伝子流動のはたらきによっても，抵抗性遺伝子の遺伝的多様性を保つことができる（Sasaki et al., 2002）.

寄生をめぐる関係にかぎらず，生物間の相互作用では，相手が進化によって変化をとげていくため，自身も形質を変化させ続けていくことが必要となる（「赤の女王仮説（Red Queen hypothesis）」（van Valen, 1973）．こうした絶え間ない共進化の結果として，「分子進化（molecular evolution）」の加速が起こる．Φ2ファージとその宿主細菌である蛍光菌（*Pseudomonas fluorescens*）を用いた実験では，共進化が起こる条件下（ファージと蛍光菌の両方が進化）と起こらない条件下（ファージのみが進化）に分けて，分子進化の速度が測定された（Paterson et al., 2010）．実験終了後に回収したファージの全ゲノム配列を解読したところ，共進化が起こる条件下では分子進化速度が有意に高くなっていることが確認された．このような加速進化は，宿主へ感染する過程で重要となる遺伝子のみに観察された．このことから，宿主の抵抗性の進化によってファージ集団にはたらいた自然選択が，分子進化を促進したと推測される.

### C. 寄生と共生の間の移行

ある生物種が別の種にとって寄生者となるか，相利共生者となるかは，それらの生物をとりまく環境条件によって変化することがある．そうした場合，

環境条件に依存して，相手種との関係を調節するしくみが進化すると予想される．ユキノシタ科の植物 Lithophragma parviflorum は，マガリガの1種 Greya politella によって訪花を受けるが，その際，雌のガが L. parviflorum の胚珠内に産卵を行なう．この産卵の際，ガの体表に付着した花粉によって L. parviflorum が受粉することがあるが，胚珠が果実に成長したときに幼虫が種子を食害してしまう．そのため，このガが植物にとって相利共生者となるか，寄生者となるかは，送粉による利益と種子食害による損益のバランスによって決まる．実際，ツリアブ類やハチ類などの別の送粉昆虫が訪花する集団では，このガが寄生者として植物の適応度を下げてしまうため，ガが産卵した果実は植物によって中絶されてしまう（Thompson & Cunningham, 2002）．

宿主の体内に共生する寄生者の場合，宿主の死によって自身の生存や繁殖に悪影響がおよぶ可能性がある．そのような条件下では，宿主の生存に有利となる形質を進化させることによって，持続的に宿主から資源を得ることが可能になると予想される．特に細胞内共生の場合，宿主の世代をこえて感染が持続されるものがあり，長期間にわたって宿主と「運命をともに」しているといえる．そうした条件下では，共生者と宿主のゲノムの間で遺伝子間相互作用（エピスタシス）が生じたり，ゲノム間の遺伝子水平転移が進行したりする可能性があり，個々の生物としての境界があいまいになっていくと予想される（Wade, 2007）．

### D. 競争する種間の共進化（形質置換）

似たような資源をめぐって「競争（competition）」する種の間では，相手となる種が利用する資源との重複を避けるよう，行動や形態形質が進化することが予想される．こうした競争種間の（共）進化を，「形質置換（character displacement）」とよぶ．ガラパゴス諸島に生息するガラパゴスフィンチ類では，近縁種間で餌資源を分け合うよう，嘴の形や大きさが進化的な分化をとげている（ワイナー，2001）．特に，大ダフネ島のガラパゴスフィンチ（Geospiza fortis）では，競合種との相互作用を通じて，急速な形質置換が起こった事例が報告されている（Grant & Grant, 2006）．ガラパゴスフィンチの嘴の大きさには，集団内に変異が存在し，嘴の大きな個体は Tribulus cistoides という植物の固い果実を割って，なかの種子を食べることができる．しかし，1982年に，より大きな体と嘴をもつオオガラパゴスフィンチが近隣の島より移入し，T. cistoides の種子をめぐって競合するようになった．移入当初はオオガラパゴスフィンチの個体数が少なかったため，ガラパゴスフィンチが受ける影響は少なかった．しかし，オオガラパゴスフィンチの個体数が増えるに従って，T. cistoides の種子が同種によって先に消費されてしまうようになり，ガラパゴスフィンチは効率的に餌資源を得ることができなくなった．その結果，ガラパゴスフィンチの集団内で，別の餌資源（小さな植物種子）を効率的に消費できる小さな嘴が有利となり，形質置換による進化がわずか1世代の間で観察された．

形質置換は，資源獲得にかかわる形質だけでなく，種間の「生殖隔離（reproductive isolation）」にかかわる形質においても起こる可能性がある．近縁種間での交配は，子孫の発生異常や生殖能力の低下を招くことが多く，適応度の低下に結びつく．そのため，近縁種同士の分布域が接触する地域では，求愛シグナルや交尾器の形態が形質置換を引き起こすことが知られている．Satsuma 属の2種のカタツムリが分布を接する地域では，交尾器（ペニスおよび膣）の長さが種間で重なり合わないよう形質置換が生じており，種間の交雑が起こりにくくなっている（Kameda et al., 2009）．

### E. 種内で起こる共進化

同じ種に属する雌雄の個体は，繁殖を通じてさまざまなかかわりをもっており，そうした相互作用で重要な役割を果たす形質が共進化をくり広げている．多くの動物種では，色彩や形態，匂い，鳴き声などで異性の気をひき，繁殖の機会を増やすよう性選択がはたらいている．これに対し，こうした情報の受け手となる性では，相手の「誇大広告」にだまされないよう，「質」の高い異性を識別する能力が対抗進化すると考えられる．なお，こうした「性選択（sexual selection）」がはたらくしくみについては，

さまざまな仮説が存在し，現在でも議論が交わされている（20.12項参照）．

　繁殖を行なううえで，雌雄の間にはしばしば利害の対立が生じる．トコジラミ（*Cimex lectularius*）の雄は，鋭い刺状の交尾器を雌の腹部に差し込み，その体腔に精液を注入する（Stutt & Siva-Jothy, 2001）．この行動によって，雄は自分の精子が受精に使われる可能性を上昇させることができる．しかし，交尾回数の多い雌ほど死亡率が高くなり，雄のこうした行動が雌の適応度を低下させていることが知られている．このような「性的対立（sexual conflict）」において，アメンボ類では雄の強制的な交尾を阻止するための形質が雌において進化している（Arnqvist & Rowe, 2002）．

### F. 共進化と生物多様性

　共進化は，生物多様性を生み出す主要な機構である．上述のように，共進化は生物進化を加速させるため，それによって生物集団間の遺伝的分化が進行し，やがては種分化へとつながっていくと考えられる．特に異性間の配偶者選択にかかわる共進化では，雄に対する雌の好みなどの形質が急速に集団間で分化し，集団間の生殖隔離を通じて種分化が進行すると予想される（Iwasa & Pomiankovski, 1995）．

　また，他種との共進化を経て獲得された新奇な形質が，新しい「生態的地位（niche）」を創出し，「適応放散（adaptive divergence）」の引き金を引くことが知られている．サンゴや地衣類は，褐虫藻やシアノバクテリア，緑藻といった微生物との共生により光合成能力を獲得し，それぞれ水域と陸域で重要な生態的地位を占め，多様化をとげてきた．また，植物は陸上への進出が本格的に始まる4億年前に，すでにアーバスキュラー菌根菌と共生していたことがわかっており，菌根菌との共進化を通じて適応放散をとげてきたと考えられる（Wang *et al.*, 2010）．

　共進化は，かかわりあう種の組合せを刻々と変化させることで，生態系の構造を組み立て，その安定性に大きな影響を与えている．寄生者―宿主関係では，しばしば感染力と抵抗性の共進化が「軍拡的」に進行する（「軍拡競走〈arms race〉」）．そうした場合，高い抵抗性を示す宿主に寄生するために，寄生者は多大なコストを払う必要に迫られる．そのため，まだ抵抗性を進化させていない別の宿主に寄生するほうが適応的となり，「寄主（宿主）転換（host shift）」によって新たな生物種間の相互作用が生まれる．このように，共進化の結果として種間関係が動的に組み換わることが予想されるが（「共進化交替〈coevolutionary alternation〉」）（Thompson, 2009），そのような実例が托卵を行なうカッコウ類とその宿主の鳥類の共進化系で報告されている（Krüger, 2007）．

　このような個々の相互作用の進化的動態は，生態系レベルでの種多様性の維持にどのようにかかわっているのであろうか？　この問いを，ネットワーク理論（network theory）の観点から考察する研究が近年注目されている．特定の敵対的関係や相利的関係について観察すると，生物種によって，少数の相手種と相互作用するもの（「スペシャリスト〈specialist〉」）もいれば，多数の相手種と相互作用するもの（「ジェネラリスト〈generalist〉」）もいる．送粉共生を例にとれば，チャルメルソウ属（*Mitella*）植物は，キノコバエ類に絶対的に送粉を依存するスペシャリストであるが（Okuyama *et al.*, 2008），キク科植物の多くは，アブやハチをはじめとするさまざまな昆虫によって訪花される．一方，送粉者の側にもスペシャリストとジェネラリストが存在し，特定のイチジク属（*Ficus*）に完全に依存したイチジクコバチ類は前者の代表であり（Cook & Rasplus, 2003），さまざまな科の植物から蜜や花粉を集めるマルハナバチ類は後者の代表である．相利的な関係をネットワーク理論の観点で考察すると，スペシャリスト同士やジェネラリスト同士の関係が生態系内で多くみられる場合（対称な関係）よりも，スペシャリストとジェネラリストが相互作用する場合（非対称な関係）のほうが，多数の生物種が共存しやすいと予想される（Bascompte *et al.*, 2006）．実際，送粉共生系や植物と種子散布者の相利共生系では，非対称な関係が観察される場合が多く，そうした種間関係の構築が生態系レベルの安定性に寄与している可能性が指摘されている（Bascompte *et al.*, 2006）．

## [引用文献]

Arnqvist G. & Rowe L. (2002) Antagonistic coevolution between the sexes in a group of insects. *Nature*, vol. 415, pp. 787-789.

Bascompte J. *et al.* (2006) Asymmetric coevolutionary networks facilitate biodiversity maintenance. *Science*, vol. 312. pp. 431-433.

Brodie E. D. Jr. *et al.* (2002) The evolutionary response of predators to dangerous prey: Hotspots and coldspots in the geographic mosaic of coevolution between garter snakes and newts. *Evolution*, vol. 56, pp. 2067-2082.

Colosimo P. F. *et al.* (2005) Widespread parallel evolution in sticklebacks by repeated fixation of ectodysplasin alleles. *Science*, vol. 307, pp. 1928.

Cook J. M. & Rasplus J. Y. (2003) Mutualists with attitude: coevolving fig wasps and figs. *Trends Ecol. Evol.*, vol. 18, pp. 241-248.

ジャレド ダイアモンド 著，倉骨 彰 訳（2000）『銃・病原菌・鉄 — 1 万 3000 年にわたる人類史の謎』上・下巻, 草思社.

Fischbach M. A. & Walsh C. T. (2009) Antibiotics for emerging pathogens. *Science*, vol. 325, pp. 1089-1093.

Geffeney S. L. *et al.* (2005) Evolutionary diversification of TTX-resistant sodium channels in a predator-prey interaction. *Nature*, vol. 434, pp. 759-763.

Gornalusse G. *et al.* (2009) CCL3L copy number variation and the co-evolution of primate and viral genomes. *PLoS Genet.*, vol. 5, pp. e1000359.

スティーヴン・ジェイ グールド 著，渡辺政隆 訳（2000）『ワンダフル・ライフ — バージェス頁岩と生物進化の物語』早川書房.

Grant P. R. & Grant B. R. (2006) Evolution of character displacement in Darwin's finches. *Science*, vol. 313, pp. 224-226.

Hoso M. *et al.* (2007) Right-handed snakes: convergent evolution of asymmetry for functional specialization. *Biol. Lett.*, vol. 3, pp. 169-172.

Iwasa Y. & Pomiankowski A. (1995) Continual change in mate preferences. *Nature*, vol. 377, pp. 420-422.

Kameda Y. *et al.* (2009) Reproductive character displacement in genital morphology in *Satsuma* land snails. *Am. Nat.*, vol. 173, pp. 689-697.

King K. C. *et al.* (2009) The geographic mosaic of sex and the Red Queen. *Curr. Biol.*, vol. 19, pp. 1438-1441.

Kitano J. *et al.* (2008) Reverse evolution of armor plates in the threespine stickleback. *Curr. Biol.*, vol. 18, pp. 769-774.

Krüger O. (2007) Cuckoos, cowbirds and hosts: adaptations, trade-offs and constraints. *Philos. Trans. R. Soc. London*, vol. 362, pp. 1873-1886.

Okuyama Y. *et al.* (2008) Parallel floral adaptations to pollination by fungus gnats within the genus *Mitella* (Saxifragaceae). *Mol. Phylogenet. Evol.*, vol. 46, pp. 560-575.

Paterson S. *et al.* (2010) Antagonistic coevolution accelerates molecular evolution. *Nature*, vol. 464, pp. 275-278.

Sasaki A. *et al.* (2002) Clone mixtures and a pacemaker: new facets of Red-Queen theory and ecology. *Proc. Biol. Sci.*, vol. 269, pp. 761-772.

Stutt A. D. & Siva-Jothy M. T. (2001) Traumatic insemination and sexual conflict in the bed bug *Cimex lectularius*. *Proc. Natl. Acad. Sci. USA*, vol. 98, pp. 5683-5687.

Thompson J. N. (2005) *The geographic mosaic of coevolution,* The University of Chicago Press, Chicago.

Thompson J. N. (2009) The coevolving web of life. *Am. Nat.*, vol. 173, pp. 125-140.

Thompson J. N. & Cunningham B. M. (2002) Geographic structure and dynamics of coevolutionary selection. *Nature*, vol. 417, pp. 735-738.

van Valen L. (1973) A new evolutionary law. *Evol. Theor.*, vol. 1, pp. 1-30.

Wade M. J. (2007) The co-evolutionary genetics of ecological communities. *Nat. Rev. Genet.*, vol. 8, pp. 185-195.

Wang B. *et al.* (2010) Presence of three mycorrhizal genes in the common ancestor of land plants suggests a key role of mycorrhizas in the colonization of land by plants. *New Phytologist*, vol. 186, pp. 514-525.

ジョナサン ワイナー 著，樋口広芳・黒沢令子 訳（2001）『フィンチの嘴 — ガラパゴスで起きている種の変貌』早川書房.

矢原徹一（1995）『花の性 — その進化を探る』東京大学出版会.

C・ジンマー 著，渡辺政隆 訳（2004）『「進化」大全』光文社.

（東樹宏和）

## 24.2 植物と真菌類/細菌類の共進化

生産者として豊富な資源をもつが，基本的に自ら移動しない植物は，その利用を試みる多くの動物や真菌，細菌との相互作用にさらされている．植物と同様に遠距離への個体移動が少ないウイルス，細菌，真菌，線虫などでは，植物体を栄養供給とともに居住の場として利用する例が多い．まず，そのような例において多く見受けられる，植物にとって害を伴う寄生的（片利片害的）な関係における共進化について説明し，つぎに相利的共生系における共進化について述べる．

### A. 寄生的相互作用における共進化
#### a. 植物の抵抗性

土壌環境には多くの寄生菌が存在し，たとえば糸状菌類は地球上に約10万種の存在が知られ，少なくとも8000種には植物への病原性が報告されている．しかしひとつの植物に対してこれらすべてが病原性を示すわけではなく，たとえばイネに知られている病原菌は50種ほどである（山田，2004）．植物が環境中のほとんどの寄生菌からの被害を受けずにすむのは，敵対的な共進化の末に寄生菌へのさまざまな抵抗性を獲得した結果と考えられている．寄生菌に対する植物の抵抗反応の分類については，植物の抵抗手段や時期，抵抗反応の誘導のされ方などによるさまざまな分類法があるが，植物と寄生菌の共進化を考えた場合，両者の対応関係に注目した特異的抵抗性/非特異的抵抗性という分け方が重要である．非特異的抵抗性は，いろいろな寄生菌に対し同様に反応する多数の遺伝子により支配されている．この反応は圃場抵抗性，量的抵抗性，水平抵抗性などともよばれ，多くの菌に共通して存在する糖鎖やペプチドなどの物質（病体関連分子パターン）の刺激で誘導を受け，防御関連遺伝子の発現によって抗菌性物質を蓄積させる（Jones & Dangl, 2006；能年ら，2006）．このように植物がさまざまな防御機構を高度に発達させた一因として，植物と寄生菌が互いの攻撃形質と防御形質を際限なく増加させる軍拡競争（arms race）的な共進化が想定されている（de Wit, 2007）．

#### b. 特異的抵抗性を支配する遺伝子群

特定の寄生菌に対して決まった植物だけが防御反応を発動する特異的抵抗性は，真性抵抗性，質的抵抗性，垂直抵抗性ともよばれ，$R$（resistance）遺伝子と名づけられた単一の抵抗性遺伝子による菌の認識に始まり，結果として利他的細胞死を伴う過敏感反応や，未感染組織における全身獲得抵抗性といった反応を植物体にひき起こす．植物と寄生菌の間の感染の特異性はこの$R$遺伝子と，菌のもつ非病原性遺伝子（avirulence遺伝子，$Avr$遺伝子）との対立遺伝子特異的な遺伝子間相互作用によって規定されている．その機構の説明は，Florにより提唱され，その後の研究によりさらなる発展を遂げてきた遺伝子対遺伝子説（gene-for-gene theory）（表1）が有力である（Dangl & Jones, 2001；Flor, 1971）．分子遺伝学的研究が進み多数の$R$遺伝子のDNA配列が明らかにされると，その多くがLRR（leucine rich repeat）ドメインと核酸結合部位を含むタンパク質に翻訳されることがわかった．LRRドメインはペプチドと結合してその配列を認識する機能をもち，核酸結合部位は認識情報を感染防御遺伝子の転写情報として下流にひき渡すはたらきをもつ．LRRドメインの認識する感染情報としては，$Avr$遺伝子産物そのものであるとする受容体仮説と，$Avr$遺伝子により修飾を受けた植物の機能タンパク質であるとするガード仮説があり，それぞれの実証例が報告さ

表1 Florの遺伝子対遺伝子説

| | | 宿主のもつ抵抗性遺伝子の遺伝子型 | | |
|---|---|---|---|---|
| | | $RR$ | $Rr$ | $rr$ |
| 病原体のもつ非病原性遺伝子の遺伝子型 | 真核生物 $AA$ | 抵 | 抵 | 羅 |
| | $Aa$ | 抵 | 抵 | 羅 |
| | $aa$ | 羅 | 羅 | 羅 |
| | 原核生物 $A$ | 抵 | 抵 | 羅 |
| | $a$ | 羅 | 羅 | 羅 |

病原体が植物の抵抗性遺伝子（$R$）により認識される非病原性遺伝子（$A$）を保持している場合，防御反応が起こる．抵：抵抗性，羅：羅病性．

れている．しかしこれらの仮説ですべての R 遺伝子-Avr 遺伝子相互作用を説明するには至っておらず，2008 年現在，Avr 遺伝子に修飾を受けるためのタンパク質を植物側が用意するという，おとり仮説が提案されるなど，議論が続いている（van der Hoorna & Kamoun, 2008）．

### c. 植物の R 遺伝子と寄生菌の Avr 遺伝子の分子的共進化

ゲノム解析の結果，シロイヌナズナには約 150，イネには 400 をこえる R 遺伝子が見つかり，それぞれの遺伝子には高度な多型性を示すものが多いことがわかった．多くの R 遺伝子はクラスターをなして直列に配置しており，多型生成機構のひとつとして，頻繁な組換えを伴う birth and death モデルによる分子進化が提案されている（Michelmore & Meyers, 1998）．このような多型は，寄生菌の攻撃行動と植物の認識・防御行動における共進化の結果として生じたと考えられている．たとえばいくつかの R 遺伝子ではアミノ酸置換を伴う多型が，特に LRR ドメインにおいて多く見受けられ，そのなかには対立遺伝子間で非同義置換が同義置換よりも多くなるような正の自然選択（19.3 項参照）がこの領域に観察されている遺伝子もある（Bittner-Eddy et al., 2000；Mauriscio et al., 2003）．このような場合，対応する寄生菌の Avr 遺伝子にも同様な分子進化的特徴が観察されることから，両遺伝子は平衡選択（多様化選択）を受けてきたと考えられている（Allen et al., 2004；Rose et al., 2004；Tiffin & Moeller, 2006）．このような進化パターンは，受容体仮説に従って R タンパク質と Avr タンパク質が直接相互作用し，両者が敵対的な分子的共進化を歴史的に続けてきたためと説明できる（Allen et al., 2004；矢原，2008）．実際，そのような多型性を示すアマ（Linum usitatissimum）の L 遺伝子座にみつかった R 遺伝子産物は，アマさび病菌（Melampsora lini）の Avr 遺伝子である AvrL567 の翻訳産物と相互作用することが示されている（Dodds, 2006）．

このほかの多型の例として，R 遺伝子を保持しているか，あるいは欠失しているかという違いによる多型が知られている（Grant et al., 1995）．この場合 R 遺伝子欠失型の植物は，寄生菌の感染を防ぐことができず，明らかに不利となるにもかかわらず，保持/欠失多型は進化上古くから維持されてきたことが，R 遺伝子周辺の DNA 配列の比較から判明した（Stahl et al., 1999）．欠失型が進化のなかで維持される原因として，R 遺伝子が何らかの抵抗性を発揮するためにはコストがかかるという仮説が提唱されている．この仮説に従えば，Avr 遺伝子をもつ寄生菌が蔓延して R 遺伝子保持型の抵抗性植物の比率が大きくなった場合，結果として菌の減少が導かれ，今度はコストの少ない欠失型植物の比率が増大するという，いわゆる頻度依存選択がひき起こされると考えられる（荒木，2007；矢原，2008）．このような例として，シロイヌナズナの RPM1 とグラム陰性菌の Pseudomonas syringae の AvrRPM1 遺伝子の組合せが見つかっている（Stahl et al., 1999）．遺伝子導入により RPM1 を遺伝的背景が同一なシロイヌナズナに組み込み，人工的な RPM1 保持型と欠失型の植物をつくったところ，菌の感染がないとき，保持型は欠失型より 9% も種子生産量が減少するというコストが観察された（Tian et al., 2002）．このような保持/欠失多型にともなう共進化は，Avr 遺伝子を直接受容しないガード仮説に従うような R 遺伝子でも起こりうると考えられる（矢原，2008）．

ところで，このように R 遺伝子がゲノム中に多数存在して多型性が観察されることは，有性生殖の進化，そして自殖と他殖の進化の研究に重要な示唆を与えると考えられる（5.23 項参照）．R 遺伝子をもつ植物と Avr 遺伝子をもつ寄生菌の相互作用における自然選択の解析は，赤の女王仮説を考慮した性の維持機構の研究に新たな光を投げかけるであろう（矢原，2008）．

### d. 農業への利用

植物と寄生菌の戦いは，同時に植物を農学的に利用しようとする人間と植物病原菌との戦いでもあった．農作物の病原菌に対して，人間は多くの遺伝子座にわたる抵抗性形質を発見し，さらに交雑によりさまざまな抵抗性遺伝子を組み合わせた品種を開発してきた．しかし，このような人為的な抵抗性に対する寄生菌の進化的応答により，予期せぬ感染の大流行が起きた例も決して少なくない．近年では植物と寄生菌の共進化の研究に基づいた，病原体の進化

を見こした農作物の作付け戦略が進みつつある（大槻，2008）．

## B. 相利共生的相互作用における共進化
### a. 根粒共生系

植物と真菌類や細菌類の相互作用では，いつも植物が害を受けるわけではなく，逆に利益を得る場合もあり，研究の進んだものとしてマメ科植物と根粒菌の相利共生関係が知られている．$\alpha$および$\beta$プロテオバクテリアに属する根粒菌は，マメ科植物の根に形成される根粒組織に細胞内共生し，空中窒素固定により植物に窒素源を供給して植物個体の成長や種子の生産を助長する（図1）．一方のマメ科植物は，根粒菌に栄養資源を与え，安定かつ好適な生息環境を提供することにより，両者の相利的共生関係が成立する．根粒形成は，両者が合成する化学物質の相互認識サイクル（マメが分泌するフラボノイドに対する根粒菌のNodDタンパク質による認識と，根粒菌の出すNodファクターとよばれるリポキチンオリゴ糖に対するマメのLysM型プロテインキナーゼ遺伝子群による認識）によって始まる（Radutoiu et al., 2007）．Nodファクター合成にかかわる根粒形成遺伝子群や窒素固定関連遺伝子群の多くは，共生プラスミドや共生アイランドとよばれる，根粒菌ゲノムの一部の領域に集まって存在している．さまざまな根粒菌遺伝子の系統解析により，リボソームRNA遺伝子の塩基配列などにより推定された細菌自身の系統関係よりも，根粒形成遺伝子の系統関係のほうが，マメ科植物の系統と多くの場合よりよく対応することが示された（Ueda et al., 1995；Warenegreen & Riley, 1999；青木，2008）．根粒形成遺伝子群を含む共生プラスミドや共生アイランドは，さまざまなバクテリアのゲノム間を水平伝播しつつ，マメ科植物と共進化してきたらしい．

マメと根粒菌のような異種生物間の互恵関係では，常にパートナーが協力行動を止めて資源の搾取にまわり裏切り者となる可能性があり，協力行動の維持のためには特別な進化機構が必要だと考えられている（Nowak, 2006；West et al., 2007）．マメと根粒菌の場合，窒素固定能力が低い根粒菌でできた根粒に対しては，酸素供給低減による制裁機構をマ

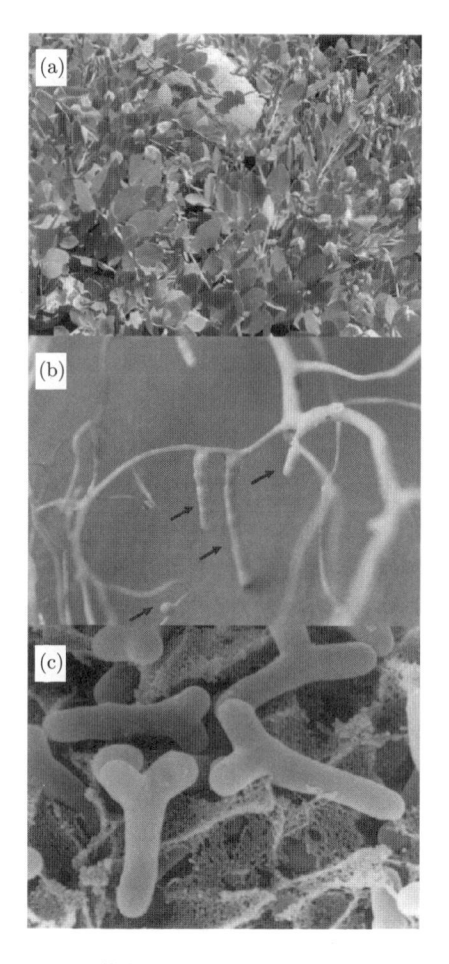

**図1** マメ科植物と根粒菌の共生　→口絵11参照
(a) ハマエンドウ（*Lathyrus japonicus*），(b) ハマエンドウの実生の根にできた根粒（矢印），(c) エンドウの根粒内部の電子顕微鏡写真．Y字型に見えるのが窒素固定を行なうように分化した根粒菌（写真提供：(a), (b) 青木誠志郎，(c) 菅沼教生）．

メが発動し，その結果として協力的な根粒菌が維持されるとする説がある（Kiers et al., 2003）．そのほかに，マメは不必要な根粒菌の着生を避け，根粒形成数を一定範囲内にとどめるような全身的制御システムを遺伝的に保持していることが知られている（Krusell et al., 2002；Nishimura et al., 2002）．

### b. 菌根共生系

植物と真菌類の相利的相互作用としてよく研究されているものに，地衣類における藻類と真菌の共生（6.7節参照）と，菌根における陸上植物の根と真菌（菌根菌）の関係がある（Brundrett, 2004）．菌根には，真菌が根の周囲で菌鞘を形成するだけで根の

組織中にほとんど入り込まない外生菌根や，真菌の菌糸体が根の組織に埋め込まれた形をとる内生菌根などが知られている．特に内生菌根のうちアーバスキュラー菌根との共生は，きわめて多く（70％以上）の種の陸上植物の根に見つかっている．また菌根の存在が植物の多様性に影響するという研究や，やせた土地でも菌根菌をもつ植物は繁殖できるという研究が報告されている．このため両者の相互作用は，菌根菌は植物の根から炭素源を獲得し，一方の植物は菌根菌から有機塩類の供給を受けるとともに，菌糸体により地下部の表面積が大きくなり栄養吸収効率がよくなるという，相利的な関係にあると考えられている．

### c. 根粒共生系と菌根共生系の共通シグナル伝達経路

根粒菌と菌根菌では，生物群としても共生様式にも明らかな違いがあり，植物との共生関係は独立に進化したものであることは疑いない．ところがアーバスキュラー菌根菌と根粒菌の着生には，共通の宿主植物側の因子がかかわっていることが遺伝子レベルで明らかになり，共通シグナル伝達経路と名づけられた（Imaizumi-Anraku et al., 2005）．アーバスキュラー菌根共生系の起源は，化石の証拠から植物が陸上に進出した約4億年前のデボン紀と推定されている．水中から進出したばかりで組織の弱い初期の陸上植物が，菌根菌との共進化により養分吸収を行なう戦略をとった可能性がある．一方の根粒菌とマメの共生は，マメ科植物が地球上に現れた約6千5百万年前以降に進化したと推定される．マメ科植物の祖先が，もともとアーバスキュラー菌根菌との共生に用いてきたシグナル伝達経路を基礎にして，さらに新たな遺伝子を進化的に獲得することにより，窒素固定細菌との共生系を得たと考えられている．

### ［引用文献］

青木誠志郎（2008）マメ—根粒菌共生系の進化．種生物学会 編集，横山潤・堂囿いくみ 責任編集，『共進化の生態学 生物間相互作用が織りなす多様性』第7章，文一総合出版．

荒木仁志（2007）シロイヌナズナ—病原菌相互作用に見る自然選択．清水健太郎・長谷部光泰 監修，細胞工学別冊植物細胞工学シリーズ 23『植物の進化 基礎概念からモデル生物を活用した比較・進化ゲノム学まで』第2章-4，秀潤社

Allen R. L. et al.（2004）Host-parasite coevolutionary conflict between Arabidopsis and downy mildew. Science, vol. 306, pp. 1957-1960.

Bittner-Eddy P. D. et al.（2000）RPP13 is a simple locus in Arabidopsis thaliana for alleles that specify downy mildew resistance to different avirulence determinants in Peronospora parasitica. Plant J., vol. 21, pp. 177-188.

Brundrett N.（2004）Diversity and classification of mycorrhizal associations. Biol. Rev., vol. 79, pp. 473-495.

Dangl J. L. & Jones J. D. G.（2001）Plant pathogens and integrated defense responses to infection. Nature, vol. 411, pp. 826-833.

de Wit P. J. G. M.（2007）How plants recognize pathogens and defend themselves. Cell. Mol. Life Sci., vol. 64, pp. 2726-2732.

Dodds P. N. et al.（2006）Direct protein interaction underlies gene-for-gene specificity and coevolution of the flax resistance genes and flax rust avirulence genes. Proc. Natl. Acad. Sci. USA, vol. 103, pp. 8888-8893.

Flor H. H.（1971）Current status of the gene-for-gene concept. Annu. Rev. Phytopathol., vol. 9, pp. 275-296.

Grant M. R. et al.（1995）Structure of the Arabidopsis RPM1 gene enabling dual specificity disease resistance, Science, vol. 269, pp. 843-846.

Imaizumi-Anraku H. et al.（2005）Plastid proteins crucial for symbiotic fungal and bacterial entry into plant roots. Nature, vol. 433, pp. 527-531.

Jones J. D. G. & Dangl J. L.（2006）The plant immune system. Nature, vol. 444, pp. 323-329.

Kiers E. T. et al.（2003）Host sanctions and the legume-rhizobium mutualism. Nature, vol. 425, pp. 78-81.

Krusell L. et al.（2002）A receptor-like kinase mediates shoot control of root development and nodulation. Nature, vol. 420, pp. 422-426.

Mauricio R. et al.（2003）Natural selection for polymorphism in the disease resistance gene Rps2 of Arabidopsis. Genetics, vol. 163, pp. 735-746.

Michelmore R. W. & Meyers B. C.（1998）Clusters of resistance genes in plants evolve by divergent selection and a birth-and-death process. Genome Res., vol. 8, pp. 1113-1130.

Nishimura R. et al.（2002）HAR1 mediates systemic regulation of symbiotic organ development. Nature, vol. 420, pp. 426-429.

能年義輝・市村和也・白須 賢（2006）植物病害抵抗性 R 蛋白質の分子制御機構．蛋白質 核酸 酵素，vol. 51, pp. 408-418.

Nowak M. A.（2006）Five roles for the evolution of cooperation. Nature, vol. 314, pp. 1560-1563.

大槻亜紀子（2008）抵抗性品種は良か悪か—病原体の進化を見越した植物の作付け戦略．種生物学会 編集，横山潤・堂囿いくみ 責任編集，『共進化の生態学 生物間相互作用が織りなす多様性』第9章，文一総合出版．

Radutoiu S. et al.（2007）LysM domains mediate lipochitin-oligosaccharide recognition and Nfr genes extend the symbiotic host range. *EMBO J.*, vol. 26, pp. 3923-3935

Rose L. E. *et al.* (2004) The maintenance of extreme amino acid diversity at the disease resistance gene, *RPP13*, in *Arabidopsis thaliana*. *Genetics*, vol. 166, pp. 1517-1527.

Stahl E. A. *et al.* (1999) Dynamics of disease resistance polymorphism at the *Rpm1* locus of *Arabidopsis*. *Nature*, vol. 400, pp. 667-671.

Tian D. *et al.* (2002) Signature of balancing selection in *Arabidopsis*. *Proc.Natl.Acad.Sci.USA*, vol. 99, pp. 11525-11530.

Tiffin P. & Moeller D. A. (2006) Molecular evolution of plant immune system genes. *Trends Genet.*, vol. 22, pp. 662-670.

Ueda T. *et al.* (1995) Phylogeny of Sym Plasmids of Rhizobia by PCR-Based Sequencing of a *nodC* Segment. *J. Bacteriol.*, vol. 177, pp. 468-472.

van der Hoorna R. A. L. & Kamoun S. (2008) From guard to decoy: a new model for perception of plant pathogen effectors. *Plant Cell*, vol. 20. pp. 2009-2017.

Wernegreen J. J. & Riley M. A. (1999) Comparison of the Evolutionary Dynamics of Symbiotic and Housekeeping Loci: A Case for the Genetic Coherence of Rhizobial Lineages. *Mol. Biol. Evol.*, vol. 16, pp. 98-113.

West S. A. *et al.* (2007) Evolutionary explanations for cooperation. *Curr. Biol.*, vol. 17, pp. R661-R672.

矢原徹一 (2008) 性のパラドクスと宿主・病原体間の共進化-「赤の女王」の実態に迫る．種生物学会 編集，横山潤・堂囲いくみ 責任編集，『共進化の生態学 生物間相互作用が織りなす多様性』第 10 章，文一総合出版．

山田哲治 (2004) 植物病理の基礎知識―理解を深めるための基礎概念．島本功・渡辺雄一郎・柘植尚志 監修，細胞工学別冊 植物細胞工学シリーズ 19『新版 分子レベルから見た植物の病原性』pp.18-22，秀潤社．

（青木誠志郎）

## 24.3　植物と昆虫の共進化

　24 万種と 93 万種―膨大な記載種を誇る被子植物と昆虫の進化史は，密接に絡み合いながら今日に至っている．昆虫の多くが植物からエネルギーを得て生活しているため，両者はせめぎ合い，ときに協調し合い，さまざまなかたちの共進化を遂げてきた．

### A. 植物と昆虫の敵対的な共進化

　チョウやガ，カメムシ，アブラムシ，ゾウムシ，ハムシ，カミキリムシと，植物を食べて育つ昆虫には多様性の高いものが多い．なかでもゾウムシ上科とハムシ上科は合計の種数が 135,000 をこえると考えられ，地球上で最も多様な動物群とされている．このふたつの植食性昆虫のグループは，白亜紀以降に爆発的に種数を増やしてきた．この多様化を促したのが，陸上生態系における被子植物の適応放散であったと考えられている (Farrell, 1998)．

　農業害虫が穀物の生産に壊滅的な打撃を与えうるように，植食性昆虫は自然界の植物にとっての脅威である．そのため，刺や殻といった構造や，昆虫に対して毒性を示す化学物質を進化させることで，植物は生き残りをはかってきた．しかし，こうした植物の防衛に対して，昆虫の側も対抗手段を進化させる．たとえば，セリ科の草本植物のシロニンジンは，フラノクマリン類とよばれる一連の毒物質を含んでいる．これに対し，シロニンジンを食害するガの 1 種は，シトクロム P450 とよばれる酵素類でフラノクマリンを解毒している．そのため，ガに解毒されにくい組成のフラノクマリンをもつシロニンジンが自然選択され，ガのシトクロム P450 との間で化学共進化が起こっている (Zangerl & Berenbaum, 2003)．

　化学物質などによる防衛を発達させるだけでなく，植食性昆虫から「逃げる」手段も植物は進化させている．もちろん，固着生活を営む植物は，植食者に襲われても別の場所へと動くことはできない．しかし，葉の展開や種子の成熟といった生活史を，昆虫の発生時期とずらすことによって，「時間的」に植食

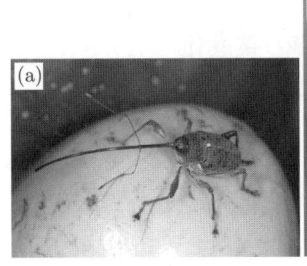

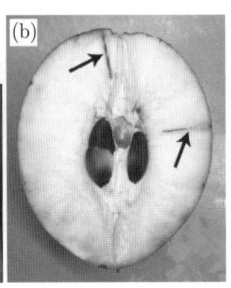

**図 1** ツバキシギゾウムシとヤブツバキの共進化
(a) ツバキシギゾウムシの雌は，長い口吻でツバキの果実に穴をあけ，中の種子に産卵する．そのため，非常に長い口吻が進化している．(b) ヤブツバキ果実の断面．ゾウムシから種子を守るため，厚い果皮が進化している．矢印は，ゾウムシの雌があけた穴を示す．

**図 2** 花の長さとアブの口吻の共進化 →口絵 12 参照
南アフリカに生育するゴマノハグサ科の植物 *Zaluzianskya microsiphon* は，ツリアブモドキの1種 *Prosoeca ganglbaueri* によって送粉される．この花の長さは，ツリアブモドキの口吻の長さに一致しており，共進化の産物であると考えられる．（写真提供：Bruce Anderson・Steve D. Johnson）

性昆虫から逃れることができる．たとえば，ブナやミズナラの種子（ドングリ）には，豊作の年と凶作の年がある．もしこの豊凶がなかったとすると，毎年のようにガやゾウムシに種子の多くを食害されることになる．一方で，豊凶がある場合，凶作の年に種子のほとんどを食べられたとしても，豊作の年に植食者が食べきれないだけ生産することで，子孫を残すことができる（Janzen, 1971）．ただ，昆虫の側も，進化によってこの豊凶に対応することができる．ミズナラの種子を食害するシギゾウムシ類は，幼虫の状態で数年間にわたって休眠することができ，そうすることで，不作の年に全滅する危険から逃れている可能性がある（Maeto & Ozaki, 2003）．

以上のような植物と植食性昆虫の共進化は，ときとして，止めどない軍拡競走へと発展する．ヤブツバキの種子を食害するツバキシギゾウムシは，長くて堅い口器（口吻）をドリルのように使って，ツバキの果実に穴をあける．このとき，ツバキの種子が厚い皮（果皮）で覆われていると，ゾウムシの口吻が種子にとどかず，攻撃が失敗する．そのため，ゾウムシの口吻はますます長く，ツバキの果皮はますます厚く進化する（Toju & Sota, 2006）（図 1）．

### B. 植物と昆虫の相利的な共進化

植物にとって昆虫は，害を及ぼすだけの存在ではない．植物と昆虫の両方にとって利益となる関係が共進化によって生まれることがある．

この相利的な共進化について最初に言及した Darwin は，被子植物とその花粉を運ぶ昆虫の関係について詳細な考察を残している（Darwin, 1862）．被子植物は，チョウやハナバチといった昆虫に花粉を運んでもらうことによって（「送粉〈pollination〉」），個体間での花粉の受け渡しを効率的に行っている．ランに代表される花の色彩や香り，複雑な形は，送粉昆虫を招き寄せ，より確実に花粉の授受を行なうための適応として進化してきた．

協調的にみえる植物と送粉昆虫の関係だが，その裏側では常に利害の対立が生じている．植物は，昆虫を招き寄せる一方で，蜜などの「報酬」を無駄に吸われないように，自然選択を受けている（Nilsson, 1988）．他方，昆虫の側は，植物からできるだけ多くの報酬を得るよう，ストロー状の口といった形質を進化させる．両者の進化がなかなか止まらない場合，特異な形をした花と昆虫の口器が共進化することもある（Anderson & Johnson, 2008）（図 2）．

送粉を介した共生系では，1種の植物に複数種の昆虫が訪花する場合と，少数もしくは1種の昆虫しか訪花しない場合がある．トウダイグサ科・カンコノキ属のそれぞれの種には，その種だけに訪花するホソガ（*Epicephala* 属）の種が存在する（Kato et al., 2003）．このホソガの幼虫は，特定のカンコノキの種子を食べて育つ（図 3）．一方，カンコノキは，特定のホソガだけに送粉を頼っている．両者は，互いの存在なくして子孫を残せないわけであるが，こ

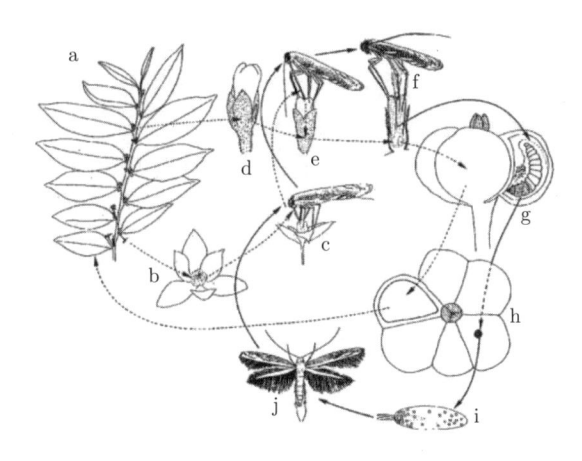

**図3 カンコノキとホソガの絶対共生**
カンコノキ属の植物 (a) は，それぞれの種に特異的なホソガによって送粉される．ホソガはカンコノキの雄花 (b) から花粉を集め，雌花 (d) に授粉したあと (e)，産卵を行なう (f)．幼虫はカンコノキの種子を食べて育つが (g, i)，すべての種子が食べつくされることはほとんどない (h)．(Kato et al., 2003 より引用．米国科学アカデミーの許可を得て転載)

うした関係は絶対共生とよばれている．
　こうした絶対共生系では，片方のパートナーが種分化すると，相手の種も並行して種分化する可能性がある．カンコノキは，1対1の関係を結ぶホソガを招き寄せるため，種によって異なる花の香りを進化させている（Okamoto et al., 2007）．一方のホソ

ガも，特定のカンコノキの香りを嗅ぎつけるよう，感覚器系を進化させている．カンコノキの種が分かれると，花の香りに種間の違いが生まれるため，それぞれのカンコノキを訪れるホソガにも種分化が起こると考えられる．このように「共種分化」する生物同士で系統樹を比較すると，分岐の順序に一致がみられる（Kawakita et al., 2004）（図4）．
　植物と昆虫の相利的な関係は，送粉共生のほかにもさまざまなものがある．東南アジアに生育するオオバギ属の木は，幹に空洞をつくってシリアゲアリ属のアリを住まわせている（図5）．また，棲みかを提供するだけでなく，托葉から分泌される栄養体とよばれる特別な食物でシリアゲアリを養っている．この宿主植物を守るためにシリアゲアリは，オオバギを食害する外敵や，オオバギに絡みつくつる植物を排除する習性をもつ．つまり，アリが用心棒として進化している．このオオバギ属とシリアゲアリ属の相利的関係は，約2,000万年前に起源し，今日まで続いてきた（Quek et al., 2004）．興味深いことに，この共進化史の途上において（約800万年前），第3の共生者であるカイガラムシ（*Coccus* 属）が現れた（Ueda et al., 2008）．このカイガラムシは，オオバギの幹の中に棲み，師管液を吸って生活しているが，師管液に含まれる余分な糖分を甘露として排

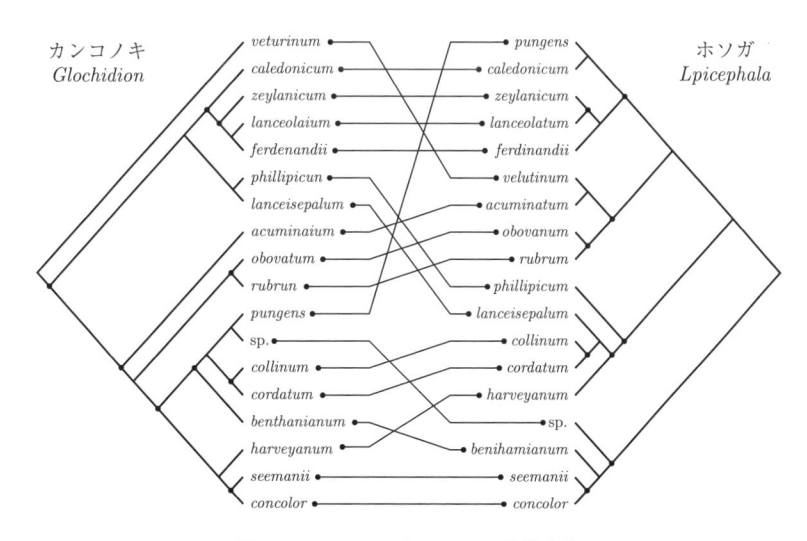

**図4 カンコノキとホソガの共種分化**
カンコノキの系統樹（左）とホソガの系統樹（右）．絶対共生の関係にある種が実線で結ばれている．分岐の順序が大まかに一致しており，カンコノキとホソガの種分化が並行して起こってきたことがうかがえる．その一方で，分岐の順序が一致しない部分もあり，ホソガが別種のカンコノキと新たな関係を結んだ（Kawakita et al., 2004 より改変）

**図 5** オオバギとアリとカイガラムシ：三者の共生
東南アジアのオオバギは，幹の空洞に用心棒のアリを住まわせ，栄養体とよばれる食物を提供している．この空洞にはカイガラムシも住んでいて，オオバギの師管液を吸っている．このカイガラムシが分泌する甘露がアリの第2の餌になっており，三者の共生関係として進化している．
（写真提供：市野隆雄・上田昇平）

出している．この甘露がアリの餌になっており，カイガラムシを経由してアリに渡される第2の報酬として機能している．

[引用文献]

Anderson B. & Johnson S. D. (2006) The effects of floral mimics and models on each others' fitness. *Proc. R. Soc. B.* vol. 273, pp. 969-974.

Darwin C. (1862) *On the various contrivances by which British and foreign orchids are fertilized by insects.* Murray, London.

Farrell B. D. (1998) "Inordinate fondness" explained: Why are there so many beetles? *Science*, vol. 281, pp. 555-559.

Janzen D. H. (1971) Seed predation by animals. *Annu. Rev. Ecol. Syst.*, vol. 2. pp. 465-492.

Kato M. *et al.* (2003) An obligate pollination mutualism and reciprocal diversification in the tree genus *Glochidion* (Euphorbiaceae). *Proc. Natl. Acad. Sci. USA*, vol. 100, pp. 5264-5267.

Kawakita A. *et al.* (2004) Cospeciation analysis of an obligate pollination mutualism: Have *Glochidion* trees (Euphorbiaceae) and pollinating *Epicephala* moths (Gracillariidae) diversified in parallel? *Evolution*, vol. 58, pp. 2201-2214.

Maeto K. & Ozaki K. (2003) Prolonged diapause of specialist seed-feeders makes predator satiation unstable in masting of *Quercus crispula*. *Oecologia*, vol. 137, pp. 392-398.

Nilsson L. A. (1988) The evolution of flowers with deep corolla tubes. *Nature*, vol. 334, pp. 147-149.

Okamoto T. *et al.* (2007) Interspecific variation of floral scent composition in *Glochidion* and its association with host-specific pollinating seed parasite (*Epicephala*). *J. Chem. Ecol.*, vol. 33, pp. 1065-1081.

Quek S. P. *et al.* (2004) Codiversification in an ant-plant mutualism: Stem texture and the evolution of host use in *Crematogaster* (Formicidae : Myrmicinae) inhabitants of *Macaranga* (Euphorbiaceae). *Evolution*, vol. 58, pp. 554-570.

Toju H. & Sota T. (2006) Imbalance of predator and prey armament: Geographic clines in phenotypic interface and natural selection. *Am. Nat.,* vol. 167, pp. 105-117.

Ueda S. *et al.* (2008) An ancient tripartite symbiosis of plants, ants and scale insects. *Proc. R. Soc. B*, vol. 275, pp. 2319-2326.

Zangerl A. R. & Berenbaum M. R. (2003) Phenotype matching in wild parsnip and parsnip webworms: Causes and consequences. *Evolution*, vol. 57, pp. 806-815.

[参考文献]

井上民二（1998）『生命の宝庫・熱帯雨林』日本放送出版協会．

Schoonhoven L. M. *et al.* (2006) *Insect-Plant Biology*, 2nd ed., Oxford University Press.

種生物学会 編（2008）『共進化の生態学』文一総合出版社．

Thompson J. N. (1994) *The Coevolutionary Process*. The University of Chicago Press, Chicago.

Thompson J. N. (2005) *The Geographic Mosaic of Coevolution*. The University of Chicago Press, Chicago.

Tilmon K. J. eds. (2008) *Specialization, Speciation, and Radiation: The Evolutionary Biology of Herbivorous Insects*. University of California Press.

（東樹宏和）

## 24.4　生物多様性と進化

　地球上に生命が誕生してから，生物はしだいにその多様性を増加させていった．現在，地球上には，300万〜5000万種の生物がいると推定されている．
　図1は化石資料に基づいた解析によって推定された海産無脊椎動物，陸上維管束植物，昆虫類，四足動物の科（上位分類の単位）の数が6億年前からどのように変化してきたかを示したものである．これを見ると，過去に5回の大量絶滅とよばれる時期に多様性が大きく減少しているが，それ以外では，生物の種類はしだいに増大してきているのがわかる．
　現在，地球上に記載されている分類学的種，つまり種だと区別して名前がつけられている種は200万種に満たない．記載されている種の多くは陸上生物であり，昆虫が大部分を占める．海にはまだ多くの未記載の種が存在しているといわれている．
　このように現在の生物の種の多様性はすべて把握できていないし，また，過去の化石には形態の情報しかなく，また化石の残り方も一定ではない．その

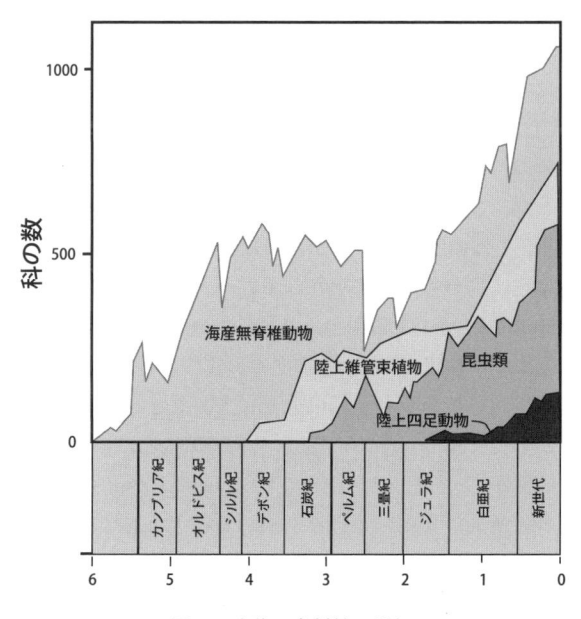

**図1**　生物の多様性の増加
科 (family) の数の増加を示している．(Benton, 2001 と Taylor, 2004 より改変)

ために，図1に示したような科といった上位分類群による多様性がどれだけ種の多様性を反映しているかについてはさまざまな議論がある．しかし，多くの研究者は，化石などの情報から正確な生物の種の数をみつもることは不可能であるが，おおざっぱな多様性の変動は，図1が示していると考えている．
　多細胞動物に関してみてみると，そのほとんどがカンブリア紀に出現したといわれており，その時点で急激に多様性が増大したと考えられている．カンブリア紀以降も特に動物の分類群の多様性は増加していったと考えられるが，現在の形態の多様性（どれくらい異なる形態をもった生物がいるか）は，少なくとも節足動物などでは，カンブリア紀からほんの少し増大したにすぎないといわれている．
　細菌類などの種は，化石記録もなく，現在でもその種数の全容はわからない．また，過去からどのように細菌類の多様性が変化してきたのかのデータもない．しかし，微生物，特に細菌類は多細胞生物が出現する前から多様に進化してきたと考えられる．細菌（核をもたない真正細菌と古細菌）の生物学的な多様性は非常に大きい．通常の生物の生息できる温度範囲は0〜60℃と考えられていたが，細菌は実に −12℃から113℃まで生息できるさまざまな種類の細菌がいる．また細菌は，エネルギーの獲得や原材料物質の細胞へのとり込みなどには，地球上の利用可能なあらゆる化学物質とエネルギーを利用する方法を進化させてきたといわれている．非常に多様な環境や資源を利用できる多様な種類を進化させているといえる．さらに，細菌は他の生物と共生したり寄生したりする細菌も多く，他の生物が多様化することでさらに多くの環境に多様化している．

### A．種分化と絶滅による種多様性の変化

　地球上全体での生物多様性は，種分化（項目）による種の増加と絶滅による種の減少によって決まる．過去の化石記録から，過去の種（生物学的種概念，系統学的種など）の多様性を類推するのは困難であるが，上でみたように，多細胞生物の出現後，5回の大量絶滅によって多様性が減少を経てしだいに生物多様性は増加しているようにみえる．
　大量絶滅は，通常の背景絶滅と比較して絶滅の割

合が高いことで示される．5回の大量絶滅（オルドビス紀末期，デボン紀末期，ペルム紀末期，三畳紀末期，白亜紀末期）は，多大な影響を与えたが，特にペルム紀末期の大量絶滅は，90％の海生生物と陸上生物の種が絶滅したと考えられている．ペルム紀末期の大量絶滅は，海洋中の無酸素あるいは低酸素状態の拡大，または火山活動による温暖化が原因であるといわれている．

生物の多様性は，大量絶滅後，回復前よりも増大しているようにみえる．大量絶滅後に，非常に長い時間をかけて生物の多様性は復帰している．たとえばペルム紀末の絶滅後，海産無脊椎動物の復帰するまでに700～1000万年におよぶとされている（Hallam & Wignall, 1997; Bottjer, 2001）．大量絶滅後は，絶滅した生物が占めていたニッチが空くために，新たな生物群が空いたニッチに埋めるように種分化が生じたということが考えられる（Rosenzweig & McCord, 1991; Benton, 1991）．しかし，必ずしも大量絶滅を境に一挙に起きるというものではなかった可能性もある．たとえば，哺乳類が適応放散し多様化したのは，恐竜が絶滅したからではなく，多様化は恐竜の絶滅以前から起きており，大量絶滅はその多様化率に影響を与えなかった可能性がある（Bininda-Emonds et al., 2007）．大量絶滅後に生物の多様性が回復するためには，絶滅によって崩壊した食物網や物質循環などの生態系機能の回復が関係しているといわれている．たとえば，白亜紀末の大量絶滅後，海洋の炭素循環の構造が大きく変化したが（D'Hondt, 2005），その物質循環構造が回復した直後に浮遊生遊性有孔虫の急速な多様化と種多様性の回復が起きたとされる（Coxall et al., 2006）．

## B. 生物多様性の決定要因

地球上の生物多様性は，どの地域でも同じではなく，多様性のホットスポットとよばれる生物種数が非常に多い地域があったり，少ない地域があったりする．また，一般的に陸上では低緯度地域の多様性は高く，高緯度になるに従って減少する．地球上の生息するすべての生物の多様性は，種分化率と絶滅率で決まるが，地域的あるいは局所的な生物の多様性を決める要因として，生態学的なプロセスが重要

である．

局所群集の多様性（種数と相対的な個体数）は，群集内での種の置き換わりと外部からの移入と外部への移出によって決定される．局所的な群集内の種の相対的な個体数は，群集内でのランダムな置き換わりと，移入および移出によるとする考えを生物多様性の中立説とよばれている（Hubble, 2001）．群集内の多様性がそれぞれの種の占めるニッチによって決まるとするニッチ説と対立する要因として検証されることが多い．Hubbleの中立説は，集団内で対立遺伝子がランダムの置き換わるとする「分子進化の中立説」を群集レベルに応用したものである．中立説と，そのさまざまな改良版も含め，実際の群集の多様性が説明できるかが検証されてきた．熱帯雨林や珊瑚礁などで，中立説で支持されるが，局所的な群集内の相対的個体数はニッチによって決まっているとする研究も多い．また，実際には中立説かニッチ説の相対的な重要性を調べることが重要であると指摘されている．

種の置き換わりや共存は，ランダムな置き換わり，種間の競争，種内の個体群変動などの生態学的なプロセスだけでなく，形質置換などの進化的なプロセスが影響する場合もある．形質置換とは競争を緩和するようにニッチ形質が2種間で分化するように進化する現象が形質置換である．Schulter (2000) は，自然界での形質置換の実証的研究をレビューし，形質置換であると判定できる例は少なくないことを示した．また，同所的に生息する2種のフィンチのうち，1種の嘴のサイズが数年で変化し，形質置換が急速に生じることが示されている（Grant & Grant, 2006）．しかし，競争する2種のニッチ形質が分化するように進化するには，初期の形質の分布，資源の分布，さらに形質の遺伝的変異など，さまざまな条件が必要であり，多くの場合，一方の絶滅が生じる可能性が高い（Slatkin, 1980; Taper & Case, 1992）．

局所的群集内の多様性を決める要因として，局所群集内だけのプロセスのほかに，外部からの移入と外部への移出が重要である．局所的群集を含むより大きな地域群集やメタ群集（局所群集が複数集まった群集）に存在する種は，局所群集への種の供給源となる．メタ群集でどれだけの種が存在するのかは，

種分化率と絶滅率の差（進化的増加率〈proliferation rate〉，あるいは多様化率〈diversification rate〉）によって決定される．地域群集やメタ群集での種の多様性が小さい局所群集では，局所群集内での多様性の維持機構が高くても，種が供給されないので多様性は小さくなる．たとえば，現存するマングローブの系統は，約6千万年前に分化したと考えられるが，それ以降，マングローブ帯に適応した新たな系統は生じていない．このことからマングローブ帯に侵入できる進化が生じえなかったことが，その多様性を決定したという指摘がある（Ricklefs & Latham, 1993）．

また，種が分布域を拡大して他の地域へ分布を拡大できるか，または分散をして新しい生息地で定着できるのかは，局地的あるいは地域的な多様性にとって重要である．たとえば，低緯度でなぜ多様性が高いのかという問題は古くから注目を集めてきた．Tropical conservatism 仮説（Farrell et al., 1992; Ricklefs & Shuluter, 1993；Wiens, 2007）によると，①多様な熱帯の種は熱帯地域で種分化し，最近になって温帯地域へ移動した．熱帯と温帯では，進化的増加率（種分化率－絶滅率）はあまり違わないが，熱帯は温帯と比べて種分化して種が増加している時間が長い（種分化に必要な時間の効果，time-for-speciation effect）．②ニッチ形質の保守性（niche conservatisim）のため，熱帯から温帯への移住が制限される．③多くの系統は熱帯で起源しており，これらのことから熱帯での種の豊かさを説明することかができるとする．ニッチ利用に関する形質とは，生物の資源利用にかかわる形質で，たとえば，利用する餌の大きさに関係する鳥の嘴のサイズ，植物の塩分耐性能力といった生息地利用に関するものがあげられる．ニッチ形質の保守性（niche conservatisim）とは，ニッチにかかわる共通の祖先から同じニッチ形質を受け継ぎ，その後，そのニッチ形質は進化して変化しない傾向があることをいう（Wiens & Graham, 2005）．この説によると，熱帯で起源した種の多くは，ニッチ保守性のため温帯域に適応して分布を拡大できないことが，温帯域での種の少なさの原因のひとつとなっている．同様に，Kozak & Wines（2010）は，中程度の標高において種が多くなる現象は，中程度の標高で種分化して種が増加している時間が長く，ニッチ保守性のため，中程度で出現した種が高標高や低標高に生息域を拡大できないことが原因であるとしている．

現在，ニッチ保守性がどの程度一般的なのか，また進化増加率は熱帯など多様性の高いところで高いのかどうかなど，多くの研究があり，まだ確実に結論することはできない．しかし種の豊富さ，生物多様性を決める要因を考えるうえで，生態学的なプロセスのほかに，種分化率，絶滅率，地域間・局所群集間の移動・分散にかかわる歴史的進化的要因の重要性についての認識が高まっている．

[引用文献]

Benton M. J.（1991）Extinction, biotic replacements, and clade interactions. in Dudley EC. ed., *The unity of evolutionary biology*, pp. 89-102, Dioscorides Press.

Benton M. J.（2001）Briggs D. *et al.* eds., *Paleoecology II*, Blackwell.

Bininda-Emonds O. R. *et al.*（2007）The delayed rise of present-day mammals. *Nature*, vol. 446, pp. 507-512.

Bottjer D. J.（2001）Biotic recovery from mass extinctions, in Briggs D. *et al.* eds., *Palaebiology II*, Blackwell.

Coxall H. K. *et al.*（2006）Pelagic evolution and environmental recovery after the Cretaceous–Paleogene mass extinction. *Geology*, vol. 34, pp. 297-300.

D'Hondt, S.（2005）Consequences of the Cretaceous/Paleogene mass extinction for marine ecosystems. *Annual Reviews of Ecology, Evolution and Systematics* vol. 36, pp. 295-317.

Farrell B. D. *et al.*（1992）Deiversification at the insect/plant interface: insights from phylogenetics. *BioSciences*, vol. 42, pp. 34-42.

Grant P. R. & Grant B. R.（2006）Evolution of character displacement in Darwin's finches. *Science*, vol. 313, pp. 224-226.

Hallam A. & Wignall P. B.（1997）*Mass extinctions and their aftermath*, Oxford University Press.

Hubbell S. P.（2001）*The Unified Neutral Theory of Biodiversity and Biogeography*, Princeton Univ. Press.

Kozak K. H. & Wiens J. J.（2010）Niche conservatism drives elevational diversity patterns in appalachian salamanders. *Am. Nat.*, vol. 176, pp. 40-54.

Ricklefs R. E. & Latham R. E.（1993）Global patterns of diversity in mangrove floras. in Ricklefs RE. and Schluter D. eds., *Species diversity in ecological communities: Historical and geographical perspectives*, pp. 215-229, University of Chicago Press.

Ricklefs R. E. & Schluter D.（1993）Species diversity; regional and hisrical influences. in Ricklefs RE. and Schulter D. eds., *Species diversity in ecological communities: Historical and geographical perspectives*, Univeristy of Chicago Press.

Rosenzweig M. L. & McCord R. D. (1991) Incumbent replacement; evidence for long-term evolutionary progress. *Paleobiology*, vol. 17, pp. 202-213.

Schluter D. (2000) *The Ecology of Adaptive Radiation*, Oxford Univ. Press.

Slatkin M. (1980) Ecological character displacement. *Ecology*, vol. 61, pp. 163-167.

Taper M. L. & Case T. J. (1992) Models of character displacement and the theoretical robustness of taxon cycles. *Evolution*, vol. 46, pp. 317-333.

Taylor P. D. (2004) *Extinctions in the History of Life*, Cambridge Univ. Press.

Wiens J. J. (2007) Global patterns of diversification and species reichness in amphibians. *Am. Nat.*, vol. 179, pp. S86-S106.

Wiens J. J. & Graham C. H. (2005) Niche Conservatism: Integrating evolution, ecology, and conservation biology. *Annu. Rev. Ecol. Syst.*, vol. 36, pp. 519-539.

〔河田雅圭〕

## 24.5 群集の系統的関係

群集を構成する種のメンバーの系統的関係は，群集の多様性や群集構造がどのような進化的要因に影響されているのかを調べるうえで重要であり，群集系統学（community phylogenetics）という分野として発展している．Elton (1946) は，局所群集内の近縁種の数（同じ属内の種数）が少ないことから，類似した種は同じ局所群集内では共存できないと考え，局所群集内で競争排除が生じていると結論づけた．また，さまざまな場所の樹木群集内での科や属の数は，ランダムに選んだ場合よりも少なく，それぞれの局所群集は系統的に偏ったサンプルから構成されていることが示された（Enqusit *et al.*, 2002）．また熱帯雨林の樹木群集では，系統樹のトポロジーから種の間の系統的近さを推定し，空間的に近い位置に生息する種は，全体の系統樹からランダムに選んだ種よりも近縁かどうかを調べた結果，狭いプロットに共存する種は，系統的に有意に近縁であることが示された（Webb, 2000）．Webb (2000) は，系統的に近縁な種が類似した場所に生息するのは，近縁なために類似した生態学的性質をもっているためであると考察した．同じ群集内の種が系統的に近い関係で占める場合を系統的近縁群集（phylogenetic clustering）といい，逆にランダムから期待されるより異なった系統が同じ群集内に混じり合う場合を系統的遠縁群集（phylogenetic overdispersion）という（Webb *et al.*, 2002; Johnson & Stinchcombe, 2007）．

**A．系統関係と生態学的形質**

系統関係と生態学的形質（群集形成や群集内での相互作用にかかわる形質あるいは環境適応や生息地利用に関する形質）との関係を調べることは，群集メンバーの系統的関係と競争や共存などの種間相互作用，また，生息環境への適応との関係を調べるために重要である．局所群集内の系統関係と生態学的形質との関係としては以下の場合が考えられる（図1）（河田・千葉, 2009）．図1aは，群集構成が系統的に近縁

な種で構成され（phylogenetic clustering），系統的に近い種では類似した生態学的形質が保存されていること（phylogenetically conserved）を示している．このような傾向は，同じ生息地を利用したり，同じ環境を好む近縁種が同じ場所に集まる傾向にあるときに生じる（phenotypic attraction, environmental filtering）．それに対して，群集構成が系統的に遠縁（phylogenetic overdispersion）である場合は，類似した生態学的形質をもつ近縁な種が，同じ環境や同じ生息地で一方の種が排除され，異なる生態学的形質をもつ系統的に遠縁な種が共存している場合（図1d, phenotypic repulsion）と，系統的に遠縁な種の生態学的形質が同じ生息環境で収斂進化した場合か（図1b, phenotypic attraction, environmental filtering）のどちらかとみなされる．また，局所群集内で生態学的形質が種間で異なる場合（種間で分化）（phenotypic repulsion），群集内の種の系統的構成はランダムになるとしている（Webb et al., 2002）．また，局所群集間で移動が阻害されている場合は，群集内の系統は近縁になり（phylogenetic clustering），同じ群集内で生態学的形質が種間で分化する場合も

あれば（図1c），分化せず類似した形質をもつ場合もある（図1a）．また，種間で同じ生態学的形質がみられる場合，集団が分岐したのち，進化しづらい（変化しづらい）から同じ性質を共有しているか，それとも変化しないような自然選択がかかっているのか，あるいは，一度変化してから再度収斂進化したのか，などさまざまな可能性が考えられる（河田・千葉，2009）．

### B. ニッチ形質の系統的保存

群集形成に影響する生態学的形質には，競争，捕食―被食，宿主―寄生などの種間相互作用にかかわる形質や，環境適応にかかわるものなどさまざまな性質が考えられる．そのなかで，ニッチ利用に関する形質とは，生物の資源利用にかかわる形質で，たとえば利用する餌の大きさに関係する鳥の嘴のサイズ，植物の塩分耐性能力といった生息地利用に関するものがあげられる．このニッチ利用に関する形質が，長期間変化せず，近縁系統間で類似した形質が維持されていることをニッチの保守性（phylogenetic niche conservatism）とよんでいる（Wiens & Graham, 2005）．ニッチが系統間で保存されているかどうかは，群集構造形成の過程で，資源をめぐる競争がどのような役割をおよぼしているのか，ニッチ形質の進化がどのように群集形成に関係しているのかといった問題を探るうえで重要であるだけでなく，群集内の種多様性に影響する要因として重要である（生物多様性の進化）．

[引用文献]

Elton C. (1946) Competition and the structure of ecological communities. J. Anim. Ecol., vol. 15, pp. 54-68.

Enquist B. J. et al. (2002) General patterns of taxonomic and biomass partitioning in extant and fossil plant communities. Nature, vol. 419, pp. 610-613.

Johnson M. T. J. & Stinchcombe J. R. (2007) An emerging synthesis between community ecology and evolutionary biology. Trends Ecol. Evol., vol. 22, pp. 250-257.

河田雅圭・千葉 聡（2009）生物群集を形作る進化の歴史．大串隆之・近藤倫生・吉田丈人 編，シリーズ群集生態学（2）『進化生物学からせまる』京都大学出版会．

Webb C. O. (2000) Exploring the phylogenetic structure of ecological communities: An example for rain forest trees. Am. Nat., vol. 156, pp. 145-155.

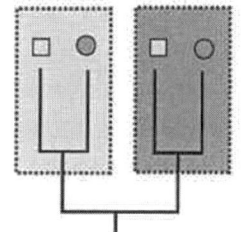

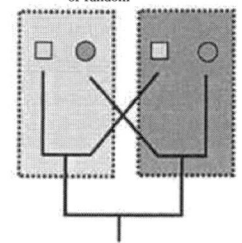

**図1** 局所群集を構成する種の系統関係と生態的形質
点線内は局所群集を示す．○と□はそれぞれ異なる生態的形質を示す．（Webb et al., 2002 の表より改変）（河田・千葉，2009）

Webb C. O. *et al.* (2002) Phylogenies and community ecology. *Annu. Rev. Ecol. Syst.*, vol. 33, pp. 475-505.

Wiens J. J. & Graham C. H. (2005) Niche Conservatism: Integrating evolution, ecology, and conservation biology. *Annu. Rev. Ecol. Syst.*, vol. 36, pp. 579-596.

〔河田雅圭〕

## 24.6 地球環境変化と進化適応応答

　地球温暖化による気候変動，人間活動による土地利用変化，移入種の増大，汚染などさまざまな変化が近年顕著になっており，地球環境変化として生物多様性や生態系に大きな影響をもたらしている．生物の地球環境変化への応答として，フェノロジーの変化，フェノロジーの変化による生物間相互作用の変化，生息域の移動変化と数の変化，絶滅などの生態的変化がすでに多くの生物で生じていることが報告されている（Parmesan *et al.*, 2006）．ヨーロッパの鳥類の全体的な傾向を把握する解析では，1980年以降，気候変動の影響を有意に受け，生息域を拡大する種（30種）と縮小する種（92種）が検出されている（Gregory *et al.*, 2009）．また，英国の405種の250年間のデータを使って，植物の全体的な開花時期の傾向を解析した結果，近年の25年間がもっとも変化しており，開花日は2.2～12.7日早くなっていることが示された（Amano *et al.*, 2010）．

　環境変化に対するこれらの生物の応答の多くは，遺伝的な変化をともなう進化的反応ではなく，表現型の可塑的な変化である可能性がある．Hendry *et al.*（2008）は，人間の直接的な影響と自然状態での生物の表現型の変化量を比べた．その結果，人間活動の影響（酸性化，土地利用変化，化学汚染，人間による侵入種の導入など）による表現型の変化は，自然状態での表現型の変化（人間の影響がないと考えられる環境での変化）より有意に大きいことが示された．しかし，表現型の変化が遺伝的であると見なされる変化は，自然状態での変化と人間活動の影響による変化との差はみられなかったことから，人間活動の影響による表現型の変化の多くは可塑的な変化であるとした．また，シジュウカラの長期的なデータから，可塑的行動変化による産卵時期の調整がなされるなど，表現型の可塑的変化が急速な環境変動に対応するのに有効であることが示されている（Charmantier *et al.*, 2008）．しかし，その一方で，気候変動や人間による汚染によって遺伝的変化が生じているとする報告がなされている．たとえば，

ショウジョウバエでは，染色体逆位が熱耐性と関係しているといわれているが，その頻度が近年増加している（Levitan, 2003）．近年，降水量が減少している地域で開花時期が早くなっている植物において，過去に採集した種子と現在の種子を発芽させた結果から，開花時期の早期化は遺伝的違いであることが示された（Frank et al., 2007）．また，人間による富栄養化によって毒性の強いラン藻（シアノバクテリア）の耐性が30年間でミジンコで進化した例（Hairston et al., 1999）や，逆に浄化技術の進展により湖の透明度の増加が捕食圧を高め，捕食に対する形態の変化が30年の間に生じたトゲウオの例（Kitano et al., 2008）などが報告されている．実際に，生物の環境変化に対する応答は，表現型の可塑的な変化と遺伝的変化よる進化的変化の両者がかかわっており，その相対的な大きさが異なるものだと考えられる．たとえば，リスの繁殖開始時期の早期化は，62％が可塑的変化で，13％が遺伝的変化であるとする推定もある（Berteaux et al., 2004）．また，日本の植物の開花時期と萌芽時期は，遺伝的変異が大きいと思われる種ほど表現型変化の変異が大きいことが示されている（Doi et al., 2010）．たとえば，ほとんどがクローンであるソメイヨシノの開花時期の変異は他の樹木に比べても小さい．これらのことは，遺伝的変化をともなう進化的変化が重要であることを示唆している．

環境変化による生物への影響は，個々の種の反応だけでなく，複数の種間の関係の変化も重要である．植食者とその捕食者からなる食物網に，実験的に熱ショックを与えた研究では，植食者であるアブラムシには，共生細菌によって異なる熱耐性をもつ系統があり，急速に熱ショックに対する耐性が進化した（Harmon et al., 2009）．アブラムシの個体数の増加に対して，2種の捕食者のうち，一方はアブラムシの個体数に対する捕食効果が増大したが，一方の種は影響がなかった．この実験では，複雑に相互作用する食物網や群集では，種によって環境変化に対する反応や進化が異なることを示している．また，環境変化によるある種の分布の変化や新たな場所への侵入によって，近縁種と雑種形成による影響が生じることもある．たとえば，ヨーロッパの湖では1960年から70年にかけて富栄養化が進行した．その時期にもともと生息していたミジンコ，*Daphina hyalina*と侵入してきた*D. galeate*との雑種が形成された．富栄養化にともなって*D. galeate*の個体数が増加し，*D. hylaina*はほとんどみられなくなった．その後，湖の浄化によりリン濃度が減少したあとでも，*D. hylaina*の個体数の回復はみられない代わりに，雑種がほとんどを占めるようになった（Brede et al., 2009）．このように，温暖化による生息域の北上や分布拡大によって，これまで接触のなかった近縁種同士が交配し，交雑による遺伝子浸透などによる多様性の減少が予測される．

これまでの研究から，気候変動などの地球環境変化に対して進化的な反応が生じていることは示されている．しかし，多くの種で気候変動により絶滅や生息域の縮小が生じていることから，気候変動に完全に適応できるような進化的変化を生じた例は少ないと考えられている．今後，どのような生物や性質が進化的応答を生じやすいのか，また，環境変動に対して進化的応答が制限されているのかを明らかにする必要がある．

［引用文献］

Amano T. et al. (2010) A 250-year index of first flowering dates and its response to temperature changes. *Proc. R. Soc. B*, vol. 277, pp. 2451-2457

Charmantier A. R. H. et al. (2008) Adaptive phenotypic plasticity in response to climate change in a wild bird population. *Science*, vol. 320, pp. 800-803.

Brede N. C. et al. (2009) The impact of human-made ecological changes on the genetic architecture of *Daphnia* species. *Proc. Natl. Acad. Sci. USA*, vol. 106, pp. 4758-4763.

Berteaux D. et al. (2004) Keeping Pace with Fast Climate Change: Can Arctic Life Count on Evolution? *Integr. Comp. Biol.*, vol. 44, pp. 140-151.

Doi H. M. et al. (2010) Genetic diversity increases regional variation in phonological dates in response to climate change. *Global Change Biology*, vol. 16, pp. 373-379.

Frank S. J. et al. (2007) Rapid evolution of flowering time by an annual plant in response to a climatic fluctuation. *Proc. Natl. Acad. Sci. USA*, vol. 104, pp. 1278-1282.

Gregory R. D. et al. (2009) An Indicator of the Impact of Climatic Change on European Bird Populations. *PLoS ONE* vol. 43, pp.e4678. doi vol. 10. pp. 1371

Harmon J. P. et al. (2009) Species response to environmental change: impacts of food web interactions and evolution. *Science*, vol. 323, pp. 1347-1350.

Hairston N. G. Jr. *et al.*（1999）. Rapid evolution revealed by dormant eggs. *Nature*, vol. 401, pp. 446.

Hendry A. P. *et al.*（2008）Human influences on rates of phenotypic change in wild animal population. *Mol. Ecol.*, vol. 17, pp. 20-29.

Kitano J. *et al.*（2008）Reverse evolution of armor plates in the threespine stickleback. *Curr. Biol.*, vol. 18, pp. 769-774.

Levitan M.（2003）Climatic factors and increased frequencies of 'southern' chromosome forms in natural populations of *Drosophila robusta*. *Evol. Ecol. Res.*, vol. 5, pp. 597-604.

Parmesan C.（2006）Ecological and evolutionary responses to recent climate change. *Annu. Rev. Ecol. Evol. Syst.*, vol. 37, pp. 637-669.

（河田雅圭）

## 24.7　現代人による環境への影響

　生物が地球上に出現してから三十数億年が経過した．多様な生物の生じた代謝産物は，長い年月の間には地球表層の環境を大きく変化させてきた．その最たるものは，酸素濃度の上昇であろう．光合成によって二酸化炭素と水からグルコースが合成されるが，その際に酸素が副産物として排出される．地球上に広く光合成細菌，さらにはそれらが細胞内共生した結果である葉緑体をもつ植物の出現によって，地球大気の酸素分圧は1/5近くまで上昇し，現在に至っている．

　われわれ人間による環境への影響は，この生物進化史上特筆すべき酸素濃度の上昇ほどではないが，過去数百年間における人口の急激な増加により，地球全体に影響が出始めている．2011年に，地球全体の総人口は70億人をこえたと推計されている．1人あたりの細胞数を60兆個とすれば，$4 \times 10^{23}$という膨大な細胞数となる．バイオマスで考えると，1人あたりの平均体重を50 kgとすれば，人間全体では3.5億 t となる．このような巨大な生体総量をもつ生物はそう多くはないだろう．おそらく哺乳類では最大ではなかろうか．これら膨大な人口を維持するために，農耕，牧畜，漁業が行われており，それらはすべて他の生物種を圧迫する大きな要因となっている．生物種の絶滅率も，人口爆発にともなって急上昇している．

### A. 薬剤による影響

　この，生物そのものとしてのヒトの存在が他の生物に及ぼす影響を一次的なものとすると，二次的な影響としては，人間の活動の結果生産される物質が，他の生物に影響を及ぼしているものがあるだろう．代表的な例は，殺虫剤として開発されたDDT（dichlorodiphenyltrichloroethane）である．1962年にRachel Carsonは *"Silent Spring"*（日本語訳『沈黙の春』）を出版し，DDTの乱用によって生態系が大きく破壊されたことを指摘した．多くの人間を結核などの細菌感染症から救ってきた抗生物質も，ま

さにその強力な菌破壊力によって，耐性菌の出現を促し，20世紀以降において，人間に感染する病原菌の進化に大きな影響を与えている．

## B. 原子力による影響

現在，地球温暖化が進んでいるが，これが二酸化炭素濃度の上昇と相関があることから，石油や石炭などの化石燃料を人間が大量に使用している結果であるという仮説がある．この考えが誤りだという主張もあるので，客観的な真実がどこにあるのかは，現時点ではさだかではないが，政治的・行政的にはこの仮説が正しいという仮定のもとに，二酸化炭素濃度を減らそうという運動が全世界的にくり広げられている．

地球温暖化よりもより深刻な問題なのは，原水爆の大規模使用が行われた場合であろう．1945年8月6日には広島に，8月9日には長崎に原子爆弾（原爆）が投下され，多くの人命が失われた．その後原爆だけでなく水爆も開発され，膨大な数の原爆と水爆がこれまでに生産された．これらの爆弾がすべて使用されると，いわゆる「核の冬」とよばれる地球規模の大きな気候変動が生じるという警告が発せられている．大型の火山爆発によって地球の年平均気温が低下したり，火山灰が長く大気中に滞留することにより日照が弱くなることが知られているが，人間自身が火山爆発に匹敵する巨大なエネルギーを放出する能力を20世紀になって身につけてしまったのである．核拡散が徐々に進行しているが，人類社会は大規模な核戦争が生じないようなシステムを構築するべきであろう．

原子力発電所の爆発事故によって人間を含む多くの生態系に影響が出ることが，1986年のチェルノブイリ原発事故などによって知られてきたが，日本でも2011年3月の大地震と津波により，福島第一原子力発電所で爆発事故が発生した．この長期的影響は今後調べる必要があるだろうが，大きな事故が生じなくても，高レベル放射性廃棄物が数千年から数万年にわたって放射線を出し続ける危険性のあることが知られている．地中数百メートルに格納する計画があるが，数万年の間には地殻変動によって再び地上に露出する危険性もある．放射線はすべての生物に対して影響があるので，この問題は現世代のわれわれ人類の責任となっている．

## C. 遺伝子の改変による影響

遺伝子改変生物あるいは遺伝子組換え生物（genetically modifed organism：GMO）は，遺伝子組換え技術によって，病害虫耐性遺伝子や収量（果実の大きさなど）を増加させる遺伝子を主として食用にする動植物のゲノムに組み込み，改良したものである（25.3項Dを参照）．古来，農耕牧畜に用いてきた動植物は育種によりそのゲノムが野生のものとは異なるものになってきているので，遺伝子改変生物もその延長と考えることができる（25.2項を参照）．しかし，育種が自然の摂理である生殖を介するのに対して，ゲノムを実験的に変更する行為は，思いがけない結果を生む可能性を常に秘めている．遺伝子改変生物は，国によって対応が異なっているが，日本では厳しく規制されている．これは，日本文化が自然に逆らうことを毛嫌いしてきたことと関係しているのかもしれない．

しかし，現実には多数の農作物，家畜が遺伝子組換えによってゲノムの「改良」をほどこされており，それらが経済的観点からみると食糧としてふさわしいという状況なので，遅かれ早かれ日本でも遺伝子改変生物の利用が進むだろう．こうして，栽培植物や家畜は野生状態のゲノムから少しずつ離れてゆくだろう．食糧という観点ではないが，いろいろな種類のバクテリアから遺伝子を集めて「人工」バクテリアをつくるという計画も，地球上にない生物をつくり上げるという意味で，遺伝子改変生物と似た嫌悪感を抱く人々も多いだろう．しかし，遠い将来に火星や金星を手始めに地球以外の惑星の環境を変えるだろうという方向性からすれば，そのようなモザイクゲノムのバクテリアの利用もありうるのではなかろうか．

## D. 不老不死

最後に，不老不死について触れたい．人間にとって，老いることと死は二大恐怖である．特に死はすべてが断絶することになるので，宗教や哲学にとって最大のテーマのひとつであるといえよう．このた

めか，古来から「不老不死」は理想のひとつだった．生物学が大きく進展した21世紀初頭の現在も，基本的には変化はない．しかし，もう少し研究が進むと，老化の原因も，さらには死の原因も明らかになるかもしれない．そうなれば，生物と無生物が基本的な物理化学法則を共有している以上，Maxwellの悪魔のようなマイクロマシンを細胞ひとつひとつに埋め込めば，老化や死の原因となる老廃分子などを駆逐することができ，最終的に不老不死がこの21世紀に実現する可能性もあるのではなかろうか．そのとき，宗教は大きな転機を迎えるだろう．もちろん，死ぬことがなくなれば，人口構成も影響を受けるだろうし，そもそも新しく子孫をつくり出す意欲もなくなってしまうかもしれない．このとき，人間の進化はどうなるのだろうか．停止してしまうのか，それとも再び死を受け入れるようになるのだろうか．

［参考文献］

Carson R. 著，青樹簗一 訳（1974）『沈黙の春』新潮文庫．
Rowan-Robinson M. 著，高榎堯 訳（1985）『核の冬』岩波新書．
斎藤成也・佐々木閑（2009）『生物学者と仏教学者 七つの対論』ウェッジ．

〈斎藤成也〉

# 第25章
# 他分野との関係

25.1 合理的ゲノム設計とゲノム合成　　板谷光泰・豊田哲郎
25.2 作物の栽培化　　杉田（小西）左江子
25.3 育種と進化学　　鵜飼保雄
25.4 社会科学　　亀田達也
25.5 人文科学　　平石　界
25.6 生物学の哲学　　松本俊吉
25.7 宗教　　佐倉　統
25.8 教科書における進化のとり扱い　　嶋田正和
25.9 社会と進化　　佐倉　統

## 25.1 合理的ゲノム設計とゲノム合成

### A. ゲノム研究分野における技術革新

1995年に歴史上初めてバクテリアのゲノムDNA全塩基配列が決定された（Fleishman *et al.*, 1995）. 21世紀になると配列解読装置の能力が劇的に改良され，ヒトのような多細胞真核生物のゲノムでも解読作業が格段に迅速化・低コスト化している．一方で，DNA合成の技術も格段に進歩しており，2010年にはマイコプラズマのゲノムを全合成して機能させることが可能であることが示された（Gibson *et al.*, 2010）. ポストゲノム時代と称される現代の生物学は，DNA解読と合成のサイクルをくりかえすことで，天然には存在しないゲノムをもつモデル生物をつくり出し，生物学研究や産業に役立てる試みが加速している．生物のゲノムをいったんデータ化して分析し，より合理的なゲノムを設計して合成するというこのサイクルによって，有用生物の創造的な開発が可能になりつつある．このサイクルの特徴は情報（データベース）と物質（ゲノム）の状態をくりかえしながらよりよいゲノムが選択されていく点にあり，従来の育種とは区別される新しい進化のモードとして位置づける必要がある（豊田，2011；Toyoda, 2011）.

### B. ゲノム機能解析の新たな方向性

すでに存在するゲノム（以下：自然ゲノム）の機能を調べる従来の方向とは対照的に，まったく新規な塩基配列をもつゲノムDNAをコンピューターで設計して実証を進める新領域が興隆している．「このゲノムにはこの遺伝子がある，またはない」との前提で生物をみなおし，生命を部品から再構成しようという合成生物学とよばれる新分野である．ここには「自然ゲノム」の改変では飽き足らず，生命の部品である遺伝子と遺伝子産物を合理的に設計して積み上げ，最終的にはヒトに役立つ細胞を創出する道筋を描こうとの大目標がある．このように合理的に設計されるゲノム（以下：設計ゲノム）は，設計それ自体が後述のようにたいへんな課題であるが，設計どおりのゲノムが実際に調製できなければ機能の検証すらままならず，絵に描いた餅にすぎない．「設計ゲノム」を現実に近づけているのは，ゲノムサイズのDNAが丸ごとクローニングでとり扱える技術の出現に負うところが大きい（Gibson *et al.*, 2010；Itaya *et al.*, 2005）.

### C. ゲノム合成技術

「ゲノム」はたくさんの「遺伝子」が1列につながった巨大な高分子DNAである．後出のように，もっとも小さなゲノムでも約480個の遺伝子がつながっており，これほどの大きさになると細胞からとり出すときに簡単に切れたり，傷ついてしまう．遺伝子の研究が先行したのに比べて，巨大DNAであるゲノムを丸ごととり扱うことは事実上不可能であった．ゲノムは生物にしかつくれなかったのである．この状況はゲノムDNAの全合成が報告されると技術的にブレイクした．ゲノムクローニングを可能にする技術は，枯草菌（Itaya *et al.*, 2005）あるいは酵母（Gibson *et al.*, 2010）を最終宿主として独自に開発された．DNAは鎖状高分子で，ゲノムサイズのDNAは細長すぎて試験管でとり扱うと擦り切れてしまう．両者に共通する点は，小さく分割したDNAを用意して設計どおりつなぎあわせて最終的にゲノムに再構築するという原理で，試験管での高分子DNA操作を避けている．また，これほどの巨大DNAのクローニングは大腸菌では無理で，枯草菌，酵母という新たな宿主が必要であった．しかし，ゲノムを合成することは，もはや空想の領域にとどまらなくなった．特に小さく分割したDNAを用意するステップでは，化学合成によって今まで存在しなかった塩基配列でも調達できるので，今後はどのような配列をもつ「設計ゲノム」でも生のゲノムDNAまでは調製できる．したがって原理的には一から新たに設計ゲノムの配列を提出できるが，そのようなゲノムDNAが実際に細胞を動かす機能を有するかの検証は，今後の大きな課題である．

### D. 最小ゲノムと最少遺伝子セット

ゲノムDNAが細胞の遺伝情報の総体であることから，もっとも小さなゲノムについての議論は古

くからなされていた．分裂・複製できる細胞としてもっともコンパクトなゲノムには最低限いくつの遺伝子が必要なのか．ウイルスなどの非生命体と，生命体との境界は遺伝子の種類と数で決まるのか？そのようなゲノムを設計して合成して検証する手段はあるのか．もっとも小さな生命体ゲノムの理論的基盤としてはふたつの異なる概念がある．それらは，最少遺伝子セット（minimal set of essential genes）と最小ゲノム（minimal genome size）である．この両者は厳密には異なる概念であり，前者は必須遺伝子の種類が最少になるよう特定するプロセスと言い換えてよいが，後者は遺伝子内部配列のみならず遺伝子間の配列も含め実際に機能するゲノムの構築ができるまでを含む．したがって最小ゲノムは「設計ゲノム」の目標のひとつである．

表1 最少遺伝子セットのみつもり

| 微生物 | 成長に必須な遺伝子数 |
|---|---|
| Mycoplasma pneumonia | 265〜350 |
| M. genitalium | 382 |
| Bacillus subtilis 168 | 271 |
| Escherichia coli K-12 | 303 |
| Pseudomonas Aeruginosa | 335 |
| Sslmonella typhimurium | 257 |
| Helicobacter pylori G27 | 344 |

(Gerdes et al., 2006 より改変)

### E. 最少遺伝子セット

最少遺伝子セットをみつもる時代の到達点はふたつの論文（板谷，1995；Kooning, 2003）にまとめられている．それらによると，いわゆる最少遺伝子の数は300前後とみつもられ，その後の2006年（総説 Gerdes et al., 2006）（表1）までもこの数に大きな変動はない．実在するもっとも少ない遺伝子を有する微生物は Mycoplasma genitalium でゲノムの大きさは580 kbp，480個の遺伝子をもつ．この株は特殊な培地上で，ゆっくりだが純粋に培養できる．その意味で独立な生命（細胞）である．地球上にこれより小さなゲノムをもつバクテリアが絶対にないということではないが，知られているバクテリアのなかではもっとも小さく，DNAサイズがさらに小さくなるとウイルス，ファージ，そしてプラスミドの領域になる．この480個の遺伝子はすべて必要なのだろうか．生命が，細胞として維持されるために最小限必要な遺伝子はどこまで切り詰められるのだろうかという問いかけがなされたのも，この微生物のおかげである．

### F. 最少遺伝子生物とは？

細胞の成育は，栄養，温度，phなどの環境に完全に依存するので環境変化を感知するための遺伝子が通常必要である．もし変動しない（一定の）環境を用意すれば M. genitalium の480個の遺伝子は約300個程度まで削減されると推測されている．ゲノムからの遺伝子約180個の削除はたいへん困難なので，ゲノム設計，すなわち化学合成に期待が集まっている．予想では，これら約300個だけの遺伝子（最少遺伝子セット）をもつゲノムが設計され合成されれば，生きている（自律的に複製・分裂できる）だけでほかには何の能力もないバクテリアが生まれるであろう．環境が少しでも変わればそれに対応できずに死滅する生き物．ただ生きている（生かされている）だけの生命（Glass et al., 2006）．自然には，長期間にわたって一定の環境があるとは考えにくいので，最少遺伝子セットだけの生物が自然から分離されることはありそうもない．

### G. 最小ゲノムとゲノム設計の到達点

ゲノムは単なる遺伝子の集合体ではなく，細胞の情報分子として複製増殖するためにはゲノム構造と不可分である．たとえば約300個の最少遺伝子セットをもつゲノムを設計した場合，その最小ゲノムはどのように構築できるのだろう．それらを1列に並べる組合せだけで，300!通りもあり，すでに天文学的数字になる．使用する遺伝子のバリエーション，すなわちタンパク質配列の微妙な違い，コドン使用頻度や遺伝子の方向，あるいは遺伝子と遺伝子の間の塩基配列を考慮に入れると，さらに組合せ数は増える．このことからも，最小ゲノムの概念が最小遺伝子セットと異なることがよくわかる．最小ゲノムとして機能をもたせるためにはランダムに1列につなぐだけではだめで，まったく新しいゲノム設計図が必要なのである．最少遺伝子セットにかぎってもこのような状況なので，さらに遺伝子数が増加する

とゲノムの設計はさらに困難になる．したがって，当面のゲノム設計は自然ゲノムの知恵を学びながら自然ゲノムの部分改変として進めるのが現実的な方策である．

ゲノム合成技術の卓抜した点は，鋳型のDNAが不要な点である．設計したゲノムをDNAとして合成できることから，ともすればみすごされがちな重要な点を，指摘しておかなければならない．DNAサイズが大きくなると合成操作中に変異が入る確率も高くなる．1塩基が設計どおりでなかったためにゲノム全体が機能しないということもありえるので，ゲノム合成には100％設計図どおりの正確さが要求される．ただゲノムといえども環境変化とともに選択・淘汰されるべきものなので，あるレベルからは配列設計に進化的なアイデアが加味されるべきことは十分に考えられる．

### H. ゲノム設計，ゲノム合成による有用微生物育種

ゲノム解読によって，機能が判明・不明な遺伝子が明確になると，遺伝子の構成を変えて，ヒトの目的にかなう微生物を積極的に構築する手法が試みられた．具体的には，大腸菌・枯草菌・酵母のゲノムから，物質生産には不要あるいは有害かもしれない遺伝子が可能なかぎり削除された（表2）．大腸菌ゲノムからは全遺伝子の約1/3にあたる約1500個，枯草菌ゲノムからは約1/4にあたる1000個の遺伝子が削除された．これらの削除株の生育は親株と変化なく，しかも目的とした物質の生産性は上昇した．酵母はバクテリアより削除プロセスが難しいこともあって，大腸菌，枯草菌ほどではないが多数の遺伝子を削除しゲノムが縮小した株が得られている．これらは最小ゲノムではなく縮小ゲノムであるが，これほど大規模に縮小を設計した例はなく，ゲノム設計とゲノム再構築のさきがけとして著名な成果である．今後はこれらの縮小ゲノム株にさまざまな物質を生産させるための遺伝子を付加して積極的なゲノム活用が志向されている．この延長に，地球環境改善に対応する持続可能な循環型産業システムの実現への期待がある．有用性をさらに高めるために付加する遺伝子，あるいは改変すべき遺伝子の合理的な設計ができるならば，それらの情報を組み込んだゲ

**表2** ゲノム縮小化，NEDOプロジェクトの成果

| 微生物種 | 削除遺伝子数 | 物質生産性（文献最高値との比較） |
|---|---|---|
| 大腸菌 | 1436 (1460 kb) | 大腸菌グルタチオン：1.3倍 |
| 枯草菌 | 999 (1000 kb) | 枯草菌のアルカリ性セルラーゼ/ズブチリシン：約2倍 |
| 分裂酵母 | 220 (644 kb) | ヒト成長ホルモン：約2倍 |
| 出芽酵母 | 245 (520 kb) | グリセリン，高度不飽和脂肪酸：文献最高値にせまる |

ノムを，設計→ゲノム合成→細胞構築→スクリーニングでの育種を検討できる時代がくるだろう．

### [引用文献]

Fleishman R. D. et al.（1995）Whole-genome random sequencing and assembly of Haemophilus influenzae Rd. Science, vol. 269, pp. 496-512.

Gerdes S. et al.（2006）Essential genes on metabolic maps. Curr. Opin. Biotechnol., vol. 17, pp. 448–456.

Gibson D. et al.（2010）Creation of a bacterial cell controlled by a chemically synthesized genome. Science, vol. 329, pp. 52-56.

Glass J. et al.（2006）Essential genes of a minimal bacterium. Proc. Natl. Acad. Sci. USA, vol. 103, pp. 425-430.

板谷光泰（1995）地球型最小ゲノム生物の創生．Viva Origino, vol. 23, pp. 95-108.

Itaya M. et al.（2005）Combining two genomes in one Cell: Stable cloning of the Synechosystis PCC6803 genome in the Bacillus subtilis 168 genome. Proc. Natl. Acad. Sci. USA, vol. 102, pp. 15971-15976.

Kooning E. V.（2003）Minimal set of genes. Nat. Rev. Microbiol., vol. 2, pp. 127-136.

Toyoda T.（2011）Methods for open innovation on a genome-design platform associating scientific, commercial, and educational communities in synthetic biology, Methods in Enzymol., vol. 498, 189-203.

豊田哲郎（2011）ゲノム設計による創資源―情報資源から生物資源を創る．実験医学, vol. 29, pp. 172-179.

〔板谷光泰・豊田哲郎〕

## 25.2 作物の栽培化

作物の栽培化とは，古代の人類が自生していた野性種を，自分たちの生活圏で栽培を始め，それにともない急激に形質が変化し，栽培種になった過程一般をさす．

多くは，文明の起こりや農耕の開始と時期を同じくする．考古学的には，約11,000年前にヨルダン渓谷の遺跡から発掘された栽培イチジクが最古の栽培化の証拠とされ，多くは約1万年前から数千年前までの間に起こったとされる．最近の研究からは，急激とはいえ，数千年をかけて徐々に作物の形質が変化したと考えられ始めている．Darwinが進化論を展開するにあたって，この栽培化に注目していた事実はよく知られていて，1868年に"The Variation of Plants and Animals Under Domestication"というタイトルの本を出版している（Darwin, 1868）．

ここでは，トウモロコシ，コムギ，オオムギ，イネといった主要作物を例に，人類が文明化に必須だった穀物の栽培化について，ゲノム解析から見えてきたその起原と栽培化に貢献した遺伝子に着目して概説する．

### A. トウモロコシの栽培化

トウモロコシ（Zea mays ssp. mays）は，北米大陸では，伝統的に多様な品種が栽培されてきた．栽培化の起原を調べる研究として，ゲノム全体をカバーする99個のSSR（simple sequence repeat）マーカーとトウモロコシ在来品種193系統と近縁野性植物であるテオシンテ71系統を用いてゲノムワイドな解析による系統樹が作成された（Matsuoka et al., 2002）．このゲノム系統樹から，トウモロコシ在来品種は，すべてメキシコ南部のBalsas川中流域に自生する野性テオシンテ Z.mays ssp. parviglumis から分岐し，1回の栽培化によって急速に多様化した可能性が高いことが示唆された．また，SSRマーカーを用いた分子年代推定により，テオシンテとトウモロコシ在来品種の分岐年代は9000年と推定された（Matsuoka et al., 2002）．最近の考古学的な報告によると，Balsas川中流域で遅くとも8500年前頃までにはトウモロコシの栽培化が始まっていたとされており（Piperno et al., 2007），これは分子系統学からの知見と一致する．

野性種テオシンテから栽培トウモロコシへの大きな形態変化に寄与した遺伝子を同定するためにQTL（quantitative trait loci）解析が行われ，枝分かれをしなくなる変化の原因遺伝子である teosinte branched 1（tb1）遺伝子（Doebley et al., 1990, 1997）や，種子の食用を容易にした種子殻の退化にかかわった遺伝子である teosinte glume architecture 1（tga1）遺伝子が単離されているが，人為選抜の対象になった機能塩基多型（functional nucleotide polymorphism：FNP）は，まだ確定していない（Doebley et al., 1990；Wang et al., 2005）．

### B. コムギの栽培化

普通系コムギ（Triticum aestivum L., ゲノム構成 AABBDD）は，五つの栽培亜種からなるが，現在世界的に広く栽培されているのがパンコムギ（Triticum aestivum ssp. aestikvum）である．倍数化がからむ普通系コムギの栽培化プロセスは少し複雑である．二粒系コムギ（T.turgidum L., ゲノム構成 AABB）とタルホコムギ（Aegilops tauschii, ゲノム構成 DD）を人為交配すると，稔性のある3倍体F1雑種（ゲノム構成 ABD）が比較的容易に得られ，さらに自殖により，普通系コムギと同じゲノム構造をもつ六倍体F2植物（ゲノム構成 AABBDD）が得られる．野性の普通系コムギの存在はこれまでに確認されていない．以上の知見から，普通系コムギは栽培型二粒系コムギとタルホコムギが西南アジアで自然交雑して誕生したものと考えられている．考古学的なデータからは，普通系コムギは約8000年前に出現したとされる（Van, 1976）．

分子マーカーを用いた系統解析により，普通系コムギのDゲノムは，遺伝的に異なる複数のタルホコムギ集団に由来すると考えられている（Salamini et al., 2002）．このことは，普通系コムギの誕生には自然交雑が複数回起こったことを示唆し，現在のカスピ海南岸で起こったと考えられている．また，Dゲノムの遺伝子の多型解析から，トルコ南東部からシ

リア北部地域でも交雑が起こった可能性が示唆されている（Giles & Brown, 2006）．以上のことから，普通コムギの起原に関しては，多元起原モデルが提唱されている（Salamini et al., 2002）．

コムギの栽培化に寄与した遺伝子としては，穂の形態変化に関与し，皮性と裸性，穂の形態や長さ，脱落性，草丈などを多面的に制御する $Q$ 遺伝子（Muramatsu, 1963；Simons et al., 2006）が単離されてはいるが，上記の倍数体の栽培開始より後の変異と考えられている．

## C. オオムギの栽培化

栽培オオムギ（Hordeum vulgare ssp. vulgare）は，西南アジア一帯に分布する野性オオムギ（H.valgare ssp. spontaneum）が祖先であると考えられている．栽培オオムギは約 10,500 年前に，肥沃な三日月地帯（現在のイラクからトルコ南部，シリア，ヨルダン，イスラエルを含む三日月型の地域）で栽培化されたものと考えられている．最近，19 系統の野性オオムギを含む 282 系統のオオムギ系統を材料に，ゲノムに散在する五つの遺伝子内の配列を用いてハプロタイプ解析を行い，栽培オオムギの地理的分化がゲノムレベルで詳細に調査された（Saisho & Purugganan, 2007）．その結果，栽培オオムギは肥沃な三日月地帯の東側を境に，ユーラシア大陸の東西で遺伝的に明瞭に分化しており，栽培オオムギの多起原説が支持された．また，野性型 25 系統および栽培型オオムギ 35 系統を用いた集団遺伝学的な解析からも，栽培オオムギでは少なくとも 2 回の栽培化が起こったと考えられる（Morrell & Clegg, 2007）．

最近，穀粒数の増加に関与し，小穂の分化と発達を抑制している六条性遺伝子 vrs1（Komatsuda et al., 2007）が単離され，栽培化の過程で vrs1 遺伝子の異なる変異が複数回選抜を受けていることが明らかになってきている．

## D. イネの栽培化

栽培イネが属する Oryza 属は 23 種に分類される．そのうち栽培種は O. sativa と O. glaberrima で，ともに AA ゲノムをもつ．それぞれ，アジアや西アフリカで栽培されており，通常イネとよぶときには O. sativa をさすことが多い．ゲノム解析から，野性イネ O. rufipogon が栽培イネ O. sativa と共通祖先をもつことが明らかとなった．O. sativa には，亜種としてジャポニカとインディカの分類があり，日本でおもに栽培されているイネはジャポニカである．近年，ジャポニカ品種「日本晴」の全ゲノム塩基配列解読によって，ゲノム塩基配列の変化からイネの詳細な分類が進んでいる．レトロトランスポゾンの挿入を指標にしたゲノムワイドな解析から，インディカとジャポニカは，栽培化よりかなり前の少なくとも約 20 万年前にはすでにゲノムレベルで分岐し，別の栽培化過程を経て生まれた栽培種であることが示唆されている（Cheng et al., 2003; Vitte et al., 2004）．

自然界では，種子繁殖に有利にはたらくが，作物としては収量の減少につながる穀粒の脱粒性は，穀物の栽培化の過程で古代人の選抜の対象となった主要な形質のひとつであると広く信じられている．ジャポニカ品種とインディカ品種間の QTL 解析により，脱粒性遺伝子 qSH1 が同定・遺伝子単離され，qSH1 遺伝子は，BEL タイプのホメオボックス遺伝子で，もみの基部の離層形成に必須な遺伝子であることが明らかとなった．また，原因となる変異は，遺伝子の約 12 kb 上流にあるシス配列の一塩基多型（single nucleotide polymorphism：SNP）であった（Konishi et al., 2006）．遺伝子本体への変異ではなく，mRNA 転写箇所にのみ影響を与えるシス配列の変異が，イネの脱粒性の喪失という栽培化の過程で利用されたと考えられる．また，野性イネと栽培イネ間の QTL 解析で，別の脱粒性遺伝子 sh4 が同定・遺伝子単離され，sh4 遺伝子は，MYB タイプの転写因子で，変異の原因が ORF（open reading frame）内の 1 アミノ酸置換を生じる SNP による機能欠損であることが報告された（Li et al., 2006）．

qSH1 は野性イネでも栽培イネのインディカ品種でも機能型を示し，ジャポニカイネの一部で機能欠損型が存在することから，ジャポニカイネの栽培化の過程で選抜されたと考えられる．一方，sh4 は栽培イネではすべて機能欠損型を示し，ジャポニカとインディカでは同じ変異をもつ．ジャポニカとインディカが，約 20 万年前に分化したと推定されて

いることから，*sh4* 遺伝子の変異は，栽培化が始まる前からすでに野性種間で存在していた自然変異（standing variation）を古代人がみつけて，イネの栽培化に利用したと考えられる．

近年，イネの栽培化にかかわる遺伝子はつぎつぎと報告され，種子の色素合成にかかわる bHLH 転写因子 *Rc* の機能欠損 FNP やコメの幅のサイズを決める遺伝子 *qSW5* の欠失変異による粒幅の増加がイネ栽培化過程で起こっていることが明らかになっている（Furukawa *et al.*, 2006；Sweeney *et al.*, 2006, 2007；Shomura *et al.*, 2008）．

ゲノムワイドな RFLP（restriction fragment length polymorphism）マーカー情報を用いたジャポニカイネの分類（91 品種）に，上記の栽培化遺伝子の FNP の分布・推移を調べ，インドネシアからインドシナ半島，そして，中国や日本へと DNA の変異が徐々に蓄積していくジャポニカイネの栽培化過程の推測が報告されている（Shomura *et al.*, 2008；Konishi *et al.*, 2008）．この結果は，ジャポニカイネの原産地が東南アジアであることを示唆している．これまでの考古学的な知見からは，ジャポニカの起源は中国の長江付近との説が有力である（佐藤，2003；Fuller, 2009）．この矛盾については，今後，新たな考古学的な知見や分子生物学的な系統解析により明らかになると期待されるが，考古学者からも DNA 進化学者からも，両方から信頼される共通の栽培化プロセスのモデルの構築が急務である．

### E．おわりに

ゲノム情報を利用した作物の栽培化研究は，1 万年といった比較的短い期間の進化現象なので，順序立った DNA の変化としてかなり正確に記載できる点に特徴がある．つまり，作物の栽培化研究は，進化現象を科学することのできる分野のひとつとして大きなポテンシャルをもっている．また，これまでに同定された FNP は遺伝子の機能の制約を古代人が選んだケースが多い．このことは，比較的短期間でみれば新規機能獲得による進化よりも，遺伝子機能制約による形質の進化が主流であることを示唆しており，Darwin の自然淘汰と DNA 多型の中立進化を結びつける知見が栽培化研究から得られる可能性も高いと期待している．

[参考文献]

井澤 毅 編集（2007）特集 栽培植物の分子生物学．蛋白質 核酸 酵素, vol. 52, pp. 1919-1958.

井澤 毅（2007）イネはどのように栽培化されたのか？ 清水健太郎・長谷部光泰 監修『植物の進化』細胞工学別冊 植物細胞工学シリーズ 23, pp. 144-152, 秀潤社．

松岡由浩（2007）栽培植物進化遺伝学への招待．清水健太郎・長谷部光泰 監修『植物の進化』細胞工学別冊 植物細胞工学シリーズ 23, pp. 136-143, 秀潤社．

[引用文献]

Cheng C. *et al.* (2003) Polyphyletic origin of cultivated rice: based on the interspersion pattern of SINEs. *Mol. Biol. Evol.*, vol. 20, pp. 67-75.

Darwin C. (1868) *The Variation of Plants and Animals under Domestication*, John Murray.

Doebley J. *et al.* (1997) The evolution of apical dominance in maize. *Nature*, vol. 386, pp. 485-488.

Doebley J. *et al.* (1990) Genetic and morphological analysis of a maize-teosinte F2 population: implications for the origin of maize. *Proc. Natl. Acad. Sci. USA*, vol. 87, pp. 9888-9892.

Fuller D. Q. *et al.* (2009) The domestication process and domestication rate in rice: spikelet bases from the Lower Yangtze. *Science*, vol. 323, pp. 1607-1610.

Furukawa T. *et al.* (2007) The Rc and Rd genes are involved in proanthocyanidin synthesis in rice pericarp. *Plant J.*, vol. 49, pp. 91-102.

Giles R. J. & Brown T. A. (2006) GluDy allele variations in *Aegilops tauschii* and *Triticum aestivum*: implications for the origins of hexaploid wheats. *Theor Appl Genet.*, vol. 112, pp. 1563-1572.

Komatsuda T. *et al.* (2007) Six-rowed barley originated from a mutation in a homeodomain-leucine zipper I-class homeobox gene. *Proc. Natl. Acad. Sci. USA*, vol. 104, pp. 1424-1429.

Konishi S. *et al.* (2006) An SNP caused loss of seed shattering during rice domestication. *Science*, vol. 312, pp. 1392-1396.

Konishi S. *et al.* (2008) Inference of the japonica rice domestication process from the distribution of six functional nucleotide polymorphisms of domestication-related genes in various landraces and modern cultivars. *Plant Cell Physiol.*, vol. 49, pp. 1283-1293.

Li C. *et al.* (2006) Rice domestication by reducing shattering. *Science*, vol. 311, pp. 1936-1939.

Matsuoka Y. *et al.* (2002) A single domestication for maize shown by multilocus microsatellite genotyping. *Proc. Natl. Acad. Sci. USA*, vol. 99, pp. 6080-6084.

Morrell P. L. & Clegg M. T. (2007) Genetic evidence for a second domestication of barley (Hordeum vulgare) east of the Fertile Crescent. *Proc. Natl. Acad. Sci. USA*, vol. 104, pp. 3289-3294.

Muramatsu M. (1963) Dosage Effect of the Spelta Gene Q of Hexaploid Wheat. Genetics., vol. 48, pp. 469-482.

Piperno D. R. *et al.* (2007) Late Pleistocene and Holocene environmental history of the Iguala Valley, Central Balsas Watershed of Mexico. *Proc. Natl. Acad. Sci. USA*, vol. 104, pp. 11874-11881.

Salamini F. *et al.* (2002) Genetics and geography of wild cereal domestication in the near east. *Nat. Rev. Genet.*, vol. 3, pp. 429-441.

Saisho D. & Purugganan M. D. (2007) Molecular phylogeography of domesticated barley traces expansion of agriculture in the Old World. *Genetics*, vol. 177 (3), pp. 1765-1776.

Shomura A. *et al.* (2008) Deletion in a gene associated with grain size increased yields during rice domestication. *Nat. Genet.*, vol. 40, pp. 1023-1028.

Simons K. J. *et al.* (2006) Molecular characterization of the major wheat domestication gene Q. *Genetics*, vol. 172, pp. 547-555.

Sweeney M. T. *et al.* (2007) Global dissemination of a single mutation conferring white pericarp in rice. *PLoS Genet.*, vol. 3, pp. 1418-1424.

Sweeney M. T. *et al.* (2006) Caught red-handed: Rc encodes a basic helix-loop-helix protein conditioning red pericarp in rice. *Plant Cell.*, vol. 18, pp. 283-294.

Van Zeist W. (1976) On macroscopic traces of food plants in southwestern Asia (with some reference to Pollen data). *Philos. Trans. R. Soc. Lond. B. Biol. Sci.*, vol. 275, pp. 27-41.

Vitte C. *et al.* (2004) Genomic paleontology provides evidence for two distinct origins of Asian rice (*Oryza sativa* L.). *Mol. Genet. Genomics.*, vol. 272, pp. 504-511.

Wang H. *et al.* (2005) The origin of the naked grains of maize. *Nature*, vol. 436, pp. 714-719.

佐藤洋一郎 (2003)『イネが語る日本と中国 交流の大河 5000 年』農文協.

（杉田（小西）左江子）

## 25.3 育種と進化学

### A. 自然選択と人為選抜

　Charles Darwin (1859) は『種の起原』において，「（園芸家や動物の育種家が）訓練されていない目では絶対にみわけられないような差異を，何代もかけてひとつの方向に蓄積させることによって大きな結果を生み出す（渡辺政隆訳）」と驚嘆している．そして「飼育栽培下でこれほど有効に作用してきた選抜という原理が，自然界ではさほど有効なはずはないとする明白な根拠はない（同訳）」と結論した．これが彼の進化論の基盤となった．

　作物や家畜という人為集団は，自然集団とは進化様式が異なる．進化学説によれば，進化の駆動力は，自然集団では個体の適応度の差に基づく自然選択であるが，人為集団では「人為選抜 (artificial selection)」である．人為選抜では，適応度の高い個体が選抜されるとはかぎらない．適応度が選抜目標の直接の対象となることはない．また自然集団では，多くの形質が選択にさらされるが，人為集団では選抜目標とされた1ないし少数の形質についてのみ選抜が行なわれる．さらに，自然集団では，受精障壁は異種間の遺伝子流動を防ぎ，個々の種の独自性の保持に役立つ．しかし人為集団では，受精障壁は異種間の交雑による雑種形成を妨げ，改良に利用可能な遺伝子の範囲を狭める要因となる．

　本稿では，作物について育種と進化の関係を述べる．すべての作物は，自然界に自生していた野生植物に起源する．作物として採用されるに至った植物が，それまでにたどってきた進化は，もちろん自然集団としての進化であり，自然選択をおもな駆動力とし，集団中の適応度の高い個体が選択されてきた．野生種の栽培化は，広い地域に自生している集団からごく一部の個体をとることから始まったと考えられ，その際，著しいびん首効果により元の集団のもつ多様性は縮小し，また遺伝的浮動が生じたであろう．20世紀初頭に遺伝学に基づく近代育種が開始されるまでは，作物の進化をもたらした要因は，自然突然変異，近縁野生種からの遺伝子浸透，集団間の

自然交雑，倍数化，染色体の再配列などであった．

## B. 作物の起源
### a. 農耕の発祥と作物

最初の作物は，人類による農耕の発祥とともに生まれた．それは今から少なくとも10,000年前にさかのぼる．農耕はゆっくりと世界の数か所で発祥した．おもな候補には，西南アジア，特にレヴァントとよばれる西部地域，南アメリカのアンデス，中央アメリカのメキシコ，中国の黄河と長江の中・下流域などがあげられる．発祥地によって核となって生活を支えた作物は異なる．西南アジアではオオムギ，ヒトツブコムギ，エンマーコムギ，アンデスではジャガイモ，インゲンマメ，ライマメ，メキシコではトウモロコシ，カボチャ，中国ではアワ，イネ，ダイズ，クリなどである．現存の作物がすべて農耕の発祥とともに生まれたわけではない．一部の熱帯性果樹のように比較的最近に栽培化された作物もある．また作物には古代から栽培されてきた「一次作物（primary crop）」と，一次作物の畑の雑草（随伴雑草）として生育していた植物が栽培されるようになった「二次作物（secondary crop）」とがある．コムギ，オオムギ，イネ，ダイズ，アマ，ワタなどは前者である．一方，ライムギとエンバクはコムギやオオムギ畑の，ナタネやライグラスはアマ畑の，ニンジンはブドウ畑の雑草から転じて作物となった．

### b. 作物の起源地

個々の作物が地球上のどこで生まれたかは，それぞれに異なり，旧大陸起源と新大陸起源に大別される．また，どこか1地域で1回だけ起源したものと，複数の地域でまたは複数回に起源したものとがある．トウモロコシはメキシコ南部，エンマーコムギはレヴァントの「肥沃な三日月地帯」で，ヒマワリは北アメリカの東部から中部で生まれた．一方，イネ（*Oryza sativa*）はジャポニカとインディカで互いに起源が異なる．またインゲンは南米および中米で2回にわたり栽培化された．

### c. 作物の成立過程における染色体の変化，とくに倍数化

植物の自然集団の進化には，自然選択における遺伝子頻度の変化だけでなく，染色体の数の変化（倍数性，異数性）や染色体再配列（相互転座，逆位）が関与している．なかでも倍数化の役割が大きい．種子植物の30～35％，イネ科植物にかぎると75％が倍数体に分類される．「倍数性（polyploidy）」は作物でも新しい種の分化をもたらした．現在みられる作物の倍数性には，3倍性，4倍性，6倍性，8倍性などがある．このような倍数性は栽培化以前にすでに獲得されていたものと，栽培化以降に進行したものとがある．後者の例には，パンコムギやジャガイモがあげられ，倍数化にともなって生じる，生育促進，植物体や収穫器官の巨大化などが無意識あるいは意識的選抜された結果と考えられる．倍数体には同質倍数体と異質倍数体がある．ジャガイモ，サツマイモ，生食用バナナ，コーヒー，キャッサバ，アルファルファなどは同質倍数体または部分異質倍数体，コムギ，エンバク，ラッカセイ，サトウキビ，イチゴ，洋種ナタネ，シロクローバなどは異質倍数体である．なおサトウキビのように倍数性だけでなく異数性も含むものもある．

DNAマーカー利用の連鎖地図が構築された結果，作物の染色体の進化に多くの知見が加わった．近縁作物間のゲノム比較から，染色体上の遺伝子の配列は作物の長い進化の間でも比較的よく保存されてきたことが認められ，たとえばイネ，オオムギ，コムギ，エンバク，ソルガム，トウモロコシなどの染色体間での「シンテニー（synteny）」が判明した（Devos & Gale, 1997）．またゲノム内のマーカーの重複度からトウモロコシのようにこれまで2倍性とされてきた作物が部分異質倍数性であることが認められた．さらに作物とその近縁種のゲノム比較から，分岐後の染色体再配列の生起回数が推定された．たとえばクロガラシはシロイヌナズナと3500万年前に分岐したとされるが，その間90回もの再配列が起きたことがわかった（Lagercrantz, 1998）

倍数性による作物の進化過程がもっともよく研究されているのはコムギ属である．パンの原料となるパンコムギは6倍性の異質倍数体である．2倍性野生種のウラルツコムギ（*Triticum urartu*）と2倍性植物のクサビコムギ（*Aegilops speltoides*）が自然交雑し，その雑種の非還元配偶子による倍数化を経て4倍性の野生二粒系コムギ（*Triticum turgidum* ssp. *dicoccoides*）が生まれ，それが栽培化され栽培二粒系コムギ（*Triticum turgidum* ssp. *dicoccum*）となった．さらに栽培二粒系コムギが，その畑に雑草として生えていた2倍性植物のタルホコムギ（*Aegilops tauschii*）と何回も自然交雑し，その雑種の倍数化を経て，6倍性普通系コムギのパンコムギ（*Triticum aestivum* ssp. *vulgare*）が生じた．このように，3種の2倍性（染色体数14）祖先種の核ゲノムが2回の自然交雑と倍数化を経て，6倍性（染色体数42）のパンコムギとしてひとつの作物中に統合された．これにより，ウラルツコムギ（AAゲノム）のもつ耐寒性と広い適応性，クサビコムギ（BBゲノム）の耐旱性と多収性，タルホコムギ（DDゲノム）の製パン性というそれぞれの長所が，パンコムギのAABBDDゲノムに集約された．その進化のドラマは，栽培圃場を場として演出されながら，人による意図的な交雑や選抜の操作は関与していない．ゆえにパンコムギは「天の賜物」といわれる．一粒系コムギと二粒系コムギは農耕が発祥した紀元前8000年頃に栽培化されたが，パンコムギはその約1000年後に生まれた．一粒系や二粒系コムギとちがって，パンコムギには対応する野生型がなく，誕生時から作物として扱われたと考えられる．もちろん自然交雑と倍数化だけがパンコムギが受けた変化ではなく，丸い粒形，粒が密につく短い穂形，収穫後の脱穀されやすい性質など，パンコムギ成立後に生じた自然突然変異によって付与された形質もある．一方，倍数化ののちに重複した遺伝子の一部はゲノムから失われた．

## C. 栽培化後の無意識選抜と意識的選抜
### a. 順化と無意識選抜

栽培化とともに栽培者による無意識選抜が始まった．植物集団から種子を採りそれを播いて栽培し収穫するだけならば，遺伝的浮動を別として，集団の構成に変化が起こることは少ない．しかし，種子が登熟したのち収穫し，貯蔵し，それを翌シーズンに播くという過程のサイクルをくりかえすようになると，ある種の形質の遺伝子頻度が変化する．たとえば，種子の休眠が浅くなり播種後早い時期に発芽する性質，一定の日数後に均一に登熟する性質，登熟時に穂から種子が脱落しない性質などをもつ個体が集団中に増える．このような変化は，わずか数代の栽培でも生じる．

植物集団が栽培化にともなう選抜により栽培管理条件に適応していく過程を「順化（domestication）」という．順化はゆっくりと進んだ．順化にともない種々の形質が変わるが，作物間で共通した変化が認められる．これを「順化症候群（domestication syndrome）」とよぶ．すなわち，形態的変異として器官の巨大化と多産化，器官別の特徴化，形態の多様化，生理的変化として日長反応性，耐冷性，繁殖特性の変化として他殖性から自殖性への変化，多年生から一年生への変化，無限伸育性から有限伸育性への変化，発芽の促進と均一化，登熟の均一化，種子や栄養体の拡散能力の変化，動物による食害に対する防御機構の減少，栄養繁殖性植物における種子稔性の低下などである．順化によって加わった形質は遺伝子機能を喪失した劣性遺伝子にもっぱら支配されると従来いわれてきたが，「量的形質遺伝子座（quantitative trait locus：QTL）」の「QTL解析」の結果では必ずしもそれは支持されない（Burger *et al*., 2008）．

### b. 意識的選抜

栽培の過程で，栽培者（主として農民）により作物の形質を一定方向に意識的に長期にわたり選抜することが行なわれ，その効果が蓄積された．選抜目標は，収量を増やしたい，病虫害や気象災害による減収を防ぎたい，収穫物の利用性や加工性を増したい，味や栄養価を高めたいなどという栽培者や消費者の望みに基づいて決められた．どのような形質について，どのような方向に選抜されるかは，同じ作物でも，地域により，時代により異なった．それが作物における在来品種間の多様性を生む源となった．日本のダイコンにみられる，巨大な桜島大根，長大な守口大根，根が短く太らず葉菜として用いられる小瀬菜大根など形態の異なるさまざまな品種への分化は，その好例である．19世紀末頃までは，品種は一般に雑駁で，個体によって遺伝的組成が異なっていたので，品種ごとに集団中から表現型が優秀とみられる個体をただ選抜するだけという単純な方法（集団選抜）でもそれなりの効果が認められた．

## D. 近代育種による作物の改良
### a. 交雑育種

1900年のメンデルの法則の再発見をきっかけとして，作物の改良は遺伝学に根ざす近代育種学に基づいて展開されるようになった．それにともない，育種は農民から職業的育種家の手に移っていった．近代育種の世界では，社会的要請に応えるべく計画的に選定される育種目標が作物進化の方向性を決める要因となった．

人為選抜の効率を高めるには，選抜対象の集団内における変異が多様であることが重要である．集団から表現型に基づいて優れた個体を選抜する集団選抜では，代々選抜するに従い選抜効率が低下する．そこで，形質の異なる品種間で人為交雑し，のちの雑種世代で選抜することが試みられるようになった．今も品種改良の主流をなす「交雑育種（cross breeding）」の誕生である．異種間の交雑は，欧州では18世紀前半からすでに行なわれていたが，同種作物の品種間交雑は19世紀末にようやく盛んとなった．それでも当初は，品種間交雑の子孫からは両親の中間的な個体しか分離しないという悲観的見方が少なくなかった．しかし遺伝法則の再発見で交雑後代での遺伝子型の分離様式が理論的に推定できるようになると，両親をこえた個体の獲得を期待するようになった．

### b. 倍数性育種

異種間の雑種は一般に不稔性をともなうが，雑種の染色体を倍加すると稔性は回復し，異質倍数体の新作物となると期待された．また2倍体の倍数化により同質倍数体を作出すれば，花弁や果実など観賞または収穫の対象となる器官が巨大化した優れた品種が得られると予想された．1937年にA. F. BlakesleeとB. T. Averyにより痛風治療薬のコルヒチンが染色体の倍化に有効なことが発見された．コルヒチンは150属以上の植物で有効で「植物改造の魔法の杖」とよばれた．コルヒチンの発見は人為突然変異より9年遅かったが，育種への応用は早く，「倍数性育種（polyploid breeding）」の飛躍的な発展が期待された．しかし倍数体が確実に作出できることと，できた倍数体が育種に役立つこととは別であった．種間雑種の倍数化により人工の新作物を育成しようとする望みは，種々の機構による受精障壁に阻まれて容易に果たせなかった．それでも長い選抜実験を積み重ねた結果いくつかの種が作出された．最大の成功例は，コムギとライムギの交雑と倍数化によって生みだされたライコムギ（*Triticale*）である．一方，同質倍数体のほうは，一般に不稔や成育遅延をともなうため，そのままでは品種になりにくかった．同質倍数体による育種が成功するには，改良したい作物について，元の植物の染色体数が小さい，他殖性種である，栽培の目的が栄養器官の生産である，の3条件が必要であるとされる．逆にいえば，ジャガイモ，ワタ，アルファルファなどのようにもともと倍数性である作物は，染色体を倍加してもそれ以上よくならない．またイネ，コムギなどの種子を食用とする作物では，倍数化にともなう稔性の低下が致命的欠点となる．同質倍数体による育種は，穀類，野菜，果樹などでは実らなかったが，一部の永年性牧草や花木では成功した．

### c. 突然変異育種

1927年Hermann Joseph Mullerがショウジョウバエで，Lewis John Stadlerがオオムギで突然変異誘発法を発見した．誘発手段とされたのは，19世紀末に発見されたX線であった．これらの研究は元来，人為突然変異を媒介として遺伝子の正体を明らかにし，自然界における生物進化のしくみを解析するためであった．Mullerは，人為突然変異は作物や家畜の改良に有効であろうと予言したが，Stadlerは懐疑的であった．1928年からスウェーデンのÅke Gustafssonが，人為突然変異の育種的利用についての検討を圃場規模で行ない，数年後その有用性を確認した．ここに「突然変異育種（mutation breeding）」が誕生した．変異原には当初のX線のほかに，$\gamma$線，中性子，重イオンビームなどの放射線も利用されるようになった．また第二次大戦中にCharlotte Auerbachがショウジョウバエでマスタードガスによる突然変異誘発に成功した．ただし，突然変異育種が多くの国で活発になるのは，原子炉で生産される$\gamma$線の大量線源や，強力な突然変異誘発性をもつ化学薬品が容易に利用可能となった第二次世界大戦後である．

自然突然変異の生起にはトランスポゾンの関与が

大きく，宇宙線などの自然放射線の寄与は1割も満たない．また変異のほとんどはDNAの1ないし2塩基対の置換である．それに対し，人為突然変異，特に$\gamma$線照射によるものでは，1ないし数bpから長いものでは10 kb以上の塩基対の欠失が生じる．欠失は遺伝子の不活性化をもたらし，突然変異遺伝子のほとんどすべては元の遺伝子に対して劣性となる．

人為突然変異といえども突然変異率は遺伝子当たり高々$10^{-4}$レベルにすぎず，目的の突然変異体を確実に得るには1万個体以上の大集団を調査しなければならない．しかし，自然界では起こってもすぐ淘汰されてしまい既存の品種群中には残っていない変異や，交雑育種が適用できないアポミクシス性作物での変異を得たい場合には，貴重な育種手法となる．また，元の品種の遺伝子型を保持したままで新しい遺伝子を突然変異で付与できることも大きな利点である．なお種子繁殖性作物では生殖細胞系に生じた突然変異が処理次代以降で選抜されるが，果樹，チャ，サツマイモ，チューリップなどの栄養繁殖性作物では，体細胞に生じる突然変異が利用される．

#### d. ヘテロシス育種

異なる品種・系統間で交雑すると，その次代の「雑種（ハイブリッド〈hybrid〉）」がしばしば両親のいずれよりも成育旺盛になることが，18世紀から知られていた．この現象を「雑種強勢（hybrid vigor）」という．Darwinも『種の起原』中で雑種強勢について記しており，また自殖と交雑の効果を十年にわたって調べ，ほとんどすべての種は交雑で強勢となり，近交を続けると弱勢となることを確認した．米国のGeorge Harrison Shullはトウモロコシを材料として自殖を何代もくりかえし，近交度が高まるにつれ粒列数がどのように変化するかを調べていた．その実験中に得た近交系を再び交雑したところ，雑種第一代は両親と同様に表現型が均質で，生育は両親を著しく超えた．当時の放任受粉によって育成された品種より多収を示した雑種もあった．近交弱勢と雑種強勢は自殖と交雑という繁殖様式の違いではなく，近交系とその雑種という遺伝子型の違いによるもので，同一現象の表裏にすぎないと，彼は考察した．そして雑種強勢という現象をその原因についての種々の仮説とは独立に表現するため「ヘテロシス」という用語を提案した．ヘテロシスを利用した育種を「ヘテロシス育種（heterosis breeding）」とよぶ．ヘテロシス育種の方式として，4近交系から雑種を形成する複交雑，および2近交系の雑種第一代を利用する単交雑が考案された．この方式により，放任受粉品種の栽培下で南北戦争時代から60年以上低迷していた米国のトウモロコシ生産は年々着実に向上し，20世紀末には5倍をこえた．

ヘテロシス育種では，どのような近交系の間で交雑すれば，生育旺盛な雑種が得られるかを予想することが重要である．育成の直接的対象は近交系であるが，その評価は雑種に基づき行なわれる．雑種第一代を品種として農家に販売するためには，雑種種子を毎年大量に生産しなければならない．またそこに自殖種子が混入してはならない．そのため，種子親と花粉親の個体を交互の列に栽培し，開花期前に雄穂を人手によるとりのぞく作業が行なわれた．この労力のかかる作業はのちに細胞質雄性不稔性を利用した方式に変えられた．なお多くの野菜やイネでも，ハイブリッド品種が利用されている．

#### e. 細胞組織培養の育種への利用と細胞融合

20世紀に入り，植物における組織や細胞の培養技術が進展し，育種技術に応用された．まず，「葯培養（anther culture）」により，チョウセンアサガオ，タバコ，イネなどで花粉からの植物体の再生が可能となり，半数体が人為的に大量に得られるようになった．この半数体を倍数化すれば，全遺伝子座でホモ接合の完全ホモ接合体となる．この原理により雑種第一代の葯培養により，ただちに遺伝的に固定した植物体を得ることができ，交雑育種における育種年限の短縮に成功した．また，培養中の細胞やカルスでは染色体異常や突然変異が高頻度で生じることが見出され，それを新しい変異原として育種に利用することも考案された．さらに変異を拡大するために培養中の細胞や外植片に突然変異原を処理し，突然変異選抜も細胞レベルで行なう方法がサトウキビ，タバコ，イネなどで提示された．

1970年代に，植物細胞から細胞壁を除いたプロトプラストの状態では，同じ植物間だけでなく，きわめて遠縁の生物の細胞，たとえばタバコ細胞とヒトのHeLa細胞の間でも融合することがわかった．こ

の「細胞融合 (cell fusion)」により，両者の細胞内ゲノムを一細胞内に共存させることが可能となり，通常の交雑では受精障壁に妨げられる異属間でも雑種個体が得られるようになり，「体細胞雑種 (somatic hybrid)」と名づけられた．1978年にトマトとジャガイモの体細胞雑種ポマトが作成された．なお属をこえる遠縁種間の細胞融合では，融合後の細脱分裂過程でどちらか片方の種の染色体が脱落してしまうことが多い．

**f. 分子生物学の育種への利用**

分子生物学の進展により，「遺伝子組換え (genetic recombination)」技術が誕生した．遺伝子を DNA 断片として単離できれば，植物だけでなく動物や微生物の DNA でも対象とする作物の細胞に導入できるようになった．この技術は，育種における受精障壁という妨げを完全にとり払い，生物界にあるすべての遺伝情報を育種に利用可能とした点で画期的である．受容した生物体のゲノムに組み込まれた DNA を組換え DNA，組換え DNA をもつ生物を「遺伝子組換え体 (genetically modified organism : GMO)」とよぶ．最初に市場に登場した遺伝子組換え体の品種は，1994年に育成されたトマトの FlavrSavr である．この技術の問題は，遺伝子組換え体がしばしば自然界ではありえない遺伝的組成をもつだけでなく，導入された遺伝子が意図しない有害性をもつおそれがないとはいえないことである．食品として摂取される場合の安全性や生態系を撹乱するリスクを評価するために，品種登録の前に「安全性評価 (safety evaluation)」が必要とされる（24.7項を参照）．

いっぽう，分子生物学技術は交雑育種における選抜の様式をも一変させた．すなわち DNA マーカー利用により詳細な連鎖地図の迅速な構築，量的形質遺伝子座の連鎖地図上の位置推定，連鎖不平衡を利用したアソシエーション解析などが可能となった．

**g. 遺伝資源**

現代の生活の産業化の急激な進展により，かつては近縁野生種が豊富に自生していた作物起源地が，耕作地，道路，市街地，工場敷地などに変わり，遺伝資源が失われている．また，育種が進展した結果，農家収益の高い近代品種が広く作付けされるようになると，地域ごとに異なる在来品種が耕作地から駆逐される．さらに秀れた遺伝子型をもつ品種は，交雑育種はじめ種々の育種法で優先的に用いられるため，品種が遺伝的に画一化していく．作物の種類自体も農業のグローバル化とともに世界的に減少していく傾向がある．このような原因が重なって，作物の多様性が崩壊していく．未知の病虫害や環境ストレスが襲うとき想像以上に広範囲な被害がひき起こされることは歴史が証明している．遺伝資源の収集と保存は人類にとって怠ることのできない課題である．育種の成果を上げるためだけでなく，作物の多様性の保持のためにも，進化学の視点から育種を考察することが必要である．

[引用文献]

Burger J. C. *et al.* (2008) Molecular insight into the evolution of crop plants. *Am. J. Bot.*, vol. 95, pp. 113-122.

Darwin C. (1859) *On The Origin of Species by Means of Natural Seelction*, Murray J.

Devos K. M. & Gale M. D. (1997) Comparative genetics in the grasses. *Plant Mol. Biol.*, vol. 35, pp. 3-15.

Lagercrantz U. (1998) Comparative mapping between *Arabidopsis thaliana* and *Brassica nigra* indicates that *Brassica* genomes have evolved through extensive genome replication accompanied by chromosome fusions and frequent rearrangements. *Genetics*, vol. 150, pp. 1217-1228.

[参考文献]

鵜飼保雄 (2005)『植物改良への挑戦』培風館．

鵜飼保雄・大澤良 編著 (2010)『品種改良の世界史―作物編』悠書館．

Smartt J. & Simmonds N. W. (1995) *Evolution of Crop Plants*, Longman & Scientific Technical.

（鵜飼保雄）

## 25.4 社会科学

　社会科学における進化的視点の受容を論じるとき，社会進化論（Social Darwinism，社会ダーウィニズム）のもたらした巨大な負の遺産を抜きにすることはできない．社会進化論とは，個人・集団・国家の中で強者（「最適者」）が繁栄する一方，弱者（「不適の者」）は滅びてもやむをえないとする社会思想をさす．この思想は，Darwin の生物学的進化の理論を人間社会に適用しようとした 19 世紀イギリスの社会学者 Spencer を中心に展開された．Spencer は Malthus の人口論の影響を受け，「社会進化は，競争と自然淘汰を通じて，人類史において例をみない繁栄と個人の自由をもたらす」という「最適者生存（survival of the fittest）」の概念を打ち出した．社会進化論は 19 世紀後半の自由放任型経済学の理念に合致したため，ヴィクトリア朝英国や米国において，知識階層と産業界を中心に強い影響をおよぼした．しかし，第一次世界大戦後，社会進化論はしだいに勢いを失い，第二次世界大戦におけるナチスの優生学（eugenics）政策への批判を経て，その権威は失墜した．同じ時期に，Boas, Mead, Benedict らの人類学者は，人間を他の動物種から区別するうえで文化の役割を強調し，社会進化論における「進化的進歩主義〈evolutionary progressivism〉」（すべての社会は共通の段階を経て進歩し，それゆえに優れた社会から劣った社会まで序列をつけることができるという考え方）を痛烈に批判した．こうした歴史的経緯のなか，人間社会・人間行動に対する生物学的接近一般が，進化論の誤った導入である社会進化論と同一視されるようになり，20 世紀後半の社会科学において，ダーウィニズムは大きな学問的タブーとなった（Kameda, 2010）．

　1960 年代に入り，生物学における進化の新総合（modern evolutionary synthesis）の完成を受けて，人間の社会行動や人間社会への生物学的アプローチが再浮上した．Hamilton, Trivers, E. O. Wilson などの生物学者は，人間の協力，配偶者選択，社会性の起源を説明するために，進化生物学の理論を拡張した．これらの試みは，強い批判や抵抗を受けながらも，社会科学のなかでしだいに普及するようになり，1988 年には，人間の本性（human nature）を理解するうえで進化理論を用いる研究者たちが，Human Behavior and Evolution Society（HBES）を設立した．その後，HBES は急速に拡大し，心理学，人類学を中心に，精神医学，経済学，法学，政治学，社会学を含む多様な社会科学分野に影響を与えている．こうしたなかで，現在の社会科学における主要な進化的アプローチは，進化心理学（evolutionary psychology），人間行動生態学（human behavioral ecology），遺伝子と文化の共進化モデル（gene-culture coevolution models）の三つのアプローチに分けることができるとする研究者もいる（Laland & Brown, 2002）．

### A. 進化心理学

　進化心理学は，人間の心とは，進化的に定着した精神器官であるとみる．この領域の代表的研究者である Cosmides と Tooby は，「自然淘汰は行動そのものを選択することはできない．行動を生み出すメカニズムを選択できるだけである」という観点から，進化した心的メカニズム（evolved psychological mechanisms）を研究する学問領域として進化心理学を定義した（Barkow et al., 1995）．進化した心的メカニズムとは，適応問題（adaptive problems），すなわち進化史を通じてかぎりなくくりかえされてきた生き残りや繁殖にかかわる一連の問題群，を解決するために役立った認知・感情・行動傾向の束をさす．

　「心とは生存や繁殖を含むさまざまな適応問題を解くための装置である」という観点自体は古くから存在したが，進化心理学は，現生人類の心性が獲得された環境（進化的適応環境〈environment of evolutionary adaptedness：EEA〉）が今から 180 万〜1 万年前の更新世（Pleistocene）の環境だったと考える点で，独自の視点をとっている．更新世のほとんどは氷河期であり，現在の温暖で安定した完新世（Holocene）の環境とは大きく異なっていた．現生人類の心とは，更新世における適応問題を解くために役立った心的メカニズムが定着したものであり，産業社会は更新世における適応環境と大きく異

なっているために心は不適切な行動を導く場合もあると，進化心理学は主張する．さらに，進化心理学は，心の設計は領域特殊性（domain specificity）をもつと考える．心の領域特殊性とは，心はあらゆる適応問題に適用できる汎用の道具ではなく，むしろ，配偶，養育，資源獲得，捕食回避，社会的交換，病気と健康などの，さまざまな個別領域に特有の適応問題を解くために特化した道具（モジュール）が束になったものである，という考え方のことをさす．

このような観点に立ち，進化心理学では，配偶・性行動，養育行動，攻撃，社会的交換，集団関係などのさまざまな現象が検討されている．そこでは，進化的環境における適応問題を特定し，それを解くための心理的メカニズムのあり方（computational algorithm，計算論的アルゴリズム）について仮説を立て，実験やフィールド観察により検証するというアプローチがとられる．Cosmides（1989）による社会的契約に関する推論の研究，Buss（2003）による配偶者選択における男女差の研究，Daly & Wilson（1988）による殺人の研究などがよく知られている．

**B. 人間行動生態学**

人間行動生態学とは，さまざまな環境における人間社会・人間行動のあり方を生態学的適応の観点から検討しようとするアプローチである．このアプローチは，フィールド調査やエスノグラフィーに携わる人類学者を中心に展開されてきた．

人間行動生態学は，人間の行動がきわめて柔軟性に富んでいるという仮定をもつ．これは，人はおかれた生態・社会環境に応じて柔軟に行動戦略を変えることで，生涯における繁殖成功度（reproductive success，次世代に何人の子孫を残すことができるかという生物学的適応の指標）を最大化できるように自然淘汰を受けてきたという考え方である．「さまざまな環境において高い柔軟性をもつ最適化」という着想は経済学の着想と基本的に同じであり，「人の心は更新世の進化的適応環境に応じてデザインされている」という進化心理学の着想と異なる．

人間行動生態学は，動物行動生態学のモデルを援用しつつ，当該環境での人の行動パターンに関する数学的なモデルをつくり，その予測をフィールドデータとつきあわせるという研究戦略をとることが多い．たとえば，人がある生態学的環境で食物資源を得ようとする際，どのようなやり方を採用するのかという問いを考えてみよう．人間行動生態学では，この問題を考える際に，最適採餌理論（optimal foraging theory）とよばれるモデルから出発することが多い．最適採餌理論は，食物を探索・採集する際，時間制約や捕食リスク，採餌グループの大きさなどのさまざまな要因とのトレードオフ関係の下で，どのように摂取カロリーを最大化できるかについての予測を行なう．人間行動生態学では，例えば狩猟採集民の食物獲得活動を詳細に調べ，カロリー摂取のパターンについて，モデルの予測との比較を行なう（Smith, 1992）．

近年の人間行動生態学では，人の成熟，配偶，再生産（reproduction），子育て，老化，死が生涯を通じてどのように起こるのかについての，生活史戦略（life history strategy）についての研究が活発に行なわれている．さまざまな生態学的・社会的環境の下で，人がどのくらいのスピードで成熟し性的な再生産を行なえる段階に至るのか，配偶関係や子供の養育パターン，男女の分業関係はどのような形をとるのか，老人はどのような役割をもつのかなどの問いが，環境に生態学的に適応を果たすための生活史戦略として検討されている（Kaplan et al., 2000）．

**C. 遺伝子と文化の共進化モデル**

情報を世代間で伝達するメカニズムには，大きく分けて，遺伝子による伝達経路と文化による伝達経路のふたつが考えられる．遺伝子と文化の共進化モデルでは，このふたつの伝達経路がどのように相互作用するのかについて，集団遺伝学の数学モデルを援用しつつ，さまざまな検討を行なっている（Boyd & Richerson, 1985; Cavalli-Sforza & Feldman, 1981）．

そうした検討の一例として，酪農業と乳糖の消化酵素を制御する遺伝子の共進化に関する研究がある．ヒトの成人にはミルクを問題なく消化できる者とできない者がいるが，こうした個人差は地理的にかなり偏った形で分布している．世界全体でみると，乳糖消化酵素をもつ者の比率は，酪農業の伝統をもつ

地域では人口の90％をこえるのに対して，そうした伝統をもたない地域では人口の20％に満たないことが知られている（Durham, 1991）．遺伝子と文化の共進化モデルは，集団遺伝学の考え方を援用した数学モデルによりこうしたパターンを解析し，酪農伝統の有無という文化形態・生業形態の違いが，乳糖消化酵素を制御する遺伝子の違いと，相互作用しつつ共進化することを示している（Feldman & Cavalli-Sforza, 1989）．

近年，遺伝子と文化の共進化モデルは，文化的ニッチ構築（cultural niche construction）の問題として論じられることも多い．人間の進化的な成功は，文化的技術を通じ環境を改変することにより，新しいニッチをつくり出すことで生み出されてきたという観点であり，さまざまなモデルが生み出されている（Laland & Brown, 2006）．

このほかの社会科学領域では，人間行動・人間社会の進化そのものについて直接に研究されることはほとんどないものの，上述の進化的知見を生かした論考，あるいは進化のロジックに基づく論考は，過去20年ほどの間に急増している．この意味で，領域による温度差は残っているものの，全体として，社会ダーウィニズムのもたらした負の遺産はしだいに乗りこえられ，進化的視点は社会科学のなかで一定の地歩を固めつつある．

［引用文献］

Barkow J. H. *et al.* (eds.) (1995) *The adapted mind: Evolutionary psychology and the generation of culture*, Oxford University Press.

Boyd R. & Richerson P. (1985) *Culture and the evolutionary process*, Chicago University Press.

Buss D. (2003) *The evolution of desire* (revised edition), Basic Books.

Cavalli-Sforza L. L. & Feldman M. W. (1981) *Cultural transmission and evolution: A quantitative approach*, Princeton University Press.

Cosmides L. (1989) The logic of social exchange: Has natural selection shaped how humans reason? Studies with the Wason selection task. *Cognition*, vol. 31, pp. 187-276.

Daly M. & Wilson M. (1988) *Homicide*, Aldine de Gruyter.

Durham W. (1991) *Coevolution: Genes, culture and human diversity*, Stanford University Press.

Feldman M. W. & Cavalli-Sforza L. L. (1989). On the theory of evolution under genetic and cultural transmission with application to the lactose absorption problem. in Feldman MW. ed., *Mathematical evolutionary theory*, Princeton University Press.

Kameda T. (2010) Social Darwinism. in Hogg M. and Levine JM. eds., *Encyclopedia of group processes and intergroup relations*, Thousand Oaks.

Kaplan H. *et al.* (2000) A theory of human life history evolution: Diet, intelligence, and longevity. *Evol. Anthropol.*, vol. 9, pp. 156-185.

Laland K. N. & Brown G. R. (2002) *Sense and nonsense: Evolutionary perspectives on human behaviour*, Oxford University Press.

Laland K. N. & Brown G. R. (2006) Niche construction, human behavior, and the adaptive lag hypothesis. *Evol. Anthropol.*, vol. 15, pp. 95-104.

Smith E. A. (1992) Human behavioral ecology: II. *Evol., Anthropol.*, vol. 1, pp. 50-55.

（亀田達也）

## 25.5 人文科学

### A. はじめに

人間行動について進化の視点から実証科学の手法によって研究する人間行動進化学が1990年代ごろから発展をみせてきた．人間行動進化学における重要な仮説のひとつとして，ヒトの知性は自然環境ではなく社会環境への適応として進化したとする「社会脳仮説（social brain hypothesis）」がある（Byrne & Whiten, 1988; Whiten & Byrne, 1997）．この仮説からは，人文科学の研究対象である宗教，美術，文学，言語，論理，さらには文化といった知的活動もまた，社会環境への適応として説明されうる．つまり進化の視点により，人文科学と社会科学が連結される可能性がある．以下ではそうした例をいくつか紹介する．

### B. 宗教と進化

なぜヒトは宗教をもつのだろうか．Boyer（2003）は，ヒトが進化的に獲得したさまざまな認知能力の副産物として，宗教的概念が生じると論じている．たとえばその場にいない人物との交流を想像する能力によって，物理的には存在しないが，ヒトと同様に意志や記憶をもつ存在，すなわち神や霊といった概念が可能になる．

それでは宗教には何の適応度上のメリットもないのだろうか．いくつかの研究が，宗教は集団の結束力を高めることを指摘している．たとえばSosis & Ruffle（2003）はイスラエルの宗教的キブツに属する男性は，経済学実験（変形版公共財ゲーム）においてより協力的であることを示している．またShariff & Norenzayan（2007）は，宗教的単語を含む文章完成課題に回答したあとでは，別の経済学実験（独裁者ゲーム）における利他性が高まることを示している．

### C. 美術と進化

なぜヒトは「美」を感じるのだろうか．人間行動進化学では，正の適応度上の価値をもつ刺激に対してヒトは魅力すなわち美を感じるという立場をとる．たとえばSingh（1993）は，古今東西の画や写真において一貫して女性は腰にくびれがあるよう描かれていることを報告している．腰のくびれは，その女性が繁殖年齢にあり，妊娠しておらず，健康であること，すなわち望ましい配偶相手であることを示すシグナルとなっているとSinghは論じている．一方，WetsmanとMarlowは，厳しい生態環境に暮らす中央アフリカのHadzaの人々の間では，腰のくびれよりも，体重のほうが魅力度の手がかりになることを報告している（Wetsman & Marlow, 1999; Marlow & Wetsman, 2001）．これは脂肪を蓄えていることが生存上の有利さにつながるためと解釈できる．

ヒトは美を感じるだけでなく美をつくり出す．なぜヒトは芸術作品を制作するのだろうか．Miller（2000）は，絵画，音楽，文学などといった芸術作品は，つくり手の能力と技工を伝える「正直なシグナル（honest signal）」であると論じ，芸術は性淘汰の産物であると主張している．Kanazawa（2000）は絵画やジャズといった芸術作品の大多数が，青年期男性によって制作されていることを指摘している．こうしたパターンは，Daly & Wilson（1983）が指摘した殺人の加害者の性別年齢分布のパターンと高い類似性をもつ．すなわち，芸術制作も殺人も，配偶機会を巡る男性間競争の反映である可能性がある．一見すると人間性の正反対の極を示すと思われる行動が，性淘汰というひとつの枠組みで理解できるかもしれない．

### D. 言語と進化

ヒトはなぜ言語を用いるのだろうか．言語進化について大きく三つの仮説が提唱されている（岡ノ谷, 2006）．言語進化の断続説では，言語は適応として進化したのではなく，ヒトの進化の歴史において偶然に獲得されたものとされる．漸進説では，言語は自然淘汰によって徐々に進化した適応であるとされる（Pinker, 1994）．そして前適応説では，言語に先立って，さまざまな認知能力や身体的特徴が進化したことの重要性が指摘される．ただし，漸進説と前適応説は必ずしも相互排他的なものではない（児玉・野澤, 2009）．そして，言語がまったくの偶然の

産物であるとする断続説を採らないのならば，言語進化においては，何らかの淘汰圧がはたらいたことが考えられる．

Dunbar（1998）は，言語は社会的コミュニケーションの道具として進化したことを，種の平均的集団サイズの観点から論じている．大脳皮質の相対的サイズから推測すると，ホモサピエンスの進化的適応環境における集団サイズは 150 名前後であったと考えられる．これだけ大きな集団で効率的にコミュニケーションを取るために，毛繕い（グルーミング）に代わるものとして言語が進化したと Dunbar は論じる．たとえば言語は，複数個体を同時に相手にすることができ，またその場にいない個体についての評判を伝達することができる．評判が「間接互恵性（indirect reciprocity）」の進化に大きな役割を果たすことを考えると（Nowak & Sigmund, 1998; Ohtsuki & Iwasa, 2004, 2006），言語はヒトの社会性，特に向社会性の進化と深くかかわってきた可能性がある．

### E. 論理と進化

人間行動進化学の前から，ヒトが必ずしも常に規範論理学に従う合理的存在でないことは論じられており（Kahneman & Tversky, 1982），経済学など社会科学にも大きな影響を与えてきた．Cosmides & Tooby（1992）は，こうした非合理性は，ヒトの思考が規範論理学に従うように進化したのではなく，社会的問題を解決するように進化したためであると論じている．彼らは論理的にまったく同じ構造をもつ問題でも，「3 ならば，K である」といった抽象的なルールについての推論を求めるときと，「よい市立高校に入学するなら，そこの市民でなければならない」といった社会的な契約にかかわる推論を求めるときでは回答が変化することを示し，ヒトの思考は，互恵的利他主義（Trivers, 1971）といった社会的問題を解決するようにデザインされていると論じている．

### F. 文化と進化

宗教や芸術，言語はヒトの文化を構成する重要な要素である．遺伝によらない情報の世代間垂直伝達という点でいえば，文化はヒトにかぎられた現象ではない（Whiten et al., 1999）．模倣や教育といった文化の基盤は，ヒト以外の種にもみられる（Caro & Hauser, 1992）．ただしヒトでは，それらの能力が高度に発達しているとはいえるであろう．そのためヒトの文化については，文化それ自体の進化（evolution of culture）が問題となる．たとえば Dawkins（1976）は，文化進化における遺伝子に相当するものとし「ミーム（meme）」という概念を提唱した．Blackmore（2000）や Stanovich（2005）は，ミームは遺伝的進化からヒト行動を解放する力をもつと論じている．一方，Sperber（1996; Sperber & Hirshfeld, 2004）は，文化の変化は進化的ではなく疫学的であると論じている．また文化が生態環境や社会環境を変化させることにより遺伝的進化をもたらすという，「遺伝子と文化の共進化（gene-culture coevolution）」の可能性も論じられている（Boyd & Richarson, 1982）．

### G. 歴史と進化

宗教，芸術，言語などについて，進化はメタ的な視点を与えるものであった．しかし人文科学の対象のなかでも，歴史と進化とのかかわりは若干異なっている．歴史は進化理論を検証するための素材として用いられる．

たとえば Low（1991）は，19 世紀スウェーデンの人口記録を用いて，出生男女比が高地位の親ではオスに，低地位の親ではメスに偏るとした Trivers-Willard 仮説のほか，さまざまな仮説を検討している．Wolf（1995）や Lieberman（2009）は，日本統治下の台湾での人口記録を用いて，女児が将来の夫の家で養子として育てられるシンパア婚のデータを検討し，幼児期の同居が兄弟への「血縁認知（kin recognition）」に影響するとした Westermark 効果（Westermarck, 1921）を検討している．また McCullough & Barton（1991）は，Mayflower 号による北米大陸への移民団において，移民団のなかに血縁者の居た者のほうが生存率が高いことを示すことで，血縁淘汰について検討している．

歴史記録による検証は常に進化理論を支持するわけではない．たとえば産業化によって経済的に豊か

になった国で出生率が低下していった「人口転換（demographic transition）」は，進化と真っ向から対立する現象のように思われる．こうした現象を説明には，進化したのは行動そのものではなく心理メカニズムであるとする「進化心理学（evolutionary psychology）」のアプローチが有効になるだろう（Borgerhoff Mulder, 1998）．

具体的な歴史には，それぞれの地域の気候や植生といった生態学的要因，それぞれの社会集団における歴史的背景や文化的伝統など，さまざまな要因が絡まりあって影響している．しかし，個々の要因が定まったときどのような現象が生じてきたのか検討するうえで，進化は歴史を統一的な視点から理解するための基盤となりうるだろう（たとえば Diamond, 1997 を参照）．

**H. 横軸としての進化**

宗教学や言語学，文学といった従来の学問領域を垂直方向の分類とするならば，進化は行動を機能から分類することで，水平方向の視点をもち込むものである．学問の細分化に対して学際的なアプローチの必要性が論じられることは少なくない．進化は，従来とは異なる方向の視点を提供することによって，人文科学内および人文科学と他領域との連結に貢献するだろう．

[引用文献]

Blackmore S. J. (2000) *The meme machine*, p.290, Oxford University Press.

Borgerhoff Mulder M. (1998) The demographic transition: are we any closer to an evolutionary explanation? *Trends Ecol. Evol.*, vol. 13, pp. 266-270. doi: 10.1016/S0169-5347 (98) 01357-3.

Boyd R. & Richerson P. (1982) Cultural transmission and the evolution of cooperative behavior. *Hum. Ecol.*, vol. 10, pp. 325-351.

Boyer P. (2003) Religious thought and behaviour as by-products of brain function. *Trends Cogn. Sci.*, vol. 7, pp. 119-124.

Byrne R. W. & Whiten A. (1988) *Machiavellian Intelligence: Social Expertise and the Evolution of Intellect in Monkeys, Apes, and Humans* (Oxford Science Publications). Oxford University Press.

Caro T. M. & Hauser M. D. (1992) Is There Teaching in Nonhuman Animals? *Q. Rev. Biol.*, vol. 67, pp. 151-174.

Dawkins R. (1976) *The Selfish Gene* (1st ed.), Oxford.

Diamond, J. (1997) *Guns, Germs, and Steel The Fates of Human Societies* (7th ed.), Norton.

Dunbar R. (1998) *Grooming, gossip, and the evolution of language*, p.244, Harvard University Press.

Hauser M. D. et al. (2002) The Faculty of Language: What Is It, Who Has It, and How Did It Evolve? *Science*, vol. 298, pp. 1569-1579.

Hirschfeld L. A. & Gelman S. A. (1994) *Mapping the mind*, p.534, Cambridge University Press.

Kahneman D. et al. (1982) *Judgment under uncertainty*, p.555, Cambridge University Press.

Kanazawa S. (2000) Scientific discoveries as cultural displays: a further test of Miller's courtship model. *Evol. Hum. Behav.*, vol. 21, pp. 317-321.

児玉一宏・野澤 元 (2009)『言語習得と用法基盤モデル 認知言語習得論のアプローチ』研究社．

McCulloug J. M. & Barton E. Y. (1991) Relatedness and mortality risk during a crisis year: Plymouth colony, 1620-1621. *Ethol. Sociobiol.*, vol. 12, pp. 195-209.

Marlowe F. & Wetsman A. (2001) Preferred waist-to-hip ratio and ecology. *Pers. and Indiv. Dif.*, vol. 30, pp. 481-489.

Miller G. (2000) The Mating Mind - How Sexual Choice Shaped the Evolution of Human *Nature*, William Heinemann.

Nowak M. A. & Sigmund K. (1998) Evolution of indirect reciprocity by image scoring. *Nature*, vol. 393, pp. 573-577.

Ohtsuki H. & Iwasa Y. (2004) How should we define goodness?–reputation dynamics in indirect reciprocity. *J. Theor. Biol.*, vol. 231 (1), pp. 107-120.

Shariff A. F. & Norenzayan A. (2007) God Is Watching You: Priming God Concepts Increases Prosocial Behavior in an Anonymous Economic Game. *Psychol. Sci.*, vol. 18, pp. 803-809.

Singh D. (1993) Adaptive significance of female physical attractiveness: Role of waist-to-hip ratio. *J. Pers. Soc. Psychol.*, vol. 65, pp. 293-307.

Sosis R. & Alcorta C. (2003) Signaling, solidarity, and the sacred: The evolution of religious behavior. Evol. Anthropol., vol. 12, pp. 264-274.

Sosis R. & Ruffle B. J. (2003) Religious Ritual and Cooperation: Testing for a Relationship on Israeli Religious and Secular Kibbutzim. *Curr. Anthropol.*, vol. 44, pp. 713-722.

Sperber D. (1996). Explaining Culture: A Naturalistic Approach. Wiley-Blackwell.

Sperber D. & Hirschfeld L. A. (2004) The cognitive foundations of cultural stability and diversity. *Trends Cogn. Sci.*, vol. 8, pp. 40-46.

Stanovich K. E. (2005) *The Robot's Rebellion*, p.375, Uni-

Trivers R. L.（1971）The Evolution of Reciprocal Altruism. *Q. Rev. Biol.*, vol. 46, pp. 35-57.

Trivers R. L. & Willard D. E.（1973）Natural Selection of Parental Ability to Vary the Sex Ratio of Offspring. *Science*, vol. 179, pp. 90-92.

Wetsman A. & Marlowe F.（1999）How Universal Are Preferences for Female Waist-to-Hip Ratios? Evidence from the Hadza of Tanzania. *Evol. Hum. Behavior.*, vol. 20, pp. 219-228.

Whiten A. & Byrne R. W.（1997）*Machiavellian Intelligence II: Extensions and Evaluations*（2nd ed.）, Cambridge University Press.

Whiten A. *et al.*（1999）Cultures in chimpanzees. *Nature*, vol. 399, pp. 682-685.

（平石 界）

## 25.6 生物学の哲学

### A. 生物学の哲学とは

　功成り名を遂げた生物学者がその研究の延長線上で浮かび上がってきた哲学的問題にも手を染めるという意味での生物学者の哲学的思索（たとえば Konrad Lorenz, Ernst Mayr, Jacques Monod など）はつとに知られているが，哲学的訓練を受けた科学哲学者が生物学のなかから浮かび上がってくる概念的問題をテクニカルに論ずるという意味での「生物学の哲学（philosophy of biology）」が登場してきたのは，おそらく 1970 年代以降であろう．この時期，Edward O. Wilson の『社会生物学』（Wilson, 1975）や Richard Dawkins の『利己的な遺伝子』（Dawkins, 1976）といった書物の登場によって，人間の行動や本性を進化論的に理解することの妥当性をめぐる大論争が巻き起こったのは記憶に新しい．けれども不幸なことに，こうした論争はしばしば，おのおのの論者が自らにとって自明な前提に立脚しそれと相容れない立場を糾弾するという〈イデオロギー闘争〉的な様相を帯びていた．では，そうした不毛な論争を回避し議論をより生産的なものたらしめるにはどうしたらいいのか？　そのひとつの答は，論争当事者たちが暗黙のうちに拠って立っている議論の前提を第三者的な視点から冷静かつ批判的な吟味によって明るみに出し，まっとうな論証と論証もどきとを厳密に区別することによってである．こうしたいわば，混迷する議論の〈解剖学者〉としての役割をはたすことを，生物学の哲学者たちは期待されたわけである．

　しかし，生物学の哲学の役割はそれにつきるわけではない．生物学の問題のなかには，実証的研究だけではどうしても決着のつかない，固有の哲学的・概念的考察を必要とするものが多々ある．生物の種（species）は実在する対象なのか，それとも単なる分類のためのラベルなのか？　自然選択がはたらく階層は個体か，集団か，遺伝子か，そのすべてなのか？　自然選択だけで生物の適応的形質の由来は説明できるのか？「遺伝子」とはそもそも何なのか？

こうした生物学に内在する固有の概念的問題群の解明—そしてそれを通じて現場の生物学研究にも何らかの形で貢献すること—が，むしろ現在の生物学の哲学の中心的な課題となっている．以下では，自然選択の単位の問題と遺伝子の定義の問題をひきあいに出して，生物学の哲学のアプローチの一端を紹介することにする．

### B．「自然選択の単位（units of natural selection）」をめぐる哲学的分析

Dawkinsの利己的遺伝子（selfish genes）説や，彼が依拠していたGeorge C. Williamsの『適応と自然選択』（Williams, 1966）にみられる考え方は，自然界で生じているあらゆる選択による過程は，究極的には対立遺伝子（allele）間の選択過程とみなしうる—すなわち選択によるあらゆる進化は結局は対立遺伝子の〈利益〉のためのものである—というある種の〈普遍主義的な〉主張を含んでいた．しかし科学哲学的に問題となるのは，こうした主張が「遺伝子の視点から選択進化をとらえかえすことも可能だ」というひとつの可能なパースペクティブの表明にとどまっているのか，それとも字義どおり「あらゆる選択過程は対立遺伝子間の生存闘争にほかならない」という実質的な主張が意図されているのかという点である．前者のようにひとつのパースペクティブとしての対立遺伝子選択説が自然界のいかなる選択過程の記述においてもつねに可能な選択肢として与えられているということは，ある意味で「進化とは生物集団の遺伝子プールにおける対立遺伝子の頻度変化のことである」という集団遺伝学的な進化の定義からの論理的な帰結である．というのは，昨今話題となっているエピジェネティックな情報伝達機構を度外視すれば，ある世代で起こった選択過程の結果は，それが生物個体を相互作用子（interactor）とするものであれ，生物集団を相互作用子とするものであれ，遺伝子型（genotype）を相互作用子とするものであれ，最終的には複製子（replicator）である対立遺伝子—「発生上のボトルネック」としての半数体配偶子の段階において，減数分裂によって分離された遺伝子型の断片—の頻度変化として次世代に伝達されるということは，遺伝子選択論者でなくとも誰もが認める事実であろうから．それに対して，後者の意味で対立遺伝子自身が相互作用子としてふるまい，自らの「利益」のために選択過程の因果的起点となるといえるのは，それが入っている生物個体の適応度を下げてでも自身の複製率を高めようとする分離ひずみ遺伝子や癌遺伝子のようなきわめて例外的なケース（いわゆる「アウトロー遺伝子（outlaws）」）にかぎられる（Sober, 2000）．すなわち，「利己的遺伝子」というアイデアの奇抜さや，さまざまな階層で生起する選択による進化を記述する際の「共通通貨」としての簡便性によって利己的遺伝子説は進化生物学者や一般科学ファンの人口にかなり膾炙したのだが，「アイデアとしての斬新さ」「記述の簡便性」という価値と「科学的真理性」という価値とは別物であるという，ある意味で自明な点に改めて注意を喚起するという役割を哲学的考察ははたしうる．

さらにElizabeth Lloydという哲学者は，「選択の単位」をめぐって出版された過去の膨大な文献の丹念な分析を通じて，Dawkins陣営は，世代をこえて継続する進化によって得られた恩恵の受け皿となりうるような長寿性を備えた実体という意味で「選択の単位」を理解しているのに対して，対立遺伝子選択一元論に反対し選択による進化の階層性を主張する論者は概して，そのつどの選択過程において実際に環境と相互作用する生物体内の実体というほどの意味で「選択の単位」を理解しているという点を明らかにした（Lloyd, 2001）．だとすれば，「進化は常に対立遺伝子間の生存闘争か，それともそのつど自然の異なる階層で生じているのか」という論争は，ある意味で言葉の定義の相違に由来する疑似論争だともいえることになる．このように，論争が自然の事実にかかわる実質的な対立を含むのか，それとも術語の定義にかかわる意味論的な対立なのかということを明らかにすることも，生物学の哲学のひとつの重要な仕事である．

### C．「遺伝子とは何か」をめぐる哲学的分析

かつての社会生物学論争や現在の進化心理学をめぐる論争において，しばしば「遺伝的決定論（genetic determinism）だ」「いやそうじゃない」という応酬がなされてきた．これは「統計的な傾向性」と「不

可避的な決定性」との相違に対する批判者の無理解という事情による場合も多いが，そもそも「ある形質が遺伝的にコードされている」という言明のもつ意味が，科学的な文脈においてさえ，必ずしも明確に定義されていないという事情による部分も大きい．現在，生命科学のなかで，大まかに2種類の異なる遺伝子概念が，ときに混同されつつ流通している（Moss, 2004）．一方は「ヒトの遺伝子は2万数千個である」といわれるときのように，その染色体上の部位が明確に特定されたDNA塩基配列であり，分子論的遺伝子もしくは「遺伝子D」とよばれている．他方は「黄色のエンドウ豆の遺伝子」「赤目の遺伝子」「肺癌遺伝子」といわれるときのように，生物体の適応度に差異をもたらすようにみえる表現型（phenotype）Xの背後にそれをコードする遺伝子が存在するものと想定し，それを「Xの遺伝子」とよぶというものである．これは「遺伝子P」とよばれている．遺伝子Dは発生過程の起点（「D」はdevelopmentのD）であるが，必ずしも最終産物としての表現型を指定しない．他方遺伝子Pは表現型に定位して定義されるが（「P」はphenotypeもしくはpreformation〈前生説〉のP），発生過程の複雑さのゆえにその明確なDNA上の部位が常に特定できるわけではない．

さて従来，遺伝的決定論や適応主義をめぐる論争が紛糾した背景事情の一端は，必ずしも遺伝的基礎をもっているかどうかは明らかでない—すなわち，現時点で何らかの適応的（adaptive）な（進化心理学の文脈ではむしろ非適応的〈maladaptive〉な）機能を担ってはいるが，それが過去の自然選択によって固定された適応（adaptation）であるかどうかは定かでない—表現型に関して，遺伝子Pの意味でとりあえずその遺伝的基礎の存在を想定するという語用法が幾分乱用される傾向にあり，それを逆に批判者の側が，遺伝子Dの意味であたかもそのDNA上の部位が明確に特定された物言いであるかのように受け取ってしまったという点にあるように思われる．ただし問題が一筋縄ではないのは，「表現型Xは機能Fのために選択によって固定された適応である（がゆえに現在遺伝的にコードされている）」という，形質の機能に関するある種の〈目的論的（teleological）〉言明が，場合によってはその当の形質の進化的起源をこれから解明していく際の〈発見法的な（heuristic）〉研究指針としての役割をはたすこともある—したがっていまだその進化史が再構成されていない段階でそうした適応仮説を語ることは，一概にGould & Lewontin（1979）が批判したような検証不可能な「なぜなぜ物語（just-so story）」だとはいえない—という事情があるからである．

## D. おわりに

以上みてきたような，理論の前提となっているパースペクティブやそれが採用している概念の哲学的分析作業は，現場の科学研究の成果に便乗した単なる「解釈学」だとみる向きもあるかもしれない．しかしThomas S. Kuhnがいみじくも指摘したように（Kuhn, 1962），「通常科学」の実証的研究が，逆に明文化されない世界観としての「パラダイム」によって方向づけられるということもある．したがって，こうした哲学的・概念的解釈の作業と，現場の実証的な研究との有機的な協同関係が，今後ますます望まれる．

生物学の哲学で論じられる問題は非常に多岐にわたっており，上でとりあげたもののほかにも，「種」の存在論的位置づけ，メンデル遺伝学の分子遺伝学への（さらには生化学への）還元可能性，選択による進化と中立進化の関係（進化における偶然性の役割），社会生物学や進化心理学における人間本性の自然化やジェンダー論への含意，文化進化，倫理の起源，ヒトゲノム計画そのほかバイオテクノロジーにかかわる倫理的問題，人種の生物学的根拠など枚挙にいとまがない．最後に科学研究と同様，科学哲学も異論と論争の場である．したがってここに描いた生物学の哲学の見取り図も，大なり小なり筆者の視点からのものであり，必ずしも普遍性や網羅性を意図したものではない．

［引用文献］

Dawkins R. (1976) *The Selfish Gene*, Oxford University Press.［日高敏隆・岸由二・羽田節子・垂水雄二 訳（2006）『利己的な遺伝子』紀伊國屋書店］

Gould S. J. & Lewontin R. C. (1979) The Spandrels of San Marco and the Panglossian Paradigm: A Critique of the Adaptationist Programme. *Proc. R. Soc. Lond. Biol. Sci.*, vol. 205, pp. 581-598.

Kuhn T. S.（1962）*The Structure of Scientific Revolutions*, University of Chicago Press.［中山茂 訳（1971）『科学革命の構造』みすず書房］

Lloyd E. A.（2001）Units and Levels of Selection: An Anatomy of the Units of Selection Debates, in Singh R. *et al.* eds., *Thinking About Evolution: Historical, Philosophical, and Political Perspectives*（vol.2）, pp. 267-291, Cambridge University Press.

Moss L.（2004）*What Genes Can't Do*, MIT Press.［長野敬・赤松眞紀 訳（2008）『遺伝子には何ができないか』青灯社］

Sober E.（2000）*Philosophy of Biology*（2nd ed.）, Westview Press.［松本俊吉・網谷祐一・森元良太 訳（2009）『進化論の射程』春秋社］

Williams G. C.（1966）*Adaptation and Natural Selection*, Princeton University Press.

Wilson E. O.（1975）*Sociobiology: The New Synthesis*, Harvard University Press.［伊藤嘉昭他 訳（1999）『社会生物学』新思索社］

〈松本俊吉〉

## 25.7 宗教

進化学と宗教は Charles Darwin の時代から相互に密接な関係にあり，現在でもそうである．それは大きく分けて，宗教や信仰心の進化的背景を進化論的に考察する一連の活動（＝宗教の進化論）と，進化論に対する宗教界からの反応という社会的な側面とに分けて考察することができる．本稿ではおもに前者について解説し，後者については別項目（25.9項）で扱う．しかし両者は相互に不可分であり，特に 2001 年の 9.11 テロ以降進化生物学の知見に基づく無神論的発言（新無神論）が英語圏を中心に広くみられており，それについても簡単に言及することにする．

### A. 宗教の進化学的研究：小史

自然の法則に従わない超越者的な存在を信じ，それが実際の人間の生活に密接な影響を及ぼしているという心性は，広く人類に普遍的にみられる特性である．一般に，これらの心性およびそこから派生するさまざまな社会的活動や制度を一括して，「宗教」と称している．宗教の実相はきわめて多様である．超越者を明確に仮定して「神」とよぶこともあれば，そのようには明確に規定せず漠然と想定するだけのこともある．また，超越者に巨大な権限と能力を想定して実世界を創造したと考えることもあれば，もっとささやかに今日明日の生活が影響されるだけという想定もある．一神教もあれば多神教もあり，民族宗教もあれば世界宗教もある．これらすべてを一括して総称するのは無理であるという見方もある．しかし，前述のような共通の普遍的特性がみられることから，少なくとも人類学的・生物学的には，これらの特性をヒトに共通なものとして総称することは妥当であると言える．

このような宗教現象が，なぜ人類に普遍的にみられるのか．その進化的なアプローチは，最近になるまで盛んではなかった．Darwin は人間の道徳観や宗教が進化によって獲得された形質であると考えていたが（『人間の由来』(1871);『ヒトおよび動物におけ

る感情表出』(1872)），彼以外にその考えを発展させる研究者はほとんどいなかった．Darwin の強力な擁護者であった Thomas Henry Huxley ですら，人間の倫理や価値判断と科学的事実との関係について明確な判断は下せないという不可知論（agnosticism）を主張した（"Agnosticism"（1869））．すなわち，宗教の問題は進化学などの自然科学によって説明できる問題ではないとしたのである．また，20 世紀初頭には哲学者の G.A. Moore が Herbert Spencer による汎進化論的人間論を批判して，価値命題は事実命題に還元できないとした（自然主義の誤謬）．これらの思考枠組みは強力で，宗教の進化学的な研究を長く抑制してきた．

1920 年代ごろからは，人類遺伝学や動物行動学，古人類学などの知見が蓄積されていき，人間を対象とする生物学的研究も少しずつ進展していった．しかし，第二次世界大戦期にナチスが人類遺伝学や進化論を援用した優生学的政策を推進してユダヤ民族を大量虐殺したため，これらの活動も封印されてしまい，戦後しばらくの間，人間の進化学的研究はタブー視されていた．

このような傾向が変化しはじめたのは，1970 年代になってからである．人間の社会行動や社会形質を進化学的に説明できることを示した E.O. Wilson の『社会生物学』は，当然宗教的活動についてもその射程に入れて展開されており，Wilson は『人間の本性について』(1978) で，宗教が適応的形質である可能性を示唆した．1990 年代になると，宗教の進化的背景に関する研究は進化心理学や認知科学，文化人類学などの知見を総合する形で発展し，多くのデータと理論が蓄積されてきた．2000 年代以降になると，さらに脳神経科学の知見も加味した研究成果が登場するようになり，宗教の進化学的研究は活況を呈している．

### B. 宗教の進化学的研究：現状

前節で述べたように，宗教の進化学的研究は 2000 年代になって論文数や国際会議の開催頻度が増えている．認知科学と進化生物学の融合が進み，さらに脳神経科学の発展もこの流れに加わり，従来から蓄積のあった人類学的なデータを進化学的な枠組みで整合的に解釈することが可能になったことが理由のひとつと考えられる．P. Boyer の "*Religion Explained*" (2001；邦題『神はなぜいるのか』) や D.S. Wilson の "*Darwin's Cathedral*" (2002) は，このような学術的傾向の当時の集大成であり，現在に至るまでの宗教研究の隆盛を象徴している著作といえる．

宗教を対象とする進化学的，あるいは広く生物学的研究の現在の動向は，大きく分けてふたつになる．ひとつめは，宗教現象や人間の信仰心は，社会集団の結束を高めるなどの機能をもっており，適応的な形質として進化してきたとする意見である（R. Alexander, Wilson ら）．もうひとつは，宗教それ自体には適応的意義はなく，社会関係を円滑にするために進化した人間のさまざまな認知推論モジュール（後述）の副産物だとする意見である（P. Boyer, S. Atran, R. Sosis, A. Norenzayan ら）．現在のところ，後者の副産物仮説のほうが有力である．その根拠は，宗教現象が必ずしも社会的結束を高める要素をもったものばかりではないことや，個人の生存価を下げるような宗教現象（生け贄など）が多くみられることなどである．現在広くみられる宗教的祭祀は大勢で一斉に執り行なうものが多いため，宗教が集団の結束を高めるというのは可能性が高そうにみえる．しかし，文化人類学や認知考古学の知見によれば，このような形での宗教祭祀が出現したのはむしろあとになってからで，初期にはより少人数の間での社会関係にかかわるものが宗教の原初的形態であったと推測される．より大規模な宗教儀式は，教団が組織化され，宗教が制度化されてから出現したものであると考えられる．

それに対して副産物仮説は，推論モジュールがヒトの認知機構に普遍的にみられると考えられることから，宗教的現象が普遍的であることを説明でき，また，あくまでも副産物なので，宗教現象に特有のある種の非合理性も説明できることから，近年では支持する見解が強い．推論モジュールとは，推論の異なる対象ごとに特化した，ヒトの認知機構の下位機構である．たとえば，人類にとって社会関係を円滑に推進することはきわめて重要であり，したがってヒトの心には相手の心理状態を推測するモジュー

ルや，社会現象の因果関係を推測するモジュールなどが進化的に備わっていると考えられる．これらが適切でない場面で誤作動することによって，動植物や自然現象などの人間ではない存在にも精神が存在するとみなしてその挙動を擬人化してしまったり，偶然の出来事の間に因果関係を想定して超越者の支配を仮定してしまったりするのではないかと考えられる．このほかにも，死を特別視したり死体を不浄視すること，超越者の前で正直が要求されることなどが，ヒトの認知推論モジュールの特性に合致する．以上のことから，宗教現象はそれ自体が適応的な意味をもったものではなく，ヒトの心の副産物と考える方が妥当であるというのが現在の学界の通説である．

C. 進化論に基づく無神論

冒頭で述べたように，Darwin 以来続いている進化生物学と宗教活動の関係については，25.9 項で詳述する．ここでは，上で述べた宗教の生物学的研究と密接な関係にある，新無神論（new atheism）の動きについて簡単に述べておく．2000 年代以降，宗教の生物学的研究が盛んになった背景には，前述のように諸科学の知見を総合的に解釈する枠組みが醸成されてきたという科学的な進展があるが，もうひとつ社会的な要因として重要な契機になったのは 2001 年の 9.11 テロである．イスラム過激派が米国の民間飛行機をハイジャックした自爆テロは，英語圏のみならず西側諸国に大きな衝撃を与えた．当時の米国のブッシュ政権は強力な保守化・右傾化路線をとり，米国をキリスト教国家の旗手として位置付け，イスラム教圏に対決するという宗教イデオロギーを強調して，イラク侵攻の大義名分とした．イギリスは西側諸国の中でもいち早く米国支持を打ち出した（日本もそれに同調した）．

これら一連の，「21 世紀における祭政一致」とでもよべる動きに対し，知識人の間からは強い批判がなされた．そのなかで，進化生物学などの生物学的知見に基づいて批判を展開したのが英国の進化生物学者 R. Dawkins や米国の評論家 S. Harris，科学哲学者 D. Dennett，物理学者 V.J. Stenger らである．彼らは神の存在そのものを否定し，宗教を有害なプログラムであるとみなし，無神論こそが現代にふさわしい知的態度であると主張する．従来の N. Chomsky ら左派知識人のようなイデオロギー的な批判ではなく，科学的な根拠に立脚して宗教そのものを否定するため，「新無神論」と称されている．神学や宗教界からは，批判されるべきは狂信的な原理主義であり，通常の宗教的活動をそれらと一緒に否定してしまうのは宗教に対する理解不足であるという反論がなされている（A. McGrath ら）．

前節で紹介した，宗教の生物学的研究を遂行している研究者のなかにも，多くは新無神論者の宗教全面否定はいきすぎであり，むしろ有害であるという意見が多いようである（D.S. Wilson, M. Ruse ら）．1970 年代に社会生物学を唱えて現在の生物学的宗教研究の扉を開いた E.O. Wilson は，2006 年に出版した "*Creation*"（邦題『創造』）のなかで，失われつつある生物多様性を守るために，科学界と宗教界が連合して共同戦線を構築すべきだと訴えている．

このように，進化生物学者のなかでも宗教に対する社会的な側面の評価はさまざまである．しかしこれらはいずれもキリスト教圏，それも英語圏での動向であり，欧州大陸での状況も，必ずしも十分に把握できているわけではない．さらに，東欧やイスラム圏，仏教圏の生物学者たちの宗教観は，英語による学術情報空間からはまったく視野の外にある．このような世界的状況に対して，宗教的制約がほとんどない日本の進化学者がどのような知的貢献ができるのか，あるいはするべきなのか，深く考える必要のある問題だと思われる．

[参考文献]

Atran S. (2002) *In Gods We Trust: The Evolutionary Landscape of Religion*, Oxford University Press.

Boyer P. (2001) *Religion Explained*, Bantham Books.［Pascal Boyer 著，鈴木光太郎・中村潔 訳（2008）『神はなぜいるのか』NTT 出版］

Dawkins R.（2006）*The God Delusion*, Houghton Mifflin.［リチャード・ドーキンス 著，垂水雄二 訳（2007）『神は妄想である』早川書房］

Wilson D. S.（2002）*Darwin's Cathedral*, University of Chicago Press.

（佐倉 統）

## 25.8 教科書における進化のとり扱い

日本の教科書における進化のとり扱いについては，明治期に西洋の進化論が日本に紹介されたときに，国内では Harvard Spencer の社会進化論が広く受け入れられたために，Charles Darwin の進化論が歪められた経緯がある．28.4 項目によると，1880 年～90 年代の明治期の日本では，Darwin 自身が低くしか評価しなかった Spencer の著作が多く翻訳され，さらに日清戦争（1894）・日露戦争（1904）を勝利し，政府の富国強兵策によって繁栄を築く日本社会には，Spencer の社会進化論は思想的基盤を与えるものとなった．この社会進化論は現代まで伝わり，一般市民は「適者生存」，「優勝劣敗」が Darwin 進化論の本質であるかのように誤解している傾向がある．これは後述する中等教育課程（中学校・高等学校）での「進化」のとり扱いが軽視されてきた歴史と関係があるだろう．

一方で，Darwin の生物進化論を最初に紹介したのは，東京帝国大学理科大学の動物学初代教授 Edward S. Morse であり，続いて，同大学の動物学の助教授（のちに4代教授）だった石川千代松（1860-1935）が Morse の 1878 年ごろの講義を筆記し和訳して『動物進化論』を 1883 年に出版したのが最初と認められている．明治期の博物学者である南方熊楠（1867-1941）は，最初は Spencer に魅了されていたが，14 年にわたる外遊の間に考えを改め，「適者生存」や「生存競争」，「進歩」などを基盤に社会進化論を唱える Spencer をいかがわしいものとしてきわめて低く評価している．

これを背景に，明治期から戦前における中等教育（旧制中学や師範学校）における生物進化の教育をみてみよう．東京高等師範学校教授である動物学者の丘 浅次郎（1868-1944）は『中学動物教科書』（六盟館，1900）を出版し，最後の第 19 章「進化論の大意」を設けて解説している．この章には自然淘汰の理として，同種中の個体の同じからざること（個体変異），遺伝，動物繁殖の速力，生存競争，適者生存が解説されている．丘は『進化論講話』（開成館，1904）では優生学を主張したり，最終章では人類の進化として日本の富国強兵政策を支持するような生存競争，民族主義的な優勝劣敗の論陣を展開したが，教科書ではそのような姿勢はみられない．

昭和に入ると，『師範教科 新制動物学』（大日本図書，1931）では，第一篇「動物各類の研究」が約 200 ページ設けられたあとに，第二篇「動物通論」で構造と発生，生理，生態，分布などの章が設けられ，第 6 章「人為淘汰，自然淘汰」では，密度効果から生存競争，そして優勝劣敗の解説がみられる．ここでは「優者は外因より受けるさまざまな影響に対して長い年月の間に自己の形態や習性を変化して調和し，適応のよく現れたもの，適応のないものを滅亡せしめる．適するように変化させるのが自然淘汰」とある．また，第 7 章「動物の進化と系統」では，外界の変化に応じて単細胞から多細胞へ，簡単なものから複雑になることを進化ととらえている．また，「進化の証拠」として化石，相同器官，発生上の事実（脊椎動物の胚はどれも同形）などがあげられており，これは 1970 年～80 年代の高校生物の検定教科書まで長らく同じ扱いだった．

第二次大戦が勃発すると，生物教科書の内容も微妙に変わる．『師範生物 本科用一』（文科省，1943）では，各章をみわたしても進化の項目はみられない．唯一，第 1 章「郷土の生物」に生物と環境，採集と分布，生物の分類，種の概念などが簡単に説明されて，他の章は発生，細胞，刺激と反応，物質交代，生物体における相互関係（体内器官の相互の調節，神経，化学的調節）である．おそらく，敵国である英国の Darwin 流の進化論は影を潜めたものと推察される．

戦後の中等課程学習指導要領における「進化」の扱いについては，中学校 1958 年（高等学校 1960 年）の告示からは，中道貞子（2009）が一覧表にして解説している（表1）．これをみると，中学校の学習指導要領で「進化」の扱いが大きく変動しているのがみてとれる．1977 年改訂（施行 1981 年）と 1998 年改訂（施行 2002 年）の2回は，前者は 12 年間，後者は9年間の，計 21 年間にわたって中学理科第2分野の教科書から「進化」の語が消え，日本全国の中学生は「進化」を学校では教わらなかったのである．もっとも，1989 年改訂（施行 1993 年）では

表 1　学習指導要領の改訂年と内容の変遷

| 告示 | 1958/1960 | 1969/1970 | 1977/1978 | 1989/1989 | 1998/1999 |
|---|---|---|---|---|---|
| 中学校 | ○生物の進化（進化の事実・進化の説明）<br>○生物の系統と分類 | ○生物の分類と系統（系統的分類，進化の考え導入される） | 進化の用語なし | ○生物界のつながり（生物が進化することを知る） | 進化の用語なし |
| 高等学校 | 〈生物〉<br>○生物の進化（進化の論拠，進化の要因に関する説明）<br>○生物の系統と分類 | 〈基礎理科〉<br>○進化（生物の進化）<br>〈生物II〉<br>○生物の進化<br>生命の起源（生命の起源，生命の変遷）<br>進化のしくみ（進化の論拠，進化のしくみに関する説明） | 〈理科I〉<br>進化（生物の進化）<br>〈生物〉<br>進化の用語なし | 〈生物IA〉<br>○ヒトの特徴（ヒトの系統的位置など）<br>〈生物II〉<br>○生物の進化（生物界の変遷・進化の仕組み）<br>○生物の系統と分類 | 〈理科基礎〉<br>○進化の考え方<br>〈理科総合B〉<br>○生物の変遷<br>〈生物II〉<br>○生物の分類と系統<br>○生物の進化（生物界の変遷・進化の仕組み） |

改訂年度はスラッシュを挟んで左は中学校，右は高等学校（中道，2009）

単元「生物界のつながり」で進化の内容が説明されているが，単元があやふやな文言でしかなく，これを含めると中学理科の項目に「進化」が掲げられなかった期間は 2008 年改訂（施行 2012 年）まで実に 31 年間の長期におよぶ．

各改訂年ごとに細かくみていくと，1958 年（1960 年）版では，中学・高校ともに生物の進化が詳しく扱われている．高校では進化の事実を形態や発生など多面的に理解させるとともに，J.-B. Lamarck, Darwin, H. de Vries などの進化説をとりあげていた．1969 年（1970 年）版では中学理科に 2 分野制が導入され，「生物の種類と生活」のなかで進化の考えを理解させているが，ただし系統的分類と進化は別分野として扱われている．1977 年（1978 年）版では，またしても中学には「進化」の用語が消え，その代わりに高校は全員必修の『理科I』で「生物の進化」が登場した．しかし，この『理科I』は進学校では軽く流す程度だったと聞く．上級本の『生物』には「進化」の用語はない．なお，1977 年（1978 年）版から始まった理科授業時間数の削減は，1989 年（1989 年）版，1998 年（1999 年）版へとひき継がれていった．時間数が減っていくなかで，1989 年（1989 年）版では，中学に再び「生物界のつながり」のなかで「進化」が教えられていた．一方，高校では『生物IA』の履修者数が少なく，多くの生徒が履修する『生物IB』では「進化」は扱わない．

中学 1998 年告示（施行 2002 年）・高校 1999 年告示（施行 2003 年）版の学習指導要領は，「ゆとり」の極みの学習指導要領である．「中学では円周率を約 3 と教える」，「中学ではイオンは教えない」，「中学では進化は教えない」などの方針が全国からの厳しい批判にさらされた．検定合格の教科書は諸外国と比較してもぐっと薄くなり，このままでは科学技術立国日本は衰退するとの大批判が巻き起こった．高校では「理科基礎」で進化の考え方や「理科総合 B」では地質年代による生物の変遷が登場したが，これとて本来は中学で教わるべき内容である．センター入試の科目で 80％の生徒が履修する『生物I』では進化を扱うことは教科書検定で禁じられ，上級の『生物II』では「生物集団のなりたち」（生態分野）と「生物の分類と進化」（進化分野）はどちらか選択して履修する扱いであった．19 世紀の進化論の諸説を詳しく紹介し，進化の仕組みとして突然変異，自然選択，遺伝的浮動が解説されてはいるが，木村資生の中立説はわずかな記述にとどまっている．

学習指導要領の大批判を受けて，新学習指導要領（中学 2008 年/高等学校 2009 年告示，中学 2012 年 4 月施行，高等学校理数科目 2012 年 4 月施行）では一挙に内容の現代化が進んだ．中学では「進化」の単元が復活し，生物の多様性として花のない植物（コケ・シダ）やおもな無脊椎動物（軟体動物，節足動物など）を学習することになった．また，高校では，多くの生徒が履修すると考えられる『生物基礎』（2 単位）では分子生物学を中心に現代化が進み，冒頭の「生物の特徴—生物の多様性と共通性」の項目では，共通性は起源の共有（共通祖先）に由来する

という系統思考を前面に出している．また，上級本である『生物』(4 単位) は 400 ページを優に超えるものが登場し，「進化と系統」の単元では自然選択説と分子進化の中立説を二大理論としてとらえ，分子時計や分子系統樹が前面にでている．また，19 世紀の進化論はせいぜいでコラムの扱いに縮小された．さらに，分子系統樹をベースにした「3 ドメイン」なども取り扱っている．

ちなみに諸外国の生物教科書については，当然のことながら国をあげての検定教科書は存在しない．英語圏では「UK A level シラバス」に準拠した教科書があり，だいたい日本の検定教科書に相当するが，教え方は地区によっても高校のレベルによってもさまざまであろう．また，米国は高校生の能力によって，標準 (Regular) /上級 (Honor) /PA に分かれる．PA は公立高校生の上位約 2% 程度が近隣大学の一般教養の授業を履修し単位を取得することができるので，生徒間の差が大きい．PA は大学一般教養レベルの『キャンベル 生物学』(原著第 7 版，丸善，2006) などの大学教科書を早々と学ぶことも可能な制度になっている．

[引用文献]

中道貞子 (2009)『中等教育における「進化」学習の変遷と今後のあり方』シンポ「初等／中学教育における進化の取り扱い—進化の始点をもった教科指導—」，日本生物教育学会・第 86 回全国大会予稿集 (福岡)，p. 19.

(嶋田正和)

## 25.9　社会と進化

進化論は生物学の一分野であるが，常に科学の枠をこえて，思想や哲学や社会的動向と相互に影響しあってきた．進化の概念自体，啓蒙思想に基づく進歩概念と密接な関係にある．18 世紀に種の変遷を唱えた J.-B. Lamarck は熱烈な啓蒙主義者であり，人間社会が段階的に発展していくという見方を自然に適用することが彼の進化論の目的のひとつであったとされる．本項では，現代の進化生物学にとって重要な位置を占める Charles Darwin 以降の時代に限定し，特に重要と思われる三つのテーマ，すなわち進化論と宗教の関係，マルクス主義との関係，優生学との関係について説明することにする．

### A. 宗教と進化論

宗教現象の進化論的研究については別項 (25.7 項) で詳述した．ここでは，進化理論と特に大きな軋轢をひき起こしてきたキリスト教会との社会的関係について述べる．19 世紀半ばに Darwin が自然淘汰 (自然選択) 理論を提唱すると，ただちにキリスト教会から反論が噴出した．教義である神による創造が否定されることになるからである．Darwin は 1820 年代に自然選択を着想してから『種の起原』を出版するまでに 30 年以上かかっているが，これだけ長い年月を要したのも教会との関係を気にしたからだとも，敬虔なキリスト教信者であった妻に気をつかったからだともいわれている．

先に，進化の概念自体，起源は啓蒙思想と密接な関係にあると述べたが，そもそも啓蒙思想は教会勢力と熾烈な敵対関係にあった運動体である．キリスト教を古い社会の因習とみなして，その合理主義的な改革を唱えたのが啓蒙思想家たちであり，その社会的実践がフランス革命であった．Lamarck がその強い影響下にあったことはすでに触れたが，イギリスでもキリスト教を批判して合理的な科学主義こそ新時代の拠り所であるとする動きがあり，その一例が Charles の祖父 Erasmus Darwin や陶器製作に科学技術を積極的に導入した Josia Wedgewood

らであった．つまり進化論の考え方は，そもそもの誕生のときから，キリスト教会とは敵対する運命にあったのだといえる．Darwin 理論の信奉者で，ドイツに進化理論を広めた E. Haeckel も，強烈な反キリスト教論者であった．

そのような Darwin 理論が米国にわたった際に，奴隷制との関係（後述）から特に南部では反ダーウィニズムの世論も強く，Louis Agassiz のように進化論を否定した生物学者も少なくなかった．一方で，19 世紀末から 20 世紀初頭にかけて米国の工業化が進むと，キリスト教界にも近代主義や合理主義をよしとする風潮があらわれ，進化論をはじめとする自然科学を擁護する世論も盛り上がりをみせた．1925 年にテネシー州で進化論の擁護派と反対派が争ったスコープス裁判（通称モンキー裁判）はその象徴である．裁判は進化論擁護派の敗訴だったが，リベラルな近代主義を支援する社会世論をいっそう強めることとなった．第二次世界大戦が日本やドイツなど全体主義国家との対戦だったことから，リベラルな世論は 1930 年代から 40 年代にかけても米国社会の基調をなし，第二次世界大戦後になっても，ソ連との冷戦下で科学技術教育が奨励されたため，キリスト教界も科学主義を擁護する勢力が強く，進化論との反目がことさら強調されることはなかった．

事態が変化するのは 1970 年代になってからである．1960 年代に同性愛やフリーセックスの許容など，家族規範や性規範がゆらぎはじめると，リベラルの「いきすぎ」を懸念する保守派が巻き返しをはかり，福音派キリスト教を中心としたいわゆる「キリスト教右派」が結成された．聖書の字句を字義どおりに解釈する創造論が反進化論キャンペーンを展開するのは，これ以後である．その成果として，1981 年にアーカンソー州やルイジアナ州で，公立学校では進化論と創造論に同じ授業時間数を使うべきとする法律が制定された．のちにこれらの州法は公立学校での宗教教育を禁じた憲法に違反しているという判決が下されると，創造論者は「科学」としての装いを強めた知的設計論（インテリジェント・デザイン論）を整備することで対抗した．

2001 年の 9.11 テロ以来，米国社会が右傾化および宗教化を強めるなかで，創造論者の活動はさらに活況を呈している．各種世論調査によると米国民のうち進化論を信じる人の割合は，30〜40%にとどまっている．米国以外の欧州社会では，特に北欧を中心にキリスト教勢力がそれほど強くないこともあり，米国ほどには進化論との社会的軋轢は生じていない．アジア諸国では韓国がキリスト教信者の割合が多いが，創造論が盛んという状況にはなっていない．日本はそもそもキリスト教の割合が少ない．インドや中国，イスラム圏，ラテンアメリカ諸国などの動向は十分には把握できていないが，キリスト教原理主義と進化論が先鋭な対立をしているのは，米国に独特の現象とみてよいだろう．

### B. マルクス主義とダーウィン主義

Karl Marx（1818-1883）は Darwin（1809-1882）とほぼ同時代の人であるが，直接の交流はほとんどなかったようだ．しかし Marx や同僚の Friedrich Engels は，彼らの唯物論的な発展史観との共通点が多くみられることから，Darwin の生物進化論を高く評価した．ソビエト連邦の基幹イデオロギーとなったマルクス=レーニン主義にもこれが受け継がれ，ブルジョア資本主義社会の影響を受けて限界があったダーウィン理論を，弁証法的に修正発展させるのがソビエト生物学の「使命」であるとされた．コムギの春化処理によってこれを達成したと自称したのが，Trofim Lysenko（1898-1976）である．彼の理論はメンデル遺伝学を否定して獲得形質の遺伝を強調するネオ・ラマルク主義の一形態であり，科学的な根拠はほとんどなかったが，政治的権力を独占したスターリンの支持を得て 1930 年代から 40 年代に猛威をふるい，Lysenko は政府の農業関係施設の要職を歴任した．

1930 年代のソ連の遺伝学は世界的にも高い学術水準を誇っていたが，Lysenko は彼を批判する遺伝学者たちを弾圧し続け，たとえば著名な遺伝学者の Nikolai Vavilov は逮捕投獄され，獄中で衰弱死した．彼らの論争は科学的な内容に関するものというよりは，どちらがダーウィン理論の後継者かという出自の正統性をめぐるものであった．科学的には Vavilov らの遺伝学にそれを名乗る資格があり，Lysonko の疑似科学にそれがなかったのは明らかだ

が，当時はその点は問題にされず，共産党への忠誠心など，科学とは無関係な政治的要件によって真偽が決定されたのである．

分子生物学の知見が蓄積され，メンデル遺伝学の正しさが疑いないものになるにつれてルイセンコ学説は支持されなくなり，彼の政治的勢力も衰えていった．また，メンデル遺伝学とダーウィン進化理論の結びつきが確固たるものになるにつれて，ルイセンコ学説の位置づけも微妙に変化していく．第二次世界大戦後の日本でルイセンコ学説が流行した際には，むしろ反ダーウィン理論として位置づけられている．

## C. 優生学と社会ダーウィニズム

前節で述べたように，Darwin が自然選択理論を提唱した19世紀後半，米国では奴隷制を擁護する南部諸州とそれに反対する北部諸州の対立が激化していた．Darwin 自身熱烈な奴隷制反対論者であり，自然選択による進化理論を発表した理由のひとつは，黒人も白人も同じ種であることを科学的に証明して奴隷制反対の論拠となる理論を構築するためだったといわれている．

しかし彼の意に反して，自然選択による進化理論は「優勝劣敗」や「弱肉強食」といった，Herbert Spencer によるキャッチフレーズとともに社会に流布し，優生学を支持する科学理論として使われることが多くなってしまった．19世紀後半から20世紀初頭にかけての世界史は帝国主義的な国家膨張期であり，「強い」国家をつくるために，より「頑健」で「優秀」な国民が必要とされたのである．イギリスやフランス，北欧では公衆衛生学や社会改良主義と優生学が結びついた．ドイツでは反ユダヤ思想とドイツ民族至上主義に優生学が合体し，第二次世界大戦時の A. Hitler によるユダヤ民族虐殺へとつながっていった．

米国でも優生学は盛んだったが，南北戦争後の19世紀末から20世紀初頭にかけての経済発展期（いわゆる「金メッキ時代」）には，自由競争によって優れたものが生き残ることで社会そのものが右肩上がりに発展していくとする社会進化論（社会ダーウィニズム）が流行した．これにより鉄鋼産業で巨万の富を得た Andrew Carnegie ら独占資本家の行為が正当化され，一方で彼らがその富を社会に還元する寄付文化の規範を定着させた．社会進化論は現在に至るまで，個人主義的・自由主義的市場経済をよしとする米国民の世論の基調を形成している．なお，社会ダーウィニズムは，Darwin その人の進化理論や思想とはあまり関係の深いものではない．むしろ「社会スペンサリズム」とするべきものである．

日本でも明治期に Darwin の理論が導入されると，社会進化論が盛んに論じられた．加藤弘之による，明治国家正当化のための進化論はよく知られている．公衆衛生学的な文脈での優生学的言説も広く社会に流布し，結婚相手の遺伝的背景への留意をよびかける文言などがゆきわたるようになった．また日本の帝国主義的膨張にあわせて，東アジアの他民族との間での人種的優越性を示すために，民族主義的優生学的な風潮も広くみられるようになった．第二次世界大戦後は，経済復興を果たして先進国の仲間入りをした時期に，「欧米発の理論ではない，日本土着の」今西進化論が社会的脚光を浴びた．

このように，進化理論はその時代や社会に応じて，さまざまな社会思想や運動と結びついて語られ，利用され，悪用もされてきた．これらの多くは進化生物学それ自体の科学的な妥当性や信頼性とは無関係な社会現象ではあるが，「科学理論」としての進化論が社会的な権威として機能することも事実である．社会現象と結びつきやすい進化理論の特質を考慮すれば，このような事態は今後とも続くものと考えられる．進化にかかわる科学者の社会的責任は，それだけ重いということを意味している．

[参考文献]

U. Deichman (1996) *Biologists under Hitler*, Harvard University Press.

エイドリアン・デズモンド，ジェイムズ・ムーア 著，矢野真千子・野下祥子 訳 (2009)『ダーウィンが信じた道』日本放送出版協会．

ダニエル・C. デネット 著，山口泰司他 訳『ダーウィンの危険な思想 — 生命の意味と進化』青土社．

堀内一史 (2010) 中公新書『アメリカと宗教 — 保守化と政治化のゆくえ』中央公論新社．

マイケル・ルース 著，佐倉 統他 訳 (2008)『ダーウィンとデザ

イン』共立出版.

マーク・B. アダムズ 著, 佐藤雅彦 訳（1998）『比較「優生学」史 ― 独・仏・伯・露における「良き血筋を作る術」の展開』現代書館.

Z. メドヴェジェフ 著, 金光不二夫 訳（1971）『ルイセンコ学説の興亡 ― 個人崇拝と生物学』河出書房新社.

米本昌平・橳島次郎・松原洋子・市野川容孝（2000）講談社現代新書『優生学と人間社会』講談社.

（佐倉 統）

# 第26章
# 古 生 物 学

26.1 古生物学 生形貴男

26.2 地質年代の推定:生層序学的アプローチ 指田勝男

26.3 地質年代の推定:放射年代学 指田勝男

26.4 古生物学と現生生物学 生形貴男

# 26.1 古生物学

## A. 一般的事項

　古生物学（paleontology）とは過去の生物である古生物（ancient life）に関連する学問の総称である．従来，古生物学は，地質時代の生物をおもな対象としてきたが，今日では有史時代や現在の生物にまで古生物学的研究の範囲が広がっており，古生物学を研究対象の古さによって定義することは適当でなくなりつつある．こうしたことから，地質学的スケールの時間軸をもった生物学として古生物学を定義することもある．また，古生物学を「化石を研究対象とする学問」と理解する向きもあるが，なかには研究材料として化石標本を直接扱わず，現生生物の研究や化石を産出する地層の調査や化石記録（データ）の解析などから古生物について理解しようするアプローチもあり，こうした研究もまた古生物学とみなされる．古生物学は，伝統的には地質学の一分科として位置づけられてきたので，化石記録が豊富な生物グループに関する地質系出身者による研究の総称としてこの語が用いられることもある．

　古生物学は，地球科学と生物学の境界領域として独特の位置を占めており，それゆえに科学者社会のなかでは「地球科学か生物科学か」の二者択一を迫られる場面もないわけではないが，こうした学問分野の存在自体が，両科学が一部で接続していることの証左であるともいえよう．今日の地球科学では，気圏・水圏・岩石圏に加えて生物圏にも大きな関心が払われており，生物学と地球科学にまたがる分野として，古生物学・生物地球化学・宇宙生物学・地球微生物学などを包括する「地球生命科学」が興りつつあるが，こうした潮流のなかで生命の歴史に関する部分をおもに担うのが古生物学の役割であるといえる．また，発掘物を研究対象とするという共通点から，巷では古生物学は考古学としばしば混同されるが，考古学が人類の文化的歴史を扱うのに対して，古生物学は生物の歴史に焦点をあてるという違いがある．ただし，両分野もまた古人類学等において接点をもっている．paleontology の語源は，古い（paleo-）存在の（onto-）学問（-logy）である．

## B. 分科・関連諸分野

　古生物学は，古生物の記載・分類を担う記載古生物学（paleontolography）を土台として，その上に地質学的古生物学と生物学的古生物学の2本の幹を発達させてきた．地質学的古生物学は，化石の地質学的有用性を利用して地球科学の諸問題にとりくむ学問で，とりわけ地層の重なる順序（層序）やその年代の決定に化石を利用する生層序学（biostratigraphy）がその根幹となっている．地質学的古生物学は，地層の層序・年代の決定から地質体の発達史を論ずる地史学（historical geology）や，地球の過去の気候変動の歴史を明らかにしてそのメカニズムの解明を目指す古気候学（paleoclimatology），あるいはそれと密接不可分な古海洋学（paleoceanography）などの分野において中心的役割を占めてきた．化石の生層序学的利用に加えて，古気候学においては，ある特定の環境をさし示す示相化石や，化石試料から測定される地球化学的属性などが古環境の復元に用いられてきた．これら地質学的古生物学においては，顕微鏡を使用しなければ観察できない微化石が特に有用である．また，生層序学は，石油探査などの資源開発にも役立っており，こうした目的での化石の研究は応用古生物学（applied paleontology）とよばれている．

　一方，生物学的古生物学（paleobiology）は，古生物の生物学的側面に注目する学問であり，生物進化を主要な興味の対象とするので，進化古生物学（evolutionary paleobiology）ともよばれている．狭義の進化古生物学は，進化理論に基づく化石記録の解釈，または化石記録による進化理論の検証というふたつの側面をもっているが，古生物を理解するために近縁の現生生物について研究することも生物学的古生物学あるいは広義の進化古生物学的研究とみなされる．また，古生物の生理・生態・行動とその生息環境との関係を探求する古生態学（paleoecology）や，古生物の地理的分布を地史などと関連づけて理解する古生物地理学（paleobiogeography），あるいは古生物の大量絶滅に関する研究など，生物学的古生物学と地質学的古生物学に跨る研究分野も少なく

ない．これらのうち古生態学は，個々の種を対象とする各個古生態学（autopaleoecology）と，化石群から復元される古生物群集に注目した群集古生態学（synpaleoecology）とに区別されている．

古生物学は，研究対象によって古脊椎動物学（vertebrate paleontology），古無脊椎動物学（invertebrate paleontology），古植物学（paleobotany）などにより分けられることがある．特に，微化石を対象とする研究を微古生物学（micropaleontology），地層中の花粉や胞子を研究する分野を古花粉学（paleopalynology），化石人骨を研究対象とする分野を古人類学（paleoanthropology）というが，古花粉学や古人類学は考古学とも関係が深い．

### C. 学史

古生物学の主要な研究対象である化石が生物起源であるという認識の歴史は古く，古代ギリシャにまでさかのぼる．化石についての古生物学的洞察の記録としては，中国の博物学者であった沈括（1031-1095）やイタリアの Leonard da Vinci（1452-1519）らにも認められる．化石を最初に図示・記載した出版物は，スイスの Conrad Gesner（1516-1565）による "*De Rerum Fossilum*" とされており，ある意味で記載古生物学の原点ともいえる．また，比較解剖学を創始し，絶滅生物の存在を実証したフランスの Georges Cuvier（1769-1832）は，今日では古生物学の祖と認識されている．一方，地質学の一分科として生層序学を確立したのは，離れた地域に分布する地層の同時代性を化石によって認定できること（地層同定の法則）をみいだしたイギリスの地質技師 William Smith（1769-1839）である．paléontologie（古生物学）という名称を初めて用いたのは，Cuvier の影響を受けたフランスの動物学者 Henri-Marie Ducrotay de Blainville（1777-1850）であった．19世紀以降，古生物学は主として地質学の一部として発展し，モノグラフの作成と生層序学的研究が主流だったが，そのなかにあってロシアの Wladimir Kowalevski（1842-1883）は，早くから生物学的古生物学を志向した研究者として知られている．生物学的古生物学を意味する Paläeobiologie という言葉を初めて用いたのは，オーストリアの Othenio Abel（1875-1946）とされている．一方，ドイツの Rudolf Richter（1881-1957）は，古生物を理解するために現在の生物やその遺骸を研究する考現古生物学（Aktuo-paläontologie）を提唱した．明治期には，おもにドイツからわが国に古生物学が輸入され，地質学のなかで進展してきた．

20世紀初頭には，Alfred Wegener（1880-1930）によって大陸移動説が提唱されたが，これは部分的には古生物学的証拠に基づいていた．20世紀の半ばに進化の総合説が興ると，米国の古生物学者 George Gaylord Simpson（1902-1984）が古生物学の総合説への参画を表明し，進化古生物学の端緒となった．進化古生物学はその後世界中に広まり，わが国でも60年代以降しだいに普及していった．60年代後半以降地球科学において興隆したプレート・テクトニクス理論の実証には，微古生物学が多大な貢献を果たした．わが国では，80年代までに各地の地質体の形成史がプレート・テクトニクス観に基づいてつぎつぎと塗り替えられたが，その際には放散虫とよばれる微化石が主要な役割を果たし，「放散虫革命」と称された．一方，70年代には，米国の Niles Eldredge（1943-）と Steven Jay Gould（1942-2002）が，化石記録にみられる形態変化が長期間の停滞と急速な変化によって特徴づけられるという断続平衡（punctuated equilibrium）を主張し，論議をよんだ（Eldredge & Gould, 1972）．90年代以降は，中国で例外的に保存のよい化石産地の調査が進み，原生累代末期の山沱（Doushantou）層の胚化石や，カンブリア紀の澄江（Chengjang）動物群，白亜紀の熱河（Jehol）生物群の羽毛恐竜など重要な発見があいついでいる．古生物学は，歴史的には新たな化石の発見と古生物についての理解を両輪として発展してきたが，個別の化石標本のなかに新たな問題をみつける醍醐味は21世紀の今日でもなお残されている．

### D. 研究テーマ

古生物学の研究テーマは多種多様だが，その研究スタイルによって以下のように類型化することもできよう．① 化石記録の一般的な性質や古生物学の方法論や古生物学史などを考究する汎論的研究，② 生物多様性の変遷史や地球上で起こった生物事変を包

括的に扱う地球生命史的研究，③個別の生物グループの分類・系統・形態・生理・生態・行動・成長・発生・地理的分布・層位（時間）分布などについての基礎研究，④特定の地域・時代から産出する化石群についての多面的な基礎研究，⑤化石試料の地質学・地球化学・考古学など諸分野への応用．

これらのうち，①に分類される研究の多くは theoretical paleontology とも称され，古生物学が依拠する諸原理に関する哲学的・理論的研究から，化石化作用についての研究や，化石記録の不完全性の評価法，古生物学的データの分析法，古生物の形態解析法などの実用的な方法論に至るまで，モデリングや実験などを駆使してさまざまな研究が行なわれている．なかでも，化石産出記録の偏りを評価・補正する方法の進展は目覚ましく，最近これに基づいて，従来知られてきた生物多様性変遷曲線が大幅に改訂されている．

また，②の地球生命史的研究においては，化石産出記録や地球化学的データなどの集約と活用が必須であり，大規模データベースを解析する研究はデータベース古生物学（database paleontology）とよばれる．こうした研究のなかでも，大量絶滅事変とその後の回復過程に関する研究が特に活発で，古生物学のみならず地質学・地球化学・地球物理学などの各分野の研究者が参画する学際的なテーマとなっている．

一方，古生物学的現象の多くは，生物グループごとの特異性や地域性・時代性などに大きく影響されるため，③や④のアプローチは不可欠であり，古生物学の主要な部分を占めている．研究材料として化石を理解するためには，分類群・時代・地域という三つの軸を押さえる必要があり，それぞれの各論について現在までに膨大な知見が積み上げられてきたこともあり，古生物学者は研究材料毎に専門分化する傾向がある．また，④に関しては，例外的に保存のよい化石群の産出層（Lagerstätten）が近年注目をあびており，それらの調査・研究に基づき動物の初期進化や「古発生学（paleoembryology）」を論じる研究が盛んに行なわれている．

以上の範疇に入る「純粋古生物学的」基礎研究に対して，他分野との結びつきを強めてきたのはむしろ⑤のような化石の応用的側面を強調した研究であった．たとえば，ある類の微化石の種組成から古海洋の水温を推定する換算式を導出する研究や，また化石の変形具合からそれを含む地層全体にはたらいた応力を復元する試みなどがなされてきた．しかしながら，古生物の生物学的属性に基づいて化石を応用する場合には，その生物グループについての基礎研究が必須であり，基礎研究が脆弱なまま応用に供されると，それに依存する応用研究の瓦解を招きかねないので注意が必要である．

### E. 手法・方法論

古生物学の研究手法は近年急速に多様化しており，伝統的な手法に加えて新たな技術が種々とりいれられている．とはいえ，今日においても，もっとも重要な研究手法は野外調査であり，地質調査法の習得なくしては，化石を時間軸に沿って系統的に採集することすら不可能である．加えて，古生物学では，地層が地表に露出している露頭において化石の産状（密度，配列，保存度，付着生物の有無など）を観察することが重視されており，古生物の生活型など古生態を議論する際には産状の情報は不可欠である．さらに，化石を産した地層の堆積物としての諸特徴（堆積相）の観察から，地層形成当時の堆積場所の物理的環境をある程度知ることができるが，今日では堆積相解析（facies analysis）とよばれる系統的な堆積環境推定法がとりいれられている．加えて，地層の成因論的観点から堆積相にみられる反復性に注目し，汎世界的海水準変動を念頭において地層を研究するシーケンス層序学（sequence stratigraphy）の方法が古生物学にも普及しつつある．このように，関連地質学分野の進歩を積極的にとりいれることによって，古生物学における野外調査の方法論も近年アップデートされている．

化石試料の多くは，野外で地層から採取したままの状態ではそれから先の研究に供することができないので，多くの場合は余計な堆積物基質を除去して化石を剖出する整形（cleaning）が行なわれる．物理的な整形が困難な場合には，薬品を用いて化学的に基質岩石を溶かして化石を抽出することもある．化石標本の観察は肉眼から電子顕微鏡レベルまでさま

ざまなスケールでなされるが，内部構造を観察する際には，従来は試料を破断または切断・研磨するのが一般的だった．これに対して，内部を非破壊で観察したい場合には，軟X線撮影装置やX線CTなどが利用されるが，特に近年，シンクロトロン放射光などを利用したX線マイクロ/ナノトモグラフィーや断層像からの立体像再現技術が普及しはじめ，化石の内部構造観察に革命をもたらしている．

また，化石に残る生物骨格の多くは鉱物からなるので，形態的特徴に加えて結晶学的性質も有用な情報となる．岩石薄片（プレパラート）と同様に化石の薄片を作成して，結晶光学的性質を調べることのできる偏光顕微鏡で観察するのが伝統的な方法である．今日では，これに加えてX線回折や電子線回折を用いる技術も普及し，微小領域での結晶方位配列をも分析できるようになった．

さらに，近年急速に地球化学的手法が常套化し，放射年代測定のほか，化石試料中の安定同位体比や微量元素含有率，地層中や化石試料に残存する有機化合物の分析などが行なわれるようになった．これらの地球化学的情報は，当時の周囲の海水の物理化学的環境の代替指標となるばかりでなく，古生物の食性や古生態系の復元にも用いられ，なかにはその試料物質がある特定の生物グループ起源であることを示すバイオマーカー（biomarker）として利用できるものもある．

また，特に古生物の系統・生物地理・発生などを研究する分野では，現生生物を材料とした分子生物学的研究の併用が近年増えつつある．化石と現生生物との比較解剖学的研究は今日の古生物学では常套化しているが，現生生物の飼育実験から古生物学的に有用な生理学的情報をひき出す研究や，海洋底における底生生物のその場観察や定点観測から古生態学的知見を得る研究なども行なわれており，「現代版考現古生物学」ともいうべきスタイルを確立している．

一方，化石の産出記録や形態などを解析する際には，各種の統計学的・数理解析的手法が駆使され，コンピューターシミュレーションやデータベースなどの情報処理技術もさまざまな用途で利用されている．化石産出記録のデータベース化は，個人研究のみならず組織的プロジェクトとしても進められており，博物館標本の画像のデジタル化と公開の方法についても研究が行なわれている．化石の形態を定量的に解析するには，形態測定学の方法を駆使することになるが，形態測定学の方法論の進歩に対しては古生物学者の寄与が少なくない．また，あるグループの生物の形状を近似的に表す理論モデルを用いて，そのモデルによって定義できる仮想的な生物形態の集合を考え，これを進化形態学的研究に利用するという独特の方法が古生物学において発達しており，理論形態学（theoretical morphology）とよばれている．さらに，古生物の運動能力や骨格強度などをバイオメカニクスの観点から評価する際には，物理的実験や数値実験が行なわれることもあり，恐竜の歩行やアンモナイトの遊泳などの研究に用いられてきた．

このように，近年における古生物学の進捗は研究手法の進歩に負うところが少なくないが，その一方で，個々の研究を進めるうえでの打開はしばしば標本観察に基づく洞察に依拠しており，古生物学における「目のつけ所」の重要性は今日でも変わりはない．古生物学は伝統的に帰納主義的であると認識され，概念や理論より実物や実証が重んじられる学問であるといわれることが多いが，実際には昔日の古生物学は観念論に色濃く覆われていた時期もあり，近代的古生物学も進化理論やプレート・テクトニクス理論の影響下にある．最近の古生物学的研究においては，仮説演繹法的に設計された研究計画自体が，ある種の予測としての「目のつけ所」を与えている場合も少なくない．また，古生物学的命題の多くは歴史科学的なものであり，そうした命題を実験的に直接検証する術をもたない点では，系統学と同様の問題を抱えているともいえる．とはいえ，歴史科学から物質科学へとしだいに重心を移してきた今日的地球科学のなかで，歴史科学としての古生物学が果たす役割は重要である．

### F. 社会とのかかわり

わが国の古生物学的研究では，多産する貝類や微化石が主要な研究材料となっているが，これに対して巷では「古生物」といえばやはり「恐竜」であり，

この点において世間のイメージと現実とのギャップが大きいことは否めない．とはいえ，博物館における標本展示や，市民向け化石採集・観察会，アマチュア化石蒐集家の存在などに目を向ければ，古生物学全般が人々に親しみやすい要素をもっているのは紛れもない事実であり，普及という観点からすればそれは古生物学の強みであるともいえる．古生物学のこうした特長は，小中高生が自然科学を学習するための動機づけに大いに貢献しうるものであり，古生物学は理科教育においても重要な役割を果たすことができる学問分野であると思われる．

### G. 学術組織

古生物学の国際的な組織としては，1933年に設立されたInternational Palaeontological Associationがあり，雑誌 Lethaia の発行元となっている．また，北米を中心に1908年に設立されたThe Paleontological Society は，もっとも多数の会員をもち，今日では Paleobiology や Journal of Paleontology などの国際誌を発行している．一方，欧州では英国を中心にThe Palaeontological Association が1957年に設立され，Palaeontology 誌を刊行している．さらに，古脊椎動物学の分野は，独自の国際組織 The Society of Vertebrate Paleontology（1940年設立）を擁し，Journal of Vertebrate Paleontology 誌を出版している．わが国では，1935年に日本古生物学会が設立され，今日では季刊誌 Paleontological Research を世界に発信している．

［引用文献］

Eldredge N. & Gould S. J. (1972) Punctuated equilibria: an alternative to phyletic gradualism. in Schopf, TJM. ed., *Models in paleobiology*, pp. 82-115, Freeman.

（生形貴男）

## 26.2　地質年代の推定：
## 　　　生層序学的アプローチ

地質年代の推定には，地層の上下関係と含まれる化石の層序学的知識を基にして推定する方法と，放射性同位元素の半減期を基にして数値で示す絶対年代法とがある．地層の上下関係を基にして行なう年代区分を相対年代とよぶ（14.1項を参照）．

### A. 相対年代

Steno（1669）はイタリアのトスカナ地域で堆積岩の新旧関係を成因的に説明し，一連の重なった地層においては下位を占めるものほど時代的に古く，上位のものほど新しいとする地層累重の法則（law of superposition）の基礎を確立した．また，地層は本来水平にかつ連続して堆積するとする「初源水平堆積の法則」（law of original horizontality）と「地層の側方連続の法則」（law of lateral continuity）の原理についても述べている．イタリアのArduinoとドイツのLehmannは18世紀半ばにほぼ時を同じくして，結晶質岩を始原系（PrimitiveあるいはPrincipal），化石を含む成層した硬い岩石を第二系（Secondary），海生の貝化石を含む固結した岩石を第三系（Tertiary）とし，地層区分の先駆け的研究を行なった（Woodford, 1965）．

産業革命の時代に，イギリス各地の道路・港湾工事に携わったSmith（1816, 1817）は広い地域に分布する地層には独特の化石群集が識別されることから「化石による地層同定の法則」を提唱した．19世紀にはヨーロッパ各地の大学や博物館，地質調査所などで地質学や古生物学の研究が進展し，これらの知識を基に地下資源の開発が行なわれた．ヨーロッパ各地で設定された地質系統はLyell（1830-1833）の「地質学原理」などの著作により体系づけられ，その後長い年月をかけて多くの専門家がその同時代性や新旧関係を検討し，ヨーロッパ各地域においてカンブリア系から第四系までの模式地と模式層序・地質系統が提唱された（Woodford, 1965）．イギリスの古生物学者PhillipsとSmithの甥らは，動物化石

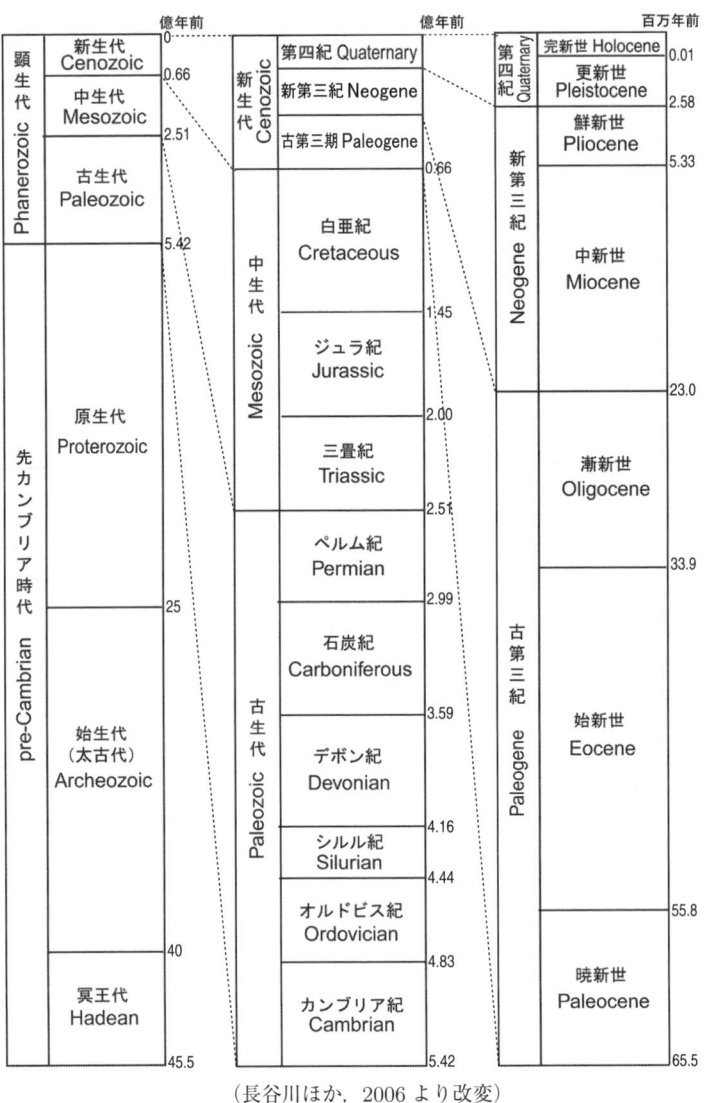

表 1 　地質年代区分表

| 顕生代 Phanerozoic | 新生代 Cenozoic | 0 億年前 | | 新生代 Cenozoic | 第四紀 Quaternary | 億年前 | | 第四紀 Quaternary | 完新世 Holocene | 0.01 百万年前 |
|---|---|---|---|---|---|---|---|---|---|---|
| | | 0.66 | | | 新第三紀 Neogene | | | | 更新世 Pleistocene | 2.58 |
| | 中生代 Mesozoic | 2.51 | | | 古第三期 Paleogene | 0.66 | | 新第三紀 Neogene | 鮮新世 Pliocene | 5.33 |
| | 古生代 Paleozoic | 5.42 | | 中生代 Mesozoic | 白亜紀 Cretaceous | 1.45 | | | 中新世 Miocene | 23.0 |
| 先カンブリア時代 pre-Cambrian | 原生代 Proterozoic | | | | ジュラ紀 Jurassic | 2.00 | | | 漸新世 Oligocene | 33.9 |
| | | 25 | | | 三畳紀 Triassic | 2.51 | | 古第三紀 Paleogene | 始新世 Eocene | 55.8 |
| | 始生代（太古代）Archeozoic | | | 古生代 Paleozoic | ペルム紀 Permian | 2.99 | | | | |
| | | | | | 石炭紀 Carboniferous | 3.59 | | | | |
| | | 40 | | | デボン紀 Devonian | 4.16 | | | | |
| | 冥王代 Hadean | 45.5 | | | シルル紀 Silurian | 4.44 | | | 暁新世 Paleocene | 65.5 |
| | | | | | オルドビス紀 Ordovician | 4.83 | | | | |
| | | | | | カンブリア紀 Cambrian | 5.42 | | | | |

（長谷川ほか，2006 より改変）

の地史的変遷に着目し，化石内容から古い生物，新しい生物，中間の生物に分けられるとして，古生代（Paleozoic），中生代（Mesozoic），新生代（Cenozoic）という区分を設立した（Condie & Sloan, 1997）．またイギリスでは 1800 年代後半に，古生代カンブリア紀の地層の下位に存在する地層を先カンブリア系（pre-Cambrian），その時代を先カンブリア時代とよぶようになった．化石を豊富に含む古生代，中生代，新生代を一括して顕生代（Phanerozoic）とよぶのに対し，化石記録の少ない先カンブリア時代を陰生代（Cryptozoic）とよぶ．現在では先カンブリア時代を三つに分け，最初の時代を冥王代（Hadean），つぎの時代を始生代（Archean），新しい時代を原生代（Proterozoic）とよぶのが一般的である．表 1 には後述の放射性年代の数値を入れた地質時代区分表を示す．

### B. 層序区分

地殻の岩石をその形成年代に基づいて層序単位に区分し，体系化することを年代層序区分（chronostratigraphic classification）とよぶ．年代層序区分の目的は局地的な地層の年代対比や相対年代の決定を

表 2

| 年代層序 | 地質年代 |
|---|---|
| 累界（eonothem） | 累代（eon） |
| 界（erathem） | 代（era） |
| 系（system） | 紀（period） |
| 統（series） | 世（epoch） |
| 階（stage） | 期（age） |

行なうことにある．表2に年代層序の公式単元と対応する地質年代を示す．年代層序単元内の位置は最下部・下部・中部・上部・最上部のように表現し，地質年代単元内の位置は最前期・前期・中期・後期・最後期のように示す．

　層序学（stratigraphy）とは地殻を構成する堆積岩，火成岩，変成岩などのすべての岩体を，積み重なった順番について整理・分類する作業のことをいう．層位学ともいう．層序学ではつぎの三つの層序区分の方法がある．すなわち，岩体の岩相特性に基づく岩相層序区分，岩体の含有化石に基づく生層序区分，岩体の地質年代に基づく年代層序区分である．生層序（biostratigraphy）区分とは累重する地層をそのなかに含まれる化石種の分布に基づいて層序単元に区分・編成することである．生層序区分の単元はバイオゾーン（biozone）とよばれ，biostratigraphic zone の短縮形で，それぞれ「生帯」あるいは「生層序帯」と扱われることがあったが，現在では「化石帯」として扱うのが一般的である．生層序単元には，化石群集から選ばれたひとつあるいは複数の種類の産出区間を表す地質体である区間帯（range zone），特定のふたつの化石の産出区間に挟まれた地質体である間隔帯（interval zone），進化系列の特定区間を代表する化石を含む地質体である系列帯（lineage zone），三つ以上の化石の組合せで特徴づけられる地質体である群集帯（assemblage zone），単一あるいは複数の化石が層序的に隣接する部分よりも明瞭に豊富に産出する地質体である多産帯（acme zone）などがあり，必要に応じ地層の生層序分帯をさまざまな化石（群）によって設定できる．

　化石の大きさは大型の草食恐竜やクジラなどの化石からバクテリアまで多様であり，一般に野外において肉眼で識別できる大きさの化石を大型化石（megafossil），形態を認識するのに顕微鏡を必要とする大きさの小さな化石を微化石（microfossil）とよんでいる．また化石の確認，観察を行なうためには高性能な電子顕微鏡が必要な大きさの化石を超微化石（ultramicrofossil）とよぶ．微化石には花粉・胞子，珪藻，放散虫，有孔虫などの化石が，超微化石にはバクテリアやココリス（石灰質ナンノ化石）がある．生層序区分は地層の時代的区分や他地域との年代対比を目的とする場合が多い．そのためには分布する範囲が広く，生存期間が短い種類が適しており，そのような化石を示準化石（index fossil）とよぶ．一方，生息する環境が狭い範囲にかぎられる種類は生息していた当時の環境を推定する手がかりとして役立ち，示相化石（facies fossil）とよばれている．層序区分の代表的な化石としてはフズリナ，アンモナイト，二枚貝，腕足類などの大型化石が用いられてきたが，最近では放散虫や有孔虫などの浮遊性微化石を用いて，各地質年代の海成層について詳細な地層区分が行なわれている．

### C. 地層の編年

　上述のような地質年代の年代決定，世界各地域との地層の対比を基に地層の年代を検討することを地層の編年という．季節変化あるいは夏冬のはっきりした地域に生育する樹木の年齢について年輪を数えることによりその樹木の年齢を推定することができる．同一地域に生息している多数の樹木の年輪幅のパターンを総合的に検討し，年代測定を行なうことが可能となる．これを年輪年代学（dendrochronology）とよぶ．また高緯度地域にある湖には夏と冬の間に形成された粘土質の縞目状堆積物がみられることがある．冬に堆積する黒色の堆積物と夏に形成される白色の堆積物が1年に2枚一組の地層として形成される．この堆積物を氷縞粘土とよぶ．この地層の枚数を数えることにより湖に地層が堆積してからの年代を推定することができる．このように氷縞粘土を用いて年代を区分することを氷縞編年（varve chronology）という．温暖海域に生息する珊瑚の成長によってつくられる縞模様から1年間の日数や珊瑚化石の年齢を推定することができ，また現世の珊瑚の縞目模様から過去数年～十数年間の海洋環境の復元などが可能となっている．

[引用文献]

Condie K. C. & Sloan R. E. (1997) *Origin and evolution of earth – Principles of historical geology*, p.498, Prentice Hall.

長谷川四郎・中島 隆・岡田 誠 著，日本地質学会フィールドジオロジー刊行委員会 編（2006）Field Geology 2『層序と年代』共立出版．

Lyell C. (1830) *Principles of geology, vol. 1*, Murray.

Lyell C. (1832) *Principles of geology, vol. 2*, Murray.

Lyell C. (1833) *Principles of geology, vol. 3*, Murray.

Smith W. (1816) *Strata identified by organized fossils containing prints on coloured paper of the most characteristic specimens in each stratum*. W. Arding.

Smith W. (1817) *Stratigrahical system of organized fossils, with reference to the specimens of the original collection in the British Museum, explaining their state of preservation and their use in identifying the British strata*. E. Williams.

Steno N. (1669) *De solido intra solidum naturaliter contento dissertations prodomus*. Florence.

Woodford A.O. (1965) *Historical Geology*. Freeman.

[参考文献]

日本地質学会訳 編（2001）『国際層序ガイド-層序区分・用語法・手順へのガイド』共立出版．

（指田勝男）

## 26.3 地質年代の推定：放射年代学

ある元素が放射線を出して少しずつ別の元素に変化していく現象を放射壊変（radioactive decay）という．この現象を時間スケールとして利用し，求められた年代を放射年代（radiometric age）とよぶ．放射壊変する元素の多くは同じ元素のなかで質量数の異なるいくつかの核種（nuclide），すなわち同位体（isotope）をもつ．放射壊変に関与するのはそれらのなかの一部で，放射性同位元素あるいは放射性同位体（radioisotope）とよばれている．放射壊変に関与しない同位体は安定同位体（stable isotope）とよばれる．

### A. 放射年代学

信頼性のできる数値として岩石などの年代が科学的に得られるようになったのは，Bequerel（1896）によりウランの放射能が発見されたことに始まる．Rutherford（1906）はウランとそれが壊変する際につくられるヘリウムを定量することにより，岩石などの年代測定が可能であることを指摘した．Boltwood（1907）はウランの壊変によりつくられる鉛を用いた年代測定を試みた．また，Holmes（1911）はウランと鉛を定量して得られた年代を用いて地質年代表を作成した．Hahn と Walling（1938）は Rb-Sr 法を，von Weizsacker（1937），Aldrich と Nier（1948）は K-Ar 法を確立した．また，K-Ar 法を発展させて Sigurgeirsoon（1962）は Ar-Ar 法を確立した．1950 年代に入り，高精度の質量分析計の発達と濃縮同位体をトレーサーとして利用した同位体希釈法の開発により，微量の同位体の定量が精度よく行なわれるようになった．K-Ar 法，Rb-Sr 法や U-Pb 法，Th-Pb 法などが実用化された．これらの方法は $10^6$ 年より古い年代測定に用いられている．一方，Libby（1949）は $^{14}$C の半減期を精密測定により決定し，この原理を利用して放射性炭素（$^{14}$C）法を確立した．この方法は過去数万年前までの年代値を得るための手段となり，考古学などの分野に著しい進展をもたらした．1950 年代から 1960 年代にかけては，

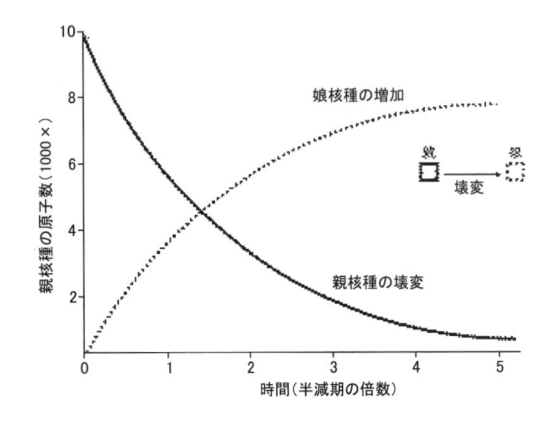

**図1** Rb-Sr の壊変のグラフ
(川上・東條 (2006) より改変)

試料がウランなどによる放射線によって生じる損傷などの割合が年代の関数であることを利用した，熱ルミネッセンス (TL) 法，フィッション・トラック (FT) 法，電子スピン共鳴 (ESR) 法などさらに新しい年代測定法が開発された．1970 年代半ば以降には Sm-Nd 法，Lu-Hf 法，Re-Os 法などの各種の年代測定法が実用化された．最近では加速器を用いた質量分析法などの急速な発展によりごく微量の宇宙線照射生成核種の測定が可能となってきた．現在では地球生成 46 億年程度の年代から最近数十年程度の年代範囲までの測定が可能となっている．

## B. 放射年代の原理

放射壊変では，親核種は同じ時間間隔ではじめの量の $1/2, 1/4, 1/8, \ldots$ と減っていく．元の量の半分になる時間をその親核種の半減期 (half life) という．たとえば，図1に示す Rb-Sr の壊変のグラフのように，質量 87 のルビジウム ($^{87}$Rb) は半減期 $4.88 \times 10^{10}$ 年の放射性核種であり，$\beta$ 線を出して安定なストロンチウム 87 ($^{87}$Sr) へ壊変する．

一般に放射性元素 P が壊変定数 $\lambda$ で壊変し，$Q$ の割合で生成されているとすると，

$$dP/dt = -\lambda P + Q(t) \tag{1}$$

であらわされる．年代を求めようとする岩石などでは，一般に $Q = 0$ としてよい．

この場合

$$dP/dt = -\lambda P \tag{2}$$

である．求めようとする年代は，現在を $t = 0$ として，$t = -t_0$，すなわち $t_0$ 年前に起こった現象であるとする．その際に試料中に存在した放射性親元素，娘元素の量をそれぞれ $P_0, D_0$，$t = -t'$，すなわち $t'$ 年前の放射性親元素，娘元素の量をそれぞれ $P, D$ とすると，式 (2) から

$$P = P_0 \exp(-\lambda(t_0 - t')) \tag{3}$$

となる．$t' = 0$ (すなわち現在) とすると，式 (3) は

$$P = P_0 \exp(-\lambda t_0) \tag{3'}$$

とあらわされる．さらに式 (3′) を用いると

$$D = (P_0 - P) + D_0 = P(\exp(\lambda t_0) - 1) + D_0 \tag{4}$$

これらの元素の量を求めるには質量分析計などを用いる．その際，娘元素の安定同位体 $D_s$ に対する相対比として測定するのが普通である．この場合には式 (4) の代わりに次式を用いる．

$$(D/D_s) = (P/D_s)(\exp(\lambda t_0) - 1) + (D_0/D_s) \tag{5}$$

ここで $D_s$ は年代に対して不変なので，$t = -t_0$ のときの値を添字 0 で表すと，$(D_0/D_s) = (D/D_s)_0$ となる．すなわち

$$(D/D_s) = (P/D_s)(\exp(\lambda t_0) - 1) + (D/D_s)_0 \tag{6}$$

とあらわされる．特に $\lambda t \ll 1$ の場合には $\exp(\lambda t) \sim 1 + \lambda t$ で近似できるので，式 (6) は

$$(D/D_s) = \lambda t_0 (P/D_s) + (D/D_s)_0 \tag{7}$$

と簡単化できる．式 (6) または式 (7) で，$(D/D_s)$，$P$ および $D_s$ は現在の試料中の値なので，実際に計測できる．すなわち $(D/D_s)_0$ がわかれば，試料の年代 $t_0$ が求まる．$(D/D_s)_0$ は，つぎに述べるアイソクロン法によるか，適当な仮定をおいて求める．

上の式 (6) または式 (7) からわかるように，同じ $t_0$ と $(D/D_s)_0$ をもった試料は，$D/D_s - P/D_s$ 上で

表1

| 方法 | 親核種 $P$ | 娘核種 $D$ | 安定同位体 $D_s$ | 壊変形式 | 半減期 |
|---|---|---|---|---|---|
| K-Ar法 | $^{40}$K | $^{40}$Ar | $^{36}$Ar | 電子捕獲 | $1.25 \times 10^9$ |
| Rb-Sr法 | $^{87}$Rb | $^{87}$Sr | $^{86}$Sr | $\beta$ | $4.88 \times 10^{10}$ |
| U-Pb法 | $^{238}$U | $^{206}$Pb | $^{204}$Pb | $\alpha, \beta^-$ | $4.47 \times 10^9$ |
|  | $^{235}$U | $^{207}$Pb | $^{204}$Pb | $\alpha, \beta^-$ | $7.04 \times 10^8$ |
| Th-Pb法 | $^{232}$Th | $^{208}$Pb | $^{204}$Pb | $\alpha, \beta^-$ | $1.04 \times 10^{10}$ |
| Sm-Nd法 | Sm | $^{143}$Nd | $^{144}$Nd | $\alpha$ | $1.06 \times 10^{11}$ |

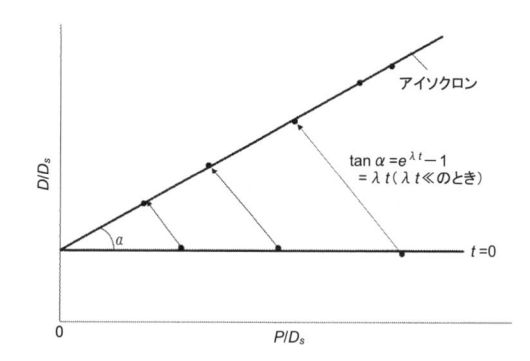

**図2** アイソクロン・ダイアグラム
矢印はある $D/D_s$ をもった試料が閉鎖系で $t$ 年経過したとき,その組成変化の方向を示す.(兼岡,1978 より)

直線状に並ぶはずであり,この直線をアイソクロン(等時線)という.勾配が $\exp(\lambda t_0) - 1$ に相当するので,これから年代 $t_0$ が求められる.$D/D_s$ 軸とアイソクロンの交点は $(D/D_s)_0$ を示す(図2).試料としては $P/D_s$ の異なる同一起源のものが2種類以上必要で,信頼度を高めるためには3種類以上の試料を必要とする.

同一起源のかぎられた範囲に属する試料を用いてつくられたアイソクロンを内的アイソクロン(internal isochron),特にそれが鉱物であるある場合には鉱物アイソクロン(mineral isochron)とよぶ.一方,同一起源で同じ時期に生成された岩石を用いてつくられたアイソクロンを全岩アイソクロン(whole rock isochron)とよぶ.表1には放射性元素の親元素と娘元素の量比の時間的変化を利用した年代測定法を示す.

## C. 地質年代学

層序学あるいは地質学によって組み立てられた地質時代の表に年代目盛を入れたものを地質年代表あるいは地質年代尺度(Geological time scale)という.地質年代学の目的のひとつは地質時代区分の境界年代を決めることであった.しかしながら,地球誕生から現在までの時間スケールをすべて網羅できる手法はないことから,目盛の数値はいくつかの手法を組み合わせて使うことになる.測定手法と技術が向上し,非常に繊細な数値を議論するようになると,研究者ごとの年代の標準がわずかに一致していないことも無視できなくなる.国際層序学会議(International Commission on Stratigraphy:ICS)はこれまでに4年ごとに開かれる万国地質学会議(International Congress:IGC)において地質年代の見直しと修正を行なっている.

[引用文献]

Aldrich LT. & Nier AO. (1948) Argon-40 in potassium minerals. *Phys. Rev.*, vol. 74, pp. 876-877.

Becqurel H. (1896) Sur les radiations emises par phosphorescence. *C.R. Acad. Sci.*, vol. 122, pp. 420-421.

Boltwood B. (1907) On the ultimate disintegration products of the radioactive elements, part II. The disintegration products of uranium. *Am. J. Sci.*, vol. 23(4), pp. 77-78.

Hahn O. & Walling E. (1938) Uber die Moglichkeit geologischer Altersbestimmungen rubidium-haltiger Minerale und Gesteine. *Z. Anorg. Allg. Chem.*, vol. 236, pp. 78-82.

Holmes A. (1911) The association of lead with uranium in rock minerals and its application to the measurement of geological time. *Proc. Soc.*, vol. A85, pp. 248-256.

兼岡一郎(1978)地球年代学の手法.小嶋 稔・斉藤常正編,岩波講座 地球科学6『地球年代学』第6章,岩波書店.

川上紳一・東條文治(2006)『図解入門 最新地球史がよくわかる本』秀和システム.

Libby W. F. (1949) Atmospheric helium-three and radiocarbon from cosmic radiation. *Phys. Rev.*, vol. 69, pp. 671-672.

Rutherford E. (1906) *Radioactive Transformations*, Scribner.

Sigurgeirsson T. (1962) A*ge dating of young basalts with the* *potassium-argon method* (*in Icelandic*). p.9, Physical Laboratory Report, Univ.

Von Weizsacker C. F. (1937) Uber die Moglichkeit eines dualen Betazerfalls von Kalium. *Phys. Z.*, vol. 38, pp. 623-624.

[参考文献]

兼岡一郎(1998)『年代測定概論』東京大学出版会.

(指田勝男)

## 26.4 古生物学と現生生物学

### A. 一般的事項

古生物学(paleontology)は,地層中に残された過去の生物の遺物を研究対象とするゆえに,少なくとも近現代においては,生物学ではなく,地質学(geology)あるいはより包括的な分野である地球科学(earth science)の一分科をなしてきた.したがって,今日でも多くの古生物学者は,古生物学者である以前にまず地質学者であり,生物の分類よりは岩石・鉱物の分類,動物の解剖よりは地質調査,生物顕微鏡よりは偏光顕微鏡という環境で大学教育を受けてきた.とりわけわが国においては,大学におけるこうした教育システム上の事情もあって,古生物学は,生命現象に関する学問であるにもかかわらず,地質学と比べれば生物学とのかかわりは長らく希薄であった.

20世紀半ば,古生物の生物学的側面を研究する生物学的古生物学(paleobiology)が世界に広がり始め,古生物について理解するために現生生物を比較対象として研究することが常套化していった.今日では,化石をほとんど扱わずに現生生物を主要な研究材料としている古生物学者が少なからず存在し,なかには分子系統解析を行なう古生物学者すら珍しくなくなりつつある.生物系の学科を卒業して地質系の大学院で古生物学を専攻する,あるいは逆に学部で古生物学を学んだうえで生物系の大学院に進学するという例も近年散見されるようになった.このように,生物学と古生物学とを隔てる分野間の壁はかつてに比べればだいぶ低くなり,今日では多くの進化観や科学観を共有するようになってはいるが,その一方で両者の間には現在なおある種の「文化の違い」のようなものもあるように思われる.

### B. 文化的な相違点と共通点

18~19世紀,偉大なナチュラリストの多くは生物学者であると同時に地質学・古生物学者でもあった.当時の生物学は今日に比べればはるかに間接的であり,標本から得られるかぎられた情報に基づいてさ

まざまな推論を行なっていた．翻って今日，現代生命科学はさまざまな技術を駆って研究対象から直接ひき出せる情報源を開拓・拡大してきたが，これに対して古生物学では，かぎられた情報源に基づく推論の方法を研鑽することにむしろ多くの努力が払われてきた．古生物学においても，化石から地球化学的情報をひき出す手法などで技術面の刷新はあったものの，化石を研究対象とするかぎり，かぎられた情報に基づく推論を余儀なくされるという構造自体は自然哲学の時代のままであるともいえる．タイムマシンの発明や化石DNAに基づく古生物の蘇生でも実現しないかぎりは，古生物学が抱えるこうした問題は不可避的であるとさえいえる．

こうした事情もあって，古生物学においては早くから統計学が基礎的素養とされ，今日においては，化石記録の質の評価や古生物多様性変遷史の解釈などにおいて，各種統計解析やコンピューターシミュレーションが駆使されている．とりわけ，化石記録の不完全性の評価に関する研究の近年における進展はめざましく，化石記録を漠然と不完全で不確かな記録としてとらえるのではなく，それぞれの記録について，どの程度不確かでどの点なら確からしいのか，またどのような目的ならば有効活用できるのかを追及するのが古生物学の重要な課題のひとつとなっている．

古生物学のこうした研究情勢は，確かなデータにのみ依拠することを信念とするような立場からは理解されにくいかもしれない．しかしながら，現生生物学（neontology）でも生物進化を扱う場合には歴史科学的要素を必然的に含むことになり，程度の差はあれ類似の問題を何らかの形で抱えているはずである．たとえば，DNAの塩基配列自体は進化の歴史そのものの描像ではなく，ある分子進化モデルの下で初めて分岐順序や分岐年代などの歴史をそこから読み取れるものであるが，それと同様に，化石記録も生物進化の歴史をありのままに記録した媒体ではないが，化石化作用やサンプリング効果などについて何らかのモデルを適用すれば，各分類群の出現・絶滅時期などについて区間推定することが可能となる．その場合のエラーバーの長さはさまざまであり，化石記録が総じて同じように不完全というわけでは決してない．ただし，化石記録の完全性が比較的高い分類群は，多くの現生生物学者が研究対象としている分類群とは一致せず，それゆえに，化石記録の質に対するイメージについては，古生物学者と現生生物学者の間にかなりの相違があるように思われる．

### C. 研究対象から見た違い

古生物学と現生生物学との間には，主要な研究対象においてかなりの違いがある．現生生物学では，ショウジョウバエや線虫などのモデル生物や，医学的に重要な脊椎動物や微生物，農林水産的に重要な資源生物や有害生物などの研究が多いが，古生物学では，何よりもまず化石として多産する生物がよく研究されている．動物でもっとも化石記録が豊富で古生物学の研究者人口が多い分類群は軟体動物（貝類）であるが，なかでも特に海生二枚貝類の研究が盛んである．現生の貝類学者に腹足類の研究者がもっとも多く，海生二枚貝の研究が水産資源種や深海の種など一部のものにかぎられているのとは対照的である．また，腕足動物や軟体動物の頭足類のように，地質時代に大繁栄したものの現在では著しく多様性を減じているグループについては，その研究者人口のかなりの割合を古生物学者が占めている．加えて，有殻単細胞の「原生生物」は化石記録にきわめて富み，なかでもおもに石灰質の殻をもつ有孔虫類などの研究が盛んであるが，他方で有孔虫を研究している現生生物学者はきわめて少ない．こうした事情から，分類群によっては，現生生物を対象とした研究であっても，そのかなりの割合のものが古生物学者によってなされている場合もある．

古生物学を含む地質学では岩石や鉱物の処理・研究法が発達しているので，古生物学者は現生も含めた生物の硬い骨格の扱いを得意としているが，骨格を主要な研究対象とするために，生物の無機物としての側面に注目しがちであり，この点が現生生物学者とは異なる独特の視点であるといえるかもしれない．特に，貝殻など無脊椎動物の外骨格は，細胞が集合した組織ではないので，同じ比較形態学といっても軟組織のそれとは一線を画する．一方，脊椎動物や植物のように，組織の構造が化石として保存さ

れうる古生物の研究においては，現生生物学の組織形態学的アプローチがある程度可能である．古脊椎動物のなかでも，古人類については，地質・古生物分野以上に人類学分野での研究が盛んなので，古生物学と現生生物学の垣根がもっとも低い研究対象といえるかもしれない．また，研究対象から見た古生物学のもうひとつの大きな特徴は，対象生物の標本とあわせて，それを産出した地層の調査も必須となる点である．地質調査は古生物の研究に時間軸を入れるうえで不可欠であるが，地質調査技術の習得には一定期間の体系的な専門教育が必要であり，このことが古生物学と現生生物学との間の壁の一部を形成しているともいえる．

### D. 古生物学的データの生物学的有用性

古生物学的研究を行なううえで生物学的素養が必須であることは論を待たないが，一方で古生物学・地質学的情報のなかにも生物学諸分野にとって有益なものが少なくないと思われる．古生物学・地質学的情報ともっとも深く関連する生物学分野は，いうまでもなく進化学関連分野であろう．生命の起源や初期進化を探るうえで，地質学的・地球化学的記録は不可欠である．エディアカラ紀やカンブリア紀の例外的に保存のよい化石は，各生物グループのボディープランの起源を探るうえで重要である．また，分子系統学の成果と化石記録を比較することによって，系統・分類学上の新知見・新解釈が見えてくることもある．さらに，ある生物の現在の地理的分布の成立には，その分布域周辺の地史や古気候の変遷史が大きく影響しているに違いない．分子生物学的研究と地質・古生物学的記録とが整合しない場合もしばしばあるが，そうした不一致自体が研究動機となって関連分野の研究を大きく前進させた例もある．また，古生物も現生生物と同じ命名規約にしたがって学名を与えられるので，化石標本に基づいて創設された分類群に属する現生生物があとから発見される例や，分類学的研究によって現生種が化石種の新参シノニムとされる場合も珍しくはなく，化石記録が豊富な分類群の分類学的研究では古生物学の先行研究を無視できない．

一方，環境・保全生物学の分野にも，古生物学は貢献できる可能性をもっている．特に，過去に起こった環境悪化や古気候の変化などに生物がどう応答したのかを知ることは，地球環境と地球生命の未来を予測するための手がかりを与える．また，かなり高次の分類群レベルでさえも絶滅が起こるという事実は，もし化石記録がなかったならば認識することができなかったに違いない．加えて，バイオミネラリゼーションの研究においては，生体鉱物の結晶学的性質も重要であり，この分野への古生物学からの貢献も少なくない．さらに，医学の一分野でもある古病理学においても，古人類学が重要な役割を果たしている．

以上のように，古生物学と現生生物学は，それらが辿ってきた歴史の違いや研究対象の性質にかかわる必然的な理由などから，それぞれ異なる特徴を発達させてきた．また，研究領域によっては，両者の間に対立の構図が発生したケースもなくはなかった．今後は，生物進化の歴史の解明のために，両者の相互理解を深め，「文化の違い」を乗りこえて，それぞれの特徴を生かした融合的研究を展開することが期待される．

（生形貴男）

# 第 27 章
# 進化解析の技法

| | | |
|---|---|---|
| 27.1 | 生態学的データの解析 | 箱山　洋 |
| 27.2 | 数理モデリング | 箱山　洋 |
| 27.3 | 統計モデリング | 箱山　洋 |
| 27.4 | ベイズ法 | 箱山　洋 |
| 27.5 | 分類学 | 三中信宏 |
| 27.6 | DNA バーコーディング | 神保宇嗣 |
| 27.7 | 生物多様性情報プロジェクト | 神保宇嗣 |
| 27.8 | 量的遺伝学 | 田中嘉成 |
| 27.9 | 遺伝相関 | 田中嘉成 |
| 27.10 | QTL 解析 | 林　武司 |
| 27.11 | 生物地理学 | 三中信宏 |

## 27.1 生態学的データの解析

生物進化の研究では，進化の歴史を推定することだけではなく，進化のメカニズムやプロセスを理解することに大きな関心がもたれている．遺伝的変異の供給と維持，自然淘汰もしくは遺伝的浮動による遺伝子や形質の頻度変化のパターン，自然淘汰の方向を決定する生物的・非生物的環境要因の影響を，理論やデータ解析から明らかにすることが，進化のメカニズムの理解につながる．進化のメカニズムの基本となる理論はDarwin以来のネオダーウィニズムである．Darwinの自然淘汰による進化理論は，遺伝学の成果や集団遺伝学の発展により，一般的な淘汰と遺伝子頻度の変化との関係について20世紀中頃には数学的に理論化され，メンデル遺伝は自然淘汰理論と矛盾せず，漸進的な進化が可能であることが明らかになった．

しかしながら，多様な生物にみられる行動・繁殖様式・生活史戦略といった具体的な個々の形質の特徴や進化については，抽象的な集団遺伝学のモデルを直接には適用できない．生物の個々の形質については，それぞれ特定のモデルを構築してその性質を調べ，現実をうまく説明できるかを検証する必要がある．生態学的なデータは進化が起きている現場から得られたものとして，進化のメカニズムの理解に寄与する．その解析には大きく分けてふたつの方法がある．ひとつは，進化的観点から生態学的プロセスを予測して，仮説検証する方法であり（仮説演繹法），もうひとつは，環境の変化に対応した生存競争の変化と，それにともなった遺伝子や形質頻度の変化を直接観察する方法である（直接観察法）．

### A. 仮説演繹法

仮説演繹法は進化生態学や行動生態学において主要な方法論である．種分化のような進化は一般に歴史的な時間スケールでのプロセスであるから，自然淘汰など進化のプロセスを理論化しても直接観察することはできない．このため，進化プロセスの仮説から演繹して得た推論（たとえば，現存種の生活史戦略のパターンなど）を検証するという仮説演繹法が用いられる．仮説演繹法では，仮説自体の直接の検証は行なわないが，仮説から演繹的に導かれた予測が観察に一致することで仮説の確からしさが増したと考える．Darwin自身，仮説演繹法を用いて自らの進化論の証拠を積み重ねた．自然淘汰が進化の主要な原動力であるという仮説から導かれる演繹的推論が，生物の自然史・生態学的情報・品種などについての多くの観察例について適切な説明を与えることを示したのである．

種間比較は進化的変化の共通パターンを調べるうえで一般的な方法であり，仮説演繹法における重要な手法である．種間比較では，適応の観点から予測される環境と形質の関係や形質と形質の関係を自然の観察から得た複数種の生態学的データを用いて検証する．たとえば，肉食獣は草食獣よりも広い行動圏をもつ傾向がある，複数のメスと交尾する精子競争の強い種ほど精巣が大きいなどといった予測は，種間の比較から調べることができる．

Darwin以来，用いられてきた種間比較法であるが，1980年代頃から方法論上の大きな発展があった．これは系統関係を考慮に入れて複数種データの比較を行なうもので，系統的比較法（phylogenetic comparative methods）とよばれる．ある系統樹の下に祖先から進化してきたために，それぞれの種の形質は独立ではない．実際，近縁種は似た形質をもちやすい．その理由としては，近縁種たちは祖先の形質を共有している可能性が高いことや，祖先と大きくは違わないニッチに適応しやすいために近縁種間で似た形質が進化しやすいこと，淘汰圧に対して同じような適応をしやすいことがあげられる．したがって，種を独立として扱う統計手法ではその自由度を過大に評価してしまう危険性がある．そこで，系統樹と祖先の形質を現生種のデータから再構成し，想定した進化モデルの下に独立な事象を定義することで，環境と形質もしくは形質と形質の相関等を検定するさまざまな系統的比較法が考案された．祖先形質は最節約法などによって現生種のデータから決定される．離散形質であれば，進化モデルとしてマルコフ連鎖などを仮定し，系統樹の異なる枝での形質の変化を，独立な事象と考える．連続形質であれ

ば，進化モデルとしてブラウン運動などを仮定し，対となる2種間（現生種もしくは高次分岐点）の形質の差（対比）を独立な事象として比較する．系統樹の枝での形質の変化を扱う場合は，時間的に異なる場所を比較して，ふたつの形質が同時に進化しやすかったかを議論する（方向性のある方法）．一方，対比を扱う場合には，各系列を同じ時点で比較する（方向性のない方法）．近年，遺伝子データから系統樹を再構成する方法が著しく進歩してきていることから，系統的比較法の進化研究における重要度は今後も増大すると考えられる．

進化学における生態学的データに対する仮説演繹法では，種間比較など自然の観察に基づく仮説検証だけでなく，実験的手法もよく用いられる．実験では対象に対する操作を行なうことができることから，観察に比べると具体的な仮説についてより信頼性の高い因果推論ができる．

実験の予測では，最適戦略モデル（最適化モデル・ゲーム理論）が重要な役割を果たしている．ここでの戦略とは形質もしくは形質のセットを意味する．最適戦略モデルでは，生物は適応進化の産物であることから，適応度に大きく影響する形質は環境の制約に対して最適化されていると考えて，形質の説明を行なう．具体的には，最適化する量・生物のとりうる戦略・戦略のコストを決め，もっとも利得が大きくなる戦略を計算する．最適化する量は究極的には適応度であり恣意性が入る余地はないが，実際のモデルでは適応度そのものではなく適応度成分を最適化する量として設定することが多い（たとえば，採餌量，獲得するメスの数など）．この場合でも，適応度に大きく貢献すると考えられる適応度成分を選択することで，有効なモデルを構築することができる．

各個体の最適戦略が他の個体の戦略によらない場合は最適化モデル，他の個体の戦略に応じて，ある戦略の利得が変化する場合はゲーム理論でモデル化することができる．たとえば，大きな餌は栄養価が高いが処理に時間がかかるとき，単位時間あたりの栄養獲得量を最大化するのに，どの餌を選ぶべきかという問題は最適化モデルで予測を立てることができる．また，餌量の期待値が異なる複数の餌場を複数の個体が利用でき，餌場における餌獲得率は他個体が増えるほど減少する場合，どのえさ場を選ぶべきかという問題はゲーム理論で予測を立てることができる．最適戦略理論は，複雑で多様な生物の生態学的なパターンに対して，進化的な観点から具体的な説明を与えるのに優れている．実際，最適採餌理論などをはじめとして多くの理論の実験的検証が行なわれ，現実をよく説明したことから，自然淘汰による進化の仮説演繹法的な証拠となっている．

### B. 直接観察法

進化の直接観察では，自然淘汰による進化理論の予測を直接に観察することになる．一般に野外における進化の直接観察は困難であることから，仮説演繹法に比べると研究事例は少ないが，世代時間の比較的短い生物では，観察可能な時間の間に十分に大きな環境変動が生じ，それによってひき起こされるそれぞれの表現型の適応度の変化，それと同時に個体群内の遺伝子頻度の変化や平均形質の変化が観察できる場合がある．このような場合，原理的には個体群内の遺伝子や形質の動態を直接記述する集団遺伝学的なモデルを用いて予測を立てることが可能である．魚類等では野外の個体群を操作することによって実験的に進化的変化を調べることも行なわれており，ゲノム解析や観察技術の進歩にともなって進化の直接観察を行なう研究が今後さらに発展する可能性がある．

自然の個体群で自然淘汰理論を直接観察した事例としては，穀物食であるガラパゴスフィンチの嘴の形質置換の研究があげられる．ガラパゴスフィンチの個体群内には，嘴の大きさに十分な変異があり，それぞれの個体が嘴のサイズにあわせて適切な大きさの種子を利用している．嘴の大きさは遺伝形質である．ガラパゴス諸島のダフネ島では，ガラパゴスフィンチの競争者となるオオガラパゴスフィンチが1970年代にはほとんどいなかったが，1982年に移入してきた個体によって繁殖が始まった．オオガラパゴスフィンチの主要な餌は硬く大きなハナビシの種子であり，嘴の大きなタイプのガラパゴスフィンチも利用している餌である．したがって，オオガラパゴスフィンチの個体数が増加して餌競争が強くなると，ガラパゴスフィンチにとって小さな嘴サイズ

が有利となる淘汰がはたらき，形質置換が起こることが予測される．オオガラパゴスフィンチが十分増加していた2004年に干ばつが起こり，餌不足から種間競争が激しくなった．このとき，ガラパゴスフィンチ個体群の平均嘴サイズは小さくなり，予測どおり，形質置換が起きたことが観察された．

また，過去150年以上にわたりイギリス全土において，産業革命にともなった大気汚染とオオシモフリエダシャクの羽の色の変化が観察され，工業黒化とよばれている．このシャクガの一種の羽の色には白地に黒のまだらの正常型と完全に黒い黒化型がある．この形質は1遺伝子座2対立遺伝子により決まり，黒化型が優性である．正常型は地衣類に覆われた樹幹では鳥などの捕食者に対するカムフラージュとなるが，大気汚染で黒化した樹幹では逆に目立つ存在となる．逆に，黒化型は地衣類に覆われた樹幹では目立ち，黒化した樹幹では隠蔽的である．黒化型が初めて記録されたのは1848年で，以前はほとんどが正常型であった．ところが，公害で樹幹の黒化が起こったことにともなって，1890年代にはイギリス中部の工業地帯では99%が黒化型となった．一方，工業地帯のほとんどなかった南西部では産業革命当時でも正常型が優占していた．さらに，1956年にクリーンエアー法が通過して以来，多くの樹幹が地衣類に覆われた通常の状態に戻り，1994年にはほとんどの地域で正常型の割合が再び80%以上に増加した．

［参考文献］

Bush M. B. (2002) *Ecology of a Changing Planet* (3rd ed.), Prentice Hall.

Futuyma D. J. (1997) *Evolutionary Biology* (3rd ed.), Sinauer Associates.

Grant P. R. & Grant B. R. (2006) Evolution of character displacement in Darwin's Finches. *Science*, vol. 313, pp. 224-226.

伊藤嘉昭・山村則男・嶋田正和 (2005)『動物生態学』新版，海游舎．

Harvey P. & Pagel M. (1996) 粕谷英一 訳『進化生物学における比較法』北海道大学図書刊行会．

Krebs J. R. & Davies N. B. (1991) *Behavioural Ecology: an Evolutionary Approach* (3rd ed.), Blackwell.

Moya A. & Font E. (2004) *Evolution: From Molecules to Ecosystems*, Oxford University Press.

Reznick D. A. *et al.* (1990) Experimentally induced life-history evolution in a natural population. *Nature*, vol. 346, pp. 357-359.

（箱山 洋）

## 27.2 数理モデリング

　数理モデリングでは抽象的なモデルの解析を行なうことによって，生物学の理論的かつ一般的な問いに答えることを目的とする．また，そのような分野を数理生物学という．本項では特に進化学や生態学の例をとりあげる．本質的な理解を得るため，モデルは必要最低限にして，できるだけ単純なものとする．対象についてモデル化ができたとしてもその性質は自明ではない．たとえば，ロトカ・ボルテラ競争系の連立微分方程式のような簡単なモデルでも，モデルをつくっただけではどんなときに2種が共存するのか明らかではない．モデルを解析することができれば，すべてのパラメータ領域においてモデルがどのような挙動を示すのかを明らかにすることができ，一般的で明快な主張をすることが可能となる．ロトカ・ボルテラ競争系でいえば，種内競争が種間競争よりも大きいときに2種が共存できるという結論を得ることができる．しかしながら，モデルの解析は常に可能というわけではなく，複雑なモデルほど困難である．解析が難しいモデルでは，シミュレーションによって特定のパラメータにおけるモデルの挙動を調べることになるが，このような場合はより限定された結論しか得られない．

　数理モデリングのアプローチは科学においてきわめて重要である．自然淘汰による進化というDarwinの理論は，ネオダーウィニズムにおける集団遺伝学的な数理モデルによって，その基本的な理論の正しさが明らかにされるまでは，さまざまな批判を受けた．たとえば，メンデル遺伝が19世紀に再発見されたころ，W. Batesonなどのメンデル遺伝学派はメンデル遺伝が不連続で大きな変化に基づく進化メカニズムの存在を意味するとして，連続的で小さな変異の蓄積から進化が起こるというDarwinの理論を批判した．この時点では，議論が数理モデルとして整理できていなかった．これに対して，R.A. Fisherは1918年の論文で抽象的な遺伝モデルを用いて，形質間の連続的な変異はメンデル遺伝の下で可能であることを示した．結果，その後の遺伝学事実とともに，Darwinの理論をメンデル遺伝の基礎の下に確立することができたのである．ネオダーウィニズムにおける進化の総合説確立において数理モデリングの役割は大きかった．

　進化の仮説演繹的な研究において，さまざまな生態学的プロセスの予測を立てるために，観察や実験において最適戦略モデルが使われてきたことは先に述べたが，最適戦略モデルは抽象的な問題を数理モデルだけで議論するために使われることも多い．たとえば，Zahavi（1975）は，性淘汰においてハンディのある形質（長くて生存に適さない尻尾など）をもっているオスはそれだけ生存率が高いので，メスはハンディの大きなオスを選ぶのだという仮説を立てた．Zahaviの提唱したハンディキャップの原理はメカニズムとして可能であるか？といった問いも，議論があったが，ゲーム理論を用いた数理モデルとしてGrafen（1990）が定式化することで，同じハンディでもより弱いオスではより厳しい条件となる場合，理論的には可能であることが明らかとなった．また，最適戦略モデルでは，逆に抽象的なモデルの条件にあうように，実験生物や実験条件を選び，仮説検証するという方法もよく行なわれる．

　集団遺伝学においては，確率過程のモデルが用いられることが多く，さまざまな条件において対立遺伝子の固定確率などを計算するモデルがつくられた．同様の確率過程のモデルは生物学において，野外生物集団の絶滅プロセスなど広く応用されている．

[参考文献]

巌佐 庸（1998）『数理生物学入門：生物社会のダイナミックスを探る』共立出版．

Fisher R. A. (1918) The Correlation Between Relatives on the Supposition of Mendelian Inheritance. *Philos. Trans. R. Soc.*, vol. 52, pp. 399-433.

Grafen A. (1990) Biological signals as handicaps. *J. Theor. Biol.*, vol. 144, pp. 517-546.

Zahavi A. (1975) Mate selection: a selection for a handicap. *J. Theor. Biol.*, vol. 53, pp. 205-214.

（箱山　洋）

## 27.3 統計モデリング

統計モデリングでは，対象とする具体的な生態学的・進化的なプロセスに対して確率モデルを構築し，仮説検証や定量的な予測を行なうことを目的とする．生態系・群集・個体群は時空間的な広がりのなかで複雑な相互作用からなるシステムであり，理論的な演繹を行なうために高度に抽象した数理モデル（数理モデリング）はそのままでは適用することができない．解析可能なモデルを基本にしながらも，対象とする系の特徴や不確実性をとりいれた確率モデルを構築し，データにあてはめることで帰納的な推論を行なう．数理モデリングが演繹的な方法論であるのとは対照的に，統計モデリングはデータと理論を結ぶ帰納的な推論において用いられる．

因果関係を推定するために実験を行なう場合でも，生態学的な相互作用に関しての予測には統計モデリングが必要となってくることが多い．行動生態学の適応戦略モデルの例で考えてみると，まず，数理モデリングで解析したモデル（オリジナルモデル）で，理論的な相互作用の枠組みを把握する．そのうえで，対象についてのプロセスや観測誤差などの確率性をモデルにとりいれた統計モデルから帰無仮説を立てて，仮説検定を行なうことになる．仮説検定では対立仮説をおくNeyman-Pearsonの検定法が主流であるが，状況に応じて，対立仮説をおかないFisherの検定法も用いられる．Neyman-Pearsonの検定法では，ある危険率の下で対立仮説の検出力を最大にする検定（最強力検定）を検討することができる．生態学などの複雑な系に関する仮説検定では，複数の仮説を立てることが推論において非常に重要であるといわれている．

生態学的な研究ではデータのくりかえしが得にくいことから，ひとつひとつの研究のサンプルサイズが比較的小さく，個別の研究では有意な結果を得ることができないことがある．また別々の研究で異なった結論が得られていることもある．このような問題に対して，メタアナリシスとよばれる一連の統計手法では，独立な複数の研究（検定）を統合して，全体の有意性や効果の大きさ（effect size），研究間の異質性（heterogenity）を検定できる．かつてはある分野の総説論文を書く場合には，それぞれの研究の違いを羅列するような形での議論しかできなかったが，メタアナリシスによって状況は変わった．

メタアナリシスでは，対立仮説が複数あるような検定は扱えず，それぞれの研究の$p$値を片側確率として揃え，サンプルサイズで重み付けすることで，全体の$p$値や効果の大きさを推定する．複数の研究がかなり大胆に統合される．実験設定のさまざまな違い（たとえば，種の違い，時空間スケールの違い）などがあっても，同じ問題を扱った研究ということで束ねてしまう．よく使われるたとえでいえば，リンゴとオレンジであっても同じフルーツだ，という考え方である．分析の結果として，$p$値や効果の大きさについて，研究間の異質性が小さい場合は，全体にどの研究も同じような傾向をもっていることになり，統合した結果の信頼性は高い．一方で，研究間の異質性が有意に大きい場合は，各研究が同一の分布に従った独立な点だとした仮定に疑いが出てくる．この場合，異質性の構造を検討するために，各研究を何らかの属性（たとえば，分類群）でグループ化して，効果の大きさに傾向がみられないかを分析することができる．種間比較では種は独立ではなく系統関係の考慮が必要であるとされるが，メタアナリシスにおいても，独立な研究を束ねるというこれまでの枠組みを拡張して，あらかじめ系統関係を考慮に入れた方法が検討され始めている．

個体群や群集の野外観察を長期で行ない，その将来予測を行なうこともされている．この場合，データは毎年更新されること，他の生物の個体群パラメータなど事前情報を外挿することが多いことから，ベイズ的な枠組みでモデリングすることが有効な場合がある．また，予測という目的では，モデル選択によって，かぎられたデータに対して最善の予測をするモデルを選ぶという問題が重要になってくる．パラメータの多い複雑なモデルを少ないデータにあてはめると，overfittingによってモデルからの予測精度は悪い．そこで，モデル選択では候補となる複数のモデルから，かぎられたデータに対してもっとも予測精度のよいモデルを選択する．モデル選択の

選択規準は予測であるため，選ばれたモデルが真の構造を反映していないとしても不思議ではない．データが少なければ単純なモデルが選ばれる．たとえば，実際には年齢構成がある個体群でも，少ないデータに対しては，実際の構造を反映した年齢モデルではなく，全体のバイオマスの動態を扱うだけの単純なモデルが選ばれる場合もある．モデル選択の規準は，赤池の情報量規準（Akaike's Information Criterion：AIC）などがある．AIC でモデルを比較できないケースもあることから，予測精度の定義に戻って，真の分布と予測分布の解離を規準として定式化して，それぞれの統計モデルに対して検討することも必要である．

[参考文献]

Hilborn R. & Mangel M.（1997）*The Ecological Detective: Confronting Models With Data*, Princeton University Press.

Linhart H. & Zucchini W.（1986）*Model Selection*, John Wiley & Sons.

Rosenthal R.（1991）*Meta-Analytic Procedures for Social Research*, Sage Publications.

（箱山 洋）

## 27.4 ベイズ法

### A. ベイズ法

ベイズ法では，ベイズの定理を基礎とし，事前情報とデータから仮説に対する確からしさを事後確率や事後分布として計算し，統計的な推論を行なう．確率論や Fisher, Neyman-Pearson の統計学では，われわれの認識とは独立に存在する頻度主義的な客観確率を扱うが，ベイズ確率では客観確率だけでなく，情報が不十分なことからの不確実性をあらわす主観確率を扱うことができる．一般に事後分布は複雑な確率分布の積分を含んでおり解析的な計算が困難である．これまで数値的な計算も困難であったが，MCMC 法を用いて事後分布に従う乱数を生成することで，複雑な事後分布でも漸近的に精確な分布の計算が可能になり，近年のベイズ法の発展をもたらした．

ベイズの定理は，条件つき確率の定義 $\Pr(A|B) = \Pr(A \cap B)/\Pr(B)$ から導かれる．連続な確率変数 $X$ を考え，その確率密度関数 $f(x|\theta)$ は母数 $\theta$ によって決まるとする．このとき，新たにデータ $x$ が得られた後の母数 $\theta$ の事後分布 $\pi(\theta|x)$ は，ベイズの定理からつぎのようになる：

$$\pi(\theta|x) = \frac{\pi(\theta)f(x|\theta)}{\int \pi(\theta)f(x|\theta)d\theta}, \qquad (1)$$

$\pi(\theta)$ は母数 $\theta$ の事前分布である．また，式（1）右辺の分母は $\theta$ の全領域で積分する．Fisher や Neyman-Pearson の統計学では母数は未知の定数と考えるが，ベイズ統計では母数も確率変数であると考え，母数に事前分布・事後分布を与える．事前分布の決め方は難しいが，基本的には主観的に既知の情報から決められる．何の情報もない場合，理由不十分の原則から一様分布などを仮定する．一般には事後分布は複雑であり，事前分布とは異なる関数型であらわされる．事前分布と事後分布が同じ確率分布（族）になる場合，共役事前分布であるという．共役事前分布はいくつかの特別な関数型でしか成立しないが，確率密度関数 $f(x|\theta)$ の関数型に応じて，共役である事前分布 $\pi(\theta)$ が決まる．たとえば，$f(x|\theta)$ が二

項分布の場合，共役事前分布はベータ分布であり，解析的に事後分布もやはりベータ分布となることが計算できる．事後分布を計算したのち，さらに新たにデータが得られた場合，式 (1) 右辺の事前分布にこれまでの事後分布を代入することで，新たな事後分布を計算することができる．このことをベイズ更新という．

## B. MCMC 法

一般には事後分布は既知の分布になるとは限らないため，多重積分を解析的に解いてその期待値や分散などを計算することは難しい．この場合，モンテカルロ積分で近似的に計算することが考えられる．すなわち，事後分布 $\pi(\theta|x)$ に従う擬似乱数列 $\theta_1, \theta_2, \cdots, \theta_n$ を計算機で生成することができれば，大数の法則を根拠に，十分に大きな $n$ に対して，事後分布に従う $\theta$ の期待値を次のように近似計算できる：

$$\int \theta \pi(\theta|x) d\theta \approx \frac{1}{n} \sum_{i=1}^{n} \theta_i. \tag{2}$$

しかしながら，標準的でなく複雑な事後分布 $\pi(\theta|x)$ に対しては，その擬似乱数列を計算機の組み込み関数から直接に得ることができず，組み込み関数を利用して目的の分布に従う擬似乱数を発生させる方法を考える必要がある．これには，累積分布関数の逆関数を用いる方法や棄却法などいくつかあるが，そのひとつが MCMC 法である．

MCMC 法は，マルコフ連鎖の性質を用いて，標準的な確率分布から発生させた擬似乱数列（たとえば，正規分布に従う擬似乱数列）を用いて，生成したい複雑な確率分布に従う擬似乱数列を得る方法であり，多変数分布からの乱数発生において特に有効である．MCMC 法には Metropolis-Hastings (M-H) アルゴリズムや Gibbs sampler などがあるが，知られているすべての MCMC 法は M-H アルゴリズムの変形である．

離散マルコフ過程であるマルコフ連鎖では，時刻 $t$ の確率変数 $X_t$ が状態 $j$ をとる確率は時刻 $t-1$ の状態 $i$ に依存する条件つき確率 $\Pr(X_t=j|X_{t-1}=i)$ で決定される．ある遷移確率 $p(x_t|x_{t-1})$ に従って確率分布 $\pi_t(x)$ が遷移するマルコフ連鎖がエルゴート的（既約的・非周期的・正再帰的）であるとき，どのような初期分布 $\pi_0$ からでも十分に長い推移をくりかえしたあとの分布は定常分布 $\pi$ に収束する．したがって，モンテカルロ・シミュレーションで $p(x_t|x_{t-1})$ に従うマルコフ連鎖 $x_1, x_2, \cdots$ を生成し，十分に時間の経ったマルコフ連鎖 $x_n, x_{n+1}, \cdots$ に着目すれば，定常分布 $\pi$ に従う乱数列となっている．問題は，定常分布 $\pi$ が生成したい確率分布になるようにマルコフ連鎖の遷移確率分布 $p(x_t|x_{t-1})$ を構成することにある．また，その遷移確率分布は計算機で簡単に擬似乱数を発生できるものでなければならない．

M-H アルゴリズムはマルコフ連鎖の詳細釣合条件を用いて，このような遷移確率分布を構成する．具体的には，容易に乱数を発生させることができる提案分布 $q(y|x)$ を考えて，そこから疑似乱数を発生させ，詳細釣合条件を満たすように修正することで，目標とする確率分布 $\pi(x)$ からの乱数列を得る．詳細釣合条件とは，マルコフ連鎖で状態が定常分布へ収束していることの十分条件である．すなわち：

$$X_i \text{の定義域の各 } x, y \text{ について,} \\ \pi(x)p(y|x) = \pi(y)p(x|y), \tag{3}$$

ならば，$\pi(x)$ は定常分布である．詳細釣合条件を満たすマルコフ連鎖 $x_1, x_2, \cdots$ は定常分布 $\pi(x)$ に従う．

提案分布からの乱数の修正，すなわち，ある乱数を乱数列にとりいれるか否かは，つぎのアルゴリズムによる．適当に設定した提案分布 $q(y|x)$ では，確率分布 $\pi(x)$ に対して詳細釣合の条件を満たしていない．$x$ から $y$ への遷移が過剰な場合は，$\pi(x)q(y|x) > \pi(y)q(x|y)$ となっている．そこで，$x$ から $y$ への遷移を減少させるために $p(y|x) = q(y|x)\alpha(y|x)$ を満たす採択確率 $\alpha(y|x) < 1$ を導入する．また，$x$ から $y$ への遷移が過小な場合はすべて採択するとして，$\alpha(x|y) = 1$ とする．このとき，式 (3) から $\pi(x)q(y|x)\alpha(y|x) = \pi(y)q(x|y)\alpha(x|y)$ であるから，$\alpha(y|x) = \pi(y)q(x|y)/\pi(x)q(y|x)$ である．すなわち，$X_t = x_t$ の条件つきで提案分布から発生させた乱数 $x^*$ について，

$$\alpha(x^*|x_t)$$
$$= \frac{\pi(x^*)q(x_t|x^*)}{\pi(x_t)q(x^*|x_t)}, \quad (4)$$
$$\text{if} \quad \pi(x_t)q(x^*|x_t) > \pi(x^*)q(x_t|x^*),$$
$$= 1, \text{if} \quad \pi(x_t)q(x^*|x_t) \leq \pi(x^*)q(x_t|x^*).$$

という採択確率で採択すればよい.採択した場合は,$x_{t+1}=x^*$ とし,非採択の場合は,$x_{t+1}=x_t$ とする.このようにして,どのような初期値から始めても十分な時間が経った後には詳細釣合条件が満たされ,$\pi(x)$ に従う乱数を得ることができる.

M-H アルゴリズムの計算では,$\pi(x)$ の基準化定数が分からなくても,$\pi(x)$ に従う乱数を発生させることができる.また,提案分布 $q$ に正規分布などの対称分布を採用した場合には,式(4)の右辺の分子と分布の $q$ はキャンセルするため,採択確率は $\alpha(x^*|x_t)=\pi(x^*)/\pi(x_t)$ となる.例えば,式(1)の事後分布に対する MH 法の採択確率は,$\alpha(\theta^*|\theta_t)=\pi(\theta^*)f(x|\theta^*)/\pi(\theta_t)f(x|\theta_t)$ となり,式(1)右辺の分母の積分は計算しなくても良い.

### C. ベイズ法の応用

MCMC の進化学における応用としては,たとえば,系統樹の形状探索などがあげられる.また,階層ベイズモデルの計算に MCMC 法は有効である.ベイズ法ではモデルの母数 $\theta$ の事前分布 $\pi(\theta)$ を考えるが,その事前分布 $\pi(\theta)$ を決定するのにも別の母数 $\alpha$ が必要である.通常のベイズ法では $\alpha$ は定数とするが,$\alpha$ にも事前分布 $\rho(\alpha)$ を与えることができる.$\alpha$ はハイパーパラメータとよばれ,このような構造をもったモデルを階層ベイズモデルという.同様に $\rho(\alpha)$ にもハイパーパラメータを考えることができ,つぎつぎに階層性を考えることができる.最高次のハイパーパラメータを定数として仮定し,周辺尤度を最大化する仮定をおくことでデータからハイパーパラメータを点推定する方法を,特に経験ベイズ法という.

機械学習,迷惑メールフィルター,画像のノイズ除去,水産資源の予測・管理などさまざまな実用場面において,ベイズ統計が有効であることは疑いがない.一方で,自然科学における方法論としては議論があり,Fisher, Neyman-Pearson の統計学(頻度主義統計学)とベイズ統計を適切に用いることが必要である.科学的方法としてのベイズ統計の最大の問題は事前確率における主観性である.統計的検定の問題では,事前確率さえ正しければ,ベイズ統計は Fisher, Neyman-Pearson の検定よりも優れたフレームワークを与える.しかしながら,事前確率から主観性を除くことは困難であり,不適切な事前確率は誤った結論を与える.たとえば,Lindley's Paradox では,理由不十分の原則から事前分布に一様分布を与えることが,極端なデータが得られた場合にも帰無仮説が決して捨てられないという非合理な推論を導くことを問題にしている.

[参考文献]

Chib S. & Greenberg E. (1995) Understanding the Metropolis-Hastings algorithm. *Am. Stat.*, vol. 49, pp. 327-335.

Christensen R. (2005) Testing Fisher, Neyman, Pearson, and Bayes. *Am. Stat.*, vol. 59, pp. 121-126

Clark J. S. (2007) *Models for Ecological Data: An Introduction*, Princeton University Press.

Efron B. (2005) Bayesians, Frequentists, and Scientists. *J. Am. Stat. Assoc.*, vol. 100, pp. 1-5.

松原 望(2010)『ベイズ統計学概説』培風館.

豊田秀樹(2008)『マルコフ連鎖モンテカルロ法』朝倉書店.

(箱山 洋)

## 27.5 分類学

　昆虫学者 Edward O. Wilson が「biological diversity」を短縮して生物多様性（biodiversity）ということばを世に送ったのは1988年のことだった（Wilson & Peter, 1988）．この言葉が時代の脚光を浴びるようになるとともに，生きものの多様性に関する研究にもあらためて注目が集まっている．生物多様性の研究分野を体系学（systematics）とよぶとき，生きもののもつさまざまな形質（形態的形質から遺伝子情報まで含む）に基づいて，生物間の系統類縁関係を究明する系統学（phylogenetics）や生物の分類体系を構築する分類学（taxonomy）はいずれも体系学に属する．この体系学は生物学の歴史のなかではもっとも長い歴史をもち，ギリシャ時代のアリストテレスの著作（特に『動物誌』や『動物部分論』）にその萌芽を求めることができる（Ereshefsky, 2001）．

　生物多様性とは，「自分の周囲にはさまざまな生き物がいる」という，きわめてあいまいな，しかしこのうえもなく重要な「現象世界の事実」をあらわす言葉にほかならない．生きものとは，専門的研究対象として存在しているばかりではなく，日常生活をしている一般人の周囲の自然環境のなかで長らく生き続けてきた身近な存在であることは，考えるまでもなく誰もが納得する事実だろう（Atran, 1990）．しかし，このようなあいまいな定義では生物多様性研究は進展しないだろう．「生物多様性」の概念をどのようにとらえるか，それをどのように定義するか，さらには野外の生物集団に対して生物多様性をどのように計測すればいいのかをめぐっては，経験的なデータに基づく論議だけでなく，理念にかかわる哲学論争までひき起こす深遠な問題が含まれている（Maclaurin & Sterelny, 2008）．

　直感的に理解できるはずの生物多様性の概念がなぜ多義的で絶えず論議をよぶのか．その理由は「生物多様性とは何か？」という疑問が「分類とはそもそも何か？」という疑問とつねに直結しているからである．生物分類学の歴史と実践は「分類される物」だけではなく「分類する者」の側からもう一度みなおす必要がある．西洋博物学の揺籃期だった16〜17世紀ルネサンス時代においては，「分類される物」すなわちコレクション（蒐集物）が社会的・文化的にきわめて重要な意味をもっていた．当時の博物館はコレクションを増やすこと自体に意義があった．しかし，コレクションが予想以上に急速に肥大した18世紀啓蒙主義の時代に入ると，しだいに「分類する者」の側に意識の変化が生じた．探検博物学の発展とともに世界の隅々から集まってきたコレクションは量的に急速な肥大をとげた．それとともにコレクションを整理する際に蒐集された動植物などをどのように分類整理するべきかという問題が浮上してきた．純粋な蒐集から体系的な分類へのこの推移は，実は人間のもつ認知分類のキャパシティを考えるとうまく理解できる．Brian W. Ogilvie（2006）はこの推移を「記載の科学」から「分類の科学」への移行とみなしている．

　「記載の科学」とはコレクションの特徴を綿密に観察して記録する作業である．コレクションの規模がまだ小さければ個別の記載に基づく認知的な分類が可能だった．人間が直感的に識別し分類できる認知的上限である「500個」に達するまでは，分類の方法論を明示しなくてもよかった．しかし，その上限をこえてコレクションが増大したとき，はじめて「分類の科学」が要請されるようになる．個別記載だけでは膨張するコレクションの全体を把握することはもはやできない．多様なコレクションを的確に分類して整理し，総体としての分類体系を構築するための明示的な方法論が求められるようになる．

　鳥類学者 Ernst Mayr は，ドイツからアメリカに移住する直前の1928〜30年にかけて，東南アジアへの数度にわたる探検行に参加し，ニューギニア高地に生息する数多くの鳥類を採集している．後年の Mayr の回想によれば，彼が「種の実在性」を強く信じるに至ったのは，この探検旅行をとおして，ニューギニア現地人による鳥類の民俗分類体系が，鳥類学者の手になる科学分類とあまりにも一致していたためだったという．その後，同じく鳥類学者 Jared Diamond は，同じニューギニア高地の鳥類相についてより詳しく調べた結果を公表している．彼は，鳴き声や習性に基づく現地の民俗分類体系と形態学的

特徴によりつくられた科学的分類体系とが「種」に関してみごとに一致する点を強調して：「これらふたつの相異なる分類体系を構成する要素の間につねに1対1の対応関係があることは，議論の余地なく，種の客観的実在性を証明している」(Diamond, 1966) と結論した．Mayr や Diamond に従えば，ある地域生物相に関して先住民が構築した分類体系（「民俗分類」とよぶ）と職業的分類学者が構築した分類体系（「科学分類」とよぶ）とを比較したとき，同じ「分類群（タクソン）」が識別・命名されているならば，その分類群はもともと自然のなかに実在している証であるとみなされることになる．

一方，同じニューギニア高地の鳥類相に関する民俗分類体系について精査した Brent Berlin ら文化人類学者たちは，Mayr と Diamond ら鳥類学者の見解をつぎのように批判する．民俗分類と科学分類がたとえ一致するにしても，それは「種」のような分類群の実在性とは何ら関係はなく，ひとえに人間が生きものを対象として通文化的に共通の認知カテゴリー化をしているにすぎないと反論する．さらに，Berlin らは，民俗分類における「種」と科学的分類における「種」が必ずしもきれいに対応してはいないと指摘した．同所的に分布する「種」は互いに識別できても，異所的な「種」ほどその識別はあいまいになる．心理的な識別可能性が民俗分類の根底にあると彼らは考えている．

生物学者と文化人類学者は「分類体系」とか「種概念」に関して，まったく異なるスタンスから光を当てようとしてきたことに注目したい．Mayr と Diamond は民俗分類と科学分類との表面的一致をもって「種」の実在性の証拠であるとみなしたのに対し，Berlin らはつぎのような否定的結論を下している：「明らかに，このような論議［民俗分類と科学分類の比較］からは自然そのものの構造に関する知見を得ることはできない．しかし，その構造をわれわれヒトがどのようにとらえているのかについては多くのことがわかる」(Berlin et al., 1966)．この明白な結論の違いはつぎのようにまとめることができる．生物学者たちは「種」や分類群の識別が両者の間で一致することは「分類される物」が自然界に実在するからであると結論する．一方，文化人類学者たちは，その一致は，先住民と科学者が「分類する者」たる人間として共通の認知的性向をもつからであるとみなす．

生物分類学の実践は，その歴史を振り返るならば，人間側のやむにやまれぬ認知的制約によって突き動かされてきた．17 世紀の John Ray，そして 18 世紀の Carl von Linné が分類法に関心をもったことはけっして偶然ではない．彼らは「記載の時代」ではなく「分類の時代」の人物だったからだ．そのことは同時に，現代に連なる生物分類学の根底には，生物学者が考える以上に，人間としての認知的制約条件が厳然として作用していることをも強く示唆する．分類をめぐる問題がかくも錯綜するのは，コレクションすなわち「分類される物」だけでなく，「分類する者」である人間の側の認知カテゴリー特性をもどこかで考慮せざるをえないからである．自然を切り分けた分類群たとえば「種（species）」が自然のなかに実在するのか，それとも単にわれわれヒトが心理的にカテゴライズしているだけなのか．生物分類と分類学をめぐるこの種の存在論的問題が絶えず論議される根底には，人間がまわりをとり巻く外界の事物や生物をどのように理解してきたのかという自然観・世界観に直結する深遠な疑問を浮かび上がらせることになる．

かつて Jakob von Uexküll は，生物とそれを取り巻く外界とが複合的に構成する世界を「環世界 (Umwelt)」と名づけた．「分類する者」と「分類される物」がともに構成する世界もまた人間にとってのひとつの「環世界」である．この環世界とは，すべての人間が共有する自然観・世界観である (Yoon, 2009)．たとえ，分類に関する教育をいっさい受けなかったとしても，われわれは身のまわりの事物を生まれながらにして分類することができる．環世界のなかでわれわれがもつこのような生得的な能力は，いわば生きていくうえでの「不文律」であり，たとえ明文化されていなかったとしても，われわれはそれに逆らって生きていくことはできない．生物以外の一般のオブジェクトを分類する方法論もまたその不文律を暗黙の仮定としている．

世界中の先住民社会における民俗生物分類を研究してきた Brent Berlin (1992) は，通文化的な民俗

分類の特徴として下記の点を列挙している：① 階層的に分類する；② 属（genus）の総数は 600 群をこえない；③ 属ごとの種（species）の総数は 7 以下である．これが科学分類の基底をなす民俗分類の「不文律」である．全世界的な比較研究から浮かび上がってくるこれらの共通特徴は，結局人間は生きものなどオブジェクトが織りなす多様性を体系化するだけの記憶容量を十分に備えていないことに起因する内的制約の存在を示唆している．非階層的ネットワークでは階層的ツリーが原則であるという制約は，階層的に配置された入れ子の群構造は記憶を節約することである．そして，分類群（属や種）の総数に対する上限の存在はある時点で記憶可能なアイテムの個数には限界があることにほかならない．おそらくは，このような民俗分類の「不文律」を暗黙のうちに満足する分類体系のなかに「自然分類（natural classification）」なるものが見いだされるにちがいない．

体系学のうち分類学に関する議論にひき続いて，系統学に目を向けよう．近代進化学の礎を築いた Charles R. Darwin（1809-1882）以来，地球上の生物の系統類縁関係の究明は，現代進化学のなかで中心的な意義を担っている．とりわけ，十分に信頼できる系統樹をデータに基づいていかにして推定するかは，進化学者が長年にわたってとり組んできた課題である．とりわけ，DNA やアミノ酸の配列データや構造データが多くの系統学的情報をもつという認識が，昨今の分子系統学の隆盛につながっている．

しかし，データがありさえすれば真の系統樹が導けるわけではない．系統学者はどのような方法論に基づいて系統推定を行なえばよいのかについて理解を深める必要がある．系統樹を復元するとは，過去の地球において生じた進化的事象の連なりを，現時点で入手できるデータに基づいて推論することにほかならない．しかし，進化学や系統学では，研究対象を直接に観察したり，反復して実験するという，典型的な自然科学のプロトコルが実行できないという，実験系科学にはない歴史科学的な特徴がある．

Darwin はその生涯をかけて，生物の進化史がまっとうな科学的研究の対象であることを主張し続けた．現代に生きるわれわれはこの点をあらためて肝に銘じたい．つまり，進化系統学とは歴史科学的な性格をもつ特殊な自然科学であるということだ．19 世紀イングランドの思想家 William Whewell の学問分類に従えば，系統推定論は間違いなく歴史的因果を研究する古因科学（palaetiological sciences）のひとつに含まれるだろう．また，現代の歴史哲学では，歴史言語学や比較文献学とともに，進化生物学は歴史叙述的科学（historiographic sciences）と総称されることもある．人文科学と自然科学の壁をこえて「歴史科学」は連携しはじめている．

従来の形態データに加えて分子データが広範に利用できるようになった現在，系統学の裾野は進化生態学・発生生物学・生物地理学・集団遺伝学など生物科学のほとんどの研究領域を含むに至っている．また，安価で高性能なコンピューターが広く普及し，系統推定のための使いやすいソフトウエアを誰もが利用できることを考えるならば，言葉としての系統樹を正しく読み書きするためのリテラシーをきちんと身につける必要がますます高まっている．

系統樹は系統関係を表現するための言葉である．系統樹の枝は仮想祖先と実在子孫とを結びつける由来関係をあらわすと考えてもよいが，祖先はあくまでも仮想的にすぎないので，むしろ，ある共通祖先に由来する複数の実在子孫が互いに姉妹関係（単系統群）にあることを表示しているとみなしたほうがよい．というのも，系統推定の結果によってはある枝の長さがゼロとなり，みかけ上，端点同士が枝で結ばれることがある．しかし，それはあくまでも与えられたデータの下では，その枝の上で形質変化がないなどの理由により枝長がゼロになったのであり，一方の端点が他方の端点と直接的な祖先子孫関係で結ばれているわけではないからだ．

系統樹の根（root）は外群（outgroup）によって設定されることがほとんどである．この根を除去すると，有根系統樹は無根系統樹に変換される．ある有根系統樹はただひとつの無根系統樹に変換されるが，ある無根系統樹のどの枝に根をつけるかによって複数の有根系統樹が派生する．無根系統樹の内部枝は端点集合の分割（partition）を表示している．すなわち，ある内部枝を除去することにより，端点集合は二分割される．

系統推定の目的は，手元にあるデータから上記の記法に従って系統樹を描くことである．しかし，そもそも「真実」の系統樹を発見することを目指してはいないことに注意しよう．データから結論に至る論証様式といえば，演繹（deduction）かあるいは帰納（induction）しか思い浮かばないことが多い．いずれも，特定の仮説の真偽の証明を目指す論証様式である．しかし，系統推定における論証は演繹でも帰納でもない．それは，19世紀アメリカの哲学者 Charles Sanders Peirce (1839-1914) が提唱したアブダクション（abduction）がもっともふさわしいだろう．

アブダクションとは「最良の説明への推論」とよばれることもあるように，与えられたデータの下で対立仮説群の間で説明のよしあしを比較したうえで，ベストの仮説を選ぶという論証様式である．アブダクションによる推論では，選ばれた仮説の真偽は問題ではない．あくまでもその時点で得られたデータの下で，いずれの仮説が最良であるかだけを論じる．第三の推論様式としてのこのアブダクションは，データがもつ証拠としての意味を重視し，データが対立仮説それぞれに対して相対的に与える支持の程度を比較検討する．系統推定をアブダクションの観点からみると，得られたデータ（たとえば分子配列）の下で，可能なすべての系統樹からなる探索空間のなかからベストの系統樹を探し出すことが目的となる．

系統樹を推定する作業をアブダクションに基づく推論であるとみなしたとき，われわれはベストの系統樹をどのような判断基準（目的関数）をもって選択すればよいのかという第一の問題に直面する．現在，さまざまなソフトウエアが，系統推定のためのツールとして広く利用されているが，ユーザはまずはじめにどのような基準の下に系統樹を推定するのかを各自が決定しなければならない．以下に，代表的な系統推定法を紹介する．

（1）距離法（distance methods）：端点間の距離を定義し，互いに近い距離にあるものをグループ化することにより系統樹を推定する．ここでいう距離とは，特定の分子進化モデルの下で計算された進化的距離を意味する．分子進化学では，塩基配列やアミノ酸配列の間の距離がいくつも提唱されている（たとえば，Jukes-Cantor の1パラメーターモデル，Kimura の2パラメーターモデルなど）．分子系統樹の推定法として広く用いられている距離法は近隣結合法（neighbor-joining method）である．

（2）最節約法（maximum parsimony methods）：分子あるいは形態のデータが与えられたとき，系統樹全体にわたる形質状態の変化総数（塩基配列データならば塩基置換総数）を目的関数として，その値が最小となる系統樹を選択する．このとき，非相同な類似性（ホモプラジー）はもっとも少なく，系統樹の樹長は最短となる．最節約法は形態データから分子データまで利用可能な方法である．

（3）最尤法（maximum likelihood methods）：塩基配列あるいはアミノ酸配列の置換に関する確率モデルの下で，観察されたデータ値の生じる確率の積（「尤度」likelihood）を目的関数として，その値を最大化するように未知のパラメーターを推定する方法を最尤推定という．DNA 塩基配列やアミノ酸配列の分子進化に関する確率モデルに含まれる樹形と枝長などを未知のパラメーターとして最尤推定をし，尤度が最大になる系統樹を探索する．

（4）ベイズ法（Bayesian methods）：最尤法では，尤度のみを目的関数としてアブダクションを実行する．これに対し，最近になって，パラメーターの事前確率分布（prior distribution）を仮定し，ベイズの定理の下で尤度をとおしてデータの情報を加味した事後確率分布（posterior distribution）を目的関数とするベイズ推定の方法論が急速に普及してきた．計算アルゴリズムとしてのマルコフ連鎖モンテカルロ（Markov chain Monte Carlo：MCMC）により，事後確率分布の形をうまく推定することにより，その期待値としてベストの樹形を選び出そうとする．

端点数が少ないデータに対しては最適系統樹の探索時間は比較的短くてすむ．しかし，その場合，端点のサンプリングが粗いために，長枝誘引（long-branch attraction）のような弊害があることがシミュレーション研究で示されている．データのサイズが大きくなるほど，このような問題はなくなるが，他方，系統樹探索のための計算量は一般に莫大になる．各配列の長さよりも，端点数の増大のほうが，系統樹

探索空間を組合せ論的に爆発させるので計算時間の負担がより大きい．

　計算機科学のうえでは，最適系統樹の探索は「NP完全（NP-complete）」とよばれる最難度の問題に属することが証明されている．しかし，コンピューターのハードウエアとソフトウエアの両面での進歩，さらには超並列計算システムという最先端の計算機技術が系統樹作成の領域でも浸透しつつあり，より巨大なデータであっても許容しうる計算時間内に系統樹を構築することが可能になってきた．

　ベストの系統樹を発見するアブダクションの作業とならんで重要なのは，系統推定の際に置かれた仮定やモデルがどれほど妥当なのかというモデル選択の問題と，得られた系統樹がどのくらい信用できるのかという信頼性評価の問題であろう．モデル選択については，コンピューターシミュレーションを用いた相互比較研究がすでに蓄積されている．たとえば，系統推定法のアブダクション基準については，形質ごとの進化速度の不均一性が系統推定の結果に及ぼす影響などがすでに調べられている．その結果，正しいモデル系統樹が導かれるパラメーター条件が系統樹作成法ごとに異なっていることが判明している．また，分子進化モデルをどのように設定すれば妥当な系統推定が実行できるのかという研究も進められている．さらにいえば，そもそも分岐的なツリー（樹状図）という系統発生モデルを置くべきなのか，それとも組換えや雑種形成などの可能性を考えたネットワーク（網状図）を前提とすべきなのかもモデル選択問題とよべるだろう．

　信頼性評価については，さまざまなコンピューター集約型の統計手法（ノンパラメトリックなブーツストラップ，ジャックナイフ，無作為化検定，あるいはパラメトリック・ブーツストラップなど）が系統樹の統計学的な信頼性評価のために適用されている．統計学の視点からみたとき，系統樹作成法は，確率分布における平均や分散と同じく，データから系統樹を計算するための推定量（estimator）を与える．そして実際に得られた系統樹は，ある系統樹作成法の下でそのデータから計算された推定値（estimate）である．したがって，ある系統樹がもつ信頼度は，推定量の統計学的な挙動と推定値のばらつきの評価に依存している．

　分子系統学は1990年代以降に急速に普及し，核酸やアミノ酸の配列データが系統推定のための重要な情報源であることは論をまたない．しかし，系統推定を従来から支えてきた形態形質などのデータの価値がそれによって損なわれるわけでは決してない．むしろ，分子データと形態データとの併用の道が開かれるならば，これまで長年にわたって蓄積されてきた標本や化石の情報源を再利用できるという点で，新たな局面が広がるのではないかと期待される．

　生物体系学の伝統をふりかえると，1960年代以降およそ20年間の長きにわたって方法論をめぐる論争がくり広げられた．その過程で，生物の分類体系の構築基準ではなく，むしろ系統関係を解明する方法に論議の軸足が移行していった．分類学と系統学ではその根底を流れるロジックを語る「言葉」がもともと異なっている．分類群同士の相互関係を論じる分類学の骨格は「数理論理学」によって記述することができる．しかし，祖先と子孫の間の由来関係を論じる系統学はむしろ「離散数学」をよりどころとするだろう．このように，将来の分類学と系統学はいずれも生物学に軸足を置きつつも，一方では数学や統計学の理論を援用しつつ，他方では生物学哲学や認知科学とも連携を深めるという学際的な研究領域として発展していくだろう．さらに，インターネットを利用した分類データベースの国際プロジェクトが発展している現状を鑑みるとき，サイバー科学（cyberscience）としてのさらなる飛躍が理論と実践の両面で期待されている．

[引用文献]

Atran S. (1990) *Cognitive Foundations of Natural History: Towards an Anthropology of Science*, Cambridge University Press.

Berlin B. (1992) in *Ethnobiological Classification: Principles of Categorization of Plants and Animals in Traditional Societies*, pp. xviii+335, Princeton University Press.

Brent B. *et al.* (1966) Folk taxonomies and biological classification. *Science*, vol. 154, pp. 273-275.

Diamond J. M. (1966) Zoological classification system of a primitive people. *Science*, vol. 151, pp. 1102-1104.

Ereshefsky M. (2001) *The Poverty of the Linnaean Hierarchy: A Philosophical Study of Biological Taxonomy*, Cambridge University Press.

Felsenstein J. (2004) *Inferring Phylogenies*, Sinauer Associates.

ポーラ・フィンドレン 著, 伊藤博明・石井朗 訳 (2005)『自然の占有：ミュージアム, 蒐集, そして初期近代イタリアの科学文化』ありな書房.

Hine C. (2008) *Systematics as Cyberscience: Computers, Change, and Continuity in Science*, The MIT Press.

Lemey P. *et al.* eds. (2009) *The Phylogenetic Handbook: A Practical Approach to Phylogenetic Analysis and Hypothesis Testing* (2nd ed.), Cambridge University Press.

Maclaurin J. & Sterelny K. (2008) *What Is Biodiversity*, University of Chicago Press.

三中信宏 (1997)『生物系統学』東京大学出版会.

三中信宏 (2006)『系統樹思考の世界——すべてはツリーとともに』講談社.

三中信宏 (2009)『分類思考の世界——なぜヒトは万物を「種」に分けるのか』講談社.

三中信宏 (2010)『進化思考の世界——ヒトは森羅万象をどう体系化するか』NHK出版.

Ogilvie B. W. (2006) *The Science of Describing : Natural History in Renaissance Europe*, University of Chicago Press.

Papavero N. & Llorente Bousquets J. (eds.) (2007) *Historia de la Biologi'a Comparada, con Especial Referencia a la Biogeografi'a: del Ge'nesis al Siglo de las Luces* (vol. I -VIII), Universidad Nacional Auto'noma de Me'xico, Ciudad Universitaria [CD-ROM].

Papavero N. & Llorenteb Bousquets J. (eds.) (2008) *Principia Taxonomica: Una Introduccio'n a los Fundamentos Lo'gicos, Filoso'ficos y Metodolo'gicos de las Escuelas de Taxonomi'a Biolo'gica* (vol. I - IX), Universidad Nacional Auto'noma de Me'xico, Ciudad Universitaria [CD-ROM].

Sober E. (1988) *Reconstructing the Past: Parsimony, Evolution, and Inference*, The MIT Press.［エリオット・ソーバー 著, 三中信宏 訳 (2010)『過去を復元する：最節約原理・進化論・推論』勁草書房］

Wilson E. O. & Peter F. M. (eds.) (1988) *Biodiversity*, National Academy Press.

Yang Z. (2006) *Computational Molecular Evolution*, Oxford University Press.［Yang Z. 著, 藤博幸・加藤和貴・大安裕美 訳 (2009)『分子系統学への統計的アプローチ—計算分子進化学』共立出版］

Yoon C. S. (2009) *Naming Nature: The Clash between Instinct and Science*, W. W. Norton.

（三中信宏）

## 27.6 DNA バーコーディング

DNA バーコーディングは, 定められた短い塩基配列 (DNA バーコード〈DNA barcode〉) を種の表徴として生物を同定する手法である (Hebert *et al.*, 2003). 未同定のサンプルの DNA バーコード塩基配列をライブラリで検索し, 一致した塩基配列を決定した標本 (証拠標本〈voucher specimen〉) の種名を同定結果として利用する (図1). 標準的なバーコード領域として, 動物ではミトコンドリア *COI* 遺伝子の一部 (648 bp) が, 植物では葉緑体 *rbcL* 遺伝子の一部 (∼550 bp) と *matK* 遺伝子の一部 (∼790 bp) が定められている.

生物の種名を特定する作業すなわち同定は, 生物多様性を扱うあらゆる活動に不可欠であるが, 対象生物群に関する膨大な知識が必要なためその習得は困難である. 近年, 非専門家でも利用可能な同定手法を確立するため, DNA 塩基配列情報の同定への活用が試みられてきた. DNA バーコーディングもそのひとつであるが, 他の手法と比べ以下のような違いがある. ① 広範囲の分類群をカバーしていること. 本手法はさまざまな分類群で利用可能であり単一の手法で莫大な種数が同定できる. ② 分類学と密接に連携していること. DNA バーコードのライブラリは, 専門家によって同定された標本に基づいて

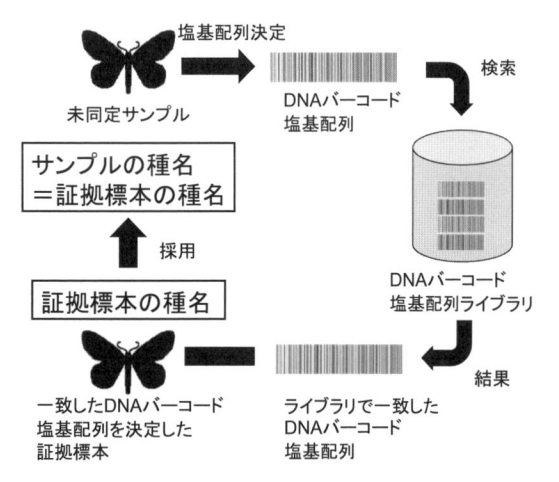

図 1 DNA バーコーディングに基づく同定の流れ

構築される．すなわち，形態に基づく同定の技術や知識を間接的に利用している．

　DNAバーコーディングの実際の利用には，対象生物群を網羅したライブラリ構築が不可欠である．バーコードオブライフ（Barcode of Life：BOL）は，包括的なDNAバーコードライブラリ構築をめざすプロジェクトであり，Consortium for the Barcode of Life（CBOL）によって統括されている．本プロジェクトの情報システムであるBarcode of Life Data Systems（BOLD）が，DNAバーコードライブラリとそれを用いた同定支援システムを公開している．

　DNAバーコーディングによる同定の正確性は，理論的には塩基配列の種間変異と種内変異を区別できるかどうかに依存する．種間変異が種内変異よりもはるかに大きく明確に分離できれば正確な同定結果が期待されるが，分離が困難なケースも存在する．たとえば，種分化からの時間が短い場合，地域ごとに分化している場合，祖先多型が存在する場合，浸透交雑が生じている場合，雑種が存在する場合，ライブラリが種内変異を網羅してない場合があげられる．これらの場合，正確な同定には核DNAや形態などの情報も必要になる．

　DNAバーコーディングはさまざまな形で活用可能な技術である．研究面では，未記載種，特に隠蔽種の発見，雌雄や異なる成長段階間の対応づけなどに利用できる．応用面では，害虫や病気を媒介する生物のモニタリング，検疫で検出された外来生物の迅速な同定，野生動植物やその加工品の不正取引や偽装チェックなどへの実用化が期待されている．さらに次世代シーケンサーを用いることで，膨大なサンプル同定の省力化や定量的な食性分析などにも活用できる．

［参考文献］

Barcode of Life（http://www.barcodeoflife.org/）

Barcode of Life Data Systems（BOLD）（http://www.barcodinglife.com/）

Hebert P. D. *et al.* (2003) Biological identifications through DNA barcodes. *Proc. R. Soc. Lond., Biol. Sci.*, vol. 270, pp. 313-321.

（神保宇嗣）

## 27.7　生物多様性情報プロジェクト

　「生物多様性情報学（biodiversity informatics）」は，種名，種情報，系統情報，分布情報，文献情報といった生物多様性情報を情報技術で共有し活用することを目的とした学問分野である．生物多様性は遺伝子・種・生態系の三つのレベルに大別されるが，生物多様性情報学はおもに種レベルの情報を扱う．その潮流は1980年代の分類学的情報の電子化への動きであり，1990年代はじめには生物多様性情報学という用語が使われ始めた．その後，生物多様性情報へのニーズの増加と，情報通信技術の進展，特に情報処理能力の劇的向上と世界的な情報通信網の普及を背景に，現在までに多くの生物多様性情報プロジェクトが立ち上げられている．

　生物多様性情報プロジェクトの核となるのが，地球規模生物多様性情報機構（Global Biodiversity Information Facility：GBIF）とBiodiversity Information Standards（旧名 Taxonomic Database Working Group：TDWG）のふたつの組織である．GBIFは1999年に経済協力開発機構（Organization for Economic Co-operation and Development：OECD）のメガサイエンスフォーラムで設立が提言された生物多様性情報を共有するためのインフラ整備を目的とした国際プロジェクトであり，種名情報や分布情報を共有するGBIFデータポータルを公開している．TDWGは1985年に設立された生物多様性データベース間の協調を目的としたワーキンググループで，GBIFなどのプロジェクトと連携し，情報交換に必要なデータ形式や通信プロトコルの標準化にとりくんでいる．

　以下では，生物多様性情報学の各分野における主要プロジェクトを紹介する．

### A. 種名

　種名は生物を記述する基本的な要素のひとつである．生物情報の大部分は種名をキーワードとして整理されているので，種名を網羅したデータベースはさまざまな情報の関連づけに必須である．しか

し，種名の公式登録システムは存在しないので，散在している情報をまとめ電子化する必要がある．種名すべてを対象とするもっとも大規模なプロジェクトは Catalogue of Life（CoL）である．これは1996年に立ち上げられた分類学的データベース連合 Species 2000 と，同年に米国農務省などによって始められた分類情報システム Integrated Taxonomic Information System（ITIS）との協調により進められている．一方，地域や分類群ごとの種名目録やチェックリストでは，有効な種名だけを集めたり，異名を別に整理することが多い．また，National Center for Biotechnology Information（NCBI）の NCBI Taxonomy も生物学研究に用いられる種名辞書だが，塩基配列などに付随する種名情報の管理が目的であり，分類学的変更を必ずしも反映していないことに留意する必要がある．公式な種名登録システムの整備も進められており，細菌では命名規約で定められた雑誌への掲載が新種記載の要件になっているほか，菌類でも2013年よりシステムへの登録が新種記載の際に必須となる．

### B. 分布情報

生物の分布情報とは，ある生物がいつどこにいたのかという情報のことであり，機関所蔵標本に付随する採集情報・観察記録などを指す．種名と同様に各生物の基礎的な情報のひとつであり，生活史の解明や生息状況の確認に不可欠である．また，緯度経度が利用可能であれば，潜在的な分布域や侵入生物の定着予想域の推定，生物多様性ホットスポットの特定などにも利用できる．分布情報の共有もまた世界的に進められており，たとえば GBIF だけで3億件以上が共有・公開されている．分布情報の交換や共有には項目名などデータ形式の統一が必要である．主なデータ交換形式として，北米や GBIF などで用いられている DarwinCore 形式，ヨーロッパの Access to Biological Collection Data（ABCD）形式，TDWG が2009年に策定した DarwinCore 形式のバージョン2があげられる．

### C. 種情報および系統情報

各分類群の形態・生態・分布・画像・動画などのさまざまな情報をまとめたウエブサイトは，研究だけでなく実用面でも非常に有用である．1996年に立ち上げられた Tree of Life Web project（ToL）と，2008年にスタートした Encyclopedia of Life（EOL）は，どちらも各分類群の特徴・画像や動画・文献などの情報を提供する．ToL は特に分類群の系統関係や上位分類群の情報を，EOL はおのおのの種に関する情報を中心に集め公開している．ToL と関連して，実際に系統関係を推定する大規模な研究プロジェクト Assembling the Tree of Life（AToL）も進められている．分類群やテーマ別のデータベースも多く，海洋に関する包括的な研究プロジェクト Census of Marine Life（CoML）の情報システム Ocean Biogeographic Information System（OBIS）はその一例である．

### D. 文献情報

生物多様性に関する最大の文献データベースは Biodiversity Heritage Librarye（BHL）である．2007年にスタートしたこのプロジェクトには世界の主要な博物館・植物園・図書館が参加しており，著作権の切れた文献を中心に網羅的な電子化と公開が進められている．

### E. メタデータ

メタデータとはデータに関するデータ，すなわちデータベースの名称・収集項目などの内容・著作権などに関するデータをさす．それらをまとめたデータベースカタログはユーザが目的の多様性情報を検索・利用する際に有用である．国内に散在する多様性情報を横断的かつ容易に利用するために，メタデータを収集し閲覧・検索可能にするためのシステム（クリアリングハウスメカニズム）の構築が生物多様性条約によって各国に義務づけられている．

これらの生物多様性情報プロジェクトは独立に存在するのではなく，DNAバーコーディングプロジェクト（27.6項参照）も含め情報の共有や連携が行なわれている．なかでも EOL は，情報技術を活用して CoL，GBIF，BHL などの情報をリアルタイムで検索した結果をまとめて提供している．

これらのプロジェクトで扱われている生物多様

性情報を他のレベルの多様性情報・地理情報・人間活動に関する情報などと組み合わせることで，生物多様性の評価や政策意思決定への貢献が期待されている．GEO Biodiversity Observation Network (GEO BON) は，地球観測グループ (Group on Earth Observations：GEO) が推進する総合的な地球観測のインフラである全球地球観測システム (Global Earth Observation System of Systems：GEOSS) の1領域で，遺伝子・種・生態系の多様性全体をカバーするモニタリングと情報共有を通じて，多様性の現状の把握と予測を行なう．前述したGBIFやOBISはGEO BONの中核になっている．

[参考文献]

Assembling the Tree of Life (AToL) (http://www.phylo.org/atol/)
Biodiversity Heritage Library (BHL) (http://www.biodiversitylibrary.org/) (http://www.earthobservations.org/geobon.shtml)
Biodiversity Information Standards (TDWG) (http://www.tdwg.org/)
Biological Collection Access Services (http://www.biocase.org/)
Catalogue of Life (http://www.catalogueoflife.org/)
Census of Marine Life (COML) (http://www.coml.org/)
DarwinCore version 2.0 (http://rs.tdwg.org/dwc/)
Encyclopedia of Life (EOL) (http://www.eol.org/)
GBIF Data Portal (http://data.gbif.org/)
GEO Biodiversity Observation Network (GEO BON) (GEO) (http://www.earthobservations.org/)
Global Biodiversity Information Facility (GBIF) (http://www.gbif.org/)
Integrated Taxonomic Information System (http://www.itis.gov/)
NCBI Taxonomy (http://www.ncbi.nlm.nih.gov/taxonomy)
Ocean Biogeographic Information System (OBIS) (http://www.iobis.org/)
Species 2000 (http://www.sp2000.org/)
Tree of Life Web Project (ToL) (http://tolweb.org/)

〔神保宇嗣〕

## 27.8 量的遺伝学

量的遺伝学とは，量的形質の遺伝変異を分析し，その進化的動態を定式化する集団遺伝学の一分野をさす．量的遺伝学は，20世紀初頭，C. Spearman, W. Bateson, R. A. Fisherらによって，遺伝機構として融合説を採っていた生物統計学 (Biometrics) と，メンデル遺伝学に立脚した集団遺伝学を和解させることによって誕生した (Wright, 1968)．その後，おもに動植物育種学における基礎理論としての立場を確立した．「量的形質 (quantitative character)」とは，体重や身長などのように形質間の差異が量的であり，連続的な数値であらわされる形質のことである．これに対し，体色，矮性，左右性のようにいくつかの明瞭な型に分類できるが量的な差異としては表現できない形質を質的形質という．量的形質は，形質の属性に関する計量値としてあらわされることから「計量形質 (metric character)」という場合もある．量的形質の遺伝変異は，個々には微小な量的効果（値）をもつ多くの遺伝子（「量遺伝子」または「ポリジーン〈polygene〉」）が同義的かつ量的に表現型に作用することによって生じると考えられている（同義遺伝子仮説）．ある形質の変異に寄与する遺伝子座が十分に多ければ，中心極限定理によって遺伝子型値（各遺伝子座における量遺伝子の値を個体ごとに総計して得られた平均値）は近似的に正規分布に従うと仮定されている．さらに，量遺伝子の発現はランダムな環境要因の影響を受け，このことがさらに量的形質の頻度分布を正規分布に近づけると考えられている．

量的遺伝学は，量的形質を支配する個々の遺伝子座における対立遺伝子の頻度に基づいて，集団の遺伝的な特性を記述するのではなく，形質の遺伝分散，共分散などの数理統計学的な概念に基づいた遺伝的パラメータによって集団の遺伝的構造をあらわす．また，形質の遺伝的変化（小進化過程）もこれらの統計的な遺伝的パラメータによって定式化されている．よって，量的遺伝学は「統計遺伝学 (statistical genetics)」ともよばれ，進化生物学において，まさ

に物理学の統計力学に似た立場を占めている．

## A. 理論集団遺伝学に基づく定式化

量的形質の表現型レベルの値である「表現型値（phenotypic value：$P$）」は，つぎの線形モデルに従うと仮定されている．

$$P = G + E$$

遺伝と環境との相互作用を考慮しなければ，表現型値は，遺伝子型の値をあらわす「遺伝子型値（genotypic value：$G$）」と「環境偏差（environmental deviation：$E$）」に分割される．環境偏差は，数理統計学における誤差項に相当し，環境要因や個体発生上のノイズなどによって生じる，表現型値の遺伝子型値からの偏差である．通常は，平均が0の正規分布に従うと仮定される．したがって，遺伝子型値と表現型値の期待値（集団平均値）は等しい．個体の遺伝子型値は個々の遺伝子座が示す遺伝子型値の総和となる（$G = \sum_i G_i$，$G_i$ は $i$ 番目の遺伝子座の遺伝子型値）．遺伝子型値はさらに，対立遺伝子の加法的な効果で説明される「相加的遺伝子型値（additive genotypic value：$A$）」または「育種価（breeding value）」と，対立遺伝子間の相互作用すなわち優性によって生じる「優性偏差（dominance deviation：$D$）」に分割される．さらに，遺伝子座間の相互作用をあらわす「エピスタシス偏差（epistatic deviation：$I$）」が加えられる．

対立遺伝子の値と相加的遺伝子型値との関係は，遺伝子の「平均効果（average effect）」によって要約される．ある遺伝子の平均効果とは，その遺伝子を保有する個体の平均遺伝子型値の，全集団の平均遺伝子型値からの偏差である．Fisher (1930) は，ある対立遺伝子を他方の対立遺伝子に置換したときの周辺効果を「遺伝子置換の平均効果（average effect of the gene substitution）」と定義したが，これはふたつの対立遺伝子の平均効果の差に等しい．遺伝子の平均効果は対立遺伝子の加法的な効果を意味するので，ふたつの対立遺伝子の平均効果の和を，形質に寄与するすべての遺伝子座に関してさらに累計した値が相加的遺伝子型値となる．これらの遺伝子の平均効果や平均置換効果は，対立遺伝子の遺伝子頻度，値，優性の度合いなどの集団遺伝学的なパラメータと関連づけられており，メンデル遺伝学に基づく集団遺伝学の枠組みに立脚している．

## B. 遺伝分散と遺伝率

対立遺伝子は平均効果のみを次世代に受け渡すことができるので，相加的遺伝子型値の変化だけが次世代の形質の進化的な変化として伝達される．優性偏差やエピスタシス偏差は，非相加的遺伝子型値を生じさせるが，自然選択によってこれらの値が高い個体がある世代で増えても，遺伝子の分離と組換えによって消失してしまうので，次世代に伝わることはない．つまり，表現型進化にとって意味のある遺伝子効果は，遺伝子が加法的に作用することによって生じる相加的遺伝子型値だけである．

形質の分散は，遺伝子の効果ごとに，つぎの分散成分に分割される．

$$V_P = V_A + V_D + V_E$$

ここで，$V_P$ は「表現型分散（phenotypic variance）」，$V_A$ は「相加的遺伝分散（additive genetic variance）」，$V_D$ は「優性分散（dominance variance）」，$V_E$ は「環境分散（environmental variance）」である．さらに「エピスタシス分散（epistatic variance：$V_I$）」が加えられる場合もある．遺伝的な要因による分散成分の和を「遺伝分散（genetic variance：$V_G$）」という．すなわち，$V_G = V_A + V_D + V_I$ である．遺伝分散量は，自然選択が作用したときに，形質が進化する率を左右する．ただし，これらの分散成分のうち，自然選択による形質の遺伝的進化に寄与するのは相加的遺伝分散だけである．相加的遺伝分散が表現型分散に対して占める比率のことを「（狭義の）遺伝率（〈narrow-sense〉heritability：$h^2$）」という（$h^2 = V_A/V_P$）．これに対して，遺伝子型分散が表現型分散に占める比率のことを「広義の遺伝率（broad-sense heritability：$H^2$）」という（$H^2 = V_G/V_P$）．狭義の遺伝率は，形質の全分散量（表現型分散）のうち，表現型進化に寄与する遺伝分散量の比率を示し，広義の遺伝率は，形質の集団内変異が遺伝的に決定されている比率を示す．

遺伝率の実験的な推定には，血縁個体間の形質の

類似度と遺伝分散成分との関係式を利用する．実験計画には，半きょうだい分析（half sib analysis），全きょうだい分析（full sib analysis）などの分散分析，親と子の形質値の回帰係数から遺伝率を推定する親子回帰分析（parent-offspring regression），家系図に形質データを適合させ，遺伝パラメータの最尤推定を行なう系図分析（pedigree analysis）などの方法がある（Falconer & Mackay, 1996; Lynch & Walsh, 1998）．

### C. 育種公式

進化研究における量的遺伝学の有効性のひとつは，選択による形質の遺伝的応答（小進化）が予測できる点にある．「遺伝的応答（genetic response：$R$）」は，選択による1世代あたりの平均形質値の変化のことであり，遺伝率と「選択差（selection differential：$S$）」の積から，

$$R = h^2 S$$

と予測できる．選択差は，方向性選択の強さをあらわすパラメータで，選択された個体の平均値と元の集団平均値の差，もしくは，形質値と相対適応度の共分散と等しい．

ふたつ以上の形質が適応進化に関与しているとき，形質間の相関が各形質の進化に影響を与える．形質間の共分散は，分散と同様に分割することができ，2形質間の相加的遺伝子型値の共分散を「遺伝共分散（genetic covariance：$COV_A$）」，相関係数を「遺伝相関（genetic correlation：$r_A$）」という．遺伝相関が0でなければ，ある形質に作用した選択によって他の形質が「相関した応答（correlated response：$CR$）」を示す．ある形質に作用した選択（選択差 $S$）に対して，選択が直接には作用していない他の形質が示す相関した応答は，$CR = COV_A S/V_P$（$V_P$ は，選択が作用した形質の表現型分散）である．

### D. 表現型進化の基礎理論としての量的遺伝学

1960年代末になって電気泳動法などの新たな遺伝子分析ツールが開発されるなかで，進化研究としての量的遺伝学は，2点の限界が指摘された．そのひとつは，遺伝率という遺伝パラメータは分母に環境分散 $V_E$ を含み，推定された際の環境条件などの一次的な影響に左右されるため，観測された自然選択の強さ $S$ を進化率 $R$ に変換する遺伝パラメータとして不適当だという点である（Lewontin, 1974）．また，実際の生物の適応進化には，多数の相関した形質が関わる可能性があり，ひとつないしふたつの形質の遺伝的変化のみを扱う量的遺伝モデルで生物の適応進化を記述することは不可能である．

このような限界を克服する理論として，Lande (1979) および Lande & Arnold (1983) は，量的遺伝モデルを多数形質に拡張し，つぎの表現型進化の一般的公式を導いた．

$$\Delta \bar{\mathbf{z}} = \mathbf{G} \nabla \ln \bar{W}$$

ここで，$\Delta \bar{\mathbf{z}}$ は遺伝的応答の列ベクトルで，各形質の遺伝的応答を示す．$\mathbf{G}$ は相加的遺伝分散共分散行列で，対角成分に相加的遺伝分散，それ以外の成分に形質間の遺伝共分散を表記した分散共分散行列である．各形質に作用する自然選択の強さは，選択勾配（selection gradient）の列ベクトル $\nabla \ln \bar{W}$ によってあらわされている．$\bar{W}$ は絶対適応度の集団平均，$\nabla$ は平均形質値による偏微分係数をあらわす演算子 $\nabla = (\partial/\partial \bar{z}_1 \; \partial/\partial \bar{z}_2 \; \ldots \; \partial/\partial \bar{z}_n)^T$ である（$T$ は転置）．選択勾配（単に $\beta$ と表記する場合もある）は，統計学的には相対適応度の形質値に対する偏回帰係数に等しく，適応度と形質の実測値から推定する統計的方法の研究も進んでいる（Lande & Arnold, 1983; Ender, 1986 など）．

進化理論としての量的遺伝学は，適応力学系（adaptive dynamics）の理論と並んで，適応的形質の進化過程を記載する基本的な枠組みとして，進化生物学や進化生態学に広く適用されてきた（Roff, 1997）．生活史や老衰の進化（Rose, 1985），表現型可塑性や環境耐性の進化（Via & Lande, 1985; Gomulkiewicz & Kirkpatrick 1992），種間競争によるタクソンサイクルや形質置換（Taper & Case, 1992），適応放散や種分化の研究（Kondrashov & Kondrashov, 1999; Schluter, 2000）において，量的遺伝学が形質の適応進化を記述するもっとも一般的な枠組みとして適用されている．

量的形質における遺伝分散が，どのような機構で

どの程度保たれるかを理解することは，量的遺伝学的アプローチを自然集団の進化に適用する際の基礎となる．集団中の遺伝分散は，突然変異による供給と安定化選択による消失とのバランスで平衡値に保たれると考えられてきた．このシナリオによる平衡遺伝分散の理論値は，個々の突然変異の形質への効果が大きくて，遺伝子頻度が低く保たれると仮定するか，逆に，効果の小さい突然変異が高頻度で保たれて，（各遺伝子座の）遺伝子型値が正規分布に従うと仮定するかによって異なる．前者の仮定（カードハウス近似〈house-of-cards approximation〉）の場合，平衡遺伝分散は，$4nV_s$ ($n$ は座位数, $\mu$ は突然変異率, $V_s$ は安定化選択の強さの逆数〈ガウス関数型適応度関数の分散〉)，後者の仮定（対立遺伝子連続体モデル〈continuum-of-alleles model〉）の場合，$(2nV_mV_s)^{1/2}$ ($V_m$ は突然変異によって毎世代供給される遺伝分散〈突然変異分散〉）である．突然変異遺伝子の効果の分散を $\alpha^2$ と書くと，突然変異分散は $V_m = 2n\alpha^2$ であり，カードハウス近似の仮定は $\alpha^2 \gg V_s$ なので，個々の突然変異の効果が比較的大きい遺伝子や主遺伝子は，ポリジーンと比較して小さな遺伝分散しか集団中に保てない ($4nV_s < \sqrt{2nV_mV_s}$)．また，中立な量的形質において突然変異と機会的遺伝浮動で保有される遺伝分散は，$2N_eV_m$ である（Lande, 1975; Turelli, 1984）．中立な量的形質における，遺伝的分化による集団間の分散は近似的に $2V_mt$ と予測され（$t$ は分化してからの世代数）（Lynch & Hill, 1986），系統間分化実験による突然変異分散の推定や，量的形質の中立進化モデルなどに応用されている．

遺伝分散や遺伝率などの統計量を遺伝パラメータとする古典的な量的遺伝学の限界も指摘されてきた．量的遺伝学の古典理論では，突然変異の効果が十分小さく，遺伝子座の数も十分多いことによって遺伝子型値が正規分布に従うと仮定されている．しかし，必ずしもこれらの仮定が満たされるとはかぎらない．遺伝子型値が正規分布に従わないとき，進化の公式は遺伝子型値の分散だけでなく，歪度や尖度などに基づく尺度まで考慮しなくては正確でなくなることが理論的に示されている（Barton & Turelli, 1987）．

また，遺伝分散や遺伝率（**G** 行列）は，自然選択などの作用で大きく変化するのが一般的であれば，長期的な進化の予測には使えない．遺伝分散—共分散行列 **G** の安定性と平衡値の問題は，実証および理論の両面から研究されている（Jones et al., 2003）．**G** 行列の安定性および動態に関する今後の知見は，進化量的遺伝学的アプローチが種間比較レベル以上の時間スケールにどの程度適用可能であるかを明らかにするだろう．

[引用文献]

Barton N. H. & Turelli M. (1987) Adaptive landscapes, genetic distance, and the evolution of quantitative characters. *Genet. Res.*, vol. 49, pp. 157-173.

Endler J. A. (1986) *Natural Selection in the Wild*, Princeton University Press.

Falconer D.S. & Mackay T.F.C. (1996) *Introduction to Quantitative Genetics* (4th ed.), Prentice Hall.

Fisher R. A. (1930) *The Genetical Theory of Natural Selection*, Clarendon Press.

Gomulkiewicz R. & Kirkpatricka M. (1992) Quantitative genetics and the evolution of reaction norms. *Evolution*, vol. 46, pp. 390-411.

Jones A. G. et al. (2003) Stability of the G-matrix in a population experiencing pleiotropic mutation, stabilizing selection, and genetic drift. *Evolution*, vol. 57, pp. 1747-1760.

Kondrashov A. S. & Kondrashov F. A. (1999) Interactions among quantitative traits in the course of sympatric speciation. *Nature*, vol. 400, pp. 351-354.

Lande R. (1975) The maintenance of genetic variation by mutation in a polygenic character with linked loci. *Genet. Res.*, vol. 26, pp. 221-235.

Lande R. (1979) Quantitative genetic analysis of multivariate evolution, applied to brain: body size allometry. *Evolution*, vol. 33, pp. 402-416.

Lande R. & Arnold S. J. (1983) The measurement of selection on correlated characters. *Evolution*, vol. 37, pp. 1210-1226.

Lewontin R. C. (1974) *The Genetic Basis of Evolutionary Change*, Cambridge University Press.

Lynch M. & Hill W. G. (1986) Phenotypic evolution by neutral mutation. *Evolution*, vol. 40, pp. 915-935.

Lynch M. & Walsh B. (1998) *Genetics and Analysis of Quantitative Traits*, Sinauer.

Roff D. A. (1997) *Evolutionary Quantitative Genetics*, Chapman & Hall.

Rose M. R. (1985) Life history evolution with antagonistic pleiotropy and overlapping generations. *Theor. Popul. Biol.*, vol. 28, pp. 342-358.

Schluter D. (2000) *The Ecology of Adaptive Radiation*, Oxford University Press.

Taper M. L. & Case T. J. (1992) Coevolution among competitors. *Oxford Surveys in Evolutionary Biology*, vol. 8, pp. 63-109.

Turelli M. (1984) Heritable genetic variation via mutation-selection balance: Lerch's zeta meets the abdominal bristle. *Theor. Popul. Biol.*, vol. 25, pp. 138-193.

Via S. & Lande R. (1985) Genotype-environment interaction and the evolution of phenotypic plasticity. *Evolution*, vol. 39, pp. 505-522.

Wright S. (1968) *Evolution and the Genetics of Populations, Vol.1 Genetics and Biometric Foundations*, The University of Chicago Press.

(田中嘉成)

## 27.9　遺伝相関

量的遺伝学において，ふたつの異なる形質間における遺伝子型値の相関を示す．より正確には，ある集団内における 2 形質の相加的遺伝子型値（または単に遺伝子型値）間の相関係数を意味する．つまり，遺伝相関（genetic correlation：$r_A$）は，形質間の遺伝共分散（2 形質の相加的遺伝子型値の共分散）を $COV_A$，2 形質（X および Y）の相加遺伝分散をそれぞれ $V_{AX}, V_{AY}$ とあらわすと，次式で定義される．

$$r_A = \frac{COV_A}{\sqrt{V_{AX} V_{AY}}}$$

遺伝相関と対比させて，表現型における形質間の相関を，表現型相関（phenotypic correlation：$r_P$）という．遺伝相関と表現型相関の間には，つぎの関係がある．

$$r_P = \sqrt{h_X^2}\sqrt{h_Y^2} r_A + \sqrt{1-h_X^2}\sqrt{1-h_Y^2} r_E$$

ここで，$h_X^2$, $h_Y^2$ はそれぞれ 2 形質の遺伝率を示す．$r_E$ は形質間の環境相関で，環境要因や発生上のノイズなどの非遺伝的要因がもたらす形質間の相関をあらわす．したがって，ふたつの形質の遺伝率がどちらも 1 に近いか，遺伝相関と環境相関が等しければ（$r_A = r_E$），遺伝相関は表現型相関とほぼ同じ値になる（$r_A \cong r_P$）．一般的に，遺伝率が高く，遺伝相関と環境相関が大きく異ならない形態形質では，表現型相関から遺伝相関を推定できるが，遺伝率が低く，遺伝相関と環境相関が一致しない傾向のある生活史形質などの形質では，量的遺伝学的な実験とデータ解析をしなければ遺伝相関はわからない（Roff, 1996）．実験データに基づく遺伝相関の推定には，単形質の遺伝率推定のための量的遺伝解析法に準じ，半きょうだい分析（half sib analysis），全きょうだい分析（full sib analysis）などに基づく共分散分析，親子回帰（parent-offspring regression）などの方法がある（Falconer & Mackay, 1996）．

### A. 遺伝的機構

遺伝相関の原因（$r_A$ が 0 でなくなる遺伝的な機

構）は，遺伝子の多面発現もしくは「連鎖不平衡（linkage disequilibrium）」であると考えられている．遺伝子の多面発現は，ひとつの遺伝子が複数の形質を発現させる現象で，量遺伝子（ポリジーン）の場合，複数の形質に遺伝子効果（対立遺伝子の置換効果）をもつことを意味する．どちらの形質に対しても正（形質値を大きくする），もしくは，どちらの形質に対しても負（形質値を小さくする）の効果をもつ遺伝子が集団中で高頻度となれば，形質間の遺伝相関は正となる．逆に，ふたつの形質に対する効果が逆となる多面発現遺伝子が集団中で高頻度となれば，遺伝相関は負となる．このような形質間で効果が逆転する多面発現を，特に「拮抗的多面発現（antagonistic pleiotropy）」という．

連鎖不平衡は，同じ染色体上に位置するふたつの遺伝子が，ランダムより高頻度もしくは低頻度で同じ配偶子に共存することを意味する．ふたつの遺伝子がそれぞれ別の形質に効果をもつ量遺伝子である場合，連鎖不平衡は2形質の遺伝子型値間に相関をもたらすことになり，遺伝相関の原因となる．

### B. 進化生物学上の意義

一般的に，生物は機能の異なる多数の形質をもつ．そして，遺伝相関によってネットワーク状に結ばれた形質は，互いに他の形質と独立に進化することができない．つまり，形質の進化は，他の形質に作用する自然選択の影響を被るのがふつうである．Darwin（1859）の洞察がみぬいたように，「（形質間の）相関は，疑いもなく，（有用でない形質の進化にとって）もっとも重要な役割を演じたものであって，ある部分の有用な変化は，しばしば他のいろいろな部分に直接には役に立たないさまざまの変化を起こさせる」と考えられる．たしかに，遺伝的に相関した適応形質の進化を予測するうえで，遺伝相関はなくてはならない遺伝パラメータである．

遺伝相関の遺伝的要因が，多面発現もしくは連鎖不平衡のいずれであっても，形質の短期的な進化的変化を予測するうえではたす遺伝相関の役割は同じと考えてよい．つまり，遺伝相関が0でないかぎり，ある形質に作用した方向性選択に対して，他の遺伝的に相関した形質が，その形質自体には選択圧が作用していなくても遺伝的応答（小進化）を示す．いま，ふたつの形質の遺伝子型値 $G_X$, $G_Y$ が，2変量正規分布に従うとしよう．形質Xの遺伝子型値が方向性選択によって $\Delta G_X$ だけ変化したとき，形質Yが示す変化の期待値は，$G_Y$ の $G_X$ に対する回帰係数から，$\frac{COV_A}{V_{AX}}\Delta G_X$ であることがわかる．方向性選択による形質Xの遺伝子型値の変化は，方向性選択に対する形質Xの遺伝的応答 $R_X = \frac{V_{AX}}{\sigma_X^2}S_X$ に等しいので（$S_X$ は選択差，$\sigma_X^2$ は形質Xの表現型分散），これを $\Delta G_X$ に代入すると，形質Yの相関した応答 $CR_Y$ は，次式で与えられる．

$$CR_Y = ih_X r_A \sqrt{V_{AY}}$$

ここで，$i$ は形質Xに対する選択強度（$i = S_X/\sigma_X$）である．したがって，ある形質に作用した方向性選択に対する，他の形質の相関した応答の方向と大きさは，遺伝相関の符号と大きさに依存する．選択が直接に作用した形質Xの応答は $R_X = h_X^2 S_X$ であり，これを変形すると $R_X = ih_X\sqrt{V_{AX}}$ である．よって，形質Xにしか方向性選択が作用していない場合の，形質Xと形質Yの遺伝的応答の比率は

$$\frac{CR_Y}{R_X} = \frac{COV_A}{V_{AX}}$$

となる．このように，片方の形質にしか選択が作用していない場合，ふたつの形質の進化速度（遺伝的応答）の比率は，方向性選択の強さや方向とは関係がなく，2形質間の遺伝共分散と，選択が作用している形質の相加遺伝分散の比率に等しくなる．このことは，形質間の相関による非適応的な形質の進化の予測を与えるだけでなく，系統内の種間比較において，ある形質 $z_Y$ がほかの形質 $z_X$ の冪（アロメトリー係数：$\alpha$）に比例するという相対成長則（$z_Y \propto z_X^\alpha$）に対して，選択理論上の説明を与える．ある選択的に中立な形質の進化が，ほかの適応的な形質との遺伝相関の結果であるとき，アロメトリー係数は，$\alpha = COV_A/V_A$ となることが知られている（Lande, 1979）．

### C. 進化生態学研究への寄与

遺伝相関を進化モデルに組み込めば，形質間の相関や遺伝的なトレードオフが適応進化に与える影響

を予測できることから，生活史進化，老衰の進化，性的および社会的コミュニケーション系の進化，表現型可塑性，生態的種分化など，進化生物学や進化生態学の多くの分野で遺伝相関を組み込んだ量的遺伝モデルが活用されてきた．

進化生態学の生活史進化の分野では，繁殖のトレードオフを遺伝的に検出する手法として，量的遺伝解析による遺伝相関がとりあげられた（Stearns, 1992）．また，老衰の進化を選択理論から説明する拮抗的多面発現仮説を検証するためには，初期生活史の適応度成分と寿命（生存日数）の間の負の遺伝相関の検出が試みられた．ショウジョウバエやアズキゾウムシ，ウリミバエなど多くの生物で，初期繁殖力と寿命の間に有意な負の遺伝相関が検出され，個体適応度への寄与が高い初期繁殖力に対する強い選択圧に対する相関した遺伝的応答として，寿命の短縮化が説明できることが示唆された．

性選択の分野では，装飾的な雄の形質が急速に進化する暴走過程のメカニズムとして，Fisher（1930）が提唱した難解な配偶者選択理論の明確化に，遺伝相関が果した役割は計り知れない．雄の装飾的な形質と，雄の形質に基づいて配偶者を選択するメスの選好性を，雌雄別に発現される異なった2形質と定義し，雌の選好性遺伝子が雄の遺伝子との連鎖によって集団中へ拡散する過程を，同系交配で生じる連鎖不平衡によって保たれる形質間の遺伝共分散として整理したのである（Lande, 1981; Kirkpatrick, 1982）．その後，母性効果の進化や血縁選択，ハンディキャップ原理による信号系の進化，性的闘争による交尾回数の進化などの社会生物学上のテーマにも同様のモデリングの枠組みが採用された．

生物の形質が環境要因に反応して形質値を変化させる現象を表現型可塑性（phenotypic plasticity）もしくは反応規格（reaction norm）といい，特に個体適応度を増加させる方向に変化する可塑性を適応的表現型可塑性という．自然選択による表現型可塑性の進化を予測する際にも，遺伝相関が本質的に重要な役割をはたす．表現型可塑性の量的遺伝モデルの特徴は，異なったふたつの環境条件で異なった形質値を発現するある（ひとつの）形質を，遺伝的に相関したふたつの別の形質として扱い，表現型可塑性の進化を2形質の共進化の問題に帰着させた点にある（Via & Lande, 1985）．つまり，遺伝相関が1であれば，ふたつの環境条件における形質の変化は常に同じであり表現型可塑性は進化できない．遺伝相関が1より小さければ，ふたつの環境条件における形質はそれぞれその環境条件における自然選択圧に応じて遺伝的に応答することができ，その結果，表現型可塑性が進化することになる．連続な環境因子に拡張したモデルも提案されている（Gomulkiewicz & Kirkpatrick, 1992）．このように，異なった環境下で発現される形質を，遺伝的に相関した別形質として解析的に扱う発想は，動物育種学において，育種形質の飼育環境への反応性が人為選抜によってどう変化するかを予測しようと試みたFalconer（1952）にまでさかのぼる．

## D. 進化的安定性について

遺伝相関（遺伝共分散）の保有と安定性は，多形質の表現型進化のパターンに大きな影響を与えるので，量的遺伝学を進化研究に適用する場合の重要な課題である．遺伝共分散が集団中に保有される機構は，連鎖不平衡と多面発現によって異なる．連鎖不平衡による遺伝共分散は，相互作用のある選択が2形質に作用すること，もしくは，2形質に関する同系交配（どちらの形質に関しても類似している個体同士が交配すること）または異型交配によって生じ，遺伝子座間の組換えによって消失する．遺伝共分散が連鎖不平衡のみによって保有される条件は厳しく（強い相互作用選択，低い組換え率），遺伝共分散のおもな要因は多面発現だと考えられている（Lande, 1980）．多面発現による遺伝共分散は，多面発現突然変異（pleiotropic mutation；多面発現効果をもつ遺伝子の突然変異）によって生じ，安定化選択が多面発現突然変異を集団中から除去する効果とのバランスで保たれる．遺伝共分散の平衡値に関する理論的予測は，個々の突然変異の表現型効果が大きいと仮定するか（Wagner, 1989），小さいと仮定するか（Lande, 1980）によって異なるが，いずれの場合も，個々の突然変異がふたつの形質に及ぼす効果間の相関に大きく依存し，後者の仮定の場合は，2形質に作用する選択圧の相関にも大きく左右されるこ

とがわかっている．つまり，2形質に対する多面発現効果が遺伝子によって異なり，しかも，どちらの形質の値も大きな（もしくは小さな）個体が高い適応度を得る傾向があれば，どちらの形質にも類似した効果をもつ多面発現突然変異が選択されることになり，正の遺伝相関が進化する．このことは，統合化された機能を担い，適応度への寄与の点で強い相互作用をもつ形態形質の間では，そうでない形質の間より遺伝相関が高いという観察事実とも一致する（Cheverud, 1996）．遺伝共分散の保有の問題は，遺伝分散-共分散行列 $\mathbf{G}$ の安定性という文脈からも実証および理論の両面から研究されている（Jones et al., 2003）．$\mathbf{G}$ 行列の安定性および動態に関する理解がさらに進めば，種間比較レベルの長期にわたる表現型進化をもたらした選択圧の推定が可能になるかもしれない．

[引用文献]

Cheverud J. M.（1996）Developmental integration and the evolution of pleiotropy. *Am. Zool.*, vol. 36, pp. 44-50.

Darwin C.（1859）*On the Origin of Species*, John Murray. [C.Darwin 著，八杉龍一 訳（1963）『種の起原』岩波書店]

Falconer D. S.（1952）The problem of environment and selection. *Am. Nat.*, vol. 86, pp. 293-298.

Falconer D. S. & Mackay T. F. C.（1996）*Introduction to Quantitative Genetics*（4th ed.）, Prentice Hall.

Fisher R. A.（1930）*The Genetical Theory of Natural Selection*, Clarendon Press.

Gomulkiewicz R. & Kirkpatrick M.（1992）Quantitative genetics and the evolution of reaction norms. *Evolution*, vol. 46, pp. 390-411.

Jones A G. et al.（2003）Stability of the G-matrix in a population experiencing pleiotropic mutation, stabilizing selection, and genetic drift. *Evolution*, vol. 57, pp. 1747-1760.

Kirkpatrick M.（1982）Sexual selection and the evolution of female choice. *Evolution*, vol. 36 pp. 1-12.

Lande R.（1979）Quantitative genetic analysis of multivariate evolution, applied to brain:body size allometry. *Evolution*, vol. 33, pp. 402-416.

Lande R.（1980）The genetic covariance between characters maintained by pleiotropic mutations. *Genetics*, vol. 94, pp. 203-215.

Lande R.（1981）Models of speciation by sexual selection on polygenic traits. *Proc. Natl. Acad. Sci.USA*, vol. 78, pp. 3721-3725.

Roff D A.（1996）The evolution of genetic correlations: an analysis of patterns. *Evolution*, vol. 50, pp. 1392-1403.

Stearns S. C.（1992）*The Evolution of Life Histories*, Oxford University Press.

Via S. & Lande R.（1985）Genotype-environment interaction and the evolution of phenotypic plasticity. *Evolution*, vol. 39, pp. 505-522.

Wagner G. P.（1989）Multivariate mutation-selection balance with constrained pleiotropic effects. *Genetics*, vol. 122, pp. 223-234.

（田中嘉成）

## 27.10 QTL解析

植物の草丈や動物の体重，成長速度などの連続的な数値であらわされる形質を量的形質という．作物の収量などの農業形質や環境への適応による小進化がひき起こされる形質の多くが量的形質である．量的形質の遺伝的背景を明らかにすることは，動植物の育種において有用であり，さらに進化学の研究においても重要な情報をもたらす．量的形質に関与する遺伝子座は，量的形質の英語名 quantitative tait locus（複数形は quantitative trait loci）の各語の先頭文字をとって QTL とよばれる．QTL 解析とは，量的形質に関与する個々の QTL をゲノム上に検出し，それらの位置，遺伝効果を推定する解析である．QTL 解析には，適当な生物集団において着目した量的形質の表現型値と遺伝マーカーの遺伝子型データが必要となる．材料の生物集団としては，実験的に構築された複数世代の血縁個体からなる実験家系が用いられることが多い．以下に実験家系，遺伝マーカーと連鎖地図，QTL 解析の原理について概説し，さらに，現在，もっとも一般的な QTL 解析の手法となっているインターバルマッピング法についての説明を与える．

### A. 実験家系

遺伝的背景が類似した個体の集団を系統あるいは品種とよぶ．ここでは品種も含めて系統とよぶことにする．マウス，ショウジョウバエなどの実験動物やイネ，ダイズなどの自殖性作物では，すべての遺伝子座のそれぞれが同一の対立遺伝子によって占められる，遺伝的に均一な個体からなる純系の系統が利用可能であり，家畜のような他殖性生物においても，純系ではないが遺伝的には類似した個体群からなる系統が作出されている．QTL 解析には，遺伝的に異なる2系統の交配に由来する集団がおもに用いられる．2系統の交配による F1 世代の個体同士を交配して作られる F2 世代の集団や F1 個体をいずれかの親系統に戻し交配して得られる戻し交配世代（BC1）の集団が解析に利用されることが多い．

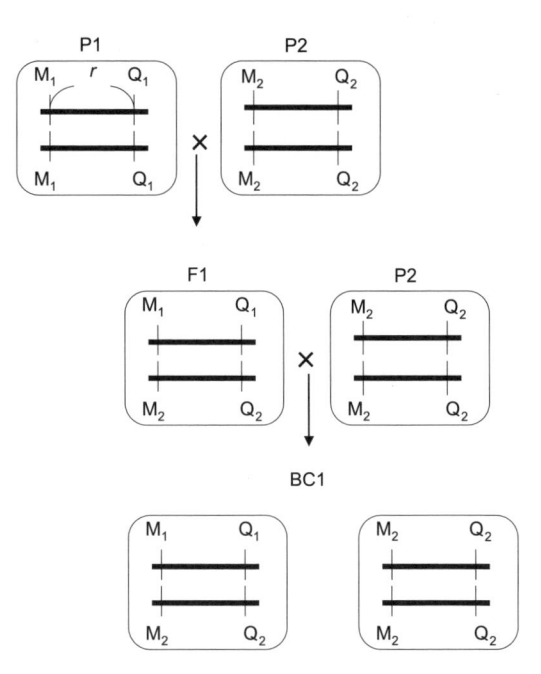

**図1 戻し交配第1（BC1）家系の模式図**
2系統 P1 と P2 の交配による F1 を一方の系統に戻し交配して得られる世代を BC1 世代とよぶ．ここでは，F1 を P2 に戻し交配している．M はマーカー，Q は QTL をあらわし，M と Q の組換え価を $r$ とした．添え字の1と2は P1 および P2 に由来する対立遺伝子をあらわす．

これらの集団はその基礎世代である系統や F1 世代の個体も含めて，それぞれ F2 家系や BC1 家系とよばれる．図1に2系統 P1 と P2 の交配に由来する BC1 家系を示した．

ウシなどの家畜では，雄個体と多数の雌個体との交配で得られる半きょうだい家系（雄を共通にもつきょうだいとその雄親からなる集団）が QTL 解析に利用される．ヒトでは実験的に家系をつくることは不可能であるが，両親とその子どもを含む複数世代にわたる血縁個体からなる既存の家系を用いて QTL 解析が行なわれる．

### B. 遺伝マーカーと連鎖地図

遺伝マーカーとは個体や系統を遺伝的に特徴づける目印で，かつてはショウジョウバエにおける眼の色や翅の形などの表現型にあらわれる突然変異が遺伝マーカーとして利用された．近年では，RFLP（restriction fragment length polymorphism，制限酵素断片長多型）のような DNA 塩基配列上の変異

を検出する技術が開発され配列変異そのものが個体や系統を特徴づける遺伝マーカーとして用いられるようになった．DNA 配列の変異はゲノム全体に存在し，それらの利用により使用可能な遺伝マーカーの数は飛躍的に増大した．

これらの遺伝マーカーの染色体上の配置を直接的に観測することは困難であるが，F2 や BC1 などの集団において観測されたマーカー遺伝子型から計算されたマーカー間の組換え価に基づいて，染色体上のマーカーの並びやマーカー間の距離を推定することができ，遺伝マーカーを染色体上へ位置づけられる．これを連鎖地図とよぶ．連鎖地図におけるマーカー間の距離の単位として，組換え価を反映したモルガン（M）あるいはその 1/100 であるセンチモルガン（cM）が用いられる．

### C. QTL 解析の原理

QTL 解析の基本的な原理は，遺伝マーカーの遺伝子型の違いと表現型値の差異との相関をみいだすことにより QTL と連鎖した遺伝マーカーを特定することである．図 1 の BC1 家系を例にこの原理をみていく．図 1 では，遺伝マーカーを M，QTL を Q，M と Q の組換え価を $r$ であらわし，ふたつの純系の系統 P1 と P2 に由来するそれぞれの対立遺伝子を添え字 1 と 2 を付加して示してある．M は遺伝子型が観測できるが，Q は遺伝子型だけでなく，その存在自体も未知であることに注意する．BC1 世代の個体はマーカー遺伝子型が $M_1M_2$ であるか $M_2M_2$ であるかによって，ふたつのグループに分けることができる．もし，マーカー M がある形質に関与する QTL と連鎖しており，この QTL において P1 と P2 の遺伝子型が異なれば，この形質に関するふたつのグループの平均値に差が生じることが期待される．図 1 にあるように $M_1M_2$ である個体は QTL 遺伝子型が $Q_1Q_2$ である確率が高く，$M_2M_2$ である個体は $Q_2Q_2$ である確率が高いからである．（この確率は $1-r$ である．）したがって，平均値の差を検定することにより，マーカーと QTL との連鎖を検出できる．

多数の遺伝マーカーに対して，それぞれのマーカーの遺伝子型で分けられたグループ間の平均の差を調べることにより，QTL と連鎖したマーカーを同定できる．QTL の連鎖地図上の位置や効果の推定には，それらのパラメータを含む統計モデルが必要となる．このような統計モデルに基づく手法として，インターバルマッピング法（interval mapping）がある．インターバルマッピング法は，現在，もっとも一般的な QTL 解析の手法となっている．

### D. インターバルマッピング法

インターバルマッピング法とは，連鎖地図上のマーカー部位だけでなくマーカー間の領域においても QTL の探索を行ない，QTL の位置や効果を推定する手法である（Lander & Botstein, 1989）．インターバルマッピング法では探索部位に QTL を想定して，その QTL の遺伝子型の違いと表現型値の差異との相関をもとに QTL の検出を行なう．統計的には，統計モデルに含まれる想定した QTL の効果の有無を検定することになる．マーカーが配置されていない部位では，想定された QTL の遺伝子型はその QTL を挟む両側のマーカー遺伝子型から組換え価をもとに確率的に推定される．

#### a. LOD スコア

LOD（ロッド）スコアは，遺伝子や QTL のマッピングに用いられる指標で，連鎖地図上のある部位に着目した遺伝子や QTL が存在しうる信頼度を数値化したものである．インターバルマッピング法では，QTL が存在する場合と存在しない場合に対応したふたつの統計モデルのデータへの適合度を求め，それらの比の常用対数として LOD スコアは計算される．QTL の存在を仮定してその効果をパラメータとして含むモデルが，QTL の存在を仮定しないモデルに比べて，データへの適合度を高める度合いが LOD スコアである．モデルのデータへの適合度は統計学的には尤度とよばれ，QTL の存在を想定した場合とそうでない場合のモデルの尤度をそれぞれ L1 と L2 として，LOD スコアは $\log_{10}(L1/L2)$ として与えられる．インターバルマッピング法は，連鎖地図上を 1 cM 程度の小さな間隔で移動しながら各部位における LOD スコアの値を計算し，QTL の探索を行なうとともに，尤度の計算から効果の推定値を算出する．

### b. LOD スコアの閾値

LOD スコアの大小は QTL の存在に対する信頼度を反映しており，LOD スコアが大きいほど QTL が存在する可能性が高いことを示す．QTL の存在を判断するための基準となる LOD スコアの値を閾値とよぶ．LOD スコアの値は QTL が存在しなくても偶然的に大きな値になる場合もあり，並べ替え検定（Churchill & Doerge, 1994）などで LOD スコアの確率的な変動を調べることにより，閾値が決定される．

図2は計算機によるシミュレーションで生成した 200 個体の BC1 集団を基に，インターバルマッピング法で得られた LOD スコアの値のグラフを示している．シミュレーションでは，おのおのの長さが 100 cM で 10 cM 間隔に 11 個の遺伝マーカーを配置した2本の染色体を想定し，1本の染色体の 55 cM の位置に QTL を配置し，図2の横軸は QTL を配置した染色体の連鎖地図をあらわしている．水平線は有意水準5％に相当する LOD スコアの閾値をあらわし，配置された QTL が正確に検出されていることがわかる．

インターバルマッピング法で用いられた QTL 解析のための統計モデルはさまざまに拡張されており，近年では，複数 QTL を同時にマッピングするための手法も開発されている．

[引用文献]

Churchill G. A. & Doerge R. W. (1994) Empirical threshold values for quantitative trait mapping. *Genetics*, vol. 138, pp. 963-971.

Lander E. S. & Botstein D. (1989) Mapping Mendelian factors underlying quantitative traits using RFLP linkage maps. *Genetics*, vol. 121, pp. 185-199.

[参考文献]

鵜飼保雄（2000）『ゲノムレベルの遺伝解析 MAP と QTL』東京大学出版会．

（林 武司）

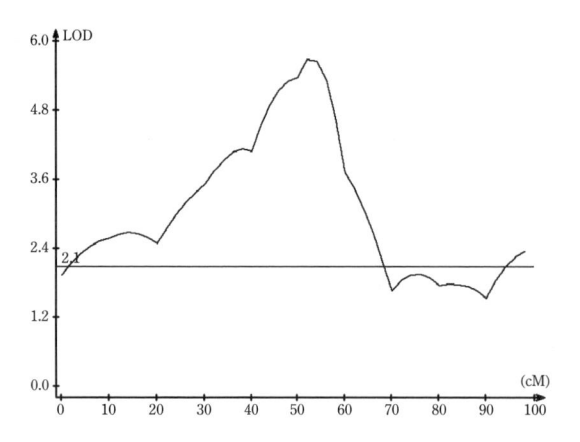

**図2** BC1 集団におけるインターバルマッピング法による QTL 解析

横軸は連鎖地図をあらわし，連鎖地図上の各点に対して LOD スコアをプロットしたグラフを示す．長さ 100 cM で 10 cM 間隔で 11 個の遺伝マーカーを配置した2本の染色体を想定し，そのうちの1本の染色体上の 55 cM の位置にひとつの QTL を仮定した．シミュレーションにより生成した BC1 世代の 200 個体の表現型およびマーカー遺伝子型を基に QTL を配置した染色体についてインターバルマッピング法による QTL 解析を行なった．水平線は 500 回の並べ替え検定により得られたゲノムワイドの有意水準5％に相当す LOD スコアの閾値（値は 2.1）をあらわす．

## 27.11 生物地理学

### A. 学史

生物地理学（biogeography）とは地球上の生物の地理的分布に関する研究分野をさす．対象生物群によって動物地理学（zoogeography）あるいは植物地理学（phytogeography）という言葉が用いられることも多い．

地球上の生きものがどのようにして現在のような地域に生息するようになったのかという関心は，アララット山という発祥地（center of creation）からすべての被創造物が地球のすみずみにまで移動分散したのだという旧約聖書の『創世記』に書かれている「ノアの方舟」神話にその淵源を求めることができるだろう．「異なる土地には異なる生物がいる」と述べた18世紀の博物学者 George L. L. Buffon の信念は，それぞれの生物が創造された原産地を特定するという生物地理学にとっての大きな目標設定につながった．その目標は当時の探検博物学のブームと相乗的に作用し，たとえば18世紀ドイツの博物学者 Alexander von Humboldt のように，当時としては未知だった南米大陸の深奥部への探検につながっていった．生物地理学にとって必要な知見は空間的スケールをともなった生物多様性に関する情報だった．

生物地理学が取り組むべき問題は大きく分けてふたつある．そのひとつは，生物地理学的パターンの解明，すなわち地球上のさまざまな生物相（biota）の違いをどのように分類しタイプ分けするかという問題である．たとえば，現在の生物地理学でも，日本は旧北区（Paleoarctic region）に属していて，近隣地域である東洋区（Oriental region）の東南アジアや赤道をはさんだオーストラリア区（Australian region）とは生物相のタイプが大きく異なる．生物分類学では個々の生物が分類対象となるのとちょうど同じように，生物地理学では地域ごとの動植物からなる生物集団（生物相）が分類対象となる．生物地理学の記載研究ではこのような生物地理区（biogeographic region）の分類体系が昔から問題になってきた．

もうひとつの問題は，生物地理学的プロセスに関する推論，すなわちどのような歴史的要因によって現在みられるような生物の地理的分布が成立したのかという問題である．このとき，時空タイムスケールによってどのようなタイプの要因を論じるかが違ってくることに注意しよう．一方の極には，長期におよぶ地質学的タイムスケールの下で大きな系統群の時空的成因を究明しようとする「歴史生物地理学（historical biogeography）」がある．他方の極には，もっと短期のタイムスケールでの個体群やディームに関する遺伝的・生態的時空メカニズムを研究する「生態生物地理学（ecological biogeography）」がある．歴史生物地理学と生態生物地理学はともに，生物地理学的パターンを説明する因果メカニズムの解明を目的としていて，対象とする現象の種類と規模そして使われるデータと方法論が異なる．

ミクロスケールの生態生物地理学は，主として集団生物学や集団遺伝学で解決できる事柄を扱おうとする．たとえば，島嶼生物地理学（island biogeography）の研究に数理生態モデルを導入した MacArthur & Wilson（1967）は，生態生物地理学の理念をつぎのように要約した：「一言でまとめると，生物地理学は，個体群生態学と集団遺伝学の諸原理によって再定式化できる段階に到達したと考えられる．この目的を達成するためには，高次分類群の分布とか，地理的分布の決定に地質学的変化がどのような役割を果たしたかというような従来の諸問題を当分の間は棚上げして，その代わりに特定の種に関する詳細な研究に焦点を絞らねばならない．」

つまり，生態生物地理学が念頭に置くのは，種以下における生物の時空的動態を詳細に解明することであると著者はいう．

一方，マクロスケールの歴史生物地理学は，種以上の高次系統群の時空的動態を明らかにしようとする．19世紀の植物学者 Augustin P. de Candolle（1820）は，植物の地理的分布を論じるにあたり，局所的な生態的環境を意味する「station」と大局的な地理的区分をあらわす「habitation」というふたつの概念を導入した．生態生物地理学が「station」に関する研究を担うとするならば，もっと大きなスケールでの歴史生物地理学は「habitation」に関する研

究を目指すと性格づけることができるだろう．このように，同じ生物地理という目的は共通であっても，ローカルな生態的要因に重きを置くか，それともグローバルな歴史的要因を重視するかによって研究のやり方には差異が生じる．生態生物地理学が生態学と緊密に結びついているのに対して，後述するように歴史生物地理学は体系学や系統学と足並みをそろえて発展してきた．

最近半世紀にわたる生物体系学と歴史生物地理学の理論研究は，時間的および空間的な生物の多様性を研究するためのさまざまな理論と方法論を提案してきた．生物地理学の問題設定の広がりは，どのようなデータを利用できるかに大きく依存している．近年は，DNA塩基配列などのゲノム情報が広範に利用できるようになってきたことを背景にして，「系統地理学（phylogeography）」はさまざまなスケールでの地理的分布の解析にその威力を発揮している（Avise, 2000）．系統地理学においては分子系統樹が共通のツールとして用いられるので，分子系統学と歴史生物地理学との結びつきはこれまで以上に緊密になっていくだろう．

## B. 分断と分散

歴史生物地理学の古くからの問題のひとつに隔離分布（disjunct distribution）という現象がある（van Hofsten, 1916）．たとえば，南極大陸を中心にしてとりかこむオーストラリア・ニュージーランド・南米の南端部にのみ分布する有名なナンキョクブナ属（Nothofagus）やそれと類似した分布パターンをもつユスリカ類（Chironomidae）が「周南極分布（transantarctic distribution）」の例としてよく知られている（Brundin, 1966）．この問題にとりくむ過程で，歴史生物地理学は「分断（vicariance）」という概念を提唱した．

生物地理学における「分断」とは，因果プロセスのひとつとして「地理的な障壁によって個体群が分離・分割され，その結果新しい種が分化する」，すなわち「vicariance＝分断（fragmentation）」という意味で用いられることが多い．しかし，この言葉はもともとラテン語の「vicarius（代理）」に由来し，その派生語である「vicarious」という形容詞には「置き代わる」とい

う意味がある．実際，Charles Darwinの『種の起原』（1859）には，近縁種の地理的な代置を表現する「置き代わる」（replace）とか「代表種」（representative species）という言葉が頻繁に出てくる．したがって，本来の語義は「vicariance＝代置（substitution）」と推測される．Vierhapper（1919）は，「vicariance＝代置」という用語法のなかで，さらに種群の類縁性を仮定する「真の代置」（echter Vikarismus）と仮定しない「偽の代置」（Pseudovikarismus）とを区別している．

地理的に隣接する地域に系統学的な姉妹群が存在する傾向があることはよく知られていた．分布の異所性と棲息生物の代置（vicariance）との関連づけにどのような進化的説明を与えるかは，歴史生物地理学の大きな問題だった．地理的姉妹種は何よりもまず経験的事実として探検博物学の前にあらわれた．分布パターンとしての代置は，進化プロセスとしての地史的分断（fragmentation）によってうまく説明できる．vicarianceという言葉がのちに「分断」を意味すると解釈されるに至った理由はそこにある．

歴史生物地理学の伝統的な考え方では分散（dispersal）という要因が重視され，それぞれの分類群ごとに発祥地（center of origin）から現在の分布域に至るまでの移動経路が主たる研究テーマだった．この見解に対しては1970〜80年代にかけて歴史生物地理学の方法論をめぐる大きな論争に発展した．その過程で，生物地理学的な共通要因としての分断に対する，個別要因としての分散という認識論的な位置づけが明らかにされた．分布域が同じ複数の生物群の系統樹が同一の樹形の地域分岐図を導くならば（分岐年代の有意なずれがないという条件の下で），複数の生物群にまたがる影響をもつ共通要因としての分断をまずはじめに想定し，それでは説明できない個別の分布パターンを分散によって説明するという論証の枠組みが成立した．近年の分子データに基づく系統地理学においてもそれは保持されている．

歴史生物地理学にはいくつかの学派が併存しており，相互に論争が絶えなかった．たとえば，歴史生物地理学の一学派である分岐生物地理学（cladistic biogeography）では，「Vikarianz」は「空間的代置」（Stellvertretung im Raume）の意味にほかならな

い．そして，複数の生物群に共通する地理的分布パターンすなわち「代置類型」(Vikarianztypus) がみいだそうとする．この代置関係は種レベルより下の個体群にも適用され，主唱者である Willi Hennig の種概念は「空間的に代置 (vertretender) する繁殖集団の複合体」と規定される．彼は，この空間的代置関係が生じる要因として，前進則 (Progressionsregel) すなわち「形態的前進と分布的前進の間には平行関係がある」という進化プロセス仮説を提唱した．この前進則に従えば，派生的子孫種ほど発祥地 (center of origin) からの分散移動によってより遠くに離れ，原始的な種ほど発祥地の近くに分布するという平行関係が期待される．

分岐生物地理学と同じく分岐学 (cladistics) の理論に依拠していても，分断生物地理学 (vicariance biogeography) は大きく異なる見解をとる．分断生物地理学は，同じ固有地域 (area of endemism) に分布する個々の生物群の系統関係 (種分岐図 species cladogram) に基づいて，地域生物相間の系統関係を表示する地域分岐図 (area cladogram) の構築を目指す．種分岐図を単純に（最節約的に）説明する地域分岐図は地域生物相がたどってきた進化史の推定であり，その分岐は共通要因として分断に基づいて説明される．この推論には，共通要因である分断の数は最大化され，逆に個別要因としての分散を最小化するという最節約基準が置かれる．分断生物地理学の地域分岐図を推定するコンピューターソフトウエアはすでにいくつか開発されているが (COMPONENT, TreeMap, DIVA など)，基本的にはこの最節約基準に基づく最適地域分岐図の計算を実行する．

分断生物地理学の歴史を考えるうえで，*Systematic Zoology* 誌に載った Croizat *et al.* (1974) の論文「発祥地およびその関連概念」は重要な位置を占めている．筆頭著者である Leon Croizat は，1950 年代以降，動物・植物地理学を統合する総合科学としての汎生物地理学 (panbiogeography) を提唱し，膨大な量の著作と論文を出版した．個別生物群の分散による移動を重視するそれまでの伝統的生物地理学の見解と鋭く対立し，進化プロセスとしての分断に軸足を置いた点で注目される．さらにいえば，分断生物地理学の理論もまた汎生物地理学を母体のひとつとしてから生まれたとみなすことができる．

Croizat は，Hennig と同様に，分断という概念を「空間的代置」の意味で用いた．彼の主張によれば，祖先個体群の積極的分散移動による分布域の拡大期である「可動相 (mobilism)」と可動相で獲得された分布域のなかで代置的生物進化 (vicariant form-making) を行なう「不動相 (immobilism)」が交代することにより，分布域の変遷とそれに続く種分化および空間的代置が出現するという進化観が提示される．このような Croizat の進化シナリオのなかには，現代の進化生物学の観点からみて首肯できない要素があったため，のちの分断生物地理学にとってはそれを削り落とす必要があった．

Croizat *et al.* (1974) では，分断に関してつぎのように定義されている：

「祖先生物相は地理的変化に対応して分割 (subdivided〈vicariated〉) した．したがって，地理的変化の歴史は祖先生物相の分割と分化 (subdivision and differentiation〈vicariance〉) と相関する．」

この定義によれば，Croizat がもともと提唱していた近縁群の代置的生物進化という意味合いが消えて，生物相の分割という因果プロセスを前面に押し出されている．そして，「分断は歴史的生物地理学では最重要であるのに対し，分散は生物相の分布における二次的現象である」(Croizat *et al.*, 1974) と書かれているように，地理的分布を説明する因果要因としての「分断=共通要因」対「分散=個別要因」という対立図式が明確に打ち出されたのは，この論文以降のことである．1970 年代後半から 1980 年代前半にかけて，この対立図式をめぐって激しい論争がくり広げられた．

### C. 生物地理のパターンとプロセス

共通要因/個別要因の非対称性を生物地理学にあてはめると，分断/分散の対立図式の意味がより明確になる．複数の生物群の種分岐図が地理的に一致した場合（すなわち地理的分布と系統関係が整合的である場合），それらの生物群に同時に作用した共通要因（分断）の存在を想定することができる．ただし，この場合は各生物群に別々に作用した一群の

個別要因（分散）によっても非最節約的ではあるが説明できる．これに対して，地理的分布と系統関係が一致しない場合には，複数の個別要因を想定して個々の生物群の分布を説明することはできても，全生物群に同時に作用した共通要因を想定することはできない．分断と想定される共通要因について，初期の分断生物地理学では，プレートテクトニクス理論に基づく大陸移動のような大規模な地質学的要因を念頭に置いていた．もちろん，そういう大規模な地質学的分断現象が原因であると特定された事例もあるが，その一方で分子データに基づく系統地理学的研究の進展により，もっとミクロなスケールでの個体群レベルでも分断現象が発見されつつある．

「分断＝共通要因」と「分散＝個別要因」とを対置することにより，生物地理学と系統推定論との並行関係が明らかになる．生物の地理的分布を分析する際に，分断生物地理学は種分岐図の地理的一致（地域分岐図として表示される）に基づいて共通要因を想定し，それで説明しきれない部分を個別要因によって説明する．これは言い換えれば，種分岐図を「形質情報」としてベストの地域分岐図を「系統推定」することにほかならない．このとき直面する問題点は，生物相に関する地域分岐図を推定するためには，複数の生物群から得られた地域分岐図が必要になるという点である．あるひとつの生物群の系統関係を地理的にマップしただけでは，地域分岐図の根拠としては薄弱である．分布が同じ生物群の系統関係に関する知見を集積することで，はじめて地域分岐図の妥当性が裏づけられる．

## D. 高次系統推定としての生物地理学

歴史生物地理学の推論を一種の高次系統推定（部分系統樹から統合系統樹への推論）とみなす考え方は，近年さまざまな発展をとげている．1990年代，種分岐図から地域分岐図への推論を系統樹間の写像（mapping）とみなし，生物地理学的な事象要素（分岐・移動・絶滅・重複）のコスト総和を最適化するという基準が提唱された（TreeMap, Jungle）．このような地域分岐図の推論では分岐的なツリーではなく網状のネットワークをモデルとして想定する必要があるため，系統ネットワークの復元という問題

が並行して浮上してきた（Bininda-Emonds, 2004；Huson et al., 2010）．

それと関連して，これまでは別々の研究分野とみなされてきた生物地理学・共進化分析・遺伝子系図学に共通されている問題群が明らかになってきた（Page, 2003）．歴史生物地理学における種分岐図と地域分岐図との関係は，共進化分析においては共生者の系統関係と宿主の系統関係との対応関係，さらには分子遺伝学においては個々の遺伝子系図（gene tree）と生物集団の系図（species tree）との関連づけと同一の問題を提起している．

一方，Croizatが提唱する個々の分布圏（track, それぞれの生物群の分布域を接続した線）から一般分布圏（generalized track, 複数の生物群にまたがる共通の分布域を結んだ線）をどのようにして導くか，および固有地域や祖先地域をどのように推定するかという生物地理的研究を進めるうえで重要な問題についても方法論的な研究が進められている．応用面に目を向ければ，たとえば保全生物学における保全区の設定をどのように行なえばいいのかという観点からも生物地理学の知見は重視されている．

以上，生物地理学が直面する問題とそれに対するさまざまな方法論的アプローチについて論じてきた．歴史生物地理学と生態生物地理学は扱う問題の種類とタイムスケールこそ異なってはいるが，生物の地理的分布の動態を解明しその原因を探るという点では同じ目標をみすえている．生物地理学が利用するデータは位置情報を含んだ形態データや分子データである．分子データのように精密な統計モデリングが可能な場合には，推論にともなう統計的誤差を定量化し，得られた結論がどのくらい妥当であるのかを客観的に比較検証することが可能になるだろう．さらに，インターネットを適切に利用することにより，生物の位置情報に関するデータベース化や生物多様性の地球規模でのマッピングなど新たな可能性の展開が考えられる．

[引用文献]

ジョン・C・エイビス（Avise J. C.）著，西田睦・武藤文人 監訳（2008）『生物系統地理学：種の進化を探る』東京大学出版会．
Bininda-Emonds O. R. P. ed.（2004）*Phylogenetic Su-*

*pertrees: Combining Information to Reveal the Tree of Life*, Kluwer Academic Publishers.

Brooks D. R. & McLennan D. A.（2002）*The Nature of Diversity: An Evolutionary Voyage of Discovery*, The University of Chicago Press.

Browne J.（1983）The *Secular Ark: Studies in the History of Biogeography*, Yale University Press.

Brundin L.（1966）*Transantarctic Relationships and Their Significance, as Evidenced by Chironomid Midges : with a Monograph of the Subfamilies Podonominae and Aphroteniinae and the Austral Heptagyiae. Kungliga Svenska Vetenskapsakademiens Handlingar, Fjärde Serien*, Band 11, Nr. 1, Almqvist & Wiksell.

de Candolle Augustin P.（1820）Géographie botanique. In Cuvier F.（ed.）, *Dictionnaire des sciences naturelle*, vol. 18, p. 383, Lavrault.

de Carvalho C. J. B. & Almeida E. A. B.（eds.）（2011）*Biogeografia da América do Sul: Padrẽs e Processos*, Editora ROCA.

Cox C. B. & Moore P. D.（2010）*Biogeography: An Ecological and Evolutionary Approach*（8th ed.）, Wiley.

Crisci J. V. et al.（2003）*Historical Biogeography: An Introduction*, Harvard University Press.

Croizat L.（1958）*Panbiogeography, or an Introductory Synthesis of Zoogeography, Phytogeography, and Geology, with Notes on Evolution, Systematics, Ecology, Anthropology, etc.*, I, IIa, and IIb, Published by the author.

Croizat L.（1964）*Space, Time, Form: The Biological Synthesis*, Published by the author.

Croizat L.（1976）*Biogeografía analítica y sintética（"Panbiogeografía"）de las Americas. Biblioteca de la Academia de Ciencias Físicas*, Volumen XV and XVI, Matemáticas y Naturales.

Croizat L. et al.（1974）Centers of origin and related concepts. *Syst. Zool.*, vol. 23, pp. 265-287.

Ebach M. C. & Tangney R. S. eds.（2007）*Biogeography in a Changing World*, CRC Press.

Hennig W.（1950）*Grundzüge einer Theorie der phylogenetischen Systematik*, Deutscher Zentralverlag

Hennig W.（1960）Die Dipteren-Fauna von Neuseeland als systematisches und tiergeographisches Problem. *Beitr. Entomol.*, vol. 10, pp. 221-329.

Hennig W.（1966）（Repr. 1979）*Phylogenetic systematics*, Translated by Davis D. D. and Zangerl R. University of Illinois Press.

Hofsten N. von.（1916）Zur altern Geschichte des Diskontinuitats-problems in der Biogeographie. *Zoologische Annalen*, vol. 7, pp. 197-353.

Humphries C. J. & Parenti L. R.（1999）*Cladistic Biogeography: Interpreting Patterns of Plant and Animal Distributions*（2nd ed.）, Oxford University Press.

アレクサンダー・フォン・フンボルト（Humboldt, A. von）著，大野英二郎・荒木善太 訳（2001-2003）『新大陸赤道地方紀行（上・中・下）』，岩波書店.

Huson D. H. et al.（2010）*Phylogenetic Networks: Concepts, Algorithms and Applications*, Cambridge University Press.

Llorente Bousquets J. & Morrone J. J. eds.（2005）*Introducción a la Biogeografía en Latinoamérica: Teorías, Conceptos, Métodos y Aplicaciones*, Universidad Nacional Auto'noma de Me'xico.

Lomolino M. V. & Heaney L. R. eds.（2004）*Frontiers of Biogeography : New Directions in the Geography of Nature*, Sinauer Associates.

Lomolino M. V. et al.（2010）*Biogeography*（4th ed.）, Sinauer Associates.

Lomolino M. V. et al. eds.（2004）*Foundations of Biogeography: Classic Papers with Commentaries*, The University of Chicago Press.

MacArthur R. H. & Wilson E. O.（1967）*The Theory of Island Biogeography*, Princeton University Press.

Myers A. A. & Giller P. S. eds.（1988）*Analytical Biogeography: An Integrated Approach to the Study of Animal and Plant Distributions*, Chapman and Hall.

三中信宏（1997）『生物系統学』東京大学出版会．

Nelson G.（1978）From Candolle to Croizat: Comments on the history of biogeography. *J. Hist. Biol.*, vol. 11, pp. 269-305.

Nelson G. & Platnick N.（1981）*Systematics and Biogeography: Cladistics and Vicariance*, Columbia University Press.

Nelson G. & Rosen D. E. eds.（1981）*Vicariance Biogeography: A Critique*, Columbia University Press.

Page R. D. M. ed.（2003）*Tangled Trees: Phylogeny, Cospeciation, and Coevolution*, The University of Chicago Press.

Parenti L. R. & Ebach M. C.（2009）*Comparative Biogeography: Discovering and Classifying Biogeographical Patterns of a Dynamic Earth*, University of California Press.

Vierhapper F.（1919）Über echten und falschen Vikarismus. *Österreichische Botanische Zeitschrift*, vol. 68, pp. 1-22.

Williams D. M. & Ebach M. C.（2008）*Foundations of Systematics and Biogeography*, Springer-Verlag.

（三中信宏）

# 第 28 章
# 進化学の歴史

28.1 進化学の歴史　　　　　　　　　　　　　　　　　　三中信宏
28.2 集団遺伝学の誕生から中立進化論の確立まで　　　　斎藤成也
28.3 ゲノム時代の進化学　　　　　　　　　　　　　　　渡邉日出海
28.4 日本における進化学の発展：明治大正　　　　　　　矢島道子
28.5 日本における進化学の発展：昭和以降　　　　　　　佐倉　統

## 28.1 進化学の歴史

**A. 進化という概念の前史**

進化（evolution）という概念は，その定義によって適用範囲が広くなったり，あるいは狭くなったりする．進化という語がたどってきた時代背景も無視できない．個体発生における決定論的な変化すなわち展開（unfolding）を進化（evolution）とよぶのがふつうだった19世紀にあって，Charles Darwinは「変化をともなう由来（descent with modification）」という表現をあえて用いることで，現代的な意味での確率的な進化現象をさそうとした．

生物進化という概念が登場するまでの長い時代には，さまざまな生物がなぜ存在するのかという問いに対しては神学に則る創造説による説明がなされていた．そして，Aristoteles以来，多様な生物を理解し分類するための概念体系として本質主義（essentialism）を中核とする形而上学が構築された．いまなお種（species）や高次分類群の実在性をめぐる論議で言及される本質主義とは，生物（あるいは分類群）には永久不変の本質（eesence）があるとみなす立場である．

しかし，心理的なアピールは別として，本質主義が磐石であるかぎり，それは進化という概念とは根本的にあいいれない．なぜなら，本質主義は，変化したり相互に移行するものを議論することが原理的に困難だからである．Darwinの『種の起原』(1859)の出版に先立つ18世紀後半から19世紀前半にかけては，生物の個体発生に関する知見の蓄積やさまざまな地域から収集された標本の比較をとおして，新たな説明の枠組みが求められるようになった．その結果，数多くの対立理論が提唱されるようになった．

たとえば，ドイツでは自然哲学（Naturphilosophie）派が超越論的観念論に基づいて生物の変化を説明しようとした（Kant, Goethe, Schelling）．また，同時期のフランスでは，Cuvierによる天変地異説や，Lamarckの進化説が出現した．神学の影響がさまざまな強さで残存するなか，生物が時空的に変化しえるのだという緩い進化観は広まっていった．Darwinの登場はそのような進化観の浸透を一気に押し進めたという点で大きなできごとだった．それは旧来の形而上学を少なくとも説明のうえでは安心して捨て去れるという宣言でもあった．

Darwinと同時代にはErnst HaeckelやHerbert Spencerの進化学説が大きな影響力があった．またAugust Weismannが自然選択に基づくネオダーウィニズムを提唱した19世紀末は，Theodor EimerやEdward Copeの定向進化説も流行した．このような数多くの進化論が併存する時期ののち，20世紀に入って再発見された遺伝学のめざましい発展は自然選択などの進化メカニズムに関する詳細な論議を可能にした．現代に連なる進化の総合学説が成立したのは1930～40年代にかけてのことだった（後述）．

存在物が時間的継起とともに生じる変化は広義の進化とみなされる．生物のみならず，さまざまな自然物（生物・地域・天体），言語あるいは人工物（写本・文学作品），さらには概念的存在（理論・仮説・主義）に至るまでさまざまな実体がこの意味で「進化」しうる．広義の進化現象は「Aの子孫はBである」で定義される由来関係（祖先子孫関係）の構造が成立することであると理解できる．

このとき，「どのような由来の構造があるのか」という問いと「なぜそのような由来の構造が生じたのか」という問いがある．第一の設問は進化現象の経験的基盤にかかわることで，データに基づく系統樹を推定することで過去に生じたであろう進化現象の構造に関する推論を行なう．Darwinの『種の起原』に先立つ18世紀前半には早くも新約聖書古写本や印欧語族の系統樹が描かれていた．

一方，第二の設問は進化現象のメカニズムにかかわることで，進化の要因や過程に関する理論や仮説をテストする．自然選択理論や中立進化理論は生物進化の要因を説明しようとする．William Whewellは『帰納科学の哲学』(1840)のなかで，生物の相互類似性を研究する分類学とは別に，動植物分布学・地質学・言語学・民俗学を古因学（palaetiological sciences）というカテゴリーに分類した．彼のいう古因学とは，過去の状態から現在の状態に至る因果を探る研究を意味する．

生物進化にかかわるうえのふたつの設問は，その

学問上の性格として古因学にきわめて近い位置を占める．進化はかぎられた場合を除けば，直接観察することはできないし，反復実験することも不可能である．われわれが手にできるのは，過去に生じた進化現象の痕跡としてのデータ（核酸塩基配列，表現型形質，化石記録，地理的分布など）だけである．しかし，現在入手できるこれらのデータを比較検討することにより，過去に生じたであろう進化現象に関する仮説をテストすることができる．このとき歴史的真実の発見を要求するのは間違っていて，あくまでもデータの許す範囲で最良の仮説を暫定的に選び出すという作業を進化学者はつねに行なっている．その意味で進化仮説のテストは歴史仮説（年表・年代記・歴史叙述）のテストとよく似ている．

現代の進化生物学は複合科学であり，進化の総合学説を構成する遺伝学・生態学・古生物学などの生物学のみならず，数学・統計学やコンピューター科学そして哲学・歴史学まで含む裾野の広い研究領域を形づくっている．分子進化学や発生生物学との結びつきもますます強くなってきている．かつて，進化や系統の研究は大胆な憶測に振り回された二級科学とみなされてきたが，現代の進化生物学は歴史科学として方法のうえでもデータのうえでもめざましい進歩をとげつつある．もちろん，先端領域での論争は今でも激しいものがあるが，それらはいずれも進化そのものに対する疑念ではなく，進化の現象や過程にかかわる論争である．

## B. Darwinの進化学とその黄昏

Darwinは，事実（歴史）として生物進化が科学的研究の対象であることを示しながら，その因果的メカニズムとしての自然淘汰（自然選択）の理論を提唱した．自然界で生じる淘汰的選抜であるこのプロセスは，親世代の生物集団中にある形質の遺伝的変異が存在し，ある環境の下でそれらの変異間に適応度の差が存在するならば，子孫世代の集団におけるその形質の遺伝子頻度の確率分布には変化が生じる．

集団遺伝学では遺伝子頻度の変化として自然淘汰がはたらいたかどうかをテストすることが原理的に可能である．最近では，野外集団における自然淘汰の作用を表現型形質に基づいてテストするための理論的な枠組みがつくられ，証拠も蓄積されてきた．分子データを用いて分子レベルでの自然淘汰と適応を研究することも可能になりつつある．自然淘汰の作用対象となるのは，生物個体だけでなく，個体内の遺伝子あるいは個体の集合である群であることもある．自然選択は生物進化を説明する要因仮説としてもっとも重要であり，現在の進化生物学では進化現象をまずはじめに自然選択の産物として説明を試みる．

自然淘汰をある環境の下で集団内の遺伝的変異に対して作用する力とみなすとき，どのようなレベルの選択単位（unit of selection；遺伝子，個体，集団，種，単系統群）に対して自然選択が作用するのかが問題になる．群淘汰（group selection）あるいは複数レベル淘汰（multilevel selection）の観点からいえば自然選択の結果（selection of）としての単位ではなく，自然選択が実際に作用する（selection for）単位が重要とされる．

自然淘汰理論に代表されるDarwin進化学は，彼が生きた19世紀において早くも「ダーウィニズム」という名で芽吹き，その後，世界中に枝葉を広げる大きな学問体系となった．しかし，その歩みは決して平坦ではなかった．進化学にかぎらないことだが，科学理論のある体系は時を経て変化しつつも発展していく「生き物」のような側面をもちあわせている．ちょうど生物が変動する環境の下で時空的に進化してきたように，科学という「生き物」もまた科学者たちが形成するコミュニティのなかで絶えず変貌しつつ存続してきた．進化学という科学の体系もその例外ではない．進化的思考が生物学において発現した「進化学」は，Darwinら19世紀の進化学者たちの業績を礎として，現代に至る巨大な科学理論体系の系譜を形成してきた．

実際，進化学は紆余曲折の歴史をたどってきた．今から1世紀前，19世紀から20世紀にまたがる世紀末の時代は，Darwin進化学にとってもっとも苦難の多い時代だった．19世紀後半から急速に勃興してきた発生学や遺伝学などの実験生物学は日の当たる時代の寵児だった．その影に隠れて進化学や自然誌学のような観察と記載に基づく生物学分野はともすれば時代遅れとみなされ，研究資金のうえでも

人材の点でも圧迫されるような事態にたち至った．1940年代以降，進化学の「現代的総合」を推進した当事者たちにとって，まさにこの窮状が現実的には運動の大きな動機づけとなった．

Julian Huxley は当時の進化学をとり巻いた状況をつぎのように回顧している：「第一次世界大戦に先立つこの時代［二十世紀初頭］に，ダーウィニズムは死んだという通説が広まった．メンデル遺伝学から得られた事実は古生物学の知見と矛盾するようにみえた．突然変異説は Weismann による適応の見解とはあいいれなかった．実験発生学上の発見は古典的な反復説を覆すとみなされた．このようにして，Darwin 的な見解を支持する動物学者たちは，新たな生物学分野，すなわち細胞学や遺伝学，そして発生工学や比較生理学の側から時代遅れの理論家とみさげられることになった．さらに，Darwin による偉大な機械論的一般論に反感をもつ神学者や哲学者たちはここぞとばかりに反撃の狼煙を上げるに至った．」(Huxley, 1942)．

Huxley は Darwin 以降の進化学の歴史を振り返りつつ，この逆境の時代を「ダーウィニズムの黄昏」（the eclipse of Darwinism）とよんだ（Huxley, 1942; Bowler, 1983）．

## C. 進化の総合学説

1930年代から始まり，1940年代以降にクライマックスを迎えた進化学の「現代的総合（the Modern Synthesis）」とは，Huxley のいう「ダーウィニズムの黄昏」という学問的逆境を経験した進化学がその再起を賭けて立ち上がった歴史的事件である．現代の進化生物学の教科書では，この現代的総合をもって自然淘汰理論に基づくネオダーウィニズムが確立されたと総括されることが多い．しかし，「自然淘汰理論に基づくネオダーウィニズム」とは特定の進化過程理論に基づくパラダイムにすぎない．むしろ，現代的総合という歴史的エピソードは，その構築者たちの意図とは無関係に，広義の現代進化学が同時代の科学者コミュニティのなかでその存在理由を示したという意義があった．

1930〜40年代にかけての「現代的総合」を牽引した当事者（構築者）たちは，第二次世界大戦の危機が迫り来るなか，広く欧米圏の国境をこえた研究者ネットワークを形成していた（Mayr & Provine, 1980；Smocovitis, 1996；Junker, 2004）．進化学や系統学を含む広い意味での自然誌学の再興を目標に据えつつ，この国際的人脈はあるときはグローバルに，またあるときはローカルにその活動を続けた．英国や米国の英語圏を中心とする活動はその中核を担った Huxley や Ernst Mayr によって率いられた．その一方で，ドイツやフランスなどヨーロッパ地域，さらにはロシア語圏などでも並行する動きがあった．現代的総合とはこのように学際的であると同時に国際的な性格をももっていた．

まずはじめに，進化学の何を「総合」しようとしていたかについて述べておく必要がある．Huxley はつぎのように要約している：「過去20年間の生物学を振り返ると，新規の研究分野がつぎつぎと立ち上がり，それぞれ別々に研究を進める段階を過ぎ，いまや統合されたひとつの科学を形成するようになった．総合の時期を迎えた現代の生物学は，かつてのように相互に矛盾を含む数多くの下位分野が乱立する状況を乗りこえ，物理学に匹敵する統一性を獲得し，ある分野が他のすべての分野を統括し，理論と実験とが手を携えて進もうとしている．その主たる成果がダーウィニズムの再興である．」(Huxley 1942)

ダーウィニズムを枢軸として他の生物学分野を統括するというビジョンは，確かに現代的総合が掲げた究極の目標だった．そのスローガンは1940年代以降くりかえし表明されることになる．

ところが，この現代的統合での個別の目標設定は決してコンセンサスを経たものではなかった．総論としては「ダーウィニズムの再興」でまとまっていたとしても，そこに参与した各学問分野の間で見解が満場一致で認められたわけではなかった．もともと現代的総合に加わらなかった発生学や形態学などの疎外された学問分野はもちろん，遺伝学・分類学・古生物学といった中核分野においてさえ論争がすべて解決していたわけではない．たとえば1920年代から早くも理論的解析と実験的知見を蓄積してきた遺伝学者たちは，理論集団遺伝学こそ進化学的総合の中核であるとみなした．一方，後述の Mayr ら自然誌学の陣営は生物学的種概念（biological species concept）（Mayr, 1942）に基づく個体群のマクロな動態を重視すべきだと対抗した．

つまり，現代的総合に参画しようとした個々の学問領域には，それぞれ別個の思惑があり，利害の衝突は隠しようもなかったという事実である．自然誌学系の当時の指導的研究者たちにとって，喫緊にしてもっとも深刻かつ重大な問題は，いかにして進化学・系統学・体系学を低迷した状態から救済するかという点にあった．たとえば，鳥類分類学出身で，1930 年代はじめにドイツからアメリカに移住した Mayr が新大陸で体験したことは，当時の米国の大学や研究機関では資金と人材の多くが実験生物学に流れ，「時代遅れ」の自然誌研究は壊滅寸前の状態に追いやられているという厳しい現実だった．

現代の進化学者は，ともすれば 1930～40 年代の現代的総合によって異なる生物学諸分野がネオダーウィニズムの下に統一されたということをほとんど既成事実のように受け取っている．奇妙なことに，この「進化学的総合」を生物学史的に解析した研究はいまだにあまり進んでいない．1974 年に開催された現代的総合の総括会議の議事録はある（Mayr & Provine, 1980）．しかしそれははっきりいえば現代的総合の当事者による回顧録にすぎない．生物学史の客観的な調査対象としてこの歴史的事件をさらに解析する必要がある．

この現代的総合は，遺伝学・分類学・古生物学など幅広い関係諸学問をネオダーウィニズムに基づく進化理論によって統合することを目指した．その歴史的産物である進化の総合学説は現代の進化生物学の中核を形成しており，自然選択による進化メカニズムを基調としてさまざまな進化現象の解明を行なっている．その後 1960 年代以降急速に発展した分子進化理論は，表現型レベルでの自然選択説に対立する分子レベルでの中立進化説を展開し，現在に至るまでさまざまな論議が交わされている．

歴史的イベントとしての「現代的総合」を学問的側面と社会的側面の両方からみてみよう．19 世紀末に Darwin 進化学が学問的意味で「黄昏」を迎えた大きな理由のひとつは進化要因論にあった．Gregor Mendel の業績がまだ埋もれていた 19 世紀後半，Darwin 自身は生物の遺伝現象の因果的説明に窮していた．彼はさまざまな生物の遺伝的変異について説明するときには汎生説（パンジェネシス）のようなその場しのぎの理論に頼ることもあった．しかし，Mendel が「再発見」された 1900 年以降，メンデル遺伝学の原理に基づいて遺伝現象がきれいに説明できることが認識されるとともに，進化的変化は突然変異によって跳躍的に進むとみなすメンデル遺伝学派と，自然淘汰に基づく微小な進化的変化を重視する生物統計学派との対立が勃発した．さらに，世紀末のこの時代は，自然淘汰以外の要因たとえば地理的隔離や獲得形質などのメカニズムの相対的重要性をめぐる論議，あるいは獲得形質の遺伝を主張するネオラマルキズム側からの反撃が燃え上がったときでもあった．

「現代的総合」は，Mayr, Theodosius Dobzhansky, Huxley, George Gaylord Simpson ら構築者（architects）とよばれる当時の進化学者たちを中核として進行した．その現代的総合のきっかけとなったのは，再発見以降の遺伝学が 20 世紀前半に蓄積した知見，とりわけ理論集団遺伝学の長足の進歩だった．1920 年代から英米やロシアで進展してきた集団遺伝学は，Ronald Fisher の著作『自然淘汰の遺伝理論』(1930) をもってひとつの節目を迎えた．

ショウジョウバエの集団遺伝学を研究してきた Dobzhansky の『遺伝学と種の起原』(1937) は現代的総合のなかから生まれた最初のまとまった成果だった．彼は生物の自然集団がもつ遺伝的特徴の変化が進化を推進する原動力になるという，新しい集団遺伝学に基づく包括的な進化観を呈示した．さらに，鳥類分類学を専門とするマイアの『体系学と種の起源』(1942) は，現在もなお広く用いられている生物学的種概念を定義することにより，生殖隔離に基づく生物集団の異所的種分化という進化過程モデルを提唱した．また，脊椎動物の古生物学者 Simpson の『進化の速度と様式』(1944) は，現生生物だけでなく，古生物もまた現代的総合の射程に入ることを内外に宣言した．

ちょうどこの時期，のちに現代的総合のシンボルともなった，その名もずばり『進化学：現代的総合』と銘打たれた Huxley の大著（1942）が出版された．Huxley は彼自身によって命名された当時のダーウィ

ニズムの「黄昏」の向こう側に，進化学の輝かしい未来が開かれていることを大西洋をまたいで説き続け，現代的総合を実行するための組織と人脈をつくり続けた．集団内の遺伝的変化（小進化）が，異所的種分化と生殖隔離というプロセスを経て種あるいは高次分類群レベルの進化（大進化）をもたらすという現代的総合の新たな思考枠は，既存の学問分野の壁を突き崩すパワーがあった．現代的総合の旗印の下に出版されたこれらの著作は，これまでとは違う学問の出現を世に力強く宣言した．そして，進化学は世紀末の「黄昏」からようやく決別できたのである．

その後も，「現代的総合」の精神を具現する著作がつぎつぎに著された．Simpsonの2冊目の古生物学書『進化の主要な特徴』（1953）と進化分類学の古典である『動物分類学の原理』（1961）をはじめ，植物学者George Ledyard Stebbinsによる『植物の変異と進化』（1950），ドイツの進化学者Bernhard Renschの『種レベル以上の進化』（1959）のような代表作がつぎつぎに出版された．当時の現代的総合の精神にしっかり裏打ちされているこれらの著作群は，半世紀以上も前に出版されたにもかかわらず，今なお頻繁に引用され続けていることはひとえに驚くしかない．

さて，つぎにこの現代的総合がどのような世界史的背景の下に進められたかを考えてみよう．進化生物学の現代史にとって，第二次世界大戦はさまざまな影響を及ぼした．Simpsonのように一兵士として戦線に加わった進化学者も少なくない．戦前には多くの進化学・体系学の学協会や研究者コミュニティが活動をしていた．たとえば，イギリスの「一般生物学にかかわる体系学協会（ASSGB）」や，米国の「種分化学会（SSS）」や「遺伝学・古生物学・体系学共通問題検討委員会（CCPGPS）」などがあげられる．しかし，大戦の拡大とともに，これらはすべて活動休止や組織の解散に追い込まれてしまった．

大戦末期から終戦直後にかけて科学者コミュニティのみならず社会がもっとも混乱していた時期に，Mayrは現代的総合をさらに推進すべく，研究者ネットワークの立て直しに躍起となっていた．現在，進化生物学分野でもっとも有力な雑誌のひとつに Evolution という米国の学会誌がある．その母体は，1946年に創立された進化学会（SSE）である．この学会の系譜をさらにさかのぼると，1940年すなわち現代的総合のまさに黎明期に創立された種分化学会（SSS）にたどり着く．不幸なことに第二次世界大戦の戦火のなかでSSSはほとんど実質的な活動ができなかった．しかし，進化学研究者間のネットワークは戦後になって結束を強め，1946年にSSEとして学会組織を構築した．発足当時の Evolution 誌の編集長を務めたのはMayrだった．Mayrを中核とする「種の研究」が進化学的総合と進化学会設立という大きな科学運動の推進力となったことが推察される．

現代的総合は歴史的イベントであるといったのは，世界史的な文脈や科学社会学的な動態を考えずに，単に学説の歴史をたどるだけでは，現代進化学の成立に関して偏った見解に立ち至るのではないかと危惧するからである．進化学の現代的総合は，当時の緊迫した情勢の下で，さまざまな制約に影響を受けていたことがわかる．

冒頭に指摘した点に戻ろう．現代的総合をめぐる歴史は進化要因論（プロセス）を主たる論点として歩んできた．しかし，生物進化にはもうひとつの側面がある．それは進化様相論（パターン）すなわち系統発生の復元という論点である．Peter Bowler（1988, 1996）が指摘するように，進化要因論と進化様相論ではたどってきた歴史の経緯がいささか異なる．Huxleyのいう「ダーウィニズムの黄昏」とは進化要因論についてはあてはまっても，進化様相論は必ずしもたそがれてはいなかった．実際，生物・無生物を問わず，一般的なオブジェクトの系統復元論（言語や写本を含む）は，「黄昏」のまさにその時期に確立されつつあったからである．

### D. おわりに：現代的総合が遺したもの

すべての科学がそうであるように，「科学」なる知識体系は「真空」のなかで存在し続けてきたわけではない．科学とは，科学者とよばれる生身の人間たちが，そのときどきの社会的情勢と文化的背景の下で，人脈ネットワークやコミュニティをつくりながら守り伝えてきた知的伝統である．進化学の現代的総合

が「自然淘汰に基づくネオダーウィニズム」を確立させたという教科書的にわかりやすい結論は，はずれてはいないだろう．しかし，その点にのみ目を奪われるならば，今なお日進月歩で変わりつつある進化学の理論体系のダイナミクスのもつ重要性を見失うことになるのではないかと筆者は危惧している．

総合学説に対峙し続けたStephen Jay Gouldは，現代的総合をとおしてネオダーウィニズムは「硬直化（hardening）」してしまったと糾弾した（Gould, 2002）．確かに，歴史的エピソードとしての「現代的総合」のなかにあっては，論敵たちと戦うためのスローガンとして「自然淘汰に基づくネオダーウィニズム」という看板はどうしても必要だったに違いない．しかし，「現代的総合」という歴史的エピソードを通じて再生した現代進化学にとっては，そのような看板をいつまでも掲げ続ける必要はもうないだろう．

それまではばらばらだった学問分野を「総合」の名の下に集結し，当時はまだ未開拓だった遺伝学・細胞学・生理学の新たな情報源に目を向け，さらに国境をこえた学問的人脈ネットワークを形成したことにより，一度は存亡の危機を迎えた進化学はみごとに再生を果たすことができた．新たなデータを前にして新たな進化仮説を提唱し続けること，これまでは取り組んでこなかった問題に進化的な光を投げかけること，そして対抗する知識体系と戦い続けること．1世紀前の「黄昏」の逆境を乗りこえた進化学が「現代的総合」を通じて勝ちとってきたものは，未来に向けてさらに戦い続ける柔軟な学問的活力にほかならなかった．

科学は「生き物」である．硬くもなれば柔らかくもなりうる．学問的系譜としての進化学の「生きた実体」を科学史的に振り返ることにより，進化学が今後どのような方向に進展し，いかなる展開をみせてくれるのかが大いに期待される．なお続く進化学をめぐるあまたの論争や対立は，進化学にとって最終的にはプラスとなるだろう．

[引用文献]

Bowler P. J. (1983) *The Eclipse of Darwinism: Anti-Darwinian evolution theories in the decades around 1900*, Johns Hopkins University Press.

Bowler P. J. (1988) *The Non-Darwinian Revolution: Reinterpreting a Historical Mith*, Johns Hopkins University Press.［ピーター・ボウラー 著，松永俊男 訳（1992）『Darwin革命の神話』 朝日新聞社］

Bowler P. J. (1996) *Life's Splendid Drama: Evolutionary Biology and the Reconstruction of Life's Ancestry 1860-1940*, The University of Chicago Press.

Cain J. (1993) Common problems and cooperative solutions: Organizational activity in evolutionary studies, 1936-1947. *Isis*, vol. 84, pp. 1-25.

Cain J. (1994) Ernst Mayr as community architect: Launching the Society for the Study of Evolution and the journal Evolution. *Biol. Philos.*, vol. 9, pp. 387-427.

Cain J. (2001) The Columbia Biological Series, 1894-1974: A bibliographic note. *Arch. Nat. Hist.*, vol. 28, pp. 353-366.

Cain J. (2002) Epistemic and community transition in American evolutionary studies: The "Committee on the Common Problems of Genetics, Paleontology, and Systematics" (1942-1949). *Stud. Hist. Philos. Biol. Biomed. Sci.*, vol. 33, pp. 283-313.

Cain J. (2004) Launching the Society of Systematic Zoology in 1947. in Williams DM. and Forey PL. (eds.), *Milestones in Systematics*, pp. 19-48, CRC Press.

Darwin C. R. (1859) *On the Origin of Species by Means of Natural Selection*, John Murray.

Gould S. J. (2002) *The Structure of Evolutionary Theory*, Harvard University Press.

Haffer J. (2007) *Ornithology, Evolution, and Philosophy : The Life and Science of Ernst Mayr 1904-2005*, Springer-Verlag.

Hull D. L. (1988) *Science as a Process: An Evolutionary Account of the Social and Conceptual Development of Science*, The University of Chicago Press.

Huxley J. (1942) *Evolution: The Modern Synthesis*, George Allen & Unwin.

Junker T. (2004) *Die Zweite Darwinische Revolution: Geschichte des Synthetischen Darwinismus in Deutschland 1924 bis 1950*, Basilisken-Presse.

Mayr E. & Provine W. B. eds. (1980) *The evolutionary synthesis: perspectives on the unification of biology*, Harvard University Press.

三中信宏（1997）『生物系統学』東京大学出版会.

三中信宏（1999）ダーウィンとナチュラル・ヒストリー. 長谷川眞理子・三中信宏・矢原徹一 著『現代によみがえるDarwin』pp. 153-212．文一総合出版.

三中信宏（2006）『系統樹思考の世界：すべてはツリーとともに』講談社.

三中信宏（2009）『分類思考の世界：なぜヒトは万物を「種」に分けるのか』講談社.

三中信宏（2010）『進化思考の世界：ヒトは森羅万象をどう体系化するか』日本放送出版協会.

Provine W. P. (1971) *Origins of Theoretical Population Genetics*, The University of Chicago Press.

Smocovitis V. B. (1996) *Unifying Biology: The Evolutionary Synthesis and Evolutionary Biology*, Princeton University Press.

Winsor M. P. (1995) The English debate on taxonomy and phylogeny, 1937-1940. *Hist. Philos. Life Sci.*, vol. 17, pp. 227-252.

（三中信宏）

## 28.2　集団遺伝学の誕生から中立進化論の確立まで

**A. 集団遺伝学の誕生から新総合主義の台頭まで**

　Gregor Johann Mendel（1822-1884）が創始した遺伝学が20世紀前半に確立してはじめて，生物進化が遺伝子の時間的変化ととらえることが可能になった．その後，生化学や分子遺伝学の発達により，20世紀の後半には，遺伝子DNAやその直接産物であるタンパク質の進化を研究する分子進化学が誕生し，爆発的につくり出された分子レベルのデータを合理的に説明するものとして中立進化論が誕生し，ここにパラダイム転換が起こったのである．しかし，そこに至る道筋は紆余曲折したものだった．

　メンデル遺伝学が確立するには，まずその根本である粒子式遺伝が，量的形質に対して考えられていた混和式遺伝と整合性をもつ必要があった．粒子式遺伝とは，親から子に伝わるのは，微小だが明確なまとまりをもった原子のようなもの，すなわち遺伝子であるという観点である．Mendelは，明確に識別できる表現型の形質を用いて，それらに対応する遺伝子が粒子的遺伝をすることを，エンドウを用いた実験で明らかにした．一方，混和式遺伝は，身長や皮膚色などの量的形質を説明するのに考えられてきたものであり，ひとつの形質に多数の遺伝子が関与しており，あたかも液体のように混ざりあうとされた．しかしこの考え方の場合，つぎのような問題が生じる．形質に長短などいろいろな量的変異が最初は存在していても，2色の液体を混ぜると，全体として同一の中間色になってしまうように，量的変異がなくなり，どの個体も同じになるはずである．残るのは，非遺伝的要因である環境や偶然によるばらつきだけとなる．

　両者の対立は，現代統計学を築いたRonald A. Fisher（1890-1962）が，量的形質の親子相関が，粒子式遺伝を仮定しても成り立ち，しかも量的変異が保たれることを示して，ひとまず収まった．しかし現在でもなお，量的形質の遺伝様式は，明確な形では発見されておらず，今後の展開が注目される．

進化の中心である遺伝子の，集団内での時間的変化の研究は，メンデルの遺伝法則が受け入れられた20世紀に始まった．メンデルの分離の法則を象徴する3：1という分離比は，二項分布の特殊な場合にすぎないのだが，20世紀初頭の生物学者にはしばらくの間それが理解されなかった．1908年になってようやく，ドイツの医学者Weinbergと英国の数学者Hardyが独立にこのことを指摘した．おそらくメンデルは二項分布に気づいていたと思われるが，その後，ハーディーとワインベルグの法則と仰々しくよばれることになるこの式は，単に二倍体生物が父方と母方から遺伝子をほぼ独立に受け継ぐという遺伝現象を説明しているにすぎない．実際に，Hardyの論文は，当時の高名な数学者が二項分布というきわめて初歩的な数学を用いることを恥じてか，"I am reluctant to intrude in a discussion ..." から始まっている．

Mendelの提唱した遺伝子の分子的実体がわからないままではあったが，遺伝子の情報が親から子に伝わるパターンを研究する遺伝学は大いに発展した．そのひとつが集団遺伝学である．Fisherのほか，J. B. S. Haldane（1892-1964）やSewall Wright（1889-1988）らが1920年代から1930年代に集団遺伝学の理論を発展させていった．FisherやHaldaneは，集団の個体数が大きいとして，それを無限で近似して理論を構築していった．Wrightは個体数が有限である場合の理論を推し進めたが，その効果である遺伝的浮動（詳しくは20.1項参照）には，限定的な価値しか認めなかった．現在からみると，遺伝的浮動の効果を過小評価していたこの時代の理論的研究には問題があるが，当時はDarwinの進化論とMendelの遺伝学を結びつけるものとして歓迎され，「新ダーウィン主義」あるいは「進化の総合説」という美名の下に定説化していった．

## B. 遺伝的多型をめぐる古典説と平衡説の論争

進化の総合説といっても，一枚岩ではなかった．そのなかにはいろいろな意見の相違があったのである．ショウジョウバエに放射線を当てると人工的に突然変異が生じることを発見したことでも知られているHermann Joseph Muller（1890-1967）は，ホモ接合体となったときに生存には有害な突然変異遺伝子の場合，それと野生型遺伝子のヘテロ接合体が，野生型のホモ接合体よりも生存に若干有害な場合が一般的であることを発見した．そこで彼は，集団中に遺伝的多様性があるとしても，きわめて少ないだろうと考えた．つまり，どの遺伝子座であっても，大部分は単一の野生型遺伝子に占められているということである．これは，生存に有利な突然変異の場合には，正の淘汰によって集団中に急速に固定してゆくし，まれにしか生じないので，多様性にはほとんど寄与しない．一方，生存に不利な突然変異は，負の淘汰によってすぐに集団中から消えてゆくので，こちらも遺伝的多様性にはあまり寄与しない．多数が生じるので，集団中から消え去る前に，一部の遺伝子が低い頻度で存在するだけである．

当時は，生存に有利でも不利でもない，厳密に中立な突然変異遺伝子は，存在するとしてもきわめて少なく，またそのふるまいは生存に有害な突然変異遺伝子と似ていると考えられていた．生物集団の個体数がきわめて大きく，遺伝的浮動の効果は無視できると思われていたためである．

ところが，なかには集団中に遺伝的多様性をもつ，遺伝的多型の遺伝子座もあった．ABO式血液型は，最初に発見された遺伝的多型であるが，A,B,Oという主要3対立遺伝子が，ひとつの遺伝子座に共存しており，野生型1種類の対立遺伝子がほとんどを占めるという，予想されたパターンとは異なる．同様に，鎌状赤血球をひき起こすヘモグロビンS遺伝子も，アフリカの一部では野生型のヘモグロビンA遺伝子と共存していた．このような多様性をもっている遺伝子座には，特別なタイプの自然淘汰がかかっていると考えられた．その可能性のひとつが，ヘテロ接合体のほうがホモ接合体よりも生存に有利となる超優性淘汰である．このほかにもいくつかの淘汰モデルがあるが，いずれも複数の対立遺伝子が平衡状態となって遺伝子座に遺伝的多型をもたらすので，平衡淘汰とよぶ．

Theodosius Grygorovych Dobzhansky（1900-1975）は，ショウジョウバエ集団を研究して，染色体の逆位多型を発見し，それが何らかの平衡淘汰の結果であることを1951年に示した．彼はこの平衡淘汰

が，遺伝子座が遺伝的多型となる普遍的な原因だと考え，この仮説を「平衡仮説」(balance theory)とよんだ．また，Mullerらの考え方を，揶揄をこめて「古典仮説（classic theory)」とよび，平衡仮説の優位性を説いた．面白いことに，Dobzhanskyは，古典仮説の場合にある遺伝子座が多型となる可能性のひとつに，適応的に中立な突然変異をあげているが，それはほとんど存在しないと退けている．同様な見解は，進化の総合説構築に大きな影響力のあった Ernst Walter Mayr（1904-2005）や George Gaylord Simpson（1902-1984）ももっていた．当時の総合説の限界がみてとれる．

　一方，そのころ米国ウィスコンシン大学に留学していた木村資生は，集団の個体数が有限である場合に生じる遺伝的浮動を数学的にとり扱うのに優れている，拡散モデルの厳密解に到達していた．また，遺伝子の物質的本体がDNAであり，ヌクレオチドの配列によっているということがわかると，ひとつの遺伝子座に数個程度の対立遺伝子が存在するという古典的なイメージを脱して，対立遺伝子の種類は無限にあると仮定した「無限対立遺伝子モデル」に基づく理論的解析も，木村とJames F. Crowによって提案された．

　ときあたかも，生化学技術の発展により，タンパク質のアミノ酸の違いを比較的簡便にみわけることができる，ゲル電気泳動法が誕生した．さっそくヒトやショウジョウバエで多数の酵素タンパク質が調べられ，その結果，1960年代になると，遺伝的多型が多数みいだされた．これは一見すると，古典仮説の予言よりも，平衡仮説の予言を支持するようにもみえた．

　そこで木村資生は，分子進化速度の一定性と高い遺伝的多型を同時に無理なく説明できる中立進化論を1968年に発表した．また1970年代に根井正利らが膨大なデータ解析を行なって，観察された遺伝的多型が中立論で十分に説明できることを示した（20.3項を参照）．これらの研究の結果，平衡仮説は陰をひそめた．ただし，平衡多型現象は，HLAやABO式血液型遺伝子などの特殊な遺伝的多型にはあてはまると考えられるので，ゲノム全体が調べられるようになった現在，少数でもいいから平衡淘汰を生じて

いる遺伝子を探そうという試みが続けられている．

## C. 分子進化学の誕生

　遺伝子の物質的本体がDNAであることが1940年ごろに解明されて以降，物質としてのDNAの研究が本格化した．James D. WatsonとFrancis CrickがDNAの二重らせん構造を解明した1953年が，大きな転換点となった．それから50年ほどの短期間に，生物学における分子レベルの研究は大きく発展した．現在では，DNAの塩基配列をいろいろな生物で決定して比較することが，遺伝学や進化学だけでなく，分類学，医学，生化学，生理学，発生学，生態学といった，生物学のあらゆる研究分野において日常の手段となっている．この意味で，生物学は分子レベルでの遺伝子の研究が始まってから，ようやくその幼年期に別れを告げたといえよう．

　1960年代になって，Frederick Sangerらの研究により，生化学手法が進展し，グロビンやチトクロームc，ヒストンなど，さまざまなタンパク質のアミノ酸配列が，いろいろな生物で決定されるようになった．それらの配列の比較をしたEmile ZuckerkandlとLinus Carl Paulingは，アミノ酸の置換数と比較した生物の分岐年代の間に，近似的な比例関係が成り立つことを発見した．アミノ酸の置換数で測った進化速度がほぼ一定であるというこの現象を「分子時計」とよぶ（19.4項を参照）．しかも，タンパク質によって進化速度が異なっていた．

　異なる生物間で同じはたらきをするタンパク質を免疫反応を利用して比較し，進化的な近縁関係を推定する研究で，Nuttallら一部の先覚者は存在した．しかし，タンパク質がアミノ酸の一定の配列からなっており，しかもその配列情報は遺伝子DNAのなかにあることが理解された1960年代になってはじめて，DNAやタンパク質という分子レベルでの進化を調べることができるようになった．こうして，分子進化学が誕生した（19.6項を参照）．

　対立遺伝子頻度の時間的変化は，狭義の集団遺伝学が扱う領域である．しかしこれでは比較的短期間の進化しか扱うことができない．なぜならば，各対立遺伝子は符号で区別されるだけであり，それらの実体が考慮されないからである．したがって，突然

変異遺伝子の置換は，文字どおり単なる「置き換え」にすぎず，その生物学的意味に肉薄することはできない．

このため，狭義の集団遺伝学が扱う短期間の進化から離れて，長期間にわたる進化を扱おうとすると，塩基やアミノ酸の置換を具体的に考える必要が出てくる．これは，1960年代に勃興した分子進化学が扱ってきた中心的な現象である．置換以外に，量的には研究成果が少ないものの，塩基配列やアミノ酸配列における欠失・挿入も分子進化学で扱われてきた．また遺伝子重複は，新しい機能をもつ遺伝子の誕生を促すものとして重要である．さらに最近は，ゲノム塩基配列の決定がつぎつぎに行なわれるようになったため，ゲノム重複についても詳細な解析が可能になってきた．このような新しい波は，塩基やアミノ酸の置換を主として解析してきた分子進化学に新たな発展を促しつつある．

現在では，きわめて多種類の生物において，それらのある遺伝子のDNA配列が決定されており，一部の生物種では全ゲノムのDNA配列がわかってきている．こうして，生物進化を分子レベルで研究することが，ごくふつうに行なわれるようになった．

1960年代に入って分子生物学の研究が本格化すると，いくつかの新しい考え方が生まれた．ひとつは，木村とCrowが1964年に提唱した無限対立遺伝子モデル (infinite allele model) である．従来の集団遺伝学では，1個の遺伝子座の上に2個の対立遺伝子だけを考えることが多かったのだが，塩基配列が遺伝子の本体であることから，彼らはこのような新しいとらえ方をした．この論文には中立対立遺伝子 (neutral isoallele) のふるまいについても言及されている．淘汰がない場合は数学的な取扱いが簡単だとはいえ，淘汰万能論の時代にこのような議論をすることは，やはり彼らがいわゆる古典仮説 (classic theory) とよばれる立場に立っていたことと無縁ではないだろう．古典仮説では，集団中の遺伝的多型を突然変異と自然淘汰の間の釣合いで生じると考える．自然淘汰がない中立の場合には，遺伝的多型は突然変異および集団の大きさによって左右される．この無限対立遺伝子モデルは，その4年後に発表された中立論の重要な母胎のひとつになった．

一方，1960年代に生物の進化をタンパク質や遺伝子などの分子レベルで研究する分子進化学が誕生した．遺伝暗号を知ってから，それまで行なっていた栄養学・生化学の研究を分子進化の研究，特に遺伝暗号進化の研究に転換したThomas H. Jukesは"*Molecules and Evolution*"を1965年に出版した．一方，自然淘汰の考えではうまく説明できない現象を考察して，木村は1968年に，数学的理論を用いて進化の中立論 (neutral theory of evolution) を提唱した．翌1969年には，Jack L. KingとJukesが"Non-Darwinian evolution"と題した，中立進化を裏づける論文を発表した．

中立進化論が提唱されると，新総合説論者の批判があいついだが，木村は共同研究者の太田らとともに，多くの理論的研究および分子データの解析結果を発表した．また1970年代には，根井らが膨大なデータ解析を行なって，観察された遺伝的多型が中立論で十分に説明できることを示した．これらの研究の結果，平衡淘汰（20.7項を参照）に基づく平衡仮説は影をひそめた．そもそも，平衡淘汰は二倍体生物にしかあてはまらず，生命の基本である一倍体には存在しないので重要性は低い．ただし，平衡多型現象は，免疫系の遺伝子群であるMHC（主要組織適合性抗原遺伝子複合体）などの特殊な遺伝的多型にはあてはまるようだ．

1970年代後半に塩基配列データが発表されると，ただちにKingとJukesの，同義置換速度のほうが非同義置換速度より速いという予想が確かめられた．また機能を喪失したと考えられる偽遺伝子 (pseudogene) の進化速度を機能遺伝子のそれと比較して，偽遺伝子が中立進化していることがわかってきた．

ゲノム進化が研究されるようになると，分子レベルでは大部分が中立進化で説明できることが膨大な塩基配列データによって明らかになってきた．

タンパク質のアミノ酸配列データに続いて，DNAの塩基配列データが出てきて，淘汰上有利でも不利でもない中立な突然変異のほうが，正の自然淘汰を受ける生存に有利な突然変異よりも圧倒的多数蓄積しているという中立進化論の主張が受け入れられていった．こうして，1940年代から1960年代まで興

隆を誇った進化の新総合説，いわゆるネオダーウィニズムは，中立論との戦いに敗れて，20世紀末には現代進化論の中心から消えていった．進化の新総合説論者が唱えた淘汰万能論は，堅固に守られていたかのようにみえたが，実は砂上の楼閣だったのである．

中立論の登場は，現代進化学において，進化の総合説というパラダイム（理論的枠組み）を退場させたという点で，パラダイム変換にあたる．ただしこの大転換は，DNA配列やアミノ酸配列の進化のレベルにとどまっている．Darwinが開始した近代進化学が着目し，現在でも多くの進化生物学研究者が興味を抱く形態などの形質の進化については，パラダイム転換が完全には進んでいない．形態などの肉眼で見ることができる形質を生み出す生物の発生過程が十分に解明されていないからである．この状況のなかで，形態の進化と分子の進化はまったく異なっていると主張する人もみかけるが，それは間違っている．生物はその起源から分子レベルで生じたのであり，形態の進化ももちろん分子レベルのメカニズムで説明できるはずである．両者の間に明快な境界があるはずはない．

現代生物学は，DNA，RNA，タンパク質といった，分子レベルに基礎をおいている．生命が微視的な高分子の集合体から出発したことを考えれば，これはきわめて自然な論理的帰結である．脊椎動物の複雑な骨の形も，植物の葉の形態も，結局のところ何らかの分子が作用して細胞分裂が調節された結果であるはずだ．発生生物学や細胞生物学では，現在この考え方に基づいて研究が進められている．生物の形態だけでなく，分子レベルを含めてありとあらゆる生物の状態を表現型とよぶが，ゲノム中の遺伝子が表現型を出現させるのにきわめて重要だとする，遺伝子決定論の立場からすると，遺伝子表現型の間に明確な対応関係がつけられるはずである．

また，中立進化が一般的な状態であるという認識が確立すると，今度は中立進化が機能のないゲノム領域にしか生じない，つまらないものだという考え方が生じてきた．これは中立進化論提唱のはじめのころからある誤解だが，淘汰上中立な突然変異のことを論じていながら，それらの大部分が遺伝子の機能を変化させない突然変異だったので，生物には事実上何の影響もないと受けとめられたのである．

たしかに，アミノ酸を変化させない同義置換や，死んでいる偽遺伝子の上に生じるDNA変化は，生物の生死にはほとんど影響がない．しかし，中立進化の本来の定義は機能が変化しないのではなく，自然淘汰を受けないということである．機能が変化しても生存に有利でも不利でもない場合があるはずだ．このようなDNAの変化を発見することが，進化学研究者にとって，将来の課題である．

DNA配列データの増加にともなって遺伝子系図の理論が登場し，主として種間進化（大進化）をアミノ酸配列や塩基配列のデータから類推してきた分子進化学と，主として種内進化（小進化）を対立遺伝子頻度データから類推してきた集団遺伝学が，1970年代以降徐々に融合していった．この時期に，分子データにおける従来の解釈の矛盾を指摘して提唱された中立進化論の意義はきわめて大きい．中立進化論の登場によって，1960年代に成熟し，停滞したかのようにみえた集団遺伝学理論は大きく刺激されたのである．現在は，種内の遺伝的変異においても巨大なゲノム配列データが登場したことにより，それらのデータへの集団遺伝学理論の応用は多岐にわたっている．

遺伝子の進化にはもっと別の変化パターンも存在する．生物間相互作用や遺伝子の水平移動といった，通常閉じた系だと考えられている各生物種の間のやりとりがそれである．ここでは，特定の遺伝子族や特定の生物群ではなく，生態学で従来扱ってきたような種群全体が対象となる．この方面はまだ未開拓の研究分野だといっていいだろう．

[参考文献]

木村資生（1986）『分子進化の中立説』紀伊國屋書店．
木村資生（1988）『生物進化を考える』岩波新書．
斎藤成也（2006）序章：遺伝子を軸とする進化研究の発展．シリーズ進化学第2巻『遺伝子とゲノムの進化』pp. 1-14，岩波書店．
斎藤成也（2007）『ゲノム進化学入門』共立出版．
斎藤成也（2011）『ダーウィン入門』ちくま新書．
根井正利（1990）『分子進化遺伝学』培風館．

（斎藤成也）

## 28.3 ゲノム時代の進化学

1995年に真正細菌の一種（*Haemophilus influenzae*）でショットガン法による全ゲノム塩基配列決定が成功し，本格的ゲノム時代が始まった．その後数年の黎明期間においてさまざまな大量ゲノム配列解析技術が急速に開発・応用され，それらの集大成として21世紀明けの2001年にヒトゲノムの概要配列の決定が完了した．これによりゲノム時代は応用の時代に入り，生物学全体に大きな変革をもたらした．それは，研究の手順や手法における変化ばかりでなく，扱える情報の質と量の両面における飛躍的向上もともなうものであった．20世紀は分子遺伝学・分子生物学の時代であり，分子や遺伝子単位の生物情報を得ることが可能になったが，21世紀はゲノム生物学の時代となり，遺伝情報の網羅的把握とその深い理解が可能になりつつある．

このような生物学における変革は進化学にも当然のごとく大きな変化をもたらしている．進化学は，進化の結果およびその原因の認識と理解，そして，それらの実学応用を主たる目的とする学問である（表1）．そのそれぞれの目的のために用いられる方法論において，ゲノムは重要な役割を担うようになってきた．進化学研究に必要な遺伝情報に関して大きく変わった点は，おもにデータの量，精度（質），網羅度の3点である．量に関しては，2005年〜2010年までの統計によると，先ゲノム時代に蓄積された塩基配列データ全体の数倍，ヒトゲノム換算で10〜20個分に相当する30 Gbpないし60 Gbpの配列データが毎年新たに登録されるという状態が維持されている．解析可能な遺伝情報が増えることにより，統計的手法を用いてより多くの有用な進化情報を取得することが可能になった．たとえば，系統群ごとの塩基・アミノ酸置換モデルの構築やさまざまな挿入・欠失，組換えなどのゲノム構造変化に関する頻度データを得ることなどが行なわれている．そのような統計データは，他の解析の基本データとなる場合が多く，進化学の発展を支えている．

ゲノム時代の到来をデータ量変化の観点から論ずる場合が多いが，データの質と網羅度の変化が進化学さらには生物学にとってより重要である．1998年に，The University of WashingtonのBrent EwingとPhil Greenが，シーケンサーによって読まれた塩基配列の精度（誤り率）をみつもる方法（phred）を開発し（Ewing & Green, 1998），現在に至るまで広く利用されている．phredは，サンガー法あるいはその類似法を用いて読まれた蛍光強度の経時的変化（トレースデータ）を基に塩基配列を推定する（ベースコールという）とともに，各推定塩基に対して精度をみつもり，$q = 10 \times -\log_{10}[誤り率]$で定義されるq値を出力する．また，同じくGreenが開発したアセンブラであるphrapは，両鎖のリードデータやもっとも高い精度のリードデータを組み合わせてコンティグを構築し（し

**表1** ゲノム時代の進化研究分野の例

| |
|---|
| 進化の認識 |
| 　　種の系統関係の解明 |
| 　　分岐年代の推定 |
| 　　生物地理学（地理的分布の解明） |
| 　　祖先遺伝情報の推定（詳細な遺伝情報変化・遺伝子頻度変化の逆追跡） |
| 　　化石DNA解析 |
| 　　進化発生学 |
| 進化要因の解明 |
| 　　自然選択と中立進化 |
| 　　種形成機構の解明 |
| 　　生物地理学（分断種分化 vicariance，分散種分化 dispersalism） |
| 　　集団遺伝学（遺伝子頻度変化の要因の解明） |
| 応用 |
| 　　系統分類学 |
| 　　構造生物学 |
| 　　物質代謝・シグナル伝達などの生物がもつ機能の推定 |
| 　　医学・農学・薬学・心理学・行動学などへの応用 |

たがってコンセンサス配列とは異なる），用いたリードにおける誤り率を基に各塩基の精度を再算出する．サンガー法とは異なる方法を用いた新しいシーケンサーも，phredにならった同様の精度データを出力する．

客観的精度評価という考えがなかった先ゲノム時代には，研究者が家内手工業的に自分の目でトレースデータを解釈したり，手作業でアセンブルしたりしていた．そのため，その時代の配列データには個人の主観的判断が多分に含まれており，また，その精度の確認方法が存在しない．したがって，先ゲノム時代のデータに基づいて得られた解析結果には，一般に相当量の誤りが含まれているとみなす必要がある．

一方，ゲノム時代の塩基配列データは精度情報をともなうため，まれな変異や置換を統計学的手法により客観的に評価することが可能であり，1塩基多型（single nucleotide polymorphism：SNP）解析を含む遺伝的多型解析や突然変異の検出，近縁種間配列比較解析なども可能となっている．たとえば，ヒト集団の場合，任意の2個体間で期待されるゲノム塩基配列の相違度は最大でおよそ0.1％とみつもられているので，ヒト集団に対してSNP解析を行なう場合には，配列の誤り率が0.1％よりも十分に低い，すなわちphredのq値が30よりも十分に大きいデータを用いることによって，目的とする遺伝的多型を検出することが可能になる．精度データが配列データと同様に重要であることが生物学者の間で広く認識されるようになり，塩基配列データとともに精度情報を含むシーケンサーからの生データをあわせて公共データベースに登録することが可能となった．

網羅度の変化，すなわちある分類群がもつ遺伝情報あるいは遺伝的多様性に関するデータ化の度合いの高まりも，ゲノム時代における重要な変化のひとつである．先ゲノム時代においては，大きな分類群ごとにその代表となるモデル生物を選び，詳細な解析を行なっていた．しかし，真正細菌では大腸菌と枯草菌，真菌類では出芽酵母と分裂酵母，動物ではマウス，ショウジョウバエ，エレガンス線虫など，植物ではシロイヌナズナなどのごく少数の生物種がモデル生物として選ばれていたにすぎない．したがって，先ゲノム時代においては，ほとんどの系統において網羅度はきわめて低い状態にとどまっていた．一方，ゲノム時代に入ると，モデル生物ばかりでなく，多様な分類群や集団について，単なるゲノム配列ばかりでなく，ハプロタイプ（染色体）ごとの配列や同一集団内の多くの個体についての配列といったさまざまなレベルでの遺伝的多様性に関する情報が得られており，網羅度が確実に上がっている．この網羅度の上昇はデータの高精度化とともに，過去に起きた進化過程の推定すなわち進化学的推論の高精度化に大きく寄与している．

加えて，分類群に関する網羅度を高めることに大きく貢献しているプロジェクトのひとつが，Barcode of Life（BOL）という，カナダのグループが中心となって進めている国際プロジェクトである．ゲノムプロジェクトは生物ごとに遺伝情報に関する網羅度を高めるためのものであるが，BOLは分類群に関する網羅度を高めるためのものである．ゲノム時代においてもなお，各生物のゲノム塩基配列すべてを完全に決めることは容易ではない．そこでBOLでは，さまざまな生物に共通に存在するゲノム領域（ミトコンドリアを含む）を選び，ゲノム解析技術を用いてその特定領域をさまざまな生物で最優先に配列決定し，種の同定や進化解析に役立てようとしている．得られた配列データは，形態学的情報なども含めてBOLDとよばれるデータベースに集約され，また，配列データは公共データベースにも登録されている．BOLDの特長のひとつは，種同定にも利用可能なように生物個体に関する多様なデータを統一的に管理している点である．

以上のように，ゲノム時代の到来により進化学研究にとって有用なデータが急速に蓄積しているが，蓄積したデータの処理に関する方法論の開発も進化学の発展を支えている．特に情報科学・統計学的手法の応用が盛んに行なわれており，表1に示した各分野においても多くの成果があがっている．分子系統解析においても，多数の遺伝子やゲノムを用いた系統解析が行なわれるようになった結果，多くの生物の系統関係に関する理解が進み，生物分類にも大きな影響を与えている．また同時に，遺伝子の水平伝播や組換えによる種間・重複遺伝子間ゲノム再編成の例も多数発見され，生物進化・分子進化の解析方法やとらえ方に関する議論・再考を促している．

系統関係に関する理解が進むことによって可能になった重要な進化解析のひとつが，直系（orthology）

解析である．直系解析とは，複数の生物種（以下まとめて生物種群）に関して，その生物種群を子孫種群とする最終共通祖先 $O$ を定義し，$O$ の各遺伝子座から進化的に派生した，子孫種内の遺伝子座を推定することである．この解析では，子孫種のすべての相同遺伝子座間で分子系統解析を行なうことが不可欠であり，ゲノム配列が明らかになっていることが前提となる．直系解析によってゲノムの進化過程を明らかにすることができ，多岐にわたるゲノム進化に関する情報が得られる．たとえば，祖先生物のゲノム構造や（Shigenobu et al., 2000），水平伝播，組換え，転座，重複，欠失，逆位などを含むゲノム再編成に関する情報（Watanabe et al., 1997），遺伝子などのゲノム領域がもつ機能情報などが含まれる．

直系解析は，進化解析ばかりでなく新規ゲノムの機能アノテーションを高精度化するためにも広く利用されている．直系解析などに基づく高精度なゲノム機能アノテーションによって，各生物がもつ機能ネットワークを高精度で推定することが可能となっている．そのような多くの遺伝子・タンパク質が関連しあう高度な機能ネットワーク情報は，先ゲノム時代に実験によって得ることはほとんど不可能であった．各生物の機能情報に基づき，生物の環境変化への応答特性や共生寄生生物—宿主間などの生物種間の機能的相互作用を推定し，ゲノム進化と環境変化や生物間相互作用の関係についても解明が進められている（Akman et al., 2002）．同様の応用研究は，医学・農学・薬学・心理学・行動学など多岐にわたって行なわれている．

[引用文献]

Akman L. et al. (2002) Genome sequence of the endocellular obligate symbiont of tsetse flies, Wigglesworthia glossinidia. Nat. Genet., vol. 32 (3), pp. 402-407.

Ewing B. & Green P. (1998) Basecalling of automated sequencer traces using phred. II. Error probabilities. Genome Res., vol. 8, pp. 186-194.

Shigenobu S. et al. (2000) Genome sequence of the endocellular bacterial symbiont of aphids Buchnera sp. APS, Nature, vol. 407, pp. 81-86.

Watanabe H. et al. (1997) Genome plasticity as a paradigm of eubacterial evolution, J. Mol. Evol., vol. 44 (Suppl 1), pp. 57-64.

（渡邉日出海）

## 28.4 日本における進化学の発展：明治大正

### A. 進化論の受容

Charles Darwin の『種の起原』の刊行は 1859 年であるが，その直後に日本に伝来してきた記録は今のところない．最初の翻訳は，立花銑三郎によって 1896 年『生物始源』として出版された．1915 年には阿部丈夫訳，1927 年には内山賢治訳，1929 年には小泉丹訳，1934 年には大杉栄訳などさまざまな訳がある．おもに『種の起原・第 6 版』が訳された．1963 年の八杉龍一訳からは初版が原本となっている．進化論の受容は明治時代に入ってからである．さまざまな形で日本に伝来したが，Edward Sylvester Morse (1838-1925) の紹介・普及が有力に評価され，Morse 以外の研究者については，いろいろな記録を調査して初めて紹介されてきた（カロモン・多田，2006; Yajima, 2007 他）．

Morse は米国の動物学者で，Jean Louis Rodolphe Agassiz (1807-1873) が進めたハーバード大学ローレンス校の比較動物学博物館設立に協力していたが，Charles Darwin の進化論の受容をめぐって Louis Agassiz と決別して進化論者であることを宣言した．腕足貝の研究のために来日したところを請われて，東京大学初代生物学教授（1877 年より 2 年間）となった．進化論を大学で教えるだけでなく，江木学校などで一般講演もした．大森貝塚の発見も Morse の業績であり，Morse は Darwin と緊密に連絡をとっていた（モース，1983）．しかしながら Morse の進化論はよく理解されたとはいえなかった．

Morse の来日以前に John Thomas Gulick (1832-1923) が来日している．ハワイ生まれの宣教師だが，同時にカタツムリの研究者であり，かつ Darwin の進化論の熱烈な支持者であった．日本には 1861〜1863 年，1881〜1883 年，1889〜1899 年に来日し，伝道に加えて進化論の普及に努めた（カロモン・多田，2006）．彼は同志社大学で生物学を教えた．Gulick とカタツムリ採集を進めた平瀬与一郎（1859 ? -1925）が，日本の貝類学の基礎をつくった．

Franz Martin Hilgendorf (1839-1904) はドイツの生物分類学者で，チュービンゲン大学から，1863年に『シュタインハイムの淡水成石灰』の研究で学位を得た．ドイツの中新世の巻き貝化石で進化系列を提唱したもので，Darwin の『種の起原』第6版に引用されている（Yajima, 2007）．いくつかの勤務先を経て，1873～1876年，東京医学校の基礎科学教育者として来日した．博物学の講義で，進化論の講義をした．Hilgendorf の講義は森鷗外が聴いていたが，大きな影響を与えてはいない．Hilgendorf は日本産のオキナエビスを生きている化石として欧米に紹介したのが有名である．

### B. 進化論の受容史

日本の進化論受容史が語られ始めたのは，1907年に大隈重信が，日本の近代化の成功の軌跡をあとづける『開国五十年史』を出版したころである（瀬戸口, 2009）．ここで「博物学」の章を担当したのは，東京帝国大学動物学教授の箕作佳吉で，Morse が「泰西に於て生物学が Charles Darwin の学説の刺激に由りて，如何に長足の進歩を為せるか」について「初めて我邦人の注意を惹起した」と述べた．

箕作はこの2年後に病死したため，代わって登場したのが Morse の直接の弟子の一人，石川千代松（1861-1935）である．石川は Morse の講演活動を通訳として助け，Morse を顕彰しながら，1883年には講演を基に『動物進化論』を出版した．その後，動物学者の丘浅次郎（1868-1944）も『進化論講話』を1904年に出版している．

Morse の進化論についての講義は，日本では宗教的な抵抗がなかったため，速やかに受け入れられた．その後の日本では，進化論は社会進化論として流行し，生物学としての進化学研究は昭和の時代になるまでほとんど行なわれなかった．

### C. 社会進化論

日本の社会や思想に大きく影響を与えたのは，Herbert Spencer (1820-1903) の社会進化論である．Darwin の進化論のなかでもとりわけ，選択原理と生存競争の概念を人間社会に適用して，社会ダーウィニズムの方向性を出した．適者生存（survival of the fittest)」という言葉は Darwin ではなく，Spencer の造語である．

社会進化論に裏打ちされた Spencer の自由放任主義は，最初，当時の日本における自由民権運動の思想的支柱としても迎えられ，数多くの訳書が読まれた．森有礼（1847-1889）に大きな影響を与えたといわれる．ところが，東京大学総理となった加藤弘之は，1882年に『人権新説』を出版して，社会進化論の立場から民権思想に対する批判を明確にし，民権思想家との論争をひき起こした．

また，夏目漱石（1867-1916）は1906年小説『趣味の遺伝』を書き，社会進化論の流布している時代の知識人の悩みを披露している．のちには，永井潜，北一輝，大杉栄，河上肇，賀川豊彦，平林初之輔，山本宣治などのさまざまな思想家に進化思想は大きな影響をさまざまに与えた．

[引用文献]

カロモン・ポール，多田昭（2006）平瀬與一郎ならびに日本貝類学における役割．西宮市貝類研究報告，4号，pp.1-22.

S. モース 著, 近藤義郎・佐原真 訳（1983）『大森貝塚―付 関連史料』pp.219, 岩波文庫．

瀬戸口明久（2009）記憶が歴史になるとき―日本におけるダーウィン記念行事と E.S. モースをめぐる歴史認識の形成．科学史研究，vol. 48, pp. 163-165.

Yajima M. (2007) Franz Hilgendorf (1839-1904): introducer of evolutionary theory to Japan around 1873. in Wyse Jackson PN. ed., Four Centuries of Geological Travel - The Search for Knowledge on Foot, Bicycle, Sedge and Camel, Geological Society, Special Publications, vol. 287, pp. 389-393.

（矢島道子）

## 28.5 日本における進化学の発展：昭和以降

### A. 学説小史

日本における昭和期の進化学は，おおよそ三つに区分できる．第一はCharles Darwinの学説に代表される当時の進化理論のひととおりの導入が終った整理と定着の戦前期，第二は戦後さまざまな異説が乱立した1970年代まで．第三は学術的な進化生物学が発展したそれ以後である．

第一の整理・定着期の特徴はマルクス主義の影響が強いことと遺伝学が発展したことであり，この二点はそれぞれ，導入期の後半で大きな影響を残した丘浅次郎（1868-1944）の進化論啓蒙活動への，思想的および学術的な批判的応答と位置づけることができる．丘は『進化と人生』（1906〈明治39〉）などで進化論の立場からの文明論を展開したが，その歴史認識が甘い，歴史の発展段階を軽視していると批判したのが石川三四郎らマルクス主義生物学者たちである．丘の次の世代で進化論の総合的な受容と普及に貢献した小泉丹（あきら）（1882-1952）もマルクス主義者であり，1932（昭和7）年に発足した唯物論研究会に参加して，Lamarckの獲得形質遺伝説を積極的に翻訳紹介した．

それに対し遺伝学界は，啓蒙活動や政治イデオロギーによる主張ではなく，学術的な研究を推進して生物学としての進化学を確立することをめざした．日本の遺伝学は養蚕業方面からの要請もあり，昭和初期にはカイコを対象とした研究などが一定の学術的水準に達していた．T.H. Morganに学んで遺伝子説をもち帰った駒井卓（1886-1972）やコムギの遺伝的研究を進めた木原均（1893-1986）らが中心となり，集団遺伝学の分野も順調に発展してきたところで太平洋戦争を迎える．

敗戦後の第二期は，学問思想が自由化し外国との交流も盛んになったため，マルクス主義も遺伝学も発展をみた．マルクス主義の影響は学術界だけでなく政治や経済も含めた日本社会全体にその風潮が著しかったわけだが，進化学界もその例外ではない．1946年にマルクス主義研究者たちによる民主主義科学者協会（民科）が発足，その生物部会や地学団体研究会（地団研）などを拠点として，徳田御稔（みとし）（1906-1975），八杉龍一（1911-1997），井尻正二（1913-1999）らが自然弁証法やルイセンコ学説を擁護する論陣を張った．

一方，駒井や木原ら遺伝学者たちは学術的な見地からルイセンコ主義を批判した．結果的に彼らの業績によって日本の進化学の学問的水準は維持され，発展することができたといってよいであろう．この中から，木村資生（1924-1994）の中立説が登場する（論文初出が1968年）．自然選択や適応現象のみを重視しがちだった進化生物学において，新しいパラダイムを創出した画期的な研究である．

もうひとつ戦後日本の進化学界において注目すべき現象は，生態学者・今西錦司（1902-1992）の活動である．戦前からの生態学の流れをくみつつ戦後日本の霊長類研究を組織した今西は，自然選択を批判した全体論的な進化理論を発表し，1970年代に言論界やマスメディアでも注目を集めた．この，いわゆる「今西進化論」は，そのころ退潮したルイセンコ説に替わって，日本における反ダーウィン主義の結節点として機能した．

### B. さまざまな異説の科学史的意義

ルイセンコ説も今西進化論も，日本における進化生物学の学術的発展を阻害し，遅滞させたことは疑いがない．しかし，どの時代にも学問理論には批判はつきものである．キリスト教からのさまざまな批判に応えることで欧米の進化学は学問的に成長することができたとは，日本のダーウィン理論導入に功績のあったE.S. Morseの言であるが，日本の戦後の進化学においては，Lysenkoや今西が西洋におけるキリスト教の役割を，ある程度はたしたといえるかもしれない．実際，1980年代からは，動物の社会行動を進化的に説明する社会生物学（行動生態学）の理論が，民科に所属しつつルイセンコ学説とは距離をとっていた生態学者の伊藤嘉昭（1930- ）らによって積極的に導入され，利他行動は個体を単位とした自然選択では説明できないという今西らの批判に対し，包括適応度などの新たな理論的展開を経

たダーウィン進化論の有効性を示し，日本においてダーウィン・パラダイムが定着する第三期の呼び水となった．

　ダーウィン理論を順調に受け入れていた遺伝学から中立説が登場し，反ダーウィン色が強かった行動学・生態学が社会生物学パラダイムに転換したのは，学問の発展を考えるうえで興味深い．木村資生の中立説は，日本の遺伝学がそれまでにダーウィン理論をすでに定着させていたからこそ可能な学問的展開だったといえる．

　一方で，ダーウィン理論を十分咀嚼していなかった日本の分類学界や生態学界では，徳田や今西の批判を科学的な形で発展させることができなかった．彼らの進化理論は学術的には不十分なものであったが，それでも，進化と個体発生の関係への徳田の着眼や，同種個体間の協力行動を重視する今西の指摘は，それなりに有意義な点を含んでいたと思われる．しかし，戦後日本の分類学界や生態学界は，それらの論点を科学的に咀嚼し新たな展開を産み出すことができなかった．その原因を，戦後の学界を席巻した教条主義的な自然弁証法（徳田の場合）や，高度経済成長期に隆盛した愛国主義的な社会風潮の影響（今西の場合）に求めても，あながち間違いではないだろう．

　徳田や今西のようなダーウィン批判はヨーロッパやアメリカでも大なり小なりみられた論点であり，進化発生学（evolutionary developmental biology，エボデボ）や社会生物学は，それらの批判とネオダーウィニズムの諸理論との関係を学問的に考察した結果であるといってもよいのではないか．このような，支配的パラダイムにそぐわない批判に応答していくことで新たな学問的展開を産み出すだけの，懐の深い総合力を獲得することが，日本の進化学界の宿題であるといえるのかもしれない．

［参考文献］

小泉 丹（1930）『進化学経緯』鉄塔書院．
駒井 卓（1948）『日本の資料を主とした生物進化学』培風館．
木原 均・岡田 要 編（1951）『進化』共立出版．
中村禎里（1967/1997）『日本のルイセンコ論争』みすず書房．

（佐倉 統）

# 付録1
# 進化研究に大きな貢献をした研究者

## Linné, Carl von (Carolus Linnaeus) (1707-1778)
カール・フォン・リンネ

近代生物分類学の始祖とみなされる植物学者.1707年,スウェーデン南部のロスフルト村に生まれる.1727年,ルンド大学に入学し,翌年,ウプサラ大学に移って医学と植物学を専攻する.1732年,スカンジナヴィア半島北部のラップランドを五ヶ月にわたって踏査したリンネは『ラップランド植物誌 (*Flora Lapponica*)』(1737) をアムステルダムで出版し,本格的に植物学の研究を開始する.本書において初めて花の構造に基づく植物の「性分類体系(sexual system)」が提唱された.リンネの名を後世に残すことになるラテン語の「二名法」に基づく生物命名法が発表されたのは,1735年にライデンで出版された『自然の体系 (*Systema naturae*)』初版だった.その後,大幅に補筆された『自然の体系』第十版(1758) が現在の分類命名の典拠となっている.リンネは種の命名法だけでなく属や科などの高次分類カテゴリーを階層的に配置する分類法(「リンネ式階層分類」と呼ばれる)の創始者でもある.また,日本にも足跡を残したカール・ペーテル・ツュンベリー (Carl Peter Thunberg: 1743-1828) をはじめ,数多くの弟子たちを世界中に派遣し,その後の探検博物学の礎を築いた功績も大きい.

## Buffon, Georges-Louis Leclerc. Comte de (1707-1788)
ジョルジュ=ルイ・ルクレール・コンテ・ド・ビュフォン

フランスの博物学者・数学者.1707年,フランス中部のブルゴーニュ地方のモンバールに生まれる.最初は父親の勧めに従って法学を学んだが,その後,科学に関心を向け,大学では医学・数学・植物学を修めた.のちにパリに出て,1734年,27歳にして王立科学アカデミーに入会した.1739年にパリ王立植物園の園長に就任したビュフォンは死ぬまでその地位にとどまり続けた.在任中,ビュフォンは王立植物園を博物学の研究機関として拡張すべく,世界中から生物のコレクションを収集した.また,ビュフォンは文筆家としての才能にも秀で,生前だけで全36巻にも及ぶ『一般と個別の博物誌 (*Histoire naturelle, générale et particulière*)』(1749-1778) という浩瀚な博物学書を出版した.生物の分類体系構築を第一義的に考えたカール・フォン・リンネに対して,ビュフォンはむしろ個々の生物に関する詳細な記載を重視した.ビュフォンは生物進化に関しても萌芽的な観念をもっていたとされる.また,動植物の地理的分布にも関心を向け,「異なる地域には異なる生物が生息する」という"ビュフォンの法則"を示した.これはのちの生物地理学の萌芽となる見解だった.

## Lamarck Jean-Baptiste Pierre Antoine de Monet, Chevalier de (1744-1829)
ジャン=バティスト・ピエール・アントワーヌ・ド・モネ,シュヴァリエ・ド・ラマルク

フランスの動物学者・進化学者.1744年,フランス北部のバゼンタンに生まれたラマルクは,兵役を経験したのち,1770年代以降は医学や植物学の道に進んだ.彼の最初の著作は,1779年にパリで出版された『フ

ランス植物誌（*Flore françoise*）』（全三巻）だった．その後，ビュフォンの力添えにより，ラマルクはフランス科学アカデミーに入会するとともに，王立植物園に籍を得ることができた．ラマルクは稀少植物を求めて国内外を旅行し，貴重なコレクションを王立植物園にもたらした．1789年のフランス革命後，ラマルクは国立自然史博物館の無脊椎動物部門の教授に任命された（1793）．『無脊椎動物の体系（*Système des animaux sans vertèbres*）』（1801）や『無脊椎動物の博物誌（*Histoire naturelle des animaux sans vertèbres*）』（全七巻，1815-1822）を通じて，当時まだ混沌としていた無脊椎動物の分類体系を構築したのは彼の大きな功績である．19世紀に入り，ラマルクは，生物種は不変ではなく進化すると考えるようになった．1809年に出版された彼の進化学の主著『動物哲学（*Philosophie zoologique*）』は，その後，進化理論としての用不用説や獲得形質遺伝などの典拠として有名になった．現在では，ラマルクが提唱した進化学説はそのままの形では支持されていない．

### Blumenbach, Johann Friedrich（1752-1840）
フリードリッヒ・ブルーメンバッハ

ドイツの医学者．ゲッティンゲン大学医学部教授．人間の頭骨の集団間変異を研究し，地球上の全人類を，コーカサス変種，モンゴル変種，エチオピア変種，アメリカ変種，マレー変種の5グループに分類した．これらは現在の分類では，西ユーラシア人，東ユーラシア人，アフリカ人，アメリカ人，東南アジア人にほぼ相当する．最初の3グループは，いわゆる三大人種（コーカソイド，モンゴロイド，ネグロイド）という名称に引き継がれて長いあいだ使われたが，現在の人類学では人種差別を助長するとして使われていない．しかし彼自身は，人種偏見は持っていなかった．彼はまた類人猿についてもヒトと比較して形態を研究した．これらの業績から，自然人類学の父と呼ばれる．

### Cuvier, Baron Georges Léopold Chrétien Frédéric Dagobert（1769-1832）
バロン・ジョルジュ・レオポルド・クレティアン・フレデリック・ダゴベール・キュヴィエ

フランスの動物学者．1769年，スイス国境に近いモンベリアルに生まれる．その後，ジョフロワ・サンティレールの誘いでパリに出て，1795年に国立自然史博物館の比較解剖学部門に籍を置き，コレージュ・ド・フランスの会員として活動しつつ，パンテオン中央学校でも教鞭を執るにいたる．化石記録に基づく古生物学の論文を発表し始めるのはこの時期からである．キュヴィエは『比較解剖学講義（*Leçons d'anatomie comparée*）』（全五巻，1800-1805）や『四足類の化石骨格に関する研究（*Recherches sur les ossemens fossiles de quadrupèdes*）』（全四巻，1812）を通じて比較解剖学の理念を広め，生物体の部分間の相関を強調した．一方，『動物界（*Le Règne animal distribué d'après son organisation*）』（全四巻，1817）を通じて，生物界の多様性を世間に知らしめた．また，神によって創造された生物種は不変であるとの観点から，キュヴィエは生物界全体を大きく四つの分類群（embranchements）に大別し，それらをまたぐ相互移行はできないと論じた．1832年のキュヴィエの死まで続いた，いわゆる「キュヴィエ-ジョフロワ論争」では，キュヴィエの分類体系に反対するジョフロワ・サンティレールとの間で激しい論争が戦わされた．

### Humboldt, Friedrich Heinrich Alexander, Freiherr von（1769-1859）
フリードリヒ・ハインリヒ・アレクサンダー・フォン・フンボルト

ドイツの博物学者・地理学者・探検家でもあった．ベルリンに生まれ，ゲッティンゲンとフライベルクに学ぶ．1799年-1804年の五年間に及び，植物学者エメ・ボンプラン（Aimé Bonpland: 1773-1858）とともに中南米探検旅行を敢行し，その旅行記録は『新大陸赤道地方紀行（*Voyage aux régions équinoxiales du Nouveau Continent*）』（1814-1825）という大部の著作として出版され，探検博物学史に輝く著作として後世

に大きな影響を及ぼした．彼はまた，動植物や人間の分布と地理的環境要因との関わりに着目して考察を進め，『コスモス（*Kosmos*）』（1845）や『自然の諸相（*Ansichten der Natur*）』（1808）によって近代地理学ならびに生物地理学の始祖ともみなされる．兄は言語学者・政治家のヴィルヘルム・フォン・フンボルト（Friedrich Wilhelm Christian Karl Ferdinand Freiherr von Humboldt: 1767-1835）である．

### Geoffroy Saint-Hilaire, Étienne（1772-1844）
エティエンヌ・ジョフロワ・サンティレール

　フランスの動物学者．1772年，パリ近郊のエタンプに生まれる．1793年，パリに出たジョフロワは，ナポレオンのエジプト探査旅行に同行したのち，フランス革命後に新設の国立自然史博物館の動物学教授に任命された．動物の解剖学・発生学・古生物学を専門とした．主著は『解剖哲学（*Philosophie anatomique*）』（1818），『哺乳類の博物学（*Histoire naturelle des mammifères*）』（全七巻，1820-1842）など．超越論的観念論に基づく生物界の「型の統一性（unity of type）」を標榜し，動物の基本体制の間には根源的な連続性があると主張した．後年の1830年代，パリの科学アカデミーにおいて勃発したジョルジュ・キュヴィエとの大論争では，キュヴィエが生物の「型（plan）」は大きく四つに分けられるという持論を展開したのに対して，ジョフロワはそれを全面否定したことに始まる．この論争は1832年にキュヴィエが死ぬまで続いた．息子であるイジドール・ジョフロワ・サンティレール（Isidore Étienne Geoffroy Saint-Hilaire: 1805-1861）もまた動物学者として著名で，奇形学の分野で大きな功績を遺した．

### Owen, Richard（1804-1892）
リチャード・オーウェン

　イギリスの比較解剖学者・古生物学者．最初はエディンバラ大学で医学の教育を受けていたが，王立外科医師会のハンテリアン博物館に就職して以来，一貫して生物学の研究に進むようになる．ハンテリアン博物館の動物コレクションの目録づくりを通して比較解剖学に関する知見を積んだオーウェンは，1849年にこの博物館の館長に就任する．比較形態学の理論的考察とともに，自らが命名した恐竜や絶滅鳥類モアに関する研究を含め，膨大な数の研究を発表したオーウェンは，同時代のチャールズ・ダーウィンの進化論に対してつねに敵対する立場を貫いたことでも有名だった．しかし，彼の本領は自然史博物館の建設にあらわれた．1856年に大英博物館自然史部門の部長に就任したオーウェンは，新しい博物館の建設に尽力し，1881年にサウス・ケンジントンの地に新館が開館された（現在のロンドン自然史博物館）．これらの多くの業績がある一方で，オーウェンは終生にわたって論敵に対する執拗な攻撃と不正行為まがいの嫌疑がついてまわった．主著は『脊椎動物骨格の原型と相同（*On the Archetype and Homologies of the Vertebrate Skeleton*）』（1848），『四肢の本質について（*On the Nature of Limbs*）』（1849），『脊椎動物解剖学（*Anatomy of Vertebrates*）』（全三巻，1866）などである．

### Darwin, Charles Robert（1809-1882）
チャールズ・ロバート・ダーウィン

　イギリスの進化学者・地質学者．幼少の頃から昆虫採集を通じて自然への関心を深めた．エディンバラ大学で医学を学んだものの挫折し，むしろ博物学の勉強に身を入れるようになる．祖父エラズマス・ダーウィン（Erasmus Darwin: 1731-1802）の著作やスコットランドのヨーロッパ大陸的な先進の生物学思想を経験したダーウィンは，ケンブリッジ大学神学部に移った後も自然研究を続けることになる．大学卒業後の1831年にイギリス海軍の測量船ビーグル号での世界一周探査旅行に参加する機会を得たダーウィンは，南米からガラパゴス諸島にかけての地域でさまざまな動植物ならびに化石の採集に努めるとともに地

質学的な知見を蓄積し，後に彼が確立する生物進化の理論の礎を築いた．その記録は『ビーグル号航海記（*Journal and Remarks*）』(1839) や『ビーグル号航海動物記（*Zoology of the Voyage of H.M.S. Beagle*）』(1839-1843) などによって公刊された．1836 年に五年間に及ぶビーグル号航海からイギリスに帰国したダーウィンは本格的に地質学者・博物学者としての研究活動を開始した．1840 年代はじめから彼は種（species）に関する自らの考察をノートブックにまとめはじめた．その後，珊瑚礁の生成に関する地質学的著作『珊瑚礁の構造と分布（*The Structure and Distribution of Coral Reefs*）』(1842) やフジツボ類（蔓脚類）に関する広範な分類学的研究のモノグラフ（1851-1854）などを次々に出版した後，1859 年に『種の起原（*On the Origin of Species*）』を世に問う．自然淘汰（natural selection）に基づく生物進化の因果的説明を提唱したこの本は，その後の進化生物学の流れを決定付けただけでなく，他の科学へも浸透し，さらには思想的・社会的・政治的な波及効果もきわめて大きかった．ダーウィンはその後も『飼育動植物の変異（*The Variation of Animals and Plants under Domestication*）』(1868)，『人類の進化と性淘汰（*The Descent of Man, and Selection in Relation to Sex*）』(全二巻，1871-1872)，『ミミズと土（*The Formation of Vegetable Mould through the Action of Worms*）』(1881) など数多くの著作を出版した．現在，彼の著作や論文そしてノートブックや書簡類はそのすべてが電子化公開されつつある：〈The Complete Work of Charles Darwin Online〉http://darwin-online.org.uk/.

### Mendel, Gregor Johann（1822-1884）
グレゴール・ヨハン・メンデル

　遺伝学の始祖．現在はチェコのモラヴィアの中心ブルノ（ブリュン）に生まれる．地元の修道院に入り，修道士としての勉学とともに生物学などの自然科学の素養を身につける．1851 年から二年間ウィーン大学に留学し，生物学・数学・物理学の講義を受ける．ブルノに戻ってからは，修道院の庭園を利用してエンドウマメの交配実験を十年以上継続した．その研究成果は 1865 年にブルノ自然研究会において発表され，翌年同協会の会誌に発表された：「雑種植物の研究（Versuche über Pflanzen-Hybriden）」*Verhandlungen des naturforschenden Vereins Brünn*, 4: 3-47．この論文において，遺伝因子（Element）の組み合わせによって形質の表現型の出現比率を説明するための三つの遺伝法則（優性の法則・分離の法則・独立の法則）が初めて提唱された．1868 年以降はブルノ修道院長としての活動に時間を奪われ，遺伝学の研究活動からは遠ざかった．1884 年の葬儀では同じモラヴィア出身の作曲家レオシュ・ヤナーチェクが葬儀奏楽を指揮した．メンデルの遺伝法則は発表されて以来ほとんど注目されなかったが，1900 年になってようやく"再発見"され，その後の現代遺伝学の興隆につながっていった．

### Wallace, Alfred Russel（1823-1913）
アルフレッド・ラッセル・ウォレス

　イギリスの進化学者．正規の教育を受けず，独学で自然科学の知識を身につけた．1848 年から 1852 年の五年間にわたって，ヘンリー・ウォルター・ベイツ（Henry Walter Bates: 1825-1892）とともに，南米アマゾン川ならびにリオ・ネグロ川流域の探検旅行に向かう．その旅行記は『アマゾン河・ネグロ河紀行（*A Narrative on the Travels on the Amazon and Rio Negro*）』(1853) として出版された．さらに，1854 年から 1862 年にかけては東南アジアに滞在し，マレー諸島を広く探査して，その自然と生物相そして生物地理学に関する知見を広めた．滞在中の 1855 年ボルネオ島サラワクにて「新種の導入を調節した法則について」，さらに 1858 年にテルナテにて「変種がもとの型かかぎりなく遠ざかる傾向について」を著す．ロンドンのチャールズ・ダーウィンとの文通を始めたウォレスは，1858 年，生物進化に関する自説を書き送った．同時期に自然淘汰に基づく進化学説を考えていたダーウィンは，ウォレスの書簡をきっかけとして自説の公表を決意

した．同年に開催されたリンネ教会例会において，ウォレスとダーウィンは連名で自然淘汰説を公表することになった．1862 年に帰国したウォレスは，東南アジアの旅行記『マレー諸島 (*The Malay Archipelago*)』(1869) や生物地理学に関する『動物の地理的分布 (*The Geographical Distribution of Animals*)』(1876) など数多くの著作を公刊し，生物進化の研究と普及に勤めた．このような科学研究とともに，ウォレスは心霊術や社会改革にも強い関心を向け，活発に活動した．

### Huxley, Thomas Henry (1825-1895)
トマス・ヘンリー・ハクスリー

イギリスの動物学者・進化学者．ロンドン大学で医学を学び，その後，軍医助手として海軍に職を得た．1846 年 1850 年にかけて，ラトルスネーク号に乗船し，ニューギニアからオーストラリアにかけて探検航海をした．その探査で得たクラゲ類の標本にもとづいて，王立協会から論文「On the anatomy and the affinities of the family of Medusae」(1849) を出版し，海産無脊椎動物の研究者としての彼のキャリアが始まった．1854 年に海軍を退職したハクスリーは，その後，王立鉱山学校や王立協会をはじめ数多くの機関で活動をした．チャールズ・ダーウィンの進化論に深く共鳴し，生物進化への反対者に対しては論争を挑み続け，「ダーウィンの番犬 (Darwin's Bulldog)」と呼ばれる．また，一方で職業としての科学者の地位向上とともに，一般社会への科学普及を目指すなど社会的活動をも積極的に主導した．1864 年にハクスリーが開設した「エックス・クラブ (The X Club)」は，最初は科学普及のための私的なサークルだったが，しだいに活動の輪が広がり，1869 年には雑誌『ネイチャー (*Nature*)』を創刊するにいたる．ハクスリーはその創刊号においてゲーテの自然賛美の詩を引用した巻頭言を寄稿した．1930 年代以降の「進化的総合」運動の中心人物のひとりであるジュリアン・ソレル・ハクスリー (Julian Sorell Huxley: 1887-1975 年) は彼の孫である．

### Weismann, Friedrich Leopold August (1834-1914)
アウグスト・ヴァイスマン

ドイツの動物学者．特に発生学と遺伝学を研究した．体細胞分裂と減数分裂の区別を発見し，また動物において次世代に貢献する生殖質とその世代だけで終わる体細胞を峻別した．その論理的帰結として，ラマルクが提唱し，ダーウィンも認めていた獲得形質の遺伝を否定し，生殖質連続説を唱えた．これは多細胞生物の発生と進化を考えるうえで，きわめて重要な視点である．突然変異が生じたあとは，自然淘汰説だけを進化の主要因であると彼は考え，「ネオ・ダーウィニズム」の端緒となった．もっとも，この「新ダーウィン主義」は，その後勃興したいわゆる進化の新総合学説の別名として一般に使われるようになった．

### Haeckel, Ernst Heinrich Philipp August (1834-1919)
エルンスト・ハインリッヒ・フィリップ・アウグスト・ヘッケル

ドイツの動物学者・進化学者．医者としての教育を受けたが，のちに動物学とりわけ海産無脊椎動物の研究に従事する．チャールズ・ダーウィンの『種の起原』(1859) が翌年ドイツ語に翻訳され，若きヘッケルはこの独訳版に感銘を受けて進化学へ転向した．ヘッケルはイエナ大学において活発な研究と執筆を行ない，比較解剖学と系統発生学に関する数多くの専門書と一般書を出版している．主著としては『一般形態学 (*Generelle Morphologie der Organismen*)』(1866)，『自然創造史 (*Natürliche Schöpfungsgeschichte*)』(1868)，『人類進化論 (*Anthropogenie*)』(1874)，『生命の驚異 (*Die Lebenswunder*)』(1904)，『自然の芸術的形態 (*Kunstformen der Natur*)』(1904) など．個体発生における「反復説」や系統発生における「ガストレア説」など数多くの仮説を提唱したことでも知られている．画才に恵まれたヘッケルは自然と生物の多様性と美を画文によって表現する能力があった．また，思想的には唯物論的一元論を標榜した．

## Vries, Hugo Marie de（1848-1935）
ユーゴー・ド＝フリース

　オランダの植物学者．メンデルの遺伝法則を1900年に再発見した3人の一人．オオマツヨイグサを用いた長年の研究から，花や葉の形などの形態が突然大きく変化することを発見した．それらの成果をもとにして，生物進化が主として突然変異によって生じるという「突然変異説」を提唱した．この説によれば，突然変異によって生じた生物の新しい性質は自然淘汰の作用を受け，そのうち大部分のものは生存を続けるのに適しないので絶滅する．まれに適応性のあるものが混じっていると，それが生き残って新しい種や変種が生じてゆく．進化に材料を供給するのは突然変異であり，自然淘汰はそれが集団内に長期間とどまるかどうかを選ぶための「ふるい」の役目を果たしているにすぎない．自然淘汰の力はこの程度にとどまり，決して新しいものを想像するものではない．この考え方は当時の生物学で一世を風靡し，ダーウィンが提唱した自然淘汰説にとって，致命傷に近い打撃であった．その後マクロな表現型に影響を与える突然変異のほとんどが有害であることから，再び自然淘汰説万能の時代が数十年あったが，分子進化学の勃興により，現在ではDNAの変化としての突然変異こそが生物進化の出発点であることが確立している．

## Morgan, Thomas Hunt（1866-1945）
トーマス・ハント・モーガン

　米国の遺伝学者，発生学者．当初は動物の発生を研究しており，イタリアのナポリにある臨海研究所でハンス・ドリーシュとともにウニの発生を研究したこともある．その後当時の発生学研究の限界を感じて，遺伝学に転向した．キイロショウジョウバエを用いた実験から，はじめて単一遺伝子により眼の色が白くなる突然変異ホワイトを発見した．その後多数の突然変異を同定し，それらがメンデル遺伝する，つまり単一の遺伝子に生じた変化であることをつきとめた．モルガンはこれらの観察結果をもとにして，ド・フリースの考えた突然変異とは少し異なるが，現代的な意味での突然変異の進化における重要性を強調した．ただし，突然変異が生じた後は，有害なものが消えてゆく負の自然淘汰と，有利なものが残る正の自然淘汰がはたらくとしたので，ド・フリースの考えとは異なっている．正の自然淘汰がきわめてまれであることを考えれば，モルガンの考えはきわめて現代的である．さらには，「新しい突然変異が古い形質より有利でも不利でもなければ，ある程度偶然によって，古い形質と置き換わったり，置き換わらなかったりする」として，現代の中立進化論につながる考え方も提唱している．彼はまた交配実験によりそれらの遺伝子の染色体上における位置を組換え率から推定した．1923年に *"The physical basis of heredity"* を刊行した．1933年にノーベル生理学医学賞を受賞した．

## Goldschmidt, Richard（1878-1958）
リチャード・ゴールドシュミット

　ドイツ・米国の遺伝学者，発生学者．遺伝学と発生学の知見を総合することで進化学に大きく貢献した．「有望な怪物」というキャッチフレーズで呼ばれるマクロ突然変異によって，種が大きく変化するという進化論を提唱した．このような大進化に対して，自然淘汰は種内の変化である小進化しか扱うことができないと主張した．また彼の行なった線虫の神経系の研究は，のちにシドニー・ブレナーらが *Caenorhabditis elegans* の研究を始めるきっかけとなった．彼はユダヤ人であったため，1935年にドイツ・ベルリンにあったカイザーヴィルヘルム生物学研究所を離れ，米国カリフォルニア大学バークレー校に移った．日本に滞在したこともあり，日本の遺伝学者と交流があった．その縁もあってか，1949年に三島に設立されたばかりの国立遺伝学研究所が彼の収集した別刷や著書を一括購入した「ゴールドシュミット文庫」がある．1940年に *"The material basis of evolution"* を刊行した．

## Komai, Taku (1886-1972)
駒井 卓

日本の遺伝学者，動物学者．コロンビア大学のモーガンの研究室に留学し，ショウジョウバエの遺伝を研究した．京都帝国大学と東京帝国大学で教鞭をとったのち，1949年に設立された国立遺伝学研究所の部長となった．テントウムシの形態的多型の研究や人類遺伝学の先駆的研究で知られる．多数の著書があるが，1963年に出版した『遺伝学に基づく生物の進化』が著名である．木村資生が1983年にケンブリッジ大学出版会から出版した中立進化論の本は，彼に捧げられている．また，京都市左京区白川にある駒井家住宅は，ヴォーリズの設計として有名である．

## Wright, Sewall (1889-1988)
セウォール・ライト

米国の遺伝学者．英国のHaldane, Fisherとともに，集団遺伝学の創設者とされる．当時の米国で代表的な遺伝学者，ハーバード大学のCastleのもとで博士号を取得し，アメリカ合衆国農業省に数年勤務したあと，シカゴ大学で30年間にわたり教鞭をとった．退職後はウィスコンシン大学に在籍した．両親がイトコだったことも影響してか，近親婚に興味を持った．近交係数を定義し，その計算のために開発したパス解析は，遺伝学だけでなく，現在は経済学でも用いられている．また個体数が有限な集団における自然淘汰なしで生じる遺伝子頻度の変化（遺伝的浮動）を重視し，詳細な理論的研究を行なった．そこから「集団の有効な大きさ」という概念を提唱した．一方，遺伝的浮動と自然淘汰を組み合わせて彼が提唱し，一時広く支持された平衡遷移説（shifting balance theory）は，現在の進化学ではほとんど現実の状況を説明することはできないと認識されている．遺伝的浮動が進化に重要だとした中立論に対しても支持せず，自然淘汰が重要だという立場を終生維持した．1968年から1978年にかけて，4巻からなる "Evolution and the genetics of populations" を刊行した．

## Fisher, Ronald Aylmer (1890-1962)
ロナルド・フィッシャー

英国の統計学者，遺伝学者．ケンブリッジ大学を卒業後，自活するあいだに，量的形質の遺伝をメンデルの遺伝法則で説明できるとした古典的論文を1918年に発表した．この論文で分散分析を考案して用いている．さらに，自然淘汰を数量化した理論集団遺伝学の基礎を築いた．もっとも，最初の論文はJ.B.S. Haldeneのそれに少し遅れて発表された．彼は生物の個体数が十分に大きいので無限で近似できるとして，もっぱら無限集団のもとでの遺伝子頻度の振る舞いを研究したが，分枝過程を用いて突然変異遺伝子が少数であるときの確率過程も研究した．性の進化についても，理論面でいくつかの基本的な貢献をしている．また，農業試験場で多くの実験データを解析するあいだに，無限母集団の状態を有限標本から推定するという現代統計学の基礎を築いた．F検定，直接確率法，最尤法はすべて彼の発明である．1930年に "Genetical theory of natural selection" を刊行した．1952年にはSir Ronaldとなった．

## Muller, Hermann Joseph (1890-1967)
ハーマン・マラー

米国の遺伝学者．コロンビア大学でモーガンに師事し，ショウジョウバエの遺伝学的研究を行なったが，彼の貢献はもっぱら理論面だったので，実験が重視されたモーガン研究室では異色の存在だった．1915年に，当時ヒューストンのライス大学にいたジュリアン・ハクスレーに招かれて生物学の講師となったが，1918年には再びコロンビア大学にもどった．1920年にテキサス大学に赴任した後，1926年にはX線照射によって

突然変異率が増加することを見出した．1946年にこの発見によりノーベル生理学医学賞を受賞した．彼はまた，野生型と突然変異型のヘテロ接合体は野生型のホモ接合体よりも生存に若干有害であるのが一般的であることを発見した．この発見にもとづいて，集団中の遺伝的多様性はきわめて少ないだろうと予言した．つまりどの遺伝子座であっても，大部分は単一の野生型対立遺伝子の頻度がきわめて高いということである．このいわゆる「古典仮説」は，クローらに受け継がれ，木村の中立進化論提唱の母胎となった．マラーには，このほか有害突然変異の蓄積を説明するマラーのラチェット，遺伝的荷重，逆位染色体の発見とその応用，ヒトの遺伝子数の推定，放射線生物学の創始，原水爆禁止運動への貢献など，多数の業績がある．

## Clausen, Jens Christen（1891-1969）
ジェンズ・クリステン・クロウゼン

　デンマーク出身の植物分類学者．米国に移ったのちはカリフォルニアを本拠地として，植物分類学における実験分類学（experimental taxonomy あるいは biosystematics）のアプローチをジョージ・レドヤード・ステビンズらとともに推進した．実験分類学はもともと植物生態学者フレデリック・E・クレメンツ（Clements, Frederic E.: 1874-1945）によって20世紀初めに提唱された方法論で，分類学的な記載ではなく野外個体群を用いた実験を重視した．クロウゼンはこの実験分類学に則り，同種個体群の局所環境への適応に関して生態型（ecotype）の概念を相互移植実験によって検証するという研究スタイルをつくった．この方法は1930〜50年代にかけてアメリカに広まり，ドブジャンスキーやマイヤーにも影響を与えた．

## Haldane, John Burdon Sanderson（1892-1964）
J.B.S. ホールデン

　英国の遺伝学者．生理学者だった父親 John Scott の影響で，若い時から生物学に親しむが，一方で数学の才能があり，1924年に自然淘汰を数学的に説明するモデルをはじめて提唱した．その後もヒトのデータで突然変異率をはじめて推定したり，中立進化論の提唱において大きな論拠となった遺伝的荷重の考えを最初に提唱したり，生命の起源について現代に通じる見解を表明したり，近縁淘汰理論の先駆けとなる考え方を論じるなど，進化学の多方面で活躍したほか，酵素化学反応理論や生理学でも大きな貢献をした．オックスフォード大学，ケンブリッジ大学，ロンドン大学で研究をした後，1956年にインド，カルカッタのインド統計学研究所に移り，死去するまでそこで研究を続けた．多数の著書があるが，進化学でもっとも重要なのは，1932年に刊行した "*The causes of evolution*" である．

## Oparin, Aleksandr Ivanovich（1894-1980）
アレキサンダー・オパーリン

　ロシアの生化学者．モスクワ大学時代に植物生理学者チミリャーゼフに師事した．ドイツ留学後，モスクワ大学の教授，バッハ名誉科学アカデミー生化学研究所長を歴任した．第二次大戦後はルイセンコ学説を支持する面もあった．生命の起源の原型を，実験的に見出したコアセルベートと呼ばれる膜に見出し，1936年には『生命の起源』を刊行した．彼の先駆的研究の後，1950代には米国でミラーらが実験室で再現した太古の気体から有機物の合成に成功し，生命の起源に先行する化学進化の研究が進んだ．

## Dobzhansky, Theodosius（1900-1975）
セオドシウス・ドブチャンスキー

　ソビエト連邦および米国の遺伝学者．ウクライナに生まれ，キエフとサンクトペテルスブルグで生物学を学んだ．1927年に米国に渡り，モーガンのもとでショウジョウバエ遺伝学を研究した．彼は染色体の中の一

部の遺伝子の並び方が逆転している「逆位」と通常の並び方の染色体の 2 種類が共存している逆位多型を発見し，それがなんらかの平衡淘汰の結果であると主張した．さらに，この平衡淘汰が遺伝的多型を引き起こす普遍的な原因だと考え，この仮説を「平衡仮説」と呼んだ．その一方で，マラーらの考え方を揶揄をこめて「古典仮説」と呼び，平衡仮説の優位性を説いた．しかし現在では平衡淘汰はほとんど存在せず，遺伝的多型の大部分は中立進化の一断面にすぎないことがわかっている．彼が唱えて今も広く使われる言葉に「進化の光を当ててはじめて生物学が意味を持つ」がある．米国の進化学・遺伝学の分野には多くの弟子がいる．彼はまた，進化学者としては奇異なことに，生涯にわたってロシア正教の信者だったらしい．何冊かの単著があるが，代表的なのは 1937 年に刊行した "Genetics and the Origin of Species" である．

## Simpson, George Gaylord（1902-1984）
ジョージ・ゲイロード・シンプソン

米国の古生物学者．進化の新総合説を盛り立てた一派の重要人物であり，20 世紀全体でもっとも影響力のあった古生物学者のひとり．コロンビア大学，ハーバード大学，アリゾナ大学の教授を歴任．ウマ属の進化を多数の化石を使って研究した．古人類進化学の分野でも，当時多数の属や種が乱立していた状態を，哺乳類古生物学の観点から整理した．もっとも分子データや中立進化論には十分な理解がなく，「完全に中立な遺伝子あるいは対立遺伝子というものは，かりに存在するにしても，きわめてまれでしかないに違いない」，「遺伝子によって完全に決定されているはずのタンパク質に機能のない部分があるはずだとか，長い世代にわたって眠っている遺伝子が存在するはずだとか，分子が規則的だが非適応的な方法で変化しているはずだとかいう議論は，ほとんどありえない」，「自然淘汰は遺伝情報の作曲者」といった言明がある．十数冊の単著があるが，そのいくつかは日本語に翻訳されている；『進化の意味』，『動物分類学の基礎』，『馬と進化』，『ダーウィン入門』．

## Mayr, Ernst Walter（1904-2005）
エルンスト・ウォルター・マイア

ドイツ出身の鳥類学者・進化学者．ベルリンで鳥類学を学び，その後，東南アジアへの探検旅行（1928 年〜1930 年）を経て，アメリカに移住し，ニューヨークのアメリカ自然史博物館，さらにボストンのハーヴァード大学比較動物学博物館に籍を移す．1930 年代から 40 年代に起こった，進化学の「現代的総合（the Modern Synthesis）」において，同時代のエルンスト・マイア，テオドシウス・ドブジャンスキー，ジュリアン・ハクスリー，ジョージ・ゲイロード・シンプソン，ジョージ・レドヤード・ステビンズらとともに，中心的な役割を果たした．自然淘汰に基づくダーウィン理論によって生物科学諸分野を統合しようとするこの歴史的運動を通して，マイアは自然史研究と分類学の再興を画策した．マイアが提唱した生物学的種概念は，錯綜していた種（species）を生殖隔離という基準によって概念的に明確にするという意図があった．彼の博物学的姿勢は現代的総合のもうひとつの担い手だった理論集団遺伝学者たちとしばしば対立した．マイアは，進化学者であると同時に，生物学史研究者でもあり，生物学哲学（philosophy of biology）という新しい科学哲学分野の創始者でもあった．主著は『体系学と種の起源（Systematics and the Origin of Species）』(1942)，『動物の種と進化（Animal Species and Evolution）』(1963)，『生物学思想の発展（The Growth of Biological Thought）』(1981)．『新たな生物学哲学に向けて（Toward a New Philosophy of Biology）』(1987) など．1994 年に国際生物学賞を受賞．

## Jukes, Thomas H.（1906-1999）
トーマス・ジュークス

米国の栄養学者，分子進化学者．1960年代（50才代後半）まで栄養学を研究していたが，当時遺伝暗号が解明されると，その進化に興味を持ち，1965年に『進化—その分子生物学的考察—（*Molecules and Evolution*）』を刊行した．1969年にJack Lester Kingと共著で"Nondarwinian evolution"という論文を発表し，1年前に木村資生が発表した論文に続いて，中立進化の重要性を指摘した．また同年には，分子生物学者Cantorと共著で分厚い総説的論文を発表したが，その中で触れた塩基置換推定法はその後Jukes-Cantor法あるいは1変数法として，現在でも広く使われている．彼は一貫してコドンの進化を研究し，日本の大沢省三とも共同研究をした．

## Stebbins, George Ledyard Jr.（1906-2000）
ジョージ・レドヤード・ステビンズ

アメリカの植物分類学者・植物進化学者．1930年代は，アーネスト・ブラウン・バブコック（Babcock, Ernest Brown: 1877-1954）やジェンズ・C・クロウゼン（Clausen, Jens Christen: 1891-1969）らとともに実験分類学派の中核メンバーとして植物分類学における遺伝実験や移植実験によるアプローチを推進した．1940年代以降は，エルンスト・マイヤーやテオドシウス・ドブジャンスキーらとともに進化学の「現代的総合」の構築者のひとりとなった．現代的総合に関わった構築者の専門分野が動物に偏りがちだったなかで，ステビンズは植物進化学の立場から種概念や倍数性の問題を考察した．主著は『植物の変異と進化（*Variation and Evolution in Plants*）』(1950) で，自然淘汰に基づいて植物進化を論じた古典として高く評価されている．

## Maynard Smith, John（1920-2004）
ジョン・メイナード＝スミス

英国の遺伝学者．最初工学を専攻し，ケンブリッジ大学卒業後は航空機設計会社に勤務したが，ロンドン大学の動物学教室に入り直し，J.B.S.ホールデンに生物学を学んだ．ロンドン大学で十数年教鞭をとったあと，英国南部に新設されたサセックス大学に学部長として移った．進化行動学の研究にゲーム理論を導入し，進化的に安定な戦略（ESS）などのアイデアを提唱した．このほかにも集団遺伝学とは異なる立場から，老化，有性生殖，配偶者選択，利他行動などさまざまな進化現象を研究した．何冊かの単著があるが，重要なものとしては，1982年に刊行した『進化とゲーム理論（*Evolution and the Theory of Games*）』，1986年に刊行した『生物学のすすめ（*The Problems of Biology*）』），1989年に刊行した『進化遺伝学（*Evolutionary Genetics*）』がある．2001年に京都賞を受賞した．

## Zuckerkandl, Emile（1922-）
エミール・ツッカーカンドル

米国の分子進化学者．オーストリアに生まれ育ったが，ユダヤ人であったため，第二次世界大戦前に出国し，米国に移住した．1965年にLinus Paulingと共著で，タンパク質の進化を論じた論文を発表し，その中で進化速度の一定性（分子時計）を報告し，分子進化学と分子系統学の基礎を打ち立てた．1971年には分子進化学分野における最初の雑誌 *Journal of Molecular Evolution* の刊行を開始した．

## Kimura Motoo（1924-1994）
木村 資生

日本の集団遺伝学者，分子進化学者．愛知県岡崎市に生まれ育ち，京都帝国大学理学部で植物学を学んだ．当初は農学部の木原均教授のもとで指導を希望したが，戦時中は理学部の学生だと学徒出陣で召集される危険性が少ないということで，そちらにしたとのことである．第二次世界大戦後の1947年に卒業後は京都大学農学部の木原研究室で副手，助手をつとめた．その後静岡県三島市に新設された国立遺伝学研究所に移り，死去までそこで研究を続けた．在任中の1950年代前半に米国に留学した．氷川丸で渡航中に論文をひとつ完成させている．当初アイオワ州立大学に入学したが，適切な指導者がおらず，1年後ウィスコンシン大学遺伝学教室の James F. Crow 教授の研究室に移った．そこでは遺伝子頻度の確率的挙動を拡散方程式で近似し，その解を厳密に解くことに成功し，コールドスプリングハーバーの会議で発表した．この結果は Sewall Wright に絶賛された．帰国後も集団遺伝学の理論的研究に従事し，1960年には『集団遺伝学概論』を出版した．この書は Cavalli-Sforza らの英語の教科書中で，日本語がわからなくても数式だけでも読む価値のある書として推薦されている．1964年には Crow とともに無限対立遺伝子モデルを提唱し，その後無限サイトモデルを提唱した．1968年には，従来の自然淘汰を中心とする進化理論では当時明らかになりつつあったタンパク質のアミノ酸置換速度を説明することができないとして，のちに中立進化論の最初とされた論文を *Nature* に発表した．1970年には Crow と共著で集団遺伝学理論の教科書 "*An introduction to Population Genetics Theory*" を出版した．当初は進化の新総合説の信奉者から強い攻撃を受けた中立進化論だが，彼は太田朋子と共に一連の理論およびデータ解析の論文を発表し，他の研究者の成果も含めると，1970年代には分子レベルでは中立進化をしていることが確立していった．1980年には，塩基置換の中で転位が転換よりもひんぱんに生じることに着目して，2変数を用いて塩基置換数の推定を行なう木村の方法を開発したが，この方法は現在でも広く用いられている．1983年にはケンブリッジ大学出版会から『分子進化の中立説（*The Neutral Theory of Molecular Evolution*）』を出版している．また1988年には『生物進化を考える』を出版した．スペンサーの唱えた正の自然淘汰を表現する "Survival of Fittest" に対して中立進化を表現する "Survival of Luckiest" を唱えた．1976年に文化勲章を，1988年に国際生物学賞を，1992年にダーウィンメダルを受賞している．木村の功績をたたえて，鈴木自動車（株）の寄付により2005年に公益信託進化学振興木村資生基金が設立され，毎年木村賞を授与している．

## Dayhoff, Margaret Oakley（1925-1983）
マーガレット・デイホフ

米国の生化学者，分子進化学者．タンパク質のアミノ酸配列の解析を進めるうちに，1965年からアミノ酸配列データベース "Atlas of Protein Sequence and Structure" の構築を開始した．当初は本として印刷して出版していた（1972年版が『進化の生化学的基礎』として日本語訳されている）が，その後コンピュータファイルとなり，PIR（Protein Information Resouce）を経て，現在では欧州と米国との共同事業として，UniProt データベースに継承されている．またこれらのデータ解析から，アミノ酸間の置換の程度を量的に表現したデイホフ行列を考案してアミノ酸置換数をより正確に推定する方法や，アミノ酸配列から系統樹を最大節約的に求める手法を開発した．バイオインフォマティクスの母と呼ばれることがある．

## Ohno Susumu（1928-2000）
大野 乾

日本と米国の生物学者．染色体の研究を行い，マーガレット・ライオンとほぼ同時に X 染色体の不活化現象を発見した．20代で米国に移り，その後米国籍を取得した．1970年には染色体や DNA 量などの知見をも

とにして，脊椎動物の祖先で2回のゲノム重複があったという仮説やタンパク質の中立進化などを含む示唆に富む内容を多数含む "Evolution by gene duplication" を出版した．日本語で『遺伝子重複による進化』として翻訳が1978年に出版されている．1972年には現在でも広く使われているjunk DNA（がらくたDNA）という概念を提唱した．日本語の著書も『生命の誕生と進化』など何冊か出版している．

## Nei Masatoshi (1931-)
根井 正利

日本と米国の集団遺伝学者，分子進化学者．宮崎県に生まれ育ち，宮崎大学農学部を卒業したが，学部生時代に近親交配に関する理論的論文を英語で発表している．京都大学農学部の大学院で博士号を取得し，同学部で助手として数年勤務したあと，放射線医学総合研究所の集団遺伝学研究室長として赴任した．1968年に渡米し，ブラウン大学の准教授，教授を経て，1972年にテキサス大学ヒューストン健康科学センター生物学医学大学院の人口学集団遺伝学センターの教授，1990年からはペンシルヴァニア州立大学生物学科教授および分子進化遺伝学研究所長（現職）を務めている．1972年に塩基置換数と結びつけた集団間の遺伝距離を提案し，「根井の遺伝距離」として広く使われた．1979年にはWen-Hsiung Liとともに制限サイトデータに基づく遺伝距離を考案するとともに，nucleotide diversity（塩基多様度）概念を提唱した．1970年代には当時膨大な研究の蓄積があった多数の生物におけるタンパク質の多型データを解析し，それらのパターンが中立進化論に適合することを示した．1980年には五條堀孝らとともに偽遺伝子の進化速度を推定し，中立進化論の予言通りになることを示した．1987年には斎藤成也とともに近隣結合法を提唱し，現在にいたるまで広く使われる系統樹作成法として定着させた．またSudir Kumar，田村浩一郎らと開発したMEGA (Molecular Evolutionary Genetics Analysis) ソフトウェアは，多くの分子進化学研究に使われている．このほか，集団遺伝学の理論，方法，分子進化学の理論とデータ解析に広範な業績がある．一方，Walter Fitchとともに1983年に分子進化学分野の雑誌 Molecular Biology and Evolution を創刊し，1992年には分子進化学の学会SMBEを立ち上げた．現在この学会の年次総会では，その年の学会長が根井の名前を冠したNei Lectute という講演を行なっている．1975年に "Molecular population genetics and evolution" を，1987年に『分子進化遺伝学 (Molecular Evolutionary Genetics)』を，1998年に "Human polymorphic genes: world distribution"（A. Roychoudhuryと共著）を，2000年に『分子進化と分子系統学 (Molecular evolution and phylogenetics)』（S. Kumarと共著）を出版した．2002年に国際生物学賞を受賞した．

## Ohta Tomoko (1933-)
太田 朋子

日本の集団遺伝学者，分子進化学者．愛知県三好村（現在はみよし市）に生まれ育ち，東京大学農学部を卒業後，米国ノースラロライナ州立大学で博士号を取得した．帰国後，一時共立出版や木原生物学研究所に勤務したあと，国立遺伝学研究所の研究員（その後教授）となり，木村資生とともに中立進化論に関する多くの論文や著書を発表した．連鎖した遺伝子に関する一連の業績もある．弱有害突然変異が小集団では多型に寄与し，大集団では淘汰されるという説を提唱し，その後生存に有利な突然変異の挙動もふくめて，「ほぼ中立説」を主導した．1971年に木村と共著で "Theoretical aspects of population genetics" を刊行し，1980年には "Evolution and variation of multigene families" を，2009年には『分子進化のほぼ中立説』を刊行した．1981年に設立された猿橋賞の第一回受賞者．2002年文化功労者．同年，日本人の女性研究者として唯一，米国科学アカデミー外国人会員に選出された．

## Wilson, Allan（1934-1991）
アラン・ウィルソン

米国の分子進化学者．ニュージーランド出身で，動物学を修めたあと，米国カリフォルニア大学バークレー校で生化学を学び，博士号を取得した．その後この大学の教員となり，白血病による死去まで教授として研究を行なった．彼は分子進化学の旗手であり，1967年にヒトとチンパンジー，ゴリラとの分岐年代を免疫学的方法で推定し，当時信じられていた年代の1/3である500万年とした．この年代は現在でもほぼ妥当だと考えられている．1975年にはヒトとチンパンジーの遺伝距離が小さいことをタンパク質のデータから推定し，両者の表現型の違いは遺伝子発現制御部分の違いによるだろうと提唱した．1980年代には制限酵素法により現代人のミトコンドリアDNAの多様性を解析し，1987年にアフリカ単一起源説を発表した．現在ではこの説が正しいことが多くのデータで確認されている．また1984年には絶滅したクアッガの博物館標本からミトコンドリアDNAの部分配列決定に成功し，古代DNA研究の嚆矢となった．彼がもっと長く生きていたら，世界の分子進化学はさらに大きく進展していただろう．

## Hamilton, William Donald（1936-2000）
ウィリアム・ドナルド・ハミルトン

イギリスの理論生物学者・進化学者．生物の利他行動に関する理論的研究を進め，血縁淘汰と包括適応度の概念を提唱した．自らの個体としての適応度を下げて他個体を助ける利他行動は通常の個体レベルでの自然淘汰では説明できなかった．しかし，遺伝子を共有する確率が高い近縁個体を助けることにより，結果として自らのもつ遺伝子頻度を高めることができるとするハミルトンの理論は，その後の進化生態学や行動生態学が展開するための新たな理論枠を構築した．とくに，自然淘汰は個体ではなくその中の遺伝子に対して作用するというハミルトンの主張は，一方では自然淘汰単位論争における遺伝子淘汰主義を先鋭化させると同時に，他方では個体や血縁群などを含む複数レベル淘汰理論への道を拓いた．それ以外にも，ハミルトンは昆虫における異常性比の研究におけるゲーム理論的な視点の導入など重要な研究成果を残した．ハミルトンの主要論文は『遺伝子の国の細道（*Narrow Roads of Gene Land*）』（全三巻，1996〜2005）に収められている．1993年に京都賞を受賞．

## Grant, Peter Raymond（1936-），Grant, Barbara Rosemary（1936-）
ピーター・レイモンド・グラント，バーバラ・ローズマリー・グラント夫妻

イギリス出身の進化生物学者．現在はプリンストン大学に在籍している．ガラパゴス諸島におけるフィンチ類の進化に関する長期にわたる研究調査をふまえ，自然淘汰が野外個体群でどのように作用しているのかを解明してきた．とくに，1973年以降，長年にわたってガラパゴス諸島でのダーウィンフィンチ類のフィールドワークを通じ，環境の変化に対応して自然淘汰が生物の形態や行動を急速に変化させることを示した．グラント夫妻はGeospiza属のフィンチのくちばしの大きさと形状が生息環境の急激な変化により急速に進化することを見出した．自然淘汰を野外環境のもとで検出することは困難を伴うが，グラント夫妻の長期的研究は，野外における進化研究の有効なモデルとして大きな影響を与えた．2009年に京都賞を受賞．

（三中信宏・斎藤成也）

# 付録2
# 進化学史年表

*印が付いている人名は，付録1に詳細が記載されています．

| 年 | できごと |
|---|---|
| 紀元前10世紀 | 中国における『詩経』と『書経』の編纂．動植物に関する記述あり． |
| 前5～6世紀 | アナクシマンドロス，生物進化論の萌芽． |
| 前5世紀 | エンペドクレス，自然淘汰説の源流． |
| 前345 | アリストテレス，『動物誌』，『動物部分論』，『動物発生論』などを著す．「自然の階梯」で生物を含む全世界を秩序づける．自然淘汰説に似た発想を抱く． |
| 前320 | テオフラストス，『植物誌』『植物原因論』など．植物学の基礎を築く． |
| 前250 | 中国『周礼』の編纂．動植物の分類体系． |
| 5 | 中国『神農本経』の成立．薬草・薬物の体系的記述． |
| 60 | ディオスコリデス，『薬物誌』を著し，薬草学の先鞭をつける． |
| 77 | プリニウス，『博物誌』を出版．西洋博物学はここに始まる． |
| 2世紀 | ガレノス，古代医学を集大成する． |
| 290 | 張華，『博物志』の公刊． |
| 625 | セビリアのイシドール，『起源論』の出版．百科全書． |
| 659 | 中国で勅撰本草書『新修本草』が完成． |
| 9世紀 | アル・ジャーヒズ，『動物の書』出版．以後，イスラム圏での科学が興隆する． |
| 935 | 源順，『和名類聚抄』出版．日本への本草学の移入． |
| 11世紀 | イブン・シーナー［アヴィケンナ］，『医学典範』と『鉱物の書』出版． |
| 13世紀 | アルベルトゥス・マグヌス，『動物について』と『植物について』を刊行． |
| 1558 | コンラート・ゲスナー，『動物誌』全5巻を刊行． |
| 1596 | 李時珍，『本草綱目』を著す．日本の本草学への影響がきわめて大きかった． |
| 1637 | デカルト，『方法序説』出版．生気論に対立する動物機械論を提唱した．心身二元論． |
| 1642 | ウリッセ・アルドロヴァンディ，『怪物誌』出版． |
| 1651 | ウィリアム・ハーヴィ，『動物発生論』出版．個体発生における後成説を提唱． |
| 1665 | フック，細胞をはじめて記載． |
| 1669 | ニコラウス・ステノ，地層累重の法則を提唱． |
| 1685 | ヤン・スワンメルダム，『一般昆虫学』出版．個体発生における前成説を提唱． |
| 1686 | ジョン・レー，『一般植物誌』出版．新たなる植物分類学に向けて． |
| 1709 | 貝原益軒，『大和本草』出版． |
| 1735 | カール・フォン・リンネ*，『自然の体系』初版出版．二名法の提唱と植物の性分類体系． |
| 1745 | モーペルテュイ，"Vénus Physique" 刊行．進化論の先駆けとなる概念を提唱した． |
| 1747 | デ・ラ・メトリ，『人間機械論』出版． |
| 1749 | ビュフォン*，『一般と個別の博物誌』の刊行開始． |
| 1749 | ドゥニ・ディドロ，『盲人書簡』において自然淘汰に基づく進化的考察を行なう． |
| 1751 | ディドロとダランベール，『百科全書』の出版． |

## 付録 2　進化学史年表

| 年 | できごと |
|---|---|
| 1758 | カール・フォン・リンネ*，『自然の体系』第 10 版出版．近代動物分類学の出発点． |
| 1790 | ゲーテ，『植物変態の研究』刊行．原型説（形態学上の進化的仮説）を提唱． |
| 1800 | キュヴィエ*，『比較解剖学講義』刊行開始．比較解剖学を確立． |
| 1802 | カール・フリードリッヒ・ブルダッハ，生物学（Biologie）を初めて使う． |
| 1803 | 小野蘭山，『本草綱目啓蒙』出版． |
| 1805 | ヨハン・フリードリッヒ・ブルーメンバッハ*，『比較解剖学ハンドブック』において人種分類を提唱． |
| 1809 | ラマルク*，『動物哲学』刊行．最初の進化理論を提唱． |
| 1814 | フンボルト*，『新大陸赤道地方紀行』刊行開始． |
| 1817 | キュヴィエ*，『動物界』出版．全動物を四つの「類」に分ける． |
| 1818 | ジョフロワ・サンチレール*，『解剖哲学』出版．結合一致の法則． |
| 1822 | 鎌田柳泓，『心学奥の桟』を刊行し，進化学の観点を提唱． |
| 1830 | パリ科学アカデミー論争．型の統一性をめぐるキュヴィエとジョフロワの論争． |
| 1839 | ダーウィン*，『ビーグル号航海記』刊行． |
| 1841 | オーウェン*，恐竜（dinosaur）という名称を提唱． |
| 1844 | チェンバース，『創造の自然史の痕跡』刊行． |
| 1856 | ドイツのネアンデル渓谷でネアンデルタール人の骨が発見される． |
| 1859 | ダーウィン*，『種の起原』刊行．自然淘汰に基づく生物進化の説明． |
| 1860 | 始祖鳥の化石がドイツで発見される． |
| 1861 | パスツール，微生物の自然発生説を反証した． |
| 1866 | ヘッケル*，『一般形態学』刊行．個体発生と系統発生の統一的説明を試みる． |
| 1866 | メンデル*，『植物雑種の研究』刊行．遺伝法則を発表． |
| 1869 | ハクスレー*やスペンサーなどが会員であるXクラブが中心となり，週刊誌 Nature が発刊される． |
| 1871 | ダーウィン*，『人間の進化と性淘汰』刊行．ヒトの進化への言及と性淘汰の提唱． |
| 1871 | ミーシャー，DNA が含まれたヌクレインを発見． |
| 1883 | ヴァイスマン*，動物の体細胞と生殖細胞の違いを指摘し，生殖質連続説を提唱． |
| 1889 | ウォーレス*，『ダーウィニズム』刊行． |
| 1889 | ガルトン，"Natural Inheritance" を刊行し，生物測定学と変異の統計学的研究を確立． |
| 1900 | メンデルの遺伝法則が再発見される． |
| 1900 | ラントシュタイナー，ABO 式血液型を発見． |
| 1910 | モーガン*，ショウジョウバエを用いて伴性遺伝を発見． |
| 1915 | ウェーゲナー，『大陸と海洋の起源』を刊行し，大陸移動説を主張． |
| 1918 | ブリッジェス，進化における遺伝子重複の重要性をはじめて主張． |
| 1925 | ダート，南アフリカで Australopithecus africanus の化石を発見． |
| 1927 | マラー*，X 線照射により突然変異率が上昇することを発見． |
| 1930 | フィッシャー*，"Genetical theory of natural selection" を刊行． |
| 1932 | ホールデン*，"The causes of evolution" を刊行． |
| | ホールデン*，人間のデータを用いて自然突然変異率をはじめて推定． |
| 1937 | ドブチャンスキー*，"Genetics and the origin of species" を刊行． |
| 1940 年代 | DNA が遺伝子の物質的本体であると解明される． |
| 1946 | 米国で進化学会（Society for Study of Evolution）が設立される． |
| 1947 | リビー，炭素の同位対比を用いた年代測定法（炭素 14 法）を考案する． |
| 1950 | ヘニッヒ，分岐学理論を提唱する． |
| 1951 | マクリントック，トランスポゾンを発見． |
| 1953 | ワトソンとクリック，DNA の二重らせん構造を提唱． |

| 年 | できごと |
|---|---|
| 1954 | タンパク質のアミノ酸配列決定法がサンガーにより発表される. |
| 1954 | アリソン,マラリアと鎌状赤血球貧血症を研究し,平衡淘汰多型を立証. |
| 1955 | ソーカルら,コンピュータを用いた系統樹作成を行ない,数量分類学を確立. |
| 1959 | ペルツ,ヘモグロビンの立体構造を解明. |
| 1959 | ホイッタカー,生物五界(細菌,単細胞真核生物,動物,植物,菌類)説を発表. |
| 1962 | 葉緑体にDNAが存在することが発見された. |
| 1963 | マイア*,"Animal species and evolution"を刊行. |
| 1964 | ハミルトン*,近縁淘汰理論を発表. |
| 1965 | ツッカーカンデル*とポーリング,分子時計の概念を提出する. |
| 1965 | デイホフ*,アミノ酸配列データベースの構築を開始する. |
| 1966 | 脊椎動物のゲノムに多くの反復配列が存在することが発見された. |
| 1960年代 | 遺伝暗号表が解明される. |
| 1967 | ウィルソン*ら,免疫学的方法を用いてヒトと類人猿の分岐を500万年と推定. |
| 1968 | 木村資生*,分子進化における中立説を発表. |
| 1968 | 大陸移動を説明するためのプレートテクトニクス理論が発表された. |
| 1969 | キングとジュークス*,非ダーウィン進化と題した論文を発表. |
| 1971 | 分子進化学の専門誌,Journal of Molecular Evolutionの刊行が始まる. |
| 1970 | フィッチ,順系相同(orthology)と傍系相同(paralogy)の名称を提唱. |
| 1972 | エルドリッジとグールド,区切り平衡(断続平衡)仮説を提唱. |
| 1972 | 大野乾*,がらくたDNA(junkDNA)概念を提唱. |
| 1970年代 | DNA塩基配列の簡便な決定法がサンガーらによって発明される. |
| 1975 | ウィルソン,"Sociobiology"を刊行し,社会生物学を確立. |
| 1975 | 根井正利*,"Molecular population genetics and evolution"を刊行し,分子集団遺伝学を確立. |
| 1980 | 欧州のEMBLで塩基配列データベースの構築が開始される. |
| 1981 | 米国で塩基配列データベースGenBankの構築が開始される. |
| 1981 | サンガーら,ヒトミトコンドリアゲノム配列を決定. |
| 1981 | マーギュリス,"Symbiosis in Cell Evolution"を出版し,オルガネラは,現在の真核生物の祖先に共生体として組み込まれた原核生物が進化したものだとする説を主張. |
| 1983 | ゲーリングら,Hox遺伝子を発見. |
| 1983 | 木村資生*,"The neutral theory of molecular evolution"を刊行. |
| 1983 | 分子進化学の専門誌,Molecular Biology and Evolutionの刊行が始まる. |
| 1983 | 五條堀孝,非同義置換という名称を提唱. |
| 1987 | 日本DNAデータバンク(DDBJ)で塩基配列データベースの構築が開始される. |
| 1987 | 欧州で進化生物学会(European Society for Evolutionary Biology)が設立される. |
| 1994 | 諏訪元とホワイトら,エチオピアでArdipithecus ramidusの化石を発見. |
| 1995 | 最初のバクテリアゲノム配列(インフルエンザ菌)が決定される. |
| 1996 | 最初の真核生物ゲノム配列(パン酵母)が決定される. |
| 1998 | 最初の動物ゲノム配列(エレガンス線虫)が決定される. |
| 1999 | 日本進化学会が設立される(初代会長:大沢省三). |
| 2000 | 最初の植物ゲノム配列(シロイヌナズナ)が決定される. |
| 2001 | ヒトゲノムの概要配列が発表される. |
| 2004 | ヴェンターら,サルガッソー海水中の微生物のメタゲノム配列を決定. |

# 索 引

■数字・記号
$^{13}$C  11, 40, 47, 48
2 数性  121
3 数性  121
3 ドメイン  844
3 胚葉性  202
3 /4 仮説  696
4 数性  121
5 数性  121
9.11 テロ  839, 841, 845
α-アミラーゼ  36
α プロテオバクテリア  56, 76
α-Proteobacteria  38
γ-Proteobacteria  30, 35

■A
A 型インフルエンザウイルス  638
*AbdA*  709
ABO 式血液型  905
*Acaciaephyllum*  122
Acanthamoebidae  81
acceleration  201
Acoela  241
Acoelomorpha  202, 241
*Acorus*  120
Acrasea  182
acrasid cellular slime molds  182
Acreodi  423
*Acrobates pygmaeus*  420
Acrobatidae  420
*Actinomyces*  30
Actinopterygii  349
actinostele  151
Actinotrocha  251
additive genetic variance  881
additive genotypic value  881
ADP  39
adult variation  200
AER  707
Afrosoricida  421
Afrotheria  421
AFTOL  168

Agaricomycotina  173
Agassiz, L.  845
age structure  658
*Aglaophyton major*  151
AIC  869
AIDS  640
Ailuridae  430
*Ailuropoda melanoleura*  430
*Ailurus fulgens*  431
Akaike's Information Criterion  869
Allee effect  681
allele  615, 669
allele frequency  615
allelic homologous recombination  525
altruistic trait  694
*Alu*  514, 531, 572, 581
Alveolata  86
*Amborella*  540
Amniota  370
*Amoeba*  80
amyloplast  61
anaboly  200
Anagalida  423
anamorphic fungi  166
Andreaeobryopsida  100
Andreaeopsida  100
Animalia  195
*Anisolpidium*  186
Annelida  202, 245
annual  127
annular thickening  150, 152
Anomaluridae  425
Anomaluromorpha  425
Anopla  244
antagonistic pleiotropy  885
Anura  370
APG III  114
apical complex  86
apical growth  166
Apicomplexa  86
apicoplast  61, 86
Aplodontiidae  425

appendages  *362*
ARA6  *154*
Arachnida  *278*
Arcellinida  *81*
Archaea  *11, 37*
Archaebacteria  *29, 37*
Archaeoglobi  *38*
*Archaeopteryx*  *395*
Archaeplastida  *63*
Archaerhizomycetes  *170*
Archallaxis  *200*
Archamoebae  *80*
Archezoa  *57*
Arctostylopida  *423*
Aristotle  *195*
Arthropoda  *202*
Arthrotardigrada  *257*
Artiodactyla  *421*
assortative mating  *671*
Astrapotheria  *423*
AT含量  *583*
atactostele  *151*
atavism  *709, 720*
*Athb8*  *151*
ATskew  *585*
autozooid  *248*
average gene diversity  *616*
average heterozygosity  *616*
average pairwise difference  *673*
avicularium  *248*
*Aysheaia*  *259*

■ B

*Bacillus subtilis*  *30*
background selection  *669*
Bacteria  *37*
Balfour, van W.  *334*
Barcode of Life  *878*
Basidiomycota  *172*
Bathyergidae  *426*
behavioral thermoregulation  *748*
Belon, P.  *736*
Berrill  *327*
BGC  *526*
biased gene conversion  *526*
Bilateria  *202*
Biodiversity Heritage Library  *879*
biodiversity informatics  *878*
Biodiversity Information Standards  *878*
biogenetic law  *199*
biological clock  *749*
biological homology  *711, 712*
biostratigraphy  *850, 856*
bipolar  *173*

birefringent granule  *239*
bivalent chromosome  *523*
Blumenbach, H. F.  *916*
BMP  *208*
BMP4  *708*
Bone, Q.  *327*
bothrosome  *186*
Brachiopoda  *202, 251*
Brachiozoa  *252*
*Brachyury*  *310*
Bradymorphie  *200*
*Brassica oleracea*  *684*
breeding system  *127*
breeding value  *881*
brown adipose tissue  *749*
Bryopsida  *100*
Bryozoa  *251*
Burramyidae  *419*
Button, G-L.  *915*

■ C

C値  *570*
C値のパラドックス  *570*
$C_3$植物  *472*
$C_4$植物  *472, 751*
caenogenesis  *200*
*Caenorhabditis elegans*  *263*
Calcarea  *202*
calibration  *170*
calibration point  *223, 604*
*Callorhinus ursinus*  *431*
*Callosciurus erythraeus*  *426*
CAM植物  *751*
cambium  *150*
canalization  *151*
Canidae  *430*
Caniformia  *429*
*Canis lupus*  *430*
capillitium  *182*
Carnivora  *421, 429*
*Carpediemonas*-like organisms  *82*
carrying capacity  *126, 658*
caruncle  *417*
*Castor canadensis*  *425*
Castoridae  *425*
Castorimorpha  *425*
Caswell  *659*
Catalogue of Life  *879*
Catenulida  *241*
Caudata  *370*
cavefish  *707*
*Cavia porcellus*  *426*
Caviidae  *426*
CCA  *30*

CCA 末端　*39*
cDNA　*531*
cellular slime molds　*182*
Cenozoic　*855*
centimorgan　*526*
central strand　*150*
cephalization　*333*
Ceratiomyxa fruticulosa　*184*
*Cercartetus lepidus*　*419*
Cestoda　*241*
Cetacea　*421*
Chaeropodidae　*419*
Chaetognatha　*202*
Chambers, R.　*200*
character　*711, 712*
character state　*711, 712*
chiasma　*509, 523*
Chicxulub クレーター　*485*
Chiroptera　*421*
Chlorobium　*31*
Chloroflex　*31*
chloroplast　*61*
Chordata　*202*
*Chromatiales*　*31*
chromatin　*753*
chromatophore　*64*
*Chromera*　*87*
Chromista　*167*
chromosome　*567*
chronostratigraphic classification　*855*
cilia　*86*
*Ciliocincta*　*296*
Ciliophora　*86*
cilium　*86*
Cimolesta　*423*
Cingulata　*421*
circadian clock　*749*
circannual rhythm　*750*
circatidal rhythm　*750*
*cis*-regulatory element　*582*
clamp connection　*172*
Clausen, J. C.　*922*
cline　*788*
CLO　*82*
*Clostridium acetobutyricum*　*32*
*Clostridium tetani*　*30*
cM　*526*
CMS　*590*
Cnidaria　*202*
CNV　*526*
coat complex　*153*
*Cochliopodium*　*81*
coefficient of genetic differentiation　*615*
coefficient of inbreeding　*672*

coefficient of linkage disequilibrium　*672*
co-evolution　*794*
Cole　*659*
Coloniales　*251*
Colpodellida　*87*
compensation sac　*248*
complementary　*531*
concerted evolution　*527*
condensation　*200*
Condylarthra　*423*
conflict hypothesis　*759*
*Confuciusornis*　*395*
Conosa　*81*
conserved synteny　*336*
*Cooksonia*　*151*
cooperatively breeding　*699*
Cope の法則　*198*
copy number variation　*526*
correlated response　*882*
cortical alveoli　*86*
coxal gland　*259*
CpG アイランド　*757*
CpG hypermutability　*598*
craniates　*322, 333, 341*
cranium　*333*
Crenarchaeota　*38*
Creodonta　*423*
cristae　*55*
crossing over　*508, 523*
Crow, J. F.　*906*
Crozier's paradox　*656*
Cryptomycota　*169*
CSR 戦略　*126*
Ctenodactylidae　*425*
Ctenodactylomorphi　*425*
Ctenophora　*202*
cultural niche construction　*832*
Cuvier, G.　*196, 199, 203, 734, 916*
cyanelle　*62*
*Cycliphra*　*202*
cyclostomes　*340*
cylinder cell　*239*
cyst　*183*
cytoplasmic incompatibility　*591*
cytoplasmic male sterility　*590*

# ■ D

D'Arcy Wentworth Thompson　*706, 740*
darwin　*731*
Darwin, C.　*204, 220, 324, 660, 666, 727, 734, 736, 839, 841, 844, 845, 913, 917*
Darwin, E.　*844*
DarwinCore　*879*
Dasyuridae　*419*

Dasyuromorpha  *418*
Dawkins, D.  *841*
Dawkins, R.  *661*
Dayhoff, M. O.  *925*
de Beer, G. R.  *198, 200*
Deccan トラップ  *486*
deciduous  *127*
deep homology  *714*
Deep Hypha  *168*
defunctionalization  *575*
a degree of integration  *718*
deme  *674*
demographic stochasticity  *679*
demographic transition  *835*
dendrochronology  *856*
Dennett, D.  *841*
density dependent selection  *658*
dental cusp  *707*
Dermoptera  *421*
Desmostylia  *423*
Deuterostomia  *202*
*Developayella*  *187*
developmental buffering  *716*
developmental burden  *707*
developmental repatterning  *708*
developmental robustness  *716*
deviation  *200*
DGGE  *33*
DHA  *186*
dHJ  *524*
diapause  *749*
dictyostele  *151*
Dictyostelea  *182*
Dictyosteliomycetes  *182*
Dicyemida  *296*
Didelphiomorphia  *418*
Didymiaceae  *184*
diffuse coevolution  *794*
diffuse nervous system  *229*
digestive bag  *239*
Dikarya  *170*
dikaryon  *172*
Dinocerata  *423*
Dinomyidae  *424*
Dinophyta  *86*
Dinozoa  *86*
dioecy  *127*
Dipodidae  *425*
direct benefit  *700*
distance matrix  *619*
*Distoechurus pennatus*  *420*
*Dll* 遺伝子  *709*
DNA  *86, 504*
DNA ウイルス  *26–29*

DNA 損傷  *517*
DNA トランスポゾン  *531, 580*
DNA のメチル化  *591, 757–758*
DNA バーコーディング  *877–878*
DNA 複製  *506, 517, 585*
DNA ヘリカーゼ  *506*
DNA マーカー  *829*
DNA メチル化  *582, 753, 756, 758*
DNA barcode  *877*
DNA methylation  *753, 756*
DNA methyltransferase  *756*
DNA transposon  *531, 580*
Dobzhansky, T.  *922*
Dobzhansky, T. G.  *905*
Dollo の法則  *198*
dominance  *699*
dominance deviation  *881*
dominance variance  *881*
Doryanthaceae  *122*
double Holliday junction  *524*
double organ  *254*
double-strand break repair model  *523*
*Duplicated*  *686*
duplication-degeneration-complementation モデル  *575*

■ E
early CO decision model  *524*
*ebony*  *686*
Ecdysozoa  *202*
Echiniscoidea  *257*
Echinodermata  *202*
Eco-Devo  *727*
ecological developmental biology  *727*
ectomycorrhizal  *174*
ectopic gene conversion  *527*
ectopic recombination  *526*
ectoplasmic nets  *185*
Ectoprocta  *202*
ED 経路  *31, 39*
EEA  *830*
EF-1α  *540*
eft  *373*
egg tooth  *417*
*Eimeria*  *86*
Ellis, J.  *195*
embranchements  *196, 203*
Embrithopoda  *424*
EMP 経路  *7, 31*
Enantiornithes  *395*
Encyclopedia of Life  *879*
endoparasitic slime molds  *182*
Engels, F.  *845*
*Enhydra lutris*  *431*

*Entamoeba* 81
Entoprocta 202, 250
Entorrhizomycetes 170
environment of evolutionary adaptedness 830
environmental deviation 881
environmental stochasticity 679
environmental variance 881
*Eocaecilia* 372
EPA 186
epiallele 755
epigenesis 753
epigenetics 753
epimutation 755
epistatic deviation 881
epistome 251
*Erignathus barbatus* 431
Erinaceomorpha 421
Escherichia coli 35
*Escherichia coli* 30
ESS 656–657
etioplast 61
Eubacteria 29
Eudicot 126
Eucarya 37
eugenics 830
Euler の式 658
Eulipotyphla 422
Eumetazoa 202
*Eumetopias jubatus* 431
Eumycetozoa 80
euphyllophytes 152
Eupleridae 430
Euryarchaeota 38
Eurypterida 278
eusocial 700
eustele 151
Eutardigrada 257
Euteleostomi 347
Eutheria 420
evergreen 127
Evo-Devo 727, 734
Evolutionarily Stable State 657
Evolutionarily Stable Strategy 657
evolutionary psychology 835
Evolutionary Developmental Biology 734, 914
evolutionary novelty 708
evolutionary paleobiology 850
evolvability 719
evolvor 666
exhaustive search 618
extended phenotype 667
extinction vortex 681
extracellular freezing 749
*eyeless* 505

■ F

F 因子 35
$F$-統計量 672
facies fossil 856
Felidae 430
Feliformia 429
*Felis catus* 430
female choice 665
feminization 591
FGF シグナリング 707
FGF8 708
fiber cell 239
*fibroblast growth factor 4* 686
Filosea 80
fin ray 362
fins 362
Firmicutes 30
FISH 33
Fisher の原理 656
Fisher, R. A. 509, 904, 921
Fisherian runaway 664
fixation index 615
fixation probability 594
Flabellinea 81
flagellate 80
flagellate cell 183
flosculum 254
freeze tolerance 749
frequency spectrum 673
frequency-dependent selection 650
$F_{ST}$ 615, 674
FtsZ 46
functional constraints 716
functional diversity 769
functional trait 769
Fungi 166
Fürbringer, M. 738
Furmicutes 31

■ G

G バンド領域 585
*G6PD* 遺伝子 654
GADV 仮説 15
Galloanseres 398
Galton, F. 509
*Gansus* 395
Garstang, W. 201, 326
Gastrea 204
Gastrotricha 202, 242
gastrula 204
GBIF 878
GC 含量 571, 583–586
GC% 583
GCskew 585

Gee  *334*
Gegenbaur, C.  *334, 706, 707, 734, 736, 739*
geitonogamous pollination  *127*
gene conversion  *523, 526*
gene diversity  *672*
gene duplication  *529*
gene introgression  *789*
gene selectionism  *666*
gene-culture coevolution  *834*
gene-for-gene theory  *799*
general homology  *711*
generation-time effect  *605*
genetic accommodation  *727*
genetic assimilation  *727*
genetic constraints  *715*
genetic correlation  *882*
genetic covariance  *882*
genetic distance  *617*
genetic response  *882*
genetic structure of population  *674*
genetic variance  *881*
genome duplication  *529*
genomic conflict  *590*
genomic imprinting  *591, 758*
genotype  *615*
genotypic value  *881*
GEO Biodiversity Observation Network  *880*
Geoffroy St. Hilaire, E.  *199, 203, 308, 706, 734, 736*
Geoffroy, S-H.  *917*
Geoglossomycetes  *170*
Geological time scale  *859*
Geomyidae  *425*
Gesner, C  *195*
Ghiselin, M. T.  *766*
giant cell  *184*
giant nerve fiber  *251*
*Giardia*  *77*
Gibbs sampler  *870*
Gilbert, W.  *708*
gland cell  *239*
Gliridae, E. S.  *425*
*Glirulus japonicus*  *425*
Global Biodiversity Information Facility  *878*
Glomeromycota  *169*
glycerol nucleic acid  *14*
GNA  *14*
Gnathostomulida  *202*
GNC 原初遺伝暗号  *16*
GNC-SNS 原始遺伝暗号仮説  *16*
Goethe, O.  *200, 203, 334, 335, 736*
Goethe, von J. W.  *733*
Goldschmidt, R.  *920*
Goodrich, E. S.  *334*
Grant, B. R.  *927*

Grant, P. R.  *927*
Granuloreticulosea  *80*
green beard effect  *696*
*Gromia*+Silicofilosea  *81*
group effect  *663*
group selection  *660*
Gymnophiona  *370*

## ■H

Haeckel, E.  *196, 199, 203, 322, 324, 708, 734, 736, 845, 919*
haldane  *731*
Haldane, J. B. S.  *905, 922*
half life  *858*
*Hallucigenia*  *259*
Halobacteria  *38*
*Halobacterium*  *37*
Hamilton 則  *662, 695*
Hamilton, W. D.  *694, 927*
handicap principle  *664*
haplodioploid  *696*
Hardy-Weinberg equilibrium  *615*
Harris, S.  *841*
*Hatena arenicola*  *72*
Hawk-Dove game  *657*
HD-ZipIII  *151*
helper  *699*
Hemichordata  *202*
herbaceous plants  *127*
hermaphrodite  *127*
*Herpestes javanicus*  *430*
*Hesperornis*  *395*
*Heterocephalus glaber*  *426*
heterochrony  *200*
Heterolobosa  *80*
Heteromyidae  *425*
heterostyly  *128*
Heterotachy  *598*
Heterotardigrada  *257*
heterotopy  *708*
heterozooid  *248*
Heterozygosity  *672*
heuristic search  *619*
Hfr 株  *35*
hibernation  *749*
hierarchical selection  *663*
histone code hypothesis  *754*
histone modification  *754*
historical homology  *711, 712*
*Histriophoca fasciata*  *431*
holocentric chromosome  *567*
homeobox  *531*
homeostatic property cluster theory  *766*
homeotherm  *749*

*Homo*　446–448
*Homo habilis*　446
*Homo neanderthalensis*　447
*Homo sapiens*　449
homogenization　527
homogeny　711
homologous chromosome　508
homologous recombination　523
Homotachy　598
honest signal　665, 833
Hoplonemertea　244
Hox 遺伝子　197, 208, 260, 274, 341, 708, 734, 737
Hox クラスター　211, 336
Hox コード　197, 335
HPC 説　766
Hull, D. L.　766
Humboldt, F.　916
Huxley, T. H.　200, 334, 733, 738, 840, 919
Hyaenidae　430
hybrid　788
hybrid speciation　790
hybrid swarm　788
hybrid zone　788
*Hydrochoerus hydrochaeris*　424
hydrogenosome　55, 71
hydroid　150
Hyman, L. H.　196, 205
Hyperamoeba　184
hypermorphosis　201
hypha　166
*Hyphochytrium*　186
*Hypsiprymnodon moschatus*　420
Hyracoidea　421
Hystricognathi　426
Hystricomorpha　425

■ I
I/O switch　729
ice nucleating agent　749
*Ichthyornis*　395
Inarticulata　252
inbreeding　671, 679
inbreeding coefficient　679
inbreeding depression　127, 679
inclusive fitness　696, 699
index fossil　856
indirect benefit　699
indirect reciprocity　834
individualization　713
infinite allele model　616
innovation　708
insertion sequence　580
interactor　666
inter-locus gene conversion　527

inter-sexual selection　664
interspersed repeat　587
*Intoshia*　296
intracellular freezing　749
intragenomic conflict　590
intrasexual selection　664
intrinsic rate of natural increase　126, 658
introgressive hybridization　789
intronless　532
invariable site　597
inversion　527
invertebrate paleontology　851
invertebrates　322
iPS 細胞　755
IS　580
island model　675
ITA 群　119

■ J
Jefferies, R. P. S.　328
Jukes, T.　923
Jukes, T. H.　907

■ K
$K$ 戦略　659
$K$ 淘汰　658
$K$ selection　658
K/Pg 境界絶滅事変　485
Kamptozoa　250
*KANADI*　151
K-Ar 法　857
kenozooid　248
kernel　729
Kielmeyer, C. F.　199
kin competition　700
kin discrimination　696
kin recognition　656, 696, 834
kin selection　694
King, J. L.　907
Kingsley　322
Kinorhyncha　202, 256
kleptochloroplast　72
kleptoplastidy　63
Kopfproblem　333
Korarchaeota　38
Kowalevsky, A. O.　204, 313
KT 境界　575

■ L
L1　572, 581
*Labyrinthula*　186
Labyrinthulea　182
labyrinthulids　185
*Lactobacillus*　30

ladder-like nervous system  *230*
Lagerstätten  *460*
Lagomorpha  *421*
Lamarck, J.-B.  *195, 196, 200, 322, 727, 844, 913, 915*
Lamellipedia  *271*
Lankester, E. R.  *734*
late embryogenesis abundant protein  *750*
lateral mesentery  *251*
law of superposition  *854*
LBA  *76*
LD  *526*
LEA タンパク質  *750*
Leptictida  *423*
less is more 仮説  *589*
leucoplast  *61*
Lévi-Strauss, C.  *739*
life cycle  *127*
life for life relatedness  *695*
life history  *126*
life history strategy  *126, 658*
life history trait  *126*
*Liliacidites*  *122*
limbs  *362*
LINE  *531, 580*
lineage  *666*
linearized tree  *604*
linkage  *526*
linkage disequilibrium  *526, 885*
Linné, C. von  *195, 915*
Lipotyphla  *422*
Lissamphibia  *370*
Litopterna  *423*
Lobopoda  *259*
lobopodia (pl.)  *80*
lobopodium  *259*
Lobosa  *80*
Lobosea  *80, 81*
local constraints  *716*
local mate competition  *661*
logistic  *659*
long branch attraction  *76*
long interspersed element  *531*
long terminal repeat element  *531*
longitudinal muscle  *251*
lophophora  *248*
Lophophorata  *251*
lophophore  *251*
Lophotrochozoa  *241, 246, 251*
Loricifera  *202*
lower epithelium  *239*
Loxokalypodidae  *251*
LTR  *531, 580*
LUKA  *11*
*Lutra nippon*  *431*
Lutrinae  *431*
Lycophytes  *138*
Lysenko, T.  *845, 913*

# ■ M

*Mabelia*  *122*
MacArthur, R. H.  *659*
macrocyst  *184*
macronucleus  *86*
macrophyll  *138*
Macroscelidea  *421*
major histocompatibility complex  *336, 406*
male killing  *591*
male-driven evolution hypothesis  *606*
Malthusian parameter  *658*
Mammalia  *408*
Margulis, L.  *196*
*Martes*  *431*
Marx, K.  *845*
Mastigomycetes  *187*
mate preference  *664*
mating success  *664*
matrix  *55*
maximum likelihood method  *619*
maximum parsimony method  *619*
Maynard Smith, J.  *694, 924*
*Mayoa*  *122*
Mayr, E. W.  *766, 906, 923*
MBD タンパク質  *757*
McClintock, B.  *580*
MCMC 法  *869*
Meckel, J. F.  *199*
megaphyll  *138*
meiosis  *508*
*Meles anakuma*  *431*
membrane traffic  *153*
meme  *667, 834*
Mendel, G. J.  *904, 918*
Mephitidae  *430*
Mesozoa  *296*
Mesozoic  *855*
metabolic rate hypothesis  *606*
metamerism  *203*
metapterygial axis  *363*
metaxylem  *150*
Meteor クレーター  *485*
Methanobacteria  *38*
Methanococci  *38*
Methanomicrobia  *38*
Methanopyri  *38*
Metropolis-Hastings アルゴリズム  *870*
MHC  *336, 406, 638, 651*
Microbiotheria  *418*
*Microdictyon*  *259*

Micrognathozoa  *202*
micronucleus  *86*
micropaleontology  *851*
microphyll  *138*
microsatellite  *615*
migration  *352*
migration rate  *675*
Mimotonida  *424*
minimum evolution method  *619*
miR165  *151*
miR166  *151*
Mircosporidia  *169*
miRNA  *505, 754*
*Mirounga leonina*  *429*
mitochondrial division machinery  *59*
mitochondrion  *55*
mitosis  *508*
mitosome  *55*
mixed strategy  *657*
Mixodontia  *424*
molecular clock  *594, 602*
Mollusca  *202*
monocarpy  *127*
monocistronic  *569*
monoecy  *127*
Monogenea  *241*
monomorphic  *656*
Monostilifera  *244*
Morgan, T. H.  *920*
morphogen  *746*
morphological integration  *718*
Morphologie  *733*
Morse, E. S.  *842, 913*
mosaic hybrid zone  *789*
mRNA  *505*
mRNA に基づく重複  *529*
Muller's ratchet  *668*
Müller, F.  *200*
Muller, H. J.  *905, 921*
Müllerian mimicry  *656*
multigene family  *527, 530*
multilevel selection  *663*
Muroidea  *425*
*Mus minutoides*  *424*
*Mus musculus*  *425, 426*
Mus81  *524*
*Mustela*  *431*
*Mustela nivalis*  *429*
Mustelidae  *430*
Mustelinae  *431*
mutational meltdown  *680*
mycelium  *166*
Mycetozoa  *182*
*Mycobacterium tuberculosis*  *30*

mycobiont  *189*
*Myocastor coypus*  *426*
Myocastoridae  *426*
Myomorpha  *425*
*Myrionecta rubra*  *72*
Myrmecobiidae  *419*
myxamoeba  *183*
Myxogastrea  *182*
Myxomycetes  *182*
Myxomycota  *182*

■ N

$n$ 淘汰  *667*
NAC 転写因子  *152*
NAHR  *526*
Nandinidae  *430*
Nanoarchaeota  *38*
natural kind  *766*
ncRNA  *568*
negative frequency-dependent selection  *656*
neighbor-joining method  *619*
Nematoda  *202*
Nematomorpha  *202*
Nemertea  *202*
Nemertodermatida  *241*
Neoaves  *398*
Neocallimastigomycota  *169*
neofunctionalization  *336, 575*
Neognathae  *398*
Neonemertea  *244*
neoteny  *374*
nephridium  *251*
net slime molds  *182*
neural tube  *230*
NJ 法  *619*
non-allelic gene conversion  *527*
non-allelic homologous recombination  *526*
non-coding RNA  *568, 754*
non-homologous recombination  *523*
nonreciprocal recombination  *523*
nonsynonymous substitution  *518, 599*
Notoneurula 仮説  *294*
Notoryctemorpha  *418*
Notoungulata  *423*
$n$-selection  *667*
NST  *152*
nucleotide diversity  *616*
*Nuhliantha*  *122*
number of alleles  *672*
*Nyctereutes procyonoides*  *430*

■ O

O 抗原  *35*
Odobenidae  *430*

*Odobenus rosmarus*　431
Oedipodiopsida　100
OHラジカル　5
Oken, L.　334, 733, 736
*Olpidium*　169
*Ondatra zibethicus*　426
Onychophora　202
Oparin, A. I.　922
operational sex ratio　664
*Ophrys*　121
Opisthokonta　168
oral papilla　259
*Ornithorhynchus anatinus*　417
Ornithuromorpha　395
orthogonal nervous system　229
Orthonectida　202, 296
osmoconformer　748
osmoregulator　748
Osteichthyes　345
Otariidae　430
outcrossing　127
overdominance selection　650
Owen, R.　200, 324, 334, 734, 736, 917
oxidation water　748

■ P

$P$因子　580
$p$距離　597
paedogenesis or neoteny　200
pairwise distance　619
paleoanthropology　851
paleobiogeography　850
paleobotany　851
paleoecology　850
paleontolography　850
paleontology　850
paleopalynology　851
Paleozoic　855
Panarthropoda　260
panting　749
Pantodonta　423
*Paracaudina*　305
parapatric speciation　790
Parazoa　202
parthenogenesis　758
pathogenicity island　534, 583
pattern formation　746
Patterson, C.　198
Paucituberculata　418
*Paulinella chromatophora*　72
Pauling, L. C.　906
*Pax1/9*　322
PCR　32
PCR法　462

*Pelagothuria*　305
*Pelmatosphaera*　296
*Pelomyxa*　81
*Pentastemona*　121
Peramelemorpha　418
Peramelidae　419
perennial　127
peribuccal lip　259
Perissodactyla　421
Perkinsea　87
Petauridae　420
*Petauroides volans*　420
Phalangeridae　419
Phascolarctidae　419
PHB　151
phenology　127
phenotypic accommodation　727
phenotypic integration　718
phenotypic plasticity　725, 886
philosophy of biology　766
phloem　150
*Phoca*　431
Phocidae　430
Pholidota　421
Phoronida　251
*Phoronis*　251
*Phoronopsis*　251
Phoronozoa　252
photobiont　189
photoperiodism　749
PHV　151
phycobiont　189
Phycomycetes　187
Phylactolaemata　252
phylogenetic comparative methods　864
phylogenetic constraints　716
phylogenetic diversity　769
phylotypic stage　199, 207
phylum　202
physical constraint　715
*Phytophthora*　540
Pianka, E.　660
Pilidiophora　244
pilidium larva　244
Pilosa　421
*PIN1*　151
Pinnipedia　430
*Pinus taeda*　152
piRNA　754
*Pirsonia*　187
pitted thickening　150
Pituitary homeobox transcription factor 1　686
*Pitx1*遺伝子　708
Placozoa　202, 238

Plantae  *63*, *195*
*Plasmodiophora*  *187*
Plasmodiophorea  *182*
*Plasmodium*  *86*
plasmodium  *183*
*Plasmodium falciparum*  *654*
plastid  *61*
plastid division machinery  *62*
Platyhelminthes  *202*, *241*
Platyzoa  *202*
plectostele  *151*
pleurocarpous mosses  *101*
plug-in  *729*
PNA  *12*, *14*
poikilohydric  *100*
policing  *697*
pollen/ovule ratio  *127*
polycarpy  *127*
polycistronic transcription  *569*
polygene  *880*
polymorphic  *657*
polyphenism  *725*
polypide  *248*
polyploidization  *530*
Polystilifera  *244*
Polytrichopsida  *100*
population genetics  *669*
population tree  *617*
population viscosity  *663*
Porifera  *202*
position effect variegation  *755*
positive frequency-dependent selection  *656*
Potoroidae  *420*
Priapulida  *202*, *253*
Price 則  *695*
primary endosymbiosis  *62*
Primates  *421*
probability of genes identical by decent  *695*
Proboscidea  *421*
Procreodi  *423*
Procyonidae  *430*
progenotes  *41*
protostele  *151*
Protostelea  *182*
Protosteliomycetes  *182*
Protostomia  *202*
prototroch  *244*
protoxylem  *150*
Pseudocheiridae  *420*
pseudofungi  *166*
pseudogenization  *532*
pseudoplasmodium  *184*
Pucciniomycotina  *173*
punctuated equilibrium  *851*

*Pusa hispida*  *431*
Pyrotheria  *423*
*Pythium*  *187*

■ Q
$Q_{ST}$  *675*
QTL 解析  *826*, *888–890*
quantitative character  *880*

■ R
r 戦略  *659*
r 淘汰  *658*
R バンド領域  *585*
RAB GTPase  *153*
RAB11  *154*
RAB5  *154*
radial nervous system  *231*
Radiata  *202*
radioactive decay  *857*
radiometric age  *857*
Raff, R.  *201*
RAG1  *582*
RAG2  *582*
random mating  *670*
rate of inbreeding depression  *679*
Rattus  *425*, *426*
Raup, D. H.  *706*
Rb-Sr 法  *857*
reaction norm  *886*
reaction-diffusion system  *746*
recapitulation  *198*
recessive deleterious gene  *679*
reciprocal recombination  *523*
reciprocal translocations  *527*
recombinant  *508*
recombination  *523*
recombination rate  *526*
reduction  *200*
reinforcement  *790*
relatedness  *699*
relatedness, regression coefficient of genetic relatedness  *695*
relative rate test  *596*, *603*
replication  *508*
replicator  *666*
reproductive assurance  *127*
reproductive interference  *790*
reproductive skew  *697*, *700*
reproductive success  *699*
resource holding power  *699*
response trait  *769*
restorer gene  *591*
retardation  *200*
reticulate thickening  *150*

retroposon  *531, 580*
retrotransposon  *531*
REV  *151*
reverse transcriptase  *531*
reverse transcription  *531*
Rhabditophora  *241*
*Rhizidiomycetes*  *186*
*Rhizobium*  *30*
Rhizopoda  *80*
*Rhodobacter*  *31*
*Rhodopseudomonas*  *31*
*Rhodospirillum*  *31*
Rhombozoa  *202, 296*
*Rhopalodina*  *305*
*Rhopalura*  *296*
*Rhynia gwynne-vaughanii*  *151*
*Rhynia major*  *151*
Riedl, R.  *707*
*Rivulus marmoratus*  *352*
r-K 選択  *126*
r-K 淘汰説  *659*
RNA  *504*
RNA ウイルス  *24–25, 516*
RNA 干渉  *263, 582, 754*
RNA 触媒  *13*
RNA ポリメラーゼ  *549*
RNA ワールド  *12–15*
Rodentia  *421, 424*
Rotifera  *202*
Rozella  *169*
*Rozella*  *170*
rRNA  *37*
rRNA 遺伝子  *507*

■ S

sagenogen  *186*
sagenogenetosome  *186*
*Salmonella enterica*  *30*
Sander, K.  *201*
Sanger, F.  *906*
*Sapeornis*  *395*
SAR  *87*
SAR グループ  *77*
Sarcopterygii  *349*
Saussure, F. de  *739*
scalariform thickening  *150, 152*
scalid  *254*
Scalidophora  *253, 255*
Scandentia  *421*
Schiller, J. C. F. von  *733*
Schleicher, A.  *739*
Schmidt-Nielsen, B. K.  *200*
Schwartz, K. V.  *196*
Sciuridae  *425*

Sciuromorpha  *425*
sclerotium  *183*
SDSA  *524*
seed bank  *128*
seed/ovule ratio  *127*
segmentalists  *334*
segmentation  *203*
selection differential  *882*
selection gradient  *882*
self-incompatibility  *128*
selfing  *127*
selfish gene  *667*
selfish genetic element  *667*
selfish herd  *699*
sensory exploitation  *665*
septum  *166*
serial homology  *713*
Serres, E.  *199*
sessile animal  *247*
SETI  *19*
Sewertzoff, A.  *200*
sexual competition  *790*
sexual selection  *664*
shade avoidance  *752*
*Shh* 遺伝子  *708*
Shine-Dalgarno 配列  *551*
short interspersed element  *531*
Siberian Traps  *487*
Silicea  *202*
Simpson, G. G.  *906, 923*
SINE  *531, 581*
siphonostele  *151*
Sirenia  *421*
siRNA  *754*
Slenodonta  *427*
slime molds  *182*
*Small eye*（*Pax-6*）  *505*
sn-グリセロール 1-リン酸  *29, 39*
sn-グリセロール 3-リン酸  *29*
SNARE  *153*
SND1  *152*
snRNA  *505*
social brain hypothesis  *833*
Social Darwinism  *830*
social network analysis  *700*
sociogenomics  *700, 703*
Soil Clone Group 1  *170*
Solitaria  *251*
Soricomorpha  *421*
sorocarp  *184*
special homology  *711*
Spencer, H.  *846*
Sphagnopsida  *100*
spheroid body  *73*

splicing  *532*
split sex ratio  *696*
*Spongospora*  *187*
SSR  *821*
stable isotope  *857*
standing variation  *823*
Stebbins, G. L.  *924*
*Steinernema*  *263*
Stemonitaceae  *184*
stepping-stone model  *676*
stepwise mutation model  *616*
*Stoecharthrum*  *296*
stratigraphy  *856*
*Streptomyces*  *30*
structural variation  *523, 526*
sub- and neo-functionalizations  *324*
subfunctionalization  *575*
subpopulation  *674*
Suiformes  *427*
*Sulfolobus*  *37*
supercooling  *748*
suspension-feeding groove  *82*
sweating  *749*
synapomorphy  *712*
synergistic effect  *663*
synonymous substitution  *518, 599*
synteny  *336, 531, 568*
synthesis-dependent strand annealing  *524*

■ T

T バンド領域  *584*
tachygenesis  *200*
*Tachyglossus*  *417*
Tachymorphie  *200*
Taeniodonta  *423*
Tajima's $D$  *616, 674*
Takakiopsida  *100*
*Talpina*  *252*
tandem duplication  *529*
tandemply repeated DNA  *587*
Tardigrada  *202*
Tarsipedidae  *419*
*Tarsipes rostratus*  *419*
TATA ボックス  *550*
Taxonomic Database Working Group  *878*
Teleostei  *349*
Teleostomi  *347*
teleost-specific genome duplication  *337*
tension zone  *789*
Tentaculata  *251*
terminal addition  *200*
territory  *567*
Testacealobosia  *81*
tetraneural nervous system  *230*

Tetraphidopsida  *100*
Tetrapoda  *370*
tetrapolar  *173*
TFT  *692*
Thaumarchaeota  *38*
Thermococci  *38*
*Thermoplasma*  *37*
Thermoplasmata  *38*
thraustochytrids  *185*
Thylacinidae  *419*
Thylacomyidae  *419*
Tiedemann  *199*
Tilodonta  *423*
TNA  *12, 14*
toe  *255*
Tokioka, T.  *328*
*Toxoplasma*  *86*
tracheid  *150*
trade off  *126*
trait group  *661*
transition  *517, 597*
translocate  *527*
translocation  *567*
transposable element  *531, 587*
transposase  *531*
transposition-based duplication  *529*
trans-species polymorphism  *651*
transversion  *517, 597*
Tree of Life Web project  *879*
Trematoda  *241*
*Treptoplax retans*  *239*
*Triadobatrachus*  *370*
*Trichomonas*  *77*
*Trichoplax adhaerens*  *239*
Trivers-Willard 仮説  *834*
tRNA  *551, 586*
Trochozoa  *246*
true slime molds  *182*
Tubulidentata  *421*
Tubulinea  *81*
Turbellaria  *241*

■ U

*Ubx*  *274, 709*
unequal crossing-over  *526*
unit of selection  *666*
universal ancestor  *41*
universal constraints  *716*
unweighted pair grouping method with arithmetic mean  *619*
UPGMA  *619*
upper epithelium  *239*
Urbilateria  *293*
Urmetazoon  *224*

Ursidae  *430*
*Ursus*  *429, 430*
Urtyp  *733*
Ustilaginomycotina  *173*

■ V

*van3*  *151*
vascular bundle  *150*
Vavilov, N.  *845*
vegetative propagation  *127*
vehicle  *666*
velvet worms  *259*
vertebrate paleontology  *851*
vertebrates  *322*
vessel  *150*
vibilaculum  *248*
vicariance  *677*
Vicq d'Azyr, F.  *736*
vigilance behaviour  *699*
Viverridae  *430*
VND  *152*
Vombatidae  *419*
von Baer, K. E.  *196, 199, 203, 334, 733, 734*
voucher specimen  *877*
Vries, H. M.  *920*
*Vulpes vulpes*  *430*

■ W

Wächtershäuser, H.  *41*
Wallace, A. R.  *918*
Wallemiomycetes  *170*
Watson, H. W.  *509*
Weismann,  *919*
Westermark 効果  *834*
Whitman, C. O.  *201*
Williams, G. C.  *661*
Williston の規則  *198*
Wilson, A.  *926*
Wilson, D. S.  *661*
Wilson, E. O.  *659, 840, 841*
Wnt シグナル  *208, 709*
Wobble  *586*
Woese, C.  *37*
woody plants  *127*
Wright, S.  *905, 921*
Wynne-Edwards, V. C.  *661*

■ X

X 染色体不活性化  *755, 757*
X chromosome inactivation  *755*
*Xenoturbella*  *301*
Xenoturbellida  *202*
Xenumgulata  *423*
*Xenusia*  *259*

xylem  *150*

■ Y

*Yersinia pestis*  *30*
*Ypsilothuria*  *305*

■ Z

*Zaglossus*  *417*
*Zaglossus bruijni*  *417*
*Zalophus japonicus*  *431*
Zap  *46*
ZED  *46*
zone of primary intergradation  *789*
zoocyst  *184*
zooecium  *248*
zoophytes  *195*
ZPA  *707*
Zuckerkandl, E.  *906, 924*
Zygomycota  *169*
*Zymomonas*  *32*

■ ア

アイソクロン法  *858*
アイソコア  *583–586*
アウスクトリボスフェノス目  *409, 411*
アウストラロトリボスフェニック亜綱  *409, 417*
アウストラロピテクス  *439, 446*
アウトロー遺伝子  *837*
あえぎ呼吸  *749*
アオサ藻  *71*
赤池の情報量規準  *869*
アカゲザル  *638*
アカスタ片麻岩  *5*
アカデミー論争  *203, 204, 734*
赤の女王仮説  *639, 800*
アカンタレア類  *85*
アーキア  *11, 37, 197*
アーキオール  *40*
亜基節  *290*
アクチノトロカ幼生  *251*
アクラシス類  *182*
アーケゾア  *57*
アーケプラスチダ  *63, 71, 76, 90–92*
アゴヒゲアザラシ  *431*
アザラシ科  *430, 431*
アシカ科  *430, 431*
アジサシ類  *402*
アシナシイモリ類  *370*
アズキゾウムシ  *539*
アストロバイオロジー  *19*
アスパラガス  *124*
アソシエーション解析  *829*
新しい頭  *323*
圧縮  *200*

## 索引

アードウルフ　430
アドレナリン　471
アナガレ目　423
アナナスショウジョウバエ　538
アナボリー　200
アナモルフ　168
アナモルフ菌類　166
アピコプラスト　61, 86
アピコンプレクサ類　71
アピチアン期　122
アビ目　401
アフィン変形　743
アブソゾア　77
アブダクション　875
アブミ骨　364, 410, 737
アブラヤシ　124
アフリカ獣類　421
アフリカチビネズミ　424
アフリカトガリネズミ目　421
アポトーシス　263
アマツバメ目　400
アマツバメ類　401
アミア類　349
アミノ酸置換　519–521
アミノ酸配列　609–614
アミロプラスト　61
亜鳴禽類　403
アメーバ　80
アメーバ型　122
アメーバ類　44
アメーボゾア　76, 80–82, 182, 184
アメーボディオゾア門　79
アメリカビーバー　425
アメリカ有袋類　418, 419
アモエビディウム目　188
アヤメ科　122
アライグマ　431
アライグマ科　430, 431
アラインメント　610
アリー効果　681
アリ散布　128
アルカエアントス　116
アルカエオプテリス　108
アルカエフルクタス　117
アルクイ　422
アルクトスティロプス目　423
アルケオプテリクス　395
アルディピテクス・ラミダス　437
アルハラクシス　200
アルベオラータ　76, 77, 86–87
アルベオラータ類　87
アルマジロ類　422
アロエ　124
アロステリック酵素　35

アロ認識　316
アワ　124
安全性評価　829
安定同位体　857
アンフィオキシデス幼生　327
アンフィレステス科　408
アンボレラ　118
アンモシート幼生期　340
アンモナイト　200

### ■イ

イイズナ　429
イエネコ　430
維管束　121, 141, 150–153
維管束形成　132
維管束植物　151, 472
生きた化石　262, 349
イグサ　124
イグサ科　122
育児嚢　417, 418
育種　824–829
育種価　662, 695, 881
育種学　462
イクチオスポレア類　79
イクチオルニス　395
異クマムシ　257
異形花　654
異型花柱性　128
異形個虫　248
囲口唇　259
異甲類　341
石川千代松　842
意識的選抜　826
異時性　200
異質細胞　34
異質体節制　289
イシヅチゴケ綱　100
異質倍数体　825
イシノミ目　288, 290
維持メチル化　754, 756
異獣亜綱　408, 409
移住率　675
異所性遺伝子変換　527
異所性組換え　526
異所的種分化　775–779
井尻正二　913
イスア　5, 47
異数性　825
異性間淘汰　664
異節目　422
イソプレノイド　31
板状中心柱　151
イタチ亜科　431
イタチ科　430

イタチ属　431
イタチムシ　242
一塩基多型　615
位置価　734
一次顎関節　364
一時期群れ　661
一次共生　62, 71, 77
一次作物　825
一次植物　71
一次大気　3
一次的移行帯　789
一年草　127
イチョウ類　112
一卵性双生児　755
一回繁殖　127
逸脱　200
一般相同　711
異蹄目　423
遺伝暗号　14, 16, 608
遺伝学　913
遺伝共分散　882, 885
遺伝距離　617
遺伝子　351, 533
遺伝子 D　838
遺伝子 P　838
遺伝子移入　789
遺伝子型　615, 684, 837
遺伝子型適応度　658
遺伝子間領域　639
遺伝子起源説　12, 15
遺伝子組換え　22, 24, 829
遺伝子系図　506–509, 511–514, 673
遺伝子系図学　630
遺伝子型値　880, 884
遺伝資源　829
遺伝子工学　462
遺伝子再集合　22
遺伝子座間遺伝子変換　527
遺伝子資源　768
遺伝子浸透　789
遺伝子制御ネットワーク　204, 728–731
遺伝子増幅　507
遺伝子対遺伝子説　799
遺伝子多様度　672
遺伝子重複　351, 513, 529, 531–534, 583, 607, 618
遺伝子適応度　658
遺伝子転移　514, 529
遺伝子淘汰主義　666
遺伝子と文化の共進化　831, 834
遺伝子ネットワーク　728
遺伝子の獲得　534
遺伝子の数　586
遺伝子の水平移動　506, 535–538, 608
遺伝子の乗り物　666

遺伝子頻度　670, 694
遺伝子プール　658
遺伝子分化係数　615
遺伝子変換　512, 523–530, 557
遺伝子密度　585
遺伝情報　533
遺伝子流動　670, 674–676
遺伝子起源説　12, 15
遺伝子を再利用　219
遺伝相関　882, 884–887
遺伝的応答　882, 885
遺伝的荷重　641, 683
遺伝的決定論　837
遺伝的順応　727
遺伝的制約　715
遺伝的多様性　672–674
遺伝的同化　727
遺伝的浮動　506, 607, 628–634, 645, 671, 843, 905
遺伝的浮動と中立突然変異の平衡　682
遺伝的分化　500–502, 670, 674
遺伝的変異の維持　682–684
遺伝的モジュラリティ　718
遺伝分散　679, 881
遺伝マーカー　888
遺伝率　881, 884
移動制限　663
伊藤嘉昭　913
糸状根足虫　80
イトヨ　351, 685
イヌ　430
イヌ亜目　429, 430
イヌ科　430
イヌカタヒバ　151, 152
イネ　124
イネ科　121
イネ目　122
疣脚　709
今西錦司　913, 914
今西進化論　846, 913
イリオモテヤマネコ　430
イルカの鰭　706
入れ子構造　663
イワサザイ類　403
イワダヌキ目　421
インコ目　403
印象化石　459
インスリン経路　702
隕石衝突　485, 487
インターバルマッピング法　888
インテリジェント・デザイン　845
咽頭弓　323, 334
イントロン　504, 576–579
イントロンの起源と進化　578
イントロンレス　532

インプリンティング　507
インプリント遺伝子　758
隠蔽色　373

■ウ
ヴェリジャー幼生　261
ウイルス　22–23
上基節　290
ヴェツリコリアン　311
ウォルバキア　591
ウォンバット科　419
ウキクサ　121
薄板スプライン　743
渦鞭毛藻核　86
渦鞭毛藻類　71, 86
渦虫綱　241
渦虫類　296
内鞘　121
宇宙生物学　19
宇宙生命科学　19
宇宙の起源　2–3
宇宙の生命　19–20
ウニ　303
ウマ　423
ウマノスズクサ科　121
ウミグモ類　269
ウミサソリ類　278
ウミスズメ類　402
ウミタル　313
海鳥　404
ウミユリ　303
羽毛　392, 394
ウ類　402
ウルクラフト　733
ウルバイラテリア　197
ウルプランツ　733
ウロコオリス亜目　425
ウロコオリス科　425
ウロコゴケ綱　100
鱗翅目の幼虫　709

■エ
永久歯　410
エイコサペンタエン酸　186
衛生動物　426
栄養生殖　155
栄養繁殖　127
エウトリコノドン目　409
エオカエキリア　372
エギアロドン目　409
腋蘚類　101
エキソンシャフリング　552
エキビョウキン属　187
エクジソン　268, 726

エクスカバータ　71, 76, 80, 82–84
エクダイソン　703
エクリナ目　188
エコロケーション　422
エチオプラスト　61
エディアカラ化石群　220
エディアカラ動物群　213–215
エーテル脂質　39
エナンティオルニス類　395
エネルギー代謝　31
エピゲノム　755
エピジェネシスの罠　707
エピジェネティクス　753, 755–756
エピスタシス　686
エピスタシス偏差　881
エピ対立遺伝子　755
エピテミア科　73
エピ突然変異　755
エフト　373
エボシドリ類　400
エボデボ　914
エムデン・マイヤーホフ・パルナス経路　7, 36, 39
エライオソーム　128
鰓曳動物　202, 221, 253–255
鰓曳動物門　253
襟細胞　234
襟細胞室　234
襟鞭毛虫類　79
塩基多型　683
塩基多様度　616, 673
塩基置換　519–521
塩基置換突然変異　22
塩基配列　609–614
円口類　223, 340, 342–343
猿人　446
円石藻　88, 471
延長された表現型　667
エントアメーバ　76
エンドウヒゲナガアブラムシ　539
エントコニド　410
エンドトキシン　35
エントナー・ドゥドルフ経路　31, 39
エンドファイト　167
エントリザ菌綱　170
エンバク　124
エンハンサー配列　550
エンベロープ　22
塩類細胞　748
塩類腺　748
エンレイソウ　122

■オ
横隔膜　409
王台　701

大顎　290
大顎体節　289
オオガシラ類　403
大型化石　458
大型爬虫類　381, 383–384
オオカミ　430
オオコウモリ類　422
太田朋子　926
大野乾　925
オオハシ類　403
オオブッポウソウ　403
オオムギ　124
丘浅次郎　842, 913
岡崎フラグメント　506
オキシエナ科　423
オキシモナス　82
オーキシン　151
オーキシン極性輸送　151
オクロ植物類　88
雄駆動進化説　606
雄殺し　591
オスジロアゲハチョウ　685
オステオグロッサム類　350
オステオレピス　370
オーストラリア有袋類　418
オゼソウ属　122
オーソロガス　609
オゾン　6
オゾン層　7
オタマジャクシ型幼生期　313
オタマボヤ　313
落葉性　127
オッカムの剃刀　661
オットセイ　431
オパリナ類　88
オピストコンタ　76, 78–80, 168, 197
オビムシ　242
オプシン　351
オペロン　30, 35, 550, 569
オポッサム科　419
オポッサム形目　418, 419
オモダカ科　122
オモダカ目　122
オモト　124
オーランチオキトリウム　186
オーリクラリア　210
オーリクラリア説　310
オルガネラ　29, 70–73, 534
オルガネラDNA　518
オルステン型動物群　271
オルドビス紀　347
オルニソロモルファ類　395
温血脊椎動物　584
温暖化　472

■カ

外顎類　288, 290
海果類　309, 328
外眼筋　322
海牛目　421
カイコ　913
外肛動物　202, 250, 251
介甲類　194
外向裂開　122
外骨格　708
外鰓　373
介在成長　121
外肢　274
開始コドン　551
概日時計　749
外質ネット　185
外生菌根　174
外生分枝　144
階層性　661
階層的淘汰　663
階層ベイズモデル　871
回虫　263
概潮汐リズム　750
カイツブリ目　399
解糖系　31
外套腔　261
外套膜　261
カイトニア類　110, 114
概年リズム　750
外胚葉性間葉　323
外分泌器官　322
外分泌腺　340
開放血管系　341
海綿　250
海綿動物　202, 221, 223, 234–235
外木包囲型　121
階紋肥厚　150, 152
回遊　352
海洋大循環　472
海洋島　494
海洋無酸素事変　487
解離　324
乖離　735
海流　501
貝類　471
カイロモン　726
カエルツボカビ菌　375
カエル類　370
化学化石　10, 17–18, 458
化学合成　40, 47
化学進化　10
下顎軟骨　737
カギムシ　259
家禽　194

カグー　400
顎関節　364
顎口動物　202
顎口類　340, 347, 708
角骨　364
顎骨弓　340
核酸　508-510
拡散共進化　794
拡散近似法　628
角質形成物　707
隔壁　166
角膜　707
過形成　201
籠状神経系　229
過酸化水素　7
火獣目　423
花状器官　254
カシラエビ綱　274
下唇　290
下唇鬚　290
下唇体節　289
かすがい連結　172
ガースタング　310
カースト　701-703, 725
カースト分化　701
ガストレア説　199, 204
化石　122, 151, 220, 252, 458, 460-464, 842
化石化作用　459
化石記録　460
化石種　770
化石無顎類　341
風散布　128
仮説演繹法　864
顆節目　423
下層上皮細胞　239
型の統一　203, 734
カタブレファリス類　72, 87
カタホコリ科　184
偏った遺伝子変換　526
芽中姿勢　122
カツオドリ類　402
顎脚　274
顎脚綱　274
核脚類　427
滑距目　423
滑空適応　425
カッコウ類　400
褐色脂肪組織　749
活性汚泥処理　32
活性酸素　7
合体節　289
カップリング　708, 735
カテヌラ類　241
仮導管　150

加藤弘之　846
カナライゼーションモデル　151
カピバラ　424, 426
花被片　122
カブトガニ　278
花粉　121
花粉数/胚珠数比　127
カマアシムシ目　288, 290
ガマ科　124
鎌状赤血球　516, 653, 905
カマハシ類　403
カメ　366, 368-371, 708
カメの背甲　708
カメ目　387
カメ類　389-390
カメレオン　324
カモノハシ　417
カモノハシ科　417
カモメ類　402
カモ目　399
カヤツリグサ科　122
カライワシ類　350
がらくたDNA　570, 586-588, 639
ガラス海綿動物　202
顆粒状根足虫　80
ガー類　349
カルドアーキオール　41
カルペディエモナス　82
カルペディエモナス様生物　82
カルポイド　293, 303, 304, 328
過冷却　748
枯草菌　36-37
ガレット　89
ガロアンセレス類　398
カワウソ亜科　431
カワセミ類　403
カワネズミ　422
感覚器官　333
感覚器包　323
感覚搾取説　665
カンガルー科　420
カンガルーラット　425
環境DNA　169, 170
環境確率性　679
環境収容力　126, 658
環境相関　884
環境破壊　375
環境分散　881
環境変化　375
環境偏差　881
環境変動　683
冠棘　254
環形動物　202, 205, 221, 245-247, 289, 294, 333
幹細胞　204

幹細胞形成維持　131
管歯目　421
環状筋　254
管状クリステ　182
管状小毛　88
管状中心柱　151
緩進化　732
完新世　484
ガンスス　395
環世界　873
間接互恵性　692, 834
関節骨　364, 410
間接的適応度　696
間接的利益　699
関節動物　196, 203
完全時代　168
完全相同性　706
完全変態昆虫　702
完全ホモ接合体　828
乾燥　751
乾燥耐性　258
間挿体節　289
観念形態学　334
観念論的形態学　737
カンパニアン期　124
カンブリア紀　220, 221, 252, 347, 471
カンブリア爆発　219, 220, 223
眼胞　707
緩歩動物　202, 257–258
カンムリアマツバメ類　401
環紋肥厚　150, 152
間葉　323
冠輪動物　202, 205, 223, 241, 243, 251, 253, 261

■キ

キアズマ　509, 523
偽遺伝子　589–590, 608, 639
偽遺伝子化　532
機械的散布　128
キカデオイデア類　113
気化熱　749
気管　289
鰭脚　423
鰭脚類　430
偽菌類　88, 166, 167, 185
キク類　124
奇形学　733
気孔　751
気候変動　484–486
記載古生物学　850
基肢節　290
擬似相同　721
擬似複製　16
キジ目　399

輝獣目　423
寄生性原生生物　83
寄生虫　263
基節　290
季節多型　725
基礎代謝率仮説　606
キソプラズマ症　86
偽体腔動物　223, 254
拮抗的多面発現　885
キツツキ　324
キツツキ目　402
キツツキ類　403
キツネ　430
奇蹄目　421, 423
キヌゲネズミ科　425
キヌタ骨　364, 410, 737
キヌバネドリ目　402
キネトプラスチダ類　71
キネトプラスト　71
気嚢　391, 394
機能群　769
機能的形質　769
機能的制約　716
機能的多様性　769
機能的モジュラリティ　719
機能分担　324
キノコ　172
キノドン類　364, 408
キノボリジャコウネコ科　430
キバナオモダカ科　124
木原均　560, 913
キビ　124
基部真正双子葉植物　124
偽変形体　184
ギボシムシ　196, 206, 308, 333
ギボシムシ類　306
木村資生　843, 906, 913, 914, 924
キメラ構造　506
キモレステス目　423
逆位　512, 524–530
脚基腺　259
逆転　723–724
逆転写　531
逆転写酵素　531, 572, 595
球果類　113
旧口動物　224, 292
臼歯　290
球状体　73
嗅上皮　323
急進化　732
急速発生　200
吸虫綱　241
休眠　749
キューネオテリウム科　409

索引　951

強化　790
恐角目　423
鋏角類　269, 272, 278
教科書　842–844
頬歯　410
暁獣亜綱　408
共進化　656, 794–806
共生　70–73
共生菌　189
共生説　44
共生藻　189
キョウソヤドリコバチ　538
ぎょう虫　263
協調進化　527, 556–558
共通性　843
共通祖先　41, 843
共同的　694
共同繁殖　699
胸部　289
共有派性形質　712
共有派生形質　345
共有派生形質状態　723
恐竜　463
協力行動　692–694
巨鋏類　271
棘魚綱　322
棘魚類　347
棘鰭類　350
曲形動物　250
局所的拘束　716
局所的種分化　780–784
局所的な密度制御　663
局所配偶競争　661
極性輸送　151
棘皮動物　221, 292, 303, 308
棘皮動物門　202
巨大火成岩岩石区　486
巨大細胞　184
巨大衝突　4
巨大衝突説　4
巨大神経繊維　251
距離行列　619
距離法　613, 875
魚竜目　381
魚類　346
キリスト教　844, 845
キリハシ類　403
鰭竜目　381
菌界　172, 196
菌核　183
キンコウカ科　122
近交係数　672, 679
近交弱勢　127, 679
菌根　167, 752, 801

菌根菌　752
菌細胞　539
菌糸　166
菌糸体　166
均質化　527
菌従属植物　752
近親交配　671, 679
筋節　322
キンポウゲ　121
キンモグラ科　421, 422
近隣結合法　619
菌類　76, 166–171
菌類界　166
菌類様真核生物　185–189

■ク

クイナモドキ類　399
クイナ類　400
空間構造　693
空個虫　248
空椎亜綱　370
偶蹄目　421, 423
偶蹄類　427
寓類　194
茎　141–144, 751
クサスギカズラ科　122
クサスギカズラ目　121
クサリフクロカビ目　187
鯨偶蹄目　423, 429–431
鯨目　421, 423, 427
クスクス科　419
口　205
クチクラ　254, 268, 296
掘足綱　263
グネツム類　113
クビワミフウズラ　402
クーペリテス　116
クマ科　430
クマネズミ　426
クマムシ　257
組換え　512, 523–530, 671
組換え体　508
組換え率　526
クムルス　278
クモ・ダニ類　278–280
クモヒトデ　296, 303
暗い太陽のパラドックス　471
クライン　788
クラカケアザラシ　431
水母　235
グラム陰性菌　30
グラム陽性菌　30
グランド細胞　239
クリステ　55

## ■ク

グリセロ糖脂質　31
グリセロリン脂質　31
グリセロール　749
sn-グリセロール 1-リン酸　29, 39
sn-グリセロール 3-リン酸　29
グリセロール核酸　14
クリハラリス　426
クリプトクロム　752
クリプト植物　77
クリプト藻類　71, 87
クリプトビオシス　258, 750
グループIイントロン　577
グループIIイントロン　577
グルーミング　834
グレージング　420
グレード　341
クレーンアーケオータ　44
クロゴケ綱　100
グロッソプテリス類　110, 114
グロノラクトン酸化酵素遺伝子　589
クロボキン亜門　173
クロボキン類　170
クロマゴケ綱　100
クロマチン　567, 753
クロミスタ　87–89, 167
クロムアルベオラータ　77, 87
グロムス菌門　169
クロメラ　87
クロララクニオン植物　77
クロララクニオン藻類　71, 84
クロロフィル　751
クロロプラストDNA　463
クローン　248, 755
グンカンドリ類　402
群集　810–812
群選択　660, 692
群体　247
群体性　250
群体目　251
グンディ科　425
グンディ下目　425
群淘汰　660–663, 692, 899

## ■ケ

警戒行動　699
経験ベイズ法　871
警告色　373
経済学　833
警察行動　697
形質　684–687, 711, 712, 769
形質集団　661
形質状態　711, 712
形質置換　865
形質転換現象　37

芸術　833
形状統計学　744
形成層　121, 150, 151
脛節　290
珪藻類　88
形態　121, 706–710
形態学　334, 733–735
形態学的相同性　734
形態空間　706
形態形質　710–712
形態形質の進化速度　731–732
形態種　770
形態進化　706, 731
形態測定学　741–746
形態的相同性　203, 324, 706
形態的同一性　736
形態統合　718
形態の認識　733–735
形態パターンの累積的進化　707
茎頂分裂組織　142
頸椎　324
系統　666, 843
系統学　872
系統学的種　771
系統学的種概念　763
系統学的多様性　769
系統樹　76, 613
系統地理学　892
系統的制約　716
系統的比較法　864
系統典型段階　212
系統マーカー　583
系統網　535
啓蒙主義者　844
系列相同　713
血縁個体間の競争　700
血縁識別　696
血縁選択　692, 694
血縁度　591, 695, 699
血縁淘汰　661, 692, 694–697
血縁認識　656
血縁認知　696, 834
血管系　205
結合　324, 735
結合一致の法則　706, 734, 737
結合組織　323
欠失　512
齧歯目　421, 423, 424, 426–428
血体腔　269
欠尾類　288
ゲノム　44, 351, 463, 504, 560–562
ゲノムDNA　533
ゲノムDNAの大きさ　586
ゲノムインプリンティング　591, 755, 757–759

ゲノム合成　818-820
ゲノムサイズ　561, 570
ゲノム時代　909-911
ゲノム設計　818-820
ゲノム全塩基配列　35
ゲノム対立　590-592
ゲノム重複　323, 336, 338-342, 529, 573-576, 607
ゲノム内闘争　590
ゲノムの大きさ　570-573
ゲノムの完全塩基配列　37
ケノレステス科　419
ゲーム理論　657
ケルコゾア類　84
圏外生物学　19
原核細胞　44, 196
原核生物　37, 196, 536, 562-566
嫌気呼吸　31
嫌気消化汚泥処理　32
嫌気性菌　7
嫌気的メタン酸化古細菌　38, 40
原型　199, 203, 733
原形発生　200
原顎歯型咬筋　425
言語　833
原口　205, 278, 292, 308
肩甲棘　411
原口上唇部　279
原索動物　196
犬歯　410
原始形質状態　723
原始形質状態の共有　723
原始紅藻類　91
原始細胞　234
原始大気　5-6
原始太陽系円盤　2
原始太陽系星雲　2
原始地球模型実験　10
原獣亜綱　408
原植物　733, 738
原始惑星　2
原始惑星系円盤　2
原人　449
原腎管　250, 255
減数分裂　508, 510-511
原生生物　65-70, 196
原生生物学　860-862
顕生代　47
原生代　47
原生中心柱　151
原生動物　196
原生粘菌類　182, 183
原生木部　150
現存量　658
現代人　814-816
現代人的な行動能力　449
現代的総合　900
原腸胚　204
原動物　334, 734
ケンドール形状空間　742
原脳　289
剣尾類　278
原裸子植物　108

■コ

コアセルベート　10, 13
コアセルベート説　13, 15
コアノゾア　78
コアラ　419
小泉　丹（あきら）　913
コイ目　350
古因科学　874
古因学　898
恒温動物　749
甲殻類　269, 271, 274-277
口陥　306
口器　340
後期重爆撃　47
好気性生物　7
工業黒化　866
公共財ゲーム　833
咬合　410
光合成　6, 470, 751
後口動物　196, 202, 292
考古学　462
口後繊毛環　210
硬骨格　221
硬骨魚類　345, 347-352
交叉　508, 523, 525
交雑育種　827
交雑帯　788-792
交雑による種分化　790
交雑発生異常　582
向軸　151
後獣下綱　408, 409, 418
光周性　749
後獣類　418
甲状腺　310, 322
恒常的性質クラスター説　766
口上突起　251
後腎管　251
較正　170
後成　753
合成依存的DNA鎖相補結合　524
較正点　223
後生動物　49, 196, 335
抗生物質　32
後生木部　150
後生木部導管　152

咬筋　425
口前節　289
口前繊毛環　210, 244
紅藻　76
厚層型　122
構造的ネットワーク　707
構造変異　523, 526
紅藻類　87
口側突起　259
合祖理論　510
後大脳　260, 290
咬頭　410
行動生態学　660, 913
行動的体温調節　748
鉤頭動物　205
コウノトリ類　401
交配様式　671
交尾成功率　664
厚壁細胞　152
酵母　172
後方鞭毛生物　197
コウマクノウキン類　169
口盲管　307, 310
コウモリの翼　706, 738
コウモリ類　422
肛門　205
孔紋肥厚　150
甲羅　366, 368–370
コエルロサウルス類　394
コ・オプション　709
五界説　166
コガタコウモリ類　423
古花粉学　851
コクシジウム症　86
互恵的利他主義　834
コケ植物　99–101
苔虫動物　247–251
苔類　99
鼓骨　365
ココヤシ　124
古細菌　37–42, 44, 197, 534, 536, 537, 607
古細菌ゲノム解析　41
古色素体類　76, 90
ゴシキドリ類　403
コショウ　121
古植物学　851
古人類学　851
古生代　252, 475–477, 855
古生態学　850
古生物　458
古生物学　220–222, 736, 850–854, 860–862
古生物地理学　850
古脊椎動物学　851
子育て行動　690–691

古代 DNA　462, 464–468
個体群密度　658
古第三紀　124
個体淘汰　660
固着性　751
骨格　332–333
骨甲類　341
骨組織　322
骨鰾類　350
固定確率　594, 647
固定型の淘汰　647–650
固定指数　615
古典仮説　906
コドン　504, 518, 599
コピー数変異　526
コビトドリ類　403
個別化　713
五放射相称　303, 304
駒井卓　913, 921
鼓膜　364
コマチゴケ綱　100
ゴマフアザラシ　431
コムギ　124
コムシ目　288, 290
古無脊椎動物学　851
固有種　496
コラーゲン　471
コラロキトリウム類　79, 188
コルゴー　422
ゴルジ装置　44
コルポデラ類　87
コロニー　701
混合戦略　657
混歯目　424
昆虫　269, 281–286, 288–290, 709
昆虫の翅　287
コンテクスト分析法　663
ゴンドワナ大陸　372
ゴンドワナテリア目　409
コンフキウソルニス　395
コンフリクト説　591, 759
根粒　752
根粒菌　32, 801
混和式遺伝　904

■サ

サイ　423
鰓脚綱　274
最強力検定　868
細菌類　799–803
サイザルアサ　124
最獣上目　409
最終電子受容体　31
最終氷期　484, 501, 502

最小進化法　*619*
鰓上隆起　*310*
最初の真核生物　*44*
サイズ　*741*
サイズ依存　*126*
最節約法　*613, 619, 875*
サイチョウ類　*403*
最適戦略　*865*
栽培化　*821–824*
細胞外凍結　*749*
細胞間相互作用　*729*
細胞系譜　*204*
細胞質不和合　*591*
細胞質雄性不稔　*590*
細胞小器官　*70, 153*
細胞性軟骨　*322*
細胞性粘菌　*80, 182, 184*
細胞内共生　*51–64, 70*
細胞内共生起源説　*56, 61*
細胞内共生藻　*62*
細胞内小器官　*29*
細胞内凍結　*749*
細胞内膜系　*153*
細胞内膜交通　*153–154*
細胞分化　*204*
細胞壁　*150*
細胞融合　*829*
細毛体　*182*
最尤法　*612, 619, 875*
鰓裂　*306, 308, 322*
サイレンサー配列　*550*
サカゲツボカビ類　*88, 167*
サギ類　*402*
蒴歯　*101*
作物　*821–824*
サクライソウ属　*122*
サクライソウ目　*122*
サケイ類　*399*
サケマス類　*352*
叉骨　*390, 394*
サゴヤシ　*124*
雑種　*788, 828*
雑種強勢　*828*
雑種集団　*788*
殺人　*833*
サトイモ科　*121*
サトウキビ　*124*
砂嚢　*390*
サビキン類　*170*
サペオルニス　*395*
左方優位説　*328*
サヤハシチドリ類　*402*
左右相称　*322*
左右相称動物　*197, 202, 216–218, 223, 235, 241, 279, 292, 301, 333*
左右非相称性　*329*
サルトリイバラ科　*121*
サルパ　*313*
サンアソウ科　*124*
酸化水　*748*
サンゴ　*471*
サンゴ礁　*494*
散在神経系　*229*
散在反復配列　*587*
三次共生　*72*
三叉神経　*340*
算術平均距離法　*619*
サンショウウオ類　*370*
三錐歯目　*408*
酸素　*470*
酸素呼吸　*6, 7*
三胚葉性動物　*297*
三葉虫　*271–273*
三葉虫類　*221*

■シ

シアネレ　*62*
シアノバクテリア　*6, 17, 33–34, 48, 189, 221, 470*
シェイプ　*741*
ジェネット　*127*
自家受精　*352*
自活個虫　*248*
自家不和合性　*128*
師管細胞　*121*
色素細胞分化　*323*
色素体　*44, 61–64, 70*
色素体の分裂装置　*62*
色素胞　*64*
シギダチョウ類　*398–400*
四極性　*173*
シギ類　*402*
ジクチオソーム　*166*
シグナル分子　*323*
シクリッド　*685, 707*
シクリッド類　*351*
歯隙　*424*
資源獲得競争　*751*
資源保持力　*699*
自己スプライシング型のイントロン　*576*
歯骨　*364*
歯骨-鱗状骨関節　*410*
自己複製　*13*
自己複製体　*560*
ジサイチョウ類　*403*
四肢　*362, 364–366, 708*
子実体　*167*
脂質膜　*22*
枝獣亜綱　*409*

示準化石　*856*
耳小骨　*324, 364, 410, 737*
耳小柱　*364*
自殖　*127, 161–163*
自触媒系　*9*
四肢類　*349*
四神経索型神経系　*230*
シス制御因子　*708*
シス調節領域のモジュラリティ　*719*
シスト　*183*
シス配列　*582*
雌性産生単為生殖　*591*
雌性発生　*352*
歯舌　*261*
指節骨式　*411*
自然形質転換　*536*
自然種　*766*
自然集団　*824*
自然主義の誤謬　*840*
自然選択　*24, 518, 599, 608, 634–635, 843, 844, 913*
自然選択の基本原理　*635*
自然選択の単位　*837*
自然哲学　*898*
自然淘汰　*506, 607, 656, 666, 670*
自然発生説　*9*
自然分類　*874*
示相化石　*856*
四足動物　*364–366, 370*
始祖鳥　*395*
シダ類　*102–104*
実効性比　*664*
質的形質　*684*
しっぺ返し戦略　*692*
自動自家受粉　*127*
シードバンク　*128*
子嚢　*167*
子嚢果　*167, 170*
子嚢菌類　*166–168, 175–179*
シノコノドン科　*409*
篩部　*150, 151*
ジブッポウソウ類　*403*
刺胞　*236*
子房　*122*
子房上位　*122*
刺胞動物　*202, 221, 223, 235–238*
姉妹群　*340*
縞状鉄鉱床　*6*
島モデル　*675*
シミ目　*288, 290*
ジャイアントパンダ　*430*
社会　*844–847*
社会科学　*830–832*
社会形態　*425*
社会進化論　*830, 846*

社会性　*699–701*
社会性昆虫　*701*
社会生物学　*660, 913, 914*
社会ダーウィニズム　*846*
社会的形質　*694*
社会的相互作用　*695*
社会的ネットワーク分析　*700*
社会脳仮説　*833*
弱有害　*668*
弱有害淘汰　*683*
弱有害突然変異　*640*
ジャコウネコ科　*430*
ジャコバ　*82*
ジャノメドリ　*400*
ジャワ原人　*446*
ジャワマングース　*430*
種　*770*
獣亜綱　*408*
雌雄異花同株　*127*
雌雄異株　*127*
雌雄異体　*254*
重脚目　*424*
獣脚類　*394*
獣弓類　*364, 408*
宗教　*833, 839–841, 844*
終結点　*585*
集合体　*184*
終止コドン　*551*
重心　*741*
重心サイズ　*742*
囚人のジレンマゲーム　*692*
重相　*172*
縦走筋　*251, 254*
従属栄養　*166*
従属栄養細菌　*31*
集団　*669–671*
集団遺伝学　*465, 608, 669, 904–908, 913*
集団系統樹　*617*
集団構造　*615*
集団サイズ　*658, 834*
集団選択　*660*
集団選抜　*826*
集団淘汰　*660*
集団の遺伝的構造　*674–676*
集団の粘着性　*663*
集団の有効な大きさ　*629*
終端付加　*200*
雌雄同体　*250*
雌雄同体現象　*352*
重力散布　*128*
縦列反復 DNA 配列　*587*
収斂　*333, 723–724*
収斂進化　*596*
受益者の利益　*695*

シュオテリウム目　409
種概念　762–772
種概念：古生物学　770–772
種概念：保全生物学　768–770
種カテゴリー　764
種間比較　864
宿主ゲノム　44
主型　203, 733
樹形　613
種個物説　766
ジュゴン　421
種子　106, 147–150
種子休眠　128
種子散布　128
種子散布者　426
種子植物　106–111, 152
種子数/胚珠数比　127
珠心　122
種数　769
受精障壁　824, 827, 829
受精卵　129
種タクソン　764
種多様性　769
出芽酵母　573
出血性大腸炎　35
『種の起原』　220, 844
種の起原　10, 200, 324, 706, 734, 824
種の絶滅　768
種の保存　660
種皮　122
種分化　618, 665, 772–775
シュモクドリ　402
種問題　762
主歪み　744
種リスト　769
主竜類　385, 387–389, 394
シュロソウ科　122
種をこえた多型　651
順位　699
順化　826
順化症候群　826
純化選択　518
純化淘汰　636
順系相同　515, 638
子葉　121
ショウガ　124
生涯繁殖成功度　658, 659
ショウガ科　122
消化管　254
消化管散布　128
小核　86
小顎　290
小顎外葉　290
上角骨　364

小顎鬚　290
小顎体節　289
小顎内葉　290
硝化細菌　32
浄化淘汰　641–644
消化バッグ　239
ショウガ目　122
条鰭綱　322
小臼歯　410
少丘歯目　418, 419
条鰭類　349
証拠標本　877
小鎮状類　241
硝酸塩呼吸　7, 31
正直なシグナル　665, 833
小集団　679–681
上唇　290
小進化　880, 885
正真骨類　350
上層（背側）上皮細胞　239
上恥骨　418
条虫綱　241
衝突脱ガス　3
上皮間葉間相互作用　708
上皮性体腔　322
ショウブ　122
小分子 RNA　754
小胞体　44
漿膜　289
小葉　138, 141
照葉樹林帯　492
小葉類　105–106, 138, 144, 152
常緑性　127
小惑星　487–491
小惑星衝突　485
女王　701
初期化　755
初期発生　130, 207–209
初期陸上植物　98
触手冠　248, 251, 252
触手環　250
触手冠動物群　251
触手動物門　251
食虫目　421
植虫類　195
食道下神経節　290
食肉目　421, 423, 429, 431–433
植物界　63, 90, 195, 196
植物相　495
植物地理学　891
植物の発生　129–134
植物ホルモン　130
食物連鎖　7
触角　290

## 958　索引

触角体節　289
シーラカンス類　349
シリウスパセット動物群　221
シリンダー細胞　239
シルル紀　151, 347
シロアリ　701
シロイヌナズナ　151
人為集団　824
人為選択　684
人為選抜　824
進化　842
進化学的種　771
進化学の歴史　898–904
進化可能性　719
進化距離　619
真核細胞　44
真核生物　44–46, 76–78, 196, 197, 534, 540, 566–569, 607
進化ゲーム理論　692
進化古生物学　850
進化子　666
進化心理学　830, 835, 840
進化速度　24, 605–606, 731
進化速度の一定性　602–605
新形発生　200
進化適応応答　812–814
進化的新機軸　708
進化的適応環境　830
進化的に安定な状態　657
進化的に安定な戦略　657
進化的モジュラリティ　719
進化と発生　198–201
進化の総合説　905
進化パターンによる進度の違い　596–599
進化発生学　226–228, 734, 736, 914
新機能獲得　324, 336
新規メチル化　756
真菌類　799–803
真クマムシ　257
神経　354–357
神経環　237
神経管　230, 308
神経系　229
神経細胞　229
神経節　289
神経堤細胞　322, 323, 335
神経伝達物質　471
神経分節　322
新口蓋類　398
人口学的確率性　679
真口級　347
人口転換　835
新口動物　224, 292, 294–298, 301, 400–405
真骨魚特異的ゲノム重複　337
真骨魚類　337

真骨類　349, 350
真骨類特異的全ゲノム重複　346
シンシチウム　234
真社会性　700
真獣下綱　408, 409, 420
真獣類　420
尋常海綿綱　234
真正グループ　121
真正後生動物　202
真正紅藻類　91
真正細菌　29–33, 37, 197, 534, 536, 607, 610
新生代　855
新生代移行期　478–480
真正中心柱　151
真正粘菌類　182
真節足動物　271
心臓　392, 739
人体解剖学　736
新ダーウィン主義　905
シンテニー　336, 531, 568, 825
浸透順応型動物　748
浸透性交雑　789
浸透調節型動物　748
真の胎生　259
新紐虫類　244
人文科学　833–836
振鞭体　248
新無神論　839, 841
真無盲腸目　422
真葉植物　152

## ■ス

巣　391
スイクチムシ類　246
水溝系　234
水腔動物　292, 308
彗星雨　485
水素説　58
水分可変性　100
水平移動　533, 536–542
水平転移　533
水平伝搬　583
水流散布　128
スイレン　119, 121
数理生物学　867
数理モデリング　867
数理論理学　876
スカンク科　430, 431
スギゴケ綱　100
スコープス裁判　845
スズキ系魚類　350
ススノキ科　124
スズメ目　403
ズータイプ　197

索　引　959

スチグマリア　146
スティコロンチェ類　85
ストラメノパイル　76, 77
ストラメノパイル類　87
ストレプト植物　92
ストロマトライト　6, 17, 33, 47, 48, 471
砂時計モデル　204
スパイト　694
スーパーオキシドイオン　7
スーパーオキシドジスムターゼ　470
スーパーグループ　76
スーパーファミリー　555–556
スプライシング　505, 531, 576
スプライセオソーム型のイントロン　576
スレノドント　427

■セ

成因的相同　722
正羽　392
セイウチ　431
セイウチ科　430, 431
生活環　127
生活史　126–128, 255, 352
生活史形質　126
生活史戦略　126, 658
生活史特性　126
生活史の短縮　299
星間分子　19
制御遺伝子群　335
生気論　8
性決定　352
生痕化石　221, 458
正獣下綱　408
生殖干渉　790
生殖細胞系列　533
生殖操作　591
正真口亜級　347
正真口類　349
性染色体　352, 391
性選択　886
精巣　255
生層序　856
生層序学　850, 854–857
生存トレードオフ血縁度　695
生態学的データ　864–866
生態系サービス　768
生態系の機能　768
生態系の健全性　768
生態系の進化　467
生体鉱物　221
生態生物地理学　891
生態発生学　727
成体変異　200
性的二型　431

性淘汰　664–665, 686
正の自然選択　599, 608, 800
正の淘汰　644–646
正の頻度依存淘汰　656
性比　656
性比のゆらぎ　679
性表現　127
生物学的種　762, 766, 771, 900
生物学的相同　711, 712
生物学の哲学　836
生物多様性　768, 807–810, 872, 878–880
生物多様性ホットスポット　497
生物地理　495
生物地理学　891–895
生物地理区　891
生物哲学　766–767
生物時計　749
生物二界説　195
生物発生原則　199, 734
生命史　472–474
生命の起源　8–12
生命の人工合成　11
生理的寿命　374
生理的適応　748–754
整列　610
脊索　307, 308, 322
脊索前板　322
脊索動物　202, 221, 292, 308, 310–315, 322, 333, 346
脊索動物門　224, 370
セキショウ　122
石炭紀　347
脊椎動物　195, 224, 309, 322, 324–332, 335–342, 346
脊椎動物亜門　370
脊椎動物の神経系　357–360
脊椎動物の頭部　333
脊椎動物の腹鰭　708
世代時間効果　605
世代時間説　602
石灰海綿綱　234
石灰海綿動物　202
石灰岩　470, 471
石灰藻　471
舌形動物　205
接合菌門　169
接合菌類　166, 167, 179–182
接合菌類トリコミケス類　188
接合現象　35
接合子　167, 183
舌骨複合体　324
切歯　290, 410, 424
摂食器官の発達　333
節足動物　202, 205, 221, 268–271, 274, 333
絶対送粉共生　494
絶対年代法　854

絶滅　347
絶滅の渦巻き　681
絶滅要因　679–681
節約原理　661
ゼニガタアザラシ　431
ゼニゴケ綱　100
ゼブラフィッシュ　351
セリ科　121
セレクター遺伝子　211
前維管束植物　143
繊維細胞　152, 239
先カンブリア（時）代　47–50, 220, 471
全球凍結　48, 482
線形化系統樹　604
前形成層　151
線形動物　202, 223, 263–265
全ゲノム解明　263
全ゲノム重複　351, 572
前口動物　196, 202, 252, 292
センザンコウ　422
全実性　167
前上顎骨　733
染色体　567
染色体再配列　825
染色体バンド構造　584
前触角体節　289
腺性下垂体　323
先祖返り　709, 720
前大脳　290
選択強度　885
選択勾配　882
選択差　882, 885
選択単位　899
選択的スプライシング　505
先端複合体　86
センチモルガン　526
蠕虫型幼生　298
蠕虫類　245
セントロメア　567
前肉歯目　423
選抜　824
前跗節　290
繊毛　86
繊毛帯　306
繊毛虫類　86, 87
前裸子植物　143
戦略　865
蘚類　99, 152

■ソ
相加的遺伝子型値　881, 884
相加的遺伝分散　881
相加的遺伝分散分散行列　882
相関した応答　882, 885

双関節丘類　288
早期交叉決定モデル　524
ゾウギンザメ　337
藻菌類　187
相互組換え　523
相互作用子　666, 837
相互転座　527
槽歯目　381
相称歯上目　409
相称歯目　408
双子葉類　121, 124–125
層序学　856
装飾形質　664
増殖率　658
双前歯目　418, 419
創造論　845
創造論者　845
相対成長則　885
相対速度検定　596, 603
相対年代　854
相対歪み解析　744
走鳥類　398–400
相転移　132
相同　712–714, 723
相同器官　842
相同組換え　523, 536, 582
相同性　554, 734, 736
相同性決定　737
相同性の喪失　739
相同染色体　508
挿入　512
挿入・欠失　22, 522–524
挿入突然変異　581
挿入配列　580
造嚢糸　167
総排出腔　417
総排泄口　254
総排泄孔　708
総排泄腔　390
双波状歯　422
相変異　725
相補的　531
草本　121, 127
藻類　221
側棘鰭類　350
側系統群　341, 345
側所的種分化　780–784, 790
促進　201
促進的異時性　200
側生動物　202, 223, 235
側線器　323, 351
側線系　340
束柱目　423
側腸間膜　251

側板　289
ソシオゲノミクス　700, 703
ソテツ類　112
ソルビトール　749
ソレノドン科　421
存在の大いなる連鎖　199

■タ

第4の胚葉　323
体外受精　372
大核　86
大顎　290
大顎体節　289
大顎類　269
体化石　458
大臼歯　410
体腔嚢　289
体系学　872
袋形動物　243, 254
体系分類　245
体腔　205
太古代　47
体細胞系列　533
体細胞雑種　829
体細胞分裂　508, 511
第三紀　492
体軸　205, 278
代謝起源説　12, 15
退縮　200
対称性　203
胎生　352, 372
胎生学　733
体節　289
腿節　290
体節制　289, 291
体節動物説　270
大絶滅　475–477
大腸菌　35–36, 533, 536
大腸菌の性的現象　35
耐凍性　749
体内受精　371
ダイナミン　44
ダイナミン分子のリング　45
第二小顎　290
第二触角体節　290
大脳皮質　834
胎盤　409, 418, 420, 759
体皮細胞　296
体毛　409
大葉　138, 141
太陽系　2–3
太陽系の摂動説　485
太陽の連星説　485
大葉類　138, 144

第四紀　492
大陸移動　478, 480–483
大陸洪水玄武岩　487
対立遺伝子　505, 615, 669, 837
対立遺伝子間相同組換え　525
対立遺伝子系図学　651
対立遺伝子数　672
対立遺伝子頻度　615–618
大量絶滅　476, 478–480, 485
苔類　99
ダーウィニズムの黄昏　900
楕円フーリエ解析　745
多黄卵　340
多回繁殖　127
多核体　183
タカ-ハトゲーム　657
タカ目　403
タカ類　403
多丘歯目　408, 409
タケ　124
多型　657
多型サイト数　673
多系統群　345
タコノキ科　122
タコノキ目　121
多細胞化　94–96
多細胞動物　196, 220
ダシポゴン科　122
多重遺伝子族　527, 530, 556, 558, 608
多重置換　611
他殖　127
多針類　244
タスマニアデビル　419
多繊毛性　296
多足鋏角類　269
多足類　269
脱上皮化　323
脱窒　31, 49
脱窒菌　32
脱皮　268
脱皮動物　202, 223, 243, 261
脱皮動物説　270
脱メチル化　756
脱粒性　822
タヌキ　430
多年草　127
多板綱　262
タフォノミー　459
タペート組織　122
多胞子嚢　143
卵菌　540
タマネギ　124
タマホコリカビ類　182
ターミネーター　549

多面発現　686, 696, 885
多毛類　245, 250, 296
多様性　121, 753, 755, 757, 843
多様性獲得　552–554
タリア　313
タルホコムギ　821
タロイモ　124
タロニド　410
単為生殖　155, 255
単一集団　672–674
単為発生　758
段階状突然変異モデル　616
単関節丘類　288
短期適応度　659
単弓類　364, 408, 409
単型　656
単系統群　340, 345, 723
単溝性　121
単孔目　408, 409, 417
単孔類　408, 417, 420
担根体　144–146
探索型　374
弾糸　100
担子器果　167
担子器　167, 172
担子菌門　172
担子菌類　166–168, 172–175
単肢型　290
端肢節　290
担子体　184
担子胞子　172
単子葉植物　120
単子葉類　121–124
単針類　244
単性花　127
単生綱　241
断続平衡　851
単体性　250
単体目　251
タンデム重複　575
タンパク質　544–546, 552–554
タンパク質結晶　121
タンパク質の0次構造仮説　16
タンパク質非コードRNA　568
タンパク質非コード領域　639
タンパク質ファミリー　555–556
タンパク質ワールド　12, 15, 16
単波状歯　422
単板綱　262
断片重複　572
担帽類　244
単葉　140
担輪幼生　246

■チ

地衣化　189
地衣類　189–192
遅延　200
澄江動物群　221, 222
地殻　4, 32
知覚神経節　323
地学団体研究会　913
地下茎　121
置換　512
置換速度　636
置換モデル　598
地球　3–4
地球温暖化効果　41
地球型惑星　2
地球環境　472–474, 487–491
地球環境変化　812–814
地球規模生物多様性情報機構　878
地球生態系　467, 469–471
地球生命科学　850
畜類　194
地質時代　456–460
地質年代　854–859
地質年代尺度　859
チシマゼキショウ科　122
地層の編年　856
地層累重の法則　854
遅滞的異時性　200
地中生活　372
窒素　752
窒素固定　34, 73, 752
窒素固定菌　752
窒素循環　32
窒素利用効率　753
知的設計論　845
チドリ目　402
チドリ類　402
チビフクロモモンガ　420
着性　126
中核双子葉植物　125
紐型動物　251
蛛形類　278
中耳　364
虫室　248
紐歯目　423
中心束　150
中生代　349, 383–384, 478–480, 855
中生代移行期　475–477
中生代と新生代の境目　575
中生動物　296, 298
中舌　290
虫体　248
中大脳　290
中程度有害　668

中立　599
中立塩基置換速度　594
中立進化　514, 594, 636–641, 671, 682, 843, 906, 913, 914
中立突然変異　636
チューロニアン期　122
鳥綱　322
超高速衝突　486
超好熱化学合成独立栄養生物　40
超個体　701
腸鰓類　306
チョウザメ類　349
調整嚢　248
腸体腔　292, 303
頂端成長　166
頂端分裂組織　145
鳥頭体　248
猪豚類　427
鳥盤目　381
長鼻目　421
重複胚　278
跳躍　372
跳躍器　290
超優性選択　650
超優性淘汰　653–655
鳥類　389, 391–398
鳥類の羽毛　707
直泳動物　202
直泳類　296, 297
直接観察法　864
直接互恵性　692
直接的利益　700
直接発生　340, 374
直遊動物　296, 299
直游類　296
直列重複　514, 529
貯精嚢　255
地理的分断　677, 678
地理的連続変異　788
チロキシン　726
珍渦虫　202, 206, 261, 292, 301, 304, 308

■ツ
対鰭　322, 708
椎骨　334
椎骨形態　708
椎式　708
ツキノワグマ　430
ツクバネソウ属　121
ツチ骨　364, 410, 737
ツチブタ　421
ツノゴケ類　99
ツノホコリ　184
ツパイ　422

ツボカビ類　166, 168–170, 179–182
ツメバケイ　390, 400
ツユカビ目　187
ツユクサ科　122
ツユクサ目　122
ツールキット遺伝子　708
ツルボラン科　124
ツルモドキ　400
ツル類　400

■テ
低 GC グラム陽性菌　36
テイコ酸　32
底節　290
ディプリュールラ　210, 292, 304
ディプルーロイド　328
ディプロモナス　76, 82
テオシンテ　821
デカップリング　735
適応　537, 838, 913
適応型　784
適応進化　671
適応帯　784
適応的　838
適応度　656, 658, 670, 824
適応放散　350, 409, 420, 494, 784–788
滴虫型幼生　298
テクタイト　486
デスマン　422
デスモスチルス　423
データベース　624–626
テーダ松　152
哲学　836–839
テトラヒドロメタノプテリン　38
デバネズミ科　426
デボン紀　151, 347
デーム内群淘汰　661
テリトリー　567
テレオモルフ　168
テレスコーピング　427
テロネマ類　87
テローム説　138
テロメア　506, 567
テロメアーゼ　506
転位　512
転移因子　531, 587
転位型塩基置換　597, 611
転換　512
転換型塩基置換　597, 611
電気受容器　351
転座　527, 567
テンジクネズミ科　426
転写　504, 508–510, 550–552, 609
転写調節因子　335, 728

テンション・ゾーン　789
転節　290
テン属　431
点突然変異率　518
天然状態　544
天然変性タンパク質　546
転流　752
テンレック科　421, 422

■ト
頭化　333
頭蓋　322, 333
頭蓋椎骨説　733
同花被　122
導管　150
導管要素　152
同義塩基置換　608
同規体節制　289
同義置換　518, 599
同義置換速度　599–602
同義変異　683
動菌類　182
洞窟魚　707
同形　720–722
同系交配　886
同形非相同　711
統系モデリング　868, 869
統合　718–720
頭腔　334
同骨海綿類　234
統合度　718
胴甲動物　202, 254, 255
頭索動物　224, 319–322
頭索類　195, 322, 333, 341
盗色素体現象　63
同質体節制　289
同質倍数体　825
陶山沱（トウシャントゥオ）　220
島嶼生物地理学　891
同所的種分化　780–784
同性内淘汰　664
同祖遺伝子率　695
トウゾクカモメ類　402
頭足綱　262
淘汰的一掃　647
淘汰の単位　666
動的な遺伝因子　537
頭部　289, 335–337
頭部神経堤細胞　323
頭部中胚葉　322
動物　76, 194–198, 746–751
動物園　194
動物界　195, 196, 202
動物学　194

動物散布　128
動物誌　195
動物地理学　891
動物の概念　194
動物門　202–206
頭部分節理論　738
頭部問題　199, 333
動吻動物　202, 255, 256
登木目　421, 422
冬眠　417, 749
トウモロコシ　124
盗葉緑体　72
同類交配　671
トガリネズミ科　421
トガリネズミ形目　421, 422
トキ類　402
トクサ目　103
特殊相同　711
徳田御稔（みとし）　913, 914
独立栄養　31
独立栄養細菌　31
兎形目　421, 423
トゲウオ　708
ドコサヘキサエン酸　186
ドコドン目　408, 409
ドジョウ　352
突起説　139
突然変異　504, 505, 512, 514–518, 607, 670, 843
突然変異育種　827
突然変異溶融　680
トド　431
飛び石モデル　676
トビウサギ科　425
トビネズミ科　425
トビムシ目　288–290
ドブネズミ　426
ドメイン　37, 41, 197
トラフグ　351
トランジション　517
トランスバージョン　517
トランスポジション　708
トランスポゼース　531
トランスポゾン　580–583, 686, 755, 757
トリアドバトラクス　370
ドリオラリア　210
ドリオレスティス上目　409
トリコシスト　89
トリゴニド　410
トリコノドン目　408
トリコモナス　538
トリコモナス類　71
トリゴン　410
トリプレット暗号　504
トリボスフェニック型臼歯　409, 410, 419, 422

トリマスティクス　82
トルナリア　211, 306
奴隷制　846
トレオース核酸　12
トレードオフ　126, 660, 885
トレハロース　749, 750
トロコフォア　205, 210, 250, 251, 261, 294
ドロの法則　709

■ナ

内温性　409, 421
内顎類　288–290
内肛動物　202, 250, 251
内向裂開　122
内骨格　708
内耳　323
内生分枝　144
内臓弓　334
内臓頭蓋　323
内柱　322, 340
内的自然増加率　126, 658, 659, 666
内的力　733
内毒素　31, 35
内部寄生虫　296
内分泌器官　322
内葉　290
鳴き声　373
内肢　274
ナマケモノ　422
ナマコ　303
ナマズ目　350
ナメクジウオ　195, 311, 323, 326, 333, 335, 336, 341
軟甲綱　274
軟骨魚　223, 322, 344–347
軟骨魚類　347
軟質類　349
ナンジャモンジャゴケ綱　100
軟体動物　202, 221, 251, 252, 261–263
南蹄目　423
ナンヨウネズミ　426

■ニ

匂い受容体遺伝子　351
ニオイネズミカンガルー　420
二核菌（類）亜界　170
二価染色体　523
二極性　173
肉鰭綱　322
肉鰭類　349, 370
肉歯目　423
二酸化炭素　470, 471
二次顎関節　364
二次共生　71, 77
二次口蓋　409

二次作物　825
二次植物　71
二次大気　3
二次的移行帯　788
二次的接触　788
二次肥大成長　121
二次壁肥厚　150, 152
二重 Holliday 接合　524
二重らせん　512
ニシン・骨鰾類　350
ニセフクロモモンガ　420
二足跳躍　425
二足歩行　394
日内休眠　417
ニッチ　667
二年草　127
ニハイチュウ類　298
二胚虫類　296
二胚動物　298, 301
ニホンアシカ　431
ニホンアナグマ　431
ニホンウナギ　352
日本海　501, 502
ニホンカワウソ　431
二本鎖切断修復モデル　523
日本における進化学の発展　911–914
日本の植物　497–499
ニホンヤマネ　425
日本列島周辺の海洋生物　502–504
日本列島周辺の生物相　494–496
日本列島の哺乳類　500–502
二枚貝綱　262
二枚貝類　252, 296
乳管　122
乳歯　410
乳腺　409
乳頭　418
ニューラルネットワーク　665
尿酸　390
ニラ　124
二粒系コムギ　821
「ニワトリと卵」　13, 16
任意交配　670
人間行動生態学　831
『人間の由来』　840
妊娠　833
認知推論モジュール　840
ニンニク　124

■ヌ

ヌクレアリア類　79
ヌクレオソーム　567
ヌクレオモルフ　71, 88
ヌタウナギ類　196, 322, 340

ヌートリア　426

■ネ

根　144–146, 751
ネアンデルタール人　448, 462
根井正利　906, 926
ネオアヴェス類　398
ネオカリマスチックス菌門　169
ネオダーウィニズム　914
ネオテニー　200, 374
ネギ　124
ネギ科　124
ネコ亜目　429
ネコ科　430
ネコブカビ　85, 182, 187
ネコブセンチュウ　263
ネズミ亜目　425
ネズミ科　425
ネズミ型咬筋　425
ネズミカンガルー科　420
ネズミ上科　425
熱水鉱床　40
熱水噴出口　205
ネッタイチョウ類　399
ネットワーク構造　693
粘菌　195
粘菌アメーバ　183
粘菌類　182–185
稔性回復遺伝子　591
年代層序区分　855
年輪年代学　856

■ノ

脳　290, 354–357
能動輸送　748
脳の発達　333
ノガンモドキ類　402
ノガン類　400
ノープリウス　203, 211, 271
ノンコーディングRNA　505

■ハ

葉　121, 132, 138–141, 751
肺　351
胚　121
斑入り位置効果　755
灰色植物　71
ハイエナ科　430
バイオマーカー　17
バイオミミクリー　768
倍器官　254
ハイギョ類　349
配偶相手　833
配偶子　658

配偶子嚢接合　167
配偶者選択　664
配偶体型自家不和合性　654
配偶体世代　133
背甲　366
ハイコウイクチス　341
バイコンタ　90
背軸　151
胚種広布説　10
倍数性　825
倍数性育種　827
倍数体化　530
パイナップル　124
背板　289
胚盤　121
ハイポコニド　410
ハイポコニュリド　410
ハイポコーン　410
胚膜　289
胚葉　204, 207
胚葉説　204
ハイラックス　421
バイラテリア　333, 335
ハオリムシ　205, 245
パカラナ科　424
パーキンサス類　71
パーキンソゾア類　87
バク　423
白亜紀　122, 349
白色体　61
ハクジラ亜目　423
ハクジラ類　427
薄層型　122
バクテリア　37, 197
バクテリオファージ　22
バクテリオファージ $\phi$X174　560
バクテリオロドプシン　39
薄嚢シダ類　103
ハクロビア　76, 88
バーコードオブライフ　878
破砕切断型　411
バージェス型動物群　271
バージェス頁岩　219, 221
梯子状神経系　230
ハシビロコウ　402
バショウ科　122
パスツール点　7, 470
派生形質状態　723
ハダカデバネズミ　426
パターン形成　151, 746–749
ハチクイモドキ類　403
ハチクイ類　403
ハチドリ類　401
爬虫綱　322

爬虫類　379–382
爬虫類の鱗　707
罰　693
ハツカネズミ　426
発汗　749
バックグラウンド淘汰　669
発見的探索　619
発現配列タグ　237
発酵　31
発光器　351
発光バクテリア　352
発散進化　596
発生　728
発生遺伝子　134
発生運命　205
発生学的原型　334
発生拘束　324, 685, 706, 715–717, 733, 738
発生制御遺伝子　324
発生的頑健性　716
発生的緩衝　716
発生的モジュラリティ　718
発生のタイムテーブル　735
発生反復　198
発生負荷　707
発生プログラム　222, 738
ハーディーとワインベルグの法則　905
ハーディー・ワインベルグの平衡　615, 670
ハテナ　72
ハト類　400
花　121, 134–138
バナナ　124
パナマソウ　124
パナマソウ科　121
ハナヤスリ目　102
ハネジネズミ目　421
翅の起源　287–288
ハプト植物　77
ハプト藻類　71, 87
ハプトネマ　88
ハプロイド　560
ハプロスポラ類　85
パブロバ類　88
パブロフ戦略　692
ハムスター　425
パーム油　124
ハヤブサ類　403
パラアヴェス類　394
パラコニド　410
パラコーン　410
パラダイム変換　908
ハラタケ亜門　173
ハラタケ類　170
パラバサリア　76, 82
ハラミヤ目　409

バラ類　124
パラロガス　610
ハラン　124
ハラン属　121
ハリネズミ科　421
ハリネズミ形目　421, 422
針紐虫類　244
ハリモグラ　417
ハリモグラ科　417
ハリモグラ属　417
バレミアン期　122
半規管　341
パンゲア　350
板形動物門　238
半減期　858
汎甲殻類　269
板鰓類　334
板鰓類崇拝　334
半索動物　196, 202, 206, 221, 292, 306, 308, 309
汎歯目　423
汎獣下綱　408
汎獣目　408
板状動物　223, 224
繁殖成功度　699
繁殖年齢　833
繁殖の偏り　697, 700
繁殖保障　127
繁殖様式　127
板肢類　271
半数体　828
反芻類　427
パンスペルミア　10
汎生物地理学　893
汎節足動物　260, 270
ハンディキャップの原理　664
バンディクート科　419
バンディクート形目　418, 419
反応拡散系　746
反応規格　886
反応規準　725
反応規範　725
反応形質　769
半倍数性　696
板皮綱　322
板皮類　341, 347
反復　198
反復説　198, 204, 734
反復配列　571, 582, 607
反復発生　200
盤竜類　364

■ヒ

非アフィン変形　743
被陰回避　752

ヒエ　124
ヒエノドン科　423
ヒオリテス類　221
ピカイア　311
比較解剖学　733, 737–741
比較形態学　205, 334, 733, 736
比較系統学　201
微顎動物　202
比較発生学　201, 205, 334, 733
ヒカゲノカズラ類　105, 106
微化石　10, 17–18, 458
光発芽種子　752
ヒカリボヤ　313
ヒガンバナ科　124
ヒギンズ幼生　255
尾腔綱　261
ヒグマ　430
ピグミーポッサム　419
ヒゲクジラ亜目　423
ヒゲクジラ類　427
ひげ根　121
ヒゲムシ類　245
被喉綱　252
被甲目　421, 422
ピゴコード　310
微古生物学　851
ビコソエカ類　88
非コードRNA　754, 759
微細環境　748
尾索類　195, 224, 296, 308, 315–318, 322
菱形類　296
被子植物　106, 114–121, 151, 540
美術　833
微小貝殻状化石群　221
飛翔能力　422
被処理偽遺伝子　514
ヒストンH4　637
ヒストンコード仮説　754
ヒストン修飾　754
ヒストンタンパク質　753
尾節　289
非相互組換え　523
非相同組換え　523
非対立遺伝子間遺伝子変換　527
非対立遺伝子間相同組換え　526
ビタミンC　560, 639
皮中神経類　241
ヒッチハイキング効果　511
非適応的放散　785
ヒト　436, 438–444
非同義塩基置換　608
非同義置換　518, 599
非同義置換速度　599–602
非同義変異　683

『ヒトおよび動物における感情表出』　840
ヒトデ　303
ヒトとチンパンジー　515
ヒトの個体数　511
ヒドロゲノソーム　55, 57, 59
ヒドロジェノソーム　71, 77, 83
被嚢　312, 313
ビーバー亜目　425
ビーバー科　425
ヒバリチドリ類　402
ビピンナリア　210
被覆複合体　153
非分節論者　334
微胞子虫　76, 77
微胞子虫類　71, 79, 169, 170
ヒメツリガネゴケ　151, 152
ヒメホウキムシ　251
紐形動物　202, 243, 244
紐虫類　296
ビャクブ科　121
鰾　351
氷核物質　748
氷河時代　481
氷河性堆積物　48
氷期・間氷期サイクル　481
表現型　505, 725, 838
表現型可塑性　725–729, 886
表現型順応　727
表現型多型　725
表現型統合　718
病原性アイランド　534
病理学　462
肥沃な三日月地帯　825
皮翼目　421, 422
ヒヨケザル　422
ヒルムシロ科　121
鰭　362, 364–366
ヒレアシ類　400
鰭条　362
ピロリン酸　39
微惑星　2, 3
ピンギオ藻類　88
びん首効果　824
貧歯目　422
頻度依存選択　650, 800
頻度依存淘汰　656–657, 685
頻度スペクトラム　673
貧毛類　245

■フ

ファイロゲノミクス　76
ファイロタイプ　201, 204, 324, 334, 733
ファイロティピック段階　199, 707
ファゴサイトーシス　45

ファージ　22, 23
フィッション・トラック法　858
フィトクロム　752
フィトメラン　122
フィブリノペプチド　637
フィラステレア類　79
フィラリア線虫　538
フィンチ　706
富栄養化　32
フェニルプロパノイド経路　152
フェノロジー　127
フェロモン　701
フォトトロピン　752
フォトビオント　189
フォールディング　544
フォルニカータ　83
フォロノゾア　252
不可知論　840
不完全菌類　168
不完全時代　168
不完全相同性　707, 739
不完全変態昆虫　702
腹管　290
プクキニア菌亜門　173
複屈折顆粒　239
腹溝綱　261
複合仙椎　390
腹刺　290
複数レベル淘汰　663, 899
複製　504, 508–510
複製子　666, 837
副舌　290
腹足綱　262
腹側上皮細胞　239
腹足類　296
腹板　289
腹部　289
腹胞　290
腹毛動物　202, 242, 243
副基体類　82
複葉　140
フクロアリクイ　419
フクロオオカミ　419
フクロツボカビ属　169
フクロネコ形目　418, 419
フクロミツスイ　419
フクロムササビ　420
フクロモグラ形目　418, 419
フクロモモンガ科　420
フサカツギ類　293, 306
フシミズカビ目　187
父性遺伝　568
不整中心柱　121, 151
蹠節　290

付属肢　274, 289, 291, 362, 709
付属肢中軸　363
ブタアシバンディクート科　419
布置変換　733
付着散布　128
付着動物　247
普通系コムギ　821
復帰置換　611
物質循環　7
ブッポウソウ目　403
ブッポウソウ類　403
物理的制約　715
不定根　121
筆石類　306
不等毛藻類　71
不等交叉　514, 526, 557
不等毛植物　88
不等毛類　87
フナ　352
腐肉食　430
不妊カースト　694
負の自然選択　599
負の自然淘汰　636
負の淘汰　641–644
負の頻度依存淘汰　656
フハイカビ　187
ブフネラ　539
部分歪み　744
不変座位　597
普遍的拘束　716
プライスの共分散分割式　662
プライマーゼ　506
ブラウジング　420
ブラキオゾア　252
ブラキオラリア　210
プラコゾア　238
プラコード　322
プラシノ藻類　92
プラシノ藻　71
プラスの相乗効果　663
プラズマローゲン　31
プラスミド　533
フラボノイド　471
ブーラミス科　419
フラミンゴ目　399
プリムネシウム類　88
プルテウス　210
プレートテクトニクス　478
プレパターン形成　151
フレームシフト　516
プロクラステス距離　742
プロセス型偽遺伝子　572, 581
プロソメア　335
プロテアーゼ　36

プロティスタ　196
プロティスト　65
プロテオバクテリア　539
プロテロテリウム科　424
プロトコニド　410
プロトコーン　410
プロトステリウム類　182
プロモーター　549
分枝過程　509
文化　834
文化的なニッチ構築　832
分岐鰭類　349
分岐生物地理学　892
分岐年代　170
分散　892
分散/分断論争　678
分子化石　462
分子雲　2
分子系統　122, 168, 246, 350, 414–418
分子系統学　223–225, 607
分子系統樹　618–623, 844
分子考古学　463
分子時間決定点　604
分子状酸素　6–8
分子進化　844
分子進化学　607–609
分子進化速度　223, 594–596, 637
分子進化の中立説　607, 682
分子進化のほぼ中立説　642, 668
分実性　167
分子時計　223, 594, 602–605, 607, 637, 844
分集団　662, 674
粉状そうか病菌　187
分節性　203
分節論者　334
分断　373, 677, 892
分断性比　696
分断生物地理学　893
分泌細胞　239
分類　122, 843
分類学　872–877

■へ

平滑両生亜綱　370
平均遺伝子多様度　616
平均ペアワイズ変異数　673
平均ヘテロ接合度　616
平衡遺伝子頻度　653
平衡遺伝分散　883
平衡仮説　906
平衡選択　800
並行置換　611
平衡聴覚器　323
平衡淘汰　650–653, 905

平衡胞　301
平行脈　121
閉鎖花　127
ベイズ法　869–871, 875
ベイツ型擬態　373, 685
平板動物　202, 238, 239
北京原人　446
ペスト　426
ヘスペロルニス　395
ベツリコリア　293
ヘテロクロニー　200, 735
ヘテロクロマチン　507, 754
ヘテロシス　828
ヘテロシス育種　828
ヘテロシスト　34
ヘテロ接合度　615, 672, 679
ヘテロタリック　172
ヘテロトピー　708, 735
ヘテロトピー説　341
ヘテロロボサ　76, 80, 82
紅色植物　71, 90
ヘビウ類　402
ペプチド核酸　12
ペプチドグリカン　30, 32, 36
ペプチド抗生物質　36
ペプチド伸長因子　540
ヘモグロビン　516, 637
ペリカン類　402
ペリディニン　86
ペリプラスト構造　89
ペリプラズム　30
ヘルパー　699
ヘルパーカースト　702
ペロビオンタ　76
変温動物　748
変化系列　723
ベンガルヤマネコ　430
変化をともなう由来　898
ペンギン　401, 404, 405
ペンギン類　406–408
変形菌　80
変形菌類　167, 182
変形体　183
扁形動物　202, 205, 223, 241, 242
変形発生　200
変更遺伝子　684
弁証法的唯物論　764
変性状態　544
変態　329, 726, 733
ベントス　221
ペントースリン酸回路　36
扁平細胞　234
鞭毛　30
鞭毛菌類　166, 187

鞭毛細胞　*183*

## ■ホ

ポアソン分布　*509*
法医学　*462*
包括適応度　*656, 696, 699, 913*
ホウキムシ　*251*
箒虫動物　*205, 250–252*
方形骨　*364, 410*
帽形幼生　*244*
方向統計学　*744*
放散虫類　*84, 85*
胞子　*36*
胞子体型自家不和合性　*654*
胞子体生殖器官形成　*133*
放射壊変　*857*
放射型卵割　*252*
放射状神経系　*231*
放射相称　*122*
放射相称動物　*202, 235*
放射中心柱　*151*
放射動物　*196, 203*
放射年代　*857–860*
放射卵割　*209, 224, 292*
暴走過程　*886*
歩脚　*289*
ポケットマウス科　*425*
補酵素 B　*38*
補酵素 $F_{420}$　*38*
補酵素 $F_{430}$　*38*
補酵素 M　*38*
星口動物　*205*
ホシバナモグラ　*422*
ホシムシ類　*246*
補食溝　*82*
ボスロソーム　*186*
母性遺伝　*568, 591*
保全遺伝学　*465*
保全生物学　*768–770*
保存シンテニー　*336*
保体　*290*
ポタモガーレ類　*422*
ホッキョクグマ　*429, 430*
ポッサム類　*419*
ボディプラン　*197, 203, 206–209, 324, 333, 366, 702, 733, 736, 739*
ボトルネック　*679*
ボナー　*198*
母乳　*409*
哺乳綱　*322, 408*
哺乳類　*410–413, 498*
哺乳類歯牙系　*707*
哺乳類の毛　*707*
哺乳類の中耳　*706, 737*

ほぼ中立説　*640, 648, 926*
ホメオティック　*708, 738*
ホメオティックセレクター遺伝子群　*734*
ホメオティック変異　*686*
ホメオドメイン　*505*
ホメオボックス　*531*
ホメオボックス遺伝子群　*197, 335*
ホモ・エレクトス　*446*
ホモ・サピエンス　*195, 449, 451–453*
ホモジェニー　*711*
ホモ属　*439, 446, 448–450*
ホモタリック　*172*
ホモプラジー　*720–723*
ホモ・フロレシエンシス　*448*
ホモロジー　*712–717, 723*
ホヤ　*195, 313, 323, 326, 336*
ポリ（A）付加シグナル　*550*
ポリキスチーナ類　*85*
ポリシストロニック転写　*569*
ポリジーン　*880*
ホリネズミ科　*425*
ポーリネラ　*72, 84*
ポリプ　*235*
ポリプテルス類　*349*
ホールデンのパラドクス　*732*
ホールデン・マラーの原理　*683*
ボルバキア　*535, 538*
ホルミルメチオニル tRNA　*30, 39*
ホルモン　*471*
ボレオトリボスフェニック亜綱　*409*
ホロセントリック染色体　*567*
ホロタイプ　*195*
ホンゴウソウ科　*122*
本質主義　*764, 766, 898*
翻訳　*504, 550–552, 609*

## ■マ

マイクロ RNA　*151*
マイクロアレイ　*703*
マイクロサテライト　*615*
マイクロボディ　*44*
マイヅルソウ属　*121*
埋土種子　*128*
マイトソーム　*55, 57, 59, 71, 77*
マウス　*425*
巻き重なり型　*122*
膜交通　*153*
膜脂質　*11*
膜翅目　*702*
膜タンパク質　*546*
マグマオーシャン　*3, 5*
マグマポンド　*3*
マクラウケニア科　*424*
マクロシスト　*184*

マゴケ綱　100
マスクラット　426
マスティゴネマ　186
マーストリヒチアン期　124
マダガスカルジャコウネコ科　430
待ち伏せ型　374
マツノザイセンチュウ　263
マツバラン目　102
マツモ目　121
マトリックス　55
マナティー　421
マニラアサ　124
ママリアフォルムス　408
マラウィモナス　82
マラーのラチェット　668
マラリア　86, 516
マラリア原虫　654
マルクス主義　844, 913
マルコフ連鎖法　628
マルコフ連鎖モンテカルロ　875
マルサス係数　658
蔓脚類　203
マングース科　430
マングローブ　494
マングローブ・キリフィッシュ　352
マンモスゾウ　462

■ミ
ミクソゾア類　79
ミクロビオテリウム科　419
ミクロビオテリウム目　418, 419
ミズアオイ科　122
ミズカビ目　187
ミズゴケ綱　100
ミズナギドリ目　401
水利用効率　751
未知の惑星X　485
ミツオシエ類　403
ミッシング・リンク　362
蜜腺　122
密度依存淘汰　658–660
密度効果　660
密度非依存淘汰　658, 659, 666
ミトコンドリア　44, 45, 55–61, 70, 76, 77, 255, 534, 540, 590
ミトコンドリアDNA　462, 516, 561
ミトコンドリアゲノム　350
ミトコンドリアの分裂装置　46, 59
緑色植物　71, 76, 91
緑鬚効果　696
ミドリフグ　351
南方熊楠　195, 842
ミナミゾウアザラシ　429
ミナミヤツメ　338

ミフウズラ類　402
ミミナガバンディクート科　419
ミーム　667, 834
ミモトナ目　424
ミユビハリモグラ　417
ミュラー型擬態　656
ミョウガ　124
ミリオネクタ　72
ミロクンミンギア　341
民主主義科学者協会　913
民俗分類　762, 872

■ム
無意識選抜　826
無顎類　322, 340, 343, 347
ムカシクジラ類　427
ムカデエビ綱　274
無関節綱　252
無機塩呼吸　7, 37
無機呼吸　31
無血動物　195
無限対立遺伝子モデル　616, 906, 907
無翅昆虫類　288, 290
無針類　244
無性時代　168
無性生殖　155–157, 167, 316
無脊椎動物　195, 322
無脊椎動物の神経系　229–232
無足目　370
無体腔動物　223
無腸動物　202, 205, 241, 292
無肉歯目　423
無板綱　261
無尾目　370
無盲腸目　422
ムラサキホコリ科　184
ムレイン　32
群れの効果　663

■メ
冥王代　47
鳴禽類　403
鳴嚢　374
迷歯亜綱　370
雌化　591
雌の好み　665
メソニクス科　427
メソミケトゾア類　188
メタアナリシス　868
メダカ　351
メタコニド　410
メタコーン　410
メタ集団　662
メタノフラン　38

メタモルフォーゼ　733
メタン資化　48
メタン生成　48
メタン生成古細菌　38
メチル化　513
メチル分岐型脂肪酸　37
メッケル軟骨　737
メッセンジャーRNA　505
メリスティック　708, 738
綿羽　392
メンデル遺伝学　846, 881, 904
メンデルの法則　827

■モ

毛顎動物　202, 224, 301, 302
網状中心柱　151
網状脈　121
網膜　707
網紋肥厚　150
網羅的探索　618
目的論　838
木部　121, 150, 151
木本　127, 143
モグラ科　421
モクレン　121
モザイク状交雑帯　789
模式種　255
モジホコリ科　183
モジュラリティ　718–720
モジュール成長　126
モデル生物　263, 702
モデル選択　868
モニロファイト類　102–104
モネラ界　196
モノシストロニック　569
モルガノコドン科　408
モルガノコドン目　409
モルフォゲン　746
モルフォロギー　334, 733
モルモット　426
門　207
モンキー裁判　845

■ヤ

葯　122
葯培養　828
葯壁　152
ヤシ科　122
ヤシ目　121
八杉龍一　913
ヤツガシラ類　403
ヤツメウナギ類　340
ヤブレツボカビ類　185
ヤマアラシ亜目　425
ヤマアラシ顎下目　426
ヤマアラシ型咬筋　425
ヤマネ科　425
ヤマノイモ科　121
ヤマノイモ目　121
ヤマビーバー科　425
ヤムイモ　124

■ユ

有害遺伝子　668, 669
有害遺伝子の蓄積　679
有害突然変異と自然淘汰の平衡　683
有棘動物　253, 255
有血動物　195
有孔虫　471
有孔虫類　84, 85
有翅昆虫類　288
有櫛動物　202, 221, 223, 240, 241
有鬚動物　205, 245
有色体　72
優生学　830, 844, 846
有性時代　168
有性生殖　157–160, 167, 255
雄性先熟　250
優性分散　881
優性偏差　881
有爪動物　202, 221, 259, 260
有胎盤哺乳類　420
有胎盤類　408, 422–426
有袋目　418
有袋類　408, 418, 420–422
有中心粒太陽虫類　87
尤度　875
有頭動物　322, 333, 341
有胚植物　99
有尾目　370
有棒状体類　241
有毛目　421, 422
有用植物　124
有輪動物　202, 251
有鱗目　381, 421
有鱗類　385–387
ユーカリア　37, 197
ユーグレナ藻類　71
ユーグレノゾア　76, 82
ユークロマチン　754
ユムシ動物　205
ユムシ類　246
ユリ科　122
ユリ目　122
ユール過程　510
ユンナノゾア　293, 311

974　索引

## ■ヨ

幼芽　121
幼形進化　326
幼形成熟　372
幼根　121
幼若ホルモン　702, 726
葉鞘　121
葉状仮足　80
葉状根足虫　80
幼生型　209–212
葉跡　121
葉足動物　259
揺動的モジュラリティ　719
葉柄　121
羊膜　289
羊膜類　370, 377, 378
葉脈　151
幼葉鞘　121
葉緑体　61, 86, 534
葉緑体ゲノム　515
翼鰓類　306
翼手目　421, 422
翼竜目　381
ヨタカ目　400
ヨツバゴケ綱　100
ヨーロッパビーバー　425

## ■ラ

ライムギ　124
ラギング鎖合成　506
ラゴスクス　394
裸子植物　106, 112–114
らせん型卵割動物群　298
らせん卵割　209, 250
らせん卵割動物　246
ラッキョウ　124
ラッコ　431
ラット　425
ラッパチョウ類　400
ラナウイルス　375
ラビリンツラ類　88, 182, 185
ラフィド藻類　88
ラミダス　437
ラメット　127
ラン科　121
卵角　417
卵割　205, 207
卵菌類　88, 167, 187, 540
卵歯　417
卵生　259
ラン藻　33
卵巣　254
卵胎生　259
ランナウェイ過程　664
ランブル鞭毛虫　71

## ■リ

リアクションノーム　725
陸上植物　96, 99, 129
陸上動物　96–99
リグニン　152, 471, 472
リケッチア　45
利己的　694, 699
利己的遺伝子　667, 837
リザリア　76, 80, 84
リザリア類　87
離散数学　876
リス亜目　425
リス科　425
リス型咬筋　425
リソソーム　44
リゾモルフ　145
利他行動　697, 698
利他性　662, 695
利他的　661, 694
立体構造　546–549
リーディング鎖合成　506
リトルピグミーポッサム　419
リピド A　31, 35
リプログラミング　755
リボザイム　11, 13
リボソーム　551
リポテイコ酸　32
リーマン多様体　743
竜骨突起　389, 395
粒子式遺伝　904
リュウゼツラン科　124
竜盤目　381
リュウビンタイ目　102
量遺伝子　880
菱形動物　202
両性花　127
両性株　127
両生綱　322
両生類　349, 372–377
量的遺伝学　880–884
量的形質　684, 880, 888, 904
量的形質遺伝子座　826, 829
緑色藻　92
緑藻　71, 189
緑藻植物　71, 92
リン　752
隣花受粉　127
リングテール科　420
輪形動物　202, 205
鱗甲目　422
鱗状骨　364
リンネ　202

リンネ式分類体系　347
リンボク類　145

■ル
類似性検索　610
類人猿　442, 444–447
累積子実体　184
類線形動物　202
ルイセンコ　913
ルカ　11
ルシフェリン　351

■レ
齢構造　658
齢差分業　703
霊長目　421, 423, 432, 434–437
歴史叙述的科学　874
歴史生物地理学　891
歴史的相同　711, 712
レチナール　471
レッサーパンダ　430, 431
裂歯目　423
劣性有害遺伝子　679
裂体腔　269
裂肉歯　423, 429
レトルタモナス　82
レトロ遺伝子　686
レトロトランスポゾン　531
レトロポゾン　531, 580

レプティクティス目　423
レプリケーター起源説　12, 15
連鎖　526
連鎖地図　825, 829, 888
連鎖不平衡　526, 672, 829, 885
レンズ　323, 707
連続相同　713

■ロ
ロイヤルゼリー　702
老衰の進化　886
濾過摂餌　328
ロジスティック式　659
ロックポケットマウス　685
肋骨　366, 708
六放海綿綱　234
ローラシア　372
ロングブランチアトラクション　76
ロンボメア　335

■ワ
ワーカー　701
和漢三才図会　194
ワニ目　381
ワムシ　541
ワモンアザラシ　431
ワレミア菌綱　170
腕足動物　202, 205, 221, 246, 251–253

## 進化学事典

| | |
|---|---|
| 2012年4月25日 初版1刷発行 | 編 集　日本進化学会　ⓒ 2012 |
| 2015年9月20日 初版3刷発行 | 発 行　共立出版株式会社／南條光章 |
| | 　　　　〒112-0006 |
| | 　　　　東京都文京区小日向 4-6-19 |
| | 　　　　電話 03-3947-2511（代表） |
| | 　　　　振替口座 00110-2-57035 |
| | 　　　　http://www.kyoritsu-pub.co.jp/ |
| | 印 刷　加藤文明社 |
| | 製 本　ブロケード |

検印廃止

NDC 467.5, 460

ISBN 978-4-320-05777-7

一般社団法人 自然科学書協会 会員

Printed in Japan

JCOPY ＜出版者著作権管理機構委託出版物＞

本書の無断複製は著作権法上での例外を除き禁じられています．複製される場合は，そのつど事前に，出版者著作権管理機構（TEL：03-3513-6969，FAX：03-3513-6979，e-mail：info@jcopy.or.jp）の許諾を得てください．